Orthopädie
in Praxis und Klinik

Band I

Orthopädie
in Praxis und Klinik

2., neubearbeitete Auflage in 7 Bänden

Herausgegeben von
A. N. Witt, H. Rettig, K. F. Schlegel,
M. Hackenbroch, W. Hupfauer

Georg Thieme Verlag Stuttgart · New York

Band I

Allgemeine Orthopädie

Biomechanik – Genetik – Ökologie

Bearbeitet von

F. Becker
W. Bolt
F. Endler
M. J. O. Francis
G. Friedebold
W. Fuhrmann
J. Koppelmann
B. Kummer
J. Langhagel
H. H. Matthiaß
P. G. Schneider
J. Steinhäuser
H. Stoboy

532 Abbildungen in 1242 Einzeldarstellungen
36 Tabellen

1980
Georg Thieme Verlag Stuttgart · New York

CIP-Kurztitelaufnahme der Deutschen Bibliothek

Orthopädie in Praxis und Klinik : in 7 Bd. /
hrsg. von A. N. Witt ... – Stuttgart, New York :
Thieme.
1. Aufl. u. d. T.: Handbuch der Orthopädie.
NE: Witt, Alfred N. [Hrsg.]

Bd. 1. Allgemeine Orthopädie : Biomechanik,
Genetik, Ökologie / bearb. von F. Becker ...
– 2., neubearb. Aufl. – 1980.
NE: Becker, Franz [Mitarb.]

1. Auflage 1957

1. italienische Auflage:	Band I	1962
	Band II	1963
	Band III	1965
	Band IV	1967

ISBN 3-13-561102-7

Vorwort

Vor 24 Jahren erschien der erste Band des Handbuches für Orthopädie, das Georg HOHMANN, Matthias HACKENBROCH und Kurt LINDEMANN herausgegeben hatten. Damit erhielt das „Handbuch der Orthopädischen Chirurgie", das 50 Jahre vorher Georg JOACHIMSTHAL in Zusammenarbeit mit den angesehensten Fachgelehrten seiner Zeit in drei Bänden geschaffen hatte, endlich einen Nachfolger. In ihrem Vorwort schrieben damals die Herausgeber, daß sich „auch das Bild der Orthopädie, wie alle anderen Wissenszweige so sehr verändert habe, daß eine Neubearbeitung von uns schon lange für notwendig gehalten und von vielen Fachgenossen geradezu ersehnt wurde". „Vermehrung des Wissens beschleunigt das Altern der Lehr- und Handbücher". Jedoch nicht nur die stoffmäßige Vermehrung des Wissens, sondern vor allem auch eine neue Betrachtung der Krankheitserscheinungen, die Umstellung vom rein Morphologischen, das seinen Wert behält, zum Funktionellen, gab den Herausgebern die Veranlassung, das damals umfassende Handbuch zusammen mit vielen Mitarbeitern zu erstellen, das bei vielen Fragen auch heute noch als wertvolles Nachschlagewerk dient.

Die Entwicklung der Wissenschaft und auch der internationalen Orthopädie und Traumatologie ging explosionsartig weiter. Der Gedanke an eine zweite Auflage wurde schon ein Jahrzehnt später von den gleichen Herausgebern gefaßt, die Realisierung ließ jedoch lange auf sich warten. So lange, daß der Herausgeberkreis sich völlig erneuern mußte und auch einigen Autoren die Neubearbeitung ihres früheren Kapitels nicht mehr vom Schicksal vergönnt war. Mit Matthias HACKENBROCH verließ jüngst auch der letzte der drei Herausgeber der ersten Auflage den Kreis der Gestalter der jetzigen, nicht ohne jedoch dieser „Orthopädie in Praxis und Klinik" noch seinen Geist und seinen Sensus orthopaedicus mit einem historischen Überblick, den er eben noch vollenden konnte, aufzuprägen.

Während das erste Handbuch der Orthopädischen Chirurgie vornehmlich vom Morphologischen geprägt war, die erste Auflage des Handbuches das Funktionelle in den Vordergrund rückte, fließen in die zweite Auflage besonders die Biomechanik und die Anfänge der Biochemie in der Orthopädie ein. Obwohl die zunehmende Spezialisierung in der Medizin auch dem Orthopäden manche früheren essentiellen Bestandteile des Fachgebietes zunehmend entzogen und der Schwerpunkt sich mehr auf die orthopädische Chirurgie und orthopädische Traumatologie verlagert hat, bleiben die Wurzeln der klassischen Orthopädie nicht verborgen. Noch mehr als früher wird daher der Orthopäde nicht nur in Praxis und Klinik, sondern vornehmlich in der Wissenschaft zum interdisziplinären Grenzgänger zwischen den verschiedensten Disziplinen der konservativen und operativen Medizin.

Es mag sich die Frage erheben, ob in unserer, auch wissenschaftlich so kurzlebigen Zeit eine Enzyklopädie noch sinnvoll ist. Zugegeben, vielen mögen in Klinik, Praxis oder Wissenschaft aktuelle Zeitschriftenartikel als momentane Informationsquelle genügen. Ein umfassendes Übersichtswerk jedoch, das Entwicklung und gegenwärtigen Stand eines Fachgebietes darstellt, hat keinesfalls an Bedeutung verloren. Über dem leider auch in der Ausbildung zunehmend geforderten Faktenwissen darf nicht die Schau der Zusammenhänge verloren werden und nicht die Wurzeln in Vergessenheit geraten, aus denen sich nicht nur der gegenwärtige Wissensstand entwickelt hat, sondern die auch die zukünftigen Tendenzen und Kenntnisse nähren.

Die vier allgemeinen Bände dieses Handbuches werden daher ein festes Fundament des gegenwärtigen Wissensstandes bilden, in dem Biomechanik, Genetik, Ökologie, aber auch Geschichte und Entwicklung, Diagnostik und Therapie wesentlicher Bestand sind und zum Verständnis der Systemerkrankungen und Tumoren sowie der normalen und pathologischen Anatomie von Gelenken, Muskeln, Nerven und Gefäßen beitragen. Die weiteren drei Bände werden die spezielle Orthopädie des gesamten Haltungs- und Bewegungsapparates zum Inhalt haben.

Trotz immer kürzerer Halbwertszeiten unseres Wissensstandes, welche oft von Gegnern enzyklopädischer Gesamtdarstellungen als Gegenargument ins Feld geführt werden, wird es jedoch immer ein Jahrhunderte überdauerndes Fachwissen geben, weil der Mensch in seinen gesunden wie auch in seinen kranken Tagen den ewig gültigen Gesetzen der Natur unterworfen ist.

Frühjahr 1980 — Die Herausgeber

Anschriften

Becker, F., Prof. Dr., Osterwaldstr. 73, 8000 München 40

Bolt, W., Prof. Dr., Orthopädische Universitätsklinik, Joseph-Stelzmann-Str. 9, 5000 Köln 41

Endler, F., Prof. Dr., Wiedner Hauptstr. 36, A-1040 Wien IV

Francis, M. J. O., M. D., Nuffield Department of Orthopaedic Surgery, University of Oxford, Headington, Oxford OX 3 7 LD England

Friedebold, G., Prof. Dr., Orthopädische Klinik und Poliklinik der Freien Universität Berlin, Oskar-Helene-Heim, Clayallee 229, 1000 Berlin 33

Fuhrmann, W., Prof. Dr., Institut für Humangenetik im Zentrum für klinische Chemie, Immunologie und Humangenetik der Universität Gießen, Am Schlangenzahl 14, 6300 Gießen

Hackenbroch, sen., M., Prof. Dr. Dr. †

Hupfauer, W., Prof. Dr., Universitätsklinikum, Orthopädische Klinik und Poliklinik, Hufelandstr. 55, 4300 Essen

Koppelmann, J., Dr., Tempelhofer Damm 159, 1000 Berlin 42

Kummer, B., Prof. Dr., Anatomisches Institut der Universität, Joseph-Stelzmann-Str. 9, 5000 Köln 41

Langhagel, J., Prof. Dr., Orthopädische Klinik und Rehabilitationszentrum der Diakonie Lichtenau, Am Mühlenberg, 3436 Hessisch Lichtenau 2

Matthiass, H. H., Prof. Dr., Orthopädische Klinik und Poliklinik der Westfälischen Wilhelms-Universität, Hüfferstr. 27, 4400 Münster

Rettig, H., Prof. Dr., Orthopädische Universitätsklinik, Freiligrathstr. 2, 6300 Gießen

Schlegel, K. F., Prof. Dr., Universitätsklinikum, Orthopädische Klinik und Poliklinik, Hufelandstr. 55, 4300 Essen

Schneider, P. G., Prof. Dr., Klinik für Orthopädie und Sporttraumatologie, Dreifaltigkeits-Krankenhaus, Köln-Braunsfeld GmbH, Aachener Str. 445–449, 5000 Köln 41

Steinhäuser, J., Prof. Dr., Unfall-Klinik Dr. Erler GmbH, Orthopädische Abteilung, Kontumazgarten 12–18, 8500 Nürnberg

Stoboy, H., Prof. Dr., Orthopädische Klinik und Poliklinik der Freien Universität Berlin, Oskar-Helene-Heim, Clayallee 229, 1000 Berlin 33

Witt, A. N., Prof. Dr., Orthopädische Klinik und Poliklinik der Universität München, Harlachinger Str. 51, 8000 München 90

Inhaltsverzeichnis

Bau und Funktion des Bewegungsapparates

1 Form und Funktion

B. Kummer

2 Einführung in die Biomechanik und Biotechnik des Bewegungsapparates

F. Endler

3 Kollagen

M. J. O. Francis

4 Die mechanischen Eigenschaften des Muskels und seine Kontraktion

H. Stoboy

5 Elektrophysiologie

H. Stoboy

6 Die Elektromyographie und ihre Anwendbarkeit zur Beurteilung von Muskelkontraktionen und Bewegungsabläufen

H. Stoboy

7 Reflektorische Kontrolle und Muskeltätigkeit

H. Stoboy

Anlage und Entwicklung

8 Vererbung und Konstitution

W. Fuhrmann

9 Entwicklung, Wachstum und Reifung des Haltungs- und Bewegungsapparates

H. H. Matthiass

Orthopädie und Umwelt

10 Prävention im Kindes- und Jugendalter

F. Becker

11 Orthopädie und Alter

F. Becker

12 Arbeit und Verkehr

J. Steinhäuser und W. Bolt

13 Leibeserziehung und Sport

P. G. Schneider

14 Begutachtung

G. Friedebold und J. Koppelmann

15 Rehabilitation

J. Langhagel

Gesamtumfang des Bandes: XXXII + 652 Seiten

Inhaltsübersicht der weiteren Bände des allgemeinen Teils

Bau und Funktion des Bewegungsapparates

1 Form und Funktion

Von B. KUMMER

Überblick über die Gesamtkonstruktion

Der Bauplan des menschlichen Bewegungsapparates ist letztendlich nur aus seiner Vorgeschichte, d. h. aus der Phylogenie, recht zu verstehen. Stammesgeschichtlich ältester Anteil ist zweifellos seine aktive Komponente, die Muskulatur. Sie findet sich bereits bei den Hohltieren (Coelenterata). Mit der für sie charakteristischen Eigenschaft, der Kontraktilität, bewirkt sie sowohl eine Gestaltsänderung des Tierkörpers als auch eine Fortbewegung. Im Zusammenhang mit der Muskulatur entstehen geweblich Strukturen, die sowohl einzelne Muskeln miteinander als auch Muskeln mit anderen Gewebspartien verbinden: die Bindegewebe. Sie bilden die Grundlage für ein festes Stützgerüst, das Skelett, das seine entscheidende Bedeutung für die weitere Evolution erlangt, als die urtümlichen Amphibien das Wasser verlassen und das feste Land in Besitz nehmen.
Wesentliche Grundzüge für den Gesamtbauplan des Tetrapodenskeletts sind zu dieser Zeit bereits festgelegt: das Achsenskelett einschließlich des Schädels und die Ausbildung zweier Extremitätenpaare. Diese Grundkonstruktion wird bis zum Menschen zwar in vielen Details modifiziert, aber im Gesamtkonzept nicht mehr verändert. Sie prägt in den entscheidenden Zügen auch unsere Körpergestalt.

Passiver Bewegungsapparat – Skelett im weitesten Sinne

Wesentlichster Bestandteil des „passiven" Anteils des Bewegungsapparates ist das knöcherne Skelett, funktionell gehören dazu aber auch knorpelige Bestandteile und vor allem auch bindegewebige Strukturen.
Das knöcherne Skelett des Menschen (wie überhaupt der höheren Vertebraten) stammt aus zwei verschiedenen Quellen: dem Hautknochenpanzer (Dermalskelett) der Fische und Reptilien und dem (knorpelig präformierten) Endoskelett. Demnach können die einzelnen Elemente entweder als *Deckknochen* (Derivate des Dermalskeletts) oder als *Ersatzknochen* (Derivate des knorpeligen Endoskeletts) identifiziert werden. Im großen und ganzen spiegelt sich dies auch in ihrer Entwicklung wider; Deckknochen entstehen meist *durch desmale Ossifikation*, Ersatzknochen durch *chondrale Ossifikation*. Allerdings besteht hier keine absolut feste Relation (s. „Osteogenese", S. 1.11 ff.).
Eine erhebliche Bedeutung kommt den Verbindungen (*Junkturen*) zwischen den einzelnen Skelettelementen zu. Hier sind grundsätzlich die kontinuierlichen Verbindungen (*Synarthrosen* alter Nomenklatur) von den diskontinuierlichen (*Diarthrosen* alter Nomenklatur) zu unterscheiden (s. „Entwicklung der Diarthrosen", S. 1.28 f.).
Entsprechend ihrem Entwicklungsmodus werden insbesondere bei den Diarthrosen *Abgliederungsgelenke* von *Anlagerungsgelenken* abgegrenzt. Die ersteren entstehen durch Spaltbildung im knorpeligen Endoskelett, das zunächst wie in einem Guß angelegt wird, während die letzteren durch sekundären Kontakt zweier Skelettelemente zustande kommen, wobei es keine Rolle spielt, ob es sich um Ersatz- oder Deckknochen handelt (s. „Entwicklung der Diarthrosen", S. 1.28 f.).
Bindegewebe mit ihren fibrillären Texturen sind integrale Bestandteile des Skeletts, sei es als Periost oder Perichondrium oder aber als fibröse Kapselanteile und Ligamente. Praktisch an allen diesen Stellen kann durch desmale Ossifikation Knochengewebe entstehen.

Aktiver Bewegungsapparat – Muskeln, ihre Anheftungen und Innervation

Die Muskulatur des Bewegungsapparates besteht durchweg aus quergestreiftem Muskelgewebe (s. „Skelettmuskelgewebe", S. 1.34 ff.). Die einzelnen Muskelfasern werden durch bindegewebige Umhüllungen zu Bündeln niederer und höherer Ordnungen zusammengefaßt. An ihren beiden Enden gehen sie in Sehnenfasern über, mittels deren sie sich am Knochen, an Bindegewebsstruktu-

ren oder an benachbarter Muskulatur anheften. Durch Verkürzung und Kraftentwicklung leisten sie Arbeit. Nach allen bisher vorliegenden Beobachtungen überschreitet die maximale Verkürzung niemals 50% der Ausgangslänge der Muskelfasern. Ferner deutet manches darauf hin, daß die Muskelfaserlängen im allgemeinen in einem solchen Verhältnis zur Exkursionsmöglichkeit der bewegten Skelettelemente stehen, daß der Muskel im günstigen Bereich von etwa 30% Verkürzung arbeitet.
Die zum Bewegungsapparat gehörenden Muskeln haben entwicklungsgeschichtlich verschiedene Herkunft. Größtenteils entstehen sie aus Somiten und werden infolgedessen von Ästen der Spinalnerven versorgt. Daneben ist aber auch die ehemalige Kiemenbogenmuskulatur in den Dienst des Bewegungsapparates gestellt worden. Für die Kaumuskulatur ist die Ableitung von Branchialmuskeln ohne weiteres verständlich, doch auch Muskeln des Halses und selbst der oberen Extremität (Mm. sternocleidomastoideus und trapezius) entstammen ganz oder teilweise Viszeralbögen. Die Innervation aus Branchialnerven (z. B. N. facialis für die mimische Muskulatur, N. trigeminus für die Kaumuskeln, N. accessorius für Mm. sternocleidomastoideus und trapezius) ist hierfür ein untrügliches Zeichen.
Die Gliederung in mehr oder weniger gut abgrenzbare Muskelindividuen ist in den verschiedenen Körperregionen durchaus unterschiedlich. Sie ist offenbar in Rückkoppelung mit der funktionellen Inanspruchnahme entstanden. Nur so ist es zu erklären, daß viele anatomisch isolierbare Muskeln Material aus mehreren Segmenten (Somiten) enthalten und daß andererseits das Material eines Segments oft auf verschiedene Muskeln verteilt ist. Auch das spiegelt sich in der Innervation wider: ein und derselbe Muskel erhält in der Regel Nervenfasern aus mehreren Rückenmarkssegmenten (über ebenso viele Spinalnerven), während aus einem Spinalnerv Äste an verschiedene Muskeln abgegeben werden.
Die Individualisierung einzelner Muskeln ist an den Extremitäten besonders deutlich, am Stamm etwas weniger klar ausgeprägt. Obwohl auch in der tiefen (autochthonen) Rückenmuskulatur einzelne „Muskeln“ mit anatomischen Namen belegt wurden, handelt es sich hier doch mehr um *Systeme von Faserbündeln*, die sich sowohl in ihrer makroskopischen Struktur als auch im funktionellen Zusammenspiel etwa von den Muskeln der Extremitäten deutlich unterscheiden.

Bauplan des menschlichen Bewegungsapparates

Die Grundzüge des Tetrapodenbauplanes sind in der Gestalt des Menschen sehr deutlich wiederzuerkennen: Der *Stamm* gliedert sich im *Rumpf*, *Hals* und *Kopf*; die Extremitäten lassen klar einen *Gürtel* (Zona), *Stylopodium* (Oberarm, Oberschenkel), *Zeugopodium* (Unterarm, Unterschenkel) und *Autopodium* (Hand, Fuß) unterscheiden.
Skelettgrundlage des Stammes sind Wirbelsäule und Schädel. Eine Abstützung der Leibeswand findet sich nur in dem dadurch definierten Brustbereich in Form des knöchernen *Thorax* (Rippen, Sternum). In den übrigen Abschnitten von Hals und Rumpf sind die Rippen rudimentär, wiewohl als Anteile von Hals- und Lendenwirbeln sowie des Sakrums nachweisbar.
Die Muskulatur, größtenteils somatischer Herkunft, gliedert sich in dorsal gelegene *epaxonische* und ventrale *hypaxonische* Muskeln. Die epaxonischen Muskeln (autochthone Rückenmuskeln) werden grundsätzlich von dorsalen Ästen der Spinalnerven innerviert, während die hypaxonischen Muskeln von ventralen Ästen versorgt werden. Da die Extremitäten aus Material der ventrolateralen Leibeswand entstanden sind, werden sie ebenfalls von ventralen Spinalnervenästen innerviert. Die starke Verwerfung und polysegmentale Zusammensetzung ihrer Muskulatur bringt es mit sich, daß die entsprechenden peripheren Nerven aus Geflechten der Rr. ventrales hervorgehen, in denen die Neuverteilung der Fasern stattfindet.
Charakteristisch und Ausdruck einer langen phylogenetischen Vorgeschichte ist die unterschiedliche Beziehung von Schulter- und Beckengürtel zur Stammkonstruktion. Bei den meisten Tetrapoden liegt der Gesamtkörperschwerpunkt so weit vorn, daß das vordere Extremitätenpaar etwa 60% des Körpergewichtes zu tragen hat. Der Arm ist daher ursprünglich die *Stützextremität* par excellence, an der mittels einer muskulären Gurtung, im wesentlichen bestehend aus dem M. serratus anterior und den Mm. pectorales, ergänzt durch die Mm. rhomboidei und trapezius, der Stamm elastisch aufgehängt ist (Kummer 1965, 1978 a). Eine (bei manchen Tieren fehlende) Klavikula fungiert dabei als Schwingachse. Im Gegensatz hierzu ist der Beckengürtel schon früh in der Tierreihe recht fest mit der Wirbelsäule verbunden, deren Elemente im Bereich dieser Anlagerung zum Komplex des Sakrum zusammensintern. Das Iliosakralgelenk – folglich ein Anlagerungsgelenk – und die Sakralbildung sind ein deutlicher Hinweis auf die Übertragung des propulsorischen Schubs von der Hinterextremität auf die Wirbelsäule. Das Menschenbein mit seiner festen Verbindung zum Stamm ist somit die konsequente Weiterentwicklung dieser *Antriebsextremität*.
Danach kann ohne jede Übertreibung gesagt werden, daß die gesamte Entwicklung zum Menschen, die ganz wesentlich durch die bipede Aufrichtung auf die Hinterextremitäten und die vielseitige Verwendbarkeit der so außerordentlich beweglichen Vorderextremitäten gekennzeichnet

ist, ohne die frühzeitige Arbeitsteilung und entsprechende Differenzierung bereits auf dem Tetrapodenstadium schlechterdings undenkbar wäre.

Morphologie der Gewebe des passiven Bewegungsapparates: Stütz- und Bindegewebe

Sämtliche Gewebe des passiven Bewegungsapparates sind dadurch charakterisiert, daß bei ihnen die Interzellularsubstanz sowohl mengenmäßig als auch funktionell eine ganz bedeutende Rolle spielt. Sie entstehen alle aus dem Mesenchym, einem Gewebe mit reichlich flüssiger Interzellularsubstanz, in der mit fortschreitender Differenzierung geformte Strukturen auftreten.

Bindegewebe

Die typischen Zellen der Bindegewebe sind die ortsständigen *Fibrozyten* (von manchen Autoren auch als Fibroblasten bezeichnet), die sich durch wenige, mitunter recht lange und feine Fortsätze auszeichnen (Abb. **1**). Ihre Kerne erscheinen mehr oder weniger langgestreckt oval; das Zytoplasma ist meist basophil und enthält ein deutliches rauhes endoplasmatisches Retikulum, an dessen Ribosomen die Synthese der kollagenen Polypeptidketten und der Proteinanteile des Mukopolysaccharidkomplexes stattfindet. Bei lebhafter Synthese können sich Abschnitte des endoplasmatischen Retikulums sackartig ausweiten.

Neben diesen eigentlichen Bindegewebszellen finden sich vor allem im lockeren Bindegewebe verschiedene Formen sog. freier Zellen.

Histiozyten (Makrophagen) besitzen ein schwach basophiles, netzig strukturiertes Zytoplasma, häufig mit reichlich körnigen Einschlüssen. Ihre kleinen Kerne sind besonders dicht. Die Bezeichnung Makrophagen bezieht sich auf ihre ausgeprägte Fähigkeit zur Phagozytose. Die aufgenommenen Partikel können im gesamten Plasma bis in die feinsten Ausläufer gespeichert werden. Häufig wird auch Pinozytose beobachtet. Die Zellen sind nicht unbedingt ortsgebunden, sondern wandern langsam im Bindegewebe.

Bei alledem ist nicht sicher, ob alle als Histiozyten bezeichneten Elemente gleicher Natur sind. Vieles spricht dafür, daß es sich um besondere Funktionsformen von Fibrozyten handelt. Daneben erscheint jedoch auch ihre Entwicklung aus Lymphozyten möglich.

Als *basophile Rundzellen* werden im Bindegewebe vorkommende Lymphozyten und Monozyten zusammengefaßt. In den Bindegeweben verschiedener Organe sind ferner *Plasmazellen* anzutreffen, sie haben aber für die typischen Gewebe des Bewegungsapparates keine große Bedeutung.

Ähnliches gilt auch für die *Mastzellen*, die vor allem im lockeren, ungeformten Bindegewebe gefunden werden, ebenso wie *Granulozyten*, die ebenfalls nicht als charakteristische Elemente der eigentlichen Stützgewebe anzusehen sind.

Die Interzellularsubstanz der Bindegewebe besteht aus einer homogenen, amorphen Phase und geformten Elementen. Die auch als „Kittsubstanz" bezeichnete amorphe Phase enthält Mukoplysaccharid-Protein-Komplexe; in sie sind die fibrillären Elemente eingebettet. Bei den letzteren werden *Retikulin-* und *Kollagenfasern* sowie vernetzte *elastische* Elemente unterschieden.

Die für den Bewegungsapparat weitaus bedeutungsvollsten Strukturen sind die *Kollagenfibrillen* (Abb. **2**). Sie bestehen aus kollagenen Polypeptidketten, die im *α-Tropokollagen* eine Einfachhelix, im *β-Tropokollagen* eine Doppelhelix und im *γ-Tropokollagen* eine Tripelhelix bilden. Ein Tropokollagenmolekül besitzt ein Molekular-

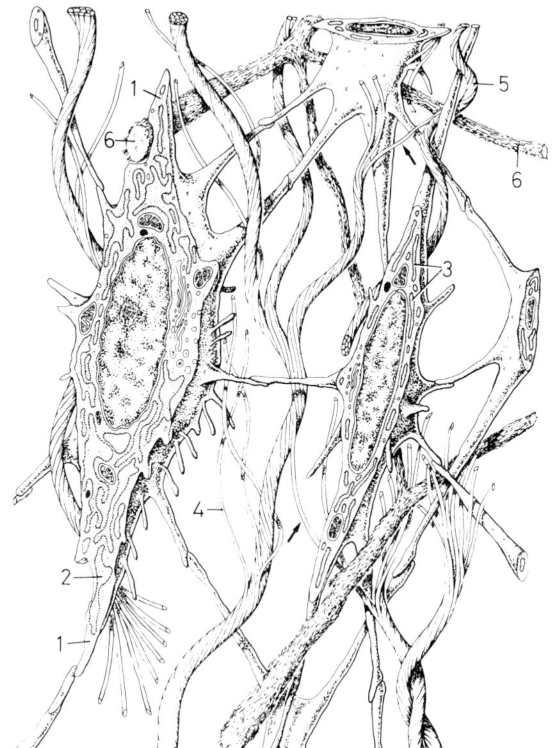

Abb. **1** Fibroblast (linke Zelle) und Fibrozyt (rechts), nach elektronenmikroskopischen Aufnahmen halbschematisch gezeichnet: 1 = plumpe Fortsätze des Fibroblasten, 2 = erweiterte Räume des granulären endoplasmatischen Retikulums, 3 = granuläres endoplasmatisches Retikulum im Fibrozyten, 4 = einzelne und 5 = gebündelte kollagene Mikrofibrillen, 6 = elastische Fasern (n. 2500facher Vergr.) (Abb. **1** u. **4–8** aus *R. V. Krstić:* Die Gewebe des Menschen und der Säugetiere. Springer, Berlin 1978)

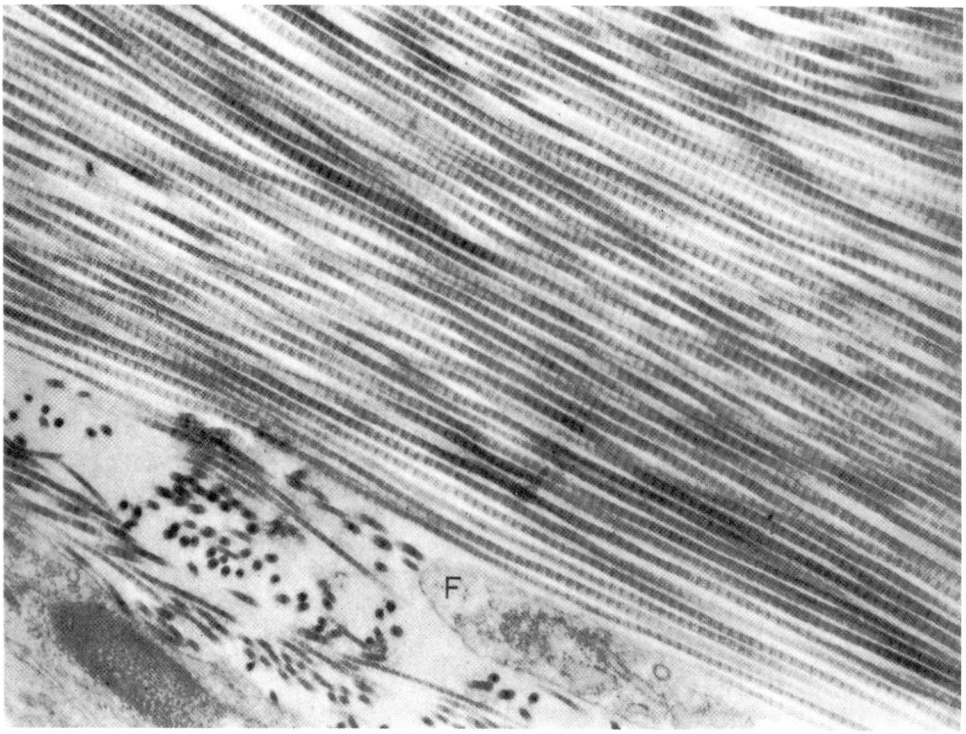

Abb. **2** Kollagenfibrillen aus straffem kollagenem Gewebe. F = Fibrozyt, links daneben zahlreiche quergeschnittene Fibrillen (n. 26400facher Vergr.) (Aufnahme Prof. Dr. *Addicks*, Köln)

gewicht von 360000 bei einer Länge von 280 nm und einer Dicke von 1,2 nm. Die einzelnen Moleküle lagern sich häufig unter Verschiebung um ein Viertel der Länge des Polypeptids (= 70 nm) seitlich aneinander; daneben kommen jedoch auch andere Versetzungsmuster vor.

Elektronenoptisch zeigt kollagenes Material eine typische *Querstreifung* mit einer Periode zwischen 50 und 70 nm (im Mittel 64 nm), die auf einer Versetzung der Tropokollagenmoleküle gegeneinander beruht. In einer Sequenz können bis zu 17 dunkle „bands“ mit dazwischen liegenden helleren „interbands“ unterschieden werden.

Wegen dieser strengen Ordnung im ultrastrukturellen Bereich sind Kollagenfibrillen *optisch doppelbrechend*; zwischen gekreuzten Polarisationsfiltern leuchten sie daher hell auf. Sie bleiben allerdings an jenen Stellen dunkel, an denen ihre Verlaufsrichtung entweder mit der Schwingungsrichtung des Polarisators oder jener des Analysators zusammenfällt („Auslöschungskreuz“). Unter Ausnutzung dieses Phänomens kann die Verlaufsrichtung von Kollagenfibrillen im Gewebe polarisationsoptisch ermittelt werden.

Die für die Funktion im Bewegungsapparat bedeutungsvollste mechanische Eigenschaft des Kollagens ist die *Zugfestigkeit.* Die Kollagenfibrillen stellen sich überall passiv in die Richtung maximaler Dehnung ein und nehmen auf dieser Weise die bei mechanischer Beanspruchung des gesamten Gewebsbezirks auftretenden Zugspannungen auf (s. „Die kausale Histogenese der Binde- und Stützgewebe“, S. 1.14ff.).

Die Zerreißfestigkeit einer Kollagenmolekülkette wurde für ihre schwächste Stelle (-C-N-Bindung) zu etwa 3000 N/mm^2 berechnet (Gustavson 1956). Die Angaben über die tatsächliche Festigkeit kollagener Fasern sind sehr unterschiedlich (frische Sehnen: 46–125 N/mm^2, bezogen auf einen Kollagengehalt von 30%: 150–300 N/mm^2 für die kollagenen Elemente), sie liegen aber maximal bei 10% des theoretischen Wertes. Das legt die Vermutung nahe, daß nicht die „reinen Materialeigenschaften“, sondern letztendlich die Feinstruktur für die Festigkeit der Fibrillen verantwortlich sei. Wahrscheinlich handelt es sich um eine Zerstörung der Querbindungen zwischen den Makromolekülen (Viidik 1967b, 1968a, 1969b). Bei kurzfristiger Belastung verhalten sich Kollagenfibrillen bei minimaler Elongation im physikalischen Sinn elastisch, d. h. die Verformung wird nahezu vollständig, nach längerer Ruhepause sogar völlig rückgebildet. Belastungen von nur 10% der Reißfestigkeit führen jedoch bei einer Dauer von mehreren Minuten zu einer meßbaren plastischen Verlängerung („Kriechen“) (Viidik 1967b, 1968b, 1969b, Viidik u. Mägi 1967). Diese In-vitro-Versuche können sicher nicht ohne weiteres auf das lebende Gewebe übertragen werden.

In den Bindegeweben des Bewegungsapparates

kommt außer den Retikulinfasern und dem Kollagen auch *Elastin* vor. Dieses Material liegt jedoch nicht in Form isolierter Fasern vor, sondern die bereits in den feineren Strukturen plumperen Elemente verzweigen sich und anastomosieren miteinander, so daß regelrechte Netze entstehen. Sie sind mit bestimmten Farbstoffen (z. B. Orcein) elektiv anfärbbar, zeigen im Elektronenmikroskop nicht die für Kollagen typische Querstreifung und sind im entspannten Zustand im polarisierten Licht nicht doppelbrechend. Bei Dehnung zeigt elastisches Material allerdings ebenfalls Doppelbrechung („Spannungsdoppelbrechung"!).

Feinstrukturell bestehen die Netzfäden aus 6–8 nm dicken Proteinfilamenten, die in eine mukopolysaccharidreiche Grundsubstanz (Elastomucin) eingebettet sind. In der Achse eines Fadens sind die Filamente längs und in etwa parallel ausgerichtet, während sie am Rand weniger streng geordnet sind und häufig radiär herausragen.

Ähnlich wie die Kollagenfibrillen werden auch die elastischen Elemente von Fibroblasten gebildet.

Die meisten und wesentlichsten Bindegewebsstrukturen des Bewegungsapparates bestehen aus kollagenen Fasern, doch es kommen stets auch Retikulinfasern und vor allem elastisches Material vor. Vorwiegend elastische Gewebe sind allerdings selten, so z. B. im Lig. nuchae, besonders aber in den Ligg. flava der Wirbelsäule.

Bei allen Bindegeweben werden entsprechend dem Organisationsgrad „lockere" und „straffe" Gewebe unterschieden. Diese Einteilung erfolgt nach der Dichte der Fibrillen.

Während die lockeren Bindegewebsformen vor allem als Füllgewebe vorkommen und im Bewegungsapparat häufig Verschiebeschichten zwischen Muskeln oder Sehnen bilden, stellen die straffen Bindegewebe die Sehnen und Bänder sowie Aponeurosen und die meisten derben Faszien. Das bindegewebige Binnengerüst der Muskeln und die Muskelfaszien im eigentlichen Sinn sind demgegenüber Sonderformen mit einer eigenen Architektur, die etwa zwischen den sog. lokkeren und straffen Geweben einzuordnen sind.

Die zuvor beschriebenen Fibrozyten finden sich in dieser Grundgestalt in allen lockeren Bindegeweben, wo sie kaum räumlich eingeengt werden. In den straffen Geweben, in denen dicke und streng ausgerichtete Kollagenfaserbündel vorliegen, werden die Zellen oft in den schmalen Spalten zwischen den groben Fasern zusammengedrängt, wobei sich ihre Form zwangsläufig dem zur Verfügung stehenden Raum anpaßt (Abb. **3**). Typisch hierfür ist das Aussehen der *Flügelzellen* in den Sehnen.

Wenngleich es durchaus auch „straffe" elastische Strukturen gibt (hierher wären die elastischen Bänder zu rechnen), so wird diese Bezeichnung doch im allgemeinen den kollagenen Geweben vorbehalten. Für diese ist jedoch charakteristisch, daß hier stets eine Mischung aus elastischen Elementen, Retikulinfasern und lockerfibrillären Bindegewebselementen mit den straffen Kollagenfaserbündeln vorliegt. Oft werden die kräftigen Kollagenfibrillen durch die sie umspinnenden elastischen Netze gerafft, wodurch sie gewellt erscheinen. Bei Zugbeanspruchung werden diese Wellen unter Dehnung der elastischen Elemente gestreckt. Auf diese Weise werden plötzlich angreifende Kräfte federnd abgefangen. Hierauf beruht die gewisse Elastizität kollagener Sehnen und Bänder. Nach dem gleichen Prinzip kommen die schraubenförmigen Fibrillenverläufe in manchen Sehnen zustande.

Die gröbere Textur vor allem der straffen Bindegewebe ergibt sich zwangsläufig aus den Hauptdehnungsrichtungen (s. „Die kausale Genese der Binde- und Stützgewebe", S. 1.14ff.). Im allgemeinen können jeweils wenigstens zwei Faser-

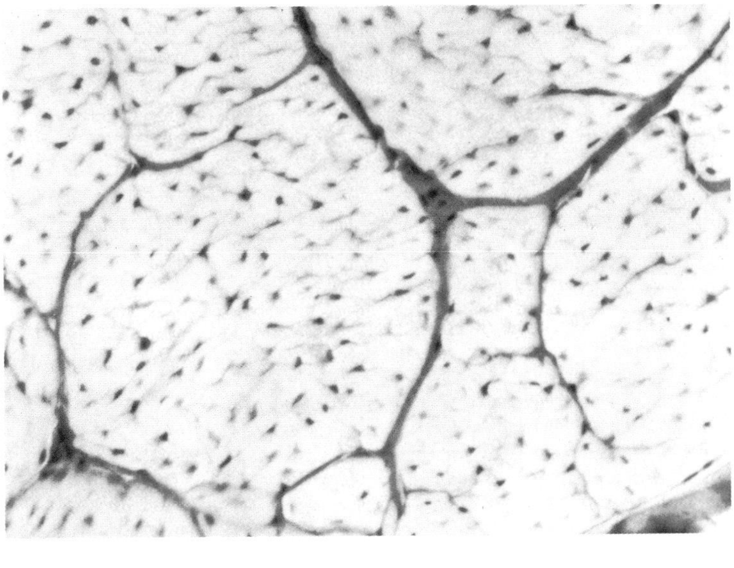

Abb. **3** Querschnitt durch eine Sehne. Man erkennt die Querschnitte der Flügelzellen, zwischen ihnen hier und da zart angedeutet die feinen Fasern des Peritendineum internum; die kräftigeren dunklen Bindegewebssepten, die kapillare Blutgefäße führen, bilden das Peritendineum externum (n. 338facher Vergr.)

scharen unterschieden werden, die sich meist unter konstanten Winkeln kreuzen. Besonders deutlich wird diese Struktur in den großen Hüllfaszien des Stammes und der Gliedmaßen sowie in den Aponeurosen.

Hyalines Knorpelgewebe

Die Zellen des Knorpelgewebes stammen ebenso wie die Fibrozyten aus dem Mesenchym. Sie besitzen einen relativ großen, rundlichen Kern, der locker strukturiert ist. Entsprechend ihrer lebhaften Synthese und Abgabe von Proteinen verfügen sie über ein ausgedehntes rauhes endoplasmatisches Retikulum und über einen großen Golgi-Apparat; zudem enthalten sie oft reichlich Glykogengranula.
Die Interzellularsubstanz besteht aus einer homogenen Grundsubstanz, die sich im wesentlichen aus Glykosaminoglykanen und Proteoglykanen zusammensetzt, in die Kollagenfibrillen eingebettet sind. Die Interfibrillärsubstanz enthält ferner

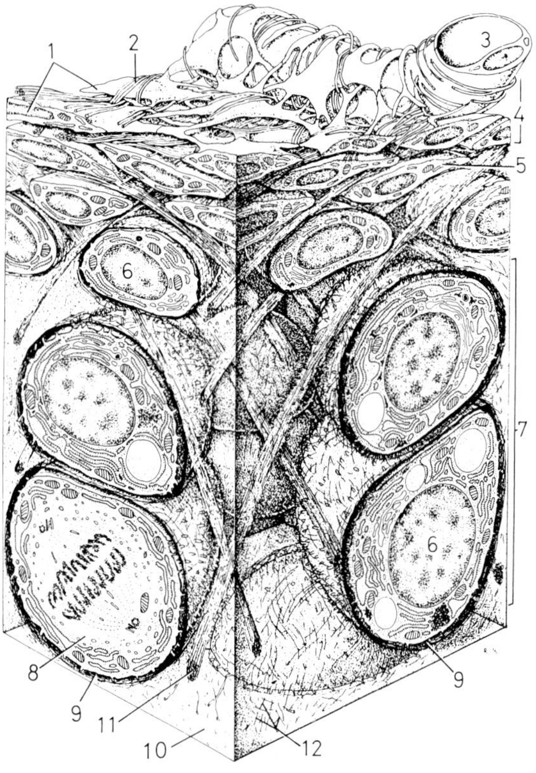

Abb. **4** Bau des Hyalinknorpels, nach elektronenmikroskopischen Aufnahmen halbschematisch gezeichnet. 1 = Fibrozyten, 2 = Kollagenfasern, 3 = Blutkapillare, 4 = Perichondrium, 5 = Chondroblast in der inneren Lage des Perichondriums, 6 = Chondrozyten, 7 = Chondron mit zwei Chondrozyten, 8 = Mitose eines Chondrozyten, 9 = Knorpelhöhle, 10 = interfibrilläre Grundsubstanz, 11 = Kollagenfibrille, 12 = junge kollagene Mikrofibrillen (n. 2000facher Vergr.)

Serumproteine, Zucker, Elektrolyte sowie Kollagenbausteine. Charakteristische Bestandteile sind jedoch die zu den Glykosaminoglykanen gehörenden Chondroitinsulfate A und C. Sie sind verantwortlich für die Quellung der Kollagenfibrillen, die damit den gleichen Brechungsindex erhalten wie ihr Umgebungsmedium und dadurch optisch nicht mehr wahrgenommen werden können: Sie erscheinen „maskiert".
Die Chondroitinsulfate bestehen aus Mukopolysaccharid-Protein-Komplexen mit Molekulargewichten von 5000 bis $10 \cdot 10^6$. Polymerisation, Aufknäuelung und starke Vernetzung – u. a. auch mit den Kollagenfibrillen – geben der gesamten Interzellularsubstanz eine gewisse Zug- und Druckfestigkeit. Abnahme der Glykosaminoglykane, vor allem der Chondroitinsulfate, sowie des Wassergehalts oder eine relative Vermehrung der Kollagenfibrillen führen zu deren Demaskierung. Damit kommt es zur *Asbestfaserbildung* . Eine versiegende Zellteilung im Alter und der Rückgang der Potenz zur Synthese, insbesondere der Glykosaminoglykane, sind die wesentlichsten Ursachen hierfür. Parallel dazu tritt eine Verkalkung auf.
Lichtmikroskopisch zeigt der Hyalinknorpel eine typische Struktur (Abb. **4**). Die *Chondrozyten* liegen einzeln oder zu mehreren in einer *Knorpelkapsel*, die durch ihre Metachromasie und starke Lichtbrechung auffällt. Darum schließt sich der meist basophile, ebenfalls metachromatische *Knorpelhof* (Territorium). Von manchen Autoren werden nur die Höfe um mehrere in einer Höhle gelegene Zellen als *Territorien* bezeichnet. Die gesamte Einheit von Zellen, Kapsel und Territorien bildet das *Chondron.* Im gut fixierten Präparat liegt der Chondrozyt der Kapsel fast überall an. Nur an einzelnen Stellen erkennt man zwischen seiner Oberfläche und der Kapsel ausgeschleuste Glykosaminoglykane. Polarisationsoptisch lassen sich zirkulär um die Knorpelhöhlen verlaufende Kollagenfibrillen nachweisen.
Benninghoff (1922) beschreibt für den Hyalinknorpel konzentrische Kollagenfaserwickelungen verschiedener Ordnungen, deren kleinste einzelne Chondrone umschließen, während die größeren in der Interterritorialsubstanz gelegenen immer mehr Condrone zusammenfassen. Nach der Knorpeloberfläche hin werden die Kollagenfibrillen dichter und zunehmend parallel zur Oberfläche ausgerichtet (Tangentialfaserschicht). Die Territorien werden in dieser Region undeutlicher, die Zellen abgeplattet, und ihre größten Durchmesser liegen oberflächenparallel. Sie nehmen regelrecht die Gestalt von Deformationsellipsoiden an, wie sie theoretisch für Elementarpartikel eines auf Druck beanspruchten elastischen Körpers beschrieben werden.
Der Grundaufbau aus rundlichen, in Kapseln eingeschlossenen Zellen und zirkulären, in die Grundsubstanz eingebetteten Kollagenfaserhül-

len bestimmt entscheidend die mechanischen Eigenschaften des Knorpels. Seine Baueinheiten verhalten sich bei Belastung ähnlich wie Wasserkissen. Dabei nehmen die Zellen selbst einen erheblichen Teil des Druckes auf; der Deformationstendenz wirkt die Faserhülle entgegen, deren Fibrillen deshalb unter Zugspannung geraten. Dieser Zusammenhang macht es verständlich, daß sich die Kollagenfasern zwangsläufig und passiv in die Richtungen größter Dehnung und damit größter Zugspannung einstellen.

Das mechanische Verhalten des Knorpels hängt folglich von den Eigenschaften der Kollagenfibrillen und vom Wassergehalt ab. Bei Kompression eines Knorpelstückchens um einen bestimmten vorgegebenen Betrag (isometrische Belastung) fällt die hierfür notwendige Kraft mit der Zeit ab (*Relaxation*, vgl. Arnold u. Hartung 1973). Bei konstant gehaltener Kraft schreitet die Deformation langsam weiter fort. Diese Erscheinung ist mit dem „*Fließen*" (creeping) technischer Materialien verglichen worden (z. B. Coletti u. Mitarb. 1972). Sowohl die Relaxation als auch dieses sog. Fließen sind aber nicht ohne weiteres mit den ebenso benannten Phänomenen bei Baustoffen identisch, da im organischen Gewebe die histologische Struktur und die stoffliche Inhomogenität eine ganz wesentliche Rolle spielen. Sowohl Flüssigkeitsverschiebungen als auch Dehnung der Kollagenfasern werden in diesem Zusammenhang diskutiert. Nicht befriedigend geklärt ist z. Z. noch die Frage, inwieweit die Ergebnisse der Materialprüfung isolierter Gewebsstückchen einmal auf die Verhältnisse im Gesamtzusammenhang mit den übrigen Knorpelpartien und andererseits auf das lebende Gewebe übertragen werden dürfen. Die Beobachtungen deuten aber darauf hin, daß eine Dauerbelastung für Knorpelgewebe schädlich ist, während Belastungen mit Intervallen wesentlich besser ertragen werden.

Besondere Bedeutung erlangen die Beziehungen zwischen Struktur und mechanischen Eigenschaften für den Gelenkknorpel. Hierauf soll jedoch bei der Beschreibung der Diarthrosen näher eingegangen werden (s. „Biomechanik der Diarthrosen", S. 1.29).

Knochengewebe

Mikroskopische Struktur:
Ebenso wie die Chondrozyten besitzen auch die Osteoblasten ein gut ausgeprägtes endoplasmatisches Retikulum und einen entsprechend entwikkelten Golgi-Apparat. Sie stammen ebenfalls vom Mesenchym ab und ähneln zunächst undifferenzierten Fibroblasten. Vielfach lagern sie sich zu epitheloiden Schichten zusammen, um die noch unverkalkte organische Grundsubstanz des Knochens, das *Osteoid*, abzuscheiden. Analog zur Knorpelgrundsubstanz setzt sich auch das Osteoid aus einer strukturierten und einer amorphen Phase zusammen. Die feinere Struktur wird durch die Anordnung der Kollagenfibrillen bestimmt, die in die homogene Interfibrillärsubstanz eingelagert sind. Die letztere besteht wieder vorwiegend aus Glykosaminoglykanen und Proteoglykanen (1–2%) sowie weiteren Proteinen (wenig mehr als 1%), der Rest sind anorganische Stoffe. Unter diesen stellt das Calciumphosphat mit 85% den Hauptanteil; mit großem Abstand folgen Calciumcarbonat (10%), Magnesiumphosphat (1,5%), Calciumfluorid (0,3%), Calciumchlorid (0,2%) und Alkalisalze (zusammen etwa 2%). Zum überwiegenden Teil sind die anorganischen Substanzen als Kristalle, und zwar als *Hydroxylapatit* eingelagert. Bei einem Durchmesser zwischen 1,5 und 6 nm sind die einzelnen Kristalle etwa 20–50 nm lang. Sie ordnen sich vornehmlich entlang den Kollagenfibrillen, und zwar in Abhängigkeit von deren periodischer Querstreifung. In der Interfibrillärsubstanz ist ein Ordnungsprinzip der Hydroxylapatitkristalle kaum erkennbar. Mit ihrer fortschreitenden Einmauerung in die Grundsubstanz nehmen die Osteoblasten schließlich die definitive Gestalt der *Osteozyten* an (Abb. **5**). Dabei zieht sich das Zytoplasma in Richtung auf den Kern zurück, hinterläßt jedoch eine große Zahl langer, feiner Ausläufer, die mit den entsprechenden Fortsätzen benachbarter Zellen in Verbindung bleiben. Diese Osteozytenausläufer spielen eine wesentliche Rolle für den extravasalen Stofftransport im Knochen. Der Abstand zwischen den Gefäßkanälen des Knochengewebes übersteigt im Mittel kaum 200–250 μm, offenbar ein Hinweis auf eine maximale Diffusionsstrecke von wenig mehr als 100 μm.

Das primär angelegte Knochengewebe des Menschen ist *Geflechtknochen*), in dem die Kollagenfaserbündel sich ähnlich wie im Bindegewebe durchflechten. Sie gehen an der Knochenoberfläche in dieser Weise unmittelbar in das ähnlich strukturierte Periost über. Hierbei spielt die Herkunft des Knochens (s. „Differenzierung der Binde- und Stützgewebe", S. 1.11 ff.) keine Rolle. In den weitaus meisten Partien des Skeletts weicht dieser primäre Geflechtknochen durch Umbau dem definitiven *Lamellenknochen*; nur an Band- und Sehnenansätzen sowie im Felsenbein bleibt er zeitlebens erhalten.

Eine besondere Organisationsform des Lamellenknochens ist der *Osteonknochen* (Abb. **6**). In ihm sind die meisten Lamellensysteme (Haversssche Systeme) konzentrisch um den gefäßführenden Haversschen Kanal angeordnet, oder sie sind Reste durch Umbau zerstörter derartiger Systeme (*Schaltlamellen*). Nur wenige Lamellen verlaufen durchgehend an der äußeren oder inneren Oberfläche eines Knochens als *Generallamellen.*

Die Knochenlamellen kommen durch die systematische Anordnung der Kollagenfibrillen zustande, die in jeder Lamelle eine einheitliche, untereinander aber sehr variable Struktur bedingt.

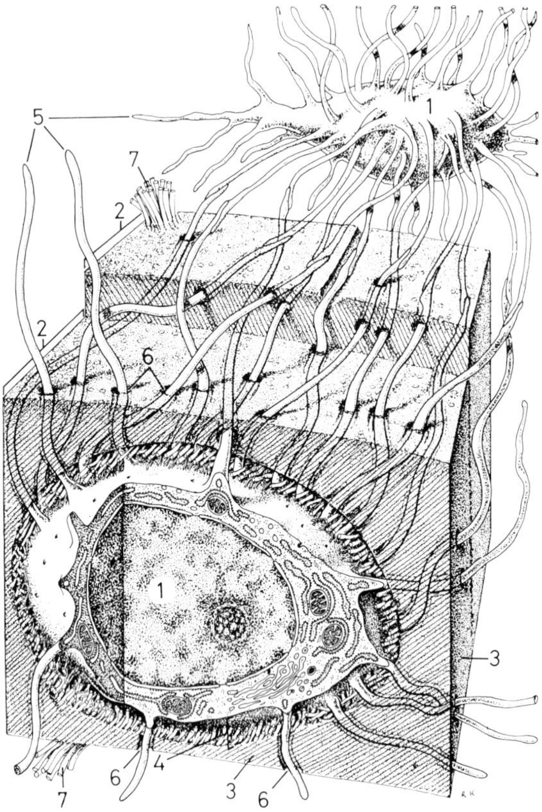

Abb. **5** Feinbau des Lamellenknochens („Osteonknochen"), nach elektronenmikroskopischen Bildern halbschematisch gezeichnet. 1 = Osteozyt, 2 = Haverssche Lamellen, 3 = verkalkte Grundsubstanz, 4 = in die Lakune hineinreichende nicht verkalkte Enden kollagener Mikrofibrillen, 5 = Zytoplasmafortsätze, 6 = Canaliculi für die Zellfortsätze, 7 = in jeder Lamelle mehr oder weniger parallel verlaufende Kollagenfaserbündel (n. 7500facher Vergr.)

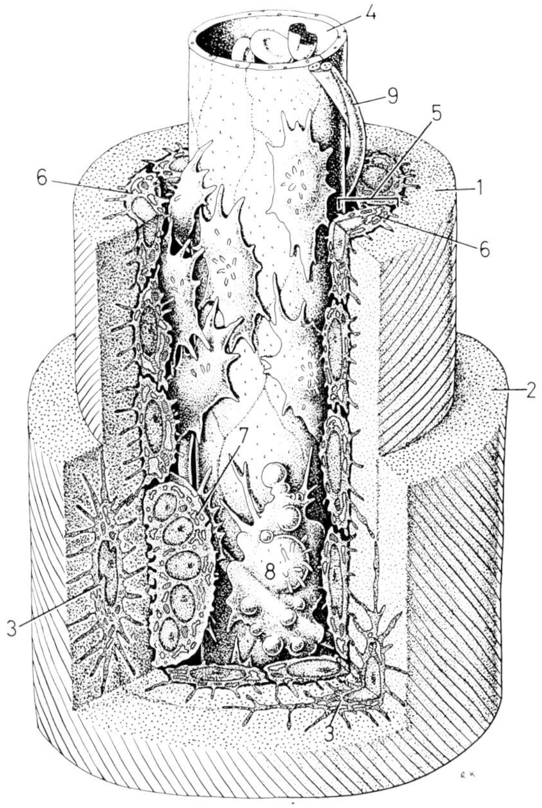

Abb. **6** Haverssches System („Osteon"). 1 u. 2 = zwei Haverssche Lamellen, 3 = Osteozyt, 4 = Kapillare im Haversschen Kanal, 5 = Perivaskularraum, 6 = Osteoblasten, 7 = Osteoklast, 8 = Makrophage, 9 = Nervenfasern (n. 900facher Vergr.)

In den Haversschen Systemen verlaufen die Kollagenfibrillen einer Lamelle vielfach parallel und in einem von einer zur Nachbarlamelle wechselnden Steigungswinkel schraubenförmig um den zentralen Gefäßkanal gewunden. Hierbei kann sich nicht nur die Steigung, sondern auch der Richtungssinn der Schraubenwickelungen ändern. Seltener kommen sog. Faserfilzlamellen vor, in denen keine strenge Ausrichtung der Kollagenfibrillen erkennbar ist. In den einzelnen Osteonen können Zahl und innere Struktur der Lamellen erheblich verschieden sein. Ausführliche Angaben hierüber finden sich bei KNESE u. Mitarb. (1954).

Die Osteozytenhöhlen sind entsprechend dem Lamellenverlauf systematisch ausgerichtet. Das bedeutet, daß sie sich in den Osteonen konzentrisch um den Haversschen Kanal ordnen; die Längsachse der abgeplatteten Ellipsoide liegt dabei in Lamellenrichtung, die kürzeste Achse radiär. In dieser letzteren Richtung, nämlich radiär zum Haversschen Kanal, verlaufen auch weitaus die meisten Knochenkanälchen, in denen die Osteozytenausläufer gelegen sind.

Die dreidimensionale Gestalt der Haversschen Systeme entspricht dem Anordnungsmuster der entsprechenden Blutgefäße (vgl. KOLTZE 1951). Sie besitzen dementsprechend Verzweigungen und Querverbindungen. Dies hat dazu geführt, daß Bedenken gegen die Bezeichnung „Osteon" erhoben wurden, da die so benannte Struktur im Knochen nicht eine sauber abgrenzbare Baueinheit darstelle wie etwa das Chondron des Knorpels.

Außer den Haversschen Kanälen, die per definitionem von konzentrisch um sie angeordneten Lamellensystemen begleitet werden, durchdringen ebenfalls gefäßführende Volkmannsche Kanäle die Lamellen ohne Rücksicht auf deren Verlauf.

Mechanische Eigenschaften:

Entsprechend seinem Mineralgehalt besitzt der Knochen die größte Festigkeit von allen Geweben

Tabelle **1** Trockene Knochen

Autor	Material	Druckfestigkeit ($kp \cdot mm^{-2}$)	Zugfestigkeit ($kp \cdot mm^{-2}$)
Hülsen (1896)	Humerus	6,78–7,62	5,40–6,35
Rauber (1876)	Femur	7,75–11,99	
Calabrisi u. *Smith* (1951)	Femur	10,95	
Schmitt (1968)	Femur	6,21–17,62	
Evans (1957)			5,23–5,87

Tabelle **2** Druckfestigkeit ($kp \cdot mm^{-2}$), getrocknete Knochen

Autor	Material	Kompakta	Spongiosa
Rauber (1876)	Femur	19,48	
	Tibia	17,24	
	Humerus	13,65	
	Femurkondylus		0,9625
	Lendenwirbel		0,8375

Tabelle **3** Festigkeit in Abhängigkeit von der Faserrichtung

Autor	Material	Druckfestigkeit	
		// zu Haversschen Systemen	// zu Haversschen Systemen
Hülsen (1896)	Humerus	6,78–7,62	5,17–6,56
Rauber (1876)	Femur	7,75–11,99	8,60–9,50
Calabrisi u. *Smith* (1951)	Femur	10,95	
Schmitt (1968)	Femur	6,21–17,62	
Jouck (1970)	Tibia	2,60–8,10	

des Stützapparates. Die experimentell gefundenen Werte sind allerdings nur schwer miteinander zu vergleichen, da hier offensichtlich mehrere Faktoren wirksam sind, die an verschiedenen Stellen des Skeletts in sehr unterschiedlicher Weise kombiniert sind. Grundsätzlich kann gesagt werden, daß die Druckfestigkeit des Knochengewebes größer ist als seine Zugfestigkeit (Tab. **1**). Ferner verhält sich kompakter Knochen anders als Substantia spongiosa (Tab. **2**). Dabei ist allerdings zu berücksichtigen, daß isolierte Probekörper aus spongiösen Knochen sich mit Sicherheit anders verhalten als in ihrem natürlichen Verband im Gesamtfachwerk der Spongiosa. Man bemerkt auch bei Proben aus der Substantia compacta deutliche Unterschiede bei Beanspruchung parallel zur Verlaufsrichtung der Haversschen Systeme oder senkrecht dazu (Tab. **3**). Ferner ist trockenes Knochengewebe (z. B. aus mazerierten Skelettstücken) deutlich widerstandsfähiger als feucht gehaltenes, wobei es im letzteren Fall vergleichsweise weniger bedeutungsvoll ist, ob es sich um frischen Knochen in isotonischer, evtl. angewärmter Lösung oder um konserviertes Feuchtmaterial handelt (Tab. **4**).

Im großen und ganzen geht die Festigkeit parallel zum Mineralgehalt (Schmitt 1968, Amtmann u. Schmitt 1968). Es bleibt aber eine gewisse Differenz, die vermutlich ihre Erklärung in einem Einfluß der mikroskopischen Struktur auf die Festigkeit findet (Amtmann 1971 a, b, Peters 1975). Die Abhängigkeit der Festigkeit von der Beanspruchungsrichtung in bezug zur feineren Struktur war schon lange zuvor bekannt (Rauber 1876, Hülsen 1896, Evans u. Lissner 1957), dennoch ist auch heute noch nicht mit letzter Sicherheit klargestellt, ob alle regionalen Festigkeitsunterschiede (Amtmann 1971 a, b) in den langen Röhrenknochen auf strukturelle Besonderheiten zurückgeführt werden können. Demgegenüber kann es als statistisch gesichert gelten, daß die spezifische Festigkeit (Bruchlast pro cm^2) bei Frauen geringer ist als bei Männern und daß sie in beiden Geschlechtern mit dem Alter abnimmt (Amtmann 1971 a, b).

Tablle **4** Druckfestigkeit (kp · mm^{-2}), // zu Haversschen Systemen

Autor	Humerus	Femur	Tibia	Parietale
frisch, feucht:				
Rauber (1976)	7,20	7,27	8,68	
Hülsen (1896)	10,55		10,81	
Calabrisi and *Smith* (1951)		10,95	9,19	
frisch, erwärmt:				
Rauber (1876)	12,56–15,43	13,07–16,6	16,8	
trocken, unfixiert:				
Hülsen (1896)	7,05			
Rauber (1876)		9,81		
trocken, konserviert:				
Evans and *Lissner* (1957)				8,02
Schmitt (1968)		11,92		

Evans (1957): Zugfestigkeit (kp · mm^{-2}). Femur, // zur Längsachse

	mit Wasser feucht gehalten	luftgetrocknet
mittleres Drittel	8,49	11,35
proximales Drittel der Schaftlänge	7,91	10,59

Entwicklung des Skeletts

Differenzierung der Binde- und Stützgewebe

Differenzierung des kollagenen Bindegewebes: Alle Bausteine der Interzellularsubstanz der Bindegewebe werden zunächst von den *Fibroblasten* gebildet. Sie sind plumper als die ausdifferenzierten Fibrozyten, die ebenfalls über die Fähigkeit zur Synthese verfügen.
Ebenso wie andere Polypeptide ist das Kollagen eine Aminosäurekette, in der allerdings Prolin und Hydroxyprolin besonders reichlich vertreten sind. 13 Gewichtsprozent des Kollagens werden vom Hydroxyprolin beansprucht; daher kann durch dessen Bestimmung der Kollagengehalt eines Gewebes ermittelt werden, indem die Hydroxyprolinmenge mit dem Faktor 7,46 multipliziert wird. Die langen Fadenmoleküle werden an den Ribosomen gebildet und erscheinen zunächst in den Hohlräumen des endoplasmatischen Retikulums. Sie werden nun entweder durch Öffnungen des endoplasmatischen Retikulums oder unter Vermittlung des Golgi-Apparates aus der Zelle ausgeschleust. Hier finden in Nähe der Zellmembran die Helixbildung der Tropokollagenmoleküle und die Aggregation zu elektronenmikroskopisch erkennbaren Mikrofilamenten statt. Das weitere Wachstum zu feineren und schließlich gröberen Fibrillen spielt sich ebenfalls ausschließlich im Interzellularraum ab.
Auch die Glykosaminoglykan-Makromoleküle sind Produkte der Fibroblasten. Die Proteinkomponente wird wiederum an den Ribosomen synthetisiert, während die Mukopolysaccharide sowohl im Grundzytoplasma als auch im endoplasmatischen Retikulum entstehen.

Chondrogenese, Wachstum und Alterung des Knorpels: Zur Vorbereitung der Knorpelbildung formiert sich das Mesenchym zu einem zellreichen, dichten *Blastem*. Die Zellen ziehen ihre Ausläufer ein und runden sich ab. Fast gleichzeitig damit synthetisieren sie die Komponenten der Interzellularsubstanz, die sie abscheiden. Dabei rücken sie voneinander ab und schaffen sich zugleich die Knorpelkapseln. Mit zunehmender Ausreifung wird der Knorpel relativ zellärmer und grundsubstanzreicher. Er wächst damit intussuszeptionell. Die Chondrozyten können dabei noch lange ihre Fähigkeit zu mitotischer Teilung beibehalten. Die auf diese Weise entstehenden Tochterzellen liegen dann zunächst zu mehreren gemeinsam in einer Kapsel, bis infolge ihrer Synthesetätigkeit zwischen ihnen Grundsubstanzwände erscheinen, durch deren Verdickung sie auseinanderrücken, um schließlich eigene Chondrone zu bilden. Neben dieser Grundsubstanzvermehrung und Mitose findet häufig auch noch ein appositionelles Wachstum an der Knorpeloberfläche statt. Im Perichondrium wandeln sich stets undifferenzierte Bindegewebszellen in Chondroblasten um, die erst mit weiterer Bildung von Interzellularsubstanz und dem damit verbundenen Tieferrücken das Aussehen der typischen, abgerundeten Chondrozyten annehmen. Offenbar scheinen Bindegewebszellen grundsätzlich die Potenz zur Knorpelbildung zu besitzen, denn man beobachtet gelegentlich die Entstehung von isolierten Knorpelherden oder versprengten Knorpelinseln in Bändern oder Sehnen (Lig. calcaneonaviculare plantare, Sehne des M. peronaeus longus u. a.). Andererseits gehört die Bildung von Kollagenfibrillen untrennbar zur Synthese der Knorpelgrundsubstanz.

Wie in anderen Geweben, so bleibt auch im Knorpel die Grundsubstanz nie über längere Zeit unverändert. Obwohl das Gewebe als relativ bradytroph bezeichnet wird, findet doch stets ein bemerkenswerter Stoffaustausch statt. Dies betrifft vor allem die Glykosaminoglykane, die eine besonders kurze Halbwertszeit besitzen. Die Bausteine der strenger strukturierten Kollagenfibrillen werden demgegenüber langsamer ausgetauscht. Bei altersbedingtem Potenzverlust der Chondrozyten werden daher die Kollagenfibrillen relativ dichter gelagert; durch reduziertes Wasserbindungsvermögen und abnehmende Quellung infolge der Verarmung an Chondroitinsulfat werden sie demaskiert, und es entsteht das Bild der Asbestfaserung.

Die Einlagerung von Kalksalzen in die Grundsubstanz kann schließlich die Endphase dieser Entwicklung kennzeichnen.

Osteogenese:

Die *Osteoblasten* sind ebenso Abkömmlinge des Mesenchyms wie die Fibroblasten und Chondroblasten. Nach der Rückbildung ihrer Ausläufer ordnen sich die Zellen zumeist zu einem epitheloiden Verband, der sich vornehmlich an bereits vorgegebenen Stützgewebsstrukturen orientiert. Als ein derartiges Leitgerüst kommen sowohl Bindegewebsfibrillen als auch Knorpelgrundsubstanzreste in Frage. In jedem Falle ist aber der histologische Vorgang der gleiche: In den Zellen erscheinen zunächst Anhäufungen von Glykogengranula; dann scheiden sie die organische Knochengrundsubstanz, das *Osteoid* ab. Dieses enthält in Glykosaminoglykane eingebettete Kollagenfibrillen. Entsprechend der Durchflechtung der Kollagenfibrillen entsteht so der primäre Geflechtknochen, der schließlich verkalkt (s. „Das Knochengewebe", S. 1.7). Bereits frühzeitig treten neben den Osteoblasten auch mehrkernige *Osteoklasten* auf, durch deren resorbierende Tätigkeit die charakteristischen *Howshipschen Lakunen* entstehen. In ihrem Zytoplasma lassen sich die beim Abbau der Knochengrundsubstanz aufgenommenen Kalksalze färberisch nachweisen. Der beständige Umbau des Knochengewebes kommt durch die unterschiedlich lebhafte Tätigkeit der Osteoblasten und Osteoklasten zustande. Neben diesem gröberen Umbau, der sich in Neubildung und Resorption von Osteoid ausdrückt, findet ein stetiger Austausch der Bausteine der Glykosaminoglykane und des Kollagens sowie der Calciumsalze statt.

Entsprechend dem primären Leitgerüst wird Knochenbildung auf bindegewebiger Grundlage, *desmale Ossifikation*, von einer Entstehung des Knochengewebes an Stelle eines zuvor existenten Knorpelelements unterschieden *(chondrale Ossifikation)*. Entwicklungsgeschichtlich lassen sich die Skelettelemente teils auf den ehemaligen Hautknochenpanzer zurückführen *(Deckknochen)*, zum andern Teil vom ossifizierten knorpeligen Binnenskelett ableiten *(Ersatzknochen)*. Demnach entstehen die Deckknochen zumeist durch desmale Ossifikation, während die Ersatzknochen häufig auf dem Wege der chondralen Ossifikation gebildet werden. Dennoch dürfen die in dieser Weise zusammengehörigen Begriffe nicht ohne weiteres synonym verwendet werden, denn es findet sich ebenso desmaler Zuwachsknochen bei eindeutigen Ersatzknochen wie Sekundärknorpel mit chondraler Ossifikation bei genetisch definierten Deckknochen. Es ist hier also um der Klarheit willen notwendig, die formalhistologische Beschreibung von der vergleichend entwicklungsgeschichtlichen Bezeichnung zu trennen.

Desmale Ossifikation (Abb. **7**):

Im Bindegewebe erscheinen Osteoblasten, die offenbar auch unmittelbar aus Fibrozyten hervorgehen können. Sie ordnen sich entsprechend der Architektur der Kollagenfibrillen und bilden durch Abscheidung von Osteoid mehr oder weniger langgestreckte primäre *Knochenbälkchen*, die wiederum nach der Hauptzugrichtung der Bindegewebsfasern orientiert sind. In nicht sehr regelmäßigen Abständen nehmen diese „Längsbälkchen" durch kürzere „Querbälkchen" Verbindung untereinander auf. Dieses Ordnungsprinzip ist an den Deckknochen des Schädels besonders deutlich zu erkennen. Vom Ossifikationszentrum strahlen die Längsbälkchen radiär aus, damit die Hauptdehnungsrichtung der bindegewebigen Membran widerspiegelnd.

Ein auf diese Weise desmal entstehendes Skelettelement wächst durch Verschieben der Längsbälkchen in der Flächenausdehnung und durch

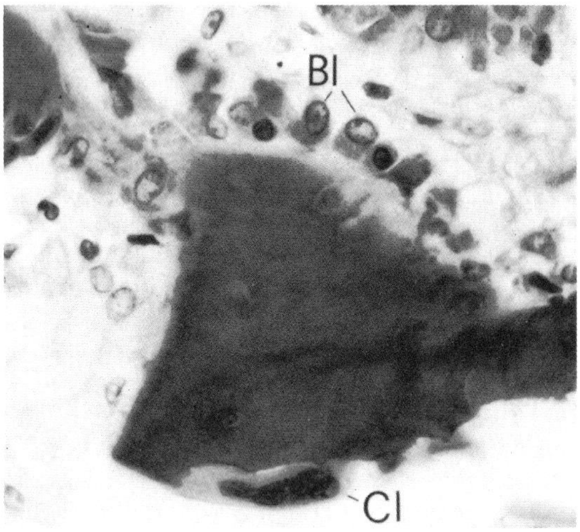

a

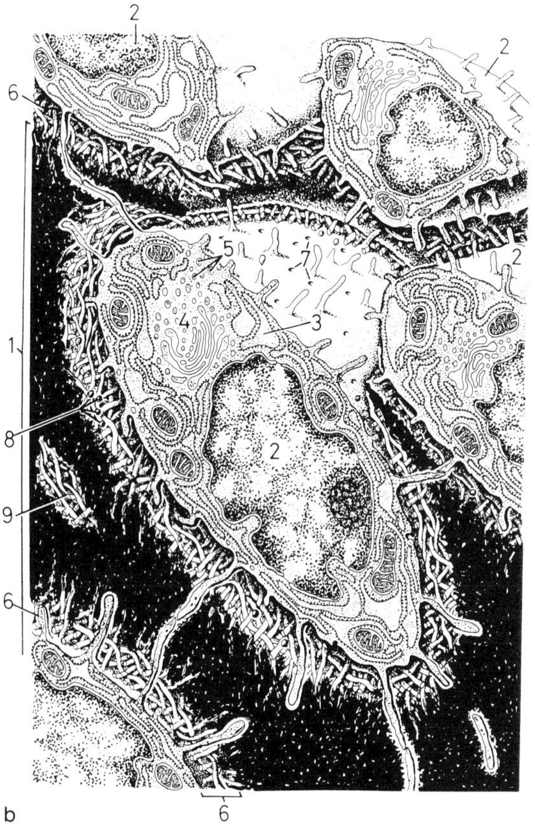

b

Abb. **7** a u. b Dermale Ossifikation: a) mikroskopische Übersicht (n. 520facher Vergr.), Bl = Osteoblasten, Cl = Osteoklast, b) halbschematische Zeichnung nach elektronenmikroskopischen Aufnahmen, 1 = (dunkel) Knochenbälkchen, 2 = Osteoblasten, 3 = erweitertes granuläres endoplasmatisches Retikulum in einem jungen Osteozyten, 4 = Golgi-Apparat, 5 = Vesikel, 6 = kollagene Mikrofibrillen, 7 = Bläschen der Zytopempsis, 8 = Matrixgranula, von Osteozyten ausgeschieden, 9 = nicht mineralisierte Kollagenfibrillen (n. 5000facher Vergr.)

Bildung weiterer Lagen und Querverbindungen in der Dicke. Die einzelnen Bälkchen sind von einem dichten Osteoblastensaum umgeben; in den Maschenräumen befindet sich ein relativ faserarmes Bindegewebe mit zahlreichen Blutgefäßen kleineren Kalibers. Nur die Oberfläche des Gesamtelements ist von einer dickeren Schicht faserreichen Bindegewebes bedeckt, aus der auch die oberflächliche Osteoblastenlage hervorgeht. Damit formiert sich das primäre Periost, dessen Fasern direkt in die oberflächlichen Bälkchen eintauchen. Auf diese Weise entsteht eine sehr innige Verbindung zwischen Periost und Knochen. Je jünger das Knochenelement ist und je weniger die Querverbindungen zwischen den einzelnen Lagen der Längsbälkchen ausgebildet sind, um so schwerer ist es, präparatorisch das Periost vom Knochen zu trennen, ohne den letzteren zu zerbrechen oder zumindest zahlreiche Bälkchen aus ihm herauszureißen. Auch hierfür sind die Knochen der Schädelkalotte ein augenfälliges Beispiel. Noch beim Neugeborenen läßt sich das Periost von ihnen kaum trennen, zumal es zudem mit den die Fontanellen überbrückenden Bindegewebsmembranen fest verbunden ist. Mit dem Umbau der Skelettelemente zu Lamellenknochen ändert sich die Haftung des Periosts, und es läßt sich von der Schädelkalotte ohne jede Schwierigkeit abziehen. Beim Wachstum vor allem der platten, desmal gebildeten Knochen sorgt eine in der Quantität regional aufeinander abgestimmte Tätigkeit von Osteoblasten und Osteoklasten dafür, daß die Elemente sich in etwa proportionsgerecht vergrößern. Diese Vorgänge haben für die Vergrößerung des Krümmungsradius der wachsenden Schädelkalotte eine ganz besondere Bedeutung.

Chondrale Ossifikation (Abb. **8**):
Es wurde oben bereits darauf hingewiesen, daß die unmittelbare Knochenbildung, d. h. der Aufbau des Osteoids durch die Osteoblasten, bei desmaler und chondraler Osteogenese absolut identisch ist. Der Unterschied liegt ausschließlich in den Begleitumständen.
Bei der chondralen Osteogenese wird ein knorpeliges Skelettelement sukzessive durch Knochengewebe ersetzt. Dabei sind zwei Vorgänge grundsätzlich voneinander zu trennen:
Enchondrale und perichondrale Ossifikation:
Enchondraler Knochen entsteht durch eine typische Kernbildung im Innern hyalinknorpeliger Elemente. In den zuvor gefäßfreien Knorpel wandern Blutgefäße mit einer Umhüllung aus wenig differenziertem Bindegewebe ein. Etwa gleichzeitig bildet sich das Knorpelgewebe an der Stelle des späteren Knochenkerns um. Die Zellen werden blaß und kaum mehr anfärbbar; dabei runden sie sich zur Kugelform und quellen schließlich bis zum Mehrfachen ihres ursprünglichen Volumens. Die Volumenzunahme der Chondrozyten geschieht auch auf Kosten der Interzellularsubstanz, die zu dünnen Scheidewänden reduziert wird. In der Umgebung dieser *Blasenknorpelzone* findet häufig eine vermehrte Zelltei-

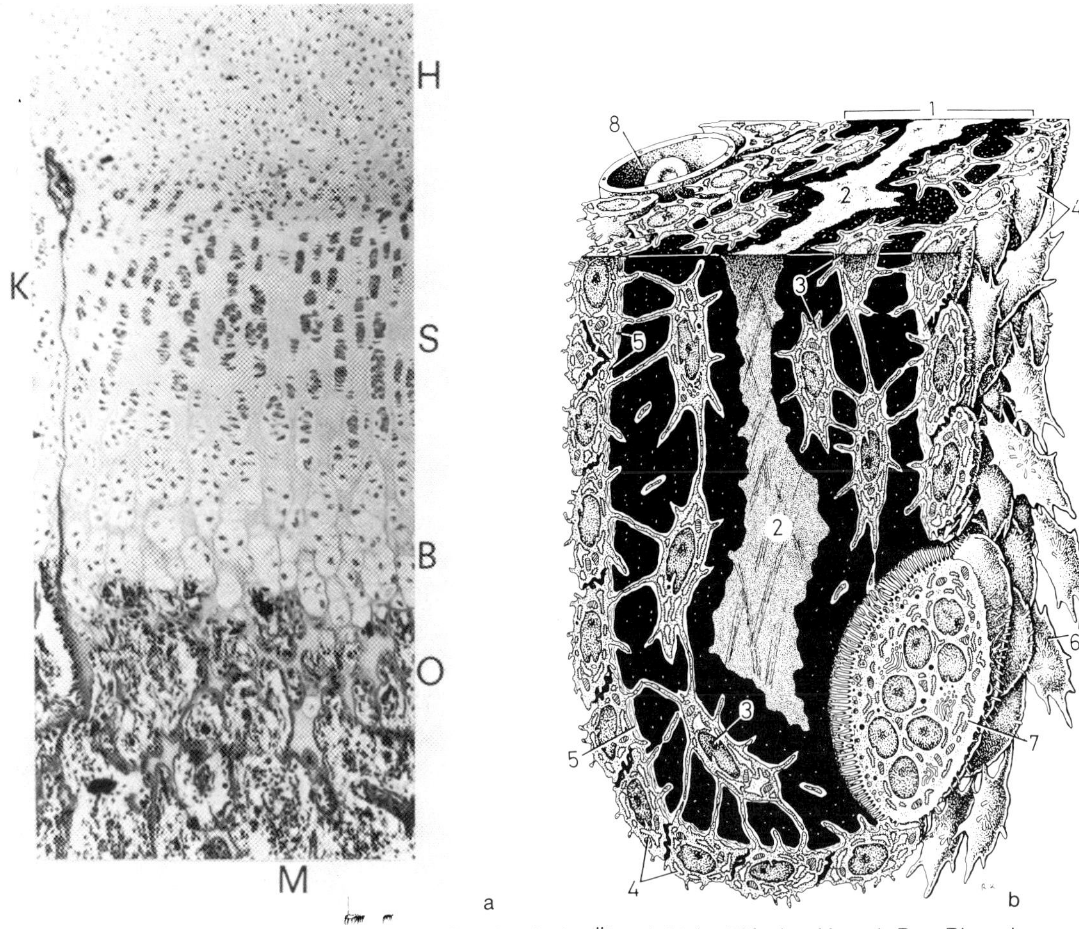

Abb. **8**a u. b Enchondrale Ossifikation: a) mikroskopische Übersicht (n. 70facher Vergr.), B = Blasenknorpelzone, H = kleinzelliger Hyalinknorpel, K = in den Knorpel eindringende Kapillare, M = primäres Knochenmark, O = Zone der ossifizierenden Grundsubstanzbälkchen, S = Zone des Säulenknorpels; b) halbschematische Zeichnung nach elektronenmikroskopischen Aufnahmen (Vergr.: 980mal), 1 = Knochenbälkchen, 2 = verkalkte Knorpelgrundsubstanz, 3 = Osteozyten, 4 = Osteoblasten, 5 = unverkalktes Osteoid, 6 = aus Bindegewebszellen sich differenzierende Osteoblasten, 7 = Osteoklast, 8 = Blutkapillare

lung statt; dadurch entstehen geldrollenartige Säulen abgeplatteter, manchmal keilförmiger Zellen, deren Längsachsen radiär zum Blasenknorpelzentrum gestellt sind. Allerdings ist diese *Säulenknorpelzone* nicht immer gleich deutlich ausgebildet.

Die Blutgefäße dringen mit ihren schlingenförmigen Enden bis zur Blasenknorpelzone vor. Aus den Zellen des begleitenden Bindegewebes bilden sich Chondroklasten, die das Knorpelgewebe auflösen. Sie resorbieren insbesondere die Interzellularsubstanz, etwa wie ein Bohrkopf, und in dem von ihnen geschaffenen Kanal folgen die Blutgefäße nach, analog dem Bohrgestänge. Beim Erreichen der Blasenknorpelregion werden nach Resorption der dünnen Grundsubstanzwände die großen Knorpelhöhlen eröffnet. Die Knorpelzellen gehen dabei wahrscheinlich zugrunde. Es bleiben lediglich einige zellfreie Grundsubstanzbalken übrig, die bereits z. T. verkalkt sein können. An diese Knorpelreste als Leitstrukturen legen sich aus dem eingedrungenen Bindegewebe entstehende Osteoblasten an, die nun auf die verkalkte Knorpelgrundsubstanz Osteoid auflagern, sich dabei selbst mit einschließen und sich schließlich zu Osteozyten differenzieren. Gleichzeitig mit der Kalksalzeinlagerung in das Osteoid läßt sich an diesen Stellen des Gewebes die Anwesenheit *alkalischer Phosphatase* nachweisen; allerdings ist z. Z. noch nicht sicher geklärt, welche Rolle sie bei der Verkalkung spielt. Diese Enzymaktivität wird in geringerem Ausmaß auch in den verkalkten Partien des Knorpels beobachtet.

Zwischen den auf diese Weise entstehenden ersten Knochenbälkchens befindet sich ein sehr zartes, mesenchymähnliches Bindegewebe, das reich an wenig ausdifferenzierten Zellen und weitlumigen Blutkapillaren ist, in denen eine z. T. recht lebhafte Erythropoese erkennbar wird. Dieses zunächst labyrinthartig verzweigte Raumsystem bildet in seiner Gesamtheit das *primäre Knochenmark.* Die relativ große Zahl der Osteoklasten in diesem Gewebe ist Ausdruck der Umbauvorgänge, die nun alsbald zu einer Umstrukturierung dieser ersten Bälkchenarchitektur führen.

Die perichondrale Knochenbildung ist eigentlich eine Variante der desmalen Ossifikation an einem späteren Ersatzknochen. Sie findet sich insbesondere bei den knorpeligen Vorläufern der langen Röhrenknochen. Etwa in der Mitte ihrer Länge entsteht im Perichondrium regelrechter Bindegewebsknochen, der sich wie eine Manschette rings um das Skelettelement legt. Von hier aus dringt dann meist nur an einer Stelle mesen-

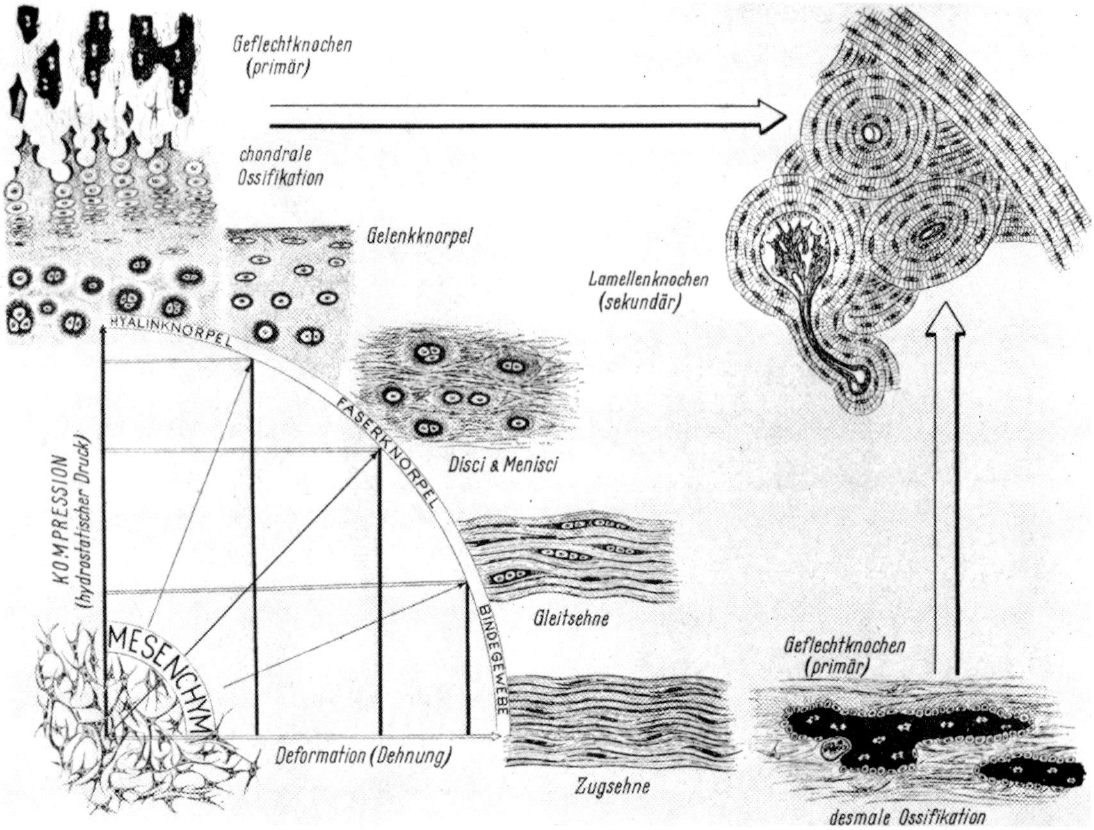

Abb. **9** Kausale Histogenese der Stützgewebe nach der Vorstellung von *Pauwels*

chymähnliches Bindegewebe mit zahlreichen Blutkapillaren und später auch größeren Gefäßen unter Mithilfe von Chondroklasten in den Knorpel ein, in dessen Tiefe durch Blasenknorpelbildung eine enchondrale Ossifikation bereits vorbereitet wird.

Auch der perichondral entstehende Knochen wird in Gestalt miteinander vernetzter Bälkchen angelegt; dadurch unterscheidet sich seine Architektur im Prinzip nicht von derjenigen des desmalen oder enchondralen Knochens. Wenn nun in der folgenden Entwicklung perichondral und enchondral angelegter Knochen aufeinandertreffen und sich miteinander vereinigen, so ist eine histologische Grenze zwischen ihnen nicht mehr erkennbar.

Kausale Histogenese der Binde- und Stützgewebe nach der Theorie von Pauwels

Die Grundvorstellung, daß jene Gewebe, die im wesentlichen eine mechanische Funktion zu erfüllen haben, auch in ihrer Entwicklung und Differenzierung durch mechanische Einflüsse gesteuert werden, ist mehr als 100 Jahre alt. Roux (1895) verwandte viel Mühe darauf nachzuweisen, daß eine Zugbeanspruchung die Ausbildung von Bindegewebe induziere, während Druck oder Druck kombiniert mit Zug Knochen und Schub Knorpelgewebe erzeugen solle. Trotz verschiedener offensichtlicher Unstimmigkeiten wurde diese Vorstellung in den Grundzügen von allen späteren Autoren, darunter in erster Linie auch von Benninghoff, übernommen und weiterverbreitet. Erst Pauwels (zusammengefaßt 1965 u. 1973 a) machte darauf aufmerksam, daß für die Elemente des Mesenchyms nur zwei verschiedene mechanische Zustände als unterscheidbare Reize in Frage kommen: *Dehnung* und *hydrostatischer Druck.* Da trotz verschiedentlich erhobener Zweifel (Krompecher 1955, 1958) jedoch bisher keine stichhaltigen Gegenargumente gebracht wurden und darüber hinaus die Ergebnisse einer großen Zahl biologischer Experimente und klinischer Beobachtungen, insbesondere aus dem Bereich der Orthopädie, mit der Pauwelsschen Theorie in Einklang sind, soll diese zur Grundlage der folgenden Darstellung gemacht werden. Diese Theorie – zunächst als Arbeitshypothese aufgestellt – hat den Vorzug, in sich geschlossen zu sein und die bisher größte Zahl verschiedener Phänomene unter einem einheitlichen Gesichtspunkt zu erklären.

Die *kausale Histogenese* im Sinne von Pauwels (Abb. **9**) geht davon aus, daß ein elastischer Körper durch die drei Grundbeanspruchungsarten

Druck, *Zug* und *Schub* deformiert wird. Diese Deformation hat stets in bestimmten Richtungen eine *Stauchung* des Körpers, im anderen eine *Dehnung* zur Folge. Im Mesenchym, das nahezu die mechanischen Eigenschaften einer Flüssigkeit hat, wird das Material, vor allem die flüssige Interzellularsubstanz bei jeder der drei genannten Beanspruchungsarten in Richtung der größten Dehnung auseinanderfließen. In der Flüssigkeit vorhandene fädige Makromoleküle werden sich infolgedessen in die Fließrichtung einstellen und damit auch untereinander parallel ausrichten. Auf diese Weise schließen sich Tropokollagenmoleküle über Seitenkettenbindungen zu Protofibrillen zusammen, die schließlich durch weitere Anlagerungen zu immer dickeren Fibrillenaggregaten anwachsen.

Somit werden bereits die ersten Fibrillen passiv in die Hauptdehnungsrichtungen eingestellt und bilden daher von vornherein eine trajektorielle Textur. Wegen ihrer geringen Dehnbarkeit verhindern sie jetzt ein weiteres Auseinanderfließen des Materials und geraten selbst unter Zugspannungen.

Auf diese Weise erklärt es sich, daß Kollagenfibrillen bzw. ihre Vorläufer als erste Differenzierungen der Binde- und Stützgewebe erscheinen und daß sie auch in allen höheren Differenzierungsstufen dieser Gewebe enthalten sind.

Während die mechanisch äußerst empfindlichen Mesenchymzellen einer deformierenden Kraft praktisch keinen Widerstand entgegensetzen, können sie äußerst hohe Kräfte (und Spannungen!) aufnehmen, wenn diese mit keiner Deformationstendenz verbunden sind. Diese Verhältnisse sind bei *hydrostatischem Druck* gegeben. Die Beobachtung zeigt, daß sich Mesenchymzellen unter diesen Umständen abrunden und ihre Ausläufer einziehen. Möglicherweise infolge einer Änderung der Membraneigenschaften stellt sich auch der Zellstoffwechsel um und es kommt zur Abscheidung der Knorpelgrundsubstanz. Damit steht es durchaus in Einklang, daß Knorpel ein relativ bradytrophes Gewebe ist und daß zumindest der reife Hyalinknorpel keine Blutgefäße enthält. Die morphologischen und histochemischen Untersuchungen von Krompecher (1958) stehen in keinem Widerspruch zu dieser Auffassung, wenngleich seine daran anknüpfende mechanische Deutung nicht überzeugend ist. Krompecher (1958) geht nämlich unter Berufung auf Pascal von der Vorstellung aus, daß hydrostatischer Druck *nur* in einer Flüssigkeit und in einem allseitig geschlossenen Raum auftreten könne. In der Elastizitätslehre und vor allem auch in der Spannungsoptik spricht man von *hydrostatischen Punkten* auch *in festen Körpern*, wenn an diesen Orten die Spannungen in allen Richtungen des Raumes keine gleiche Größe besitzen (z. B. Föppl u. Mönch 1950).

Derartige Stellen, die sich im Trajektorienbild als sog. *singuläre Punkte* darstellen, kommen durchaus auch im Gewebe, insbesondere aber in knorpeligen Skelettstücken, vor.

Im übrigen muß ein hydrostatischer Druck keineswegs nur durch angreifende äußere Kräfte entstehen, sondern er kann auch allein durch expansives Wachstum begrenzter Gewebsbezirke zustande kommen. Entsprechende Bedingungen ergeben sich an verschiedenen Stellen im Mesenchym, vor allem auch in den embryonalen Extremitätenanlagen. Ein Blastem mit hoher Mitoserate expandiert; damit werden die unmittelbar umgebenden Gewebspartien gedehnt, und nach dem Prinzip der kausalen Histogenese müssen Kollagenfibrillen entstehen, die den wachsenden Gewebsbereich konzentrisch umschließen. Damit wird jedoch eine weitere Expansion behindert, und das Wachstum führt jetzt zu einem Druckanstieg in der sich stetig verstärkenden zugfesten Umhüllung. Im embryonalen Blasten pflanzt sich dieser Druck in allen Richtungen mit nahezu gleicher Größe fort, da sich die Zellen fast widerstandslos verformen lassen. Folglich kann mit annähernd hydrostatischen Verhältnissen gerechnet werden, und die Voraussetzungen für eine Differenzierung zu Knorpelgewebe sind gegeben. Bei diesem Sachverhalt versteht sich zudem die Anwesenheit von Kollagenfibrillen im Knorpel von selbst.

Pauwels (1965) leitet ferner auf Grund von Beobachtungen ab, daß Knorpelzellen unter permanentem hydrostatischem Druck weiter quellen, ja daß dies sogar die Grundbedingung für die Ausbildung des Blasenknorpels sei, die damit die Voraussetzung für die enchondrale Ossifikation schaffe (s. auch Kummer 1963, 1972).

Im Gegensatz zu Bindegewebe und Knorpel, die beide unmittelbar aus dem Mesenchym entstehen können, bildet sich Knochengewebe stets nur auf der Grundlage eines präexistenten Gerüstes, das zunächst alle mechanischen Beanspruchungen aufnimmt (s. „Die Differenzierung der Binde- und Stützgewebe“, S. 1.10). Nach Pauwels (1965, 1973a) ist die Voraussetzung für die Osteogenese möglichst Bewegungsruhe bei gleichzeitiger mechanischer Beanspruchung. Demnach werden die elastischen Deformationen, die in mikroskopischer Größenordnung liegen, als spezifischer Stimulus angesehen, der je nach der aktuellen Größe entweder die Aktivität der Osteoblasten oder der Osteoklasten fördert. Da die Deformationen über das Hookesche Gesetz mit den Spannungen verbunden sind, kann man folglich auch die Osteogenese in Abhängigkeit von der jeweiligen Spannungsgröße darstellen. Klinische Beobachtungen (Pauwels 1965, 1973a) haben gezeigt, daß die Apposition von Knochengewebe bzw. die Verfestigung durch vermehrte Kalksalzeinlagerung in gewissen Grenzen der aktuellen Spannungsgröße proportional ist, daß aber andererseits auch ein oberer Grenzwert für die Toleranzbreite besteht, bei dessen Überschreitung nicht nur kein weiterer Anbau erfolgt, sondern sogar Knochengewebe resorbiert wird. Es ist wichtig zu betonen, daß dieser *Überlastungsabbau* eine aktive Gewebsleistung ist und nicht auf einer direkten Traumatisierung beruht. Andererseits wurde im Tierversuch festgestellt (VIGLIANI 1955 a, b), daß bei geringerer Beanspruchung zwar Knochengewebe abgebaut wird, daß aber selbst bei völliger Entlastung das Knochengewebe nicht vollständig schwindet.

Funktionelle Anpassung des Knochens

Unter Berücksichtigung dieser Befunde kann der Knochen in seiner Reaktionsweise auf mechanische Beanspruchung mit einem technischen Regler verglichen werden (Abb. **10**). Regelgröße ist die Spannung, die auf einem *Sollwert* zu halten ist. Übersteigt die *aktuelle Spannung* diesen Sollwert, so führt die über die Norm vergrößerte elastische Verformung der Knochengrundsubstanz und folglich auch der in sie eingebetteten oder ihr anliegenden Zellen zu einem relativen Überwiegen der Gewebsneubildung und damit zur Vermehrung der tragenden Substanz. Wenn die äußere beanspruchende Kraft gleich bleibt, führt dies zu einem Spannungsabfall. Dabei kann die aktuelle Spannung den Sollwert unterschreiten. In diesem Fall wird die verminderte elastische Verformung einen überwiegenden Gewebsabbau zur Folge haben, der wiederum einen Spannungsanstieg nach sich zieht. Auf diese Weise muß sich schließlich durch alternierendes Überwiegen von Apposition und Resorption der Knochen als Ganzes theoretisch auf eine derartige Querschnittsgröße einstellen, daß der Sollspannungswert erreicht wird – stets unter der Voraussetzung einer gleichbleibenden beanspruchenden Kraft. Von nun an werden sich An- und Abbauvorgänge die Waage halten: Das Skelettelement befindet sich im *Fließgleichgewicht* und ändert daher weder seine Gestalt noch seine Masse. Bei einer Änderung der beanspruchenden Kraft sorgen die gleichen Regelvorgänge dafür, daß eine neue Gleichgewichtslage gesucht wird.

In Wirklichkeit hält keine mechanische Beanspruchung über so lange Zeit unverändert an, daß eine exakte Anpassung an sie erfolgen könnte. Folglich ist die beobachtete Knochengestalt als das Ergebnis einer zeitlichen Mittelung über verschiedene Beanspruchungen zu deuten. Dabei ist allerdings zu bemerken, daß weitaus am häufigsten die Beanspruchungs*größe* schwankt, während die Beanspruchungs*art* für die meisten bisher darauf untersuchten Skelettelemente offenbar grundsätzlich gleichbleibt. Nur daraus erklärt es sich, daß z. B. Spongiosastrukturen an eine bestimmte Beanspruchungsqualität optimal angepaßt sind.

PAUWELS (1965, 1973b) hat die funktionelle Anpassung der Substantia spongiosa zuerst einwandfrei theoretisch erklärt, die lange zuvor von WOLFF (1892) behauptet worden war und um deren Erklärung sich ROUX (1895) vergeblich bemüht hatte (Abb. **11**).

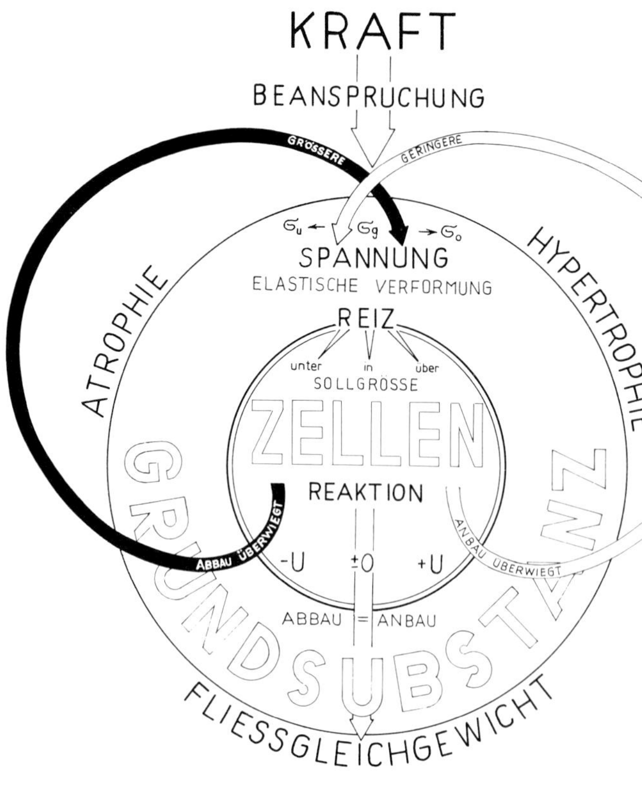

Abb. **10** Funktionelle Anpassung des Knochens an die aktuelle Beanspruchung unter Zugrundelegen der Eigenschaften eines technischen Reglers (ausführliche Erklärung im Text)

Der entscheidende Motor für die zwangsläufige Ausrichtung jedes einzelnen Spongiosabälkchens in die Wirkungslinie der zuständigen beanspruchenden Kraft ist die typische Beanspruchungsart, nämlich *Längsdruck, überlagert mit Biegung.* Wenn nun unter Zugrundelegen des Pauwelsschen Bauprinzips angenommen wird, daß überall am soliden Knochenbälkchen Substanz angelagert wird, wo die aktuellen Spannungen den Sollwert übersteigen, und ein Abbau erfolgt, wo sie ihn unterschreiten, dann wird das Bälkchen zunächst in seiner Mitte eine Ausrichtung seiner Achse nach der Wirkungslinie der beanspruchenden Kraft erkennen lassen, während es sich an seinen beiden Enden, wo die Biegebeanspruchung am größten ist, erheblich verbreitert (Abb. **12**). Im weiteren Verlauf der Umbauvorgänge nach dem gleichen Prinzip schreitet die Achsenausrichtung von der Mitte gegen die Enden fort, wobei dort die anfängliche Verbreiterung in dem Maße zurückgebildet wird, in dem die Bälkchenachse sich der Wirkungslinie der beanspruchenden Kraft nähert. Schließlich fallen Bälkchenachse und Kraftwirkungslinie zusammen. Die Biegebeanspruchung ist damit ausgeschaltet, und das gesamte Bälkchen wird axial auf reinen Druck beansprucht. Zur Widerstandsleistung wird folglich das theoretisch denkbare Minimum an Material benötigt. Hierbei ist de facto ein Sicherheitsfaktor im technischen Sinne inbegriffen, der sich aus dem Proportionalitätsfaktor zwischen Spannungssollwert und Umbaurate ergibt und der sowohl von Individuum zu Individuum sowie mit dem Alter und regional im Skelett variieren kann.

Was hier in extenso für die Kombination von Druck und Biegung beschrieben wurde, gilt gleichermaßen für eine Biegebeanspruchung durch eine Zugkraft. Die gleiche Gesetzmäßigkeit erzwingt dann die Ausrichtung der Bälkchenachse in die Wirkungslinie der Zugkraft.

Sind nun in einem Spongiosagerüst alle einzelnen Bälkchen derart eingestellt, daß sie überall genau axiale Druck- oder Zugbeanspruchung erfahren, so liegt insgesamt ein *trajektorielles Fachwerk* vor (s. „Morphologie der knöchernen Skelettelemente", S. 1.21).

Dieser durch die lokale Spannungsgröße gesteuerte Anpassungsvorgang führt ebenso zwangsläufig dazu, daß die Verteilung der Knochenmaterialmenge über den Querschnitt einer Röhrenknochendiaphyse letztendlich mit der Spannungsverteilung bei der maßgeblichen Beanspruchung weitgehend übereinstimmt. Dies gilt nicht nur für

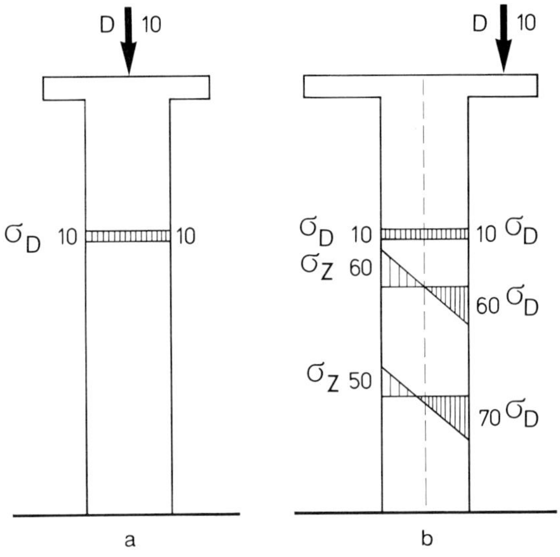

Abb. **11** a u. b Beanspruchung der gleichen Säule: a) durch axialen Druck und b) durch ausmittigen, achsenparallelen Druck. D = Druckkraft, σ_D = Druckspannungen, σ_Z = Zugspannungen. In der Säule b zeigt das obere Diagramm die allein aus der Last stammenden Druckspannungen, das mittlere Diagramm die zusätzlichen „Biegespannungen" und das untere Diagramm (durch Addition der beiden oberen) die tatsächliche Spannungsverteilung

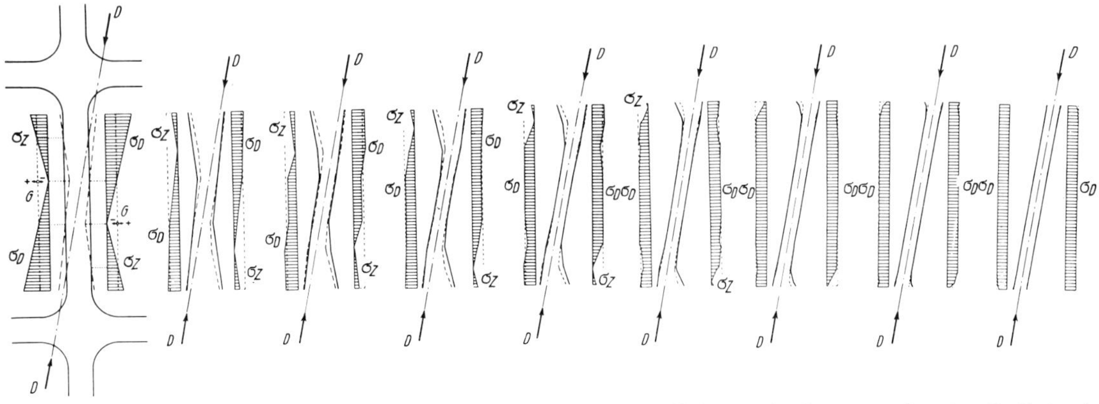

Abb. **12** Einstellung eines kompakten Knochenbälkchens in die Richtung der beanspruchenden Kraft durch Umbau infolge ungleichmäßiger Spannungsverteilung. Der Umbau kommt dann zum Stillstand, wenn die Spannungen an rechter und linker Kontur absolut gleich groß sind; die beanspruchende Kraft (D) liegt dann genau in der Bälkchenachse (aus *F. Pauwels:* 1973b)

die Normalgestalt der Skelettelemente, sondern durchaus auch für pathologische Formen: Den entscheidenden Beweis für diese Form der Anpassung der Substantia compacta erbrachte PAUWELS (1965) durch die Untersuchung der Querschnitte von drei rachitisch verbogenen Femora.
Nach alledem ist es konsequent und verständlich, daß die Materialmenge auch über die Länge eines Skelettelements an die Verteilung der Beanspruchungsgröße angepaßt ist. Eine klassische Untersuchung von PAUWELS (1965) demonstriert dies am Beispiel der Ulna.

Entwicklung der Knochengestalt

Gestalt der desmal ossifizierenden Skelettelemente:

Es wurde bereits beschrieben, daß sich die primären Bälkchen der desmal ossifizierenden Knochen nach den Fasertexturen des vorgegebenen Bindegewebsgerüstes orientieren (s. „Desmale Ossifikation", S. 1.11). Da sich die Blutgefäße in den Maschenräumen des Trabekelnetzes befinden, wird sich ihre Ausrichtung der Stützgewebsarchitektur anpassen. Eine Übereinstimmung zwischen beiden, die wie Gußform und Gußstück zusammenpassen, ist daher ohne weiteres verständlich. Von dem Begleitgewebe der Blutgefäße geht der Umbau des Knochens aus. Zunächst werden die Maschenräume zwischen den primären Bälkchen Schicht um Schicht mit neugebildetem Osteoid austapeziert. Damit entstehen die ersten Lamellen und Haversschen Systeme. Im weiteren Verlauf der Entwicklung dringen nun hinter Osteoklastennestern, die arrodieren, Gefäßsprossen vor. So entstehen Resorptionshöhlen, die wieder mit Osteoid ausgekleidet werden. Vermutlich steht die Ausbildung dieser Haversschen Systeme, die jetzt das gesamte primäre Knochengewebe ersetzen, in Zusammenhang mit Richtung und Größe der mechanischen Beanspruchung.
In dieser Weise bilden sich meist die platten Skelettelemente. Ihre Gesamtgestalt erscheint als eine Nachformung der Bindegewebsmembranen, in denen sie entstanden sind.

Gestalt der chondral ossifizierenden Skelettelemente:

Chondral entstehen vor allem die *langen Knochen* der Extremitäten. Dem knorpeligen Element ist bereits anzusehen, daß ein lebhaftes Längenwachstum, offenbar entgegen einem Widerstand oder Druck, stattfindet. Die Knorpelhöhlen sind in der Mitte des Elements rund, mehr oder weniger kugelförmig und nehmen gegen die Enden hin mehr und mehr die Gestalt von Ellipsoiden an, die schließlich sehr stark abgeplattet werden, wobei ihr kürzester Durchmesser in Richtung der Längsachse des knorpeligen Skelettelements

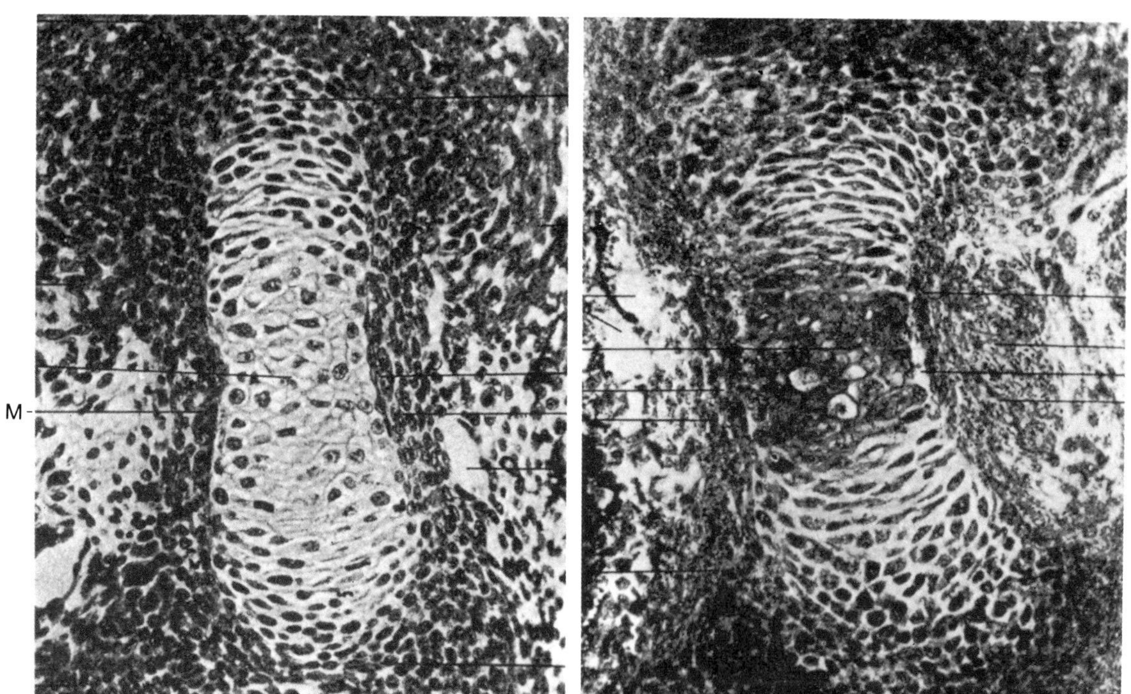

Abb. **13** a u. b Knorpelige Röhrenknochenanlage als „Stemmkörper". Die Form der Knorpelzellen kann unmittelbar als die lokale Gestalt des „Deformationsellipsoids" gedeutet werden. a) Fibulare mit erster Anlage der perichondralen Manschette (M), b) Femur mit beginnender Blasenknorpelbildung in der Diaphysenmitte (beides Bufo vulgaris, 53 Tage alt) (aus *H. Wurmbach:* Zool. Jb. [Anat.] 73 [1954] 425)

steht. Wurmbach (1954) spricht in diesem Zusammenhang von einem *Stemmkörper* (Abb. **13**). In der Tat erfolgt das Wachstum vornehmlich in Längsrichtung und gegen den von den angrenzenden Skelettabschnitten ausgeübten Druck. Die langen und kurzen Achsen der ellipsoiden Knorpelzellen sind nach den Hauptdehnungs- bzw. Drucktrajektorien ausgerichtet.

Wenn ein derartiges stabförmiges Knorpelelement eine gewisse Länge erreicht hat, kann eine Biegebeanspruchung durch die belastenden Längskräfte (Muskeln, Elastizität der Hautbedekkung der Extremität, Widerstand benachbarter Skeletteile) nicht ausbleiben. Das Biegemaximum liegt etwa in der Mitte der Länge, und hier läßt sich auch im Modellversuch ein hydrostatischer (attraktiver singulärer) Punkt nachweisen. Gleichzeitig findet sich am Biegescheitel die größte Dehnung des Perichondriums. Damit wird verständlich, daß in diesem Bereich die perichondrale Knochenmanschette entsteht und zugleich im Innern Blasenknorpel erscheint. Im Einklang mit der adäquaten mechanischen Beanspruchung entwickeln sich hier also perichondraler und enchondraler Knochen.

Zunächst breitet sich die Ossifikation unter Bildung einer primären Markhöhle im Mittelteil des Skelettelements, im Bereich der *Diaphyse*, aus. Erst verhältnismäßig spät bilden sich enchondrale Knochenkerne in den knorpeligen Epiphysen. Auch diese Ossifikationen entstehen an hydrostatischen Punkten. Am Beispiel des proximalen Femurendes wurde dieser Zusammenhang genauer untersucht (Kummer 1959b) (Abb. **14**). Wenn die proximale Epiphyse so weit zurückgedrängt ist, daß sie nicht viel mehr als den runden Femurkopf umfaßt, entsteht in ihrem Zentrum ein attraktiver singulärer Punkt, in dessen Bereich die Blasenknorpelbildung beginnt. Ein stärker überlagerter Längsdruck in Richtung der Beinachse kann diesen äußerst empfindlichen singulären Punkt stören, wobei er sich meist in zwei hydrostatische Zentren spaltet. Die gelegentlich beobachteten Doppelbildungen des Femurkopfkerns sind Ausdruck dieser überlagerten Belastung. Wahrscheinlich handelt es sich in Wirklichkeit sogar um eine ringförmige hydrostatische Zone, in der mehrere Verknöcherungszentren auftreten, oder ein Knochenring, der von der Kante gesehen im Röntgenbild wie ein Doppelkern erscheint.

Für die Entstehung der *Apophysenkerne* gelten grundsätzlich die gleichen Bedingungen. Einige Umstände, auf die im folgenden noch näher einzugehen sein wird, weisen darauf hin, daß wohl die meisten, wenn nicht alle Apophysen aus Sesambeinen entstanden sind, die sekundär mit dem Hauptelement verschmolzen sind.

Der zwischen knöchernem Epiphysenkern und

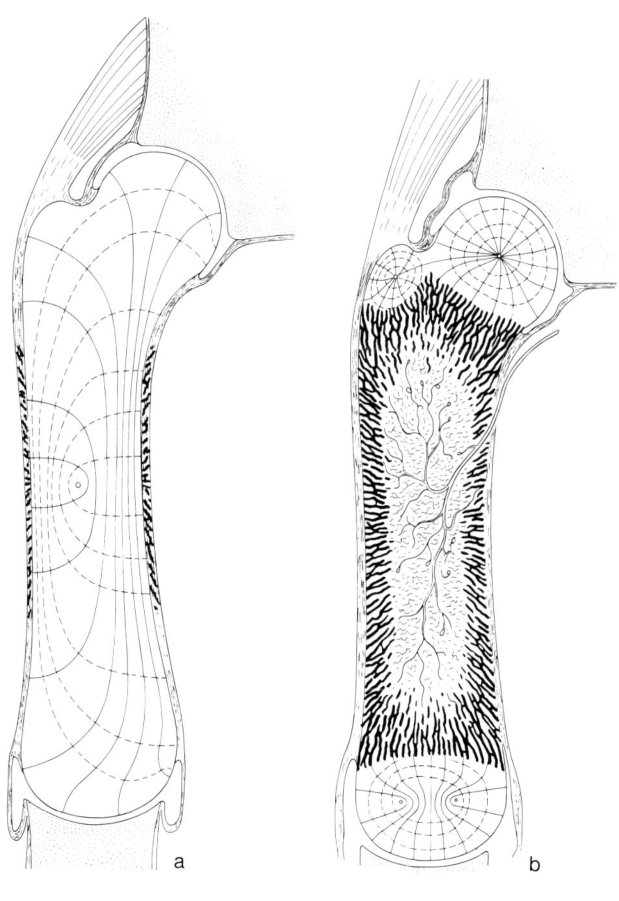
a b

Abb. **14** a u. b a) Verlauf der Hauptnormalspannungstrajektorien in der knorpeligen Anlage eines Röhrenknochens (Schema). Etwa in Diaphysenmitte befindet sich ein attraktiver singulärer (hydrostatischer) Punkt. Im gleichen Bereich erste Anlage der perichondralen Knochenmanschette. b) Wenn die Ossifikation bis gegen die Gelenkenden fortgeschritten ist, ändert sich der Spannungsverlauf in den Epiphysen und Apophysen (Muskelansatz links oben). Hier entstehen neue hydrostatische Punkte, die zur Bildung von Knochenkernen Anlaß geben. Die A. nutritia wird in ihrer Verlaufsrichtung durch die Richtung der Knochenbälkchen bestimmt

der Diaphyse noch lange Zeit persistierende *Epiphysenknorpel* hat eine ganz besondere Bedeutung für die Ausbildung der *Achsenform* der Röhrenknochen (PAUWELS 1965). Das Wachstum dieser Epiphysenplatte wird durch die funktionelle Beanspruchung stimuliert. Nach den Beobachtungen von PAUWELS (1965) reagiert das Dickenwachstum proportional der örtlichen Spannungsgröße. Ferner kommt es hierbei auf die Spannungs*qualität* an: Förderlich sind allein *Druckspannungen*, während Zugspannungen und vor allem Tangentialspannungen (Schubspannungen) das Knorpelwachstum stören und zur Entdifferenzierung des Knorpelgewebes führen können. Ein gleichmäßiges Dickenwachstum der Epiphysenplatte wird folglich nur bei einer über den Querschnitt gleichmäßig verteilten Druckspannung erfolgen, die dann zustande kommt, wenn die Resultierende aus allen auf den Knorpel einwirkenden Kräften auf der Ebene des Epiphysenknorpels senkrecht steht und zudem in ihrer Mitte gelegen ist. Bei schräger Richtung und exzentrischer Lage der Resultierenden ist die Druckspannung über den Querschnitt ungleichmäßig verteilt, und der Knorpel zeigt einen keilförmigen Zuwachs, der auch in entsprechender Form ossifiziert. Dadurch wird die Ebene der Epiphysenplatte letztendlich wieder senkrecht zur beanspruchenden Kraft eingestellt. Die keilförmige Ossifikation hat eine Abwinkelung der Knochenachse zur Folge. Somit kann die Achsenkrümmung, die bei den meisten Röhrenknochen mehr oder weniger deutlich in Erscheinung tritt, als eine funktionelle Anpassung verstanden werden, die darauf hinarbeitet, die Biegebeanspruchung zu eliminieren oder zumindest klein zu halten.

Es liegt in der besonderen Art dieses Vorgangs, daß die Achsenform der Röhrenknochen somit während des Wachstums bis zum Schluß der Epiphysenfugen festgelegt wird. In dieser Entwicklungsphase entstehen infolgedessen abnorme Knochenformen, wie sie etwa bei veränderter Beanspruchung, z. B. infolge von Muskellähmungen (Poliomyelitis!), auftreten, aber auch Achsenkorrekturen nach schief verheilten Frakturen sind in großem Ausmaß bei noch offenen Epiphysenfugen möglich.

Das epiphysäre Längenwachstum hat zudem einen ganz erheblichen Einfluß auf die Architektur der primären Knochenbälkchen der Diaphyse. Durch den Zuwachs in Nähe der Knochenenden wird der Periostschlauch in Längsrichtung gedehnt (PAUWELS 1965); gleichzeitig wächst der Knochen in der Dicke. Die einzelnen Knochenbälkchen stellen sich nun in eine Kompromißrichtung ein, die sich aus dem quantitativen Verhältnis von Dickenwachstum zu Längsdehnung ergibt. Dabei ist zu berücksichtigen, daß sich die Ver-

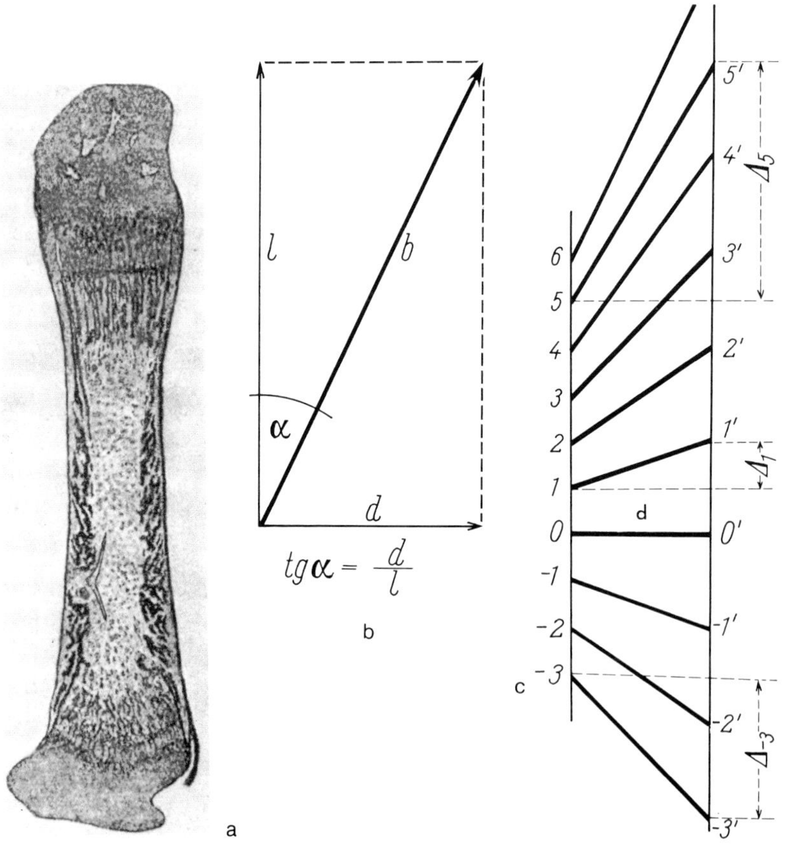

Abb. **15**a–c a) Ausrichtung der primären Knochenbälkchen in der Diaphyse des Metatarsale eines Kaninchens (aus *P. Lacroix:* L'organisation des os. Desoer, Lüttich 1949). b) Der Neigungswinkel (α) des Knochenbälkchens (b) gegen die Längsachse des Knochens ist eine Funktion von Längsverschiebung (l) des Periosts und Dickenwachstum (d). c) Wegen der Summation der Längsverschiebungen (Δ_1 bis Δ_5) nimmt die Neigung der Bälkchen gegen die Epiphysen hin zu

schiebungen bestimmter osteoblastischer Periostbezirke von einer Stelle mit der Längsverschiebung Null (neutraler Ort) nach den Epiphysen hin summieren, so daß sie dort schließlich in einem sehr flachen Neigungswinkel verlaufen. Die Lage des neutralen Orts, an dem die Knochenbälkchen senkrecht zur Knochenachse stehen, hängt von der Wachstumsrate an den beiden Epiphysen ab, und zwar ist sie stets gegen die langsamer wachsende Epiphyse verschoben (LACROIX 1949) (Abb. **15**). Bei Skelettelementen, die nur an einem Ende einen Epiphysenknorpel besitzen, liegt der neutrale Ort der Bälkchenorientierung folglich am entgegengesetzten Knochenende.
Da die in den Knochen eindringenden Blutgefäße in den Bälkchenzwischenräumen verlaufen, richten auch sie sich nach der Bälkchenorientierung. Dies gilt insbesondere für die Vasa nutritia, die bei allen späteren Umbauten des Knochens ihre ursprüngliche Lage und Richtung nicht mehr ändern. Anomalien des frühen Knochenwachstums sind daher auch später stets am abnormen Verlauf des Canalis nutritius zu erkennen (LACROIX 1949).

Morphologie der knöchernen Skelettelemente

Nach der Gesamtgestalt der Skelettelemente werden von jeher *platte, kurze und Röhrenknochen* gegenübergestellt. Platte Elemente finden sich vor allem im Schädel und in den Extremitätengürteln, während kurze und Röhrenknochen in der Wirbelsäule, in Tarsus und Carpus bzw. im übrigen Skelett der freien Extremität vorkommen. Es ist nicht immer leicht, jedes beliebige Skelettelement mit Sicherheit in dieses Schema einzuordnen, denn den einzelnen Typen kommt jeweils auch eine ganz bestimmte Struktur zu.
Bei makroskopischer Betrachtung kann eine *Substantia compacta* des Knochens von einer *Substantia spongiosa* unterschieden werden. Der histologische Aufbau von beiden ist im Prinzip gleich, und zwar handelt es sich um Lamellenknochen.
In der Kompakta sind die Haversschen Systeme besonders gut ausgebildet. Trotz ihrer Verzweigungen und Querverbindungen lassen sie eine für den jeweiligen Ort charakteristische Hauptverlaufsrichtung erkennen, die mit der *Spaltlinienmethode* sichtbar gemacht werden kann (BENNINGHOFF 1925b). PAUWELS (1965) beschloß die Jahrzehnte währende Diskussion um die funktionelle Bedeutung der Spaltlinienmuster mit der Feststellung, daß es sich um eine Wachstumsstruktur han-

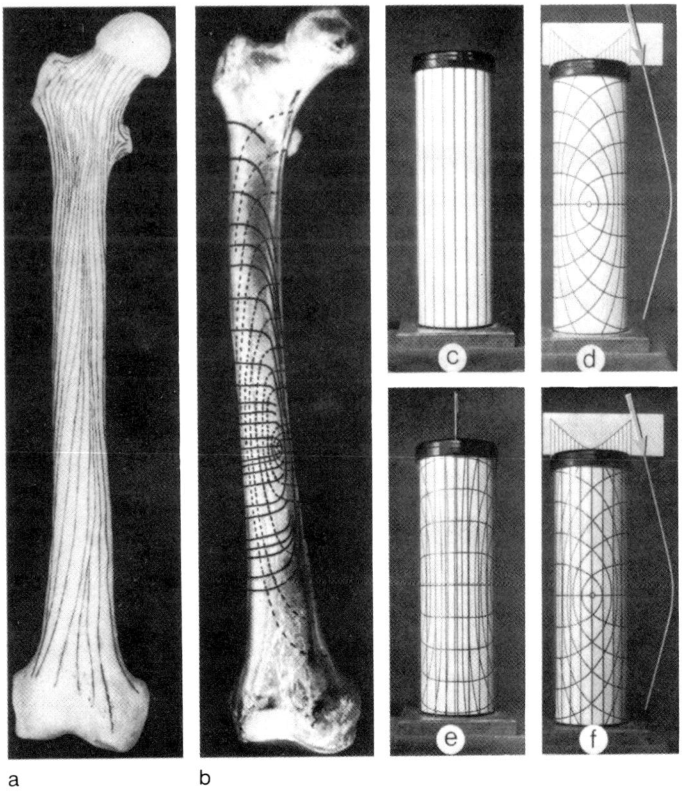

Abb. **16** a–f Funktionelle Deutung der Kortikalisstruktur nach *Pauwels:*
a) Spaltlinienverlauf in der oberflächlichen Kompaktaschicht der Femurdiaphyse; b) mit der Lackrißmethode ermittelter Verlauf der Spannungstrajektorien im Femurschaft unter Biegebeanspruchung; c) schematisches Modell des Spaltlinienmusters in einer Röhrenknochendiaphyse; d) Trajektorienverlauf in einer Röhrenknochendiaphyse bei Biegebeanspruchung. Der Pfeil zeigt die beanspruchende Kraft an; das Diagramm auf der Säule gibt die Größenverteilung der Beanspruchung wieder; e) Spaltlinienmuster (c) und Trajektorienmuster (d) sind aufeinanderprojiziert, Ansicht in Richtung der Biegeebene. Die Seite der maximalen Beanspruchung ist dem Betrachter zugekehrt; hier stimmen Trajektorienverlauf und Spaltlinienverlauf gut überein;
f) gleiches Modell wie e, Ansicht senkrecht zur Biegeebene. Die Seite der neutralen Faser (minimale Beanspruchung) ist dem Betrachter zugekehrt; Trajektorienverlauf und Spaltlinienverlauf weichen erheblich voneinander ab

dele, die gerade deswegen eine besondere mechanische Bedeutung besitzt, weil sie *nicht* trajektoriell ist (Abb. **16**). Dies ist insbesondere bei den langen Röhrenknochen erkennbar. Bei einer Biegebeanspruchung (der typischen Beanspruchung der langen Elemente) wechselt die Lage der singulären Punkte des Trajektoriensystems bei einer Änderung der Biegungsrichtung außerordentlich; die Hauptverlaufsrichtung der Osteonzüge, die PAUWELS auf die Hauptdehnungsrichtung des Periosts zurückführt, fällt jedoch *bei jeder Biegungsrichtung* mit jenen Trajektorienscharen zusammen, die die *Richtungen größter Spannungen* kennzeichnen. Diese Zusammenhänge wurden von PAUWELS (1965) am Femur nachgewiesen und sind mit großer Wahrscheinlichkeit für Röhrenknochen generell gültig. Auch für andere mit der Spaltlinienmethode untersuchte Skelettelemente (Skapula, Os coxae, Schädelknochen) ist ohne weiteres evident, daß die Ausrichtung der Osteone nicht trajektoriell sein kann; eine stichhaltige funktionelle Analyse steht hier allerdings noch aus.

Substantia spongiosa findet sich in allen kurzen Skelettelementen (vor allem in den Wirbeln und Hand- und Fußwurzelknochen) sowie in den Gelenkenden der Röhrenknochen. Die Bauelemente sind Knochenbälkchen verschiedener Dicke und Länge, außerdem mehr oder weniger stark durchbrochene, meist sehr dünne Knochenplatten und (sehr viel seltener) Knochenröhrchen (vgl. KUMMER 1978b). Mittlerweile darf als bewiesen gelten, daß die Knochenspongiosa ein (nahezu) biegungsfreies Fachwerk darstellt, in dem die einzelnen Elemente fast rein auf Druck oder Zug beansprucht werden (PAUWELS 1973b). Bei konsequenter Gültigkeit des Pauwelsschen Bauprinzips müssen sich die Spongiosaelemente zwangsläufig in dieser Weise ausrichten, wenn die „maßgebliche Beanspruchung“ über eine genügend lange Zeit einwirkt. Die Ausbildung meist sehr klarer Bälkchenmuster, die an allen bisher daraufhin untersuchten Stellen sehr genau den Verlauf der Spannungstrajektorien bei entsprechender Beanspruchung verkörpern, ist ein deutlicher Hinweis darauf, daß oben genannte Bedingungen offenbar zutreffen.

Die *Trajektorienmuster* (Verläufe der Hauptnormalspannungstrajektorien) hängen einerseits von der Gestalt des Tragelements ab, andererseits (und wohl sogar in erster Linie) von der Art der Beanspruchung (Abb. **17**). Unter den Normalspannungen (und nur um diese handelt es sich bei den stets zitierten „Trajektoriensystemen“!) unterscheidet man die beiden Hauptrichtungen (σ_1 und σ_2), die sich überall genau rechtwinklig kreuzen. Meist verkörpert eine von ihnen die *Druckspannungen*, die andere die *Zugspannungen*. PAUWELS (1965) hat dafür die Bezeichnungen σ_D (Druckspannung) und σ_Z (Zugspannung) eingeführt.

Axiale, d. h. zentrische Druck- oder Zugbean-

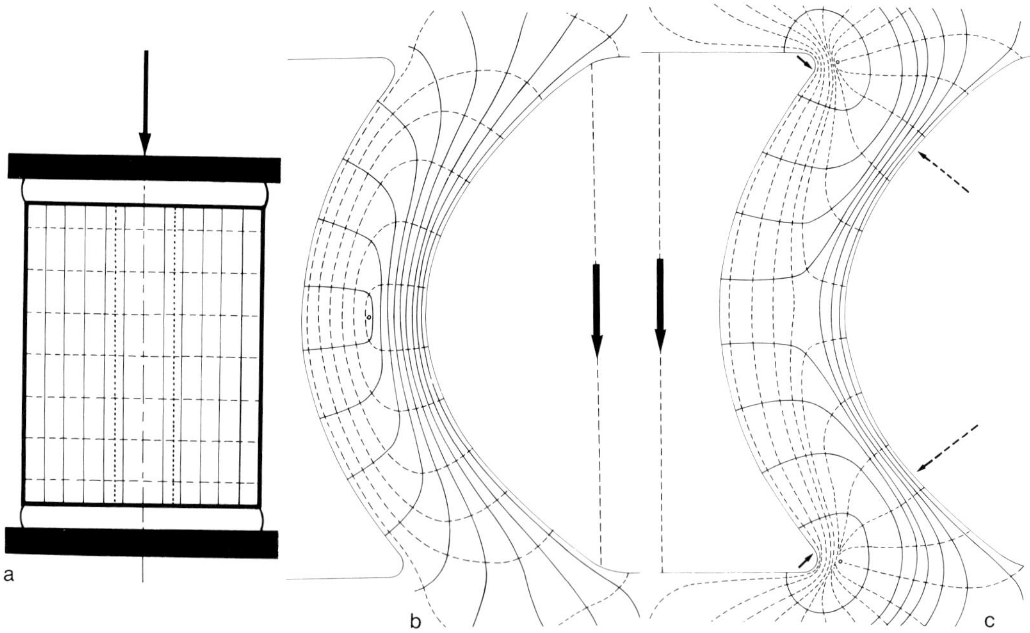

Abb. **17**a–c Typische Muster der Hauptnormalspannungstrajektorien: a) axiale Druckbeanspruchung; Druckspannungstrajektorien in Richtung der Druckkraft (längs), Zugspannungstrajektorien senkrecht dazu; b) Biegebeanspruchung mit Zunahme des Biegemoments gegen die Stabmitte: Druck- und Zugspannungstrajektorien umfahren einen attraktiven singulären Punkt; c) Biegebeanspruchung mit Abnahme des Biegemoments gegen die Stabmitte: Druck- und Zugspannungstrajektorien weichen einem repulsiven singulären Punkt aus

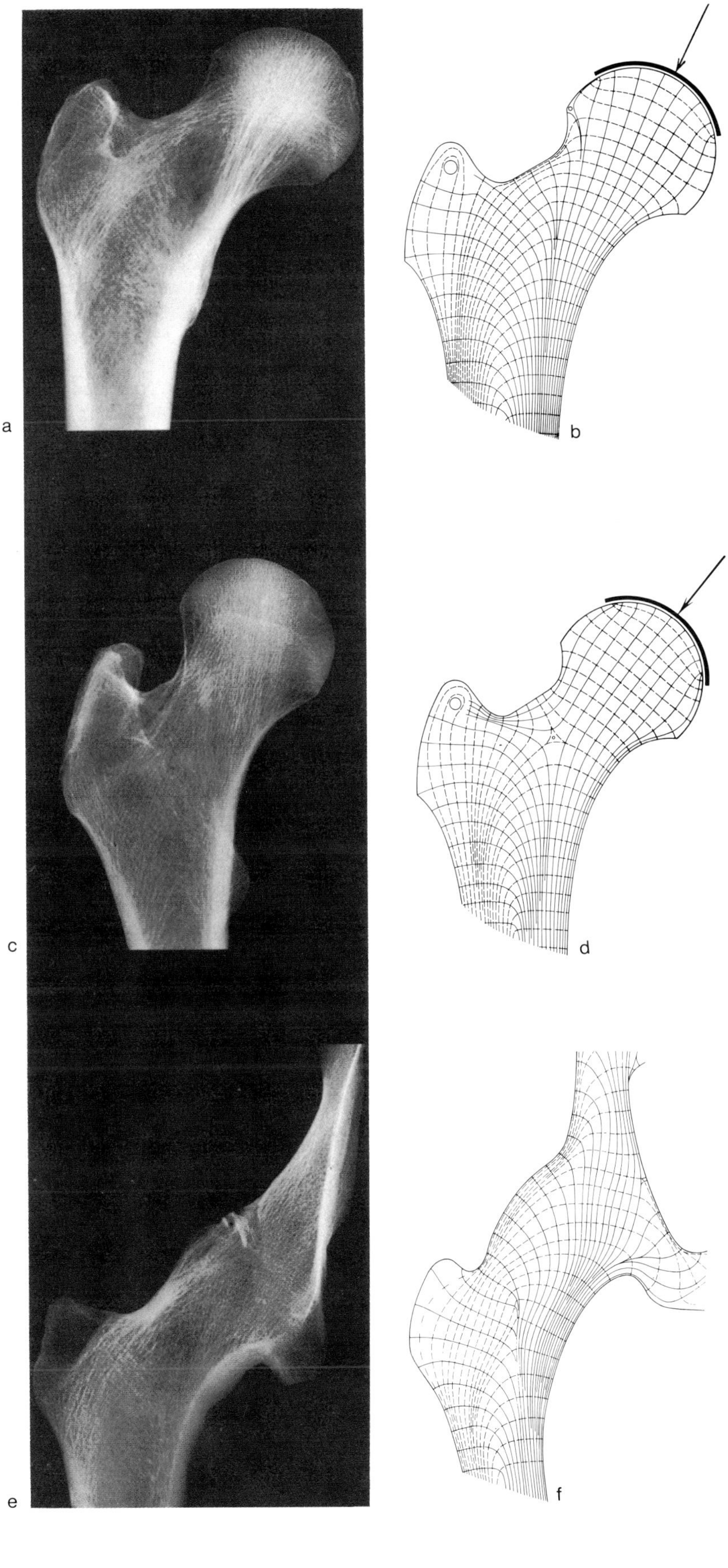

Abb. **18** a–f Trajektorielle Strukturen in der Spongiosa des proximalen Femurendes: a) Röntgenbild eines normalen Femur, b) Trajektorienverlauf im normalen Femur unter Biegebeanspruchung, c) Röntgenbild einer Coxa valga, d) Trajektorienverlauf im Schenkelhals bei axialer Druckbeanspruchung, e) Röntgenbild des Präparates einer ankylotischen Hüfte, f) Trajektorienverlauf im Modell einer ankylotischen Hüfte (Bilder von Prof. Dr. *F. Pauwels*)

spruchung bedingt ein Trajektorienmuster, bei dem eine Linienschar (also z. B. σ_D bei Druckbeanspruchung) zur Achse des Stützelements parallel verläuft, während die zweite hierzu genau quer gerichtet ist.

Eine *Biegebeanspruchung* hat einen charakteristischen bogenförmigen Verlauf der Spannungstrajektorien zur Folge, wobei sich die beiden Scharen wiederum rechtwinklig kreuzen und miteinander die bekannten „gotischen Spitzbögen" bilden. Bei langen Stützelementen umfahren sie dabei in der Regel einen etwa in der Mitte gelegenen Punkt haarnadelförmig (Abb. **17**b). Bei diesem Punkt handelt es sich um einen *hydrostatischen Ort* (s. „Die kausale Histogenese des Binde- und Stützgewebes", S. 1.14), der wegen des eigentümlichen Verlaufs der Trajektorien in seiner Nähe als *attraktiver singulärer Punkt* bezeichnet wird.

Bei auf Biegung beanspruchten Skelettelementen zeigt der attraktive singuläre Punkt die Lage des *Biegemaximums* an (größtes Biegemoment). An der Stelle eines *Biegeminimums* liegt dagegen ein *repulsiver singulärer Punkt,* dem die Normalspannungstrajektorien ausweichen (Abb. **17**c).

Ein Spannungstrajektorienmuster ist demnach durch Anzahl, Art und Lage der singulären Punkte genau charakterisiert. Wegen der trajektoriellen Struktur der Spongiosa kann man deshalb aus der Spongiosaarchitektur unmittelbar ablesen, welche Beanspruchung zu ihrer Ausbildung geführt hat.

Bereits Wolff (1884) hatte behauptet, daß sich die Spongiosastruktur, deren trajektoriellen Charakter (Culmann 1866) Meyer (1867) gezeigt hatte, bei einer Änderung der Beanspruchung den neuen mechanischen Verhältnissen anpasse. Jedoch gelang es weder ihm noch später Roux (1895), diese funktionelle Anpassung wirklich nachzuweisen. Den Beweis erbrachte erst Pauwels (1965), und zwar an dem gleichen Präparat einer Kniegelenkankylose, dessen Analyse Roux zuvor mißlungen war. Auch am proximalen Femurende läßt sich der Zusammenhang zwischen Beanspruchung und Spongiosaarchitektur deutlich zeigen (Pauwels 1965, 1973a) (Abb. **18**). Anzeichen einer Biegebeanspruchung finden sich in der Spongiosa des normalen Schenkelhalses und bei Coxa vara, besonders ausgeprägt aber bei Ankylose des Hüftgelenks. Bei einer ausgeprägten Coxa valga kann dagegen eine axiale Druckbeanspruchung des koxalen Femurendes vorkommen, die sich u. a. auch in einer stärkeren Spongiosafüllung des Schenkelhalses ausdrückt. Auch am Beispiel der operativ umgelagerten Coxa valga konnte Pauwels (1973a) die funktionelle Anpassung der Spongiosa nachweisen: Zunächst wird nach der Umlagerungsosteotomie unter dem Einfluß der normalen Biegebeanspruchung die typische Struktur des Schenkelhalses ausgebildet. Findet jedoch bei noch aktivem Epiphysenknorpel eine Revalgisierung statt, so erscheint auch wieder die für axiale Druckbeanspruchung charakteristische „Coxa-valga-Struktur".

Der trajektorielle Bau der Spongiosa ist inzwischen nicht nur für die Gelenkenden verschiedener Röhrenknochen, sondern auch für kurze Skelettelemente (Kalkaneus: Gierse 1976) nachgewiesen.

Die Knochen oder Knochenabschnitte, die Substantia spongiosa enthalten, sind mit einer dünnen Kompaktaschicht, der *Kortikalis,* oberflächlich bedeckt. Ein besonderes Aussehen hat der subchondrale Knochen an den knorpelbedeckten Gelenkenden; hier erscheint eine zusammenhängende Knochenlage als eine verdichtete Spongiosa.

In den Maschenräumen des spongiösen Knochens befindet sich in der Regel erythropoetisches („rotes") Knochenmark; dieses Gewebe ist also überaus gut vaskularisiert. Deswegen ist auch gelegentlich vermutet worden, diese „Flüssigkeitsfüllung" trage nicht unerheblich zur Festigkeit dieser Skelettabschnitte bei. Diese Auffassung ist jedoch irrig, da die Blutgefäße des Knochens mit dem übrigen Gefäßsystem in offener Verbindung stehen und ihr Inhalt damit keinen Druck auffangen kann, der größer als der Blutdruck ist. Bei größerer Druckeinwirkung käme es allenfalls zu einer Flüssigkeitsverschiebung. Es muß daher davon ausgegangen werden, daß für die Tragfunktion des Knochens allein die Kortikalis und die Strukturen der Spongiosa in Frage kommen. Letztere erreicht deswegen mit einem Minimum an Material ein Maximum an Widerstandsleistung („Maximum-Minimum-Prinzip"; Roux 1895), weil ihre einzelnen Strukturelemente keinerlei Biegebeanspruchung erfahren.

Während Pauwels (1973b) nachwies, daß sich die trajektorielle Ausrichtung der soliden Spongiosaelemente zwangsläufig aus dem Bauprinzip des Knochens ergibt, konnte er außerdem zeigen, daß ein Knochenrohr, wie es die Diaphyse des langen Extremitätenknochens darstellt, unter der gleichen Gesetzmäßigkeit nur mit einer unterschiedlichen Wandverdickung reagiert, so daß zwar wiederum überall der Sollwert der Spannung erreicht wird, ohne daß sich jedoch die Achse merklich verschiebt (Abb. **19**). Die Erhaltung der Achsenform ist wichtig für die Erhaltung der Hebelarme der Muskeln. Damit zeigt sich ein weiterer Vorteil der Röhrenform.

Die kurzen Skelettelemente ähneln in jeder Hinsicht, sowohl strukturell als auch bezüglich der funktionellen Anpassung, den Gelenkenden der Röhrenknochen. Die platten Knochen weichen hiervon jedoch in manchen Details ab. Entweder sind sie so dünn, daß keine Spongiosa ausgebildet werden kann (größter Teil der Skapulafläche, Zentrum des Ilium); dann bestehen sie nur aus „Kortikalis" oder einer dünnen Kompaktalage. Oder sie sind dicker (Knochen der Schädelkalotte); dann können sie u. U. an beiden Oberflächen eine mitunter recht dicke Kortikalis entwickeln (Tabula externa, interna). Dazwischen befinden sich abstützende Knochenbälkchen („Diploë“), deren genaue Anordnung allerdings bisher noch wenig untersucht wurde und auch noch keine plausible funktionelle Deutung erfahren hat.

Junkturen des Skeletts

Unter einer Junktur soll hier jede Art der Verbindung von Skeletteilen verstanden werden, ohne Rücksicht darauf, ob es sich um eine kontinuierliche Gewebsbrücke oder um eine Aneinanderlagerung unter Spaltbildung, ob es sich um eine mehr oder weniger bewegliche oder um eine völlig starre Verbindung handelt. Zunächst soll allein die Morphologie betrachtet werden, danach die Mechanik, soweit bewegliche Junkturen, also nur regelrechte Gelenke, betroffen sind.

Morphologie

In der älteren anatomischen Nomenklatur (JNA) wird eine Gruppe der kontinuierlichen Verbindungen von Skelettelementen als *Synarthrosen* zusammengefaßt. Die Gewebsbrücke kann aus Bindegewebe bestehen, dann spricht die neue Nomenklatur (PNA) von einer *Junctura fibrosa* (JNA: Syndesmosis); bei einer knorpeligen Verbindung liegt eine *Junctura cartilaginea* vor (JNA: Synchondrosis); eine *Junctura ossea* (JNA: Synostosis) besteht schließlich in einer knöchernen Brücke.

Im praktischen Sprachgebrauch werden fast durchweg noch die älteren Bezeichnungen benutzt, weswegen sie der Kürze halber auch im folgenden verwandt werden.

Syndesmosen und Synchondrosen sind nicht selten Vorläufer einer synostotischen Verbindung. Im Abschnitt „Entwicklung der Knochengestalt“ (S. 1.18ff.) wurde bereits ausführlich darauf eingegangen, daß Knorpelfugen in erster Linie für das Wachstum der Skelettelemente von Bedeutung sind. Dabei ist besonders zu betonen, daß diese transitorischen Synchondrosen normalerweise stets nur auf *Druck* beansprucht werden und unter dieser Beanspruchung allerdings letztlich ossifizieren. Diese Beobachtung läßt umgekehrt die Schlußfolgerung zu, daß Synchondrosen (wie übrigens auch die Syndesmosen) überall dort erhalten bleiben, wo „störende“ mechanische Einflüsse, nämlich *Bewegungen*, die Ossifikation verhindern. Unter diesem Blickwinkel ist es zu verstehen, daß die Nähte der Schädelkalotte schließlich mehr oder weniger vollständig verknöchern, während die Bandverbindungen zwischen der Klavikula und der Skapula (Lig. coracoclaviculare) in der Regel als Bindegewebe erhalten bleiben. Aus ähnlichem Grund persistieren die

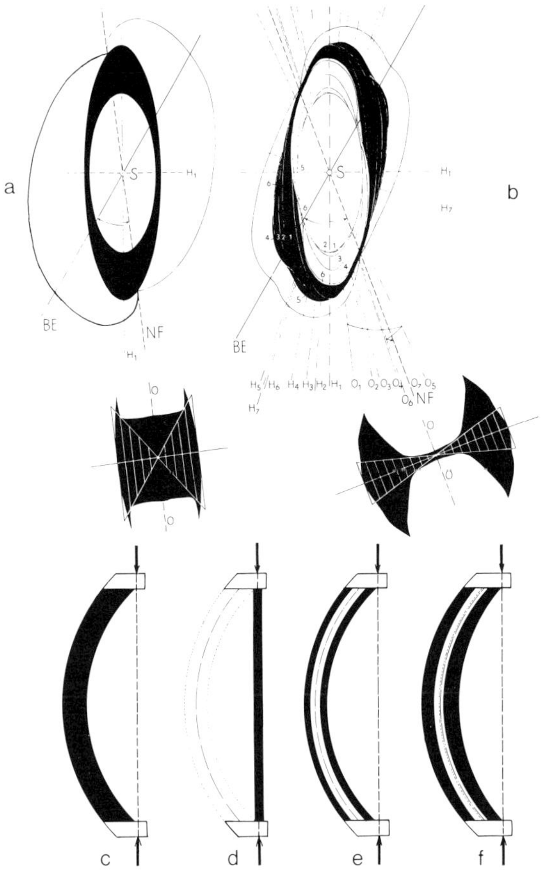

Abb. **19** a–f Anpassung eines Knochenrohres an eine Biegebeanspruchung: a) Modell eines elliptischen Diaphysenquerschnitts (entsprechend einer rachitisch deformierten Femurdiaphyse); b) theoretischer Umbau des Modells a nach dem Pauwelsschen „Baugesetz“ unter Annahme einer „schiefen Biegung“. BE = Biegeebene, H_1–H_7 = Hauptachsen für die verschiedenen Umbauphasen 1–7, NF = neutrale Faser, S = Schwerpunkt. Darunter ist jeweils die Flächenkontraktion (schwarz) mit eingezeichnetem Spannungsdiagramm abgebildet; c) Modell eines gekrümmten Stabes unter Biegebeanspruchung; d) unter Annahme des Pauwelsschen „Baugesetzes“ wird der Knochenstab exakt in die Richtung der beanspruchenden Kraft eingestellt und in seiner Dicke an die Beanspruchungsgröße angepaßt; e) Modell eines Knochenrohres unter Biegebeanspruchung; f) unter Annahme des gleichen „Baugesetzes“ wird lediglich die Wanddicke des Knochenrohres an die örtliche Beanspruchungsgröße angepaßt, ohne daß sich jedoch die Achsenform wesentlich ändert (nach *Pauwels*)

Symphysis pubica sowie die Rippenknorpel ohne zu ossifizieren. Gerade die Symphyse macht aber deutlich, daß eine mechanische Beanspruchung mit Dislokationstendenz (Zug, Schub!) zur Ausbildung gerichteter faseriger Strukturen führt. Stärkere Verzerrungen können sogar eine Auflösung des Knorpelgewebes nach sich ziehen, wie die nicht selten beobachtete Spaltbildung in der

Symphyse beweist, die dann mit einem flüssig-gallertigen Gewebe erfüllt ist. Hier mögen Übergänge zu einer echten Diarthrosenbildung gegeben sein. Auf dieser selben Linie liegen wohl auch die von ECKLIN (1960) beschriebenen Spaltbildungen in den Disci intervertebrales der Halswirbelsäule. Beim Menschen haben die Synostosen praktisch keine Bedeutung für Bewegungen innerhalb des Skeletts. Sie sind im Gegenteil als Beweis dafür anzusehen, daß an diesen Stellen eine Bewegung völlig *ausgeschaltet* war. Dies wird noch besonders deutlich durch die Tatsache illustriert, daß sich pathologische Synostosen anstelle sonst beweglicher Verbindungen (Syndesmosen, Synchondrosen oder sogar Diarthrosen) ausbilden, wenn eben die Bewegung für lange Zeit unmöglich gemacht wurde. Der eindrucksvollste Vorgang dieser Art ist wohl die Ausbildung einer spontanen Ankylose nach extrem langer Ruhigstellung eines Gelenks.

Juncturae synoviales (JNA: Diarthrosen): Kennzeichnend für diese Gelenke ist die Bildung einer mit Synovia gefüllten Gelenkhöhle. Dabei handelt es sich um einen kapillären Spalt zwischen den im allgemeinen mit Hyalinknorpel bedeckten Gelenkenden der artikulierenden Knochen und der Gelenkkapsel. Größere makroskopisch erkennbare Räume erstrecken sich lediglich in die Recessus. Ein im Röntgenbild sichtbarer sog. „Gelenkspalt" repräsentiert folglich im wesentlichen die Summe der strahlendurchlässigen Gelenkknorpel beider angrenzender Elemente.

Gelenkknorpel:
Als „typische Diarthrosen" werden stets die großen Extremitätengelenke angeführt, die ihrer Entstehung nach Abgliederungsgelenke darstellen (s. „Entwicklung der Diarthrosen", S. 1.28). Sie sind in der Regel mit Hyalinknorpel bedeckt, der offenbar als ein Rest des primordialen Knorpelelements aufzufassen ist. Die Dicke des Knorpelbelags schwankt – wohl in erster Linie funktionsabhängig (s. „Biomechanik der Diarthrosen", S. 1.29) – auch bei den großen Gelenken erheblich (von etwa 7 mm beim Jugendlichen bis gegen 1 mm beim Greis). Weniger beanspruchte Gelenke (z. B. einige Interkarpal- und Intertarsalgelenke) besitzen oft dünne Knorpelüberzüge von weniger als 1 mm.
Rasterelektronenmikroskopische Beobachtungen stellen auch die normale artikulierende Knorpeloberfläche als recht uneben dar. Es wird diskutiert, ob den feinen Erhebungen und Einsenkungen etwa eine systematische Ausrichtung zuzuschreiben sei. Selbst wenn sich dies bestätigen sollte, bleibt zur Zeit noch zweifelhaft, ob dieses rauhe Oberflächenprofil auch in vivo besteht oder nicht vielmehr ein systematisches Artefakt darstellt, das bei der Aufbereitung der Präparate zustande kommt. So wäre es z. B. nicht undenkbar, daß die oberflächennahen, tangentialen Kollagenfaserbündel (s. u.) für die erhabenen Oberflächenstrukturen verantwortlich sind, indem die faserärmere Grundsubstanz zwischen ihnen bei Wasserentzug einsinkt. Untersuchungen von Y. u. K. DRAENERT (1978) haben in jüngster Zeit den Beweis geliefert, daß der Gelenkknorpel bei vorsichtiger Präparationstechnik auch im Rasterelektronenmikroskop eine absolut glatte Oberfläche zeigt.
Mit einem Reibungskoeffizienten zwischen 0,001 und 0,005 ist die Reibung zwischen den artikulierenden Flächen so gering, daß dies vielleicht nicht nur auf die Synovialschmierung allein zurückzuführen ist.
Infolge einer systematischen Strukturierung können nach BENNINGHOFF am hyalinen Gelenkknorpel verschiedene Zonen unterschieden werden. In der Tiefe, an den subchondralen Knochen angrenzend, befindet sich die *Verkalkungszone.* Sie schließt aus dem Knochen nahezu senkrecht zur Oberfläche aufsteigende Kollagenfasern ein. Diese radiären Faserbündel charakterisieren auch die mittlere Knorpelzone (Radiärfaserzone), die nur an manchen dicken Gelenkknorpeln deutlich unterschieden werden kann. In einigem Abstand von der Oberfläche biegen die Kollagenfasern in haarnadelähnlichen Kurven um; dabei verlaufen sie für eine kürzere oder längere Strecke parallel zur Gelenkfläche und bilden damit die *Tangentialfaserzone.* Schließlich steigen sie wieder senkrecht abwärts, um sich im subchondralen Knochen zu verankern. Ob wirklich alle Faserbündel wieder absteigen, ist jedoch nicht gesichert.
Der radiäre und tangentiale Faserverlauf im Gelenkknorpel wurde im Prinzip von BENNINGHOFF (1922) mit der Spaltlinienmethode nachgewiesen. Neuerdings sind daran allerdings Zweifel laut geworden, weil manche elektronenmikroskopische Beobachtungen einen Faserfilz zu zeigen schienen, in dem eine bevorzugte Verlaufsrichtung der Kollagenfibrillen nicht erkannt wurde. In jüngster Zeit gelang nun ORTMANN (1975) der polarisationsoptische Nachweis einer systematischen Textur der Tangentialfaserzone, die das Benninghoffsche Modell zumindest in diesem Bereich im großen und ganzen bestätigt. Es ist ferner zu vermuten, daß der Gelenkknorpel prinzipiell eine geordnete und an die jeweilige mechanische Beanspruchung angepaßte Kollagenfaserarchitektur besitzt, wobei allerdings noch offen ist, inwieweit sie Benninghoffs Schema entspricht.

Gelenkkapsel und Synovia:
Die bindegewebigen Weichteile überbrücken den (anatomischen) Gelenkspalt als *Gelenkkapsel,* die aus einer inneren *Membrana synovialis* und einer äußeren *Membrana fibrosa* besteht. In der letzteren sind nicht selten verdichtete Faserzüge als sog. „Kapselbänder" isolierbar; es kommt allerdings auch vor, daß sich Bandstrukturen anderer Her-

kunft an die Kapsel anlegen und in die Membrana fibrosa mehr oder weniger einbezogen werden.
Die Membrana fibrosa der Kapsel besteht aus Systemen ausgerichteter Kollagenfaserbündel (Verkörperung der Hauptdehnungsrichtungen?), deren Dichte von Gelenk zu Gelenk und an verschiedenen Stellen derselben Kapsel erheblich wechseln kann. Auch die individuellen Unterschiede sind beträchtlich. Lücken zwischen größeren Faserbündeln sind nicht selten. Im Bereich notorisch schwacher Kapselstellen ermöglichen sie die Entstehung von Synovialhernien (Ganglien). Am Kapselansatz können die Kollagenfasern als Sharpeysche Fasern in den Knochen eindringen oder sich mit dem Periost verbinden.
Die Membrana synovialis wird von relativ dicht aneinandergelagerten, wenig differenzierten Bindegewebszellen gebildet und erhält damit ein epithelähnliches Aussehen. Eine Basalmembran fehlt jedoch, und die Synovialzellen ragen mit Ausläufern in das unterliegende, oftmals recht lockere Bindegewebe hinein. Offenbar können diese Zellen jederzeit die Gestalt typischer Fibrozyten annehmen. Dieses Verhalten wird aus ihrer Entstehungsgeschichte verständlich (s. „Entwicklung der Diarthrosen", S. 1.28).
Die Synovialhaut ist reich vaskularisiert und enthält in den Maschen des lockeren Bindegewebes einige Fettzellen. Mit *Plicae* und *Villi synoviales* kann sie in den Gelenkraum vorspringen, und zwar regelmäßig dort, wo an den Rändern der Gelenkflächen konturbedingt „tote Räume" entstehen. Die Synovialfalten sind wesentlich stärker mit Blutgefäßen versorgt als die Zotten und daher bei Verletzungen häufig die Ursache eines Hämarthros.
Im Gegensatz zur Membrana fibrosa heftet sich die Membrana synovialis stets am Rand des Gelenkknorpels an. Hier nehmen die Zellen sukzessive das Aussehen von Chondrozyten an, vergleichbar dem Übergang vom Perichondrium zu Knorpel.
An manchen Stellen bildet die Gelenkinnenhaut eine oft sehr dünne sichelförmige Falte, die sich nach Art eines Meniskus zwischen die überknorpelten Gelenkflächen schiebt. Bekannt sind derartige meniskoide Gelenkfalten vor allem bei den kleinen Wirbelgelenken im Halsbereich, sie kommen aber z. B. sehr häufig auch im Schultergelenk des Neugeborenen vor und können dort gelegentlich mehr als die Hälfte der Pfannenoberfläche bedecken.
Die unterschiedlichen Anheftungsbereiche der Membranae fibrosa und synovialis am Knochen können es bedingen, daß die nutritiven Gefäße, die zwischen diesen beiden Membranen an das Skelettelement herantreten, diesen über eine kürzere oder längere Strecke eng anliegen. Dieser Umstand ist am Collum femoris von besonderer klinischer Bedeutung.
Die Synovia entsteht durch aktive Sekretion der Zellen der Membrana synovialis der Gelenkkapsel. Bezüglich der Konzentration der Elektrolyte und niedermolekularen organischen Substanzen kann sie als Dialysat des Blutserums aufgefaßt werden; darüber hinaus enthält sie aber noch Proteine und vor allem Hyaluronat (mit der typischen Struktur einer Doppelhelix), das mittels spezifischer Enzyme der Zellen synthetisiert wird (vgl. Greiling 1974). Die Kettenlänge des Hyaluronatmoleküls soll für die Gelenkschmierung von wesentlicher Bedeutung sein. Eine Beziehung zwischen der Viskosität der Gelenkschmiere und den Reibungskoeffizienten im Gelenk hat sich nicht nachweisen lassen (Linn 1968, Radin 1968). Diese mechanische Problematik der Schmierung soll im Abschnitt „Biomechanik der Diarthrosen – Kinetik" (S. 1.33) diskutiert werden.

Diszi und Meniszi:
Mit diesen Termini werden vollständige oder unvollständige, stets druckaufnehmende Trennwände in Diarthrosen bezeichnet. Ihnen allen ist gemeinsam, daß sie reichlich straffes, meist parallelfasrig strukturiertes Kollagengewebe enthalten, wobei die wesentlichen Faserzüge in der Regel in der Ebene parallel zu den anliegenden Gelenkknorpelflächen konzentrisch angeordnet sind. Zwischen den Faserbündeln können in größerer oder geringerer Zahl Chondrone vorkommen, womit Übergänge zu regelrechtem Faserknorpel gegeben sind.
Im äußeren Umfang geht die Membrana synovialis der Gelenkkapsel unmittelbar in das Gewebe des Diskus bzw. Meniskus über, ohne sich folglich auf seine Oberfläche fortzusetzen. Damit wird deutlich, daß insbesondere die Meniszi als in das Gelenk eingeschlagene Kapselfalten, vor allem der Synovialhaut, aufgefaßt werden können. An ihrer Basis befindet sich ein Netz kleiner Arterien, das mit den Kapselgefäßen in Verbindung steht und kleinere kurze Gefäße in den Diskus oder Meniskus abgibt.
Manche Diszi entstehen im Zusammenhang mit Anlagerungsgelenken. Ein typisches Beispiel hierfür ist das Kiefergelenk. Dabei bilden sich bei dem Gegeneinanderrücken der Gelenkkonstituenten in den zwischenliegenden Weichteilen (Mesenchym, Bindegewebe) zwei Schleimbeutel, in deren Scheidewand sich offenbar unter dem Einfluß der Druckbeanspruchung durch die benachbarten Skelettelemente das spezifische Bindegewebe des Diskus differenziert, während sich die Kollagenfaserbündel dabei gleichzeitig in Richtung der größten Dehnungen einstellen.
Somit sind alle diese Bildungen im Grunde nichts anderes als zwischen die artikulierenden Knochenenden interponierte Kapselfalten oder -wände, die unter Flächenpressung geraten und daher straffe bindegewebige Strukturen oder sogar Faserknorpel ausbilden.

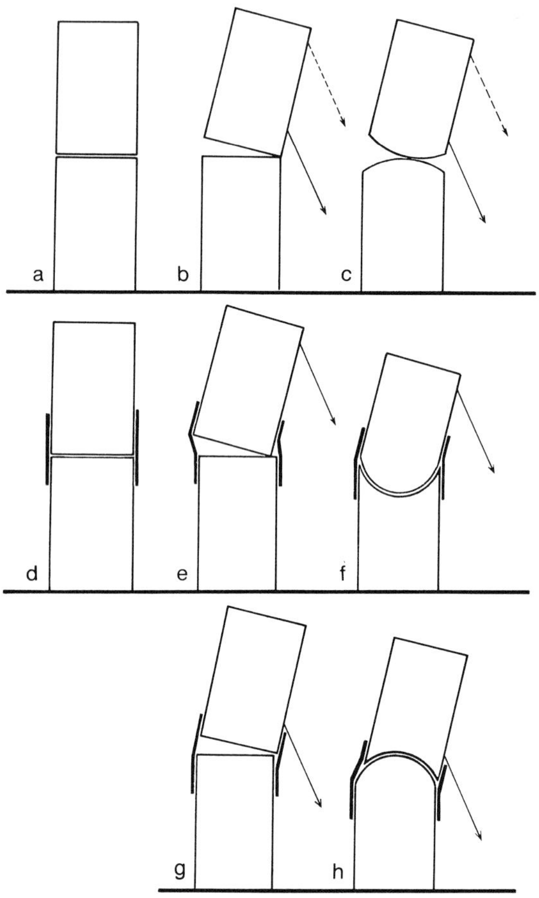

Abb. **20** a–h Versuch zur Theorie der funktionellen Ausbildung der Gelenkformen mit Gipsblöcken nach *Fick:* a) lose aufeinandergesetzte Gipsblöcke, b) Kippbewegungen durch Seilzüge, die gelenknahe (ausgezogener Pfeil) und gelenkferne Muskeln (gestrichelter Pfeil) repräsentieren sollen, c) Ergebnis beider Versuche: zwei konvex gewölbte Flächen, d) Gipsblöcke mit über die Kontaktstelle gezogenem Gummischlauch, e) Bewegung durch gelenkfernen Muskelzug, f) Ergebnis: konvexe Kontur am bewegten Element, konkave Kontur am fixierten Element, g) Bewegung durch gelenknahen Muskelzug, h) Ergebnis: konkave Kontur am bewegten Element, konvexe Kontur am fixierten Element

Entwicklung der Diarthrosen (echten Gelenke)

In der Ontogenese wie in der Phylogenese lassen sich zwei Entwicklungsformen der Diarthrosen unterscheiden: *Abgliederungsgelenke*, die durch Spaltbildung in einem zunächst zusammenhängenden Stützgewebe entstehen, und *Anlagerungsgelenke*, die aus Schleimbeuteln zwischen miteinander in Kontakt tretenden Skelettelementen hervorgehen. Im folgenden sollen nur die Grundzüge der ontogenetischen Ausbildung dieser Gelenktypen beim Menschen kurz skizziert werden.

Abgliederungsgelenke:
Die meisten Diarthrosen, vor allem der Extremitäten, bilden sich bereits auf dem Stadium des vorknorpeligen Blastems. Die Stelle des späteren Gelenks zeigt sich schon früh durch eine Mesenchymverdichtung an. Proximal und distal geht aus dieser Verdichtungszone fortlaufend vorknorpeliges Blastem hervor, das sich kontinuierlich zu (später meist hyalinem) Knorpelgewebe differenziert, während in der Mitte der Zellverdichtung durch Dehiszenz der spätere Gelenkspalt entsteht. Aus den seitlichen Partien der Verdichtungszone gehen die Gewebe der Gelenkkapsel hervor; die an den Gelenkspalt angrenzenden Partien bleiben noch eine geraume Zeit undifferenziert, bis sie sich schließlich in Knorpel umwandeln. Auf diese Weise besitzt der spätere Gelenkknorpel offenbar eine periphere Zuwachszone.
In Abgliederungsgelenken entstehen Diszi in besonders breiten Blastemverdichtungen, in denen zwei Dehiszenzspalten auftreten. Das zwischen ihnen liegende zellreiche Gewebe behält noch lange Mesenchymcharakter und läßt erst spät die für den Diskus charakteristischen Fibrillen erkennen.
Die Ausformung der Gelenke erfolgt ganz offenbar nach kinematischen Gesetzmäßigkeiten (Fick 1921, Pauwels 1935) (Abb. **20**). Obwohl weitere Details bis heute noch nicht untersucht worden sind, kann mit Sicherheit jetzt schon gesagt werden, daß sich eine *Gelenkpfanne* dort ausbildet, wo die beanspruchenden Kräfte (in erster Linie die Muskeln!) am Skelettstück nahe am Gelenk angreifen, während ein *Gelenkkopf* an jenem Element entsteht, an dem die Kräfte gelenkfern angreifen. Dieser mechanischen Deutung widerspricht nicht die Tatsache, daß bei Vertebraten die Anlage der typischen Gestalt der Gelenke, so z. B. die Krümmung von Kopf und Pfanne, bereits in der Form der Verdichtungszone, also noch vor dem Auftreten des Gelenkspalts, zu erkennen ist. Es gibt zahlreiche andere Beispiele dafür, daß phylogenetisch offensichtlich auf dem Wege funktioneller Anpassung erworbene Strukturen in der Ontogenese in sehr frühe Entwicklungsphasen „vorverlegt" werden, zugleich aber können sich entsprechende Strukturen postnatal unter dem direkten Einfluß der mechanischen Beanspruchung in kausaler Abhängigkeit ausformen (vgl. Kummer 1962b). Im Falle der Gelenkbildung zeigt sich letzteres deutlich an der Formbildung von Pseudarthrosen: Sie folgen durchweg den von Fick (1910) und Pauwels (1965) aufgestellten Regeln.

Anlagerungsgelenke:
Diese Form der Gelenkbildung findet sich beim Menschen vor allem beim sekundären (definitiven) Kiefergelenk und bei den kleinen Wirbelgelenken, ferner bei Sternoklavikular- und Iliosa-

kralgelenk. Auch hier kann der phylogenetisch (vergleichend-anatomisch) sicher nachweisbare Anlagerungsvorgang in der Ontogenese mehr oder weniger verwischt werden.
Besonders deutlich und bemerkenswert ist der Ablauf der Anlagerung beider Elemente des Kiefergelenks. Hier handelt es sich um zwei typische Deckknochen (Squamosum = Pars squamosa ossis temporalis und Dentale = Mandibula), die u. a. an den Stellen des späteren Kontakts Sekundärknorpel ausbilden. Sowohl am Squamosum als auch am späteren Mandibulaköpfchen erscheint je eine Gewebsspalte, die sich zu einem Schleimbeutel differenziert. In der zwischen beiden befindlichen Gewebsbrücke treten sich verdichtende, streng parallel geordnete Kollagenfasern auf, die sich schließlich beiderseits in einer beide Gelenkspalten begrenzenden gemeinsamen Gelenkkapsel verankern.
Zumindest im späteren Alter besteht der Knorpelüberzug des Kiefergelenks aus Faserknorpel, ohne daß dadurch die Funktion des Gelenks erkennbar leidet. Diese Entwicklung darf aber wohl nicht als typisch für ein Anlagerungsgelenk angesehen werden.

Biomechanik der Diarthrosen

Da es beim Menschen kaum bewegliche Synarthrosen gibt (wie z. B. die Rippenknorpelverbindungen zum Sternum) und überdies darüber keine detaillierten funktionellen Untersuchungen vorliegen, sollen hier nur die Synovialgelenke betrachtet werden.
Sie können sowohl nach ihrer Gestalt als auch nach dem Ausmaß ihrer Beweglichkeit eingeteilt werden. Nicht selten sind beide Gesichtspunkte miteinander verknüpft. So hat z. B. ein typisches Sattelgelenk zwei Hauptachsen und mithin auch zwei Freiheitsgrade der Beweglichkeit; ein Kugelgelenk besitzt demgegenüber theoretisch unendlich viele mögliche Bewegungsachsen. Unter ihnen lassen sich jedoch drei Hauptachsen definieren, durch die alle tatsächlich ausführbaren Bewegungen erklärt werden können; folglich sind auch drei Freiheitsgrade der Beweglichkeit gegeben.

Kinematik:
Viele Bewegungen in Diarthrosen lassen sich in eine Folge von Drehbewegungen auflösen. Dies gelingt um so leichter, je kleiner der einzelne zu untersuchende Bewegungsabschnitt ist. Bei jeder Drehbewegung läßt sich eine *Achse* definieren. In der theoretischen Definition handelt es sich dabei um die Gesamtheit aller jener Punkte, die während der Bewegung keine Ortsveränderung erleiden. Aus dieser Formulierung folgt, daß eine reine Drehbewegung um eine konstante Achse bei stets kongruenten Gelenkflächen nur möglich ist, wenn deren Oberflächenkrümmung genau einem Kreisbogen entspricht. Weicht die Krümmung der Gelenkflächen dagegen von der exakten Kreisform ab, so können beliebig kleine Strecken der Gelenkoberfläche durch Kreisbögen ersetzt werden. Die zugehörigen Kreismittelpunkte kennzeichnen jeweils die Lage der für diesen Teil der Gelenkfläche gültigen Bewegungsachse. Fick (1910) bezeichnet daher eine solche Achse als *Momentanachse*, womit ausgedrückt werden soll, daß diese Achse dem augenblicklichen Bewegungsabschnitt zugeordnet ist.
Ein *Freiheitsgrad* der Beweglichkeit ist bei einem Drehgelenk identisch mit der Bewegungsmöglichkeit um eine Achse, wobei Hin- und Rückbewegung gemeint sind. Im allgemeinen verlaufen die meisten Bewegungsachsen eines Gelenks nahezu rechtwinklig zu den Längsachsen der artikulierenden Knochen. Sie werden nach den Hauptbewegungen bezeichnet, die um sie ausgeführt werden können. So werden also *Ab-* und *Adduktionsachsen, Beuge-* und *Streckachsen, Ante-* und *Retroversionsachsen* usw. unterschieden. Daneben existiert oft noch eine besondere Bewegungsachse, die mit der Längsachse des bewegten Glied- oder Stammabschnitts (die nicht unbedingt auch die Achse des zugehörigen Skeletteils sein muß!) identisch ist: eine *Rotationsachse.* Obwohl alle Drehbewegungen der Wortbedeutung entsprechend auch „Rotationen“ genannt werden können, meint man mit dieser Bezeichnung in der funktionellen Anatomie eigentlich immer nur die Drehung eines Körperabschnitts um seine *eigene* Achse. Die Benennung erfolgt am Stamm nach der Richtung, nach der die Ventralseite gedreht wird, als Rechts- oder Linksdrehung, bei den Extremitäten danach, ob die Ventralseite nach medial oder lateral gedreht wird, also Innen- oder Außenrotation. Bei den Drehbewegungen der zuvor charakterisierten Art können die Gelenkflächen entweder aufeinander *abrollen*, d. h., die Oberfläche des einen Elements wickelt sich auf der Oberfläche des anderen ab, so daß jeder Punkt der einen Fläche jeweils mit einem ganz bestimmten Punkt der anderen Fläche in Kontakt kommt, wobei die abgewickelten Strecken beider Elemente genau gleich lang sind, oder die Gelenkflächen *gleiten* aufeinander, so daß ein bestimmter Punkt der einen Fläche nacheinander verschiedene Punkte der anderen berührt. Daneben sind verschiedene quantitative Kombinationen beider Vorgänge denkbar. Die Führung der Bewegung erfolgt in den meisten Fällen hauptsächlich durch Bänder, seltener allein oder vorzugsweise durch Muskeln. Das Schultergelenk ist eines der wenigen Beispiele für die letztere Möglichkeit.
Häufig bilden die durch Bänder verbundenen artikulierenden Skelettelemente eine *geschlossene kinematische Kette* (vgl. Huson 1973); dann ist der Bewegungsweg des einen Elements gegenüber dem anderen genau vorgeschrieben. Dies kommt besonders deutlich bei einer Kreuzband-

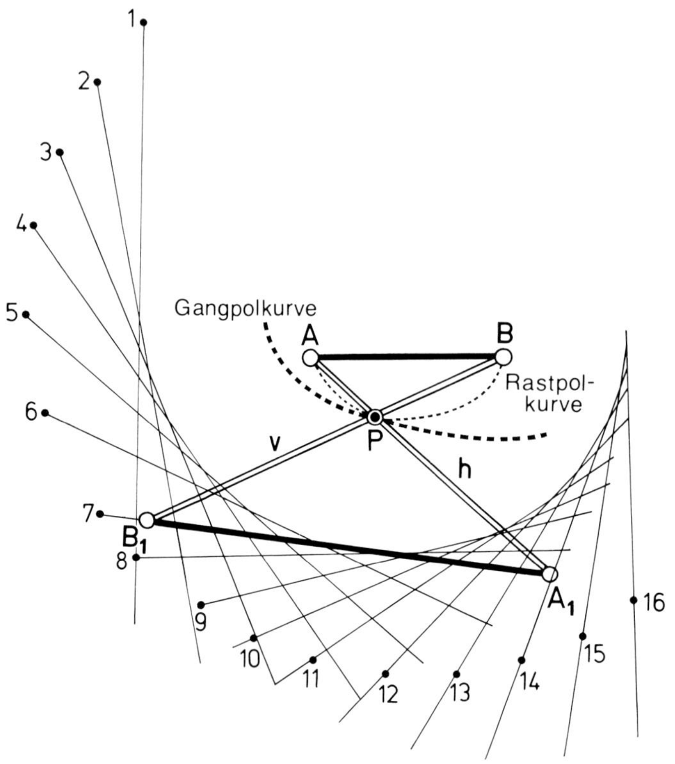

Abb. **21** Nach *Menschik* (1974) wird die Kontur eines Femurkondylus als „Koppelhüllkurve" aufgefaßt, die durch die verschiedenen Stellungen des Tibiaplateaus während der Bewegung erzeugt wird. Vereinfachte Darstellung als „überschlagenes Gelenkviereck". A, A_1 = Knochenanheftungen des hinteren Kreuzbands (h), B, B_1 = Knochenanheftungen des vorderen Kreuzbands (v), P = Kreuzungspunkt beider Kreuzbänder = momentaner Drehpol, Rastpolkurve: Weg des Pols P bezüglich der feststehend gedachten Basis A–B, Gangpolkurve: Weg des Pols P bezüglich der feststehend gedachten Koppel A_1–B_1, 1–16 = verschiedene Stellungen der Koppel A_1–B_1 bei fixierter Basis A–B

verbindung zum Ausdruck, wie sie im Kniegelenk vorliegt (Huson 1974, Menschik 1974, 1975). Wenn die Femurkondylen als ruhend und die Tibia als bewegt angesehen werden, entspricht die Kontur eines Femurkondylus genau der „Koppelhüllkurve", erzeugt durch die artikulierende Strecke des Tibiaplateaus als „Koppel" (Abb. **21**). Die Bewegung selbst erscheint dann als eine Zwangskombination von Drehen und Gleiten.

Am ebenen Modell entspricht der Überkreuzungspunkt beider Kreuzbänder dem jeweiligen (momentanen) Drehzentrum. Bei verschiedenen aufeinanderfolgenden Gelenkstellungen verschiebt sich das momentane Drehzentrum und zwar gegenüber den beiden artikulierenden Skelettelementen in verschiedener Weise. Menschik (1975) bezeichnet diese Verschiebungslinie als *Rastpolkurve* und *Gangpolkurve.* Rastpolkurve und Gangpolkurve gleiten während der Bewegung derart aufeinander, daß in jedem Augenblick ihr gemeinsamer Berührungspunkt dem dieser Gelenkstellung zugeordneten momentanen Drehzentrum entspricht.

Frankel u. Burstein (1970) bestimmen das momentane Drehzentrum (Instant center) empirisch aus den Bewegungsbahnen von markierten Punkten auf den Skelettelementen und kommen damit allerdings zu etwas anderen Ergebnissen.

Der analytische Ansatz, bandgeführte Gelenke als geschlossene kinematische Ketten aufzufassen, der letztendlich auf Strasser (1908) zurückgeht, ist nach unserer derzeitigen Kenntnis offenbar die beste Methode, exakte Theorien für die Bewegungsabläufe in den verschiedensten Gelenken aufzustellen.

Statik:

In der Statik werden alle jene Reaktionen zwischen Kräften und Massen betrachtet, bei denen keine Bewegung stattfindet. Das bedeutet, daß sich die Momente aller an einem Körper angreifenden Kräfte zu Null addieren (d. h. gegenseitig aufheben).

Auf ein Gelenk übertragen, kann dieser Umstand so formuliert werden, daß sich unter statischen Bedingungen alle Kräfte im Gleichgewicht halten, oder genauer formuliert: es herrscht ein *Momentengleichgewicht.*

In praxi kann diese Gleichgewichtsbedingung am einfachsten dadurch geprüft werden, daß alle an einem Gelenk angreifenden Kräfte zu einer einzigen Resultierenden zusammengesetzt werden. Wenn die Wirkungslinie dieser *Gelenkresultierenden* das momentane Bewegungszentrum (bzw. die Bewegungsachse) des Gelenks schneidet, herrscht Gleichgewicht. Das Moment der Resultierenden wird Null, weil ihr Hebelarm verschwindet. Hierbei muß ausdrücklich festgestellt werden, daß die *Belastung* des Gelenks dadurch keineswegs auf Null reduziert wird, sondern u. U. sogar sehr beträchtliche Werte annehmen kann.

Diese Zusammenhänge lassen sich am Beispiel eines Kugelgelenks besonders deutlich demonstrieren, da dieses ein konstantes Drehzentrum besitzt, das im Krümmungsmittelpunkt der Kugel gelegen ist. Im Regelfall setzt sich die Gesamtbelastung (Gelenkresultierende) aus dem Körpergewicht, evtl. mit einer zusätzlichen Last, und gegensinnig wirkenden Muskelkräften zusammen. Dabei können zur Vereinfachung der Darstellung alle Kräfte auf der muskulären Seite zu einer einzigen *Muskelresultierenden* zusammengefaßt werden. Für das Gleichgewicht am Kugelgelenk gilt nun die Bedingung, daß der Drehpunkt des Gelenks und die Wirkungslinien von Last (Körpergewicht) und Muskelresultierender in einer gemeinsamen Ebene liegen müssen. Im allgemeinen sind Größe und Wirkungslinie des Körpergewichts sowie die Lage des Gelenkdrehpunkts bekannt; in dieser Ebene muß also auch die Wirkungslinie gelegen sein, deren Verlaufsrichtung nun lediglich zu bestimmen ist. Abb. **22** zeigt die Konstruktion der Gelenkresultierenden des Hüftgelenks unter diesen Voraussetzungen. Die Beanspruchungsebene, in der das Körpergewicht (G_5) und der Hüftgelenkdrehpunkt liegen, falle in die Zeichenebene. Dann wird die Richtung der Muskelresultierenden (M) der Hüftabduktoren bis zum Schnitt mit der Wirkungslinie von G_5 verlängert. An dieser Stelle ist das Kräfteparallelogramm zu zeichnen, aus dem die Hüftgelenkresultierende (R) hervorgehen soll. Für die Kraft R gilt nun die Bedingung, daß sie am Hüftgelenk das Moment Null haben muß, d. h. daß sie durch den Drehpunkt verläuft. Damit ist die Wirkungslinie von R festgelegt, und bei bekannter Größe von G_5 kann jetzt das Kräfteparallelogramm ohne Schwierigkeit gezeichnet werden.

Im Prinzip kann diese Methode der Bestimmung der Gelenkresultierenden auch bei anderen Gelenken angewandt werden. Dabei ist allerdings zu berücksichtigen, daß nur für Kugelgelenke eine einzige Resultierende eindeutig festgelegt ist. Sobald ein Gelenk jedoch anstatt eines Drehpunktes eine Drehachse besitzt, wird die Gleichgewichtsbedingung nicht mehr eindeutig, denn nun gibt es viele gleichwertige Gleichgewichtslagen, da lediglich gefordert wird, daß die Gelenkresultierende die Drehachse schneidet. Die Lage des Schnittpunkts auf der Achse ist daher für das Gleichgewicht ohne Bedeutung. Entsprechende Verhältnisse finden sich beim Kniegelenk. Da die Achse für die Beuge- und Streckbewegung in einer Frontalebene liegt, sind Lage und Richtung der Resultierenden in der Sagittalebene eindeutig bestimmbar, während in der Frontalebene alle Lagen vom medialen Rand des medialen Femurkondylus bis zum lateralen Rand des lateralen Kondylus mit den Gleichgewichtsbedingungen vereinbar sind.

Die Gelenkresultierende repräsentiert die *Gesamtbelastung* des Gelenks, und aus dem zuvor Gesagten wird deutlich, daß sie stets größer sein muß als die reine Körperlast. Je nach dem Verhältnis der Hebelarme von Körpergewicht und

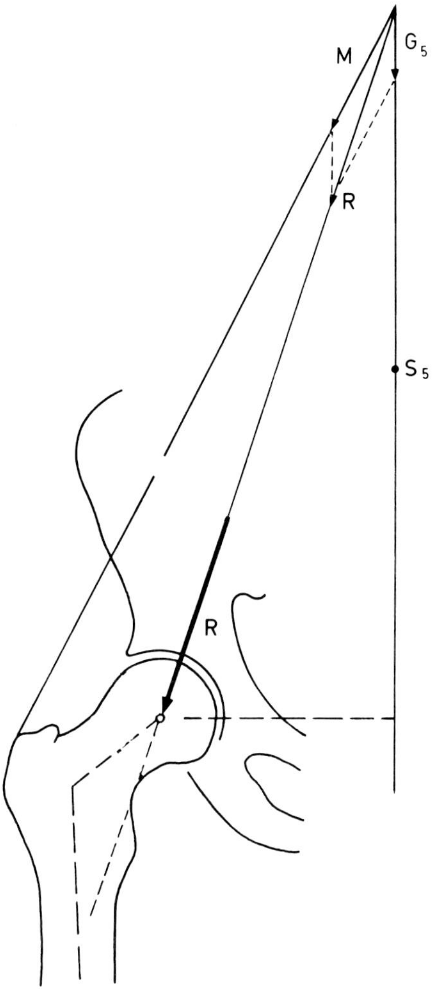

Abb. **22** Die Resultierende R des Hüftgelenks ergibt sich aus dem Körpergewicht G_5 und der Muskelkraft M der Hüftabduktoren (nach *Pauwels*)

ausbalancierenden Muskelkräften kann die Resultierende das Dreifache des Gewichts und mehr betragen.

Die *Beanspruchung* eines Gelenks ergibt sich demgegenüber aus dem Verhältnis von Belastung zu Tragfläche. Allerdings gibt der Quotient Kraft durch Fläche lediglich die kleinstmögliche Beanspruchung an und dies nur unter der Bedingung, daß die Resultierende zentral in der Tragfläche gelegen ist. Hierauf soll jedoch erst dann näher eingegangen werden, wenn der Begriff der Tragfläche genauer definiert ist.

Unter der *anatomischen Gelenkfläche* wird bei Diarthrosen allgemein die intrakapsuläre überknorpelte Fläche der Skelettelemente verstanden. In den meisten Gelenken stehen die anatomischen Gelenkflächen nicht in ganzer Ausdehnung miteinander in Kontakt; dies ergibt sich allein schon daraus, daß die Flächen bei den Gelenkbewegungen gegeneinander gleiten. Die *Kontaktflä-*

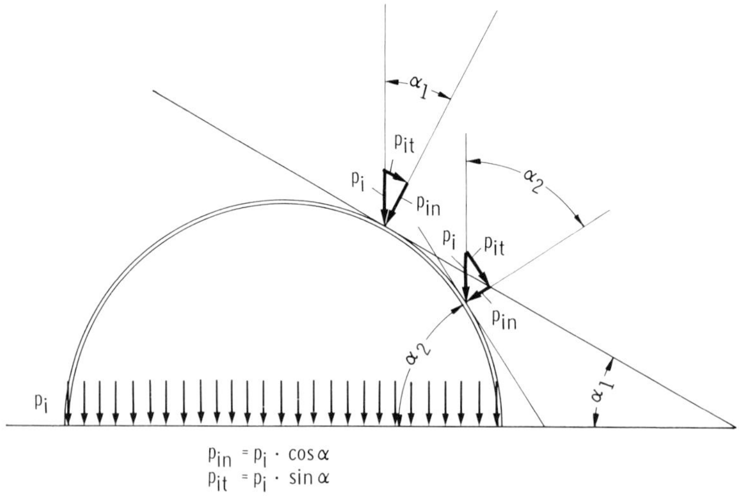

Abb. **23** In einer Ebene, auf der die beanspruchende Kraft senkrecht steht, wird die Gelenkresultierende in die Teilkräfte p_i zerlegt. Jede Teilkraft wird auf die wahre (gewölbte) Gelenkfläche projiziert und dort in die Normalkraft p_{in} und die Tangentialkraft p_{it} zerlegt. Die Größe dieser Kräfte hängt von dem Winkel α ab, um den die Gelenkfläche an dieser Stelle gegen die Ebene der Partialkräfte p_i geneigt ist

che eines Gelenks kann verständlicherweise niemals größer sein als die kleinere der beiden artikulierenden anatomischen Gelenkflächen. Nur innerhalb der Kontaktfläche kann Druck von einem Skelettelement auf das andere übertragen werden; dabei kann allerdings nicht immer die gesamte zur Verfügung stehende artikulierende Fläche für die Druckübertragung genutzt werden. Dies gilt besonders für stark gewölbte Gelenkflächen und läßt sich am Beispiel eines Kugelgelenks sehr deutlich demonstrieren (Abb. **23**).
Gegeben sei ein sphärischer Gelenkkopf, der von einer mehr als halbkugeligen Pfanne bis über seinen größten Umfang hinaus umschlossen werde. Wenn davon ausgegangen wird, daß die Reibung im Gelenk so minimal ist, daß sie vernachlässigt werden darf, dann können von einer Gelenkfläche auf die andere nur Normalkräfte übertragen werden. Um ihre Größe und Verteilung zu ermitteln, wird die Gesamtbelastung (Gelenkresultierende) über die Projektion der Kontaktfläche des Gelenks in eine Ebene senkrecht zur Wirkungslinie der Resultierenden verteilt gedacht. Die dabei entstehenden Teilkräfte werden p_i genannt. Nun gelten die Bedingungen, daß einerseits die Summe der p_i gleich R (Gelenkresultierende) sein muß, andererseits müssen sich die Momente aller p_i symmetrisch um den Durchstoßpunkt von R durch die projizierte Kontaktfläche im Gleichgewicht halten. Daraus folgt, daß die p_i nur dann untereinander gleich sein können, wenn R zentral in der projizierten Kontaktfläche liegt. Alle p_i sind untereinander und zu R parallel. Werden sie nun auf die wahre (in unserem Modellfall stark gewölbte) artikulierende Fläche gesetzt, so treffen sie hier an den verschiedenen Stellen unter einem unterschiedlichen Winkel auf. Sie können nun an jedem Ort in eine zur Gelenkfläche senkrechte *Normalkomponente* p_{in} und in eine zu ihr parallele *Tangentialkomponente* p_{it} zerlegt werden. Allein die Normalkomponenten werden über den Gelenkspalt hinweg übertragen und machen somit die Gelenkbeanspruchung aus.
Es ist nun leicht einsehbar, daß in einem Kugelgelenk die Normalkraft p_{in} am Durchstoßpunkt der Resultierenden, der als „Zenit" bezeichnet werden soll, gleich der Teilkraft p_i ist, während die Tangentialkomponente p_{it} an dieser Stelle Null wird. Auf einem Großkreis der Kugelgelenkfläche, der als der den Zenit zugeordnete „Horizont"* aufgefaßt werden kann, wird dagegen die Normalkomponente p_{it} Null und die Tangentialkomponente p_{it} gleich p_i. Das bedeutet mit anderen Worten, daß in einem Kugelgelenk die Tragfläche nur bis zu dem Horizont reichen kann, der dem Durchstoßpunkt (Zenit) der Gelenkresultierenden zugeordnet ist. Die Tragfläche ist folglich eine Halbkugel. Dabei nimmt die Gelenkbeanspruchung von einem Maximum bis auf Null am Horizont ab.
Hat die Gelenkresultierende von einem Rand der Gelenkpfanne allerdings einen Winkelabstand von weniger als 90°, so wird die Tragfläche zu einem Kugelzweieck, das einesteils durch den Pfannenrand, andererseits durch den Horizont begrenzt ist. In diesem Fall sind die Teilkräfte p_i untereinander nicht mehr gleich, da die Resultierende nicht zentrisch in der artikulierenden Flä-

* Abweichend von der früheren Bezeichnungsweise (z. B. Kummer 1969, 1974), die den Durchstoßpunkt der Resultierenden „Pol" und den zugehörigen Großkreis „Äquator" nennt, werden dafür nunmehr die Begriffe „Zenit" bzw. „Horizont" eingeführt, weil sich mittlerweise die Benennung „Pol" für einen morphologischen Ort am Gelenkkopf im Schrifttum eingebürgert hat. Letztere Vereinbarung erscheint durchaus sinnvoll, weil damit eine unveränderliche Stelle gekennzeichnet wird, während der „Zenit" entsprechend dem Standpunkt des „Beobachters" (Gelenkresultierende) auf der Kugeloberfläche wandern kann.

che liegt. Folglich sind auch die Normalkräfte p_{in} ungleichmäßig verteilt. Sie steigen gegen den Rand der Gelenkfläche hin an, der dem Durchstoßpunkt der Resultierenden am nächsten liegt. Bei extremer Annäherung der Resultierenden an einen Gelenkflächenrand kann es dazu kommen, daß die Tragfläche gelenkeinwärts nicht mehr bis zum Horizont reicht, obwohl hier noch eine Kontaktfläche zur Verfügung steht. Dies hängt mit der eingangs erwähnten Forderung zusammen, daß sich die Momentensummen der p_i symmetrisch um den Durchstoßpunkt von R im Gleichgewicht halten müssen. PAUWELS (1965, 1973a) hat hierfür die Faustregel aufgestellt, daß sich die Tragfläche gelenkeinwärts nicht weiter erstrecken kann, als dem doppelten Abstand der Resultierenden vom nächstgelegenen Rand der Gelenkfläche entspricht. Hierdurch kann die Tragfläche eines Kugelgelenks u. U. sehr stark eingeschränkt werden, und die Beanspruchung kann ganz enorm ansteigen, obwohl eine durchaus genügende Kontaktfläche vorhanden ist. Derartige Situationen kommen vor allem bei Subluxationsstellungen von Gelenkköpfen vor. Die dabei auftretenden hohen Beanspruchungen können zur Arthrose und Zerstörung des Gelenkknorpels führen.
Diese Betrachtungen können nun dahingehend zusammengefaßt werden, daß die *Gelenkbeanspruchung* grundsätzlich durch die Größe der Gesamtbelastung *(Gelenkresultierende)* und die Tragfläche des Gelenks bestimmt wird. Dabei ist zudem die Lage der Resultierenden innerhalb der Tragfläche von größter Bedeutung. Ferner ist festzustellen, daß die Tragfläche niemals größer (wohl aber kleiner!) sein kann als die artikulierende *Kontaktfläche* und daß diese wiederum die kleinere der *anatomischen Gelenkflächen* an Ausdehnung nicht überschreiten kann.

Gestalt und Ausdehnung der anatomischen Gelenkfläche:
Wie im Abschnitt „Kausale Histogenese der Binde- und Stützgewebe" (S. 1.14) dargelegt wurde, entsteht Hyalinknorpel unter der Bedingung hydrostatischen Drucks; andererseits führt aber hydrostatischer Druck auch zu chondraler Ossifikation. Diese Entwicklung wird nur dort verhindert, wo eine überlagerte (Druck-)Beanspruchung zu intermittierenden Verzerrungen führt. Demnach kann der Gelenkknorpel als jener Rest des primordialen Chondroskeletts angesehen werden, der durch die permanente Deformation infolge der Gelenkbeanspruchung an einer Umwandlung in Knochengewebe gehindert wird. HOLMDAHL u. INGELMARK (1948) haben darüber hinaus nachgewiesen, daß der Gelenkknorpel bei Belastung nicht nur erhalten bleibt, sondern sogar offenbar in Abhängigkeit von der Beanspruchungsgröße noch proliferiert. Andererseits ist bekannt, daß eine zu hohe Gelenkbeanspruchung die Asbestfaserbildung und eine Knorpeldegeneration zur Folge hat.
Aus diesen Beobachtungen wurde geschlossen, daß Gelenkknorpel als solcher nur dort erhalten bleibt bzw. proliferiert, wo die Druckbeanspruchung einen gewissen Mindestwert nicht unterschreitet bzw. einen Höchstwert nicht überschreitet (KUMMER 1969, TILLMANN 1972). Wird nun ferner berücksichtigt, daß die Tragfläche eines Gelenks sich bei verschiedenen Gliedstellungen auf dem artikulierenden Knochenende verschiebt, so kann endlich ganz generell gesagt werden, daß die überknorpelte anatomische Gelenkfläche nichts anderes ist als die Summe aller jener bei der Gelenkbewegung sich verschiebender Tragflächenareale, in denen die Beanspruchungsgröße zwischen ganz bestimmten Grenzwerten liegt. Am Beispiel des Hüftgelenks konnte gezeigt werden, daß sowohl die überknorpelte Gelenkfläche des Femurkopfes mit der Aussparung der Fovea capitis als auch die Facies lunata der Hüftpfanne mit ihren verschiedenen Varianten auf diese Weise ihre plausible Erklärung finden (KUMMER 1969, TILLMANN 1972) (Abb. **24**).

Kinetik:
Die kinetische Beanspruchung der Gelenke unterscheidet sich von der statischen einmal durch die erhebliche Größe der Normalkräfte und zum anderen durch die Tangentialverschiebung der Gelenkflächen gegeneinander, die eine gute Schmierung erfordert, um Reibung zu vermeiden oder sehr klein zu halten. Bei der Gelenkbewegung rollt gewissermaßen eine Kompressionswelle über den Gelenkknorpel hinweg. BENNINGHOFF (1922) spricht von einem „Walken" und hält dies für den spezifischen Erhaltungsreiz für das Knorpelgewebe. Durch verschiedene Beobachtungen und Versuche wurde nachgewiesen, daß diese Art der Beanspruchung unter der Funktion zu einer

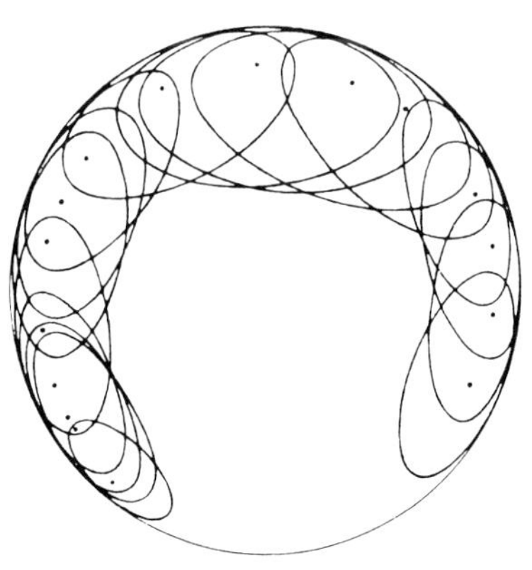

Abb. **24** Die knorpelbedeckte anatomische Gelenkfläche ist als die Summe aller Kraftübertragungsflächen aufzufassen, in denen die Spannung einen bestimmten Grenzwert nicht unterschreitet („Knorpelerhaltungszone"). In diesem Modellfall entsteht die Form einer „Facies lunata"

meßbaren Quellung des Knorpels führt (INGELMARK u. EKHOLM 1948, HOLMDAHL u. INGELMARK 1948). Offenbar handelt es sich hierbei um eine Wasseraufnahme, die recht schnell während der Beanspruchung einsetzt, nach Entlastung jedoch wesentlich langsamer zurückgeht.

Nach anderer Angabe (MCCUTCHEN 1966) soll unter starker Belastung Flüssigkeit aus dem Gelenkknorpel herausgepreßt werden und auf diese Weise zur *Schmierung* des Gelenks beitragen („self-pressured hydrostatic lubrication"). Im allgemeinen wird jedoch davon ausgegangen, daß der Schmierungseffekt grundsätzlich an die Synovialflüssigkeit gebunden ist. Hier können verschiedene Formen der Schmierung in Frage kommen:

1. die *hydrodynamische Schmierung*, bei der das Schmiermittel durch Keilwirkung der artikulierenden Fläche zwischen diese gepreßt wird;
2. die *elastohydrodynamische Schmierung*; hier verbindet sich die hydrodynamische Keilwirkung mit einer Elastizität der Gelenkflächen, wodurch, ceteris paribus, ein dickerer Schmiermittelfilm entsteht;
3. die *Preßschmierung* („squeeze film lubrication"; UNSWORTH 1974); sie beruht nicht auf einer Bewegung der artikulierenden Elemente gegeneinander, sondern auf wechselnder Belastungsgröße, die das Schmiermittel pulsierend aus dem Spalt zwischen den artikulierenden Flächen herauszupressen sucht.

Welcher Vorgang für die Schmierung biologischer Gelenke der entscheidende ist, läßt sich z. Z. nicht mit absoluter Sicherheit sagen (GREILING 1974). Die Wahrscheinlichkeit spricht für die hydrodynamische oder elastohydrodynamische Theorie.

Ähnlich unsicher sind die Aussagen über die für die Schmierung relevanten Komponenten der Synovia. Einerseits wird dem Hyaluronat eine gewisse Bedeutung zugeschrieben, andererseits haben SWANN u. RADIN (1972) gezeigt, daß eine hyaluronatfreie Fraktion denselben Schmiereffekt zeigte wie die gesamte Synovia. Die wesentliche Substanz soll danach ein Glykoprotein sein.

Morphologie des aktiven Bewegungsapparates: Muskulatur

Skelettmuskelgewebe, mikroskopische Anatomie des Muskels

Das funktionelle Bauelement des Skelettmuskels, die *quergestreifte Muskelfaser*, muß nach mittlerweile gesicherten Erkenntnissen als Synzytium und nicht als Plasmodium aufgefaßt werden. Sie erreicht Längen bis mehr als 10 cm und enthält 20–40 subsarkolemmal gelegene Zellkerne pro Millimeter. Die Faserdicke variiert zwischen 10 und 100 µm und wechselt sowohl innerhalb des einzelnen Muskels als auch von einem Individuum zum andern.

Jede Muskelfaser wird von dem Sarkolemm umschlossen, das sich aus dem Plasmalemm, einer glykoproteidhaltigen Basalmembran und einer äußeren Gitterfaserhülle zusammensetzt (Abb. **25**). In das Sarkoplasma sind die kontraktilen *Myofilamente* (Akomyosin) eingebettet, die

Abb. **25** Quergestreifte Skelettmuskelfasern, Übersicht. Die anisotropen (A-)Streifen erscheinen dunkel. In den hellen I-Streifen sind die feineren dunklen Z-Streifen (Zwischenscheiben) erkennbar. In Längsrichtung der Muskelfasern ist die Struktur der Myofibrillen eben wahrnehmbar (n. 1480facher Vergr.)

durch in „Straßen“ angeordnete Strukturen des sarkoplasmatischen Retikulums und Mitochondrien zu „Myofibrillen“ gebündelt erscheinen (Abb. **26**). Kleinste morphologisch sicher abgrenzbare Baueinheiten sind die einzelnen Filamente mit einer Länge von 1–2 µm. Die *Aktin*fäden sind ungefähr 6 nm dick und setzen sich aus etwa 400 Molekülen zusammen, während die doppelt so dicken *Myosin*filamente ca. 600 Moleküle enthalten. Beide Filamenttypen verbinden sich miteinander durch Seitenketten.

Die charakteristische Querstreifung der Skelettmuskelfaser beruht auf dem Wechsel anisotroper (A-Streifen) und isotroper (I-Streifen) Abschnitte in den Myofibrillen, die in den benachbarten Fibrillen jeweils auf gleicher Höhe liegen. Sie ist letztendlich auf eine systematische Anordnung der Myosin- und Aktinfilamente zurückzuführen.

Die helle Hensensche (H-)Zone in der Mitte des durch die Myosinfilamente bedingten A-Streifens entspricht dem von den Aktinfilamenten frei gelassenen Bereich. Er enthält das Mesophragma (M-Streifen), das sich im Elektronenmikroskop als ein Netz von Proteinmolekülen darstellen läßt, das die Filamente miteinander verbindet. Die in den myosinfreien Zonen verlaufenden Abschnitte der Aktinfilamente bilden die Grundlage des I-Streifens, der in seiner Mitte das *Telophragma* (Z-Streifen) enthält, das in die Telophragmata der benachbarten Myofibrillen übergeht und sich letztendlich mit dem Plasmalemm verbindet. In ihm muß wohl jene Struktur gesehen werden, die für die Gleichrichtung der A- und I-Streifen durch die gesamte Faserdicke verantwortlich ist. Das von einem Telophragma zum nächsten reichende *Sarkomer* ist etwa 2 µm lang und umfaßt eine Periode der Streifenfolge, die sich um das Mesophragma spiegelt. Da die Telophragmata durch die gesamte Dicke der Muskelfaser nicht genau in einer Ebene liegen, sondern in ihrer Gesamtheit wahrscheinlich eine schraubenartig verwundene Fläche bilden, kommt es zu minimalen Versetzungen der Querstreifen benachbarter Myofibrillen, die zu den bekannten „Noniusperioden“ führen.

Ultrastrukturell besteht das Telophragma aus einem Netzwerk feinster Z-Filamente, die das Ende eines jeden Aktinfilaments mit den Enden mehrerer anderer verbindet. Dazwischen verlaufen in Querrichtung der Faser Membranduplikaturen, die als tiefe Einfaltungen des Plasmalemms zu deuten sind. Im Querschnitt erscheinen sie als *Tubuli* (T-System). Im Bereich eines jeden Sarkomers ist die einzelne „Myofibrille“ von Strukturen des glatten sarkoplasmatischen Retikulums (L-System) umhüllt, die nicht mit dem T-System in Verbindung stehen. In der Längsrichtung der Myofibrillen werden die Tubuli beiderseits von ringförmigen *terminalen Zisternen* flankiert, Erweiterungen des sarkoplasmatischen Retikulums, in denen Ca^{2+}-Ionen gespeichert werden, die zur Auslösung einer Kontraktion freigesetzt werden.

An manchen Stellen sind zahlreiche Mitochondrien zwischen den Myofibrillen in deren Längsrichtung eingelagert, wodurch sich der Abstand zwischen den Fibrillen im Vergleich zu den mitochondrienfreien Zwischenräumen, die allein durch das sarkoplasmatische Retikulum bedingt sind, etwas erweitert. Auf diese Weise werden Gruppen von Myofibrillen zu Säulchen zusammengefaßt, die auf dem Querschnitt das Bild der *Cohnheimschen Felderung* ergeben. Diese im Lichtmikroskop erkennbare Struktur wird oft durch Schrumpfung und Spaltbildung insbesondere nach forcierter Entwässerung überdeutlich dargestellt. Die Einteilung in Skelettmuskelfasertypen gemäß der mehr oder weniger klaren Felderung des Querschnitts sagt deshalb etwas über Menge und Verteilung der Mitochondrien in diesen Muskelfasern aus. Morphologisch werden entsprechend dem Gehalt an Myoglobin und Mitochondrien „rote“ und „weiße“ Fasern unterschieden; funktionell können demgegenüber *phasische Muskelfasern* mit schnellen Einzelzuckungen und *tonische Fasern* mit langsameren Kontraktionen definiert werden.

Die myoglobinreichen *roten Muskelfasern* erreichen eine Dicke bis etwa 40–50 µm; sie besitzen

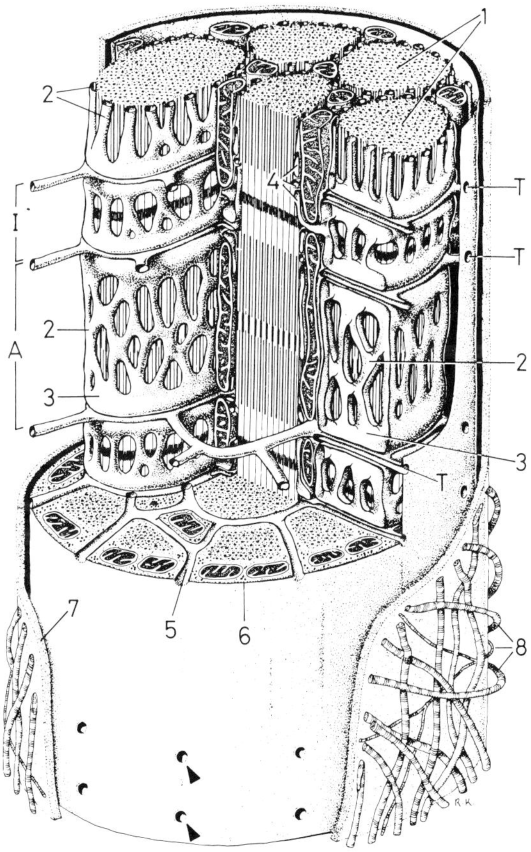

Abb. **26** Zeichnerische Rekonstruktion des Feinbaues einer Skelettmuskelfaser nach elektronenmikroskopischen Aufnahmen. 1 = Myofibrille, 2 = sarkoplasmatisches Retikulum, 3 = Terminalzisterne, 4 = Triade, 5 = T-Tubulus, 6 = Plasmalemma, 7 = Basallamina, 8 = Fibrillen des Sarkolemma, A = A-Band, I = I-Band, T = Öffnungen der T-Tubuli (n. 13450facher Vergr.) (Abb. **26–28** aus *R. V. Krstić:* Die Gewebe des Menschen und der Säugetiere. Springer, Berlin 1978)

besonders viele Mitochondrien, aber ein wenig ausgeprägtes L- und T-System. Sie kontrahieren sich „tonisch", und daher werden Muskeln, die reich an roten Fasern sind, als Haltemuskeln („shunt muscles") bezeichnet, die für Dauerleistungen geeignet sein sollen.

Die *weißen Fasern* sind etwa doppelt so dick wie die roten; sie enthalten auf Kosten von Myoglobin und Mitochondrien sehr reichlich Myofibrillen und ein hochdifferenziertes sarkoplasmatisches Retikulum. Sie überwiegen in den *schnellen Hochleistungsmuskeln* („spurt muscles").

Zwischen beiden Fasertypen gibt es Übergangsformen, so daß eine Entscheidung über die Zugehörigkeit im Einzelfall manchmal recht schwierig sein kann.

Der Aufbau des Organs „Muskel" drückt sich sehr deutlich in der Gliederung seines bindegewebigen Skeletts aus. Obwohl hinreichend bekannt ist, daß diese innere Struktur von einem Muskel zum anderen u. U. erheblich verschieden sein kann, werden in der histologischen Nomenklatur grundsätzlich nur vier Ordnungen des Bindegewebsskeletts unterschieden:

1. das *Endomysium*, das jede einzelne Muskelfaser umhüllt, aus feinsten Kollagen- und Retikulinfasern besteht und sich mit der Faserschicht des Sarkolemmschlauchs verbindet;
2. das *Perimysium internum*, das mehrere Muskelfasern zu einem Primärbündel zusammenfaßt und die Verschieblichkeit der Primärbündel gegeneinander ermöglicht;
3. das *Perimysium externum*, das Nerven und Blutgefäße in die Tiefe des Muskels bringt und eine unterschiedliche Zahl von Primärbündeln umschließen kann, wodurch makroskopisch ohne weiteres sichtbare Sekundärbündel entstehen;
4. das *Epimysium*, das entweder den ganzen Muskel oder größere abgegliederte Partien wie Muskelbäuche oder -köpfe an der Oberfläche bedeckt. Von ihm entspringt einerseits das ins Muskelinnere ziehende Perimysium externum, andererseits ist es mit der den Muskel einhüllenden *Faszie* verbunden.

Eine grob makroskopisch erkennbare Muskelfaserung beruht im wesentlichen auf einer kräftigen Ausbildung des Perimysium externum, wobei u. U. verschiedene Sekundärbündel durch besonders starke Bindegewebshüllen zu „Tertiärbündeln" zusammengefaßt werden können. Der M. glutaeus maximus ist das typische Beispiel für einen extrem „grobfaserigen" Muskel. Demgegenüber gibt es Muskeln, bei denen eine Gliederung in Sekundärbündel nicht wahrzunehmen ist und folglich ein Perimysium externum nicht abgegrenzt werden kann, was z. B. für die Augenmuskeln zutrifft. Sie erscheinen fast homogen und lassen erst bei Lupenbetrachtung eine feine Faserung deutlicher erkennen, die auf der Abgrenzung der Primärbündel beruht.

Jede Skelettmuskelfaser geht an ihren beiden Enden in ein Bündel von *Sehnenfasern* über, die wiederum jede ein Bündel von Kollagenfibrillen repräsentieren. Die einzelne Sehnenfaser senkt sich in Plasmalemmeinstülpungen tief in die Muskelfaser ein. Am Grund dieser Einstülpung verbinden sich die Kollagenfibrillen mit der Basalmembran. Die Retikulinfasern des Sarkolemms gehen auf die Sehnenfasern über und umspinnen sie. Auf der anderen Seite sind die Aktinfilamente des endständigen Sarkomers am Plasmalemm mittels eines Halbdesmosoms angeheftet.

Es ist ein Prinzip der funktionellen Architektonik des Muskels, daß sich eine Muskelfaser niemals absolut geradlinig in das zugehörige Sehnenfaserbündel fortsetzt. Andernfalls würde der Verbund der Sehne durch die mit der Kontraktion einhergehende Verdickung der Muskelfasern gesprengt.

Im Prinzip besitzt die Sehne meist eine entsprechende innere Gliederung wie der zugehörige Muskel. Innerhalb der zellfreien Sehnenfasern liegen die Kollagenfibrillen in Längsrichtung streng parallel angeordnet. Die Fibrozyten der Sehne („Sehnenzellen") passen sich den Raumzwickeln zwischen den einzelnen Fasern an und erhalten dadurch ihre charakteristische Form als *Flügelzellen*. Diese gerichteten Strukturelemente werden von einem Bindegewebsgeflecht umgeben, das aus zarteren, miteinander verwobenen Kollagenfasern besteht, die mit elastischen Elementen vermengt sind. Dazwischen befinden sich Fibrozyten in typischer Gestalt.

Auch hier können wieder verschiedene Größenordnungen unterschieden werden, die allerdings unbedingt in Analogie zur entsprechenden Gliederung des Muskels benannt werden sollten. Dies ist allerdings in der einschlägigen Lehrbuchliteratur keineswegs konsequent durchgeführt, vielmehr findet sich dort vielfach bei Muskel und Sehne eine umgekehrte Rangfolge der Größenordnungen. Da hierdurch erhebliche Verwirrung gestiftet wird, soll an dieser Stelle auf einen solchen Unterschied keine Rücksicht genommen und vielmehr die Nomenklatur der Substrukturen der Sehne derjenigen des Muskels angepaßt werden.

Demnach umscheiden feinste Bindegewebssepten als *Peritenonium internum* die aus Sehnenfasern zusammengesetzten Primärbündel, während das Nerven und Gefäße führende *Peritenonium externum* mehrere Primärbündel jeweils zu einem Sekundärbündel zusammenfaßt. Folgerichtig wäre nun die äußere Umhüllung der Sehne als *Epitenonium* zu bezeichnen. Im allgemeinen kann die Muskelfaszie noch eine kürzere oder längere Strecke weit auf der Sehne verfolgt werden, wo sie sich dann aber bald ununterscheidbar mit dem Epitenonium verbindet. Das Äquivalent eines Endomysiums ist allenfalls in der Schicht der Flügelzellen zu sehen, so daß eine entsprechend benennbare Hülle um die einzelne Sehnenfaser nicht definiert werden kann.

In manchen, vor allem längeren Sehnen nehmen

die Sehnenfasern einen schraubenförmigen Verlauf; sie erscheinen im Längsschnitt daher gewellt. Diese Wellen oder Schraubenwindungen der entspannten Sehne sind durch die elastischen Elemente des Peritenoniums bedingt. Beim Zug an der Sehne werden diese Windungen unter Dehnung der elastischen Netze ausgeglichen; dies bedeutet bei ruckartigem Kraftangriff eine wesentliche Dämpfung, wodurch die Sehnenverankerung im Knochen geschont wird.

Alle Muskelfasern entspringen oder inserieren am Skelett mittels Sehnen. Auch bei den sog. „fleischigen Ursprüngen" übernehmen feine Sehnenfasern diese Verankerung. Die Skelett-Sehnen-Verbindung erfolgt entweder durch ein Einstrahlen der Sehne in das Periost – dann kann ein solcher Muskelansatz durch Abheben des Periosts relativ leicht vom Knochen gelöst werden –, oder durch das Eindringen von Sehnenfasern (Sharpeysche Fasern) in den Knochen, wo sie in dessen Kollagenfasersystem übergehen. Nicht selten ist Knorpelgewebe in die Sehne unmittelbar an der Knochenoberfläche eingelagert. Mit zunehmendem Alter kommt es vielfach zu einer in den Sehnenansatz vordringenden Ossifikation. Dadurch entstehen jene Rauhigkeiten und Knochenleisten, die am mazerierten Skelett manchmal sehr deutlich die Ursprungs- und Ansatzareale von Muskeln kennzeichnen. An vielen Stellen ist diese Erscheinung so regelmäßig, daß diese Knochenvorsprünge in der systematischen Anatomie benannt werden (z. B. Lineae nuchae am Okziput, Crista femoris, Tuberositas tibiae etc.).

Morphologie und Architektur der Muskeln und Sehnen

Durch die Umhüllung mit bindegewebigen Faszien differenzieren sich in den meisten Körperregionen aus der Gesamtanlage der Muskulatur einzelne Muskelindividuen. Besonders deutlich wird diese Gliederung in den Extremitäten. Am Stamm jedoch, und hier wieder vor allem in der autochthonen (epaxonischen) Muskulatur des Rückens, lassen sich einzelne Muskeln oft viel weniger scharf abgrenzen. So sind die in der systematischen Anatomie mit Namen versehenen autochthonen Rückenmuskeln z. T. recht willkürlich definiert, weshalb hier auch gern von „Systemen" gesprochen wird, die nach Ursprung und Ansatz ihrer Faserbündel benannt werden (z. B. transversospinales System, dem die „Muskeln" Semispinalis, Multifidus und Rotatores angehören).

Ursprung (Origo) und *Ansatz* (Insertio) eines Muskels sind durch Konvention festgelegt und folglich nicht vertauschbar. Ursprünglich lag hier wohl der Gedanke zugrunde, daß sich der Ursprung am ruhenden, der Ansatz am bewegten Körperteil befinde. Viele Muskeln werden nach ihren Skelettanheftungen in der Reihenfolge Ursprung – Ansatz benannt. Die Übereinkunft geht nun dahin, daß an den Extremitäten der Muskelursprung stets proximal, der Ansatz distal gelegen sei. Dies gilt sinngemäß auch für den Hals-Kopf-Bereich. Am Stamm selbst ist im übrigen auf der Dorsalseite der Ursprung stets kaudal, auf der Ventralseite dagegen kranial anzunehmen. Beim Kauapparat liegt der Muskelursprung am Oberschädel, der Ansatz stets am Unterkiefer.

In der funktionellen Betrachtung wird die Muskelanheftung am ruhenden Skelettelement als *Punctum fixum*, am bewegten Element als *Punctum mobile* bezeichnet. Für ein und denselben Muskel sind daher entsprechend den funktionellen Gegebenheiten Punctum fixum und Punctum mobile durchaus vertauschbar.

Die in den anatomischen Namen oft enthaltene Bezeichnung *Caput* bezieht sich stets auf die Ursprungsportion eines Muskels. Mehrköpfige Muskeln besitzen demnach verschiedene Ursprünge. Daneben wird die bei der Kontraktion sich oft bauchartig vorwölbende fleischige Partie *Venter* genannt, was in dem Namen Biventer (Digastricus) zum Ausdruck kommt.

Gemäß ihrer inneren Architektur wurden die Muskeln zunächst morphologisch sehr grob in sog. *parallelfaserige* und *gefiederte Muskeln* eingeteilt; bei den letzteren wurden dann noch einfach, doppelt und kompliziert gefiederte unterschieden. Diese Bezeichnungen richten sich nach dem makroskopischen Eindruck vom Übergang der Muskelfasern (Fleischfasern = Primärbündel) in die Sehne. Eine genauere Analyse hat allerdings mittlerweile klargestellt, daß sich die Muskelfasern in keinem Fall genau geradlinig in die Sehnenfasern fortsetzen, wie dies für den sog. parallelfaserigen Muskel unterstellt wurde. Die Forderung einerseits des Zusammenhalts der Sehnenfasern, die sich bei der Kontraktion des Muskels ja nicht verdicken, und andererseits des Raumgewinns für die dicker werdenden Muskelfasern erzwingt einen winkeligen Übergang von Muskel- in Sehnenfasern, wobei sich dieser Winkel während der Muskelkontraktion ändern muß (s. „Biomechanik des Skelettmuskels", S. 1.40). Bei den klassisch als „parallelfaserig" bezeichneten Muskeln (z. B. platte Bauchmuskeln, Mm. sternocleidomastoideus, sartorius und einige andere) sieht man stets einen abgestuften oder schiefen Übergang in die Sehne; dies ist bei den flächenhaft ausgebreiteten Aponeurosen besonders deutlich. Wenn sehr viele Muskelfasern an einer langen und schlanken Sehne ansetzen, dann wird allerdings der abgewinkelte Übergang so deutlich, daß hier von einer Fiederung gesprochen wird.

Da die Kraftentfaltung eines Muskels u. a. von seinem physiologischen Querschnitt, d. h. von der Summe aller Muskelfaserquerschnitte, abhängt, wird von zwei makroskopisch gleich großen Muskeln (bei gleicher Länge und Dicke) jener Muskel die größere Kraft aufbringen können, der die meisten Muskelfasern besitzt. Dies wird stets der stär-

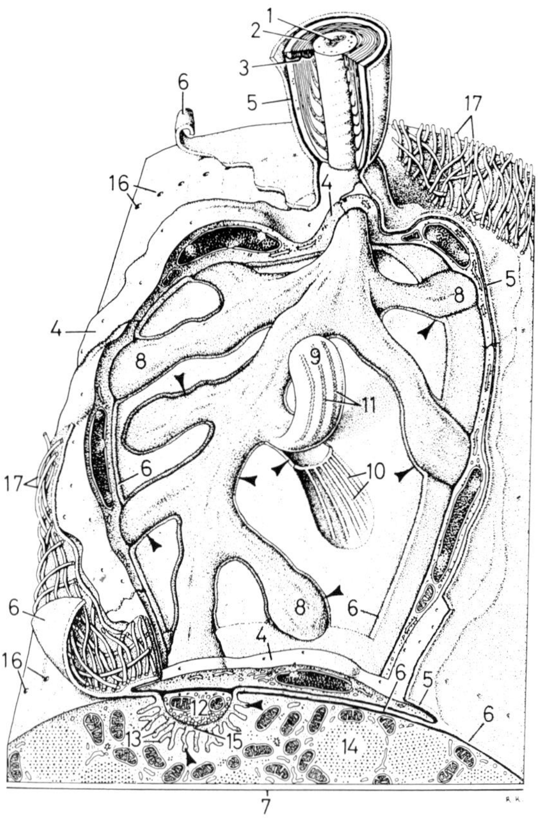

Abb. **27** Motorische Endplatte, plastische Rekonstruktion: 1 = Axon, 2 = Myelinscheide, 3 = Schwannsche Zelle, 4 = Telogliazelle, 5 = Basallamina der Schwannschen Zelle, 6 = Basallamina der Muskelfaser, 7 = Muskelfaser, 8 = Verästelungen des Axons, 9 = Endstück eines Axonästchens, 10 = Sarkoplasmafurchen des subneuralen Apparates, 11 = aktive Zone des Axonzweiges, 12 = synaptische Bläschen, 13 = Mikrofalten des subneuralen Apparates, 14 = Myofibrillen, 15 = synaptischer Spalt, 16 = T-Tubuli, 17 = Sarkolemma (n. 10100facher Vergr.)

ker gefiederte Muskel sein. Allerdings werden seine Fasern bei gleichen äußeren Dimension beider Muskeln die kürzeren sein. Auf funktionelle Konsequenzen, die sich daraus ergeben, soll später eingegangen werden.
Die längeren Muskelsehnen können den Ort ihrer Skelettanheftung entweder direkt und geradlinig erreichen – *Zugsehnen* –, oder sie werden an einem *Hypomochlion* umgelenkt – *Gleitsehnen.* Letztere laufen an der Umlenkstelle entweder über einen Schleimbeutel, oder sie besitzen dort eine Sehnenscheide. Ferner enthalten sie im Gleitbereich, in dem sie einen meist nicht unbeträchtlichen Querdruck erfahren, eingesprengte Knorpelinseln, die nicht selten zu einem makroskopisch erkennbaren Knorpelelement zusammenfließen. Durch Ossifikation kann daraus ein *Sesambein* entstehen. Bildet sich ein Sesambein in der Nähe der Knochenanheftung der Sehne, so kann es bei weiterem Wachstum mit dem Skelettelement verschmelzen und wird damit zu einer *Apophyse.* Die Vorstellung, daß grundsätzlich alle Muskelapophysen auf diese Weise entstanden seien, erscheint keineswegs unwahrscheinlich.

Innervation der Skelettmuskeln und Sehnen

Der Kontakt zwischen der motorischen Nervenendigung und dem Muskelgewebe (myoneurale Synapse) ist in Gestalt der *motorischen Endplatte* für den Skelettmuskel absolut charakteristisch (Abb. **27**). Das Axon des an den Muskel herantretenden Nervenzweigs ist in dem hier interessierenden Fall stets der Neurit einer motorischen Vorderhornzelle des Rückenmarks. Er ist bis unmittelbar an die zu innervierende Muskelfaser heran von der hier markfreien Schwannschen Zelle umgeben. Im Bereich der Endplatte zweigt sich der Neurit auf, und jeder Ast verdickt sich zu einem *Endkolben,* der Ansammlungen von Mitochondrien und kleine Vesikel, die *Synapsenbläschen,* enthält, in denen sich Azetylcholin als *Transmittersubstanz* befindet. Der Endkolben wird nicht mehr von der Schwannschen Zelle umschlossen; er senkt sich in eine entsprechende Vertiefung in der Oberfläche der Muskelfaser. Sein von innen her verdicktes Plasmalemm ist die *präsynaptische* Membran. Das von der sarkoplasmatischen Seite her ebenfalls verdickte Plasmalemm der Muskelfaser repräsentiert die *subsynaptische Membran,* die stark eingefältelt ist. Im Synapsenspalt zwischen beiden Membranen findet sich ein Material, das tief zwischen die Falten der subsynaptischen Membran hineinreicht und an der Oberfläche kontinuierlich in die Basallamina des Sarkolemms übergeht.
Bei Erregung des Motoneurons schleusen die synaptischen Bläschen des Endkolbens Azetylcholin in den Synapsenspalt aus, das dort in der Größenordnung von Mikrosekunden enzymatisch abgebaut wird. Die Bläschenmembranen werden dabei in die präsynaptische Membran eingebaut, während an anderen Stellen des Endkolbens Membranmaterial in diesen wieder zurückgenommen wird, um dort die Hüllen neuer Bläschen zu bilden. Abbaubruchstücke des Azetylcholins rezirkulieren ebenfalls und werden zur Resynthese der Transmittersubstanz verwendet.
Der Dehnungszustand der Muskeln und Sehnen wird dem ZNS über die *Propriozeptoren* mitgeteilt, die als Muskel- und Sehnenspindeln oder als Golgi-Mazzoni-Körperchen ausgebildet sind.

Muskelspindeln (Abb. **28**):
Sie bestehen im wesentlichen aus speziell differenzierten Muskelfasern, die, von Flüssigkeit umgeben, in einem Bindegewebssack liegen (intrafusale Fasern). Das ganze Organ ist zwischen 2 und 10 mm lang und etwa 0,2–1 mm dick; es enthält 5–10 sarkoplasmareiche, fibrillenarme Muskelfa-

sern, deren Querstreifung meist nur an den Enden deutlicher zu erkennen ist. Sie kommen in zwei verschiedenen Typen vor:

1. schlanke *Kernkettenfasern*, die eine deutlichere Querstreifung zeigen und deren Kerne auf die ganze Länge in etwa gleichmäßig verteilt sind;
2. *Kernsackfasern*, bei denen die Kerne, zu einer Gruppe vereinigt, im mittleren, sackartig erweiterten Faserbereich liegen, der keine Querstreifung besitzt und sich nicht kontrahieren kann.

Die dünneren Faserenden der Kernsackfasern sind wiederum quergestreift und kontraktil. Die in der Mitte der Spindel gelegenen Fasern passieren mit ihren Enden die Kapsel und inserieren am außerhalb gelegenen Bindegewebe.

An beide intrafusale Fasertypen treten sowohl sensible (Dendriten) als auch motorische Nervenfasern (Neuriten) heran. Letztere Synapsen sind im Prinzip als kleine motorische Endplatten von Aγ-Fasern ausgebildet. Die Rezeptorfasern besitzen unterschiedliche Kaliber und nehmen auch in verschiedener Weise mit den Muskelfasern Kontakt auf. Dicke sensible I_α-Fasern winden ihre Verzweigungen schraubenförmig um den mittleren nicht kontraktilen Teil der intrafusalen Fasern, während die feinen I_β-Fasern ihre blütendoldenförmigen Endaufzweigungen beiderseits der schraubenförmigen Endigung an die Muskelfasern herantreten und vor allem die Kernkettenfasern versorgen.

Die Verformung der Muskelspindeln bei einer Dehnung des Muskels ist der spezifische Reiz für diese Rezeptoren. Dabei sollen die schraubenförmigen Endigungen auf Dehnungsänderung über die Zeit ansprechen, während die Blütendolden-(Flower-spray-)Organe den Dehnungszustand registrieren. Eine Erregung der motorischen Nervenfasern veranlaßt die intrafusalen Fasern zu isometrischer Kontraktion und versetzt sie damit in eine „Vorspannung".

Sehnenspindeln:

Sie sind ebenfalls Dehnungsrezeptoren und analog, wenn auch wesentlich einfacher gebaut als die Muskelspindeln. Im muskelnahen Ende der Sehne werden feine Fasern eines Sehnenfaserbündels von den Zweigen eines I_β-Dendriten umsponnen; das Ganze ist in eine bindegewebige Kapsel eingeschlossen. Bei Entspannung oder Stauchung der Sehne sind die Kollagenfasern in der Sehnenspindel gespreizt. Bei Zugbeanspruchung verengen sich die Zwischenräume; dabei wird ein Querdruck auf die sensiblen Nervenendigungen ausgeübt, der als spezifischer Reiz wirkt.

Beide Organe, Muskel- und Sehnenspindeln, sind parallel zu den extrafusalen Muskelfasern bzw. Sehnenfasern ausgerichtet und damit in der Lage, die wirkliche Längsdehnung dieser Strukturen direkt zu registrieren. Offenbar besteht ein Zusammenhang zwischen der Feinabstimmung der Mus-

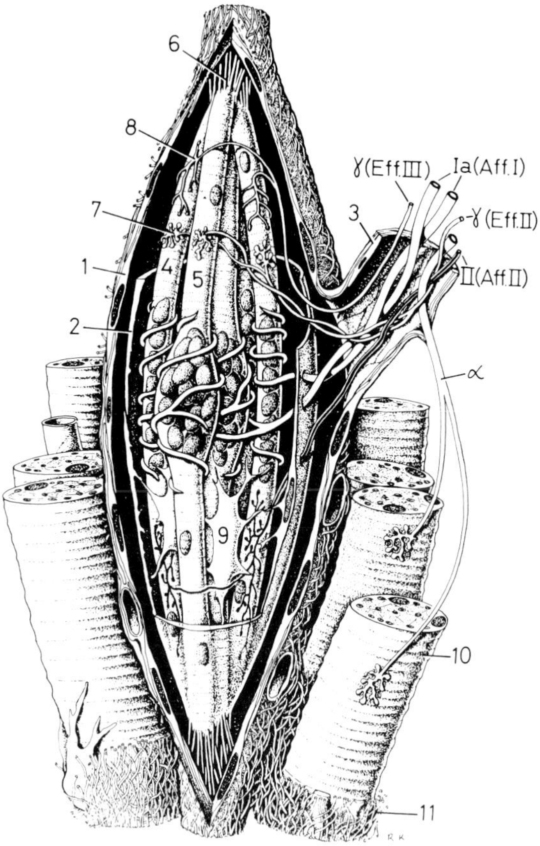

Abb. **28** Plastische Rekonstruktion einer Muskelspindel: 1 = äußere Kapsel, 2 = innere Kapsel, 3 = Perineurium, 4 = intrafusale Kernkettenfaser, 5 = Kernsackfaser, 6 = retikuläre und kollagene Mikrofibrillen, 7 = motorische Endplatte, 8 = motorisches Endnetz, 9 = Fibrozyt, 10 = Skelettmuskelfaser, 11 = Endomysium; die Ia-, α- und γ-Fasern sind als afferente (Aff. I u. II) bzw. efferente Nervenfasern (Eff. II u. III) entsprechend gekennzeichnet (n. 780facher Vergr.)

kelkontraktion und der relativen Versorgung mit Dehnungsrezeptoren, denn der M. latissimus enthält etwa 1,4 Spindeln pro Gramm Muskelgewicht (insgesamt 368 Spindeln), der M. abductor pollicis brevis demgegenüber 29,3 pro Gramm (insgesamt 80).

In Nähe der Sehnenansätze liegen *Lamellenkörperchen* (Golgi-Mazzoni). Auch sie werden als Dehnungsrezeptoren aufgefaßt, obwohl sie wahrscheinlich wie die wesentlich größeren Vater-Pacini-Körperchen der Haut, denen sie im Aufbau gleichen, unmittelbar auf Druck ansprechen. Ähnlich wie die Flower-spray-Endigungen in den Sehnenspindeln werden sie bei einer Anspannung der Sehne durch Querdruck beansprucht.

Biomechanik der Skelettmuskeln

Innere Mechanik des Muskels, Muskelkraft und Sehnenkraft

Bei der „Kontraktion" der Muskelfasern kann entweder bei konstanter (oder nur geringfügig geänderter) Länge des Muskels Kraft entwickelt werden – *isometrische Kontraktion* –, oder bei gleichbleibender (oft geringer) Kraftentfaltung verkürzt sich die Muskellänge – *isotonische Kontraktion.* Wenn an einem Gelenk durch Muskelkraft Gleichgewicht hergestellt wird, so geschieht dies grundsätzlich durch isometrische Kontraktion, während die Gliedbewegungen im allgemeinen durch isotonische Kontraktionen ausgeführt werden. Selbstverständlich kommen nicht selten Kombinationen beider Kontraktionsformen vor. Hier soll nun zunächst die Veränderung der inneren Geometrie des Muskels betrachtet werden, die durch die isotonische Kontraktion bedingt ist.

Als *Hubhöhe* wird jene Strecke bezeichnet, um die das Punctum mobile bei der Muskelkontraktion bewegt wird. Bei einem ideal parallelfaserigen Muskel (der in dieser Form nur in der Modellvorstellung existiert) wäre diese Strecke mit der Verkürzungsstrecke der Muskelfasern identisch. Für die weiteren Überlegungen soll davon ausgegangen werden, daß die Verkürzung einer Muskelfaser maximal 50% ihrer Ausgangslänge betragen kann. Ferner darf mit dem Anspruch auf hohe Wahrscheinlichkeit unterstellt werden, daß alle Muskelfasern eines Muskels weitaus überwiegend parallel und nicht hintereinander geschaltet sind. Eine Ausnahme hiervon machen allerdings die mehrbäuchigen Muskeln.

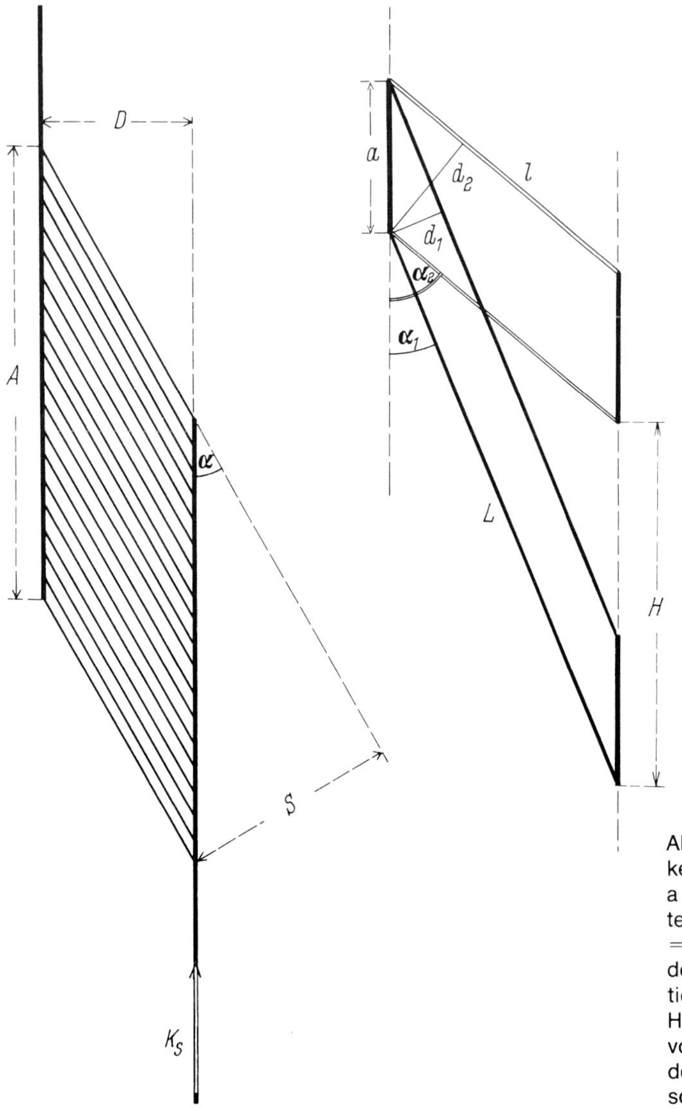

Abb. **29** Mechanik des gefiederten Muskels: A = Ansatzstrecke der Muskelfasern, a = Abstand der Achsen zweier benachbarter Muskelfasern, α = Fiederungswinkel, D = „Dicke" des Muskels, d_1 u. d_2 = Dicken der Muskelfasern vor und nach der Kontraktion bzw. die Abstände ihrer Achsen, H = Hubhöhe, K_s = Sehnenkraft, L = Faserlänge vor der Kontraktion, l = Faserlänge am Ende der Kontraktion, S = physiologischer Querschnitt

Unter den genannten Voraussetzungen beträgt die maximale Hubhöhe eines ideal parallelfaserigen Muskels die Hälfte seiner Ausgangslänge (ohne Berücksichtigung der Längen seiner Ursprungs- oder Ansatzsehnen).
Beim gefiederten Muskel hängt die zu erwartende Hubhöhe davon ab, welche Annahme über die Bewegungsrichtung der Sehne am Punctum mobile gemacht wird. Der besseren Übersicht wegen werde zunächst angenommen, daß sich die bewegte Sehne lediglich genau in ihrer Verlaufsrichtung verschieben lasse und daß ihr seitlicher Abstand zur Sehne am Punctum fixum (d. h. die Muskeldicke) während der Kontraktion konstant bleibe (Abb. **29**).
Unter den angenommenen Bedingungen ändert sich der *Fiederungswinkel*, und zwar wird er mit zunehmender Verkürzung der Muskelfasern größer. Wenn nun von einer maximalen Verkürzungsmöglichkeit der Muskelfaser auf 50% ihrer Anfangslänge l ausgegangen wird, läßt sich die größte Hubhöhe leicht ermitteln (vgl. KUMMER 1968):

$$H_{max} = l\,(\cos\alpha - \sqrt{\frac{1}{4} - \sin^2\alpha}). \qquad (1)$$

Die in Gleichung (1) beschriebene Beziehung gilt allerdings nur für den Fall, daß die Verkürzungsmöglichkeit um 50% auch tatsächlich voll ausgenutzt werden kann. Wird nämlich zuvor der Fiederungswinkel α auf 90° geöffnet, kommt die Bewegung aus leicht erkennbaren Gründen zum Stillstand, denn bei einer Vergrößerung des Winkels α über 90° müßten sich die Muskelfasern unter den oben vorausgesetzten Bedingungen wieder verlängern, was von der Funktion her unmöglich ist. Andererseits zeigen Gleichung (1) sowie die Anschauung der Abb. **29**, daß die relative Hubhöhe mit größer werdendem Anfangsfiederungswinkel α_1 zunimmt. Es ist also jener Fiederungswinkel α_1 zu suchen, der sich bei einer Verkürzung der Muskelfasern um 50% auf einen Endwinkel $\alpha_2 = 90°$ vergrößert. Rechnerisch läßt sich α_1 leicht zu 30° bestimmen. Ein weiteres Durchrechnen zeigt, daß unter diesen Umständen eine maximale Hubhöhe von fast 90% der Muskelfaserlänge erreicht werden kann (KUMMER 1961). Es kann in diesem Zusammenhang nicht als Zufall angesehen werden, daß die Fiederungswinkel in den meisten gefiederten Muskeln im gedehnten Zustand zwischen 20 und 30° betragen. Die große errechnete Hubhöhe des gefiederten Muskels bezieht sich allerdings auf die Ausgangslänge seiner Muskelfasern. Da diese nun kleiner ist als bei einem vergleichbaren „parallelfaserigen" Muskel, wird auch die Hubhöhe absolut genommen kleiner sein (vgl. KUMMER 1968).
Da die Muskelkraft wegen der Parallelschaltung der Muskelfasern im Prinzip gleich der Summe der Einzelkräfte aller Muskelfasern ist und da die Kraft der einzelnen Muskelfaser, die von der Anzahl der Myofibrillen abhängt, im großen und ganzen dem Faserquerschnitt proportional ist, kann die Gesamtkraft des Muskels durch die Summe aller seiner Faserquerschnitte, durch den *physiologischen Querschnitt*, definiert werden. Es erscheint zur Zeit sehr unsicher, einen Proportionalitätsfaktor zwischen physiologischem Querschnitt und totaler Muskelkraft anzugeben, der auch nur halbwegs den Anspruch auf eine brauchbare Näherung erheben könnte. Die früher in den Lehrbüchern zu findende Angabe von im Mittel 11 kp/cm^2 Muskelquerschnitt ist sicher unzutreffend; neuere Zahlen liegen deutlich niedriger, aber auch diese Werte sind nicht überzeugend. Die meisten dieser Berechnungen oder Schätzungen beziehen sich nämlich auf das meßbare maximale zu kompensierende Lastmoment, so daß über die Bestimmung des Muskelmoments bei bekanntem Hebelarm des Muskels seine Kraft ausgerechnet werden kann. Bei derartigen Berechnungen wird jedoch übersehen, daß auf diesem Weg lediglich die am Punctum mobile angreifende Kraft, die *Sehnenkraft* (K_s), bestimmt wird (Abb. **30**). Diese ist ihrerseits wieder vom Fiederungswinkel abhängig und stets kleiner als die absolute Muskelkraft (K_a):

$$K_s = K_a \cdot \cos\alpha. \qquad (2)$$

Um die wahre Relation zwischen physiologischem Querschnitt des Muskels und seiner wirklichen Kraftentfaltung zu erhalten, darf man hierfür nur die absolute Muskelkraft heranziehen, die von geometrischen Änderungen des Gefüges unabhängig ist (vgl. KUMMER 1968).
Die Öffnung des Fiederungswinkels im Verlauf der Faserverkürzung stellt den für die Verdickung der Fasern notwendigen Raum zur Verfügung.

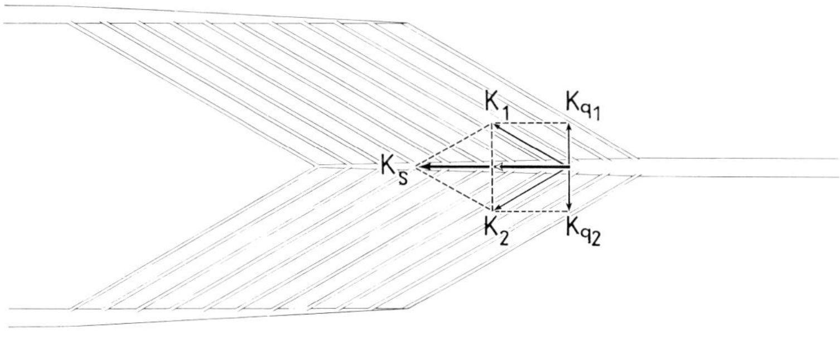

Abb. **30** Die Sehnenkraft K_s eines doppelt gefiederten Muskels resultiert aus dem Kräfteparallelogramm der absoluten Kräfte K_1 und K_2; die Querkräfte K_{q1} und K_{q2} heben sich gegenseitig auf

Wenn unterstellt wird, daß die Fasern eines gefiederten Muskels an einer blattförmigen Sehne dergestalt angreifen, daß sie alle parallel zueinander nach derselben Seite und im selben Winkel geneigt sind, dann bleibt der Seitenabstand zwischen ihnen gleich groß, d. h., sie berühren sich Seit-zu-Seit und können folglich in dieser Richtung keinen Platz gewinnen. Die mit der Kontraktion verbundene Verdickung kann also nur in senkrechter Richtung dazu erfolgen. Die Faserquerschnitte, die zu Beginn als kreisrund angenommen wurden, müssen sich zu Ellipsen verformen. Deren lange Achsen entsprechen genau der Distanz der oben und unten angrenzenden Muskelfasern (KUMMER 1961). Wenn eingangs für diese Betrachtungen vorausgesetzt wurde, daß der „Querabstand" zwischen Ursprungs- und Ansatzsehne während der Muskelkontraktion gleich bleiben möge, so kann nun auf Grund dieser Überlegungen gesagt werden, daß er auf jeden Fall gleich groß bleiben muß, da allein die Faserverdickung dies erzwingt. Wird die Sehne am Punctum mobile durch entsprechende Einrichtungen am Skelett oder anderweitiger Muskelführung gezwungen, während der Bewegung diesen gleichmäßigen Querabstand von der Sehne des Punctum fixum beizubehalten, so entsteht durch die Faserverdickung während der Muskelkontraktion kein erhöhter Binnendruck. Wenn aber andererseits diese Führung nicht erfolgt, so werden sich die sich verdickenden Fasern gegeneinander abstemmen, so daß unter Entwicklung eines entsprechenden Binnendrucks der Sehnenabstand gewahrt bleibt.

Bleibt der Faserquerschnitt dagegen auch während der Verdickung kreisförmig, d. h., ist der Muskel räumlich gefiedert, so daß sich seine Fasern in allen Richtungen ungehindert ausdehnen können, so würde durch die Öffnung des Fiederungswinkels bei gleichbleibendem Sehnenabstand mehr Raum zwischen den Muskelfasern gewonnen als von den dicker werdenden Fasern benötigt wird. Ist die Sehne am Punctum mobile demgegenüber nicht geführt und völlig frei beweglich, so vergrößert sich der Fiederungswinkel langsamer, und die Hubhöhe des Muskels bleibt geringer.

Die häufigste Ursache für eine Führung der Tendo mobilis ist die Doppelfiederung eines Muskels. Hier heben sich die lateralwärts gerichteten Zugkomponenten der gegenüberliegenden Fiederungsportionen gegenseitig auf, so daß eine Längskomponente resultiert, die die Sehne genau in ihrer Verlaufsrichtung bewegt.

Bei gleichen äußeren Dimensionen hat der gefiederte Muskel stets einen größeren physiologischen Querschnitt als der „parallelfasrige", und hier überwiegt wieder der doppelt gefiederte Muskel. Diese Feststellung gilt auch für die Sehnenkraft, also unter Berücksichtigung des Kraftverlusts infolge der Fiederung. Da aber beim gefiederten Muskel die Hubhöhe größer ist als die Verkürzungsstrecke der Muskelfasern, wird bei gleicher Kontraktionsgeschwindigkeit des Punctum mobile bei einem gefiederten Muskel schneller bewegt als beim „parallelfaserigen". Damit liegen die Vorteile des gefiederten Muskels in seiner größeren Kraftentfaltung und schnelleren Bewegung, was mit einer geringeren Hubhöhe erkauft wird.

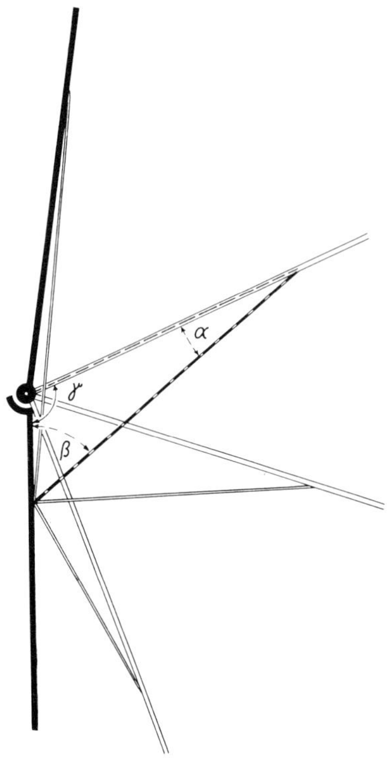

Abb. **31** Während der Beugung im Gelenk (Beugewinkel γ) öffnet sich der Ansatzwinkel β (am kürzeren Hebel) von 0–180°, während der Ursprungswinkel α (am längeren Hebel) sich bis zu einem Maximalwert öffnet, um sich dann wieder bis 0° zu schließen

Muskel und Gelenk

Während der Bewegung ändern sich die Winkel, unter denen die Muskeln am Skelett angreifen. Dies ist bei den langen Extremitätenmuskeln besonders deutlich. In der Regel ist der Muskel mit einem Ende näher am zu bewegenden Gelenk, mit dem anderen Ende ferner davon mit dem Knochen verbunden. Vom Verhältnis dieser beiden Insertionsstrecken zueinander hängt u. a. der größtmögliche Winkelausschlag in dem überbrückten Gelenk ab (Abb. **31**). Unter der Voraussetzung eines „parallelfaserigen" Muskels und einer maximalen Verkürzungsmöglichkeit um 50% könnte daher theoretisch ein Extremitätengelenk von vollständiger Streckung beider Gliedabschnitte (Gelenkwinkel $\gamma = 180°$) bis zu einem Winkel $\gamma = 0°$ gebeugt werden, wenn die beiden Insertionsstrecken sich zueinander wie 1 : 2 verhalten. Natürlich ist dieser extreme Bewegungsumfang, insbesondere die Situation $\gamma = 0°$, in praxi allein wegen der auftretenden Weichteilhemmung unmöglich. Ferner haben die meisten Extremitätenmuskeln eine innere Struktur, die sie auch nicht annähernd mit dem Modell des parallelfaserigen Muskels vergleichen läßt. Die wahre Hubhöhe (= Verkürzung des Gesamtmuskels) wird deshalb deutlich kleiner sein als 50% der Muskellänge. Um diesen Umständen Rechnung zu tragen, muß die obige Feststellung modifiziert und in eine allgemeingültige Form überführt werden, indem postuliert wird, daß die maximale Beugung in einem Extremitätengelenk dann erreicht werden kann, wenn die Längendifferenz zwischen gelenknaher und gelenkferner Muskelinsertion wenigstens so groß ist wie die Hubhöhe des für diese Bewegung verantwortlichen Muskels.

Für die mechanische Betrachtung können die Insertionsstrecken des Muskels am Knochen als *Skeletthebel* bezeichnet werden, dieser Begriff ist jedoch keinesfalls mit dem *physikalischen Hebelarm* des Muskels zu verwechseln. Unter dem letzteren versteht man das vom Drehzentrum auf die Wirkungslinie des Muskels gefällte Lot. Die *Wirkungslinie* wiederum ist als eine Gerade definiert, die die Richtung der maßgeblichen Endstrecke des Muskels repräsentiert. Die Bestimmung der maßgeblichen Endstrecke ist vor allem für solche Muskeln von größter Bedeutung, deren Sehnen an einem Hypomochlion umgelenkt werden.

Das Produkt aus (physikalischem) Hebelarm und Muskelkraft ist das *Muskelmoment.* Wenn im Folgenden von der Muskelkraft die Rede ist, so soll stets nur jene Kraft gemeint sein, die tatsächlich am Punctum mobile angreift, also die *Sehnenkraft* im zuvor definierten Sinn.

Zunächst möge die Muskelkraft als gegeben und konstant angenommen werden. Dann wird das jeweilige Muskelmoment – das im allgemeinen ein *Drehmoment* bezüglich eines bestimmten Gelenks ist – durch die Länge des Hebelarms bestimmt. Das maximale Muskelmoment wird unter diesen Umständen in jener Position der Skelettelemente angetroffen, in der der Hebelarm des Muskels am größten ist. Des weiteren besteht der Zusammenhang, daß der physikalische Hebelarm nicht länger werden kann als der kürzere Knochenhebel. Demnach ist die gesuchte Gelenkstellung jene, bei der der kurze Knochenhebel und der physikalische Hebelarm identisch sind. Da der physikalische Hebelarm per definitionem auf der Muskelverlaufsrichtung senkrecht steht, muß in diesem Fall der Muskel unter einem Winkel von 90° am Knochen ansetzen. Der zugehörige Beugewinkel γ des Gelenks kann dann leicht aus dem rechtwinkligen Dreieck bestimmt werden, dessen Seiten durch die beiden Knochenhebel und dem Muskel gebildet werden (Abb. **32**). Darin ist der längere Knochenhebel die Hypotenuse. Wenn der längere Knochenhebel a und der kürzere Knochenhebel b genannt werden, so besteht zwischen ihnen und dem Beugewinkel γ folgender Zusammenhang:

$$\cos \gamma = \frac{a}{b}. \quad (3)$$

Bei den bisherigen Überlegungen wurde unterstellt, daß die Muskelkraft während des ganzen Bewegungsablaufs, d. h. in allen Phasen der Verkürzung, gleichbleibe. Diese Annahme ist allerdings ganz sicher nicht richtig. Es ist vielmehr bekannt, daß die Muskelkraft mit fortschreitender Kontraktion abnimmt. Wenn man die Maximalkraft des Muskels (*absolute*, innere Muskelkraft!) mit K_{max} bezeichnet, die aktuelle Kraft zu einem beliebigen Zeitpunkt der Kontraktion K_i nennt und die Faserlänge entsprechend mit L_{max} für die gedehnte und mit L_i für die kontrahierte Faser einsetzt, so liefert die Funktion von Hill:

$$K_i = K_{max} \cdot \frac{L_i}{L_{max}} \cdot \cos \frac{\pi}{2} \quad (4)$$

nach ERNST (1958) zumindest für Einzelzuckungen der „schnellen" Muskelfasern die mit der Beobachtung am besten übereinstimmenden Werte. Daneben sind aber auch andere mathematische Näherungen angeboten worden, die diskutabel

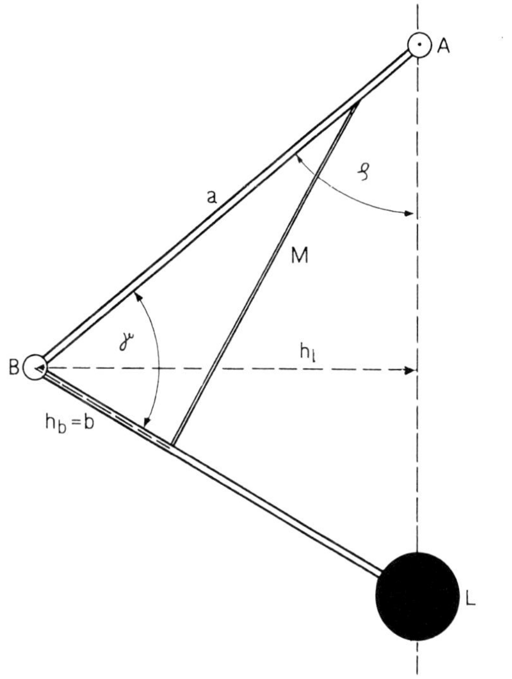

Abb. **32** Grobschematisches Modell des Armskeletts. Der maximale Hebelarm ist erreicht, wenn der Muskel rechtwinklig am kürzeren Hebel angreift. A = Schultergelenk, a = längerer Knochenhebel, B = Ellenbogengelenk, b = kürzerer Knochenhebel, h_b = Hebelarm des Muskels, h_l = Hebelarm der Last, L = Last, M = Muskel, γ = Beugewinkel des Gelenks, ϱ = Stellungswinkel des Oberarms

sind (vgl. KUMMER 1961). Schließlich ist zu bemerken, daß der gleiche Kraftabfall auch für die Sehnenkraft gilt. Dadurch wird die Suche nach der Situation mit dem maximalen Muskelmoment insofern kompliziert, als nicht allein die Gelenkstellung mit dem größten physikalischen Hebelarm aufzusuchen ist, sondern gleichzeitig die zugehörige aktuelle Muskelkraft berücksichtigt werden muß.

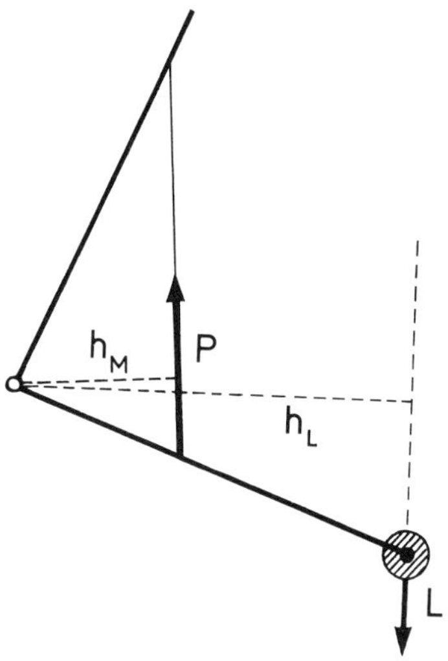

Abb. **33** Skizze zur Bestimmung der Tragfähigkeit eines Muskels. h_M = Hebelarm des Muskels, h_L = Hebelarm der Last, L = Last, P = Muskelkraft

An den Extremitäten ist es im allgemeinen so, daß die Muskeln bei Streckstellung der Gelenke gedehnt und folglich zu größter Kraftentfaltung befähigt sind. Gerade in dieser Stellung ist aber ihr Hebelarm am kleinsten. Während der Gelenkbeugung wächst der Hebelarm, aber der Muskel büßt an Kraft ein, und zwar nicht allein durch den oben beschriebenen physiologischen Kraftabfall, sondern bei einem gefiederten Muskel (und das sind die meisten) zusätzlich durch die Öffnung des Fiederungswinkels, die an sich schon eine Verminderung der Sehnenkraft zur Folge hat. Bei der Abschätzung der optimalen Arbeitsbedingungen für einen speziellen Muskel werden alle diese Faktoren für den Einzelfall gesondert in Rechnung zu setzen sein.

In praxi wird gelegentlich die Frage nach der *maximalen Tragfähigkeit* eines Abschnitts des Bewegungsapparats gestellt. Darunter kann sowohl die passive Belastbarkeit einer Skelettregion als auch die größte Last verstanden werden, die bei maximaler Muskelkontraktion getragen werden kann. An dieser Stelle soll nur der letztere Zusammenhang näher betrachtet werden.

Zuvor war bereits dargelegt worden, daß an einem Gelenk Gleichgewicht herrscht, wenn die

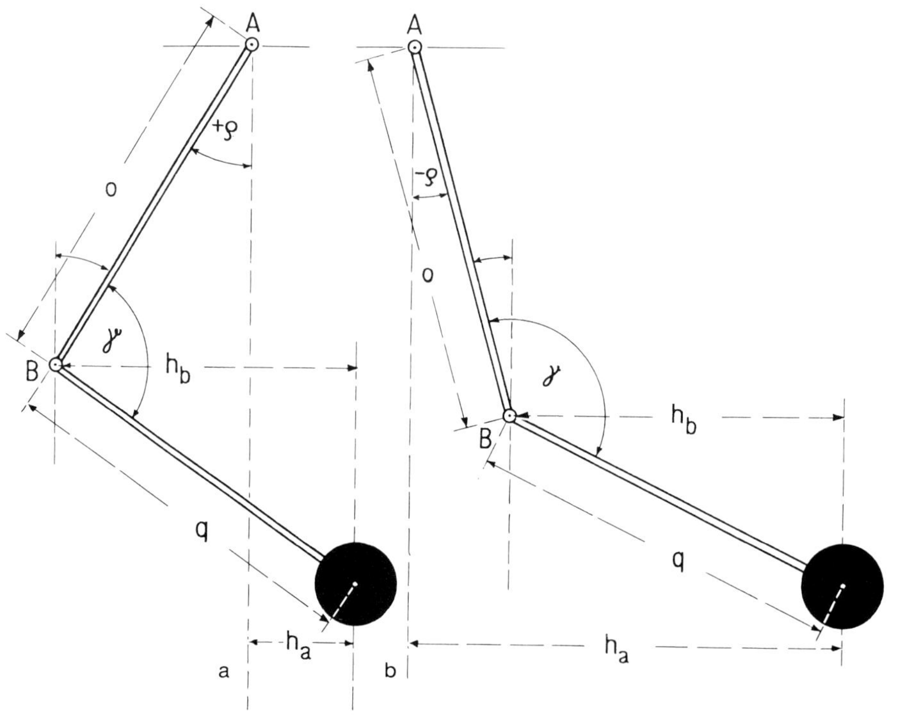

Abb. **34** Tragfestigkeit eines mehrgliedrigen Systems (Arm). Die Lastmomente sind für Schulter- und Ellenbogengelenk verschieden. a) Das Ellenbogengelenk liegt hinter dem Schultergelenk, b) das Ellenbogengelenk liegt vor dem Schultergelenk. A = Schultergelenk, B = Ellenbogengelenk, h_a = Lastarm bezüglich des Schultergelenks, h_b = Lastarm bezüglich des Ellenbogengelenks, O = Oberarmlänge, q = Unterarmlänge, γ = Beugewinkel des Ellenbogengelenks, ϱ = Positionswinkel des Schultergelenks

Momentensumme Null ist („Biomechanik der Diarthrosen – Statik", S. 1.30). Zur Bestimmung der Tragfähigkeit, d. h. der Maximallast, empfiehlt es sich nun, nicht wie bei der graphischen Lösung des Problems lediglich die Gelenkresultierende zu bestimmen, sondern man geht am besten von der Gleichung des Momentengleichgewichts aus:

$$M \cdot h_M = L \cdot h_L, \quad (5)$$

worin M die Muskelkraft (Sehnenkraft!), L die zu tragende Last und h_M bzw. h_L die entsprechenden (physikalischen) Hebelarme bedeuten (Abb. **33**). Daraus läßt sich die Größe der Last leicht bestimmen:

$$L = M \cdot \frac{h_M}{h_L}. \quad (6)$$

Für das einzelne Gelenk ist diese Rechnung relativ leicht durchzuführen, da, wie oben auseinandergesetzt, die Länge des Muskelhebelarms allein vom Stellungswinkel des Gelenks abhängt, das der Muskel überbrückt:

$$h_M = \frac{a \cdot b \cdot \sin\gamma}{\sqrt{a^2 + b^2 - 2ab \cdot \cos\gamma}}. \quad (7)$$

Die Länge des Hebelarms der Last ist demgegenüber nicht nur durch den Gelenkwinkel γ, sondern außerdem durch die Neigung des gesamten Systems der artikulierenden Skelettabschnitte gegen die Vertikale bestimmt, da die Kraftwirkungslinie der Last stets gegen den Boden gerichtet ist. Daraus ergäbe sich die einfache Lösung des Problems, daß die größte Tragfähigkeit dann erreicht sei, wenn das Lastmoment Null wird, d. h. der Hebelarm der Last verschwindet. Das wäre dann der Fall, wenn die Last derart gehalten würde, daß ihr Schwerpunkt sich entweder senkrecht unter dem Drehpunkt des Gelenks (stabiles Gleichgewicht) oder senkrecht über dem Drehpunkt des Gelenks befände (labiles Gleichgewicht). In diesen Fällen könnten außer der Muskelkraft auch die passiven Stütz- und Zugkräfte des Skeletts zum Tragen der Last in Anspruch genommen werden.

Diese Lösung ist allerdings recht unrealistisch, denn bei der Beurteilung der Tragfähigkeit ist nur die Tragfähigkeit des Gesamtsystems von Bedeutung, und die in Frage kommenden Systeme sind stets mehrgliedrig. Diese Problematik soll abschließend am Beispiel des Armes kurz erläutert werden.

Bei gleich großem Drehmoment einer in der Hand getragenen Last bezüglich des Ellenbogengelenks kann das Lastmoment am Schultergelenk je nach der Stellung des Oberarms sehr verschieden groß sein (vgl. Abb. **34**). Am Ellenbogengelenk ist das Lastmoment durch die Länge des Hebelarms h_b (Lastarm) bestimmt, der seinerseits von der Neigung des Knochenhebels der Last (hier der Unterarmlänge) abhängt. Auf das Schultergelenk wirkt die Last dagegen mit dem Hebelarm h_a, der durch den Hebelarm h_b und den Positionswinkel ϱ des Oberarms im Schultergelenk beeinflußt wird. Dieser Winkel ϱ gibt die Neigung des Oberarms gegen die Vertikale an; er soll bei Retroversion im Schultergelenk positiv, bei Anteversion negativ gerechnet werden.

Bezogen auf das Ellenbogengelenk kann nun unter Berücksichtigung der Beziehung (7) die Maximallast L_{max} leicht berechnet werden:

$$L_{max} = M \frac{a \cdot b - \sin\gamma}{q \cdot \sin(\gamma + \varrho) \cdot \sqrt{a^2 + b2 - 2ab\cos\gamma}}. \quad (8)$$

Da der Stellungswinkel ϱ des Oberarms nur die Länge des Lastarms, nicht aber den Muskelhebelarm h_M beeinflußt, kann bei gegebenem Beugewinkel γ des Ellenbogengelenks, d. h. bei gleichbleibendem Muskelmoment, durch geeignete Wahl des Stellungswinkels ϱ der kleinstmögliche Lastarm und damit die größte Tragfähigkeit gesucht werden. In dem hier diskutierten Beispiel würde dies bedeuten, daß bei einem Beugewinkel des Ellenbogengelenks, der dem größten Muskelhebelarm zugeordnet ist, die Last L senkrecht unter den Drehpunkt A des Schultergelenks pendelt und somit an der Schulter das Drehmoment Null hat, für das Ellenbogengelenk jedoch das dem größten Muskelmoment zugehörige Moment.

Diese Überlegungen zeigen, daß die Frage nach der „größten Tragfähigkeit", die in der Literatur allenthalben auftaucht, nicht ohne weiteres und „allgemeingültig" beantwortet werden kann, sondern daß vielmehr zunächst die Umstände präzisiert werden müssen, unter denen diese Frage gestellt wird. Für verschiedene Ausgangsituationen gibt es demgemäß verschiedene Antworten.

Literatur

* In diesen Arbeiten finden sich auch umfassende Zusammenstellungen der Literatur vor 1978

Abrahams, M.: The mechanical behavior of tendon collagen fibres under tension in vitro. – Dig. 7th Intl. Conf. on med. Biol. Eng. Int. Fed. Med. Biol. Eng. Stockholm 1967 (S. 509)

Al-Amood, W. S., R. Pope: A comparison of the structural features of muscle fibres from a fast- and a slow-switch muscle of the pelvic limb of the cat. – J. Anat. (Lond.) 113 (1972) 49

Amtmann, E.: On functional adaptation of long bones. Investigations on human femora. Gegenbaurs Morph. Jb. 117 (1971a) 224

Amtmann, E.: Mechanical stress, functional adaptation and the variation structure of the human femur diaphysis. – Ergebn. Anat. Entwickl.-Gesch. 44 (1971b)

Amtmann, E., H. P. Schmitt: Über die Verteilung der Corticalisdichte im menschlichen Femurschaft und ihre Bedeutung für die Bestimmung der Knochenfestigkeit. Z. Anat. Entwickl.-Gesch. 127 (1968) 25

Arnold, G.: Mechanische Eigenschaften des hyalinen Knorpels. Verh. anat. Ges. (Jena) 68 (1974) 495
Arnold, G., C. Hartung: Methoden und Ergebnisse rheologischer Untersuchungen am hyalinen Knorpel. Z. Orthop. 111 (1973) 153
Arnold, G., C. Hartung: Gewebemechanisches Verhalten des hyalinen Knorpels unter zyklischen Deformationen. Z. Anat. Entwickl.-Gesch. 144 (1974) 303
Arnold, G., F. Gross, H. Fessel: „In-vitro"-Versuche zum mechanischen Verhalten des hyalinen Knorpels unter statischen und dynamischen Belastungen. – Z. Orthop. 116 (1978) 428
Bartz, W. J.: Biotribologie – Analogien zwischen Medizin und Technik. In: Biopolymere und Biomechanik von Bindegewebssystemen, hrsg. von F. Hartmann, Ch. Hartung, H. Zeidler. Springer, Berlin 1974 (S. 387)
Bassleer, R.: Étude de l'augmentation du nombre de noyaux au cours de la myogenèse in vitro. Bull. Ass. Anat. 48 (1962a) 229
Bassleer, R.: Étude de l'augmentation du nombre de noyaux dans des bourgeons musculaires cultivés in vitro. Observations sur le vivant, dosages cytophotométriques et historadiographiques. Z. Anat. Entwickl.-Gesch. 123 (1962b) 184
Benedict, J. F., L. B. Walker, E. H. Harris: Stress-strain characteristics and tensile strength of unembalmed human tendon. J. Biomech. 1 (1968) 53
Benninghoff, A.: Über den funktionellen Bau des Knorpels. Verh. anat. Ges. (Erlangen) 31 (1922) 250
Benninghoff, A.: Der funktionelle Bau des Hyalinknorpels. Ergebn. Anat. Entwickl.-Gesch. 26 (1925a)
Benninghoff, A.: Spaltlinien am Knochen, eine Methode zur Ermittlung der Struktur platter Knochen. Verh. anat. Ges. (Erlangen) 1925b (S. 189)
Benninghoff, A.: Über Leitsysteme in der Knochenkompakta. Beitr. Anat. funkt. Syst. 1 (1930) 11
Benninghoff, A.: Über Leitsysteme der Knochenkompakta. Studien zur Architektur der Knochen III. Morph. Jb. 65 (1931) 11
Blanton, P. L., N. L. Biggs: Ultimate tensile strength of fetal and adult human tendons. J. Biomech. 3 (1970) 181
Bridgman, Ch., S. Sweeney, E. Eldred: The effects of contraction and stretch of a muscle on morphology of its spindles. Anat. Rec. 156 (1966) 67
Van Brocklin, J. D., D. G. Ellis: A study of the mechanical behavior of toe extensor tendons under applied stress. Arch. Physiol. Med. Rehab. 46 (1965) 369
Carlson, B. M.: The regeneration of skeletal muscle – a review. Amer. J. Anat. 137 (1973) 119
Coletti, J. M., M. Seattle, W. H. Akeson, S. L. Y. Woo: A comparison of the physical behavior of normal articular cartilage and the arthroplasty surface. J. Bone Jt. Surg. (1972)
Culmann, K.: Die graphische Statik. Zürich 1866
Draenert, Y., K. Draenert: Histomorphologie des Gelenkknorpels; rasterelektronenmikroskopische Studie am Hüftkopf der Ratte. – Vortr. 73. Vers. d. Anat. Ges., Innsbruck 1978
Ecklin, U.: Die Altersveränderungen der Halswirbelsäule. Springer, Berlin 1960
Ekholm, R., B. E. Ingelmark: Functional thickness variations of human articular cartilage. Acta Soc. Med. upsalien. 57 (1952) 39
Elliott, D. H.: Structure and function of mammalian tendon. Biol. Rev. 40 (1965) 392
Elliott, D. H.: The biomechanical properties of tendon in relation to muscular strength. Ann. phys. Med. 9 (1967) 1
Elliott, D. H., G. N. C. Crawford: The thickness and collagen content of tendon relative to the strength and cross-sectional area of muscle. Proc. roy. Sox. B 162 (1965) 137
Ernst, E.: Die Muskeltätigkeit. Versuch einer Biophysik des quergestreiften Muskels. Ungarische Akademie der Wissenschaften, Budapest 1958
Evans, F. G., H. R. Lissner: „Stresscoat" deformation studies of the femur under static vertical loading. Anat. Rec. 100 (1948) 159
Evans, F. G., H. R. Lissner: Tensile and compressive strength of human parietal bone. J. appl. Physiol. 10 (1957) 493
Fick, R.: Allgemeine Gelenk- und Muskelmechanik. In: Handbuch der Anatomie und Mechanik der Gelenke. Fischer, Jena 1910
Fick, R.: Spezielle Gelenk- und Muskelmechanik. In: Handbuch der Anatomie und Mechanik der Gelenke. Fischer, Jena 1911
Fick, R.: Über die Entstehung der Gelenkformen mit Tierversuchen. Abh. Preuss. Akad. Wiss., phys.-math. Kl. 2 (1921) 1
Föppl, L., E. Mönch: Praktische Spannungsoptik. Springer, Berlin 1950
Frankel, V. H., A. H. Burstein: Orthopaedic Biomechanics. Lea & Febiger, Philadelphia 1970
Franzini-Armstrong, C. G., K. R. Porter: The Z-disc of skeletal muscle fibrils. Z. Zellforsch. 61 (1964) 661
Gans, C., W. J. Bock: The functional significance of muscle architecture. A theoretical analysis. Ergebn. Anat. Entwickl.-Gesch. 38 (1965) 115
Gierse, H.: The cancellous structure in the calcaneus and its relation to mechanical stressing. Anat. Embryol. 150 (1976) 63
Greiling, H.: Biorheological properties and the proteohyaluronate content of synovial fluid. In: Biopolymere und Biomechanik von Bindegewebsystemen, hrsg. von F. Hartmann, Ch. Hartung, H. Zeidler. Springer, Berlin 1974 (S. 11)
Gustavson, K. H.: The Chemistry and Reactivity of Collagen. Academic Press, New York 1956
Hagopian, M., E. A. Nuñez: Sarcolemmal scalloping at short sarcomere lengths with incidental observations on the T tubules. J. Cell Biol. 53 (1972) 252
Harris, E. H., L. B. Walker, B. R. Bass: Stress-strain studies in cadaveric human tendon and an anomaly in the Young's modulus thereof. J. Med. Biol. Engng. 4 (1966) 253
Hartung, C., G. Arnold: On the compressive behaviour of hyaline cartilage in vitro. – Digest of the 10th International Conference on Medical and Biological Engineering, 1973 (S. 4)
Hartung, C., G. Arnold, F. Gross: Biomechanik des hyalinen Knorpels unter Druckschwellbeanspruchungen. Acta. anat. (Basel) 91 (1975) 583
Holmdahl, D. E., B. E. Ingelmark: Der Bau des Gelenkknorpels unter verschiedenen funktionellen Verhältnissen. Acta anat. (Basel) 6 (1948) 309
Hülsen, C.: Spezifisches Gewicht, Elastizität und Festigkeit des Knochens. Anz. biol. Lab. St. Petersburg (1898)
Huson, A.: La chaine cinématique fermée. Bull. Ass. Anat. (Nancy) 57 (1973) 887
Huson, A.: Biomechanische Probleme des Kniegelenks. Orthopäde 3 (1974) 119
Ingelmark, B. E., R. Ekholm: A study on variations in the thickness of articular cartilage in association with rest and periodical load. – Upsala Läk.-Fören. Förh. 53 (1948) 61
Kann, F.: Über Dicke und Zahl der Muskelfasern auf verschiedenen Querschnitthöhen des Musculus sartorius beim Menschen. Acta anat. (Basel) 30 (1957) 351
Kelly, D. E.: Myofibrillogenesis and Z-band differentiation. Anat. Rec. 163 (1969) 403
Knese, K. H., D. Voges, I. Ritschl: Untersuchungen über die Osteon- und Lamellenformen im Extremitätenskelett des Erwachsenen. Z. Zellforsch. 40 (1954) 323
Koltze: Studie zur äußeren Form der Osteone. Z. Anat. Entwickl.-Gesch. 115 (1951) 581
Krompecher, St.: Fonction et forme. Nouveaux points de vue et résultats dans l'adaptation fonctionnelle, régénération et néo-différenciation des tissus. 6ième Congr. Féd. Internat. d'Anatomie, Paris 1955 (S. 122)
Krompecher, St.: Die qualitative Adaptation der Gewebe. Z. mikr.-anat. Forsch. 64 (1958) 59

Kummer, B.*: Bauprinzipien des Säugerskelettes. Thieme, Stuttgart 1959a
Kummer, B*: Biomechanik des Säugetierskeletts. In: Kükenthals Handbuch der Zoologie, Bd. I/2, hrsg. von J. G. Helmcke u. a. de Gruyter, Berlin 1959b (S. 1)
Kummer, B.*: Statik und Dynamik des menschlichen Körpers. In: Handbuch der gesamten Arbeitsmedizin, Bd. I, hrsg. von G. Lehmann. Urban & Schwarzenberg, München 1961 (S. 9)
Kummer, B.: Die Torsion der unteren Extremität, ihre Entstehung und funktionelle Bedeutung. In: Verhandlungen der Deutschen Orthopädischen Gesellschaft, 49. Kongreß, Zürich 1961, hrsg. von M. Lange. Enke, Stuttgart 1962a
Kummer, B.: Funktionelle Anpassung und Präadaptation. Zool. Anz. 169 (1962b) 50
Kummer, B.*: Grundlagen der Biomechanik des menschlichen Stütz- und Bewegungsapparates. IXeme Congr. Internat. de Chir. orthopéd. et de Traumatolog., Bd. II, deutsch: S. 65–88, engl.: S. 60–81, franz.: S. 63–86, Figs. T 95–T 106. Wien 1963
Kummer, B.*: Das mechanische Problem der Aufrichtung auf die Hinterextremität im Hinblick auf die Evolution der Bipedie des Menschen. In: Fortschritte der Anthropogenie 1863–1964, hrsg. von G. Heberer. Fischer, Stuttgart 1965 (S. 227)
Kummer, B.: Neue Untersuchungen zur Biomechanik der Extremitätenmuskeln. In: Verhandlungen der Deutschen Orthopädischen Gesellschaft, 54. Kongreß, Köln 1967, hrsg. von M. Lange. Enke, Stuttgart 1968 (S. 49)
Kummer, B.: Die Beanspruchung der Gelenke, dargestellt am Beispiel des menschlichen Hüftgelenks. In: Verhandlungen der Deutschen Gesellschaft für Orthopädie und Traumatologie, 55. Kongreß. Kassel 1968, hrsg. von A. N. Witt. Enke, Stuttgart 1969 (S. 301)
Kummer, B.*: Biomechanics of bone: Mechanical properties, functional structure, functional adaptation. In: Biomechanics: Its Foundations and Objectives, hrsg. von Y. C. Fung, N. Perrone, M. Anliker. Prentice-Hall, Englewood Cliffs/N. J. 1972 (S. 237)
Kummer, B.: Biomechanik der Gelenke (Diarthrosen). Die Beanspruchung des Gelenkknorpels. Biopolymere und Biomechanik von Bindegewebssystemen. 7. Wiss. Konf. Deutsch. Nat.-forsch. Ärzte. Springer, Berlin 1974 (S. 19)
Kummer, B.*: Biomechanics of hip and knee joint. – In: Advances in Artificial Hip and Knee Joint Technology, hrsg. von M. Schaldach, D. Hohmann, R. Thull, F. Hein. Springer, Berlin 1976 (S. 24)
Kummer, B.*: Biomechanics of the mammalian skeleton. Problems of static stress. Fortschr. Zool. 24 (1977) 117
Kummer, B.*: Biomechanische Konsequenzen der tetrapoden Lokomotion. Zool. Jb. Anat. 99 (1978a) 117
Kummer, B.*: Mechanische Beanspruchung und funktionelle Anpassung des Knochens. Verh. anat. Ges. (Jena) 72 (1978b) 21
Lacroix, P.: L'organisation des os. Desoer, Lüttich 1949
Lee, Sue Y.: A histochemical study of twitch and tonus fibers. J. Morph. 133 (1971) 253
Linn, F. C.: Lubrication of animal joints. II. The mechanism. J. Biomech. 1 (1968) 193
Linn, F. C., E. L. Radin: Lubrication of animal joints. III. The effect of certain chemical alterations of the cartilage and lubricant. Arthr. and Rheum. 11 (1968) 674
Lipton, B. H., I. R. Konigsberg: A fine structure analysis of the fusion of myogenic cells. J. Cell Biol. 53 (1972) 348
Luff, A. R., H. L. Atwood: Changes in the sarcoplasmic reticulum and transverse tubular system of fast and slow skeletal muscles of the mouse during postnatal development. J. Cell Biol. 51 (1971) 369
McCutchen, C. W.: The frictional properties of animal joints. Wear 5 (1962) 1
McCutchen, C. W.: Boundary lubrication by synovial fluid: demonstration and possible osmotic explanation. – Fed. Proc. 25 (1966) 1061
Menschik, A.: Mechanik des Kniegelenks 1. Z. Orthop. 112 (1974) 481
Menschik, A.: Mechanik des Kniegelenks. 2. Z. Orthop. 113 (1975) 388
von Meyer, H.: Die Architektur der Spongiosa. Reichert u. Du Bois-Reymond's Arch. 1867 (S. 615)
Montgomery, R. D.: Growth of human striated muscle. Nature (Lond.) 195 (1962) 194
Moss, F. P., C. P. Leblond: Satellite cells as the source of nuclei in muscles of growing rats. Anat. Rec. 170 (1971) 421
Oberländer, W.: Die Beanspruchung des menschlichen Hüftgelenks. 5. Die Verteilung der Knochendichte im Acetabulum. Z. Anat. Entwickl.-Gesch. 140 (1973) 367
Ortmann, R.: Use of polarized light for quantitative determination of the tangential fibres in articular cartilage. Anat. Embryol. 148 (1975) 109
Ortmann, R.: Über die Plattenstruktur der subartikulären Knochenspongiosa beim Menschen. Verh. anat. Ges. (Jena) 72 (1978) 455
Ovalle jr., W. K.: Fine structure of rat intrafusal muscle fibers. J. Cell Biol. 52 (1972a) 382
Ovalle jr., W. K.: Motor nerve terminals on rat intrafusal muscle fibres, a correlated light and electron microscopic study. J. Anat. (Lond.) 111 (1972b) 239
Pauwels, F.: Der Schenkelhalsbruch. Ein mechanisches Problem. Grundlagen des Heilungsvorganges. Prognose und kausale Therapie. Z. orthop. Chir., Beilageh. 63 (1935)
Pauwels, F.: Grundriß einer Biomechanik der Frakturheilung. Verh. dtsch. orthop. Ges. 34 (1941) 62
Pauwels, F.: Über die mechanische Bedeutung der gröberen Kortikalisstruktur beim normalen und pathologisch verbogenen Röhrenknochen. Anat. Nachr. 1 (1949) 53
Pauwels, F.: Die Bedeutung der Muskelkräfte für die Regelung der Beanspruchung des Röhrenknochens während der Bewegung der Glieder. 3. Beitrag zur funktionellen Anatomie und kausalen Morphologie des Stützapparates. Z. Anat. Entwickl.-Gesch. 115 (1950) 327
Pauwels, F.: Kritische Überprüfung der Rouxschen Abhandlung: Beschreibung und Erläuterung einer knöchernen Kniegelenksankylose. Z. Anat. Entwickl.-Gesch. 117 (1954a) 528
Pauwels, F.: Die Bedeutung der am Ellenbogengelenk wirkenden mechanischen Faktoren für die Tragfähigkeit des gebeugten Armes. Z. Anat. Entwickl.-Gesch. 118 (1954b) 35
Pauwels, F.: Die Struktur der Tangentialfaserschicht des Gelenkknorpels der Schulterpfanne als Beispiel für ein verkörpertes Spannungsfeld. 9. Beitrag zur funktionellen Anatomie und kausalen Morphologie des Stützapparates. Z. Anat. Entwickl.-Gesch. 121 (1959) 188
Pauwels, F.: Eine neue Theorie über den Einfluß mechanischer Reize auf die Differenzierung der Stützgewebe. Z. Anat. Entwickl.-Gesch. 121 (1960) 478
Pauwels, F.: Die Druckverteilung im Ellenbogengelenk, nebst grundsätzlicher Bemerkungen über den Gelenkdruck. 11. Beitrag zur funktionellen Anatomie und kausalen Morphologie des Stützapparates. Z. Anat. Entwickl.-Gesch. 123 (1963) 643
Pauwels, F.*: Gesammelte Abhandlungen zur funktionellen Anatomie des Bewegungsapparates. Springer, Berlin 1965
Pauwels, F.: Beitrag zur funktionellen Anpassung der Corticalis der Röhrenknochen. Untersuchungen an drei rachitisch deformierten Femora. Z. Anat. Entwickl.-Gesch. 127 (1968) 121
Pauwels, F.*: Atlas zur Biomechanik der gesunden und kranken Hüfte. Springer, Berlin 1973a
Pauwels, F.: Kurzer Überblick über die mechanische Beanspruchung des Knochens und ihre Bedeutung für die funktionelle Anpassung. Z. Orthop. 111 (1973b) 681
Pauwels, F.: Über die Bedeutung der Markhöhle für die mechanische Beanspruchung des Röhrenknochens. Z. Anat. Entwickl.-Gesch. 145 (1974) 81
Peters, R.: Die histologische Struktur der Kompakta des

Femurschaftes und ihre Beziehung zu Dichte und Festigkeit. Inaug.-Diss., Köln 1975
Porayko, O., R. S. Smith: Morphology of muscle spindles in the rat. Experientia (Basel) 24 (1968) 588
Radin, E. L.: Synovial fluid as a lubricant. Arthr. and Rheum. 11 (1968) 693
Rauber, A. A.: Elasticität und Festigkeit der Knochen. Engelmann, Leipzig 1876
Roux, W.: Gesammelte Abhandlungen über Entwicklungsmechanik der Organismen. I u. II. Engelmann, Leipzig 1895
Schmalbruch, H.: Die quergestreiften Muskelfasern des Menschen. Ergebn. Anat. Entwickl.-Gesch. 43 (1970) 7
Schmalbruch, H.: „Rote" Muskelfasern. Z. Zellforsch. 119 (1971) 120
Schmitt, H. P.: Über die Beziehungen zwischen Dichte und Festigkeit des Knochens am Beispiel des menschlichen Femur. Z. Anat. Entwickl.-Gesch. 127 (1968) 1
Schumacher, G. H., J. Fanghänel, W. Brinckmann: Vergleichende Faserquerschnittsuntersuchungen an den äußeren Augenmuskeln. II. Mensch. Anat. Anz. 130 (1972) 241
Schwarzacher, H. G.: Zur Lage der motorischen Endplatten in den Skelettmuskeln. Acta anat. (Basel) 30 (1957) 758
Schwarzacher, H. G.: Über die Länge und Anordnung der Muskelfasern in menschlichen Skelettmuskeln. Acta anat. (Basel) 37 (1959) 217
Schwarzacher, H. G.: Untersuchungen über die Skelettmuskel-Sehnen-Verbindung. I. Elektronenmikroskopische und lichtmikroskopische Untersuchungen über den Feinbau der Muskelfaser-Sehnen-Verbindung. Acta anat. (Basel) 40 (1960) 59
Sjoström, M., L. E. Thornell: Cryo-ultramicrotomy in the study of myofibrillar fine structure. II. The A-band. Science Tools 22 (1975) 7
Sokoloff, L.: Elasticity of aging cartilage. Fed. Proc. 25 (1966) 1089
Soudan, K., R. van Audekercke, M. Martens: Methods, difficulties and inaccuracies in the study of human joint kinematics and pathokinematics by the instant axis concept. Example: the knee joint. J. Biomech. 12 (1979) 27
Stern jr., J. T.: Investigations concerning the theory of ‚spurt' and ‚shunt' muscles. J. Biomechanics 4 (1971) 437
Strasser, H.: Lehrbuch der Muskel- und Gelenkmechanik. 1. Allgemeiner Teil. Berlin 1908
Swann, D. A., E. L. Radin: The molecular basis of articular lubrication. J. biol. Chem. 247 (1972) 8069
Tillmann, B.: Die Beanspruchung des menschlichen Hüftgelenks. 3. Die Form der Facies lunata. Z. Anat. Entwickl.-Gesch. 128 (1969) 329
Tillmann, B.: Die Gestalt der Gelenkflächen als Ausdruck ihrer Beanspruchung. Verh. Anat. Ges. (Jena) 46 (1972) 483
Tillmann, B.: Zur Lokalisation von degenerativen Veränderungen am Femurkopf bei der Coxarthrose. Z. Orthop. 111 (1973) 23
Töndury, G.: Die Lebenskurve der Zwischenwirbelscheiben. Fortbild.-K. Rheumatol. 2 (1973) 14
Unsworth, A.: Die Grenzfläche Knorpel-Gelenkflüssigkeit und die Typen von Gelenkschmierung bei verschiedenen Drucken und Geschwindigkeiten. In: Biopolymere und Biomechanik von Bindegewebssystemen, hrsg. von F. Hartmann, Ch. Hartung, H. Zeidler. Springer, Berlin 1974 (S. 377)
Verzár: The aging of collagen. Sci. Amer. 208 (1963) 104
Vigliani, F.: Accrescimento e rinnovamento della compatta in ossa sottratte alle sollecitazioni meccaniche. Nota I: Ricerche sperimentali nel cane. Z. Zellforsch. 42 (1955a) 59
Vigliani, F.: Accrescimento e rinnovamento della compatta in ossa sottratte alle sollecitazioni meccaniche. Nota II: Ricerche sperimentali nel cane. Z. Zellforsch. 43 (1955b) 17
Viidik, A.: The effect of training on the tensile strength of isolated rabbit tendons. Scand. J. Plast. reconstr. Surg. 1 (1967a) 141
Viidik, A.: Experimental evaluation of the tensile strength of isolated rabbit tendons. Bio-med. Engng. (1967b) 64
Viidik, A.: The aging of collagen as reflected in its physical properties. Aging of connective and skeletal tissue – Sympos. 1–3. Okt. 1968. 1968a (S. 125)
Viidik, A.: A rheological model for uncalcified parallelfibred collagenous tissue. J. Biomech. 1 (1968b) 3
Viidik, A.: Elasticity and tensile strength of the anterior cruciate ligament in rabbits as influenced by training. Acta physiol. scand. 74 (1968c) 372
Viidik, A.: Tensile strength properties of achilles tendon systems in trained und untrained rabbits. Acta orthop. scand. 40 (1969a) 261
Viidik, A.: On the rheology and morphology of soft collagenous tissue. Proc. Anat. Soc. Great Britain. J. Anat. (Lond.) 105 (1969b) 184
Viidik, A., M. Mägi: Viscoelastic properties of ligaments. – Dig. 7th Intl. Conf. on Med. Biol. Eng. Int. Fed. Med. Biol. Eng.. Stockholm 1967 (S. 507)
Viidik, A., L. Sandqvist, M. Mägi: Influence of postmortal storage on tensile strength characteristics and histology of rabbit ligaments. – Acta orthop. scand., Suppl. 79 (1965) 7
Voss, H.: Weitere Untersuchungen über die absolute und relative Zahl der Muskelspindeln in verschiedenen Muskelgruppen (Hüft-, Oberschenkel- und Unterarmmuskeln) des Menschen. Anat. Anz. 107 (1959) 190
Walker, L. B., E. H. Harris, J. V. Benedicts: Stress-strain relationships in human cadaveric plantaris tendon: a preliminary study. Med. electron. Biol. Engng. 2 (1964) 31
Wember-Matthes, D.: Morphologische Grundlagen einer Funktionsanalyse des M. masseter. Med. Diss., Köln 1973
Werner, H.: Die Dicke der menschlichen Gelenkknorpel. Inaug. Diss., Berlin 1897
Wolff, J.: Das Gesetz der Transformation der inneren Architektur der Knochen bei pathologischen Veränderungen der äußeren Knochenform. S.-B. Preuß. Akad. Wiss., phys.-math. Klasse, 22 (1884)
Wolff, J.: Das Gesetz der Transformation der Knochen. Berlin 1892
Wurmbach, H.: Untersuchungen zur Dynamik des Extremitätenwachstums. V. Mitteilung zur Steuerung von Wachstum und Formbildung durch Wirkstoffe. Zool. Jb. (Anat.) B, 73 (1954) 425

2 Einführung in die Biomechanik und Biotechnik des Bewegungsapparates

Von F. Endler

Biophysikalische Grundlagen und klinische Biomechanik

Einleitung

Die allgemeine Biomechanik befaßt sich mit den Wechselbeziehungen biologischer Lebensvorgänge zur Mechanik. Damit werden so vielseitige Forschungsgebiete angesprochen, die sich mit den mechanischen Regulationsmechanismen verschiedenster Organe befassen, daß eine zusammenfassende Definition des Gesamtgebietes als sophistisch angesehen werden müßte.

Wieweit können wir die Aufgabenbereiche der klassischen Biomechanik des Stütz- und Bewegungsapparates abgrenzen, um eine Übersicht über die theoretischen, experimentellen und klinischen Forschungsrichtungen zu erhalten (Endler 1974a, Kummer 1970).

Die engen Verbindungen zwischen biomechanischer Grundlagenforschung und funktioneller Anatomie entwickeln sich im zweiten Drittel des vorigen Jahrhunderts, wobei im deutschen Sprachraum die Brüder Weber (Weber u. Weber 1895), Duchenne (1867), Braune (1851–1892) (Braune und Fischer 1889) und Fischer (1861–1917) (Fischer 1900, 1901a u. b, 1903, 1904) die ersten Grundpfeiler der modernen Gelenkmechanik schufen. Ihr Hauptwerk befaßt sich mit der Ermittlung der Schwerpunkte des menschlichen Körpers und mit der Erforschung der Mechanik des menschlichen Ganges. Sie entwickeln erstmalig einwandfreie physikalisch technische Arbeitsmethoden, wobei die Chronophotographie, die von Marey (1883, 1899) und seinem Schüler Carlet (1872) ausgeht, perfektioniert und zur Erfassung der Kinematik des Ganges angewandt wird (Abb. **1**a u. b). Es erscheinen auch die ersten grundlegenden Untersuchungen über die Statik und Mechanik der Beanspruchungsprinzipien des menschlichen Skelettes von Culmann (1821–1888) (Culmann 1873) sowie von v. Meyer (1805–1892) (v. Meyer 1873), gefolgt von den Klassikern der Muskel- und Gelenkmechanik Strasser (1852–1927) (Strasser 1908), Fick (1861–1939) (Fick 1911) und Beninghoff (1925a u. b, 1927, 1929, 1957). In den gleichen Zeiträumen befassen sich Roux (1895) und Wolff (1857, 1870, 1892), Triepel (Scherb 1952, Triepel 1908a–c) und Gebhardt (1911) bahnbrechend mit den Hypothesen der funktionellen Morphologie des Bewegungsapparates und der Wachstumsanpassung. Pauwels (1965b) beginnt in den dreißiger Jahren mit der Erforschung der Kausalität der groben funktionellen Bauformen und Feinstrukturen des Bewegungsapparates. Seine klassischen Analysen der Belastungs- und Beanspruchungsprinzipien der Knochen und Gelenke und der mechanisch gesteuerten Wachstumsgesetze des Skelettes haben die moderne Biomechanik ebenso grundlegend beeinflußt wie seine Arbeiten über die kausale Genese der Stützgewebe. Ausschlaggebend war die Einführung physikalisch einwandfreier Forschungsmethoden, unter Berücksichtigung der Festigkeits- und Elastizitätslehre sowie der Statik und Dynamik. Auf der Basis dieser Grundlagenforschungen konnten auch in der klinischen Diagnostik und der kausalen Behandlung mechanischer Krankheitsursachen sehr erfolgreiche neue Wege beschritten werden (Hackenbroch 1957, 1974, Pauwels 1965a, 1973a).

Die klassische Biomechanik des Stütz- und Bewegungsapparates befaßt sich in erster Linie:

1. mit der Erforschung der Art und Größe mechanischer Beanspruchungen, denen das Mesenchym unter physiologischen und pathologischen Bedingungen ausgesetzt ist;
2. mit der Analyse und der Definition der biologischen Reaktionen der Stützgewebe, als Antwort auf mechanische Beanspruchungen verschiedener Art, Größe und Zeitdauer;
3. mit der klinischen Anwendung der Ergebnisse der biomechanischen Grundlagenforschung. Damit beginnt das Studium aller konservativen und operativen Möglichkeiten, welche durch Beseitigung pathogen wirksamer Beanspruchungsmechanismen am menschlichen Bewegungsapparat einen therapeutischen Effekt herbeiführen.

Abb. **1** a–c Ganganalyse einst und heute. a) Photographische Festlegung der Bewegungsphasen einer Versuchsperson beim Gehen durch einfache Photographie auf schwarzem Hintergrund. Um Projektionsüberlagerungen der rechten und linken Seite zu vermeiden, kleidet *Marey* die zur Platte gewandte Körperhälfte in das sichtbare Weiß. b) Einführung des Strichdiagramms zur Festlegung der Kinematik der Körperbewegungen. Die Versuchsperson ist schwarz gekleidet vor schwarzem Hintergrund. Weiße Striche kennzeichnen die Achsen der einzelnen Bewegungselemente von Fuß, Unter- und Oberschenkel sowie Ober- und Unterarm und Kopf. Praktisches Ergebnis der Phasenphotographie von der Seitenansicht (aus *R. J.* u. *P. Ducroquet* [Hrsg.]: La marche et les boiteries. Masson, Paris 1965). c) Einrichtungen eines Ganglabors zur Untersuchung des Bewegungsablaufes der großen Gelenke mit zwei Kameras (c). Zwei transparente Kraftmeßplatten erfassen die Fuß-Boden-Kräfte in vertikaler, sagittaler und frontaler Richtung. Eine vertikale Kamera (c) verfolgt die Verteilung der Fußbelastung. Die Aktivitätsphasen einzelner Muskeln werden mit Hilfe von Drahtelektroden und Radiotelemetrie aufgezeichnet (s. auch Abschnitt „Mechanik des Ganges") (aus *J. U. Baumann:* Thoughts on Gait Analysis and its Benefit to the Patient. Progress in Orthopaedics. Springer, Berlin 1970)

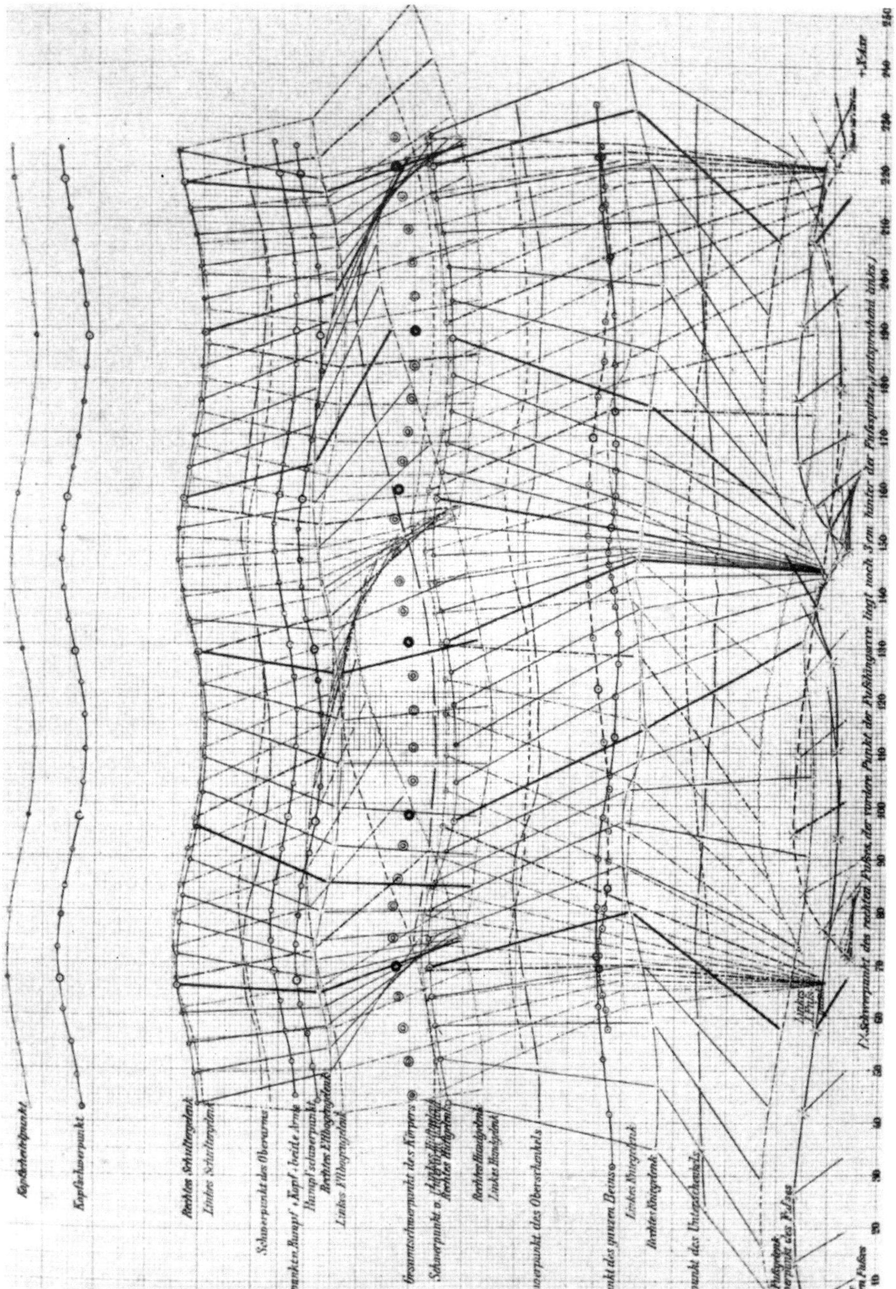

Abb. 2 Wiedergabe des Strichdiagramms einer Schrittphase, welches durch Chronofotografie des Versuchsobjektes ermittelt wurde. Berücksichtigung der Gesamt- und Teilschwerpunkte (aus *O. Fischer:* Der Gang des Menschen T. II, Bewegungen des Gesamtschwerpunktes und die äußeren Kräfte, Bd. 25. Teubner, Leipzig 1899)

Die technische Physik tritt immer stärker in den Vordergrund orthopädisch-technischer Forschungsbereiche, so daß heute jeder Mediziner, der sich theoretisch oder klinisch mit dem Bewegungsapparat befaßt, sich Kenntnisse der physikalischen Grundbegriffe aus der Festigkeits- und Elastizitätslehre ebenso wie der Statik und Dynamik aneignen muß. Darüber hinaus fordern die modernen Entwicklungen ein spezielles Wissen auf den Gebieten der Kinetik und Kinematik sowie der Schmiertechnik, Rheologie und Biokybernetik (Baumann 1972, Boenick 1973, Francillon 1957).

Heute sind die klinische Erforschung und die Anwendung biomechanisch gezielter Behandlungsprinzipien bei den verschiedensten mechanischen Erkrankungen und Deformitäten des Bewegungsapparates aus der modernen Orthopädie und Unfallchirurgie nicht mehr wegzudenken (Endler 1974a, Polster 1974, Polster u. Buscenez

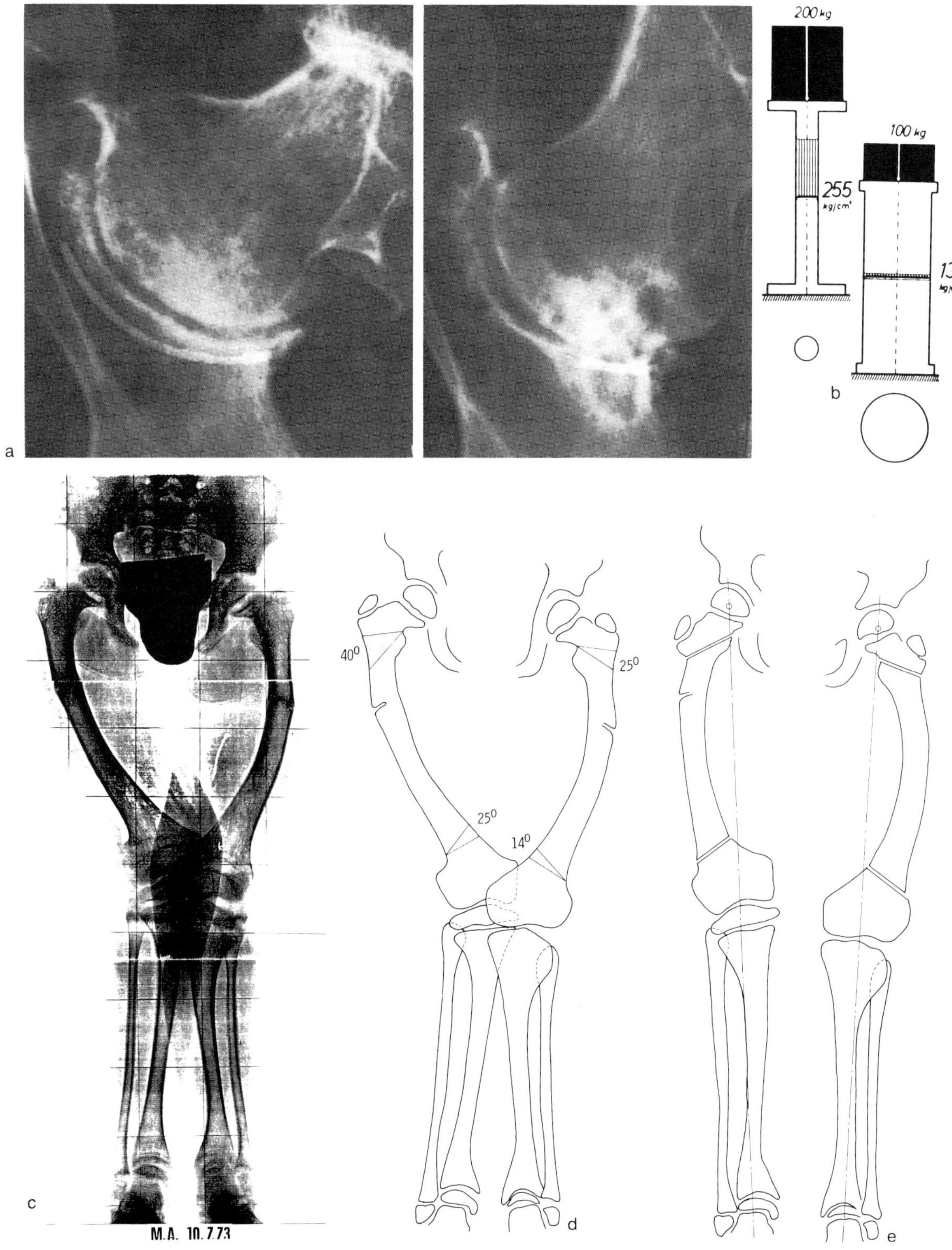

Abb. **3** a–e Biomechanisches Prinzip der Reduzierung des Gelenkdruckes nach Pauwels durch Vergrößerung der Tragfläche und Reduzierung der Belastung am Beispiel der Hüfte. a) Didaktische Darstellung der unterschiedlichen Größe und Verteilung des Gelenkdruckes am Röntgenbild bei normal großer und pathologisch verkleinerter Lastübertragungsfläche bei subluxierender Koxarthrose. b) Das theoretische Schema der belasteten Säulen veranschaulicht die Abhängigkeit der Größe der Spannungen im Querschnitt der Säule von der Ausdehnung der lastübertragenden Querschnittsfläche. c) M. A. ♂ 6 J.: kombinierte Achsenfehler der unteren Extremitäten mit femoralen Abbauzonen bei Vit.-D-resistenter Rachitis in der Frontalebene. Passive Deformierungen bei metaboler Skelettinsuffizienz mit Coxae varae und Femora vara antecurvata bei Crura valga. d) u. e) Genaue präoperative Planungen nach biomechanischen Gesichtspunkten bilden die Grundvoraussetzung für die weitgehende Beseitigung von Fehlbeanspruchungen der Knochenachsen und Gelenke

1972, POLSTER u. HÖFFERT 1973, POLSTER u. Mitarb. 1973b u. d, STEINHAUSEN u. Mitarb. 1973) (Abb. **3**). Auch in diesen Bereichen hat PAUWELS die konsequente und präzise präoperative zeichnerische Planung aller mechanischen Veränderungen am Bewegungsapparat mit einer metrischen Operationstechnik gefordert und z. T. verwirklicht. Durch die Kenntnisse der Mechanik konnten nicht nur außerordentliche Heilungserfolge erzielt werden, sondern darüber hinaus wurden auch viele Ursachen operativer Mißerfolge, welche durch Fehlauffassungen der Biomechanik zustande gekommen sind, aufgeklärt (PAUWELS 1973a).

Die Erforschung der funktionellen Morphologie des Bewegungsapparates erweitert sich auf Direktmessungen statisch und dynamischer Kräfte, unter Anwendung modernster technischer Hilfsmittel. Die kinematische und kinetische Analyse der Gelenkmechanik, hat große Fortschritte gemacht und teilweise auch in der klinischen Medizin Anwendung gefunden (s. Abb. **1**a–c) (BARNETT u. Mitarb. 1961, BERNSTEIN 1935, CATEL 1970, DEBRUNNER 1972, 1975, EVANS 1957, EVANS u. BANG 1957, FRANKEL u. BURSTEIN 1970b, GROH 1975, GROH u. BAUMANN 1968, 1970, HAMACHER u. ROESLER 1972, HUSON 1974, KRAEMER 1974, KUMMER 1955, 1962, 1965, 1967, 1968, 1970, 1972, MAQUET 1966, 1977, MENSCHIK 1974a u. b, 1975, 1976, PAUL 1965, PAUL u. POULSEN 1974, POLSTER 1970, 1975, POLSTER u. Mitarb. 1973a u. c, RADIN u. Mitarb. 1970a, 1971, SORBIE u. ZALTER 1965, STEINADLER 1955).

Biotechnik

Die technische Orthopädie beginnt mit der Erfassung und orthopädischen Behandlung mechanischer Schäden des Bewegungsapparates überhaupt.

Primär entwickelt sich eine handwerkliche Orthopädiemechanik unter spezieller Berücksichtigung der Prothetik und der Orthesen sowie später auch der operativen Instrumentenkunde. Erst in den letzten 2–3 Jahrzehnten dieses Jahrhunderts ist sie als Biotechnik des Bewegungsapparates mit einer wohldurchdachten interdisziplinären Zusammenarbeit zwischen Technik, funktioneller Anatomie, Biologie und klinischer Orthopädie auf Universitätsebene verankert worden (Biomechanical Engineering of the locomotor System).

So entwickeln sich seit Ende des 2. Weltkrieges vor allem im anglosächsischen Sprachbereich speziell ausgerichtete Forschungszentren, die sich in erster Linie mit biotechnischen Problemstellungen befassen, wobei SCALES (SCALES u. Mitarb. 1958, 1965) (Dept. of Biomechanics and Surgery Materials, Roy. Nat. Orthop. Hospital, Brockley Stanmore, England), als einer der ersten Verbindungsleute zwischen moderner Technik und medizinischer Forschung, eine große Aktivität entwickelt hat. Es bilden sich spezielle Forschungsgruppen unter HIRSCH (1965) in Schweden (Biomechanics Lab. Dept. of Orthop., Univ. of Gothenburg) sowie in England unter KENEDI (1965, 1973) (Bioeng. Unit of Glasgow) und FRANKEL in Cleveland, FROST (CHARNLEY 1960b), in Detroit, Henry Ford Hospital, u. v. a. Besonders in den USA werden große biotechnische Forschungsvorhaben in Verbindung mit orthopädischen Kliniken durchgeführt.

Ausgehend von den Frühversuchen der künstlichen Teilarthroplastik der Hüfte (CHARNLEY 1964, 1965, 1973, CHARNLEY u. HALLEY 1975, ENDLER 1953a u. b, JUDET u. JUDET 1950, MCKEE 1969, MCKEE u. FARRAR 1966, RING 1968), in den Mittelpunkt der technischen Entwicklung und klinischen Anwendung der totalen Hüftendoprothetik, wobei die Verankerungstechnik der Implantate durch Einführung des Methakrylatzementes (CHARNLEY 1965b) wesentlich verbessert wurde.

Mit WALLDIUS (1969) begann bereits 1951 eine langjährige Entwicklungskette verschiedener Möglichkeiten des Kniegelenkersatzes. Es wurden zahlreiche Modelle des Teilersatzes der knochensparenden Schlittenprothesen und des Totalersatzes (GSCHWENDT u. DEBRUNNER 1976, BUCHHOLZ 1973, WALLDIUS 1969 u. v. a.) entwickelt, deren klinische Erprobung noch lange nicht abgeschlossen ist.

Dank der Initiative von MÜLLER u. Mitarb. (1969), wurde die Schweizerische Arbeitsgemeinschaft für Osteosynthese (AO) gegründet, die sich primär mit biomechanischen Problemen der Traumatologie und Frakturheilung auf der Basis der biomechanischen und funktionellen Anatomie, befaßt. Es wurde die Technik der Osteosynthese besonders gepflegt und durch die Entwicklung eines Präzisionsinstrumentariums entscheidend verbessert. Auch in der Weiterentwicklung des künstlichen Gelenkersatzes, insbesondere der Hüftendoprothetik, wurden erfolgreiche biotechnische Forschungen durchgeführt (BOUTIN 1974a, BUCHHOLZ 1973, BURSTEIN u. Mitarb. 1971, HUGGLER u. SCHREIBER 1978, MITTELMEIER 1974, MÜLLER 1970, WAGNER 1975, WEBER 1975, WEBER u. SEMLITSCH 1973).

Deutschland (Deutscher Arbeitskreis für Biomechanik [DGOT]) sowie zahlreiche andere europäische Länder verfügen über eine große Zahl moderner biomechanischer sowie biotechnischer Forschungsstellen und Arbeitsgruppen, die nicht nur auf den Gebieten der funktionell-anatomischen Grundlagenforschung des Bewegungsapparates, sondern auch in den Bereichen der Arbeits- und Sportphysiologie sowie bei der Neuentwicklung orthopädischer Instrumentationen und künstlicher Gelenke in die vorderste Reihe getreten sind (BERNSTEIN 1935, BLIETZ 1968, CARLSON 1970, DUCROQUET u. Mitarb. 1965, GROH u. BAUMANN 1968, KÖLBEL u. BÖNICK 1974, KUMMER

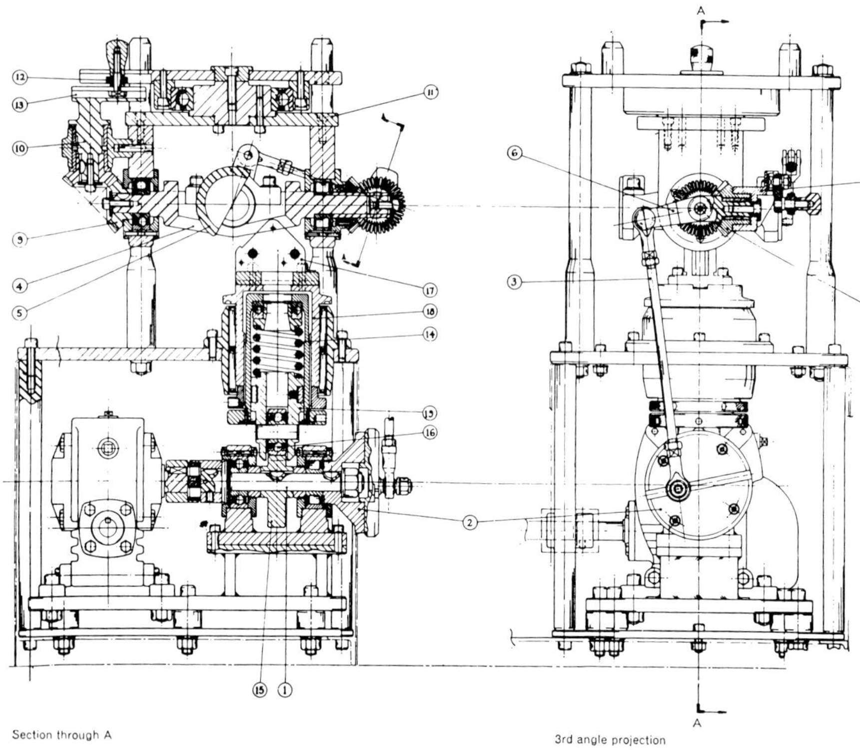

Abb. **4** Konstruktionsplan eines Simulators der Hüftgelenkbewegungen. Ein Schwungrad (2) mit Pleulstange (3) versetzt über die Hauptachse die gelenkige Halterung, mit der Experimentierpfanne der Endoprothese in rhythmische sinosoidale Schwingungen (4 u. 5). Der Bewegungsrhythmus läßt sich variieren. Ein kompliziertes Kegelradgetriebe (6 u. 7) simuliert über ein Schwungrad mit Kurbelwelle (8) das Beinschwingen und die Zirkumduktion in Abduktion und Adduktion. 9–13 sind Getriebe- und Regulationseinrichtungen zur Simultation der Gelenkbewegung während der Beckenschwingung, 14–16 Feder und Einstellvorrichtungen für die Größe der Kraft, die auf die Prothese einwirken soll, 17 Halterung für den Femoralteil der Endoprothese (aus *Scales J. T., I. Duff-Barcley* et al.: Som engineering and medical problems associated with massive Bone replacement. In: Biomechanics and Related Bioengineering Topics, hrsg. von *R. M. Kenedi.* Pergamon, Oxford 1964)

1955, v. Lanz u. Wachsmuth 1959, Maquet 1977, Rabichong u. Avril 1965, Roesler u. Hamacher 1972, Ruszkowski 1974, Rydell 1966, Vogt u. Arnold 1972).

Die Biotechnik des Stütz- und Bewegungsapparates befaßt sich hauptsächlich:

1. mit technologischen Untersuchungen der physikalischen Eigenschaften von den Baumaterialien der Stützgewebe sowie der Analyse ihrer technischen Funktionen, unter Ausnützung modernster technologischer Untersuchungsmittel;
2. mit der Entwicklung und Erprobung biotechnischer Instrumentationen und Apparaturen, die zur biomechanischen Grundlagenforschung unentbehrlich sind (Abb. **4**);
3. mit der Entwicklung und Erprobung klinischer Instrumentationen (Osteosynthese, Allenthese u. a.), die zu einer rationellen und präzisen Operationstechnik und Behandlungsmethodik in der Orthopädie und Unfallchirurgie unbedingt erforderlich sind (Abb. **5**);
4. mit einer technologisch perfekten Grundlagenforschung, Experimentation und klinischen Entwicklung modernster Orthesen und Prothesen für den Bewegungsapparat.

Die Erzielung von Spitzenerfolgen ist heute ohne eine organisierte Koordination von Klinikern, Bioingenieuren sowie Anatomen und Biologen unmöglich. Vor allem aber bedarf es oft einer jahrzehntelangen Erfahrungskette in der Gemeinschaftsarbeit, um eine volle Perfektion zu erreichen und die Quote von Irrwegen und Denkfehlern möglichst niedrig zu halten (Baumann 1972, Hatze 1974).

Ross (1965) weist darauf hin, daß jede technische Neuentwicklung von Instrumenten und Implantaten nach genau festgelegten Arbeitsplanungen erfolgen muß. Die erste Planung beginnt mit:

1. Daten sammeln,
2. Daten analysieren,
3. daraus resultierende Aufgabenbereiche und Anforderungen abgrenzen, die an den geplanten Behelf gestellt werden.

Die Weiterentwicklung erfordert:

4. zeichnerische Planung und Modellentwicklung,
5. Herstellung von Prototypen,
6. ihre experimentelle Erprobung,

7. systematische Weiterentwicklung und Verbesserung der Prototypen;
8. wachsende Erfahrung und Überprüfung führt zum endgültigen Modell;
9. Langzeittestungen und Erfahrungen über 5–10 Jahre sind erforderlich, um die Freigabe einer Neuentwicklung zu rechtfertigen.

Zur Realisierung dieser Postulate müssen die entsprechenden interdisziplinären Arbeitsgruppen reibungslos zusammenarbeiten (Abb. **6**).

Wir stehen heute vor unübersehbaren Grundlagenforschungen sowie neuen Erkenntnissen, die für die klinische Weiterentwicklung biomechanischer Behandlungsprinzipien des Bewegungsapparates von grundsätzlicher Bedeutung sein werden. Es ist in dieser Einführung unmöglich, eine lückenlose Übersicht zu geben und alle Ergebnisse und Hypothesen spezieller Forschungsrichtungen kritisch zu interpretieren. In diesem Sinne müssen auch antipolare Auffassungen reproduziert werden, ohne daß sich der Autor mit der einen oder anderen Richtung identifizieren kann. Um möglichst vielseitige internationale Informationen und Anregungen zu geben, wurde die Mehrzahl der uns zugänglichen Monographien und Sammelwerke angeführt und den einzelnen Spezialkapiteln eine breit gefächerte Literatur beigefügt.

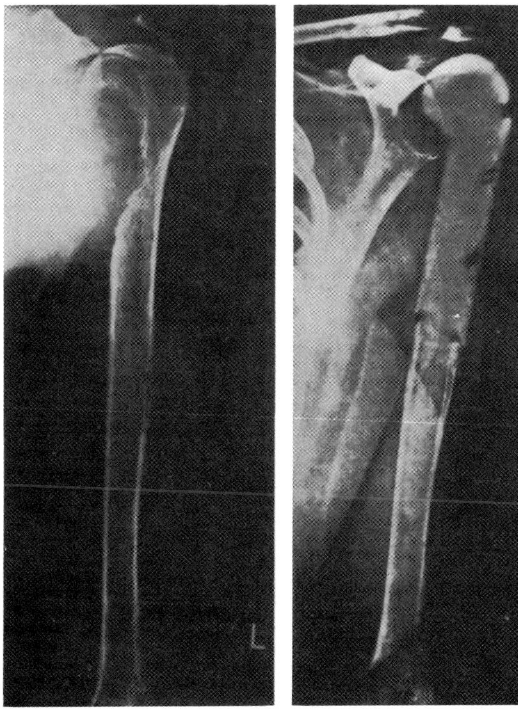

a b

Abb. **5** a u. b L. M. ♀: partieller Oberarm-Humeruskopfersatz. Methacrylatendoprothese nach Resektion einer Hypernephronmetastase wegen unerträglicher Schmerzen. 2 1/2 Jahre Überlebenszeit

Physikalische Grunddisziplinen

Die Erforschung der Bau- und Funktionsprinzipien des Bewegungsapparates baut auf den Grundbegriffen der Mechanik ebenso wie der angewandten Biotechnik auf.

Während die *Kinematik* die Ortsveränderungen starrer Körper, also die Geometrie der Bewegung, registriert, ohne nach ihren Ursachen zu fragen, analysiert die *Dynamik und Kinetik* jene Kräfte, die bei gestörtem Gleichgewicht als Verformungs-, Beschleunigungs- oder Verzögerungskräfte wirksam werden. Die Kinetik im engeren Bereich analysiert das Zusammenwirken der Kräfte, die in verschiedener Form in Arbeit und Leistung umgesetzt werden können (Tab. 1) (Boenick 1973, Falk 1967, Franke 1969, Harrisberger 1961, Hiedl 1977, Lugner u. Mitarb. 1977, Pauwels 1949, 1971, Seely u. Smith 1956, Segal u. Kilpetrick 1967, Timoshenko 1955, Zarek u. Edwards 1966).

Demgegenüber setzt sich die *Statik* mit den verschiedenen Formen des Gleichgewichtes von Kräften auseinander, die auf einen starren Körper einwirken.

Die *Festigkeitslehre* ihrerseits ermöglicht es, die Wirkungen von Kräften auf einen Werkstoff resp. ein Konstruktionselement zu untersuchen und die daraus resultierenden Beanspruchungen nach ihrer Art und Größe als Spannungen zu definieren. In diesem Rahmen sind auch die grundlegenden Fragen der *Elastizität* und *Viskoelastizität* von grundlegender Bedeutung.

Die *Schmiertechnik* stellt ein spezielles Kapitel dar, das für die experimentelle und klinische Biomechanik der Gelenke, ebenso wie für die moderne Biotechnik, von besonderer Wichtigkeit ist.

Der menschliche Stütz- und Bewegungsapparat steht unter ständiger Einwirkung verschiedenster Kräfteformen und Spannungen, zu deren Verständnis die physikalischen Grundbegriffe der Mechanik möglichst zusammenhängend besprochen werden müssen (Tab. **1**).

Kinematik und Dynamik

Um den Begriff der Dynamik voll zu erfassen, die sich mit den Kräften befaßt, welche die Ursache von Bewegungen darstellen, erscheint es zweckmäßig, einige Grundsätze der Kinematik, welche die Bewegungsvorgänge lediglich unter Berücksichtigung der Faktoren Zeit, Geschwindigkeit und Beschleunigung betrachtet, vorzuziehen (Fischer 1903, Hall 1960, Harrisberger 1961, Hinkle 1960, Sloane 1954).

Die Kinematik (Punkt und Körperkinematik) betrachtet ausschließlich die Bewegungen starrer Körper, ohne nach deren Ursache zu fragen. Sie beschreibt diese Bewegungen mit Hilfe von Koor-

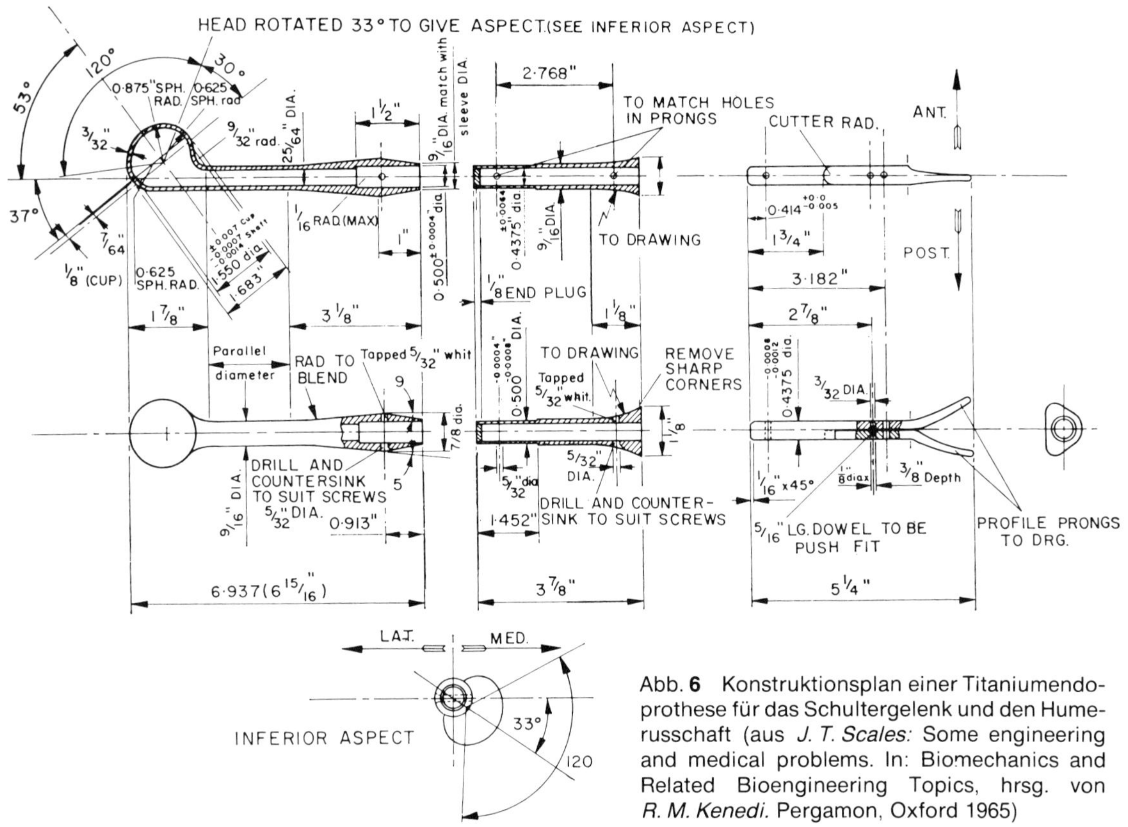

Abb. 6 Konstruktionsplan einer Titaniumendoprothese für das Schultergelenk und den Humerusschaft (aus *J. T. Scales:* Some engineering and medical problems. In: Biomechanics and Related Bioengineering Topics, hrsg. von *R. M. Kenedi.* Pergamon, Oxford 1965)

Tabelle **1** Grundriß der physikalischen Untersuchung des Stütz- und Bewegungsapparates

feste Körper — Flüssigkeiten

Hart- und Weichgewebe — Synovial- und Gewebsflüssigkeit

→ mechanische Analyse

- Statik und Festigkeitslehre
  - Elastizität
  - Viskoelastizität
- Dynamik und Kinematik
  - Kinetik
    - Arbeit und Leistung

→ klinische und experimentelle Biomechanik

Schmiertechnik

- Biomechanik der funktionellen Anatomie und Pathologie mechanischer Erkrankungen des Bewegungsapparates
  - Erforschung der mechanischen Bau- und Funktionsprinzipien des Stütz- und Bewegungsapparates (mechanische Wachstumssteuerung und funktionelle Anpassung)
  - therapeutische Ausnützung der mechanisch gesteuerten Bauprinzipien und Wachstumsgesetze zur Regelung und Beseitigung pathogen wirksamer Beanspruchungsmechanismen am Bewegungsapparat
- Biotechnik (biomechanical engineering)
  - Biotechnik der Alloimplantate (Gelenkalloplastik und Osteosynthese
  - klinische und experimentelle Instrumentation, Orthesen und Prothesen

dinatensystemen und ermöglicht ihre geometrische Darstellung.
Es ist für einen starren Körper charakteristisch, daß zwei in ihm angenommene Punkte sich nicht einander nähern können. Es ist allerdings kein Körper völlig starr, so daß auftretende Verformungen durch innere Spannungen hervortreten, die nicht kinematisch registriert werden. Die Art der Bewegung kann gleichförmig oder ungleichförmig sein. Sie kann weiterhin geradlinig (linear) oder als Kreisbewegung (Umfangbewegung oder Rotation) erfolgen.

1. Eine gleichförmige Bewegung liegt vor, wenn der Massenschwerpunkt in gleichen Zeitabschnitten gleich große Wegstrecken zurücklegt.
2. Eine ungleichförmige Bewegung besteht dann, wenn die Wegstrecken, die in der direkten Sequenz aus gleichen Zeitintervallen zurückgelegt werden, unterschiedlich sind.

Gleichförmige Bewegung:
Geradlinige Bewegung
Die Gegenüberstellung der Weg-Zeit-Linie und der Geschwindigkeit-Zeit-Linie veranschaulicht die Wechselbeziehungen der einzelnen Komponenten am einfachsten.
Die Abb. **7** zeigt verschiedene Weg-Zeit-Linien: die gleichförmige Bewegung in Form einer Geraden mit gleichen Wegstrecken pro Zeiteinheit, die beschleunigte Bewegung und die verzögerte Bewegung. Es entstehen die Bilder gleichförmiger gegeneinander zugewandter Kurven.
Die Abb. **8** stellt die Geschwindigkeit-Zeitlinie dar: für die gleichförmige, die beschleunigte und die verzögerte Bewegung.
Die Abbildungen zeigen, daß jede Steigerung oder jedes Absinken der Weg-Zeit-Kurve zwangsläufig ein Maß für die Geschwindigkeit ist.
Daraus ergibt sich:

$$\text{Geschwindigkeit } V = \frac{\text{Wegzunahme im Zeitintervall}}{\text{Zeitintervall}} \cdot \frac{\Delta s}{\Delta t}.$$

Bei der gleichförmigen Bewegung bleibt der Quotient $\frac{ds}{dt}$ während der ganzen Bewegungsphase ebenso konstant wie der in der gegebenen Zeiteinheit zurückgelegte Weg.
Dies kann in verschiedenen Maßeinheiten ausgedrückt werden: km/s, km/h, m/s etc.
(Sind zwei der drei Größen bekannt, dann kann die dritte jederzeit ermittelt werden. Dementsprechend ist $t = \frac{s}{v}$, daraus ist $s = v \cdot t$.

Kreisbewegung
Umfangs- und Winkelgeschwindigkeit (Abb. **9**).
Gleichförmige Kreisbewegung: Dreht sich eine Scheibe mit dem Durchmesser d mit gleichbleibender Anzahl N von Umdrehungen der Zeitein-

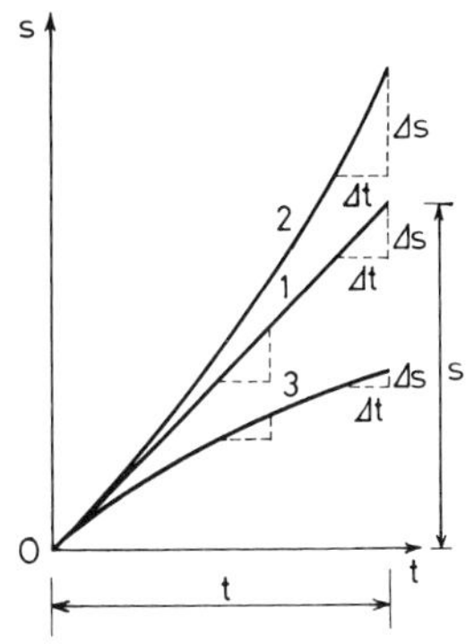

Abb. **7** Verschiedene Weg-Zeit-Linien für 1 = gleichförmige, 2 = beschleunigte und 3 = verzögerte Bewegungen

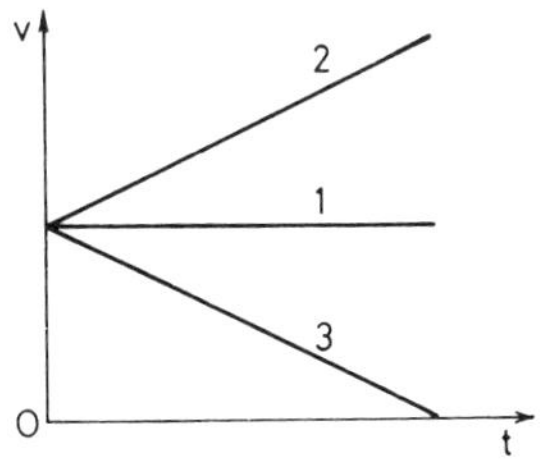

Abb. **8** Verschiedene Geschwindigkeit-Zeit-Linien für 1 = gleichförmige, 2 = gleichmäßig beschleunigte und 3 = gleichmäßig verzögerte Bewegungen

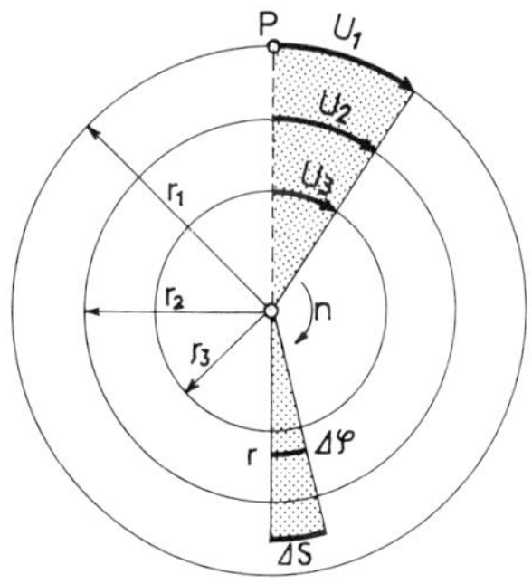

Abb. **9** Kreisbewegung (s. Text)

heit t, dann ist die Umfangsgeschwindigkeit u eines Punktes P auf der Scheibe konstant. Daraus ergibt sich als Größengleichung die Umfangsgeschwindigkeit $u = \frac{\pi \cdot d \cdot N}{t}$.
Bei einer Umdrehung ist der Weg des Punktes $s = \pi \cdot d$;
bei N Umdrehungen ist der Weg $S = N \cdot \pi \cdot d$.
Mit der Drehzahl $n = \frac{N}{t}$ folgt für die Geschwindigkeit u, respekt. den Weg s in der Zeiteinheit t, $u = \pi \cdot d \cdot n$.
Die Wahl der jeweiligen Maßeinheit bleibt freigestellt. Man kann z. B. den Kreisdurchmesser in Meter und die Drehzahl in Umdrehungen pro Se-

kunde wählen. Dies ergibt für u das Maß m/s, oder man kann in Meter pro Minute bemessen (Zahlenwertgleichung).
Bei Kreisbewegungen verschiedener Punkte oder Achsen mit verschiedenem Durchmesser um eine Rotationsachse ergeben sich verschieden große Umfangsgeschwindigkeiten. Sie werden aus der Drehzahl n pro min. nach der gleichen Grundformel $U = \frac{\pi\, d\, n}{60}$ errechnet. Dieselbe Formel gilt für die Punkte 1, 2 und 3.
Zur Bestimmung der Umfangsgeschwindigkeit nimmt man also das Produkt aus dem Radius r und einem Faktor $\frac{\pi \cdot n}{30}$. Er ist für eine bestimmte Drehzahl immer konstant.
Bei mehreren verschieden großen Scheiben auf einer Welle ergeben sich folgende Umfangsgeschwindigkeiten:

$$u_1 = \frac{\pi d_1 n}{60} = v_1 \cdot \frac{\pi n}{30},$$
$$u_2 = \frac{\pi d_2 n}{60} = v_2 \cdot \frac{\pi n}{30},$$
$$u_3 = \frac{\pi d_3 n}{60} = v_3 \cdot \frac{\pi n}{30}.$$

Der konstante Faktor wird als Winkelgeschwindigkeit ω bezeichnet und besitzt die Dimension $\frac{1}{t}$. Die Winkelgeschwindigkeit bei der Drehzahl n aus Umdrehungen pro Minute (U/min) ist

$$\omega = \frac{\pi \cdot n}{30}.$$

Umfangs- und Winkelgeschwindigkeit stehen miteinander in der Beziehung nach der Formel $u = r \cdot \omega$.
Der Umfangswinkel entspricht der Größe des Drehwinkels φ und wird im Bogenmaß in Radiant gemessen.
Die Geschwindigkeit v ist durch den Quotienten $\frac{\Delta s}{\Delta t}$ definiert. Dem entspricht auch die Definition der Winkelgeschwindigkeit: $\omega = \frac{\Delta \varphi}{\Delta t}$, wobei die Änderung des Drehwinkels in der Zeiteinheit im Bogenmaß gemessen wird. Das heißt, man wird die zurückgelegte Gesamtstrecke erst durch die Gesamtzeit, die zur Zurücklegung erforderlich ist, dividieren, um eine Durchschnittsgeschwindigkeit zu erhalten. Um ungleichförmige Beschleunigungsphasen zu analysieren, muß man die Gesamtstrecke möglichst oft unterbrechen und die verschiedenen Einzelgeschwindigkeiten berechnen. Daraus kann man die Unterschiede der Beschleunigung in der Wegzeit- und in der Geschwindigkeitslinie sehr genau ersehen und die Winkelbeschleunigung α aus der Änderung der Winkelgeschwindigkeit Δω im Zeitintervall Δt bestimmen $\alpha = \frac{\Delta w}{\Delta t}$.

In der Biomechanik analysiert man einerseits Bewegungen materieller Punkte eines starren Körpers, wobei die Körpermasse vereinfacht in seinem Schwerpunkt (S) gedacht wird, andererseits Bewegungen von Punkten um Achsen oder Achsenbewegungen zueinander, wobei die Bewegung selbst als ein Vektor mit Größe, Richtung und Wirkungslinie anzusehen ist.
Bei ebenen Körperbewegungen unterscheidet man:

1. eine Schiebung (Translation) bei der alle Punkte des Körpers kongruente Bahnen beschreiben. Bei der geradlinigen Verschiebung legen sie in der Zeiteinheit gleich lange Strecken zurück, so daß für den ganzen Körper die in der Punktkinematik beschriebenen Gesetze gelten (Abb. **10**).
2. eine Drehung (Rotation). Bei der Drehung um eine Achse beschreiben die Körperpunkte konzentrische Kreisbahnen. Es gelten die Gesetze der Winkelgeschwindigkeit ω, der Winkelbeschleunigung α, indes die Umfangsbeschleunigungen α und Umfangsgeschwindigkeit u vom Abstand r von der Drehachse abhängen. $u_1 = r_1\omega$, $\alpha_1 = r_1\alpha$ usw. (Abb. **11**).
3. Eine allgemeine ebene Körperbewegung kann in einer Schiebung auf einer Geraden und Drehung erfolgen, kann aber ebenso aus einer fortgesetzten Schiebung und Drehung zusammengesetzt sein oder durch eine Drehung allein erfolgen (Abb. **12** u. **13**).

Bewegungen werden außerdem in einer bestimmten Zeiteinheit erfolgen. Hiebei zeigen alle Linien auf einem starren Körper die gleichen Winkelverschiebungen in der gleichen Zeiteinheit. Winkeländerungen verschiedener Achsen zueinander müssen nicht von einem bestimmten Rotationszentrum abhängen, sondern sie können auch auf eine Horizontale oder Vertikale bezogen werden. Die Winkel selbst werden aus praktischen Gründen in Radiant gemessen.
Die Kinematik ist zur Funktionsanalyse des Bewegungsapparates unentbehrlich geworden. Zur Ermittlung der dynamischen Kräfte z. B. benötigen wir nicht nur die linearen Beschleunigungen einzelner Punkte, sondern auch die Winkelgeschwindigkeiten der Gelenkbewegungen untereinander, und es lassen sich auch komplizierte Bewegungskomplexe geometrisch sehr klar veranschaulichen. So können wir z. B. beim Laufen die linearen Bewegungen des Körperschwerpunktes in der Zeiteinheit auf die Horizontale projizieren und die Weg-Zeit- und Geschwindigkeitslinien messen (Brunnstrom 1962, Gutewort 1968).
Das gleiche gilt z. B. für die Ermittlung der Winkelveränderungen der unteren Gliedmaßen zueinander beim Gehen, aus denen wir die Winkelgeschwindigkeit festlegen können. Daraus ergibt sich die Winkelbeschleunigung. Bresler u. Frankel (1950) wie auch Chelman u. Mitarb. (1975) und Menschik (1974b) haben sehr komplexe

kinematische Analysen z. B. des Kniegelenkes durchgeführt, und GROH u. BAUMANN (1968, 1971) benötigten sie zur Durchführung komplexer Bewegungsanalysen bei sportlichen Tätigkeiten und Leistungen.

Als einfaches Beispiel zum Verständnis kinematischer Parameter sei das Laufen vereinfacht dargestellt:

Der Körperschwerpunkt erfährt beim Laufen eine lineare Ortsveränderung um die Distanz d. Sie stellt einen quantitativen Vektor dar, der durch die Wirkungsrichtung, die Größe der Kraft und ihren Angriffspunkt bestimmt wird. Gleichzeitig erfährt das Bein eine Winkelveränderung α durch Beugung und Streckung im Kniegelenk, die in einer Verkleinerung des Winkels um den Winkel α besteht (Abb. **14** u. **15**).

Der Körper bewegt sich in einer bestimmten Geschwindigkeit, welche durch die in der Zeiteinheit zurückgelegte Wegstrecke charakterisiert ist. Ist z. B. die Zeiteinheit mit $^1/_{10}$ Sek. begrenzt, erhält man die Durchschnittsgeschwindigkeit in der gegebenen Zeiteinheit durch Division der zurückgelegten Wegstrecke durch die Zeit (Abb. **16**).

Der Begriff Momentangeschwindigkeit differiert insofern leicht, als die Größe der Zeiteinheit, in welcher die Wegstrecke gemessen wird, extrem klein angenommen wird.

Die Geschwindigkeit ist ein Vektor, welcher durch seine *Größe,* seinen *Angriffspunkt* und seine *Wirkungsrichtung* charakterisiert ist. Die Messung erfolgt in cm, m, km durch Sekunde oder Stunden. Die Wirkungsrichtung erfolgt in der Linie, in welcher die Geschwindigkeit wirksam ist, nach vorwärts oder rückwärts. Der Angriffspunkt entspricht dem Schwerpunkt, dessen Bewegung gemessen wird.

In analoger Weise erhält man die Winkelgeschwindigkeiten bei der Beinbewegung, indem man das Ausmaß der Winkeländerung durch die Zeiteinheit T dividiert. Zur Beurteilung der Momentangeschwindigkeit muß das Maß der Zeiteinheit möglichst klein angenommen werden, damit sie der Wirklichkeit nahekommt (Abb. **17**).

Bei der Bewegung erfährt der Körperschwerpunkt S gleichzeitig eine Beschleunigung. Sie ist durch eine Geschwindigkeitsänderung mit verschieden großen, in gleichen Zeiteinheiten zurückgelegten Wegstrecken charakterisiert. Die Größe der Beschleunigung α ist das Ausmaß der in der Zeiteinheit erfolgenden Geschwindigkeitsänderungen. Sie ergibt sich aus der Differenz zweier verschiedener Geschwindigkeiten in gleichen Zeiteinheiten und kann durch einfache Vektorensubtraktion, z. B. $\alpha = \frac{V_1-V_2}{T}$, dargestellt werden (Abb. **18**).

In analoger Weise können wir die Winkelbeschleunigung aus der Differenz der Winkelgeschwindigkeiten in der Zeiteinheit ermitteln: $\alpha = \frac{\omega_2-\omega_1}{T}$ (Abb. **19**).

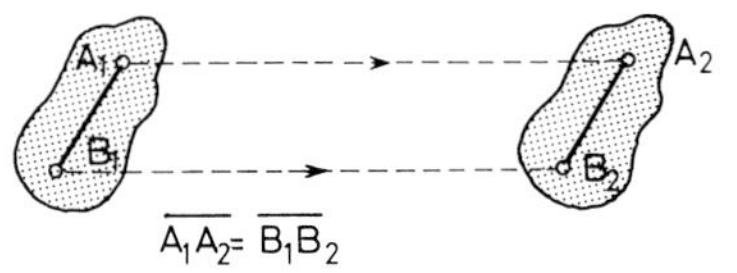

Abb. **10** Ebene Körperbewegung; Schiebung (Translation)

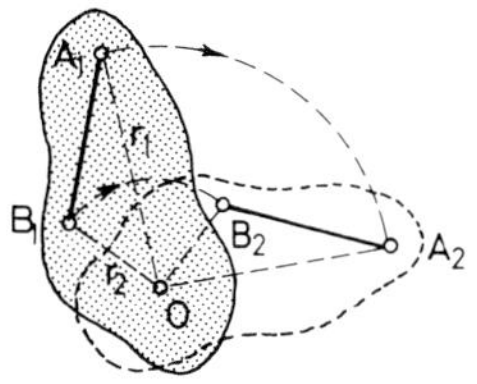

Abb. **11** Allgemeine ebene Körperbewegung; Drehung (Rotation)

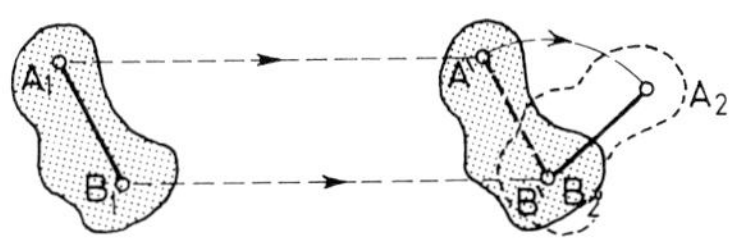

Abb. **12** Allgemeine ebene Körperbewegung; Zurückführung auf Schiebung und Drehung

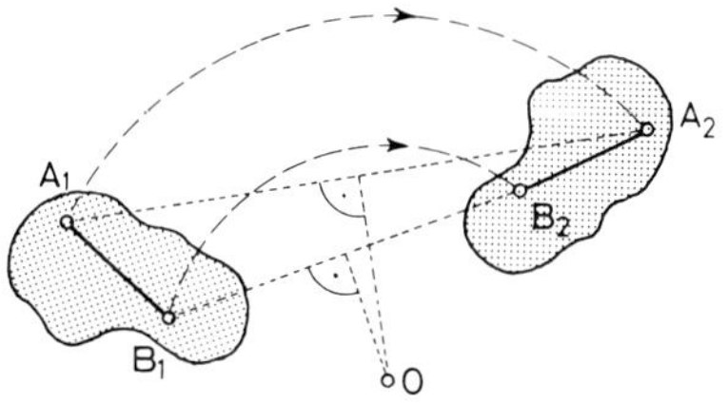

Abb. **13** Allgemeine ebene Körperbewegung; Zurückführung auf Drehung allein

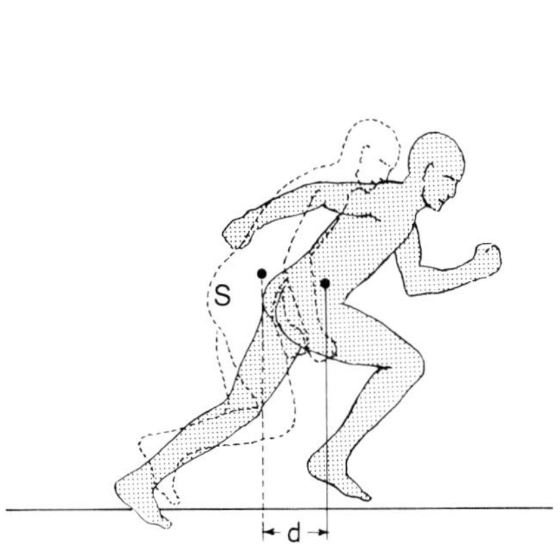

Abb. **14** Lineare Verschiebung des Körperschwerpunktes S um eine Wegstrecke D

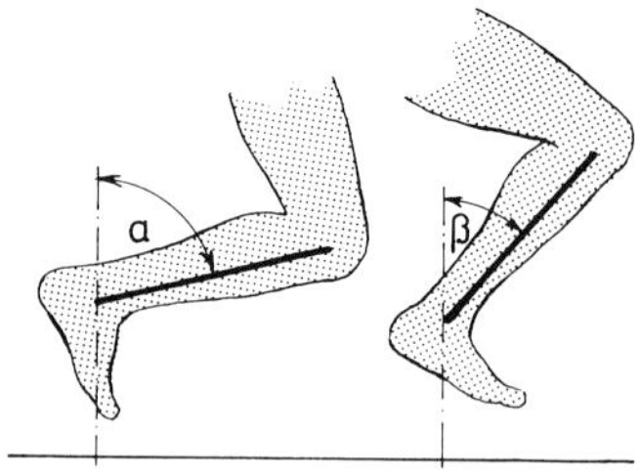

Abb. **15** Winkelverschiebung der Unterschenkelachse um α–β

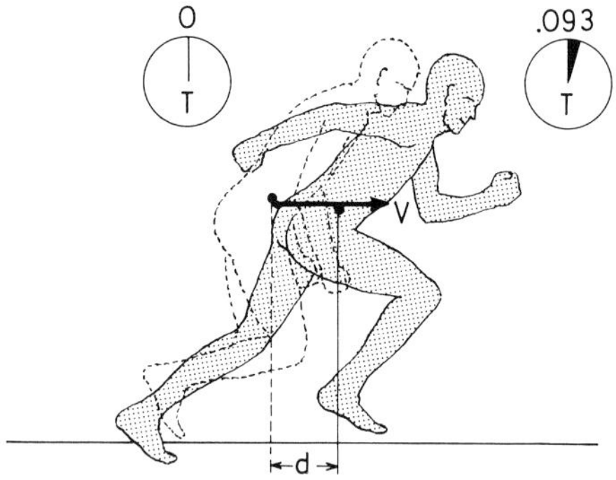

Abb. **16** Die lineare Geschwindigkeit wird durch die in der Zeiteinheit zurückgelegte Wegstrecke ausgedrückt: $V = \frac{d}{T}$

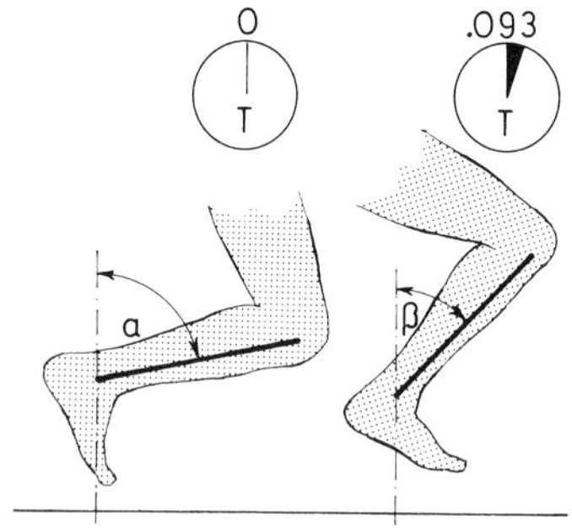

Abb. **17** Die Winkelgeschwindigkeit ist durch die in der Zeiteinheit gegebene Winkeländerung gegeben: $\frac{\alpha - \beta}{T}$

Unterliegt die Kreisbewegung eines Punktes Geschwindigkeitsänderungen, dann lassen sich diese durch einfache Vektorensubtraktionen darstellen. Die Kreisbewegung eines Punktes ist in ihrer Geschwindigkeit durch den in der Zeiteinheit zurückgelegten Winkel, unabhängig von der Größe des Radius, charakterisiert: $\omega = \frac{\Delta\varphi}{T}$ = Änderung des Drehwinkels im Zeitintervall.
In Worten:
Der Zahlenwert der Winkelgeschwindigkeit ist gleich dem Zahlenwert des pro Sekunde zurückgelegten Winkels, ausgedrückt in Einheiten des Grad- oder Bogenmaßes (°/s oder rad/s). Demgegenüber ist die Umfangsgeschwindigkeit nach der Formel $u = r \cdot \omega$ von der Größe des Radius r und der Winkelgeschwindigkeit abhängig. Wollen wir hingegen die Beschleunigungen in der Zeiteinheit erfassen, ergeben sich diese aus der Differenz der Winkelgeschwindigkeiten durch die Zeiteinheit: $\frac{\omega_2 - \omega_1}{T}$.

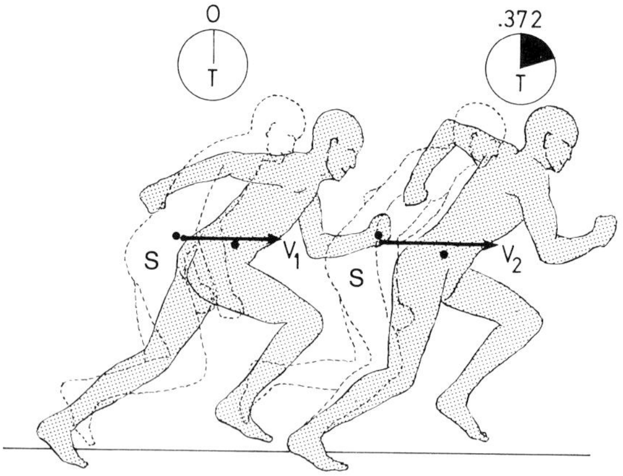

Abb. **18** Die lineare Beschleunigung wird ausgedrückt durch die in der Zeiteinheit erfolgte lineare Geschwindigkeitsänderung: $\frac{V_2 - V_1}{T}$

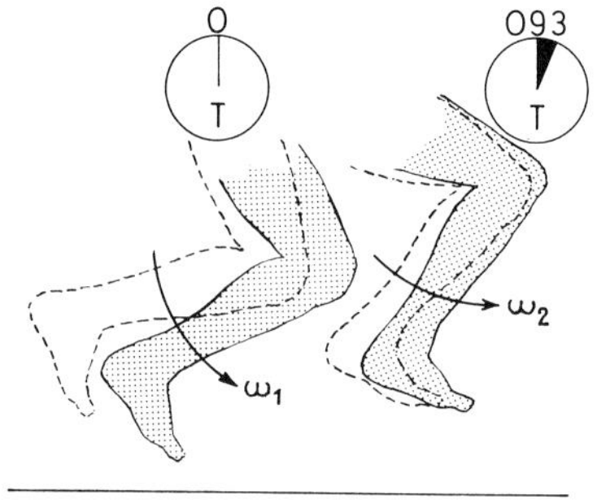

Abb. **19** Die Winkelbeschleunigung ist die in der Zeiteinheit erfolgte Änderung der Winkelgeschwindigkeit: $\frac{\omega_2 - \omega_1}{T}$

Dynamik

Unter Dynamik verstehen wir die Lehre von den Kräften und ihren Wirkungen auf materielle Körper.
Um den Begriff der dynamischen Kraft, die eine Bewegung oder Verformung sowie Spannungen in einem Körper auslöst, zu definieren, bedarf es der Kenntnis bestimmter Axiome.

1. **Das Trägheits- und Beharrungsgesetz:** Ein Körper der frei von äußeren Einflüssen bleibt, verharrt in seinem gegebenen Ruhe- oder Bewegungszustand.
2. **Das dynamische Grundgesetz:** Wirkt auf einen frei beweglichen Körper eine Kraft F, so erteilt sich ihm eine Beschleunigung a. Bleibt die Kraft F in Größe und Richtung gleich, so erfährt der Körper eine gleichmäßig beschleunigte Bewegung. Darüber hinaus muß man wissen, daß eine der Bewegung entgegenwirkende konstante Kraft, z. B. die Reibungskraft, zu einer gleichförmigen Verzögerung führt.

Die Beschleunigung ändert sich proportional der Größe der wirkenden Kraft, d. h., eine Verdoppelung der Kraft führt auch zu einer Verdoppelung der Beschleunigung:

$$F_1 : F_2 = a_1 : a_2 \text{ oder } \frac{F_1}{a_1} = \frac{F_2}{a_2} = \text{konstant.}$$

Der Quotient aus Kraft durch Beschleunigung $\left(\frac{F}{a}\right)$ ist für ein und denselben Körper eine unveränderliche spezifische Größe, die als Masse (m) bezeichnet wird. Entsprechend der Beziehung $\frac{F}{a} = m$, d. h., Kraft durch Beschleunigung ist gleich Masse, besagt das dynamische Grundgesetz: Kraft (F) ist gleich Masse, besagt das dynamische Grundgesetz: Kraft (F) ist gleich Masse (m) mal Beschleunigung (a): $F = m \cdot a$.

Die Messungen von Kraft (Gewicht) und Masse erfolgen nach dem seit 1977 international standardisiertem Maßsystem SI.
Im internationalen Einheitensystem (SI) ist das Kilogramm (kg) die Grundgröße der Einheit der Masse.
Das Newton (N) als abgeleitete Größe die Einheit der Kraft.
Im technischen Maßsystem (TMF) war das Kilopond (kp) die Einheit der Kraft als Grundgröße.
Die TME (technische Maßeinheit ist die Einheit der Masse als abgeleitete Größe. In der Umstellungsphase muß man sich stets bewußt sein, daß nur kohärente Einheiten der verschiedenen Maßsysteme verwendet werden dürfen.
Die Umrechnung in SI-Einheiten (s. Übersicht S. 287) wird folgendermaßen vorgenommen. Die Maßeinheit von 1 kg erfährt:
a) durch die Krafteinheit eines N (Newton) eine Beschleunigung von 1 m/s^2, d. h. 1 N = 1 kgm/s^2;
b) durch die Krafteinheit eines kp (Kilopond) eine Beschleunigung von 9,81 m/s^2, d. h.
1 kp = 9,81 kgm/s^2.
Dementsprechend ist:
1 kp = 9,81 N und 1 TME = 9,81 kg oder
1 N = 0,102 kp und 1 kg = 0,102 TME.

Erfährt ein Körper eine Geschwindigkeitsänderung, sei es in ihrer Größe oder Bewegungsrichtung, dann muß eine äußerliche Kraft auf den Körper einwirken. Wir müssen uns hierbei stets vor Augen halten, daß Geschwindigkeit (v) ein quantitativer Vektor ist, der eine determinierte Größe, Richtung und einen Angriffspunkt aufweist. Deshalb bedeutet auch jede Größen- und Richtungsänderung der Kraft eine Beschleunigungsänderung (a).

So sind z. B. zur Durchführung einer Schrittphase Muskelkräfte erforderlich, die einerseits das Bein vom Boden abheben und beschleunigen und andererseits die Bewegungen vor dem Aussetzen des Schwungbeines verzögern. Will man die lineare Beschleunigung beim Gehen untersuchen, dann wird man die Körpermasse als Ganzes in ihrem Massenschwerpunkt beurteilen. Daher wird man zur Analyse der Dynamik des Ganges, wie dies schon Fischer (1899, 1900a u. b, 1903, 1904) und Braune u. Fischer (1889, 1895) im vorigen Jahrhundert und auch Pauwels (1965b) getan haben, primär die Beschleunigung des Körperschwerpunktes SV registrieren.

Die Ermittlung der dynamischen Kräfte während des Gehens war zur Bestimmung der resultierenden Belastung z. B. des Hüft- und Kniegelenkes von signifikanter Bedeutung (Limmer u. Mitarb. 1977, Paul 1965, 1969, Pauwels 1965b).

Erst nach Ermittlung der Größe der Tragfläche im Hüftgelenk konnte aus der Gesamtbelastung der Flächendruck im Gelenk genau berechnet werden (Kummer 1968).

Zur Ermittlung und Untersuchung dynamischer Kräfte bei rotierenden Systemen muß man das Drehmoment (M), das Massenträgheitsmoment (I) und die Winkelbeschleunigung (α) berücksichtigen.

Die Maßeinheiten des Drehmomentes sind z. B. $N \cdot m$ (Newton · Meter, die des Massenträgheitsmoments $kg \cdot m^2 = N \cdot m \cdot s^2$. Die Winkelbeschleunigung α mißt man in der Einheit rad/s^2, das ist Radiant durch Sekundenquadrat: φ/s^2.

Das Massenträgheitsmoment I wird aus dem Integral aller Massenelemente (dm) durch Multiplikation mit dem Quadrat seiner Entfernung (r^2) zur Rotationsachse errechnet. Die Formel lautet: $J = \int r^2 \cdot dm$.

Das heißt, die Fähigkeit eines Körpers, gegebenen Veränderungen seiner Winkelbeschleunigung Widerstand zu leisten resp. eine Winkelbeschleunigung aufzunehmen, hängt nicht nur von der Körpermasse, sondern in erster Linie von der Verteilung der Masse um die Drehachse ab. Je größer die Massenkonzentration an der Peripherie, desto größer das Massenträgheitsmoment (I). Dementsprechend wird auch die Kraft um so größer sein müssen, um die Winkelbeschleunigung zu beeinflussen. Aus diesem Grunde liegt z. B. bei einem Schwungrad die Massenkonzentration an der Peripherie, um das lokale Massenträgheitsmoment in bezug auf die Gesamtmasse zu erhöhen.

Erfährt ein Körper eine Beschleunigung resp. wird seine Winkelgeschwindigkeit geändert, so

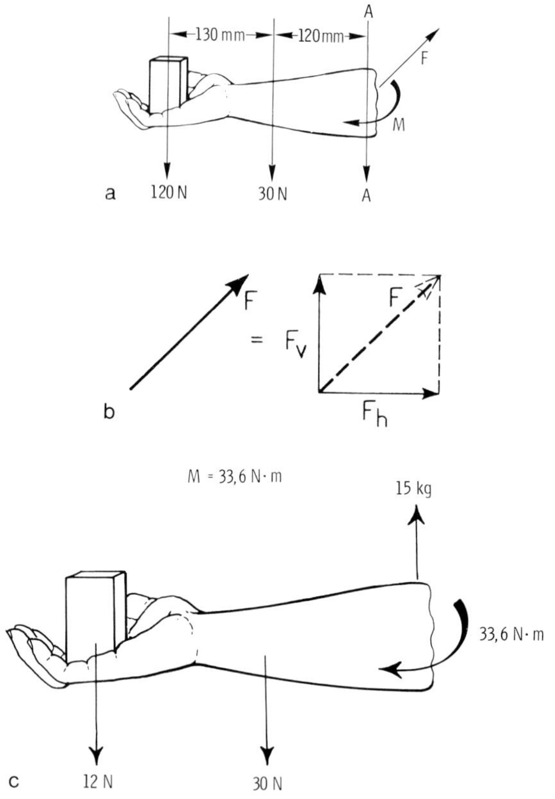

Abb. **20** a–c Freikörperanalyse (s. Text): a) Die Kraft F und ihr Moment M, die am Schnitt A wirksam sind, sind unbekannt. b) Zerlegung der Kraft F in ihre Vertikal- und Horizontalkomponenten F_v und F_h. c) Resultat: M = 33,6 N·m (Abb. 20, 21, 23, 24, 25a u. 26 aus *V. Frankel, A. Burstein:* Orthopaedic Biomechanics. Lea & Febiger, Philadelphia 1970b)

geht dies auf ein resultierendes Kraftmoment zurück, das auf die Körper einwirkt.

Betrachten wir z. B. die rhythmischen Bewegungen und Abrollphasen des Beines beim Gehen, so sieht man, daß im Schrittablauf typische Beschleunigungen und Verzögerungen auftreten. Die Einzelphasen der verschiedenen Bewegungskomponenten können wir in ihrer Geometrie durch die Strobophotographie darstellen, wobei die Beinachsen durch strichförmige Leuchtspangen scharf markiert sind (Strichdiagramme). Das Ausmaß der Winkelbewegung wird in Radiant durch das rhythmische Auf- und Abheben des Beines vom Boden genau festgelegt.

Auf diesen Darstellungen kann man die Winkelgeschwindigkeit (ω) und die Winkelbeschleunigung (α) für jede Schrittphase errechnen.

Aus dem Massenträgheitsmoment I und der Winkelbeschleunigung (α) läßt sich das Drehmoment resp. lassen sich die dynamischen Kräfte, die zur Beugung und Streckung des Kniegelenkes beim Ablauf einer Schrittphase erforderlich sind, genau ermitteln. Die erhaltenen Werte über die dynamisch wirksamen Kräfte sind unentbehrliche Größen bei der sachgemäßen Konstruktion von künstlichen Gelenken oder z. B. Exoprothesen. Auf diese Weise kann man auch andere Veränderungen der Kräfteverhältnisse der Beinmuskulatur, wie sie z. B. im Rahmen von Sehnenverpflanzungen vorgenommen werden, sehr genau kalkulieren (Asang u. Mitarb. 1973, Laurence u. Strachan 1970, Morrison 1970, Sorbie u. Zalter 1965).

Die Analyse der verschiedenen dynamisch wirksamen Kräftekomplexe gewährt uns einen genaueren Einblick in die Größenordnungen der aufgewandten Muskelkräfte, die bei verschiedenen Körperfunktionen notwendig sind (Cavagna 1975, Morrison 1970, Zarek u. Edwards 1966).

Unter Zuhilfenahme von Computersystemen mit Plotting-Einrichtungen kann man modellmäßig die kompliziertesten Kräfteanalysen durchführen (Bresler u. Frankel 1950, Limmer u. Mitarb. 1977, Sorbie u. Zalter 1965, White u. Hirsch 1971, Sutherland u. Hagy 1972).

Die Freikörper-(„free-body"-)Analyse, die allgemein im anglosächsischen Sprachraum zur Lösung biomechanischer Problemstellungen (Frankel u. Burstein 1970b, O'Connel u. Gardner 1972 u. a.) und zur Ermittlung der wirksamen statischen sowie auch dynamischen Reaktionskräfte und ihrer Momente angewandt wird, hat sich sehr bewährt. Hierbei zerlegt man Gesamtsysteme von Körpern in ihre Teilelemente, die als isolierte starre bewegte Körper aufgefaßt werden (Euler 1707–1783).

Während Pauwels (1965b), Kummer (1965) u. a. Beanspruchungen und Beschleunigungskräfte über die Kinematik der Schwerpunkte der starren Bewegungselemente des Körpers ermitteln, kann man nach dem Schnittprinzip mit der „free body analysis" auch Winkelbeschleunigungen und damit sehr detaillierte Analysen der dynamischen Bewegungsabläufe und der dabei wirksamen Kräftekomplexe ableiten.

Der aus einem Elementensystem frei herausisolierte Körper, sei es im Gleichgewicht oder in einem bestimmten Bewegungszustand, wird in jenem Zustand weiter verbleiben, in welchem er aus dem System herausgeschnitten wurde. Am Freikörper werden nur jene wirksamen Kräfte berücksichtigt, die zur Lösung der jeweiligen Freikörperprobleme wichtig sind. Hierbei kommt

1. das Reaktionsgesetz (Newton III) zur Anwendung,
2. das Kräftegleichgewicht,
3. die Vektorenaddition resp. Kräftezerlegung.

Das Beispiel einer Analyse der am Unterarm wirksamen Kräfte sei kurz demonstriert (Abb. **20**).

Die Reaktionskräfte sind unbekannt. Daher wird eine Kraft F des Unterarmes angenommen, die auf das distale Humerusende einwirkt. Weiterhin ein Drehmoment M, wobei die Wirkungsrichtung und Größenordnung beider Komponenten unbekannt sind. Die Kraft F wird in eine horizontale Komponente F_h und in eine vertikale Komponente F v zerlegt. Der Gleichgewichtszustand des Freikörpers ist definiert: $\Sigma F_a = O$, $\Sigma F_v = O$, $\Sigma M = O$.

a) Die Horizontalkräfte heben sich auf $F_h = O$.
b) Die Vertikalkräfte $F_v = 120\ N + 30\ N = O$
   $F_v = 150\ N$.
c) Die Drehmomente vom Drehpunkt des Ellbogens aus:
   $120\ N \cdot 0{,}25\ m + 30\ N \cdot 0{,}12\ m + k \cdot O + M = O$
   $M = -(30\ N + 3{,}6\ N) = -33{,}6\ N \cdot m$.

Besonders beim Sport werden dynamische Muskelkräfte wirksam, die zusammen mit den elastischen Kräften des Bandapparates unter Berücksichtigung der Eigenschwere der bewegten Körperelemente und der Gravitation die oft komplexen Bewegungsabläufe steuern.

Um ein vereinfachtes Beispiel der Berechnung dynamischer Kräfte, die beim Fußballspiel im Knie wirken, darzustellen, halte ich mich an die Untersuchungen von Frankel u. Burstein (1970a u. b). Beim Kicken des Balles wurde eine maximale Winkelbeschleunigung von 453 rad/s^2 gemessen, wobei die Spitze ungefähr in der vertikalen Streckstellung erreicht wird.

Das Massenträgheitsmoment, auf das Rotationszentrum des Kniegelenkes berechnet, wird mit $35\ N \cdot cm \cdot s^2$ angegeben (Abb. **21**).

Die Größe des Drehmomentes zur Erreichung der Winkelbeschleunigung erhält man nach der Gleichung $T = J \cdot \alpha$, entsprechend der Erweiterung des 2. Newtonschen Lehrsatzes (M = Drehmoment, J = Massenträgheitsmoment, α = Winkelbeschleunigung).

Demnach ist:
$M = 35\ N \cdot cm \cdot s^2 \cdot 453\ rad \cdot s^{-2} = 1{,}585 \cdot 10^4$ $N \cdot cm$. Resultat: 1580 kg/cm.

Da die Resultierende F_R des Körperteilgewichtes in vertikaler Streckstellung des Beines durch das Rotationszentrum des Kniegelenkes läuft, ist die Zugspannung der Patellarsehne die einzige Kraft, die als Drehmoment vom Rotationszentrum des Kniegelenkes aus wirksam ist. Der rechtwinklige Abstand dieses Kraftvektors vom Rotationszentrum des Kniegelenkes betrug bei der Versuchsperson 5 cm. Daraus berechnet man die Kraft des Kniescheibenbandes wie folgt:

Das Moment M = Kraft (F) × Lastarm (d)

$$F = \frac{M}{d} = \frac{1{,}585 \cdot 10^4\ N \cdot cm}{5{,}0\ cm} = 3170\ N.$$

Die Größe der Kraft entspricht etwa dem dreifachen Körpergewicht einer Versuchsperson mit der Körpermasse von 100 kg.

Eine Freikörperanalyse des Unterschenkels zeigt, bei einem Eigengewicht von ca. 50 N und einer Winkelbeschleunigung von 0, bei der analysierten Bewegungsstellung, daß das Kniegelenk mit ca. 3110 N belastet wird.

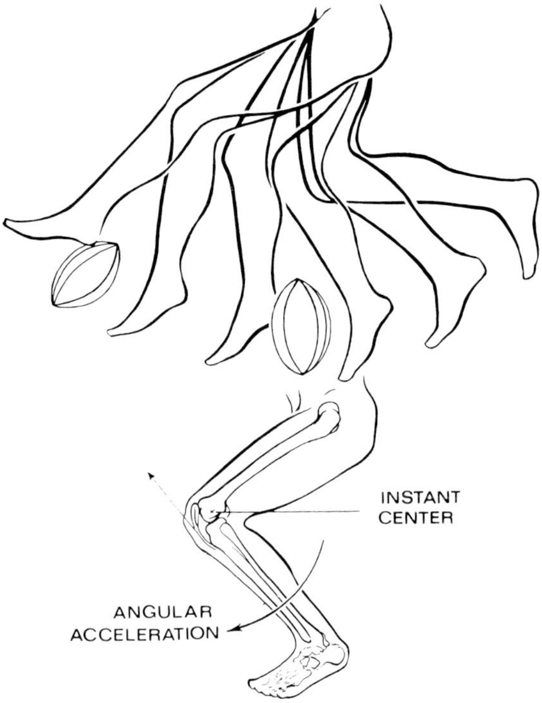

Abb. **21** Die Größe der Zugspanne des Kniescheibenbandes beim Fußballkicken läßt sich ermitteln, wenn das Massenträgheitsmoment des Unterschenkels und seine Winkelbeschleunigung bekannt sind

Kinetik

Umfaßt die Dynamik die Lehre von den Kräften und ihren Wirkungen auf materielle Körper in ihrer Gesamtheit, so behandelt im speziellen Bereich die Statik das stabile Gleichgewicht der Kräfte, indes die Kinetik die Lehre vom Zusammenhang zwischen den Kräften und den von ihnen erzeugten Bewegungen darstellt (Elftmann 1951, Fischer 1904, Morrison 1970).

Gewisse Probleme der Kinetik können im engeren Rahmen der Kinetostatik mit Hilfe statischer Gleichgewichtsprinzipien gelöst werden.

Dies ist beispielsweise, wie bereits im vorhergehenden Kapitel erwähnt, durch die „free body"-Analyse der Fall, indem man nach dem Schnittprinzip Gleichgewichtsbedingungen, die sich aus den äußeren Kräften und inneren Gegenkräften ergeben, analytisch betrachtet. In diesem Sinne stellt die Kniegelenkbewegung ein typisches Beispiel der kinetischen Optimierung von Kraft und Gegenkraft dar.

Das Kniegelenk unterliegt bei der Beugung und Streckung einem Zwangslauf, der durch das Zusammenwirken (des Gelenkviereckes) der Kreuzbänder und der Seitenbänder in einer Roll-Gleit-Bewegung gesteuert wird (Huson 1974, Menschik 1974a u. b, 1975). Hierbei ist der jeweilige Kreuzungspunkt der Kreuzbänder in Übereinstimmung mit den Kreuzungspunkten des media-

len und lateralen Kollateralbandes die Drehachse eines bestimmten Augenblicks der Bewegung.
Die Aneinanderreihung der jeweiligen Kreuzungspunkte von der extremen Streckung bis zur Beugung bei Annahme eines fixierten Oberschenkels ergibt eine sog. Rastpolkurve, welche die geometrischen Orte aller Drehpunkte im Bewegungsablauf verbindet. Durch das Zurückwandern der jeweiligen Drehachsen längs der Polkurve wird bei zunehmender Beugung der Kraftarm immer länger. Durch diese Verlängerung des Kraftarmes bei zunehmender Beugung wird die Kraft der Muskulatur zur Aufrechterhaltung des Gleichgewichtes gegenüber der Belastung eingespart. In der Technik kann man dieses Konstruktionsprinzip am besten mit einem stufenlosen Getriebe vergleichen, welches die Aufgabe hat, das Verhältnis der angewandten Kraft zur Last bei verschiedener Größe der jeweiligen Gesamtbeanspruchung möglichst optimal zu verteilen.

Arbeit und Leistung

Dieses Kapitel ist nicht nur in der modernen Arbeitsmedizin und Sportphysiologie, sondern auch in der Beurteilung von Biomaterialien von großer Bedeutung. Es dient zur Erfassung der Arbeitsleistungen und Energiegrößen bei sportlichen Spitzenleistungen und bei extremen beruflichen Belastungen des Bewegungsapparates. Die freiwerdenden Energien bei Stürzen lassen sich genau registrieren und messen, wodurch ein wesentlicher Einblick in die Entstehungsbedingungen traumatischer Verformungen und Brüche des Bewegungsapparates gewonnen werden konnte.
In der Exo- und Endoprothetik sind ebenso wie bei der biotechnischen Entwicklung von Osteosynthesebehelfen genaue Kenntnisse der Größenordnungen von Arbeit und Leistung, denen Implantate und sonstige Stützbehelfe ausgesetzt sind, für die Beurteilung ihrer Haltbarkeit und Dauerbelastungsfähigkeit unentbehrlich.
Mechanische Arbeit (W) ist das Produkt aus der Kraft F und der zurückgelegten Wegstrecke in Richtung der wirkenden Kraftkomponenten. Die geleistete Arbeit ist unabhängig von der dazu benötigten Zeit. Die Kraft F kann entweder konstant oder wechselnd sein. Im Falle einer Wechselbeanspruchung wird ein Mittelwert der geleisteten Arbeit gewählt.
Im internationalen Maßsystem (SI) wird die Einheit der Arbeit als ein Joule (1 J) bezeichnet. Nimmt man als Krafteinheit 1 N, dann ist das Maß der geleisteten Arbeit (1 J) $1\ N \cdot 1\ m = 1\ N \cdot m = 1\ J$.
Entsprechend der Wechselbeziehung Arbeit = Kraft mal Weg, $W = F \cdot s$, kann die gleiche Größe der Arbeit von einer großen Kraft auf kleinem Weg oder umgekehrt von einer kleinen Kraft auf großem Weg verrichtet werden. Dies ist nicht zuletzt das Wirkungsprinzip von Kraftübersetzungen: z. B. Zahnradsystem-Übersetzung oder Funktionsmechanismen der Gelenke wie das Kniegelenk.
Man unterscheidet in ähnlicher Weise wie bei unterschiedlichen Kräften verschiedene Arten von Arbeit:

1. Beschleunigungsarbeit: $W = F \cdot s = m \cdot a \cdot s = m \cdot \frac{\upsilon - \upsilon_o}{t} \cdot \frac{\upsilon + \upsilon_o}{2} t = \frac{m}{2} (\upsilon 2 - \upsilon_o 2)$.
2. Hubarbeit: $W = G \cdot h$ (Heben eines Gewichtes gegen die Gravitation der Erde.
3. Reibungsarbeit: $W_R = R \cdot s$ (R = Reibungskraft).
4. Spannarbeit: $W = F_{mittel} \cdot s = \frac{1}{2} F_{max} \cdot s$.
5. Verformungsarbeit etc.: $W = \frac{F_2 + F_1}{2} \cdot s$.

Die Arbeit, der Energieumsatz sowie die Leistung bilden in der Biomechanik bei der Beurteilung verschiedener Bewegungseffekte eine wesentliche Rolle.
Bei jeder *Hubarbeit* wird Energie gespeichert, die als *potentielle Energie* bezeichnet wird.
Nachdem Kräfte und Bewegungen vektorielle Größen darstellen, werden sie, wenn sie unter einem Winkel α schräg zur Bewegungsebene wirken, in ihre Teilkomponenten zerlegt: die Kraft, welche in der Ebene der Bewegungsrichtung wirksam ist, und die zweite Kraftkomponente, die senkrecht zur Bewegungsebene wirkt. Die geleistete Arbeit in der Verschiebungsebene kann durch die Formel bestimmt werden:
$W = s \cdot F \cdot \cos \alpha$.
Leistung ist der physikalische Begriff der in der Zeiteinheit geleisteten Arbeit, d. h., je kürzer die Zeit, in der eine Arbeit vollbracht wird, desto größer die Leistung (P) (Abb. **22**):

$$P = \frac{W}{t} = \frac{F \cdot s}{t} = F \cdot v$$

(Kraft mal Geschwindigkeit). Die Maßeinheit der Leistung ist $N \cdot m/s = J/s = W$ (Watt).
Wie groß ist z. B. die Leistung des menschlichen Bewegungsapparates bei Überwindung eines Höhenunterschiedes von 1000 m in $2^1/_2$ Std. bei einem Körpergewicht von 750 N?
Rechenvorgang:

$$P = \frac{Gh}{t} = \frac{750 \cdot 1000}{2{,}5 \cdot 3600} \text{ Nm/s} = 83{,}3 \text{ W} \approx 0{,}08 \text{ kW}.$$

Bei einem raschen Lauf über eine Treppe, bei dem in 1 Sek, 6 Stufen zu je 17 cm überwunden werden, ergibt die Formel bei einem Körpergewicht von 750 N:

$$P = G \cdot v = 750 \cdot (6 \cdot 0{,}17) \text{ Nm/s} = 765 \text{ W} \approx 0{,}8 \text{ kW}.$$

Die Höhe dieses Leistungswertes entspricht selbstverständlich nur einer Momentananstren-

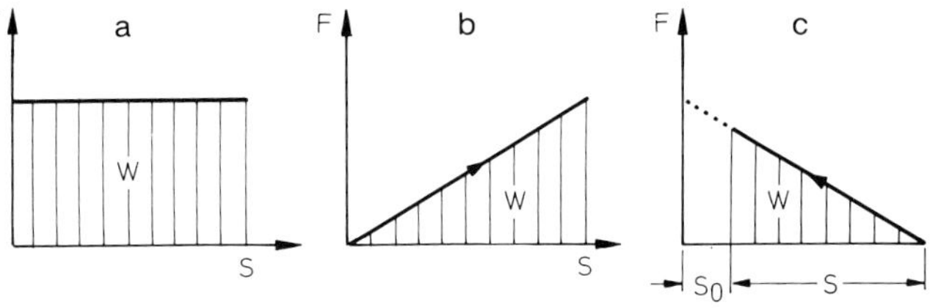

Abb. **22**a–c Flächendarstellung der Arbeit (W = F · s): a) konstante Kraft, b) Zugfeder, c) Druckfeder Abb. 22) (Aus: *Hiedl, H.:* Technische Mechanik T. I. Oldenbourg, Wien 1977)

gung, indes man bei Langzeittätigkeiten annehmen darf, daß im Durchschnitt die Handkraft bei einer relativ leichtgängigen Kurbel 100–150 N beträgt, die Zugkraft an einer Kette 200–250 N, mit einer Leistung von 0,1–0,2 kW.

Das Drehen einer Handkurbel von 400 mm Radius mit 150 N Handkraft und 30 Umdrehungen in der Minute ergibt nach folgender Formel:

$$u = \frac{\pi\ Dn}{60} = \frac{0{,}8\ \pi\ 30}{60}\ m/s = 0{,}4\ \pi\ m/s = 1{,}26\ m/s;$$

$$P = F \cdot u = 150 \cdot 1{,}26\ Nm/s = 189\ W \approx 0{,}2\ kW.$$

Bei der Berechnung der Leistung eines Drehmomentes bei einer gleichförmigen Bewegung geht man von der Umfangsgeschwindigkeit aus: $u = r\omega$. Wird dieser Ausdruck in die Leistungsgleichung eingesetzt, so ergibt sich: $P = F \cdot u = F \cdot r\omega = M \cdot \omega$. Da $F \cdot r$ dem Drehmoment M entspricht mit der Einheit N · m bzw. kN · m, ist $P = M \cdot \omega$ und $kW = kNm \cdot s^{-1}$.

Zur Verrichtung einer Arbeit ist Energie erforderlich, die in ganz verschiedenen Formen, z. B. chemisch, elektrisch, mechanisch ets., auftreten kann.

Mechanische Energiearten sind: 1. die potentielle Energie (Verformungsgröße), 2. die kinetische Energie, 3. die Verformungsenergie.

Potentielle Energie: Sie setzt sich aus dem Gewicht mal seiner Höhenlage vom Boden zusammen. Das heißt: Bei jeder Hubarbeit wird potentielle Energie gespeichert. Eine 50 kg schwere Frau mit der Größe von 1,60 cm, deren Massenschwerpunkt 64 cm über dem Erdboden liegt, speichert eine potentielle Energie von 270 N · m. Wenn sie stürzt, dann wird diese Energie freigesetzt in

Kinetische Energie: Ihre Gesamtmenge ist immer gleich groß der potentiellen Energie. Die Formel für die kinetische Energie ist:

$$E_{kin} = M \cdot \frac{v^2}{2}$$ (M ist die Körpermasse, v ist die Fallgeschwindigkeit).

Biomechanisch gesehen, wird man mit diesen Werten verschiedene Umsetzungsvorgänge von Kräften in Arbeit, Energie und Leistung messen, wie beispielsweise die Fallgeschwindigkeit und ihre Auswirkungen eines Menschen, der stürzt.

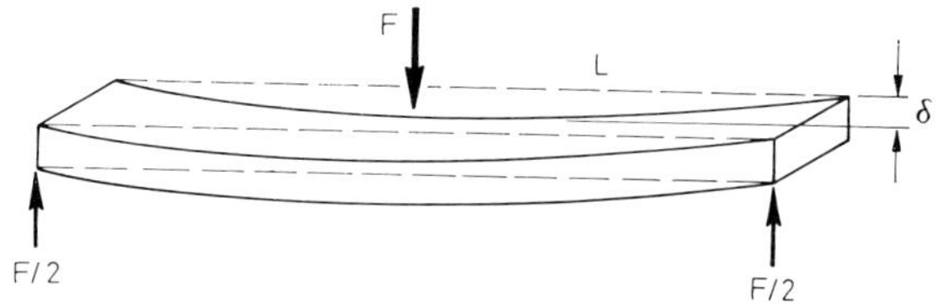

Abb. **23** Verformung eines Balkens durch Biegebeanspruchung: P = Last, L = Balkenlänge, δ = Verformungsgröße des Balkens

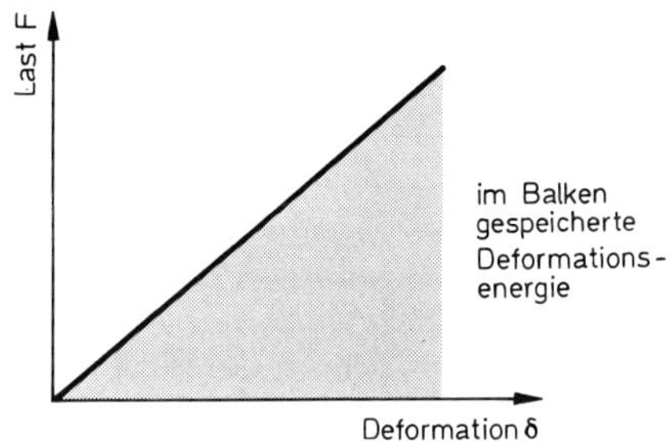

Abb. **24** Lastverformungskurve des Balkens bei progressiver Biegung, abgestützt wie in Abb. 23. Die schraffierte Fläche veranschaulicht das Ausmaß der Verformungsenergie, die während der Biegung im Balken gespeichert wird

Verformungsenergie: Sie ist das Ausmaß der potentiellen Energie, das bei Formänderungen eines elastischen Körpers gespeichert wird. Sie kommt z. B. durch Einwirkung äußerer Lasten zustande. Wirkt z. B. auf einen doppelt abgestützten Querträger eine Last F ein, dann wird sie eine Verbiegung desselben zur Folge haben. Mit zunehmender Verformung nimmt auch die in ihm gespeicherte Verformungsenergie zu. Das Ganze kann in einer Lastdeformationskurve dargestellt werden, wobei der flache Teil unterhalb der Geraden, der Speicherung der Verformung im verbogenen Träger entspricht (Abb. **23** u. **24**).

Nach Applikation der Last F nimmt die Deformation S zu; vorausgesetzt, daß der Balken der Länge L, der Breite b und Höhe h aus einem verformbaren Material mit dem Elastizitätsmodul E besteht und daß die applizierte Last eine entsprechende Größe besitzt, erhält man die folgende Lastdeformationskurve (Abb. **23**):

$$\delta = \frac{L^3}{4 \cdot E \cdot H^3 \cdot b} \cdot F.$$

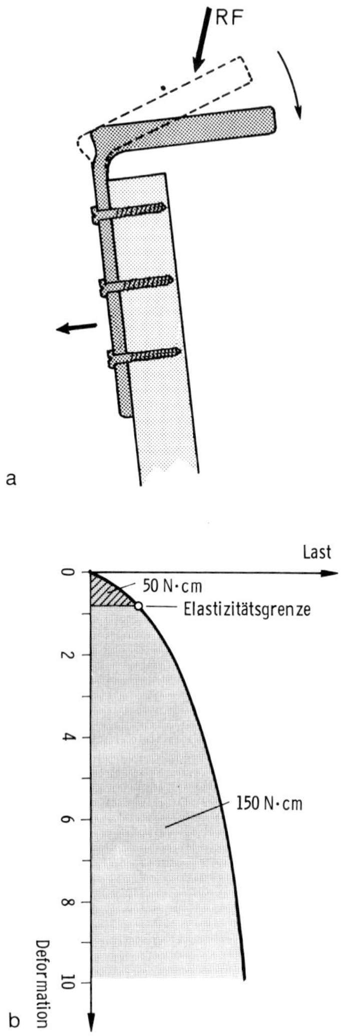

Abb. **25** a u. b a) Schema einer Nagelplatten-Verformung bei Biegebeanspruchung. b) Die dazugehörige Lastdeformationskurve der Nagelplatte aus Stahl. Die schraffierte Fläche zeigt die Energiespeicherung im elastischen Verformungsbereich. Die punktierte Fläche veranschaulicht die über den elastischen Bereich hinausgehende Speicherung der Verformungsenergie

Die genauen Messungen von verschiedenen Verformungsenergien (Abb. **24**) sind bei der Beurteilung der Haltbarkeit und Dauerwiderstandsfähigkeit von Metallimplantaten und anderen biologisch angewandten Werkstoffen von grundlegender Wichtigkeit.

Beispielsweise zeigt rostfreier Stahl eine plastische Elongation von ca. 27%, indes Titanium um 36% elongierbar ist. Nachdem aber die elastische Verformung nur $^{1}/_{100}$ der Größe der plastischen Verformung beträgt, geht daraus hervor, daß ein eingepflanztes, unter Beanspruchung stehendes Metallstück nur bis zur plastischen Deformationsgrenze belastet werden darf. So wird eine Nagel-Platten-Fixation im Bereich des proximalen Oberschenkelendes, bevor sie sich dauernd deformiert, unterhalb der Bruchgrenze eine Verformungsenergie von ca. 1,5 N · m absorbieren können (Abb. **25**).

FRANKEL u. BURSTEIN (1970b) und SAMMARCO u. Mitarb. (1971) haben ausgedehnte Studien über die Energieabsorption bei der Frakturenentstehung, insbesondere des Schenkelhalsbruches, durchgeführt. Sie fanden, daß die Grenze der absorbierbaren Verformungsenergie bei ca. 6 N · m beim Schenkelhalsbruch liegen dürfte. Sie beschreiben das Beispiel einer 60 kg schweren Versuchsperson, die bei einem Sturz zum Boden während des Falles 270 N · m kinetische Energie freisetzt. Diese muß vom Boden absorbiert werden. In welcher Art kann bei einem Sturz die frei werdende Energie absorbiert werden?

Eingehende Prüfungen ergeben, daß beim Sturz auf die Hüfte nur ca. 6 N · m kinetische Energie absorbiert werden können, die also unterhalb der Bruchgrenze des Schenkelhalses liegen. So versucht der Körper, die darüberliegenden Werte entweder durch Abstützung mit der oberen Extremität oder durch Umwandlung der frei werdenden Energie über Abrollbewegungen bzw. durch aktive Zuggurtungsfunktionen der Muskulatur die gegen den Boden wirkende Verformungsenergie zu verringern (GROHER 1972).

Erfolgt ein Sturz direkt auf die Hüfte, ohne daß anderweitig Energie absorbiert wird, dann ist ein Schenkelhalsbruch ziemlich sicher.

Das ganze Zuggurtungssystem der Muskulatur und des Bandapparates stellt letzten Endes auch ein Energieabsorptionssystem dar (PAUWELS 1965b, 1966), dessen vorzügliche Aufgabe es mit ist, abnorme Verformungsenergien durch funktionelle Anpassung in harmonischer Weise abzufangen (Abb. **26**) (ACKERMANN u. Mitarb. 1972).

Die Kenntnis der Energiegrößen, die bei verschiedensten Bewegungen und sportlichen Leistungen frei werden, erlauben auch eine gewisse Voraussage über den Energieaufwand und die Leistungsgrenze einzelner Gliedmaßen im Rahmen verschiedener mechanisch-biologischer Bewegungssysteme (HOFFMANN-DAIMLER 1975, KRAEMER 1973).

Wird man z. B. einen rasch fliegenden Ball abfangen, dann wird der ganze Körper bemüht sein, den Aufprall des Balles abzufedern und die Energie zu absorbieren. Hierbei wird nicht nur das Fangorgan der Hand, sondern die ganze obere Extremität sowie auch der Körper zurückfedern. Bei sportlichen Tätigkeiten (GROH u. BAUMANN 1968, 1971), z. B. beim Springen aus großen Höhen, beim Ringen und anderen, werden immer elastische Federmatratzen untergelegt, um die Fallenergie aufzunehmen. Desgleichen wird man beim Training diesbezüglicher Sportarten Fallübungen so gestalten, daß plötzlich frei werdende Aufprallenergien in Rollbewegungen umgesetzt werden, wobei auch die Koordination der Mus-

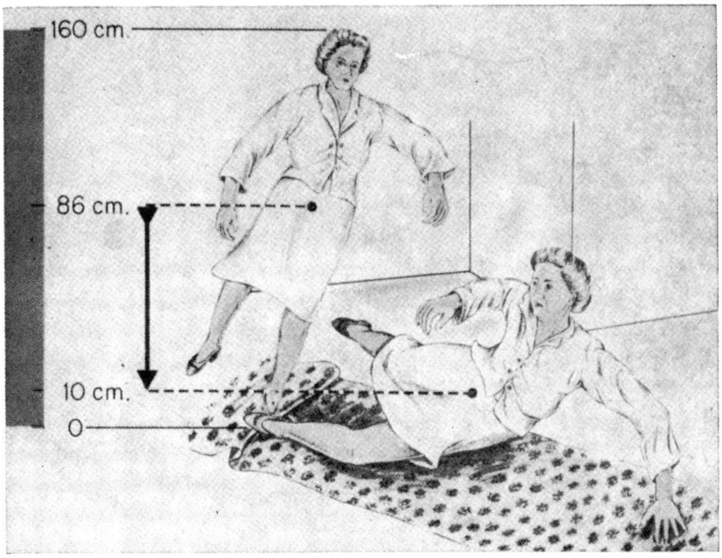

a

b

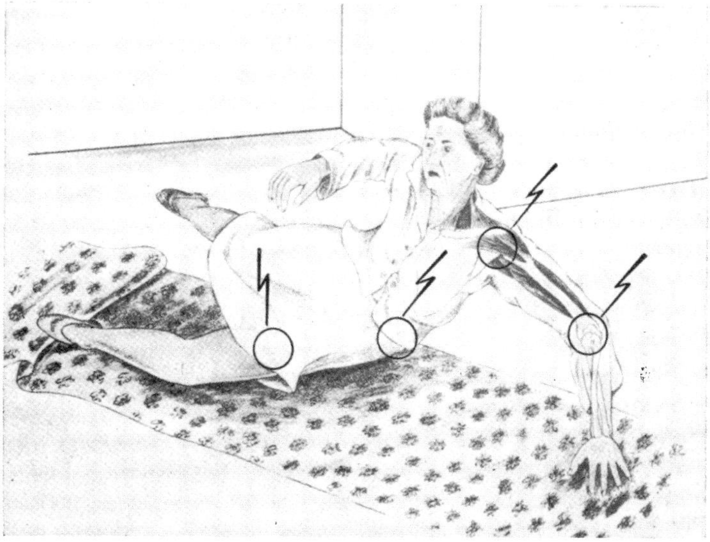

c

Abb. **26** a–e Verschiedene Möglichkeiten der Energieabsorption beim Sturz auf die Hüfte:
a) Lageveränderung des Gesamtschwerpunktes durch den Sturz.
b) Energieabsorption durch die Muskulatur des Oberschenkels.
c) Energieabsorption durch die Oberarm- und Schultermuskulatur.
d) Energieabsorption durch die Hüft- und Oberschenkelweichteile sowie durch den elastischen Boden.
e) Energieabsorption durch die Gelenkkette der oberen Extremität

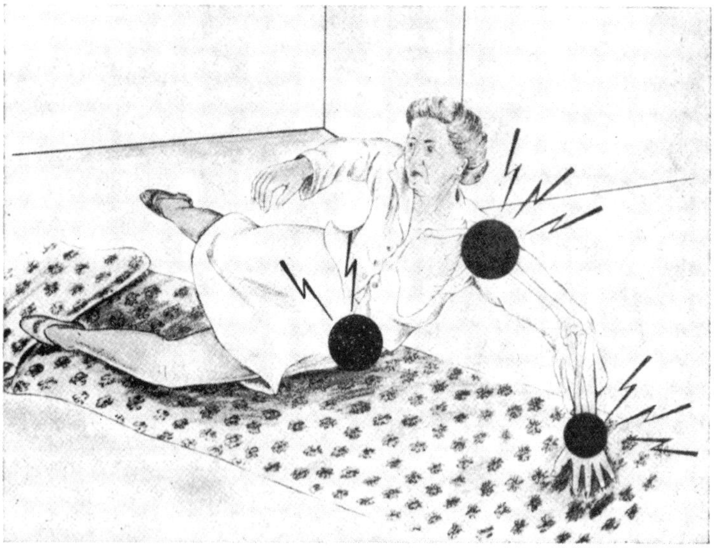

Abb. **26** d

Abb. **26** e

kelaktionen und halbstarren Abstützungen durch die Gliedmaßen angestrebt werden muß.
Bei der Entstehung von Skelettbrüchen oder bei Rissen von Sehnen und Bändern sind die Zahlenverhältnisse von Energieumwandlungen und Energieabsorptionen von entscheidender Wichtigkeit (Allgöwer u. Segmüller 1965). So treten z. B. Torsionsfrakturen des Unterschenkels insbesondere beim Skifahren auf, wobei die Tibia, die fest im Schuh eingeschnürt ist, das Drehmoment der ganzen Körpermasse aufnehmen muß. Dadurch kommt es zu einer momentanen Anreicherung von Verformungsenergie im Knochen selbst, die bis über die Bruchgrenze von ca. 13,1 N · m nach Frankel u. Burstein (1970b) gehen kann. Er hat weiterhin festgestellt, daß sich die Tibia bei einer Einwirkung eines Torsionsmomentes von 60 N · m bis zu 25° torquieren läßt.
Die Fähigkeit, verschiedene Formen der Energie wie z. B. Torsionsenergie u. a. zu speichern, wird bis auf $^1/_{10}$ der Speicherungsgrenze der normalen Tibia herabgesetzt, während demgegenüber die Belastungskapazität und die Winkeldeformierung nur um $^1/_3$ reduziert ist. Diese Zahlen sind nur sehr relativ zu beurteilen, da es unmöglich ist, bei normalen Stürzen die verschiedenen Möglichkeiten der Energieabsorption durch das Zuggurtungssystem der Muskulatur und die Abfederung voll zu erfassen.
Das eingehende Studium der Verformungsenergien erklärt auch die Schwächungseffekte, welche durch Bohrlöcher in einem Knochen entstehen. Um jedes Bohrloch treten bei Beanspruchung Spannungskonzentrationen (s. Kapitel Techn. Grundelemente, S. 2.66) auf, die von der Lochgröße abhängig sind. Überschreitet die Lochgrenze hingegen den halben Durchmesser des gebohrten Gesamtquerschnittes, dann sinkt die Wider-

standskraft, abhängig von der Größe und Art der mechanischen Beanspruchung, rasch ab. Bei hohen Belastungen des Knochens lassen sich die Grenzwerte der Toleranz hoher Spannungen aus der Lastverformungskurve ermitteln, wobei die Stoßbelastung in der Regel nur die Hälfte der Werte bei Normalbelastung beträgt. Das heißt, ein Loch im Querschnitt verändert nicht den Steifheitsgrad, sondern es wird bei gleicher Last die Fähigkeit der Verformung nur ca. die Hälfte der Maximalwerte unter normalen Verhältnissen betragen.

Das Ausmaß der Energieabsorption bei einem durchbohrten Knochen ist auch von der Lage des Loches abhängig, insbesondere wenn es in einem hoch beanspruchten Querschnittsbereich des Knochens lokalisiert ist, da in einer derartigen Gegend des geringsten polaren Massenträgheitsmomentes oft Bagatelltraumen einen Knochenbruch zur Folge haben können (Zarek u. Edwards 1966).

Auch eine unsachgemäße Spanentnahme, z. B. aus der Tibia, kann in erster Linie zu einer hervortretenden Schwächung gegenüber Torsionskräften (Jouck 1970) führen. Aber auch bei gelenkig zusammengesetzten Säulensystemen, wie dies an den Gliedmassen, z. B. an den Fingergliedern, vorkommt, ist das Konzept der Energieabsorption besonders wichtig. Da die einzelnen Glieder durch Gelenke und Bänder verbunden sind, wird das Maß der zu absorbierenden Energie von der Gesamtform der Säule abhängen. Ausschlaggebend für die Spannungsverteilung im Querschnitt und ihrer Spitzengröße sind Verbiegungen durch elastische Verformung oder Abknickungen in zwischengeschalteten Gliedern.

Bei axialer Belastung einer Säule kommt es zu Deformierungen und Verbiegungen; solange die Säule gerade bleibt, könnte sie die höchsten Lastspitzen aufnehmen. Im Moment der beginnenden Verbiegung kann die Last nicht mehr vergrößert werden, ohne daß die Verbiegung zunimmt. Es geht also in dem Augenblick Energie verloren, in dem die Säule aus der Streckstellung in die Beugestellung umschnappt. Diese Bedingungen entstehen praktisch z. B. beim Ballspiel, wenn der gestreckte Finger getroffen wird. Die Energieabsorption kann blitzartig, z. B. im Fingergelenk, durch Biegung erfolgen. Die elastischen Elemente absorbieren nicht mehr schnell genug, und damit kann eine typische Luxation des Gelenkes mit einem Kompressionsbruch des Köpfchens entstehen.

Viele Fragen der Energieabsorption und Energieumsetzung spielen bei der Beurteilung der Festigkeit von Verankerungsmechanismen in den Auflagebereichen des Knochens und bei hoch beanspruchten Osteosynthesefixationen sowie alloplastischen Implantaten eine große Rolle. An den Grenzflächen des Komplexes Zement – Werkstoff – Knochen herrschen abnormale Relationen und große Unterschiede der Elastizität (Jorgensen 1972, Zarek u. Edwards 1966). Doppelstoßbelastungen wie sie z. B. rhythmisch beim Gehen erfolgen, werden unter anomalen Bedingungen übertragen, wobei ein völlig anderer Kräftefluß entsteht. Damit sind auch die Energieabsorption und -verteilung wesentlich anders als bei der normalen Funktionseinheit Knochen – Gelenk – Knorpel. Man versucht in verschiedenster Weise durch Auswahl in ihrem Elastizitätsmodul aufeinander abgestimmte Werkstoffe (Morscher u. Mathys 1975), durch elastische Sohlen u. a., Ausgleichsmechanismen in der Energieabsorption zu schaffen. Es werden auch isoelastische Exo- und Endoprothesen konstruiert, um die Verhältnisse der lokalen Umsetzung der Stoßenergien den Oszillationsgrößen, die der Knochen zur Aufrechterhaltung seiner normalen Umbaurate benötigt, möglichst anzupassen.

Statik und Festigkeitslehre

Unterschiedliche Krafteinwirkungen werden in verschiedensten Gebieten der Mechanik abgehandelt: Die *Statik* befaßt sich mit Krafteinwirkungen auf starre, ruhende Körper, die *Festigkeitslehre* mit den Spannungen und Verformungen (innere Kräfte), die durch äußere Krafteinwirkungen entstehen.

Auf einen Ruhekörper wirkt die Massenanziehung der Erdgravitation, die zur Determination des jeweils herrschenden Gleichgewichtes für jedes seiner Volumelemente bestimmt werden müßte. Die Summe aller elementaren Massenkräfte bildet das Eigengewicht des Körpers, das eine Kraft darstellt, die an seinem Schwerpunkt angreift. Diese Kraft ist eine physikalische Erscheinung, welche die Merkmale eines Vektors hat, der graphisch veranschaulicht werden kann. Die Kraft (F) ist eine gerichtete Größe, die durch 3 Grundeigenschaften gekennzeichnet wird:

1. Ihre Größe (N = Newton).
2. Die Richtung einer Kraft ist durch ihre Wirkungslinie mit Pfeilen gekennzeichnet, z. B. horizontal von rechts nach links und gegensinnig, vertikal nach geographischen Gesichtspunkten etc. (bei Momenten durch Pfeile gegen oder mit dem Uhrzeigersinn).
3. Der Angriffspunkt einer Kraft wird zur Vereinfachung angenommen. Praktisch wird sie in der Regel auf eine Angriffsfläche übertragen. Nach dem Gesetz der Wechselwirkung entspricht jeder Kraft eine gleich große Gegenkraft (Actio = Reactio).

Wie schon erwähnt, werden die Begriffe Wirkungslinie und Wirkungsrichtung durch einen Pfeil gekennzeichnet, der durch den Angriffspunkt der Kraftaufnahme- oder -einleitungsfläche zieht. Graphisch kann die Größe der Kraft maßstäblich durch die Pfeillänge determiniert werden (Abb. **27**).

Für Aufgaben der Statik ist der Angriffspunkt einer Kraft ohne Belang, solange die Wirkungslinie unverändert bleibt. So kann er z. B. x-beliebig von A nach A′ oder A″ verschoben werden (Abb. **28**a). Daraus ergibt sich auch, daß die Auflagekräfte eines Balkens unverändert bleiben, gleichgültig ob die Kraft an der Oberseite als Druck oder an der Unterseite des Balkens als Zug angreift (Abb. **28**b). Nach dem Gesetz der Wechselwirkung von Kraft und Gegenkraft (Actio = Reactio) entspricht dem Druck eines Körpers auf eine Unterlage ein gleich großer Gegendruck von der Unterlage auf den Körper (Abb. **28**c). Ein hängendes Gewicht hat einerseits im Seil eine nach unten gerichtete Zugkraft zur Folge, andererseits übt das Seil auf den Körper eine nach oben gerichtete Zugkraft aus (Abb. **28**d).
Ein Körper erfährt durch eine einwirkende Kraft entweder eine Verformung, oder sie erteilt ihm eine Beschleunigung. Im ersteren Falle werden innere Gegenkräfte hervorgerufen, mit denen sich die Festigkeitslehre befaßt. Der auf die Flächeneinheit des beanspruchten Querschnittes entfallende Anteil heißt Spannung.
Daraus resultiert also:

$$\text{Spannung} = \frac{\text{Kraft}}{\text{Fläche}}.$$

Nach dem SI-Einheitssystem ergibt sich die Spannung Pa (Pascal) $= \frac{N}{m^2}$.

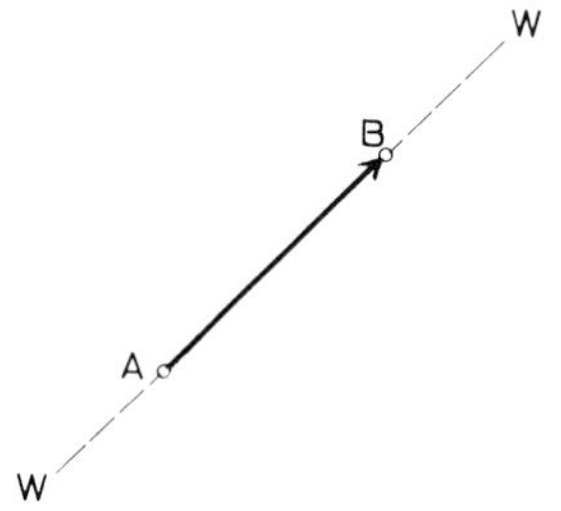

Abb. **27** Bestimmungsstücke einer Kraft F: AB = Größe der Kraft, W = Wirkungslinie, A = Angriffspunkt

Bei kleinen Flächen errechnet man zweckmäßig in MPa bzw. in $\frac{N}{mm^2}$. Demnach ist:

$$1\ \text{MPa} = 10^6\ \frac{N}{m^2} = 1\ \frac{N}{mm^2}.$$

Auf dieser Basis lassen sich Kraftwirkungen auf Werkstoffe oder Konstruktionsteile untersuchen und die daraus resultierenden Beanspruchungsgrößen berechnen und dementsprechend, z. B. metallische Implantate, dimensionieren.
Die Beschleunigung eines starren Körpers hingegen erfolgt nach dem dynamischen Grundgesetz: Kraft (F) = Masse (M) × Beschleunigung (a): F = M × a.
Sie ist abhängig von der Art der Krafteinwirkung (Größe, Dauer, Rhythmus) gleichförmig oder ungleichförmig.
Nach dem Système international (SI) ist die Krafteinheit eines Newton (1N) jene Kraft, welche der Masse von 1 kg eine Beschleunigung von 1 m/s^2 erteilt.

Gleichgewicht der Kräfte

Die Erdgravitation sucht, als allgemein geläufiges Einzelbeispiel, den Körper zum Erdmittelpunkt zu bewegen. Ruht der Körper auf einer Unterlage, so geht ein Widerstand von ihr aus, die *Auflagereaktion.* Sie bewirkt den Gleichgewichtszustand des ruhenden Körpers infolge der wirkenden Kräfte.
Die Wirkungslinie des Körpergewichtes verläuft durch den Körperschwerpunkt S (jeweiliger Massenmittelpunkt) zum Gravitationszentrum der Erde. S deckt sich bei gleichem spezifischem Gewicht mit seinem geometrischen Mittelpunkt (Braune u. Fischer 1895, Pauwels 1965b). Ist der Körper nicht flächenhaft, sondern durch mehrere Punkte unterstützt, so begrenzt das Polygon, welches durch geradlinige Verbindungen der einzelnen Stützpunkte zueinander entsteht, die Unterstützungsfläche (Abb. **29**a) (Kummer 1967). Solange die Wirkungslinie des Schwerelotes in

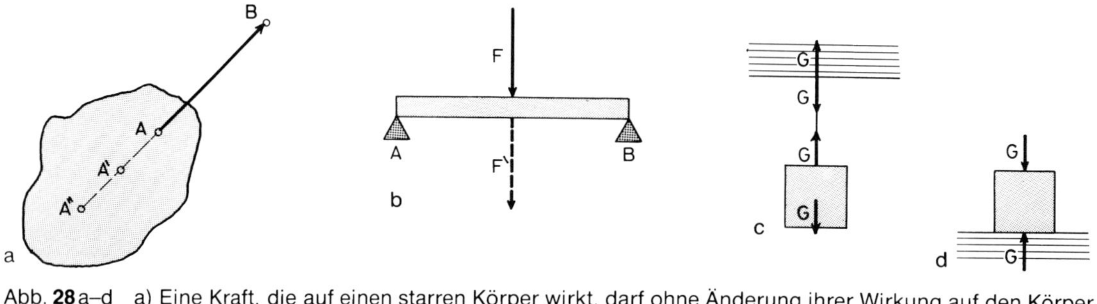

Abb. **28**a–d a) Eine Kraft, die auf einen starren Körper wirkt, darf ohne Änderung ihrer Wirkung auf den Körper auf ihrer Wirkungslinie verschoben werden. b) Verschiebungssatz. Ob eine Kraft an der gleichen Linie an der Ober- oder Unterseite eines Balkens auf zwei Stützen angreift, ist für ihre Auswirkung gleichgültig. c) Gesetz der Wechselwirkung von Kraft und Gegenkraft. d) Den Druck eines Körpers auf die Unterlage entspricht ein gleich großer Gegendruck von der Unterlage auf den Körper. Ein hängendes Gewicht hat im Seil eine nach unten gerichtete Zugkraft zur Folge; vice versa übt das Seil auf den Körper eine nach oben gerichtete Zugkraft aus

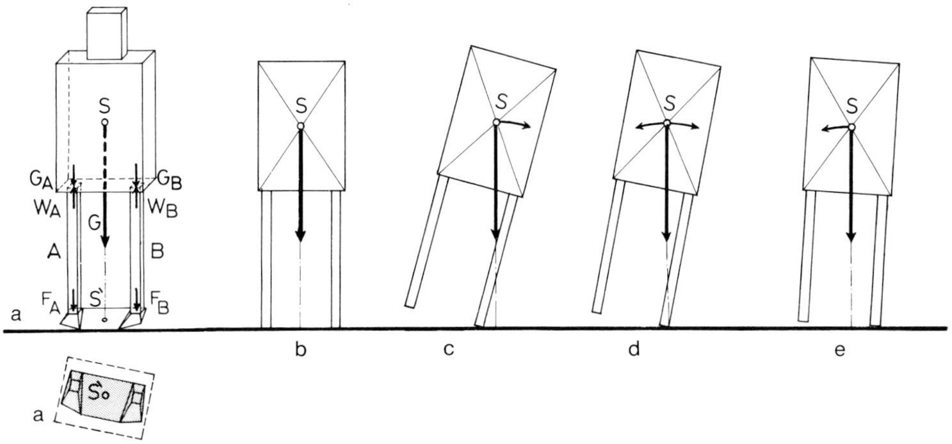

Abb. **29** a–e Vereinfachtes Standprinzip des Körpers auf zwei Beinen: a) vertikaler Doppelquader auf zwei Stützflächen stehend, Gesamtstützfläche schraffiert (nach *Kummer*): A = stabiles Gleichgewicht, S = Schwerpunkt, S′ = Durchstoßpunkt des Schwerpunktlotes durch die Bodenfläche, G = Quadergewicht, GA, GB = von den Stützen A und B zu tragende Teilgewichte des Quaders, WA, WB = Auflagerwiderstände; b) stabiles Gleichgewicht; c) Der gekippte Quader fällt noch in die Ruhelage zurück, da das Schwerpunktlot noch innerhalb der Unterstützungsfläche liegt; d) labiles Gleichgewicht: Schwerpunktlot fällt auf die Stützkraft; e) freies Kippmoment; Schwerpunktlot fällt außerhalb der Stützfläche

den Bereich der Unterstützungsfläche fällt, herrscht stabiles Gleichgewicht (Abb. **29** b u. c). Läuft sie hingegen durch die Begrenzungslinie der Unterstützungsfläche (Kippkante), dann besteht ein labiles Gleichgewicht (Abb. **29** d). Jede geringste Änderung der Krafteinwirkung kann den Körper über die Kippkante zum Umfallen bringen (Abb. **29** e).

Eine horizontal oder schräg einwirkende äußere Kraft versucht den Körper an seiner gegenüberliegenden Kippkante umzukippen. Ihre Auswirkung ist vom Moment der Kraft, d. h. vom Produkt aus Kraft und Hebelarm abhängig, wie noch später besprochen werden soll.

Beim stabilen Gleichgewicht leistet das Eigengewicht des Körpers und dem hierbei wirksamen Hebelarm gegenüber dem Umkippen Widerstand. Seine Länge ist der Abstand vom Schwerpunktlot zur Kippkante. Daraus ergibt sich, daß die Kippsicherheit der Quotient des Standmomentes (Moment des Körpergewichtes) durch das Kippmoment (Größe und die Hebelarmlänge der kippenden Kraft) ist (Abb. **30**):

$$\text{Kippsicherheit} = \frac{\text{Standmoment}}{\text{Kippmoment}}.$$

Ein Körper benötigt zur Erhaltung einer stabilen Gleichgewichtslage mindestens 3 Stützpunkte, wobei die jeweils von einer Stütze tragende Teillast umgekehrt proportional den jeweiligen Abstand der Stützpunkte vom Schwerelot ist. Die Auflagereaktion ist bei 3 Stützpunkten statisch determiniert, wenn die Richtung und die Größe der auf die Unterlage wirkenden Stützkräfte festgelegt sind. So ruht z. B. beim Stand auf einem Bein das Körpergewicht auf einem Fuß, wobei die Lastverteilung bei jeder Lage des Schwerelotes innerhalb der stützenden Sohlenfläche festgelegt ist. Beim Stand auf beiden Beinen hingegen sind mehrere Stützpunkte (beide Fußsohlen) vorhanden, bei denen die Lastverteilung nicht genau vorbestimmt werden kann, da durch verschiedentliche Gewichtsverlagerungen der eine oder andere Stützpunkt entlastet werden kann.

Pauwels (1973 a) weist immer darauf hin, daß die mangelhafte Kenntnis der physikalischen Grundbegriffe der Festigkeitslehre eine der Hauptursachen von Fehlauffassungen biomechanischer Bauprinzipien und Funktionen sowie Behandlungsprinzipien des Bewegungsapparates ist.

Im Vordergrund stehen die von ihm in die Biomechanik eingeführten Begriffe der „Belastung“ (Gewichtslast) und der „Beanspruchung“ (Spannungen), die gerade von Medizinern oft mißverstanden und verwechselt werden. Ich möchte beide, in Anlehnung an die einprägsamen Darstellungen von Pauwels, wiedergeben:

Unter *„Belastung“* verstehen wir alle äußeren Kräfte verschiedener Größe, Art, Richtung, Zeit- und Einwirkungsdauer, die auf einen Körper einwirken. Sie setzen sich zusammen aus dem Körpergewicht, der Gegenkraft der Muskulatur sowie aus dynamischen Kräften, die in der Zeiteinheit bei der Bewegung wirksam werden.

Die *„mechanische Beanspruchung“* eines Körpers hingegen ist ein Sammelbegriff für verschiedene Auswirkungen äußerer Kräfte, die im belasteten starren Material als Spannungen im Sinne elastischer und plastischer Verformungen bis zum Bruch in Erscheinung treten (Pauwels 1965 b, 1973 a)

$$(\text{Spannung} = \frac{\text{Kraft}}{\text{Fläche}} + \text{N/cm}^2).$$

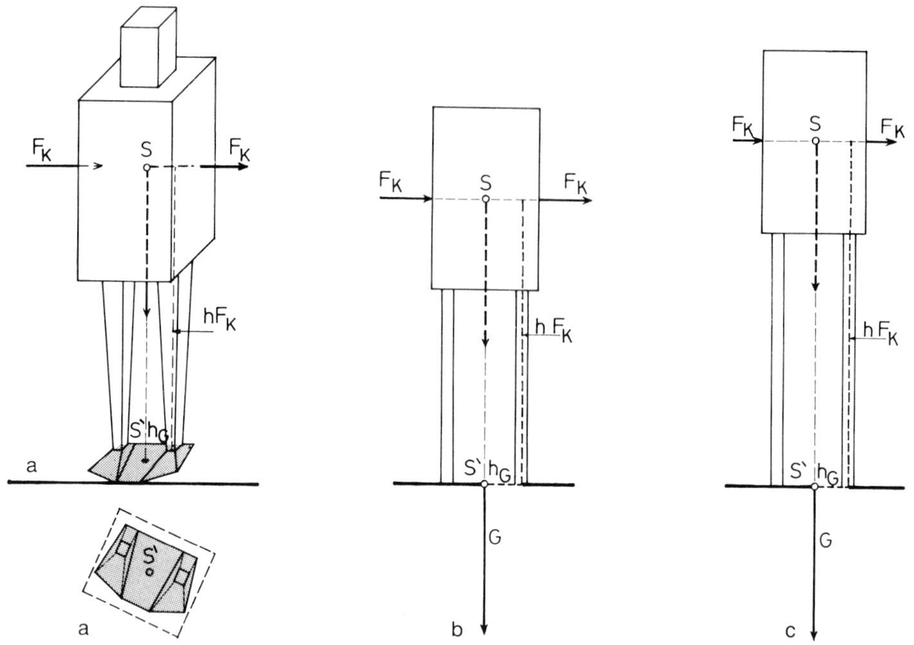

Abb. **30** a–c Kipp- und Standmoment: a) Vereinfachtes Körperschema. Stand auf zwei Beinen im Gleichgewicht. b) Der Körper ruht auf relativ niedrigen Stützen. Die Kraft F_K die zu einem Kippmoment gleicher Größe wie das Standmoment $G \cdot h_G$ führt, muß verhältnismäßig groß sein. c) Bei einem Körper, der auf hohen Stützen ruht, ist der Hebelarm h_K der kippenden Kraft sehr lang, deswegen muß die Kippkraft F_K erheblich kleiner sein als im Schema a): $F_K \cdot g_F = G \cdot h_G$, F_K = kippende Kraft, h_G, g_F = Hebelarme von Körpergewicht und kippender Kraft

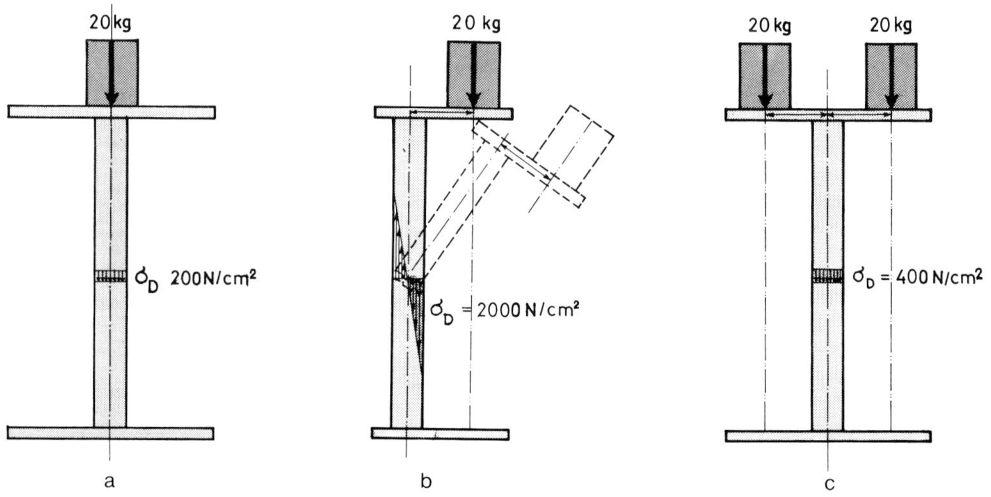

Abb. **31** a–c Die Beanspruchung einer Säule a) u. b) bei zentrischer und c) exzentrischer Belastung bis zum Bruch. σ_D = Druckspannungen. Die größte Spannungsspitze im Querschnitt ist maßgebend für die Größe der Gesamtquerschnittsbeanspruchung und damit der Bruchgefährdung (nach *Pauwels*)

Um die unterschiedlichen Auswirkungen dieser Begriffe zu veranschaulichen, wählt PAUWELS (1965b) das Beispiel der belasteten Säule.

Es wird graphisch gezeigt, daß durch *zentrische* Belastung (gegenüber anderen Arten der Belastung) immer die niedrigsten, im Querschnitt der Säule gleichmäßig verteilten Druckspannungen auftreten (Abb. **31** a u. b). Die *exzentrische* Belastung führt zu hohen, ungleichmäßig verteilten Spannungen im Querschnitt der Säule, die zur Verbiegung und auch zum Bruch führen können (Abb. **31** c).

Verwandelt man die exzentrische Belastung durch Auflegen eines gleich großen Gewichtes unter der gleichen Hebelarmlänge auf der Gegenseite in eine axiale Druckbelastung, dann zeigt sich, daß die

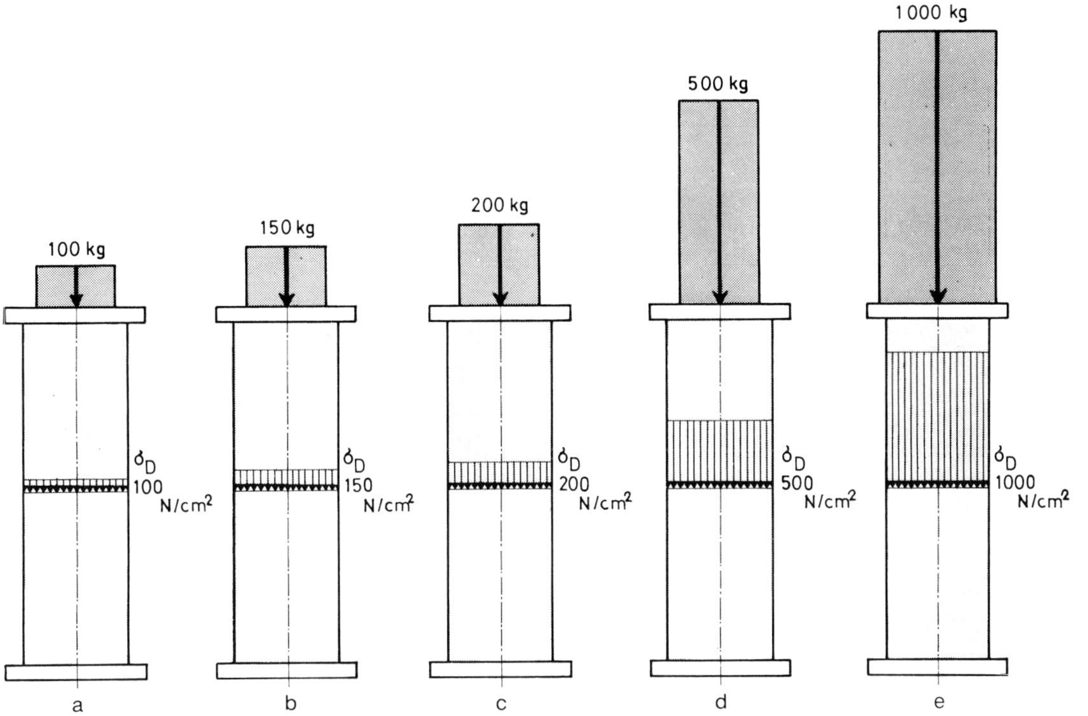

Abb. 32 a–e Graphische Veranschaulichung der Größe der axialen Druckspannungen bei säulengleichem Querschnitt und zentrischer Belastung durch Gewichte verschiedener Größe von 1–10 kN (nach *Pauwels*)

gleichmäßig im Querschnitt verteilten Spannungen wohl dem doppelten Gewicht der Last entsprechen, jedoch noch immer viel kleiner sind als jene Spannungsspitzen, die aus der einseitigen exzentrischen Belastung mit der halben Gewichtsgröße resultieren. Daraus ist grundsätzlich zu folgern, daß beim Einwirken von Lasten an verschiedenen Angriffspunkten sehr unterschiedliche Spannungen im Material entstehen. Es sagt uns weiterhin, daß nicht die Größe der Last allein, sondern ihre Auswirkungen im belasteten Material, d. h. die mechanische Beanspruchung, für die Widerstandsfähigkeit eines belasteten Körpers ausschlaggebend sind.

An der einen Säulenreihe (Abb. **32**) zeigt sich, daß bei axialer Belastung im Querschnitt gleichmäßig verteilte Spannungen entstehen, deren Größe von der Höhe des Gewichtes direkt ab-

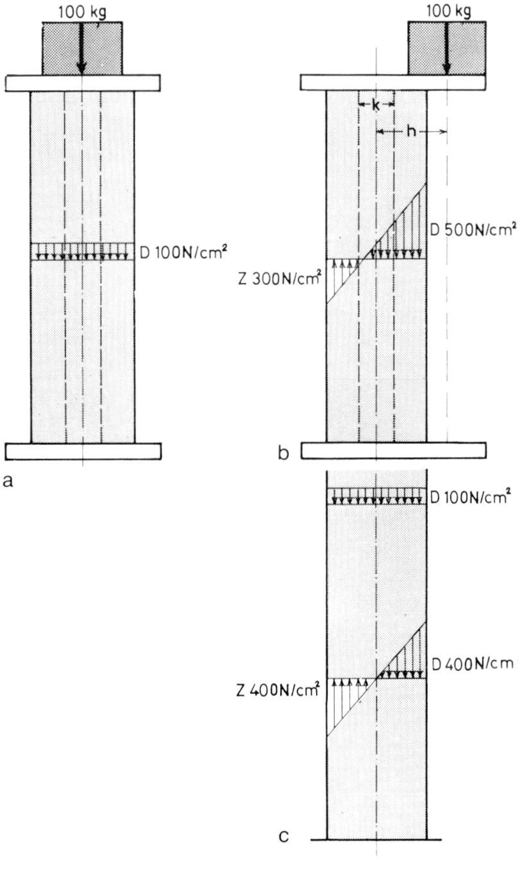

Abb. 33 a–c a) Spannungsverteilung bei zentrischer Säulenbeanspruchung mit 100 kg; b) exzentrische Beanspruchung über den Hebelarm h, bei gleich großer Kraft: K = Kerngrenze, D = Komponente der axialen Druckspannungen, Z = Zugspannungen (s. Text); c) D = Komponente der axialen Druckspannungen, Z = Zugspannungen (s. Text). Die Komponente der axialen Druckspannungen D wird zu der Druckspannungskomponente aus der freien Biegung hinzugezählt; dadurch sind die Druckspannungen aus der Gesamtbiegung immer größer als die Zugspannungen (nach *Pauwels*)

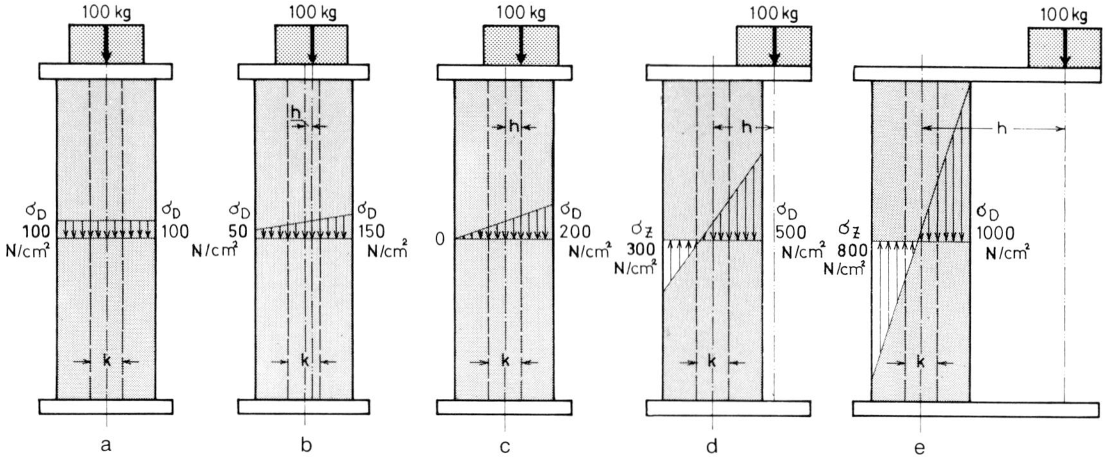

Abb. **34** a–e Momentenflächen von Säulen gleich großen Querschnittes, die mit der gleichen Lastgröße von 100 kg exzentrisch unter variierender Länge des Hebelarmes h belastet werden. Die Spannungsdiagramme geben die Auswirkung der Gesamtkräfte aus der Biegung und ihre Verteilung im Querschnitt wieder, die sich aus axialen Druckkomponenten sowie Zug- und Druckspannungen aus der freien Biegung zusammensetzen (nach *F. Pauwels*)

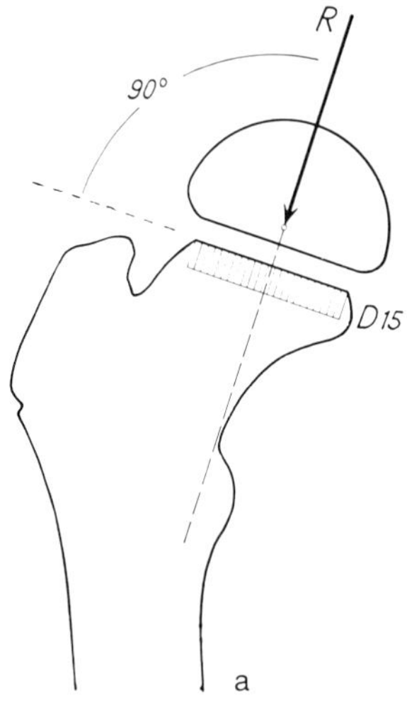

a

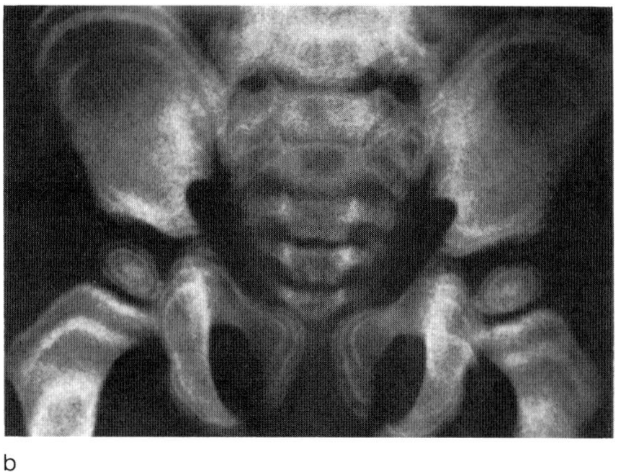

b

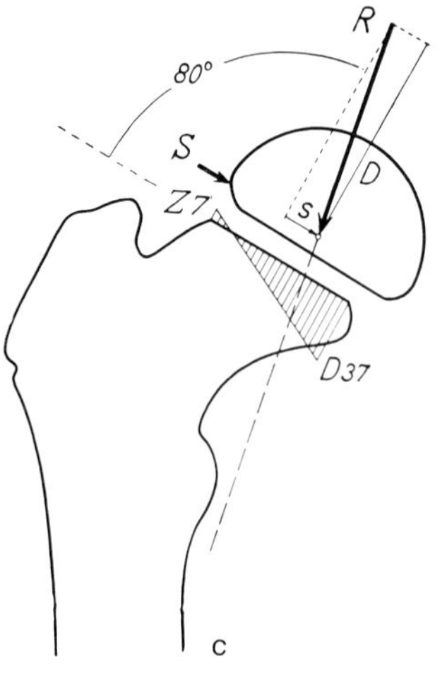

c

Abb. **35** a–c a) Normalbeanspruchung des Epiphysenknorpels mit gleichmäßiger Spannungsverteilung im Querschnitt der Metaphyse. Druckspannungen haben ein gleichmäßiges, seitengleiches Längenwachstum des Schenkelhalses zur Folge. b) Röntgenbild des Beckens und des Schenkelhalses mit Wachstumsmarkierungen durch Kalklinien. c) Asymmetrische Spannungsverteilung in der Metaphyse. S = Schubspannung in der Wachstumslinie (Abb. 35, 36 u. 39 aus *F. Pauwels:* Gesammelte Abhandlungen zur funktionellen Anatomie des Bewegungsapparates. Springer, Berlin 1965)

hängt. Die Spannungen sind durch Längspfeile maßstäblich dargestellt. Hierbei fallen auf 100 kg Belastung 100 N/cm² Druckspannung. Durch Vergrößerung der Last auf das Zehnfache steigt auch die Spannung linear bei gleicher Flächengröße auf das Zehnfache von 1000 N/cm².

Die zweite Form der Beanspruchung ist die *Biegebeanspruchung.* Sie erfolgt durch eine exzentrisch parallel zur Längsachse der Säule angreifende Last von 100 kg. Die Säulen der dargestellten Reihe werden durch die gleiche Last nicht nur auf axialen Druck, sondern auch auf Biegung beansprucht. Daraus resultierend entstehen im belasteten Material zwei verschiedene Spannungsarten:

1. die Komponente der zentrischen oder axialen Druckspannungen,
2. die freien Biegespannungen, die sich aus den Komponenten Zug und Druck zusammensetzen.

Beide Spannungsarten wurden voneinander getrennt in der tiefer stehenden Säule graphisch veranschaulicht (Abb. **33**). Die Komponente D der axialen Spannungen ist bei allen drei Formen der exzentrischen Belastung der Säulenreihe gleich groß (Abb. **33, 34, 35**).

Die Druck- und Zugspannungen aus der freien Biegung sind an der Säulenperipherie am größten. Sie fallen gegen die neutrale Faser- oder Biegungslinie auf 0 ab. Die axialen wie auch die Biegespannungen sind Längsspannungen, die sich in einem gemeinsamen Diagramm zu einer resultierenden Biegebeanspruchung summieren (Abb. **34**). Die Spannungen sind hierbei an der Druckseite immer größer als diejenigen an der Zugseite, weil an der Zugseite die Komponente des zentrischen Druckes ein gegensätzliches Vorzeichen besitzt und dadurch von der Zugkomponente abgezogen werden muß. An der Druckseite hingegen wird die axiale Druckkomponente addiert, wodurch sich die Differenz der Spannungsgröße an Zug- und Druckseite ergibt, z. B.

$$\text{Zugseite } -40\,\frac{\text{N}}{\text{cm}^2} + 10\,\frac{\text{N}}{\text{cm}^2} = -30\,\frac{\text{N}}{\text{cm}^2} \quad \text{(Z)}.$$

$$\text{Druckseite } +40\,\frac{\text{N}}{\text{cm}^2} + 10\,\frac{\text{N}}{\text{cm}^2} = +50\,\frac{\text{N}}{\text{cm}^2} \quad \text{(D)}.$$

Die Last von 100 kg wirkt an den Säulen gleichen Querschnittes linear exzentrisch über einen immer größer werdenden Hebelarm. Die Länge des virtuellen Hebelarmes ist proportional dem Moment der Last, unter welchem sie auf die Säule

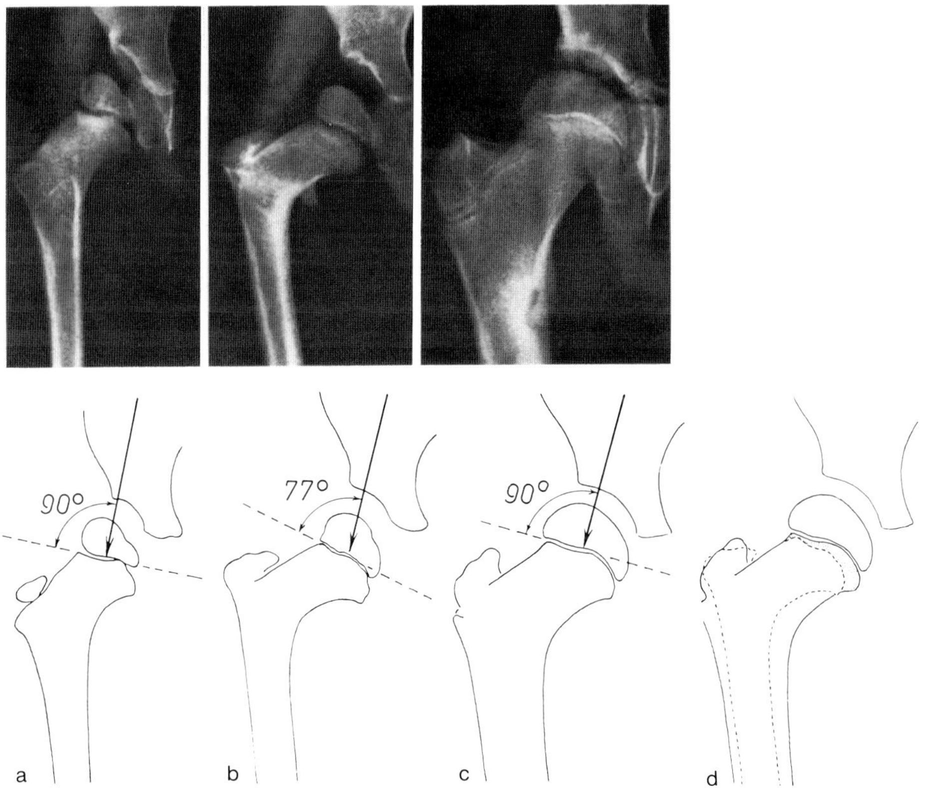

Abb. **36** a–d Röntgenbild und Schema der funktionellen Anpassung durch ungleiches Längenwachstum der Metaphyse nach varisierender Femurosteotomie. a u. b) Die Wachstumsplatte wurde durch die varisierende Osteotomie von 90 auf 77° zur resultierenden Druckkraft umgestellt. c) Sie richtet sich so lange auf, bis sie wiederum senkrecht zur resultierenden Belastungsrichtung (90°) eingestellt ist. d) gestrichelt: nach Varisierung, ausgezogene Linie: Wiederaufrichtung durch ungleiches Längenwachstum

einwirkt. Dadurch steigt die Druckspannung von ursprünglich 100 N/cm² bei zentrischer Druckbeanspruchung auf 1000 N/cm² bei gleichem Querschnitt der Säule. Die Spannungsgröße von 1000 N/cm² entspricht derjenigen einer einwirkenden Last von 1000 kg bei axialer Beanspruchung (vgl. Abb. **33**). Demnach ist die überlagerte Biegung bei exzentrischer Druckbeanspruchung für die höchsten Spannungsspitzen im beanspruchten Querschnitt verantwortlich, wobei die Verteilung der Spannungsgrößen im Säulenquerschnitt von der Größe der Kraft und ihres Momentes abhängig ist. In den beiden ersten Säulen treten nur ungleichmäßig im Querschnitt verteilte Druckspannungen aus der Biegung auf, jedoch keine freien Zugspannungen, da das Gewicht innerhalb der Kerngrenze, die in der Mechanik mit 1/3–1/4 des Säulenquerschnittes gerechnet wird, einwirkt. Fällt die Wirkungslinie mit der Kerngrenze zusammen, dann beträgt die Span-

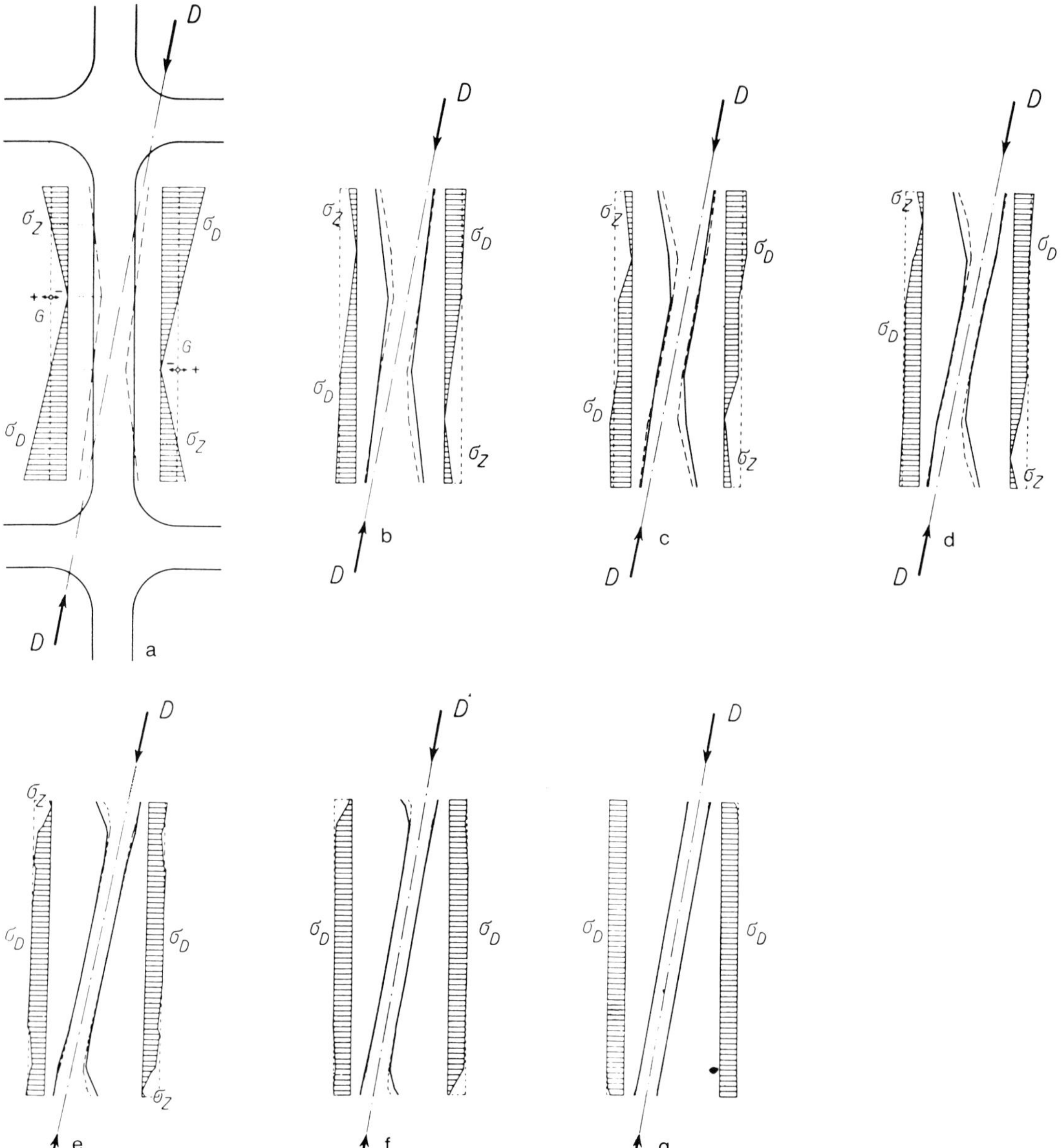

Abb. **37** a–g Schema über den stufenweisen Ablauf des Umbaues eines hypothetischen Knochenbälkchens bei Biegebeanspruchung durch eine schräg zur Bälkchenachse gerichtete Druckkraft D. Anbau mit +, Abbau mit – gekennzeichnet. G = Sollspannung, σ_D und σ_Z = tatsächlich auftretende Spannungen auf Druck und Zug, horizontal schraffierte Felder = Momentenflächen der im Querschnitt des Bälkchens beim Umbau jeweils vorherrschenden Spannungen (aus *F. Pauwels:* Z. Orthop. 111 [1973] 681)

nungsgrenze an der Zugseite Null, weil die Druckkomponente der exzentrischen Belastung gleich groß ist mit der Zugkomponente aus der Biegung und subtrahiert werden muß.

Auf die Beanspruchung des Skelettes übertragen, sagt PAUWELS (1960, 1965b): „Die dem Druck überlagerte Biegebeanspruchung ist jene Komponente der Beanspruchung, welche für die Reaktion des Knochens den größten Ausschlag gibt (PAUWELS 1973b). Sie ist maßgebend:

1. Für die Größe der Beanspruchung (Spannung), weil durch die überlagerte Biegung die größte im Querschnitt auftretende Spannung hervorgerufen wird.
2. Für die Qualität der Beanspruchung (Spannung), weil es von der Größe der überlagerten Biegebeanspruchung abhängt, ob nur reine Druckspannungen oder auch Zugspannungen im Querschnitt auftreten.
3. Ist auf sie zurückzuführen, daß die Spannungen an der Druckseite der Biegung stets größer sind als der Zugseite. Die ungleiche Spannungsverteilung im Querschnitt ist von besonderer Bedeutung, weil die überlagerte Biegebeanspruchung hierdurch zum Motor für die funktionelle Wachstumsanpassung wird (BENNINGHOFF 1927, PAUWELS 1968, 1971).

Nach PAUWELS werden durch die Biegebeanspruchung zwei verschiedene Arten der funktionellen Anpassung des Knochens ausgelöst und gesteuert (SCHEIER 1967):

1. Funktionelle Wachstumsanpassung durch ungleiches Längenwachstum im Bereich der Metaphyse, als Folge ungleichmäßiger Spannungsverteilung in der Wachstumsplatte bei ausmittiger Belastung (Abb. **35** u. **36**).
2. Die funktionelle Anpassung durch Breitenwachstum erfolgt bei anormaler Biegebeanspruchung von Knochenachsen. Der Umbauvorgang des einzelnen auf Biegung beanspruchten Spongiosabälkchens erfolgt durch Breitenwachstum (Abb. **37–39**) bis zur trajektoriellen Wiederausrichtung des betroffenen fehlerhaft beanspruchten Spongiosasystems (spannungsfreies trajektorielles Rahmenfachwerk nach PAUWELS), (PAUWELS 1973b, 1975, VIGLIANI 1967).

Die dritte Art von Krafteinwirkungen, die in der Biomechanik auch praktische Bedeutung besitzt, hat Schubspannungen zur Folge. Reine Schubspannungen werden durch parallel zur Oberfläche wirkende äußere Kräfte (Belastungen) auftreten. Schubkräfte treten auch dann auf, wenn die Resultierende R einer Kraft schräg zur Flächennormale wirkt, wie z. B. schräg zur vertikalen Längsachse einer Säule. Hierbei zerfällt R in eine Horizontalkomponente S (Schubkraft) und in eine Axialkomponente D (zentrischer Druck) (Abb. **40**).

Der Größenanteil der horizontalen Schubkomponente S, die übrigens in jeder Höhe der Säule

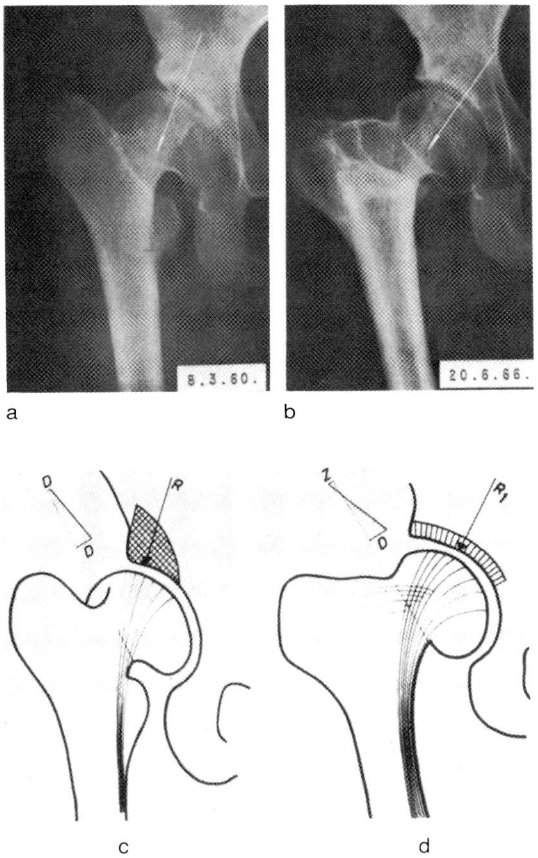

Abb. **38** a–d a) ♀, Coxa valga subluxans mit Schenkelhalsverkürzung, trajektorieller Umbau der Spongiosastrukturen des Schenkelhalses nach varisierender Femurosteotomie infolge Änderung der Spannungsverteilung und Größe im Querschnitt durch Biegung. Vor der Operation fast axiale Druckbeanspruchung (innerhalb der Kerngrenze), zeigt reine Drucktrajektoriensstruktur. b) Nach der Operation funktioneller Umbau der Spongiosa in Zug- und Drucktrajektorien. c) u. d) Schematische Darstellung der Spannungsänderung im Schenkelhalsquerschnitt nach varisierender Femurosteotomie und Trochanterkippung, mit der daraus resultierenden funktionellen Anpassung der Trabekularstrukturen der Spongiosa

gleich groß ist, nimmt mit steigender Größe des Neigungswinkels von R zur Vertikalen zu, indes die Druckkomponente D immer kleiner wird: $D = R \times \cos \alpha$.

Die jeweilige Gesamtgröße der bisher besprochenen Arten der Belastung durch äußere Kräfte ist ausschlaggebend von der Ausdehnung der Fläche, auf welche die äußeren Kräfte oder die Last übertragen wird (Tragfläche oder Krafteinleitungsfläche), abhängig. Daraus resultierend sind auch in jeder Schnittebene hervorgerufene Kräfte über die Schnittfläche verteilt. Der auf die Flächeneinheit des nicht verformten Querschnittes entfallende Anteil heißt Spannung (GREENWALD u. HAY-

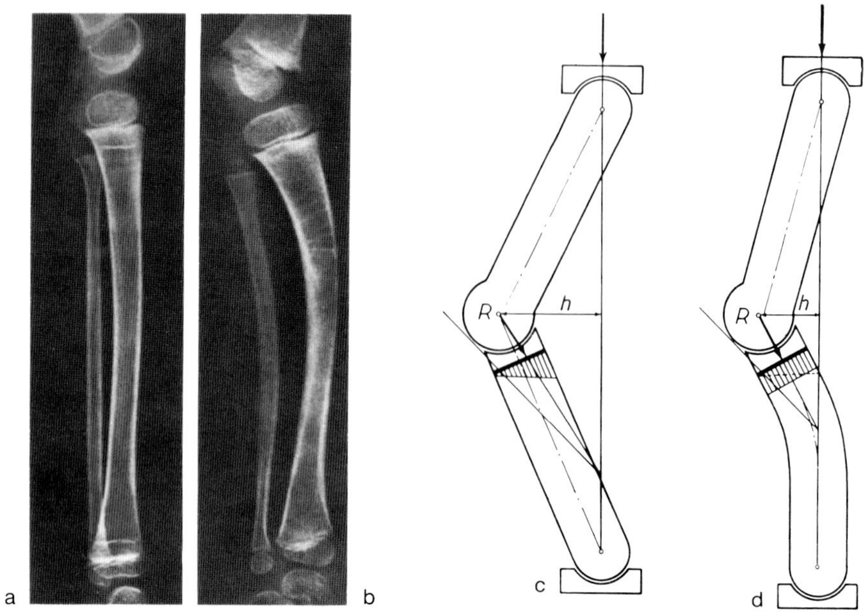

Abb. **39** a–d a) Gerade Tibia eines normalen 4jährigen Jungen. b) Tibia antecurvata eines Vergleichskindes, die sich bei einem paralytischen Genus recurvatum nach Polio im 1. Lebensjahr als Ausdruck der funktionellen Anpassung mittels ungleichen Längenwachstums infolge der pathologischen Dauerbeanspruchung des Schienbeines entwickelt hat. c u. d) Die schematischen Zeichnungen zeigen die Beanspruchung des Epiphysenknorpels vor und nach der Ausbildung der Antekurvationsdeformität der Tibia. Durch die Antekurvationsdeformität wird die resultierende Druckrichtung in die Tibiaachse hineingerückt, so daß die normalerweise durch eine Genu recurvatum bedingte hohe Biegebeanspruchung der Tibia und des Unies nahezu vollständig neutralisiert wird. Die Wachstumsplatte wird vor Entwicklung der kompensatorischen Deformität exzentrisch und nach Entwicklung der Deformität wieder zentrisch auf Druck beansprucht. Die Druckspannungen im Epiphysenknorpel haben dann überall die gleiche Größe im Querschnitt

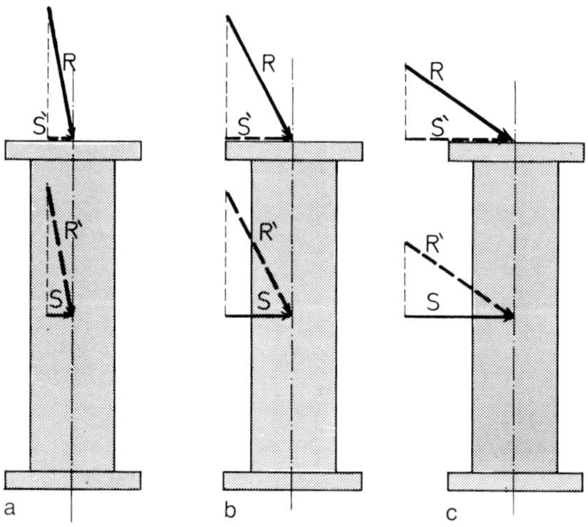

Abb. **40** a–c Graphische Veranschaulichung der Schubspannungen, die bei Schrägbelastungen von Säulen bei verschiedener Neigung der Wirkungslinie der Kraft auftreten (s. Text) (nach *Pauwels*)

NES 1972, MAQUET u. Mitarb. 1975, PAUWELS 1973 a):

$$\text{Spannung} = \frac{\text{Kraft}}{\text{Fläche}}.$$

In SI-Einheiten ausgedrückt, ergibt sich die Spannung in:

$$\frac{\text{N}}{\text{m}^2} = \text{Pa (Pascal)}.$$

Zur Vermeidung großer Meßzahlen erfolgt die Angabe dem jeweiligen Zweck entsprechend in MPa bzw. N/mm^2:

$$1\ \text{MPa} = 10^6\ \frac{\text{N}}{\text{m}^2} = 1\ \frac{\text{N}}{\text{mm}^2}.$$

Der Einfluß der unterschiedlichen Tragflächengröße auf die Größe der Spannungen läßt sich an den folgenden Säulen mit verschieden großen Querschnittsflächen am klarsten veranschaulichen (Abb. **41**). Eine Säule von $10\ \text{cm}^2$ Querschnittsfläche wird mit 1000 kg zentrisch auf Druck belastet. Die Größe der reinen zentrischen Spannungen beträgt $100\ \text{N/cm}^2$. Bei Verdoppelung des Säulenquerschnittes unter gleich großer Belastung sinkt die Größe der Druckspannungen um die Hälfte, auf $50\ \text{N/cm}^2$.

Belastet man hingegen zwei Säulen mit einem Querschnitt von 10 und $20\ \text{cm}^2$ exzentrisch über eine Hebelarmlänge (h) mit nur 100 kg auf Biegung, so entstehen bei einem Säulenquerschnitt von $10\ \text{cm}^2$ Spannungen von $100\ \text{N/cm}^2$. Diese sinken bei der Querschnittsverdoppelung auf $20\ \text{cm}^2$ fast auf ein Drittel, das ist auf $35\ \text{N/cm}^2$ (Abb. **42**).

Diese hohe Reduktion der Spannungen bei Biegebeanspruchung durch Vergrößerung der tragenden Querschnittsfläche ist z. B. für den Röhrenknochen oder für das Hüftgelenk äußerst

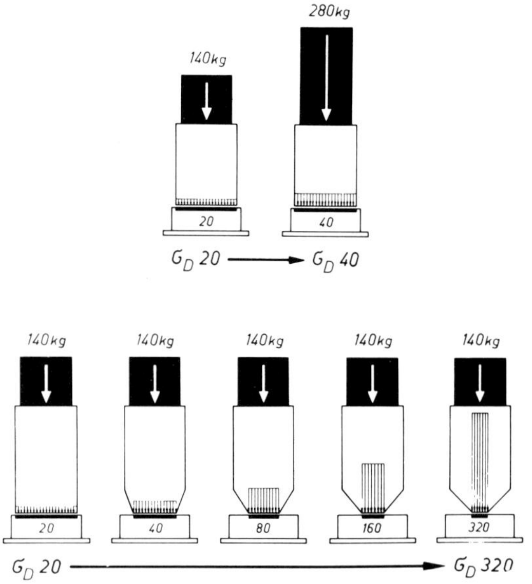

Abb. **41** Einfluß der Größe der belasteten Fläche (Tragfläche oder Krafteinleitungsfläche) auf die Höhe der Spannungen bei gleich großer zentrischer Belastung (*F. Pauwels:* Atlas zur Biomechanik der gesunden und kranken Hüfte. Springer, Berlin 1973)

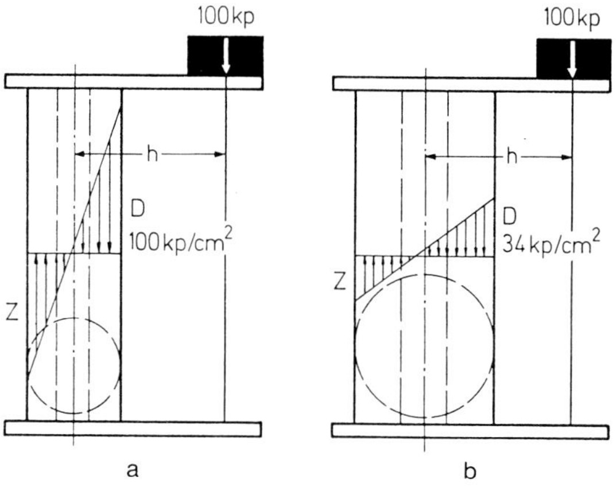

Abb. **42** Einfluß der Größe der Tragfläche bei gleich großer exzentrischer Belastung auf das Ausmaß der Spannungen verschieden großer Säulenquerschnitten (aus: *F. Pauwels:* Atlas zur Biomechanik der kranken und gesunden Hüfte. Springer, Berlin 1973)

wichtig, die unter gleichen mechanischen Bedingungen beansprucht werden. So wird beim Röhrenknochen die normale Spannungsgröße durch einen Achsenfehler, z. B. nach einem schlecht geheilten Bruch, abnorm ansteigen. Durch funktionelle Wachstumsanpassung mittels Breitenwachstum in den Bereichen der höchsten Spannungsspitzen aus der Biegung wird der tragende Querschnitt so lange vergrößert, bis die Normalgröße der Spannungen, wie sie bei gerader Knochenachse gegeben sind, erreicht ist (Abb. **43**).

Pauwels (1973a) konnte nachweisen, daß abnorm hohe Konzentrationen des Gelenkdruckes, wie sie z. B. bei anlagemäßig zu kleiner Tragfläche des Pfannendaches bei angeborener Hüftdysplasie vorliegen, unausbleiblich ein Degenerationsgeschehen an Knorpel und Knochen zur Folge haben. Durch Vergrößerung der Tragfläche mittels varisierender intertrochanterer Femurosteotomie (nach PI) wird der pathogene Gelenkdruck so weit reduziert, daß die Arthrose abheilen kann (Abb. **44**).

Moment einer Kraft

Um das Verständnis wirkender Kräfte zu erleichtern, muß der physikalische Begriff des Momentes einer Kraft noch genauer umrissen werden. Das Kraftmoment M ist das Produkt aus der Kraft F mal ihrem Normalabstand h vom Drehpunkt:

$M = h \cdot F$.

Das heißt, entsprechend dem Hebelgesetz hat eine kleine Kraft mit langem Hebelarm die gleiche Wirkung wie eine große Kraft mit einem kurzen

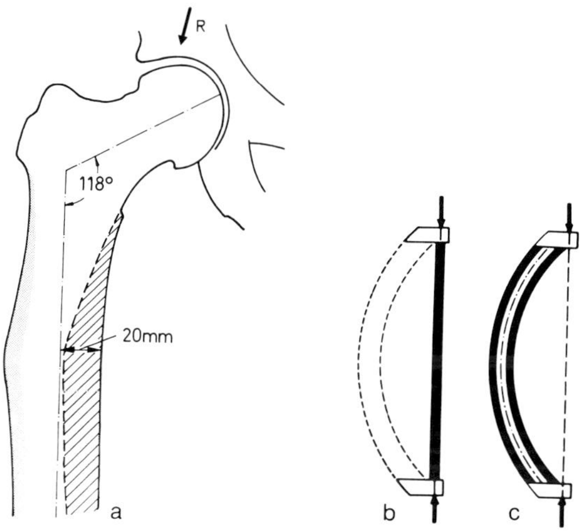

Abb. **43** a–c Funktionelle Wachstumsanpassung der Femurdiaphyse durch Breitenwachstum der Kortikalis bei abnorm hoher Biegebeanspruchung nach pathologisch in Varusstellung geheilter Schaftfraktur (aus *F. Endler, K. Fochem:* Special Orthopaedic Roentgen Diagnosis. Thieme, Stuttgart [in Druck])

Hebelarm. Wie die oben stehende Formel besagt, ist die Größe oder der Betrag des Momentes stets abhängig von der Größe der Kraft und der Länge des Hebelarmes.

Die maximale Effektivität des Momentes ist bei senkrechter (normaler) Einstellung der Wirkungslinie von der Kraft F zum Hebelarm h gegeben.

Momente besitzen die bereits erwähnten Charakteristika eines Vektors wie bei einer linearen Kraft mit der Ergänzung, daß eine lineare Kraft durch die Maßeinheit N (Newton) gekennzeichnet ist, während ein Moment als N cm oder z. B. N mm gekennzeichnet wird (Abb. **45** u. **46**).

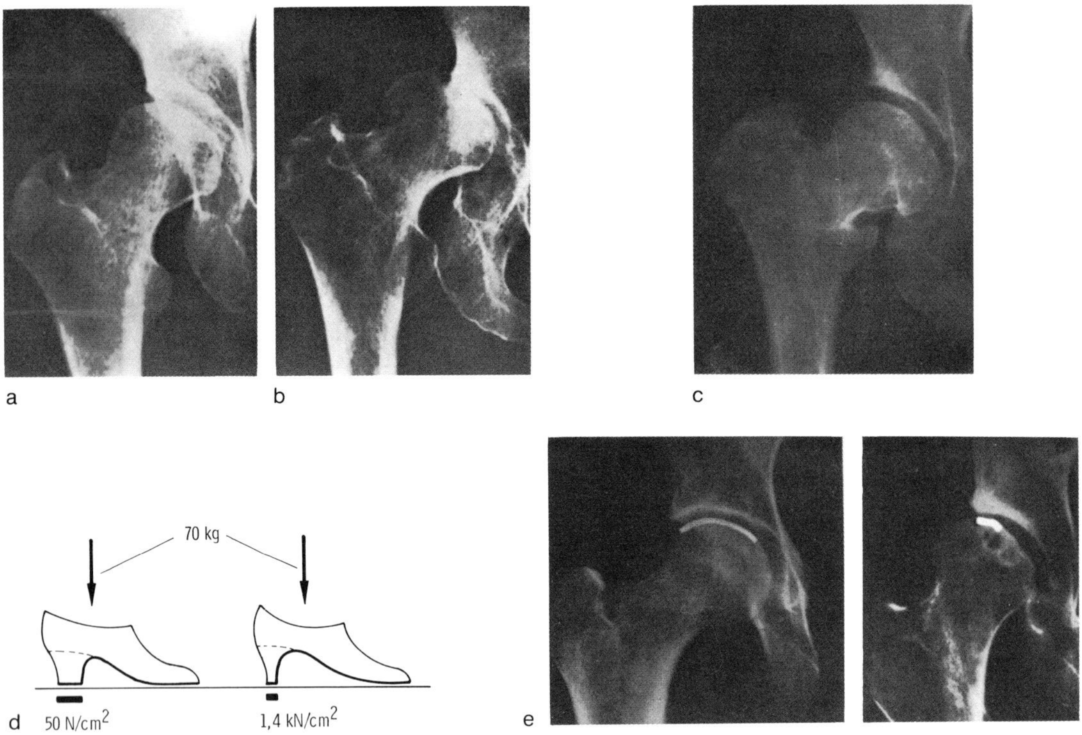

Abb. **44** a–f Operative Reduzierung eines pathogen wirksamen, zu hohen Gelenkdruckes bei progressiver subluxierender Dysplasiearthrose. Durch intertrochantere varisierende Femurosteotomie nach Pauwels I wird infolge Rezentrierung des Kopfes in die Pfanne und Beseitigung der Tragflächeninkongruenz die Höhe des Gelenkdrukkes entscheidend herabgesetzt. a u. b) ♀: Progrediente Dysplasiearthrose mit lateraler Subluxation lokalisierter Knorpelnekrose und dreieckförmige Überlastungssklerose am Pfanneneck. c) Weitgehende Abheilung nach Reduzierung des pathogenen Gelenkdruckes durch Tragflächenvergrößerung mit Beseitigung der Kopf-Pfannen-Inkongruenz mittels varisierender Femurosteotomie (P I). d–f) Didaktischer Vergleich der Änderung der Druckgröße bei Gegenüberstellung eines Pfennigabsatzes zu einem breiten Absatz (nach *Pauwels*) und eines Normalgelenkes im Vergleich zu einer Überlastungsdegeneration beim Dysplasiegelenk mit zu kleiner Tragfläche.

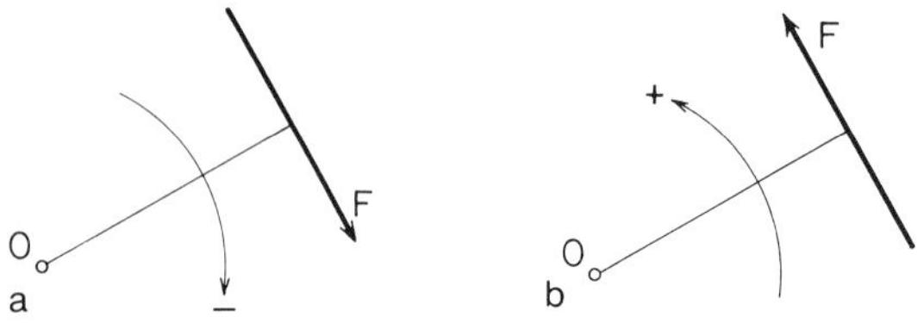

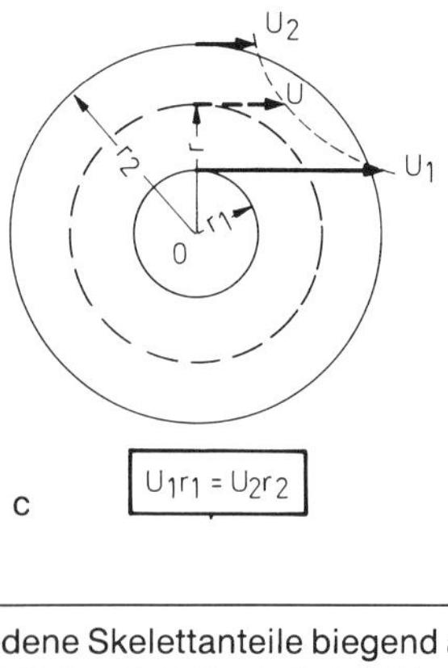

Abb. **45** a–c Das Kraftmoment, seine Größe und sein Drehsinn: a) Positives Moment linksdrehend im Öffnungssinne des Winkels, b) negatives Moment rechtsdrehend im Uhrzeigersinn, c) Drehmoment (aus *H. Hiedel:* Technische Mechanik T. I. Oldenbourg, Wien 1977)

Abb. **46** a–f Das Moment kann je nach seinem Kraftangriff auf verschiedene Skelettanteile biegend als Biegemoment an Diaphysen, verdrehend als Drehmoment an Gelenken oder Wellen wirksam werden. a) Beanspruchung eines exzentrisch belasteten Stabes h_1 = Exzentrizität der Last (gleich Hebelarm), Z = Zugspannungen, D = Druckspannungen. b) Die gleiche Beanspruchungsart am Modell des menschlichen Oberschenkels bei festgestellten Abduktoren im Hüftgelenk. c) Durch Zuggurtung Verminderung der Biegebeanspruchung des Stabes. Im hier gezeigten Modell zentrische Beanspruchung wegen der Momentengleichheit: $F \cdot h_1 = 2\,K \cdot h$ (wobei der Hebelarm h so gewählt wurde, daß er die halbe Länge von h_1 hat). d) Die Lage der Hebelarme h und h_1 am Modell des menschlichen Oberschenkels bei einer Zuggurtung durch den Tractus iliotibialis (a–d nach *Pauwels*). Zuggurtung durch den Tractus iliotibialis im spannungsoptischen Versuch:
e) Ohne Tractus iliotibialis, f) Verminderung der Biegebeanspruchung des Femurs durch den Tractus (e u. f nach *Pauwels*)

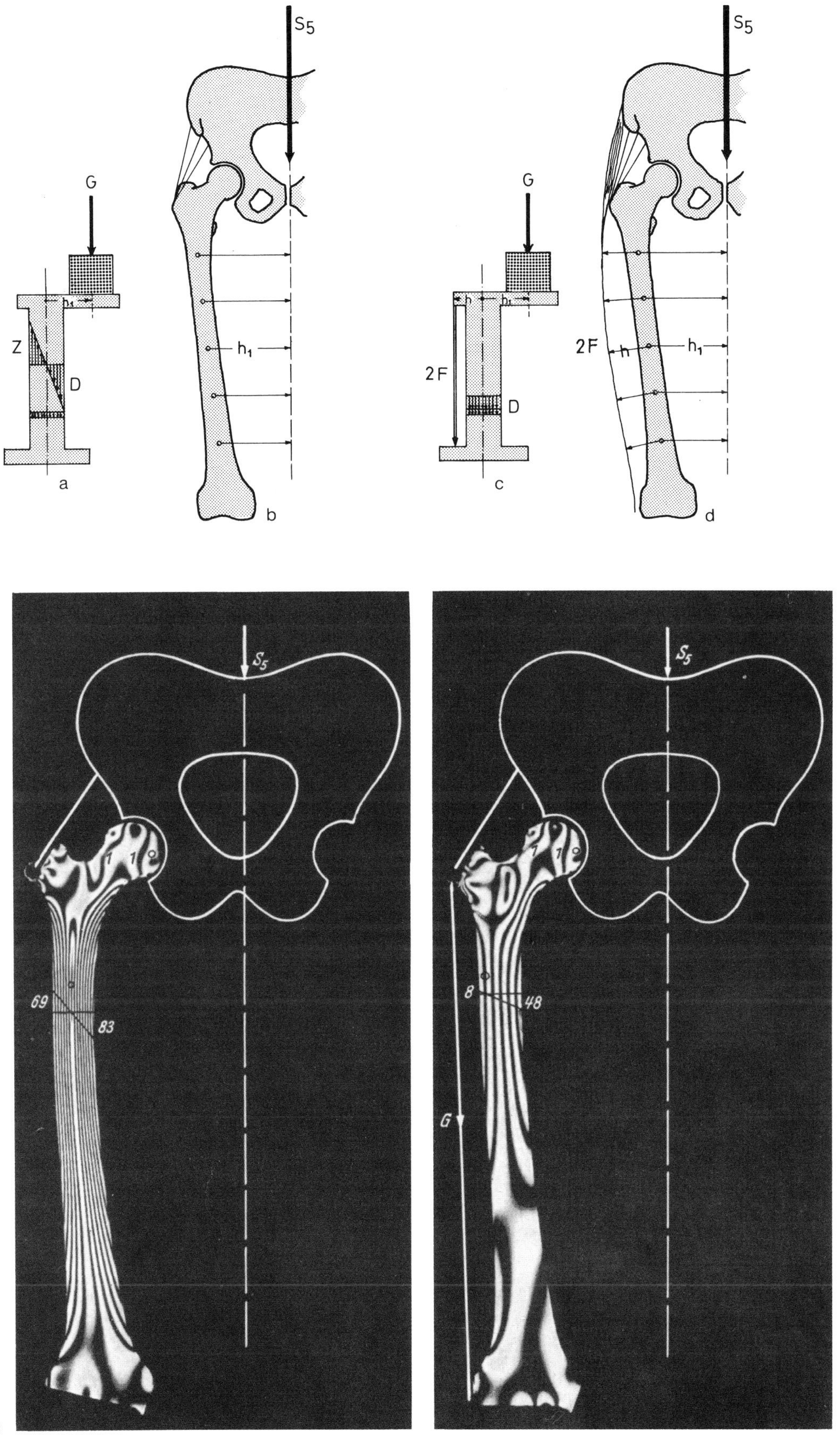
S5
G
h1
Z
D
a
b
2F
h
c
d
S5
1
69
83
8
48
G
e
f

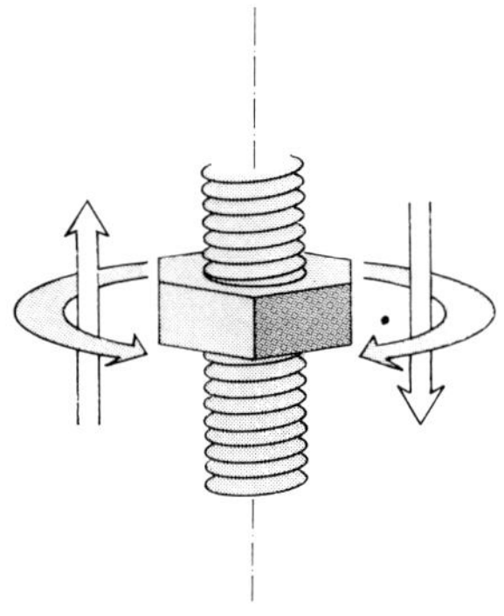

Abb. **47** Positives und negatives Drehmoment am Beispiel der Schraube

So ist beispielsweise ein Biegemoment oder ein Torsionsmoment, das durch eine einzelne oder komplexe Kraftgröße hervorgerufen wird, in seiner Einwirkung äußerlich als exzentrische Belastung durch äußere Kräfte gekennzeichnet. Sie wirken im Material selbst als „Beanspruchung“ (als innere Kräfte oder Spannungen), die bei einem starren Körper entweder Verformungen bis zum Bruch oder im Falle eines Gelenkes eine Winkelbeschleunigung zur Folge haben. PAUWELS hat, wie erwähnt, diese spezielle technische Formulierung der Begriffe *Belastung* und der daraus resultierenden *Beanspruchung* in der Biomechanik eingeführt (vgl. Abb. **31**).
In der Technik spricht man bei Momenten, die über Kurbelwellen, Zahnräder etc. über ihren Ra-

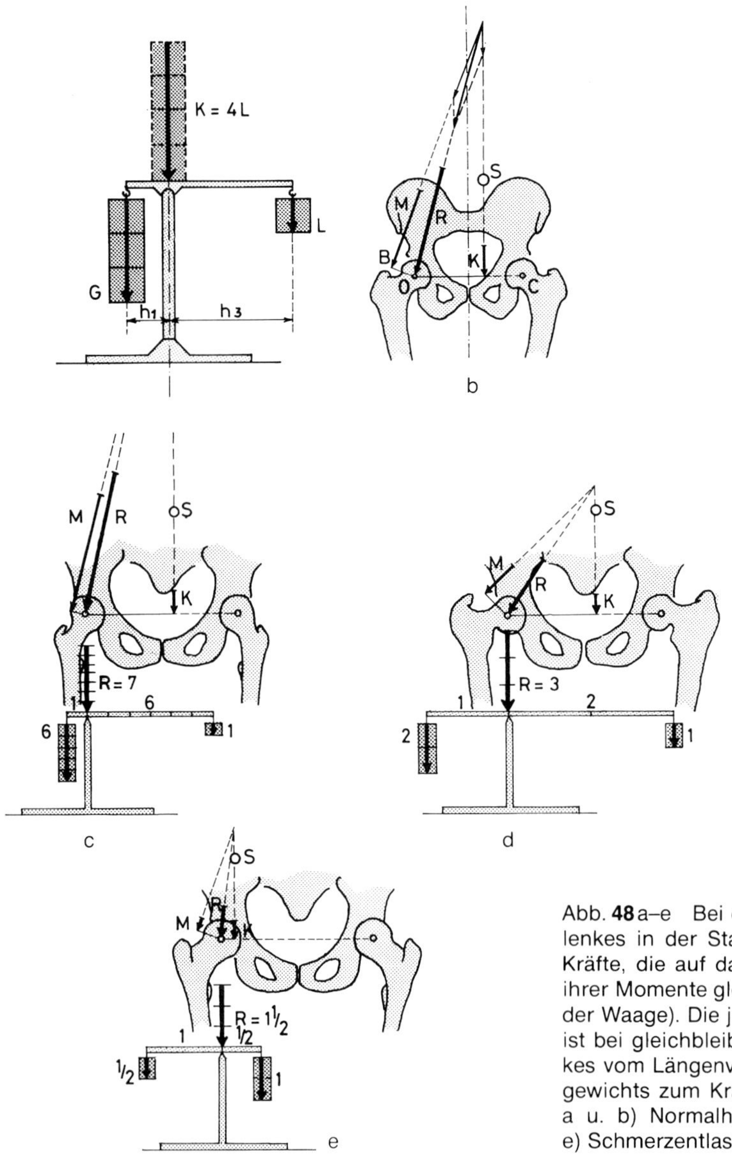

Abb. **48** a–e Bei der statischen Belastung des Hüftgelenkes in der Standbeinphase sind die Summe aller Kräfte, die auf das Gelenk wirken, sowie die Summe ihrer Momente gleich 0 (siehe auch Vergleichsbeispiel der Waage). Die jeweilige Größe der Gesamtbelastung ist bei gleichbleibender Tragflächengröße des Gelenkes vom Längenverhältnis des Lastarmes des Körpergewichts zum Kraftarm M der Abduktoren abhängig. a u. b) Normalhüfte, c) Coxa valga, d) Coxa vara, e) Schmerzentlastungshinken

dius r wirksam sind, von Umfangskräften U. So ist z. B. ein Drehmoment $M = U \cdot r$ oder bei zwei Rädern, die auf einer gleichen Drehwelle laufen, $U_1 \cdot r_1 = U_2 \cdot r_2$.
Ein einfaches technisches Beispiel eines Drehmomentes ist das Drehen einer Schraube. Zum Öffnen und Schließen benötigt man Drehmomente, die mit oder gegen den Uhrzeigersinn gerichtet sind. Die Drehachse steht senkrecht zur Wirkungslinie der Kraft (Abb. **47**).
Die Wechselbeziehungen von Kraft und Moment werden durch folgende Bedingungen definiert:
Bei Gleichgewicht ist:
1. die Summe aller Kräfte, die auf einen Körper einwirken, gleich Null;
2. auch die Summe aller Momente gleich Null.

Dies ist für das Zusammenwirken der Gelenkfunktionen und der mechanischen Beanspruchungsprinzipien der Röhrenknochen im Körper von grundlegender Bedeutung. PAUWELS hat die Gleichgewichtsbedingungen unterschiedlich gegeneinander wirksamer Momente am einfachen Beispiel der Waage veranschaulicht und die mechanischen Prinzipien der statischen Gelenkbelastung mit dem daraus resultierenden Gelenkdruck dargestellt (Abb. **48**).
Momente lassen sich auch graphisch veranschaulichen, wie dies an den Beispielen verschieden belasteter Säulen gezeigt wird. Sie sind als graphische Momentflächen maßstäblich eingezeichnet (Abb. **49**).
Bei exzentrischer achsenparalleler Belastung einer feststehenden Säule entsteht eine rechteckige Biegemomentenfläche, deren horizontale Striche maßstäblich die Spannungsgrößen in jeder Höhe der Säule anzeigen, die überall die gleiche Größe besitzen, da die Wirkungslinie der Kraft parallel zur Säulenachse verläuft. Alle Hebelarme, unter denen die Kraft angreift, sind gleich lang (Abb. **49**a u. **50**a).
Die zweite Säule steht unter einer resultierenden Schrägbelastung infolge Schiefstellung der Säule zur Wirkungslinie der Kraft. Der jeweilige Biegungssinn, den die Kraft R auf die Säule ausübt, wird durch einen kleinen Bogen am Rande der Momentenfläche gekennzeichnet, dessen Konkavseite immer zur Belastungsseite gerichtet ist.
Der Angriffspunkt von R am oberen Säulenende liegt zentrisch im Säulenquerschnitt einer senkrecht stehenden Säule. Im weiteren Verlauf der Wirkungslinie der Kraft nimmt die Entfernung, entsprechend der Winkelöffnung der Kraftrichtung zur Säulenachse, zu. Damit wird auch der Hebelarm der Kraft zunehmend länger, und die maßgebliche Momentenfläche stellt sich in Form eines rechtwinkligen Dreieckes dar (Abb. **49**b u. **50**b).
Geht der Neigungswinkel einer exzentrisch wirkenden Kraft oder die Schiefstellung der Säulenachse zu einer senkrechten Resultierenden so weit, daß R die Säulendecke in der Hälfte schneidet und auf der Gegenseite der Säule weiter verläuft, dann entstehen dadurch zwei gegensinnige Spannungsdreiecke, die mit ihrer langen Spitze aufeinanderstehen. Die Biegemomente beider Dreiecke wirken in entgegengesetzter Richtung, da die Resultierende R einmal links und dann rechts von der Säule einwirkt (Abb. **50**c).

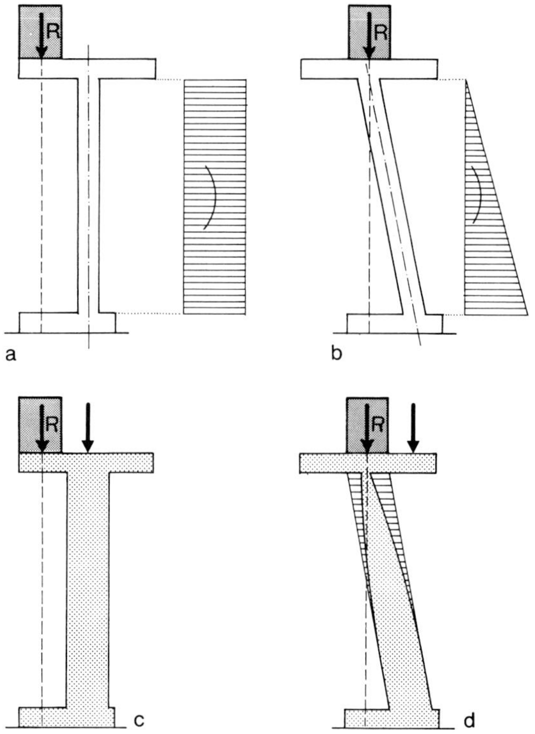

Abb. **49**a–d Die Diagramme der Biegemomentenflächen (s. Text) spiegeln die jeweiligen Spannungsgrößen in der Höhe der verschieden beanspruchten Säulen wieder. a u. b) Biegemomentenflächen, c u. d) Materialaufwand bei gleicher Bruchsicherheit (nach *F. Pauwels*)

Die Diagramma der Biegemomentenfläche zeichnen die jeweiligen Spannungsgrößen in jeder Höhe der verschieden beanspruchten Säulenreihe wieder. Daraus ergeben sich auch wertvolle Rückschlüsse über die Ökonomie des Materialaufwandes bei Stützelementen, die Schrägbeanspruchungen aufnehmen müssen. Diese Tatsache hat PAUWELS bei seinen Abhandlungen über die funktionellen Bauprinzipien des Skelettes in vielen Einzelheiten berücksichtigt (Abb. **49**d u. **50**a′–c′).
Wird eine Säule nur in einer Art beansprucht, dann ist der Materialaufwand bei gleicher Bruchsicherheit entsprechend kleiner als für eine gleiche Säule, welche durch die gleiche Lastgröße nacheinander in verschiedener Art auf Biegung beansprucht wird (Abb. **50**d).
Ein weiteres theoretisches Beispiel zum Verständnis der Ökonomie des Materialaufwandes bei Leichtbauweise in Relation zur geforderten mechanischen Beanspruchungsgröße erläutert

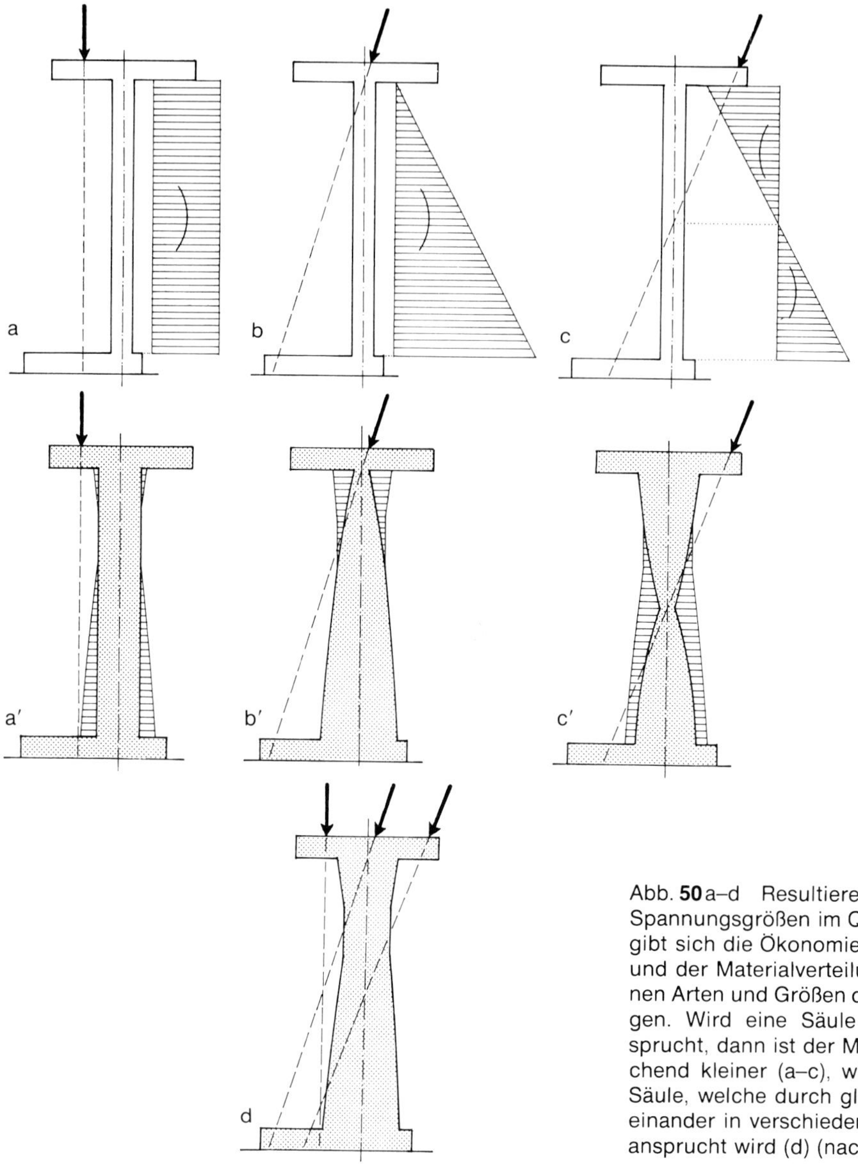

Abb. **50** a–d Resultierend aus den jeweiligen Spannungsgrößen im Querschnitt der Säule ergibt sich die Ökonomie des Materialaufwandes und der Materialverteilung bei den verschiedenen Arten und Größen der Biegebeanspruchungen. Wird eine Säule nach einer Art beansprucht, dann ist der Materialaufwand entsprechend kleiner (a–c), wie z. B. für eine gleiche Säule, welche durch gleiche Lastgrößen nacheinander in verschiedener Art auf Biegung beansprucht wird (d) (nach *Pauwels*)

Pauwels gern am eindrucksvollen Beispiel der Bauprinzipien eines Kranes. Durch Anwendung der Zuggurtung sowie durch entsprechende Querschnittsformen des Durchmessers der Einzelbauteile, die an die örtliche Beanspruchung angepaßt sind, wird ebenso wie durch eine günstige Materialanordnung im Bereich der tragenden Teile die Leichtbauweise in bestmöglicher Weise angestrebt, wie dies beim Skelett der Fall ist (Abb. **51**).

Beim Bewegungsapparat erfolgt die Beanspruchung der Röhrenknochen über Gelenke durch exzentrische Belastung durch das Körpergewicht und die Gegenkraft der Muskulatur. Durch Zwischenschaltung eines Gelenkes kann der Röhrenknochen nicht durch eine einseitig einwirkende Kraft allein beansprucht werden, sondern nur durch die Resultierende aus zwei Kräften, die sich gegenseitig das Gleichgewicht halten (Gelenkhebel) (Abb. **52** a–c). Die jeweilige Größe der Kraft und Gegenkraft ist abhängig vom Körpergewicht und der Muskelkraft sowie vom Längenverhältnis des Hebelarmes der Muskulatur zum Hebelarm des Körpergewichtes.

Der funktionellen Leichtbauweise des Skelettes wird in jeder Weise Rechnung getragen. Jedes einzelne Stützelement ist nicht nur in seiner äußeren Form, sondern auch in seinem Strukturaufbau den jeweils geforderten Beanspruchungsgrößen in bester Weise angepaßt.

Die quantitative mechanische Analyse der funktionellen Bauweise des Skelettes lehrt, daß Konstruktionsprinzipien verankert sind, welche bei Belastung durch das Körpergewicht und die Gegenkräfte der Muskulatur hohe Spannungsspitzen aus der Biegung, vor allem in den Diaphysen der

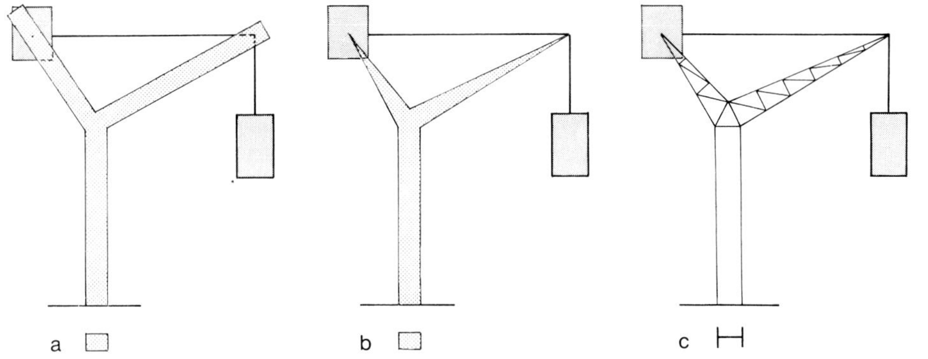

Abb. **51** a–c Das technische Konstruktionsprinzip der Leichtbauweise am Beispiel des Baukranes. Die größte Materialersparnis bei gleicher Tragleistung läßt sich durch zweckmäßige Anwendung der Zuggurtung und Anpassung des Querschnittdurchmessers zusammen mit einer optimalen Materialanordnung im Querschnitt der Einzelbauteile erzielen

Röhrenknochen, möglichst klein halten. Pauwels (1965b) bringt zahlreiche experimentelle und klinische Beweisführungen, die von Kummer (1967), Amtmann (1968a, b), Blaimont u. Halleux (1968, 1972), Oberländer (1975), Ackermann u. Mitarb. (1972), Catel (1970) u. a. bestätigt werden. Die technisch ideale Leichtbauweise wird durch die Querschnittsform, die Länge des Knochens und die gezielte Materialanordnung sowie durch die trajektorielle Architektur der Spongiosa und die Längsosteonenstruktur des Kortikalisrohres in bester Weise verwirklicht, so daß der größtmögliche Widerstand bei höchstem ökonomischem Materialaufwand gegen Biegung gewährleistet ist (Konermann 1975).

Die Abb. **53** a–d gewähren einen begrenzten Einblick in die Auswirkung der mechanischen Beanspruchung durch Last und Gegenkraft der Muskulatur auf das Zustandekommen der ökonomischen Bauformen und der Materialersparnis an einem gelenkigen Balkenmodell, das in gleicher Weise wie der Ellenbogen beansprucht wird.

Jede einseitig einwirkende Kraft könnte bei einem Gelenk wohl ein Drehmoment, nicht aber Spannungen im Querschnitt des tragenden Knochens auslösen (vgl. auch Abb. **52**).

In Wirklichkeit ist jedoch der Beanspruchungsmechanismus des Röhrenknochens wesentlich komplizierter. Will man ihn erfassen, so muß berücksichtigt werden, daß der Knochen in der Regel an beiden Knochenenden gelenkig gelagert ist. Wird er, wie dies der Wirklichkeit entspricht, durch eine schräge Resultierende belastet, dann würde er umkippen, da es bei dem doppelten Gelenkmechanismus mehrerer Gegenkräfte und Momente bedarf, die sich gegenseitig das Gleichgewicht halten (Abb. **54**).

Die Resultierende R, die über die Muskelkräfte M (Muskelkraft und K (Körpergewicht) schräg auf die Säule einwirkt, muß durch eine dritte Teilkraft M_1 so weit in ihrer Wirkungsrichtung abgelenkt werden, daß die gemeinsame Resultierende

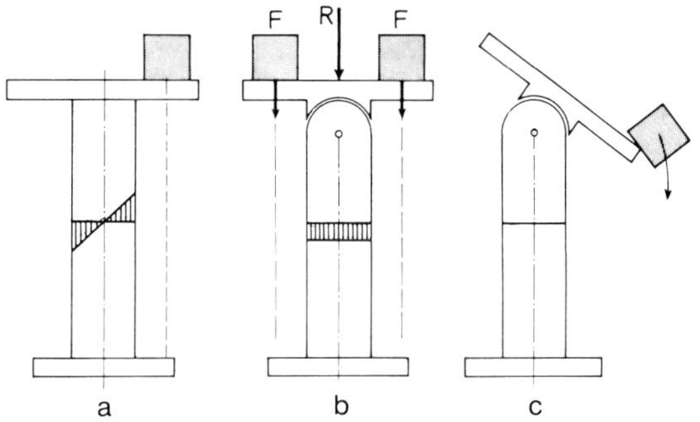

Abb. **52** a–c Exzentrische Belastung a) bei starrem Hebel, b u. c) über ein Gelenk (s. Text)

aus drei Kräften zur Erhaltung des Gleichgewichtes an beiden Gelenken durch das Rotationszentrum des distalen Gelenkes verläuft. Daraus resultiert nach Pauwels (1966), daß die Resultierende R und R_1, die sich aus den Teilkräften M, K und M_1 zusammensetzt, wohl das Drehzentrum der Gelenke schneidet, wobei jedoch ihre Wirkungslinie divergent zur tragenden Säule verlaufen muß (Kummer 1959, 1962).

Die Kenntnis der Beanspruchungsmechanismen der einzelnen Röhrenknochen und der Muskelmechanik ist wesentlich für eine schonende und gezielte Repositionstechnik in der Frakturenlehre, ebenso wie zur mechanisch richtigen Beurteilung von Fehlbeanspruchungen der Gelenke und Knochen bei Gelenkkontrakturen und Achsendeviationen (Maquet 1966 und andere).

Die jeweilige Art und Größe der im Körper geforderten Beanspruchung müssen bei der Beurteilung technischer Festigkeitsuntersuchungen des Knochenmaterials immer mit ins Kalkül gezogen werden. Erst dadurch kann man die sehr unterschiedlichen Werte sinnvoll deuten (Amprino 1961, Brash u. Skorecki 1970, Charnley 1960b, Currey 1970, Evans 1957, Evans u. Bang 1957). Immer ist zu berücksichtigen, daß die lokale Festigkeit, entsprechend dem Leichtbauprin-

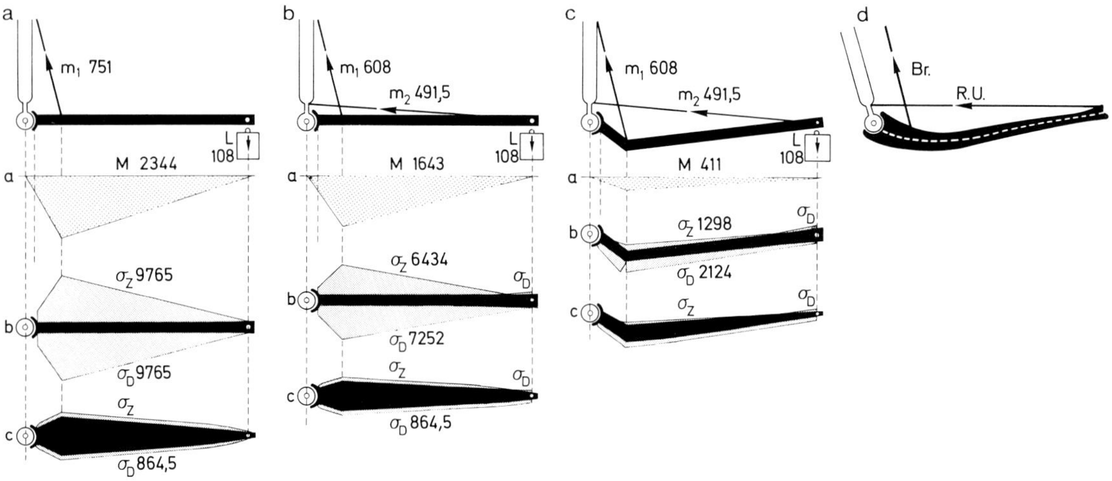

Abb. **53** a–d a) Unökonomische Bauweise bei geradem Stab und einem Seilzug als Gegenkraft M_1. b) Durch Anbringung eines zweiten Seilzuges, entsprechend der Doppelbesetzung der Unterarmmuskulatur, werden die höchsten Randspannungen durch die Zuggurtungswirkung von 9760 auf 7250 N/cm² herabgesetzt. Dadurch ist gleiche Bruchsicherheit bei bedeutend schwächerer Bauweise gegeben. Durch eine kaudale Ausbiegung des Stabes an der Ansatzstelle des Seiles M_1 ist die Führung der höchsten Randspannungen auf etwa 1/5 der Ausgangsspannungen herabgesetzt (2120 N/cm²). c) Die letzte Form des Balkens stimmt in wesentlichen Punkten mit der Bauweise der Ulna überein. d) Die kolbige Verbreiterung der Gelenkenden des Knochens führt *Pauwels* auf die geringere Druckfestigkeit des Knorpels zurück, womit der Gelenkdruck reduziert wird, indem er auf eine größere Tragfläche verteilt wird (aus *F. Pauwels:* Gesammelte Abhandlungen zur funktionellen Anatomie des Bewegungsapparates. Springer, Berlin 1965)

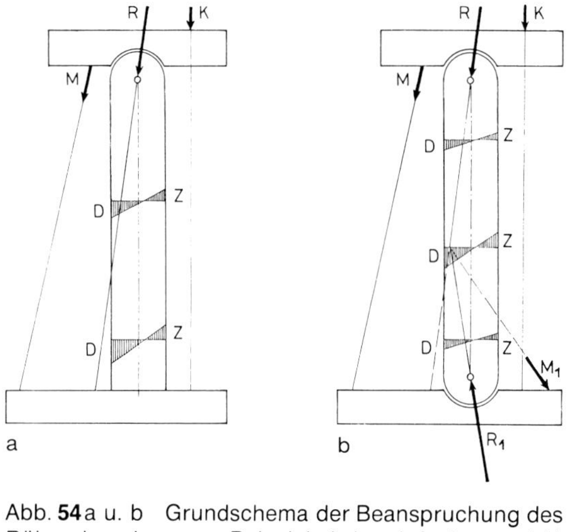

Abb. **54** a u. b Grundschema der Beanspruchung des Röhrenknochens am Beispiel a) der einfachen und b) doppelt gelenkig gelagerten Säule (s. Text) (nach *Pauwels* und *Kummer*)

zip des Knochens, genau auf die jeweils geforderte, oft sehr verschiedene Größe der Beanspruchung abgestimmt ist (Abb. **55**) (Black u. Korostoff 1973, Buchartowski u. Lippert 1972, Evans u. Bang 1966, Mather 1968, Pauwels 1949, 1966, 1973, 1975, Pope u. Outwater 1974, White u. Hirsch 1971).

Wie schon vorweggenommen, ist für den Kliniker die Beurteilung des Gleichgewichtszustandes an einem Gelenk von großer Wichtigkeit. Gelenke sind technisch gesehen bewegliche Verbindungen zwischen zwei oder mehreren starren Hebelelementen. Die durchführbaren Bewegungen werden durch die Form der Artikulationskörper und die Lage ihrer Drehachse vorgezeichnet.

Bei Drehbewegungen beschreiben verschieden weit vom Drehpunkt entfernte Markierungen in der Regel verschieden große Kreisbahnen. Im Mittelpunkt einer Bewegungsbahn liegt die Drehachse immer senkrecht zur Bahnebene, und ihr Schnittpunkt ist der jeweilige Drehpunkt.

Unter den einfachen Gelenken stellt das *Scharniergelenk* eine einachsige Verbindung dar, wobei jeder Punkt des bewegten Hebels eine Kreisbahn beschreibt. Der Drehpunkt liegt dann am Schnittpunkt der senkrecht zur Bahnebene liegenden Drehachse mit der Bahnebene selbst (Abb. **56**).

Bei einem zweiachsigen Gelenk orientiert sich der Verkehrsraum eines Punktes des bewegten Hebels je nach der Lage der horizontalen und vertikalen Drehachse. Schräge Bewegungsbahnen können aus Teilbewegungen in der horizontalen und vertikalen Drehebene zusammengesetzt gedacht werden.

Das dreiachsige Gelenk ist ein *Kugelgelenk,* das in der Regel sehr universelle Bewegungsmöglichkeiten gestattet. Die dritte Bewegungsachse wird von der Längsachse des bewegten Hebelarmes selbst gebildet, um welche er Rotationsbewegungen ausführen kann (Abb. **57**).

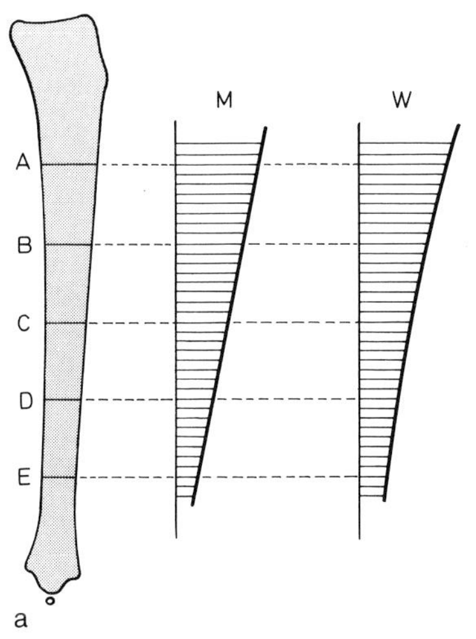

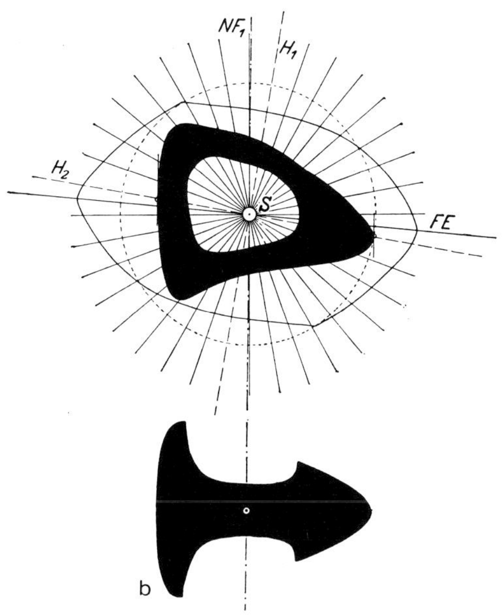

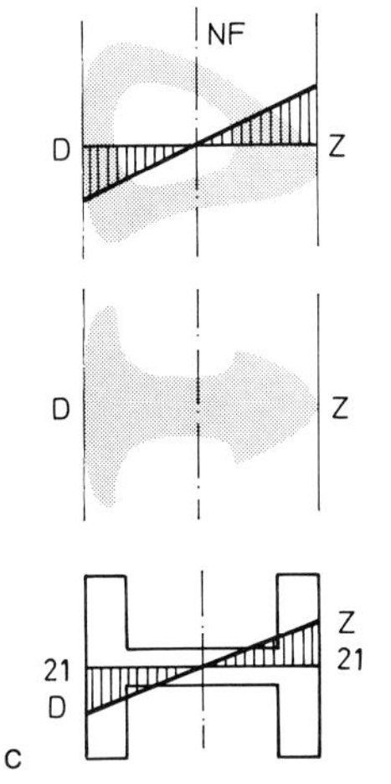

Abb. **55** a–c a u. b) M = Größenverteilung der Biegebeanspruchung über die Gesamtlänge der Tibia, W = Größenverteilung der Biegefestigkeit über die Längsachse des Knochens (nach *Pauwels*). Graphische Darstellung der Festigkeitseigenschaften des Tibiaquerschnittes aus der Mitte der Längsachse des Knochens, unter Berücksichtigung der Materialverteilung im Querschnitt (nach *Pauwels*). Der Abstand des Schwerpunktes S von der hinteren Tibiakante verhält sich zum Abstand von der vorderen Tibiakante wie 1:1,5. H_1 H_2 = Hauptträgheitsachsen, NS_1 = Schwerpunktparallele zur neutralen Faser, FE = Richtung der größten Biegefestigkeit des Querschnittes. Der jeweilige Abstand der ausgezogenen Kurven vom Schwerpunkt gibt die Größe der Biegefestigkeit des Querschnittes in jeder gemessenen Richtung an. Die daneben gezeichnete Querschnittskontraktion in Richtung der neutralen Faser zeigt eindeutig, daß an der dorsalen Druckseite des Querschnittes wesentlich mehr Material liegt als an der Vorderseite, wie dies dem Ablauf der Spannungsverteilung beim normalen Gang entspricht. c) Spannungsverteilung im Tibiaquerschnitt steuert die Materialverteilung entsprechend der Kontraktionsfigur (vgl. mit Doppel-T-Balken) (c aus: *F. Pauwels:* Acta orthop. belg. T 37, fasc. 6 [1971] 720)

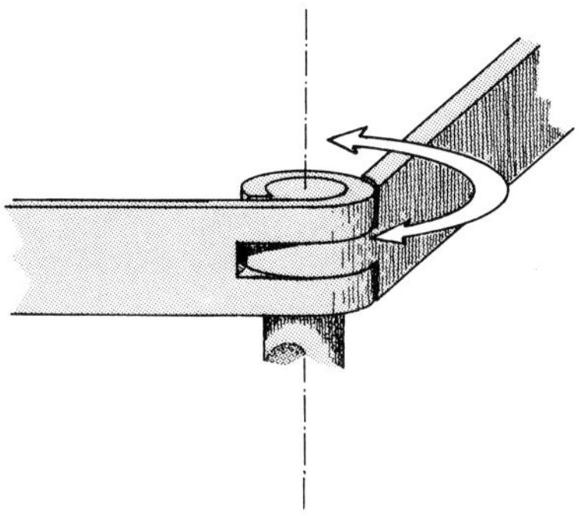

Abb. **56** Einachsiges Scharniergelenk

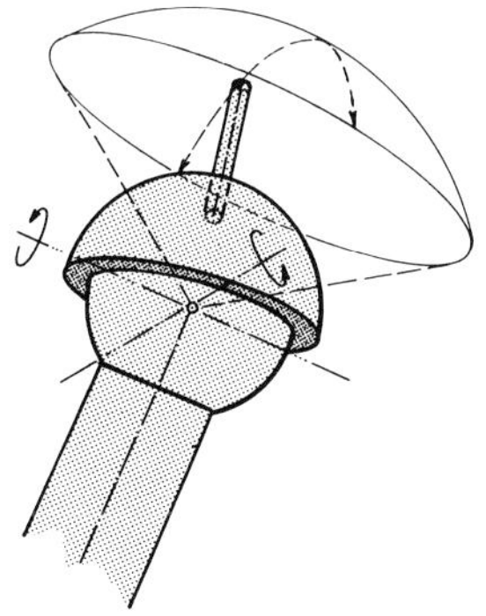

Abb. **57** Kugelgelenk mit eingezeichnetem Verkehrsraum in der vertikalen und horizontalen Drehachse, mit Drehbewegungen um die Längsachse des aufgesetzten Stabes (nach *Kummer*)

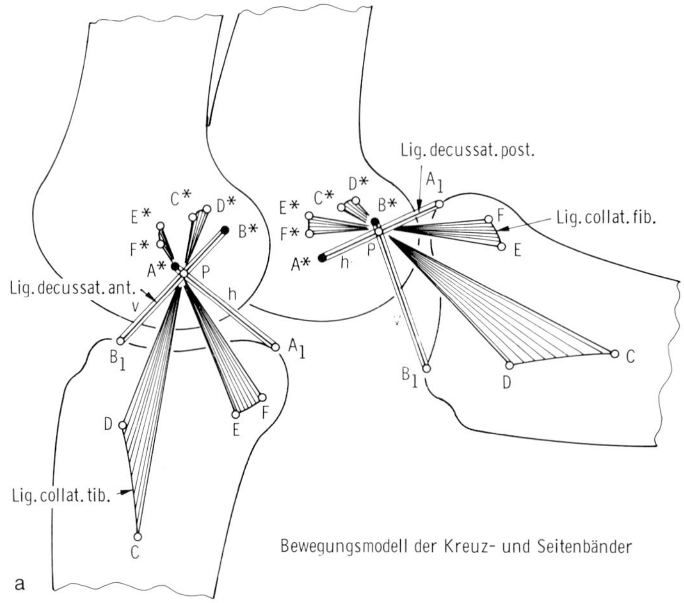

a

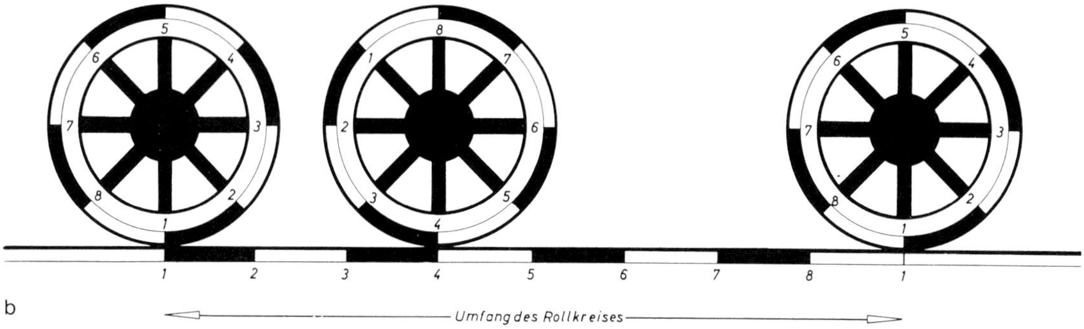

b

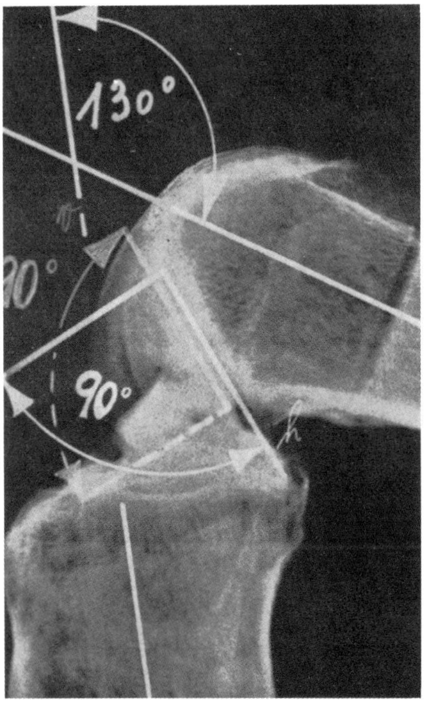

c

Abb. **58** a–c a) Verlauf der Gleitabrollbewegung des Kniegelenkes von der Streckung zur Beugung des Tibiakopfes. Das Steuerungsprinzip des überschlagenen Gelenkviereckes der Kreuzbänder und der Kollateralbänder erlaubt keine reine Kreisrollung, bei welcher z. B. die Umfangstrecke eines abgerollten Radabschnittes gleich ist der Abrollstrecke auf einer Ebene (b), sondern es besteht nach *Menschik* eine Gleitabrollbewegung, wobei eine Abrollbewegung von 1 mm mit einer Gleitstrecke von 4 mm der Tibia längs der Femurkondylen einhergeht. c) Entsprechend dem kinematischen Abroll-Gleit-Prinzip des Gelenkes (überschlagenes Gelenkviereck in Form einer Doppelkurbel) ist den Kreuzbändern eine Drehbewegung an ihrem Ursprung an den Oberschenkelkondylen von 0–90° erlaubt. Demgegenüber ist eine Bewegung der Koppel des Unterschenkels von 0–130° möglich (aus *A. Menschik:* Z. Orthop. 112 [1974] 481)

Kompliziertere Bewegungsbahnen treten bei Gelenken mit Wander- oder Pendelachsen auf (Fick 1911). Hier erfolgt, wie z. B. beim Kniegelenk, bei Beugung und Streckung ein Abrollen und Drehgleiten des Tibiakopfes längs der ellipsoiden Femurkondylen. Die Drehachse liegt für jede Bewegungsphase an einer anderen Stelle; die Bahnebene muß man sich als einhüllende Kurve von Einzelkreisen mit verschieden großem Radius zusammengesetzt denken (Hüllkurve) (Frankel 1971, Huson 1974, Maquet 1977, Menschik 1976) (Abb. **58**).

Wie schon bei der Tragefunktion des Röhrenknochens erwähnt, ist für unsere derzeit noch vorwiegend statischen Überlegungen klinisch wichtig, daß sich auch alle an einem Gelenk angreifenden Kräfte das Gleichgewicht halten, wie dies praktisch ja im Körper der Fall ist (Kinetostatik). Erst damit wird die Voraussetzung zur Belastung des unbewegten Gegenarmes geschaffen.

Wirkt auf einen starren und einen beweglichen Gelenkhebel eine Kraft ein, die in einer bestimmten Entfernung vom Drehpunkt verläuft, und ist G die Größe der Kraft, so wird der Hebelarm h_G der Kraft graphisch durch das Lot, das vom Drehpunkt auf die Wirkungslinie der Kraft gefällt wird, ermittelt. Das Moment wird in Ncm oder Nmm angegeben (Abb. **59**).

Greifen mehrere Einzelkräfte an einen Gelenkhebel an, so sind Größe und Richtung ihrer Resultierenden, die graphisch nach dem Kräfteparallelogramm ermittelt werden kann, maßgebend für

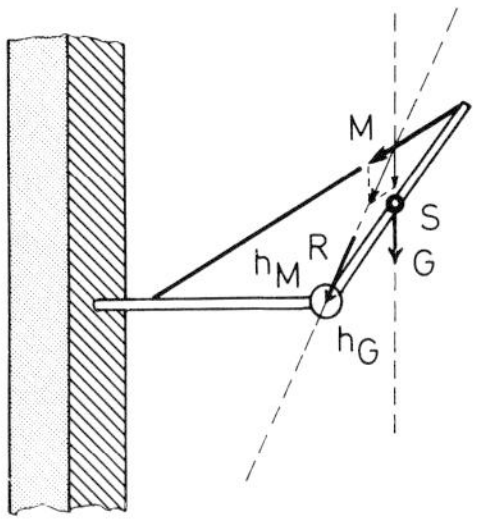

Abb. **59** Gleichgewichtszustand an einem Gelenk vereinigt die Masse G des beweglichen Hebels, die mit dem Moment G · h_G drehend auf das Gelenk wirkt. Die Zugverspannung M hält ihr das Gleichgewicht. Die Resultierende R ergibt sich aus dem Kräfteparallelogramm. Damit Gleichgewicht herrscht, muß sie durch den Drehpunkt des Gelenkes verlaufen (G · h_G = M · h_M) (aus: *B. Kummer:* Die Physikalischen Grundlagen der Skelettstatik. Handbuch d. vergleichenden Anatomie)

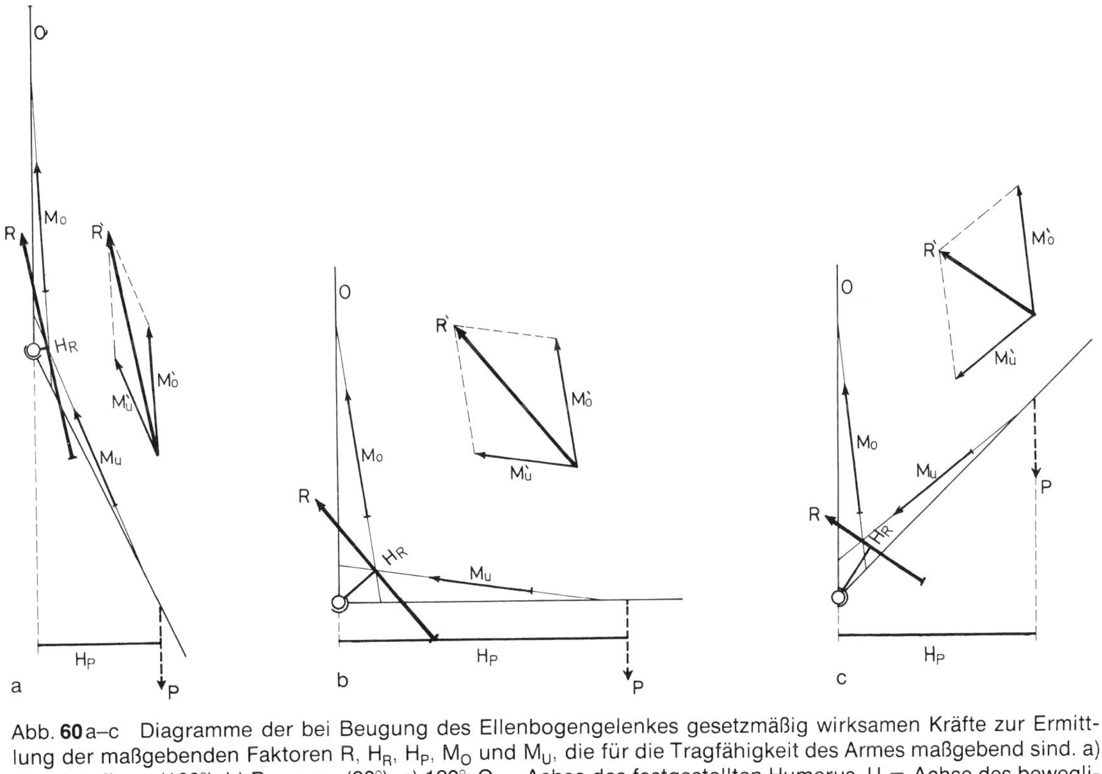

Abb. **60** a–c Diagramme der bei Beugung des Ellenbogengelenkes gesetzmäßig wirksamen Kräfte zur Ermittlung der maßgebenden Faktoren R, H_R, H_P, M_O und M_U, die für die Tragfähigkeit des Armes maßgebend sind. a) Streckstellung (160°), b) Beugung (90°), c) 120°. O = Achse des festgestellten Humerus, U = Achse des beweglichen Unterarmes, M_O und M_U = Resultierende aus dem Oberarm bzw. den Unterarmmuskeln; die Resultierende R aus M_O und M_U, also der gesamten Beugemuskulatur; P = Wirkungslinie der Last, H_R = Hebelarm, unter welchem R auf das Ellbogengelenk wirkt, H_P = Hebelarm, unter welchem P auf das Ellbogengelenk einwirkt. In rechtwinkeliger Beugestellung ist der Hebelarm der Last am längsten und damit auch das Kraftmoment am größten. Er verkürzt sich mit zunehmender Beugung oder Streckung (s · a u · c) (nach *Pauwels*)

das entscheidende Drehmoment. Hierbei muß man für jedes Gelenk das Eigengewicht des Gelenkhebels zusätzlich berücksichtigen. Sein Hebelarm ist jeweils der senkrechte Abstand des Schwerpunktlotes vom Drehpunkt (vgl. auch Abb. **60** a–c).

Zur Herstellung eines Gleichgewichtszustandes in einem einseitig belasteten Gelenk muß eine Gegenkraft vorhanden sein, deren gleich großes Drehmoment entgegengesetzt wirksam ist. Die Resultierende dieser beiden Kräfte schneidet den Drehpunkt. Dann gilt auch die Formel $G \cdot h_G = M \cdot h_M$, wobei h_G und h_M die virtuellen Hebelarme der Einzelkraft sind, die graphisch durch Errichtung des Lotes vom Drehpunkt auf ihre Wirkungslinie der Kraft ermittelt wird. Nachdem G sowie h_M und h_G als virtuelle Hebelarme der Kräfte bekannt sind, läßt sich auch durch die folgende Gleichung M ermitteln:

$$M = \frac{h_G}{h_M} \cdot G.$$

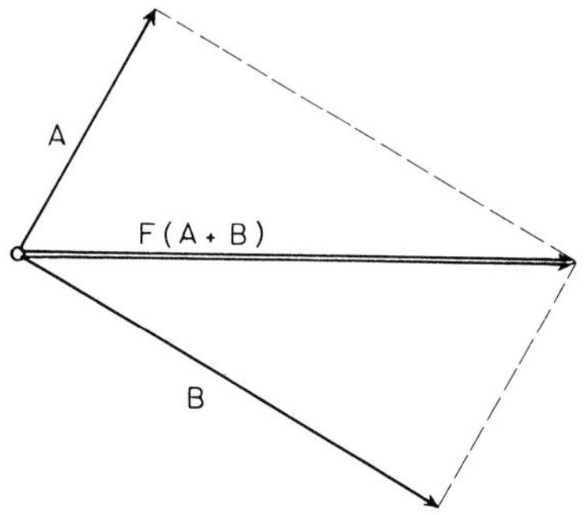

Abb. **61** Einfaches Kräfteparallelogramm

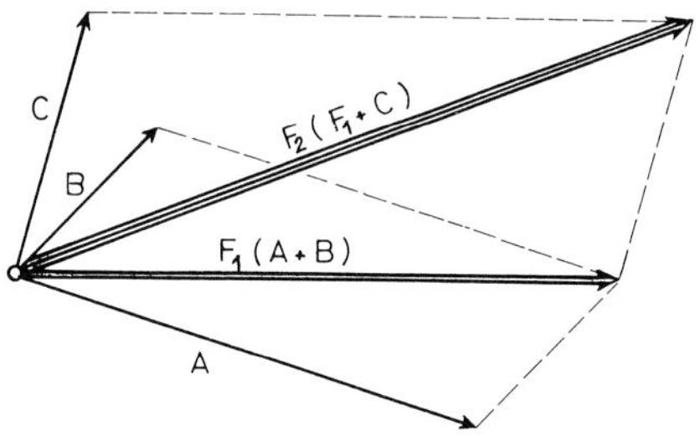

Abb. **62** Geometrische Addition mehrerer Kräfte

Kräfte sind Vektoren die man verschiedentlich darstellen und manipulieren kann. Bei biomechanischen Forschungen verwendet man mit Vorliebe graphische Darstellungen, die nicht nur anschaulich sind, sondern auch maßstäblich durchgeführt werden können, wodurch Rechnungen vereinfacht werden.

Um Einzelkräfte die auf einen Körper wirken, graphisch zu manipulieren, d. h. sie zu einer Resultierenden zusammenzufügen, oder umgekehrt ihre Einzelkomponenten nach Richtung und Größe zu analysieren, bedient man sich des Kräfteparallelogrammes. Bei zwei aufeinander einwirkenden Einzelkräften konstruiert man die Resultierende F, indem man den Schnittpunkt ihrer Wirkungslinie zeichnet und von dort aus maßstäblich die Größe auf den Einzelvektor aufträgt. An den Endpunkten der Einzelkräfte zeichnet man die Parallelen zur gegenüberliegenden Wirkungslinie der Teilkraft, wodurch, abhängig vom Winkel und dem Größenverhältnis der Kräfte, verschiedene Formen eines Parallelogrammes oder, z. B. bei einem Einwirkungswinkel von 90°, ein Rechteck oder ein Quadrat entstehen. *Die Resultierende* ist die Verbindungslinie zwischen den Schnittpunkten der Kräfte und ihrer gegenüberliegenden Parallelen (Abb. **61**).

Bei mehreren Vektoren mit gleichem Schnittpunkt ermittelt man zuerst die Teilresultierende eines einzelnen Kräftepaares und addiert sie vektoriell mit den anderen (Abb. **62**).

Man kann auf die Bildung von Teilresultierenden der Kräftedreiecke verzichten und durch direkte geometrische Addition graphisch einen Kräftezug bilden, wobei die Reihenfolge der aneinandergereihten Einzelkräfte gleichgültig ist. Die Verbindungsstrecke vom Anfang bis zum Ende des Kräftezuges stellt dann die Resultierende dar, wodurch eine Polygon oder „Krafteck" entsteht. Der Richtungssinn der Resultierenden ist dem Umlaufsinn der festgelegten Einzelkräfte entgegengesetzt. In jedem Krafteck oder im sog. Lageplan müssen die Kraft und ihre Richtung maßstäblich festgelegt sein (Abb. **63** u. **64**).

Kräfte können in beliebig viele Einzelkomponenten beliebiger Richtungen zerlegt werden.

Die Größe der Einzelkomponenten wie auch umgekehrt der Resultierenden kann ebenso wie ihre

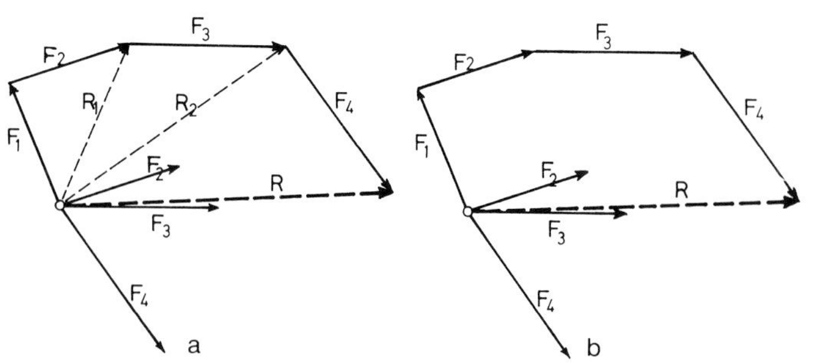

Abb. **63** a u. b a) Bildung von Kräftedreiecken und b) eines Kräftepolygons durch direkte geometrische Addition von F_1, F_2, F_3, F_4 (Krafteck oder Kräfteplan). Kräfte müssen genau maßstäblich eingetragen werden

Richtung algebraisch oder aus den jeweiligen trigonometrischen Relationen rechnerisch ermittelt werden.

1. Kräfte mit gemeinsamer Wirkungslinie kanan addieren resp. subtrahieren.
2. Normal aufeinander wirkende Kräfte: Die Größe ihrer Resultierenden ergibt sich aus dem Pythagoreischen Lehrsatz:

$$R = \sqrt{F^2_1 + F^2_2}.$$

Ihre Richtung ergibt sich aus ihrer trigonometrischen Funktion.

$$\tang \alpha = \frac{F_2}{F_1}$$

$$\sin \alpha = \frac{F_2}{R}$$

$$\cos \alpha = \frac{F_1}{R}$$

3. Die Berechnung von Kräften, die in beliebigem Winkel aufeinander wirken, wird aus der beigefügten graphischen Darstellung besser verständlich. Die Teilkräfte F_1, F_2 schließen einen beliebigen Winkel γ ein, die Resultierende R mit F_1 den Winkel α (Abb. **65**).

Ergänzt man das schiefwinkelige Dreieck zum Rechtwinkeligen, so ergibt sich $R_x = F_1 + F_2 \cos \gamma$ und $R_y = F_2 \cdot \sin \gamma$

$R^2 = (F_1 + F_2 \cos \gamma)^2 + (F_2 \sin \gamma)^2$,

$R^2 = F_1^2 + 2 F_1F_2 \cos \gamma + F_2^2 \cos^2 \gamma + F_2^2 \sin^2 \gamma$,

$R^2 = F_1^2 + F_2^2 (\cos^2 \gamma + \sin^2 \gamma) + 2F_1F_2 \cos \gamma$ und daraus

$R = \sqrt{F_1^2 + F_2^2 + 2F_1F_2 \cos\gamma}$ (entsprechend dem Cosinussatz;

Winkel γ ist Außenwinkel, daher Vorzeichen des Cosinuswinkels positiv).

Entsprechend der Abb. **59** erhält man auch die Lage der Resultierenden aus dem Sinussatz:

$$\sin \alpha = \frac{F_2}{R} \sin\gamma.$$

Übt eine äußere Kraft F einen Druck auf die Unterlage aus, so kann sie unter gleichzeitiger Einwirkung anderer Kräfte in verschiedene Richtungen abweichen.

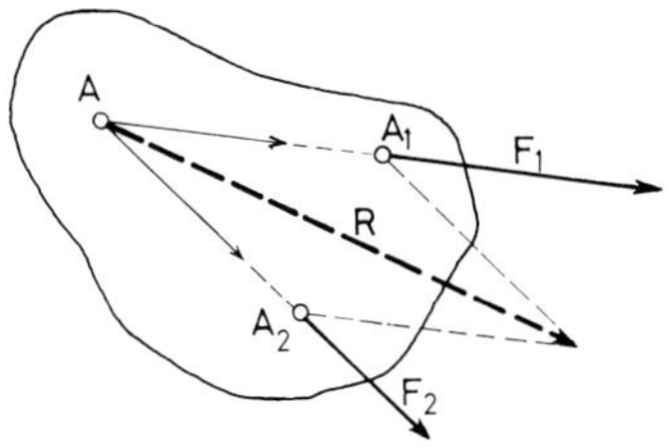

Abb. **64** Verschiedene Angriffspunkte A_1, A_2 zweier Kräfte F_1, F_2 an einen Körper, deren Wirkungslinie sich in A schneiden (gemeinsamer Angriffspunkt). Verschiebung von F_1 und F_2 auf ihren Wirkungslinien bis zum Schnittpunkt A ergibt die Wirkungslinie der Resultierenden R. Ihr Angriffspunkt kann auf ihrer Wirkungslinie beliebig verschoben werden

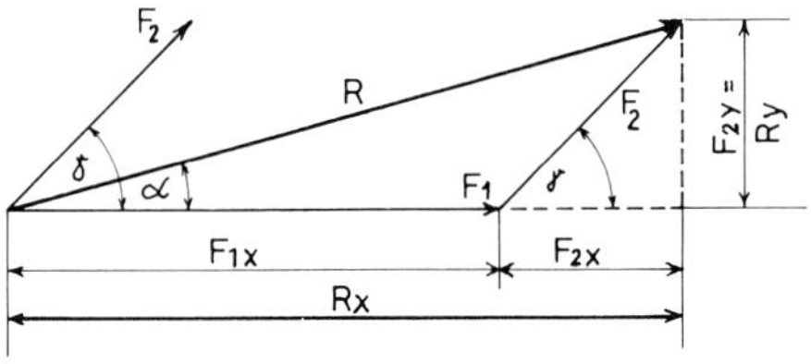

Abb. **65** Illustration zur rechnerischen Ermittlung zweier Kräfte, die einen beliebigen Winkel γ einschließen. Der Winkel zwischen F_1 und R sei α

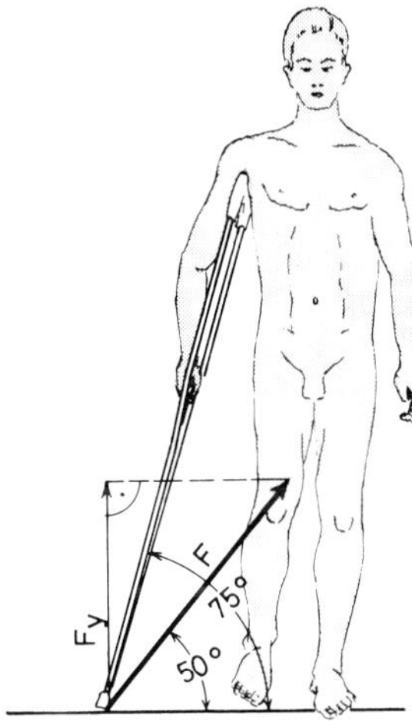

Abb. **66** Analyse der reaktiven Auflagekräfte am Abstützungspunkt einer Achselkrücke. Ermittlung der Vertikalkomponente F_y (s. Text)

FRÄNKEL (1970a, 1971) wählt als statisches Schema die Abstützung des Körpers mit einer Achselkrücke. Die Richtung der abstützenden Kraft F muß nicht kolinear mit der Achse der Krücke verlaufen, also nicht mit dem Verlauf des Armstützenschaftes übereinstimmen.

Wird die Armstütze z. B. in einem Winkel von 75° aufgesetzt, so kann die abstützende Kraft F bei willkürlicher Lastverteilung in einem Winkel von 45° zur Bodenebene wirksam sein. Man kann die gegebene Kraft F in zwei Einzelkräfte (Fx Fy) zerlegen, deren Komponenten sich auf der Wirkungslinie von F schneiden müssen. Die Richtung und die Größe von F sind maßstäblich festgelegt (Abb. **66**).

Am Abstützungspunkt der Krücke am Boden wirken dementsprechend eine Horizontalkomponente parallel zum Boden und eine Vertikalkomponente des Körpergewichtes. Dieser Winkel der Kräfteverteilung bildet infolge der Bodenhaftung der Stütze noch genügend Halt, um das abgestützte Körpergewicht des Patienten zu halten. Im Abstützungspunkt der Krücke wirkt dementsprechend eine horizontale Kraftkomponente zum Boden und eine Vertikalkomponente aus dem abgestützten Teil des Körpergewichtes senkrecht zur Bodenebene. Die Horizontalkraft stellt eine Schubkraft dar, welche die Stütze jederzeit längs der Bodenebene zum Abgleiten bringen kann,

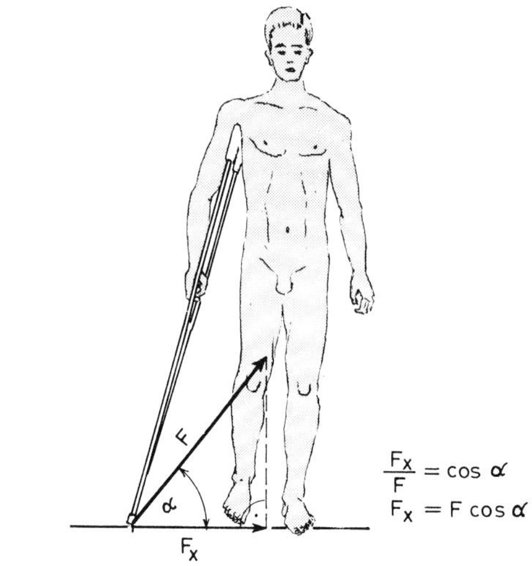

Abb. **67** Ermittlung der Horizontalkomponente der Auflagerkräfte am Abstützungspunkt der Armstütze F_x und ihre trigonometrischen Relationen zwischen F und der Bodenebene (nach *Frankel*)

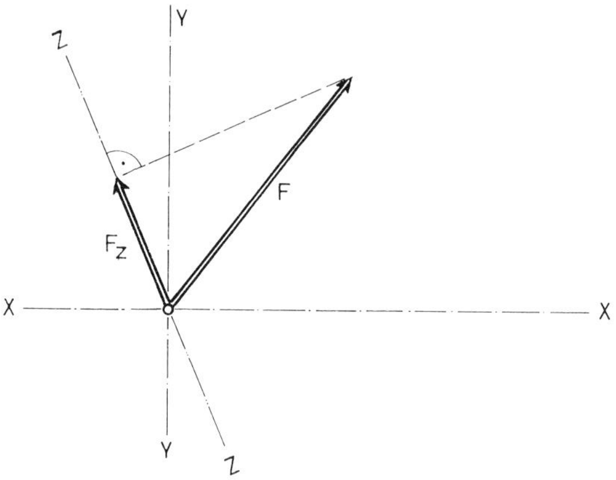

Abb. **68** Zerlegung der Kraft F bei Einwirkung auf eine angenommene Stützebene Z/Z in ihre Teilkomponenten

falls die Bodenhaftung geringer wird als die vertikale Kraftkomponente, der sie entgegenwirkt (Abb. **66**).

Zur graphischen Ermittlung der abstützenden Vertikalkomponente werden eine Vertikale zur Bodenebene und eine Horizontale in der Bodenebene an der Pfeilspitze von F zum Schnitt gebracht. F_y ist die Größe der Vertikalkomponente, und die Vertikalparallele zu F_y begrenzt die Größe der Horizontalkomponente F_x.

Zu berücksichtigen ist noch die Größe des spezifischen Reibungskoeffizienten, der die Abstützung auch auf glattem Boden noch intensivieren kann, wobei die Gegenkraft als Reibungskraft bezeichnet wird. Die Reibung selbst wird durch die Komponente F_x der resultierenden Kraft mit determiniert. Graphisch ermittelt man die Größe von F_x durch das Fällen einer Senkrechten vom Ende der Pfeilspitze F zur Bodenebene (Abb. **67**).

Die Kraft F kann theoretisch in beliebig viele Komponenten verschiedener Wirkungsrichtungen zerlegt werden (Abb. **68**). Wirkt die Kraft F, wie auf dem theoretischen Beispiel dargestellt, auf die Abstützungsebene Z/Z, so kann man die in der Abstützungsebene wirkende Kraftkomponente F_z mit dem Kräfteparallelogramm graphisch veranschaulichen.

Wirkt hingegen die Kraft senkrecht zur Ebene Z/Z, dann wird die Teilkomponente der Kraft F_Z gleich 0 sein, da keine Schubkräfte in der Ebene wirksam werden.

Wie bereits erwähnt, läßt sich die Größe der Einzelkomponenten der wirksamen Kräfte graphisch als auch rechnerisch aus der jeweiligen trigonometrischen Funktion ermitteln.

Gehen wir noch einmal zum Beispiel der Armstütze zurück. Unbekannt ist die Größe der als Schub- oder Bodenreibung wirksamen horizontalen Teilkraft F_x.

Bekannt sind die Resultierende F und ihr Einwirkungswinkel zum Boden, der ausgemessen wird. Daraus resultiert die Formel:

$$F_x = F \cdot \cos\alpha.$$

Die Größe von cosα algebraisch ausgedrückt:

$$\cos\alpha = \frac{F_x}{F}.$$

Diese willkürliche Analyse der Auflagekräfte am Abstützpunkt einer Achselstützkrücke dient als primitives Beispiel der graphischen Zerlegungsmöglichkeiten von Kräften und der algebraischen Ermittlung ihrer Einzelkomponenten.

Pauwels (1965b) hat praktisch die Abstützung mit einer Stockstütze in ihrer mechanischen Auswirkung auf die Entlastung des kontralateralen Hüftgelenkes untersucht. Unter Berücksichtigung der statischen und dynamischen Kräfteverteilung während der Abstützungsphase hat er den Entlastungsvorgang der Hüfte durch graphische Ableitung dargestellt. Durch eine sachgemäße Anwendung der Stockstütze lassen sich bis zu 40–50% der auf die kontralaterale Hüfte wirkenden Kraft abfangen (Abb. **69**).

Bergmann u. Mitarb. (1977) und Shoup u. Mitarb. (1974) haben detaillierte experimentelle Untersuchungen mit mathematischen und graphischen Ableitungen unter genauer Berücksichtigung der Kinematik und der statischen und dynamisch wirksamen Kräfte angestellt, um die hüftentlastende Wirksamkeit der Armstütze zu präzisieren. Trotz eines übergroßen Arbeitsaufwandes läßt sich die Diskussion über die tatsächlichen Verhältnisse bei den sehr verschiedenen Varianten der Abstützungsmöglichkeiten beim Gehen noch nicht abschließen.

Abb. **70** zeigt das schematische Modell mit den Kräften und geometrischen Größen, die festgelegt und ermittelt werden mußten. Diese detaillierten

Untersuchungen waren erforderlich, um die Orientierung der Hüftresultierenden zum Femur samt den queren Scherkräften zur Schenkelhalsachse vom Ausgangswert (± 7%) festzulegen und daraus resultierend die Reduzierung des Hüftgelenkdruckes während der Stützphase zu ermitteln (ca. 25%). Die etwas höhere Unterarmstütze entlastet um ca. 6% stärker als der einfache Handstock.

Die in der biomechanischen Analyse übliche Vereinfachung, eine Kraft durch eine strichförmige Resultierende R oder F vereinfacht darzustellen, entspricht in der Natur nicht der Wirklichkeit. Es liegt in der Regel eine flächenhafte Krafteinleitung über eine Trag- oder Krafteinleitungsfläche vor.

Als geläufiges Beispiel möchte ich die mechanische Beanspruchung des Hüftgelenkes anführen (Amtmann u. Kummer 1968, Gutewort 1968, Debrunner 1975, Kummer 1968, Legal u. Ruder 1977, Pauwels 1973a). Die maßstäblich wohl begrenzten, strichförmig eingezeichneten teilresultierenden Kräfte der Muskulatur und des Körpergewichtes werden über die Hauptresultierende R auf das Gelenk übertragen (Abb. **71**).

Die resultierende Krafteinleitung erfolgt radiär exzentrisch auf die Fläche eines Kugelzweieckes, dessen Größe sich aus der Lage der Resultierenden zur Kontaktfläche der Gelenkkörper ergibt. Sie wurde quantitativ in mehreren Publikationen von Kummer (1968, 1972) ermittelt (Abb. **72**a, b). Erst dadurch wurden wir in die Lage versetzt, Genaues über die Druckgrößen, unter Berücksichtigung der verschiedenen einwirkenden statischen und dynamischen Kräfte, bei der Bewegung zu ermitteln. Diese Kenntnis ist, wie später noch gezeigt werden soll, nicht nur für die Analyse biomechanischer Operationen unerläßlich, die den Gelenkdruck regulieren sollen, sondern sie bildet auch die Grundlage zur Konstruktion von künstlichen Gelenken.

Ohne Kenntnis der einfachen technischen Grundlagen ist auch das Verständnis der funktionellen Bauprinzipien des Stütz- und Bewegungsapparates sowie der Regelung der mechanischen Beanspruchung durch Muskulatur und Bandapparat unmöglich.

Der Knochen ist nicht nur mit größter Materialersparnis gebaut, sondern auch in seiner äußeren Gestalt und inneren Struktur an die jeweils geforderte Beanspruchung genauestens angepaßt und als möglichst ökonomisch gebautes und arbeitendes Einzelelement in die Gesamtkonstruktion der Stütz- und Bewegungsmaschine des Körpers eingefügt. Hierbei wird die mechanische Beanspruchung des Einzelelementes und der Gesamtmaschine durch die Art ihrer Belastung durch Körpergewicht und die Muskelkräfte immer möglichst klein gehalten. Aus didaktischen Gründen hat sich besonders Pauwels sehr einfacher Säulenbeispiele bedient, an denen sich alle wesentlichen Konstruktionsprinzipien in primitiver Form widerspiegeln lassen. Die zentrisch und exzentrisch belasteten Säulen mit verschiedener Querschnittsgröße, Materialanordnung im Querschnitt, wurden unter spezieller Berücksichtigung der als Zuggurtung wirksamen Gegenkräfte der Muskulatur dargestellt.

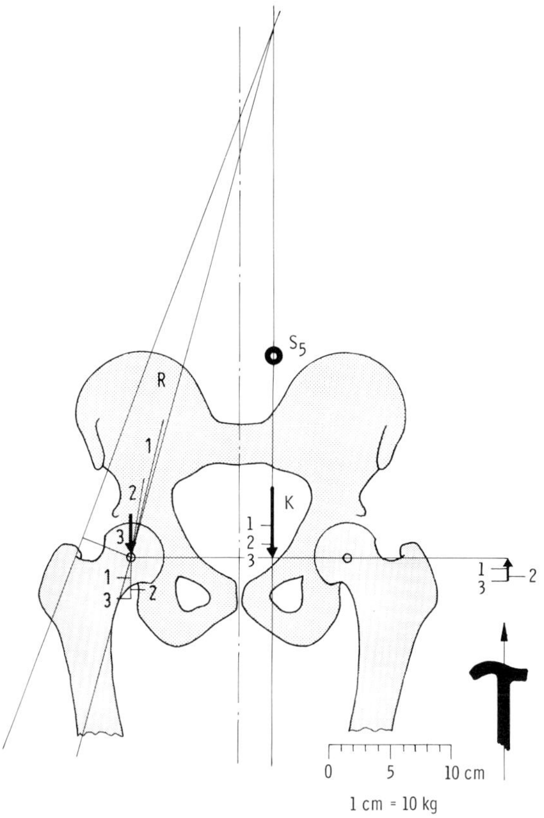

Abb. **69** Die Auswirkungen der Abstützung auf eine Stockstütze auf die Richtung und Größe der statischen Druckbeanspruchung des Schenkelkopfes in der Standbeinphase, wobei vier verschiedene Größen des Abstützungsdruckes berücksichtigt wurden (aus *F. Pauwels:* Gesammelte Abhandlungen zur funktionellen Anatomie des Bewegungsapparates. Springer, Berlin 1965)

1. Ökonomische Bauweise bei Biegung ist verwirklicht:
   a) durch die jeweils günstigste Querschnittsform,
   b) durch die Materialanordnung im Querschnitt, entsprechend der jeweils gegebenen Beanspruchungsgröße (Rohr),
   c) durch Herabsetzung der Spannungen aus der Biegung im Querschnitt über Gegenkräfte der Zuggurtung,
   d) durch das biegungsfreie Rahmenfachwerk der trajektoriellen Spongiosastrukturen, dessen Trabekel vorwiegend axial auf Zug oder Druck beansprucht werden.

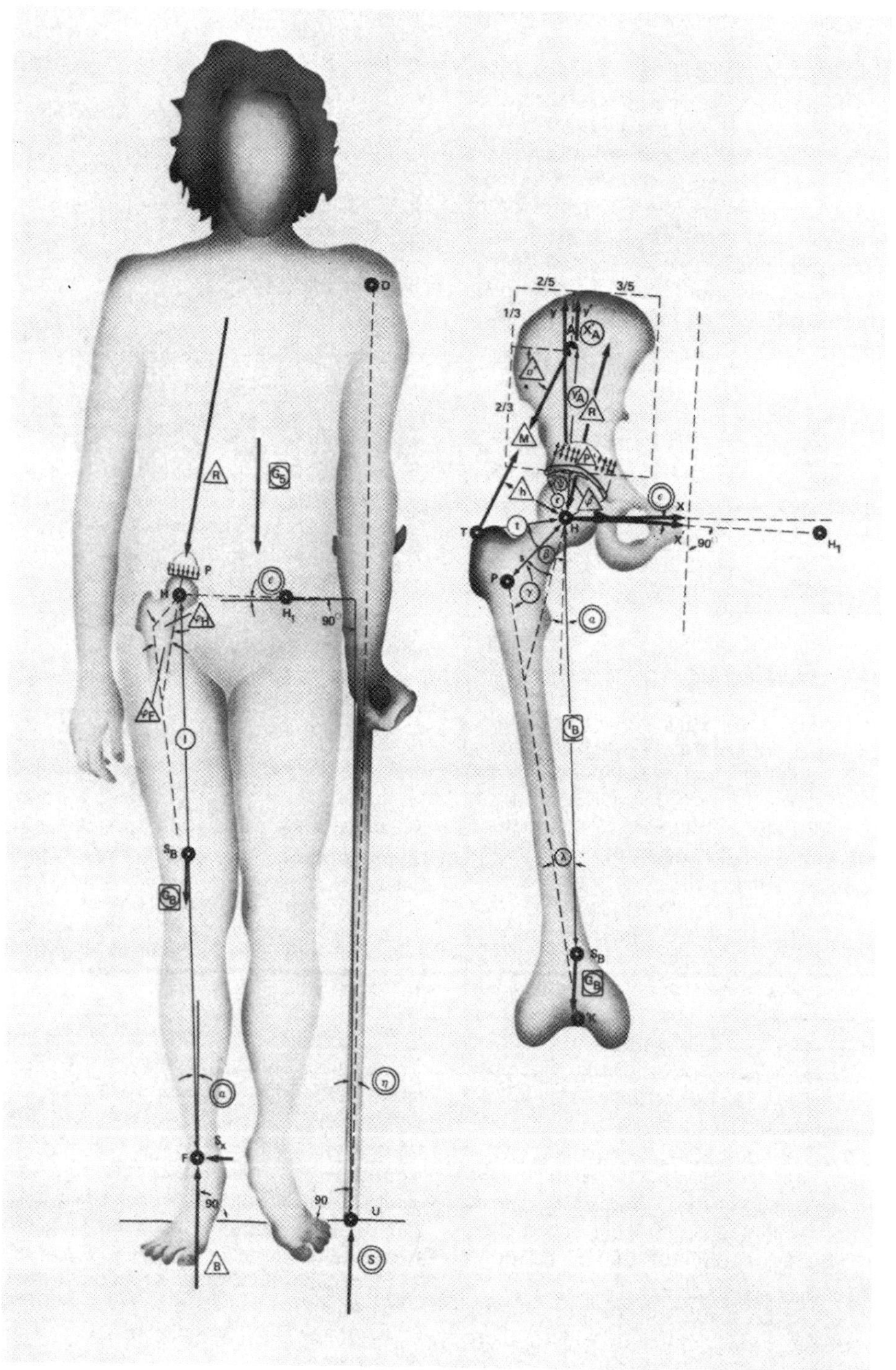

Abb. **70** Das abgebildete mathematische Modell zeigt die Kräfte und geometrischen Größen, die festgelegt und ermittelt werden mußten. Die detailierten Untersuchungen sind unumgänglich um die Beeinflussung der Hüftgelenkresultierenden vom Ausgangspunkt zu ihrer Verkleinerung auf 70% (± 7%) zu ermitteln und ihre Orientierung zum Femur sowie zu den queren Scherkräften zur Schenkelhalsachse mit der daraus resultierenden Reduzierung des Hüftgelenkdruckes bei der Abstützung zu ermitteln (ca 25%). Die etwas höhere Unterarmstütze entlastet um ca 6% stärker als der einfache Handstock (aus *G. Bergmann, R. Kölbel, N. Rauschenbach, A. Rohlmann:* Z. Orthop. 115 [1977] 174)

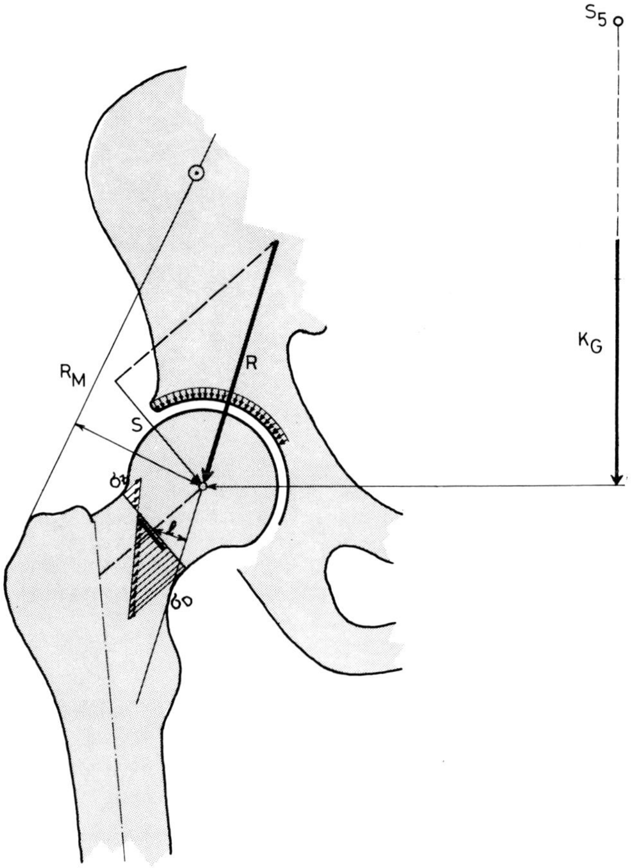

Abb. **71** Idealisierte Form der Kraftübertragung des Körpergewichtes auf das Hüftgelenk in der Standbeinphase in der Frontalebene mit der daraus resultierenden mittleren Querschnittsbeanspruchung des Schenkelhalses (σ_Z, σ_D), R = resultierende Belastung, F = Schubkomponente, RM = resultierende Muskelkraft der Abduktoren, KG = Wirkungslinie des Körpergewichtes in S_5 (Körperschwerpunkte: Rumpf, 2 Arme, Schwungbein) (aus: *F. Pauwels:* Atlas zur Biomechanik d. gesunden u. kranken Hüfte. Springer. Berlin 1973)

2. die Größenordnungen der jeweilig wirksamen statischen und kinetischen Kräfte sind ihrerseits wiederum durch zweckentsprechende lokale Anordnung der Angriffspunkte und Angriffsflächen, Ursprung und Insertion und der daraus resultierenden Wirkungsrichtung und den Kraftmomenten an die Konstruktionsökonomie der starren Stützelemente an ihre Trage- und Bewegungsfunktionen in bester Weise angepaßt.

← X, Y = ortsfestes Koordinatensystem,
X′, Y′ = mit dem Becken verbundenes Koordinatensystem;

Punkte:
A = Ansatzpunkt der Hüftabduktoren am Becken nach *Debrunner,*
D = Drehpunkt des Schultergelenks,
F = oberes Sprunggelenk,
H = Mittelpunkt des Hüftkopfes,
K = Kniegelenk,
P = Schnittpunkt von Schenkelhals- und Femurmittelachse,
S_B = Schwerpunkt des Standbeines,
T = Ansatzpunkt der Abduktoren am Trochanter major,
U = Aufsetzpunkt der Stockstütze;

Kräfte:
B = senkrechte Bodenreaktionskraft,
G = Gesamtkörpergewicht,
G_5 = Gewicht des Körpers ohne Standbein,
G_B = Gewicht des Standbeines,
M = Kraft der Hüftabduktoren,
M_p = Moment im Varussinne um den Punkt P,
R = Hüftgelenksresultierende (Hüftkraft) zwischen Hüftpfanne und Femurkopf,
R_S = Scherkraft quer zur Schenkelhalsachse,
S = Kraft zwischen Stock und Boden, in Richtung U–D,
S_x = Komponente von S in X-Richtung,
p = mittlerer Druck im Hüftgelenk;

Längen:
h = senkrechter Abstand zwischen M und H,
l = Abstand H–F,
r = Radius zwischen H und Gelenkspaltmitte,
s = Abstand H–P,
t = Abstand H–T,
x_A' = seitlicher Abstand A–H im X′-Y′-System,
y_A' = Höhenabstand A–H im X′Y′-System;

Winkel:
α = zwischen H–F und Y,
β = Winkel T–H–K,
γ = CCD-Winkel zwischen Schenkelhals und Femurachse,
ε = zwischen X und der Verbindungslinie beider Hüftmittelpunkte,
η = zwischen U–D und Y,
λ = zwischen Femurachse und H–F,
σ = zwischen M und X,
σ' = zwischen M und X′,
φ = zwischen R und Y,
φ' = zwischen R und Y′,
φ_F = zwischen R und Femurlängsachse,
φ_H = zwischen R und Schenkelhalsachse,
ψ = zwischen Y′ und der Verbindungslinie H-Pfannendacheckpunkt

△ errechnet
○ an Versuchspersonen direkt oder auf Röntgenaufnahmen gemessen
□ nach Literaturangaben
◎ aus Fotoauswertung

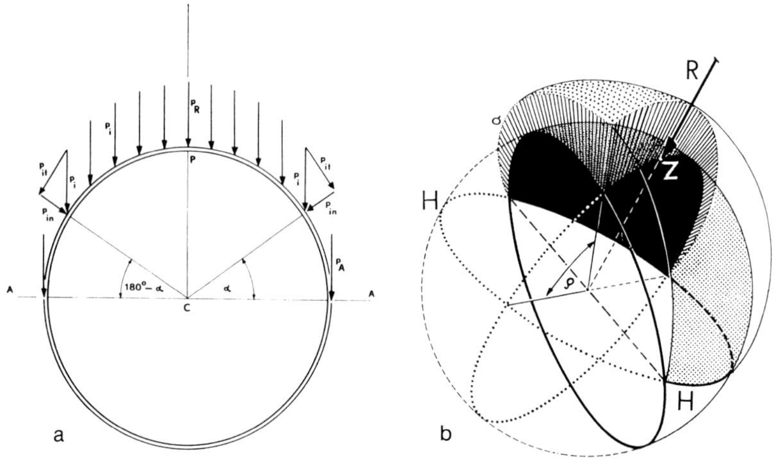

Abb. **72** a u. b Schematische Darstellung der tatsächlichen räumlichen Kraftübertragung mit den daraus resultierenden Spannungen auf eine Kugelkalotte, bei exzentrischer Belastung. a) Bei Einwirken der Kraft p_R auf eine Kugeloberfläche zerfallen die Teilkräfte p_i in zwei Komponenten: p_{it} = Tangentialkomponente, p_{in} = Normalkraftkomponente. Nur letztere wird direkt auf die Fläche übertragen. b) Die Tragfläche ist ein Kugelzweieck, begrenzt durch den Pfannenrand und durch den kreisrunden Horizont H: Z = Zenit, R = resultierende Kraft (aus *B. Kummer:* Acta orthop. belg. 44 [1978] 100)

Elastizität

Die Grundprinzipien der Elastizitäts- und Verformungslehre sind für die biomechanische Grundlagenforschung als auch für die klinische Biotechnik von größter Wichtigkeit (HOUSNER 1966, SEELY u. SMITH 1956, TRIEPEL 1908a).
Die inneren Kräfte und Spannungen, die in einem belasteten Material zur Auswirkung kommen, entwickeln das Bestreben, die äußere Form und innere Struktur zu verändern:

$$\frac{\text{Längenänderung}}{\text{ursprüngliche Länge}} = \frac{\Delta l}{l} = \varepsilon = \text{spezifische}$$

Dehnung oder Stauchung in % (ε = Verhältniszahl in % angegeben).

Wir unterscheiden elastische Längenänderungen mit vollständiger Rückformungstendenz (Δl_1) oder bleibende Längenänderungen ohne Rückformungstendenz (Δl_2) (Abb. **73**).
Es sei vorweggenommen, daß nur völlig starre Körper Struktur und Form bis zur Bruchgrenze beibehalten, obwohl sie hohe innere Spannungen aufnehmen. Die Spannungsgröße ist nicht nur von der Größe der einwirkenden Kraft, ihrer Richtung zur Angriffsfläche, sondern auch von der Größe der Krafteinleitungsfläche abhängig. Die Spannungen selbst durchdringen das Innere derartiger Körper in ihrer ganzen Ausdehnung.
Bei kleinen Belastungen ist das Verhältnis bleibender Dehnung zur elastischen Dehnung minimal, so daß es vernachlässigt werden kann.

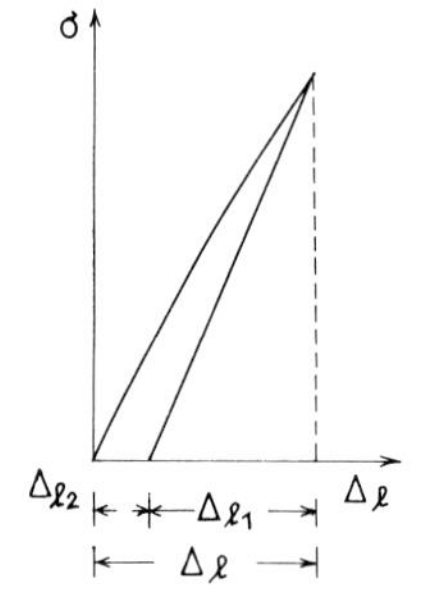

Abb. **73** Elastische und bleibende Längenänderung. Bei Zugbelastung ist $\frac{\Delta l_1}{l_0}$ = elastische Dehnung, $\frac{\Delta l_2}{l_0}$ = gleichbleibende Dehnung
(Abb. 73–75 aus *H. Hiedl:* Technische Mechanik, Bd. I. Oldenbourg, Wien 1977)

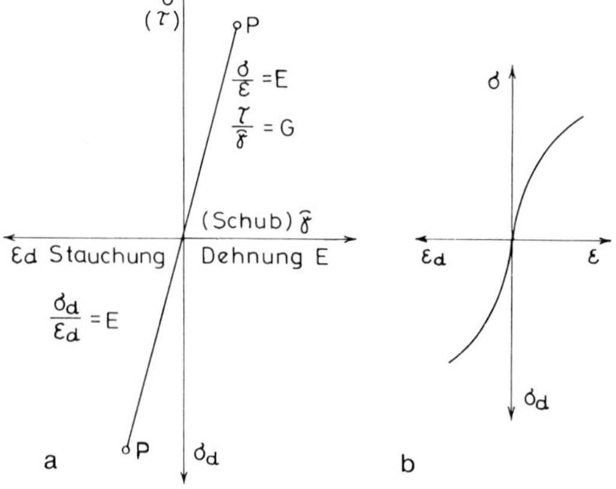

Abb. **74** a u. b Spannung und Dehnung (Stauchung) $\gamma = \gamma_{rad}$: a) lineare Abhängigkeit, b) nichtlineare Abhängigkeit

Die Elastizitätsgrenze definiert jene Spannung, bei der die bleibende Dehnung 0,005 bzw. 0,01% der ursprünglichen Meßlänge nicht überschreitet. Bei Angaben muß der Wert der bleibenden Dehnung genannt werden, also nicht allein σE, sondern σE 0,005 oder σE 0,01 angegeben werden.

Das Hookesche Gesetz oder Proportionalitätsgesetz besagt, daß die spezifische belastungsabhängige Dehnung oder Stauchung eines Werkstoffes proportional der Größe der Spannungen sich verändert. Die Proportionalitätsgrenze wird als σP bezeichnet. Innerhalb der Proportionalitätsgrenze gilt das Hookesche Gesetz, welches besagt, daß die Längenänderung η (Eta) gleich der Spannung σ mal einer Dehnungszahl α (Alpha) ist:

$(\eta = \sigma \cdot \alpha)$ (Eta = Sigma × Alpha).

Die graphische Darstellung einer Spannungs-Dehnungs-Linie innerhalb der Proportionalitätsgrenze ergibt eine Gerade. Ihr Steigungswinkel (Abb. **74**) drückt das Verhältnis σ : η aus, welches als Elastizitätsmodul E bezeichnet wird. Er ist der Reziprokwert der Dehnungszahl, d. h. also $E = \frac{1}{\alpha}$.

Daraus ergibt sich die formelmäßige Darstellung des Hookeschen Gesetzes für Normalspannungen: $\frac{\sigma}{\eta} = E, \eta = \frac{\Delta l}{l_o} = \frac{\sigma}{E}$

$$\left(\frac{\text{Sigma}}{\text{Eta}} = E, \text{Eta} = \frac{\text{Delta l}}{l_o} = \frac{\text{Sigma}}{E}\right).$$

Der *Elastizitätsmodul* E ist eine spezifische, für jedes Material unterschiedliche Konstante.

Als *Elastizitätsgrenze* wird jene Spannungsgröße angesehen, die von einem Material ohne bleibende Deformierung ertragen wird, wobei praktisch eine volle Rückverformung zum Ausgangswert noch eintritt.

Unter *Normalspannungen* verstehen wir reine Druck- oder Zugspannungen, die senkrecht zur Lastübertragungsfläche ausgerichtet sind. Die Größe des Flächendruckes (Belastung) wird in Maßeinheiten wie z. B. N/cm^2 oder in anderen Flächen-Krafteinheiten gemessen. Normalspannungen werden mit dem griechischen Buchstaben Sigma = σ bezeichnet (Abb. **75**).

Schubspannungen stellen eine andere Art der mechanischen Beanspruchung dar, die in analoger Weise als Kräfte pro Flächeneinheit gemessen werden, wobei die Kraft parallel zur Angriffsfläche wirkt. Sie werden mit dem griechischen Buchstaben τ bezeichnet (Abb. **76**).

Äußere Kräfte führen zu Spannungen, welche die Tendenz haben, die Volumenelemente des beanspruchten Körpers gegeneinander zu verschieben resp. zu verformen. Der Verformungskraft wirkt die materialspezifische Widerstandskraft, „der Materialwiderstand", entgegen.

Ein Körper oder ein Material, das sich nicht rückverformt, wird als *plastisch* bezeichnet; es fehlt die Rückverformungstendenz zu seiner ursprünglichen Gestalt nach Aufhören der Krafteinwirkung. (Newtonscher Körper) Demgegenüber werden Materialien mit mehr oder weniger stark ausgeprägter Rückformungstendenz (Hooksche Körper) als *elastisch* bezeichnet.

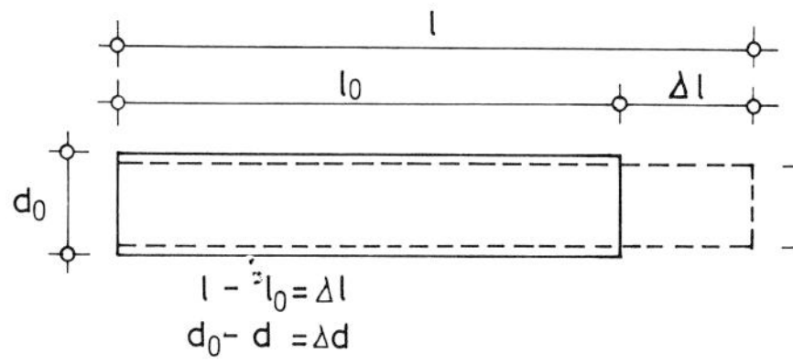

Abb. **75** Längsdehnung und Querkürzung bei Normalspannungen: $l - l_0 = \Delta l$, $d_0 - d = \Delta d$

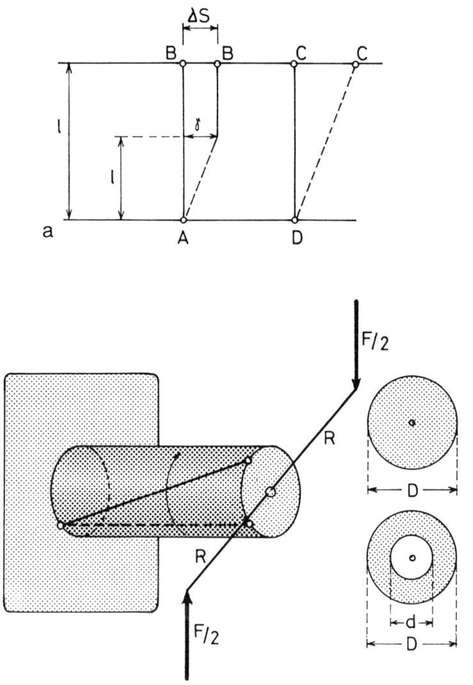

Abb. **76** a u. b Schubspannungen entstehen a) durch Scherbeanspruchung, b) durch Verdrehbeanspruchung. Der Schubwinkel im Bogenmaß gemessen $\hat{\gamma} = \gamma_{rad}$. Nach der Beziehung Bogen = Winkel im Bogenmaß × Radius $\Delta s = \gamma_{rad} \cdot l$ oder $\hat{\gamma}_{rad} = \frac{\Delta s}{l}$.

Schub- oder Gleitmodul G = Steigung der Spannungs Schiebungslinie bis zur Proportionalitätsgrenze $\frac{\tau}{\hat{\gamma}_{rad}} = G$. Schubzahl = Reziprokwert 1/G = β.

Demnach lautet die Formel des Hookschen Gesetzes für Schubspannungen bis zur Proportionalitätsgrenze:

$$\gamma_{rad} = \frac{\Delta s}{l} = \frac{\tau}{G}$$

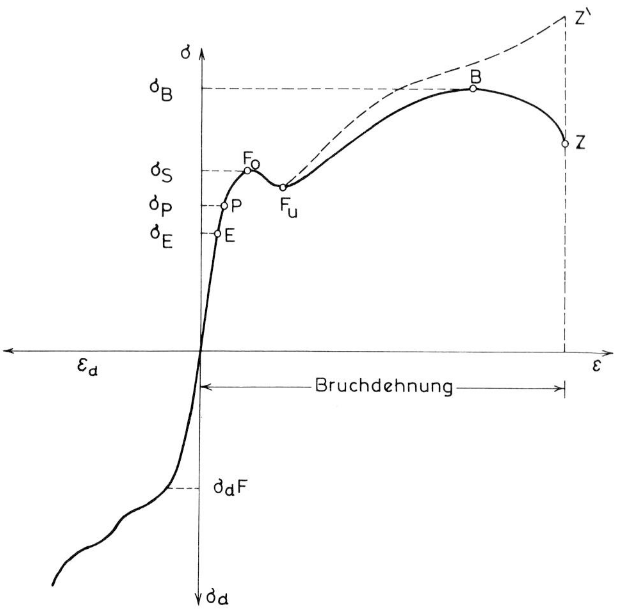

Abb. **77** Vollständige Spannungs-Dehnungs-(Stauchungs-)-Linie: —— = bezogen auf den ursprünglichen Querschnitt, – – – = bezogen auf den eingeschnürten Querschnitt (aus: *H. Hiedl:* Technische Mechanik T. I, Abb. 98)

Man unterscheidet:

1. Materialien mit idealer Elastizität, die eine unmittelbare Rückformung nach Aufhören der verformenden Kraft zeigen.
2. Materialien mit elastischer Nachwirkung, d. h., die Rückformung benötigt einen bestimmten Zeitraum.
3. Materialien, bei denen nach längerem Aufhören der Belastung ein Verformungsrückstand zurück bleibt, so daß die ursprüngliche Gestalt nicht mehr voll erreicht wird.

Die Verformung und die Größe der verformenden Kräfte stehen nach der jeweiligen spezifischen Materialeigenschaft in einem bestimmten Verhältnis zueinander. Bei einer bestimmten Grenze der Wechselbeziehungen Spannung und Verformung ist das Verhältnis linear (Ring 1968).

Jenseits dieser Proportionalitätsgrenze nimmt die Verformbarkeit bei gleicher Last oft sehr rasch zu, oder die Verformung geht sogar bei abnehmender Last noch weiter. Es kommt bei gleichbleibender Kraft zu einem Fließen des Materials. Wird die maximale innere Verformbarkeit eines Werkstoffes überschritten, so kommt es zum Bruch.

Jenseits der Proportionalitätsgrenze ist der Wirkungsbereich des klassischen Hookeschen Gesetzes aufgehoben. Die Relation Dehnungs- und Spannungsgröße ist materialabhängig unterschiedlich, bis z. B. die „Streckgrenze" σs erreicht ist. Das heißt z. B., daß ein Werkstoff stärker zu fließen beginnt als die Belastung zunimmt. Belastungen über die Streckgrenze führen unter gleichzeitiger Gestaltsänderung des Prüfstückes bis zur Bruchlast $\left(\sigma B = \frac{F_M}{A_O}\right)$ (Abb. **77**). Die so erhaltene Festigkeit ist z. B. ein Richtwert für Stähle, der früher in kp/mm^2 und heute nach der neuen Norm in N/mm^2 angegeben wird.

Bei Druckversuchen registriert man die Abhängigkeit von Spannung und Stauchung. Metalle werden in der Regel als zylindrische Probekörper zwischen Preßplatten auf Druck beansprucht:

Die Quetschungsgrenze $\sigma dF = \frac{F_F}{A_O}$.

Die Druckfestigkeit bis zur Bruchstauchung $\sigma dB = \frac{F_M}{A_O}$.

Die Materialfestigkeit ist jener Widerstand, den ein Werkstoff einer einwirkenden Kraft bis zur Bruchgrenze entgegensetzt.

So unterscheiden wir z. B. eine Dauerstandfestigkeit (σDst), das ist jene Spannung, die bei beliebig langer Dauer einer ruhenden Belastung nicht mehr zum Bruch führt. Bei plastischen Materialien setzt man in der Technik die sog. Quetschgrenze ein.

Die *Schwellfestigkeit* (σSch) ist jene Grenzspannung, die bei schwellender Belastung beliebig lange ertragen werden kann.

Die *Wechselfestigkeit* ist jene Grenzspannung, die bei wechselnder (schwingender) Belastung auf Dauer ertragen werden kann.

Zur Überprüfung der *Dauerfestigkeitswerte* dienen spezielle Dauerprüfmaschinen, die es gestatten, verschiedenste Formen der Belastungen einwirken zu lassen, wobei auch die jeweiligen Bruchzahlen ermittelt werden. Es werden verschiedene Lastspiele durchgeführt (und zwar je kleiner die Grenzspannung und je vielseitiger die Lastspiele sind, bei denen kein Bruch mehr eintritt, desto höher ist die Dauerfestigkeit eines Materials), die sich aus den verschiedensten Kompo-

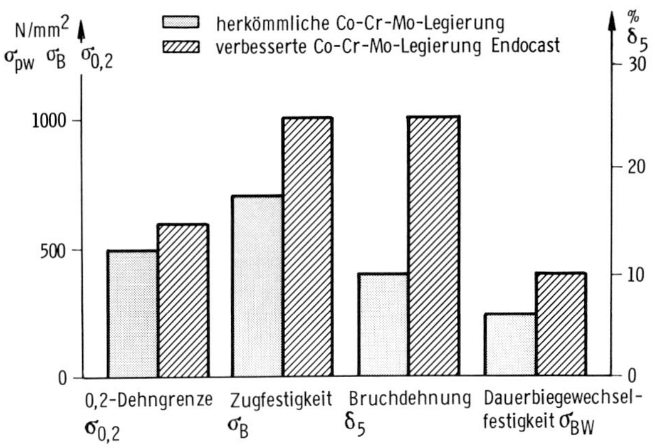

b

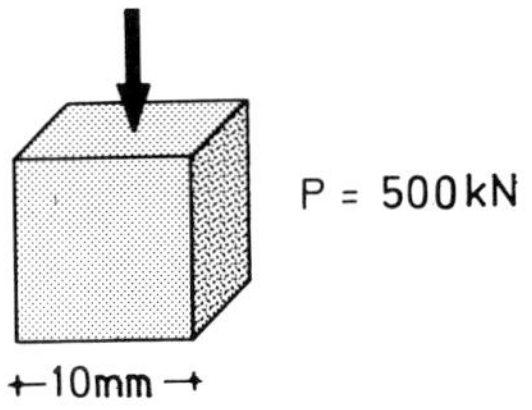

a

Abb. **78** a u. b a) Prüfergebnis der mechanischen Eigenschaften von Endocast (eingetragenes Warenzeichen der Friedrich Krupp GmbH in Essen) im Vergleich zu herkömmlichen Kobalt-Chrom-Molybdänlegierungen. b) Mechanische Eigenschaften von Biolox-Keramik AL_2O_2 „Saphir" (Feldmühle):

Zusammensetzung	99,7% Al_2O_3 + 0,25% MgO,
Dichte	3,94 g/cm³,
mittlere Korngröße	4 μm,
Mikrohärte (Vickers)	2300,
Elastizitätsmodul	380 000 N/mm²,
Druckfestigkeit	5000 N/mm²,
Biegefestigkeit	500 N/mm²,
Biegewechselfestigkeit	320 N/mm²*,
Bruchzähigkeit K_{Ic}	160 N/mm$^{3/2}$,
Korrosionswiderstand (gegen physiologische Kochsalzlösung)	<0,1 mg/m² pro Tag.

Alle auf mechanische Eigenschaften bezogenen Zahlen sind Mittelwerte mit einem Streubereich von ± 10%.
* 4 × 10^6 Lastwechsel, Schwellbelastung 160 ± 160 N/mm²

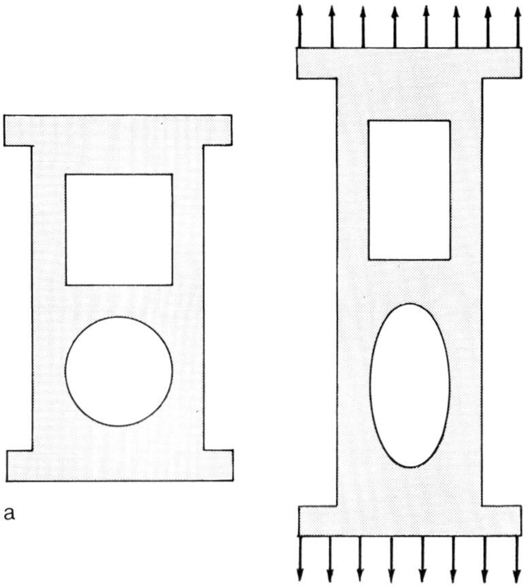

a

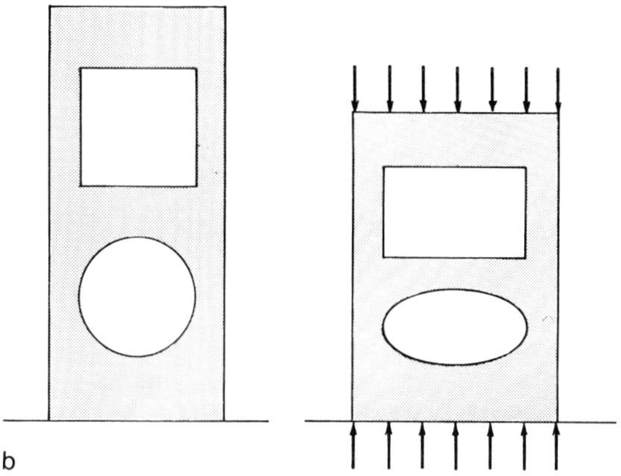

b

Abb. **79** a u. b Flächenhafte Schemen polymorpher Körper zeigen graphisch, daß bei Applikation von Zug und Druck nicht nur Dehnungs- und Stauchungsspannungen, sondern auch Torsions- und Schubspannungen wirksam werden. a) Längsdehnung, b) Querdehnung (nach *Frankel* u. *Burstein*)

nenten zusammensetzen (Bruechle u. Moll 1968).

Für die einzelnen Belastungskomponenten werden dann die Biegefestigkeit, Schlagbiegefestigkeit, Drehwechselfestigkeit usw. bestimmt. Die verschiedenen Dauerfestigkeitswerte für einzelne Beanspruchungsarten werden noch durch zusätzliche Bezeichnungen definiert (Katz 1971).

All diese Werte sind bei der praktischen Beurteilung der Werkstoffestigkeit immer mit in Erwägung zu ziehen. So sieht man z. B., daß schon bei der niedrigen exzentrischen Belastung insbesondere auf Biegung, welche die höchsten Spannungsspitzen im Querschnitt verursacht, eine Verformung einsetzt, deren Rückbildungstendenz oft ausbleibt, oder daß schon bei niedrigen Dauerbelastungswerten Bruchgefahr besteht, die oft nur 40% der maximalen Schwellfestigkeit ausmacht. Manche Materialien sind besonders druckfest, hingegen nicht biegefest oder umgekehrt. Für die verschiedenen Werkstoffqualitäten sind die Molekularanordnung und die Moleküllänge von entscheidender Bedeutung (Abb. **78**).

Räumlich unterscheiden wir zwei verschiedene Arten von Verformungen. Das eine ist eine Längsverformung, die mit ε bezeichnet wird, also eine lineare Druck- oder Zugverformung (Abb. **79** u. **80**).

Das andere sind flächenhafte und räumliche Winkelverformungen, die in erster Linie bei Einwirkung sowie Torsions- und Scherkräften entstehen. Sie werden mit dem griechischen Buchstaben γ

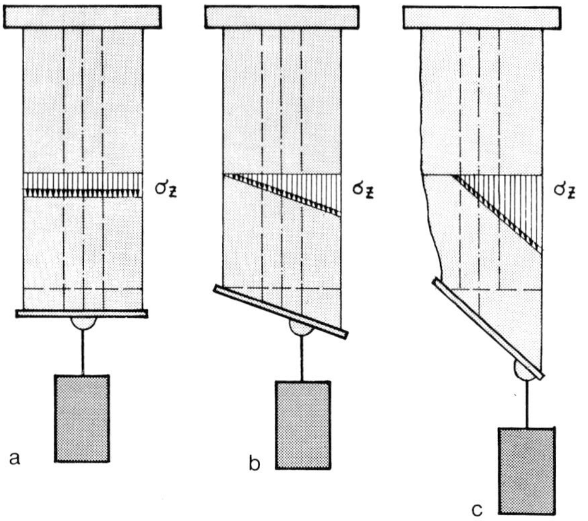

Abb. **80** a–c Verformung und Spannungsdiagramm eines exzentrisch auf Zug beanspruchten Gummibandes. a) zentrale, b) exzentrische Krafteinwirkung (Kerngrenze), c) außerhalb der Kerngrenze (nach *Pauwels*)

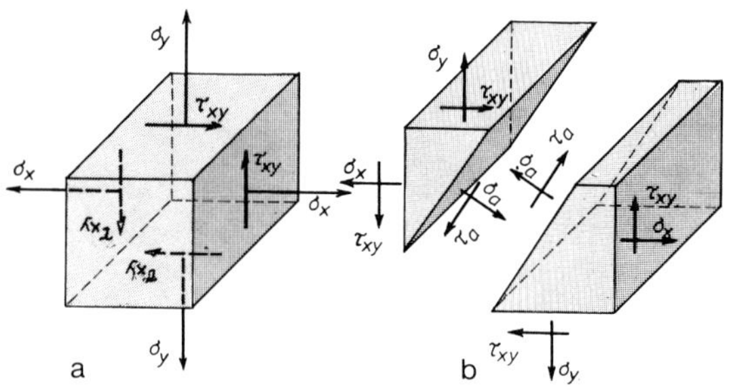

Abb. **82** a u. b a) Analyse der auf einen freien Quaderkörper einwirkenden Kräfte. Die Spannungen durchdringen den Körper in allen Ebenen als Normalspannungen σ_x oder σ_y und als Schubspannungen τ_x und τ_y. b) Die diagonale Teilung des Quaders in zwei freie Einzelkörper ergibt adequate Spannungen an den Schnittflächen, um das Spannungsgleichgewicht im Körper aufrechtzuerhalten. Sie sind in ihrer Zusammensetzung von der jeweiligen Größe und Richtung der einwirkenden Kräfte abhängig (nach *Frankel* u. *Burstein*)

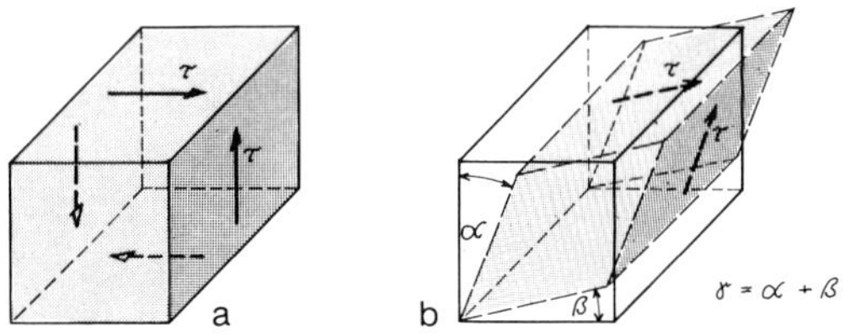

Abb. **81** a u. b a) Ein Quader im Spannungsgleichgewicht wird an allen Flächen unter Schubbeanspruchung gesetzt. An allen Flächen wirken gleich große Spannungen τ. b) Verformung des Quaders durch Schubspannungen τ die auf seine Oberfläche wirken. Die Winkel α und β zeigen die Winkelverdrehungen der ursprünglich vertikal und horizontal zueinander stehenden Flächen. ? ist die Scherspannung (nach *Frankel* u. *Burstein*)

bezeichnet (Abb. **81** u. **82**). Die Ausmaße derartiger Verformungen werden in Radiant gemessen. Sicher kann man auch Grade als Maßeinheit nehmen; sie sind jedoch für Spannungsmessungen und kinematische Beurteilungen weitaus weniger praktisch. *Ein Radiant* ist der Öffnungswinkel eines Bogens, dessen Länge gleich dem Radius des dazugehörigen Kreises ist (Länge des Bogens = Länge des Radius).

Verformungs- und Spannungsmessungen können nach verschiedensten Methoden durchgeführt werden (Cochran 1971, Dietschi u. Mitarb. 1974).

Eindimensionale lineare Flächenverformungen wird man mit einfachen Extensometern erfassen, wobei mechanische, optische oder elektrische Verstärker gebraucht werden, um minimalste Veränderungen zu registrieren (Abb. **83**).

Spannungskräfte im Material selbst, mit Ausnahme des Oberflächendruckes, können hiermit nicht gemessen werden. Um z. B. die Größe von Zugspannungen zu ermitteln, die eine Sehne durch Muskelspannung erfährt, setzt man rechnerisch die Verschmächtigung des Sehnenquerschnittes, die bei einer bestimmten Elongation durch Zugspannung auftritt, zur Größe der Muskelkraft in Relation, indem die Muskelkraft M durch die Querschnittsfläche der gespannten Sehne dividiert wird (Arnold 1974, Benedict u. Mitarb. 1968, Gross u. Arnold 1975, Krahl 1975, Minns u. Mitarb. 1974).

Der Poisson-Effekt besagt, daß ein Körper, der durch Zug auf Dehnung beansprucht wird, auf der einen Seite in der Zugrichtung an Länge zunimmt und auf der anderen Seite seinen Querschnitt verkleinert. Er ist allen Stoffen eigen. Die Verkleinerung erfolgt in der Ebene, die senkrecht zur Richtung der Lasteinwirkung steht, also an den Flächen, die nicht unter direkter Krafteinwirkung stehen. Es zeigt sich, daß Spannung und Verformung zwei verschiedene physikalische Einheiten sind, die nicht immer in proportionaler Wechselbeziehung miteinander stehen (Abb. **84** a).

Bei flächenhafter Kompression eines kubischen Körpers wird er in Richtung der Kraft zusammengedrückt und entsprechend dem Poisson-Effekt in der zum Druck vertikalen Ebene elongiert (Abb. **84**). In dieser Richtung wird ein Elongationseffekt, ohne daß Zugspannungen von außen einwirken, erreicht. Bei einer vertikalen Druckrichtung, die auf einen Würfel einwirkt, wird seine Länge l_1 reduziert. Dies ist der Grad der Verformung in Richtung der Belastung $\varepsilon = \frac{\Delta l_1}{l_1}$.

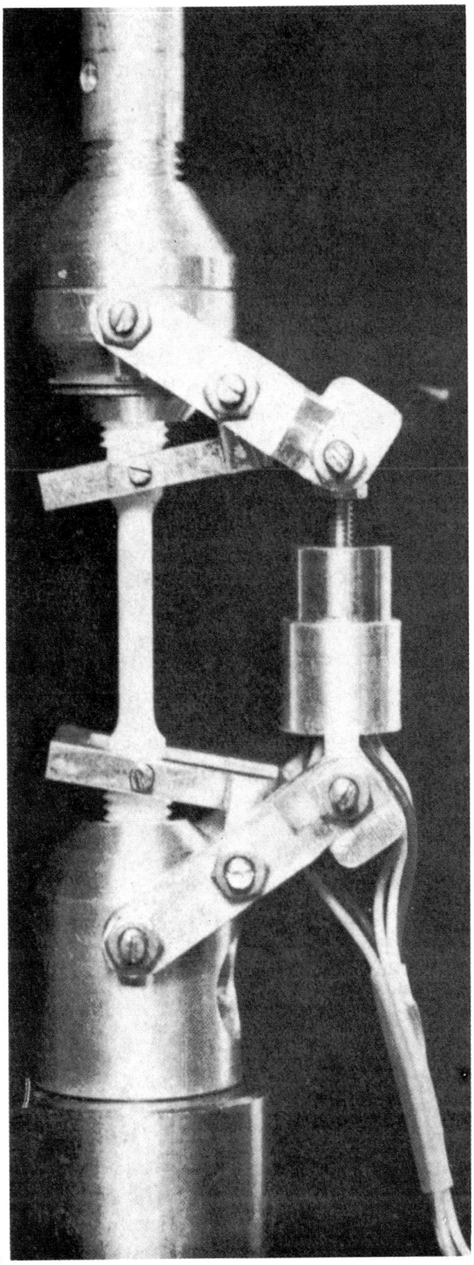

a

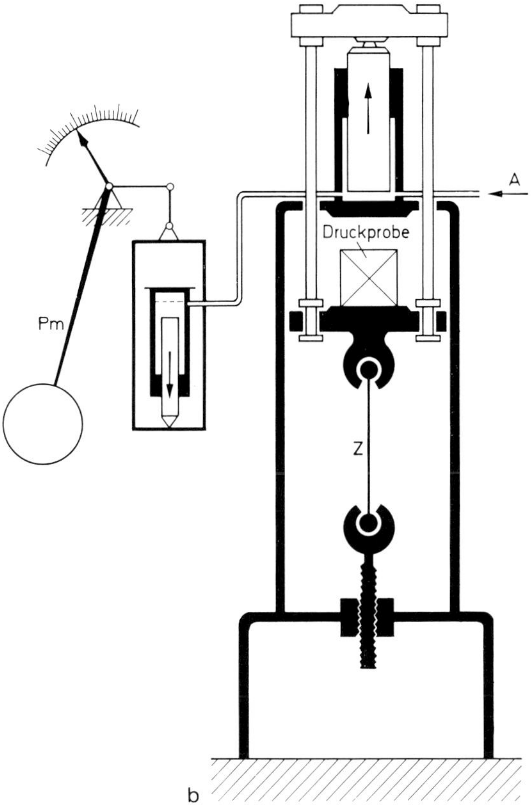

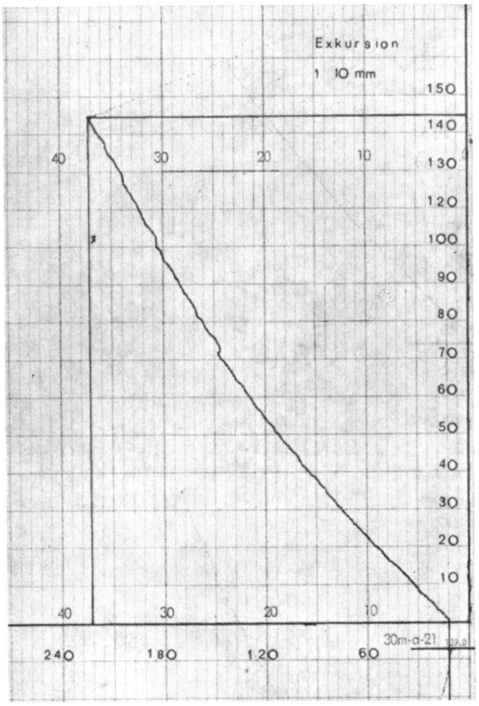

c

Abb. **83** a–c a) Extensometer zur direkten Spannungsmessung unter Zug eines eingespannten Kortikalisstabes. Die Spannungen werden elektromechanisch gemessen. b) Schema der Mohr- und Federhaff-Universalmaschine mit Pendelmanometer. c) Von der Festigkeitsmaschine (b) mitgeschriebenes Belastungsdiagramm: Abszisse = Last in N, Ordinate = Exkursion des Prüfgegenstandes in $^1/_{10}$ mm angegeben (a aus *V. Frankel, A. Burstein*: Orthopaedic Biomechanics. Lea & Febiger, Philadelphia 1970; b u. c aus *T. Jouck*: Die Festigkeit von Tibiae nach Spanentnahme an verschiedenen Orten. Z. Anat. Entwickl.-Gesch. 130 [1970] 345)

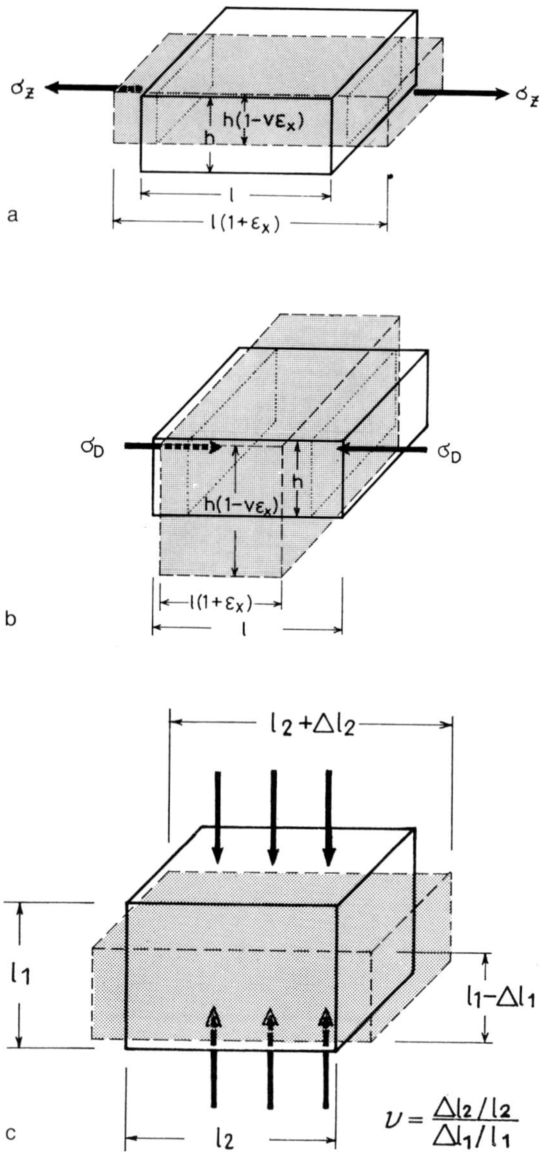

Abb. **84** a–c Räumliche Verformungsbilder eines elastischen Würfels. a) Unter Zugbeanspruchung σ_Z. Die Quaderlänge L wird in Richtung der Zugbeanspruchung σ_Z auf L $(1 + \varepsilon_X)$ verlängert, die Würfellänge h senkrecht zur Kraftrichtung auf H $(1 - \varepsilon_X)$ verkürzt. b) Unter Druckbeanspruchung σ_D. Bei Druckbeanspruchung σ_D wird in der Kraftrichtung die ursprüngliche Länge L des Quaders in der Richtung der wirkenden Kraft auf L $(1 + \varepsilon_X)$ verkürzt, auf H $(1 - \varepsilon_X)$ verkürzt. c) Die Verformungsdimensionen in Richtung und senkrecht zur Richtung der einwirkenden Kräfte sind verschieden. Der *Poissonsche* Effekt wird definiert durch das Verhältnis der senkrecht zur Lasteinwirkung wirksamen Verformungskräfte zu den parallel zur Lasteinwirkung stehenden Verformungen. Formelmäßig ergibt sich die *Poissonsche* Verhältniszahl ω primär als Symbol für die Längenveränderungen des Würfels ΔL_1 in Richtung der Kraft und für die Längenveränderung senkrecht zur Belastungsrichtung ΔL_2.

$$\omega = \frac{\Delta L_2 : \Delta L_2}{\Delta L_1 : \Delta L_1}$$

Gleichzeitig nimmt seine Länge l_2 um die Länge Δl_2 zu. Dies ist eine Dimensionszunahme in der senkrechten Richtung der Kraft (Abb. **84** b).
Die Verhältniszahl des Verformungsgrades von ΔL_2 zu ΔL_1 ist die *Poissonsche Zahl* (v):

$$v = \frac{\Delta l_2/l_2}{\Delta l_1/l_1}.$$

Erfahrungsgemäß beträgt sie bei Metallen ungefähr $^1/_3$ und überschreitet allgemein nicht $^1/_2$. Die unter Zug (Extension) sowie unter Kompression gegenübergestellten Würfel sollen das Verständnis erleichtern. Bei dem unter Dehnungsbeanspruchung stehenden Würfel ist der Grad der Verformung in der Horizontalebene ε_x. In der dazu senkrechten Ebene ist er hingegen $-v\varepsilon_x$ (wenn v der Poisson-Effekt ist).
Bei Kompression des Würfels hingegen ist die Verformung in Richtung der Last ε_x; dagegen sind die Längenveränderungen senkrecht zur Lasteinwirkung wieder $-v \cdot \varepsilon_x$. Es sind also die Verformungen, die senkrecht zur Lasteinwirkung vor sich gehen, gleich $-v \cdot \varepsilon_x$ der Verformungen in der Ebene der Lasteinwirkung (Abb. **84** c).
Gerade in der Biotechnik spielt das Poissonsche Gesetz eine große Rolle, wie z. B. bei der Konstruktion von künstlichen Gelenken. Durch mehrdimensionale Verformung eines Gelenkkörpers kann es zu einer Inkongruenz der Artikulationskörper unter Belastung kommen. Befindet sich z. B. ein verformbarer Kopf in einer starren Pfanne, wird nicht nur eine Erhöhung der Reibung in dem Auflagerbereich auftreten und bis zur Bewegungsblockade führen, sondern außerhalb des Pfannenrandes kommt es zum unkontrollierbaren Auseinandertreten und zur Dehnung des Kopfradius, damit zum Versagen des Gelenkes. Man wird also auf eine entsprechende Abstimmung des Elastizitätsmoduls zwischen den beiden Gelenkkörpern genau achten müssen, um derartig nachteilige Effekte zu vermeiden (Abb. **85**).
Die Elastizitätslehre ist, wie schon erwähnt, auch bei jeder biotechnischen Prüfung von Implantationswerkstoffen von entscheidender Bedeutung. Auch für die Beurteilung der physikalischen Grundlagen von biologischen Materialien wie Knochen, Knorpel und Sehnen ist sie unentbehrlich.
Warum ist ein materialgleicher Dreilamellennagel weniger biegefest als ein Doppel-T-Nagel mit gleich großem Querschnitt (Abb. **86**)?
Ausschlaggebend ist die unterschiedliche Materialanordnung im Querschnitt, d. h., die Lage des Massenträgheitsmomentes der Querschnittsfläche ist verschieden. Dementsprechend ist das Massenträgheitsmoment des Dreilamellennagels viel niedriger als dasjenige des Doppel-T-Nagels. Die Biegespannung wird nach folgender Formel berechnet:

Spannung σ =

$$\frac{\text{Biegemoment (M) mal Distanz (Y) der neutralen Biegeachse}}{\text{Massenträgheitsmoment } I_a}$$

$$\sigma = \frac{M \cdot Y}{I_a}.$$

Analog zeigt die Freikörperanalyse eines auf Biegung beanspruchten Balkens, daß bei Kräftegleichgewicht die Größe der Spannungen $^{\sigma}$ gleich groß ist wie das Biegemoment M.
Die Spannungsverteilung im Querschnitt ist in der neutralen Biegeebene gleich 0, indes die höchsten Spannungsspitzen σ Maximum aus Zug, σ^Z und aus Druck σ^D an der Peripherie der konvexen und konkaven Biegungsfläche liegen (Abb. **87**).
Die Wechselbeziehungen zwischen Spannung und Verformung sind nicht direkt meßbar. Man muß die Zusammenhänge zwischen Spannung und Verformung z. T. empirisch ermitteln. Erst aus der Zusammenfassung der verschiedenen Normteste können Schlüsse über Verteilung und Größe der Spannungen in einem Material gezogen werden (Abb. **88**).
Spannungen, Verformung und Krafteinwirkung sind nicht nur beim Zustandekommen mechanisch gesteuerter Stoffwechselvorgänge in der primären mesenchymalen Bildungszelle von großer Bedeutung, sondern sie spielen auch in der Determination der Wachstumsdifferenzierung zu Knorpel, Knochen und Sehnen mit eine entscheidende Rolle. Oszillationen mit Verformungen der Volumenteilchen steuern auch signifikant die mechanischen Wachstumsgesetze des Knochens und Knorpels.
Die Verformungen hingegen kann man direkt messen. Aus ihrer Größe kann man umgekehrt Rückschlüsse auf die Spannungen ziehen. Die Einheit Beanspruchung, Spannung und Verformung hat einen ausschlaggebenden Einfluß auf die Wachstumsdynamik der Stützgewebe, wie das PAUWELS (1960), KUMMER und AMTMANN (1968 a) bereits in vorbildlicher Weise dargestellt haben. Auch FROST hat sich mit diesen Problemen aus einem anderen Blickwinkel befaßt.
PAUWELS hat gezeigt, daß nicht wie ROUX (1895) annahm 3, sondern nur 2 Qualitäten von mechanischen Reizen wirksam sind, die einen spezifischen Einfluß auf die gerichtete Wachstumsdifferenzierung der primordialen Mutterzelle des Mesenchyms ausüben. Sie setzen sich aus den Grundkomponenten des Verformungszustandes der reinen Gestaltsverzerrung und der Volumenänderung zusammen:

1. Dehnung stellt den mechanischen Reiz zur Bildung kollagener Fibrillen (von Bindegewebe) dar, gleich ob sie durch Druck-, Zug- oder Schubspannungen bedingt ist.
2. Hydrostatischer Druck führt zur Differenzierung der Knorpelzelle durch Stoffwechseländerung.

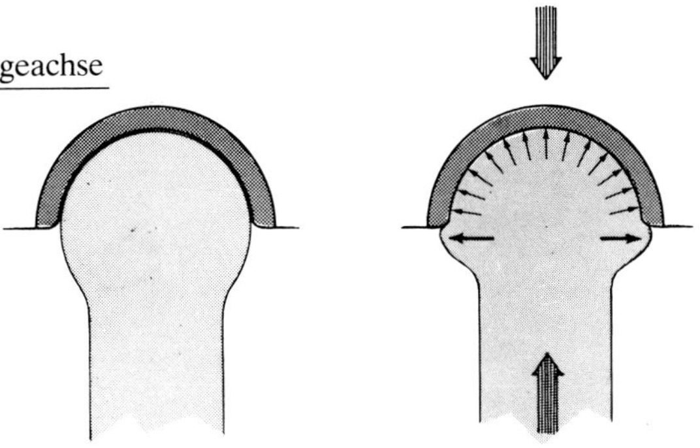

Abb. **85** Verformung eines elastischen Kopfteiles in einer starren Pfanne führt zu abnormen Spannungen mit erhöhter Reibung und Randinkongruenz der Artikulationskörper

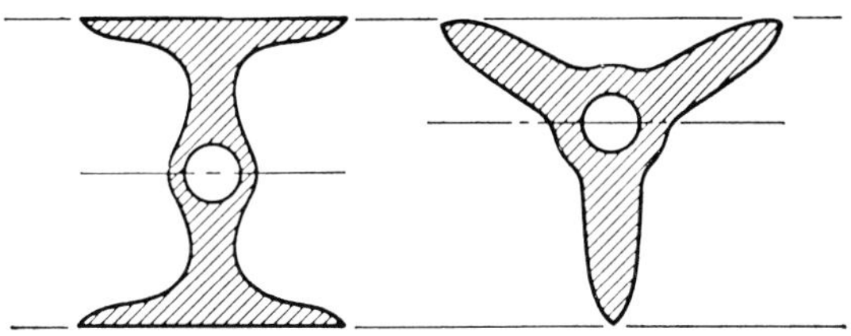

a b

Abb. **86** a u. b Vergleich der Trägheitsmomente der Querschnittsflächen a) eines Doppel T- und b) eines Dreilamellennagels bei gleicher Größe. Die Lage der Flächenträgheitsmomente ist verschieden (aus: *V. H. Frankel, A. H. Burstein:* Orthopaedic Biomechanics. Lea & Febiger, Philadelphia 1970)

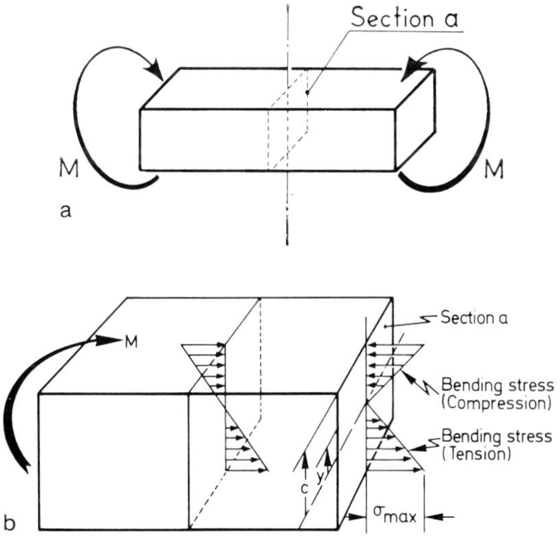

Abb. **87** a u. b Freikörperanalyse eines Balkens, auf den ein Biegemoment M einwirkt (a). b) c ist die Distanz von der Balkenmitte zur Peripherie, y die Distanz von der neutralen Biegeachse zu irgendeinem Punkt der Querschnittsfläche des Balkens A. σ Maximum ist die Spannungsspitze aus Zug oder Druck (aus: *V. H. Frankel, A. H. Burstein:* Orthopaedic Biomechanics. Lea & Febiger, Philadelphia 1970)

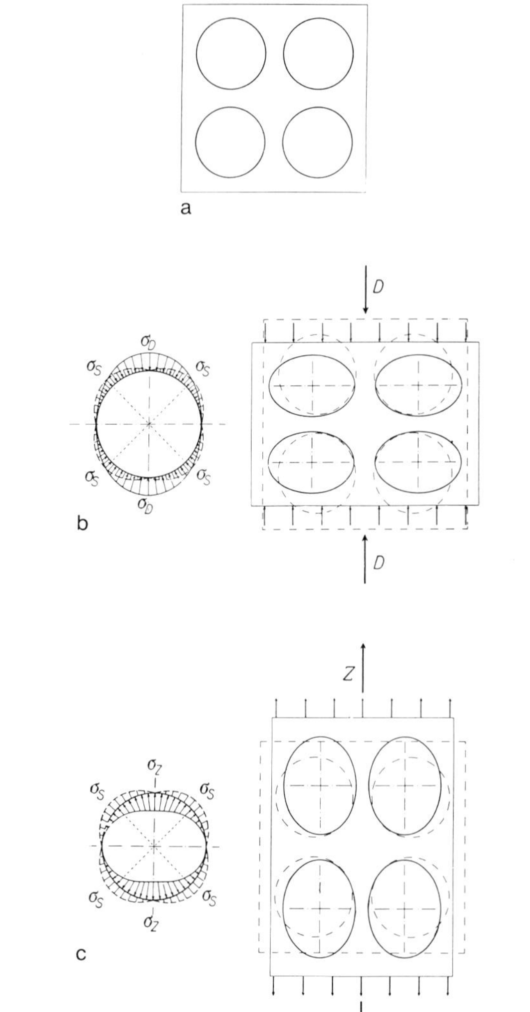

Abb. **88** a–d Verformungen von kugeligen Volumenselementen unter Einwirkung von Zug, Druck und Schub. a) Ausgangsform. b) Unter Druck wird der Durchmesser in der Druckrichtung kleiner, der Durchmesser in der senkrechten Ebene zum Druck größer. c) Bei Zug Dehnung in der Zugrichtung; die Durchmesser senkrecht dazu werden verkürzt. d) Bei Schubbeanspruchung bildet die Richtung der größten Dehnung mit der Schubrichtung einen Winkel von 45°. Links neben den Verformungen die Verteilung der Spannungen in allen Richtungen in der Zeichenebene. σ_D = Druck, σ_Z = Zug, σ_S = Schubspannungen (aus *F. Pauwels:* Atlas zur Biomechanik der gesunden und kranken Hüfte. Springer, Berlin 1973)

3. Wirken Dehnung und hydrostatischer Druck zusammen, entwickeln sich verschiedene Übergangsformen von Geweben zwischen Knorpel und Bindegewebe.
4. Knochenbildung benötigt keinen spezifischen Reiz; er entwickelt sich aus hierzu befähigten Zellen, die durch ein stabiles Gerüst (Knochen oder Knorpel), gegen Verzerrung geschützt werden (s. auch Beitrag KUMMER).

Er konnte weiterhin durch klinische Analysen experimentelle Modelle unter Anwendung der Regeln der Elastizitätslehre nachweisen, daß die Spongiosa nach strengen geometrischen Gesetzen als trajektorielles Rahmenfachwerk gebaut ist, dessen Bälkchenzüge vorwiegend auf Zug und Druck beansprucht werden.

Die Bälkchendichte entspricht an jeder Stelle den Anforderungen der bei der Beanspruchung auftretenden Spannungsgrößen. Physikalisch gesehen, unterscheidet sich diese Bauform wesentlich von dem Begriff des „verkörperten Spannungsfeldes", das jede fibrilläre Struktur darstellt, da die Fibrillen unmittelbar durch die gegebenen Spannungen trajektoriell ausgerichtet werden und nicht wie die Spongiosa durch eine beanspruchungsbedingte Wachstumsstruktur.

All diese Erkenntnisse sind in dem Komplex der funktionellen Anpassungsreaktionen der kranken und gesunden Stützgewebe von ausschlaggebender klinischer Bedeutung, wie noch später gezeigt werden soll.

Viskoelastizität

Biologische Materialien, vor allem aber die Stützgewebe, zeigen unter Belastung verschiedene, sehr komplexe Elastizitätseigenschaften, die weitaus komplizierter sind als die normale Elastizität, die vorhergehend besprochen wurde (ARNOLD u. Mitarb. 1974, BURSTEIN u. FRÄNKEL 1968, BURSTEIN u. Mitarb. 1975, FRÄNKEL u. BURSTEIN 1970b, PUGH u. Mitarb. 1973b, SEDLIN 1965).

Hierbei zeigt sich, daß die zeitliche Dauer einer Kontaktkompression zweier Körper von größter Bedeutung für ihre Verformungseigenschaften ist. Bei der Einwirkung einer Last kommt es im elastischen Verformungsbereich eines Materials zu Gestaltsänderungen, die nach Aufhören der Belastung voll reversibel sind. Wirkt dieselbe Größe der Last durch längere Zeit hindurch, dann kommt es hingegen zu einem langsamen Fortschreiten der Verformung. Dieser Zustand kann bis zu einem gewissen Grenzwert gehen oder bis zum Auseinanderfließen weiter ablaufen. Über eine gewisse Zeit hinaus wird sogar eine sofortige Rückverformung zur ursprünglichen Gestalt einsetzen.

Dies ist das Wesen der Viskoelastizität, und zwar das Verhalten eines Biomaterials auf langdauernde Belastung, das in vivo wie auch in vitro untersucht wurde.

Das voll elastische Grundmodell ist die ideale Feder, die als *Hookescher Körper* bezeichnet wird. Die Elongation ist proportional der Last. Das Verhältnis Dehnung und Größe der Last wird Federkonstante genannt. Die Feder kehrt sofort nach Aufhören der Belastung in ihre Originalform zurück. Der Hookesche Körper zeigt keine Zeitabhängigkeit zwischen Belastung und Verformbarkeit. Um die Feder zu dehnen, wird sog. Verformungsenergie verbraucht. Die aufgewandte Dehnungsenergie kann durch das Integral der Kraft multipliziert mit der Wegstrecke der Verformung berechnet werden. Beim Hookeschen Körper wird die aufgewandte Dehnungsenergie gespeichert und bei Entlastung der Feder wieder freigesetzt. Damit fungiert die Feder als verlustloser Speicher (Abb. **89**).

Die einfachste Form eines viskoelastischen Modells ist ein *Newtonscher* Körper. Dies ist z. B. eine mit Flüssigkeit gefüllte Injektionsspritze oder ein anderes hydraulisches Pumpensystem.

Nachdem die Flüssigkeit viskös ist, wird sie mit einer bestimmten Geschwindigkeit, die von der Größe des Druckes abhängig ist, durch die Spritzenöffnung herausgedrückt. Je nach der Größe der Kraft und des Querschnittes der Austrittöffnung wird das Entweichen der Flüssigkeit schneller oder langsamer vor sich gehen. Je größer der elastische Viskositätseffizient der Flüssigkeit, desto mehr Kraft ist erforderlich, sie in der gleichen Zeiteinheit aus der Spritze herauszudrücken. So ist z. B. zwischen Blut und Wasser ein sehr großer Unterschied (Abb. **90**).

Der Unterschied zwischen dem Newtonschen und einem Hookeschen Körper ist folgender: Während sich der Hookesche Körper beim Aussetzen der Kraft zurückformt, zeigt der Newtonsche Körper nach Aufhören der Krafteinwirkung keine Tendenz, in seine Originaldimension zurückzukehren. Es fließt also keine Energie zurück, wenn die einwirkende Kraft aufhört. Will man einen Newtonschen Körper zu seiner Originalkonfiguration zurückformen, dann muß man neuerdings Energie aufwenden. Das heißt also, daß ein Newtonscher Körper keine Energie speichert. Jede Änderung der Gestalt bedeutet einen Energieverlust. Hier wird in einem Zyklus zwischen Belastung und Entlastung Energie verlorengehen, da sie nicht, wie in der Feder, gespeichert wird (Abb. **91** u. **92**).

Ein Kelvin-Körper ist die Parallelschaltung eines Hookeschen Körpers mit einem Newtonschen Element, d. h., daß eine Injektionsspritze und eine elastische Feder parallel geschaltet werden. Wird die Flüssigkeit aus der Spritze herausgedrückt, dann hat die Feder die Aufgabe, durch Zurückziehen des Spritzenkolbens die Flüssigkeit wieder in die Spritze hineinzuziehen, so daß sie ihre ursprüngliche Form annimmt. Man kann damit die Zunahme der Deformierung unter konstanter Last untersuchen oder die Lastgröße fest-

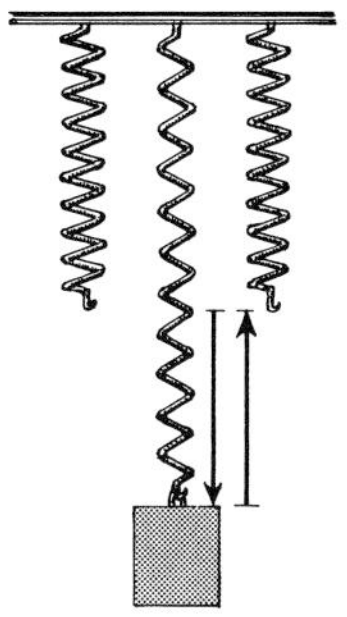

Abb. **89** Vollelastische Feder, Grundmodell eines Hookeschen Körpers

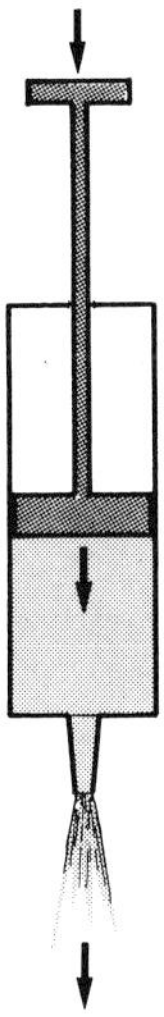

Abb. 90 Einfaches viskelastisches Modell, Flüssigkeit in der Injektionsspritze

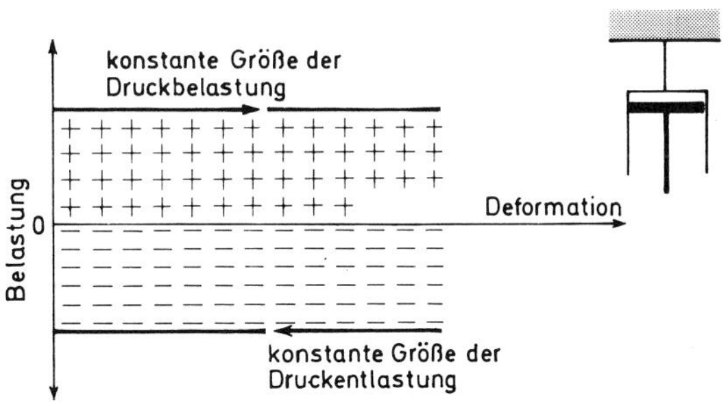

Abb. **91** Belastungsverformung eines Newtonschen Körpers bei konstanter Druckbelastung und Entlastung. Die Fläche 1 + zeigt die Energieabsorption während der Belastung, die Fläche 2 − die Energie bei konstanter Größe der Druckentlastung. Sie muß dem System zugeführt werden, um die Verformung aufzuheben

stellen, die notwendig ist, eine konstante Deformierung zu verursachen (Abb. **93**).

Durch verschiedene Kombinationen von viskoelastischen und voll elastischen Elementen lassen sich die oft sehr komplizierten Zusammenhänge der Viskoelastizitätseigenschaften biologischer Materialien am anschaulichsten studieren. Aus den gewonnenen Erkenntnissen leiten sich die verschiedenen Formen und Möglichkeiten der Energieabsorption wie z. B. die Stoßdämpfung etc., die in viskoelastischen Materialien stattfinden, ab. Obwohl sie in diesem begrenzten Rahmen nicht diskutiert werden können, stellen sie

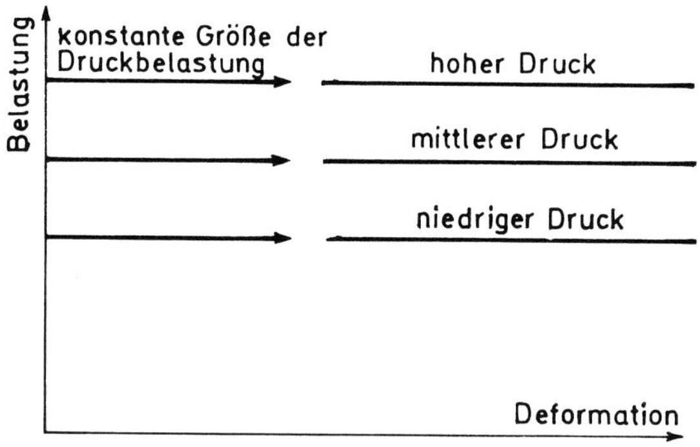

Abb. **92** Die Lastgröße der Deformierung hängt ab von der Größe des jeweiligen Widerstandes, den ein Newtonscher Körper entgegensetzt

typische Eigenschaften von Knochen- und Knorpelgewebe dar (Asang u. Mitarb. 1973, Burstein u. Mitarb. 1971, 1972, 1973, Hyes u. Mockros 1971, Jouck 1970, Krakovits u. Zsedenyi 1969, Pauwels 1965b, Plaue 1974).

Jeder Belastungs- und Entlastungszyklus, dem das Gewebe ausgesetzt ist, wird eine gewisse Energiespeicherung im Gewebe nach sich ziehen, die bei Entlastung, abhängig vom Elastizitätsmodul oder Viskoelastizitätsgrad, wieder abgegeben wird. Die viskoelastischen Eigenschaften biologischer Gewebe erlauben im allgemeinen, daß das Gewebe sehr verschiedene Energiegrößen absorbiert, wenn es stufenweise belastet wird (Edwards u. Mitarb. 1970). Diese Energieabsorption kann bis zur Bruchgrenze fortgesetzt werden, wobei es gleichzeitig zu Umsetzungen der Energie in Form von Temperaturerhöhungen im Material selbst kommen wird. Diese nur andeutungsweise angeführten Unterschiede zwischen Elastizität und Viskoelastizität sowie auch ihre energetischen Auswirkungen auf die Materialien sind nicht ausreichend, um das umfassende Gebiet im Rahmen dieser Einführung genau zu erklären, so daß das Studium entsprechender Fachliteratur unumgänglich erforderlich ist (Frankel u. Burstein 1970b, Gross u. Arnold 1975, Hartung u. Mitarb. 1975, Hirsch u. Nachemson 1954, Pugh u. Mitarb. 1973a, Vogt u. Arnold 1972).

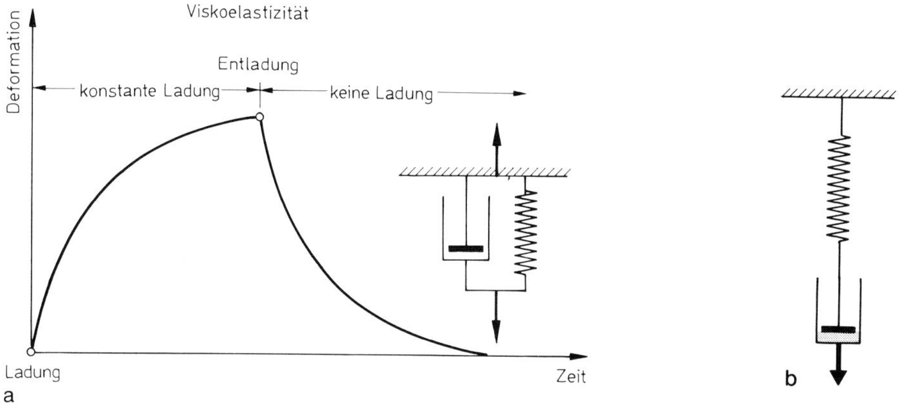

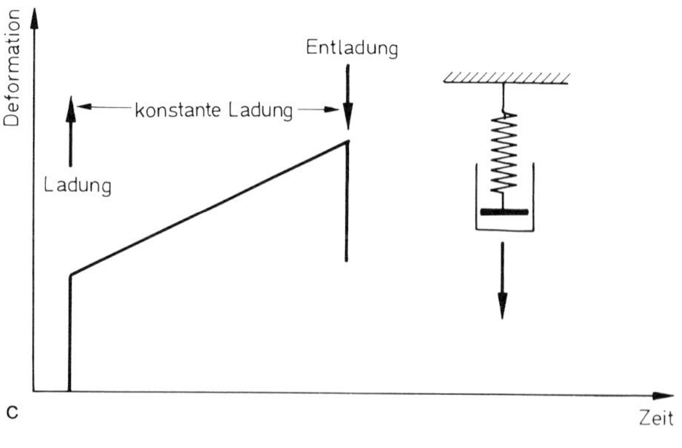

Abb. **93** a–c a) Kelwin-Körper besteht in der Parallelschaltung eines Newtonschen Körpers mit einem Hookeschen Körpers in Form einer flüssigkeitsgefüllten Spritze mit einer Spiralfeder. b) Maxwell-Element besteht in einer Serienschaltung hintereinander, eines Newtonschen und Hookeschen Körpers. c) Charakteristischer Deformationsverlauf eines Maxwell-Körpers in der Zeiteinheit. Rasche Verformung in der Initialphase der Lasteinwirkung (Hookescher Körper). Langsame, konstante Verformungszunahme bei gleichbleibender Lasteinwirkung (Newtonscher Körper). Bei Entlastung teilweise Rückverformung (Hookescher Körper)

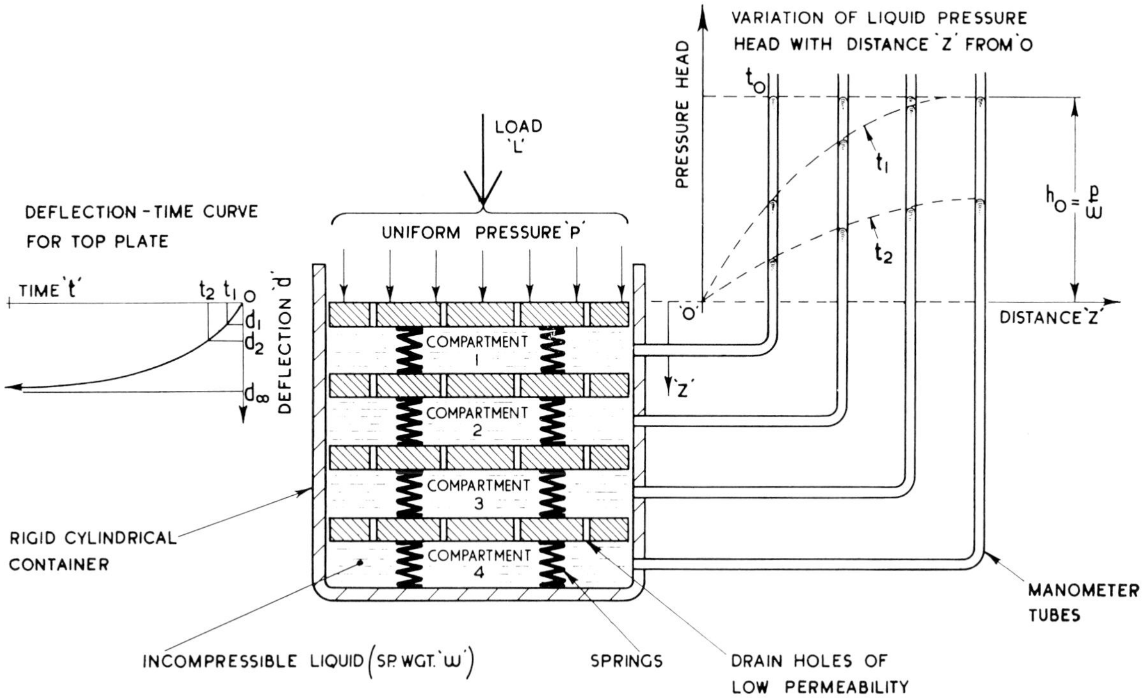

Abb. **94** Vereinfachte schematische Analogie zur Konsolidation des Gelenkknorpels und seiner Stoßdämpferwirkung unter Dauerbelastung (Abb. 94 u. 95 aus *J. M. Zarek, J. Edwards:* Dynamic considerations of the human skeletal system. In: Biomechanics and Related Bioengineering Topics, hrsg. von *R. M. Kenedi*. Pergamon, Oxford 1965)

Der Mechanismus der Stoß- und Druckabsorption im Gelenkknorpel stellt nach ZAREK u. EDWARDS (1965) ein kompliziertes Beispiel eines viskoelastischen Funktionsmodelles dar. Wie aus dem vereinfachten Modellschema ersichtlich, ist der Knorpel mit einem Flüssigkeitskammersystem durchsetzt, welches durch feine Poren untereinander und mit der Oberfläche verbunden ist (s. auch Beitrag KUMMER und EDLER Teil II).

Wirkt eine Last ein, so wird sie an der Kontaktfläche zuerst über das flüssigkeitsgefüllte Kammersystem aufgenommen und unter langsamen Entweichen der Flüssigkeit in den Gelenkraum im zunehmenden Ausmaß auf die festen Knorpelelemente übertragen. Die Flüssigkeit entweicht über die Poren in den Gelenkraum. So wird Stoßenergie abgefangen, und besonders bei dynamischer Belastung erfährt die härtere Knochengrenzlamelle eine langsamer ansteigende Beanspruchung.

Durch das Entweichen der Flüssigkeit kommt es zu einer Verdichtung der festen elastischen Knorpelelemente (Hookescher Körper), und mit der gespeicherten potentiellen Energie füllt sich das Kammersystem wiederum in der Entlastungsphase mit Flüssigkeit. Bei der dynamischen Belastung ist die Stoßdämpfung sehr ausgeprägt, weil die Spannungen durch die Energieabsorption des Knorpels niedrig gehalten und die Spitzen dynamischer Kräfte abgefangen werden. Diese Stoßdämpferwirkung fehlt beim künstlichen Gelenk, so daß z. B. an der Hüfte die Lastübertragung beim Gehen über den starren Zement-Metall-Block hohe Spannungsspitzen zur Folge hat, die zu chronisch resorptiven Knochenschäden am Auflager Anlaß geben (Abb. **94** u. **95**).

PAUWELS (1965 b) hat in einer klassischen Arbeit die funktionelle Struktur des Gelenkknorpels am Beispiel des Pfannenknorpels des Schultergelenkes untersucht und ihre Bedeutung für die mechanischen Eigenschaften geklärt. Im Gegensatz zu früheren Meinungen wurde die trajektorielle Ausrichtung der kollagenen Fasern im Gelenkknorpel nachgewiesen, deren Bauform zusammen mit den umschlossenen Knorpelzellelementen zur bestmöglichen mechanischen Widerstandsleistung geeignet ist.

Die Gelenkpfannenlippe ist ein Ring aus konzentrisch angeordneten dehnungsfesten Fasern, der streckenweise fest mit dem Pfannenknorpel verbunden ist. Bei Belastung verhindert er ebenso die extreme Verschiebung des Knorpelmaterials zur Peripherie wie der Knorpelfläche am Gelenkkopf, welche die Krafteinleitungsfläche der Pfanne überragt.

Der Gelenkknorpel der Schulterpfanne erfährt durch den Knorpel des Humeruskopfes eine Kompression, deren Größe von der Peripherie gegen das Pfannenzentrum leicht abfällt. Bei Belastung durch den Kopfknorpel werden an beiden

Gleitpartnern die kollagenen Faserbügel zur Peripherie der Belastungsfläche zunehmend abgedrängt, wobei eine leichte Impression des Kopfknorpels auftritt (Abb. **96**a). Mechanisch resultiert daraus, daß die unterschiedlichen, gegeneinander gepreßten Knorpelstrukturen von Kopf und Pfanne wesentlich zu einem Druckausgleich mit gleichmäßiger Spannungsverteilung im Bereich der Lastübertragungsfläche beitragen (Abb. **96**b).

Beim Studium des viskoelastischen Verhaltens des Gelenkknorpels (vgl. Abb. **94** u. **95**) und dem daraus resultierenden Lastübertragungsmechanismus auf den Knochen wird gern das Voigt-Modell angeführt (Abb. **97**), das einen viskoelastischen Dreielementkörper darstellt.

Die Feder E_1 erlaubt bei plötzlichen dynamischen Belastungsstößen eine rasche Initialverformung zur teilweisen Abdämpfung der Stoßwirkung. In der Folge setzt bei andauernder Belastung eine langsame Nachverformung ein (Abb. **97**) die durch Zwischenschaltung eines Newtonschen und Hookeschen Elementes (Kelvin-Körper) gesteuert wird. Die Rückformung zur Ausgangsform verläuft nach Absetzen der Belastung ebenfalls in einer schnellen Anfangs- und langsamen Nachphase durch die Rückfederungskraft der Hookeschen Elemente in Zusammenwirken mit dem Newtonschen Körper.

Die große Zahl experimenteller und klinischer Untersuchungen mit funktionell-anatomischen und raffinierten biotechnischen Methoden zeigt die Komplexität des mechanischen Verhaltens gerade dieses so wichtigen Stützgewebes, die noch nicht voll geklärt ist.

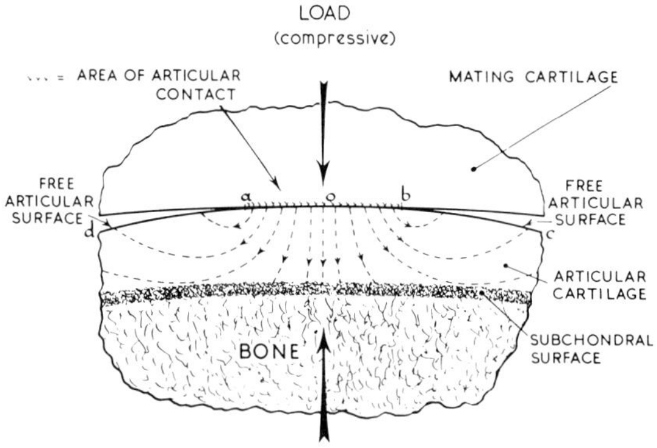

Abb. **95** Diagramm der Kontaktflächen des belasteten Gelenkknorpels unter Druckbelastung

Schmiertechnik

Will man die Schmiermechanismen der menschlichen Gelenke erfassen, muß man sich zuerst mit den physikalischen Grundlagen der Reibungslehre und der Schmierprinzipien technischer Gelenke kurz auseinandersetzen (vgl. auch Beitrag Kummer).

Die Problemanalyse der Gelenkschmierung liegt nicht nur im Bereich der theoretischen Forschung, sondern auch in der Praxis, da jede Störung des Schmiermechanismus eines lebenden Gelenkes reaktive Störungen der Lastübertragungsmechanismen zwischen den Gleitpartnern der Knorpelflächen mit sich bringt. Damit stellt sie auch ein Glied in der Ursachenkette von Degenerationsschäden der Gelenke dar (Barnett u. Cobold 1962, Barnett u. Mitarb. 1961, Kölbel 1974).

Befinden sich zwei feste Materialien in engem Oberflächenkontakt, dann verursacht jede Verschiebung der Flächen gegeneinander eine Reibung. Durch Aufeinanderdrücken der Flächen kommt es zu punktförmigen Kontakten oberflächlicher Rauhigkeiten, zu sog. kalten *„Schweißpunkten"*, die fest aneinander haften (Abb. **98**a). Die Größe der Kraft, welche notwendig ist, derartig aneinanderhaftende Flächen gegeneinander zu bewegen, muß die Reibungskraft überwinden. Die Reibung selbst wird in der Übergangsphase von der Ruhe zur Bewegung als *Haft-*

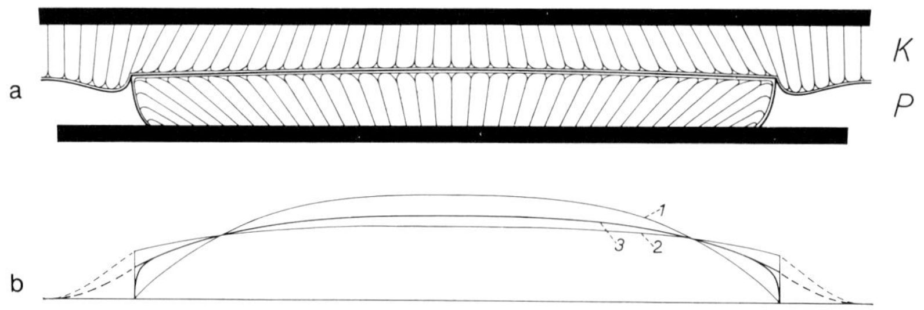

Abb. **96**a u. b Schematische Darstellung des Verhaltens der Kollagenfaserbügel bei Kompression des Pfannenknorpels durch den Kopfknorpel des Schultergelenkes nach *Pauwels.* a) Einstellung der Faserbügel bei der gegenseitigen Belastung der Knorpelflächen: K = Kopfknorpel, P = Pfannenknorpel. b) Diagramm der in beiden Knorpeln bei Kompression entstehenden hydrostatischen Druckspannungen. Während Diagramm 3 die Druckspannungen bei Pfannen- und Kopfknorpelkontakt darstellt, werden in Diagramm 1 die Druckspannungen im Pfannenknorpel bei Kompression durch eine starre Platte und bei Diagramm 2 die Druckspannungen im Kopfknorpel dargestellt (aus *F. Pauwels:* Gesammelte Abhandlungen zur funktionellen Anatomie des Bewegungsapparates. Springer, Berlin 1965)

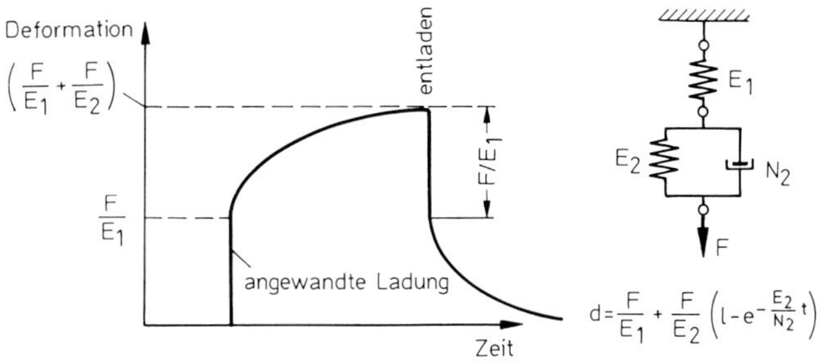

Abb. **97** Voigt-Modell, viskoelastisches Dreierelement unter konstanter Belastung. Rasche Initialverformung F/E_1, langsame Nachverformung durch die parallel geschalteten Elemente E_2 und N_2. Bei Entlastung sofort Rückformung durch E_1 und langsame Nacherholung bis zur Ausgangsform (aus: *J. M. Coletti, H. Wayne, Savia L-Y Woo:* A comparison of the Physical Behavior of Normal Articular Cartilage and the Arthroplasty Surface. J. Bone J. Surg. 54 A [1972] 147)

reibung bezeichnet, die dann in eine *Gleitreibung* übergeht (Abb. **98** b u. c).
Der Reibungskoeffizient ist eine spezifische Materialkonstante für jeweils zwei Gleitpartner. Er ist unabhängig von der Flächengröße und wird mit dem Buchstaben μ bezeichnet (Abb. **99**). $\mu = \frac{F_B}{N}$, d. h. der Reibungskoeffizient = Reibungskraft F durch die Normalkraft N wobei er für die Haftreibung größer ist als für die Gleitreibung. Der Übergang und der Wechsel von der Haftreibung zur Gleitreibung können am besten vom Beginn der Beschleunigung bis zur Erreichung der konstanten Bewegungsgeschwindigkeit verfolgt werden. Nach einem kurzen initialen Anstieg der Haftreibungsgröße bei sehr niedriger Geschwindigkeit kommt es rasch zum Abfall auf die konstante Gleitreibung. Die Gleitreibung verläuft unter ständigem Auseinanderreißen von immer wieder auftretenden neuen Kaltschweißpunkten. Die Reibungskraft R_F wird definiert durch N (Normalkraft) mal den spezifischen Reibungskoeffizienten. $R_F = \mu \cdot N$ (Abb. **100**).
Schmiermittel sollen die Reibung und den Abrieb zweier fester gegeneinander gleitender Körper maximal herabsetzen oder ganz verhindern. Zur Erfüllung dieser Aufgabe soll der Kontakt der festen Lageroberflächen durch Interposition eines geschlossenen Flüssigkeitsfilmes verhindert werden (Abb. **98** b, c u. **99**).
Schmiermittel zeigen unterschiedliche Reibungseigenschaften gegenüber festen Körpern, indem sie sich unter Einwirkung von Tangentialkräften kontinuierlich verformen und an die Oberflächenrauhigkeit anpassen. Die Flüssigkeitsteilchen bewegen sich untereinander je nach ihrer Entfernung von den Kontaktflächen der festen Körper mit verschieden großen Geschwindigkeiten.
Flüssigkeiten besitzen die Eigenschaft der *Viskosität.* Sie ist für ihre jeweilige Eigenschaft als Schmiermittel von primärer Bedeutung.
Die *Viskosität* ist die Proportionalitätskonstante zwischen den verschiedenen Größen der Scherkräfte und den unterschiedlichen Geschwindigkeiten der einzelnen Volumenelemente zueinander (Geschwindigkeitsgradient). Viskosität ist ebenso wie der Reibungskoeffizient kein direktes Maß für die Reibungskraft. Ihre spezifischen Eigenschaften muß man immer in Koordination mit anderen Variablen eines Gleitsystems zwischen festen und flüssigen Körpern betrachten. Man muß auch in Betracht ziehen, daß die Viskosität verschiedener Flüssigkeiten mehr oder weniger von extremen Druckgrößen, Temperaturen oder Geschwindigkeitsgradienten abhängig ist.
So ist z. B. die Viskosität eines Schmieröles rund 5000mal größer als die von Wasser. Wasser gehört zu den sog. Newtonschen Flüssigkeiten, de-

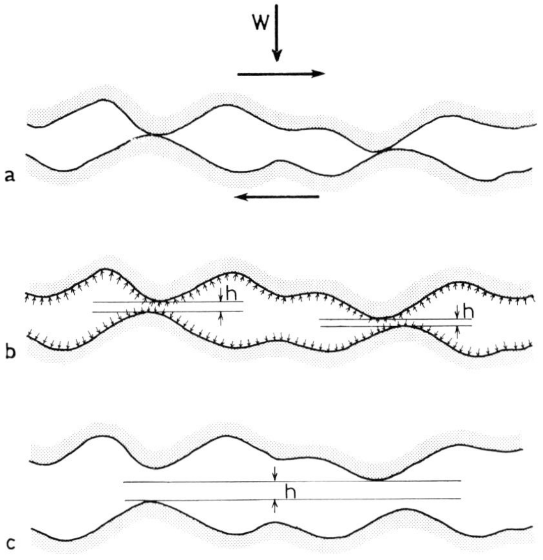

Abb. **98** a–c a) Haftreibung durch Kontakt der Oberflächenrauhigkeit, b) Grenzflächenfilm, teilweiser Oberflächenkontakt, c) Stärke des Flüssigkeitsfilms verhindert Abrieb

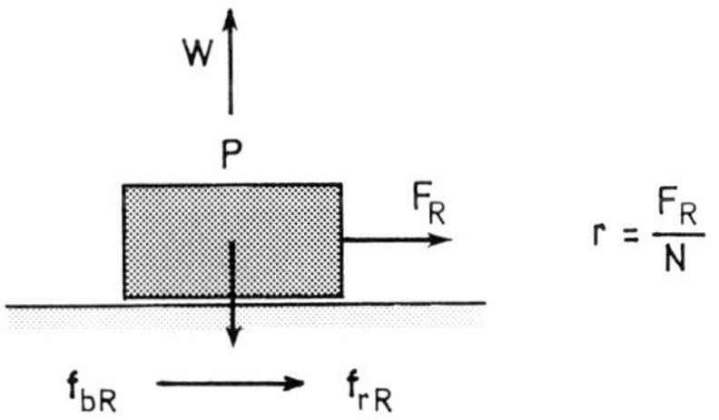

Abb. **99** Reibungskoeffizient (s. Text)

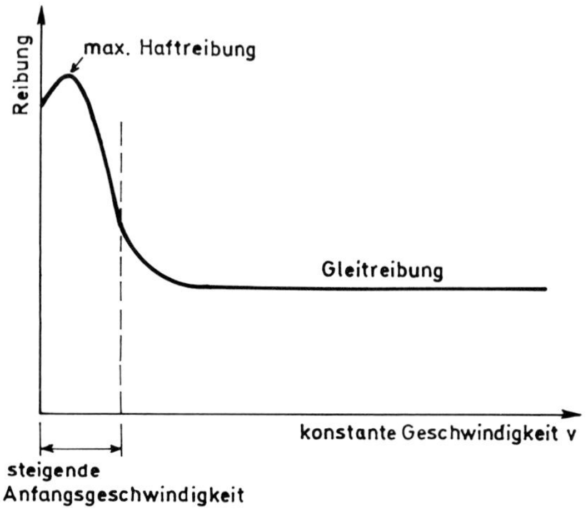

Abb. **100** Übergang und Wechsel von der Haftreibung zur Gleitreibung bis zur Erreichung einer konstanten Geschwindigkeit (s. Text)

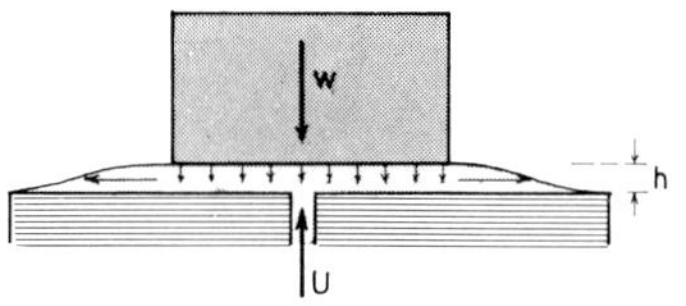

Abb. **101** Hydrostatische Schmierung (s. Text)

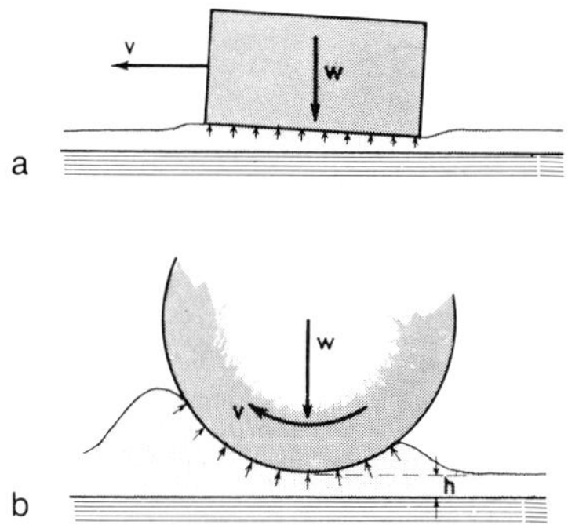

Abb. **102** a u. b Schema des hydrodynamischen Schmierungsprinzips. Ausbildung eines Schmierungskeiles a) bei parallelen Lagerflächen, b) bei inkongruenten Lagerflächen. W = Last, h = Filmdicke, V = relative Geschwindigkeit der Lageroberflächen gegeneinander (nach *Kölbel*)

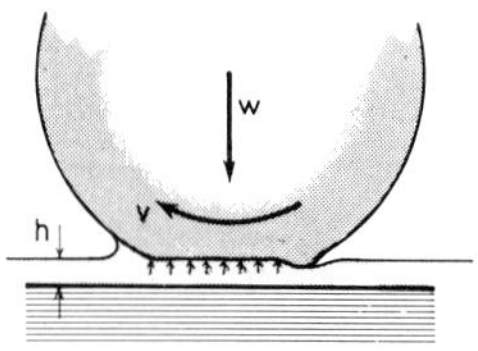

Abb. **103** Elastohydrodynamische Schmierung (s. Text)

ren Viskosität unabhängig vom Geschwindigkeitsgradienten ist.

Thixotrope Flüssigkeiten ändern ihre Viskosität in Abhängigkeit vom Geschwindigkeitsgradienten. Dies trifft in besonders starkem Ausmaß gerade bei der Gelenkflüssigkeit zu.

In der technischen Physik unterscheidet man eine Schmierung mit Flüssigkeitsfilm und eine sog. Grenzflächenschmierung.

Die *hydrostatische Schmierung* benützt man, um ausreichend starke Filme zu erhalten. Hierbei wird zur Erreichung einer großen Filmdicke das Schmiermittel zwischen die Lagerflächen eingepumpt. Diese Art der Schmierung kommt bei langsam laufenden, schwer belasteten Lagern zur Anwendung (Abb. **101**).

Die *hydrodynamische Schmierung* entsteht bei einer gewissen Geschwindigkeit der gegeneinander gleitenden Lageroberflächen, wodurch die hydrodynamischen Kräfte einen Schmierfilm erzeugen, der die Lagerflächen auseinanderhält. Ist eine gewisse Inkongruenz der Lagerflächen vorgegeben, wie dies heute bei künstlichen Gelenken immer der Fall ist, so begünstigt sie die Entstehung eines sog. Schmierkeiles (Abb. **102**).

Die Faktoren, welche die Schmierfähigkeit wesentlich beeinflussen, sind die für die Bewegung notwendigen Tangentialkräfte und die dadurch herbeigeführte relative Geschwindigkeit der Lageroberflächen zueinander sowie die Dicke des Flüssigkeitsfilmes.

Entscheidend ist die Viskosität des Schmiermittels, wobei es sich meistens um thixotrope Flüssigkeiten handelt. Sie zeigen bei niedrigen Geschwindigkeiten eine sehr hohe Viskosität, wodurch trotz Lagerdruck eine minimale Filmdicke erhalten bleibt. Letztere nimmt bei höheren Geschwindigkeiten zu, wobei die Reibung in Relation zur Geschwindigkeit entsprechend ansteigt.

Die *elastohydrodynamische Schmierung* (Abb. **103**) ist eine spezielle Abart der hydrodynamischen Schmierung. Sie entsteht dann, wenn der Druck der Lageroberflächen so groß wird, daß es zu einer leichten elastischen Verformung kommt. Damit wird die Lastübertragungsfläche = Kontaktfläche vergrößert, wodurch bei gleichbleibender Last eine Reduzierung des Flächendruckes eintritt. Dies bedeutet, daß bei gleichbleibender Last eine Reduzierung des Druckes herbeigeführt wird, womit auch das Bestehen eines dicken Flüssigkeitsfilmes gefördert wird. Diese Art der Schmierung ist praktisch unempfindlich gegen Lasterhöhungen, da infolge der Deformierung eine Art Angleichung der lastübertragenden Fläche an steigende Lasten möglich wird (Feed-Bach-Mechanismus).

Beide Arten der zuletzt besprochenen zwei Schmierungen finden in der Technik bei kontinuierlich mit hohen Geschwindigkeiten laufendem Lager praktische Anwendung.

Wird die Geschwindigkeit der Gleitflächen abgebremst und tritt sogar ein Bewegungsstillstand in den Lagerkontaktbereichen ein, dann wird das Schmiermittel aus dem Kontaktbereich seitlich herausgedrängt. Dieses Austreiben des Schmiermittels erfordert einen hohen Druck, der um so stärker sein muß, je dünner der Flüssigkeitsspiegel wird. Zwischen der Größe des Druckes und der Viskosität eines Schmiermittels besteht eine feste Relation, die für den Zeitraum, über welchen ein Flüssigkeitsfilm intakt bleibt *(Squeeze-Film-Zeit)* und zu dem er zusammenbricht, verantwortlich ist.

In diesen Stadien des hauchdünnen Films setzt die sog. *Grenzflächenschmierung* ein. Die Stärke des Schmierfilmes ist abhängig von der Adsorption des Schmiermittels an die Lageroberfläche, Benetzbarkeit (Semlitsch u. Mitarb. 1976a u. b), wobei auch chemische Reaktionen des Schmiermittels (Chemisorption) mit eine Rolle spielen. Der Film kann so dünn werden, daß die Höhe der Oberflächenrauhigkeit den Film überragt, so daß ein geringer Abrieb nicht ausgeschaltet werden kann (vgl. Abb. **98**b). Die Grenzflächenschmierung ist nicht geschwindigkeits-, sondern in erster Linie lastabhängig. Man versucht die Oberflächenaffinität des Schmiermittels durch Chemoreaktionen zwischen Schmiermittel und Lageroberfläche zu erhöhen. Die spezifische Affinität des Schmiermittels kann auch durch Additive, wie dies z. B. in der Motorenindustrie zur Verbesserung der Grenzflächenschmierung beim Start von Motoren üblich ist, verbessert werden.

Der Knorpel hat auf Grund seiner spezifischen Bauweise in erster Linie die Aufgabe, Spannungskonzentrationen gleichmäßig über die lasttragenden Flächen zu verteilen (Pauwels 1965a) (s. auch Abschnitt Viskoelastik). Darüber hinaus muß er in der Lage sein, Spannungsspitzen abzufangen, wobei einerseits die viskoelastische Verformbarkeit und andererseits ein Flüssigkeitskammersystem, das mit der Oberfläche durch feine Poren verbunden ist, als Puffer wirksam wird (Zarek u. Edwards 1966).

Darüber hinaus konnten Radin u. Mitarb. (1970a) ermitteln, daß gerade den subchondralen, relativ dichten Spongiosaschichten höchstwahrscheinlich eine beträchtliche Dämpfungsaufgabe bei plötzlich ausgeführten Stößen zukommt, wie dem Knorpel selbst. Der Elastizitätsmodul der Spongiosa liegt bei 5000 $^{N}/cm^2$. Die stoßdämpfende Knorpelfunktion ist vor allem bei niedrigen Lasten wirksam. In diesen Phasen spielt wahrscheinlich auch der Grenzflächenfilm eine gewisse stoßdämpfende Rolle, indes dies bei hohen Belastungen kaum der Fall sein dürfte.

Der Grad der Oberflächenrauhigkeit des Gelenkknorpels ist nicht nur optisch, sondern auch elektronenoptisch untersucht worden, wobei flache Eindellungen zwischen 20 und 200 nm festgestellt wurden (Millington u. Clarke 1973). Das Oberflächenrelief wurde auch rasterelektronenmikroskopisch kontrolliert, wobei sich Rillen und rundliche Vertiefungen zeigten. Diese Oberflächenstrukturen wurden nach den neuesten Untersuchungen als Artefakte charakterisiert (Draenert u. Draenert 1978), die bei der Präparation entstehen. Mechanisch gesehen, ist es von größter Wichtigkeit, daß der Knorpel eine beachtliche Viskoelastizität besitzt, wie sie auch verschiedenen anderen körperlichen Materialien eigen ist, d. h. daß eine langsame Verformung bei höherem Druck unter verschieden großer Zeitabhängigkeit zustande kommen kann (Foigt-Modell) (Zarek u. Edwards 1965, 1966) (vgl. Abb. **94**, **97**).

Der Elastizitätsmodul des Knorpels wurde schon 1876 gemessen, und Beninghoff (1925a u. b) wies bereits darauf hin, daß die Verformung durch einen interstitiellen Flüssigkeitsfluß zustande kommt, wie dies auch später nachgewiesen wurde. Daraus ergibt sich schon, daß der Elastizitätsmodul eine sehr relative, variable Größe ist, die sich abhängig von der Dauer der Lasteinwirkung verändern kann. Cutchen (1967, 1973) konnte nachweisen, daß der Knorpel zu 70–80% aus Flüssigkeit besteht, wobei er sich unter Druck, unter starker Reduzierung seines Flüssigkeitsgehaltes zunehmend verfestigt. Die Porengröße, über welche der Flüssigkeitsaustausch erfolgt, wurde mit ca. 6 nm mathematisch errechnet.

Das Schmiermittel, die Synovia, ist ein Blutplasmadialysat mit einem bestimmten Gehalt an Hyaluronsäure, und zwar von 3,5 mg/g (Davies 1967). Die Synovia ist darüber hinaus auch weniger eiweißreich als das Plasma, und es gibt Anhaltspunkte, daß sie eine spezifische Proteinfraktion enthält, die mit der Hyaluronsäure in einer Verbindung steht. Darüber hinaus glauben Radin u. Mitarb. (1970b, 1971), daß die Fähigkeit der Synovia, über längere Zeit einen Grenzflächenfilm aufrechtzuerhalten (Squeeze-time), durch spezielle Glykoproteinkörper gefördert wird. Ihre relative Flüssigkeit gegenüber Wasser liegt zwischen 2 und 2000 mPa · s. Der Viskositätsgrad bleibt bei niedrigen Bewegungsgeschwindigkeiten konstant, indes er mit zunehmender Geschwindigkeit abnimmt, so daß die Synovia dünnflüssiger wird. Man nimmt an, daß dieses Phänomen vom jeweiligen Gehalt an Mukopolysachariden abhängig ist.

Die Angaben über die Größe der Druckkräfte, die im Bereich eines Gelenkes wirksam sind, unterliegen größeren Schwankungen. Ihre Größe wird von Pauwels (1973a) für das Hüftgelenk beim normalen Gangzyklus in der Standbeinphase mit rund dem viereinhalbfachen des Körpergewichtes angegeben. Kummer (1968) und Paul (1965, 1969) berechnen den Gelenkdruck mit ca. 22 kg/cm^2, eine ähnliche Größe, die Maquet (1977) auch beim belasteten Kniegelenk findet (Maquet u. Mitarb. 1975). Rydell (1965) findet Druckkonzentrationen der Hüfte, die das 4,3fache des Körpergewichtes betragen, wobei selbstverständlich diese lokalen Druckkräfte weitgehend abhängig von der körperlichen Tätigkeit sind, so daß sie z. B. beim Sport auf ein Vielfaches steigen können (GROH u. BAUMANN 1971). Die Einwirkung der Kraft erfolgt z. T. stoßweise oder auch rhythmisch intermittierend auf- und abschwellend. Man muß also in den extremen Durchschnittsbereichen wohl mit einer Flächenbelastung von 100–1000 N/cm^2 rechnen.

Ein wichtiger Faktor bei der Gelenkschmierung ist auch der Grad der geometrischen Konformität der Gleitpartner. Er wird durch den Radius eines Equivalentzylinders oder einer gekrümmten Fläche nach einer Ebene ausgedrückt. Seine Größe liegt nach DOWSON u. WRIGHT (1973) im Kniegelenk und in der Hüfte zwischen 2 und 100 cm.

Die Bewegungsgeschwindigkeiten in einem menschlichen Gelenk schwanken für normale Verrichtungen des Stehens und Gehens zwischen 0 und 10 cm/s, wobei sie oft eine Kombination von Abrollen und Gleiten darstellen. Diese Werte, die Bewegungsradien, die Größe der Last und Geschwindigkeit, müssen bei der Beurteilung der Gelenkschmierung einer sehr genauen kritischen Analyse unterzogen werden.

Über die Frage der technologischen Schmiermethodik eines tierischen oder menschlichen Gelenkes wird seit den dreißiger Jahren immer wieder diskutiert. Durch zahlreiche Experimente in den Jahren 1934 und 1936 wird bewiesen, daß es sich vorwiegend um eine hydrodynamische Schmierung handelt. Nach den Untersuchungen von CHARNLEY (1960b) gewann die Grenzflächenschmierung zunehmend an Bedeutung, wobei die neuesten Untersuchungen von DOWSON u. Mitarb. (1972) sowie CUTCHEN (1973) darauf hinweisen, daß beide Formen der Schmierung ineinander wirken.

DINTENFASS (1966) hat noch das Prinzip der elastohydrodynamischen Schmierung mit in die Diskussion gebracht, eine Schmierungsform, die durch die viskoelastische Verformbarkeit des Knorpels ermöglicht wird. DOWSON u. WRIGHT (1973) haben versucht, die minimale Dicke des Flüssigkeitsfilmes zu berechnen, dessen direkte Bestimmung im Gelenk unmöglich ist. Er kommt auf Stärken von ca. 2 nm, man muß annehmen, daß seine Dicke weitaus höher ist als die fraglichen, gemessenen Unebenheiten der Knorpeloberfläche, die zwischen 20 und 200 nm angegeben werden. Es ist zu berücksichtigen, daß die Filmdicke immer abhängig von der Kongruenz sowie auch der Tragflächengröße und der Bewegungsgeschwindigkeit ist. Bei abnehmender Geschwindigkeit der Gelenkbewegung wird die Synovia zunehmend aus dem Gelenkspalt herausgepreßt, wobei die Intensivität beim Stillstand am größten ist. Die Viskosität der Synovia nimmt wohl zu, wobei nur eine angenommene Grenzflächenschicht von Schmiermittel zwischen den Kontaktkörpern zurückbleibt. Die Bestandsdauer des Grenzflächenfilmes ist die bereits erwähnte Squeeze-Film-Zeit. Es wurden minimale Änderungen des Reibungskoeffizienten gemessen. Man nimmt bei hydrodynamischer Schmierung den Reibungskoeffizienten mit 0,001–0,005 an, indes RADIN u. Mitarb. (1971) 0,05–0,15 angeben. Es ist weiterhin von großer Bedeutung, daß es DOWSON u. Mitarb. (1972) gelungen ist, die Wirksamkeitsphase der Grenzflächenschmierung zeitlich näher zu umreißen. Er hat unter einem Druck von ca. 280 N/cm^2 Zeiten bis zu 100 Sek. gemessen. Dies bedeutet eine beachtliche Retardation bis zur totalen Annäherung der Gelenkflächen. Es ist schon früher nachgewiesen worden, daß die Synovia einem Mehrfachen des physiologischen Gelenkdruckes menschlicher Gelenke bei statischen Belastungen Widerstand geleistet hat. Über die genauen Mechanismen des Zustandekommens der elastohydrodynamischen wie auch der Grenzflächenschmierung sind immer noch verschiedene Hypothesen im Gange, die nicht voll abgeklärt sind.

CUTCHEN (1973) hat den Begriff der „weeping lubrication", d. h. der tränenden Schmierung, geprägt, wobei die Knorpelgrundsubstanz als ein flüssigkeitsgefüllter Schwamm mit einer Porengröße von ca. 6 nm Durchmesser angesehen wird. Treten zwei Knorpeloberflächen in Kontakt, dann bekommt die Flüssigkeit über die Poren eine tragende Funktion, so daß die Grundsubstanz der Lageroberflächen entlastet wird. Die ständig austretende Flüssigkeit soll aber gleichzeitig die Formation eines Grenzflächenfilmes mit begünstigen, wobei mit fortschreitender Abnahme des Flüssigkeitsgehaltes im Knorpel die Festigkeit erhöht wird, so daß die Kraft mehr über die Grundsubstanz als durch die Flüssigkeit bei längerem Stehen übertragen wird. Nach Entlastung nimmt der Knorpel in derselben Weise wieder Flüssigkeit auf, indem er sie langsam ansaugt (Voigt-Körper). Die Art der Schmierung ist also eine Form der hydrostatischen Schmierung, wobei der Flüssigkeitsdruck vom Knorpel aus im Bereich der Lagerkontaktfläche konstant erhalten wird. Sie ist in erster Linie in der initialen Phase der Geschwindigkeit bedeutsam (Abb. **104**).

Eine zweite Hypothese besagt, daß die Aufrechterhaltung von Flüssigkeitsfilmen während der Sqeeze-Film-Zeit von der Ausbildung von Muzingelen zwischen den lasttragenden Knorpelflächen abhängig ist. Die langkettigen Moleküle besitzen einen hohen Quellungsdruck, so daß die Permeabilität für Wasser herabgesetzt wird (Abb. **105**). Damit wird allerdings die Annahme der „weeping lubrication", die allein für die Aufrechterhaltung des Flüssigkeitsfilmes verantwortlich sein soll, in Frage gestellt.

LONGFIELD u. Mitarb. (1969) sehen eine weitere Möglichkeit der Aufrechterhaltung des Grenzflächenfilmes bei statischer Belastung im Mechanismus der sog. „boosted-lubrication“ (Abb. **106**). Demnach sollen sich in den kleinen muldenförmigen Vertiefungen des Knorpels Synoviapfützen ausbilden, in denen langkettige Moleküle mit hoher Viskosität haften. Der Quellungsdruck ist so hoch, daß auch Wasser nicht entweichen kann. Nach den neuesten Untersuchungen sind die netzartigen hochmolekularen Strukturen synovialer Bestandteile mit Wasser gefüllt, ähnlich dem Netzwerk der Grundsubstanz. In derartigen Strukturen werden sich Gleitvorgänge besonders leicht abwickeln, indes das hochmolekulare Faserwerk zusätzlich einen schützenden Film zur Knorpeloberfläche bildet.

Im Rahmen der vielen Hypothesen über die verschiedenen Schmiermethoden ist noch zu berücksichtigen, daß bestimmte Affinitäten von Synovialbestandteilen zur Knorpeloberfläche festgestellt wurden. Es stehen nicht nur Hyaluronsäure-Proteinkomplexe im Vordergrund, sondern auch andere Proteine, vor allem aber Glykoproteine (Radin u. Mitarb. 1970b). Sie beeinflussen die Reibungsverhältnisse und die Grenzflächenschmierung entscheidend.

Faßt man die derzeitigen Ansichten zusammen, so handelt es sich bei allen Schmierungsformen um hydrodynamische und elastohydrodynamische Schmierungen, die mit einer starken Verlängerung der Squeeze-Film-Zeit einhergehen. Erst bei längerer statischer Belastung wird eine Art Grenzflächenschmierung wirksam. Knorpel, Synovia und subchondrale Spongiosa sind bei der Lastübertragung und bei den Gleitvorgängen als einheitliche Elemente sinnvoll aneinandergeschaltet, wobei sie bei der Stoßabsorption sowie der Lastübertragung, Spannungsverteilung und bei der gegenseitigen Reibung genau aufeinander abgestimmt sind.

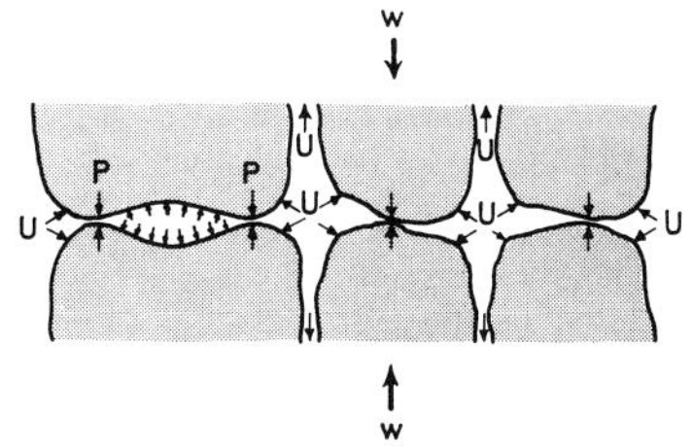

Abb. **104** „Weeping lubrication“. Die Lastübertragung erfolgt über die Grundsubstanz sowie über die aus den Poren austretende Flüssigkeit. Der direkte Oberflächenkontakt wird verringert. Linkes Bild Flüssigkeitspool und Ausweichmöglichkeit („boosted lubrication“). u = Flüssigkeitsdruck, p = Druck auf solide Oberflächen, W = Last

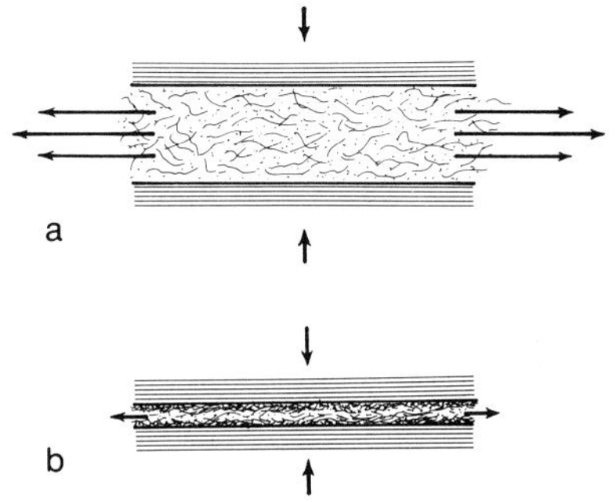

Abb. **105** a u. b Gelschicht an den Knorpeloberflächen (a). Zunehmende Annäherung und Verdichtung bei statischer Belastung (b)

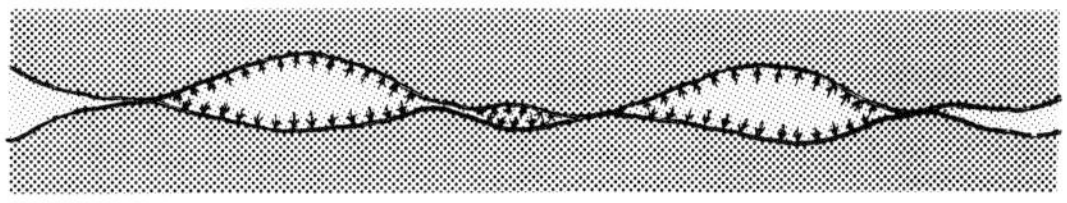

Abb. **106** „Boosted lubrication“. Die eingeschlossenen Synoviapolster verringern durch ihren Quellungsdruck und die Chemisorption die Intensität des direkten Flächenkontaktes

Grundzüge biotechnischer Arbeitsmethoden

(Biomechanical instrumentation engineering)

Die biotechnische Ingenieurkunde des Bewegungsapparates erfordert eine lückenlose Zusammenarbeit der klinischen Orthopädie mit der technischen Physik, Werkstoffkunde und technischen Chemie sowie auch in der Konstruktionslehre und Fertigungstechnik. Will man Fehlplanungen und Konstruktionsfehler in der orthopädischen Instrumentation und bei Implantationselementen ebenso wie bei Orthesen und Prothesen vermeiden, so wird man dieses Ziel nur in speziell aufeinander abgestimmten Arbeitszentren erreichen. Biomechanisch geschulte Mediziner, funktionelle Anatomen, Veterinäre, Biologen und Bioingenieure verschiedener Sparten müssen zur Verfügung stehen (Bernstein 1935, Kenedi 1965, Ross 1965, Semlitsch 1974b, Timoshenko 1955).

Technische Neukonstruktionen erfordern eine präzise experimentelle und klinische Zielsetzung. Eine genaue Problemanalyse und Datensammlung muß mit einer präzisen Arbeitshypothese Hand in Hand gehen. Dies sind die Grundvoraussetzungen technischer Konstruktionsprogramme. Sie umfassen:

1. die gesamte Instrumentation für die klinische und experimentelle Orthopädie und Unfallchirurgie,
2. Prothesen und Stützapparate sowie äußere technische Behandlungsbehelfe.

Zu einer modernen metrischen Operationstechnik gehören zweckmäßig angepaßte handwerkliche Instrumentarien, die, z. B. bei einem Operationsgang, allen technischen Anforderungen opti-

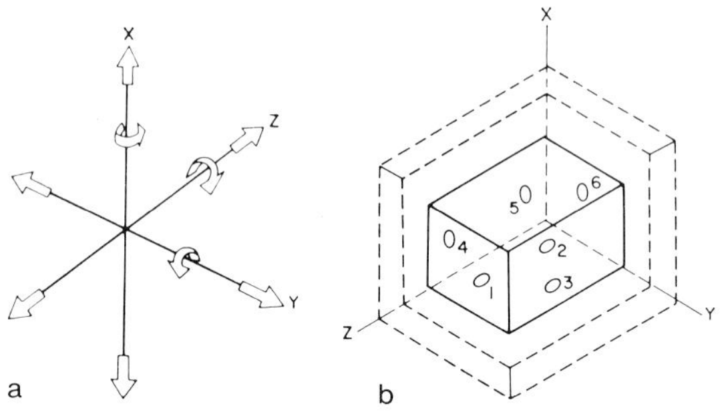

Abb. **107** a u. b a) 6 Freiheitsgrade der Bewegung (s. Text); b) bei 3-Punkte-Lagerung gehen 3 Freiheitsgrade verloren (aus: *D. S. Ross:* Instrumentation in plastic and orthop. surgery. In: *Kenedi:* Biomechan. and Rel. Bioengin. Topics. Proc. Symp. Glasgow Sept. 1964. Pergamon, Oxford 1965)

mal entsprechen müssen. Sie gewährleisten die präzise schonende und reibungslose Durchführung zeichnerisch vorgeplanter Eingriffe an Knochen und Gelenken. Nehmen wir die heute alltägliche Operation künstlicher Hüftgelenke als Beispiel, so müssen für jeden Arbeitsgang spezielle Geräte vorhanden sein, um die Überwindung operationstechnischer Schwierigkeiten in jeder Weise zu erleichtern und zu unterstützen (MÜLLER u. Mitarb. 1969).

Kurzzeit- wie auch Dauerimplantate müssen nicht nur absolut gewebsverträglich sein, sondern auch den geforderten mechanischen Beanspruchungen und den Bewegungsanforderungen entsprechen (KENEDI 1965). Um dies zu erreichen, ist ein detaillierter Konstruktionsaufwand erforderlich.

Jede Neuentwicklung von Implantaten muß berücksichtigen:

1. die allgemeinen technischen Materialeigenschaften;
2. das biologische und mechanische Verhalten der durch das Implantat beanspruchten Stützgewebe (Auflagereaktion);
3. die geforderten mechanischen Beanspruchungen des Implantates in bezug auf:
   a) die Größe und Zeitintervalle,
   b) die Beanspruchungsart,
   c) die Gesamtdauer der mechanischen Beanspruchung;
4. die kinematischen Aufgaben bezüglich der Geometrie der geforderten Bewegungsausmaße;
5. die Schmierung und die Tribologie (bei künstlichen Gelenken);
6. alle Möglichkeiten technisch optimaler Formplanungen der verwendeten Konstruktionselemente;
7. die technischen Fertigungsfragen, spezielle handwerkliche und maschinelle Arbeitsgänge;
8. die Kostenanalyse.

Technische Grundelemente

Fassen wir die mannigfaltigen Konstruktionsbereiche technischer Anwendungen zusammen, dann haben wir:

1. die unbeweglichen Implantate als Schrauben, Nägel, Platten, Drähte etc.;
2. die gegeneinander beweglichen Werkstoffverbindungen, wobei wir unterscheiden:
   a) gleitende Verbindungen wie Gleitschienen, Gleitschrauben etc.,
   b) Gelenkverbindungen verschiedenster Freiheitsgrade und Formen,
   c) Verschraubungen mit Feststellschrauben, Gleitschrauben etc.

Ein Gegenstand im freien Raum besitzt 6 Grade der Bewegungsfreiheit, die sich in einem Koordinatensystem leicht darstellen lassen, und zwar Bewegungen längs der X-, Y- und Z-Koordinaten; das entspricht den drei Dimensionen des Raumes. Zusätzlich jedoch können Rotationskomponenten, speziell bei Kugelgelenken, um die genannten Achsen durchgeführt werden. Wird ein Implantat in den Stütz- und Bewegungsapparat eingegliedert, dann muß man sich im klaren sein, welche Beanspruchungsarten und Größen sowie Bewegungsausmaße und Bewegungsformen ausgeführt werden sollen. Bei stabilen Verankerungen müssen zusätzlich alle entstehenden Auflagereaktionen zwischen Knochen und Implantat sowie alle technisch starren Verbiegungen mit Schrauben, Schweißstellen oder Nieten berücksichtigt werden (Abb. **107**) (ALLGÖWER u. SEGMÜLLER 1965).

Auch ganz primitive Fragen, z. B. das Bohren eines Loches im Knochen, müssen genau durchdacht sein:

1. optimale Beschaffenheit der Bohrerspitze; sie soll beim Anbohren unter schiefem Winkel nicht wandern, sondern sofort fassen;
2. kein starker Drehwiderstand, um den Knochen nicht aufzureißen;
3. Spurentreue des Bohrers und präzise Durchmesser des Loches;
4. Ausstoßen von Bohrstaub und Bohrmaterial;
5. Eindringungsfähigkeit des Bohrers unter Belastung von 1–2 kg;
6. Gewährleistung der Schneidefähigkeit zwischen 100 und 2000 Umdrehungen;
7. möglichst geringe Hitzeentwicklung;
8. Ein- *und* Ausbohren ohne Gewalt durch Rückwärtsgang der Bohrmaschine.

Die Entwicklung optimaler Knochenschrauben (DIEHL u. Mitarb. 1974) hat nicht nur in bezug auf die Materialauswahl, sondern auch auf die Formgebung und die Auffindung spezieller technischer Vorteile bei verschiedenen Anwendungen eine Flut von Arbeiten erforderlich gemacht. Trotzdem ist die Realisierung der Vereinheitlichung bestimmter Grundforderungen, daß jedes technische alloplastische Implantat einen vielseitig

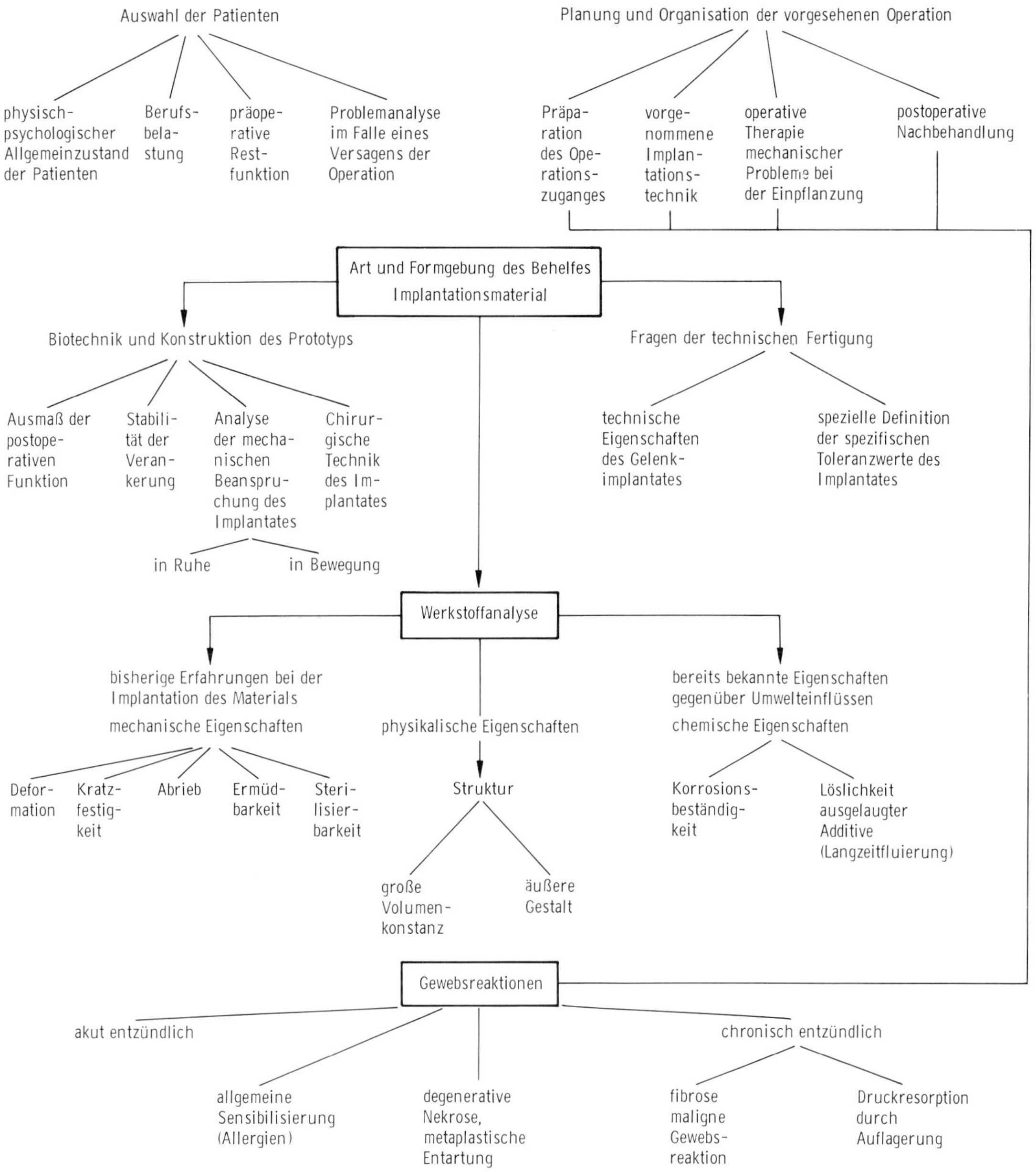

Abb. **108** Planungsschema bei der Entwicklung von Arthroalloplastiken (nach *Scales*)

überprüften und kontrollierten Konstruktions- und Fertigungswerdegang durchmachen sollte, noch lange nicht allerorts gewährleistet (Claes u. Hutzenreuter 1975, 1977).
Wir stehen einer mächtigen Industrie gegenüber, die uns eine Unmenge von verschiedenen technischen Behelfen liefert, deren klinische Wertigkeit oft nicht bestimmbar ist. Deshalb sind in Zukunft vorgeschriebene Prüfungsnormen obligat, da auch der erfahrene Mediziner von sich aus außerstande ist, Vor- und Nachteile technischer Neukonstruktionen objektiv zu übersehen und abzuschätzen (Cohen 1964, Uhthoff 1975).

Scales (Scales u. Mitarb. 1965) war einer der ältesten Mittelsmänner zwischen Technik und Biologie. Die Abb. **108** gibt eine Übersicht wichtiger mechanischer und biologischer Faktoren bei der Implantologie von Totalprothesen und Fremdmaterialien hier kurz wieder.
Die meisten Implantate werden in einer Hauptebene maximal mechanisch beansprucht, andere dagegen wiederum in mehreren Ebenen. Entscheidend ist auch die Beanspruchungsart, d. h., ob es sich um zentrische Zug- und Druckbeanspruchungen oder exzentrische Biegebeanspruchungen sowie Torsions- oder Schubbeanspru-

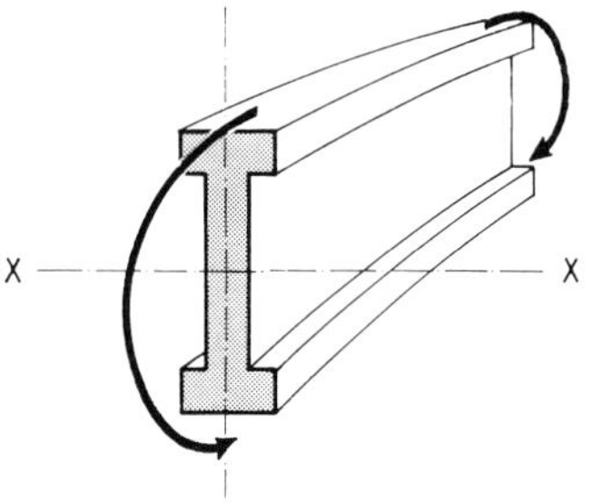

Abb. **109** Biegebeanspruchung eines T-Trägers um die X-Achse

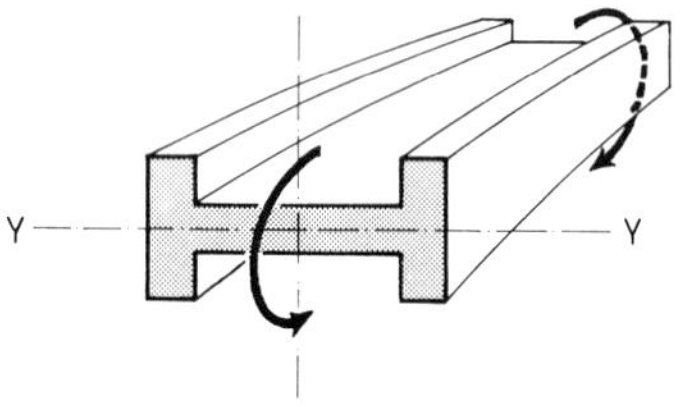

Abb. **110** Biegebeanspruchung eines T-Trägers um die Y-Achse. Das Flächenträgheitsmoment sinkt gegenüber Abb. 103 um 95%

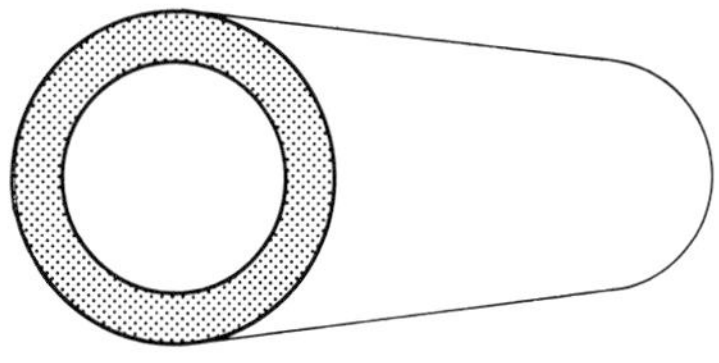

Abb. **111** Beim Rohr ist durch die Materialanordnung im Querschnitt in den Bereichen höchster Spannung bei Biegung die Festigkeit besonders hoch

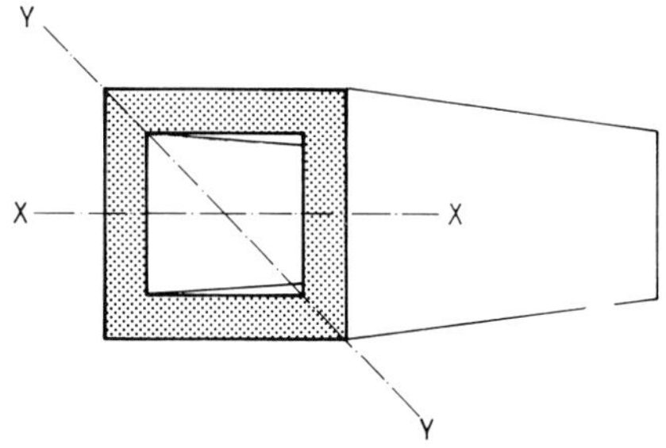

Abb. **112** Beim Vierkantrohr ist die Widerstandskraft gegen Biegung abhängig von der Lage der Hauptbiegungsebene

Abb. **113** Plattenform und Materialverteilung in der Platte zur Aufnahme der Dislokationskräfte sind bei einer Fraktur in bester Weise angepaßt

chung handelt. Jede Querschnittsgestaltung muß den Spannungsabläufen und -größen im Querschnitt in optimaler Weise angepaßt werden (Allen u. Mitarb. 1958).

Ein T-Träger ist in Richtung seines längsten Querschnittes am widerstandsfähigsten (Abb. **109**), da sein Massenträgheitsmoment oder seine Starre in dieser Ebene am höchsten ist. Bei querer Belastung des kürzesten Querschnittes ist seine Widerstandsfähigkeit um über 90% reduziert (Abb. **110**). Eine massive Säule hingegen, die exzentrisch auf Biegung beansprucht wird, ist nach allen Ebenen hin in gleicher Weise exzentrisch belastbar, allerdings ist zu berücksichtigen, daß bei massivem Querschnitt das Material nicht in optimaler Weise zur Widerstandsleistung ausgenützt wird. Ein Rohr hingegen, mit demselben Durchmesser des T-Trägers, leistet nach allen Richtungen hin die gleiche Widerstandskraft, wobei das Material an der Peripherie angeordnet ist, wo die höchsten Spannungsspitzen auftreten (Pauwels 1965b). Sie beträgt gegenüber dem T-Träger 85% (Abb. **111**). Materialquerschnitte, die symmetrische Ausweitungen in Form von Rippen nach allen Richtungen haben, besitzen Querschnittsflächen, deren Trägheitsmomente nicht wesentlich bei verschiedenen Belastungsrichtungen variieren (Abb. **112**).

Osteosynthesebehelfe oder Gelenkimplantate, die auf Biegung beansprucht werden, sollen eine gleichmäßige Kontinuität in ihrer Querschnittsbreite haben (Laurence u. Mitarb. 1969). Die höchsten Spannungsspitzen im Querschnitt eines exzentrisch beanspruchten Behelfes entstehen immer aus der Biegung und sind maßgebend für die Bruchgefährdung. Alle Veränderungen der Querschnittsfläche im ganzen Längenverlauf eines auf Biegung beanspruchten Gegenstandes können sehr starke lokalisierte Reduktionen seiner Tragfähigkeit nach sich ziehen. Sind Querschnittsveränderungen unumgänglich, dann muß die durchlaufende kleinste Querschnittsgröße im ganzen Verlauf des Implantatstückes der geforderten mechanischen Beanspruchungsgröße voll entsprechen und stark konstruiert sein (Abb. **113**).

Der schwächste Punkt bei Schenkelhalsnagel-Oberschenkelplatten-Fixation ist die Übergangsstelle zwischen Nagel und der Platte, besonders wenn sie verschraubt sind oder wenn ihre Querschnittsform sich stark verändert. Man muß hierbei die äußeren Kräfte in Größe, Richtung und Angriffspunkt genau berücksichtigen, die für die mechanische Beanspruchung der Platte maßgebend sind. Die Größe der Spannungen, welche der Fixationsbehelf aufnehmen muß, ist von der Lage und der Verlaufsrichtung sowie von den Kontaktverhältnissen der Frakturen oder Osteotomieflächen, die überbrückt werden müssen, weitgehend abhängig. Besteht ein voller Kontakt der Knochenflächen, wie z. B. bei einer intertrochanteren Femurosteotomie, und ist die Bruchfläche senkrecht zur Resultierenden eingestellt, dann wird der Fixationsbehelf an der Zugseite der Hauptbiegungsebene fast ausschließlich die Zugspannungen aus der Biegung aufnehmen müssen,

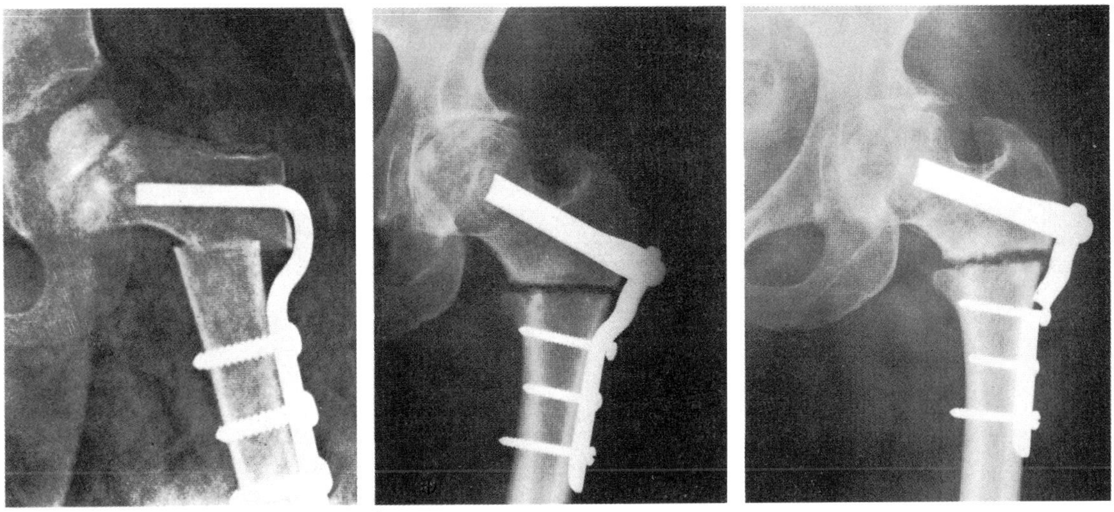

a b c

Abb. **114**a–c Beanspruchungsgröße und Art einer Osteosyntheseplatte bei Diastase der Osteotomiefragmente bei intertrochanteren Osteotomien: a) Bei vollem Kontakt der Osteotomie- oder Bruchflächen und Lage der Platte an der Zugspannungsseite aus der Biegung steht die Platte fast ausschließlich unter Zugspannungen. b) Bei durchgehender- oder plattenferner Diastase der Kontaktflächen des Knochens steht die Platte unter freier Biegung mit höchsten Spannungsspitzen im Querschnitt. c) Folge: Ermüdungsfraktur der Platte

wobei die Bruchflächen selbst unter Druck stehen. Besteht hingegen eine Diastase oder kommt es zu Schubspannungen im Bereich der Bruchflächen, dann wird die Platte die ganze freie Biegung aufnehmen müssen, wodurch die Gefahr eines Ermüdungsbruches und einer Verbiegung äußerst hoch ist (Abb. **114**) (Diehl u. Mittelmeier 1974a, Müller u. Mitarb. 1969).
Auch der Nagel-Platten-Winkel und die Lage des Nagels zur Verlaufsrichtung der resultierenden Kraft im Schenkelhals sind ausschlaggebend für die Größe des aufzunehmenden Biegemomentes. Bei varischer Einstellung des Schenkelhalses ist das Biegemoment gegenüber der valgischen Einstellung sehr unterschiedlich groß. Nachdem die Verbindung Knochen – Metall ganz verschiedene Elastizitätsmodule aufzuweisen hat, wird die Lastübertragung entsprechend den Rigiditätsgraden der einzelnen Systeme verteilt werden.
Je stärker ein System ist, desto mehr Last wird es aufnehmen, je schwächer, desto weniger Last. All diesen Momenten muß ein Konstrukteur Rechnung tragen, wobei zu berücksichtigen ist, daß die Maximaltoleranzen gegenseitiger Verformungen und Bewegungen während eines Knochenheilungsprozesses gegenüber der konstanten Steifheit eines Metallimplantates natürlich stark schwanken können. Auch nach der Abheilung der überbrückenden Bruchflächen muß das Implantat den gleichen Anteil an Spannungen übernehmen, der sich aus der Elastizitätsverschiedenheit und Verformungsdifferenz der beiden tragenden Anteile, Knochen und Metall, ergibt. Hier sehen wir dann oft nach langer Zeit Ermüdungsfrakturen der Implantate durch Biegespannungen (Abb. **115**) (Pauwels 1965a).

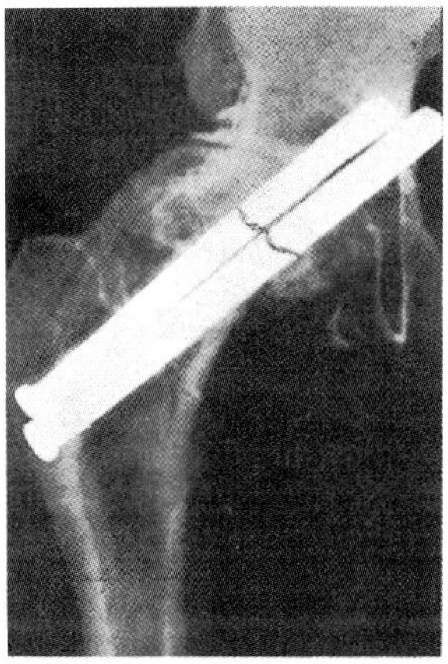

Abb. **115** Ermüdungsbruch bei knöcherner Heilung einer Hüftarthrodese nach Fixation mit Doppelnagel. Nagelbruch durch Ermüdung. Infolge Ausfalls der Gelenkfunktion und Zuggurtung werden abnorm hohe Biegespannungen direkt auf die Schenkelhalsnägel übertragen (aus *F. Pauwels:* Die Bedeutung der Biomechanik für die Orthopädie. In: Biomechanica, Orthopaedica und Traumatologica, Bd. II. Verlag der Wiener medizinischen Akademie, Wien 1965)

Auch bei gebogenen Nagel-Platten-Kontruktionen, bei Winkelplatten usw., die in einer bestimmten Ebene auf Biegung beansprucht werden, müssen die Querschnitte in jeder Lokalisation den verschieden großen Biegemomenten Rechnung tragen, ohne sich zu deformieren. Bei einer Schenkelhals-Oberschenkel-Platte ist das Biegemoment am Nagel-Platten-Übergang am Trochanter am größten und am kleinsten an der Nagelspitze. Aus diesem Grunde muß auch der

Nagel-Platten-Übergang stärker sein als die Nagelspitze (Abb. **116**) (Diehl u. Mittelmeier 1974b).

Es ist besonders darauf zu achten, daß keine Kerbwirkungen bei Biegebeanspruchungen bestehen. Wenn ich den Spannungsverlauf bei einem runden und einem rechtwinkeligen Übergang eines festen Körpers spannungsoptisch veranschauliche, dann entstehen besonders beim rechtwinkeligen Testobjekt Kerbwirkungen mit hochgradigen Spannungsspitzen, indes beim abgerundeten

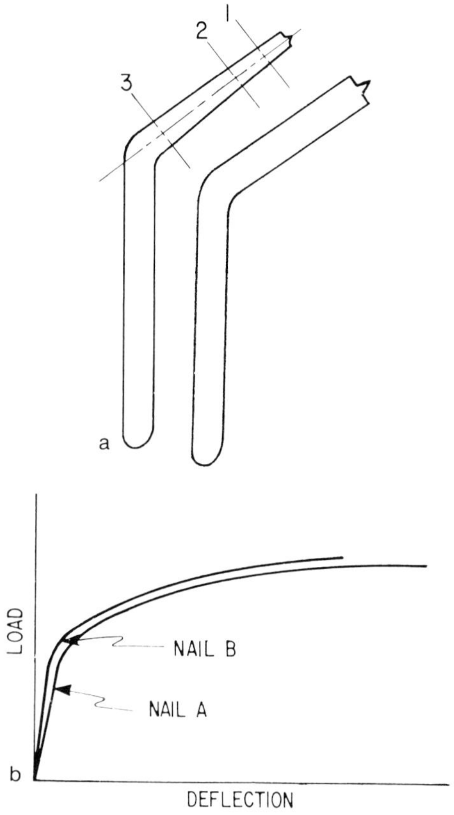

Abb. **116** a u. b Die Biegefestigkeit einer Schenkelhals-Oberschenkel-Winkelplatte ist abhängig von der Größe des Biegungsmomentes sowie dem Angriffspunkt und der Wirkungsrichtung der resultierenden Kraft (Abb. 116–118 aus: *V. H. Frankel, A. H. Burstein:* Orthopaedic Biomechanics. Lea & Febiger, Philadelphia 1970)

Winkelübergang ein kontinuierlicher gebogener Kraftfluß ohne Querschnittsspitzen auftritt. Dieser Faktor muß bei allen Konstruktionen ganz speziell beachtet werden (Abb. **117**) (Uhthoff 1975).

Spannungskonzentrationen in Platten treten vor allem auch im Bereich von Bohrlöchern auf, wenn die Platte auf Biegung beansprucht wird (Abb. **118**) (Claes u. Hutzschenreuter 1977).

Die Beanspruchung einer mit dem Knochen verschraubten Platte wird sehr von ihrer Lage zur Hauptbiegungsebene des Knochens, mit dem sie verschraubt ist, abhängig sein. Liegt sie an der Seite der Zugspannungen, dann wird sie in erster Linie peripher auf Zug beansprucht, indes der Knochen einen Teil der Biegespannungen bei vollständigem Kontakt der Frakturflächen aufnimmt. In diesem Fall wird das Material zur Widerstandsleistung optimal ausgenützt. Die Knochenflächen selbst werden auf Druck mit überlagerter Biegung beansprucht. (Diehl u. Mittelmeier 1974a).

Liegt eine Osteosyntheseplatte an der Seite der Druckspannungen aus der Biegung, dann muß sie die gesamte Biegespannung allein aufnehmen. Die Spannungen können nur durch Anlegen einer zweiten, sog. Neutralisationsplatte an der Zugseite im Bereich der Hauptbiegungsebene weitgehend herabgesetzt oder neutralisiert werden.

Damit soll lediglich gesagt werden, daß ein Implantat selbstverständlich den lokalen Beanspruchungsverhältnissen in Größe, Qualität und Richtung in einer Konstruktion angepaßt sein muß. Es ist jedoch ebenso wichtig, das Implantat entsprechend den gegebenen funktionell-anatomischen Beanspruchungsverhältnissen des Knochens während der Belastung so einzupflanzen, daß es entweder möglichst axial beansprucht wird oder an der Seite der Zugspannungen verankert ist, so daß es vorwiegend auf Druck oder Zug beansprucht wird.

Bei Kompressionsosteosynthesen mit Platten ist ein ganz spezielles Phänomen zu berücksichtigen. Durch die Vorspannung an der Plattenseite kommt es meist zu einem Auseinanderheben z. B. der plattenfernen Osteotomieflächen, so daß an der Gegenseite zur Spannseite ein leichtes Klaffen des Bruchspaltes entsteht (Allgöwer u. Mitarb.

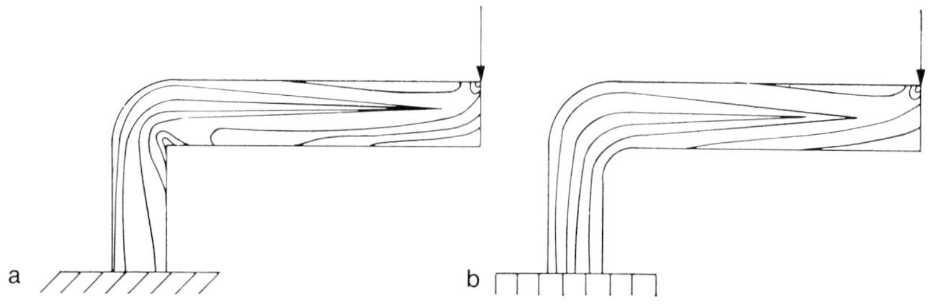

Abb. **117** a u. b Spannungsverteilung bei Kerbwirkung unter Biegebeanspruchung eines Winkeleisens a) mit scharfkantigem und b) abgerundetem Winkelübergang

1970, COMTET u. Mitarb. 1968, DIEHL u. MITTELMEIER 1974a, DIEHL u. Mitarb. 1974).
Dies konnte bei experimentellen mechanischen Untersuchungen zur Plattenosteosynthese, insbesondere am Femur und an der Tibia, auch bei genauest angepaßten Platten nach dem Vorspannungsvorgang immer wieder festgestellt werden. Die Spannungsverteilung war dadurch sehr ungleich, wobei im plattennahen Bereich sich die Fragmente unter elastischer Verformung und Einstauchung sehr intensiv komprimierten (PERREN u. Mitarb. 1969a u. b, RITTER u. GRÜNERT 1974).
Um dieses Phänomen zu vermeiden, wird z. B. von seiten der AO bei der Rundlochplatte wie auch bei der dynamischen Kompressionsplatte eine Vorbiegung empfohlen, deren Maximum über dem Fraktur- und Osteotomiespalt liegen soll. Nach Anlegung der vorgebogenen Platte besteht eine leichte Inkongruenz der Knochenkontaktflächen, welche durch den Vorspannvorgang dann ausgeglichen wird, so daß es zu einer gleichmäßigen Kompression im Bereich der Fragmente kommt. DIEHL u. MITTELMEIER (1974b) haben für diese Plattenhohlbiegung genaue Berechnungen und Experimente angestellt, um bei verschiedenen Röhrenknochen den optimalen Vorbiegungswinkel zu bestimmen. Er schwankt, je nach der Anzahl der Schraubenlöcher, bei 12-Loch-Platten bis zu einer Hohlauflage von 5 mm (3,5°). Das

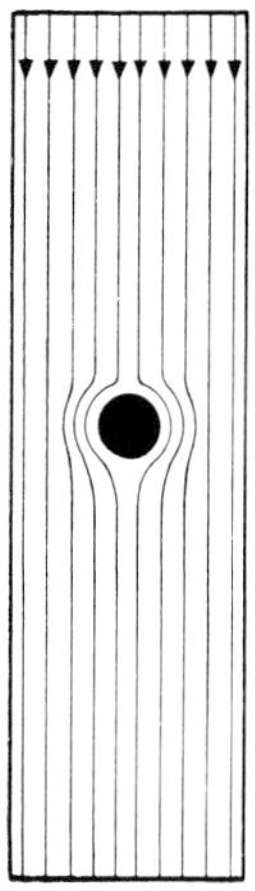

Abb. **118** Bohrlöcher in der Platte haben Spannungskonzentrationen bei Biegebeanspruchung durch Anpressen der Platte an den Knochen durch Schraubendruck zur Folge

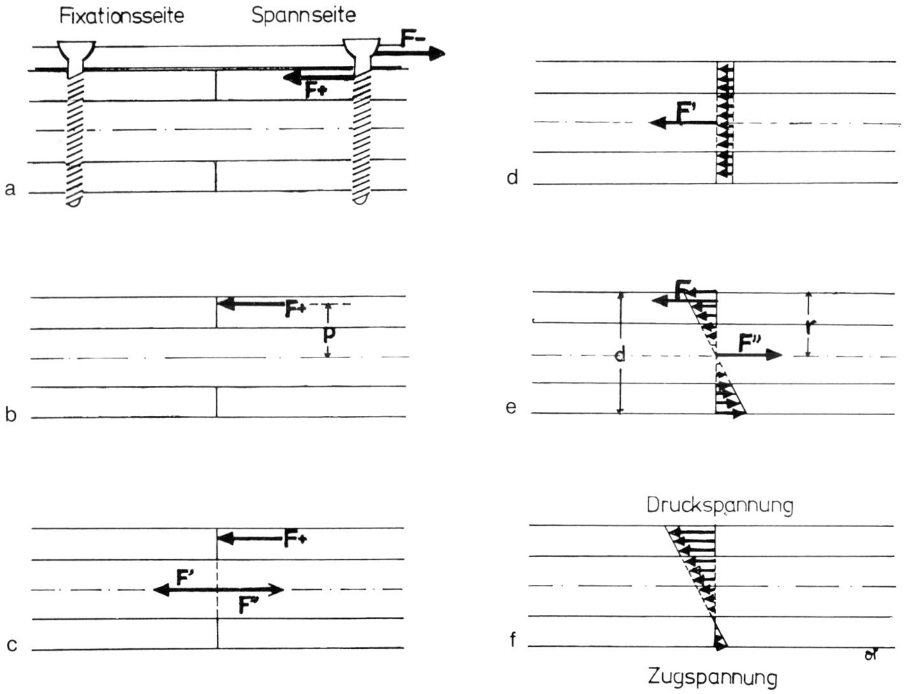

Abb. **119** a–f a) Der Verspannungsvorgang selbstkomprimierender Osteosyntheseplatten führt zur Plattendehnung und Stauchung der Osteotomiefragmente. Die Spannschraube steht unter Schub und stützt sich mit dem Gewinde gegen die plattennahe Kortikalis ab. F + = stauchende Kraft. b) Außermittiger Angriffspunkt der Kraft F+ im Abstand p zur Knochenachse. c) F′ und F″ stellen die in der Knochenachse entgegengesetzt wirksamen Kräfte dar. d) Die Kraft F′ bewirkt axiale Druckspannungen im Knochenquerschnitt σ_D (Normalkraft). e) Das Kräftepaar F″ und F+ bewirkt ein Biegemoment F · p, das im Knochenquerschnitt Druckspannungen σ_1 und Zugspannung σ_2 hervorruft. f) In der Osteotomiefläche besteht eine ungleichmäßige Verteilung der Spannungen aus der Biegung, wobei das σ_D wesentlich größer ist als das plattenferne σ_Z. Dies hat praktisch ein Aufklappen der Osteotomiefläche an der plattenfernen Kortikalis zur Folge (Abb. 119 und 120 aus *K. Diehl:* Arch. orthop. Unfall-chir. 80 [1974] 247)

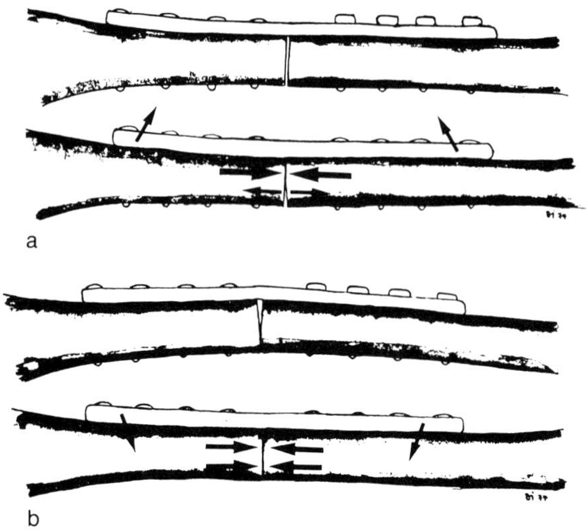

optimale Maß der Hohlbiegung steht in Abhängigkeit von der Platten- und Knochendimension (Abb. **119** u. **120**).
Jeder Knochenchirurg muß sich heute wohl mit den technischen Grundprinzipien sowie auch mit der wichtigsten technischen Nomenklatur der verschiedenen Formen der Knochenschrauben auseinandersetzen (MÜLLER u. Mitarb. 1969). Auch hier waren und sind noch eingehende Untersuchungen im Gange, um entsprechend den gegebe-

Abb. **120** a u. b a) Selbstkomprimierende Plattenosteosynthese im Bereich der Diaphyse. Beim Spannen mit oberflächenparalleler Platte wird die plattennahe Kortikalis eingestaucht, während die plattenferne leicht klafft. b) Bei winkliger Hohlbiegung der Kompressionsplatte über den Spalt nach erfolgter Kompression über den Querschnitt der Kontaktflächen gleichmäßig verteilte axiale Druckspannungen

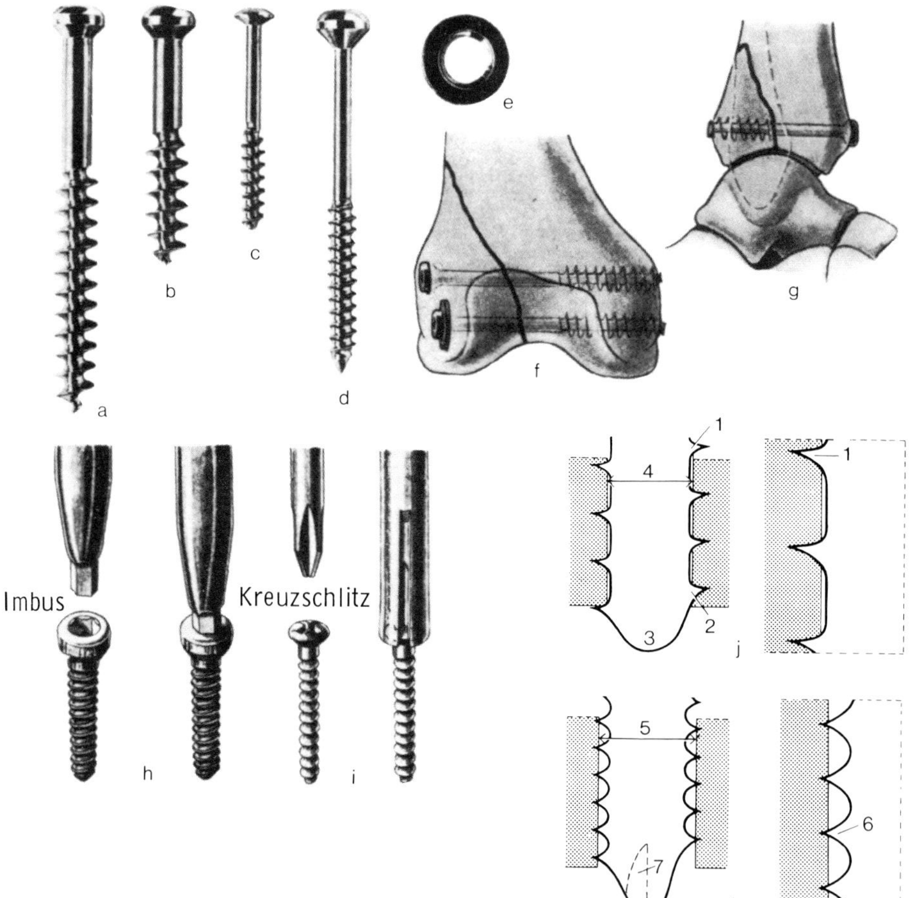

Abb. **121** a–k Verschiedene Formen der Kortikalis- und Spongiosaschrauben: a–g) s. Text. h) AO-Kortikalisschraube, niedriger Zylinderschraubenkopf mit gerundetem Aufsitz und Imbus (Innensechskant). i) Selbstschneidende Kortikalisschraube mit Kreuzimbus und dazugehörigem Philips-Schraubenzieher mit verschieblicher Hülse zum Einklemmen des Schraubenkopfes. j) AO-Schraube mit rechtwinkeligen Druckflächen (1); gleichbleibender Kerndurchmesser (2), damit der letzte Gewindegang auch genau sitzt, gerundete Schraubenspitze (3) ohne eingeschliffene Nute. Gewinde wird vorgeschnitten, das Bohrloch (4) ist um $^2/_{10}$ mm größer als der Schraubenkern, die Gewindegänge sitzen tief auf. k) Selbstschneidende Kortikalisschraube, sehr scharfes Gewinde, das nicht sehr weit in den Knochen eindringt. Das Bohrloch muß größer angelegt werden (1), Schraubenkopf mehr langgestreckt, rund mit Schlitz (2) (Aus: *Müller, M. E., M. Allgöwer, H. Willenegger:* Manual der Osteosynthese. AO-Technik. Springer, Berlin)

nen Verankerungsmöglichkeiten in den verschiedenen Formen des kortikalen und spongiösen Knochens optimale Schraubenformen zu finden.

Schon in frühesten Anfangsstadien der Knochenverschraubungen zeigte es sich, daß die normale Holzschraube einerseits keine optimalen Bedingungen für einen perfekten Knochenhalt durch ihr selbstschneidendes, nicht voll haftendes Gewinde, andererseits durch die ungünstige Kopfform bietet. Es dauerte lange, Schrauben zu entwickeln, welche die stabilste Verbindung mit Kompakta und Spongiosa gewährleisten. Für die Stabilität einer Verschraubung ist ausschlaggebend, daß sie in optimaler Weise, entsprechend den gegebenen lokalen Spannungsverhältnissen angelegt wird, um den geforderten Beanspruchungen in bester Weise Widerstand zu leisten. Es wurden spezielle Schrauben entwickelt, die wir vor allem in selbstschneidende und nichtselbstschneidende Formen sowie entsprechend ihrer Gewindeform in Kortikalis- und Spongiosaschrauben einteilen (Abb. **121**).

Kortikalisschrauben:

Unter den technischen Grundeigenschaften sind vor allem die Form und der Aufsitz des Schraubenkopfes von wesentlicher Bedeutung. Der Kopfaufsitz am Schraubenstiel ist gerundet und hat meistens einen kurzen Zylinderansatz. Er trägt entweder einen Kreuzschlitz oder einen Hohlimbus, der meist sechskantig ist. Kerbwirkungen durch scharfe Kanten am Kopfstielansatz sollen vermieden werden; es soll auch der halbrunde Schraubenkopfansatz sich in den Nippel der zu verschraubenden Platten voll einpassen und kongruent aufsitzen, so daß Biegespannungen aus Inkongruenzen zwischen Platte und Schraubenkopf ausgeschaltet werden (Abb. **122**).

Der Gewindedurchmesser der Normalgrößen der heute verwendeten Kortikalisschrauben schwankt in der Regel zwischen 4 und 4,5 mm, die Kerbstärke zwischen 3 und 3,5 mm. Selbstverständlich gibt es auch zarte und feine Spezialanfertigungen für die entsprechenden kurzen Röhrenknochen an Hand, Fuß und anderen Stellen.

Die Form des Gewindes ist meistens das Sägezahngewinde mit senkrechten Druckflächen und gleichbleibendem Durchmesser bis zur Spitze, damit auch die peripheren Gewindegänge einwandfreien Halt bekommen. Das Ende der Schraubenspitzen ist abgerundet; es besitzt, im Gegensatz zu den selbstschneidenden Schrauben, keine eingeschliffenen Längsnuten am Gewindeende.

Von der Verwendung selbstschneidender Schrauben ist man vor allem deswegen abgekommen, weil sie später einwachsen und schwer zu entfernen sind. Außerdem ist der flächenhafte Aufsitz der Gewindegänge nicht so gut gewährleistet wie bei präzise vorgeschnittenem Gewinde.

Zur Erzielung einer interfragmentären Kompression muß der Schraubenkopf nahe dem Gleitloch

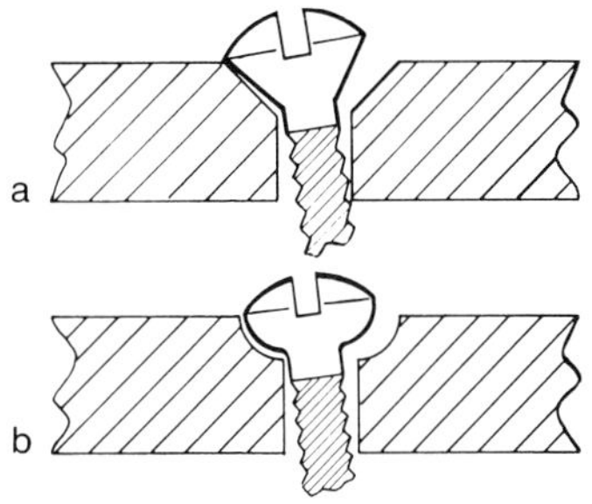

Abb. **122** a u. b Mechanische Auswirkung bei exzentrischem Aufsitz des Schraubenkopfes im Bohrloch: a) kegelförmiger Kopf, b) Rundkopf

in der Kortikalis größer sein als der Schraubendurchmesser, so daß es als Gleitloch fungieren kann. Die gegenüberliegende Kortikalis trägt dann das Gewindeloch, wo die Schraube faßt und das kopfnahe Fragment anpreßt. Schrauben mit zwei Gewindelöchern haben keine interfragmentäre Kompressionswirkung. Bei der Plattenverschraubung gleitet die Schraube ins Plattenloch, welches kein Gewinde besitzt.

Spongiosaschrauben:

Sie dienen in erster Linie zur interfragmentären Kompression breiter Spongiosaflächen im Epi- und Metaphysenbereich und besitzen ein speziell hohes Gewinde, welches einen besseren Halt gibt. Diese Schrauben sind in erster Linie zur Aufnahme von Zugbeanspruchungen ausgerichtet, wobei die Gewindelänge begrenzt ist und der Schraubenschaft überdreht, d. h. gewindefrei ist. Um Fragmente zu komprimieren, muß der Gewindeanteil der Schrauben immer jenseits der Frakturfläche angreifen, indes das körpernahe Fragment am überdrehten Teil der Schraube gleiten kann. Das Gewinde perforiert auch die gegenüberliegende Kortikalis, um einen guten Halt zu geben. Die üblichen Normalgrößen für Tibia und Femurkondyl sowie auch für den Schenkelhals besitzen einen Gewindedurchmesser von 6–7 mm, wobei die Gesamtlänge der Gewinde zwischen 15 und 35 mm schwankt und ein Sortiment von verschiedenen Längen gegeben ist. Selbstverständlich gibt es Spezialanfertigungen mit 3–4 mm Gewindedurchmesser für die kurzen spongiösen Knochen an Hand- und Fußwurzel.

Um die Festigkeit eines Schraubensitzes zu bestimmen, wurden verschiedenste Meßvorgänge durchgeführt, wobei das *Durchdrehmoment* und die *Ausziehkraft* in erster Linie überprüft wurden. Diehl u. Mittelmeier (1971) haben elektrische und spannungsoptische experimentelle Untersuchungen des Schraubenhalses durchgeführt, wobei sie auf Vorspanngrößen für die Kortikalis des Tibiaschaftes von 2,5 kN und für das Femur auf 3 kN gekommen sind (Drehmomentenschlüssel). Von Spycher wurden Durchdrehmomente verschiedener Schraubentypen gemessen (Diehl u. Mitarb. 1974).

Es konnte gezeigt werden, daß die Spongiosaschrauben, wenn sie die gegenüberliegende Kortikalis perforieren, den gleichen Vorspann aufweisen können wie die Kortikalisschrauben, wobei die Vorspanngröße nicht immer von der Winkellänge abhängig ist.

Grundzüge der Biotechnik des künstlichen Gelenkersatzes

Dieses Kapitel bildet eines der dringlichsten Kernprobleme der modernen Wiederherstellungschirurgie des Bewegungsapparates. Trotz laufender Fortschritte und einer weltweiten experimentellen und klinischen Forschungsaktivität stehen wir immer noch vor großen konstruktiven und vor allem biomechanischen Problemen. Die Anwendung von Dauerimplantaten erfordert die Entwicklung spezieller Werkstoffe, deren mechanische Festigkeitseigenschaften ebenso wie die biologische Verträglichkeit auf Jahrzehnte hinaus gewährleistet sein muß. Darüber hinaus ergeben sich Konstruktionsprobleme nicht nur in der Formgebung und dem Aufbau der einzelnen künstlichen Gelenke, sondern in erster Linie bezüglich der Verankerung und der operationstechnischen Eingliederung der Implantate, also um mechanisch gesteuerte Umbaureaktionen des knöchernen Auflagers, die oft erst nach Jahren in Erscheinung treten und noch nicht vermieden werden können (Charnley 1972, Cotta u. Schulitz 1973, Debrunner 1974b, Freeman u. Mitarb. 1975, Gerard u. Mitarb. 1974, Gschwend u. Debrunner 1976, Huggler u. Schreiber 1978, Kölbel u. Bönick 1974, Ungethüm 1972, Wagner 1975, Weber 1975, Weber u. Mitarb. 1974). Es geht über den Rahmen dieser kurzen Zusammenfassung hinaus, die Probleme in einzelnen abzuhandeln. Zusammenfassend ergeben sich folgende:

1. die biologische Verträgligkeit der Gelenkimplantate und des Knochenzementes;
2. die mechanischen Festigkeitswerte und die dadurch gegebenen Grenzen der Dauerbelastbarkeit der Implantationskörper;
3. Abriebprobleme und Gelenkschmierung,
4. Korrosion,
5. biochemische Stabilität implantierter Kunststoffe (Willert u. Puls 1972).

An konstruktiven Problemen sind vorhanden:

1. Formgebung der Gelenkanteile;
2. konstruktiv bedingte Dauerbelastungsfähigkeit;
3. verankerungstechnische Probleme:
   a) Aufsitz am Knochen und mechanische Auflagereaktionen,
   b) Stiel und Zementverankerung;
4. Gleitflächengestaltung und Oberflächenbearbeitung (Abrieb);
5. Stabilität der Artikulationskörper unter Gewährung eines physiologischen Bewegungsausmaßes.

Die Verwendung von künstlichen Gelenken, die über Jahrzehnte im Körper verbleiben sollen, ist für die Entwicklung von dauerbeständigen Implantationsmaterialien von erster Bedeutung. Es scheint, daß in den letzten Jahren eine spezielle geschmiedete und gegossene Stahllegierung, das Protasul 10 und Protasul 2 (Bechtol u. Mitarb. 1959, Semlitsch 1974a, Semlitsch u. Mitarb. 1976b), in bezug auf Festigkeit und biologische Verträglichkeit an der Spitze stehen. Bei den künstlichen Hüftgelenken liegen die Implantationen von Ganzmetallgelenken aus Vitallium nach McKee (1969) und Murray u. Mitarb. (1972) wohl am längsten, ca. 17 Jahre, zurück. Ungefähr über den gleichen Zeitraum konnten Jayson u. Mitarb. (1972) und Scales (1973) mit Kombinationsprothesen aus Stahl und HDP-Kunststoffpfanne praktische Erfahrungen sammeln, wobei die anfangs labile technische Entwicklung der Pfannenteile ebenfalls weiter fortgeschritten ist. Heute stehen folgende Werkstoffe in Verwendung:

1. Verschiedene Metallegierungen und Stähle von Eisen, Nickel, Chrom, Wolfram und Molybdän,
2. Titanlegierungen (Sivash 1967),
3. Niederdruckpolyäthylen (HDP),
4. Aluminiumoxyd-Sinterkeramik (Weber u. Mitarb. 1977),

Tabelle **2** Zusammensetzung metallischer Implantatwerkstoffe

Gew.-%	C	Cr	Cu	Fe	Mn	Mo	Ni	P	S	Si	Elemente
minimal		17,0				2,5	12,0				
maximal	0,03	20,0	0,10	Rest	2,0	4,0	16,0	0,03	0,03		FeCrNiMo-Schmiedestahls AISI-316L
minimal	0,20		27,0				5,0				CoCrMo-Gußlegierung Protasul-2
maximal	0,35	Rest	30,0	1,0		1,0	7,0	2,5		1,0	
minimal			18,0			8,5	33,0			0,6	warmgeschmiedete CoNiCrMoTi-
maximal	0,025	Rest	21,0	1,0	0,15	10,5	37,0	0,15		1,0	Schmiedelegierung Protasul-10
minimal	5,5									3,5	TiAlV-Schmiedelegierung
maximal	6,5	0,08		0,3	0,0125	0,13		Rest		4,5	

Tabelle **3** Mechanische Eigenschaften der Implantatmetalle (zusammengestellt nach *Huggler* u. *Schreiber*)

δ Festigkeit	E-Modul (N/mm^2)	σ0,2 (N/mm^2)	σB (N/mm^2)	σbW (N/mm^2)	σ5 (%)	HV (N/mm^2	mechanische Eigenschaften
minimal	200000	290	530	250	63	1400	FeCrNiMo-Schmiedestahls AISI-316L
maximal	210000	340	550	320	74	1550	
minimal	200000	450	660	200	8	3000	CoCrMo-Gußlegierung Protasul-2
maximal	220000	580	760	300		4000	warmgeschmiedete CoNiCrMoTi-
minimal	220000	650	850	540	35	3000	Schmiedelegierung Protasul-10
maximal	240000	1000	1200	600	55	4000	
minimal	110000	810		880	40	100	TiAlV-Schmiedelegierung
maximal	130000	920		990	45	150	

Tabelle **4** Zusammensetzung und Eigenschaften von dichtgesinterter Aluminiumoxidkeramik für Hüftprothesen

Reinheit Al_2O_3 (%)	Dichte (g/cm^3)	Porosität (%)	Korngröße (mm)	Wärmeausdehnung (1/K)
99,7–99,9	3,99	0,2	0,002–0,005	$6–8 \cdot 10^{-6}$
E-Modul (N/mm^2)		**Druckfestigkeit (N/mm^2)**	**Biegefestigkeit (N/mm^2)**	**Härte HV (N/mm^2)**
300000–400000	4000–5000		500–600	20000–23000

5. Porometall (bedampfte oberflächenrauhe Stähle) (Judet 1975),
6. Gußstahl mit „Kaviar"-Oberfläche zur zementlosen Verankerung,
7. Silastik u. isoelastische Werkstoffe (Morscher u. Mathys 1975, Swanson 1972) (Tab. 3 u. 4).

Unter den sich ergebenden Problemen bereiten die mechanische Festigkeit und Haltbarkeit in bezug auf Bruchgefahr geringere Schwierigkeiten. Im Vordergrund stehen Abriebprobleme, wobei noch viele Fragen unentschieden sind, inwieweit Metall-Metall- oder Metall-Kunststoff-Gleitpartner am vorteilhaftesten sind (Mathys 1973, Paul 1973a u. b).

Folgende spezielle Punkte sollen etwas eingehender besprochen werden (Abb. **123**):
1. die Beanspruchung der Verankerungsteile der Endoprothese,
2. die Beanspruchung der Lagerteile der Artikulationskörper,
3. die Beanspruchung des Verankerungszementes und
4. die Beanspruchung des knöchernen Auflagers der Endoprothese im Kopf- und Pfannenbereich.

Materialbeanspruchung der Trägerteile von Endoprothesen

Die Beanspruchung der Endoprothesen im Ganzen ist abhängig von der *Festigkeit der Werkstoffe*, dem *Belastungsmechanismus* des jeweiligen Gelenkes, *der Lastgröße, dem Lastwechsel* und der *Formgestaltung* der Prothese.

Die technologische Festigkeit der heutigen Werkstoffe ist in den meisten Bereichen voll ausreichend, vorausgesetzt, daß die konstruktive Gestaltung der Endoprothese in Materialstärke und Materialverteilung den jeweiligen Lokalbeanspruchungen Rechnung trägt. Selbstverständlich müssen die spezifischen Festigkeitseigenschaften und technischen Normwerte gegenüber verschiedensten Beanspruchungsformen der Implantationsmaterialien genauestens ins Kalkül gezogen werden (Martens u. Mitarb. 1974, Schreiber u. Jansen 1973, Thomas u. Uhr 1969).

Bei der „Biokeramik" z. B. besteht eine überaus hohe Druckfestigkeit, indes die Werte für Zug- und Biegefestigkeit niedrig liegen (Heimke u. Mitarb. 1973). Aus diesem Grunde kann das Material nur gegenüber Druckbeanspruchung größten Widerstand leisten, weil sonst Ermüdungsfrakturen zu befürchten wären. Aus diesem Grunde wählt man auch die verschiedenen Modelle von Verbundprothesen mit Metall und Polyethylen (Boutin 1974a, Zichner u. Mitarb. 1976, Zweymüller 1978).

Salzer u. Mitarb. (1975) haben ausgedehnte Knochen- und Gelenkdefekte nach Tumorresektion durch reine Biokeramikimplantate ersetzt, die sich in den meist begrenzten Zeiträumen des Überlebens von einigen Jahren gut bewährt haben.

Zementlos implantierte Totalgelenke der Hüfte

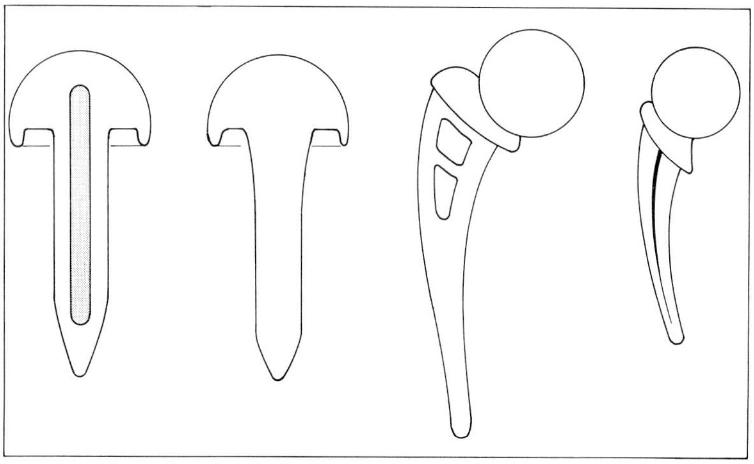

a

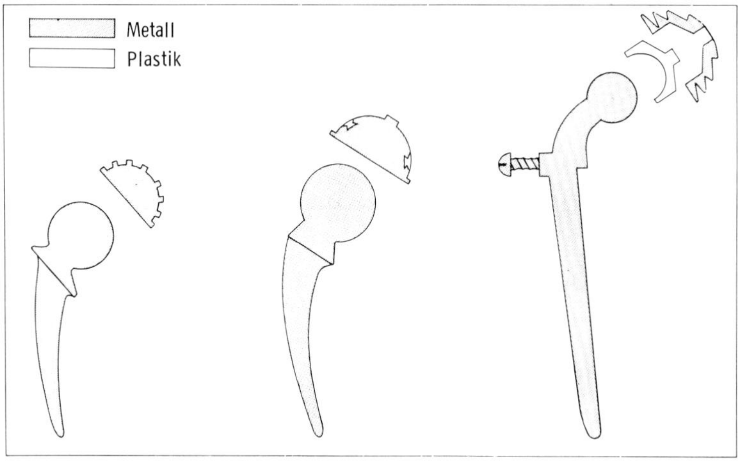

b

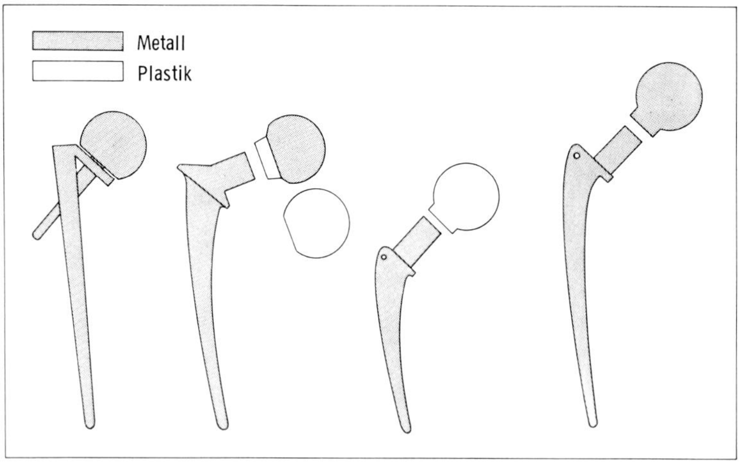

c

Abb. **123** a–i Konstruktive Entwicklung am Beispiel der Hüftkopf- und Totalendoprothese: (b–j aus: *A. H. Huggler, A. Schreiber:* Alloarthroplastik des Hüftgelenkes, 2. Aufl. Thieme, Stuttgart 1978. j–l aus: *M. A. R. Freeman, G. C. Brown:* Arch. orthop. Unfall-Chir. 92 [1978] 194)

a) Hüftkopfendoprothesen, Methakrylat (*R.* u. *J. Judet, Endler, Moore, Thompson*).

b) Totalendoprothesen (*McKee/Farrar, Müller, Sivash*).

c) Hüftkopfendoprothese (*Lippmann, Christiansen, Weber/Huggler*).

d) Totalendoprothesen (*Charnley, Müller, Buchholz*).

e) Totalendoprothesen (*Weber/Huggler, Ring*).

f) Totalendoprothesen (*Christiansen, Boutin, Weber/Huggler*).

g) Totalendoprothese aus Porometall (*Judet*).

h) Zementlose Verbundprothese; Tragrippe, Einschraubkopf (*Mittelmeier*).

i) Doppelschalenendoprothese (*Freeman/Swanson, Wagner*).

j) Querschnittszeichnung der ICLH-Pfannen- und Kopfkomponenten mit Leitmaßen. Eine größere und eine kleinere Endoprothese sind verfügbar.

k) Pfannenkomponenten mit exzentrischen Wänden, deren Dicke um 5 bzw. 10 mm erhöht ist, stehen zur Verfügung.

l) Röntgenbild eins gut placierten ICLH-Implantates. Valgusstellung der Kopfkomponente

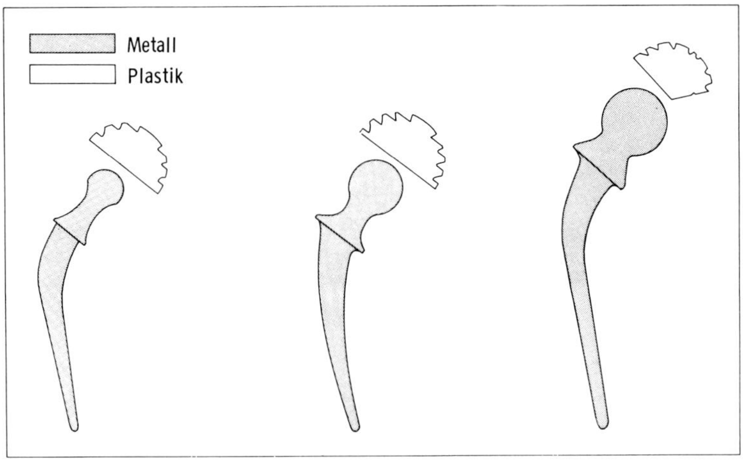

d

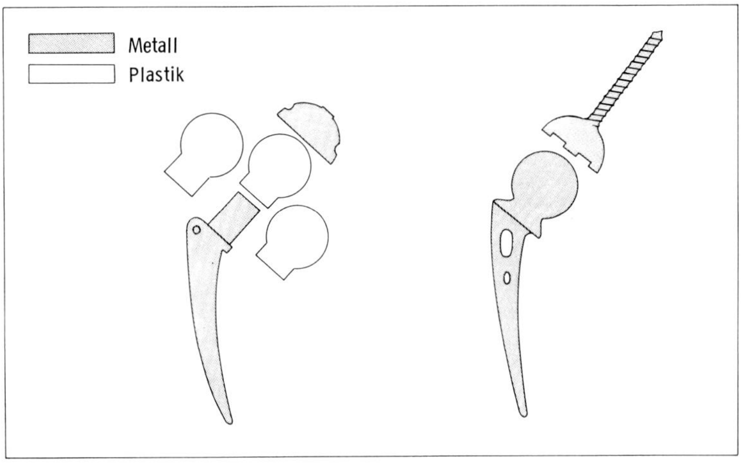

e

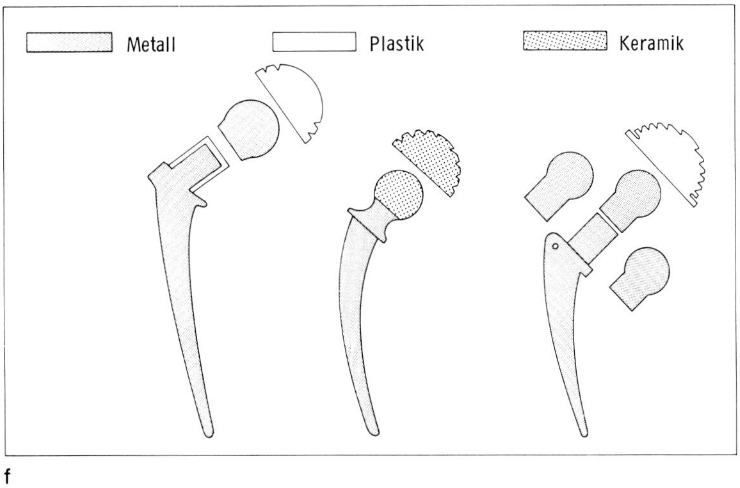

f

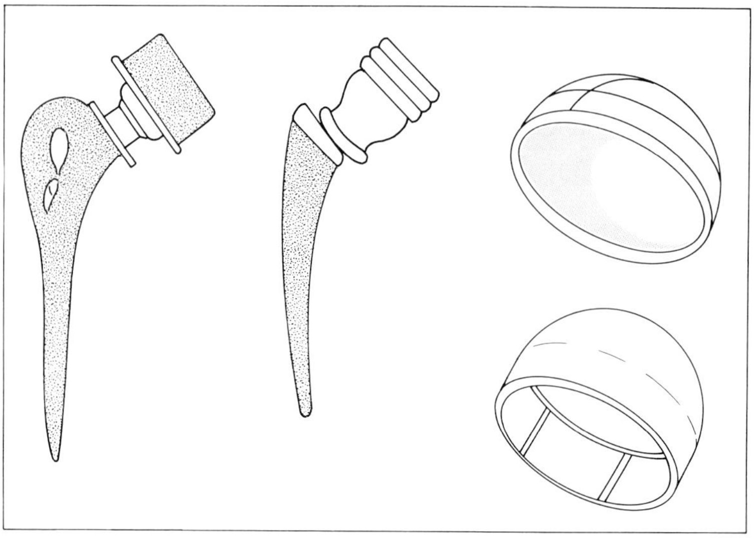

g h i

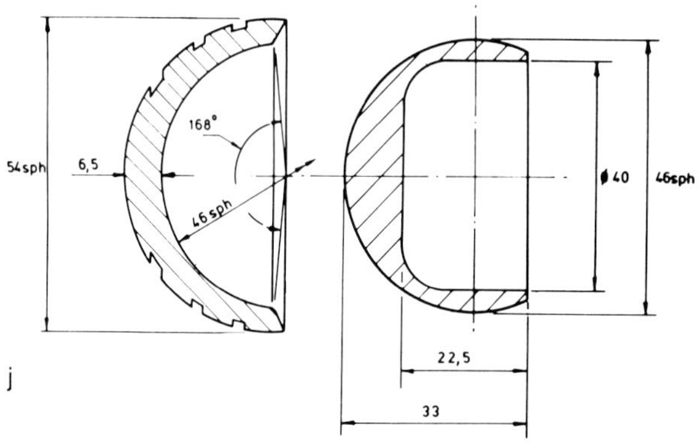

j

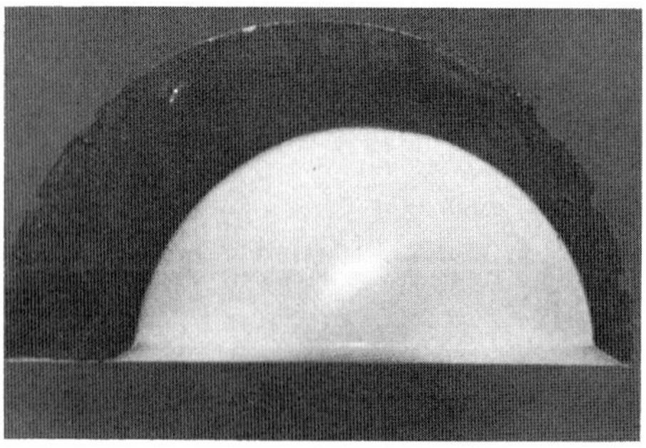

k

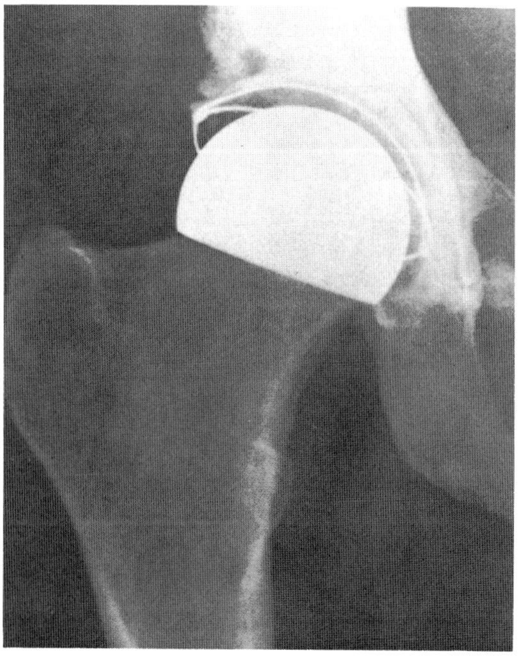

l

aus Metall sind von RING (1968) als Verbundkonstruktion mit Stahl – Biokeramik nunmehr in Erprobung (BOUTIN 1974b, MITTELMEIER 1974). Fast alle Teile der Endoprothese geraten im Laufe eines Bewegungsablaufes unter verschieden gerichtete und dimensionierte *Druck- und Wechselbiegespannungen,* wobei zusätzlich in bestimmten Bewegungsphasen auch Schub- und Torsionsspannungen wirksam werden. Zugspannungen resultieren meist aus den Teilkomponenten der Biegung (Abb. **124**).

Entsprechend den verschieden gelagerten Freiheitsgraden der jeweiligen Gelenkbewegungen wird auch die Beanspruchung der Verankerungsteile sehr verschiedenen Bedingungen unterliegen. Während bei einem Kugelgelenk 3 Freiheitsgrade der Bewegung die mechanische Beanspruchung der Verankerungsteile relativ günstig gestalten, bestehen bei den 5 Freiheitsgraden eines Kniegelenkes, die in ihrer natürlichen Form bei der Konstruktion eines künstlichen Gelenkes kaum ohne Komplikationen realisiert werden können, große Schwierigkeiten (KETTELKAMP u. NASCA 1973, MENSCHIK 1976, SCHUMPE u. Mitarb. 1975). Die daraus resultierende vermehrte Beanspruchung der Verankerungsteile stellt ein Problem dar, das für frühzeitige Ermüdungsfrakturen der Verankerungsstiele oder umgekehrt, Lockerungen durch Versagen des knöchernen Auflagers, verantwortlich ist. All diese Punkte muß die technische Konstruktion berücksichtigen (BRINKMANN u. ROSSAK 1975, WEIGHTMAN, WILLERT u. SEMLITSCH 1973a):

1. Die Materialstärke und lokale Materialverteilung müssen den gegebenen Lokalverhältnissen der Gelenkbeanspruchung entsprechen.
2. Technisch möglichst einfache Konstruktionsformen, welche den Freiheitsgraden der natürlichen Gelenkbewegung in jeder Weise Rechnung tragen. Sie dienen auch wesentlich zur Entlastung der Verankerungsteile der Prothese.
3. Ausnützung aller anatomisch gegebenen Möglichkeiten zu einer stabilen und einfachen Konstruktion der Verankerungsteile und möglichste Erhaltung der Artikulationskörper, z. B. Kombination von zähem Schmiedestahl (Verankerungsstiele der Kopfkomponente bei der Hüfte) mit hartem, abriebfestem Gußstahl oder Biokeramikkopf, der vorwiegend auf Druck und Reibung beansprucht wird.

Die bisher beste Lösung mit den meisten klinischen Erfahrungen von ca. 25–30 Jahren liegen beim Totalgelenkersatz der Hüfte vor, indes in weitem Abstand das Kniegelenk (LETOURNEL u. LAGRANGE 1973, MAREY 1873, WALLDIUS 1969) sowie das weniger belastete Ellenbogen- und Handgelenk und die Fingergelenke folgen (SWANSON 1972). Die gegebenen technischen Normwerte der einzelnen verwendeten Metalle wie z. B. Nickel, Chrom-Wolfram, Molybdän-Stahl, Titan,

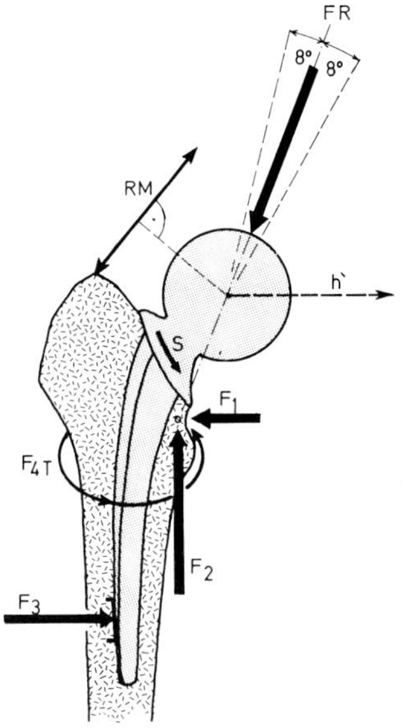

Abb. **124** Qualitative Analyse der Auflagerkräfte, welche über die Resultierende aus Körpergewicht und Gegenkraft der Muskulatur im Bereich des femoralen Aufsitzes einer Endoprothese wirksam werden. R = Resultierende aus Körpergewicht und Gegenkraft der Muskulatur in der Standbeinphase nach Pauwels, KG = Körpergewicht, RM = Gegenkraft der Abduktoren, h = Kraftarm der Muskulatur, h/ = Lastarm des Körpergewichtes. Auf die mediale Kortikalis des Schenkelhalsstumpfes wirken Querkräfte und vertikale Komponenten. In der Auflagefläche des Prothesenhalskragens entstehen Schubspannungen (S). Die Größe der einzelnen Kraftkomponenten ist von der Größe und der Wirkungsrichtung von R, vom Schenkelhalswinkel, vom Längenverhältnis des Kraftarmes zum Lastarm (h zu h/) sowie vom Neigungswinkel des Prothesenhalskragens zur Horizontalen abhängig. Da im Bewegungsablauf durch die exzentrische Belastung des Hüftkopfes ein freies Kippmoment besteht, werden auch Horizontalkräfte (F_3) gegen die äußere Femurkortikalis gerichtet sein, deren Größe nicht nur von der Ausdehnung der Stielauflagefläche, sondern auch von der Größe des Kippmomentes abhängig ist. F_{4t} kennzeichnet dynamische Torsionskräfte, deren Größenbestimmung sehr unsicher ist

Aluminiumoxydsinter etc. entsprechen den jeweiligen Anforderungen (SEMLITSCH 1974a, SEMLITSCH u. Mitarb. 1976a).

Ebenso ist der heute am meisten angewandte Kunststoff, das hochverdichtete Polyäthylen HDP gegen die im Körper geforderten Druckbeanspruchungen weitgehend widerstandsfähig, wenn auch bei sehr hohen Langzeitbelastungen Verformungen durch Kaltfluß auftreten und der Abrieb relativ hoch und toxisch ist (MATHYS 1973).

Analysieren wir am Beispiel der Hüfte einige Beanspruchungsprobleme der Endoprothese, dann stellt heute die Beanspruchungsfestigkeit der Pfanne, ob sie nun aus Metall oder HDP konstruiert ist, keine unlösbaren Probleme, wenn man die

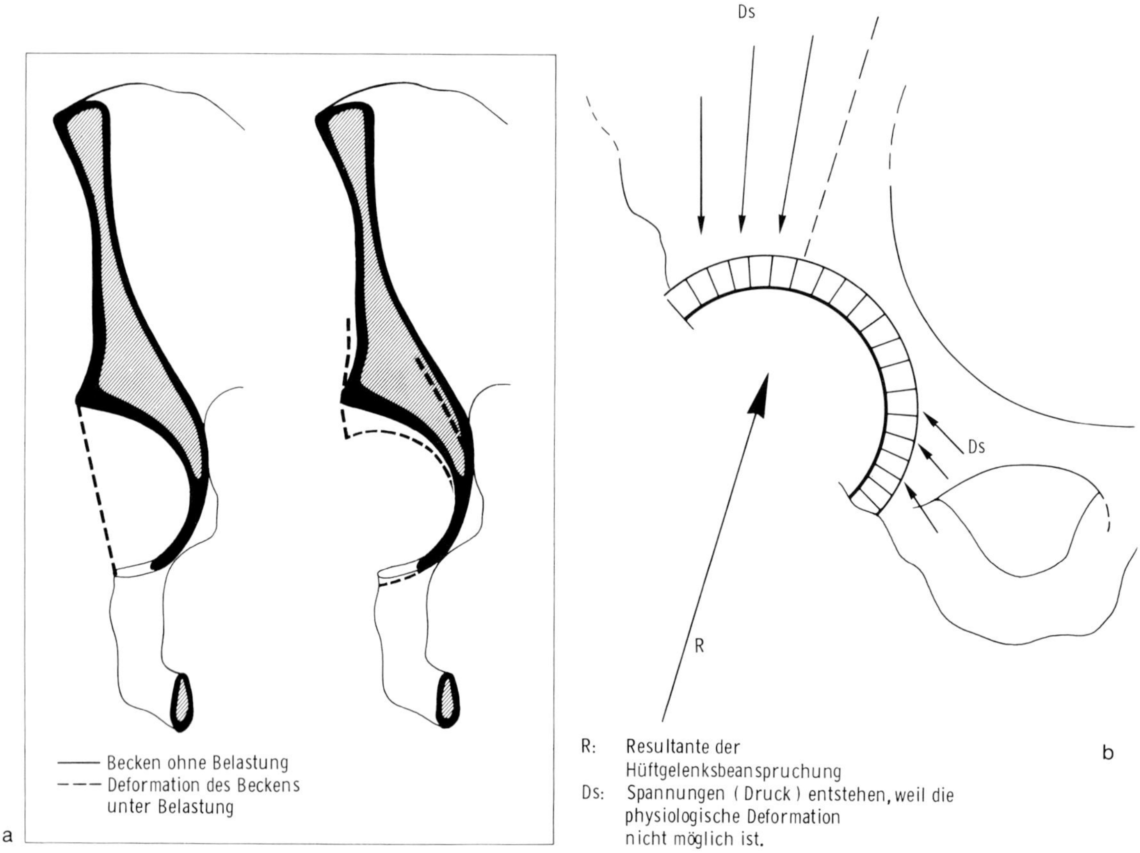

Abb. **125** a u. b Deformationsverhalten des Azetabulums: a) —— = Becken ohne Belastung, - - - - = Deformation des Beckens unter Belastung. b) R = resultierende Druckbeanspruchung der Hüfte, D_s = Druckspannungen entstehen, weil die physiologische Deformation des Implantates nicht konform möglich ist (aus: *Huggler* u. *Schreiber*: Biomechanik d. Endoaroth. S. 152, Abb. 10, 40)

Lagergleitflächen außer acht läßt. Es handelt sich vorwiegend um Druck- und Dehnungsbeanspruchungen sowie geringe Torsionskräfte aus der Reibung, die auf die Pfanne einwirken. Während die HDP-Pfannen die Stoßübertragung im Hüftgelenk, ihrem günstigen Elastizitätsmodul entsprechend, gegen die darunterliegende Spongiosa hin abdämpfen, ist die Druckübertragung über dem steifen Metall- oder Biokeramik-Knochenzement-Block mechanisch auf den Knochen weitaus ungünstiger (Swanson 1973).

Die Stoßdämpfung ist gering, so daß sehr hohe Spannungsspitzen auf die Spongiosa einwirken, die Abbauvorgänge begünstigen, da die natürlichen Dämpfungsmechanismen, wie sie zwischen Knorpel-Knochen-Grenze und Knochen stattfinden, fehlen (Abb. **125**) (Barnett u. Mitarb. 1961, Chen u. Mitarb. 1974, Coletti u. Mitarb. 1972, Semlitsch 1974a, Semlitsch u. Mitarb. 1976a, Swanson 1973).

Der Hals-Stiel-Bereich des Kopfteiles der Prothese steht unter zyklischer Biegebeanspruchung, die in Form rhythmischer Wechselstöße beim Gehen erfolgt. Darüber hinaus treten bei der Abwicklung der Schrittphase rhythmische Torsionskräfte im Hals-Schaft-Bereich der Prothese auf, und der Stielkragen, der die Druckspannungen auf die Oberfläche des Resektionsstumpfes des Schenkelhalses überträgt, steht meist schräg zur resultierenden Belastungsrichtung. Dadurch werden entsprechende Scherkräfte wirksam, die sich als Querkraft auf das mediale Auflager der Prothese an der Kortikalis des Schenkelhalsstumpfes übertragen (vgl. Abb. **124**) (Charnley 1960a, Charnley u. Pussor 1968, Debrunner 1974b, Elson u. Charnley 1968, Ungethüm 1973, 1974). Trotz Analyse und Ermittlung der Größe ihrer mechanischen Beanspruchung sind Ermüdungsbrüche möglich.

1. bei fehlerhafter Implantation mit falscher Stellung der Artikulationskörper zur resultierenden Belastungsrichtung;
2. bei primärer Instabilität durch ungenügende Verankerung;
3. bei sekundärer Instabilität durch Auflockerung infolge ungünstiger Beanspruchung und Zerrüttung des Zementauflagers sowie Atrophie der Abstützungsflächen im Bereich der knöchernen Druckaufnahmezone.

Sekundäre Lockerungen des Kopfstückes der

Hüftendoprothesen entstehen vorwiegend im Bereich der medialen Kortikalis des Schenkelhalsstumpfes, wo die Druckspannungen aus der Biegung am höchsten sind. Zusätzlich werden Schubspannungen aus der Schrägstellung des Stielkragens der Prothese auf die mediale Kortikalis wirken und auch Torsionsspannungen im Stielbereich bei der Abrollung der Schrittphase auftreten. Die Lockerung setzt oft mit Zerrüttung des Zementmantels in diesem Bereich ein und erweitert sich langsam, womit auch vermehrte Biegespannungen im mittleren Stieldrittel entstehen, da der distale Stiel in der Regel sehr im starren Markraum mit dem Zementblock verkeilt ist. So können auch in der Spätphase Ermüdungsbrüche des Prothesenstieles erklärt werden (Abb. **126**) (Hinterberger u. Ungethüm 1977, Hoffmann-Daimler 1974).

Die derzeitigen Querschnittsformen der Prothesenstiele an der Hüfte sind in ihrer Steifigkeit den Verformungsbereichen des Knochens entsprechend nach Möglichkeit abgestimmt, so daß eine Fraktur sehr unwahrscheinlich ist (Andriacchi u. Mitarb. 1976, Currey 1970, Galante u. Mitarb. 1975, Harris 1973). Es wurden zur Reduzierung der Spannungsspitzen an der medialen Kortikalis des Schenkelhalsstumpfes Zuggurtungen und Vorspanneinrichtungen für den Prothesenhalsstielübergang gefordert, die sich jedoch praktisch nicht durchgesetzt haben.

Der PMMA-Zement ist, solange er auf Druck beansprucht wird, sehr resistent, jedoch gegen Zug- und Schubkräfte eher sehr ermüdungsempfindlich, wobei man mit Dauerermüdungsverlusten der Maximalfestigkeitswerte um 60% bei Wechselbiegung rechnen muß. So kann es auch im Bereich der Zementverankerung der Gelenkpfanne zu Ermüdungsfrakturen kommen, wobei nach Jäger u. Mitarb. (1974), Ungethüm (1973) sowie anderen, die Verankerungszapfen ins Os ischium, ilium usw., wenn sie nicht genügend stark sind, versagen können (Abb. **127**).

Bei der Verankerung empfiehlt sich eine Aufrauhung der subchondralen Spongiosa, damit ein intensiver Verklammerungseffekt (Kölbel u. Mitarb. 1973, Oest 1972, 1975) zwischen der Rauhigkeit der Spongiosa und des Zementes die Torsion abfängt. Der räumliche Achsenquerschnitt des Verankerungsstieles des Kopfteiles wirkt sich mechanisch ungünstig auf die Beanspruchung des umgebenden Zementmantels aus, da dieser auf Grund der entstehenden Zugspannungen aus der Keilwirkung unter Dehnung steht, so daß hier Zerrüttungen auftreten können (Ritter u. Mitarb. 1975).

Ritter u. Mitarb. 1975 sowie Currey 1970 zeigen, daß die exzentrische Belastung des Kopfteiles der Hüftendoprothese ein Drehmoment zur Folge hat, dessen Hypomochlion die mediale Kortikalis darstellt. Dadurch kommt es dort zu einer Konzentration der Druckspannungen, und

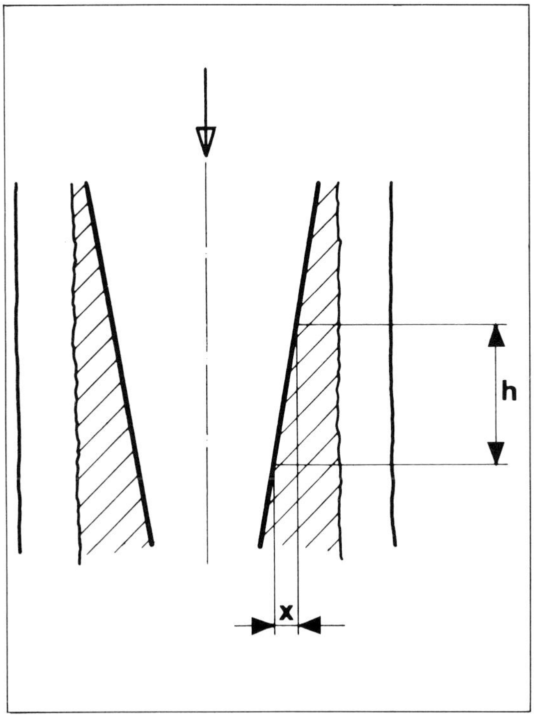

Abb. **126** Sprengwirkung bei keilförmigem Protheseschaft. Die Distanz h drängt das Prothesenlager um die Distanz x nach außen

ein weiteres Moment, welches die Spannungen verstärkt, ist der Prothesenschaft-Kragen-Winkel. Dieser beträgt normalerweise zwischen 35° und 40°, so daß gegenüber der resultierenden Belastung stärkere Schubkräfte wirksam werden, die ebenfalls von der medialen Kortikalis aufgenommen werden. Die Autoren empfehlen aus diesem Grund auch zur Ausschaltung der Scherkräfte, den Prothesenstiel-Kragen-Winkel möglichst senkrecht zur resultierenden Beanspruchung einzustellen, so daß die Scherkräfte überhaupt ausgeschaltet werden und der Resektionsstumpf des Schenkelhalses vor allem auf Druck beansprucht wird (Abb. **128**).

Biotechnische Eigenschaften des Methakrylatzementes

Seitdem Charnley (1964) den selbstpolymerisierenden Knochenzement aus Polymethylmethakrylat zur flächigen Verbundverankerung zwischen Knochen, Kunstharz und Endoprothese angegeben hat, ist seine chemische Grundsubstanz die gleiche geblieben. In den ganzen Jahren wurden hochspezialisierte Forschungen und Überprüfungen des Zementes vorgenommen, um die mechanischen, biologischen und biochemischen Eigenschaften genau festzulegen. Eines der Hauptprobleme war immer die Festigkeit. Da sie in en-

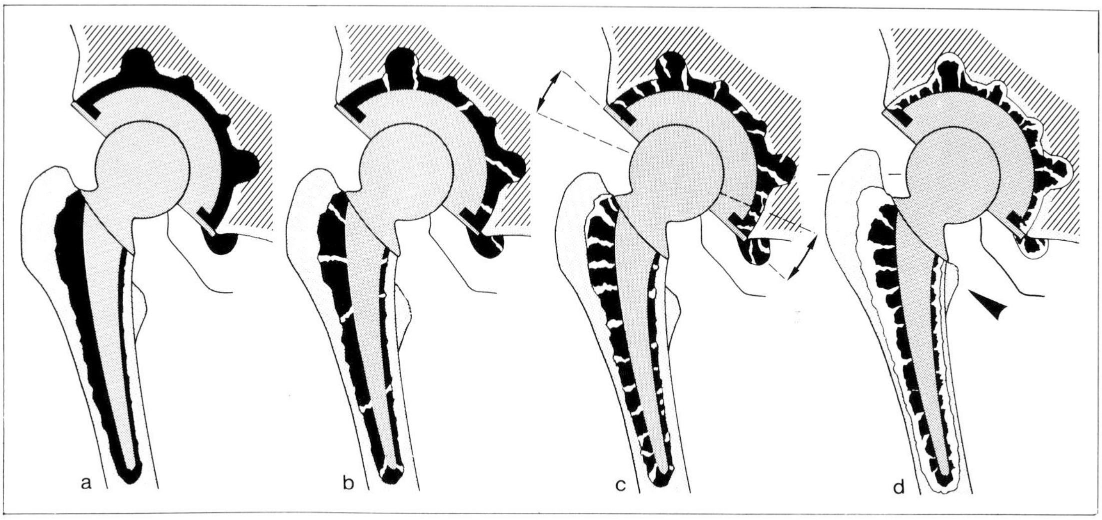

e f g

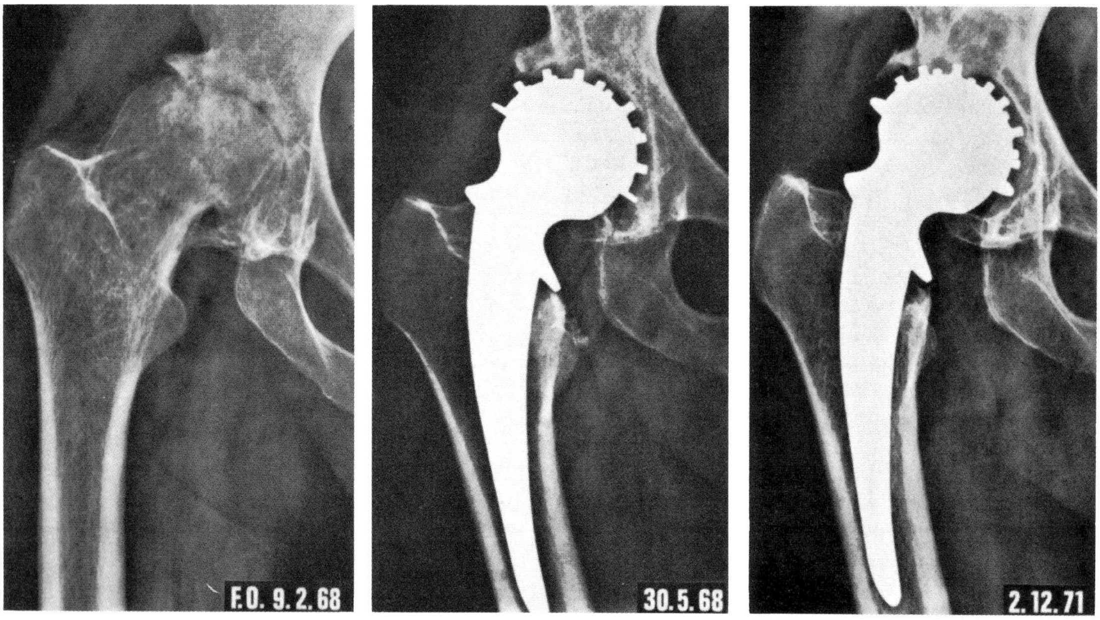

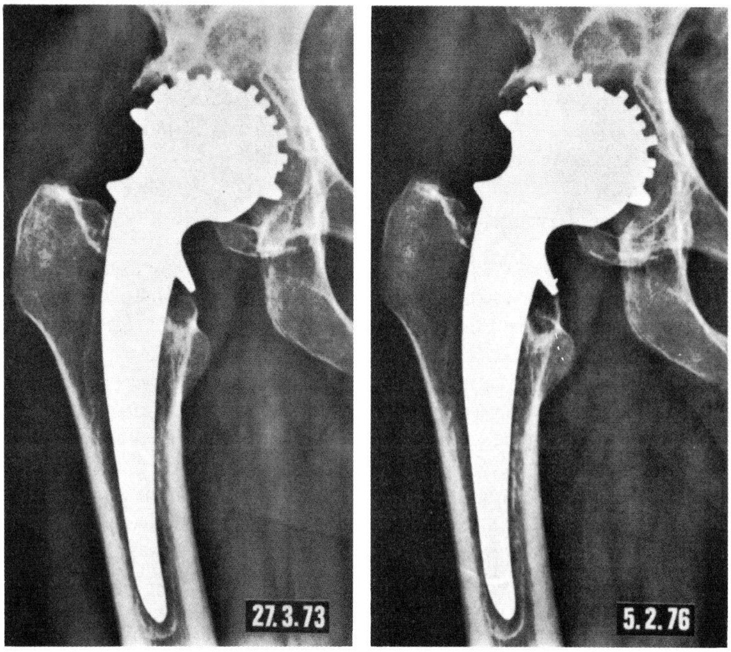

h i

Abb. **127** a–i Progrediente Lockerung nach Ermüdungsinfraktion des Zementlagers; Instabilität hat progressive Knochenresorption zur Folge. Einsinken des Prothesenschaftes in das koxale Femurende. a–d) Schematische Darstellung, e–i) koinisches Beispiel des progressiven Lockerungsvorganges einer McKee-Prothese (Abb. 127, 130–132 aus: *A. H. Huggler, A. Schreiber:* Alloarthroplastik des Hüftgelenks, 2. Aufl. Thieme, Stuttgart 1978)

gem Zusammenhang mit der Dichte, der Erwärmung, Volumenänderungen und der Porosität sowie der Verarbeitungszeit steht (CHARNLEY 1964, 1965b) sind spezielle Erklärungen notwendig.
Biologisch-chemische und biomechanische Eigenschaften der Knochenzemente sind eng miteinander verknüpft, so daß sie en block besprochen werden sollen (KUNER 1973, WILLERT u. SCHREIBER 1969).
Der Akrylatzement zeigt bei Druckbeanspruchung eine große Widerstandsfähigkeit, indes er auf Biegung und Schub weniger belastungsfähig ist. Damit hat er vor allem dort seine Erwartungen erfüllt, wo reine Druckkräfte auf ihn einwirken, dies trifft gerade beim Auflager der Hüft- und Knieprothese nicht immer zu.
Die Festigkeitseigenschaften der Knochenzemente sind einerseits von ihrer Dichte sowie auch von der Länge der Molekülketten, also dem Polymerisationsgrad, abhängig. Hand in Hand damit ist auch die biologische Verträglichkeit um so besser, je weniger Restmonomere und kurze Molekülketten sich in einem Polymerisat befinden.
Schon beim Mischen und bei der Verarbeitung des Knochenzementes treten vor allem in der Härtungszeit relativ hohe Temperaturen auf. Diese Erwärmung war seit Beginn der sechziger Jahre immer wieder Gegenstand experimenteller und klinischer Arbeit (CHARNLEY 1970, KUNER 1973). Da die Spitzentemperaturen bei den verwandten Produkten sowie auch bei der Zementmenge und bei der Geschwindigkeit des Polymerisationsablaufes Temperaturen von 56°C überschritten, waren jenseits dieser Grenze Koagulationsnekrosen der umgebenden Gewebe zu befürchten. DEBRUNNER (1974b) hat neuerlich verschiedene ähnliche Zementsorten überprüft und zusammenfassend folgendes festgestellt:

1. Der Verlauf der Polymerisation wird durch höhere Temperaturen beschleunigt, womit auch die Wärmeabgabe pro Zeiteinheit entsprechend steigt.
2. Das Ausmaß der Wärmeabgabe ist von der Menge des Zementes abhängig.

Diesen Punkten entsprechend, wird man trachten, die Raumtemperatur zwischen 18°C und 21°C zu halten und möglichst kleine Mengen in dünnwandigen Schichten des Zementes zur Verankerung zu verwenden. Auch der Polymerisationsablauf soll den Zeiterfordernissen der Verarbeitung und Einbringung in seiner Geschwindigkeit angepaßt sein, wobei die größte Wärmeentwicklung in einer durchschnittlichen Dauer von 0–1,8 Min. bei verschiedenen Zementarten (DEBRUNNER 1974b) fällt. So schwankt die Misch- und Einbringungszeit zwischen 3 und 4 Min., die Verarbeitungs- und Einbringungszeit zwischen 1½ und 2 Min., die dann von einer möglichst kurzen Abhärtungsphase von 0,8–1,5 Min. gefolgt wird. Sehr viel Mühe wurde

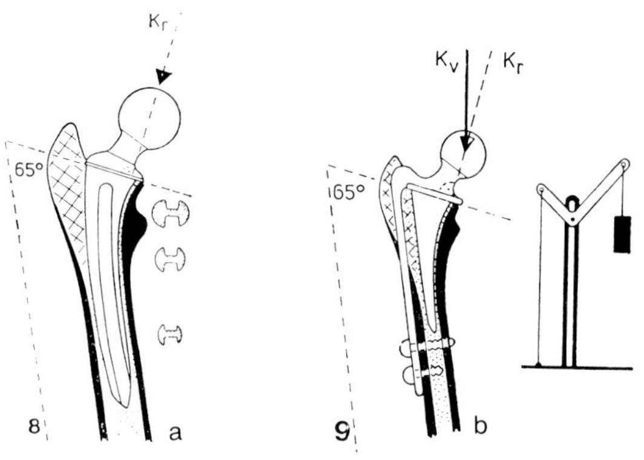

Abb. **128** a u. b a) Prothesenschaft-Kragen-Winkel von 65° und spezielle Schaftform. b) Verminderung der Biegespannungen durch laterale Zuggurtungsklammer (aus: *G. Ritter* u. Mitarb.: Arch. orthop. Unfall-Chir. 77 [1973] 154)

aufgewandt, um die optimale Arbeitszeit festzulegen. Die International Organization for Standardization (ISO) gibt folgende Normen 1974 an: Die VA, der Anfang der Verarbeitung, ist jener Zeitpunkt, bei welchem der Zement, wenn er mit einem eingetauchten Glasstab auseinandergezogen wird, keine Fäden ziehen darf. Das Ende der Verarbeitung (VE) wird mit dem Zeitpunkt der Erreichung der Halbmaximaltemperatur festgelegt. Dies scheint nach den Untersuchungen von DEBRUNNER (1974)b) und WETTSTEIN (1975) eher zu lang, weil sie feststellen, daß man bis maximal zu einer Temperatur von 30–33°C den Zement verarbeiten sollte. Bei Erreichung der Körpertemperatur sollten Formveränderungen in keiner Weise mehr vorgenommen werden.
Im Zuge der Polymerisation kommt es auch zu verschiedenen Volumenveränderungen, wobei man nach einer primären Zunahme eine Polymerisationsschwindung, eine Temperaturschwindung und eine Porositätsschwindung oder Expansion findet. Durch diese Faktoren kann z. B. der Sitz einer Prothese im Hohlraum des Knochens aufgelockert werden und sich verschlechtern, während allerdings umgekehrt der im Kunstharz verankerte Metallteil der Prothese durch die Schrumpfung des Zementes eher fester umschlossen wird. Um eine Summation der Volumenänderungsmöglichkeiten zu vermeiden, wird man Porenbildungen durch zu langes Mischen vermeiden. Die Polymerisationsform muß auch durch Zusatzstoffe und durch ein günstiges Mischverhältnis zwischen Mono und Polymer optimiert sein.
Ein weiterer, sehr wichtiger Faktor bei der Verarbeitung ist die Porosität der verschiedenen Kunstharze. CHARNLEY berichtet bereits 1970 von stärkerer Porosität durch allzulanges Anrühren und Kneten des Zementes. SMITH u. Mitarb. (1964)

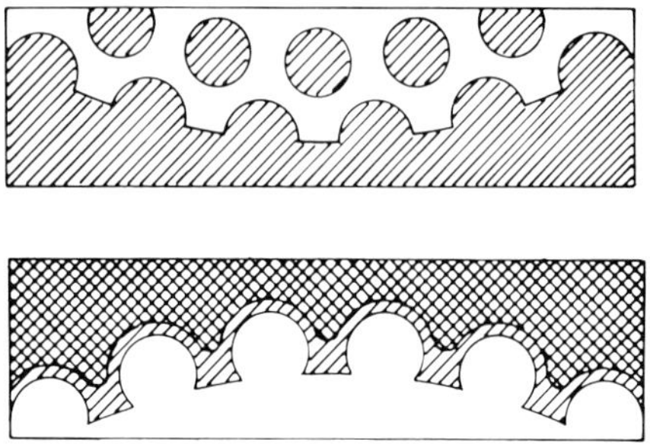

Abb. **129** a u. b a) Schema der Knochen-Zement-Verklammerung in der Kontaktzone. b) Verklammerung von Knochen und Implantat nach Durchwachsung der Poren des Werkstoffes: weiß = Zement, einfach schraffiert = Ausdehnung des Knochens unmittelbar nach Fügen der Verbindung, doppel schraffiert = Ausdehnung des Knochens nach Bereinigung der Grenzzone (aus *R. Kölbel:* Der Orthopäde 3 [1974] 162)

haben zwei verschiedene Arten von Poren beobachtet:
1. große und unregelmäßige Hohlräume,
2. feine kugelige Bläschen.

Die großen Poren schreiben sie der Polymerisationskontraktion zu, indes die feinen Poren durch Luftentweichung aus der Monomerflüssigkeit entstehen sollen. (Bewin u. Mitarb. (1975) berichten über ihre mechanischen Untersuchungen an Knochenzementen mit Poren und an porenfreien, nichtporösen Zementproben, wobei sie Unterschiede der Biegefestigkeit und Schlagbruchfestigkeit bis über 50% feststellen können. Haas (1975) zeigt auf, daß Porositätsunterschiede zwischen 1 und 10 Vol.% bestehen können, wobei starkes Rühren die Werte steigert, indes Überdruck die Dichte vermehrt.

Für die Klinik sind zwei Dinge wichtig:
1. die Festigkeitsverringerungen als Folge von Poren und Einschlüssen zu reduzieren,
2. jene Bedingungen zu ermitteln, die bei der Entstehung der Poren während der Einbringung und Verarbeitung von Bedeutung sind.

Debrunner (1974b) bestätigt die Erhöhung des Porositätsgrades durch längeres Rühren, wobei sich die eingebrachten Luftblasen bei der Zementerwärmung ausdehnen und durch Neubildung infolge Verdampfens von Monomeren um 100°C vermehren. Je höher die Spitzentemperatur, desto mehr neue Poren werden gebildet, die auch das Zementvolumen stark vergrößern können. Ausschlaggebend sind die großen Poren über 60 μm, während die kleinen als Hintergrundporosität weniger eine Rolle für das Gesamtvolumen spielen. Noch nicht in allen Einzelheiten geklärt ist das langfristige Verhalten des Zementes, wobei Oest u. Mitarb. (1975) feststellen konnten, daß sich die mechanischen Eigenschaften noch Wochen nach der Implantation verändern. Die Festigkeit um 50% gegenüber Vergleichskörpern, die nicht implantiert wurden, nimmt ab. Darüber hinaus kann es zu Degeneration, d. h. zur Entflechtung von Polymeren kommen, und unter starker Beanspruchung treten Fließzonen auf, die unter gleichzeitiger Einwirkung der Körpersäfte verstärkt werden können (Willert u. Puls 1972).

Ausschlaggebend für die Lebensdauer des Zementes sind, mechanisch gesehen, die Art, Größe und Richtung der Beanspruchung. Hierbei spielen Last und Lastwechselzahl sowie die Verankerungsgeometrie eine große Rolle. Hier kann es, nachdem der Flächenverbund zwischen Spongiosa und Zement sich verändert, auch zu hochgradigen Schub- und Biegebeanspruchungen der Verankerungszapfen des Zementes um die Pfanne kommen. Dies soll man auch klinisch berücksichtigen und die Zapfen in einer Mindeststärke von 10 mm formieren.

Die mechanisch sehr intensive Verbundverklammerung (Oest 1972) zwischen Fremdkörper und Spongiosa wird durch Knochenzement herbeigeführt, der in die feinen Spongiosamaschen eindringt, so daß man nach 2–4 Wochen schon Neubildungen an knöchernen Grenzlamellen beobachten kann, die bis an die Fremdkörperoberfläche heranreichen. Man findet Zonen mit bindegewebiger Grenzschicht sowie auch Stellen mit direktem Knochenkontakt. Daneben sieht man auch neu gebildete nekrotische Bälkchen, die teilweise durch kollagenes Bindegewebe ersetzt werden. Je mehr bindegewebige Grenzschicht nach Monaten auftritt, um so größer wird die elastische Lockerung, und damit steigen auch die Flächenbelastungen (Abb. **129**).

Gleitprobleme

Die Konstruktion der Lagerteile von Totalendoprothesen, die allen Anforderungen der Beanspruchung gerecht werden und ideale Gleitverhältnisse durch entsprechende Werkstoffpaarung aufweisen, ist trotz koordinierter biologischer und technischer Forschungen wie auch trotz bereits langjähriger klinischer Erfahrungen noch nicht gelöst. Grundprobleme sind die Reibung, der Abrieb wie auch die Gelenkschmierung bei den gegebenen Lastgrößen, Lastwechselzahlen sowie die Belastungsrhythmen und die Beanspruchungsdauer über Jahrzehnte (Coletti u. Mitarb. 1972).

Wir wissen heute, daß der lineare Abrieb der Gleitpartner die Funktionsdauer eines Gelenkes bestimmt, weil er nicht nur die Geometrie der Gelenke ändert, sondern da ab einer bestimmten Größe des Abriebvolumens auch die Abriebteilchen von den umgebenden Weichteilgeweben nicht mehr reizlos vertragen werden (Ungethüm 1972, 1973, 1974, Willert u. Semlitsch 1973b).

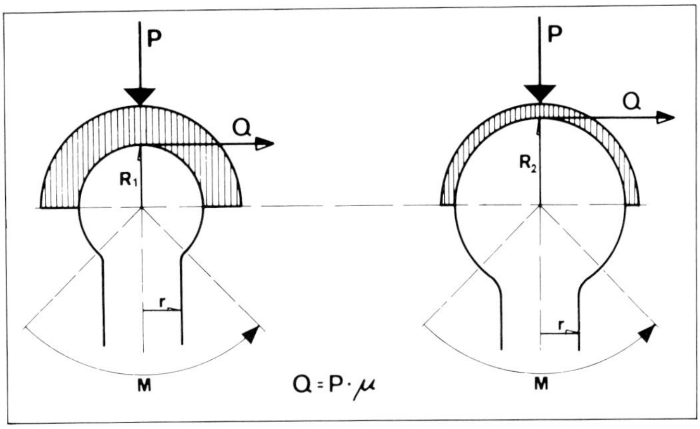

Abb. **130** Bei kleinerem Radius des Kopfes ist auch das Reibungsmoment reduziert: P = Druckkraft, R_1, R_2 = Radius des Gelenkkopfes, r = Radius des Schenkelhalses, Q = Drehmoment, μ = Reibungskoeffizient

Das Deformationsverhalten des Azetabulum-Knochenzement-Komplexes ist nicht nur vom Elastizitätsmodul der Spongiosa und des Azetabulums abhängig, sondern es spielt auch der Elastizitätsmodul des Hüftkopfes bei der Dämpfung der Lastübertragung eine wesentliche Rolle (Dietschi u. Mitarb. 1974).
Grundlegende Faktoren über das Reibungsverhalten zweier Gleitkörper sind die Gleitpaarungen verschiedener Werkstoffe. So zeigt z. B. Metall zu Metall dreimal so viel Reibung wie Metall – Kunststoff (Buchholz u. Strickle 1972, Coletti u. Mitarb. 1972, Willert u. Schreiber 1973a), wobei die Verschleißmechanismen auf Adhäsionsreibung und Ermüdungsreibung, bei der die Oberflächenrauhigkeit durch Mikrorißbildungen entsteht, zurückgeführt werden. Dementsprechend sind auch die Anforderungen an den Werkstoff sehr hoch, der natürlich neben der absoluten Gewebsverträglichkeit und Korrosionsbeständigkeit sowie der hydrolytischen Resistenz eine hohe Gleitverschleißfestigkeit und einen niedrigen Gleitreibekoeffizienten aufweisen muß.
Hierbei haben sich unter den Metallen gegossene Kobalt-Chrom-Molybden-Legierungen sowie AISI 361 L Stahl und Protasul 2 und 10 sowie Titan-Aluminium-Legierungen bewährt. Unter den Kunststoffen sind das hochmolekulare HDPE geblieben sowie das RHC 100, welches nur strahlensterilisierbar ist und unter hoher Druckbelastung zum Kaltfluß neigt, sowie die resistenten harten autoklavisierbaren Polyesterverbindungen (PET = Polyäthylenterephtalat). Langzeitverschleißversuche zeigen einen minimalen Adhäsionsverschleiß. Heute dominieren Metall-Metall-Paarungen mit Chrom-Kobalt-Gußlegierungen und Metall-Kunststoff-Paarungen mit HDP bei verschiedenen Konstruktionsgeometrien für die klinischen Routineversorgungen. Bei den Metall-Metall-Paarungen bewährt sich eine polare Anordnung der Kontaktflächen, wobei die Kopf-Pfannen-Größen zwischen 35 und 41 mm Durchmesser schwanken, während ein Spiel zwischen Kopf und Pfanne von 0,2 mm von Ungethüm u. Mitarb. (1972) als optimal angesehen wird. Die ursprünglich volle kongruente Sphärizität zwischen Kopf und Pfanne war wahrscheinlich die Ursache des Festfressens der McKee-Endoprothese, wie in der Frühphase beobachtet wurde. Es bestand ein hoher Abrieb, und damit wurde auch die Lockerung der Verankerung gefördert (Abb. **130** u. **131**) (Chen u. Mitarb. 1974).
Ein wesentlicher Faktor für die Größe der Reibungskoeffizienten ist die Oberflächenbearbeitung, wobei Scales u. Mitarb. (1969) fordern, daß die maximalen Rauhtiefen 0,025 μm und maximale Sphärizitätsabweichungen von 5 μm nicht überschritten werden. Diesbezügliche Untersuchungen von verschiedenen Industrieprodukten, die mehrfach durchgeführt wurden, zeigten überaus große Differenzen, die auch für abnorm starke Abriebfeststellungen verantwortlich gemacht werden mußten (Kölbel u. Bönick 1974) (vgl. Tab. **4**).
Um einen hydrodynamischen Schmiermechanismus (Abb. **132**) mit Zufluß und Herausdrücken sowie mit einer gewissen Zirkulation und Ansaugen der Synovialflüssigkeit zu gewährleisten, scheint ein ausreichendes Spiel der Artikulationskörper von entscheidender Bedeutung, ein Prinzip, das in erster Linie von Buchholz (1973) und Buchholz u. Noach (1973) bei der Konstruktion der St.-Georg-Hüftprothese berücksichtigt wurde. Das Spiel zwischen Kopf und Pfanne ist hier mit 1,5 mm extrem groß, während heute allgemein, wie schon erwähnt, 0,2 mm für ausreichend gehalten werden.
Nicht unwesentlich für den Abrieb sowie für die Haltbarkeit der Verankerung ist die Stoßlastaufnahme, d. h. die Dämpfung des Stoßes durch Abfangmechanismen, wie sie normalerweise Knorpel und Knochen aufweisen, mit einer entsprechenden Energieabsorption des Stoßes. Es spielt das Deformationsverhalten der Spongiosa und des steifen Kopf-Pfannenzement-Komplexes ebenso wie zwischen dem Elastizitätsmodul

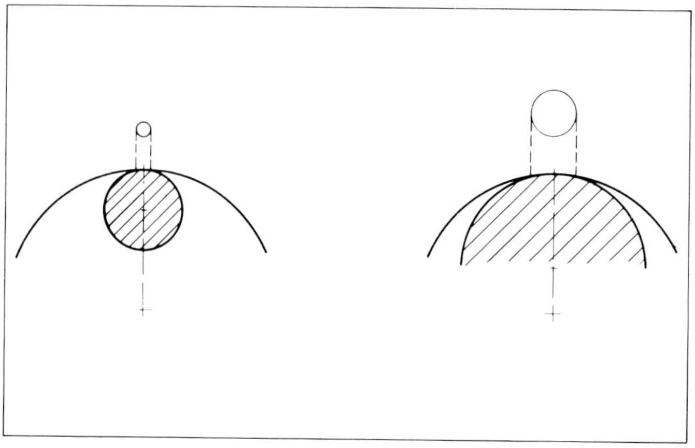

Abb. **131** Die Größe der Kontaktfläche zwischen Kopf und Pfanne hängt von den Größenverhältnissen ihres Krümmungsradius ab

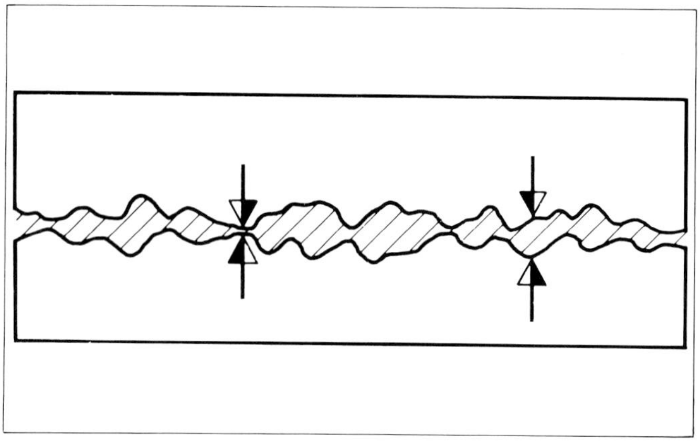

Abb. **132** Oberflächenrauhigkeiten der Gleitpartner sind nicht ganz auszuschalten. Reduzierung der Reibung durch Schmiermittel möglich

des Kopfes mit eine entscheidende Rolle. Am günstigsten sind die Reibungsverhältnisse zwischen hochmolekularen Polyäthylen und zwischen Stahl und Chrom-Kobalt-Legierungen, wobei die Reibekoeffizienten 0,03–0,01 sich den menschlichen Bereichen nähern. Über die Art der Schmierung ist man sich in vivo noch immer nicht ganz im klaren. Es wird für die Metall-Metall-Gelenke wohl eine Art Grenzflächenschmierung angenommen, die sich auch bei Metall-Kunststoff-Gelenken scheinbar noch besser einspielt. Hier erscheinen wegen des Schmierungs- und damit auch des Abriebproblems die experimentellen Untersuchungen, wie sie vor allem FREEMAN u. Mitarb. (1969), UNGETHÜM 1972, WILLERT u. SEMLITSCH (1973b) durchgeführt haben, und zwar mit McKee-Farrar-Metall-Metall-Prothesen und Charnley-Müller-HA-Polyäthylen-Metall-Prothesen, von entscheidender Bedeutung, die auf die Rolle der Benetzbarkeit der einzelnen Produkte und die damit bedingte Schmierung hinweisen. Es ist auch CHARNLEY (1960b), CHARNLEY u. HALLEY (1975) und MÜLLER (1970) gelungen, durch die Einführung der Polyäthylen-Metall-Paarung das Reibungsmoment zwischen Kugel und Pfanne auf etwa 1/3 von dem von Metall zu Metall zu reduzieren. Weiterhin zeigt jedoch die Polyäthylenpfanne eine höhere elastische Verformbarkeit als die Metallpfanne, wobei sich diese elastische Dauerverformung des Azetabulums sicher auf den langzeitigen Verankerungshalt günstig auswirkt.

Allerdings liegt ein erhöhter Verschleißbetrag (CHARNLEY 0–0,4 mm pro Jahr, MÜLLER 0,05–0,4 mm pro Jahr, bei 22 mm Kopf aus Stahl und bei 32 mm Kopf aus Kobalt-Chrom-Molybden) vor. (Abb. **133** u. **134**, Tab. **5**).

Seit Beginn der siebziger Jahre hat BOUTIN (1974a u. b) den Werkstoff Biokeramik, ein Aluminiumoxydsintermetall, in Form einer Verbundprothese eingeführt, wobei sich besondere tribologische Vorteile beim Aufeinandertreffen der beiden Werkstoffe zeigen. Die Aluminiumoxydkeramik ist heute hoch qualitativ entwickelt worden, wobei MITTELMEIER (1974) seit 1972–73 erfolgreich experimentelle und klinische Versuche mit zementlos verankerten Biokeramik-Metall-Verbundprothesen durchgeführt hat. Heute werden hochqualitative Keramiken in den Handel gebracht (Feldmühle, Rosenthal) u. a., und die

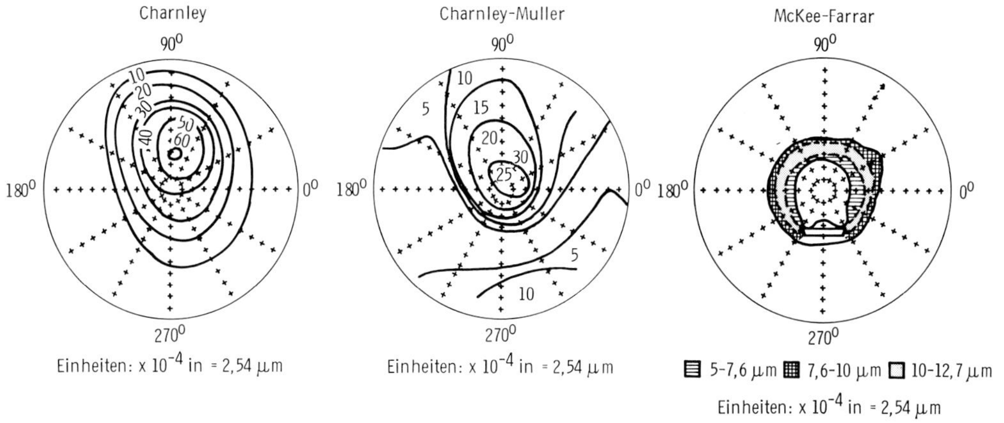

Max. radialer Verschleiß	Charnley	Charnley-Muller	McKee-Farrar
nach 500 h (ca. 1/2 a Einsatz)	114-127 µm	51-64 µm	7,6-10 µm
nach 1000 h (ca. 1 Jahr Einsatz)	152 µm	76 µm	10-12,7 µm
	Volumenverschleiß ungefähr gleich bei beiden		

Abb. **133** Ergebnisse von Abriebtesten (*J. Pohl, E. Radin, Rose*) bei drei gebräuchlichen TEP-Typen im Gehsimulator (aus *J. Pohl, E. Radin, Rose:* Mechanical aspects of orthopaedic implants. In: Perspectives in Biomedical Engineering, hrsg. von *R. M. Kenedi.* Macmillan, London 1973)

Abb. **52**b zeigt die Maximalwerte für Reinheit, Dichte, Korngröße und die mechanischen Eigenschaften.

Die mechanische Standfestigkeit ist von diesen Faktoren weitgehend abhängig. Die Keramikprodukte zeigen einen großen Nachteil der niedrigen Schlag-Biege-Festigkeit und Dauerbiegefestigkeit, so daß sie vorwiegend auf Druck belastet werden müssen. Diesem Faktor mußte bei der Konstruktionsgeometrie der Prothesen Rechnung getragen werden, so daß man heute Verbundprothesen verwendet, deren Verankerungsstiel aus Metall besteht, indes die Pfanne entweder eingeschraubt zementlos oder mit Zement verankert wird (Salzer u. Mitarb. 1975, Zweymüller 1978).

Nach den Arbeiten und Untersuchungen von Semlitsch 1974a, Semlitsch u. Mitarb. 1976a u. b ist für das hervorragende Verschleißverhalten gerade der Biolox-Gleitkörper-Paarung die Benetzbarkeit der Gleitoberflächen mit der im Gelenk vorhandenen Schmierflüssigkeit von ausschlaggebender Bedeutung. Der Grad der Benetzbarkeit wird nach der Form des Tropfens und der Oberflächengröße des Gleitkörpers gemessen, wobei der Randwinkel zwischen Tropfen und Oberfläche entscheidend für das Maß der Benetzbarkeit ist. Hierbei zeigt sich, daß die Metalle mit in der Regel zwischen 70°, 73° und 86° liegenden Randwinkeln eine relativ gute Benetzbarkeit zeigen, indes jedoch die hochglanzpolierte Keramik Biolox schon bei einem Tropfen-Randwinkel von

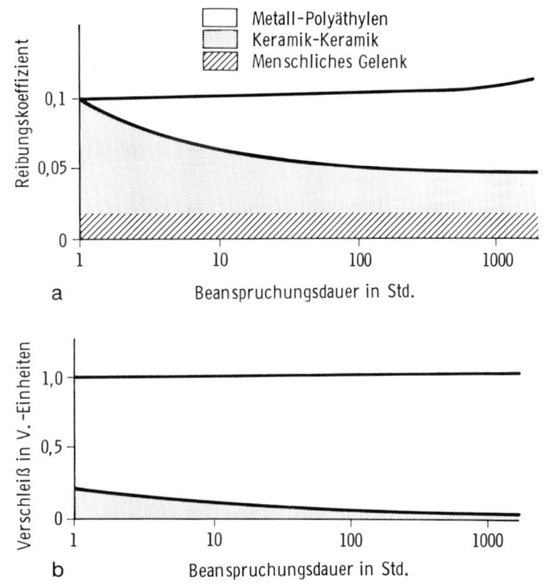

Abb. **134**a u. b a) Reibungskoeffizient, Metall-Polyäthylen, Keramik-Keramik-Normalgelenk (Knorpel zu Knorpel). b) Abrieb: Keramik-Keramik (aus OSTEO, Werkprospekt)

45° eine überaus gute Benetzbarkeit zeigt. Man erklärt diese Benetzbarkeit durch eine hydrophyle Keramikoberfläche, wobei Wassermoleküle angezogen werden, so daß zumindest ein monomolekularer Wasserfilm gebildet wird. Auch dadurch

Tabelle **5** Strukturaufbau der bisher klinisch erprobten Polymerkunststoff-Endoprothesen (+ + erprobt, + in Erprobung, + – ungeeignet) (nach *Semlitsch*, aus *A. Huggler, A. Schreiber:* Alloarthroplastik des Hüftgelenkes, 2. Aufl. Thieme, Stuttgart 1978

+ + PMMA-Polymethylmetakrylat

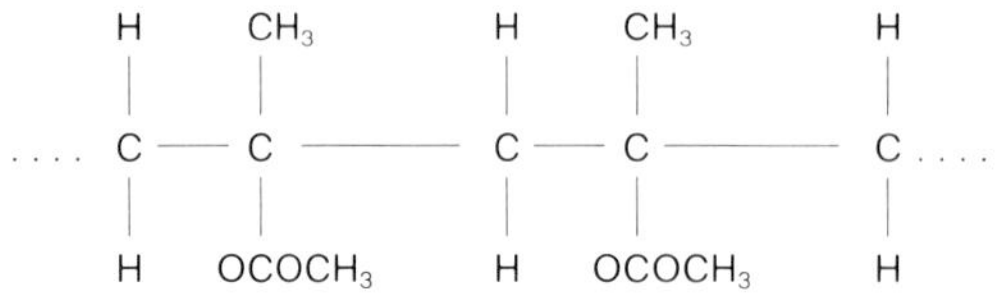

+ – PTFE-Polytetrafluoräthylen

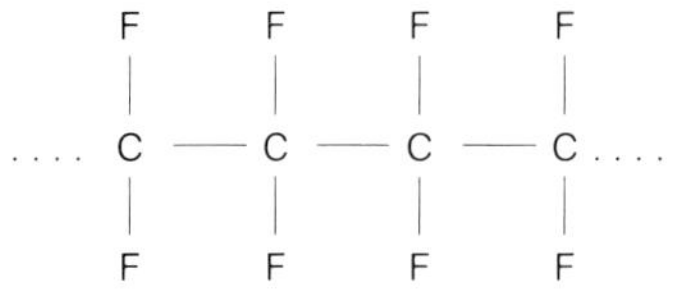

+ + PE-Polyäthylen

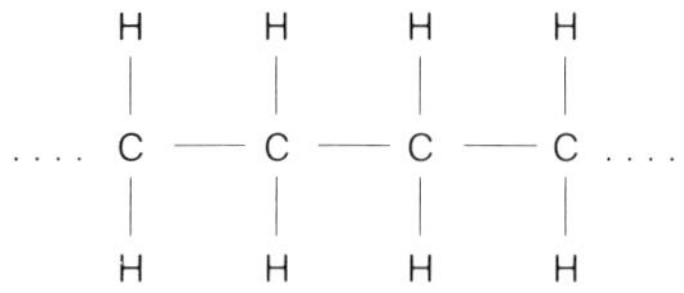

+ – PET-Polyäthylenterephthalat

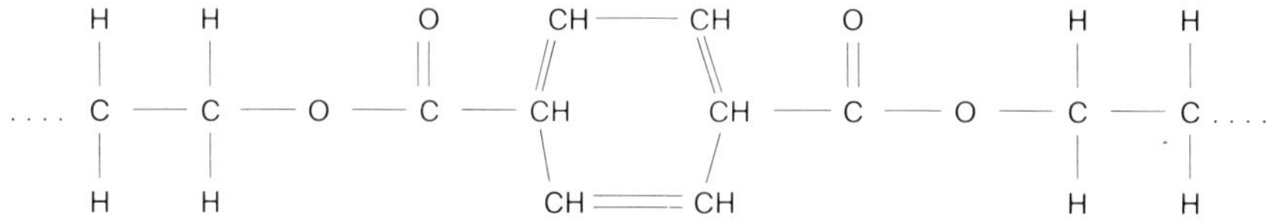

+ – POMh-Polyoxymethylen/Polyacetal (homopolymer)

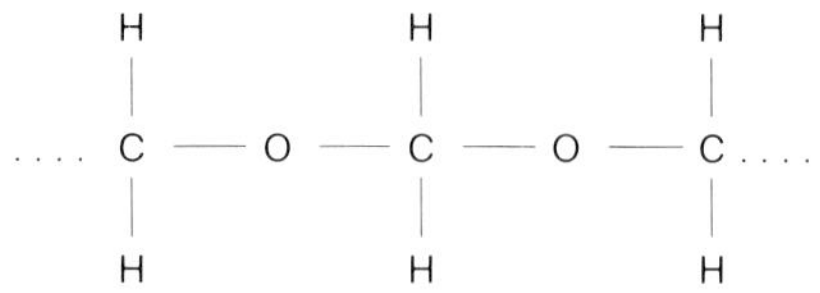

+ POMc-Polyoxymethylen/Polyacetal (copolymer)

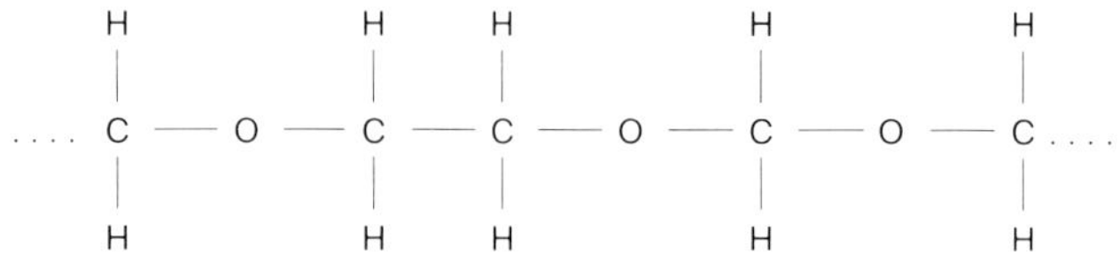

wird die Reibung entsprechend herabgesetzt. Um auch die Stoßdämpfung entsprechend zu berücksichtigen, wurde also nicht, wie es Mittelmeier bei seinen Prothesen macht, Biolox-Biolox als Werkstoffpaarung genommen, sondern Versuche mit der Polyäthylenpfanne (HDP) als Reibungspartner durchgeführt und im Hüftstimulator entsprechend überprüft. Das tribologische Verhalten zeigt bei den Verschleißkurven, die bis zu 3000 Std. registriert werden, entsprechende Abstufungen der Verschleißrate für 3 Werkstoffpaarungen im Rollgleitkörperversuch. Der Verschleißwert nach 150 Std. von Kobalt-Chrom-Molybden- und Polyäthylenpaarungen wird mit der Keramik-Polyäthylen-Paarung erst nach 3000 Std. erreicht. Das ist also ein zwanzigfach niedrigerer Verschleißabtrag an der Polyäthylenpfanne. Bei der Bio-Keramik-Keramik-Paarung ist wohl der Verschleißabtrag noch geringer. Dies gibt zu sehr optimistischen Annahmen Anlaß, so daß in dieser Richtung noch weitere Versuche laufen, welche das Problem Schmierung und Reibung und Abrieb zu einem Optimum weiterentwickeln sollen (Semlitsch u. Mitarb. 1976a, Stauffer u.

STRAUSS 1976). Einschlägige Versuche zeigen, daß bei Biokeramikpaarungen Größenordnungen der Reibekoeffizienten wie bei natürlichen tierischen Gelenken erreicht werden, wobei die Keramikpartikel von 0,5–5 μ bestimmt wurden, welche auch im Tierexperiment bei langfristigem Verbleib reaktionslos gespeichert wurden.

Beanspruchungsreaktion des knöchernen Auflagers

Beim alloplastischen Gelenkersatz ist das größte mechanische Problem, welches noch unbefriedigend gelöst ist, die Schaffung einer innigen, absolut stabilen Dauerverbindung zwischen Implantat und seinem knöchernen Auflager. Es wird ein möglichst stufenloser Kraftfluß von den tragenden Auflageflächen zwischen Kunstgelenk und Knochen angestrebt, der einerseits durch Stabilität, andererseits durch einen ähnlichen Elastizitätsmodul zwischen Knochen und Implantat, unter möglichst axialer Belastung noch am besten zu erreichen ist. Lockerungen durch insuffiziente Mechanik sollen auf Jahrzehnte hinaus vermieden werden, wobei man selbstverständlich nicht vergessen darf, daß die Stabilität der Druckaufnahmezone des Knochens auch durch multifaktorielle Ursachen, sei es biomechanisch oder toxisch-chemisch, geschädigt werden kann (GIBSON u. WILLIAMS 1951, JAKOB u. HUGGLER 1978, OEST 1972, OEST u. Mitarb. 1975).

Worin bestehen prinzipiell die Änderungen der mechanischen Konfiguration durch die Resektion und Veränderung der knöchernen Gelenkenden und dem alloplastischen Gelenkersatz?

Welche Art der technischen Verbindung ist für die geforderte Langzeitbeanspruchung am widerstandsfähigsten, ohne das Fließgleichgewicht des Knochenumbaues in den Bereichen der höchsten Spannungszonen des knöchernen Auflagers zu stören? Auch der Kräftefluß von Implantat zum Knochen soll, insbesondere bei Stoßbeanspruchung, harmonisch verlaufen (KUMMER 1972, OEST 1972, OEST u. Mitarb. 1975, PAUWELS 1973a).

Wird ein Gelenk durch eine Endoprothese ersetzt, so wird die naturgegebene, an ihre mechanische Funktion präzise angepaßte Konstruktion der Artikulationskörper zerstört (biegungsfreies Rahmenfachwerk, Knochengrenzlamelle, kongruenter Knorpelkontakt [HUGGLER u. SCHREIBER 1978]).

Der natürliche harmonische Kräftefluß, der über ein trajektorielles biegungsfreies Rahmenfachwerk der Kompakta-Spongiosa-Strukturen der Gelenkkondylen harmonisch ablief (PAUWELS 1965b) und durch ein raffiniertes Druckverteilungssystem zwischen Knorpel und Knochengrenzlamelle in den Röhrenknochen weitergeleitet wurde, wird nun durch die Zwischenschaltung eines mechanisch völlig anders aufgebauten Fremdkörpers, der keinen direkten Anschluß an die unterbrochenen Struktureinheiten der Knochen findet, gestört. Dies ist die Ursache der Probleme der knöchernen Auflagereaktion, die oft erst viele Jahre nach der Implantation in ihrer vollen Auswirkung zum Tragen kommt (Abb. **125–137**).

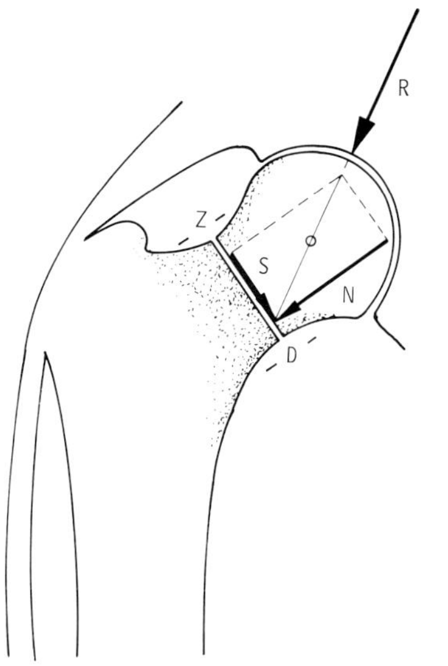

Abb. **135** Zerlegung der resultierenden Druckkraft R am Schenkelhals in Höhe der Resektionsfläche: N = Normalspannung, D = Druckzone, Z = Zugspannung, S = Schub (Abb. 135–139 von *B. Kummer*)

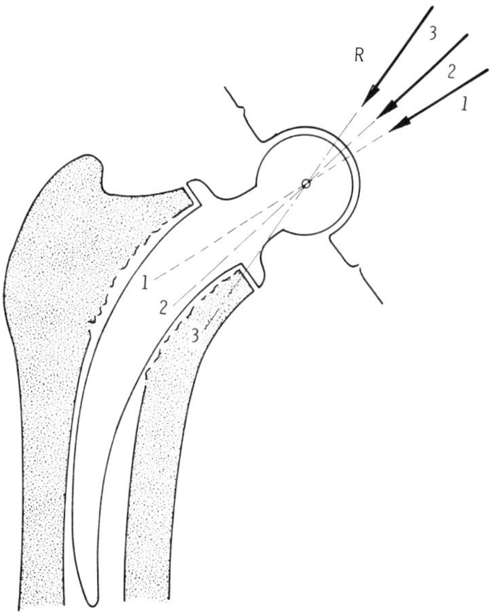

Abb. **136** Einfluß der Verlaufsrichtung der Hüftresultierenden $R_{1,2,3}$: R_1 = axiale Druckbeanspruchung des Aufsitzes am Schenkelhalsstumpf, R_2 = exzentrischer Verlauf zur medialen Kortikalis, R_3 = Verschiebung in die mediale Kortikalis des Stumpfes

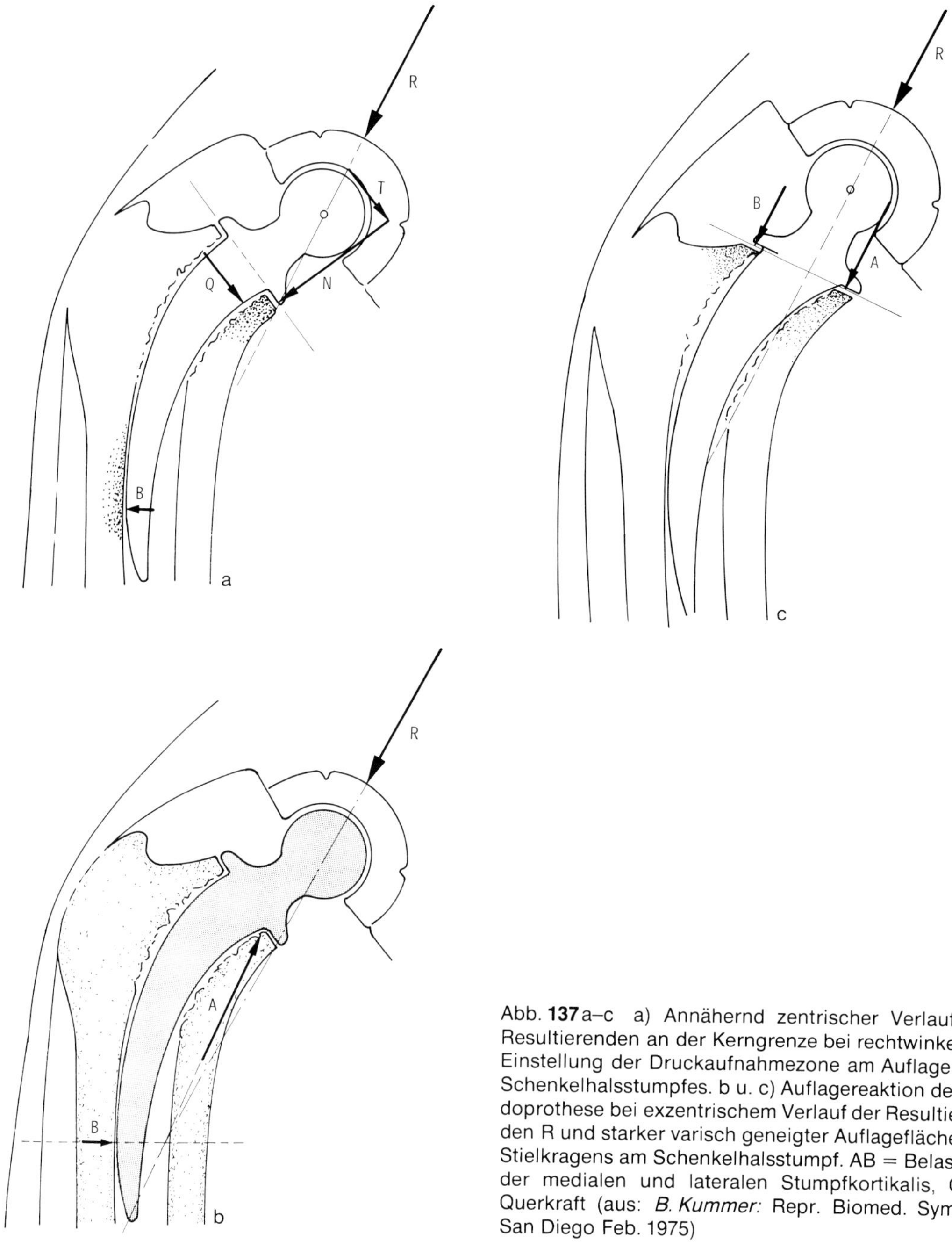

Abb. **137** a–c a) Annähernd zentrischer Verlauf der Resultierenden an der Kerngrenze bei rechtwinkeliger Einstellung der Druckaufnahmezone am Auflager des Schenkelhalsstumpfes. b u. c) Auflagereaktion der Endoprothese bei exzentrischem Verlauf der Resultierenden R und starker varisch geneigter Auflagefläche des Stielkragens am Schenkelhalsstumpf. AB = Belastung der medialen und lateralen Stumpfkortikalis, Q = Querkraft (aus: *B. Kummer:* Repr. Biomed. Sympos. San Diego Feb. 1975)

Ihre Ursachen sind:

1. das Bestehen unphysiologischer Beanspruchungszonen im Auflager des Knochens in den Resektionsbereichen von Kopf und Pfanne, an welche die Knochenstrukturen sowie auch die lokale Materialverteilung des Knochengewebes in keiner Weise spezifisch angepaßt ist;
2. abnorme Spannungsspitzen, die aus der fehlenden Stoßdämpfung der Lastübertragung in Form intermittierender Stoßbelastungen, beim Gehen die unterschiedliche Elastizität und Steifheit der kontaktierenden Implantat- und Knochenfläche speziell auch im Bereich der Gleit-Lagerflächen zwischen verschiedenen Werkstoffen, zustande kommen (DEBRUNNER 1974b, HUKE u. BREITENFELDER 1974).

Um die mechanischen Ursprünge der knöchernen Auflagereaktionen zu verstehen, muß man die Biomechanik des Knochenwachstums und der funktionellen Wachstumsanpassung mit all ihren mechanischen Steuerungsmechanismen genau kennen.

In diesem Sinne ist auf die Grundlagenforschungen und klinischen Erfahrungen, wie sie PAUWELS

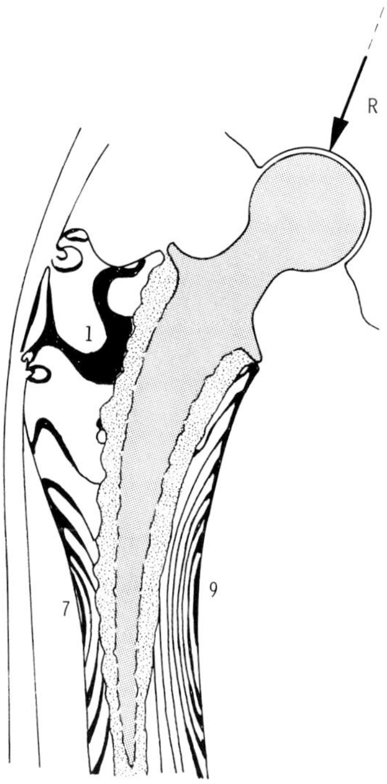

Abb. **138** Spannungsoptischer Modellversuch bei einzementierter Femurendoprothese; Verlauf der Isochromaten, welche die Spannungskonzentrationen anzeigen (Auflagereaktion) (aus: *B. Kummer:* Biomed. Sympos. Reprint. San Diego 1975)

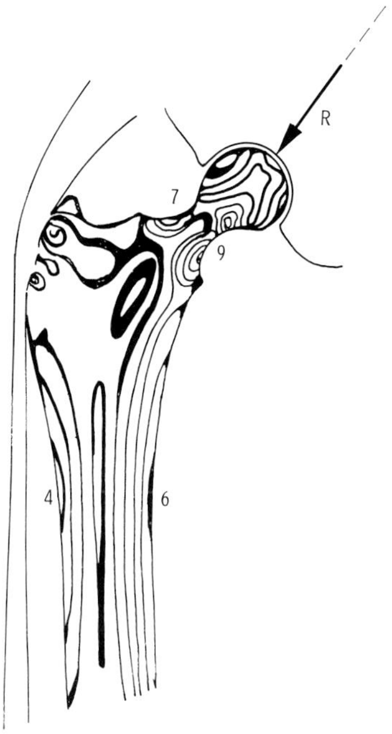

Abb. **139** Spannungsoptisches Modell bei isoelastischem Implantat, Idealzustand der Spannungsverläufe (aus: *B. Kummer:* Biomed. Symp. Reprint, San Diego 1975)

(1965b) niedergelegt hat und wie sie von KROMPECHER (1937), KUMMER (1962), ALTMANN (1964) u. a. geschaffen wurden, speziell hinzuweisen.

Klinisch sind Auflagereaktionen seit den Anfängen der Alloplastik in ihrem Langzeitverhalten seit Ende der dreißiger Jahre, beginnend mit der Smith-Peterson-Cup (GIBSON u. WILLIAMS 1951), später mit Judet-S Kopfprothesen (PAUWELS 1973a) und ihren Epigonen bis zu den jetzigen Totalprothesen von CHARNLEY, MCKEE u. FARRAR (1966) etc. immer wieder beobachtet worden. Immer wieder zeigten sich abnorme Umbauvorgänge am Prothesenauflager, sei es am Schenkelhalsstumpf oder im Auflager der Knochengrenzlamelle der Hüftpfanne, mit Nekrose und Knochenabbau. Hierbei konnte man auch abnorme, außerordentlich lange Haltbarkeitsphasen beobachten, wobei man allerdings die biologische Alterswertigkeit des Knochengewebes (Altersosteoporose) sowie das Körpergewicht und die körperliche Aktivität streng mit ins Kalkül ziehen muß.

Soweit nicht biologisch gesteuerte abnorme Umbaureaktionen auftreten, zeigt sich heute rein klinisch, daß die sehr intensive Verbundverklammerung zwischen Knochenzement und der Spongiosa sowie auch die Rauhigkeiten der anliegenden Kompakta die Intensität der knöchernen Umbaureaktionen des Auflagers sehr günstig und oft eindrucksvoll beeinflußt haben (OEST 1972, OEST u. Mitarb. 1975).

Vor allem sind, gegenüber früheren Zeiten und Implantationssystemen, die Zeiträume der Toleranz länger geworden. Trotzdem treten bei entsprechender körperlicher Aktivität und großem Körpergewicht regelmäßig typische Spätveränderungen des Auflagers am Schenkelhalsstumpf sowie auch am Pfannenauflager im Bereich der Hüfte, nach 5–10 Jahren beim Knie bereits nach 4–6 Jahren auf, die auch eine Progression aufweisen.

Unsere bisherigen Bemühungen, durch konstruktive Ingenieursarbeit und entsprechende Werkstoffauswahl den physiologischen Lastübertragungsmechanismen zwischen Implantat und Knochen möglichst näherzukommen, gehen nur sehr langsam weiter, zumal unser Wissen über die quantitative, mehrdimensionale Metrik der mechanischen Steuerungsvorgänge des Knochenwachstums und der funktionellen Anpassung noch überaus lückenhaft sind (KUMMER 1972, PAUWELS 1973b). Es fehlt die Kenntnis der für den Knochenumbau optimalen Belastungsgrößen und Wechselbelastungszahlen in der Zeiteinheit sowie auch über die optimalen Formen und Größen der Oszillation, welche die besten Bedingungen für das Knochenwachstum mit sich bringen. Dazu kommen noch überaus schwierige techni-

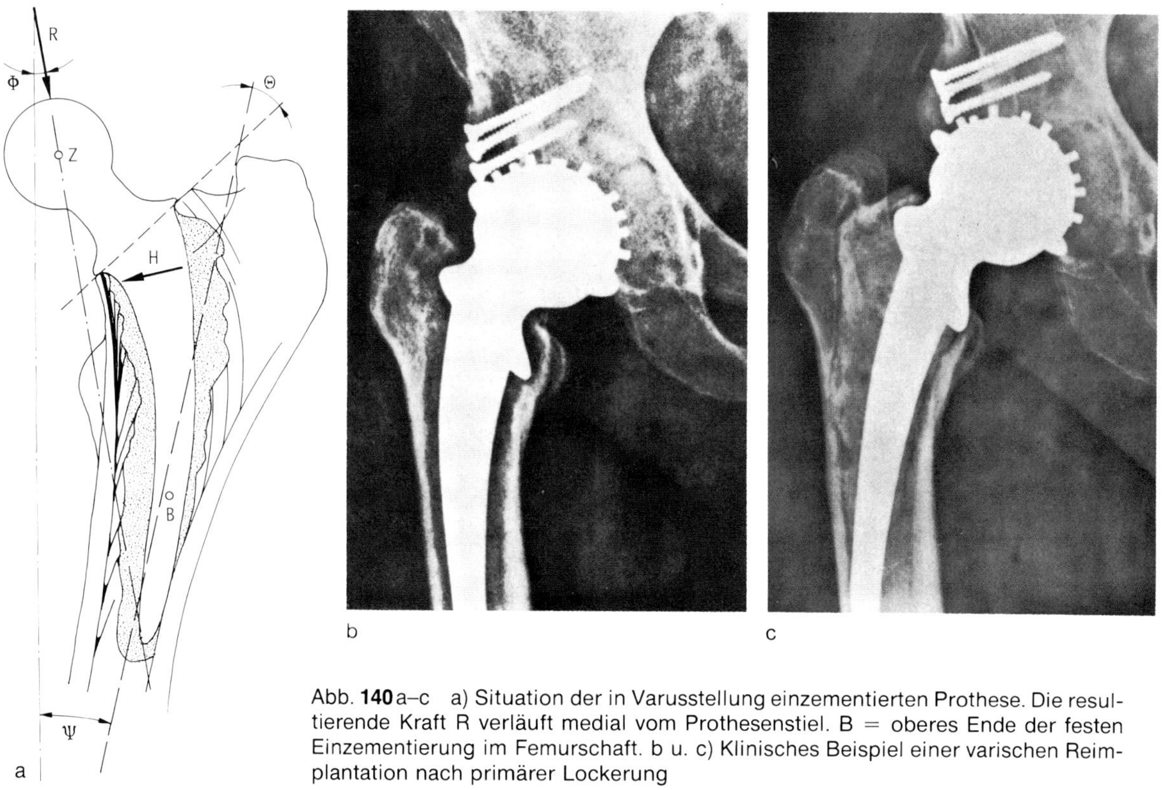

Abb. **140** a–c a) Situation der in Varusstellung einzementierten Prothese. Die resultierende Kraft R verläuft medial vom Prothesenstiel. B = oberes Ende der festen Einzementierung im Femurschaft. b u. c) Klinisches Beispiel einer varischen Reimplantation nach primärer Lockerung

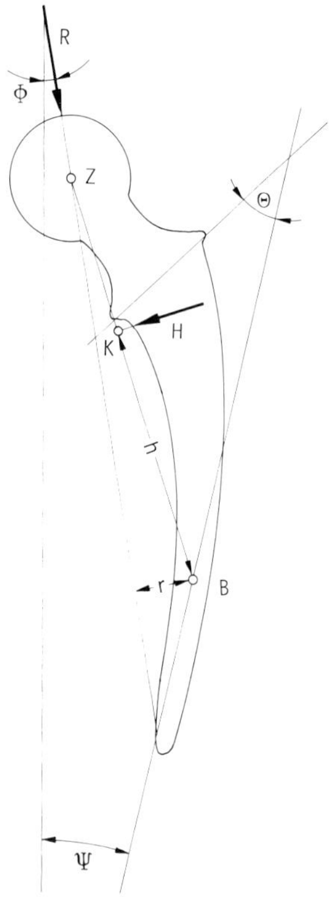

Abb. **141** Berechnung der Horizontalkraft H aus den Prothesenabmessungen und der Stelle der Prothese für R = 3,5 × Körpergewicht:
$H = 5{,}7 \cdot \sin(65° - [\Phi + \psi + \theta])$

sche Verankerungsprobleme und die harmonische Abstimmung der einzelnen Werkstoffe zueinander sowie dem Knochen gegenüber, damit ein möglichst ungestörter gleichmäßiger Kraftfluß zustande kommt (Morscher u. Mathys 1975) (Abb. **138**).

Trotzdem sind laufend Fortschritte zu verzeichnen, und sicher wird man in einem Zeitraum von einigen Jahren auch eine Erfolgsdauer von 2–3 Jahrzehnten realisieren können (Abb. **139**).

Debrunner (1974b, 1975) hat sich trotz der Schwierigkeit und Undurchsichtigkeit mit dieser Auflageproblematik in einer originellen Art klinisch-hypothetisch mathematisch und experimentell auseinandergesetzt und versucht, gewisse konkrete Vorstellungen zu geben. Er wählt das Beispiel der Hüftalloplastik, die unter allen anderen Gelenken nicht nur die längste Erfahrungszeit hinter sich hat, sondern auch klinisch am meisten im Vordergrund steht und experimentell durchgearbeitet wurde (Abb. **140–142**).

Eine varisch implantierte Hüftendoprothese von Müller bei einer Versuchsperson von 80 kg erfährt eine axial auf das Femur wirkende Kraftkomponente von rund 3,8 kN und eine durch die exzentrische Einwirkung der Hüftresultierenden hervorgerufene, nach medial wirkende Querkraft H unter dem Prothesenhals von ca. 1,62 kN. Die von der medialen Spongiosa des Schenkelhalsstumpfes aufgenommene Druckkraft bewirkt bei einer aproximalen Auflagefläche des Prothesen-

stieles von 1,5 cm^2 eine Flächenbelastung von ca. 10,6 N/mm^2.
Dieser Wert überschreitet die Kompressionsfestigkeit der Spongiosa, die nur 6 N/mm^2 beträgt. Dadurch kann schon in der Frühphase der Belastung die Spongiosa eingedrückt werden, so daß Lockerungen der Prothese mit daraus resultierenden mechanischen Sekundärreaktionen entstehen.
Allein die valgische Einpflanzung derselben Prothese bedingt eine Reduzierung der Horizontalkraft auf 0,55 kN. Diese entspricht 3,6 N/mm^2 Druckspannung. Die Zementeinbettung des Prothesenstieles vergrößert zusätzlich die Auflagefläche um ca. das Dreifache, wodurch der Flächendruck von ca. 2 N/mm^2 weit unter die Elastizitätsgrenze der Spongiosa zu liegen kommt. DEBRUNNER (1974b) errechnet auch für das künstliche Kniegelenk, daß die axialen Auflagekräfte, denen eine Mindestgröße einer spongiösen Tragfläche am Tibiakopf von ca. 4 cm^2 zur Verfügung stehen muß, in der Standbeinphase ebenfalls unter der Elastizitätsgrenze der Spongiosa liegen. Diese quantitativen Relationen des Kräftespieles zwischen Implantat und Auflager sagen natürlich nichts über die sekundären Wachstumsreaktionen aus, die oft nach vielen Jahren erst durch eine abnorme Mechanik gesteuert werden.
Experimentelle Versuche bei Hunden mit glattflächigen, zementlos fixierten Implantaten zeigen bereits nach 20 Tagen eine oberflächenparallel ausgerichtete Knochengrenzlamelle mit Faserstruktur. Bereits nach 4 Wochen ist das Implantat zum größten Teil von einer 30–200 μm dicken straffen Bindegewebshülle umgeben, und auch an einzelnen knöchernen Kontaktstellen sind 20–30 μm dicke Schichten kollagener Fasern dazwischengelagert. Knochenbälkchen wachsen in zirkuläre Rillen ein, indes lochförmige Dellen und Längsrillen durch Fasergewebe und Kollagenfasern erfüllt sind. Die Verbundverklammerung zwischen Spongiosa und Fremdkörper durch Knochenzement, der in jede Spongiosamasche eindringt, ist stark intensiviert und fester. Hier entwickeln sich sehr intensive direkte Knochenkontakte. Man findet einen intensiven Knochenanbau, bei dem auch tote Knochenbälkchen abgebaut und durch kollagene Fasern ersetzt werden. Bei Beobachtungen bis zum 300sten Tag nach der Implantation findet man bei zementlos implantierten Hundehüften dichte Bindegewebshüllen um die Implantate, bei denen sich hyaline Degenerationszonen mit z. T. vermehrter Knochenresorption der Grenzlamelle finden, wodurch die Lockerung der Prothese determiniert wird. Mechanisch gesehen, erfolgt beim direkten Knochenkontakt eine direkte Kraftübertragung von Fremdkörpern auf den Knochen, indes bei zwischengelagertem Bindegewebe eine stärkere Deformation des Gewebes eintritt, die nach YAMADA (1975) ca. 10% wie beim Faserknorpel beträgt.

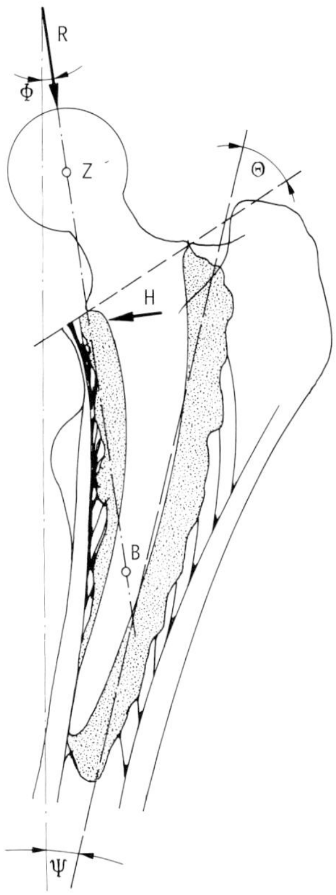

Abb. **142** Bei Valgusstellung der Prothese geht die Angriffslinie der Resultierenden R durch den Prothesenstiel; H wird kleiner (Abb. 140a, 141 u. 142 aus *H. H. Debrunner:* Der Ersatz von Gelenken unter biomechanischen Gesichtspunkten. In: Biopolymere und Biomechanik von Bindegewebssystemen, hrsg. von *F. Hartmann*. Springer, Berlin 1974)

Durch diese Kompressibilität des Gewebes gerät ein Fremdkörper, der einen Flächendruck von 2 N/mm^2 lokal ausübt, bei einer Schichtdicke von 200 μm Bindegewebe in oszillierende Bewegung von ca. 20 μm Bewegungsausschlag.
Nachdem die Relation der umgebenden Flächengröße des Bindegewebes zu direktem Knochenkontakt bereits nach einigen Monaten 80% zu 20% betragen kann, werden die Flächenbelastungen der bestehenden Knochenstützen stark überhöht und durch die weitere Zunahme der Bindegewebsumscheidung vergrößert. Die Folge davon ist, daß Mikrobewegungen des Implantates beim Gehen zunehmen. Wenn sie auch die Stoßübertragung dämpfen, so sieht DEBRUNNER (1974b, 1975) darin doch einen progredienten Schrittmacher zur Lockerung.
Er erklärt die Spätermüdungsbrüche der Prothesenstiele nach 2–3 Jahren durch den Konuseffekt, d. h. durch das langsame Einsinken des Prothesenstieles in das Auflager des Femurs. Die primäre Erweiterung erfolgt proximal im spongiösen

Bereich des Auflagers, indes die Stielspitze immer massiver in den distalen engen Kompaktakanal des Markraumes mit dem Zementblock eingeklemmt wird. Der proximal gelockerte Stiel muß nun zunehmende Biegespannungen aufnehmen, während das Stielende starr fixiert ist. Dies kann der Anlaß zu Ermüdungsbrüchen sein.
Dieses Beispiel soll beleuchten, mit welcher Vielseitigkeit man experimentell-hypothetisch und durch klinische Erfahrung versucht, Steinchen auf Steinchen zu fügen, um die komplexe Problematik der Fremdkörperimplantate überhaupt in verschiedensten Blickwinkeln Schritt um Schritt zu bessern (v. Felten 1976). Selbstverständlich fehlt es nicht an Irrungen und Fehlinterpretationen. Es erweist sich mancher experimentell begründete Optimismus nach Jahren klinischer Beobachtung oft als hinfällig.
Die Reaktion des knöchernen Auflagers in bezug auf eine harmonische Kraftweiterleitung ist überaus empfindlich und war bisher nicht in den Griff zu bekommen, um alle Möglichkeiten der mechanisch-funktionell gesteuerten Wachstumsanpassung auszunützen.

Ausgewählte klinische Aspekte

Klinische Gesichtspunkte mechanisch gelenkter Wachstumsreaktionen des Mesenchyms

Die Mechanik ist sinnvoll in das genetisch vorgeplante Wachstums- und Konstruktionsmuster des Organismus als in seinen Einzelaufgaben genau determiniertes Steuerungsorgan eingebaut.
Die Grundlage der Normalfunktion des Stütz- und Bewegungsapparates ist ein Gleichgewicht zwischen der biologischen Qualität und Resistenz der Stützgewebe und der geforderten Größe und Art ihrer mechanischen Beanspruchung. Letztere ist qualitativ und quantitativ nach strengen metrischen Gesetzen wirksam, die in den Grenzen von Maximal- und Minimaltoleranzen die Leistungsfähigkeit der Stütz- und Bewegungselemente individuell regeln (Kummer 1972, Pauwels 1960).
Die Intensität des Gewebsstoffwechsels ist auf die jeweilige Verschleiß- und Umbaurate der beanspruchten Gewebe eingestellt und entspricht, unter Berücksichtigung der biologischen Alterung des Organismus, der Größe der geforderten Leistung.
Die Kenntnis der Wechselbeziehungen zwischen mechanischer Funktion und Biologie ist die beste Grundlage zum Verständnis und zur Differentialdiagnose mechanischer und biologischer Leiden des Stütz- und Bewegungsapparates.
Jede Störung dieses Funktionsgleichgewichtes, sei es von der Seite der Mechanik her oder der biologischen Gewebsfunktionen, hat einerseits normale Anpassungsreaktionen, andererseits bei Überschreiten der maximalen Toleranzen abnormale proliferative oder regressive Gewebsreaktionen bis zur Nekrose zur Folge. In allen Bereichen liegen charakteristische Änderungen der gröberen Bauformen sowie ihrer Feinstrukturen vor (Kummer 1963).
Die mechanischen Wachstumsgesetze sind klinisch von Bedeutung:

1. bei der Wachstumsdifferenzierung der Mesenchymzelle unter normalen und pathologischen Bedingungen;
2. bei der aktiven Wachstumsgestaltung normaler und abnormaler funktioneller Bauformen des Bewegungsapparates und ihrer feineren Strukturen;
3. bei der Entstehung und Weiterentwicklung kongenitaler Fehlbildungen des Stützapparates;
4. bei erworbenen und anlagemäßigen mechanischen Leiden und Deformitäten, unter spezieller Berücksichtigung ihrer Langzeitentwicklung;
5. sekundär als mechanische Verschlimmerungsfaktoren, in der Früh- und Spätfolge primär biologischer Erkrankungen meist als sekundär statisches Degenerationsleiden der Stützgewebe, das Jahrzehnte später klinisch manifest wird;
6. bei neuromuskulären Schäden des aktiven Bewegungsapparates (Lähmungen, Systemerkrankungen, kongenitale Hypoplasien und Muskeldefekte).

Mechanische Krankheitsursachen und ihre pathogenen Komponenten erfordern eine sorgfältig geplante präzise konservative oder operative Behandlung nach mechanischen Gesichtspunkten.
Die für das Wachstums- und Erwachsenenalter mechanisch wirksamen Wachstumsgesetze müssen bei biomechanisch geplanten Therapiemethoden speziell berücksichtigt werden.
Der Heilungszustand mechanischer Erkrankungen ist in der Regel eine Narbenheilung, die allerdings in günstigen Fällen dem Normalzustand sehr nahe kommen kann. Nur ausnahmsweise ist ein primäres Nachwachsen der ursprünglichen Gewebsstrukturen im frühen Wachstumsalter zu beobachten. Wir müssen fast immer ein Weiterbestehen mechanischer Störfaktoren durch die Narbe in Kauf nehmen, welche das Gleichgewicht zwischen geforderter Arbeitsleistung und Biologie weiterhin beeinflußt. Das erzielte Heilungsresultat kann daher, je nach dem Schweregrad der Dauerstörung, über sehr verschieden lange Zeit-

räume aufrechterhalten bleiben. Ausschlaggebend für die Langzeitprognose sind die Größe und die Art der geforderten mechanischen Beanspruchung.

Dieser Tatsache muß besonders bei der ergotherapeutischen Beratung behandelter Patienten in bezug auf das Ausmaß mechanischer Belastungen individuell Rechnung getragen werden, um eine langzeitige Kompensation irreversibler Restschäden aufrechtzuerhalten.

Die Dosierung von mechanischen Spitzen- und Dauerbelastungen des Bewegungsapparates muß selektiv getroffen werden.

Funktionelle Wachstumsanpassung des Stütz- und Bewegungsapparates im Rahmen der Normalentwicklung

Die mechanischen Gesetze der aktiven Wachstumsgestaltung im Jugendalter sind spezifisch und unterscheiden sich von denen des Erwachsenen (vgl. Beitrag KUMMER).

Es ist wahrscheinlich, daß bei der Trabekularisierung des primären Geflechtsknochens, die in der Regel mit der Aufrichtung des Säuglings und mit dem Gehbeginn abläuft, die damit verbundene Änderung der mechanischen Beanspruchung eine

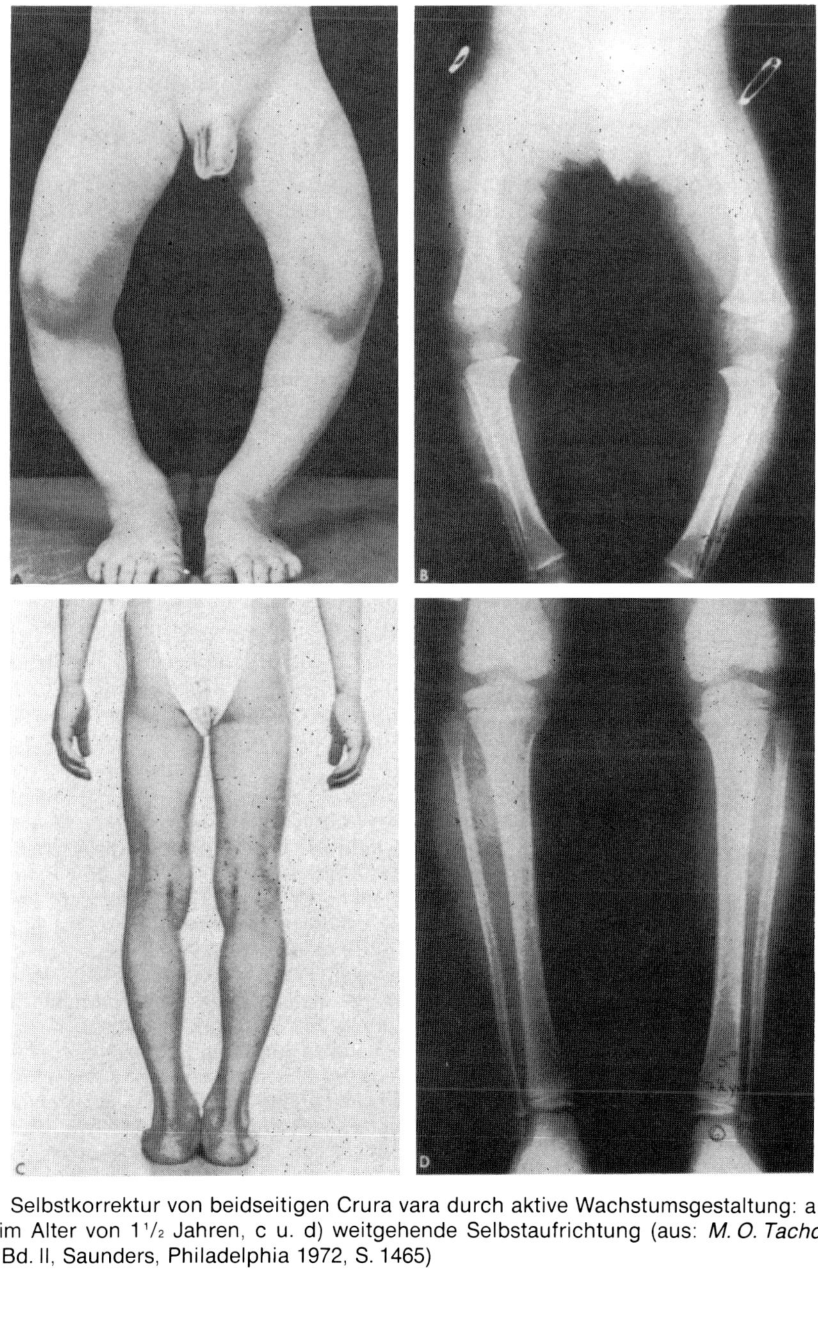

Abb. **143** a–d Selbstkorrektur von beidseitigen Crura vara durch aktive Wachstumsgestaltung: a u. b) Foto und Röntgenbild im Alter von 1½ Jahren, c u. d) weitgehende Selbstaufrichtung (aus: *M. O. Tachdjian:* Pediatric Orthopedics, Bd. II, Saunders, Philadelphia 1972, S. 1465)

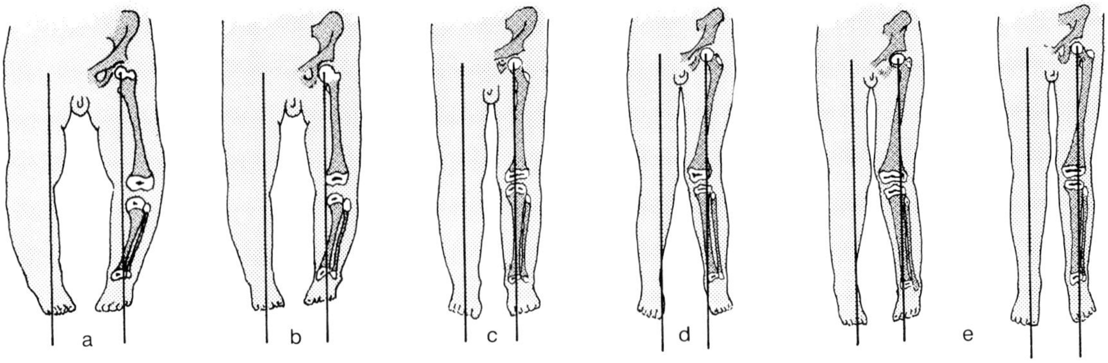

Abb. **144** a–e Aktive Wachstumsgestaltung vom O-Bein des Neugeborenen bis zur Beinform des Erwachsenen: a) Neugeborener, mäßiges Genu varum, b) 1.–18. Lebensmonat, progressive Aufrichtung, c) 2.–4. Lebensjahr, Geradbeinphase, d) 3.–6. Lebensjahr, X-Beinphase, meist kombiniert mit Einwärtsgang, e) vom 5. Lebensjahr an divergierende Entwicklung bis zum Ende des Hauptwachstumsalters, Aufrichtung zur endgültigen Beinform (nach *Tachdjian*)

wesentliche Rolle spielt. Wenn auch diesbezügliche Untersuchungen noch nicht abgeschlossen sind, so unterliegen die trajektorielle Ausrichtung der Spongiosastrukturen sowie auch die Entwicklung der funktionellen Bauformen der Stützelemente samt ihrer Feinstrukturen eindeutig der Art und Größe der jeweiligen mechanischen Beanspruchung (ALTMANN 1964, KUMMER 1963, 1972, PAUWELS 1965, SCHLÜTER 1965).

Die Wachstumsentwicklung der Wirbelsäule wie auch der hoch beanspruchten unteren Extremitäten ist für die Klinik seit vielen Jahren wegen unterschiedlicher Abweichungen von der Norm und ihren Anomalien von Interesse (s. Abschnitt „Biomechanik der aufrechten Haltung").

Man hat gelernt, zwei verschiedene Einflußbereiche grundsätzlich voneinander zu differenzieren:

1. die oft sehr verschiedenen, in der genetischen Anlage primär festgelegten Wuchstypen und Entwicklungsanomalien der Gliedmaßen und des Rumpfes;
2. den Einflußbereich der mechanischen Beanspruchung, welche die funktionsgerechte Weiterentwicklung der genetisch vorgeplanten Primäranlage signifikant verändern kann.

Die Weiterentwicklung des individuell sehr verschieden ausgeprägten O-Beines des Neugeborenen steht vor der Aufrichtung in erster Linie unter dem Einfluß der Muskelkräfte (Abb. **143**) (SALTER 1970, TACHDJIAN 1972).

Der Motor der mechanisch gesteuerten Wachstumsgestaltung tritt erst mit Steh- und Gehbeginn voll in Erscheinung, wie dies schon PAUWELS (1958) sehr vereinfacht an einem Robotermodell veranschaulicht hat.

Die spontane Wachstumsaufrichtung des O-Beines zur Geradbeinphase erfolgt in der Regel in den ersten 2 Lebensjahren und schlägt dann in ca. 90–95% in eine kompensierte X-Beinphase um. Die endgültige Beinform wird, entsprechend dem jeweiligen Anlagetypus, besonders in der Hauptwachstumsphase mechanisch mitbeeinflußt (Abb. **144**).

Mit der Aufrichtung streckt sich die postnatale Beugekontraktur der Hüft- und Kniegelenke, und der anfangs schlaffe, meist stark fettgepolsterte Knickfuß wird durch die stärker werdenden Tonus- und Stellreflexe der Beinmuskulatur in seinen Wachstumsdrehungen und in der Aufrichtung des Fußgewölbes unterstützt. Desgleichen werden die entwicklungsbedingten Torsionsvorgänge des Beines durch das Gehen und Stehen mitbeeinflußt, wenn sie auch in ihrer Kausalität und ihren extremen Grenzen noch nicht genau abgeklärt sind (BADGLEY 1938, KUMMER 1965 a u. b, LANZ u. WACHSMUTH 1938).

Mit Steh- und Gehbeginn ändert sich zwangsläufig unter der zusätzlichen Belastung der Beine durch das Körpergewicht auch ihre mechanische Beanspruchung und damit die Spannungsverteilung in den metaphysären Wachstumsplatten um das Kniegelenk. Die primären O-Beine geraten unter asymmetrische Belastung, wodurch die Resultierende im Bereich der Kniegelenke eine Me-

Abb. **145** a–f Schemata der mechanischen Beanspruchung der proximalen und distalen Wachstumsplatte des Knies vor und nach der Aufrichtung von der Liegestellung des Säuglings bis zum Stehen und Gehen: a) Beanspruchungsgleichgewicht aus Körpergewicht und Gegenkräften (Muskel-Band-Apparat). Die Resultierende R verläuft durch die Mitte der Epiphysenplatte, zentrische Belastung mit symmetrischem Wachstum. b) Mit Steh- und Gehbeginn nimmt die exzentrische Belastung des Epiphysenknorpels zu. c) Asymmetrische Beanspruchung der Wachstumsplatte im Stand. Funktionelle Anpassung durch ungleiches Längenwachstum bis zur Rezentrierung der Resultierenden (R) (s. Text). d–f) Funktionelle Anpassung des CCD- und des Antetorsionswinkels mit zunehmendem Alter (aus: *F. Pauwels:* Ges. Abhdlg. zur funkt. Anatomie d. Bew.-App., Springer, Berlin 1965, S. 422, Abh. 37 u. 38) ▶

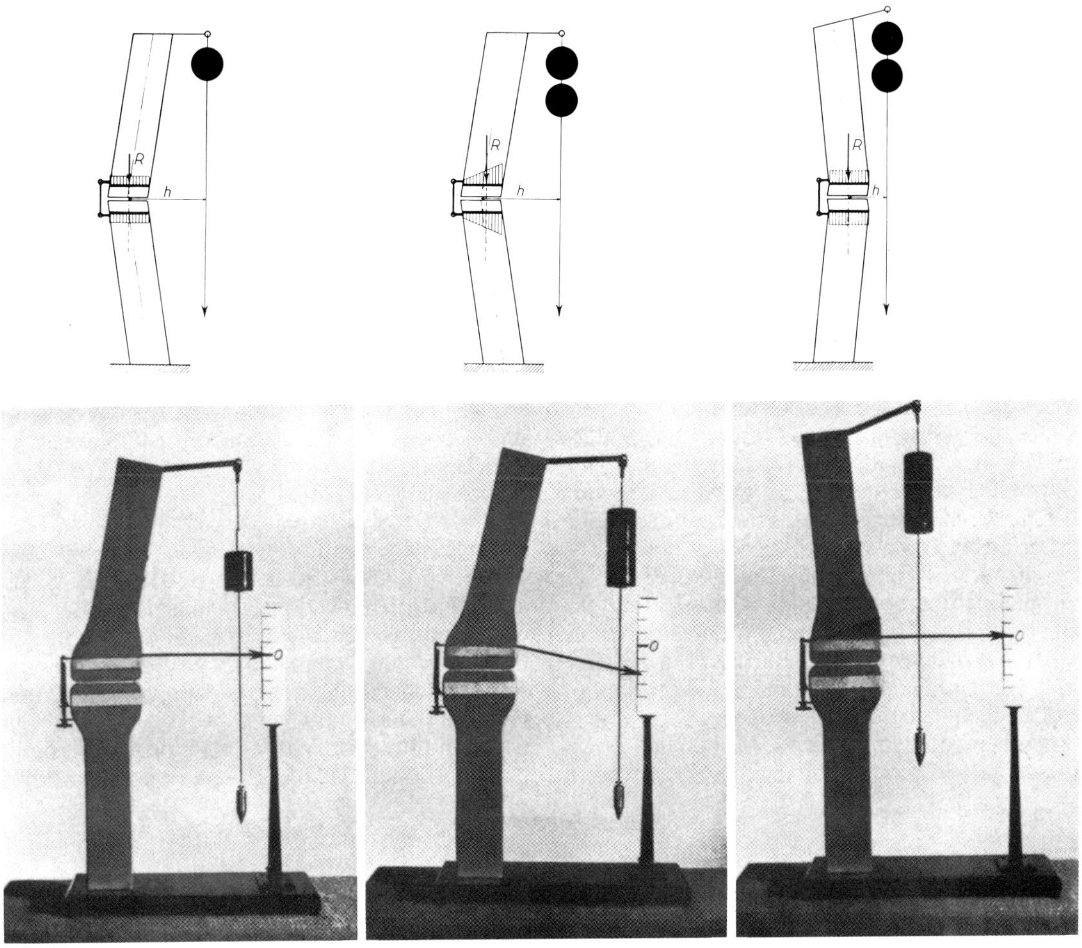
R
h
R
h
R
h
o
o
o

a b c

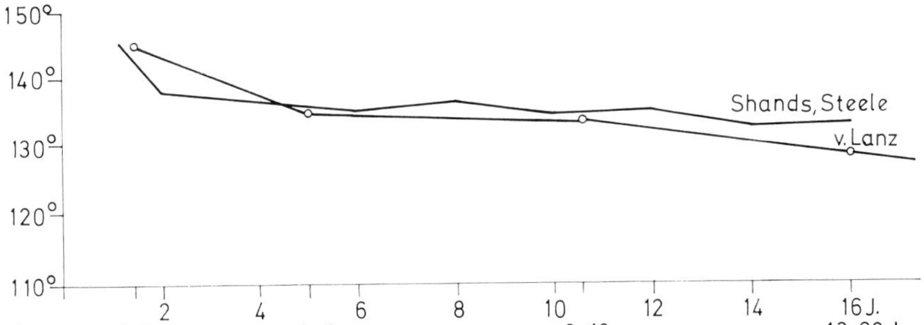
150°
140°
130°
120°
110°
Shands, Steele
v. Lanz
2
4
6
8
10
12
14
16 J.
1-3
4-6
9-12
13-20 J.

d

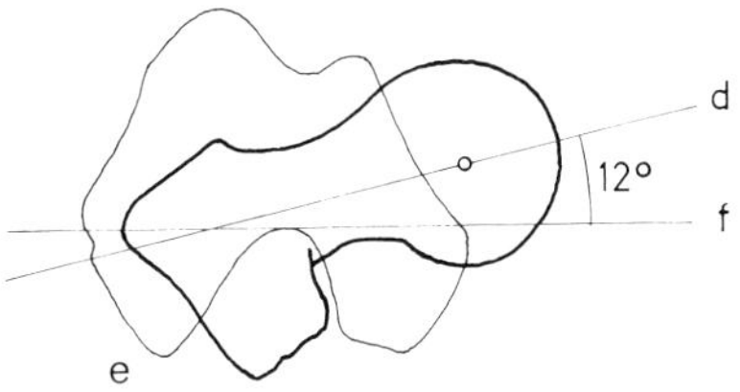
d
12°
f

e

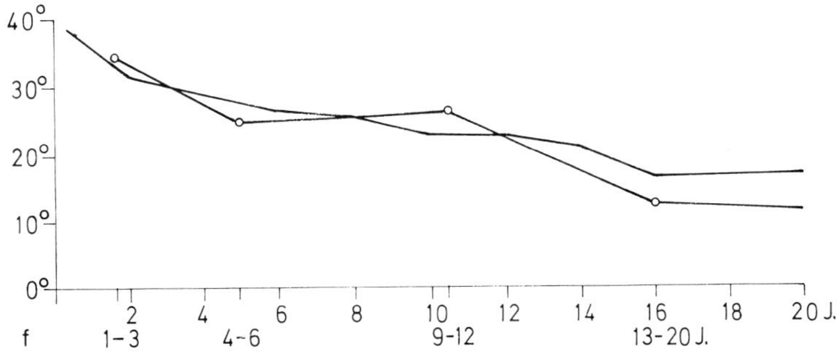
40°
30°
20°
10°
0°
2
4
6
8
10
12
14
16
18
20 J.
1-3
4-6
9-12
13-20 J.

f

dialverschiebung mit einer Konzentration der Spannungen im Bereich der medialen Epiphysenplatte erfährt. Damit setzt, entsprechend dem Gesetz der funktionellen Anpassung durch ungleiches Längenwachstum (PAUWELS 1965), in den Bereichen konzentrierten Druckes ein beschleunigtes Längenwachstum gegenüber der fibularen Bereiche der Wachstumsplatte ein. Es erfolgt die primäre Aufrichtung des O-Beines. Der Aufrichtungsvorgang läuft so lange weiter, bis das volle Gleichgewicht der Belastung in den Wachstumszonen, das sich während der Entwicklung des individuellen Ganges ständig ändert, wiederhergestellt ist. Daraus resultiert in der Regel auch die temporäre „physiologische X-Beinphase".
Mit der Erreichung des definitiven Gangbildes pendelt die individuell oft sehr verschieden schwere X-Beinstellung in die anlagemäßig vorbestimmte endgültige Achsenstellung der Beine zurück (Abb. **145**).
Die charakteristischen Aufrichtungsvorgänge der Wirbelsäule und des Rumpfes, besonders mit ihren sagittalen Krümmungen, können durch zu frühes und zu langes Sitzen retardiert werden, wobei in Extremfällen Dauerschäden mit Sitzkyphosen bestehenbleiben.
Abgesehen von den in ihren Ursachen und ihrem Ablauf gut definierten Entwicklungsänderungen des CCD und AT machen der Unterschenkel und der Fuß sehr komplexe Torsionen und funktionelle Umformungen durch, deren Diskussion in diesem Rahmen zu weit geht (MORSCHER 1961) (s. Abb. **145** d, e, f).
Die sog. Torsionsvorgänge des Beines, die für den oft extremen innen- und außenrotierten Gang verantwortlich gemacht werden, bedürfen einer kurzen Erklärung (s. Abschnitt „Biomechanik der aufrechten Haltung"). Es ist nicht immer klar zu beantworten, inwieweit Achsentorsionen der Beine in der postnatalen Entwicklungsphase durch die Phylo- und Ontogenese primär beeinflußt werden oder inwieweit reine Änderungen der mechanischen Beanspruchung im Zuge des Stehens und Gehens an der definitiven Gestaltung der Beinform mitbeteiligt sind.
KUMMER (1962a) stellt unter anderem fest, daß man als erstes den sog. Begriff der Torsion der Beinachsen genau festlegen muß. Er unterscheidet Pseudotorsionen, welche durch Änderungen der Achsenstellungen infolge ungleichen Längenwachstums in der Metaphyse, besonders in den Bereichen der Gelenkenden, zustande kommen, wie Drehungen einzelner Skeletteile zueinander, z. B. des Fußes zum Unterschenkel. Sie stellen im strengen Sinne des Wortes eigentlich nur scheinbare Torsionen dar, denen das Prinzip der funk-

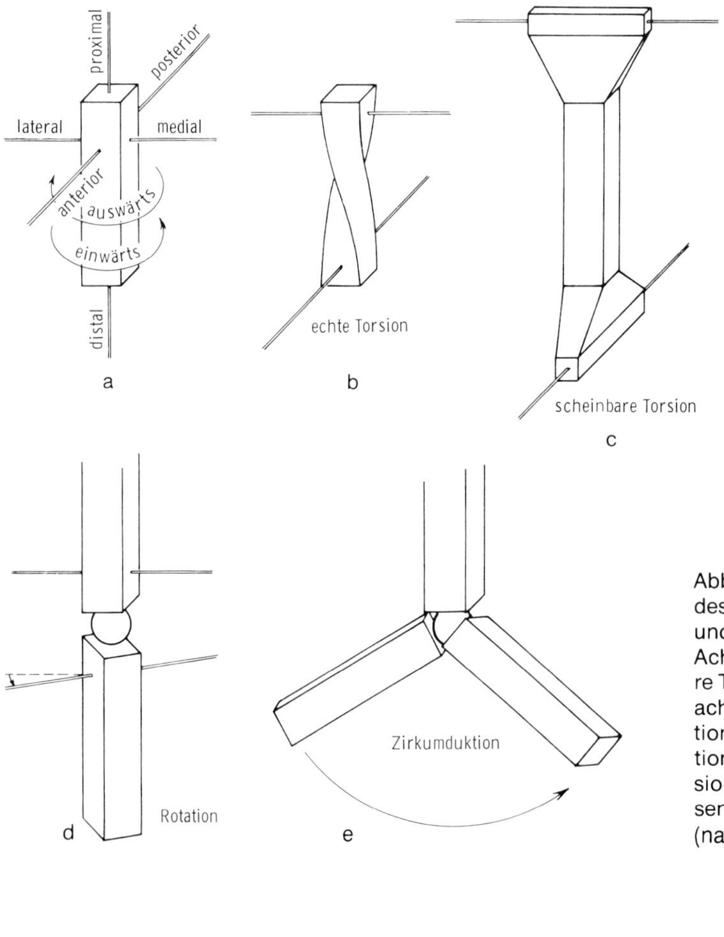

Abb. **146** a–f Schemata zur Definition des Torsionsbegriffes; a) Raumachsen und Torsionssinn, b) echte Torsion in der Achsenzirkumferenz selbst, c) scheinbare Torsion durch Drehung der Gelenkachsen, d) Pseudotorsion durch Rotation, e) Pseudotorsion durch Zirkumduktion, f) Schema Darstellung der Torsionsebene der Gelenke und Skelettachsen d. unt. Extremitäten zueinander (nach *Kummer*)

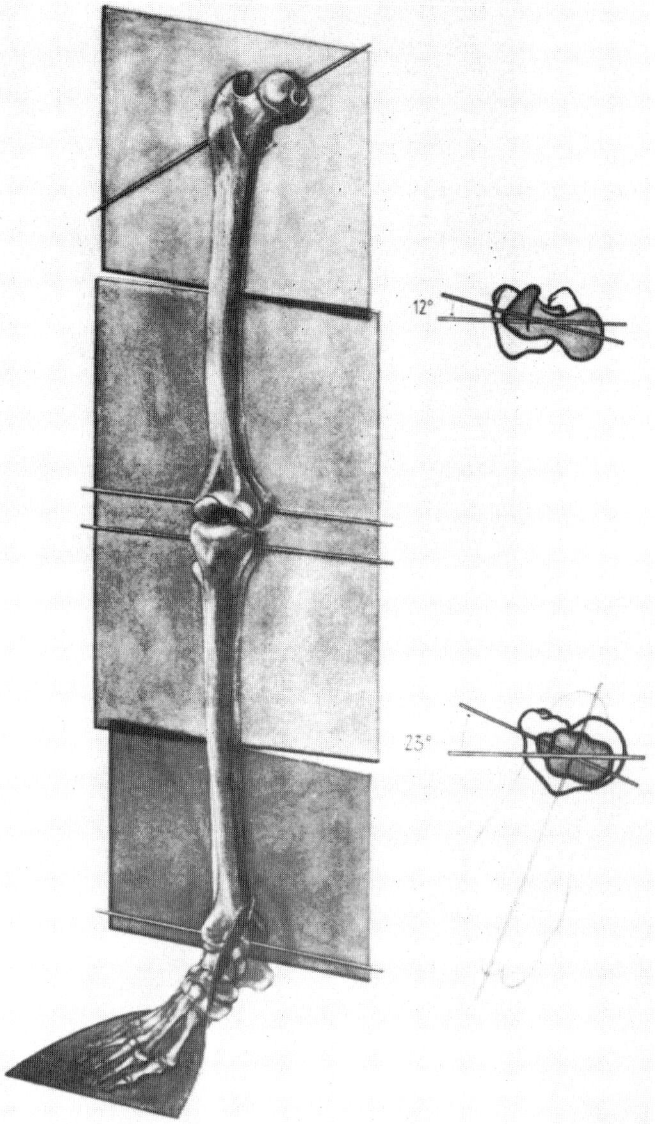

Abb. 146 f

tionellen Wachstumsanpassung durch ungleiches Längenwachstum in den Metaphysen zugrunde liegt (Abb. **146** a–e).
Demgegenüber sind die echten Torsionen durch Verdrehungen der Achsen der langen Röhrenknochen in sich bestimmt. Sie können:

1. durch primäre anlagemäßige Formanomalien des Skelettes oder durch Störungen des formativ wirksamen Muskelgleichgewichtes, z. B. bei Lähmungen oder Muskeldystrophien und Hypoplasien sowie beim anlagemäßigen Klumpfuß, bedingt sein, oder es liegt
2. eine abnorme Reaktionsweise der Stützgewebe vor wie bei Coxa vara congenita oder bei einer primär zu hohen fehlgesteuerten mechanischen Beanspruchung (passive Wachstumsdeformierung) (Mau 1966).

Die jeweilige Torsion des Unterschenkelskelettes wird bestimmt durch den Vergleich der Stellung der Querachse des Tibiakopfes zur Malleolenachse. Sie bildet einen nach ventral offenen spitzen Winkel von rund 22 Grad (doppelt so groß wie die Antetorsion des Schenkelhalses von ca. 11 Grad). Die fetalen Entwicklungstorsionen schwanken bis zum Erwachsenenalter von −10 Grad Innentorsion bis zu 23 Grad Außentorsion in verschiedenen Größenordnungen. Auch hier ist der Begriff der eigentlichen Torsionsverdrehung des Tibiaschaftes sowie der Drehstellung der Malleolengabel durch verschiedene Lokalisation des Fibulaköpfchens zur Tibia (Pseudotorsion) nicht immer genau abzugrenzen.
Rein klinisch handelt es sich meistens um temporäre Retardationen und Fehltorsionen des Ober- oder Unterschenkels, welche im Zuge des Wachs-

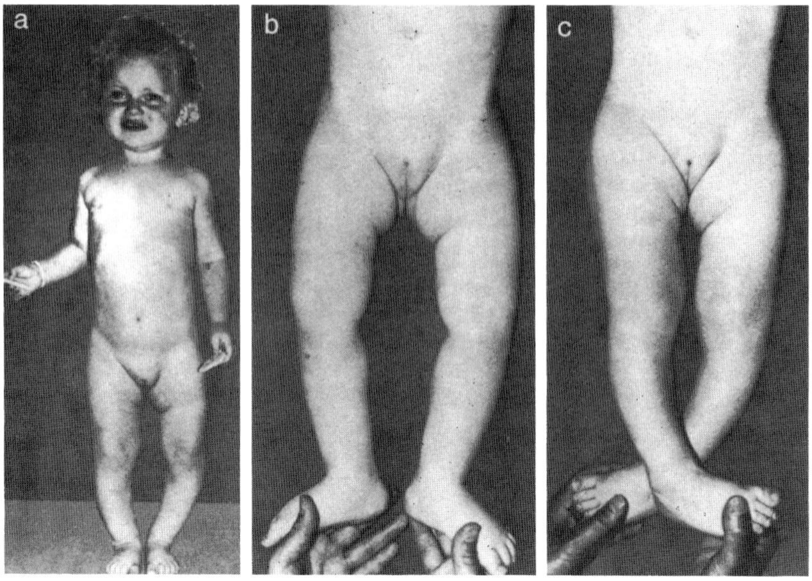

Abb. **147** a–c a) Genua vara infolge Kombination einer pathologischen Innentorsion mit Tibiae varae und Außentorsion der Femora bei einem 2jährigen Mädchen, b u. c) die maximale Außen- und Innenrotationsstellung der Beine zeigt die Einzelkomponenten der Deformität eindeutig (aus: *R. B. Salter:* Textbook of Disorders and Injuries of the Muscul. Skeletal System. Williams and Wilkins, Baltimore 1970, S. 81)

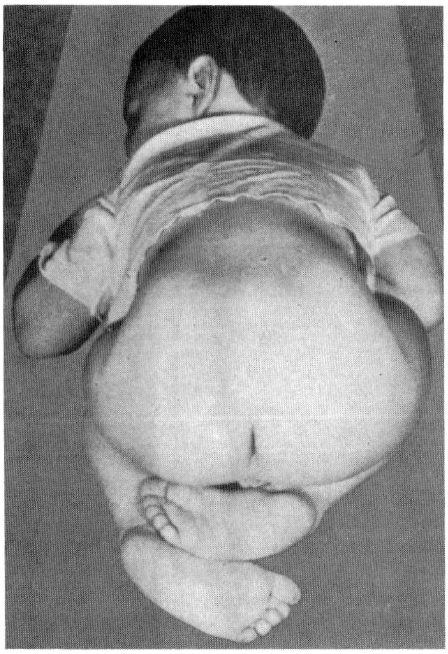

a

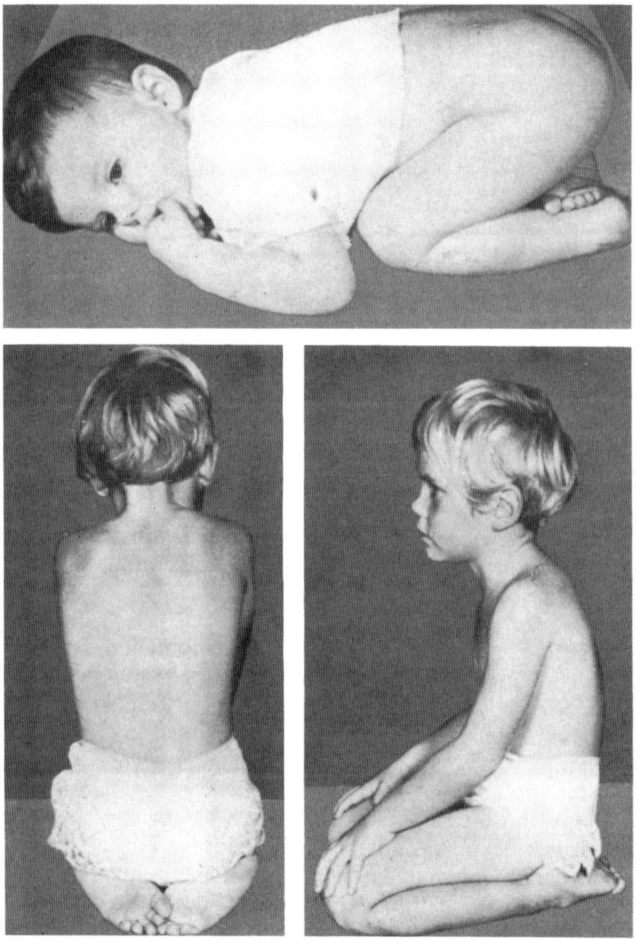

b

Abb. **148** a u. b a) Schlafstellung in Bauchlage, Knie-Hockstellung mit akzentuierter Innendrehung der Füße und Unterschenkel. Die aktive Wachstumsgestaltung durch physiologische Außentorsionstendenz der Tibia wird verzögert. b) Im Fersensitz wird die Innendrehstellung der Unterschenkel unter Spannung forciert (aus: *R. B. Salter:* Textbook of Disorders and Injuries of the Muscul. Skeletal System. Williams and Wilkins, Baltimore 1970, S. 80)

tumsalters unter dem Einfluß des Gehens, wenn auch z. T. sehr verspätet, ihre Normalstellung spontan erreichen. Damit verschwindet auch der pathologische Einwärts- und in den selteneren Fällen auch Auswärtsgang spontan.
Habituelle Fehlhaltungen sind in der Regel mit Beanspruchungsasymmetrien einzelner Gliedmaßen oder des Rumpfes verbunden, welche die aktive Wachstumsgestaltung mechanisch beeinflussen und irreversible Haltungsdeformitäten nach sich ziehen können (Abb. **147**).
Wir denken hier an die nicht seltenen Innentorsionsdeformitäten der Unterschenkel, welche durch bevorzugtes Schlafen in Bauchlage in Beuge-Hockstellung der Beine, bei innengedrehten Unterschenkeln, stark akzentuiert werden, wobei sie oft mit Pedes adducti verbunden sind (Abb. **148**).
Auch die monomane Bauchlage, wie sie von Reisetbauer u. Czermak (1972) u. a. zur angeblichen Prophylaxe der Weiterentwicklung von Hüftdysplasien empfohlen wurde, hat nicht selten Torsionsdeformitäten der Beine zur Folge.
Abnorme Rotationsdeformitäten im Kindesalter entstehen auch durch die sog. „Televisionposition", welche die Kinder oft über Jahre hinaus beim knieenden Bodensitz vor dem Fernseher einnehmen. Die Außenrotation der Unterschenkel mit Aufsitz auf den Fersen wird besonders betont. Die meisten dieser Deformitäten korrigieren sich spontan, da die Dauer der Fehlhaltung in der Mehrzahl nur über begrenzte Zeitabschnitte erfolgt (Abb. **149**).
Fixierte Haltungsanomalien und auch Deformitäten sind relativ häufige Folgen mechanischer Beanspruchungsfehler, die viele Jahre, manchmal auch über das ganze Leben hindurch, wirksam bleiben. Sie stellen einerseits passive Deformierungen der starren Stützelemente bei normaler Gewebsbiologie im Wachstumsalter dar, oder sie werden durch altersbedingte Involutionsschäden der Stützgewebe, die die mechanische Resistenz herabsetzen (Involutionsosteoporose), begünstigt. Bei Fuß- und Zehendeformitäten sind es nicht selten vestimentäre Dauerschäden – in früheren Zeiten war der Krüppelfuß der Chinesinnen nach rituellen Bandagierungen ein extremes Beispiel (Abb. **150**).
Haltungsschäden des Rumpfes nach einseitigen Arbeitsbelastungen der Wirbelsäule sowie Fehlhaltungen in der Jugend sind beim modernen Zivilisationsmenschen häufig (Abb. **151**).
Die Kenntnisse der mechanischen Wachstumsgesetze der Stützgewebe haben grundlegend zur Abklärung differentialdiagnostischer Entstehungsursachen ebenso wie zur Entwicklung vorbeugender und korrigierender Therapiemaßnahmen weitgehend beigetragen.
Der Kliniker muß über diese Vorgänge auch in bezug auf ihre mechanische Kausalität genau orientiert sein, um den meist sehr besorgten Eltern und Patienten eine möglichst reale prognostische Beurteilung geben zu können und um das unberechtigte Tragen von korrigierenden Orthesen sowie operative Korrekturen, besonders in Fällen extremer Anomalien, möglichst zu verhindern. Bei längerer Beobachtung lassen sich echte anlagemäßige Fehlformen verschiedentlicher Ursachen meist relativ frühzeitig von temporären Entwicklungsanomalien differenzieren.

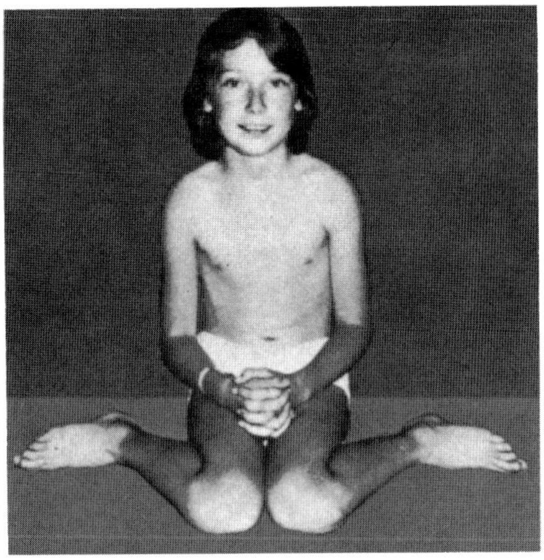
a

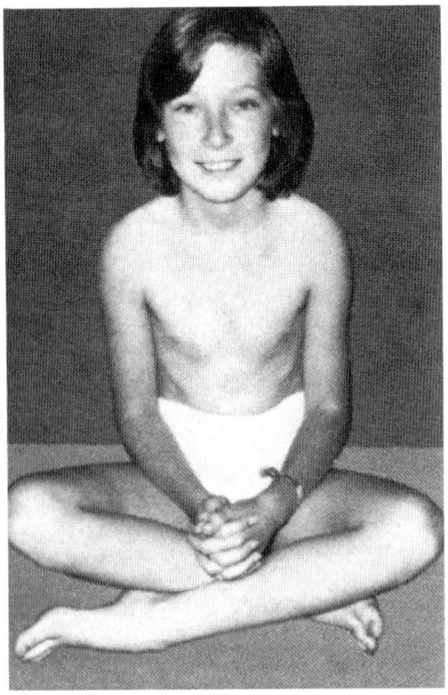
b

Abb. **149** a u. b a) Die Televisionposition hat bei 9jährigem Mädchen pathologische Innentorsionsstellung der Femora und Außentorsionsstellung der Tibien begünstigt. b) Der Schneidersitz mit gekreuzten Unterschenkeln bewirkt eine forcierte Außentorsion der Oberschenkel. Die Korrektur pathologischer Innentorsionen der Femora wird gefördert (aus: *R. B. Salter:* Textbook of Disorders and Injuries of the Muscul. Skeletal System. Williams and Wilkins, Baltimore 1970, S. 80)

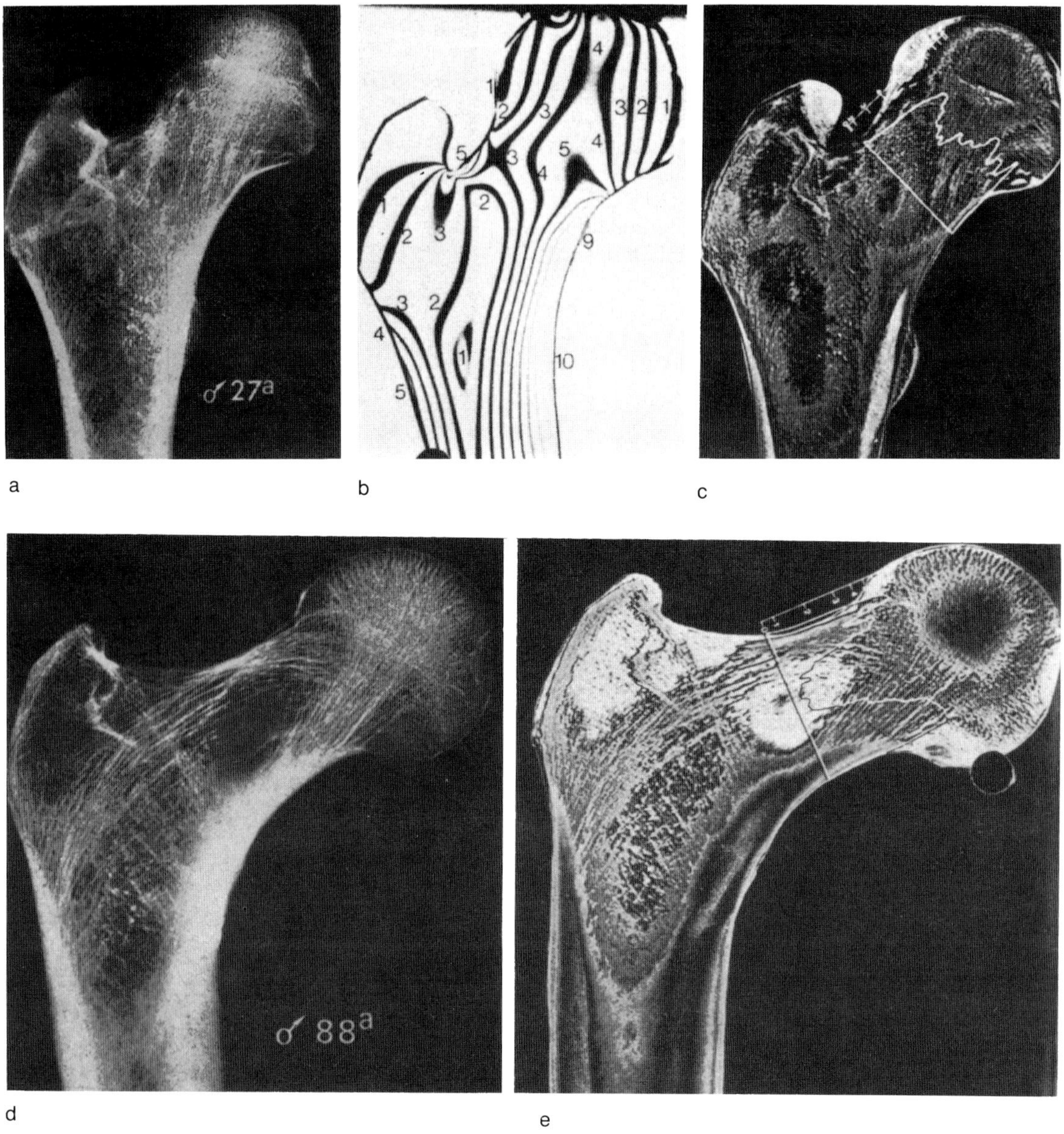

Abb. **150** a–e a) Röntgenstruktur einer Coxa vara eines 27jährigen Mannes, b) spannungsoptisches Modell zeigt die Spannungsverteilung im koxalen Femurende, c) Densitogramm desselben Präparates an Hand einer Equidensitenphotographie zeigt die Dichte der Verteilung des Knochenmaterials, welche der jeweiligen lokalen Größe der Querschnittsspannungen direkt proportional ist, d) Alters-Coxa-vara eines 88jährigen durch progressive, passive Deformierung, Osteoporose, hohe Spannungsspitzen (Zug und Druck) aus der starken Biegebeanspruchung, Röntgenstruktur, e) Densitogramm zeigt eine ausgeprägte Osteoporose und eine den hohen Spannungsspitzen aus der Biegebeanspruchung entsprechende Materialkonzentration im Schenkelhalsquerschnitt (aus: *B. Kummer:* Folia anat. Jugoslav. 4 [1975] 185)

Mechanisch gelenkte Wachstumsreaktionen gesunder und vorgeschädigter Stützgewebe auf normale und pathologische Beanspruchungsgrößen

Allgemein sind mechanische Wachstumsreaktionen der Stützgewebe abhängig:

1. von der Gesamtgröße der Spannungen, welche durch Belastung mit dem Körpergewicht, den Muskelkräften und den dynamischen Kräften während der Bewegung entstehen;
2. von der Art der Spannungen, wie z. B. der Zug- und Druckspannungen, die bei Biegebeanspruchungen entstehen sowie bei Scherspannungen;
3. von der Einwirkungsdauer und dem Einwirkungsrhythmus, durch Wechselbeanspruchungen beim Gehen, durch pathologische muskuläre Dauerspannungen und andere Koordina-

tionsstörungen der Muskelaktionsphase bei Schmerzen, zerebraler Spastizität, Lähmungen u. a.;

4. von der jeweiligen biologischen Wertigkeit und der Resistenz der Stützgewebe infolge mechanischer, entzündlicher oder metaboler Vorschädigungen (irreversible Gewebsschäden nach Defektheilungen an Knochen, Knorpel, Bandapparat und Sehnen).

Die beanspruchten Stützgewebe können biologisch normal oder durch frühere Erkrankungen vorgeschädigt sein, woraus eine primär herabgesetzte Resistenz gegenüber den normalen mechanischen Spannungsgrößen dauernd bestehenblei-

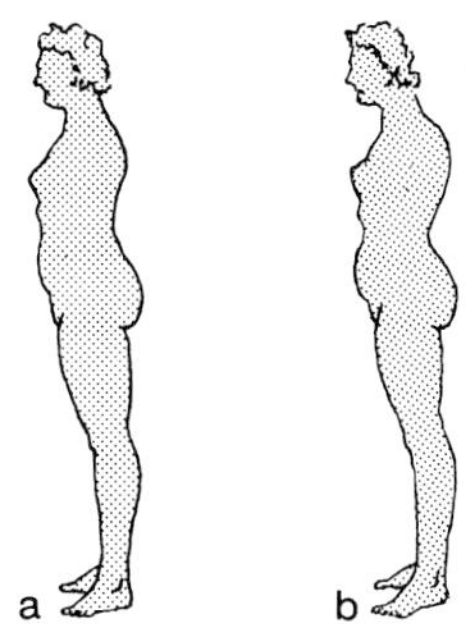

Abb. **151** a u. b Silhouettenbild a) bei Normalhaltung der WS und b) bei Alterskyphose durch passive Deformierung (Osteoporose des Stützmaterials)

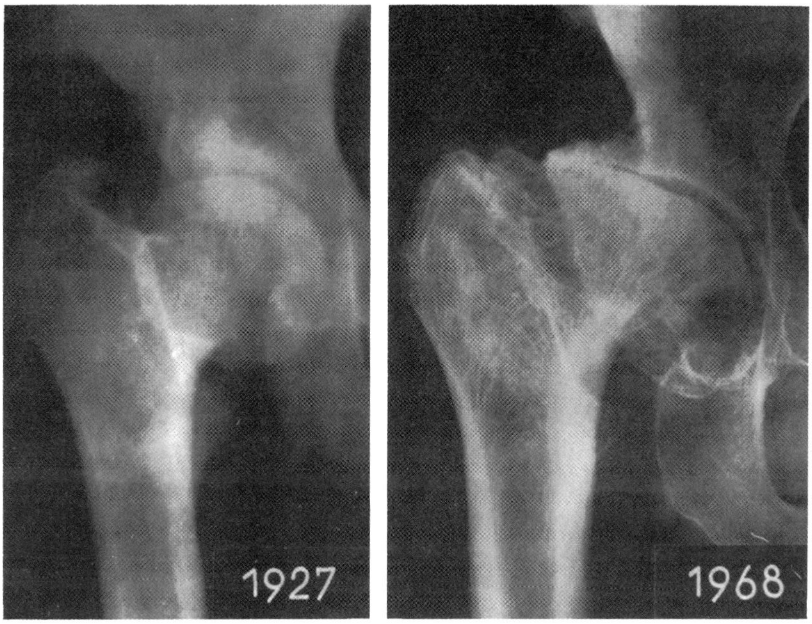

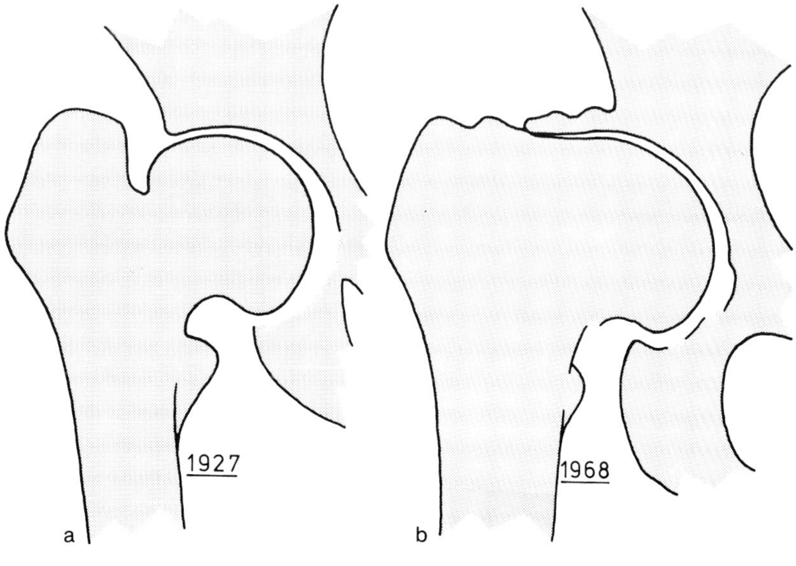

Abb. **152** a u. b a) Langzeitentwicklung einer statischen Hüftarthrose nach irreversiblen Schäden der Gelenkgewebe in der Folge einer akuten Monarthritis coxae im Alter von 14 Jahren, b) nach 40jähriger funktioneller Kompensationsphase schwerste degenerative Deformierung des Gelenkes durch Gleichgewichtsstörung zwischen biologischem resistentem Stützgewebe und geforderter mechanischer Beanspruchung

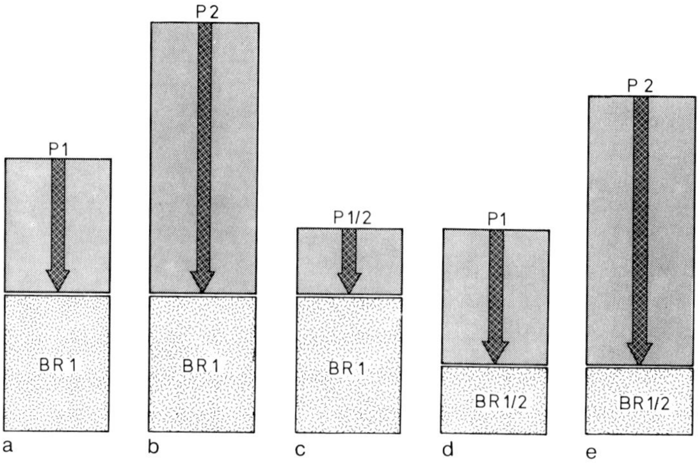

Abb. **153** a–e Verschiedene Möglichkeiten von Störungen des funktionellen Gleichgewichtes zwischen biologischer Resistenz der Stützgewebe (BR) und Größe der mechanischen Beanspruchung (P) am Bewegungsapparat: a) Normalzustand BR 1 = P 1 = 1 : 1. Die biologische Resistenz der Gelenkgewebe ist der geforderten Größe der Beanspruchung harmonisch angepaßt; b) Gleichgewichtsstörung bei normaler biologischer Resistenz (BR 1) und abnorm hoher mechanischer Beanspruchung (P 2), progressive, primär mechanisch ausgelöste Degenerationsschäden; c) normale Biologie der Gelenkgewebe BR 1 und abnorm geringe mechanische Beanspruchung haben ebenfalls regressive Veränderungen der aktiven und passiven Stützgewebe zur Folge (Inaktivitätsdystrophie) BR 1 : P 1/2; d) Gleichgewichtsstörung durch herabgesetzte biologische Resistenz der Stützgewebe (BR 1/2) bei Normalgröße der Beanspruchung (P 1); e) herabgesetzte biologische Resistenz (BR 1/2) sowie gleichzeitig einwirkende, abnorm hohe mechanische Beanspruchung (P 2) stellen den intensivsten Grad der funktionellen Gleichgewichtsstörung dar

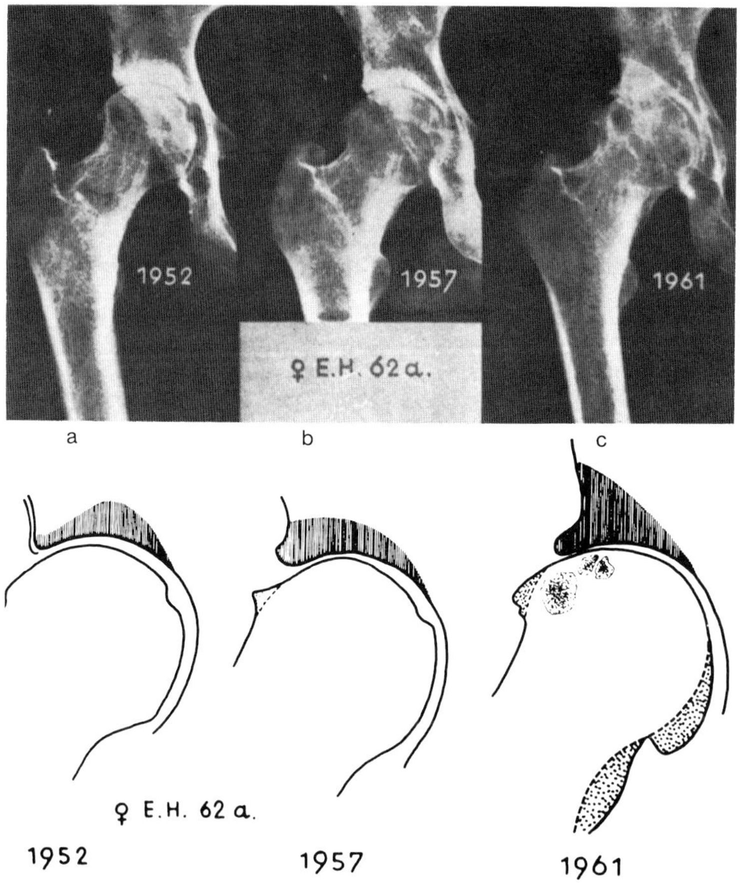

Abb. **154** a–e E. H. ♀ 62 Jahre: Röntgen und Schema der progredienten Entwicklung einer subluxierenden idiopathischen Koxarthrose: a) subchondrales Zystchen in der Pfanne, mediale Sklerosierung der Sourcille, b) Tendenz zur Subluxation mit Verlagerung und Zunahme der Sklerose zum Pfanneneck hin, c) totaler Knorpelverlust mit ausgeprägten zystisch-sklerotischen Degenerationsschäden an Kopf und Pfanne und medialen Osteophyten, d u. e) Dysplasiearthrosenentwicklung in Röntgenbild und Schema; Tragfläche ist anlagemäßig zu klein, dies führt zu pathogener Druckkonzentration am Pfanneneck. Die Folge sind sekundäre Degenerationsschäden mit progredienter Hüftkopfosteopathie (aus: *F. Endler:* Verh. dtsch. Ges. Path. 58 [1974] 192)

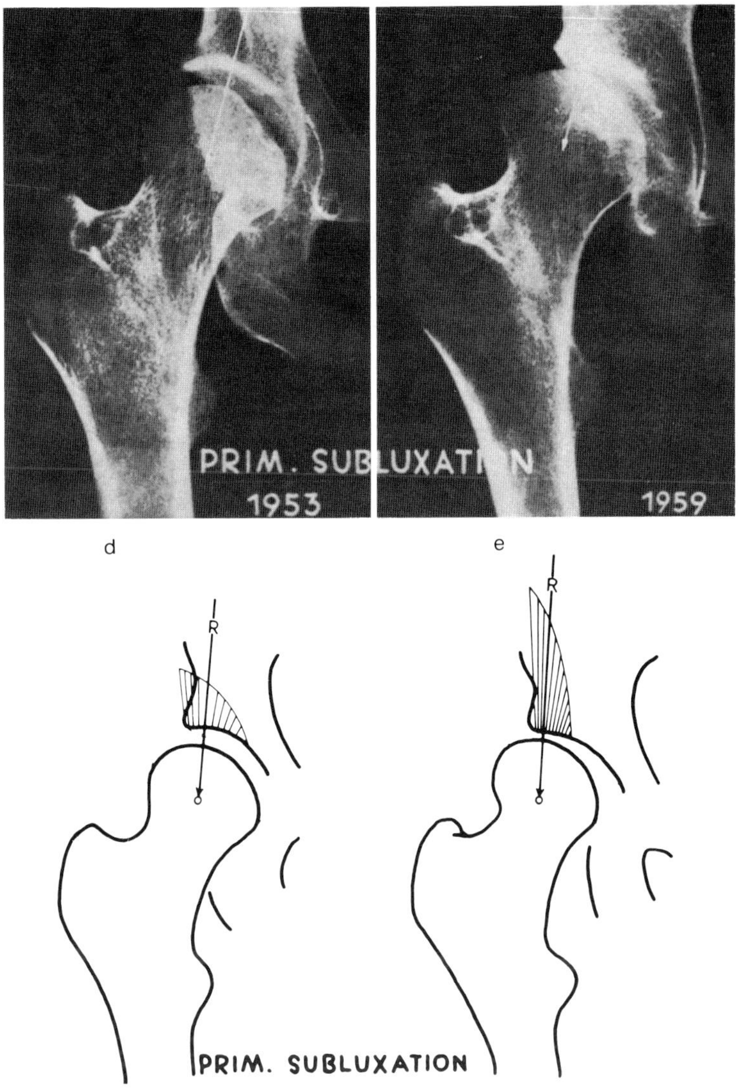

Abb. **154** d u. e

ben kann (M. Hackenbroch 1961, 1971, M. H. Hackenbroch jr. 1974) (Abb. **152**).
Bei der primären Wachstumsdifferenzierung der Stützgewebe sowie bei spezifischen Umbauvorgängen der einzelnen ausgereiften Gewebsarten spielt die Form der mechanischen Beanspruchungen in Kombination mit spezifischen Mikrooszillationen mit eine wesentliche Rolle (Kummer 1965a u. b, 1972, 1978 a, b u. c).
Bei Normalfunktion des Stütz- und Bewegungsapparates über die Dauer eines Lebens besteht ein Gleichgewichtszustand zwischen der biologischen Resistenz der Stützgewebe und der Größe der geforderten mechanischen Beanspruchung (Abb. **153** a).
Kommt es in dieser funktionellen Harmonie zu einer Gleichgewichtsstörung, deren Ausmaß die normalen Grenzen der funktionellen Wachstumsanpassung überschreitet, dann hat sie unaufhaltsame pathologische Gewebsreaktionen zur Folge (Amtmann 1972, Endler 1958, 1967, Pauwels 1965c, d, e u. f, Radin 1978, Radin u. Paul 1972, Schneider u. Lichte 1970) (vgl. Abb. **152** a, b).
Bei zu hohen pathologischen Spannungskonzentrationen, die jenseits der Toleranzgrenzen auftreten, sind Degenerationsschäden und Gewebsnekrosen sowie passive Deformierungen von Gelenk- und Skeletteilen ebenso wie Ermüdungsfrakturen eine unausbleibliche Folge (vgl. Abb. **155**) (Büttner u. Rehbein 1949 u. a.).
Liegen die wirksamen Spannungsgrößen unterhalb der Norm, wie z. B. bei Inaktivitäten durch Lähmungen sowie fixierende und entlastende Verbände, dann treten Atrophien an Knorpel, Knochen und Weichteilgeweben mit einem Überwiegen der Abbauvorgänge in den Vordergrund, und im Jugendalter werden auch die aktive Wachstumsgestaltung der äußeren Form von Skelettelementen sowie auch ihr feinerer Strukturaufbau pathologisch beeinflußt (Abb. **153** c).
Bei unterschwelligen Beanspruchungsgrößen

überwiegen die Abbauvorgänge so lange, bis ein neuer Gleichgewichtszustand der An- und Abbaurate mit reduziertem Gesamtstoffwechsel erreicht wird. (Abb. **153**c) (Haike u. Mitarb. 1966, Kummer 1972, Müller 1945, Pauwels 1959, 1965f).

Zusammenfassend treten Degenerations- und Abbauschäden der Stützgewebe dann auf:

1. wenn abnorm hohe Spannungen auf biologisch normal resistente Stützgewebe einwirken (Abb. **153**b);
2. wenn normale Beanspruchungs- oder Spannungsgrößen bei biologisch kranken oder vorgeschädigten Stützgeweben wirksam sind. Sie werden Umbaureaktionen, Degenerationsschäden und Gewebsnekrosen herbeiführen (Abb. **153**d);
3. wenn Summationen mechanischer und biologischer Schädigungsfaktoren wirksam werden, wird der Krankheitsablauf besonders intensiviert und beschleunigt werden. Das Zusammentreffen pathologischer Spannungsgrößen mit einer gleichzeitigen herabgesetzten biologischen Resistenz kranker oder vorgeschädigter Stützgewebe wird häufig beobachtet. Die differentialdiagnostische Trennung der pathogen wirksamen Einzelfaktoren ist manchmal sehr schwer oder gar unmöglich (Abb. **153**e).

Welche klinischen Symptome hat eine Gleichgewichtsstörung zwischen biologischer Resistenz der Stützgewebe und der Größe der mechanischen Beanspruchung zur Folge?

1. Abnorme Ermüdbarkeit und Leistungsminderung mit Beanspruchungsschmerzen, welche durch typische Schmerzpunkte des in erster Linie pathologisch gereizten Muskel-Band-Apparates gekennzeichnet sind. Die kinetische Kette der Beanspruchung der Fuß-, Bein- und Rumpfmuskulatur hat klinische Symptomenkomplexe zur Folge, die vom Fuß über das Bein und die Erektormuskulatur bis zum Hinterhaupt reichen können. Es kann zu sehr resistenten, sekundär fixierten entzündlichen Reizzuständen mit spastisch-myalgischen und neuralgischen Kollateralsyndromen kommen, die jahrelang intermittierend als Vorboten gröberer morphologischer Gewebsschäden in Erscheinung treten.
2. Bewegungseinschränkungen und Kontrakturen, welche desmogen durch Schrumpfungen des Kapsel-Band-Apparates und der gelenküberbrückenden Muskulatur ebenso wie durch ossäre degenerative Gelenkdeformitäten und passive Verformungen der Metaphysen beim Jugendlichen, z. B. die Coxa vara congenita, manifest werden können. Nicht zuletzt können schwerwiegende Funktionsstörungen auch durch Ermüdungsfrakturen und mechanisch ausgelöste Abbauzonen an tragenden Skelettelementen zustande kommen.

Der Erfahrene wird aus den in der Regel charakteristischen Veränderungen der Röntgenbilder des Skelettes wertvolle Rückschlüsse auf das jeweilige Krankheitsstadium und den Ablauf der mechanischen Degenerations- und Anpassungsvorgänge ziehen können. Proliferative und regressive Veränderungen der Knochenstruktur sowie Veränderungen der Gelenkspaltbreite durch Knorpelschäden mit charakteristischen Deformitäten der äußeren Form der Gelenkkörper lassen sich röntgenologisch gut erfassen. Subchondrale Sklerosen und Strukturverdichtungen der Spongiosa in tragenden Gelenkbereichen sind in der Regel sekundäre Überlastungszeichen, die eine gestörte Spannungsverteilung in den Zonen konzentrierten Druckes frühzeitig anzeigen. Sie sind nach Pauwels (1973a) proportional der jeweiligen Spannungsgröße und besonders charakteristisch in den Initialphasen mit und ohne Gelenkspaltverschmälerung an den tragenden Gelenken der unteren Extremität ausgeprägt (Ahlbäck u. Mitarb. 1968, Bauer 1970, Maquet 1976, 1977, Tillmann 1973) (Abb. **154**a u. b).

Der Gelenkknorpel ist gegenüber pathologischen Größenordnungen des Gelenkdruckes im negativen wie auch im positiven Sinne besonders empfindlich:

1. Er reagiert bei unterschwelligen Beanspruchungen durch Ruhigstellung mit abnorm niedrigen Spannungen mit Atrophien und Degenerationsschäden (Eichler 1974, M. H. Hakkenbroch jr. 1974, Pranger 1974). Chroni-

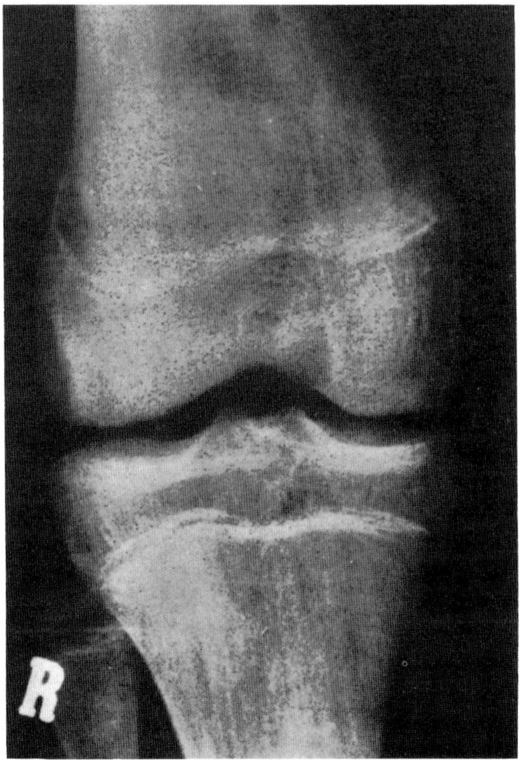

Abb. **155**a

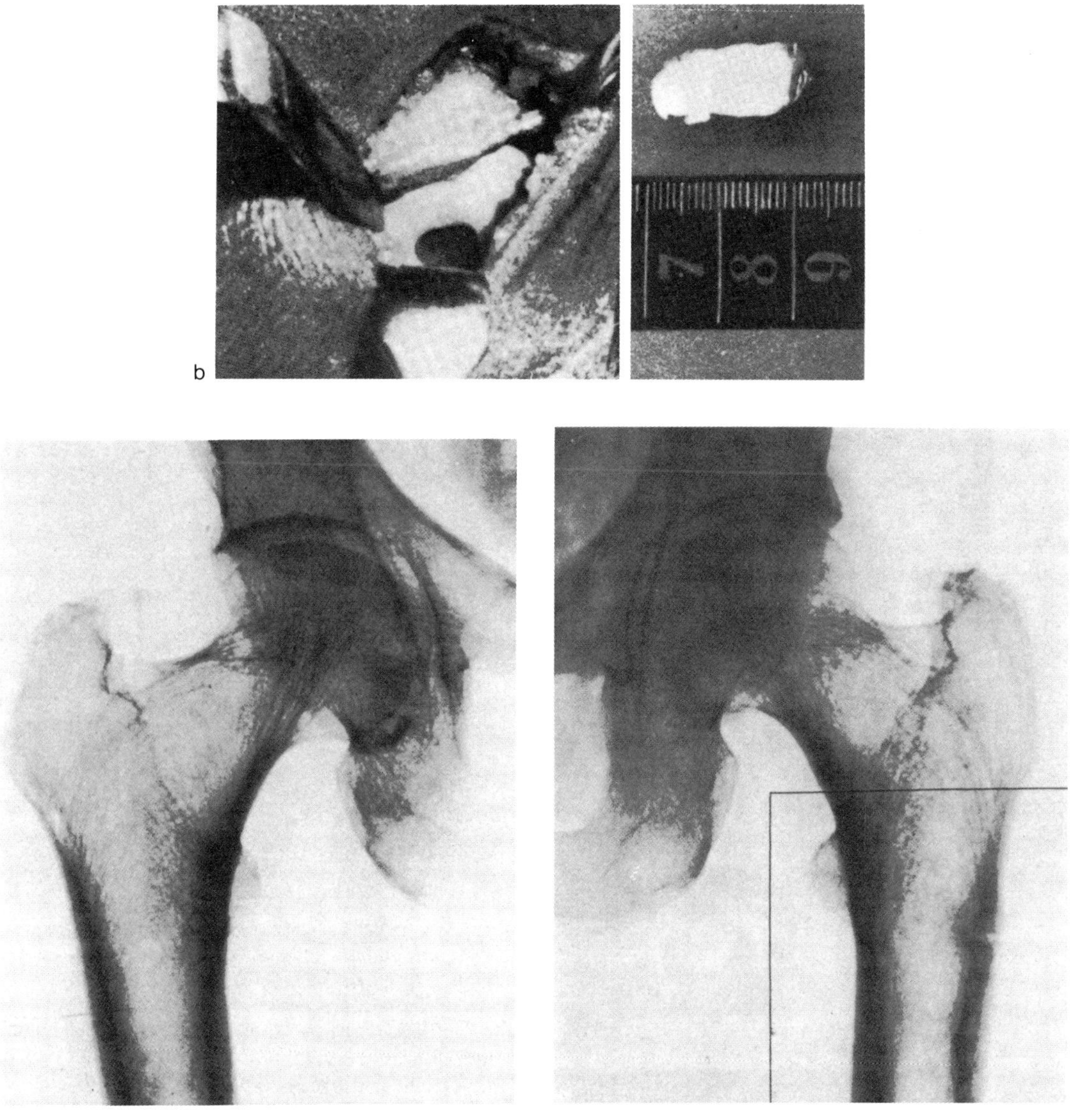

b c d

Abb. **155** a–d a u. b) Akute schalenförmige Knorpelfraktur durch statische Überlastung des medialen Femurkondyles: a) Röntgenbild a.-p.: lediglich leichte subchondrale Auflockerungszone, b) ausgestanzter Knorpeldefekt am Femurkondyl und abgelöstes Knorpelstück aus dem Defekt (aus: *F. Endler:* Wien. med. Wschr. 108 [1958] 948). c u. d) Nach ausgedehnter Resektion eines Weichteiltumors am Femur weitgehende Schädigung des Tractus iliotibialis, welcher als laterale Zuggurtung wirksam ist und der exzentrischen Belastung durch das Körpergewicht das Gleichgewicht hält. Durch den Wegfall des Muskels nehmen die Querschnittsspannungen aus der Biegung im proximalen Femurdrittel hochgradig zu. Das Resultat ist eine Abbauzone durch Ermüdung infolge Überschreitens der maximalen Spannungstoleranz: c) gesundes Femur der linken Gegenseite, d) Abbauzone. Schematische Darstellung der Änderung der Querschnittsspannungen exzentrisch belasteter Säule mit und ohne Gegenkraft (s. S. 33, Abb. 46e u. f) (aus: *W. Oberländer:* Z. Orthop. 113 [1975] 47)

sche Überlastungsschäden beobachten wir in klassischer Form meist bei Leistungssportlern, die nach jahrzentelanger beschwerdefreier Kompensationsphase sekundär statische Arthrosen zur Folge haben. Akute Überlastungsschäden treten in Form von Knorpelfrakturen und Chondrolysen insbesondere bei Jugendlichen im Wachstumsalter auf (Endler 1958). Cotta (1974) fand bei der Entstehung der initialen Knorpelschäden bei Arthrosen feinste Knorpelulzera am Stratum lucidum, die nicht mehr regenerieren. Sie haben einen Zerfall der interzellularen Strukturen mit fibrillärer Demaskierung und progredienter Degeneration der Fibrillensysteme mit fibrösen Metaplasien und Verknöcherungen sowie Nekrosen zur Folge, die in einem Circulus vitiosus zwischen Biochemie der Knorpelernährung und mecha-

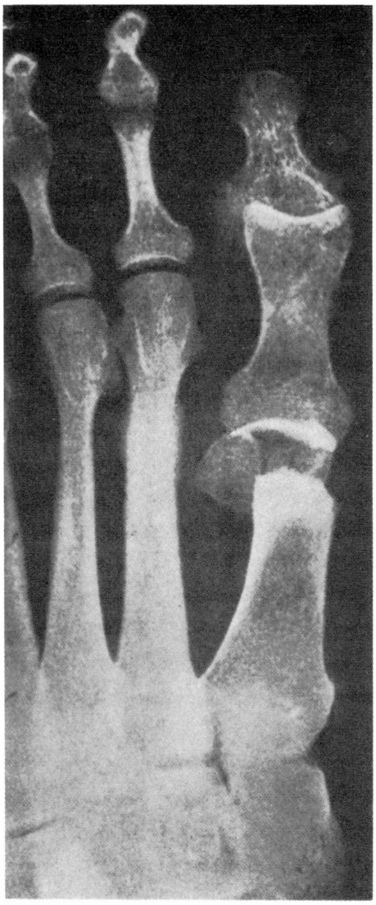

a

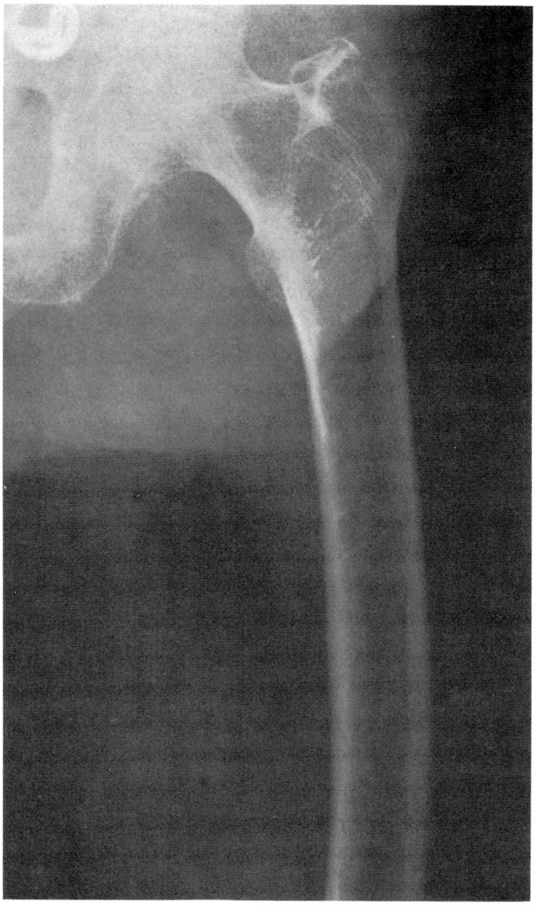

b

Abb. **156** a–c a) Subkapitaler akuter Ermüdungsbruch des Metatarsale II nach statischer Überbeanspruchung als Folge einer Hallux-valgus-Operation mit Resektion des Capit. metatars. I (aus: *R. O. Murray, H. G. Jacobson:* The Radiology of Skeletal Disorders, Bd. II, 2. Aufl. Churchill Livingstone, Edinburgh 1977 [S. 924]) b) Varusdeformierung des Schenkelhalses und der Femurdiaphyse bei Involutionsosteoporose, c) Coxa vara von 100 Grad, normale Beanspruchung führt zur Abbauzone

c

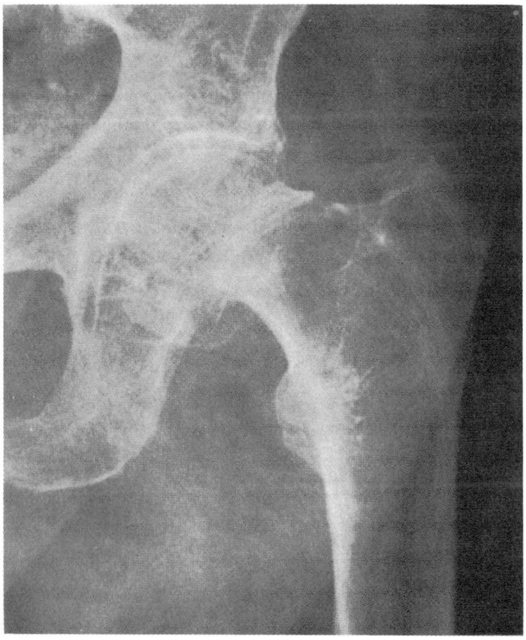

nischer Fehlbeanspruchung verankert scheinen (Abb. **155** u. **156** a u. b).

2. Kortikale An- und Abbaureaktionen in Bereichen abnorm hoher Spannungen bei Fehlbeanspruchungen durch Achsendeformitäten stellen Kompensationen im Rahmen der funktionellen Anpassung durch Breitenwachstum dar, oder es entstehen beim Überschreiten der Maximaltoleranz Ermüdungszonen und Pseudarthrosen (Abb. **157**) (Pauwels 1965 c, d, e u. f, s. auch Abschnitt „Biomechanik der Frakturheilung").
3. Gewebliche Umbaureaktionen als Folge pathologischer Kontakte beweglicher Skelettelemente unter Bildung von Nearthrosen und Schein-

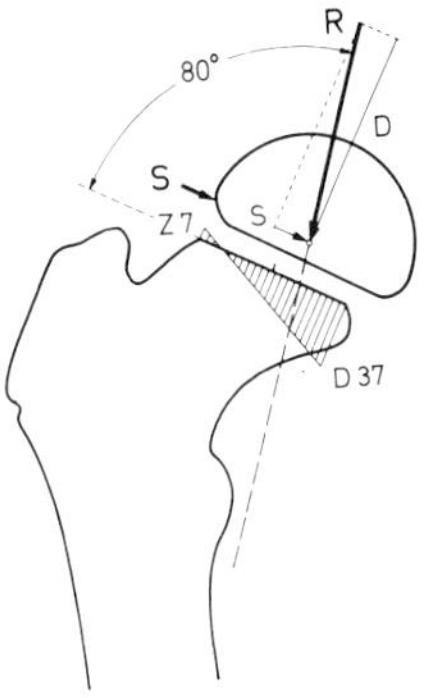

a

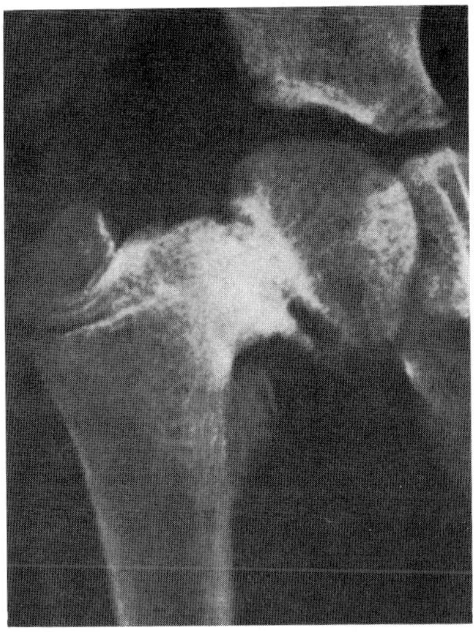

b

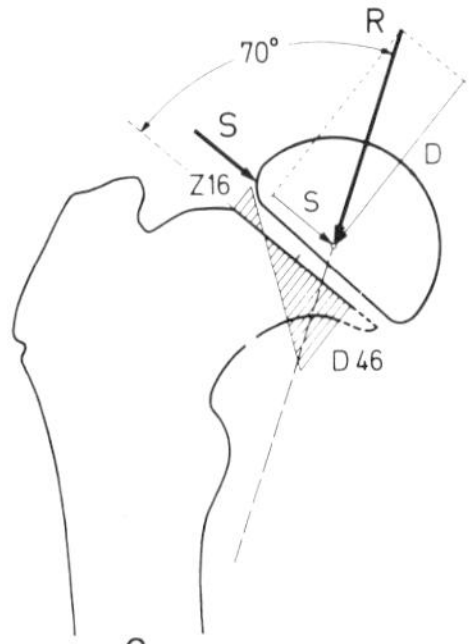

c

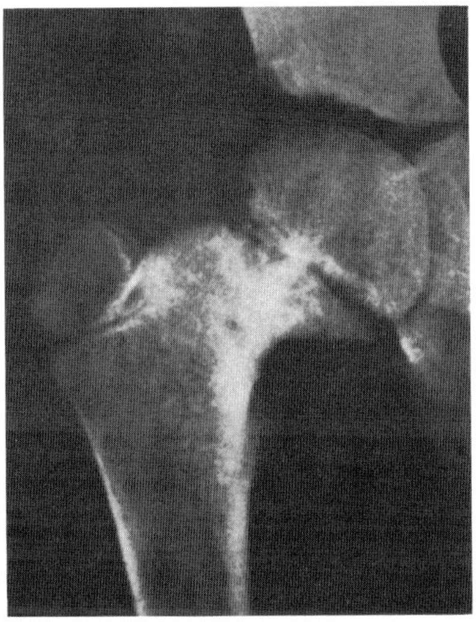

d

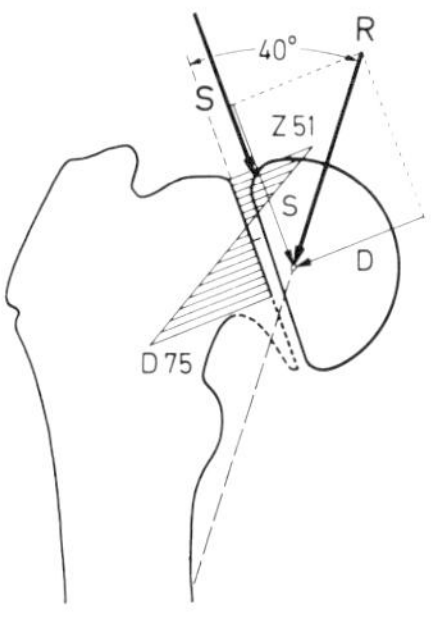

e

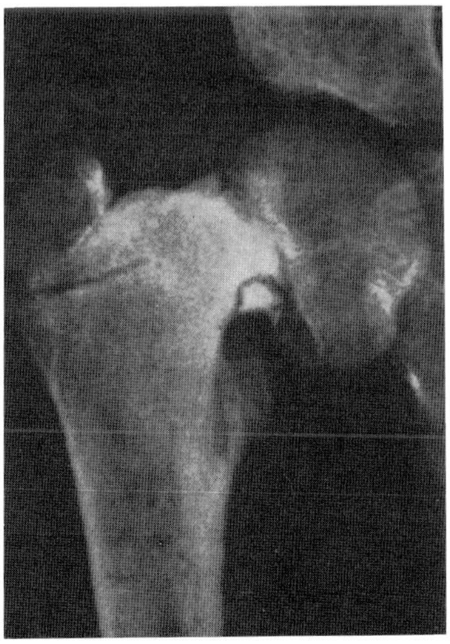

f

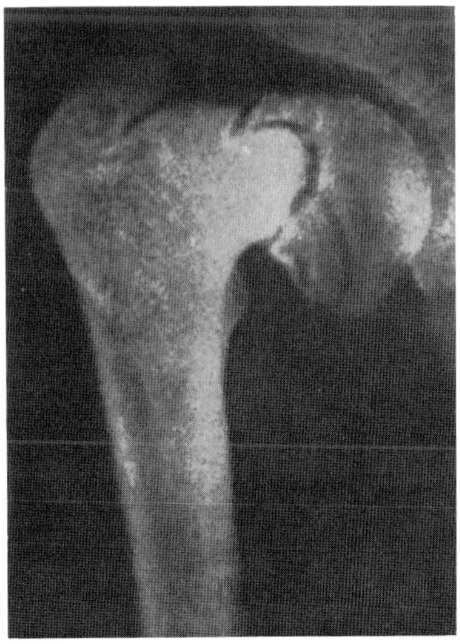

g

Abb. **157** a–g Schema und Röntgenbild: a u. b) Initiales Stadium einer Coxa vara congenita. Biologische Insuffizienz der Wachstumszone gegenüber der normalen Größe der Beanspruchung. Die Schubkomponente der resultierenden Kraft R versucht den Schenkelkopf nach medial-kaudal abzudrängen. c u. d) Die beginnende passive Deformierung der Metaphyse stellt einen Circulus vitiosus dar, mit fortschreitender Zunahme der Biegebeanspruchung des Metaphysenknorpels, kaudalem Knochenabbau des Schenkelstumpfes und kranialem Anbau an der Zugspannungsseite; e u. f) Schenkelhalsverkürzung, Abbauzone an der kaudalen Basis der Metaphyse; g) ständig progressive, passive Deformierung. R = resultierende Druckkraft, S = Schubkomponente, D = Druckkomponente aus der Resultierenden, Z = Zugspannungen, D = Druckspannungen in der Metaphyse. Die Schemata a, c, e zeigen die Veränderungen der Beanspruchungsverhältnisse der Metaphyse mit zunehmender passiver Deformierung und Neigung der Wachstumsplatte zur Horizontalen (aus: *F. Pauwels:* Atlas zur Biomechanik der gesunden und kranken Hüfte, Springer, Berlin 1973, S. 47)

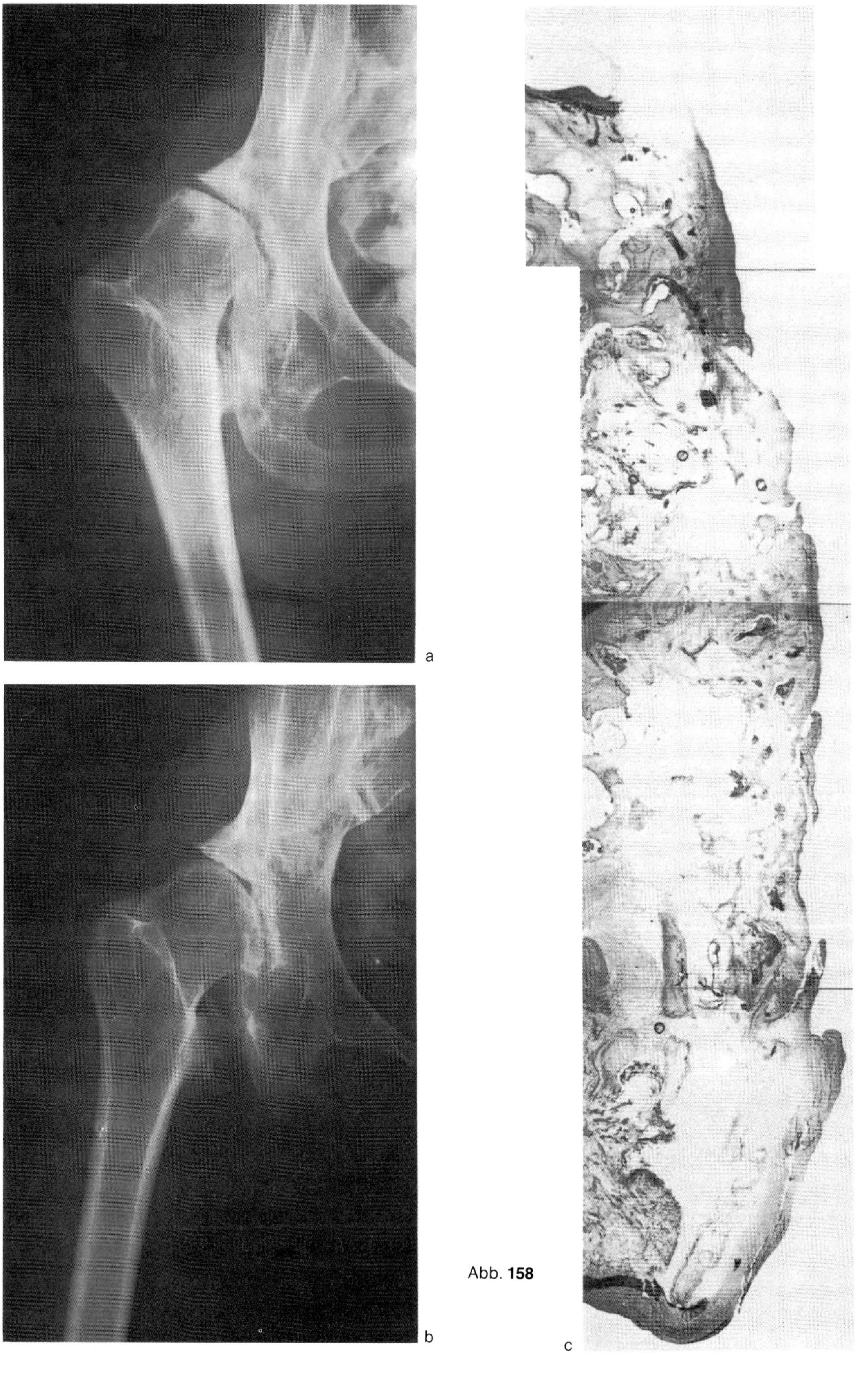

Abb. **158**

a

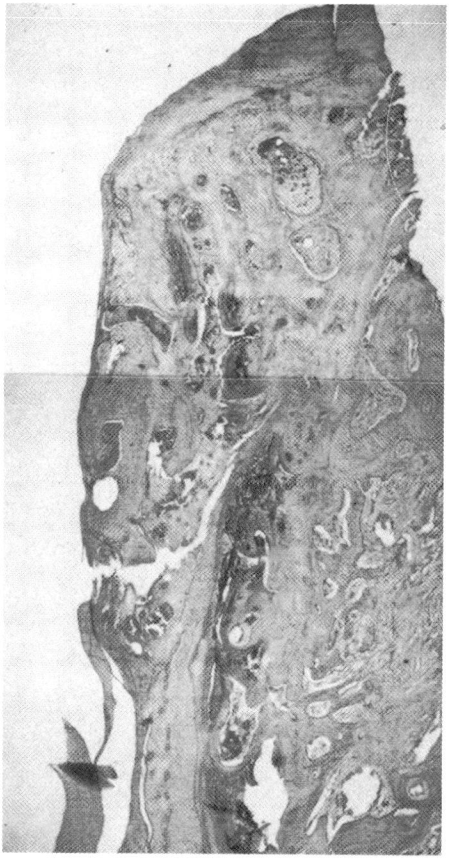

b

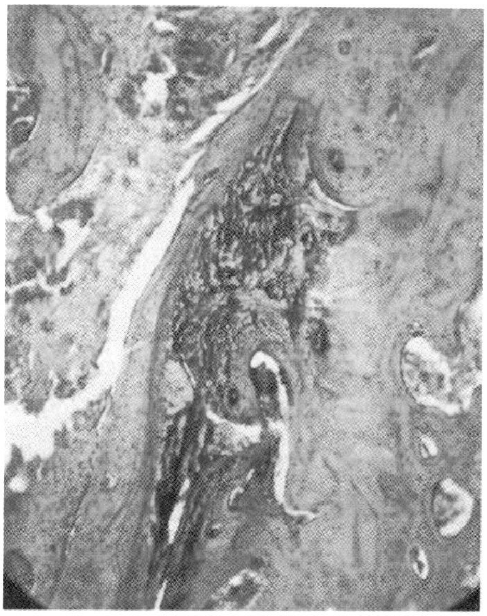

c

◀ Abb. **158** a–c J. M. ♀ 48 Jahre: a u. b) Röntgenaufnahmen der rechten Hüfte in Ab- und Adduktion mit voll ausgebildeter Nearthrose am kleinen Trochanter mit dem unteren Azetabularrand mit Corpus liberum. c) Zusammengesetzte histologische Übersichtsaufnahmen der Gelenkfläche am kleinen Trochanter. Das Periost zieht von der Vertikalkompakta auf die Fläche der Nearthrose mit einer gleichzeitigen Umwandlung der Gewebsstruktur. An den Kanten der neugebildeten Gelenkflächen findet sich chondroid-fibröses Bindegewebe, z. T. unterfüttert durch Chondroidknochen und durch hyalinen Knorpel. Die Fläche der Nearthrose ist von einer 0,4–0,6 mm dicken Knorpelschicht bedeckt, die zugleich mit der unregelmäßigen Oberfläche eine Variante der Struktur zeigt. Das Knorpelbild wechselt zwischen perichondraler Faserstruktur, reinem hyalinem Knorpel und zelldichtem Knorpel. Die Faserstrukturen im deckenden Knorpel ziehen teils horizontal, teils vertikal und ähneln dadurch den Faserzügen eines normalen Gelenkknorpels. – Im Trajektoriensystem des Knochens zeigt die tragende Knochenplatte Tendenzen zur Sklerose. Die Markräume sind teilweise bindegewebig ausgefüllt, vorwiegend unter der tragenden Deckplatte. Gleichzeitig besteht eine hohe osteoplastische Aktivität. In den tieferen Schichten des Knochenmarks befinden sich Fettgewebe und Ansätze zur Bildung von rotem Knochenmark

Abb. **159** a–f a) Kante der Nearthrose, Übergang von dünnem Periost und Chondroidknochen in eine fibrillär knorpelige Oberflächenzone (50:1 HE). b u. c) Beobachtungsbereich der Nearthrose über 14 mm anschließend an die Markierung von Gruppe 1 auf dem Normal- und Polaroidbild. Das Oberflächenbild wird von der Randzone mit variablen Formen von Knorpelgewebe fortgesetzt. Es handelt sich anfänglich um Faserknorpel mit einer unregelmäßigen Oberfläche, der von hyalinem Knorpel abgelöst wird. Im weiteren Ver-

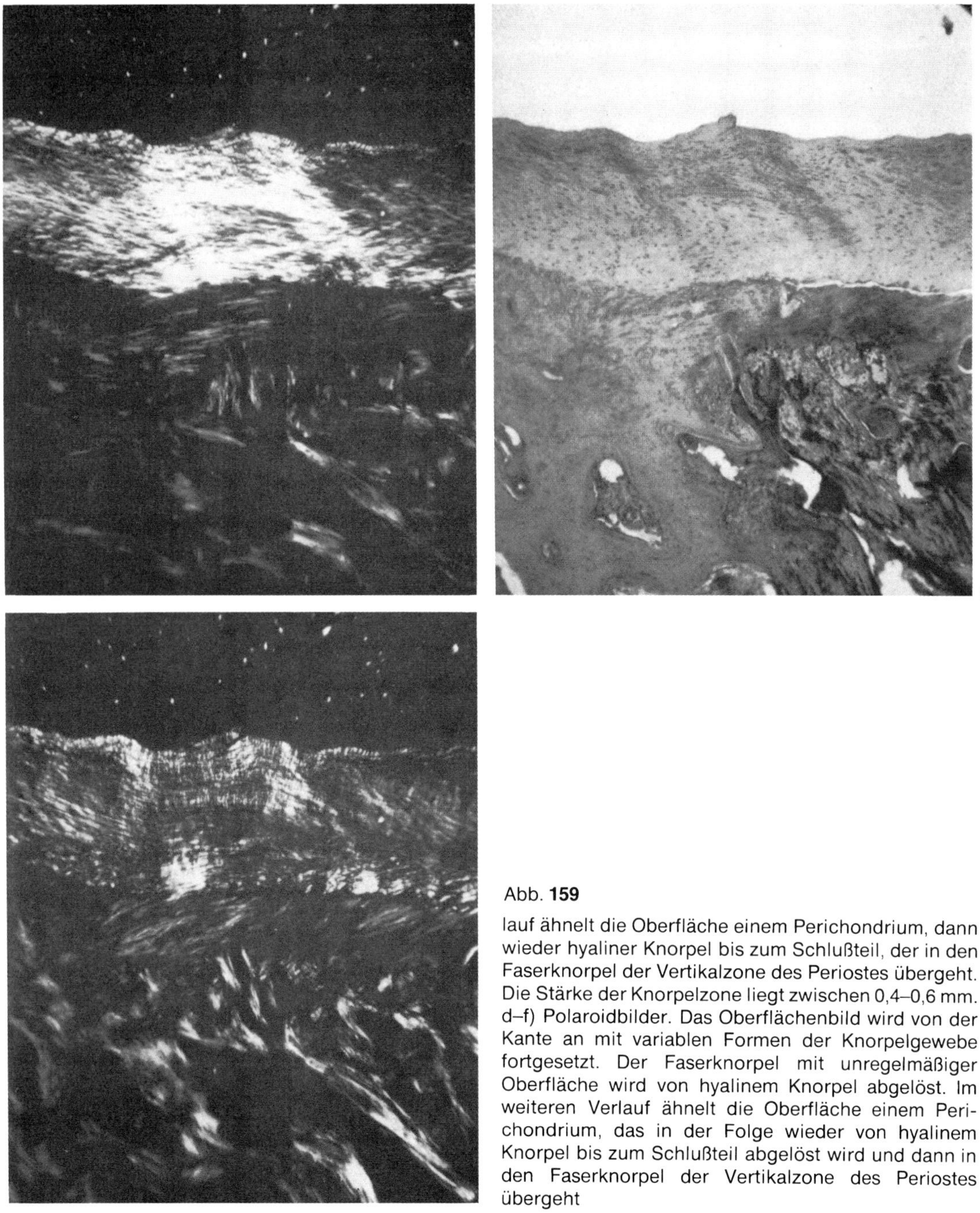

d e f

Abb. **159**

lauf ähnelt die Oberfläche einem Perichondrium, dann wieder hyaliner Knorpel bis zum Schlußteil, der in den Faserknorpel der Vertikalzone des Periostes übergeht. Die Stärke der Knorpelzone liegt zwischen 0,4–0,6 mm. d–f) Polaroidbilder. Das Oberflächenbild wird von der Kante an mit variablen Formen der Knorpelgewebe fortgesetzt. Der Faserknorpel mit unregelmäßiger Oberfläche wird von hyalinem Knorpel abgelöst. Im weiteren Verlauf ähnelt die Oberfläche einem Perichondrium, das in der Folge wieder von hyalinem Knorpel bis zum Schlußteil abgelöst wird und dann in den Faserknorpel der Vertikalzone des Periostes übergeht

gelenken, die ich am Beispiel eines Anbaugelenkes zwischen kleinem Trochanter und unterem Azetabularrand, bei kongenitaler Hüftluxation, genauer analysieren möchte (Abb. **158**, Abb. **159**).

Nach jahrzehntelangen Fehlbeanspruchungen durch Abstützung des kleinen Trochanters am unteren Azetabularrand ist es zur Entwicklung einer typischen Nearthrose mit Sekundärpfanne gekommen. Sie hat viele Jahre lang die Lastübertragung von Körpergewicht auf die luxierte Hüfte wesentlich unterstützt.

Anläßlich einer palliativen Koxarthroseoperation wurde das arthrotisch veränderte Scheingelenk am kleinen Trochanter und am Azetabulum möglichst weitgehend reseziert und von KELLNER (Mitteilung in Vorbereitung) histologisch untersucht. Makroskopisch hatte die pathologische Beanspruchung zur Ausformung einer breiten Nearthrose am unteren Azetabularrand mit Umformung des kleinen Trochanters zu einer Art Gelenkkopf und gleichzeitiger Bildung einer Sekundärpfanne geführt. Das Körpergewicht wurde, ähnlich wie bei einer McMurray-Osteotomie, mit starker Medialisierung des distalen Fragmentes direkt vom Becken auf den Oberschenkel übertragen.

Das Röntgenbild zeigt ein typisches sekundäres Scheingelenk mit annähernd kongruenter Artikulationsfläche. Es zeichnet sich deutlich ein relativ breiter Gelenkspalt ab, der trotz einer fortschreitenden Sekundärarthrose noch gut erkennbar ist.

Die histologische Untersuchung der neu gebildeten Artikulationsfläche zeigt einen teilweise hyalinen Knorpelüberzug und Faserknorpel, der in manchen isolierten Bereichen durch die später aufgetretene Sekundärarthrose regressiv verändert ist. Die subchondralen trajektoriell ausgerichteten Knochenstrukturen sind intakt. Das Beispiel beweist, daß die funktionelle Anpassung speziell im Jugendalter durchaus in der Lage ist, an normalerweise nicht vorgesehener Stelle ein jahrzehntelang funktionstüchtiges Anlagegelenk mit hyalinem Knorpelüberzug zu entwickeln (Altmann 1964, Pauwels 1960).

In diesem Zusammenhang soll ein einmaliges klinisches Beispiel einer Neuausformung eines sekundären Hüftkopfes im Kindesalter nach destruktiver Säuglingskoxitis mit pathologischer Luxation von Pauwels (1960) besprochen werden, das durch eine rekonstruktive Arthroplastik nach biomechanischen Gesichtspunkten entstand (Abb. **160**).

Das Kind war bei der Operation fünf Jahre alt. Der hochstehende luxierte Stumpf des verplumpten Schenkelhalses wird durch eine präoperativ genau geplante intertrochantere Keilresektion in eine in die ursprüngliche Gelenkpfanne eingepflanzte Plexiglasschale gestellt. Eine Abstützung über einen Marknagel verhindert eine mechanische Beanspruchung des Transplantates in der Plexiglaspfanne, so daß keine einseitig ausgerichteten Druckspannungen wirksam werden können (Abb. **161**).

In dem abgegrenzten Raum der Plexiglasschale wächst expansiv ein Granulationsgewebe ein, das zunehmend unter hydrostatischem Druck steht. Er wird von Pauwels (1965) (s. auch Beitrag Kummer) als spezifischer Bildungsreiz von hyalinem Knorpelgewebe angesehen (Altmann 1964, Krompecher 1937).

Nach 9monatiger Ruhigstellung mit Bettruhe

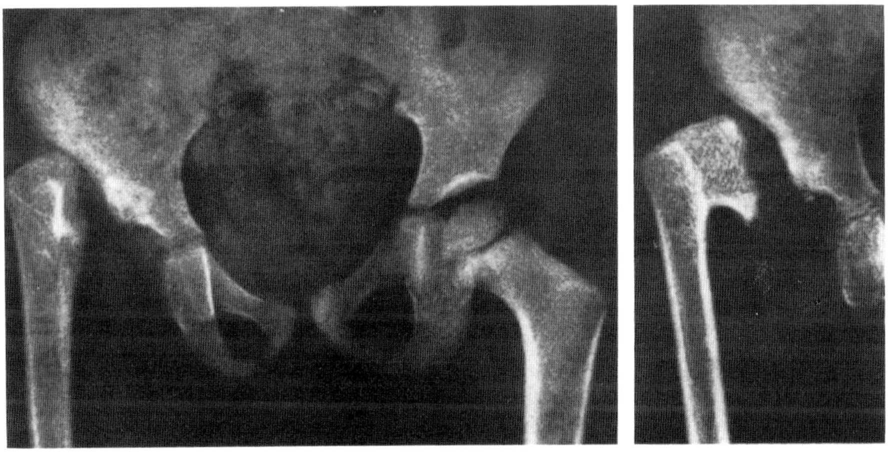

a b

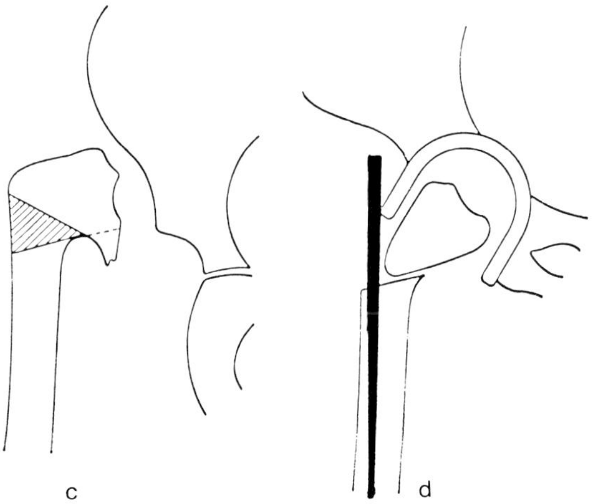

c d

Abb. **160** a–d Zustand nach Säuglingskoxitis eines 5 Jahre alten Kindes: a) Beckenübersicht; b) Einzelaufnahme der erkrankten Hüfte. Projektion in Innenrotation läßt Reste des Schenkelhalses erkennen. Subiliakaler Hochstand des koxalen Femurendes. Hüftkopfepiphyse und ein großer Teil des Schenkelhalses fehlen; c) intertrochantere, valgisierende Osteotomie; d) geplantes Operationsziel: Lateralverschiebung des distalen Osteotomiefragmentes zur Schenkelhalsverlängerung. Eine über den Schenkelhalsstumpf aufgesetzte Plexiglaskappe wird in die neu gefräste Pfanne eingestellt und mit einem Marknagel (schwarz) fixiert (aus: *F. Pauwels:* Z. Anat. Entwickl.-Gesch. 121 [1960] 478)

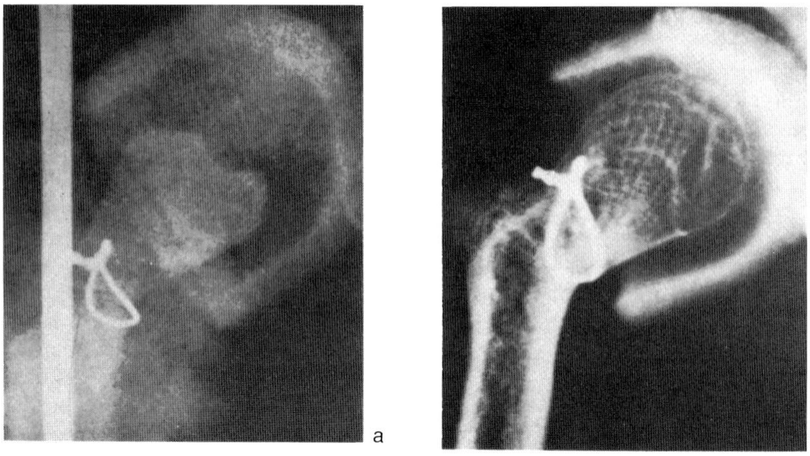

a b

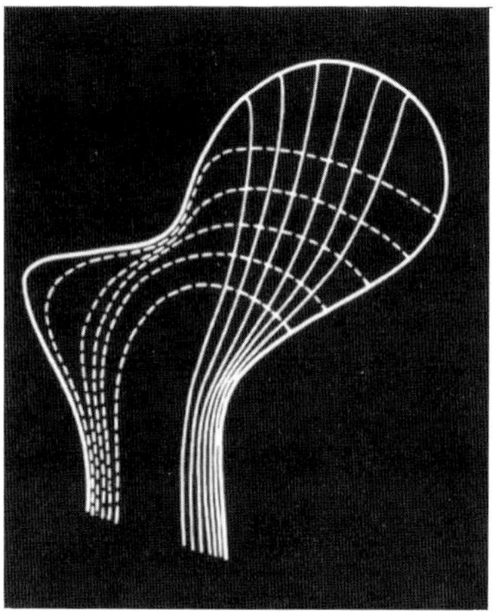

c

Abb. **161** a–c a) Operationsergebnis im Röntgen durch den Gipsverband stimmt mit der Skizze überein; b) Röntgenaufnahme 11 1/2 Monate nach der Operation. Neugebildeter Schenkelkopf in der Plexiglasschale mit trajektorieller Spongiosaausrichtung; c) das spannungsoptische Trajektorienbild am Modell von gleicher Kontur mit Druck- und Zugtrajektorien entspricht genau den Spongiosazügen im Röntgenbild (aus: *F. Pauwels:* Z. Anat. Entwickl.-Gesch. 121 [1960])

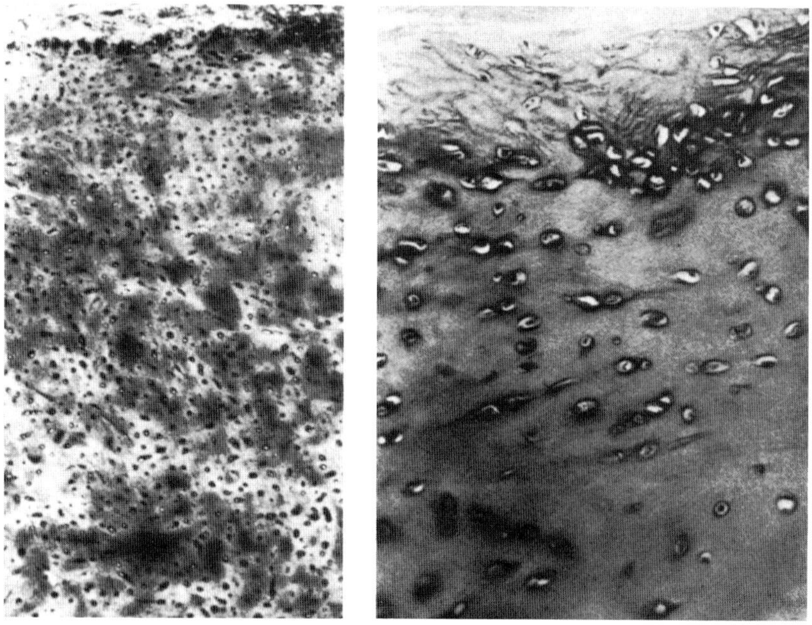

a b

Abb. **162** a u. b Histologie nach Probeexzision bei der Entfernung der Plexiglasschale 1 1/2 Jahre nach der ersten Operation: a) Übersichtsbild von der Dicke des Knorpelüberzuges (38 : 1), b) stärkere Vergrößerung (187 : 1), typisches Bild des Hyalinknorpels (aus: *F. Pauwels:* Z. Anat. Entwickl.-Gesch. 121 [1960])

und Gipsverband ist durch enchondrale Ossifikation ein runder Hüftkopf entstanden, der nach weiteren 8 Monaten Teilbelastung ohne Verband eine trajektorielle Spongiosastruktur mit Entwicklung eines Schenkelhalses und breitem Gelenkspalt aufweist (Abb. **162**).

$1^{1}/_{2}$ Jahre später beobachtet man beim Auswechseln der Plexiglasschale eine 5–7 mm starke hyaline Knorpeldecke, die histologisch zusätzlich verifiziert wird. Sie erstreckt sich über den ganzen Kopf.

Das einmalige Ergebnis dieser eher experimentellen Operation ist ein starker Beweis, daß unter entsprechenden mechanischen Bedingungen bei noch vorhandener potentieller Wachstumsenergie des Jugendlichen eine weitgehende funktionelle Differenzierung des Blastems zu hyalinem Knorpelgewebe stattfinden kann (Abb. **163**).

Mit einer ähnlichen Zielsetzung wurden von uns 2 pathologische Luxationen nach Säuglingskoxitis im Alter von $2^{1}/_{2}$ und 3 Jahren mittels operativer Reposition und muskulärer Entspannung behandelt. Der stark verkürzte, verplumpte Knorpelstumpf des Schenkelhalses mit Resten einer Epiphyse wurde in die von Granulationen befreite Gelenkpfanne spannungsfrei eingestellt. Unter den so erzielten Artikulationsbedingungen zeigte sich eine weitgehende reparatorische Defektheilung mit artikulärer Abstützung, die nach wie vor funktionstüchtig ist (Abb. **164**).

Die klinischen Indizienbeweise für die Stichhaltigkeit der Auffassung von Pauwels werden durch die klassische Arbeit von Altmann (1964) zur „kausalen Histogenese des Knorpels“ an der Rattenfibula erhärtet. Er stellte die Resektionsstümpfe der Fibula in einen kugelförmigen Hohlraum eines übergestülpten, doppelt gekämmerten Plexiglaszylinders ein. Das Granulationsgewebe, das in den runden Hohlraum um die Knochenstümpfe einwuchs, stand ausschließlich unter hydrostatischem Druck. Unter diesen Bedingungen entwickelte sich ein runder Gelenkkopf mit einem vollständigen hyalinen Knorpelüberzug, der dem Hohlraum der Plexiglaspfanne angepaßt war (Abb. **165**).

4. Artikuläre regressive Knorpel- und Knochenreaktionen mit Nekrosen, Atrophie und Gelenkspaltverschmälerung findet man gesetzmäßig in den Bereichen von Überlastungszonen beim statischen Arthrosegeschehen. Neben den Abbauvorgängen finden wir ein charakteristisches Nebeneinander von kompensatorischen Knochenanbauvorgängen und ossären Metaplasien des Knorpels in den wenig belasteten Gelenkbereichen (Endler 1963, Geller 1965, Maquet 1977, Rutishauser u. Mitarb. 1959, Trueta 1954) (Abb. **166**).
5. Akute Überbeanspruchungsfraktur (Marschfrakturen), schleichende Abbauzonen und Ermüdungsfrakturen sowie Pseudarthrosen durch Fehlbeanspruchung und mangelhafte Ruhigstellung heilender Frakturen (s. Abschnitt „Biomechanik der Frakturheilung“); Patholo-

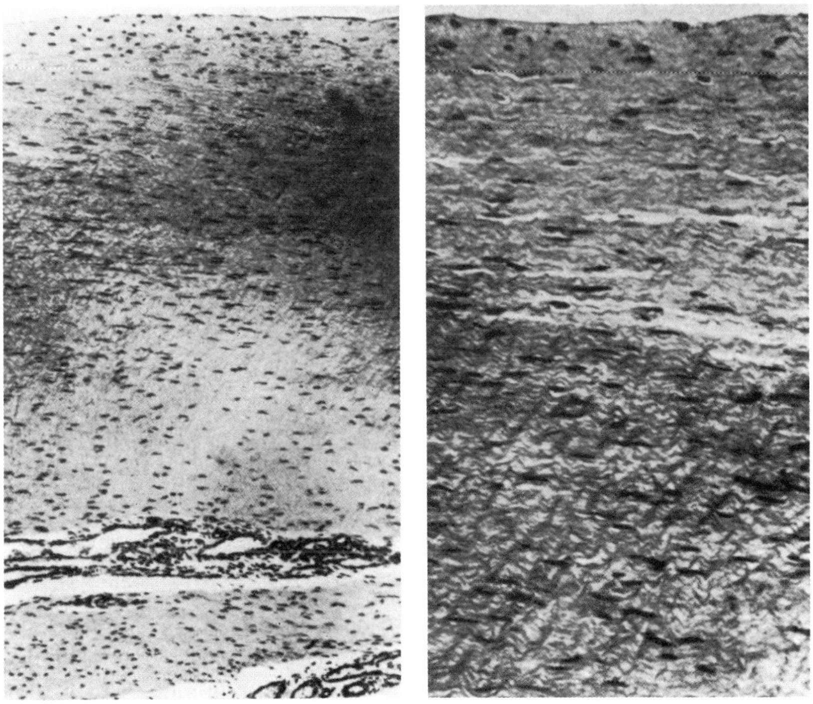

a b

Abb. **163** a u. b a) Kollagenes straffes Bindegewebe aus der Pfannenauskleidung in der Übersicht (88 : 1), b) Oberflächenschicht der Pfannenauskleidung (210 : 1) (aus: *F. Pauwels:* Z. Anat. Entwickl.-Gesch. [1960])

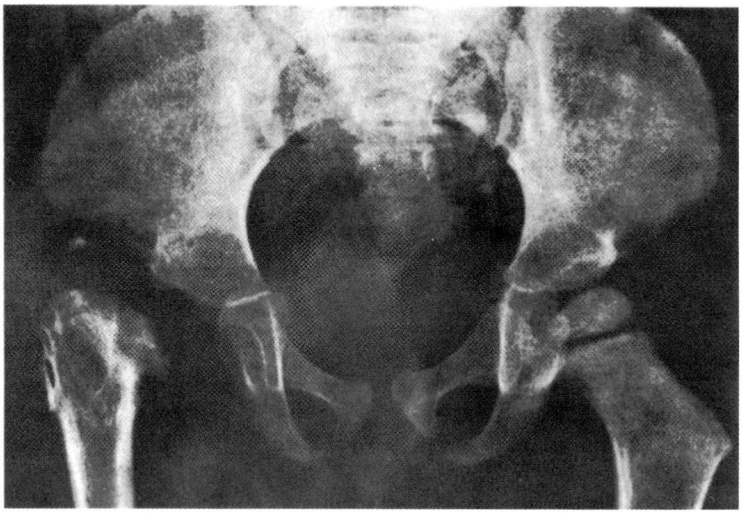

a

Abb. **164** a–c K. C. ♂: a) Zustand nach luxierter destruktiver Koxitis im Alter von ca. 2½ Jahren, mit kurzem Schenkelhalsrest; b) offene Reposition mit Pfannenausräumung und muskulärer Entspannung; Einstellen des Schenkelhalsstumpfes in die teils zerstörte Gelenkpfanne in Primärstellung; c) Entwicklung einer Defektheilung in reponierter Stellung mit tragendem Schenkelhals in der Pfanne, breiter Gelenkspalt

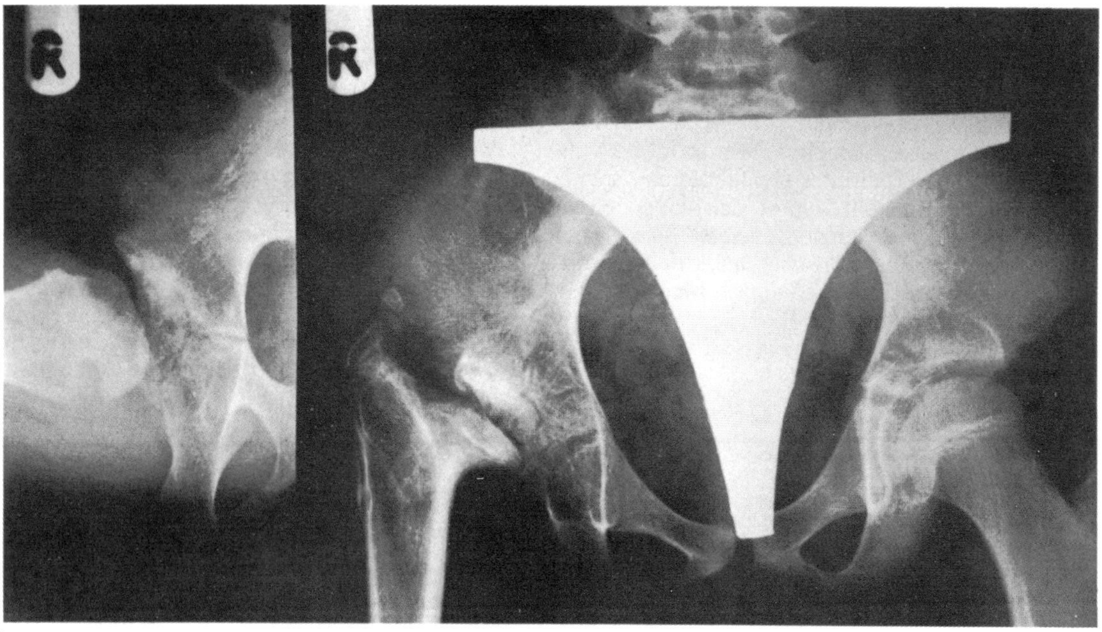

b c

gische Knochenumbaureaktionen und Abbauzonen in bestimmten Knochenbereichen müssen nicht immer Folgen von chronischer oder akuter Überbeanspruchung bei biologisch normalem Knochengewebe sein, sondern sie treten auch bei Normalbeanspruchung bei gleichzeitigem Vorhandensein biologischer Störungen des Knochenstoffwechsels, wie bei Osteomalazie und Osteoporose sowie Systemerkrankungen und metabolen Störungen, z. B. der Vitamin-D-resistenten Rachitis, bevorzugt auf (Abb. **167** u. **168**).

Der Sehnen- und Bandapparat kann dosierte Mehrbeanspruchungen sowie kurzdauernde Überbeanspruchungen bei Sportlern mit Hypertrophie, fibrillären Verdichtungen, Querschnittszunahmen im Rahmen der funktionellen Anpassung auch auf lange Sicht kompensieren (Friedebold 1958) (s. auch Beitrag von Stoboy).

Akute Überlastungen können bei Normalsehnen zu Rupturen mit Knochenausrissen am Sehnenansatz Anlaß geben (Schönbauer 1960).

Chronische Überbeanspruchungen jenseits der Toleranzgrenze hingegen haben mechanische Degenerationsschäden mit Paratenonitiden und pathologischen Querschnittsrissen zur Folge (Arnold 1974, Segesser 1974 u. a.).

Nach abnorm langen Ruhigstellungen und Entlastungen sowie bei Inaktivität durch Lähmungen beobachten wir mehr oder weniger starke

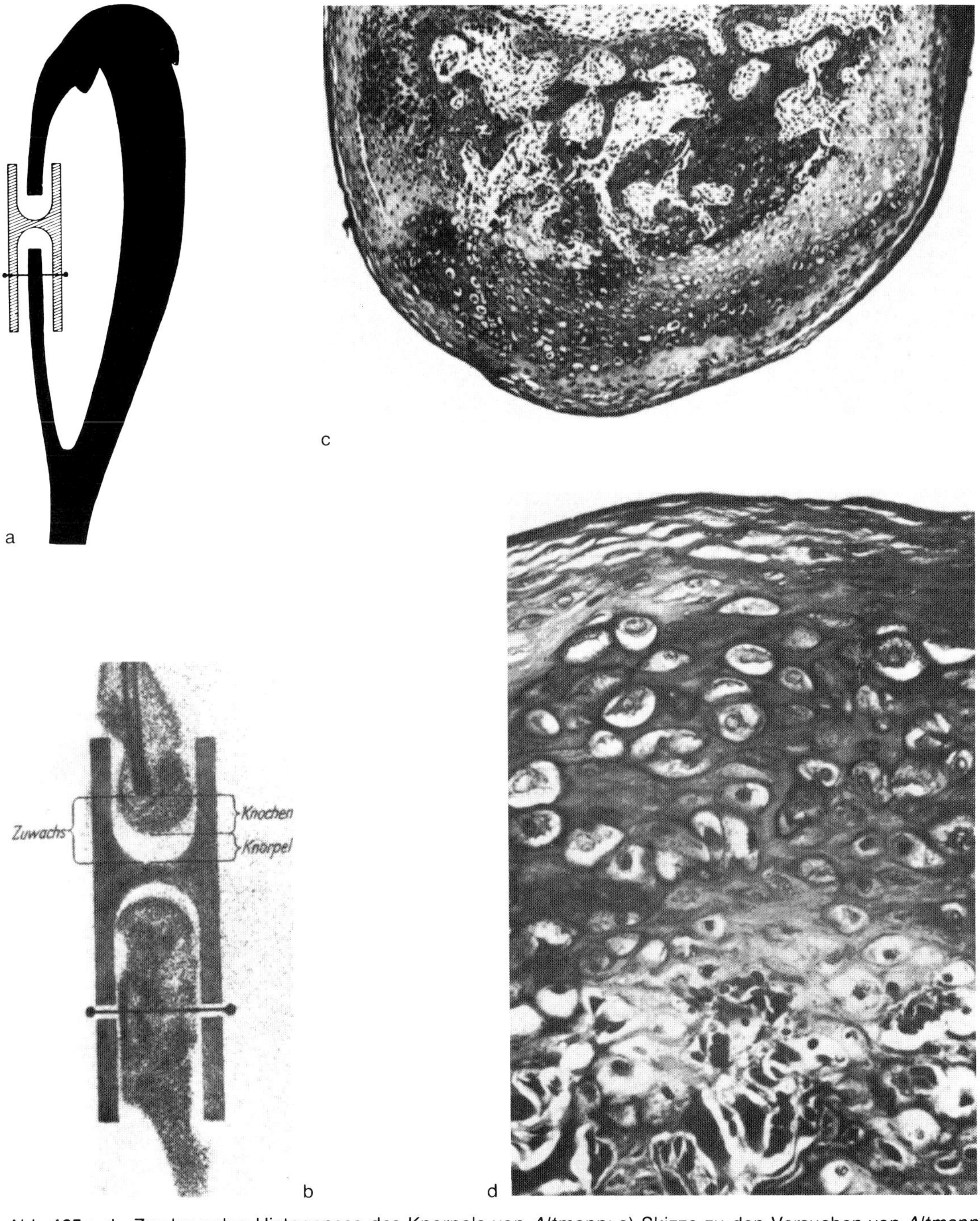

Abb. **165** a–d Zur kausalen Histogenese des Knorpels von *Altmann:* a) Skizze zu den Versuchen von *Altmann* (s. Text). Unterschenkelskelett der weißen Ratte. Einhülsen der um 9 cm resezierten Fibulastümpfe in eine unterteilte Plexiglashülse; b) Knorpel- und Knochenzuwachs im Schema nach 6 Wochen; c) Histologisches Präparat Zuwachsgewebe; Übersicht, enchondraler Knochen mit Knorpelüberzug; d) Vergrößerung des Überzuges mit 362:1, enchondral ossifizierender Hyalinknorpel (aus: *F. Pauwels:* Ges. Abhdlg. z. funkt. Anatomie. Theorie über den Einfluß mechanischer Reize auf die Stützgewebe. Springer, Berlin 1965, S. 514)

Atrophien mit Verschmächtigungen des Sehnenquerschnittes sowie Degenerationsschäden in Form von Gewebsmetaplasien zu Bindegeweben. Sie sind bei Reaktivierungen teilweise oder ganz reversibel.

Das Verhalten der Muskulatur bei verschiedenen Formen mechanischer Beanspruchung wurde in den Kapiteln zur funktionellen Anatomie von Kummer sowie Stoboy berücksichtigt.

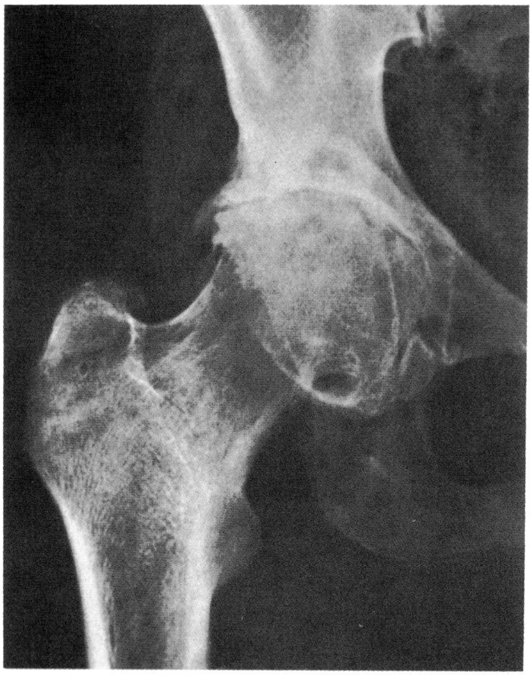

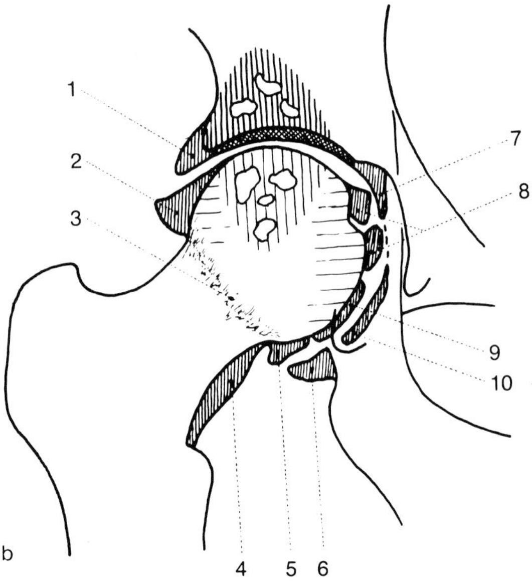

b

1–6: Marginale Osteophyten
7–10: Mediale Osteophyten (Femurkopf und Azetabulum) in der belastungsarmen Zone

c

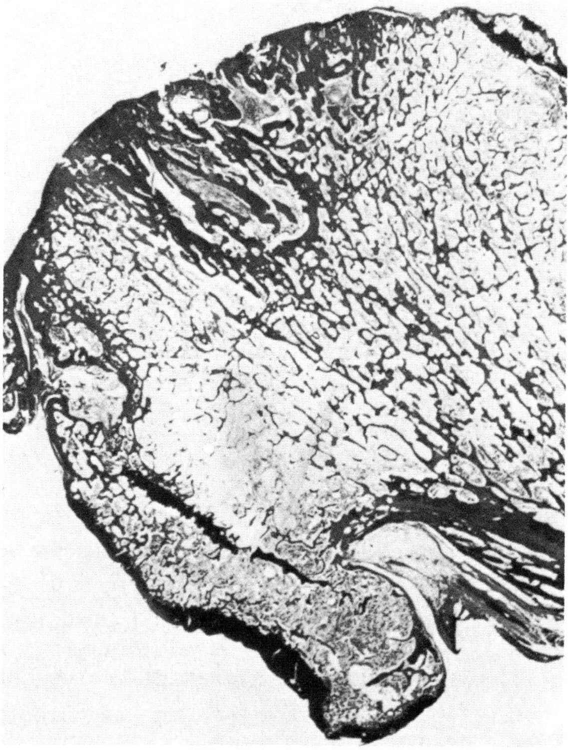

d

Abb. **166** a–d Topographie des Nebeneinanders vorwiegend statisch bedingter, regressiver und progressiver Knorpel-Knochen-Reaktionen in der Frontalebene: a) im Röntgenbild, b) im Schema, c) Foto in kranioventraler Aufsicht, totale Knorpelnekrose, Impression der Randzone, reaktiver Randosteophyt. d) histologische Übersicht, kranioventrale Nekrosezone am Hüftkopf, medial kaudale Anbauzone (Osteophyt) (aus: *F. Endler, K. Fochem:* Special Orthopaedic Roentgen Diagnosis. Thieme, Stuttgart [im Druck])

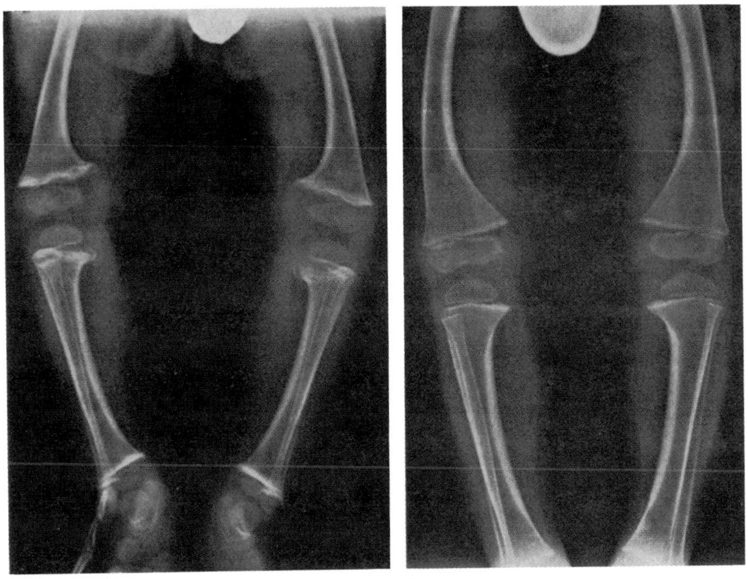

a b

Abb. **167** a u. b A. K. ♂, 2 Jahre: a) Genua vara, die in der ersten Phase des Stehens und Gehens zunehmen. Primär progressive, passive Deformierung infolge Osteochondrose mit metaphysärem, medialem Anbau der distalen Femur- und proximalen Tibiametaphyse. Erlacher-Pommer-Blountsche Erkrankung. b) Spontanerholung mit Selbstkorrektur innerhalb 1 Jahres durch aktive Wachstumsgestaltung und Abheilung der metaphysären Abbauzonen

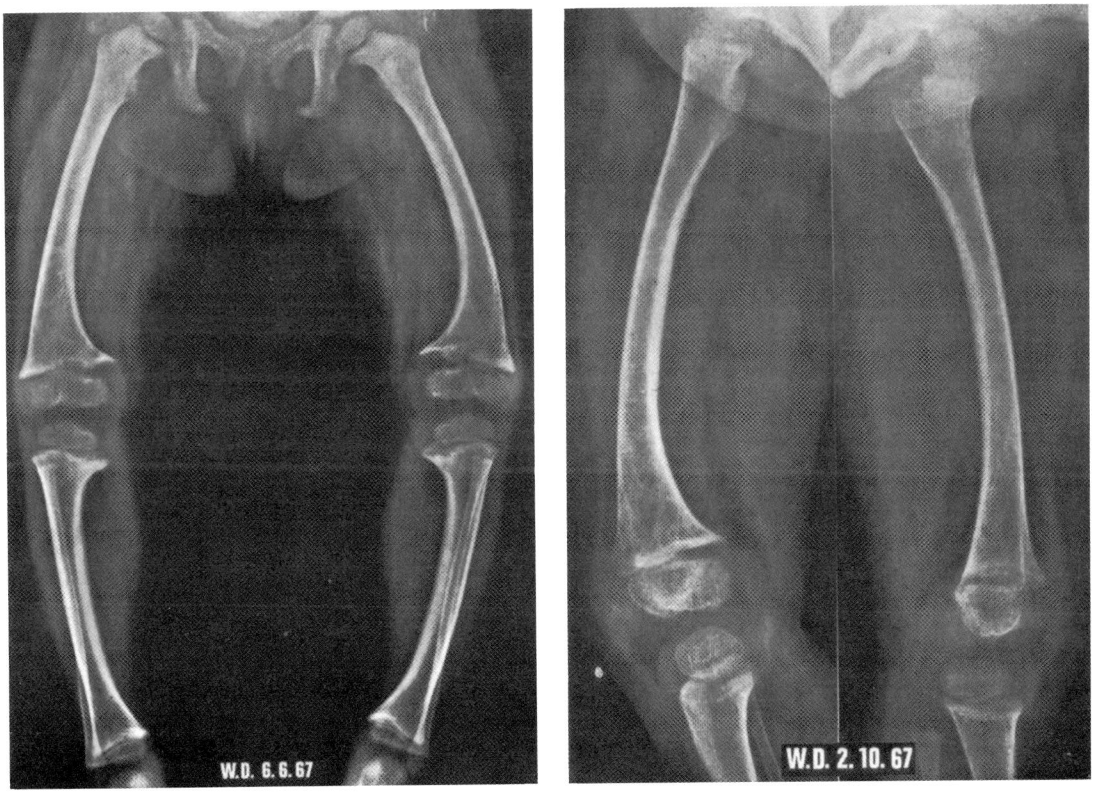

a a′

Abb. **168** a–c W. D. ♀, 2 Jahre 1967: a/a′) Hypophosphatämische Vi-De-resistente Rachitis mit Femora vara, links mehr als rechts. Biologische Insuffizienz der Stützgewebe durch Stoffwechselstörung. b) Die biologische Resistenz des Knochens wird durch kontinuierliche biochemische Überwachung gebessert, und die passive Deformierung beginnt sich in eine aktive Gestaltung und Wachstumsaufrichtung umzuwandeln. c) Im Alter von 12 Jahren; volle Selbstkorrektur des Femur varum links, rechts leichte Varusdeformität mit Coxa vara, funktionelle Anpassung der Kortikalis des Femurschaftes an der medialen Seite a.-p. und axial. Eigene Beobachtung

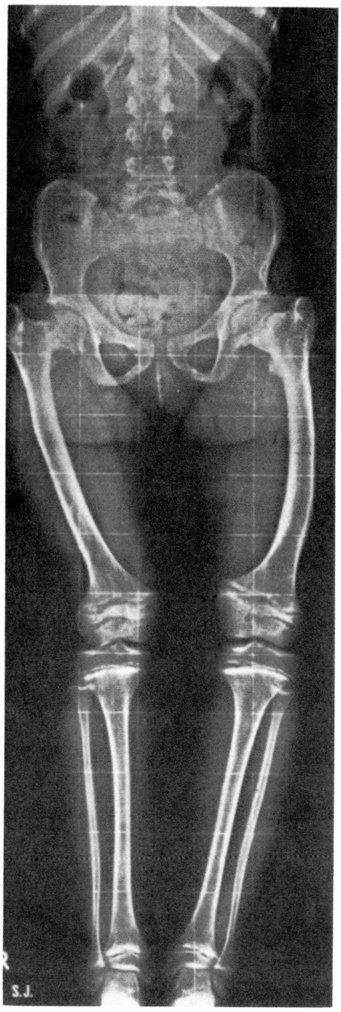

b

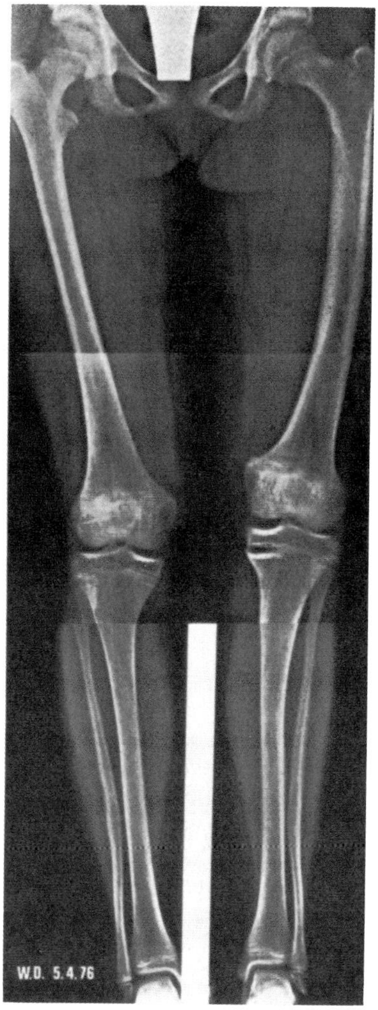

c

Biomechanik der Frakturheilung

JULIUS WOLFF (1892) hat als einer der ersten den signifikanten Einfluß der Mechanik auf die Frakturheilung untersucht. In seinem „Grundriß einer Biomechanik der Frakturheilung" (1934, 1940, 1965 e) hat PAUWELS die mechanischen Prinzipien der Wachstumssteuerung der komplexen Heilungsvorgänge auf eine solide physikalische Basis gestellt. Er wurde nicht zuletzt durch die Monographie von KROMPECHER (1937) über die Osteogenese angeregt, der in seinen Untersuchungen den Einfluß der Mechanik nur unscharf abgrenzt.

Es folgen zahlreiche Analysen, die einerseits versuchen, die biologischen Reparationsvorgänge der Knochenheilung zu determinieren und andererseits auf mechanisch signifikante Wachstumsreaktionen der Kallusbildung hinweisen. Im deutschen Sprachraum waren es vor allem BLOCK (1940), MATZEN (1955), KNÖFLER (1967) u. v. a., die sehr wesentliche Beiträge geliefert haben, wobei man die experimentellen Grundlagen über die Differenzierung der Mesenchymzelle durch mechanische Reize, die auf Anregung von PAUWELS entstanden sind, nicht ausklammern darf. Zahlreiche Arbeiten, von denen ich nur BICK (1948), DUBOIS (1953), WIESER u. ALLGÖWER (1962), SLÄTIS u. ROKKANEN (1965), URIST u. JOHNSON (1943), YAMAGISHI u. YOSHIMRA (1955), KROMPECHER (1967) und RHINELANDER (1968) erwähnen möchte, kommen zu keiner einheitlichen Meinungsbildung über die genaue Reichweite mechanischer Gesetzmäßigkeiten bei der Kallusbildung.
Auch COUTELIER (1969), der sich sehr eingehend mit der normalen Kallusentwicklung auseinandersetzt, zweifelt auf Grund der topographischen Anordnung der subperiostalen Knorpelblöcke am signifikanten Einfluß des hydrostatischen Druckes auf die spezifisch lokalisierte Zelldifferenzierung, die PAUWELS in bestimmten Bereichen hervorhebt.

Die fortschreitende Entwicklung der operativen Stabilisierung von Frakturen durch Osteosynthese wird in Gegenüberstellung zum unterschiedlichen Ablauf von Spontanheilungen instabiler Frakturen mittels Ruhigstellung in starren Verbänden entscheidend vorwärtsgetrieben. Gezielte Forschungen, die in erster Linie die biologischen und nur sekundär mechanischen Gewebsreaktionen instabiler Spontanheilungen mit der Reparation operativ stabilisierter Frakturen vergleichen, zeigen signifikante Unterschiede in der Anordnung und dem Ausmaß der peri- und endossären Kallusentwicklung.

In diesem Rahmen gewinnt auch der sog. Vorgang der „Frakturheilung per primam", der erstmalig von LANE (1914) beobachtet und von DANIS (1947) als „Kallus per primam" oder als „Soudure autogène" genau analysiert wurde, wesentlich an klinischer Bedeutung. Bei perfekter stabiler Wiedervereinigung der Bruchflächen kommt es, ähnlich wie bei einer primären Wundheilung, zu einer direkten Wiedervereinigung durch endostale Knochenbrücken, ohne wesentliche periostale Kallusformationen. Dieser Idealzustand wird allerdings in der Praxis fast nie erreicht, es wird jedoch durch eine übungsstabile Osteosynthese die bei der Spontanheilung massive periossäre Kallusformation in der Regel weitgehend zurückgedrängt, wobei starre fixierende Dauerverbände vermieden werden (Abb. **169** u. **170**).

Die primäre Knochenbruchheilung wurde durch die grundlegenden Arbeiten von MÜLLER u. Mitarb. (1965) und ROASENDA (1969) weitgehend geklärt und durch ultramikroskopische Untersuchungen belegt. In diesem Zusammenhang sind sehr eingehende Publikationen von ALLGÖWER u. Mitarb. (1969), MÜLLER u. Mitarb. (1965) u. a. erschienen, die sich mit präzisen experimentellen Studien und klinischen Untersuchungen der verschiedenen Formen von Kompressionsosteosynthesen, speziell bei der operativen Frakturenbehandlung, befassen. Sie lösen die Neuentwicklung verbesserter Osteosynthesematerialien und -behelfe aus (CONTZEN u. Mitarb. 1967). Indessen sind auf der ganzen Welt umfassende biotechnische Monographien erschienen (BIEHL 1977, FRANK u. ZITTER 1971), die sich sehr vielseitig nicht nur mit den mechanischen Werkstoffeigenschaften, sondern auch mit den Gestalts- und Festigkeitsuntersuchungen von Implantaten auseinandergesetzt haben.

Die Arbeiten, welche die speziellen Heilungsvorgänge bei interner Stabilisierung von Frakturen analysieren, reißen nicht mehr ab (PERREN 1974, SCHENK u. WILLENEGGER 1967 u. v. a). Die allgemeine Meinung geht dahin, daß die Ausdehnung der Kallusformationen weitgehend von dem Ausmaß der interfragmentären Dislokation und der Beweglichkeit der Fragmente zueinander in den ersten Heilungsphasen abhängig ist. KNÖFLER (1967) und LINDHOLM u. Mitarb. (1970) zeigen, daß die Ausdehnung der Kallusbildung um die Fraktur verkehrt proportional zur Vollständigkeit der perfekten Reposition und Stabilität verläuft, auf deren Bedeutung auch zahlreiche andere Arbeitsgruppen hinweisen.

Eine Ausnahme bilden allerdings die meist überschießenden massiven Entwicklungen von Kallusmassen im Kindesalter, die wahrscheinlich als Folge des überaus großen biologischen Wachstumspotentials häufig beobachtet werden.

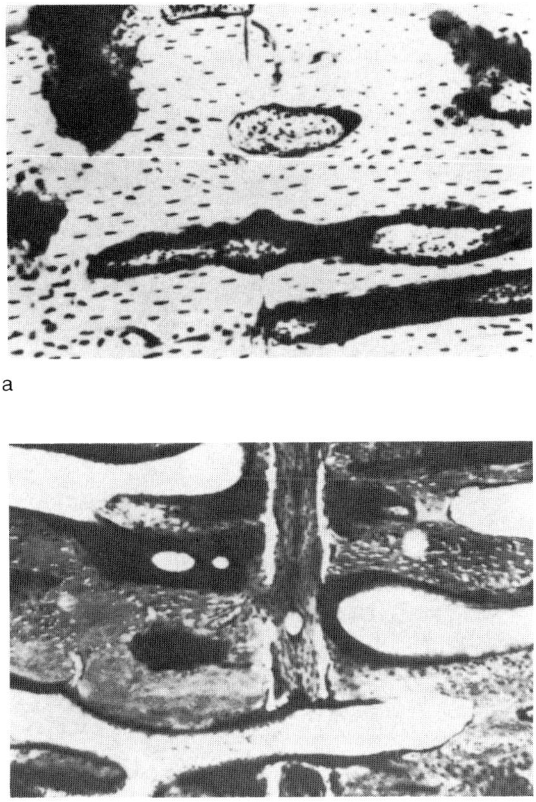

a

b

Abb. **169** a u. b a) Knochenheilung per primam. Ideale Bedingungen, direkte Kontaktheilung. Ideale Stabilisierung durch Kompression einer linearen Osteotomie (zarter vertikaler Strich). Solide knöcherne Verbindung der komprimierten Osteotomiezone, direktes Durchwachsen der Haverschen Osteone. Keinerlei Resorptionszonen in den Druckbereichen; b) klassische „Spaltheilung" (keine ideale „primäre Knochenheilung"). Spaltbildungen bei stabil fixierten Osteotomiefragmenten haben das Einwachsen von lamellären Intermediärknochen quer zur Knochenlängsachse zur Folge, der sich längs der einsprossenden Gefäße entwickelt. Später Umbau in Osteone, die sich in die Knochenlängsachse ausrichten (aus: *S. Perren, A. Huggler:* Acta orthop. scand. 125 [1969] 7)

Eine Hauptfrage der Osteosynthese war die Klärung des Einflusses der stabilisierenden interfragmentären Kompression, unter Ausnützung des Vorspannungs- und Reibungsprinzipes, über die initialen instabilen Phasen der Bruchheilung, ohne daß wesentliche lokale Drucknekrosen auftreten.

Zur Aufrechterhaltung einer stabilen Kompression muß die Größe der Vorspannungskräfte höher sein als die Zugspannungen aus der Biegung. Weiterhin muß die Reibung durch die Druckkompression so hoch sein, daß keine freien Scherkräf-

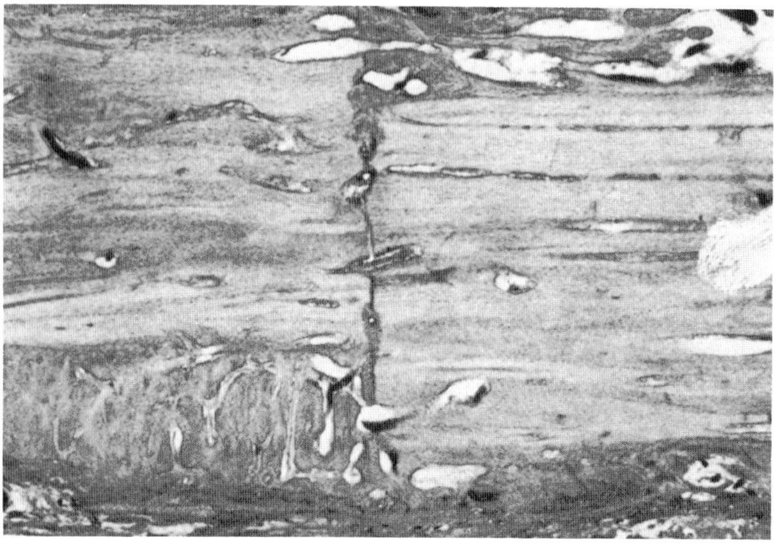

a

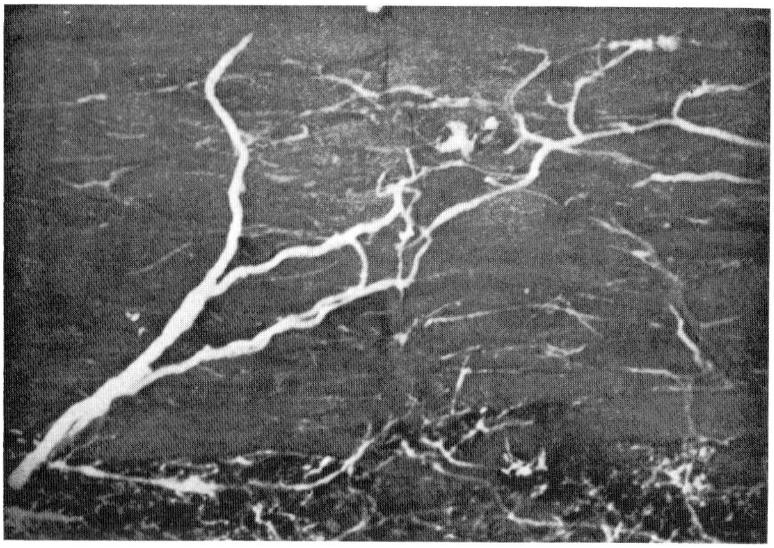

b

Abb. **170** a u. b Experimentelle Kompressionsosteosynthese 4 Wochen nach linearer Osteotomie am Radius des Hundes: a) histologisches Präparat: In der Kortikalis, welche der Platte anliegt, überbrückende Kallusbildung der zentralen Bereiche der Osteotomiefragmente. Der Rand des Markraumes (im Bild oben) ist mit endostalem Kallus gefüllt. Im unteren Bereich des Bildes nur ein sehr zarter periostaler Kallus sichtbar, kleine Spaltbildungen werden überbrückt; b) Mikroradiogramm 8 Wochen nach einer Radiusosteotomie mit Kompressionsosteosynthese. Untersucht wurden Knochenlängsschliffe von 1 mm Dicke. Der dicht aneinandergepreßte Osteotomiespalt ist noch als feine Linie sichtbar. Die Kortikalis, welche der Platte anliegt (oberer Bildrand), wird vom Markraum her mit Arteriolen versorgt. Auch der Osteotomiespalt im Bereiche des Markraumes wird arteriell reichlich überbrückt (aus: *J. C. Milner, F. W. Rhinelander:* Vascularisation bei Kompressionsosteosynthese. Amer. Coll. of Surg. (ACS), Surgical forum. Bd. 19, Okt. 1968)

te durch Torsion und Schub wirksam werden (v. Arx 1973, 1974, Eberhard 1973, Perren u. Hayes 1972).

Das Verhalten der Kompressionskräfte, die interfragmentär auftreten, wurde durch spezielle Meßverfahren vielfach studiert (Abb. **171**) (Hutschenreuter u. Allgöwer 1973 u. v. a.). Wenn eine Knochenbreite von 10–20 μm, also eine klassische Zellbreite, resorbiert wird, ist die stabilisierende Wirkung der Kompression fast weg. Schenk u. Willenegger (1963) konnten zeigen, daß die Resorptionsleistung der Osteoklasten an einem Tag bis zu 100 μm betragen kann. Diese mögliche Resorptionsbreite sollte durch entsprechende Kompressionsbehelfe gesteuert werden.

Praktische Messungen an komprimierten Tibiafrakturen bei Schafen (Perren u. Mitarb. 1969) ergaben nach möglichster Ausschaltung von Meßfehlern durch Fremdkräfte, daß in der ersten Woche ein relativ rasches Absinken der Kompressionskraft um ca. 15% ihrer ursprünglichen Größe zu verzeichnen ist und daß in den folgenden 7 Wochen die komprimierenden Kräfte sich langsam bis auf ca. 40–50% des Ausgangswertes verringern.

Das würde für die Praxis der Druckplattenosteosynthese heißen, daß eine genügend hohe stabilisierende Druckkraft in den Initialstadien der Kallusbildung, die gegen Instabilitäten besonders empfindlich ist, aufrechterhalten werden kann. Das später langsamere Absinken des Druckverlaufes nach der zweiten Woche wird durch das

viskoelastische Verhalten des Knochengewebes erklärt.
Bei Größen des interfragmentären Druckes bis 200 N traten keine Drucknekrosen auf, und die histologischen Befunde des Heilungsverlaufes standen mit dem Anlauf des interfragmentären Druckes in vollem Einklang, wenn selbstverständlich auch noch viele Detailprobleme der rationellsten Osteosynthesemethodik unbeantwortet bleiben (Matter-Brennwald u. Perren 1975).
Pauwels (1965 e) sieht in der Spontanheilung des primär instabilen Knochenbruches „die Lösung einer mechanisch konstruktiven Aufgabe", wobei es der Zelle obliegt, ein kompliziertes knöchernes Brückensystem zwischen zwei gebrochenen Knochenteilen wiederherzustellen. Es muß in seiner Tragfestigkeit den geforderten mechanischen Beanspruchungen entsprechen und nach dem technischen Prinzip der Leichtbauweise konstruiert sein.
Dies wird durch das komplexe funktionelle Anpassungsvermögen des Knochengewebes ermöglicht, wobei allerdings der Spontankorrektur gröberer Achsendislokationen, insbesondere langer Röhrenknochen, bestimmte Grenzen gesetzt sind.
Die Wechselwirkungen zwischen den biologisch-biochemischen Grundlagen der Kallusbildung und dem Einfluß der Mechanik sind sehr vielseitig untersucht worden (Basset 1962, Rhinelander 1974, 1975 u. v. a.), wobei sich nur teilweise Übereinstimmungen über die spezifischen Reaktionsweisen der Zellelemente herauskristallisiert haben (White u. Mitarb. 1976 a u. b).
Grundlegend wichtig für das Zustandekommen einer knöchernen Heilung ist die Potenz der Zellen des Granulationsgewebes, welches sich durch Organisation des Bruchhämatoms sowie durch primäre Wachstumsreaktionen des Periostes und des Bindegewebes entwickelt, daß es sowohl zu kollagenen Fibrillen und Bindegewebe als auch zu Knorpel- und Knochengewebe ausreifen kann.
Die Entwicklung zum Knochengewebe durchläuft vom Bindegewebsstadium über das Knorpelstadium mehrere Phasen. Die spezifischen Wachstumsdifferenzierungen des Gewebes erfolgen unter stetem Einfluß mechanischer Spannungen, die sich in ihrer Qualität, Größenordnung und Lokalisation stark ändern. Im Vordergrund stehen örtlich verschieden verteilte Druck- und Zugspannungen aus der freien Biegung. Auch Schub- und Scherspannungen können resultierend aus den jeweiligen Beanspruchungsformen des Bruches zur Auswirkung kommen.
Welche grundsätzlichen histologischen Differenzierungsvorgänge, die signifikant mechanisch gesteuert werden, liegen bei der Knochengewebsbildung vor?
Die kollagene Bindegewebsfibrille entsteht dann als wesentliches Element der Grundsubstanz, wenn das Blastem durch Zug gedehnt wird.

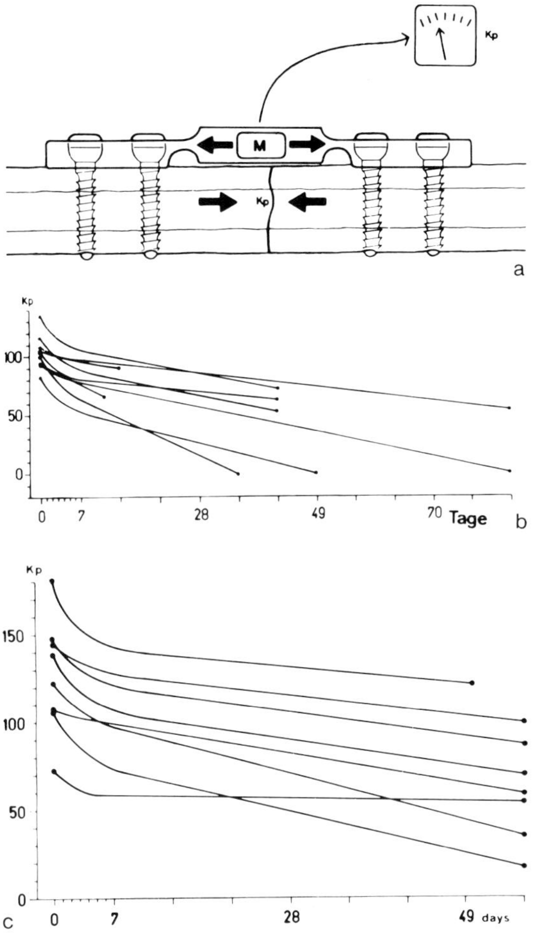

Abb. **171** a–c Versuchsanordnung einer Druckmessung in vivo: a) Eine Kompressionsplatte mit Dehnungsmeßstreifen schafft natürliche Osteosynthesebedingungen durch interfragmentäre Kompression. Die Druckverhältnisse im Ablauf der Knochenheilung können kontrolliert werden. Nach *Perren* ist der Gesamtbetrag der Kompression im Frakturspalt, wenn keine äußeren Kräfte (Muskelzug und Körpergewicht) auf das überbrückte Knochensegment einwirken, identisch mit dem Gesamtbetrag der Zugkraft in der Platte. b) 100 Druckmessungen in vivo konnten durchgeführt werden. Wie der Druckkurvenverlauf früherer Versuchsserien zeigt, beträgt der initiale raschere Druckabfall ca. 10–15% und verläuft dann sehr langsam weiter. Plötzlicher Druckverlust wurde nicht registriert. Die stabile statische Kompension führt nicht zur Drucknekrose. c) Messung der dynamischen Kräfte am osteotomierten Schaft der Tibia und der belastungsabhängigen Knochendehnung in vivo, bei Stabilisierung mit (DVP) dynamischen Kompressionsplatten, ergibt fast den gleichen Kurvenverlauf wie in Abb. b (aus: *S. M. Perren:* Der Orthopäde. 3 [1974] 136)

Die Entwicklung und Erhaltung des Knorpelgewebes, das sich aus spezifischen Zellelementen und kollagenen Fibrillen zusammensetzt, erfolgt unter dem Einfluß gemischter Spannungen, die unter hydrostatischem Druck, der durch intermittierende Schubspannungen überlagert wird, ein-

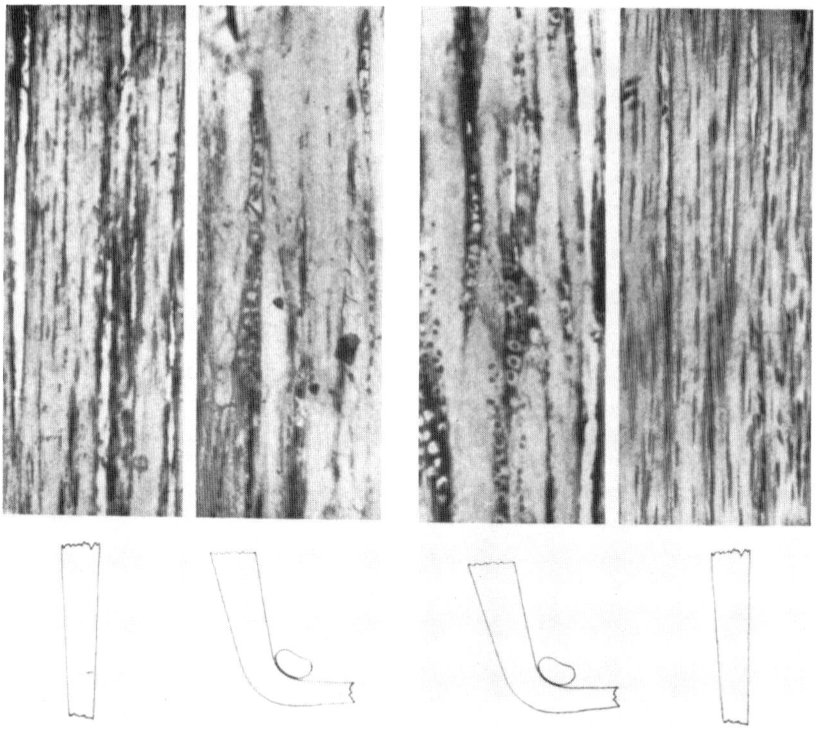

a b

Abb. **172** a u. b a) Nach Umleitung einer reinen Zugsehne über ein Hypomochlion Bildung zahlreicher gekapselter Zellen zwischen den Faserbündeln; b) nach Reluxation der Gleitsehne mit Rückverwandlung in eine Zugsehne schwanden die durch funktionelle Anpassung unter dem Hypomochlion entstandenen gekapselten Zellen. Rückverwandlung in strichförmige Sehnenzellen (aus: *F. Pauwels:* Grundrisse einer Biomechanik der Frakturheilung. In: Ges. Abhdlg. zur funkt. Anatomie d. Bew.-App. Springer, Berlin 1965, S. 145)

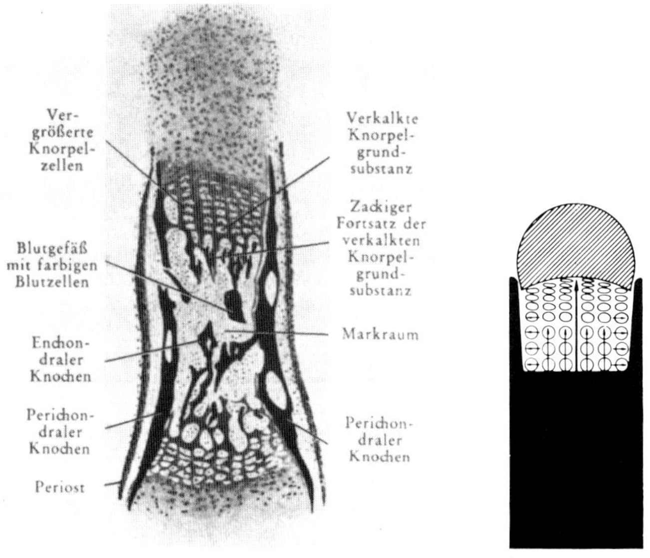

a b

Abb. **173** a u. b a) Dorsopalmarer Längsschnitt vom Metakarpus eines 4monatigen menschlichen Fetus (nach Stöhr); b) das vereinfachte schematische Modell zeigt die Auswirkung einer mechanischen Drucksteigerung auf das Vortreiben der Epiphyse und veranschaulicht die gerichtete Expansion des Knorpels (aus: *F. Pauwels:* Grundrisse einer Biomechanik der Frakturheilung. In: Ges. Abhdlg. zur funkt. Anatomie d. Bew.-App. Springer, Berlin 1965, S. 145)

wirken (Altmann 1964, Kummer 1963, Pauwels 1960). Dadurch erfahren die Zellen eine ständige sehr geringe intermittierende Verzerrung oder „Walkung".

So bewirken formative mechanische Reize einerseits die Entwicklung von zugfesten kollagenen Fibrillen aus den Elementen der Grundsubstanz, andererseits formt sich die pluripotente Blastemzelle vorwiegend unter Zug- und Druckbeanspruchung zur Knorpelkugel um (Abb. **172**).

Der Knochen als hochwertigstes Bauelement, das allein in der Lage ist, verschiedene Beanspruchungsformen aufzunehmen und sich funktionell anzupassen, entwickelt sich primär nur im Zustand weitgehender Ruhe, indem die dazu befähigten Zellen durch druckfeste Bauelemente, wie z. B. die Knorpelzelle, durch Kalk- und Knochengerüste, die sie umgeben, vor Beanspruchung geschützt werden.

Pauwels stellt sich vor, daß das expansive Wachs-

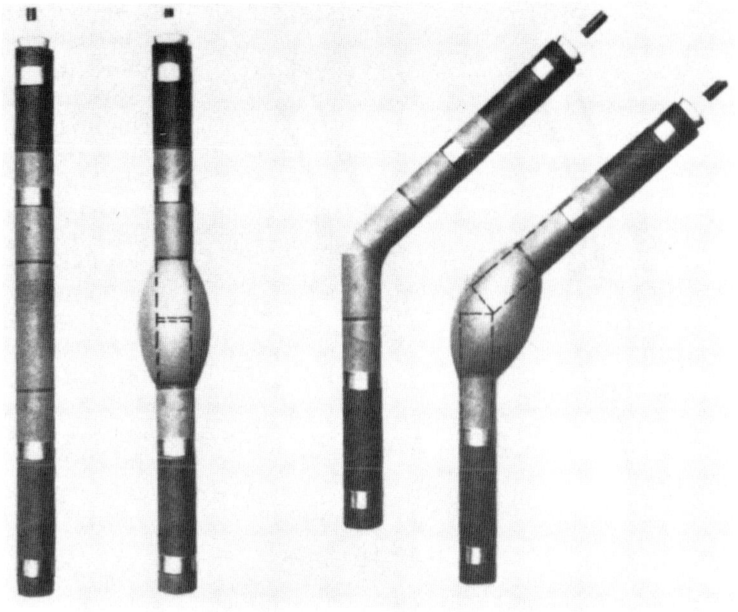

a b

Abb. **174** a–c a u. b) s. Text; c) weiche Kugelkörper in einer zähen Flüssigkeit im elastischen Behälter erfahren durch überlagerten Druck ellipsoide Verformungen (aus: *F. Pauwels:* Grundrisse einer Biomechanik der Frakturheilung. In: Ges. Abhdlg. zur funkt. Anatomie d. Bew.-App., Springer, Berlin 1965, S. 149)

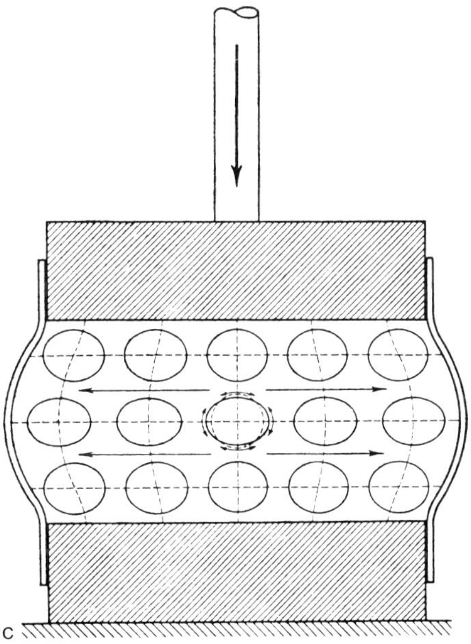

c

tum der knorpeligen Bauelemente zur Entfaltung hydrostatischer Kräfte führt, die das ganze System der Granulationsgewebe wie einen mit Wasser gefüllten Gummiball auftreiben.

In einem starren Rohr kann die Ausdehnung der Knorpelelemente, wie dies z. B. in der Wachstumszone der Fall ist, nur in einer axialen Richtung erfolgen, so daß die Formation von Zellsäulen zustande kommt. Das ganze System wird von axialen Fibrillenzügen durchzogen, die sich in axialer Richtung spannen.
Die enchondrale Ossifikation beginnt mit dem Vordringen von Kapillaren, welche die Knorpelkugel sprengen, nachdem schon vorher in die zugfesten fibrillären Grundsubstanzbälkchen Kalk eingelagert wurde. Damit können diese primär nur zugfesten Bauelemente nicht mehr in sich zusammensinken (Abb. **173**).
Die Kapillaren hingegen können zwischen den druckfesten Säulen weiterwachsen. Erst in diesem abschirmenden starren Lehrgerüst kann die Knochenzelle ausreifen.

Das erste Stadium der Bruchheilung hat nach Pauwels primär die Ruhigstellung der instabilen Fragmente zur Aufgabe. Wenn wir vom Knochenbruch und der Entwicklung des Hämatoms mit der ödematösen Durchtrennung der Weichteile und der kollateralen Schwellung ausgehen, so wird primär die überwiegende Druckbeanspruchung der Knochenachse durch das Körpergewicht und die Muskulatur infolge der Kontinuitätstrennung unterbrochen. Es kommt zur Deformation und Dislokation der Fragmente, wodurch Achsenverschiebungen und Knickungen den Tonus im Frakturbereich herabsetzen. Die folgende Entwicklung des Hämatoms und des perifrakturellen Ödems führt zu zunehmenden Verspannungen um die Fraktur in einer Art Druckkorsett, bis sich wieder ein Gleichgewicht zwischen Antagonisten und Synergisten der Muskulatur und des Bandapparates herstellt. Dies ist der erste Versuch einer primären spontanen Ruhigstellung. Pauwels (1965e) vergleicht das Ganze aus vereinfachten didaktischen Gründen mit einem Modell von zwei Rohrstücken, über die ein Gummistrumpf gestülpt ist. Er wird durch Flüssigkeitseinbringung aufgebläht, so daß eine hydrostabile elastische Verbindung entsteht. Auf diese Art entwickeln sich Felder hydrostatischen Druckes, die von gerichteten Biegebeanspruchungen aus Zug- und Druckspannungen überlagert werden (Abb. **174**).

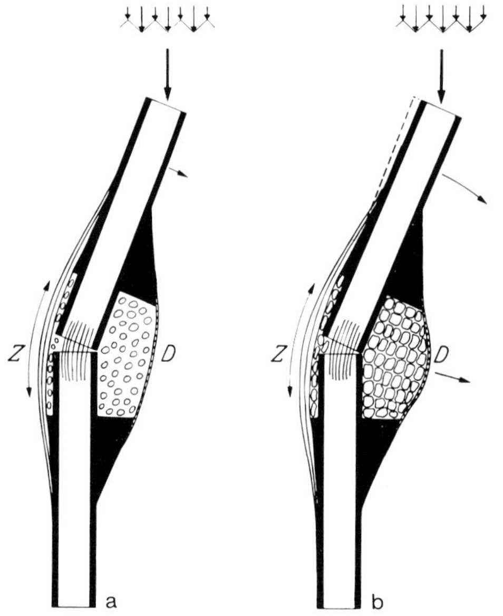

Abb. **175** a u. b Schematische Darstellung der Verspannungsmechanismen im Bereich der Bruchenden, die durch periostale Kallusentwicklung und das expansive Granulationsgewebe zustande kommen: a) An der Seite der Zugspannungen Z (Konvexität) hat sich eine stark wirksame Zuggurtung entwickelt. Das zwischen Periost und Bruchenden sowie den periostalen Spongiosakeilen eingeschlossene Blastem steht durch expansives Wachstum unter Wirkung des zunehmenden hydrostatischen Druckes und ist zu Knorpelgewebe ausgereift (druckfestes Element). Die Markhöhlen selbst sind durch gerichtete kollagene Zugfasern verbunden, die sich im Bereich der Zugspannungen aus der Biegung entwickelt haben. Auf der Druckseite D des Bruches (Konkavität) ist es unter dem Einfluß von hydrostatischem Druck, unter welchem das eingeschlossene Blastem zwischen den Knochenkeilen und der Periostfaserschicht steht, zur Ausreifung von Knorpelgewebe gekommen. b) Die fortschreitende Expansion der Knorpelzellen erhöht den Widerstand der Periostfaserschicht. Damit sind eine Vorwölbung und eine erhöhte Spannungszunahme im Perichondrium verbunden. Daraus resultiert wiederum eine leichte Tendenz zur Zunahme der Achsenknickung des oberen Bruchendes, der auf der Zugspannungsseite eine inzwischen verstärkte Zuggurtung entgegenwirkt. So festigt sich durch fortschreitende Expansion der Knorpelzellen die Verspannung der Bruchenden mit einer stabilen Ruhigstellung gegenüber der wirksamen Beanspruchung (aus: *F. Pauwels:* Grundriß einer Biomechanik der Frakturheilung. In: Ges. Abhdlg. z. funkt. Anatomie d. Bew.-App. Springer, Berlin 1965, S. 154)

Daraus resultieren ellipsoide Verformungen der Zellen mit Ausschaltung einer zähen Grundsubstanz. Die Dehnungskomponenten führen primär zur Bildung von Knorpelkugeln mit Grundsubstanzbalken, in welche Fibrillen, die auch die Zelle umhüllen, eingebettet sind. Damit wird das zweite Stadium der Bruchheilung durch die aktive Wachstumsspannung und Verbindung der Fraktur mit verschiedenen Gewebsarten, die sich aus den Blastemzellen unter dem Einfluß spezifischer mechanischer Spannungen differenzieren, charakterisiert.

Im zweiten Stadium kommt es, wie Rehn (1924) beobachtet hat, zu intermittierenden Muskelzukkungen, die eine oszillierende Wechselbeanspruchung des vorstabilisierten Frakturenkomplexes bewirken. Sie wird von Pauwels als Motor der folgenden kausalen Histogenese betrachtet.

In den Bereichen überwiegender Dehnung (Zugspannungen aus der Biegung) entwickeln sich in erster Linie kollagene Bindegewebsfibrillen, während in den Zonen hydrostatischen Druckes die Knorpelbildung vorherrscht (Abb. **175**). Beide sind als zug- und druckfeste Bauelemente für die Entstehung eines ruhigstellenden Lehrgerätes verantwortlich und bilden die Voraussetzung zur Einlagerung und Reifung des Knochens. In der den Bruch umgebenden gemischten Spannungszone treten primär massive proliferative Zellwucherungen mit spindelförmigen Auftreibungen auf. Diese Zellwucherungen reifen aus, und es bilden sich, entfernt von den Bruchstellen, primäre Verknöcherungskeile, deren breite Basis gegen die Bruchenden gerichtet ist, indes sie nach distal abfallen (Abb. **175** b). In diesem von Knochen und Periost umgrenzten Raum entwickeln sich an der konvexen Seite der abgewinkelten Bruchenden vorwiegend Zugspannungen mit einer kollagenen Faserverspannung, die auch endossär an der Zugspannungsseite überwiegt. Sie wirkt mechanisch gesehen als massive Zuggurtung, wobei in diesen Bereichen auch die periphere Spongiosakeilbildung gering ist.

In den verbleibenden Zonen um die Konkavseite des Bruchspaltes entsteht ein vorwiegend hydrostatischer Druck, der die mechanische Voraussetzung zur Entwicklung expansiv wachsender Knorpelgewebe darstellt. Dies hat eine massive Spannung des umgebenden Periostes zur Folge, unter deren Einfluß sich ein überaus faserreiches Perichondrium mit Längs- und zirkulären Fasern entwickelt.

Der expansive Wachstumsdruck des Knorpels drückt auch gegen die Basisflächen der umgebenden Spongiosakeile, so daß die Fragmente immer stärker auseinandergepreßt und zunehmend stabiler werden (Abb. **175**).

Damit tritt das Endziel der differenzierten Gewebsproliferation in den Vordergrund, wobei durch die Entwicklung spezifischer druckfester Knorpel und zugfester faserreicher Zuggurtungen mit eingelagerten abstützenden Spongiosabereichen auf möglichst raschem Wege eine größtmögliche Stabilität mit relativer mechanischer Ruhe erreicht wird.

Dies scheint die Voraussetzung zum eigentlichen Verknöcherungsstadium, in dem sich primär relativ kalkarmer, nicht ausgerichteter lamellärer Knochen entwickelt, zu sein.

Wir können uns daher sehr gut vorstellen, daß

durch eine primär stabile Osteosynthese die vorwiegenden mechanisch gesteuerten Ummauerungsvorgänge des gesamten Bruchbereiches nicht mehr im gleichen Ausmaß erforderlich sind, wie dies auch praktisch zum Ausdruck kommt. Die stabilen Osteosynthesebehelfe fangen die dynamischen Kräfte und Wechselspannungen ab und sollen im Bruchbereich ein weitreichendes Spannungsgleichgewicht wiederherstellen.

Das dritte Stadium der Knochenbruchheilung besteht nach PAUWELS in der Einlagerung von Knochengeweben in das ruhigstehende Lehrgerüst aus faserreichem Bindegewebe und Knorpel. Die zunehmende Vaskularisation der Knorpelsubstanz tritt in den Vordergrund, indem sie zwischen den bereits verkalkten Balkensystemen der Knorpelgrundsubstanz eindringen und über komplexe biologische Vorgänge im Schutze der relativen mechanischen Ruhe zu Knochengewebe ausreifen. Damit entsteht die primäre überbrückende knöcherne Verbindung, wobei die faserreichen Zuggurtungszonen eine Art primäre Vorlage zur trajektoriellen Ausrichtung der Knochenbälkchen geben (desmogene Knochenbildung).

In Knorpelzonen entsteht primär ein unregelmäßiger lamellärer Knochen (intermediärer Kallus). In diesem wirren Maschenwerk entwickeln sich im vierten Stadium auf der Basis der mechanisch gelenkten funktionellen Wachstumsanpassung trajektorielle Strukturen.

Die genauen mechanischen Gesetze dieses funktionellen Umbaues der Spongiosa in ein biegungsfreies trajektorielles Rahmenfachwerk hat PAUWELS (1975) in seiner klassischen Arbeit analysiert.

KUMMER (1972) ist der Meinung, daß auch in diesem Stadium minimale Oszillationen Steuerungseinflüsse auf die Art der Anpassung ausüben.

Die längsgerichteten Osteonenzüge der Kortikalis werden durch die Fibrillenzüge der Knochenhaut ausgerichtet, die einerseits als Vorlage dienen, andererseits aber die Verkörperung von Spannungsfeldern darstellen, wie sie bei der intermittierenden Wechselbiegebeanspruchung der Kortikalis in verschiedenen Hauptspannungsebenen gegeben sind. Dieser Vorgang der möglichst optimalen funktionellen Beanspruchung kann sich über lange Zeiträume erstrecken, bis die Anpassungsgrenzen erreicht sind.

Für die Praxis der Knochenbruchbehandlung stellen die postoperative Stabilisierung und die funktionelle Anpassungszeit des primär gebildeten kallösen Knochens einen sehr wesentlichen Faktor dar (HENRY u. Mitarb. 1968, RHINELANDER 1975).

Unter Berücksichtigung der spezifischen funktionellen Anpassungsvorgänge an die mechanische Beanspruchung findet BURNY (1970–1971) bei experimentellen Tibiafrakturen, daß nach einer Ruhigstellung von 6–12 Wochen eine Festigkeit des überbrückenden Kallus von ca 60% des normalen Knochens der kontralateralen Tibia erreicht wird. In seinem ausgedehnten Versuch sieht er, daß immer eine bestimmte Relation zwischen Festigkeit und dem Faktor Zeit gegeben ist, unter der Voraussetzung, daß die Stabilität sowie die Art und Größe der einwirkenden Kräfte aufrechterhalten bleiben. Selbstverständlich konnten die viskoelastischen Eigenschaften des Kallus beim Menschen nicht überprüft werden. Sie dürften in erster Linie eine gedämpfte Beanspruchung ohne Spitzenspannungen gewährleisten.

Mechanische Grundlagen der Pseudarthrose

Die Grundvoraussetzungen einer normalen Knochenbruchheilung sind:

1. Biologisch einwandfreie Gewebe mit normaler Wachstumspotenz und Wundheilungsreaktion. Der biologische Motor zur Aufrechterhaltung der Gewebstrophik und Wachstumsdifferenzierung der Mesenchymzellen ist die Fähigkeit einer intensiven Vaskularisation und der Sauerstoffversorgung des heilenden Gewebes (BASSET 1962, RHINELANDER 1974).
2. Mechanisch determinierte Arten und Größen der Beanspruchung im Bruchbereich steuern signifikant den normalen Ablauf der biologischen Wachstumsreaktionen während der Bruchheilung.
   Jede pathologische Beanspruchung, insbesondere durch freie Schub- und Scherspannungen, oder abnorm hohe instabile Biegebeanspruchungen mit lokalisierten Konzentrationen pathogen wirksamer Kompressions- und Zugspannungen stört das harmonische Gleichgewicht des gesetzmäßigen Ablaufes der Heilungsreaktionen des Knochenbruches. Die Topographie und die Artspezifität der zellulären Differenzierungsgänge werden analog zu den mechanischen Fehlsteuerungen der Spannungsabläufe in charakteristischer Weise krankhaft gestört sein (SEGMÜLLER u. Mitarb. 1969).

Zug- und Druckspannungen aus der Biegung in physiologischen Größenordnungen bilden den Motor der mechanischen Steuerung der knöchernen Heilung. Seit der eingehenden biomechanischen Analyse der Pseudarthroseentstehung und ihres weiteren Verlaufes durch PAUWELS (1965f) haben sich die Auffassungen über die im Frakturbereich wirksam werdenden pathologischen Spannungsformen und -größen nicht mehr wesentlich geändert (Abb. **176**). PAUWELS faßt die „normale Pseudarthrose" als einen mechanisch erzwungenen Stillstand der normalen Frakturheilung auf, der nichts mit einer biologisch verankerten Fehldifferenzierung der geweblichen Heilungsreaktionen zu tun hat.

Die Bereitschaft zum Wiedereinbau von Kno-

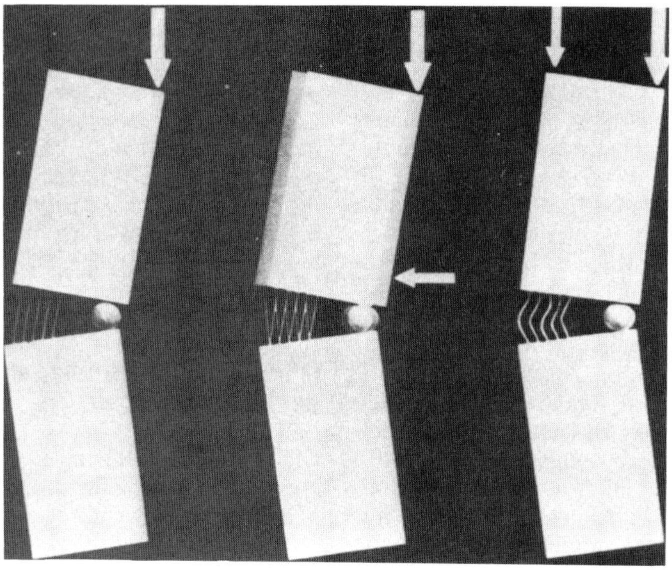

a b c

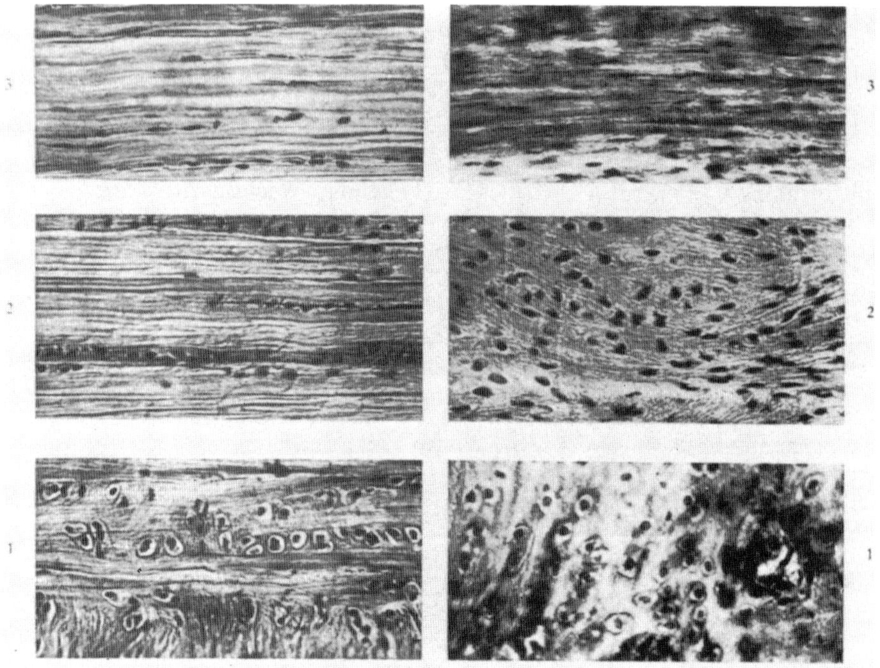

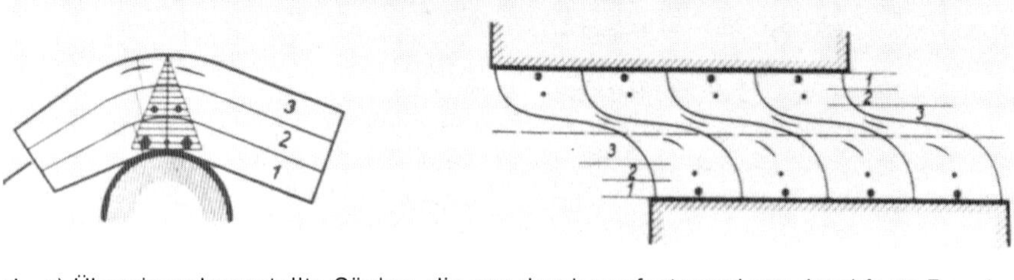

d

Abb. **176** a–d a) Übereinandergestellte Säulen, die nur durch zugfeste und nur druckfeste Bauelemente miteinander verbunden sind, veranschaulichen die relative Festigkeit derartiger Verbindungen, die durch Querkräfte und intermittierende Wechselbiegung relativ leicht instabil werden können. Die aufeinandergestellten Blöcke werden durch eine exzentrische Kraft beansprucht. Links durch zugfeste Seile und rechts durch eine elastische zwischengelagerte Kugel. Die Biegebeanspruchung wird an der Zugseite durch die gespannten Seile und an der Druckseite durch die elastische Kugel aufgenommen. Unter dieser Form der statischen Beanspruchung ist die Stabilität der Verbindung gewährleistet.

chengewebe bleibt bei einer Pseudarthrose in jedem Heilungsstadium erhalten, wenn die pathogen wirksamen Spannungen ausgeschaltet werden können.

Die größte Schwäche des Lehrgerüstes ist besonders im Stadium II der Bruchheilung seine Zusammensetzung aus Bauelementen, die auf Druck und Zug, nicht jedoch auf Schub- und Scherkräfte beanspruchbar sind. Werden Querkräfte als seitliche Schub- und Scherspannungen oder zusammengesetzte Torsionsspannungen wirksam, so stellen sie mechanische Störfaktoren dar, die der normalen Verknöcherung entgegenwirken. Ist ihre Größe sehr hoch und der stabilisierende Widerstand durch Kompression und Reibung der Bruchenden sowie andere Arten der Ruhigstel-

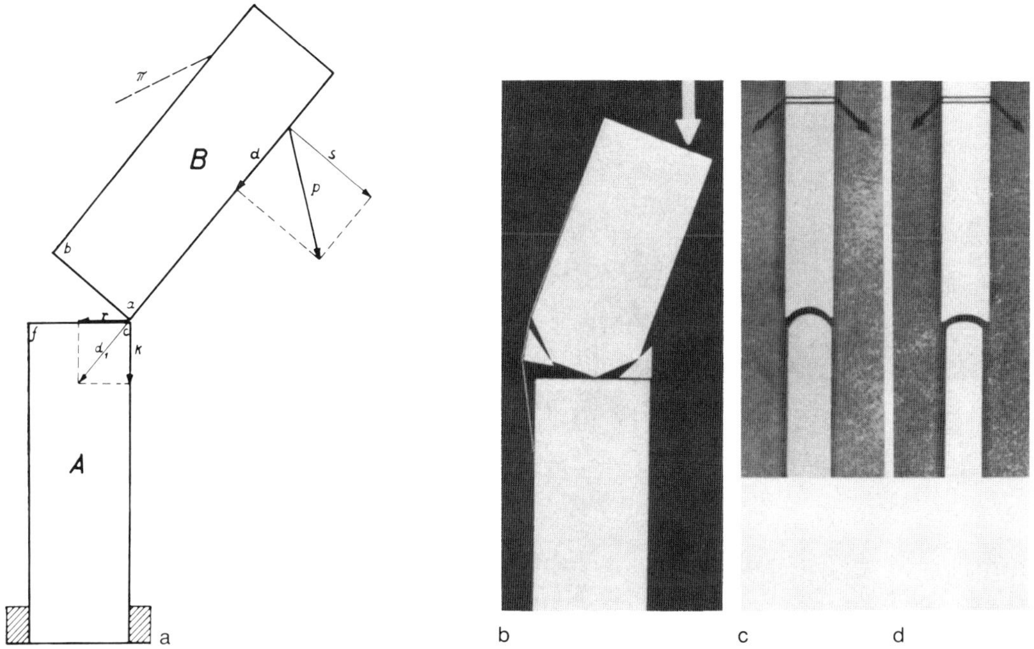

Abb. **177** a–d a) Schema der einwirkenden Kräfte bei zwei aufeinanderstehenden Stäben (A–B) bei Biegebeanspruchung: P = schräge Zugkraft, S = Schubkomponente, d = Druck (Stauchung), k = Teilkraft des Druckes.
b) Der vereinfachte Modellversuch zeigt schematisch, daß die aufstehende Ecke durch Druck, die hochstehende linke Ecke durch Zuggurtung auf Biegung beansprucht wird und sich abbaut.
c) Bei experimenteller Wechselbiegebeanspruchung mit zwei aufeinanderstehenden Gipsstäben gleichen Querschnittes, die durch eine weiche Gummihülse zusammengehalten werden, entwickelt sich eine unten konkave und oben konvexe Gelenkfläche.
d) Beim Parallelversuch nach *Pauwels* ist der Querschnitt des unteren Stabes schwächer als der des oberen. Auch hier entsteht ein regelrechtes Gelenk, jedoch mit konvexem Gelenkkopf am unteren Stab und kongruent konkaver Gelenkfläche am oberen Stab.
(Aus: *F. Pauwels:* Grundriß einer Biomechanik der Frakturheilung. In: Ges. Abhdlg. z. funkt. Anatomie d. Bew.-App., Springer, Berlin 1965, S. 170–172)

◀ b) Treten hingegen durch Schub- und Scherkräfte Querbeanspruchungen auf, so resultieren daraus Verziehungen der Blöcke gegeneinander nach links, wie die Doppelkonturen zeigen. Bei Unterbrechung der Querkraftwirkung kommt es zum Rückfedern der Verbindung in die Ausgangsstellung (Wechselbeanspruchung).
c) Wird das stabile Beanspruchungsgleichgewicht auf Biegung durch einen intermittierenden Druck an der Zugseite der Biegung verändert, so werden die gespannten Seile durch Stauchung intermittierend verzerrt. Bei der Pseudarthroseentstehung ist das im zweiten Stadium der Knochenbruchheilung bestehende Lehrgerüst aus zug- und druckfesten Elementen gegen die Zug- und Scherkräfte sowie gegen eine nach verschiedenen Richtungen wirkende Wechselbiegebeanspruchung unstabil.
d) Praktisches Beispiel intermittierender Schub- u. Scherspannungen: Schematische Zeichnungen einer Zugsehne, die über ein Hypomochlion geleitet wird (links), rechts Längsschnitt durch das Zwischengewebe einer Pseudarthrose. Über den schematischen Analysen der Spannungen histologische Bilder. 1 = Zone hydrostatischer Druckspannungen: In der Sehne liegen typische gekapselte Zellen, ebenso wie im Pseudarthrosestreifen rechts. 2 = Zwischen den Bereichen von Zugspannungen und hydrostatischem Druck zeigen die zwischen den Fibrillen liegenden Zellen analoge Übergangsformen. 3 = Am Rande der Sehne und in der Mitte des Pseudarthrosestreifens, wo nur Zugspannungen wirksam sind (kein hydrostatischer Druck), liegen strichförmige Sehnenzellen
(aus: *F. Pauwels:* Grundriß einer Biomechanik der Frakturheilung. In: Ges. Abhdlg. z. funkt. Anatomie d. Bew.-App. Springer, Berlin 1965, S. 158)

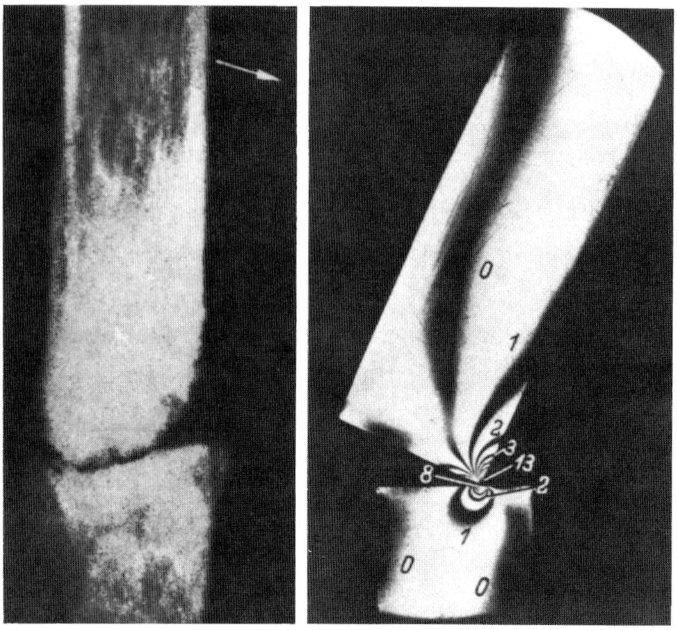

a b

Abb. **178** a u. b a) Die in Abb. **177** a u. b modellmäßig demonstrierte Beanspruchungssituation spiegelt sich im Röntgenbild bei der Entwicklung einer Oberschenkelpseudarthrose in der Sagittalebene wider. Im rechten Eck des proximalen Fragmentendes erkennt man den Abbau der Knochenkante durch den konzentrierten Druck, der unter intermittierender Neigung des proximalen Fragmentes nach rechts wirksam wird. Es kommt zur zunehmenden sklerotischen Abdeckelung der Fragmentenden mit Ausformung eines proximalen Kopfes und einer distalen Pfannengrube unter zunehmender dorsaler Apposition von Knochen. b) Der spannungsoptische Vergleich am gleichen Modell zeigt, daß in der aufstehenden Ecke Spannungen auftreten, die viel höher sind als die Spannungen infolge Druckes der aufgestellten Ecke an der Stirnfläche des unteren Fragmentes. Die Ordnungszahlen der Isochromaten zeigen ihre jeweilige Größe (aus: *F. Pauwels:* Grundriß einer Biomechanik der Frakturheilung, In: Abhdlg. zur funkt. Anatomie d. Bew.-App. Springer, Berlin 1965, S. 172)

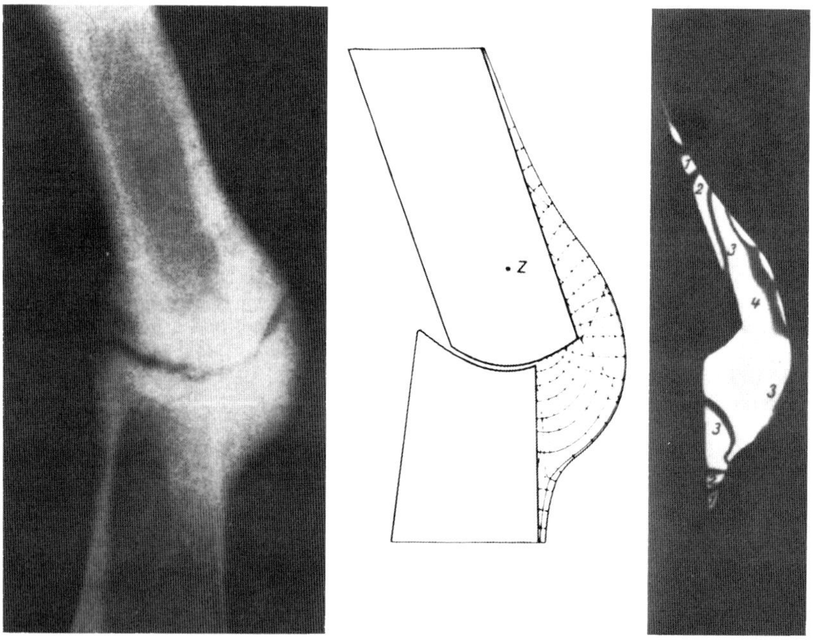

a b

Abb. **179** a u. b a) Klassisches Röntgenbild in der Sagittalebene einer gelenkförmigen Oberschenkelpseudarthrose, die frühzeitig belastet wurde; b) Verlauf der Hauptspannungslinien (Druck- und Zugtrajektorien) am spannungsoptischen Modell sowie die trajektoriellen Strukturen des überschießenden Kallusanbaues ventral und dorsal charakterisieren den Spannungsablauf. Im Bereich der oberen Hauptschublinie treten höhere Spannungen auf als im Bereich der unteren Hauptschublinien. Die obere Linie des Hauptschubes schneidet die farbgleiche Ordnung, die untere die Isochromate 3. Ordnung. Das ursprünglich den Bruch überbrückende Lehrgerüst wurde durch die Pseudarthrosenlinie intermittierend durch Beanspruchungsstöße in der bogenförmigen Hauptschublinie verzerrt. Dies verhinderte die Einlagerung von Knochengewebe in diese Gleitzone. Der vordere knöcherne Kallus wird derart geteilt, daß der untere Teil den Pfannenrand aufbaut, während der kraniale Teil den durch Abbau in Bildung begriffenen Gelenkkopf ergänzt (aus: *F. Pauwels:* Grundriß einer Biomechanik der Frakturheilung. In: Ges. Abhdlg. zur funkt. Anatomie d. Bew.-App. Springer, Berlin 1965, S. 174)

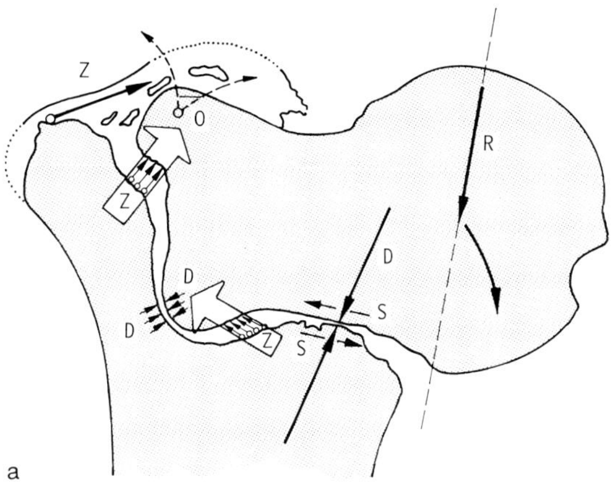

a

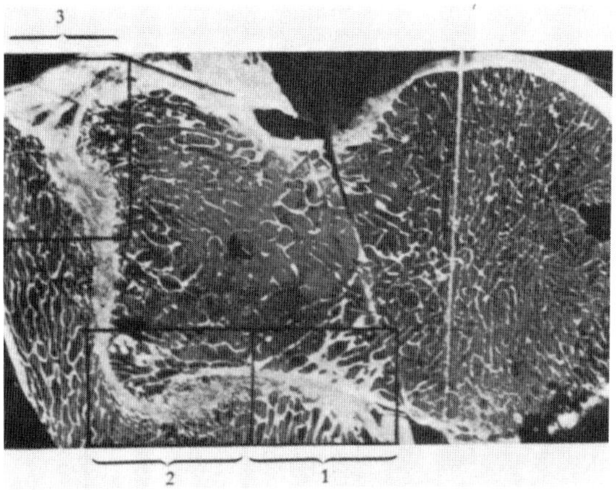

b

Abb. **180** a u. b a) Klassische mechanische Analyse einer lateralen eingekeilten Schenkelhalsfraktur nach einem Präparat von Walter (vgl. Handbuch der gesamten Unfallheilkunde, Bd. III, F. Enke, Stuttgart 1934, S. 525); b) makroskopisches Präparat, Frontalschnitt durch den Frakturbereich. 80jährige Frau, 8 1/2 Monate nach dem Schenkelhalsbruch, 1, 2, 3 = Bezirke der histologischen Strukturanalyse (aus: *F. Pauwels:* Ges. Abhdlg. zur funkt. Anatomie d. Bew.-App. Springer, Berlin 1965, S. 13)

lung zu klein, so daß ein Dauerzustand intermittierender Verzerrungen entsteht, dann sind alle mechanischen Voraussetzungen zur Entstehung und Weiterentwicklung einer Pseudarthrose gegeben (vgl. Abb. **176**).

Die Stichhaltigkeit dieser mechanischen Hypothese läßt sich durch mannigfaltige klinische und experimentelle Beweisstücke erhärten:

1. Es wurde der Nachweis erbracht, daß bei einer Pseudarthrose intermittierende Scher-, Schub- und Torsionsspannungen abnormer Größen-

a

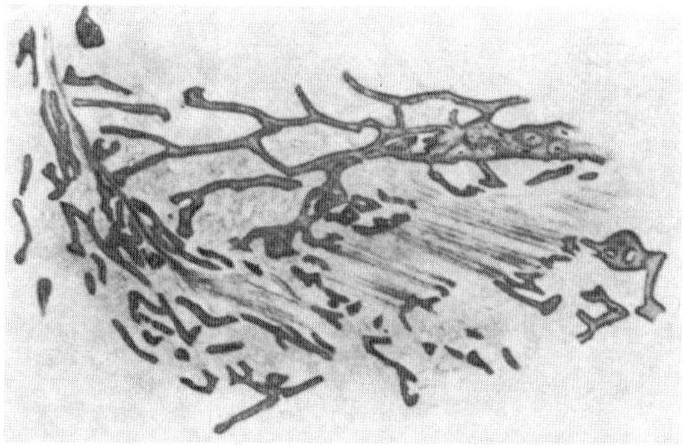

b

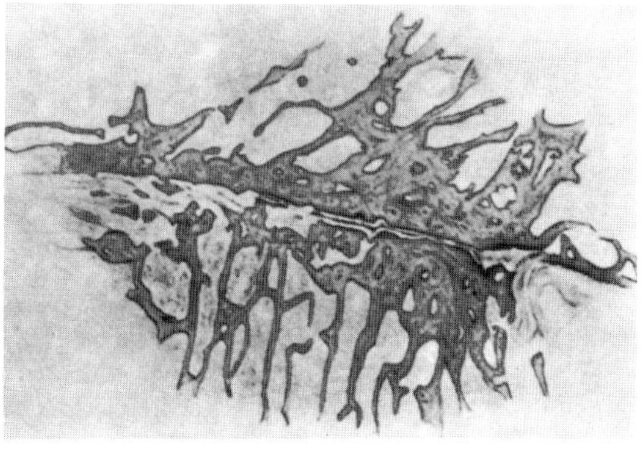

c

Abb. **181** a–c Differenzierter histologischer Aufbau verschiedener Bereiche des Pseudarthrosespaltes, entsprechend den Feldern, 1, 2 und 3 von Abb. **180** a, unter spezieller Berücksichtigung der in Abb. **180** b wirksamen Kräfte auf die histologische Gewebsdifferenzierung: a) Feld 3, Zugspannungen überwiegen; Überbrückendes Bindegewebsband ist in Richtung des Zuges straff organisiert; b) entspricht Histologie von Feld 2. Durch straff faseriges Bindegewebe miteinander verbundene Knochenbälkchen. Die Fasern verlaufen in der Zugrichtung. Am lateralen Eck dichtes Band von Bindegewebsfibrillen; c) Histologie aus Feld 1. Die Knochenbälkchen, welche den Bruchspalt oben und unten umgeben, sind verdickt und als regelrechte Auflagerplatten zusammengeschmolzen. Im Bruchspalt selbst etwas frisches Blut (aus: *F. Pauwels:* Abhdlg. zur funkt. Anatomie d. Bew.-App. Springer, Berlin 1965, S. 15)

ordnung wirksam sind, wobei besonders die Frühstadien der Bruchheilung gefährdet sind.

2. Aus der Analyse der histologischen Topographie einer Pseudarthrose muß hervorgehen, daß die Architektur und die räumliche Anordnung der nicht verknöcherten zellulären Bauelemente mit den pathogenen Spannungsabläufen vereinbar ist, d. h., daß die histologische Struktur einer Nearthrose durch die funktionelle Störung der Lokalbeanspruchung erklärt werden kann (Abb. **177**).
3. Es muß in fortgeschrittenen Stadien zur regelrechten Entwicklung einer pathologischen Gelenkform kommen, welche dem kinetischen Ablauf der Schub- und Scherspannungen entspricht (Abb. **178** u. **179**).
4. Eine Pseudarthrose wird jederzeit ohne zusätzliche operative lokale Eingriffe lediglich durch Ausschaltung der pathogen wirksamen mechanischen Beanspruchung, welche das Lehrgerüst intermittierend verformt, vollständig ausheilen (Abb. **180**).

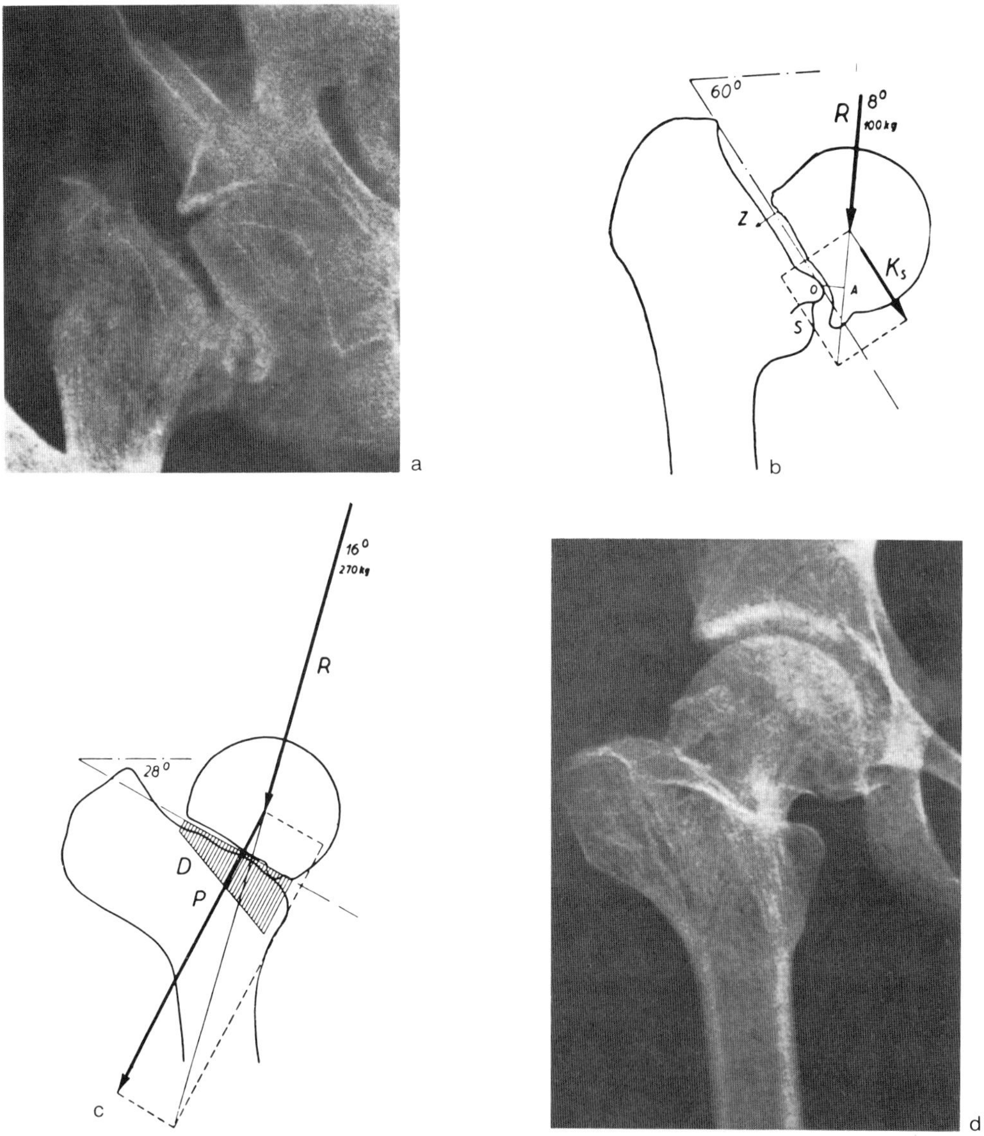

Abb. **182** a–f Fallbeispiel der ersten Umlagerung einer Schenkelhalspseudarthrose von *Pauwels* Anfang der 30er Jahre bei 19jährigem Dachdecker: a) Röntgenbild der Pseudarthrose vor der Operation, b) schematische Analyse der im Pseudarthrosespalt wirksamen Kräfte, c) präoperative Operationsplanung zur Ausschaltung der im Pseudarthrosespalt wirksamen Schubspannungen mit gleichzeitiger Verlängerung des Kraftarmes der Adduktoren durch Lateralisierung des großen Trochanters bei der Valgisierung, d) postoperatives Resultat, 10 Jahre nach der Operation, e u. f) nach der Umlagerung steht die Pseudarthroseebene in einem scherspannungsfreien Feld. Die gleichzeitige Verlagerung des Trochanter major nach lateral verlängert den Kraftarm der Abduktoren (aus: *F. Pauwels:* Ges. Abhdlg. zur funkt. Anatomie d. Bew.-App. Springer, Berlin 1965, S. 78)

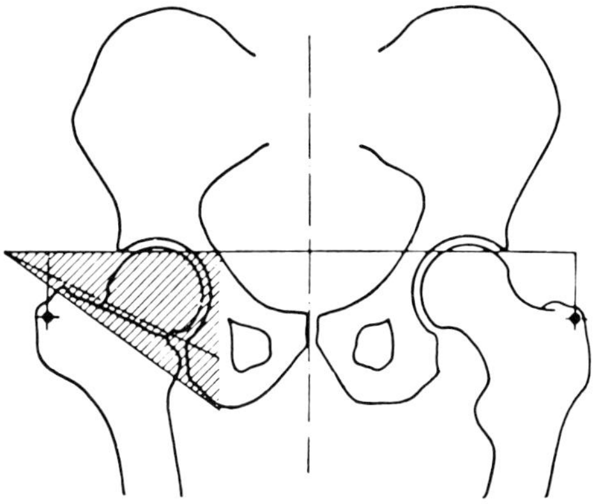

e^1

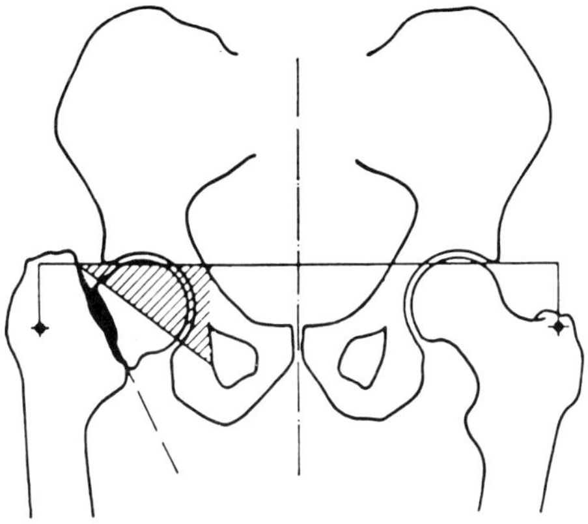

e^2

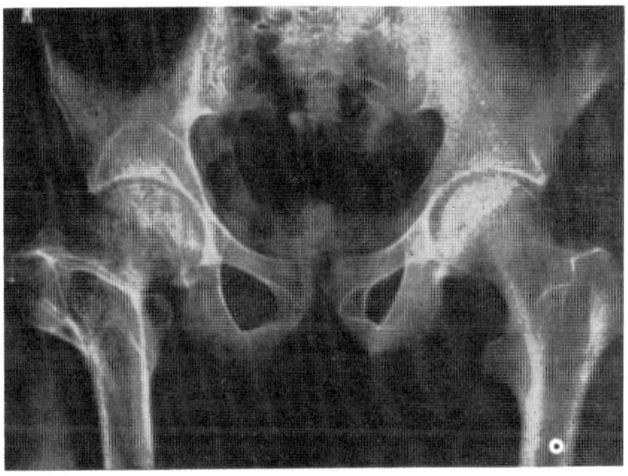

f

(zu Abb. **182**a–f)

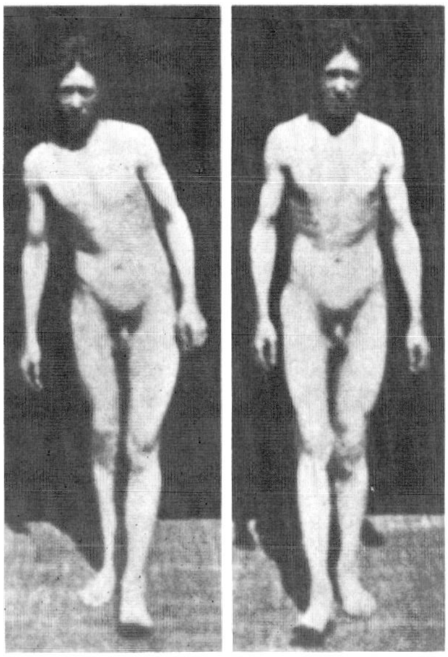

a

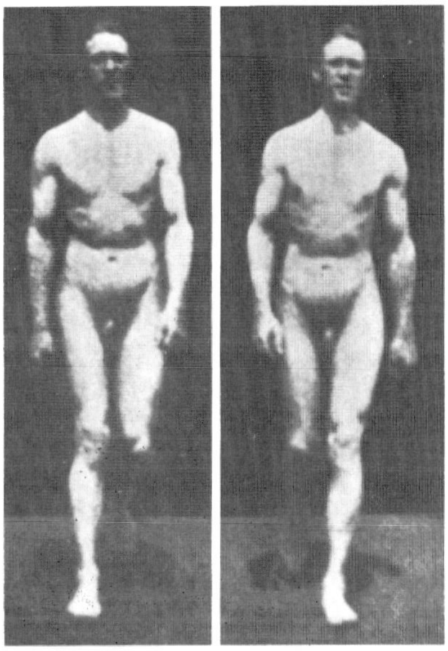

b

Abb. **183**a–c a u. b) Die kinematischen Aufnahmen zeigen das präoperative Insuffizienzhinken durch Versagen des Tragegerüstes in der Pseudarthrose; die Insuffizienz des Drehmomentes der Abduktoren ist beseitigt worden; c) Hüftvergleichsaufnahme nach der Operation. Der Kraftarm des Schenkelhalses ist stark verkürzt. Er wird durch Lateralkippung des großen Trochanters bei der starken Valgisierungsosteotomie wesentlich verlängert (aus: *F. Pauwels:* Ges. Abhdlg. zur funkt. Anatomie d. Bew.-App. Springer, Berlin 1965, S. 80)

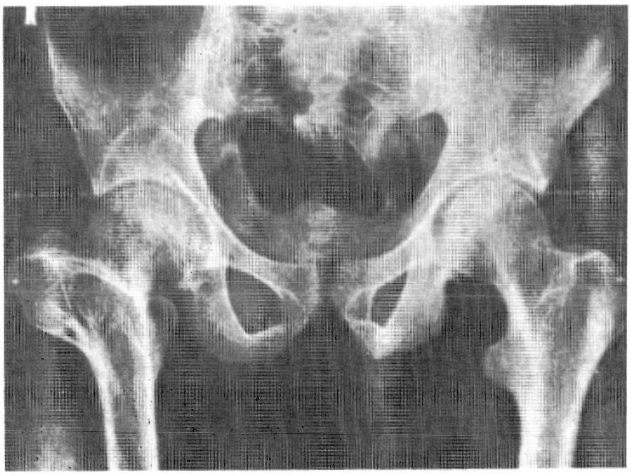

c

Es geht über den Rahmen der Einführung hinaus, die Pseudarthroseentstehung in den verschiedenen Bruchformen und Körperregionen illustrativ zu veranschaulichen. Ich möchte lediglich das klassische Beispiel der Mechanik der Schenkelhalspseudarthrose von PAUWELS zeigen, das aus der Klinik heraus zu den entscheidenden mechanischen Überlegungen geführt hat, die eine komplikationslose Heilung schwerster Deformitäten durch alleinige operative Ausschaltung schädigender Beanspruchungskomponenten mittels valgisierender oder Y-Osteotomie eingeleitet hat (Abb. **181–183**).

Darüber hinaus ist die moderne stabilisierende Osteosynthese imstande, pathogen wirksame Spannungskomponenten aufzunehmen und zu neutralisieren, womit die Pseudarthrose a priori vermieden respektive ausgeheilt werden kann.

Jede funktionelle Übungsbehandlung mit und ohne Belastung der Pseudarthrose hat im jeweiligen Grade der Stabilität und der Belastbarkeit in bester Weise angepaßt zu sein und Rechnung zu tragen.

Biomechanik der aufrechten Haltung

Der Entwicklungsgang zur aufrechten Haltung beginnt nach KUMMER (1965a u. b u. 1978b) mit der Tetrapodenlokomotion im Wasser. Die funktionelle Anpassung in diesem Biotop hat die Entwicklung der Extremitäten signifikant beeinflußt. Ständige Änderungen der funktionellen Beanspruchung der Extremitäten durch verschiedene Verhaltungsweisen in wechselnden Biotopen führen über das entscheidende Abheben des Körpers vom Boden bei den Reptilien und Amphibien mit entsprechender Umstellung der Extremitäten zur sagittalen Fortbewegungsebene bei vielen Säugetieren.

Die mechanischen Bau- und Regulationsprinzipien des Bewegungsapparates spiegeln sich in den gesetzmäßigen Kettenreaktionen funktioneller Anpassungsvorgänge wider, wie sie von PAUWELS (1965c u. f) als erstem erforscht wurden (Abb. **184**).

Die funktionelle Bauform der Skelettelemente, ihre spezifischen Achsenkrümmungen und Torsionen sowie ihre spongiösen Feinstrukturen wurden durch gesetzmäßige Regelmechanismen der Beanspruchung durch das Körpergewicht und die Kräfte der Muskulatur nach biokybernetischen Regelmechanismen gesteuert und in bester Weise optimiert. Dieses fortlaufende Entwicklungsprinzip läßt sich bis zur aufrechten Haltung auf zwei Beinen verfolgen, die für den Menschen charakteristisch ist (Abb. **185**).

Bei der Entwicklung von der quadrupeden zur bipeden Haltung haben neben individuellen Verhaltungsweisen auch umweltbedingte Anlässe eine signifikante Rolle gespielt. Die jeweiligen Lebensbedingungen haben dazu beigetragen, daß beispielsweise die vordere Extremität als Greifwerkzeug umfunktioniert wurde, wobei KUMMER (1965b) zwei Voraussetzungen in den Vordergrund stellt:

1. exogene und endogene Anlässe,
2. die zur Umformung erforderlichen anatomischen Möglichkeiten.

Das Strecken des Körpers durch Erheben auf die Hinterbeine zum Erreichen bestimmter Nahrungsarten kann durch die Beschaffenheit des Biotops gegeben sein. Letzteres dürfte auch am Zustandekommen der bipeden Lokomotionsart mitgewirkt haben, wie z. B. das zweibeinige Springen der Känguruhs, der Springhasen, Springmäuse im hohen Steppengras, bei unebenem Boden (Abb. **186** a).

Bei den Vögeln ist die doppelte Form der Fortbewegung durch Umfunktionieren der hinteren Extremitäten als Stand- und Laufbeine sowie der vorderen als Flügel zustande gekommen.

Als endogene Reaktionen werden Angriffsdrohung und Imponierverhalten sowie verschiedene Verteidigungsstellungen etc. angeführt. Desgleichen können durch Aufrichtung des Körpers auf die Hinterbeine, unter zusätzlicher stabiler Abstützung mit dem Schwanz, die Vorderextremitäten als Waffen benützt werden.

Mechanisch ist bei der quadrupeden Ausgangshaltung durch die vier Unterstützungspunkte ein großes Stand- und Kippmoment gegeben. Mit der Aufrichtung auf die Hinterbeine wird die Standfläche wesentlich kleiner und die Kippsicherheit geringer, wobei die hinteren Extremitäten das ganze Körpergewicht zu tragen haben. Demgegenüber ist das Körpergewicht bei verschiedenen Quadrupeden mit rund 60% auf die vorderen und nur 40% auf die hinteren Extremitäten verteilt (Abb. **186** b).

Dynosaurier liefen mit gebeugten Hüft- und Kniegelenken. Diese Stellung war zur Erhaltung des inneren Gleichgewichtes zweckmäßig. Das Schwerelot S als Wirkungslinie der beanspruchenden Kraft liegt allgemein außerhalb der Drehzentren, so daß an den belasteten Gelenken der unteren Extremitäten Drehmomente auftreten, die zur Erhaltung eines statischen und dynamischen Gleichgewichtes durch entgegengesetzt gerichtete Momente kompensiert werden müssen. Die stabilisierenden Gegenkräfte sind durch die Muskulatur und nur selten durch den Bandapparat gegeben.

Infolge der exzentrischen Belastung der Extremitätenknochen über Gelenke durch das Körpergewicht beträgt die Gesamtbelastung, abhängig vom Längenverhältnis der Hebelarme der Kraft und Gegenkraft, meist ein Vielfaches der Größe der zu tragenden Last des Körpergewichtes. Die Resultierende ist die geometrische Summe aus Last und Gegenkraft. Je größer der Hebelarm des Körpergewichtes, desto größer muß auch die Gegenkraft der Muskulatur sein, um einen stabilen und dynamischen Gleichgewichtszustand an den Gelenken aufrechtzuerhalten. Die Minimalbelastung wird durch Heranrücken des Schwerpunktes an die Drehzentren der belasteten Gelenke und an die tragenden Achsen der Röhrenknochen erreicht. Sie ist am niedrigsten, wenn das Schwerelot der resultierenden Last genau durch das Drehzentrum des Gelenkes verläuft oder mit den Längsachsen der tragenden Röhrenknochen zusammenfällt. Die bei der Bewegung durch Lageänderungen ständig wechselnden kinetischen Kräfte suchen die Spannungsspitzen aus den z. T. unvermeidlichen Biegemomenten möglichst niedrig zu halten (Abb. **187**).

Bei den Sprungtieren wird das Körpergewicht in der Regel in den großen Gelenken der hinteren Extremitäten balanciert, oder es dient ein Schwanz als dritte stabilisierende Unterstützungsfläche. Die meisten Tiere balancieren mit gebeugten Hüft- und Kniegelenken den Körperschwerpunkt innerhalb einer Achse, die beide Kniegelenke verbindet. Das Spiel der exzentrisch wirksamen Einzelkräftegruppen versucht hierbei, die resultierende Belastung des passiven Stützapparates möglichst niedrig zu halten.

In diesem Zusammenhang sind nicht nur die funktionsangepaßten Krümmungen und Torsionen der tragenden Einzelelemente des Skelettes, sondern auch ihre Längenverhältnisse zueinander von großer Bedeutung. In diesem Sinne ist es

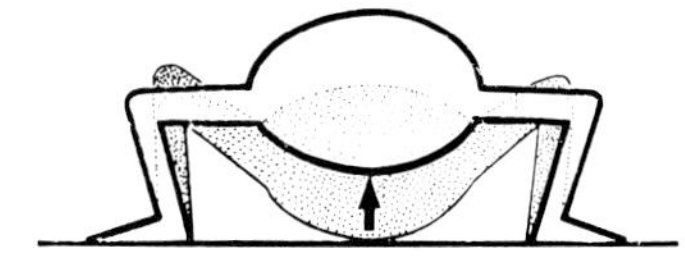

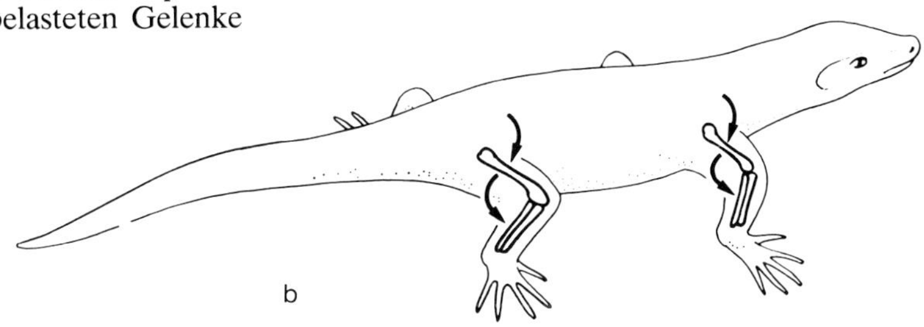

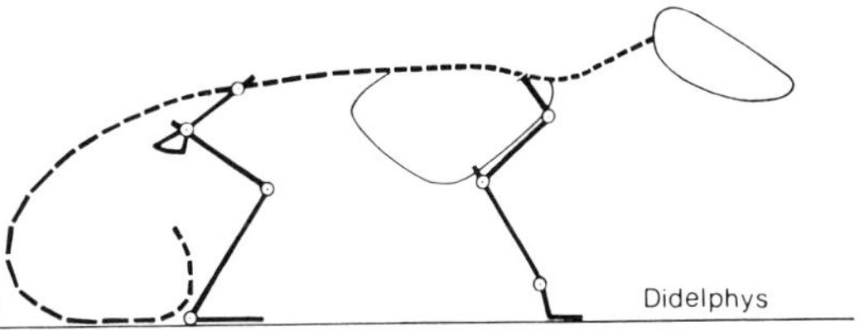

Abb. **184** a–d a u. b) Abheben des Rumpfes vom Boden beim primitiven Tetrapoden, Extremitäten in Hüfte und Schultergelenk ventral-flektiert, in Knie- und Ellbogengelenk gestreckt; c u. d) Typische Extremitätenstellungen der Mammalia, schematische Darstellung der großen Extremitätengelenke in ihren Verbindungen mit Schultergürtel und Stamm. Langarmige Hebel erlauben einen forcierten Schub nach vorwärts (aus: *B. Kummer:* Zool. Jb. Anat. 99 [1978] 117–128)

Abb. **185** a–c Femurkonturen verschiedener Primaten ▶ in der Frontalebene: a) Macaca mulatta, b) Gorilla, c) Homo sapiens (aus *B. Kummer:* Mttlg. Nat.-Forsch.-Ges. Bern 22 [1965] 255)

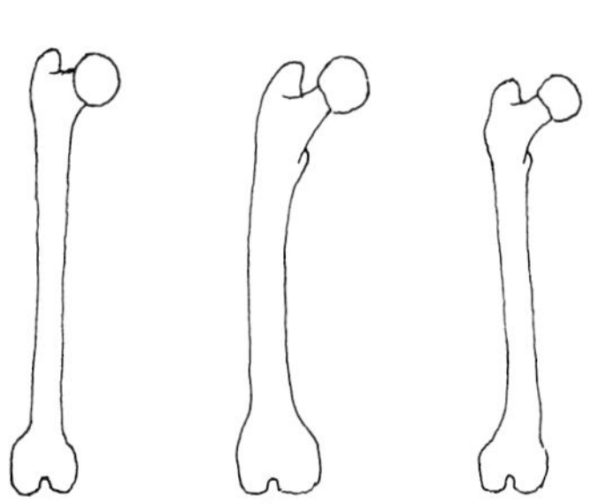

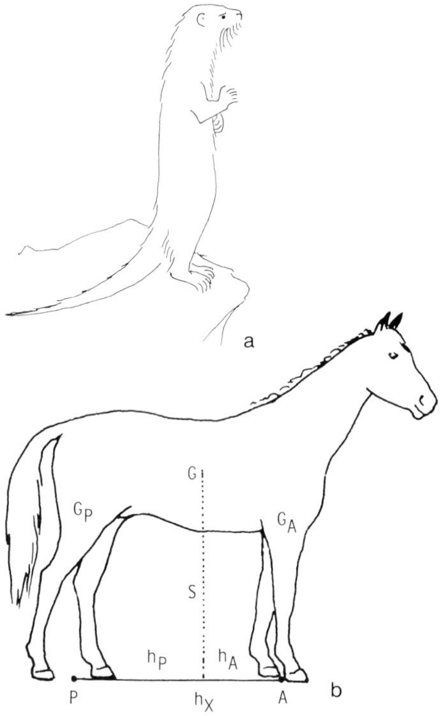

Abb. **186** a u. b a) Pseudobipedale Haltung eines Lutra-Lutra nach einer Fotografie von Dr. E. *Mohr*; b) Körpergewichtsverteilung beim stehenden Quadrupeden: S = Schwerpunktslot, A = Mitte der vorderen, P = Mitte der hinteren Stützkante, h_A und h_p = Abstände (Hebelarme) des Schwerpunktlotes von vorderer bzw. hinterer Stützkante, h_X = Stützweite = $h_A + h_p$ = G 3 Gesamtgewicht. Den Hebelgesetzen entsprechend ist die Belastung der vorderen Extremität $G_A = \frac{G\,h_p}{h_x}$ (ca. 60%). Die Belastung der Hinterextremität $G_p = \frac{G\,h_A}{h_x}$ (ca. 40%) (a aus: *B. Kummer:* The Human Posture and Locomotion. 8. Congr. of Anthropologic. and Ethnolog. Sciences. 1967, S. 318. – b aus: *B. Kummer:* Mttlg. Nat.-Forsch.-Ges. Bern 22 [1965] 241)

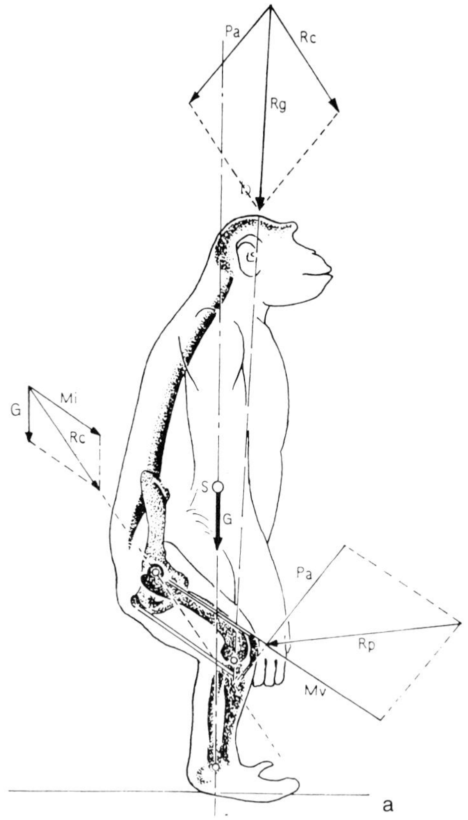

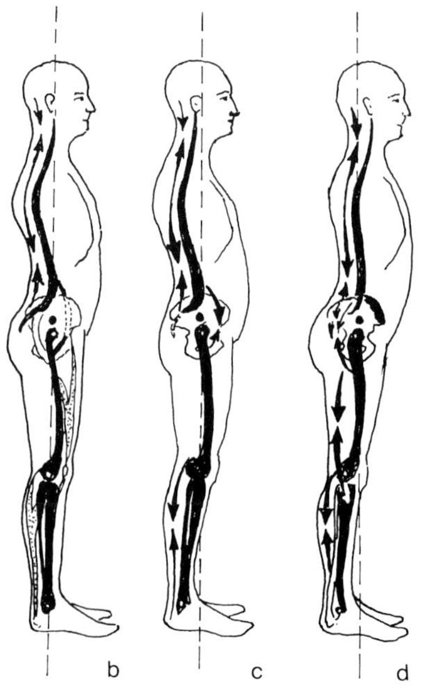

Abb. **187** a–d a) Beanspruchung des Beinskelettes beim zweibeinig stehenden Schimpansen: G = Körpergewicht, M_i = ischiokrurale Muskeln, M_v = Strekker des Kniegelenkes, P_a = Patellarsehne, R_c = Resultierende für das Hüftgelenk, R_g = Resultierende für das Kniegelenk, R_p = Resultierende für die Patella, S = Körperschwerpunkt; b–c) Verschiedene Haltungsformen des Menschen beim aufrechten Stand auf zwei Beinen: b) normales, entspanntes Stehen, c) leichtes Gewichttragen, d) militärische Haltung (a aus: *B. Kummer:* Mttlg. Nat.-Forsch.-Ges. Bern [1965] 239. – b–d aus: *B. Kummer:* The Human Posture and Locomotion. 8. Congr. of Anthropolog. and Ethnolog. Sciences. 1967, S. 220)

auch wesentlich, daß die Oberschenkel relativ kurz sind, wie es bei den meisten quadrupeden Säugern der Fall ist.
Der Quadrupedenrumpf ist nach dem Prinzip einer Bogen-Sehnen-Konstruktion gebaut (KUMMER 1959, 1965b, SLIJPER 1946). Die Wirbelsäule fungiert hierbei als Druckbalken und ist dorsal konvex gekrümmt, während sie ventral durch Bauchwandmuskulatur und Rippen verspannt ist (Abb. **188**).
Die Kyphose der Gesamtwirbelsäule des Neugeborenen bleibt auch bei der bipeden Aufrichtung noch sehr lange erhalten. Ihre Streckung erfolgt zuerst im Lendenbereich, und die kompensatorische lumbale Lordose entwickelt sich bei erhaltener Brustkyphose erst relativ spät. Der Körperschwerpunkt liegt bei der Aufrichtung immer ventral von der Wirbelsäule, so daß die Füße zur Aufrechterhaltung des Gleichgewichtes primär nach vorn gesetzt werden. Dies erfordert eine gleichzeitige Beugung in Hüft- und Kniegelenk. Die Primaten stehen in der gleichen Art (vgl. Abb. **187**a). So zeigen Beobachtungen an Schimpansen, daß ihr Schwerpunktslot durch die Drehpunkte von Knie- und Sprunggelenk verläuft.
In den komplexen Entwicklungsgang der Wirbelsäule und des Thorax als passive Rumpfabstützung des Menschen in seiner Phylogenese und Ontogenese muß die Umformung des Beckens mit einbezogen werden.
Die krumme Gestalt der Röhrenknochen der unteren Extremitäten zeigt eine in ihrer äußeren Form und inneren Struktur funktionelle Bauweise. Als gerade Stäbe müßten sie eine zu große Biegebeanspruchung aufnehmen, wobei die größten Biegemomente in den exzentrischen Beanspruchungsphasen an Femur und Tibia in Gelenknähe auftreten. In der langzeitigen Entwicklungsphase des Homo recens ändert sich der Grad der Retroversion der Gelenkenden beider Knochen, so daß es im Zuge der fortschreitenden Aufrichtung zu einer beträchtlichen Reduzierung der relativ hohen Biegespannungen kommt (Abb. **189**). Durch eine ausgeprägte Retroversion der Gelenkenden beider Knochen kommt es zu einer beträchtlichen Reduzierung der Biegespannungen. PAUWELS (1965f.) hat diese im Zuge der Wachstumsentwicklung des Jugendlichen auftretenden mechanisch gesteuerten Wachstumsvorgänge in allen Einzelheiten analysiert und die funktionelle Anpassung des Knochens an die wechselnden Biegebeanspruchungen dargestellt.
KUMMER (1965b) zeigt an einer vergleichenden anatomischen, ontogenetischen Entwicklungsreihe von Femur und Tibia des Menschen sehr wechselnde Entwicklungsformen, die er als Ausdruck der funktionellen Anpassung auffaßt. Die ursprünglich starke Retroversion und Achsenknikkung der gelenknahen Bereiche der Tibia und des Femurs bei den Skeletten des Homo Lemoustier und Combé-Capelle sprechen für eine vorwiegende Belastung der unteren Extremitäten bei gebeugten Gelenken. Sie weisen darauf hin, daß diese Frühmenschentypen, ähnlich wie der Gorilla, von Jugend an das Bein bei gebeugten Kniegelenken, wahrscheinlich durch langes Verweilen in

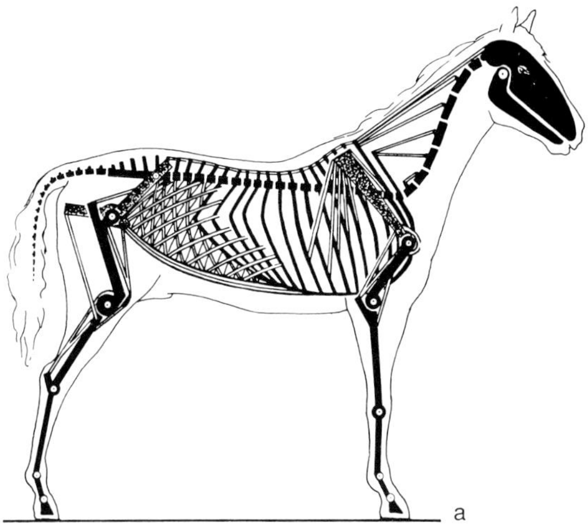

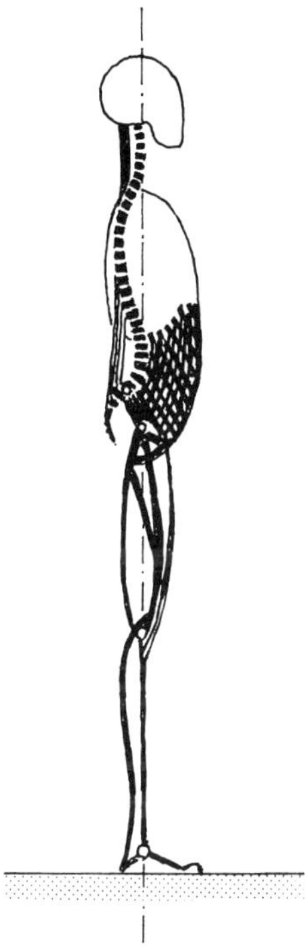

Abb. **188** a u. b Schema der prinzipiellen Zuggurtungssysteme des WS-Halteapparates: a) beim Quadrupeden, ventrale Zugverspannung (Bogensehne), am Hals umgekehrte Bogensehnenkonstruktion. Sicherung der großen Extremitätengelenke gegen Einknicken über muskuläre Zuggurtungen; b) beim aufrechtstehenden Menschen (aus: *B. Kummer:* Mttlg. Nat.-Forsch.-Ges. Bern 22 [1965] 239)

Hockstellung, belastet haben. Es scheint dabei auch, daß das Kniegelenk beim Stehen nicht ganz gestreckt wurde, zumal damals noch eine Lendenlordose fehlte (Abb. **190**).
Beim rezenten Menschen hingegen ändern sich die Verhältnisse. Durch die extrem gestreckten Gelenke kann die Resultierende besonders an das Knie und an die Längsachsen von Tibia und Femur näher herantreten. Dementsprechend werden auch die sagittalen Krümmungen der langen Röhrenknochen geringer, deren Größe durch die Höhe der jeweils gegebenen Biegebeanspruchungen während der dynamischen Bewegungsphase optimal gesteuert wird. Noch manche Unklarhei-

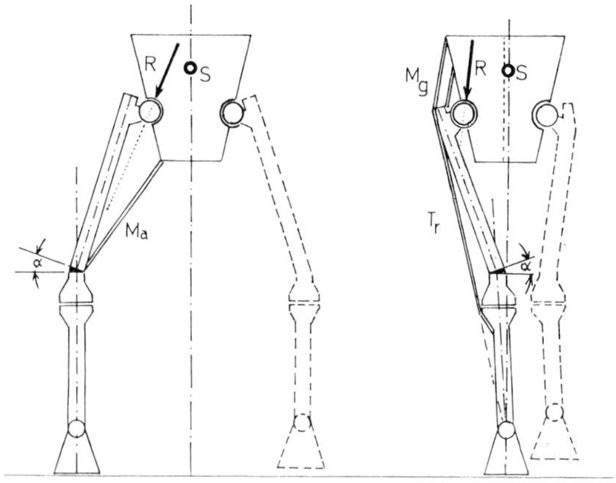

a b

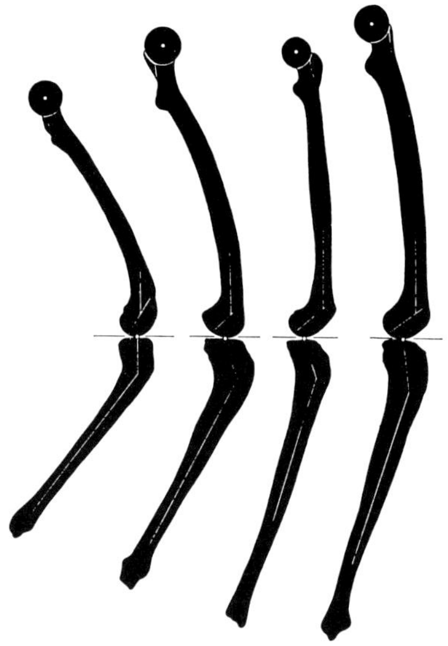

a b c d

Abb. **190** a–d Achsenformen des Menschen verschiedener Entwicklungsstadien: a) Homo Lemoustier, b) Combé-Capelle, c) Spy II, d) rezenter Mitteleuropäer. Zur besseren Sichtbarmachung der Abwicklung der kniegelenknahen Diaphysenenden wird die Gelenkfläche des Caput tibiae jeweils horizontal eingestellt. Der distale Schaftabschnitt des Femurs, nicht die Kondylen, ist senkrecht eingestellt. Die hervortretenden Achsenkrümmungen am Skelett des Homo Lemoustier und Combé-Capelle sprechen für die dominierende Belastung des Kniegelenkes in Beugestellung (aus: *B. Kummer:* Mttlg. Nat.-Forsch.-Ges. Bern 22 [1965] 239)

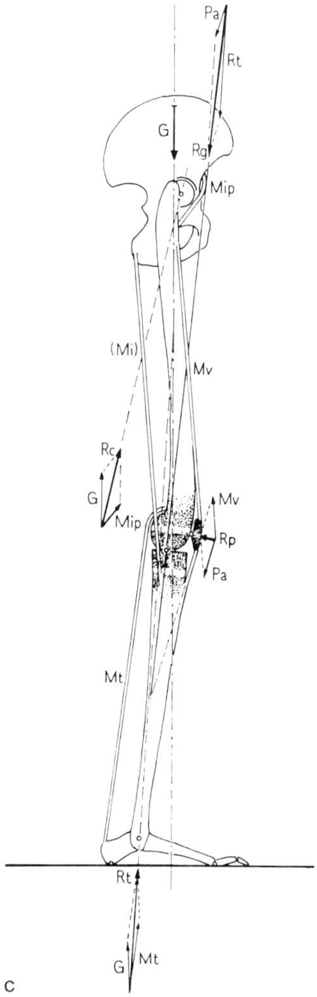

c

Abb. **189** a–c Beanspruchung der unteren Extremitäten: a) beim Quadrupeden. Die Kraftübertragung bei gerader Knochenachse kreuzt die Epiphysenfuge lateral. Dies hat eine funktionelle Anpassung der Knochenform, ein ungleiches Längenwachstum mit keilförmigem Zuwachs und Abwinkelung der Knochenachse nach medial zur Folge. b) Beim Bipeden trifft die vom Unterschenkel auf das Femur übertragene Kraft die Epiphysenfuge medial; der symmetrischen Belastung entsprechend kommt es zu einer Abknickung nach lateral. M_a = Adduktoren des Oberschenkels, M_g = Mm. glutei, R = Hüftgelenkresultierende, S = Körperschwerpunkt, T_r = Tractus iliotibialis. c) Mechanische Beanspruchung des gestreckten Beinskelettes im Schema beim aufrechten Stand des Menschen. Die Einstellung der Epiphysenfuge zur resultierenden Belastung ist horizontal bei gerader Form von Femur und Tibia: M_{ip} = M. iliopsoas, G = Körpergewicht, R_g = Gesamtheit aller das Knie beugenden Kräfte, R_c = Resultierende Krafthüfte, R_p = Resultierende Kraft, Femoropatellargelenk, M_v = Kraftrichtung des Quadriceps fem., M_i = Kraftrichtung der Ischiokruralmuskulatur, M_t = M. triceps surae, R_t = Resultierende für die Tibia, P_a = Kraft des Lig. patellae (aus: *B. Kummer:* Mttlg. Nat.-Forsch.-Ges. Bern 22 [1965] 239)

Abb. **191** a–e Die mechanische Beanspruchung der Wirbelkörper – dargestellt auf einem stark vereinfachten Schema – beim Quadrupeden (a) als auch beim Menschen (b) ist sehr ähnlich. Die Resultierende R aus der autochthonen Rückenmuskulatur R_m und ventraler Belastung (G = Wirkungslinie des Körpergewichtes Schwerpunktslot) ist auf das schwarze Zentrum des Nucleus pulposus gerichtet.

c) Die Krafteinleitung auf die dazugehörigen Wirbelkörper erfolgt fast axial. Dies zeigt die trajektorielle Gitterstruktur des Wirbelkörpers, die durch schematisch rechtwinkelig sich kreuzende vertikale Druck- und horizontale Zugspannungstrajektorien charakterisiert wird.

d) Experimentelle statische Analyse der Spannungen und der daraus resultierenden Materialanordnung in einem axial belasteten Modell der Zwischenwirbelverbindung. Schematisch eingezeichnet: Anstieg und Abfallen der Werte für die Hauptspannungsdifferenzen in dem zusammengesetzten Modell. Vom Zentrum des von einer zugfesten Hülle umgebenen Scheibenschnittes aus erfolgt ein Abfallen der Hauptspannungsdifferenzen nach den Krafteinleitungsflächen und den lastfreien Rändern hin (gestrichelte Linien, weiße Pfeile). Von den Krafteinleitungsflächen der Zylinderschnitte zu den freien Rändern hin erfolgt dann wieder ein Ansteigen der Hauptspannungsdifferenzen (schwarz ausgezogene Linien, schwarze Pfeile).

e) Im spannungsoptischen Modell sind der Anstieg und das Absinken der Hauptspannungsdifferenzen schematisch dargestellt.

(a u. b aus: *B. Kummer:* Statik und Dynamik des menschlichen Körpers. In: Handbuch der ges. Arbeitsmedizin, I/9. Urban & Schwarzenberg, Berlin 1961. – c–e aus: *K. Schlüter:* Form und Struktur des nomalen und des pathologisch veränderten Wirbels. Hippokrates, Stuttgart 1965, S. 67)

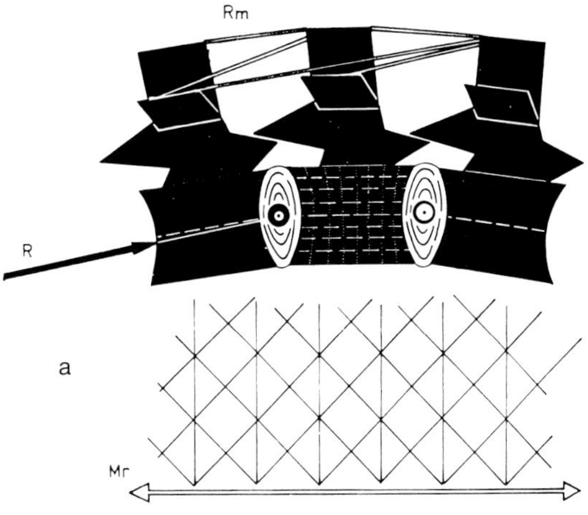

a

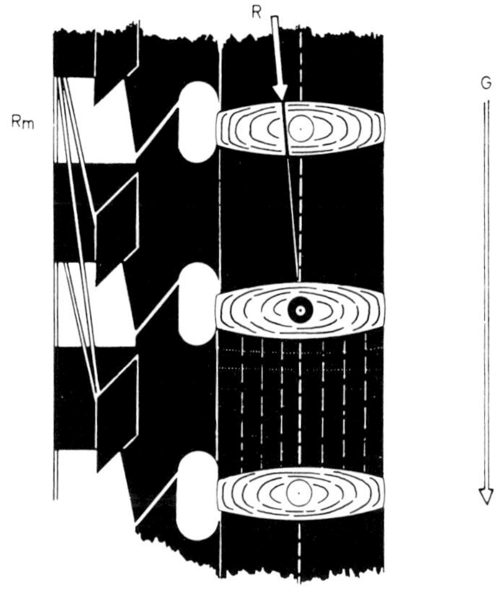

b

c

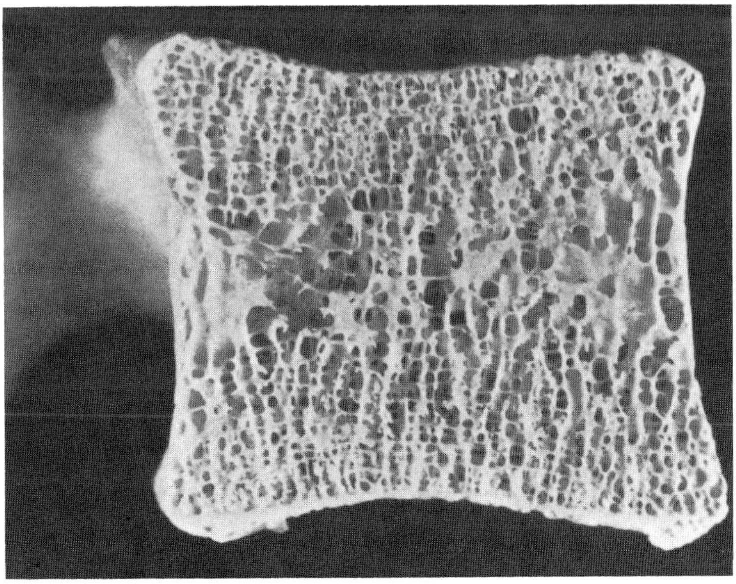

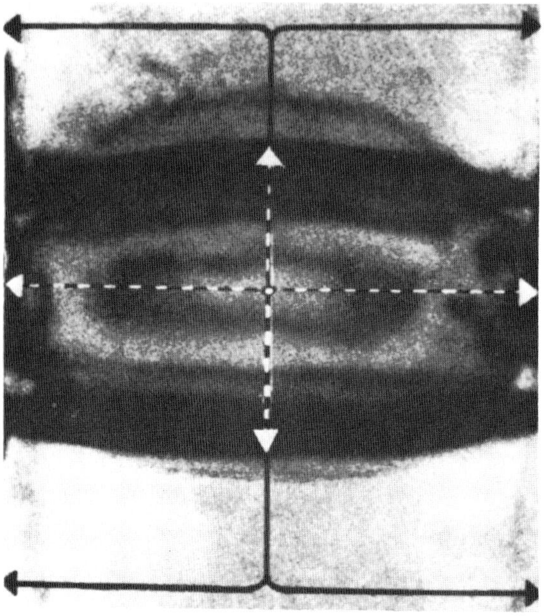

d

Abb. **191** (Fortsetzung)

e

ten bestehen über die speziellen Anpassungsvorgänge, wie z. B. in der Gestalt des Beckens sowie auch in der Form der Füße und der Tarsalia.

Die normale und pathologische Biomechanik der Wirbelsäule und ihrer Stütz- und Bewegungsfunktionen bei der aufrechten Haltung wurde erst in sehr begrenzten Bereichen erforscht (GROH 1975, KUMMER 1965a, 1978b, LANGENBERG 1970, MEYER 1890, NACHEMSON 1963, SCHLÜTER 1965, SLIJPER 1946).

Von älteren Anatomen (STRASSER 1908 u. 1913, MEYER 1890, FICK 1911 u. a) wurde die menschliche Wirbelsäule als biegsame S-förmige Stütze gedeutet, die sich in einem elastischen Gleichgewicht als konkav-konvexer Träger um die eigentliche Traglinie herumwindet. An diesen S-förmigen Träger greifen über komplizierte Hebelmechanismen Muskelkräfte an, die sich mit der exzentrischen Last der Rumpfweichteile das Gleichgewicht halten. Dies entspräche in der Technik dem relativ einfachen Prinzip der elastisch tragenden gebogenen Säule. Es wurde außerdem darauf hingewiesen, daß die konvexen Krümmungsscheitel möglichst nahe an die Traglinie heranrücken, um das Biegemoment der einwirkenden Belastung klein zu halten und Gegenkräfte zu sparen (vgl. Abb. **187**).

Man sieht in vielen jüngeren Veröffentlichungen, daß die Traglinie, die schon von v. MEYER bestimmt wurde, eine virtuelle Linie ist, die zwar die Wirbelsäulenkrümmungen scheidet, aber über die mechanische Beanspruchung der Wirbelsäule selbst und ihrer Einzelelemente nichts aussagt. Sie wird ausschließlich durch das Schwerelot des Körpergewichtes (BRAUNE u. FISCHER 1889) entscheidend belastet, und sie verläuft ventral von der Wirbelkörpersäule und schneidet ganz knapp den lumbosakralen Übergang am Becken (GROH u. BAUMANN 1967, POLSTER u. Mitarb. 1973c, SEYSS 1967).

Die Wirbelsäule ist auch in keiner Weise mit einem elastisch gefederten Stab identisch. Sie besteht vielmehr aus starren Einzelelementen, die ligamentär und muskulär gelenkig ineinander verbunden sind, deren Einzeldrehpunkt als Momentanpol auf einer Polkurve der Bewegung des oberen Segmentwirbels folgt, wie von RICCI u. COVELLI (1976b) dargestellt wird (Abb. **191**) (GRADEN u. DEBRUNNER 1975).

Das Gleichgewicht wird durch das exzentrische Körpergewicht und die auf jedes Einzelsegment einwirkenden Gegenkräfte der Muskulatur und des Bandapparates aufrechterhalten (KUMMER 1965, SLIJPER 1946). Die Krafteinleitungsflächen der einzelnen Wirbelkörperelemente stehen vorwiegend unter axialer Druckbeanspruchung, wie aus ihrem trajektoriellen Strukturaufbau und der Materialverteilung im Querschnitt geschlossen werden kann. Sie sind durch die mit Gallertkernen erfüllten trajektoriellen Faserringsysteme der Bandscheiben miteinander gekoppelt. Dadurch ist ein weitgehender Spannungsausgleich bei asymmetrischen, kinetisch geregelten Beanspruchungsabläufen möglich (NACHEMSON 1973).

Die kleinen Wirbelgelenke steuern die komplexen Kettenbewegungen und sind bei verschiedenen Achsenstellungen und Bewegungskonstellationen an der Miterhaltung der jeweiligen Gleichgewichtslage und der gleichmäßigen Druckverteilung im Querschnitt der verschiedenen Wirbelsäulenabschnitte mit beteiligt.

SCHLÜTER (1965) hat an der Lendenwirbelsäule die funktionellen Bauformen der Wirbelkörper mit dem trajektoriellen Strukturaufbau der Wir-

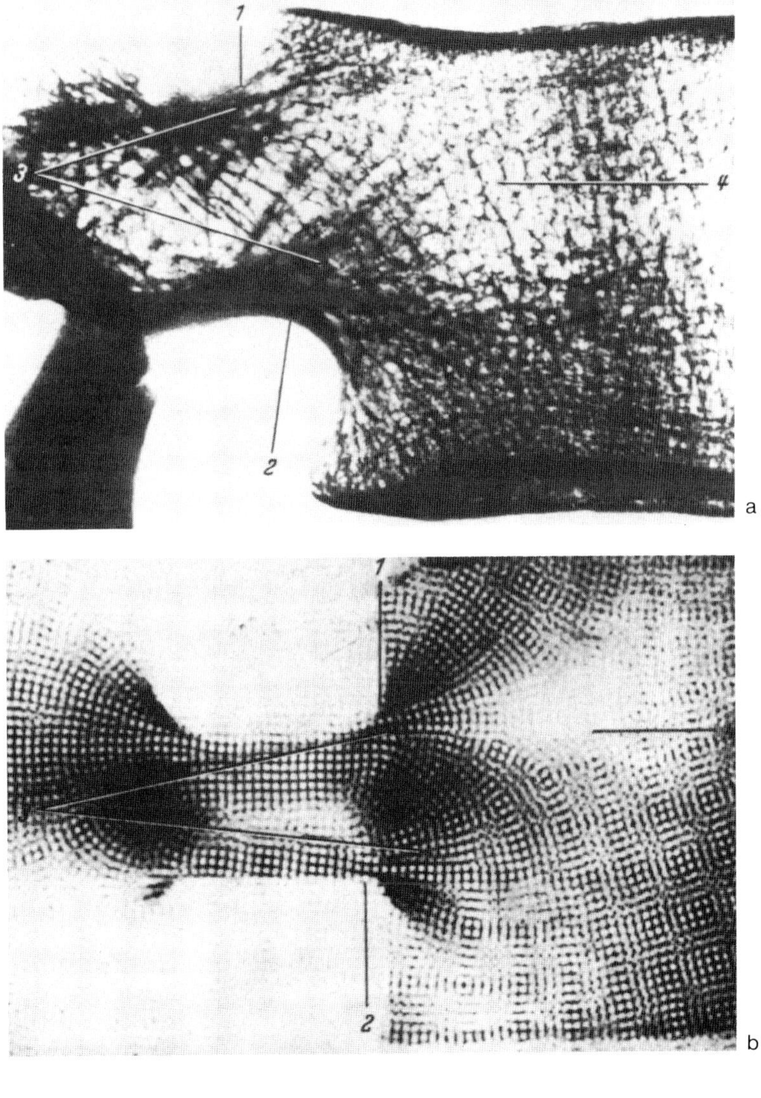

Abb. **192** a u. b a) Röntgenstrukturen im Bereich der Bogenwurzel des 3. Lendenwirbelkörpers: 1 = Einstrahlung der kranialen Knochenbälkchen aus der Kortikalis, 2 = Einstrahlung der Knochenbälkchen aus der kaudalen Kortikalis, 3 = höhere Dichte der Knochenbälkchen im Bereich der Insertion der Bogenwurzel, 4 = Strukturauflokkerung mit weitmaschiger Spongiosa im Wirbelkörper.
b) Trajektorienfotogramm, gewonnen aus isoklinen Aufnahmen eines Modells. Sie stimmen mit den Beanspruchungsverhältnissen, die sich am Fotogramm der Röntgenstruktur zeigen, überein. Das Röntgenbild zeigt die räumliche Anordnung der Bauelemente (Längs- und Biegebeanspruchung) (aus: *K. Schlüter:* Form und Struktur des normalen und des pathologisch veränderten Wirbels. Hippokrates, Stuttgart 1965, S. 68)

belbögen samt Gelenkfortsätzen der Processus spinosi und transversi analysiert. Er konnte aus den funktionellen Strukturen Rückschlüsse auf die statischen Beanspruchungsprinzipien der einzelnen Wirbelanteile ziehen (Abb. **192–194**).
Es ergibt sich letzten Endes ein sehr komplexes Verhalten von Hebelarmen, über welche die autochthone Rückenmuskulatur auf den einzelnen Wirbelkörper wie auch auf die ganze Gelenkkette einzelner Wirbelsäulenabschnitte einwirkt (Langenberg 1970). Das von Slijper (1946) angenommene intersegmentäre Spannungsgleichgewicht beim Quadrupeden wird durch ein umgekehrtes Bogen-Sehnen-Prinzip auch bei der bipeden Haltung des Menschen im Bereich der HWS und LWS wirksam sein (vgl. Abb. **188**).
Der Hauptlastträger, die Wirbelsäule, liegt als passive Druckaufnahmekette im Bereich der Druckspannungszone aus der Biegung. Demgegenüber wird die autochthone Rückenmuskulatur als komplexe Gegenkraft an der Zugseite wirksam. Dieses Anordnungsprinzip trifft vor allem in der Sagittalebene zu, während in der Frontalebene die Lastverteilung des Körpergewichtes um die Wirbelsäule symmetrisch angeordnet ist. In der stehenden Haltung strebt die Gesamtform des Stützorganes sagittal durch die Tiefe seiner Krümmungen einen Idealzustand an, der durch die Hypothese von Ricci u. Covelli (1976b) vom minimalen Drehmoment physikalisch formulierbar ist.

Aufrechter Stand auf zwei Beinen

Der liegende Säugling befindet sich in einer stabilen Gleichgewichtslage mit breiter Auflagefläche. Schon beim Kriechen benötigt er mehr Muskelkräfte, um eine gewisse Balance zu halten und sein Gleichgewicht auf Knien und Händen zu stützen. Mit der Aufrichtung auf zwei Beine geht

a

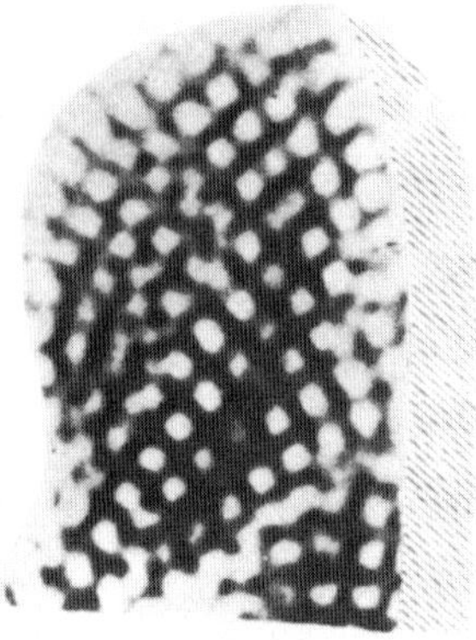

b

c

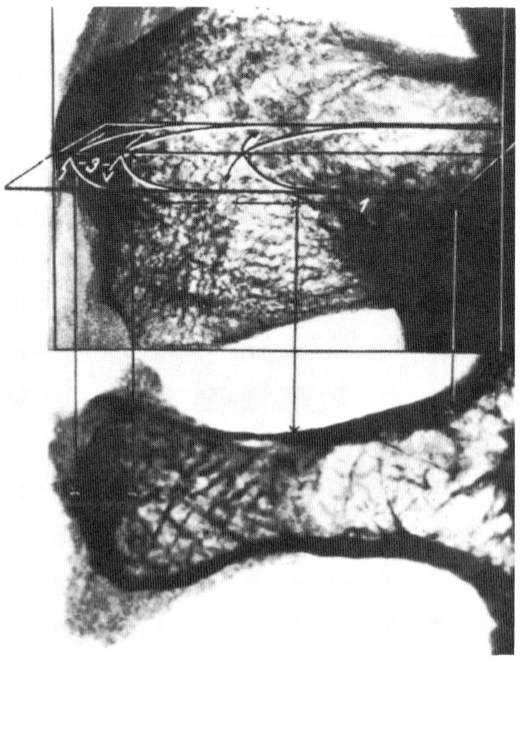

Abb. **193** a–c a) Röntgenfotografie des Dornfortsatzes L IV in Seitenansicht. Hilfslinien betonen den Verlauf der Spongiosazüge. b u. c) Die trajektoriellen Biegungsstrukturen kommen auch in der räumlichen Anordnung zum Ausdruck. Die bogenförmigen Spongiosastrukturen aus dem Transversalschnitt werden räumlich auf den Sagittalschnitt übertragen. Die perspektivische Umzeichnung zeigt eindeutige Biegungsstrukturen, und die als Sklerose oft gedeutete Verdichtung der Randzonen der Dornfortsätze entsteht durch die Projektion der räumlich sich kreuzenden Spongiosazüge (aus: *K. Schlüter:* Form und Struktur des normalen und des pathologisch veränderten Wirbels. Hippokrates, Stuttgart 1965, S. 224)

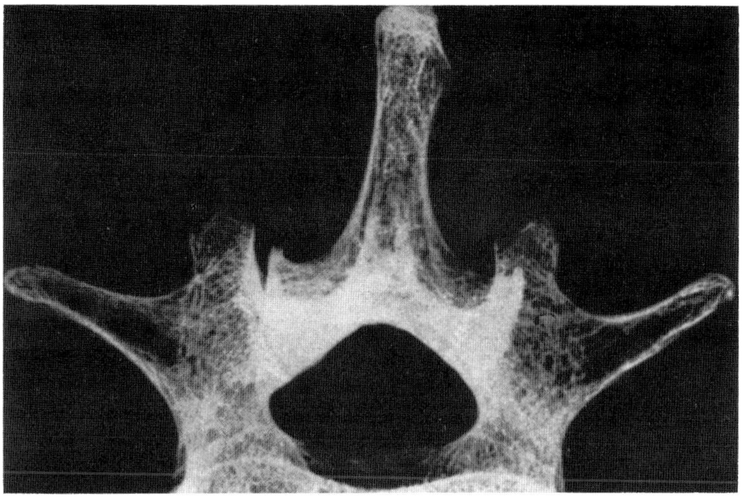

Abb. **194** Die Strukturen der Dorn- und Querfortsätze in der Transversalebene sind im Prinzip gleich: 1. massive Kortikalis an der Basis der Fortsätze, 2. Auffächerung der kortikalen Basis in bogenförmige Spongiosazüge, die zur Gegenseite ziehen, 3. strukturdichte Randzonen an der Spitze der Fortsätze durch eng sich überkreuzende trabekuläre Spongiosabögen (aus: *K. Schlüter:* Form und Struktur des normalen und des pathologisch veränderten Wirbels. Hippokrates, Stuttgart 1965, S. 232)

er in ein dynamisches Gleichgewicht über, das er in verschiedenen Stand- und Bewegungssituationen, sei es des Gehens, Springens, etc., aufrechterhalten muß (MATTHIASS 1972, EVANS 1963, DUCROQUET u. Mitarb. 1965).

Die Füße werden durch den Kopf, Rumpf und die Extremitäten belastet, wobei das Schwerelot S_5 im stabilen Gleichgewicht die Unterstützungsfläche schneiden muß. Unterstützungsfläche und Schwerelot befinden sich in einer steten kinetisch gesteuerten Oszillation und werden mit einem Stab verglichen, der auf dem Finger eines Jongleurs tanzt, wobei weder die Stange noch die Unterstützungsfläche in Ruhe ist. Die in sich verformbaren Körperteile erschweren die fehlerfreien Bestimmungen ihrer Schwerpunkte, so daß schon BRAUNE u. FISCHER Leichen einfroren (Abb. **195** u. **196**).

Betrachten wir einige Charakteristika der stehenden Körperhaltungen, so hebt ROSEMEYER (1974) sehr richtig hervor, daß der Mensch im Grunde nicht falsch noch richtig, sondern allenfalls bequem oder weniger bequem stehen kann (TACHDJIAN 1972).

Beim sog. entspannten Stand auf beiden Beinen handelt es sich um ein muskulär entspanntes Stehen, wobei der ligamentäre Halteapparat der unteren Extremitäten wie auch des Rumpfes einen großen Teil der exzentrisch ausgelösten Spannungen direkt aufnehmen muß (Abb. **197**).

Die Normalhaltung der ganzen Wirbelsäule mit physiologischer HWS- und LWS-Lordose sowie BWS-Kyphose ist unauffällig. Das Becken wird etwas nach ventral gedrückt, so daß die Lendenwirbelsäulenlordose dadurch leicht verstärkt wird, indes der Neigungslinienwinkel des Hüftbeines ca. 40 Grad beträgt. Infolge der voll gestreckten Hüften werden die radiär und zirkulär verlaufenden periartikulären Bänder, wie die Ligg. iliofemorale, pubofemorale und ischiofemorale, gespannt. Sie nehmen das ganze Körpergewicht auf

Abb. **195** Intrauterines Haltungsschema nach Merkel (aus: *M. Lange:* Lehrbuch der Orthopädie, T. II., Enke, Stuttgart 1965)

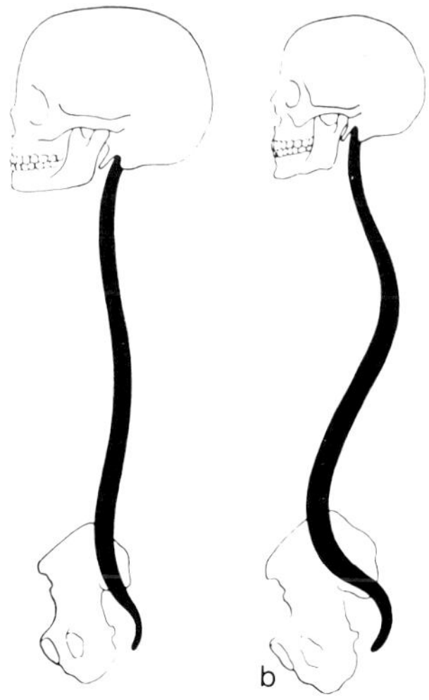

Abb. **196** a u. b Weiterentwicklung beim Kind und beim Jugendlichen (aus: *M. Lange:* Lehrbuch der Orthopädie, T. I., Enke, Stuttgart 1965)

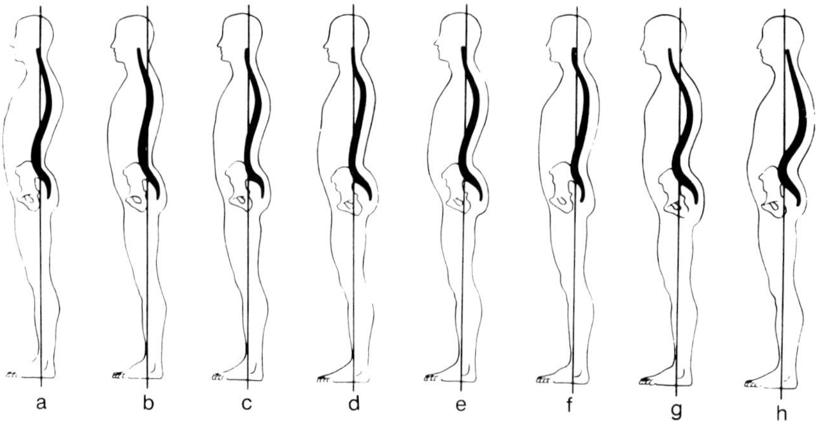

Abb. **197** a–h Normale und extreme Haltungsformen der Wirbelsäule, gezeichnet nach Wirbelsäulenganzaufnahmen. Fließende Übergänge zu den oft unscharf abgrenzbaren pathologischen Haltungstypen. Funktionell wesentlich ist das kompensierte Gleichgewicht zwischen der Skelettbelastung der WS durch das Körpergewicht und die Gegenkräfte der Muskulatur: a) Normaltyp, b) flach-normale WS, c) flach-lordotische WS, d) gestreckte WS, e) mittlerer Rundrücken, f) tief-kyphotische WS, g) allgemeiner Rundrücken, h) tiefer Rundrücken (nach Leger, aus: *M. Lange:* Lehrbuch der Orthopädie, T. II, Enke, Stuttgart 1965)

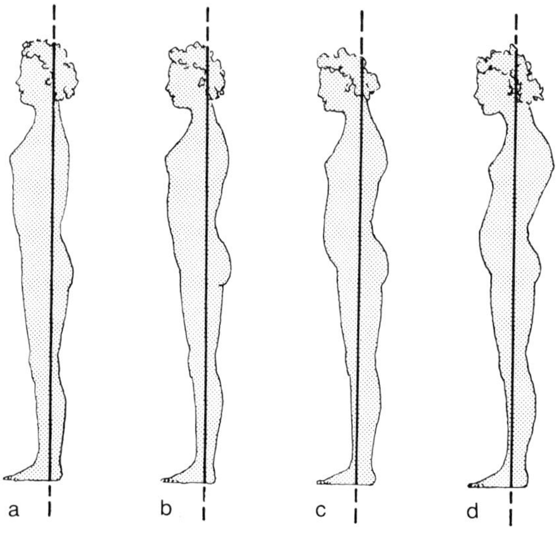

Abb. **198** a–d Willkürlich gesteuerte Haltungsvariationen (Schattenbilder) bei derselben Versuchsperson: a) gestraffte ideale aufrechte Haltung, b) leicht entspannte Haltung, c) stark entspannte Haltung, d) völlig entspannte, schlaffe Rundrückenhaltung

und pressen den Hüftkopf fest in die Pfanne. Auch der Stand in den voll gestreckten Kniegelenken ist praktisch amuskulär, da sie bei voller Streckung in Schlußrotation stabil verankert sind. Zur Aufrechterhaltung eines stabilen Gleichgewichtes ist in erster Linie eine vermehrte Muskelarbeit des M. triceps surae sowie der Plantar- und Dorsalflektoren des Fußes notwendig, um den Körper in seiner ganzen Länge auf den Sprunggelenken zu balancieren.

Beim sog. entspannten Normalstand ebenso wie auch bei der Habtacht-Stellung auf zwei Beinen pendelt das Schwerelot S_5 normalerweise in einem Mittelfeld der Stützfläche, wobei es sagittal praktisch immer vor dem Sprunggelenk, im Bereich des langen Hebelarmes des Vorfußes und frontal zwischen den beiden Füßen verläuft. Der Kräftefluß läuft also hauptsächlich in die ventralen Bereiche der Fußsohle, zwischen beiden Füßen hin und her, wodurch eine ständige Änderung und wechselnde Betonung der Gewichtsverteilung an der Standfläche zustande kommt.

Um einen Einblick in die Mechanismen der Haltungsarbeit der Rumpfmuskulatur zu bekommen, hat ROSEMEYER (1974) Röntgenaufnahmen der Wirbelsäule bei verschiedenen Formen der aufrechten Haltung in Korrelation zu elektromyographischen Messungen der paravertebralen Haltemuskulatur gebracht (KUMMER 1965).

Beim schlaffen Stand auf beiden Beinen zeigt der Erektor ein sehr geringes Aktivitätsmuster, das sich im wesentlichen gleichmäßig über die gesamte paravertebrale Muskulatur ausbreitet. Um das Gleichgewicht aufrechtzuerhalten, kam es lediglich zu kurzen intermittierenden Aktivitätsphasen.

Bei der zweiten Form des Stehens, der sog. Habtachtstellung oder des aufrechten militärischen Standes, fällt das Schwerelot, wie schon erwähnt, ebenfalls in den Vorderbereich der Fußsohlen vor das Sprunggelenk, wobei der Körperschwerpunkt direkt über die quere Hüftgelenkachse zu liegen kommt (MEYER 1890).

Die Wirbelsäule ist stärker aufgerichtet, die physiologischen Krümmungen antevertiert, wobei die Neigungslinie des Hüftbeines von ROSEMEYER (1974) mit ca. 38 Grad gemessen wurde. Die Hüftgelenke sind nicht maximal gestreckt, jedoch werden die Kniegelenke voll durchgedrückt (vgl. Abb. **197**).

Diese Form der Haltung erfordert eine Erhöhung der statischen Muskelarbeit, die sich auch in einer ausgeprägten Aktivitätssteigerung der lumbalen

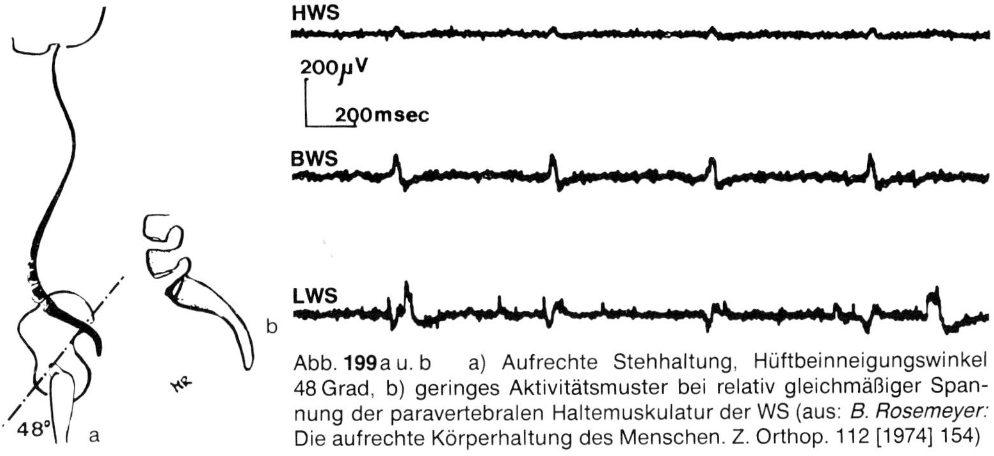

Abb. **199** a u. b a) Aufrechte Stehhaltung, Hüftbeinneigungswinkel 48 Grad, b) geringes Aktivitätsmuster bei relativ gleichmäßiger Spannung der paravertebralen Haltemuskulatur der WS (aus: *B. Rosemeyer:* Die aufrechte Körperhaltung des Menschen. Z. Orthop. 112 [1974] 154)

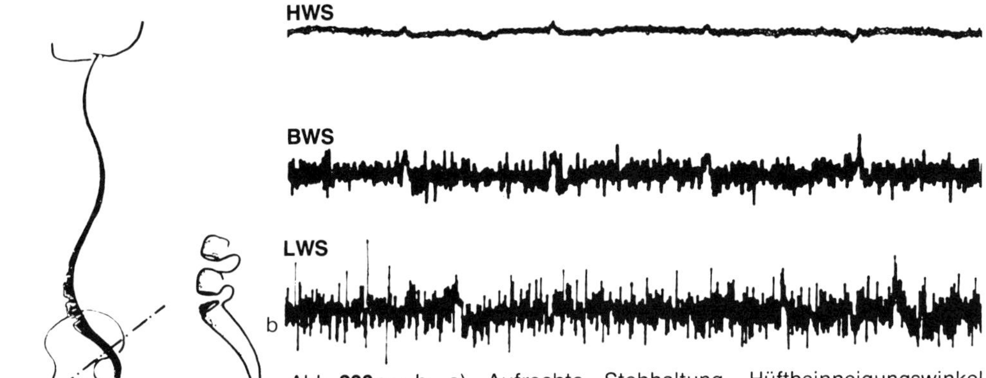

Abb. **200** a u. b a) Aufrechte Stehhaltung, Hüftbeinneigungswinkel 38 Grad; b) die Messung im EEG zeigt eine ausgeprägte Aktivität der paravertebralen Erektormuskulatur. Im Bereich der BWS und LWS dichtes Interferenzmuster, wogegen die HWS-Muskulatur nur gering aktiviert wird (aus: *B. Rosemeyer:* Die aufrechte Körperhaltung des Menschen. Z. Orthop. 112 [1974] 154)

Erektormuskulatur und etwas weniger stark auch der thorakalen und Schultergürtelmuskulatur elektromyographisch nachweisen läßt. Bei dieser Haltungsform ist eine straffere, vorwiegend muskuläre Art der Fixation der ganzen Gliederkette der Wirbelsäule vorhanden, indes die ligamentären Strukturen weniger zum Tragen kommen als beim lockeren, entspannten Stehen. Bei letzterem zeigt lediglich die Haltemuskulatur der HWS geringe Aktivitätszeichen im Elektromyogramm (Abb. **198**).
Die wechselnden statischen Bedingungen des Stehens auf zwei Beinen lassen sich am besten an typischen Schemata verschiedener Haltungsstellungen, die wir nach Ducroquet (1965) umgezeichnet haben, veranschaulichen (Abb. **199** bis **204**).

Stand auf einem Bein

Beim Stand auf beiden Beinen läßt sich die Stabilität des Gleichgewichtes wesentlich leichter aufrechterhalten als beim Einbeinstand. Schon in Normalhaltung des Rumpfes sind komplizierte ki-

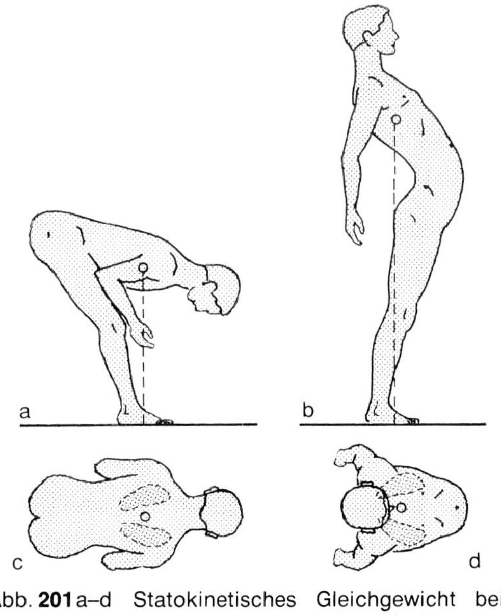

Abb. **201** a–d Statokinetisches Gleichgewicht beim Stand auf zwei Beinen bei starker Rumpfneigung und starker Überstreckung in der Sagittalebene und in der Transversalebene (Aufsicht) (nach *Ducroquet*)

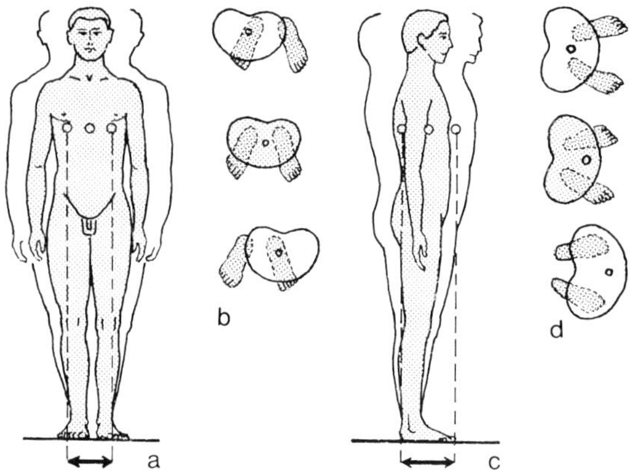

Abb. **202** a–d Extreme Schwankungen bei aufrechter Körperhaltung in frontaler, sagittaler und transversaler Ebene. Projektion des Schwerelotes in die Unterstützungsfläche (nach *Ducroquet*)

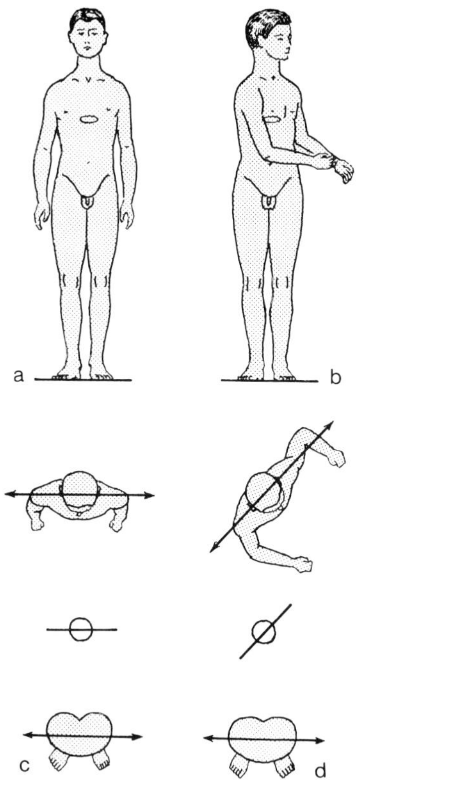

Abb. **204** a–d Aufrechter Stand auf zwei Beinen mit extremer Rumpfdrehung bei Frontalstellung des Bekkengürtels und Drehung des Schultergürtels um ca. 45 Grad (nach *Ducroquet*)

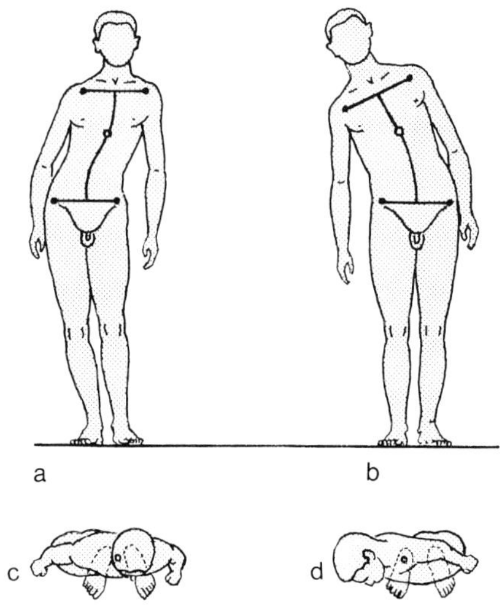

Abb. **203** a–d Seitliche Beckentranslation mit Haltungsskoliose und Seitwärtsneigung des Rumpfes in der Frontalebene und in transversaler Aufsicht. Das Schwerelot pendelt von zwei auf eine Unterstützungsfläche der Füße (nach *Ducroquet*)

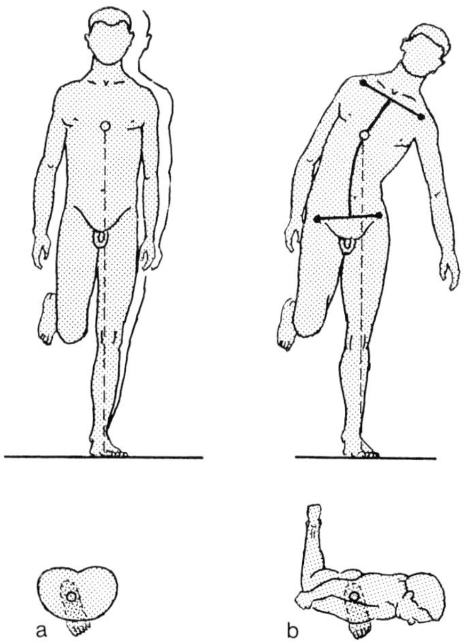

Abb. **205** a u. b a) Statokinetisches Gleichgewicht beim Einbeinstand der seitlichen Oszillationen im unteren Sprunggelenk in der Frontalebene, b) Einbeinstand bei Seitwärtsneigung des Rumpfes (nach *Ducroquet*)

netische Kraftabläufe erforderlich, um ein Umfallen zu verhindern. Die Abstützungsfläche durch einen Fuß ist reduziert und in der Frontalebene besonders schmal. Beim Stand auf den Zehenspitzen, auf den Fersen oder auch während der Schrittstellung wird das Schwerelot durch fließende Gewichtsverlagerungen im Bereich des Rumpfes und der Extremitäten, zusammen mit den Muskelkräften, laufend in die Unterstützungsfläche des jeweiligen Standbeines hineinprojiziert. Die Lastverteilung um den zentralen Unterstützungspunkt befindet sich in einem fließenden Veränderungszustand. Darüber hinaus wird sich aber auch die Unterstützungsfläche selbst an die

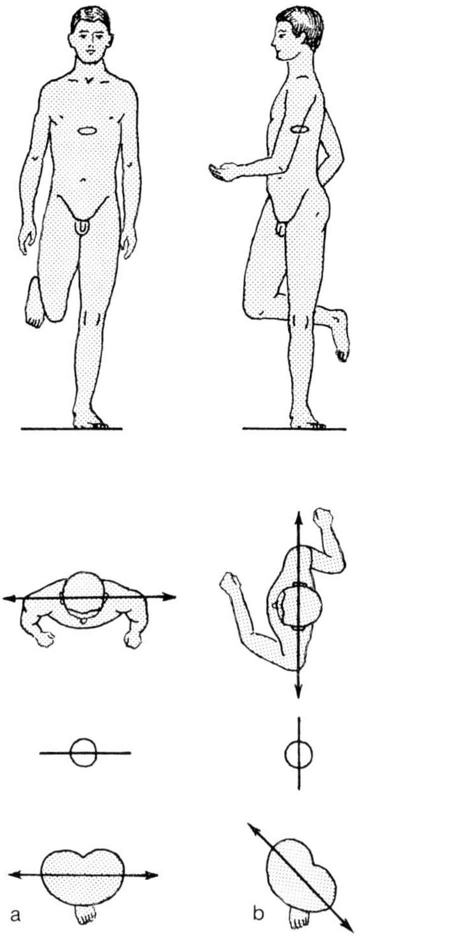

Abb. **206** a u. b a) Statokinetisches Gleichgewicht bei Drehung des Rumpfes, Beckens und Schultergürtels im Einbeinstand (Frontalebene), b) Drehung des Schultergürtels und Rumpfes um 90 Grad, Becken ca. 45 Grad bei transversaler Aufsicht (nach *Ducroquet*)

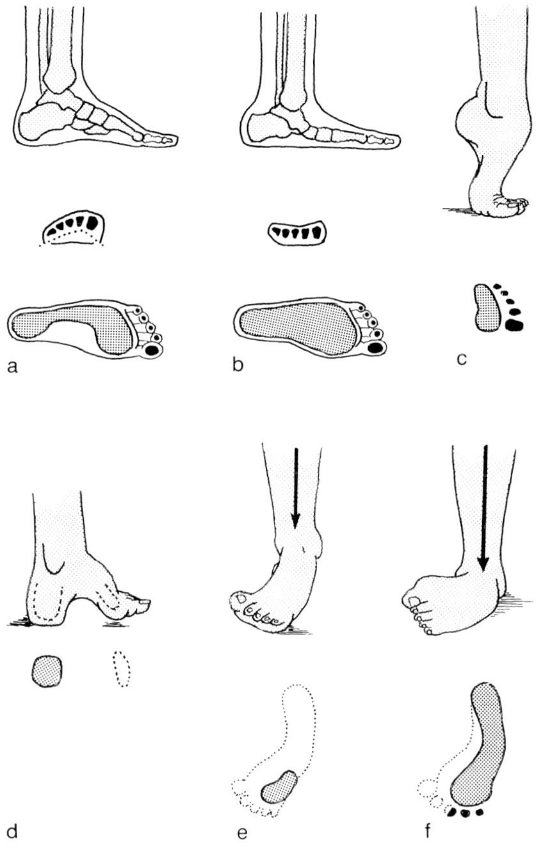

Abb. **207** a–f Verschiedene Formen der Unterstützungsfläche (Sohlenauftrittsbild) beim Normalfuß und bei Fußdeformitäten: a) Normalfuß, Sagittal-Frontal-Schnitt und Sohlenbild in transversaler Aufsicht beim Einbeinstand, b) Unterstützungsfläche des Fußes bei Plattfuß, c) Zehenstand, d) Auftrittsfläche bei Pes calcaneus, e) Auftrittsfläche bei kongenitalem Spitzklumpfuß, f) Auftrittsfläche ohne Spitzfußkomponente bei kongenitalem Klumpfuß (nach *Ducroquet*)

jeweiligen Gegebenheiten des Bodens in gewissen Grenzen anpassen.

Alle extremen Körperbewegungen und Stellungen, z. B. Beugehaltungen, Seitwärtsbeugen, Verdrehen, erfordern beim Stand auf einem Bein eine sehr genaue Balance, die durch laufende Ausgleichbewegungen der oberen Extremitäten wesentlich unterstützt wird (Abb. **205**–**207**).

Ich will versuchen, Ihnen das Beispiel einer kinetischen Analyse der Stellung der „Waage" auf einem Bein, wie sie beim Ballettanz eingenommen wird, näher auszuführen (O'Connel u. Gardner 1976).

Der Rumpf bildet mit den Extremitäten einen Waagebalken, der mit seinen Anhangsgebilden auf der rechten unteren Extremität im dynamischen Gleichgewicht gehalten wird (Abb. **208** a, b). Der Schwerpunkt liegt hoch über der reduzierten Unterstützungsfläche des Standfußes, so daß das gegebene Kippmoment immer klein bleibt.

Der Balken, der sich aus einer kinematischen Kette zueinander beweglicher Körperelemente des Rumpfes, der Gliedmaßen und des Kopfes zusammensetzt, ruht als jederzeit feststellbarer zweiarmiger Gelenkhebel auf der rechten Hüfte.

Die vertikale Z-Achse des eingezeichneten Koordinatenkreuzes ist mit dem Schwerelot identisch. Sie verläuft über das Hüftgelenk zum vorderen Bereich der Stützfläche des Fußes ventral vom oberen Sprunggelenk. Die horizontale X-Achse kreuzt sie ebenfalls im Hüftgelenk (Abb. **209**).

In der Sagittalebene (X-Momente) wurden die horizontalen Kraftarme für jeden Körperabschnitt bestimmt, rechts und links von der Vertikalen (Z-Achse). Sie sind als Drehmoment links gegen den Uhrzeigersinn (CCW) als positiv (+) wirksam:

W [weight] = Gewichte der jeweiligen Körpersegmente, deren englische Buchstabenbezeichnung des Autors belassen wurden.
ut = „upper trunk" (kranialer Rumpfabschnitt),
lt = „lower trunk" (kaudaler Rumpfabschnitt),
h = „head" (Kopf),
lth = „left thigh" (linker Oberschenkel),
ll = „left leg" (linker Unterschenkel),
lf = „left foot" (linker Fuß),
ra = „right arm" (rechter Oberarm),
rfa = „right forearm" (rechter Unterarm),
rhd = „right hand" (rechte Hand).

Die algebraische Summe der Momente jedes Einzelkörperabschnittes ergibt sich nach folgender Formel und Tab. **6**. Das ursprünglich englische Maßsystem der Autoren wurde auf das SI-System umgerechnet.

$$\begin{aligned}\Sigma M = {} & (W_{ut} \times MA_{ut}) + (W_{lt} \times MA_{lt}) + (W_h \times MA_h) - (W_{lth} \times MA_{lth}) \\ & - (W_{ll} \times MA_{ll}) - (W_{lf} \times MA_{lf}) + (W_{ra} \times MA_{ra}) + (W_{rfa} \times MA_{rfa}) \\ & + (W_{rhd} \times MA_{rhd}) + (W_{la} \times MA_{la}) - (W_{lfa} \times MA_{lfa}) - (W_{lhd} \times MA_{lhd}).\end{aligned}$$

Tabelle 6

Körperabschnitt	Gewicht N	Positive Kraftarme m	Positive Kraftmomente Nm	Negative Kraftarme m	Negative Kraftmomente Nm
„upper trunk"	105,5	0,185	19,5175		
„lower trunk"	132,6	0,017	2,2542		
„head"	49,4	0,279	13,7826		
L „thigh"	89,2			0,254	22,6568
L „leg"	31,6			0,620	19,592
L „foot"	8,5			0,889	7,5565
R „arm"	23,4	0,470	10,998		
R „forearm"	11,3	0,706	7,9778		
R „hand"	3,8	0,914	3,4732		
L „arm"	23,4	0,046	1,053		
L „forearm"	11,3			0,195	2,2035
L „hand"	3,8			0,419	1,5922

$$\begin{aligned}\Sigma M = {} & (105{,}5\ N \times 0{,}185\ m) + (132{,}6\ N \times 0{,}017\ m) + (49{,}4\ N \times 0{,}279\ m) \\ & - (89{,}2\ N \times 0{,}254\ m) - (31{,}6\ N \times 0{,}620\ m) - (8{,}5\ N \times 0{,}889\ m) \\ & + (23{,}4\ N \times 0{,}470\ m) + (11{,}3\ N \times 0{,}706\ m) + (3{,}8\ N \times 0{,}914\ m) \\ & + (23{,}4\ N \times 0{,}046\ m) - (11{,}3\ N \times 0{,}195\ m) - (3{,}8\ N \times 0{,}419\ m).\end{aligned}$$

Die Resultierende = 493,8 N; $\Sigma{+}M = 59{,}0563$ Nm

$\Sigma{-}M = 53{,}6010$ Nm

$\Sigma M = 5{,}4553$ Nm

$$R \times MA_R = \Sigma M$$

$$MA_R = \frac{\Sigma M}{R} = \frac{5{,}4553\ Nm}{493{,}8\ N} = 0{,}011\ m.$$

Abb. **208** a u. b Schema der Körperkonturen nach Fotos in der Ballettstellung in der „Waage": a) in der Sagittalebene, b) von frontal (aus *A. L. O'Connel, E. B. Gardner:* Understanding the Bases of Human Movement. Williams & Wilkins, Baltimore 1972, S. 114)

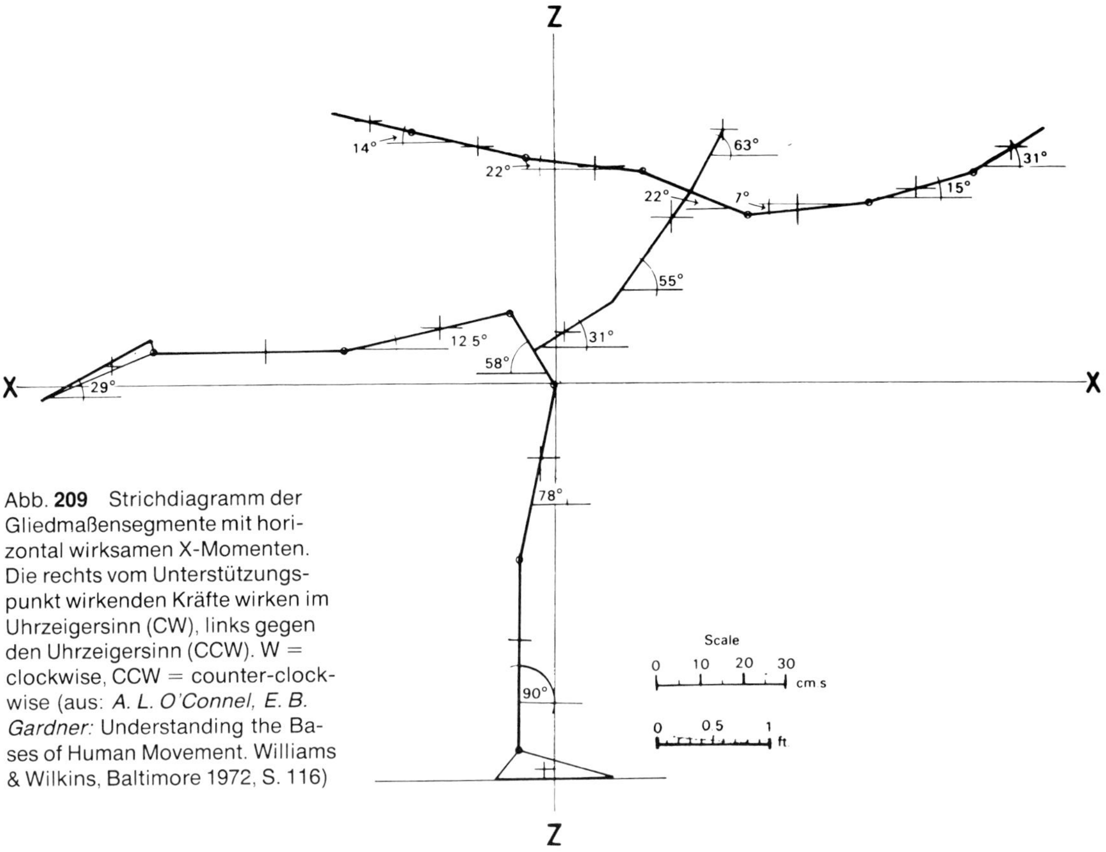

Abb. **209** Strichdiagramm der Gliedmaßensegmente mit horizontal wirksamen X-Momenten. Die rechts vom Unterstützungspunkt wirkenden Kräfte wirken im Uhrzeigersinn (CW), links gegen den Uhrzeigersinn (CCW). W = clockwise, CCW = counter-clockwise (aus: *A. L. O'Connel, E. B. Gardner:* Understanding the Bases of Human Movement. Williams & Wilkins, Baltimore 1972, S. 116)

Als nächstes müssen wir die *Resultierende* aus diesen Kräften und ihres Kraftarmes in der Sagittalebene bestimmen. Hierzu benötigen wir nicht den Gesamtschwerpunkt der Körpers, sondern nur das X-Moment ihres Kraftarmes.
In einem Gleichgewichtssystem der Kräfte ist das Produkt aus R und den Kraftarmen gleich der Summe der Momente, das entspricht der Formel:

$R \times MA_R = \Sigma M$
$493{,}8\ N \times MA_R = 5{,}4553\ Nm.$

Daraus ergibt sich der Kraftarm:

$MA_R = 0{,}011\ m.$

Bestimmung der ischiokruralen Muskelkraft
Wir können nur mit Approximativwerten rechnen, da die genaue Messung der Länge des Kraftarmes beim Lebenden unmöglich ist. Es wurde versucht, entsprechend Abb. **210**, ein Weichteil-Skelett-Schema mit der Angriffsrichtung und Wirkungslinie der Muskelkraft zu zeichnen. Im Kräfteschema des Hebelarmes der Kraft durch die Länge der Horizontalen ist der Mittelpunkt der Hüfte zum Ursprungspunkt der Ischiokruralmuskulatur gegeben. Die Neigung der Wirkungslinie des Muskelzuges zur vertikalen Z-Achse wird eingezeichnet. Der Schnittpunkt der beiden Linien mit der Horizontalen gibt nicht nur die Entfernungen vom Hüftmittelpunkt, sondern auch den Winkel der Wirkungslinie der Muskelkräfte mit der Horizontalen an (Abb. **210**b). Nach der vorhergehenden Berechnung schneidet die resultierende Wirkungsrichtung der Muskelkraft die Horizontale bei 0,011 m und bildet einen Winkel von 81 Grad mit der Horizontalen. Die Wirkung der Schwerkraft erfolgt im Uhrzeigersinne (CW) und diejenige der Muskulatur gegen den Uhrzeigersinn (CCW). Da ein Gleichgewichtszustand besteht, ist die Summe aller Momente M gleich 0. Wir können daher die unbekannte Größe der Kraft der Ischiokruralmuskulatur berechnen.

Wenn f_z als Horizontalkomponente der Ischiokruralmuskulatur MA_z als Kraftarm von f_z und R als Resultierende der Teilgewichte der Körperabschnitte, die auf dem Hüftgelenk ruhen, sowie MA_R als Kraftarm der Resultierenden angenommen wird, dann ist $R \times MA_R - f_z \times MA_z = 0$.
Das entspricht zählenmäßig: $493{,}8\ N \times 0{,}011 - f_z \times 0{,}086\ m = 0.$

$$f_z = \frac{5{,}432\ Nm}{0{,}086\ m} = 63{,}16\ N.$$

Nachdem die Wirkungsrichtung der Kraft in einem Winkel von 81 Grad zur Horizontalen steht, wird die Resultierende der Muskelkraft („total muscle force“ = TMF) gleich sein der Hypothenuse des rechtwinkligen Dreiecks, das aus der X- und Z-Achse sowie der Wir-

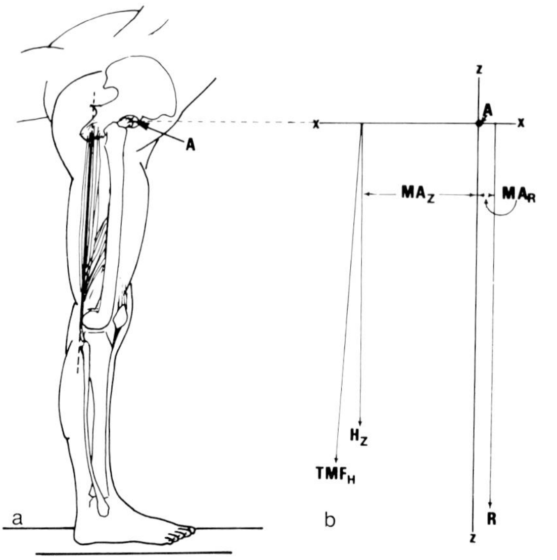

Abb. **210** a u. b a) Skelettstrukturen im Körperschema mit der Wirkungslinie der Ischiokruralmuskulatur, b) Diagramm der wirksamen Kräfte zur Bestimmung der Resultierenden der Ischiokruralmuskulatur: X = Horizontalkoordinate durch den Hüftdrehpunkt A, Z = Vertikalkoordinate, die das Hüftkopfzentrum schneidet MA_R, MA_R = Kraftarm der resultierenden Last (0,086 m), R = Wirkungslinie der resultierenden Last, TMF_H = Wirkungslinie der Ischiokruralmuskulatur, MA_z = Kraftarm der Z-Komponente der Ischiokruralmuskulatur, H_z = Z-Komponente der ischiokruralen Muskelkraft (aus: *A. L. O'Connel, E. B. Gardner:* Understanding the Bases of Human Movement. Williams & Wilkins, Baltimore 1972, S. 117)

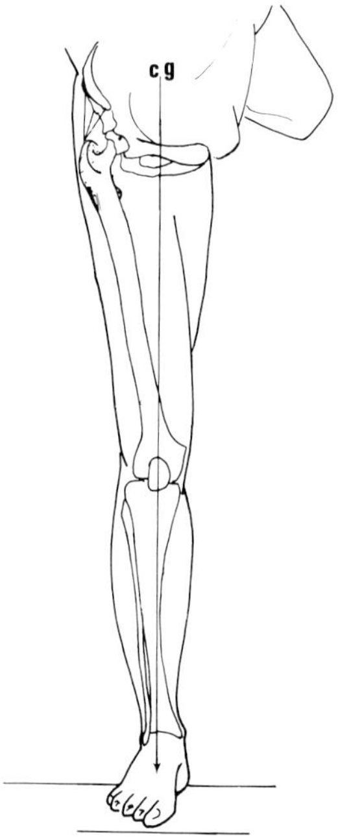

Abb. **211** Schema der Körperkonturen mit eingezeichnetem Skelettschema des Standbeines in frontaler Aufsicht (aus: *A. L. O'Connel, E. B. Gardner:* Understanding the Bases of Human Movement. Williams & Wilkins, Baltimore 1972, S. 118)

kungsrichtung der Muskelkraft gebildet wird. Daraus resultierend ist TMF = f_z dividiert durch den Sinus von 81 Grad. Nachdem die Z-Komponente von TMF 63,16 N beträgt, ergibt sich folgende Formel:

$$\text{TMF} = \frac{63{,}16\text{ N}}{\sin 81^\circ} = \frac{63{,}16\text{ N}}{0{,}98769} = \text{TMF} = \underline{63{,}95\text{ N}}.$$

Bestimmung der Muskelkraft der Hüftabduktoren

Die algebraische Bestimmung der resultierenden Kraft der Hüftabduktoren a, b, c (INMANN 1947) (Abb. **211**) ergibt die wahrscheinlichsten Approximativwerte. Hierzu ist die Auflösung jedes Kraftvektors in seine horizontale Y-Komponente und in seine vertikale Z-Komponente erforderlich.

Die Y-Komponente entspricht dem *Produkt des Cosinus* des Vektorwinkels mit der Horizontalen und der Vektorgröße, während sich die vertikale Z-Komponente aus dem *Produkt des Sinus* desselben Winkels und der jeweiligen Vektorgröße ergibt (Abb. **212**).

Nachdem das Koordinatensystem Y und Z durch den Konvergenzpunkt der drei Vektoren an der Trochanterspitze gelegt wird (a, b, c), sehen wir, daß zwei Vektoren in den medialen oberen Quadranten fallen, wodurch sich positive (+) Y- und Z-Größen ergeben, während der dritte Vektor (a) in den äußeren oberen Quadranten fällt und dadurch eine negative Y-Größe darstellt, indes nur die Z-Komponente positiv bleibt.

Um das Gleichgewicht aufrechtzuerhalten, ergibt sich im Kraftschema (Abb. **212** b) folgende graphische Situation, die als Unterlage zur Berechnung der resultierenden Muskelkraft der Abduktoren TMF, welche dem Körpergewicht das Gleichgewicht hält, herangezogen werden kann. Die detaillierte mathematische Ableitung würde den Rahmen dieser Einführung überschreiten. Desgleichen muß offen bleiben, ob die hier gegebene Form der Untersuchung alle Voraussetzungen erfüllt, welche den tatsächlichen Verhältnissen im Körper entsprechen.

Biomechanik der Sitzhaltungen

Während der Körper beim Stehen zwangsläufig eine natürlich vorgegebene Wirbelsäulenhaltung einnimmt, ist die Einstellung der Wirbelsäule und des Rumpfes beim Sitzen entweder durch die eine oder andere Extremstellung verändert, woraus einseitige Überlastungsmechanismen resultieren. Dementsprechend kann man die Wirbelsäule falsch oder auch richtig belasten, d. h. eine Wir-

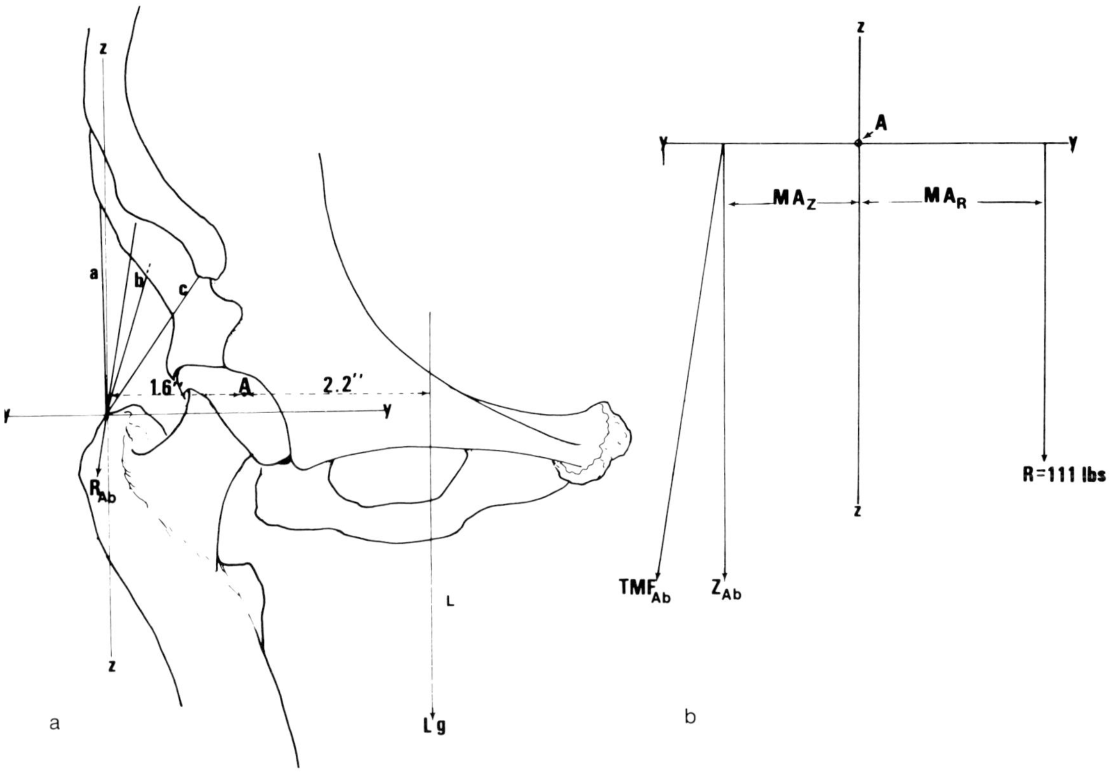

Abb. **212** a u. b a) Schema der wirksamen Kräfte der Abduktoren an der rechten Hüfte. Schema entspricht einer Vergrößerung des Abschnittes des Hüftgelenkes und der rechten Beckenhälfte. a = Wirkungsrichtung des Gluteaus medius, b = Wirkungsrichtung des Gluteus minimus, c = Wirkungsrichtung des Tensor fascielatae. Die y- und z-Koordinaten schneiden den Ansatzpunkt am großen Trochanter der drei wirksamen Kräfte a, b, c. b) Kräftediagramme, die in der Frontalebene auf die Hüfte wirksam sind. Die y- und z-Koordinaten laufen durch die Hüftachse A; R = Wirkungslinie der resultierenden Kraft, die über den Kraftarm MA_R wirkt, TMF_{Ab} = resultierende Muskelkraft der drei Abduktoren, Z_{Ab} = Vertikal- oder Z-Komponente der Abduktorenkräfte, MA_Z = Kraftarm der Z-Komponente (s. Text) (aus: *A. L. O'Connel, E. B. Gardner:* Understanding the Bases of Human Movement. Williams & Wilkins, Baltimore 1972, S. 119)

belsäulenhaltung einnehmen, bei der die Belastung der einzelnen Segmente günstiger oder ungünstiger asymmetrisch verteilt ist. Abgesehen davon, dominiert die unphysiologische Dauerbelastung gegenüber der rhythmischen Wechselbelastung bei der Bewegung. Beim Sitzen tritt die mechanische Bedeutung der Extremitätenhaltungen weniger in den Vordergrund.

Im Zuge der großen praktischen Bedeutung des Sitzens bei verschiedensten Lebensweisen haben sich zahlreiche Autoren mit den Belastungsmechanismen der Wirbelsäule bei den verschiedensten Sitzarten auseinandergesetzt, z. B. Berquet (1967), Gutmann (1969), Knutsson u. Mitarb. (1966), Neugebauer (1973), Rosemeyer (1974), Schoberth (1962), um nur einige zu nennen.

Um einen etwas genaueren Einblick in die eigentliche Haltungsarbeit der Muskulatur bei verschiedenen Sitzstellungen zu bekommen, haben einzelne Autoren elektromyographische Messungen zu Hilfe genommen. Damit gelang es, die variierende Aktivität der Muskulatur bei bestimmten Extremhaltungen in Korrelation zu bringen (Friedebold 1958, Morris u. Mitarb. 1962, Portmoy 1965, Rosemeyer 1971 u. 1972a u. b, Stoboy 1972 u. a.).

Man hat auch immer wieder versucht, die variierende mechanische Beanspruchung einzelner Skelettelemente, wie der Bandscheiben und der kleinen Wirbelgelenke, bei verschiedensten Sitzstellungen zu beurteilen (Floyd u. Silver 1951, 1955, Nachemson 1963, Schlüter 1965, De Vries 1965 u. v. a.).

Schoberth (1962) zeigte, daß die Sitzhaltungen in Gesamtkyphose überwiegen, wobei in den maximalen Krümmungsbereichen besonders ungünstige Beanspruchungen der einzelnen Wirbelsäulenabschnitte auftreten. Besonders Nachemson (1963) zeigte durch vergleichende Druckmessungen in den Zwischenwirbelscheiben beim Sitzen, Liegen und Stehen, daß die größten Druckwerte in den kyphosierten Bereichen der Wirbelsäule bei sitzender Haltung zu messen sind.

Immer wieder stehen die exzentrische und die asymmetrische Fehlbelastung des lumbalen Übergangsbereiches zum Kreuzbein beim Sitzen im

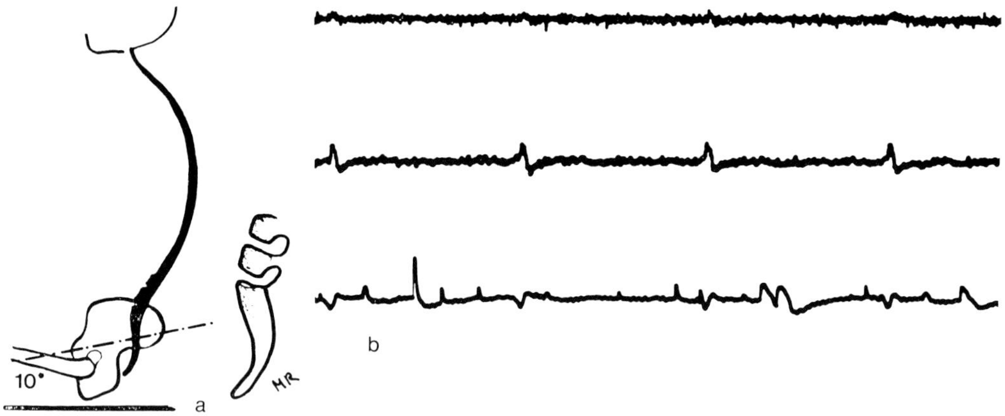

Abb. **213** a u. b a) Entspanntes Sitzen auf horizontaler Fläche mit Elektromyogramm der paravertebralen Muskulatur. Totalkyphose der WS mit retrovertiertem Becken und Steilstellung des Kreuzbeines (Hüftbeinneigungswinkel 10 Grad) (Schema); b) das Elektromyogramm zeigt eine geringe Haltungsaktivität der paravertebralen Erektormuskulatur, die im Bereich der HWS durch Anteflexion des Kopfes etwas verstärkt ist (aus: *B. Rosemeyer:* Z. Orthop. 112 [1974] 151)

Vordergrund von Untersuchungen (Berquet 1967, Münchinger 1964, Neugebauer 1974), wobei das Sitzen im Autositz und in der Schulbank heutzutage einen besonderen Platz einnimmt. Die genaue Erforschung der verschiedenen Belastungsmechanismen der Wirbelsäule hat grundsätzlich dazu beigetragen, entsprechend optimale Sitzformen zu ermitteln und die daraus resultierenden Sitzmöglichkeiten zu gestalten. Dies betrifft nicht nur beim wachsenden Organismus das Schulbankproblem, sondern in erster Linie auch das lange Sitzen im Auto (Rosemeyer 1972).

Rosemeyer unterscheidet:

1. Die sitzende Haltung ohne Rückenlehne auf einem Hocker:

a) *Das entspannte Sitzen:* Hierbei liegt die Schwerlinie über den Tubera ossis ischii, wobei die Wirbelsäulenhaltung durch eine Totalkyphose gekennzeichnet ist. Der stärkste Bereich der Kyphosierung liegt im thorakolumbalen Übergang und in der LWS selbst, indes in der HWS eine ausgeprägte Flexionsstellung eingenommen wird.
Das Becken ist nach dorsal in Retroversionsstellung gekippt, wodurch die Kyphose zusätzlich betont wird.
Im Röntgenbild resultiert eine entsprechende Höhenverminderung der Zwischenwirbelscheiben in den ventralen Bereichen der maximalen Konvexitäten und am lumbosakralen Übergang (Abb. **213**).
Der Neigungswinkel des Hüftbeines nach Fick (1911)* liegt bei ca. 10 Grad, und die Hüften selbst befinden sich in mittlerer Beugestellung. Der Wirbelsäulen-Band-Apparat nimmt die Hauptlast der Haltearbeit auf. Daraus resultiert auch eine sehr geringe Aktivität der paravertebralen Muskulatur im Elektromyogramm, insbesondere in den Bereichen der BWS. Lediglich das Halten des Kopfes erfordert eine stärkere Aktivität der Muskulatur.

b) *Das aufrechte Sitzen:* Das Becken ist stärker aufgerichtet; die Körperschwerlinie verläuft durch die Tubera ossis ischii; die Wirbelsäulenhaltung entspricht mehr der Haltung im Stehen, wobei Brustkyphose und Lendenwirbelsäulenlordose stärker betont sind. Der Hüftbeinneigungswinkel entspricht ungefähr 34 Grad, also einer Beckenstellung wie beim aufrechten militärischen Stand. Die Hüftgelenke sind dabei meist über 90 Grad gebeugt. Im Elektromyogramm registriert man vor allem in der BWS eine stark erhöhte Muskelarbeit, die im LWS-Bereich weitaus geringer ist, indes die paravertebrale Halswirbelsäulenmuskulatur nur minimal aktiviert wird (Abb. **214**).

c) *Das aufrechte Sitzen mit vorgedrücktem Becken:* Auch hier liegt der Körperschwerpunkt über den Tubera des Os ischii, wobei das Becken stark nach ventral gebeugt ist und die Lendenlordose betont wird. Der Hüftbeinneigungswinkel liegt ungefähr bei 50 Grad. Die starke Hyperlordose der LWS führt im Röntgenbild zu einer asymmetrischen Erweiterung der ventralen Bandscheibenanteile. Die Charakteristika dieser Haltung sind die verstärkte Hüftgelenkbeugung bei starker Anteversion und die Beckenkippung nach ventral mit Hyperlordosierung der Lendenwirbelsäule. Um diese Stellung aufrechtzuerhalten, ist eine stark erhöhte Muskelaktivität erforderlich, die sich besonders auf den paravertebralen M. erector trunci (M. erector spinae) bezieht (Abb. **215**).

2. Sitzhaltungen mit Rückenlehne:

Beim Sitzen mit Rückenlehne ist die Wirbelsäulenhaltung im wesentlichen vom Sitzwinkel, d. h. also von jenem Winkel abhängig, den die Sitzlehne mit der Sitzplatte einnimmt. Grundlegend wichtig ist auch die Form der Rückenlehne, wobei das Einrasten des Beckens in den Rückenlehnen-Sitzplatten-Winkel sehr entscheidend für die Wirbelsäulenhaltung ist.

---

* *Hüftbeinneigungslinie* nach Fick = Verbindungslinie zwischen Spina iliaca posterior superior und dem kranialen Rand der Symphyse. Der *Hüftbeinneigungswinkel* wird gebildet durch die Hüftbeinneigungslinie und der Parallelen zur Körperstandfläche bzw. der Sitzfläche.

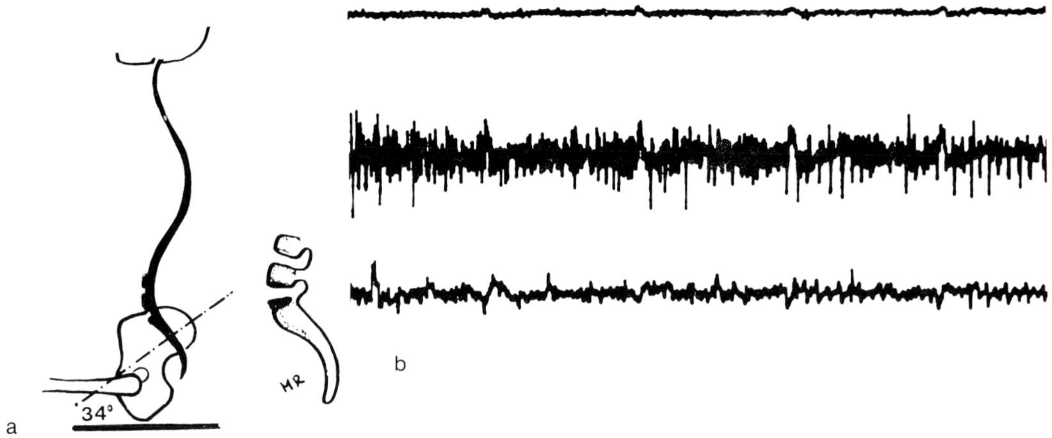

Abb. **214**a u. b a) Aufrechte Sitzhaltung, Normalhaltung der Wirbelsäule ohne besondere Akzentuierung der physiologischen WS-Krümmungen, b) ausgeprägte Haltungsaktivität speziell im Bereich der thorakalen Erektormuskulatur im Elektromyogramm (aus: *B. Rosemeyer:* Z. Orthop. 112 [1974] 151)

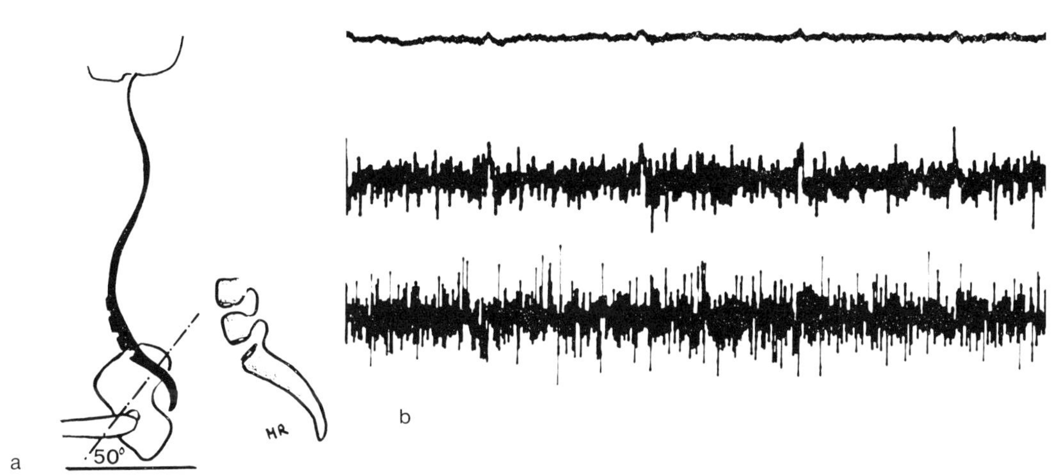

Abb. **215**a u. b a) Extrem aufrechte Sitzhaltung ohne Lehne, mit antevertiertem Becken (Hüftbeinneigungswinkel 50 Grad), akzentuierte lumbale Hyperlordose, b) hoch aktiviertes Interferenzmuster der thorakalen und speziell der lumbalen paravertebralen Muskulatur (aus: *B. Rosemeyer:* Z. Orthop. 112 [1974] 151)

Rosemeyer unterscheidet:

a) *Entspanntes Sitzen bei Sitzflächen-Lehnen-Winkel von 90 Grad:* Der Körperschwerpunkt liegt hinter den Tubera ossis ischii, wobei die Wirbelsäule in leichter Totalkyphose unter Abstützung an der Lehne gehalten wird. Wiederum liegt die Kyphose am stärksten im Lendenbereich, und im Röntgenbild zeigt sich auch eine Höhenverminderung der ventralen Intervertebralbereiche. Die Hüftbeinneigungslinie verläuft unter 12 Grad.
Zur Erhaltung des Gleichgewichtes ist eine deutliche elektromyographische Aktivierung der paravertebralen Muskulatur, besonders im BWS-Bereich, zu verzeichnen, indes die LWS und die HWS nur sehr geringgradig aktiv sind. Es dürfte sich bei dieser Form des Sitzens wohl um die bequemste Sitzhaltung handeln, da bei Aufforderung von Probanden, sich bequem hinzusetzen, alle immer wieder die kyphosierte, entspannte Haltung mit vorgeschobenem, oder etwas retrovertiertem Becken einnahmen (Abb. **216**). Die aufrechte Sitzhaltung wird hingegen allgemein als unbequem empfunden.

b) *Entspanntes Sitzen bei Sitzflächen-Lehnen-Winkel von 110 Grad:* Diese Sitzstellung ist vor allem durch eine Abflachung der Lendenlordose charakterisiert; die LWS ist gestreckt, das Becken weit retrovertiert, und der Hüftbeinneigungswinkel beträgt um 6 Grad. Durch die hervortretende Beckenrückdrehung sind die Beine und Hüften weitgehender gestreckt.
Röntgenologisch lassen sich asymmetrische Höhenverminderungen der ventralen Bandscheibenbereiche in der LWS nachweisen. Das stabile Rumpfgleichgewicht wird durch Abstützung an der Rückenlehne gehalten. Dementsprechend zeigt auch das Elektromyogramm in den Bereichen der Haltemuskulatur der BWS und LWS eine sehr geringe Aktivität, indes die Vorneigung des Kopfes die Muskulatur etwas stärker aktiviert (Abb. **217**).

c) *Entspanntes Sitzen bei Sitzflächen-Lehnen-Winkel von 100 Grad bei stabiler Beckenfixierung oder Beckenstütze:* Bei Abstützung des Beckens im Sitzflächen-Lehnen-Winkel von 100 Grad liegt der Körperschwerpunkt knapp hinter der Aufsitzfläche der Tubera ossis ischii. Die Haltung der Wirbelsäule ent-

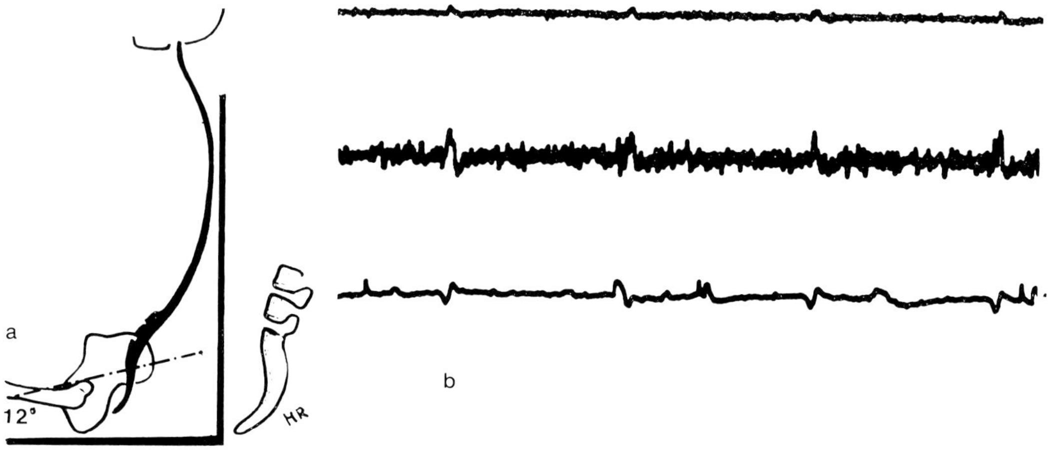

Abb. **216** a u. b a) Entspannte Sitzhaltung mit Rückenlehne. Sitzflächen-Lehnen-Winkel 90 Grad. Totalkyphose der WS mit Retroversion des Beckens; b) die thorakale Kyphose mit Vorneigung des Kopfes führt zu hervortretender Aktivierung der paravertebralen Haltemuskulatur im Bereich der BWS (aus: *B. Rosemeyer:* Z. Orthop. 112 [1974] 151)

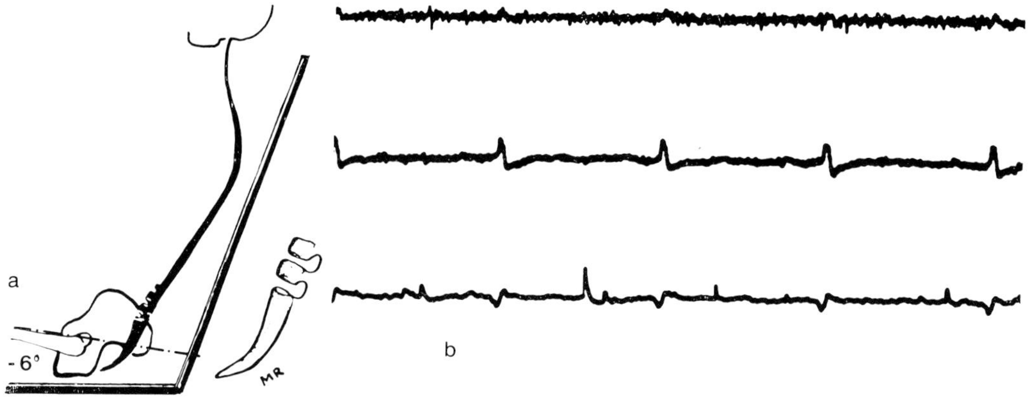

Abb. **217** a u. b a) Entspannte Sitzhaltung bei einem Sitzflächen-Lehnen-Winkel von 110 Grad mit Streckhaltung der LWS. Hüftbeinneigungswinkel −6 Grad, lumbosakraler Übergang stark aufgerichtet, b) geringe Aktivität der thorakolumbalen Erektormuskulatur, die im HWS-Bereich durch Vorneigen des Kopfes etwas verstärkt ist (aus: *B. Rosemeyer:* Z. Orthop. 112 [1974] 151)

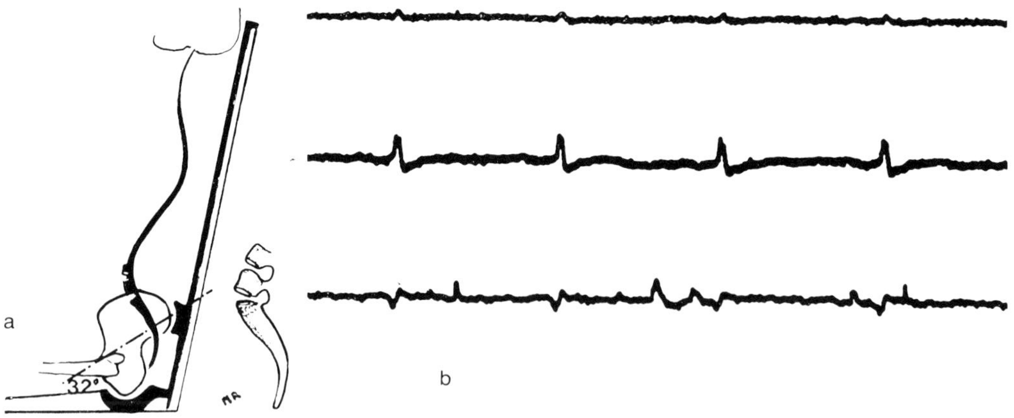

Abb. **218** a u. b a) Entspannte Sitzhaltung bei Sitzflächen-Lehnen-Winkel von 100 Grad, mit stabiler Beckenabstützung an den Tubera und den hinteren oberen Darmbeinkämmen. Normale Beckenhaltung, Sitzbeinneigungswinkel 32 Grad. Die physiologischen Wirbelsäulenkrümmungen bleiben erhalten; b) im Elektromyogramm nur geringe Aktivierung der Haltungsarbeit der paravertebralen Muskulatur der ganzen WS (aus: *B. Rosemeyer:* Z. Orthop. 112 [1974] 151)

spricht derjenigen des entspannt stehenden Menschen bei erhaltenen physiologischen Krümmungen. Desgleichen ist durch die Abstützung des Beckens auch eine Fixierung desselben bei einem Hüftbeinneigungswinkel von durchschnittlich 32 Grad gegeben. Dies entspricht auch der Stellung des aufrecht stehenden Menschen. Der lumbosakrale Übergangsbereich ist in einer physiologischen Mittelstellung. Elektromyographisch ist in dieser Stellung die Gesamtmuskulatur der Wirbelsäule entspannt und kaum aktiv (Abb. **218**).

Liegestellung

Bei praktisch allen Liegestellungen sind die statische und die dynamische Belastung der Wirbelsäule durch das Körpergewicht und die Muskulatur weitgehend reduziert, wobei die jeweiligen Auflagereaktionen und die Verteilung der Lastübertragung einerseits von der Körperstellung und andererseits von der Beschaffenheit und Konsistenz der Auflageflächen weitgehend abhängig ist.

Bei entspannter Ruhestellung in Rückenlage sind die Beine in leichter Beugestellung der Hüft- und Kniegelenke sowie in Spitzfußstellung der Füße abgestützt.

Die Wirbelsäulenhaltung wird von der Beschaffenheit der Auflage sowie auch von der Körperhaltung geprägt, wobei gerade in der Rückenlage die lumbale Lordose durch Anheben der Beine etwas entspannt wird und die Kyphose der BWS sich leicht streckt. In Seitenlage hingegen wird eine vorwiegend total kyphosierte Stellung der ganzen Wirbelsäule eingenommen, wobei Skoliosierungen durch eine ebene Unterlage, mit Polster unter dem Kopf, vermieden werden.

In Rückenlage wird bei harter Unterlage und gestreckten Beinen das Becken stärker antevertiert, so daß die normalen Krümmungen der Wirbelsäule erhalten bleiben oder gar betont werden. In dieser Stellung kommt es unter Umständen zu leichten Dauerüberlastungen der kleinen Wirbelgelenke, die als unangenehm oder gar schmerzhaft empfunden werden können, wenn sie lange Zeit beibehalten werden.

Bei extremen Liegestellungen mit Lordosekissen in der Lende oder zu starker Kyphosierung der BWS oder bei abnorm weicher Unterlage können auch die physiologischen Krümmungen der Wirbelsäule überbetont werden und haben einseitige Spannungen einzelner Bereiche des Bandapparates beim Ausruhen über lange Zeit zur Folge.

Mechanik des Ganges

Geschichtliche Entwicklung

Die ersten Versuche von Bewegungsanalysen des Ganges mit Schwerpunktbestimmungen hat wohl BORELLI (1681) durchgeführt und in seinem Werk „DE MOTU ANIMALIUM“ zusammengefaßt.

Erst 1½ Jahrhunderte später wird diese Entwicklung von den Brüdern W. u. E. WEBER (1836) durch ihre klassischen Versuche zur Erforschung „der Bewegungen der menschlichen Gehwerkzeuge“ wiederbelebt. Sie versuchen über direkte Messungen der Ortsveränderungen der Schwerpunkte einzelner Körperabschnitte auch auf die zur Bewegung erforderlichen Kräfte zu schließen. Das Gehen fassen sie in erster Linie als Vorwärtsfallen des Körpers auf, welches durch rein rhythmische Pendelbewegungen der Beine immer wieder abgefangen wird.

Diese Initiativen haben in der Folge bei Physikern und Mathematikern sowie auch vereinzelten Anatomen lebhaftes Interesse erweckt (GASSENDI, MANGENDI, POISSON u. a.) (BRAUNE u. FISCHER 1895). Die Richtigkeit verschiedener Rückschlüsse dieser Autoren wurde immer wieder angezweifelt. Zahlreiche spätere Untersuchungen befassen sich mit der Ermittlung der inneren und äußeren Kräfte der Lokomotion, wobei die gelenkmechanischen Arbeiten von v. MEYER (1873), FICK (1910 u. 1911), STRASSER (1908 u. 1913), DUCHENNE (1867) u. a. in den Vordergrund treten.

MAREY (1830–1904) hat als erster die Chronofotografie zur Bewegungsanalyse beim Menschen angewandt. Sein Schüler CARLET (1872) versuchte, die Bewegungsabläufe mittels kymographischer Aufzeichnungen von Raumkurven bewegter Punkte festzuhalten und nahm gleichzeitig pneumatische Bodendruckmessungen vor. Fast zur gleichen Zeit hat der Amerikaner MUYBRIDGE (1877) mit Unterstützung des Gouverneurs STANFORD (Kalifornien) erstmalig mit Serienmomentaufnahmen der Bewegungsphasen beim Pferd begonnen, deren Auswertung unter dem Titel: „The Horse in Motion as Shown by Instantineous Photography“ (1882) erschienen ist.

VIERODT (1881) hat versucht, die Bewegungsbahnen des menschlichen Ganges durch komplizierte farbige Aufspritzverfahren zu registrieren, die sich jedoch nicht durchsetzen konnten.

Der entscheidende Fortschritt wurde durch die Weiterentwicklung der *Phasenphotographie mit der kinematischen Erfassung des Gangablaufes durch Strichdiagramme* und der gleichzeitigen *Festlegung der Bewegungskurven einzelner Gliedmaßenschwerpunkte* gemacht. Sie gestatteten, unter Berücksichtigung der Wegzeitmessungen, die Errechnung der Beschleunigungen und Geschwindigkeiten.

Die entscheidende Entwicklung der ursprünglich unpräzisen Forschungsmethoden erfolgte durch BRAUNE u. FISCHER (1889). Sie schufen erstmalig genaue technische Grundlagen einer verfeinerten Untersuchungsmethodik zur Erforschung des menschlichen Ganges. Die Fehler der Zentralprojektion wurden durch die Einführung der zweiseitigen Chronofotografie beseitigt (BRAUNE u. FISCHER 1895).

Der erste Teil ihres 6bändigen Lebenswerkes über den menschlichen Gang bringt die genaue Methodik der fotografischen Registrierung der Bewegungen des menschlichen Ganges. Die erfaßten Bewegungsphasen werden auf ein räumliches Koordinatensystem bezogen. Die daraus resultierenden Koordinatentabellen bilden in der Folge die Hauptunterlage zur Lösung vielseitiger Lokomotionsprobleme, die sich aus den unterschiedlichen Bewegungsgesetzen des Ganges ergeben. Sie setzen:

1. die genaue räumliche Darstellung der Bewegungsvorgänge voraus,
2. die Kenntnis der Größe der bewegten Masse,
3. die Lage des Gesamtschwerpunktes sowie der Teilschwerpunkte einzelner Körperabschnitte und der Größen ihrer Trägheitsmomente.

Darüber hinaus müssen die mechanischen Bedingungen, unter denen die Kräfte auf die einzelnen Körperteile über Gelenkverbindungen einwirken, bekannt sein: Bodenreibung, Körperschwere etc.

Der zweite Band, dessen Genauigkeit auch heute noch für jeden Forscher als unübertroffen angesehen werden muß, setzt sich mit den räumlichen Bewegungsbahnen des Gesamtschwerpunktes des Körpers beim Doppelschritt auseinander.

Die weggebundenen Geschwindigkeiten und Beschleunigungen werden registriert, und es wird der Versuch unternommen, die äußeren und inneren Kräfte, die das Gehen ermöglichen, zu analysieren:

1. Ermittlung der Schwerpunktdaten:
   a) Bestimmung der Gesamtschwerpunktbahnen,
   b) Bestimmung der Schwerpunktbahnen der Einzelglieder;
2. Berechnung der räumlichen Bewegungskoordinaten des Gesamtschwerpunktes für 32 Phasen des Schrittes;
3. Ableitung der Geschwindigkeit und Beschleunigung des Gesamtschwerpunktes S_5;
4. Berechnungen der äußeren Kraftkomponenten, die auf den Körper beim Gehen einwirken.

Im 3. Band wird in erster Linie die Rolle der inneren Kräfte der Muskulatur beim Zustandekommen der Bewegungen des Gehens untersucht. Dies geschieht mit Hilfe von Differentialgleichungen der Bewegung, die auf der Basis der vorhandenen Meßergebnisse ermittelt werden. Sie erlauben Detailanalysen von Einzelbewegungen der verschiedenen Glieder untereinander. Das räumliche Bewegungsverhalten der unteren Extremität beim Doppelschritt, die Drehungen der drei Beinabschnitte zueinander und die Bewegungen der Gelenkmittelpunkte von Knie und Fuß werden, bezogen auf die Gangebene, in allen Einzelheiten festgelegt. Es fehlt jedoch die Ermittlung der Winkelgeschwindigkeiten und der Beschleunigungen, welche die einzelnen Beinabschnitte beim Gangablauf erfahren.

Der 4. Band befaßt sich mit der Analyse der Fußkinematik beim Gehen und den Kräften, die auf ihn einwirken. Die Betrachtung erfolgt in einer Art von Freikörperanalyse, wobei der Fuß als selbständiges Bewegungselement, wie losgelöst vom übrigen Körper, untersucht wird.

Der 5. Band (1903) ist der analytischen Diskussion der verschiedenen Gangvarianten in den Normalbereichen gewidmet. Die Kinematik der Schwungbeinphase, die als Unterlage zur Ermittlung der in ihr wirkenden Kräfte unerläßlich ist, wird bestimmt. Es gelingt auch, die ursprüngliche Annahme der Brüder Weber (1836), die das Schwungbein als ein durch Eigenschwere freischwingendes Pendel charakterisieren, endgültig zu widerlegen. Die Geschwindigkeiten und Beschleunigungen der Fußschwerpunkte werden abgeleitet, um die damit zusammenhängenden Bewegungsgrößen und Effektivkräfte zu bestimmen und zusammenfassend darzustellen. Die kinematischen Grundlagen und die ermittelten, wirksam werdenden Kräftegruppen bilden den Ausgangspunkt zur Untersuchung der Kinetik der Schwingungsbewegungen des Beines.

Der 6. und letzte Band setzt sich mit den Ermittlungsergebnissen jener Komponenten der Effektivkräfte, die in der Gangebene im ganzen Verlauf der Schwingungsbewegung für die Einzelabschnitte des Beines wirksam sind, auseinander. Dies ermöglicht Rückschlüsse über den Einfluß der Bewegung auf die Spannungen im Hüft-, Knie- und Fußgelenk. In weiterer Folge werden die Drehmomente abgeleitet, die während der Schwingungsbewegungen auf die Einzelteile der Beine durch die Schwere einwirken. Die auf die drei Glieder des Beines ausgeübten Drehmomente wurden aus den Effektivkräften berechnet und in ausführlichen Tabellen festgehalten. Daraus läßt sich der Einfluß der Effektivkräfte und der Schwerekräfte differenzieren. Es zeigt sich eindeutig, daß die Effektivkräfte überwiegen und den Schwerkräften entgegenwirken. Durch Ermittlung der Winkelbeschleunigungen und der Produkte aus den Trägheitsmomenten ließen sich mit Hilfe der Bewegungsgleichungen die bisher unbekannten Momente der inneren Kräfte indirekt berechnen, so daß letzten Endes zusammenfassend die Werte aller jener Größen vorlagen, welche die Kinetik des Beinschwingens beherrschen.

Das ganze Werk ist um so bewundernswerter, als trotz Fehlens der modernen elektronischen Meßgeräte zur differenzierten Erfassung der während des Ganges wirksamen komplexen Kräftespiele weitgehende Erkenntnisse gewonnen werden konnten. Sie sind nach wie vor signifikante Ausgangspunkte zur Weiterentwicklung der bereits hochdifferenzierten Direktmessungssysteme, und sie bildeten die Grundlage für die späteren klassischen Analysen der auf die Hüfte wirksamen statischen und dynamischen Kräfte (Pauwels 1965 a, Kummer 1963 u. a.) und für die Biomechanik des Kniegelenkes (Maquet 1972). Sie alle gingen von den primären Koordinatentabellen von Fischer (1893) aus.

Die normale Filmtechnik war schon weitgehend entwickelt, als sie erst im zweiten Weltkrieg zur Analyse der Ganguntersuchungen als Routinemethode Verwendung fand (Basler 1935 a).

Um die Korrelationen zwischen den einzelnen Abschnitten der Bewegungsabläufe der Beine beim Gehen und den synchronen Muskelaktionsphasen sowie der sie auslösenden Kräfte zu untersuchen, hat Scherb (1952) nach dem zweiten Weltkrieg die *Myokinesigraphie* auf breiter Basis entwickelt und die Koordinationsmuster der Muskelaktionen mittels kymographischer Analysen festgehalten. Die Messungen wurden auch auf die Abklärung von Koordinationsstörungen der Muskelaktionen bei verschiedenen Erkrankungsbildern (Lähmungen und Deformitäten) ausgedehnt. Erst relativ spät führte man die elektrischen Messungen mittels EMG ein, wobei die Kraftübertragungsmechanismen der Muskelaktionen synchron mit den Einzelphasen des Geh-Aktes abgenommen werden (BASMAJIAN 1967, 1974, BAUMANN 1973, BIGLAND u. LIPPOLD 1953, DEBRUNNER 1977a u. b, SORBIE u. ZALTER 1965).

Inwieweit sich die in der modernen Entwicklung zu erwartenden quantitativen Direktmessungen der Muskelkräfte durch weiteren Ausbau der Impulsfrequenzmessung beim EEG als stichhaltig erweisen werden, wird noch abzuklären sein (DEBRUNNER 1971).

SCHWARTZ u. Mitarb. (1933) verwenden erstmalig einen Basographen, eine Art Pendelgerät, mit dem sie die jeweilige Beckenneigung beim Gehen bestimmen. Das Gerät erfaßt die Verteilung der Sohlendruckkräfte an der Ferse sowie an Groß- und Kleinzehenballen in der ganzen Abrollphase des Fußes mittels elektrischer Mikroelemente. Die überaus empfindlichen und sehr anspruchsvollen Methoden blieben nur für Wissenschaftler interessant (WALKER 1977).
Die moderne Welle sehr weit greifender Studien über den normalen und pathologischen Gang entwickelte sich vor allem in Kalifornien im zweiten Weltkrieg, wobei ausgedehnte Analysen des Prothesenganges von SAUNDERS u. Mitarb. (1953) entstanden sind, die McCOWN (1947) zusammenfassend publiziert hat. In diesen Arbeiten wurden bereits alle damaligen technischen Errungenschaften berücksichtigt.

Im Zuge der Entwicklung der modernen bioelektronischen Meßmethoden haben sich die Registraturmethoden, sei es der Kinematik oder auch der Kinetik, durch die Filmaufnahme, die Chronozyklographie, den Videorecorder und die elektronischen Systeme des Selfspot, welche die Lokalisation mehrerer bezeichneter Körperpunkte während des Bewegungsablaufes aufnehmen, immer mehr verbreitet, und verschiedene Modelle von Meßplattformen haben einander abgelöst. In erster Linie kommen piezoelektrische Meßelemente sowie Dehnungsmeßstreifen mit den entsprechenden Übertragungsgeräten zur Anwendung (WINTER 1972).

ELFTMANN hat schon 1939–1940 spezielle Untersuchungen der Muskelkräfte vorangetrieben und instrumentelle Direktmessungen der Bodenkräfte am Fuß vorgenommen. Er hat allerdings seine Berechnungen nicht auf die Hüftmuskulatur ausgedehnt.
1950 haben BRESLER u. FRANKEL sehr ausgedehnte Kräfteanalysen und ihre Momente, die am Bein beim Gehen wirksam werden, durchgeführt und die resultierende Kraftübertragung vom Bein auf den Rumpf in einer komplizierten dreidimensionalen Analyse festgelegt. Es fehlen aber ergänzende Berechnungen, die zur genaueren Determination der zusätzlichen Einzelgrößen der Muskelkräfte und der daraus resultierenden Größen der verschiedenen Gelenkdrücke notwendig wären.

DEBRUNNER (1974b) hat sich in der Weiterentwicklung der Meßtechnik der Bodendruckkräfte wesentliche Verdienste erworben, wodurch die Einzelkomponenten immer präziser erfaßbar werden. Er setzt eine eigene Mehrkomponenten-Meßplattform zur Ganganalyse ein und versucht durch Differentialauswertung der verschiedenen Belastungskurven auch bei pathologisch veränderten Gangbildern Klarheit zu schaffen. In ähnlicher Weise haben auch LIMMER u. Mitarb. (1977) mittels Quarzkristall-Mehrkomponenten-Meßplatten die differenzierte Erfassung der Einzelkomponenten der Bodenkräfte, unter Berücksichtigung des Drehmomentes des Beines um die Vertikalachse, vorgenommen. Inwieweit die daraus resultierenden indirekten Rückschlüsse auf die dynamische Gelenkbelastung und die quantitative Beurteilung der beim dynamischen Bewegungsablauf wirksamen dynamischen Kräfte in allen Bereichen stichhaltig sind, wird noch weiteren Arbeiten zu überlassen sein. Um die Komplexität der oft kaum übersehbaren Einzelerkenntnisse untereinander zu korrelieren und zu vergleichen, hat man auch sehr komplexe mathematische Untersuchungsmodelle entwickelt, die über Computer- und Plottingsysteme automatisch auch die Kinetik der auf die Gelenke des Beines wirksamen Kräfte rechnerisch ermitteln. Damit erst nähert man sich dem tieferen Verständnis der Kybernetik des Gehens, die in Zukunft noch viel Neues auch für die klinischen Bereiche bringen wird.
GROH (1972 u. 1975) hat mit seinen Mitarbeitern in dieser Weise versucht, zeitliche Kraftabläufe bei der Arbeit und bei verschiedenen sportlichen Körperbewegungen durch komplexe Bewegungsanalysen zu erfassen. Die Untersuchungsmethodik wurde in den letzten Jahren durch neu entwickelte Meßgeräte bereichert (WINARSKI 1974). Sie erfassen die Somatometrie unter Festlegung von 25 metrischen Merkmalen des Körperbaues, die zur Bestimmung des Körperschwerpunktes und der Trägheitsmomente erforderlich sind, weiterhin die Kinemetrie mittels Chronozyklofotografie zur Bestimmung der räumlich-zeitlichen Bewegungsabläufe, die Dynamometrie mittels Kraftmeßplatten zur Determination der bewegenden Stützkräfte am Boden und schließlich die Bewegungselektromyographie zur synchronen Determination der Aktionsphasen verschiedener Muskelgruppen in den einzelnen Bewegungsabschnitten. Daraus resultierend haben GROH und seine Mitarbeiter BAUMANN u. GABLERZ am Kölner Institut es ermöglicht, anhand eines mathematischen Modelles des Beines die dreidimensional bewegenden sowie auch die verformenden Kräfte zu berechnen, die z. B. am Kniegelenk in der Belastungs- und Schwungphase des Ganges angreifen. Die kritische Beurteilung der komplexen Ergebnisse geht über das Fassungsvermögen des normalen Orthopäden hinaus, und die neuen Forschungsziele werden auch spezifisch abgegrenzte Kollaborationen einzelner Fachdisziplinen unentbehrlich machen. Viele dieser Analysen

der letzten 10–15 Jahre haben, angefangen von den Ducroquetschen Darstellungen der Kinematik des normalen Ganges sowie zahlreicher pathologischer Gangbilder, mit den komplexen Ganganalysen von Eberhardt u. Inman (1951), Drillis (1959) u. Saunders u. Mitarb. (1953) und in weiterer Folge von Contini u. Mitarb. (1965) sowie Paul (1965b) u. v. a., praktische Auswirkungen, insbesondere auf die moderne klinische Biotechnik, gezeigt. Sie haben nicht nur die funktionsgerechte Konstruktion von Exoprothesen und Orthesen wesentlich vorangetrieben, sondern

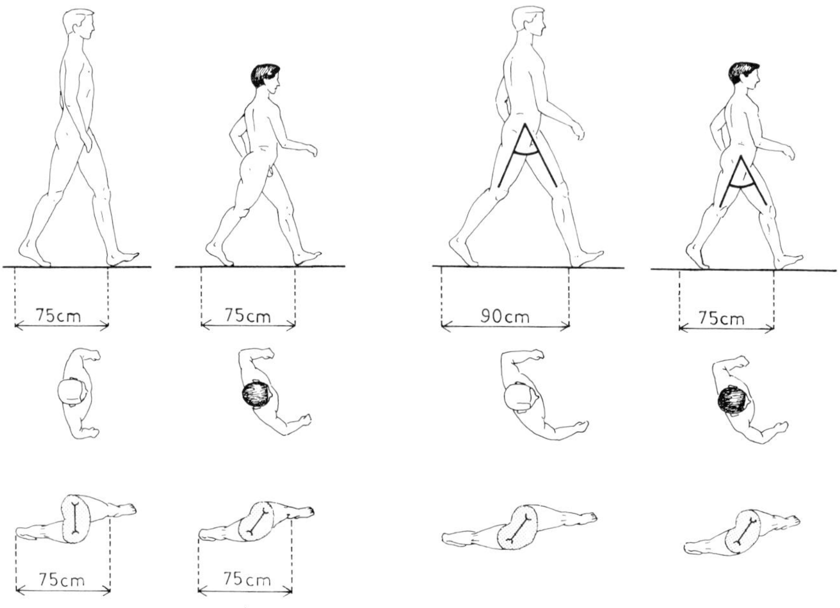

Abb. **219** a–d Schrittlänge und Körpergröße. a u. b) Um mit der gleichen Schrittlänge zu gehen wie ein 2 m großer Mann, wird ein nur 160 cm hoher eine kompensatorische starke Schrägstellung des Beckens und Gegendrehung des Rumpfes ausführen müssen. c u. d) Bei normalem Gehen beträgt die Schrittlänge eines ca. 2 m großen Menschen um 90 cm, gegenüber einer Schrittlänge von 70–75 cm bei der normalen Körpergröße zwischen 160 und 170 cm. Das Ausmaß der Beckenschrägstellung und der Gegendrehung des Rumpfes bleibt gleich. Der lange Schritt des großen kann auch durch eine Erhöhung der Schrittfrequenz des kleineren Menschen bei Zurücklegung der gleichen Wegstrecke pro Zeiteinheit kompensiert werden (aus: *R. Ducroquet, J. u. P.:* La marche et les boiteries. Masson, Paris 1965, S. 69)

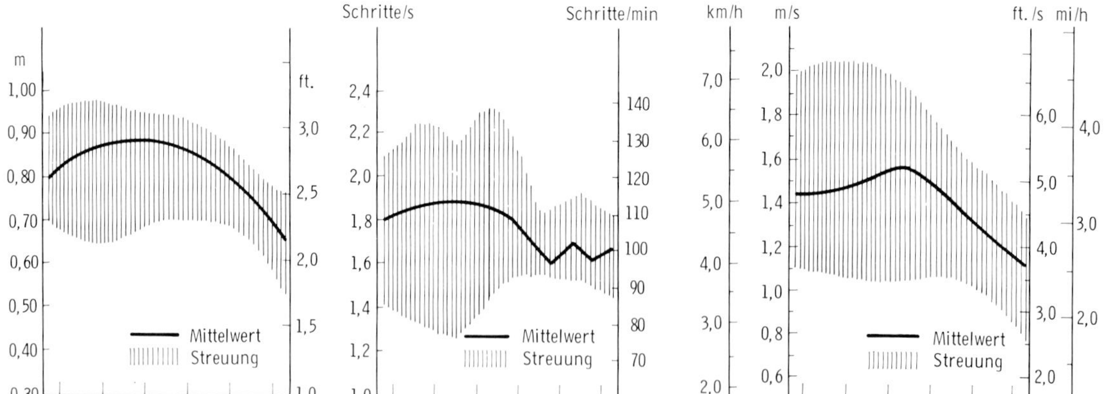

Abb. **220** a–c Signifikante Änderungen des Schrittes mit zunehmendem Alter beim Mann: a) der Schrittlänge, b) der Schrittzahl, c) der Gehgeschwindigkeit (nach Drillis aus: *R. Contini, H. Gage* u. Mitarb.: Human Gait Characteristics. In: *R. M. Kenedi:* Biomechanics and Related Bioengineering Topics. Pergamon, Oxford 1965, S. 415)

auch die Instrumentation der Osteosynthese sowie die Entwicklung der Endoprothetik richtungweisend gesteuert. Abgesehen davon hat sich das klinische Verständnis der Differentialdiagnose und der diagnostischen Analyse pathologischer Gangbilder und Deformitäten des Bewegungsapparates wesentlich vertieft und erweitert. Es soll in der Folge noch eingehend darauf hingewiesen werden, inwieweit, aufbauend auf der Pauwelschen Lehre, durch die Kenntnis der Biomechanik orthopädischer Eingriffe die Grundlagen der modernen orthopädischen Operationsplanung und Operationstechnik entstanden sind.

Charakteristika des menschlichen Ganges

Alle Formen der animalischen Fortbewegung kommen letzten Endes durch rhythmisch wiederkehrende sinusoidale Oszillationen oder Rotationen zustande. In diesem Sinne wird auch der bipedale Gang des Menschen durch zyklisch sich wiederholende Lageveränderungen des Gesamtschwerpunktes eines Individuums charakterisiert. Sie werden in harmonisierte Bewegungsmuster umgesetzt. Bernstein (1940) vergleicht die Bewegungsabläufe in seinem Buch über die Biodynamik des Ganges mit dem Zusammenspiel der Instrumente eines Orchesters, bei dem das Zentralnervensystem als Dirigent fungiert.
Die Vielfalt der zusammenwirkenden Bewegungselemente erschwert ihre Analyse in besonderem Maße. So wird es auch verständlich, daß eine breitgefächerte Erfassung der Einzelkomponenten des Ganges, die miteinander koordiniert werden müssen, nur über die bereits geschilderten, hochdifferenzierten biotechnischen Meßeinheiten, mit speziellen Computermodellen und Plottingsystemen erreichbar ist. Sie ermöglichen die simultane Betrachtung der Bewegungsabläufe und der sie auslösenden Kräfte in den verschiedensten Körperabschnitten und ihren Bewegungssituationen.
Die individuellen Kennzeichen des Ganges werden durch viele Einzelfaktoren beeinflußt, wie z. B. Rasse, ätiologische Herkunft, Geschlecht, körperliche Konstitution, Körpergröße, Alter sowie Beruf und im pathologischen Bereich Abnormitäten und krankhafte Veränderungen des Bewegungsapparates (Abb. **219**) (Albersmeyer 1977, Drillis 1958, Ducroquet u. Mitarb. 1965, Marks u. Hirschberg 1958).
Das Gangbild zeigt schon bei der Gegenüberstellung von Mann und Frau starke Verschiedenheiten. Sie sind nicht durch Varianten der Körperform, sondern auch durch verschiedene psychologische Reaktionen bedingt. Es spielt auch das Schuhwerk mit eine Rolle. Große Menschen machen in der Regel wenige lange Schritte, während kleine schnellere, kurze Schritte ausführen, wobei das Körpergewicht die Schrittfrequenz beeinflußt. Das Lebensalter (Drillis 1959, 1961) zeigt ebenfalls charakteristische Gangänderungen. Die Schrittlänge und auch die Schrittgeschwindigkeit nehmen bis zum 40. Lebensjahr in der Regel etwas zu, indes sie in späteren Lebensabschnitten progressiv abfallen (Abb. **220**).
Auch der Beruf beeinflußt das Gangbild. Auffallend ist der auf Dauerleistung eingestellte langsame Farmer- und Gebirglerschritt, dem verschiedene Formen des militärischen Ganges bis zum kurzen Laufschritt und Stechschritt gegenüberstehen.
Selbstverständlich werden die verschiedenen Formen pathologischer Abweichung des Bewegungsapparates das Gangbild sehr variabel und charakteristisch verändern (Ducroquet u. Mitarb. 1965), wie später noch ausgeführt werden soll (Abb. **221**).

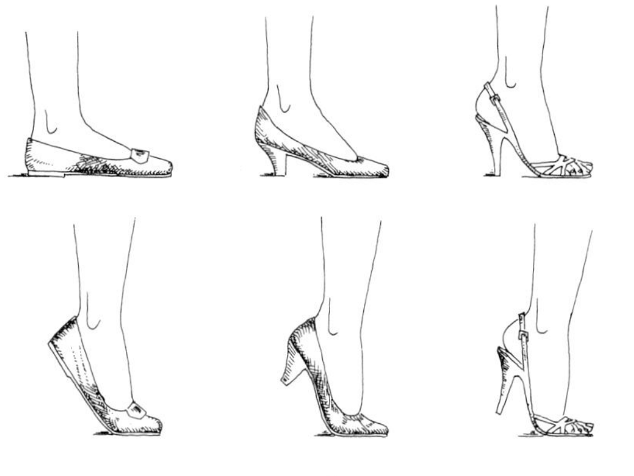

Abb. **221** a–c Einfluß des Schuhwerks auf die Kinematik und Bodenauflage des Fußes. Der Schuh ist eine Art mehr oder weniger flexibler Gehplatte mit stark veränderlicher Auftrittsfläche. a) Schuhe ohne Absatz, b) mittlere Absatzhöhe, c) hoher Absatz (aus: *R. Ducroquet, J. u. P.:* La marche et les boiteries. Masson, Paris 1965, S. 72)

Untersuchungsmethodik

Zur Analyse der Bewegungen des Gehens und der sie verursachenden Kräfte ist es unerläßlich:
1. die Kinematik der Bewegungen,
2. die Größen der bewegten Masse,
3. die Lage des Gesamtschwerpunktes und der Teilschwerpunkte der einzelnen Körperabschnitte und Bewegungselemente sowie
4. die Größe der jeweils wirksamen Massenträgheitsmomente

für jeden Körperabschnitt zu kennen.
Die Gesamtbewegung des menschlichen Körpers wird am einfachsten durch die Ortsveränderungen seines Massenschwerpunktes während der verschiedenen Gangphasen gemessen und die dabei wirksamen Beschleunigungskräfte bestimmt.
Die Hauptfunktion der Beine besteht darin, den

Körper unter Erhaltung eines möglichst ausgeglichenen Energiegleichgewichtes in der Bodenebene fortzubewegen. Starke Zunahmen des Gesamtenergieverbrauches erfordern eine beträchtliche Mehrarbeit der Muskulatur und damit auch zwangsläufig eine größere Belastung des Stützapparates, die mit rascherer Ermüdung und Verkürzung der Gesamtleistungsdauer einhergeht. Der Körper zeigt allgemein die Tendenz, Schwankungen der kinetischen Energiegrößen durch harmonische Reduzierung der positiven und negativen Beschleunigungen, die bei der Vorwärtsbewegung ständig wirksam sind, möglichst niedrig zu halten. In diesem Sinne werden auch größere Schwankungen der potentiellen Energiegrößen des Körpers beim Gehen durch eine möglichst lineare Fortbewegung des Gesamtschwerpunktes S_5 des Körpers S_5 ohne große Lageschwankungen vermieden (Abb. **222**).

Jede rhythmisch sich wiederholende körperliche Aktivität findet in der Regel in einer charakteristischen Zeiteinheit statt. Dies ist speziell bei den einzelnen Bewegungsabschnitten verschiedener Gangphasen der Fall, wobei die Symmetrie des Ablaufes und die harmonische Aufeinanderfolge der Einzelbewegungen des Gesamtkörpers und seiner Teilabschnitte gegeneinander in bestimmten Zeiteinheiten vollzogen werden. Die Durchführung dieser hochdifferenzierten Fortbewegung der Glieder und des Rumpfes erfordert eine präzise Steuerung durch äußere und innere Kräftekomplexe (Stauffer 1972, Murray 1967).

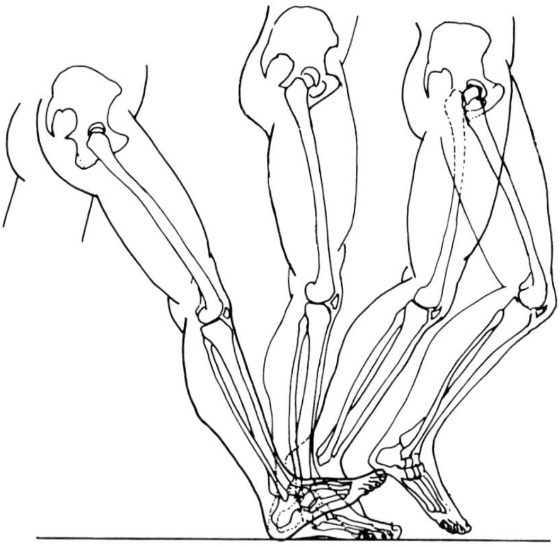

a

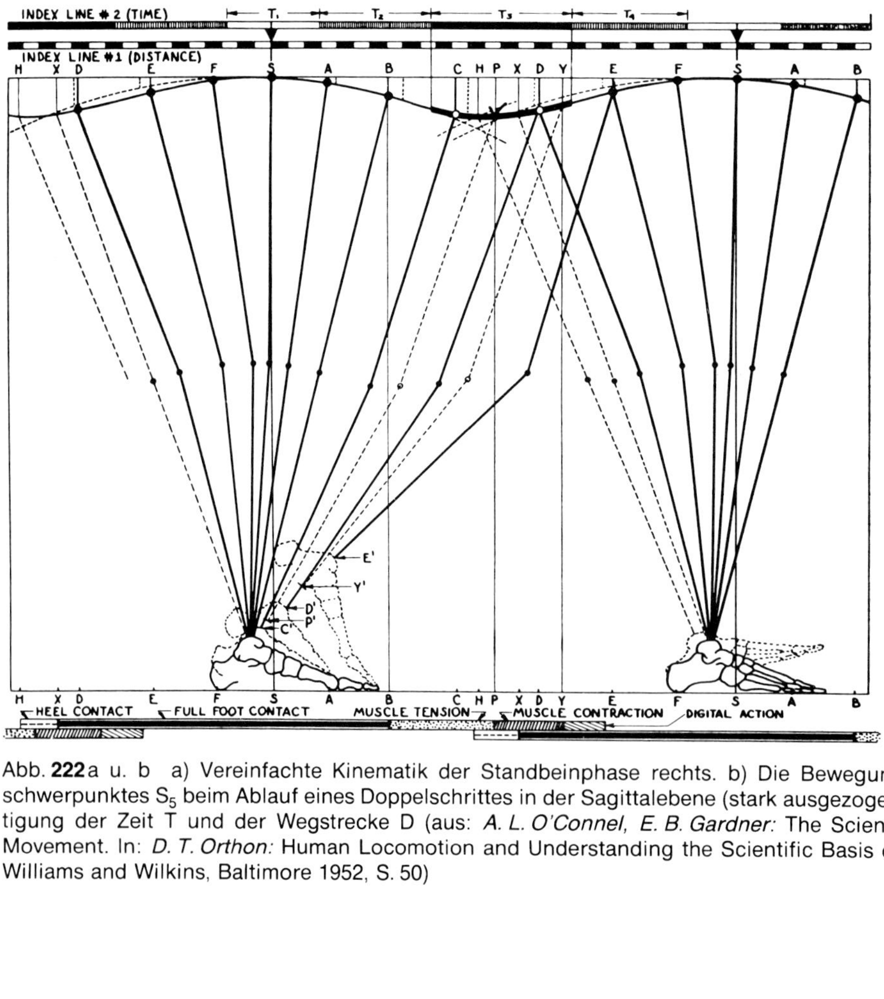

b

Abb. **222** a u. b a) Vereinfachte Kinematik der Standbeinphase rechts. b) Die Bewegungsbahn des Körperschwerpunktes S_5 beim Ablauf eines Doppelschrittes in der Sagittalebene (stark ausgezogen), unter Berücksichtigung der Zeit T und der Wegstrecke D (aus: *A. L. O'Connel, E. B. Gardner:* The Scientific Basis of Human Movement. In: *D. T. Orthon:* Human Locomotion and Understanding the Scientific Basis of Human Movement. Williams and Wilkins, Baltimore 1952, S. 50)

Die zum Gehen erforderlichen Winkel- und Drehbewegungen der Glieder in ihren einzelnen Gelenken werden definiert:
1. durch die räumlichen Ortsveränderungen,
2. durch die Aktionszeit,
3. durch die Geschwindigkeit,
4. durch die Beschleunigung,
5. durch die sie verursachenden Kräfte.

Die räumlichen Veränderungen in ihrem zeitlichen Ablauf erfolgen in zwei Hauptphasen, die einen Doppelschritt umfassen:
1. die Schwung- und progressive Phase,
2. die Abstützungs- und Standbeinphase.

Das Zusammenwirken der inneren und äußeren Kräftekomplexe, welche die Übertragung des Körpergewichtes bei der Überwindung verschiedener äußerer Widerstandsmomente durch Muskelkräfte über die gelenkig verbundenen passiven Stützelemente des Skelettes bewerkstelligen, sind kinetisch streng miteinander koordiniert (Burdet 1977, Groh, Baumann 1968).

Die äußeren Kräfte werden durch die Schwerkraft, das Massenträgheitsmoment sowie die Auflagereaktionen und Bodendruckkräfte und nicht zuletzt auch durch den jeweiligen Luftwiderstand bestimmt. Die inneren Kräfte entstehen durch die kinetisch gesteuerten Muskelaktionen, wobei die aus der statischen und dynamischen Belastung resultierenden Kräftegrößen über den passiven Stützapparat des Skelettes und der Gelenke auf den Boden übertragen werden (Perry 1974).

Die Energiegrößen, die zur Durchführung des Gehens notwendig sind, werden durch die jeweiligen Ortsveränderungen der Gravitationszentren des Gesamtkörpergewichtes bestimmt.

Größenmessungen der wirksamen Kräfte und ihrer zeitlichen Wechselbeziehungen zu ihren verschiedenen Ablaufphasen während des Gehaktes zueinander erlauben die Determination der verschiedenen Kräfteeinheiten, die in der Stand- und Schwungbeinphase der Beine in der Bodenebene alternierend oder gleichzeitig wirksam werden.

Spezielle Meßverfahren

Nach unzähligen Versuchen vergangener Jahrzehnte sind zu Zeitmessungen in der Schrittebene *Dehnungsmeßstreifen,* die ein direktes Ablesen in den Stand- und Schwungbeinphasen erlauben, in den Vordergrund getreten. Ein Kontakt wird rhythmisch ein- und ausgeschaltet, so daß über entsprechende Oszillographen eine direkte Zeitablesung ermöglicht wird.

Die *Strobofotografie* ermöglicht ebenso wie die *Chronozyklofotografie* oder das *„Selfspot"-Verfahren* die visuelle Darstellung des zeitlichen Ablaufes aller Ortsveränderungen während der einzelnen Gangphasen. Die Bewegungsänderungen aller anatomischen Einzelelemente in der Zeiteinheit werden, sei es beim Gehen auf ebenem Boden oder beim Stiegensteigen, entweder in einer Ebene oder räumlich dargestellt. Sog. Strichdiagramme, deren Einführung bereits auf Marey (1894 u. 1899) zurückgeht, präzisieren die Gelenkachsen der Einzelglieder durch dünne Leuchtstreifen (Abb. **223**) (Stauffer 1972).

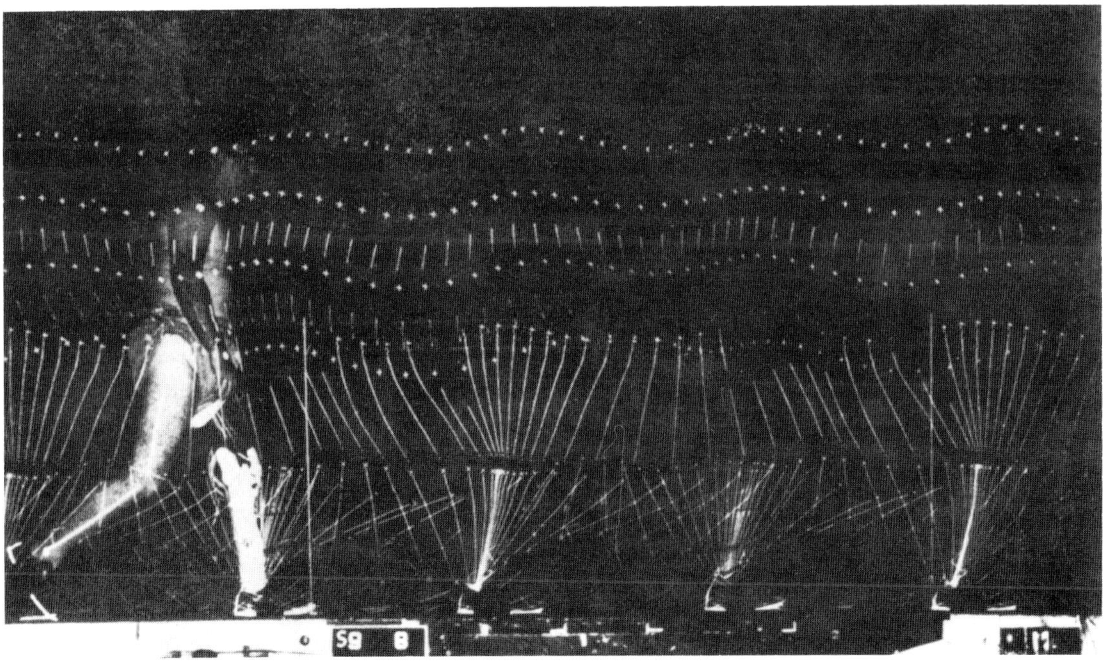

Abb. **223** Strobofotografie eines Prothesenträgers auf der Ebene mit Strichdiagramm („stick diagram"). Bildfolge 1/25 Sek. (aus: *R. Contini, H. Gage, R. Drillis:* Human Gait Characteristics. In: *R. Kenedi:* Biomechanics and Related Bioengineering Topics. Pergamon, Oxford 1965, S. 424)

Nach GROH u. BAUMANN (1968) und GROH (1972) scheint heute die *Lichtimpulsfotografie* von GUTEWORT (1969) das derzeit genaueste Verfahren zur metrischen Erfassung kinematischer Bewegungsparameter zu sein. Zu seiner Durchführung ist allerdings ein höherer Kostenaufwand unumgänglich.

Da es sehr schwer ist, der räumlichen Komplexität der Körperbewegungen in allen Einzelheiten gerecht zu werden, versucht man, die Aufzeichnungen, entsprechend den Forschungszielen, auf zweidimensionale Analysen vorwiegend in der Frontal- und Sagittalebene zu beschränken und diese durch graphisch-mathematische Deduktionen zu erweitern (BAUMANN 1974).

Das mit der Strobofotografie oder Impulslichtfotografie gewonnene Gesamtbild wird in jeweils einer Ebene in einem einzigen Film zusammengefaßt.

Die kinematischen Messungen horizontaler und vertikaler Ortsveränderungen können direkt unter Bezugnahme auf die Verschiebungen der einzelnen Achsen- und Gelenkstellungen zueinander durchgeführt werden. Selbstverständlich lassen sich über gleichzeitige Aufnahmen in verschiedenen Raumebenen auch dreidimensionale Darstellungen durchführen (Abb. **224** u. **225**) (PERRY 1974, PERRY u. Mitarb. 1975, BRUNNSTRÖM 1972). Irrtümer entstehen hauptsächlich durch Ungenauigkeiten der Meß- und Aufnahmetechnik.

Die Filmbildanalyse wurde in neuer Zeit durch Koordinatenabtaster und Lichtpunkttaster („flying-spot-scanner") rationalisiert. Die Datenspeicherung erfolgt auf Lochstreifen, die mit Digital- oder Maschinenrechnern ausgewertet werden. Um die oft unübersehbaren Daten bei Reihenuntersuchungen zu bewältigen, kann man heute ohne automatische Auswertungsanlagen meist nicht mehr durchkommen (GROH u. BAUMANN 1971, BAUMANN 1974).

Die *Elektrogoniometer* dienen zur Registrierung von Gelenkbewegungen, wobei Winkeländerungen direkt gemessen werden. Sie können in Graden oder Radiant abgelesen werden.

Der *Tachograph* registriert automatisch die jeweiligen Fortbewegungsgeschwindigkeiten des Körpers (DRILLIS 1959).

Akzelerometer messen elektrodynamisch direkt jede Form von Körperbeschleunigungen. Sie sind viel genauer in der Bestimmung der Segmentakzelerationen einzelner Gliedmaßen mittels graphisch-mathematischer Differenzierungsmethoden. Lineare Akzelerometer können auch zur Bestimmung von Winkelbeschleunigungen angewandt werden. Irrtümer werden bei richtiger Meßtechnik und Anbringung an den verschiedenen Gliedmaßenabschnitten weitgehend ausgeschaltet. Aus Zeit und Beschleunigung ist man imstande, auch andere Wechselbeziehungen zu den wirksamen Kräften zu ermitteln.

Die Rolle der *Druckmeßplatten* wurde bereits in der historischen Entwicklung geschildert. Sie dienen zur direkten Messung der beim Gehen wirksam werdenden Bodendruckkräfte in der Stand-

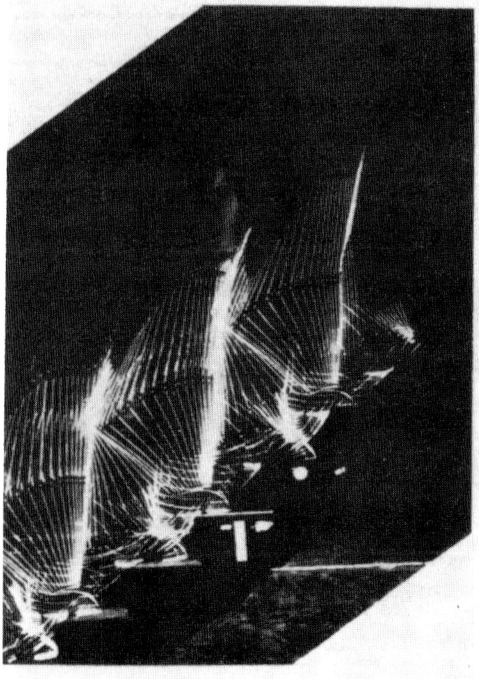

a

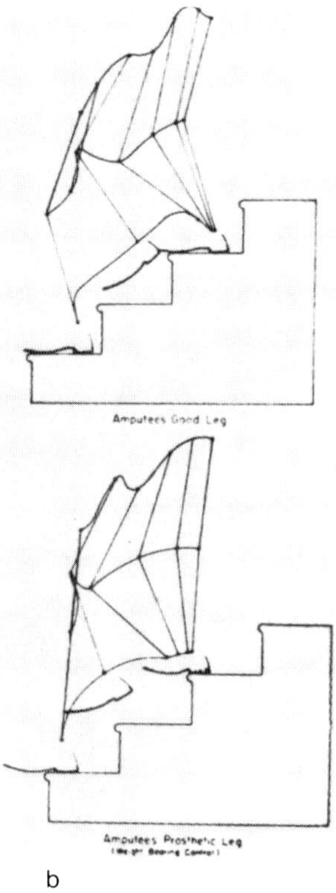

b

Abb. **224** a u. b a) Bewegungsanalyse mit Strichkinematogramm eines Prothesenträgers beim Stiegensteigen, b) mit den dazugehörigen Weg-Zeit-Kurven. Form und Ausmaß der jeweiligen Stellungsänderungen der Beine werden in einer Ebene oder räumlich untersucht. Aus der Bewegungssequenz ergeben sich die Verschiebungspunkte und Wegkurven der Hüfte, Knie und Sprunggelenke zueinander (aus: *R. Contini, H. Gage, R. Drillis:* Human Gait Characteristics. In: Biomechanic and Related Bioengineering Topics, hrsg. von *R. Kenedi.* Pergamon, Oxford 1965 [S. 424])

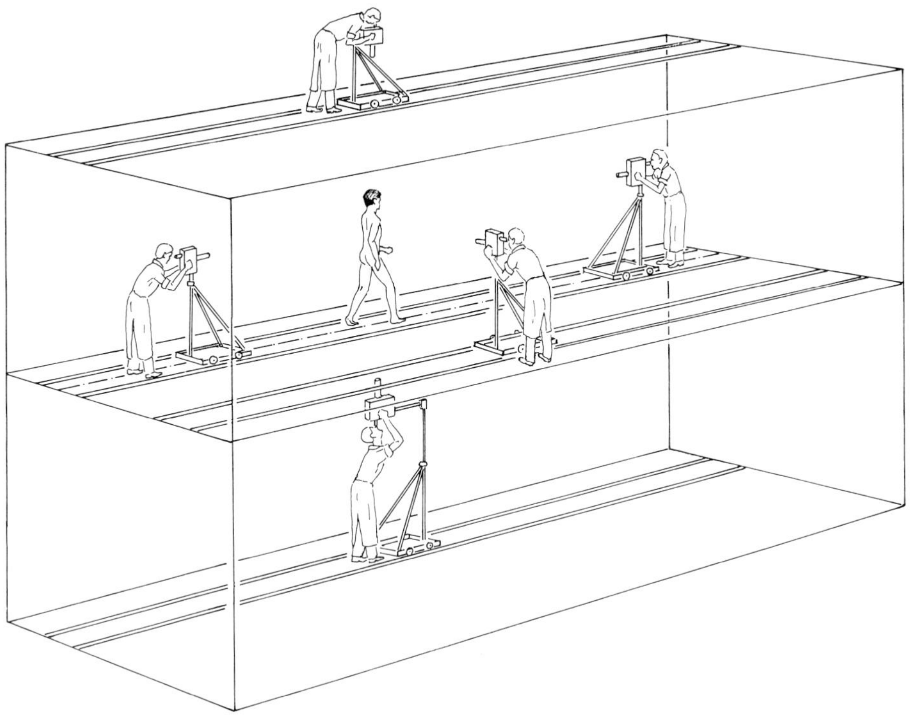

Abb. **225** Schema eines Glaskäfigs, welcher die räumliche Erfassung der Bewegungsabläufe durch Filmaufnahmen in allen Ebenen des Raumes ermöglichen würde (aus: *R. Ducroquet, J. u. P.:* La marche et les boiteries. Masson, Paris 1965, S. 11)

beinphase. Es wird die Erhebung sehr detaillierter, mehrdimensionaler Daten über den Ablauf der Bodendruckreaktionen der einzelnen, räumlich sehr verschieden ausgerichteten Kraftmomente, welche dem Körpergewicht und den dynamischen Kräften der Testperson an den Bodenauftrittsflächen entgegenwirken, gemessen (Stokes 1974, Stüssi 1977).

Die Spannungsabnehmer oder „pick ups" sind sensible Anordnungen piezoelektrischer Meßelemente, wie z. B. Quarzkristalle, die mit Verstärkern, Galvanometern und Oszillographen verbunden sind. Jede Änderung der Kräfte ändert auch das elektrische Strompotential. Die Meßplatten reagieren so empfindlich, daß selbst die Oszillationen des Körperschwerpunktes beim ruhigen Stehen registrierbar sind.

Zur Messung der Abstoßkräfte des Fußes, z. B. beim schnellen Laufen, dient ein Miniaturkraftmesser (Baumann 1972) von ca. 5 g Gewicht, der in die Schuhsohle eingegossen wird und mit einem UKW-Sender verbunden ist.

Die myoelektrische Meßtechnik der Muskelaktionsphasen erlaubt Rückschlüsse auf die Kinetik der Aktions- und Reaktionskräfte in einzelnen Bewegungsabschnitten. Sie zeigen damit die zeitlichen Belastungen des passiven Stützapparates durch aktive Muskelkräfte genau an. Quantitative Messungen der Muskelkräfte durch elektromyographische Impulsfrequenzanalyse (I.F.A.) sind in Entwicklung (Baumann 1973, Debrunner 1971, Sorbie u. Zalter 1965, Richards u. Knudsson 1974, Hopf u. Struppler 1974).

Auswertung und klinische Interpretation der Meßwerte

Die konventionelle Analyse von Bewegungsabläufen beim Gehen beginnt mit dem Studium des Zeitmusters, das man aus den Strichdiagrammen und der Strobofotografie erhalten hat. Der Zeitablauf der einzelnen Bewegungsphasen und des Schrittwechsels wird registriert, z. B. die Unterstützungszeit auf beiden Beinen und das Zeitverhältnis von Schwung- und Standbeinphase, welches bei raschem Schrittwechsel proportional zum Schrittwechsel zunimmt (Bernstein 1967).

Weiterhin untersucht man die Ausmaße und die Stellungsänderungen der Einzelglieder des Bewegungsmusters zueinander, entsprechend dem jeweiligen Forschungsziel in nur einer Ebene oder auch räumlich.

Verbindet man die Koordinaten der Stellungsphasen der Hüfte, des Kniegelenkes sowie des Sprunggelenkes und des Fußes miteinander, dann erhält man das Diagramm der linearen und angulären Ortsveränderungen der einzelnen Körperabschnitte im Raum (Paul 1974, Aptekar u. Mitarb. 1976).

Die Tachogramme zeigen die Geschwindigkeit des Gangablaufes und erlauben quantitative Gegenüberstellungen und Vergleiche verschiedener Bewegungsmuster gesunder und pathologisch veränderter Gangbilder. Beim normalen Gang bleibt die Geschwindigkeitskurve in der Regel gleich, wobei sich eine Serie von modifizierten zykloidalen Kurven aneinanderreiht (Abb. **226**).
Beim Amputierten hingegen sind die Geschwindigkeitsänderungen im Vergleich zum Gesunden nicht repetitiv. Dies tritt beim Oberschenkelamputierten mehr in Erscheinung als beim Unterschenkelamputierten (Abb. **227**).
Faßt man die sich rhythmisch wiederholenden Zeitintervalle der Strichdiagramme sowie die linearen und angulären Bewegungen in einem Plottingsystem zusammen und stellt sie der Zeit gegenüber, so erhält man die genauen Geschwindigkeits- und Beschleunigungswerte der einzelnen Gelenke und der bewegten Gliedmaßenabschnitte. Da die Massenschwerpunkte sowie die Trägheitsmomente der einzelnen Körpersegmente isoliert bestimmt werden können, läßt sich auch das ganze System der äußeren Kräfte, welche die jeweilige Bewegung durchführen, erfassen.

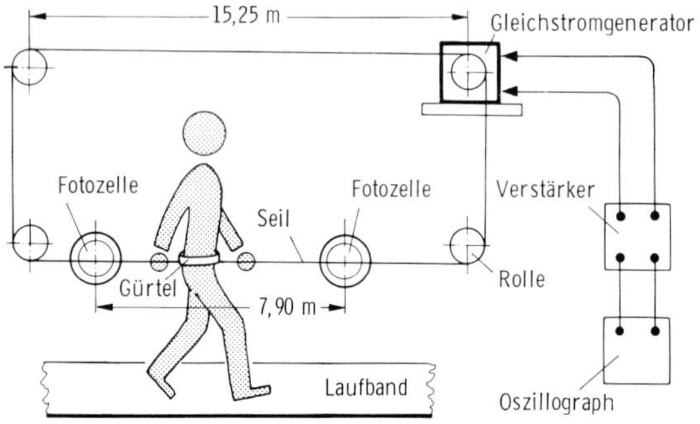

a

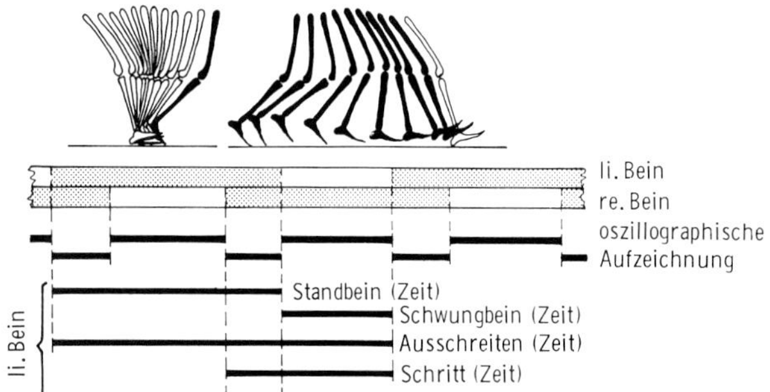

b

Abb. **226** a u. b a) Schematische Darstellung eines Meßverfahrens mit dem Tachograph nach Drillis zur Direkterfassung der Momentgeschwindigkeit des Rumpfes beim Gehen. Die Versuchsperson ist mit einem Gürtel an ein Seil gekoppelt, das über ein Rollensystem läuft und einen Generator betätigt. Er mißt sehr genau die jeweilige Momentangeschwindigkeit. b) Schrittphasenanalyse und fraktionierte Zeitmessung (aus: *R. Contini, H. Gage, R. Drillis:* Human Gait Characteristics. In: *R. Kenedi:* Biomechanics and Related Bioengineering Topics, Pergamon, Oxford 1965)

Die vertikal sowie horizontal-dorsoventral und lateral wirksamen Komponenten der reaktiven Bodendruckkräfte ergeben sich aus den Direktmessungen mit Druckplatten. Sie sind auch klinisch von zunehmender Bedeutung, da durch vereinfachte Verfahren Gangveränderungen nach Operationen ebenso wie Beurteilungen des Prothesenganges und verschiedener Fußleiden auch in größeren Serienuntersuchungen erfaßbar sind (Abb. **228**) (Paul 1970, Schürmann 1977, Stott u. Hutton 1973).
Direktmessungen der Beschleunigungswerte mittels Akzelerogrammen zeigen eine Reihe charakteristischer Spitzenschwankungen des Ganges, die man mit den Aktionsphasen bestimmter Körpersegmente sowie den elektromyographisch festgestellten Aktivitätszeiten einzelner Muskelgruppen des Beines in Beziehung bringen kann. Unter Berücksichtigung der akzelerometrischen Meßwerte lassen sich bei simultaner Miteinbeziehung der optischen Ganganalyse auch genaue Messungen der räumlichen Beinorientierungen zum Rumpf während des Ganges durchführen (Abb. **229**) (Paul 1965, 1966, 1971 u. 1972, Sorbie u. Mitarb. 1965).
Akzelerometrische Direktmessungen sind nicht nur beim normalen Gang auf ebenem Boden, sondern auch bei der Überwindung von Hindernissen und beim Stiegensteigen von praktischer Wichtigkeit. Lineare Akzelerationen des Rumpfes mißt man am einfachsten möglichst nahe dem Gesamtschwerpunkt des Körpers, wobei man speziell konstruierte Behelfe möglichst nahe dem Körperschwerpunkt am oberen Sakrum befestigt (Smidt u. Mitarb. 1971).
Wir können aber auch präzise Lokalisationen von Angriffspunkten konzentrierter Kräfte ermitteln. So sind wir in der Lage, aus der zielgerechten Zusammenfassung der verschiedenen Meßwerte, unter Berücksichtigung der kinematischen Daten, ein komplettes Bild der äußeren Kräfte, welche auf die Gliedmaßen während des Ganges einwirken, zu geben. In gleicher Weise können wir auch die Kraftmomente, die an den Gelenken wirksam sind, bestimmen. Es ergeben sich sehr komplexe Wechselbeziehungen zwischen den Momenten der antagonistisch und synergistisch wirksamen Muskelgruppen. Die resultierenden Druckkräfte in der Hüfte werden den Bodenmessungen der äußeren Kräfte in der Schrittphase gegenübergestellt (Adrian 1973, Kumagai 1972).

An diesem Beispiel zeigt die voll ausgezogene Kurve den Verlauf der resultierenden Druckgrößen im Hüftbereich, während die punktierte Linie den Ablauf der Bodendruckkräfte registriert hat. In der Standbeinphase treten drei Spannungsspitzen in der Hüfte auf. Sie

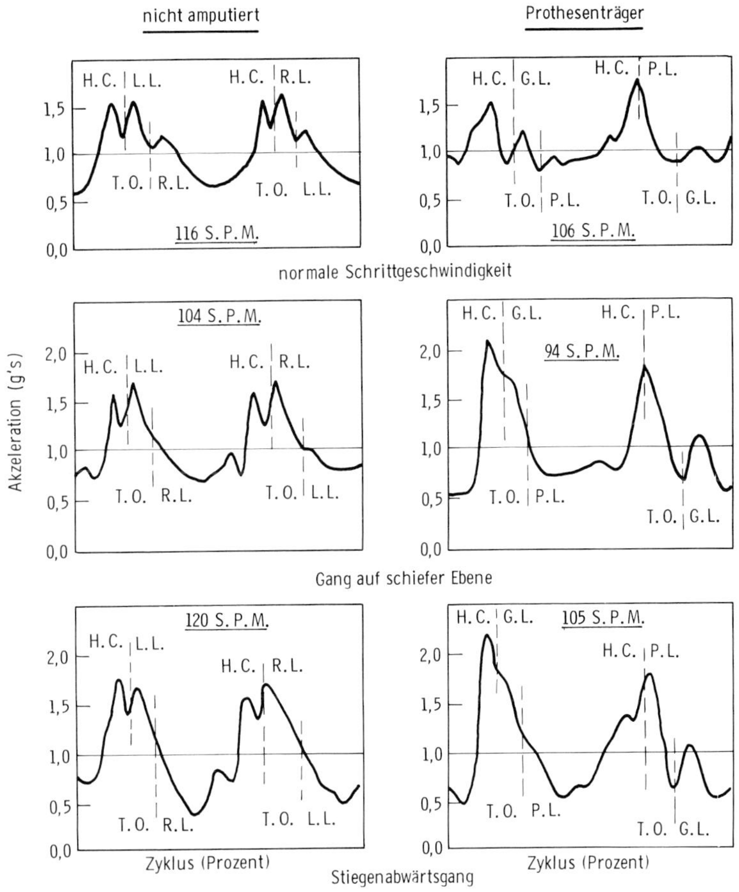

Abb. **227** Vergleich verschiedener akzelerometrischer Messungen oder Meßkurven beim normalen Gang und beim Prothesengang in der Ebene ebenso wie beim Stiegensteigen (aus: *R. Contini, H. Gage, R. Drillis*: Human Gait Characteristics. In: *R. Kenedi:* Biomechanics and Related Bioengineering Topics. Pergamon, Oxford 1965, S. 427)

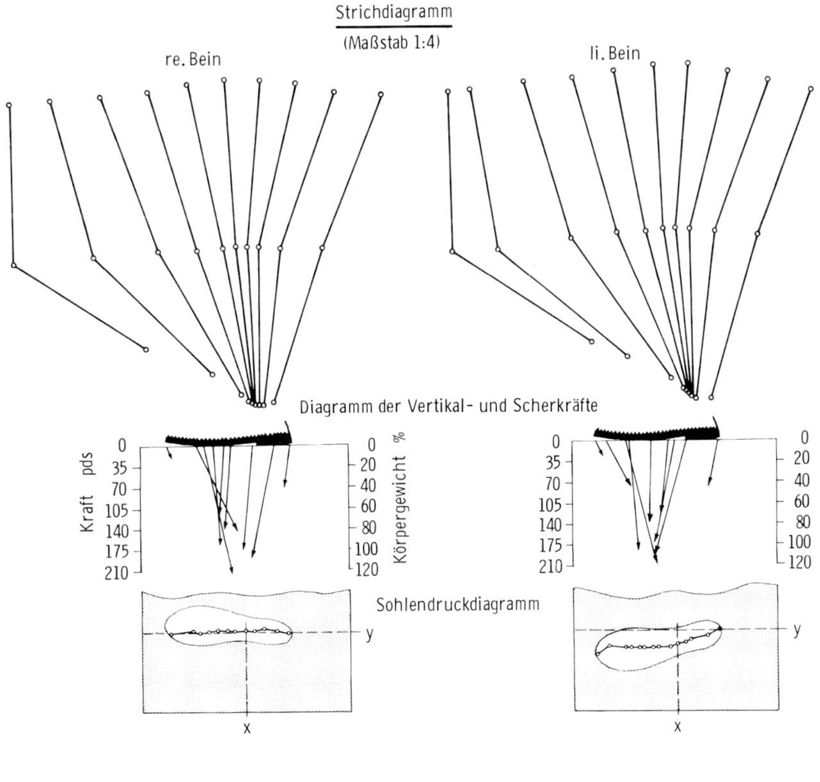

Abb. **228** Schematische Darstellung eines Druckplattenmeßergebnisses in der Standbeinphase, in Korrelation mit dem Strichdiagramm. Vertikale, horizontale Vor- und Rückwärts- und laterale Kraftkomponenten der Auflagereaktion am Boden sind in allen Einzelheiten erfaßbar, ebenso wie der jeweilige Angriffspunkt der Einzelkraft. In Zusammenhang mit den Strichdiagrammen erhalten wir ein komplettes Bild der äußeren Kräfte, die auf eine Extremität einwirken. Auch die äußeren Kraftmomente, die auf die Gelenke wirksam werden, sind erfaßbar (nach *Contini, Gage, Drillis*)

erreichen in der initialen Belastungsphase im Moment des Aufsetzens der Ferse und der Fußsohle ihren höchsten Punkt. Zwei kleinere Spitzen erscheinen gegen das Ende der Standbeinphase vor dem Aufsetzen der Ferse des Schwungbeines der Gegenseite. Ihre Maximalwerte betragen nach PAUL (1965) bis zum 5,8fachen des Körpergewichtes (Abb. **230**).

Die Größe der statisch wirksamen Kräfte wurde, ähnlich wie bei PAUWELS (1965e), mit dem 2,5–3fachen des Körpergewichtes angegeben.

Die Resultierende der äußeren Kräfte des Rumpfes, die auf das Standbein wirken (Körpergewicht und Beschleunigungsmoment), wurde durch Bodendruckkurven gemessen. Sie zeigt, analog dem Spitzenwert im Hüftgelenk, zwei flache Druckanstiege zu Beginn und am Ende der Standbeinphase, welche maximal die Größe des Körpergewichtes erreicht.

In diesem ganzen Komplex ist natürlich auch die spezielle Kinetik der in der Standbeinphase zusammenwirkenden Muskelkräfte, deren qualitative Analyse die Elektromyographie ermöglicht, von spezieller Bedeutung (BASMAJIAN 1973, BAUMANN u. BAUMGARTNER 1974).

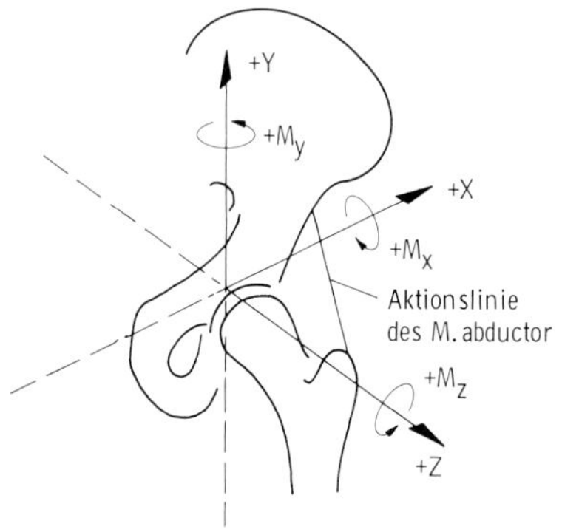

a

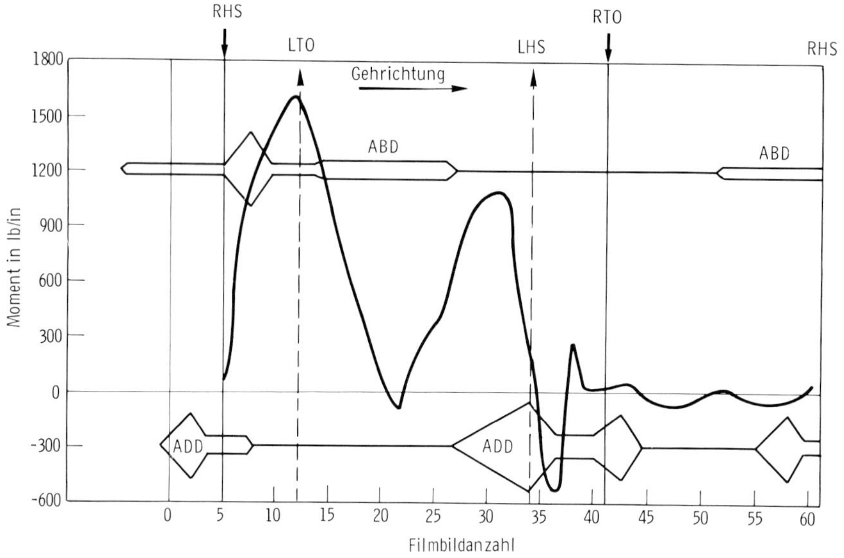

b

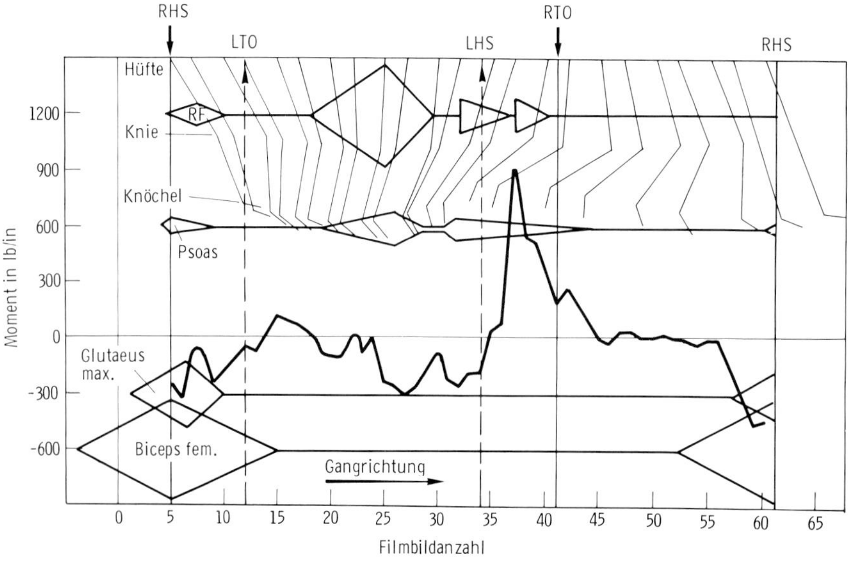

c

Funktionelle Anatomie und mechanische Beanspruchung der unteren Extremität

Ohne genaue Kenntnis der physiologischen Achsen des Beines und der Grundprinzipien der mechanischen Beanspruchung der Knochen und Gelenke durch die Muskulatur und den Bandapparat ist eine volle Erfassung der mechanischen Gangparameter in ihrer Bedeutung für die klinische Orthopädie unmöglich (LEDERMANN 1967).

Achsen des Beinskelettes

Der anatomische Begriff der Traglinie des Beines ist der Wirkungslinie des Körpergewichtes auf den Fuß praktisch gleichzusetzen. Sie verbindet bei physiologischer Beinform den Mittelpunkt des Hüft-, Knie- und oberen Sprunggelenkes in der Frontal- und Sagittalebene, wobei sie nach LANZ um ca. 3 Grad kaudalwärts gegen das Lot geneigt ist. Ihr Verlauf ist unabhängig von den anatomi-

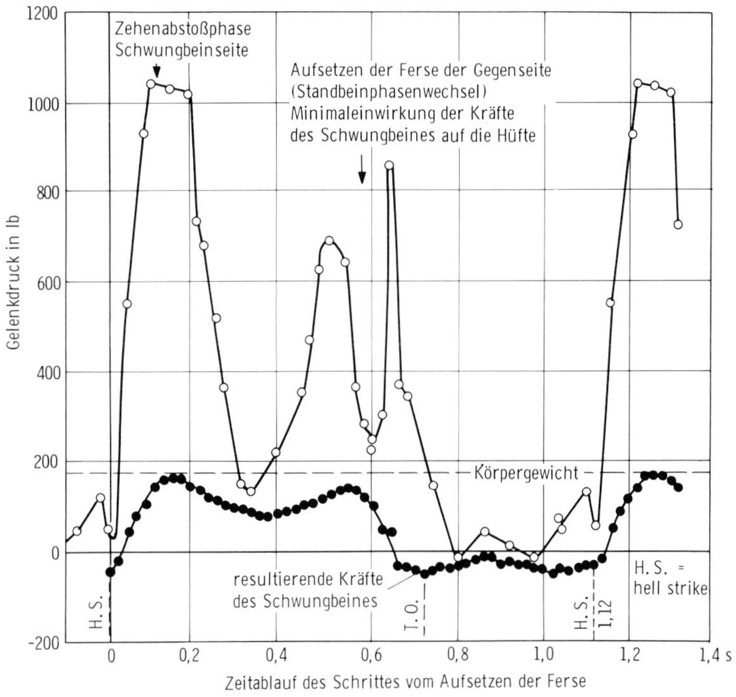

Abb. **230** Die Abbildung zeigt zwei Verlaufskurven während des Gehens. Punktierte untere Kurve: Beschleunigungs- und dynamische Kräfte von seiten des Rumpfes und Schwungbeines in der Standbeinphase. Voll ausgezogene Kurve: Größe der resultierenden Druckkraft, die auf das Hüftgelenk einwirkt (Dreispannungsgipfel in der Standbeinphase)

◀ Abb. **229** a–c a) Schema der X-, Y- und Z-Achsen mit den Einzelkomponenten der resultierenden Kraft R, die auf das Hüftgelenk einwirken. Die Diagramme stellen die Drehmomente dar, die um die X-Achse durch Spannung der Abduktoren wirksam sind. Um die Z-Achse sind es die Flexoren, indes die Drehkräfte um die Y-Achse äußerst schwer erfaßbar sind.
b) Beispiel der um die X-Achse wirksamen Drehkräfte während einer Schrittphase, zusammen mit den phasischen Wechselbeziehungen der wirksamen Muskelaktionen der Untersuchungsperson im EMG. Die Aktivitätsphase der Abduktoren läuft in Korrelation mit dem Aufsetzen der Ferse als positive Drehphase ab. Sie setzt 0,2 Sek. vor dem Fersenaufsatz ein und dauert über die ganze Standphase an. Die Aktivitätsspitze ist bei 50 ms ab dem Fersenaufsetzen erreicht, und eine geringe Aktivität bleibt bis 0,44 Sek. bestehen. Der Höhepunkt der Adduktorenkontraktion ist 60 ms vor dem Fersenaufsatz erreicht. Sie sind 50 ms nach Abheben der Ferse noch mäßig aktiv. Eine weitere Aktivitätsspitze ist bei 0,42 Sek. nach dem Aufsetzen der Ferse zu registrieren und besteht bis 80 ms nach der Abstoßphase der Zehen. ADD = Adduktoren, ABD = Abduktoren, RHS = Aufsetzen der rechten Ferse, LHS = Aufsetzen der linken Ferse, LTO/RTO = rechte und linke Zehenabstoßphase.
c) Wechselbeziehungen der Muskelaktionsphasen im EMG mit dem Bewegungsablauf des Beines und des Fußes in Korrelation mit dem in der Z-Achse wirksamen Drehmoment. Gemessen werden die Aktionsphasen der Flexoren und Extensoren der Hüfte. Die Spitzenaktion beider setzt 0,4 Sek. nach erfolgter Fersenabstützung ein. Loser Zusammenhang mit der Drehmomentkurve. Ein positives Drehmoment ist nach der Flexoraktivität zu beobachten, während das negative Drehmoment nach der Extensoraktivität, und zwar vor und während der Fersenabstützphase wirksam ist. Bei Aufrechterhaltung des Gleichgewichtes in der Stand- und Schwungbeinphase wirken Beschleunigungs- und Bremsmomente zusammen (Abkürzungen s. Abb. b). (Abb. **229** u. **230** aus: *C. Sorbie, R. Zalter:* Bioengineering Studies of Forces Transmitted by Joint. Part I. In: *R. M. Kenedi:* Biomechanics and Related Bioengineering Topics. Pergamon, Oxford 1965, S. 364)

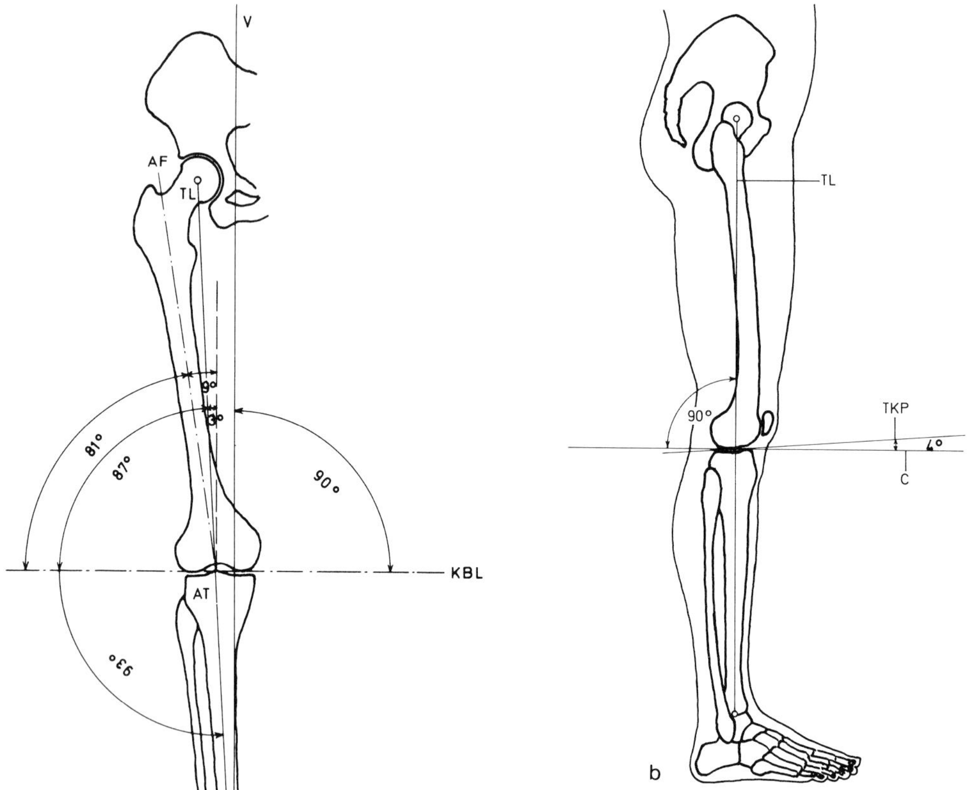

Abb. **231** a u. b a) Frontal TL – mechanische Achse oder Traglinie (nach *Mikulicz*): KBL = Kniebasislinie, AF = anatomische Femurachse, AT = anatomische Tibiaachse, V = Vertikale. Neigungswinkel TL zu V 3 Grad, AF zu V 9 Grad, KBL zu TL 87 Grad, KBL/AF 81 Grad, AF/AT 170–175 Grad, KBL/AT 93 Grad. b) TL sagittal Neigungswinkel des Tibiakopfplateaus, TKP zur Horizontalen 4 Grad nach dorsal (aus: *F. Endler, K. Fochem:* Special Orthopaedic Roentgen. Diagnosis. Thieme, Stuttgart [in Druck])

schen Achsen des Beines (Abb. **231**) (Lanz u. Wachsmuth 1938, Mikulicz 1897).

Die Kniebasislinie ist die Tangente zur kaudalen Begrenzung der Femurkondylen. Sie liegt normalerweise horizontal und bildet beim aufrechten Stand auf beiden Beinen im Röntgenbild einen Außenwinkel von 87 Grad mit der mechanischen Beinachse.

Die anatomische Achse des Femurs ist im Gegensatz zur Traglinie abhängig von der Länge und Winkelgröße des Schenkelhalses, wobei sie in physiologischen Grenzen zwischen 5 und 7 Grad zur Vertikalen geneigt ist (Fick 1911, Mikulicz 1897).

Die anatomische Achse der Tibia verläuft von der Mitte der Tibiakondylen zur Mitte des oberen Sprunggelenkes. Sie fällt mit der mechanischen Beinachse zusammen und bildet mit der Kniebasislinie einen Außenwinkel von 93 Grad. Die anatomische Achse des Femurs bildet zur Tibiaachse einen Winkel von durchschnittlich 174 Grad und schließt gleichzeitig mit der Kniebasislinie einen Außenwinkel von 81 Grad ein. Die Bimalleolarlinie ist infolge der physiologischen Unterschenkeltorsion, die entgegengesetzt zur Antetorsion des Schenkelhalses verläuft, gegen die Tibiakondylenachse um durchschnittlich 23 Grad nach außen gedreht. Diese Winkelgröße kann auch unter normalen anatomischen Verhältnissen stark schwanken.

Die Gelenk- oder Rotationsachse des oberen Sprunggelenkes ist gegenüber der Malleolenachse um 8 Grad nach innen gedreht.

Die horizontale Bewegungsachse des Kniegelenkes läuft durch die Femurkondylen. Sie stellt infolge des variablen Krümmungsradius der Femurkondylen eine Pendelachse dar, deren jeweilige Lokalisation dem momentanen Drehzentrum bei der Kniebeugung oder -streckung entspricht.

Der Rotationswinkel des Fußes nach außen schwankt zwischen 12 und 15 Grad. Beim Stand mit gestreckten Kniegelenken und Frontaleinstellung der Femurkondylenlinie umschließen die Füße gemeinsam einen nach ventral offenen Winkel von 30–40 Grad. Bei diesen Werten ist die Schlußrotation der Unterschenkel nach außen in der Endstreckung der Kniegelenke von je ca. 5 Grad mit einbezogen (Abb. **232**).

Die anatomische Bewegungsachse des unteren Sprunggelenkes ist als Resultierende aus den Teilbewegungen der vorderen, mittleren und hinteren Sprunggelenkkammer aufzufassen. Sie verläuft schräg von hinten außen nach vorn medial, zieht medial durch den Talushals, kreuzt den Sinus tarsi und tritt nach lateral hinten im Bereich des lateralen Tuber calcanei wieder aus. Bewegungsmäßig verursacht die Achse die sog. Maulschellenbewegung des Fußes in Pro- und Supination (Elftmann 1939a u. b).

Die Plantarflexion ist zwangsläufig mit einer leichten Adduktion und die Dorsalflexion mit einer leichten Pronation und Abduktion des Vorfußes kombiniert.

Die Maximalsupination beträgt lediglich 5–10 Grad, wodurch die Kompensation bei Achsenfehlern des Beines durch Änderung der Fußstellung begrenzt ist (Valgusdeformitäten). Zur Messung der Fußstellung bedient man sich der Gelenkflächenachse, die horizontal zur vertikalen Talusachse sowie zur Schaftachse der Tibia steht (Abb. **233**).

In der seitlichen Röntgenprojektion des Fußskelettes wird der Kalkaneuswinkel nach Böhler (1977) gemessen. Er beträgt von den Tangenten der oberen ventralen und dorsalen Kalkaneusbegrenzung und der Talusachse normalerweise 30–35 Grad. In a.-p. Projektion mißt man auch den Talokalkanearwinkel, der beträchtlichen altersbedingten Schwankungen unterworfen ist. Er beträgt nach Lusted u. Keats (1967) bei Kindern bis zum Alter von 5 Jahren 30–50 Grad und variiert bei älteren Kindern von 15–30 Grad.

Die Längsachse des Talus verläuft zwischen Sprungbeinmittelpunkt und dem Metatarsalköpfchen I und ist normalerweise annähernd parallel mit der Schaftachse des Metatarsale I eingestellt. Die Längsachse des Kalkaneus fällt mit der Schaftachse des Metatarsale IV zusammen.

In der Seitenprojektion des Röntgenbildes fällt die Mittelachse des Talus beim Normalfuß von Kindern über 5 Jahren mit der Schaftachse des Metatarsale I zusammen. Die Mittelachse des Kalkaneus und des Talus schließt einen nach dorsal offenen spitzen Winkel ein, dessen Größe im Normalbereich zwischen 25 und 50 Grad schwankt.

Mechanische Beanspruchung der unteren Extremität

Die untere Extremität muß in ihrer Tragefunktion und als Lokomotionsorgan einer sehr variablen statischen und dynamischen Belastung durch das Körpergewicht, den Gegenkräften der Muskulatur und des Bandapparates sowie den daraus resultierenden dynamischen Kräften Widerstand leisten. Der Übertragungsmechanismus der auf den passiven Stützpunkt einwirkenden äußeren Kräfte erfolgt in erster Linie über Gelenkhebel durch exzentrisch wirkende Einzelkomponenten (Pauwels 1950).

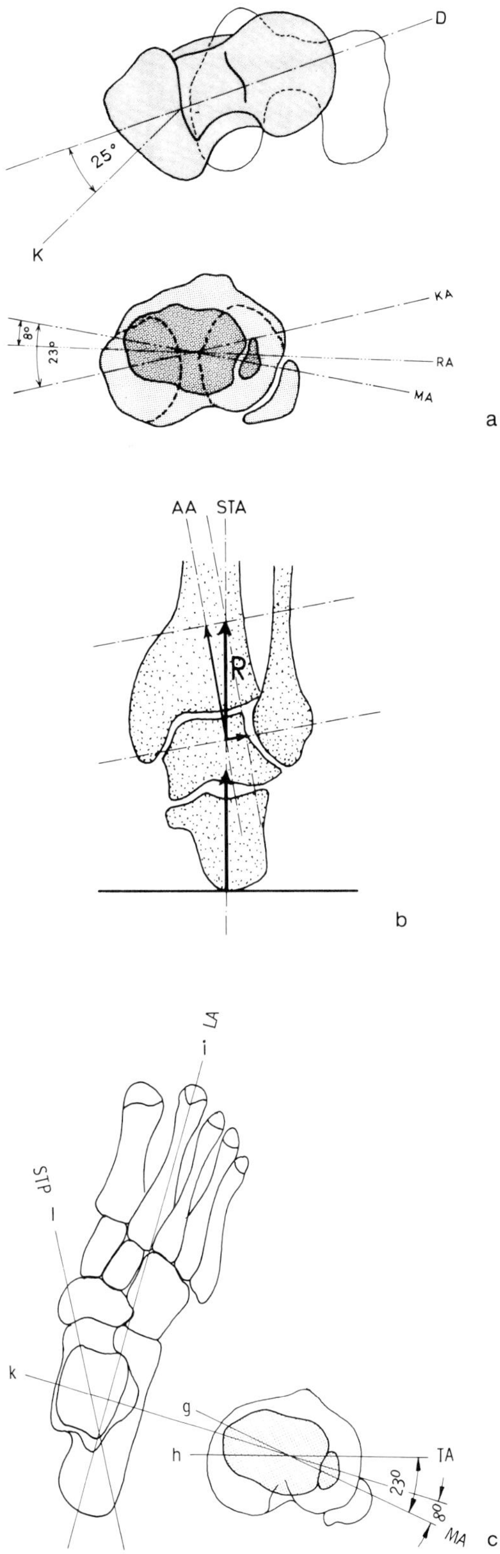

Abb. **232** a–c) Winkelverhältnisse der Gelenkachsen der UE zueinander. a) Schenkelhalsachse, b) Altersentwicklung des CCD-Winkels, c) Altersentwicklung der Antetorsion (aus: *F. Endler, K. Fochem:* Special Orthopaedic Roentgen. Diagnosis. Thieme, Stuttgart [in Druck])

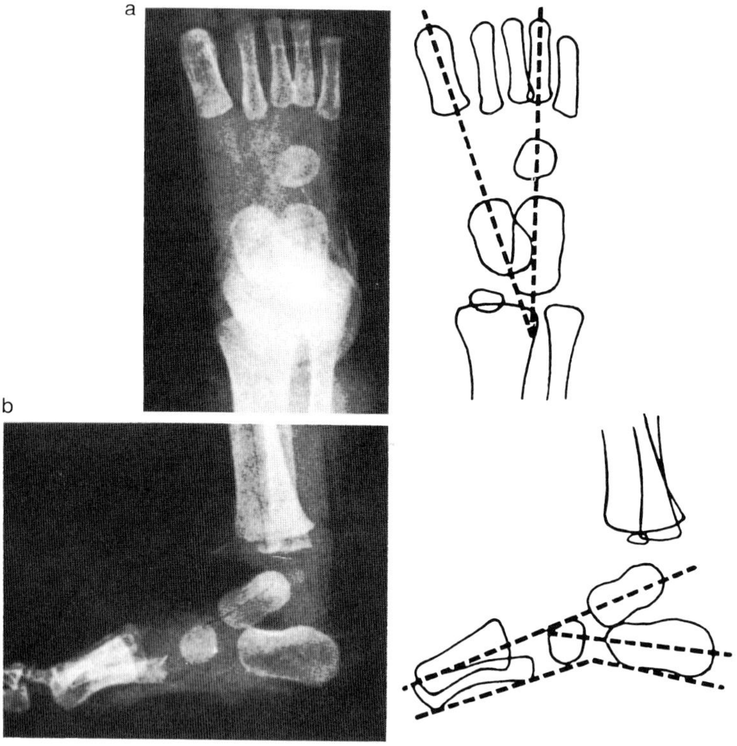

Abb. **233** a u. b a) Normalfuß in der a.-p.-Projektion: 1. Der Talokalkanealwinkel schwankt mit dem Alter zwischen 30 und 50 Grad beim Säugling und beim Kleinkind. Im Alter über 5 Jahren beträgt er 15–30 Grad bei Belastung. 2. Die Taluslängsachse schneidet das Köpfchen des Metatarsale I. 3. Die Kalkaneuslängsachse zieht zum Köpfchen des Metatarsale IV. 4. Beide Achsen verlaufen parallel zum Metatarsale I, resp. IV. 5. Die Metatarsalachsen verlaufen fast parallel. b) Lateralprojektion: 1. Die Taluslängsachse fällt mit der Schaftachse des I. Metatarsale zusammen. 2. Die Längsachse von Kalkaneus und Talus bilden einen spitzen Winkel von 25–50 Grad bei Belastung (nach *Davis* u. *Hutt* aus: *F. Endler, K. Fochem:* Special Orthopaedic Roentgen. Diagnosis. Thieme, Stuttgart [in Druck])

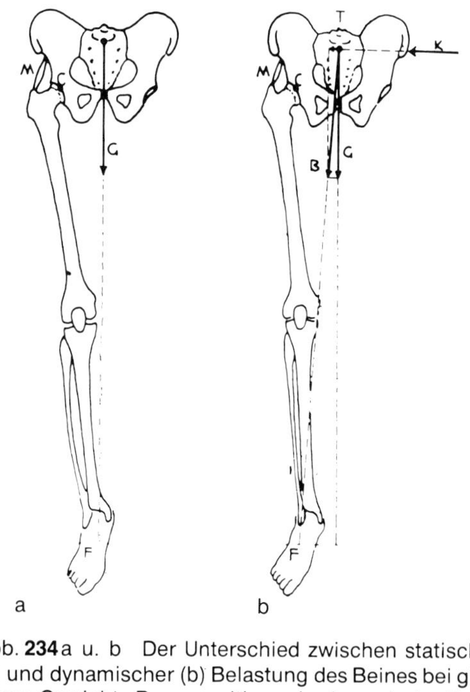

Abb. **234** a u. b Der Unterschied zwischen statischer (a) und dynamischer (b) Belastung des Beines bei gleichem Gewicht: B = resultierende dynamische Belastung aus G und B, C = Zentrum des Hüftkopfes, F = Stützfläche des Fußes, G = zu tragendes Körpergewicht, K = Querkraft, die dem Körper eine Horizontalbeschleunigung erteilt, M = Abduktoren, die das Hüftgelenk feststellen, T = horizontale Trägheitskraft (aus: *B. Kummer:* Z. Anat. Entwickl.-Gesch. 127 [1968] 279)

Die Zwischenschaltung von Gelenken ist für die Art und die Größe der mechanischen Beanspruchung der Extremität von entscheidender Bedeutung. Entsprechend diesem Konstruktionsprinzip kann der Knochen nur durch zwei Kraftkomponenten, nämlich das Körpergewicht und die Gegenkraft der Muskulatur, die sich am Gelenk das Gleichgewicht halten, belastet werden (s. Abschnitt „Statik und Festigkeit" S. 2.21) (Kummer 1967a, Pauwels 1973b).
Im Rahmen dieses Belastungsprinzipes hat die Muskulatur nicht nur als Lokomotionsorgan, sondern auch als Zuggurtung die Aufgabe, dem exzentrischen Körpergewicht das Gleichgewicht zu halten, um die aus der Belastung resultierende Biegebeanspruchung der Röhrenknochen möglichst zu reduzieren (Pauwels 1948).
Statisch gesehen wird das Bein in der Frontalebene in der Standbeinphase, entsprechend dem Verlauf der Wirkungslinie des Körpergewichtes, exzentrisch belastet. Das Becken trachtet nach medial abzukippen. Dieses wird durch die lateral vom Gelenk wirksame Gegenkraft der Abduktoren (Mm. gluteus medius und tensor fasciae latae) verhindert, die als Gegenkraft und Zuggurtung dem Körpergewicht das Gleichgewicht halten. Hierbei ist wichtig, daß die Tensormuskulatur über den Tractus tibialis über zwei Gelenke bis zum Fibulaköpfchen verläuft und damit auch auf das Kniegelenk als laterale Gegenkraft stabilisierend wirksam ist (Abb. **234**).

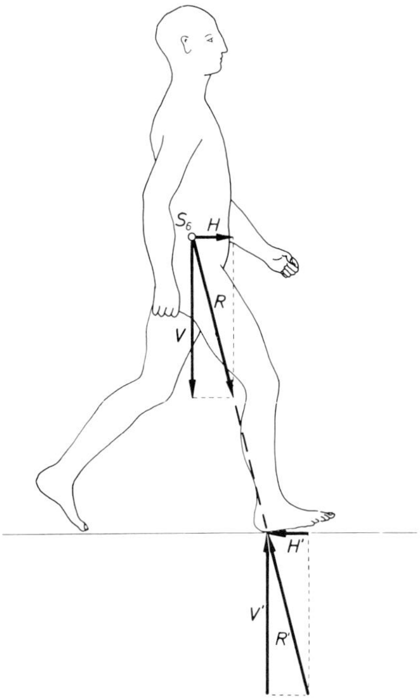

Abb. **235** Beanspruchung des Beines beim Gehen in der Sagittalebene: S_6 = Schwerpunkt des Körpergewichtes, H = Komponente der wirksamen Horizontalkräfte (Massenträgheitskräfte), V = vertikale Kraftkomponente aus Körpergewicht und wirksamen Massenträgheitskräften, R = Resultierende aus H und V, die durch das Körpergewicht wirksam sind, R' = Resultierende der Auflagekräfte am Boden aus H' und V' (Auflagereaktion) (aus: *P. Maquet:* Biomechanics of the Knee Joint. Springer, Berlin 1977, S. 23)

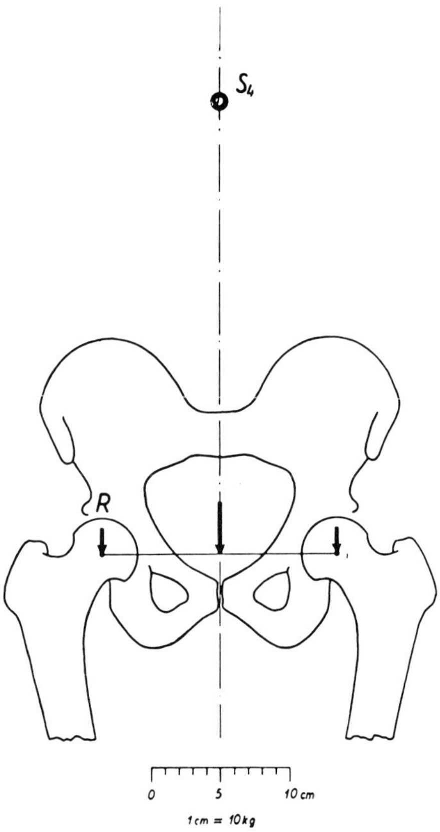

Abb. **236** Richtung und Größe der Druckbeanspruchung der Hüfte (R) bei symmetrischem Stand auf beiden Beinen (aus: *F. Pauwels:* Ges. Abhdlg. z. funkt. Anatomie d. Bew.-App., Springer, Berlin 1965, S. 98)

In der Standbeinphase während des Gehens besteht ein labiles dynamisches Gleichgewicht zwischen Muskelkraft und Körperschwere. Die Wirkungslinie des Körpergewichtes vom Schwerpunkt S_6 verläuft durch die Unterstützungsfläche des Fußes. Sie pendelt, wie schon erwähnt, beim Gehen gegen das Ende der Standbeinphase in Form einer Sinuskurve zur Gegenseite des Schwungbeines und entfernt sich nochmals von der mechanischen Beinachse (KUMMER 1968). Dadurch entsteht ein beträchtlicher Unterschied zwischen der statischen Belastung im Stand und der dynamischen Belastung während des Geh-Aktes.
In der Sagittalebene verläuft das Schwerelot des Körpergewichtes beim Stand auf einem Bein ebenfalls exzentrisch und ventral von der Beinachse. Dementsprechend wird das Becken einem Drehmoment nach ventral ausgesetzt sein, welches durch die Gegenkraft der Ischiokruralmuskulatur ausgeschaltet wird.
Die auf die Hüfte, auf die Frontal- und Sagittalebene, einwirkenden Teilresultierenden R_1 und R_2 verlaufen durch den Gelenkmittelpunkt, so daß im Gleichgewichtszustand die Summe aller Drehmomente gleich Null ist (Abb. **235**).

Mechanische Beanspruchung der Hüfte

Die Belastung und Beanspruchung des Hüftgelenkes sowie des koxalen Femurendes in der Standbeinphase hat PAUWELS (1937, 1965f) nach statischen und teilweise auch dynamischen Gesichtspunkten experimentell, graphisch sowie mathematisch deduktiv, unter Mitverwendung der Messungen von BRAUNE u. FISCHER (1895), sehr anschaulich dargestellt. Die Arbeit bildet auch heute noch die Grundlage der fast unübersehbaren neuen Untersuchungen der speziellen Hüftmechanik unter Zuhilfenahme modernster technischer Mittel (AMTMANN u. KUMMER 1968, BRINCKMANN u. Mitarb. 1974, DEBRUNNER 1975, KUMMER 1968 u. 1969b, OBERLÄNDER 1973, PAUL 1965b, PAUWELS 1965e u. f u. 1973a, RABICHONG 1967, RUDDER 1979, RYDELL 1965 u. 1966, SORBIE u. ZALTER 1965).
Beim symmetrischen Stand auf beiden Beinen fällt das Lot aus dem Oberkörperschwerpunkt

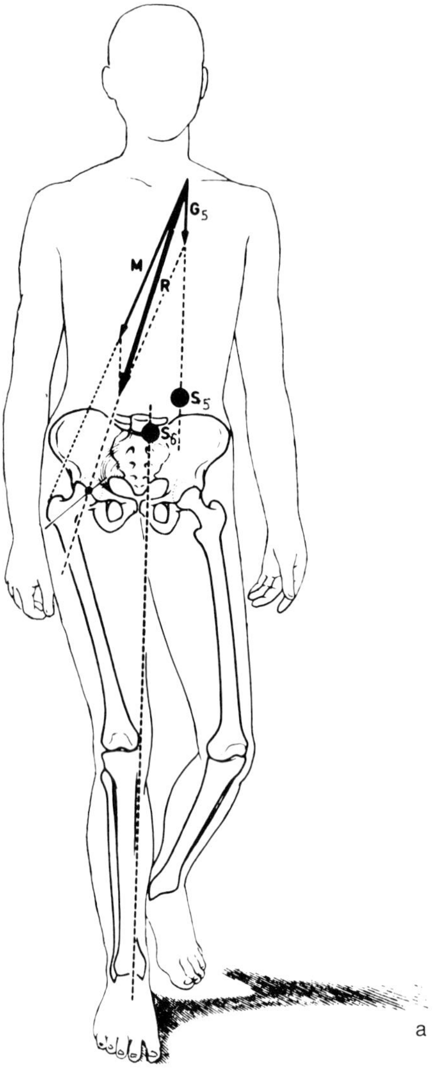

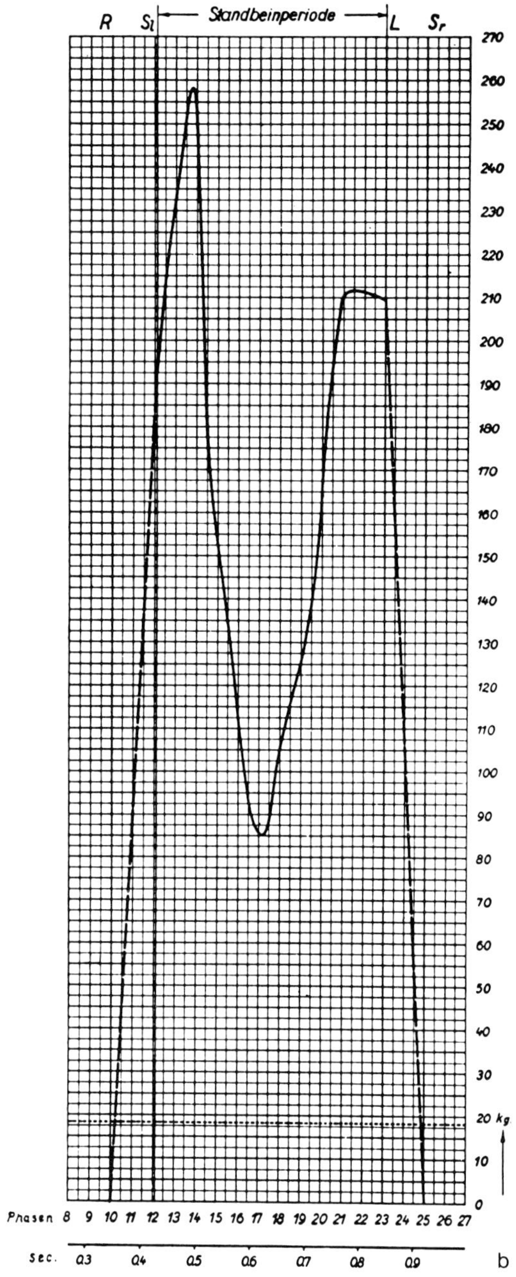

Abb. **237** a u. b a) Belastung des Hüftgelenkes durch die resultierende Kraft R in der Standbeinphase: G_5 = Körpergewicht abzüglich des Gewichtes des Standbeines, M = Muskelkraft der Hüftabduktoren, R = resultierende Kraft aus G_5 und M, S_5 = Schwerpunkt des Körpergewichtes G_5, S_6 = Schwerpunkt des Gesamtkörpergewichtes. b) Diagramm der Druckbeanspruchung des Oberschenkelkopfes in der Standbeinphase nach Fischer (Versuchsperson 57,8 kg): ST – L = Schwungbeinphase des linken Beines; bei L wird der linke Fuß auf den Boden gesetzt (a aus: *B. Kummer*: Acta orthop. belg. 44 [1978] S. 97. – b aus: *F. Pauwels*: Ges. Abhdlg. z. funkt. Anatomie d. Bew.-App. Springer, Berlin 1965)

(S_4) – Rumpf, Kopf und zwei Arme – nur geringfügig außerhalb der frontalen Gelenkachse, so daß ein sehr kleines Drehmoment der Körperschwere wirksam ist, dem die Muskelkraft das Gleichgewicht halten muß. Das Gewicht des Oberkörpers wird über das Becken, das mit einem einfachen Querbalken verglichen werden kann, der auf den Hüftgelenken ruht, symmetrisch übertragen. Diesem Belastungsmechanismus entspricht ein statischer Gelenkdruck, der auf jeden Schenkelkopf einwirkt, von etwa der Hälfte des Körpergewichtes (Abb. **236**).

Beim aufrechten Gang in der Standbeinphase erfährt die Hüfte eine außerordentlich hohe funktionelle Druckbeanspruchung in Form eines Doppelstoßes (PAUWELS 1965e). Ihre Spitzenwerte betragen, unter Berücksichtigung der statischen und dynamischen Kräfte, rund das 4½fache des Körpergewichtes (Abb. **237**). Zum besseren Verständnis der Gelenkbelastung und -beanspru-

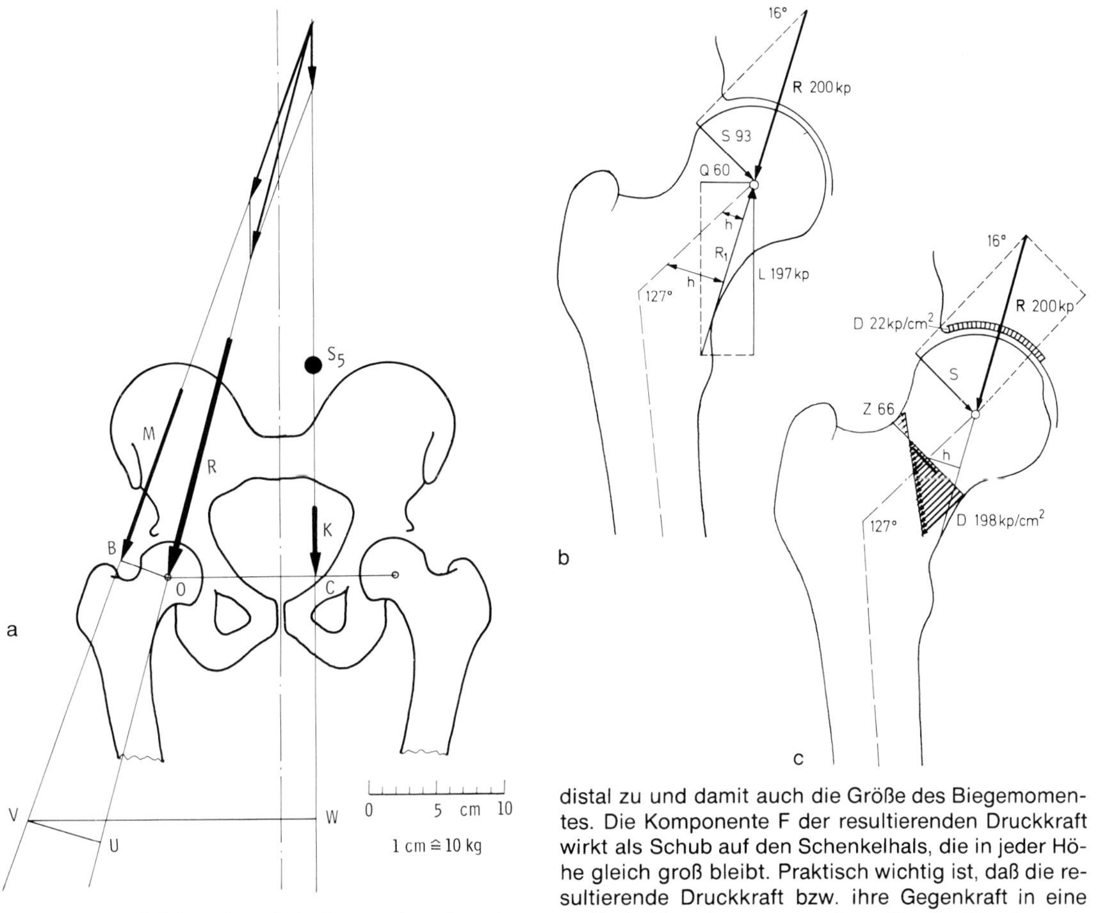

Abb. **238** a–c Größe der Belastung des koxalen Femurendes und des Hüftkopfes (a u. b) und die Größe der Beanspruchung (Spannungen im Bereiche des koxalen Femurendes in der Frontalebene). Den zahlenmäßigen Angaben liegen Maße und Gewichte der Versuchsperson von *Fischer* (1900) zugrunde. Gesamtkörpergewicht 58,7 kp, Gewicht des Körperabschnittes, der auf den Standbeinen ruht (K), 47,76 kp. CCD-Winkel 127 Grad. Dementsprechend wirkt auf den Schenkelkopf des Standbeines eine statische Druckkraft von 175 kp. Sie wird nach Pauwelschen Berechnungen durch die Vertikalkomponente der dynamischen Kräfte bis auf 200 kp erhöht. a) Übersichtsschema der physiologischen Belastung des koxalen Femurendes in der Standbeinphase. S_5 = Körperschwerpunkt beim Stand auf einem Bein (Rumpf, obere Extremitäten und Schwungbein mit Ausnahme des Standbeines). Das entsprechende Körperabschnittsgewicht ist K. Die resultierende Druckkraft R verbindet das Zentrum des Hüftkopfes O mit dem Schnittpunkt der Wirkungslinie der Muskelkraft M und dem Körperabschnittgewicht K. Der Hebelarm des Körperteilgewichtes O C ist ca. dreimal so lang wie der Hebelarm der Muskelkraft O B. Die resultierende Druckkraft R beträgt die geometrische Summe aus beiden Kräften M und K. b) Die Größen der Belastungskomponenten des Hüftkopfes und Gelenkes. Sie verläuft als reine Druckkraft durch das Drehzentrum des Schenkelkopfes und steht senkrecht zur Peripherie. Durch ihre divergente Verlaufsrichtung zur Schenkelhalsachse wirkt sie auf den Schenkelhals selbst biegend. Die Winkel zwischen Schenkelhalsachse und Resultierender R nimmt nach distal zu und damit auch die Größe des Biegemomentes. Die Komponente F der resultierenden Druckkraft wirkt als Schub auf den Schenkelhals, die in jeder Höhe gleich groß bleibt. Praktisch wichtig ist, daß die resultierende Druckkraft bzw. ihre Gegenkraft in eine vertikale Längskomponente L und in eine Querkomponente QU zerlegt wird. c) Die Größe der Beanspruchung der Hüfte. Sie ist abhängig von der Größe der tragenden Anteile der Gelenkfläche sowie von der Größe und Wirkungsrichtung der resultierenden Kraft R. Die Größe der Druckspannungen im Gelenk ist nicht von der Ausdehnung der gewölbten Fläche, sondern von ihrer Projektion in eine Ebene, die senkrecht zur resultierenden Druckkraft R steht, abhängig. Die Ausdehnung der Tragfläche beträgt bei einem Kopfdurchmesser von ca. 5 cm nach *Kummer* u. Mitarb. (1969) bei einem CCD-Winkel von 127 Grad ca. 9 cm^2. Aus diesen Zahlengrößen ergibt sich eine näherungsweise physiologische Höhe des Gelenkdruckes von etwa 22 kp pro cm^2. Der Schenkelhals hingegen wird auf Biegung beansprucht, da die Richtung der resultierenden Druckkraft nicht mit der Schenkelhals-Längsachse zusammenfällt. Die Größe der Biegespannungen D ist abhängig von der Hebelarmlänge H zwischen der Schwerachse des Schenkelhalses und der resultierenden Druckkraft R. Dementsprechend treten in der medialen Hälfte des Schenkelhalsquerschnittes Druckspannungen (D) und in der lateralen Zugspannungen (Z) auf, da die Resultierende in der gezeichneten Höhe h außerhalb der Kerngrenze verläuft. Bei der Berechnung der Druckspannungsgrößen wurde ein Schenkelhalsquerschnitt von ca. 3 cm^2 angenommen. Das koxale Femurende wird darüber hinaus auf Schub (S) beansprucht, der in Höhe der Zeichnung mit näherungsweise Spannungsgrößen von 31 kp pro cm^2 hervorruft (aus: *F. Pauwels:* Atlas zur Biomechanik der gesunden und kranken Hüfte. Springer, Berlin 1973, S. 8, 9 u. 17)

chung der Hüfte und des koxalen Femurendes beim Gehen in der Frontalebene eignen sich am besten die statischen Diagramme von PAUWELS (1965e, 1973) aus der 16. Phase der Standbeinperiode (auch BRAUNE u. FISCHER 1895). Das Schwungbein steht parallel zum Standbein, und das Becken liegt annähernd frontal.
Die Körperschwere wirkt exzentrisch (Rumpf, zwei Arme und das Schwungbein) über ihren Massenschwerpunkt S_5, wobei durch die Gegenkraft der Hüftabduktoren dem Becken das Gleichgewicht gehalten wird. Das normale Längenverhältnis vom Hebelarm der Körperlast zum Hebelarm der Muskelkraft verhält sich in der Standbeinperiode ca. wie 1 : 3. Demnach müssen die Hüftabduktoren die dreifache Spannung, die der Größe des Körpergewichtes entspricht, aufnehmen, um dem Drehmoment der Körperschwere das Gleichgewicht zu halten. Ansonsten würde das Becken zur Schwungbeinphase hin abkippen, wie dies beispielsweise beim muskulären Insuffizienzhinken (positiver „Trendelenburg") der Fall ist (Abb. **238**).

Die Resultierende der auf das normale Hüftgelenk in verschiedenen Ebenen einwirkenden Druckkräfte verläuft frontal im Ablauf einer Schrittphase zwischen 8 und 32 Grad zur Vertikalen und sagittal näherungsweise 20 Grad von ventral kranial nach kaudal dorsal.
Die Wirkungsrichtung ergibt sich aus den Schnittpunkten der auf die Hüfte wirksamen Kräfte der Muskulatur und des Körpergewichtes sowie der Lage des Drehungsmittelpunktes des Hüftkopfes. Sie ist nicht nur von der Größe der jeweilig wirksamen Muskelmomente, sondern auch von verschiedenen morphologischen Merkmalen, wie der Länge des Schenkelhalswinkels, der Trochanterlänge, dem Kollum-Diaphysen-Winkel und der Stellung des Femurs gegenüber dem Becken, weitgehend abhängig. Die Größe des Gelenkdruckes und Beanspruchung des koxalen Femurendes hängt nicht nur von der Höhe der Belastung (äußere Kräfte), sondern von der Ausdehnung der Tragfläche, auf welche die Last übertragen wird, ab. Besteht z. B. eine Formabweichung des koxalen Femurendes im Sinne einer Coxa valga

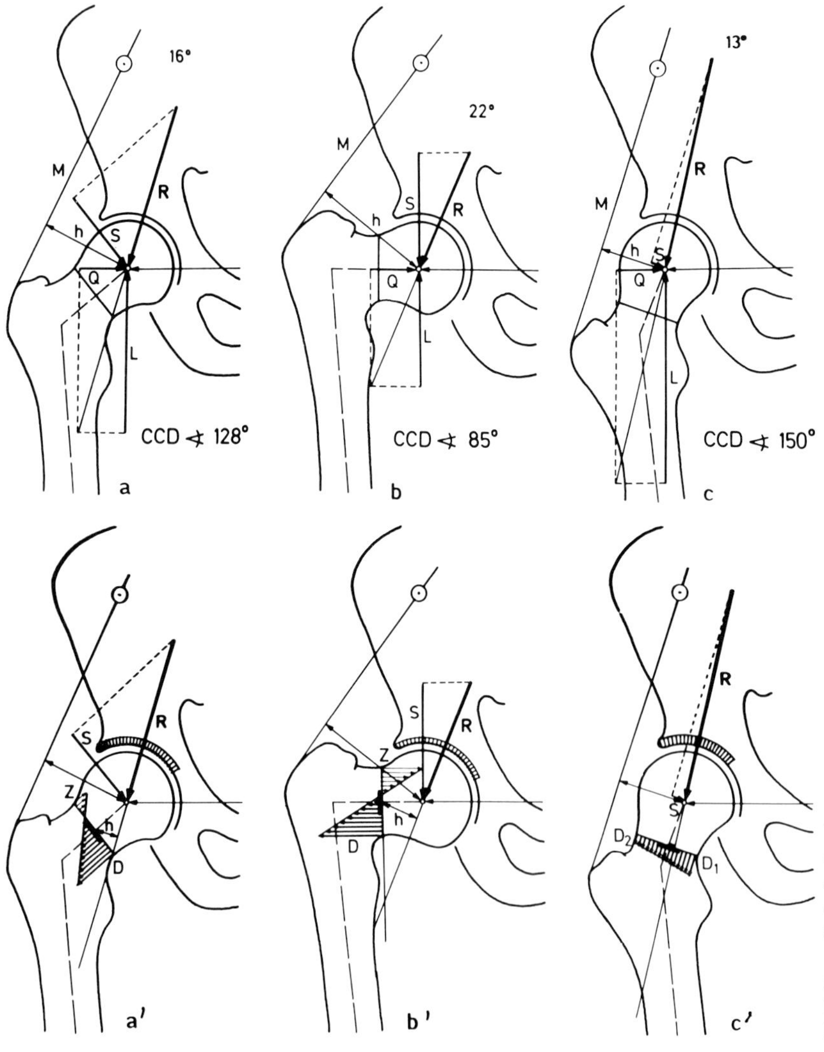

Abb. **239** a–c Infolge Änderung des Kollodiaphysenwinkels verschiebt sich nicht nur das Längenverhältnis von Lastarm und Kraftarm, sondern es ändern sich auch die Größe und die Richtung der resultierenden Kraft R sowie die Ausdehnung der tragenden Anteile der Gelenkfläche: a–c) Belastung, a'–c') Beanspruchung (aus: *F. Pauwels:* Atlas zur Biomechanik der gesunden und kranken Hüfte. Springer, Berlin 1973, S. 26 u. 28)

oder Coxa vara, so muß sie zwangsläufig auch das Längenverhältnis des Lastarmes der Körperschwere zum Kraftarm der Muskulatur verändern und damit auch die Größe der wirksamen Kraftmomente (Abb. **239**).

Bei ausgeprägter Coxa valga verkürzt sich der Hebelarm der Muskelkräfte, bei gleichbleibender Länge des Lastarmes. Außerdem rückt die Resultierende R gegen das Pfanneneck, so daß der Gelenkdruck durch eine zusätzliche Verkleinerung der Tragfläche noch mehr vergrößert wird.

Im Gegensatz hierzu wird bei der Coxa vara der Hebelarm der Muskelkraft länger, wodurch bei gleichbleibendem Lastarm die Gesamtbelastung der Hüfte absinkt. Die Größe des Gelenkdruckes wird durch Medialisierung der resultierenden Druckkraft und der damit verbundenen Vergrößerung der Tragfläche verkleinert.

Nach dem Konzept von Pauwels (1965e, 1973) ist die Größe des Gelenkdruckes von folgenden Grundfaktoren abhängig:

1. von der Größe und Richtung der auf das Gelenk wirkenden statischen und dynamischen

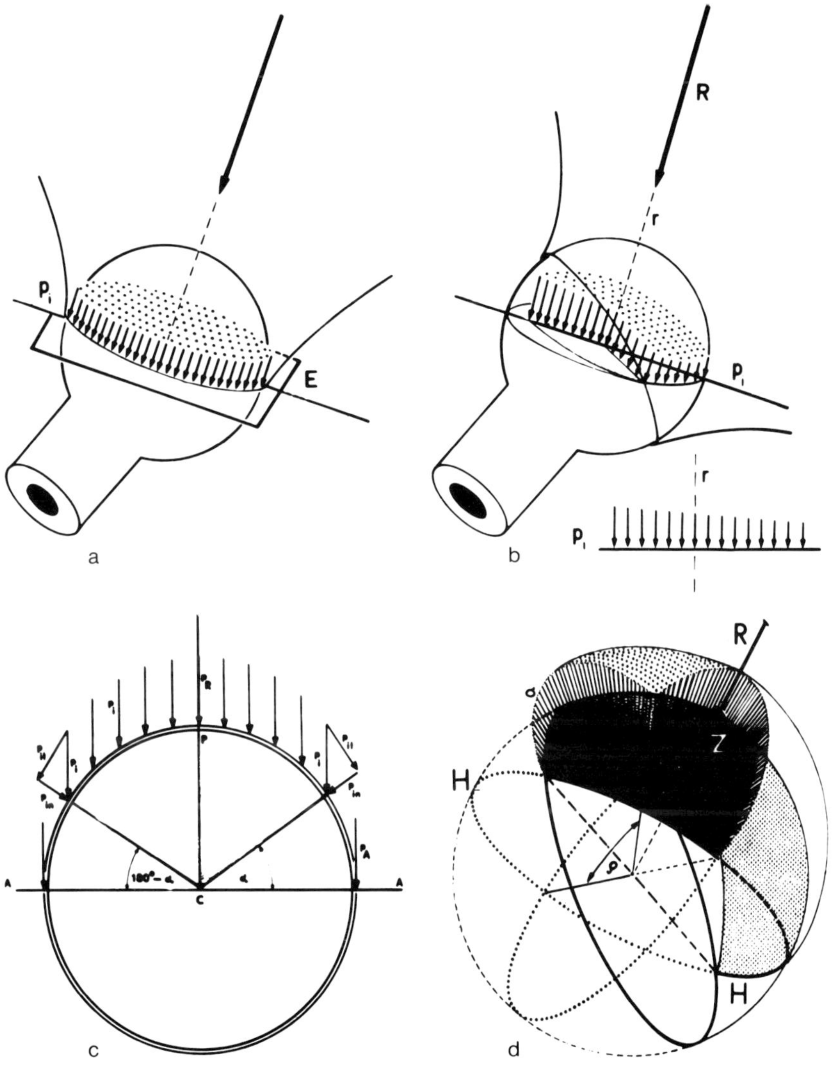

Abb. **240**a–d Verteilungsschema der Druckspannungen bei einem mittig und ausmittig belasteten Modell eines Kugelgelenkes: a) Bei mittiger Belastung besteht eine gleichmäßige Größenverteilung der Spannungskomponenten p_i. b) Bei ausmittiger Belastung hingegen ist eine ungleichmäßige Spannungsverteilung von p_i im Querschnitt vorhanden. c) An der Oberfläche der Artikulationskörper werden die Teilkräfte p_i in eine tangentiale Kraftkomponente (p_{it}) und eine senkrecht zur Oberfläche wirkende Normalspannungskomponente (p_{in}) zerlegt. Nur die letztgenannte wirkt als Druckkomponente zur Kugeloberfläche. d) Die Tragflächenbegrenzung bei ausmittiger Belastung entspricht einem Kugelzweieck. Sie erstreckt sich vom äußeren oberen Pfannenrand bis zum Äquator (H). In diesem Bereich werden die jeweiligen Verteilungen der Spannungsgrößen an den Gelenkflächen übertragen. Die Tragflächengröße ist von der Lage der Resultierenden R zum Äquator abhängig (aus: *B. Kummer:* Acta orthop. belg. 44 [1978] 100)

Druckkräfte durch das Körpergewicht und die Muskulatur,
2. von der jeweiligen Ausdehnung der tragenden Anteile der Gelenkfläche.

In Fortsetzung der Arbeiten von PAUWELS (1937) haben KUMMER (1968) sowie AMTMANN u. KUMMER (1968) die Projektionen der auf die Hüfte in der Frontalebene wirksamen Kräfte nochmals genau analysiert und unter Variation der verschiedensten morphologischen Merkmale und Kraftmomente die daraus resultierenden Größen und Richtungen der Hüftgelenkresultierenden mit Hilfe von Elektronenrechnern bestimmt. Letzten Endes wurden die variablen Faktoren verschiedener Änderungen der Beckenstellung, des Kollum-Diaphysen-Winkels und der Schenkelhalslänge sowie der Trochanterhöhe in ihrem Einfluß auf die Belastung des Hüftgelenkes jeweils quantitativ festgelegt. Die mittels automatischer Zeichner registrierten Werte wurden in Nomogrammen festgehalten, aus denen man jederzeit die mechanischen Belastungsauswirkungen der verschiedenen registrierten Einzelfaktoren mittels modellmäßiger Computerprogramme errechnen kann.

In weiteren Arbeiten (AMTMANN u. KUMMER 1968, KUMMER 1968, OBERLÄNDER 1973) werden eine genaue Analyse der Spannungsverteilungen im belasteten Hüftgelenk während des Gehens untersucht und die Größenanteile der tragenden Gelenkfläche quantitativ bestimmt.

Die Tragfläche wird durch zwei Kreise auf der Kugeloberfläche begrenzt, die ein Kugelzweieck umschließen. Ihre Ausdehnung wird durch den auf den Durchstoßpunkt der Resultierenden bezogenen Kugeläquator und durch den Großkreis des Pfannenrandes signifikant beeinflußt (Abb. **240**).

Weitere Folgerungen ergeben, daß die Größe der Tragfläche von der jeweiligen Lage der Resultierenden zum Pfannenrand abhängig ist und daß der Öffnungswinkel des belasteten Kugelzweieckes nicht kleiner als 90 Grad werden kann. Aus den experimentell ermittelten Tragflächengrößen und den mathematischen Deduktionen ergibt sich bei einem Kopfdurchmesser von 45 mm und einem CCD-Winkel von 130 Grad bei horizontaler Beckenachse mit einer Wirkungslinie der Resultierenden von ca. 39 Grad Neigung zum Pfannenrand eine Gesamttragflächengröße von 13–14 cm^2. Hierbei erfolgt die Oberflächenberechnung des Kugelzweieckes nach der Formel:

$$F = \frac{\beta}{90} \cdot \pi R^2.$$

Es ist hinzuzufügen, daß sich die erhaltenen Größen bei dynamischer Belastung entsprechend ändern, wobei die jeweils wirksamen dynamischen Kräfte aus der Last und den auftretenden Trägheitskräften mit Hilfe des Parallelogrammes vorher zu bestimmen sind.

Die Vorstellungen über den qualitativen und quantitativen Ablauf der mechanischen Beanspruchung des Hüftgelenkes sind nicht immer unwidersprochen geblieben, wenn es auch bisher trotz modernster technischer Meßverfahren nicht gelungen ist, entscheidende Meinungsänderungen zu beweisen. Die Direktmessungen des Gelenkdruckes von RYDELL (1965) in Zusammenarbeit mit HIRSCH (1967) über implantierte Meßendoprothesen ergaben anfangs starke Belastungsdifferenzen, wobei die statischen Kräfte nur das $2^1/_2$- bis 3fache der Größe des Körpergewichtes erreichten, indes die Größe des Gelenkdruckes in der Standbeinphase beim Gehen wesentlich niedriger mit 180 kp maximal angegeben wurde (Abb. **241**).

HIRSCH (1965) macht auf zahlreiche Möglichkeiten von Fehlergrenzen aufmerksam, zumal durch die Implantation der Endoprothese das normale Gangbild verändert wird und auch die Aktion der Muskelkräfte physiologisch nicht voll gewertet werden kann. Die komplexen Untersuchungen über den räumlichen Ablauf der Einzelgrößen der Hüftbeanspruchung in der Standbeinphase beim Gehen hat PAUL (1965 b) in Zusammenarbeit mit SORBIE u. ZALTER (1965) geleistet (BURCKHARDT 1977). Die sich ergebenden leichten Varianten in den Belastungsspitzen, die bis zum $6^1/_2$fachen des Körpergewichtes registriert wurden, bedürfen eingehender Diskussionen und Abklärung ihrer vollen Stichhaltigkeit.

Abb. **241** a–e Intravitale Messungen des Gelenkdrukkes in der Hüfte. ▶

a) Versuchsanordnung der Meßgeräte über eine Drahtverbindung zur Endoprothese.

b) Konstruktionszeichnungen der Meßprothese aus Titanium (Typus Moore). Der Prothesenhals enthält die Meßelemente. Einzementierte Verbindungsdrähte führen nach außen.

c) Schema der Meßebene am Kopf- und Halsquerschnitt. Bestimmt werden die Größe der Kraft P, die auf das Hüftgelenk einwirkt, und der Reibungskoeffizient.

d) Das Diagramm zeigt die Meßkurven der vertikalen Kräfte, die auf das Gelenk einwirken (gestrichelte Linie), und die Meßkurve der Bodendruckkräfte (ausgezogene Linie) bei langsamem Gehen (Doppelschritt).

e) Gegenüberstellung der Meßwerte im Hüftgelenk und am Boden bei langsamem und schnellem Gang. Die Spitzenwerte der Belastung betragen bei langsamem Gang 40–50 kp und erreichen beim schnellen Gang Spitzen im Hüftgelenk von 150–180 kp. Die Maximalkräfte in der Schwungbeinphase sind beim langsamen und schnellen Gang annähernd gleich und betragen über 90 kp. Die Horizontalkomponenten der Kraft werden vernachlässigt, da sie extrem klein sind; der Reibungskoeffizient unter Belastung schwankt zwischen 0,07 und 0,1. Die statische Reibung ist wahrscheinlich größer als die dynamische.

(aus: *C. Hirsch*: Forces in the hip joint. P. I. [a]; *N. Rydell:* Forces in the hip joint. P. II, Fig. 3, 4 [b–e]. In: *R. M. Kenedi:* Biomechanics and Related Bioengineering Topics. Pergamon, Oxford 1965, S. 341–358)

a

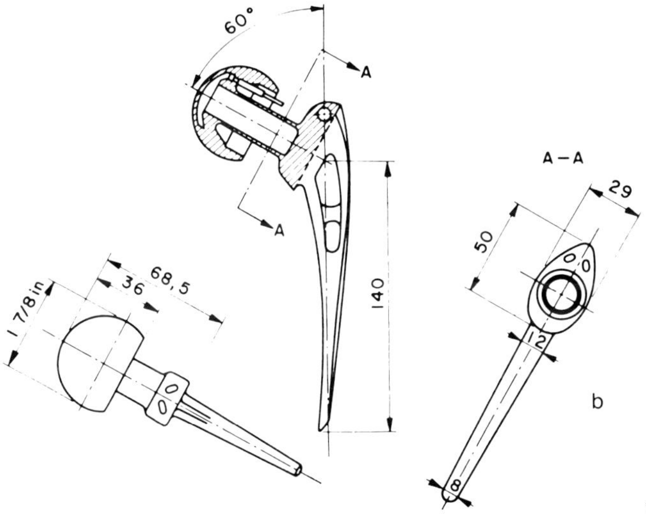
60°
A
A
A – A
29
50
68,5
36
1 7/8 in
140
12
8

b

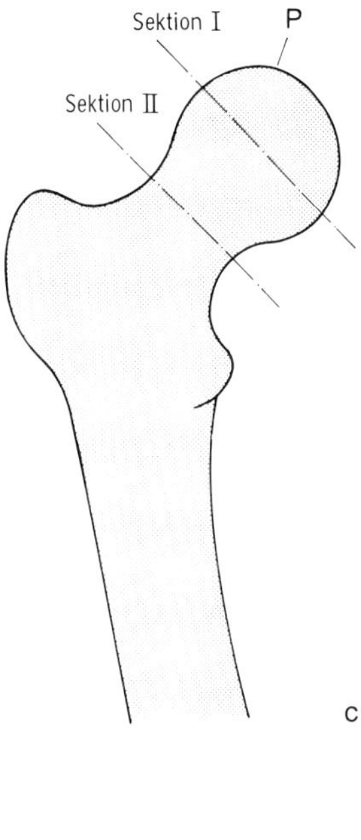
Sektion I
P
Sektion II

c

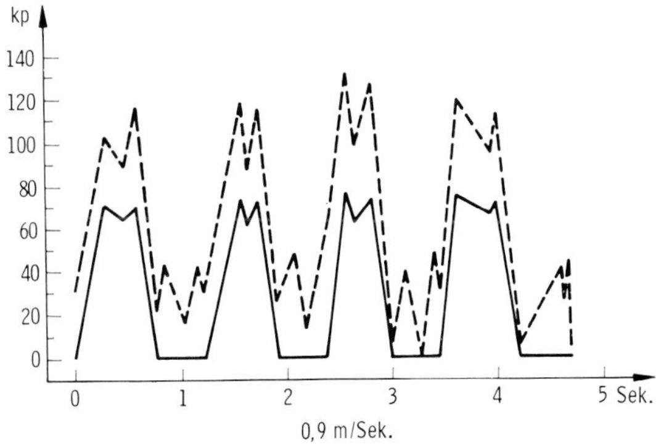
kp
140
120
100
80
60
40
20
0
0
1
2
3
4
5 Sek.
0,9 m/Sek.

d

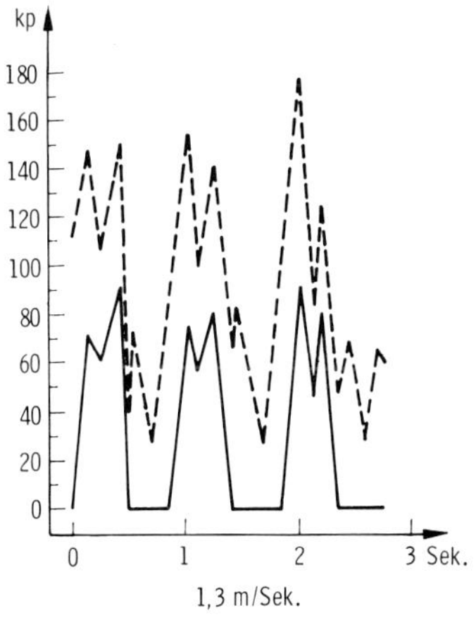
kp
180
160
140
120
100
80
60
40
20
0
0
1
2
3 Sek.
1,3 m/Sek.

e

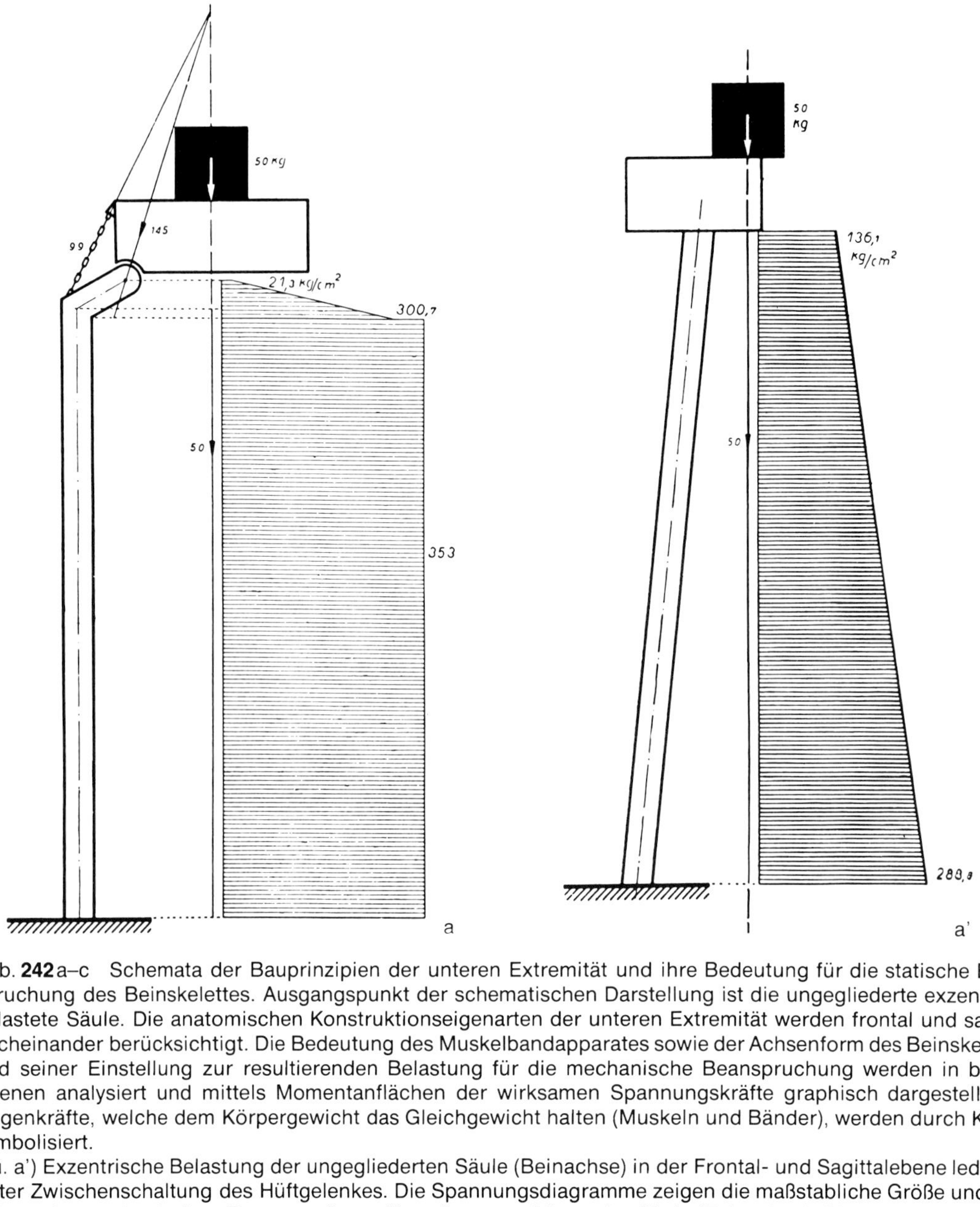

Abb. **242** a–c Schemata der Bauprinzipien der unteren Extremität und ihre Bedeutung für die statische Beanspruchung des Beinskelettes. Ausgangspunkt der schematischen Darstellung ist die ungegliederte exzentrisch belastete Säule. Die anatomischen Konstruktionseigenarten der unteren Extremität werden frontal und sagittal nacheinander berücksichtigt. Die Bedeutung des Muskelbandapparates sowie der Achsenform des Beinskelettes und seiner Einstellung zur resultierenden Belastung für die mechanische Beanspruchung werden in beiden Ebenen analysiert und mittels Momentanflächen der wirksamen Spannungskräfte graphisch dargestellt. Die Gegenkräfte, welche dem Körpergewicht das Gleichgewicht halten (Muskeln und Bänder), werden durch Ketten symbolisiert.
a u. a') Exzentrische Belastung der ungegliederten Säule (Beinachse) in der Frontal- und Sagittalebene lediglich unter Zwischenschaltung des Hüftgelenkes. Die Spannungsdiagramme zeigen die maßstabliche Größe und Verteilung der mechanischen Beanspruchung über die ganze Länge der Säule (Beinachse). Sie sind sehr hoch.

Mechanische Beanspruchung der Ober- und Unterschenkel

Die Belastung der Femurdiaphyse durch das Körpergewicht erfolgt ebenfalls in der Frontalebene exzentrisch, wobei in erster Linie die Kraft des Tractus iliotibialis entgegenwirkt. Fehlt seine Zuggurtungswirkung auf das Femur können hohe Spannungsspitzen aus der Biegung in der Femurdiaphyse auftreten und Ermüdungsfrakturen zur Folge haben, wie Oberländer (1975) (s. S. 2.107, Abb. **155** c, d) beschrieben hat. Die Tensormuskulatur mit dem Tractus iliotibialis wirkt nicht nur als Abduktor auf das Hüftgelenk, sondern sie ist auch, wie bereits erwähnt, für die Erhaltung des Kräftegleichgewichtes im Kniegelenk maßgeblich mitverantwortlich, da sie am Fibulaköpfchen inseriert und in die Fascia cruris ausstrahlt (vgl. Abb. **20**).
In der Sagittalebene ist die mechanische Beanspruchung des Beines während des Geh-Aktes besonders großen Änderungen in ihrer Größe und Richtung unterworfen. Das Femur erfährt bei allen Beinstellungen eine vermehrte Biegebeanspruchung seiner Diaphyse nach ventral. Ihre Größe wird durch die funktionelle Bauweise der

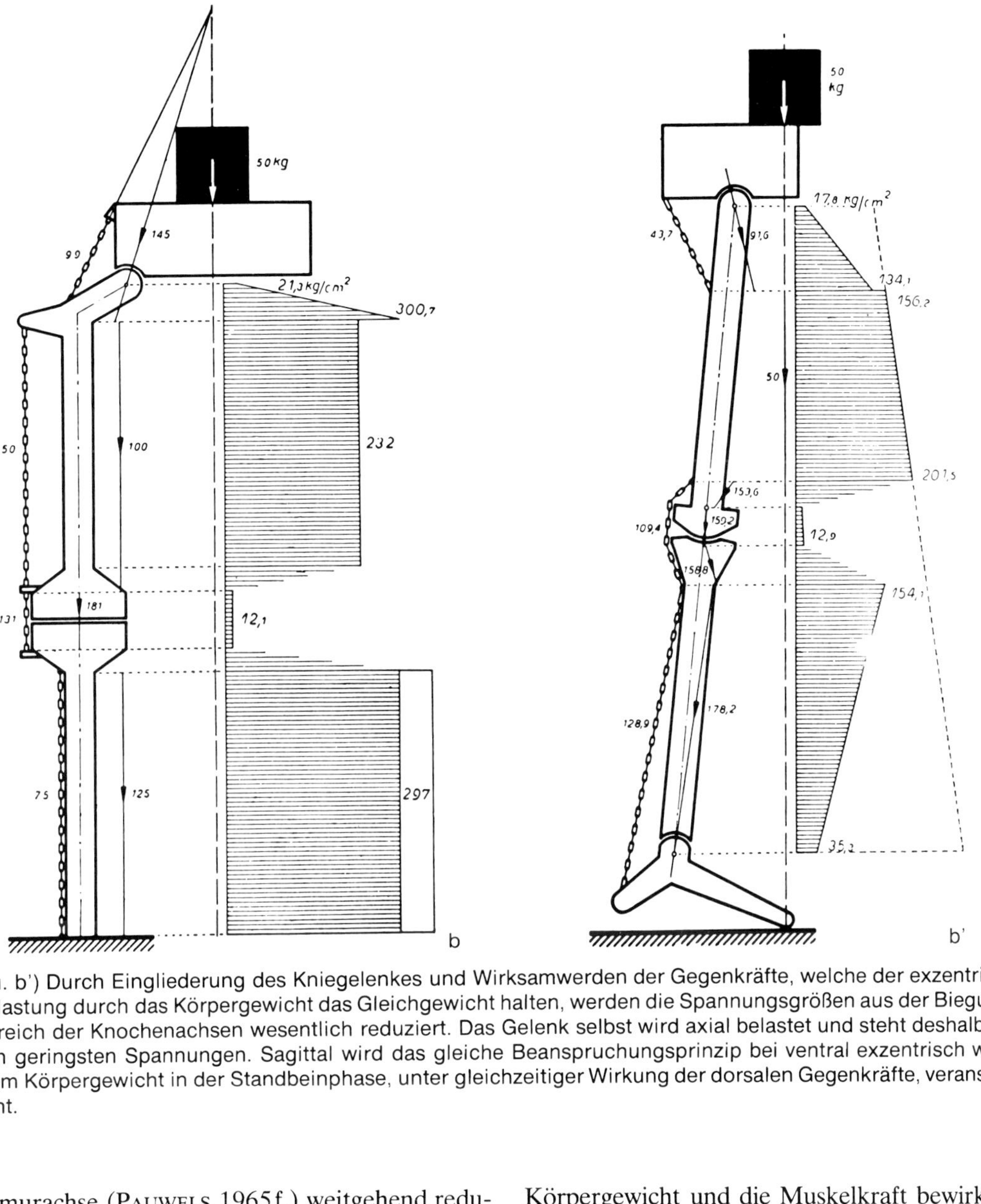

b u. b') Durch Eingliederung des Kniegelenkes und Wirksamwerden der Gegenkräfte, welche der exzentrischen Belastung durch das Körpergewicht das Gleichgewicht halten, werden die Spannungsgrößen aus der Biegung im Bereich der Knochenachsen wesentlich reduziert. Das Gelenk selbst wird axial belastet und steht deshalb unter den geringsten Spannungen. Sagittal wird das gleiche Beanspruchungsprinzip bei ventral exzentrisch wirksamem Körpergewicht in der Standbeinphase, unter gleichzeitiger Wirkung der dorsalen Gegenkräfte, veranschaulicht.

Femurachse (Pauwels 1965f.) weitgehend reduziert. Die physiologische, ventral konvexe Krümmung der Diaphyse führt zu einer Annäherung der Schaftachse an die resultierende Wirkungslinie der beanspruchenden Kräfte, womit auch die Biegespannung im Querschnitt verringert wird. Nach Kummer (1977) entfalten besonders bei nach vorn geneigtem Bein der Glutäus sowie die gesamte Ischiokruralmuskulatur eine kräftige Zuggurtungswirkung, indes bei Dorsalneigung des Beines und Beugung im Kniegelenk die Rektusmuskulatur und paraartikulär auch am Kniegelenk der Triceps surae wirksam werden (Abb. **242**).

In gleicher Weise ist die Tibia durch ihre funktionelle Gestalt den auf sie einwirkenden Kräften während des Geh-Aktes in bester Weise angepaßt. Die resultierende Beanspruchung durch Körpergewicht und die Muskelkraft bewirken in allen Beinstellungen während der Belastungsphase beim Gehen eine Ausbiegung der Tibia nach ventral (vgl. Abb. **29**).

Der M. triceps surae stabilisiert nicht nur das obere Sprunggelenk und wirkt der Spannung der gewölbehaltenden kurzen Fußmuskulatur entgegen, sondern er fungiert gleichzeitig auch als Zuggurtung für die Tibia. Der Kraftwirkung des Soleus ist es letzten Endes zuzuschreiben, daß sie bei jeder Beinstellung eine relativ kleine Biegebeanspruchung im Querschnitt erfährt.

Die Dreieckform des Knochenquerschnittes erlaubt außerdem, entsprechend der Materialverteilung, eine nahezu ideale Anpassung an die speziellen Spannungsgrößen, die sich aus ventraler Biegung mit überlagertem zentrischen Druck zusammensetzt. Die Druckspannungen an der

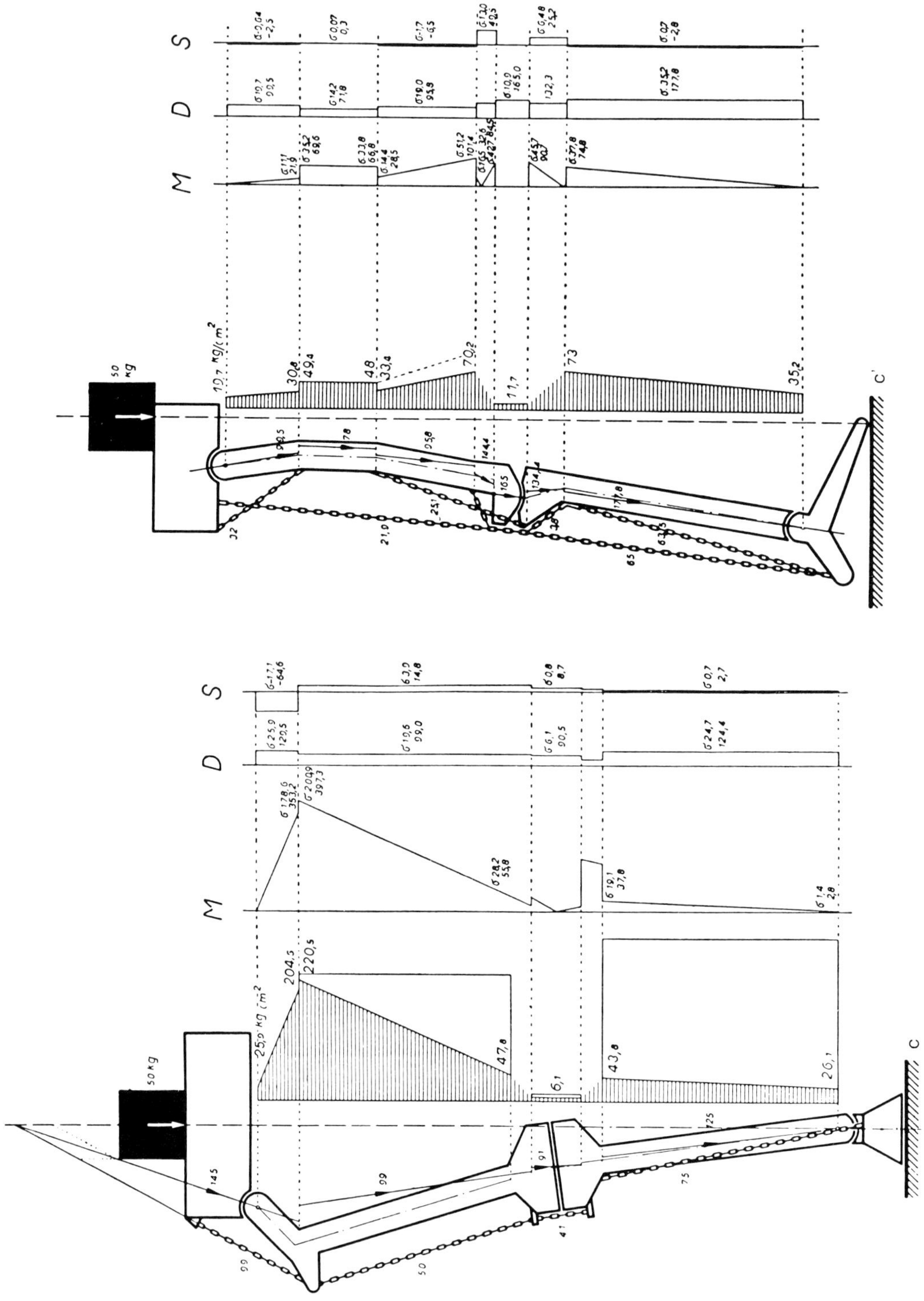

Abb. **242** c u. c') In der Frontalebene (c) wird die Größe der Spannungen zusätzlich durch Seitwärtsneigung der Beinachse zur resultierenden Belastung herabgesetzt, wodurch die Länge des Lastarmes von kranial nach kaudal kürzer wird, bis die Resultierende axial durch die Sprung- und Fußwurzelgelenke verläuft. Durch einen valgischen Achsenknick in Höhe des Kniegelenkes wird ebenfalls der Lastarm des Körpergewichtes zusätzlich verkürzt. In der Sagittalebene (c') werden die Spannungsspitzen aus der Biegebelastung nicht nur durch die Wirkung der Zuggurtung der Muskulatur und Bänder klein gehalten, sondern ihre Größe wird zusätzlich durch die Ventralkrümmung der Oberschenkelachse beträchtlich reduziert (Verkürzung des exzentrischen Lastarmes): M = maßstabliche Größe der Biegespannungen, D = Axialspannungen, S = Schubspannungen.
Das eingehende Studium der Originalarbeit ist zum tieferen Verständnis erforderlich.
(aus: *F. Pauwels:* Ges. Abhdlg. z. funkt. Anatomie d. Bew.-App. Springer, Berlin 1965, S. 250–263)

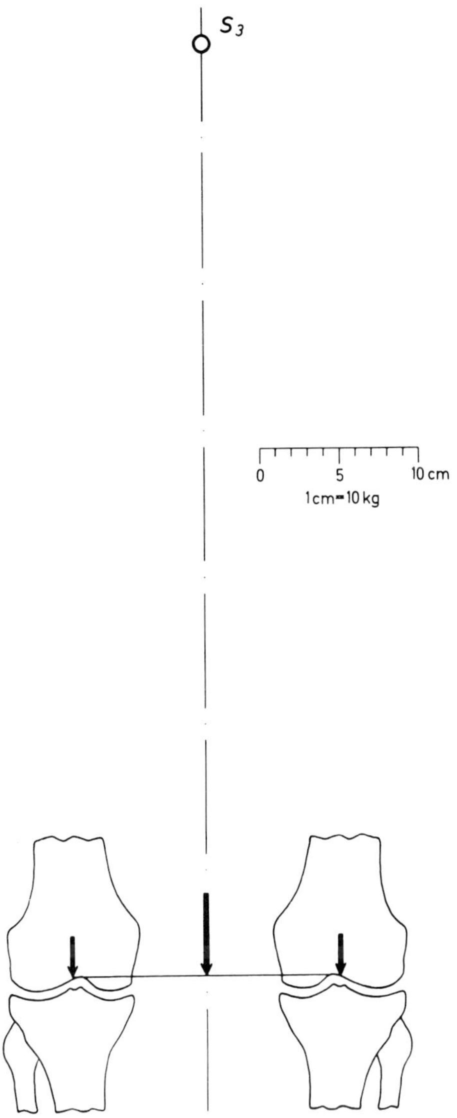

Abb. **243** Kniebelastung beim symmetrischen Stand auf beiden Beinen durch das Schwerelot von S_3 (Massenschwerpunkt des Körperteilgewichtes vom Oberkörper und zwei Oberschenkel bis zum Knie) (aus: *P. Maquet:* Biomecanique du Genou. Springer, Berlin 1977, S. 23)

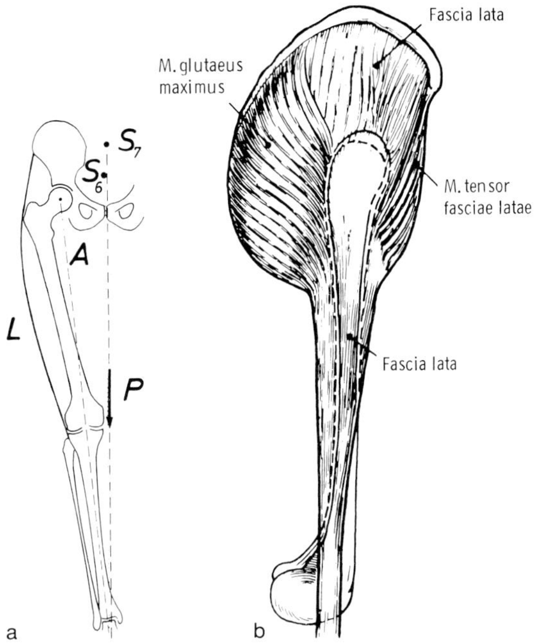

Abb. **244** a u. b a) Kniebelastung beim Stand auf einem Bein (s. Text): S_6 = Massenschwerpunkt des Gesamtkörpergewichtes, S_7 = Massenschwerpunkt des Körperteilgewichtes, das vom belasteten Kniegelenk getragen wird, P = Körperteilgewicht, L = Gegenkraft des Tractus iliotibialis (Zuggurtung, welche P das Gleichgewicht hält), A = mechanische Beinachse. b) Tractus iliotibialis mit den Hüftabduktoren und dem M. tensor fasciae latae (nach Henrix aus: *P. Maquet:* Biomecanique du Genou. Springer, Berlin 1977, S. 24)

Rückseite des Knochens sind am größten, indes die Druckspannungen an der ventralen Seite kleiner bleiben.

Mechanische Beanspruchung des Kniegelenkes

Beim symmetrischen Stand auf beiden Beinen werden die Kniegelenke gleichmäßig durch das Körpergewicht, das über ihnen liegt, belastet. Es beträgt ca. 65–70% des Gesamtgewichtes mit dem Massenschwerpunkt S_3. Die Last wird symmetrisch auf beide Gelenke verteilt; die Kraft P wirkt über das Schwerelot von S_3 in der Mitte zwischen den beiden Gelenken. Auch in der Sagittalebene verläuft die resultierende Belastung durch das Niveau der Verbindungslinien der Rotationszentren zwischen Hüft- und Kniegelenken und der oberen Sprunggelenke (Abb. **243**).

Beim Stand auf einem Bein erfolgt die Belastung des Kniegelenkes durch das Körpergewicht (S_7) exzentrisch, abzüglich des Unterschenkels und Fußes des Standbeines. Die wirksame Kraft P verläuft zusammen mit dem Schwerelot von S_7 medial vom Kniegelenk. Dem aus dem Körpergewicht resultierenden Kippmoment nach medial wird durch die laterale Kraft L des M. tensor fasciae latae, verstärkt durch die Spannung des M. glutaeus maximus, über den Tractus iliotibialis im Knie das Gleichgewicht gehalten. Er wirkt gleichzeitig als Abduktor auf die Hüfte, da er beide Gelenke überbrückt (Abb. **244**).

Die resultierende Kraft R setzt sich aus der vektoriellen Summe der beiden Kräfte P und L zusammen. Sie verläuft durch die Gelenkmitte und liegt zwischen den beiden Rotationszentren O_1 und O_2 im Bereich der Oberschenkelkondylen. Ihre Wirkung erfolgt über die Hebelarme h_1 und h_2, so daß das tibiofemorale Gelenk eine vorwiegend zentri-

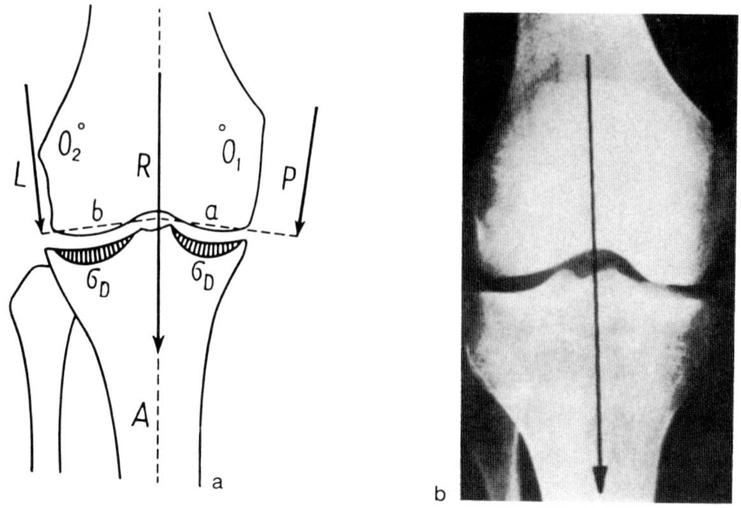

Abb. **245** a u. b a) Statisches Belastungsschema des Kniegelenkes in der Frontalebene (s. Text): P = Körperteilgewicht, das auf das Kniegelenk einwirkt, L = Zuggurtung des Tractus iliotibialis: a = Lastarm der Kraft P, b = Kraftarm der Gegenkraft L, R = resultierende Kraft aus P und L, O_1 = Krümmungszentrum des medialen und O_2 = Krümmungszentrum der lateralen Kondylus, D = Projektion des Drehungsmittelpunktes auf die Beugeachse des Kniegelenkes. b) Bogenförmige subchondrale Strukturverdichtungen der Spongiosa an den Gelenkflächen des Tibiakopfes erlauben Rückschlüsse auf die Spannungsverteilung im Bereich des medialen und lateralen Gelenkfaches (aus: *P. Maquet:* Biomecanique du Genou. Springer, Berlin 1977, S. 70)

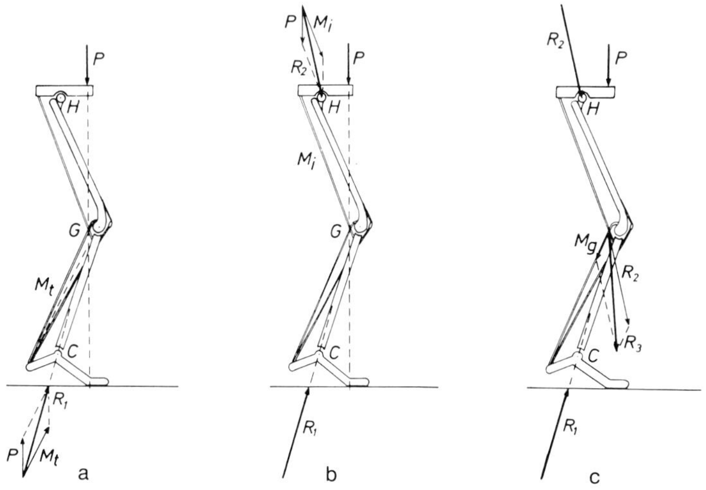

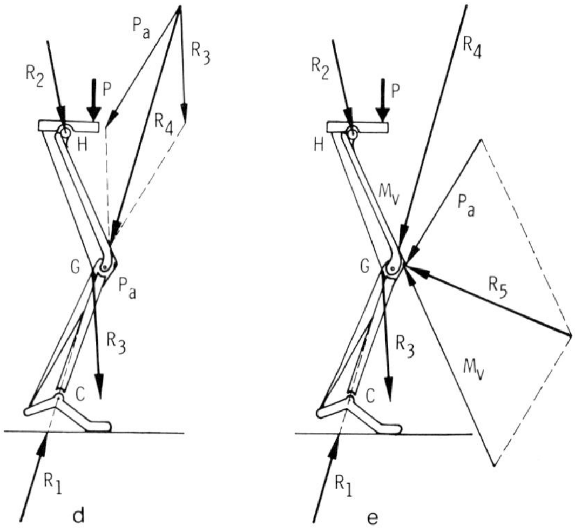

Abb. **246** a–e Statische Analyse der Kräfte, die auf das belastete Kniegelenk in leichter Beugung in der Sagittalebene einwirken. a) P = Körpergewicht, H = Hüfte, G = Genus, C = oberes Sprunggelenk, M_t = Triceps surae, R_1 = Resultierende aus P und M_t. b) M_i = Ischiokruralmuskulatur, R_2 = Resultierende aus P und M_i. c) M_g = Gastroknemius, R_3 = Resultierende aus R_2 und M_g. d) P_a = Kniescheibenband, R_4 = Resultierende aus R_3 und P_a. e) M_v = Quadrizeps, R_5 = Resultierende aus P_a und M_v (aus: *B. Kummer:* Clin. Orthop. 25 [1962] 32)

sche resultierende Druckbeanspruchung mit einer symmetrischen Spannungsverteilung im Gelenkraum erfährt (Abb. **245**).
Die Größe der Belastung entspricht nach den Berechnungen von MAQUET (1972a u. 1977) ungefähr dem doppelten Körpergewicht.
In der Sagittalebene hat KUMMER (1962a) die Kräfte, welche beim Stand auf einem Bein auf das Kniegelenk einwirken, vereinfacht an Schemata dargestellt. Sie bestehen:

1. aus dem Körpergewicht abzüglich dem Gewicht des Unterschenkels des Standbeines mit Fuß bis zum Knie,
2. aus der dorsalen Muskelgruppe der Kniebeuger und
3. aus den ventralen Extensoren.

Die langen Unterschenkelmuskeln regeln gleichzeitig die Beanspruchung des Fußes.
Die Analyse der Belastung erfolgt bei leicht gebeugtem Kniegelenk mit etwas angehobener Ferse (Abb. **246**). Die resultierende Kraft R_1 erhält das Gleichgewicht im oberen Sprunggelenk und verhindert ein Absinken des Unterschenkels nach ventral in Beugung. Sie setzt sich aus den Teilkräften des M. triceps und der Gegenlast des Körpers zusammen (Abb. **246**a). Die Resultierende R_2 wirkt auf das Hüftgelenk, wobei dem exzentrisch ventral wirksamen Körpergewicht durch die Gegenkraft der Ischiokruralmuskulatur das Gleichgewicht gehalten wird, so daß ein Abknikken des Beckens nach vorn verhindert wird (Abb. **246**b).
Die Resultierenden R_1 und R_2 verlaufen in der gegebenen Beinstellung hinter der Achse des Kniegelenkes und wirken im Sinne der Kniebeugung. Sie veranschaulichen graphisch die Kraftmomente der Kniebeuger, die in ihrer gemeinsamen Resultierenden R_3 wirksam sind (Abb. **246**c).
Der Kniebeugung hält die Gegenkraft der Kniestrecker über das Femoropatellargelenk u. P_a das Gleichgewicht. Diese Gegenkraft wird nur in jenen Phasen des Ganges durch die Last des Körpergewichtes unterstützt, in denen seine Wirkungslinie vor das Kniegelenk fällt (Abb. **246**d).
Die Resultierende der Kräfte R_3 und P_a bilden ihrerseits wieder eine gemeinsame Resultierende R_4, die gezwungenermaßen die Rotationsachse des gebeugten Kniegelenkes schneidet (Abb. **246**e).
Die Kräfte Nv (M. quadriceps femoris) und P_a, die nach MAQUET (1977) über die Hebelarme Qu und k wirken und sich das Gleichgewicht halten, pressen die Kniescheibe gegen die Femurkondylen (Abb. **247**). R_4 und R_5 stellen demnach die Kompressionskräfte dar, die im Femorotibial- und Patellafemoralgelenk wirksam werden (Abb. **248**).
Das dynamische Gleichgewicht der Kräfte beim Gehen, das sich aus kinetisch genau determinierten Beschleunigungen und Verzögerungen zu-

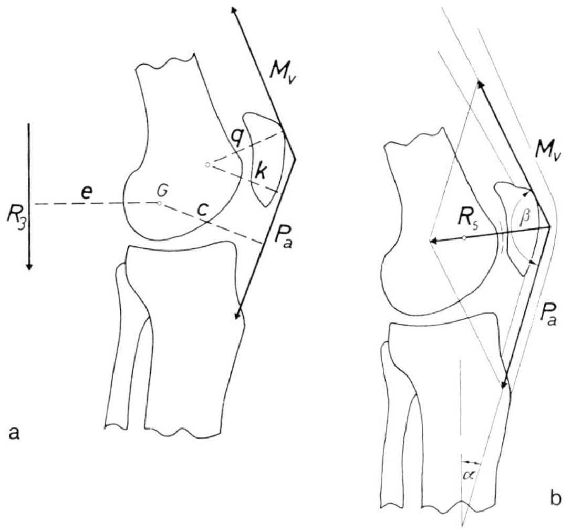

Abb. **247**a Diagramm der auf das Femoropatellargelenk wirksamen Kräfte. G = horizontale Kniegelenkachse, P_a = Kraft des Kniescheibenbandes, M_v = Kraft des Musc. quadriceps, k = Hebelarm der Kraft P_a die auf die Patella einwirkt, q = Hebelarm der Kraft M_v, R_3 = Resultierende der Flexoren, e = Kraftarm von R_3
Abb. **247**b Belastung des Femoropatellargelenkes durch die resultierende Kraft R_5 aus den Teilkräften M_v und $P_a \cdot \beta$. Der Winkel resultiert aus der Wirkungslinie der Teilkräfte M_v und P_a. α ergibt sich aus der Richtung der Tibiaachse und der Wirkungslinie der Kraft P_a

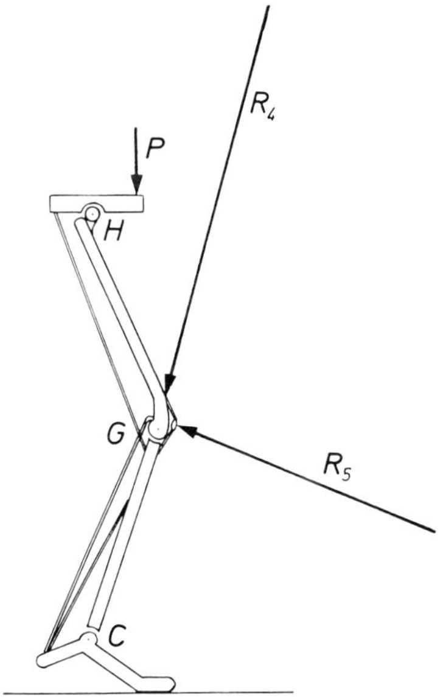

Abb. **248** Die femorotibialen Druckkräfte sind in der Resultierenden R_4 vereinigt, indes die resultierende Druckbeanspruchung des Femoropatellargelenkes über die resultierende Kraft R_5 erfolgt (aus: *B. Kummer:* Clin. Orthop. 25 [1962] 32)

sammensetzt, kann man sich vereinfacht im Gesamtschwerpunkt des Körpers S_7 vereinigt vorstellen, wobei es über die vertikale (V_1) und horizontale Kraftkomponente h/ als die Resultierende R/ wirksam wird (vgl. Abb. **234**).
Auf das Kniegelenk bezogen, wird der belastende

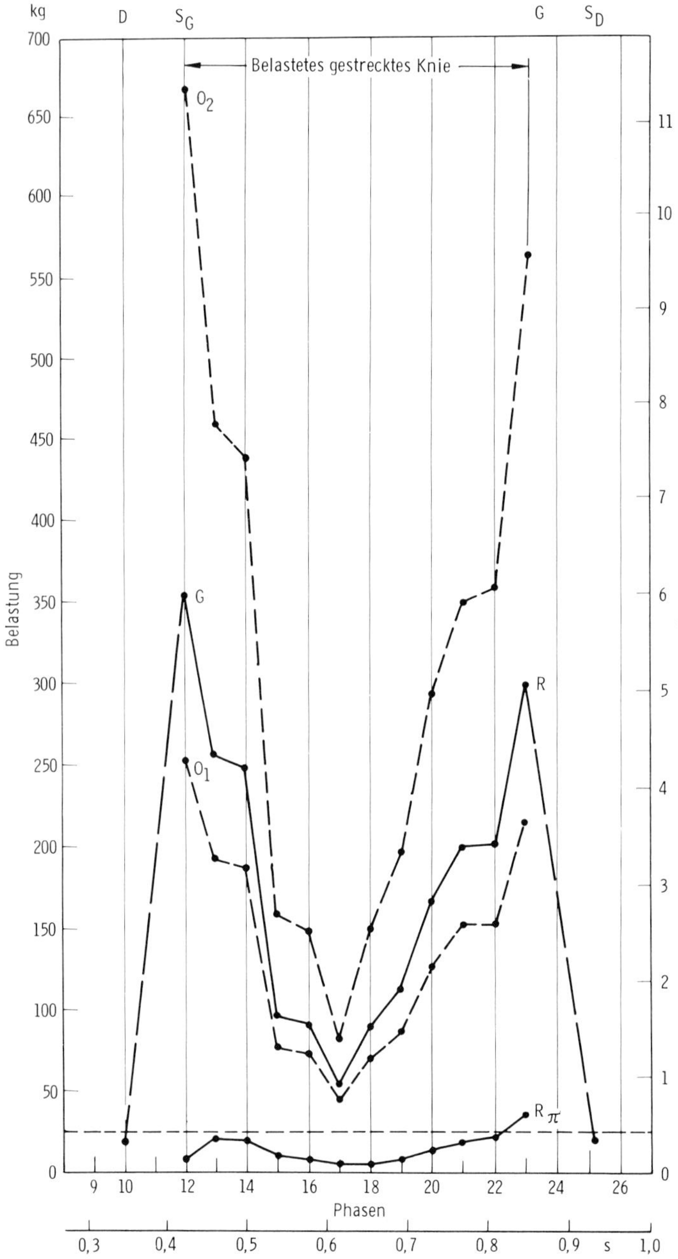

Abb. **249** Das Diagramm R zeigt den Ablauf der resultierenden Druckkräfte, die während einer Standbeinphase beim Gehen auf das Tibiofemoralgelenk einwirken, wenn ihre Wirkungslinie (G) durch den Mittelpunkt der Biegungsachse des Kniegelenkes verläuft, O_1, wenn ihre Wirkungslinie durch das Krümmungszentrum O_1 im Bereich des medialen Kondyls verläuft, O_2, wenn die Wirkungslinie durch das Krümmungszentrum des lateralen Kondyls verläuft; R_π = Diagramm der tangential zum Tibiaplateau wirksamen muskuloligamentären Kräfte (aus: *P. Maquet:* Biomecanique du Genou. Springer, Berlin 1977, S. 57)

Teil des Körpergewichts im Schwerpunkt S_7 vereinigt sein, der sich ständig in räumlicher Bewegung befindet, wobei das Kniegelenk nicht allein durch das Körpergewicht, sondern durch die fiktiven Trägheitskräfte belastet wird (Abb. **249**).

Auf der Basis der Untersuchungen des Ganges von Braune u. Fischer (1895) hat Maquet (1977) die Koordinaten des Schwerpunktes S_7 für jede Schrittphase berechnet und die fiktiven Massenträgheitskräfte, entsprechend der beim Gehen vorhandenen Beschleunigungen und Verzögerungen, festgelegt. Die Verhältnisse werden wesentlich durch die zwangsläufig gesteuerte Roll-Gleit-Bewegung kompliziert, die bei Beugung und Streckung des Gelenkes zwischen den verschiedenen Krümmungsradien der Artikulationskörper erfolgt.

Die Ergebnisse dieser Untersuchung, die in etwas divergenter Weise von der experimentellen Seite her von Frankel (1971) erforscht wurden, geben Einblick in die dynamische Druckbeanspruchung des Kniegelenkes, deren variable Größe nur durch die Kenntnis der Ausdehnung der tragenden Anteile der tibiofemoralen und femoropatellaren Gelenkfläche räumlich ermittelt werden kann (Maquet 1974, Kettelkamp u. Mitarb. 1970).

Die Größe der während des Gehens auftretenden

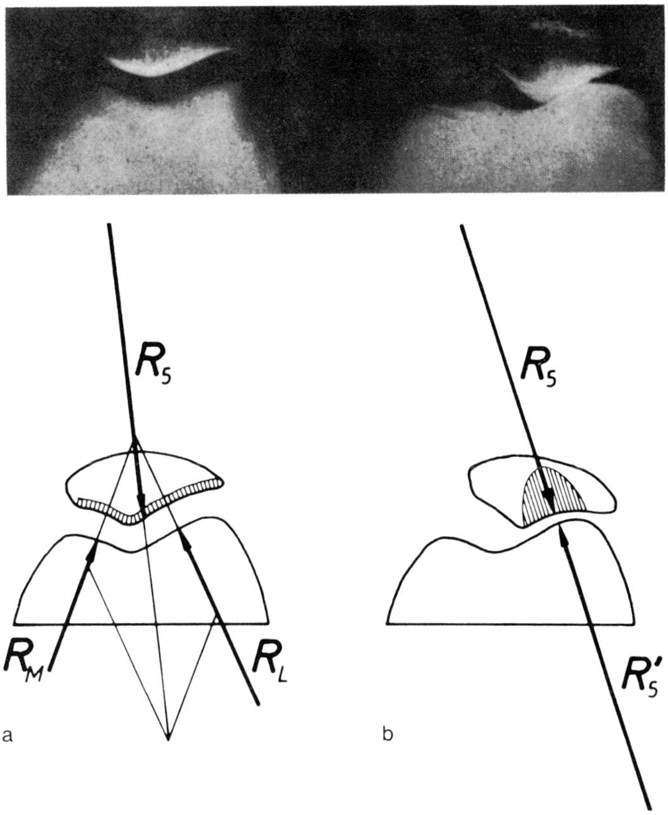

Abb. **250** a u. b a) Belastung des Femoropatellargelenkes durch R_5 im Transversalschnitt: R_L = Lateralkomponente, R_M = Medialkomponente von R_5. b) Pathologische Schrägbelastung mit ungleicher Spannungsverteilung im Femoropatellargelenk führt zur Subluxation und lokaler Osteochondrose (aus: *P. Maquet:* Biomecanique du Genou. Springer, Berlin 1977, S. 103)

Druckkräfte unterliegt durch die in den verschiedenen Gangphasen sehr unterschiedlichen dynamischen Muskelkräfte, deren Wirkungsbereiche im Bewegungsablauf mehrfach durch Elektromyographie (Basmajian 1967 u. 1974, Blaimont 1971 u. a.) determiniert wurden, großen Schwankungen.

Der komplexe Ablauf der Druckgrößen und Druckverteilungsmechanismen im Femoropatellargelenk während des Ganges hat Maquet (1977) experimentell an Kadavergelenken sowie durch ergänzende spannungsoptische Modelle zu klären versucht. Er ergaben sich auch hier für die Klinik überaus wertvolle Rückschlüsse für das Zustandekommen von pathogen wirksamen Spannungskonzentrationen, die bei der Entstehung der Degenerationsleiden eine ausschlaggebende Rolle spielen (Abb. **250** u. **251**).

Die Größe der tibiofemoralen Tragfläche war seit Braune u. Fischer (1891) der Gegenstand wiederholter theoretischer und experimenteller Untersuchungen. Aufgrund verschiedener Bestimmungsmethoden und Meßvorgänge ist es zu keiner einheitlichen Meinungsbildung gekommen (Fick 1910, Frankel 1971, Kettelkamp u. Jacobs 1972, Morrison 1970b, Walker u. Hajek 1972).

Die Untersuchungen von Maquet u. Mitarb. (1975) über die Größe der Tragfläche scheinen uns den natürlichen Verhältnissen am nächsten zu kommen. Kontrastmittelgefüllte Leichengelenke wurden unter eine axiale Belastung von 225–250 kp gesetzt. Dies entspricht am ehesten den beim Gehen auftretenden Spitzenwerten. Die Größe der während der Kompression auftretenden Lastübertragungsfläche, aus deren Bereich das Kontrastmittel weggepreßt wurde, betrug bei voller Streckung rund 20,13 cm^2. Sie verkleinerte sich mit zunehmender Beugung bis auf 11,6 cm^2. Demgegenüber betrug die Kompressionsfläche bei gleicher Belastungsgröße nach Entfernung der Menisci in Streckstellung nur 12 cm^2 und bei maximaler Beugung 6 cm^2. Die vergleichenden Versuche zeigen im Prinzip, daß den beiden Menisci eine beachtliche Lastübertragungsfunktion zukommt, indem sie wesentlich zu einer Vergrößerung der Tragfläche beitragen (Abb. **250**).

Wenn z. B. Morrison (1970b) über Direktmessungen der Größe des Bodendruckes zu anderen Schlüssen kommt, so aufgrund zu weitgehender Vereinfachungen der Gelenkmechanik mit den daraus resultierenden mathematischen Ableitungsfehlern. Die Ermittlungen von Kettelkamp u. Jacobs (1972) ergaben an experimentellen Versuchen an Leichengelenken, allerdings mit einer weitaus geringeren Belastung von nur 8 kp, die weit von der Wirklichkeit entfernt ist, eine Ausdehnung von 7,65 cm^2 bei voller Streckung. Braune u. Fischer (1891) weisen schon darauf hin, daß die Lastübertragungsfläche von belasteten und unbelasteten Leichengelenken großen Größenunterschieden aufgrund verschiedener Verformungswerte der Kontaktflächen unterliegt. Es scheint die Anpassung der Menisci hierfür ausschlaggebend, die bei kleinen Lasten nicht so breitflächig in den Lastübertragungsbereich mit eingeschaltet werden.

Die Druckspannungskurven während der Standbeinphase des Ganges, wie sie Maquet (1977) ermittelt hat,

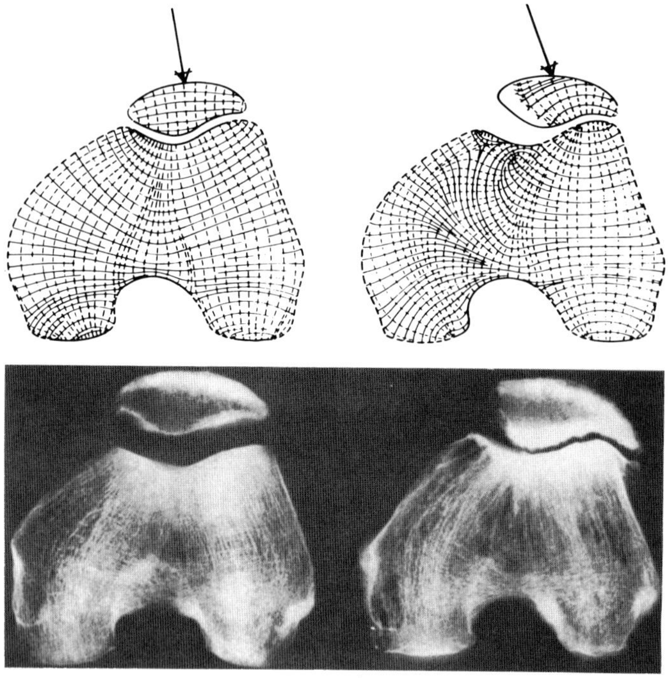

a b

Abb. **251** a u. b Spannungsoptischer Versuch am Plexiglasmodell des Femoropatellargelenkes zeigt die Spannungsverteilung: a) bei Normalbelastungsrichtung; b) bei pathologischer Belastung konzentrieren sich die Spannungen vollständig auf die laterale Gelenkfacette und den lateralen Femurkondylus (aus: *P. Maquet:* Biomecanique du Genou. Springer, Berlin 1977, S. 120)

seien noch kurz wiedergegeben, da sie von großer Bedeutung für die Entstehung und den Verlauf von Gelenkleiden sowie auch für ihre Behandlung sind, die auf mechanische Ursachen zurückgehen (Abb. **251**). Die Größe der Druckspannungen im Knie schwankt zwischen 19,3 und 2,9 kg/cm^2 im Ablauf der monopodalen Abstützungsphase des Standbeines beim Gehen, wobei in der Initialphase und Endphase die beiden Spitzen erreicht werden. Sie liegen mit den von Kummer (1968) u. Amtmann u. Kummer (1968) ermittelten Spitzenwerten für das Hüftgelenk von 16–20 kg/cm^2 ungefähr in einer Größenordnung.

Die funktionelle Anatomie und Kinematik des komplexen Bandapparates, welche durch die grundlegenden Arbeiten von Huson (1974), Menschik (1974a u. b, 1975 u. 1976) und Frankel (1971) bei z. T. unterschiedlichen Untersuchungsmethoden dargelegt wurde, hat Kummer (s. Beitrag „Bau und Funktion des Bewegungsapparates“) bereits kurz erwähnt (Engin u. Korde 1974, Johnson u. Mitarb. 1978, Perry u. Mitarb. 1975).

Es ist das Verdienst vor allem von Maquet (1969b u. 1977), die Erkenntnisse der Grundlagenforschung zur Analyse mechanisch bedingter Gelenkleiden des Knies angewandt und daraus resultierend mechanisch-biomechanisch geplante operative und konservative Behandlungsmöglichkeiten abgeleitet zu haben.

Grundsätzliches zur Mechanik des Fußes

Der IV. Band von Fischer (1900) bringt, wie schon erwähnt, eine sehr eingehende Studie der Fußbewegungen und der auf sie einwirkenden äußeren und inneren Kräfte. Sie werden in ihrer Wirksamkeit als Stabilisatoren sowie als Bewegungselemente untersucht.

In der neuen Literatur bringt Hicks (1961) interessante Studien über die Mechanik der Fußgelenke, indessen White u. Raphael (1972) Direktmessungen der äußeren Kräfte beim Gehen am Lebenden vorgenommen haben. Spezielle Untersuchungen durch Filmanalysen von Sutherland u. Hagy (1972) kommen zu ähnlichen Ergebnissen (Morton 1935 u. 1955).

Kummer (1967b) hat als funktioneller Anatom die statischen Kräfte im Stand und in verschiedenen Gehstellungen schematisch untersucht und anschaulich interpretiert. Die Belastung wird von der Malleolengabel auf die Talusrolle übertragen und auf den Kalkaneus und den Vorfuß weitergeleitet. Die einzelnen Skelettelemente werden einerseits durch das Körpergewicht sowie durch die Gegenkräfte der Muskulatur und des Bandapparates über die gegebenen Gelenke der subtalaren Platte belastet. Die aus dem Körpergewicht und den Auflagekräften am Boden resultierenden Drehmomente müssen durch die Zuggurtung der Muskulatur und des Bandapparates kompensiert werden, um das jeweilige Gleichgewicht im Ablauf der Bewegungsphasen an den Gelenken aufrechtzuerhalten (Abb. **252**) (Roesler 1976).

Beim Stand auf beiden Beinen ist eine willkürliche Verlagerung des Gewichtes auf die eine oder andere Seite jeweils möglich, wobei in der Frontalebene die relativ größte Belastung von der Lage des Schwerpunktes S_6 abhängt.

Diese ist dem jeweiligen Abstand des Schwer-

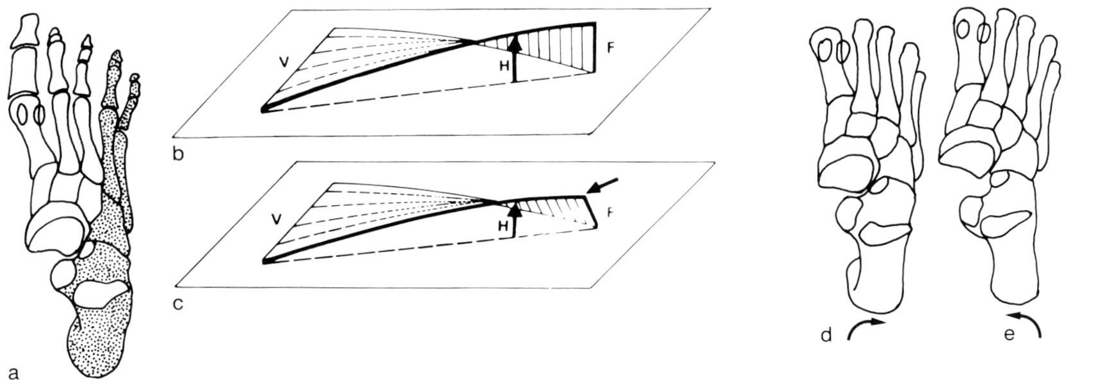

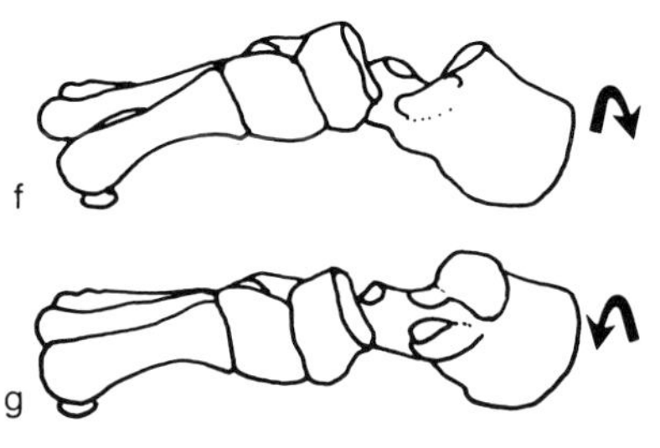

Abb. **252** a–g a–c) Schema des Aufbaus der medialen und lateralen subtalaren Fußplatte als in sich verschränkte funktionelle Einheit mit dreifacher Wölbung. d u. e) Ferse in Varusstellung, mediale Längsgewölbe hoch, Vorfuß proniert. f u. g) Spiegelbild Valgität der Ferse, Navikulare und Sustentaculum talii weichen auseinander, zunehmende Spannung des Pfannenbandes (Synchondrose), Längswölbung flach, Vorfuß supiniert und abduziert (Knie-Plattfuß) (aus: *H. U. Debrunner:* Der Orthopäde, H. 3 [1974] 127)

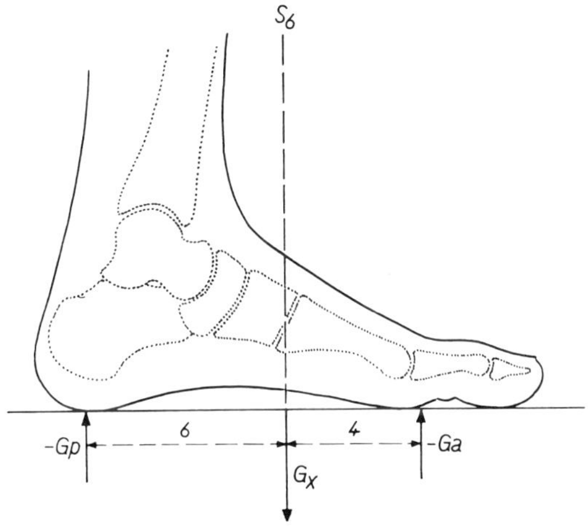

Abb. **253** Lastverteilung auf Vor- und Rückfuß: G_X = Anteil des Körpergewichtes, das der betrachtete Fuß trägt. Beim symmetrischen Stand ist G_x ½ von G im Gesamtkörpergewicht, G_a = Auflagedruck des Vorfußes, G_p = Auflagedruck des Rückfußes, S_6 = Totalebene durch das Lot des Gesamtkörperschwerpunktes; die Hebelarme des vorderen und hinteren Auflagers sind unbenannt; sie wurden mit ihrer Relativlänge angegeben. Im gegebenen Fall ist G_a die Summe zweier Bodendrücke, von denen der eine unter dem Metatarsalköpfchen, der andere unter dem Zehenendglied liegt. Die Teildrücke berechnen sich umgekehrt proportional des Abstandes der Auflager von der Vertikalen durch G_a. (aus: *B. Kummer:* Funktion. Anatomie des Vorfußes Z. Orthop. Beilageheft zu Bd. 103 [Verhdlg. d. DGOT 1966] [1967] 483)

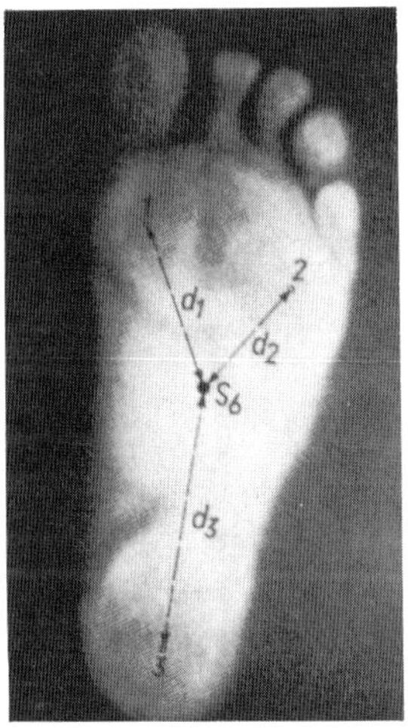

Abb. **254** Verteilung des statischen Auflagedruckes auf die Fußsohle beim einbeinigen Stand: S_6 = Durchstoßpunkte des Schwerpunktlotes durch die Stützfläche, d_1, d_2 u. d_3 = Abstände dreier willkürlicher Punkte (I, II, III) vom Schwerpunktslot. Sie müssen bei der Kalkulation fest am Boden aufliegen (aus: *B. Kummer:* Funktion. Anatomie des Vorfußes Z. Orthop. Beilageheft zu Bd. 103 [Verhdlg. d. DGOT 1966] [1967] 483)

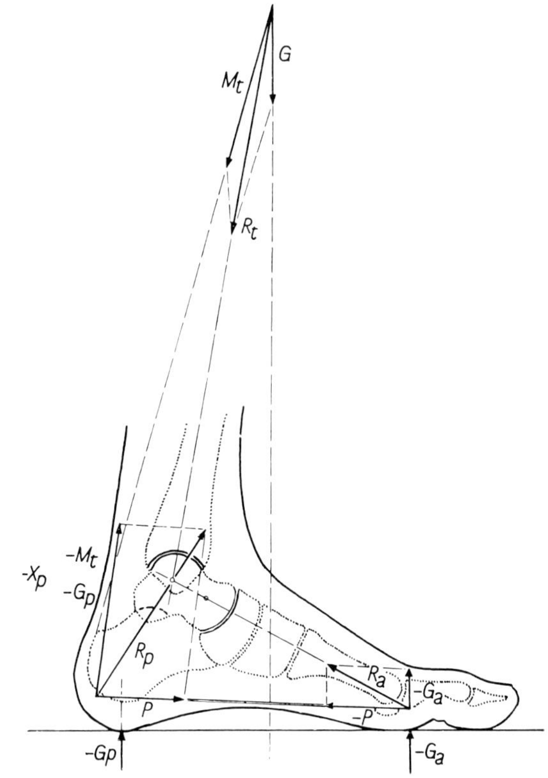

Abb. **255** Statische Beanspruchung des Fußes bei voller Auflage der Sohle: G = Größe des getragenen Körpergewichtes, G_a = Bodendruck am Vorfuß, G_p = Bodendruck am Rückfuß oder Fersendruck, M_t = Ast des M. triceps surae, P = plantare Verspannung (Fußmuskel und Plantaraponeurose), R_a = resultierende Beanspruchung des Vorfußes (geometrische Summe aus G_a und P–R_p), R_p = Resultierende des Rückfußes (aus P und X_p), R_t = Resultierende des Unterschenkels und des oberen Sprunggelenkes aus G und M_t, X_p = rückdrehende Kraftkomponente der Ferse aus dem Auflagedruck G und dem Muskelzug M (aus: *B. Kummer:* Funktion. Anatomie des Vorfußes Z. Orthop. Beilageheft zu Bd. 103 [Verhdlg. d. DGOT 1966] [1967] 485)

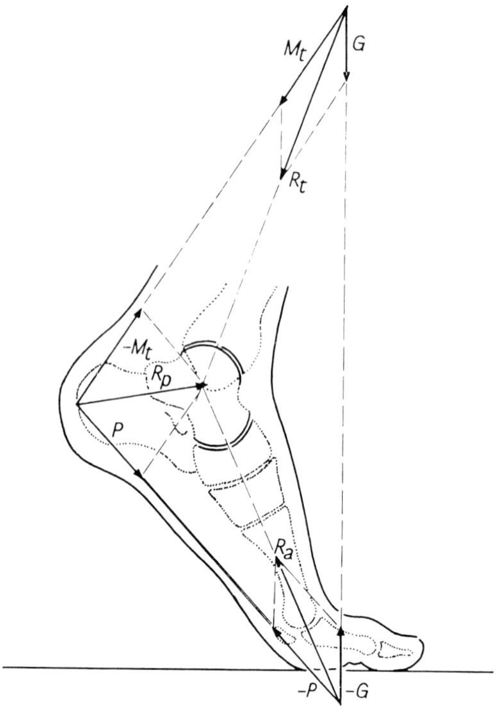

Abb. **256** Beanspruchung des Vorfußes im Zehenstand. Die Resultierende R_a verläuft in der Achse der Metatarsalien (Vorzeichen s. Abb. **255**) (aus *B. Kummer:* Funktion. Anatomie des Vorfußes Z. Orthop. Beilageheft zu Bd. 103 [Verhdlg. d. DGOT 1966] [1967] 488)

punktlotes zum betreffenden Fuß umgekehrt proportional (Abb. **253**). Die gleiche Gesetzmäßigkeit finden wir bei der Lastverteilung in sagittaler Richtung. Kompensatorische Belastungsänderungen können ebenso durch Stellungsänderungen im unteren Sprunggelenk vor sich gehen, indem die lateralen oder medialen Gewölbebereiche wechselnd belastet werden, ohne daß der Körperschwerpunkt S_6 seine Lage wesentlich verändert. Beim einbeinigen Stand hingegen wird die Lage des Schwerpunktlotes durch die Ausdehnung der Unterstützungsfläche festgelegt. Bei jeder Änderung der Gleichgewichtslage ist auch immer eine entsprechende Schwerpunktverlagerung erforderlich.

Nach Hicks (1961) werden die Bewegungen der Fußgelenke als komplexe Rotationen beschrieben, die sich bei Belastung so einstellen, daß die Tibiaachse immer senkrecht zu der horizontalen Auftrittsfläche der Metatarsalköpfchen steht. Jede Bewegung des einen Gelenkes muß daher eine neutralisierende Gegenbewegung des anderen zur Folge haben, um das Beanspruchungsgleichgewicht aufrechtzuerhalten.

Beim Einbeinstand wird die Balance in der Frontalebene durch Bewegungen des Talonavikulargelenkes kompensiert. Ist eine Ankylose vorhanden, dann wird ein Balancieren auf einem Bein unmöglich (Abb. **254**).

Im oberen Sprunggelenk halten sich das Körpergewicht und die Spannung der Plantarflektoren über die Kraft des M. triceps surae das Gleichgewicht (Kummer 1967b, Roesler 1976).

Im Stand fällt das Schwerelot des Körpergewichtes vor das Sprunggelenk, so daß die Druckgröße im Vorfuß gegenüber dem Rückfuß größer ist. Der Bodendruck G_p und G_a versucht das Fußgewölbe zu strecken, wobei der Kalkaneus zusätzlich durch die Kraft des M. triceps surae nach dorsal kranial gezogen wird. Dies wird durch die Gegenkraft der Plantaraponeurose und der kurzen Fußmuskulatur sowie der langen Gewölbehalter verhindert (Abb. **255**).

Aus dem Verlauf der Wirkungslinie der resultierenden Kräfte im vorderen und hinteren Hauptstützpunkt R_p und R_a kann man schließen, daß beim Einbeinstand die Spitzen aus der Biegebeanspruchung der Skelettelemente des Fußes durch ausgleichende Gegenkräfte des Muskel-Band-Apparates möglichst niedrig gehalten oder überhaupt vermieden werden. Dies entspricht den Allgemeinregeln der mechanischen Beanspruchung des Skelettes speziell beim Gehen.

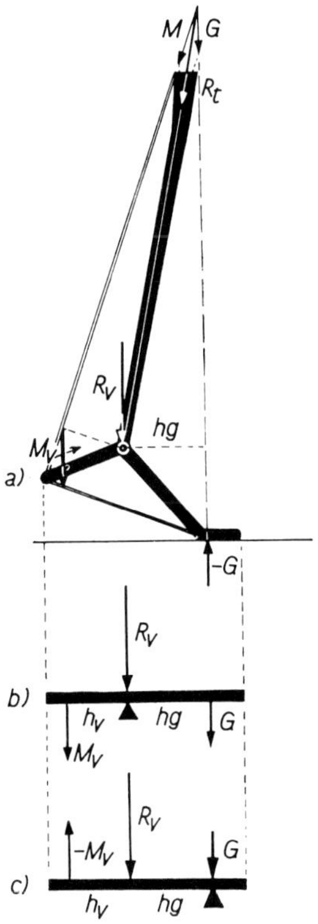

Abb. **257** Vereinfachte schematische Analyse mit Auffassung des Fußes als zweiarmigen oder einarmigen Hebel: a = simpliziertes Modell des Fußskelettes mit Verspannungen sagittal, b = Modellvorstellung als zweiarmiger Hebel, c = einarmiger Hebel, G = Körpergewicht, −G = Bodendruck, h_g = Hebelarm des Körpergewichtes, h_v = Hebelarm der Vertikalkomponente der Muskelkraft, M = M. triceps surae, M_v = Vertikalkomponente der Muskelkraft, R_t = Resultierende für Unterschenkel und oberes Sprunggelenk, R_v = Vertikalkomponente der Resultierenden (aus: *B. Kummer:* Funktionelle Anatomie des Vorfußes. Vhdlg. DGOT 1966. Enke, Stuttgart 1967, S. 488)

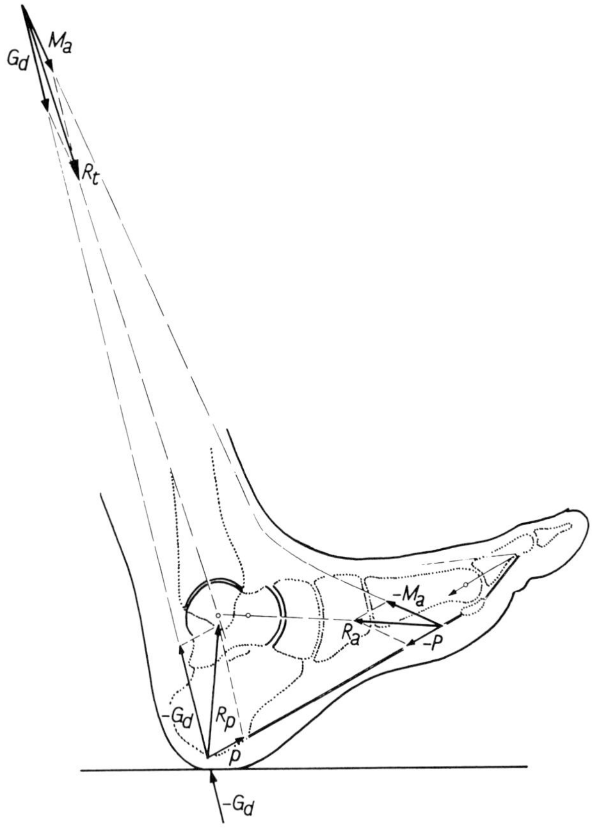

Abb. **258** a

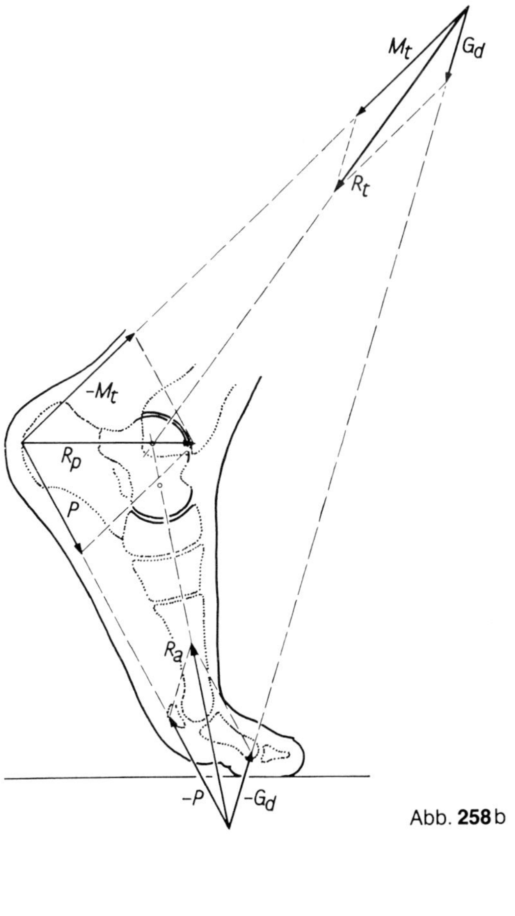

Abb. **258** b

Abb. **258** a u. b a) Beanspruchung des Fußskelettes ▶ bei der vorderen Abstützungsphase des Schwungbeines auf der Ferse: G_d = dynamische Belastung, zusammengesetzt aus dem vom Fuß zu übernehmenden Anteil des Körpergewichtes und den Trägheitskräften, M_a = Dorsalflexor des Fußes. b) Fußbeanspruchung beim Gehen in der vorderen Abstemmphase. Die Resultierende R_a liegt genau in der Achse der Vorfußelemente (aus: *B. Kummer:* Funktion. Anatomie des Vorfußes Z. Orthop. Beilageheft zu Bd. 103 [Verhdlg. d. DGOT 1966] [1967] 492)

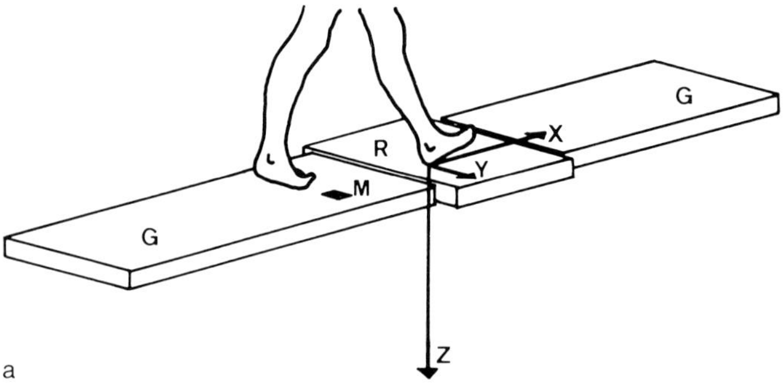

a

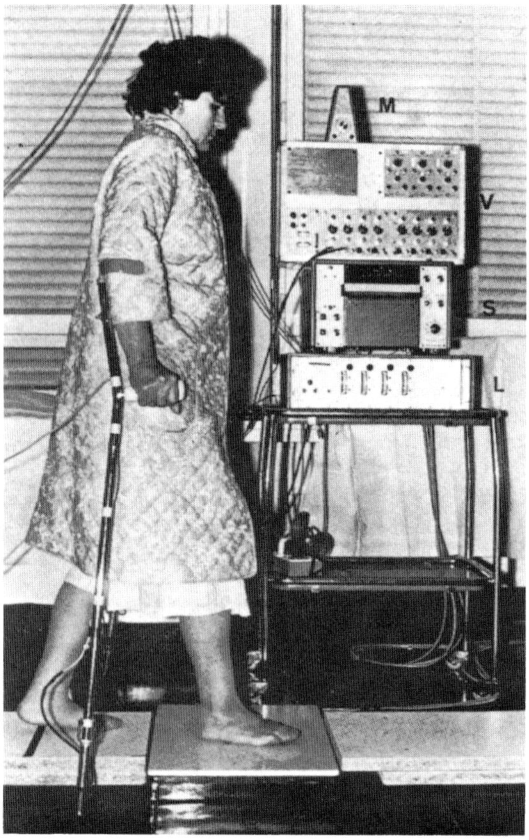

b

Abb. **259** a u. b a) Versuchsanordnung mit Gang auf dem Gehsteig G, über der Reaktionsplatte R: M = Gehsteigmarke für den letzten Auftritt vor der Reaktionsplatte, X = horizontale Kraftkomponente in Gehrichtung, Y = horizontale Komponente quer zur Gehrichtung, Z = Vertikalkräfte. b) Versuchsanordnung mit Meßplatte und Meßstöcken beim Gehen über die Reaktionsplatte. Es besteht eine Koxarthrose links; der rechte Fuß wird auf die Reaktionsplatte aufgesetzt. Anordnung der Meßapparaturen: M = Metronom, V = Verstärker, S = Uv-Schreiber, L = Verstärker. Die Gehstöcke sind mit Kraftmeßelementen versehen. (Fa. Kister AG, Winterthur, Fa. Virbometer SA, Fribourg) (aus: *H. U. Debrunner, G. Mäder:* Ganguntersuchungen am Patienten. Z. Orthop. 110 [1972] 549)

Beim Stand auf der Fußspitze, entsprechend den Abstoß- und Auftrittsphasen während des Ganges, ändert sich auch die Wirkungsrichtung der Resultierenden R_a und R_p gleichsinnig (Abb. **256**). Aus den statischen Beanspruchungsphasen der Extremstellungen darf vermutet werden, daß auch während der statischen Schrittphase bei der Abrollung das Fußskelett eine vorwiegend axiale Druckbeanspruchung erfährt. Die trajektorielle Struktur des Fußskelettes im Röntgenbild läßt gewisse Rückschlüsse zu, um das Mosaik der Einzelfaktoren zu vervollständigen (Abb. **257**) (NIGG u. Mitarb. 1977, NOVOZAMSKI 1975, RABICHONG 1967).

Die Direktmessungen der Fußbelastung und der dynamischen Bodenkräfte beim Gehen (SUTHERLAND u. HAGY 1972) wurden durch die Arbeiten von DEBRUNNER (1974b, 1977) weiter ausgebaut. Die Messungen beim normalen Gang erfolgten mittels spezieller Meßplatten (Kistler, Winterthur), die mit einem Registriergerät und Uv-Schreiber gekoppelt waren (Abb. **258**). Die Belastung beim Gehen bis 150 ms erreicht ein Maximum von 120% des Körpergewichtes und nach 300 ms ein Minimum von 75–85% sowie nach 550 ms wieder ein zweites Maximum von 105–110% (Abb. **259**).

In den Vektorendiagrammen zeigt die Resultierende durch das Aufsitzen der Ferse eine nach dorsal gerichtete Initialzacke, während das initiale Belastungsmaximum nach ventral zeigt. Das Belastungsmaximum der Abschlußphase hingegen zeigt, gefolgt von einem Druckabfall, wieder nach dorsal. Dadurch wird ausgedrückt, daß in der ersten Belastungshälfte eine Bremsphase enthalten ist, während nach dem mittleren Absinken des Druckes eine Beschleunigungsphase einsetzt. Die resultierenden Belastungsdiagramme sind bei normaler Gehtechnik und gleicher Geschwindigkeit begrenzt konstant. Änderungen können durch Gangbeschleunigungen oder Verlangsamungen ebenso wie durch einen Schuh mit weicher oder harter Sohle hervorgerufen werden (Abb. **259** u. **260**).
In pathologischen Bereichen ist der Anstieg der Belastungsrate beim Gesunden schneller als beim Koxarthrosekranken oder beim Gang mit einer

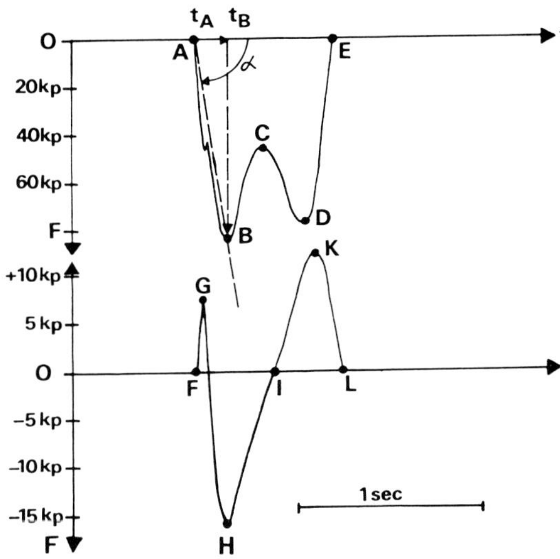

a

b

Abb. **260** a–d Belastungskurve eines Normalschrittes mit den Meßpunkten A–L: Z = Vertikalkraft, X = Horizontalkraft. Belastungsanstiegsrate = Tgα = $\frac{P}{t_p}$ (s. Text). a) Für die Z-Kurve: A = Beginn der Belastungsphase (0 Sek.), B = Gipfel der Initialbelastung, C = Minimalbelastung zwischen B und D, D = Gipfel der Schlußbelastung, E = Ende der Belastungsphase. b) Für die X-Kurve: F = Beginn der Belastungsphase = Zusammenfall mit A, G = kurze Beschleunigungszacke beim Auftritt, H = Gipfel der Verzögerungsphase, I = Nulldurchgang, K = Gipfel der Beschleunigungsphase, L = Ende der Beschleunigungsphase (fällt mit E zusammen) (aus: *H. U. Debrunner, G. Mäder:* Ganguntersuchungen am Patienten. Z. Orth. 110 [1972] 549). c u. d) Graphische Komponentendarstellung der Belastungsphase eines Schrittes mit dem dazugehörigen vierdimensionalen Vektordiagramm. Es bietet nach *Debrunner* die bisher vollständigste Information über den Ablauf der Belastungsphase des Fu-

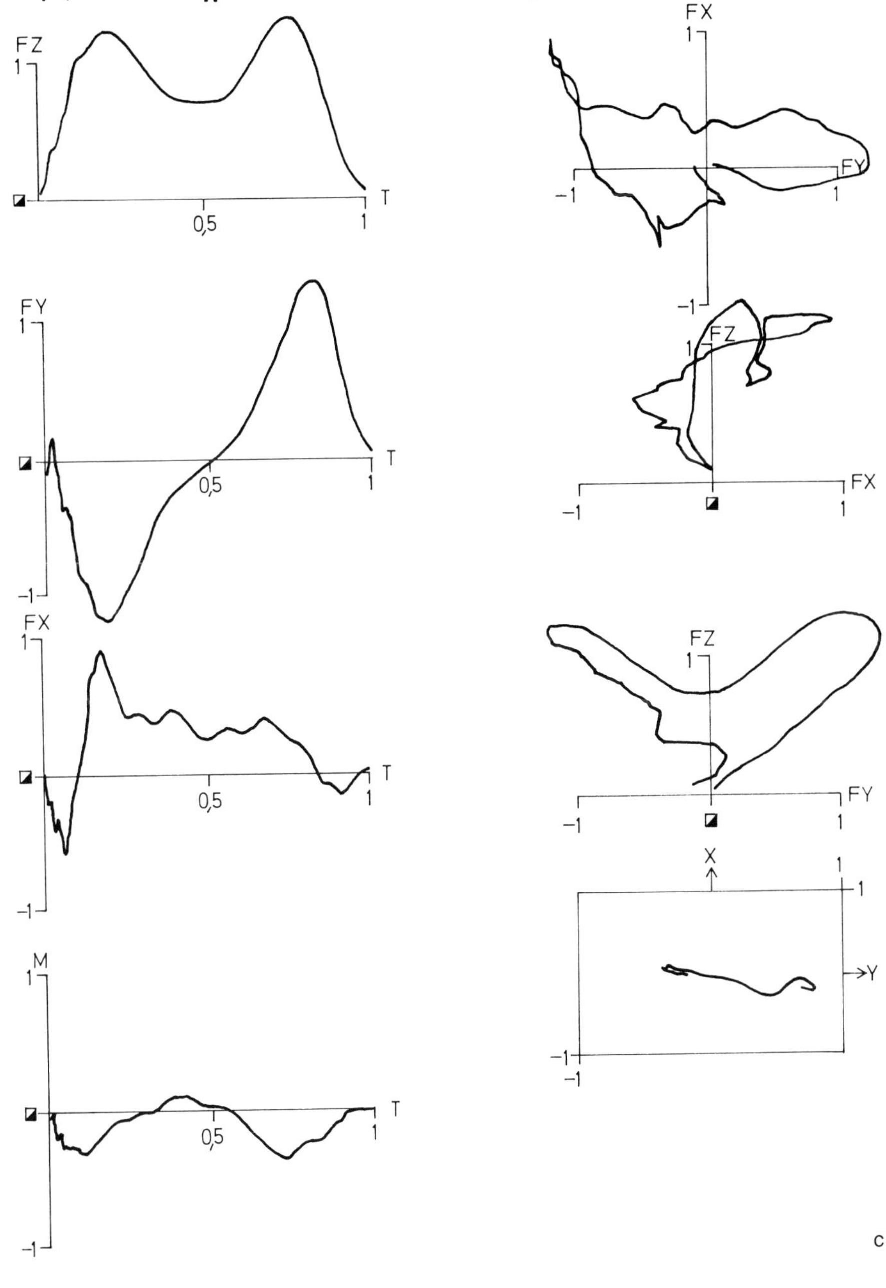

c

ßes, die subjektiv qualitativ am genauesten erfaßbar ist. Gangvariationen im Verlauf von Behandlungen und Therapieeingriffen lassen sich laufend verfolgen (aus: *P. Aebersold, E. Stüssi, H. U. Debrunner:* Computer-unterstützte Bestimmung der Gangvariabilität beim Menschen anhand der Bodenkräfte. Biomed. Techn. 24 (Ergänzungsband) [1979] 341)

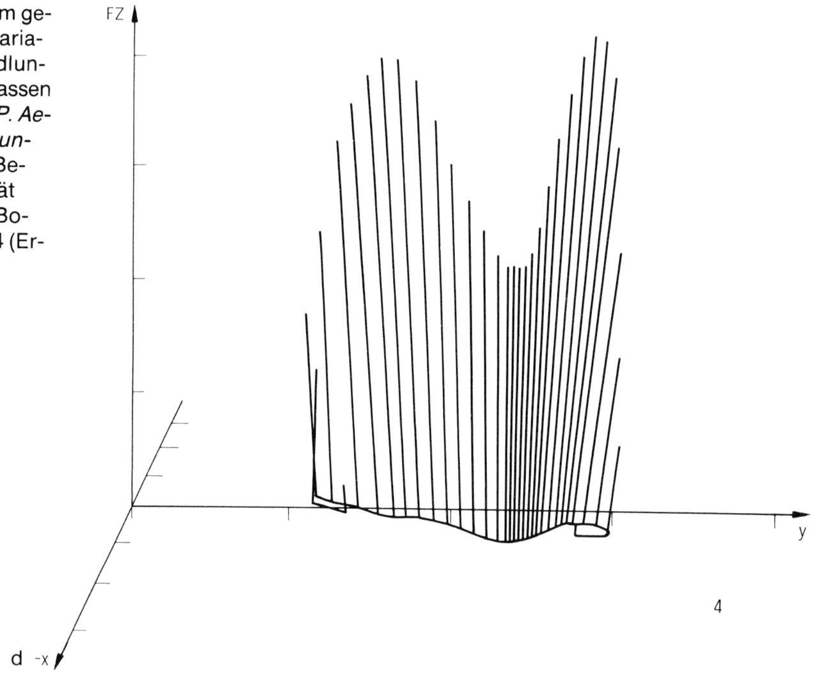

Abb. **260**

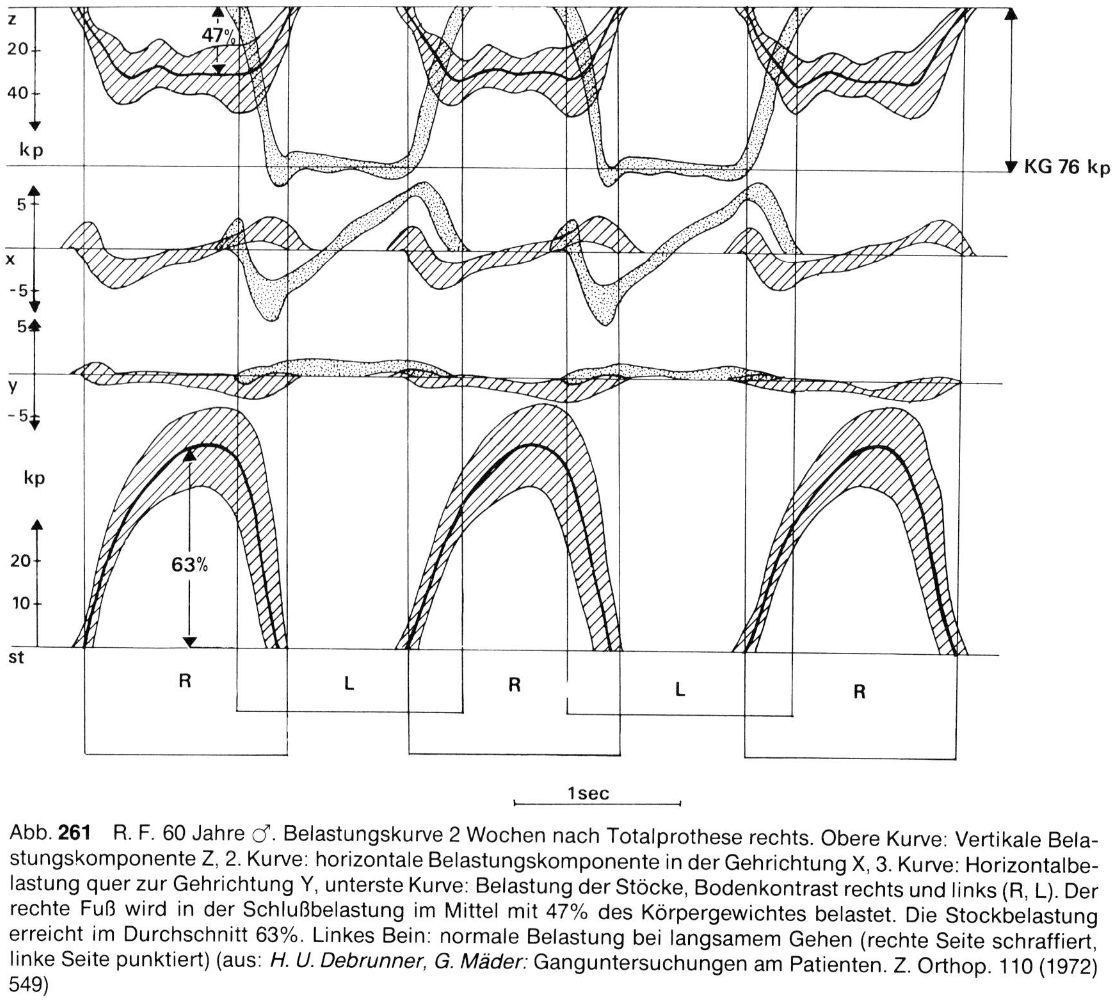

Abb. **261** R. F. 60 Jahre ♂. Belastungskurve 2 Wochen nach Totalprothese rechts. Obere Kurve: Vertikale Belastungskomponente Z, 2. Kurve: horizontale Belastungskomponente in der Gehrichtung X, 3. Kurve: Horizontalbelastung quer zur Gehrichtung Y, unterste Kurve: Belastung der Stöcke, Bodenkontrast rechts und links (R, L). Der rechte Fuß wird in der Schlußbelastung im Mittel mit 47% des Körpergewichtes belastet. Die Stockbelastung erreicht im Durchschnitt 63%. Linkes Bein: normale Belastung bei langsamem Gehen (rechte Seite schraffiert, linke Seite punktiert) (aus: *H. U. Debrunner, G. Mäder:* Ganguntersuchungen am Patienten. Z. Orthop. 110 (1972) 549)

Totalendoprothese der Hüfte. Es ist ein allgemeines Kriterium, daß hüftkranke Patienten sehr vorsichtig und langsam auftreten. Im Gegensatz dazu stellen DEBRUNNER u. MÄDER (1972) bei Hemiplegikern fest, daß sie eine sehr langsame Entlastung zeigen, da die Abstoßkräfte am Vorfuß in der Regel in dieser Phase behindert sind (Abb. **261**).

Das Dynamogramm mit Absatz weist gegenüber dem Barfußgang eine sehr hohe Initialbelastung auf (Abb. **262**).

Der Bewegungsablauf des Spitzfußes beim Gehen erfolgt knapp vor der Abfangphase mit dem Fersenauftritt in Dorsalflexion von 2–3 Grad, die rasch in eine kurze Plantarflexion von etwa 7 Grad übergeht.

In der vollen Belastungsphase der Sohle erfolgt der Übergang bis zum Abheben der Ferse in einer Dorsalextension von 10 Grad. Vom Abheben der Ferse bis zum Abstoßen der Zehenballen kommt es wieder zu einer Plantarflexion von 10 Grad. Während der Schwungbeinphase wird der Fuß in leichter Dorsalflexion gehalten. Während der Fuß beim Aufsetzen der Ferse um 3–4 Grad invertiert ist, erfolgt bis zum Aufsetzen der Zehenballen eine Eversion von 7 Grad, die sich beim Abheben der Ferse in eine Inversion von 2–3 Grad wiederum umkehrt. Die Zehenballen werden hingegen in Inversion von 4 Grad abgestoßen.

Aus diesen Befunden der Belastungsphase zeigt sich, daß In- und Eversion sowie Pro- und Supination in lockerer Haltung der subtalaren Fußplatte beim Aufsetzen der Ferse aneinander gekoppelt und nachgiebig sind. Beim Abstoßen hingegen kommt infolge des Zusammentreffens der Dorsalextension und Inversion eine Sperre zwischen der subtalaren Fußplatte und dem Talus zustande. Dadurch ist eine Stabilisierung für die wirkungsvolle Übertragung der Abstoßkräfte gegeben, während in der Abstützungsperiode eine vermehrte Anpassungsfähigkeit des Fußes an die Unebenheiten des Bodens vorhanden ist (Abb. **263**).

Normales Gangbild

Beim normalen Vorwärtsschreiten unterscheiden wir drei ineinander übergehende Phasen eines Doppelschrittes:

1. Ausgangspunkt ist die *bilaterale Abstützungsphase*, nachdem das Schwungbein nach ventral gependelt hat und voll aufgesetzt wurde.
2. Die dynamisch aktive Phase des rückwärtigen Standbeines mit dem Ablauf der eigentlichen *Schwungbeinphase.*

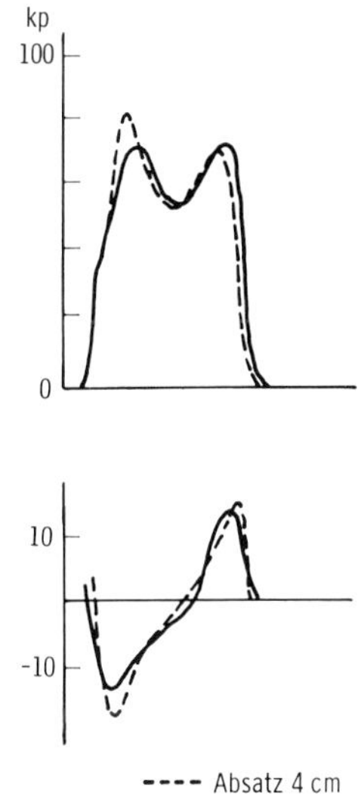

Abb. **262** Dynamogramm mit und ohne Absatz. Mit Absatz ist die Initialbelastung höher als barfuß. Die gestrichelte Linie ist ein Absatz von 4 cm Höhe (nach *Debrunner* u. *Mäder*)

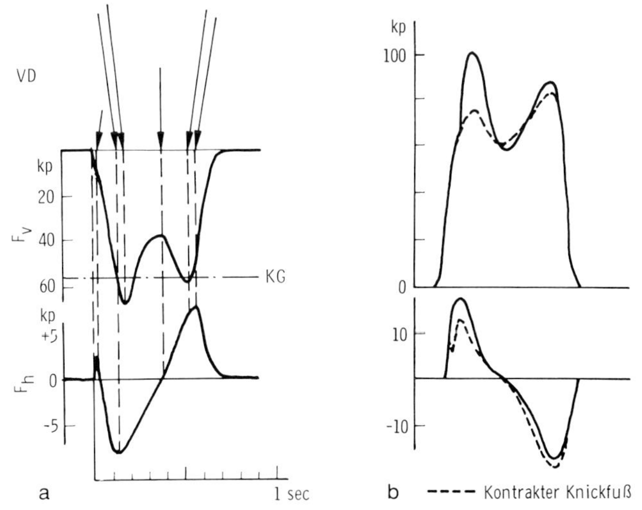

Abb. **263** a u. b a) Dynamogramm einer Belastungsphase: obere Kurve (F_v) = vertikale Komponente, untere Kurve (F_h) = horizontale Komponente, KG = Körpergewicht. Die Kurve ist von links nach rechts zu lesen. VD = Vektordynamogramm: Die Pfeile geben die Richtung und Größe der Kraft an, die zu den entsprechenden Zeitpunkten wirkt (Maßstab wie F_v). b) Dynamogramm eines kontrakten Knickfußes. Die Rückfußbelastung ist kleiner als beim normalen Fuß (nach *Debrunner* u. *Mäder*)

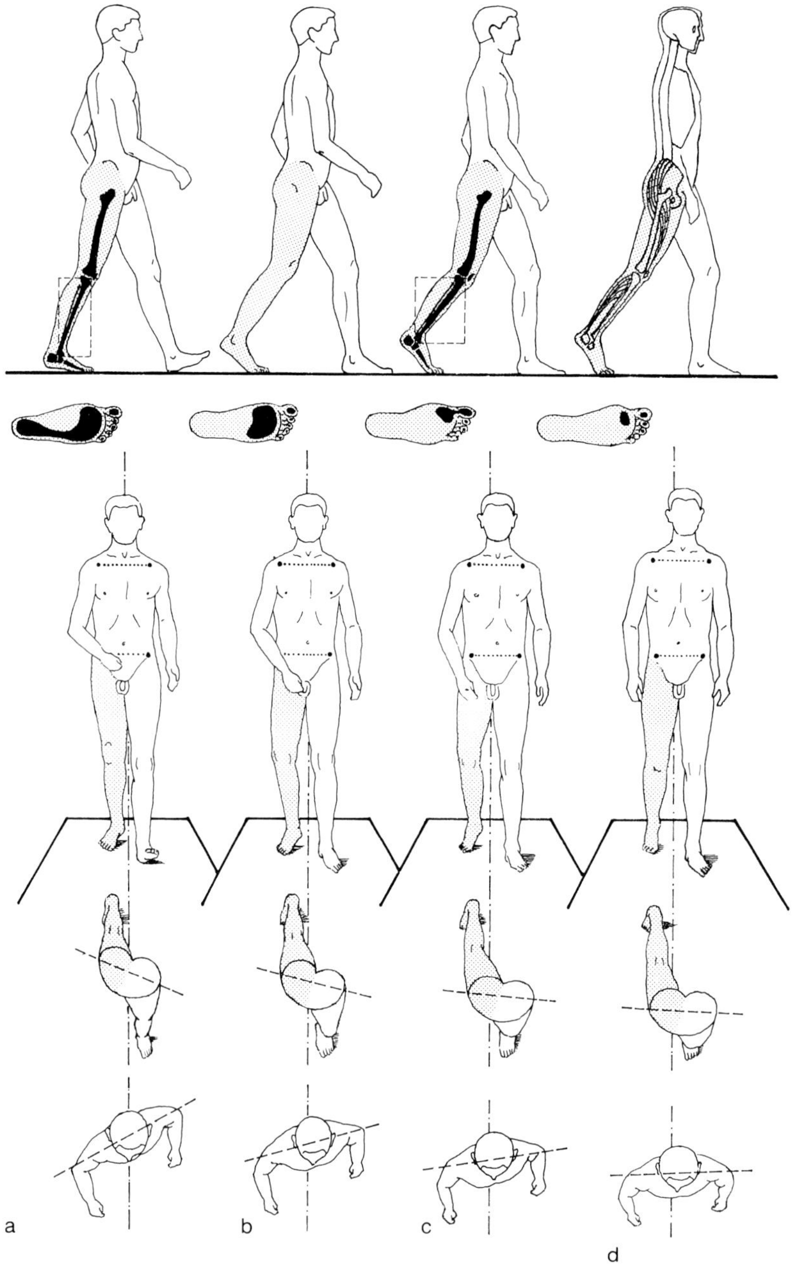

Abb. **264** a–d Bipodale Abstützungsphase in 4 Schemata mit Abrollung des Schwungbeinflusses in der Sagittal-, Frontal- und Transversalebene (horizontal), in Becken- und Schulterhöhe, mit Sohlenauftrittsbild (nach *Ducroquet*)

3. Hierbei übernimmt die Extremität der kontralateralen Seite die *monopedale Standbeinphase.*

Das Schwerelot des Körpers (S_6) pendelt rhythmisch in Form einer Sinuskurve von der Standbeinphase der einen zur unipeden Standbeinphase der Gegenseite.

Die wesentlichen Parameter für die analysierenden Direktmessungen des Geh-Aktes sind:

1. Zeitdauer der einzelnen Gangphasen:
   a) Standbeinphase,
   b) Schwungbeinphase,
   c) bilaterale Abstützungsphase,
2. wechselnde Größen der Gelenkwinkel der unteren Extremitätenabschnitte während des Geh-Aktes;
3. Geschwindigkeit und Beschleunigung der einzelnen Körperabschnitte;
4. räumliches Bewegungsverhalten des gesamten Körperschwerpunktes und seiner Teilschwerpunkte an Rumpf und Gliedmaßen;
5. auf die Unterlage (Boden) wirkende Kräfte;
6. verschiedene Größen und zeitliche Aktionsphasen der inneren Kräfte der Muskulatur während des Geh-Aktes.

Die Meßmethoden wurden anfangs eingehend beschrieben, wobei sich nach PAUL (1965 a u. b), DRILLIS (1958

u. 1959) sowie nach DEBRUNNER (1977a u. b) u. a. beim Normalgang relativ konstante Aktionskurven ergeben, indes durch pathologische Gangformen sehr individuelle Abweichungen der Bewegungsmuster mit daraus resultierenden Änderungen der Bodenkräfte und der muskulären Aktionsphasen verbunden sind (CAPOZZO u. PEDOTTI 1975, CONTINI u. Mitarb. 1965, LIMMER u. Mitarb. 1977, MURRAY u. Mitarb. 1964).

DEBRUNNER (1972) mißt:

1. zu Beginn der Belastungsphase,
2. am Gipfel der Initialbelastung,
3. die Minimalbelastung zwischen dem Gipfel der Initial- und der Schlußbelastung,
4. den Gipfel der Schlußbelastung,
5. am Ende der Belastungsphase.

Ich will versuchen, anhand der etwas modifizierten einfachen Kinematik, wie sie von DUCROQUET u. Mitarb. (1965) veranschaulicht wurde, einige Grundlagen und Charakteristika des Bewegungsablaufes eines Doppelschrittes aufzuzeigen.

Abstoßphase:

Wir gehen von der rückwärtigen Abstoßphase des Schwungbeines bei bipedaler Abstützung aus. Die Abb. **264** zeigt das Abrollbild sowie die in frontaler, sagittaler und transversaler Richtung koordinierten Bewegungen der einzelnen Körperabschnitte zueinander. Das progressive Abheben des Fußes, das gleichzeitig dem Körper einen Bewegungsimpuls nach ventral erteilt, erfolgt in leichter Hüft- und Kniebeugung sowie in Plantarflexion des Fußes in der Abrollphase über die Zehenspitzen. Die kinetisch koordinierten Antriebskräfte entstehen durch Zusammenwirken der Mm. glutaeus maximus, triceps und quadriceps femoris zusammen mit den Zehenbeugern und den kurzen Fußmuskeln. Am Ende der Abstoßphase gehen Hüfte und Knie wieder in volle Streckung über.

Seitliche Abweichbewegungen stehen im Hintergrund. Lediglich der Fuß wird im unteren Sprunggelenk durch geringe Balancebewegungen durch dosierte Aktionsphasen der Pro- und Supinatoren gesteuert und in der Hüfte durch den M. glutaeus medius (Abb. **265** a).

In der Transversalebene laufen die Bewegungen des Beckengürtels und Rumpfes, zusammen mit dem Schultergürtel und den oberen Extremitäten, gemeinsam mit dem Vorwärtsschwingen des Rumpfes ab. Die Beckendrehung ist mit der Schlußrotation des Kniegelenkes und den Ausgleichbewegungen des unteren Sprunggelenkes synergistisch abgestimmt, indes die kompensatorische Rumpf- und Schultergürteldrehung gegensinnig verläuft.

Das Maximum an sagittaler Beschleunigung wird durch Koordination der Aktionsphase der Mm. glutaeus maximus triceps und quadriceps erreicht. Die Propulsionskomponente des Fußes nach ventral wird durch die aktive Streckung von Knie und Hüfte vergrößert.

Der Fuß geht bei Beginn der dorsalen Abstoßphase von einer vollen Auftrittsstellung in leichtem Varus beim Heben der Ferse in eine Pronationsstellung des Vorfußes über, wobei die Last über den lateralen Fußrand auf den medialen Vorfuß übertragen wird. Die Abrollverdrehung des Vorfußes verläuft hauptsächlich über das untere Sprunggelenk. Die tarsometatarsalen Gelenke übernehmen dabei kompensatorische Ausgleichs- und Abfederungsbewegungen. Der Metatarsus I wird durch die Fibularis-longus-Sehne fest gegen den Boden gehalten (Abb. **265**).

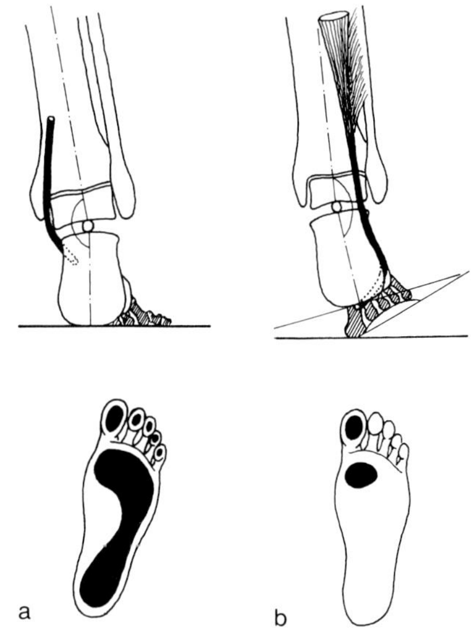

Abb. **265** a u. b a) Abrollung des Schwungbeinflusses vom vollen Auftritt bis zur Abstoßphase. Leichte Varusstellung. b) Unter Abrollung des Vorfußes von der Kleinzehenseite zum Großzehenballen erfolgt, unter Spannung des M. tibialis posterior, die Abstoßphase über die Großzehe (nach *Ducroquet*)

Schwungbeinphase (Abb. **266**):

Die Kinematik und die Kinetik der Schwungbeinphase haben schon BRAUNE u. FISCHER (1894) eingehend beschäftigt. Eingehende Untersuchungen waren notwendig, um die Ansicht der Brüder WEBER von der einachsigen freien Pendelbewegung zu widerlegen. Die Ermittlung der Winkelbeschleunigung der Längsachsen einzelner Beinabschnitte ergab zusammen mit den Werten der linearen Beschleunigungskomponenten von Ober- und Unterschenkel und Fuß erste Einblikke in die Kinetik. Beim Vergleich der von den inneren Kräften der Muskulatur ausgelösten Drehmomente mit der freien Pendelwirkung durch die Gravitationskräfte zeigte sich eindeutig, daß die Schwingung in weitaus stärkerem Ausmaß durch aktive Muskelkräfte wie durch Eigenschwere hervorgerufen wird. Das Vorwärtsschwingen des Beines erfolgt nach dem Prinzip des Doppelgelenkpendels, wobei jeder Achsenabschnitt verschiedenen Beschleunigungen unterliegt und durch einen differenzierten Bewegungsablauf der

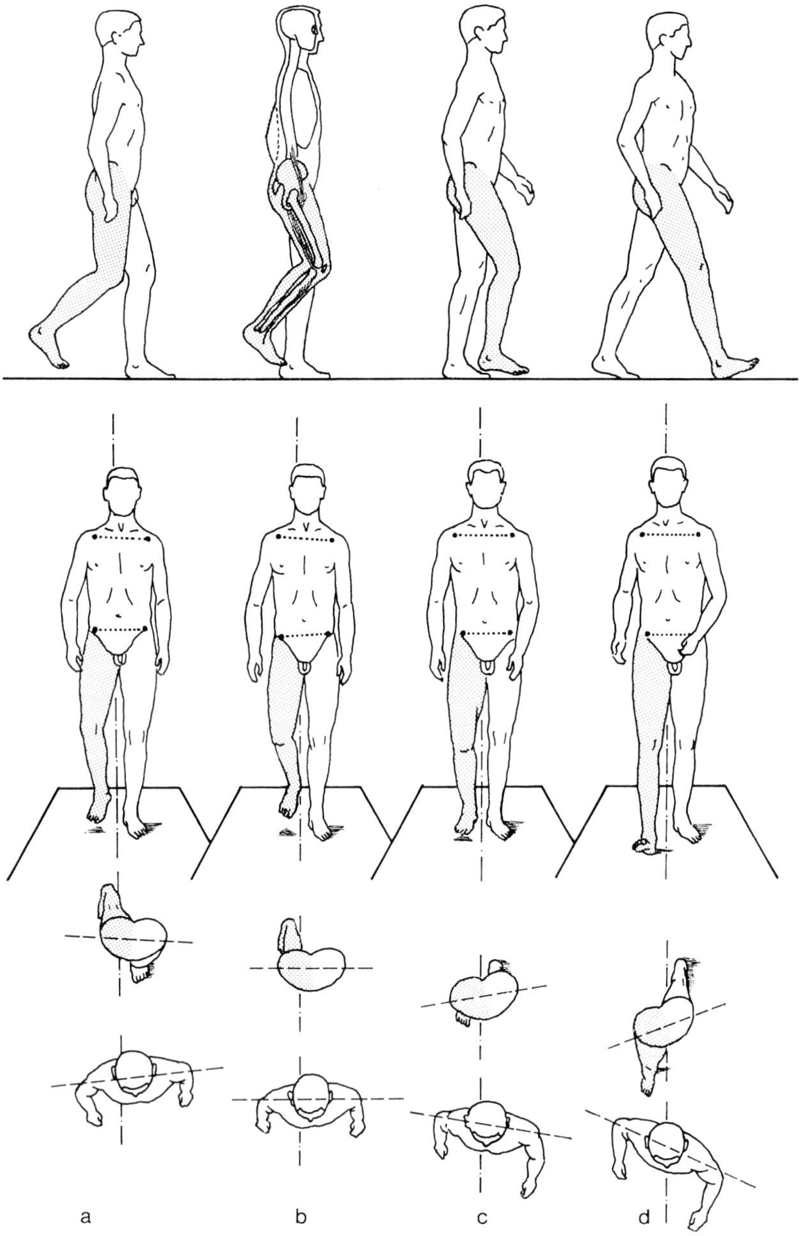

Abb. **266** a–d Schwungbeinphasen während der monopodalen Abstützung der Gegenseite bis zum Aufsetzen der Ferse (s. Text) (nach *Ducroquet*)

Einzelabschnitte zustande kommt. Es bedarf phasengerecht koordinierter Aktionen der Fußhebemuskulatur, zusammen mit der Kniestreck- und Hüftbeugemuskulatur.

Der abgehobene Fuß schwingt unter zunehmender Knie- und Hüftbeugung nach ventral. Mit dem Aufsetzen der Ferse ist der Unterschenkel bei rechtwinkeliger Fußstellung dorsal geneigt, und es beginnt gleichzeitig die vordere Abstützphase des Schwungbeines, wobei Bremskräfte die Beschleunigung des vorwärtsschwingenden Körpergewichtes abfangen.

In der Frontalebene beobachten wir ein geringes Absinken der Beckenlinie nach der Seite des Schwungbeines, das durch eine gegensinnige Einstellung der Schulterlinie kompensiert wird. Gegen Ende des Schwingens wird das horizontale Gleichgewicht beider Linien wiederhergestellt. Die Schwerlinie des Körpergewichtes pendelt in Form einer Sinuskurve vom Beginn der Schwungbeinphase zur Seite des Standbeines (Abb. **266**).

Die vordere Abfangphase mit doppelseitiger Abstützung beginnt mit dem Aufsetzen der Ferse des nach vorn gependelten Schwungbeines, in einer dorsalen Neigung der Beinachse von ca. 30 Grad zur Vertikalen, unter rechtwinkeliger Fußstellung. In der zweiten Phase gewinnt der Fuß durch Plantarflexion vollen Bodenkontakt; die Unterschenkelachse, richtet sich bei zunehmender Beu-

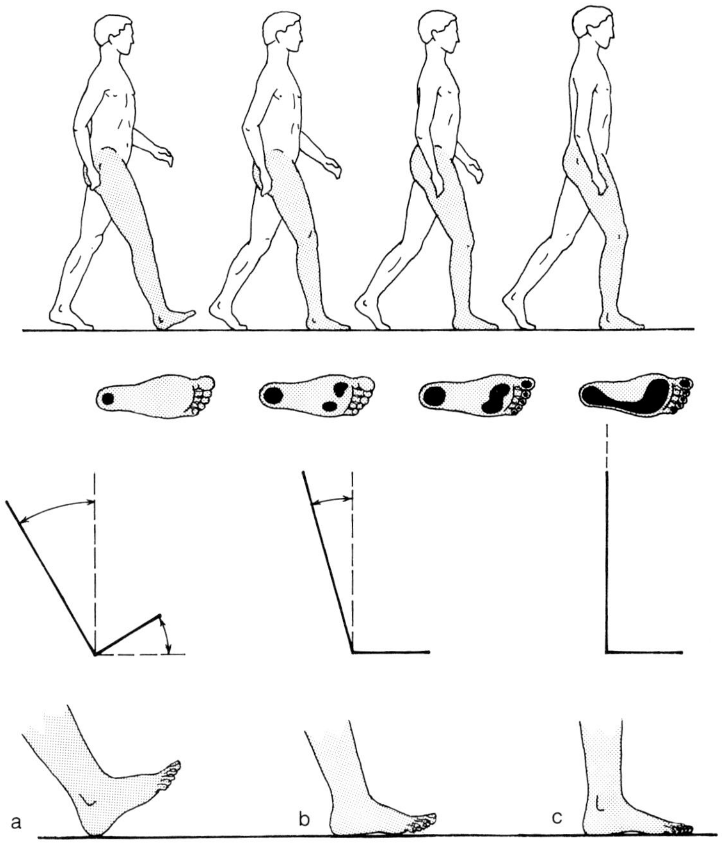

Abb. **267** a–c Bipodale Abstützung mit vorderer Abfangphase und Aufsetzen der Ferse des Schwungbeines bis zum vollen Auftritt mit der ganzen Fußsohle (s. Text) (nach *Ducroquet*)

gung im Knie und im Hüftgelenk um 15 Grad auf und erreicht in der dritten Phase bei weiterer Zunahme der Knie- und Hüftbeugung die Vertikalstellung (Abb. **267**). Mit Beendigung der bipodalen Abstützphase hat die rückwärtige Abstoßphase der Gegenseite bereits ihr Endstadium erreicht, und es beginnt auf der ursprünglichen Schwungbeinseite nunmehr die eigentliche Standbeinphase (Abb. **268**).

In der Sagittalebene wird das kinetische Zusammenwirken der ganzen Abstützung und Bremskräfte durch koordinierte Muskelaktionen der Mm. triceps, quadriceps und glutaeus maximus kontrolliert und gesteuert. Die in der Frontalebene wirkenden Querkräfte führen zu einem leichten Pendeln des ganzen Körpers zum abstützenden Schwungbein hin, das in der Folge in die Standbeinphase übergeht.

In der Transversalebene wird das Becken mit dem Aufsetzen der Ferse der Schwungbeinseite maximal nach ventral gedreht. Unter gleichzeitigem Einsetzen der Abstoßphase der Gegenseite dreht sich das Becken in die Frontalebene, indes sich die Schulterlinie kompensatorisch in entgegengesetzten Richtungen einstellt. Am Ende der bipodalen Abstützungsphase bildet die Schulter- und Beckenlinie fast eine Ebene. Während der bipodalen Abstützungsphase mit vorderer Abstützung hebt sich der ganze Rumpf in leichtem, nach kranial konvexem Kurvenverlauf vorübergehend.

Das volle Aufsetzen der Fußsohle in der bipodalen vorderen Abstützphase führt zu einer Verteilung des Bodendruckes auf die ganze zur Verfügung stehende Abstützfläche des Fußes (Abb. **268**).

Durch koordinierte Aktivität des M. tibialis anterior und der Fibularismuskulatur, die als ausgleichende Gegenkraft die Supinationswirkung des M. tibialis anterior kompensiert, wird auch die Bodenhaftung des Vorfußes intensiviert.

Die Lastübertragung selbst erfolgt von der Ferse über den äußeren Fußrand auf den lateralen Vorfuß und dehnt sich dann harmonisch bis zum vollen Auftritt auf den Metatarsus I aus, wobei wiederum der M. fibularis longus den I. Mittelfußstrahl fest auf den Boden drückt. Der Fuß befindet sich bei Horizontalstellung der Knieachse in einer physiologischen Außenrotation von ca. 15 Grad. Das Bein selbst wird in leichter Abduktion der Hüfte aufgesetzt. Dosierte Kräfte der mittleren und kleinen Glutäalmuskulatur stabilisieren die Lateralabweichung. In Zusammenwirkung mit der Abdominal- und Rückenmuskulatur befindet sich der ganze Rumpf in einem dynamischen Gleichgewicht.

Der Schultergürtel ist kompensatorisch in der entgegengesetzten Richtung schiefgestellt, wobei die rechte obere Extremität leicht nach vorn mitschwingt. Die Stabilität der Rumpf- und Schultergürteldrehung vom Becken wird durch das Zu-

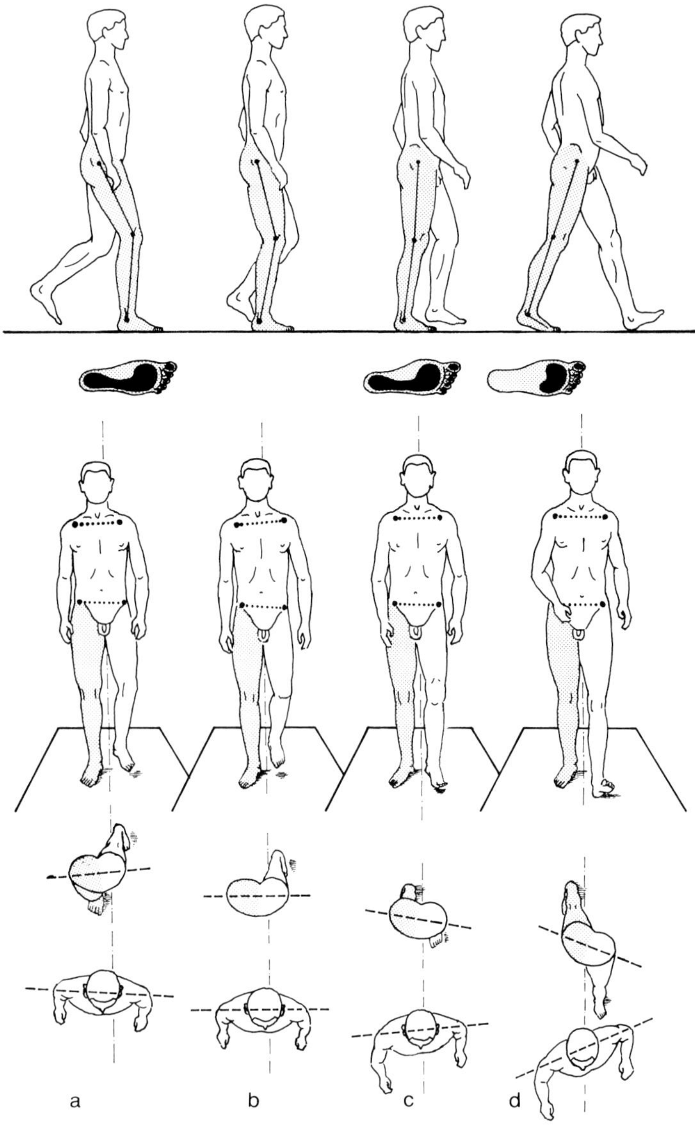

Abb. **268** a–d Monopodale Standbeinphase bis zum Aufsetzen des Schwungbeines der Gegenseite. Beginn der hinteren Abstoßphase des Standbeines (s. Text) (nach *Ducroquet*)

sammenwirken der Transversus- und Obliquusmuskulatur des Abdomens mit dem M. erector spinae aufrechterhalten.

Monopodale Abstützungsphase:

Die monopodale Abstützungsphase oder Standbeinphase bildet den dynamisch aktivsten Teil des Kräfteablaufes in den Gelenken und Achsen des passiven Stützapparates wie auch in dem propulsiven und stabilisierenden Apparat der Muskulatur und Bänder.

Sie ist charakterisiert:

1. durch die monopodale Lastübertragung des Körpergewichtes,
2. durch die Erhaltung des räumlichen Gleichgewichtes,
3. durch die progressive Fortbewegung.

Zu Beginn der Standbeinphase besteht der volle Auftritt des Fußes bei senkrechter Stellung des Unterschenkels unter leichter Knie- und Hüftbeugung. Mit dem Abheben der Fußspitze des Schwungbeines wandert das Schwerelot von schräg medial hinter der oberen Sprunggelenkachse vor das obere Sprunggelenk zum mittleren Drittel der Unterstützungsfläche des Fußes, unter gleichzeitig zunehmender Streckung des Kniegelenkes und der Hüfte.

Die Lastübertragung auf das Standbein ist hiermit fortgeschritten. Der Fuß wird in 15 Grad Außendrehung ca. 6 cm von der Ganglinie aufgesetzt, und es folgt unter zunehmender Last eine Horizontaldrehung des Sprungbeines über den tragenden Kalkaneus, die durch Aktion des M. tibialis posterior gesteuert wird (Abb. **269** a).

Die Vorwärtsbewegung des Rumpfes und Beckens ist gleichzeitig mit einer Drehbewegung des Beckens auf der Schwungbeinseite nach ventral verbunden, indes die Schulter und der Rumpf eine kompensatorische Rotation im entgegenge-

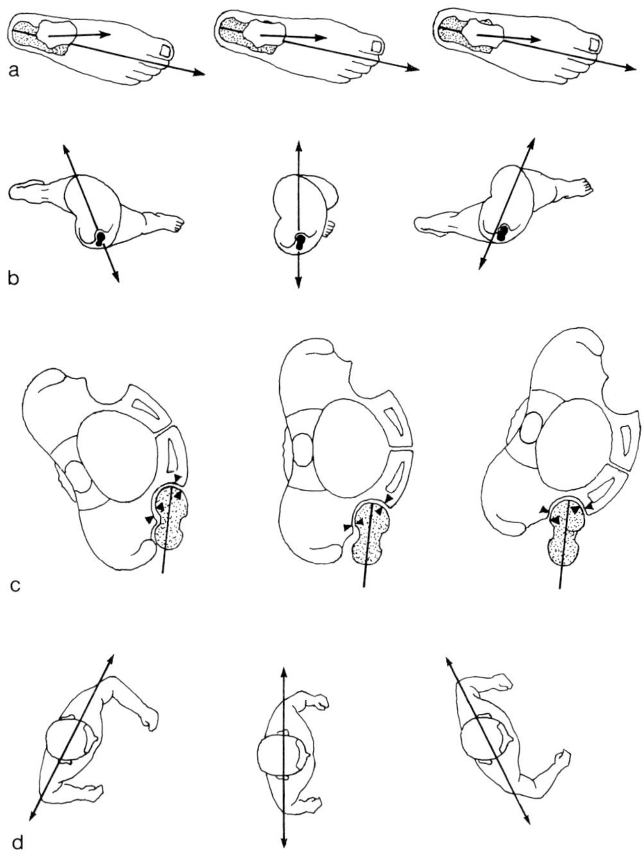

Abb. **269** a–d Ablauf der Standbeinphase in transversaler Aufsicht. a) Fußstellung und Bewegungsablauf des unteren Sprunggelenkes, b, c) in der Schnittebene des Beckens, d) in der Aufsicht auf den Kopf und den Schultergürtel (nach *Ducroquet*)

setzten Sinne durchmachen, wobei der Kopf mit dem Rumpf leicht zur Standbeinseite abweicht (Abb. **269** b–d).

In der Transversalebene beobachten wir im Schnittbild des Beckens in mittlerer Hüftkopfhöhe eine Beckendrehung auf der Schwungbeinseite von dorsal nach ventral, wobei es in Vertikalstellung des Standbeines in der Frontalebene steht (Abb. **270**).

Gleichzeitig bewegt sich auch der Rumpf um die Schrittlänge, welche das Schwungbein von der Abstoßphase bis zur vorderen Abfangphase nach ventral begrenzt. Die Beckendrehung erfolgt unter Stabilisierung des Gleichgewichtes durch die Aktivität der Innenrotatoren, indes der M. tensor fasciae latae und der kleine und mittlere Glutäalmuskel dem exzentrisch auf die Hüfte wirkenden Körpergewicht das Gleichgewicht hält. Sie wird durch eine entgegengesetzte Drehung der Schultergürtellinie, die unter den koordinierten Kräften der Obliquus- und Transversalmuskulatur des Abdomens und des M. erector spinae erfolgt, begleitet.

Im vierten Abschnitt der Standbeinphase ist das Schwungbein vorn und wird mit der Ferse aufgesetzt, womit auch die bipodale Abstützungsphase mit der dorsalen Propulsionsphase der Gegenseite, unter Abheben der Ferse, wieder beginnt. Gleichzeitig hat sich der Rumpf um die Schrittlänge vorwärts weiterbewegt. Das Becken in der Standbeinphase bleibt fast in Horizontalstellung, wo bei der exzentrischen Lastübertragung des Körpergewichtes über die Hüfte auf das Bein durch die Gegenkraft der Abduktoren das Gleichgewicht gehalten wird. Ein minimales Absinken wird durch die entgegengesetzte Schrittstellung des Schultergürtels kompensiert.

Spezielle Beachtung verdient die mittlere Standbeinphase mit Vertikalstellung des Beines. Sie bildet seit vielen Jahrzehnten die Standardstellung zu statischen Untersuchungen der mechanischen Beanspruchungsgrößen der Gelenke und Achsen der unteren Extremität, wie bereits vorhergehend ausgiebig erläutert wurde.

Die sehr vereinfachte Darstellung des Bewegungsbildes soll das Verständnis der heute hoch entwickelten direkten Meßvorgänge und ihrer komplexen Auswertungsmöglichkeiten erleichtern, die von der Dynamik und Kinetik zur Kybernetik hinüberleiten. Besonders schwer ist das Verständnis der dynamischen Optimierung, welche die Aufgabe hat, Kräfte und Bewegungssysteme von variabler Größe zu koordinieren und zu steuern. So versucht man besonders bei repedektiven Veränderungen biologische Systeme durch funktionsähnliche technische und mathematische Modelle zu simulieren, um dadurch die oft große Kompliziertheit von Bewegungs- und Kräftekoor-

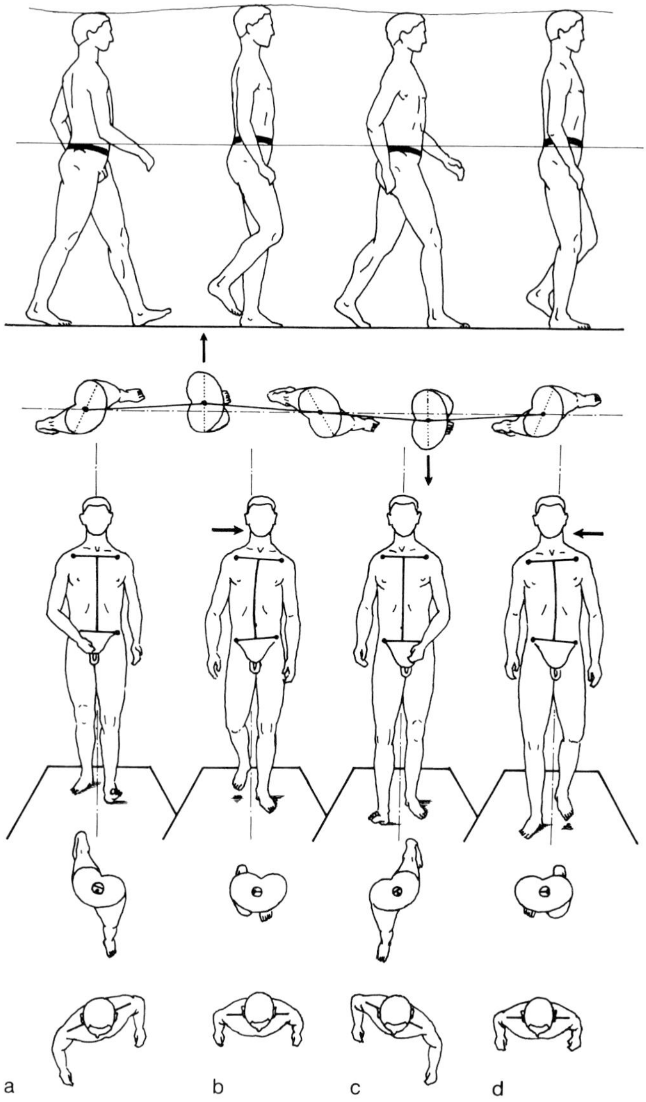

Abb. **270** a–d Oszillationsbewegungen während des Gehens des Beckens und Rumpfes in der Sagittal- und Frontalebene, unter Berücksichtigung der frontalen Abweichung des Beckens und des Schultergürtels in transversaler Aufsicht (nach *Ducroquet*)

dinationen zu vereinheitlichen. Wenn dies vielleicht auch einen der neuesten Wege zur Erfassung von Wirkungsweisen biologischer Regelmechanismen darstellt, so muß man sich jedoch der Möglichkeiten enormer Irrtümer und Fehlerquellen bewußt bleiben.

Pathologischer Gang

Pathologische Gangbilder und ihre Sekundärfolgen sind am häufigsten auf Beinlängenunterschiede, diaphysäre und artikuläre Achsenfehler der unteren Extremitäten und Fehlhaltungen des Rumpfskelettes sowie auf Folgen artikulärer Kontrakturen, Versteifungen und Gliedmaßendefekte zurückzuführen. Eine weitere Gruppe bilden angeborene und erworbene Fehlsteuerungen und Ausfälle des neuromuskulären Stützapparates, dessen Stabilisierungs- und Lokomotionskräfte für die Harmonie des Gehens und der dynamischen Haltungen von erster Bedeutung sind (LIMMER u. Mitarb. 1977, LÖFFEL-WAGNER 1977a u. b).

Die biochemische Analyse der unübersehbaren Einzelursachen, ihrer verschiedenen Lokalisationen und Schweregrade sowie der oft sehr komplexen Funktionsausfälle und Beanspruchungsfehler der betroffenen Gliedmaßenketten ginge weit über den Rahmen dieser Einführung hinaus. Es sollen nur einzelne, besonders einprägsame Gangstörungen samt ihren Folgen hervorgehoben werden (DUCROQUET u. Mitarb. 1965).

Eine kurze, sicher unvollständige Synopsis der möglichen Ursachen soll die große Vielfalt verschiedener Gangstörungen vor Augen führen. Ihre umfassende biomechanische Analyse wird nur durch eine weitere Entwicklung und Rationalisierung der heutigen Forschungs-und Untersuchungsmethoden möglich sein. Die Zukunft wird zeigen, in welchen Bereichen sich klinische Anwendungen als vorteilhaft erweisen werden. Auf jeden Fall wird noch ein weitgehendes Umdenken in unseren derzeitigen mechanisch-diagnostischen und therapeutischen Konzepten notwendig werden.

Kurze Synopsis der Hauptursachen pathologischer Gangbilder

I. **Beinlängendifferenzen der unteren Extremitäten** (s. Text)

II. **Fußerkrankungen und Deformitäten**

1. Störungen des statischen und dynamischen Gleichgewichtes des Auftrittes durch Fußdeformitäten:
   a) Spitzfußgang,
   b) Hakenfußgang,
   c) Klumpfußgang,
   d) Knickplattfußgang,
   e) Hohlfußgang,
   f) Spreizfuß und sonstige Vorfußschäden und Zehendeformitäten;
2. Versteifungen und schmerzhafte Kontrakturen der Fuß- und Zehengelenke:
   a) Ankylosen und schmerzhafte Kontrakturen der subtalaren Fußwurzelgelenke,
   b) Versteifung des oberen Sprunggelenkes mit und ohne Fehleinstellung des Fußes (Spitzfuß, Hakenfuß);
3. Teilamputationen bis zur totalen Exartikulation des Fußes im oberen Sprunggelenk.
   Die verschiedenen Formen der Fehlbelastung des Fußes betreffen einerseits das Auftrittsbild der Sohle, andererseits die daraus resultierenden Störungen der wirksamen Bodenkräfte. Ihre Direktmessung ist heute hoch entwickelt, und es liegen mehrfache Meßergebnisse pathologischer Auftrittsbilder vor (Debrunner 1972, 1977c, Limmer u. Mitarb. 1977).

III. **Kniegelenkschäden**

1. Versteifungen:
   a) knöcherne Ankylose, Streckstellung,
   b) Beugestellung,
   c) in Valgus- und Varusdeformität;
2. schmerzhafte Bewegungskontrakturen (Entlastungs- und Kontrakturhinken);
3. Valgus- und Varusdeformitäten des Jugendlichen bei erhaltener Beweglichkeit;
4. Deformitäten und Bewegungsstörungen bei statischen Arthrosen;
5. paralytische und neuromuskuläre Knieschäden, Instabilität und Achsenfehler (Genu varum, valgum, recurvatum und flexum);
6. Schlotterknie mit ligamentärer Instabilität (muskuläre Kompensationsmechanismen);
7. Unterschenkelamputationen bis zur Exartikulation im Kniegelenk.

IV. **Hüftschäden**

1. Ankylosen und Versteifungen:
   a) in Streckstellung,
   b) in Beugung (Begrüßergang),
   c) in Abduktion,
   d) in Adduktion,
   e) in kombinierter Fehlstellung, z. B. Flexion, Ab- oder Adduktion,
   f) Rotationsfehler,
   g) beidseitige Ankylose;
2. ossäre und fibröse artikuläre Kontrakturen (Schmerzhinken, Entzündungen, Arthrose);
3. Lähmungshüfte und neuromuskuläre Insuffizienz (Glutäal- und Quadrizepsinsuffizienz, kombiniert mit multiplen Muskelschwächen);
4. Luxationshüfte;
5. Kombinationsdeformitäten;
6. Amputationen bis zur Exartikulation in der Hüfte.

V. **Gangstörungen bei Systemerkrankungen des Skelettes**

VI. **Neuromuskuläre Systemerkrankungen**

1. Muskelschäden und Defekte;
2. Multiple Lähmungen:
   a) schlaff,
   b) zerebral-spastisch etc.

Die heute vorliegenden Ergebnisse biomechanischer und biotechnischer Grundlagenforschungen konnten bisher nur in begrenztem Ausmaß in das routinemäßige klinische Denken eingegliedert werden, um sie in einer präzisen analytischen Diagnostik und kausalen mechanischen Therapie voll zu nutzen (Debrunner 1967 u. 1977, Maquet 1966).

Klinisch berücksichtigen wir:

1. Deskription und analytische Erfassung gestörter Gangbilder. Hierbei fallen kinematische Störungen vor allem in der sagittalen Fortbewegungsebene besonders ins Auge.
   Analytische Details mittels Filmaufnahmen oder Chronozyklofotografie in Verbindung mit Kräftemessungen bleiben meist nur speziellen Forschungszentren vorbehalten.
2. Die Ermittlung vor allem qualitativer und quantitativer Störungen der Kinetik auch in räumlicher Hinsicht, um grundsätzliche Fehlsteuerungen der statisch und dynamisch wirksamen Kräfte beim Gehen und den häufigsten Arbeitserfordernissen des Alltages festzuhalten (s. Abschnitt „Der menschliche Gang").

Räumliche Direktmessungen der Bodenkräfte, Störungen der Kinematik und Kinetik mit Diskoordinationen der Muskelaktionen sind für die Spitzenentwicklungen der Exo- und Endoprothetik sowie für die Beurteilung ihrer Effektivität unentbehrlich geworden.

Wie bereits erwähnt, hat die klinische Anwendung der Ergebnisse biomechanischer Grundlagenforschungen (Pauwels 1973a) immer mehr

Verständnis gefunden. Dies gilt nicht nur für die gelenkerhaltende Chirurgie verschiedenster Hüftschäden, sondern auch für zahlreiche andere Wiederherstellungsoperationen des Stütz- und Bewegungsapparates. Die Methodik gezielter klinischer Funktions- und präoperativer Röntgenanalysen und Planungsverfahren sind genau festgelegt, und es wird eine planungsgerechte metrische Operationstechnik gefordert (s. S. 234).

Wenn wir auch heute noch, zurückgehend auf die Systematik von Pauwels, unsere Überlegungen aus der z. T. groben klinischen und röntgenologischen Untersuchung schöpfen und statische Bildphasen als Unterlagen präoperativer Zeichnungsplanungen herausgreifen, so spielt die Ganzheitsbetrachtung der Veränderungen des Gangbildes mit zunehmender Kenntnis der räumlichen Bewegungsabläufe und des Kräftespieles eine immer stärker werdende Rolle (Müller 1967).

Das *praktische Vorgehen einer mechanischen Diagnostik* beginnt:

1. Mit der genauen Erfassung, Funktionsanalyse und Vermessung der vorhandenen Fehler mit Ergänzungen durch Situationszeichnungen und Fotos;
2. mit der statischen und funktionellen Röntgenuntersuchung mittels Ganzaufnahmen der unteren Extremitäten und des Rumpfes in den frontalen und sagittalen Hauptebenen. Zur Beurteilung lokaler Beanspruchungsschäden einzelner Gelenke wird ausnahmsweise auch die Röntgenkinematographie mit herangezogen;
3. mit der Zeichnung und Ausmessung komplexer Gangstörungen anhand von statischen Röntgenbildern der unteren Extremitäten und des Rumpfes, unter Berücksichtigung wichtiger Stadien des gestörten Bewegungsablaufes;
4. mit der zumindest schätzungsweisen, wenn nicht metrischen Erfassung qualitativer und quantitativer Kriterien der kinetischen Fehlsteuerungen des gestörten Gangbildes.

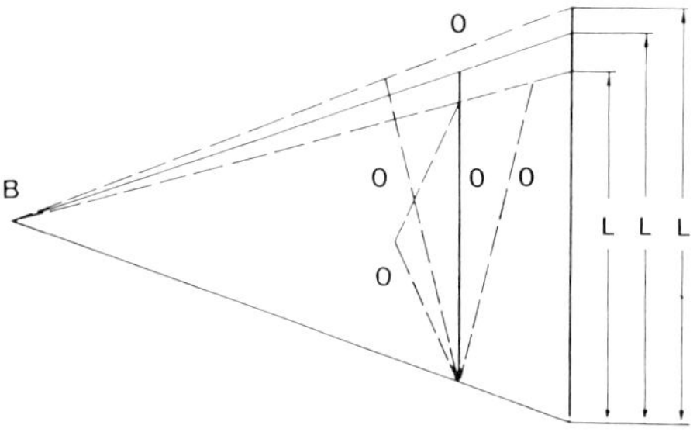

Abb. **271** Projektionsbedingte Änderungen der Achsenkonfiguration der UE im Sinne einer Verkürzung oder Verlängerung im Stehen durch Schrägstellung oder durch Abwinklung des Objektes zur Röntgenprojektionsebene. B = Fokus, O = Objekt, F = Film, L = projizierte Länge des Objektes (aus: *O. Oest, H. Sieberg:* Z. Orthop. 109 [1971] 74)

Das *Röntgenbild* erlaubt aus der Lokalisation und Ausdehnung pathologischer Veränderungen der Spongiosa- und Kompaktastrukturen sowie aus den Gelenk- und Achsenkonfigurationen wertvolle Rückschlüsse auf die Kausalität und Auswirkungsbreite mechanischer Beanspruchungsfehler. Sie können bildmäßig charakteristische funktionelle Anpassungsvorgänge und vor allem auch regressive Degenerationsschäden am Knochen und am Knorpel besonders in den tragenden Anteilen der statischen Hauptgelenke der unteren Extremität sichtbar machen. Sie erlauben begrenzte räumliche Betrachtungen des funktionellen Ablaufes von Beanspruchungsfehlern und können mittels Bildprojektionen verschiedener Bewegungsphasen und Raumrichtungen einander gegenübergestellt werden.

Projektionsgerechte Ganzaufnahmen des Rumpfes und der unteren Extremitäten erleichtern die Übersicht bei Konfigurationsbeurteilungen kombinierter Achsenfehler sowie auch bei Längendifferenzen und Rumpfdeformitäten. Eine genaue Röntgendarstellung erfordert nicht nur achsengerechte Bildprojektionen, sondern auch entsprechende Spezialeinrichtungen.

Projektions- und andere Darstellungsfehler haben Fehlschlüsse in der Beurteilung zur Folge.

Bei der a.-p.-Ganzaufnahme der unteren Extremitäten müssen folgende Punkte berücksichtigt werden.

1. Der Patient steht erhöht frontal zur Röntgenröhre vor dem Stativ (Normalabstand der Bildröhre 3 m);
2. die Patellae sind genau frontal gerichtet;
3. sie sollen niveaugleich eingestellt werden (Höhenausgleich bei Beinlängendifferenzen);
4. volle Streckung und neutrale Rotation, jedoch keine Überstreckung der Beine in Knie und Hüfte (Abb. **271**);
5. Röhrenabstand 3 m bei Teleradiographien (trotzdem müssen Projektionsverzerrungen, insbesondere bei der Beurteilung von Längendifferenzen, berücksichtigt werden) (Abb. **272**) (Rettig 1973, Frank, Oest u. Mitarb. 1974);
6. die millimetergenaue Beurteilung von Längendifferenzen ist durch die Orthoradiographie (Belle u. Thompson 1950, Morscher u. Taillard 1965 u. a.) ebenso wie durch die Scanographie von Millwee (1937) möglich (Abb. **273**).

Ganzaufnahmen der unteren Extremitäten in der Sagittalebene sind vor allem bei komplexen Deformitäten der Ober- und Unterschenkel aufschlußreich. Wir führen diese bei entsprechenden Erkrankungen auf den schmäleren Arteriographiekasetten von 90 cm Länge und 20 cm Breite durch. Der Patient steht seitlich zur Plattenebene, und das kasettenferne Bein ist maximal in der Hüfte gebeugt. Das Becken wird auf der plattenfernen Seite hochgezogen.

Rotationsfehler der Beinachsen lassen sich in den Normalprojektionen der unteren Extremitäten nicht immer ausreichend erfassen. Spezialaufnahmen zur Bestimmung des Ante- und Retrotorsionswinkels des Schenkelhalses sind nach den Methoden von König (König 1973) sowie indirekt durch die Projektionen von Francillon u. Mil-

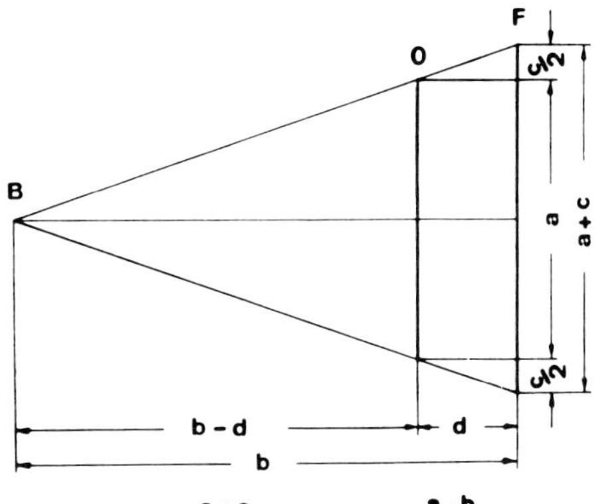

$$\frac{a}{b-d} = \frac{a+c}{b} \qquad c = \frac{a \cdot b}{b-d} - a$$

a

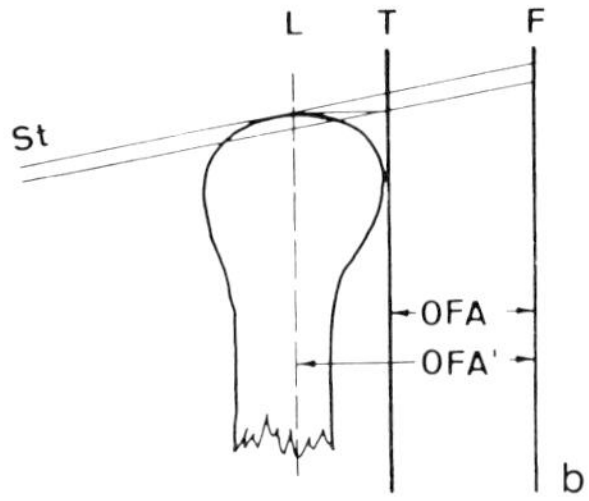

b

Abb. **272** a u. b a) Errechnung des Projektionsfehlers, der durch den schrägen Strahlenverlauf sowie durch den Objekt-Film-Abstand entsteht: B = Fokus, O = Objektlängsachse, F = Film, a = wahre Objektlänge, b = Fokus-Film-Abstand, c = Vergrößerung durch Projektion, d = Objekt-Film-Abstand (OFA'). b) d = Abstand der Röntgentischplatte, F = Filmebene, L = Längsachse des Objektes, St = Strahlengang. Praktisches Beispiel der Errechnung nach *Oest* u. *Sieberg:* FL = wahre Femurlänge 40,6 cm, OFA = Röntgentischplatte, Filmabstand 15,5 cm, OFA' 19,5 cm Objektmitte-Filmabstand, Fokus-Filmabstand FA 300 cm, projektionsbedingte Vergrößerung: errechnet 28,2 mm, gemessen 27 mm. Bei OFA von 5,5 cm und OFA' von 9,5 cm beträgt die errechnete Vergrößerung 13,3 mm, gemessen 14 mm (aus: *O. Oest, H. Sieberg:* Z. Orthop. 109 [1971])

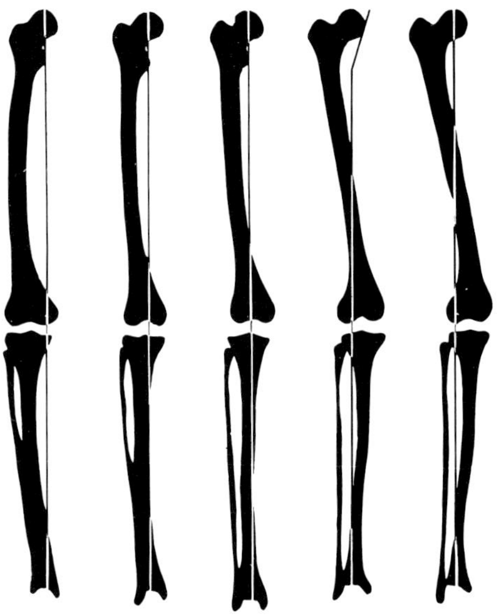

a b c d e

Abb. **273** a–e Röntgenschattenbilder desselben Beinskelettes bei verschiedener Drehung der Beinachse und Beugestellung des Kniegelenkes. Sie veranschaulichen die scheinbare Wanderung der Traglinie nach medial und lateral, und es entsteht der Eindruck der betonten O-Bein- und X-Beinstellung bei Fehlrotation und Beugung. a) 20 Grad Beugung und 20 Grad Außendrehung, b) 10 Grad Beugung und 20 Grad Außendrehung, c) Neutrale Rotation bei gestrecktem Kniegelenk, d) 10 Grad Beugung und 20 Grad Innendrehung, e) 20 Grad Beugung und 20 Grad Innendrehung (aus: *O. Oest, H. J. Sieberg:* Z. Orthop. 109 [1971] 54)

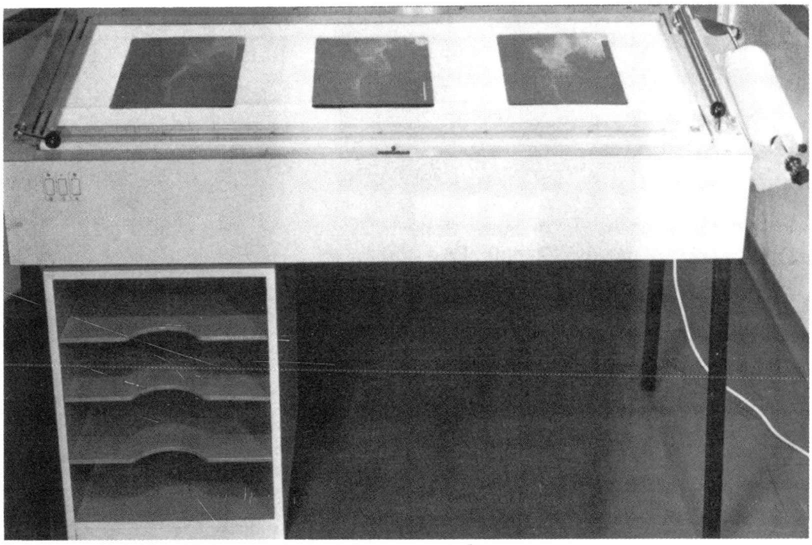

Abb. **274** Negatoskop und Zeichentisch nach Endler/Fochem (Firma Siemens, Wien). Halbtransparentes Zeichenpapier kann von einer Rolle über die jeweiligen Röntgenbilder auf der Leuchtplatte gezogen und mittels Walzenklemmen gespannt und fixiert werden. Dadurch wird ein Verrutschen vermieden (aus: *F. Endler, K. Fochem:* Special Orthopaedic Roentgen Diagnosis. Thieme, Stuttgart [in Druck])

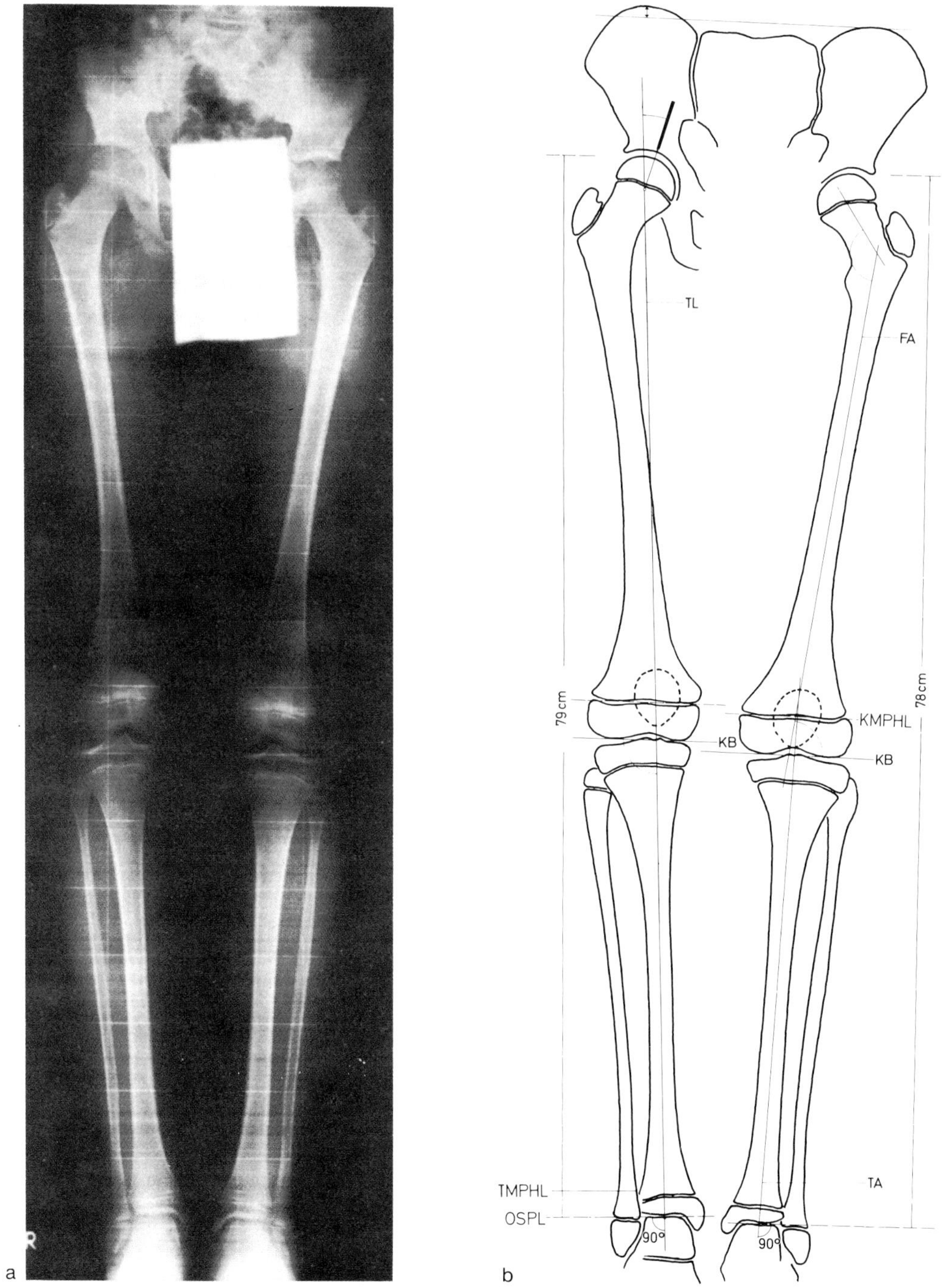

Abb. **275** a u. b M. N. ♂, 13 Jahre. Schema der unteren Extremitäten in der Frontalebene mit eingezeichneten Meßlinien: TL = Traglinie rechts, FA = Femurschaftachse, TA = Tibiaachse, KB = Kniebasislinie, KMPHL = distale und proximale Metaphysenlinie Kniegelenk, TPMHL = Metaphysenlinie oberes Sprunggelenk, OSPL = obere Sprunggelenklinie

ler, Anderson u. Shands oder durch die allerdings sehr strahlenbelastende Direktprojektion nach Dunn durchführbar.
Zur graphischen und metrischen Auswertung dieser großen Röntgenbilder benützen wir spezielle Durchsicht- und Zeichentische (Abb. **274**) (Endler u. Fochem [in Druck] u. a.).
In Anlehnung an Pauwels haben wir auch für die Ganzaufnahmen spezielle präoperative Zeichentechniken entwickelt, indes Polster u. Debrunner (1967 u. 1976) die automatische Computerauswertung unter Zwischenschaltung von Selbstzeichnungsgeräten erproben.

Bei allen Planungen und Analysen sind folgende Kriterien zu berücksichtigen:

1. Markierung der Hüftkopfzentren sowie der Knie- und Sprunggelenkmitte,
2. Einzeichnen der Traglinie, die Hüftkopfzentrum mit dem Mittelpunkt des oberen Sprunggelenkes verbindet,
3. Einzeichnen der Horizontalachsen der oberen Sprunggelenke, tangential zur Talusrollenbegrenzung,
4. Kniebasislinie,
5. anatomische Achse des Femurs,
6. Festlegung der Tibialängsachse,
7. Schenkelhalsachse mit Bestimmung des Schenkelhalswinkels und der Schenkelhalslänge,
8. Markierung und Messungen pathologischer Achsenfehler der Diaphyse und Fehlstellungen einzelner Gelenkachsen zueinander. Ausmessung aller faßbaren Abweichungen von der Norm.

Diaphysäre Achsenkrümmungen, die mit ihrer Hauptkrümmungsebene nicht senkrecht zu den dargestellten Projektionsebenen verlaufen, sind projektionsbedingt verzerrt. Dies ist bei allen Beurteilungen zu berücksichtigen (Abb. **275**).
Um die Einheitlichkeit der Untersuchungen zu gewährleisten, hat Spirig (1967) die radiologischen Untersuchungen der unteren Extremität in

Schema der radiologischen Messungen der unteren Extremität:

Frontalebene: Ganzaufnahme	*rechts*	*links*
Femurschaft-Kniebasis-Linie	.... Grad	.... Grad
Tibiaschaft-Kniebasis-Winkel	.... Grad	.... Grad
Tibiaschaft-Talus-Winkel	.... Grad	.... Grad
Deviation der Traglinie nach medial (O-Bein)	.... cm	.... cm
Deviation der Traglinie nach lateral (X-Bein)	.... cm	.... cm
Traglinie-Kniebasis-Winkel	.... Grad	.... Grad
Femurlänge	.... cm	.... cm
Tibialänge	.... cm	.... cm
Femur- und Tibialängen zusammen (Differenz ... cm)	.... cm	.... cm
Sagittalebene: seitliche Aufnahme im Stehen		
Femurschaftachse – Tibiaschaftachse	.... Grad	.... Grad
Tibiaplateau – Schaftachse	.... Grad	.... Grad
Messung diaphysärer Deviationswinkel		
Femur	.... Grad	.... Grad
Valgusknick	.... Grad	.... Grad
Varusknick	.... Grad	.... Grad
Rekurvation	.... Grad	.... Grad
Antekurvation	.... Grad	.... Grad
Höhenlokalisation des Krümmungsscheitels, gemessen zur Kniebasislinie		
Femur proximal von der Kniebasislinie	.... cm	.... cm
Tibia distal von der Kniebasislinie	.... cm	.... cm
Fehlstellungen der metaphysären Wachstumslinie zur Gelenkachse		
Femur distal	.... Grad	.... Grad
Femur proximal	.... Grad	.... Grad
Tibia distal	.... Grad	.... Grad
Tibia proximal	.... Grad	.... Grad

einem Schema zusammengefaßt, das wir in einigen Punkten ergänzt haben. Die Kinematik veranschaulicht am eindrucksvollsten Störungen des Gangablaufes, wie dies am folgenden Beispiel eines Lähmungsganges (Ducroquet) dokumentiert wird (Abb. **276**).

Spirig befürwortet, die mechanischen Auswirkungen von Achsenfehlern in der Frontalebene auf das Ausmaß der Verschiebung einzelner Deviationspunkte zur Traglinie zu beziehen. Bei bekannter Länge von Femur und Tibia läßt sich die jeweilige Distanz eines Punktes zur Traglinie mit Hilfe des Einheitskreises jederzeit theoretisch errechnen.

Hierbei entspricht das Grundmaß des Einheitskreises auf 1 cm, bei Deviation von 1 Grad, einer Seitenlänge von 0,0175 cm. Diese Berechnung stimmt allerdings nur bis zu einem Winkelausmaß von maximal 60–70 Grad.

Beispiel über die Variation von Zentimeterlänge zum Grad des Winkels und zur Seitenlänge:

1 cm zu 1 Grad . . . 0,0175 cm Seitenlänge
10 cm zu 1 Grad . . . 0,175 cm Seitenlänge
10 cm zu 10 Grad . . . 1,750 cm Seitenlänge.

Aus dem gegebenen Schema kann man pathologische Einstellungen der Achsen der unteren Extremität durch Bestimmung der Lageveränderungen zur Traglinie gegenüber dem Normalen mit Hilfe des Einheitskreises errechnen und einheitlich erfassen.

Daraus ergibt sich praktisch, daß eine proximale Achsenfehlstellung den Verlauf der Traglinie weit weniger verändert als eine distale Achsenknikkung. Umgekehrt hingegen wird eine proximale knienahe Achsenfehlstellung der Tibia eine stärkere Abweichung der Traglinie als eine distale zur Folge haben. Mit anderen Worten, ein gleicher Deviationswinkel wird die Traglinie in Knienähe weitaus stärker verschieben als bei sprunggelenknaher Lokalisation des Deviationswinkels.

Bei Veränderung des Schenkelhalswinkels um 35 Grad von 126 auf 91 Grad ergibt sich bei einer

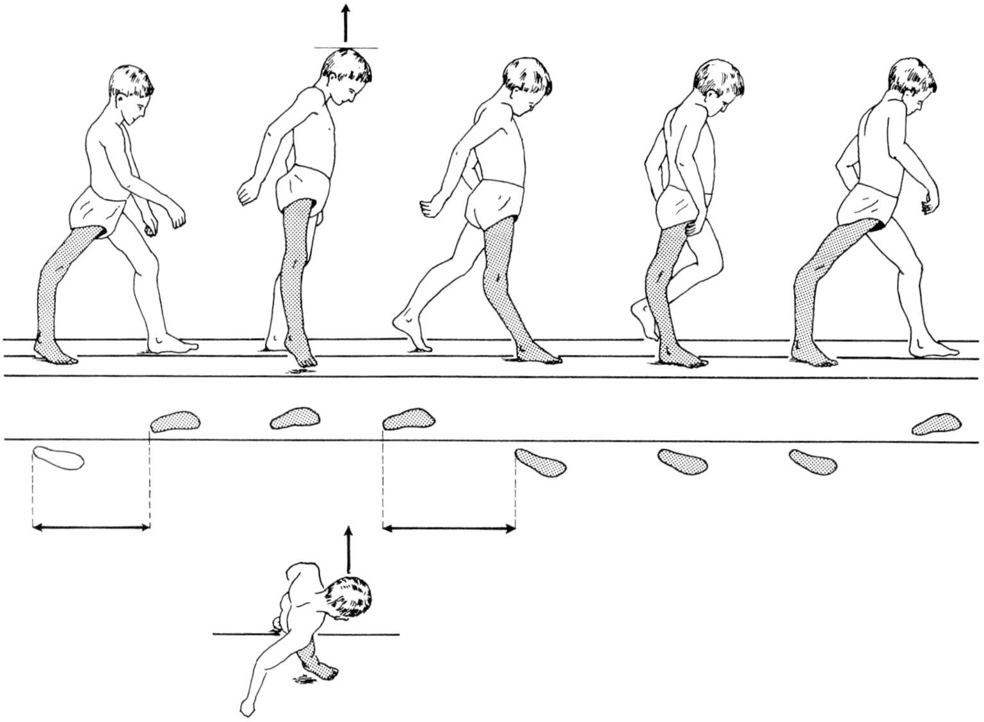

Abb. **276** Vereinfachte Kinematik eines Lähmungsganges bei multiplen Restlähmungen der Beinmuskulatur nach Kinderlähmung, wobei das Kniegelenk und die Sprunggelenke mittels Arthrodese stabilisiert wurden. Im Vordergrund steht die Lähmungsinsuffizienz der Glutäalmuskulatur mit instabiler beweglicher Hüfte. In der Standbeinphase des gelähmten rechten Beines muß die Lastübertragung des Rumpfgewichtes durch Rückverlagerung des Schwerelotes nach dorsal zum Drehpunkt der Hüfte stabil gehalten werden. Das arthrodesierte Lähmungsbein fungiert lediglich als passive Stütze. Der Schultergürtel mit den oberen Extremitäten wird nach rückwärts gezogen. In der Schwungbeinphase wird das gelähmte rechte Bein passiv durch die aktive Vorwärtsbewegung des Beckens nach vorn geschleudert. Dadurch entsteht auch eine Art Begrüßergang durch Vorwärtsneigen des Kopfes und teilweise auch des Rumpfes.
Vereinfachter Bewegungsablauf in der Sagittalebene.
In der Aufsicht wird die Glutäalinsuffizienz durch weitgehende Seitwärtsverlagerung des Rumpfgewichtes nach der gelähmten Seite kompensiert und durch gleichsinnige Ausgleichbewegungen des Schultergürtels mit den oberen Extremitäten zusätzlich equilibriert (nach *Ducroquet*)

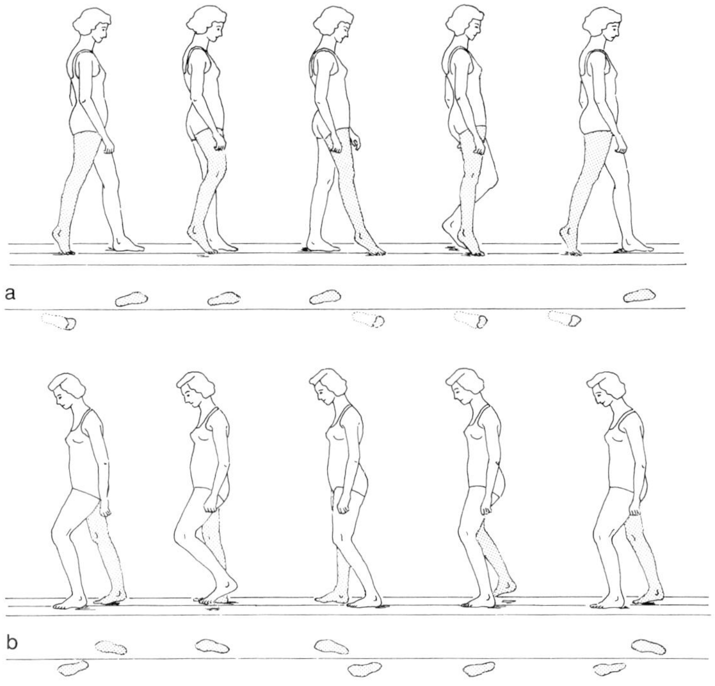

Abb. **277** a–c Schema der wichtigsten statischen und kinematischen Kriterien bei verschiedenen Formen des Verkürzungsganges. a) Beinverkürzungen von 8–12 cm können statisch mit maximaler Spitzfußstellung ausgeglichen werden. b) Ausgleich des Hinkens durch Kniebeugung in der Standbeinphase der gesunden Seite („Marche assise"). c) Kombination beider Möglichkeiten bei hochgradigen Verkürzungen (a u. b aus: *R. Ducroquet, J. u. P.:* La marche et les boiteries. Masson, Paris 1965, S. 95. – c nach *Ducroquet*)

c

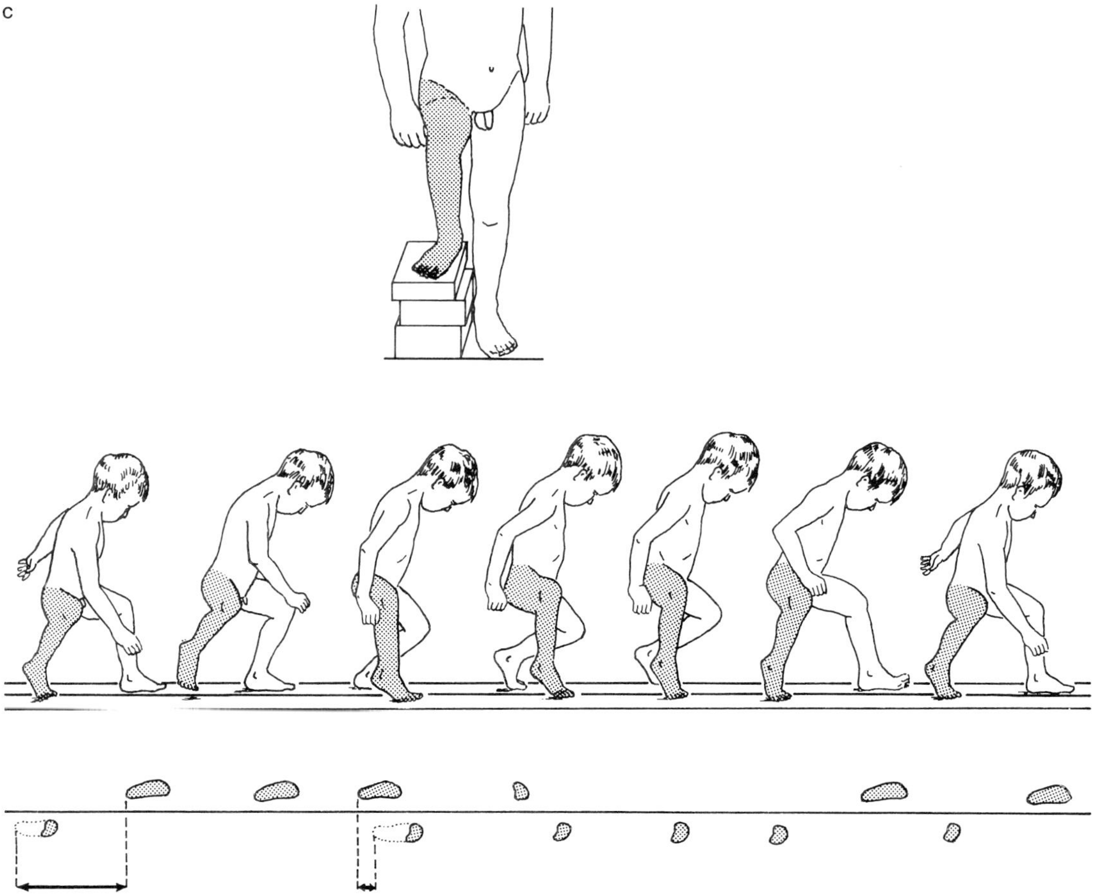

Gesamtlänge der Extremität nur eine Achsenabweichung der Traglinie im Knie von 2 Grad. Dem entspricht nach Errechnung mit dem Einheitskreis eine varische Medialverschiebung gegenüber der Traglinie von 1,5 cm.
Während sich gleichsinnige Achsendeviationen addieren, können sich entgegengesetzte Achsenfehler gegenseitig aufheben.

Unter den zahlreichen, z. T. sehr komplexen Ursachen von Konfigurationsfehlern der Achsenstellungen, Kontrakturen, Lähmungen etc. möchte ich zuerst wegen seiner Häufigkeit und auch wegen seiner relativen Einfachheit als didaktisches Beispiel das einfache *Verkürzungshinken* bei freien Gelenken in seinen hauptsächlichsten biomechanischen Störungsfaktoren etwas näher darstellen. Als Leitbild benützen wir schematische Darstellungen der gestörten Kinematik. Einzelergebnisse moderner Direktmessungen, vor allem der Bodenkräfte, sollen hierbei in ihren praktischen Auswirkungen auf die Klinik nicht unerwähnt bleiben (Abb. **277**).

Die wichtigsten *Einzelkomponenten der mechanischen Fehlbeanspruchung beim Verkürzungshinken* sind:

1. Beckenschiefstand mit Schrägstellung des Kreuzbeines.
2. Fehlstellung der Sakroiliakalgelenke hat Belastungsasymmetrien und pathologische Dehnungen der Gelenkverbindungen des Beckens beim Gehen zur Folge (Kummer 1965a, Pauwels 1965f.). Die Insuffizienzzeichen sind statisch bedingte Reizzustände des Bandapparates und der beteiligten Muskulatur und statische Sekundärarthrosen in den Spätphasen.
3. Sagittal wird das Becken auf der verkürzten Seite beim Gehen in Anteversionsstellung gezogen und die Hyperlordose der LWS und des lumbosakralen Überganges akzentuiert.
4. Mit der Schiefstellung des Sakrums entwickelt sich zwangsläufig eine statische Lumbalskoliose verschiedener Schweregrade mit sekundären fixierten Rotationskomponenten der unteren LWK. In der Spätphase desmogene und ossäre Fixationen der skoliotischen Deformität mit Degenerationsschäden nach asymmetrischer Dauerbeanspruchung der Bandscheiben der kleinen Wirbelgelenke und des Bandapparates.
5. Beim Verkürzungshinken wird der Schwerpunkt S_0 des Körpergewichtes nach der verkürzten Seite hin verlagert. Dadurch verkürzt sich der Lastarm des Körpergewichtes, und das Hüftgelenk wird durch die varische Einstellung des Gelenkes infolge Beckenschiefstandes in der Standbeinphase entlastet.
   Im Bereich des Kniegelenkes der verkürzten Seite nähert sich die Wirkungslinie der Körperschwere (S_7) dem medialen Gelenkfach. Dadurch kommt es zu einer ungleichmäßigen Druckverteilung im Femorotibialgelenk. Die resultierende Belastung verlagert sich in das fibulare Gelenkfach. Die Spätfolgen nach Jahrzehnten sind statische Überlastungsarthrosen mit zunehmendem Genus valgum (siehe später).
   Ist die Beinverkürzung durch zusätzliche Adduktionskontrakturen der Hüfte kompliziert, wie z. B. bei unbehandelten hochstehenden kongenitalen Hüftluxationen, dann verschlimmert sich die fibulare Fehlbelastung des Kniegelenkes wesentlich, wobei auch das muskuläre Insuffizienzhinken die kompensatorische Verlagerung des Körpergewichtes nach der zu kurzen Seite mit sich bringt.
   Der Hüftkopf auf der zu langen Seite ist in der Belastungsphase valgisch zur Gelenkpfanne eingestellt. Diese Konfiguration hat eine Lateralisierung der resultierenden Gelenkbelastung zum Pfanneneck in der Standbeinphase zur Folge, die zwangsläufig mit einer Verkleinerung der Tragfläche und lateralen Konzentration des Gelenkdruckes am Pfannenrand einhergeht. Dadurch wird die Entstehung mechanischer Sekundärarthrosen der Hüfte der Gegenseite begünstigt.
6. Die Belastung auf der verkürzten Seite erfolgt in Spitzfußstellung. Reaktive Umformungen der Talusrolle und Hohlfußbildungen im Wachstumsalter mit Krallenzehen und dorsaler Subluxation in den Grundgelenken sind die Folge. In der Spätphase können muskuläre Insuffizienzbeschwerden, insbesonders der Trizepsmuskulatur, sowie sekundäre Arthroseschäden im oberen Sprunggelenk im Chopartschen Gelenk mit Spreizfuß und Krallenzehenbeschwerden auftreten.
7. Bei zu starken Verkürzungen mit insuffizientem Ausgleich wird das zu lange Bein in Beugestellung belastet, so daß die mechanische Achse in der Standbeinphase hinter das Kniegelenk zu liegen kommt (Maquet 1966). Diese Auftrittsstellung hat eine pathologische Erhöhung des femorotibialen sowie auch des femoropatellaren Gelenkdruckes durch Vergrößerung der resultierenden Kräfte R_4 und R_5 mit gleichzeitiger Verkleinerung der Tragfläche in der belasteten Beugestellung zur Folge, s. auch S. **2**.219 Achsenfehler. Die Folgen sind Insuffizienzbeschwerden vor allem der Oberschenkelmuskulatur und Sekundärarthrosen des Kniegelenkes in den Spätphasen nach Jahrzehnten (Abb. **277**c). Zur groben klinischen Beurteilung der jeweils vorliegenden mechanischen Fehlstellung sind folgende Röntgenkriterien zu berücksichtigen:
   1. das Ausmaß der Längendifferenz;
   2. die visuelle Erfassung der statisch ausgelösten Sekundärschäden:
      a) Beckenneigungswinkel frontal und Anteversionsstellung sagittal,
      b) statische Lumbalskoliose unter Berücksichtigung sekundärer Degenerationsschäden (Keilwirbel, Bandscheibe, kleine Wirbelgelenke),
      c) statische Überlastungsschäden mit Sklerosen, Bandverknöcherungen und Sekundärarthrosen,
      d) statische Koxarthrosezeichen des valgisch beanspruchten Hüftgelenkes der zu langen Seite,
      e) statische Valgusarthrosen des Tibiofemoralgelenkes und nach längerer Beugebelastung auch des Femoropatellargelenkes,
      f) Equinusarthrosen des oberen Sprunggelenkes mit Sekundärarthrosen der Fußwurzelgelenke mit dorsaler Subluxationsdeformität der Zehen in den Grundgelenken.

In der Folge seien aus der Vielfältigkeit der Möglichkeiten nur einige charakteristische Beispiele pathologischer Gangbilder bei verschiedenen Formen der Ankylosen der großen Gelenke der unteren Extremitäten sowie bei Beinlähmungen mit Genu recurvatum herausgegriffen. Ducroquet u. Mitarb. 1965 haben versucht, das Wesentliche an vereinfachten schematisierten Kinematogrammen darzustellen.

Die Hüftankylose in Streckstellung des Beines ermöglicht ein äußerlich praktisch normales Gangbild bei neutraler Rotationsstellung. Die seitlichen Rumpfoszillationen in der Frontalebene wie beim normalen Gang fallen praktisch weg. Die fehlende Hüftbeweglichkeit wird ohne Veränderung der aufrechten Rumpfstellung durch Kyphosierung und Hyperlordosierung der Lendenwirbelsäule ausgeglichen, wobei das Rumpfgleichgewicht voll erhalten bleibt (Abb. **278**).

a

b

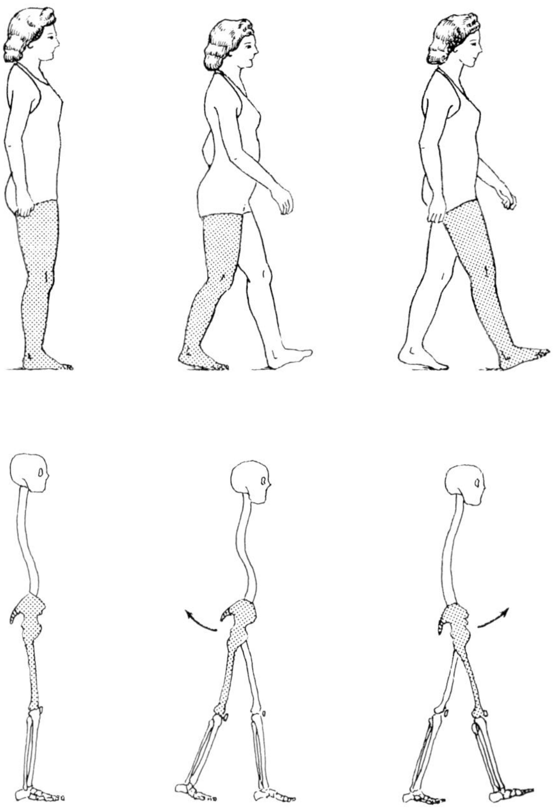

Abb. **278** a u. b a) Gangschema bei Hüftankylose in Streckstellung, ohne Verkürzung, in sagittaler Aufsicht, b) kompensatorischer Bewegungsausgleich beim Gehen durch die gesunde Lendenwirbelsäule (s. Text)

a

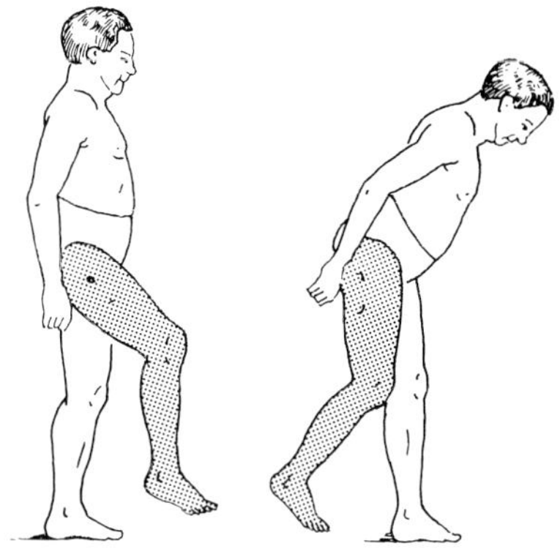

Abb. **279** a u. b Begrüßergang bei Ankylose in Beugestellung der Hüfte. a) Sichtbarwerden der Hüftbeugekontraktur in aufrechter Haltung des Rumpfes. Funktionelle Beinverkürzung, b) s. Text (nach *Ducroquet*)

b

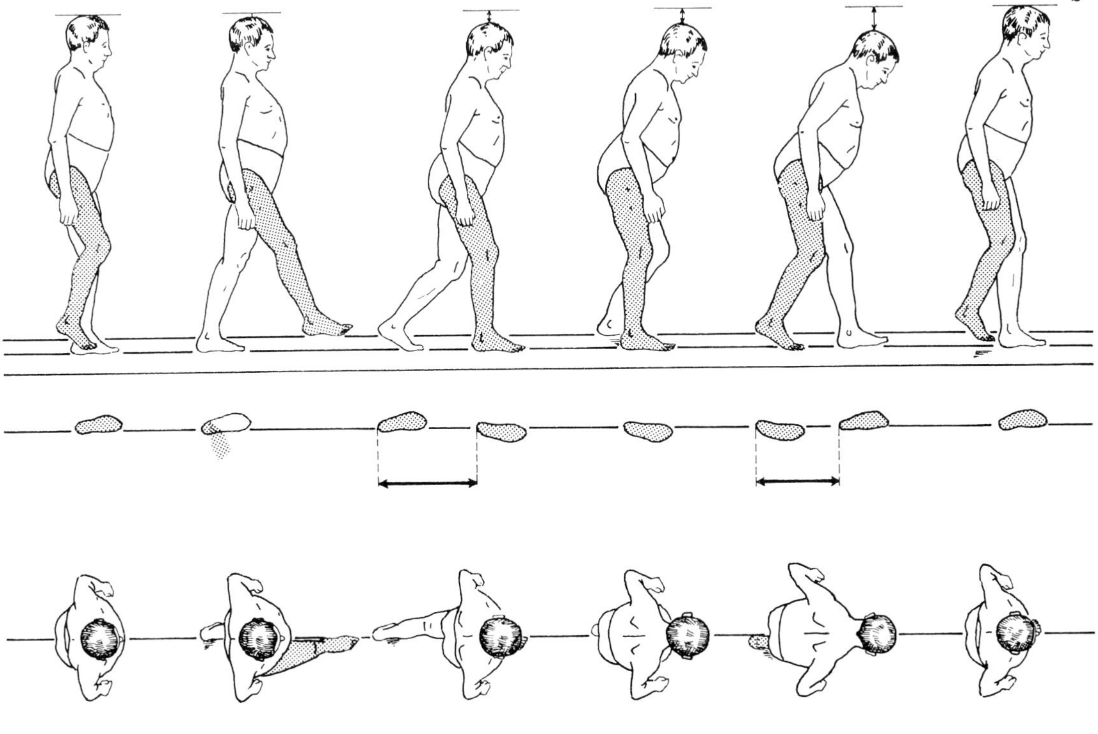

Die Hüftankylose in Beugestellung bei neutraler Ab- und Adduktion sowie Rotation des versteiften Beines: Sind die freie Beweglichkeit der Lendenwirbelsäule und die Rotation der Hüfte der Gegenseite gut erhalten, dann bleibt das Gangbild relativ unauffällig, und die Ankylosebeugung der Hüfte wird durch eine stärkere Hyperlordosierung der LWS kompensiert.

Beugeankylosen der Hüfte über 30 Grad mit zusätzlich eingeschränkter LWS-Beweglichkeit oder fehlender Rotation der gesunden Gegenseite haben den typischen Begrüßergang zur Folge.

Beim normalen aufrechten Stand auf dem gesunden Bein geht die ankylosierte Hüfte in Beugestellung über (Abb. **279** a).

Beim Gehen wird das ankylosierte Bein unter Kniebeugung in die vordere Auftrittsstellung geführt. In der Standbeinphase der ankylosierten Hüfte wird der Oberkörper bei Vertikalstellung des Beines zwangsläufig über eine Verbeugung nach vorn kaudal gedrückt. Er kann sich erst zu Beginn der Standbeinphase der gesunden Seite wieder aufrichten, wobei die Schrittlänge stark reduziert ist. Ein pathologisches seitliches Rumpfschwanken ist nicht vorhanden. Die dorsale Abstoßphase beginnt bei gebeugtem Knie immer noch unter starker Vorbeugung des Rumpfes.

Auch in der kranialen Aufsicht sieht man das starke Vorbeugen des Rumpfes im Schema (Abb. **279** b).

In der Transversalebene fallen die Schultertorsionen weg, da auch die üblichen Drehbewegungen des Beckens nicht durchgeführt werden können. Das Sohlenauftrittsbild läuft eng in der Schrittlinie; die Schrittlänge ist in der Standbeinphase der ankylosierten Hüfte stark verkürzt.

Die stark ausgeprägten kraniokaudalen Oszillationen beim Gehen weisen auf ein starkes Schwanken des Massenschwerpunktes S_6 hin, wobei die tiefste Einstellung aus Abb. **279** b ersichtlich ist.

Das Gangbild bei Hüftankylose in Adduktionsstellung des Beines: Beim Gang sehen wir in der Frontalebene (Abb. **280** a) eine Schiefstellung des Beckens mit Abfall zur gesunden Seite. Der Bekkenschiefstand führt zu einer scheinbaren oder funktionellen Verkürzung der ankylosierten Seite, welche durch ein Unterlegen eines Verkürzungsausgleiches kompensiert werden kann. Ein Stehen in Horizontalstellung des Beckens ist nur durch Überkreuzen der ankylosierten Seite über das gesunde Bein möglich (Abb. **280** b). Das Gehen in horizontaler Beckenstellung macht daher ein Vorspringen des kontrakten Schwungbeines unmöglich, und es muß die Adduktion durch Hochziehen des Beckens ausgeglichen werden.

Frontal bleibt der Schrägstand des Beckens während der Schrittphase und auch beim Sitzen erhalten (Abb. **280** c). Die funktionelle Beinverkürzung der ankylosierten Seite wird durch Zehen-

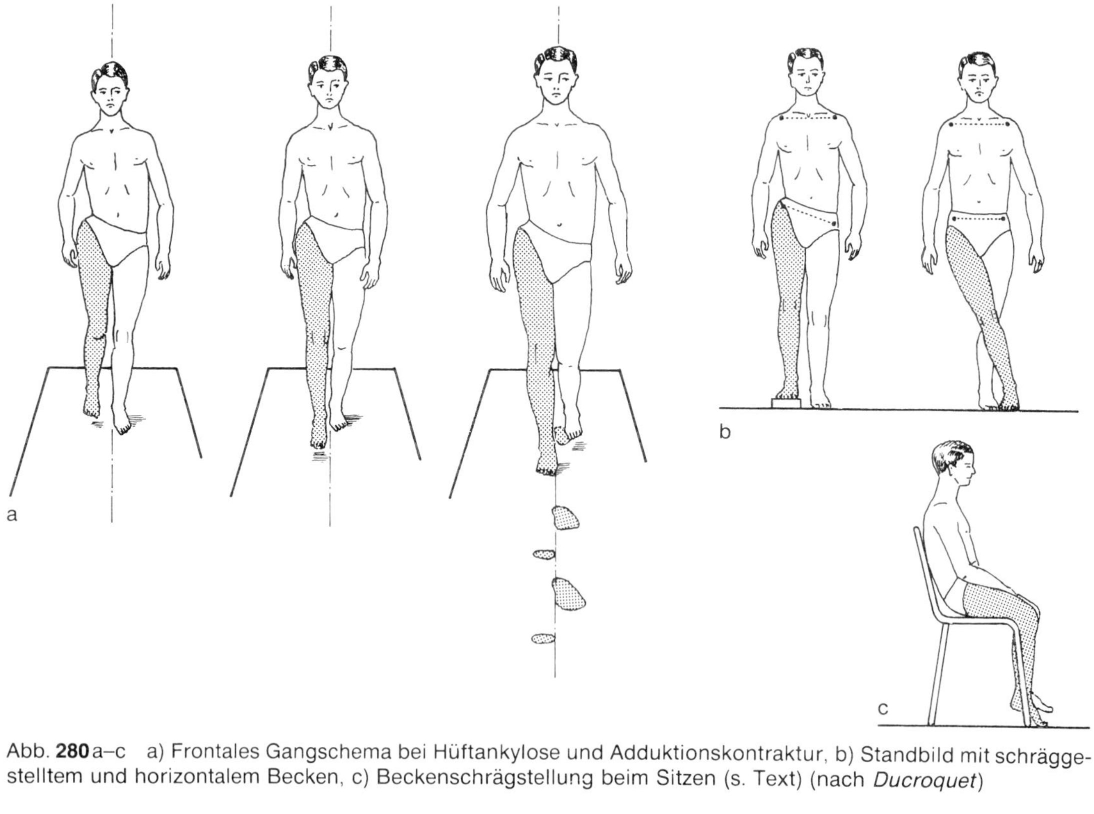

Abb. **280** a–c a) Frontales Gangschema bei Hüftankylose und Adduktionskontraktur, b) Standbild mit schräggestelltem und horizontalem Becken, c) Beckenschrägstellung beim Sitzen (s. Text) (nach *Ducroquet*)

spitzengang über die ganze Standbeinphase des gesunden Beines kompensiert (Abb. **281**). Die alternierende Drehung des Beckens und Gegendrehung des Schultergürtels während des Vorschreitens fehlen fast ganz. Die seitlichen Rumpfoszillationen sind nur bei insuffizientem Verkürzungsausgleich akzentuiert, wobei auch ein verstärktes kraniokaudales Oszillieren des Rumpfes beobachtet wird.

Bei Hüftankylosen in vermehrter Abduktion des Beines besteht eine funktionelle Beinverlängerung durch Beckenschiefstand (Abb. **282**a u. b). Beim Gehen ohne Verkürzungsausgleich an der scheinbar verkürzten gesunden Seite wird die funktionelle Verlängerung des ankylosierten Beines durch stark betontes seitliches Schwanken des Rumpfes nach der ankylosierten Seite ausgeglichen, das auch bei vollem Auftritt des gesunden Beines, nach der gesunden Seite hin, stark akzentuiert ist. Das Sohlenbild zeigt ein verstärktes laterales Aufsetzen des Fußes der ankylosierten Seite von der Schrittlinie (Abb. **282**c u. d).

Bei der Knieankylose in voller Streckstellung ist der Gangablauf in der Standbeinphase der gesunden Seite kaum behindert, wenn keine wesentliche Längendifferenz besteht. Lediglich das ankylotische Schwungbein wird in stark vermehrter Zirkumduktion um das gesunde Bein herum bis zur vorderen Abstützphase geführt.

Ducroquet u. Mitarb. (1965) unterscheiden verschiedene Kompensationsmöglichkeiten:

1. Durch vermehrte Hebung des Beckens in der Standbeinphase der gesunden Seite kann die akzentuierte Zirkumduktion der versteiften Seite ausgeglichen werden (Abb. **283**a).
2. Leicht akzentuierter Spitzfußstand in der Schwungbeinphase der kranken Seite, ohne Änderung der normalen Beckenbewegungen. Als Folgen des langjährigen Spitzfußganges können eine vermehrte Ermüdbarkeit und Insuffizienzbeschwerden mit Schwielenbildungen an der Fußsohle der gesunden Seite auftreten. Man geht dann mit vermehrter Zirkumduktion des Ankylosebeines. Beim Spitzfußgang sind selbstverständlich auch die kraniokaudalen Oszillationen stärker akzentuiert (Abb. **283**b).

Bei Ankylosen in vermehrter Beugestellung muß man mit echten Verkürzungen nach Resektion der Gelenkflächen von ca. 1½–3 cm rechnen. Dies reicht bei etwas höherem Absatz der gesunden Seite zum möglichst unauffälligen Gehen ohne akzentuierte Zirkumduktion aus. Der Vorteil von Ankylosen in vermehrter Beugestellung schafft Erleichterungen beim Sitzen und ist be-

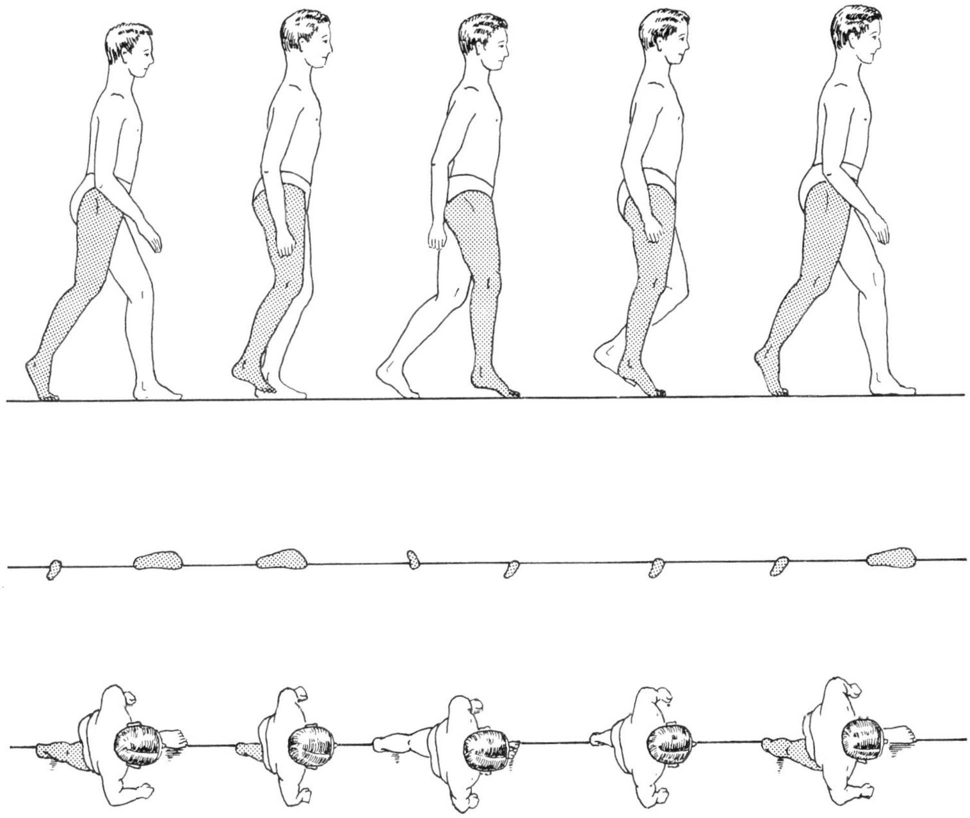

Abb. **281** Seitliches und transversales Schema des Gangbildes bei Hüftankylose mit Adduktionskontraktur und Beinverkürzung (s. Text) (nach *Ducroquet*)

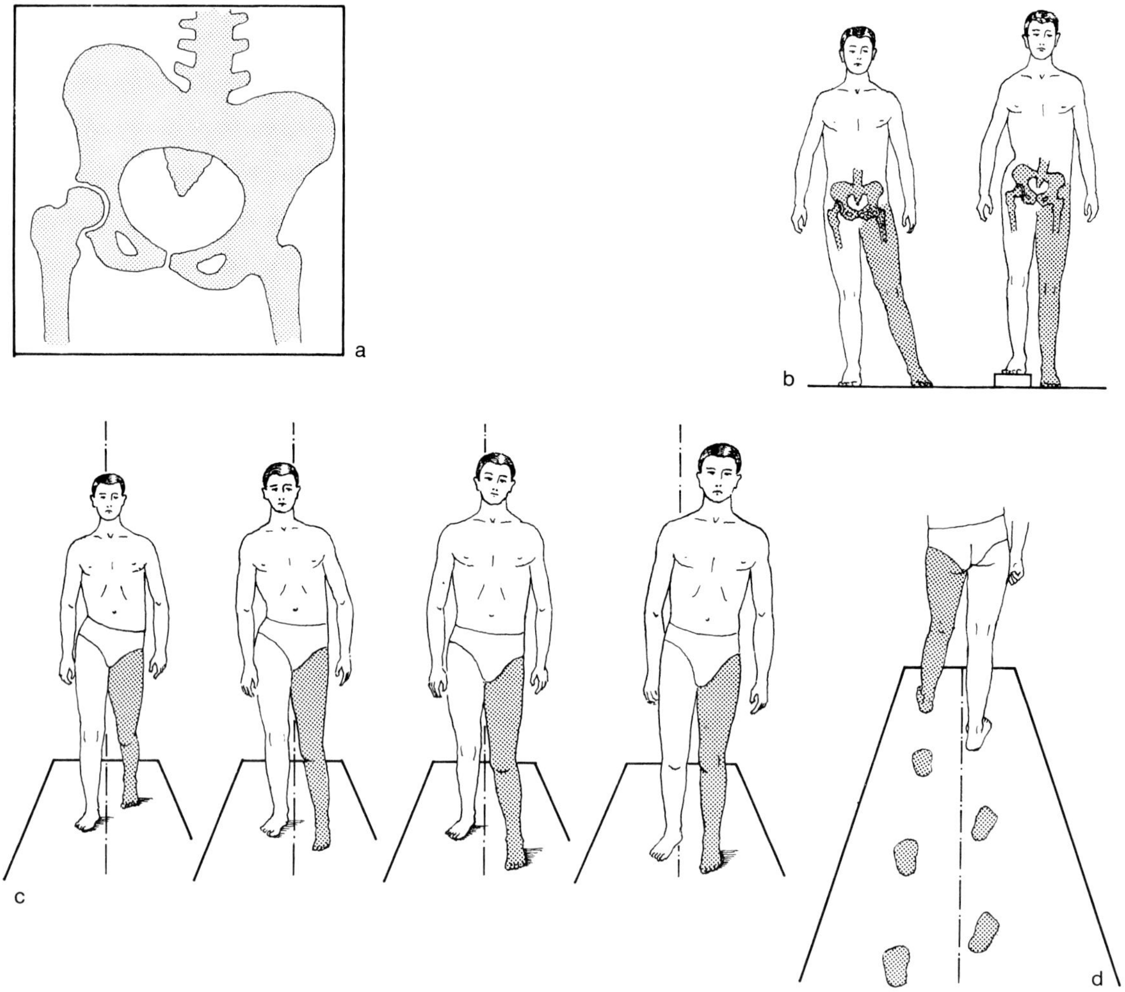

Abb. **282**a–d a) Beckenschiefstand nach der ankylosierten Seite, b) Ausgleich der Schrägstellung beim Stand auf zwei Beinen durch Abduktion der Ankyloseseite oder Verkürzungsausgleich der gesunden Seite, c) Auftrittsschema mit abduziertem Bein, d) Sohlenbild von dorsal (nach *Ducroquet*)

sonders bei Autofahrern zu berücksichtigen. Er sollte 15 Grad nicht überschreiten. Dies entspricht einer zusätzlichen scheinbaren Beinverkürzung von 2 cm (Abb. **283**c).

Bei Ankylosen des oberen Sprunggelenkes sind folgende Gangabweichungen charakteristisch (Abb. **284**): Das seitliche Hinken in der Sagittalebene mit Begrüßergang ist in der Regel vom Grade der Spitzfußstellung der Ankylose abhängig. Die Vorwärtsneigung des Rumpfes zum Ausgleich der fehlenden Sprunggelenkbewegung tritt bei rechtwinkeliger Ankylose, vor allem in der hinteren Standbeinphase, in Erscheinung. Aus der fehlenden Dorsal- und Plantarflexion des Fußes resultieren abnorme Verkürzungen der Schrittlänge, die nur durch vermehrte Kniebeugung der gesunden Seite etwas ausgeglichen werden können (Abb. **284**a).

Die Ankylose in Spitzfußstellung soll auf die jeweils gebräuchliche Absatzhöhe abgestimmt sein. Der Begrüßergang wird unauffälliger; das Kniegelenk wird in vermehrte Rekurvation gedrängt, woraus sich nach Jahren eine echte Bänderlockerung entwickeln kann (Abb. **284**b u. c).

Vor besonders komplizierte und manchmal unentwirrbare Analyseprobleme bei Störungen des Gangbildes stellen uns die verschiedenen Formen von Lähmungszuständen.

Als Beispiel möchte ich lediglich die stark vereinfachte Kinematik des Ganges bei einem Ausfall des M. glutaeus maximus mit totaler Lähmung der Beinmuskulatur nach Poliomyelitis darstellen. Das hier sichtbare Gangbild mit dem typischen Hinken war erst nach operativer Stabilisierung des Kniegelenkes und des unteren Sprunggelenkes durch Arthrodese möglich.

Charakteristisch ist das stark ausgeprägte „Schulterhinken“ mit Dorsalflexion des Rumpfes zur möglichsten Rückverlegung des Körperschwerpunktes S_6 während der Standbeinphase der ge-

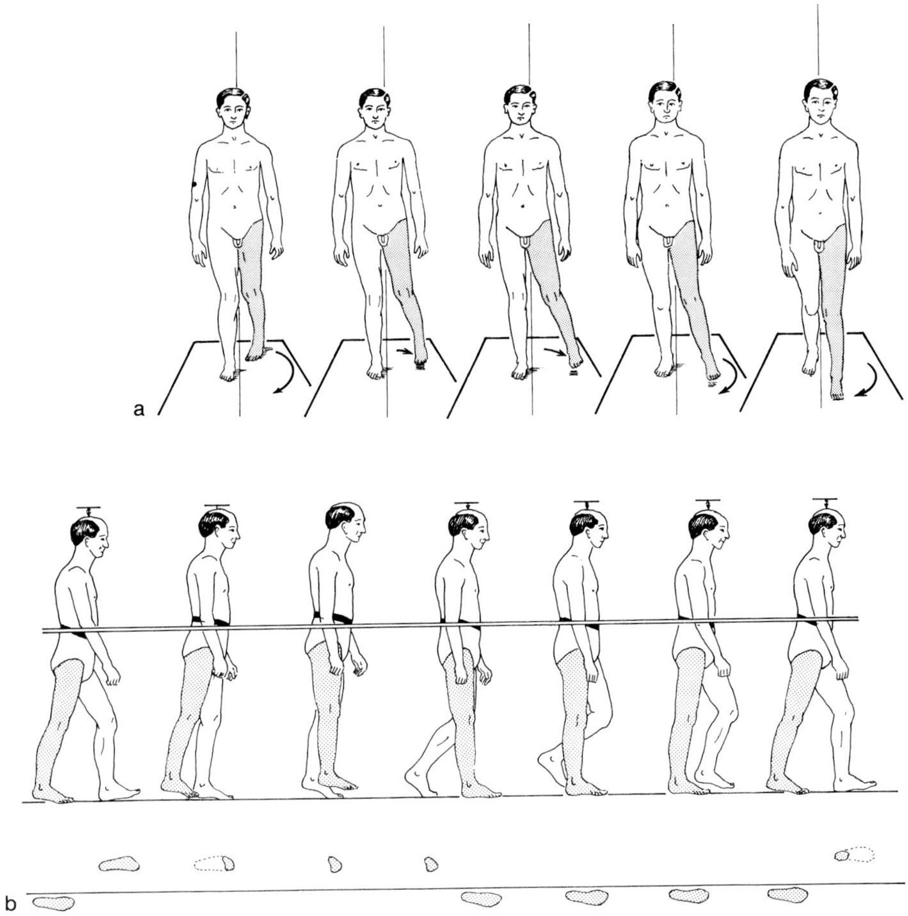

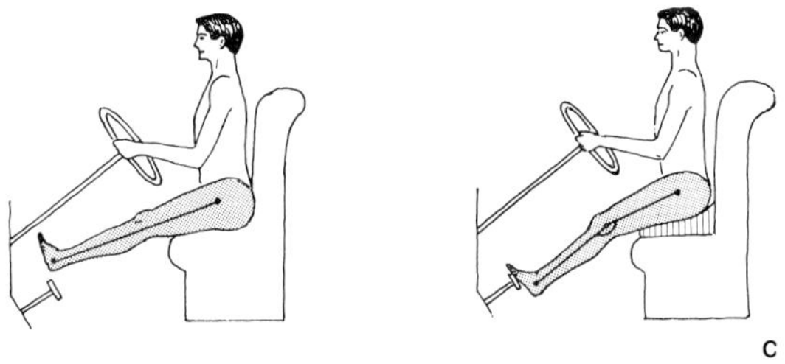

Abb. **283** a–c a) Frontales Gangschema bei gestreckter Knieankylose, in Zirkumduktion des Beines, b) Spitzfußgang bei gestreckter Knieankylose mit vermehrter seitlicher Beckenhebung an der Ankylosenseite, in sagittaler Aufsicht, c) Sitzstellung bei Ankylose in Streck- und leichter Beugestellung (s. Text) (aus: *R. Ducroquet, J. u. P.*: La marche et les boiteries. Masson, Paris 1965, S. 127)

lähmten Seite. In der Standbeinphase der gesunden Seite wird das Vorwärtsschwingen des kranken Beines durch Vorbeugen des Rumpfes und Beckendrehung teilweise ermöglicht, (Begrüßerstellung) wobei auch die Schrittlänge verkürzt ist. Die Schwungbewegungen des Rumpfes werden durch Schwingen der oberen Extremitäten akzentuiert.

In der Transversalebene ist das Seitwärtsneigen des Rumpfes zur gesunden Seite am stärksten ausgeprägt, um das Vorschwingen des kranken Beines zu erleichtern.

Die gestörte Kinematik durch Bewegungsverluste und Gleichgewichtsstörungen eines Hauptgelenkes der unteren Extremitäten hat mehr oder weniger schwerwiegende mechanische Beanspruchungsveränderungen im Bereich der ganzen Gelenkkette der unteren Extremitäten wie auch der Wirbelsäule zur Folge (Abb. **285**).

Sie betreffen:

1. die Beanspruchung der Knochenstrukturen,
2. die zwischengeschaltete Gelenkkette,
3. die Muskulatur und den Bandapparat.

Bei einer Arthrodese des Hüft-, Knie- oder Sprunggelenkes werden dementsprechend die Lastübertragung und die Kinetik sehr vielseitig gestört. Das heißt, es kann zu hohen pathogenen Druckkonzentrationen sowie ungleicher Druckverteilung in den einzelnen benachbarten Gelenken der beanspruchten Extremitäten kommen, indes die Röhrenknochen hohe Spannungsspitzen, vor allem aus der Biegung, aufnehmen müssen.

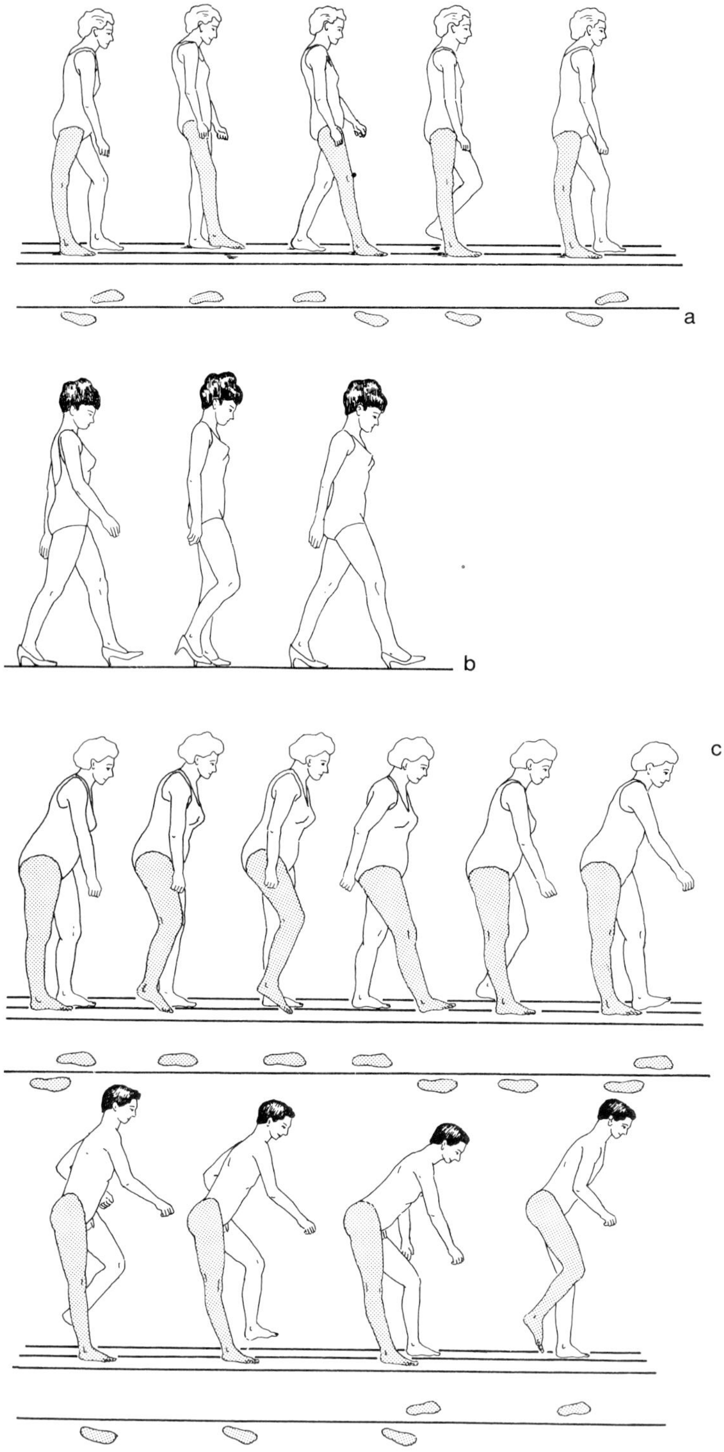

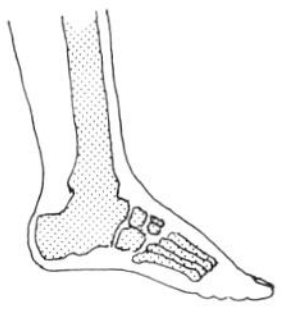

Abb. **284** a–c Schematisierte Gangbilder bei oberer Sprunggelenkankylose: a) in leichter Spitzfußstellung ohne Verkürzungsausgleich durch Absatz, b) mit Spitzfußausgleich durch Absatz, c) Begrüßergang bei vermehrter Spitzfußstellung (s. Text) (aus: *R. Ducroquet, J. u. P.:* La marche et les boiteries. Masson, Paris 1965, S. 111)

Sie werden in begrenzten Größenordnungen einerseits durch funktionelle Anpassungsvorgänge des Knochens sowie durch Ausbalancieren von Störungen des Kräftegleichgewichtes durch Änderungen der kinetischen Kräfteverteilung kompensiert.

Die Beanspruchung des koxalen Femurendes bei einer Hüftankylose beim Stehen und Gehen nach Pauwels (1965 f.) ist in erster Linie durch die Zunahme der Biegespannungen im Versteifungsbereich gekennzeichnet. Sie wird durch einen signifikanten, funktionell gesteuerten, trajektoriellen Umbau der Spongiosastrukturen sowie durch Veränderungen der Spongiosadichte und der Kortikalis des koxalen Femurendes sichtbar. Durch Wegfall des Gelenkhebels der Hüfte wird

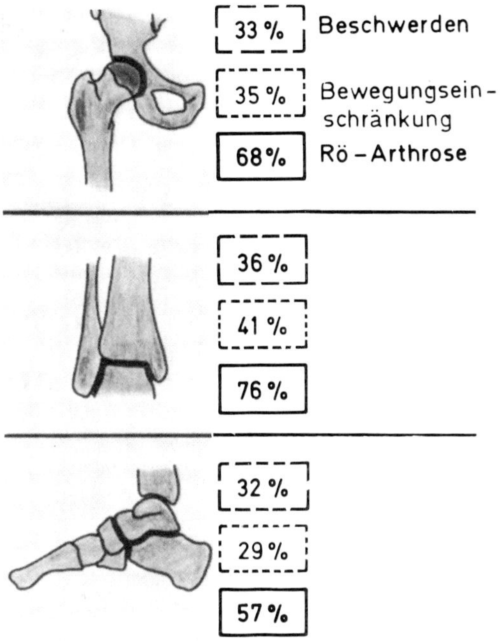

a

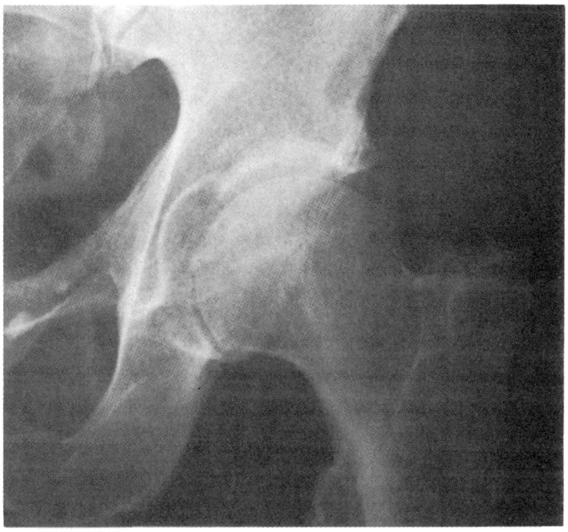

b

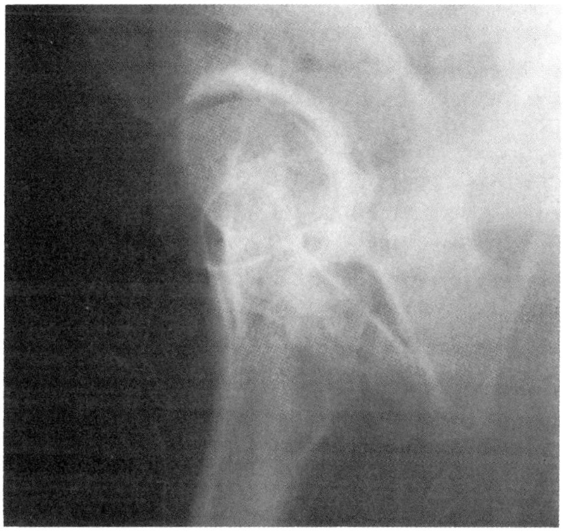

c

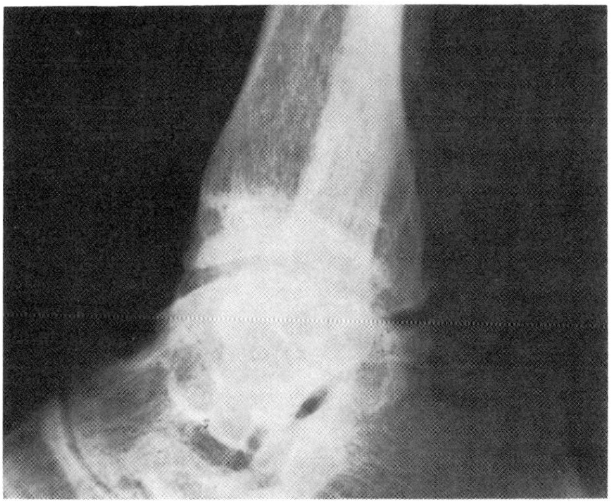

d

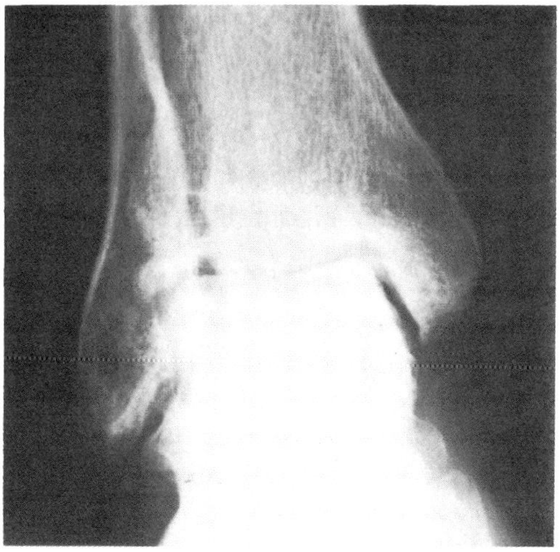

e

Abb. **285** a–e a) Klinische Beschwerden, Bewegungshemmung und röntgenologische Arthrose nach Kniearthrodese in den benachbarten Gelenken (Hüft- und Sprunggelenk) (aus: *P. Hamacher, F. Koch:* Z. Orthop. 111 [1973] 441). b u. c) Röntgenbeispiele 30 Jahre nach Kniearthrodese: inzipiente Sekundärarthrose der benachbarten Hüfte, mediale und dorsale Gelenkspaltverschmälerung, Verknöcherung des Lig. acetabuli, „double fond“, vermehrte subchondrale Sklerose im „faux-profil“. d u. e) Ausgeprägte subchondrale Sklerose, dorsale Gelenkspaltverschmälerung des oberen Sprunggelenkes

die Körperlast direkt über einen starren Winkelhebel auf das koxale Femurende übertragen. Die druckreduzierenden Gegenkräfte der Abduktorenmuskulatur sind nicht mehr erforderlich, obwohl sie in ihrer Aktionsphase normal imerviert wird, ohne hohe Kräfte zu entfalten, wie elektrische Überprüfungen der Muskelaktionen zeigen (BAUMANN 1968, BURCKHARDT u. TAILLARD 1973).

Daraus resultiert eine ausgeprägte knöcherne Atrophie des großen Trochantermassivs.

Die im koxalen Femurende stark erhöhten Zug- und Druckspannungen aus der vermehrten Biegung haben einerseits einen trajektoriellen Umbau mit Veränderungen der Materialverteilung der spongiösen Strukturen zur Folge; andererseits wird die Kortikalis des Schenkelhalses durch funktionelle Anpassung mittels Breitenwachstums im Bereich des Adamsbogens (höchste Druckspannungen) sowie an der kranialen Kortikalisschale (maximale Zugspannungen) adäquat verstärkt (Abb. **286**).

POLSTER u. Mitarb. 1973c haben die Beanspruchungen der Lendenwirbelsäule bei verschiedenen Beugewinkeln einer ankylosierten Hüfte analysiert und die Ausmaße der kompensatorischen Beweglichkeit festgelegt (Abb. **287**).

Bei einer Beugestellung von ca. 30 Grad wird die freie sagittale Beweglichkeit der einzelnen Wirbelsegmente ihre äußerste Grenze erreichen, indes eine Flexionsstellung von 15 Grad gut kompensiert werden kann. Bei 30 Grad Beugeankylose werden vor allem die Segmente L V/ S I überdehnt und bei weiterer Zunahme des Winkels auch L IV / V. Eine Beugung von 40 Grad führt zusätzlich zu einer höheren Fehlbelastung der Segmente L III – S I.

Von großer mechanischer Bedeutung ist auch die sagittale Beanspruchung der lumbalen Wirbelkörperreihe während des Sitzens bei verschiedenen Fehlstellungen mit normaler und ankylosierter Hüfte (s. auch S. 150). Auch hier sollen die immer wieder auftretenden pathologischen Überdehnungen der LWS möglichst ausgeglichen werden. Bei normaler Sitzhöhe wird die äußerste Beweglichkeitsgrenze in Kyphosestellung schon bei einer Hüftflexion von 30 Grad überschritten. Eine entspannte Sitzstellung läßt sich nur bei einem Flexionswinkel von mehr als 40–45 Grad erreichen. In Übereinstimmung mit den klinischen Erfahrungen scheint es, daß eine mittlere Beugestellung der Ankylose von 30 Grad am längsten praktisch ohne Beschwerden vertragen wird. Allerdings wird man vermehrte Insuffizienzbeschwerden von seiten der Lendenmuskulatur und des übrigen WS-Band-Apparates zeitweise in Kauf nehmen müssen.

Bei normaler Achsenstellung des Beines, vor allem in der Frontalebene, fanden sich nach ROMPE (1973) keine spezifischen Fehlbeanspruchungen mit sekundären Degenerationsschäden, auch nicht nach jahrelangen Beobachtungszeiten. Nur bei starker Medialisierung des distalen Osteotomiefragmentes nach intertrochanteren Korrekturosteotomien sowie bei pathologischer Ab- und Adduktionsstellung des ankylosierten Beines treten nach Jahrzehnten (ENDLER 1974, MAQUET 1966 u. 1972a u. b) nach Fehlbeanspruchungen des Kniegelenkes Sekundärarthrosen auf. ROMPE (1973) fand bei Nachuntersuchungen von Hüftankylosen mehrfach eine etwas vermehrte Überstreckbarkeit des kontralateralen Kniegelenkes von ca 5 Grad pathologischer Rekurvation, mit Beugeeinschränkungen bei 80–90 Grad.

Welche mechanischen Sekundärprobleme zieht eine Kniearthrodese nach sich?

Die lange versteifte Knochenachse des Ober- und Unterschenkels wird durch die Reduzierung der Zuggurtungskraft, besonders bei gleichzeitiger Hüftankylose, vermehrt auf Biegung beansprucht. Die hohen Spannungen werden durch funktionelle Wachstumsanpassung der Knochenstrukturen weitgehend kompensiert.

Beim Gehen in der Sagittalebene wird die Biegebeanspruchung des Femurs und Unterschenkels bei normaler Kniegelenkfunktion durch die Zuggurtungswirkung der Extensor- und Flexormuskulatur niedriggehalten. Bei steifem Kniegelenk hingegen müssen die langen Achsen von Femur und Unterschenkel einer hochgradig vermehrten Biegebeanspruchung standhalten. Sie nehmen speziell in der zweiten Hälfte der Standbeinphase stark zu. Vor allem aber fehlt beim Bewegungsablauf in der Standbeinphase die Stoßdämpferwirkung des Knies, welche die Spannungsspitzen in der Hüfte und im Sprunggelenk abfängt. Daraus resultieren mechanische Sekundärarthrosen im oberen Sprunggelenk (HAMACHER u. KOCH 1973), die in den Initialstadien gerade im ventralen Gelenkabschnitt beginnen. Es kommt zu subchondralen keilförmigen Sklerosen am distalen Tibiaende oder in der Trochlearolle mit beginnender Knorpelnekrose. Dieser Entstehungsmechanismus erlaubt den Schluß, daß die höchsten Spannungen sich im vorderen Gelenkbereich in der späten Standbeinphase vor Abheben des Fußes konzentrieren (Abb. **288**).

Fehleinstellungen einer Kniearthrodese in starker Flexion sowie Varus- oder Valgusstellung des Unterschenkels ziehen Fehlbeanspruchungsmechanismen in den benachbarten Gelenken nach sich, die im Rahmen der kombinierten Achsenfehler (s. S. **2**.219–**2**.234) analysiert werden.

Die Spätauswirkungen mechanischer Fehlbeanspruchungen nach Versteifungen des oberen Sprunggelenkes auf die Fußwurzelgelenke und das benachbarte Kniegelenk sind bisher meistens vernachlässigt worden, wenn auch verschiedene Autoren (BECKER u. KÄSTNER 1965, BÜRKLE DE LA CAMP 1961, HOHMANN 1951) einerseits statische Sekundärarthrosen des nicht arthrodesierten Talokalkanealgelenkes sowie auch verschiedene

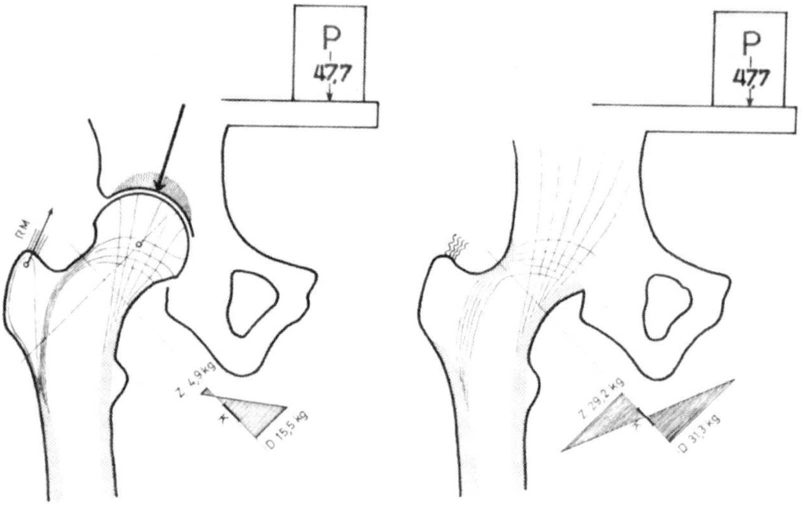

a

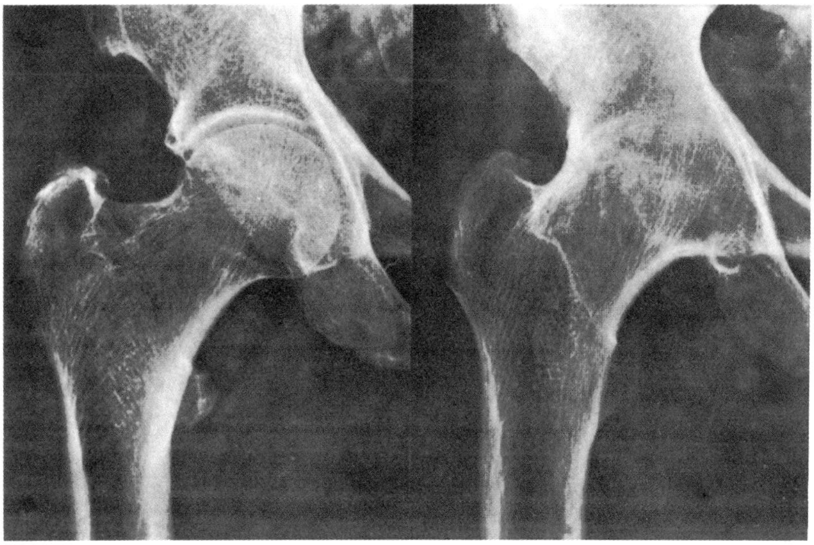

b

Abb. **286** a u. b Gegenüberstellung von Beanspruchungsschemata und Röntgenbildern der Hüfte und des koxalen Femurendes bei beweglicher und ankylosierter Hüfte. a) Bei frei beweglichem Hüftgelenk wird die Beanspruchung des Schenkelhalses durch den Muskelzug der Abduktoren stark herabgesetzt. Die Druckspannungen D werden auf die Hälfte reduziert, die Zugspannungen sogar auf $^1/_6$. Obwohl die Gesamtbelastung des Schenkelhalses durch Kraft und Gegenkraft von 47,7 auf 175 kg vergrößert wird. b) Bei Hüftankylose steigt durch Wegfall der Muskelkraft und des Gelenkes infolge direkter Lastübertragung über einen starren Winkelhebel die Größe der Spannungen um ein Vielfaches. Daraus resultierend, zeigt der Vergleich der Röntgenbilder Umbauvorgänge, die den Schenkelhals der jeweils unterschiedlichen Größe der Beanspruchung neuerdings anpassen. Die Kortikalis bei der Ankylose ist im Bereich der höchsten Spannungsspitzen an der Druck- und Zugseite viel breiter geworden; die Spongiosastruktur ist, entsprechend dem veränderten Spannungsverlauf, umgebaut worden

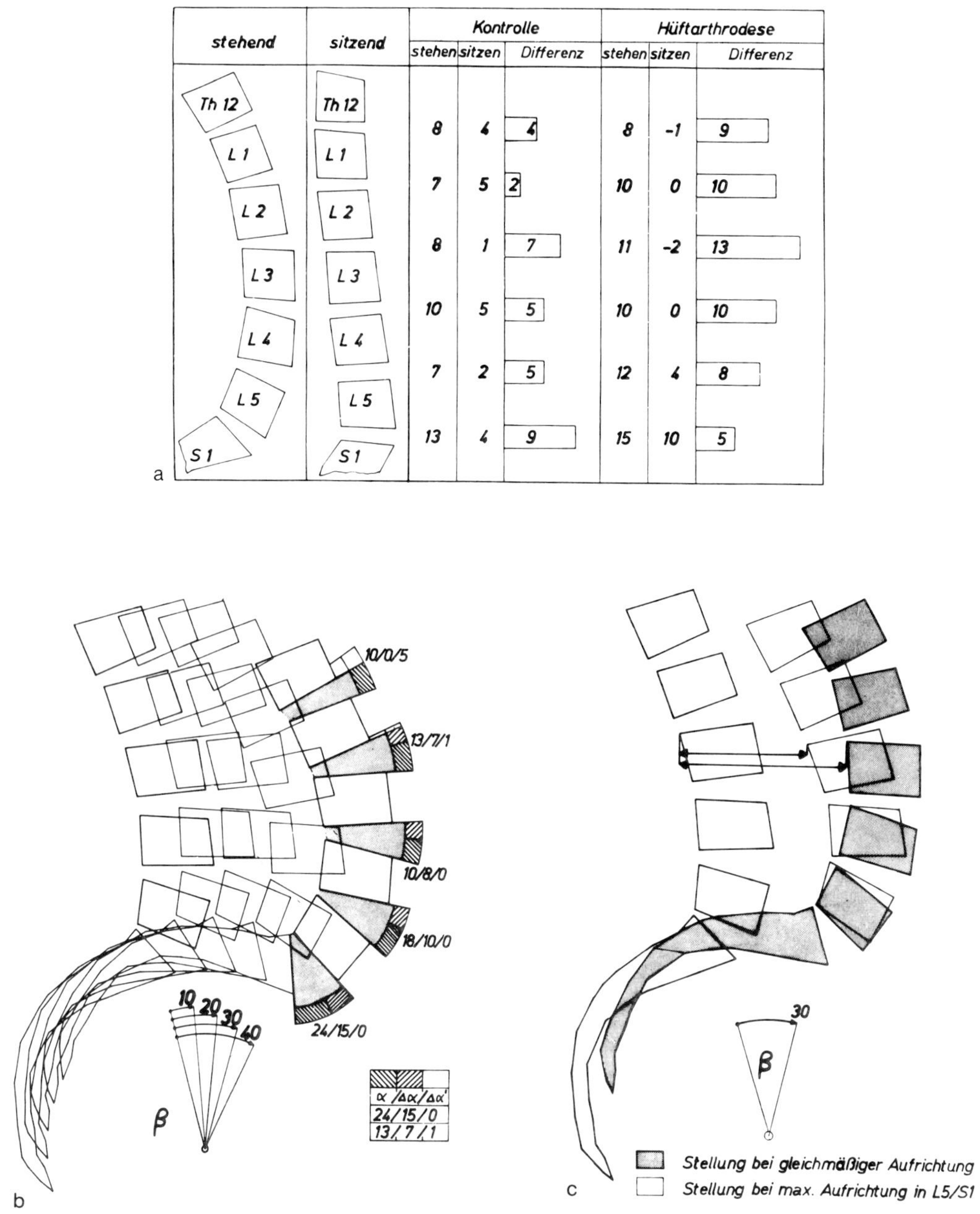

Abb. **287** a–c a) Die in den Tabellenrubriken liegenden Säulen geben die mögliche Bewegung der einzelnen Segmente der LWS in der Sagittalebene in Graden wieder. Beim Arthrodesengang und bei Hüftankylose in Beugung β 30 Grad und β 50 Grad. Ihre Werte beziehen sich auf das einzelne Segment. Bei einem Arthrodesewinkel in Beugung von 15 Grad nähern sich die Bewegungsausschläge der Einzelsegmente deutlich der Norm, bei 30 Grad entfernen sie sich. b) Aufrichtungswinkel der LWS in Abhängigkeit von der Beugestellung der arthrodesierten Hüfte. Arthrodesenwinkel β = Ausgangswinkel des Bewegungssegmentes bei Normalstellung. $\Delta\alpha$ u. $\Delta\alpha'$ = die noch zur Verfügung stehenden Bewegungsräume des Bewegungssegmentes. c) Linkes Schema zeigt die Normalstellung der LWS im Stehen. Rechts wurden die Ausgleichsbewegungen der LWS bei β = 30 Grad übereinandergezeichnet: schraffiert = Stellung bei gleichmäßiger Aufrichtung, weiß = Stellung bei maximaler Aufrichtung in LV/SI, β = Beugewinkel der Hüftankylose (aus: *J. Polster, U. Spieker* u. Mitarb.: Z. Orthop. 111 [1973] 413)

Formen von Kompensationsleistungen der Tarsalgelenke und speziell des Chopart-Gelenkes beschreiben (Abb. **289**).

Es sei nur erwähnt, daß sich eine beträchtliche funktionelle Anpassung der Tarsalgelenke nur im Wachstumsalter entwickelt, wobei typische Umformungen des Taluskopfes imponieren. Um so schwerer sind mechanische Arthrosen besonders im Talonavikulargelenk zu behandeln, wenn sie in der zweiten Lebenshälfte schmerzhafter werden (Abb. **290**).

Allgemein zeigt sich, daß die gründliche Kenntnis der funktionellen Anatomie und Pathologie sowie die Biomechanik der pathologischen Gangbilder und Achsenfehler sekundär statische Degenerationsfolgen in der gesamten Gelenkkette des Beines und der Wirbelsäule erkennen lassen, die in der Regel erst nach jahrzehntelangem Bestehen zur klinischen Manifestation von Beschwerden Anlaß geben. Hier ist noch ein sehr weites Gebiet mechanischer Analysen und Grundlagenforschungen offen, dessen klinische Nutzung manchen wesentlichen Fortschritt erwarten läßt.

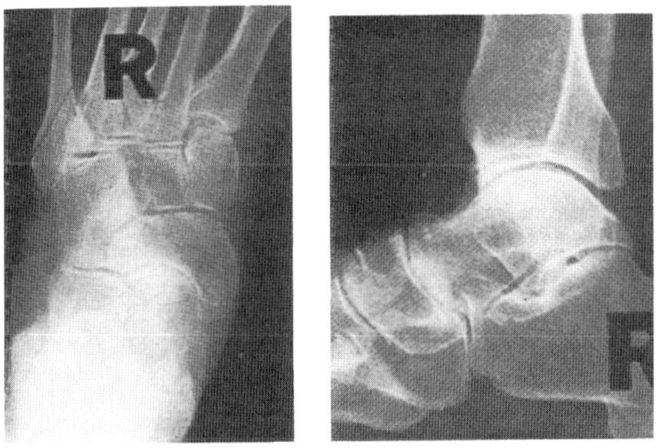

a b

Abb. **288** a u. b Arthrose im oberen und unteren Sprunggelenk, 12 Jahre nach Kniearthrodese rechts. (aus: *P. Hamacher, F. Koch:* Z. Orthop. 111 [1973] 441)

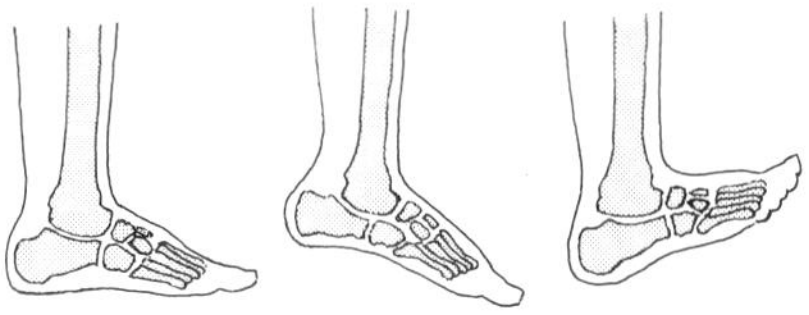

a b c

Abb. **289** a–c Schema der Entwicklung von Kompensationsbewegungen im unteren Sprunggelenk bei tibiotarsaler Arthrodese im Jugendalter (aus: *R. Ducroquet, J. u. P.:* La marche et les boiteries. Masson, Paris 1965 [S. 111])

Achsenfehler der unteren Extremität

Die ausführliche Darstellung der kombinierten Achsenfehler der Beine und der daraus resultierenden Pathomechanik und ihrer Spätfolgen ist in dem begrenzten Rahmen unmöglich.

In der Literatur liegen wertvolle Einzelarbeiten vor, die sich vorwiegend mit der Analyse von Einzelproblemen der gestörten Statik, unter teilwei-

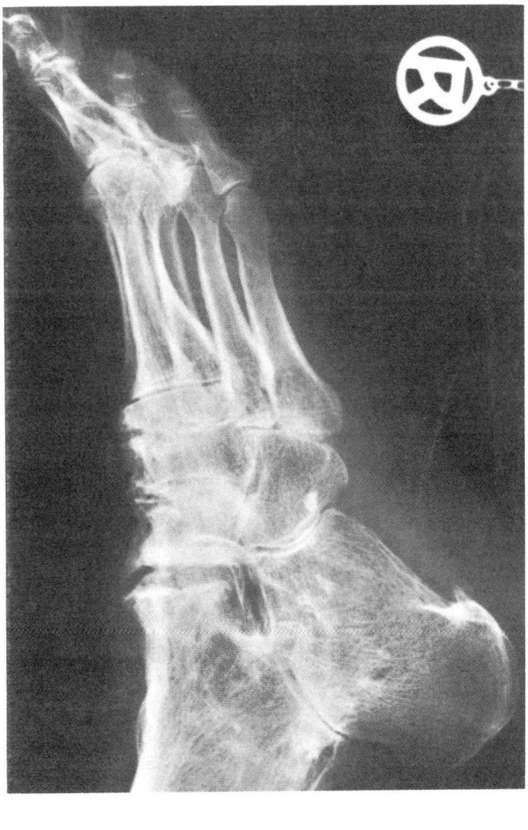

Abb. **290** 53 Jahre ♀, schwerste Sekundärarthrose der Tarsalgelenke (unt. Sprunggelenk) 30 Jahre nach oberer Sprunggelenkversteifung. Subjektive Beschwerden erst seit 2 Jahren

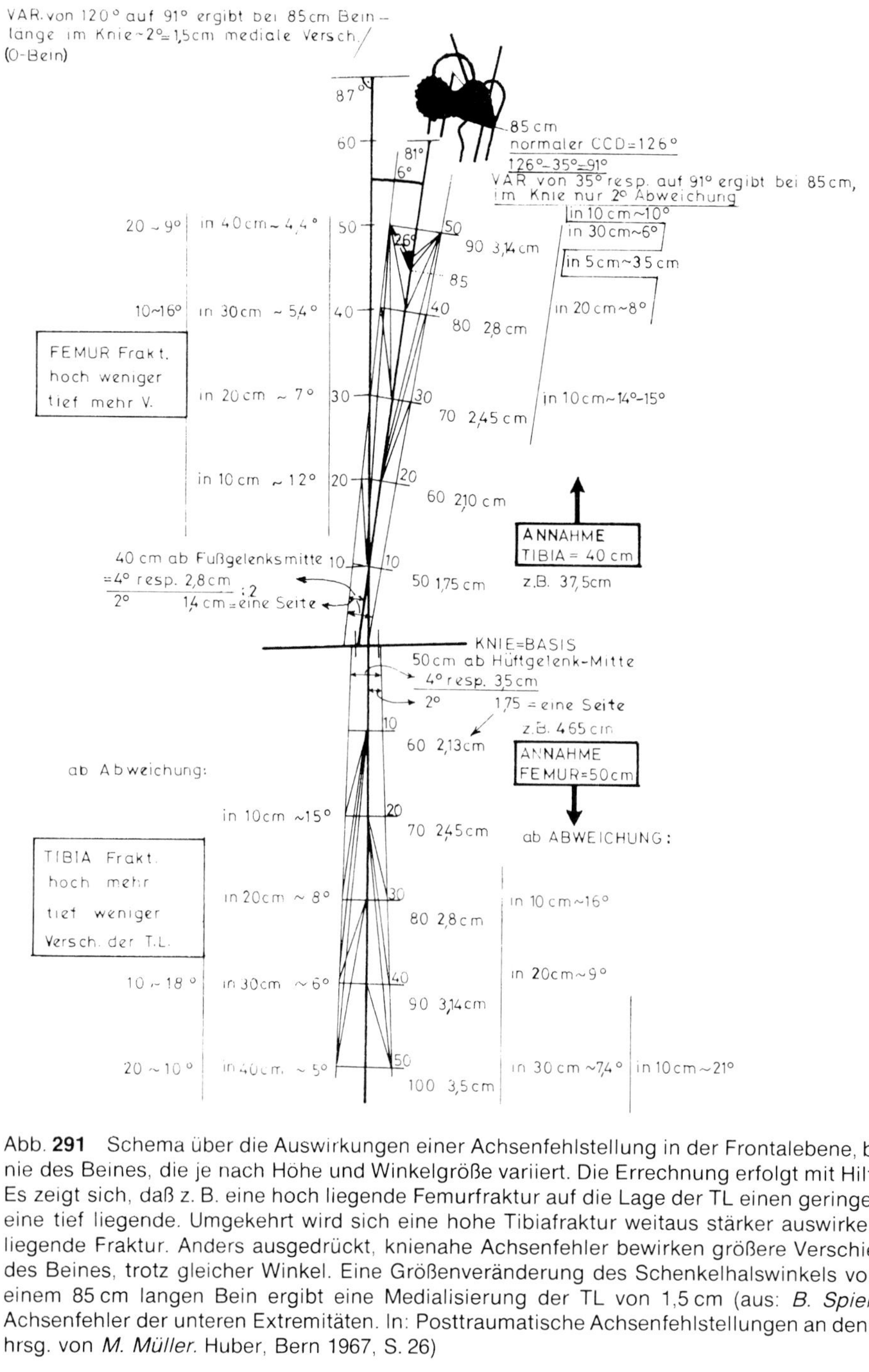

Abb. **291** Schema über die Auswirkungen einer Achsenfehlstellung in der Frontalebene, bezogen auf die Traglinie des Beines, die je nach Höhe und Winkelgröße variiert. Die Errechnung erfolgt mit Hilfe des Einheitskreises. Es zeigt sich, daß z. B. eine hoch liegende Femurfraktur auf die Lage der TL einen geringeren Einfluß ausübt als eine tief liegende. Umgekehrt wird sich eine hohe Tibiafraktur weitaus stärker auswirken als eine mehr distal liegende Fraktur. Anders ausgedrückt, knienahe Achsenfehler bewirken größere Verschiebungen der Traglinie des Beines, trotz gleicher Winkel. Eine Größenveränderung des Schenkelhalswinkels von 120 auf 91 Grad bei einem 85 cm langen Bein ergibt eine Medialisierung der TL von 1,5 cm (aus: *B. Spierig:* Die Diagnose der Achsenfehler der unteren Extremitäten. In: Posttraumatische Achsenfehlstellungen an den unteren Extremitäten, hrsg. von *M. Müller.* Huber, Bern 1967, S. 26)

ser Berücksichtigung der Dynamik, befassen. Es fehlen jedoch noch zusammenfassende Untersuchungen über die Kinetik der pathologischen Bewegungsabläufe, welche die genaueren Definitionen der Größenordnung der Fehlauswirkungen der wirksamen Kräfte erlauben (Müller 1967, Morscher 1967).

Als mechanische Ausgangsbasis für die klinische Betrachtung stehen, ebenso wie bei den Längendifferenzen, die statische Störung der Achsengeo-

metrie und der fehlerhafte Ablauf der Kinematik im Vordergrund der diagnostischen wie auch therapeutischen Überlegungen.
Dynamische Messungen und indirekte quantitative Ermittlungen über das räumlich gestörte Kräftegleichgewicht während der Funktion sind in vollem Gange. Ihre Ergebnisse werden in zunehmendem Maße in die Überlegungen zur Weiterentwicklung der gelenk- und funktionserhaltenden operativen Wiederherstellungschirurgie des Bewegungsapparates mit einbezogen (ENDLER 1971, 1974d, 1975, 1976 u. 1977, MAQUET 1966 u. 1972a u. b).
Quantitative Analysen verschiedener Fehlbeanspruchungskomplexe gewähren Einblick in die Auswirkung der gestörten Dynamik bei Ankylosen und Kontrakturstellungen der unteren Extremitätengelenke sowie auch des lumbosakralen Überganges (DEBRUNNER 1967a u. b, NICOD 1967).
Bei diaphysären und artikulären Achsenfehlern sind folgende mechanische Beurteilungskriterien von besonderer Wichtigkeit (s. Bildlegende Abb. **291**):

1. Lokalisation,
2. Konfiguration,
3. Schweregrad (räumlicher Deviationswinkel),
4. pathomechanische Auswirkungen auf die Gelenkkette der unteren Extremitäten und der Wirbelsäule während der Beanspruchung:
   a) bei Kombinationen mit artikulären Bewegungseinschränkungen,
   b) bei gleichzeitigen neuromuskulären Störungen.

Neben der klinischen Erfassung und Beurteilung steht auch hier, wie bei den Längendifferenzen, als Basis die statische und funktionelle Beurteilung der Röntgenmorphologie nach wie vor an der Spitze. Weitere klinische Rückschlüsse aus zusätzlichen speziellen Messungen der dynamischen Bodendruckkräfte und den daraus resultierenden Ableitungen über die Metrik der Fehlbeanspruchung werden nur an speziellen Forschungszentren durchgeführt.
Wir unterscheiden nach der Konfiguration:

1. Räumlich verschiedene Konfigurationen und Fehlstellungen der Diaphysenachsen mit zwangsläufigen Deviationen der benachbarten Gelenkachsen. Ihre mechanischen Folgen sind Fehlbeanspruchungen der deformierenden Knochenachsen und der fehlerhaft zur resultierenden Belastungsrichtung eingestellten Gelenke (Abb. **292**).
2. Isolierte Deformitäten der Diaphysen, bei denen die benachbarten Gelenkachsen normal senkrecht zur resultierenden Belastung eingestellt sind (Abb. **293**). Sie entstehen im Wachstumsalter bei isolierten Diaphysenkrümmungen, durch funktionelle Anpassungsvorgänge mittels ungleichen Längenwachstums in der Metaphyse. Dadurch können zwangsläufige

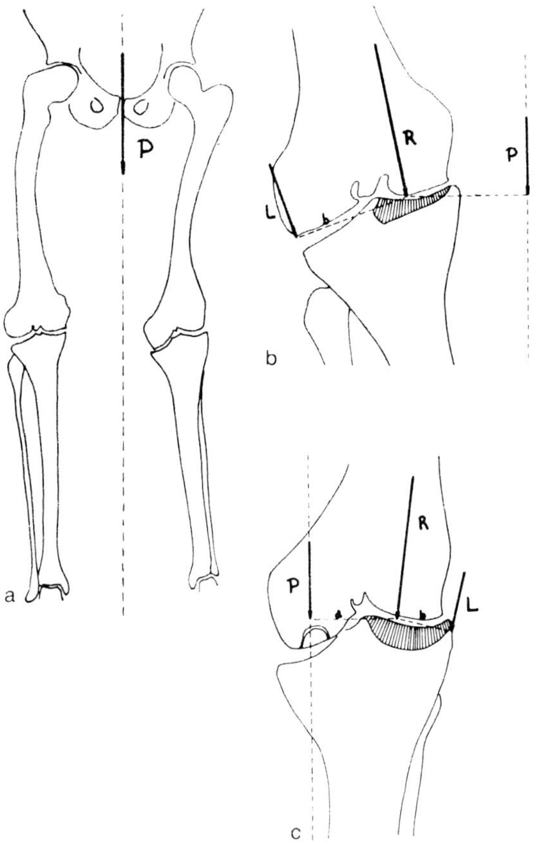

Abb. **292** a–c a) Statische Betrachtung der mechanischen Belastung bei kombinierten diaphysären und artikulären Achsenfehlern und ihrer Spätauswirkung auf die Kniegelenke. Beträchtliches Femur varum mittleres Femurdrittel rechts. Femur valgum an der Grenze zwischen proximalem und mittlerem Femurdrittel links. Die Konvexität der Femurdeformitäten sind beide nach links gerichtet. Daraus resultierend: Fehlstellungen der Gelenkachsen im Knie. Genus varum rechts und Genus valgum links. b) Aus der Fehlbelastung resultiert eine Varusarthrose rechts und eine Valgusarthrose links, nach Jahrzehnten. Die Varusdeformität des Femurs rechts hat eine Varisierung der ganzen Beinachse mit medialer Überlastung des Kniegelenkes zur Folge, da die Resultierende R über das mediale Gelenkfach verschoben wird. Die Valgusdeformität des Femurs links bedingt zwangsläufig eine Valgusstellung des Kniegelenkes mit Schrägstellung der Gelenkachse. Die resultierende Belastung wird dem Kniegelenk genähert und verschiebt sich in das fibulare Gelenkfach. Die Größe der Gegenkraft des Tractus iliotibialis, der als zweigelenkiger Muskel an der Gleichgewichtserhaltung des Beckens mitbeteiligt ist, läßt sich nicht reduzieren. Daraus resultiert: c) eine fortschreitende Valgusarthrose des Kniegelenkes. (aus: *P. Maquet:* Acta orthop. belg. 32 [1966] 705)

Fehlstellungen benachbarter Gelenke infolge diaphysärer Achsenfehler weitgehend kompensiert werden. Auch bei kombinierten gleich- und gegensinnigen diaphysären Fehlstellungen der Ober- und Unterschenkel können kompen-

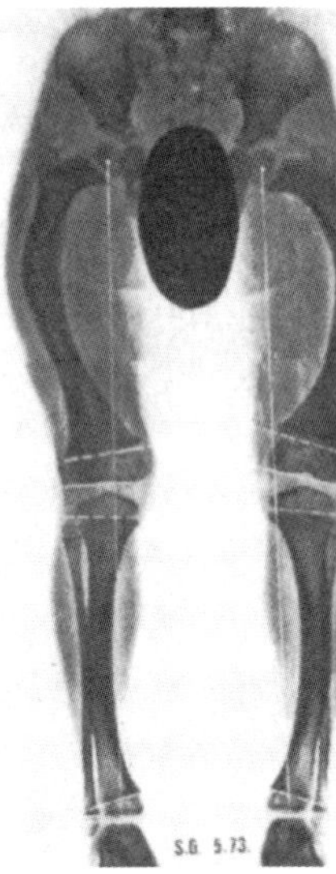

Abb. **293** Sch. J. ♂, 3¼ Jahre. Diaphysäre Achsenfehler bei Vitamin-D-resistenter hypophosphatämischer Rachitis im Wachstumsalter. Coxae varae, Femora vara antecurvata, jedoch keine ausgeprägte zwangsläufige Fehlstellung der horizontalen Gelenkachsen in der Frontalebene an den Knien und Sprunggelenken. Hervortretende Schrägstellung der Metaphysenlinien zur mechanischen Achse des Beines. Die Kniegelenkbasislinie leicht schräg nach medial ansteigend, rechts fast volle Horizontalstellung. Metaphysenlinie hingegen an den distalen Tibien beidseitig schräg zur Gelenklinie der oberen Sprunggelenke eingestellt. Im Krümmungsscheitel der varischen Femora funktionelle Anpassung der Kortikalis durch Breitenwachstum, vor allem rechts medial (aus: *F. Endler, K. Fochem:* Special Orthopaedic Roentgen Diagnosis. Thieme, Stuttgart [in Druck])

satorische Normaleinstellungen der benachbarten Gelenkachsen zur Belastungsresultate zustande kommen.

Dies ist vor allem bei Systemerkrankungen wie z. B. der Vitamin-D-resistenten hypophosphatämischen Rachitis durch passive Verformung der Epiphysen möglich, wobei die asymmetrischen Einstellungen der Wachstumslinien zur resultierenden Belastung durch aktive Wachstumsgestaltung ausgeglichen werden können, wenn die biologische Widerstandsfähigkeit des kranken Mesenchyms durch entsprechende Vitaminmedikationen verbessert wird.

3. Artikuläre und paraartikuläre Achsenfehler, ohne Deformitäten der Diaphysen, mit und ohne Bewegungsausfälle der Gelenke. Sie entstehen:
   a) durch primäre Fehlanlagen bei Systemerkrankungen oder erworbenen Deformierungen der Gelenkkörper oder sekundär nach Gelenkfrakturen mit Schädigung der Wachstumsplatte sowie durch langzeitige Fehlbeanspruchungen in Form deformierender statischer Arthrosen (Abb. **294**);
   b) durch desmogene Kontrakturen oder Fehlstellungen der normal konfigurierten Gelenkkörper zueinander, wie z. B. bei Bandschäden, Störungen des aktiven neuromuskulären Stützapparates, vor allem Lähmungen etc.
4. Kombinierte diaphysäre und artikuläre Fehlstellungen mit Längendifferenzen.

Das gestörte Gangbild bei Achsenfehlern hat, ebenso wie bei den Längenunterschieden, sehr variable mechanische Fernwirkungen auf die mechanische Beanspruchung der proximal und distal der Deformität gelegenen Gelenke und Diaphysen der Röhrenknochen der Extremitäten und der Wirbelsäule zur Folge.

Der Grad der Fehlbeanspruchung ist von der Größe des Deviationswinkels und seiner Lokalisation weitgehend abhängig. Alle Abweichungen gegenüber der Normalkonfiguration lassen sich klinisch und an den Röntgenbildern der unteren Extremitäten und des Rumpfes auf Grund ihrer veränderlichen Lagebeziehungen zur mechanischen Achse des Beines ausmessen und ablesen, oder ihre statischen Fehlauswirkungen lassen sich auch an Hand des Einheitskreises messen und näherungsweise berechnen (Spirig 1967).

Polster u. Mitarb. (1973 a) haben mathematische Computermodelle ausgearbeitet, von denen unter Zwischenschaltung automatischer Zeichengeräte genaue Konfigurationsanalysen ebenso wie zeichnerische Planungen nach der Grundlage von Röntgenganzaufnahmen bei kombinierten Wiederherstellungsoperationen erbracht werden können.

Achsenfehlstellungen der Diaphysen können im Wachstumsalter in weitaus beschränkterem Bereich auch beim Erwachsenen, durch funktionelle Anpassung mittels ungleichen Längen- und Breitenwachstums kompensiert oder ausgeglichen werden. Insbesondere die Selbstaufrichtung hochgradig fehlerhaft geheilter, kindlicher parametaphysärer Frakturen ist imstande, auch sehr weit gehende Achsendeviationen des benachbarten Gelenkes bis zur Normalstellung der Gelenkachse auszugleichen.

Die mechanischen Auswirkungen gegensinniger Achsenfehlstellungen können sich entweder gegenseitig aufheben oder bei Gleichsinnigkeit an Ober- und Unterschenkel auch addieren.

Die genaue Kenntnis dieser mechanischen Anpassungsvorgänge, vor allem aber auch der Wiederaufrichtungsvorgänge nach diesen Korrekturen von Fehlstellungen des koxalen Femurendes, ist für den modernen Orthopäden von großer Bedeutung und muß bei der Planung und Beurteilung therapeutischer Eingriffe unbedingt berücksichtigt werden (s. S. 234).

Irreversible Fehlbeanspruchungen von diaphysären Deformitäten werden auf Dauer bei gewissen Schweregraden durch Breitenwachstum kompensiert. Die fehlbeanspruchten Gelenke hingegen

a 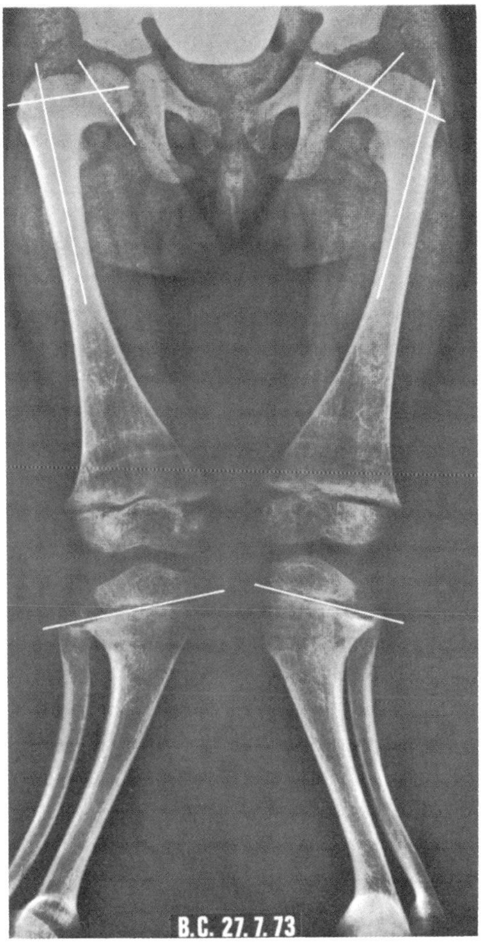 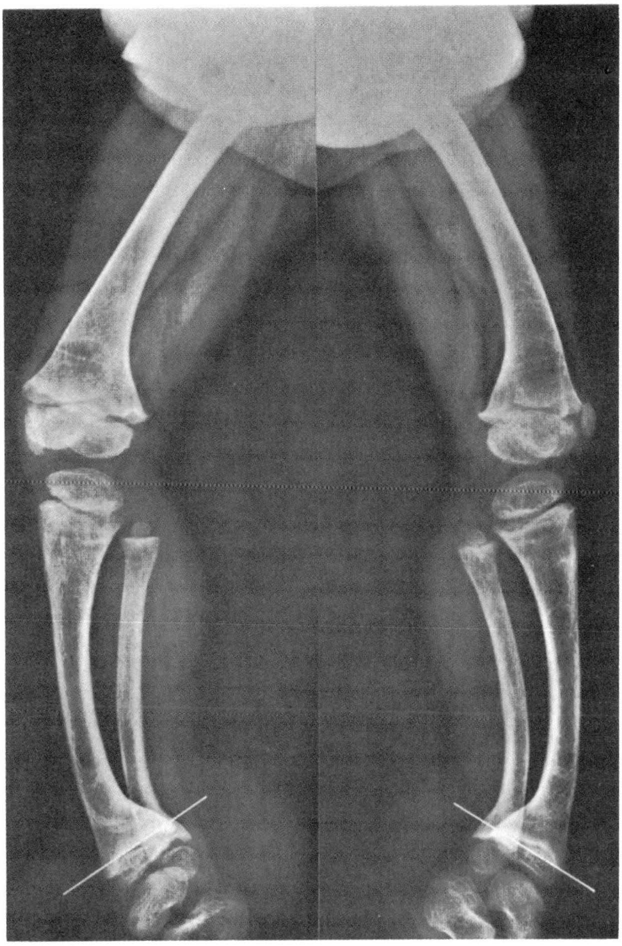 b

Abb. **294** a–b P. C. ♀, 3 Jahre. Kombinierte Achsenfehler der unteren Extremitäten bei metaphysären Störungen der Wachstumsbiologie im Rahmen einer kongenitalen Skelettdysplasie. a) Röntgen-Frontalaufnahme. Hochgradige Coxa vara bds. durch passive Wachstumsdeformierung beider Schenkelhalsmetaphysen. Die normale aktive Wachstumsgestaltung mit Normaleinstellung der Wachstumsplatte durch ungleiches Längenwachstum zur resultierenden Belastung hat nicht stattgefunden.

Femurdiaphysen: Nur leichte Femora vara antecurvata bei Normaleinstellung der Kniegelenkachsen (Knie-Basis-Linie). Die metaphysäre Wachstumsstörung (biologische Resistenz gegen mechanische Beanspruchung reduziert) an den distalen und proximalen Tibiaenden hat einen schweren Achsenfehler zur Folge (passive Deformierung). Die Normaleinstellung durch ungleiches Längenwachstum der Wachstumsplatte ist bei normal großer mechanischer Beanspruchung (*Pauwels*) infolge der biologischen Störung ausgeblieben. Hochgradige Genua valga durch fibulare Deformierung der proximalen Tibiametaphyse bds., die schräg nach medial ansteigend pathologisch zur Traglinie eingestellt ist. b) Crura vara antecurvata in der Lateralprojektion: Durch biologische Störung der normalen aktiven Wachstumsgestaltung an den proximalen und distalen Metaphysen der Tibia ist ihre Normaleinstellung (90°) zur Traglinie hochgradig pathologisch. Massive Wachstumsdeformierung bei normaler mechanischer Spannungsgröße (aus: *F. Endler, K. Fochem:* Special Orthopaedic Roentgen Diagnosis. Thieme, Stuttgart [in Druck])

reagieren auf asymmetrische Druckverteilungen und Konzentrationen des Gelenkdruckes weitaus empfindlicher. In der Spätfolge, manchmal erst nach Jahrzehnten, werden statische Sekundärarthrosen unausbleiblich progredient. Dementsprechend wird auch jede operative Korrektur und Wiederherstellung komplexer Störungen des Gangbildes in erster Linie auf eine Normalisierung der Gelenkbeanspruchung ausgerichtet sein und pathogen wirksame, ungleichmäßig im Gelenk verteilte konzentrierte Druckzonen nach Möglichkeit voll beseitigen und den Druck weitgehend reduzieren. In diesem Sinne wird man auch die Korrektur einer pathogenen Fehlbeanspruchung von Gelenken gegenüber der operativen Beseitigung pathologischer Spannungszonen der Diaphysenachsen absolut in den Vordergrund stellen.

Um dieses Ziel immer zu erreichen, müssen wir sogar bei verschiedenen Formen der Hüftarthrose

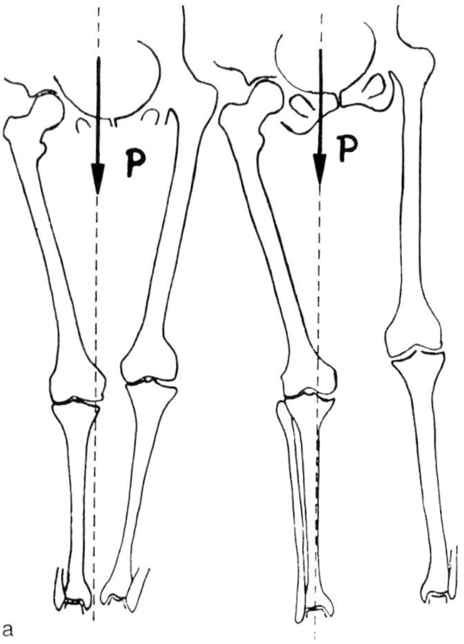

a

Achsenfehler durch geplante biomechanische Osteotomien im Sinne einer Coxa vara oder Coxa valga akzentuieren, um eine möglichst weitgehende Reduzierung von pathogen wirksamen Gelenkdrücken zu erreichen. Wir wissen aus der Erfahrung, daß die aus der operativen Fehlstellung der Achse resultierende vermehrte Biegebeanspruchung des koxalen Femurendes besonders beim Kind, aber auch beim Erwachsenen, weitgehend durch funktionelle Anpassung mittels ungleichen Längenwachstums in der Metaphyse im Wachstumsalter und durch Breitenwachstum beim Erwachsenen kompensiert werden kann.

Bei Korrekturen von Achsenfehlern der Diaphysen langer Röhrenknochen muß man streng darauf achten, daß nicht durch zwangsläufige resultierende pathologische Umstellungen der benachbarten Gelenkachsen Fehlbeanspruchungen auftreten (ENDLER 1974b, MAQUET 1966).

Um die Vielseitigkeit der Pathomechanik bei kombinierten Achsenfehlern der Beine mit ihren oft sehr komplexen Kettenreaktionen und Fehlbeanspruchungen durch pathologische Gangbilder näher zu erläutern, sei eine Reihe von Beispielen angeführt:

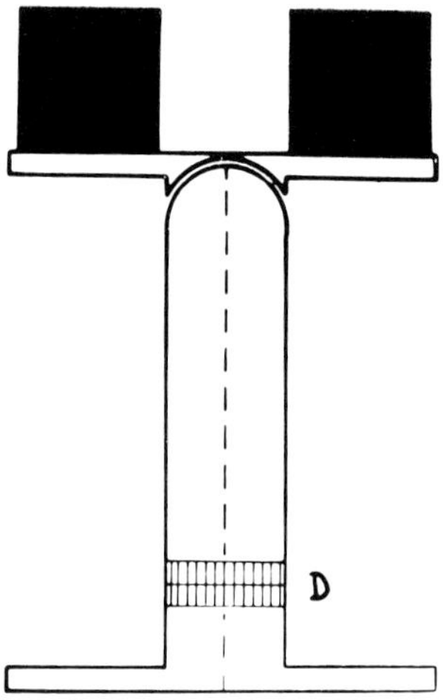

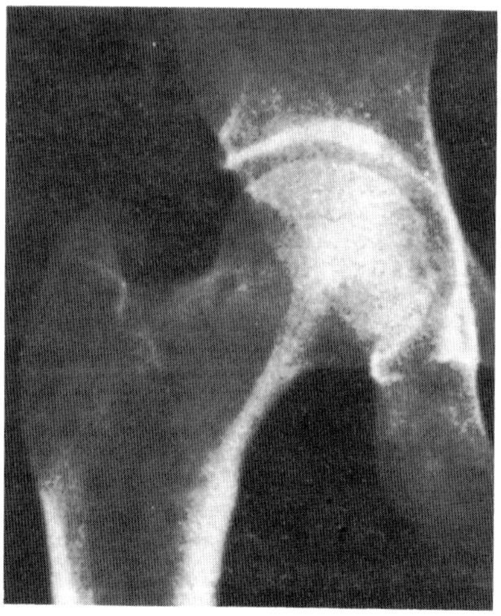

b

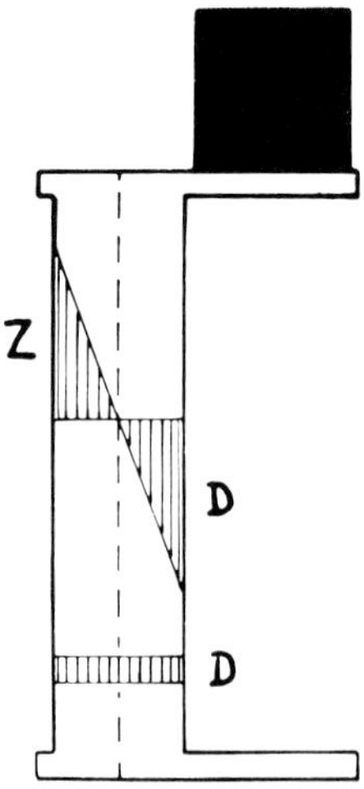

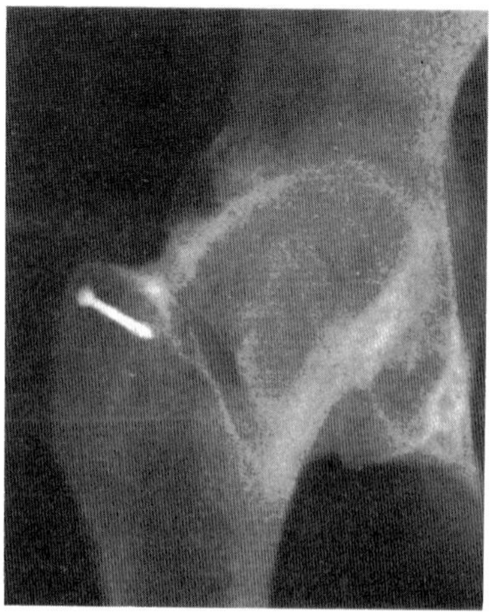

c

Abb. **295** a–c a) Belastungsschema bei Hüftarthrodesen mit Adduktionskontraktur von 12 Grad links in der Standbeinphase auf dem arthrodesierten Bein und beim Stand auf beiden Beinen. b u. c) Größe und Verteilung der Biegespannungen im koxalen Femurende bei beweglicher und versteifter Hüfte. Der Schenkelhals der versteiften Seite ist durch Wegfall der Zuggurtung und des beweglichen Gelenkes starken Biegespannungen ausgesetzt

1. Beispiel: Mit 28 Jahren Hüftarthrodese links wegen schmerzhafter Luxation. Langsame Deformierung der Arthrodese in Adduktionsstellung von 12 Grad (Abb. **295** a). 20 Jahre später zunehmende statische Knieschmerzen links mit progredienter Arthrose des fibularen Gelenkfaches und Genus valgum.

Statisch-mechanische Analyse: Durch den Bewegungsausfall der linken Hüfte wird die Last links über einen starren Winkelhebel auf das Femur übertragen. Der Schenkelhals steht unter hoher Biegebeanspruchung mit Spannungsspitzen aus der Verteilung von Zug und Druck im Querschnitt des Knochens. Diese sind um ein Vielfaches größer als bei der beweglichen Hüfte. Es erfolgt eine funktionelle Anpassung durch Breitenwachstum mit Verdickung der kranialen und medialen Kortikalis im Bereich des Adamsbogens. Trotzdem ist durch eine Spannungsintoleranz eine Anpassung mit leichter ossärer Verbiegung in Adduktion im Laufe der Jahre erfolgt (Abb. **295** a–c).

Das rechte Kniegelenk der gesunden Seite wird in der Standbeinphase fibular überlastet. Das Schwerelot S_7 des Körperteilgewichtes G verlagert sich in den Bereich des tibialen Gelenkfaches, wodurch die Exzentrizität der Lasteinwirkung geringer wird. Dementsprechend ändert sich auch das Längenverhältnis von Lastarm und Kraftarm zugunsten des Kraftarmes.

Damit die gleichmäßige Druckverteilung im medialen und lateralen Gelenkfach erhalten bleibt, müßte eigentlich die Größe der Gegenkraft L des Tractus iliotibialis absinken, da ja der Lastarm des Körpergewichtes kürzer geworden ist. Diese normalerweise automatische Regulation kann auf Grund der anatomischen Besonderheiten der Wirkungslinie des Tractus iliotibialis nicht stattfinden. Er hat eine Doppelfunktion zu erfüllen, indem er gleichzeitig für die Erhaltung des Gleichgewichtes am Becken, in der Hüfte sowie auch am Kniegelenk mit verantwortlich ist, da er beide Gelenke überbrückt und am Fibulaköpfchen inseriert. Dadurch bleibt die Größe der Kraft L konstant. Dies führt zu einer Verlagerung der resultierenden Druckbeanspruchung R über das fibulare Gelenkfach, und die Folge ist eine ungleichmäßige Druckverteilung im Gelenk mit Konzentration des Druckes fibular (Abb. **296** b).

Der Knochen reagiert auf die Druckkonzentration reaktiv mit einer dreieckigen Sklerose im subchondralen Bereich des fibularen Gelenkfaches an der Tibia, welche eine sekundäre Osteochondrose mit arthrotischer Degeneration und zunehmender Valgusstellung des Unterschenkels zur Folge hat.

Beim linken Knie der arthrodesierten Seite distanziert sich der Verlauf des Schwerelotes des Körpergewichtes S_7 nach medial vom Kniegelenk, womit die Exzentrizität der Belastung zunimmt. Die Verlängerung des Gewichtsarmes führt bei gleichbleibender Größe der Gegenkraft L zu einer progressiven Überlastung des tibialen Gelenkfaches. Sie gibt nach vielen Jahren Anlaß zu einer progredienten statischen Varusarthrose (Abb. **296** c). Belastungsmechanismus der gesunden beweglichen Hüfte siehe Bildlegende Abb. **296** a.

Die Ursache dieser mechanischen Beanspruchungsstörung des Knies ist die Adduktionsstellung der arthrodesierten linken Hüfte von 12 Grad. Ihre operative Beseitigung bessert das Gangbild, wodurch röntgenologisch

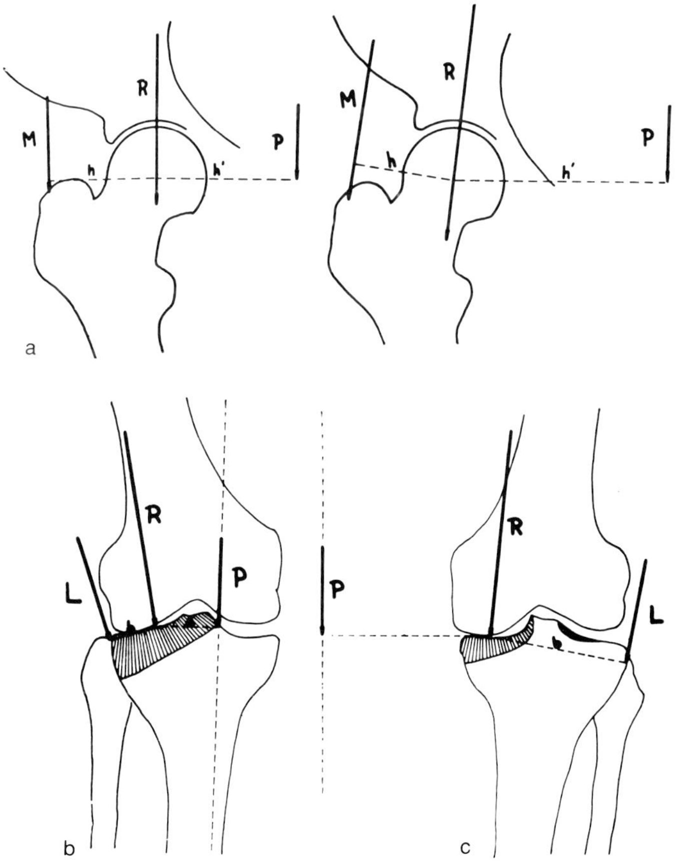

Abb. **296** a–c a) Bei linksseitiger Arthrodese erfolgt die Belastung der gesunden Hüfte in der Standbeinphase in vermehrter Varusstellung des Gelenkkopfes zur Pfanne durch entsprechende Beckenhebung. Links Hüftbelastung bei schräger Beckenhebung, rechts bei horizontal gestelltem Becken (vgl. auch Abb. **295**).
b) Das rechte Kniegelenk auf der Seite der gesunden Hüfte erfährt eine Überlastung des fibularen Gelenkfaches durch Lateralisierung der Resultierenden in der Standbeinphase. In der Spätfolge entwickelt sich eine typische statische Valgusarthrose im fibularen Gelenkfach.
c) Das rechte Kniegelenk auf der arthrodesierten Hüftseite wird durch Medialisierung der Resultierenden in der Standbeinphase tibial überlastet, und es entwickelt sich nach Jahrzehnten eine sekundäre statische Varusarthrose.
(Abb. **295** u. **296** aus: *P. Maquet:* Acta orthop. belg. 32 [1966] 705)

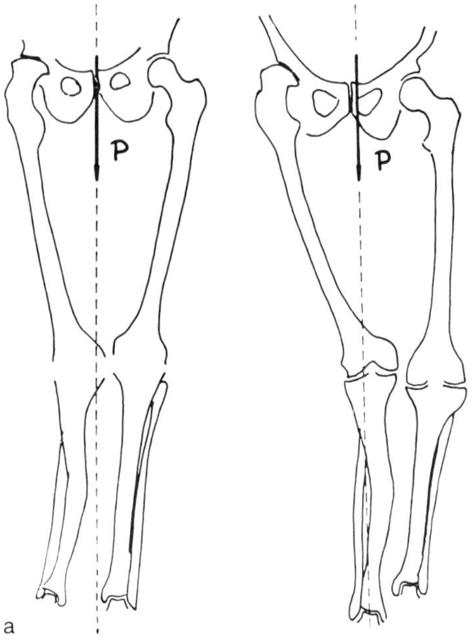

a

eine faßbare Erholung der Kniearthrose mit klinisch subjektiver Beschwerdefreiheit und zusätzlichem Schwinden der statischen Kreuzschmerzen eintrat.

2. Beispiel (Abb. **297**): Mit 18 Jahren Unterschenkelfraktur des mittleren Tibiadrittels rechts im 1. Weltkrieg, die mit einer diaphysären Valgusdeformität von 16 Grad ausgeheilt ist (Abb. **297** a). Als konstante Folge blieb ein stärkeres Hinken zurück. Nach über 40 Jahren (1957) zunehmende Knieschmerzen rechts. 1963 wird röntgenologisch eine subluxierende Hüftarthrose rechts festgestellt.

Statisch-mechanische Analyse:

1. *Rechte Hüfte* (Abb. **297** b u. c): Infolge der diaphysären Valgusdeformität des Unterschenkels muß das Bein in der Standbeinphase in vermehrter Adduktion aufgesetzt werden, damit das Schwerelot des Körpergewichtes S_6 durch den Unterstützungspunkt des Fußes verläuft. Der pathologische Adduktionsgang hat eine Belastung in Valgusstellung des rechten Hüftkopfes mit lateraler Subluxationstendenz zur Folge.
In der Standbeinphase verlagert sich die resultierende Druckbeanspruchung des Hüftgelenkes nach lateral. Die Tragfläche wird verkleinert, und der Gelenk-

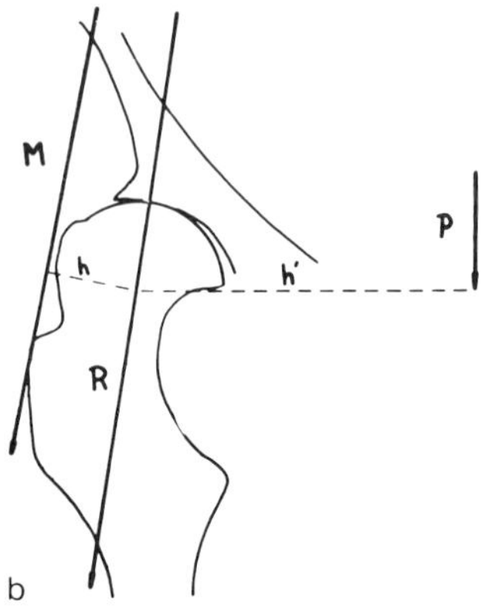

b

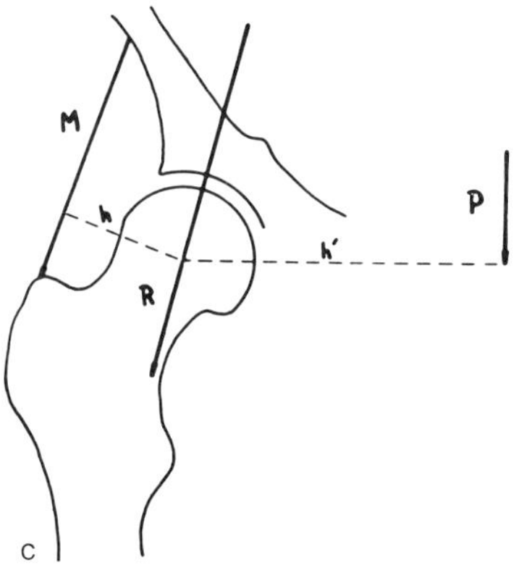

c

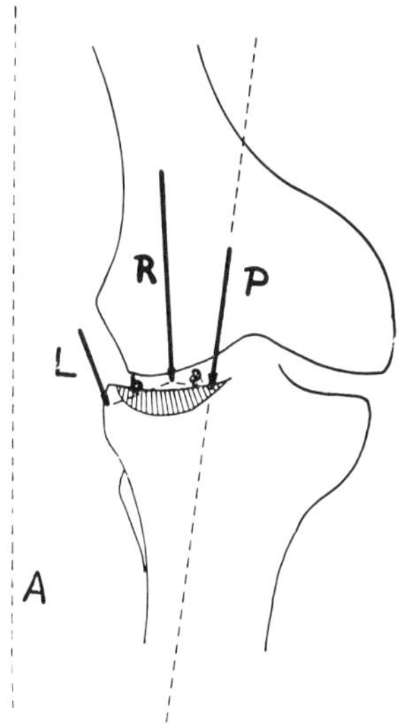

d

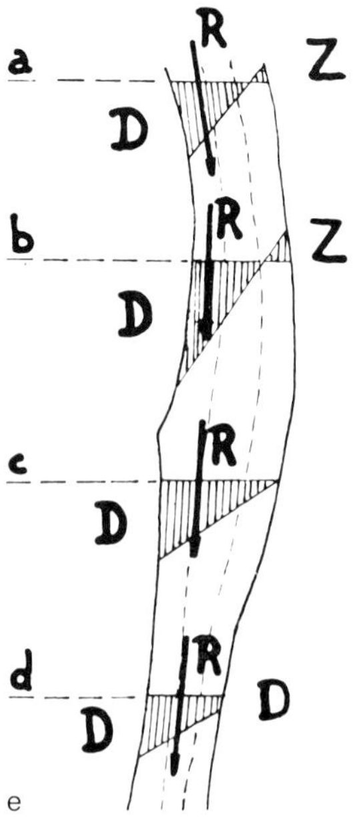

e

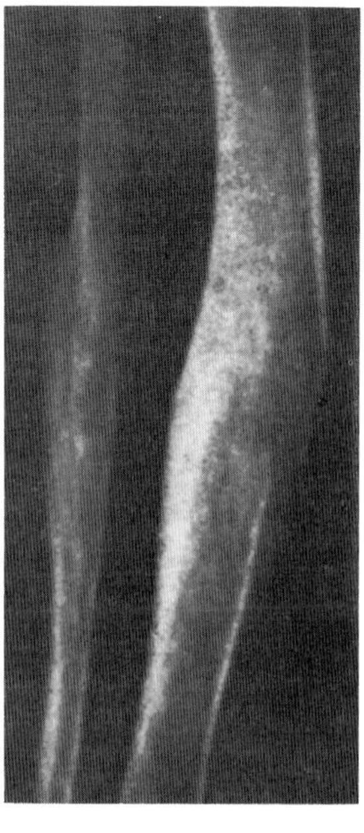
f

Abb. **297** a–f a) Statisches Belastungsschema der unteren Extremitäten bei posttraumatischer Valgusdeformität der rechten Tibia von 16 Grad. b) Entwicklung einer statischen subluxierenden Koxarthrose rechts. c) Linke Hüfte wird normal belastet. d) Verlagerung der resultierenden Gelenkbelastung des rechten Knies nach fibular, valgische Sekundärarthrose. e u. f) Schema und Röntgenbild der Fehlbeanspruchung bei Valgusdeformität des Unterschenkels. Funktionelle Anpassung des Tibiaschaftes durch Breitenwachstum, entsprechend der Größe der Spannungen im Knochenquerschnitt (aus: *P. Maquet:* Acta orthop. belg. 32 [1966] 705)

druck konzentriert sich am Pfanneneck. Außerdem wird der Hebelarm der Kraft kürzer. Die pathologische Konzentration des Gelenkdruckes am Pfanneneck hat nach Jahrzehnten zu einer progressiven Arthrose mit starker Deformierung des Hüftkopfes und zunehmender lateraler Subluxationstendenz geführt.

2. *Rechtes Kniegelenk* (Abb. **297** d): Der ständige Adduktionsgang wirkt sich auch nachteilig auf die resultierende Belastung des rechten Kniegelenkes aus.
   Das Schwerelot (S_7) des Körpergewichtes P weicht pathologisch nach fibular ab und verläuft durch den medialen Rand des lateralen Gelenkfaches. Dadurch wirkt das Körpergewicht P fast zentrisch auf das Tibiofemoralgelenk. Der Hebelarm der Last wird weitgehend verkürzt. Die Gegenkraft des Tractus iliotibialis L müßte sich dementsprechend wesentlich verkleinern, um das Belastungsgleichgewicht im Tibiofemoralgelenk aufrechtzuerhalten. Sie bleibt jedoch unverändert, da der Tractus iliotibialis gleichzeitig als Abduktor an der Erhaltung des Beckengleichgewichtes im Hüftgelenk mitbeteiligt ist. Die resultierende Druckbeanspruchung des Hüftgelenkes bleibt asymmetrisch, wodurch sich die höchsten Spannungsspitzen auf das fibulare Gelenkfach konzentrieren. Die Folge ist eine progressive Valgusarthrose des Kniegelenkes nach Jahrzehnten.

Die Valgusdeformität des rechten Tibiaschaftes steht zwangsläufig unter hoher Biegebeanspruchung.

In den Abschnitten der größten Achsenabweichung (A und B) verläuft die Resultierende R exzentrisch außerhalb der Kerngrenze. Daraus resultieren hohe Spannungsspitzen aus Zug und Druck an der Peripherie der Knochenzirkumferenz. In den Querschnittsbereichen (C und D), in denen die Resultierende R innerhalb der Kerngrenze verläuft, sind lediglich ungleichmäßig über den Querschnitt verteilte Druckspannungen zu registrieren. Der pathologisch auf Biegung beanspruchte Knochenquerschnitt hat sich durch Breitenwachstum funktionell angepaßt. An der Konkavseite (A/B) und der Zone höchster Druckspannungen finden wir eine massive Verbreiterung der Kortikalislamelle, indes die Kortikalislamelle an der Konvexseite, entsprechend der geringeren Größe der Zugspannungen, schmächtig geblieben ist. In den Abschnitten C/D ist der Knochenanbau infolge der weitaus geringeren, über den Querschnitt ungleichmäßig verteilten Druckspannungen nur schwach ausgeprägt (Abb. **297** e).

Die mechanische Vorplanung eines kausalen Behandlungszieles erfordert:

1. die Beseitigung der Valgusdeformität des Unterschenkels zur Wiederherstellung einer gleichmäßigen Druckverteilung im Femorotibialgelenk,
2. eine metrisch dosierte intertrochantere valgisierende Femurosteotomie (P II) mit gleichzeitiger muskulärer Entspannung der auf das Gelenk wirkenden Druckkraft sowie durch Beseitigung pathologischer Konzentration des Gelenkdruckes im Pfanneneckbereich mittels Tragflächenvergrößerung, um eine Abheilung der Arthrose zu erzielen.

3. Beispiel (Abb. **298**): Der Krankheitsfall einer 57jährigen Patientin fordert eine sehr eingehende statische Analyse bei kombinierten diaphysären und

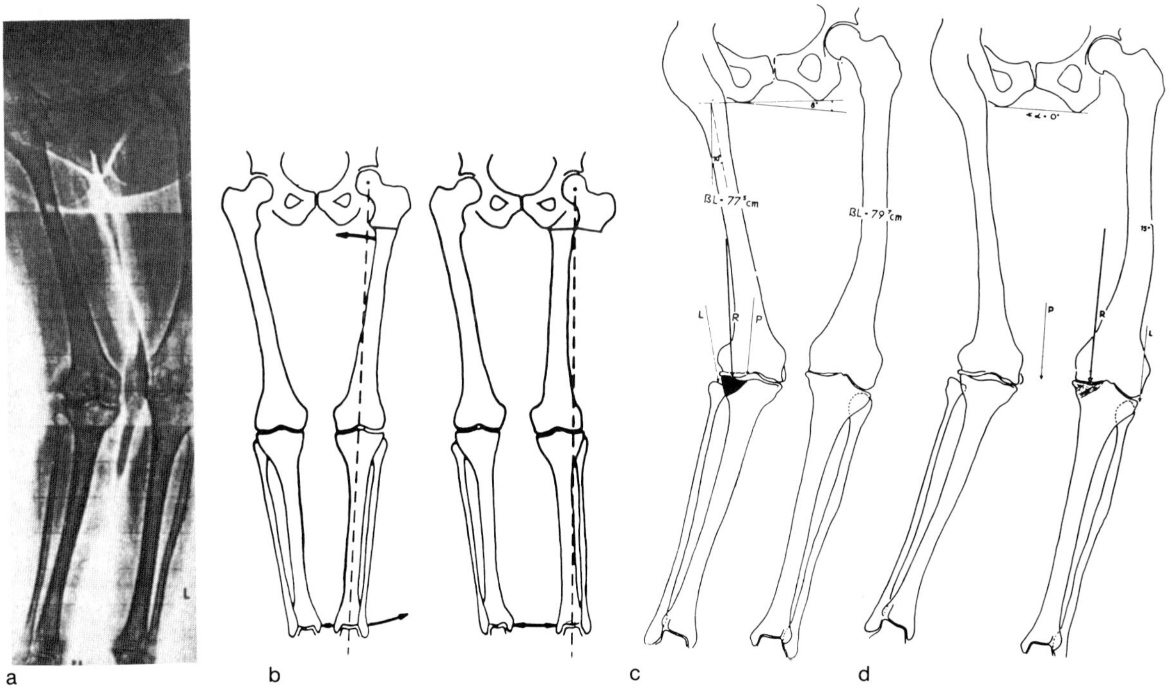

Abb. **298** a–d a) Ganzaufnahme der Röntgenkonfiguration der unteren Extremitäten in der Frontalebene bei symmetrischem Stand auf beiden Beinen. b) Mechanische Auswirkung einer subtrochanteren Femurosteotomie mit starker Medialisierung des distalen Fragmentes um Schaftbreite. Die Tragachse wird dezentralisiert und verläuft durch das fibulare Gelenkfach. (nach *Maquet*), c) Belastungsschema in der Standbeinphase rechts (ankylosierte Seite) (s. Text.) d) Belastungsschema in der Standbeinphase links. Überlastung des medialen Gelenkfaches (s. Text) (aus: *F. Endler:* Orthop. Prax. 7 [1974] 423)

artikulären Achsenfehlern (Abb. **298**a). Mit 10 Jahren Osteomyelitis des linken Oberschenkels und der rechten Hüfte. Defektheilung nach mehreren Rezidiven mit Femur varum antecurvatum von 15 Grad links und einer Hüftankylose in Beuge-Adduktions-Stellung rechts, die sekundär durch eine tiefe subtrochantere Femurosteotomie unter starker Medialisierung des distalen Fragmentes um über Schaftbreite korrigiert wurde.

Derzeit besteht eine pathologische Adduktionsstellung von ca. 3 Grad der ankylosierten rechten Hüfte mit gleichzeitiger Verkürzung von ca. 25 mm. Die Beckenneigung zur ankylosierten Seite beim Stand auf beiden Beinen beträgt 8 Grad.

Statisch-mechanische Analyse:

1. *Rechtes Bein. Standbeinphase* (Abb. **298**b): Jede subtrochantere Femurosteotomie mit starker Medialisierung des distalen Fragmentes hat eine Verlagerung der Tragachse des Femurs zum fibularen Gelenkfach zur Folge. Gleichzeitig wird die frontale Kniegelenkachse schräg leicht nach medial geneigt, und die Valgität des Beines tritt stärker in Erscheinung.

   In der Standbeinphase der ankylosierten Seite wird infolge akzentuierter Medialisierung des distalen Fragmentes nach tiefer subtrochanterer Osteotomie bei Beckenschrägstellung infolge 25 mm Verkürzung und etwas vermehrter Adduktionsstellung des Beines, bei Flexion von 25 Grad, das Schwerelot S_7 des Körpergewichtes P pathologisch zum lateralen Gelenkfach hin abweichen. Dies hat zwangsläufig eine Lateralisierung und asymmetrische Druckverteilung im Tibiofemoralgelenk der resultierenden Belastung zur Folge. 3 Jahrzehnte später hat sich im Kniegelenk eine progressive, hochgradig schmerzhafte Valgusarthrose entwickelt (18 Grad).
2. *Linkes Bein* (Abb. **298**c): In der Standbeinphase wird das Schwerelot S_7 des Körpergewichtes P infolge des Femur varum antecurvatum von 15 Grad im distalen Drittel, bei gleichzeitiger geringer Verkürzung der rechten Seite, pathologisch zur Medianebene hin abweichen.

Der Lastarm des Körpergewichtes wird verlängert; die laterale Zuggurtung ist insuffizient, so daß es zu einer Überlastung des medialen Gelenkfaches mit hoher Druckkonzentration kommt, die eine progressive Varusarthrose nach sich zieht. In der Sagittalebene Beugekontrakturen beider Kniegelenke von ca. 20 Grad.

Der mechanische Behandlungsplan dieser Kombination von diaphysären und artikulären Achsenfehlern muß genau überlegt werden. Die Fehlbeanspruchung des rechten Beines wurde durch eine subtrochantere Lateralisierungs- und Abduktionsosteotomie des distalen Fragmentes, mit Verminderung der Beugung um 15 Grad, durchgeführt und mit einer suprakondylären V-Osteotomie distal zur Behebung der Valgusdeformität und der Beugekontraktur des Kniegelenkes kombiniert. Links ist eine hohe suprakondyläre Femurosteotomie im unteren Drittel zur Korrektur der Varusdeformität, unter gleichzeitiger Berücksichtigung der Beugekontraktur von 20 Grad, vorgesehen.

4. Beispiel (Abb. **299**): Statische Analyse der Fehlbeanspruchung beidseitig unbehandelter kongenitaler Hüftluxation in der Frontalebene bei einer 43jährigen. Subiliakaler Hochstand der schwer deformierten Hüftköpfe mit Schenkelhalsschwund bds. Es wurden 8 operative Repositionsversuche sowie auch später Femurosteotomien durchgeführt. Es besteht die typische Luxationshaltung mit starker Anteversion des Beckens, bei akzentuierter Streckhemmung der Femora (Abb. **299**a).

Die aus der Beckenstellung resultierende Überlastung der Hyperlordose der LWS hat 10 Jahre später zu hochgradigen intermittierenden Lumbalschmerzen geführt.

Klinisch besteht weiterhin in den Hüftgelenken eine fixierte Adduktionskontraktur von 12 Grad rechts, indes die Abduktion links ca 10 Grad frei ist. Seit ca. 2 Jahren hochgradige Beanspruchungsschmerzen des rechten Hüftgelenkes. Beugung beider Hüften von 20–110 Grad frei, IR beidseits 10 Grad eingeschränkt.

Die mechanische Beanspruchung der nach iliakal luxierten, schwer arthrotisch veränderten Gelenke mit gleichzeitiger Schenkelhalsverkürzung ist hochgradig pathologisch (Abb. **299**b). Der Hebelarm der Muskelkraft ist stark verkürzt, so daß trotz Entlastungshinken mit Schwerpunktverlagerung ein abnorm hoher Gelenkdruck auch in der Nearthrose am kleinen Trochanter beidseits entsteht.

Die rechtsseitige Adduktionskontraktur der Hüfte behindert das typische Entlastungshinken durch Verlagerung des Körperschwerpunktes über die rechte Hüfte zur Verkürzung des Hebelarmes der Last.

Aber auch die eingeschränkte Abduktion im Bereiche der linken Gegenhüfte gestattet keine ausreichende Beckenhebung, die zu einem vollen Entlastungshinken mit starker Verlagerung des Körperschwerpunktes zur jeweils belasteten Seite erforderlich ist.

Die Adduktionskontraktur rechts und die eingeschränkte Abduktion links haben einen sehr labilen Gang zur Folge, da zusätzlich die Zirkumduktion der

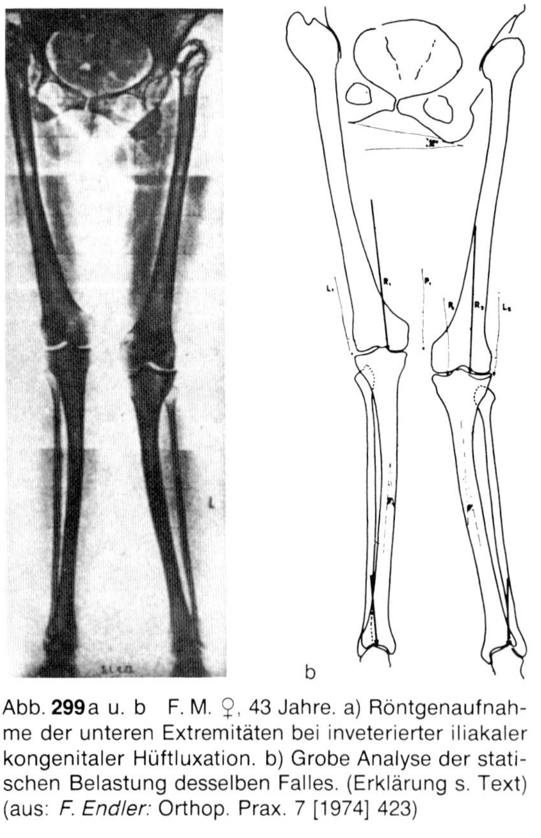
a b

Abb. **299**a u. b F. M. ♀, 43 Jahre. a) Röntgenaufnahme der unteren Extremitäten bei inveterierter iliakaler kongenitaler Hüftluxation. b) Grobe Analyse der statischen Belastung desselben Falles. (Erklärung s. Text) (aus: *F. Endler:* Orthop. Prax. 7 [1974] 423)

Beine durch Gewichtsverlagerungen und abnorme Bekkenhebung kompensiert werden muß.
Infolge der fixierten Adduktion der rechten Hüfte mit Beckenneigung nach links wird zur Erreichung des Gleichgewichtes in der Standbeinphase das Schwerelot S_7 des Körpergewichtes möglichst weit zum rechten Kniegelenk hin verlagert. Damit ist auch eine pathologische Überlastung des fibularen Gelenkfaches auf Dauer gegeben, die zunehmende Insuffizienzbeschwerden nach sich zieht.
In der Standbeinphase links ist eine Beckenhebung von 10–15 Grad möglich. Erst dadurch kann das in Adduktion fixierte rechte Bein in der Schwungphase an der linken Seite nach ventral vorbeigeführt werden. Der Körperschwerpunkt wird möglichst weit nach links zur Entlastung der Hüfte verlagert, so daß das Schwerelot S_7 des Körpergewichtes das tibiale Gelenkfach kreuzt. Dadurch kommt es auch hier zu einer pathologischen Valgusüberlastung des linken Kniegelenkes, die bereits im 4. Lebensjahrzehnt fortschreitende Degenerationsschäden des lateralen Gelenkfaches zeigt.
Ein interessantes Phänomen, das bisher wenig Beachtung fand, ist die relativ stark ausgeprägte diaphysäre Valguskrümmung der Tibien beidseits von ca. 8–10 Grad im mittleren Drittel.
Nachdem der Gangfehler seit Geburt besteht und eine laufende Abnahme der Spreizfähigkeit der Beine angenommen werden muß, können wir diese Valgusdeformität als funktionelle Anpassung der Unterschenkel zur Erweiterung der notwendigen Spreizung beim Gehen auffassen. Es bleibt offen, ob die höchsten Spannungsspitzen aus der Biegung nicht im Kniegelenk, sondern im Querschnitt der mittleren Tibiadrittel vorhanden sind.
Die lebenslange kinetische Fehlbeanspruchung der Gelenkkette der unteren Extremitäten ist zwangsläufig auch mit einer pathologischen Sprunggelenkbelastung verbunden. Infolge der diaphysären Tibiadeformitäten stehen Achsen der oberen Sprunggelenke schräg in einem nach außen offenen Winkel von ca. 10 Grad. Daraus resultiert eine kontinuierliche Überlastung der fibularen oberen Sprunggelenkbereiche. Als degenerative Folge hat beidseits eine deutliche Verschmälerung des Gelenkspaltes und links sogar eine beginnende zystische Degeneration der Talusrolle eingesetzt. Sicher wäre eine genaue funktionelle Analyse mittels Direktmessung der Bodendruckkurven und Chronozyklographie weit aufschlußreicher für eine gezielte therapeutische Planung. Trotzdem müssen wir uns immer noch an die mehr statische Betrachtungsweise halten, die bereits einen grundlegenden Fortschritt brachte. Sie hat seit PAUWELS (1965e) klinisch als Grundlage präoperativer Planungen bei schwersten Hüftschäden einmalige Langzeiterfolge gebracht.

Synopsis der Beinlängenanomalien und Achsenfehlstellungen im Wachstumsalter

Tabelle **7** Anlagemäßig bedingte Dysostosen

Erkrankungsart	Anomalien des Längenwachstums	Achsenfehlstellungen
1. *Achondrodysplasie* Syn. Chondrodystrophia foetalis	disproportioniertes Längenwachstum der Fibula	Fehlstellung der oberen Sprunggelenkachse, varische Fußdeformitäten
2. *Chondrodystrophia* calcific. cong. Syn.: Dysplasia epiphysealis punctata, Conradi-Hünermann-Syndrom (stippled epiphysis)	asymmetrisches Längenwachstum der Extremitäten durch Wachstumshemmung, Gelenkkontrakturen	Varusdeformitäten und Coxa vara
3. *Osteochondrodystrophia def.* Syn.: Morbus morquio-Brailsfort, Dysostosis epimetaphysaria, spondyloepiphysäre Dysplasie, Typus Morquio	Beinverkürzungen durch metaphysäre Wachstumshemmung	Achsenfehler durch asymmetrische metaphysäre Wachstumsstörungen, Gelenkkontrakturen durch Epiphysendeformation, Genua valga recurvata, Rekurvationsdeformitäten
4. *Dysostosis multiplex* Pfaundler-Hurler Syn.: Gargoylismus, Lipochondrodystrophie	–	leichte Achsenfehler der Knochenschäfte an Ober- und Unterschenkel durch kortikale Anbau-/Abbaustörung, meist höhergradige Coxa valga, seltener Gelenkkontrakturen
5. *Dysostosis enchondralis* metaphysaria Syn.: hereditäre metaphysäre Dysostose (Murk-Jansen)	–	Varusdeformitäten der unteren Extremitäten, Coxa vara durch asymmetrische metaphysäre Wachstumsstörungen
6. *Dysostosis enchondralis* epiphysalia Syn.: generalisierte epiphysäre Dysostose, Dysplasia epiphysealis multiplex Ribbing, hereditäre Epiphysenstörung	–	artikuläre Kontrakturen und Achsenfehler durch epiphysäre Wachstumsstörung

Tabelle **7** (Fortsetzung)

Erkrankungsart	Anomalien des Längenwachstums	Achsenfehlstellung
7. *Dysplasia chondroectodermalis* Syn.: Ellis-van-Creveld-Syndrom	dysproportioniertes Längenwachstum der Tibia (bleibt kürzer), UE mit Bevorzugung der Fibulae	Varusdeformitäten der Füße
8. *Dysostosis cleidocranialis* Syn.: Dysostosis generalisata Haneda, Dysostosis pelvicocleido cranialis nach Kaufmann	–	manchmal asymmetrische Coxa valga oder Coxa vara, selten diaphysäre Achsenfehler der langen Röhrenknochen
9. *Osteogenesis imperfecta* Syn.: Fragilitas ossium, Osteopsathyrose, periostale Dysplasie, Morbus Frolic, Morbus Lobstein	asymmetrische Wachstumshemmung durch metaphysäre, meist posttraumatische Schädigung	Verbiegung der langen Röhrenknochen, sekundäre Abbauzonen und Ermüdungsfrakturen, biologische Insuffizienz des Knochengewebes
10. *Osteopoicylie* Syn.: Variante, Osteopathia striata	–	–
11. *Melorheostose* Syn.: Osteopathia hypoostotica Leri	–	gelegentlich diaphysäre Achsenfehler mit Verplumpung der Kortikalis
12. *Osteopathia hyperostotica multiplex* Syn.: Engelmann-Camurati-Syndrom, Progressive diaphysäre hereditäre Dysplasie	–	–
13. *Osteopetrose* Syn.: Marmorknochenkrankheit Morbus Albers-Schönberg	–	bei malignen Frühformen Crura vara, insbesondere bei Kombination mit rachitischen Stoffwechselstörungen
14. *Pyconodysostose* (Mareau und Lang) kein Synonym	–	Frakturbereitschaft bei schweren Formen, Sekundärdeformitäten
15. *multiple kartilaginäre Exostosen* Syn.: Exostosekrankheit, diaphysäre Aplasie, Chondrodystrophia def.	Störungen des metaphysären Längenwachstums (Wachstumsbremsung)	asymmetrische metaphysäre Wachstumsstörungen, Coxa valga etc.
16. *Dyschondroplasie* Syn.: Knochenchondromatose, multiple Enchondrome	Wachstumsbremsung durch metaphysäre Krankheitsherde	asymmetrische Störungen des metaphysären Wachstums durch Lokalherde, bei Halbseitenbetonung auch diaphysäre Achsendeformitäten sowie Coxa valga und Coxa vara
17. *fibröse Knochendysplasie* (McCune-Albright) Syn.: Osteofibrosis def. univ. (Uehlinger) Morbus Jaffé-Lichtenstein	Wachstumsbremsung bes. bei monostotischen Formen	metaphysennahe Achsenfehler der langen Röhrenknochen, mit Verplumpung und Kortikalisverdünnung, Femora vara, Tibia valga und Genua valga
18. *Arachnodaktylie* Syn.: Marfan-Syndrom	–	–
19. *Arthroosteoonichodysplasie* Syn.: Turner-Kieser-Syndrom, Fong-Syndrom, Nagel-Patella-Syndrom	selten metaphysäre Wachstumsbremsung kombiniert mit →	Achsenfehlern leichten Grades
20. *Fam. hypophosphatämische Rachitis* Syn.: genuine (primäre) Vitamin-D-resistente Rachitis renaler Phosphatdiabetes	Kleinwuchs, selten relative Beinverkürzungen als Sekundärfolge durch asymmetrische Achsenverbiegungen	meist seitenähnliche diaphysäre Verbiegungen, Femora vara antecurvata, Coxa vara, Genua valga und vara, seltener Crura vata antecurvata

Tabelle **7** (Fortsetzung)

Erkrankungsart	Anomalien des Längenwachstums	Achsenstellungen
21. *chronische idiopathische Hyperphosphatasie* (*Swoboda* 1958) Osteoclasia Syn.: fam. Macrocranium Osteochalasia desmalis fam. (*Fanconi* u. Mitarb. 1964)	–	schwere Varusdeformitäten mit Antekurvation der Femora und Unterschenkel mit Diaphysenverplumpung
22. *Hypophosphatasie* (Rathburn)	–	Frühform: schwerste rachitisähnliche diaphysäre Achsendeformitäten, leichtere Spätform, rachitisähnliche und asymmetrische Beindeformitäten
23. *Cong. Bowing of long bones* Syn.: pränatale Verbiegungen	Längendifferenzen des öfteren durch asymmetrische Achsendeformitäten der UE	gekrümmte Extremitäten bei der Geburt, primäre Ossifikationsstörung, spontane Besserung möglich
24. *Vitamin-D-Mangel-Rachitis*	–	typische, meist distale Crura vara mit Antekurvation, seltener diaphysäre Femora vara und Coxa vara
25. *idiopathische juvenile Osteoporose*	–	selten Verkrümmungen der Diaphysen mit sekundärer Coxa vara
26. *renale Osteopathien*	–	diaphysäre Achsendeformitäten verschiedener Grade, Umbauzonen und Ermüdungsfrakturen

Tabelle **8** Kongenitale Mißbildungen der unteren Extremitäten

Erkrankungsart	Anomalien des Längenwachstums	Achsenfehlstellungen
1. *kongenitale (essentielle) Hemiatrophie*	Beinlängendifferenzen durch Wachstumsbremsung	–
2. *partieller Riesenwuchs*	lokale Wachstumsstimulation	–
3. *kongenitaler Femurdefekt u. Coxa vara congenita*	Wachstumshemmung und Entwicklungsdefekte	Coxa vara aller Schweregrade, diaphysäre Achsenfehlstellungen mit und ohne Pseudarthrose
4. *kongenitale Hypo- und Aplasie der Tibia und Fibula*	lokale Entwicklungsdefekte und Wachstumsbremsung	Varus- und Antekurvationsdeformitäten mit Fehlstellungen und Mißbildungen der Füße, Fehlstellungen und Entwicklungsfehler der Kniegelenke
5. *angeborene Unterschenkelpseudarthrose*	durch Wachstumsbremsung	distale Varusdeformitäten von Tibia und Fibula mit diaphysärer Verschmächtigung, primäre und sekundäre Pseudarthrosen
6. *Tibia vara congenita*	–	proximale Varusdeformität der Tibia und manchmal auch der Femurkondylen (Femur varum epiphys.)
7. *Tibia recurvata*	–	sagittale Fehlstellung des Tibiaplateau, Genu recurvatum
8. *angeborene Kniekontrakturen*	–	Genu recurvatum und flexum mit Valgus- und Varusdeformität, Kondyleneffekte an Tibia und Fibula sind öfters vorhanden

Tabelle **8** (Fortsetzung)

Erkrankungsart	Anomalien des Längenwachstums	Achsenfehlstellung
9. *Volkmannsche Sprunggelenkdeformität*	distale Verkürzung der Fibula durch Wachstumshemmung	Fehlstellung der Sprunggelenkachse mit Valgusdeformität des Fußes
10. *amniotische Abschnürungen*	gelegentlich durch Wachstumsbremsung	–
11. *Klumpfuß*	geringe Verkürzung durch Wachstumshemmung	Fehlstellung der oberen Sprunggelenkachsen (Rotationsfehler)
12. *kongenitale Hüftluxationsfolgen*	proximale metaphysäre Wachstumshemmung des Schenkelhalses nach Osteochondritis, mechanischer iliakaler Hochstand	Coxa valga, Antetorsion des Schenkelhalses, statisches sekundäres Genus valgus, besonders bei nicht reponierten Fällen

Tabelle **9** Lähmungen

Erkrankungsart	Anomalien des Längenwachstums	Achsenfehlstellungen
1. *Poliomyelitisfolgen*	Wachstumshemmung durch Neurodystrophie	Achsenfehler durch asymmetrische Verteilung der Muskelspannung und statische Fehlbelastung, artikuläre Kontrakturen, Coxa vara, Genua valga, Fußdeformitäten
2. *spastische Lähmungen u. a.*	sekundär durch hochstehende paralytische Hüftluxation	artikuläre Kontraktur, Coxa valga, Genua valga paralyt. und Fußdeformitäten durch Spastizität und Korrelationsstörungen der Muskelaktion

Tabelle **10** Knochen- und Gelenkinfektionen

Erkrankungsart	Anomalien des Längenwachstums	Achsenfehlstellungen
1. *Osteomyelitis acuta*	vorwiegend Wachstumshemmung bei Zerstörungen der Epiphysen und metaphysären Wachstumszone	Coxa vara, Gelenkdefekte der Hüfte, Kniegelenk, diaphysäre Fehlstellungen nach Spontanfrakturen, Valgusdeformität des Fußes nach distaler Fibulaosteomyelitis
2. *Osteomyelitis chronica* (chronische meta- und diaphysäre Ostitis, Brodie-Abszeß)	symmetrische metaphysäre Wachstumsstimulation	asymmetrische, metaphysäre Wachstumsstimulation, Genua valga, Coxa valga, Fehlstellungen der Gelenkachsen
3. *Tuberkulose: Hüfte, Knie-Fußgelenke*	Wachstumsbremsung durch Destruktion der metaphysären Wachstumszone und Gelenkdefekte	asymmetrische Wachstumsstimulation, Tibia valga, artikuläre Fehlstellung
4. *Lues von Femur und Tibia*	Wachstumsstimulation	diaphysäre Antekurvation der Tibia
5. *chronische Lymphangitis* und sekundäre Elephantiasis nach Weichteilinfektionen, venöse Rückflußstörungen der Femoral- und Iliakalvenen (Thrombosen)	Wachstumsstimulation	–

Tabelle **11** Tumoren

Erkrankungsart	Anomalien des Längenwachstums	Achsenfehlstellungen
1. *Osteochondrome* bei metaphysärer Lokalisation	durch Wachstumsbremsung	je nach Lage asymmetrische metaphysäre Schädigung möglich
2. *epiphysäre Osteochondrome* Syn.: Dysplasia epiphysealis hemimelica Fairbanks (1956), tarsoepiphysäre Aklasie (Trevor)	Wachstumshemmung sowie auch Stimulation variieren je nach Lokalisation der Erkrankungsherde	meist varische und valgische Achsenfehlstellungen des oberen Sprunggelenkes
3. *Osteoklastome*	je nach Lage zur Wachstumszone, Wachstumsbremsung oder Stimulation möglich	Achsenfehler durch partielle Wachstumsstörungen der Metaphyse sind selten
4. *Ostitis fibrosa cystica generalisata*	je nach Lage zur Epiphyse, zur Wachstumszone, Wachstumsbremsung oder Stimulation möglich	Achsenfehler und selten asymmetrische metaphysäre Wachstumsstörung
5. *Neurofibromatosis Recklinghausen*	Wachstumsstimulation durch Bremsung möglich	–
6. *Hämangiome, Lymphangiome*	Wachstumsstimulation	Achsenfehlstellungen nur selten

Tabelle **12** Traumen und andere mechanische Ursachen

Erkrankungsart	Anomalien des Längenwachstums	Achsenfehlstellungen
1. *irreversible Schädigungen der Epiphysenfuge* durch Trauma und Operationen	Wachstumsbremsung	sekundäre Achsenfehler durch asymmetrisches Längenwachstum (teilweise Synostosen der Wachstumsfuge)
2. *Dia- und Metaphysenfrakturen von Femur und Tibia* (Osteosynthesereiz)	Wachstumsstimulation, mechanische Verkürzung, Dislocatio ad longitudinem	bei Repositionsfehlern und Sekundärdeformierungen bei insuffizienter Kallusbildung
3. *operative Eingriffe* an der Diaphyse, Deperiostifizierung (Osteotomien)	durch Wachstumsstimulation Beinlängendifferenz geringeren Grades	–
4. *traumatische* ateriovenöse Gefäßstörungen mit Aneurysmabildung	Wachstumsstimulationen	–
5. *schwere Verbrennungen*	Wachstumsbremsung, Narbenkontrakturen, trophische Schäden der Wachstumszone	artikuläre Achsenfehler durch sekundäre Weichteilschrumpfung mit und ohne Gelenkankylosen
6. *jahrelange Entlastungen und Ruhigstellungen*	Wachstumsbremsung, Verkümmerung der Wachstumszone, frühzeitige Verknöcherung	leichte Achsendeviationen und Torsionsfehler

Tabelle **13** Andere Ursachen

Erkrankungsart	Anomalien des Längenwachstums	Achsenfehlstellungen
1. *anlagemäßige* Genua valga und vara sowie Crura vara	–	meist beidseitige, leichtere, diaphysäre Varusdeformitäten der Unterschenkel sowie varische und valgische Fehlstellungen der Kniegelenkachsen
2. *Tibia vara infant* (*Erlacher – Pommer* 1922) Syn.: Blount's disease	–	partielle metaphysäre Osteochondrose mediale tibia (prox.) und Femurmetaphyse (distal) (Genua vara)

Tabelle **13** (Fortsetzung)

Erkrankungsart	Anomalien des Längenwachstums	Achsenfehlstellungen
3. *Morbus Legg-Calve Perthes*	Wachstumsbremsung, Schädigung der Metaphyse des Schenkelhalses, Hüftkopfdeformitäten	Coxa valga epiphysaria
4. *Epiphysiolysis capitis femoris*	Wachstumsbremsung durch frühzeitige Synostose, Hüftkopfnekrose	–
5. *Schädigung durch Röntgenstrahlen* an Femur und Tibia	Wachstumshemmung	–

Kausale Behandlungsmöglichkeiten mechanischer Krankheitsursachen und Krankheitskomponenten am Stütz- und Bewegungsapparat

Die Forschungsergebnisse der funktionellen Anatomie des Bewegungsapparates und der Biomechanik haben mit der daraus resultierenden neuen Entwicklung biotechnischer Arbeitsmethoden unsere Überlegungen und Handlungen bei der konservativen sowie operativen Therapie mechanischer Krankheiten und Schäden der Stützgewebe grundlegend beeinflußt (Röcker u. Mitarb. 1972):

1. durch die Erstellung biomechanisch ausgerichteter Arbeitshypothesen, welche die Motivation zu einem wohlüberlegten therapeutischen Handeln darstellen;
2. durch Entwicklung neuer Behandlungsmethoden auf der Basis exakter physikalisch-technischer Grundlagen;
3. durch ständige Weiterentwicklung und Präzisierung der mechanischen Behandlungsplanung (klinische und röntgenologische Funktionsanalyse, Ergometrie, biotechnische Meß- und Beurteilungsmethoden etc.) (Eberhardt u. Inman 1947);
4. durch kritische Analysen und die Beurteilung alter mechanischer Behandlungsmittel und -methoden. Erst die Abklärung ihrer mechanischen Wirkungsmechanismen kann einerseits Ablehnungen oder andererseits Verbesserungen ergeben;
5. durch mechanische Analysen von Fehlresultaten biomechanischer und biotechnischer Behandlungsmittel und -methoden, auf der Basis stichhaltiger Grundlagenforschung. Dies ermöglicht die Erkenntnis mechanischer Behandlungsfehler sowie Unzulänglichkeiten der Behandlungsmethodik;
6. durch Präzisierung und metrische Dosierung mechanischer Behandlungsmethoden, unter Berücksichtigung der mechanischen Bauprinzipien und Funktionsgesetze sowie der Grenzen mechanischer Beeinflussungsmöglichkeiten der Wachstumsreaktionen normaler und biologisch vorgeschädigter Stützgewebe;
7. durch Präzisierung der prognostischen Beurteilung und des Ablaufes mechanischer Leiden sowie der Leistungsbreite mechanisch konzipierter Therapiemethoden am Stütz- und Bewegungsapparat.

Diese reichhaltige Konzeption allein erklärt schon die unübersehbare Fülle theoretischer und klinischer Arbeiten, die gerade in therapeutischer Hinsicht häufig zu unentwirrbaren Meinungsverschiedenheiten und Fehlauffassungen Anlaß geben. Eine entscheidende Änderung dieses Zustandes kann nur durch eine zielgerichtete biomechanische Ausbildung jedes Klinikers herbeigeführt werden.

Aus den Kapiteln von S. 94–132 sind einige grundsätzlich wichtige klinische Zusammenhänge zwischen der Größe und Art der jeweiligen mechanischen Beanspruchung gesunder und kranker Stützgewebe und den daraus resultierenden mechanisch gesteuerten Wachstumsreaktionen ersichtlich.

Wenn wir von dieser Basis ausgehen und mechanische Krankheiten (Pauwels 1973a) als wechselseitige Gleichgewichtsstörungen zwischen der biologischen Widerstandsfähigkeit und der Größe und Art der geforderten mechanischen Beanspruchung betrachten, dann muß unser ganzes therapeutisches Bestreben auf eine Wiederherstellung oder zumindest Verbesserung des funktionellen Gleichgewichtes ausgerichtet sein. Das heißt, krankheitsauslösende oder -fördernde mechanische Beanspruchungsfehler müssen so weit beseitigt oder geregelt werden, daß die Größe und die Art der mechanischen Beanspruchung von den kranken Stützgeweben wieder auf Dauer vertragen werden können. Dies ist nach wie vor der beste Weg, durch Optimierung pathogen wirksamer Beanspruchungsmechanismen alle mechanisch gesteuerten Wachstums- und Regenerationsvorgänge des Knochens und Knorpels anzuregen. Die Realisierung dieser Postulate ist nur durch die gründliche Kenntnis der Biomechanik möglich. Ohne diese Voraussetzung sind Fehlauffassungen und grobe Behandlungsfehler mit schwerwiegenden Dauerfolgen für den Patienten unvermeidlich (Stoboy 1972).

Biomechanische Gesichtspunkte konservativ-orthopädischer Behandlungsmaßnahmen

Die verschiedenen Systeme aktiver und passiver Rehabilitationsmaßnahmen bei mechanischen Erkrankungen des Bewegungsapparates, vor allem bei Belastungsfehlern und chronischen Schäden des Muskel- und Bandapparates, tragen heute sehr individuell den jeweiligen Störungsmechanismen des Einzelfalles Rechnung, wobei die moderne Ergotherapie in fast allen Bereichen der Wiederherstellung eine zunehmende Rolle spielt (Basmajian 1974, Friedebold 1958, Groh 1972, Jentschura 1972, Stoboy 1972). u. v. a.
Desgleichen haben die Erforschung und die Beurteilung der modernen Trainingsmethoden bei verschiedenen Sportarten, insbesondere bei der Erreichung von Spitzenleistungen des Wettkampfsportes, ausgedehnte kinematisch-dynamische und kinetische Untersuchungen der Funktionsprinzipien erfordert, die sich z. T. noch in voller Entwicklung befinden (Friedebold 1972, Stoboy 1972).
Die moderne Ergometrie ist nicht nur für Leistungsbeurteilungen beim Sport, sondern vor allem auch in der Arbeitsmedizin unentbehrlich geworden. Sie hat die Gestaltung der Arbeitsbedingungen, ebenso die Entwicklung moderner Arbeitsgeräte, speziell auch für Körpergeschädigte, entscheidend beeinflußt (Groh 1972 u. 1975, Mathiass 1972 u. 1975, Zimmermann 1937, Basmajian 1974).
Einen weiteren Bereich klinischer Anwendungen biomechanischer Forschungsergebnisse findet man in den modernen Entwicklungen des Orthesen- und Prothesenbaues, wobei biomechanische Arbeitsmethoden mit speziell angepaßten Rehabilitationsverfahren im Vordergrund stehen (Galante u. Mitarb. 1970).

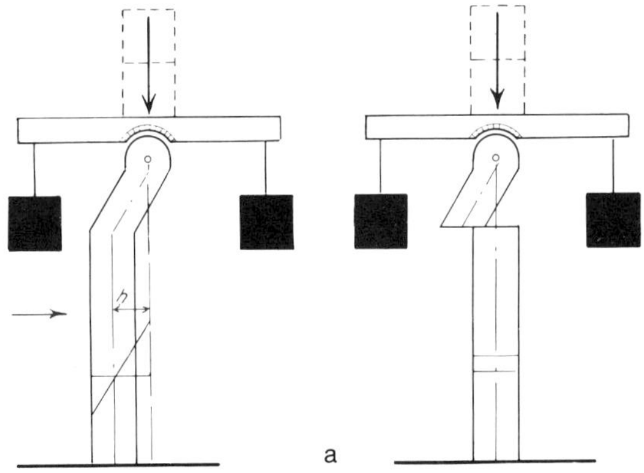

a

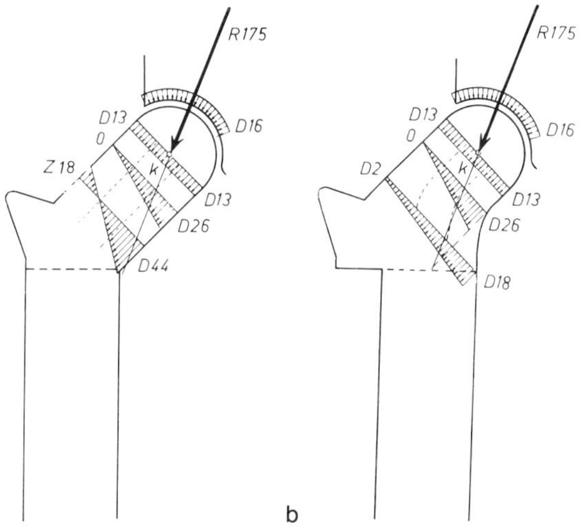

b

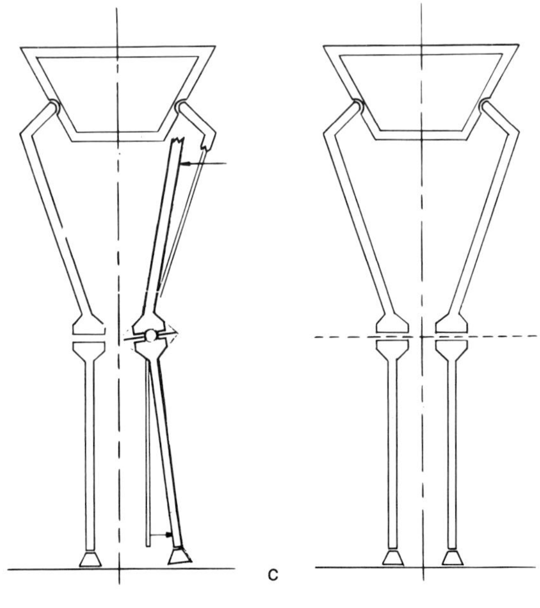

c

Abb. **300** a–c Die Medialisierung und Lateralisierung des distalen Osteotomiefragmentes hat, wie oft fälschlich angenommen wurde, keinen Einfluß auf die Größe des Gelenkdruckes in der Hüfte. Sie verändert lediglich die Größe der Biegebeanspruchung des koxalen Femurendes im negativen oder positiven Sinne sowie der resultierenden Belastung des Kniegelenkes durch geringe Stellungsänderungen der horizontalen Gelenkachse (c) (Abb. a u. b: *F. Pauwels*, c aus: *F. Pauwels:* Grundlagen und Ergebnisse einer kausalen Behandlung der Koxarthrose. In: Biomech. Orthop. Traumatol, T. II. Verlag der Wiener medizinischen Akademie, Wien 1965, S. 533)

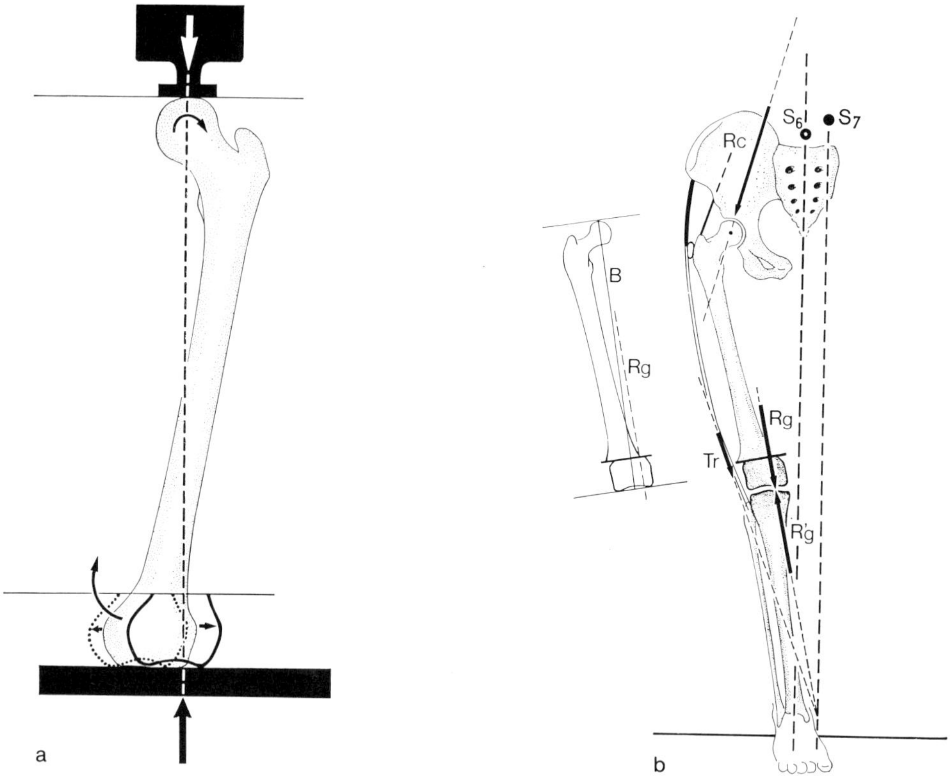

Abb. **301** a u. b Skizze der Beanspruchung eines Femurpräparates (nach *Izadpanah* u. *Keönch-Fraknóy* 1977). a) Die Femurbeanspruchung erfolgt vertikal zur Auflageplatte der Kondylen und dem Druckstempel am Femurkopf. Die Druckkraft ist durch Pfeile gekennzeichnet, die Wirkungslinie gestrichelt. Es wird angenommen, daß sie den lateralen Femurkondylus (dünn gezeichnet) trifft. Durch Verschiebung des Kondylenblockes (kräftig gezeichnete Kontur) nach fibular, verschiebt sich die Kniegelenkmitte zur Wirkungslinie der Druckkraft so weit, daß sie aus der Auflagefläche des Gelenkes herausfallen würde. Das Präparat würde in Richtung der gebogenen Pfeile aus der Apparatur herauskippen. Die punktierte Medialverschiebung des Kondylenblockes wäre sinnlos, weil die Wirkungslinie der Kraft außerhalb des Kondylus fallen würde, so daß das distale Femurende nach medial, das proximale nach lateral wegkippen würde. b) Unter Zugrundelegen der physiologischen Beanspruchung der unteren Extremität ist die Wirkung der Verschiebeosteotomie eine andere als im wirklichkeitsfremden Experiment mit dem Präparat. Die linke Teilskizze zeigt, daß der Druckversuch am Präparat eine günstigere Beanspruchung des Gelenkes vortäuscht. Die Wirkungslinie B der Druckkraft verläuft im Versuch etwa durch die Gelenkmitte, während die reelle Gelenkresultierende RG, die das Gelenk tatsächlich beansprucht, noch im Bereich des medialen Kondylus, trotz Verschiebung, bleibt (aus: *B. Kummer:* Z. Orthop. 115 [1977] 923)

Diese sehr differenzierten unterschiedlichen klinischen Anwendungsgebiete konservativ orthopädischer Maßnahmen, die auf Überlegungsgrundlagen aufbauen, haben zu hoch spezialisierten Forschungsmethoden geführt, deren nähere Analyse den beschränkten Rahmen einer kurzen Einführung bei weitem sprengen würde. Sie müssen den entsprechenden Spezialkapiteln dieses Handbuches vorbehalten bleiben.

Biomechanische Gesichtspunkte der operativen Reduzierung und Regelung pathogen wirksamer Fehlbeanspruchungen der Knochen und Gelenke

Pauwels (1935a u. b u. 1965f) hat bereits in den dreißiger Jahren seine biomechanischen Grundlagenforschungen über die Beanspruchung der Hüfte und des koxalen Femurendes zur operativen Therapie der Schenkelhalspseudarthrose als kausal wirksames mechanisches Behandlungsprinzip sehr erfolgreich angewandt. Seine Forschungsergebnisse über die Biomechanik der Frakturheilung bilden, zusammen mit den grundlegenden Abhandlungen über die mechanischen Bau- und Funktionsprinzipien des Stütz- und Bewegungsapparates, unter spezieller Berücksichtigung des Zuggurtungsprinzipes der Muskulatur und des Bandapparates, die mechanischen Grundlagen der modernen Behandlungsprinzipien in der Frakturenlehre.

Nach mechanischen Gsichtspunkten geplante operative Behandlungskonzepte haben bei mechanischen Leiden des Bewegungsapparates überaus erfolgreiche Anwendungsbereiche erschlossen und wertvolle Anregungen zur Weiterentwicklung und Perfektionierung bereits vorhan-

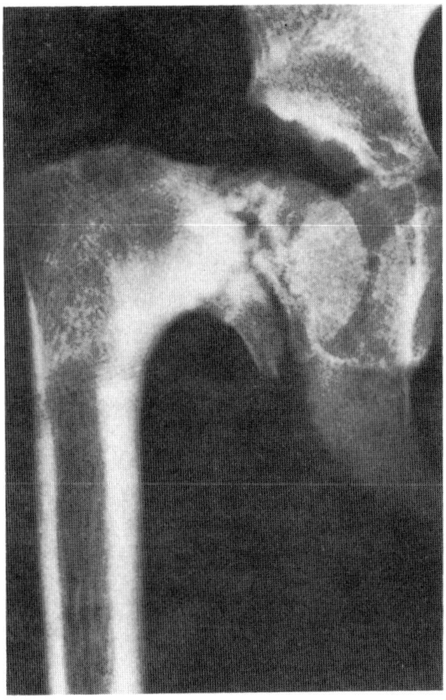
a

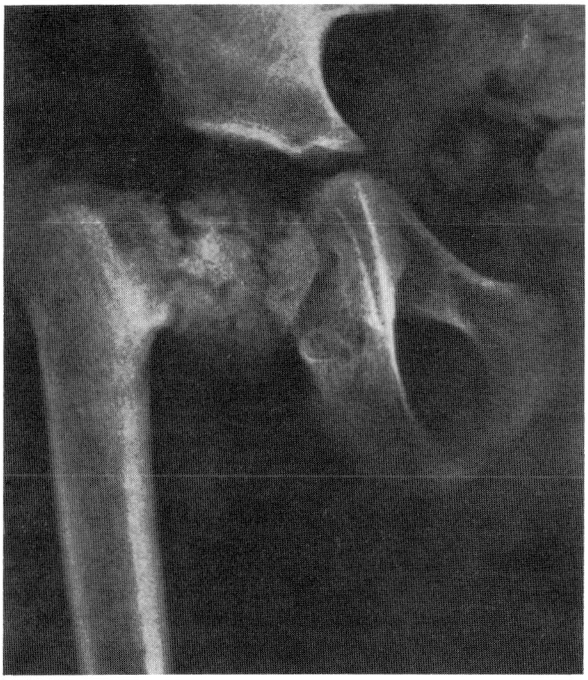
a'

Abb. **302** a–c a u. a') Veränderlichkeit der Schenkelhalskonturen durch Projektion in verschiedener Rotationsstellung bei Coxa vara congenita. Die tatsächliche Länge des Schenkelhalses mit medialem Abbaudreieck muß durch mehrfache Änderungen der Rotationsstellung ermittelt werden (links falsche, rechts richtige Projektion des Schenkelhalses) (aus: *F. Pauwels:* Atlas zur Biomechanik der gesunden und kranken Hüfte. Springer, Berlin 1973, S. 58). b) Röntgenschattenbilder desselben koxalen Femurendes in verschiedener Rotation- und Beugestellung. Abhängig von der Lage des Beines oder des Strahlenganges können projektionsbedingte Änderungen der Hüftgelenkverhältnisse zustande kommen (nach *Storck* aus: *M. E. Müller:* Die hüftnahen Femurosteotomien. Vhdlg. DGOT. Enke, Stuttgart 1937). c) Projektionsbedingte Längenänderungen eines Stabes, der in verschiedener Stellung zur Filmkassette eingestellt wird: B = Fokus, O = Objekt, F = Film, L = projizierte Länge des Objekts (aus: *O. Oest, H. J. Sieberg:* Z. Orthop. 109 [1971] 54)

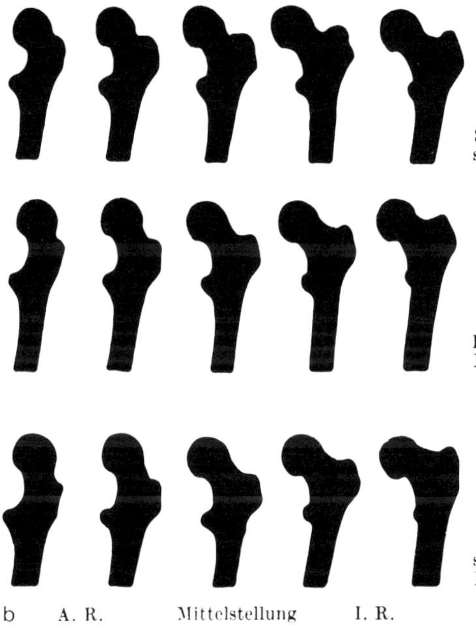

b

dener Verfahren gegeben (BRINCKMANN 1973a u. b, GEBELER 1977, ENDLER 1979).

Klinisch arbeiten wir noch vorwiegend mit biostatischen Begriffen, wobei die Kinematik gestörter Bewegungsabläufe mit den daraus resultierenden Auswirkungen auf die Dynamik und Kinetik in zunehmendem Maße berücksichtigt wird.

Gegensätzliche Interpretationen mechanischer Arbeitshypothesen sind nicht selten durch unzureichende Unterlagen der theoretischen Biomechanik sowie durch Unkenntnis und Fehlauffassungen physikalischer Gesetze entstanden (Abb. **300** u. **301**) (ENDLER 1978).

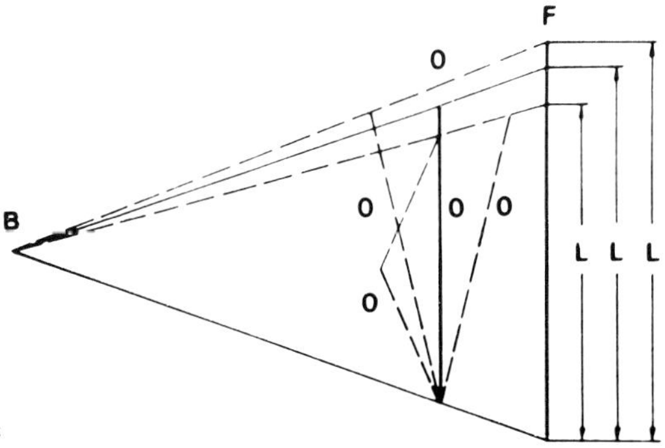

c

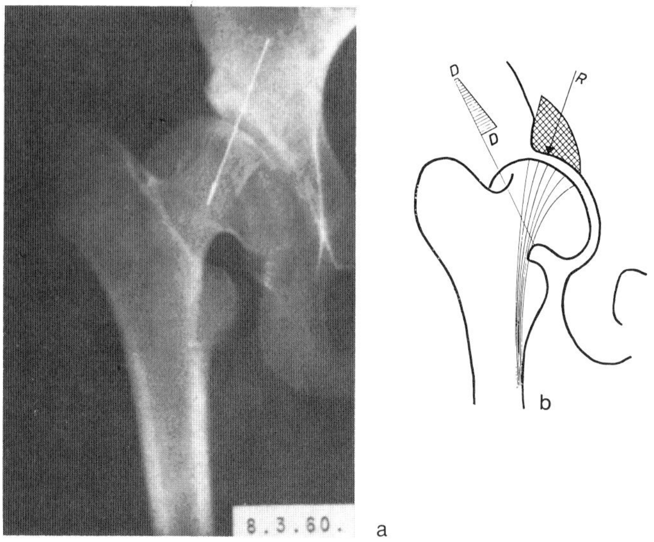

Abb. **303** a–d Technik der Operationszeichnung einer varisierenden Femurosteotomie nach P I mit gleichzeitiger Lateralkippung des großen Trochanters zur Verlängerung des Kraftarmes der Abduktoren, der infolge Schenkelhalsverkürzung bei Coxa valga epiphysaria pathologisch verkürzt war. a) Indikation zur Operation: Coxa valga osteochondritica, Schenkelhalsverkürzung und Flachpfanne. b) Strukturschema Überlastungssklerose am Pfanneneck (Knochenanbau proportional der Spannungsgröße). Infolge Valgität des Schenkelhalses vorwiegend Drucktrajektorien in der Spongiosastruktur des Schenkelhalses. Keine Biegungstrajektorien.

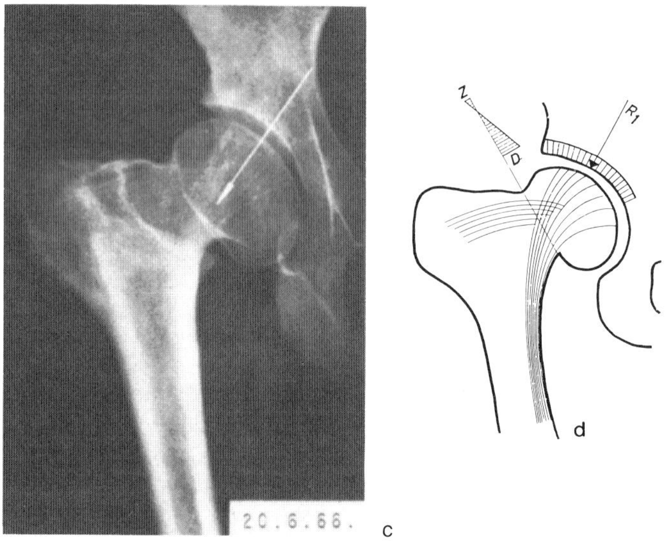

Abb. **303** c u. d Röntgenresultat und Strukturschema. Rückgang der Überlastungssklerose am Pfanneneck infolge Varusstellung des Schenkelhalses; vermehrte Biegebeanspruchung führt zur funktionellen Ausbildung von Biegetrajektorien. Am Röntgenbild Rückgang der pathologischen Pfannenecksklerose (Abb. **303** u. **304** aus: *F. Endler:* Langenbecks Arch. klin. Chir. 319 [1967] 401)

Die vorgesehenen Ausführungen sollen einige praktische Auswirkungen der heute bei Operationen angewandten biomechanischen Grundregeln aufzeigen und mit verschiedenen postoperativen Konsequenzen, die auf mechanische Behandlungsfehler oder auf die Insuffizienz der jeweiligen Methode zurückzuführen sind, bekannt machen (Endler 1971, 1977 a u. b).

Die operative Ausschaltung mechanischer Krankheitsursachen und signifikanter Krankheitskomponenten läßt sich am genauesten durch kontrollierte, vorgeplante operative Änderung der Mechanik fehlbeanspruchter Bereiche des Bewegungsapparates durchführen.

Zu einem möglichst fehlerfreien, mechanisch durchdachten Vorgehen sind folgende Voraussetzungen zu erfüllen:

1. *Eine klare Arbeitshypothese* muß die Rolle der Mechanik bei der jeweils vorliegenden Erkrankung und den Einfluß der operativ geplanten Änderungen genau abgrenzen. Es ist ein mechanisches Denkmodell anzustreben, welches der Gesamtheit der pathologischen Konfigurationsänderungen und Funktionsausfälle Rechnung trägt. Die Ziele operativer Veränderungen der mechanischen Funktionen im Krankheitsbereich müssen geklärt sein. Die in der Regel stark vereinfachten biostatischen Grundvorstellungen erfassen lediglich Ausschnitte bestimmter Beanspruchungsphasen. Sie sollen durch Mitberücksichtigung wesentlicher Kriterien der Kinematik und Kinetik der Kräfteabläufe unser analytisch-diagnostisches Denken erweitern und die Kausalität der Behandlung rationalisieren.
2. *Die klinische Funktionsanalyse* kinematischer Störungen, die zwangsläufig den normalen Funktions- und Kräfteablauf mitbeeinträchtigen und grobe Beanspruchungsfehler aufzeigen, müssen bei jeder therapeutischen Planung in Betracht gezogen werden.
3. *Die statische und funktionelle Röntgenanalyse* fehlbeanspruchter Gliederketten muß mindestens in 2, besser noch in 3 Projektionsebenen des Raumes nach genauen Regeln erfolgen. Sie soll unsere räumlichen Vorstellungen über die mechanische Konfiguration von krankhaften Skelett- und Knorpelschäden sowie

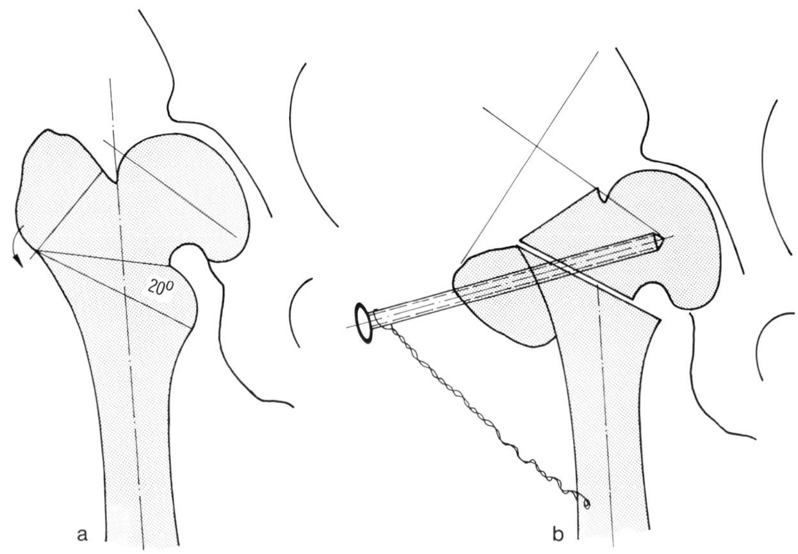

Abb. **304** a u. b Präoperative Planung mit Varisierung von 20 Grad und Lateralkippung des großen Trochanters zur Verlängerung des Kraftarmes. Medialisierung der Resultierenden R, Vergrößerung der Tragfläche

Gelenkdeformitäten verbessern. Wir müssen uns dessen bewußt sein, daß es sich um „Schattenumrisse" handelt, bei denen projektionsbedingte Täuschungen leicht möglich sind (Storck 1951, Pauwels 1965a u. a.).

Auch röntgenkinematographische Untersuchungen erweitern unser Planungsbild. Projektionsbedingte Verzeichnungen bei falschem Strahlengang, bei Kontrakturstellungen und bei räumlichen Überlagerungen von Konfigurationsschäden müssen berücksichtigt werden. Sie sind durch entsprechende Lageänderungen des Körpers und Drehungen in atypische Ebenen, besonders bei Pseudarthrosen oder Coxa vara congenita, genau räumlich abzuklären (Abb. **302** a–b) (Endler u. Fochem (in Druck), Frank u. Mitarb. 1974, Pauwels 1973a).

4. *Die präoperative Planung* am Röntgenbild erfolgt am einfachsten an Hand von Konturzeichnungen auf halb durchsichtigem Pergament.
   Pauwels (1973a) hat für die Hüfte eine sehr einfache und klare Methodik festgelegt, deren Prinzip wir unter Verwendung spezieller Zeichentische auch an Röntgenganzaufnahmen der unteren Extremitäten bei kombinierten Achsenfehlern anwenden (Abb. **274**, **303–305**) (Endler u. Fochem [in Druck], Maquet 1977).
5. Eine präzise metrische Operationstechnik ist unumgänglich erforderlich, um die mechanischen Forderungen der Planung ohne Komplikationen und größere Fehlergrenzen zu realisieren. Dazu gehört auch eine handwerklich genau angepaßte Instrumentation mit zweckentsprechenden Osteosynthesemitteln und Implantaten (Bombelli 1977, Diehl u. Hort 1973, Maquet 1977 u. 1978a, b, Geller 1965, Müller 1971, Müller u. Mitarb. 1969). In Zweifelsfällen, bei unklaren Röntgenbildern, muß die Stichhaltigkeit der Planung intraoperativ, bei völliger Entspannung in Narkose, am Bildwandler funktionell nachgeprüft werden, solange noch Änderungen des Ausgangsplanes möglich sind.
6. Der Nachbehandlungsplan muß in seiner Methodik und Dosierung der postoperativen Toleranz der kranken Gewebe sowie den Stabilitätsgrenzen der Osteosynthese und der individuellen Belastbarkeit von Implantaten mechanisch genau angepaßt sein. Er ist individuell kontrolliert, unter absoluter Schmerzvermeidung durchzuführen. Jede Heilgymnastin muß die mechanische Auswirkung der einzelnen Übungen auf die operierten Gelenk- und Gliedmaßenbereiche in allen Einzelheiten kennen.

Soweit im vorgesehenen Rahmen möglich, sollen einige wichtige mechanische Wirkungsprinzipien der gebräuchlichsten Wiederherstellungsoperationen analysiert werden.

Die klinischen Auswirkungen bezüglich der Qualität und Dauer eines Heilerfolges sollen bei mechanisch richtiger und falscher Indikation sowie bei Auswahl falscher Operationsverfahren und technischen Fehlauffassungen am Beispiel der Hüfte diskutiert werden. Daraus resultierend muß man bei Mißerfolgen genau differenzieren, inwieweit eine mechanisch richtig angewandte Methode insuffizient ist oder inwieweit mechanische Behandlungsfehler für ein schlechtes Endresultat verantwortlich scheinen (Endler u. Endler 1978a u. b).

Die Auswirkungen mechanischer Veränderungen am Bewegungsapparat dürfen nicht nur im eigentlichen Krankheitsbereich, sondern auch in ihrem Einfluß auf die ganze mitbeteiligte Gelenkkette beurteilt werden (Reichelt 1974). Die prä- und postoperative Analyse derartig komplexer Wechselbeziehungen ist nicht immer leicht (Abb. **306**).

Operative Veränderungen der Gelenkmechanik der Hüfte wie auch des Kniegelenkes sind heute schon auf recht brauchbare biomechanische Grundlagenforschungen aufgebaut. Bei richtiger Anwendung aller Prinzipien kann man auch in fortgeschrittenen Stadien statischer Degenerationsleiden und auch anderer Gelenkdeformitäten gute Dauererfolge erzielen.

Bei den überaus zahlreichen operativen Eingriffen an Fuß- und Zehengelenken fehlen noch de-

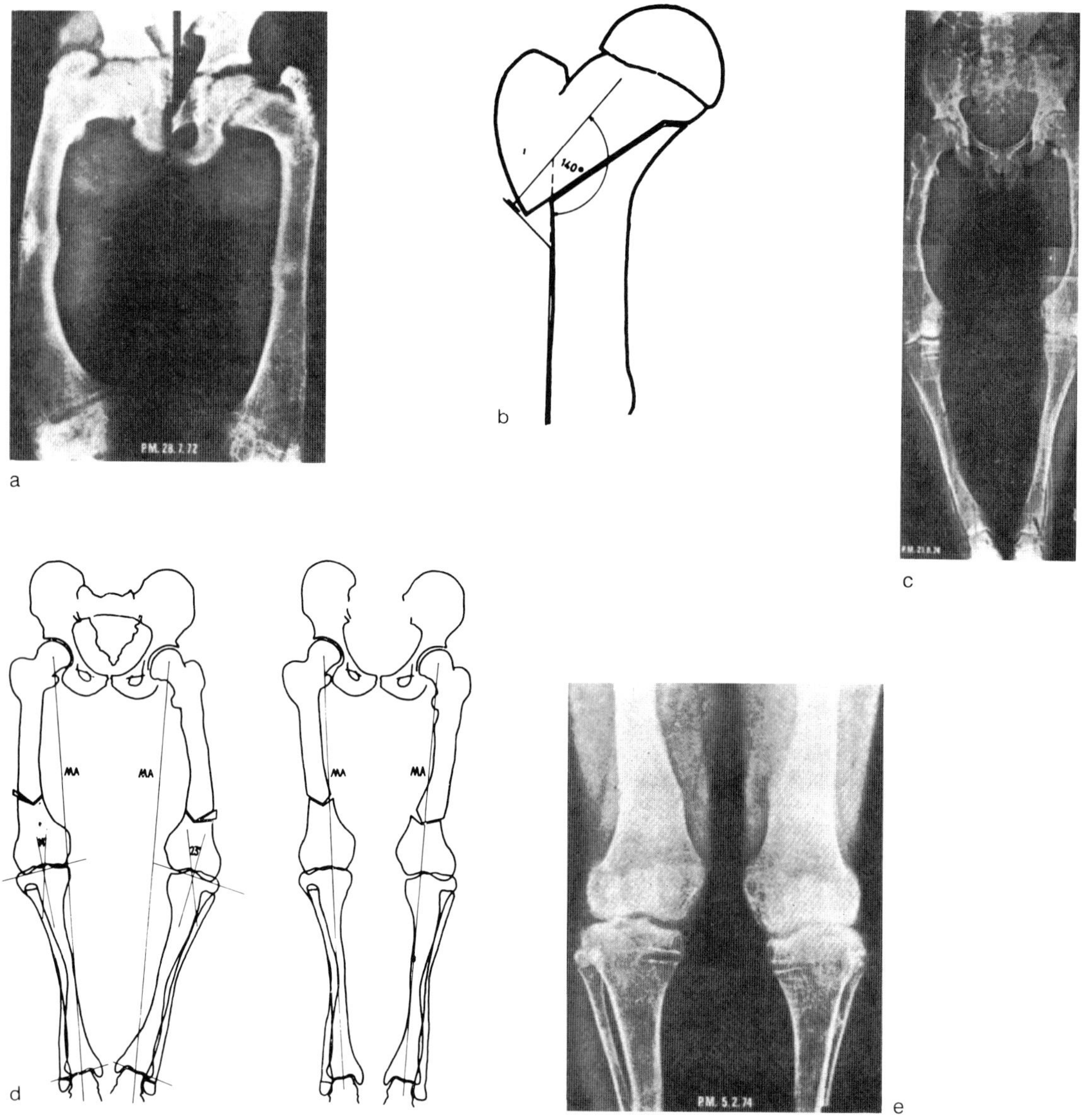

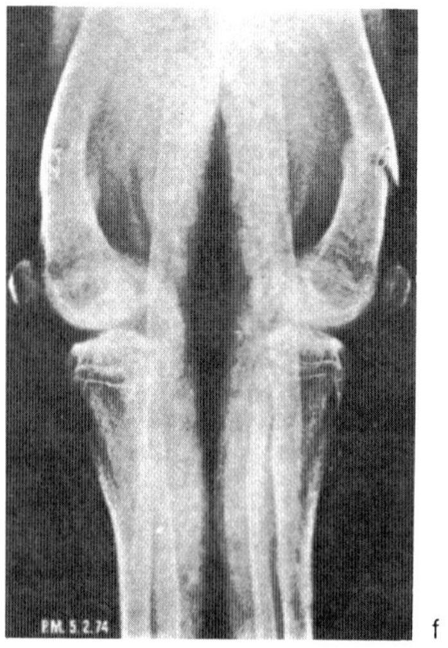

Abb. **305** a–f P. N. ♂, 17 Jahre. a) Hypophosphatämische Rachitis, Coxae varae mit Femora antecurvata und beidseitigen diaphysären Abbauzonen der Femora (passive Deformierung bei biologischer Insuffizienz des Knochens infolge metaboler Störungen bei insuffizienter biochemischer Überwachung). Frühere Crura vara wurden bereits im Alter von 8 Jahren durch Bohrosteoklase im mittleren Schaftdrittel voll korrigiert. b) Präoperative Planung. Beseitigung der Coxae varae mittels Y-Osteotomie (Operationszeichnung). c) Zustand nach Korrektur der Coxae varae; Abbauzonen an den Diaphysen sind abgeheilt, Achsenfehler mit Genua vara und Femora vara antecurvata. d) Operationsplanung zur Korrektur der Femora vara in der Frontalebene. e) Teilaufnahmen nach Korrektur der Femora vara in der Frontalebene. f) Die Antekurvation wurde nicht korrigiert, da die Kniegelenke bei voller Streckung der Unterschenkel achsengerecht in der Traglinie liegen (aus: *F. Endler:* Acta Med. Austr. 4 [1977] 151)

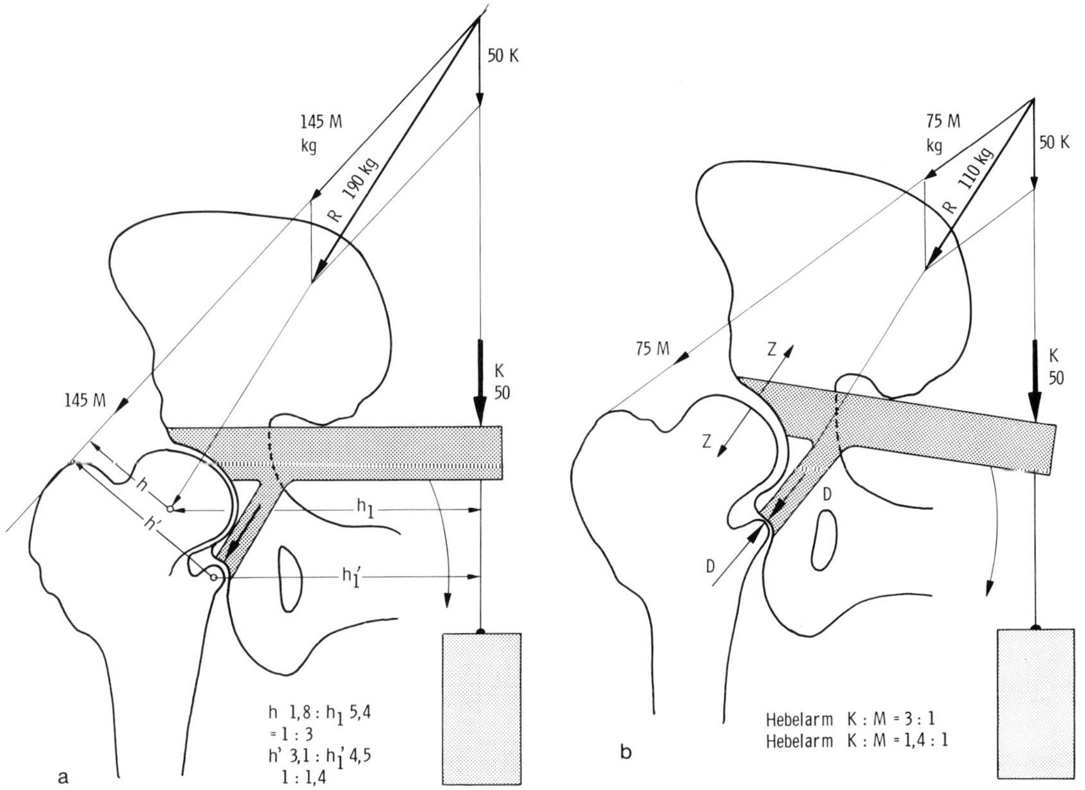

Abb. **306** a u. b Qualitative Belastungsanalyse nach McMurray-Osteotomie mit Medial- und Kranialverschiebung des distalen Osteotomiefragmentes und Abstützung der Trochanterspitze am unteren Azetabularrand der mittleren Schwung- und Standbeinphase (nach *Pauwels*): M = Muskelkraft, K = Körpergewicht, h = Hebelarm der Kraft, h/ = Hebelarm der Kraft bei Abstützung des kleinen Trochanters am Azetabulum, H_1 = Länge des Lastarmes, $H_{1/}$ = Länge des Lastarmes bei Abstützung am kleinen Trochanter. Mechanische Auwirkungen: 1. Beinverkürzung durch Kranial- und Medialverschiebung des distalen Osteotomiefragmentes von 1,5–2 cm. 2. Druckkonzentration am Abstützungspunkt des kleinen Trochanters am Azetabularrand (7b) in der Standphase. 3. Die Beugung wird bei 60–70 Grad durch Kontakt der medialisierten Trochanterspitze mit der vorderen Gelenkkontur blockiert. 4. Abhebelung der Tragfläche der Pfanne am Hüftkopf und teilweise Entlastung. Das Gewicht wird direkt auf die Kontaktfläche des kleinen Trochanters übertragen. 5. Durch Medialisierung (s. auch Abb. **300** a–c) Schrägstellung der horizontalen Kniegelenksachse. Die Valgusdeformität tritt dadurch stärker in Erscheinung

taillierte biomechanische Untersuchungen, die unsere heutigen Anschauungen noch weitgehend ändern und die sich auch auf die weitere Entwicklung der Methoden und operativen Technik auswirken werden (Hutton u. Drabble 1972, Stott u. Mitarb. 1973).

Es ist zu hoffen, daß die heute erst fragmentarisch erfaßte funktionelle Anatomie und die Biostatik der Wirbelsäule rasche Fortschritte machen. Die überaus komplexe Dynamik und die Kinetik haben noch viele offene Probleme, von deren Lösung wir grundlegende Fortschritte für die Klinik erwarten können. Vor allem müssen andere Wege (s. Abschnitt „Biomechanik der Knochenverpflanzung") gefunden werden, um die ausgedehnten operativen Versteifungen bei Skoliosedeformitäten durch eine kausal ausgerichtete Prophylaxe oder funktionelle Frühbehandlung zu verdrängen.

Die pathologische und die klinische Forschung sind sich heute über die Bedeutung primär mechanischer Schädigungsursachen und sekundärer Krankheitskomponenten bei den verschiedenen Formen von Degenerationsleiden tragender Gelenke im wesentlichen einig (Trueta 1954, Rutishauser u. Mitarb. 1959, Pauwels 1973a, Endler u. Endler 1978, Endler 1979 u. v. a.). Speziell bei der Hüfte wie auch beim Kniegelenk lassen sich klinisch jene Verlaufsformen sehr gut isolieren, bei denen die fehlgesteuerte Mechanik der Beanspruchung die Krankheitsentstehung und ihren weiteren Verlauf signifikant bestimmt (Bombelli 1977, Debeyre u. Artigou 1972).

Das therapeutische Prinzip der gelenk- und funktionserhaltenden Operationen durch Reduzierung eines pathogen wirksamen Gelenkdruckes wurde primär von Pauwels (1965e) bei der Hüfte mit außerordentlichen Erfolgen angewandt. Es ist zur

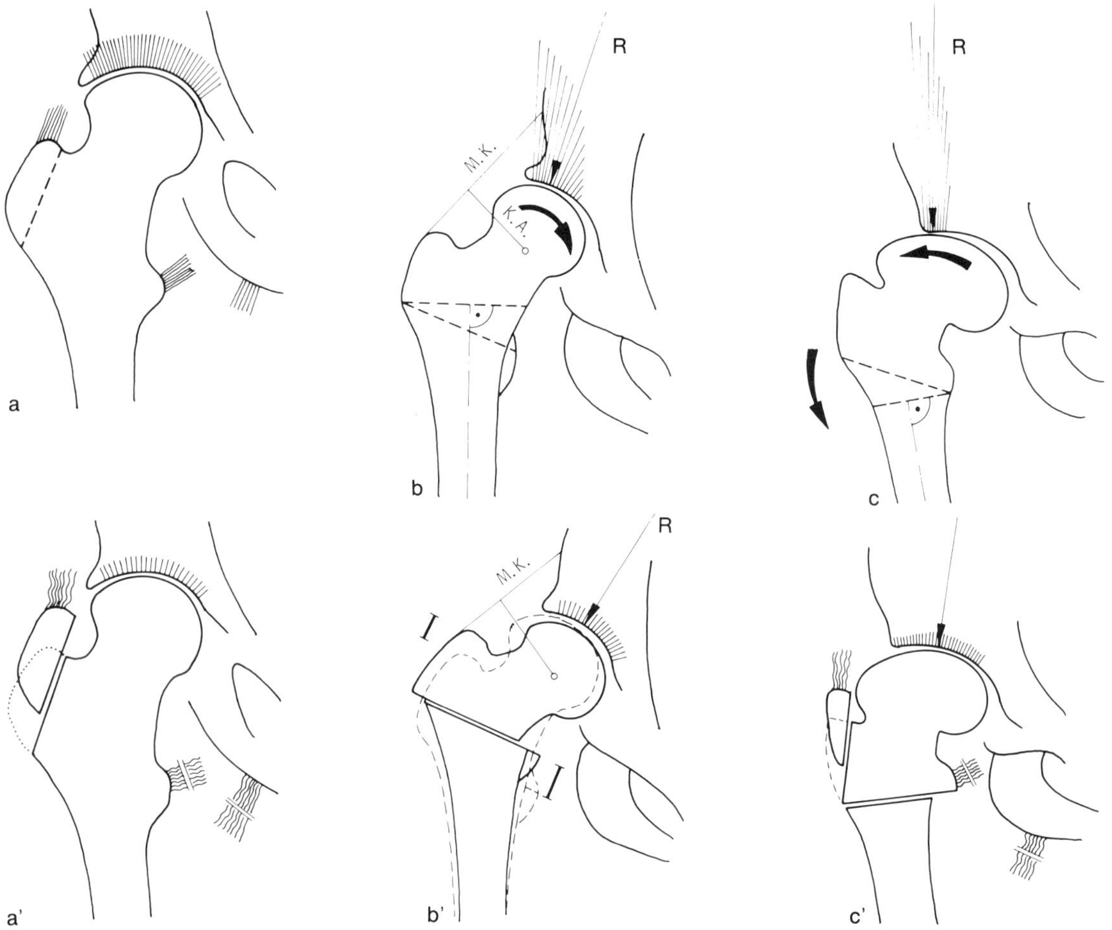

Abb. **307**

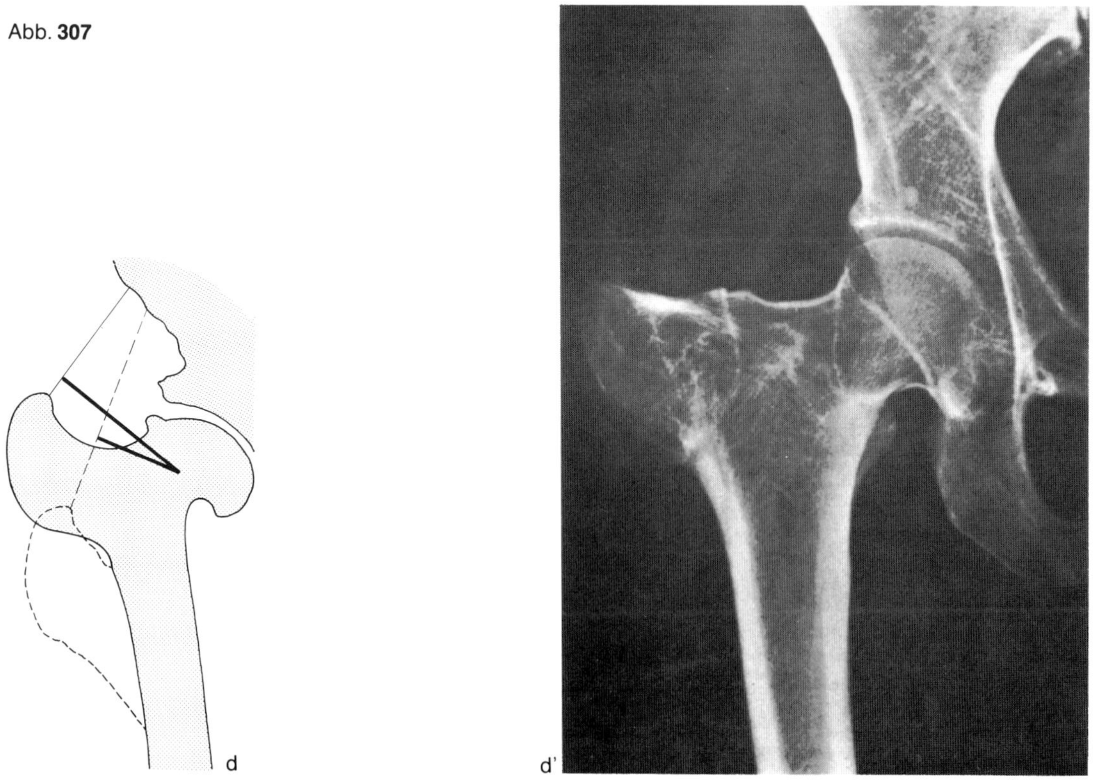

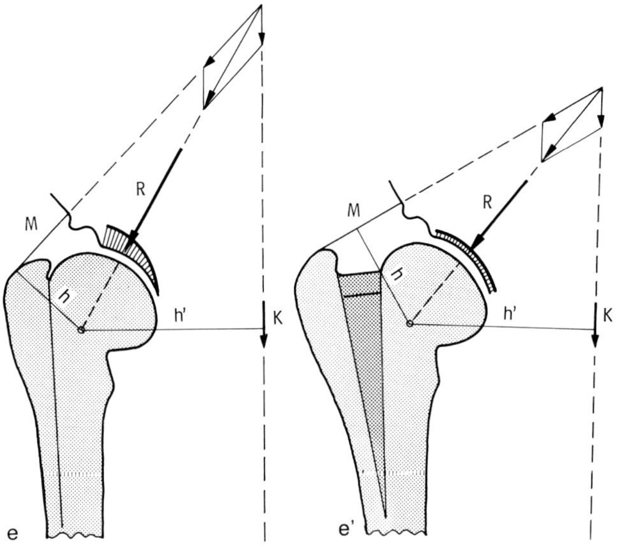

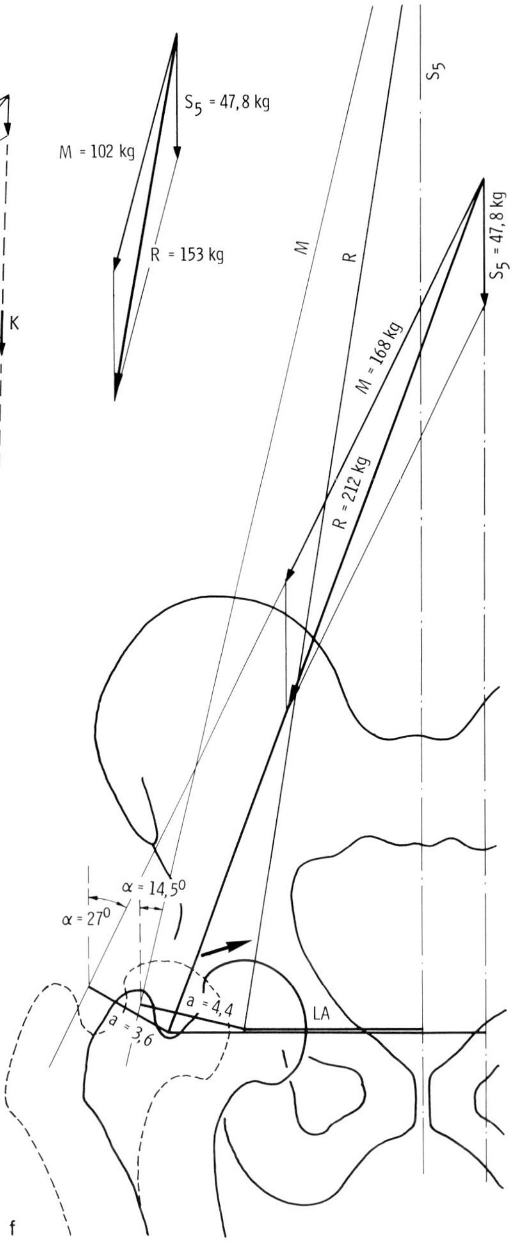

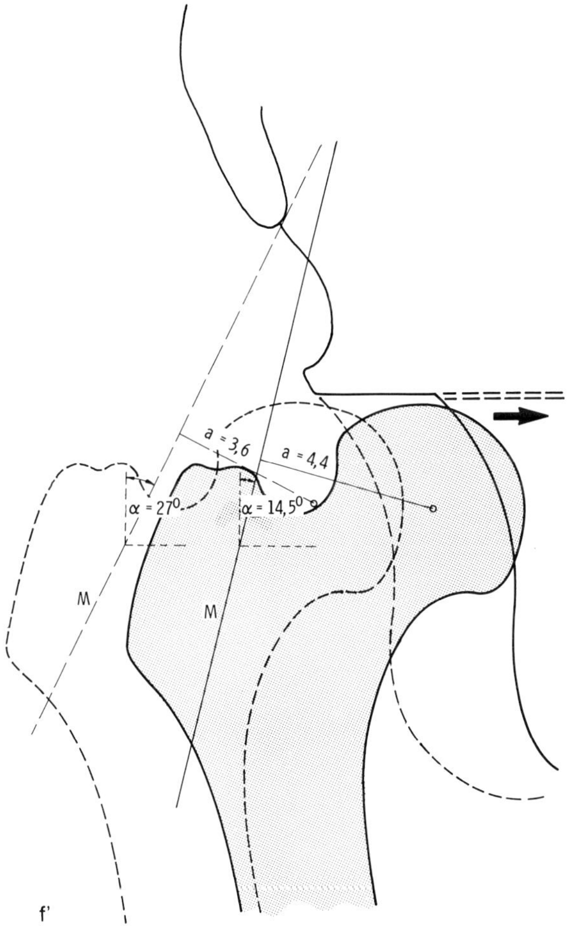

Abb. **307** a–i: Mechanische Behandlungsprinzipien der operativen Reduzierung eines pathogen wirksamen Gelenkdruckes nach *F. Pauwels* am Beispiel der erkrankten Hüfte durch verschiedene Operations-Methoden.

a, a') Reduzierung der Druckkraft durch dosierte muskuläre Entspannung nach *Voss-Pauwels*. Entspannung der Abduktoren durch Kranialverschiebung des Trochanters, Tenotomie der Iliopsoassehne sowie der Mm. adductor magnus et longus.
b, b') Vergrößerung der Tragfläche durch varisierende intertrochantere Femurosteotomie (P I).
c, c') Valgisierende intertrochantere Femurosteotomie mit gleichzeitiger muskulärer Entspannung (P II).
d, d') Verlängerung des Kraftarmes der Abduktoren nach *Pauwels* durch Lateralkippung des großen Trochanters.
e, e') Nach *Maquet* (aus: Acta orthop. belg. 44 [1978]).
f, f') Beckenosteotomie nach Chiari:
1. Verkürzung des Lastarmes (LA) durch Medialverschiebung des Hüftgelenks;
2. Verlängerung des Kraftarmes (a);
3. Aufrichtung der Resultierenden M von α 27° auf 14° zur Vertikalen.

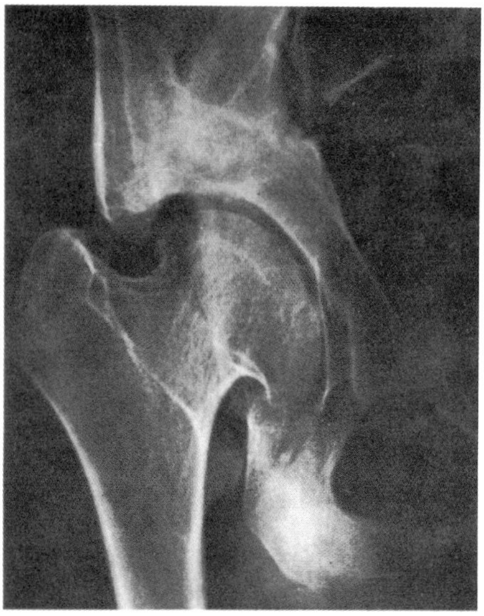

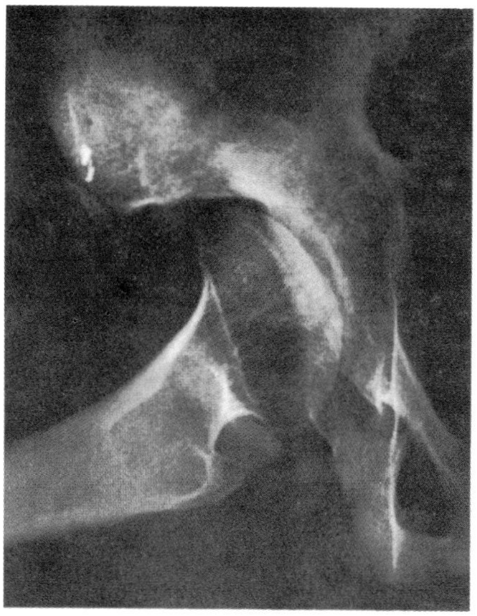

307 g'

307 g

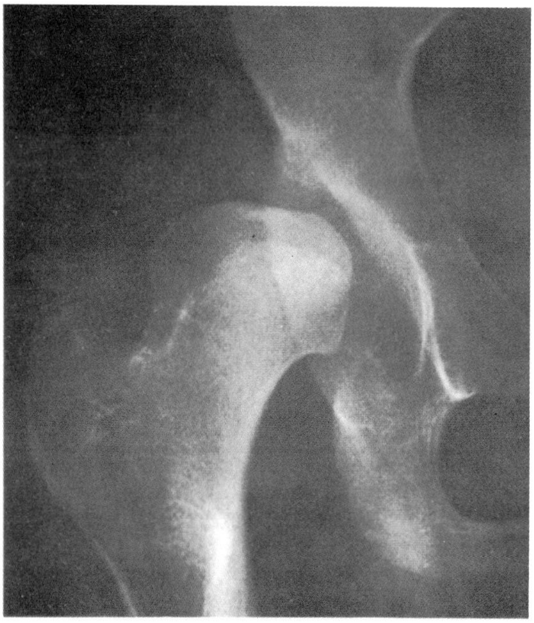

Abb. **307**

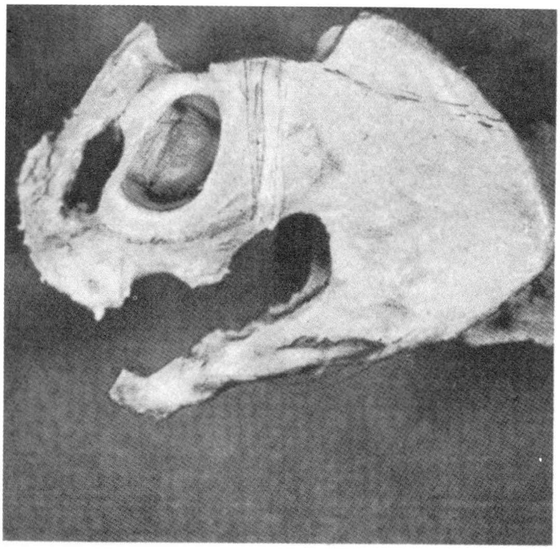

307 h

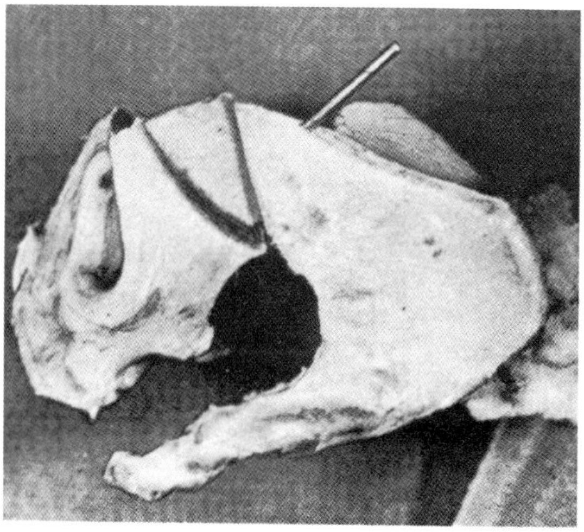

307 h

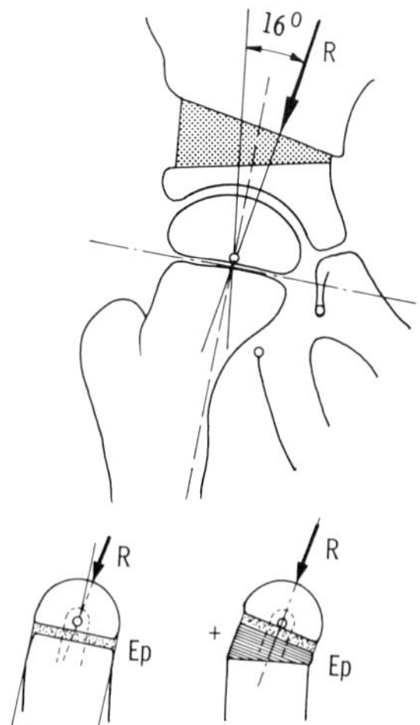

307 i

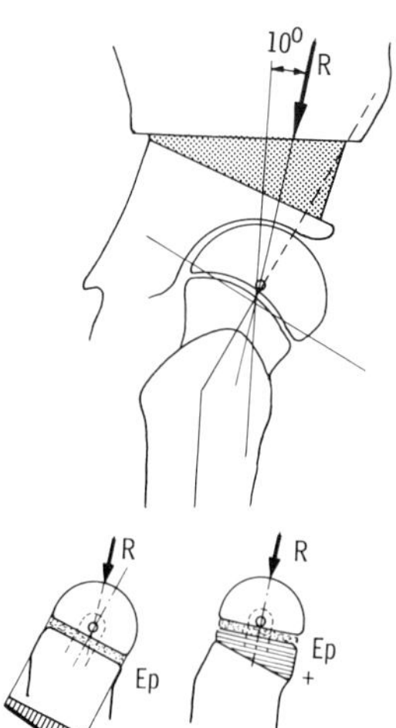

307 i'

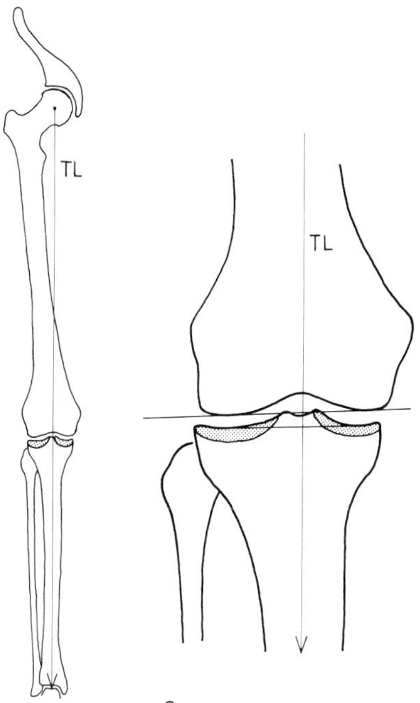

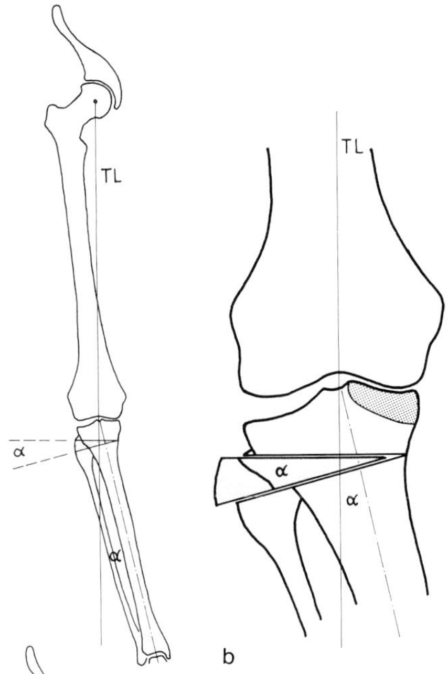

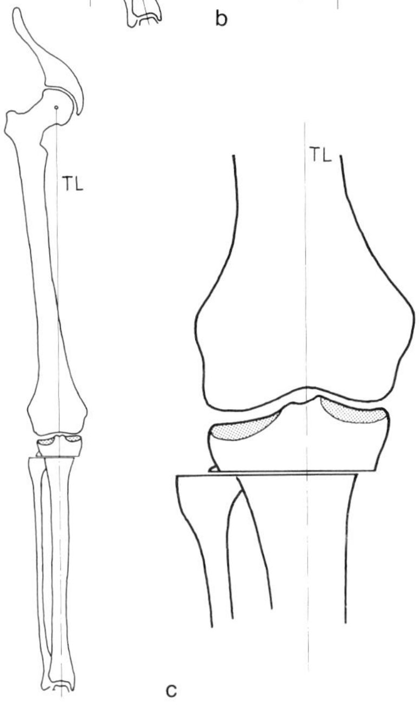

Abb. **308** a–f Möglichkeiten der operativen Rezentralisierung einer fehlerhaften, asymmetrischen Belastung des Kniegelenkes bei verschiedenen Formen von Varus-Valgus- und Flexionsdeformitäten des Kniegelenkes.
Zur Erzielung bestmöglicher operativer Beanspruchungskorrekturen ist die projektionsgerechte Röntgen-Ganzaufnahme der UE im aufrechten Stand eine wesentliche Voraussetzung.
a) Normale Achsenform. Die strichlierten Zonen deuten rein didaktisch die Lastübertragungsbereiche sowie asymmetrische Druckkonzentrationen mit Knorpelnekrose und knöchernen Abbauzonen am Schienbeinkopf oder den Femurkondylen an.
b, c) Valgisierende Tibiakopfosteotomie in der Frontalebene bei Varusdeformitäten des Kniegelenkes mit Überlastung und Abbauzone des medialen Gelenkfaches am Tibiakopf (Schrägstellung der Gelenkachse).

◀ g, g') Röntgenbeispiel einer Chiari-Ostoeotomie, E. S. ♀ 12a, Coxa valga subluxans, Pfannendisplasie. g' Resultat nach 8 Jahren: breites Pfannendach, kranio-ventral funktioneller Umbau und kongruente Anpassung von Kopf und Pfanne.
h, h') Beckenosteotomie nach *Satter*:
Beckenpräparat prä- und postoperativ zeigt räumliche Pfannendrehung;
i, i') Beckenosteotomie (nach *Salter*): Statische Analyse der Belastungsänderung in frontaler und sagittaler Ebene nach Salter-Osteotomie im Schema. Die ventrale Lateralkippung und Drehung des distalen Femurendes hat eine Änderung der Spannungen in der metaphysären Belastungszone des Femurs zur Folge. Durch den veränderten Druck erfolgt eine funktionelle Wachstumsanpassung durch ungleiches Längenwachstum (*Pauwels*). Die ungleiche Spannungsverteilung verändert die metaphysäre Wachstumsrichtung des Schenkelhalses. Die Antetorsion ab und die Coxa vara sollen akzentuiert werden. i') Änderung der Wirkungslinie der resultierenden Belastung der Hüfte. i'') Subperiostale Entspannung der Glutäalmuskulatur bei der Präparation des Isthmus Oss. ilei. f''') Tenotomie der Psoasaponeurose oberhalb des kleinen Trochanters

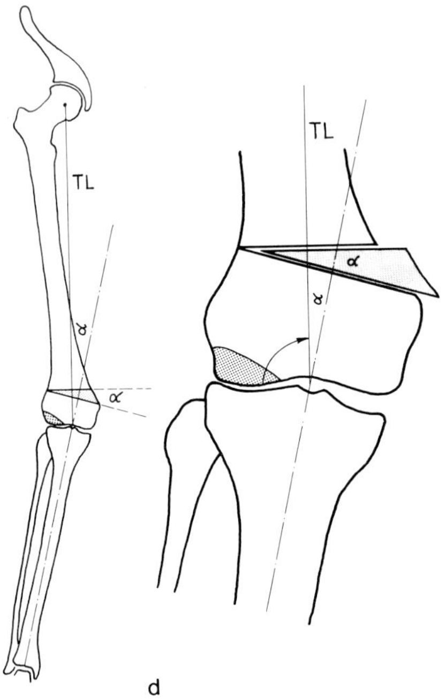

d

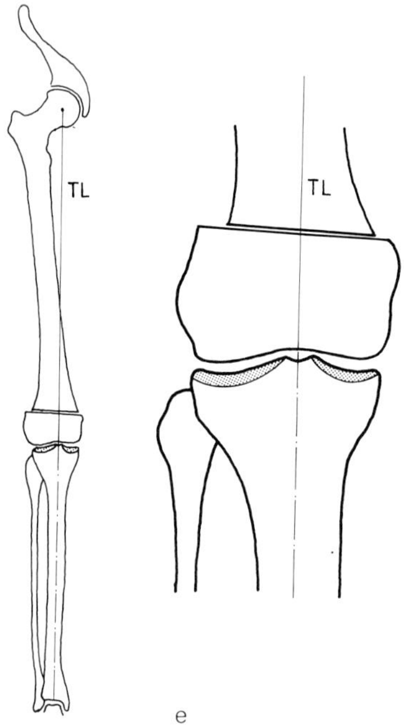

e

Abb. **588** d, e) Varisierende suprakondyläre Keilosteotomie des Femur mit Keilentnahme bei fibularer Überlastung, mit ossärem Abbau am lateralen Femurkondyl.
Die Osteotomie soll immer derart geplant sein, daß mit der Korrektur auch eine möglichst achsengerechte Einstellung der horizontalen Gelenklinie erreicht wird. (aus: *F. Endler, K. Fochem:* Special Orthopaedic Roentgen Diagnosis. Thieme, Stuttgart [in Druck])

mechanischen Grundlage zahlreicher, an anderen statischen Gelenken durchgeführter operativer Wiederherstellungen geworden, und es stehen noch weitere sehr günstige Entwicklungen bevor. Es wird realisiert:

1. durch operative Reduzierung der Druckkraft (Belastung durch äußere Kräfte):
   a) mittels Entspannung der Muskulatur, welche das Gelenk überbrückt (Voss 1955), und ihren vielfältigen Modifikationen,
   b) durch Änderung der Längenverhältnisse vom Kraftarm zum Lastarm, wie z. B. bei der intertrochanteren varisierenden Femurosteotomie nach Pauwels I, oder bei der Beckenosteotomie nach Chiari sowie bei der Lateralisierung des großen Trochanters oder bei den Rezentrierungsosteotomien pathologischer Beanspruchungen des Kniegelenkes bei Varus- und Valgusdeformitäten und durch Ventralisierung des Kniescheibenbandansatzes bei femoropatellaren Gelenkschäden (Abb. **307–312**) (Maquet 1974);

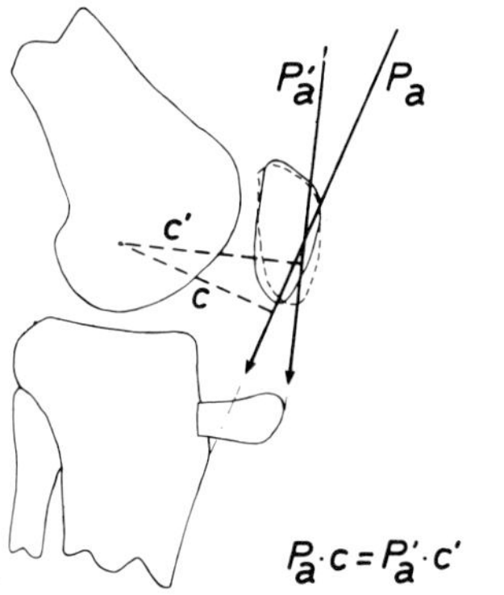

a

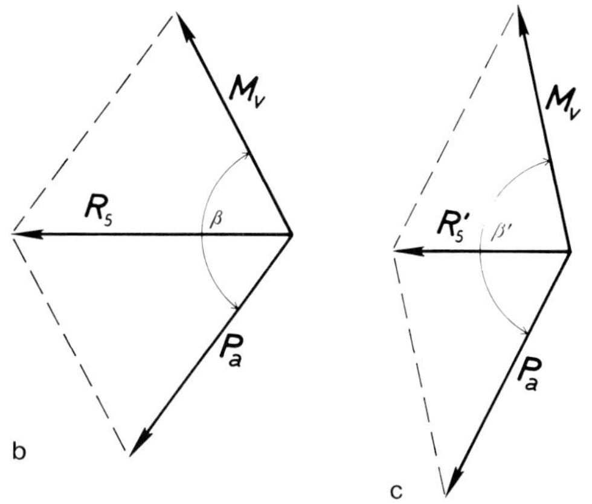

b c

Abb. **309** a–e a) Graphische Analyse der auf das Femoropatellargelenk einwirkenden Belastungskomponenten in Sagittalebene. Reduzierung eines pathogen wirksamen Gelenkdruckes durch Änderung der Zugrichtung des Lig. patellae mittels Ventralisierung des tibialen Bandansatzes um 10–20 mm:
Von P_a auf P'_a
$P_a \times C = P'_a \times C'$,
b u. c) Graphisch dargestellt ist die Größe der resultierenden Belastung R_5, jeweils vom Öffnungswinkel der Kraft P_a gegenüber M_v (Quadriceps) abhängig. d) Didaktisches Operationsschema der Ventralisation des Ansatzes des Lig. patellae proprium durch Interposition von Knochenspänen um ca. 1½ bis 2 cm, zur Entlastung und Reduzierung eines pathologisch gesteigerten Gelenkdruckes im Femoropatellargelenk (Arthrose, Chondropathie u. a.) nach *Maquet* (aus: *P. Maquet:* Biomecanique du Genou. Springer, Berlin 1977, S. 136). e) Röntgenbeispiel der femoropatellaren Druckentlastung bei gleichzeitiger varisierender oder valgisierender Tibiakopfosteotomie durch Ventralisierung des distalen Osteotomiefragmentes mit dem Bandansatz um c 1½ cm (eigene Beispiele).

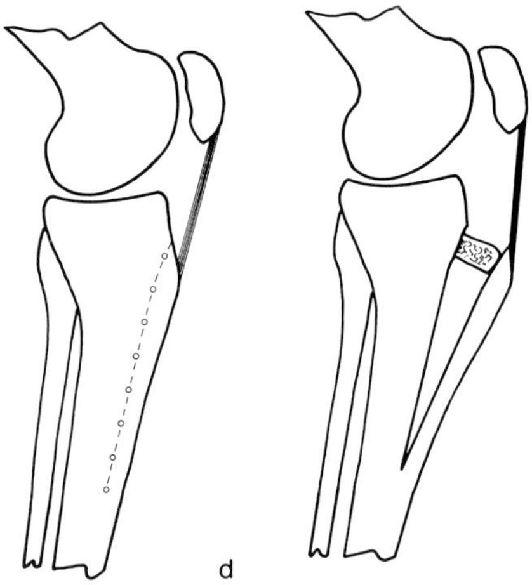

d

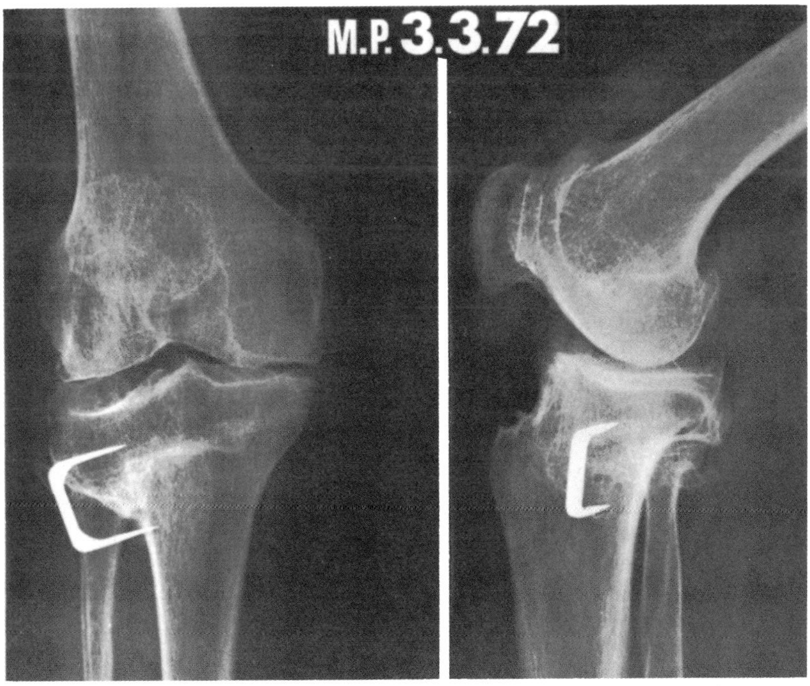

e

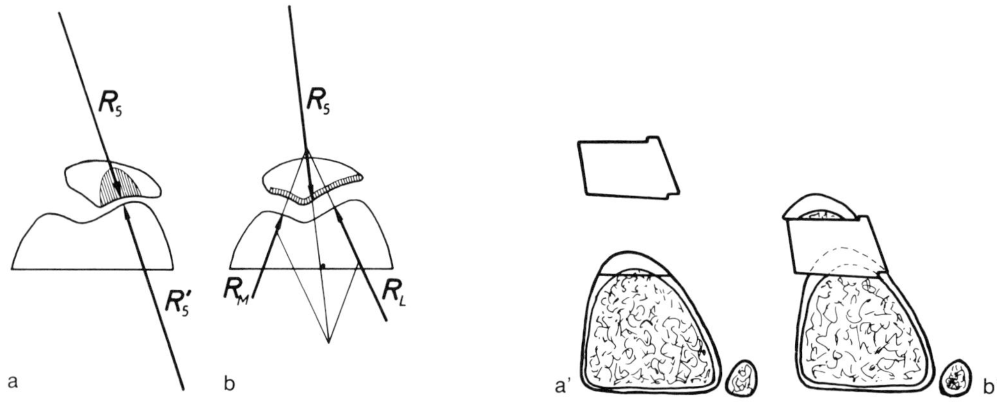

Abb. **310** a u. b Graphische Analyse der Kräfteverteilung bei fibularer Subluxation der Patella im Femoropatellargelenk. Rezentralisierung der fehlgesteuerten resultierenden Belastung durch Medialisierung des Ansatzes des Lig. patellae proprium um 5–10 mm, bei gleichzeitiger Ventralisierung der Tuberositas (aus: *P. Maquet:* Biomecanique du Genou. Springer, Berlin 1977, S. 142)

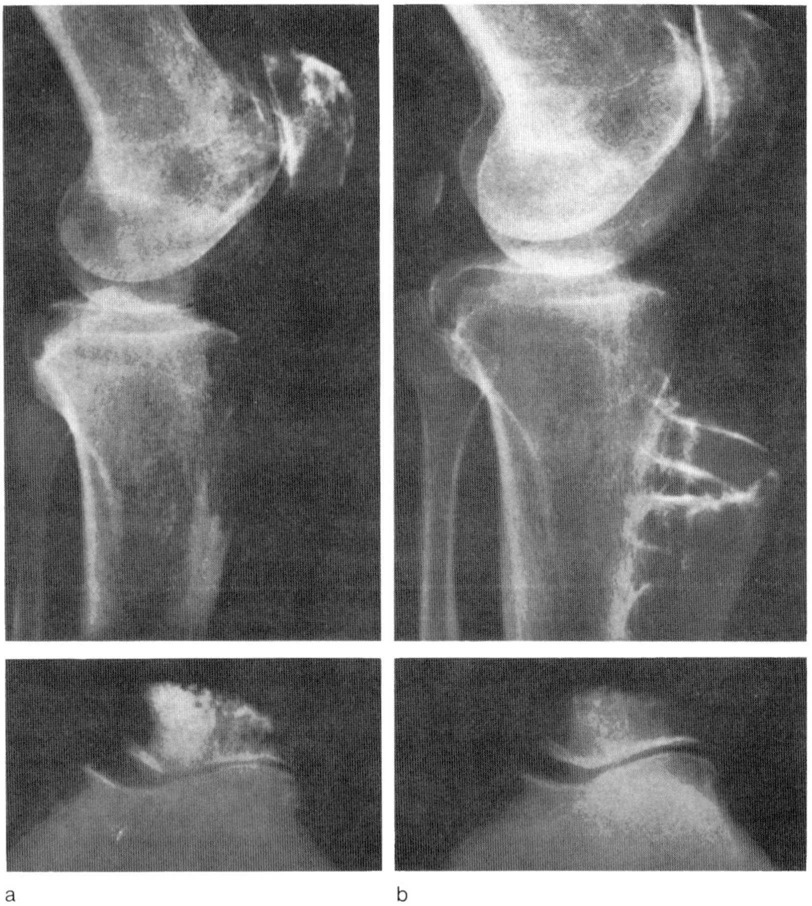

Abb. **311** a u. b Praktisches Beispiel der Rezentralisierung im Röntgenbild. Femoropatellararthrose eines 68jährigen Patienten: a) vor der Operation, b) 4 Jahre nach der Operation. Ventralisierung und gleichzeitige Medialisierung der Tuberositas mit dem Kniescheibenbandansatz (aus: *P. Maquet:* Biomecanique du Genou. Springer, Berlin 1977)

2. durch operative *Vergrößerung pathologisch zu kleiner Tragflächen* zur *Beseitigung abnormer Spannungskonzentrationen durch Inkongruenzen der Gelenkkörper* mittels varisierender und valgisierender intertrochanterer Femurosteotomien nach Pauwels I und Pauwels II sowie durch Beckenosteotomie nach Chiari. Bei letzterer kommt die primär inkongruente Verbreiterung des Pfannendaches erst durch einen länger dauernden funktionellen Anpassungsvorgang mit zum Tragen. Bei den valgisierenden und varisierenden kondylären Knieosteoto-

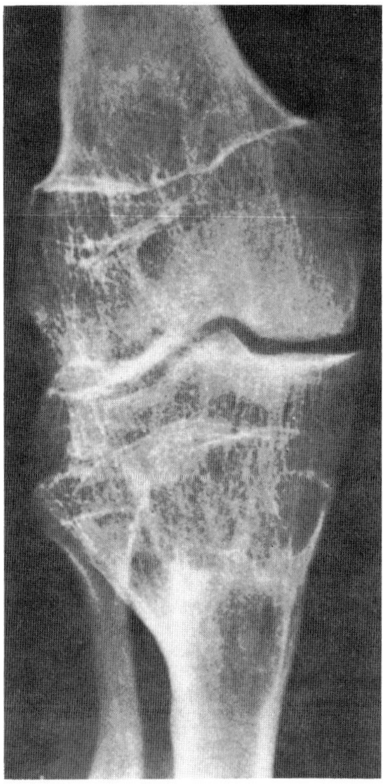

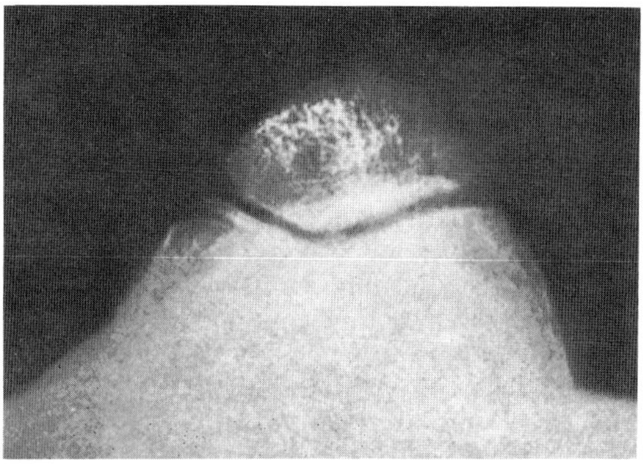

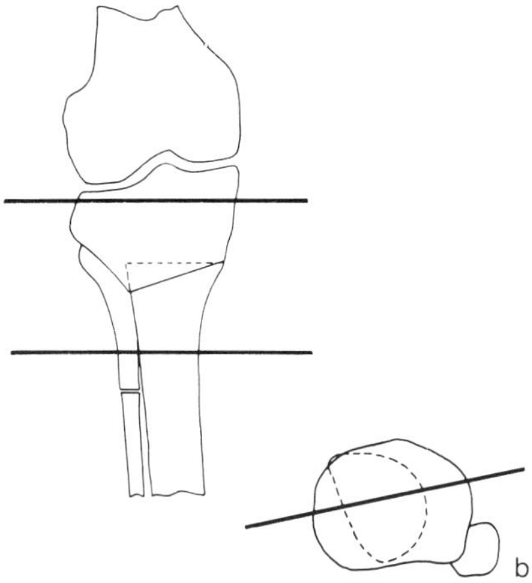

b

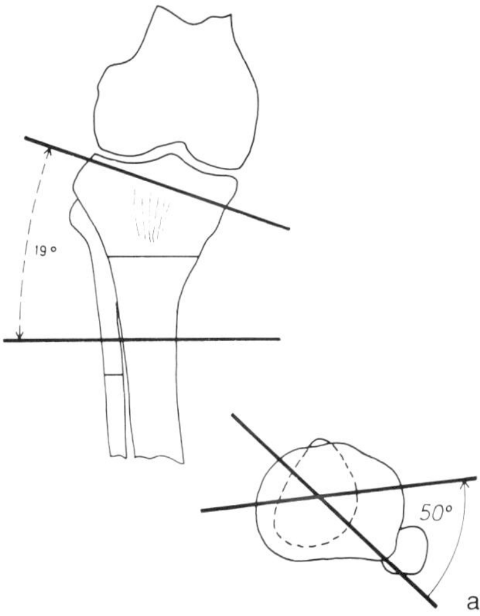

a

Abb. **312** a u. b Präoperative mechanische Analyse einer kondylären Derotationsosteotomie bei Innenrotationssubluxation des Unterschenkels und Varusarthrose des Knies um ca. 50 Grad bis zu einer Außendrehstellung des Fußes von ca. 14 Grad mit Röntgenbeispielen. a) Lineare horizontale valgisierende Keilosteotomie des Tibiakopfes. b) Fehlrotation des Fußes um ca. 50 Grad nach innen, Varuskorrektur und gleichzeitige Derotation bis zur parallelen Einstellung der Winkeldrähte um ca. 50 Grad (aus: *P. Maquet:* Biomecanique du Genou. Springer, Berlin 1977, S. 173)

mien an Ober- und Unterschenkel, speziell bei Degenerationsleiden etc. und kombinierten Achsenfehlern der unteren Extremität, wird die pathogen wirksame Beanspruchung nach genauen Plänen rezentriert und dadurch reduziert.

3. Um die jeweils bestmögliche Reduzierung eines zu hohen Gelenkdruckes in jedem Einzelfalle zu erreichen, hat sich die Kombination beider Methoden (unter Punkt 1. a, b u. 2.) als optimal erwiesen (Abb. **307–312**).

Zahlreiche klinische und theoretische Arbeiten sind erschienen, um die praktischen Auswirkungen der verschiedenen Methoden, die nunmehr über 20 Jahre speziell an der Hüfte durchgeführt werden, zu überprüfen und auch theoretisch die mechanischen Wirkungen einzelner Operationsverfahren zu analysieren.

Der außerordentliche klinische Wert des mechanischen Behandlungsprinzipes nach Pauwels wurde immer wieder, speziell für die Hüfte, unterstrichen. Dies ergaben auch die sehr detaillierten Langzeituntersuchungen der 10–20-Jahres-Erfolge, denen eine absolut einheitliche mechanische Arbeitshypothese und Behandlungstechnik seit zwei Jahrzehnten zugrunde liegt, speziell für die verschiedenen Formen der Hüftarthrose (ENDLER 1978, ENDLER u. ENDLER 1978, MAQUET 1978, MAQUET u. WATILLON 1978, und die orthopädische Arbeitsgruppe von Charleroi 1977, DE MOURGUES, PATTE und ihre Arbeitsgruppe 1977, CHIARI u. Mitarb. 1978).

Der Aussagewert der überaus zahlreichen, meist nicht über die Zehnjahresgrenze hinausreichenden einzel- und sammelstatistischen Publikationen, speziell über die gelenkerhaltenden Operationen der Hüftarthrosen in bezug auf die Auswirkungen der chirurgisch veränderten Gelenkmechanik, ist von sehr relativem Wert, da nicht nur die Operationstechniken, sondern auch die mechanischen Grundvoraussetzungen bei den Nachuntersuchungen sehr verschieden sind. Abgesehen davon, wurde die Operationstechnik ständig durch kleine Modifikationen nach relativ kurzen Zeiträumen verändert, so daß auch hier höchstwahrscheinlich zahlreiche Fehlinterpretationen der teils gewollten, teils unkontrollierten mechanisch-chirurgischen Veränderungen angenommen werden müssen (ENDLER 1963, 1970, FRIEDRICH u. Mitarb. 1974, LIMMER u. KÖNIG 1977).

Zusätzliche Beurteilungsschwierigkeiten ergeben sich aus den sehr polymorphen Konfigurationsformen nicht nur bei verschiedenen Schweregraden, sondern auch bei den verschiedenen Ätiologien, wobei biologische Krankheitsfaktoren nicht auszuschalten und von hervortretender Bedeutung sind.

Es wurde immer wieder versucht, an Hand charakteristischer Erkrankungsformen die klinischen Auswirkungen definierbarer mechanischer Fehlplanungen oder Anwendungen mechanisch falscher Operationsmethoden ausführlich zu sammeln und darzulegen (AMTMANN u. KUMMER 1968, BAUMANN 1972, ENDLER 1974e, KUMMER 1977, MÜLLER u. Mitarb. 1969, 1971, SEIFERT 1969).

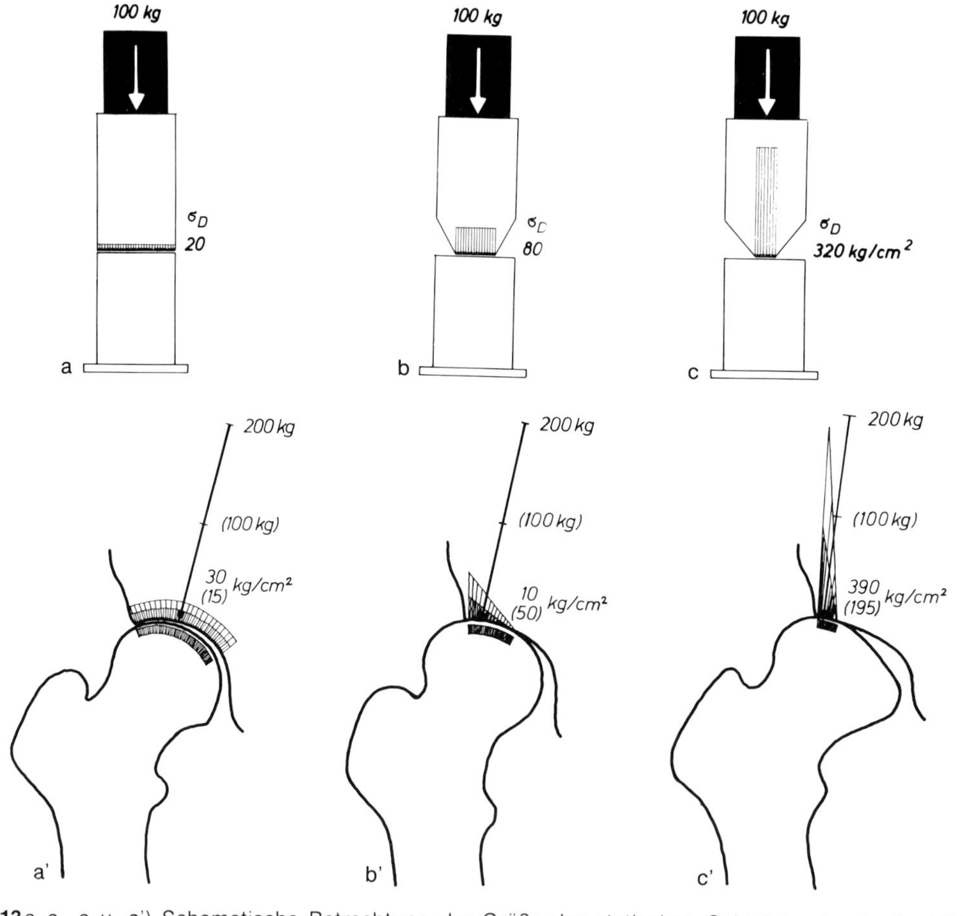

Abb. **313** a–c a u. a') Schematische Betrachtung der Größe des statischen Gelenkdruckes in der Hüfte, bei gleichbleibender Belastungsgröße und progressiver Verkleinerung der Tragfläche durch Subluxation und zunehmende Inkongruenz. b u. b', c u. c') Von links nach rechts steigende Druckkonzentration am Pfanneneck. Eine höhergradige Inkongruenz wird durch eine muskuläre Entspannungsoperation allein nicht verändert. Die Gesamtgröße des Gelenkdruckes bleibt trotz muskulärer Entspannung noch zu hoch. Der Operationseffekt ist insuffizient, Rezidivneigung und Progression der Degeneration (s. Text) (aus: *F. Endler, M. Endler:* Acta orthop. belg. 44 [1978] 140)

Ursachen von klinischen Mißerfolgen oder insuffizienten Operationsresultaten durch mechanische Behandlungsfehler sind:

1. eine fehlerhafte und insuffiziente klinische Beurteilung und Röntgendarstellung mechanischer Krankheitsursachen oder Komponenten,
2. die Unterschätzung oder Unterlassung der zeichnerischen Planung und der intraoperativen Röntgenfunktionsanalyse,
3. Fehlindikationen bezüglich der Anwendung gelenkerhaltender, gelenkplastischer oder gelenkzerstörender Eingriffe überhaupt,
4. die falsche Auswahl der Operationsmethodik,
5. die fehlerhafte Dosierung mechanischer Umstellungswinkel bei Fehlkonfigurationen von Gelenken und Knochenachsen,
6. operationstechnische Fehlauffassungen und Instrumentationsinsuffizienzen,
7. Fehlbeurteilungen der mechanischen Auswirkung von postoperativen Rehabilitationsmaßnahmen.

Die aufgezählten Fehlerfaktoren können besonders durch Summationseffekte die mechanisch gesteuerten Wachstums- und Heilungsvorgänge an

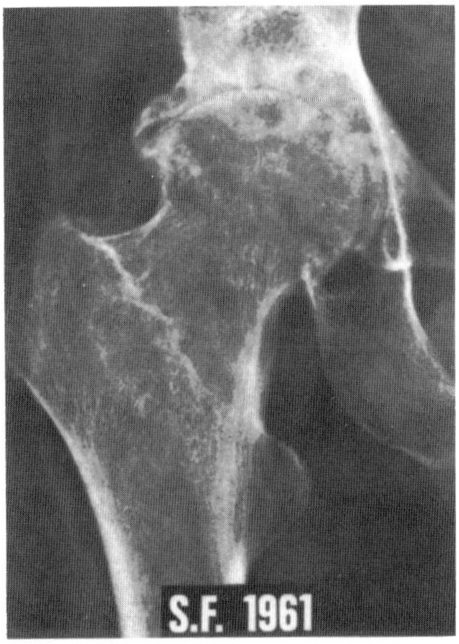

a

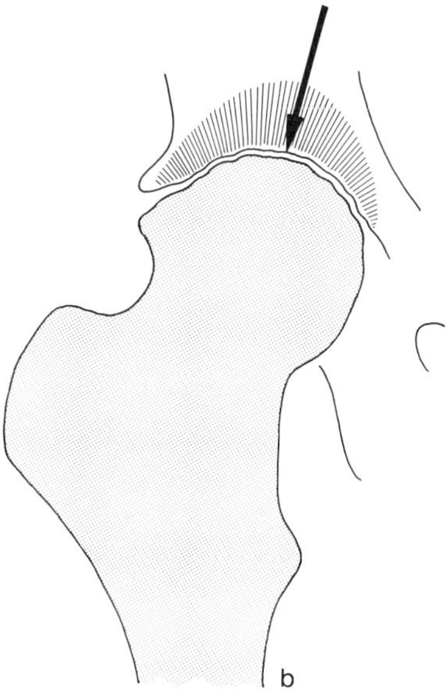

b

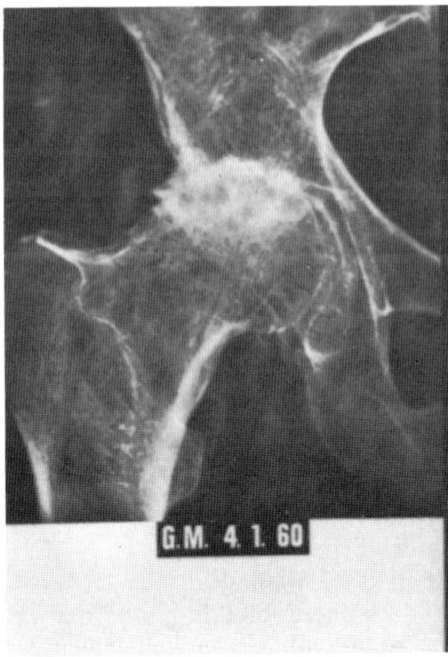

c

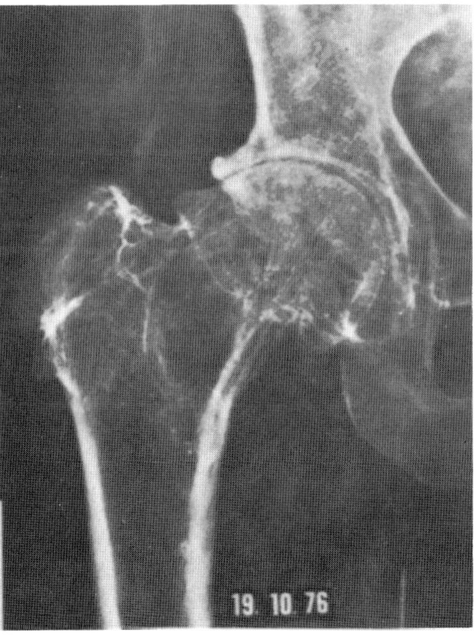

d

Fortsetzung der Abb. **314** e u. f. auf S. 252

Abb. **314** a–f a u. b) Richtige Indikation zur muskulären Entspannungsoperation ist die konzentrische Knorpelnekrose, ohne grobe Inkongruenz und Subluxation. c u. d) Dauerresultat bei einer 76jährigen Patientin nach 7 Jahren, bei richtiger mechanischer Indikation zur Operation. e u. f) Schema der Entspannungsoperation mit Tenotomie der Abduktoren durch Kranialverschiebung des Trochanters, der Iliopsoassehne und der Aponeurose der Mm. adductor magnus und adductor longus sowie der Außenrotatoren (aus: *F. Endler, M. Endler*: Acta orthop. belg. 44 [1978] S. 143, 147 u. 149)

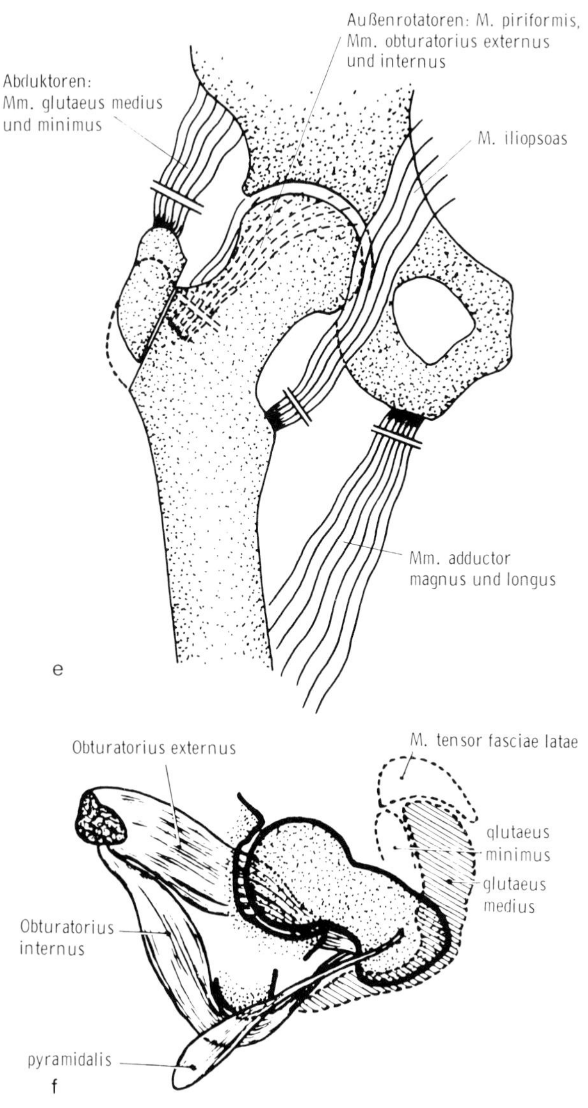

Abb. **314** (Fortsetzung)

Knochen und Knorpel weitgehend beeinträchtigen und als Früh- und Spätfolgen die *Qualität* und *Dauer* des erzielbaren klinischen Resultates benachteiligen oder überhaupt zunichte machen.
Das Prinzip der operativen Reduzierung des Gelenkdruckes darf speziell an der Hüfte sowie auch an anderen tragenden Gelenken niemals mit einer einzelnen operativen Methode identifiziert werden, wie dies leider häufig mit der Varisierungsosteotomie nach Pauwels I geschieht.
Die muskulären Entspannungsoperationen, Voss-Pauwels, McMurray-Osteotomie, oder die valgisierende intertrochantere Osteotomie mit gleichzeitiger Entspannung nach Pauwels II erfüllen bei richtiger Indikation und Technik ebenso das Behandlungsprinzip der reduzierenden Regelung eines pathogen wirksamen Gelenkdruckes, wie z. B. die Beckenosteotomie nach Chiari oder eine ausgiebige Lateralisierung der Hüftabduktoren durch Trochanterkippung bei verschiedenen Formen der Schenkelhalsverkürzung (Maquet 1978).
Die Kunst der optimalen klinischen Nutzung biomechanischer gelenkerhaltender Operationen liegt in der zielgerechten Anwendung und Kombination der gegebenen Möglichkeiten zur Regelung und Änderung von pathogen wirksamen Beanspruchungsgrößen und Mechanismen (vgl. Abb. **307**).
Die alleinige Herabsetzung der Druckkraft der Muskulatur, die das Hüftgelenk überbrückt, ist bei zunehmender Verkleinerung der Tragfläche durch Subluxation und Inkongruenz nicht ausreichend, um die pathogene Größe des Gelenkdrukkes so weit herabzusetzen, daß ein langdauerndes Heilungsresultat erwartet werden kann.
Die richtige Indikation zur Entspannung ist nur selten bei konzentrischer Nekrose ohne Subluxation und grobe Inkongruenz der Tragflächen gegeben (Abb. **313** u. **314**). Die Konfigurationsbedingungen sind mit einer ausreichenden klinischen Restbeweglichkeit grundlegend wichtig für die Erzielung eines guten funktionellen Dauerresultates mit möglichst unauffälligem Gang. Bei inkongruenten Subluxationen mit Spannungskonzentration am Pfanneneck kann nur durch varisierende oder valgisierende Femurosteotomie mit genau dosiertem Umstellungswinkel in bester Weise verwirklicht werden.
Jede Verschlimmerung der Inkongruenz durch falsch indizierte Operationen oder durch falsche Wahl des Osteotomiewinkels hat unweigerlich ein kürzeres Anhalten des Operationsergebnisses und vereinzelt auch Entstellungen des Gangbildes zur Folge.
Die bestmögliche kongruente Einstellung der Artikulationskörper zueinander mittels Drehung des Hüftkopfes in der Pfanne ist am besten mittels projektionsgerechter Funktionsaufnahmen und präoperativer Zeichnungen sowie durch funktionelle intraoperative Röntgenkontrollen mit dem Bildwandler zu ermitteln. Dies ist nicht nur für die Auswahl der biomechanisch effizientesten Operationsmethode, sondern auch für die optimale Dosierung der Größe des Osteotomiewinkels, vor allem bei der Adduktions- und Abduktionsosteotomie (Pauwels I und Pauwels II), von grundlegender Wichtigkeit (Abb. **315**–**317**).
Bei der Größenbestimmung des Umstellungswinkels ist zu berücksichtigen:

1. die Größe des CCD-Winkels,
2. die Länge des Schenkelhalses,
3. die Größe des CG-Winkels,
4. die Art der Pfannenfehlbildung und der Tragflächenkontakte,
5. die bestmögliche Kongruenzierung und Rezentrierung der deformierten Gelenkkörper zueinander,
6. Kontrakturen und Bewegungsausfälle durch ossäre Deformierungen der Artikulationskörper.

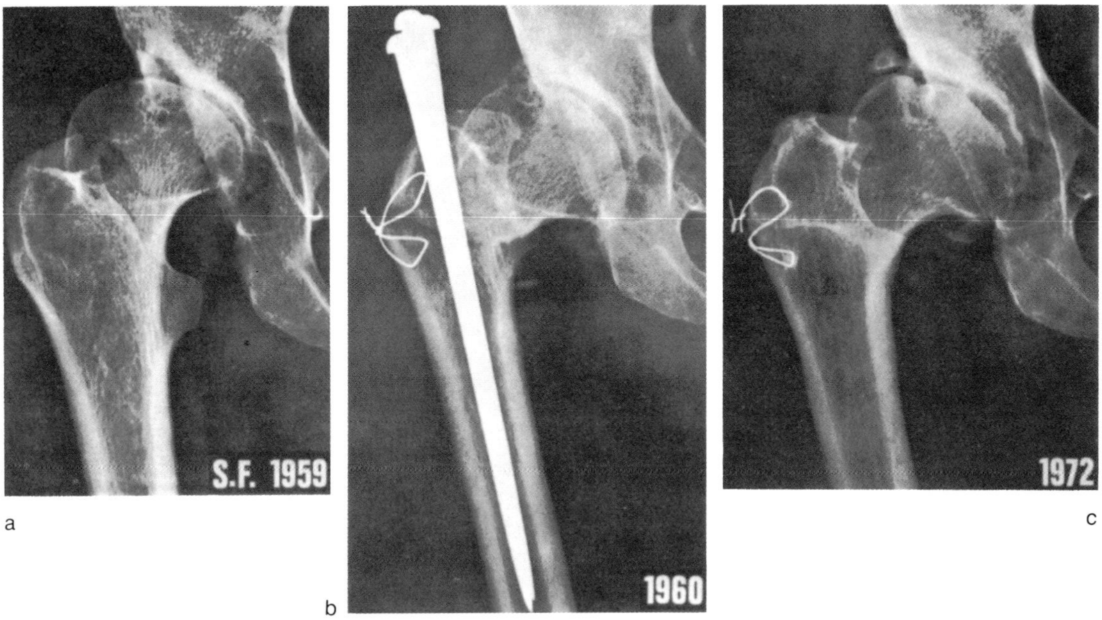

Abb. **315** a–c S. F. ♀, 42 Jahre. Mechanische Fehlplanung einer varisierenden Femurosteotomie. Durch die Operation Erhöhung der Druckkonzentration am Pfanneneck mit rasch progredienter zystischer Degeneration des Hüftkopfes (aus: *F. Endler, M. Endler:* Acta orthop. belg. 44 [1978] 227)

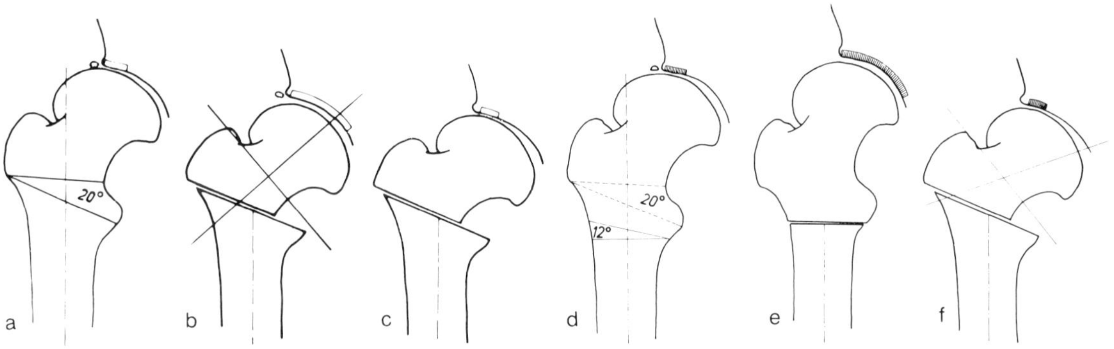

Abb. **316** a–f a–c) Ursache der falschen Indikationsstellung war eine ungenaue Operationszeichnung mit Unterlassung einer intraoperativen Röntgenkontrolle in Abduktionsstellung des Beines vor der Osteotomie. d–f) Die richtiggestellte Operationszeichnung ergab eine vermehrte Inkongruenz bei Varusstellung sowie kongruente Einstellung bei einer Abduktionsosteotomie von 25 Grad (aus: *F. Endler, M. Endler:* Acta orthop. belg. 44 [1978] 228)

Eine zu starke Varuskorrektur mit Herabsetzung des CCD-Winkels unter 115 Grad hat ein dauerndes Insuffizienzhinken zur Folge, indes jedoch die Größe des Gelenkdruckes weitgehend reduziert bleibt, so daß eine Dauerschmerzfreiheit bei entstelltem Gangbild zu erwarten ist. Demgegenüber wirkt sich ein zu kleiner Valgisierungswinkel ungünstig auf die Dauer des Heilungserfolges aus. Auch die Unterlassung der gleichzeitigen dosierten muskulären Entspannung oder Lateralisierung des großen Trochanters ist von entscheidender Bedeutung.

Die Indikation zur valgisierenden intertrochanteren Femurosteotomie nach Pauwels II beschränkt

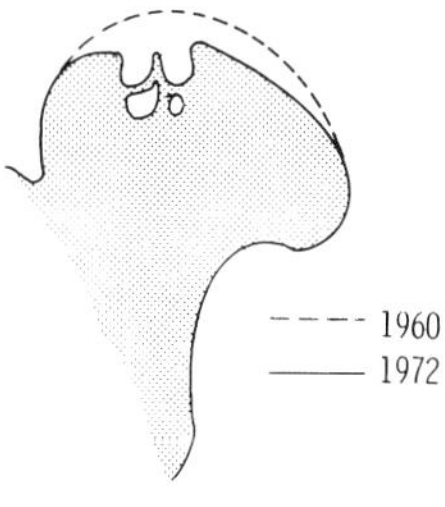

Abb. **317** Umbauschema des falsch eingestellten Hüftkopfes, entsprechend der hohen Druckkonzentration am lateralen Pfannenbereich innerhalb von 12 Jahren (aus: *F. Endler, M. Endler:* Acta orthop. belg. 44 [1978] 229)

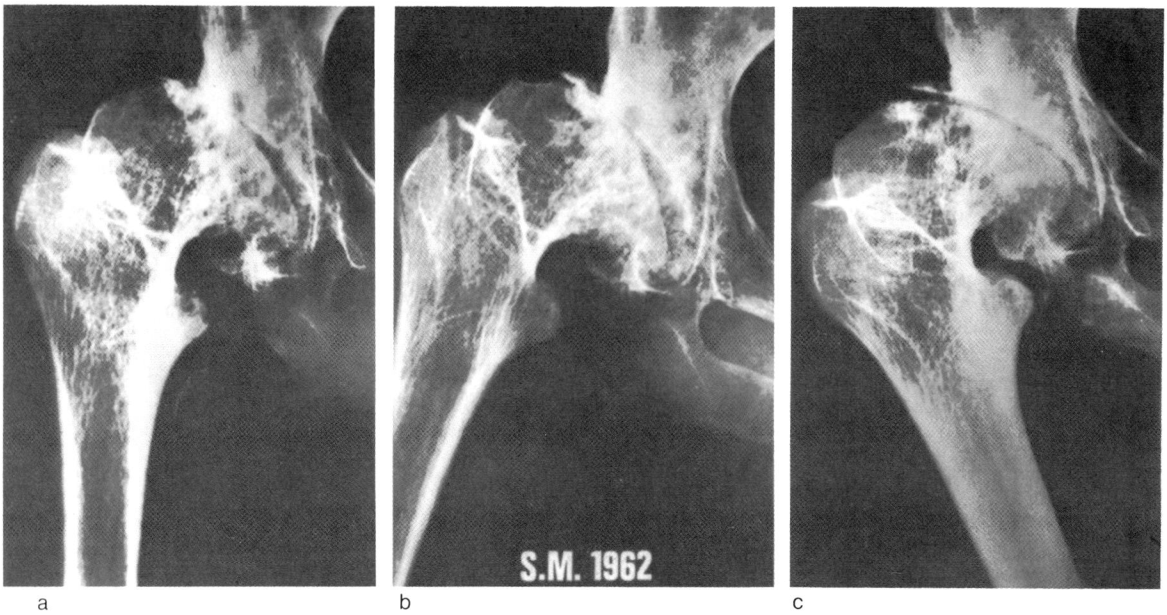

Abb. **318** a–c Neutralstellung (a) und Funktionsaufnahmen in Abduktion (b) und Adduktion (c). Bei valgischer Einstellung des Kopfes zur Pfanne in Adduktion Kongruenzierung des Gelenkspaltes bei schwerer subluxierender Dysplasiearthrose einer 56jährigen (aus: *F. Endler, M. Endler:* Acta orthop. belg. 44 [1978] 232)

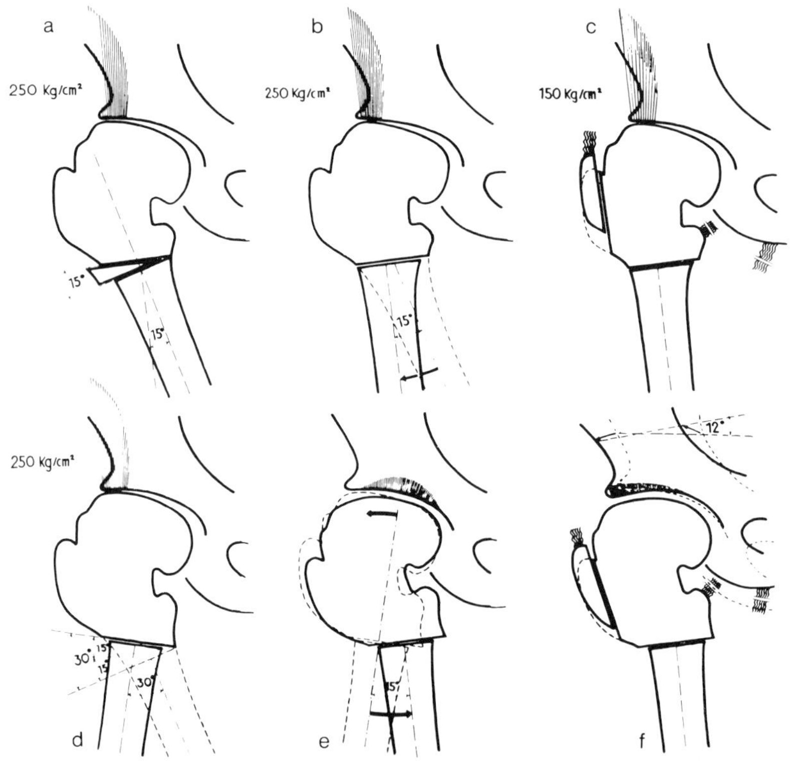

Abb. **319** a–f Graphische Analyse der Operationsplanung zur Abb. **320**. a) Fixierte Adduktionskontraktur durch ossäre Deformierung der Artikulationskörper von 15 Grad. b) Alleinige Korrektur der Adduktionsdeformität ändert den inkongruenten Tragflächenkontakt in der Standbeinphase nicht. c) Zusätzliche muskuläre Entspannung reduziert den Gelenkdruck nur insuffizient. d u. e) Erst eine Überkorrektur von weiteren 15 Grad (insgesamt 30 Grad) führt zur Entlastung des Pfannenecks durch Außendrehung des Hüftkopfes in der Standbeinphase. f) Erst ein inkongruentes Klaffen des lateralen Gelenkspaltes gestattet ein Drehgleiten des ovalisierten Kopfes bei Beckenhebung in der Standbeinphase, ohne Druckkonzentration am Pfanneneck (aus: *F. Endler, M. Endler*: Acta orthop. belg. 44 [1978] 233)

sich in der Regel auf subluxierende inkongruente ellipsoide Gelenkdeformitäten mit lateraler Knorpelnekrose und starken medialen osteophytären Anbauvorgängen an Kopf und Pfanne (Abb. **318**).
Das folgende Beispiel soll die mechanische Überlegung zur Ermittlung der optimalen Größe des Osteotomiewinkels sowie auch die klinisch nachteilige Auswirkung bei zu geringer Valgisierung zeigen (Abb. **319**).
Die alleinige Korrektur ossär fixierter Adduktionsdeformitäten des Gelenkes ist unzureichend, da der kongruente Tragflächenkontakt in der Standbeinphase nicht verändert wird (Abb. **319**a u. b). Die zusätzliche muskuläre Entspannung reduziert den Gelenkdruck bei weiterbestehender Inkongruenz in der Belastungsphase nur unvollständig (Abb. **319**c). Erst eine valgische Überkorrektur mit genügender Außendrehung des Hüftkopfes entlastet das meist stark degenerativ veränderte Pfanneneck möglichst vollständig (Abb. **319**d).
Der laterale Öffnungswinkel des Gelenkspaltes soll etwas klaffen, um das Drehgleiten des ovalisierten Femurkopfes in der teilweise entrundeten Pfanne ohne Druckkonzentrationen und Verkantungen zu ermöglichen. Werden diese Bedingungen nicht erfüllt, bestehen weiterhin Kontrakturen oder Inkongruenzen; dann ist das Gangbild instabil und durch Kontrakturhinken dauernd verändert (Abb. **319–321**).

Die theoretischen Grundlagen unserer mechanischen Therapieplanung sind durch die exakten Größenbestimmungen der Tragfläche (Kummer 1968, Oberländer 1973, Tillmann 1973) wesentlich erweitert worden. Desgleichen konnten an Computermodellen die metrischen Änderungen des mechanischen Belastungssystems der Hüfte dargelegt werden. Sie werden durch biostatische Analysen der Hüftbelastung vor und nach Operationen ergänzt (Kohlmann 1971, Polster u. Mitarb. 1973a, Roesler u. Hamacher 1972, Seifert 1969).
Physikalisch nicht voll erfaßbar sind die Mechanismen der Spannungsverteilung an den zerstörten Knorpelflächen. Wir können jedoch durch die Wiederherstellung der groben Kongruenz sowie auch durch die postoperativen Heilungsmechanismen Rückschlüsse auf die Wirksamkeit der Beseitigung von Überlastungszonen ziehen. Nach den klinischen Erfahrungen können wir mit ziemlicher Sicherheit aussagen, daß die postoperative Heilung eindeutig durch die Beseitigung oder Regelung pathogen wirksamer Schädigungsfaktoren gesteuert wird, indes die biologischen Wachstumsfaktoren durch das Wundheilungsphänomen nur in beschränktem Ausmaß wirksam werden.
Ein weiterer Faktor, der den Gelenkdruck bei Hüftoperierten mit herabsetzt, sind Veränderungen des Gangbildes, die in ihrer Wertigkeit noch sehr unvollständig erfaßt sind. Debrunner (1975) und Limmer u. Mitarb. (1977) schließen aus den

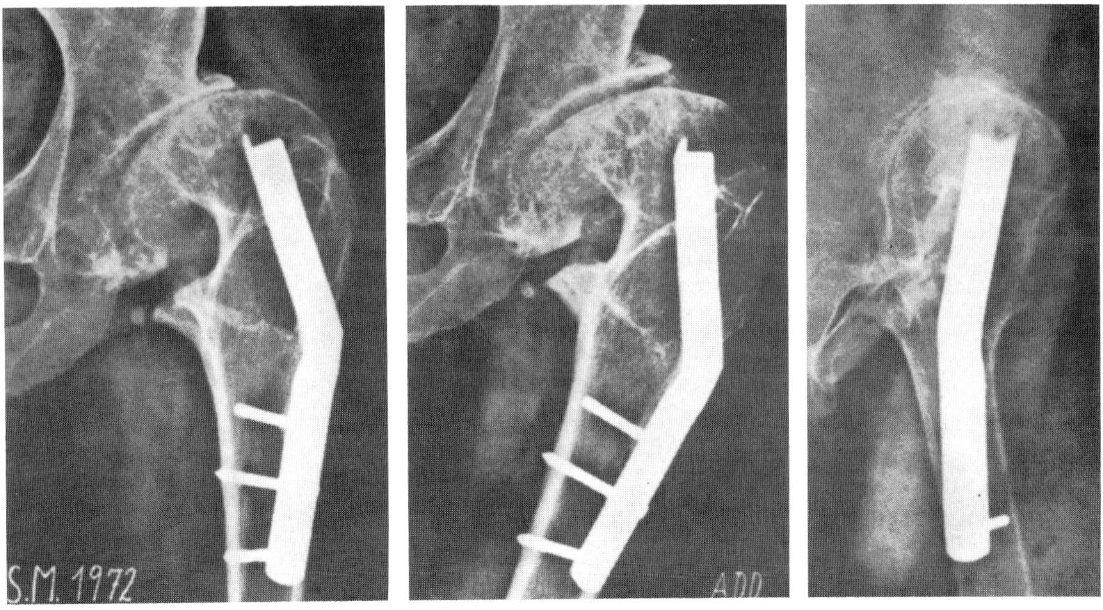

a b c

Abb. **320**a–c a) Der Osteotomiewinkel des analysierten Falles war bei der ersten Operation zu klein. 6 Jahre später progressive Degeneration mit lateraler Zyste und Gelenkspaltverschmälerung. b) In Adduktionsstellung des Femurs Aufklappen der lateralen Gelenkspaltverschmälerung. c) Ventrale Subluxation im „faux profil" nicht korrigierbar (aus: *F. Endler, M. Endler:* Acta orthop. belg. 44 [1978] 234)

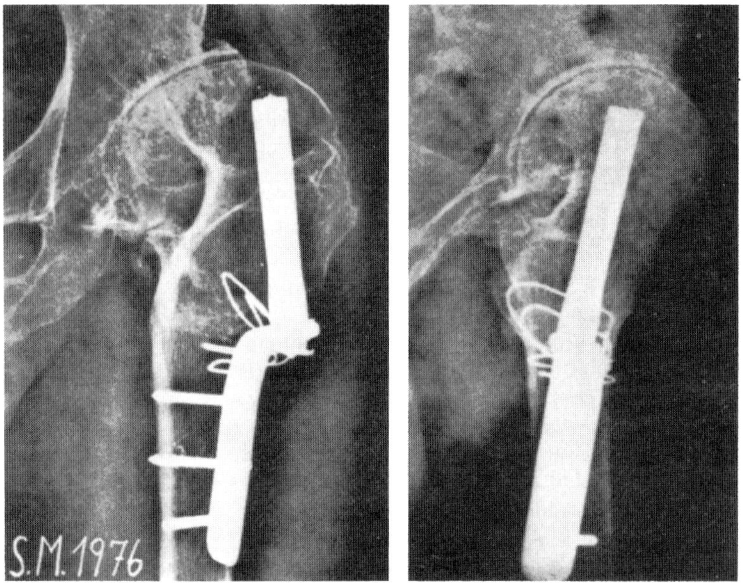

Abb. **321** a u. b Dieselbe Patientin wie in Abb. **320** nach Revalgisierung auf einen Winkel von 35 Grad. Resultat nach der zweiten Operation. Mechanische Fehlbeurteilungen der postoperativen Kniegelenkbeanspruchung wie z. B. nach Patellektomie oder nach Beseitigung ossär fixierter Beugekontrakturen durch suprakondyläre Femurosteotomie sind leicht möglich. Die statisch-mechanische Analyse der Kniebelastung vor und nach dem Eingriff erläutert näherungsweise die mechanischen Verhältnisse der Kniebeanspruchung nach diesen Operationen. Sie wurden von *Maquet* schematisch analysiert (vgl. Abb. **322** u. **323**) (aus: *F. Endler, M. Endler:* Acta orthop. belg. 44 [1978] 234)

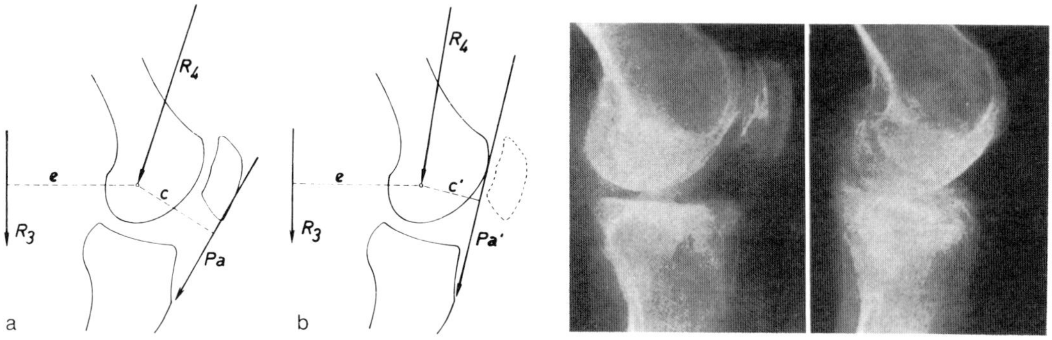

Abb. **322** a–c a) Normales Kniegelenk, b) Beanspruchung nach Patellektomie. Der Kraftarm von c', P_a und R_4 ist nach der Patellaentfernung wesentlich verkürzt: R_3 = Beugekräfte + P_a = Kniescheibenband, R_4 = Resultierende aus R_3 und P_a (Druckbelastung des femorotibialen Gelenkes), e = Kraftarm von R_3, c = Kraftarm von P_a. c) Klinisches Röntgenbeispiel: progrediente Verschlimmerung der Arthrose 10 Jahre nach der Patellektomie (aus: *P. Maquet:* Acta orthop. belg. 44 [1978])

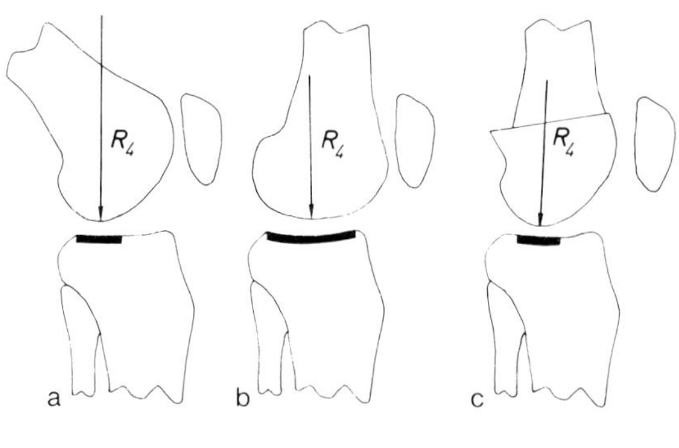

Abb. **323** a–c Änderung der Tragflächengröße. Bei der Kniebeugekontraktur ist die Tragfläche wesentlich verkleinert, da die Lastübertragung über den kleinen Krümmungsradius der Femurkondylen erfolgt. a) Beugekontraktur vor der Korrektur. b) Kniegelenkstrekkung durch Kapsulotomie und Durchtrennung von Weichteilkontrakturen. Der Kontakt der Artikulationskörper wird geändert und die normale Größe der Tragfläche in Streckstellung wiederhergestellt. c) Bei Korrektur der Deformität durch suprakondyläre Femurosteotomie bleibt die in Beugestellung verkleinerte Tragfläche infolge unveränderten Kontakts mit der Tibia unbeeinflußt. Trotz Streckstellung ist der Gelenkdruck pathologisch erhöht (aus: *P. Maquet:* Biomecanique du Genou. Springer, Berlin 1977, S. 135)

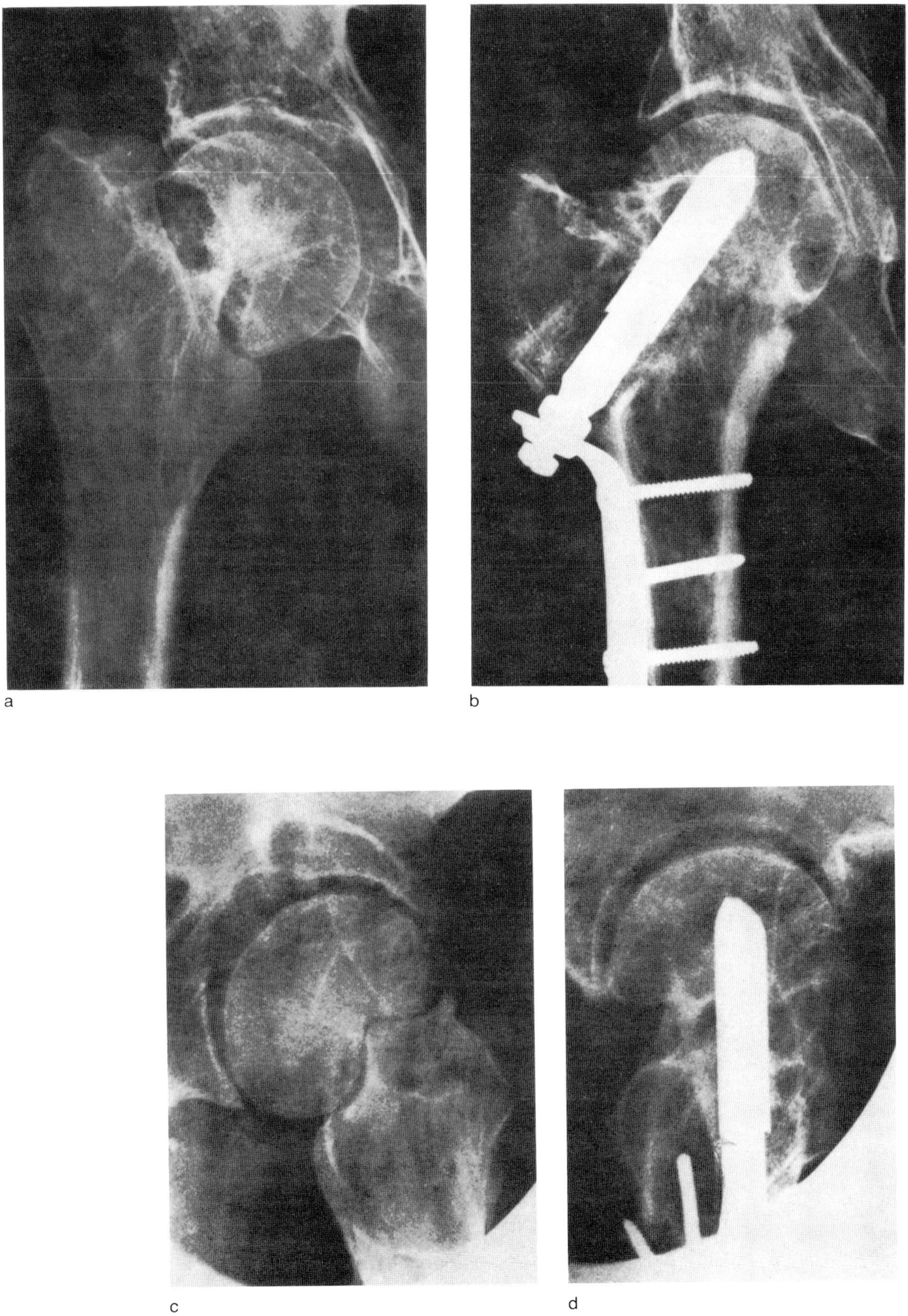

Abb. **324** a–d W. B. ♀, 57 Jahre. Mediale Schenkelhalsfraktur 1962. 1½ Jahre später Operation. a) Röntgenbild vor der Operation, b) nach der Operation, c) starke ventrale Dislokation des Schenkelhalsstumpfes in der Axialaufnahme, d) axiale Korrektur nach der Nagelung (5 Jahre und 3 Monate postoperativ) (aus: *F. Pauwels:* Atlas zur Biomechanik der gesunden und kranken Hüfte. Springer, Berlin 1973, S. 110)

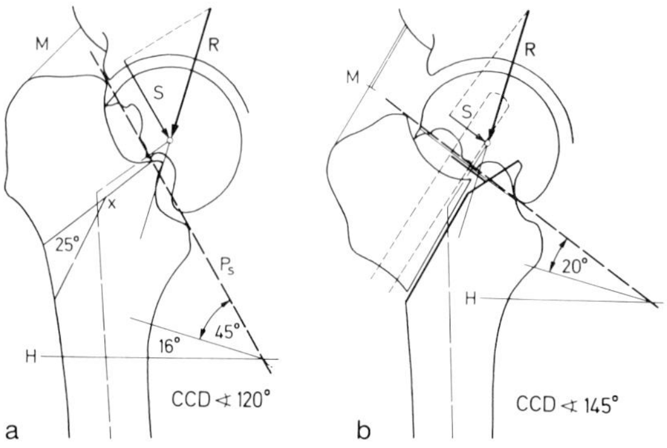

Abb. **325** a u. b a) Präoperatives Planungsschema der Operation in der Frontalebene. Röntgen: Gezielte a.-p. Aufnahme in Innenrotation. Frontale Reposition des subluxierten Hüftkopfes hatte Abstützung der kaudalen Bruchfläche zur Folge. b) Schenkelhalsverbreiterung mittels Y-Osteotomie und gleichzeitige Valgisierung mit Aufrichtung der Bruchebene um 45 Grad auf 16–20 Grad Neigung zur Horizontalen. Schenkelhalswinkel nimmt von 120 auf 145 Grad zu (aus: *F. Pauwels:* Atlas zur Biomechanik der gesunden und kranken Hüfte. Springer, Berlin 1973, S. 110)

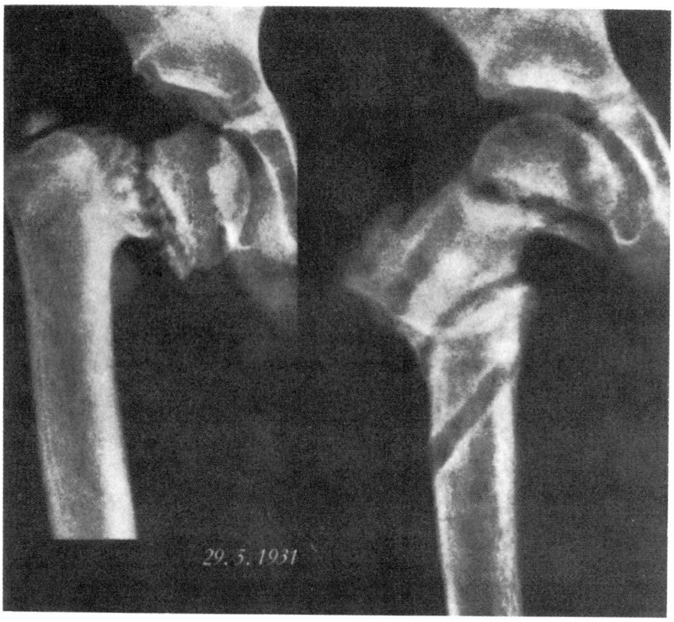

a b

Abb. **326** a–d J. M. ♀, 6 Jahre, 3 Monate. Die biologische Insuffizienz der metaphysären Wachstumszone bei Coxa vara congenita mit partiellem Abbau des Schenkelhalsstumpfes läßt sich durch alleinige Valgisierung des Schenkelhalses nicht immer voll kompensieren, wie dieses Beispiel am Röntgenbild und der mechanischen Analyse (vgl. Abb. **327**) der durchgeführten einfachen Valgusosteotomie zeigt. a) Coxa valga congenita mit medialer Abbauzone. b) Zustand nach intertrochanterer Valgisierungsosteotomie. Der Schenkelhalswinkel wird um 50 Grad aufgerichtet (von 80 auf 130 Grad). c) 7 Jahre später Rezidivieren der Varusstellung. Postoperativ Persistieren zu hoher Spannungen im Schenkelhalsquerschnitt bei gleichzeitiger biologischer Schwäche des Materials. d) 11 Jahre später Coxa vara mit hochgradiger Schenkelhalsverkürzung (aus: *F. Pauwels:* Atlas zur Biomechanik der gesunden und kranken Hüfte. Springer, Berlin 1973, S. 52)

c d

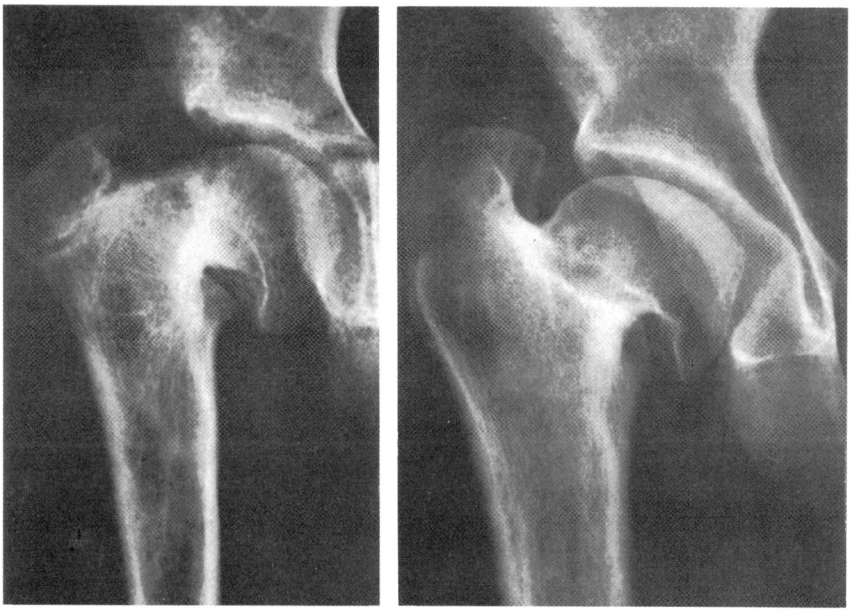

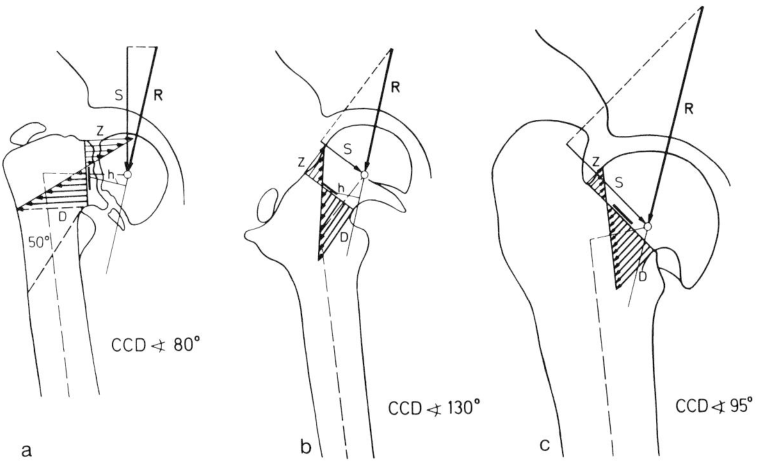

Abb. **327** a–c Statische Analyse der mechanischen Beanspruchung des Schenkelhalsquerschnittes vom Röntgenbeispiel der Abb. **325**. a) Der Schenkelhals steht präoperativ unter hoher Biegespannung. b) Die einfache valgische Aufrichtung ohne Verbreiterung des Schenkelhalsquerschnittes kann die biologische Insuffizienz des Materials nicht kompensieren. Es kommt zum Rezidiv der Deformität mit gleichzeitigem Abbau der Schenkelhalslänge und Abgleiten des pilzförmig verbreiterten Kopfes in Varusstellung. c) Durch die Schenkelhalsverkürzung werden die Biegespannungen verkleinert, da die Resultierende in der Kerngrenze verläuft. CCD beträgt 95 Grad (Feedback-Regulation) (aus: *F. Pauwels:* Atlas zur Biomechanik der gesunden und kranken Hüfte. Springer, Berlin 1973, S. 53)

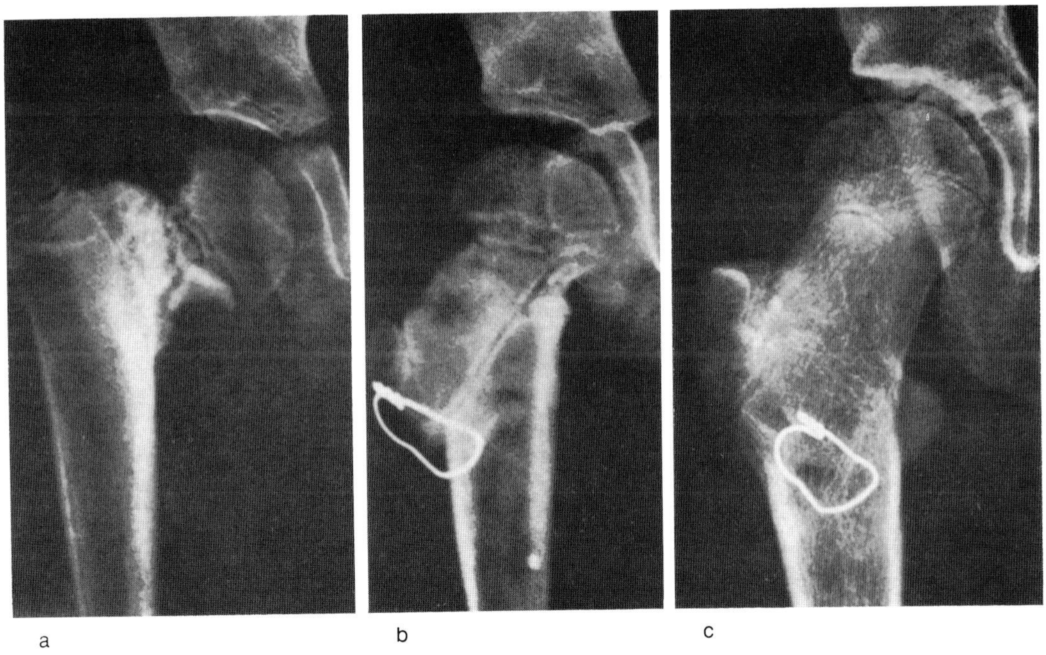

Abb. **328** a–c Klassische Y-Osteotomie nach Pauwels. Dauererfolg durch Wiederherstellung des biomechanischen Gleichgewichtes mittels Schenkelhalsverbreiterung und Ausschaltung der Schubkräfte in der biologisch geschädigten Metaphyse. a) J. B. ♀, 6 Jahre 10 Monate. Schwere Coxa vara mit metaphysärer Abbauzone und mediokaudalem Dreieck vor der Operation. b) Nach der Operation. Verbreiterung des Schenkelhalses durch klassische Y-Osteotomie nach Pauwels. Das mediale Abbaudreieck wird durch das distale Osteotomiefragment abgestützt und unterfangen, der Schenkelhals verbreitert. c) Resultat ca. 15 Jahre postoperativ. Dauernde Wiederherstellung einer praktisch normalen Hüfte (aus: *F. Pauwels:* Atlas zur Biomechanik der gesunden und kranken Hüfte. Springer, Berlin 1973, S. 56)

mehrdimensionalen Bodendruckmessungen, daß auch die Kinetik des Gangablaufes durch die Operation wesentlich beeinflußt wird, wodurch eine zusätzliche Entlastung des operierten Gelenkes möglich ist.
Die Prinzipien der operativen Reduzierung eines pathogen wirksamen Gelenkdruckes gelten auch für die paraartikulären Osteotomien zur Beanspruchungskorrektur deformierter Kniegelenke. Ihre mechanischen Auswirkungen werden bei den Arthrosen durch MAQUET genauer definiert. Auch hier ist ein volles Ausschöpfen der Erfolgsmöglichkeiten nur durch eine genaue Planung und präzise metrische Operationstechnik möglich (Abb. **322** u. **323**) (ENDLER 1976, MAQUET 1977, RETTIG 1973, M. ENDLER u. BÖHLER 1979).
Beim Schenkelhalsbruch ist die Größe des Neigungswinkels der Bruchfläche für die Beanspruchung des kallösen Regenerates maßgeblich. Je steiler die Bruchfläche zur resultierenden Belastung, desto größer ist die Komponente der Scherkräfte und Schubspannungen in der Bruchebene. Dies geht sehr eindeutig aus der Einteilung von PAUWELS hervor.
Die stabile Fixation durch Doppelnagelungen oder Zugschrauben ist in Extremfällen, trotz perfekter Reposition, manchmal insuffizient. Die Folge sind besonders beim Grad III nach Pauwels Pseudarthrosen mit sekundären Dislokationen des distalen Bruchfragmentes nach kranial bei zusätzlicher Schenkelhalsverkürzung.
Die kausale operative Behandlung derartiger Pseudarthrosen erfolgt durch mechanisch präzise geplante funktionserhaltende Eingriffe:

1. durch Änderungen der Beanspruchung der pseudarthrotischen Bruchflächen zur Beseitigung der schädlichen Schubspannungen. Drehung der Bruchfläche bis zur senkrechten Einstellung zur resultierenden Belastung durch intertrochantere valgisierende Osteotomie (Umlagerung nach PAUWELS [1965e]) (s. auch Pseudarthrosen).
2. Bei gleichzeitiger Dislokation der Pseudarthrosefläche wird neben der Aufrichtung der Bruchfläche durch Y-förmige Schnittführung der Osteotomie der tragende, z. T. abgerutschte Schenkelhalsquerschnitt zusätzlich verbreitert. Auch hier bewährt sich die volle Ausnützung der biomechanischen Heilungsprinzipien durch genaue, individuelle präoperative Analyse der jeweiligen Bruchkonfiguration (Abb. **324** u. **325**).

Die Coxa vara congenita entsteht auf der Basis einer angeborenen biologischen Insuffizienz des Schenkelhalses im Bereich der Metaphyse und Wachstumsplatte.
Die progressive passive Deformierung ist das Ergebnis einer zunehmenden mechanischen Fehlbeanspruchung, die bis zu schwersten Varuspseudarthrosen mit Abstützung des Hüftkopfes am kleinen Trochanter führen kann. Auch hier ist es das Verdienst von PAUWELS, durch das gleiche mechanische Prinzip wie bei der dislozierten Schenkelhalspseudarthrose die Schubspannungen durch valgische Aufrichtung der Abbauzone der Metaphyse zu beseitigen und die biologische Schwäche des Schenkelhalses durch Verbreiterung eines tragenden Querschnittes mittels Y-Osteotomie zu kompensieren (Abb. **326–329**).
Die mechanischen Auswirkungen von Fehlbeanspruchungen, vor allem auf die statischen Gelenke und auch die Wirbelsäule, führen meist erst nach Jahrzehnten zu ausgeprägten Degenerationsschäden mit statischer Deformität, wie dies im Abschnitt der pathologischen Gangbilder sowie auch der kombinierten Achsenfehler der unteren Extremitäten schon eingehend besprochen wurde. Auch hier sind sehr umsichtige Planungen operativer Eingriffe erforderlich, um das Gleichgewicht zwischen biologischer Resistenz und Beanspruchungsgröße wiederherzustellen oder zumindest zu bessern. Desgleichen werden im folgenden Abschnitt die mechanischen Gesetze, die bei den Einheilungsvorgängen von Knochentransplantaten signifikant wirksam sind, dargestellt.

Biomechanik der Knochenverpflanzung

Die biologischen Mechanismen der Einheilungsvorgänge bei der Knochenverpflanzung stehen seit Jahren im Mittelpunkt der Forschung. Im Gegensatz hierzu ist ihre Biomechanik bis auf einen wesentlichen Beitrag von PAUWELS (1971) nicht eingehend untersucht worden. Es fehlen mechanische Analysen der Grenzflächenkontakte zwischen Implantat und Auflager sowie Untersuchungen über den Einfluß der Mechanik auf die Einheilungsvorgänge des Implantates selbst und seine funktionelle Anpassung an die neue Stützfunktion.
Darüber hinaus sind mechanische Überlegungen nicht nur bei der Einpflanzung der Transplantate, sondern auch bei der Spanentnahme aus den tragenden Bereichen von Röhrenknochen mitzuberücksichtigen. Sie können für die mechanische Beanspruchung der Implantate wie auch des Entnahmeknochens von entscheidender Bedeutung sein (PAUWELS 1968 u. 1971, STRINGA 1967). Die mechanischen Wachstumsgesetze des Knochens und die mechanischen Steuerungsvorgänge der funktionellen Anpassung spielen bei der Einheilung von Knochentransplantaten eine entscheidende Rolle.
Die Beobachtung, daß die Intensität des Knochenwachstums von der Größe der mechanischen

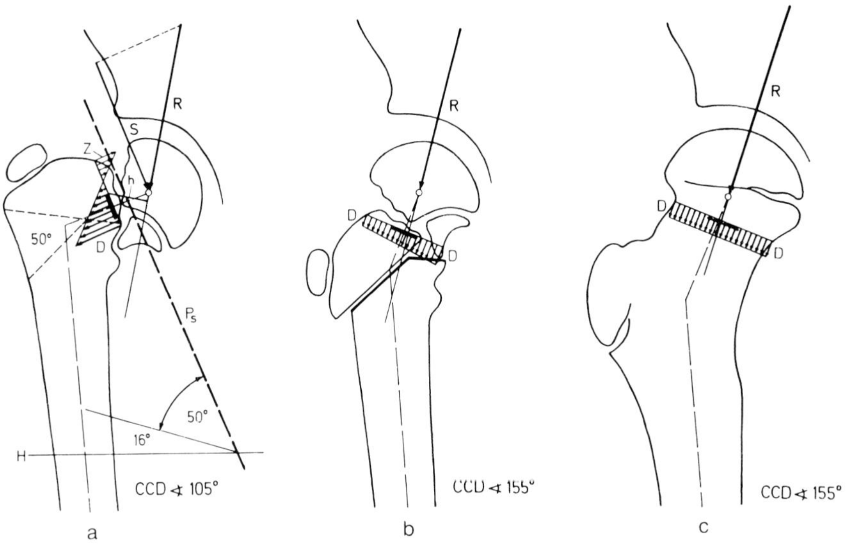

Abb. **329** a–c a) Biomechanische Planung und Analyse der statischen Kräfte und der Schenkelhalsbeanspruchung vor der Operation: R = resultierende Druckkraft, S = Schubkomponente, Z = Zugspannungen. D = Druckspannungen, h = Distanze der Resultierenden von der Kerngrenze im Schenkelhalsquerschnitt, P_S = Neigungswinkel der abgebauten Metaphyse zur Horizontalen 15 + 16 Grad, CCD-Winkel 105 Grad. b) Postoperative Aufrichtung des Schenkelhalses um 50 Grad. Reduktion der Spannungen durch Verbreiterung seines Querschnittes; Resultierende wird in die Kerngrenze rückverlagert. Ausschaltung der Schubspannungen in der Metaphyse. c) Beanspruchungsschema 15 Jahre später. Langer Schenkelhals, Resultierende läuft innerhalb der Kerngrenze (CCD-Winkel 155 Grad) (aus: *F. Pauwels:* Atlas zur Biomechanik der gesunden und kranken Hüfte. Springer, Berlin 1973, S. 56)

Beanspruchung beeinflußt wird, geht bereits auf Roux (1895) sowie auf das Hueter-Volkmannsche Gesetz vor der Jahrhundertwende zurück. Erst viele Jahre später konnten die Prinzipien der mechanischen Steuerung bei der Differenzierung der Mesenchymzellen sowie beim wachsenden und beim ausgereiften Knochengewebe genauer analysiert und festgelegt werden. (s. Beiträge Kummer sowie Endler, Teil „Biophysikalische Grundlagen ...").

Die Größe der mechanischen Beanspruchung beeinflußt die Differenzierung und das Wachstum des Gewebes signifikant. Ihre spezifischen Auswirkungen sind, abhängig von der Art des Knochengewebes und seiner Wachstumsreife, grundverschieden:

1. Die Wachstumsdifferenzierung der primordialen mesenchymalen Bildungszelle zum Binde, Sehnen- und Knochengewebe ist weitgehend mechanischen Regulationen unterworfen (Altmann 1964, Basset 1962, Knese 1958, Krompecher 1937, Kummer 1972, Pauwels 1975, Roux 1895, Wolff 1892).
2. Das Wachstum des ausgereiften Knochengewebes, das speziell für die Knochentransplantation von Wichtigkeit ist, wird grundsätzlich durch die Größe der mechanischen Beanspruchung gesteuert, gleichgültig ob es sich um Druck-, Zug- oder Schubkräfte handelt.
   a) Physiologische Größenordnungen mechanischer Spannungen sind der Motor, der für die Erhaltung des Gleichgewichtes zwischen Knochenan- und -abbau verantwortlich ist (Pauwels 1965a).
   b) Jede Zunahme der Spannungsgröße hat, soweit sie innerhalb der spezifischen Toleranz des belasteten Knochens liegt, eine vermehrte Osteoblastenaktivität mit Knochenanbau zur Folge. Hierbei kann die Toleranzbreite des Knochens, abhängig von der Lokalisation, der biologischen Qualität und von seinem Strukturaufbau, sehr verschieden sein.
   c) Jedes Absinken der Spannungsgröße unter die physiologische Normgrenze hat ein Überwiegen der resorptiven Knochenabbauvorgänge gegenüber dem Anbau zur Folge.
3. Die Wachstumsvorgänge werden, abhängig von der Art des Knochengewebes (Kompakta oder Spongiosa) und von seinem Reifungsgrad, verschieden ablaufen.
   a) Kompakta: durch vermehrten Knochenanbau mittels Breitenwachstums zur Vergrößerung des tragenden Knochenquerschnittes,
   b) Spongiosa: durch Umbau der inneren trabekulären Strukturen zu einem trajektoriell ausgerichteten biegungsfreien Rahmenfachwerk,
   c) durch zielgerichtete Materialverteilung des

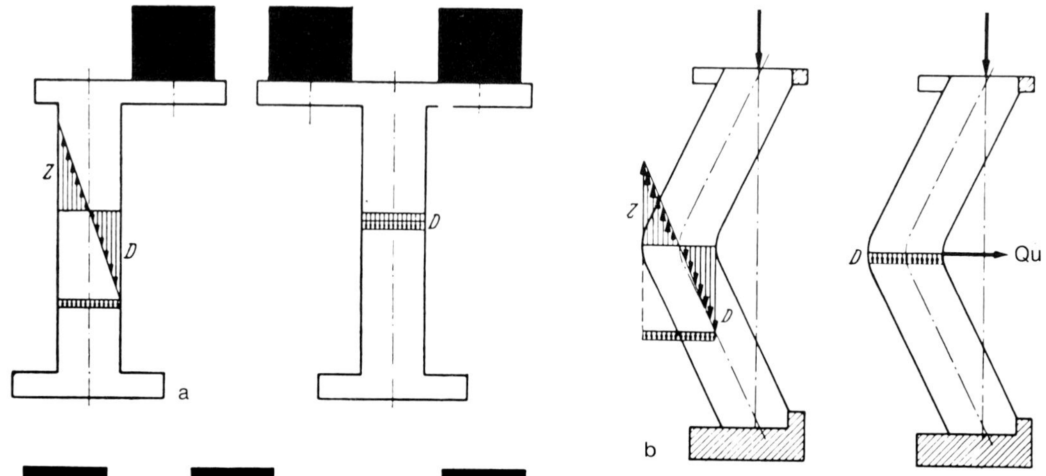

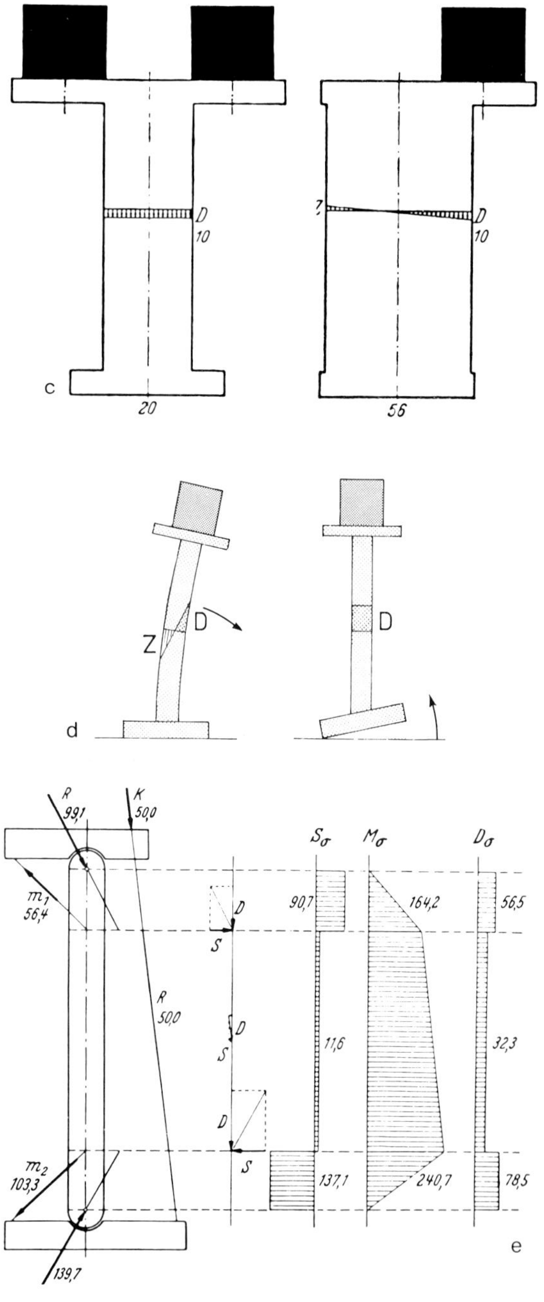

Abb. **330** a–d Die theoretischen Möglichkeiten, am Beispiel der Säule die Biegung auszuschalten bzw. zu verkleinern. Sie werden wie der Knochen auf Druck mit überlagerter Biegung exzentrisch beansprucht. a) Durch Änderung der Belastung: Bei einer exzentrisch belasteten Säule kann man die hohen Spannungsspitzen aus der überlagerten Biegung durch Verschiebung des Gewichtes über die Säulenmitte oder durch Einsetzen einer gleich großen Gegenkraft in eine weitaus niedrigere zentrische Druckbeanspruchung umwandeln. b) Die geknickte Säule wird durch eine vertikale Druckkraft auf Biegung beansprucht. Die hohen Spannungsspitzen aus Zug und Druck können durch gleichzeitiges Einwirken einer Querkraft (Qu), die gleich groß ist wie die senkrechte Kraft, am Maximum der Krümmung abgebaut werden. Es bestehen dann stark reduzierte, über den Querschnitt verteilte Druckspannungen. c) Eine wesentliche Verkleinerung von hohen Spannungen aus der Biegung kann auch durch Vergrößerung des Säulenquerschnittes mittels Materialanbau erreicht werden (Die Säule rückt dadurch näher an die Wirkungslinie der exzentrischen Belastung). d) Die letzte theoretische Möglichkeit, die Biegebeanspruchung auszuschalten, kann durch Aufrichtung einer zentrisch belasteten, schräg stehenden Säule erfolgen, bis ihre Längsachse mit der Wirkungslinie der Kraft zusammenfällt. e) Eine gelenkig eingelagerte Säule, durch Kraft und Gegenkraft im Gleichgewicht gehalten, kann nur zentrisch belastet werden, da sie sonst umkippen würde. Bei wechselnder Kraftrichtung wird die axiale Beanspruchung der Säule durch Änderung des Verhältnisses der wirksamen Gegenkräfte zueinander aufrechterhalten. Die Drehmomente der Kräfte aus dem Körpergewicht und den Gegenkräften der Muskulatur müssen immer gleich groß sein. Die Resultierende verläuft durch beide Gelenkzentren, so daß im Querschnitt keine Biegespannungen auftreten: $M_1 + M_2$ = Größe der Muskelkraft (Gegenkraft), K = Körpergewicht, S = Schub, D = Druck, S_σ = reine Schubspannungen, D_σ = reine Druckspannungen, M_σ = reine Biegespannungen. Letztere sind weitaus am größten und stellen infolgedessen die gefährlichste Beanspruchungskomponente des Spanes dar. Sie nehmen von der Ansatzstelle der Kraft gegen das Gelenk hin ab und werden mit fortschreitender Längenzunahme des Hebelarmes größer (aus: *F. Pauwels:* Abhdlg. z. funkt. Anatomie d. Bew.-App. Springer, Berlin 1965, S. 204, 223, 402, 415)

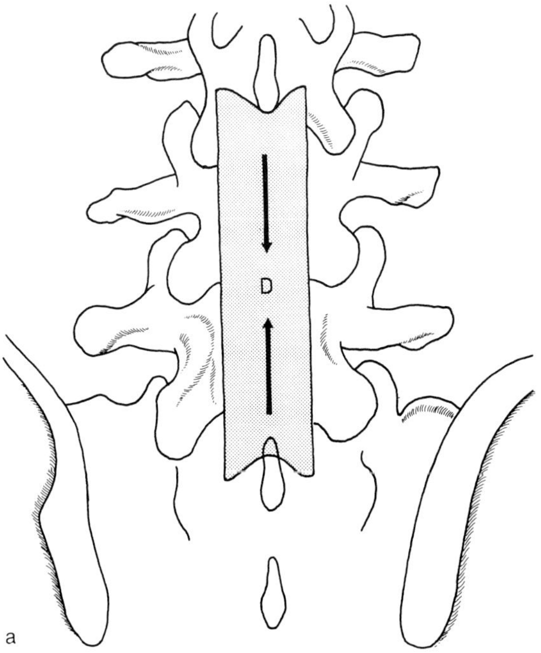

a

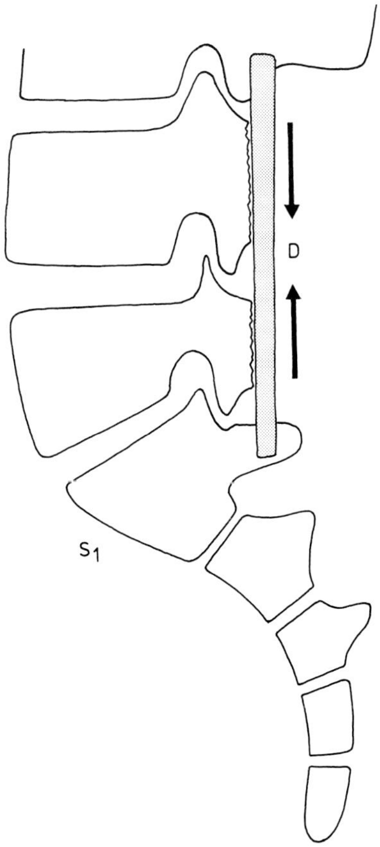

a'

Abb. **331** a–e a, a', b u. b') Gelenkiges Implantationsschema und Röntgenbild eines ,,Pendelsäulenspanes'' zwischen dem Interspinosusraum L III–S I in maximaler Kyphose. c u. c') Axiales Belastungsprinzip eines gelenkig beanspruchten Stabes, der an seinen interspinösen Auflagerpunkten in allen Ebenen des Raumes mit der LWS beweglich ist. – Mechanische Beanspruchung: d) Gerader Span bei genau mittiger axialer Krafteinleitung, d') gerader Span bei ausmittiger axialer Krafteinleitung, d'') gebogener Span bei ausmittiger Krafteinleitung

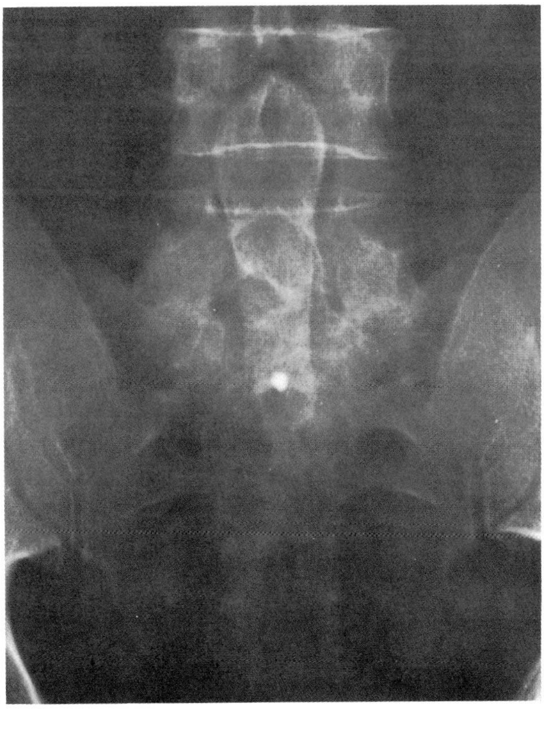

b

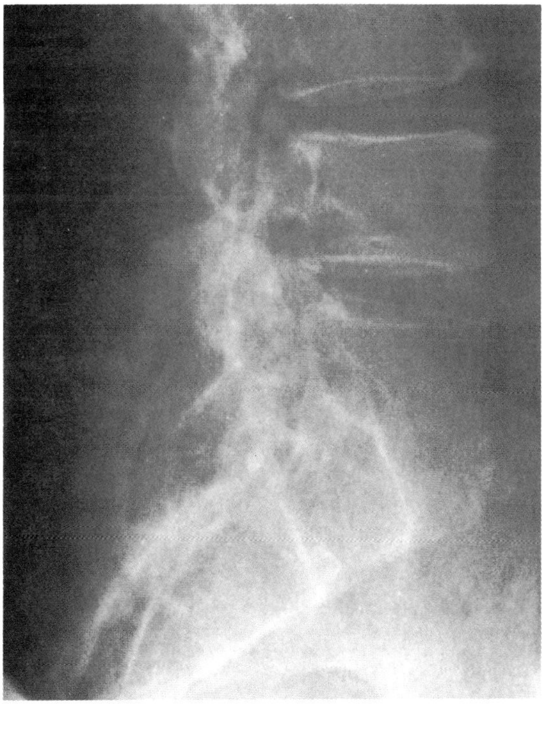

b'

Anbauknochens im tragenden Querschnitt, die den höchsten Spannungsbereichen voll Rechnung trägt (PAUWELS 1965e).

Quantitative Definitionen der wirksamen Kräfte und verschiedener Oszillationsformen, welche die Dynamik des Knochenwachstums in bestimmten Grenzbereichen mechanischer Spannungen steuern, sind noch ausständig, obwohl ihre Kenntnis zur Erstellung optimaler Einheilungsbedingungen von großer praktischer Bedeutung wäre.

Für das Einwachsen autologer Transplantate gelten dieselben mechanischen Wachstumsprinzipien wir für den Normalknochen des Wirtsorganismus. Allerdings sind Spannungsgrößen, die schon beim gesunden, normal ernährten Knochen passive Deformierungen, wie akute Brüche, schleichende Abbauzonen im Bereich konzentrierter Spannungen und Degenerations- und Knochenschäden, zur Folge haben, bei Transplantationen grundsätzlich zu vermeiden.

Die erste Forderung ist immer die Ausschaltung der freien Biegebeanspruchung, da sie höchste Spannungsspitzen und ungleiche Spannungsverteilungen im Querschnitt zur Folge hat, die für die Transplantate selbst sowie die Stabilität ihrer Verankerungen nachteilig sein können (Abb. **330**).

Die Toleranzbreite gegenüber mechanischer Beanspruchung ist beim Transplantatknochen sicher wesentlich reduziert. Sie hängt grundsätzlich von der Ernährung durch Revaskularisation und vom Grade des bindegewebigen Einwachsens des verpflanzten Knochens ab.

Unter gleichzeitiger voller Berücksichtigung aller biologischen Komponenten können wir ein möglichst rasches und störungsfreies Einheilen der Implantate nur dann erwarten, wenn es gelingt, alle mechanisch gesteuerten regeneratorischen Kräfte in optimaler Weise zu aktivieren.

Auf der Grundlage 17jähriger klinischer Erfahrungen mit einer nach speziellen biomechanischen Gesichtspunkten durchgeführten dorsalen Spondylodese mittels Pendelsäulenspan der unteren LWS ergeben sich einige interessante Beobachtungen (ENDLER 1974c).

In maximaler Kyphose unter Kompression eingepflanzte 8–10 cm lange und ca. 20 mm breite Tibiaspäne werden gelenkig zwischen die Interspinosusräume von S I–L III verankert. Bei der Aufrichtung des Rumpfes werden sie axial ohne überlagerte Biegung auf Druck beansprucht, und stabil eingeklemmt. Sie sind unter Druckspannung in ihren Auflagern beweglich und heilen ohne spezielle starre Verankerung oder allgemeine Ruhigstellung der LWS unter normalen Belastungsbedingungen mit massiver Verknöcherung ein (Abb. **331**). (s. später)

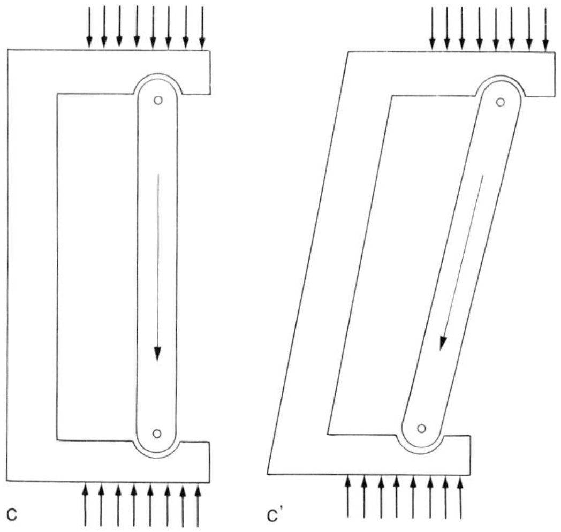

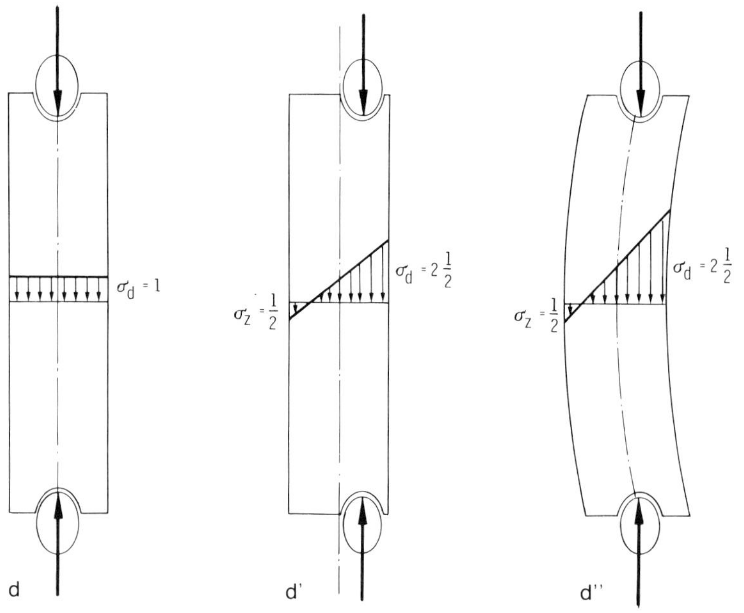

VIGLIANI (1966) wurde durch dieses Phänomen zu einem sehr aufschlußreichen Tierexperiment angeregt. Es gewährt Einblick in die mechanische Wachstumssteuerung der Einheilungsvorgänge von Rippentransplantaten, die bei Hunden durch Federdruck in die Rückenmuskulatur, unter kontinuierlicher Biegespannung, frei eingepflanzt wurden. Am gleichen Versuchstier wurden spannungslos in die Muskeln implantierte Rippenstückchen gegenübergestellt. Hierbei zeigt sich klar, daß die Wachstumsaktivität eines freien Knochentransplantates von der Größe der auf seinen Querschnitt einwirkenden Spannungen richtunggebend beeinflußt wird (Abb. **332**).

Die spannungsfrei in die Rückenmuskulatur bei Hunden implantierten Rippen wurden bereits im 2. postoperativen Monat weitgehend resorbiert. Im Gegensatz hierzu zeigten die gleichen Transplantate, die am selben Versuchstier unter Federspannung mit 1–2 kg Druckkraft auf Dauerbiegung beansprucht wurden, nach einer Latenzzeit der bindegewebigen und vaskulären Durchwachsung von 4–5 Wochen siginifikante aktive Wachstumsreaktionen des Knochens mit spezifisch lokalisierten Gestaltveränderungen des Knochenquerschnittes. Zwischen der 4. und 8. postoperativen Woche setzte ein starker peripherer Anbau von primärem Geflechtknochen, vor allem auf desmaler Grundlage, ein. Es konnten nur einzelne Knorpelinseln als Basis gleichzeitig vorhandener enchondraler Ossifikationszentren festgestellt werden.

Die stärkste Knochenapposition beschränkte sich auf die Zonen größter Druck- und Zugspannungen der senkrecht zur Krümmungsebene liegenden Knochenflächen an der konkaven und konvexen Seite der Rippe (Abb. **333**). In den Bereichen der niedrigsten Spannungen, in der Zone der neutralen Biegungsebene an den Seitenkanten der Rippe hingegen, kam es zu teilweise überstürzten zentripetalen erosiven Abbaureaktionen, die an manchen Stellen so stark waren, daß sie nicht mehr durch endostale Knochenapposition kompensiert werden konnten.

Als Folge dieser gegensätzlich ausgerichteten Ab- und Anbauvorgänge im Transversalschnitt der Rippe kam es zu weitgehenden Veränderungen der ursprünglich ovalen Querschnittsform. Infolge der Abbauzonen wurde die Längsachse des Querschnittes der Ellipse um 90 Grad gedreht, und durch die resorptiven Randabbauzonen formte sich der ursprünglich ovale Querschnitt in eine „Biskottenform" um (VIGLIANI 1966). Das Transplantat hat sich durch Änderung der Materialverteilung zu jener Querschnittsform umgebaut, welche den Biegespannungen durch die einwirkende Federkraft am besten Widerstand leistet. Diese Form des aktiven Wachstumsumbaues beweist die Verwirklichung des Gesetzes der funktionellen Anpassung durch Breitenwachstum (Abb. **334**) (PAUWELS 1973a u. 1975).

Der Kalkgehalt war, in Übereinstimmung mit dem Gesetz von AMPRINO (1961) über die Kalzifikationsraten sekundärer Knochenneubildungen zweiter Ordnung, relativ gering (Abb. **335**). Eine der Belastung entsprechende trajektorielle Strukturanordnung lamellären Knochens zeigte sich in den frühen Stadien des Anbaues nicht.

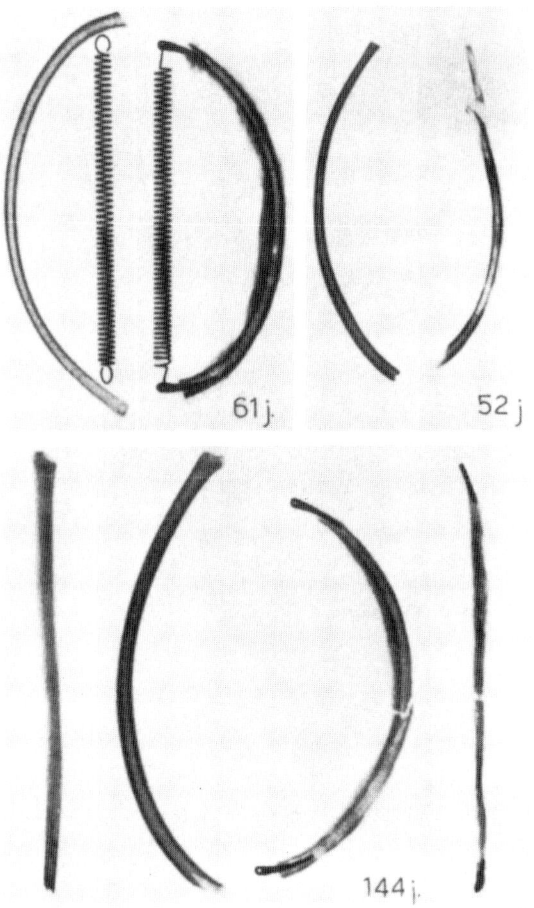

Abb. **332** a–d a) Implantierte Rippe unter Federspannung, Knochenapposition nach 61 Tagen. b) Spannungslos implantierte Rippe, keine Knochenapposition, Resorption nach 52 Tagen. c) Rippe a.-p. und seitlich vor der Implantation unter Federspannung. d) Dieselbe Rippe 144 Tage nach der Implantation unter Spannung in zwei Ebenen. Querschnittsumbau, Ermüdungszone durch Mangelernährung unter unphysiologischer Dauerspannung des Rippenquerschnittes (aus: *F. Vigliani:* Acta med. belg. [1967])

Erst im 4. postoperativen Monat, im Stadium der bereits beginnenden allgemeinen Spanresorption, erkennt man in den Bereichen lakunärer Resorptionshöhlen konzentrische Formationen lamellären Knochens mit längsgerichteten Fasern, wie sie den funktionell ausgerichteten Strukturen der Normalrippe entsprechen (Abb. **336**).

Im polarisierten Licht hingegen ist der größte Teil des ursprünglichen Querschnittes bis auf eine leuchtende zentrale Innenrandzone, infolge Fibrillenarmut, dunkel. Demgegenüber fällt der Faserreichtum in den neugebildeten Anbauknochen durch besondere Helligkeit kraß ins Auge. Die reichen zentralen wie auch peripheren Fibrillenanordnungen sind peripher an der Zugseite vorwiegend parallel und an der Konkavseite der Druckspannungen senkrecht zum Knochenumfang angeordnet (Abb. **337** u. **338**).

Welche Schlüsse dürfen wir aus der sehr polymor-

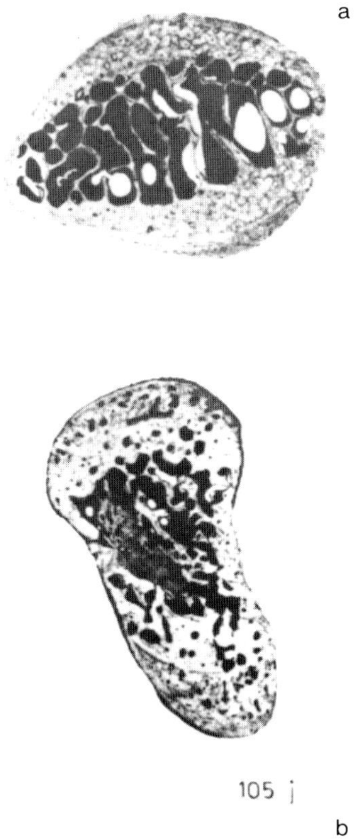

Abb. **333** a u. b a) Rippenquerschnitt vor der Implantation, b) Querschnittsänderung durch Knochenapposition unter Federspannung, 61 Tage post implantationem (s. Text) (aus: *F. Vigliani:* Acta med. belg. [1967])

Abb. **334** a u. b a) Rippenquerschnitt vor der Implantation, b) Querschnittsumbau der Rippe unter Federspannung nach 105 Tagen (aus: *F. Vigliani:* Acta med. belg. [1967])

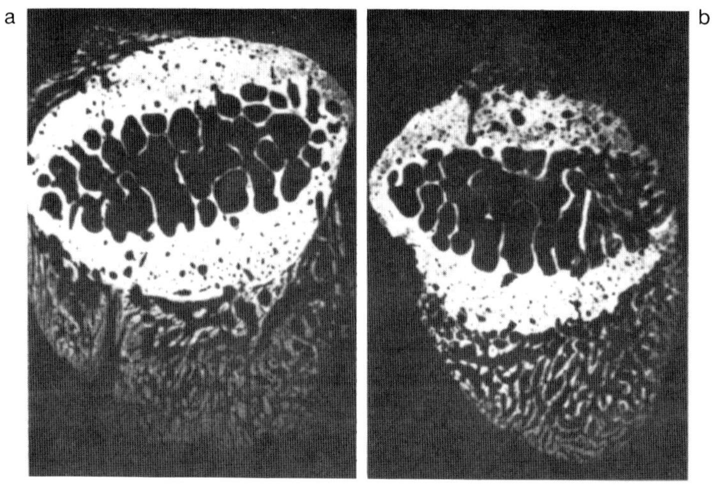

Abb. **335** a u. b Reduzierter Kalkgehalt im Bereich des neugebildeten primären Geflechtsknochens und der Haverschen Systeme (aus: *F. Vigliani:* Acta med. belg. [1967])

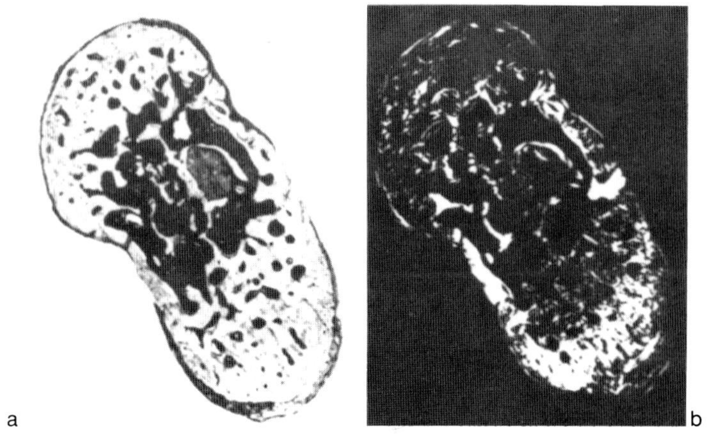

Abb. **336** a u. b Konzentrischer lamellärer Knochen entwickelt sich sehr spät unter starkem funktionellem Umbau des Implantates (aus: *F. Vigliani:* Acta med. belg. [1967])

a b

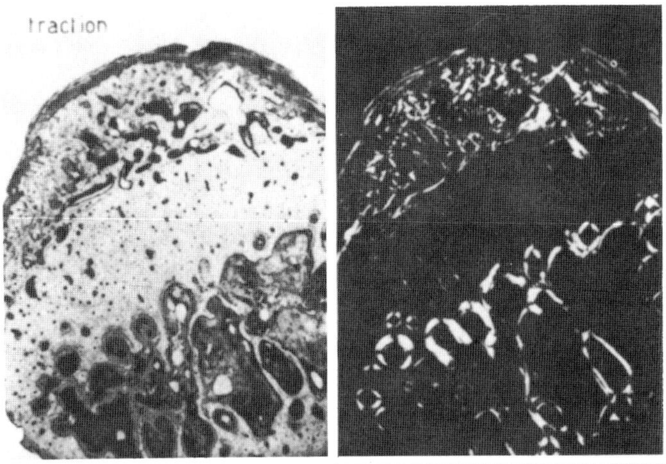

Abb. **337** a u. b Unter Zugspannungen Längsausrichtung der kollagenen Fibrillen an der konvexen Implantatseite (aus: *F. Vigliani:* Acta med. belg. [1967])

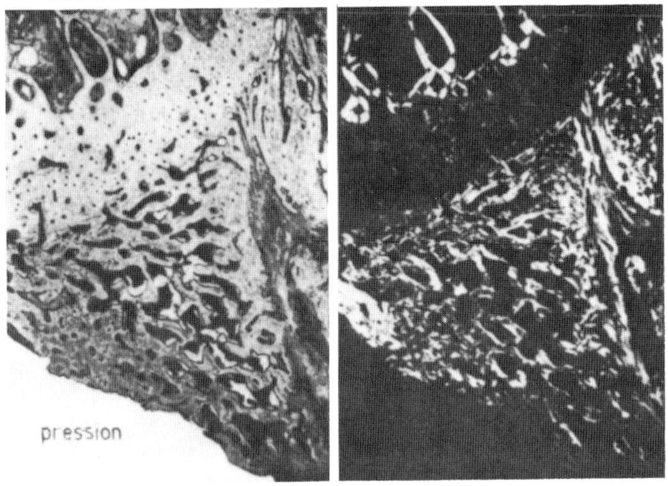

a b

Abb. **338** a u. b An der Konkavseite unter Druckspannungen zirkuläre Ausrichtung der kollagenen Fibrillen (aus: *F. Vigliani:* Acta med. belg. [1967])

phen Entwicklung zwischen Primär- und Sekundärknochen bei Transplantaten unter mechanischer Beanspruchung ziehen?

1. Es zeigt sich eindeutig, daß der Reiz einer mechanischen Beanspruchung (Spannungen), deren Dosierung wir allerdings noch nicht genau kennen, erforderlich ist, um als Motor die optimale Wachstums- und aktive Umbaurate des Knochens aufrechtzuerhalten. Hierbei konzentrieren sich die stärksten Wachstumskräfte konzentrisch in den Zonen der höchsten Spannungen aus der Biegung.
2. Biologisch soll die Größe der Beanspruchung (Spannungen) in einem zu der gegebenen Vaskularisation und Ernährung des Transplantates adäquate Gleichgewichtszustand stehen. Nachdem die Ernährung jedoch gerade in der frühen Einheilungsphase stark nachhinkt, scheint es logisch, daß jeder verpflanzte Knochen gegenüber höheren mechanischen Beanspruchungen eine außerordentliche Empfindlichkeit zeigt.
3. Es ergibt sich aus der Histologie, daß weitaus komplexere mechanische Einflüsse bei der Fibrillenbildung wirksam scheinen, als wir sie heute schon übersehen können, die bis zur Entwicklung funktioneller Wachstumsstrukturen vom Geflechtsknochen bis zum lamellären Knochen reichen.

Erst nach 3–4 Monaten ist das experimentelle Implantat der völlig unphysiologischen statischen Dauerbiegung, deren Spannungsgröße willkürlich gewählt wurde, nicht mehr gewachsen. Die Ernährung folgt nicht parallel, und es kommt zur resorptiven Verschmächtigung des Spanes mit Ermüdungsfraktur.

Die Knochenneubildung erfordert zwar eine weitgehende Ruhigstellung, jedoch scheinen verformende Mikrooszillationen bestimmter Größenordnungen auch bei Transplantaten erforderlich, um die funktionell ausgerichteten Knochenan- und -abbauvorgänge signifikant zu stimulieren. Dies bestätigen auch gezielte mikroradiographische Untersuchungen am entnommenen Transplantatknochen, die zu Pseudarthrosen geführt hatten. Sie zeigen das Wechselspiel zwischen Biologie und Mechanik besonders klar (Burwell 1966, Rhinelander 1974).

Die mesenchymale und vaskuläre schleichende Invasion ist nicht nur die Grundlage der peripheren regenerativen Osteogenese, sondern auch der osteogenen Substitution des Transplantates. Es zeigt sich an mehreren Beispielen eindeutig, daß die Mechanik nicht nur das Wachstum und die Osteogenese stimuliert und reguliert, sondern auch zu einem funktionellen Umbau des neugebildeten Knochens unentbehrlich ist. In der funktionellen Anpassungsphase des neugebildeten Knochens werden die osteogene Regeneration und ihre funktionelle Strukturausrichtung sowie die Reabsorption von Transplantaten in erster Linie durch mechanische Steuerung betrieben (Stringa 1967).

So zeigt sich beispielsweise an einem kompakten Implantat bei einem Radiusdefekt, daß die lastübertragenden Bereiche des Spanes an der äußeren und inneren Zirkumferenz des Radius eine Knochenapposition, Neubildungen von Osteonen, aufweisen. In den Markraumbereichen und in den spannungsarmen Zonen um die neutrale Biegungsebene sind keine osteogene Aktivität, sondern es sind ausschließlich Resorptionsvorgänge des Implantatknochens feststellbar. Klinisch müssen nach Meinung des Autors Implantate unbedingt in lastübertragende Zonen eingebaut werden (Abb. **339**). Wir können dies bei Durchführung unserer funktionellen Arthrodese der unteren LWS mittels dorsalen Pendelsäulenspanes aus der Tibia bestätigen, wie Versuche an Probeexzisionen 1–2 Jahre nach der Implantation eindeutig zeigen (Kellner [pers. Mitteilung]). Daraus resultiert klinisch, daß eine Spanimplantation übungs- und teilweise belastungsstabil sein soll, ohne die funktionelle Aktivität des Patienten durch weitgehende Ruhigstellungen wesentlich zu beeinträchtigen. Die Spanbeanspruchung soll in den Phasen der mesenchymal-vaskulären Invasion sehr gering sein und kann dann relativ rasch ansteigen. Implantationstechnisch müssen alle Möglichkeiten der übungsstabilen Osteosynthese mit ausgenützt werden. Hohe Spannungsspitzen müssen abgefangen werden, und das Transplantat soll möglichst unter axialer Druckbeanspruchung stehen.

Formal unterscheiden wir:

1. nichttragende, raumfüllende Knochentransplantate, Spongiosa, Spongiosa-Kompakta-Chips),
2. tragende und überbrückende Knochentransplantate (Kompakta, Tibia, Femur, Fibula, Kompakta-Spongiosa, Becken, Rippe, Sternum etc.).

Von speziellem Interesse für uns sind die tragenden Transplantate massiver Kortikalisspäne, vorwiegend aus der Tibia, oder auch die Transplantate ganzer Röhrenknochen, in erster Linie aus der Fibula und den Rippen sowie Kompakta-Spongiosa-Blöcke aus dem Querschnitt des Darmbeinkammes.

Zu 1.: Die vorwiegend raumfüllenden, nichttragenden Spongiosaplomben mit „bone chips“ sind auf Grund ihrer Festigkeitseigenschaften kaum in der Lage, direkte Beanspruchungen in der ersten Phase der mesenchymal-vaskulären Invasion aufzunehmen. Sie stehen in erster Linie in Knochenhöhlen unter dem Einfluß eines vorwiegend hydrostatischen onkotischen Druckes. Einseitig ausgerichtete überlagerte mechanische Beanspruchungen, die entweder primär vom Wirtsknochen oder von abstützenden Osteosynthesebehelfen der Umgebung aufgenommen werden, können erst mit den fortschreitenden knöchernen Einheilungsvorgängen, unter Bildung von Spongiosabrücken zum Wirtsknochen direkt auf das spongiöse Transplantat übertragen werden. Erst zu diesem Zeitpunkt werden die mechanischen Gesetze der Wachstumssteuerung in den Bereichen der transplantierten Spongiosa wirksam, und es werden die Osteogenese wie auch die Umbauvorgänge der funktionellen Anpassung der trabekulären Strukturen nach dem Wolffschen Gesetz stimuliert. Die Umbauvorgänge selbst laufen bis zur trajektoriellen Neuausrichtung der Strukturen auf Zug und Druck in Form eines biegungsfreien trajektoriellen Rahmenfachwerkes weiter (s. Kapitel Kummer).

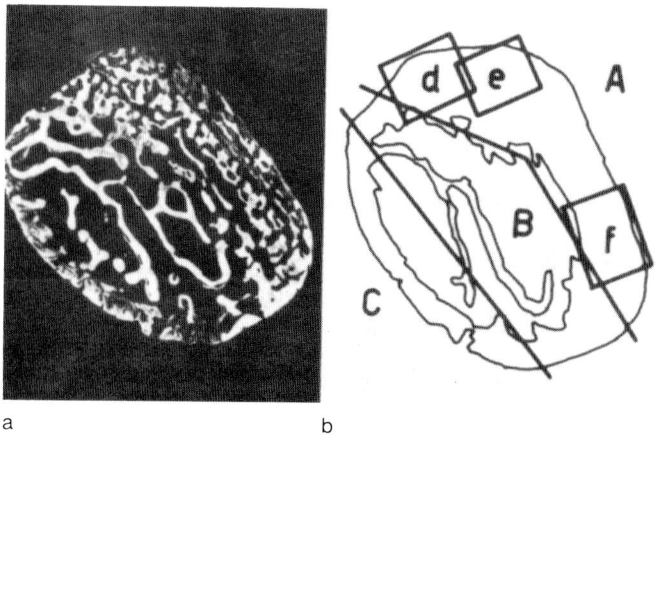

a b

Abb. **339** a u. b Kortikalisimplantat am Radius nach 22 Monaten. a) Röntgen, b) Schema: AB = Ausdehnungsbereich des Spanes, A = liegt in der Hauptspannungszone der Lastübertragung, intensiver Abbau, B = Markraum: progressive Resorption im spannungsarmen Markkanal, C = Knochenneubildung um die Zirkumferenz des Spanes, Halbkreis als neue Kortikalisschichte (aus: *G. Stringa:* Acta med. belg. [1967] 609)

Die mechanischen Gesetzmäßigkeiten und der präzise Ablauf der funktionellen Anpassungsvorgänge der Spongiosa sind von Pauwels erst 1975 in einer grundlegenden Arbeit analysiert und dargestellt worden.
Transformationen von Spongiosa zu Kortikalislamellen sind erst nach jahrelangen Umbauvorgängen erkennbar, wobei jedoch Kortikalisdefekte beim Jugendlichen vom Periost aus regenerieren.
Zu 2.: Der tragende und überbrückende Knochenspan steht unter einer gerichteten Wechselbelastung, deren Art und Größe von der anatomischen Lokalisation der Transplantationsstelle, der Art der Verankerung und den lokal wirksamen Kräftekomponenten weitgehend abhängig sind. Die Art und Größe der mechanischen Beanspruchung eines tragenden Transplantates sind nicht nur von der Wirkungsrichtung und dem jeweiligen Angriffspunkt der von außen einwirkenden Belastung (Verankerung), sondern auch von seiner äußeren Konfiguration und der Querschnittsform des verpflanzten Knochens abhängig. Bei gleichbleibender Größe der Last hat eine exzentrische Krafteinwirkung eine Biegebeanspruchung des Spanes zur Folge, welche immer die höchsten Spannungsspitzen aus Zug und Druck im Querschnitt verursacht. Diese hohen Spannungswerte können leicht den oberen Grenzwert der mechanischen Toleranz des einwachsenden Knochens überschreiten. Sie ist bei einem transplantierten, schlecht ernährten Span sicher sehr niedrig, so daß sekundäre Abbauzonen mit einem Bruch auftreten können, wie übereinstimmende klinische Erfahrungen beweisen.
Demgegenüber sind die Spannungen bei axialer, zentrischer Beanspruchung immer am niedrigsten. Die Größe der wirksamen Spannungen wird nicht allein durch die Größe der Last bestimmt. Abnorm hohe Spannungsspitzen aus der Biegung, die im Querschnitt des Transplantates ungleichmäßig verteilt sind, sind am gefährlichsten.
Der Knochenspan erfährt in erster Linie zwei Beanspruchungsarten:

1. axiale Druck- und Zugbeanspruchungen,
2. Schrägbeanspruchungen bei Torsionen, bei denen auch Schubspannungen und Scherkräfte auftreten.

Stellen wir nach Pauwels (1971) eine gerade und eine gebogene Säule gegenüber, die beide unter axialem Druck stehen. Die Größe der Spannun-

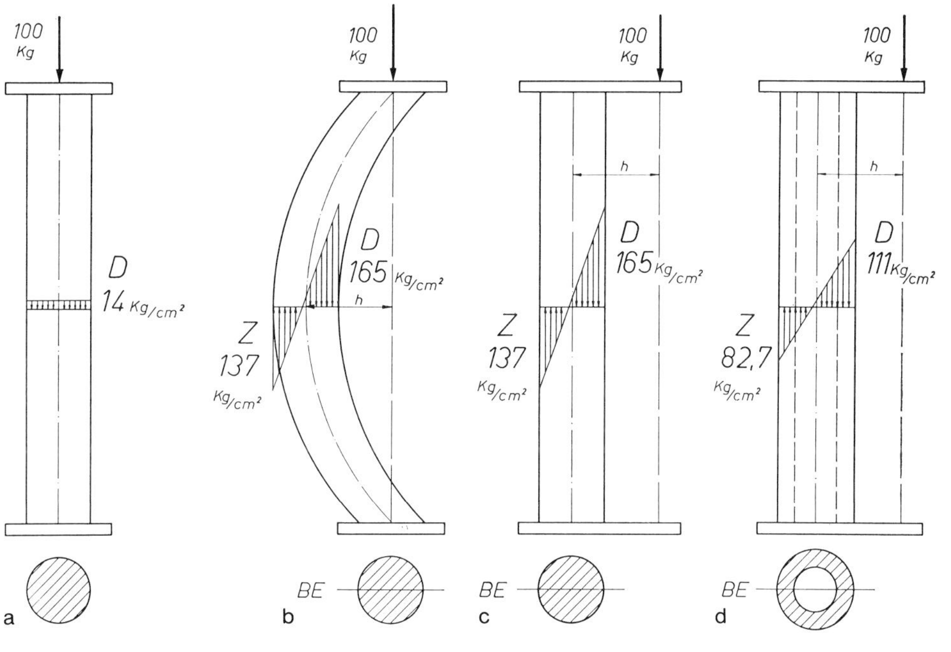

Abb. **340** a–d Die Größe der Spannungen bei zentrischer und exzentrischer Belastung einer geraden und gebogenen Säule und eines Rohres: BE = Hüftbiegungsebene, Z = Zugspannung, D = Druckspannung, h = Hebelarm der Last. a) Die zentrische axiale Druckbelastung einer geraden kompakten Säule hat die kleinsten, gleichmäßig im Querschnitt verteilten Spannungen zur Folge. b) Exzentrische Belastung einer Säule über einen Hebelarm h: Hohe Spannungsspitzen aus der freien Biegung, ungleiche Spannungsverteilung im Querschnitt. c) Gebogene Säule: Analog wie bei der exzentrisch belasteten geraden Säule, hohe Spannungsspitzen im Querschnitt aus der freien Biegung, die an der maximalen Konvexität am höchsten sind. d) Das Rohr erfährt unter exzentrischer Belastung bei gleichem Materialaufwand wie bei der massiven Säule infolge veränderter Materialanordnung des tragenden Materials eine weitaus geringere mechanische Beanspruchung als die massive Säule. Das peripher angeordnete Material wird zur mechanischen Widerstandsleistung weitaus besser ausgenützt; die Spannungsspitzen im Querschnitt sind bei massiver Säule um 1/3 größer als beim Rohr (aus: *F. Pauwels:* Acta orthop. belg. 37 [1971] S. 701)

gen in den Säulen wird durch Diagramme wiedergegeben. Die reinen Druckspannungen sind relativ klein und gleichmäßig über den Querschnitt verteilt. Ihre Größe beträgt 14 kg pro cm^2. Bei axialer Zugbeanspruchung würde die gleiche Zugspannungsgröße mit umgekehrten Vorzeichen auftreten.

Die gebogene Säule wird infolge ihrer Achsenkrümmung auf Biegung beansprucht. Dies hat an der Konkavseite eine Kompression des Materials, also eine Druckbeanspruchung, an der konvexen Seite hingegen eine reine Dehnung als Zugbeanspruchung zur Folge. Die höchsten Spannungsspitzen aus Zug und Druck sind an der Peripherie der Säule am größten und fallen gegen die Mitte des Querschnittes zur neutralen Biegungsebene oder Faser hin auf Null ab. Die größte im Querschnitt auftretende Spannungsspitze allein ist für die Bruchgefährdung ausschlaggebend. Sie beträgt bei der auf Biegung beanspruchten Säule *165 kp/cm²*; das ist also 12mal soviel wie die Spannungen von *15 kp* pro cm^2 bei einer auf reinen Druck beanspruchten Säule.

Stellt man der gebogenen Säule mit zentrischer Belastung eine gerade Säule gegenüber, die unter exzentrischer Belastung über den gleichen Hebelarm h steht, wie dies auf dem mittleren Querschnitt der gekrümmten Säule der Fall ist, dann sieht man, daß die gerade Säule in ihrer ganzen Länge gleichmäßig auf Biegung beansprucht wird

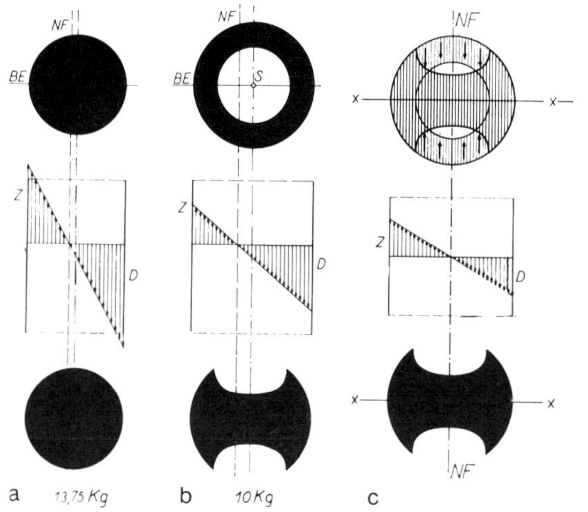

Abb. **341** a–c Gegenüberstellung der Kontraktionsfiguren des tragenden Materials unter Biegebeanspruchung bei einer massiven Säule und einem Rohr. Man erhält sie durch Kondensation des Materials um die Hauptbiegungsebene (BE). Entsprechend der funktionellen Leichtbauweise des Knochens ist die ökonomischste Materialanordnung der jeweiligen Größe der Spannungen im Knochenquerschnitt proportional angepaßt. Die rationellste Materialanordnung bei Biegung ist beim Rohr gegeben (s. Text). Diese theoretischen Erkenntnisse sind für die Beanspruchungsgröße des Spanes von entscheidender Bedeutung (aus: *F. Pauwels:* Acta orthop. belg. 37 [1971] S. 701)

wie der mittlere Querschnitt der gebogenen Säule. Unter diesen Voraussetzungen der exzentrischen Belastung sind auch bei der geraden Säule mit der gleichen Belastung Spannungsspitzen von 160 kp/cm^2 vorhanden (Abb. **340**).

Die Spannungsverteilungen in der ganzen Länge der Säule lassen sich sehr anschaulich durch Biegemomentenflächen darstellen (Abb. **50**). Die horizontale Strichelung zeigt maßstäblich die Größe der Spannungen im jeweiligen Säulenquerschnitt.

Im Gegensatz zum gebogenen Span, der auch bei Längsbeanspruchung hohe Spannungsspitzen aus der Biegung aufweist, sind die Spannungen beim Span mit gerader Achse am niedrigsten und gleichmäßig im Querschnitt verteilt.

Betrachten wir nun als Analogon zum Röhrenknochen ein Rohr, das mit der gleichen Materialmenge gebaut ist wie eine gegenübergestellte massive Säule. Bei einem Rohr ist das Material in der Peripherie konzentriert, wo die höchsten Spannungen auftreten. Das entspricht den funktionellen Bauprinzipien des Knochens, der in analoger Weise bei großer Materialersparnis besser zur Widerstandsleistung ausgenützt wird als das Material einer massiven Säule, dessen Spannungen gerade im mittleren Drittel ihres Querschnittes nur sehr klein sind.

Diese Art der Bauweise erhöht die Tragfähigkeit einer hohlen Säule bei gleicher Materialmenge um etwa 30% gegenüber der massiven Säule, weil durch den größer werdenden Querschnitt infolge der gezielten Materialverteilung die höchsten Spannungen von 165 kp/cm^2 auf 111 kp/cm^2 reduziert werden.

Die Kontraktion der Säulenquerschnitte erhält man durch Zusammenschieben des Materials der Wandung in Richtung auf die jeweilige Hauptbiegungsebene (Abb. **55**). Damit bekommt man eine Vorstellung von der Materialverteilung im Vergleich zur Größenverteilung der Spannungen im Querschnitt. Sie zeigen übereinstimmend, daß beim Rohr, im Gegensatz zum massiven Säulenquerschnitt, das Prinzip der optimalen Ausnützung des Materials zur Widerstandsleistung gegeben ist (Abb. **341**).

Sollen die Art und die Größe der Beanspruchung eines Spanes, die er bei einer Schienung oder Überbrückung eines Defektes erfährt, richtig erfaßt werden, so müssen wir wissen, daß er wie der lange Röhrenknochen, entsprechend der auf ihn einwirkenden resultierenden Druckkraft, auf Druck und überlagerte Biegung beansprucht wird. Hierbei wird die Größe der Biegebeanspruchung, die sich durch das exzentrisch gelagerte Körpergewicht ergeben würde, durch die Zuggurtungswirkung der Muskulatur herabgesetzt.

In den folgenden Ableitungen wird der Röhrenknochen durch das Schema einer hohlen Säule veranschaulicht, die in analoger Weise mit einer gleichbleibenden Lastgröße auf Biegung beansprucht wird. Zum einheitlichen Vergleich hat auch der schematisch dargestellte Span immer die gleiche Querschnittsfläche (Abb. **342**) (PAUWELS 1971).

Die Größe der Beanspruchung des Transplantates wird entscheidend durch seine unterschiedliche Lage am Röhrenknochen selbst beeinflußt. Wird der Span bei einem Röhrenknochen, der in seiner Kontinuität durch eine Bruchlinie oder Osteotomiefläche unterbrochen ist, die vollen Kontakt hat, an der Zugspannungsseite aus der Biegung an den Knochen angelagert, so liegt die mechanische Beanspruchungsgröße bei 10 kp/cm² (Abb. **342**a). Bei dieser Lage des Spanes an der Zugspannungsseite der Hauptbiegungsebene hat er reinen Zug aufzunehmen, weil die Druckspannungen aus der Biegung durch den eng kontaktierenden Knochen selbst aufgenommen werden.

Hingegen hat die Anlagerung des Spanes an die gegenüberliegende Druckseite aus der Biegung die sprunghafte Steigerung seiner Beanspruchung auf 208 kg/cm², also um mehr als das Zwanzigfache, zur Folge. Dieser enorme Unterschied ergibt sich aus der Tatsache, daß der Span bei der gegebenen Lage auf freie Biegung beansprucht wird, so daß er allein den ganzen Zug- und Druckspannungen aus der Biegung Widerstand leisten muß (Abb. **342**b).

PAUWELS hat sich auch eingehend mit den Beanspruchungsprinzipien des Spanes bei der Überbrückung von Knochendefekten befaßt.

Beträgt die Beanspruchungsgröße eines Spanes an der Zugseite bei festem Auflagekontakt der Fragmente zueinander nur 10 kp/cm², so muß er bei der gleichen Lokalisation am Knochen bei einer Defektüberbrückung und Diastase der Bruchenden die enorm große Beanspruchung von 645 kp/cm² aufnehmen. Durch das Fehlen des Kontaktes der Bruchenden wird der Span an der Zugspannungsseite über einen langen Hebelarm (h) auf freie Biegung beansprucht (Abb. **342**c). Legt man zur Überbrückung eines Knochendefektes den Span an die gegenüberliegende Seite, also an die Druckseite aus der Biegung, muß er auch in dieser Lage die ganze Biegung aufnehmen, wenn auch der Hebelarm (h), unter dem die Belastung auf ihn einwirkt, kürzer wird. Sie beträgt noch die beträchtliche Höhe von 208 kp/cm² (Abb. **342**d).

Welche praktischen Folgerungen können wir aus dem bisher Gesagten ziehen?

1. Ein tragendes Transplantat soll achsengerade und nicht gebogen sein. Es soll zentrisch belastet werden.
2. Wir sollten die Beanspruchungsverhältnisse und vor allem die Lage der Hauptbiegungsebe-

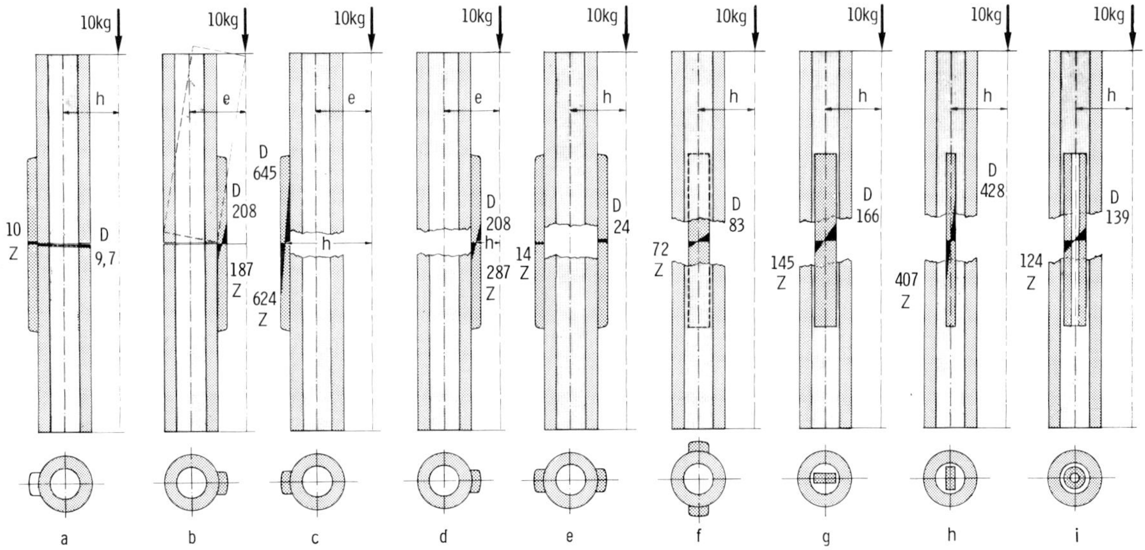

Abb. **342**a–i Art und Größe der Beanspruchung eines frei transplantierten Spanes bei den verschiedensten Formen der Überbrückung von Querschnittsunterbrechungen am klassischen Beispiel des Rohres (nach *Pauwels*) in vertikaler und transversaler Projektion. Die Belastung erfolgt exzentrisch in gleicher Größenordnung. Der Querschnitt des Spanes ist immer gleich groß. Die Trennungsflächen der Rohrfragmente stehen unter vollem Kontakt senkrecht zur Kraftrichtung aufeinander. a) Anlagerung des Spanes an der Zugspannungsseite (Z), b) an der Druckspannungsseite aus der Biegung (D). Beanspruchung bei Defektüberbrückung mit einem peripher angelagerten Knochenspan (s. Text), c) an der Zug- und d) der Druckspannungsseite aus der Biegung (s. Text); e u. f) Defektüberbrückung durch zwei Knochenspäne, die gegenüberliegend in der Hauptbiegungsebene (e) und (f) senkrecht zur Hauptbiegungsebene angelagert wurden; g u. h) Markraumbolzung mit Tibiaspan, rechteckiger Querschnitt (g), längster Querdurchmesser parallel zur Hauptbiegungsebene (h), senkrecht zur Hauptbiegungsebene (s. Text); i) Überbrückung des Diaphysendefektes durch Markraumbolzung mit einem Röhrenknochen (Fibula) (s. Text)

ne des Röhrenknochens, der durch einen Span überbrückt werden soll, genau kennen.

3. Das Transplantat muß bei vollem Kontakt der Fragmente immer an der Zugseite aus der Biegung angebracht werden.
4. Die Beanspruchung von Einzelspänen bei der Überbrückung von Diastasen ist immer sehr hoch, wobei sie an der Druckseite des Knochens, abhängig von der jeweiligen Länge des Lastarmes, niedrigere Biegespannungen aufnehmen als an der Zugseite.

Wird ein einzelner Span in die Markhöhle eingebolzt, dann soll sein größter Durchmesser in der Hauptbiegungsebene liegen, wodurch die optimale Materialverteilung zur Widerstandsleistung gegen Biegebeanspruchungen gewährleistet wird. Wird hingegen sein größter Durchmesser rechtwinklig zur Biegungsebene eingestellt, dann kann seine mechanische Beanspruchung um weit mehr als das Doppelte, abhängig von der Differenz des Längs- zum Querdurchmesser, steigen (Abb. **342** g u. h).

Bei bestehender Diastase der Bruchenden eines Knochens kann die Beanspruchung eines überbrückenden Spanes durch zweierlei Art niedriggehalten werden:

1. Man verwendet zwei Späne, die in der Biegungsebene an der Zug- und Druckseite an den Knochen angelagert werden.
2. Ein Einzelspan, der an der Druckseite aus der Biegung angelegt wird, kann durch eine gegenüberliegende Osteosyntheseplatte an der Seite der Zugspannungen oder umgekehrt abgestützt und wesentlich entlastet werden. Es ist immer zu bedenken, daß die Größe der Zugspannungen aus der Biegung kleiner ist wie die Druckspannungen aus der Biegung.

Bei Verwendung zweier Knochenspäne die parallel in der Hauptbiegungsebene angelegt werden, wird die mechanische Beanspruchung jedes einzelnen Spanes ganz erheblich verkleinert. Sie beträgt für den Span an der Druckseite 24 kp/cm^2 und an der Zugseite nur 14 kp/cm^2. Diese geringe Beanspruchung ist darauf zurückzuführen, daß der rechte Span nur auf Druck aus der Biegung und der gegenüberliegende nur durch Zugspannungen aus der Biegung beansprucht wird (Abb. **342** e).

Bei Anlagerung zweier Knochenspäne rechtwinklig zur Hauptbiegungsebene steigt ihre Beanspruchung auf das Vierfache und beträgt 83 kp/cm^2, weil die Biegebeanspruchung sehr hoch ist (Abb. **342** f).

Zusammenfassend ergibt sich, daß bei jeder tragenden Implantation die Lage und Richtung der Hauptbiegungsebene des zu überbrückenden Skelettbereiches bekannt sein sollen. Man wird unter allen Umständen bestrebt sein, tragende Späne so zu implantieren, daß sie die kleinstmögliche mechanische Beanspruchung aufnehmen müssen, die weit unter ihrer Festigkeitsgrenze liegen soll.

Beim zweiten kombinierten Abstützungsprinzip mit einem Knochenspan an der Zugseite und einer gegenüberliegenden Neutralisationsplatte an der Druckseite oder umgekehrt werden Spannungen aus der Biegung ebenfalls von beiden Stützen aufgenommen. Voraussetzung ist, daß beide Stützen in der Hauptbiegungsebene liegen. Nur dann können sie zur Widerstandsleistung völlig ausgenützt werden. Nachdem die Komponenten der Druckspannungen aus der Biegung immer größer sind als diejenigen der Zugspannungen, wird man die entsprechend konstruierte, voll tragfähige Metallstütze in der Regel an der Druckseite anbringen (Abb. **343**).

Die rationelle Anwendung von stabilisierenden Verplattungen und Verschraubungen sowie zentralen Nagelungen ist ein Spezialgebiet der modernen Frakturenbehandlung, welches in den entsprechenden Kapiteln des Handbuches von zuständiger Seite in allen Einzelheiten abgehandelt werden wird.

Im Rahmen dieses Themas interessieren uns die mechanischen Prinzipien dieser Methoden lediglich in Verbindung mit der Einpflanzung von tragenden Kompaktaspänen und überbrückender Spongiosa, die kurz zusammengefaßt werden sollen.

Tischlermäßig eingefalzte, mit dem Auflager starr verbundene tragende Knochenspäne sind besonders abbaugefährdet. Alle Wechselbeanspruchungen durch wirksame kinetische Kräfte bei der Bewegung werden vorzüglich als Biegespannungen auf das Transplantat übertragen, wobei immer die höchsten im Querschnitt ungleich verteilten unphysiologischen Spannungsspitzen auftreten. Diese sind häufig die Ursache von Fehleinheilungen, Abbauzonen und Streßfrakturen des Spanes. Die möglichst komplikationslose Einheilung erfordert besonders hier eine stabile Abstützung durch starre Außenverbände, mit oder ohne totale Ruhigstellung durch Bettruhe.

Heute ist die stabilisierende Platten- resp. Nagelosteosynthese in den Vordergrund getreten, deren Aufgabe es ist, die schädlichen Spannungsspitzen aus der Biegung direkt aufzunehmen. Damit läßt sich in der Regel die Übungsaktivität teilweise oder vollständig während der Einheilungsphase aufrechterhalten, ohne das Endergebnis zu gefährden.

Überbrückungen von großen Defekten der Röhrenknochen durch nicht tragende Spongiosastraßen mit und ohne zusätzlicher Kompakta oder Kompakta-Spongiosa-Spanabstützungen erfordern eine vollständige Stabilisierung und Entlastung durch komprimierende oder auch distrahierende interne und externe Osteosynthesebehelfe (Fixateur externe).

Die Schweizerische AO propagiert zur Überbrükkung von Defektpseudarthrosen der langen Röhrenknochen breite Straßen von Spongiosachips, womit eine biologisch intensive Osteogenese erzielt wird. Zur Entlastung und Ruhigstellung unter Aufrechterhaltung einer Übungstherapie der überbrückenden Muskulatur wird die stabile Distraktion durch die altbekannte und z. T. neue Instrumentationsform des „Fixateur externe" erreicht. Bei schweren posttraumatischen Defekten und Infektionen sind manchmal zusätzliche Weichteilplastiken und antibiotische Lokalbehandlungen notwendig. Sie erfordern oft eine totale Ruhigstellung durch Bettruhe über längere Zeiträume.

Die zielgerichtete und richtige Anwendung der zusätzlich stabilisierenden Osteosyntheseprinzipien bei verschiedenen Formen der Span- und Spongiosaverpflanzung erfordert (Abb. **344**):

1. die exakte Kenntnis der funktionellen Anatomie und Biomechanik des Bewegungsapparates;
2. die genaue präoperative Analyse der Beanspruchungsmechanismen und der daraus resultierenden Spannungen, die im Bereich zu überbrückender Defekte wirksam sind;
3. die exakte präoperative Planung durch entsprechende Zeichnungen;
4. biotechnisch einwandfrei konstruierte und biologisch gut verträgliche externe und interne Stabilisierungsbehelfe, welche alle Spannungsgrößen aufnehmen, die für die Einheilung der Knochenimplantate nachteilig sind, ohne daß die Übungsaktivität des Patienten und der kranken Glieder zu stark eingeschränkt wird;
5. eine manuell ausgereifte und metrisch präzise Transplantationstechnik, die allen biologischen und mechanischen Gesichtspunkten, welche die Einheilung erfordert, Rechnung tragen.

Zur Überbrückung großer Knochendefekte an Röhrenknochen ist es günstig, die Fibula als Rohr zu verwenden, weil die Querschnittsform bei jeder Lage der Biegungsebene die gleiche Festigkeit aufweist und die periphere Materialverteilung im Querschnitt mechanisch besser genützt wird. Vergleicht man festigkeitsmäßig die Spannungsgrößen der in den Markraum eingepflanzten Fibula mit denjenigen eines kompakten Spanes in gleicher Lage, der mit seinem größten Durchmesser in der Biegungsebene liegt, so beträgt die Beanspruchung der Fibula nur 139 kp/cm^2 gegenüber 166 kp/cm^2 des kompakten Tibiaspanes bei gleich großem Durchmesser (Abb. **342** g u. i).

Die Implantation von kompaktem Knochenmaterial in den zentralen Markkanal durch Einbolzung entspricht nicht der physiologischen Materialanordnung bei der funktionellen Konstruktion des Röhrenknochens. Bei letzteren ist die Kompakta an der Peripherie angeordnet, wo die höchsten Spannungsspitzen aufgenommen werden müssen. Kompaktaknochen im Markkanal um die neutrale Biegungsebene des Röhrenknochens, wo die Spannung bis auf 0 sinkt, wird nicht optimal zur

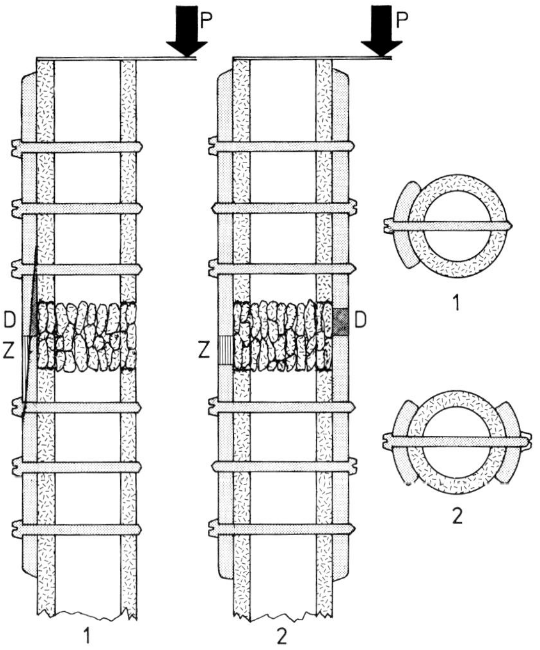

Abb. **343** (1) Defektüberbrückung durch kombiniertes Abstützungsprinzip. Knochenspan an der Seite der Druck- oder Zugspannungen (z) und einer gegenüberliegenden Neutralisationsplatte an den Zug- und Druckspannungen aus der Biegung (s. Text)

Abb. **344** (2) Überbrückungsschema von Defektpseudarthrosen langer Röhrenknochen mit Platte und Gegenplatte (Neutralisationsplatte), die in der Hauptbiegungsebene gegenüberliegen. Auffüllen der Diastase mit Spongiosastraße. Die stabile Osteosynthese garantiert das stabile, spannungsarme Milieu zur Einheilung der Spongiosa

Widerstandsleistung ausgenützt. Die Einheilung wird durch weitgehende Umbauvorgänge mit Reabsorption des Implantates und Umgruppierung von Knochengewebe an die Peripherie des tragenden Rohres kompliziert. Deshalb werden an der Peripherie eingepflanzte Späne in den Hauptspannungszonen leichter mit wenig Umbauvorgängen zur optimalen Widerstandsleistung in die höchsten Spannungsbereiche eingegliedert (Abb. **342** g u. h).

Nach den Mikroradiographien von Stringa (1967) werden durch Anhäufungen von Knochenmaterial im zentralen freien Markkanal funktionelle Einheilungs- und Umbauvorgänge wesentlich kompliziert. Er weist nach, daß alles Knochenmaterial der spannungsarmen Markraumzone reabsorbiert wird und erst an der Peripherie wieder angebaut werden muß (vgl. Abb. **339**).

Welche praktischen Folgerungen ergeben sich aus den vorwiegend nach statischen Denkmodellen abgeleiteten geometrischen Analysen der mechanischen Spannungen, denen ein Implantat durch verschiedene Belastungsformen ausgesetzt ist?

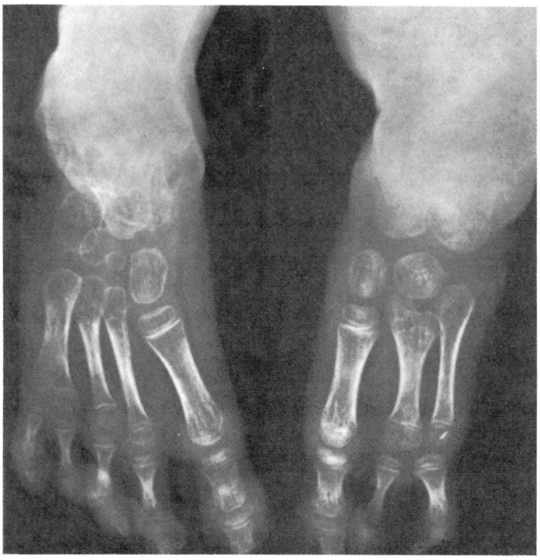

a

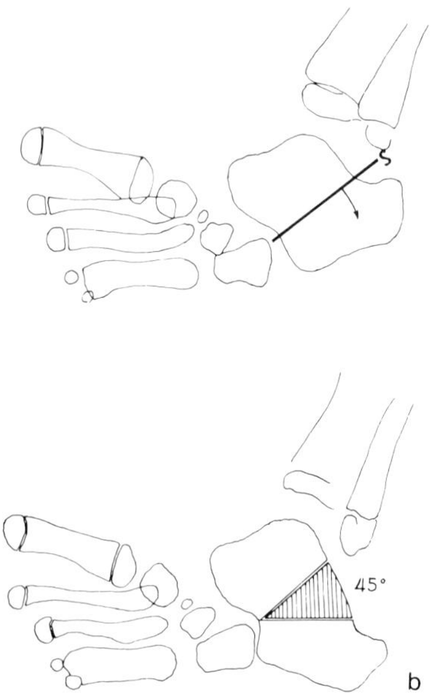

b

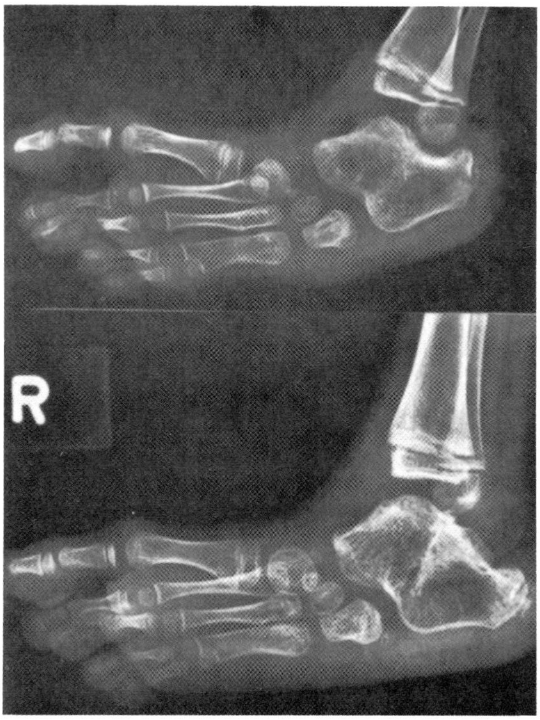

c

Abb. **345** a–c a) Präoperative Röntgenbilder; angeborener Fibuladefekt. Strahlendefekt IV, V des Metatarsale, multiple Fußwurzelsynostosen. b) Operationszeichnung (s. Text) Knochenkeilinterposition, teilweise Wiederherstellung des Talokalkanealwinkels. c) Endresultat im Röntgenbild, teilweise Wiederherstellung des Längsgewölbes.

Grundsätzlich soll ein tragender Span unter Berücksichtigung der lokalen Beanspruchungsverhältnisse so gelagert werden, daß er nicht auf Biegung, sondern rein axial auf Druck oder ausschließlich auf Zug beansprucht wird. Dies wird man durch Anlagerung von Einzeltransplantaten in die Bereiche der größten Zugspannungen aus der Biegung erreichen.

Bei Diastasen wird man zwei Transplantate parallel zur Hauptbiegungsebene in den Zonen höchsten Druckes und Zuges aus der Biegung an der Zirkumferenz anlagern. Bei zentraler Implantation ist ein Rohr, z. B. die Fibula oder Rippe, dem massiven Kompaktaspan vorzuziehen (vgl. **342** e, f u. i).

Die folgenden Abbildungen zeigen einige klinische Beispiele von Kompakta-Spongiosa-Implantationen aus dem Beckenkamm, wobei die Späne möglichst unter axialer Druckbeanspruchung gehalten werden.

Defektmißbildung mit multiplen Fußwurzelsynostosen und Löschwiegen-Plattfuß bei angeborenem Fibuladefekt: Durch Knochenkeilinterposition nach Trennung des synostosierten Talus vom Kalkaneus in den Osteotomiespalt wird ein Längsgewölbe des Fußes gebildet und der flache Kalkaneuswinkel wiederhergestellt. Die infolge der Keilform des Implantates und der vertikalen Querbelastung der hinteren Fußwurzel auftretenden Schubspannungen werden durch Transfixation der Implantate mittels Kirschner-Draht in den ersten postoperativen 4 Wochen abgefangen (Abb. **345** a–c).

Die ventrale Verblockungsspondylodese an der HWS und der LWS ist fast immer erfolgreich, wenn man die grundlegenden biomechanischen Regeln der Spanbeanspruchung berücksichtigt.

Cloward verwendet zur Verblockung der Intervertebralräume der HWS zwischen C III und C VII genauestens eingepaßte runde Kortikalis-Spongiosa-Knochenzylinder aus dem ganzen Querschnitt des Beckenkammes, welche der gegebenen Belastung Widerstand lei-

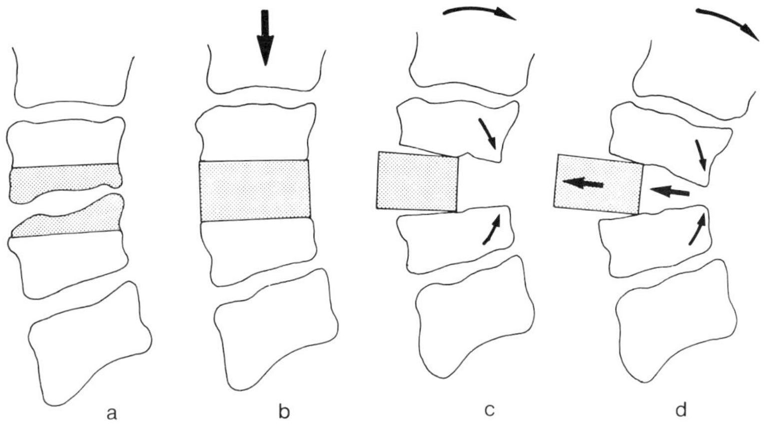

Abb. **346** a–d Schemata zur Biomechanik der ventralen Verblockung der HWS (nach *Cloward*). a u. b) Das Bohrloch muß horizontal und senkrecht zum Schwerelot angelegt werden. Der implantierte Knochenzylinder muß bis zur dorsalen Wand des Wirbels reichen. c u. d) Reicht das zylindrische Implantat nicht bis zur dorsalen Wand der überbrückten Wirbelkörper, besteht bei Retroflexion der HWS infolge Keilwirkung Tendenz zum ventralen Abdrängen des Knochenzylinders. Bei Verblockung zweier Wirbelsegmente darf der Zwischenwirbel nicht zu stark geschwächt werden, da er sonst beim Einschieben des Knochenzylinders bersten kann

sten sollen. Sie stehen vorwiegend unter Druckspannungen, ohne daß wesentliche Kippwirkungen und Biegemomente bei Normalbewegungen wirksam werden (Abb. **346**).
Ein Präzisionsinstrumentarium gewährleistet die präzise Übereinstimmung des Spankanales mit dem Durchmesser des Knochenzylinders, der um 2 mm größer sein muß. Er wird unter leichter Extension der HWS eingepflanzt, so daß er nach Auslassen des Zuges unter vorwiegend axialem Druck eingeklemmt bleibt.

Werden bestimmte biomechanische Regeln der Implantationstechnik außer acht gelassen, so wird man mit einer höheren Rate an Mißerfolgen und Pseudarthrosen rechnen müssen:

1. Das Implantat muß horizontal zur resultierenden, vertikal wirkenden Belastung stehen (Abb. **346** a).
2. Der Knochenblock muß unter Extension der HWS implantiert und eingeklemmt werden und sagittal bis an die dorsale Begrenzung des Wirbelkörpers reichen (Abb. **346** b).

Ist dies nicht der Fall, kann er durch Keilwirkung, insbesondere bei Dorsalflexion des Kopfes nach ventral, herausgedrängt werden. Das Implantat steht bei Lordosierung unter gleichmäßig im Querschnitt der Wirbelkörper verteilten Druckspannungen, die sich an der hinteren Kortikalislamelle des Knochenzylinders konzentrieren. Durch einen zu hohen Druck kann die weitmaschige Spongiosa in der Mitte des Wirbelkörpers eingedrückt werden und Lockerungen mit Pseudarthrosen begünstigen (Abb. **346** c u. d u. **347**).
Auch bei der gleichzeitigen Verblockung zweier benachbarter Wirbelsegmente können ungünstige mechanische Bedingungen der Spanbelastung auftreten, welche ihr Einheilen gefährden. Der Querschnitt benachbarter Wirbelkörper wird durch Anlegen der Bohrkanäle von zwei Seiten her stark geschwächt. Er kann beim Einsetzen der Späne auseinanderreißen, wodurch die Stabilität der Spondylodese wesentlich herabgesetzt wird und die axiale Stabilität absinkt.
Bei der ventralen Verblockung lumbaler Segmente ist man von der weitaus weniger stabilen Zylinderform der Transplantate abgekommen. Wir bevorzugen heute kubische Knochenblöcke, um vermehrte Pseudarthroseraten zu vermeiden (Abb. **348**).
Die kubischen Blöcke werden aus dem ganzen Durchmesser des breiten Darmbeinkammes entnommen, da ihre Tragfähigkeit weitaus besser ist. Die zwischenliegende Spongiosa wird von einer U-förmigen Kompaktaschale umgeben. Die Keilform des Implantates verbreitern wir an der Schmalseite durch Interposition eines Kompakta-Spongiosa-Keiles nach vorsichtigem Auseinanderbiegen des längs eingesägten Spongiosaraumes zwischen den Kompaktalamellen (Abb. **348** b) (Endler 1974 c).
Die Materialverteilung der Spongiosa im Wirbelkörper entspricht den unterschiedlichen Spannungsgrößen (Kummer 1965 a, Schlüter 1965), die im Zentrum des WK am niedrigsten sind. Dementsprechend ist die subkortikale Spongiosa in den Randzonen am dichtesten und im Zentrum weitgehend aufgelockert.
Wird das Spanbett zu tief in die engen gegenüberliegenden Kontaktflächen der Wirbelkörper eingemeißelt, dann kommt man in die sehr schütteren Trabekularbereiche der Wirbelkörpermitte. Dadurch sitzt das Implantat nur locker und erfährt keine axiale Kompression durch das Körpergewicht. Wenn der Span zu kurz ist, und das dorsale Drittel des Wirbelkörpers nicht erreicht,

a b

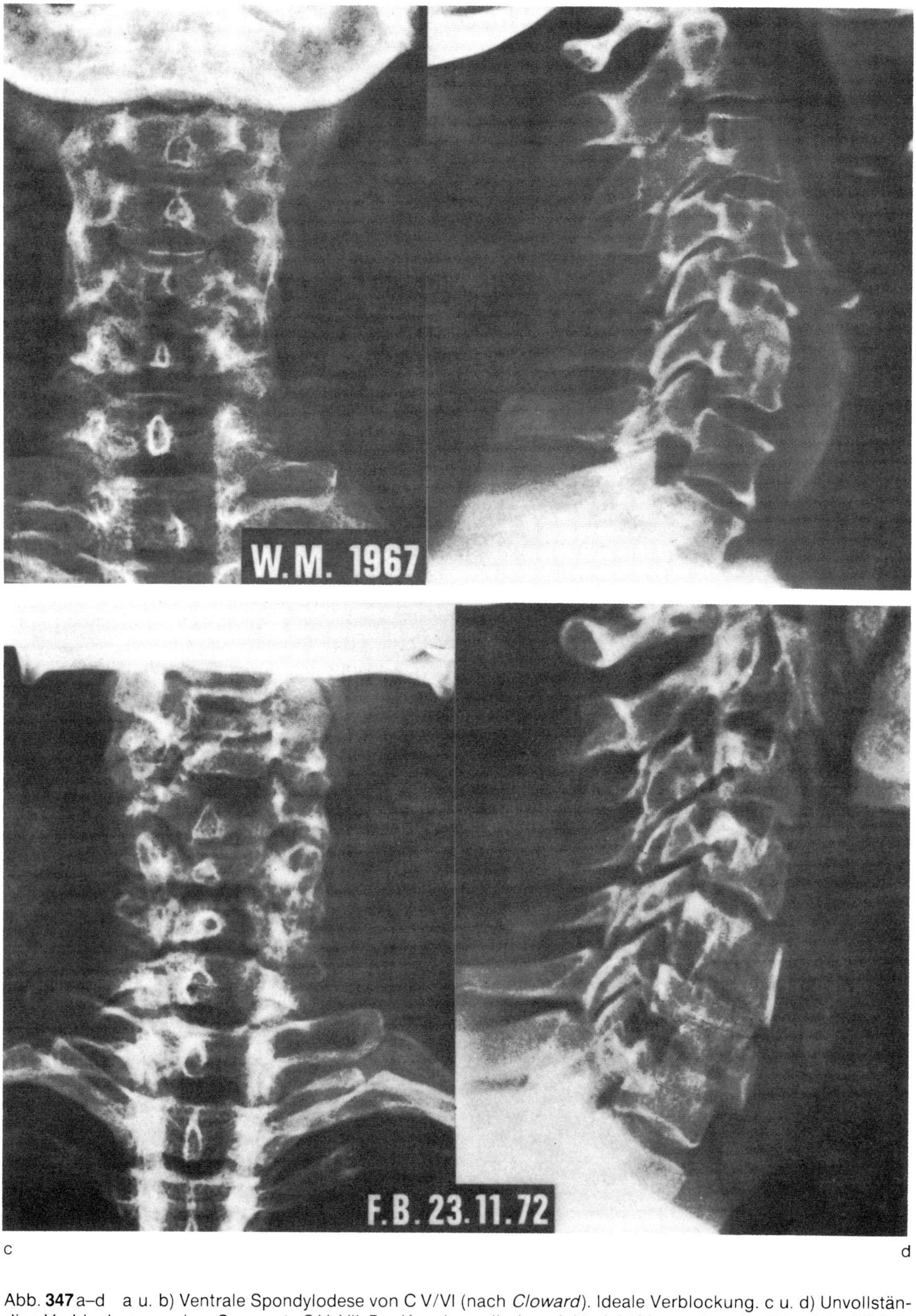

c d

Abb. **347** a–d a u. b) Ventrale Spondylodese von C V/VI (nach *Cloward*). Ideale Verblockung. c u. d) Unvollständige Verblockung zweiger Segmente C V–VII. Der Knochenzylinder reicht nicht bis zur dorsalen Wand des Wirbelkörpers und ist um ca. 4–5 mm nach ventral prominent

nimmt die Instabilität noch zu, so daß die Einheilung und die stabile knöcherne Überbrückung gefährdet sind (Abb. **348**e).

Bei anlagemäßigen Hyperlordosen mit fast horizontaler Querstellung des Kreuzbeines liegt der Intervertebralspalt L V / S I und L IV/V in einer schiefen Ebene zum Schwerelot der Körperlast nach ventral geneigt. Implantiert man parallel zum Intervertebralspalt, so treten vermehrte Schubspannungen auf, wodurch der Span herausgedrückt werden kann. Um diese auszuschalten, muß die sagittale Richtung des Spanbettes möglichst horizontal und senkrecht zum Schwerelot angelegt werden (Abb. **348**c u. d).

Bei Aufrichtungsoperationen von Gibbusbildungen im Bereich der Brustwirbelsäule und des thorakolumbalen Überganges muß man stets berücksichtigen, daß die Körperlast exzentrisch wirkt. Bei relativer Insuffizienz der knöchernen Stützelemente oder der Zuggurtung der dorsalen Erektormuskulatur nimmt die Drucküberlastung aus der Biegung in den vorderen Wirbelkörperbereichen der BWS asymmetrisch zu. Daraus resultierend, müssen auch abstützende Implantate an den ventralen Wirbelkörperhälften unter axialer Druckspannung verankert werden. Diese Belastungsbedingungen erübrigen spezielle Fixationen und Verklammerungen der Späne. Sie sind auch kaum durch zusätzliche Schub- oder Torsionsspannungen bruchgefährdet. Um eine zu hohe Druckbeanspruchung zu vermeiden und extreme Wirbelsäulenbewegungen auszuschalten, wird man die freien Transplantate durch ein zusätzliches aufrichtendes Gipsmieder über die ersten Phasen der Einheilung von 8–12 Wochen etwas entlasten (Abb. **349**a–d).

Kompakte Knochenspäne, die bei Kurvaturen und Deformitäten langer Röhrenknochen als axiale Überbrückung vorhandener Bögen eingelagert werden, bei denen die Gefahr einer Pseudarthrose oder Abbauzone besteht, werden vorwiegend axiale Druckspannungen aufnehmen. Sie zeigen eine sehr gute Einheilungstendenz und entlasten die unter zu hoher Biegung stehenden Knochenachsen weitgehend. Man muß darauf achten, daß bei normaler Bewegung keine abnorm großen kinetischen Kräfte, besonders bei Wechselbelastungen, wirksam werden, wobei vor allem Schub- und Scherbeanspruchungen sowie Torsionsspannungen nicht auf den Span einwirken sollen (Abb. **350**) (Pauwels 1965e).

Dieses Vorgehen hat sich besonders bei kongeni-

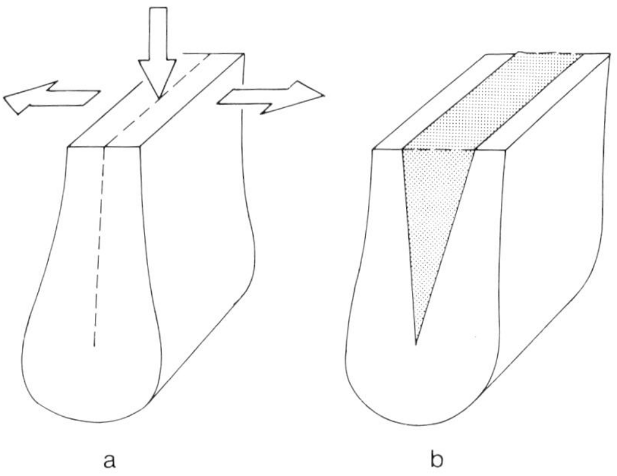

Abb. **348**a–f a) Ventrale, lumbale Spondylodese L IV/V mit Monoblock aus dem Darmbeinkamm. b) Die Schmalseite des Blockes wird durch Einschneiden und Aufdehnen der Kortikalislamellen mit Interposition eines Spongiosakeiles verbreitert, so daß ein quaderförmiges Implantat entsteht. c u. d) Schematische Darstellung. Der Block soll horizontal zum Lot eingepflanzt werden, um ein Abdrängen nach ventral auf einer schiefen Ebene zu vermeiden. Er muß bis an die dorsale Wirbelbegrenzung reichen und soll nicht in die schüttere, grobmaschige Spongiosa der Wirbelkörpermitte hineinreichen (keine Kompression). e u. f) Unvollständige Verblockung. Das Implantat reicht nur bis zur Mitte der zu verblockenden Wirbelkörper. Es kann bei Retroflexion herausgedrückt werden (aus: *F. Endler, K. Fochem:* Special Orthopaedic Roentgen Diagnosis. Thieme, Stuttgart [in Druck])

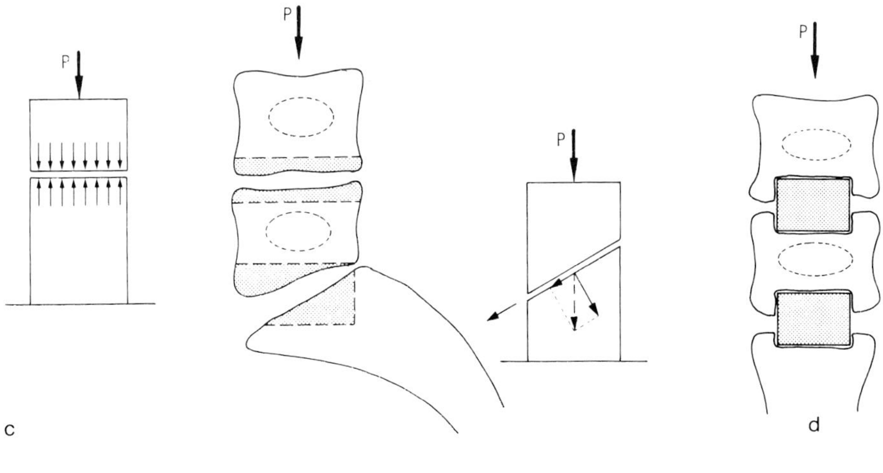

e

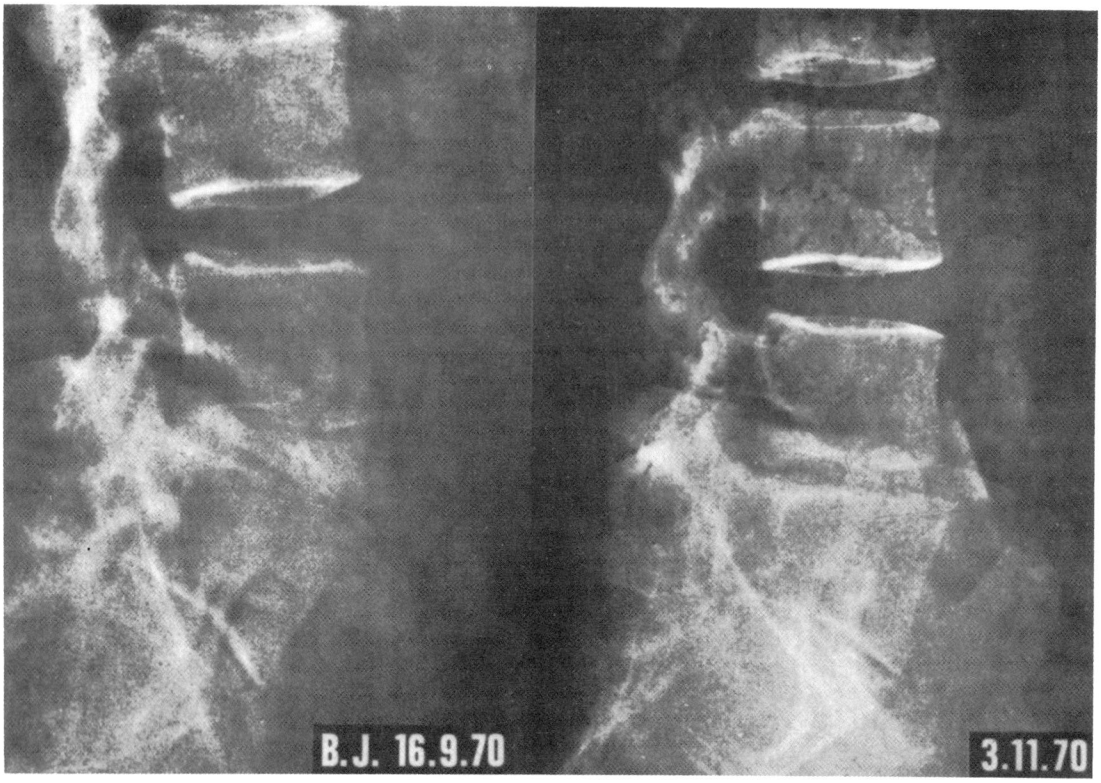

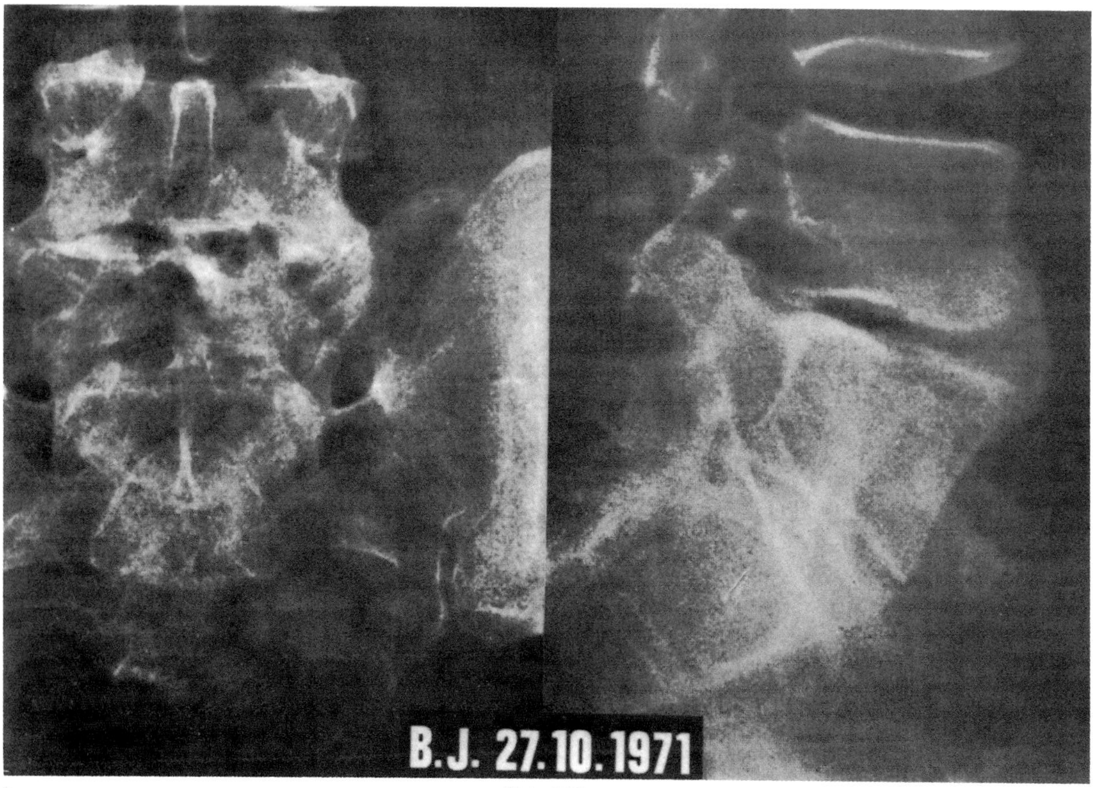

f

Abb. **348**

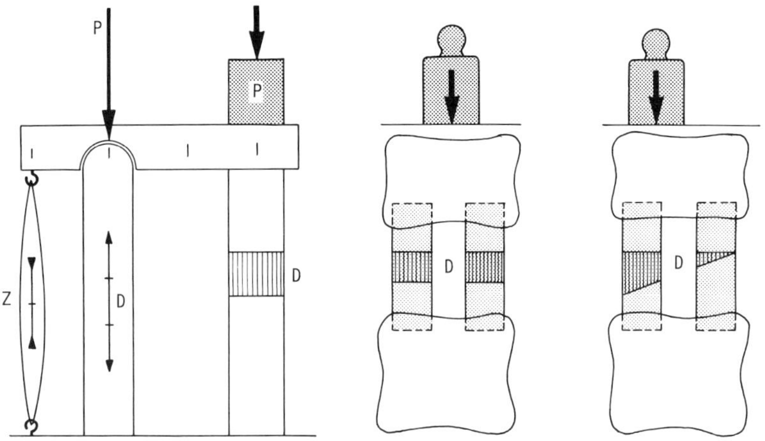

a

talen Tibiapseudarthrosen und Kurvaturen ausgezeichnet bewährt und gute Dauererfolge gezeigt. Bei bereits ausgebildeten instabilen Pseudarthrosen kann die Implantation, wenn der Pseudarthrosespalt nicht zu gelenknahe liegt, durch stabilisierende Neutralisierungsplatten, Verschraubung und Kompression zusätzlich ruhiggestellt werden (Blauth 1971, Witt 1971/1972 u. a.). Selbstverständlich kommt man gerade bei diesen schlecht heilenden Erkrankungen um zusätzlich fixierende und entlastende Gipsverbände nicht herum. In der Initialphase ist das Einhalten zusätzlicher Bettruhe empfehlenswert.
Ein besonders eindrucksvolles Beispiel biomechanisch geplanter kombinierter Kompakta-Spongiosa-Transplantationen, das von Pauwels geplant und durchgeführt wurde, soll nachstehend dargestellt werden.

Das Röntgenbild zeigt eine hochgradige beidseitige Sprunggelenkdeformität mit Fibulahypoplasie bei einem 11jährigen Knaben mit doppelseitigen extremen Pedes valgi. Die Fibula ist verkürzt, und die Gelenkfläche der Tibia zeigt einen seitlichen Neigungswinkel von 55 Grad (Abb. **351** a u. b).
Aus der Operationszeichnung ist zu ersehen, daß die Tibia verkürzt wird, wobei aus dem resezierten Stück ein Keil zurechtgeschnitten wurde, der unter die abgehobene Gelenkfläche geschoben wird. Die Operation wurde beidseits in gleicher Sitzung durchgeführt (Abb. **351** c u. d).
Die postoperativen Kontrollbilder zeigen voll korrigierte Deformitäten mit den transplantierten Knochenkeilen, die quer zur Gelenkfläche liegen und auf Druck beansprucht werden.
Auch in der weiteren Wachstumsentwicklung bleibt das ausgezeichnete Korrekturresultat voll erhalten, und es resultieren voll beanspruchungsfähige Füße 5 Jahre später (Abb. **351** e u. f).

Des weiteren eine biomechanisch originelle Methode der Transplantation, die wir von Pauwels übernommen haben, wobei sich besondere Schwierigkeiten bei der Fixierung des transplantierten Spanes ergeben.

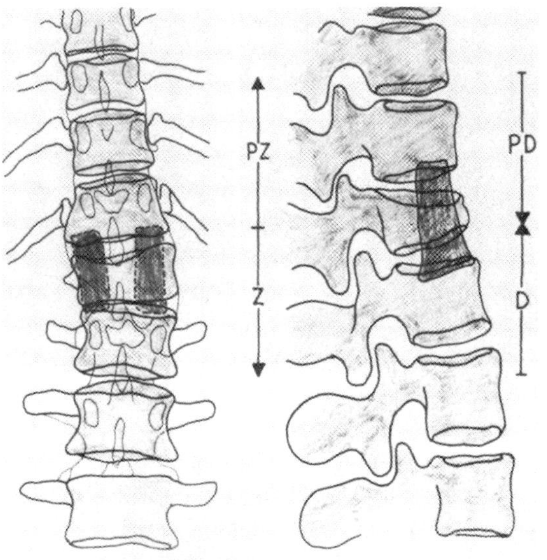

b c

Abb. **349** a–e Beispiel einer Aufrichtung eines thorakolumbalen posttraumatischen Gibbus von ca. 20 Grad zwischen Th XII und L I. Die an der Ventralseite nach der Aufrichtung implantierten Rippensegmente stehen vorwiegend unter axialer Kompression. a) Theoretisches Beanspruchungsschema, b u. c) präoperative Operationszeichnung, d u. e) postoperatives Resultat (Abb. von *J. Hall*, Boston)

Nach subperiostalen Tumorresektionen am Humerus, die ganz nahe an die proximale Wachstumsplatte des Humeruskopfes heranreichen, kann man das obere Ende eines transplantierten Spanes zur Überbrückung des Operationsdefektes nicht durch den Wachstumsknorpel in das Kopffragment einbolzen, weil dadurch das Längenwachstum des Humerus blockiert würde. Wird aber der Span, sei es die Fibula oder ein kompakter Tibiaspan, dem proximalen Humeruskopffragment nur unterstellt, so muß er schon bei geringster Exzentrität der Beanspruchung von der Unterstützung abkippen, wie dies bei 2 auswärtigen Fällen beobachtet werden konn-

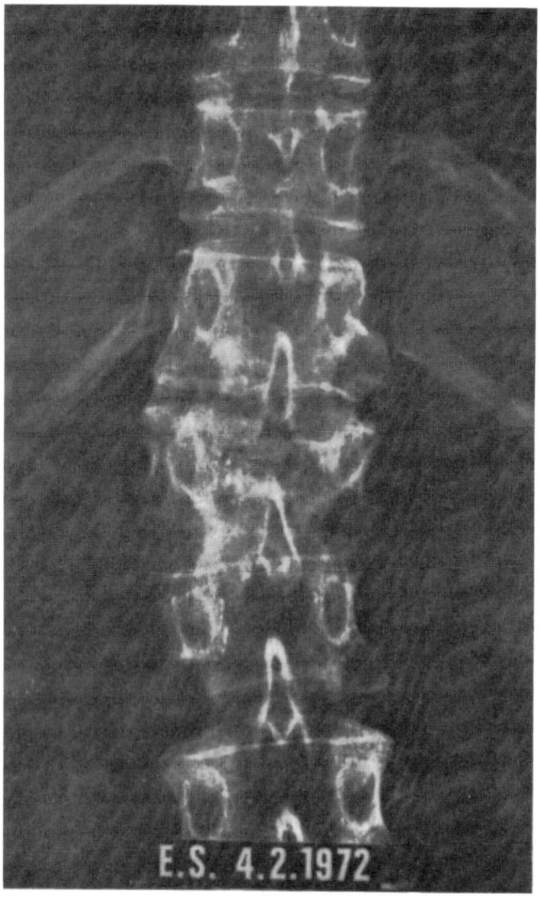

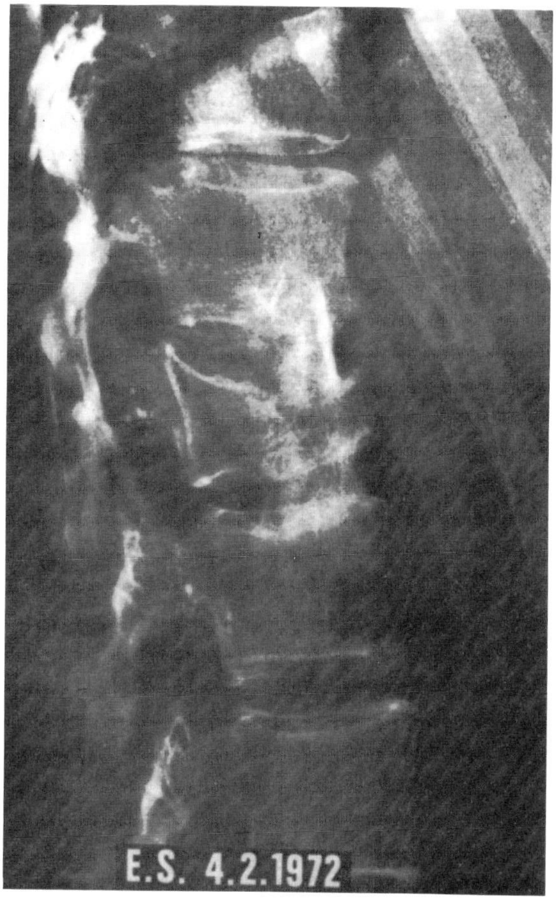

Abb. **349** d e

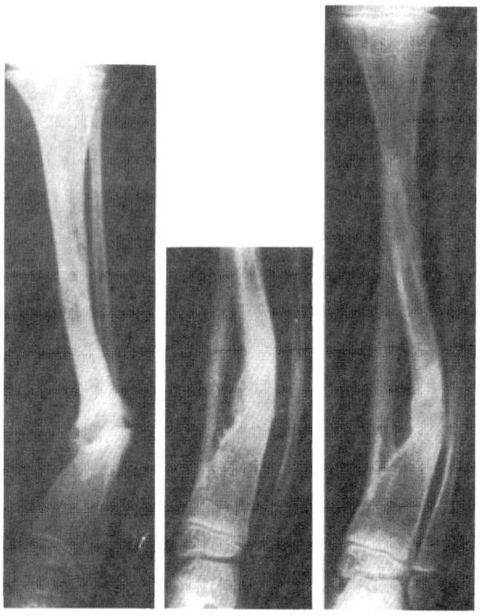

a b c

Abb. **350** a–c a) Überbrückungsspan bei einer Tibiakurvatur bei Crus varum congenitum. Der Span steht vorwiegend unter axialer Kompressionsbeanspruchung. Zusätzliche Ruhigstellung im Gipsverband. b) nach 10 Monaten, c) nach 11 Jahren (aus: *F. Pauwels*: Ges. Abhdlg. z. funkt. Anatomie d. Bew.-App., Springer, Berlin 1965, S. 177)

te. Ein stabiler Aufsitz des noch am Periost hängenden Gelenkkopfes wird erreicht, indem am oberen Ende des Spanes eine kreuzförmige ebene Auflagebank, auf der die Resektionsfläche des Kopffragmentes breit und stabil aufsitzt, geschaffen wird (Abb. **352** a u. b).
Hierzu muß ein Span aus der medialen Kortikalis der Tibia, der breit bis auf die Lamelle des Tibiakopfes hinaufreicht, entnommen werden. Von diesem wird am proximalen Ende ein ca. 3 cm langes Stück abgetrennt und um 90 Grad gedreht sowie kreuzförmig in das untere eingekerbte Ende derart eingefalzt, daß eine breite gekreuzte Auflagefläche wie bei einem Kreuztisch, auf dem die Platte ruht, entsteht, die das Abkippen der Kopfkalotte mit Sicherheit verhindert (Abb. **352** c–e).

Das folgende klinische Beispiel zeigt den Heilungsablauf an Röntgenbildern sowie das einwandfreie Ergebnis nach 6 Monaten und 3 Jahren nach der Operation. Der Oberarm zeigt ein normales Wachstum, und das Schultergelenk ist frei beweglich geblieben (Abb. **352** f–h, **353** u. **354**).
Eine rein axiale Druckbeanspruchung eines frei tragenden Kompaktatransplantates kann auch in der Weise erzwungen werden, daß es an seinen beiden Enden gelenkig unter axialem Druck gelagert und eingeklemmt wird. Die beiden Auflagepunkte des Wirtsorganismus dürfen nicht so starken Bewegungen unterworfen sein, daß im Span ein freies Kippmoment entsteht, so daß er abglei-

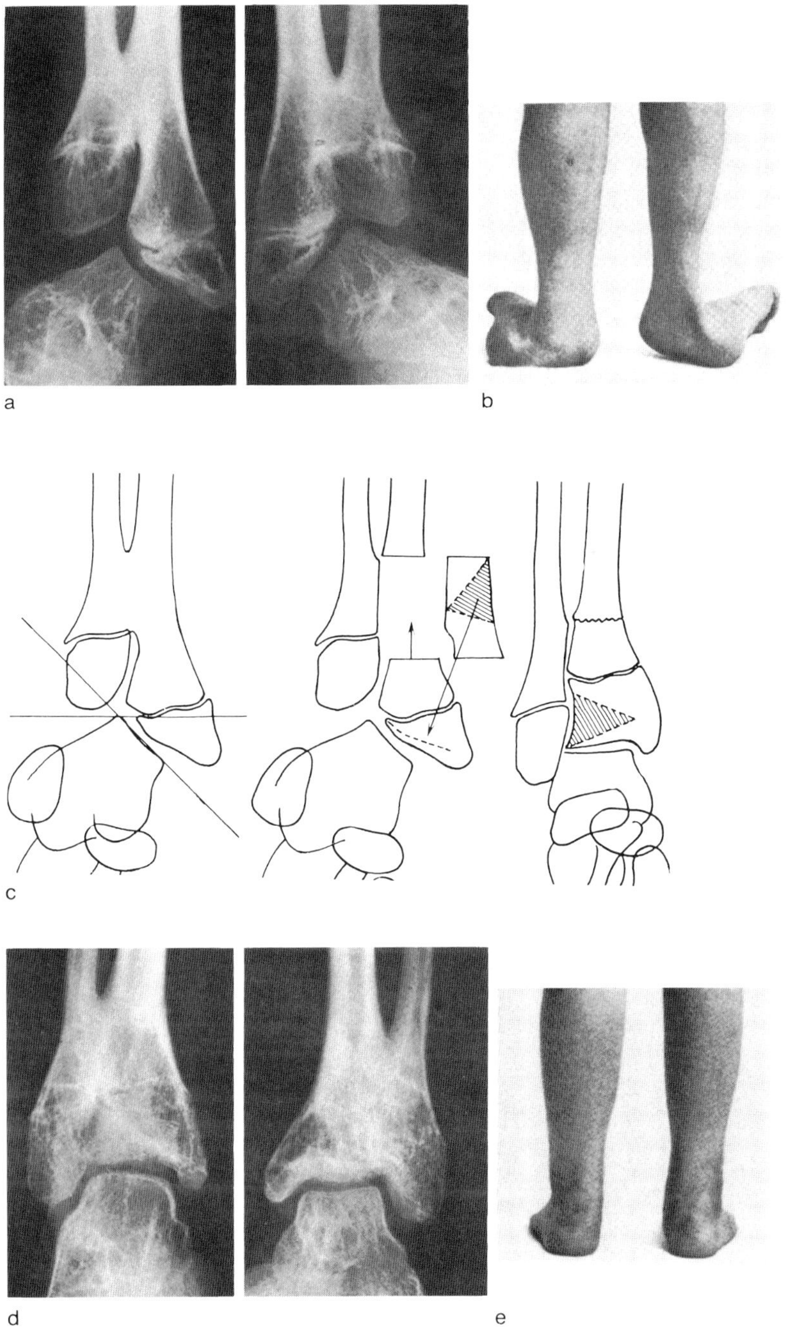

Abb. **351** a–e Mechanische Gesichtspunkte der Spanverpflanzung zur operativen Korrektur schwerster Mißbildungsdeformitäten der Füße. a) Präoperatives Röntgenbild, b) klinische Fotografie, c) präoperative Operationszeichnung (s. Text), d u. e) postoperatives Resultat nach 5 Jahren (aus: *F. Pauwels:* Acta orthop. belg. 37 [1971] 701)

tet und luxiert (vgl. Abb. **331** a u. b). Die gelenkige Spanverbindung am Auflager kann keine Biegespannungen übertragen. Wir haben dieses Transplantationsprinzip, das auf eine Anregung von Pauwels hin von Hachez-Leblanc erstmals realisiert wurde, unter entsprechender Modifikation weiterentwickelt und es in den letzten 17 Jahren bei resistenten Lumbalgien mit und ohne radikuläre Symptome auf der Basis von Degenerationsschäden der Bandscheibe und kleinen Wirbelgelenke der unteren Lendensegmente sowie bei schmerzhaften Spondylolisthesen L IV V / S I ersten und zweiten Grades nach Wilson sehr erfolgreich, ohne wesentliche Komplikationen angewandt. Methode und Späterfolge wurden publiziert (Endler 1977 a u. b). Wir haben diese Operation als funktionelle dorsale Spondylodese mittels Pendelsäulenspan aus der Tibia bezeichnet (Abb. **355** u. **356**). Dieses Operationsprinzip hat, wie eingangs beschrieben, Vigliani (1967) zu seinen aufschlußreichen Tierversuchen angeregt. Im Verlaufe der Frühbelastung und der Einheilungsphase kann man sehr genau beobachten, wie sich die optimale Größe des vom Auflager verträglichen axialen Druckes durch entsprechende Knochenumbauvorgänge an den Auflagepunkten der Processus spinosi automatisch im Sinne des mechanischen Knochenumbaugesetzes einreguliert. Der axiale Druck im Transplantationsbereich ist anfangs sicher sehr hoch; er wird durch sichtbaren Abbau der Auflagepunkte an den Processus spinosi innerhalb einiger Wochen reduziert, wobei bereits periphere Knochenappositionen um die Auflagepunkte zu sehen sein können. Dieser Vorgang geht so lange weiter, bis die Druckgröße, welche dem Fließgleichgewicht zwischen Anbau und Abbau entspricht, erreicht ist. Im Laufe eines Jahres sieht man die knöcherne Einheilung mit Ummauerung der Auflagerzonen des Spanes langsam wachsen.

Bei hochgradiger Instabilität von Spondylolisthesen höheren Grades wird die maximale Lordosie-

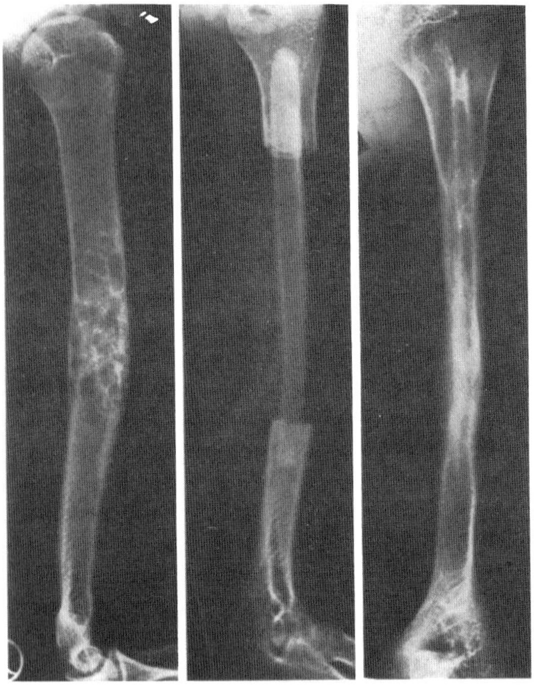

a b c

Abb. **352** a–c Intramedullare Diaphysenbolzung des Humerus mit der Fibula (Röhrenspan) nach Tumorresektion mittleres Drittel (s. auch Abb. 342i) (aus: *F. Pauwels:* Acta orthop. belg. 37 [1971] 701)

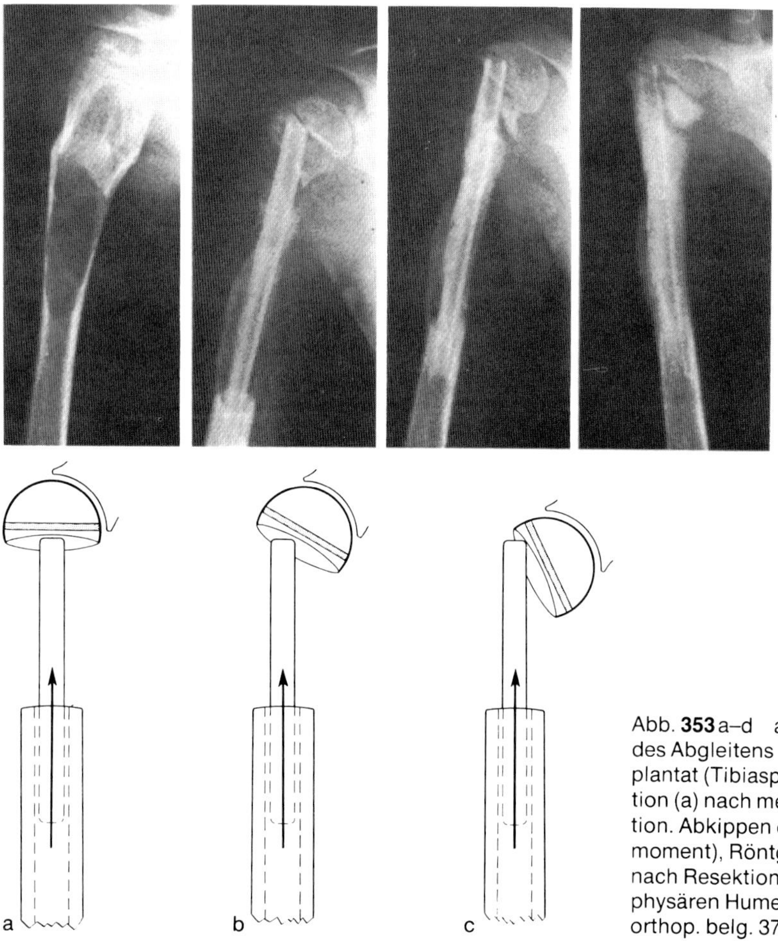

d

a b c

Abb. **353** a–d a u. b) Schematische Darstellung des Abgleitens des Humeruskopfes vom Implantat (Tibiaspan) infolge instabiler Implantation (a) nach metaphysennaher Zystenresektion. Abkippen des Humeruskopfes (freier Kippmoment), Röntgenbeispiel. Heilungsablauf nach Resektion einer ausgedehnten submetaphysären Humeruszyste (aus: *F. Pauwels:* Acta orthop. belg. 37 [1971] 701)

rung des lumbosakralen Überganges durch zusätzliche Spreizklammern gesichert (ENDLER 1974g). Sie werden, ähnlich wie die Harrington-Spreizstäbe bei der Streckung von Skoliosen an den Wirbelbögen L III / S I angesetzt, wodurch die Spondylodese zusätzlich stabilisiert und teilweise entlastet wird. Unsere ersten Erfahrungen sind gut.

Abschließend sei noch kurz die mechanische Auswirkung auf die Tragfähigkeit der Tibia, der am häufigsten Kompaktaspäne entnommen werden, erwähnt. Es ist eine bekannte Tatsache, daß die Tibia häufig nach Spanentnahme bricht, so daß prophylaktisch Langzeitverbände angelegt werden müssen, um der Fraktur vorzubeugen. Bei genauer Analyse der Beanspruchungsgrößen und Spannungen, die in dem Entnahmebereich vor und nach der Spanentnahme zustande kommen, lassen sich wesentliche Punkte zusammenfassen, wodurch unter Einhaltung bestimmter Regeln bei der Spanentnahme das Risiko von Frakturen und vor allem Ermüdungsbrüchen weitgehend herabgesetzt werden kann. Dies zeigen nicht nur unsere klinischen Erfahrungen seit 17 Jahren mit fast 100 ausgedehnten Spanentnahmen aus der Tibia, bei denen wir niemals einen starren Verband angelegt haben und bei denen nur 3mal posttraumatische Frakturen durch Sturz auftraten, die auch bei einer normalen Tibia aufgetreten wären. Theoretisch-experimentell hat auch JOUCK (1970b) in einer sehr ausführlichen Arbeit die Beanspruchungsverhältnisse nach der Spanentnahme im proximalen Tibiadrittel analysiert.

Betrachtet man einen Querschnitt der Tibia, die in ihrer Gesamtlänge physiologisch in Richtung ihres Durchmessers auf Biegung beansprucht wird, dann ersieht man aus den eingezeichneten Spannungsdiagrammen, daß die höchsten Spannungen im vorderen und hinteren Abschnitt des Querschnittes auftreten. Stellt man die Kontrak-

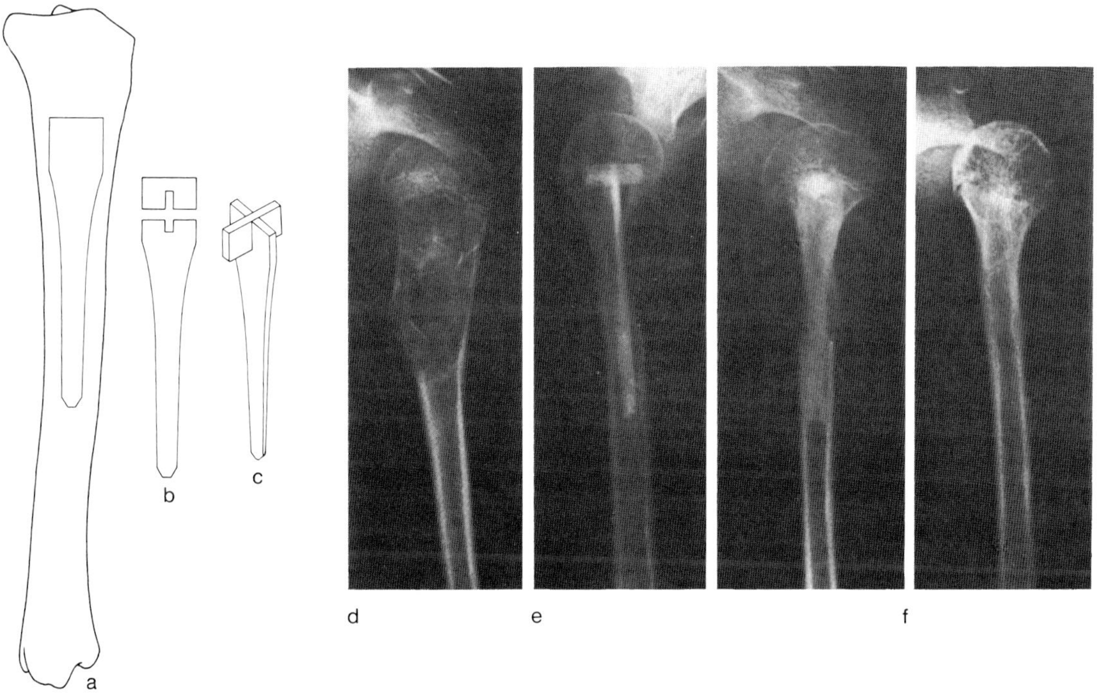

Abb. **354** a–f Stabilisierung der Humeruskopfepiphyse bei metaphysennaher Zystenresektion mittels Tibiaspan mit Kreuzbänkchen (nach *Pauwels*). a) Schema der Spanentnahme aus der Tibia, b u. c) Bildung des Auflagers (Kreuzbänkchen) der Metaphyse, d) 1. X. 1953 präoperativ, e) 8. I. 1954 postoperativ a.-p. und axial, f) 7. IV. 1955 postoperativ a.-p. und axial. Volle Einheilung (aus: *F. Pauwels:* Acta orthop. belg. 37 [1971] 701)

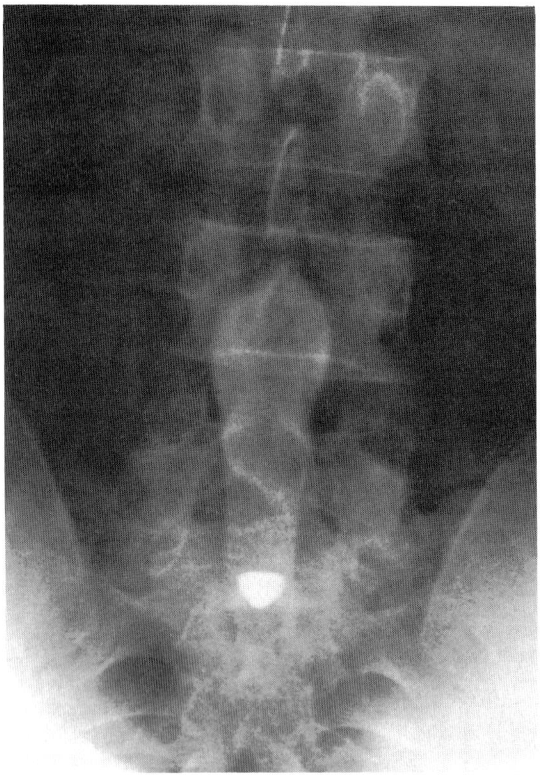

a

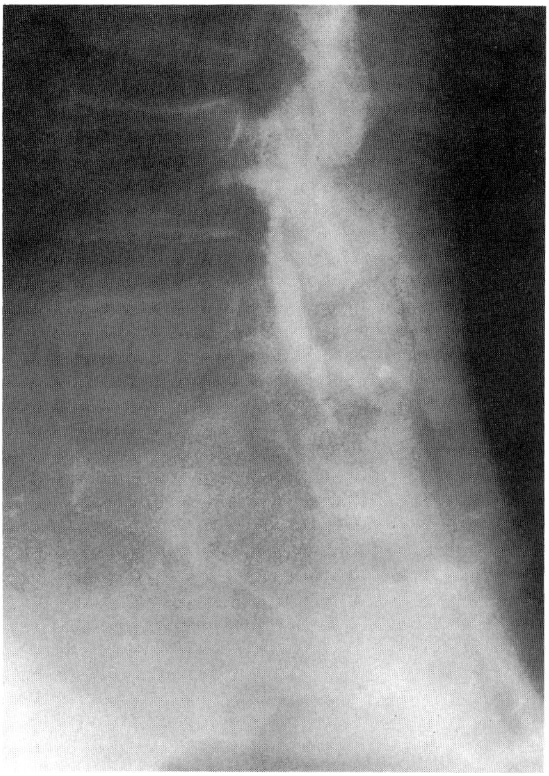

b

Abb. **355** a u. b Resultat einer Spondylodese mittels Pendelsäulenspan nach 17 Jahren

tion des Querschnittes (Abb. **357**) gegenüber, dann zeigt sich, daß die Materialverteilung im Querschnitt dem funktionellen Bauprinzip der Röhrenknochen Rechnung trägt. Daraus ergibt sich, daß das Knochenmaterial an beiden Seiten gegen den Rand hin verschoben wird, wo die höchsten Spannungen bei der Beanspruchung des Gehens auftreten, indes im mittleren Teil des Querschnittes nur wenig Material sichtbar wird, da im Bereich der neutralen Faser nur sehr kleine Spannungen vorhanden sind. Diese Querschnittsform entspricht vergleichsweise derjenigen eines T-Trägers in der Technik, der bekanntlich für die Aufnahme von Biegebeanspruchungen besonders geeignet ist. Die Beanspruchungsgröße des Doppelträgers beträgt bei den gewählten Abmessungen 21 kp/cm^2.

Ohne diesem funktionellen Konstruktionsprinzip bei der Spanentnahme Rechnung zu tragen, wird leider häufig die vordere Tibiakante entweder teilsweise oder ganz mit dem entnommenen Span einbezogen. Dadurch entsteht eine wesentliche Schwächung der Beanspruchungsfähigkeit beim Gehen in der Sagittalebene. Das postoperative Kontraktionsbild weist eine analoge Materialverteilung wie ein Doppelträger auf, bei dem der rechte Steg weggenommen wurde. Am theoretisch-technischen Beispiel des Trägers wird die Beanspruchungsspitze sehr stark erhöht, und zwar von 21 auf 91 kp/cm^2. Dementsprechend wird auch seine Tragfähigkeit um 75% herabgesetzt. Diese Tatsache muß bei der Technik der Spanentnahme praktisch sehr genau berücksichtigt werden, wenn man die Neigung zu Spontanfrakturen weitgehend herabsetzen will (Abb. **357**).

Der Knochenspan kann bis zu einer Länge von 15 cm aus der medialen Kortikalisfläche, bis zum hinteren Umschlagsrand reichend, entnommen werden, weil dadurch die Kontraktion des Querschnittes nur in ihrem hinteren Abschnitt auf etwa die Hälfte verschmälert wird.

Betrachten wir einen Doppel-T-Träger, bei welchen in Analogie zur Kontraktion des Tibiaquerschnittes der Steg nur die halbe Breite hat, so zeigt sich, daß durch diese Verschmälerung des Steges die Beanspruchung des Trägers nur unwesentlich von ca. 21 auf ca. 22 kp/cm^2 erhöht wird. Auf den Knochen übertragen, wird bei diesem Vorgehen seine Tragfestigkeit auch praktisch nicht wesentlich herabgesetzt werden. Bei richtiger Spanentnahme läßt sich immerhin eine Breite von 20 mm erzielen.

Darüber hinaus kann auch eine unpräzise Technik der Spanentnahme Ermüdungsfrakturen begünstigen. Der Span soll nicht mit einem Meißel entnommen werden, weil Haarrisse, die über die

Abb. **356** a–d a u. b) Heilungsverlauf einer Spondylodese bei Listhese L IV/V zweiten Grades mittels Pendelsäulenspan von L III/S II, c u. d) Resultat bei zusätzlicher Abstützung durch Spreizklammern (nach *Knodt* u. *F. Endler*)

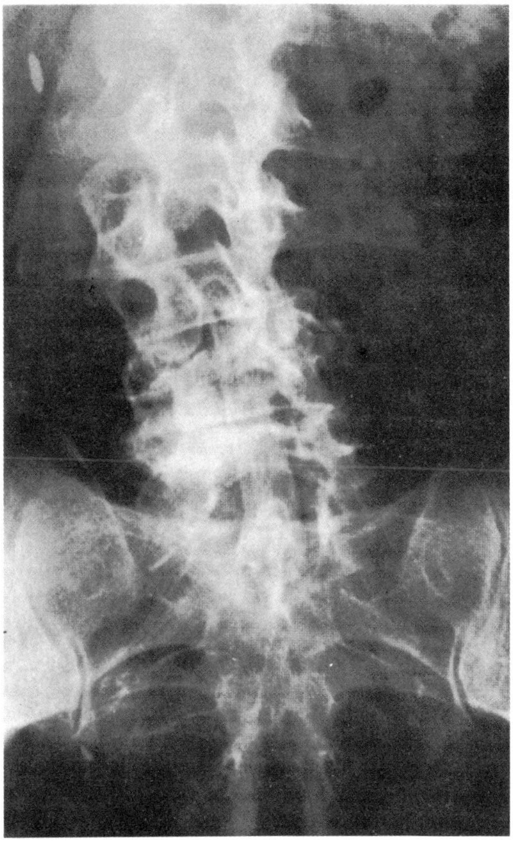

a

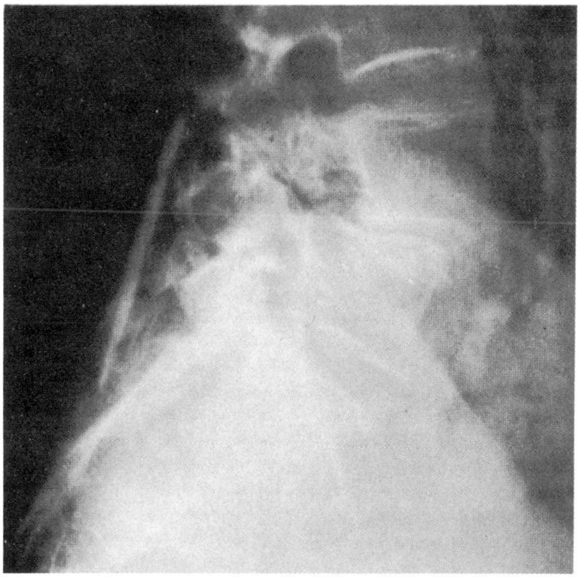

b

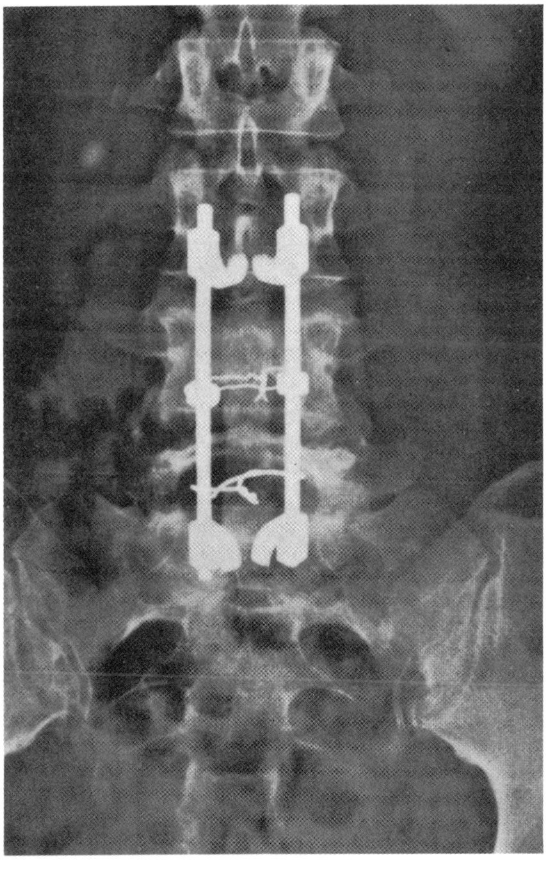

c

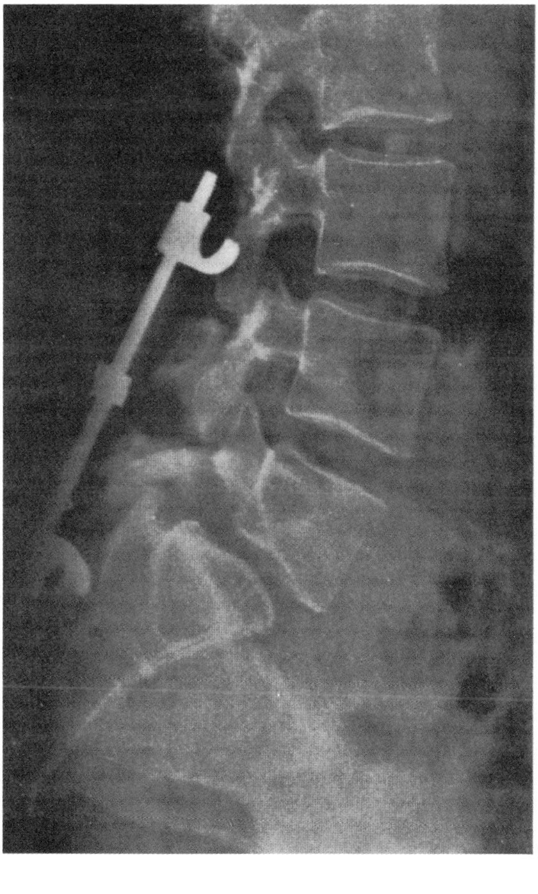

d

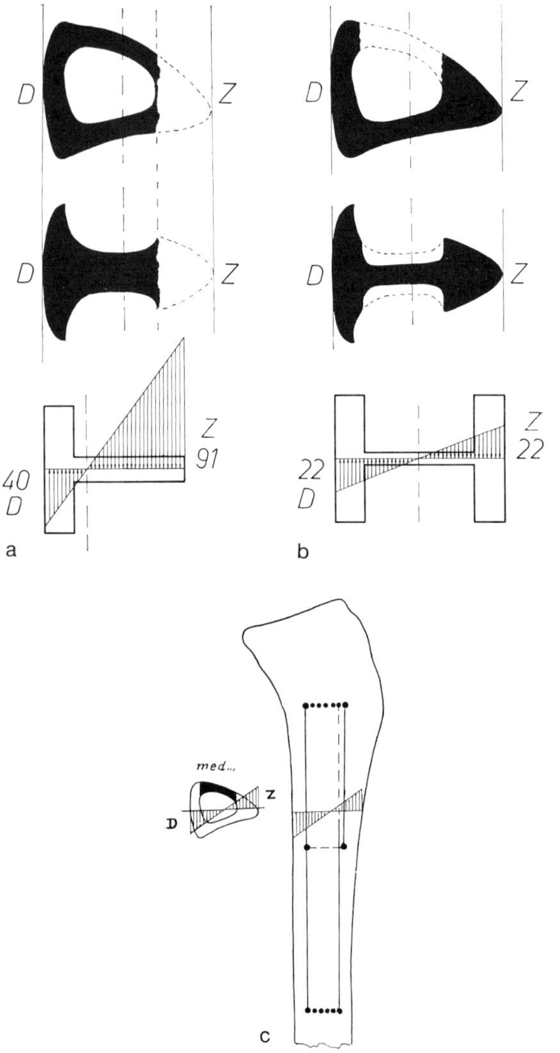

Abb. **357** a–c Beanspruchungsschema des Tibiaquerschnittes nach Spanentnahme unter Vergleich der Kontraktionsfiguren des mittleren Querschnittes der Tibia mit einem T-Träger (s. Text). a) Bei Wegnahme der vorderen Tibiakante wird die Beanspruchungsfähigkeit hochgradig beeinträchtigt. b) Bei Spanentnahme aus der Fascies anterior ohne Kerbwirkung. Unter Schonung der vorderen Tibiakante bleibt die Tragfähigkeit des Querschnittes fast unverändert. c) Schema der Spanentnahme. Runde Spanecken durch Bohrlöcher vermeiden Kerbwirkungen (aus: *F. Pauwels*: Acta orthop. belg. 37 [1971] 701)

Spangrenze hinausgehen, nicht zu vermeiden sind. An den Ecken sind Kerbungen, die hohe Spannungsspitzen bei Beanspruchung nach sich ziehen, unbedingt zu vermeiden. So empfiehlt sich bei der Entnahmetechnik, die Ecken des Spanes durch Bohrlöcher genau zu markieren und ihn mit einer Vibrationssäge herauszuschneiden.

Zusammenfassend ergeben sich folgende grundlegende mechanische Richtlinien, die für die Einheilung tragender verpflanzter Knochentransplantate von Bedeutung sind:

1. Eine dosierte mechanische Beanspruchung der Transplantate ist besonders nach Ablauf der mesenchymal-vaskulären Invasion der Motor zur Aufrechterhaltung und Förderung des Knochenumbaues und der funktionellen Wachstumsanpassung.
2. Knochenspäne müssen so gelagert werden, daß sie bei kleinstmöglicher mechanischer Beanspruchung zuverlässig abstützen und auf Zug und Druck gleichmäßig axial beansprucht werden.
3. Die optimale Form der Beanspruchung durch axialen Druck oder Zug kann durch gelenkige Einpflanzung des Spanes unter Spannung oder durch stabilisierende endogene Hilfsmaßnahmen mit Neutralisationsplatten und Marknägeln erzwungen werden. Der Span muß an jener Stelle des Knochens entnommen werden, wo die Tragfähigkeit nach der Entnahme durch den Materialverlust möglichst wenig benachteiligt wird.
4. Die optimale Verwirklichung der gestellten Forderungen im Einzelfalle ist nur bei gründlicher Kenntnis der funktionellen Anatomie des Bewegungsapparates und der mechanischen Wachstumsgesetze des Knochengewebes sowie bei präzisester metrischer Operationstechnik möglich.

Danksagung

Mein besonderer Dank gilt dem Deutschen Arbeitskreis für Biomechanik, speziell den Herren B. Kummer, H. U. Debrunner, J. Polster, R. Kölbel und ihren Mitarbeitern sowie dem Ludwig-Boltzmann-Institut für Rheumatologie in Baden bei Wien.

VERWENDETE SI-EINHEITEN

*Basis*einheiten

für die Länge	das Meter (m)	bzw. deren Vielfache und Teile
für die Zeit	die Sekunde (s)	
für die Masse	das Kilogramm (kg)	
Abgeleitete Einheiten		
für die Kraft	das Newton (N)	
für den Druck, die Spannung	das Pascal (Pa)	
für die Arbeit	das Joule (J)	
für die Leistung	das Watt (W)	

Nicht mehr verwendet werden folgende – nur noch bis 31. Dezember 1977 gesetzlich zulässigen – Maßeinheiten

für die Kraft	kp, Mp usw.
für den Druck	kp/cm^2, kp/mm^2 usw.
	techn. und physik. Atmosphäre, Torr
für die Arbeit	kpm, Mpm usw.
für die Leistung	kpm/s, PS = 75 kpm/s

Die wichtigsten Umrechnungen der früher gebräuchlichen Einheiten auf die SI-Einheiten sind:

Kraft	1 kp	= 9,81 N	≈ 10 N	
Moment	1 kpm	= 9,81 Nm	≈ 10 Nm	
Druck	$1\ kp/m^2$	$= 9{,}81\ N/m^2$	$\approx 10\ N/m^2$	$(= 10\ Pa)$
	$1\ kp/cm^2$	$= 9{,}81\ N/cm^2$	$\approx 10\ N/cm^2$	$(= 10^5\ Pa)$
	$1\ km/mm^2$	$= 9{,}81\ N/mm^2$	$\approx 10\ N/mm^2$	$(= 10^7\ Pa) \approx 1\ kN/cm^2$
Arbeit	1 kpm	= 9,81 J	≈ 10 J	
Leistung	1 PS	= 0,736 kW	≈ 0,75 kW	

Die aufgerundeten Zahlen stellen ≈ 2% zu hohe Werte dar. Genaue Umrechnungszahlen „Kilopond-Newton“ in Önorm A 6404, Teil 1.

Literatur

Ackermann, D., W. Catel, P. Hörmann, H. Kern: Experimentelle Untersuchungen über das Konstruktionsprinzip des menschlichen Femurs. Z. Zellforsch. 124 (1972) 12–38

Adrian, M.: Cinematographic, electromyographic and electrogoniometric techniques for analyzing human movements. Exerc. Sport Sci. Rev. 1 (1973) 339

Aebersold P., E. Stüssi, H. U. Debrunner: Computer-unterstützte Bestimmung der Gangvariabilität beim Menschen anhand der Bodenkräfte. Biomed. Techn. 24 (Ergänzungsband) (1979) 341

Ahlbäck, S., G. C. H. Bauer u. Mitarb.: Spontaneous osteonecrosis of the knee. Arthr. Rheum. 11 (1968) 120–126

Albersmeyer, R.: Die klinische Untersuchung des Ganges. Med. orthop. Techn. 97 (1977) 157–163

Alexander, R.: Animal Mechanics. Sidgwick & Jackson, London 1968

Allen, W., G. Piotrowski, A. Burstein, V. Frankel: Biomechanical principles of intramedullary fixation. Clin. Orthop. 60 (1958) 13–20

Allgöwer, M., G. Segmüller: Biomechanische Prinzipien bei der Metallverwendung am Knochen. In: Handbuch der plastischen Chirurgie, Bd. I, Liefg. 4, Beitr. 16, hrsg. von E. Gohbrandt, J. Gabka, A. Berndorfer. de Gruyter, Berlin 1965 (S. 1–23)

Allgöwer, M., S. Perren, M. Russenberger: Osteosynthetische Druckplatte. Ert. Patent, Nr. 1566153, 20. VI. 1967. Patentblatt 1970, H. 40

Allgöwer, M., R. Ehrsam, R. Ganz, P. Matter, S. M. Perren: Acta orthop. scand., Suppl. 125 (1969) 45

Altmann, K.: Zur kausalen Histogenese des Knorpels. Springer, Berlin 1964

Amprino, R.: Microhardness testing as a means of analysis

of bone tissue biophysical properties. In: Biomechanical Studies of the Musculo-Skeletal System, hrsg. von F. Evans. Thomas, Springfield/Ill. 1961 (S. 20–48)
Amtmann, E.: Bruchfestigkeitsverteilung im menschlichen Femurschaft. Naturwissenschaften 55 (1968a) 392–393
Amtmann, E.: The distribution of nreaking strength in the human femur. J. Biomech. 1 (1968b) 271–277
Amtmann, E.: Functional adaptation of long bones. Investigation on human femora. Gegenbaurs morph. Jb. 117 (1972) 224–231
Amtmann, E., B. Kummer: Die Beanspruchung des menschlichen Hüftgelenkes. II. Größe und Richtung der hüftgelenksresultierenden Kräfte in der Frontalebene. Z. Anat. Entwickl.-Gesch. 127 (1968) 286–314
Andriacchi, T. P., u. Mitarb.: A Stress Analysis of the Femoral Stem in Total Hip Prostheses. J. Bone J. Surg. 58A (1976)
Aptekar, R. G., F. Ford, E. E. Bleck: Light patterns as a mean of assessing and recording gait. Develop. Med. Child. Neurol. 18 (1976) 31
Argay, R., D. Drabek, J. Knessl, J. Siskova: Kinetik und Kinematik des normalen Kinderfußes beim Gehen. In: Funktionelle Diagnostik in der Orthopädie, hrsg. von E. Morscher. Enke, Stuttgart 1979 (S. 84)
Arnold, G.: Biomechanische und rheologische Eigenschaften menschlicher Sehnen. Z. Anat. Entwickl.-Gesch. 143 (1974) 263–300
Arnold, G., F. Gross, J. Harring: Zum Nachweis einiger mechanisch rheologischer Eigenschaften des hyalinen Knorpels. Experientia (Basel) 30 (1974) 763–766
v. Arx, C.: Schubübertragung durch Reibung bei Plattenosteosynthesen. Diss., Basel 1973, AO-Bulletin (1974)
Asang, E., P. Posch, R. Engelbrecht: Experimentelle Untersuchungen über die Bruchfestigkeit des menschlichen Schienbeines. Wschr. Unfallheilk. 72 (1969) 336–344
Asang, E., G. Wittmann, H. Hoepp, P. Watzinger: Experimentelle und praktische Biomechanik des menschlichen Beines. Med. Welt 24 (N. F.) (1973) 576–581
Badgley, C.: Correlation of clinical and anatomical facts leading to a conception of the etiology of congenital hip dysplasia. J. Bone Jt. Surg. 25-A (1938) 503–511
Barnett, C. H., A. F. Cobbold: Lubrication within living joints. J. Bone J. Surg. 44B (1962) 662
Barnett, C. H., u. Mitarb.: Synovial Joints: Their Structure and Mechanics. Thomas, Springfield/Ill. 1961
Basler, A.: Kinematographische Aufnahmen mit gleichzeitiger Registrierung von Kräften. Arbeitsphysiologie 8 (1935a) 585–590
Basler, A.: Neue Untersuchungen über die beim Gehen nach abwärts wirkende Kraft (Lotkraft). Arbeitsphysiologie 8 (1935b) 591–594
Basmajian, J. V.: Muscles Alive, Their Functions Revealed by Electromyography. Williams & Wilkins, Baltimore 1967
Basmajian, J. V.: Electromyographic analyses of basic movement patterns. Exerc. Sport Sci. Rev. 1 (1973) 259
Basmajian, J. V.: Muscles Alive, 3. Aufl. Williams & Wilkins, Baltimore 1974
Basset, C.: Current consence of bone formation. J. Bone Jt. Surg. 44A (1962) 1217–1224
Bauer, G. C. H.: Diagnosis and treatment of gonarthrosis. (Osteoarthritis of the knee). IX. SICOT Kongr. Mexico 1969. Imprimerie des Sciences, Brüssel 1970
Baumann, J. U.: Analyse der neuro-muskulären Koordination durch Ganguntersuchung beim Menschen. Habil.-Schr. Basel 1973
Baumann, J. U., R. Baumgartner: Gangstörungen: kombinierte fotooptische und elektromyographische Ganganalyse. Orthop. Praxis 10 (1974) 459
Baumann, W.: Über ortsfeste und telemetrische Verfahren zur Messung der Abstoßkraft des Fußes. In: Biomechanics I, 1st Seminar, Zürich 1967. Karger, Basel 1968 (S. 78–82)
Baumann, W.: Methoden biomechanischer Forschung. Z. Orthop. 110 (1972) 831–835
Baumann, W.: New chronophotographic methods for three dimensional movement analysis. In: Biomechanics, Bd. IV. University Park Press, Baltimore 1974
Baumann, W., P. Gablerz, J. Klauck, H. Groh: Vergleichende Untersuchungen über die den Gang bestimmenden kinematischen und dynamischen Bewegungsparameter bei nicht Amputierten und Beinamputierten. Forschungsbericht Inst. f. Biomechanik d. Dtsch. Sporthochschule Köln. Zit. nach K. Diehl 1976
Bechtol, C. O., A. B. Ferguson jr., P. G. Laing: Metals and Engineering in Bone and Joint Surgery. Williams & Wilkins, Baltimore 1959
Becker, F., V. L. Kästner: Über Fußarthrodesen. Arch. Orthop. Unfall-Chir. 58 (1965) 224
Becker, H., u. Mitarb.: Wirkstoffprobleme bei Hüftgelenkumplantaten. Fachberichte Jahrestagung Deutsche Ges. f. Biomedizin Technik Erlangen 1973
Belle, J. S., W. A. L. Thompson: Modified spot scannography. Amer. J. Roentgenol. 63 (1950) 915–916
Benedict, J., L. Walker, E. Harris: Stress-strain characteristics and tensile strength of unembaled human tendon. J. Biomech. 1 (1968) 53–63
Benninghoff, A.: Form und Bau der Gelenkknorpel in ihren Beziehungen zur Funktion. 1. Mitteilung: Die modellierenden und formerhaltenden Faktoren des Knorpelreliefs. Z. Anat. Entwickl.-Gesch. (1925a) 7643
Benninghoff, A.: Form und Bau der Gelenkknorpel in ihren Beziehungen zur Funktion. 2. Mitteilung: Der Aufbau der Gelenkknorpel in seinen Beziehungen zur Funktion. Z. Zellforsch. 2 (1925b) 783
Benninghoff, A.: Über die Anpassung der Knochenkompakta an geänderte Beanspruchung. Studien zur Architektur der Knochen, 2. Teil. Anat. Anz. 65 (1927) 289–299
Benninghoff, A.: Ein Beitrag zur Struktur der Knochenkompakta an geänderte Beanspruchungen. Anat. Anz. 63 (1929) 289–299
Benninghoff, A.: Lehrbuch der Anatomie des Menschen, 6. Aufl. Urban & Schwarzenberg, München 1957
Bergmann, G., R. Kölbel, N. Rauschenbach, A. Rohlmann: Das Gehen mit Stockstützen. Entlastung von Hüftgelenk und Femur durch eine Stockstütze. Z. Orthop. 115 (1977) 174–182
Bernstein, N.: The Coordination and Regulation of Movements. Pergamon Press, Oxford 1967
Bernstein, N. A.: Investigations of Biodynamics of Locomotion. Vol. I–II, Moskau 1935/1940
Berquet, K. H.: Sitzschäden und Autositz. Med. Welt (N. F.) 44 (1967) 2624–2650
Bick, E. M.: Structural patterns of callus in fractures of the long bones. J. Bone Jt. Surg. 30A (1948) 141–150
Biehl, G.: Gestaltsfestigkeitsuntersuchungen von Osteosyntheseimplantaten. Verlag der ssip-Schriften, Breitenbach/Saarbr. 1977
Bigland, B., O. J. C. Lippold: The relation between force, velocity and integral electrical activity in human muscles. J. Physiol. 123 (1953) 214
Black, J., E. Korostoff: Dynamic mechanical properties of viable human cortical bone. J. Biomech. 6 (1973) 435–438
Blaimont, P.: Definition de l'ostéosynthèse biomécanique. Acta orthop. belg. 37 (1971) 597–601
Blaimont, P., P. Halleux: Distribution of bony restrints in the femur. Rev. Chir. orthop. 54 (1968) 303–319
Blaimont, P., P. Halleux: Un paradoxe des contraintes osseuses. Rôle du remainiement haversien dans l'adaptation de l'os à sa fonction de soutien. Acta orthop. belg., 38, Suppl. 1 (1972) 163–177
Blauth, W.: Die chirurgische Behandlung angeborener Mißbildungen mit Ausnahme von Hüftluxation, Klumpfuß und Conterganschäden. Wiss. Sommertagung d. Vereinig. d. Orthop. Österr. 1971/1972 Eigenverlag (S. 169–182)
Blietz, R.: Die Biologie des Knochens unter der Einwir-

kung mechanischer Kräfte. I. Z. Orthop. 105 (1968) 417–422
Block, W.: Die normale und gestörte Knochenbruchheilung. In: Neue Deutsche Chirurgie, H. 62. Enke, Stuttgart 1940
Blümlein, H., F. Brussatis, D. Steeger, P. Busch: Ganganalytische Untersuchungen vor und nach Implantation von Kniegelenksendoprothesen. In: Funktionelle Diagnostik in der Orthopädie, hrsg. von E. Morscher. Enke, Stuttgart 1979a (S. 106)
Blümlein, H., F. Brussatis, D. Steeger, P. Busch: Vergleichende ganganalytische Untersuchungen gesunder Probanden beim Normalgang auf der Ebene und beim Gang auf der Rollgehbahn. In: Funktionelle Diagnostik in der Orthopädie, hrsg. von E. Morscher. Enke, Stuttgart 1979b (S. 81)
Boenick, I.: Biomedizinische Technik in der Orthopädie. Biomed. Techn. 18 (1973) Nr. 5
Böhler, J.: Technik der Knochenheilung in Krieg und Frieden. Maudrich, Wien 1977
Bombelli, R.: Osteoarthritis of the Hip. Springer, Berlin 1977
Borelli, J. A.: De motu animalium. Roma 1681
Boutin, P.: Arthroplastie totale de la hanche par prothèse en alumine frittée. Rev. Orthop. 58 (1974a) 233
Boutin, P.: Les prothèses totales de la hanche en alumine. L'ancrage direct sans ciment dans 50 cas. Rev. Orthop. 60 (1974b) 233
Brash, J., J. Skorecki: Determination of the modulus of elasticity of bone by a vibration method. Med. biol. Engng. 8 (1970) 389–393
Braune, W., O. Fischer: Über den Schwerpunkt des menschlichen Körpers. Aus: Der Gang des Menschen. Abhdlg. math.-phys. Cl. Königl.-Sächs. Ges. Wiss. 15 (1889)
Braune, W., O. Fischer: Die Bewegungen des Kniegelenkes. Nach einer neuen Methode am lebenden Menschen gemessen. Abh. mathem.-phys. Cl. Königl. Sächs. Ges. Wiss. 17 (1891)
Braune, W., O. Fischer: Der Gang des Menschen. Versuche am unbelasteten und belasteten Menschen. Abh. math.-phys. Cl. Königl. Sächs. Ges. Wiss. 21 (1895) 153–322
Braune, W., O. Fischer: Der Gang des Menschen. Abhdlg. math.-phys. Cl. Königl.-Sächs. Ges. Wiss. Bd. 1–6 (1895–1904)
Braune, W., O. Fischer: Die Kinematik des Beinschwingens. Aus: Der Gang des Menschen. Abhdlg. math.-phys. Cl. Königl.-Sächs. Ges. Wiss. 28 (1903) 321–428
Braune, W., O. Fischer: Über den Einfluß der Schwere und der Muskeln auf die Schwingungsbewegung des Beines. Aus: Der Gang des Menschen. Abhdlg. math.-phys. Cl. Königl.-Sächs. Ges. Wiss. 28 (1904) 533–623
Bresler, B., J. Frankel: The forces and moments in the leg during level walking. Trans. Amer. Soc. Mech. 172 (1950) 27–36
Brinckmann, P., H. Hoeffert, H. Th. Jongen, J. Polster: Berechnung objektiver Kriterien für die Planung von Korrektur-Osteotomien am Hüftgelenk. SFB 88/C1–73, Interner Bericht Nr. 1. 1973a
Brinckmann, P., H. Hoeffert, H. Th. Jongen, J. Polster: Der Einfluß von Umstellungsosteotomien im Bereich der Hüfte auf die Beanspruchung des Hüftgelenkes. SFB 88/C2–73, Interner Bericht Nr. 2. 1973b
Brinckmann, P., H. Hoeffert, H. Th. Jongen, J. Polster: Die Biomechanik des Hüftgelenks. Orthopäde 3 (1974) 104–118
Brinkmann, K. E., K. Rossak: Erfahrungen mit einem achsenlosen Kniegelenk. Z. Orth. 113 (1975) 536–537
Bruechle, H., W. Moll: Eine Meßanordnung zur Prüfung des mechanischen Verhaltens von Sehnen. Z. Ges. exp. Med. 147 (1968) 23–28
Brüngger, A., J. U. Baumann, H. P. Rohr: Methodik der semi-automatischen quantitativen Ganganalyse. In: Funktionelle Diagnostik in der Orthopädie, hrsg. von E. Morscher. Enke, Stuttgart 1979 (S. 65)
Brunnström, S.: Clinical Kinesiology, 3. Aufl. Davis, Philadelphia 1972
Bschenk, R., H. Willenegger: Morphological findings in primary fracture healing. In: Symposium on the Biology of Fracture Healing, hrsg. von St. Krompecher, E. Kerner. Symposia Biologica Hungarica, Budapest 1967, Akadémiai Kiadó, Budapest 1967
Buchartowski, W. D., H. Lippert: Schlagbruchfestigkeit und Kompaktastruktur der Mittelfußknochen. Z. Orthop. 110 (1972) 34–41
Buchholz, H., E. Strickle: Gleitreibverhalten von künstlichen Hüftgelenken mit Kunststoffpfanne. Chirurg 43 (1972) 453–458
Buchholz, H. W.: Das künstliche Hüftgelenk, Modell St. Georg. In: Der totale Hüftgelenkersatz, hrsg. von H. Cotta, K.-P. Schulitz. Thieme, Stuttgart 1973 (S. 81)
Buchholz, H. W., T. Noach: St. Georg total hip prosthesis. Clin. Orthop. 95 (1973) 209
Burckhardt, A.: Elektromyographische Untersuchung der statischen und dynamischen Hüftfunktion. Med. orthop. Techn. 97 (1977) 163
Burckhardt, A., W. Taillard: Die Statik und Dynamik der versteiften Hüfte. Z. Orthop. 111 (1973) 710
Burdet, A.: Die Elektromyokinesigraphie (EMKG) durch Telemetrie. Med. orthop. Techn. 97 (1977) 167
Bürkle de la Camp, H.: Zur Resektion und Arthrodese des oberen Sprunggelenkes. Zbl. Chir. 12 (1961) 910–915
Burny, F.: Biomécanique de la consolidation des fractures. Étude théorétique, expérimentale et clinique. Mémoire pour le titré d'assistant étranger. Univ. de Paris 1970–1971 (cit. 465)
Burny, F., J. Zucman, J. H. Aubriot: Étude expérimentale de la consolidation des fractures à l'aide de jauges de contrainte. Europ. Surg. Rev. 1 (1969) 173
Burstein, H., V. Frankel: The viscoelastic properties of some biological materials. Ann. N.Y. Acad. Sci. 5 (1968) 146–158
Burstein, A., J. Curray, V. Frankel: The effect of pseudoplastic behavior of bone tissue on the strength of bone structures. J. Bone J. Surg. 53 A (1971) 799
Burstein, A., D. Reilly, V. Frankel: The characteristics of bone and bone tissue. In: Perspectives in Biomedical Engineering, hrsg. R. Kenedi. Macmillan, London 1973 (S. 131–134)
Burstein, A., J. Curray, V. Frankel, D. Reilly: The ultimate properties of bone tissue: The effects of yielding. J. Biomech. 5 (1972) 35–44
Burstein, A., J. Zika, K. Heiple, L. Klein: Contribution of collagen and mineral to the elastic-plastic properties of bone. J. Bone J. Surg. 57 A (1975) 956–961
Burwell, R. E.: Biological problems of bone homoiotransplantation. Aus: Proc. X. Congr. SICOT, Paris 1966 (S. 585–597)
Büttner, A., F. Rehbein: Experimentelle Überlastungsschäden des Röhrenknochens. Langenbecks Arch. klin. Chir. 1949, S. 263–331
Capozzo, L. T., A. Pedotti: General computing method for the analysis of human locomotion. J. Biomech. 8 (1975) 307–320
Carlet, B.: Sur la locomotion humaine. Ann. sci. nat. Sér. 5 (1872) 1–82
Carlsong, E.: A Pressure Transducer Telemetry System for Implantation in the Human Hip Joint. Ass. Advancement Med. Instrument., Boston/Mass. 1970 (S. 15)
Catel, W.: Gefügekundliche Untersuchungen über Struktur und Funktion des coxalen Femurendes des Menschen. Ergebn. Anat. Entwickl.-Gesch. 43 (1970) 3–102
Cavagna, G.: Force platforms as ergometers. J. appl. Physiol. 39 (1975) 1974–1979
Charnley, J.: Anchorage of the femoral head prostheses to the shaft of the femur. J. Bone Jt. Surg. 42 B (1960a) 28–30
Charnley, J.: The lubrication of animal joints in relation to surgical reconstruction by arthroplasty. Ann. rheum. Dis. 19 (1960b) 19

Charnley, J.: The bonding of prosthesis to bone by cement. J. Bone Jt. Surg. 46B (1964) 518–529
Charnley, J.: Biomechanics in orthopaedic surgery. In: Biomechanics and Related Bioengineering Topics, hrsg. von R. M. Kenedi. Pergamon Press, Oxford 1965a
Charnley, J.: A biomechanical analysis of the use of cement to anchor the femoral head prosthesis. J. Bone Jt. Surg. 47B (1965b) 354–363
Charnley, J.: Acryl Cement in Orthopaedic Surgery. Livingstone, Edinburgh 1970
Charnley, J.: The long-term results of low-friction arthroplasty of the hip performed as a primary intervention. J. Bone Jt. Surg. 54B (1972) 61
Charnley, J.: Biomechanical considerations in total hip prosthetic design. Proceedings of the First Open Scientic Meeting of the Hip Society, 1973. Mosby, St. Louis 1973
Charnley, J., D. K. Halley: Rate of wear in total hip replacement. Clin. orthop. relat. Res. 112 (1975) 170
Charnley, J., M. Pussor: The recording and the analysis of gait in relation in the surgery of the hip joint. Clin. Orthop. 58 (1968) 153–164
Chelman, B., P. Walker, H. Shoji, M. Erkman: Kinematics of the knee after prosthetic replacements. Clin. Orthop. 100 (1975) 149–157
Chen, S., S. Lowe, J. Scales, R. Ansell: An in vitro experiment to determine the efficiency of fixation of the McKee-Farrar acetabular component in relation to torsional force. Acta orthop. scand. 45 (1974) 429–435
Chiari, K., M. Endler, H. Hackel: Indication et résultats de l'ostéotomie du bassin selon Chiari dans l'arthrose avancée. Acta orthop. belg. 44 (1978) 176–191
Claes, L., P. Hutzschenreuter: Das Durchdrehmoment an Zugschrauben mit vorgeschnittenem Kortikalisgewinde (Mechanik und Histologie). Z. Orthop. 113 (1975) 2, 237
Claes, L., P. Hutzschenreuter: Einfluß der Senklochgeometrie auf die Kortikalisschraubenzugkraft. Z. Orthop. 115 (1977) 235–238
Classens, E.: Biomechanische Fragen in der Rehabilitation. Orthopäde 3 (1974) 148–152
Cochran, G.: The clinical measurement and control of corrective and supportive forces. Clin. Orthop. 75 (1971) 209–235
Cohen, J.: Failure in performance of surgical implants. J. Bone Jt. Surg. 46A (1964) 416
Coletti, J., W. Acheson, S. L. Wod: A comparison of the physical behavior of normal articular cartilage and the arthroplasty surface. J. Bone Jt. Surg. 54A (1972) 147–160
Comtet, J., R. Rozier, R. Vassal, J. Arene, L. Fischer: Étude mécanique de l'ostéosynthèse par plaque. Rev. Chir. orthop. 54 (1968) 495–501
Contini, R., H. Gage, R. Drillis: Human gait characteristics. In: Biomechanics and Related Bioengineering Topics, hrsg. von R. M. Kenedi. Pergamon, Elmsford 1965
Contzen, H., F. Straumann, E. Paschke: Grundlagen der Alloplastik mit Metallen und Kunststoffen. Thieme, Stuttgart 1967
Cotta, H.: Präarthrose und präarthrotische Deformität. Z. Orthop. 112 (1974) 8–23
Cotta, H., K.-P. Schulitz: Der totale Hüftgelenkersatz. Thieme, Stuttgart 1973
Coutelier, L.: Recherche sur la guérison des fractures. Arscia, Brüssel 1969
Culmann, L.: Die graphische Statik, 2. Aufl., Bd. I. Zürich 1873
Currey, J.: The mechanical properties of bone. Clin. Orthop. 73 (1970) 209–231
Cutchen, C. W.: Physiological Lubrication and Wear in Living. Sympos. The Institution of Mechanic Engineering. London, April 1967
Cutchen, C. W.: A note on weepint lubrication. In: Perspectives in Biomedical Engineering. Proc. of a Symp. of Biol. Engin. Soc., Univ. Strathclyde, Glasgow 1972, hrsg. von R. M. Kenedi. Macmillan, London 1973 (S. 109–110)
Danis, R.: Theorie et pratique de l'ostéosynthèse. Masson, Paris 1947
Davies 1967: zit. nach R. Kölbel 1974
Debeyre, I., J. Artigou: Résultats à distance de 260 ostéotomies tibiales pour déviations du genou. Rev. chir. Orthop. 58 (1972) 335–339
Debrunner, A. M.: Synoptische Liste der Achsenfehler an den unteren Extremitäten und ihre möglichen Folgen. In: Posttraumatische Achsenfehlstellungen an den unteren Extremitäten, hrsg. von M. E. Müller. Huber, Bern 1967a
Debrunner, A. M.: Biomechanische Wirkungen der posttraumatischen Achsenfehler der unteren Extremität. In: Posttraumatische Achsenfehlstellungen an den unteren Extremitäten, hrsg. von M. E. Müller. Huber, Bern 1967b
Debrunner, H. U.: Quantitative electromyography by impulse frequency analysis (IFA). In: Medicine and Sport, Bd. VI: Biomechanics II. Karger, Basel 1971 (S. 304–307)
Debrunner, H. U.: Grundlagen der Biomechanik menschlicher Körperbewegungen. Z. Orthop. 110 (1972) 820
Debrunner, H. U.: Biomechanik und Orthopädie. Orthopäde 3 (1974a) 102–103
Debrunner, H. U.: Joint replacement from biomechanical points of view. In: Biopolymere and Biomechanik von Bindegewebssystemen, hrsg. von F. Hartmann. Springer, Berlin 1974b
Debrunner, H. U.: Zur Biomechanik des Fußes. Orthopäde 3 (1974c) 127–334
Debrunner, H. U.: Studien zur Biomechanik des Hüftgelenkes. Z. Orthop. 113 (1975) 377
Debrunner, H. U.: Geschichte der Ganguntersuchung. Med. orthop. Techn. 97 (1977a) 155–161
Debrunner, H. U.: Die Beurteilung der Muskelfunktion und die Myokinesigraphie. Med. orthop. Techn. 97 (1977b) 161–167
Debrunner, H. U.: Die Kinetik des Gehens. Med. orthop. Techn. 97 (1977c) 168
Debrunner, H. U., G. E. Mäder: Ganguntersuchung an Patienten. Z. Orthop. 110 (1972) 549–555
Diehl, K.: Zur Biomechanik zur intramedullären Prothesenverankerung am coxalen Femurende, Habil.-Schr., Universität des Saarlandes 1976
Diehl, K., W. Hort: Statische und dynamische Untersuchungen bei der Kompressionsarthrodese des Kniegelenkes. Z. Orthop. 111 (1973) 919–925
Diehl, K., H. Mittelmeier: Biomechanische Untersuchungen zur Erklärung der Spongiosierung bei der Plattenosteosynthese. Z. Orthop. 112 (1974a) 235
Diehl, K., H. Mittelmeier: Biomechanische Untersuchungen zur „Hohlbiegung" der Osteosyntheseplatten. Z. Orthop. 112 (1974b) 2, 314
Diehl, K., U. Hanser, W. Hort, H. Mittelmeier: Biomechanische Untersuchungen über die maximalen Vorspannkräfte der Knochenschrauben in den verschiedenen Knochenabschnitten. Arch. orthop. Unfall-Chir. 80 (1974) 89–94
Dietschi, C., A. H. Huggler, A. Schreiber, H. Jacob: Experimentelle Untersuchungen über das Deformationsverhalten des Hüftacetabulums unter Belastung. Z. Orthop. 112 (1974) 4, 670
Dintenfass, L.: Rheology of complex fluids and some observation on joint lubrication. Fed. Proc. 25 (1966) 1054
Dowson, D., V. Wright: The lubrication of human joints. In: Perspectives in Biomedical Engineering. Proc. of a Sympos. of Biolog. Engin. Soc., Univ. Strathclyde, Glasgow 1972, hrsg. von R. M. Kenedi. Macmillan, London 1973 (S. 103–107)
Dowson, D., U. Unsworth, V. Wright: Analysis of boosted lubrication in human joints. J. biomech. Engng. Sci. 12 (1970) 364–369
Drillis, R.: Objective recording and biomechanics of pathological gait. Ann. N. Y. Acad. Sci. 74 (1958) 86–109

Drillis, R.: The use of glyding cyclograms in biomechanical analysis of movements. In: Human Factors 1 (1959) 12
Drillis, R.: The influence of ageing on the kinematics of gait. In: The Geriatric Amputee, Publication 919. National Academy of Sciences, Washington D. C. 1961
Dubois, M.: Die Pathophysiologie der Pseudarthrose. Helv. chir. Acta 20 (1953) 334–341
Duchenne, G.: Physiologie des mouvements. Masson, Paris 1867 (S. 335)
Ducroquet, R., J. Ducroquet, P. Ducroquet: La marche et les boiteries. Étude des marches normales et pathologiques. Masson, Paris 1965 (S. 280)
Eberhardt, H. D., V. T. Inman: Fundamental studies of human locomotion and other informations relating to design of artificial limbs. University of California, Berkeley 1947
Eberhardt, H., V. Inman: An evaluation of experimental procedures used in fundamental study of human locomotion. Ann. N. Y. Acad. Sci. 51 (1951) 132
Eckhoff, P.: Kompensatorische Bewegungen der Fußwurzelgelenke bei Versteifung des oberen Sprunggelenkes. Diss., Freie Universität Berlin 1971
Edwards, R., T. J. Laffe, K. Lange: Ligament Strain in the Human Knee Joint. Trans. Amer. Soc. Mech., Ser. D. 92 (1970) 145–150
Eichler, J.: Praearthrose durch Immobilisation. Z. Orthop. 112 (1974) 571–573
Elftmann, H.: Forces and energy changes in the leg during walking. Amer. J. Physiol. 125 (1939a) 339–343
Elftmann, H.: The force exerted by the ground in walking. Arbeitsphysiologie 10 (1939b) 485–494
Elftmann, H.: The basic pattern of human locomotion. Ann. N. Y. Acad. Sci. 51 (1951) 7
Elftmann, H., J. Manter: The axis of the human foot. Sciences 80 (1934) 484–486
Elson, R., J. Charnley: The direction of the resultant force in total prosthetic replacement of the hip joint. Med. biol. Engng. 6 (1968) 19–27
Endler, F.: Die allgemeinen Materialeigenschaften der Methylmetacrylat-Endoprothesen für das Hüftgelenk und ihre Bedeutung für die Spätprognose einer künstlichen Hüftarthroplastik. Arch. orthop. Unfall-Chir. 46 (1953a) 54, 35
Endler, F.: Mechanische Probleme der Hüftkopfersatzplastik mit Methacrylat-Endoprothesen. Z. Orthop. 84 (1953b) 1–17
Endler, F.: Chondrolyse als Überbeanspruchungsschaden des Kniegelenkes. Wien. med. Wschr. 108 (1958) 948–951
Endler, F.: Ergebnisse der operativen Coxarthrosebehandlung bei richtiger und falscher Indikation. XI. SICOT-Kongr., Wien 1963, 1964 (S. 369–385)
Endler, F.: Funktionelle Anpassung des Knochens bei Hüftschäden. Langenbecks Arch. klin. Chir. 319 (1967) 399–405
Endler, F.: Gelenkerhaltende Operation bei posttraumatischer Oberschenkelkopfnekrose. XI. SICOT-Kongreß, Mexiko 1969. Imprimerie de Sciences, Brüssel 1970 (S. 841–854)
Endler, F.: Die Biomechanik in der operativen Orthopädie. Ist Europ. Biophys. Congr., Sept. 1971 in Baden, hrsg. von E. Broda, A. Locker. Springer-Lederer, Wien 1973
Endler, F.: Die Entwicklung der Biomechanik und ihre Bedeutung in der modernen Orthopädie. Orthop. Prax. 10 (1974a) 128–138
Endler, F.: Biomechanische Probleme bei kombinierten Achsenfehlern der unteren Extremitäten. Orthop. Prax. 10 (1974b) 423–430
Endler, F.: Der Pendelsäulenspan bei der Behandlung von Degenerationsschäden der unteren LWS und des Lumbosakralgelenkes. Z. Orthop. 112 (1974c) 767–769
Endler, F.: Biomechanische Probleme bei kombinierten Achsenfehlern der unteren Extremitäten. Orthop. Prax. 10 (1974d) 423–430
Endler, F.: Die klinische Bedeutung biomechanischer Fehlplanungen bei Hüftgelenksoperationen. Med. orthop. Techn. 94 (1974e) 129–134
Endler, F.: Hüftkopfosteopathien. Verh. dtsch. Ges. Path. 58 (1974f) 192–204
Endler, F.: Die chirurgische Behandlung der Gonarthrose nach biomechanischen Gesichtspunkten. Beitr. Orthop. Traum. 22 (1975) 169–172
Endler, F.: Zur Biomechanik diaphysärer Achsenfehler der unteren Extremitäten. Österr.-Französ. Tagung, Wien 1975 (in Druck)
Endler, F.: Behandlung resistenter Rachitisformen aus der Sicht des Orthopäden und Osteologen. Orthopäde 6 (1977a) 27–29
Endler, F.: Die chronische hypophosphatämische Osteopathie (Rachitis). Orthopädische Übersicht. Acta med. aust. 4 (1977b) 161–168
Endler, F.: Die Entwicklung der Biomechanik und ihre Bedeutung in der modernen Orthopädie. Kongr. Ungar. orthop. Ges. Sonderdruck, Debrecen 1978
Endler, F.: Cartilage in osteoarthritis. 2nd Munich Symp. on the Biology of Connective Tissues, 1979. Schattauer, Stuttgart (im Druck)
Endler, M.: Le rôle de l'ostéotomie intertrochantaire d'abduction avec d'etenve musculaire de Pauwels II. Rev. Chir. orthop. 64 (1978) 587–594
Endler, M., N. Böhler: Änderungen der Kniegelenkbeanspruchung. Orthop. Praxis 15 (1979) 431–435
Endler, F., M. Endler: La ténotomie élargie dans la coxarthrose. Importance de la préparation biomécanique quant à l'indication, l'opération et la qualité du résultat. Acta orthop. belg. 44 (1978a) 140–160
Endler, F., M. Endler: Résultat à longue échéance des ostéotomies varisantes (P I) et valgisantes (P II) dans les coxarthroses anvancées. Acta orthop. belg. 44 (1978b) 219–247
Endler, F., M. Endler: Aspects cliniques de l'étiopathogénie de la coxarthrose. Acta orthop. belg. 44 (1978c) 105–113
Endler, F., K. Fochem: Special Orthopaedic Radiology. Thieme, Stuttgart u. Saunders, Radiology. Philadelphia (in Druck)
Engin, A., M. S. Korde: Biomechanics of normal and abnormal knee joint. J. Biomech. 7 (1974) 325–334
Evans, F. G.: Stress and Strain in Bones. Their Relation to Fractures and Osteogenesis. Thomas, Springfield/Ill. 1957
Evans, F. G.: Stress and strain of posture, expressed in the construction of man's weight-bearing skeletal structure. Clin. Orthop. 25 (1963) 42
Evans, F., S. Bang: Stress and Strain in Bones. Their Relation to Fractures and Osteogenesis. Americ. Lect. Series Public., Nr. 296. Thomas, Springfield/Ill. 1957
Evans, F., S. Bang: Physical and histological differences between human fibular and femoral compact bone. In: Studies on the Anatomy and Function of Bone and Joint, hrsg. von F. G. Evans. Springer, Berlin 1966 (S. 142–155)
van Faassen, S.: Biomechanische Fragen in der Rehabilitation. Orthopäde 3 (1974) 148–152
Falk, S.: Lehrbuch der technischen Mechanik, Bd. I–III. Springer, Berlin 1967–1969
Feldkamp, M.: Ganganalyse bei Kindern mit zerebraler Bewegungsstörung. Monographie. Aus d. Orthop. Klinik u. Poliklinik d. Westfäl. Wilhelms-Universität. Münster 1977 (in Druck)
Feldkamp, M.: Analyse von Körpersegmentbewegungen im Gang bei zerebralparetischen und gesunden Kindern. In: Funktionelle Diagnostik in der Orthopädie, hrsg. von E. Morscher. Enke, Stuttgart 1979 (S. 90)
von Felten, B.: Die periartikuläre Knochenneubildung, eine mögliche Komplikation nach Totalprothesenoperation der Hüfte. Diss., Zürich 1976
Fick, R.: Allgemeine Gelenk- und Muskelmechanik. In: Handbuch der Anatomie und Mechanik der Gelenke, Bd. II. Fischer, Jena 1910a
Fick, R.: Spezielle Gelenk- und Muskelmechanik. In:

Handbuch der Anatomie und Mechanik der Gelenke, Bd. III. Jena 1910b
Fick, R.: Handbuch der Anatomie und Mechanik der Gelenke unter Berücksichtigung der bewegenden Muskeln. Fischer, Stuttgart 1911 (2. Teil: S. 290–314; 3. Teil: S. 484–521)
Fischer, O.: Der Gang des Menschen. 2. T. Die Bewegung des Gesamtschwerpunktes und die äußeren Kräfte. Abh. math.-phys. Cl. Königl. Sächs. Ges. Wiss. 25 (1899) 3–127
Fischer, O.: Der Gang des Menschen. 3. T. Betrachtungen über die weiteren Ziele der Untersuchung und Überblick über die Bewegungen der unteren Extremitäten. Abh. math.-phys. Cl. Königl. Sächs. Ges. Wiss. 26 (1900a) 85–170
Fischer, O.: Der Gang des Menschen. 4. T. Über die Bewegung des Fußes und die auf denselben einwirkenden Kräfte. Abh. math.-phys. Cl. Königl. Sächs. Ges. Wiss. 26 (1900b)
Fischer, O.: Der Gang des Menschen. 5. T. Die Kinematik des Beinschwingens. Abh. math.-phys. Cl. Königl. Sächs. Ges. Wiss. 28 (1903) 321–428
Fischer, O.: Der Gang des Menschen. 6. T. Über den Einfluß der Schwere und der Muskeln auf die Schwingungsbewegung des Beines. Abh. math.-phys. Cl. Königl. Sächs. Ges. Wiss. 28 (1904) 533–623
Fleiß, O., H. Fleiß, H. Pokorny, G. Ritter, P. Schubert: Elektronische Erfassung kinematischer und dynamischer Parameter der Gehbewegung. In: Funktionelle Diagnostik in der Orthopädie, hrsg. von E. Morscher. Enke, Stuttgart 1979 (S. 55)
Floyd, W. F., P. H. S. Silver: Function of the erector spinae inflection of the trunk. Lancet 20/1 (1951) 133–140
Floyd, W. F., P. H. S. Silver: The functions of the erectores in certain movements and postures in man. J. Physiol. (Lond.) 129 (1955) 184–193
Föppl, L., E. Mönch: Praktische Spannungsoptik. Springer, Berlin 1959
Francillon, M.: Myokinesigraphie. In: Handbuch der Orthopädie, Bd. I, hrsg. von G. Hohmann, M. Hackenbroch, K. Lindemann. Thieme, Stuttgart 1957
Frank, E., H. Zitter: Metallische Implantate in der Knochenchirurgie. Springer, Wien 1971
Frank, E., O. Oest, H. Rettig: Die Röntgenaufnahme in der Operationsplanung von Korrekturosteotomien der Beine. Z. Orthop. 112 (1974) 344–347
Franke, H.: Lexikon der Physik, 3. Aufl. Franckh'sche Verlagsbuchhandlung, Stuttgart 1969
Frankel, V.: Biomechanics of the knee. Orthop. clin. N. Amer. 2 (1971) 175–190
Frankel, V., A. Burstein: The design of orthopaedic prostheses. In: Engineering in the Practice of Medicine, hrsg. von B. L. Segal, D. G. Kilpatrick. Williams & Wilkins, Baltimore 1967
Frankel, V., A. Burstein: The application of engineering to the muscular skeletal system. In: Orthopaedic Biomechanics, hrsg. von V. Frankel, A. Burstein. Lea & Febiger, Philadelphia 1970a
Frankel, V., A. Burstein: Orthopaedic Biomechanics. Lea & Febiger, Philadelphia 1970b
Fredenhagen, H.: Die Wirkung der Spondylodese auf die Statik der Wirbelsäule. Z. Orthop. 112 (1974) 344–348
Freeman, M. A. R., G. C. Brown: ICLH cemented double cup replacement. Arch. orthop. Unfall-Chir. 92 (1978) 191–198
Freeman, M., S. Swanson, J. Heath: The production characterization and biological significance of the wear particles produced in vitro from cobalt-chromium-molybdenum total joint replacement prostheses. Brit. J. Surg. 56 (1969) 701
Freeman, M. A. R., S. A. V. Swanson, W. H. Day, R. J. Thomas: The reference is conservative total replacement of the hip. J. Bone Jt. Surg. 57B (1975) 114
Friedebold, G.: Aktivität normaler Rückenmuskulatur im Elektromyogramm unter verschiedenen Haltungsbedingungen. Z. Orthop. 90 (1958) 1
Friedebold, G.: Problematik und Begriff des sogenannten Sportschadens. Z. Orthop. 110 (1972) 759
Friedrich, E., G. Schumpe, K. J. Münzenberg: Biomechanische Betrachtung verschiedener Umstellungsosteotomien und ihre Verlaufsformen. 1. Mitteilg. Z. Orthop. 112 (1974) 1291–1296
Galante, J., A. Schultz, A. Dewald, R. Ray: Forces acting in the Milwaukee brace on patients undergoing treatment for idiopathic scoliosis. J. Bone Jt. Surg. 52A (1970) 498–506
Galante, J., u. Mitarb.: Failed femoral stems in total hip prostheses. J. Bone Jt. Surg. 57A (1975) No. 2
Gebhardt, W.: Trajektorielle Strukturen im Knorpel. Diskuss. z. Vortrag Schaffert. Verh. anat. Ges. (Jena) 25 (1911) 162–168
Gekeller, I.: Die Hüftkopfepiphysenlösung. Radiometrie und Korrekturplanung. Enke, Stuttgart 1977
Geller, G.: Erfahrungen mit der Ab- und Adduktionsosteotomie nach Pauwels. Biomech.-Orthopaed.-Traumatol. SICOT-Kongreß 1963, Bd. II, D 55. Verlag der Wiener medizinischen Akademie, Wien 1965
Gerard, Y., Ph. Segal, J. D. Bedoucha: L'arthroplastie de la hanche par cupules couplées. Rev. Chir. orthop. 60, Suppl. II (1974) 281
Gibson, A., T. H. Williams: Changes in the femoral head underlying a vitallium cup. J. Bone Jt. Surg. 33B (1951) 119
Gillis, T.: Modern Trends in Surgical Materials. Butterworth, London 1958
Göb, A.: Muskelmechanische und elektromyographische Untersuchungen am Hüftgelenk des Spastikers und deren praktische Folgerungen. Z. Orthop. 103 (1967) 309
Goecke, C.: Statik und Dynamik der Baustoffe des menschlichen Körpers. Verh. dtsch. orthop. Ges. Z. Orthop., Bd. 29, S. 360
Graden, R., H. U. Debrunner: Objektive Kriterien der Wirbelsäulenmechanik. Orthop. Prax. (1975) 479–472
Greenwald, A. S., D. W. Haynes: Weight-bearing areas in the human hip joint. J. Bone Jt. Surg. 54B (1972) 157–163
Groh, H.: Biomechanische Aspekte der Beanspruchung und Überlastung der Haltungs- und Bewegungsorgane bei der Arbeit. Z. Orthop. 113 (1975) 636–640
Groh, H.: Die numerische Abbildung der Kinematik menschlicher Bewegungen. Vortrag 2nd International Seminar on Biomechanics, Eindhoven 1969
Groh, H.: Zur Biomechanik von Körperübungen. Z. Orthop. 110 (1972) 823–830
Groh, H.: Biomechanische Aspekte der Beanspruchungsüberlastung der Haltungs- und Bewegungsorgane bei der Arbeit. Z. Orthop. 113 (1975) 636–641
Groh, H., W. Baumann: Die statische Belastung der Wirbelsäule durch die Sagittalkrümmung. Int. Z. angew. Physiol. 24 (1967) 129–149
Groh, H., W. Baumann: Kinematische Bewegungsanalyse. Biomechanics I., 1. Internat. Sem. Zürich 1967. Karger, Basel 1968 (S. 23–32)
Groh, H., W. Baumann: Über einige Grundfragen biomechanischer Untersuchungen. Med. Welt (N. F.) 22 (1971) 275–280
Groher, W.: Entstehungsmechanismus typischer Verletzungen der Knochen und Gelenke beim Sport. Z. Orthop. 110 (1972) 773
Gross, F., G. Arnold: Experimentelle Untersuchungen zur Gewebsmechanik menschlicher Sehnen unter dem Gesichtspunkt der funktionellen Eignung bei physiologischen und übermäßigen Belastungen. Z. Orthop. 113 (1975) 655–659
Gschwend, N., H. U. Debrunner: Total Hip Prostheses. Huber, Bern 1976
Gutewort, W.: Erfassung kinematischer Parameter der menschlichen Bewegung. Biomechanics I., 1. Internat. Sem. Zürich 1967. Karger, Basel 1968 (S. 53–60)
Gutewort, W.: zit. nach H. Groh 1969
Güth, V., F. Abbink, H. Theyson, H. Woltering, M. Feldkamp: Methode zur simultanen Aufnahme und Auswer-

tung von Elektromyogrammen und Bewegungsuntersuchungen beim Gehen von Kindern mit zerebralen Bewegungsstörungen. In: Funktionelle Diagnostik in der Orthopädie, hrsg. von E. Morscher. Enke, Stuttgart 1979 (S. 62)

Gutmann, G.: Schulkopfschmerz und Kopfhaltung. Ein Beitrag zur Pathogenese des Anteflexions-Kopfschmerzes und zur Mechanik d. Kopfgelenke. Z. Orthop. 105 (1969) 497–515

Hackenbroch, M.: Grundlagen der Orthopädie. In: Handbuch der Orthopädie, Bd. I, hrsg. von G. Hohmann, M. Hackenbroch, K. Lindemann. Thieme, Stuttgart 1957 (S. 32–58)

Hackenbroch, M.: Die degenerativen Erkrankungen des Hüftgelenkes. In: Handbuch der Orthopädie, Bd. IV/1, hrsg. von G. Hohmann, M. Hackenbroch, K. Lindemann. Thieme, Stuttgart 1961

Hackenbroch, M.: Faktoren die die Entstehung und Entwicklung der Arthrose beeinflussen. Ärztl. Prax. 23 (1971) 3723

Hackenbroch, M.: Über funktionelle Insuffizienz – Arthrose und Präarthrose. Z. Orthop. 112 (1974) 23–27

Hackenbroch, M., H. H. Springer: Die experimentelle Untersuchung zur Frage der Reversibilität distraktionsbedingter Gelenkveränderungen. Z. Orthop. 112 (1974) 140–150

Hackenbroch jr., M. H.: Gelenkveränderungen unter dosierter Druckminderung im Tierversuch. Z. Orthop. 112 (1974) 667–671

Haike, H. J., P. Heymann, K. Wagner: Experimentelle Untersuchungen über den Einfluß der Immobilisation auf die Knochenfestigkeit und Knochenelastizität sowie über die Regenerationsfähigkeit derselben bei der Remobilisation. Z. Orthop. 102 (1966) 200–206

Hall, jr., A. S.: Kinematics and Linkage Design, 2. Aufl. Prentice-Hall, Englewood Cliffs/N. J. 1960

Hamacher, P., F. G. Koch: Spätfolgen nach Kniearthrodese. Z. Orthop. 111 (1973) 441–443

Hamacher, P., H. Roesler: Berechnung von Größe und Richtung der Hüftgelenksresultierenden. Arch. orthop. Unfall-Chir. (1972) 94–106

Harris, W.: A second generation of total hip replacement. Orthop. Clin. N. Amer. 4 (1973) No. 2

Harrisberger, L.: Mechanization of Motion. Wiley, New York 1961

Hartung, C., G. Arnold, F. Gross: Biomechanik des hyalinen Knorpels unter Druckschwellbeanspruchungen. Acta anat. (Basel) 9 (1975) 583–593

Hatze, H.: The meaning of the term biomechanics. J. Biomech. 7 (1974) 189–190

Hefti, F., J. U. Baumann, E. Morscher: Ganganalyse bei Arthrodesen des oberen Sprunggelenks. In: Funktionelle Diagnostik in der Orthopädie, hrsg. von E. Morscher. Enke, Stuttgart 1979 (S. 73)

Heimke, G., W. Beisler, H. von Andrian-Werburg, P. Griss, B. Krempien: Untersuchungen an Implantaten aus AL_2O_3-Keramik. Ber. Dtsch. Keram. Ges. 50 (1973) 4–12

Henry, A., M. Freeman, S. Swanson: Studies on the mechanical properties of healing experimental fractures. Proc. roy. Soc. Med. 61 (1968) 902–906

Hicks, J.: The three weight-bearing mechanisms of the foot. In: Biomechanical Studies of the Musculoskeletal System, hrsg. von F. Evans. Thomas, Springfield/Ill. 1961 (S. 161–191)

Hiedl, H.: Technische Mechanik. Ein Lehrbuch für höhere technische Lehranstalten, Bd. I–III. Oldenbourg, Wien 1977

Hinkle, R. T.: Kinematics of Motion, 2. Aufl. Prentice-Hall, Englewood Cliffs/N. J. 1960

Hinterberger, G. M., M. Ungethüm: Biomechanische Betrachtungen zur Beanspruchung der Verankerung von Femurschaftprothesen. Z. Orthop. 115 (1977) 936–941

Hirsch, C.: Forces in the hip-joint. Part I: General considerations. In: Biomechanics and Related Bio-Engineering Topics. Proc. of a Symp., Glasgow 1964, hrsg. von R. M. Kenedi. Pergamon Press, Oxford 1965

Hirsch, C., A. Nachemson: New observations on the mechanical behavior of lumbar discs. Acta orthop. scand. 23 (1954) 254–283

Hoffmann-Daimler, S.: Mechanische Faktoren der Lockerung von Hüftgelenkprothesen und Möglichkeiten ihrer Beseitigung. Z. Orthop. 112 (1974) 498–501

Hoffmann-Daimler, S.: Die Wirbelsäule unter typischen Arbeitsbelastungen. Aspekte der Biomechanik. Z. Orthop. 113 (1975) 1, 130

Hohmann, D., P. U. Eckhoff: Kompensationsbewegungen des Tarsus bei Versteifung des Talocruralgelenkes. Z. Orthop. 111 (1973) 444–446

Hopf, H. C., A. Struppler: Elektromyographie. Thieme, Stuttgart 1974

Housner, G. W.: The Analysis of Stress and Deformation. Macmillan, New York 1966

Huggler, A., A. Schreiber, C. Dietschi, H. Jacob: Experimentelle Untersuchungen über das Deformationsverhalten des Hüftacetabulums unter Belastung. Z. Orthop. 112 (1974) 44

Huke, B., J. Breitenfelder: Veränderte statisch-dynamische Beanspruchung des Beckenskelettes nach Implantation der Hüfttotalendoprothese. Z. Orthop. 112 (1974) 512–515

Huson, A.: Biomechanische Probleme des Kniegelenkes. Orthopäde 3 (1974) 119–126

Hutton, W., G. Drabble: An apparatus to give the distribution of vertical load under the foot. Rheum. phys. Med. 11 (1972) 313–317

Hyes, W., L. Mockros: Viscoelastic properties of human articular cartilage. J. appl. Physiol. 31 (1971) 562–568

Inmann, V. T.: Functional aspects of the abductor-muscles of the hip. Surgery 29 (1947) 607–619

Izadpanah, H., S. Keönch-Fraknóy: Entlastung des medialen oder lateralen Kniegelenkanteiles ohne Varisierungs- oder Valgisierungsosteotomie. Z. Orthop. 115 (1977) 21–28

Jaeger, M., W. Kuesswetter, J. Ruett, M. Ungethüm, R. Burkhardt: Experimentelle Torsionslockerung technisch verschieden implantierter Hüftendoprothesenpfannen. Z. Orthop. 112 (1974) 34–44

Jakob, A. H. C., A. H. Huggler: Experimentelle Spannungsanalysen im menschlichen Oberschenkelknochenmodell mit und ohne Prothese. Techn. Rdsch. Sulzer, Forschungsh. (1978) 83

Jayson, J. Charnley, Newman: Development of Total Hip Replacement. Total Hip Replacement. Sector Publishing, London 1972 (S. 23)

Jentschura, G.: Haltungsschäden und Schulsport. Z. Orthop. 110 (1972) 738–740

Johnson, F., W. Waugh, J. Osborne: Results from Gate Analysis Performed Routinely on Patients Having a Wide Range of Disorders of the Knee. Queens Medical Center, Nottingham/Engl. 1978

Jorgensen, T.: Measurements of stability of crural fractures treated with Hoffmann osteotaxis. I–IV. Acta orthop. scand. 43 (1972) 188–291

Jouck, J.: In vivo determination of the elastic response of bone. I, II, Phys. Med. Biol. 15 (1970a) 417–434

Jouck, T.: Die Festigkeit von Tibiae nach Spanentnahme an verschiedenen Orten. Z. Anat. Entwickl.-Gesch. 130 (1970b) 345–364

Judet, R.: Totale Hüftendoprothesen aus Porometall ohne Zementverankerung. Z. Orthop. 113 (1975) 828

Judet, J., R. Judet: The use of artificial femoral head for arthroplasty of the hip joint. J. Bone Jt. Surg. 32B (1950) 166

Jurist, J.: In vivo determination of the elastic response of bone. I. Method of ulnar resonant frequency determination. II. Ulnar resonant frequency in osteoporotic, diabetic and normal subjects. Phys. Med. Biol. 15 (1970) 417–434

Katz, J.: Hard tissue as a composite material. I. (Bounds on the elastic behavior.) J. Biomech. 4 (1971) 455–473

Kenedi, R. M.: Biomechanics and Related Bioengineering Topics. Proc. of a Sympos. held in Glasgow Sept. 1964. Pergamon Press, Oxford 1965
Kenedi, R. M.: Perspectives in Biomedical Engineering. Proc. of a Symp. of Biolog. Engin. Soc. Univ. Strathclyde, Glasgow 1972. Macmillan, London 1973
Kettelkamp, D.: Clinical implications of knee biomechanics. Arch. Surg. 10 (1973) 406–410
Kettelkamp, D., A. W. Jacobs: Tibiofemoral contact area. Determination and implantations. J. Bone Jt. Surg. 54 A (1972) 349–356
Kettelkamp, D., R. Nasca: Biomechanics and knee replacement arthroplasty. Clin. Orthop. 94 (1973) 8–14
Kettelkamp, D. B., R. C., Johnston, G. L. Schmidt, E. Y. S. Chao, M. Walker: An electrogoniometric study for knee motion in normal gait. J. Bone Jt. Surg. 52 A (1970) 775
Knese, K.: Knochenstruktur als Verbundbau. Thieme, Stuttgart 1958 (S. 53)
Knöfler, E. W.: Die biomechanischen Induktionen bei der Knochenbruchheilung. Z. Orthop. 104 (1967) Beilageh.
Knutsson, B., H. Lindh, H. Telhag: Sitting – an electromyographic and mechanical study. Acta orthop. scand. 37 (1966) 415–425
Kölbel, R.: Schmierungsvorgänge an tierischen Gelenken, der gegenwärtige Stand der Vorstellungen. Arch. orthop. Unfall-Chir. 78 (1974) 50–61
Kölbel, R., J. Bönick: Biomechanische Probleme der Implantatchirurgie. Orthopäde 3 (1974) 1453–1463
Kölbel, R., J. Bönick, W. Krieger, R. Wilk: Mechanische Eigenschaften der Verbindung von spongiösem Knochen mit Polymethylmetacrylat bei statischer Belastung. II. Scherfestigkeit. Arch. orthop. Unfall-Chir. 77 (1973) 339–347
Konermann, H.: „Äquidensitometrie" Dichtemessung und Materialverteilung im Knochen. Z. Orthop. 113 (1975) 4, 734
König, G.: Wert und Bedeutung verschiedener Methoden zur röntgenologischen Bestimmung des reellen Antetorsions- und reellen Schenkelhalsschaftwinkels. Z. Orthop. 111 (1973) 663–671
Kraemer, J.: Zur Biomechanik des lumbalen Bewegungssegmentes. Fortschr. Med. 91 (1973) 363–365
Kraemer, J.: Biopolymere Symposium. In: Biopolymere und Biomechanik von Bindegewebssystemen, hrsg. von F. Hartmann. Springer, Berlin 1974
Krahl, H.: Zur Belastbarkeit menschlichen Sehnengewebes. Z. Orthop. 113 (1975) 4, 113
Krakovits, G., G. Zsedenyi: Die Elastizität der Gelenkknorpel. Anat. Anz. 124 (1969) 113–119
Krompecher, S.: Die Knochenbildung. Fischer, 1937 (S. 150)
Krompecher, St.: Local tissue metabolism and a quality of the callus. Symp. Biol. Hung. 7. Akadémiai Kiado, Budapest 1967 (S. 275–300)
Kumagai, T.: A study on swing phase control during normal human gait. J. Jap. orthop. Ass. 46 (1972) 419
Kummer, B.: Eine vereinfachte Methode zur Darstellung von Spannungstrajektorien, gleichzeitig ein Modellversuch für die Ausrichtung und Dichteverteilung der Spongiosa in den Gelenkenden der Röhrenknochen. Z. Anat. Entwickl.-Gesch. 119 (1955) 223–234
Kummer, B.: Bauprinzipien des Säugerskelettes. Thieme, Stuttgart 1959 a (S. 227)
Kummer, B.: Biomechanik des Säugetierskelettes. In: Handbuch der Zoologie, Bd. VI/2, hrsg. von V. Kükenthal. de Gruyter, Berlin 1959 b (S. 1–80)
Kummer, B.: Principles of the biomechanics of the human supporting and locomotor system, Bd. II. IX. SICOT-Kongr., Wien 1963 (S. 60–81)
Kummer, B.: Statik und Dynamik des menschlichen Körpers. In: Handbuch der gesamten Arbeitsmedizin. Bd. I/9. Urban & Schwarzenberg, Berlin 1961
Kummer, B.: Die Torsion der unteren Extremität, ihre Entstehung und funktionelle Bedeutung. In: Verhandlungen der Deutschen Orthopädischen Gesellschaft. 49. Kongreß, Zürich 1961, hrsg. von M. Lange. Enke, Stuttgart 1962 a (S. 115–135)
Kummer, B.: Funktioneller Bau und funktionelle Anpassung des Knochens. Anat. Anz. 110 (1962 b) 261–293
Kummer, B.: Grundlagen der Biomechanik des menschlichen Stütz- und Bewegungsapparates. Biomech. Orthop. Traum. SICOT-Kongreß 1963, Bd. II, D 65. Verlag der Wiener medizinischen Akademie, Wien 1965 a
Kummer, B.: Biomechanik der aufrechten Haltung. Mittlg. Naturf. Ges. Bern (N. F.) 22 (1965 b) 239–259
Kummer, B.: Die physikalischen Grundlagen der Skelettstatik. In: Handbuch der vergleichenden Anatomie der Wirbeltiere, Bd. VIII/6, hrsg. von L. Bolk u. a. Urban & Schwarzenberg, München 1967 a
Kummer, B.: Funktionelle Anatomie des Vorfußes. In: Verhandlungen der Deutschen Orthopädischen Gesellschaft, 53. Kongreß, Hamburg 1966, hrsg. von M. Lange. Enke Stuttgart 1967 b (S. 482–493)
Kummer, B.: Die Beanspruchung des menschlichen Hüftgelenks. I. Allgemeine Problematik. Z. Anat. Entwickl.-Gesch. 127 (1968) 277–285
Kummer, B.: Die Beanspruchung der Gelenke, dargestellt am Beispiel des menschlichen Hüftgelenkes. In: Verhandlungen der Deutschen Gesellschaft für Orthopädie und Traumatologie. 55. Kongreß, Kassel 1968, hrsg. von A. N. Witt. Enke, Stuttgart 1969
Kummer, B.: Die Entwicklung der Biomechanik in Deutschland in den letzten 40 Jahren. Dtsch. med. Wschr. 95 (1970) 1735–1738
Kummer, B.: Biomechanics of bone; mechanical properties, functional structure, functional adaptation. In: Biomechanics, hrsg. von J. C. Fung, N. Perrone, M. Anliker, Prentice-Hall, Englewood Cliffs, N. J. 1972 (S. 237–271)
Kummer, B.: Biomechanical Aspects of the Total Hip Prosthesis. Biomed. Symp., San Diego 1975
Kummer, B.: Biomechanische Grundlagen beanspruchungsändernder Osteotomien im Bereiche des Kniegelenkes. Z. Orthop. 115 (1977) 923–928
Kummer, B.: Anatomie fonctionelle et biomécanique de la hanche. Acta orthop. belg. 44 (1978 a) 94–104
Kummer, B.: Biomechanische Konsequenzen der tetrapoden Lokomotion. Zool. Jb. Anat. 99 (1978 b) 117–128
Kummer, B.: Mechanische Beanspruchung und funktionelle Anpassung des Knochens. Verh. anat. Ges. (Jena) 72 (1978 c) 21–46
Kuner, E. H.: Über verschiedene Knochenzemente. Akt. Traumatol. 3 (1973) 263
Langenberg, W.: Morphologisch-physiologischer Querschnitt und Kraft des M. erector spinae im Lumbalbereich des Menschen. Z. Anat. Entwickl.-Gesch. 132 (1970) 158–190
Lanz, T., T. Wachsmuth: Praktische Anatomie, Bd. I/4: Bein und Statik. Springer, Berlin 1938, 2. Aufl. 1972
Laurence, M., J. Strachan: The dynamic stability of the knee. Proc. roy. Soc. Med. 63 (1970) 758–761
Laurence M., M. Freeman, S. Swanson: Engineering Considerations in the Internal Fixation of Fractures of the Tibial Shaft. J. Bone Jt. Surg. 59 (1969) 943
Ledermann, K.: Die physiologischen Achsen der unter Extremität. In: Posttraumatische Achsenfehlstellungen an den unteren Extremitäten, hrsg. von M. E. Müller. Huber, Bern 1967
Legal, H., H. Ruder: Zur biostatischen Analyse des Hüftgelenkes. Z. Orthop. 115 (1977) 215–234
Letournel, E., J. Lagrange: Total knee replacement with the „LL" type prosthesis. Clin. Orthop. 94 (1973) 249–256
Limmer, L., G. König, G. Leitz: Individualität der Belastungsmuster des menschlichen Ganges, Messungen der beim Gehen auftretenden Kräfte auf den Boden. Z. Orthop. 115 (1977) 321–334
Lindholm, R. V., T. S. Lindholm, S. Toikhanen, R. Leing: Effect of forced intrafragmental movements on the healing of tibia fractures in rats. Acta orthop. scand. 40 (1970) 721–728

Löffel-Wagner, M.: Ganganalyse beim Hemiplegiker. Akt. Gerontol. 7 (1977a) 427–438
Löffel-Wagner, M.: Parameterdarstellung des pathologischen Ganges am Beispiel der Hemiplegie. Med. orthop. Techn. 97 (1977b) 174
Longfield, M., D. Dowson, P. Walker, V. Wright: Boosted lubrication of human joints by fluid enrichment and entrapment. Bio-med. Engng. 14 (1969) 517–522
Lugner, P., K. Desoyer, A. Novak: Technische Mechanik, Aufgaben und Lösungen, Bd. I–III. Springer, Wien 1977
Lusted, L. B., T. E. Keats: Atlas of Roentgenographic Measurement, 2. Aufl. Year Book Medical Publishers, Chikago 1967
McKee, G. K.: Artifical Hipp Joint, J. Bone and Joint Surgery 33 B (1951) 465
McKee, G. K.: Development of total prosthetic replacement of the hip. In: Bücherei des Orthopäden, Bd. IV, hrsg. von P. Otte, K.-F. Schlegel. Enke, Stuttgart 1969 (S. 89)
McKee, G. K., W. Farrar: Replacement of Arthritic Hipps, by McKee-Farrar Prosthesis, J. Bone and Joint Surgery, 48 B (1966) 245
Maquet, P.: Biomécanique des membres inférieurs. Acta orthop. belg. 32 (1966) 705–728
Maquet, P.: Charge et sollicitation mécanique des os. Le principe du hauban. Rev. Méd. (Liège) (1969a) 115–132
Maquet, P.: Biomécanique du genou et gonarthrose. Rev. Méd. (Liège) 24 (1969b) 170–195
Maquet, P.: Biomécanique du genou et gonarthrose. Acta orthop. belg. 38 (1972a) 33–54
Maquet, P.: Biomécanique des membres inférieurs. Acta orthop. belg. 38 (1972b) 33–45
Maquet, P.: Biomechanische Aspekte der Femur-Patellabeziehungen. Z. Orthop. 112 (1974) 616–619
Maquet, P.: Biomechanics of the Knee Joint. Springer, Berlin 1977
Maquet, P.: Conclusions du symposium. Acta orthop. belg. 44 (1978a) 280–287
Maquet, P.: La latéralisation chirurgicale du grand trochanter. Acta orthop. belg. 44 (1978b) 192–196
Maquet, P.: Différents moyens de réduire les contraintes de compression dans l'articulation de la hanche. Acta orthop. belg. 44 (1978c) 115–131
Maquet, P., A. van de Berg, J. Simonet: Femoro-tibial weight bearing areas. J. Bone Jt. Surg. 57A (1975) 766–771
Marey, E.: La chronophotographie appliquée à l'étude des actes musculaires dans la locomotion. Intermed. biol. Med. 1 (1899) 1
Marey, E. J.: Le mouvement. Masson, Paris 1894
Marey, M.: De la locomotion terrestre chez les bipèdes et les quadrupèdes. J. Anat. (Paris) 9 (1873) 42–80
Marey, M.: De la mesure des forces dans les différents actes de la locomotion. C. R. Acad. Sci. (Paris) 97 (1883) 782–786, 820–825
Marey, M.: La chronophotographie appliquée à l'étude des actes musculaires dans la locomotion. Intermed. 1 (1899) 1
Marks, M., G. G. Hirschberg: Analysis of the hemiplegic gait. Acad. Sci. 74 (1958) 59
Martens, E. M., Mulier u. Mitarb.: Factors in the mechanical failure of the femoral component in total hip prosthesis. Acta orthop. scand. (1974) Nr. 45
Mather, B.: Impact tolerance of the human leg. J. Trauma 18 (1968) 1084–1088
Mathiass, H.: Die Belastbarkeit der Organe des Haltungs- und Bewegungsapparates in den verschiedenen Entwicklungsphasen. Z. Orthop. 110 (1972) 732–738
Mathiass, H.: Zur Frage der Arbeitsschäden der Wirbelsäule. Z. Orthop. 113 (1975) 641–645
Mathys, R.: Stand der Verwendung von Kunststoffen für künstliche Gelenke. Akt. Traumatol. 3 (1973) 253
Matter-Brennwald, S., S. M. Perren: Die knöcherne Heilung von Schraubenlöchern nach Metallentfernung. Z. Orthop. 110 (1972) 920–923
Matter-Brennwald, J., S. M. Perren: Knochenumbau bei Druckplattenosteosynthese WHDG d. DGOT Berlin Sept. 1972. Med. orthop. Techn.
Matzen, P. F.: Die Frakturheilung. Wiss. Z. Martin Luther Univ. Halle 4 (1955) 119
Mau, H.: Essentielle Torsionsfehler der unteren Extremität beim Kind. Münch. med. Wschr. 108 (1966) 769
Menschik, A.: Mechanik des Kniegelenkes, I. Teil. Z. Orthop. 112 (1974a) 481–495
Menschik, A.: Mechanik des Kniegelenkes, III. Teil. Sailer, Wien 1974b (S. 23)
Menschik, A.: Mechanik des Kniegelenkes, II. Teil: Schlußrotation. Z. Orthop. 113 (1975) 388
Menschik, A.: Die Kinematik des Kniegelenkes und Hinweise auf den allgemeinen gesetzmäßigen Aufbau der Wirbeltiergelenke. Hefte Unfallheilk. 126 (1976)
v. Meyer, J. H.: Statik und Mechanik des menschlichen Knochengerüstes. Leipzig 1873
v. Meyer, H.: Die militärische Haltung. Arch. Anat. Physiol., Anat. Abt. 1890, S. 276–284
Mikulicz, J.: Die seitlichen Verkrümmungen am Knie und deren Heilungsmethoden. Langenbecks Arch. klin. Chir. 23 (1897) 561–629
Millington, P. F., I. C. Clarke: Bioengineering oriented studies on the structure of human hip joint cartilage. In: Perspectives in Biomedical Engineering. Proc. of a Symp. of Biol. Engin. Soc., Univ. Strathclyde, Glasgow 1972, hrsg. von R. M. Kenedi. Macmillan, London 1973
Millwee, R. H.: Slit scanography. Radiology 28 (1937) 483–487
Milner, J. C., F. W. Rhinelander: Compression fixation and primary bone healing. A. C. S. Surgical Forum 19 (1968) 1–3
Minns, R., J. Campbell, G. Bremble: Variation of the surface stresses in the tibia during the normal walking cycle. In: Proc. 4th Conf. Recent Advances in Bio-Med. Eng., Serray, Guilford 1974, Sess. 1
Mittelmeier, H.: Zementlose Verankerung von Endoprothesen nach dem Tragrippenprinzip. Z. Orthop. 112 (1974) 27
Morris, J., G. Brenner, D. B. Lucas: An electromyographic study of the intrinsic muscles of the back in man. J. Anat. (Lond.) 96 (1962) 509–518
Morrison, J. B.: The mechanics of muscle function in locomotion. J. Biomechan. 13 (1970a) 431–451
Morrison, J. B.: The mechanics of the knee joint in relation to normal walking. J. Biomechan. 3 (1970b) 451–461
Morscher, E.: Die mechanischen Verhältnisse des Hüftgelenkes und ihre Beziehungen zum Halsschaftwinkel und insbesondere zur Antetorsion des Schenkelhalses während der Entwicklungsjahre. Z. Orthop. 94 (1961) 374–381
Morscher, E.: Pathogenese posttraumatischer Achsenfehlstellungen beim Kind. In: Posttraumatische Achsenfehlstellungen an den unteren Extremitäten, hrsg. von M. E. Müller. Huber, Bern 1967
Morscher, E., R. Mathys: Erste Erfahrungen mit einer zementlosen isoelastischen Totalprothese der Hüfte. Z. Orthop. 113 (1975) 745
Morscher, E., W. Taillard: Beinlängenunterschiede. Karger, Basel 1965
Morton, D.: The Human Foot. Columbia University Press, New York 1935
Morton, D.: Foot biomechanics: Functional disorders and deformities. In: Medical Physics, Bd. I, 4. Aufl., hrsg. von O. Glasser. Year Book Publishers, Chikago 1955 (S. 457–466)
De Motmollin, B.: Les bases biomécaniques de l'ostéotomie de hanche pour coxarthrose. In: Die intertrochantere Osteotomie, hrsg. von E. Morscher. Huber, Bern 1971 (S. 23–26)
Müller, M. E.: Posttraumatische Achsenfehlstellungen an den unteren Extremitäten. Huber, Bern 1967
Müller, M. E.: Total Hip Prosthesis. Clin. Orthop. 72 (1970) 68

Müller, M. E., M. Allgöwer, H. Willenegger: Technik der operativen Frakturenbehandlung. Springer, Berlin 1965
Müller, M. E., M. Allgöwer, H. Willenegger: Manual der Osteosynthese-AO-Technik. Springer, Berlin 1969 (S. 297)
Müller, M. E., M. Allgöwer, H. Willenegger: Gefahren der Osteosynthese; Biomechanische Fehlleistungen. Langenbecks Arch. Chir. 329 (1971) 1144–1151
Müller, W.: Überanstrengungsschäden des Knochens. Barth, Leipzig 1945
Münchinger, R.: Die auf die Wirbelsäule wirkenden mechanischen Kräfte. Rheum. Forsch. Prax. 2 (1964) 136–144
Murray, M. P.: Gait as a total pattern of movement. Amer. J. phys. Med. 46 (1966) 290
Murray, M., B. Brewer, F. Zuege: Kinesiologic measurements of functional performance before and after McKee-Farrar total hip replacement. J. Bone Jt. Surg. 54 A (1972) 2, 237–256
Murray, M., A. Drought, R. Kory: Walking patterns of normal men. J. Bone Jt. Surg. 46 A (1964) 335–360
Murray, O. R., H. G. Jacobson: The Radiology of Skeletal Disorders, Bd. II, 2. Aufl. Churchill Livingstone, Edinburgh, London, New York 1977
Muybridge, E.: Human figure in motion. 1877. Reprint Dover 1955. Clin. Orthop. 25 (1962) 32–41
Nachemson, A.: The influence of spinal movements on the lumbar intradiscal pressure and on the tensil stresses in the annulus fibrosus. Acta orthop. scand. 33 (1963) 133–207
Nachemson, A., G. Elfström: Intravital Dynamic, Pressure Measurement in Lumbal Disc. Almquist & Wiksell, Stockholm 1970
Nachemson, A., G. Elfström: Intravital measurement of forces in the human spine: their clinical implications for low back pain and scoliosis. In: Perspectives in Biomedical Engineering. Proc. of a Symp. of Biolog. Engin. Soc. Univ. Strathclyde, Glasgow 1972, hrsg. von R. M. Kenedi. London 1973
Neuber, H.: Technische Mechanik, Bd. I–III. Springer, 1971
Neugebauer, H.: Rückenmeßgerät für Reihenuntersuchungen. Z. Orthop. 108 (1970) 395
Neugebauer, H.: Kyphometrische Untersuchungen an 9000 Schülern in Österreich. Z. Orthop. 111 (1973) 633–639
Neugebauer, H.: Die Wirbelsäule. Sonderheft d. Österr. Ärztezeitung 1978
Nicod, L.: Effets cliniques et prognostics des défauts d'axe du membre inférieur chez l'adulte, à la suite d'une consolidation vicieuse d'une fracture du membre inférieur. In: Posttraumatische Achsenfehlstellungen an den unteren Extremitäten, hrsg. von M. E. Müller. Huber, Bern 1967
Nigg, B. M., G. Eberle, D. Frei, B. Segesser: Biomechanische Analyse von Fußinsuffizienzen. Med. orthop. Techn. 97 (1977) 178–181
Novozamsky, V.: Die Form der Fußwölbung unter Belastung in verschiedenen Fußstellungen. Z. Orthop. 112 (1975) 1137–1141
Oberländer, W.: Spontanfraktur des Femurs nach Laesion des Tractus ilio-tibialis. Ein klinischer Beweis für die Zuggurtungswirkung. Z. Orthop. 113 (1975) 46–50
Oberländer, W.: Die Beanspruchung des menschlichen Hüftgelenkes V. Die Verteilung der Knochendichte im Acetabulum. Z. Anat. Entwickl.-Gesch. 140 (1973) 367–371
O'Connell, A. L., E. B. Gardner: The scientific basis of human movement. In: Human Locomotion and Understanding the Scientific Basis of Human Movement, hrsg. von D. T. Orthon. Williams & Wilkins, Baltimore 1952 (S. 50)
O'Connell, A. L., E. B. Gardner: Understanding the Scientific Bases of Human Movement. Williams & Wilkins, Baltimore 1972
Oest, D.: Mechanische Untersuchungen der Knochen-Zement-Verbindung am menschlichen Femur. Fortschr. Med. 90 (1972) 817–819
Oest, D., K. Müller, E. Noeh: Verankerungsprobleme bei der Arthroplastik des Kniegelenkes. Z. Orthop. 113 (1975) 539–542
Oest, O.: Röntgenologische Beinachsenbestimmung. Z. Orthop. 111 (1973) 497–500
Oest, O., H. J. Sieberg: Die Röntgenganzaufnahme der unteren Extremitäten. Z. Orthop. 109 (1971) 54
Paul, J.: Design aspects of endoprosthesis for the lower limb. In: Perspectives in Biomedical Engineering, In: Perspectives in Biomedical Engineering, Univ. of Strathclyde, hrsg. von R. M. Kenedi. Macmillan, London 1973 a (S. 91–95)
Paul, J. L.: Magnitude of forces transmitted as hip and knee joints. In: Lubrication and Wear in Joints, hrsg. von V. Wright. Sector Publishing, London 1969 (S. 77–87)
Paul, J. L.: Biomechanical aspects of orthopaedic implants. In: Perspectives in Biomedical Engineering, Univ. of Strathclyde, hrsg. von R. M. Kenedi. Macmillan, London 1973 b (S. 95–101)
Paul, J. L., I. Poulsen: The analysis of forces transmitted in the human body. International Conference on Experimental Analysis, Udine 1974
Paula, J. P.: Bio-engineering studies of the forces transmitted by joints. II. Engineering Analysis. In: Biomechanics and Related Bioengineering Topics, hrsg. von P. Kenedi. Pergamon Press, Oxford 1965 a (S. 77–87)
Paul, J. P.: Bio-Engineering studies of the forces transmitted by joints. II. Engineering analysis. In: Biomechanics and Related Bioengineering Topics, hrsg. von P. Kenedi. Pergamon Press, Oxford 1965 b (S. 369–379)
Paul, J. P.: Force actions transmitted by joints in the human body. Proc. roy., Pros. Instit. of Mechanical Engineering 181 (1967) 14
Paul, J. P.: The biomechanics of the hip joint and its clinical relevance. Proc. roy. Soc. Med. 59 (1966) 943–948
Paul, J. P.: The effects of walking speed of the force actions transmitted at the hip and the knee joints. Proc. roy. Soc. Med. 63 (1970) 200–203
Paul, J. P.: Load actions on the human femur in walking and some resultant stresses. Proc. SESA exp. Mech. 28 (1971) 121–125
Paul, J. P.: Approaches to design force actions transmitted by joints in the human body. Proc. roy. Soc. Med. 65 (1972) 163–172
Paul, J. P.: Technics of gate analysis. Proc. roy. Soc. Med. 67 (1974) 401–413
Paul, J. P.: Loading on normal hip and knee joints and on joint replacement. In: Advances in Artificial Hip and Knee Joint. Technology, hrsg. von M. Schaldach, D. Hohmann. Springer, Berlin 1976
Pauwels, F.: Grundlagen des Heilungsvorganges bei Schenkelhalsbrüchen. In: Verhandlungen der Deutschen Orthopädischen Gesellschaft, 29. Kongreß, Stuttgart 1935. Enke, Stuttgart 1935 (S. 54–78)
Pauwels, F.: Die Bedeutung der Bauprinzipien des Stütz- und Bewegungsapparates für die Beanspruchung des Röhrenknochens. Z. Anat. Entwickl.-Gesch. 113 (1948) 129–142
Pauwels, F.: Über die mechanische Bedeutung der gröberen Kortikalisstruktur beim normalen und pathologisch verbogenen Röhrenknochen. Anat. Nachr. 1 (1949) 53–67
Pauwels, F.: Die Bedeutung der Bauprinzipien der unteren Extremität für die Beanspruchung des Beinskelettes. Z. Anat. Entwickl.-Gesch. 114 (1950) 525–539
Pauwels, F.: Eine neue Theorie über den Einfluß mechanischer Reize auf die Differenzierung der Stützgewebe. Z. Anat. Entwickl.-Gesch. 121 (1960) 478–515
Pauwels, F.: Opérations ostéoplastiques du membre inférieur. Rev. Chir. Orthop. 47 (1961) 126–137
Pauwels, F.: Die Bedeutung der Biomechanik für die Orthopädie. In: Biomechanica Orthopaedica und Traumatologica D 1–32, SICOT 1963. Bd. II, Verlag der Wiener medizinischen Akademie, Wien 1965 a

Pauwels, F.: Gesammelte Abhandlungen zur funktionellen Anatomie des Bewegungsapparates. Springer, Berlin 1965b

Pauwels, F.: Funktionelle Anpassung des Knochens durch Längenwachstum. In: Gesammelte Abhandlungen zur funktionellen Anatomie des Bewegungsapparates, hrsg. von F. Pauwels. Springer, Berlin 1965c (S. 400–423)

Pauwels, F.: Grundriß einer Biomechanik der Frakturheilung. In: Gesammelte Abhandlungen zur funktionellen Anatomie des Bewegungsapparates, hrsg. von F. Pauwels. Springer, Berlin 1965d (S. 139–182)

Pauwels, F.: Gesammelte Abhandlungen zur funktionellen Anatomie des Bewegungsapparates. Springer, Berlin 1965e

Pauwels, F.: Grundriß einer Biomechanik der Frakturheilung. Verh. dtsch. orthop. Ges., 34. Kongreß 1940. In: Gesammelte Abhandlungen zur funktionellen Anatomie des Bewegungsapparates, hrsg. von F. Pauwels. Springer, Berlin 1965f.

Pauwels, F.: Die Bedeutung der Bauprinzipien des Stütz- und Bewegungsapparates für die Beanspruchung des Röhrenknochens. In: Gesammelte Abhandlungen der funktionellen Anatomie des Bewegungsapparates, hrsg. von F. Pauwels. Springer, Berlin 1965g (S. 197–235)

Pauwels, F.: Über die Bedeutung einer Zuggurtung für die Beanspruchung des Röhrenknochens und ihre Verwendung zur Druckosteosynthese. In: Verhandlungen der Deutschen Orthopädischen Gesellschaft, 52. Kongreß, Stuttgart 1965, hrsg. von M. Lange. Enke, Stuttgart 1966 (S. 231–257)

Pauwels, F.: Beitrag zur funktionellen Anpassung der Corticalis der Röhrenknochen. Untersuchung an drei rachitisch deformierten Femora. Z. Anat. Entwickl.-Gesch. 127 (1968) 121–137

Pauwels, F.: Biomécanique de la greff osseuse. Acta orthop. belg. 37 (1971) 701–725

Pauwels, F.: Atlas zur Biomechanik der gesunden und kranken Hüfte. Prinzipien. Technik und Resultate einer kausalen Therapie. Springer, Berlin 1973a

Pauwels, F.: Kurzer Überblick über die mechanische Beanspruchung des Knochens und ihre Bedeutung für die funktionelle Anpassung. Z. Orthop. 111 (1973b) 681–705

Pauwels, F.: Der Schenkelhalsbruch. Ein mechanisches Problem. In: Gesammelte Abhandlungen zur funktionellen Anatomie des Bewegungsapparates, hrsg. von F. Pauwels. Beilagenheft Z. Orthop. Chir. 1974 S. 63

Pauwels, F.: Eine klinische Beobachtung als Beispiel für funktionelle Anpassung des Knochens durch Längenwachstum. Z. Orthop. 113 (1975) 1–5

Payne, A.: The use of force platforms for the study of physical activity. In: Biomechanics I., 1. Seminar (Zürich). Karger, Basel 1968 (S. 83–86)

Perren, S.: Biomechanik der Frakturheilung. Orthopäde 3 (1974) 135–139

Perren, S., A. Huggler, M. Russenberger, F. Straumann, M. Müller, M. Allgöwer: A method of measuring the change in compression applied to living cortical bone. Acta orthop. scand. Suppl. 125 (1969a) 7–16

Perren, S., A. Huggler, M. Russenberger, M. Allgöwer, R. Mathys, R. Schenk, H. Willenegger, M. Müller: The reaction of cortical bone to compression. Acta orthop. scand., Suppl. 125 (1969b) p. 19–29

Perren, S. M., W. C. Hayes: Biomechanik der Osteosyntheseplatte. Vort. 59. Tagung d. DGOT, Berlin 1972. Med. orthop. Techn. 1972, S. 175–182

Perry, J.: Clinical gait analyzer. Bull. prosthet. Res. (1974a) 188–192

Perry, J.: Kinesiology of lower extremity bracing. Clin. Orthop. 102 (1974b) 16

Perry, J., D. Antonelli, W. Ford: Analysis of knee-joint forces during flexed-knee stance. J. Bone Jt. Surg. 57A (1975) 961–967

Pförringer, W., K. Matzen, J. Hinterberger: Ganguntersuchung bei Arthrodesen des oberen und unteren Sprunggelenkes. In: Funktionelle Diagnostik in der Orthopädie, hrsg. von E. Morscher. Enke, Stuttgart 1979 (S. 78)

Plaue, R.: Das elastomechanische Verhalten menschlicher Bandscheiben unter statischem Druck. Arch. orthop. Unfall-Chir. 79 (1974) 139–148

Polster, J.: Zur Hämodynamik des Knochens. In: Bücherei des Orthopäden, Bd. V, hrsg. von P. Otte, K.-F. Schlegel. Enke, Stuttgart 1970

Polster, J.: Die Abhängigkeit des klinischen Erscheinungsbildes entzündlicher und degenerativer Wirbelsäulenerkrankungen von der Biomechanik der Wirbelsäule und des Rückenmarkes. Orthop. Prax. 10 (1974) 267–270

Polster, J.: Zur Biomechanik der Schulter. Orthop. Prax. 11 (1975) 286–290

Polster, J., E. K. Buscenez: Ursachen und Bedeutung des Leitsymptoms der Hüftlendenstrecksteife. Orthop. Prax. 8 (1972) 273–278

Polster, J., H. Höffert: Die biomechanischen Grundlagen für die Indikationsstellung zur vorderen und hinteren Spondylodese. Z. Orthop. 112 (1973) 753

Polster, J., G. Goder, D. Steinhausen, U. Spieker, U. Laumann: Die Optimierung von Korrekturosteotomien bei Mehrfachfehlstellungen mit Hilfe der EDV. Z. Orthop. 111 (1973a) 589–595

Polster, J., U. Leesch, M. Nebinger: Die Biomechanik der Luxation im Atlanto-epistopheal-Gelenk. Orthop. Prax. 9 (1973b) 339–344

Polster, J., U. Spieker, H. R. Hoepfert, J. U. Krenz: Biomechanics in Lumbar Lordosis. In: Lumbal Biomechanic, hrsg. von R. C. Nelson, A. Chauncey. Morehouse, New York 1973c

Polster, J., U. Spieker, H. Hoeffert, J. Krenz: Zur Biomechanik der Hüftarthrodese. Z. Orthop. 111 (1973d) 413–418

Pope, M., J. Outwater: Mechanical properties of bone as a function of position and orientation. J. Biomech. 7 (1974) 61–66

Portnoy, H., F. Morin: Electromyographic study of postural muscles in various positions and movements. Amer. J. Physiol. 186 (1956) 122–131

Pranger, M.: Therapeutische Ruhigstellung als Präarthrose. Z. Orthop. 112 (1974) 574–577

Pugh, J., F. Rose, E. Radin: A structural model for the mechanical behavior of trabecular bone. J. Biomech. 6 (1973a) 657–670

Pugh, J., F. Rose, E. Radin: Elastic and viscoelastic properties to trabecular bone: Dependence on structure. J. Biomech. 6 (1973b) 475–485

Rabichong, P.: Static and dynamic electropodography. In: Biomechanics I., 1sr Seminar, Zürich 1967. Karger, Basel 1967 (S. 67–71)

Rabichong, P., J. Avril: Rôle biomécanique des poutres composites os muscles. Rev. Chir. orthop. 51 (1965) 437–458

Radin, E.: The role of bone changes in the degeneration of articular cartilage in osteoarthrosis. Acta orthop. belg. 44 (1978) 55–63

Radin, E., J. Paul: Does cartilage compliance reduce skeletal impact loads? Arthr. and Rheum. 13 (1970) 139–144

Radin, E., I. L. Paul: The role of mechanical factors in the pathogenesis of primary osteoarthritis. Lancet 1972/I, 519–525

Radin, E., L. Paul, M. Lowy: A comparison of the dynamic force transmitting properties of subchondral bone and articular cartilage. J. Bone Jt. Surg. 52A (1970a) 444–456

Radin, E., L. Paul, P. A. Weisser: Joint lubrication with artificial lubricants. Arthr. and Rheum. 14 (1971) 126–128

Radin, E., D. A. Swann, P. A. Weisser: Separation of a hyalurodate-free lubrication fraction from synovial fluid. Nature (Lond.) 228 (1970b) 377–378

Radin, E. L., Sh. R. Simon, R. M. Rose, I. L. Paul: Practical Biomechanics for the Orthopedic Surgeon. Wiley, New York 1979

Rehn, E.: Muskelzustände bei Knochenbrüchen und ihre Bedeutung bei der Frakturheilung. Langenbecks Arch. klin. Chir. 133 (1924) 410–422
Reichelt, A.: Das Verhalten der Beinachsen nach Korrekturosteotomie im Wachstumsalter. Z. Orthop. 112 (1974) 644–651
Reisetbauer, E., H. Czermak: Die Körperlage des Säuglings. Tägl. Prax. 13 (1972) 403–412
Rettig, H.: Die Behandlung der Gonarthrose unter biomechanischen Gesichtspunkten. Arch. orthop. Unfall-Ch. 74 (1973) 281–290
Rhinelander, F.: The normal microcirculation of diaphyseal cortex and its response to fracture. J. Bone Jt. Surg. 50A (1968) 784–800
Rhinelander, F. W.: Observations of the microcirculation of experimental bone grafts. Proc. X. SICOT Congr. Paris 1966
Rhinelander, F. W.: Tibial blood supply in relation to fracture healing. Clin. Orthop. 106 (1974) 34–88
Rhinelander, F. W.: Minimal internal fixation of tibial fractures. Clin. Orthop. 107 (1975) 188–220
Ricci, M. A., B. Covelli: Biomechanische Aspekte der menschlichen Haltung. Z. Orthop. 114 (1976a) 833–836
Ricci, M. A., B. Covelli: Beitrag zur Bestimmung des inneren Gleichgewichtes der Wirbelsäule. (Der Drehpunkt als Momentanpol). Z. Orthop. 114 (1976b) 828–832
Richards, C., E. Knutsson: Evaluation of abnormal gait patterns by intermittent light photography and EMG. Scand. J. Rehab. Med., Suppl. 3 (1974) 51
Ring, P. A.: Complete replacement arthroplasty of the hip by the Ring prosthesis. J. Bone Jt. Surg. 50B (1968) 720
Rison, X. X.: Biomechanica. Nischnen-konecinosti cloweka Verlag Iedatelestwo, Einatne, Riga 1975 (russisch)
Ritter, G., A. Grünert: Zu den biomechanischen Voraussetzungen für Druckosteosynthesen an der Tibia. Hefte Unfallheilk. 117 (1974) 38–42
Ritter, G., A. Grünert, C. Schweikert: Biomechanische Ursachen von Lockerungen und Bruch der Hüftendoprothesen. Arch. orthop. Unfall-Chir. 77 (1975) 154–164
Roasenda, F., G. L. Lorenzi: Moderni orientamenti nelle osteosintesi delle fratture diafisarie, Relazione al L IV congresso della Socieda Italiana di Ortopedia e Traumatologia, Roma 1969, Gatgi, Bologna 1970
Röcker, L., W. Meller, H. Melerowicz, H. Stoboy: Die Wirkung eines dynamischen Trainings mit gleicher physikalischer Leistung, aber unter unterschiedlichen Gewichten und Wiederholungszahlen bei eineiigen Zwillingen. Sportarzt 8 (1972) 226–234
Roesler, H.: Die biomechanische Berechnung der Belastungen am oberen Sprunggelenk für freie stabile Gliedmaßenstellungen. Z. Orthop. 114 (1976) 397–427
Roesler, H., P. Hamacher: Die bistatische Analyse der Belastung des Hüftgelenkes. I. T. Z. Orthop. 110 (1972) 67–75
Rompe, G.: Spätschäden benachbarter Gelenke nach Hüftarthrodese, unter besonderer Berücksichtigung des gesundseitigen Kniegelenkes. Z. Orthop. 111 (1973) 435–438
Rosemeyer, B.: Elektromyographische Untersuchungen der Rücken- und Schultermuskulatur im Stehen und Sitzen, unter Berücksichtigung der Haltung des Autofahrers. Arch. orthop. Unfall-Chir. 69 (1971) 59–67
Rosemeyer, B.: Schädigung des Bewegungsapparates nach falscher Haltung im Autositz. Z. Orthop. 113 (1972a) 653–655
Rosemeyer, B.: Eine Methode zur Beckenfixierung im Arbeitssitz. Z. Orthop. 110 (1972b) 514–517
Rosemeyer, B.: Die aufrechte Körperhaltung des Menschen. Eine vergleichende Untersuchung. Z. Orthop. 112 (1974) 151–163
Ross, D. S.: Instrumentation in plastic and orthopaedic surgery. In: Biomechanics and Related Bio-Engineering Topics. Proc. Sympos. Glasgow 1964, hrsg. von R. M. Kenedi. Pergamon Press, Oxford 1965 (S. 21)
Roux, W.: Entwicklungsmechanik der Organismen. Gesammelte Abhandlungen. Engelmann, Leipzig 1895
Ruszkowski, I.: Biomehanika Lokomotornog Sustava I njeno Klini'cko Zna'cenje. (Biomechanics of the locomotor system and its clinical significance.) Liječn Vjesn. 94 (1974) 221–224
Rutishauser, E., R. Lagier, E. Grasset: Neue Erkenntnisse auf dem Gebiet der Arthrose-Arthritis-Forschung. In: Medizinische Grundlagenforschung, Bd. II, hrsg. von K. F. Bauer. Thieme, Stuttgart 1959 (S. 223–296)
Rydell, N.: Forces in the hip joint. Part II. Intravital measurements. In: Biomechanics and Related Bioengineering Topics, hrsg. von R. M. Kenedi. Pergamon Press, Oxford 1965 (S. 351–357)
Rydell, N.: Forces acting on the femoral head prosthesis. A study on strain gauge supplied prostheses in living persons. Diss., Göteborg 1966 (S. 132)
Salter, R. B.: Textbook of Disorders and Injuries of the Musculoskeletal System. Williams & Wilkings, Baltimore 1970
Salter, R. B., P. Field: The effects of continued compression of living articular cartilage. J. Bone Jt. Surg. 42A (1960) 31–38
Salzer, M., K. Zweymüller, H. Plenk, G. Pnzet: Erste Erfahrungen mit einer Hüftendoprothese aus Biokeramik. Med. Orthop. Techn. 6 (1975) 162
Sammarco, G., A. Burstein, W. Davis, V. Frankel: The biomechanics of torsional fractures: The effect of loading on ultimate properties. J. Biomech. 4 (1971) 113–117
Saunders, J., V. Inman, H. Eberhart: The major determinants in normal and pathological gait. J. Bone Jt. Surg. 30A (1953)
Scales, J. T.: Biological and mechanical factors in prosthetic surgery. In: Modern Trends in Surgical Materials. Kap. 5. Butterworth, London 1958
Scales, J. T.: Some aspects of the Stanmore total hip prostheses and their development. In: Arthroplasty of the Hip, hrsg. von G. Chapchal, Thieme Stuttgart 1973 (S. 113)
Scales, J. T., J. Puff-Barkley, H. J. Burrows: Some engineering and medical problems associated with massive bone replacement. In: Biomechanics and Bioengineering Topics, Proc. of a Sympos., Glasgow 1964, hrsg. von R. M. Kenedi. Pergamon Press, Oxford 1965
Scales, J. T., P. Kelly, D. Goddard: Friction torque studies of total joint replacements: the use of a simulator. Ann. rheum. Dis. 28, Suppl. (1969) 30
Scheier, H.: Zur Wiederaufrichtung des Schenkelhalses nach intertrochanterer Derotations- und Varisationsosteotomie. Z. Orthop. 103 (1967) 2, 139
Schenk, R., H. Willenegger: Zur Biomechanik der Frakturheilung. Acta anat. (Basel) 53 (1963) 440
Schenk, R., H. Willenegger: Fluoreszensmikroskopische Untersuchungen zur Heilung von Schaftfrakturen nach stabiler Osteosynthese am Hund. Proc. 2nd European Symposion on Calcified Tissues. VI, Liege 1965 (S. 125)
Schenk, R., H. Willenegger: Morphological findings in primary fracture healing. In: Symposia Biologica Hungarica, hrsg. von St. Krompecher, E. Kerner. Budapest 1967
Scherb, R.: Kinetisch-diagnostische Analyse von Gehstörungen. Technik und Resultate der Myokinesigraphie. Enke, Stuttgart 1952 (S. 199)
Schlüter, K.: Form und Struktur des normalen und pathologisch veränderten Wirbels. In: Wirbelsäule in Forschung und Praxis, Bd. 30, hrsg. von H. Junghanns. Stuttgart Hippokrates-Verlag, Stuttgart 1965
Schneider, P. G., H. Lichte: Arthrosis deformans nach ultraphysiologischen Gelenkbelastungen. Z. Orthop. 107 (1970) 287–303
Schoberth, H.: Sitzhaltung, Sitzschaden, Sitzmöbel. Springer, Berlin 1962
Schönbauer, H.: Beidseitige Achillessehnenrisse. Münch. med. Wschr. 102 (1960) 722
Schreiber, A., G. Jansen: Zürcher Erfahrungen mit der To-

tal-Hüftendoprothese. In: Der totale Hüftgelenkersatz, hrsg. von H. Cotta, K.-P. Schulitz. Thieme, Stuttgart 1973 (S. 115)
Schumpe, G., E. Friedrich, H. Rössler, P. Hofmann: Biomechanik des Kniegelenkes unter Berücksichtigung der Alloplastik. Z. Orthop. 113 (1975) 4, 501
Schumpe, G., H. Hansen, G. Syndicus, H. Rössler: Ganguntersuchungen und funktionelle Wirbelsäulenvermessungen mittels eines neu entwickelten Echtzeit-Stereo-Ultraschall-Topometers (ESUT): In: Funktionelle Diagnostik in der Orthopädie, hrsg. von E. Morscher. Enke, Stuttgart 1979 (S. 69)
Schürmann, K. A.: Dynamische Podographie. Med. orthop. Techn. 97 (1977) 158–173
Schürmann, K., J. U. Baumann: Gestörte Frakturheilung im Fußbelastungs-Vektordiagramm. In: Funktionelle Diagnostik in der Orthopädie, hrsg. von E. Morscher. Enke, Stuttgart 1979 (S. 94)
Schwartz, R., A. Heath, J. Wright: Electrobasographic method of recording gait. Arch. Surg. 27 (1933) 926–934
Sedlin, E.: A rheological model for cortical bone. Acta orthop. scand., Suppl. 83 (1965)
Seely, F. B., J. O. Smith: Resistance of Materials, 4. Aufl. Wiley, New York 1956
Segal, B. L., D. G. Kilpetrick: Engineering in the Practice of Medicine. Williams & Wilkins, Baltimore 1967
Segesser, B.: Tibiale Schmerzzustände und Achillessehnenentzündungen als Folge statischer Störungen. Ther. Umsch. 31 (1974) 21–31
Segmüller, G., O. Cech, A. Bekier: Die osteogene Aktivität im Bereich der Pseudarthrose langer Röhrenknochen. Z. Orthop. 105 (1969) 599–609
Seifert, W.: Die Varisierungsosteotomie bei Hüftarthrose. Verlaufs- und Erfolgsbeurteilung mit Hilfe moderner Datenverarbeitungsanlagen. Inaug.-Dissertat. Wasmund-Bothmann, Köln-Sülz 1969
Semlitsch, M.: Implant metals for plates, screws and artificial joints in bone surgery. Sulzer Techn. Rev. No. 3 (1972) 1–11
Semlitsch, M.: Technischer Fortschritt bei künstlichen Hüftgelenken. Techn. Rdsch. Sulzer 56 (1974a) 235
Semlitsch, M.: Implant metals for plates. screws and artificial joints in bone surgery. Engng. Med. 2 (1974b) 68
Semlitsch, M., M. Lehmann, J. Weber, E. Doerre, H. G. Willert: New prospects for a longer service life of artificial hip joints using a polyethylene-Al_2O_3 ceramic-metal combination. 2nd Annual Meeting of the Society for Biomaterials, Philadelphia, Apr. 1976, Published in J. Biomed. Mat. Res. 1976a
Semlitsch, M., M. Lehmann, H. Weber, Gebr. Sulzer AG/Winterthur, E. Doerre, Feldmühle AG/Plochingen, H. G. Willert, Orthop. Kl. Frankfurt/M.: Neue Perspektiven zu verlängerter Funktionsdauer künstlicher Hüftgelenke durch Werkstoffkombination Polyaethylen-Aluminiumoxidkeramik-Metall. Vortrag bei 24. Jahrestagung d. Verein. Südd. Orthopäden, Baden-Baden 1976b (in Druck)
Seyss, R.: Zur Biostatik der Wirbelsäule. Z. Orthop. 102 (1967) 395–404
Shames, I. H.: Engineering Mechanics: Statics. Prentice-Hall, Englewood Cliffs/N. J. 1959
Shigley, J. E.: Mechanical Engineering Design. McGraw-Hill, New York 1963
Shoup, T., L. Fletscher, B. Merill: Biomechanics of crutch locomotion. J. Biomech. 7 (1974) 11–19
Sivash, K. M.: Alloplasty of the Hip Joint, a Laboratory and Clinical Study. Medical Press, Moskau 1967
Slätis, P., P. Rokkanen: The normal repair of experimental fractures. Acta orthop. scand. 36 (1965) 221–229
Slijper, E. J.: Comparative biological anatomical investigations of the vertebral column and spinal musculature of mammals. Verh. kon. ned. Acad. Wet., Afd. Nat.-Kde. 2. Sect., D 42 (1946)
Slijper, E. J.: Vergleichende Anatomie der Wirbeltiere. Amsterdam 1947
Sloane, A.: Engineering Kinematics. Macmillan, New York 1954
Smidt, G. L.: Methods of studying gait. Phys. Ther. 54 (1974) 13
Smidt, G. L., J. S. Arora, R. C. Johnston: Accelographic analysis of several types of walking. Amer. J. phys. Med. 50 (1971) 285
Smidt, G. L., J. B. Wadsworth: Floor reaction forces during gait. Comparison of patients with hip disease and normal subjects. Phys. Ther. 53 (1973) 123
Sneath, R. S.: The determination of optimum twist drill shape for bone. In: Biomechanics and related Bioengineering Topics. Proc. of a Symp., Glasgow 1964, hrsg. von R. M. Kenedi. Pergamon Press, Oxford 1965 (S. 41–45)
Sorbie, C., R. Zalter: Bioengineering studies of the forces transmitted by joints I. In: Biomechanics and Related Bioengineering Topics, hrsg. von R. Kenedi. Pergamon Press, Oxford 1965 (S. 359–367)
Spirig, B.: Diagnose der Achsenfehler der unteren Extremität. In: Posttraumatische Achsenfehlstellungen an den unteren Extremitäten, hrsg. von M. E. Müller. Huber, Bern 1967
Stauffer, R. N.: A general method for accurate kinematic analyses of biomechanical systems in motion. J. Bone Jt. Surg. 54A (1972) 1118
Staufer, D. C., A. N. Strauss: An estimate of damage on the contact surfaces of a total hip prosthesis due to working. J. Biomech. 9 (1976) 711–721
Steeger, D., F. Brussatis, H. Blümlein, P. Busch: Ganganalytische Untersuchungen vor und nach Implantation von Hüftgelenks-Totalendoprothesen. In: Funktionelle Diagnostik in der Orthopädie, hrsg. von E. Morscher. Enke, Stuttgart 1979 (S. 102)
Steindler, A.: Kinesiology of the Human Body under Normal and Pathological Conditions. Thomas, Springfield/Ill. 1955
Steinhausen, D., U. Spieker, J. Polster, G. Goder: An interactive system for planning of orthopedic surgery. Med. Progr. Technol. 2 (1973) 37–40
Stoboy, H.: Möglichkeiten der Leistungssteigerung der Skelettmuskulatur. Z. Orthop. 110 (1972) 752–758
Stoboy, H.: Regelung der Bewegung. Z. Orthop. 114 (1976) 683
Stokes, J.: Force distribution under the foot – a dynamic measuring system. Bio-med. Engng. 43 (1974) 162
Storck, H.: Die Anwendung der Statik auf den menschlichen Bewegungsapparat. Z. Orthop., Beilageh. 81 (1951)
Stott, J., W. Hutton, J. Stokes: Forces under the foot. J. Bone Jt. Surg. 55B (1973) 335–344
Strasser, H.: Lehrbuch der Muskel- und Gelenkmechanik, Bd. I, Allgem. Teil. Berlin 1908
Strasser, H.: Lehrbuch der Muskel- und Gelenkmechanik, Bd. II, Spezieller Teil. Berlin 1913
Stringa, G.: Biologie des greffes du tissu osseux. Proc. X. SICOT-Congr., Paris 1966. Acta med. belg. 1967 S. 609–614
Stüssi, E.: Vierdimensionale Vektordarstellung der Bodenkräfte beim Gehen. Med. orthop. Techn. 97 (1977) 176
Sutherland, D., J. Hagy: Measurement of gait movements from motion picture film. J. Bone Jt. Surg. 54A (1972) 787–797
Swanson, E.: Flexible implant arthroplasty for arthritic finger joints: rationale, technique and results of treatment. J. Bone Jt. Surg. 54A (1972) 435
Swanson, S. A.: Low modulus force-dampening materials for knee joint prostheses. Acta orthop. belg. 39 (1973) 116–137
Swanson, S. A., M. Freeman: A new prosthesis for the total replacement of the knee. Acta orthop. belg. 38, Suppl. 1 (1971) 55–62
Tachdjian, M. O.: Pediatric Orthopedixs, Bd. I u. II. Saunders, Philadelphia 1972
Tanner, R. I.: An alternative mechanism for the lubrication of synovial joints. Phys. in Med. Biol. 11 (1966) 119

Theyson, H., V. Güth, F. Abbink: Photogrammetrische Methoden zur dreidimensionalen Vermessung der Fußsohle, sowie eine Methode zur exakten Bestimmung des Druckablaufs unter den verschiedenen Bereichen der Fußsohle beim Gehen. In: Funktionelle Diagnostik in der Orthopädie, hrsg. von E. Morscher. Enke, Stuttgart 1979 (S. 87)
Thom, H.: Spätergebnisse nach 81 Arthrodesen des oberen Sprunggelenkes. Z. Orthop. 111 (1973) 446–452
Thomas, G.: Studie der Mechanik zur Lordoseaufhebung im Lendenwirbelsäulenbereich. Z. Orthop. 102 (1967) 524–533
Thomas, G., H. Uhr: Experimentelle Untersuchungen zur Leistungsfähigkeit der totalen Hüftgelenkprothese. Z. Orthop. 106 (1969) 4, 694–707
Tillmann, B.: Zur Lokalisation von degenerativen Veränderungen am Femurkopf bei der Coxarthrose. Z. Orthop. 111 (1973) 23
Timoshenko, S.: Strength of Materials. Elementary Theory and Problems, 3. Aufl. Van Nostrand, New York 1955
Tischendorf, F.: Die mechanische Reaktion der Haver'schen Systeme und ihrer Lamellen auf experimentelle Belastung. Bemerkung des lamellären Knochengewebes. Arch. Entw.-Mech. 146 (1954) 161–169
Triepel, H.: Allgemeine Elastizitäts- und Festigkeitslehre in elementarer Darstellung. Einführung in die physikalische Anatomie, I. Teil. Bergmann, Wiesbaden 1908a
Triepel, H.: Die Elastizitäts- und Festigkeitslehre der menschlichen Gewebe und Organe. Einführung in die physikalische Anatomie, II. Teil Bergmann, Wiesbaden 1908b
Triepel, H.: Die trajektoriellen Strukturen. Einführung in die physikalische Anatomie, III. Teil. Bergmann, Wiesbaden 1908c
Trueta, J.: Osteoarthritis of the hip. Ann. roy. Coll. Surg. Engl. 15 (1954) 174–192
Trueta, J.: La Vascularisation des os et l'ostéogénèse. Rev. chir. orthop. 44 (1958) 3
Trueta, J., A. Trias: The vascular contribution to osteogenesis. J. Bone Jt. Surg. 43B (1961) 800–809
Uhthoff, H. K.: Aktuelle biomechanische Fragen der Osteosyntheseforschung. Z. Orthop. 113 (1975) 760–764
Ungethüm, M.: Sphärizitätsmessungen an Totalendoprothesen nach McKee-Farrar und Weber-Huggler. Arch. orthop. Unfall-Chir. 73 (1972) I
Ungethüm, M.: Aktuelle Werkstoffprobleme bezüglich des Verschleißes künstlicher Hüftgelenke. Jahrestagung Dtsch. Ges. Biomed. Technik, Erlangen Mai 1973
Ungethüm, M.: Tribologische Aspekte beim totalen Gelenkersatz der Hüfte. Z. Orthop. 112 (1974) 168
Urist, M. R.: R. W. Johnson: Calcification and Ossification. J. Bone Jt. Surg. 25A (1943) 375–426
Vierodt, H.: Das Gehen des Menschen in gesunden und kranken Zuständen nach selbstregistrierenden Methoden. Laupp, Tübingen 1881 (S. 205)
Vigliani, F.: Études expérimentales sur l'adaptation fonctionelle de la greffe osseuse aux influences mécaniques. SICOT X. Congr., Paris, Sept. 1966 Acta med. belg. 1967
Vogt, Ch., G. Arnold: Demonstration über Festigkeits- und Relationseigenschaften menschlicher Sehnen. Verh. anat. Ges. (Jena) 67 (1972) 663–667
Voss, C.: Die temporäre Hängehüfte. Verhandlg. dtsch. orthop. Ges., 43. Kongr. 1955. Z. Orthop., Beilageh. 87 (1956) 351–353
De Vries, H. A.: Muscle tonus in postural muscles. Amer. J. phys. Med. 44 (1965) 257–263
Wagner, H.: Der alloplastische Gelenkflächenersatz am Hüftgelenk. Arch. orthop. Unfall-Chir. 82 (1975) 101
Walker, P.: Reaktionskraftmessungen und dynamische Podographie. Med. orthop. Techn. 97 (1977)
Walker, P., J. Hajek: The load-bearing area in the knee joint. J. Biomech. 5 (1972) 581–589
Walker, W.: Reaktionskraftmessungen und dynamische Podographie. Med. Orthop. Techn. 97 (1977) 169–172
Walldius, B.: Arthroplasty of the knee using en endoprosthesis. SICOT XIe Congrès, Mexico, Octobre 1969
Watillon, M., P. Maquet, F. Hoet: Analyse de 804 cas d'ostéotomies intertrochanteriennes. Acta orthop. belg. 44 (1978) 248–279
Weber, B. G.: Der alloplastische Gelenkflächenersatz am Hüftgelenk. Arch. orthop. Unfall-Chir. 82 (1975) 101
Weber, B. G., M. Semlitsch: Total hip replacement with rotationsendoprosthesis: Problem of infection, i. E. prevention Internat. Symp. Nijmegen 1972. In: Arthroplasty of the Hip, hrsg. von G. Chapchal. Thieme, Stuttgart 1973 (S. 103)
Weber, B. G., G. Stuehmer, M. Semlitsch: Erfahrungen mit dem Kunststoff Polyester als Komponente der Rotations-Totalprothese des Hüftgelenkes. Z. Orthop. 112 (1974) 1106
Weber, W., E. Weber: Mechanik der menschlichen Gehwerkzeuge. Eine anatomisch-physiologische Untersuchung. Göttingen 1863. In: Gesammelte Werke, Bd. VI, hrsg. von J. Soringer. Berlin 1895 (S. 52)
Weber, W., O. Frey, M. Semlitsch, E. Doerre: Aluminiumoxid-Keramikkugeln für Hüftendoprothesen nach Baukastenprinzip. Z. Orthop. 115 (1977) 305–309
Weightman, B.: The stress in total hip prosthesis femoral stems: A comparative experimental study. In: Engineering in Medicine, Bd. II: Advances in Hip and Knee-Joint Technology. Kölbl, München-Allach 1974
Wettstein: zit. nach Debrunner 1974b
White, A., C. Hirsch: An experimental study of the immediate load bearing capacity of some commonly used iliac bone grafts. Acta orthop. scand. 42 (1971) 482–490
White, A., I. Raphael: The effect of quadriceps loads and knee position on strain measurements of the tibial collateral ligament. Acta orthop. scand. 43 (1972) 176–187
White, A., M. Panjabi, E. Crellin, W. Southwick: Correlations of fracture histology with some important mechanical factors in experimental fracture healing. Transaction of the 22nd annual meeting of the Orthopaedic Research Soc. New Orleans 1976a (S. 1076–1083)
White, A., M. Panjabi, E. Crellin, W. Southwick: Quantitative biomechanical study of fracture repair. Kappa Delta Award Winning Paper. Abstract presented at the 43rd Annual Meeting of the Amer. Academy of Orthopaedic Surgery, New Orleans 1976b
Wieser, C., M. Allgöwer: La significance du cal dans la stabilité des ostéosynthèses. Med. et Phys. 20 (1962) 745–754
Willert, H. G., P. Puls: Über die Reaktionen des Knochens auf Knochenzement bei Alloarthroplastik der Hüfte. Arch. orthop. Unfall-Chir. 72 (1972) 33–41
Willert, H. G., A. Schreiber: Unterschiedliche Reaktionen von Knochen und Weichteillager auf autopolymerisierende Kunststoffimplantate. Z. Orthop. 106 (1969) 23–29
Willert, H. G., M. Semlitsch: Histopathology associated with polymers and metals in total hip replacements. Gordon Conference on Science and Technology of Biomaterials, Tilton/USA, Aug. 1972. Sulzer, Winterthur 1973a (Sonderdruck)
Willert, H. G., M. Semlitsch: Die Reaktion der periartikulären Weichteile auf Verschleißprodukte von Endoprothesen-Werkstoffen. In: Der totale Hüftgelenkersatz, hrsg. von H. Cotta, K.-P. Schulitz. Thieme, Stuttgart 1973b (S. 199)
Winarski, D.: A computer simulation of the human gait cycle for medical applications. Techn. Rep. No. 12 (1974) 103 (Univ. of Michigan)
Winter, D. A.: Television computer analysis of kinematics of human gait. Comp. Biomech. Res. 5 (1972) 698–707
Witt, A. N.: Spätzustände nach Verletzungen des Fußgelenkes und der Fußwurzel. In: Verhandlungen der Deutschen Orthopädischen Gesellschaft, 44. Kongreß, Nürnberg 1956, hrsg. von M. Lange. Enke, Stuttgart 1957 (S. 288)
Witt, A. N.: Die operative Behandlung der angeborenen

Verkrümmungen der Tibia, einschließlich der angeborenen Tibiapseudarthrose. Siww. Sommertagung d. Ver. d. Orthop. Österr. 1971/1972 Eigenverlag (S. 227–234)
Wolff, J.: On cancellate structure of some of the bones of the human body. Boston J. Nat. Hist. 6 (1857) 125–140
Wolff, J.: Über die innere Architektur der Knochen und ihre Bedeutung für die Frage von Knochenwachstum. Virchows Archiv path. Anat. 50 (1870) 389–453
Wolff, J.: Das Gesetz der Transformation der Knochen. Hirschwald, Berlin 1892
Wyss, Th.: Die Kraftfelder in festen Körpern. Fretz, Zürich 1948
Yamada: zit. nach Debrunner 1975
Yamagishi, M., Y. Yoshimra: The biomechanics of fracture healing. J. Bone Jt. Surg. 37 A (1955) 1034–1068
Zarek, J., J. Edwards: Dynamic considerations of the human skeletal system. In: Biomechanics and Related Bioengineering Topics, hrsg. von R. M. Kenedi. Pergamon Press, Oxford 1965 (S. 187–203)
Zarek, J., J. Edwards: Dynamic considerations in load-bearing bones with special reference to osteosynthesis and articular cartilage. In: Studies on the Anatomy and Function of Bone and Joints, hrsg. von F. G. Evans. Springer, Berlin 1966 (S. 40–51)
Zichner, L., P. Pruessner, H. G. Willert, R. Lade, E. Doerre: Evaluation of special prostheses made of Dense aluminium oxide ceramic in animal experiments. Conference of the Biological Engineering Society on „Materials for use in Medicine and Biology". Mitteilungen Nr. 1465. Sulzer, Winterthur 1976
Zimmermann, M.: Die Bedeutung des Chopart'schen Gelenkes für Dorsal- und Plantarflexion bei Versteifungen des oberen Sprunggelenkes. Z. Orthop. 66 (1937) 20–25
Zweymüller, K.: Knochen- und Gelenkersatz mit biokeramischen Endoprothesen. Facultas, Wien 1978

3 Kollagen

Von M. J. O. FRANCIS

Kollagen ist das extrazelluläre Hauptprotein des Körpers. Kollagen umfaßt 30% des gesamten Körpereiweißes, und im Bindegewebe kann es bis zu 90% der gesamten organischen Masse ausmachen (z. B. in der Kortikalis des Knochens beim Erwachsenen). Die Aminosäuresequenz des Kollagens ist ebenso bekannt wie die Hauptwege der Kollagenbiosynthese und des -abbaus. Von besonderer Wichtigkeit ist die Erkenntnis, daß Kollagen, im besonderen das Knochenkollagen, nicht nur eine inerte, strukturelle Stützsubstanz ist, sondern sich während des ganzen Lebens erneuert.
Die allgemeine Struktur und der Stoffwechsel des Kollagens sind in allen Bindegeweben sehr ähnlich. Es gibt aber geringfügige Unterschiede. Diese können für die Steuerung des Kollagenstoffwechsels und den Aufbau der Kollagenfasern der einzelnen Gewebe von Wichtigkeit sein. Im Knochen wird die Calcifizierung durch die Knochenzellen gesteuert, wenigstens anfänglich, und sie scheint nicht von irgendwelchen besonderen Eigenschaften des Knochenkollagens abzuhängen. Knochenkollagen scheint deshalb ein typisches Kollagen der Wirbeltiere zu sein, jedenfalls nach seiner Aminosäurenzusammensetzung, der Ablenkung der Röntgenstrahlen und dem mikroskopischen Erscheinungsbild seiner Fasern (Abb. **1**).

Kollagenstruktur

Kollagenhaltige Gewebe setzen sich aus Bündeln von Kollagenfasern zusammen, eingebettet in ein Gel anderer Substanzen, vor allen Dingen von Proteoglykanen (BAILEY 1968). Im Knochen ist diese Matrix calcifiziert mit verschiedenen Formen des Hydroxyapatits, die mit Calcium bindenden Agentien herausgelöst werden können. Wenn das Bindegewebe mit einem Neutralsalz oder verdünnter Säurelösung extrahiert wird, geht auch ein kleiner Teil des Kollagens in Lösung (bis zu 5% aus dem Bindegewebe von Erwachsenen und noch weniger aus dem Knochen von Erwachsenen). Studien über diese lösliche Fraktion haben es möglich gemacht, die Grundeigenschaften des

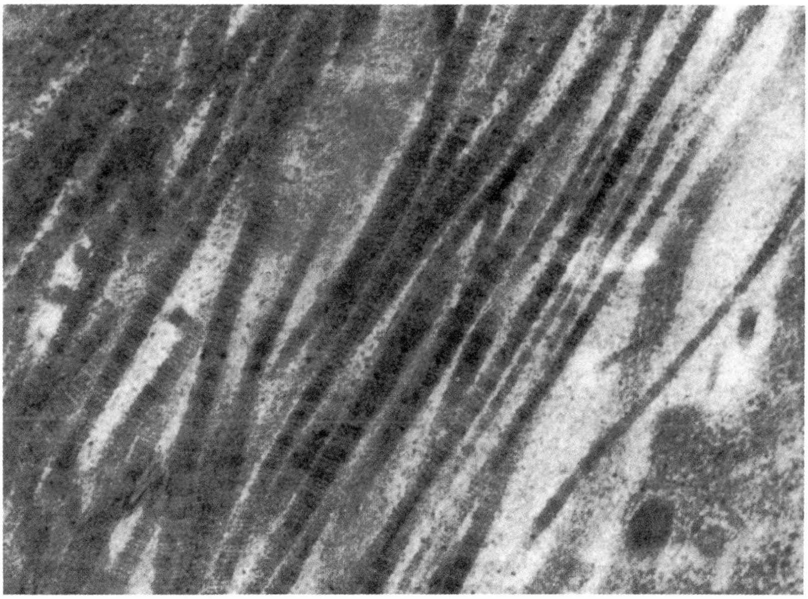

Abb. **1** Typisches elektronenmikroskopisches Erscheinungsbild des Kollagens (s. Text)

Kollagenmoleküls zu definieren. Erst vor kurzem hat man das übrige unlösliche Kollagen untersucht.
Ein Kollagenmolekül ist als Tropokollagen bekannt (Piez, 1967). Unter bestimmten Bedingungen bündelt sich Tropokollagen zusammen und bildet Kollagenfasern, die denen in vivo ähnlich sind. Die einzelnen Moleküle sind in einer um ein Viertel versetzten Folge aneinandergereiht, die das typische, elektronenmikroskopische Erscheinungsbild von Kollagen mit seiner 68-nm-Periodizität erzeugt (Abb. **1**). Diese in vivo gebildeten Kollagenfasern haben nur eine geringe Spannkraft. In vivo haben sie die Aufgabe, als ein mechanisch stützendes Rahmenwerk zu dienen. Deshalb muß es etwas geben, das die Moleküle daran hindert, aneinander vorbeizurutschen, so z. B. die Einführung kovalenter, chemischer Cross-links zwischen den Tropokollagenen, die in der Kollagenfaser nebeneinanderliegen. Es kann auch eine Wechselwirkung der Kollagenfasern mit anderen Bestandteilen der intrazellulären Matrix eintreten (Jackson u. Bentley, 1968).

Aminosäurenzusammensetzung des Kollagen

Kollagen hat eine ungewöhnliche Aminosäurezusammensetzung. Glyzin, die einfachste Aminosäure, und stellt fast jede dritte Aminosäure in der Sequenz. Eine von fünf Aminosäuren ist Prolin oder Hydroxyprolin. Die Anteile an Tyrosin, Methionin und Histidin sind gering und Cystein und Tryptophan kommen nicht vor. Kollagen enthält als einziges Protein außer Elastin, Hydroxyprolin (vorwiegend 4-HO Prolin, Hyp) und Hydroxylysin (Hyl), die beide enzymatisch ausgebildet werden Prolin und Lysin in Vorläufern von Kollagenmolekülen. Andere Aminosäuren – dabei viele von unbekannter Struktur – findet man in Hydrolysaten unlöslicher Kollagenproben. Sie stehen in Beziehung zu den kovalenten Cross-links, die sich in vivo zwischen den Kollagenmolekülen bilden.

Tropokollagen

Wenn Tropokollagenlösungen thermisch oder chemisch denaturiert werden, spaltet sich Tropokollagen in drei lange Polypeptidketten – die α-Ketten. Die können durch Carboxymethylzellulose bzw. Molekularsiebchromatographisch oder auch durch Polyacrylamidelektrophorese getrennt werden. Die meisten Gewebekollagene bestehen aus Tropokollagenen, die zwei gleiche α-Ketten (α_1) und eine mit sehr ausgeprägten Eigenschaften (α_2) enthalten. Die Zusammensetzung von Tropokollagen ist folgende: $(\alpha_1)_2\ (\alpha_2)$. Dieses gilt für Knochenkollagen. Knorpelkollagen jedoch besteht aus Molekülen mit nur einer Kettenart, die den α_1-Ketten von Knochen und Haut ähnlich, aber nicht gleich sind. Man bezeichnet sie mit $\alpha_1{}^{II}$, und so ist ein Tropokollagen $(\alpha_1{}^{II})_3$ (Miller, 1973). Das Hautkollagen bei Embryonen enthält noch eine dritte Variante der α_1-Kette: $\alpha_1{}^{III}$.
Die vollständige Sequenz der ~ 1000-Aminosäuren der α_1-Kette des Kollagens der Kälberhaut ist ebenso bekannt wie lange Sequenzen von α_2. Große Fortschritte in Richtung auf dieses Ziel waren die Entdeckungen:

1. daß große Mengen von Tropokollagen und auch α-Ketten aus den Bindegeweben von Versuchstieren extrahiert werden können, denen man Lathyrogene mit dem Futter gegeben hat (z. B. β-Aminopropionitril)
2. daß die abgetrennten α-Ketten reproduktionsfähig gespalten werden können durch Bromcyan (NCBr), um chromatographisch trennbare CNBr-Peptide zu ergeben, deren Aminosäuresequenz einzeln bestimmt werden können
3. da Tropokollagen und einige der größeren CNBr-Peptide in Gegenwart von ATP in saurem pH ausfallen, um charakteristische Strukturen zu bilden – Segment-long-spacing (SLS)-Fasern

Hier sind die Tropokollagene in genauer Reihenfolge aufeinander gestapelt, statt um ein Viertel Molekül versetzt zu sein, wie es bei nativen Kollagenfasern vorkommt. Das Studium dieser SLS-Aggregate im Elektronenmikroskop hat es ermöglicht, die Reihenfolge der CNBr-Peptide in einer α-Kette und einige individuelle Aminosäuresequenzen abzuleiten (Bruns u. Gross 1973).
Die charakteristische Aminosäuresequenz jeder α-Kette mit einem Glycin in jeder dritten Position und der hohe Gehalt (~ 20%) an Pro und Hyp gestattet die Entstehung einer einzigartigen Wechselwirkung zwischen drei α-Ketten. Studien über die Ablenkung von Röntgenstrahlen haben gezeigt, daß im Tropokollagen die α-Ketten in dreifacher Spirale eng umeinander gewunden sind. Ergebnis ist das lange, dünne, starre Molekül des Tropokollagen (300 nm lang, 1,5 nm breit) (Kuhn 1969). Die 10–30 Aminosäuren am Ende jeder α-Kette befinden sich jedoch nicht in der Sequenz, die für die dreifache Helixbildung nötig ist. Demzufolge besitzen diese Enden (die Telopeptide) nicht die starre Struktur des übrigen Moleküls und werden durch nichtspezifische Proteasen abgespalten, z. B. Trypsin, wie es tatsächlich auch bei getrennten α-Ketten der Fall ist (Abb. **2**) (Drake u. Mitarb. 1966). Die Tripchelix jedoch bietet Stabilität gegen den Abbau durch solche Enzyme, und spezifische Enzyme – die Kollagenasen – werden erforderlich. Insbesondere die C-terminalen Telopeptide werden leicht durch Gewebeproteasen abgespalten. Man muß besondere Vorsicht walten lassen, um diesen Teil des Tropokollagens während seiner Isolierung zu erhalten. Die Telopeptide spielen eine wichtige Rolle bei der Bildung von Kollagen-Cross-links und Kollagenfasern.

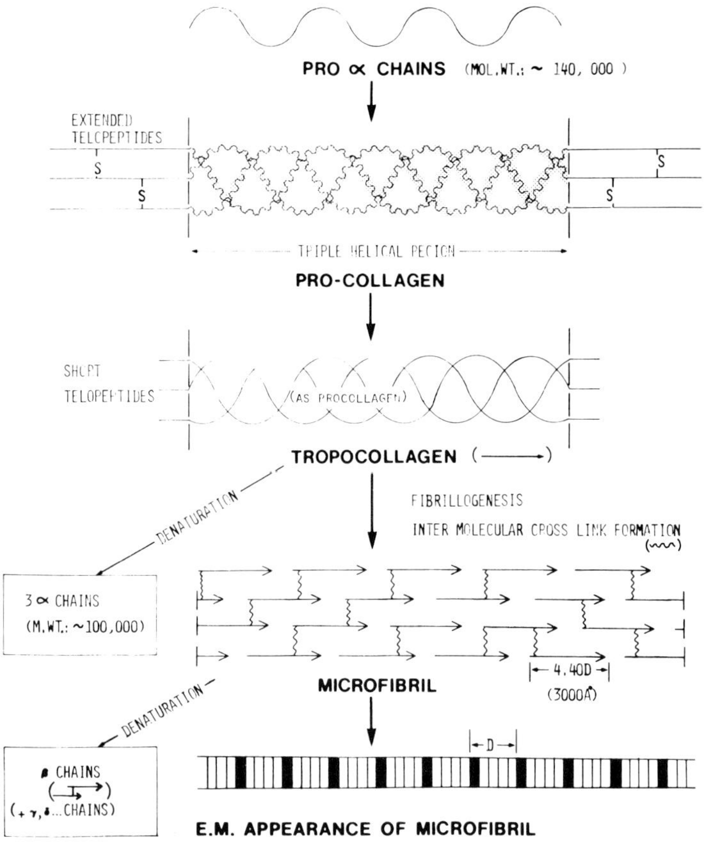

Abb. **2** Kollagenstrukturen (s. Text)

Die Sequenzanalyse hat auch bestätigt, daß die α-Ketten mikroheterogen sind. Die Hydroxylierung des Prolins ist nicht vollständig; daher kann die Hydroxylierung jedes beliebigen prolinhaltigen Rückstandes von 30–70% schwanken und ändert sich je nach Herkunft des Kollagens. In ähnlicher Weise schwankt der Grad der Lysinhydroxylierung in dem Ausmaß, wie Lysyl- und Hydroxylysyl-Reste an den anderen postribosomalen Veränderungen, denen das Kollagen unterliegen kann, teilhaben.

Wenn Tropokollagenlösungen denaturiert werden, sind stets Substanzen mit einem größeren Molekulargewicht als dem der α-Ketten vorhanden. Es hat sich gezeigt, daß diese von zwei oder mehr α-Ketten herrühren, die durch eine kovalente Bindung miteinander verknüpft sind (Bailey 1968). So stammen β-Komponenten aus zwei Cross-linked-α-Ketten, d. h. β_{11} aus zwei α_1-Ketten und β_{12} aus einer α_1- und einer α_2-Kette. In ähnlicher Weise besteht γ_{111} aus drei α_1-Ketten und γ^{112} aus zwei α_1- und einer α_2-Kette. In vivo tritt diese Masse des Gewebekollagens in Form von sehr viel stärker vernetzten, unlöslichen Fasern auf.

Diese Cross-links können zwei (oder drei) α-Ketten binden, die im Tropokollagen vorhanden sind. In diesem Fall sind die Cross-links *intra*molekulär. Im Unterschied dazu verbinden Cross-links die α-Ketten zweier oder mehrerer Kollagenmoleküle und sind dann *inter*molekular (Abb. **2**). Beide Typen von Cross-links wurden im Knochenkollagen gefunden. Die Einführung dieser Cross-links in vivo zwischen Kollagenmolekülen, die in Fasern nebeneinanderliegen, vermittelt dem Bindegewebe viele seiner physikalischen und biochemischen Eigenschaften. Die Typen der Cross-links weichen in verschiedenen Reifestadien voneinander ab. Haut- und Knochenkollagene bei Erwachsenen enthalten deutlich verschiedene Cross-links, wie z. B. auch Hautkollagene von Feten und Erwachsenen.

Prokollagen

Kollagen wird nicht zuerst als Tropokollagen synthetisiert, sondern als ein größerer Vorläufer; Prokollagen (Lenaers u. Mitarb. 1971, Schofield u. Prockop 1973).

Ebenso wie Tropokollagen ist auch Prokollagen aus drei α-Ketten zusammengesetzt, aber diese Ketten sind länger und haben eine größere Molmasse als die α-Ketten des Tropokollagens. Sie sind als Pro-α_1- und Pro-α_2-Ketten bekannt und können von α-Ketten getrennt werden.

Pro-α-Ketten unterscheiden sich in der Zusammensetzung von α-Ketten. Sie enthalten Cystein und geringere Mengen von Glycin und Prolinen. Das Prokollagenmolekül enthält, verglichen mit dem Tropokollagen, ausgedehntere Telopeptide und wird durch spezifische Peptidasen in Tropokollagen verwandelt.

Protokollagen

Protokollagen ist ein Tropokollagenvorläufer, deutlich unterschieden vom Prokollagen. Protokollagen ist das Substrat für Prolin/Lysin-Hydroxylasen und akkumuliert, wenn diese Enzyme gehemmt sind. Im Experiment erreicht man das, indem man Eisenchelat bildende Substanzen beifügt oder durch anaerobe Inkubation von Kollagen synthetisierenden Systemen.

Kollagen der Basalmembran

Basalmembranen liegen neben den Zellen, die sie sezernieren, und befinden sich in fast allen epithelialen und endothelialen Auskleidungen des Körpers. Eine typische Basalmembran besteht aus partiell orientierten Fasern von 3–4 nm Breite, die in eine amorphe Matrix eingebettet sind.
Es hat sich erst kürzlich gezeigt, daß ein Teil davon ein kollagenähnliches Molekül ist (Kefalides 1973). Dieses Kollagen unterscheidet sich jedoch von interstitiellen Kollagenen in verschiedener Hinsicht. Der Gehalt an Hydroxyprolin, besonders Hydroxylysin, ist wesentlich höher, und 80% der Hydroxylysine sind glykosyliert (vgl. 11% Knochenkollagen, 40% Dentin und bis zu 60% Knorpel). Außerdem kommen 11% des Hydroxyprolins eher 3-isomer als 4-isomer vor. Dieses Kollagen oder vielleicht ein nahe verwandtes Glykoprotein enthält Cystin, und seine α-Ketten können größer sein als die des interstitiellen Kollagens. Wie Knorpelkollagen besteht Basalmembrankollagen aus drei Ketten des α_1-Typs. Ebenso wie anderes Kollagen wird es zunächst als ein größerer Vorläufer synthetisiert, und einzelne Moleküle werden während ihrer extrazellulären Reifezeit kovalent cross-linked.
Basalmembrankollagene unterscheiden sich ausreichend von den Kollagenen der Knochen, Haut und Knorpel bei Erwachsenen, um eine genetisch deutlich unterschiedene Gruppe von Proteinen zu bilden.

Kollagenbiosynthese

Kollagen kann durch Fibroblasten und sich daraus entwickelnden Zellen (Osteoblasten, Chondrozyten) des Bindegewebes synthetisiert werden. Diese Zellen entstammen dem Mesoderm. Aber auch epidermale Zellen können echtes Gewebskollagen, ebenso wie Basalmembran-„Kollagen", produzieren. Die Produktion von extrazellulärem Kollagen durch die epidermalen Zellen im frühembryologischen Leben kann ein wichtiges Rahmenwerk bilden, das später die Entwicklung komplexer Gewebe steuert.
Grant u. Prockop (1972) haben unseren Wissensstand über die Kollagenbiosynthese bis zum Ende des Jahres 1971 beschrieben (Abb. **3**). Die anfänglichen Schritte der Kollagenbiosynthese entsprechen denen anderer Proteine. Kollagenmoleküle werden in den Ribosomen unter dem Einfluß von mRNA aus dem Zellkern gebildet, und Kollagen-mRNA ist isoliert worden. Ungewöhnliche Aminosäuren sind daran nicht beteiligt. Besonders wichtig ist die Beobachtung, daß weder Hydroxyprolin noch Hydroxylysin in diesem frühen ribosomalen Stadium der Kollagenbiosynthese vorkommen. Diese Erkenntnis zieht wichtige klinische Folgerungen nach sich. Es folgt daraus, daß, sooft Hydroxyprolin oder Hydroxylysin in einer biologischen Probe entdeckt wird, entweder Kollagen vorhanden ist (oder in geringerem Maß Elastin) oder ein Abbauprodukt von Kollagen. Deshalb können Hydroxyprolin- oder Hydroxylysinbestimmungen beim Studium des Kollagenstoffwechsels verwendet werden.
Weitere postribosomale Modifikationen des Prokollagens umfassen die Glykosylierung bestimmter Hydroxylysin Reste, Abspaltung von Prokollagen, um Tropokollagen freizusetzen, und die Bildung von Kollagen-Cross-links und -Fasern. Die Bildung des Prokollagenmoleküls aus drei Pro-α-Ketten, die Hydroxylierung von Prolin und Lysin und die darauf folgende Glykosylierung sind intrazelluläre Vorgänge. Die Abspaltung von Prokollagen, um Tropokollagen freizusetzen, und die Bildung von Kollagenfasern und Cross-links finden extrazellulär statt. Die Erkenntnisse von der biologischen Steuerung dieser Schritte in der Kollagenbiosynthese sind fragmentarisch, und dieses Thema, so wichtig es auch für das Verständnis pathologischer Veränderungen ist, kann nur kurz gestreift werden (Nigra u. Mitarb. 1972).

Bildung von Kollagen-Hydroxyprolin und -Hydroxylysin

Sowohl Hydroxyprolin als auch Hydroxylysin bilden sich intrazellulär aus bestimmten Prolyl- und Lysylresten, die in den ersten Stadien der Kollagenbiosynthese eingebaut werden. Zwei spezifische Enzyme, Protokollagen-Prolin- und -Lysin-Hydroxylasen (Prolin bzw. Lysin), 2-Oxoglutanat-Dioxygenase, führen diese Aufgabe aus. Beide benötigen Ascorbinsäure (Vitamin C) und Eisen-(II)-Ionen als Kofaktoren und α-Oxoglutarat sowie Sauerstoff als Substrate zusätzlich zum Protokollagen (Grant u. Prockop 1972).
Die Reaktion ist folgende:

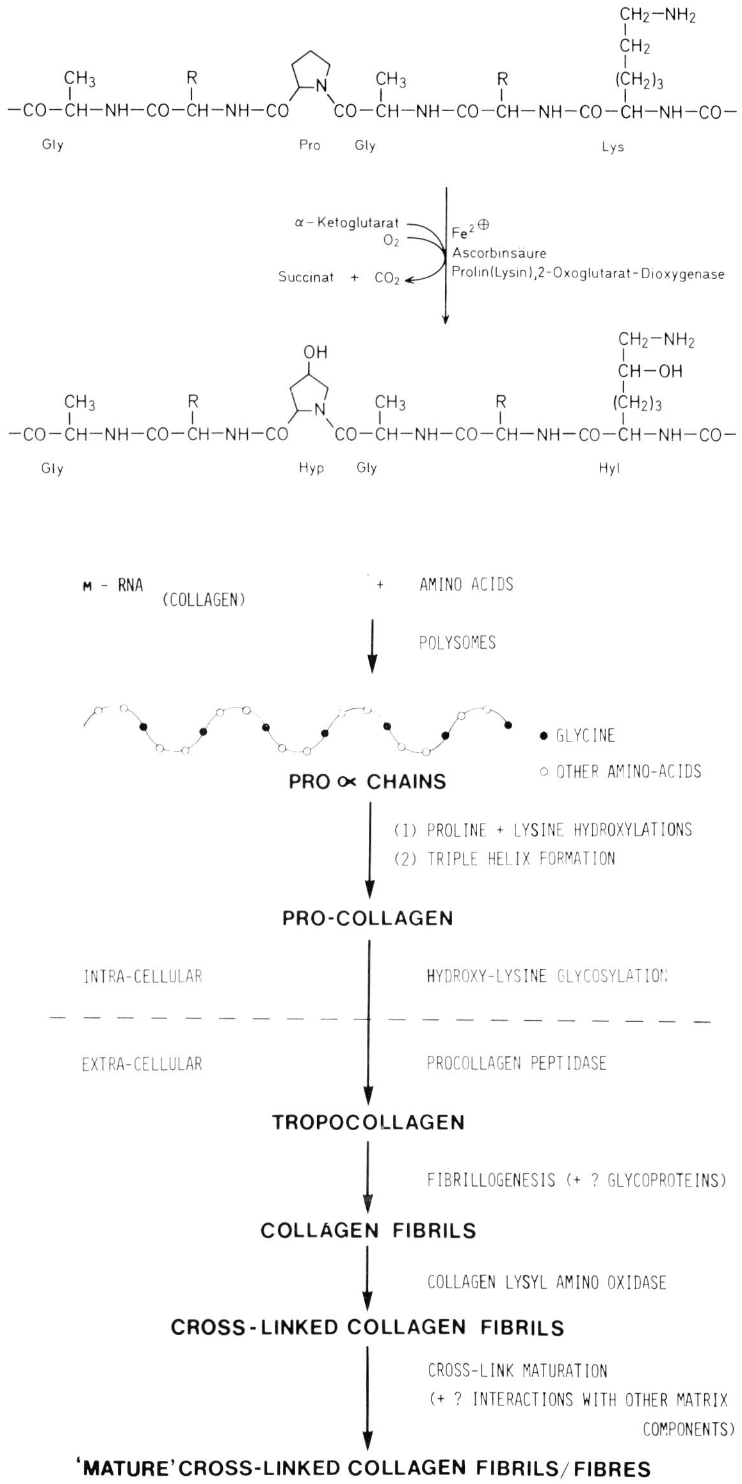

Abb. **3** Biosynthese des Kollagens (s. Text)

Die Prolinhydroxylase scheint eng mit der Zellmembran in Verbindung zu stehen. Ebenso gibt es Anzeichen dafür, daß die Prolinhydroxylierung von Wichtigkeit für die thermische Stabilität der Kollagen-Tripelhelix und damit der kontinuierlichen Kollagensekretion ist. In den Schritten der Hydroxylierung liegt die Aufgabe des Vitamin C: Vitamin C kann ebenso das Ausmaß der aktiven Prolinhydroxylase wie die Eiweißsynthese des Bindegewebes im allgemeinen steuern.

Die bisherigen Erkenntnisse lassen darauf schließen, daß die Tatsache, ob ein gewisser Prolyl- oder Lysylrest hydroxyliert wird, von vielen spezifischen Gewebefaktoren ebenso abhängt wie von

der lokalen Aminosäureumgebung eines bestimmten Prolin (Lysin) im Peptid. Diese Faktoren schließen die Körpertemperatur, die Menge der Hydroxylasen, die Gesamtrate der Kollagenbiosynthese und das Vorhandensein von Sauerstoff und α-Ketoglutarat ein.
Die Gesamtmenge sowohl der Kollagen-Prolinals auch der Kollagen-Lysin-Hydroxylasen schwinden mit zunehmendem Alter sehr schnell. Diese Aktivitäten sind in den Geweben des menschlichen Fetus sehr hoch und sinken im frühen Leben auf niedrige Werte und ändern sich danach nur geringfügig oder gar nicht mehr, es sei denn bei Bindegewebestörungen, z. B. Sklerodermie.

Glykosylierung von Kollagen-Hydroxylysin

Kollagen enthält eine geringe Menge von Kohlenhydraten, die über O glykosidisch an Hydroxylysin gebunden sind. Diese Kohlenhydrate liegen als Mono- und Disaccharide der Galaktose und als Glukosylgalaktose vor. Der Grad der Glykosylierung der Hydroxy-Gruppen zeigt eine weitgefächerte Gewebevielfalt (Pinnell u. Mitarb. 1971).
Zwei ganz bestimmte Enzyme sind für die Glykosylierung der Kollagen-Hydroxylysine erforderlich, die beide im endoplasmatischen Retikulum der kollagensynthetisierenden Zellen angesiedelt sind. Das erste katalysiert die Verknüpfung von Galaktose mit dem Hydroxylysylrest unter Verwendung von Uridindiphosphat-Galaktose. Die Bindung der Galaktose an das Hydroxylysin ist β-glykosidisch; das zweite Enzym fügt dann unter Verwendung von Uridindiphosphat-Glukose Glukose zu dem bereits vorhandenen Galaktosyl-*O*-Lysin hinzu. Die Verbindung zwischen der Glukose und Galaktose besteht aus einer ungewöhnlichen $\alpha(1 \rightarrow 2)$-Glykosidbindung.
Im Hautkollagen gibt es nur vier Hauptbereiche der Glykosylierung, sie liegen in demselben Hauptbezirk des Moleküls (in dem NH_2-Telopeptid). Hieraus kann man auf eine spezifische Rolle im Kollagenstoffwechsel schließen. Es gibt eine Hypothese, daß das Ausmaß der Glykosylierung die Stärke, bis zu der die Kollagenfasern eines Gewebes wachsen können, bestimmt (Morgan u. Mitarb. 1970).

Prokollagenpeptidase

Prokollagen kann durch verschiedene, unspezifische Peptidasen in Tropokollagen oder ähnliche Moleküle aufgespalten werden, aber zusätzlich dazu gibt es eine oder mehrere spezifische Prokollagenpeptidasen (Lapière u. Mitarb. 1971). Diese Enzyme sind extrazellulär angesiedelt. Es ist also das hydroxylierte und glykosylierte, nicht crosslinked Prokollagen, das sezerniert wird.
Versuche an Gewebekulturen *in vitro* zeigen, daß Prokollagen während oder kurz nach der Sekretion schnell zu Tropokollagen reduziert wird (Ehrlich u. Bornstein 1972). Im Gegensatz dazu haben andere Arbeiten gezeigt, daß *in vivo* Prokollagen nicht in einem einzelnen Schritt kleiner wird und daß eine Zwischenform eine relativ lange Lebensdauer hat (Veis u. Mitarb. 1973). Es können also mehrere unterschiedliche Prokollagenpeptidasen vorkommen. Die ausgedehnten Telopeptidbezirke der Pro-α-Ketten bei den Prokollagenen können deshalb zwei Funktionen haben: Intrazellulär können sie die Initialaggregation dreier Pro-α-Ketten unterstützen, die das Tripelhelixmolekül des Prokollagens bilden, und extrazellulär die Anordnung der sich neu formenden Kollagenfibrillen.

Extrazelluläre Bildung von Kollagenfibrillen

Prokollagen bildet keine Kollagenfasern unter den Bedingungen, die eine Faserbildung bei Tropokollagen fördern. Es scheint, daß die Lage der Prokollagenpeptidasen bestimmt, wo sich im extrazellulären Raum Kollagenfasern bilden. Unlösliche Gewebekollagene können jedoch längere Moleküle als die des Tropokollagens enthalten, und deshalb können Spaltreaktionen sowohl nach als auch vor der Faserbildung erfolgen.
Die zellulären Mechanismen der Kollagensekretion werden noch kaum verstanden, obgleich wahrscheinlich der Mikrotubulusapparat beteiligt ist (Ehrlich u. Bornstein 1972). Unterhydroxyliertes Kollagen wird langsamer sezerniert, aber das kann von dem Einfluß abhängen, den die Hydroxylierung auf die Stabilität der Kollagentripelhelix ausübt.
Unter den geeigneten Bedingungen von pH und Salzkonzentration aggregiert Tropokollagen spontan zu Kollagenfibrillen. Die Abspaltung der Telopeptidbereiche vom Tropokollagen verlangsamt die Geschwindigkeiten der Bildung von Kollagenfibrillen. Es scheint, daß die NH_2-terminalen Telopeptide die Tropokollagenmoleküle innerhalb einer Fibrille orientieren und daß die mit COOH-terminalen Telopeptide den entgültigen Durchmesser der Fibrillen bestimmen (Leibovitch u. Weise 1970). Deshalb besteht sowohl in vivo als auch in vitro eine Beschränkung des Breitenwachstums der Kollagenfibrillen über 60–240 nm hinaus (Bard u. Chapman 1973). Die kleine Menge an Glukosyl Hydroxylysin im Kollagen könnte ebenfalls die Faserbildung beeinflussen.
Die Fibrillenbildung bleibt in der Kollagenbiochemie das Gebiet, über das man am wenigsten weiß. Einige der Unterschiede zwischen den Typen von Kollagenfasern, die sich in den verschiedenen Geweben bilden, können auf feinste Unterschiede in der chemischen Struktur des Kollagenmoleküls zurückgehen. So sind z. B. die Knor-

pelfasern, die sich aus $(\alpha^{II})_3$-Molekülen bilden, dünn. In vivo jedoch erfolgt die Fibrillenbildung extrazellulär, und man weiß, daß einige der ebenfalls vorhandenen Komponenten, z. B. Proteoglykane, auch die Faserbildung beeinflussen.
Die Geometrie der dreidimensionalen Stapelung des Kollagens in Kollagenfibrillen ist noch unbekannt. Studien mit Röntgenbewegung deuten an, daß es einen Zusammenschluß von Tropokollagenen zu fünfstrangigen Seilen gibt (MILLER u. WRAY 1971). Diese Einheit, die in einem Schritt in der Längendimension unbegrenzt wächst, könnte deshalb Fibrillen und Fasern bilden, indem sich ähnliche Einheiten seitlich verbinden.

„Cross-linking" von Kollagen

Fasern, die sich aus Tropokollagen zusammensetzen, haben nur eine geringe Spannkraft. In vivo wird diese durch die Bildung kovalenter Bindungen (Cross-links) zwischen Kollagenen bewirkt, die in einer Fibrille nebeneinanderliegen. (BAILEY 1968).
Chemische Analysen von kollagenhaltigen Geweben haben gezeigt, daß es mehrere verschiedene Cross-links gibt (TANZER 1973, MILLER 1973). Alle bisher analysierten wurden durch Kondensationen von Aldehyden gebildet, die wiederum durch enzymatische Oxidation der Aminoendgruppen von Lysyl- oder Hydroxylysylresten in Tropokollagen entstanden sind.
Ein spezifisches, extrazelluläres, kupferhaltiges Enzym katalysiert diese Reaktionen:
Tropokollagen-Lysyl-CH_2-NH_2 $\rightarrow$ Tropokollagen-Lysyl-CHO.
Diese Aldehyde bilden Cross-links auf zweifache Weise. Eine Möglichkeit ist die Bildung einer Schiffschen Base durch Reaktion mit einer Aminogruppe des Lysins oder Hydroxylysins einer anderen α-Kette:
R_A-(CH_2)-CH(H, OH)-CHO + NH_2-CH_2-CH(H, OH)-CH_2-R_B
$\rightarrow$ R_A-(CH_2)-CH(H, OH)-C = N-CH_2-CH(H, OH)CH_2-R_B.
Die zweite Reaktion ist eine Aldolkondensation zwischen zwei Aldehyden zweier nebeneinanderliegender Ketten:
R_A-CH_2-CH(H, OH)-CHO + OHC-CH(H, OH)-CH_2-R_B
$\rightarrow$ R_A- CH_2-CH(H, OH)-CH-C(H, OH)-CH_2-R_B.
Die Schiffsche Base ist instabil und bildet sich zwischen den α-Ketten ganz bestimmter Tropokollagenmoleküle (d. h. *inter*molekulare Cross-links), während sich die Aldolbindung nur zwischen den α-Ketten eines Moleküls bildet (d. h. *intra*molekulare Cross-links).
Beide Arten von Cross-links enthalten noch eine Bindung, die durch Natriumboranat reduziert werden kann. Das Borhydrid kann Tritium enthalten, und wenn man Tritiumborhydrid verwendet, werden diese Bindungen zu chemisch stabilen radioaktiven Substanzen reduziert, die daraufhin isoliert und definiert werden können.
Da die Aldehyde und Aminogruppen sowohl von Lysin als auch von Hydroxylysinrückständen herrühren können, sind vier verschiedene Schiffsche Basen möglich. Drei davon sind bisher in Kollagenproben charakterisiert worden. Zusätzlich dazu wurden andere komplexe Cross-links, die aus diesen Schiffschen Basen stammen, isoliert, die drei und vier α-Ketten aneinander binden, obgleich diese Bindungen („Links") künstlich während der Isolierung eingebracht worden sein können. Es ist wichtig zu wissen, daß Cross-links, die keine reduzierbare Bindung enthalten, bisher nicht nachgewiesen werden konnten. Die Cross-links der Schiffschen Base, die im Kollagen verschiedener Bindegewebe und in verschiedenen Stadien der Entwicklung vorhanden sind, unterscheiden sich (MILLER 1973). Knochen enthält ein charakteristisches Cross-link, das Syndesin. Es entsteht aus einer Schiffschen Base, die aus einem Hydroxylysinaldehyd und einem glykosylierten Hydroxylysinrückstand besteht. Im Gegensatz zu den anderen Schiffschen Basen ist dieses Cross-link chemisch ziemlich stabil (EYRE u. GLIMCHER 1973). Cross-links kommen hauptsächlich zwischen Telopeptidbereichen vor, darüber hinaus kommen Cross-links auch in den helikalen Bereichen der Kollagenmoleküle vor.
Die Bildung von Cross-links ist ein langsamer und vielleicht nicht enzymatischer Prozeß. Andere Komponenten, z. B. Proteoglykane, können ebenfalls an Kollagen cross-linked werden und damit zur Festigkeit der Kollagenfasern beitragen. Hierüber gibt es jedoch nur wenig Information, da das unlösliche Kollagen der Gewebe, das vielfältig cross-linked ist, biochemisch schwierig zu untersuchen ist. Die Natur der nicht reduzierbaren Cross-links, die im unlöslichen Kollagen der Tiere gefunden werden, ist noch unbekannt. In vivo scheint keine Reduktion vorzukommen (EYRE u. GLIMCHER 1973).

Kollagenabbau

Wir wissen jetzt im Gegensatz zu dem, was man in den fünfziger Jahren für richtig hielt, daß das Kollagen der Bindegewebe stoffwechselaktiv ist. Kollagensynthese und -abbau sind selbst beim erwachsenen Tier kontinuierliche Prozesse.
In vivo ist Kollagen in Fasern enthalten, die ein chemisches Netzwerk von cross-linked Kollagenmolekülen darstellen. Diese Fasern sind eingebettet in oder enthalten Proteoglykane, Glykoproteine, Lipide und andere Bestandteile der Matrix. Im Knochen treten verschiedene Typen von präzipitierten Calciumphosphaten hinzu.

Das Anfangsstadium des Kollagenabbaus muß deshalb darin bestehen, daß Kollagenfasern der Wirkung solcher Enzyme ausgesetzt sind, die in der Lage sind, sie abzubauen. Über diese Phase des Bindegewebeverfalls ist verhältnismäßig wenig bekannt, wenn man auch mehr über die individuellen Enzymsysteme weiß, die die Bestandteile der nichtkollagenen Matrix abbauen, z. B. die Proteoglykane (DINGLE 1973).

Der erste Schritt des tatsächlichen Kollagenkatabolismus ist die Aufspaltung der unlöslichen Kollagenfaser in lösliche und eigentliche intakte Kollagenmoleküle. Darauf folgt die Spaltung des Kollagenmoleküls durch spezifische Kollagenasen (LAZARUS 1972). Die großen Bruchstücke dieser Reaktion werden dann nochmals durch nichtspezifische Gewebepeptidasen in ihre Aminosäurebestandteile gespalten.

Die Kollagen-α-Ketten enthalten jedoch ungewöhnliche Peptide, z. B. Gly Pro Hyp, und es sind auch ganz spezielle Peptidasen einbezogen. Trotz aller dieser Tatsachen scheint der Körper nur eine begrenzte Fähigkeit zur Spaltung dieser Peptide zu besitzen. Sie werden in den Urin ausgeschieden. Das meiste im Kollagen enthaltene glykosylierte Hydroxylysin wird ebenso ausgeschieden.

Das Endstadium des Kollagens, wie überhaupt des Proteinkatabolismus im allgemeinen, ist der oxidative Abbau der frei werdenden Aminosäuren zu Kohlendioxid und Wasser. Einzelne Aminosäuren können natürlich auch zu biosynthetischen Reaktionen verwandt werden. Hydroxyprolin (und Hydroxylysin) nimmt insofern eine Sonderstellung ein, als es nicht direkt wieder in neue Kollagenmoleküle eingebaut werden kann.

Gesamtabbau

Beim Menschen kann man den gesamten Kollagenstoffwechsel an den Werten des im Urin auftretenden Hydroxyprolins bestimmen. (KIVIRIKKO 1970). Die meisten klinischen Laboratorien können heutzutage Hydroxyprolin bestimmen (PROKKOP u. UNDENFRIEND 1961), und es gibt zahlreiche Daten darüber, wie diese Werte bei Krankheiten abweichen. Dabei ist es wichtig, anormale Werte mit Kontrollen an Gesunden und Gleichaltrigen zu vergleichen, da die Hydroxyprolinausscheidung beim Kleinkind groß ist, dann erst wieder beim jugendlichen Wachstumsstoß.

Das Knochenkollagen erneuert sich schneller als das andere Bindegewebe, und die Hydroxyprolinwerte im Urin können unter normalen Umständen fast als Index für den Knochenumsatz betrachtet werden.

Man hat errechnet, daß nur 10% des gesamten Hydroxyprolins, das durch den Kollagenabbau produziert wird, im Urin erscheint. Rund 3% des Hydroxyprolins erscheinen unverändert im Urin, 10% in Form von großen, kollagenähnlichen Peptiden. Der Rest erscheint als Peptide, z. B. als Pro-Hyp, das zum großen Teil im Kollagen enthalten ist und das der Körper offensichtlich nur in geringem Ausmaß weiter hydrolysieren kann. Die Menge großer Peptide (Molmasse: 5–10000) können von den Geschwindigkeiten der Kollagenbiosynthese abhängen, und deren gesonderte Bestimmung wurde zur Messung dieses Parameters benutzt (KRANE u. Mitarb. 1970).

Erst kürzlich wurde die Bestimmung von Hydroxylysin, von Gal-*O*-Lysin und Glu-Gal-*O*-Lysin im Urin möglich (SEGREST u. CUNNINGHAM 1970, PINNELL u. Mitarb. 1971). Diese bietet gegenüber der Bestimmung von Hydroxyprolin gewisse Vorteile. Zunächst einmal erscheint mehr als 80% des Kollagen-Hydroxylyins und seiner Glykoside, die durch den Kollagenabbau frei werden, im Urin. Außerdem weichen die Verhältnisse der Mengen von Gal-*O*-Lysin zu Glu-Gal-*O*-Lysin in den Kollagenen verschiedener Gewebe voneinander ab. Zum Beispiel ist das Verhältnis dieser Mengen im Knochen gering und in der Haut hoch. Die Messungen dieser Mengen im Urin können deshalb aussagen, ob Knochen- oder Hautkollagen stärker betroffen ist. Allerdings wird die kürzliche Beobachtung, daß das schnell metabolisierte C1q – einer der Bestandteile des ersten Komplementfaktors – kollagenähnliche Sequenzen enthält mit vielen Glu-Gal-*O*-Lys-Funktionen, diese Interpretation komplizieren (REED 1974).

Blutplasma enthält ebenfalls Hydroxyprolin. Es kommt gleichzeitig in großen und kleinen Peptiden vor und scheint unspezifisch an alle Plasmaeiweißfraktionen gebunden zu sein. Eines dieser Proteine wird in C1 sein – dem ersten Bestandteil des Komplements. Die Bestimmung von Hydroxyprolin im Serum ist mühseliger als die im Urin, und es ist in der klinischen Praxis nicht so gebräuchlich (LEROY u. SJOERSMA 1964).

Kollagendepolymerasen

Es handelt sich hier um Enzyme, die die cross-linked Kollagenmoleküle in den Fasern angreifen können. Sie sind deshalb für die Initialstadien im Kollagenabbau verantwortlich. Über dieses Stadium ist wenig bekannt, besonders darüber, ob Kollagenasen der Säugetiere dazugehören.

Zwei solcher Enzyme sind beschrieben worden. Eines davon ist Kathepsin B1, eine Thiolproteinase von bekanntem lysosomalen Ursprung. Beide depolymerisieren leicht Kollagenfibrillen (DINGLE 1973, MILSOM u. Mitarb. 1972).

Kollagenase

Tropokollagen ist gegen die Wirkung der gewöhnlichen proteolytischen Enzyme wie Trypsin und Pepsin sehr widerstandsfähig. Diese Enzyme können lediglich die Telopeptidbereiche der Moleküle spalten. Die Hauptmasse des Tropokolla-

gen in der Tripelhelix ist gegen den Angriff resistent (DRAKE u. Mitarb. 1966). Sie können jedoch α-Ketten abbauen, wenn diese durch eine vorherige Abspaltung von dem Helixbereich des Kollagens freigesetzt sind.
Bis in die späten fünfziger Jahre waren als einzige Enzyme, die Kollagen abbauen konnten, Kollagenasen bekannt, die man von verschiedenen Clostridiastämmen isolierte. Diese spalteten das Molekül unspezifisch im Helixbereich und setzten so Fragmente einzelner α-Ketten frei. Man hatte noch keine Kollagenasen der Säugetiere entdeckt.
Die Situation hat sich jetzt völlig geändert. Kollagenasen der Säugetiere wurden in fast allen Bindegeweben, einschließlich des Knochens, entdeckt (NORDWIG 1972, LAZARUS 1972). Es sind jedoch besondere Voraussetzungen zu erfüllen. Aus Gewebeextrakten können keine Kollagenasen entdeckt werden (außer einer, die aus polymorphkernigen Leukozyten isoliert wurde). Kollagenasen können nur in einem Gewebe wie Haut oder Knochen entdeckt werden, wenn das Gewebe mehrere Tage gezüchtet wurde. Dafür gibt es verschiedene Gründe. Kollagenase kann zunächst als ein Zymogen, wie es in der Schädeldecke der Maus gefunden wird, sezerniert werden. Starke Gewebe- und Serumhemmer, ähnlich dem Anti-Trypsin, sind vorhanden, und es ist spezifisch gebunden an sein Kollagensubstrat. Alle diese Faktoren können in vivo zusammenkommen, um die potentiell schädigenden Wirkungen ausgedehnter Kollagenasetätigkeit zu lokalisieren.
Die Kollagenase wird typischerweise bestimmt, indem man freigesetzte radioaktive Fragmente eines Gels mißt, das sich aus aggregierten Tropokollagenen zusammensetzt, die biosynthetisch radioaktiv markiert worden waren. Die weitverbreitete Anwendung dieser Methode hat zu Meinungsverschiedenheiten über die physiologische Rolle der Kollagenasen geführt. Typische Abbauprodukte von Kollagen, die von diesen Kollagenasen produziert werden, hat man in vivo entdeckt. In vivo aber existiert das Kollagen in Faserform als stabiles cross-linked Netzwerk. Aus Tropokollagen in vitro gebildete Gele enthalten ein solches Netzwerk nicht, und deshalb können Kollagenasen ein solches weitgehend cross-linked Kollagen auch nicht angreifen. Infolgedessen wird immer noch daran gezweifelt, ob Kollagenasen an dem anfänglichen Abbau von Kollagenfasern beteiligt sind, obgleich sie für den kontinuierlichen Abbau von Kollagen unerläßlich sind.

Andere Enzyme

Mehrere Autoren haben gezeigt, daß verschiedene Gewebe, vornehmlich die Leber, Enzyme enthalten (Prolin-Imino-Peptidasen), die die synthetischen Pentapeptide abbauen, die man für Studien an den Kollagenasen von Clostridien benutzt hat (NORDWIG 1972). Diese Enzyme sind jedoch keine echten Kollagenasen, da sie das intakte Kollagenmolekül nicht spalten können. Es könnte ihre Aufgabe sein, die ungewöhnlichen Peptide abzubauen, die in den Anfangsphasen des Kollagenabbaus produziert werden.
Es gibt auch ein spezifisches Enzym, das den Pyrrolidinring des Hydroxyprolins spaltet, um Zwischenprodukte zu bilden, die in die üblichen Wege des intermediären Stoffwechsels einmünden.

Kollagen und Knochenerkrankungen

Die meisten Informationen über Kollagen und Knochenerkrankungen sind indirekt und beziehen sich auf Hydroxyprolin- und Hydroxylysinspiegel in Knochen, Blut und Urin. Bisher fehlen detaillierte Untersuchungen über den Knochenkollagenstoffwechsels, aber das wird sich im kommenden Jahrzehnt ändern, da die verfeinerten Methoden zur Untersuchung von Kollagenstruktur- und stoffwechsel auf die Probleme der Pathologie von Knochenkollagen angewandt werden. In der Zwischenzeit hat man äußerst eingehend die Kollagenveränderungen in Gelenken bei rheumatoider Arthritis untersucht. Polymeres Kollagen aus rheumatoiden Gelenken ist instabil, und man hat erhöhte Kollagenasespiegel nachgewiesen (HARRIS u. Mitarb. 1970).

Hydroxyprolin und Hydroxylysin

Die Bestimmung von Hydroxyprolin im Plasma und im Urin kann heutzutage in den meisten klinischen Laboratorien vorgenommen werden, aber die des Hydroxylysins (und seiner Glykoside) ist noch ungebräuchlich.
Die Hydroxyprolinspiegel im Urin geben ein Bild der Umsatzraten des Kollagens im gesamten Körper. Das Knochenkollagen hat den schnellsten Umsatz und stellt deshalb in den meisten Fällen den größten Anteil. Das Gewebe, aus dem das Kollagen stammt (Knochen oder Haut), kann aus den Hydroxylysin-Glykosid-Spiegeln im Urin abgeleitet werden (SEGREST u. CUNNINGHAM 1970, PINNELL u. Mitarb. 1971), obgleich auch die kollagenähnlichen Sequenzen von C1 darin enthalten sind (REED 1974).
Erhöhte Hydroxyprolinspiegel im Plasma und im Urin sind charakteristisch für mehrere Knochenerkrankungen, besonders für den Morbus Paget des Knochens. Alle sind mit einem erhöhten Knochenkollagenstoffwechsel verbunden. Genaue Ergebnisse finden sich bei KIVIRIKKO (1970).

Lathyrogene

Osteolathyrismus wird durch Bestandteile wie β-Aminopropionitril (BAPN) verursacht. Die charakteristische Wirkung des BAPN besteht darin, das Cross-linking der Kollagenmoleküle zu hemmen. Das hat einen wachsenden Anteil an löslichem Kollagen zur Folge, und deshalb verwendet man häufig lathyrische Tiere, wenn Versuche es erfordern (GRANT u. PROCKOP 1972).
Ein ähnlicher Effekt wird durch Penicillamine hervorgerufen. Dieses Medikament wird heutzutage zur Behandlung von rheumatoider Arthritis angewandt. Wegen seiner Wirkung auf den Kollagenstoffwechsel erfordert seine klinische Anwendung besondere Sorgfalt.

Spezifische Kollagendefekte

Man hat herausgefunden, daß ein Vitamin-D-Mangel die charakteristischen Eigenschaften von Knochen- und Knorpelkollagen und ihren Cross-links verändern (TOOLE u. Mitarb. 1972). Die Wirkung von Hormonen auf Knochenkollagen ist sowohl in vivo (KIVIRIKKO 1970) als auch in Gewebekulturen untersucht worden.
Bei verschiedenen erblichen Erkrankungen des Bindegewebes sind Kollagendefekte beschrieben worden. Von zwei Formen des Ehlers-Danlos-Syndroms weiß man inzwischen, daß sie von spezifischen Mangelerscheinungen an den Enzymen der Kollagenbiosynthese herrühren. Eine Form – Hydroxylysinmangel (PINNELL u. Mitarb. 1972) – wird durch einen Mangel an Lysinhydroxylase hervorgerufen und die zweite durch erhöhte Prokollagenpeptidasen (LICHTENSTEIN u. Mitarb. 1973). Ein ähnlicher Schaden wurde bei einer regressiven Erbkrankheit beim Rind – Dermatosparaxis – gefunden (LENAERS u. Mitarb. 1971). Bei einem Patienten mit einer vererbbaren Krankheit, die große Ulzera hervorruft, kann es an der Prolinhydroxylase mangeln (NUSGENS u. LAPIÈRE 1973).
Für lange Zeit hat man das Marfan-Syndrom als eine Form von idiopathischem Lathyrismus betrachtet. Neben dieser Hypothese steht ein offensichtlicher Molekulardefekt, wodurch das Kollagen löslicher wird, was unter Umständen durch geschädigtes Cross-linking ausgelöst ist (PRIEST u. Mitarb. 1973). Offensichtlicher Schaden des Kollagen-Cross-linking wird auch bei der Homozystinurie und bei einigen Patienten mit Osteogenesis imperfecta beschrieben (FRANCIS u. Mitarb. 1973). Bei der Osteogenesis imperfecta kann ebenfalls das Knochenkollagen eine anormale Zusammensetzung haben.
Pathologische Veränderungen im Kollagen bei erworbenen orthopädischen Beschwerden sind selten beschrieben worden. Kollagendefekte wurden niemals bei der Osteoporose beschrieben, obgleich hier sicherlich weniger Knochen und Knochenkollagen vorhanden sind. Bei rheumatoid-arthritischen Gelenken hat man ebenfalls Kollagenveränderungen festgestellt, aber diese können von sekundärer Bedeutung sein (HARRIS u. Mitarb. 1970). Der Bericht jedoch, daß beim Osteolathyrismus Knorpelkollagen $(\alpha_1^{II})_3$ durch Knochenkollagen $(\alpha_1^{I})_2$ (α_2) ersetzt wird (NIMNI u. DESMUKH 1973), läßt vermuten, daß Anomalien des Kollagens in steigendem Maße erkannt werden können, indem man die modernen Techniken der Kollagenanalyse bei solchen erworbenen Erkrankungen anwendet.

Literatur

Bailey, A. J.: The nature of collagen. Comprehens. Biochem. 26B (1968) 297

Bard, J. B. L., J. A. Chapman: Diameters of collagen fibrils grown in vitro. Nature (Lond.) 246 (1973) 83

Bruns, R. R., J. J. Gross: Band pattern of the segment-long-spacing form of collagen. Its use in the analysis of primary structure. Biochemistry 12 (1973) 808

Dingle, J. T.: The role of lysosomal enzymes in skeletal tissue. J. Bone Jt. Surg. 55B (1973) 87

Drake, M. P., P. F. Davison, S. Bump, F. O. Schmitt: Action of proteolytic enzymes on tropocollagen and insoluble collagen. Biochemistry 5 (1966) 301

Ehrlich, H. P., P. Bornstein: Microtubules in transcellular movement of collagen. Nature (Lond.) 238 (1972) 257

Eyre, D. R., M. J. Glimcher: Analysis of a cross-link peptide from calf bone collagen. Evidence that hydroxylysine glycosides participate in the cross-link. Biochem. biophys. Res. Commun. 52 (1973) 663

Francis, M. J. O., R. Smith, D. C. Macmillan: Polymeric collagen of skin in normal subjects and in patients with inherited connective tissue disorders. Clin. Sci. 44 (1973) 429

Grant, M. E., D. J. Prockop: Biosynthesis of collagen. New Engl. J. Med. 286 (1972) 194, 242 u. 291

Harris, E. D., J. M. Evanson, D. R. Dibona: Collagenase and rheumatoid arthritis. Arthr. and Rheum. 13 (1970) 83

Jackson, D. S., J. P. Bentley: Collagen-glycosaminoglycan interactions. In: Treatise on collagen, Bd. II A, hrsg. von G. A. Ramachandran. Academic Press, New York 1968 (S. 189)

Kefalides, N. A.: Structure and biosynthesis of basement membranes. Intern. Rev. Connect. Tiss. Res. 5 (1973) 63

Kivirikko, K. I.: Urinary excretion of hydroxy-proline in health and disease. Intern. Rev. Connect. Tiss. Res. 4 (1970) 93

Krane, S. M., A. J. Munoz, E. D. Harris: Urinary polypeptides related to collagen synthesis. J. clin. Invest. 49 (1970) 716

Kuhn, K: The structure of collagen. Essays Biochem. 5 (1969) 59

Lapière, C. M., A. Lenaers, L. D. Kohn: Procollagen peptidase: An enzyme excising the co-ordination peptides of procollagen. Proc. Nat. Acad. Sci. (Wash.) 68 (1971) 3054

Lazarus, G. S.: Collagen, collagenase and clinicians. Brit. J. Derm. 86 (1972) 193

Leibovitch, S. V., J. B. Weiss: Electron microscopic studies of the effects of endo- and exo-peptidase digestion on tropocollagen: A novel concept of the role of terminal regions in fibrillogenesis. Biochim. biophys. Acta (Amst.) 214 (1970) 445

Lenaers, A., M. Ansay, B. V. Nusgens, C. M. Lapière: Collagen made of extended α-chains. Procollagen, in genetically defective dermatosparaxic calves. Europ. J. Biochem. 23 (1971) 533

Leroy, E. C., A. Sjoerdsma: A collagen-like protein in human plasma: Variations with age and disease. Arthr. and Rheum. 7 (1964) 742

Lichtenstein, J. R., G. R. Martin, L. D. Kohn, P. H. Byers, V. A. McKusick: Defect in conversion of procollagen in a form of Ehlers-Danlos syndrome. Science 182 (1973) 298

Miller, E. J.: A review of biochemical studies on the genetically distinct collagens of the skeletal system. Clin. Orthop. 92 (1973) 260

Miller, A., J. S. Wray: Molecular packing in collagen. Nature (Lond.) 230 (1971) 437

Milsom, D. W., F. S. Steven, J. A. A. Hunter, H. Thomas, D. S. Jackson: Depolymerisation of human and bovine polymeric collagen fibrils. Conn. tiss. Res. 1 (1972) 251

Morgan, P. H., H. G. Jacobs, J. P. Segrest, L. W. Cunningham: A comparative study of glycopeptides derived from selected vertebrate collagens. A possible role of carbohydrate in fibril formation. J. biol. Chem. 245 (1970) 5042

Nigra, T. P., M. Friedland, G. R. Martin: Controls of connective tissue synthesis; collagen metabolism. J. invest. Derm. 59 (1972) 44

Nimni, M. E., K. Desmukh: Differences in collagen metabolism between normal and osteoarthritic human cartilage. Science 181 (1973) 751

Nordwig, A.: Collagenolytic enzymes: Advanc. Enzymol. 34 (1972) 155

Nusgens, B., C. M. Lapière: The relationship between proline and hydroxyproline urinary excretion in humans as an index of collagen catabolism. Clin. chim. Acta 48 (1973) 203

Piez, K. A.: Soluble collagen and the components resulting from its denaturation. In: Treatise on collagen, Bd. I, hrsg. von G. A. Ramachandran, Academic Press New York 1967 (S. 207)

Pinnell, S. R., R. Fox, S. M. Krane: Human collagens: differences in glycosylated hydroxylysines in bone and skin. Biochim. biophys. Acta (Amst.) 229 (1971) 119

Pinnell, S. R., S. M. Krane, J. E. Kenzora, M. J. Glimcher: Heritable disorder with hydroxy-lysine deficient collagen. New Engl. J. Med. 286 (1972) 1013

Priest, R. E., J. F. Moinuddin, J. H. Priest: Collagen of Marfans syndrome is abnormally soluble. Nature (Lond.) 245 (1973) 264

Prockop, D. J., S. Udenfriend: A specific method for the analysis of hydroxyproline in tissues and urine. Anal. Biochem. 1 (1960) 228

Reid, K. B. M.: A collagen-like amino acid sequence in a polypeptide chain of human C1q A subcomponent of the first component of complement. Biochem. J. 141 (1974) 189

Schofield, J. D., D. J. Prockop: Procollagen. A precursor from of collagen. Clin. Orthop. 97 (1973) 175

Segrest, J. D., L. W. Cunningham: Variations in human urinary O-hydroxylysyl glycoside levels and their relationship to collagen metabolism. J. clin. Invest. 49 (1970) 1497

Tanzer, M. L.: Cross-linking of collagen. Science 180 (1973) 561

Toole, B. P., A. H. Kang, R. L. Trelstad, J. Gross: Collagen heterogeneity within different growth regions of long bones of rachitic and non-rachitic chicks. Biochem. J. 127 (1972) 715

Veis, A., J. Anesey, L. Yuan, S. R. Levy: Evidence for an amino-terminal extension in high-molecular-weight collagens from mature bovine skin. Proc. Nat. Acad. Sci. (Wash.) 70 (1973) 1464

4 Die mechanischen Eigenschaften des Muskels und seine Kontraktion

Von H. Stoboy

Bei der Betrachtung der mechanischen Eigenschaften eines Muskels geht man zunächst von seiner Gleichgewichtslänge = L_0 aus. Sie entspricht der Länge eines Muskels, bei der gerade keine passive Spannungsentwicklung nachweisbar ist. Genaugenommen ist L_0 nicht mit der Mittelstellung des Gelenkes identisch, sondern weicht um ±10% davon ab (Darling 1971, Hasselbach 1975, Hettinger 1972). Für praktische Zwecke reicht es nach der Neutral-O-Methode z. B. für das Knie- oder das Ellenbogengelenk aus, diesen Winkel mit etwa 90 Grad anzugeben. Wird ein Muskel von L_0 ausgehend passiv gedehnt, so wächst sein Widerstand gegen diese Dehnung erheblich an. Dies geschieht durch die elastischen Eigenschaften des zum Muskel parallel geschalteten Bindegewebes (Abb. **1**). Der Dehnungswiderstand dieses „parallel-elastischen Elementes" ist ein statisch-elastischer Widerstand, auf den das Hookesche Gesetz anwendbar ist (Hasselbach 1975).

Bei einem schnellen Zug am Muskel wird sein „dynamischer Dehnungswiderstand" vorübergehend erheblich erhöht. Bis zu einer Längenzunahme von 0,2% steigt die Spannung steil an, um dann in ein plastisches Nachgeben überzugehen (Hasselbach 1975). Dieses Phänomen ist bisher nicht eindeutig zu erklären (Brecht 1970). Wahrscheinlich jedoch bestehen zwischen Aktin und Myosin geringfügige Bindungskräfte. Wird die Längenänderung des Muskels größer als die Elastizitätsgrenze der Brückenbindungen, so kommt es zu einem geringen Auseinandergleiten der Filamente, bis durch eine erneute Ausbildung von Bindungskräften zwischen den Filamenten wieder ein Widerstand gegen die Dehnung auftritt und sich ein Gleichgewichtszustand zwischen der Spannung im Sarkomer (Widerstand gegen die Dehnung) und der Zugkraft einstellt.

Auf das Aktionspotential (s. Beitrag „Elektrophysiologie") folgt nach kurzer Latenzzeit, deren Dauer von der Muskelart abhängt, bei einer bestimmten Vorspannung eine Latenzrelaxation („Rausche Nase"), deren Ursache nicht sicher bekannt ist. Erst dann beginnt die Kontraktion (Spannungszunahme bzw. -verkürzung), wobei

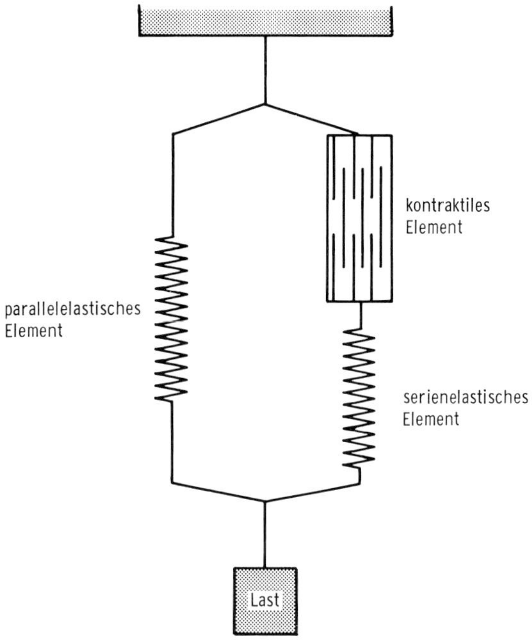

Abb. **1** Modell des kontraktilen Elementes und der elastischen Elemente des Muskels (aus *Hasselbach, W.*: Muskel. In: Physiologie des Menschen, Bd. IV, hrsg. von *O. H. Gauer, K. Kramer, R. Jung*. Urban & Schwarzenberg, München 1971)

die Kontraktionskraft nach etwa 80 ms ihr Maximum erreicht hat, um dann während der Erschlaffungsphase etwas langsamer auf den Ruhewert zurückzukehren (Dudel 1971).

Einzelzuckung: „Alles-oder-nichts-Gesetz"; Kraftentwicklung und serienelastisches Element

Die einzelne Muskelfaser folgt nach Einzelreizen dem „Alles-oder-nichts-Gesetz", d. h., nach Überschreiten ihrer individuellen Schwelle kontrahiert sie sich mit gleichbleibender Intensität (isoboles System). Da der gesamte Muskel aus Faserpopulationen von verschieden hoher

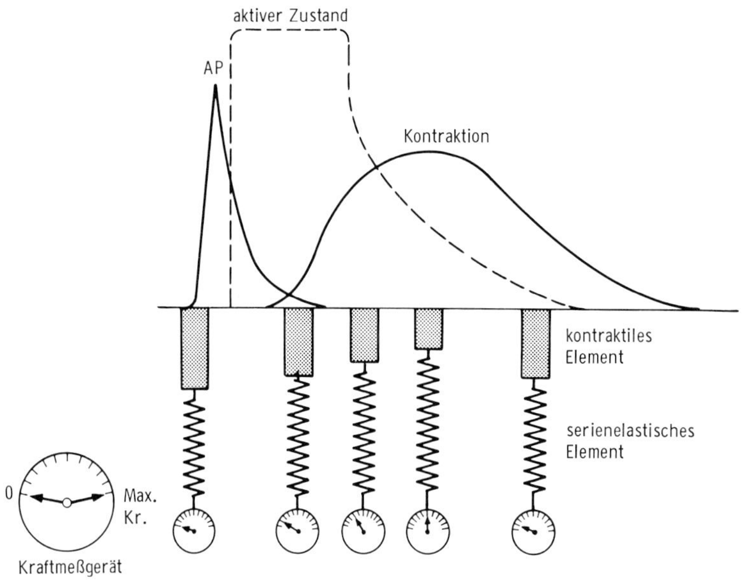

Abb. **2** Übertragung der Kraft bei einer Einzelzuckung auf ein Kraftmeßgerät. Oberer Kurventeil: Aktionspotential (AP), aktiver Zustand und Kontraktionskurve. Da der aktive Zustand bei einer Einzelkontraktion nur kurze Zeit dauert, kann die Trägheit des serienelastischen Elementes nicht voll überwunden werden, so daß nicht die Maximalkraft (Max. Kr.), sondern nur ein Teil davon gemessen wird

Schwelle zusammengesetzt ist, nimmt seine Kontraktionsintensität nach Erreichen der Minimalschwelle zu, bis die Reizintensität so groß ist, daß sie die Schwelle aller Muskelfaserpopulationen überschreitet (Maximalschwelle). Bei weiter steigender Intensität von Einzelreizen (supramaximale Reizung) kann daher kein weiterer Anstieg der Kontraktionsintensität mehr erfolgen (heteroboles System). Nach Abb. **2** kann die Spannungsentwicklung bzw. die Verkürzung nicht direkt auf ein Meßinstrument übertragen werden. Zwischen dem kontraktilen Apparat und dem Meßinstrument befindet sich ein serienelastisches Element (Wilkie 1956), so daß dessen Spannung durch seine vom kontraktilen Element veranlaßte Dehnung als Meßwert in Erscheinung tritt. Bezieht man dieses Verhalten auf den gesamten Muskel, so muß die registrierte Spannung kleiner sein als die in den kontraktilen Elementen entwickelte, da aktivierte Abschnitte des Muskels die elastischen Anteile nicht aktivierter dehnen und aus diesem Grund der Spannungsanstieg gedämpft wird. Die Trägheit elastischer Strukturen, die zu einer Dämpfung mechanischer Impulse führt, ist im Bereich des Automobilbaues (Federung, Stoßdämpfer) wohlbekannt. Eine Ausschaltung erzwungener Schwingungen erfolgt durch visköse und plastische Anteile. Aus der Fortpflanzungsgeschwindigkeit der Erregung über die Muskelmembran ergibt sich, daß bei 37°C der aktivierte Abschnitt einer Muskelfaser nur ca. 2 cm lang ist (Hasselbach 1975). Nur unter extremen experimentellen Bedingungen kann die durch eine ungleichmäßige Aktivierung entstehende Dämpfung vermieden werden.

Da die Trägheit des serienelastischen Elementes bei einer einzelnen Zuckung nicht vollständig überwunden werden kann, beträgt die dabei entwickelte Muskelkraft, die im serienelastischen Element entsteht, höchstens 50% der Kraft, die das kontraktile Element erzeugen könnte (Abb. **2**). Der aktive Zustand des kontraktilen Apparates, unter dem man seine Kapazität, Spannung zu erzeugen, versteht, kann bei einer Einzelzuckung nie voll ausgenutzt werden (Edman 1968). Eine Einzel-Zuckung des Muskels kommt unter natürlichen Bedingungen allerdings nur bei einer Eigenreflexkontraktion zustande.

Abstufung der Muskelkontraktion

Wird unmittelbar nach Ablauf der refraktären Phase ein zweiter Reiz gesetzt, so daß dieser in den noch nicht abgeklungenen aktiven Zustand der vorausgehenden Kontraktion hineinfällt, so wird die Kontraktionsintensität größer, da das noch nicht entspannte serienelastische Element weiter gedehnt, d.h. seine Trägheit zusätzlich überwunden werden kann. Diese Superposition wird noch deutlicher, wenn die Reizung mehrmals in kurzen Abständen hintereinander durchgeführt wird. Durch eine Reizserie von bestimmter Frequenz wird die vollständige Überwindung der Trägheit des serienelastischen Elementes erreicht. Die Aktivität des kontraktilen Apparates kann voll auf das serienelastische Element übertragen und so eine maximale Spannungsentwicklung gemessen werden (Edman 1968). Diese „absolute" Muskelkraft wird allerdings nur dann erreicht, wenn supramaximal gereizt wird, d. h. wenn nach jedem einzelnen Reiz sich alle im Muskel befindlichen Fasern synchron kontrahieren.

Erfolgen die einzelnen Reize so schnell hintereinander, daß bei der üblichen mechanischen Registrierung der Kontraktionskurve keine einzelnen Kontraktionsgipfel mehr erkennbar sind, so spricht man von einem *vollkommenen Tetanus.*

Die Reizfrequenz entspricht in diesem Fall der „Verschmelzungsfrequenz". Sie beträgt beim Warmblütermuskel in Abhängigkeit von der Muskelart etwa 30–100 Hz (Brecht 1970, Ganong 1971). Auch beim vollkommenen Tetanus handelt es sich nicht um eine gleichmäßige Dauerverkürzung des Muskels, wie es nach der mechanischen Registrierung vermutet werden könnte, sondern um den Ablauf vieler hintereinander folgender Kontraktionen, da bis zu einem Grenzwert, der durch die Länge der refraktären Phase bedingt ist, nach jedem einzelnen Reiz ein Aktionspotential abgeleitet werden kann (Abb. **3**).
Die Abstufung der Kontraktionsintensität des isolierten elektrisch gereizten Muskels hängt also 1. von der Zahl der an der Kontraktion beteiligten Muskelfasern (heteroboles System), 2. von der Reizfrequenz (Überwindung der Dämpfung durch das serienelastische Element) ab.

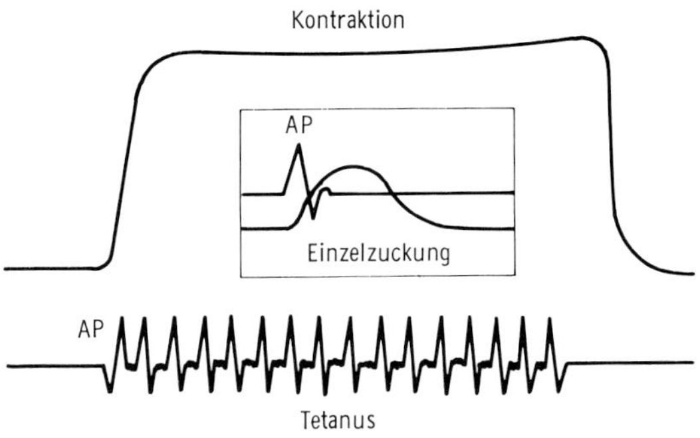

Abb. **3** Aktionspotential (AP) und Kontraktionskurve bei einer Einzelzuckung und bei einem vollkommenen Tetanus. Die Kontraktionskurve beim vollkommenen Tetanus ist entsprechend der vollständigen Überwindung der Trägheit der serienelastischen Elemente erheblich größer als die der Einzelzuckung

Kontraktionsformen des Muskels: Spannungsentwicklung im serienelastischen Element, Längenspannungsdiagramm bei der Willkürkontraktion, konzentrische und exzentrische Kontraktion

In Abhängigkeit von den jeweiligen äußeren Bedingungen, unter denen sich ein Muskel kontrahiert, treten verschiedene Kontraktionsarten auf, bei denen die im serienelastischen Element erzeugten tetanischen Spannungen sehr verschieden sein können. Bei einer statischen (isometrischen) Kontraktion sind beide Enden des Muskels fixiert, so daß bei seiner Kontraktion nach außen hin keine Längenänderung wahrzunehmen ist. Die Verkürzung des kontraktilen Elementes kann sich hier also voll auf das serienelastische Element auswirken und es bis zu seiner maximalen Spannungsentwicklung dehnen. In diesem Fall würde die absolute bzw. maximale Muskelkraft (Abb. **4**) erreicht werden. Wird die Kontraktilität nicht voll beansprucht, kann die entwickelte Spannung nur Bruchteile der absoluten bzw. maximalen Muskelkraft (z. B. 50%) erreichen. Alle anderen Kontraktionsarten sind als dynamisch anzusehen, da sich der Muskel meßbar verkürzt und zumindest annäherungsweise seine Arbeit berechnet werden kann (Stoboy 1972a). Bei der isotonischen Kontraktion wird die Spannung im serienelastischen Element passiv durch Anhängen eines Gewichtes erzeugt. Da bereits unter Ruhebedingungen ein Gleichgewichtszustand zwischen Spannung und Last besteht, kann bei Verkürzung des kontraktilen Elementes die Last um einen bestimmten Betrag angehoben werden, ohne daß sich dabei die Spannung des Muskels verändert. Diese Kontraktionsform ist im wesentlichen auf das Experiment mit dem isolierten Muskel beschränkt. Unter natürlichen Bedingungen, d. h. am innervierten Muskel, wird eine größere Dehnung des Muskels durch den Gelenk- und Bandapparat begrenzt und damit das Ausmaß der passiv entwickelten Spannung in engen Grenzen gehalten. Da der Skelettmuskel seine Kraft gegen äußere Lasten oder Widerstände über ein Hebelsystem entfaltet, muß das am Drehpunkt ausgeübte Drehmoment in Abhängigkeit vom jeweiligen Hebelarm berücksichtigt werden, um die Muskelkraft bei einer bestimmten Gelenkstellung genau berechnen zu können, d. h., selbst bei konstanter Last ändert sich in Abhängigkeit vom Hebelarm die jeweilige Muskelspannung, so daß diese häufig als isotonisch bezeichnete Kontraktion eher die Bedingungen einer auxotonischen Kontraktion (s. unten) erfüllt. Die gleichen Einschränkungen gelten für die „isotonische" Phase der Unterstützungs- bzw. Anschlagszuckung (s. Beitrag „Biomechanik").
Befindet sich die zu hebende Last auf einer Unterlage, so daß sie im Gegensatz zur isotonischen Kontraktion das serienelastische Element nicht dehnt, so muß bei einer Unterstützungszuckung durch die Verkürzung des kontraktilen Elementes im serienelastischen Element so viel Spannung entwickelt werden, bis ein Kräftegleichgewicht zwischen Last und Spannung eintritt. Erst dann kann bei weiterer Verkürzung des kontraktilen Elementes die Last bei gleichbleibender Spannung gehoben werden. Setzt man voraus, daß sich das kontraktile Element immer nur um einen bestimmten maximalen Betrag zu verkürzen vermag, so wird bei kleiner Last, d. h. bei niedriger Spannungsentwicklung, ein großer Betrag der kontraktilen Aktivität zum Heben der Last zur Verfügung stehen, während bei großer Last der größte Teil der Kontraktilität für die Spannungsentwicklung verbraucht wird, so daß die Hubhöhe für die Last entsprechend klein ist (vgl. Abb. **4**).

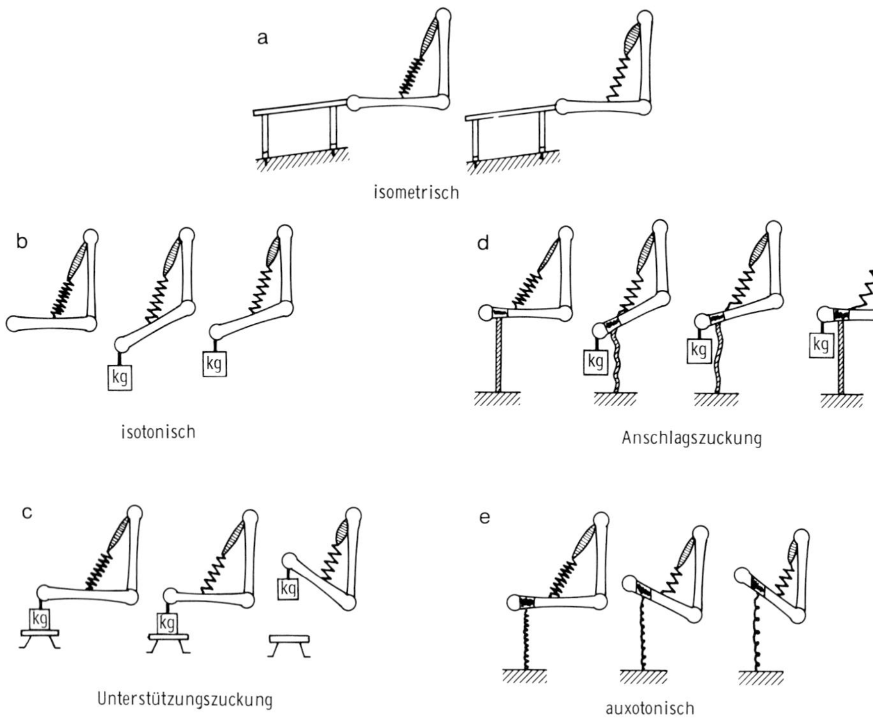

Abb. **4** a–e Das Verhalten der Muskellänge und der Spannungsentwicklung im serienelastischen Element bei: a) einer isometrischen Kontraktion, b) einer isotonischen Kontraktion, c) einer Unterstützungszuckung, d) einer Anschlagszuckung und e) einer auxotonischen Kontraktion (Näheres s. Text)

Bei einer Anschlagszuckung dehnt das frei hängende Gewicht das serienelastische Element um den Betrag, der benötigt wird, ein Kräftegleichgewicht herzustellen. Das kontraktile Element wird dann bei seiner Verkürzung die Last ohne Spannungsänderung anheben, bis sie gegen einen unüberwindlichen Widerstand stößt. Eine weitere Verkürzung des kontraktilen Elementes kann dann nur noch eine Spannungserhöhung durch Dehnung des serienelastischen Elementes zur Folge haben. Diese wird um so kleiner sein, je mehr zur Verfügung stehende Kontraktilität für das Anheben des Gewichtes verbraucht worden ist, d. h. je größer der vorher zurückgelegte Weg ist (vgl. Abb. **4**).

Bei einer auxotonischen Kontraktion verkürzt sich der Muskel gegen einen elastisch verformbaren Widerstand. Um diesen zu deformieren, muß gleichzeitig im serienelastischen Element eine Spannung erzeugt und außerdem ein Teil der Kontraktilität für eine Ortsveränderung verbraucht werden. Mit größer werdendem Weg wächst der Widerstand des elastischen Körpers gegen die Deformierung, so daß die Verkürzung des kontraktilen Elementes zunehmend zur Spannungsentwicklung benötigt wird. (vgl. Abb. **4**).

In der Physiologie ist es gebräuchlich, den Zusammenhang zwischen Muskellänge und passiv bzw. aktiv entwickelter Spannung für die beschriebenen Zuckungsarten in einem Längen-Spannungs-Diagramm darzustellen. Dabei dehnt man von L_o ausgehend den Muskel passiv und trägt über jeder beliebigen Länge die zugehörige Spannung in der „Ruhe-Dehnungs-Kurve" ein (Abb. **5**). Von jedem Punkt dieser Kurve aus kann sich der Muskel bei maximaler Reizung maximal verkürzen (Abszissenparallele-Änderung) bzw. maximal Spannung entwickeln (Ordinatenparallele-Änderung). Verbindet man alle Punkte maximaler Verkürzung bzw. alle Punkte maximaler Spannungsänderung miteinander, erhält man die Kurven der isotonischen bzw. isometrischen Maxima (Brecht 1970). Bei gleicher Muskellänge ist die Verkürzungsmöglichkeit des Muskels kleiner als die Spannungsentwicklung, so daß die Kurve der isotonischen Maxima im Vergleich zu der der isometrischen Maxima wesentlich abszissennäher verläuft. Da die Unterstützungszuckung sich aus einer isometrischen und einer isotonischen Komponente zusammensetzt, liegen ihre Maxima zwischen den beiden anderen Kurven. Die so erhaltenen Längen-Spannungs-Relationen gelten aber nur für die Einzelzuckung und können so, vor allen Dingen beim Herzmuskel, die tatsächlichen Gegebenheiten widerspiegeln (Gauer 1972).

Der innervierte Muskel kontrahiert sich dagegen immer tetanisch, d. h., die am isolierten Muskel unter den genannten Bedingungen gewonnenen Zusammenhänge zwischen Länge und Spannung können nur bedingt gelten.

Während Hasselbach (1975) angibt, daß unter tetanischen Kontraktionsbedingungen die isometrischen und isotonischen Maxima zusammenfallen, sind nach BUCHTHAL u. KAISER (1949, 1951) für die Einzelfaser des M. semitendinosus des Frosches in einem weiten Bereich des Längen-Spannungs-Diagramms die isometrischen Spannungen stets größer als die isotonischen Verkürzungen. Die Differenz zwischen beiden Kurven ist aber kleiner als bei Einzelzuckungen. Nach SHEPHARD (1972) verlaufen die Maxima im linken Teil der Kurve, also bei Muskellängen, die kleiner als L_0 sind (vgl. Abb. **5**), sehr eng zusammen und parallel. Nach WILKIE (1956) und REICHEL (1960) fallen nur für Unterstützungs- und Anschlagskontraktionen, die von der Gleichgewichtslänge L_0 ausgehen, die Maxima beider Kontraktionsformen zusammen. Selbst mit dieser Einschränkung ergibt sich aus der Abb. **5** das für die Unterstützungszuckung bereits beschriebene Verhalten, d. h. daß mit zunehmender Last zwangsläufig die nach der isometrischen Phase ablaufende Verkürzung geringer wird. Alle Kontraktionen, die von einer anderen Länge als L_0 ausgehen, haben eine geringere Möglichkeit für eine Verkürzung bzw. Spannungsentwicklung. Bei etwa 50 (BRECHT 1970) bis 60% (SHEPHARD 1972) der maximalen Spannung kann der Muskel seine größte Arbeit leisten (s. schraffierte Fläche in Abb. **5**). Allerdings kann nicht die Gesamtfläche für eine äußere Arbeit ausgenutzt werden, da während der Verkürzung des Muskels aufgrund der Hebelverhältnisse auch weiterhin Spannungsveränderungen auftreten (s. Beitrag „Biomechanik“).

Zusammengefaßt ergeben sich aus dieser Besprechung für die Beurteilung einer Muskelkontraktion folgende Merkmale: Bei mittlerer Gelenkposition (Winkel ca. 90 Grad) können die meisten Muskeln ihre größte Kraft entfalten. Ist der Muskel vorgedehnt, so wird durch Auseinandergleiten der Filamente die Überlappungszone zwischen Aktin- und Myosinfilamenten kleiner und damit auch die Anzahl der potentiell möglichen Brükkenbindungen, die zur Entwicklung der Kraft beitragen können (s. „Kontraktilität der Muskelfaser“). Ist der Gelenkwinkel kleiner, so befindet sich das serienelastische Element in einem gestauchten Zustand, d. h., das kontraktile Element muß sich bereits um einen bestimmten Betrag verkürzen, um das elastische in seine normale Ausgangslage zu bringen. Bei einer Unterstützungszuckung, die unter natürlichen Arbeitsbedingungen häufig auftritt, wie z. B. beim Heben einer Last von einer Unterlage, wird die Zeit von der Reizsetzung bis zum Beginn der isometrischen Phase mit zunehmender Last länger. Durch die Trägheit des serienelastischen Elementes wird bis zum Eintreten des Kräftegleichgewichtes zwischen Last und Spannung mit steigender Last mehr Zeit gebraucht (WILKIE 1956). Außerdem nimmt auch die nach außen meßbare Verkürzung mit zunehmender Last ab. Da das kontraktile Element sich nur um einen konstanten Betrag verkürzen kann, muß zwangsläufig mit zunehmender Last ein immer größer werdender Anteil dieser Verkürzungsmöglichkeit für die Dehnung des serienelastischen Elementes verbraucht werden.

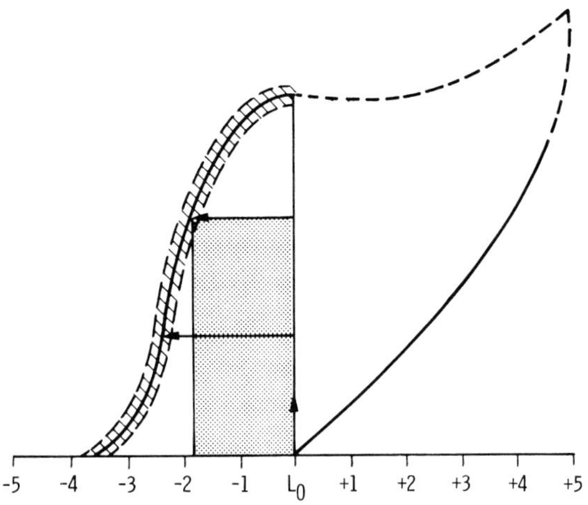

Abb. **5** Längenspannungsdiagramm des Skelettmuskels. Von der Gleichgewichtslänge (L_0) ausgehend, ist die Ruhedehnungskurve (unterer Kurvenverlauf) eingetragen. Vertikaler Pfeil: Spannungsentwicklung bei statischen Kontraktionsanteilen. Horizontale Pfeile: Verkürzung des Muskels bei dynamischen (isotonischen) Kontraktionsanteilen. Schraffierter Kurvenanteil: wahrscheinlicher Verlauf der isometrischen und isotonischen Maxima bei Willkürkontraktion. Die auf der Abszisse angegebenen Zahlen bedeuten Verkürzungen (−) bzw. Verlängerungen (+) des Muskels in arbiträren Einheiten

Wenn durch eine aktive Muskelverkürzung eine Last bewegt oder ein Widerstand überwunden wird, liegt eine *konzentrische Kontraktion* (positive Arbeit) vor. Wird dagegen ein aktiv kontrahierter Muskel durch eine Last bzw. durch einen Zug gedehnt, spricht man von einer *exzentrischen Kontraktion* (negative Arbeit). Eine konzentrische Kontraktion führt z. B. der M. quadriceps femoris dann aus, wenn aus einer Kniebeuge eine stehende Körperstellung eingenommen wird. Eine exzentrische Kontraktion des M. quadriceps femoris findet man dann, wenn der Quadrizeps bei einer langsam ausgeführten Kniebeuge der Schwerkraft entgegenwirkt.

Vergleicht man das Kräfteverhältnis von maximalen statischen Kontraktionen und dynamischen konzentrischen bzw. dynamischen exzentrischen Kontraktionen (ASMUSSEN u. HEEBÖLL-NIELSEN 1955, ASMUSSEN u. Mitarb. 1965), so ist bei gleicher Muskellänge die Kraft der statischen Kontraktion bei jeder beliebigen Muskellänge größer als bei dynamischer konzentrischer Kontraktion. DARLING (1971) führt diese geringere Spannungsentwicklung bei dynamisch-konzentrischer Kontraktion auf einen zusätzlichen Energieverbrauch für die Überwindung innerer viskoelastischer Widerstände zurück. Je größer die Kontraktionsge-

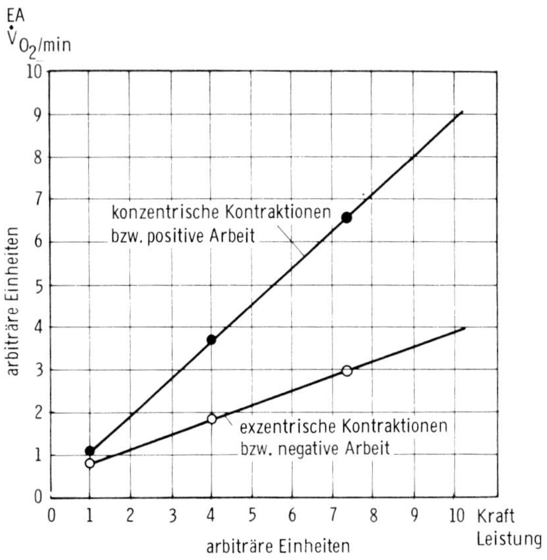

Abb. **6** Verhalten der elektrischen Aktivität (EA) bzw. der Sauerstoffaufnahme ($\dot{V}_{O_2}$/min) in arbiträren Einheiten in Abhängigkeit von der Kraft bei konzentrischen Kontraktionen (gefüllte Punkte) und exzentrischen Kontraktionen (leere Punkte) bzw. in Abhängigkeit von positiver Arbeit (gefüllte Punkte) und negativer Arbeit (leere Punkte) in arbiträren Einheiten

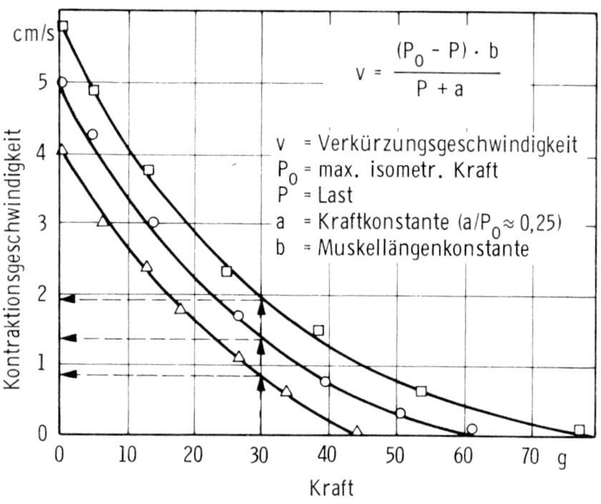

Abb. **7** Kraftgeschwindigkeitsrelation des Muskels für einen untrainierten Muskel (offene Kreise, durchgezogene Linie), für die isotonische Phase einer Unterstützungszuckung (offene Dreiecke, durchgezogene Linie) und der theoretische Kurvenverlauf für einen trainierten Muskel (offene Quadrate, durchgezogene Linie) mit höherer Maximalkraft (P_0), entsprechend der Gleichung von *Hill* (s. oberer Abbildungsteil) (aus: *Hasselbach, W.:* Muskel. In: Physiologie des Menschen, Bd. IV, hrsg. von *O. H. Gauer, K. Kramer, R. Jung.* Urban & Schwarzenberg, München 1971)

schwindigkeit bei maximalen konzentrischen Kontraktionen wird, um so geringer ist die Spannungsentwicklung (s. Gleichung nach Hill, Abb. **7**). Bei dynamischer exzentrischer Kontraktion übersteigt die Spannungsentwicklung bei jeder gemessenen Muskellänge sogar die entsprechende statische Kraft und nimmt mit schnellerer Bewegungsgeschwindigkeit zu. Hierfür soll einerseits eine Änderung der kontraktilen Eigenschaften der Filamente, andererseits die in den elastischen Elementen reversibel gespeicherte Energie verantwortlich sein (Shephard 1972). Es ist durchaus vorstellbar, daß bei einer exzentrischen Kontraktion die Zugkraft, gegen die sich der Muskel kontrahiert, zu einer zusätzlichen Dehnung der serienelastischen Elemente führt, die nicht kontraktionsbedingt ist, und deshalb eine größere Spannungsentwicklung gemessen werden kann. Sowohl bei konzentrischer als auch bei exzentrischer Kontraktion ist in einem gewissen Bereich die elektrische Aktivität, d. h. die Summe aller gemessenen Aktionspotentiale oder, genauer gesagt, ihr Flächenintegral (s. Beitrag „Die Elektromyographie und ihre Anwendbarkeit ...“), annähernd positiv linear zur Spannungsentwicklung korreliert. Die Kurve steigt jedoch bei konzentrischer Kontraktion wesentlich steiler an als bei exzentrischer Kontraktion, d. h. daß bei letzterer bei gleicher Krafteinwirkung der Innervationsaufwand wesentlich kleiner ist. Bei gleich starken konzentrischen Kontraktionen soll die elektrische Aktivität etwa doppelt so groß sein wie bei exzentrischen (Bigland-Ritchie u. Woods 1973). Möglicherweise hängen die eben beschriebenen Phänomene von dem Zustrom bahnender oder hemmender afferenter Impulse zu den entsprechenden motorischen Vorderhornzellpopulationen ab (s. Beitrag „Reflektorische Kontrolle und Muskeltätigkeit“). Gerade dann, wenn sich der Muskel gegen eine Zugkraft kontrahiert, die seine Länge vergrößert, sollte die Erregung seiner Muskelspindeln, deren adäquater Reiz ja eine Dehnung ist, groß sein. Dieser Zustrom von afferenten Muskelspindelimpulsen müßte an den entsprechenden Motoneuronen Bahnungsprozesse auslösen, die zu hohen Spannungsentwicklungen bei exzentrischen Kontraktionen führen. Der Grund für die niedrige elektrische Aktivität bei exzentrischen Kontraktionen ist jedoch bisher nicht bekannt (Åstrand u. Rodahl 1970) (Abb. **6**).

Auch der Gesamtstoffwechsel befindet sich bei negativer Arbeit in einer besonderen Situation. Ein Beispiel für negative Arbeit ist das Bergabradfahren ohne Freilauf, wobei die Bremsung durch die Beinmuskulatur geschieht. Auch wenn hierbei die Muskeln eine gleiche Spannung über die gleiche Zeit erzeugen müssen, ist der Sauerstoffverbrauch bei positiver Arbeit etwa sechs- bis siebenmal größer (Asmussen 1953, 1967, Bigland-Ritchie u. Woods 1973). Möglicherweise ist diese auffällige Stoffwechseldifferenz dadurch mitbedingt, daß positive Arbeit gegen die Schwerkraft (Heben von Gewichten), exzentrische Arbeit mit der Schwerkraft (Absetzen von Gewichten) ausgeführt wird (vgl. Abb. **6**).

Zusammenhang zwischen Muskelkraft und Kontraktionsgeschwindigkeit

Bei konstanter Ausgangslänge ist die Verkürzungsgeschwindigkeit eines Muskels eine Funktion der Kraft. Ohne Belastung erreicht die Verkürzungsgeschwindigkeit ihr Maximum und nimmt bei steigender Kraft in Form einer hyperbolischen Kurve ab, bis bei maximaler Last (maximale Muskelkraft) der Wert 0 erreicht wird, d. h. eine isometrische Kontraktion stattfindet. In der Verkürzungsgeschwindigkeit, die nach außen gemessen wird, drückt sich auch die Geschwindigkeit aus, mit der sich die Aktin- und Myosinfilamente gegeneinander verschieben, da die Bewegung der Last im Kräftegleichgewicht zu der im serienelastischen Element entwickelten Spannung erfolgt (Hasselbach 1975).
Im allgemeinen wird die Kraft-Geschwindigkeits-Relation nach der von Hill angegebenen Gleichung beschrieben:

$$v = \frac{(P_o - P) \cdot b}{P + a}$$

v = Verkürzungsgeschwindigkeit
P_o = maximale isometrische Kraft
P = Last
a = Kraftkonstante ($a/P_o \approx 0{,}25$)
b = Muskellängenkonstante

Wird bei einer Unterstützungszuckung die isotonische Kontraktionsphase erst nach einer bestimmten Zeit durch Entfernung einer Sperre ermöglicht, so ist die Kraft-Geschwindigkeits-Kurve zu Orten niedrigerer Kraft und niedrigerer Geschwindigkeit verschoben (Hasselbach 1975), da zu diesem Zeitpunkt der kontraktile Apparat nicht mehr seine maximale Aktivität erreichen kann (Abb. **7**). Wenn P_o z. B. durch ein Krafttraining zunimmt, P dagegen konstant bleibt, so müßte nach der Hillschen Gleichung P mit größerer Geschwindigkeit bewegt werden können. Es würde also theoretisch mit zunehmender Maximalkraft die Kraft-Geschwindigkeits-Relation zu Orten höherer Kraft und höherer Geschwindigkeit verschoben werden. Wie sich aus den Pfeilen in der Abb. **7** ergibt, kann bei konstanter Last die Kontraktionsgeschwindigkeit größer werden. Diese Hypothese wurde inzwischen durch Untersuchungen von Ikai (1973) bestätigt. Nach einem dynamischen Training der Unterarmflexoren mit 60% und 30% der maximalen Kraft wurde die oben beschriebene Verschiebung der Kraft-Geschwindigkeits-Relation gemessen. Der Verlauf der Kurve läßt sich aus dem ultrastrukturellen Bereich der Muskelfasern so erklären, daß sich die Kraftentwicklung eines Muskels proportional zu den synchron bestehenden Brückenbildungen zwischen Aktin und Myosin verhält (Dudel 1971).
Je schneller und häufiger sich bei einer Kontraktion die Brückenbindungen zwischen Aktin und Myosin bewegen, um so geringer ist die Anzahl der synchron bestehenden Brückenbindungen und um so geringer ist die Kontraktionskraft des Muskels.
Binkhorst u. Van't Hof (1973) belasteten den schnellen M. plantaris von Ratten besonders stark durch eine Denervation des M. gastrocnemius und des M. soleus. Der kompensatorisch hypertrophierte Muskel zeigte bei hohen Lasten eine Zunahme der Verkürzungsgeschwindigkeit. Diese war jedoch im Bereich niedriger Lasten vermindert, so daß sich die Kraft-Geschwindigkeits-Kurven des hypertrophierten und eines Kontrollmuskels im mittleren Bereich überkreuzten. Aus diesem Befund wird der Schluß gezogen, daß Athleten, die schwere Gewichte mit großer Geschwindigkeit zu heben oder zu werfen haben, durch eine entsprechende Muskelhypertrophie zu besseren Ergebnissen gelangen, während bei denjenigen, die in ihrer Sportart leichte Gewichte verwenden müssen, die Kontraktionsgeschwindigkeit bei einer Muskelhypertrophie abnimmt.

Größe der Muskelkraft, ihre Messung und Schwankungsbreite

Bei maximaler elektrischer Reizung wird die absolute Muskelkraft dann erreicht, wenn die Verschmelzungsfrequenz überschritten wird (s. „Abstufung der Muskelkontraktion"). Um die Kraft verschiedener Muskeln vergleichbar zu machen, wird sie auf den physiologischen Querschnitt (cm^2) bezogen. Der physiologische Querschnitt verläuft senkrecht zur Faserrichtung. Er ist daher bei parallelfaserigen Muskeln mit dem anatomischen Querschnitt identisch, beim gefiederten Muskel wesentlich größer.

Am Lebenden ist die Bestimmung dieses Querschnitts nur annäherungsweise möglich, so z. B. durch den Vergleich des an der Leiche ermittelten anatomischen und physiologischen Querschnitts mit dem am Lebenden errechneten anatomischen Querschnitt (Haxton 1944). Eine angenäherte Bestimmung des Muskelquerschnitts aller Muskeln an einem bestimmten Extremitätenabschnitt läßt sich durch eine Umfangsmessung an der entsprechenden Stelle durchführen. Das Ergebnis ist allerdings erheblich dadurch beeinflußt, daß sowohl die Stärke des Knochens als auch die der Haut und des Fettgewebes in die Messung eingehen (Shephard 1972). Abgesehen davon spielt die Position der Extremität eine Rolle, da z. B. bei einem Gelenkwinkel von 90 Grad der Umfang größer ist als bei kleinerem Gelenkwinkel mit gedehnter Muskulatur (Hettinger 1972). Zu besseren Ergebnissen gelangt man, wenn man die röntgenologisch bestimmte Dicke des Knochens und die mit einem Caliper bestimmte Hautfaltendicke bei der Berechnung des Muskelquerschnitts ($r^2 \pi$) berücksichtigt (Hettinger 1972). Auch bei diesem

Vorgehen sind Fehlerquellen durch einen verschieden hohen Wassergehalt bzw. Fett- und Bindegewebsgehalt der Muskulatur gegeben (SHEPHARD 1972). Unter Vernachlässigung des Skelettgewichts kann man die fettfreie Körpermasse, also die Gesamtmuskelmasse („lean body mass"), durch Wiegen unter Wasser bestimmen (SHEPHARD 1972), wenn man nach forcierter Ausatmung die funktionelle Residualkapazität der Lunge berücksichtigt (ULMER u. Mitarb. 1970). Die „lean body mass" kann dann aus der Kenntnis der Differenz zwischen dem Luft- und Unterwassergewicht und der Dichte des Fettgewebes berechnet werden. Näheres s. SHEPHARD (1972) bzw. PARIZKOWÁ (1964). Eine elegante Methode zur Bestimmung der „lean body mass" ist die Messung des Gehaltes des natürlichen Isotops K 40 im gesamten Körper. Da Kalium hauptsächlich in der Muskulatur gespeichert ist, kann aus dem Kaliumgehalt die „lean body mass" errechnet werden (P. NOVAK u. Mitarb. 1973, SHEPARD 1972). Für praktische Zwecke genügt zur Bestimmung der „lean body mass" eine Messung der Hautfaltendicke (Haut- und Unterhautfettgewebe) an mehreren Stellen des Körpers mit einem Caliper (FORSYTH u. SINNING 1973, HEBBELINCK u. Mitarb. 1973, PARIZKOWÁ 1964). Dieser soll so geeicht sein, daß er auf eine Fläche von 35 mm^2 einen Druck von 10 g/mm^2 ausübt (SHEPHARD 1972).
In letzter Zeit ist es durch die Ultraschallechographie möglich geworden, den anatomischen Querschnitt von Muskeln in vivo direkt zu bestimmen (IKAI u. FUKANAGA 1967). Dabei umkreist ein Ultraschallsender die in einen Wassertank eingetauchte Extremität. Die reflektierten Ultraschallimpulse werden auf einem Oszillographen registriert. Da die verschiedenen Gewebearten zu unterschiedlichen Reflektionen führen, wird so ein Bild des entsprechenden Extremitätenquerschnitts auf dem Oszillographen entworfen, aus dem durch Planimetrieren der anatomische Querschnitt der einzelnen Muskelgruppen bestimmt werden kann (Abb. **8**).

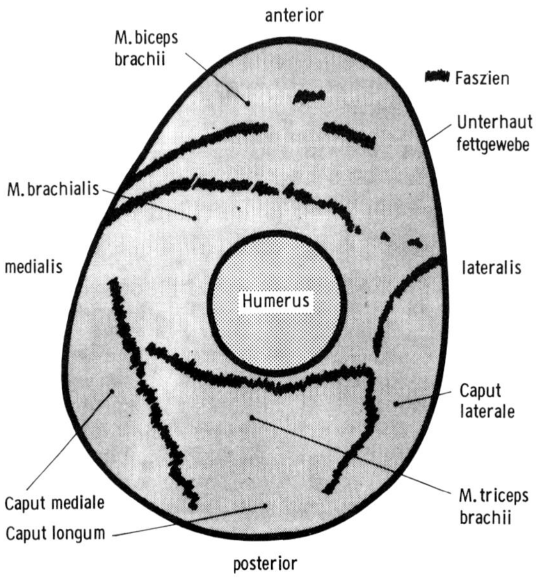

Abb. **8** Schematisierte Darstellung der bei der Ultraschallechographie auf dem Oszillographen abgebildeten Muskelquerschnitte im Bereich des Oberarms

Aufgrund der verschiedenen verwendeten Methoden (isolierter Muskel, Muskel in situ) und der sehr unterschiedlich genauen oben beschriebenen Bestimmungen des Muskelquerschnitts werden für die absolute Muskelkraft Werte von 6–12 kp/cm^2 angegeben (HETTINGER 1972, REICHEL 1960, SCHÜTZ 1963). So beträgt sie nach REICHEL (1960) für den M. gastrocnemius und M. soleus des Menschen 5,9 kp/cm^2, für den Kaumuskel des Menschen 10,0 kp/cm^2.

Jede Messung der Muskelkraft hängt in ihrer Genauigkeit nicht nur von der Güte des verwendeten Dynamometers ab, sondern vor allen Dingen auch von dem Willen des Probanden zur Mitarbeit, d. h. von seiner Motivation. Die Kraftmessung mit mechanischen Dynamometern beruht im wesentlichen auf dem Federwaagenprinzip, wobei bei der Verformung der Feder möglichst kein Weg zurückgelegt werden soll, um annähernd statische Bedingungen einzuhalten. Die dabei entwickelte Kraft wird auf einen unidirektionalen Hebel übertragen, der an einer entsprechenden, möglichst weit gespreizten Skala die Kraft anzeigt. Drucksysteme, z. B. ein mit Wasser gefüllter Gummiball, an den ein Manometer angeschlossen ist, auf das sich die Handgreifkraft überträgt, sind sehr ungenau und werden heute deshalb kaum mehr verwendet (HETTINGER 1972). Der Vorteil der Kraftmessung mit elektrischen Dynamometern besteht darin, daß über einen Schreiber die Kraftkurve registriert werden kann. Weitverbreitet ist dabei die Messung mit dem Dehnungsmeßstreifenprinzip. Durch die Empfindlichkeit der Meßanordnung genügt es, Dehnungsmeßstreifen auf einen nur schwer deformierbaren elastischen Körper aufzukleben, z. B. auf einen Stahlring oder ein Flachstahlstück, so daß selbst bei großer Krafteinwirkung kaum eine Deformierung auftritt, d. h. praktisch kein Weg zurückgelegt wird. Die Dehnungsmeßstreifen sind Teil einer Wheatstoneschen Brücke, an der bei guter Abstimmung nach außen keine Potentialdifferenz abgegriffen werden kann. Durch geringgradige Verformung der Dehnungsmeßstreifen entsteht eine Widerstandsänderung, die als Spannungsdifferenz mit einem Galvanometer gemessen werden kann, dessen Skala in Kilopond geeicht ist.

Wie weitgehend das Meßergebnis von dem Willen des Untersuchten zur Mitarbeit abhängt, zeigt eine Untersuchung von BECK u. HETTINGER (1956). Sie maßen die Kraft der Unterarmbeuger an einer größeren Zahl von männlichen und weiblichen Probanden und an 800 Männern aus einem Schwerstarbeiterberuf, die für eine Rentenbegutachtung untersucht wurden. Die Ergebnisse wurden als Häufigkeitsverteilungskurven dargestellt. Schon bei den männlichen und weiblichen Probanden fällt eine große Streuung der Kraftwerte auf. Die Kurve der Häufigkeitsverteilung bei der Rentenbegutachtung war fast völlig von der der männlichen Probanden getrennt, so daß etwa 90% der begutachteten Patienten eine kleinere Maximalkraft hatten als die schwächsten männlichen Probanden und 50–60% sogar eine kleinere Kraft aufwiesen als die schwächsten Frauen. Obgleich die Probanden aus Schwerstarbeiterberufen stammten, wären 15% nicht in der Lage gewesen, eine leere Schaufel zu halten, und 40% hätten eine beladene Schaufel noch nicht einmal anheben können. Dennoch können Kraftmessungen mit großer Gültigkeit unter bestimmten Bedingungen durchgeführt werden. Genaue Angaben über die Messung der Muskelkraft sind bei HETTINGER (1972) zu finden. Wie bereits angegeben, ist die an einem Dynamometer abzulesende Muskelkraft nicht zwangsläufig mit der Muskelkraft selber identisch. Die tatsächlich wirkende Kraft kann nur unter Berücksichtigung der Hebelverhältnisse berechnet werden. Eine andere Möglichkeit besteht darin, nach dem Vorschlag von GROH (1968) das Drehmoment anzugeben (s. Beitrag „Biomechanik").

Gelegentlich wird versucht, die Muskelkraft aus der elektrischen Aktivität des Oberflächenelektromyogramms zu ermitteln (s. Beitrag „Die Elektromyographie und ihre Anwendbarkeit . . ."). Im akuten Versuch besteht bei jedem Muskel eine enge Beziehung zwischen der Kraft und der elektrischen Aktivität (vgl. Abb. **2**).

Die größte Kraft, die während einer Willkürinnervation gemessen werden kann, ist die Maximalkraft des Muskels. Die zu einer motorischen Einheit (s. Beitrag „Die Elektromyographie und ihre Anwendbarkeit . . .") gehörenden Muskelfasern kontrahieren sich zwar unter normalen Bedingungen alle synchron, jedoch sorgen Hemmungseffekte dafür, daß sich bei einer Willkürinnervation niemals alle motorischen Einheiten gleichzeitig kontrahieren (ÅSTRAND u. RODAHL 1970). Solche Inhibitionseinflüsse können von supraspinalen Strukturen des ZNS herstammen, aber auch auf spinaler Ebene durch reflektorische Einflüsse bedingt sein (s. Beitrag „Reflektorische Kontrolle und Muskeltätigkeit"). Aus diesem Grund beträgt die maximale Muskelkraft im Mittel auch nur 4–6 kp/cm^2 des physiologischen Querschnitts (IKAI 1973, IKAI u. FUKANAGA 1967). Dieser Wert scheint, abgesehen von den unten genannten Einschränkungen, unabhängig von Geschlecht, Alter und Trainingszustand zu sein (IKAI u. FUKANAGA 1967). Bei maximaler elektrischer Reizung des N. ulnaris ist die Kraft ca. 30% größer als bei maximaler Willkürkontraktion (IKAI 1973).

ROHMERT (1960, 1964) stellt eine Beziehung zwischen der statischen Ausdauer eines Muskels und der jeweiligen Muskelkraft in Prozent der Maximalkraft auf. Aus dieser ermittelten Kurve soll aus der maximalen Haltezeit die jeweilige relative Kraft in Prozent der Maximalkraft ermittelt werden können. Die Genauigkeit soll etwa der bei direkter Messung entsprechen. Abgesehen davon, daß nach Untersuchungen von RÖCKER u. STOBOY (1970) die statische Ausdauer im oberen Kraftbereich erheblich größer und im niedrigen Kraftbereich kürzer ist als von ROHMERT (1964) angegeben, ergeben sich bei der Messung der statischen Ausdauer Standardabweichungen bis zu 60%. Aus diesem Grunde ist es unzulässig, aus der statischen Ausdauer die relative Kraft zu ermitteln (Abb. **9**).

Die Kraft der einzelnen Muskelgruppen schwankt ganz beträchtlich, offensichtlich in Abhängigkeit von der Muskelmasse. Während z. B. für die Beugung des Unterarmes 45 kp angegeben werden, konnte für die Fingeradduktion nur eine Kraft von 1,5 kp ermittelt werden (ausführliche Angaben bei HETTINGER 1972).

Aus den Befunden von ASMUSSEN (1962), aus denen hervorgeht, daß die Kraft mancher Muskelgruppen bei Knaben von Beginn der Pubertät ab steiler zunimmt als die von Mädchen, und aus Versuchen mit Testosterongaben bei Erwachsenen, die anscheinend zu einer zusätzlichen Hypertrophie der Muskulatur führten (HETTINGER 1972), wurde geschlossen, daß anabole Steroide, deren maskularisierender Effekt vermindert oder eliminiert ist, gleichfalls eine Hypertrophie und damit eine Kraftzunahme der Muskulatur herbeiführen können. In letzter Zeit besteht bei Athleten, vor allem bei den technischen Disziplinen in der Leichtathletik und z. B. auch bei Gewichthebern, die Tendenz, anabole Steroide in zunehmendem Maße einzunehmen. FOWLER u. Mitarb. (1965) fanden an nicht trainierten Personen nach Gaben von Anabolika eine Verbesserung der Leistungsfähigkeit, während an Athleten trotz hoher Dosierung keine Wirkung beobachtet werden konnte. Auch STEINBACH (1968) stellte eine signifikante positive Beeinflussung von Körpergewicht und Kraft, vor allem bei gleichzeitigem Training,

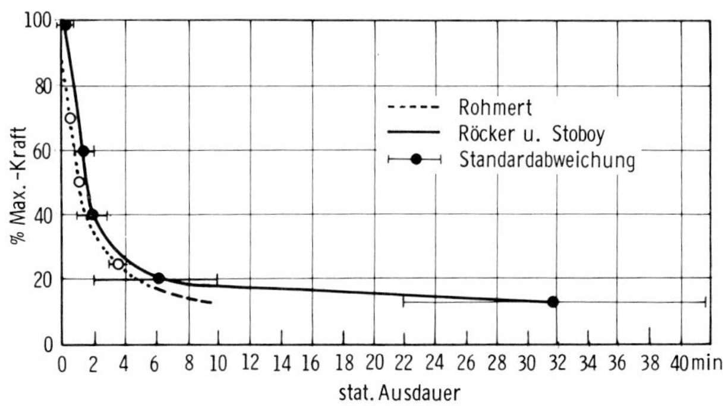

Abb. **9** Der Zusammenhang zwischen statischer Ausdauer (Abszisse) und relativer Kraft (Ordinate; in % der maximalen Kraft) nach *Rohmert* bzw. *Röcker* u. *Stoboy*. Der bei *Rohmert* durch Striche angegebene Kurventeil beruht auf keinen Meßergebnissen, sondern ist extrapoliert. Man beachte die unterschiedliche Größe der Standardabweichungen

durch Verwendung von Anabolika fest. Ein zusätzlicher Einbau von Eiweiß in die Skelettmuskulatur wird von IMHOFF (1970) als erwiesen angesehen, allerdings nur bei adäquater Ernährung und zweckmäßigem Training. Jedoch muß man mit einer Zunahme des Körpergewichts rechnen, die nicht für jede Sportart wünschenswert erscheint. HOLLMANN u. HETTINGER (1976) konnten an Sportstudenten keinen Zuwachs der Kraft oder der Trainierbarkeit feststellen. Nach SHEPHARD (1972) gibt es bisher keinen sicheren Beweis dafür, daß die Leistungsfähigkeit junger und normaler Männer durch diese Präparate erhöht wird, schon gar nicht bei hochtrainierten Athleten, deren Muskelfasern bereits den maximal möglichen Durchmesser erreicht haben, bei dem noch eine ausreichende Sauerstoffversorgung gewährleistet ist. Jedoch scheinen diese Präparate zur Behandlung einer Muskelatrophie bei älteren Menschen, vor allen Dingen nach längerer Bettruhe, nützlich zu sein. Die Zufuhr von anabolen Substanzen kann zumindest teilweise die Nebenwirkungen unterdrücken, die durch eine Kortikosteroidbehandlung ausgelöst werden (vermehrte Stickstoffausscheidung im Urin, Abnahme des Körpergewichts und der Muskelkraft) (ÅSTRAND u. RODAHL 1970). Auch MELLEROWICZ u. MELLER (1971) konnten im doppelten Blindversuch an eineiigen Zwillingen im Training keinen wesentlichen Kraftzuwachs durch Anabolika beobachten, doch lagen nach dem 6 Wochen dauernden Versuch die Transaminasen im pathologischen Bereich, so daß eine Leberschädigung nicht auszuschließen ist. Auch SHEPHARD (1972) gibt als gefährliche Nebenwirkungen die Möglichkeit von Leber- und Nierenschädigungen und beim noch wachsenden Menschen den vorzeitigen Verschluß der Epiphysenfugen an. Da Athleten das Verbot, Anabolika einzunehmen, erfahrungsgemäß nicht einhalten, hat KEUL (1972) vorgeschlagen, anabole Steroide durch den Arzt injizieren zu lassen. Seiner Ansicht nach kann man dadurch die Dosierung besser unter Kontrolle halten und außerdem die genannten Nebenwirkungen verhindern, da diese nach Injektionen nicht auftreten.

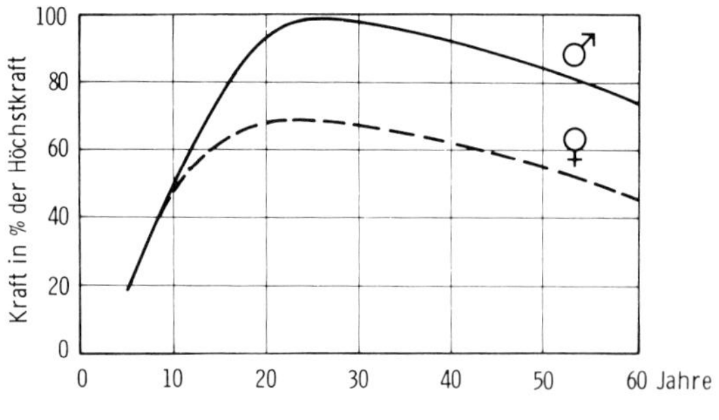

Abb. **10** Das Verhalten der Kraft in Prozent der maximal erreichbaren Kraft (Ordinate) vom Lebensalter bei männlichen (♂) und weiblichen (♀) Personen (aus: *Hettinger, Th.:* Isometrisches Muskeltraining, 4. Aufl. Thieme, Stuttgart 1972)

Nach EXNER u. Mitarb. (1973a u. b) scheinen die Wirkungen anaboler Steroide im Tierversuch besser abgrenzbar und differenzierbar zu sein. Bei trainierten weiblichen Tieren führte die Behandlung mit Nandrolonedecanoate zu einer höheren Kraftentwicklung. Im schnellen Rectus-femoris-Muskel bewirkte die ausschließliche Behandlung mit dieser Substanz ähnliche Veränderungen der glykogenolytischen und glykolytischen Enzyme wie ein Training. Außerdem ergab sich eine Zunahme der Glykogensynthese. Diese Veränderungen konnten nicht durch zusätzliches Training erhöht werden.

Im langsamen Soleusmuskel führte die Hormonbehandlung allein zu einer Verminderung der Muskelkraft. Unter dem Einfluß dieses Hormons zeigten trainierte männliche Tiere gleichfalls einen Kraftzuwachs, jedoch keine Veränderung der Aktivitäten der untersuchten Enzyme.

Eine Kombination von Training und Hormonbehandlung ließ keinen zusätzlichen Anstieg der maximalen tetanischen Spannung des M. rectus femoris erkennen. Training und Hormonbehandlung zusammen bedingten aber eine Zunahme der Glykogenphosphorylase und verhinderten teilweise die Abnahme der mitochondralen Glyzerol-Phosphat-Dehydrogenase, die unter alleinigem Training beobachtet wurde.

Außer einer Zunahme der löslichen Proteine bei untrainierten, hormonbehandelten männlichen Tieren wurden weder durch Training noch durch Hormonbehandlung andere Veränderungen im langsamen M. soleus gefunden. Die Wirkung des Hormons war in männlichen Ratten sehr viel geringer als in weiblichen. Die Kraftzunahme trainierter Tiere war geringer, die maximale tetanische Spannungszunahme des M. rectus femoris nur insignifikant verändert. So könnte angenommen werden, daß die relativ kleinen Dosen des Testosteronderivates bei hohen endogenen Spiegeln androgener anabolischer Hormone sich nicht auswirken.

Größe der Muskelkraft in Abhängigkeit von Alter und Geschlecht

Die Muskelkraft bei Kindern, Männern und Frauen hängt erheblich von der Häufigkeit des Gebrauchs (Inaktivitätsatrophie) und der jeweils herrschenden Motivation ab. Die tägliche individuelle Schwankung der Maximalkraft eines bestimmten Muskels beträgt etwa ±10 bis ±20% (ÅSTRAND u. RODAHL 1970). Bei Kindern bis etwa zum 10. Lebensjahr nimmt die Kraft in gleicher Weise zu. Ein Unterschied in der Kraftzunahme bildet sich erst mit dem Beginn der Pubertät aus (Abb. **10**). Sehr ähnliche Befunde ergeben sich in bezug auf die fettfreie Körpermasse, die aus dem Gesamtkaliumgehalt bestimmt wird (L. P. NOVAK u. Mitarb. 1973). Im Alter von 11 und 12 Jahren waren die Gewebsanteile von Knaben und Mädchen etwa gleich. Mit zunehmendem Alter nahmen bei den Knaben die fettfreie Körpermasse zu und der Fettgehalt des Körpers ab, während bei Mädchen ein umgekehrtes Verhalten zu beobachten war. Nach McComas u. Mitarb. (1973) steigt die Kraft isometrischer Kontraktionen vom 3. Lebensjahr bis zur Pubertät an und nimmt dann bei Knaben sprunghaft zu. Die größte Muskelkraft ist etwa zwischen dem 20. und 30. Lebensjahr erreicht, wobei die Kraft von Frauen im gleichen Trainingszustand etwa um 30% kleiner ist als die von Männern (Åstrand u. Rodahl 1970, Hettinger 1972). In höherem Lebensalter nimmt die Kraft kontinuierlich ab, so daß sie bei einem 65 Jahre alten Menschen nur noch 80% der Kraft der des 20. und 30. Lebensjahres beträgt (Hettinger 1972). Eine Abnahme der körperlichen Leistungsfähigkeit nach der 3. Lebensdekade wird von Petersen u. Schroeder (1971) darauf zurückgeführt, daß der Wirkungsgrad der Skelettmuskeldurchblutung (Verhältnis der Arbeitsleistung zur Muskeldurchblutung) herabgesetzt ist, d. h. daß der ältere Mensch für eine gleich große Leistung eine höhere Muskeldurchblutung benötigt als der jüngere. Wahren u. Mitarb. (1973) wiesen nach, daß die Beindurchblutung bei gleicher submaximaler Leistung in einer Gruppe von 52- bis 59jährigen Männern im Vergleich zu einer jüngeren Gruppe abnahm, kompensatorisch stieg dafür die AVD_{O2} erheblich an. Bei beiden Geschlechtern ist das Ausmaß der Kraftabnahme in den Beinmuskeln größer als in den Armmuskeln, da sie erheblich vom täglichen Gebrauch abhängt. Nach Shock u. Norris (1970) bleibt die Muskelkraft von Arm- und Schultermuskulatur im Alter von 20–69 Jahren etwa konstant und nimmt erst im höheren Lebensalter ab. Bei der von Geschlecht und Alter abhängigen unterschiedlichen Muskelkraft sollten die Körpermaße mitberücksichtigt werden. Unter der Voraussetzung, daß es eine geometrische Ähnlichkeit zwischen Personen verschiedener Körpergröße gibt, sollte vor allem während der Wachstumsperiode die isometrische Kraft sich mit der zweiten Potenz der Körpergröße ändern (Asmussen 1962). Wenn die Körpergröße eines Kindes um den Faktor 1,5 zunimmt, z. B. von 120 auf 180 cm, so soll die Kraft einer maximalen Kontraktion um den Faktor $1{,}5^2 = 2{,}25$ ansteigen. Wenn die Kraft verschiedener Muskeln von Kindern in logarithmischem Maßstab über der Körpergröße (120–180 cm) aufgetragen wird, so ergeben sich im allgemeinen lineare Beziehungen bei beiden Geschlechtern. Bei manchen, vor allen Dingen den Armmuskeln, wird der Kraftzuwachs bei Knaben, beginnend bei einer Körpergröße von etwa 155 cm, d. h. etwa vom 13. Lebensjahr ab, deutlich steiler. Eine solche Tendenz konnte bei Mädchen nicht beobachtet werden. Deshalb wird dieser zusätzliche Kraftzuwachs unter anderem auf die Wirkung männlicher Sexualhormone zurückgeführt (Asmussen 1962, Asmussen u. Mitarb. 1959). In sportlichen Disziplinen, in denen die Muskelkraft eine besonders große Rolle spielt (z. B. Kurzstreckenlauf, technische Disziplinen in der Leichtathletik), erreichen Mädchen und Knaben, die jünger als 12 Jahre sind, etwa gleiche Ergebnisse. In höherem Lebensalter ist der Zuwachs an Leistungsfähigkeit bei Knaben erheblich größer als aus der Wachstumsrate vorausgesagt werden kann (Asmussen 1962). Eine Einschränkung der körperlichen Anstrengung beim wiederholten Heben schwerer Gewichte ist bei Kindern vor dem Epiphysenschluß angezeigt. Die „International Labour Organization“ hat für Knaben zwischen dem 16. und 18. Lebensjahr empfohlen, keine größeren Gewichte als 20 kp zu heben, für Mädchen im gleichen Alter sollte die maximale Last 15 kp nicht überschreiten (Shephard 1972). Absolut gesehen ist die Trainierbarkeit der Muskelkraft bei Männern größer als bei Frauen. Relativiert man jedoch den Trainingszuwachs und drückt ihn in Prozent aus, so ist dieser Unterschied aufgehoben.

„Muskelarbeit“ und Wirkungsgrad

Eine Arbeit kann man streng genommen nur dann in Meterkilopond messen, wenn bei Muskelkontraktionen eine bestimmte Last bei gleicher Spannung um einen bestimmten Betrag gehoben wird, d. h., eine solche Messung ist eigentlich nur unter isotonischen Bedingungen möglich. Da rein isotonische Kontraktionen bei Willkürkontraktionen nur eine untergeordnete Rolle spielen und bei den anderen dynamischen Kontraktionen Energie für die Überwindung von viskösen und elastischen Widerständen benötigt wird, ist nach Åstrand u. Rodahl (1970) vom physiologischen Standpunkt aus eine „Arbeit“ mehr dem Produkt aus Kraft × Kontraktionszeit zuzurechnen als dem Produkt aus Kraft × Weg. Das gilt vor allen Dingen für statische Kontraktionen, bei denen das Produkt aus Kraft × statischer Ausdauer (Zeit, über die ein kontrahierter Muskel eine definierte Last bis zur Erschöpfung halten kann) mehr aussagt als die Kraft oder die statische Ausdauer allein, da es durchaus nicht gleichgültig ist, ob eine Muskelgruppe ein Gewicht von 20 kp 20 oder 40 Sek. lang halten kann.

Ein erheblicher Teil des Energieumsatzes bei körperlicher Leistung kann nicht als Arbeit gemessen werden, da er in Form von Wärme frei wird. Mißt man den gesamten Sauerstoffverbrauch für eine körperliche Leistung, so kann man daraus annähernd den Energieverbrauch für die mechanische Arbeit und die Wärmebildung berechnen. Erfolgt die Leistung nicht im „steady state“ (Sauerstoffbedarf größer als Sauerstoffaufnahme), so ist für genaue Berechnungen die Sauerstoffschuld zu berücksichtigen (Åstrand u. Rodahl 1970, Shep-

HARD 1972). Dies gilt besonders für mit hoher Kraft ausgeführte statische Kontraktionen, bei denen es während der Kontraktion zu einem kompletten oder partiellen Atemstopp kommt (STOBOY u. FRIEDEBOLD 1973). Mit Hilfe des mechanischen Wärmeäquivalents (1 kJ = 102 mkp) kann der Wirkungsgrad berechnet werden. Dies ist allerdings nur dann der Fall, wenn die nach außen abgegebene Leistung (mkp/s oder W) meßbar ist, wie z. B. mit einem Ergometer, oder wenn sie wie bei einem Step-Test (ÅSTRAND u. RODAHL 1970, SHEPHARD 1972) errechnet werden kann. Unter diesen Bedingungen ist der mechanische Wirkungsgrad

$$\mu = \frac{A \cdot 100}{E - e}.$$

A = mechanische Arbeit in Kilojoule (kJ),
E = Gesamtenergieverbrauch in kJ,
e = Ruheumsatz in kJ, gemessen in arbeitsadäquater Ausgangsposition (z. B. Sitzen, Stehen, Liegen)

Bei einer Leistungsmessung auf einem Ergometer oder beim Radfahren beträgt der Wirkungsgrad im günstigsten Fall 20–25%, so daß der Rest in Form von Wärme frei wird. Bei industrieller Arbeit kann er unter 10% absinken. Beim Verladen von Kisten auf einen Lastwagen beträgt er nur 2–4%, da die Körpermasse mitbewegt werden muß (SHEPHARD 1972). Der Wirkungsgrad ist bei einer Arbeit von etwa 50–100 cm über dem Boden am größten und fällt merklich ab, wenn die Arbeit in niedrigeren oder höheren Bereichen geleistet werden muß, wie z. B. beim Auflesen von Feldfrüchten oder dem Streichen einer Zimmerdecke. Die kleinsten Nutzeffekte bei solchen Arbeiten haben übergewichtige Menschen (SHEPHARD 1972) (Abb. **11**). Nach SANDLER (1968) neigen besonders jene Versehrten zum Übergewicht, die nach ihrer Rehabilitation nur noch eine Heimarbeit ausführen können.

Bezugnehmend auf die theoretischen Überlegungen von HILL kann nach TOWNSEND (1973) bei exzentrischen Kontraktionen ein maximaler Nutzeffekt von 50% als Grenzwert angenommen werden.

Bei dynamischen Leistungen steigen der Sauerstoffverbrauch und die Herzfrequenz in Abhängigkeit von dem Schweregrad in gleichem Ausmaß an. Bei statischen Kontraktionen, bei denen der Wirkungsgrad gleich Null ist, verhalten sich diese beiden Werte sehr unterschiedlich. Kontraktionen mit einem Drittel der maximalen willkürlichen Kraft führen bereits zu einer deutlichen Erhöhung der Herzfrequenz, deren Zunahme (R-R-Intervall) 0,4–0,6 s nach dem Beginn der Kontraktion einsetzt. Dieser Effekt ist weitgehend unabhängig von der Größe der Muskelmasse (BORST u. Mitarb. 1972). Bei Kontraktionen mit 100% der maximalen Kraft erreicht die maximale Herzfrequenz unmittelbar vor der Erschöpfung einen Wert von etwa 150/Min. und entspricht damit der Herzfrequenz bei einer dynamischen Leistung von ca. 170–200 W. Die Gesamtsauerstoffaufnahme einschließlich der Sauerstoffschuld ist mit einer dynamischen Leistung von nur etwa 20 W vergleichbar und beträgt in Übereinstimmung mit JOSENHANS (1962) ca. 10 ml/Kontraktionssekunde (Abb. **12**). Die maximale Herz-

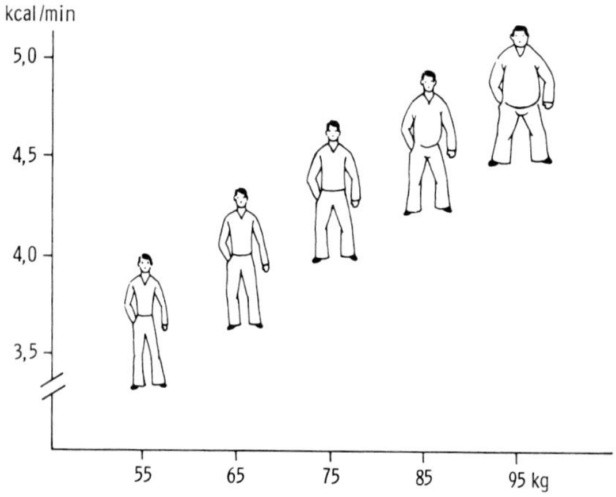

Abb. **11** Energieausgabe (Ordinate) beim Gehen mit einer Geschwindigkeit von 4 km/h in Abhängigkeit vom Körpergewicht (*Gordon, E. E.:* Med. Sci. 3 [1958] 19)

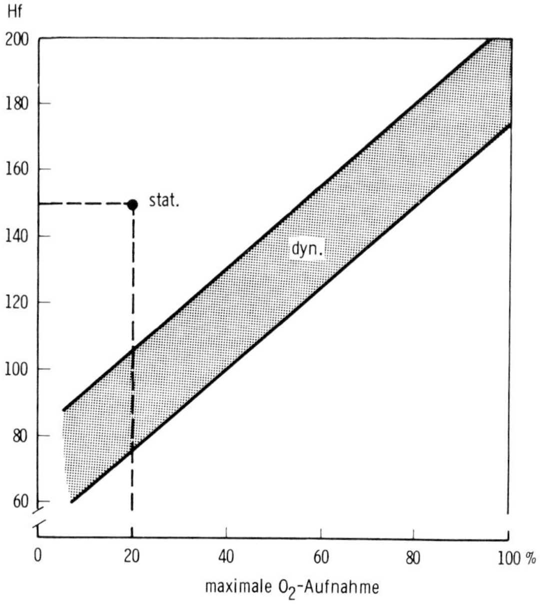

Abb. **12** Bei dynamischen Bewegungsabläufen (schraffiertes Feld, dyn.) ist die Herzfrequenz (Hf) positiv linear zur maximalen Sauerstoffaufnahme (in Prozent der maximalen aeroben Kapazität) korreliert. Bei erschöpfenden maximalen statischen Kontraktionen (stat.) ist die Herzfrequenz im Vergleich zur Sauerstoffaufnahme überproportional gesteigert

frequenz bei statischen Kontraktionen erreicht also etwa 70–80% der maximalen Herzfrequenz bei einer dynamischen Leistung (Röcker u. Mitarb. 1972). Etwa um denselben Betrag, nämlich um 20–30%, differieren nach Hollmann (persönl. Mitt. 1970) die maximalen Blutlaktatspiegel bei diesen beiden Arten muskulärer Betätigung. Man kann also annehmen, daß die Regulation der Pulsfrequenz bei Muskelkontraktionen von Chemorezeptoren im Bereich der Muskulatur erfolgt (Stegemann u. Kenner 1971). Die Erhöhung der Pulsfrequenz soll dabei mit der Verminderung des Gehalts an energiereichen Phosphaten in der Muskulatur einhergehen (Stegemann 1972). Der Wirkungsgrad einer Leistung wird also u. a. davon abhängen, wie groß jeweils die „statischen Arbeitsanteile" sind. Je größer die Diskrepanz zwischen Herzfrequenz und Sauerstoffaufnahme ist, um so mehr ermüdende statische Anteile sind in der Gesamtleistung enthalten (Borsky u. Hubaç 1966). Auch Jackson u. Mitarb. (1973) konnten feststellen, daß zusätzliche statische Arbeitsanteile wie z. B. das Tragen von Gewichten in beiden Händen beim Gehen auf einem Tretband zu einer signifikanten Zunahme der Herzfrequenz und des systolischen Blutdrucks führten. Für praktische Zwecke gibt es keine einfache Methode, um statische Anteile innerhalb eines Bewegungsablaufs nach Möglichkeit auszuschalten oder auf ein Minimum zu reduzieren und dadurch den Wirkungsgrad zu erhöhen.

Die Kenntnis der Steigerung der Herzfrequenz durch statische Kontraktionen oder durch statische Bewegungsanteile ist deswegen besonders wichtig, weil Patienten, denen eine Bewegungstherapie verordnet worden ist, eine ausreichende oder nicht zu überschreitende Dosierung meist nur an Hand ihrer Herzfrequenz kontrollieren können. Deswegen weist Hollmann (1972) darauf hin, daß Übungen wie Kniebeugen und Liegestütze zwar zu einer Erhöhung der Pulsfrequenz auf 180/Min. führen können, diese Steigerung aber erheblich durch die statischen Komponenten beeinflußt werden kann.

Auch Hettinger u. Mitarb. (1973) konnten bei maximalen statischen Kontraktionen einen Anstieg der Pulsfrequenz um etwa 64% über den Ausgangswert feststellen. Der systolische und der diastolische Blutdruck wiesen dabei erhebliche Anstiege auf (33 bzw. 47%). Nach Meinung dieser Autoren führen diese Veränderungen der Funktionswerte zu wesentlichen Vergrößerungen des Sauerstoffbedarfs im Myokard. Deshalb wird für eine Behebung von Muskelatrophien nach Herzinfarkt empfohlen, statische Kontraktionen nur mit 40–50% der maximalen Kraft für jeweils 5 Sek. durchzuführen.

Ähnliche Fragestellungen ergeben sich auch dann, wenn, vor allen Dingen bei Kreislaufgeschädigten, zu entscheiden ist, ob Oberschenkelamputierte besser mit einer Oberschenkelprothese oder mit Krücken gehen sollen. Untersuchungen von Hettinger (1970) ergaben, daß beim Gehen mit einer Oberschenkelprothese der Kalorienverbrauch im Mittel bei 0,75 cal/m/kg (= 0,0314 kJ), beim Gehen mit Krücken dagegen bei 0,82 cal/m/kg (= 0,0343 kJ) lag. Noch deutlicher prägte sich der Unterschied in der Herzfrequenz aus. Während beim Gehen mit einer Prothese sich ein Steady state einstellte, war beim Gehen mit Krücken ein kontinuierlicher Anstieg der Pulsfrequenz zu beobachten. Aus diesem Grund ist besonders bei kreislaufgeschädigten Oberschenkelamputierten das Gehen mit Prothesen vorzuziehen. Der Unterschied der Herzfrequenz ist wahrscheinlich dadurch bedingt, daß in der Schwungphase die Stumpfmuskulatur sich hauptsächlich dynamisch kontrahiert, während beim Gehen mit Krücken vermehrt Fixationsmomente notwendig werden, d. h. die statischen Anteile bei der Bewegung erheblich zunehmen.

Der Wirkungsgrad beim Gehen beträgt bei oberschenkelamputierten Prothesenträgern zwischen 18 und 20%; bei Benutzung von Krücken sinkt er auf 11% ab (Sandler 1968). Im Mittel müssen Patienten mit einer Gehbehinderung (Hinken oder abnormale Koordination) doppelt soviel Energie aufbringen, um bei bestimmter Ganggeschwindigkeit ihr Körpergewicht zu transportieren, als normale Probanden (Molbech 1966). Die Energieausgabe von Paraplegikern, die, wenn auch nur langsam, mit Krücken gehen, ist bei einem Nutzeffekt von etwa 5% achtmal so groß wie ihr Ruhe-Nüchtern-Umsatz und führt leicht zur Erschöpfung. Deshalb ziehen die meisten solcher Patienten Rollstuhlfahren vor (Gordon 1957). Beim Rollstuhlfahren mit einer Geschwindigkeit von 4 km/h (gehunfähige Jugendliche) betrug die äußere Leistung weniger als 10 W, die Sauerstoffaufnahme stieg dagegen so weit an, daß sie einer Leistung von ca. 50 W entsprach, d. h., der Wirkungsgrad beim Rollstuhlfahren ist mit ca. 7,7% noch sehr niedrig (Voigt u. Mitarb. 1968). Der von Voigt u. Mitarb. (1968) bei einer Rollstuhlgeschwindigkeit von 3 km/h ermittelte Gesamtumsatz von 3,13 kcal/Min. (= 13,1 kJ) entspricht sehr genau dem von Stoboy u. Mitarb. (1971) bei gleicher Geschwindigkeit an Normalpersonen gemessenen von 3,15 kcal/Min. (= 13,2 kJ).

Solche Zusammenhänge bestehen auch bei industrieller Arbeit und Hausarbeit, wobei bei gleicher äußerer Leistung die Energieausgabe erheblich von der Höhe der Arbeitsfläche abhängt, deren Optimum mit etwa 90 cm angegeben wird (Shephard 1972).

Wird sie erhöht, so kann das Körpergewicht nicht mehr als unterstützender Faktor bei der Arbeit mitwirken, wird sie erniedrigt, muß der Arbeiter sich bücken, und ein erheblicher Anteil des Energieverbrauchs wird für die ungünstige Körperhaltung selbst benötigt, wie aus Tab. **1** zu entnehmen ist (Shephard 1972):

Tabelle **1** Einfluß der Höhe der Arbeitsfläche auf den Energieverbrauch

Höhe der Arbeitsfläche (cm)	Energieverbrauch (kJ/Min.)
69	17,2
93	11,7
162	13,0

Bei Verordnung einer Übungsbehandlung sollte also stets daran gedacht werden, inwieweit der Wirkungsgrad durch eine ungünstige Körperhaltung mit hohen statischen Anteilen beeinflußt wird. Zur Erreichung bestimmter Ziele (Muskelkraft, Muskelhypertrophie) sind jedoch statische Kontraktionen bei entsprechender Indikation unbedingt notwendig (Stoboy 1972b), auch wenn in diesem Fall der Wirkungsgrad gleich 0 wird.

Bei manchen Arbeiten wird der Schwerpunkt des Körpers durch Beuge- und Streckbewegungen erheblich verlagert und dadurch die Energieausgabe wesentlich beeinflußt, wie aus folgender Aufstellung für Hausfrauenarbeiten zu entnehmen ist (Shephard 1972):

sitzend	(z. B. Nähen, Kochen)	6,7 kJ/Min.
stehend	(z. B. Abwaschen, Plätten)	9,2 kJ/Min.
Hochreichen	(z. B. Staubwischen, Polieren, Fensterputzen)	17,2 kJ/Min.
Bücken	(z. B. Bettenmachen)	23,5 kJ/Min.

Werden die Hände bei einer Drehkurbelarbeit verschieden weit über die Herzhöhe gehoben, so ist bei gleicher Leistung die maximal mögliche Arbeitszeit um so kürzer, je höher die Arbeitsposition der Hände ist. Außerdem nimmt die Sauerstoffaufnahme zu, so daß sich der Wirkungsgrad von etwa 13% in Herzhöhe auf ungefähr 2% bei maximaler Streckung der Arme verringert (Schnauber u. Müller 1970).

Gehen in gebeugter Haltung kann den Energieumsatz bis zu etwa 50% erhöhen. Wenn eine Last getragen werden muß, können die statischen Anteile bei dieser Bewegung dadurch minimalisiert werden, daß die Last möglichst nahe am Körper gehalten wird.

Hettinger (1970) verglich den Verlauf der Pulsfrequenz beim Legen von Kartoffeln in zwei mit Frauen durchgeführten Versuchen, wobei einmal der Kartoffelkorb in der Hand getragen wurde, zum anderen mit einem Gurt vor dem Körper fixiert war. Bei einer Arbeitszeit von 30 Min. wurde nach jeweils 5 Min. eine Pause von 1 Min. eingelegt. Die mittlere Arbeitspulsfrequenz (Pulse/Min. über dem Ruhepuls) betrug beim Tragen des Korbes in der Hand im Mittel 45/Min., bei einem mit einem Gurt fixierten Korb 31/Min. Während im zweiten Fall sich für die Pulsfrequenz ein Steady state einstellt, stieg im ersten Fall die Pulsfrequenz von Arbeitseinheit zu Arbeitseinheit an, d. h., daß in diesem Fall die Pausen zur Erholung nicht ausreichten. Dieser Ermüdungspulsanstieg kann darauf zurückgeführt werden, daß die Kraft der Unterarmbeugemuskulatur bei der Frau rund 20 kp beträgt. Das Gewicht des Korbes und des Unterarmes ist mit 7,5 kp anzusetzen, so daß die Unterarmbeugemuskulatur mit etwa 38% ihrer statischen Maximalkraft belastet wurde und damit schnell Ermüdungserscheinungen auftraten.

Muskeldurchblutung unter Ruhebedingungen und bei körperlicher Leistung

Die Messung der Durchblutung eines Muskels, vor allen Dingen bei muskulärer Tätigkeit, stellt auch heute noch ein Problem dar, und die Frage nach der jeweils zweckmäßigsten Meßmethode kann nicht eindeutig beantwortet werden. Hinsichtlich der Methodik der Messung wird auf die Arbeiten von Gauer (1972) und Shephard (1972) verwiesen.

Die Durchblutung wird im allgemeinen pro Minute und 100 ml Muskelgewebe angegeben. Unter Ruhebedingungen beträgt sie 1–3 ml/100 ml × Min. (Gauer 1972, Shephard 1972). Die Gesamtmuskeldurchblutung würde nach diesen Angaben etwa 500–900 ml/Min. betragen. Bei maximaler dynamischer Leistung steigt sie auf etwa 20–50 ml/100 ml × Min. an (Åstrand u. Rodahl 1970, Shephard 1972), d. h., auf die gesamte Muskelmasse bezogen, würde sie bei einem Herzzeitvolumen von 20 l/Min. etwa 15 ml/Min. betragen. Da jede Kontraktion die Blutzufuhr drosselt, ergibt sich eine mittlere Durchblutung von ca. 10–15 ml/100 ml × Min. (Abb. **13**). Jedoch reicht bei maximaler Leistung diese Durchblutungssteigerung nicht aus, um den Sauerstoffbedarf der Muskulatur zu decken, so daß die Energiegewinnung in einem bestimmten Umfang anaerob erfolgen muß. Die Theorien über die Regulation der Durchblutung sind nach Åstrand u. Rodahl (1970) fast so zahlreich wie die Anzahl der Wissenschaftler, die auf diesem Gebiet arbeiten, da dabei außerordentlich viele schwer überschaubare Mechanismen ins Spiel kommen, die sich z. T. überlappen bzw. sogar konträre Wirkungen entfalten.

Bei konstanter Stoffwechselaktivität des Muskels ist die Zahl der jeweils durchströmten Kapillaren etwa konstant (Åstrand u. Rodahl 1970). Die Größe der lokalen Durchblutung richtet sich hauptsächlich nach der Höhe des systolischen Drucks und des Durchmessers der peripheren Gefäße. Der Gefäßdurchmesser wird durch glatte Muskeln in der präkapillären bzw. postkapillären Region eingestellt, wobei eine Reizung der sie versorgenden sympathischen Nerven im allgemeinen zu einer Vasokonstriktion führt (Köppchen

1972). Eine Sympathikusblockade führt dagegen zu einer Arteriolendilatation, wobei unter Ruhebedingungen die Muskeldurchblutung etwa verdoppelt wird (ÅSTRAND u. RODAHL 1970). Während körperlicher Leistung kann jedoch die Durchblutung auf 50 ml/100 ml × Min. ansteigen (FOLKOW 1960). Die Innervationsdichte ist an den glatten Muskeln der präkapillären Region bedeutend stärker ausgeprägt als im Bereich der Venolen und Venen. Während in der präkapillären Region vorwiegend der periphere Gefäßwiderstand geregelt wird, führen Konstriktionen der postkapillären Gefäße zu einer Verminderung des Volumens der Kapazitätsgefäße, d. h. zu einer Vermehrung der Blutströmung zum Herzen (ÅSTRAND u. RODAHL 1970, KÖPPCHEN 1972). Die Nervenversorgung der glatten Muskulatur intramuskulärer Gefäße entstammt ausschließlich dem sympathischen System. Jedoch erfolgt die Innervation durch zwei verschiedene Fasertypen, nämlich durch adrenerge Fasern, deren Transmittersubstanz Noradrenalin (Adrenalin) ist und die eine Vasokonstriktion bewirkt, und durch cholinerge Fasern, deren Transmittersubstanz Azetylcholin ist und die eine aktive Vasodilatation herbeiführt. Bereits eine Verminderung der Aktivität in den adrenergischen Fasern führt zu einer Vasodilatation (SHEPHARD 1972, KÖPPCHEN 1972). SCHMITT u. Mitarb. (1973) konnten im Tierexperiment feststellen, daß unabhängig von der Wirksamkeit auf die Gefäßweite Adrenalin und Noradrenalin die Sauerstoffaufnahme des Skelettmuskels erhöhen und die oxydativen Vorgänge im Muskel vergrößern. Dieser vermehrte Bedarf wird entweder durch eine Erhöhung der Durchblutung oder durch eine zunehmende O_2-Extraktion, gewöhnlich jedoch durch beide Mechanismen, gedeckt. Eine Erregung des sympathischen cholinergen Systems führt im Tierversuch zur Gefäßdilatation in der quergestreiften Muskulatur der Extremitäten. Diese läßt sich durch Atropingabe vermindern (KÖPPCHEN 1972). Eine Erregung dieses Systems durch Reizung des ZNS führt außerdem zu einer Konstriktion in den Haut- und Intestinalgefäßen (Blutumverteilung).

Auch nach einer Denervierung kommt es im tätigen Muskel zu einer Abnahme des Strömungswiderstandes. Dafür wurden eine Reihe von Stoffwechselveränderungen verantwortlich gemacht, wie z. B. eine Hypoxie, ein Absinken des pH, eine Zunahme des CO_2-Druckes, eine Zunahme der Laktatkonzentration und eine Anhäufung von Adenosinphosphaten (ÅSTRAND u. RODAHL 1970). Zwar können diese Veränderungen, wenn sie künstlich im Experiment erzeugt werden, zu einer Vasodilatation führen, die jedoch niemals das Ausmaß erreicht, das bei einer Muskeltätigkeit ermittelt werden kann. SHEPHARD (1972) bezweifelt die Wirksamkeit der genannten Veränderungen einschließlich einer Histamin- und Bradykininwirkung bei Willkürkontraktionen der Muskulatur. Neuerdings werden die durch Muskeltätigkeit bedingte Erhöhung der Kaliumkonzentration und eine Zunahme des osmotischen Druckes im

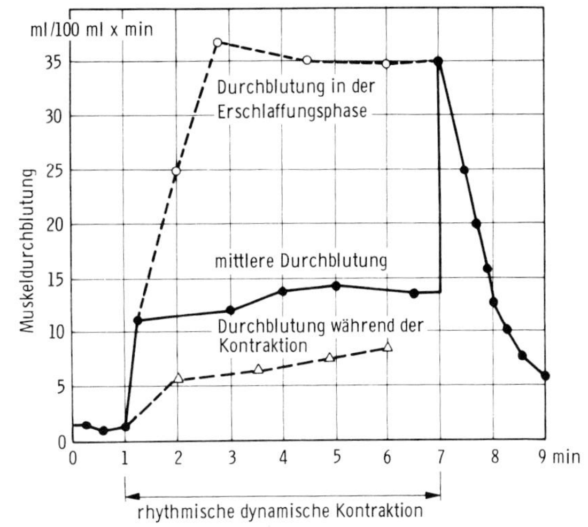

Abb. **13** Muskeldurchblutung in ml/100 ml × min während einer dynamischen Leistung. In der Erschlaffungsphase (offene Kreise) steigt die Durchblutung steil an und wird während der Kontraktion (offene Dreiecke) stark gedrosselt. Daraus ergibt sich eine mittlere Durchblutung von 10–15 ml/100 ml × min (aus: *Shephard, R. J.*: Alive Man. Thomas, Springfield, Ill. 1972)

extrazellulären Raum für eine kontraktionsbedingte Erhöhung der Muskeldurchblutung verantwortlich gemacht (KÖPPCHEN 1972, MELLANDER u. JOHANSON 1968, SHEPHARD 1972, SKINNER u. POWELL 1967). Sie sollen in erster Linie zu einer Vasodilatation im präkapillären Bereich führen (ÅSTRAND u. RODAHL 1970). Durch elektrische Reizung des M. quadriceps femoris von Kaninchen stieg die Kaliumkonzentration im venösen Blut und im Interstitium erheblich an und korrelierte mit der Größe der arteriellen Durchblutung. Deshalb scheinen die K^+-Ionen an der lokalen Durchblutungsregulation bei Muskelarbeit beteiligt zu sein (GEBERT u. BRECHT 1971).

Auch bei einer leistungsbedingten erhöhten sympathischen Erregung tritt diese „metabolische Dilatation" in den Muskelgefäßen auf (KÖPPCHEN 1972). Die metabolische Komponente muß also die konstriktorische Innervation überspielen. Gleich große Testreize an den entsprechenden sympathischen Fasern verlieren mit steigender Leistung ihre konstriktorische Wirkung und werden schließlich bei großer Muskelaktivität völlig wirkungslos. Möglicherweise ist die reaktive Hyperämie nach Freigabe einer Drosselung der normalen Muskeldurchblutung, die sowohl auf einen hohen Muskelinnendruck während einer Kontraktion als auch auf einen artifiziellen Durchblutungsstopp in einer Staumanschette ausgelöst werden kann, auf den gleichen Wirkungsmechanismus zurückzuführen (KÖPPCHEN 1972). Die auf eine in Hundeversuchen gemessene, langdauernde Ischämie folgende Hyperämie von ca. 4 Std. Dauer wird von STOCK u. ISSELHARD (1972) auf eine vollständige Spaltung energiereicher Phos-

phate der glatten Gefäßmuskulatur zurückgeführt.
Die leistungsbedingte erhöhte Sympathikusaktivität soll andererseits zu einer Venenkonstriktion führen, die während der körperlichen Leistung bestehenbleibt und der Leistungsintensität proportional ist. Sie kann nicht durch Metabolite vermindert werden (Bevegård u. Shephard 1967, Folkow 1967, Kjellmer 1965, Mellander 1966). Unmittelbar nach einem anstrengenden Langstreckenlauf mit großem Flüssigkeitsverlust nimmt nach Kirsch u. Mitarb. (1973) die Dehnung des venösen Gefäßbettes erheblich zu und erhöht damit die Gefahr einer orthostatischen Labilität.
Die bei körperlicher Leistung eintretende Vasodilatation ist keine Garantie für eine ausreichende Durchblutung der Muskulatur. Die bei jeder Kontraktion auftretende Erhöhung des Muskelinnendruckes vermindert oder unterbricht bei Kontraktionen mit großer Kraft die Durchblutung (vgl. Abb. **12**).
Bei dynamischen rhythmisch aufeinander folgenden Kontraktionen ist die Durchblutung während der Kontraktionen behindert, steigt aber in den Erschlaffungsintervallen weit über ihren mittleren Wert an (Shephard 1972). Deshalb kann bei rhythmischen Muskelkontraktionen mit hoher Spannungsentwicklung eine erhebliche „Durchblutungsschuld" entstehen, die erst nach Beendigung der Tätigkeit abgetragen wird (reaktive Hyperämie).
Bei geringen dynamischen Leistungen ist die Durchblutung nur in den ersten 2–3 Min. inadäquat, bedingt durch die langsame Anpassung der Sauerstoffaufnahme- und -transportsysteme. Der in dieser Zeit relativ hohe anaerobe Stoffwechsel spiegelt sich in einem Anstieg des Blutlaktats über den Ruhewert (5–20 mg%) wider. Nach dieser Zeit kehrt der Laktatspiegel zu seinem Ruhewert zurück. Bei großen Leistungen wird durch die Durchblutungsschuld (unzureichende O_2-Versorgung) die Laktatproduktion weiter erhöht, bis sie den maximalen Wert, der toleriert werden kann, erreicht (100–150 mg%) (Shephard 1972).
Früher wurde angenommen, daß bei statischen Kontraktionen eine völlige Unterbrechung der Durchblutung bereits bei 20–30% der Maximalkraft eintreten soll. In neueren Untersuchungen konnten Donald u. Mitarb. (1967) bzw. Lind u. McNicol (1967) feststellen, daß bei statischen Kontraktionen bis zu 30% der maximalen Kraft die Durchblutung erheblich über den Ruhewert ansteigt, jedoch zwischen 30 und 60% der maximalen Kraft nur noch geringgradig den Ruhewert überschreitet. Ist die Kontraktionskraft größer als 70% der maximalen Kraft, so tritt eine völlige Durchblutungsunterbrechung ein. Die bis zu 60% der Maximalkraft aufrechterhaltene bzw. gesteigerte Durchblutung wird nur dadurch möglich, daß der mittlere Aortendruck zunehmend bis auf Werte von ca. 160 mmHg ansteigt und dadurch eine Perfusion sichert, so lange, bis der Muskelinnendruck den erhöhten mittleren Aortendruck übersteigt (Darling 1971).
Zwischen 20 und 40% der maximalen Kraft nimmt nach Seaman u. Mitarb. (1973) der Venentonus kontinuierlich zu, d. h. das Füllungsvolumen der Kapazitätsgefäße ab. Dieser Mechanismus entspricht dem Verhalten der Kapazitätsgefäße bei dynamischer Leistung, führt zu einer Vergrößerung des zentralen Venendrucks und verbessert die Füllungsmöglichkeiten des Herzens.
Hinsichtlich der Auswirkungen auf den Kreislauf führen rhythmische dynamische Kontraktionen nur zu einem erheblichen Anstieg des systolischen Blutdrucks, da bei erheblicher Durchblutungszunahme eine kompensatorische Verminderung des Strömungswiderstandes in den entsprechenden Kreislaufabschnitten stattfindet (Darling 1971). Bei statischen Kontraktionen wird aber auch der diastolische Druck erheblich erhöht, selbst wenn nur kleine Muskelgruppen mit geringer Kraft kontrahiert werden (Donald u. Mitarb. 1967). Nach Darling (1971) soll dieser Anstieg auf Reflexmechanismen beruhen, die durch Produkte des anaeroben Stoffwechsels ausgelöst werden.

Zum Zwecke der Wärmeabgabe in heißer Umgebung wird z. T. das kapilläre Gefäßbett umgangen und das Blut über arteriovenöse Anastomosen oberflächlichen Hautvenen zugeleitet, von denen aus über die Körperoberfläche die Wärmeabgabe erfolgt. Das Ausmaß einer solchen „nichtmetabolischen" Durchblutung bestimmt dann weitgehend das Maximum der arteriovenösen Sauerstoffdifferenz, die bei erschöpfender Leistung erreicht werden kann. Ein ausdauertrainierter Sportler gibt einen großen Anteil seiner Wärmeproduktion durch Schweißverdunstung ab und verringert dadurch die Nebenschlüsse über die arteriovenösen Anastomosen (Shephard 1972). Nicht zuletzt aus diesem Grund kann er eine größere arteriovenöse Sauerstoffdifferenz (16–17%) erreichen als der Untrainierte (13–14%). In kalter Umgebung werden die oberflächlichen Hautvenen durch Verschluß der arteriovenösen Anastomosen weniger durchblutet, d. h., der venöse Rückfluß wird mehr auf die tieferliegenden Venen umgeschaltet und damit Wärme gespart (Gegenstromprinzip) (Aschoff 1971, Åstrand u. Rodahl 1970). Bleiben die Gefäßspasmen nicht nur auf die arteriovenösen Anastomosen beschränkt, sondern breiten sie sich auch auf die Kapillargebiete, vor allen Dingen auf die der Akren, aus, so können deren metabolische Anforderungen nicht mehr durch die Durchblutung gedeckt werden (Renaultsche Erkrankung). Dies tritt vor allem dann ein, wenn eine körperliche Arbeit mit starken Vibrationen verbunden ist, wie z. B. bei der Bedienung von Preßlufthämmern oder Kreis- bzw. Kettensägen. Die kritische Vibrationsfrequenz liegt etwa bei 100 Hz (Shephard 1972).

Die Zunahme der Durchblutung bei körperlicher Leistung erfolgt auch durch eine Eröffnung verschlossener Kapillaren im aktiven Muskel. Das führt zu einer erheblichen Erhöhung der Kapillaroberfläche in den entsprechenden Muskeln und vergrößert die Diffusionskapazität. Außerdem wird die Entfernung zwischen den durchbluteten Kapillaren kleiner. Dadurch wird der Diffusionsweg für die aktiven Muskelfasern herabgesetzt, so daß eine ausreichende Sauerstoffdiffusion auch bei kleineren Sauerstoffdruckgradienten möglich wird (SHEPHARD 1972).

Die Messung der Gewebs-Clearance mit radioaktiven Substanzen gilt als Maß für den effektiven Blutdurchfluß durch die nutritiven Kapillaren. Bereits bei leichten dynamischen Kontraktionen der Unterarmmuskulatur kann die Clearance-Rate von ^{131}J-Hippural nach SCHMIDT u. ROTH (1970) um das 4,2- bis 5,8fache ansteigen. Bei einer Rehabilitation sollte deshalb, soweit es der Heilungsprozeß erlaubt, eine Steigerung der Durchblutung durch solche Maßnahmen herbeigeführt werden.

Einer der wichtigsten Faktoren für die Verschiebung des in den Kapazitätsgefäßen der unteren Extremität befindlichen Blutes in zentrale Kreislaufabschnitte ist die Muskelpumpe (GAUER 1972). Beim ruhig stehenden Menschen beträgt der hydrostatische Druck in den Fußvenen ca. 100 mmHg. Schon wenige Schritte führen dazu, daß durch die Kontraktion der entsprechenden Muskelgruppen bei intakten Venenklappen ein Teil des Blutgehaltes der tiefliegenden Venen in zentrale Abschnitte verlagert wird, so daß der hydrostatische Druck in den Fußvenen erheblich abnimmt. Auch bei zwanglosem Stehen mit ständiger Veränderung des Körperschwerpunktes wirkt sich dieser Mechanismus aus (HENRY u. GAUER 1950). Ausgehend von diesen Erkenntnissen wurden für Patienten mit peripheren Durchblutungsstörungen Hilfsmittel entwickelt, die bei von unten nach oben abnehmendem Druck auf die Extremität die Muskelpumpe unterstützen bzw. ersetzen (Jobst Support; kein Gummistrumpf mit gleicher Spannungsentwicklung über seine ganze Länge). Auch automatische Massageanzüge sind zu diesem Zweck angegeben worden (HENRY u. Mitarb. 1955).

Wird die Durchblutung von Muskelgruppen längere Zeit unterbrochen, treten erhebliche Veränderungen der anaeroben Substrate im Muskel auf. Während einer an Ratten durchgeführten bis zu 6 Std. dauernden Ischämie kam es zum vollständigen Zusammenbruch der energiereichen Phosphate und des Glykogenspeichers. Die Restitution hängt dabei von der Dauer der Ischämie ab. Während nach 2- und 3stündiger Ischämie eine rasche Normalisierung des Stoffwechsels eintritt, konnte nach vierstündiger Extremitätenischämie erst 6 Wochen später eine Restitution beobachtet werden: Nach einer 5 bzw. 6 Std. dauernden Ischämie tritt überhaupt keine Restitution mehr ein (STOCK u. Mitarb. 1973).

Literatur

Aschoff, J.: Temperaturregulation. In: Physiologie des Menschen, Bd. II: Energiehaushalt und Temperaturregulation, hrsg. von O. H. Gauer, K. Kramer, R. Jung. Urban & Schwarzenberg, München 1971

Asmussen, E.: Positive and negative muscular work. Acta physiol. scand. 28 (1953) 364

Asmussen, E.: Muscular Performance. In: Muscle as a Tissue, hrsg. von K. Rohdal, S. M. Horvath. McGraw-Hill, New York 1962

Asmussen, E.: Exercise and the regulation of ventilation. Circulat. Res. 20, Suppl. 1 (1967) 1132–1145

Asmussen, E., K. Heeböll-Nielsen: A dimensional analysis of physical performance and growth in boys. J. appl. Physiol. 7 (1955) 593

Asmussen, E., O. Hansen, O. Lammert: The Relation between Isometric and Dynamic Muscle Strength in Man. Communications from the Testing and Observations Institute of the Danish National Association for Infantile Paralysis, No. 20, Kopenhagen 1965

Asmussen, E., K. Heeböll-Nielsen, S. Molbech: Description of Muscle Tests and Standard Values of Muscle Strength in Children. Communications from the Testing and Observation Institute of the Danish National Association for Infantile Paralysis, Nr. 5, Kopenhagen 1959

Åstrand, P.-O., K. Rodahl: Textbook of Work Physiology. McGraw-Hill, New York 1970

Beck, W., Th. Hettinger: Ist die Berechnung von Kraftmessungen bei der Begutachtung sinnvoll? Mschr. Unfallheilk. 59 (1956) 116

Bevegård, B. S., J. T. Shepherd: Regulation of the circulation during exercise in man. Physiol. Rev. 47 (1967) 178

Bigland-Ritchie, B., J. Woods: Oxygen consumption and integrated electrical activity of muscle during positive and negative work. J. Physiol. (Lond.) 234 (1973) 39–40

Binkhorst, R. A., M. A. van't Hof: Force-velocity relationship and contraction time of the red fast plantaris muscle due to compensatory hypertrophy. Pflügers Arch. 342 (1973) 145–158

Borsky, J., M. Hubaç: Vplyo stalického a dynamickéhe zaťačenia na niektoré fyziologické funkcié organizma. Pracov. Lék. 18 (1966) 5

Borst, C., A. P. Hollander, L. N. Bouman: Cardiac acceleration elicited by voluntary muscle contractions of minimal duration. J. appl. Physiol. 32 (1972) 70–77

Brecht, K.: Muskelphysiologie. In: Kurzgefaßtes Lehrbuch der Physiologie, hrsg. von W. Keidel. Thieme, Stuttgart 1970; 4. Aufl. 1975

Buchthal, F., E. Kaiser: Optimum mechanical conditions for the work of skeletal muscle. Acta psychiat. (Kbh.) 24 (1949) 333

Buchthal, F., E. Kaiser: The rheology of the cross striated muscle fibre. Det. Kgl. Danske Vidensk Selskab Biol. Medd. 21 (1951) 1

Darling, R. C.: Exercise. In: Physiological Basis of Rehabilitation Medicine, hrsg. von J. A. Downey, R. C. Darling. Saunders, Philadelphia 1971

DeVries, H. A.: Physiology of Exercise for Physical Education and Athletics. Brown, Dubuque/Iowa 1966

Donald, K. W., A. R. Lind, G. W. McNicol, P. W. Humphreys, R. H. Taylor, H. P. Staunton: Cardiovascular responses to sustained (static) contractions. Circulat. Res. 20, Suppl. 1 (1967) 115–132

Dudel, J.: Der Muskel. In: Neurophysiologie, hrsg. von R. F. Schmidt. Springer, Berlin 1971

Edman, K. A. P.: General discussion. In: Symposium on Muscle, hrsg. von E. Ernst, F. B. Straub. Akadémiai Kiadó, Budapest 1968

Exner, G. U., H. W. Staudte, D. Pette: Isometric training of rats – effects upon fast and slow muscle and modification by an anabolic hormone (Nandrolonedecanoate). I. Female rats. Pflügers Arch. 345 (1973a) 1–14

Exner, G. U., H. W. Staudte, D. Pette: Isometric training of rats – effects upon fast and slow muscle and modifica-

tion by an anabolic hormone (Nandrolonedecanoate). II. Male rats. Pflügers Arch. 345 (1973b) 15–22
Folkow, B.: Range of control of the cardiovascular system by the central nervous system. Physiol. Rev. 40, Suppl. 4 (1960) 93
Folkow, B.: Homeostasis of peripheral circulation. In: Les Concepts de Claude Bernard sur le Milieu Intérieur, hrsg. von der Foundation Singer-Polignac. Masson, Paris 1967
Forsyth, H. L., W. E. Sinning: The anthropometric estimation of body density and lean body weight of male athletes. Med. Sci. in Sports 5 (1973) 174–180
Fowler, W. M., G. W. Gardner, G. H. Egstrom: Effect of an anabolic steroid on physical performance of young men. J. appl. Physiol. 5 (1965) 1038
Ganong, W. F.: Medizinische Physiologie. Springer, Berlin 1971
Gauer, O. H.: Kreislauf des Blutes. In: Gauer-Kramer-Jung: Physiologie des Menschen, Bd. III, hrsg. von O. H. Gauer, K. Kramer, R. Jung. Urban & Schwarzenberg, München 1972
Gebert, G., K. Brecht: Ionale Verschiebung im Skelettmuskel bei Muskelarbeit. Ärztl. Forsch. 25 (1971) 126–129
Gordon, E. E.: Energy costs in prescription of activity. Mod. Med. (Minneap.) 25 (1957) 83–91
Groh, H.: Zur Frage der Größe der Muskelkraft beim isometrischen Muskeltraining. Orthop. Prax. 4 (1968) 22
Hasselbach, W.: Muskel. In: Physiologie des Menschen, Bd. IV, hrsg. von O. H. Gauer, K. Kramer, R. Jung. Urban & Schwarzenberg, München 1975
Haxton, H. A.: Absolute muscle force in the ankle flexors of man. J. Physiol. (Lond.) 103 (1944) 267
Hebbelinck, M., W. Duquet, W. Ross: A Practical Outline For the Heath-Carter-Somatotyping Method Applied to Children. Pediatric Work Physiology. Proceedings of the Fourth International Symposium, hrsg. von O. Bar-Or. Wingate Institute for Physical Education and Sport, Israel 1973
Henry, J. P., O. H. Gauer: The influence of temperature upon venous pressure in the foot. J. clin. Invest. 29 (1950) 855
Henry, J. P., O. L. Slaughter, T. Greiner: A medical massage suit for continuous wear. Angiology 6 (1955) 482
Hettinger, Th.: Angewandte Ergonomie. Bartmann, Frechen 1970
Hettinger, Th.: Isometrisches Muskeltraining, 4. Aufl. Thieme, Stuttgart 1972
Hettinger, Th., W. Hollmann, M. Schoenenborn: Über den Einfluß isometrischer (statischer) Beanspruchung mittelgroßer Muskelgruppen auf den Kreislauf aus der Sicht rehabilitativer Kardiologie. Herz/Kreisl. 5 (1973) 329–331
Hollmann, W.: Sport und körperliches Training als Mittel der Präventivmedizin in der Kardiologie. In: Zentrale Themen der Sportmedizin, hrsg. von W. Hollmann. Springer, Berlin 1972
Hollmann, W., Th. Hettinger: Sportmedizin – Arbeits- und Trainingsgrundlagen. Schattauer, Stuttgart 1976
Ikai, M.: Training of muscle strength and power in athletes. Brit. J. Sports Med. 7 (1973) 43–47
Ikai, M., T. Fukanaga: Calculation of muscle strength per unit cross-sectional area of human muscle by means of ultrasonic measurement. Int. Z. angew. Physiol. 26 (1967) 26
Imhoff, P.: Anabole Steroide und Sport. Schweiz. Z. Sportmed. 18 (1970) 79–85
Jackson, D. H., T. J. Reeves, L. Th. Sheffield, J. Burdeshaw: Isometric effects on treadmill exercise response in healthy young men. Amer. J. Cardiol. 31 (1973) 344–350
Jokl, E.: Athletes and Drugs. Annual Safety Educations Rev. American Association for Health, Physical Education and Recreation, Washington, DC 1969 (S. 276)
Josenhans, W. K. T.: An evaluation of some methods improving muscle strength. Rev. canad. Biol. 21 (1962) 315
Keul, J.: Diskussionsbeitrag. In: Biomedizin und Training. Redaktion: K.-P. Knebel. Beiträge zur sportlichen Leistungsförderung. Bartes & Wernitz, Berlin 1972
Kirsch, K., W.-D. Risch, U. Mund, L. Röcker, H. Stoboy: Low pressure system and blood volume regulating hormones after prolonged exercise. 2nd International Seminar on Biochemistry of Exercise 1973, hrsg. von H. Howald, J. R. Poortmans. Birkhäuser, Basel 1975 (S. 315–321)
Kjellmer, I.: Studies on exercise hyperemia. Acta physiol. scand. 64, Suppl. 244 (1965)
Köppchen, H. P.: Kreislaufregulation. In: Physiologie des Menschen, Bd. III, hrsg. von O. H. Gauer, K. Kramer, R. Jung. Urban & Schwarzenberg, München 1972
Lind, A. R., G. W. McNicol: Muscular factors which determine the cardiovascular response to sustained and rhythmic exercise. Canad. med. Ass. J. 96 (1967) 706
McComas, A. J., R. E. P. Scia, F. Petito: Muscle strength in boys of different ages. J. Neurol. Neurosurg. Psychiat. 36 (1973) 171–173
Mellander, S.: Comparative studies on the adrenergic neurohormonal control of resistance and capacitance blood vessels in the cat. Acta physiol. scand. 50, Suppl. 176 (1960)
Mellander, S., B. Johanson: Control of resistance, exchange and capacitance function in the peripheral circulation. Pharmacol. Rev. 20 (1968) 117
Mellerowicz, H., W. Meller: Wirkung von Anabolika auf die Kraftentwicklung von Hochtrainierten (vergleichende Versuche an eineiigen Zwillingen). Deutscher Leichtathletikverband, Leistungsrat. Jahrestagung, Stuttgart 1971
Molbech, S.: Energy Cost in Loevel Walking in Subjects with an Abnormal Gait. Communications from the Testing and Observation Institute of the Danish National Association for Infantile Paralysis, No. 22, Kopenhagen 1966
Novak, L. P., W. Newlon Tauxe, A. L. Orvis: Estimation of total body potassium in normal adolescents by Wholebody counting: age and sex differences. Med. Sci. in Sports 5 (1973) 147–155
Novak, P., M. Bierbaum, H. Mellerowicz: Maximal oxygen consumption, pulmonary function, body composition and anthropometry of adolescent female athletes. Int. Z. angew. Physiol. 31 (1973) 103–119
Parizkowá, J.: Impact of age, diet and exercise on man's body composition. In: International Research in Sport and Physical Education, hrsg. von E. Jokl, E. Simon. Thomas, Springfield/Ill. 1964
Petersen, P., W. Schroeder: Wirkungsgrad der Skelettmuskeldurchblutung in Abhängigkeit vom Lebensalter. Z. Kreisl.-Forsch. 60 (1971) 1034–1042
Reichel, H.: Muskelphysiologie. Springer, Berlin 1960
Röcker, L., H. Stoboy: Die Beziehung zwischen Kraft und statischer Ausdauer unter Motivationsbedingungen. Med. Sachverst. 66 (1970) 149
Röcker, L., H. Stoboy, F. Owczarek, V. Repnow: Der Einfluß der Motivation auf Herzfrequenz, Atemzeitvolumen und Sauerstoffaufnahme bei maximalen statischen Kontraktionen. Arbeitsmed., Sozialmed., Arbeitshyg. 7 (1972) 226–230
Rohmert, W.: Ermittlung von Erholungspausen für statische Arbeit des Menschen. Int. Z. angew. Physiol. 18 (1960) 123
Rohmert, W.: Erhaltung und Erhöhung der Muskelkraft. Med. Sachverst. 60 (1964) 25
Sandler, B.: Training in homemaking activities. In: Handbook of Physical Medicine and Rehabilitation, hrsg. von F. H. Krusen. Saunders, Philadelphia 1968
Schmidt, J., J. Roth: Der Einfluß körperlicher Belastung auf die Muskelclearance von J^{131}-Hippurat. Med. u. Sport 10 (1970) 344–347
Schmitt, M., P. Meunier, A. Rochas, J. Chatonnet: Cata-

cholemines and oxygen uptake in dog sceletal muscle in situ. Pflügers Arch. 345 (1973) 145–158
Schnauber, H., E. A. Müller: Die Leistungsfähigkeit der Hände bei Arbeit in verschiedener Höhe über dem Herzen. Int. Z. angew. Physiol. 28 (1970) 135–154
Schütz, E.: Physiologie. Urban & Schwarzenberg, München 1963
Seaman, R. G., R. L. Wiley, F. W. Zechman, J. A. Goldey: Venous reactivity during static exercise (handgrip) in man. J. appl. Physiol. 95 (1973) 858–860
Shephard, R. J.: Alive Man. Thomas, Springfield/Ill. 1972
Shock, N. W., A. H. Norris: Neuromuscular coordination as a factor in age-changes in muscular exercise. In: Medicine and Sport, Bd. IV: Physical Activity and Aging, hrsg. von E. Jokl. Karger, Basel 1970 (S. 92–99)
Skinner, N. S., W. J. Powell: Regulation of Skeletal Muscle Blood Flow During Exercise. Circulation Res. 20 (1967) 59
Stegemann, J.: Herz und Kreislauf im Sport. In: Zentrale Themen der Sportmedizin, hrsg. von W. Hollmann. Springer, Berlin 1972
Stegemann, J., Th. Kenner: A theory of heart rate control by muscular metabolic receptors. Arch. Kreisl.-Forsch. 64 (1971) 185–214
Steinbach, M.: Der Einfluß anaboler Wirkstoffe auf Körpergewicht, Muskelkraft und Muskeltraining. Sportarzt u. Sportmed. 19 (1968) 485
Stoboy, H.: Neuromuskuläre Funktion und körperliche Leistung. In: Zentrale Themen der Sportmedizin, hrsg. von W. Hollmann. Springer, Berlin 1972a
Stoboy, H.: Möglichkeiten der Leistungssteigerung der Skelettmuskulatur. Z. Orthop. 110 (1972b) 752–755
Stoboy, H., G. Friedebold: Changes of electrical activity, of actual circumference of thigh during contraction and of strength-endurance product during isometric training in functional and organic muscle atrophy. In: Medicine and Sport, Bd. VIII: Biomechanics III, hrsg. von E. Jokl. Karger, Basel 1973
Stoboy, H., B. Wilson-Rich: Muscle strength and electrical activity, heart rate and energy cost during isometric contractions in disabled and non-disabled. Paraplegia 8 (1971) 217–222
Stoboy, H., G. Friedebold, F. Strand: Evaluation of the effect of isometric training in functional and organic muscle atrophy. Arch. Physiol. Med. Rehab. 49 (1968) 508–519
Stoboy, H., B. Wilson-Rich, M. Lee: Work load and energy expenditure during wheelchair propelling. Paraplegia 8 (1971) 223–230
Stock, W., W. Isselhard: Postischemic hyperemia and metabolic changes after long-lasting bloodflow interruption of a dog extremity. Vasc. Surg. 6 (1972) 255–266
Stock, W., H. J. Bohn, W. Isselhard: Die Restitution des Energiestoffwechsels der Skelettmuskulatur der Ratte nach langdauernder Ischämie. Res. exp. Med. 159 (1973) 306–320
Townsend, M. A.: A relationship between muscle performance when producing an absorbing work. J. Biomech. 6 (1973) 261–265
Ulmer, W. T., G. Reichel, D. Nolte: Die Lungenfunktion. Thieme, Stuttgart 1970; 2. Aufl. 1976
Voigt, E.-D., B. Berendes, G. Hildebrandt: Energieumsatz und Kreislaufbelastung von Körperbehinderten beim Fahren im Krankenfahrstuhl. Arbeitsmed., Sozialmed., Arbeitshyg. 3 (1968) 135–138
Wahren, J., B. Saltin, L. Jorfeld, B. Pernow: Influence of age on the local circulatory adaptation to leg exercise. Scand. J. clin. Lab. Invest. 6 (1973) 79–86
Wilkie, D. R.: The mechanical properties of muscle. Brit. med. Bull. 12 (1956) 177

5 Elektrophysiologie

Von H. Stoboy

Dem ZNS steht ein dauernder Zufluß von Informationen aus der Außenwelt zur Verfügung. Es muß diese sinnvoll selektieren und verarbeiten, um adäquate Antworten in Form von Muskelkontraktionen bzw. Bewegungsabläufen in Gang zu setzen. Hierzu gehört bereits auf spinaler Ebene der Ablauf von Eigen- bzw. Fremdreflexen, die zur Stabilisierung einer bestimmten Körperhaltung bzw. Regelung eines bestimmten Bewegungsablaufes dienen. Die Fremdreflexe können u. a. auch deutlich in die Thermoregulation eingreifen, da sie Muskelkontraktionen – das Kältezittern – auslösen, die zur zusätzlichen Wärmebildung in Kälte notwendig sind (Aschoff 1971). Letztenendes spiegeln sich alle dem ZNS zugeführten Informationen in der Motorik wider, wie z. B. in der Mimik, in der Bewegung der Augenmuskeln, in der Sprache, im Schreiben und im Extremfall in der Ausführung von Fluchtreaktionen bei einer sich annähernden Gefahr. Auch die Größe des Muskeltonus und die damit verbundene Körperhaltung können Ausdruck von äußeren Informationen sein.

Informationen müssen zu diesem Zweck von einem Neuron auf ein anderes oder, besser, von einer Neuronpopulation auf eine andere übertragen werden. Durch bestimmte Vorgänge an den Membranen entscheidet die zugehörige Ganglienzellpopulation über eine Weitergabe oder eine Blockierung von Informationen.

Die meisten Untersuchungen, die diese Vorgänge betreffen, wurden an den motorischen Vorderhornzellen durchgeführt und machen deshalb das Verständnis der Informationsweiterleitung gerade im motorischen Bereich möglich. Impulse von zentralen oder peripheren Neuriten führen durch die Freisetzung von Überträgersubstanzen aus ihren Endknöpfen zu bahnenden oder hemmenden Vorgängen an der Membran der entsprechenden Nervenzellen (Abb. **1**).

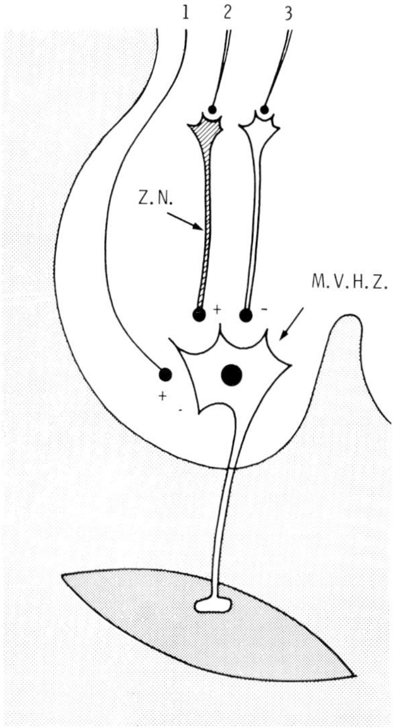

Abb. **1** Monosynaptisch (1) und polysynaptisch (2 + 3) umgeschaltete Erregungen von zentral efferenten oder afferenten Neuriten, die durch Freisetzung spezifischer Überträgersubstanzen eine motorische Vorderhornzelle (M. V. H. Z.) bahnen (+) bzw. hemmen (−)

Grundlagen

Jede Nerven- bzw. Muskelzelle ist von einer Membran umgeben. Die Konzentration der chemischen Bestandteile der Flüssigkeit zu beiden Seiten der Membran ist völlig verschieden. Die extrazelluläre Flüssigkeit kann angenähert als Ultrafiltrat des Blutes angesehen werden (Åstrand u. Rodahl 1970). In der intrazellulären Flüssigkeit finden sich eine wesentlich niedrigere Konzentration von Na^+- und Cl^--Ionen und eine größere Konzentration von K^+-Ionen. Die Verteilungsverhältnisse zwischen extra- und intrazellulären Ionenkonzentrationen betragen in etwa für Natriumionen 150:14, für Kaliumionen 4,0:150 und für Chlorionen 140:4 (Angaben in mmol/kg H_2O) (Stämpfli 1971). Diese Konzentrationsgradienten müßten zu einer Diffusion der entsprechenden Ionen durch die Membran führen, wenn diese einen Austausch zulassen würde. Diese Zel-

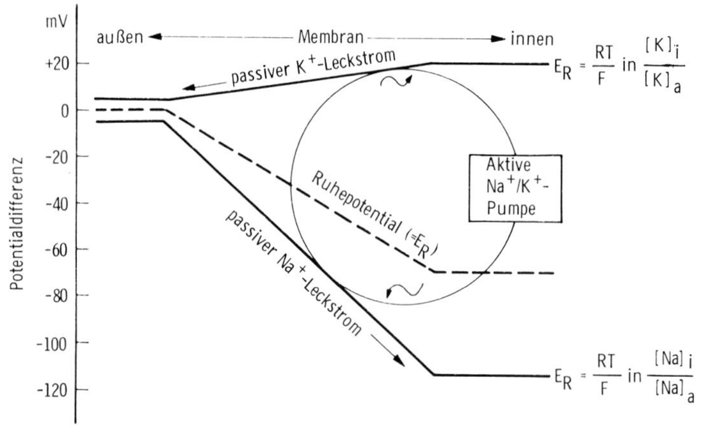

Abb. **2** Na^+-Einwärtsdiffusion und K^+-Auswärtsdiffusion (Leckstrom) durch die Membran. Zur Aufrechterhaltung der Na^+- bzw. K^+-Konzentration dient eine stoffwechselaktive Na^+- bzw. K^+-Pumpe, die dem passiven Transport entgegen wirkt. Das Ruhepotential der Membran ist bei −70 mV angenommen. Die elektrochemischen Gradienten werden für Na^+ und K^+ durch die Nernstsche Formel beschrieben (nach *Katz* 1971). E_R = Ruhepotential, R = universelle Gaskonstante, T = absolute Temperatur, F = Faraday = elektrische Ladung eines Grammäquivalents einwertiger Ionen, [ ] = innere (i) und äußere (a) K^+- bzw. Na^+-Konzentration

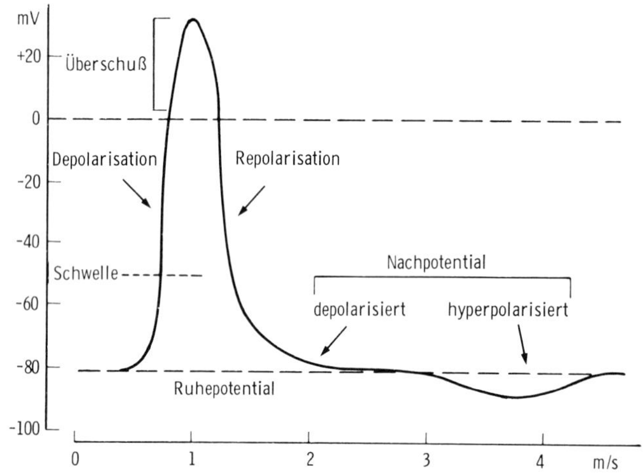

Abb. **3** Monophasisches Aktionspotential nach Erregung einer Nerven- oder Muskelfasermembran (Näheres s. Text)

le enthält jedoch eine hohe Konzentration von Proteinanionen, die nicht in den extrazellulären Raum austreten können, in welchem die Proteinkonzentration niedrig ist. Aus diesem Grunde werden Kationen elektrostatisch in den Zellen gebunden. Außerdem ist die Membran im Ruhezustand für Natriumionen erheblich weniger permeabel als für die Kaliumionen (Stämpfli 1971) und als Ionenbarriere ausgebildet (Katz 1971).
Unter der Annahme, daß Cl^- sich in einem Diffusionsgleichgewicht befindet, kommt es entsprechend dem Konzentrationsgradienten zu einer Nettoauswärtsbewegung von K^+ und einer Nettoeinwärtsbewegung von Na^+ (Åstrand u. Rodahl 1970). Um die Konzentrationsdifferenzen zu beiden Seiten der Membran zu erhalten, muß eine Kraft vorhanden sein, die Na^+ nach außen und K^+ nach innen transportiert, um die Nettodiffusion in umgekehrter Richtung auszugleichen. Dies geschieht durch eine stoffwechselaktive Na^+- bzw. K^+-Pumpe, bei der die ATP-Spaltung eine wichtige Rolle spielt (Katz 1971) (Abb. **2**). Wird eine Mikroelektrode in die Zelle eingestochen, kann man zwischen innen und außen eine Potentialdifferenz von etwa −70 mV messen (Membranpotential).
Das Ruhepotential der Membran ist um etwa 10–15 mV weniger negativ als das K^+-Gleichgewichtspotential, und es wird deshalb relativ wenig Energie für den aktiven Auswärtstransport des Kaliums benötigt (Dudel 1971). Die Differenz zwischen dem Membranruhepotential und dem Natriumgleichgewichtspotential ist dagegen sehr groß und beträgt etwa 130–150 mV (Katz 1971). Deshalb muß der Pumpmechanismus für den aktiven Natriumauswärtstransport sehr viel mehr Energie beanspruchen. Durch die aeroben Stoffwechselprozesse der Pumpe wird also das Ruhepotential der Membran aufrechterhalten.

Wenn bei einer Erregung durch Ionenaustauschvorgänge das Membranpotential eine kritische Schwelle von etwa −60 bis −40 mV erreicht, steigt die Permeabilität für Natriumionen steil an (Katz 1971). Diese strömen entsprechend ihrem Konzentrationsgefälle in die Zelle ein und bewirken eine weitergehende Depolarisation (Hasselbach 1975). Das Natriumgleichgewichtspotential wird durch diesen Einstrom jedoch nicht erreicht, da sich unmittelbar nach seinem Beginn eine zunehmende Kaliumpermeabilität einstellt, die entsprechende Konzentrationsgradienten zu einem Auswärtstransport von Kaliumionen führt (Stämpfli 1971). Deshalb beträgt der Überschuß (Overshoot) über die Null-Linie nur etwa +30 mV, so daß das so zustande gekommene Aktionspotential insgesamt nur etwa 100–120 mV beträgt (Abb. **3**). Diese Depolarisationsphase dauert an Nerven- oder Muskelzellen von Warmblütern nur 0,2–0,5 ms. Überwiegt der Kaliumausstrom den Natriumeinstrom, so beginnt die Repolarisationsphase des Aktionspotentials. Hierbei wird der Natriumeinstrom inaktiviert (KATZ 1971, STÄMPFLI 1971), und durch den weitergehenden Ausstrom von Kaliumionen wird das Ruhepotential wiederhergestellt (DUDEL 1971). Die durch die Depolarisation in die Zelle geströmten Natriumionen werden durch die Natriumpumpe wieder aktiv nach außen abgegeben, jedoch spielt für das einzelne Aktionspotential der aktive Natriumauswärtstransport keine große Rolle. Auch nach einer Ausschaltung der Ionenpumpe, z. B. mit Dinitrophenol, können sehr viele Aktionspotentiale ausgelöst werden, bis die intrazelluläre Natriumkonzentration so weit ansteigt, daß keine Erregung der Zelle mehr möglich ist. Die den Konzentrationsgradienten folgende passive Ionenbewegung ist also ausschlaggebend für die Entstehung des Aktionspotentials, während die energieverbrauchenden Pumpmechanismen auf die Dauer gesehen den Konzentrationsgradienten aufrechterhalten (DUDEL 1971). Gegen Ende der Depolarisation, d. h. unmittelbar vor der Erreichung des Ruhepotentials, erfolgt dieser Vorgang verzögert (depolarisierendes Nachpotential) und zeigt anschließend eine kurzfristige Vergrößerung des Ruhepotentials (hyperpolarisierendes Nachpotential).

Für intrazelluläre Potentialmessungen an der Membran werden Mikrokapillaren verwendet, die mit einer hypertonischen KCl-Lösung gefüllt sind. Die Elektrodenspitze hat einen kleineren Durchmesser als 1 μm. Aus diesen Gründen ist es in der Praxis kaum möglich, intrazellulär Potentialschwankungen abzuleiten. Deshalb werden beide Elektroden auf die Oberfläche eines erregbaren Gewebes aufgesetzt (bipolare Ableitung). Bei der Erregung eines Nervs oder eines Muskels läuft diese an beiden Ableitungselektroden vorbei und bewirkt eine Negativität des jeweils betroffenen Anteils (Abb. **4**). So entsteht ein biphasisches Aktionspotential, da die ablaufende Erregung zeitlich verschoben beide Elektroden in umgekehrter Richtung polt (RAMM u. HAHN 1974).
Ein solch ideales biphasisches Aktionspotential ist jedoch nur bei direkter Ableitung von einer Nerven- oder Muskelfaser zu erhalten. In der klinischen Praxis erfassen die Ableitungselektroden auch Potentiale entfernter liegender Fasern und erzeugen so also ein Summenpotential, dessen Form unregelmäßig sein kann. Das abgeleitete Potential kann deshalb auch triphasisch erscheinen (LUDIN 1974). Die auf die ableitende Elektrode zulaufende Erregungswelle erzeugt in Abhängigkeit von der Elektrodenlage im elektrischen Feld häufig zunächst eine kleine positive Auslenkung mit der darauf folgenden negativen und positiven Phase. Negative Phasen werden üblicherweise oberhalb, positive unterhalb der Null-Linie registriert (JOHNSON 1968).
Nach LOVELACE u. MYERS (1971) können die Grundeigenschaften von Neuronen wie folgt zusammengefaßt werden:

1. Wenn die Reizintensität die Reizschwelle erreicht, antwortet die Nervenfaser nach dem „Alles-oder-nichts-Gesetz“ mit einer fortgeleiteten Erregung.
2. In der Refraktärphase, die auf eine fortgeleitete Erregung folgt, antwortet die Nervenfaser auf einen erneuten Reiz nicht.
3. Vom Reizort aus läuft die Erregung in beiden Richtungen über die Nervenfaser ab (orthodrome und antidrome Leitung).
4. Unterschwellige Reize können sich unter bestimmten Bedingungen summieren und eine fortgeleitete Erregung auslösen.

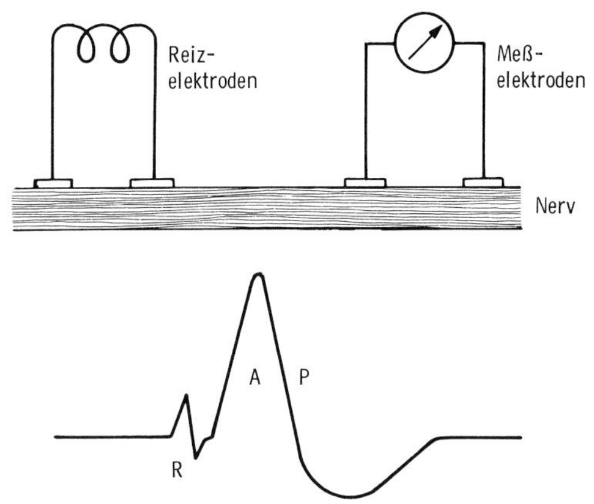

Abb. **4** Biphasisches Aktionspotential (AP) durch elektrische Reizung eines Nervs (R = Reizartefakt) bei Oberflächenableitung

Erregungsleitung im Nerv und Leitungsgeschwindigkeit

Die Leitungsgeschwindigkeit einer Nervenfaser hängt direkt von ihrem Durchmesser ab. Bei einer nichtmyelinisierten Faser ist die Leitungsgeschwindigkeit der Quadratwurzel des Durchmessers direkt proportional (LOVELACE u. MYERS 1971). Die erheblich schnellere Ausbreitung der Erregung über eine myelinisierte Faser ist durch die Isolation kurzer Nervensegmente durch die Myelinscheide bedingt. Die Isolierung wird durch myelinfreie Bezirke unterbrochen, die als Ranviersche Schnürringe bekannt sind. An diesen Stellen kann durch den Wegfall der Isolation leicht eine Depolarisation der Membran stattfinden. Da im Bereich der Internodien die Isolation kaum zu durchbrechen ist, springt die Erregung von einem Ranvierschen Schnürring auf benachbarte über (Abb. **5**).

Dieses Phänomen wird als *saltatorische Erregungsleitung* bezeichnet. Leitet man das fortgeleitete Aktionspotential innerhalb der einzelnen Internodien ab, kann keine meßbare Verzögerung der Erregungsleitung nachgewiesen werden. Erst bei Ableitung zwischen mehreren Schnürringen springt das Potential jeweils in eine neue Position, so daß eine geringe Verzögerung meßbar wird (Huxley u. Stämpfli 1949). Die langsameren und longitudinal durch die Internodien hindurchziehenden Ströme können dagegen vernachlässigt werden. Unter günstigen Bedingungen können mehrere unerregbare (z. B. narkotisierte) Ranviersche Schnürringe übersprungen werden (Abb. **5**) (Sicherheitsfaktor).

In markhaltigen Nervenfasern ist die Leitungsgeschwindigkeit dem Durchmesser direkt proportional und beträgt zwischen 5 und 120 m/s (Dudel 1971). Die Reizschwelle in schnell leitenden Fasern ist niedrig, die in langsam leitenden Fasern hoch. Reizt man einen gemischten peripheren Nerv an einem Ende und leitet die Aktionspotentiale an verschiedenen Punkten ab, so besteht das Aktionspotential an reizferneren Ableitungsorten aus mehreren Gipfeln. Da der gemischte Nerv verschieden schnell leitende Fasern enthält, treffen die von ihnen geleiteten Impulse zu verschiedenen Zeitpunkten an der entfernten Ableitungsstelle ein (Hopf 1974). Nach dem Faserdurchmesser und der Leitungsgeschwindigkeit erfolgt die Einteilung der Fasern in verschiedene Gruppen, wie sie aus der Tab. **1** zu entnehmen ist. Die Messung der Leitungsgeschwindigkeit von Nerven kann für diagnostische Zwecke auch in situ durchgeführt werden. Zur Bestimmung der *Leitungsgeschwindigkeit motorischer Nerven* wird ein Nerv in seinem Verlauf proximal und distal gereizt und jeweils das Aktionspotential eines von ihm versorgten peripheren Muskels abgeleitet. Um sicher zu sein, daß alle motorischen Fasern gereizt werden, sollte die Reizung supramaximal erfolgen. Wenn z. B. der N. medianus im Bereich der Ellenbeuge und im Bereich des Handgelenks (zwischen den Sehnen des M. palmaris longus und des M. flexor carpi radialis) gereizt wird, kann das Aktionspotential vom M. opponens abgeleitet werden. Die Zeit (ms) zwischen Reizartefakt und beginnendem Aktionspotential wird gemessen (Hopf 1974). Die bei distaler Reizung gemessene Zeit (periphere Verzögerung) wird von der bei proximaler Reizung gemessenen abgezogen, um die Leitungszeit zwischen diesen beiden Punkten zu ermitteln. Zur Berechnung der Leitungsgeschwindigkeit muß die Entfernung zwischen beiden Reizpunkten nur noch durch die Überleitungszeit geteilt werden (Hopf 1974) (Abb. **6**). Die Zeit zwischen dem Reizartefakt und dem Auftreten des vom Muskel abgeleiteten Aktionspotentials bezieht auch die Erregungsausbreitung in den Axonverzweigungen und die neuromusku-

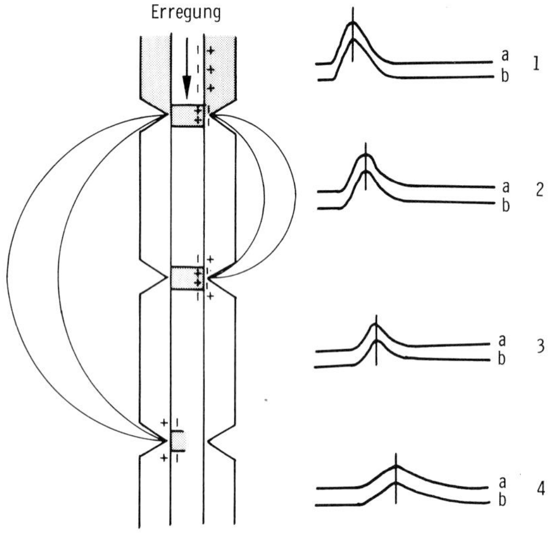

Abb. **5** Wird von einer Nervenfaser das Aktionspotential abgeleitet, so tritt es innerhalb eines Internodiums zur gleichen Zeit auf (a, b). Erst bei Ableitung zwischen mehreren Schnürringen erfolgt eine zeitliche Verzögerung (1–4). Die Erregung wird saltatorisch geleitet

Tabelle **1** Einteilung der Nervenfasern nach ihrer Leitungsgeschwindigkeit. Vereinfachte Darstellung (nach *Henatsch*)

Einteilung nach *Erlanger* u. *Gasser*		Leitungsgeschwindigkeit (m/s)	Efferent	Afferent	Einteilung n. *Lloyd / Hunt*
A	α	120–60	α-Motoneurone	primäre Muskelspindelendigungen; Golgi-Sehnenrezeptoren	Ia Ib
	β	90–40	nicht sicher bekannt	sekundäre Muskelspindelendigungen; Hautrezeptoren (Berührung); Pacinische Körperchen	II
	γ	45–30	γ-Efferenz (intrafusale Fasern)	Hautrezeptoren (Druck)	II
	δ	25–15		Mechanorezeptoren der Haut, Gelenk- u. Faszienrezeptoren	III

läre Übertragung mit ein, die allerdings durch die Berechnung eliminiert wird. Die Messung der peripheren Verzögerung (terminale Überleitungszeit; „distal latency") in Millisekunden kann auch zu diagnostischen Aussagen führen.
Der zeitliche Abstand zwischen Reizartefakt und Beginn des Aktionspotentials bei distaler Reizung des N. medianus ist normalerweise kleiner als 5 ms. Bei einem Karpaltunnelsyndrom nimmt diese periphere Verzögerung zu, wird größer als 5 ms und beträgt nach JOHNSON (1968) im Mittel 8,5 ms.

Die *Messung der sensiblen Nervenleitungsgeschwindigkeit* ist wesentlich schwieriger. Zur Reizung können ringförmige Oberflächenelektroden benutzt werden, durch die z. B. sensible Fasern des N. medianus vom Zeigefinger aus gereizt werden. Die Ableitung der Aktionspotentiale erfolgt vom Nervenstamm im Bereich des Handgelenks und der Ellenbeuge (HOPF 1974). Die vom Nerv mit Oberflächenelektroden abgeleiteten Signale sind jedoch nur etwa 5–80 μV groß (BUCHTHAL u. ROSENFALCK 1966), d. h., sie liegen z. T. im Bereich des Rauschpegels der benutzten Verstärker und können durch das Eigenrauschen zumindest teilweise überdeckt werden. Da das Eigenrauschen eine statistische Verteilung aufweist, die durch Reizung ausgelösten Impulse dagegen bei getriggerter Auslösung (d. h. Auslösung durch einen dem Reizimpuls vorausgehenden Vorimpuls) auf dem Kathodenstrahl-Oszillographen als stehendes Bild erscheinen, heben sich häufig hintereinander (10–20mal) ausgelöste Aktionspotentiale aus dem Rauschpegel ab und werden dadurch sichtbar und meßbar. Nadel- oder Drahtelektroden, die unmittelbar neben dem Nervenstamm liegen, eignen sich gerade in diesem Fall besser für die Ableitung der Aktionspotentiale als Oberflächenelektroden (BUCHTHAL u. ROSENFALCK 1966, JOHNSON 1968) (Tab. **2**).

Beim Neugeborenen betragen die Leitungsgeschwindigkeitszeiten nur 40% derjenigen des Erwachsenen, vor allen Dingen deswegen, weil in diesem Zustand die Markscheidenbildung noch nicht voll ausgeprägt ist. Im 2. oder 3. Lebensjahr erreichen die Leitungswerte die untere Grenze der für Erwachsene gemessene, und mit 5 Jahren entsprechen sie dem Mittelwerten von Erwachsenen (RADTKE 1969). Bei Frühgeburten ist die Leitungsgeschwindigkeit mit dem Körpergewicht korreliert und kann deswegen als *ein* Kriterium für die Bestimmung des Gestationsalters verwendet werden. Diesen Zusammenhang konnten KÖNIGSBERGER u. Mitarb. (1970) an frühgeborenen Zwillingen, Drillingen, Vierlingen und Fünflingen nachweisen. Nach dem 30. Lebensjahr nimmt die Leitungsgeschwindigkeit nur langsam ab (NORRIS u. Mitarb. 1953), nach dem 60. Lebensjahr um etwa 10% pro Dekade, vielleicht als ein Ausdruck metabolischer oder zirkulatorischer Einschränkungen (JOHNSON 1968, KYRAL 1967).
Eine Verminderung der Extremitätentemperatur führt zu einer Verlangsamung der Leitungsgeschwindigkeit. Sie beträgt im Bereich zwischen 38 und 29° C ca. 5% pro Grad Celsius (HOPF 1974, JOHNSON u. OLSEN 1960). Ein Anstieg der Extremitätentemperatur kann die Leitungsgeschwindigkeit motorischer Nerven vergrößern. Deshalb erscheint es notwendig, Bestimmungen der Nervenleitungsgeschwindigkeit in klimatisierten Räumen bei Indifferenztemperatur durchzuführen. Für die Diagnostik von degenerativen Prozessen ist die Messung der Nervenleitungsgeschwindigkeit von großer Bedeutung. Sie wird z. B. nach einer mechanischen Schädigung des Nervs erheb-

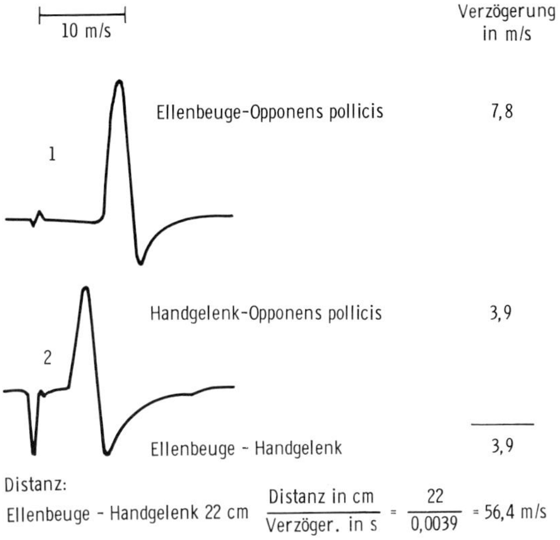

Abb. **6** Messung der Nervenleitungsgeschwindigkeit bei proximaler (1) und distaler (2) Reizung des N. medianus (Näheres s. Text)

Tabelle **2** Motorische und sensible Leitungsgeschwindigkeiten und periphere Verzögerungen (ms) (nach *Johnson, Lovelace, Myers, Hopf*)

Motorische Leitungsgeschwindigkeit (m/s)

	v	$\bar{X}$	Periphere Verzögerung (ms)
N. ulnaris	45–70	60	2–4
N. medianus	45–70	57	3–5
N. radialis	60–79	69	–
N. peronaeus	40–65	50	3–5
N. tibialis	40–65	47	4–6
N. ischiadicus	46–56	51	–

Sensible Leitungsgeschwindigkeit (m/s)

	v	$\bar{X}$
N. medianus	63–75	66,5
N. ulnaris	51–73	63,5
N. radialis	50–71	62,0
N. peronaeus	47–59	53,0
N. tibialis	42–61	50,5
N. ischiadicus	60–64	62,0

v = Geschwindigkeitsbereich
$\bar{X}$ = Mittelwert

lich verlangsamt. Der Anteil motorischer und sensibler Nervenabnormalitäten bei verschiedenen Neuropathien wird mit dieser Methode meßbar (HOPF 1974).

Erregungsübertragung an der motorischen Endplatte

Bevor ein terminales motorisches Axon die Muskelfaser erreicht, verliert es seine Markscheide und geht in die motorische Endplatte über. Sie ist meist kreisförmig oder oval geformt und hat etwa einen Durchmesser von weniger als 70 μm (LOVELACE u. MYERS 1971). Meist endet an einer Muskelfaser auch nur eine motorische Endplatte im Bereich des Faserzentrums. Diese präsynaptische Endigung ist von der subsynaptischen Membran durch einen nur im Elektronenmikroskop darstellbaren synaptischen Spalt getrennt, der im Durchschnitt 10–20 nm breit ist (KATZ 1971, SCHMIDT 1971). Die motorische Endplatte ist in die subsynaptische Membran eingestülpt, wobei vom primären subsynaptischen Spalt ausgehend sekundäre subsynaptische Spalten in die Tiefe der Struktur der Muskelfasermembran hineinreichen (Abb. **7**). Untersuchungen mit Mikroelektroden haben ergeben, daß auch ohne eine Erregung des zugehörigen motorischen Nervs auf der postsynaptischen Seite unregelmäßig auftretende Miniaturendplattenpotentiale mit einer Entladungsrate von ungefähr 1 Hz, einer Amplitude von 0,5–1,5 mV und einer Dauer von 1–2 ms nachgewiesen werden können (FATT u. KATZ 1952, HASSELBACH 1975). In der motorischen Endplatte, vor allem im Bereich der präsynaptischen Membran, befinden sich Vesikel mit einem Durchmesser von etwa 50 nm (SCHMIDT 1971), die eine Überträgersubstanz, in diesem Falle Azetylcholin, enthalten. Die Miniaturendplattenpotentiale kommen dadurch zustande, daß sich diese Bläschen entleeren. Das Azetylcholin wird aus ihnen in bestimmten Quanten ausgeschüttet, gelangt in den synaptischen Spalt und verbindet sich an der subsynaptischen Membran mit chemischen Rezeptoren, wodurch die als Miniaturendplattenpotentiale beschriebenen elektrischen Spannungsschwankungen ausgelöst werden. Durch eine in die motorische Endplatte einlaufende fortgeleitete Erregung werden etwa 100 Quanten Azetylcholin freigesetzt, die zu einer Depolarisation im Bereich der postsynaptischen Membran führen (Endplattenpotential). Üblicherweise wird die kritische Schwelle überschritten, so daß sich auf der Muskelmembran nach beiden Seiten eine fortgeleitete Erregung ausbreitet (NASTUK 1966, STRUPPLER u. RUPRECHT 1974). Das Azetylcholin kann aber nur etwa 2–3 ms an der subsynaptischen Membran wirken, da es durch die im Endplattenbereich angereicherte Cholinesterase in Cholin und Azetat hydrolysiert wird (GANONG 1971). Diese Spaltprodukte werden zum großen Teil in die motorische Endplatte zurücktransportiert und dort wieder zu Azetylcholin resynthetisiert. Bei einer Hemmung der Cholinesteraseaktivität wird die Wirkungsdauer des Azetylcholins am subsynaptischen Rezeptor erhöht, das Endplattenpotential dauert länger; seine Amplitude wird vergrößert (KATZ 1971). Die anliegende Region der Muskelfasermembran kann durch diesen Mechanismus so stark depolarisiert werden, daß sie für eine bestimmte Zeit unerregbar wird. Zu den zahlreichen Hemmstoffen der Cholinesterase gehören therapeutische Substanzen, z. B. Prostigmin und Tensilon (STRUPPLER u. RUPRECHT 1974), aber auch Mittel zur Insektenbekämpfung (E 605) und Kampfgase. Eine Erhöhung der Mg^{2+}- und Verminderung der Ca^{2+}-Konzentration hemmt die ACh-Freisetzung. Eine Botulinusintoxikation führt zu einer Verminderung der freigesetzten Zahl der Quanten (BROOKS 1956). Kurare kann gleichfalls eine Erregungsübertragung verhindern, jedoch besteht der Wirkungsmechanismus in einer kompetitiven Verdrängung des ACh von den subsynaptischen Rezeptoren (EKSTEDT u. STALBERG 1969, KATZ 1971). Succinylcholin wirkt auf die subsynaptische Membran ähnlich wie das ACh (STRUPPLER u. RUPRECHT 1974), jedoch kann es von der Cholinesterase nicht oder nur sehr langsam gespalten werden, so daß es eine langanhaltende depolarisierende Wirkung entwickelt und während dieser Zeit eine Erregungsübertragung blockiert.

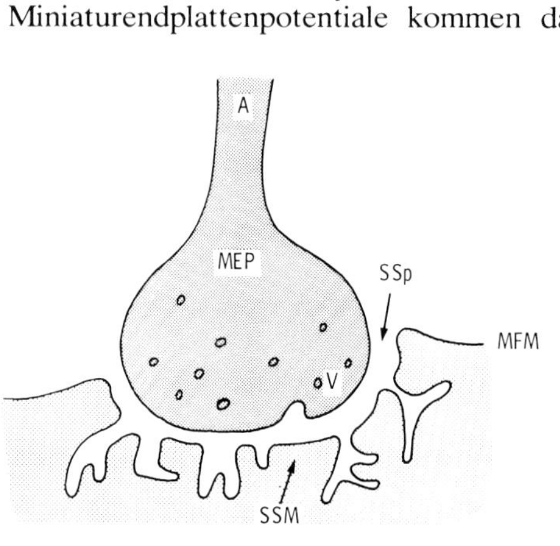

Abb. **7** Neuromuskuläre Erregungsübertragung (*Lovelace* u. Mitarb. 1971). A = Axon der Endverzweigung eines Motoneurons, MEP = motorische Endplatte, V = Vesikel, SSp = synaptischer Spalt, SSM = subsynaptische Membran, MFM = Muskelfasermembran (Näheres s. Text)

Synaptische Bahnungs- und Hemmungsprozesse

Bei der Erregungsübertragung zwischen motorischer Endplatte und Muskelfaser ist eine zweidimensionale Darstellung der sich dabei abspielenden Vorgänge nur in erster Annäherung ausreichend. Die fortgeleitete Erregung wird von einer motorischen α-Vorderhornzelle den zugehörigen motorischen Endplatten zugeleitet. Die synaptische Erregungsübertragung an der motorischen α-Vorderhornzelle geht jedoch von einigen tausend Neuriten aus, die mit ihren Endknöpfen am Zellkörper oder dessen Dendriten enden (Abb. **8**). Die Erregung einzelner Neuriten führt, vor allem bei größeren Intervallen, nur zu lokalen Antworten an der subsynaptischen Membran. Erst eine Transmitterfreisetzung in vielen Synapsen löst im allgemeinen eine fortgeleitete Erregung im zugehörigen Motoneuron aus. Deshalb sollte man daran denken, daß nur ein dreidimensionales Modell die zentralen synaptischen Prozesse richtig wiedergeben kann, auch wenn sie aus Gründen der Vereinfachung und der zeichnerischen Darstellung zweidimensional wiedergegeben werden. Außer Neuriten, die Erregungsvorgänge in der motorischen α-Vorderhornzelle bahnen, enden an ihr auch Neuriten mit hemmenden Eigenschaften, die durch ihre Transmittersubstanz die Fortleitung einer Erregung zu den entsprechenden motorischen Einheiten unterdrükken. Ein großer Teil dieser Axone entspringt zentralen Strukturen, die anderen leiten der Ganglienzelle afferent Erregungen aus peripheren Rezeptoren zu.

Durch das Einstechen von Mikroelektroden in einzelne motorische Vorderhornzellen ist es möglich, ihr jeweiliges Erregungsniveau zu bestimmen (Abb. **9**). Ohne bahnende oder erregende Zuflüsse wird zunächst ein Ruhepotential von etwa −70 bis −80 mV registriert. Durch elektrische Reizung von einzelnen Nervenfasern oder Nervenfaserbündeln in der hinteren Wurzel kann je nach der Funktion der gereizten Nervenfaser das Membranpotential zur kritischen Schwelle hin oder von ihr weg verschoben werden (Bahnung bzw. Hemmung).

Erregende Synapsen

Die Endknöpfe von bestimmten afferenten Axonen, zu denen auch die vom homonymen Muskel herkommenden Muskelspindelfasern gehören, setzen bei ihrer Erregung einen Transmitter frei, der an der postsynaptischen Membran zu einer Depolarisation führt. Die chemische Struktur ihres Transmitters ist nicht sicher bekannt, jedoch gibt es Hinweise dafür, daß es sich um eine Aminosäure handelt (Eccles 1971, Katz 1971, Struppler 1972). Entstehen in nur wenigen dieser erregenden Axone fortgeleitete Aktionspotentiale, wird nach der Erregungsübertragung postsynaptisch mit einer Verzögerung von etwa 0,5–0,8 ms (Katz 1971) eine Depolarisation registriert, die im zugehörigen Motoneuron keine fortgeleitete Erregung zur Folge hat. Dieses exzitatorische postsynaptische Potential (EPSP) steigt

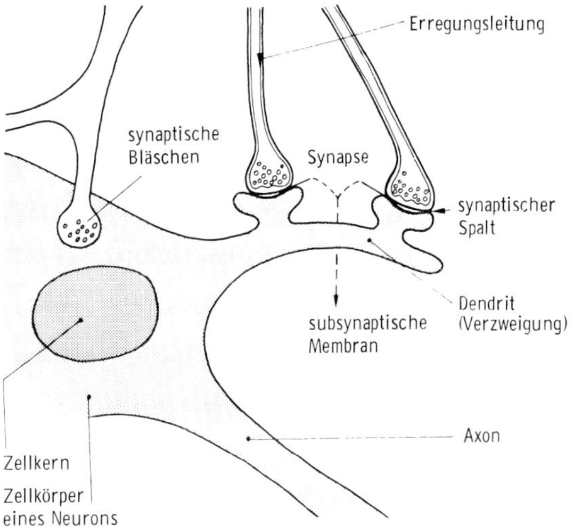

Abb. **8** Synapsen zwischen zentralen bzw. peripheren Axonen und dem Zellkörper bzw. den Dendriten einer motorischen Vorderhornzelle (nach *Jurna* 1975)

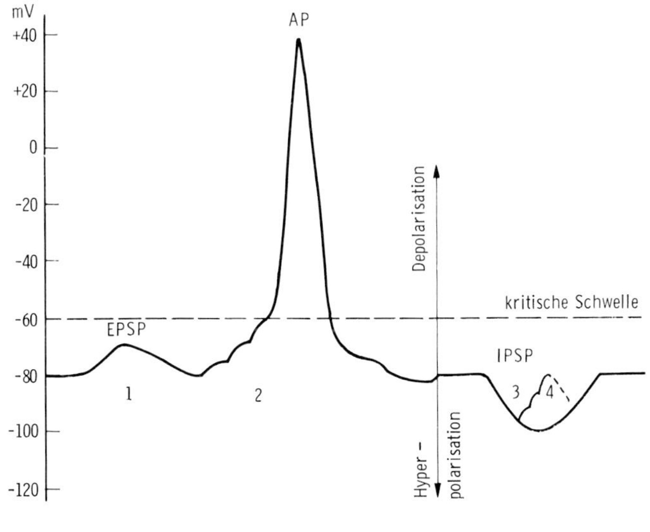

Abb. **9** Änderungen des Membranpotentials durch exzitatorische bzw. inhibitorische Einflüsse. Durch Erregungsübertragung von einem exzitatorischen Neuron entstehen exzitatorische postsynaptische Potentiale (1, EPSP), die bei Erreichung der kritischen Schwelle (2) zur Auslösung einer fortgeleiteten Erregung (AP = Aktionspotential) führen. Durch Erregungsübertragung von einem inhibitorischen Neuron entstehen inhibitorische postsynaptische Potentiale (3, IPSP). Wird die motorische Vorderhornzelle während eines IPSP exzitatorisch erregt, erreichen die EPSP nicht die kritische Schwelle (4). Deshalb kann keine fortgeleitete Erregung auftreten

etwa 2 ms lang an und kehrt dann im Verlauf von 10–15 ms auf den Ausgangswert zurück (Abb. **9**). Wird eine zunehmende Zahl dieser afferenten Axone erregt, so wird die Amplitude des EPSP größer. Überschreitet sie einen kritischen Grenzwert, die kritische Schwelle oder Entladungsschwelle, von 15–20 mV (ECCLES 1971, KATZ 1971), so wird eine im zugehörigen Motoneuron nachweisbare fortgeleitete Erregung ausgelöst (Aktionspotential = AP). Die meisten Zellen der Pyramidenbahn (PT-Zellen) werden durch Azetylcholin gebahnt (WIESENDANGER 1969). Auch an den Endungen der rekurrenten Axonkollateralen wird Azetylcholin freigesetzt, das die Renshaw-Zellen erregt (HAASE 1976).

Hemmende Synapsen

Auf eine motorische α-Vorderhornzelle kann ein hemmender Einfluß ausgeübt werden, wenn die homonymen Sehnenspindeln oder die Muskelspindeln des Antagonisten erregt werden. Solche und andere Hemmungsvorgänge sind dadurch charakterisiert, daß die postsynaptische Membran hyperpolarisiert, d. h. der Abstand zwischen Membranpotential und kritischer Schwelle, vergrößert wird (KATZ 1971). Auch in diesem Fall nimmt die Amplitude des inhibitorischen postsynaptischen Potentials (IPSP) mit der Zahl der erregten hemmenden Axone zu (Abb. **9**). Die Dauer dieser dem EPSP entgegengesetzten Membranveränderung beträgt etwa 12 ms. Während des Ablaufs eines IPSP ist durch den größeren Abstand des Membranpotentials von der kritischen Schwelle eine fortgeleitete Erregung nicht oder nur erschwert auslösbar (Abb. **9**). Die Erregbarkeit des Motoneurons ergibt sich aus der Fluktuation des Membranpotentials, wobei der augenblickliche Wert durch die jeweils zufließenden exzitatorischen oder inhibitorischen Erregungen bedingt ist. Auch die inhibitorischen Transmitter sind nicht sicher oder nur für Spezialfälle bekannt. Glycin (Glykokoll) erzeugt bei elektrophoretischer Injektion in den Ganglienzellen von Säugetieren Membranveränderungen, die einem IPSP gleichen (CURTIS u. Mitarb. 1968, ECCLES 1971, HAASE 1976) und kann als Transmitter für spinale IPSP angesehen werden.

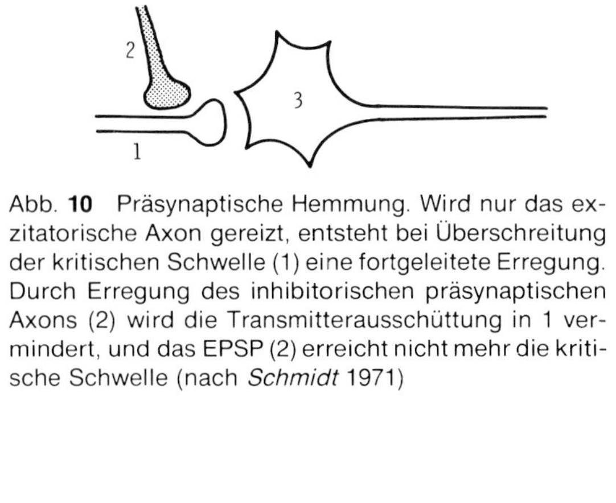

Abb. **10** Präsynaptische Hemmung. Wird nur das exzitatorische Axon gereizt, entsteht bei Überschreitung der kritischen Schwelle (1) eine fortgeleitete Erregung. Durch Erregung des inhibitorischen präsynaptischen Axons (2) wird die Transmitterausschüttung in 1 vermindert, und das EPSP (2) erreicht nicht mehr die kritische Schwelle (nach *Schmidt* 1971)

Die γ-Aminobuttersäure (GABA) konnte als inhibitorischer Transmitter an hemmenden Synapsen des Krebses nachgewiesen werden, jedoch spielt sie wahrscheinlich als zentrale inhibitorische Substanz eine Rolle (BEIN 1972, KRNEJEVIC 1970) und erzeugt Hyperpolarisationen der Zellmembran, die dem IPSP ähnlich sind (WIESENDANGER 1969). Wie wichtig diese Hemmungsvorgänge an den Synapsen für einen koordinierten Bewegungsablauf sind, ergibt sich aus dem Gangverhalten bei spastischen Paresen. Auch die Wirkung von Giften macht die Bedeutung hemmender Prozesse deutlich. Das Tetanustoxin verhindert wahrscheinlich die Freisetzung des Transmitters aus inhibitorischen Endknöpfen (STRUPPLER 1972). Strychnin löst wie Kurare an der motorischen Endplatte einen kompetitiven Mechanismus an der subsynaptischen Membran aus (CURTIS u. Mitarb. 1968, 1970) und blockiert spezifisch die Wirkung des Glycins (WERMAN u. Mitarb. 1968).
Ein wichtiger zentral wirkender Transmitter, das Dopamin, konnte in besonders hoher Konzentration im Striatum nachgewiesen werden (BARBEAU u. MCDOWELL 1970). Beim Morbus Parkinson wurde eine erhebliche Dopaminverminderung in extrapyramidalen Hirnstrukturen gefunden (HORNYKIEWICZ 1966).

Bei der präsynaptischen Hemmung tritt an der postsynaptischen Membran kein IPSP auf. In unmittelbarer Nähe des Endknopfes einer erregenden Nervenfaser befindet sich der Endknopf eines hemmenden Axons. Wird die präsynaptische Endigung erregt, so vermindert sie wahrscheinlich gleichfalls durch Freisetzung einer Transmittersubstanz die Amplitude des Aktionspotentials im exzitatorischen Axon durch Depolarisation und vermindert dadurch die Menge des abgegebenen erregenden Transmitterstoffes. Aus der postsynaptischen Seite wird dadurch die Amplitude des EPSP erheblich kleiner (Abb. **10**) (ECCLES 1971, KATZ 1971). Die Dauer der präsynaptischen Hemmung beträgt etwa 100–150 ms. Sie ist also wesentlich länger als eine durch ein IPSP ausgelöste Hemmung. Präsynaptische Hemmungen sind sowohl von Hautnerven als auch von afferenten Muskelnerven auszulösen (ECCLES 1971) und sollen sich am stärksten an Flexoren auswirken (BAUER 1972).
Betrachtet man immer nur jeweils eine Synapse und einen Übertragungsvorgang exzitatorischer Natur, so würde immer nur eine lokale Antwort (EPSP), aber niemals eine fortgeleitete Erregung entstehen. An den motorischen Vorderhornzellen enden jedoch viele Axone, die sowohl von supraspinalen Regionen als auch von peripheren Rezeptoren stammend, der Ganglienzelle gleichzei-

tig oder dicht aufeinander folgend Erregungen zuführen. Ist der Abstand zwischen den Erregungen so kurz, daß ein EPSP entsteht, bevor das vorangegangene abgeklungen ist, so summieren sich diese lokalen Antworten, erreichen nach wenigen Erregungen die kritische Schwelle und lösen dadurch eine fortgeleitete Erregung aus (HOPF 1974). Diese zeitliche Bahnung spielt bei sich wiederholenden Entladungen, z. B. peripherer Rezeptoren, eine große Rolle, da die Entladungsrate von der Intensität des einwirkenden Reizes abhängt.

Eine räumliche Bahnung entsteht dann, wenn mehrere exzitatorische Axone gleichzeitig erregt werden, so daß die Summe der einzelnen EPSP sofort die kritische Schwelle erreicht (HAASE 1976, HOPF 1974).

Literatur

Aschoff, J.: Temperaturregulation. In: Physiologie des Menschen, Bd. II: Energiehaushalt und Temperaturregulation, hrsg. von O. H. Gauer, K. Kramer, R. Jung. Urban & Schwarzenberg, München 1971

Åstrand, P.-O., K. Rodahl: Textbook of Work Physiology. McGraw-Hill, New York 1970

Barbeau, A., F. H. McDowell: L-DOPA and Parkinson. Davis, Philadelphia 1970

Bauer, H. J.: Spastizität – Ursachen und klinische Bedeutung. In: Aspekte der Muskelspastik, hrsg. von W. Birkmayer. Huber, Bern 1972

Bein, H. J.: Pharmakologische Differenzierung von Muskelrelaxantien. In: Aspekte der Muskelspastik, hrsg. von W. Birkmayer. Huber, Bern 1972

Brooks, V. B.: An intracellular study of action of repetitive nerve volleys and of botulinum toxin on miniature end plate potentials. J. Physiol. (Lond.) 134 (1956) 264–277

Buchthal, F., A. Rosenfalck: Evoked action potentials and conduction velocity in human sensory nerves. Brain Res. 3 (1966) 1–122

Curtis, D. R., A. W. Duggan, D. Felix, G. A. R. Johnston: GABA, Bicuculline and central inhibition. Nature (Lond.) 226 (1970) 1222

Curtis, D. R., L. Hösli, G. A. R. Johnston, J. H. Johnston: Hyperpolarisation of spinal motoneurons by glicine and related aminoacids. Exp. Brain Res. 5 (1968) 235–258

Dudel, J.: Erregung von Nerv und Muskel. In: Neurophysiologie, hrsg. von R. F. Schmidt. Springer, Berlin 1971

Eccles, J. C.: Physiologie der Nervenzelle und ihrer Synapsen. In: Physiologie des Menschen, Bd. X, hrsg. von O. H. Gauer, K. Kramer, R. Jung. Urban & Schwarzenberg, München 1971

Ekstedt, J., E. Stalberg: The effect of non-paralytic dosis of d-tubocurarine on individual motor end-plates in man, studied with a nerve electrophysical method. Electroenceph. clin. Neurophysiol. 27 (1969) 557–562

Fatt, P., B. Katz: Spontaneous subthreshold activity at motor nerve endings. J. Physiol. (Lond.) 117 (1952) 109–128

Ganong, W. F.: Medizinische Physiologie. Springer, Berlin 1971

Haase, J.: Haltung und Bewegung und ihre spinale Kontrolle. In: Physiologie des Menschen, Bd. XIV: Sensomotorik, hrsg. von O. H. Gauer, K. Kramer, R. Jung. Urban & Schwarzenberg, München 1976

Hasselbach, W.: Muskel. In: Physiologie des Menschen, Bd. IV, hrsg. von O. H. Gauer, K. Kramer, R. Jung. Urban & Schwarzenberg, München 1975

Henatsch, H.-D.: Allgemeine Elektrophysiologie der erregbaren Strukturen. In: Lehrbuch der Physiologie des Menschen, Bd. II, hrsg. von L. Landois, R. Rosemann. Urban & Schwarzenberg, München 1962

Hopf, H. C.: Impulsleitung im peripheren Nerven. In: Elektromyographie, hrsg. von H. C. Hopf, A. Struppler. Thieme, Stuttgart 1974

Hornykiewicz, O.: Dopamine (3-hydroxytyramine) and brain function. Pharmacol. Rev. 18 (1966) 925–964

Huxley, A. F., R. Stämpfli: Evidence for saltatory conduction in peripheral myelinated nerve fibers. J. Physiol. (Lond.) 108 (1949) 315

Johnson, E. W.: Electrodiagnosis. In: Handbook of Physical Medicine and Rehabilitation, hrsg. von F. K. Krusen, F. J. Kottke, P. M. Ellwood. Saunders, Philadelphia 1968

Johnson, E. W., K. J. Olsen: Clinical value of motor nerve conduction velocity determination. J. Amer. med. Ass. 172 (1960) 2030

Katz, B.: Nerv, Muskel und Synapse. Thieme, Stuttgart 1971; 2. Aufl. 1974

Königsberger, M. R., J. Curtin, R. E. Lovelace: Motor conduction velocities as a measure of gestational age in premature infants. Neurology (Minneap.) 20 (1970) 381

Krnejevic, K.: Glutamate and -aminobutyric acid in brain. Nature (Lond.) 228 (1970) 119

Kyral, V.: Changes of conduction velocity in the fastest motor fibers of ulnaris caused by aging. Electroenceph. clin. Neurophysiol. 22 (1967) 289

Lovelace, E., St. J. Myers: Nerve conduction and synaptic transmission. In: Physiological Basis of Rehabilitation Medicine, hrsg. von J. A. Downey, R. C. Darling. Saunders, Philadelphia 1971

Ludin, H. P.: Das normale Elektromyogramm. In: Elektromyographie, hrsg. von H. C. Hopf, A. Struppler. Thieme, Stuttgart 1974

Nastuk, W. L.: Fundamental aspects of neuromuscular transmission. Ann. N. Y. Acad. Sci. 135 (1966) 110–135

Norris, A. H., N. W. Shock, J. H. Wagmann: Age changes in the maximum conduction velocity of motor fibers of human ulnar nerves. J. appl. Physiol. 5 (1953) 589

Radtke, H.-W.: Motorische Nervenleitgeschwindigkeit bei normalen Säuglingen und Kindern. Helv. paediat. Acta 24 (1969) 390

Ramm, B., N. Hahn: Physikalische Grundlagen der Physiologie. Thieme, Stuttgart 1974

Schmidt, R. F.: Synaptische Übertragung. In: Neurophysiologie, hrsg. von R. F. Schmidt. Springer, Berlin 1971

Stämpfli, R.: Allgemeine Erregungsphysiologie der Nervenzellmembran. In: Physiologie des Menschen, Bd. X. Allgemeine Neurophysiologie, hrsg. von O. H. Gauer, K. Kramer, R. Jung. Urban & Schwarzenberg, München 1971

Struppler, A.: Zur Physiologie und Pathophysiologie des Skelettmuskeltonus. In: Aspekte der Muskelspastik, hrsg. von W. Birkmayer. Huber, Bern 1972

Struppler, A., E. O. Ruprecht: Störungen des neuromuskulären Überganges. In: Elektromyographie, hrsg. von H. C. Hopf, A. Struppler. Thieme, Stuttgart 1974

Werman, R., R. A. Davidoff, M. H. Aprison: Inhibitory action of glycine on spinal neurons in the cat. J. Neurophysiol. 31 (1968) 81–95

Wiesendanger, M.: The pyramidal tract. Recent investigations of its morphology and function. Ergebn. Physiol. 61 (1969) 72–136

6 Die Elektromyographie und ihre Anwendbarkeit zur Beurteilung von Muskelkontraktionen und Bewegungsabläufen

Von H. STOBOY

Die Ableitung der Aktionspotentiale der Skelettmuskulatur ist nur eine von vielen Methoden, die dazu dienen, die Stabilisierung der Körperhaltung gegen die Schwerkraft durch Innervation von Skelettmuskeln bzw. ihrer motorischen Einheit und die Aufeinanderfolge von Erregungen bestimmter Muskeln während eines Bewegungsablaufes nachzuweisen. Mechanische Meßgrößen wie Kräfte, Geschwindigkeiten, Beschleunigungen etc. können außerdem mit Dehnungsmeßstreifen, piezoelektrischen Gebern, Elektrogoniometern etc. registriert und synchron mit dem Elektromyogramm zur Bewegungsanalyse verwendet werden.

Für die Ausführung einer einfachen Bewegung müssen Tausende von Neuronen innerviert werden, wobei die Realisierung eines Bewegungsentwurfes eine flexible Planung der motorischen Handlung erfordert, welche die Kompensation unvorhergesehener äußerer Einflüsse mit einbezieht (JUNG 1976). JACKSON (1974) stellte fest, daß „The Motor cortex thinks in movements not in muscles." Nach SHERRINGTON (1931) sind „Neural organization and coordination inseparable one, the nervous system acts in the interest of coordination which is the expression of its intimate working." BASMAJIAN (1973a) fand dagegen, daß ein Mensch nicht nur die Kontraktion einzelner Muskeln kontrollieren, sondern unter Zuhilfenahme audiovisueller Mittel lernen kann, eine bestimmte motorische Einheit zu innervieren. Die Möglichkeit eines „Single motor unit training" kann durch das Elektromyogramm bewiesen werden.

Die Elektromyographie ist als klinisch diagnostische Methode für die Erkennung von Erkrankungen des neuromuskulären Apparates eine der wichtigsten Methoden, auch in der Orthopädie, geworden. PIPER veröffentlichte 1912 die erste ausführliche Studie über die klinische Elektromyographie. Eine Spontanaktivität des Muskels, eine verminderte Erregungsfrequenz bei maximaler Innervation, eine Polyphasie bzw. eine besonders große Amplitude der Aktionspotentiale sind neben anderen Zeichen Merkmale für neuromuskuläre Erkrankungen (s. 10 und 11 im Bd. II). Die pathologischen Veränderungen des Elektromyogramms werden an anderer Stelle beschrieben (s. auch LUDIN 1974). Um den Zusammenhang zwischen elektrischer Aktivität der Muskeln der Körperhaltung und eines Bewegungsablaufes verstehen zu können, ist es notwendig, die verschiedenen Ableitungsarten und ihre Aussagekraft für die Abstufung der Kontraktion des ganzen Muskels bzw. seiner motorischen Einheiten zu besprechen.

Erregungsvorgänge in der motorischen Einheit und im Muskel (Grundlagen und Methodik)

Die Motoraxone verzweigen sich, bevor sie in die motorischen Endplatten übergehen. Die Anzahl der Muskelfasern einer motorischen Einheit wird beim Menschen so bestimmt, daß die Gesamtzahl der Muskelfasern gezählt und durch die Gesamtzahl der motorischen Nervenfasern geteilt wird (FEINSTEIN u. Mitarb. 1955). Unter der Voraussetzung, daß 60% aller Nervenfasern, die zu einem Muskel führen, einen motorischen Ursprung haben, ergeben sich folgende angenäherte Schätzungen für die Anzahl der Muskelfasern, die zu einer motorischen Einheit gehören (MYERS u. LOVELACE 1971); M. opponens pollicis: 13, M. rectus superior: 23, Platysma: 25, M. biceps brachii: 163, M. sartorius: 300, M. tibialis anterior: 610, M. gastrocnemius: 2037.

Im allgemeinen ist die Größe der motorischen Einheit von der Bewegungspräzision abhängig, die ein Muskel auszuführen hat.

In einem Muskel können meist größere und kleinere motorische Einheiten nachgewiesen werden, wobei ein Typ dominiert. Einige Muskeln sind auch homogen und bestehen nur aus Einheiten eines Typs (M. soleus: kleinere Einheiten). Große motorische Einheiten werden von schnellen Motoraxonen innerviert, und ihre Kontraktionszeit

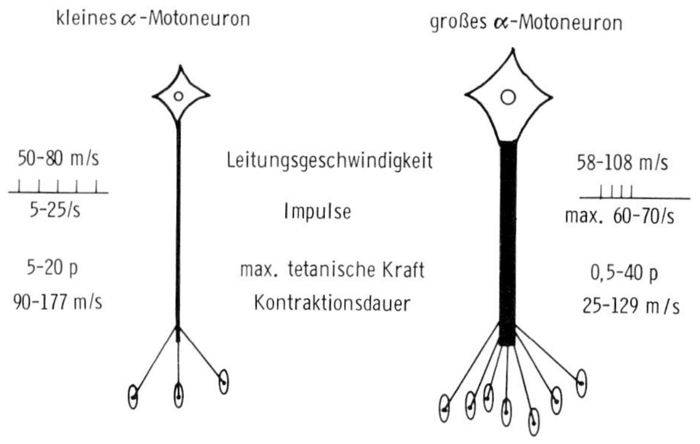

Abb. **1** Unterschiede im Verhalten von kleinen und großen α-Motoneuronen hinsichtlich ihrer Leitungsgeschwindigkeit, Erregungsrate, maximalen tetanischen Kraft und Kontraktionsdauer (nach *Haase*)

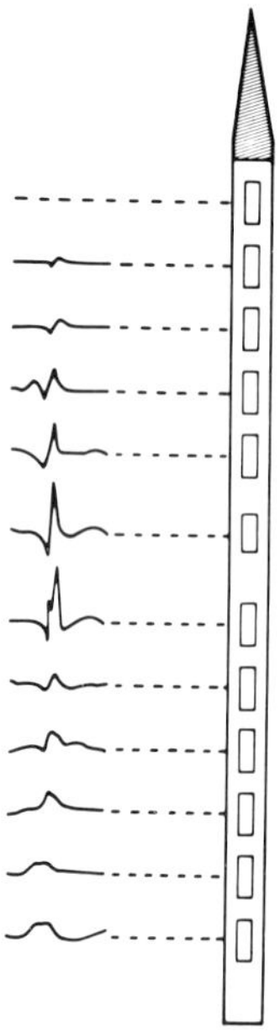

Abb. **2** Ableitung der Aktionspotentiale einer motorischen Einheit mit einer Multielektrode. Die Ableitungsfläche unterhalb der Elektrodenspitze dient als indifferente Elektrode (nach *Buchthal, Guld* und *Rosenfalck*)

ist kurz (30–40 ms, M. gastrocnemius) (Haase 1976). Kleinere motorische Einheiten werden von α-Motoneuronen mit langsamerer Leitungsgeschwindigkeit innerviert, und ihre Kontraktionszeiten sind länger (80–90 ms; M. soleus). Bei einer tetanischen Reizung kontrahieren sich Einheiten aus dem M. soleus mit etwa 14,8 p, aus dem M. gastrocnemius mit 35,5 p. Bei einer Kontraktion verhalten sich die großen Motoneurone phasisch, die kleinen tonisch (Abb. **1**).

Eine multiple Innervation von Muskelfasern ist bisher nur im Tierversuch nachgewiesen worden (Myers u. Lovelace 1971). Aufgrund von histochemischen Färbungen wurde beim Menschen eine doppelte bzw. multiple Innervation im M. gracilis und im M. soleus angenommen, jedoch in anderen Untersuchungen nicht bestätigt (Christensen 1959). Die motorischen Axone enden in der Mitte des Muskelfaserbauches, so daß sich die Erregung schnell über alle kontraktilen Elemente ausbreiten kann. Nur im M. gracilis und im M. sartorius findet man zwei Endplattenregionen, so daß die Erregungsausbreitung in kürzerer Zeit erfolgen kann (Myers u. Lovelace 1971). Auch wenn etwa $^1/_3$ der Muskelfasern des M. biceps brachii und des M. opponens pollicis des Menschen von zwei Endplatten versorgt werden sollen (Christensen 1959), ergibt sich aus ihrer gemeinsamen zentralen Lokalisation kein deutlicher Vorteil für eine schnellere Aktivierung.

Die Muskelfasern einer motorischen Einheit liegen nicht in einem Muskel zusammen, sondern weisen mit anderen motorischen Einheiten zusammen eine erhebliche Überlappung auf, so daß in dem Ausbreitungsgebiet einer motorischen Einheit, das 2–22 mm im Durchmesser betragen kann, die Fasern von 6–30 motorischen Einheiten zu finden sind (Buchthal u. Mitarb. 1957b). Nach Ludin (1974) hat das Territorium einer motorischen Einheit einen Durchmesser von 5–10 mm, und in seinem kreisförmigen Querschnitt sind Fasern von 20–30 verschiedenen Einheiten vermischt (Buchthal u. Mitarb. 1959). Der Nachweis gelingt einmal dadurch, daß durch elektrische Reizung einzelner motorischer Fasern in der vorderen Wurzel der Glykogengehalt der entsprechenden Muskelfasern erheblich vermindert wird, was durch histologische Untersuchungen nachgewiesen wurde (Buchthal u. Mitarb. 1959).

Eine andere Technik verwendeten Buchthal u. Mitarb. (1957b), indem sie Multielektroden mit 12–14 verschiedenen Ableitungspunkten in einen Muskel einstachen, um damit die räumliche Verteilung der Aktionspotentiale einer erregten motorischen Einheit nachzuweisen (Abb. **2**). Die Aktionspotentiale der Muskelfasern einer motorischen Einheit treten fast gleichzeitig auf, wenn auch ein Amplitudenverlust durch die Leitung in dem Volumenleiter in Abhängigkeit von der jeweiligen Entfernung der Fasern zur Elektrode vorhanden ist. Geringe zeitliche Unterschiede im Auftreten der Aktionspotentiale ergeben sich durch unterschiedliche Wege, die die Erregung in der Muskelfaser zurücklegen muß, bevor die Elektrode erreicht wird (Buchthal u. Mitarb. 1955). Buchthal u. Mitarb.

(1959) sind der Ansicht, daß sich die motorischen Einheiten in Subeinheiten untergliedern lassen, die jeweils von einem Neuriten versorgt werden. Die Erregung einer Subeinheit soll zu einem einheitlichen Potential mit hoher Amplitude und kurzer Dauer führen. Die Untersuchungen von EKSTEDT (1964) bzw. BRANDSTATER u. LAMBERT (1968) konnten diese Auffassung nicht unterstützen. Sie leiteten nichtsimultane Aktionspotentiale von dicht beieinanderliegenden Muskelfasern der gleichen motorischen Einheit ab. Der Zeitunterschied der Aktionspotentiale zweier Fasern der gleichen Einheit, die von einer Elektrode erfaßt wurden, war nicht konstant, sondern zeigte Zeitintervalle von 10–30 μs der Spitzenanteile („spikes") des zusammengesetzten Potentials. Die Abwesenheit solcher variierenden Zeitunterschiede ist der Meinung der angeführten Autoren nach das wichtigste Kriterium für Aktionspotentiale, die von einer einzigen Muskelfaser stammen.

Ableitung der Muskelaktionspotentiale

Die elektrischen Widerstände, die die Muskelfasern direkt umgeben, sind klein (interstitielle Flüssigkeit, Blut etc.), so daß sie als Volumenleiter angesehen werden können. Das die Muskulatur umschließende Gewebe, die Subkutis und die Kutis, stellt besonders im Bereich der Hornschicht einen hohen elektrischen Widerstand dar. Die Ableitung der Aktionspotentiale des Muskels kann entweder von der Hautoberfläche aus mit Oberflächenelektroden oder durch in den Muskel eingestochene Elektroden erfolgen. Den verschiedenen Widerständen entsprechend muß die Verstärkung des Elektromyographen variabel sein (s. auch HOPF 1974).

Oberflächenelektroden:

Oberflächenelektroden bestehen aus zwei meist silbernen Metallscheiben (Vermeidung von Polarisationseffekten), deren Durchmesser je nach dem Untersuchungszweck verschieden groß sein kann, meist jedoch 0,5 cm beträgt. Mit ihnen wird die Summe der Aktionspotentiale der im Bereich der Elektroden liegenden und erregten motorischen Einheiten, die elektrische Aktivität, abgeleitet. Eine Elektrode sollte im Bereich der Endplattenregion des Muskels liegen. Sie werden benutzt, um bei Bewegungsablaufstudien den Beginn, das Maximum und das Ende einer Muskelkontraktion feststellen und in den zeitlichen Bewegungsablauf einordnen zu können (HOPF 1974). Der elektronisch gebildete und registrierte Mittelwert der elektrischen Aktivität kann mit der vom Muskel entwickelten Spannung bzw. Kraft korreliert werden und ergibt Anhaltspunkte für das Innervationsausmaß des Muskels bei einer entsprechenden Spannungsentwicklung. Im Verlauf eines Muskeltrainings ergibt sich aus der elektrischen Aktivität die Möglichkeit, die trainingsbedingte Ökonomisierung der Muskelkontraktion zu beurteilen (STOBOY 1972, STOBOY u. FRIEDEBOLD 1973, STOBOY u. Mitarb. 1968). Durch elektrische Integration läßt sich entweder graphisch aus der Steilheit des Anstiegs oder auch digital direkt die elektrische Aktivität in μVs ermitteln (RÖKKERU. STOBOY 1970, RÖCKER u. Mitarb. 1972) (Abb. **3**). Die Aktionspotentiale einzelner motorischer Einheiten und ihre Formveränderungen können mit diesem Ver-

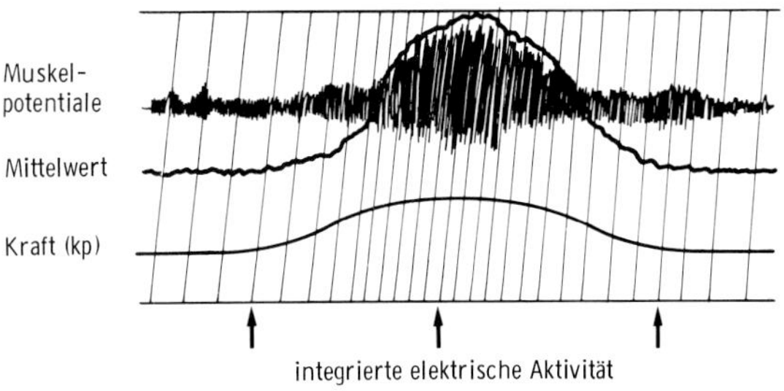

Abb. **3** Registrierung der Muskelaktionspotentiale, ihres Mittelwertes und der integrierten elektrischen Aktivität in Abhängigkeit von der Kraft. Die Größe der integrierten elektrischen Aktivität ergibt sich aus der Steilheit der mit Pfeilen bezeichneten aufwärtsgerichteten Registrierungen

fahren nicht erfaßt werden, da es nur Summenpotentiale wiedergibt, die Ohmschen und kapazitiven Hautwiderstände sehr verschieden sein können, die Elektrodenlage sich ohne besondere Maßnahmen bei Kontraktionen verändern kann etc.

Konzentrische (koaxiale) Nadelelektroden:

In einer Kanüle sind, isoliert gegen die Kanülenwand, Platin- oder Stahldrähte eingeführt. Die Spitze des Drahtes ist die differente, die Kanüle die indifferente Elektrode. Die Potentialdifferenzen werden zwischen dem Kern an der Nadelspitze und dem Mantel gemessen. Diese Elektrode erfaßt Aktionspotentiale aus einem kleinen Areal, die in Richtung der schrägen Fläche auf die Elektrode zulaufen.

Bipolare Nadelelektroden:

Die bipolare Elektrode enthält zwei isolierte zentrale Kerne, die zur Ableitung der Potentiale dienen. Der Kanülenmantel ist geerdet, so daß im Gegensatz zur Koaxialelektrode keine besondere Erdung durch eine Hautelektrode notwendig ist. Sie erlaubt die Untersuchung kleiner Muskelgebiete in Abhängigkeit von dem Winkel der Elektrodenspitze. Die Dauer des Aktionspotentials ist kürzer als bei Ableitung mit konzentrischen Nadelelektroden (LUDIN 1974).

„Monopolare" Elektroden:

Monopolare Elektroden bestehen aus dünnen Drähten (nichtrostender Stahl), die mit Ausnahme ihrer Spitze von einem nichtleitenden Material, meist Teflon, umkleidet sind. Die Aktionspotentiale werden zwischen der Nadelspitze und einer Oberflächenelektrode abgeleitet.

Drahtelektroden:

Zur Untersuchung von Bewegungsabläufen werden zwei feine nylonisolierte Drähte mit Injektionskanülen in den Muskel eingestochen. Die Kanüle wird danach entfernt, so daß die Drähte ohne Änderung ihrer Lage und praktisch ohne Beschwerden im Muskel verbleiben (BASMAJIAN 1967). Sie werden nach Beendigung der Untersuchung einfach herausgezogen.
Mit einer Spezialelektrode, die für „monopolare", konzentrische oder bipolare Ableitungen wahlweise zu benutzen war, konnten LUNDERVOLD u. LI (1953) nachweisen, daß die Amplitude eines Potentials bei monopolarer Ableitung am größten, bei bipolarer am kleinsten war. Der negative Spike des Potentials (eine Nega-

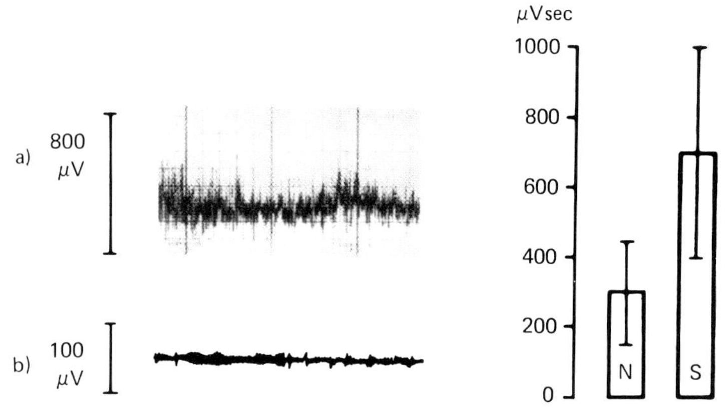

Abb. **4** a = Muskelaktionspotentiale bei mittlerer Willkürinnervation. b = Muskelaktionspotentiale bei der Tonusmessung an einem normalen Probanden. – Man beachte die unterschiedlichen Eichmaßstäbe. Rechts: elektrische Aktivität des M. tibialis anterior und ihre Standardabweichung bei einem Kollektiv normaler Probanden (N) und bei spastischer Lähmung (S) im Stehen

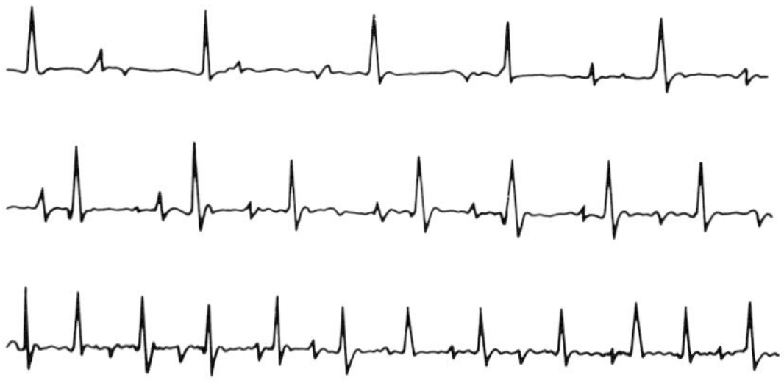

Abb. **5** Ableitung der Aktionspotentiale mit langsam zunehmender Willkürinnervation (von oben nach unten) mit einer koaxialen Nadelelektrode. Die Entladungsrate der elektrodennahen motorischen Einheit wird größer, und es treten vermehrt kleinere Aktionspotentiale entfernterer motorischer Einheiten auf

tivität wird als eine nach oben gerichtete Abweichung registriert) dauerte am längsten bei monopolarer und konzentrischer Ableitung, am kürzesten bei bipolarer. Da die Elektroden den Mittelwert der Aktionspotentiale von den am nächsten gelegenen Muskelfasern einer motorischen Einheit registrieren, sind Unterschiede in der Amplitude um so kleiner, je kleiner das Ableitungsfeld ist. Je näher die Ableitungspole zusammenliegen, um so kürzer ist die Potentialdauer. Bei Verwendung von monopolaren Elektroden sind die Form und Dauer der Potentiale durch die Größe des zwischen der inneren und der äußeren Elektrode liegenden Volumenleiters bestimmt. Bipolare Elektroden eignen sich am besten zur Formanalyse, monopolare zur Messung der maximalen Amplitude.

Muskelaktionspotentiale und das normale Elektromyogramm

Bei Verstärkungen, wie sie üblicherweise für die Registrierung von Willkürpotentialen verwendet werden, sind beim nicht innervierten Muskel kaum Schwankungen der Null-Linie zu beobachten. Bei höheren Verstärkungen (etwa 100 µV/cm) findet man dagegen Oszillationen der Null-Linie, die dem kontraktilen Muskeltonus zuzuordnen sind. Es handelt sich dabei um Potentiale von selten und stark asynchron erregten motorischen Einheiten (Haase 1976). Werden diese Potentialschwankungen über längere Zeit integriert und digital angezeigt, so kann der Muskeltonus in µV/s gemessen werden. Das Eigenrauschen der Verstärker liegt in der Größenordnung von 10–20 µV und wird mitintegriert. Deshalb erscheint es angebracht, zur Muskeltonusmessung Geräte zu verwenden, mit denen man isoliert das Eigenrauschen messen kann, um dessen Wert von dem Gesamtwert abziehen zu können. Unter diesen Bedingungen läßt sich der erhöhte Muskeltonus bei spastischen Lähmungen feststellen (Levine u. Mitarb. 1972, Rotzinger u. Stoboy 1974) und mit dem Mittelwert und der Standardabweichung des Muskeltonus normaler Probanden vergleichen (Abb. **4**).

Insertionsaktivität (Einstichaktivität)

Wenn die Ableitungsnadel bewegt wird, können Salven von elektrischer Aktivität ausgelöst werden, die mit dem Aufhören der Nadelbewegung erlöschen. Eine solche Aktivitätssalve dauert etwa 10–30 ms. Sie wird durch den mechanischen Reiz der Elektrodenbewegung ausgelöst (Ruprecht 1974).

Geringgradige Willkürinnervation

Bei einer minimalen Willkürinnervation sind wenige oder ist auch nur eine motorische Einheit aktiv (Abb. **5**). In Abhängigkeit von der zunehmenden Muskelkraft werden in etwa konstanter Reihenfolge andere Einheiten innerviert. Bei Variation der Bewegung ändert sich auch die Reihenfolge der aktivierten motorischen Einheiten (Ashworth u. Mitarb. 1967, Hopf 1974). Manchmal genügt es, den Probanden an die Kontraktion des entsprechenden Muskels denken zu lassen (Johnson 1968). Basmajian (1973b) hat eine Technik entwickelt (audiovisuelle Rückkopplung), mit der es möglich ist, bewußt einzelne spinale Motoneuronen zu innervieren. Mit dieser Methode kann besonders gut die Innervation in einer motorischen Einheit beobachtet werden.

Die Amplitude des Aktionspotentials hängt u. a. von der Entfernung zwischen der Ableitelektrode und den erregten Muskelfasern ab (MYERS u. LOVELACE 1971). BUCHTHAL u. Mitarb. (1957a) konnten eine Beziehung zwischen der Ableitfläche und der Größe der Amplitude feststellen. Bei einer konzentrischen Nadelelektrode können etwa 8 Muskelfasern die Elektrode berühren, von denen aber nur 3 zur gleichen motorischen Einheit gehören. Das abgeleitete Potential beträgt etwa 4 mV. Bei Elektroden mit kleinerer Oberfläche können Potentiale von etwa 10 mV gemessen werden. Die Dauer des Aktionspotentials hängt, wenn auch nicht proportional, von der Größe der motorischen Einheit ab (WOHLFART 1959). Sie beträgt z. B. bei den äußeren Augenmuskeln 1,6–1,8 ms, beim Platysma (25 Fasern/ME) etwa 4,9 ms und beim Gastroknemius etwa 9,6 ms (> 1000 Fasern/ME).
Auch die Form des Aktionspotentials hängt von der Größe der motorischen Einheit, der Verteilung ihrer Fasern und der Entfernung zur Ableitelektrode ab (Abb. **6**). Liegt die Elektrodenspitze in der Nähe der motorischen Endplatten, so beginnt das Aktionspotential mit einer steil ansteigenden negativen Phase. Bei normalen erwachsenen Probanden sind etwa 80% aller Potentiale bi- oder triphasisch (BUCHTHAL 1958, BUCHTHAL u. Mitarb. 1954a). Ihre Spannung beträgt etwa 100–3000 μV und ihre Dauer etwa 2–10 ms. Nach JOHNSON (1968) liegen diese Werte zwischen 200–2000 μV und 4–12 ms. Die Dauer des steilen negativen Anteils beträgt etwa 2 ms. 1–12% aller Potentiale sind monophasisch oder polyphasisch (MYERS u. LOVELACE 1971). Polyphasische Potentiale haben mehr als 3 oder 4 Phasen und betragen beim normalen Probanden weniger als 10% aller Potentiale (JOHNSON 1968).

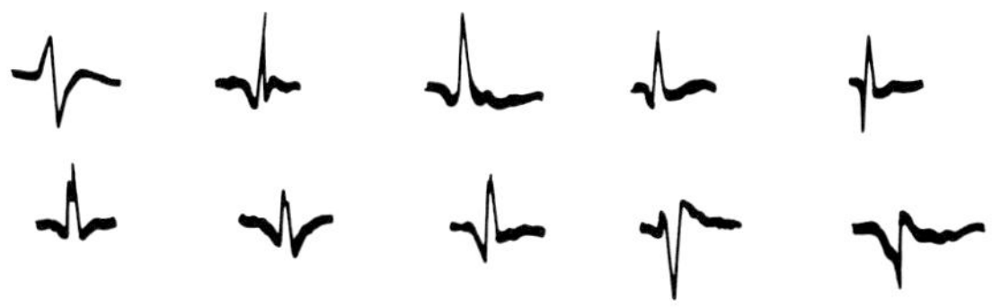

Abb. **6** Aktionspotentiale intakter motorischer Einheiten (aus *H. P. Ludin:* Elektromyographie der Extremitäten- und Rumpfmuskeln. In: Elektromyographie, hrsg. von *H. C. Hopf, A. Struppler.* Thieme, Stuttgart 1974)

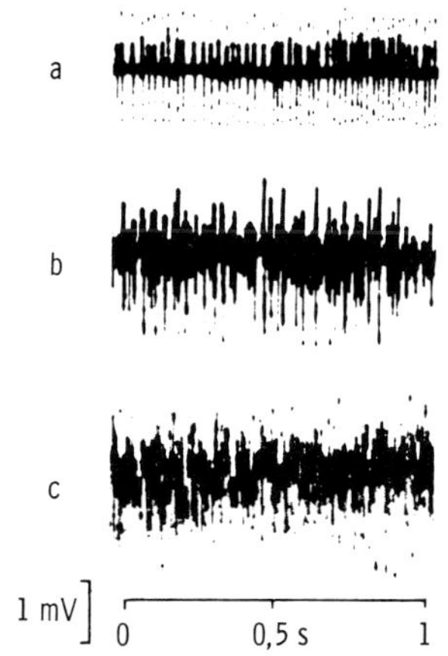

Abb. **7** Verschiedene Aktionspotentialmuster bei Ableitung mit einer Nadelelektrode und langsamer Registriergeschwindigkeit: a = Einzelaktionspotentiale, b = gemischtes oder Übergangsmuster, c = Interferenzmuster (aus *H. P. Ludin:* Elektromyographie der Extremitäten- und Rumpfmuskeln. In: Elektromyographie, hrsg. von *H. C. Hopf, A. Struppler.* Thieme, Stuttgart 1974)

Abstufung der Muskelkontraktion

Mit ansteigender Muskelspannung nimmt die Entladungsrate der einzelnen Einheiten zu (HOPF 1974). Außerdem steigt die Zahl der aktiven motorischen Einheiten an. Bei maximaler Innervation entsteht durch zeitliche und räumliche Summation der Potentiale ein charakteristisches Interferenzmuster, so daß die Potentiale der einzelnen Einheiten nicht mehr sicher voneinander unterschieden werden können (Abb. **7**).
Bei der Abstufung der Muskelkontraktion scheint die jeweilige Anzahl der aktiven motorischen Einheiten eine größere Rolle zu spielen als ihre Entladungsfrequenz (MYERS u. LOVELACE 1971). Über die Veränderung der Impulsrate bei Zunahme der Muskelspannung besteht keine einheitliche Auffassung. Nur gelegentlich war es möglich, mit Hilfe besonders kleiner Ableitungsoberflächen auch bei starker Muskelkontraktion eine isolierte Registrierung von Aktionspotentialen einzelner motorischer Einheiten durchzuführen (PERSON 1947). Bei einer Willkürinnervation entlädt sich eine motorische Einheit mit einer Rate von 7–10/s. Bei mittlerer Muskelkraft (25–27% der Maximalkraft) beträgt sie 25–35/s. Der Maximalwert beträgt etwa 50/s (MYERS u. LOVELACE 1971, PERSON 1947). Die Entladungsrate tonischer Einheiten soll nur 10/s erreichen, die der phasischen erst mit 15/s beginnen (HOPF 1974, TOKIZANE u. SHIMAZU 1964). Vergleicht man die durch die absolute Refraktärphase von 1 ms bedingte mögliche Entladungsrate mit der bei Willkürinnervation gemessenen, so ist letztere mit maximal 50/s verhältnismäßig niedrig. Einige die Entladungsfrequenz begrenzenden Mechanismen sind bekannt, wie z. B. die rekurrente Hemmung durch die Renshaw-Zellen, die autogene Hemmung durch die Sehnenrezeptoren und die Hyperpolarisationsphase nach einer Entladung der motorischen Vorderhornzelle. Nach GARFINKEL u. Mitarb. (1965) liegt die günstigste und stabilste Entladungsrate bei 8–10/s, weil bei dieser Frequenz die Renshaw-Hemmung am geringsten ausgeprägt ist.

Die Entladung der Motoneurone erfolgt nicht streng periodisch (GARFINKEL u. Mitarb. 1965), so daß der Ausdruck „Entladungsrate" gerechtfertigter ist als der Ausdruck „Frequenz". Motorischen Einheiten, die gewöhnlich bei geringen Muskelspannungen aktiv werden, beginnen mit einer sehr niedrigen Entladungsrate, haben aber einen großen Frequenzbereich. Nach CLAMANN (1970) liegen die motorischen Einheiten mit niedriger Schwelle und niedriger Entladungsrate mehr im Inneren des Muskels, während die mit höherer Schwelle und größerer Rate in der Nähe der Muskeloberfläche lokalisiert sind. Nach HOPF (1974) kann sich je nach der beabsichtigten Bewegung die Reihenfolge der innervierten motorischen Einheiten ändern. Die Rate der zweiten innervierten Einheit kann zunächst kleiner sein als die der ersten, dann aber höhere Werte erreichen (BIGLAND u. LIPPOLD 1954b). Bei plötzlicher leichter Innervation können auch zwei Einheiten mit unterschiedlicher Entladungsfrequenz alternieren (GRIMBY u. HANNERZ 1968).

Synchronisation

Das Vorkommen von Synchronisationsphänomenen, wie sie z. B. bei der Poliomyelitis beobachtet werden (MYERS u. LOVELACE 1971), wird z. T. für den normal innervierten Muskel abgelehnt (TAYLOR 1962). Nach PERSON (1947) nimmt die Frequenz der Potentialschwankungen im Oberflächenelektromyogramm bei sehr starker Kontraktion oder bei Ermüdung ab. Von einer Reihe von Autoren wurde diese Erscheinung damit begründet, daß einzelne motorische Einheiten sich synchron entladen (PERSON u. KUŠNAREV 1963). Durch die Kreuzkorrelationsanalyse zweier Interferenzelektromyogramme eines Muskels konnte eine Synchronisationszunahme bei Ermüdung bestätigt werden (PERSON u. Mitarb. 1967). Der Mechanismus der Synchronisierung ist noch nicht genügend geklärt.

Einfluß des Alters, der Temperatur und der Inaktivität

Mit zunehmendem Alter steigt die Dauer der Aktionspotentiale an, so daß sie bei 70–80jährigen 75% länger ist als bei Kindern, die jünger als 4 Jahre sind (BUCHTHAL u. Mitarb. 1966b). Als Erklärung wird eine Verminderung der Ausbreitungsgeschwindigkeit der Erregung über die Muskelfaser angegeben. Im Alter sollten Muskelfasern mit großem Durchmesser und niedriger Schwelle selektiv degenerieren (MYERS u. LOVELACE 1971), während zumindest im Tierversuch die Anzahl der α-Motoneurone erhalten bleibt. Die Zahl der Muskelfasern nimmt auch beim alternden Tier ab, während die Zahl der α-Motoneurone konstant bleibt (GUTTMANN u. HANZLIKOVÁ 1966). Auch eine Abnahme der Muskelmasse, die zu einer Zunahme der Faserdichte führt, wird diskutiert (LUDIN 1974).
Die mittlere Aktionspotentialdauer nimmt um 10–30% zu und die mittlere Amplitude um 2–5% ab, wenn die intramuskuläre Temperatur um 1° C absinkt (MYERS u. LOVELACE 1971). Erniedrigt sich die Muskeltemperatur um 10° C, kann die Zahl der polyphasischen Potentiale 10fach größer werden (FOX u. Mitarb. 1969). Durch die bei niedriger Temperatur verlangsamte Ausbreitungsgeschwindigkeit der Erregung in den terminalen Nervenfasern können zeitliche Unterschiede im Übertragungsmechanismus entstehen (MYERS u. LOVELACE 1971).
Eine Veränderung der Leitungsgeschwindigkeit läßt in Muskeln mit Inaktivitätsatrophie mehr polyphasische Potentiale (bis 25%) und sowohl Verkürzungen als auch Verlängerungen der Aktionspotentialdauer entstehen (PINELLI u. BUCHTHAL 1953). Eine Änderung der Membraneigenschaften der Muskelfaser konnte im Tierversuch selbst 1 Monat nach Durchtrennung des Rückenmarks in kranialen Abschnitten nicht nachgewiesen werden (BROOKS 1970).

Muskelkraft und elektrische Aktivität

Die mit Oberflächenelektroden abgeleitete elektrische Aktivität steigt mit zunehmender Muskelkraft an, da die Anzahl der an der Kontraktion beteiligten motorischen Einheiten und ihre Entladungsrate größer wird. Im allgemeinen besteht ein linearer Zusammenhang zwischen diesen beiden Größen (BIGLAND u. LIPPOLD 1954a, DEJONG u. FREUND 1967, LAURIG 1970).
Wenn die Versuchspersonen während der Kraftmessung stark motiviert werden, nimmt die elektrische Aktivität jedoch logarithmisch zu (Abb. **8**) (LAURIG 1970, OWCZAREK 1970). Auch RAU u. VREDENBREGT (1970) fanden ein ähnliches Verhalten zwischen Kraft und elektrischer Aktivität. Bei günstiger Lage einer Nadelelektrode im Muskel konnte sogar eine hohe Korrelation zwischen integrierten Reflex-Aktionspotentialen und der bei der Reflexkontraktion entwickelten Spannung festgestellt werden (BOUISSET u. GOUBEL 1973).
Sowohl bei isometrischer als auch bei dynamisch konzentrischer bzw. dynamisch exzentrischer Kontraktion ist die elektrische Aktivität positiv zur Muskelspannung korreliert. BOUISSET u. GOUBEL (1973) untersuchten Beugungsbewegungen im Ellbogengelenk in der horizontalen Ebene gegen verschiedene Widerstände. Die Beziehung zwischen der elektrischen Aktivität und der mechanischen Arbeit wies einen Korrelationskoeffizienten vor $r = 0{,}89$–$0{,}98$ auf, wenn das Bewegungsausmaß einen Winkel von 60 Grad nicht überschritt. Die Linearität dieser Beziehung soll durch die kontraktilen Eigenschaften des Muskels gegeben sein, wobei die Aktivität der oberflächlich gelegenen motorischen Einheiten repräsentativ für die Aktivität aller motorischen Einheiten ist. Bei gleicher Kraft findet man bei konzentrischen Kontraktionen eine sehr viel höhere elektrische Aktivität als bei exzentrischen (BIGLAND u. LIPPOLD 1954a, KOMI 1975; Abb. **9**). Bei konzentrischer Kontraktion entspricht die Kraft-Ge-

schwindigkeits-Relation der Hillschen Gleichung (vgl. Abb. **7** im Beitrag „Die mechanischen Eigenschaften des Muskels ...“), und die Leistung des Muskels ist bei etwa 1/3 seiner Kraft und Kontraktionsgeschwindigkeit am größten (KOMI 1975). Bei exzentrischer Kontraktion wird die Kontraktionsgeschwindigkeit mit zunehmender Spannung (Kraft) größer. Nach KOMI (1975) ist dieses Verhalten von der Entwicklung des Bindegewebes abhängig, da bei 10- bis 14jährigen Kindern die exzentrische Kraft nur wenig größer ist als die isometrische. Der Innervationsaufwand bzw. die Energieausgabe ist bei exzentrischen Kontraktionen entsprechend klein. Die elektrische Aktivität bei Leistung auf einem Fahrradergometer ist bei positiver (konzentrischer) Arbeit etwa zweimal größer als bei negativer (exzentrischer) Arbeit. Der Unterschied wird u. a. darauf zurückgeführt, daß für die gleiche Spannungsentwicklung weniger Muskelfasern kontrahiert werden, wenn der Muskel gleichzeitig gedehnt wird (BIGLAND-RITCHIE u. WOODS 1973). Durch passive Spannungsentwicklung entsteht in den serienelastischen Elementen eine potentielle Energie, die kinetisch genutzt werden kann.

Bei konstanter Kraft nimmt die Größe der elektrischen Aktivität mit eintretender Ermüdung zu, d. h., die Kraft kann nur noch durch vermehrte Innervation von motorischen Einheiten aufrechterhalten werden (LAURIG 1970, PERSON 1960). Durch trainingsbedingte Hypertrophie eines Muskels ist bei gleicher Kraft die elektrische Aktivität kleiner, d. h. das Innervationsausmaß geringer (KOMI 1975, STOBOY u. FRIEDEBOLD 1973, STOBOY u. Mitarb. 1968). Etwa 60 ms vor der Willkürinnervation eines Muskels soll eine Erregbarkeitszunahme der Motoneurone festgestellt werden können, die durch zentrale bahnende Einflüsse entstehen soll (GARFINKEL u. Mitarb. 1965). Eine antizipierende Vorinnervation wurde auch von ECCLES (1973) bzw. EVARTS u. TANJI (1974) nachgewiesen. Auch vor Berührung des Bodens konnte beim Gehen und Springen eine Bereitschaftsinnervation in den entsprechenden Muskeln nachgewiesen werden (MELVILL JONES u. WATT 1971). Solche bahnenden zentralen Einflüsse wirken sich in erster Linie auf die γ-Efferenz aus. Dadurch steigt der Muskeltonus erheblich an (Vorstartzustand). Eine solche Vorinnervation ist besonders dann zu finden, wenn eine Bewegung durch ein Signal wie z. B. beim Start eines Sprinters angekündigt wird (PERSON 1947). Nach GÖPFERT u. Mitarb. (1953) ist sogar beim Lösen von Rechenaufgaben eine erhebliche Erhöhung des Muskeltonus nachweisbar. Diese Vorinnervation ist nur dann sinnvoll, wenn der nachfolgende Bewegungsablauf richtig eingeschätzt wird (Bereichseinstellung nach CASPERS 1961). Erfolgt sie nicht im richtigen Ausmaß, werden zu Beginn des Bewegungsablaufs ruckartige oder sogar überschießende Kontraktionsabläufe ausgelöst.

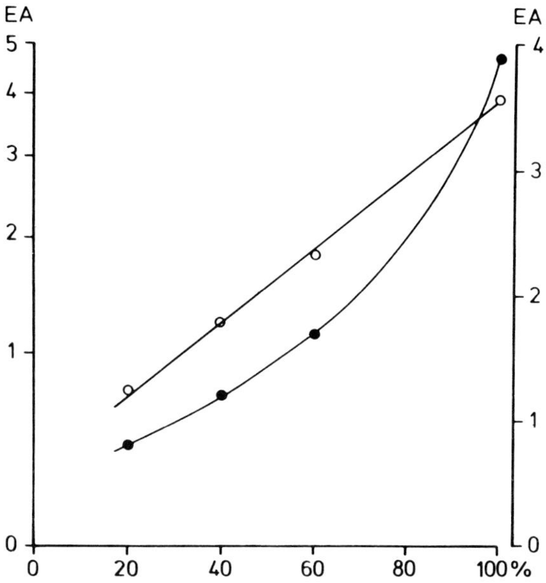

Abb. **8** Die Beziehung zwischen der elektrischen Aktivität (EA) und der statischen Muskelkraft (Abszisse: in Prozent der Maximalkraft) bei guter Motivation der Versuchspersonen. Lineare Darstellung der EA: ●——●——●, rechte Ordinate halblogarithmische Darstellung; ○——○——○, linke Ordinate (aus *F. Owczarek:* Das Verhalten des Kraft-Zeit-Produktes der elektrischen Aktivität der Herzfrequenz und des Sauerstoffverbrauches bei erschöpfenden abgestuften statischen Muskelkontraktionen. Diss. Berlin 1970)

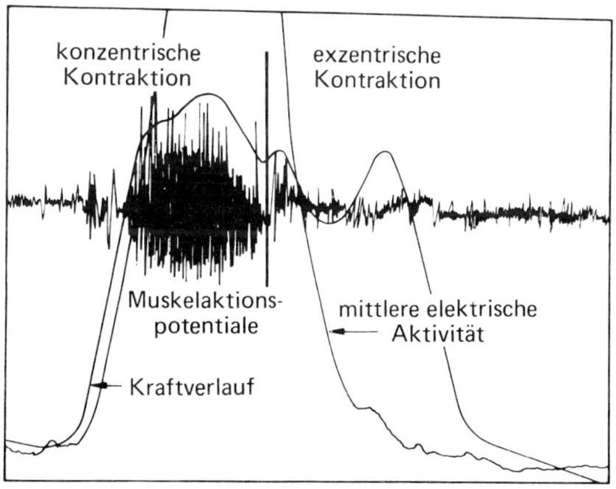

Abb. **9** Muskelaktionspotentiale (Oberflächenelektrodenableitung), Kraftverlauf und mittlere elektrische Aktivität bei einer konzentrischen und einer exzentrischen dynamischen Kontraktion. Der Übergang zwischen beiden Kontraktionsformen ist durch den vertikalen Strich gekennzeichnet. Die mittlere elektrische Aktivität bei konzentrischer Kontraktion ist so groß, daß ihre Kurve über den oberen Bildrand hinausgeht. Bei nicht wesentlich kleinerer Kraft während der exzentrischen Kontraktion sinkt die mittlere elektrische Aktivität stark ab

Körperhaltung und elektrische Aktivität

Bedingt durch das labile Gleichgewicht des menschlichen Körpers, erfordert die Aufrechterhaltung einer bestimmten Körperstellung eine mehr oder weniger große Aktivität bestimmter Muskelgruppen, wobei das Ausmaß der Innervation durch die Ableitung ihrer Aktionspotentiale eingeschätzt werden kann. Bestimmte Gelenke, auf die die Gravitation einwirkt, sollen dabei in einer vorgegebenen Position fixiert werden, so daß z. B. eine Beugung im Fußgelenk beim Stehen vermieden oder der Kopf aufrecht gehalten wird. Die aufrechte Haltung des Menschen ist durch die Form seiner Wirbelsäule bedingt und durch die Aktivität der Muskulatur, die diese gegen die Schwerkraft stabilisiert. Der Begriff Haltung steht nicht unbedingt im Gegensatz zu dem Begriff Bewegung. Eine bestimmte Haltung ist manchmal die Voraussetzung für einen nachfolgenden Bewegungsablauf (Startposition des Sprinters). In einem solchen Fall ist Haltung sicher nicht ein rein reflektorisches Geschehen, das gegen die Gravitation wirkt (Hess 1965). Die „Stützmotorik" bereitet z. B. bei einer Wurfübung durch die Rumpf- und Beinhaltung die erfolgreiche ballistische Bewegung, die „Zielbewegung" vor. Die Rumpfmuskeln werden bei einer Willkürbewegung früher aktiviert als die Extremitätenmuskeln (DeLong u. Strick 1974).

Schon bei den im täglichen Leben vorkommenden Bewegungsabläufen werden die Kurvaturen der Wirbelsäule häufig abgeflacht oder in entgegengesetzter Richtung ausgeprägt. Die damit verbundene Verlagerung des Körperschwerpunktes erfordert die Innervation anderer Muskeln oder anderer Muskelanteile, um das Gleichgewicht wiederherzustellen (McConaill u. Basmajian 1969). Bei den meisten Menschen erfordert das aufrechte Stehen nur eine geringe Muskelaktivität, die sich gelegentlich auf den Ablauf von Haltereflexen der Antigravitationsmuskeln, vor allem im Bereich der Rückenstreckmuskulatur, erstreckt. Im Tierversuch läßt sich jedoch nachweisen, daß selbst die Interkostalmuskeln zur Körperhaltung beitragen (Duron 1973).

Die EMG-Amplituden in den verschiedenen Muskeln sind selten größer als 100–200 µV (Garfinkel u. Mitarb. 1965). In einigen Muskeln ist dabei die Aktivität annähernd konstant (M. rectus abdominis, M. glutaeus maximus, M. biceps femoris etc.), während andere mit ihrer Aktivität phasenhaft Schwankungen des Körperschwerpunktes ausgleichen (z. B. M. gastrocnemius). Schon die durch die Atmung hervorgerufenen Verlagerungen des Körpers üben einen Störeinfluß auf das Gleichgewicht aus, werden jedoch durch entsprechende Aktivitätssteigerungen bzw. -verminderungen in den entsprechenden Muskeln kompensiert.

Der Körperschwerpunkt liegt im Bereich des zweiten Sakralwirbels. Er projiziert sich auf die Körperoberfläche in der Höhe der Spina iliaca posterior superior. Die ideale aufrechte Haltung ist dadurch gekennzeichnet, daß die Schwerpunktlinie in der Körpermitte zwischen folgenden Punkten verläuft:

1. den Mastoidfortsätzen (unmittelbar vor dem Atlantooccipital-Gelenk),
2. einem Punkt unmittelbar zwischen den Schultergelenken,
3. den Hüftgelenken oder unmittelbar dahinter,
4. einem Punkt unmittelbar vor der Mitte der Kniegelenke,
5. einem Punkt unmittelbar vor den Fußknöcheln (Abb. **10**) (McConaill u. Basmajian 1969).

Abb. **10** Ideale Schwerpunktslinie bei aufrechter Haltung. Das Lot des Körperschwerpunktes wird unmittelbar vor den Fußknöcheln auf die Unterlage projiziert

Bedingt durch die Projektion der Schwerpunktslinie auf den Fußboden, ist zur Aufrechterhaltung des Körpers die elektrische Aktivität im M. soleus im Normalfall wesentlich größer als im M. tibialis anterior (Abb. **11**). Muß dagegen ein Patient mit spastischer Lähmung und einem Spitzfuß beim aufrechten Stand die Knie beugen, um auf der gesamten Fußsohle stehen zu können, so erschlafft die Wadenmuskulatur; der Körperschwerpunkt wird hinter den Knöchel projiziert, und die Aktivität im M. tibialis anterior überwiegt erheblich die des M. gastrocnemius (Rotzinger u. Stoboy 1974).

Bei idealem aufrechten Stand ist nach McConaill u. Basmajian (1969) die Energieausgabe sehr klein, jedoch hängt ihre Größe vom Körpergewicht, der Körpergröße und damit von der Lage

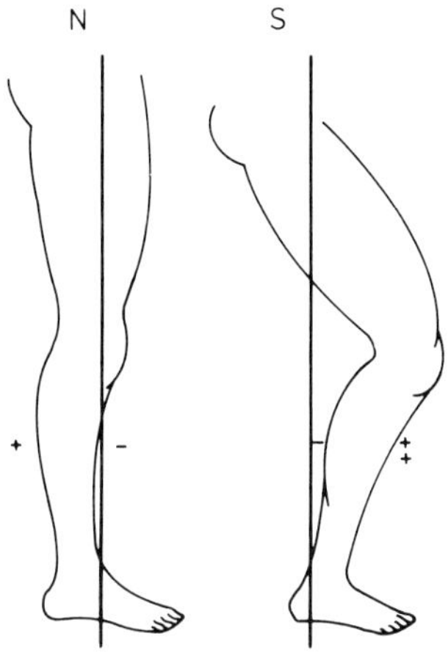

Abb. **11** Aktivität des M. soleus und des M. tibialis anterior beim aufrechten Stehen eines normalen Probanden (N) und eines spastischen Patienten (S)

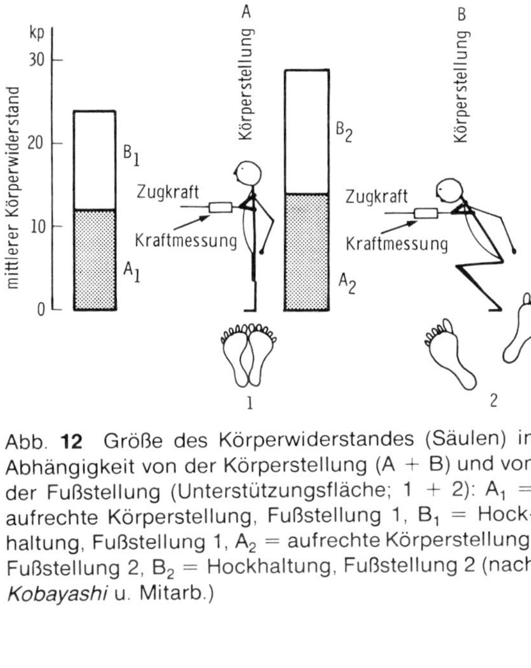

Abb. **12** Größe des Körperwiderstandes (Säulen) in Abhängigkeit von der Körperstellung (A + B) und von der Fußstellung (Unterstützungsfläche; 1 + 2): A_1 = aufrechte Körperstellung, Fußstellung 1, B_1 = Hockhaltung, Fußstellung 1, A_2 = aufrechte Körperstellung, Fußstellung 2, B_2 = Hockhaltung, Fußstellung 2 (nach *Kobayashi* u. Mitarb.)

des Körperschwerpunktes ab (SHEPHARD 1972). Diese interindividuellen Variationen können zu erheblichen Unterschieden des mechanischen Nutzeffektes führen und auf diese Weise die Energieausgabe beeinflussen. Ein vollkommen stabiles Gleichgewicht kann schon deswegen nicht erreicht werden, weil die Unterstützungsfläche weit entfernt ist. Die Stabilität des Körpers gegen äußere Einflüsse hängt in aufrechter Stellung weitgehend von seiner Position und von der Stellung der Füße ab. Nach KOBAYASHI u. Mitarb. (1974) ist die Stabilität um so besser gesichert, je größer die Fläche ist, von der der Körper unterstützt wird, und je kürzer die Entfernung des Körperschwerpunktes von der Unterstützungsfläche ist. Die Unterstützungsfläche wird durch breitbeiniges Stehen, durch eine Schrittstellung der Füße

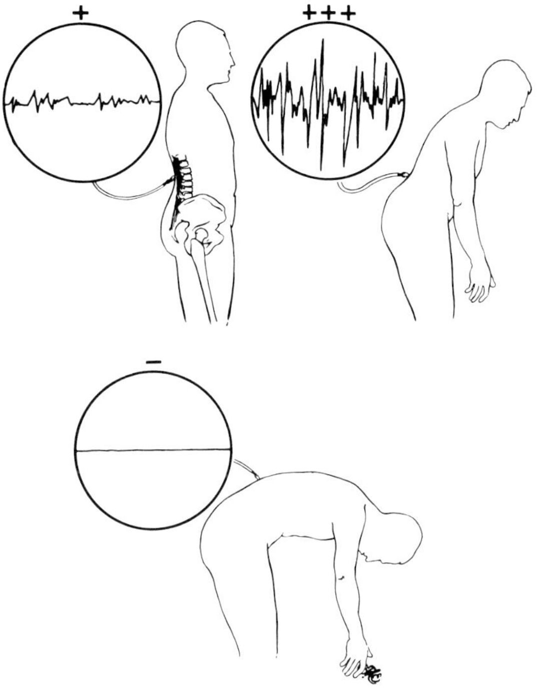

Abb. **13** Das Verhalten der elektrischen Aktivität in den Rückenmuskeln beim aufrechten Stand während einer Rumpfbeugung und bei maximaler Beugung des Oberkörpers

bzw. durch eine Kombination dieser beiden Maßnahmen vergrößert (Stabilitätsanstieg um 16–29%). Der Körperschwerpunkt wird durch eine Knie- und Hüftbeugung der Unterstützungsfläche angenähert und damit die Stabilität im Vergleich zur gestreckten aufrechten Körperstellung um 64–123% erhöht (Abb. **12**). Bei günstigster Körperposition (B) entscheidet, wie es elektromyographisch nachgewiesen werden konnte, die Größe der elektrischen Aktivität über die bessere Stabilität, d. h., mit größerer Muskelkraft nimmt die Stabilität gegen externe Störungen zu (s. auch WILLEMS u. VRANKEN 1974).

Eine Gelenkstabilität wird jedoch nicht nur durch Muskelaktivität erreicht, sondern auch durch Bänder und Gelenkkapseln (BASMAJIAN 1973b, MCCONAILL u. BASMAJIAN 1969, SHEPHARD 1972). So sind z. B. die Muskeln des Fußgewölbes beim ruhigen Stehen inaktiv (BASMAJIAN 1973b). Während einer Vorwärtsneigung des Rumpfes nimmt die elektrische Aktivität der Rückenmuskulatur erheblich zu, bis eine maximale Rumpfbeugung erreicht ist (Abb. **13**). In dieser Stellung ist keine elektrische Aktivität der Rückenmuskulatur nachweisbar, da die Bänderstrukturen das Gewicht des Rumpfes halten (MCCONAILL u. BASMAJIAN 1969). Eine Haltungsermüdung ist deswegen auf die Erregung von Kapsel- und Bänderrezeptoren zurückzuführen (BASMAJIAN 1973b). Versuche mit Gewichtsschuhen an sitzenden Versuchspersonen ergaben, daß der M. vastus lateralis, der M. vastus medialis und M. rectus femoris während einer Bewegung von 90–0 Grad ähnliche elektrische Aktivitäten aufwiesen. Bei einer Kniegelenkstellung von 90 Grad war keine elektrische Aktivität nachweisbar. Deshalb wird angenommen, daß bei diesem Kniegelenkwinkel das Bindegewebe die abwärtsgerichtete Kraft kompensiert (JACKSON u. MERRIFIELD 1972). Offensichtlich hängt das Einnehmen einer ermüdungsfreien Körperhaltung auch von Traditionen und Gewohnheiten ab. Einwohner orientalischer Länder können stundenlang ohne Diskomfort eine Hockstellung einnehmen, deren Imitation einem Europäer nach kurzer Zeit heftige Beschwerden verursacht.

Die generelle Festlegung einer „guten" oder „schlechten" Körperhaltung ist nicht möglich, da das optimale aufrechte Stehen mit dem Körperbautyp variiert (ektomorph, mesomorph oder endomorph). Dazu kommen die individuellen Unterschiede in der Wirbelsäulenstruktur, die sich auf die Lage des Körperschwerpunktes auswirken (SHEPHARD 1972). Eine Hyperextension der Kniegelenke, ein Hohlrücken, ein steiler Beckenwinkel, ein vorspringendes Abdomen etc. werden jedoch, unabhängig vom Körperbautyp, als Fehlhaltungsformen bezeichnet werden können. Eine Körperhaltung, die weitgehend mit der Schwerpunktlinie übereinstimmt, vermindert die statische „Muskelarbeit", wobei die ästhetische Wirkung der Körperhaltung nicht zu vernachlässigen ist. Eine unbeholfene Körperhaltung bei dynamischen Bewegungsabläufen führt zu einer Vergrößerung der Exaktheit der Bewegungen. Während einer körperlichen Tätigkeit, z. B. im Sport, ergibt sich neben der spezifischen motorischen Handlung häufig die Notwendigkeit, eine bestimmte Körperhaltung einzunehmen und aufrechtzuerhalten. Dazu gehört z. B. die Stabilisierung des Rumpfes auf einem Rennrad durch die Armmuskulatur, das Ausführen schneller Bewegungen mit hohen Absätzen beim Tanzsport, aber auch das Einnehmen bestimmter Körperhaltungen bei Montagearbeiten (s. auch PERSON 1947).

Bewegungsmuster (-abläufe) und elektrische Aktivität

Die Bewegung in einem Gelenk kann durch die Kontraktion eines oder mehrerer Muskeln zustande kommen. Die Pronation des Unterarmes erfordert meist nur die Kontraktion des M. pronator quadratus. Soll dabei jedoch zusätzlich ein Widerstand überwunden werden, beteiligen sich mehr Muskeln an der Bewegung. Auch eine Beugung im Ellbogengelenk kann allein durch den M. brachialis ausgeführt werden (BASMAJIAN 1973b). Andererseits sind an komplexen Bewegungen wie z. B. der Rotation der Skapula während des Hochhebens der Arme mehrere Muskelgruppen synergistisch beteiligt. Zur Beurteilung der Koordination einfacher Bewegungen, bei denen zwei Muskelgruppen abwechselnd innerviert werden wie bei der Plantar- und Dorsalflexion des Fußes, genügt unter Umständen die Ableitung des Elektromyogramms, wenn z. B. ein normaler Bewegungsablauf mit einem durch Spastik gestörten verglichen werden soll (Abb. **14**) (ROTZINGER u. STOBOY 1974). Bei komplizierteren Bewegungsabläufen ist es notwendig, das Elektromyogramm mit anderen Registrierverfahren zu synchronisieren. Dazu werden z. B. Filmaufnahmen, die Registrierung von Kraftverlaufskurven, die Aufzeichnung von Winkelbeschleunigungen mit Elektrogoniometern etc. verwendet (ADRIAN 1973). Synchronisationssignale erhöhen die Sicherheit der Auswertung wie z. B. Mikroschalter, Impulsgeneratoren, synchrone Lichtblitze etc.

Ablauf des Gehens

Beim normalen Gehen wird der Körperschwerpunkt so im Raum verlagert, daß durch die dabei ablaufenden Muskelkontraktionen die Energieausgabe so gering wie möglich ist. Wenn zu Beginn der Standphase die Ferse den Boden berührt, erreichen die Unterschenkelbeugemuskeln und die prätibialen Muskeln ihre maximale Aktivität (Abb. **15**). Wird anschließend der Rumpf über das Bein vorwärts bewegt, nimmt die Aktivität des M. quadriceps femoris zu, um das Kniegelenk zu stabilisieren (BASMAJIAN 1973b). Während der Standphase werden die Dorsiflexion des Fußes durch die Aktivität der Wadenmuskeln und die Körperhaltung durch die Kniestreckung stabilisiert. Erst nach Beendigung der Aktivität des Quadrizeps erfolgt die Streckung im Kniegelenk. Im Gegensatz zum geraden Stand ist sie beim Gehen niemals vollständig ausgeprägt. Die Kniestreckung in der Standphase erfolgt durch die Aktivität der Plantarflexoren des Fußes. Seine Dorsiflexion entsteht vorwiegend durch äußere Kräfte, nämlich durch die kinetische Energie der Schwerkraft und der Gegenwirkung des Bodens. Sie dauert so lange, bis sich die Ferse vom Boden löst. Eine Bewegung des Rumpfes und der Hüftregion, die ihre Position über die Füße hinaus verlagert, leitet die Bewegung des entsprechenden Fußes während des Gehens ein.

Die wichtigsten elektromyographisch nachweisbaren Ereignisse während des Gehens werden von MCCONAILL und BASMAJIAN (1969) wie folgt beschrieben:

1. Auf eine Kontraktion des Triceps surae folgt die des Glutaeus maximus der Gegenseite.
2. Die Kontraktion des Triceps surae entspricht dem ersten Gipfel der vertikalen Beschleunigungskurve. Seine Kontraktion beginnt jedoch, bevor die Ferse

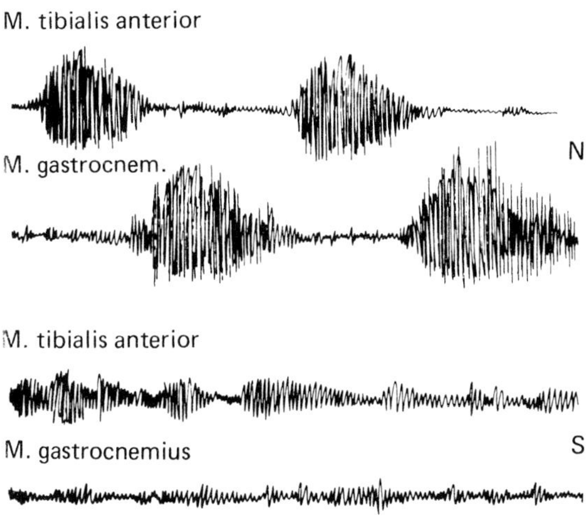

Abb. **14** Die Elektrische Aktivität bei Plantar- und Dorsalflexion des Fußes: N = normaler Proband, S = spastische Parese

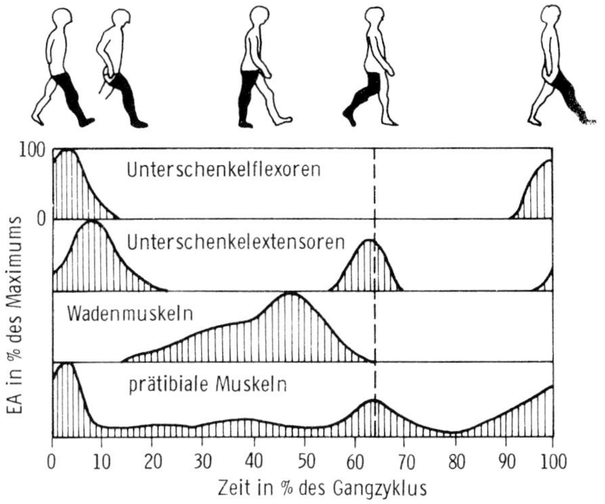

Abb. **15** Elektrische Aktivität der Beinmuskeln im Verlauf eines Gangzyklus (nach *McConaill* und *Basmajian*)

sich vom Boden abhebt, und ist beendet, bevor die Großzehe den Boden verläßt.

3. Die Dorsiflexion des Fußes beginnt beim Auftreten der maximalen Beschleunigung des Unterschenkels.
4. Der Tibialis anterior hat meist eine biphasische Aktivität, wird aber manchmal kurzzeitig innerviert, nachdem der Fuß flach auf dem Boden steht.
5. Die Kontraktion des Iliopsoas geschieht gleichzeitig mit der des gegenseitigen Glutaeus maximus.
6. Der Glutaeus maximus ist am Ende der Schwungphase und zu Beginn der Unterstützungsphase aktiv. Dieses Verhalten widerspricht der allgemeinen Auffassung, daß seine Aktivität für das normale Gehen nicht benötigt wird. Möglicherweise kontrahiert sich der Glutaeus maximus, um eine Beugung im Hüftgelenk zu verhindern bzw. zu kontrollieren.
7. Die Kontraktion des Glutaeus maximus der Gegenseite entspricht dem zweiten Gipfel der vertikalen Beschleunigungskurve.
8. Der Glutaeus medius und der Glutaeus minimus sind immer während der Unterstützungsphase, bei manchen Menschen auch während der Schwungphase, aktiv.
9. Der Quadrizeps femoris kontrahiert sich, wenn die Streckung im Kniegelenk vollendet ist. Die frühe Streckphase geschieht wahrscheinlich durch ein passives Schwingen des Unterschenkels. Die Kontraktion des Quadrizeps dauert in der frühen Unterstützungsphase an und tritt am Ende der Unterstützungsphase wieder auf, um das Kniegelenk in der Streckung zu stabilisieren.
10. Die Streckung des Kniegelenks beginnt zum Zeitpunkt der maximalen Beingeschwindigkeit.
11. Mit Beginn der Unterstützungsphase werden die Wadenmuskeln aktiv, und ihre Innervation erlischt mit dem Beginn der Schwungphase.
12. Die Unterschenkelbeuger kontrahieren sich am Ende der Beugung und zu Beginn der Oberschenkelstreckung, wahrscheinlich um eine Beugung des Oberschenkels zu verhindern, bevor die Ferse den Boden berührt.
13. Während der Schwungphase sind die Unterschenkelbeuger inaktiv, sogar während der Beugung im Kniegelenk.

Nach McConaill u. Basmajian (1969) sind die 6 Hauptdeterminanten des menschlichen Ganges:

1. die Beckenrotation,
2. die Beckenkippung,
3. die Knieflexion,
4. die Hüftflexion,
5. die Wechselwirkungen zwischen Fuß und Kniegelenk,
6. die laterale Beckenverlagerung.

Bei einem pathologischen Gang wird versucht, die Energieausgabe so klein wie möglich zu halten. Wenn ein Patient eine der Hauptdeterminanten verliert, ist eine angemessene Kompensation möglich. Der Verlust von zwei Hauptdeterminanten läßt keine wirksame Kompensation mehr zu, und die Energieausgabe verdreifacht sich.

Mit der Oberflächenelektromyographie der Beinmuskeln läßt sich die Entwicklung des Ganges bei Kindern gut nachweisen. Okamoto (1973) konnte nachweisen, daß der M. tibalis anterior sich bereits 1 Monat nach Beginn des Gehenlernens dem Verhaltensmuster des Erwachsenen annähert, der M. vastus lateralis etwa in der Mitte des 2. Jahres, der M. gastrocnemius, M. biceps femoris, M. glutaeus maximus und M. erector spinae etwa am Ende des 2. Jahres, der M. rectus femoris etwa zu Beginn des 3. Jahres. Zwischen dem 50. und 85. Tag begannen der M. tibialis anterior und der M. gastrocnemius ein reziprokes Innervationsmuster zu entwickeln. Die Gehbewegung des Erwachsenen war nach dem 7. Jahr erreicht.

Bei langsamen Geschwindigkeiten sind nach Brandell u. Williams (1974) die interindividuellen Unterschiede in den Gelenkbewegungen und der Muskelaktivität zwischen Gehen auf ebener Erde und auf einem Laufband kleiner als die zwischen verschiedenen normalen Versuchspersonen beim Gehen auf ebener Erde. Deshalb erscheinen Ganguntersuchungen auf dem Laufband berechtigt.

Condie (1973) verglich die elektrische Aktivität von Beinmuskeln Amputierter und normaler Probanden während des Ganges. Bei Oberschen-

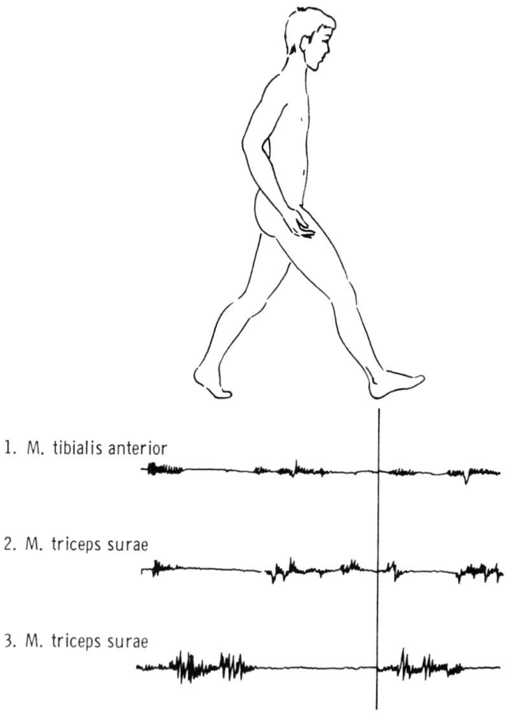

Abb. **16** Veränderung des zeitlichen Ablaufs der elektrischen Aktivität des M. triceps surae nach myoplastischer Unterschenkelamputation während des Ganges (3) im Vergleich zur Aktivität bei einem normalen Probanden (2). Die Aktivität des M. tibialis anterior (1) zeigt in beiden Fällen den gleichen Verlauf (nach *Condie*)

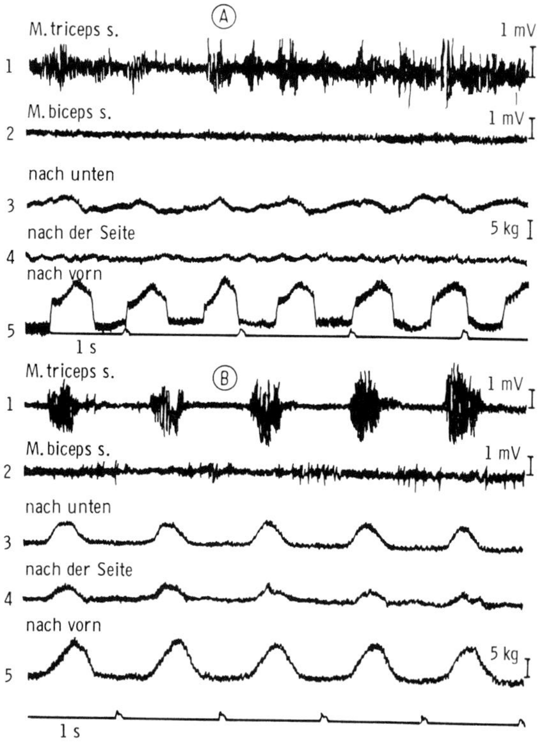

Abb. **17** Die Registrierung der elektrischen Aktivität des M. triceps (1), des M. biceps (2) und der vertikalen, transversalen und sagittalen Kraftkomponenten (3, 4 + 5) vor dem Erlernen (A) und nach dem Erlernen (B) des Feilens (aus *R. S. Person:* Die Arbeit der Muskeln bei den Bewegungsakten des Menschen. In: Sportphysiologie. VEB Volk und Gesundheit, Berlin 1947)

kelamputierten wiesen die Stumpfmuskeln, die durch die Amputation nicht betroffen waren, bei Patienten die gut an ihre Prothese gewöhnt waren, eine fast normale Aktivität auf (M. glutaeus maximus und Abduktoren). Nach myoplastischer Versorgung von Unterschenkelamputierten war die normale phasische Aktivität des M. tibialis anterior praktisch erhalten, während der M. triceps surae eine vollständige Umkehr der Aktivität während der Schwungphase aufwies (Abb. **16**). Möglicherweise handelt es sich bei den abgeleiteten Aktionspotentialen um Reflexerregungen, die ein Abgleiten der Hülse während der Schwungphase verhindern. Eine Kompensation der vom Normalen abweichenden stark variablen Aktivität der Hüftextensoren wird gleichfalls in Erwägung gezogen.

Ungewohnte Bewegungsabläufe sind auch dadurch charakterisiert, daß die elektrische Aktivität in den entsprechenden Muskeln lange andauert.

Beim Erlernen einer Bewegung werden Muskelgruppen, die nicht für den Bewegungsablauf notwendig sind, mitinnerviert. Mit zunehmender Ausbildung der Bewegungsfertigkeit werden die Aktivitätsphasen des tätigen Muskels kürzer (Abb. **17**) (PERSON 1947), und die Innervation wird auf die zur Bewegungsausführung notwendigen Muskeln beschränkt.

Bei gut trainierten Läufern nimmt auf dem Laufband die integrierte elektrische Aktivität der Unterschenkelmuskulatur mit ansteigender Geschwindigkeit kurvlinear zu, jedoch konnte bei konstanter Geschwindigkeit nachgewiesen werden, daß die elektrische Aktivität wesentlich kleiner ist als die bei weniger trainierten (HOSHIKAWA u. Mitarb. 1973). Der elektromyographisch erfaßte Koordinationsablauf bei lange geübten Bewegungen wie z. B. Radfahren ist auch bei verschiedenen Probanden weitgehend konstant (DESIPRÉS 1974, PERSON 1947). Änderungen des Koordinationsablaufes sind bei unterschiedlichen äußeren Bedingungen nachweisbar (z. B. Veränderung der Sattelhöhe bzw. des Neigungswinkels des Laufbandes). Bei bestimmten gezielten Bewegungen, bei denen z. B. durch einen Hammerschlag ein Ziel getroffen werden muß, ist nicht nur der Agonist tätig, sondern, wenn auch in einem geringeren Umfang, der Antagonist, der der Bewegung eine Stabilität gegenüber äußeren Störungen verleiht (PERSON 1947) (Abb. **18**). Solche Bewegungsabläufe werden von HUBBARD (1960) als angespannte bzw. fixierte Bewegungen bezeichnet.

Bei ballistischen Bewegungen ist der Agonist nur zu Beginn aktiv. Die durch seine Tätigkeit erzeug-

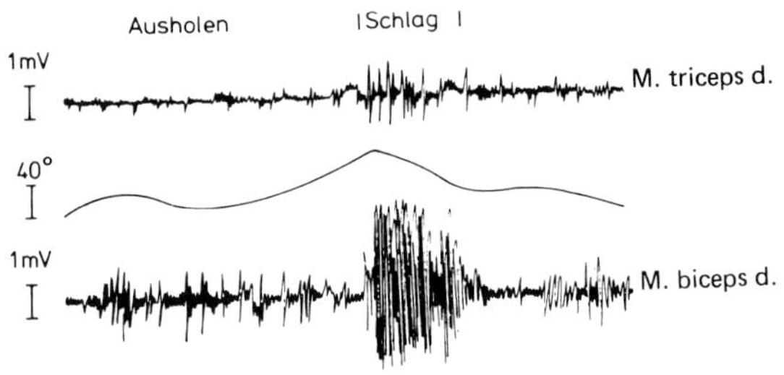

Abb. **18** Stabilisierung eines Bewegungsablaufs während eines Hammerschlages durch gleichzeitige agonistische und antagonistische Kontraktionen. Registrierung der elektrischen Aktivität des M. triceps und des M. biceps und der Veränderung des Gelenkwinkels (mittlere Kurve) (nach *Person*)

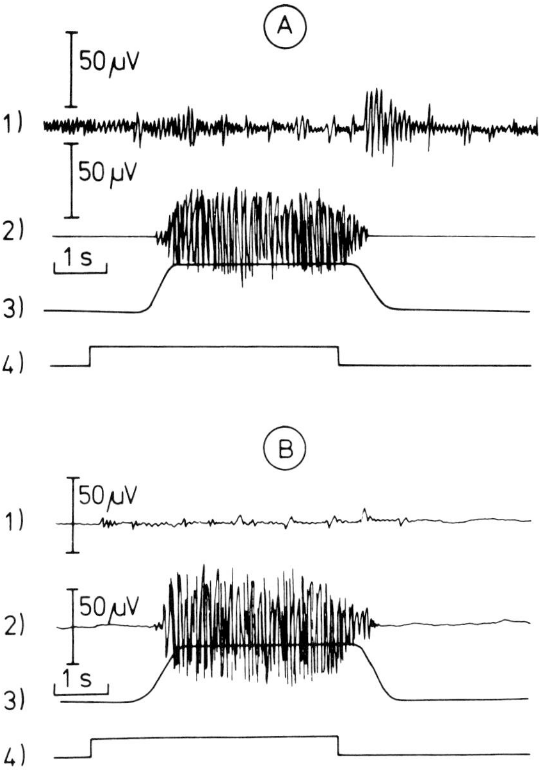

Abb. **19** Verminderung der elektrischen Aktivität des Agonisten und der Mitinnervation durch Übung (rhythmische Handbeugung gegen eine Gummimembran): 1 = EMG M. anconaeus, 2 = EMG M. flexor carpi ulnaris, 3 = Mechanogramm, 4 = Signalmarkierung, A = vor Übungsbeginn, B = nach häufiger Übung (nach *Kosmjan*)

te kinetische Energie bewegt die entsprechende Körpermasse in der zweiten Bewegungsphase ohne wesentliche Muskelaktivität weiter (HUBBARD 1960). Bei Wurf- und Schlagbewegungen dagegen muß das Kraftmaximum am Ende der Bewegung liegen. Bei einem trainierten Boxer nimmt durch Aktivierung neuer Muskelgruppen die Geschwindigkeit des Schlages zu, bis das Ziel erreicht ist (NARIKAŠVILI u. Mitarb. 1962). Die Einbeziehung von immer mehr Muskelgruppen in den Bewegungsablauf konnte auch beim Kugelstoßen festgestellt werden (LEBEDEV 1962).

Die Verminderung der Mitinnervation durch mehrfaches Üben einer Bewegung bei gleichzeitiger Abnahme der elektrischen Aktivität des Agonisten wurde durch KOSMJAN (1965) nachgewiesen. Bei rhythmischer Handbeugung gegen eine Gummimembran ist in ungeübtem Zustand eine deutliche Aktivität des M. anconaeus nachweisbar, die im Verlauf der Übungsphase fast völlig verschwindet, während gleichzeitig auch die elektrische Aktivität des M. flexor carpi ulnaris abnimmt (Abb. **19**).

Wie weitgehend die Größe der elektrischen Aktivität auch Aussagen über die Innervation kleiner Muskeln zuläßt, zeigt die Ableitung der Aktionspotentiale bei der Opposition des Daumens gegen die Seite bzw. die Spitze der anderen Finger (MCCONAILL u. BASMAJIAN 1969) (Abb. **20**).

Die Bewegung entwickelt sich aus einer ihr vorausgehenden Vorinnervation, um z. B. die notwendigen Beschleunigungskräfte auslösen zu können (antizipatorische Haltungsbereitschaft). Sie dient nach JUNG (1976) auch in entfernteren Muskelgruppen als Basis für den gezielten Handlungsablauf.

Vor einer Wurfbewegung muß die Bein- und Rumpfhaltung stabilisiert werden, um die Zielbewegung erfolgreich durchführen zu können (HESS 1965). Im EMG werden vor einer Armbewegung die Muskeln des Rumpfes und des Schultergürtels aktiviert. Beim Gehen und Springen beginnt etwa 140 ms vor dem Bodenkontakt im M. gastrocnemius die elektrische Aktivität, während die durch

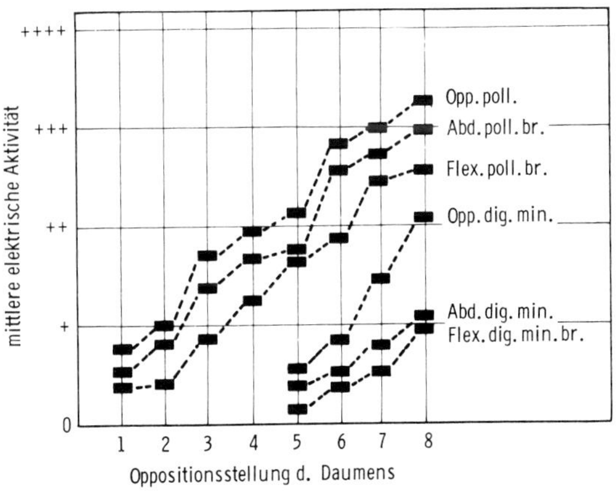

Abb. **20** Die Größe der mittleren elektrischen Aktivität von 6 Muskeln bei der Opposition des Daumens: 1 + 2 = Berührung der Seite und Spitze des Zeigefingers, 3 + 4 = Berührung der Seite und Spitze des Mittelfingers, 5 + 6 = Berührung der Seite und Spitze des Ringfingers, 7 + 8 = Berührung der Seite und Spitze des kleinen Fingers (nach *McConaill* und *Basmajian*)

den Dehnungsreflex ausgelöste Aktivität erst 120 ms nach der Bodenberührung nachweisbar ist (MELVILL JONES u. WATT 1971).
In vielen Fällen ist es vorzuziehen, eine Bewegungsanalyse nicht unter stationären Laborbedingungen, sondern im Feldversuch durchzuführen wie z. B. Gang- oder Laufanalysen bei Erkrankungen des Bewegungsapparates oder die Registrierung optimaler Bewegungsformen bei sportlichen Übungen. Dazu ist es notwendig, die entsprechenden Meßwerte wie z. B. Elektromyogramme, Gelenkwinkelveränderungen, Beschleunigungsphasen etc. ohne behindernde Kabelverbindungen über einen von der Versuchsperson mitgetragenen Sender zur Empfänger- und Registriereinheit zu übermitteln. Die Telemetrie des EKG ist seit langem bekannt. In letzter Zeit ist es gelungen, auch die vorgenannten Werte telemetrisch zu übertragen und mit dem gefilmten Bewegungsablauf zu synchronisieren. Auch aus solchen telemetrischen Untersuchungen ergab sich z. B., daß beim Gehen der Übergang von der Standphase zur Schwungphase durch die Innervation der entsprechenden Muskeln vorbereitet wird, lange bevor der Fuß vom Boden abgehoben wird (BAUMANN u. BAUMGARTNER 1974). Durch Telemetrie der Aktivität des Diaphragmas und anderer Muskeln konnte z. B. beim Rudern festgestellt werden, daß bei der Vorwärtsbewegung der Riemen zur Auslage durch die Bein- und Rumpfbeugung eine Kompression des Bauchraumes auftritt, wobei die aktive Exspiration erleichtert wird (DEROANNE u. Mitarb. 1974). Es ist zu erwarten, daß durch telemetrische Analysen in Zukunft bessere Kenntnisse für die Rehabilitation von Behinderten vermittelt werden können.

Literatur

Adrian, M.: Cinematographic, electromyographic and electrogoniometric techniques for analysing human movements. In: Exercise and Sport Sciences Reviews, Bd. I, hrsg. von J. H. Wilmore. Academic Press, New York 1973

Ashworth, B., L. Grimby, E. Kugelberg: Comparison of voluntary and reflex activation of motor units. J. Neurol. Neurosurg. Psychiat. 30 (1967) 91–98

Basmajian, J. V.: Muscle Alive. Williams & Wilkins, Baltimore 1967

Basmajian, J. V.: Control of individual motor units. Amer. J. phys. Med. 52 (1973a) 257–260

Basmajian, J. V.: Electromyographic analysis of basic movement patterns. In: Exercise and Sport Sciences Review, Bd. I, hrsg. von J. H. Wilmore. Academic Press, New York 1973b

Baumann, Y. U., R. Baumgartner: Synchronized photo-optical and EMG gait analysis with radiotelemetry. In: Biotelemetry, Bd. II, hrsg. von P. A. Neukomm. Karger, Basel 1974

Bigland, B., O. C. J. Lippold: The relation between force, velocity and integrated electrical activity in human muscles. J. Physiol. (Lond.) 123 (1954a) 214–224

Bigland, B., O. C. Lippold: Motor unit activity in the voluntary contraction of human muscle. J. Physiol. (Lond.) 125 (1954b) 322–335

Bigland-Ritchie, B., J. Woods: Oxygen consumption and integrated electrical activity of muscle during positive and negative work. J. Physiol. (Lond.) 234 (1973) 39P–40P

Bouisset, S., F. Goubel: Integrated electromyographical activity and muscle work. J. appl. Physiol. 35 (1973) 695–702

Brandell, B. R., H. Williams: An analysis of cinematographic and electromyographic recordings of human gait. International Series on Sport Sciences, Bd. I: Biomechanics IV, hrsg. von R. C. Nelson, C. A. Morehouse. University Park Press, Baltimore 1974

Brandstater, M. J., E. H. Lambert: A biological study about the spatial arrangement of muscle fibres in single motor units within the tibialis anterior muscle. Bull. Amer. Ass. Electromyogr. Electrodiagn. (1968)

Brooks, J. E.: Disuse atrophy of muscle. Arch. Neurol. (Chic.) 22 (1970) 27–30

Buchthal, F.: Einführung in die Elektromyographie. Urban & Schwarzenberg, München 1958

Buchthal, F., F. Erminio, P. Rosenfalck: Motor unit territory in different human muscles. Acta physiol. scand. 45 (1959) 72

Buchthal, F., C. Guld, P. Rosenfalck: Action potential parameters in normal human muscle and their dependence on physical variables. Acta physiol. scand. 32 (1954a) 200–218

Buchthal, F., C. Guld, P. Rosenfalck: Innervationzone and propagation velocity in human muscle. Acta physiol. scand. 38 (1955) 174–190

Buchthal, F., C. Guld, P. Rosenfalck: Volume conduction of the spike of the motor unit potential investigated with a new type of multielectrode. Acta physiol. scand. 38 (1957a) 331–354

Buchthal, F., C. Guld, P. Rosenfalck: Multielectrode study of the territory of a motor unit. Acta physiol. scand. 39 (1957b) 83–105

Buchthal, F., P. Pinelli, P. Rosenfalck: Action potential parameters in normal human muscle and their physiological determinants. Acta physiol. scand. 32 (1954b) 219–229

Caspers, H.: Die zentralnervöse Regulation der Muskeltätigkeit. In: Handbuch der gesamten Arbeitsmedizin, Bd. I: Arbeitsphysiologie, hrsg. von E. W. Baader. Urban & Schwarzenberg, Berlin 1961

Christensen, E.: Topography of terminal motor innervation in striated muscles from stillborn infants. Amer. J. phys. Med. 38 (1959) 65–77

Clamann, H. P.: Activity of single motor units during isometric tension. Neurology (Minneap.) 20 (1970) 254–260

Condie, D. N.: Electromyography of the lower limb amputee. In: Medicine and Sport, Bd. VIII: Biomechanics III, hrsg. von E. Jokl. Karger, Basel 1973 (S. 482–488)

DeJong, R. H., G. Freund: Relation between electromyogram and isometric twitch tension in human muscles. In: American Congress of Rehabilitation Medicine 1967

DeLong, M. R., P. L. Strick: Relation of basal ganglia, cerebellum and motor cortex units to ramp and ballistic limb movements. Brain Res. 71 (1974) 327–335

Deroanne, R., L. Delhez, J. M. Petit: Breath frequency analysis of different sports athlets during competition. In: Biotelemetry, Bd. II, hrsg. von P. A. Neukomm. Karger, Basel 1974

Desiprés, M.: An electromyographic study of competitive road cycling conditions simulated on a treadmill. In: International Series on Sport Sciences. Bd. I: Biomechanics IV, hrsg. von R. C. Nelson, C. A. Morehouse. University Park Press, Baltimore 1974 (S. 349–355)

Duron, B.: Postural and ventilatory functions of intercostal muscles. Acta neurol. biol. Exp. 33 (1973) 335–380

Eccles, J. C.: The Understanding of the Brain. McGraw-Hill, New York 1973

Ekstedt, J.: Human single muscle fibre action potentials. Acta physiol. scand. 61, Suppl. 226 (1964) 1–96

Evarts, E. V., J. Tanji: Gating of motor cortex reflexes by prior instruction. Brain Res. 71 (1974) 479–494

Feinstein, B., B. Lindegård, E. Nyman, G. Wohlfart: Morphologic studies of motor units in normal human muscles. Acta anat. (Basel) 23 (1955) 127–142

Fox, R. H., B. E. Löfstedt, P. M. Woodward, E. Eriksson, B. Werkstrom: Comparison of thermoregulatory function in men and women. J. appl. Physiol. 26 (1969) 444–453

Garfinkel, V. S., J. M. Koc, K. L. Ŝik: Reguljacija pozy ĉeloveska (Regulation der Haltung des Menschen). Moskau 1965

Göpfert, H., A. Bernsmeier, R. Stufler: Über die Steigerung des Energiestoffwechsels und der Muskelinnervation bei geistiger Arbeit. Pflügers Arch. ges. Physiol. 256 (1953) 304

Grimby, L., J. Hannerz: Recruitment of motor units on voluntary contraction. Changes induced by proprioceptive afferent activity. J. Neurol. Neurosurg. Psychiat. 31 (1968) 565–573

Guttmann, E., V. Hanzliková: Motor unit in old age. Nature (Lond.) 209 (1966) 921–922

Haase, J.: Haltung und Bewegung und ihre spinale Kontrolle. In: Physiologie des Menschen, Bd. XIV: Sensomotorik, hrsg. von O. H. Gauer, K. Kramer, R. Jung. Urban & Schwarzenberg, München 1976

Hess, W. R.: Cerebrale Organisation somatischer Leistungen. I. Physikalische Vorbemerkungen und Analyse konkreter Beispiele. Arch. Psychiat. Nervenkr. 207 (1965) 33–44

Hopf, H. C.: Untersuchung der Willkürmotorik. In: Elektromyographie, hrsg. von H. C. Hopf, A. Struppler. Thieme, Stuttgart 1974

Hoshikawa, T., H. Matsui, M. Miyashita: Analysis of running pattern in relation to speed. In: Medicine and Sport, Bd. VIII: Biomechanics III, hrsg. von E. Jokl. Karger, Basel 1973 (S. 342–348)

Hubbard, A. W.: Homokinetics: Muscular function in human movement. In: Science and Medicine of Exercise and Sports. New York 1960 (S. 7–39)

Jackson, H.: zit. nach H. C. Hopf 1974

Jackson, R. T., H. H. Merrifield: Electromyographic assessment of quadriceps muscles group during knee extension with weighted boots. Med. Sci. in Sports 4 (1972) 116–119

Johnson, E. W.: Electrodiagnosis. In: Handbook of Physical Medicine and Rehabilitation, hrsg. von F. K. Krusen, F. J. Kottke, P. M. Ellwood. Saunders, Philadelphia 1968

Jung, R.: Einführung in die Bewegungsphysiologie. In: Physiologie des Menschen, Bd. XIV: Sensomotorik, hrsg. von O. H. Gauer, K. Kramer, R. Jung. Urban & Schwarzenberg, München 1976

Koboyashi, K., M. Miura, Y. Yoneda, K. Edo: A study of stability of standing posture. In: International Series on Sport Sciences, Bd. I: Biomechanics IV, hrsg. von R. C. Nelson, C. A. Morehouse. University Park Press, Baltimore 1974

Komi, P. V.: Faktoren der Muskelkraft und Prinzipien des Krafttrainings. Leistungssport 1 (1975) 3–16

Kosmjan, E. J.: Über die Wechselbeziehungen der Muskelantagonisten bei nachgebender Arbeit. Zh. vyssh. nerv. Deyat. Pavlova 15 (1965) 61–69)

Laurig, W.: Elektromyographie als arbeitswissenschaftliche Untersuchungsmethode zur Beurteilung von statischer Muskelarbeit. Beuth-Vertrieb, Berlin 1970

Lebedev, V. M.: Koordinationsbeziehungen der Aktivität der Muskeln beim Kugelstoß. Teoriga i praktika fiziĉ kul'tury 25 (1962) 67–70

Levine, I. M., P. B. Jossmann, V. DeAngelis: Quantitative Wirkungsbeurteilung von CIBA 34'647-Ba. Ein vorläufiger Bericht. In: Aspekte der Muskelspastik, hrsg. von W. Birkmayer. Huber, Bern 1972

Ludin, H. P.: Das normale Elektromyogramm. In: Elektromyographie, hrsg. von H. C. Hopf, A. Struppler. Thieme, Stuttgart 1974

Lundervold, A., C. Li: Motor units and fibrillation potentials as recorded with different kinds of needle electrodes. Acta psychiat. scand. 28 (1953) 201–212

McConaill, M. A. M., J. V. Basmajian: Muscles and Movements. Williams & Wilkins, Baltimore 1969

Melvill Jones, G., D. G. D. Watt: Observations on the control of stepping and hopping movements in man. J. Physiol. (Lond.) 219 (1971) 709–727

Myers, S. J., R. E. Lovelace: The motor unit and muscle action potentials. In: Physiological Basis of Rehabilition Medicine, hrsg. von J. A. Downey, R. C. Darling. Saunders, Philadelphia 1971

Narikaŝvili, S. P., A. S. Meliga, V. S. Arutjunov, J. J. Alichanov: Koordinationsbeziehungen zwischen verschiedenen Muskelgruppen bei Boxern. Sborn Trud. Gruz. ges. inst. fiziĉ. kul't. (Sammelband von Arbeiten des Staatlichen Grusinischen Instituts für Körperkultur) 4 (1962) 235–247

Okamoto, T.: Electromyographic studies of the learning process of walking in 1- and 2-year old infants. In: Medicine and Sport, Bd. VIII: Biomechanics III, hrsg. von E. Jokl. Karger, Basel 1973 (S. 328–333)

Owczarek, F.: Das Verhalten des Kraft-Zeit-Produktes, der elektrischen Aktivität, der Herzfrequenz und des Sauerstoffverbrauchs bei erschöpfenden abgestuften statischen Muskelkontraktionen. Inaug.-Diss., Freie Universität Berlin 1970

Person, R. S.: Elektrophysiologische Untersuchungen über die Tätigkeit des motorischen Apparates des Menschen bei Ermüdung. Fiziol. Zh. (Mosk.) 46 (1960) 810–818

Person, R. S.: Die Arbeit der Muskeln bei den Bewegungsakten des Menschen. In: Sportphysiologie. Redaktion: L. Pickenhain. VEB Volk und Gesundheit, Berlin 1947

Person, R. S., V. M. Kuŝnarev: Fragen der Behandlung des Elektromyogramms. II. Die mittlere Folgefrequenz der Potentialschwankungen im Interferenz-EMG. Biofizika 8 (1963) 238–241

Person, R. S., A. G. Volĉek, V. P. Gundarov, L. P. Kudina: Untersuchungen über die Synchronisation der Motoneuronentladungen beim Menschen mit der Methode der Kreuzkorrelationsanalyse und der Interferenzelektromyogramme. Fiziol. Zh. (Mosk.) 53 (1967) 488–495

Pinelli, P., F. Buchthal: Muscle action potentials in myopathies with special regard to progressive muscular dystrophy. Neurology (Minneap.) 3 (1953) 347–359

Piper, H.: Elektrophysiologie menschlicher Muskeln. Springer, Berlin 1912

Rau, G., J. Vredenbregt: The electromyogram and the force during static maximum contractions. IPO and Annual Progress Report 5 (1970)

Röcker, L., H. Stoboy: Die Beziehung zwischen Kraft und statischer Ausdauer unter Motivationsbedingungen. Med. Sachverst. 66 (1970) 149

Röcker, L., H. Stoboy, F. Owczarek, V. Repnow: Der Einfluß der Motivation auf Herzfrequenz, Atemzeitvolumen und Sauerstoffaufnahme bei maximalen statischen Kontraktionen. Arbeitsmed. Sozialmed. Arbeitshyg. 7 (1972) 226–230

Rotzinger, M., H. Stoboy: Comparison between clinical judgment and electromyographic investigations of the effect of a special training program for CP-children. Acta paediat. belg. 28, Suppl. (1974) 121–128

Ruprecht, O. E.: Befunde bei Neuropathien. In: Elektromyographie, hrsg. von A. C. Hopf, A. Struppler. Thieme, Stuttgart 1974

Shephard, R. J.: Alive Man. Thomas, Springfield/Ill. 1972

Sherrington, C. S.: Quantitative management of contraction in lowest level coordination. Brain 54 (1931) 1–28

Stoboy, H.: Möglichkeiten der Leistungssteigerung der Skelettmuskulatur. Z. Orthop. 110 (1972) 752–755

Stoboy, H., G. Friedebold: Changes of electrical activity, of actual circumference of thigh during contraction and of strength-endurance product during isometric training in functional and organic muscle atrophy. In: Medicine and Sport, Bd. VIII: Biomechanics III, hrsg. von E. Jokl. Karger, Basel 1973

Stoboy, H., G. Friedebold, F. Strand: Evaluation of the effect of isometric training in functional and organic muscle atrophy. Arch. Physiol. Med. Rehab. 49 (1968) 508–519

Taylor, A.: The significance of grouping of motor unit activity. J. Physiol. (Lond.) 162 (1962) 259–269

Tokizane, T., H. Shimazu: Functional Differentiation of Human Sceletal Muscle. University of Tokyo Press, Tokio 1964

Willems, E. J., M. S. Vranken: Postural reaction of a man on a slowly moving base. In: International Series on Sport Sciences, Bd. I: Biomechanics IV, hrsg. von R. C. Nelson, C. A. Morehouse. University Park Press, Baltimore 1974

Wohlfart, G.: Clinical considerations on innervation of skeletal muscle. Amer. J. phys. Med. 38 (1959) 223–230

7 Reflektorische Kontrolle und Muskeltätigkeit

Von H. Stoboy

Als Rezeptoren bezeichnet man funktionsspezifisch ausgebildete Endungen eines afferenten Neurons. Sie können durch ihren adäquaten Reiz besonders leicht erregt werden, d. h. unter natürlichen Bedingungen durch einen physikalisch definierbaren Zustand oder eine Änderung dieses Zustandes. Der adäquate Reiz für die Rezeptoren der Retina besteht aus elektromagnetischen Wellen mit einer Wellenlänge von 400–800 nm. Andere Rezeptoren reagieren z. B. auf Kräfte, die auf die Haut einwirken, zu einer Längenänderung des Skelettmuskels führen oder auf bestimmte Temperaturbereiche. Die Rezeptoren werden schematisch in große Gruppen unterteilt. Zu den Telerezeptoren gehören diejenigen, die ohne direkten Kontakt mit dem Körper Sinneseindrücke aus der weiteren Umgebung vermitteln (Rezeptoren der Retina, des Gehör- und des Geruchsorgans). Zu den Interozeptoren zählen diejenigen, die Vorgänge im Inneren des Körpers registrieren (z. B. Barorezeptoren im Sinus caroticus). Die Exterozeptoren liegen im Bereich der Haut oder des Unterhautgewebes und vermitteln z. B. mechanische Einflüsse auf dieses Organ. Die Propriozeptoren befinden sich im Bereich der Muskeln, Sehnen, Gelenkkapseln und Faszien und orientieren z. B. über die Stellung einer Extremität oder über einen Bewegungsablauf.

In diesem Kapitel kann nicht die Funktion aller Rezeptoren besprochen werden. Die Darstellung muß sich auf Grundeigenschaften und die Funktion der Rezeptoren beschränken, die unmittelbar mit der Motorik und ihrer Regelung, vor allem im spinalen Bereich, zusammenhängen.

Allgemeine Rezeptoreigenschaften

Wirkt ein Reiz auf einen Rezeptor ein, so müssen nicht zwangsläufig fortgeleitete Erregungen in der entsprechenden afferenten Nervenfaser entstehen. Bei unterschwelligen Reizen tritt an der Membran nur eine lokalisierte Depolarisation auf, das Rezeptorpotential (Generatorpotential), welches durch intrazelluläre Ableitung registriert werden kann (Dudel 1971b). Es ist mit dem Entstehen eines EPSP an einer postsynaptischen Membran vergleichbar.

Wenn das Rezeptorpotential genügend groß ist, um das Axon zu depolarisieren, entsteht eine fortgeleitete Erregung. Dauert das überschwellige Rezeptorpotential länger, so werden mehrere Aktionspotentiale ausgelöst, und die afferente Faser entlädt sich repetitiv (Abb. **1**). Bei dem zuerst untersuchten Dehnungsrezeptor des Krebses (Eyzaguirre und Kuffler 1955) besteht das Generatorpotential so lange wie der Dehnungsreiz und löst eine entsprechende Serie von Aktionspotentialen aus.

Mit zunehmender Längenänderung, d. h. mit zunehmender Reizstärke, nimmt in diesem Fall die Größe des Rezeptorpotentials proportional zu, und damit steigt die Entladungsfrequenz in der afferenten Phase gleichfalls proportional an (Dudel 1971b). Diese tonisch antwortenden Rezeptoren reagieren auf die absolute Amplitude des auslösenden Reizes (Abb. **1**a).

Wirkt ein Druckreiz auf ein Pacini-Körperchen ein, so kehrt das beim Beginn dieses Reizes entstehende Rezeptorpotential schon nach einigen Millisekunden auf den Ausgangswert zurück, auch wenn der Druckreiz in gleicher Größe weiterbestehen bleibt (Löwenstein und Mendelson 1965). Hört der Druckreiz auf, entsteht ein zweites kurzes Rezeptorpotential. In diesem Fall wird von einem phasisch reagierenden Rezeptor die Änderung der Meßgröße wiedergegeben.

Die durch das Rezeptorpotential ausgelösten Aktionspotentiale folgen um so dichter aufeinander, je steiler die Änderung des Reizes, d. h. je größer die Intensitätsänderung pro Zeiteinheit ist (Abb. **1**b). Viele Rezeptoren antworten auf ihren adäquaten Reiz sowohl phasisch als auch tonisch, wobei der zeitliche Verlauf des Rezeptorpotentials sehr verschieden sein kann. Zum Beispiel fällt es nach einem steilen überschießenden Anstieg (phasische Antwort) langsam, aber überschwellig bleibend, während der Dauer eines konstanten Reizes ab (tonische Antwort) (Abb. **1**c).

Bei manchen Rezeptoren kehrt das Rezeptorpotential noch während der Reiz einwirkt auf den Ausgangswert zurück (Abb. **1**d), und ihre Im-

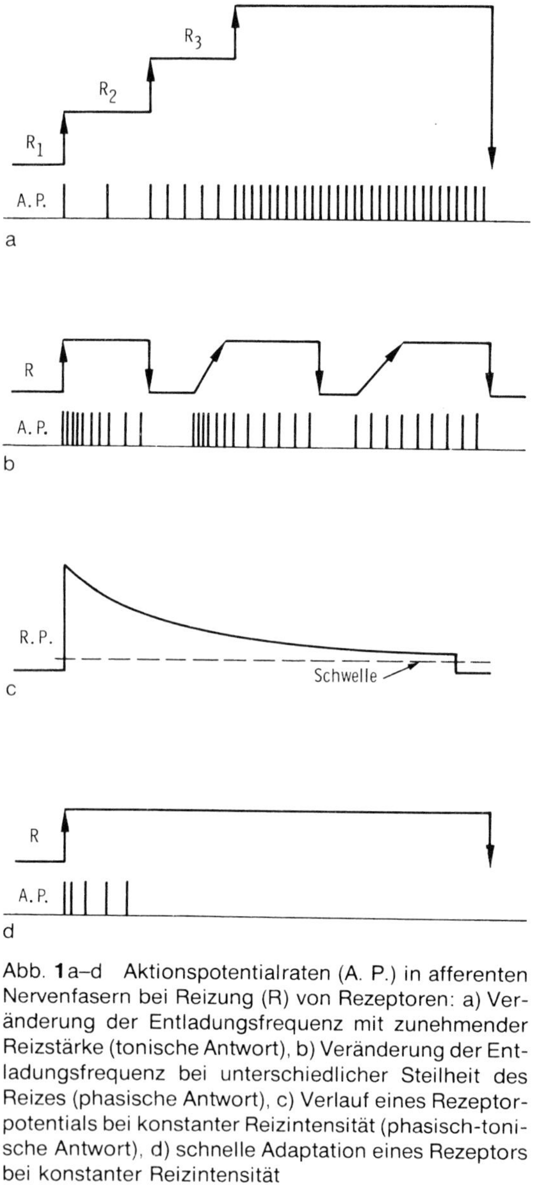

Abb. **1** a–d Aktionspotentialraten (A. P.) in afferenten Nervenfasern bei Reizung (R) von Rezeptoren: a) Veränderung der Entladungsfrequenz mit zunehmender Reizstärke (tonische Antwort), b) Veränderung der Entladungsfrequenz bei unterschiedlicher Steilheit des Reizes (phasische Antwort), c) Verlauf eines Rezeptorpotentials bei konstanter Reizintensität (phasisch-tonische Antwort), d) schnelle Adaptation eines Rezeptors bei konstanter Reizintensität

pulsaussendung erlischt, d. h., sie zeigen eine schnelle Adaptation. Wie am Beispiel der Dehnungsrezeptoren gezeigt wurde, verhält sich die Entladungsfrequenz zur Längenänderung linear proportional (Terzudo und Washizu 1962). Wahrscheinlich hängt diese Art der Reizbeantwortung damit zusammen, daß eine Längenänderung eines Muskels nur in einem geringen Umfang möglich ist, d. h., daß die Reizgröße sich nur in einem geringen Ausmaß ändern kann. Werden dagegen Rezeptoren erregt, die auf einen erheblich größeren Reizumfang ansprechen wie z. B. die Fotorezeptoren, so nimmt die Entladungsfrequenz mit zunehmender Reizstärke im Sinne einer Potenzfunktion zu (Dudel 1971b).

Funktion des Eigenreflexes (monosynaptischer Reflex)

Der Eigenreflex durchläuft für den homonymen Muskel nur zwei Neurone, das afferente, welches von der Muskelspindel herkommt, und das efferente, welches mit der α-Vorderhornzelle beginnt. Da die Muskelspindeln parallel zu den extrafusalen Fasern geschaltet sind, führt eine plötzliche Dehnung des Muskels auch zu einer Dehnung der Muskelspindeln, die der adäquate Reiz für ihre Erregung ist. Durch Bahnung der entsprechenden α-Motoneurone wird am agonistischen Muskel eine isolierte Zuckung ausgelöst. Im allgemeinen ist der Reflexablauf auf zwei bis drei Rückenmarkssegmente beschränkt. Die afferenten Muskelspindelfasern werden in erster Linie im Eintrittssegment auf die α-Motoneurone umgeschaltet (Carpenter und Mitarb. 1968, Shriver und Mitarb. 1968). Die α-Vorderhornzelle und ihr Axon ist von Sherrington (1947) als „letzte gemeinsame Strecke" bezeichnet worden. Sie erhält u. a. auch noch Informationen von den Sehnenspindeln (Sehnenrezeptoren, Golgi-Organe), von den Vater-Pacinischen Körperchen und den freien Nervenendigungen in Gelenkkapseln und Faszien. Der afferente Zufluß von Impulsen regelt die Willkürmotorik, und jede isolierte Vorstellung über eine motorische Efferenz ist nach Jung u. Hassler (1960) nicht einmal nützlich. Da die Muskelspindeln eine besondere Bedeutung haben, ist ihre Funktion bereits vor längerer Zeit, z. B. 1894 von Sherrington untersucht worden.
Muskelspindeln sind kleine spindelförmige intramuskuläre Strukturen, die in interfaszikulärem Bindegewebe parallel zu den Skelettmuskelfasern angeordnet sind. Ihre Häufigkeitsverteilung ist unterschiedlich. Beim Menschen findet man im M. abductor pollicis etwa 29 pro Gramm Muskel, im M. latissimus dorsi ca. 1,4 pro Gramm Muskel (Brodal 1969). Für den M. triceps surae der Ratte werden 39 (M. gastrocnemius) bis 311 Muskelspindeln pro Gramm Muskel angegeben (Arendt u. Asmussen 1974). Die Muskelspindeln enthalten an ihren Polen intrafusale Muskelfasern, die von den kleineren γ-Vorderhornzellen versorgt werden (Hunt u. Kuffler 1954).
70% aller Nervenfasern in der vorderen Wurzel werden entsprechend ihrem Durchmesser zwischen 10 und 20 μm als α-Fasern bezeichnet, während die restlichen 30% mit einem Durchmesser von 4–8 μm als γ-Fasern klassifiziert werden (Abb. **2**). Das Aktionspotential der γ-Fasern ist, dem geringeren Durchmesser entsprechend, kleiner als das der α-Fasern und wird auch langsamer weitergeleitet (Abb. **2**) (Haase 1976, Hunt 1951). Eine Innervation der α-Motoneuronen führt zur Spannungsentwicklung und/oder zur Verkürzung des entsprechenden Muskels. Beide Ereignisse werden durch die Erregung der γ-Mo-

toneurone nicht direkt verändert. Eine γ-Erregung führt über eine Kontraktion der polar gelegenen intrafusalen Muskelfasern zu einer Zunahme der Entladungen in den afferenten Ia-Fasern, die monosynaptisch auf die α-Vorderhornzellen aufgeschaltet werden können. Dieser Erregungsweg wird als γ-Schleife bezeichnet (Haase 1976). Impulse in den efferenten γ-Fasern können so indirekt das α-Motoneuron erregen, in der gleichen Weise wie es auch bei externer Auslösung eines Eigenreflexes der Fall ist (Fromm u. Haase 1970). Durch intrafusale Mitinnervation kommt es bei Willkürkontraktionen nicht zum Entlastungsreflex (Sistieren der Entladung bei Reflexkontraktionen), sondern die α-Motoneurone werden von ihren eigenen Muskelspindeln weiter innerviert. Solche gekoppelte α-/γ-Innervation (z. T. durch gemeinsame motorische Axone) sind bereits bei Reptilien (Schulte u. Henatsch 1958) und bei Amphibien zu finden (Hunt u. Wylie 1970). Bei Säugetieren ist eine weitergehende Differenzierung der Muskelspindelmorphologie zu beobachten.

Eine Muskelspindel ist von einer äußeren dicken Bindegewebsscheide umgeben, die sich in ihrer Mitte zu einem mit Lymphe gefüllten Raum ausweitet. Diese Bindegewebsscheide umhüllt beim Menschen etwa zehn intrafusale Muskelfasern, die nach ihrer Struktur im wesentlichen in zwei Typen untergliedert werden können (Boyd 1962, Cooper u. Daniel 1963) (Abb. **3**).
In den „Nuclear bag fibers“ (Kernsackfasern) sind alle Kerne in der Äquatorregion angeordnet und ergeben deshalb in der Mitte der Fasern eine sackförmige Auftreibung (Boyd 1962, Hunt u. Wylie 1970). Das nicht kontraktile Mittelstück liegt zwischen zwei quergestreiften kontraktilen Fasern. Jede Spindel enthält 1–4 etwa 8 mm lange Kernsackfasern (Dubo u. Darling 1971).
In den „Nuclear chain fibers“ (Kernkettenfasern) sind die Kerne in einer Reihe hintereinander angeordnet. Die 4 mm langen Fasern sind in ihrer ganzen Länge quergestreift (Boyd 1962, Cooper u. Daniel 1963).
Histochemische Untersuchungen haben keine wesentlichen Unterschiede zwischen diesen beiden Typen von intrafusalen Fasern ergeben (Spiro u. Beilin 1969). Lediglich bei der ATPase-Färbung sind die Kernkettenfasern dunkler gefärbt als die Kernsackfasern. Nach

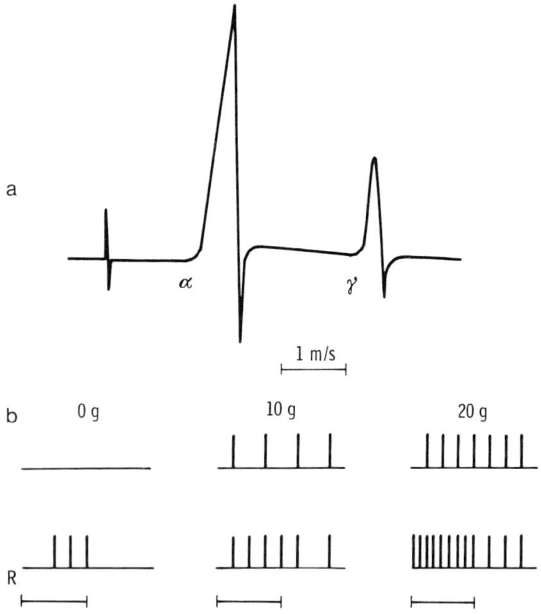

Abb. **2**a u. b a) Gleichzeitige Reizung einer α- und einer γ-Faser in der vorderen Wurzel. Ableitung der Aktionspotentiale vom zugehörigen gemischten Nerv. Das erste große Aktionspotential wird durch die α-Faser geleitet, das verzögert auftretende Aktionspotential durch die γ-Faser (nach *Hunt*). b) Obere Reihe: Auslösung und Zunahme der Spindelafferenz bei Dehnung des Muskels (die Größe der Dehnung ist in g angegeben). Untere Reihe: Bei zusätzlicher γ-Reizung ist eine Spindelafferenz bereits am ungedehnten Muskel nachweisbar. Die Impulsfrequenz ist im gedehnten Zustand bei zusätzlicher γ-Reizung größer (nach *Haase*)

Arendt u. Asmussen (1974) können durch den Ausfall der Reaktion beim Nachweis der Sukzinodehydrogenase (SDH) und der myofibrillären Adenosintriphosphatase (ATPase) mindestens drei verschiedene Kernsackfasertypen unterschieden werden, während alle Kernkettenfasern eine hohe SDH-Aktivität und eine starke ATPase-Reaktion aufweisen (Arendt u. Asmussen 1974). Die Ultrastruktur scheint der der extrafusalen Fasern ähnlich zu sein (Gruner 1961).

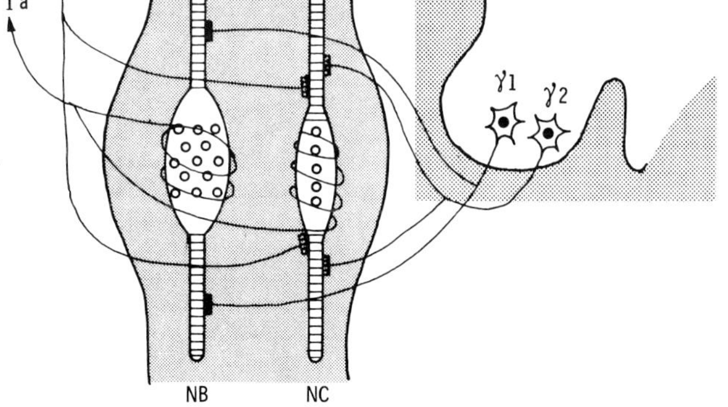

Abb. **3** Kernsack- (Nuclear Bag = NB) und Kernkettenfaser (Nuclear Chain = NC) einer Muskelspindel und ihre efferente (γ_1, γ_2) und afferente (Ia, II) Innervation (Näheres s. Text) (aus *J. J. Korten:* Die Muskelspindel, ihre Regulierung und Funktion. In: Aspekte der Muskelspastik, hrsg. von *W. Birkmayer.* Huber, Bern 1972)

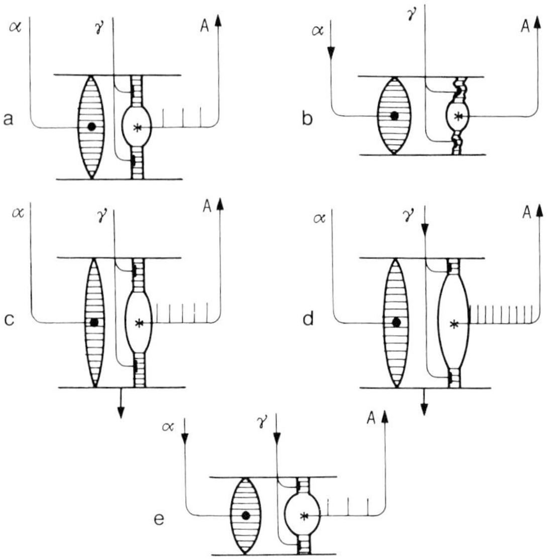

Abb. 4a–e a) Muskelspindelafferenz (A) bei einem Muskel in Ruhelänge (1_0). b) Bei einer α-Reizung (↓) und Kontraktion der extrafusalen Fasern erschlafft die Muskelspindel, und die Spindelafferenz sistiert. c) Bei einer Dehnung des Muskels (↓) nimmt im Vergleich zu a) die Muskelspindelafferenz zu (A). d) Erfolgt bei einer Dehnung des Muskels zusätzlich eine γ-Innervation, so steigt die afferente Impulsrate (A) im Vergleich zu c). e) Bei einer gleichzeitigen α- (↓) und γ-Innervation (↓) bleibt die Größe des Rezeptorareals im Gegensatz zu b) erhalten und damit auch die Spindelafferenz (A) (s. a)

Innervation der Muskelspindel

Die *afferenten Nervenendigungen*, die von den Spindelfasern entspringen, werden in primäre und sekundäre Endigungen eingeteilt (Cooper u. Daniel 1963, Kennedy 1970). Die anulospiralen Endigungen der primären Fasern entspringen im Bereich der Äquatorialregion beider Spindelfasertypen (Abb. **3**). Sie konvergieren zu einer Ia-afferenten Nervenfaser, die vorwiegend direkt mit den α-Neuronen in Verbindung tritt (Korten 1972).

Die sekundären Endigungen verästeln sich zu beiden Seiten der primären Endigungen in einem größeren Bereich (Blütenrispenendigungen) (Abb. **3**). Sie gehen vorwiegend von den Kernkettenfasern aus und bilden dünnere afferente Nervenfasern, die der Gruppe II zuzuordnen sind (Roberts 1967). Ihre Funktion im Eigenreflexgeschehen ist nicht sicher geklärt, jedoch wird angenommen, daß sie unabhängig von ihrem Ursprung (Flexoren oder Extensoren) über Zwischenneurone mit den Motoneuronen der Flexoren in Verbindung treten (Matthews 1964, 1969).
Etwa ein Drittel aller Fasern in der vorderen Wurzel entspringen kleineren motorischen Vorderhornzellen. Entsprechend ihrer Leitungsgeschwindigkeit von etwa 30 m/s werden sie als γ-Fasern bzw. als *fusimotorische Fasern* bezeichnet (Korten 1972, Leksell 1945). Sie lassen sich entsprechend ihrer Markscheidendicke, ihrer Erregungsleitungsgeschwindigkeit und ihrer Reizschwelle in γ1- und γ2-Fasern unterteilen (Boyd 1961, Boyd u. Eccles 1963). Die γ1-Fasern enden in endplattenähnlichen Gebilden an den kontraktilen Anteilen der Kernsackfasern, die dünneren γ2-Fasern in feinen Verästelungen an den Kernkettenfasern (Abb. **3**). Es konnte jedoch beobachtet werden, daß γ1-Endigungen auch Kernkettenfasern innervieren und γ2-Endigungen auch Kernsackfasern (Kennedy 1970).

Betrachtet man zunächst das Muskelspindelsystem als eine Einheit, so führen eine genügend starke Dehnung eines Muskels und die damit verbundene Dehnung der mit den extrafusalen Fasern parallel geschalteten Muskelspindel zum Ablauf des klassischen monosynaptischen Eigenreflexes, der zu einer isolierten Zuckung des Agonisten führt. Die Erregung der entsprechenden α-Vorderhornzellen erfolgt durch eine Zunahme der Impulsrate in den mit ihnen verknüpften afferenten Spindelfasern. Eine gleichartige Steigerung der Spindelafferenz kann im Tierversuch auch durch Reizung von γ-Fasern in der vorderen Wurzel erzielt werden, die zu einer Verkürzung der kontraktilen Spindelanteile und damit zu einer Dehnung des sensiblen Mittelfeldes führt (Hunt u. Kuffler 1954). Werden in der vorderen Wurzel ausschließlich α-Fasern gereizt und damit die extrafusalen Fasern zur Kontraktion gebracht, erschlaffen die parallel geschalteten Muskelspindeln und senden während der Muskelverkürzung keine Impulse mehr aus (Abb. **4**). Bei gleichzeitiger Reizung von α- und γ-Fasern bleibt auch während der Kontraktion der extrafusalen Fasern die Erregung der Muskelspindel weitgehend erhalten, d. h. daß sich in etwa dem gleichen Ausmaß die kontraktilen Teile der Spindeln zusammenziehen, dadurch die Größe des nicht kontraktilen Rezeptorareals erhalten bleibt und damit die Auslösung eines Eigenreflexes auch während der Muskelkontraktion möglich ist (Abb. **4**). Eine zusätzliche Dehnung des Muskels, die bei automatisch eingestelltem Bewegungsablauf durch eine Geländeunebenheit ausgelöst werden kann, führt so zu einer Reflexkontraktion und kann die im Bewegungsablauf eingetretene Störung kompensieren.
Auf das Reafferenzprinzip nach von Holst u. Mittelstaedt (1950) und auf die Regelkreislehre (Wiener 1968, Young 1964) zur Erklärung der Kontrollmechanismen im Bereich der Motorik kann an dieser Stelle nicht eingegangen werden.

In den *afferenten Muskelspindelfasern* können zwei verschiedene Arten von Entladungen, nämlich dynamische (phasische) und statische (tonische), unterschieden werden. Eine dynamische Antwort entsteht während einer schnellen Dehnung des Rezeptors. Ihre Impulsrate ist um so frequenter, je größer die Dehnungsgeschwindigkeit ist (Abb. **5**). Sehr langsam verlaufende Dehnungen führen im allgemeinen nicht zu dynamischen Antworten. Die statische Antwort ergibt sich aus der jeweils eingestellten Muskellänge und bleibt über lange Zeit unverändert, da die Adaptation der sie bedingenden Rezeptoren nur sehr langsam erfolgt (Haase 1976). Auch morphologisch können die Anteile der Muskelspindeln dem dynamischen oder dem statischen System zugeordnet werden. Die dynamischen Anteile der primären Endigungen entspringen den Kernsackfasern, ihre statischen Anteile den Kernkettenfasern (Dubo u. Darling 1971, Hunt u. Ottoson 1975). Sowohl die dynamischen als auch die statischen Entladungen der primären Endigungen werden über die Ia-afferenten

Nervenfasern geleitet (vgl. Abb. **3**). Die sekundären Endigungen, die den Kernkettenfasern entstammen, haben eine statische Funktion und melden mit ihrer entsprechenden Impulsrate nur die jeweilige Länge des Muskels. Ihre Erregungen durchlaufen die II-afferenten Nervenfasern (KENNEDY 1970, LENNESTRAND u. THODEN 1968, MATTHEWS 1964). Nach HENATSCH (1976) sind die sekundären Endigungen eine Späterwerbung der höheren Säuger. Ihre Erregung bewirkt die Bahnung von Flexoren und die Hemmung von Extensoren.

Wie oben beschrieben, werden die Größe des Rezeptorfeldes und damit seine Entladungsrate nicht nur durch die Muskeldehnung, sondern auch durch die Aktivität der afferenten γ-Fasern bestimmt (MATTHEWS 1962). Die dynamische fusimotorische Faser oder γI-Faser steigert hauptsächlich die dynamische Reaktion der primären Nervenendigungen (vgl. Abb. **3**), die γII-Fasern (statische fusimotorische Fasern) vorwiegend die statische Reaktion der primären und sekundären Nervenendigungen (BESSON u. PAGÈS 1975, BOYD u. WARD 1975, MATTHEWS 1962, 1964). Im Tierversuch ist nach Dezerebration die spontane γ-Aktivität im dynamischen und im statischen Bereich an den Extensoren gesteigert (ALNAES u. Mitarb. 1965, KORTEN 1972, MATTHEWS 1964). Nach Durchtrennung des Rückenmarks findet man unterhalb der Läsion an den Flexoren nur eine gesteigerte dynamische Aktivität (ALNAES u. Mitarb. 1965, BERGMANNS u. GRILLNER 1967). Das dynamische System unterliegt somit in seiner Empfindlichkeit hauptsächlich spinalen Mechanismen, während zentrale aktivierende Einflüsse vorwiegend die statische Empfindlichkeit beeinflussen (ALNAES u. Mitarb. 1965).

Die Schwelle für eine zentral induzierte Erregung der γ-Vorderhornzellen ist im allgemeinen niedriger als die für die α-Zellen. Nach einer häufig vertretenen Meinung werden Bewegungen mit kleinem oder mittlerem Innervationsaufwand durch eine Erregung der γ-Vorderhornzellen eingeleitet, die über eine Dehnung des Rezeptorfeldes der Muskelspindel und einer damit zunehmenden afferenten Entladungsrate schließlich zur Aktivierung der Vorderhornzellen führt (Abb. **6**). Das System dient auf diese Weise der Einleitung und dem Ablauf der Willkürbewegungen und bestimmt die Größe des reflektorischen Muskeltonus. Außerdem wird die Empfindlichkeit der Reflexauslösung durch die γ-Aktivität bestimmt (BOYD u. Mitarb. 1968, GRANIT 1968).

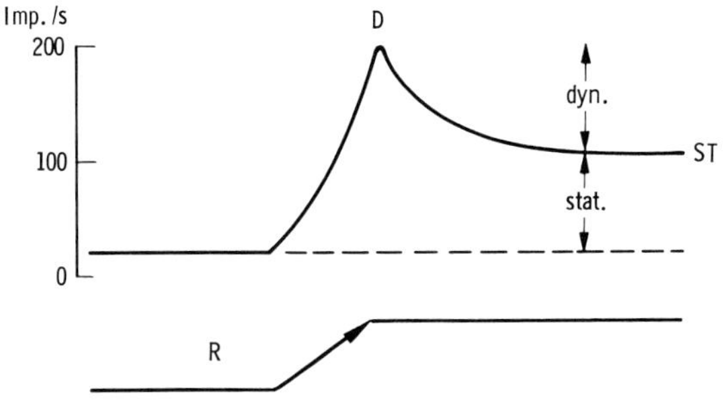

Abb. **5** Impulsrate (Imp/s) in einer afferenten Muskelspindelfaser bei und nach Dehnung des Muskels (R). Die Größe der dynamischen Antwort (D) hängt von der Dehnungsgeschwindigkeit ab, die Größe der statischen Antwort (ST) von der neuen Muskellänge (nach *Henatsch*)

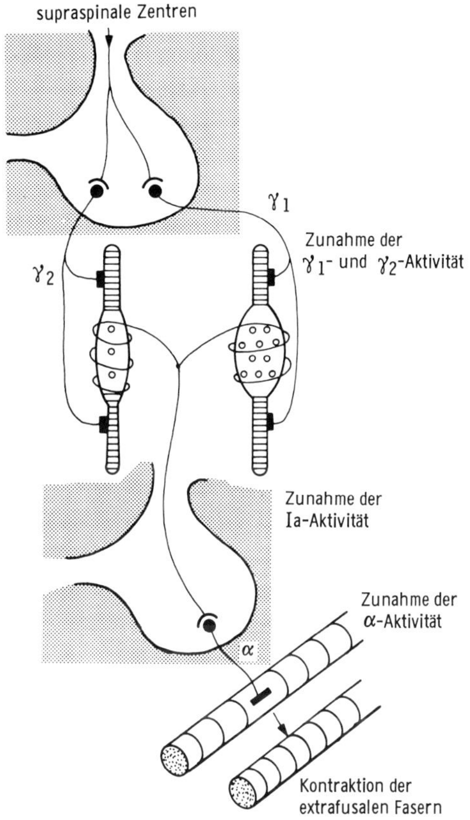

Abb. **6** Supraspinale Impulse führen zur Erregung von γ-Zellen und Kontraktion der zugehörigen intrafusalen Muskulatur. Die zunehmende Ia-Aktivität erregt die entsprechende α-Vorderhornzelle. Dadurch kommt es zur Kontraktion der extrafusalen Fasern (nach *Dubo* und *Darling*)

Funktion der primären Muskelspindelendigungen

Sowohl die dynamischen als auch die statischen Anteile der primären Endigungen haben eine monosynaptische Verbindung mit den α-Vorderhornzellen der Agonisten und wahrscheinlich auch der Synergisten. Sie wirken dadurch bahnend auf das motorische System ein. Da ein Neuron immer nur bahnende oder hemmende Transmitter freisetzen kann, sind die primären Endigungen mit den α-Vorderhornzellen des Antagonisten durch ein Zwischenneuron verbunden, dessen Erregung zu Hemmungsprozessen führt. Der Mechanismus schnell aufeinanderfolgender abwechselnder Bewegungen zwischen Beugern und Streckern ist somit bereits im spinalen Bereich ge-

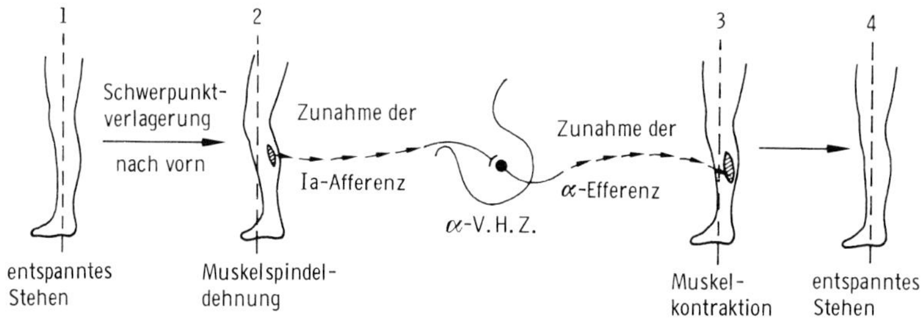

Abb. **7** Bei entspanntem Stehen (1) wird der Körperschwerpunkt unmittelbar vor den Knöchel projiziert. Bei einer Vorwärtsneigung (2) verschiebt sich die Projektion des Körperschwerpunktes nach vorn, und die Muskelspindeln der Wadenmuskulatur werden gedehnt. Durch eine Zunahme der Ia-Afferenz wird eine Reflexkontraktion ausgelöst (3), die eine Rückkehr zum entspannten Stehen (4) bewirkt (aus *H. I. L. Dubo, R. C. Darling:* Gamma nervous system and muscle spindles. In: Physiological Basis of Rehabilition Medicine, hrsg. von *J. A. Downey, R. C. Darling.* Saunders, Philadelphia 1971)

sichert und trägt zu fließenden koordinierten Bewegungsabläufen bei (Dubo u. Darling 1971).
Die hohe Leitungsgeschwindigkeit der Ia-afferenten Fasern dient auch zur Dämpfung einer Kontraktion. Die von den primären Endigungen ausgehende Meldung über die Schnelligkeit (Steilheit) der Muskellängenänderung erreicht das Rückenmark mit Hilfe der vorgeschalteten Muskelspindel, bevor die Dehnung beendet ist (Dubo u. Darling 1971). So kann auch eine Korrektur der motorischen Antwort auf spinaler Ebene erfolgen, bevor sie vollendet ist (s. auch Korten 1972). Dieser Mechanismus verhindert Oszillationen während der Kontraktion und sichert gleichfalls einen fließenden Bewegungsablauf.
Die Auslösung einer Kontraktion über die γ-Schleife soll noch einmal anhand der Abb. **6** dargestellt werden. Die γ-Vorderhornzellen erhalten bahnende Antriebe von supraspinalen motorischen Zentren. Kommt es in ihnen zu fortgeleiteten Erregungen, werden die intrafusalen Muskelfasern kontrahiert. Ihre Kontraktion ändert die Länge und Spannung des gesamten Muskels nicht. Sie reicht aber aus, die zentralen sensiblen Anteile der Spindelfaser zu dehnen, so daß die Ia-afferenten Fasern mit einer der Dehnung entsprechenden Impulsrate erregt werden. Die erhöhte Ia-Aktivität bahnt monosynaptisch die zugehörigen α-Motoneurone und führt letzten Endes zu einer Kontraktion der extrafusalen Fasern. So wird die extrafusale Muskelfaserlänge durch die Antriebe des γ-Systems mitbestimmt und durch seine Afferenzen kontrolliert. Es bedarf weiterer Untersuchungen, um zu klären, inwieweit die dynamischen bzw. die statischen Anteile der primären Endigungen an diesem Regelmechanismus beteiligt sind, da nicht bekannt ist, wie und in welchem Ausmaß sie auf spinaler Ebene voneinander getrennt werden können.
Die Aufrechterhaltung der labilen Körperhaltung beim Stehen ist ein praktisches Beispiel für die Regelungsmechanismen des γ-Systems. Beim entspannten aufrechten Stehen berührt die Schwerpunktlinie den Boden unmittelbar vor dem Knöchel. Deshalb weist der M. gastrocnemius bei den meisten Personen eine geringe elektrische Aktivität auf (McConaill u. Basmajian 1969). Eine nach vorn gerichtete Verlagerung des Körperschwerpunktes führt damit zwangsläufig zu einer Dehnung der Muskelspindeln des M. gastrocnemius (Abb. **7**). Dadurch wird in der Ia-Afferenz die Aktivität erhöht, und die Reflexkontraktion bringt den Körper in die Ausgangsposition zurück. Nach Elner u. Mitarb. (1972) ist beim Stehen, besonders bei Störeinflüssen, die Reizschwelle für Muskelspindelreflexe in der Wadenmuskulatur herabgesetzt. Dieser Bahnungsmechanismus soll für die Stabilisation der aufrechten Körperstellung mitverantwortlich sein.

Funktion der sekundären Spindelendigungen

Durch Ableitungen der Aktionspotentiale von II-afferenten Fasern in der Hinterwurzel ist bekannt, daß die sekundären Endigungen statisch mit einer langsamen, kaum adaptierenden Impulsrate die jeweilige Muskellänge messen. Die Impulsrate nimmt linear mit der Muskellänge zu (Dubo u. Darling 1971). Die langsam leitenden afferenten Fasern der Gruppe II sind bi- oder polysynaptisch durch Zwischenneurone mit α-Motoneuronen verbunden.

Sie sollen vorwiegend die Flexoren bahnen und die Extensoren hemmen (Dubo u. Darling 1971, Korten 1972). Es wird angenommen, daß sie bei der Regulation der Körperhaltung eine Rolle spielen und die jeweilige Muskellänge an supraspinale Zentren melden. Nach Meinung von Dubo u. Darling (1971) ergibt sich die Bedeutung der sekundären Endigungen für die Aufrechterhaltung einer Körperposition daraus, daß beim Morbus Parkinson eine Hyperaktivität der sekundären Endigungen durch einen Ausfall von hemmenden Zwischenneuronen auftritt. Nach chronischer Deefferentierung von Muskelspindeln im Tierversuch nehmen die dynamische und die statische Antwort während einer Muskeldehnung zu. Besonders war dieser Effekt an den sekundären Endigungen zu beobachten (Hnik u. Less-

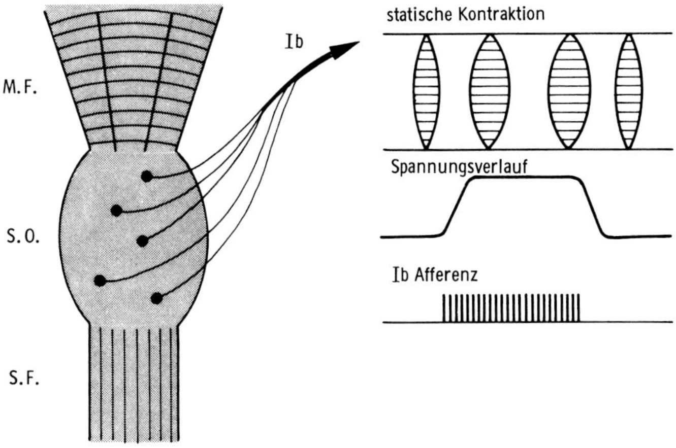

Abb. **8** Die Sehnenorgane (S. O.), auch Golgi-Organe oder Sehnenspindeln genannt, sind in Serie zu den Muskelfasern (M. F.) und den Sehnenfasern (S. F.) geschaltet. Ihre Endverzweigungen vereinigen sich zu einer Ib-Faser. Bei einer genügend großen Spannungserhöhung (Spannungsverlauf) wie z. B. bei einer statischen Kontraktion werden sie aktiviert (Ib-Afferenz)

LER 1973a). Dieses Verhalten könnte durch einen kontrakturähnlichen Zustand der intrafusalen Fasern bedingt sein (HNIK u. LESSLER 1973b).

Die bisher geschilderten Befunde über die Funktion der Muskelspindeln und des γ-Systems beziehen sich hauptsächlich auf Versuche am anästhesierten Tier. Die fusimotorische Aktivität hängt jedoch erheblich von dem Ausmaß der Anästhesie ab. Darüber hinaus haben verschiedene Anästhetika (z. B. Barbiturate und Halothan) einen spezifischen Einfluß auf die Spindelsensibilität (APPELBERG u. JENESKOY 1972, KOEZE 1973). Es ergibt sich deshalb die Frage, ob diese Resultate vorbehaltlos auf das intakte unbeeinflußte γ-System des Menschen zu übertragen sind.

Deshalb entwickelten HAGBARTH u. VALLBO (1967) eine Technik, bei der mit Tungsten-Drahtelektroden perkutan die Aktionspotentiale einzelner peripherer Nervenfasern am wachen, nicht anästhesierten Menschen abgeleitet werden können (BURG u. Mitarb. 1973, HAGBARTH u. VALLBO 1967). Die zu den primären Spindelendigungen gehörigen Fasern wurden durch folgende Kriterien identifiziert: Sie wiesen eine irreguläre spontane Aktivität auf und zeigten während einer Muskeldehnung sowohl statische als auch dynamische Antworten. Durch einen phasischen Aktivitätsausbruch in der Relaxationsphase einer willkürlichen isometrischen Kontraktion konnte ihre dynamische Reaktion bestimmt werden. Außerdem sistierte ihre Aktivität, wenn der Muskel passiv verkürzt wurde (BURG u. Mitarb. 1973, VALLBO 1970). Die Spontanaktivität ist in den Ia-Fasern mehr ausgeprägt als in den II-Afferenzen (MATTHEWS u. STEIN 1969). Die Intervalle zwischen den Aktionspotentialen nahmen während der Kontraktionsphase eines mechanisch ausgelösten Eigenreflexes und während einer elektrisch induzierten Kontraktion ab, so daß ihre Herkunft auf eine entspannte Muskelspindel zurückgeführt werden kann (BURG u. Mitarb. 1973).

Bei einer Willkürkontraktion konnten HAGBARTH u. VALLBO (1968) zum erstenmal eine gleichzeitige Aktivierung der α-Motoneurone und der primären Spindelafferenzen beim Menschen nachweisen. Bei kräftigen Kontraktionen konnte dieses Verhalten auch von BURG u. Mitarb. (1973) nachgewiesen werden. Auch unter natürlichen Bedingungen beim Menschen scheint also bei einer Willkürinnervation eine gemeinsame Aktivierung der γ- und α-Motorik vorzuliegen, so daß die Reflexauslösbarkeit an den Muskelspindeln auch am kontrahierten Muskel erhalten bleibt, während bei peripherer Auslösung einer isolierten Muskelzuckung (Eigenreflex, elektrische Reizung) die Muskelspindelaktivität durch Entdehnung erlischt. Das ist ein Grund für die Beschränkung des Eigenreflexgeschehens auf eine isolierte Zuckung.

Golgi-Organ und Gelenkrezeptoren

Das Golgi-Organ (Sehnenorgan, Sehnenspindel) ist im Gegensatz zu den Muskelspindeln in Serie zu den extrafusalen Muskelfasern geschaltet (Abb. **8**). Es liegt zwischen den Sehnenbündeln und den extrafusalen Muskelfasern. Seine afferente Nervenfaser gehört mit einer Leitungsgeschwindigkeit von etwa 90 m/s zu den Ib-Fasern (CARPENTER 1971, ECCLES u. Mitarb. 1957, GRANIT 1950). Die Endverzweigungen umgeben die Sehnenspindeln in Schleifen und Spiralen (COOPER 1960).

Wird im Tierexperiment bei einem von seinem Ansatz gelösten Muskel die Entladungsrate in den Ib-Fasern in Abhängigkeit von der Muskellänge gemessen, so findet man im Bereich der Ruhelänge des Muskels im allgemeinen keine Entladungen (BURG u. Mitarb. 1973, MATTHEWS 1972). Während einer gleich großen Dehnung eines Muskels ist die Zunahme der Entladungsrate in den Ib-Fasern wesentlich geringer ausgeprägt als in den Ia-Fasern. Auch die phasische Komponente ist bei den Golgi-Organen weit weniger ausgeprägt als bei den Muskelspindeln. Aus diesem Grund wird im allgemeinen angenommen, daß die

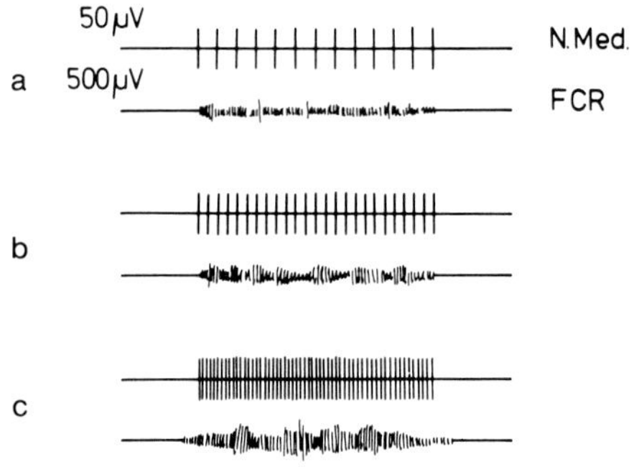

Abb. **9** a–c Ableitung der Impulsfrequenz von einer Ib-Faser des N. medianus (N. Med.) und der EA des M. flexor carpi radialis beim Menschen. Die Stärke einer willkürlichen statischen Kontraktion nimmt von a–c zu (aus: *D. Burg, A. J. Szumski, A. Struppler, F. Velho:* Exp. Neurol. 41 [1973] 754)

Reizschwelle für die Golgi-Organe größer ist als die für die Muskelspindeln. Insbesondere während einer statischen Kontraktion ist am intakten Muskel beim Menschen die Entladungsrate in den Ib-afferenten Fasern wesentlich frequenter (Burg u. Mitarb. 1973). Es ist also anzunehmen, daß die Sehnenorgane vorwiegend die Spannung eines Muskels registrieren, die sich auch nach der Theorie des serienelastischen Elementes bei passiver Dehnung erhöht (Abb. **8**). Haik u. Hennemann (1967) konnten nachweisen, daß die Sehnenrezeptoren bereits bei der Kontraktion einzelner motorischer Einheiten erregt werden. Nach Burg u. Mitarb. (1973) kann bei Ableitung von Aktionspotentialen intakter afferenter Nervenfasern beim Menschen ein Sehnenrezeptor dadurch identifiziert werden, daß 1. bei mittlerer Muskellänge keine Aktivität vorhanden ist, 2. keine ausgeprägte Beziehung zwischen Muskellänge und Aktivität bei passiver Dehnung besteht und 3. eine größere Sensitivität bei aktiver Muskelkontraktion nachzuweisen ist. Während einer elektrisch ausgelösten oder reflektorischen Kontraktion treten in den Ib-Fasern Salven von Aktionspotentialen auf. Während einer willkürlichen statischen Kontraktion wird die Entladungsrate in den Ib-Fasern mit zunehmender Kraft der Kontraktion größer (Abb. **9**). Auch während dynamischer willkürlicher Kontraktionen konnten Aktionspotentiale in den von den Golgi-Organen herkommenden afferenten Nervenfasern nachgewiesen werden (Burg u. Mitarb. 1973). Bei beiden Willkürkontraktionsarten stellte der Rezeptor zu Beginn der Erschlaffungsphase seine Tätigkeit ein.

Die homonymen und synergistischen α-Motoneurone werden bei der Erregung der Golgi-Organe gehemmt (Eccles u. Mitarb. 1957, Kostjuk 1959). Es konnte nachgewiesen werden, daß dieser Hemmungsmechanismus bisynaptisch über ein Zwischenneuron abläuft (Henatsch 1976, Stein 1974). Die spinale Kontrolle der spannungsbegrenzenden Rezeptoren geschieht durch bahnende oder hemmende Einflüsse auf ihre Zwischenneurone. Ihre Wirkung kann somit, z. B. bei statischen Kontraktionen, vorübergehend vermindert werden. Dadurch ist möglicherweise ihre Schwelle höher als bei einer dynamischen Kontraktion.

Rezeptoren der Gelenkkapseln und -bänder

In den Gelenkkapseln und -bändern befinden sich Rezeptoren von morphologisch verschiedener Struktur. Je nach dem Winkelgrad der Gelenkstellung sollen verschiedene Rezeptoren aktiv werden, die nur in einem bestimmten Bereich tätig sind und bei einem festgelegten Winkelgrad ihre maximale Impulsrate erreichen (Kornhuber 1972). Ihre Entladungen sind phasisch und weisen eine verschieden schnelle Adaptation auf (Skoglund 1956). Sie sind aus diesem Grund in der Lage, dem Zentralnervensystem einen genauen Eindruck über die jeweilige Gelenkstellung zu vermitteln. Die Rezeptoren der Bänder reagieren sowohl phasisch als auch tonisch und melden somit die Geschwindigkeit einer Spannungsänderung als auch die jeweils erreichte Spannung (Shukow 1974, Skoglund 1956). Durch Rezeptoren vom Golgi-Typ soll die exakte Gelenkstellung gemeldet werden. Ihre Impulsrate ist von Längen- und Spannungsänderungen der Muskulatur unabhängig. Die Geschwindigkeit der Gelenkbewegung wird von Rezeptoren des Ruffini-Typs angezeigt. Ihre Entladung wird durch die Muskeln beeinflußt, welche die Spannung der Gelenkkapsel bestimmen. Rezeptoren nach Art der Pacinischen Körperchen werden für Beschleunigungsrezeptoren gehalten (Haase 1976).

Nach anderen Autoren (Clark 1975, Clark u. Burgess 1975) werden afferente Gelenknervenfasern hauptsächlich bei extremen Gelenkstellungen aktiv. Nach Grigg (1975) gilt diese Aussage vor allem bei Ableitung der Aktionspotentiale vom N. articularis posterior des Knies der Katze. Die Rezeptoren des dorsalen Kapselanteils feuern vor allem bei starker Gelenkextension. Eine Kontraktion von Muskeln, welche die Kapselspannung beeinflussen, erhöht die Aktivität der afferenten Nervenfasern in extremen Gelenkpositionen (M. gastrocnemius) oder führt zur Impulsauslösung in mittlerer Gelenkstellung (M.quadriceps). Deshalb werden die meisten afferenten Fasern Spannungsrezeptoren zugeordnet.

Nach Basmajian (1973 a) haben die Gelenkkapseln und Bandrezeptoren eine besondere Funktion. Bei einer Körperstellung, die hauptsächlich passiv durch den Gelenk- und Bandapparat aufrechterhalten wird (z. B. maximale Vorwärtsneigung), führt ihre Aktivität zu inhibitorischen Prozessen im ZNS, die eine Ermüdung zur Folge haben.

Reziproke Innervation und H-Reflex

Fließende komplizierte Bewegungsabläufe sind nur dadurch möglich, daß die Tätigkeit von Synergisten nicht durch eine gleichzeitige Aktivität ihrer Antagonisten beeinträchtigt wird. Deshalb müssen z. B. bei Beginn einer Kontraktion der Extensoren die Flexoren erschlafft sein und umgekehrt. Voraussetzung für eine schnelle Aufeinanderfolge von Beugungen und Streckungen ist eine Regelung auf spinaler Ebene. Eine solche reziproke Innervation (Sherrington 1947) ist bereits im Bereich der Eigenreflextätigkeit nachweisbar.

Die von den Muskelspindeln herkommenden Ia-Fasern haben nicht nur einen bahnenden Einfluß auf die homonymen Motoneurone, sondern sind auch bisynaptisch mit den antagonistischen α-Vorderhornzellen verschaltet (Jankowska u. Lindström 1972), und ihre Erregung löst an diesen Hemmungsprozesse aus (Eccles 1961 a u. b). So wird durch eine gleichzeitige Erschlaffung des Antagonisten die homonyme Kontraktion unterstützt. Eine passive Beugung im Kniegelenk führt zu einer Aktivierung der Motoneurone des M. quadriceps und zu einer Aktivitätsminderung des M. biceps femoris, da bei seiner Erschlaffung die homonyme Erregung der Muskelspindeln abnimmt und außerdem eine antagonistische Hemmung besteht. Auf diese Weise kann die veränderte Gelenkstellung wieder auf den ursprünglichen Wert zurückgeführt werden (Abb. **10**).

Bei einer Erregung der Golgi-Organe werden umgekehrt die Motoneurone des Agonisten gehemmt, die des Antagonisten gebahnt (Frederich u. Schmidt 1971, Granit 1950, Haase 1976). Eine starke Erhöhung der Muskelspannung, die bei einer hochsynchronen Kontraktion von vielen motorischen Einheiten auftritt, wie z. B. bei einer Eigenreflexkontraktion an einem bereits stark willkürlich kontrahierten Muskel, kann so vermindert oder unterbrochen werden (autogene Hemmung). Die Gefahr eines Muskelrisses kann durch diesen Mechanismus erheblich vermindert werden (Stoboy 1972). Deshalb ist es unsinnig, bei akut auftretenden Sehnenzerrungen im Sport zur Schmerzausschaltung Lokalanästhetika im Bereich der Sehne zu applizieren, da dadurch auch die autogene Hemmung ausgeschaltet und damit die Gefahr eines Muskelrisses vergrößert wird. Andererseits könnten die bei Leistungssportlern häufiger auftretenden Muskelrisse auf einen zentralen Einfluß auf die Zwischenneurone zurückzuführen sein, der die autogene Hemmung zugunsten einer massiven zentralen Innervation vermindert (Stoboy 1976).

Eine reziproke Innervation kann am Menschen durch die Auslösung des H-Reflexes (Hoffmann-Reflex) nachgewiesen werden (Hoffmann 1922). Dabei wird der N. tibialis mit einer bipolaren Oberflächenelektrode in der Fossa poplitea durch

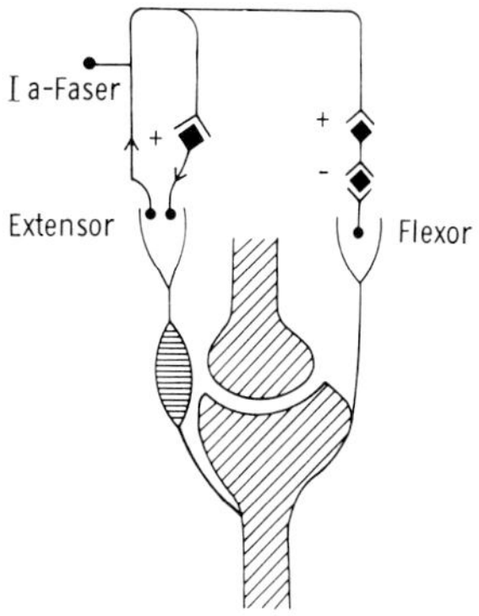

Abb. **10** Reziproke Innervation im Bereich des Kniegelenks. Eine Dehnung des Extensor führt monosynaptisch zu einer agonistischen Bahnung und bisynaptisch zu einer antagonistischen Hemmung (nach *Haase*)

Rechteckimpulse von kurzer Dauer (z. B. 0,5 ms) gereizt. Vom M. gastrocnemius werden mit Oberflächenelektroden Aktionspotentiale abgeleitet (Abb. **11**). Bei mittlerer Reizstärke werden durch jeden Reiz zwei Aktionspotentiale ausgelöst. Das erste mit kurzer Latenz auftretende ist auf die Erregung von motorischen Einheiten durch Reizung der efferenten α-Fasern zurückzuführen (M-Antwort), das zweite nach längerer Latenz erscheinende Potential entsteht durch die Reizung der afferenten Muskelspindelfasern und führt über den Reflexbogen zu einer zweiten Erregung der entsprechenden motorischen Einheiten (H-Antwort) (Magladery 1955).

Da die peripher gereizte Nervenfaser doppelsinnig leitet, entstehen auch bei mittlerer Reizstärke antidrom verlaufende Erregungen in den Motoneuronen, die deren Membranen entladen und auf die deshalb keine von den afferenten Muskelspindelfasern herkommende Erregung übertragen werden kann. Mit zunehmender Reizintensität wird deshalb die H-Antwort immer kleiner, weil immer mehr Motoneurone durch die refraktäre Phase und die antidrome Leitung besetzt werden. Durch Ableitungen von Aktionspotentialen an der hinteren und der vorderen Wurzel am Menschen konnte Magladery (1955) nachweisen, daß der H-Reflex nicht ausschließlich auf einem monosynaptischen Reflexmechanismus beruht. Bei einer Rekrutierung von Muskelspindeln werden Interneurone aktiviert, d. h. α-Motoneurone einbezogen. Deshalb ist es schwierig, die H-Antwort zu quantifizieren und z. B. zur Beurteilung der Wirkung von Medikamenten bei spastischen Paralysen zu verwenden (Bergamini u. Mitarb. 1972).

Innerviert die Versuchsperson, an der der H-Reflex ausgelöst wird, den Antagonisten, so nimmt die Amplitude der H-Antwort ab, da mit zunehmender antagonistischer Innervation immer weniger agonistische motorische Einheiten erregt werden, d. h., es wird eine ausgeprägte antagonistische Hemmung sichtbar, die bis zum völligen Verschwinden der H-Antwort führen kann. Führt die

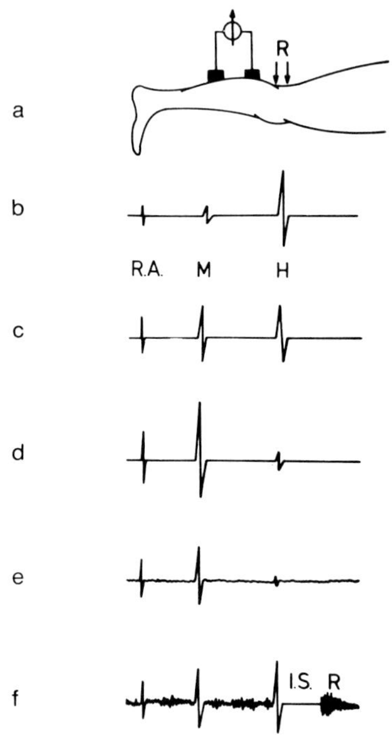

Abb. **11** a–f a) Ableitung der Aktionspotentiale des M. gastrocnemius bei Reizung des N. tibialis mit Einzelimpulsen; b u. c) Reizartefakt (R. A.), M-Antwort (M) und H-Antwort (H) bei geringer und mittlerer Reizintensität; d) bei höherer Reizintensität wird die H-Antwort durch antidrome Leitung kleiner; e) bei mittlerer Reizintensität und Innervation der Antagonisten nimmt die Amplitude der H-Antwort durch antagonistische Hemmung ab; f) bei mittlerer Reizintensität und agonistischer Innervation wird die H-Antwort größer. Danach tritt eine Innervationsstille auf (I. S.), auf die ein „Rückschlag" (R) erfolgt

Versuchsperson eine Willkürinnervation des Agonisten aus, so nimmt die Amplitude der H-Antwort durch eine vermehrte Beteiligung von motorischen Einheiten am Reflexgeschehen zu. Es wird eine agonistische Bahnung sichtbar. Die durch die Willkürinnervation auftretende elektrische Aktivität sistiert nach Ablauf der H-Antwort für etwa 30 ms (Abb. **11**). Diese Innervationsstille („silent period") wird durch mehrere Hemmungsmechanismen hervorgerufen:

1. Bei einer Reflexkontraktion entsteht durch die Erschlaffung der Muskelspindeln zwischen den extrafusalen Fasern ein Entlastungsreflex. Sie senden während dieser Zeit auch beim Menschen keine oder weniger Impulse zu den α-Vorderhornzellen (Struppler 1972, Szumski u. Mitarb. 1974).
2. Durch die agonistische Bahnung bei der Reflexkontraktion nimmt die im Muskel entstehende Spannung erheblich zu, so daß über die Erregung der Sehnenrezeptoren die autogene Hemmung ausgelöst wird (Burg u. Mitarb. 1973).
3. Bevor die α-Motoneurone das Vorderhorn verlassen, zweigt vom Axon eine Kollaterale ab, die eine bahnende Synapse mit einer kleinen Ganglienzelle, der Renshaw-Zelle, bildet. Der Transmitter ist als Azetylcholin identifiziert worden (Eccles u. Mitarb. 1954). Ihr Axon läuft zu der benachbarten α-Vorderhornzell-Population zurück und endet in hemmenden Synapsen. Durch diese Rückkopplung wird die Impulsrate in den Motoneuronen begrenzt oder, wie es bei der Innervationsstille der Fall ist, sogar unterbrochen (Abb. **12**).
4. Durch die synchrone Reflexaktivierung der α-Vorderhornzellen ist die refraktäre Phase der Motoneurone besonders stark ausgeprägt.

Auf die Innervationsstille folgt meist eine Phase gesteigerter elektrischer Aktivität, der Erregungsrückschlag („rebound") (vgl. Abb. **11**). Das Rebound-Phänomen soll mit länger dauernden Erregbarkeitssteigerungen zusammenhängen, die aus „erregungsspeichernden" tonischen Zwischenneuronen, die zu den α-Vorderhornzellen führen, stammen (Caspers 1961). Auch eine zentrale Disinhibition bzw. fusimotorische Mechanismen sollen bei diesem Phänomen eine Rolle spielen (Alston u. Mitarb. 1967). Nach den von Burg u. Mitarb. (1973) am Menschen durchgeführten Ableitungen der Aktivität von den Ia-Afferenzen wird der Erregungsrückschlag durch die Relaxationsaktivität der primären Muskelspindelendigungen nach einer Reflexkontraktion ausgelöst bzw. mitbedingt. Die Schwelle der α-Motoneurone soll dabei durch zentrale bahnende Impulse herabgesetzt sein.

Flexibilität der spinalen Kontrolle der Motorik

Es erscheint notwendig, die Funktion peripherer Reflexe zunächst isoliert darzustellen. Sie werden aber durch zentrale Impulse, z. B. in ihrer Empfindlichkeit, beeinflußt. Andererseits kann der Ablauf einer Willkürbewegung durch Reflexe erheblich modifiziert werden, wie z. B. die Wiedereinstellung eines bestimmten Gelenkwinkels nach Einwirkung eines äußeren Störfaktors. Nach Hoffmann (1934) haben Eigenreflexe keine isolierte Existenz. Sie stellen untergeordnete Organe dar, die eine ordnende und anpassende Funktion haben.

Im allgemeinen wird angenommen, daß die Impulse für ein zentral entworfenes Bewegungsmuster erst den γ-Vorderhornzellen zugeleitet werden, so daß durch die sekundäre Ankopplung der α-Motoneurone an die γ-Schleife ein fließender Bewegungsablauf erzielt wird. Durch die fusimotorische Innervation der Muskelspindel wird ihre Empfindlichkeit gegenüber äußeren Störeinwirkungen verändert. Die dadurch ausgelösten Funktionsänderungen führen auch in vivo meist zu einer Steigerung der dynamischen und statischen Antworten der primären Spindelendigungen, wenn sie durch eine Muskeldehnung gereizt werden. Bei Reizung bestimmter fusimotorischer Fasern werden die Meßeigenschaften des Rezeptors aber auch in entgegengesetzter Richtung ver-

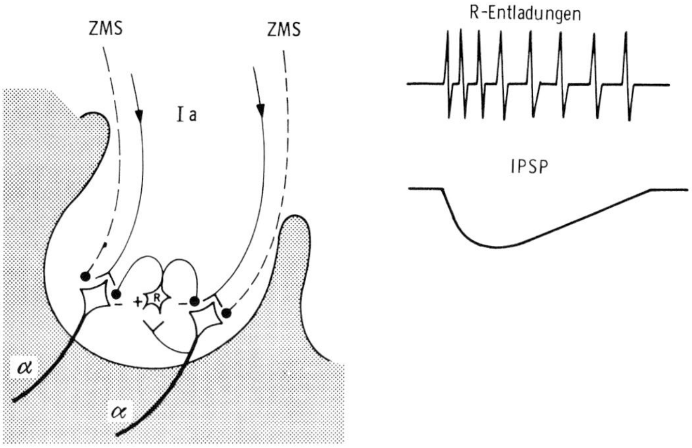

Abb. **12** Von den α-Motoneuronen zweigen Kollateralen ab, welche an den Renshaw-Zellen (R) repititive Entladungen auslösen können (+; R-Entladungen). Die Renshaw-Axone verlaufen zu benachbarten α-Vorderhornzellen und lösen an ihnen eine Membranhyperpolarisation aus (IPSP = inhibitorisches postsynaptisches Potential). Ia = Muskelspindelafferenz, ZMS = zentrale motorische Strukturen (nach *Haase*)

ändert, d. h., die Antworten auf eine Muskeldehnung können auch herabgesetzt sein (Matthews 1964, Schäfer u. Henatsch 1968). Neuerdings sind Befunde erhoben worden, die eine direkte Ankopplung des motorischen Kortex an die α-Motoneurone wieder in den Vordergrund rücken. Nur bei Affen und Menschen soll die motorische Hirnrinde direkt monosynaptisch auf dem Wege der Pyramidenbahn die α-Motoneurone aktivieren können (Vallbo 1971). Die so ausgelöste Bewegung soll beim Menschen wie auch beim Affen vorwiegend die Finger betreffen, so daß erlernte feinmotorische Bewegungen der Hand unter direkter Kontrolle der Pyramidenbahn stehen (Jung 1976). Auch bei raschen Startbewegungen ist eine monosynaptische Ankopplung an die Pyramidenbahn anzunehmen (Conrad u. Mitarb. 1974, Evarts 1971). Nach Phillips (1969) und Phillips u. Porter (1964) haben diese kortikomotoneuralen Synapsen eine spezielle Verstärkerfunktion, die bisher an anderen Synapsen nicht beobachtet werden konnte (Abb. **13**). Sogar einzelne exzitatorische postsynaptische Potentiale (EPSP), die von Erregungen der Pyramidenbahnfasern ausgelöst werden, erreichen durch ihre zunehmende Verstärkung viel schneller die kritische Schwelle, während z. B. afferente Impulse stark synchronisiert sein müssen, um, wie z. B. beim Eigenreflex, die Membran so weit zu depolarisieren, daß es zu einer fortgeleiteten Erregung kommt. Durch diesen Befund könnte das von Basmajian (1973b) entdeckte Phänomen erklärt werden, daß willkürlich einzelne motorische Einheiten selektiv innerviert werden können. Rein rechnerisch kann ein Sprinter 70 ms nach dem Startsignal nur dann zu laufen beginnen, wenn die oben beschriebene monosynaptische Ankopplung erfolgt (Jung 1976).

Die „letzte gemeinsame Strecke" dient zwei völlig verschiedenen Tendenzen bzw. deren Kombination:

1. muß der Körper gegen von außen einwirkende Störungen wie z. B. die Schwerkraft stabilisiert werden,

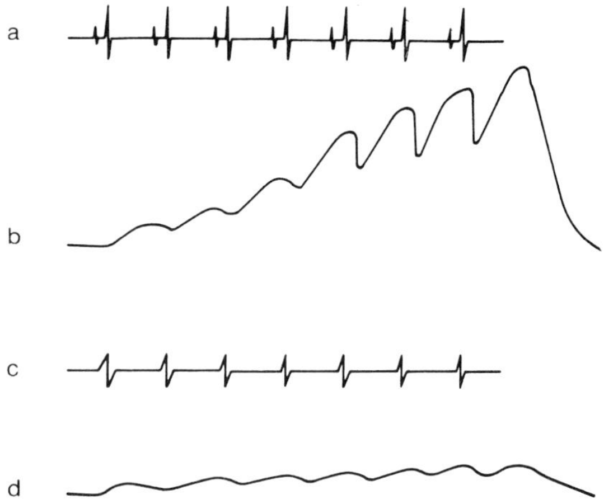

Abb. **13** a–d Postsynaptische Verstärkung an kortikomotoneuralen Synapsen bei Reizung von Pyramidenfasern (a) und Ia-Fasern (c). Die EPSP werden bei Pyramidenbahnreizung nach jedem präsynaptischen Impuls größer (b), während bei gleicher Impulsfolge in den Ia-Fasern nur eine geringe Summation der EPSP (d) nachweisbar ist (nach *Phillips* und *Porter*)

2. soll ein möglichst großes Ausmaß an Bewegungsfreiheit garantiert werden (Henatsch 1976).

Direkte Erregungen des α-Motoneurons führen zu einer besonders schnellen Kontraktion von motorischen Einheiten. Da die γ-Vorderhornzellen nicht synchron aktiviert werden, wird in diesem Fall die letzte gemeinsame Strecke vorzugsweise durch Impulse von zentralen motorischen Strukturen besetzt. Entsprechend ist die Empfindlichkeit für die Auslösung von Dehnungsreflexen herabgesetzt.

Alle anderen bisher bekannten spinalen Kontrollmechanismen der Motorik sind mit den α-Motoneuronen durch Interneurone verbunden, die einer veränderlichen supraspinalen Kontrolle unterstehen (Lundberg 1966). Sie können durch das zentrale Nervensystem unabhängig von der peripheren Ausgangssituation gebahnt oder ge-

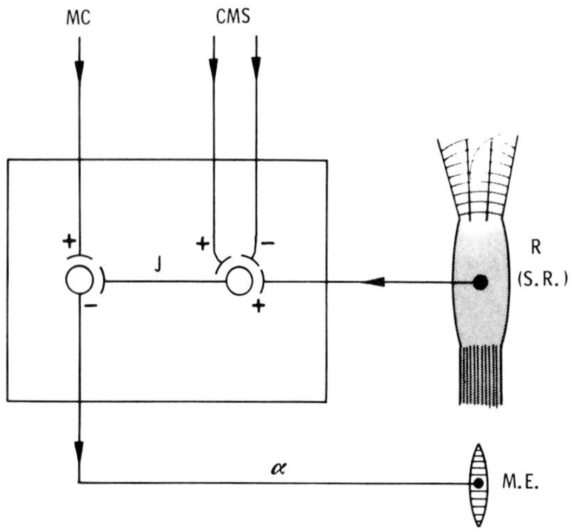

Abb. **14** Verbindung eines Rezeptors (R), in diesem Falle eines Sehnenrezeptors (S. R.) über ein Interneuron (I) mit dem α-Motoneuron (M. E. = motorische Einheit). Die Zelle des Interneurons kann durch zentrale motorische Strukturen (CMS) gehemmt (−) oder gebahnt (+) werden. Die motorische Einheit kann direkt vom motorischen Kortex (M. C.) aktiviert werden

hemmt werden. Eine Bahnung von Interneuronen, die auf die α-Vorderhornzelle hemmend einwirken und deren Transmitter wahrscheinlich die Aminosäure Glyzin (Glykokoll) ist (Curtis u. Mitarb. 1970, Person u. Kušnarev 1963, Werman u. Mitarb. 1968), erhöht die Unterdrückung zentraler Impulse und führt zu einer Stabilisation des Systems (Abb. **14**). Wird die Ganglienzelle des Interneurons zentral gehemmt, kommt es zu einer Verminderung der peripheren Einflüsse, und die Motorik wird in Richtung eines Gewinns von Bewegungsfreiheit durch zentrale Impulse verschoben (Henatsch 1976).

Durch diese Schaltmechanismen kann z. B. der spannungsbegrenzende Einfluß der Sehnenrezeptoren in positiver oder negativer Richtung verändert werden (Abb. **14**). Eine weniger flexible Anordnung der spinalen Kontrollen könnte mit Bewegungsentwürfen interferieren. So könnten z. B. länger dauernde statische Muskelkontraktionen von großer Kraft unterbrochen werden. Deshalb ist eine zentrale Inhibition der Spannungsbegrenzung notwendig, um z. B. ein gezieltes Krafttraining durchführen zu können.

Wie bereits ausgeführt, begrenzt die Renshaw-Hemmung den Ausgang der Motoneurone, d. h. deren Impulsrate. Aus diesem Grund überschreitet diese Impulsrate im allgemeinen nicht bestimmte Grenzwerte. Durch die beschriebenen zentralen Eingriffe kann auch die Renshaw-Hemmung gefördert (zusätzliche Begrenzung der Impulsrate) bzw. vermindert werden (Henatsch u. Mitarb. 1961, McLean u. Leffmann 1967). Der letztere Fall würde sich zugunsten eines Gewinns an Bewegungsfreiheit auswirken.

Bei der eingangsbegrenzenden präsynaptischen Inhibition endet ein inhibitorisches Neuron an einem exzitatorischen, bevor letzteres mit der α-Vorderhornzelle eine Synapse eingeht (Schmidt 1971). Der Transmitter des präsynaptischen inhibitorischen Axons (wahrscheinlich GABA; Henatsch 1976) depolarisiert die exzitatorische Endigung, so daß die in sie einlaufenden Aktionspotentiale verkleinert werden (vgl. Abb. **10**). Als Folge davon wird die Freisetzung des exzitatorischen Transmitters vermindert, so daß die exzitatorischen postsynaptischen Potentiale (EPSP) erheblich verkleinert werden und somit die kritische Schwelle schwerer oder gar nicht erreicht wird (Eccles 1971). Die präsynaptische Hemmung wird nicht nur über Ia-Afferenzen ausgelöst. Es gibt Hinweise dafür, daß auch andere afferente Quellen an diesem Hemmungsmechanismus beteiligt sind. Ihre Herkunft ist bisher nicht genügend geklärt (Barnes u. Pompciano 1970, Henatsch u. Schäfer 1965). Eine präsynaptische Hemmung kann außerdem von zentralen inhibitorischen Fasern ausgehen (Carpenter u. Mitarb. 1966). Auch diese präsynaptische Hemmung kann durch zentrale Impulse fördernd oder hemmend beeinflußt werden (Lundberg u. Vyklicky 1966).

Durch die Flexibilität der spinalen Kontrolle können zwei motorische Grundtendenzen angestrebt werden, nämlich einmal die der Stabilisierung der Körperhaltung bzw. eines Bewegungsablaufs, zum anderen der möglichst ungehinderte Ablauf einer motorischen Handlung (Henatsch 1976). Jede mögliche Störung eines Bewegungsablaufs durch die beschriebenen peripheren Kontrollen kann durch zentrale Einflüsse ausgeschaltet oder vermindert werden.

Wahrscheinlich werden bei hochmotivierten Athleten die peripheren Stabilisierungstendenzen bei Bedarf vermindert oder ausgeschaltet, so daß die „letzte gemeinsame Strecke“ für zentrale Antriebe freigehalten wird. Möglicherweise ist dieser zentrale Eingriff einer der Gründe, weshalb Sportverletzungen und Sportschäden mit größerer Häufigkeit bei hochtrainierten Athleten auftreten.

Polysynaptische spinale Reflexe (Fremdreflexe)

Von einer Reihe von Rezeptoren, die nicht unmittelbar im muskulären Bereich lokalisiert sind, lassen sich gleichfalls motorische Reflexe auslösen. Entsprechend ihrer Lokalisation in der Haut oder im Unterhautgewebe, werden diese Rezeptoren als Exterozeptoren bezeichnet und die von ihnen ausgehenden Reflexe als Fremdreflexe klassifiziert, da Rezeptor und Effektor verschiedenen Organsystemen angehören. Die afferenten Nervenfasern sind prinzipiell polysynaptisch mit den Motoneuronen verbunden, wobei die Zahl der von der Erregung betroffenen Synapsen in erheblichem Ausmaß von den Reizbedingungen abhängt.

Bereits Frey (1929) konnte in Reizversuchen spezifische Druck-, Schmerz-, Kälte- und Wärmepunkte nachweisen. Diese somatische Sensibilität dient nach Kornhuber (1972)

1. zur Abgrenzung des Organismus gegen die Außenwelt,
2. der Darstellung der taktilen Außenwelt im Bewußtsein bzw. im Gedächtnis zum Zwecke der Orientierung und Regelung der Motorik und des Verhaltens,
3. zur Orientierung über die Körperposition und die Bewegungsabläufe.

Diese somatischen Rezeptoren lösen nicht nur Reflexabläufe aus, sondern ihre Erregung führt auch zu bewußten Empfindungen. Die Hautempfindungen enthalten rationale (epikritische) Anteile, die dem Tastsinn zuzuordnen sind, und affektiv getönte (protopathische) Anteile, zu denen die Schmerzempfindung zu rechnen ist (Head 1920, Mountcastle 1961). Die Innervation der Exterozeptoren erfolgt multipel, wobei entweder eine afferente Faser zu mehreren Rezeptoren führt oder ein einzelner Rezeptor von mehreren Nervenfasern innerviert wird.

Funktion der Mechanorezeptoren

Biegungs- und Scherkräfte, die auf die Haut einwirken, führen zur Erregung der Mechanorezeptoren (Abb. **15**), wobei von den einzelnen Rezeptoren zwischen Eindruckstiefe, Geschwindigkeit und Beschleunigung unterschieden werden kann (Kornhuber 1972). Da manche Mechanorezeptoren schnell adaptieren, erfolgt die Erfassung der Beschaffenheit von Gegenständen hinsichtlich ihrer Form, Konsistenz und Oberfläche (Glätte, Rauhigkeit, Härte, Elastizität, Klebrigkeit) z. T. durch aktive Bewegungen. Kitzel ist eine besondere Modalität der Mechanorezeptoren. Er wird durch leichte bewegte Reize an niedrigschwelligen Mechanorezeptoren ausgelöst (Hensel 1975) und durch den epikritischen Anteil des sensiblen Systems übermittelt. Die Kitzelempfindlichkeit der Haut hängt von der Lokalisation des Reizes (Handflächen, Fußsohlen) und von individuellen Faktoren ab. Die Kitzelempfindlichkeit ist stark affektbetont und überdauert häufig die Reizeinwirkung (Hensel 1975).

Das Adaptationsverhalten der einzelnen Mechanorezeptoren ist sehr unterschiedlich. Einige sind durch ihre vollständige Adaptation, gemessen durch ein Aufhören der afferenten Impulse in der Nervenfaser während eines weiter andauernden Reizes, nur durch eine zeitliche bzw. örtliche Veränderung einwirkender Kräfte erregbar (Talbot u. Mitarb. 1968). Die schnelle Adaptation führt dazu, daß gleichmäßige schwache Reize (Druck von Kleidungsstücken) über längere Zeit kaum bewußt werden (Abb. **16**). Andere Mechanorezeptoren adaptieren kaum, und ihre afferenten Impulse sind während der gesamten Dauer des

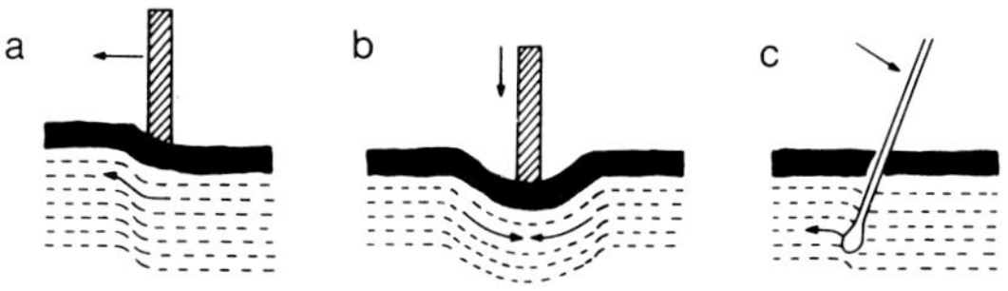

Abb. **15** a–c Verschiedene mechanische Reizarten an der Haut: a) tangentiale Verformung, b) vertikale Verformung, c) Verbiegung eines Haares (aus *H. Hensel:* Somato-viszerale Sensibilität. In: Kurzgefaßtes Lehrbuch der Physiologie, 4. Aufl., hrsg. von *W. D. Keidel.* Thieme, Stuttgart 1975)

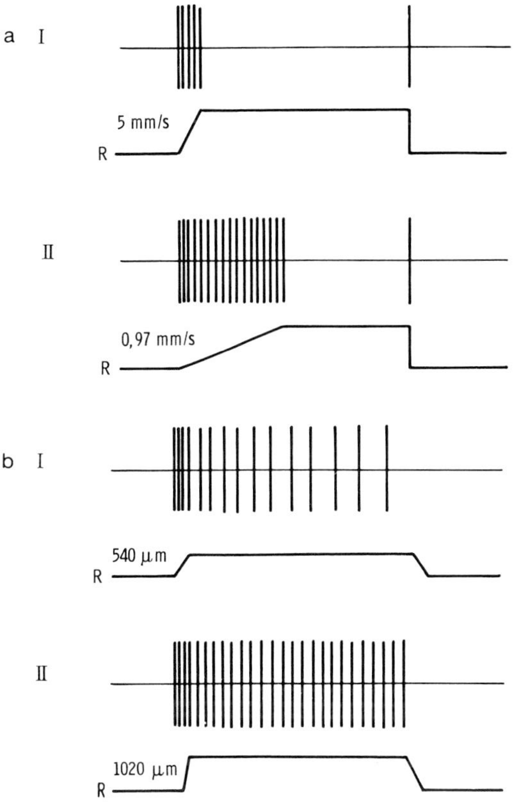

Abb. **16** a u. b Afferente Impulse von verschieden schnell adaptierenden Rezeptorfasern: a) Rasch adaptierende Rezeptoren (Meissner-Körperchen), Berührungsreize verschiedener Eindrucksgeschwindigkeit (mm/s) und konstante Eindruckstiefe (850 µm). R = Reiz (aus *Talbot*). b) Langsam adaptierende Rezeptoren (Merkel-Rezeptoren). Die Eindringtiefe von Druckreizen ist links in µm angegeben. R = Reiz (aus: *V. B. Mountcastle, W. H. Talbot, H. H. Kornhuber:* The neural transformation of mechanical stimuli delivered to the monkey's hand. In: Ciba Foundation Symposium on Touch, Heat and Pain, hrsg. von *A. C. S. De Reuck, J. Knight.* Churchill, London 1966)

Reizes in der zugehörigen Nervenfaser nachweisbar (Mountcastle u. Mitarb. 1966) (Abb. **16**).

Besonders empfindlich reagieren rasch adaptierende Mechanorezeptoren auf periodische Wechseldrücke zwischen 10 und 1000 Hz (Hensel 1975). Die mechanische Impedanz der Haut hat ihr Minimum bei 100–300 Hz. Die Pacini-Körperchen sind in diesem

Frequenzbereich am leichtesten erregbar, so daß sie Vibrationen der Haut über größere Entfernungen wahrnehmen können (KORNHUBER 1972). Bei niedrigeren Frequenzen ist die Ausbreitung mechanischer Wellen stark eingeschränkt, so daß eine Erschütterung lokalisiert bleibt. Meissner-Körperchen, deren niedrigste Reizschwelle bei etwa 30 Hz liegt, können deshalb nur am Orte des Reizes erregt werden (KORNHUBER 1972).

Durch die unterschiedliche Dichte der Mechanorezeptoren an verschiedenen Körperstellen ist das lokale räumliche Auflösungsvermögen, die Raumschwelle, verschieden groß und wird durch den kleinsten Abstand, bei dem zwei Reize noch als getrennt wahrgenommen werden können, bestimmt (HENSEL 1975, TEN BRUGGENCATE 1971). Diese simultane Raumschwelle ist wesentlich größer als die bei nacheinander einwirkenden Reizen zu ermittelnde sukzessive Raumschwelle (Zahlenschreiben bei neurologischer Prüfung der Sensibilität), da die nacheinander folgende Erregung schnell adaptierender Rezeptoren besser wahrgenommen wird (Tab. **1**).

Tabelle **1** Simultane Raumschwellen der Druckempfindung

Hautstelle	mm
Zungenspitze	1
Fingerbeere	2
Lippen	4
Unterarm	40
Rücken	70

Die Mechanorezeptoren der Haut werden durch afferente A- oder C-Fasern versorgt (vgl. Tab. **2** in Beitrag „Elektrophysiologie"). Die meisten afferenten Fasern der A-Gruppe leiten mit einer Geschwindigkeit von 40–85 m/s (A-β-Gruppe). Nur die Haarfollikelrezeptoren werden durch Fasern der A-γ- bzw. A-δ-Gruppe (Leitungsgeschwindigkeit 10–45 m/s) versorgt (BROWN u. IGGO 1967, MERZENICH u. HARRINGTON 1969).
Eine eingehende Darstellung der Morphologie und Funktion aller Hautrezeptoren ist in diesem Rahmen nicht möglich. Ihre wesentlichen Merkmale sollen nach KORNHUBER (1972) kurz angegeben werden.
Als Druckrezeptoren der haarlosen Haut konnte der Merkel-Rezeptor identifiziert werden. Merkel-Rezeptoren sind in der Lage, verschiedene Eindrucktiefen zu unterscheiden, und sie gehören zu den langsam adaptierenden Rezeptoren (Abb. **16**). Nach Oberflächenanästhesie der Haut bleibt eine tiefe, aber gut lokalisierbare Druckempfindung erhalten, die eine hohe Reizschwelle hat. Wahrscheinlich gehören die Rezeptoren zum langsam adaptierenden Ruffini-Typ. Das Meissner-Körperchen ist ein Berührungsrezeptor der haarlosen Haut und adaptiert schnell (Abb. **16**). Es ist deshalb ein Rezeptor für Reizbewegungen (Geschwindigkeitsdetektor) und dient der genauen Reizlokalisation. Die rasch adaptierenden Vater-Pacini-Körperchen sind Vibrationsrezeptoren für höhere Frequenzbereiche. Auf einen Stufen- oder Rampenreiz antworten sie nur mit einem einzigen Aktionspotential.
In der behaarten Haut sind eine Reihe unterschiedlich adaptierender Rezeptoren gefunden worden, die vorwiegend von Fasern der A-β- bzw. A-δ-Gruppe versorgt werden. Zu ihnen gehören drei verschiedene Typen von Druckrezeptoren und vier verschiedene Typen von Berührungsrezeptoren.
Auch freie Nervenendigungen dienen als Mechanorezeptoren, ihre afferenten Fasern gehören zur C-Gruppe und haben eine Leitungsgeschwindigkeit von 0,5–2 m/s. Meldungen aus den C-Fasern werden etwa erst 1 Sek. später bewußt als Meldungen aus den A-Fasern. Diese Mechanorezeptoren werden besonders leicht erregt, wenn Reize sich über die Haut fortbewegen. Deshalb soll über sie auch das Kitzelgefühl ausgelöst werden.

Funktion der Thermorezeptoren

Schon aus der täglichen Erfahrung ergibt sich, daß für die Kälte- und Wärmeempfindung unterschiedliche Rezeptorsysteme anzunehmen sind, denen allerdings keine bestimmten histologischen Strukturen zugeordnet werden können. Die Thermorezeptoren werden durch Fasern der A-δ-Gruppe mit einer Leitungsgeschwindigkeit von 5–25 m/s versorgt (STÄMPFLI 1971).
Funktionell gelang es allerdings, durch Ableitung afferenter Impulse in Hautnervenfasern spezifische Kälte- und Wärmerezeptoren nachzuweisen (HENSEL 1952, 1966). Die Reaktionszeit auf einen Warmreiz ist wesentlich länger als die auf einen Kaltreiz. Für den Menschen kann angenommen werden, daß die Kaltrezeptoren dicht unter der Epidermis liegen, die Warmrezeptoren in den oberen und mittleren Schichten des Coriums (SCHMIDT 1972a). Bei konstanten Raumtemperaturen sind afferente Impulse der beiden Rezeptortypen in charakteristischen Temperaturbereichen nachweisbar (Abb. **17**). Dieser Temperaturbereich beträgt für die Wärmefasern 30–48 °C mit einem statischen Maximum bei 46 °C. Die Kälterezeptoren sind in einem Temperaturbereich von 5–43 °C aktiv und haben ihr statisches Maximum bei ca. 27 °C (SCHMIDT 1972a). Auch wenn die Hauttemperatur völlig konstant geworden ist, kann eine Kaltempfindung lange Zeit andauern (Kaltempfindung bei kalten Füßen), vor allem dann, wenn die Hauttemperatur unter 20 °C liegt (HENSEL 1952).

Bei schnellen Temperaturänderungen zeigen die Thermorezeptoren ein dynamisches Verhalten (Abb. **17**) und antworten z. B. bei einer schnellen Abkühlung mit einer initialen überschießenden Frequenzerhöhung. Anschließend stellt sich die Entladungsfrequenz auf das neue Temperaturniveau ein (HENSEL 1975, SCHMIDT

1972a). Ein Thermorezeptor verhält sich umgekehrt, d. h., bei einem akuten Kältereiz wird seine Entladung gehemmt, bei einem akuten Wärmesprung nimmt sie initial zu. Thermorezeptoren sprechen also auch auf den zeitlichen Differentialquotienten der Temperaturänderung an (Proportional-Differential-Fühler) (HENSEL 1966). Je größer die Wärmeleitfähigkeit eines berührten Gegenstandes ist, d. h., je schneller die Haut im entsprechenden Bezirk abkühlt, fühlen sich gleich warme Gegenstände unterschiedlich warm an (Holz, Glas, Metall).

Die *Kälterezeptoren* werden durch Temperaturen, die höher als 45 °C sind, wieder erregt, so daß es bei einer akuten Hitzeexposition (Sauna) zu einer vorübergehenden „paradoxen Kälteempfindung" kommen kann (SCHMIDT 1972a). Aus diesem Grund ist es möglich, daß eine Hitzeempfindung durch Wärme- und Kälterezeptoren ausgelöst wird und außerdem eine Erregung von Schmerzrezeptoren dabei eine Rolle spielt. Unlustbetonte Empfindungen, bei denen vegetative Reaktionen wie Schwitzen und Kältezittern eine Rolle spielen, sind durch die Empfindungen der Schwüle bzw. des Frierens gekennzeichnet. Durch chemische Reize können Thermorezeptoren auch inadäquat erregt werden. Die Kälterezeptoren sprechen z. B. auf mentholhaltige Chemikalien an, die Wärmerezeptoren auf CO_2 (Kohlensäurebad), Alkohol, verschiedene Gewürze und i. v. injiziertes Kalzium (HENSEL 1975).

Schmerzrezeptoren und Schmerzempfindung

Der Schmerz ist die am meisten affektiv getönte Empfindung, die in weiten Grenzen individuell schwanken kann und am wenigsten zu objektivieren ist. Nach MERSKY u. SPEAR (1967) ist Schmerz definiert als „an unpleasant experience which we priorily associate with tissue damage or describe in terms of tissue damage or both". Die Schwierigkeiten dieser Definition bestehen darin, daß eine Gewebszerstörung ohne Schmerzen vorkommen kann (Malignom) oder auch Schmerzen ohne nachweisbare Gewebsschädigung entstehen (Trigeminusneuralgie). Schmerzangaben können nicht nur auf eine Gewebsschädigung hinweisen, sondern auch eine soziale Funktion haben wie z. B. die Erregung von Aufmerksamkeit, die Bitte um Hilfe oder die Dominanz über andere Personen (CLARK u. HUNT 1971).

Die meisten Versuchspersonen können zwei Schmerzempfindungen deutlich unterscheiden: Der helle Oberflächenschmerz, der von den oberen Hautschichten ausgeht, ist räumlich gut lokalisierbar und nur mäßig affektbetont. Er wird nach einer Latenz von 0,5–1,0 Sek. von einem mehr brennenden, dumpfen und diffusen Schmerz gefolgt, der das Ende des Schmerzreizes überdauern kann. Der erste Schmerz wird vorwiegend durch die Fasern der A-δ-Gruppe (IGGO 1960, KOLL u. Mitarb. 1961), der zweite vor allem

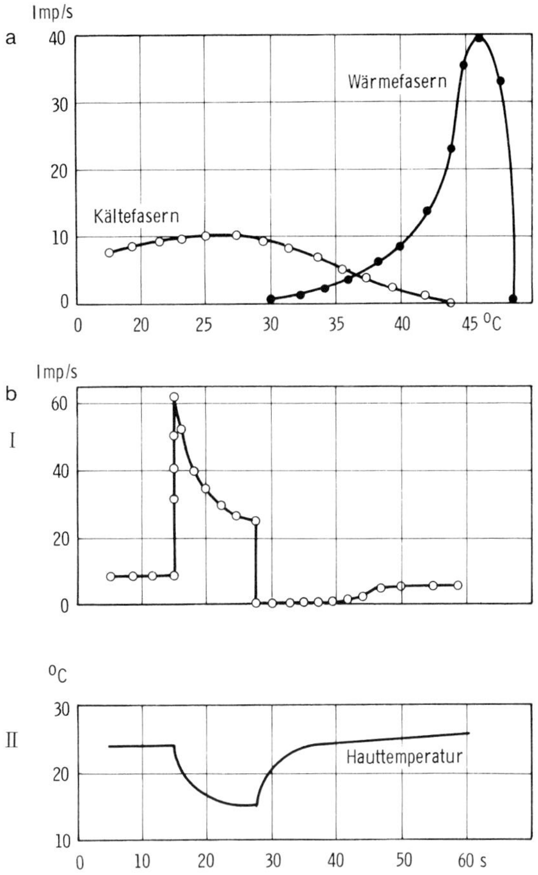

Abb. **17**a u. b a) Mittlere Impulsfrequenz bei statischer Entladung von Kälte- bzw. Wärmefasern (Nasenregion der Katze) in Abhängigkeit von der Hauttemperatur (aus: *H. Hensel:* Somato-viszerale Sensibilität. In: Kurzgefaßtes Lehrbuch der Physiologie, 4. Aufl., hrsg. von *W. D. Keidel.* Thieme, Stuttgart 1975)

b) Dynamisches Verhalten der Impulsfrequenz einer Kältefaser I in Abhängigkeit von einer Abkühlung und Wiedererwärmung der Haut (II) (aus: *H. Hensel, K. Bomann.* J. Neurophysiol. 23 [1960] 564)

durch marklose C-Fasern (0,5–2,0 m/s) geleitet. Manche mechanisch ausgelösten Schmerzempfindungen (Nadelstich, Quetschungen) werden offensichtlich auch durch schneller leitende afferente Fasern (6–36 m/s) versorgt (BURGESS u. PERL 1967). Auch nach KANSHALO (1968) werden Schmerzsensationen durch A-Fasern übertragen, die dicker sind als die der δ-Gruppe, während δ-Fasern auch Temperatur- und Berührungsempfindungen leiten können. Während der helle Oberflächenschmerz Fluchtreflexe auslöst, führt der dumpfe Tiefenschmerz, der einen stark quälenden Charakter haben kann und von vegetativen Reaktionen begleitet ist (Übelkeit, Schweißausbruch, Blutdruckabfall), zu einer Hemmung der Motorik und zu Schonhaltungen (HENSEL 1975). Meist kommt es dabei zu einer Hyperalgesie der Haut in der Umgebung des geschädigten

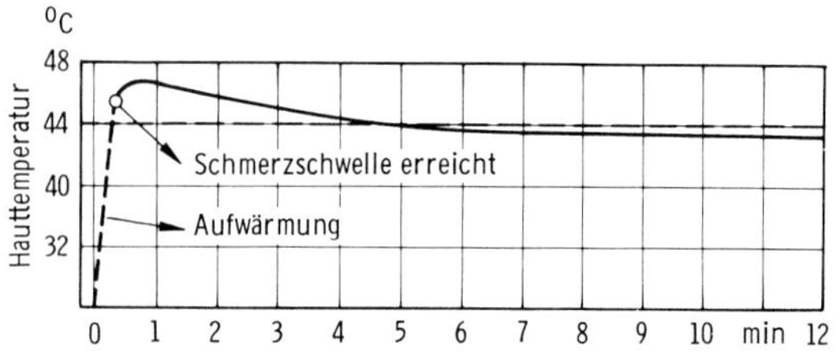

Abb. **18** Abhängigkeit der Schmerzschwelle von der Dauer eines Hitzereizes. Die VP muß die Strahlungsintensität einer Infrarotwärmequelle so einregulieren, daß die Hauttemperatur der Stirn gerade als schmerzhaft empfunden wird (aus: *L. C. Greene, J. D. Hardy.* J. appl. Physiol. 17 [1962] 693)

Gewebes, an der zentralnervöse Vorgänge beteiligt sind (Schmidt 1972b).
Da eine Vielzahl von Reizen zu einer Schmerzempfindung führen kann, ist es nicht möglich, für den Schmerz einen adäquaten Reiz anzugeben. Alle Reize, die eine Schmerzempfindung auslösen, sind häufig als gewebsschädigend aufzufassen (Schmidt 1972b).

Für die *Auslösung des Schmerzes durch mechanische Reize* konnten Hardy u. Mitarb. (1952) eine Schmerzstärkenskala aufstellen, die entsprechend dem erzeugten Druck 15 Unterschiedsstufen aufweist, wobei jeweils zwei Unterschiedsstufen als ein „dol" bezeichnet werden.
Wesentlich besser sind *thermische Schmerzreize* (Wärmestrahlen) zu quantifizieren (Schmidt 1972b). Die erste Schmerzempfindung tritt konstant bei 45 °C Hauttemperatur auf (Hardy u. Mitarb. 1940). Bei weiter steigender Hauttemperatur konnten bis zum Maximalschmerz 21 Intensitätsstufen unterschieden werden. Bei mit Wärmestrahlen durchgeführten Schmerzreizversuchen wurde über längere Zeit keine Adaptation nachgewiesen (Abb. **18**). Dieser Befund deckt sich mit klinischen und täglichen Erfahrungen (Greene u. Hardy 1962). Für die Beurteilung der Wirkung analgetischer Substanzen ist nach Beecher (1959) die Wärmestrahlentechnik von begrenztem Wert, da unter experimentellen Bedingungen bedrohende Angstgefühle kaum auftreten. Bei experimenteller Erzeugung von Angstgefühlen in verschiedenem Ausmaß stellte Clark (1969) fest, daß die „ängstlichen" Versuchspersonen auch für experimentell erzeugten Schmerz eine niedrigere Reizschwelle hatten. Bei geringerer Erwärmung der Haut auf 37–41 °C durch Eintauchen in ein Wasserbad ist gleichfalls eine Schmerzempfindung auslösbar, die jedoch nach wenigen Sekunden verschwindet und als „phasischer Schmerz" bezeichnet werden kann (Hardy u. Stolwijk 1966). Bei Störungen des Gewebsstoffwechsels werden Stoffe frei, die möglicherweise als *chemische Schmerzreize* wirken. Nach Abtragen der Epidermis konnte Keele (1966) nachweisen, daß Lösungen von Azetylcholin und Serotonin erhebliche Schmerzsensationen auslösten. Außerdem ist bekannt, daß Plasmakinine (bradykininähnliche Polypeptide), die z. B. in Brandblasen und entzündlichen Exsudaten zu finden sind (Hensel 1975), sowie Histamin, Wasserstoff-Ionen und Kalium-Ionen in bestimmter Konzentration schmerzauslösend wirken (Hensel 1966, Keele 1966).

Die Wirkung einer Schmerzbekämpfung durch Analgetika (Dämpfung der thalamischen Schmerzzentren) hängt weitgehend von der subjektiven Einstellung zum Schmerz ab. Einige Menschen haben eine sehr niedrige Empfindungsreaktivität und neigen zu einer subjektiven Empfindungsreduzierung, während diese bei anderen erhöht ist (Petrie 1967). Nach Rayn u. Kovacic (1966) neigen Athleten zu einer Reduktion und haben eine hohe Schmerztoleranz. Außer der individuellen Schmerzempfindlichkeit spielt die augenblickliche Gegebenheit eine wesentliche Rolle. Ablenkung, Gleichgültigkeit und schwere Ermüdung können die Schmerzempfindung dämpfen, Hypnose oder Plazebogaben (McGlastian u. Mitarb. 1969) sogar zu einer Schmerzfreiheit führen. Nach Beecher (1966) können Plazebos bei klinischen Schmerzzuständen in 35% der Fälle zu einer Schmerzerleichterung führen, jedoch nur bei 3% von Versuchspersonen, die an experimentellen Schmerzuntersuchungen teilnehmen. Umgekehrt kommt es durch Angst und Erwartungserlebnisse zu einer Steigerung der Schmerzempfindung (Hensel 1975), deren affektive Tönung durch die Bedeutung, die das Schmerzerlebnis hat, bestimmt wird (pektanginöse Beschwerden). Nach Wall u. Sweet (1967) ist es möglich, daß durch elektrische Reizung von großkalibrigen A-Fasern eine Schmerzempfindung für längere Zeit vermindert wird. Eine kontralaterale Kältereizung erhöht gleichfalls die Schmerzschwelle (Blitz u. Dinnerstein 1968). Diese Befunde wurden so interpretiert, daß diejenigen A-Fasern, die Berührungs- und Temperaturempfindungen leiten, die Aktivität von Schmerzfasern vermindern (Wall u. Sweet 1967). Auch durch gleichzeitiges Einwirken verschiedener sensorischer Modalitäten (weißes Geräusch, Blitzlicht und Vibrationen) kann nach Green (1962) die Schmerzschwelle für elektrische Hautreize heraufgesetzt werden (Jones u. Mitarb. 1966).
Der paradoxe Schmerz ist dadurch charakterisiert, daß die Empfindung nicht mehr mit der äußeren Reizsituation übereinstimmt. Der brennende Schmerz bei der *Kausalgie* wird während eines Anfalls häufig durch vasomotorische Reaktionen und profuses Schwitzen begleitet. Es wurde angenommen, daß der Kausalgieschmerz durch überspringende Erregungen von sympathischen auf schmerzleitende dünne C-Fasern entsteht (Jung 1972). Ein bemerkenswerter Befund dabei ist jedoch, daß bei einer erniedrigten Schmerzschwelle die Berührungsempfindlichkeit vermindert ist. Noordenbos (1959) vertrat die Meinung, daß es durch eine Schädigung der schnelleitenden A-Fasern zu einem Ungleichgewicht der Entladungsrate zwischen A- und C-Fasern kommt, so daß elektrische Reize, Kälteanwendung und feuchte Umschläge den Kausalgieschmerz durch eine vermehrte Erregung von A-Fasern günstig beeinflussen können.

In 4–5% tritt bei Amputierten ein langdauernder *Phantomschmerz* auf (Clark u. Hunt 1971). Selbst durch eine Hinterwurzeldurchtrennung kann der Phantomschmerz nicht immer ausgeschaltet werden. Noordenbos (1959) führt ihn darauf zurück, daß die vom Stumpf herkommende A-Faser-Information erheblich vermindert ist, während die regenerierenden Fasern der C-Gruppe angehören. Sollte diese Theorie des „Ungleichgewichts" afferenter Informationen zutreffen, so müßte eine Erhöhung der Afferenz in den schnelleitenden Fasern, z. B. durch Übungen des Stumpfes, den Phantomschmerz vermindern, wie es Melzack (1970) angegeben hat.

Jucken wird häufig als eine Vorstufe oder als eine Sonderform des Schmerzes angesehen, da Juckreize mit stärkerer Intensität zu Schmerzempfindungen führen können. Außerdem sind die experimentell an der Haut festgestellten Juckpunkte mit Schmerzpunkten identisch. Andererseits ist eine Juckempfindung nur im Bereich der äußeren Epidermis auszulösen, so daß es nicht auszuschließen ist, daß Jucken eine besondere Empfindungsqualität darstellt, die vielleicht sogar durch die Erregung spezieller Rezeptoren entsteht (Schmidt 1972b). Bei Hautschäden, die zum Jucken führen, wie z. B. bei allergischen Reaktionen, wird Histamin freigesetzt, das möglicherweise als chemische Reizsubstanz anzusehen ist.

Hemmung und Bahnung der Afferenz

Die Segmente des Hinterhorns werden von den sensorischen und motorischen Feldern der Großhirnrinde kontrolliert (Andersen u. Mitarb. 1964). Die Pyramidenbahn, die an dieser Kontrolle hauptsächlich beteiligt ist, hat also nicht nur eine motorische Funktion; auch die exterozeptive Afferenz unterliegt im entsprechenden Rückenmarkssegment einer efferenten Hemmung oder Bahnung. Nach Melzack u. Wall (1968) hängt die Weiterleitung afferenter Impulse im Rückenmarkssegment von dem Verhältnis der afferenten Impulse in dicken und dünnen afferenten Fasern ab, wobei die Kontrolle über die Weiterleitung wahrscheinlich präsynaptisch erfolgt. Beim Fehlen einer äußeren Reizsituation überwiegt bei einer Gewebsschädigung die Aktivität der schmerzleitenden afferenten Fasern. Eine Aktivierung der dicken myelenisierten Fasern, welche z. B. die Mechanorezeptoren innervieren, führt zu einer Veränderung des Impulsverhältnisses, und die Weiterleitung der Schmerzimpulse wird inhibiert. Ein solcher Filtereffekt durch die Efferenz konnte z. B. durch Wall (1967) nachgewiesen werden. Die Melzack-Wall-Theorie hat nach Clark u. Hunt (1971) therapeutische Konsequenzen, da durch entsprechende Übungen bzw. Behandlungen (Krankengymnastik, Hydrotherapie, Massage) die Afferenz in den dicken A-Fasern zum Zwecke der Schmerzkontrolle gesteigert werden kann.

Spinale Motorik bei polysynaptischen Reflexen

Die durch Erregung der Exterozeptoren entstehenden Afferenzen lösen Muskelkontraktionen aus, die in der Regel die Beugemuskulatur der gereizten Extremität betreffen. Nicht schmerzhafte Reize führen zu lokalen, oft kaum sichtbaren Reaktionen, während sich die Antwort bei schmerzhaften schädigenden (nozizeptiven) Reizen auf mehrere Beugemuskeln ausbreitet (Rekrutierung) (Struppler 1974). Dadurch wird der bedrohte Körperteil vom schädigenden Reiz entfernt. Diese Reflexe führen also zu protektiven Antworten, die als Abwehr- oder Fluchtreaktionen aufgefaßt werden können (Henatsch 1976). In den Reflexablauf werden in Abhängigkeit von der Reizstärke unterschiedlich viel Interneurone eingeschaltet, deren Zahl für die Größe der Reflexantwort ausschlaggebend ist. Wie bereits beschrieben, unterliegen auch diese Interneurone zentralen Hemmungen oder Bahnungen, so daß das spinale Reflexverhalten durch zentrale Einflüsse weitgehend überdeckt werden kann. Am spinalisierten Tier bzw. beim Säugling kann das Beugereflexverhalten jedoch deutlich beobachtet werden. Auch nach Läsionen absteigender hemmender Bahnen oder durch den Einfluß toxischer Substanzen (z. B. Strychnin) kann das Reflexmuster wieder deutlich erkennbar werden (Dodt u. Flechtenmacher 1951).

Ein starker schmerzhafter Reiz an der Fußsohle führt zu einer Kontraktion der gesamten Beugemuskulatur der unteren Extremität, so daß sie durch eine Flexion im Sprung-, Knie- und Hüftgelenk vom Schadensort entfernt wird. Die gleichen Impulse, die zu einer Aktivierung der Flexoren führen, üben einen hemmenden Einfluß auf die Extensoren aus. Durch reziproke Innervation wird an der ipsilateralen Extremität die Beugemuskulatur gebahnt, die Streckmuskulatur gehemmt (Abb. **19**). Kontralateral ist das umgekehrte Verhaltensmuster zu beobachten. Die Motoneurone der Strecker werden erregt, die der Beuger gehemmt. So entsteht nach Sherrington (1910) der „cross extensor reflex". Durch die kontralaterale Extensorkontraktion ergibt sich eine Stabilisierung der nicht gereizten Extremität, durch welche die Körperposition aufrechterhalten werden kann. Außerdem ist durch das reziproke Innervationsmuster der Fremdreflexe die Lokomotion auf spinaler Ebene vorgezeichnet.

Bei großflächigen starken Reizen werden A- und C-Fasern erregt, wobei die über sie ablaufenden Impulse als „Flexor-Reflex-Afferenz" zusammengefaßt werden (Eccles u. Lundberg 1959). Deshalb findet man im Elektromyogramm einer polysynaptischen Reflexantwort meist zwei tetanische Anteile (Kugelberg 1948, Shahani 1970) (Abb. **20**). Der erste kurz andauernde Anteil stammt bei elektrischer Reflexauslösung von Fa-

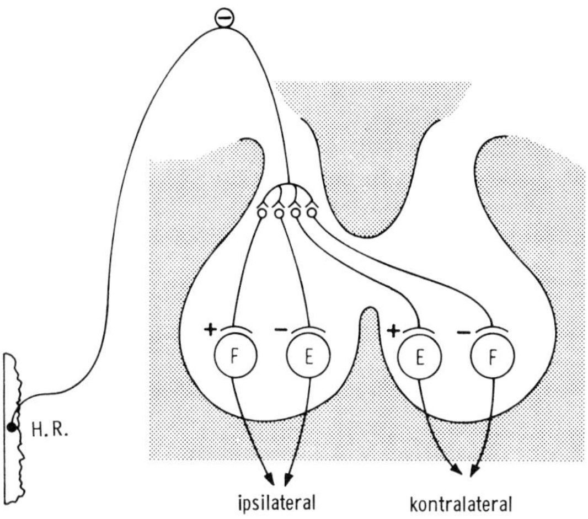

Abb. **19** Schematische Darstellung des ipsilateralen Beuge- und kontralateralen Streckreflexes (+ = Bahnung, − = Hemmung) bei starker schmerzhafter Reizung von Hautrezeptoren (H. R.). F = Flexoren, E = Extensoren

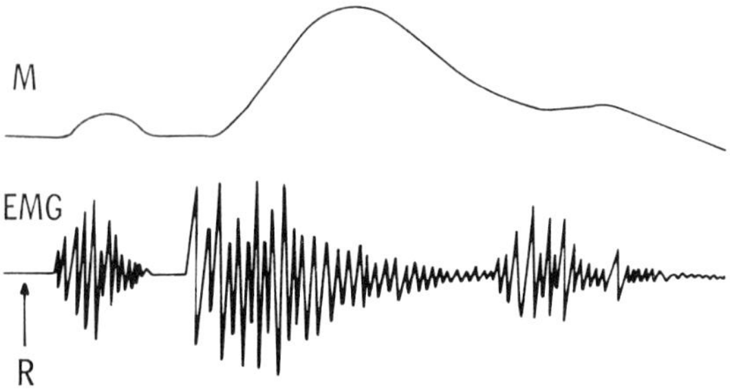

Abb. **20** Flexorreflex des M. tibialis anterior nach elektrischer Reizung (R) der Fußsohle. M = Mechanogramm, EMG = Elektromyogramm. Beide Reflexanteile sind deutlich voneinander zu unterscheiden (nach *Shahani*)

sern mit niedriger Schwelle, die mit einer Geschwindigkeit von etwa 30–40 m/s leiten (Hagbarth 1960, Shahani 1970). Der deutlich abgegrenzte spätere Anteil stammt vorwiegend von C-Fasern, dauert länger und hat eine höhere Schwelle (Kugelberg 1948, Struppler 1974).

Die Größe der Reflexantwort und die Kürze der Latenzzeit (Struppler 1974) hängen nicht nur von der Größe der Reizstärke und damit von der Anzahl der durchlaufenden Interneurone ab, sondern auch von der räumlichen bzw. zeitlichen Summation von Impulsen, d. h. von der Größe der gereizten Fläche und von dem Ausmaß der repititiven Aktivierung.

Hinsichtlich des Reflexerfolges ist die Funktion der Interneurone noch nicht sicher bekannt, obgleich die Entladungen einzelner Interneurone mit Mikrotechniken abgeleitet werden können (Frank u. Fuortes 1956). Auch ohne erkennbare äußere Reize können Interneurone sich spontan, häufig mit rhythmischer Änderung der Impulsfrequenz, entladen. Wirken zusätzlich afferente Impulse ein, nimmt die Entladungsfrequenz zu und wird gleichmäßiger. Kutane Afferenzen scheinen die Interneurone wirksamer beeinflussen zu können als muskuläre (Hunt u. Kuno 1959b). Durch intrazelluläre Reizung ist ihre Repititionsfähigkeit besonders deutlich darzustellen (Araki u. Otani 1955). Die tonischen Entladungen des Interneurons können einen Einzelreiz sehr lange überdauern (Hunt u. Kuno 1959a). Wahrscheinlich sind die Repititionsfähigkeit und damit die Verstärkerfunktion der Interneurone für Reflexantworten auf besonders lang dauerndes exzitatorisches postsynaptisches Potential (EPSP) zurückzuführen (Eccles u. Mitarb. 1961).

Durch die „Flexor-Reflex-Afferenz", die verschiedene Leitungsgeschwindigkeit der entsprechenden afferenten Fasern und die Zahl der zwischengeschalteten Synapsen werden die die Interneurone durchlaufenden Erregungen zeitlich so unterschiedlich verteilt, daß die Erregung der zugehörigen Motoneurone asynchron erfolgt (Abb. **20**) (Koll u. Mitarb. 1961). Dies ist ein Grund für den tetanischen Charakter der Fremdreflexkontraktion. Außerdem werden nach Caspers (1961) durch die kutane Afferenz die α- und γ-Vorderhornzellen stets gleichsinnig beeinflußt. Die Aktivität beider wird entweder gesteigert oder gehemmt, so daß bei einer Bahnung beider Zellen die γ-Schleife durch eine Steigerung der Spindelempfindlichkeit mehrfach durchlaufen werden kann.

Variabilität der exterozeptiven Reflexantwort

Das oben geschilderte reziproke Innervationsmuster der exterozeptiven Reflexantwort ist jedoch nicht stereotyp festgelegt, sondern variiert mit der Reizung verschiedener Hautareale. Bei einer Reizung des N. tibialis ist die Beugung im Bereich des Fußes am deutlichsten ausgeprägt, während die Hüftbeuger praktisch nicht aktiviert werden. Wird dagegen der N. saphenus gereizt, ist die Beugung im Bereich der Hüfte und des Fußes stark ausgeprägt, im Bereich des Knies nur geringgradig vorhanden. In Abhängigkeit von der Lokalisation des rezeptiven Feldes ergeben sich also verschiedene „Lokalzeichen" für die Beugung einer Extremität (Struppler 1974). Diese Variabilität ist auch bei Reizung verschiedener Stellen der Fußsohle nachzuweisen (Grimby 1965, Kugelberg 1962). Wird der Großzehenballen gereizt, so ergibt sich eine Dorsalflexion der Großzehe und eine Beugereaktion im Sprung-, Knie- und Hüftgelenk (Abb. **21**). Der typische Plantarreflex wird durch Reizung der Hohlseite des Fußes ausgelöst und führt zu einer Plantarflexion der Zehen und zu einer Dorsalflexion im Sprunggelenk. Bei einer Reizung der Plantarfläche der Ferse tritt gleichfalls eine Plantarflexion der Zehen auf, dagegen wird das Sprunggelenk plantar flektiert. Eine Empfindlichkeitssteigerung für exterozeptive Reflexe kann dann beobachtet werden, wenn wiederholt schmerzhafte Reize in kurzem Abstand an der gleichen Stelle gesetzt werden. Unter diesen Umständen kommt es zu einer Reflexausbreitung, zu einer Senkung der

Reflexschwelle und zu einer Verkürzung der Latenz (HAGBARTH u. KUGELBERG 1958). Diese Sensitivierung kann nach STRUPPLER (1974) auch bei Gesunden bis zu einem Massenreflex gesteigert werden. Die zweite spätere Reflexantwort ist durch psychische Faktoren (z. B. hypnotische Suggestion einer Hyperalgesie) in ihrem Ausmaß stark beeinflußbar (HAGBARTH u. FINER 1963). Reize, die weder als schmerzhaft noch als schädlich anzusehen sind und die in regelmäßigen Abständen an der gleichen Hautstelle gesetzt werden, können zu einer Gewöhnung, d. h. zu einer Verminderung der reflektorischen Muskelkontraktion führen. Diese Habituation tritt wesentlich schneller ein, wenn nach Abbruch einer Reizserie eine zweite auf die gleiche Reizstelle einwirkt (HAGBARTH u. KUGELBERG 1958).
Fremdreflexe sind in einem erheblichen Ausmaß konditionierbar. Offenbar kann die Reflexantwort durch frühere Erfahrungen sinnvoll variabel gestaltet werden (STRUPPLER 1974).

Reflexumkehr durch Übung

HAGBARTH u. FINER (1963) reizten elektrisch schmerzhaft die Vorderseite des Unterschenkels. Die Reizung wurde nur dann unterbrochen, wenn die Versuchsperson durch Kontraktion des M. vastus medialis den Unterschenkel streckte und dadurch einen Schalter betätigte. Statt der zu erwartenden Unterschenkelbeugung mußte also die Extremität auf den Reiz zu bewegt werden. Nach wenigen Versuchen ist eine Versuchsperson in der Lage, die Hemmung des Unterschenkelstreckers durch eine willkürliche Innervation zu überwinden (Abb. **22**). Durch dieses Experiment wird bewiesen, daß sogar die spinale Motorik durch Übung beeinflußbar ist.
Nach HAGBARTH (1952) hängt die Reizantwort beim Fremdreflex von der Größe und der Lokalisation des gereizten Bezirks ab. Bei einer umschriebenen Reizeinwirkung kontrahieren sich stets die Muskeln, die unter dem gereizten Hautbezirk liegen, auch wenn es sich dabei um Strekker handelt. Die reflektorische Kontraktion setzt z. B. dem Vordringen einer Nadel einen erhöhten Widerstand entgegen. Andererseits soll eine lokalisierte Kälteanwendung (Eistherapie) zu einer Verminderung eines muskulären Hypertonus im Bereich des gereizten Hautbezirkes führen (KNUTSSON 1970a u. b, MECOMBER u. HERMAN 1971). Nach CLENDENIN u. SZUMSKI (1971) wird dagegen die Aktivität einzelner motorischer Einheiten während einer Eisapplikation über dem M. biceps brachii erhöht. Die Beurteilung der Kälteeinwirkung auf die elektrische Aktivität motorischer Einheiten ist deswegen so schwierig, weil gleichzeitig auch mechanische Reize einwirken. BASMAJIAN u. Mitarb. (1973) entwickelten ein thermoelektrisches Reizgerät, das die Mechanorezeptoren praktisch nicht beeinflußt. Damit un-

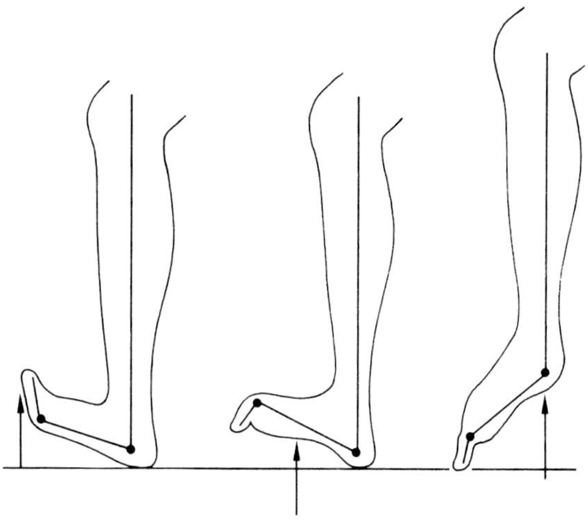

Abb. **21** Variabilität der Fremdreflexantwort in Abhängigkeit vom Reizort (aus: *E. Kugelberg:* Electroenceph. clin. Neurophysiol., Suppl. 32 [1962] 103)

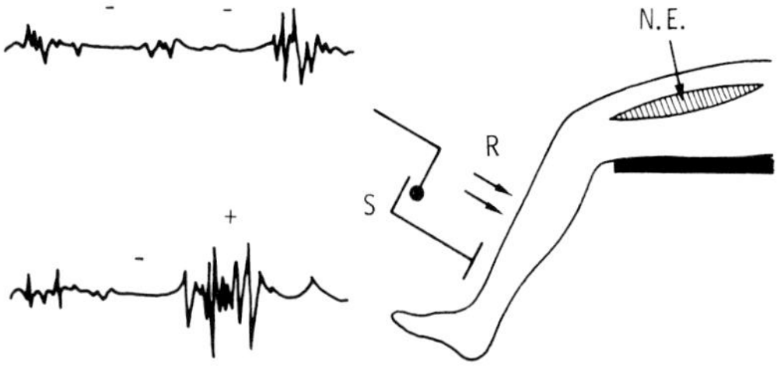

Abb. **22** Bewegungsumkehr eines Beugereflexes durch Übung. Ableitung des EMG mit einer Nadelelektrode (N. E.) vom M. vastus medialis bei schmerzhafter elektrischer Reizung der Vorderseite des Unterschenkels (R). Die Reizung wird nur durch Streckung des Unterschenkels durch einen Schalter (S) unterbrochen. — = Hemmung des M. vastus medialis, + = Innervation des M. vastus medialis (nach *Hagbarth* und *Finer*)

tersuchten WOLF u. Mitarb. (1976) die Entladungsfrequenzen einzelner motorischer Einheiten. Bei einer Ausgangsfrequenz von im Mittel 5,2 Hz zeigten sich während der ersten Minute der Kühlung inhibitorische Einflüsse. Lag die Ausgangsfrequenz bei 0,5 Hz, so nahm zunächst während der Kühlung die Aktivität einzelner motorischer Einheiten zu, wurde aber im weiteren Verlauf signifikant reduziert. Die Muskelaktivität kann also unter einer gekühlten Hautstelle verändert werden, wobei die Richtung der Änderung (Aktivitätszu- oder -abnahme) vom zentralen Erregungszustand der motorischen Einheit abhängt.

„Muskeltonus“ und seine Variabilität

Der Begriff „Muskeltonus“ wird vielfältig verwendet. Unabhängig von der Ursache wird häufig jeder Spannungszustand eines nicht willkürlich innervierten Muskels als „Tonus" angesehen. Ohne auf die Ursache einzugehen, kann man unter dem Begriff „Ruhetonus" die Grundspannung eines nicht innervierten Muskels verstehen, die er dadurch erhält, daß er sich in situ zwischen Ursprung und Ansatz in einem geringen Dehnungszustand befindet. Verändert sich der Abstand der Insertionsstellen zueinander, wie z. B. nach einer mit Verkürzung ausgeheilten Fraktur, paßt sich der Muskel der neuen Gegebenheit so an, daß seine serienelastischen Elemente wieder vorgedehnt werden (BRECHT 1975). Nach einer durch eine elektrische Reizung ausgelösten Kontraktion kehrt ein isolierter Muskel nicht unmittelbar zur Ausgangslänge zurück, sondern weist einen Verkürzungsrückstand auf, der ohne Nachweis eines Stoffwechsels und von Aktionspotentialen aufrechterhalten wird. Dieser „plastische Tonus", der am innervierten Muskel in vivo keine Bedeutung hat, beruht wahrscheinlich auf einer Veränderung der kontraktilen Proteine nach einer aktiven Verkürzung.

Reflextonus

Durch einen ständigen afferenten Zufluß von Impulsen zu den α-Vorderhornzellen, der vor allem von den Muskelspindeln ausgeht, befindet sich der nicht innervierte Muskel in einem mäßigen Dauerspannungszustand. Dabei wechseln die Aktivitäten der motorischen Einheiten in großen zeitlichen Abständen miteinander ab, so daß ihre asynchronen niederfrequenten Erregungen, die mit einer Frequenz bis zu 5 Hz erfolgen, dem Muskel einen bestimmten Spannungszustand erteilen (DUDEL 1971 a). Selbst bei einer entspannten Extremität ist dieser Reflextonus als Widerstand gegen eine passive Bewegung nachweisbar.
Nach HOPF (1974) weist ein Muskel im entspannten Zustand, d. h. unter Ruhebedingungen, keine elektromyographisch erfaßbare elektrische Aktivität auf. Durch Elektromyographen mit besonders großer Verstärkung und geringem Eigenrauschen lassen sich dagegen mit Oberflächenelektroden kleine niederfrequente Spannungen summieren und als Mittelwertkurve aufzeichnen bzw. digital oder graphisch integrieren (HASSELBACH 1975, ROTZINGER u. STOBOY 1974). Der so ermittelte Ruhetonus kann in μVs angegeben werden und beträgt z. B. an den Dorsal- bzw. Plantarflexoren des Fußes bei Kindern im Alter von 6–8 Jahren ca. 74 μVs. Umwelteinflüsse wie z. B. die Einwirkung niedriger Temperaturen erhöhen den Muskeltonus („thermal muscle tone"; SHAHANI 1970). Akustische Einflüsse bzw. geistige Tätigkeit (Kopfrechnen) führen nachweislich zu einer Vermehrung der Muskelspindelafferenz (BURG u. Mitarb. 1973) und damit des Muskeltonus.
In erster Linie werden bei einem geringen Dehnungszustand der Muskelspindeln und einer langsamen afferenten Impulsfolge kleine tonische α-Motoneurone erregt (HAASE 1976).

Die Größe des Muskeltonus ist u. a. von der momentanen Körperhaltung abhängig. Selbst beim entspannten Sitzen werden die Extremitäten „gehalten". Wird die Haltung voraussehbar bedroht (unübersichtliche Situationen im Straßenverkehr), kommt es zu einer mehr fixierten Körperstellung durch einen Anstieg des Reflextonus.

Tonischer Dehnungsreflex

Die Muskelspindeln haben als tonische Rezeptoren die Aufgabe, langandauernde Muskeldehnungen durch einen dauernden Impulszustrom ins Rückenmark zu melden. Zur Auslösung und Aufrechterhaltung dieser Afferenz genügt das Einwirken der Schwerkraft bei aufrechter Körperstellung (STRUPPLER 1974). Dieser afferente Impulsfluß wird nicht nur mono-, sondern auch polysynaptisch den α-Vorderhornzellen zugeführt. Bei intrazellulären Ableitungen von spinalen Interneuronen läßt sich nachweisen, daß dabei ihre Spontanentladungen häufiger auftreten und regelmäßiger werden. Bisher inaktive Interneurone entladen sich bei einer Muskeldehnung mit einer initialen Frequenzsalve (KOLMODIN 1957). Würde der Dehnungsreflex nur monosynaptische Verbindungen mit den α-Vorderhornzellen haben, bestünde kein dauernd aufrechterhaltener Reflextonus, sondern es würden lediglich phasische Antworten auftreten, da vor allem die Extensormotoneurone schnell adaptieren und leicht zu hemmen sind. Die Extensormotoneurone erfüllen ihre Aufgabe als Stabilisatoren gegen die Gravitation deswegen, weil die vorgeschalteten Interneurone die Eigenschaft der Erregungsspeicherung haben und deshalb die α-Motoneurone entsprechend antreiben können. Außerdem wird ihre Aktivität zusätzlich durch andere Reflexbögen unterhalten oder sogar potenziert (GRANIT u. Mitarb. 1957).

Literatur

Ahrendt, K.-W., G. Asmussen: Enzymhistochemische Untersuchungen an Muskelspindeln verschiedener Spezies. Anat. Anz. 136 (1974) 217–228
Alnaes, E., J. K. S. Jansen, K. Rudjord, T. Rudjord: Fusimotor activity in the spinal cat. Acta physiol. scand. 63 (1965) 197–212
Alston, W., R. W. Angel, F. S. Fink, W. W. Hofmann: Motor activity following the silent period in human muscle. J. Physiol. (Lond.) 190 (1967) 189–202
Andersen, P., J. C. Eccles, T. A. Sears: Cortically evoked depolarisation of primary afferent fibres in the spinal cord. J. Neurophysiol. 27 (1964) 63–77
Appelberg, B., T. Jeneskoy: Mesencephalic fusimotor control. Exp. Brain Res. 15 (1972) 97–112
Araki, T., T. Otani: Response of single motoneurons to direct stimulation in toads spinal cord. J. Neurophysiol. 18 (1955) 472–485
Arendt, K.-W., G. Asmussen: Die Anzahl und die Verteilung von Muskelspindeln im M. triceps surae der Ratte. Anat. Anz. 136 (1974) 207–216
Barnes, C. D., O. Pompciano: Presynaptic and postsynaptic effects in the monosynaptic pathway to extensor motoneurons following vibration of synergistic muscles. Arch. ital. Biol. 108 (1970) 259–294

Basmajian, J. V.: Electromyographic analysis of basic movement patterns. In: Exercise and Sport Sciences Review, Bd. I, hrsg. von J. H. Wilmore. Academic Press, New York 1973a

Basmajian, J. V.: Control of individual motor units. Amer. J. phys. Med. 52 (1973b) 257–260

Basmajian, J. V., S. L. Wolf, G. L. Shine: Device for controlled rapid cooling. Amer. J.phys. Med. 52 (1973) 65–67

Beecher, H. K.: Measurement of Subjective Responses: Quantitative Effects of Drugs. Oxford University Press, New York 1959

Beecher, H. K.: Pain: One mystery solved. Science 151 (1966) 840–841

Bergamini, L., F. Brignolio, R. Farriello, L. Fra, G. Quattrocolo, R. Mutani, A. Riccio: Elektromyographische (H-Reflex) und kinotometrische Studien über die antispastische Wirkung von CIBA 34647-Ba. In: Aspekte der Muskelspastik, hrsg. von W. Birkmayer. Huber, Berlin 1972

Bergmanns, J., S. Grillner: Reflex activation and regulation of spontaneous activity in static and dynamic γ-motoneurons. Brain Res. 5 (1967) 114

Besson, P., B. Pagès: Cinematographic analysis of contractile events produced in intrafusal muscle fibres by stimulation of static and dynamic fusimotor axons. J. Physiol. (Lond.) 252 (1975) 397–427

Blitz, B., A. J. Dinnerstein: Pain attenuation by contralateral cold stimulation. Psychon. Sci. 10 (1968) 395–396

Boyd, I. A.: The nuclear bag fibre and nuclear chain fibre systems in the muscle spindles of the cat. In: Symposion on Muscle Receptors, hrsg. von D. Barker. Hongkonk Univ. Press, Hongkonk 1961 (S. 185–190)

Boyd, I. A.: The structure and innervation of the nuclear bag muscle fibre system and the nuclear chain muscle fibre system in mammalian muscle spindles. Phil. Trans. B 245 (1962) 81–136

Boyd, I. A., J. C. Eccles: Fast and slow conducting muscle fibres in nerves to mammalian skeletal muscle. J. Physiol. (Lond.) 165 (1963) 29–30

Boyd, I. A., J. Ward: Motor control of nuclear bag and nuclear chain intrafusal fibres in isolated living muscle spindles from the cat. J. Physiol. (Lond.) 244 (1975) 83–112

Boyd, I. A., C. Eyzaguirre, P. B. C. Matthews: The Role of the Gamma System in Movement and Posture. Association for the Aid of Crippled Children, New York 1968

Brecht, K.: Muskelphysiologie. In: Kurzgefaßtes Lehrbuch der Physiologie, 4. Aufl., hrsg. von W. D. Keidel. Thieme, Stuttgart 1975

Brodal, A.: Neurological Anatomy in Relation to Clinical Medicine, 2. Aufl. Oxford University Press, London 1969

Brown, A. G., A. Iggo: A quantitative study of cutaneous receptors and afferent fibres in the cat and rabbit. J. Physiol. (Lond.) 193 (1967) 707–733

Burg, D., A. J. Szumski, A. Struppler, F. Velho: Afferent and efferent activation of human muscle receptors involved in reflex and voluntary contraction. Exp. Neurol. 41 (1973) 754–768

Burgess, P. R., E. R. Perl: Myelinated afferent fibres responding specifically to noxious stimulation of the skin. J. Physiol. (Lond.) 190 (1967) 541–562

Carpenter, D., I. Engberg, A. Lundberg: Primary afferent depolarisation, evoked from the brain stem and the cerebellum. Arch. ital. Biol. 104 (1966) 73–85

Carpenter, M. B.: Upper and lower motor neurons. In: Physiological Basis of Rehabilitation Medicine, hrsg. von J. A. Downey, R. Darling. Saunders, Philadelphia 1971

Carpenter, M. B., B. M. Stein, J. E. Shriver: Central projection of spinal dorsal roots in the monkey. II. Lower thoracic, lumbosacral and coccygeal dorsal roots. Amer. J. Anat. 123 (1968) 75–117

Caspers, H.: Die zentralnervöse Regulation der Muskeltätigkeit. In: Handbuch der gesamten Arbeitsmedizin, Bd. I: Arbeitsphysiologie, hrsg. von E. W. Baader. Urban & Schwarzenberg, Berlin 1961

Clark, F. J.: Information signaled by sensory fibres in medial articular nerve. J. Neurophysiol. 38 (1975) 1464–1472

Clark, F. J., P. R. Burgess: Slowly adapting receptors in cat knee joint; can they signal joint angle? J. Neurophysiol. 38 (1975) 1448–1463

Clark, W., H. F. Hunt: Pain. In: Physiological Basis of Rehabilitation Medicine, hrsg. von J. A. Downey, R. C. Darling. Saunders, Philadelphia 1971 (S. 373–401)

Clark, W. C.: Sensory decision analysis of the placebo effect on the criterion pain and thermal sensitivity. J. abnorm. soc. Psych. 74 (1969) 363–371

Clendenin, M. A., A. J. Szumski: Influence of cutaneous ice application on single motor units in man. Phys. Ther. 51 (1971) 166–171

Conrad, B., K. Matsanami, J. Meyer-Lohmann, M. Wiesendanger, V. Brooks: Cortical load compensation during voluntary elbow movements. Brain Res. 71 (1974) 507–514

Cooper, S.: Muscle spindles and other muscle receptors. In: The Structure and Function of Muscle, Bd. I, hrsg. von G. H. Bourne. Academic Press, New York 1960

Cooper, S., P. M. Daniel: Muscle spindles in man; their morphology in the lumbricals and the deep muscles of the neck. Brain 86 (1963) 563

Curtis, D. R., A. W. Duggan, D. Felix, D. A. R. Johnston: GABA, bicucalline and central inhibition. Nature (Lond.) 226 (1970) 1222

Dodt, E., C. Flechtenmacher: Untersuchungen über das Verhalten von Fremd- und Eigenreflexen bei experimenteller Erregbarkeitsänderung des menschlichen Rückenmarks durch Strychnin. Pflügers Arch. ges. Physiol. 253 (1951) 503–517

Dubo, H. I. C., R. C. Darling: Gamma nervous system and muscle spindles. In: Physiological Basis of Rehabilitation Medicine, hrsg. von J. A. Downey, R. C. Darling. Saunders, Philadelphia 1971

Dudel, J.: Der Muskel. In: Neurophysiologie, hrsg. von R. F. Schmidt. Springer, Berlin 1971a

Dudel, J.: Physiologie der Rezeptoren. In: Physiologie des Menschen, Bd. X: Allgemeine Neurophysiologie, hrsg. von O. H. Gauer, K. Kramer, R. Jung. Urban & Schwarzenberg, München 1971b

Eccles, J. C.: Inhibitory pathways to motoneurons. In: Nervous Inhibition, hrsg. von E. Florey. Pergamon Press, Oxford 1961a (S. 47–60)

Eccles, J. C.: The synaptic mechanism for postsynaptic inhibition. In: Nervous Inhibition, hrsg. von E. Florey. Pergamon Press, Oxford 1961b (S. 71–86)

Eccles, J. C.: Physiologie der Nervenzelle und ihrer Synapsen. In: Physiologie des Menschen, Bd. X, hrsg. von O. H. Gauer, K. Kramer, R. Jung. Urban & Schwarzenberg, München 1971

Eccles, J. C., R. M. Eccles, A. Lundberg: Synaptic action on Motoneurones in Relation to the two components of the Group I muscle afferent volley. J. Physiol. (Lond.) 136 (1957) 527–546

Eccles, J. C., P. Fatt, K. Koketsu: Cholinergic and inhibitory synapses in a pathway from motor-axonscollaterals to motoneurones. J. Physiol. (Lond.) 126 (1954) 524–562

Eccles, J. C., R. M. Eccles, A. Iggo, A. Lundberg: Electrophysiological investigations on Renshaw cells. J. Physiol. (Lond.) 159 (1961) 461–478

Eccles, R. M., A. Lundberg: Synaptic action on the motoneurons by afferents, which may avoke the flexion reflex. Arch. ital. Biol. 97 (1959) 199–221

Elner, A.-M., K.-E. Popov, U.-S. Garfinkel: Changes in stretch-reflex system concerned with the control of postural activity of human muscles. In: 2nd International Symposium on Motor Control, Varna (1972) 19–22

Evarts, E. V.: Activity of thalamic and cortical neurons in relation to learned movements in the monkey. Int. J. Neurol. 8 (1971) 321–326

Eyzaguirre, C., S. W. Kuffler: Processes of excitation in the soma of single isolated sensory nerve cells of the lobster and crayfish. J. gen. Physiol. 39 (1955) 87
Frank, K., M. G. F. Fuortes: Unitary activity of spinal interneurones of cats. J. Physiol. (Lond.) 131 (1956) 424–435
Frederich, B., R. F. Schmidt: Motorische Systeme. In: Neurophysiologie, hrsg. von R. F. Schmidt. Springer, Berlin 1971
von Frey, M.: Die Haut als Sinnesfläche. In: Handbuch der Haut- und Geschlechtskrankheiten, Bd. I/2: Physiologie der Haut, hrsg. von J. Jadassohn. Springer, Berlin 1929 (S. 91–120)
Fromm, Chr., J. Haase: Positionsempfindlichkeit und fusimotorische Aktivität prätibialer Muskelspindelendigungen vor und nach Deafferentierung. Pflügers Arch. 321 (1970) 242–252
Granit, R.: Reflex self-regulation of muscle contraction and autogenetic inhibition. J. Neurophysiol. 13 (1950) 351–372
Granit, R.: The functional role of the muscle spindle's primary end organs. Proc. roy. Soc. Med. 61 (1968) 69–78
Granit, R., C. G. Phillips, S. Skoglund, G. Steg: Differentiation of tonic from phasic alpha ventral horn cells by stretch, pinna and crossed extensor reflexes. J. Neurophysiol. 20 (1957) 470–481
Green, E. E.: A preliminary study of sensory barrage using pain threshold as an indicator. Ph. D. Diss., Chikago 1962
Greene, L. C., J. D. Hardy: Adaptation of thermal pain in the skin. J. appl. Physiol. 17 (1962) 693–696
Grigg, P.: Mechanical factors influencing response of joint afferent neurons from cat knee. J. Neurophysiol. 38 (1975) 1473–1484
Grimby, L.: Pathological plantar response. Part I: Flexor and Extensor components in early and late reflex parts. J. Neurol. Neurosurg. Psychiat. 28 (1965) 469–481
Gruner, J. E.: La structure fine du fuseau neuromusculaire humain. Rev. neurol. 104 (1961) 490–507
Haase, J.: Haltung und Bewegung und ihre spinale Kontrolle. In: Physiologie des Menschen, Bd. XIV; Sensomotorik, hrsg. von O. H. Gauer, K. Kramer, R. Jung. Urban & Schwarzenberg, München 1976
Hagbarth, K. E.: Excitatory and inhibitory skin areas for flexor and extensor motoneurones. Acta physiol. scand. 26 (1952) Suppl. 94
Hagbarth, K. E.: Spinal withdrawal reflexes in the human lower limbs. J. Neurol. Neurosurg. Psychiat. 23 (1960) 222–227
Hagbarth, K. E., B. L. Finer: The plasticity of human withdrawal reflexes to noxious stimuli in lower limbs. In: Progress in Brain Research, Bd. I: Brain Mechanisms, hrsg. von A. Fessard, H. H. Jasper. Elsevier, Amsterdam 1963 (S. 65–81)
Hagbarth, K. E., E. Kugelberg: Plasticity of the human abdominal skin-reflexes. Brain 81 (1958) 305–318
Hagbarth, K. E., A. B. Vallbo: Mechanoreceptor activity recorded percutaneously with semielectrodes in human peripheral nerves. Acta physiol. scand. 69 (1967) 121–122
Hagbarth, K. E., A. B. Vallbo: Discharge characteristics of human muscle afferents during muscle stretch and contraction. Exp. Neurol. 22 (1968) 674–694
Haik, J., E. Henneman: Responses of Golgi tendon organs to active contractions of the soleus muscle of the cat. J. Neurophysiol. 30 (1967) 466–481
Hardy, J. D., J. A. J. Stolwijk: Tissue temperature and thermal pain. In: Touch, Heat and Pain, Ciba Foundation Symposium, hrsg. von A. C. S. De Reuck, J. Knight. Churchill, London 1966 (S. 27–56)
Hardy, J. D., H. G. Wolff, H. Goodell: Studies on pain. A new method for measuring pain threshold: Observation on spatial summation of pain. J. clin. Invest. 19 (1940) 649–657
Hardy, J. D., H. G. Wolff, H. Goodell: Studies on pain: measurement of aching pain threshold and discrimination differences in intensity of aching pain. J. appl. Physiol. 5 (1952) 247–255
Hasselbach, W.: Muskel. In: Physiologie des Menschen, Bd. IV, hrsg. von O. H. Gauer, K. Kramer, R. Jung. Urban & Schwarzenberg, München 1975
Head, H.: Studies in Neurology, Bd. II. Hodder & Stoughton, London 1920
Hemingway, A.: Chivering. Physiol. Rev. 43 (1963) 397–422
Henatsch, H.-D.: Bauplan der peripheren und zentralen sensomotorischen Kontrollen. In: Physiologie des Menschen, Bd. XIV: Sensomotorik, hrsg. von O. H. Gauer, K. Kramer, R. Jung. Urban & Schwarzenberg. München 1976
Henatsch, H.-D., S.-S. Schäfer: Präsynaptische Hemmung bei chronischer Muskelspindelerregung. Pflügers Arch. ges. Physiol. 283 (1965) R 17
Henatsch, H.-D., H.-J. Kaese, D. Langrehr, Y. Meyer-Lohmann: Einflüsse des motorischen Cortex der Katze auf die Renshaw-Rückkopplungshemmung der Motoneurone. Pflügers Arch. ges. Physiol. 274 (1961) 51
Hensel, H.: Physiologie der Thermorezeption. Ergebn. Physiol. 47 (1952) 166–368
Hensel, H.: Allgemeine Sinnesphysiologie. Hautsinne, Geschmack, Geruch. Springer, Berlin 1966 (S. 1–345)
Hensel, H.: Somato-viszerale Sensibilität. In: Kurzgefaßtes Lehrbuch der Physiologie, 4. Aufl., hrsg. von W. D. Keidel. Thieme, Stuttgart 1975 (S. 19.1–19.11)
Hnik, P., M. J. Lessler: Changes in muscle spindle activity of the chronically de-efferented gastrocnemius of the rat. Pflügers Arch. 341 (1973 a) 155–170
Hnik, P., M. J. Lessler: Alterations in spindle activity during long-term tenotomy in the rat gastrocnemius muscle. Exp. Neurol. 40 (1973 b) 232–242
Hoffmann, P.: Untersuchungen über die Eigenreflexe (Sehnenreflexe) menschlicher Muskeln. Springer, Berlin 1922
Hoffmann, P.: Die physiologischen Eigenschaften der Eigenreflexe. Ergebn. Physiol. 36 (1934) 15–108
von Holst, E., H. Mittelstaedt: Das Reafferenzprinzip. Naturwissenschaften 37 (1950) 464–476
Hopf, H. C.: Tonusprüfung (Mechanomyographie). In: Elektromyographie, hrsg. von H. C. Hopf, A. Struppler. Thieme, Stuttgart 1974
Hunt, C. C.: The reflex activity of mammalian small-nerve fibres. J. Physiol. (Lond.) 115 (1951) 456–469
Hunt, C. C., S. W. Kuffler: Motor innervation of skeletal muscle: Multiple innervation of individual muscle fibres and motor unit function. J. Physiol. (Lond.) 126 (1954) 293–303
Hunt, C. C., M. Kuno: Properties of spinal interneurons. J. Physiol. (Lond.) 147 (1959 a) 346–363
Hunt, C. C., M. Kuno: Background discharge and evoked responses of spinal interneurons. J. Physiol. (Lond.) 147 (1959 b) 364–384
Hunt, C. C., D. Ottoson: Impulse activity and receptor potential of primary and secondary endings of isolated mammalian muscle spindles. J. Physiol. (Lond.) 252 (1975) 259–281
Hunt, C. C., R. M. Wylie: Responses of snake muscle spindles to stretch and intrafusal muscle fibre contraction. J. Neurophysiol. 33 (1970) 1–8
Iggo, A.: Cutaneous mechanoreceptors with afferent C fibres. J. Physiol. (Lond.) 162 (1960) 337–353
Jankowska, E., S. Lindström: Morphology of interneurones mediating Ia reciprocal inhibition of motoneurones in the spinal cord of the cat. J. Physiol. (Lond.) 226 (1972) 805–823
Jones, A., P. M. Bentler, G. Petry: The reduction of uncertainty of future pain. J. abnorm. soc. Psych. 71 (1966) 87–94
Jung, R.: Einführung in die Sinnesphysiologie. In: Physiologie des Menschen, Bd. XI: Somatische Sensibilität, Geruch und Geschmack, hrsg. von O. H. Gauer, K. Kramer, R. Jung. Urban & Schwarzenberg, München 1972 (S. 1–48)

Jung, R.: Einführung in die Bewegungsphysiologie. In: Physiologie des Menschen, Bd. XIV: Sensomotorik, hrsg. von O. H. Gauer, K. Kramer, R. Jung. Urban & Schwarzenberg, München 1976

Jung, R., R. Hassler: The extrapyramidal motor system. In: Handbook of Physiology, Bd. I: Neurophysiology, hrsg. von J. Field, Washington 1960

Kanshalo, D. R.: The Skin Senses. Thomas, Springfield III. (1968) 223–260

Keele, C. A.: Measurement of responses to chemically induced pain. In: Touch, Heat and Pain, Ciba Foundation Symposium, hrsg. von A. C. S. De Reuck, J. Knight. Churchill, London 1966 (S. 57–85)

Kennedy, W. R.: Innervation of normal human muscle spindles. Neurology (Minneap.) 20 (1970) 463–475

Knutsson, E.: Topical cryotherapy in spasticity. Scand. J. Rehab. Med. 2 (1970a) 159–163

Knutsson, E.: On effects of local cooling upon motor functions in spastic paresis. Progr. phys. Ther. 1 (1970b) 124–131

Koeze, T. H.: Thresholds of cortical activation of baboon alpha and gamma motoneurons during halothane anaesthesia. J. Physiol. (Lond.) 229 (1973) 319–337

Koll, W., J. Haase, R.-M. Schütz, B. Mühlberg: Reflexentladungen der tiefspinalen Katze durch afferente Impulse aus hochschwelligen nozizeptiven A-Fasern (post δ-Fasern) und aus nozizeptiven C-Fasern kutaner Nerven. Pflügers Arch. ges. Physiol. 272 (1961) 270–289

Kolmodin, G. M.: Integrative processes in single spinal interneurons with proprioceptive connections. Acta physiol. scand. 40, Suppl. 139 (1957) 1–89

Kornhuber, H. H.: Tastsinn und Lagesinn. In: Physiologie des Menschen, Bd. XI: Somatische Sensibilität, Geruch und Geschmack, hrsg. von O. H. Gauer, K. Kramer, R. Jung. Urban & Schwarzenberg, München 1972

Korten, J. J.: Die Muskelspindel, ihre Regulierung und Funktion. In: Aspekte der Muskelspastik, hrsg. von W. Birkmayer. Huber, Bern 1972

Kostjuk, P. G.: Dvuchnejronnaja reflektorhaja duga (Der Zwei-Neuronen-Reflexbogen.) Moskau 1959

Kugelberg, E.: Demonstration of A- and C-fibre components in the Babinsky plantar response and the pathological flexion reflex. Brain 71 (1948) 304–319

Kugelberg, E.: Polysynaptic reflexes of clinical importance. Electroenceph. clin. Neurophysiol., Suppl. 22 (1962) 103–110

Leksell, L.: The action potential and excitatory effects of the small ventral root fibres to skeletal muscle. Acta physiol. scand. 10 (1945) Suppl. 31

Lennestrand, G., U. Thoden: Muscle spindle responses to concomitant variations in length and in fusimotor activation. Acta physiol. scand. 74 (1968) 153

Löwenstein, W. R., M. Mendelson: Components of receptor adaptation in a Pacinian corpuscle. J. Physiol. (Lond.) 177 (1965) 337–397

Lundberg, A.: Integration in the reflex pathway. In: Muscular Afferents and Motor Control. First Nobel Symposium, hrsg. von R. Granit. Almquist & Wiksell, Stockholm 1966 (S. 275–305)

Lundberg, A., L. Vyklicky: Inhibition of transmission to primary afferents by electrical stimulation of the brain stem. Arch. ital. Biol. 104 (1966) 86–97

McConnaill, M. A. M., J. V. Basmajian: Muscles and Movements. Williams & Wilkins, Baltimore 1969

McGlastian, T. H., F. J. Evans, M. T. Orne: The nature of hypnotic analgesia and placebo responses to experimental pain. Psychosom. Med. 31 (1969) 227–246

MacLean, J. B., H. Leffmann: Supraspinal control of Renshawcells. Exp. Neurol. 18 (1967) 94–104

Magladery, F. W.: Some observations on spinal reflexes in man. Pflügers Arch. ges. Physiol. 261 (1955) 302–321

Matthews, P. B. C.: The differentiation of two types of fusimotoric fibre by their effects on the dynamic response of muscle spindle primary endings. Quart. J. exp. Physiol. 47 (1962) 324–333

Matthews, P. B. C.: Muscle spindles and their motor control. Physiol. Rev. 44 (1964) 219–289

Matthews, P. B. C.: Evidence that the secondary as well as the primary endings of the muscle spindles may be responsible for the tonic stretch reflex of the decerebrate cat. J. Physiol. (Lond.) 204 (1969) 365–393

Matthews, P. B. C.: Mammalian Muscle Receptors and Their Central Actions. Arnold, London 1972

Matthews, P. B. C., R. B. Stein: The regularity of primary and secondary muscle spindle afferent discharges. J. Physiol. (Lond.) 202 (1969) 59–82

Mecomber, S. A., R. M. Herman: Effects of local hypothermia and voluntary activity. Phys. Ther. 51 (1971) 271–282

Melzack. R.: Phantom limbs. Psych. Today 4 (1970) 63–68

Melzack, R., P. D. Wall: Gate control theory of pain. In: Pain, hrsg. von A. Soulairac, J. Cahn, J. Carpentier. Academic Press, New York 1968 (S. 11–31)

Mersky, H., F. G. Spear: Pain: Psychological and Psychiatric Aspects. Bailliere, Tindall & Cassel, London 1967

Merzenich, M. M., T. Harrington: The sense of flutter vibration evoked by stimulation of the hairy skin of primates: Comparison of human sensory capacity with the responses of mechanoreceptive afferents innervating the hairy skin of monkeys. Exp. Brain Res. 9 (1969) 236

Mountcastle, V. B.: Some functional properties of the somatic afferent system. In: Sensory Communication, hrsg. von W. A. Rosenblith. MJT-Press. Wiley, New York 1961 (S. 403–436)

Mountcastle, V. B., W. H. Talbot, H. H. Kornhuber: The neural transformation of mechanical stimuli delivered to the monkey's hand. In: Ciba Foundation Symposium on Touch, Heat and Pain, hrsg. von A. C. S. De Reuck, J. Knight. Churchill, London 1966 (S. 325–345)

Noordenbos, W.: Pain. Elsevier, New York 1959

Person, R. S., V. M. Kušnarev: Fragen der Behandlung des Elektromyogramms. II. Die mittlere Folgefrequenz der Potentialschwankungen im Interferenz-EMG. Biofizika 8 (1963) 238–241

Petrie, A.: Individuality in Pain and Suffering. University of Chicago Press, Chikago 1967

Phillips, C. G.: Motor apparatus of the baboons's hand. Proc. roy. Soc. B 173 (1969) 141–174

Phillips, C. G., R. Porter: The pyramidal projection to motoneurones of some muscle groups of the baboon's forelimb. Progr. Brain Res. 12 (1964) 222–245

Roberts, T. D. M.: Neurophysiology of Postural Mechanisms. Butterworth, London 1967

Rotzinger, M., H. Stoboy: Comparison between clinical judgment and electromyographic investigations of the effect of a special training program for CP-children. Acta paediat. belg. 28, Suppl. (1974) 121–128

Ryan, E. D., C. R. Kovacic: Pain tolerance and athletic participation. Perceptual and motor skills 22 (1966) 383–390

Schäfer, S. S., H. D. Henatsch: Dehnungsantworten der primären Muskelspindelafferenz bei elektrischer Reizung und natürlicher Innervation der beiden fusimotorischen Fasertypen. Exp. Brain Res. 4 (1968) 275–291

Schmidt, R. F.: Presynaptic inhibition in the vertebrate central nervous system. Ergebn. Physiol. 63 (1971) 20–161

Schmidt, R. F.: Temperatursinne: Kalt- und Warmrezeptoren. In: Physiologie des Menschen, Bd. XI: Somatische Sensibilität, Geruch und Geschmack, hrsg. von O. H. Gauer, K. Kramer, R. Jung. Urban & Schwarzenberg, München 1972a (S. 113–129)

Schmidt, R. F.: Schmerz. In: Physiologie des Menschen, Bd. XI: Somatische Sensibilität, Geruch und Geschmack, hrsg. von O. H. Gauer, K. Kramer, R. Jung. Urban & Schwarzenberg, München 1972b (S. 131–154)

Schulte, F. J., H.-D. Henatsch: Zur Koppelung der intrafusalen und extrafusalen motorischen Innervation beim Frosch. Pflügers Arch. ges. Physiol. 266 (1958) 292–307

Shahani, B. T.: Flexor reflex afferent nerve fibres in man. J. Neurol. Neurosurg. Psychiat. 33 (1970) 786–791

Sherrington, C. S.: On the anatomical constitution of nerves of skeletal muscles; with remarks on recurrent fibers in the ventral spinal nerve root. J. Physiol. (Lond.) 17 (1894) 111–158

Sherrington, C. S.: Flexion reflex of the limb, crossed extensorreflex and reflex-stepping and -standing. J.Physiol. (Lond.) 40 (1910) 28–121

Sherrington, C. S.: The Integrative Action of the Nervous System. Reprint: Yale University Press, New Haven 1947

Shriver, J. E., B. M. Stein, M. B. Carpenter: Central projection of spinal dorsal roots in the monkey. I. Cervical and upper thoracic dorsal roots. Amer. J. Anat. 123 (1968) 27–73

Shukow, J. K.: Die periphere Organisation des neuro-muskulären Apparates. In: Sportphysiologie, Redaktion: L. Pickenhain. VEB Volk und Gesundheit, Berlin 1974

Skoglund, S.: Anatomical and physiological studies of knee joint innervation in the cat. Acta physiol. scand. 36, Suppl. 124 (1956)

Spiro, A. J., R. L. Beilin: Human muscle spindle histochemistry. Arch. Neurol. (Chic.) 20 (1969) 271–275

Stämpfli, R.: Physiologie der peripheren Nerven. In: Physiologie des Menschen, Bd. X: Allgemeine Neurophysiologie, hrsg. von O. H. Gauer, K. Kramer, R. Jung. Urban & Schwarzenberg, München 1971 (S. 75–105)

Stein, R. B.: Peripheral control of movement. Physiol. Rev. 54 (1974) 215–243

Stoboy, H.: Neuromuskuläre Funktion und körperliche Leistung. In: Zentrale Themen der Sportmedizin, hrsg. von W. Hollmann. Springer, Berlin 1972

Stoboy, H.: Spinal motor control and its flexibility. In: International Symposion on Motor Learning. Wingate Institute, Israel 1976

Struppler, A.: Zur Physiologie und Pathophysiologie des Skelettmuskeltonus. In: Aspekte der Muskelspastik, hrsg. von W. Birkmayer. Huber, Bern 1972

Struppler, A.: Elektromyographie der zentralen Innervationsstörungen. In: Elektromyographie, hrsg. von H. C. Hopf, A. Struppler, Thieme, Stuttgart 1974

Szumski, A. J., D. Burg, A. Struppler, F. Velho: Activity of muscle spindles during muscle twitch and clonus in normal and spastic subjects. Electroencephal. clin. Neurophysiol. 37 (1974) 589–597

Talbot, W. H., J. Darian-Smith, H. H. Kornhuber, V. B. Mountcastle: The sense of flutter-vibration: Comparison of the human capacity with response patterns mechanoreceptive afferents from the monkey hand. J. Neurophysiol. 31 (1968) 301–334

Ten Bruggencate, G.: Allgemeine Sinnesphysiologie. In: Physiologie des Menschen, Bd. X: Allgemeine Neurophysiologie, hrsg. von O. H. Gauer, K. Kramer, R. Jung. Urban & Schwarzenberg, München 1971 (S. 171–194)

Terzuolo, C. A., Y. Washizu: Relation between stimulus strength, generator potential and impulse frequency in stretch receptor of Crustacea. J. Neurophysiol. 25 (1962) 56–66

Vallbo, A. B.: Discharge patterns in human muscle spindle afferents during isometric voluntary contractions. Acta physiol. scand. 80 (1970) 552–566

Vallbo, A. B.: Muscle spindle response at the onset of isometric voluntary contractions in man. Time difference between fusimotor and skeleteo-motor effects. J. Physiol. (Lond.) 218 (1971) 413–431

Wall, P. D.: The laminar organisation of dorsal horn and effects of descending impulses. J. Physiol. (Lond.) 188 (1967) 403–423

Wall, P. D., W. H. Sweet: Temporary abolition of pain in man. Science 155 (1967) 108–109

Werman, R., R. A. Davidoff, M. H. Aprison: Inhibitory action of glycine on spinal neurons in the cat. J. Neurophysiol. 31 (1968) 81–95

Wiener, N.: Kybernetik. Regelung und Nachrichtenübertragung in Lebewesen und Maschine. Rowohlt, Hamburg 1968

Wolf, S. L., W. D. Letbetter, J. V. Basmajian: Effects of a specific cutaneous cold stimulus on single motor unit activity of medial gastrocnemius muscle in man. Amer. J. phys. Med. 55 (1976) 177–183

Young, J. Z.: A Model of the Brain. Clarendon Press, Oxford 1964

Anlage und Entwicklung

8 Vererbung und Konstitution

Von W. FUHRMANN

Einleitung

Zweck dieses Kapitels ist es, eine kurze Einführung in die Denkweise der Humangenetik zu geben, einige Grundbegriffe der klinischen Genetik vorzustellen und an Beispielen aus der Orthopädie zu erläutern sowie schließlich praktische Hilfen für die Zusammenarbeit zwischen Orthopäden und Humangenetikern zu bieten. Weder gestattet der Raum, die Grundlagen der klinischen Genetik ausführlich darzulegen, noch kann das große Gebiet genetisch bedingter Leiden in der Orthopädie befriedigend behandelt werden. Die Darstellung einzelner erblicher Krankheiten und Syndrome muß den speziellen Kapiteln dieses Handbuchs überlassen bleiben. Für den Leser, der eingehendere Informationen über spezielle Fragen der Humangenetik und der Genetik spezieller Skelett- und Bindegewebsleiden sucht, sind in dem Literaturverzeichnis Hinweise auf zusammenfassende weiterführende Werke enthalten.

Das Stützgewebe bietet eine große und stetig zunehmende Zahl von Beispielen für anlagebedingte Anomalien. Viele von diesen führen zum Tod im Säuglings- oder frühen Kindesalter und haben daher geringe Bedeutung für die orthopädische Praxis, sie können uns aber wesentliche Aufschlüsse über die Grundlagen der normalen und pathologischen Skelettentwicklung geben. Die Kenntnis der Erbgrundlagen anderer mit dem Leben vereinbarer oder überhaupt erst im späteren Alter manifest werdender Leiden ist dagegen von erheblicher praktischer Bedeutung für das Verständnis der Ätiologie, die Einschätzung der Prognose und die Beratung der Patienten und ihrer Angehörigen.

In früherer Zeit wurde überall da, wo wesentliches Mitwirken anlagebedingter Faktoren an der Ausbildung eines Merkmals oder eines Leidens vermutet wurde, gern der Begriff der *Konstitution* gebraucht. Damit wurde eine im Prinzip richtige Erkenntnis in wenig scharfer Weise umschrieben. Der Begriff hat sich jedoch in wissenschaftlicher Hinsicht als wenig brauchbar erwiesen. Nicht nur wird er in verschiedenen Wissenschaftsgebieten in ganz verschiedener Weise verwendet, auch im Bereich der Biologie und Medizin ist er nicht exakt definiert. So wird vor allem in der Medizin Konstitution von manchen Autoren der Gesamtheit der Erbanlagen, dem Genotyp gleichgesetzt, von anderen aber als das Erscheinungsbild eines Individuums in seiner Erbbedingtheit und Umweltgeformtheit verstanden, d. h. dem Phänotyp zugeordnet. Anstelle des unscharfen Ausdrucks Konstitution sollte daher besser eine präzisere Aussage über die Korrelation bestimmter Merkmale miteinander einerseits und die genetischen Grundlagen spezieller Zustände und Krankheiten andererseits treten. Ich werde deshalb in diesem Kapitel keinen Versuch machen, die bisherigen Definitionen des Konstitutionsbegriffs zu ordnen oder eine neue hinzuzufügen. Der hieran interessierte Leser kann auf die Diskussion von KNUSSMANN (1968) im Handbuch „Humangenetik" verwiesen werden.

Die gesamte Entwicklung von der einzelligen Zygote bis zum erwachsenen Menschen ist genetisch programmiert. Die Realisierung von Körperform und -funktion aber erfolgt in stetigem Wechselspiel von Anlage und Umwelt. In den meisten Fällen wird deshalb die Frage, ob ein bestimmter Endzustand genetisch oder durch Umweltfaktoren bestimmt ist, in dieser Form nicht beantwortbar sein. Angemessener wäre schon die Frage, in welchem Ausmaß der eine oder andere Faktor an der speziellen Ausbildung eines Merkmals oder einer Variante beteiligt ist. Selbst hier ist eine exakte Antwort oft nicht nur wegen unserer unvollkommenen Erkenntnis, sondern prinzipiell nicht zu geben. Wenn wir diese Einschränkungen im Auge behalten, wird es uns leichter fallen, einseitige Interpretationen zu vermeiden. Wir werden auf dieses Problem im Zusammenhang mit der multifaktoriellen Vererbung noch näher einzugehen haben.

Erhebung und Aufzeichnung von Familiendaten

Auch heute noch führt der Weg zur Aufklärung der Erbgrundlagen einer Anomalie in der Regel über die Analyse von Familiendaten, die es erst gestattet, Sondergruppen als genetisch einheitlich abzugrenzen und dann evtl. auf eine einfache primäre biochemische Ursache zurückzuführen. Es sei deshalb ein kurzer Hinweis für die Aufzeichnung von Familiendaten vorausgeschickt. Die Benutzung der im folgenden aufgeführten Symbole erleichtert die so notwendige Verständigung und Zusammenarbeit zwischen Kliniker und Humangenetiker sehr:

Allgemein gebräuchliche Symbole für die Stammbaumaufzeichnung

 männliches Individuum

 weibliches Individuum

 Individuum unbekannten oder nicht angegebenen Geschlechts

2 männl. Individuen, ohne Berücksichtigung der Stellung in der Geschwisterreihe

3 Individuen, Geschlecht unbekannt oder nicht spezifiziert

 Proband

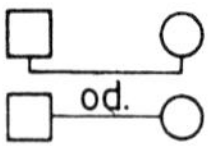

Ehe

 Verwandtenehe

 nichteheliche Verbindung

 Geschwister

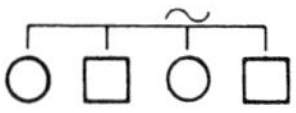 Geschwister, Geburtenreihenfolge unbekannt

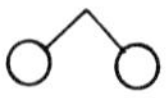 Zwillinge

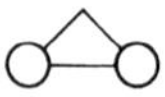 eineiige Zwillinge (EZ)

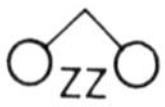

zweieiige Zwillinge (ZZ)

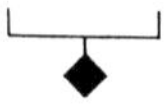 Abort

 Totgeburt

 Schwangerschaft, z. Z. der Untersuchung bestehend

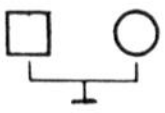 keine Nachkommen

Häufig gebrauchte Symbole für die Kennzeichnung einzelner Individuen im Stammbaum

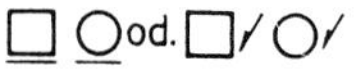

Kennzeichen für untersuchte Personen

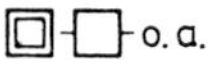

Angaben evtl. mehrerer Merkmale

u. U. Zahlenwerte für biochem. u. a. Merkmale

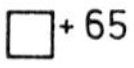

Sterbealter

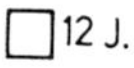

Untersuchungsalter

Name, Geburtsjahr

„single", nicht verheiratet

 Merkmalsträger, u. U. auch Homozygoter

 Heterozygoter

 Heterozygote bei X-chromosomalrezessivem Erbgang, „Konduktorin"

 verläßlich als Merkmalsträger bezeichnet (Anamnese usw.)

 fraglich als Merkmalsträger bezeichnet

Der ersterfaßte Patient wird als Proband oder Indexfall bezeichnet und im Stammbaum durch einen Pfeil markiert. Für die spätere Analyse ist es wichtig festzuhalten, in welcher Weise der Proband bzw. die Probandin erfaßt wurde (z. B. in Schul- und Musterungsuntersuchungen ganzer Jahrgänge oder als Patient einer Klinik oder durch Umfrage bei Ärzten). Es ist ferner wichtig zu vermerken, ob weitere Kranke in der Familie selbständig, d. h. unabhängig von dem ersten Probanden, erfaßt oder ob sie z. B. erst im Rahmen einer gezielten Familienuntersuchung erkannt wurden. Bei Klinikpatienten ist es später oft gar nicht entscheidbar, ob weitere Kranke aus einer Familie unabhängig in die gleiche Klinik kamen oder nur, weil bereits der nahe Verwandte auch Patient dort war. Die eindeutige Klärung des Erfassungsmodus ist aber wichtig für die spätere Analyse der Daten.

Die Familienanamnese soll in jedem Fall Auskunft über alle Verwandten 1. Grades, d. h. die Eltern, Geschwister und ggf. Kinder des Probanden geben. Nach Möglichkeit sind darüber hinaus die Großeltern, die Geschwister der Eltern und deren Kinder einzuschließen, sofern vorhanden natürlich auch Enkelkinder des Probanden. Wesentlich für die Erbgangsanalyse ist es, daß auch alle gesunden Familienmitglieder im Stammbaum aufgeführt werden, ebenso wie nach Möglichkeit Fehlgeburten und Totgeburten zu erfassen sind. Sehr häufig werden von den Patienten früh verstorbene Verwandte nicht erwähnt, falls man nicht ausdrücklich danach fragt. Aus dem Stammbaum oder dem Begleittext muß erkennbar sein, welche Patienten vom Autor selbst, welche von anderen Ärzten untersucht wurden und von welchen nur anamnestische Daten vorliegen. Auch das gilt nicht nur für Merkmalsträger, sondern auch für gesunde Verwandte.

Von genereller Bedeutung ist die Frage nach möglicher Verwandtschaft der Eltern untereinander und die Frage, ob der Patient einen Zwilling hat. Hierauf wird bei der Besprechung des autosomal-rezessiven Erbgangs und der multifaktoriellen Vererbung näher eingegangen werden.

Selbst wenn alle genannten Informationen zur Verfügung stehen, kann eine Sammelstatistik aus Literaturdaten nur für beschränkte Fragestellungen benutzt werden, da veröffentlichte Fälle stets einer Interessantheitsauslese unterliegen, deren Richtung man zwar vermuten, aber nicht quantitativ erfassen und korrigieren kann. Stets wird vor allem eine ungewöhnliche Häufung von Merkmalsträgern in einer Familie eher zur Publikation führen als das Auftreten einzelner Kranker, so daß Aufspaltungsziffern verzerrt erscheinen müssen.

Die beiläufige Feststellung, der Kranke sei der einzige Merkmalsträger in der Familie, sagt wenig aus, wenn nicht wenigstens die Zahl der Brüder und Schwestern und die Zahl der sonstigen erfaßten Verwandten angegeben wird. Aus dem gleichen Grunde ist die bloße Angabe, in wieviel Prozent der Familien außer dem Probanden noch weitere Merkmalsträger gefunden oder gar in veröffentlichten Familien vermerkt wurden, nichtssagend.

Einfache Erbgänge

Die Prinzipien der Genwirkung und Genweitergabe werden am ehesten da erkennbar, wo einzelne Gene durch Ausfall ihrer Funktion oder fehlerhafte Funktion so deutlich in Erscheinung treten, daß äußere Faktoren praktisch ohne Bedeutung sind und auch die Wirkung anderer Gene auf das betroffene Merkmal vernachlässigt werden kann. Solche Ausnahmesituationen sind es, bei denen wir die Weitergabe von Genen in Form von sogenannten einfachen, Mendelschen Erbgängen erkennen können. Die Erbanlagen selbst sind biochemisch definierbar als Abschnitte auf dem DNS-Molekül eines Chromosoms. Nur bei einer begrenzten Anzahl von Stoffwechseldefekten kennen wir heute schon das primäre Genprodukt, in der Regel ein Polypeptid, und können dessen Auswirkung auf dem Wege zum abweichenden Phänotyp verfolgen. Zu den bis zum grundlegenden Enzymdefekt aufgeklärten Krankheitsbildern gehören auch solche, bei denen es zu schweren Formveränderungen des Skeletts kommt und die zuerst als Skeletterkrankung Aufmerksamkeit erregten. Als Beispiele seien genannt: die Hypophosphatasie, die Vitamin-D-resistente Rachitis und die Mukopolysaccharidosen. In der Mehrzahl aller in der Orthopädie interessierenden Krankheitsbilder können wir jedoch nur aus dem Verhalten in Familien auf die Art der Weitergabe von Anlagen schließen, genau wie Mendel aus den Verhältniszahlen verschieden geformter Früchte unter den Abkömmlingen seiner Elterngeneration auf Erbfaktoren als gedankliche Modelle schloß.

Die Erbanlagen, Gene, sind auf den Chromosomen lokalisiert. Mit Ausnahme der Geschlechtschromosomen ist jedes Chromosom und damit auch die Information für jeden Genort in jeder Zelle zweimal vorhanden, einmal von der Mutter und einmal vom Vater her übertragen. Die Partner eines Chromosomenpaares heißen homologe Chromosomen; die genetischen Informationen an einem Genort auf homologen Chromosomen werden als Allele bezeichnet. Finden sich an einem Genort auf den homologen Chromosomen verschiedenartige Informationen, so bezeichnen wir das Individuum als heterozygot für diesen Genort, sind beide Informationen gleich, als homozygot. Alle Chromosomen, mit Ausnahme der Geschlechtschromosomen, werden als Autosomen bezeichnet. Merkmale, die durch auf diesen lokalisierte Gene bestimmt sind, folgen dem „autosomalen Erbgang“. Die Art der Verteilung und Weitergabe der Gene ist dabei stets gleich. Die Verschiedenheit der Erbgänge beruht auf Unterschieden im Zusammenwirken der Erbanlagen bei der Ausprägung von Merkmalen.

Kodominante Vererbung

Von kodominanter Vererbung (nach älterer Nomenklatur auch als kombinante Vererbung bezeichnet) spricht man dann, wenn die Genprodukte der betroffenen Allele nebeneinander nachweisbar bleiben. Die bekanntesten Beispiele finden sich bei den Blutgruppen und Serumproteinen, etwa dem Blutgruppensystem MN. Besitzt z. B. der Vater den Typ M (Genotyp MM) und die Mutter den Phänotyp N (Genotyp NN), so erhält das Kind von einem Elternteil das Gen M, vom anderen das Gen N und zeigt den Phänotyp MN. Den drei möglichen Genotypen entsprechen auch drei deutlich unterschiedene Phänotypen. Auf morphologischem Gebiet gibt es für diesen Erbgang keine überzeugenden Beispiele.

Autosomal-dominanter Erbgang

Die Weitergabe einer Erbanlage wird am leichtesten erkennbar, wenn ein Merkmal in einer Sippe in aufeinanderfolgenden Generationen regelmäßig auftritt. Das ist dann der Fall, wenn ein auf einem Autosom gelegenes Gen in einfacher Dosis

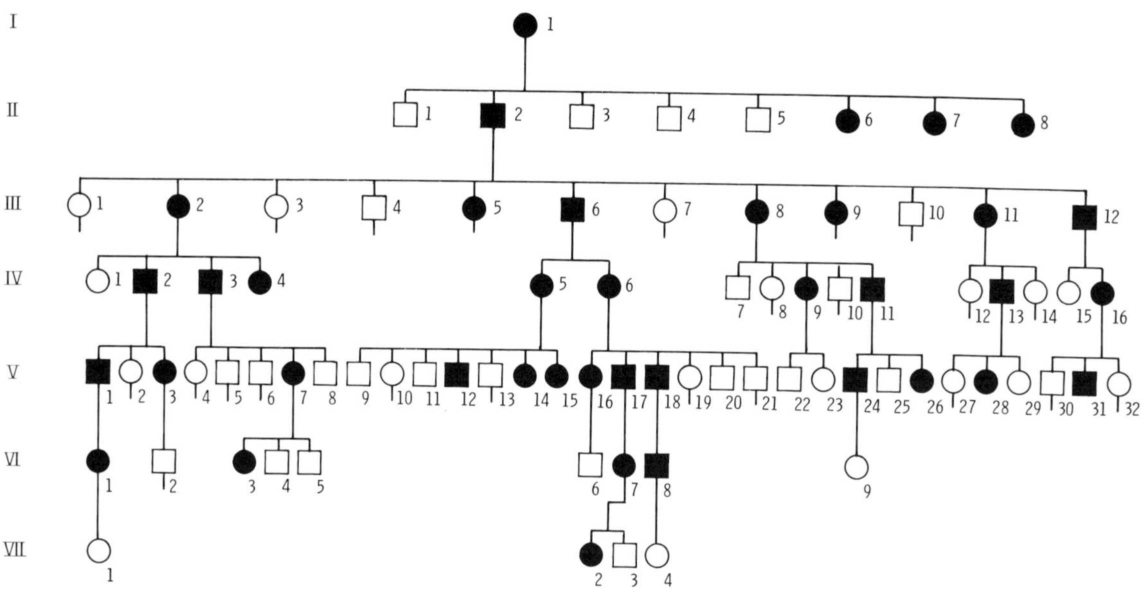

Abb. **1** Stammbaum der Familie, in der Brachydaktylie erstmals von *Farabee* (1905) beschrieben; ergänzt 1962 (nach *McKusick*)

ausreicht, die Ausprägung des Merkmals zu bewirken. Man spricht dann von dominanter Vererbung. Das älteste Beispiel einer so gedeuteten Vererbung ist der von FARABEE (1905) kurz nach der Wiederentdeckung der Mendelschen Regeln publizierte Stammbaum einer Sippe mit Brachydaktylie, den die Abb. **1** mit späteren Ergänzungen wiedergibt. Die Beobachtung einer dominant erblichen Form von Synostosen und Brachydaktylie bei Mutter und Sohn zeigt die Abb. **2**. Die weitere Familienerhebung ergab die Weitergabe über drei Generationen.

In der allgemeinen Genetik spricht man von autosomal-dominantem Erbgang nur, wenn der Phänotyp der Heterozygoten dem der für das veränderte Gen homozygoten Individuen entspricht. Nimmt der Phänotyp der Heterozygoten eine Zwischenstellung zwischen den Erscheinungsformen der beiden homozygoten Typen an, so spricht man von intermediärem Erbgang. Beim Menschen haben wir naturgemäß nicht die Möglichkeit einer Testkreuzung. Bei seltenen Merkmalen haben wir deshalb kaum die Gelegenheit, für das pathologische Gen homozygote Individuen zu beobachten. In der Tat müssen wir vermuten, daß die Homozygoten oft ein weit schwereres Krankheitsbild bieten als die Heterozygoten. Ein bekanntes Beispiel hierfür ist die Achondroplasie. Streng genommen, könnte man hier von einem intermediären Erbgang sprechen. Da es sich jedoch um eine oft nicht nachprüfbare Einschränkung handelt, ist man übereingekommen, in der Humangenetik immer dann von dominanter Vererbung zu sprechen, wenn der Heterozygote erheblich vom Phänotyp des normalen Homozygoten abweicht. Hier wird klar, daß das Begriffspaar „rezessiv-dominant" Extremfälle bezeichnet, zwischen denen es tatsächlich viele Übergänge gibt. Die zusätzliche Beibehaltung der Begriffe „intermediär" oder (im gleichen Sinn) „unvollständig dominant" bringt keinen Vorteil.

Die häufigste Verbindung bei selteneren Merkmalen mit autosomal-dominantem Erbgang ist vom Typ Aa x aa, d. h. eine Ehe zwischen einem heterozygoten Merkmalsträger und einem homozygoten Normalen. Jedes Kind aus dieser Verbindung hat eine Wahrscheinlichkeit von $^1/_2$ oder 50%, das veränderte Gen zu erhalten und damit das Merkmal zu besitzen. Die Vererbung erfolgt in gleicher Weise von der Mutter wie vom Vater und trifft Kinder beiderlei Geschlechts in gleicher Weise. Ausnahmsweise kann einmal die Merkmalsausprägung bei einem Merkmalsträger unterbleiben, die *Penetranz* ist unvollständig (Abb. **3**). Nur in einem solchen Fall kann auch das Kind eines merkmalsfreien Überträgers erkranken. Bei Merkmalen mit voller Penetranz dagegen gilt, daß merkmalsfreie Verwandte eines Kranken auch nicht Genträger sind und daher die Anlage auch nicht an ihre Kinder weitergeben können. Für die genetische Beratung ist aber eine sorgfältige Untersuchung auf Mikromanifestation des betreffenden Merkmals notwendig.

Nicht so selten findet sich ein autosomal-dominant erbliches Merkmal auch in der gleichen Familie in unterschiedlicher *Manifestation*; man spricht dann von *schwankender Expressivität*. In der Regel ist aber die Variabilität innerhalb einer Familie geringer als die zwischen Kranken mit dem gleichen Leiden aus verschiedenen Sippen. Innerhalb einer Sippe sind oft sehr deutliche Ähn-

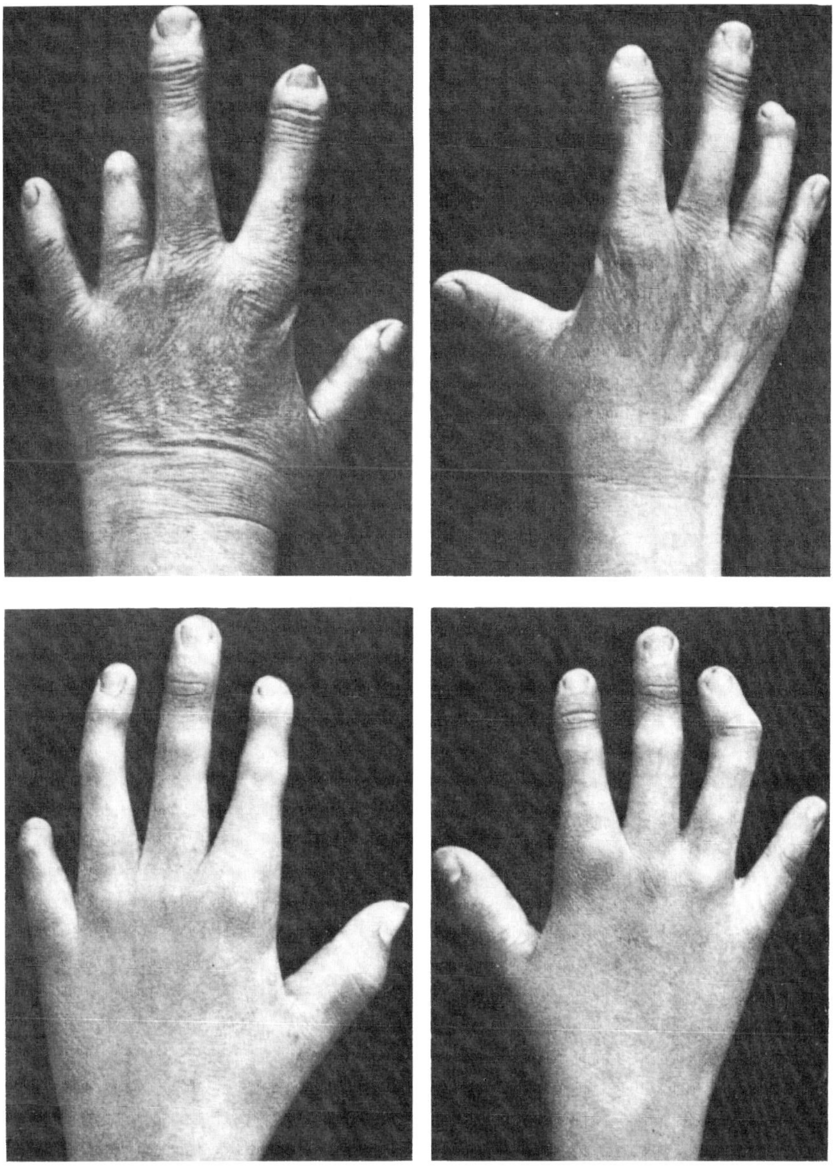

a b c d

Abb. **2** a–d Synostosen (Symphalangie) und Brachydaktylie bei Mutter (a u. b) und Sohn (c u. d). Ähnliche Veränderungen fanden sich bei beiden auch an der linken Hand und beiden Füßen. Außerdem bestanden Synostosen im Bereich der Hand- und Fußwurzelknochen (aus: *W. Fuhrmann, Ch. Steffens, G. Schwarz, A. Wagner:* Humangenetik 1 [1965] 337)

lichkeiten im Schweregrad der Ausprägung, dem Alter bei der Erstmanifestation usw. festzustellen. Dies wird leicht verständlich, wenn man bemerkt, daß das Merkmal innerhalb einer Sippe auf das gleiche einmalige Mutationsereignis zurückzuführen ist und außerdem auch hinsichtlich des übrigen Genoms Ähnlichkeiten unter Verwandten bestehen.

Die Annahme einer unvollständigen Penetranz sollte als Erklärung von Aufspaltungszahlen, die der Erbgangshypothese nicht voll entsprechen, nur herangezogen werden, wenn die Nichtmanifestation tatsächlich die Ausnahme in einem

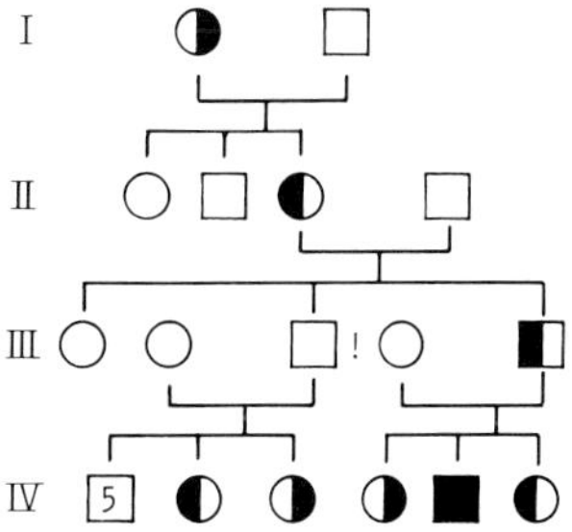

Abb. **3** Stammbaum mit Kamptodaktylie (Versteifung des kleinen Fingers). Rechts oder links halbseitig dunkles Symbol = das Merkmal ist nur rechts oder links nachweisbar; != keine Penetranz (nach *Stern*)

Stammbaum mit sonst regelmäßig dominanter Vererbung darstellt. Mit großzügiger Anrufung einer unvollständigen Penetranz sind in der Vergangenheit sehr oft Beobachtungswerte den Mendelschen Erbgängen angepaßt worden, die in anderer Weise, z. B. durch multifaktorielle Vererbung, weit besser und genauer zu interpretieren sind. Gerade im morphologischen Bereich finden sich viele Beispiele autosomal-dominanter Vererbung. Es gilt geradezu als Faustregel, daß bei Stoffwechselstörungen in erster Linie eine autosomal-rezessive Vererbung erwartet werden kann, während primär morphologische Veränderungen, deren Grundlage vielfach in der Veränderung von Stützgewebsstrukturen zu suchen sind, häufig autosomal-dominant vererbt werden. Dabei bleibt es bislang meist unklar, worauf die strenge Lokalisation der Defekte auf bestimmte Bezirke des Skeletts, z. B. bestimmte Phalangen einzelner Finger, beruht. Ungenügend verstanden ist auch die Grundlage vieler sogenannter *pleiotroper Genwirkungen* mit Auswirkung auf ganz verschiedene Organstrukturen, wie z. B. bei kombiniertem Vorkommen von Reizleitungsstörungen am Herzen und Skelettfehlbildungen beim Holt-Oram-Syndrom.

Einige gut gesicherte Beispiele für die autosomal-dominante Vererbung sind nachfolgend aufgeführt:

Achondroplasie (daneben rezessive Form)
Akrozephalosyndaktylie (Apert-Syndrom)
Brachykamptodaktylie
Brachydaktylie (mindestens 10 Unterformen)
Morbus Crouzon
Dysostosis cleidocranialis
Dysostosis mandibulofacialis (Treacher-Collins, Franceschetti-Klein)
Ehlers-Danlos-Syndrom
Exostosen, multiple kartilaginäre
Holt-Oram-Syndrom
Hypochondroplasie
Hypoplasie von Ulna und Fibula
Kamptodaktylie
Marfan-Syndrom
metaphysäre Dysostose (Schmidt)
Nagel-Patella-Syndrom
Neurofibromatose (v. Recklinghausen)
Osteogenesis imperfecta (Typ Lobstein)
Polydaktylie (verschiedene Formen)
Polysyndaktylie
radioulnare Synostose
Spalthand und Spaltfuß
spondyloepiphysäre Aplasie
Symphalangie
Syndaktylie (verschiedene Typen)
Synostosen mit und ohne Brachydaktylie
thanatophorer Zwergwuchs
Triphalangie des Daumens.

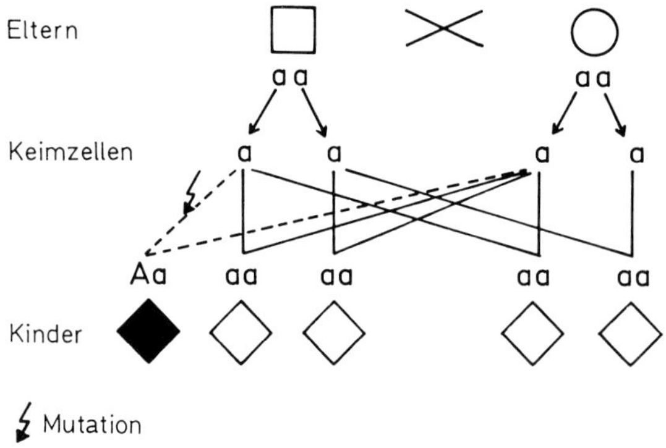

Abb. 4 Schema für das Neuauftreten eines dominanten Merkmals bei einem Kind gesunder Eltern durch Neumutation

Der umfangreiche Stammbaum von FARABEE (1905) stellt einen Sonderfall dar, wie wir ihn nur bei Merkmalen erwarten dürfen, die ihre Träger nur wenig oder gar nicht behindern, und auch dann nur bei relativ kinderreichen Familien. Stärker benachteiligte Merkmalsträger haben oft keine Nachkommen, und bei kleinen Kinderzahlen wird ein bestimmtes Gen oft auch rein zufällig an keinen der Nachkommen weitergegeben. Kurze Stammbäume sind daher in der Praxis die Regel. Dadurch wiederum wird die Abgrenzung gegenüber der multifaktoriellen Vererbung erschwert.

Ein Gen, das für seine Träger eine erhebliche Benachteiligung in der Fortpflanzung bedeutet, kann nur dann mit einer bestimmten Häufigkeit in der Bevölkerung erhalten bleiben, wenn es durch *Mutation* mit einer entsprechenden Häufigkeit neu entsteht. Die Wahrscheinlichkeit, mit der eine solche Erbänderung an einer bestimmten Stelle des Genoms auftritt, wird mit dem Begriff der Mutationsrate erfaßt. Die spontane Mutationsrate beschreibt die Häufigkeit einer Mutation, bezogen auf einen bestimmten Genort pro Gamete und Generation unter „normalen" Verhältnissen. Sie kann für ein voll penetrantes, autosomal-dominant erbliches Merkmal direkt geschätzt werden, wenn man in einer ausreichend großen Stichprobe einer Bevölkerung alle Merkmalsträger mit gesunden Eltern erfassen kann. Diese müssen auf neuen Mutationen beruhen (Abb. **4**). Die Formel für die Mutationsratenschätzung lautet

$$\mu = \frac{n}{2N},$$

wobei μ die Mutationsrate bedeutet,
n die Zahl der Merkmalsträger mit gesunden Eltern,
N die Zahl der Individuen in der Stichprobe, 2N damit die Zahl der Allele in der Stichprobe.

Die Tab. **1** führt einige so gefundene Mutationsraten auf, die Skelettveränderungen betreffen. Die Schätzwerte sind jedoch möglicherweise zu hoch, da die Methode der Schätzung voraussetzt, daß:

1. die Anlage stets voll ausgedrückt wird (voll penetrant ist) und somit sicher keiner der Eltern Genträger war,

Tabelle **1** Geschätzte Mutationsraten einiger autosomal-dominant erblicher Skelettanomalien (nach *Vogel*)

Merkmal	Untersuchte Population	Mutationsrate	Anzahl der Mutanten/ 1 Mill. Gameten	Autoren
Achondroplasie	Dänemark	1×10^{-5}	10	*Morch* (1941), korr. durch *Slatis* (1955)
	Nordirland	$1{,}3 \times 10^{-5}$	13	*Stevenson* (1957)
Marfan-Syndrom	Nordirland	$4{,}2\text{–}5{,}8 \times 10^{-6}$	4,2–5,8	*Lynas* (1958)
Akrozephalosyndaktylie, Apert-Syndrom	England	3×10^{-6}	3	*Blank* (1960)
Osteogenesis imperfecta	Schweden	$0{,}7\text{–}1{,}3 \times 10^{-5}$	7–13	*Smårs* (1961)
multiple kartilaginäre Exostosen	Deutschland (Reg.-Bez. Münster)	$6{,}3\text{–}9{,}1 \times 10^{-6}$	6,3–9,1	*Murken* (1963)

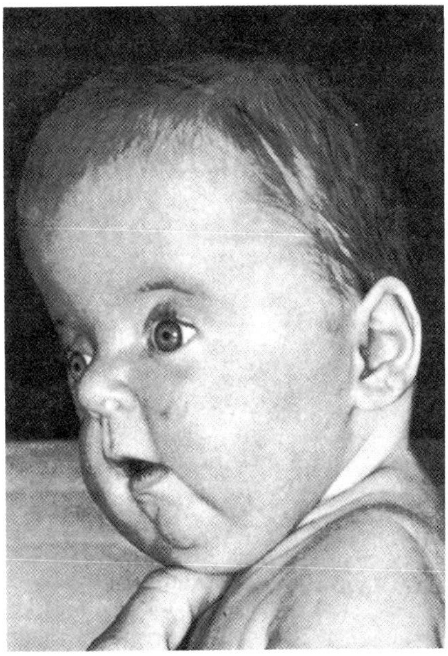
a

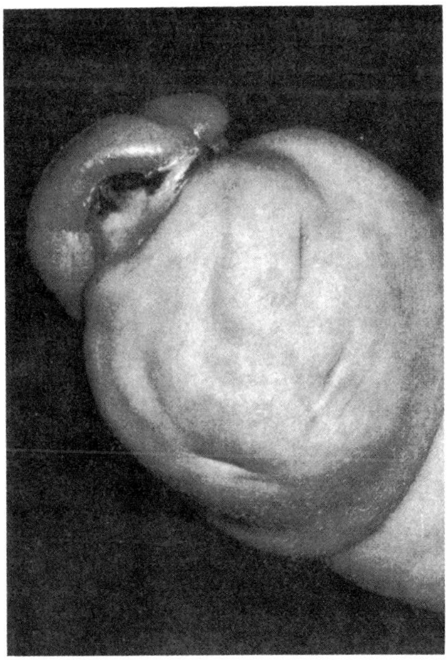
b

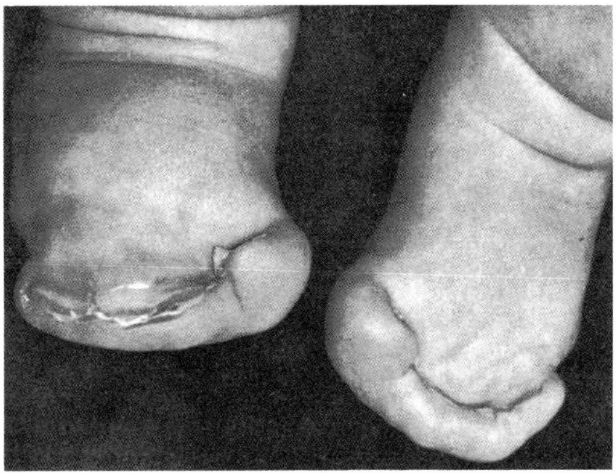
c

Abb. **5** a–c Typische Schädel-(a), Hand-(b) und Fußfehlbildungen (c) bei einem Kind mit Akrozephalosyndaktylie (Apert-Syndrom)

2. das gleiche klinische Bild niemals mit autosomal-rezessivem Erbgang auftritt oder
3. durch nicht genetische Einflüsse bedingt sein kann sowie
4. nur dominante Allele an einem einzigen Genort in Betracht kommen (vgl. Stern 1973).

Mutationsratenschätzungen nach der sogenannten indirekten Methode sind noch größeren Fehlermöglichkeiten ausgesetzt. Hier wird vorausgesetzt, daß zwischen Mutationsrate und Selektion in der Bevölkerung ein Gleichgewicht besteht. Die Fortpflanzungsleistung der Merkmalsträger (Fitness), verglichen mit der ihrer normalen Geschwister, gestattet dann ebenfalls die Berechnung der zur Aufrechterhaltung des Gleichgewichts notwendigen Mutationsrate. Wegen der bestehenden Einschränkungen soll auf diese Methode hier nicht näher eingegangen werden.

Eine extreme Situation ergibt sich, wenn die Träger eines dominant erblichen Merkmals stets sehr früh sterben oder jedenfalls nicht zur Fortpflanzung gelangen. Dann müssen alle Merkmalsträger Neumutanten sein, und der autosomal-dominante Erbgang wird nur erkennbar, wenn ausnahmsweise weniger schwer betroffene Individuen zur Fortpflanzung gelangen. Beispiele hierfür stellen die

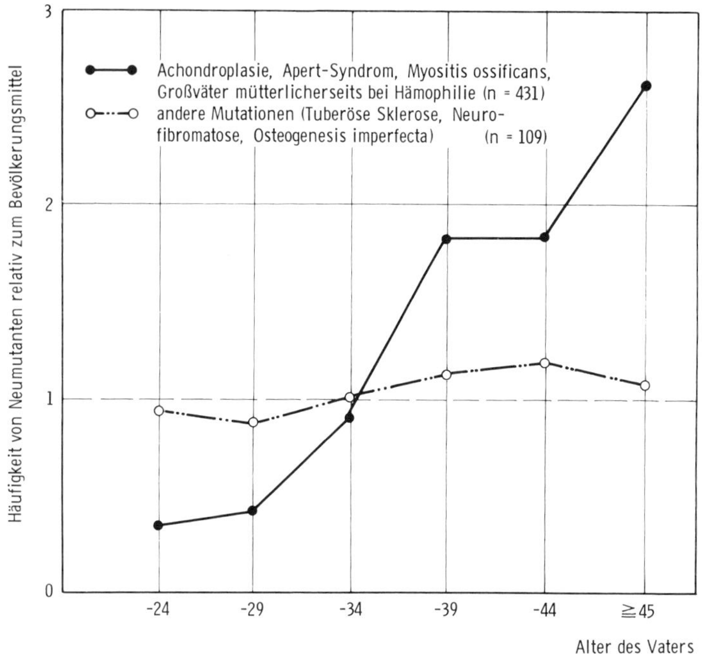

Abb. **6** Relative Häufigkeit von Mutationen in Abhängigkeit vom Alter des Vaters (aus: *F. Vogel* Spontaneous mutation in man. In: Chemical Mutagenesis in Mammals and Man, hrsg. von *F. Vogel, G. Röhrborn.* Springer, Berlin 1970)

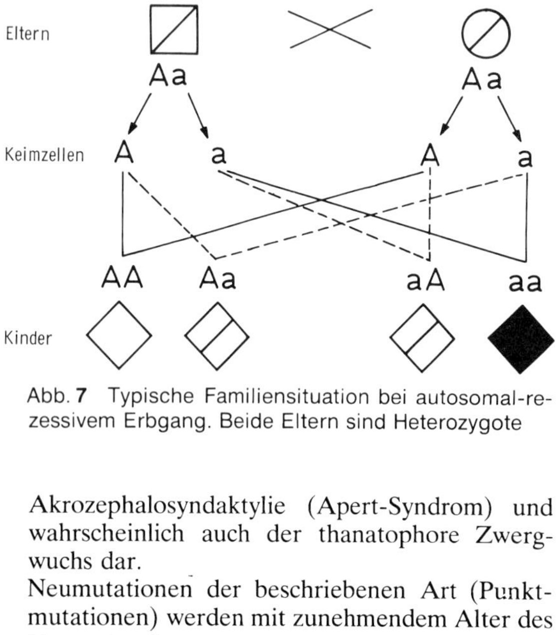

Abb. **7** Typische Familiensituation bei autosomal-rezessivem Erbgang. Beide Eltern sind Heterozygote

Akrozephalosyndaktylie (Apert-Syndrom) und wahrscheinlich auch der thanatophore Zwergwuchs dar.

Neumutationen der beschriebenen Art (Punktmutationen) werden mit zunehmendem Alter des Vaters häufiger, wie unter anderem am Beispiel der Achondroplasie und der Akrozephalosyndaktylie gezeigt werden konnte (Abb. **5** u. **6**).

Für die genetische Beratung ergibt sich aus der Annahme einer neuen Mutation die Konsequenz, daß die Anlage erst bei der Keimzellbildung entstanden ist. Für weitere Kinder der gleichen Eltern besteht deshalb keine erhöhte Gefährdung. Drei Einschränkungen sind allerdings angebracht:

1. Bei einer Reihe von autosomal-dominanten Leiden finden sich, wie erwähnt, gelegentlich sichere Genträger, die das Leiden selbst nicht manifestieren (unvollständige Penetranz). Eine sorgfältige Suche nach Mikrosymptomen bei beiden Eltern hilft, diesen Fehler zu verringern.
2. Einige der genannten Krankheiten scheinen heterogen zu sein, d. h., neben der autosomal-dominanten früh letalen Form gibt es auch eine autosomal-rezessive Form. In diesen Familien sind die Eltern Heterozygote; die Wiederholungsgefahr ist mit 25% anzugeben.
3. Eine bislang eher theoretische Einschränkung betrifft die Möglichkeit, daß eine Mutation in den männlichen Keimdrüsen nicht erst auf der Ebene der Spermatozyten eingetreten ist, sondern z. B. eine Stammzelle betraf, die dementsprechend noch weitere Spermien mit der gleichen Mutation produzieren kann. Daß dann aber wiederum unter Millionen von Spermien gerade wieder eines, das diese Mutation trägt, zur Befruchtung gelangte, wäre kaum zu erwarten.

Autosomal rezessiver Erbgang

Der autosomal-rezessive Erbgang ist dadurch gekennzeichnet, daß erst das Zusammentreffen zweier in gleicher Weise veränderter Anlagen zur Merkmalsausprägung führt (Abb. **7**). Der heterozygote Genträger entspricht im Phänotyp den homozygoten normalen Individuen. Auf der Tatsache, daß eine sehr sorgfältige Untersuchung der Heterozygoten und eine besondere Belastung der betroffenen Stoffwechselwege doch Abweichungen erkennen lassen, beruhen die sogenannten Heterozygotentests, durch die klinisch gesunde Genträger erkannt werden können. Auch hier könnte man wieder den Begriff der intermediären Vererbung anführen, man spricht aber in der Praxis besser von autosomal-rezessivem Erbgang mit Erkennbarkeit der Heterozygoten. Tatsächlich ist diese Erkennbarkeit bisher fast nur bei biochemisch definierten Leiden gegeben und eher für das Kollektiv der Heterozygoten gültig als für den Einzelfall, in dem die Sicherheit der Aussage oft unbefriedigend ist (für eine aktuelle Zusammenstellung s. SCHLOOT u. GOEDDE 1974).

Beide Eltern eines Kindes mit einem autosomalrezessiven Erbleiden sind obligate Heterozygote. Bei seltenen Krankheiten haben sie oft das pathologische Gen von gemeinsamen Vorfahren erhalten. Verwandtenehen oder Abstammung aus dem gleichen kleinen Ort oder Isolat sind daher deutlich häufiger festzustellen, als das nach den Heiratsgewohnheiten der betreffenden Bevölkerung statistisch zu erwarten wäre. Bei häufigen Leiden ist das nicht mehr erkennbar, da die Zahl der heterozygoten Genträger in der Bevölkerung dann mehrere Prozent erreichen kann und ein zufälliges Zusammentreffen der pathologischen Gene leicht möglich wird.

Sind Eltern durch die Geburt eines kranken Kindes als heterozygot erkannt, so besteht für jedes weitere Kind aus dieser Ehe eine Erkrankungswahrscheinlichkeit von $1/4$ oder 25%. Die Wahrscheinlichkeit, klinisch gesunder Genträger zu sein, beträgt $2 \times 1/4 = 1/2$ oder 50% und die Wahrscheinlichkeit, gesund und auch nicht Genträger zu sein, $1/4 = 25\%$.

Die Kleinheit der durchschnittlichen Familien in industriell entwickelten Ländern bedingt es, daß die meisten Kranken heute keine kranken Geschwister haben; sie sind „sporadische" Fälle. Der Schluß, es spräche nichts für Erbbedingtheit eines Leidens, da der beobachtete Kranke der einzige dieser Art in der betreffenden Familie sei, ist deshalb falsch. Unter 16 Ehen zwischen zwei Heterozygoten, die je 2 Kinder aufweisen, sind nur in 7 Familien überhaupt kranke Nachkommen zu erwarten, und nur in 1 Fall werden beide Kinder krank sein. Trotz erwiesener autosomal-rezessiver Vererbung wären unter diesen Voraussetzungen 6 von 7 Merkmalsträgern „sporadische Fälle" (Abb. **8**). Eine Entscheidung kann nur nach sorgfältiger Prüfung der Familiensituation (Konsanguinität) und der Literatur bezüglich der speziellen Krankheitsbilder getroffen werden. Bei seltenen oder neu beobachteten Anomalien können oft erst weitere Familienbeobachtungen eine Klärung ermöglichen. Es ist deshalb kaum zu bezweifeln, daß zahlreiche autosomal-rezessiv erbliche Leiden noch nicht als solche erkannt sind.

Ein autosomal-rezessiver Erbgang findet sich auch bei zahlreichen Stoffwechselkrankheiten, die das Skelett in Mitleidenschaft ziehen.

Beispiele für autosomal-rezessive Vererbung von Skelettanomalien:
Acheiropodie
Achondrogenesis
Achondroplasie (daneben dominante Formen)
Akrozephalosyndaktylie Typ Carpenter
diastrophischer Zwergwuchs
Ellis-van Creveld-Syndrom (chondroektodermale Dysplasie)
Fanconi-Anämie (Panzytopenie) (häufig mit Radiusaplasie und/oder Daumenanomalien)
Morbus Gaucher
Homozystinurie
Hyperostosis corticalis deformans juvenilis
Hyperostosis corticalis generalisata
Hypophosphatasie
kraniodiaphysäre Dysplasie
kraniometaphysäre Dysplasie
metaphysäre Dysostose (verschiedene Typen)
Mikrozephalie (einzelne Formen)
Mukopolysaccharidosen (Typen I, III, IV, V, VI)
Mukolipidose Typen I, II, III
Osteogenesis imperfecta congenita (Typ Vrolik)
Peromelie, verschiedene Formen
Pyknodysostose
Weill-Marchesani-Syndrom (Spherophakie-Brachymorphie-Syndrom)

Geschlechtsgebundene Vererbung

Von geschlechtsgebundener Vererbung sprechen wir, wenn ein Merkmal durch Anlagen gesteuert wird, die auf einem Geschlechtschromosom lokalisiert sind. Auf dem X-Chromosom kennen wir ca. 150 Gene, während auf dem Y-Chromosom bislang nur Anlagen identifiziert werden konnten, die mit Geschlechtsbestimmung oder -ausprägung, evtl. auch mit dem Längenwachstum in Verbindung stehen. Aus diesem Grunde ist die Bezeichnung „geschlechtsgebundene Vererbung"

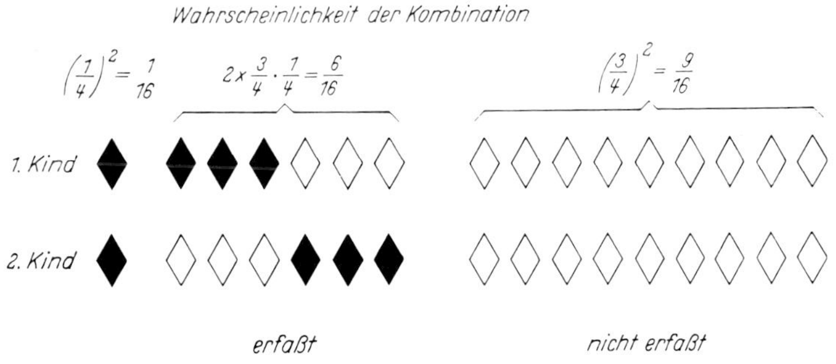

Abb. **8** Erwartete Verteilung von Gesunden und von Merkmalsträgern bei autosomal-rezessivem Erbgang in Zweikindfamilien, wenn beide Eltern heterozygot sind

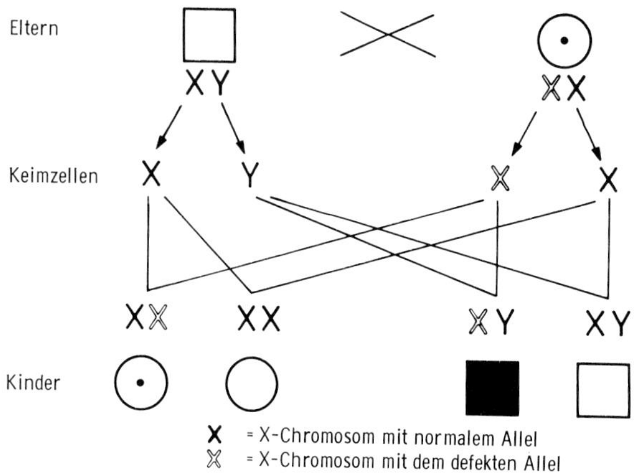

Abb. **9** Typische Familiensituation bei X-chromosomal-rezessivem Erbgang. Die Mutter ist Konduktorin

praktisch synonym mit X-chromosomaler Vererbung.
Der Erbgang ergibt sich aus dem Prinzip der chromosomalen Geschlechtsbestimmung beim Menschen. Die normale Frau besitzt in jeder Zelle zwei X-Chromosomen, der Mann ein X- und ein Y-Chromosom. Jede Eizelle trägt ein X-Chromosom, ein Spermium jeweils ein X- oder ein Y-Chromosom. Die Vereinigung einer Eizelle und eines X-Spermiums führt zu einer weiblichen Frucht, die Befruchtung einer Eizelle mit einem Y-Spermium zu einer männlichen Frucht. Das primäre Geschlechtsverhältnis, d. h. das Verhältnis männlicher zu weiblicher Zygoten, ist unbekannt. Bei der Geburt beträgt das Verhältnis bei uns etwa 106 Knaben zu 100 Mädchen. Für die Praxis der Erbprognose bei X-chromosomalem Erbgang geht man vereinfachend von einem Verhältnis zwischen Söhnen und Töchtern von 1 : 1 aus.

X-chromosomal-rezessiver Erbgang

Da der Mann hemizygot ist, d. h. die auf dem X-Chromosom gelegenen Gene auf dem Y-Chromosom keine homologe Entsprechung finden, manifestiert sich bei X-chromosomal-rezessivem Erbgang ein Merkmal bei allen Männern, deren X-Chromosom das betreffende Gen trägt. Bei der Frau dagegen wird das zweite X-Chromosom in der Regel ein homologes normales Allel besitzen; die Betreffende wäre heterozygot und damit klinisch gesund. Sie kann aber das betreffende Gen weitergeben und wird daher vor allem in der älteren Nomenklatur als Konduktorin bezeichnet (Abb. **9**). Nur Frauen, die auf beiden X-Chromosomen die fehlerhafte Information tragen (Homozygote), erkranken manifest. Solche Homozygoten sind aber sehr viel seltener als die Heterozygoten, so daß bei allen selteneren X-chromosomal-rezessiven Erbleiden fast nur kranke Männer beobachtet werden. Das bekannteste Beispiel ist die Hämophilie A, die klassische Bluterkrankheit. Bei sehr häufigen X-chromosomal-rezessiven Anomalien kommen dagegen auch betroffene homozygote Frauen zur Beobachtung, z. B. bei der Rot-grün-Farbsehstörung. Auch hier sind sie aber sehr viel seltener als die betroffenen Männer. Generell entspricht die Häufigkeit der betroffenen Männer der Häufigkeit des betreffenden Gens in einer Bevölkerung, die Häufigkeit betroffener Frauen unter der Voraussetzung, daß betroffene Männer voll fertil sind, dem Quadrat dieser Zahl. Im klinischen Bereich wird man immer dann an X-chromosomal-rezessiven Erbgang denken müssen, wenn ein selteneres Leiden nur bei männlichen Individuen beobachtet wird und wenn es bei Brüdern, Onkel und Neffen, Großvater und Enkelsohn oder bei über die Mütter verwandten Vettern auftritt (Abb. **10**). Die Übertragung vom kranken Vater auf den Sohn kann nicht vorkommen, da der Sohn von seinem Vater stets das Y und nicht das X-Chromosom erhält. (Bei sonst guter Evidenz für den X-chromosomal-dominanten Erbgang wäre im Ausnahmefall eine scheinbare Übertragung Vater-Sohn darauf zu prüfen, ob beim Sohn eine Chromosomenanomalie im Sinne des Klinefelter-Syndroms [47, XXY] vorliegt, er also vom Vater ausnahmsweise ein X- und ein Y-Chromosom erhalten haben könnte. Näher läge noch bei X-chromosomal-rezessiver Vererbung die Möglichkeit, daß tatsächlich die Mutter zusätzlich Konduktorin war und das betreffende Gen von ihr stammt.) Von diesen Sonderfällen abgesehen, schließt eine Erkrankung von Vater und Sohn die X-chromosomale Vererbung aus. Eine sogenannte unvollständig geschlechtsgebundene Vererbung setzt den Austausch homologer Segmente zwischen X- und Y-Chromosom voraus. Sie ist beim Menschen in keinem Fall ausreichend belegt und auch aus theoretischen Gründen kaum zu erwarten.
Als einzige Merkmalsträger in einer Familie aufgetretene Kranke mit einem X-chromosomal-rezessiven Leiden bieten für die Beratung besondere Probleme, da es im Einzelfall oft nicht entscheidbar ist, ob eine Neumutation vorliegt oder ob die Mutter bereits Genträgerin ist. Dementsprechend ist das Wiederholungsrisiko entweder äußerst gering oder es beträgt 50% für jeden Sohn. Theoretische Überlegungen sprechen ebenso wie Beobachtungen bei Leiden mit bereits bestehendem Heterozygotennachweis dafür, daß in der Mehrzahl der Fälle bei dieser Konstellation die Mutter bereits Genträgerin ist und die Neumutation in den Keimzellen eines der männlichen Vorfahren stattgefunden hat. Hier können Heterozygotentests größte Bedeutung erlangen. Leider sind sie häufig noch nicht zuverlässig genug, um im Einzelfall eine verläßliche Entscheidung zu erlauben. Bei größeren Geschwisterschaften kann die Wahrscheinlichkeit, daß eine Frau heterozygot ist, unter Umständen aufgrund der Zahl be-

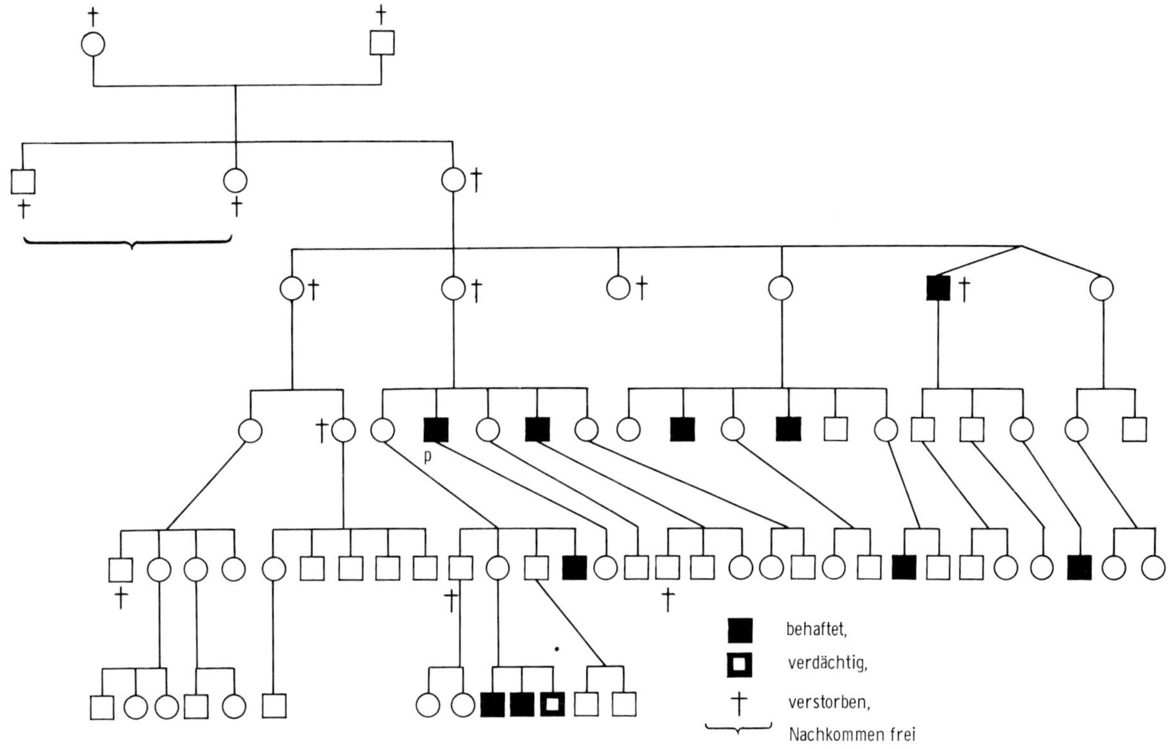

Abb. **10** Klassischer Stammbaum bei X-chromosomal-rezessivem Erbgang. Gutartige X-chromosomal erbliche Mudkeldystrophie, sämtliche lebenden Angehörigen untersucht; Typ Becker-Kiener (aus: *P. E. Becker, F. Kiener:* Arch. Psychiat. Nervenkr. 193 [1955] 427)

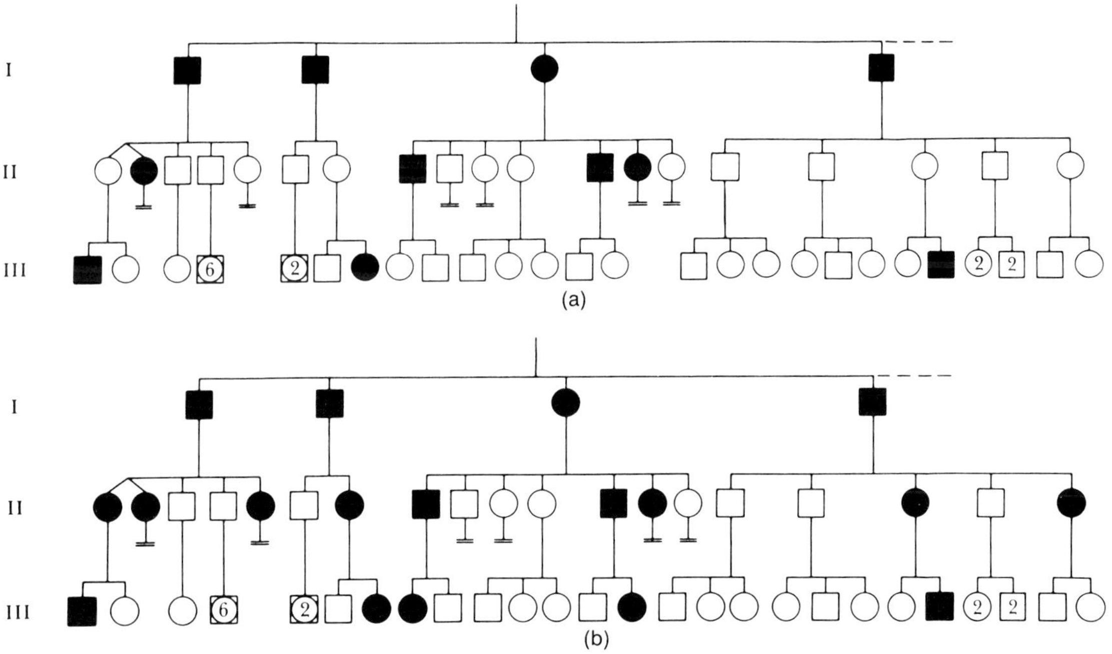

Abb. **11** a u. b Vitamin-D-resistente Rachitis und Hypophosphatämie:

a) bei ausschließlicher Klassifikation nach Vorliegen von Skelettveränderungen; anscheinend unvollständige Penetranz;
b) bei Klassifikation nach den biochemischen Merkmalen (Hypophosphatämie) ist dominanter Erbgang deutlich. Der Stammbaum entspricht dem Verhalten bei X-chromosomal-dominanter Vererbung, die unter Berücksichtigung weiterer Beobachtungen als erwiesen gelten kann (nach *Williams, Winters, Burnett;* aus: *V. A. McKusick:* Human Genetics, 2. Aufl. Prentice-Hall, New Jersey 1969)

reits geborener gesunder Söhne weiter eingeengt werden.

Beispiele für X-chromosomale Vererbung von Skelettanomalien sind:
hypophysärer Zwergwuchs Typ IV
Mukopolysaccharidose Typ II (Hunter)
Orofaziodigitales (OFD-) Syndrom (dominant)
Vitamin-D-resistente Rachitis mit Hypophosphatämie (X-chromosomal-dominant)

Zahlreiche Einzelbeobachtungen der Literatur sprechen dafür, daß es daneben eine größere Zahl bisher nicht erfaßter X-chromosomal-rezessiver Skelettaffektionen gibt, jedoch genügen die einzelnen kurzen Stammbäume meist nicht zur Überprüfung dieser Hypothese.

X-chromosomal-dominanter Erbgang

Bei X-chromosomal-dominantem Erbgang kommen sowohl männliche wie weibliche Merkmalsträger zur Beobachtung. Sofern nicht sekundäre Faktoren die Manifestation oder Erkennbarkeit beeinflussen, sind weibliche Merkmalsträger in der Bevölkerung doppelt so häufig wie männliche, da Frauen zwei X-Chromosomen besitzen, Männer aber nur eins, das Vorhandensein eines X-Chromosoms mit dem pathologischen Gen aber zur Manifestation des Leidens genügt. Männliche Hemizygote sind durchschnittlich schwerer betroffen als weibliche Heterozygote. Die Abgrenzung gegenüber dem autosomal-dominanten Erbgang bereitet hier große Schwierigkeiten. Die eindeutige Erkennung gelingt nur, wenn größere Stammbäume verfügbar sind. Entscheidend ist wieder die Analyse der Nachkommen männlicher Merkmalsträger. Sofern ausgeschlossen ist, daß die Mutter ebenfalls Genträgerin ist, dürfen hier keine befallenen Söhne auftreten.
Das bekannteste Beispiel für diesen Erbgang ist die Vitamin-D-resistente Rachitis mit Hypophosphatämie. WINTERS u. Mitarb. analysierten 21 Familien mit diesem Leiden und fanden Aufspaltungsziffern unter den Nachkommen, die nur mit diesem Erbgang erklärt werden können. Der Stammbaum der Abb. **11** nach WILLIAMS u. Mitarb. läßt erkennen, daß die dominante Weitergabe nur dann deutlich wird, wenn man die biochemische Anomalie in die Analyse einbezieht und nicht nur die Skelettanomalie als Kriterium nimmt. Die erbliche Vitamin-D-resistente Rachitis mit Hypophosphatämie ist klinisch gekennzeichnet durch Minderwuchs und Skelettveränderungen im Sinne einer Rachitis oder Osteomalazie, die auf übliche therapeutische Dosen von Vitamin D nicht ansprechen. Das wichtigste diagnostische Zeichen aber sind die Hypophosphatämie und eine verminderte tubuläre Rückresorption von Phosphat neben einer verminderten intestinalen Absorption von Calcium. Männer sind in der Regel schwerer betroffen und zeigen das Vollbild mit Skelettmanifestation, während bei Frauen oft nur die biochemischen Veränderungen deutlich sind. Der primäre Gendefekt ist bisher nicht ausreichend geklärt. Eine Störung des Vitamin-D-Metabolismus zusammen mit sekundärem Hyperparathyreoidismus werden diskutiert. Die Familienanamnese kann für die Früherkennung von Gefährdeten entscheidend werden und zur rechtzeitigen Diagnose und Therapie beitragen.

X-chromosomal-dominanter Erbgang mit Letalität der Hemizygoten

Diese Sonderform wurde bislang nur bei wenigen Anomalien beobachtet, von denen vor allem das orofaziodigitale Syndrom zur Vorstellung des Patienten beim Orthopäden führen kann. Seine charakteristischen Symptome sind atypisch inserierende, hyperplastische Frenula im Mundvorhof, Fehlbildungen im Bereich der Kiefer und Zähne, Lappung und Kerbung der Zunge, Veränderungen des Nasenskeletts, des Gesichtsschädels und der Extremitäten (Abb. **12**). Betroffene männliche Früchte sterben bereits in utero, während betroffene weibliche Heterozygote lebensfähig sind und die beschriebenen Symptome aufweisen. Das Merkmal wird also von einer befallenen Frau auf die Hälfte ihrer Töchter übertragen; alle lebendgeborenen Söhne sind gesund. Männliche (hemizygote) Genträger kommen nicht zur Beobachtung; sie werden höchstens durch eine erhöhte Abortrate erkennbar. Insgesamt ist dadurch das Geschlechtsverhältnis der Neugeborenen zugunsten der Töchter verschoben. Sporadische Fälle durch Neumutation sind relativ häufig. Die Abgrenzung gegenüber der autosomal-dominanten Vererbung mit Geschlechtsbegrenzung auf das weibliche Geschlecht gelingt nur, wenn genügend zahlreiche Beobachtungen herangezogen werden können.

Geschlechtsbegrenzte Manifestation autosomaler Gene

Es gibt bisher nur wenige Beispiele dafür, daß die Wirkung eines autosomalen Gens sich auf ein Geschlecht beschränkt. Fast alle Beobachtungen dieser Art betreffen Merkmale, die in Beziehung zur Geschlechtsentwicklung stehen. In geringerem Grade ist eine relative Geschlechtsbegrenzung jedoch überall da zu verzeichnen, wo ein Erbleiden sich regelmäßig bei einem Geschlecht stärker oder schwerer auswirkt als beim anderen. Häufig wird es sich um Vorgänge auf dem Weg vom Gen zur phänotypischen Ausprägung handeln, die von der primären Genwirkung sehr weit entfernt liegen, wie z. B. sekundäre hormonelle Einwirkungen.

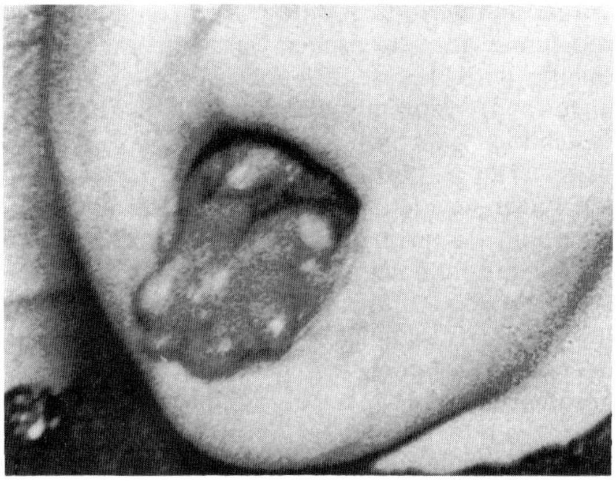

a

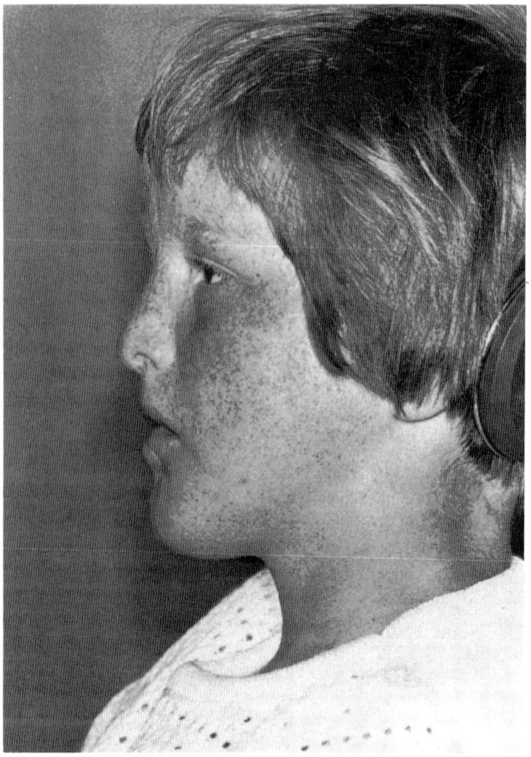

b

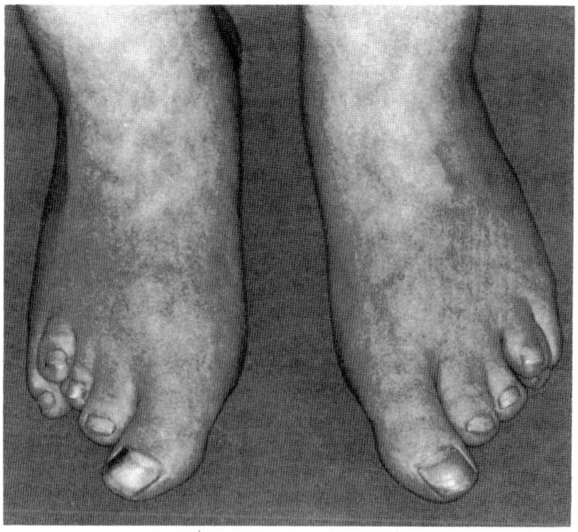

c

Abb. **12** a–c Typische Veränderungen der Zunge (a), Hypoplasie des Mittelgesichts (b) und Extremitätenveränderungen (c) bei orofaziodigitalem Syndrom (aus: *A. Stahl, W. Fuhrmann:* Dtsch. med. Wschr. 93 [1968] 1224)

Abnorme Segregation

Grundlage aller Mendelschen Erbgänge ist die zufallsgemäße Verteilung der Chromosomen und damit der Gene bei der Reduktionsteilung. Diese Voraussetzung ist offenbar in der Regel erfüllt. In der allgemeinen Genetik sind zwar durchaus Beobachtungen bekannt, die nur mit einer „nonrandom"-Segregation, d. h. nicht zufallsgemäßen Verteilung der Anlagen zu erklären sind. Beim Menschen gibt es aber nur wenige Beobachtungen, die durch anscheinend ungleiche Verteilung die Annahme eines solchen Vorgangs nahelegen. Keines der bekannten Beispiele ist unwidersprochen geblieben oder genügend gesichert.

Multiple Allele

Als bekannteste Beispiele multipler Allele sind die AB0-Blutgruppengene, die Hämoglobinvarianten und die Varianten der Glukose-6-phosphat-Dehydrogenase anzuführen. Am gleichen Genort sind in diesem Fall nicht nur zwei alternative Informationen möglich, sondern mehrere oder zahlreiche. Beobachtet man das Wesen eines Mutationsvorgangs, so ist zu erwarten, daß bei genauer Analyse viele Mutationen am gleichen Genort als nicht gleichartig nachgewiesen werden können. Als primäres Genprodukt betrachten wir das Polypeptid. Dessen Aminosäuresequenz wird aber durch einen längeren Abschnitt des DNS-Moleküls bestimmt, der mehrere Hundert oder sogar mehrere Tausend Nukleotide umfassen kann. Durch eine Punktmutation wird nun meist nur ein Basentriplet verändert. Mutationen an den verschiedensten Stellen eines solchen Riesenmoleküls können also das gleiche Enzym betreffen. Multiple Allele sollten deshalb eher die Regel als die Ausnahme sein. Bewirken solche Mutationen keine Veränderung der Enzymfunktion, so sprechen wir von einer *neutralen Mutation,* wie wir sie z. B. von vielen *Isoenzymen* her kennen. Führen sie im anderen Extremfall zum völligen Ausfall der Enzymfunktion, so können wir sie nicht mehr als verschiedene Mutationen erkennen. Falls nicht andere biochemische Parameter zur Verfügung stehen, werden wir unterschiedliche Mutationen am gleichen Genort nur dann korrekt analysieren können, wenn sie auch zur klinisch unterschiedlichen Manifestation führen. Im Falle von multiplen Allelen gibt es an einem Genort dann mehr als zwei Typen von Homozygoten und neben Hetero-

zygoten mit einem Normalallel und einem mutierten Allel auch Heterozygote mit zwei verschieden mutierten Allelen. Diese nehmen klinisch dann oft eine Zwischenstellung im Schweregrad der Affektion zwischen den beiden pathologischen homozygoten Typen ein. McKusick u. Mitarb. (1972) sprechen von *„genetic compound"*. (Die von Lenz (1976) vorgeschlagene Bezeichnung kombinante Vererbung für diese Konstellation kann leicht mißgedeutet werden, da früher der gleiche Ausdruck synonym mit „kodominant" gebraucht wurde.)
Als Beispiel für ein „genetic compound" beschrieben McKusick u. Mitarb. (1972) einen Patienten, der eine Mittelstellung zwischen der Mukopolysaccharidose Typ Hurler und der Form Scheie einnahm. Die Annahme ist hier gut begründet, da bei beiden Typen der Mukopolysaccharidose das gleiche Enzym, jedoch unterschiedlich schwer verändert ist. Eine entsprechende Beobachtung wurde kürzlich auch aus Japan mitgeteilt (Kajii u. Mitarb. 1974).

Heterogenie

Für die Entwicklung der klinischen Medizin war es wichtig, aus der biologischen Vielfalt klinischer Krankheitsverläufe Gemeinsamkeiten zu erkennen und Gruppen zu bilden, die unter einer Diagnose zusammengefaßt werden konnten. Vielfach hat sich bestätigt, daß hier auch ätiologisch und pathogenetisch einheitliche Krankheiten erfaßt wurden. In anderen Fällen aber zeigte sich später, daß unterschiedliche Grunddefekte zum klinisch (fast) gleichen Endergebnis führen können. Ein bekanntes Beispiel ist die Differenzierung der Bluterkrankheit in die *Hämophilie A* und die *Hämophilie B.* Genauere Untersuchungsmethoden decken in solchen Fällen dann oft auch feinere klinische Differenzen auf. Bei erblichen Stoffwechselkrankheiten kann man sich leicht vorstellen, daß eine Synthesekette, an der mehrere Enzyme beteiligt sind, durch genetische Blocks an verschiedenen Stellen unterbrochen werden kann, mit dem gleichen Ergebnis des Ausfalls des metabolisch oder hormonell aktiven Endprodukts. Da dann tatsächlich das klinisch gleiche Bild durch Mutation an verschiedenen Genorten hervorgerufen wird, liegt eine Heterogenie im engeren Sinne des genetischen Sprachgebrauchs vor. Häufig wird der Begriff aber in lockerer Weise angewandt, wenn tatsächlich nur ähnliche Krankheitsbilder genetisch unterschiedliche Ursachen haben. Der Begriff ist notwendig unpräzise in allen Fällen, in denen die Pathogenese eines Leidens und der primäre Angriffspunkt der genetischen Störung noch nicht bekannt sind. Gute Beispiele für die Auflösung früher als einheitlich betrachteter Krankheitsbilder in klinisch-genetisch oder biochemisch besser charakterisierte Untergruppen sind die Mukopolysaccharidosen und die Chondrodystrophien.
Neben der Demonstration von konstanten klinischen Unterschieden bei spezieller Untersuchung kann eine Heterogenie in genetischer Hinsicht auf verschiedenen Wegen erkannt werden:

1. Heterogenie ist nachgewiesen, wenn das klinisch anscheinend gleiche Leiden in verschiedenen Sippen unterschiedlichen Erbgang zeigt. Als Beispiel kann hier die Abgrenzung des autosomal-rezessiven Typ I der Mukopolysaccharidose (Pfaundler-Hurler) gegenüber dem X-chromosomal-rezessiven Typ II (Hunter) dienen.
2. Heterogenie muß vorliegen, wenn aus der Verbindung zwischen zwei Merkmalsträgern eines autosomal-rezessiven Leidens gesunde Nachkommen hervorgehen. Bei dieser Konstellation müssen ja beide Eltern homozygot sein. Handelte es sich bei beiden um die genetisch gleiche Störung, so könnten sie nur wieder homozygote kranke Nachkommen hervorbringen (Abb. **13**). Das Auftreten gesunder Nachkommen beweist, daß bei den beiden Eltern jeweils verschiedene Genorte betroffen sind. Klassische Beispiele boten Beobachtungen

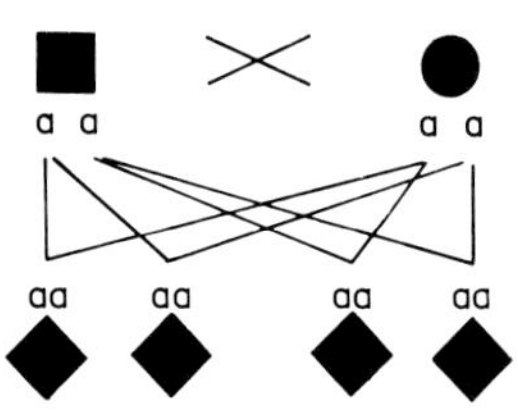

Abb. **13** Kreuzung zwischen zwei Merkmalsträgern eines autosomal-erblichen Merkmals. Beide sind für das rezessive Allel homozygot

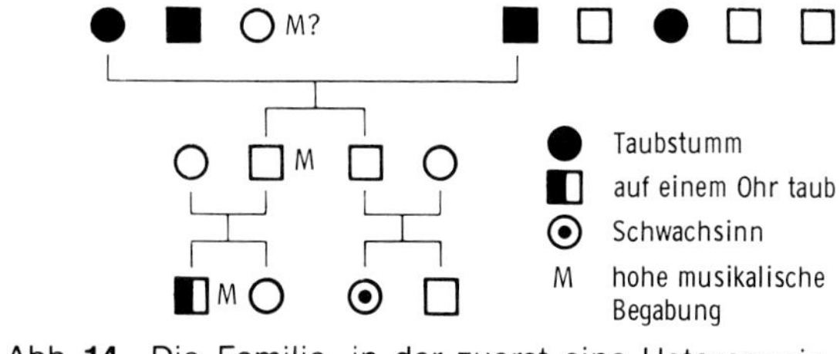

Abb. **14** Die Familie, in der zuerst eine Heterogenie für Taubstummheit nachgewiesen wurde. Beide Eltern entstammen einer Verwandtenehe, und doch sind die Kinder gesund (nach *Mühlmann* 1930; aus: *F. Vogel:* Lehrbuch der Humangenetik. Springer, Berlin 1961)

an Nachkommen von Patienten mit autosomal-rezessiv erblicher Taubstummheit (Abb. **14–16**).

3. Man kann die Genhäufigkeit einerseits aus der Häufigkeit eines Leidens in der Bevölkerung berechnen, andererseits aber auch aus der Häufigkeit von Ehen zwischen Blutsverwandten bei den Eltern von Kranken verglichen mit der Häufigkeit solcher Ehen in der Bevölkerung. Wenn beide Schätzungen zu erheblich unterschiedlichen Ergebnissen kommen, so spricht auch das für eine Heterogenie.
4. Wenn die Analyse bis auf die Ebene des primären Gendefekts vorangetrieben werden kann, so ist der beste Beweis von Heterogenie der Nachweis unterschiedlich genetischer Grunddefekte bei Kranken mit dem klinisch gleichen Krankheitsbild.
5. Heterogenie muß auch dann vorliegen, wenn die zugrundeliegenden Gene in verschiedenen Sippen ein unterschiedliches Kopplungsverhalten mit anderen Genen zeigen. So ließ sich in einigen Sippen z. B. die Kopplung zwischen dem Gen für die Elliptozytose und dem Rh-Locus nachweisen; in anderen liegt eine solche Kopplung nicht vor.
6. Heterogenie ist zu vermuten, wenn die Häufigkeit eines seinen Träger benachteiligenden Leidens nur mit der Annahme einer unrealistisch hohen Mutationsrate erklärbar ist.

Die Feststellung von Heterogenie und Abgrenzung der Untergruppen ist bedeutsam, da man erst dann für weitere Untersuchungen einheitliche Patientenkollektive bilden kann. Es gilt das vor allem für die Suche nach dem primären genetischen Defekt, aber auch für klinisch näherliegende Fragestellungen wie das Ansprechen auf bestimmte Therapieformen, die Langzeitprognose und die genetische Beratung bezüglich des Risikos für Nachkommen.

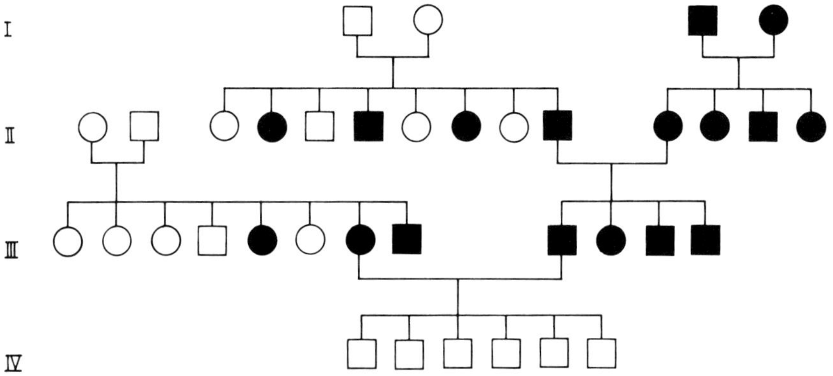

Abb. **15** Taubstummheit in einer Familie in Nordirland. In den Generationen I und II handelt es sich um eine Ehe zwischen Merkmalsträgern, deren Defekt auf das gleiche Gen zurückgeht, während in der Generation III Merkmalsträger heirateten, die für verschiedene Defekte homozygot waren (nach *Stevenson* u. *Cheeseman*)

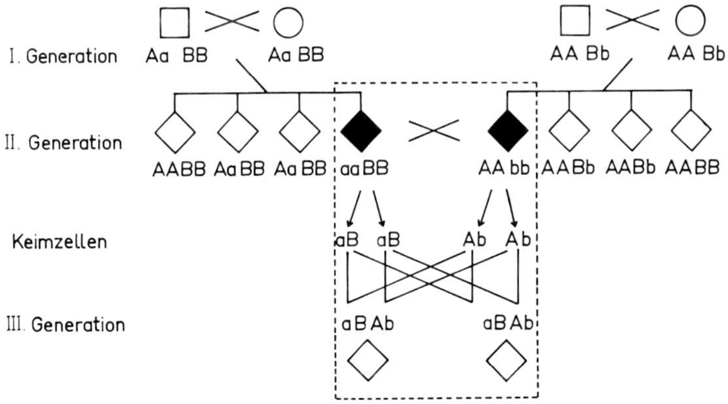

Abb. **16** Schema für die Ehe zwischen zwei Merkmalsträgern, die das gleiche klinische Leiden aufgrund verschiedener rezessiv-erblicher Defekte haben. Jeder der kranken Ehepartner (schwarzes Symbol) hat heterozygote Eltern und ist selbst homozygot, d. h., er hat ein defektes rezessiv vorhandenes Gen in doppelter Menge, jedoch ist in jeder der ursprünglichen Familien ein anderer Genort betroffen. Alle Kinder aus der Verbindung der Merkmalsträger sind an beiden Genorten heterozygot und daher klinisch unauffällig

Phänokopie

GOLDSCHMIDT (1935) prägte den Begriff der Phänokopie für durch Hitzebehandlung von Drosophilalarven hervorgerufene Anomalien. Er vertrat die Ansicht, daß durch äußere Noxen viele durch Einzelgene bedingte Anomalien nachgeahmt werden können. In der Folgezeit wurde der Begriff von GOLDSCHMIDT und anderen Autoren auf verschiedene Situationen angewandt, in denen eine Gleichartigkeit von genetischen Defekten und durch äußere Noxe hervorgerufener Anomalie nicht gegeben oder jedenfalls nicht nachweisbar war, oft auch nur eine relativ begrenzte Übereinstimmung in einzelnen Symptomen bestand. In diesem weiteren Sinne wurde er auch häufig in der medizinischen Literatur benutzt. Tatsächlich ist der Terminus in dieser losen Definition entbehrlich und eher irreführend. Von Wert kann er dagegen sein, wenn es gilt, eine Situation zu kennzeichnen, in der eine diagnostische Verwechslung von in allen Einzelheiten übereinstimmenden genetischen oder exogen entstandenen Anomalien zu falscher Interpretation und genetischer Beratung führen kann, oder wenn tatsächlich vermutet werden kann, daß die genetisch bedingte und die exogen ausgelöste Störung in vergleichbarer Weise den gleichen Entwicklungsweg betreffen. Hier wäre zu hoffen, daß die genauere Erforschung der Phänokopie auch bei der Aufdeckung des primären Gendefekts helfen kann. Eine derart strenge Definition, wie sie z. B. auch HADORN (1955) vorschlägt, ist sicher auf nur wenige beim Menschen bekannte Störungen anwendbar. Von besonderem Interesse ist hier im Hinblick auf die Skelettanomalien die Ähnlichkeit mancher Formen der Thalidomidembryopathie mit einfach erblichen Fehlbildungssyndromen, auf die LENZ (1973) hingewiesen hat. Das Beispiel der Abb. **17** zeigt eine Phokomelie bei Holt-Oram-Syndrom. Dieses autosomal-dominant erbliche Syndrom ist gekennzeichnet durch Hypoplasien im Bereich der oberen Extremitäten und angeborene Herzfehler vor allem Vorhofseptumdefekt vom Sekundum-Typ; gelegentlich auch nur Ekg-Anomalien.

Multifaktorielle Vererbung

Die Ausbildung jedes Merkmals findet unter Mitwirkung vieler Gene und oft auch Umweltfaktoren statt. Führt nun die Veränderung eines bestimmten Gens zum Ausfall eines für das Endergebnis entscheidenden Genprodukts, so wird man die auffällige Veränderung als Ergebnis der Mutation an diesem einen Genort betrachten und alle anderen mitwirkenden Faktoren vernachlässigen. Das Vorhandensein oder das Fehlen dieses Merkmals bei Nachkommen des Patienten hängt vom Besitz dieses einen mutanten Gens in einfacher oder doppelter Dosis ab. Seine Weitergabe folgt den „Mendelschen" Regeln. Dieses Verhalten stellt aber eher eine Ausnahme dar. Die uns bekannten Leiden mit Mendelschem Erbgang sind eben wegen dieser Besonderheit als solche erkennbar geworden. Sehr viel häufiger finden wir aber eine Ähnlichkeit zwischen Verwandten in bezug auf quantitativ abgestufte Merkmale oder familiäre Häufung von qualitativ abgegrenzten Merkmalen, ohne daß ein einfacher Erbgang erkennbar ist. Hier entscheidet nicht die Gegenwart eines einzelnen Gens oder Genpaares über die Ausbildung des Merkmals, sondern eine mehr oder weniger große Zahl von Genen an verschiedenen Genorten trägt zu dessen Ausprägung bei. Im einfachsten Fall ist der Beitrag jedes Gens gleich groß, und der Effekt ist einfach additiv. Es entspricht das dem Modell der *„additiven Polygenie"*, das den meisten Berechnungen zugrunde gelegt wird. Jedes einzelne Gen folgt hier in gleicher Weise den Regeln der Zufallsverteilung wie beim einfachen Mendelschen Erbgang. Der Unterschied liegt nicht in der Art der Genweitergabe, sondern in der Stufe unserer Analyse. Könnten wir das primäre Genprodukt jedes einzelnen Genorts erfassen, würden wir wieder einfache Erbgänge erkennen. Der Befund der multifaktoriellen (polygenen) Vererbung sagt demnach, daß das von uns untersuchte Merkmal relativ weit vom primären Genprodukt entfernt ist, gewissermaßen am Ende einer Genkette oder eines Genwirknetzes steht.

Während der Ausdruck „polygen" von den meisten Autoren benutzt wird, um das Zusammenwirken zahlreicher Gene bei der Ausprägung eines Merkmals zu beschreiben, ohne die Umweltfaktoren zu beachten, wird der Ausdruck „multifaktoriell" zwar gelegentlich synonym zu polygen, häufig aber in dem Sinn gebraucht, daß das Zusammenwirken vieler Gene mit Umweltfaktoren ins Auge gefaßt wird.

Ein einfacher Mendelscher Erbgang weist auf das Vorliegen eines einzelnen einfach-biochemischen Grunddefekts hin, bei polygen oder multifaktoriell vererbten Merkmalen dagegen muß man an die Summation einer großen Zahl von oft verschiedenen Wirkungen denken. Einzelgendefekte können nur als Teilfaktoren erwartet werden.

Macht man die restriktiven Annahmen, daß

1. das untersuchte Merkmal *nur* genetisch bestimmt ist,
2. es bei den beteiligten Genpaaren keine Dominanzeffekte gibt,
3. keine Paarungssiebung (Bevorzugung bestimmter Partnerkombinationen) vorliegt,

so entsprechen die Regressionskoeffizienten bzw. die Korrelationskoeffizienten zwischen Verwandten dem Anteil der Gene, die sie durch Abstammung von gleichen Vorfahren gemeinsam haben. Die oben genannten Bedingungen werden kaum je voll erfüllt sein, man kann aber davon

a
b
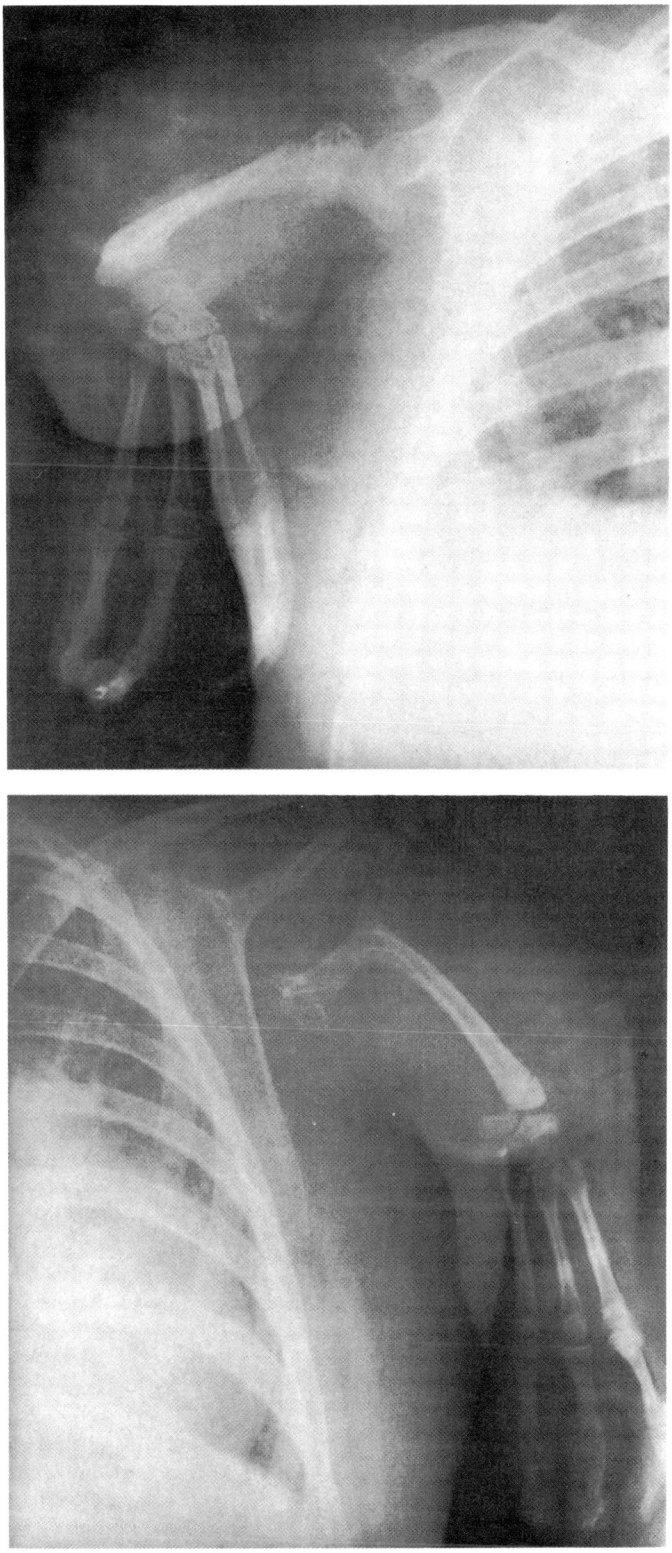

Abb. **17** a u. b Röntgendarstellung der oberen Extremitäten einer Patientin mit Holt-Oram-Syndrom (Aufnahmen: Orthopädische Klinik der Universität Heidelberg, 1961)

ausgehen, daß die Effekte von Abweichungen an einzelnen Genorten sich in weiten Grenzen gegenseitig aufheben werden.
Als gut untersuchte Beispiele polygener Vererbung können die Körpergröße und die Vererbung der Leistenzahlen der Fingerbeerenmuster genannt werden. Bei derartigen quantitativen Merkmalen ergibt sich als Auswirkung additiv-polygener Vererbung eine kontinuierliche eingipflige Verteilung der Werte in einer Bevölkerung, die

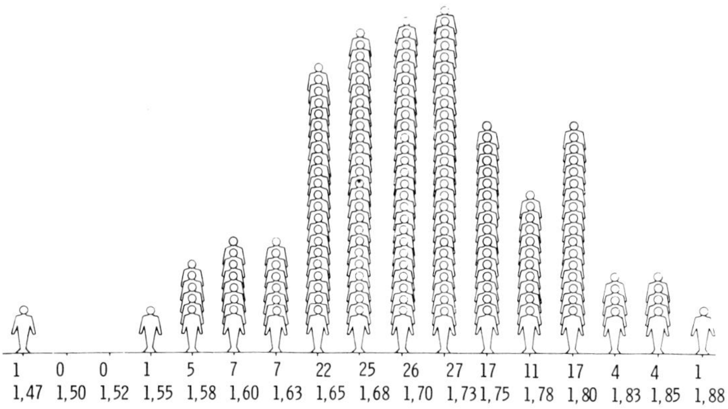

Abb. **18** Häufigkeitsverteilung der Körpergröße in einer Kompanie Soldaten (Größe in Zentimeter und Anzahl). Die Verteilung entspricht annähernd der sogenannten Normalkurve und ist in dieser Form für multifaktoriell bestimmte, kontinuierlich abgestufte Merkmale typisch (aus: *C. Stern:* Grundlagen der Humangenetik. VEB Fischer, Jena 1968)

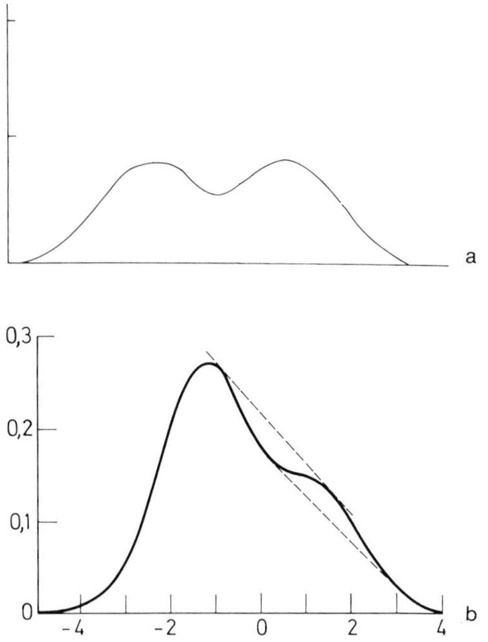

Abb. **19** a u. b a) Beispiel einer bimodalen Verteilungskurve, b) Beispiel einer bitangentialen Verteilungskurve

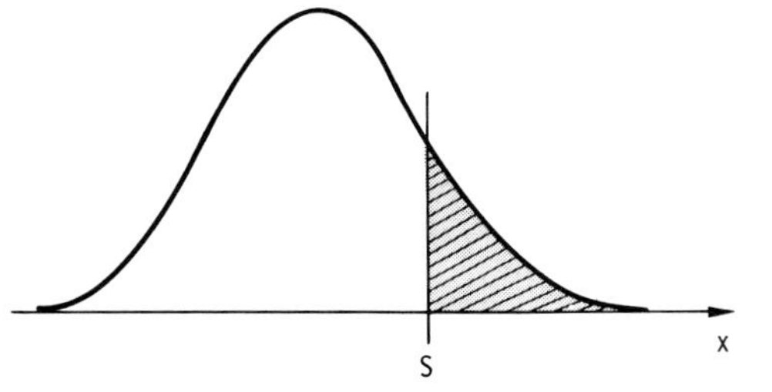

Abb. **20** Kontinuierliche Verteilung der unterliegenden genetischen Disposition (X) bei einem Merkmal mit multifaktorieller genetischer Grundlage und Schwellenwerteffekt (S). Schraffiert: Anteil der Merkmalsträger

bei einer größeren Zahl beteiligter Gene und bei Anwesenheit von Störfaktoren einer Normalverteilung entspricht oder nahekommt (Abb. **18**). Demgegenüber haben wir bei einfachem Mendelschem Erbgang das Auftreten von verschiedenen Klassen zu erwarten, bei dominantem oder rezessivem Erbgang zwei Klassen, bei intermediärem Erbgang drei, da jetzt die Heterozygoten separat erkennbar sind. Diese Regel gilt aber nicht uneingeschränkt. Bei quantitativen Merkmalen ist die Diskontinuität der Klassen meist durch Überschneidungen verwischt. Solange die Mittelwerte genügend unterschieden sind, bleiben die einzelnen Klassen an den zwei oder drei Gipfeln der Verteilungskurve erkennbar. Rücken die Mittelwerte näher zusammen, so wird die Verteilung bitangential (Abb. **19**) oder schließlich sogar unimodal; ihre Zusammensetzung aus zwei Klassen ist nicht mehr erkennbar. Umgekehrt können auch bei multifaktorieller Vererbung zwei verschiedene Klassen auftreten. Dieser Fall ist von großer praktischer Bedeutung. Zu einer derartigen Verteilung kommt es, wenn eine Grenze (Schwelle) besteht, jenseits der es auf der Basis der unimodalen kontinuierlichen Verteilung zu einer qualitativen Veränderung kommt. Klinisch finden sich dann zwei Klassen: Gesunde und Kranke oder Merkmalsfreie und Merkmalsträger (Abb. **20**). Wir sprechen von *multifaktorieller Vererbung mit Schwellenwerteffekt.* Die „Schwelle“ braucht aber nicht scharf durch eine bestimmte Anzahl „positiver oder negativer“ Allele bestimmt zu sein; es kann eine breitere Schwellenzone vorliegen, innerhalb der mehr oder weniger geringe Veränderungen der Umweltbedingungen über die Ausprägung oder Nichtausprägung eines Merkmals entscheiden. Es wäre auch denkbar, daß es für ein multifaktoriell bestimmtes Leiden zwei oder mehrere Schwellenzonen gäbe, die die mehr oder minder schwere Ausprägung eines Leidens erklären könnten (Reich u. Mitarb. 1972).
Das Konzept der multifaktoriellen Vererbung mit Schwellenwerteffekt läßt sich unmittelbar zur Diathesenlehre in Beziehung setzen, die schon bei

Hippokrates zu finden ist und in der Pädiatrie besonders von CZERNY vertreten wurde. In beiden Vorstellungen gibt es den Begriff einer zugrundeliegenden, nicht direkt meßbaren erblichen Variabilität, die die Prädisposition für ein Leiden ausmacht. Schon DARWIN versuchte Mißbildungen als Ausfluß einer extremen Variabilität zu erklären, in anderer Form hat LERNER (1954) in seiner Theorie der Phänodevianten ähnliche Auffassungen für die Entstehung von Mißbildungen entwikkelt.

Die Analyse multifaktoriell genetischer Modelle ist in der experimentellen Genetik leichter zu führen, als der Nachweis ihrer Anwendbarkeit auf Beobachtungen beim Menschen gelingt. Die zugrundeliegende kontinuierliche Variable ist hier selten faßbar. Dennoch steht der Begriff der multifaktoriellen genetischen Grundlage für ein ganz bestimmtes, wohldefiniertes genetisches Modell; man sollte ihn nicht ungeprüft in Situationen benutzen, die eher durch unsere Unkenntnis gekennzeichnet sind.

Allgemeine Kennzeichen multifaktoriell genetisch bedingter Krankheiten sind die folgenden:

1. Sie sind oft relativ häufig in der Bevölkerung. Eine Häufigkeit von mehreren Prozent ist nicht ungewöhnlich, während bei einfach-erblichen Leiden eher eine Häufigkeit in der Größenordnung von 1:10000 bis 1:100000 gefunden wird.
2. Sie treten familiär gehäuft auf, jedoch nicht in der Häufigkeit und Verteilung, die bei monogenem Erbgang aufgrund der Mendelschen Aufspaltungszahlen zu erwarten wäre.
3. Häufig liegen eher quantitative als qualitative Abweichungen von der Norm vor, jedoch sind auch qualitative Abweichungen möglich, z.B. Mißbildungen.
4. Ein einheitlicher, biochemisch definierter Grunddefekt ist nicht faßbar.
5. Eine Abhängigkeit oder Beeinflußbarkeit durch Umweltfaktoren ist häufig.

Wesentlich ist vor allem:

a) die Abgrenzung familiärer Häufung auf genetischer Grundlage von der Auswirkung familiär gemeinsamer Umweltfaktoren und
b) die Unterscheidung von multifaktorieller Vererbung und monogenem, vor allem autosomal-dominantem Erbgang mit verminderter Penetranz.

Zur Entscheidung der ersten Frage dient besonders die *Zwillingsmethode,* die im nachfolgenden Abschnitt besprochen werden soll. Die *Abgrenzung gegenüber dem monogenen Erbgang* bietet nur im Hinblick auf den autosomal-dominanten Erbgang mit verminderter Penetranz Schwierigkeiten. Die folgenden formalen Kriterien können für die Unterscheidung herangezogen werden:

1. Bei multifaktoriell genetischen Leiden ist die Differenz zwischen den Konkordanzraten von eineiigen und zweieiigen Zwillingen groß. Nach PENROSE (1953) spricht es für das Vorliegen eines multifaktoriellen Erbgangs, wenn die Konkordanzrate bei eineiigen Zwillingen viermal oder mehr höher ist als die bei zweieiigen Zwillingen.
2. Geschwister von Probanden, deren beide Eltern phänotypisch gesund sind, sind bei unvollständig dominanter Vererbung mit annähernd gleicher Häufigkeit Merkmalsträger wie Geschwister von Probanden in Familien mit einem merkmalstragenden Elternteil, da auch im ersten Fall (von Neumutanten abgesehen) angenommen werden kann, daß ein Elternteil Genträger ist. Bei multifaktorieller Vererbung mit Schwellenwerteffekt wird dagegen die Merkmalshäufigkeit in der Geschwisterschaft dann wesentlich höher sein, wenn auch ein Elternteil Merkmalsträger ist. Ebenso ist die Erkrankungshäufigkeit bei Geschwistern bei multifaktoriellem Erbgang dann höher, wenn weitere nahe Verwandte Merkmalsträger sind und damit eine höhere Gendosis auch bei den Eltern angenommen werden muß. Bei autosomaldominantem Erbgang mit verminderter Penetranz ist dagegen der Anteil weiterer kranker Verwandter ohne Einfluß auf die Prognose.
3. Aus dem Konzept einer kontinuierlichen genetischen Disposition läßt sich die Vermutung ableiten, daß bei Leiden, die in verschieden schwerer Ausprägung auftreten können, die Patienten mit besonders schwerer Ausprägung im Mittel auch einen größeren Anteil der prädisponierenden Anlagen besitzen. Je schwerer das Leiden beim Probanden ausgeprägt ist, desto größer sollte deshalb das Wiederholungsrisiko für Geschwister sein. Bei autosomal-dominantem Erbgang mit verminderter Penetranz wäre dagegen

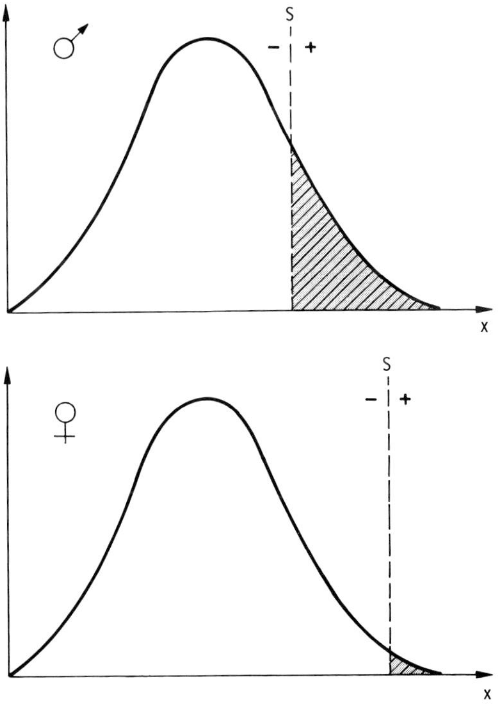

Abb. **21** Schema zur Erläuterung des „Carter-Effekts" (s. Text). Häufigkeitsverteilung bei multifaktoriellem Erbgang für ein Leiden mit wesentlich größerer Häufigkeit beim männlichen Geschlecht. X = genetische Prädisposition, S = Schwelle, schraffiert = Anteil der Merkmalsträger bzw. der besonders Gefährdeten

Tabelle **2** Häufigkeit der Polyorusstenose bei Kindern von Patienten, die ihrerseits dieses Leidens wegen operiert wurden. Das Verhältnis erkrankter Knaben zu erkrankten Mädchen beträgt in der Bevölkerung etwa 5:1 (nach *Carter*)

	Verhältnis von Kindern mit Pylorusstenose zur Gesamtzahl der Kinder des betreffenden Geschlechts von Patienten mit Pylorusstenose	
	Söhne	Töchter
330 männliche Indexpatienten	19:346 (5,5%)	8:377 (2,4%)
239 weibliche Indexpatienten	20:103 (19,4%)	7:96 (7,3%)

die Schwere der Ausprägung beim Probanden ohne Einfluß auf das Wiederholungsrisiko.

4. Manifestiert sich ein Merkmal bevorzugt bei einem Geschlecht, so ist unter der Voraussetzung einer multifaktoriellen Erbgrundlage zu fordern, daß es einen Grenzbereich der genetischen Prädisposition gibt, in dem die Angehörigen des häufiger betroffenen Geschlechts die Anomalie bereits manifestieren, während für Angehörige des seltener befallenen Geschlechts ein relativer Schutz besteht. Erkrankte Individuen des seltener betroffenen Geschlechts entstammen demnach einem Kollektiv mit im Mittel höherer Dosis prädisponierender Gene und sollten entsprechend auch im Mittel eine größere Zahl solcher Gene an ihre Nachkommen weitergeben. Unter entsprechenden Verwandten 1. Grades dieser Patienten sollte das Leiden deutlich häufiger sein als unter entsprechenden Verwandten von Patienten des häufiger erkrankten Geschlechts (Abb. **21**). Carter (1961) hat diese Beziehung zuerst für die Pylorusstenose herausgestellt. Sie ist auch bei anderen Leiden gefunden worden (Tab. **2**).
5. Der Nachweis der unterschiedlichen Häufigkeit eines Leidens bei Trägern unterschiedlicher Blutgruppen, unterschiedlicher Serumproteinmerkmale oder anderer auf bekannten Einzelgenen beruhenden Markierern (z. B. HLA-Eigenschaften) bestärkt die Annahme einer multifaktoriell genetischen Grundlage. Auch wenn die Art der Beziehung meist im einzelnen noch nicht geklärt ist, ist damit ein genetischer Teilfaktor des multifaktoriellen Systems erfaßt. Für den Vergleich benutzt man vorwiegend die von Woolf (1956) angegebene Formel, im Beispiel für die A- und 0-Blutgruppen-Eigenschaften aufgeführt:

$$X = \frac{\text{A Pat.} \times \text{0 Kontr.}}{\text{0 Pat.} \times \text{A Kontr.}}$$

A Pat. bedeutet dabei die absolute Zahl von Patienten mit dem Merkmal A in der Stichprobe, 0 Kontr. die Zahl der Individuen mit der Blutgruppe 0 in der Kontrollgruppe usw. Der Wert X ist dann 1, wenn die Häufigkeit des betreffenden Merkmals bei Patienten und Kontrollgruppe gleich ist. Die Signifikanz einer gefundenen Abweichung wird nach der Chi-Quadrat-Methode geprüft. Gut gesichert ist im Bereich der Orthopädie die Beziehung zwischen dem HLA-Antigen W 27 und der ankylosierenden Spondylitis, Morbus Bechterew, (Brewerton u. Mitarb. 1973, Schlossstein u. Mitarb. 1973), der juvenilen rheumatoiden Arthritis (Rachelefsky u. Mitarb. 1974) und der psoriatischen Arthritis (Zachariae u. Mitarb. zit. nach Ryder u. Mitarb. 1974).

Zwillingsmethode

Eine familiäre Häufung von Merkmalen und Krankheiten kann nicht nur durch *gemeinsame Erbanlagen*, sondern auch durch *gemeinsame Umweltfaktoren* bedingt sein. Bei monogenen Leiden kann das Vorliegen einer genetischen Grundlage durch die Übereinstimmung der Verteilung der Merkmalsträger im Stammbaum mit den Mendelschen Regeln bestätigt werden. Das ist bei multifaktorieller Vererbung nicht möglich. Das wirksamste Verfahren zur Entscheidung zwischen Erb- und Umgebungsfaktoren ist hier die Zwillingsmethode, deren besonderer Vorteil es ist, daß sie von der Annahme einer bestimmten Erbgangshypothese unabhängig ist.

Zwillinge können durch die Befruchtung zweier im gleichen Zyklus herangereifter Eizellen entstehen (zweieiige Zwillinge oder ZZ) oder aus der späteren Teilung einer aus einer Zygote hervorgegangenen Fruchtanlage stammen (eineiige Zwillinge oder EZ). Im ersten Fall haben die Zwillingspartner wie andere Geschwister im Mittel die Hälfte aller Gene durch Abstammung gemeinsam, im zweiten Fall ist ihr Genbestand gleich („identische Zwillinge"). Daraus ist abzuleiten, daß erscheinungsbildliche Unterschiede zwischen den Partnern bei EZ nur auf Umweltfaktoren zurückgeführt werden können, während bei ZZ zu der umweltbedingten die durch unterschiedliche Erbanlage begründete Variabilität hinzutritt (Abb. **22**).

Da bei beiden Typen von Zwillingen die Partner sich gleichzeitig im Uterus entwickeln und unter ähnlichen Bedingungen in der Familie aufwachsen, ist die Annahme plausibel, daß der Anteil umweltbedingter Variabilität (im Schema U) an der Gesamtvariabilität bei beiden Typen gleich ist. Zeigen nun ZZ wesentlich größere Unterschiede hinsichtlich eines untersuchten Merkmals als EZ, so weist die Differenz auf die Auswirkung der genetischen Unterschiede hin. Durch den Vergleich erhält man eine Aussage über den Anteil der genetisch bedingten Variabilität (E) an der Gesamtvariabilität. Bei Übereinstimmung der Zwillingspartner in bezug auf ein qualitatives Merkmal spricht man von *Konkordanz*, bei unterschiedlichem Verhalten von *Diskordanz*.

Für die Berechnung der Konkordanzrate empfiehlt Allen (1965) die Formel

$$c = \frac{C}{C + 2D},$$

wobei c = geschätzte Konkordanzrate,
C = Zahl der unabhängig erfaßten Partner (Probanden) von konkordanten Paaren,
D = Zahl der Probanden von diskordanten Paaren bedeutet.

SMITH (1974) bezeichnet die Probandenkonkordanzrate (P_R) als das einfachste und beste Maß. Die entsprechende Formel ist

$$P_R = \frac{2\,n_{11}}{2\,n_{11} + n_{10} + n_{01}},$$

wobei jedes Zwillingspaar für jeden unabhängig erfaßten Partner gesondert gezählt wird. 1 bezeichnet Träger des Merkmals, 0 merkmalsfreie Individuen, n_{11} also die Zahl der konkordanten Paare, n_{10} und n_{01} die beiden Typen der diskordanten Paare mit entweder dem Indexpatienten oder dem Partner als Merkmalsträger. Beide Formeln korrigieren für den Erfassungsmodus.

Bei einem einfach-erblichen Merkmal mit voller Penetranz würden EZ eine Probandenkonkordanzrate von 1 erwarten lassen müssen, ZZ bei autosomal-rezessivem Erbgang $^1/_4$, bei dominantem Erbgang $^1/_2$. Abweichungen weisen vor allem auf eine unvollständige Penetranz oder Beimischung exogen verursachter Fälle hin. Bei der multifaktoriellen Vererbung wird die Interpretation schwieriger. Verschiedene Formeln sind zur Auswertung bei qualitativen und quantitativ verteilten Merkmalen angegeben worden, die aber alle gewissen Einschränkungen unterworfen sind. Für eine nähere Diskussion sei auf die einschlägige Literatur verwiesen (ALLEN 1965, ALLEN u. Mitarb. 1967, OSBORNE u. de GEORGE 1959, FUHRMANN 1974, CHRISTIAN u. Mitarb. 1974, SMITH 1974).
Nach einer Faustregel von PENROSE (1953) gilt es als Hinweis für multifaktorielle genetische Grundlagen, wenn die Konkordanzrate bei EZ viermal oder mehr höher ist als bei ZZ.
Als wichtigste Voraussetzungen für die Auswertung von Zwillingsdaten sind die folgenden zu nennen:

1. Zwillinge müssen in ausreichender Zahl zur Verfügung stehen;
2. die Art der Erfassung muß genau bekannt und zumindest in Hinsicht auf ihr Konkordanzverhalten auslesefrei sein;
3. die Diagnose der Eiigkeit muß eindeutig und unabhängig vom untersuchten Merkmal möglich sein;
4. die Umweltvariabilität ist bei EZ und ZZ tatsächlich im Mittel gleich;
5. die Ausprägung des betrachteten Merkmals folgt bei Einlingen und Mehrlingen den gleichen Gesetzen, d.h., sie ist nicht durch den Vorgang der Zwillingsbildung und Entwicklung selbst wesentlich beeinflußt.

Diese Voraussetzungen sind für jede Erhebung und jedes Merkmal gesondert zu prüfen. Für die quantitative Auswertung ist es außerdem wichtig, die Häufigkeit des betreffenden Merkmals in der

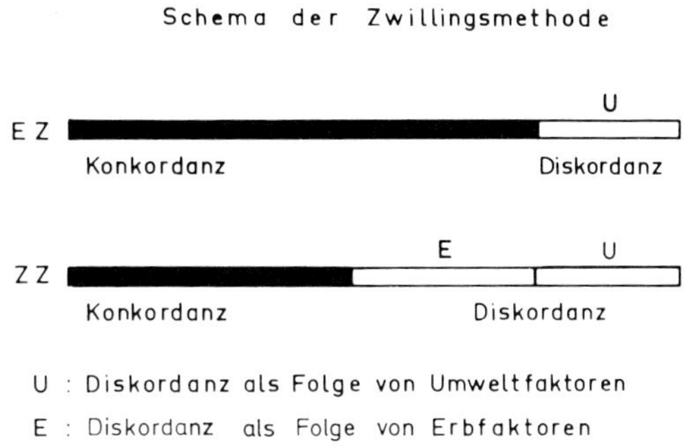

Abb. **22** Prinzip der Zwillingsmethode (siehe Text)

Bevölkerung zu berücksichtigen. Für eine nähere Diskussion sei auf FUHRMANN (1974) verwiesen. Tab. **3** gibt Ergebnisse von Zwillingserhebungen bei Skelettaffektionen wieder.

Analyse von Aufspaltungsziffern

Die geringe Größe der menschlichen Familie zwingt dazu, für die Analyse von Aufspaltungszahlen die Nachkommen einer größeren Zahl von Familien zusammenzufassen. Die Art, wie dieses Material gewonnen wird, kann zu erheblichen Verzerrungen führen. Nur bei einer nach den Zufallsregeln erfaßten Stichprobe von Familien, d.h. von Familien, die ohne Rücksicht auf das Merkmal bei den Kindern gewonnen wurden, können die beobachteten Zahlen unmittelbar mit den nach den Mendelschen Gesetzen erwarteten verglichen werden. Für die Prüfung der Übereinstimmung eignet sich der Chi-Quadrat-Test. Voraussetzung ist, daß man den Genotyp der Eltern kennt und die verschiedenen Genotypen unter den Nachkommen am Phänotyp klar erkennen kann. Bei einem sehr seltenen autosomal-dominant erblichen Merkmal wird man keine großen Fehler machen, wenn man alle Merkmalsträger als Heterozygote einstuft und alle Ehen zwischen einem Merkmalsträger und einem Merkmalsfreien als Kreuzung vom Typ Aa x aa behandelt. Bei häufigen dominanten Merkmalen muß in letzterem Falle ein nicht zu vernachlässigender Anteil von Ehen vom Typ AA x aa erwartet werden, der rechnerisch berücksichtigt werden kann.
Da sich die Analyse bei autosomal-dominantem Erbgang oft auf größere Stammbäume stützen kann, sind die erfassungsbedingten Verzerrungen im allgemeinen geringer als bei anderen Erbgängen; zudem kann die Weitergabe innerhalb einer Sippe oft direkt am Stammbaum abgelesen werden. Auch bei vermutetem X-chromosomalem Erbgang steht die direkte Analyse des Stammbaums für die Erkennung des Übertragungsmodus im Vordergrund.

Tabelle 3 Zwillingsbefunde bei Skelettanomalien

	Eineiige Zwillinge n	% konkordant	Zweieiige Zwillinge n	% konkordant	Autor
Pes equinovarus	40	33	134	3	*Idelberger* (1939)
Hüftgelenksluxation	29	41	109	3	*Idelberger* (1951)
isolierte Gaumenspalte	17	24	20	10	*Gorlin* (1970)
Lippen-Kiefer-Gaumen-Spalte	125	37	236	11	Zusammenstellung nach *Jörgensen* (1972)

Für die Prüfung der Aufspaltungsverhältnisse bei seltenen autosomal-rezessiv erblichen Merkmalen haben dagegen auslese- und erfassungsbedingte Verzerrungen erhebliche Bedeutung. Eine Reihe solcher Verzerrungen sind zwar im Einzelfall erkennbar oder zu vermuten, sie sind aber wechselnd und unregelmäßig und daher nicht korrigierbar. Hierher gehört die sogenannte *Interessantheitsauslese*, die die Aussagekraft fast aller Sammelstatistiken aus der Literatur stark herabsetzt: Familien mit mehreren Merkmalsträgern werden bevorzugt publiziert, die Veröffentlichung „sporadischer" Fälle unterbleibt. Hinzu kommt, daß in vielen veröffentlichten Stammbäumen die Dokumentation der Merkmalsträger wesentlich vollständiger ist als die der merkmalsfreien Verwandten. Es entsteht dadurch ein Defizit an letzteren. Eine andere Gruppe von erfassungsbedingten Verzerrungen ist dagegen systematisch und kann mit geeigneten Methoden korrigiert werden. Es ist dies in erster Linie der Fehler, der dadurch entsteht, daß bei Erfassung der Familien über ein krankes Kind all die Ehen zwischen heterozygoten Eltern nicht erfaßt werden, in denen rein zufällig kein krankes Kind, d.h. kein Homozygoter geboren wurde. Je kleiner die durchschnittliche Kinderzahl in der untersuchten Bevölkerung ist, desto stärker wird sich dieser Fehler auswirken. Zweitens haben – sofern nicht die ganze Bevölkerung untersucht wird bzw. nicht alle Merkmalsträger in einer Bevölkerung erfaßt werden („complete ascertainment"), sondern die Erfassung von einzelnen Merkmalsträgern ausgeht (z.B. Klinikfälle), d.h. eine sogenannte Probandenauslese vorliegt („single selection", „very incomplete ascertainment") – Familien mit mehreren Merkmalsträgern in der Geschwisterschaft eine entsprechend höhere Wahrscheinlichkeit, erfaßt zu werden. Das Material wird mit solchen Familien angereichert; der Anteil der Kranken unter allen Kindern wird zu hoch geschätzt. Für den Kliniker hat vor allem das Modell der *Probandenauslese* Bedeutung. Ein voll wirksames, einfaches Verfahren zur Korrektur der erfassungsbedingten Verzerrung und zur korrekten Schätzung der wahren Aufspaltungsverhältnisse hat bereits WEINBERG (1912) angegeben. Man berechnet die Häufigkeit der Merkmalsträger p nach der Formel

$$p = \frac{R - P}{T - P},$$

wobei
R = Zahl der Merkmalsträger,
T = Gesamtzahl der Kinder in den erfaßten Familien,
P = Zahl der Probanden oder Indexfälle bedeutet.

Als Proband bezeichnet man in der Humangenetik eine selbständig erfaßte Ausgangsperson, von der ausgehend die weiteren Mitglieder einer Sippe erfaßt und untersucht wurden. Anschaulich beschrieben, wird in Weinbergs Probandenmethode der Merkmalsträger, durch den die Familie erkannt wurde, nur als Indikator für den Genotyp der Eltern betrachtet und dann, gewissermaßen von diesen ausgehend, die übrige Geschwisterschaft analysiert. Die in dieser gefundenen Werte sind unverzerrt. Die Varianz kann nach

$$V = \frac{p \cdot q}{T - P}$$

berechnet werden.

Für den besonderen Fall der Probandenauslese ist Weinbergs Methode gleichwertig der für andere Situationen (z.B. Familienauslese, vollständige Erfassung) heute bevorzugt benutzten und hier überlegenen Methode der Maximum-Likelihood (KAELIN 1955, FUHRMANN 1974).

Skelettanomalien als Teil eines Syndroms

Mit dem Begriff „Syndrom" bezeichnet man Krankheitsbilder, die durch das mehr oder weniger regelmäßige, gemeinsame Auftreten mehrerer Besonderheiten oder Anomalien gekennzeichnet sind. Dabei ist es für die Diagnose wichtig, daß nicht immer alle Teilsymptome eines Syndroms ausgeprägt zu sein brauchen. Die Abgrenzung kann dadurch schwierig oder in Grenzfällen sogar willkürlich werden. Man muß dann festlegen, welche Symptome für die Diagnose obligat, welche fakultativ sein sollen. Mitunter wird bei erblichen Syndromen die Zuordnung dadurch erleichtert, daß nahe Verwandte das Syndrom evtl. ausgeprägt zeigen, der fragliche Patient vielleicht auch aus dem Stammbaum als Überträger erkennbar wird. Man kann in solchem Fall die Zuordnung auch dann vornehmen, wenn nur Mikrosymptome vorhanden sind. Ein typisches Beispiel für diese Situation bietet nicht selten das Marfan-Syndrom. Bei Fehlen solcher zusätzlicher Hinweise ist jedoch davor zu warnen, die Zuordnung von Patienten mit Teilsymptomen zu freizügig vorzunehmen, da man sonst Gefahr läuft, nur äußerlich ähnliche Krankheitsbilder in einer Gruppe zusammenzufassen, deren Heterogenität dann jede weitere ätiologische Forschung aussichtslos macht.

Syndrome lassen sich nach ihrer bekannten (oder vermuteten) Ätiologie in vier Klassen gliedern:
Syndrome als Folge von:

- Einzelgendefekten,
- Chromosomenanomalien,
- bekannten äußeren Faktoren,
- Zusammenwirken multifaktoriell genetischer und äußerer Faktoren.

Dabei wird man im Auge behalten müssen, daß mitunter das gleiche klinische Bild durch einen Erbfaktor oder eine äußere Noxe entstehen kann. Im letzteren Fall spricht man dann auch von einer Phänokopie (s. oben).

Syndrome aufgrund von Einzelgendefekten

Das Auftreten mehrerer Symptome oder von Störungen an verschiedenen Organsystemen als Folge eines Einzelgendefekts fällt unter den Begriff der *Pleiotropie* (in der älteren Literatur häufig als *Polyphänie* bezeichnet). Da ein einfacher Erbgang auf eine einzelne, definierte biochemische Grundstörung hinweist, muß man auch da, wo eine solche noch nicht bekannt ist, davon ausgehen, daß alle Symptome auf eine Grundstörung zurückgehen. Das könnte z. B. das Fehlen eines Enzyms sein, das zum einen oder anderen Zeitpunkt für den Aufbau verschiedener Organe von Bedeutung ist. Es könnte ein gemeinsamer Baustein mehrerer Enzyme oder Gewebsstrukturen betroffen sein oder ein Regulationsschritt, der die Entwicklung mehrerer Systeme betrifft.

Gute Beispiele für einfach erbliche Syndrome mit Skelettbeteiligung sind u. a.:

- das Marfan-Syndrom (autosomal-dominant erblich),
- das Holt-Oram-Syndrom (autosomal-dominant erblich),
- das Ehlers-Danlos-Syndrom (autosomal-dominant erblich),
- das Ellis-van-Creveld-Syndrom (autosomal-rezessiv erblich),
- Gliedmaßenfehlbildungen bei Fanconi-Anämie (autosomal-rezessiv erblich),
- das Thrombozytopenie-Radiusaplasie-Syndrom (autosomal-rezessiv erblich),
- das Orofaziodigitale Syndrom (X-chromosomal-dominant erblich).

Chromosomopathien

Es ist für die klinischen Folgen einer Chromosomenaberration charakteristisch, daß eine größere Anzahl von Geweben und Organen gleichzeitig Anomalien aufweist. Bei den meisten durch Chromosomenaberrationen bedingten Syndromen ist auch das Skelett mehr oder weniger schwer verändert. Nachfolgend sind die wichtigsten Skelettveränderungen aufgeführt, die als Folge bestimmter Chromosomenaberrationen mehr oder weniger regelmäßig beobachtet und beschrieben wurden:

Skelettveränderungen bei Chromosomenaberrationen

Gonosomale Aberrationen:

Turner-Syndrom (45, XO):
Minderwuchs
kurzer Hals
Verschmelzung von Halswirbeln
Cubitus valgus
Osteoporose
verzögerter Epiphysenschluß
Verkürzung des Metakarpale IV.

XXX-Syndrom (47, XXX):
leichter Hochwuchs
mitunter Mikrozephalie
Brachyzephalie
Hypertelorismus.

Klinefelter-Syndrom (47, XXY und 48, XXXY):
Eunuchoider Hochwuchs
Osteoporose

XXXXY-Syndrom (49, XXXXY):
Wachstumsstörungen
Minderwuchs (evtl. auch eunuchoide Proportionen)
Mikrozephalie
Brachyzephalie
Vergrößerung und Abflachung der Sella turcica
Verlaufsanomalien der Wirbelsäule
verzögerte Knochenreifung
Pseudoepiphysenbildung
Coxa valga
Genua valga
Supinationshemmung im Ellbogengelenk
radioulnare Synostose
Klinodaktylie
Zygo- und Syndaktylie der Zehen
Osteoporose.

XXYY-Syndrom:
Prognathie
Akromegalie
Wirbelsäulendeformierung
Fehlstellung der Hüftgelenke
Pseudoepiphysenbildung
Dislokation des Radiusköpfchens
radioulnare Synostose
Zygodaktylie.

XYY-Syndrom (47, XYY):
Hochwuchs
Exostosen
überzählige Wirbel
Talipes equinovarus
Verzögerung der Knochenreifung
Überstreckbarkeit der Gelenke
(in der Mehrzahl der Fälle aber keine Begleitfehlbildungen).

Autosomale Aberrationen:

Trisomie 13 (Pätau-Syndrom):
Mikrozephalie
Lippen-(Kiefer-)Gaumen-Spalte
Mikro- und Retrognathie
schlecht ausgebildetes Nasenskelett
Hypotelorismus
Hypo- und Arhinie
Blockwirbelbildung
Polydaktylie
Spaltung der Großzehe
Flexionsdeformitäten
prominenter Kalkaneus (Wiegenkufenfüße).

Trisomie 18 (Edwards Syndrom):
Mikrozephalie
Dolichozephalie
Lippen-Kiefer-Gaumen-Spalte
Mikrognathie
Mikrogenie
Retrogenie
Abduktionshemmung im Hüftgelenk
kurzes Sternum
Schild- und Faßthorax
prominenter Kalkaneus (Wiegenkufenfüße)
Rippenanomalien und Asymmetrie
Pes equinovarus
Verschmälerung, Steilstellung, unter Umständen Rotation der Beckenschaufel
Abflachung der Gelenkpfanne
Subluxation des Hüftkopfes
Streck- und Abduktionshemmung beider Hüftgelenke
Brachymesophalangie
Hypo- bis Aplasie von Metakarpale I und 1. Zehenstrahl sowie Radius
Muskelaplasien.

Trisomie 21 (Mongolismus, Down-Syndrom):
Brachymikrozephalie
Prognathie
Hypognathie
Trichterbrust
Becken breit ausladend (Elefantenohrenbecken)
verkürzter kraniokaudaler und verbreiterter lateraler Durchmesser des Os ileum
tiefer Sitz der Spina iliaca anterior superior
abgeflachtes Pfannendach
verminderte Pfannendach- und Os-ileum-Winkel
Coxa valga
Hüftgelenksluxation
Mikrodaktylie
Brachydaktylie
Brachymesophalangie V
Klinodaktylie
Synostosen
Exostosen
Osteoporose
Ossifikationsanomalien im zeitlichen Ablauf.

Cri-du-chat-Syndrom (5 p^- Syndrom):
verzögerte Knochenentwicklung
Mikrozephalie
Mikrognathie

4p^- Syndrom:
verzögerte Skelettreifung
Mikrozephalie
Hypertelorismus
Hypogenesie des I. und V. Strahls
Hüftgelenksluxation
Stellungsanomalien der Füße.

18p^- Syndrom (De-Grouchy-Syndrom I):
verzögerte Skelettreifung
kraniofaziale Dysmorphie
kurzer Hals
Schildthorax
Cubitus valgus
Genua valga
Hüftgelenksluxation
Klinodaktylie.

18q^- Syndrom (De-Grouchy-Syndrom II):
Mikrozephalie (Turrizephalie)
Hypoplasie des Mittelgesichts
Pseudoprogenie
konische Finger und Zehen
Klinodaktylie
Gelenkfehlstellungen
Veränderungen an Rippen und Wirbelsäule.

Bei allen vorgenannten Syndromen und bei einer großen Zahl weiterer, seltener beobachteter Strukturanomalien der Chromosomen sind die Veränderungen des Skeletts nur *Teil eines großen Spektrums von Fehlbildungen.* Sie können nur im Gesamtbild mit den anderen Symptomen zur Diagnose beitragen.

Therapeutisch sind sie nicht anders zu bewerten als gleiche Veränderungen anderer Genese, allerdings wird die spezielle Prognose der Chromosomenanomalie das therapeutische Handeln beeinflussen. Für das ätiologische Verständnis der entsprechenden Skelettveränderungen ist lediglich abzuleiten, daß sehr unterschiedliche, häufig komplexe Störungen zu sehr ähnlichen Anomalien führen können.

Syndrome mit Skelettveränderungen durch bekannte äußere Faktoren

Es ist seit langem bekannt, daß zeitgerecht in der Entwicklung einwirkende äußere Noxen die Skelettentwicklung tiefgreifend stören können. Die Einwirkung von ionisierenden Strahlen und chemischen Noxen kann experimentell gezeigt werden. Skelettmißbildungen (Mikrozephalie, Klumpfuß) beim *Rötelnsyndrom* sind ein Beispiel für eine exogen-infektiöse Noxe.

Die bei weitem größte Bedeutung hat aber die *Thalidomidembryopathie* erlangt, auf die einzugehen sich an dieser Stelle erübrigt. Interessant ist hier jedoch, daß die Thalidomideinnahme der Mutter beim Kind Symptomenkombinationen auslösen kann, die den Symptomen des autosomal-dominant erblichen Holt-Oram-Syndroms weitgehend entsprechen. Diese können also als Phänokopie bezeichnet werden. Es ist zu fragen, ob es sich hier um das zeitgerechte Einwirken einmal eines genetischen Faktors und das andere Mal einer chemischen Noxe handelt oder ob das Thalidomid in spezifischer Weise einen für die Skelettausbildung wichtigen Faktor beeinträchtigt, der beim Holt-Oram-Syndrom als Auswirkung des Gendefekts gestört ist, beide Störungen also den gleichen Mechanismus benutzen.

Für das Aufdecken einer exogenen Ätiologie ist es notwendig, bei allen Fällen genetisch ungeklärter Skelettveränderungen eine sehr sorgfältige *Schwangerschaftsanamnese* zu erheben und evtl. angegebene Ereignisse und Medikamentengaben, die als Ursache verdächtigt werden, durch Einholen von Arztberichten und anderen Originalunterlagen hinsichtlich Art, Dosis und Zeitpunkt der Einwirkung objektiv festzulegen. Ein Vergleich mit den embryologisch für die Schädigung in Betracht kommenden Zeiträumen wird dann in der Mehrzahl der Fälle bereits zeigen, daß kein Zusammenhang bestehen kann. Im übrigen muß man bei allen retrograden Erhebungen in Rechnung stellen, daß die Angaben unvollständig, zeitlich falsch zugeordnet und (vielleicht unbewußt) ergänzt sein können. Mütter fehlgebildeter Kinder neigen dazu, aus der Schwangerschaft mehr Details und mögliche Zwischenfälle zu berichten als solche gesunder Kinder, insbesondere wenn die Schwangerschaft längere Zeit zurückliegt. Teils ist das auf ein allgemeines Kausalitätsbedürfnis zurückzuführen, teils auch auf intensive Beschäftigung mit diesen Problemen. Daher sind für alle derartigen Erhebungen als Kontrollgruppe Mütter bzw. Schwangerschaften von Kindern geeigneter, die an vergleichbar schweren Anomalien mit bekannter, z. B. erblicher Genese leiden, ohne daß die Zusammenhänge den Eltern bekannt sind.

Multifaktoriell genetisch und exogen bedingte Syndrome

Für das Gros der häufigen Mißbildungen konnte gezeigt werden, daß eine familiäre Häufung auf genetischer Grundlage besteht, ohne daß einfache Erbgänge erkennbar sind, und daß zusätzliche äußere Faktoren die Manifestation entscheidend beeinflussen können. Die Evidenz stammt von Familienerhebungen, Geschwisteruntersuchungen und Zwillingsstudien. Über das Prinzip solcher Untersuchungen wurde weiter vorn gesprochen. Es ist bislang nur bedingt möglich, die Beteiligung von Erbanlagen und Umweltfaktoren quantitativ abzuschätzen. Leider ist es auch nicht gelungen, nähere Aufschlüsse über die Art der an der Entstehung dieser Mißbildungen beteiligten exogenen Faktoren zu erhalten. Dies wäre von größter Bedeutung für die mögliche Prognose und unter Umständen auch eine Prophylaxe. Hinweise für das Zusammenwirken von erblicher Prädisposition und exogenen Faktoren haben sich aber in anderer Weise, z. B. bei der *sogenannten angeborenen Hüftgelenksluxation* gefunden. So ist die Störung einmal bei familiärer Belastung häufiger, andererseits beim weiblichen Geschlecht häufiger als beim männlichen und vor allem bei Kindern nach Steißgeburt häufiger als nach Geburt aus Kopflage. Außerdem bestehen jahreszeitliche Schwankungen, die unter anderem mit der Angewohnheit engen Wickelns im Winter in Zusammenhang gebracht wurden. Die Erfolge der Spreizwicklung für gefährdete Kinder sind ein ermutigendes Beispiel für eine erfolgreiche Prophylaxe bei erblich Prädisponierten.

Genetische Beratung

Neben dem Beitrag zur Diagnose, Prognose und Aufklärung der Ätiologie können humangenetische Untersuchungen und Überlegungen gelegentlich auch therapeutische Entscheidungen beeinflussen. Vor allem aber kann eine genetische Beratung für die Patienten oder oft eher seine Eltern und Geschwister wichtig sein. Drei Hauptaufgaben sind hier gestellt: Der Patient oder seine Eltern, evtl. auch weitere Geschwister, wollen wissen, welche Wahrscheinlichkeit dafür besteht, daß die gleiche Erkrankung bei weiteren Kindern wieder auftritt. Sie und der Arzt sollten bei einem erhöhten Risiko darauf vorbereitet sein, rechtzeitig spezielle Untersuchungen einzuleiten, um ggf. eine Frühdiagnose und -therapie zu ermöglichen. Drittens, wo eine wirksame Therapie nicht verfügbar und das Leiden schwer ist, wird der Verzicht auf weitere Kinder unter Umständen schweres Leid verhindern können.
Wer die genetische Beratung im Einzelfall durchführen soll und kann, ist nach den jeweiligen Umständen zu entscheiden. Eine enge Zusammenarbeit zwischen dem behandelnden Facharzt und dem klinischen Genetiker ist meist die beste Lösung. Erste Voraussetzung ist eine exakte Diagnose, die auch evtl. genetische Sonderformen berücksichtigt. Die formalgenetische Analyse wird den in den vorstehenden Abschnitten grob skizzierten Überlegungen folgen. Schließlich müssen die Ergebnisse den Ratsuchenden verständlich dargelegt werden, damit sie eine eigene verantwortliche Entscheidung treffen können.
Zahlreiche Skelettanomalien haben einen einfachen Mendelschen Erbgang, so daß exakte Erwartungswerte für das Wiederauftreten des gleichen Leidens errechnet werden können. In zunehmendem Maße ist es durch die pränatale Diagnostik darüber hinaus heute möglich, diese statistischen Wahrscheinlichkeitsziffern durch eine exakte Auskunft zu ersetzen oder wenigstens das Risiko weiter zu präzisieren.
Die Technik der *pränatalen Diagnostik* hat auf dem Gebiet der Orthopädie vor allem für zwei Gruppen von Leiden Bedeutung erlangt: *Skelettaffektionen,* die auf bekannte Stoffwechselstörungen zurückgehen, und *X-chromosomal erbliche Störungen.*
In der Gruppe der Stoffwechselstörungen ist heute vielfach bereits eine Diagnose aus dem Fruchtwasser oder der Kultur der durch Amniozentese gewonnenen Zellen aus dem Fruchtwasser mög-

lich. Bekanntestes Beispiel sind die Mukopolysaccharidosen. Durch transabdominale Punktion der Amnionhöhle um die 16. Schwangerschaftswoche können genügend Fruchtwasser und Zellen für die Analyse gewonnen werden. An den kultivierten, vom Feten stammenden Zellen kann dann der Stoffwechseldefekt nachgewiesen oder ausgeschlossen werden.
Bei X-chromosomal vererbten Leiden kann auch dann, wenn der Weg des direkten Nachweises eines Stoffwechseldefekts nicht oder noch nicht in Betracht kommt, das Risiko eingeengt werden. Es besteht ja hier für weibliche Feten keine Gefährdung zu erkranken, allerdings das Risiko, Genträger (Konduktorin) zu sein. Für männliche Feten dagegen ist das Erkrankungsrisiko 50%. Bei bereits bestehender Gravidität wird man eine vielleicht schon geplante Interruptio abwenden können, wenn man nachweisen kann, daß ein weiblicher Fet vorliegt. Im Falle eines männlichen Feten wird wegen des dann bestehenden Risikos von 50% eine Interruptio besser zu vertreten sein als bei unbekanntem Geschlecht und 25% Wiederholungsgefahr.
Mitunter kann eine Skelettanomalie durch Röntgenuntersuchung in utero erkannt werden. Meist ist dieser Nachweis aber erst zu einem Zeitpunkt möglich, an dem eine Interruptio nicht mehr vertretbar ist. Die direkte transabdominale Fetoskopie mittels Fiberglasoptik hat jetzt das Stadium klinischer Anwendbarkeit erreicht und kann in Fällen, in denen ein hohes Risiko für eine im Fetalalter bereits äußerlich sichtbare Fehlbildung besteht, eingesetzt werden. Die Untersuchung sollte im allgemeinen zwischen der 15. und 16. Schwangerschaftswoche stattfinden. Sie ist bislang nur in wenigen Fällen möglich; die bisherigen Erfahrungen sind gut.
Schwierig ist oft auch die Beratung bei den häufigen multifaktoriell genetisch bedingten Anomalien. Zwar ist hier das Wiederholungsrisiko weit geringer; Werte um 3–5% für weitere Geschwister sind nach der Geburt des ersten betroffenen Kindes typisch, jedoch können Besonderheiten in der jeweiligen Familie diese Erwartungswerte in weiten Grenzen verändern. Daher ist hier stets eine besonders sorgfältige Familienanamnese und Nachforschung notwendig. Vor einer schematischen Anwendung der aus der Literatur bekannten Risikoziffern muß gewarnt werden, so wertvoll entsprechende Tabellen bei korrekter Anwendung auch sein können (FUHRMANN u. VOGEL 1975, FUHRMANN 1974).
Es wird vielfach verkannt, wie komplex die Ätiologie von Fehlbildungen sein kann. Das wiederholte Auftreten ähnlicher Störungen bei Kindern gesunder Eltern wird allzu schnell als Evidenz des autosomal-rezessiven Erbgangs interpretiert, wo eine multifaktorielle Genese wahrscheinlicher ist. Wenn ausreichende Daten fehlen, sollte man in der genetischen Beratung ausdrücklich darauf hinweisen. In der Anwendung empirischer Risikoziffern andererseits muß sorgfältig geprüft werden, ob die verfügbaren Serien aus wirklich vergleichbaren Bevölkerungen stammen. Auch wenn das bejaht werden kann, handelt es sich hier stets um statistische Mittelwerte. In jedem Einzelfall ist gesondert nach Hinweisen für ein möglicherweise wesentlich höheres oder niedrigeres Risiko zu suchen. Im allgemeinen wird für die Beratung auch mehr die Größenordnung des Risikos interessieren als die Mitteilung einer auf Bruchteile von Prozenten errechnete Zahl, deren Bedeutung für den speziellen Fall fragwürdig ist.

Anhang

Übersicht über die anlagebedingten Skelettdysplasien

Die folgende Aufstellung soll die Übersicht über die bekannten anlagebedingten Skelettdysplasien erleichtern und zu einer Vereinheitlichung der klinischen Klassifikation beitragen. Sie ist mit freundlicher Zustimmung der Autoren in enger Anlehnung an die Klassifikation von SPRANGER u. Mitarb. in „Bone Dysplasias: An Atlas of Constitutional Disorders of Skeletal Development" und den Katalog „Mendelian Inheritance in Man" von McKUSICK aufgestellt. Da die Einteilung nach dem Manifestationsalter erfolgt, sind einige Krankheitsbilder notwendigerweise doppelt aufgeführt.

Erkrankungen, die bereits im Neugeborenenalter radiologisch diagnostizierbar sind, sind mit einem Stern gekennzeichnet.
Für den Erbgang wurden die folgenden Abkürzungen benutzt:
r = autosomal rezessiv
d = autosomal dominant
x r = X-chromosomal rezessiv
x d = X-chromosomal dominant
Die Angabe mehrerer Erbgänge weist auf Heterogenie oder, in einigen Fällen, unsichere Zuordnung hin.

Klinische Klassifikation

I. **Im ersten Lebensjahr manifest**

	Erbgang
A. *Kurze Extremitäten*	
1. *Achondrogenesis, Typ I und II	r
2. *Achondroplasie	d
3. *Chondrodysplasia punctata	r
4. *diastrophischer Zwergwuchs	r
5. Ellis-van-Creveld-Syndrom	r
6. Hypochondroplasie	d
7. *Hypophosphatasie, kongenitaler, letaler Typ	r
8. *Morbus Kniest (metatropischer Zwergwuchs, Typ II)	d
9. *mesomeler Zwergwuchs, Typ Langer	r

10. *mesomeler Zwergwuchs, Typ Nievergelt d
11. metaphysäre Chondrodysplasie, McKusick r
12. *metaphysäre Chondrodysplasie mit Thymolymphopenie ?
13. metatropischer Zwergwuchs (Typ I) r
14. *Osteogenesis imperfecta, kongenitaler Typ mit dicken Knochen (Typ Vrolik), frühletal r
15. *Short-rib-polydactyly-Syndrom, Typ Majewski, frühletal r
16. *Short-rib-polydactyly-Syndrom, Typ Saldino-Noonan, frühletal r
17. *spondyloepiphysäre Dysplasie, kongenitale Form d
18. *thanatophoser Zwergwuchs r
19. ulnofibulare Dysplasie, Typ Reinhardt-Pfeiffer d

B. *Normale Proportionen*

1. *Akrozephalosyndaktylie, Heterogenie, 5 Typen d
2. *Arthroophthalmopathie d
3. *asphyxierende Thoraxdysplasie r
4. *Chondrodysplasia punctata d
5. kraniodiaphysäre Dysplasie r
6. kraniometaphysäre Dysplasie d, r
7. *Dysplasia cleido cranialis d
8. Enchondromatose (Osteochondromatose, Morbus Ollier) ?
9. G_M1 Gangliosidose, Typ I r
10. *Hypophosphatasia tarda r
11. idiopathische Hyperkalzämie r
12. infantile kortikale Hyperostose (Caffey) d
13. Larsen-Syndrom d, r
14. *metaphysäre Chondrodysplasie, Typ Jansen d
15. Mukolipidose, Typ II r
16. Mukopolysaccharidose, Typ I-H (Morbus Hurler) r
17. Nagel-patella-Syndrom d
18. okulodentoossäre Dysplasie d
19. Osteodysplastia (Melnick-Needle-Syndrom) d
20. *Osteogenesis imperfecta, Typ Lobstein, dünne Knochen d
21. *Osteopetrosis, frühinfantiler Typ r
22. *Osteopetrosis mit Spätmanifestation d
23. parastremmatischer Zwergwuchs d?
24. Pyknodysostose r
25. *Zwergwuchs mit kortikaler Hypertrophie der Röhrenknochen und transienter Hypokalzämie d

II. **Manifestation in Kindheit und Adoleszenz**

A. *Kurze Extremitäten*

1. Achondroplasie d
2. asphyxierende Thoraxdysplasie r
3. Chondrodysplasia punctata r
4. Dyschondrosteose d
5. Ellis-van-Creveld Syndrom r
6. Hypochondroplasie d
7. hypophosphatämische Rachitis (Vitamin-D-resistente Rachitis) x d
8. mesomeler Zwergwuchs, Typ Langer r
9. mesomeler Zwergwuchs, Typ Nievergelt d
10. metaphysäre Chondrodysplasie, Typ Jansen d
11. metaphysäre Chondrodysplasie, Typ McKusick r
12. metaphysäre Chondrodysplasie, Typ Schmid d
13. multiple epiphysäre Dysplasie d, r
14. Pseudoachondroplasie, Heterogenie, 4 Formen d, r
15. Pseudohypoparathyreoidismus (Albright-Syndrom) x d
16. ulnofibulare Dysplasie, Typ Reinhardt-Pfeiffer d

B. *Mit kurzem Rumpf*

1. diastropischer Zwergwuchs r
2. Dyggve-Melchior-Claasen-Syndrom r
3. Morbus Kniest (metatropischer Zwergwuchs, Typ II) d
4. metatropischer Zwergwuchs (Typ I) r
5. Mukolipidose, Typ I r
6. Mukolipidose, Typ II r
7. Mukolipidose, Typ III r
8. Mukopolysaccharidose I-H (Morbus Hurler) r
9. Mukopolysaccharidose I-S (Morbus Scheie) r
10. Mukopolysaccharidose II (Morbus Hunter) x r
11. Mukopolysaccharidose IV (Morbus Morquio) r
12. Mukopolysaccharidose VI (Morbus Maroteaux-Lamy) r
13. parastremmatischer Zwergwuchs d
14. spondyloepiphysäre Dysplasie kongenitale Form d
15. spondyloepiphysäre Dysplasie Spätform (heterogen) d, r, xr
16. spondyloepiphysäre Dysplasie (Typ Kozlowski) r

C. *Normale Proportionen*

(oder asymmetrische Extremitätenlänge)

1. Arthroophthalmopathie d
2. kortikale Hyperostose, infantile (Caffey) d
3. Chondrodysplasia punctata d
4. Dysostosis cleidocranialis d
5. kraniodiaphysäre Dysplasie r
6. kraniometaphysäre Dysplasie d, r
7. diaphysäre Dysplasie, Typ Camurati-Engelmann d
8. Dysosteosklerose r

9. Enchondromatose (Morbus Ollier)	d?
10. frontometaphysäre Dysplasie	r
11. Hypophosphatasia tarda	r, d?
12. Hypothyreoidismus (Heterogenie)	r
13. idiopathische Hyperkalzämie	r
14. juvenile idiopathische Osteoporose	r
15. Larsen-Syndrom	d, r
16. metaphysäre Chondrodysplasie mit Malabsorption und zystischer Neutropenie	r
17. metaphysäre Dysplasie, Typ Pyle	r
18. Mukopolysaccharidose, Typ III (Sanfilippo-Typ A + B)	r
19. multiple kartilaginäre Exostosen	d
20. Nagel-Patella-Syndrom	d
21. okulodentoossäre Dysplasie	d
22. Osteodysplasia	d
23. Osteoektasie mit Hyperphosphatasia (juvenile Form des Morbus Paget)	r
24. Osteogenesis imperfecta, Typ Lobstein	d
25. Osteolyses, essentielle, multizentrische (Heterogenie)	d, r
26. Osteopathia striata	d
27. Osteopetrosis, späte Form (Morbus Albers-Schönberg)	d
28. Osteopetrosis, infantile, maligne	r
29. Osteopoikylose	d
30. otopalatodigitales (OPD) Syndrom	x r
31. Pachydermoperiostose	d
32. Pyknodysostose	r
33. Sklerosteose	r
34. trichorhinophalangeale Dysplasie, Typ I	d, r
35. trichorhinophalangeale Dysplasie, Typ II (Langer-Giedion-Syndrom)	d
36. Zwergwuchs mit kortikaler Hypertrophie der Röhrenknochen und transienter Hypokalzämie	d

Literatur

Allen, G.: Twin research: Problems and prospects. In: Progress in Medical Genetics, Bd. IV, hrsg. von A. G., Steinberg, A. G., Bearn. Grune & Stratton, New York 1965 (s. 242)

Allen, G., B. Harvald, J. Shields: Measures of twin concordance. Acta genet. (Basel) 17 (1967) 475

Altmann, H.-W., F., Büchner, H. Cottier, E. Grundmann, G. Holle, E. Letterer, W. Masshoff, H. Meessen, F. Roulet, G. Seifert, G. Siebert: Handbuch der allgemeinen Pathologie, Bd. IX: Erbgefüge. Springer, Berlin 1974

Becker, P. E.: Humangenetik, Bd. I–V. Thieme, Stuttgart 1964–1975

Bergsma, D.: The Clinical Delineation of Birth Defects, Bd. V/3: Limb malformations. The National Foundation – March of Dimes. Williams & Wilkins, Baltimore 1969

Bergsma, D.: Birth Defects, Atlas and Compendium. The National Foundation – March of Dimes. Williams & Wilkins, Baltimore 1973

Blank, C. E.: Aperts syndrome (a type of acrocephalosyndactyly). Observations on a British series of 39 cases. Ann. hum. Genet. 24 (1960) 151

Brewerton, D. A., M. Chaffrey, A. Nicholls, D. Walters, J. K. Oates, D. C. O. James: Reiter's disease and HL-A27. Lancet 1973/II, 996–998

Carter, C. O.: The inheritance of congenital pyloric stenosis. Brit. med. Bull. 17 (1961) 251–254

Carter, D. O.: Genetics of common disorders. Brit. med. Bull. 25 (1969) 52

Carter, C. O., T. J. Fairbank: The Genetics of Locomotor Disorders. Oxford Monographs on Medical Genetics. Oxford University Press, London 1974

Christian, J. C., Ke Won Kang, J. A. Norton: Choice of an estimate of genetic variance from twin data. Amer. J. hum. Genet. 26 (1974) 154

Farabee, W. C.: Inheritance of digital malformations in man. Pap. Peabody Mus. Amer. Arch. Ethnol. Harvard Univ. 3 (1905) 69

Fraser, F. C.: The genetics of Cleft Lip and Palate. Amer. J. hum. Genet. 22 (1970) 336

Fuhrmann, W.: Taschenbuch der allgemeinen und klinischen Humangenetik. Wissenschaftliche Verlagsgesellschaft, Stuttgart 1965

Fuhrmann, W.: Die formale Genetik des Menschen. In: Handbuch der allgemeinen Pathologie, Bd. IX: Erbgefüge, hrsg. von H.-W. Altmann u. a. Springer, Berlin 1974 a (S. 147–259)

Fuhrmann, W.: Genetische Aspekte des Mißbildungsproblems. In: Handbuch der allgemeinen Pathologie, Bd. IX: Erbgefüge, hrsg. von H.-W. Altmann u. a. Springer, Berlin 1974 b (S. 523–580)

Fuhrmann, W., F. Vogel: Genetische Familienberatung. Heidelberger Taschenbücher, Bd. 42, 2. Aufl. Springer, Berlin 1975

Fuhrmann, W., Ch. Steffens, G. Schwarz, A. Wagner: Dominant erbliche Brachydaktylie mit Gelenksaplasien. Hum. Genet. 1 (1965) 337–353

Gorlin, R. J.: Zit. nach F. C. Fraser 1970

Goldschmidt, R.: Gen und Außeneigenschaft (Untersuchungen an Drosophila I und II). Z. Vererbungsl. 69 (1935) 38–69 u. 70–131

Hadorn, E.: Letalfaktoren. Thieme, Stuttgart 1955

Hienz, A.: Chromosomen-Fibel. Thieme, Stuttgart 1971

Idelberger, K.: Die Ergebnisse der Zwillingsforschung beim angeborenen Klumpfuß. Verh. dtsch. orthop. Ges. 33 (1939) 272

Idelberger, K.: Die Erbpathologie der sogenannten angeborenen Hüftverrenkung. Urban & Schwarzenberg, München 1951

Jörgensen, G.: Mißbildungen im Bereich der Hals-Nasen-Ohrenheilkunde. Arch. klin. exp. Ohr.-Nas.-Kehlk.-Heilk. 202 (1972)

Kaelin, A.: Statistische Prüf- und Schätzverfahren für die relative Häufigkeit von Merkmalsträgern in Geschwisterreihen bei einem der Auslese unterworfenen Material mit Anwendung auf das Retinagliom. Arch. Klaus-Stift., Vererb.-Forsch. 30 (1955) 263

Kajii, T., F. Matsuda, T. Ohsawa, H. Katsunuma, T. Ischida, S. Arashima: Hurler/Scheie genetic compund (mucopolysaccharidosis IG/IS) in Japanese brothers. Clin. Genet. 6 (1974) 394

Kaufmann, H. J.: Progress in Pediatric Radiology, Bd. IV: Intrinsic diseases of bones. Karger, Basel 1973

Knussmann, R.: Entwicklung, Konstitution, Geschlecht. In: Humangenetik, Bd. I/1, hrsg. von P. E. Becker. Thieme, Stuttgart 1968 (S. 280–416)

Leiber, B., G. Olbrich: Die klinischen Syndrome. Urban & Schwarzenberg, München 1972

Lenz, W.: Phenocopies. J. med. Genet. 10 (1973) 34

Lenz, W.: Medizinische Genetik, 3. Aufl. Thieme, Stuttgart 1976

Lerner, I. M.: Genetic Homeostasis. Oliver & Boyd, Edinburgh, 1954

Lynas, M. A.: Marfan syndrome in Northern Ireland, an account of thirteen families. Ann. hum. Genet. 22 (1958) 289

McKusick, V. A.: Vererbbare Störungen des Bindegewebes. Thieme, Stuttgart 1959

McKusick, V. A.: Heritable Disorders of Connective Tissue, 3. Aufl. Mosby, St. Louis 1966

McKusick, V. A.: Human Genetics. Prentice-Hall, Englewood Cliffs/N. J. 1969

McKusick, V. A.: Mendelian Inheritance in Man, 4. Aufl. Johns Hopkins Press, Baltimore 1975

McKusick, V. A., R. R. Howell, I. E. Hussels, E. F. Neufeld, R. E. Stevenson: Allelism, non-allelism, and genetic compounds among the mucopolysaccharidoses. Lancet 1972/I, 993

Mørch, E. T.: Chondrodystrophic dwarfs in Denmark. Munksgaard, Kopenhagen 1941

Mühlmann, W. E.: Ein ungewöhnlicher Stammbaum über Taubstummheit. Arch. Rassenbiol. 22 (1930) 181–183

Murken, J. D.: Über multiple cartilaginäre Exostosen. Z. menschl. Vererb. u. Konstit.-Lehre 36 (1963) 469

Osborne, R. H., F. V. de George: Genetic Basis of Morphological Variation. Harvard University Press, Cambridge 1959

Penrose, L. S.: The genetical background of common diseases. Acta genet. (Basel) 4 (1953) 257

Rachelefsky, G. S., P. I. Terasaki, R. Katz, E. R. Stiehm: Increased prevalence of W27 in juvenile rheumatoid arthritis. New Engl. J. Med. 290 (1974) 892–893

Reich, T., J. M. James, C. A. Morris: The use of multiple thresholds in determining the mode of transmission of semicontinuous traits. Ann. hum. Genet. 36 (1972) 163

Röhrborn, G.: Spontane und induzierte Mutationen beim Menschen. In: Handbuch der allgemeinen Pathologie, Bd. IX: Erbgefüge, hrsg. von H.-W. Altmann u. a. Springer, Berlin 1974 (S. 495–522)

Ryder, L. P., L. Staub Nielsen, A. Svejgaard: Associations between HL-A histocompatibility antigens and non-malignant diseases. Hum. Genet. 25 (1974) 251–264

Schloot, W., H. W. Goedde: Biochemische Genetik des Menschen, Abschnitt VI: Diagnose heterozygoter Merkmalsträger/Heterozygotentests. In: Handbuch der allgemeinen Pathologie, Bd. IX: Erbgefüge, hrsg. von H.-W. Altmann u. a. Springer-Verlag, Berlin 1974

Schlosstein, L., P. I. Terasaki, R. Bluestone, C. M. Pearson: High association of an HL-A antigen, W27, with ankylosing spondylitis. New Engl. J. Med. 288 (1973) 704–706

Schmid, F.: Pädiatrische Radiologie, Bd. I: Stützgewebe, Zentralnervensystem, Syndrome. Springer, Berlin 1973

Slatis, H. M.: Comments on the rate of mutation to chondrodystrophy in man. Amer. J. hum. Genet. 7 (1955) 76

Smårs, G.: Osteogenesis imperfecta. Clinical, genetic, epidemiological and sociomedical aspects. Svenska Bokförlaget, Stockholm 1961

Smith, C.: Concordance in twins: methods and interpretations. Amer. J. hum. Genet. 26 (1974) 454

Spranger, J. W., L. O. Langer, H.-R. Wiedemann: Bone Dysplasias. An Atlas of Constitutional Disorders of Skeletal Development. Saunders, Philadelphia 1974; Fischer, Stuttgart 1974

Stern, C.: Principles of Human Genetics, 3. Aufl. Freeman, San Francisco 1973

Stevenson, A. C.: Acondroplasia: An account of the condition in Northern Ireland. Amer. J. hum. Genet. 9 (1957) 81

Stevenson, A. C., E. A. Cheeseman: Hereditary deaf mutism, with particular reference to Northern Ireland. Ann. hum. Genet. 20 (1956) 177–231

Vogel, F.: Mutations in man. In: Genetics Today, hrsg. von J. Geerts. Pergamon Press, Oxford 1964

Vogel, F.: Spontaneous mutation in man. In: Chemical Mutagenesis in Mammals and Man, hrsg. von F. Vogel, G. Röhrborn. Springer, Berlin 1970

Weinberg, W.: Methoden und Fehlerquellen der Untersuchung auf Mendelsche Zahlen beim Menschen. Arch. Rassen- Gesellsch.-Biol. 9 (1912) 165–174

Witkowski, R., O. Prokop: Genetik erblicher Syndrome und Mißbildungen. Akademie-Verlag, Berlin 1974

Woolf, B.: On estimating the relation between blood group and disease. Ann. hum. Genet. 19 (1955) 251–253

Wynne-Davies, R.: Heritable Disorders in Orthopaedic Practice. Blackwell, Oxford 1973

9 Entwicklung, Wachstum und Reifung des Haltungs- und Bewegungsapparates

Von H. H. MATTHIASS

Einleitung

Keinem Arzt zeigen sich die Zusammenhänge der Organentwicklung, der Entstehung und Wandlung von Fehlbildungen, aber auch die Möglichkeiten der psychischen und sozialen Bewältigung der damit zusammenhängenden Probleme so deutlich wie dem Orthopäden. Die Orthopädie hat gegenüber manchen anderen Disziplinen der Medizin den Vorteil, die Entwicklung von ihr behandelter Leiden unter dem Einfluß der biologischen Phasen des Lebens über Jahrzehnte beobachten zu können. Schon seit langem ist bekannt, daß Entwicklung, Wachstum und Reifung von ausschlaggebender Bedeutung für das Verständnis des Verlaufes von Erkrankungen des Haltungs- und Bewegungsapparates sind. Sowohl die neuromuskuläre als auch die skelettäre Entwicklung stehen in so enger Beziehung zum allgemeinen Entwicklungsprozeß des Organismus, daß die Entwicklung des Haltungs- und Bewegungsapparates geradezu ein Gradmesser der allgemeinen Entwicklung geworden ist.

Ich versuche, in diesem Abschnitt Entwicklung, Wachstum und Reifung unter dem Einfluß verschiedener Faktoren darzustellen. Die rein erblichen Entwicklungsstörungen und ihre Problematik werden nicht gebracht. Die große Bedeutung erblicher und besonders multifaktorieller Einflüsse auf die Wachstumsvorgänge läßt es aber ratsam erscheinen, auch an dieser Stelle auf einige erbliche Gesetzmäßigkeiten einzugehen.

Das Wachstum hat die Forschung schon seit Jahrhunderten beschäftigt.

Große Namen finden sich in der Geschichte der Wachstumsforschung. Die erste bekannte Veröffentlichung, die die anatomischen Unterschiede zwischen Kindern und Erwachsenen darstellte, stammte von GABRIELO de ZERBIS (1502). SCAMMON (1927) hat die Anfänge der Wachstumsforschung sorgfältig zusammengestellt. WILLIAM HARVEY (1651) hat in seiner Arbeit „exercitationes de generatione animalium" die bis dahin verbreitete Lehre abgelehnt, wonach der Embryo vom Zeitpunkt der Konzeption an komplett vorgeformt sei. FRANCOIS MAURICEAU (1694) gab erstmals Informationen über Maße von Kindern. J. G. ROEDERER (1753) gab die ersten exakten Messungen von Geburtsgewicht und Geburtslänge bekannt. Auch ALBRECHT V. HALLER hat sich mit solchen Fragen befaßt. Die älteste Längsschnittstudie über die Längenentwicklung eines Kindes stammt von PHILIBERT GENEAU de MONTBEILLARD (abgeschlossen 1777, veröffentlicht 1837 durch BUFFON).

ADOLPHE JACQUES QUETELET (1796–1874), von Haus aus Astronom, aber an vielen wissenschaftlichen Problemen interessiert, veröffentlichte 1835 erste Ergebnisse einer Körperlängen- und Gewichtsmessung in allen Altersklassen. BOWDITCH hat 1877 besonders das Wachstum von Kindern untersucht und den Einfluß der Nationalität, ökonomischer Verhältnisse und geschlechtsabhängiger Wachstumsmuster dargestellt.

In Deutschland war es CAMERER (1880), der wichtige Beiträge zum Einfluß des Stoffwechsels auf das Wachstum brachte. Es sind weiter die Namen von MARTIN (1928) und vor allem auch FRANZ BOAS zu nennen, der, in Deutschland geboren, seine wesentlichen Studien in den USA machte. VIERORDT (1818–1884) hat wohl als erster auf die Sonderstellung der Pubertät in der Wachstumszeit aufmerksam gemacht. Wir müssen besonders den bedeutenden Beitrag amerikanischer Forscher erwähnen, wie MYRTLE B. MCGRAW, ARNOLD GESELL sowie H. V. MEREDITH und seine Schüler. In dieser Aufzählung darf auch der Name von TANNER nicht fehlen, der wohl einen der bedeutendsten Beiträge in Europa zu diesen Fragen gebracht hat.

Auch verdienen die Namen von STRATZ, SCHLESINGER, ZELLER, sowie die Arbeitsgruppe um HAGEN, COERPER und THOMAE („Deutsche Nachkriegskinder") an dieser Stelle der Erwähnung. Hier soll auch an jene Forscher erinnert werden, die sich um die Kenntnis der neuromotorischen Entwicklung des Kindes verdient gemacht haben, wie KUSSMAUL (1859), MORO, PEIPER, ANDRÉ-THOMAS, ILLINGWORTH (1975), HOLT, INGRAM, SHERIDAN, BOBATH, Namen, die für viele andere stehen, die ebenfalls entscheidende Beiträge in den letzten dreißig Jahren gebracht haben. Ein Name, den man in diesem Zusammenhang nicht erwartet, sollte hier noch Erwähnung finden: der von CHARLES DARWIN. 1872 schrieb er seinen noch heute sehr lesenswerten Beitrag „A biographical sketch of an infant" und 1872 „The expression of emotions in man and animals".

Die Wachstumsforschung ist in eine neue Phase eingetreten, seit die Biochemie wesentliche Beiträge zum Verständnis der Wachstumsvorgänge und ihrer Regulationen geliefert hat. Hier ist speziell die Beeinflussung durch den Fortschritt der *Endokrinologie* zu erwähnen sowie auch der *Ma-*

kromolekularchemie. Gerade die letzten zehn Jahre haben viele neue und z. T. umwälzende Erkenntnisse gebracht. Wir befinden uns noch mitten in dieser Phase, so daß eine abschließende Wertung noch nicht möglich ist.
Viele Fragen sind noch offen. Manche neuere Erkenntnisse sind verwirrend, nicht nur, weil sie oft nicht in anerkannte Konzepte passen, sondern weil manche Forscher gern ihre Partialkenntnisse, z. B. auf dem Gebiet der Makromolekularchemie, über Gebühr verallgemeinern und den Zusammenhang mit übergeordneten Regulationsmechanismen nicht genügend berücksichtigen.
Vor allem scheint es mir dringend zu sein, die anthropometrische Entwicklung nicht nur zusammen mit der hormonalen Reifung, sondern auch im Kontext mit der neuromotorischen Entwicklung zu sehen.
Ich habe mich bemüht, diese Zusammenhänge so weit sichtbar zu machen, wie es meine heutigen Kenntnisse gestatten.
Die menschliche Entwicklung ist ein Prozeß der Integration verschiedener Funktionssysteme. Man kann die Entwicklung nicht verstehen, wenn man die einzelnen Systeme nur isoliert betrachtet. Wir sind immer wieder gezwungen, unsere Hypothesen den wissenschaftlichen Tatsachen anzupassen. Andererseits erscheint es unerläßlich, eine generelle Konzeption von der Regulierung der Entwicklungsvorgänge und des Wachstums zu erarbeiten. Nur so wird es möglich sein, ein zukünftiges kausales Verständnis der Wachstumsvorgänge zu ermöglichen und daraus begründete Behandlungskonzepte abzuleiten. Auch der Orthopäde muß diese Zusammenhänge kennen, wenn er sein Fach nicht nur als eine technisch oder lokalisatorisch bedingte Subdisziplin der Chirurgie versteht, sondern als eine *Disziplin, die sich zur Aufgabe gesetzt hat, die Erkrankungen und Leistungsstörungen des Haltungs- und Bewegungsapparates als Ganzes durch Prävention und Therapie zu bekämpfen.*

Begriffsdefinitionen

Die Begriffe Entwicklung und Wachstum werden oft austauschbar verwendet. Das ist nicht korrekt, wenn auch verständlich, weil beide sich gegenseitig beeinflussen. Beim normalen Kind laufen beide parallel, und jede isolierte Betrachtung würde unnatürlich sein. Wir müssen beide als die zwei Seiten eines gleichlaufenden Geschehens betrachten.
Unter *Wachstum* verstehen wir die meßbare Zunahme der physischen Maße des Körpers oder seiner Teile. Es ist also ein rein quantitativer Begriff. Den Begriff *Entwicklung* gebrauchen wir, um die zunehmende Differenzierung in Form und Funktion zu beschreiben. In der Entwicklung sehen wir die Erfüllung eines genetisch festgelegten Planes, der aber schon von der intrauterinen Phase an durch die Umwelt erhebliche Modifikationen erfährt. Hinsichtlich der *Form* sehen wir im Laufe der Entwicklung den Wandel von einfachen Formen, dem befruchteten Ei, zu stark differenzierten Formen. Parallel dazu verläuft der Erwerb neuer und stärker differenzierter *Funktionen.* So entwickeln sich die Herz-Kreislauf-Funktion, die Atemfunktion, die Funktion der neuromuskulären Koordination, aber auch das Zusammenspiel der Gelenkfunktionen (biomechanische Koordination).
Als *Reifung* möchten wir den Prozeß der Annäherung an den erblich und umweltlich bestimmten Endzustand der Entwicklung bezeichnen. Wir sprechen nicht von *„Entwicklungsziel“*, weil das „Ziel“ der Entwicklung des Menschen letztlich nicht bekannt ist und weil der erreichte Endzustand einer individuellen Entwicklung nicht unbedingt dem Entwicklungsziel entsprechen muß.
Streng genommen, gibt es auch keine Endzustände. Der Organismus als Ganzes wandelt sich bis zum Tode ständig. Es gibt aber Organentwicklungen, die zu einem bestimmten Zeitpunkt zum Abschluß kommen. Das ist z. B. die Skelettreifung oder die Entwicklung der primären oder sekundären Geschlechtsorgane. Die *Skelettentwicklung* erreicht normalerweise einen klar definierten Endzustand. Der Weg von absoluter Unreife bis zur Reife wird in einem bestimmten zeitlichen Ablauf durchschritten. So ist es möglich, über das *Skelettalter* das *Reifungsalter* zu bestimmen.
Skelettwachstum und Skelettreifung vollziehen sich innerhalb für den Menschen charakteristischer *zeitlicher Normen.*
Gegenüber diesen Normen kann die Reifung beschleunigt oder verlangsamt ablaufen. Es können bestimmte Phasen von einem Individuum schneller oder langsamer als beim Durchschnitt der Bevölkerung erreicht und durchlaufen werden. Wir sprechen von *Akzeleration* oder *Retardation.*
Beide Begriffe werden aber auch dann verwendet, wenn das durchschnittliche Wachstum der Gesamtbevölkerung in einem bestimmten Zeitabschnitt verändert erscheint gegenüber einem vorangegangenen Zeitabschnitt. Denselben Begriff wendet man aber auch an, um die Wachstumsbeschleunigung eines Individuums in einer bestimmten Phase (z. B. der ersten puberalen Phase gegenüber der präpuberalen Phase) oder eine Verlangsamung nach Mangelsituationen oder Krankheiten darzustellen.

Durch die unterschiedliche Verwendung derselben Begriffe ist in der Vergangenheit manche Verwirrung gestiftet worden. Wir sollten streng unterscheiden zwischen:

1. *säkularer* Akzeleration oder Retardation, die die Gesamtpopulation im Wachstumsalter betrifft,
2. *gruppenspezifischer* Akzeleration oder Retardation, die eine bestimmte Population oder Bevölkerungsgruppe betrifft (z. B. Stadt – Land, reich – arm, etc.),

3. *interindividueller* Akzeleration oder Retardation, die die Entwicklung eines Individuums im Verhältnis zur Gesamtpopulation betrifft,
4. *intraindividueller* Akzeleration oder Retardation, die bestimmte Phasen in der Gesamtentwicklung eines Individuums betrifft (z. B. Pubertätsakzeleration des Wachstums).

Zur Beurteilung der Entwicklung des Haltungs- und Bewegungsapparates gehört ferner die Beurteilung der *intellektuellen Leistungs*fähigkeit, der Fähigkeit zur *sozialen Integration* und der *Charakterbildung*.

So ist die Entwicklung zwar ein allgemeines Phänomen des menschlichen Lebens, sie führt aber zu sehr unterschiedlichen Endzuständen. Alle Phasen der normalen Entwicklung korrelieren mit einem entsprechenden Stand des allgemeinen körperlichen Wachstums.

Jede Verzögerung des allgemeinen Körperwachstums, des Partialwachstums einzelner Organe oder Organabschnitte führt zu einer Beeinträchtigung der Entwicklung anderer Organe und des gesamten Organismus. Wir sehen das z. B. an der normalerweise *integrierten* Entwicklung von Kopf und Pfanne des Hüftgelenkes oder an den Zusammenhängen zwischen Wirbelsäulenentwicklung, Brustkorbentwicklung, Atmung und kardiopulmonalen Funktionen. Wir sehen andererseits, wie schwer die einmal eingetretene organische Desintegration des Hüftgelenkes zu korrigieren ist, wie schwer es ist, durch Wachstumslenkung oder Korrektur die verlorengegangene Integration wiederherzustellen. Auch die uns allen bekannten großen Probleme der psychosomatischen und sozialen Integration, die schon bei gesunden Jugendlichen festzustellen sind, spielen eine noch größere Rolle bei denjenigen, die von Fehlwachstum und Reifungsstörungen des Haltungs- und Bewegungsapparates betroffen sind.

Theoretische Grundlagen des Wachstums

Allgemeine Wachstumstheorien

Das eigentliche *Wachstumsgeschehen* manifestiert sich in der Zellteilung. Der Zellteilung geht die Entwicklung der Zelle bis zur Teilungsbereitschaft voran. Dann folgt die Zellteilung und danach erst die *Zellvergrößerung*. In der Wachstumsfuge, dem eigentlichen „Wachstumsorgan" des Skelettes, sind die vier Phasen des Wachstums in der Germinativzone, der Palisadenzone und der Zone der quellenden Zellen repräsentiert. Letzte Voraussetzung des Wachstums ist dann die Verknöcherung.

Die normale Form des menschlichen Körpers am Ende der Reifeperiode ist das Ergebnis von Wachstumsvorgängen. Jede Deformität ist Ausdruck von Störungen der Wachstumsvorgänge. Über die dem Wachstum zugrundeliegenden prinzipiellen Vorgänge wissen wir heute noch wenig Bescheid. Angesichts ihrer Bedeutung für das Verständnis orthopädischer Erkrankungen erscheint es mir aber notwendig zu sein, kurz einige der wichtigsten, heute diskutierten Vorstellungen über die theoretischen Grundlagen des Wachstums darzustellen.

Die theoretischen Probleme des Wachstums werden auf vier Ebenen diskutiert, die durch folgende gegensätzliche Begriffspaare charakterisiert sind:
1. Stimulation – Inhibition,
2. intrazelluläre – extrazelluläre Einflüsse,
3. lokale – systemische Einflüsse,
4. Größenwachstum – Gestaltwachstum.

Zum Thema *Inhibition* und *Stimulation* sind von Weiss u. Kavanau (1957) und Rose (1964) sowie Bullough (1964) und Tanner (1962) einige auch heute noch bedeutsame Hypothesen aufgestellt worden. Zunächst ist einmal festzustellen, daß für das Verständnis eines geordneten Wachstums die Inhibition und ihre Gesetzmäßigkeiten viel bedeutender sind als die Stimulation.

Weiss u. Kavanau heben die Bedeutung der *Selbstinhibition* hervor. Die Masse eines wachsenden organischen Systems besteht aus funktionell verschiedenen Komponenten:
1. *der generativen Masse,* bestehend aus den Instrumenten der protoplasmatischen Reproduktion zum Aufbau des Zellplasmas. Sie behält ständig ihre reproduktive Aktivität während des Lebens;
2. der *differenzierten Masse,* wie Myofibrillen, Neurofibrillen, Osteozyten etc., also Endprodukten, die nicht mehr reproduktionsfähig sind.

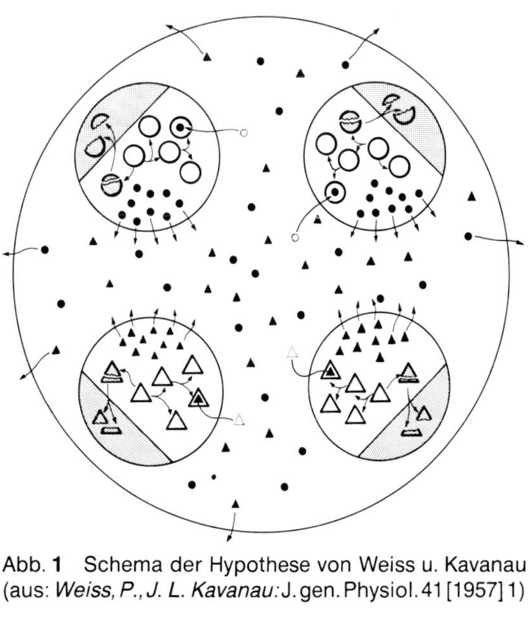

Abb. **1** Schema der Hypothese von Weiss u. Kavanau (aus: *Weiss, P., J. L. Kavanau:* J. gen. Physiol. 41 [1957] 1)

Jeder spezifische Zelltyp produziert sein Protoplasma unter der katalysatorischen Einwirkung von Schlüsselsubstanzen, den „Templates“. Jede Zelle produziert darüber hinaus frei diffundierbare Verbindungen, die antagonistisch wirken, die „Antitemplates“. Das Antitemplatesystem funktioniert durch einen negativen Rückmeldemechanismus („negative feedback“). Die Antitemplates inaktivieren die Templates und vermindern damit die Wachstumsrate. Die Abb. **1** zeigt ein Schema dieser Hypothese. Der äußere Kreis dokumentiert die Begrenzung des Organismus, und die inneren Kreise zeigen die Zellen unterschiedlichen Typs. Dazwischen liegt das humorale Medium. Die doppelt konturierten kleinen Kreise oder Dreiecke stellen die Templates dar. Die gestrichelte Zone ist die differenzierte Masse, die ihre reproduktive Fähigkeit verloren hat, angedeutet durch die gebrochenen Templates. Die ausgefüllten Kreise und Dreiecke sind die Antitemplates. Die doppelt konturierten Figuren mit einer ausgefüllten Figur darin stellen die inaktivierten Templates dar.
Die Erreichung der Endgröße ist der Ausdruck des Gleichgewichtes assimilierender und dissimilierender Vorgänge, der intra- und extrazellulären Antitemplatekonzentration.

Auf der Basis dieser Hypothese haben Weiss u. Kavanau Vorausberechnungen des Wachstums biologischer Systeme vorgenommen. Die prinzipielle Richtigkeit solcher Vorstellungen kann damit wohl angenommen werden.
Bullough (1964) hat aufgrund von Forschungen über die Zellentwicklung der Haut eine verwandte Hypothese aufgestellt. Danach produzieren die Epidermiszellen Mittlersubstanzen, Chalone genannt, die die mitotische Aktivität der Zellen vermindern.
Tanner (1962) ist der Meinung, daß das Inhibitionsmodell von Weiss u. Kavanau nur für niedere Organismen gilt. Bei Säugetieren findet eine Zentralisierung der Wachstumssteuerung statt. Es sei unwahrscheinlich, daß viele Gewebe verschiedene Inhibitoren produzieren. Wenn das so wäre, müßte bei der Gliedmaßenaplasie die verbleibende Gliedmaße generell größer werden. Tanner konnte nachweisen, daß eine Hungerperiode zur Wachstumsreduzierung führt und Zusatzernährung die sofortige Anpassung des Wachstums an die vorherige Wachstumskurve zur Folge hat (Abb. **2**). Es kommt zur Entwicklung eines *Catch-up-Wachstums.* Er beobachtete ein prinzipiell gleichartiges Verhalten bei Aufhebung störender hormonaler Faktoren (z. B. Morbus Cushing und Hypothyreose).

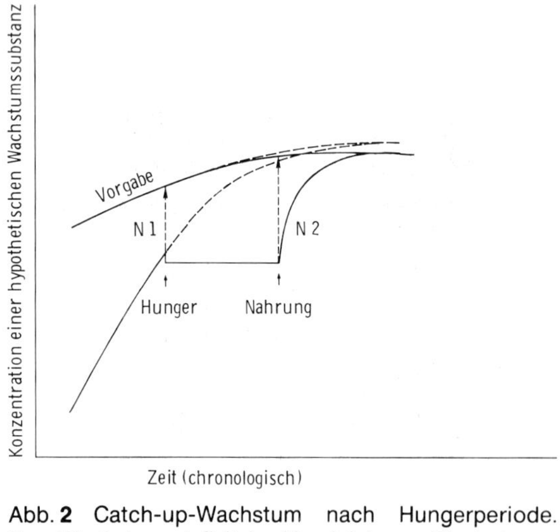

Abb. **2** Catch-up-Wachstum nach Hungerperiode. Das Wachstumsdefizit im Vergleich zur Wachstumsvorgabe, ist am Ende der Hungerperiode (N2) größer als am Anfang (N1) (aus: *Tanner, J.:* Nature [Lond.] 199 [1963] 845)

Die Catch-up-Geschwindigkeit ist größer als die erwartete Wachstumsgeschwindigkeit. Im jüngeren Alter ist das Catch-up-Wachstum stärker als später. Daraus leitet Tanner den Primat der Regulierung des Wachstums durch das Zentralnervensystem ab. Der am frühesten wachsende Teil des Organismus, das Zentralnervensystem, ist bestimmend für das Wachstum der übrigen, nachfolgenden Organe. Es wird eine zeitliche Wachstumsvorgabe oder Vorausbestimmung im Gehirn angenommen. Tanner denkt hinsichtlich der Lokalisation in erster Linie an den Hypothalamus. Wir werden später sehen, daß noch andere zentralnervöse Einflüsse eine Rolle spielen können (s. Abschnitt „Systemische und lokale Regulationen des Skelettwachstums“).
Stimulation und Inhibition spielen auch in den Vorstellungen von Holley (1975) über die „dichteabhängige Regulation des Zellwachstums“ in Zellkulturen eine Rolle.
Zellen wachsen bis zu ihrer *spezifischen Sättigungsdichte.* Diese variiert mit dem Zelltyp und den Umgebungsbedingungen. Die Umgebungsbedingungen werden sowohl durch mikro- als auch makromolekulare Serumfaktoren bestimmt. Unter den makromolekularen Faktoren sind besonders die Polypeptidverbindungen von großer Bedeutung (Todaro u. Mitarb. 1965 und Dulbecco 1970), z. B. Insulin und der „Fibroblastenwachstumsfaktor“.
Es ist anzunehmen, daß zahlreiche *systemische Einflüsse* über die Beeinflussung derartiger Polypeptidverbindungen wirken. Hierbei dürften vor allem auch *hormonale Faktoren* eine Rolle spielen (s. Abschnitt „Systemische und lokale Regulationen des Skelettwachstums“).

Spezielle Regulationen des Skelettwachstums

Die unvoreingenommene Betrachtung des Skelettwachstums läßt zunächst einmal die starke *Funktionsbezogenheit der Skelettentwicklung* erkennen. Generell lassen sich die Funktionen des Skeletts zunächst auf einen Nenner bringen: Sie dienen dem *mechanischen Schutz* und der *Unterstützung* des Organismus. Es sind die Organe und ihre Funktionen, die das Wachstum und die Gestalt des Skeletts bestimmen. Das Schädelskelett folgt in seiner Entwicklung anderen Funktionen und Kräften (nämlich der Gehirnentwicklung) als das Wirbelsäulenskelett, der Thorax, das Becken oder die gelenkanteiligen Knochen des Haltungs- und Bewegungsapparates. Man kann das *Skelett schwerlich als ein einheitliches Organ* bezeichnen, vielmehr als ein Gewebe, das organbezogen sich abschnittsweise unterschiedlich entwickelt. So gesehen, haben wir ein *Hirnskelett,* ein *Rückenmarkskelett,* ein *Lungen- und Abdominalskelett* sowie natürlich auch das *Skelett des Haltungs- und Bewegungsapparates.* Hinzu kommen noch Funktionen im Rahmen der Leistungen des hämopoetischen Systems (Blutknochen) und die Funktionen als Mineraldepot (zur Aufrechterhaltung der Homöostase).

Diese organbezogenen Entwicklungsabläufe stehen miteinander in Konkurrenz. Das kann z. B. am Becken gezeigt werden, in dem die Funktion des Haltungs- und Bewegungsapparates (Hüftgelenk, Krafteinleitung in die Wirbelsäule usw.) mit der Gehäusefunktion des Beckens für die Organe des Urogenitalsystems und des Darmes konkurriert. Eine solche Betrachtungsweise zeigt schon ganz deutlich, daß es *örtliche und organspezifische Reaktionen* sind, *die das spezielle Wachstum des Knochens* und seine gestaltliche Ausformung *bestimmen.*

Dieses leitet gleich zu einem seit Jahren diskutierten Problem über, nämlich der Relation zwischen *zellinternen* (genetischen) und *zellexternen,* (im weitesten Sinne zellumweltbedingten) Einflüssen. Keine Zelle partizipiert am skelettären Formationsprozeß, ohne daß eine Serie selektiver und interrelierter Repressionen und Derepressionen spezifischer Gene passiert (s. Multifaktorielle Systeme, S. 9.14).

Außer Zweifel ist die Zytodifferenzierung der Chondroblasten und Osteoblasten zellintern (genetisch) determiniert. Das betrifft auch die ihnen vorangehenden Zellen (Owen 1970; Holtzer 1968).

Wie schon oben dargelegt, ist *Wachstum* u. a. auch *Bewegung.* Jede Bewegung wird von außen durch mechanische und andere Faktoren beeinflußt. Die Rolle des genetisch bestimmten zellinternen Apparates ist die Bereitstellung der *Potenz* skelettogener Differenzierung innerhalb der Zelle. Schon auf der nächsthöheren Ebene der Organisation, etwa in der *Wachstumsfuge,* spielt die primäre morphogenetische Funktion äußerer Faktoren eine große Rolle. Schon die Einordnung der Chondrozyten oder Osteozyten in ein *Gewebe* ist eine höhere Organisationsform, die ohne extrazelluläre Einflüsse nicht denkbar ist. Der Einbau des Gewebes in ein Organ ist eine weitere Stufe.

Der zellinterne (genetische) Mechanismus ist für die Syntheseleistung und die Reduplikation der Zelle verantwortlich. Die anatomische Form des Gewebes oder des Organes ist dagegen Ausdruck einer höheren Regulation, die zunächst auf der Grenzflächensituation durch Vereinigung (Berührung) verschiedener Zellen und Zelltypen entsteht.

Die Grenzflächensituation wird durch zahlreiche lokale (z. B. mechanische, chemische oder elektrische) oder auch systemische (hormonale, Stoffwechsel usw.) Einflüsse verändert. Durch die Membranveränderung wird die Funktion der Zelle selbst verändert.

Dem stehen Berichte über erfolgreiche Wachstumsversuche von Chondrozyten und Osteozyten in Zellkulturen nicht entgegen (Grüneberg 1963, Savin u. Hamlet 1970). Fell (1969), deren Versuche häufig fehlinterpretiert wurden, schreibt: „Die Kapazität für die anatomische Entwicklung in der Isolation (Kultur) trägt nur etwas zum Verständnis des *frühen* Knorpelmodells bei. Mechanische und umweltliche Bedingungen sind extrem wichtig bei der *Determinierung* der Form des Skeletts.“

Knorpel und Knochen stammen von einer gemeinsamen Stammzelle ab, deren genetische Information mit äußeren Faktoren in der Mikroumwelt reagieren kann. Dieser Punkt ist besonders von Hall (1970, 1971) klar herausgearbeitet worden. Er bringt zum Ausdruck, daß vaskuläre (O_2-Transport) und mechanische Faktoren eine entscheidende Rolle bei der skelettogenen Zytodifferenzierung spielen. Wir wissen ja auch aus der orthopädischen Praxis, welche enorme Rolle mechanische Einflüsse im fördernden und störenden Sinne bei der Osteogenese spielen.

In der *Entwicklung des enchondralen Knochens* findet man präskelettäre Verdichtungen, die sich aus genetisch dazu determinierten Zellen zusammensetzen. Diese Anlageform ist wahrscheinlich nicht mechanisch induziert. Die nachfolgende blastematöse Entwicklung zeigt dann den Wechsel von einer mehr zufälligen Zellverteilung zu einer wohl orientierten Reihe von Zellen. Wir *wissen* nicht, ob dies zellintern genetisch festgelegt ist oder aber ob wechselweise Interaktionen zwischen den Membranen der zusammenliegenden Zellen bestehen. Letztere könnten etwa auf Druck, Adhäsion oder direktem Transfer von Informationen beruhen. Das dann folgende Muster der gerichteten Chondrozytenproliferation, die Reifung, der selektive Zelltod (s. Abschnitt „Morphologie der Wachstumsfuge“) und die (dadurch?) induzierte Ossifikation dürften aber wohl nicht auf primäre Aktivität der zellinternen Faktoren, sondern auf Ereignisse in der Zellumwelt zurückzuführen sein.

Es gibt manche Anhaltspunkte dafür, daß hier eine negative Rückmeldungskontrolle besteht, durch welche die extrazelluläre Konzentration individueller Makromoleküle die spezifische Synthese derselben spezialisierten Makromoleküle des organischen Anteils der Skelettgewebe kontrolliert.

Moss (1960, 1972), Holtzer (1968) und Owen (1970) berichteten über induktive Interaktionen der Skelettogenese. Die primäre genetische Information in den Progenitorzellen (Stammzellen) hat die Aufgabe, diese

Zellen dazu zu befähigen, *permanent* auf extrazelluläre induktive Faktoren zu reagieren. Nach OWEN (1970) können auch nicht instruierte Zellen durch kontinuierliche Präsenz des induktiven Stimulus skelettbildend werden.
Wir müssen hier noch einmal auf die Vorstellungen von HOLLEY (1975) über die dichteabhängige Regulation des Zellwachstums in Kulturen zurückkommen. Zellen wachsen bis zu einer spezifischen *Sättigungsdichte.* Sie variiert mit dem Zelltyp und den Umgebungsbedingungen. Die Umgebungsbedingungen werden sowohl durch mikro- als auch makromolekulare Serumfaktoren beeinflußt. Unter den makromolekularen Faktoren sind besonders die *Polypetidverbindungen* von großer Bedeutung (TODARO u. Mitarb. 1965, DULBECCO 1970). Insulin, Prostaglandine, zyklische Nukleotide sind hier z. B. zu nennen. Polypeptide sind bekanntlich die Grundbausteine der Proteine. Da ein Polypeptid aus mehr als 200 verschiedenen Aminosäuren bestehen kann, ist durch die Polypeptide die Variabilität der Proteinstruktur praktisch unbegrenzt. Sie spielt bei den Vererbungsvorgängen eine große Rolle. SLAVKIN hat 1970 festgestellt, daß die Induktorsubstanzen für die skelettogene Zytodifferenzierung niedermolekulare Ribonukleinsäuren und Uridin-5-diphosphoglucose zu sein scheinen. Zwischen der Synthese der Desoxyribonukleinsäure (DNA), dem Material, das für die Zellteilung benötigt wird, und der Konzentration der Polypeptidfaktoren besteht eine enge Beziehung.
Die Synthese von DNA beginnt in ruhenden Zellen, wenn die Konzentration der Polypeptidfaktoren in der Zellumgebung ansteigt. Polypeptidfaktoren reagieren mit Oberflächenrezeptoren. Je größer die Zelldichte, desto weniger ansprechbar auf Polypeptidfaktoren werden die Zellen. Hier läßt sich schon ein deutlicher mechanischer Einfluß bei der Steuerung des Wachstums erkennen.
Natürlich sind die Ergebnisse nicht ganz leicht auf die Probleme der skelettären Organogenese zu übertragen. LACROIX u. VERBRÜGGE (1951) hatten beschrieben, daß knochenbildende Induktionen durch die hypertrophe Zone der Wachstumsfuge eine wichtige Rolle bei der Regulierung des enchondralen Wachstums haben.

Zusammenfassend läßt sich sagen, daß nach den bisherigen Ergebnissen Anhaltspunkte dafür bestehen, daß zellinterne (genetische) Faktoren die skelettogene Potenz der Progenitorzellen beeinflussen, daß die Fähigkeit zur Skelettogenese aber nicht zwangsläufig ist und daß sie sich vielmehr nur unter der Einwirkung extrazellulärer Faktoren manifestieren kann. Unter den bekannten extrazellulären Faktoren spielen die Polypeptide eine wesentliche Rolle. Über sie laufen wahrscheinlich viele *lokale* und *systemische* Regulationen.

Systemische und lokale Regulationen des Skelettwachstums

Unter den systemischen Regulationen spielen hormonale Kontrollen eine wichtige Rolle. Aber hormonale Wirkungen sind nur über lokale Bedingungen wirksam oder werden durch sie modifiziert. Knochenwachstum ist *immer* durch *Umbau,* also durch ein ausgewogenes Verhältnis von An- und Abbau, charakterisiert. HARRIS u. HEANEY (1970) vermuten hierbei zwei Kontrollschleifen mit den Charakteristika eines negativen Rückmeldungsmechanismus.
Die erste Kontrollschleife ist *hormonal* und besteht zwischen dem Parathormon (PTH) und dem Calcitonin. Die zweite Schleife berücksichtigt die *Wirkungen äußerer mechanischer Kräfte,* durch die die Knochenmasse und die Anordnung des Knochenmaterials verändert wird. Gerade die Regulation des Knochenumbaues (Bone remodelling) wird durch mechanische Faktoren beeinflußt, die allerdings nur dann kontrolliert wirksam werden, wenn sie hormonal unterstützt werden.
Der *Knochenumbau* hat nach HARRIS u. HEANEY (1970) drei Aspekte:
1. das Ausmaß,
2. die Lokalisation des Umbaues und
3. das Verhältnis von Resorption und Anbau von Knochen bzw. Vermehrung und Verminderung von Knorpel.

Der Knochenumbau dient zwei Zielen:
1. dem Ausgleich des Mineralhaushaltes (Homöostase),
2. der Strukturveränderung des Knochens.

Der homöostatische Umbau kann überall vor sich gehen. Der systemische Effekt der PTH-Calcitonin-Schleife ist indifferent in bezug auf die Lokalisation des Umbaues. Aber mechanische Einflüsse modifizieren die Antwort auf den systemischen Reiz. *Mechanisch belasteter Knochen ist weniger empfindlich gegenüber homöostatischen Einwirkungen als unbelasteter Knochen* (HARRIS u. HEANEY 1970). Es ist nicht die Inaktivität, die zur Atrophie führt, sondern die Aktivität ist es, die der grundsätzlich bestehenden Abbautendenz entgegenwirkt.
Im allgemeinen bestimmt also die PTH-Calcitonin-Schleife den Umfang des Abbaus, und die mechanische Kräfteverteilung legt fest, wo der Umbau stattfindet.

Von allen bekannten Hormonen, die irgendwie den Skelettaufbau beeinflussen, hat wahrscheinlich nur die PTH-Calcitonin-Schleife das Skelett als *primäres Zielorgan.* MCLEAN u. URIST haben die hyperkalzämische Aktivität von PTH 1968 ausführlich beschrieben. Der erste Angriffspunkt scheint der Osteozyt zu sein. Calcitonin bewirkt dagegen *Hemmung* der Calciumlösung aus dem Knochen. Verschiedene Ergebnisse legen nahe, daß PTH die Umwandlung zum Osteoklasten bewirkt. Vergleichbare Ergebnisse in bezug auf eine gegenteilige Calcitoninwirkung sind noch nicht bekannt geworden. Es ist nicht ganz klar, ob beide Substanzen sozusagen in einer interaktiven Schleife wirken.

Die *biomechanischen Faktoren* nützen diese Schleifenwirkung aus, um den für das skelettäre Wachstum charakteristischen strukturellen Umbau zu bewirken bzw. zur Lenkung des Wachstums beizutragen. Es sind die biomechanischen Faktoren, die die Ausformung des Skelettgewebes in bezug auf die funktionellen Erfordernisse des Knochens als Standteil des Haltungs- und Bewegungsapparates bewirken.

Karaharju u. Mitarb. (1976) zeigten, daß in Fehlstellung fixierte Tibiaschaftosteotomien nicht nur zu der erwarteten allgemeinen Steigerung des Längenwachstums führen, sondern zu verstärktem Wachstum auf der konvexen Seite der Wachstumsfuge. Der strukturelle Knochenumbau erstreckte sich dabei auf den gesamten von der Umstellung mechanisch betroffenen Abschnitt der Tibia. Solche Beobachtungen waren ja aus der Klinik nach in Fehlstellung verheilten Frakturen schon seit längerem bekannt (Blount 1966, Böhler 1957).

Die Kräfteeinleitung in den Knochen erfolgt, abgesehen von direkten skelettären Kontakten, durch die Spannung und Anordnung der Muskulatur, die Muskelansätze, das Periost und die Bänder. Die *Kraftentwicklung* erfolgt durch die Muskulatur bzw. die Schwerkraft. Die Verteilung der Kräfte wird weitgehend vom Innervationsmuster und der Anordnung der Muskulatur um den Knochen bestimmt (Pauwels 1965).
Die bekannten Beobachtungen der Wachstumsveränderung bei spastischer Diplegie, nach Gluteus-medius-Insuffizienz bei Meningozelen, das Varuswachstum, die Verkürzung der Tibia und andere Wachstumsstörungen bei Spastizität lassen die Vermutung aufkommen, daß über die neuromuskuläre Kontrolle eine *Feinregulierung des Wachstums* bewirkt wird. Solche Einflüsse sind nicht nur in der postnatalen Phase anzunehmen, sondern spielen auch bereits in der pränatalen Phase eine Rolle.
Blechschmidt (1974) konnte zeigen, daß die Ausformung des Skeletts in der embryonalen Phase nicht *nur* auf die genetische Steuerung des Wachstums und die von ihr bewirkten Wachstumsmuster zurückzuführen sind. Die Gene und die intrazelluläre Konstellation beeinflussen das Wachstum vielmehr durch die zellspezifische Antwort auf die kinetischen und mechanischen Einflüsse, die auch schon beim Embryo nachweisbar sind. Hier spielt der Druck der benachbarten Gewebe ebenso eine Rolle wie die Verteilung der muskulären Spannung.

Die Bedeutung lokaler Einflüsse ist durch eine Reihe von Experimenten eindrucksvoll belegt. Zunächst muß darauf hingewiesen werden, daß das Wachstumsausmaß und die Wachstumsgeschwindigkeit an proximalen und distalen Wachstumsfugen eines Knochens ganz unterschiedlich sind. Das wurde bisher als Ausdruck unterschiedlicher zellinterner Regulierungen angesehen. Heri (1964) führte Autotransplantationen von proximalen und distalen Fugen durch. *Es zeigte sich, daß die Wachstumsleistung eindeutig wirts- und nicht spenderbezogen war.* Das heißt, daß die Verlängerungsrate durch lokale (zellexterne) Faktoren bestimmt wird. Die Aktivität der Knorpel hat keine feste Determination. Eine Drehung der Fuge um 180 Grad führt keine Änderung der Polarität herbei.
Auch die Tatsache des vorzeitigen Schlusses der Wachstumsfuge nach Transplantationen (Willert 1965, Rodegerdts 1976, Heikel 1960) beweist, daß Wachstum und Reifung nicht autonom sind, sondern von äußeren Faktoren abhängen.
Ryöppi (1965) konnte nach Verpflanzung der Schädelnähte ein siebenfach stärkeres Wachstum am Aufnahmeort sehen als an der Spenderstelle. Daraus kann geschlossen werden, daß es entweder am Spenderort lokale hemmende oder am Verpflanzungsort lokale stimulierende Einflüsse gegeben hat.

Andere hormonale Einflüsse

Die übrigen das Skelett beeinflussenden Hormone wirken nicht direkt und spezifisch auf das Skelett.

Das *Schilddrüsenhormon* hat einen anabolischen Einfluß auf den Zellstoffwechsel. Insulin wirkt in dieser Hinsicht ähnlich. Alle *Gonadenhormone* wirken anabolisch. Man nimmt an, daß die Östrogene die Knochenresorption vermindern oder die Knochenneubildung stimulieren. Da sie die allgemeine Entwicklung beschleunigen, führen sie zum früheren Wachstumsabschluß und beeinflussen den Wachstumsvorgang (Harris u. Silberman 1956, Matthiass 1966). Die Kortikoide steigern die Knochenresorption und hemmen das Wachstum und die Knochenneubildung.
Das *somatotrope Hormon* (STH) verdient große Beachtung. Bei Ratten kann die Hemmung des Wachstums nach Hypophysektomie durch Gaben von STH aufgehoben werden. Man hat daraus geschlossen, daß STH einen direkten Einfluß auf das Skelettwachstum hat. Es erscheint jedoch aus mehreren Gründen zweifelhaft: STH agiert als allgemeines Stimulans auf alle Gewebe und nicht skelettspezifisch. Die einzelnen Wachstumszonen reagieren ganz unterschiedlich auf den STH-Reiz. Aus neueren Untersuchungen (Daughaday u. Mitarb. 1972) ist bekannt, daß STH das Wachstum über Somatomedine steigert.

Biophysikalische Einflüsse

Die Annahme einer kausalen Beziehung zwischen biomechanischen Stimuli und der skelettären Struktur bringt noch keine Klarheit über die dabei wirksamen operationalen Prozesse. Eine zunächst recht attraktive Hypothese unterstellt, daß bioelektrische Effekte in diese negative Rückmeldungsschleife einbezogen sind (Basset 1972). Die Regulation der skelettären Zellaktivität ist eine Funktion der bioelektrischen Umgebung. Bioelektrische Potentiale entstehen aus der Entladung eines deformierten Kristalls. Daß diese elektrischen Phänomene unter experimentellen Bedingungen nachgewiesen werden können, ist außer Zweifel.
Bei exzentrischer Belastung des Knochens kann Piezoelektrizität nachgewiesen werden. Auf der „konkaven" Seite kommt es zu einer negativen, auf der „konvexen" Seite zu einer positiven Aufladung. Dieses Modell gibt eine einfache Erklärung dafür, wie eine biomechanische negative Rückmeldung hier wirken *könnte*. Mehr läßt sich aber heute nicht sagen. Der Effekt direkter Stromeinwirkung auf den Knochen, speziell die Frakturheilung, wird heute von mehreren Grup-

pen studiert (Krauss 1974, Lechner 1974, Blümlein u. Mitarb. 1977).
Die Ergebnisse sind widersprüchlich und lassen keine endgültige Aussage zu. Bassets Konzept unterstellt, daß bioelektrische Effekte den zellulären Prozeß einleiten und regulieren. Ein definitiver Beweis für die Richtigkeit dieser Hypothese ist bis heute nicht angetreten worden (Moss 1972, Perren 1976). Es ist nicht ausgeschlossen, daß die beobachteten elektrischen Phänomene nur Paraphänomene sind.

Morphologische Grundlagen des Skelettwachstums und der Skelettreifung

Das spezifische Organ des Skelettwachstums ist die *Wachstumsfuge.* Sie ist der Schlüssel zum Verständnis der orthopädischen Probleme der Kinder und Jugendlichen (Mercer Rang 1969). In erster Linie hier vollzieht sich das Wachstum des Skeletts. Diese Erkenntnis geht auf Hales (1727) und Duhamel (1643) zurück, ist jedoch bis in das 20. Jahrhundert umstritten gewesen, weil man daneben ein interstitielles Wachstum annahm. Es kann aufgrund von Markierungsversuchen (Silfverskiöld 1932, Ryöppi 1965) heute als gesichert angesehen werden, daß es ein interstitielles Wachstum nicht gibt.
Die Wachstumsfuge ist nicht nur der Effektor verschiedener humoraler Stimulations- und Hemmungssysteme, sondern sie besitzt ein eigenes semiautonomes System der Wachstumsregelung.
Wachstum ist in der Wachstumsfuge die Synthese eines organspezifischen Knorpelgewebes und seine Transformation in Knochengewebe. Es findet seinen Ausdruck in der Zellteilung, Zellvergrößerung, Zellwanderung, Synthese von Knorpelgrundsubstanz sowie Transformation von Grundsubstanz in Knochengewebe.
Das natürliche Gleichgewicht zwischen Assimilation und Dissimilation ist in der Fuge während des Wachstums stark zugunsten der Assimilation verschoben. Darüber, welche Faktoren der Fuge den Anstoß zur Zellteilung geben, ist bisher nicht viel Sicheres bekannt (s. dazu auch Abschnitt „Theoretische Grundlagen des Wachstums"). Wir können heute nur sicher sagen, daß neben systemischen Einflüssen auch lokale (mechanische, humorale) Faktoren eine Rolle spielen.

Abb. **3** a–d Die Entwicklung des Knochens: a) sich ausdehnendes Knorpelrudiment bei einem jungen Fetus, b) zentrale Knorpelzellen werden hypertrophisch, c) Verkalkung des Knorpels begleitet von Gefäßeinsprossung, d) manschettenförmige Knochenneubildung um diese Zone herum (Abb. **3** u. **4** aus: *Rang, M.:* The Growth Plate and its Disorders. Livingstone, Edinburgh 1969)

Morphologie der Wachstumsfuge

Der Ersatz des knorpeligen Skeletts durch Knochen beginnt in der 6.–7. Embryonalwoche. Die Ossifikation beginnt in der Diaphyse vom Perichondrium her. Es bildet sich eine Knochenmanschette (Bargmann 1967). Nachdem der diaphysäre Knorpel ersetzt ist, schreitet der Ossifikationsprozeß in Längsrichtung zur Metaphyse fort. In zeitlich deutlich abgegrenzter Reihenfolge entwickeln sich in der Epiphyse Knochenkerne. Ihr Auftreten gestattet die Festlegung des Skelettalters und des allgemeinen Reifungsgrades (s. Abschnitt „Entwicklung des Skeletts in der Wachstumsphase"). Die Bildung des Knochenkernes (Abb. **3**) ist an das Einsprossen von Gefäßen gebunden (Ham 1965). An der Spitze der Gefäßsprossen erhöht sich der O_2-Partialdruck. Dadurch werden der Knorpelumwandlungsprozeß und die enchondrale Ossifikation eingeleitet. Der epiphysäre Knorpel vergrößert sich und wächst auf das Gelenk und die Metaphyse zu (Abb. **4**). Nun stehen sich die metaphysäre und die epiphysäre Verknöcherungsfront gegenüber. Dadurch ist es jetzt zu der Bildung einer typischen Fuge gekommen. Ihr Längenwachstum findet also zunächst an der Gelenkseite der Epiphyse (Mc Kib-

Abb. **4** Entstehung der Wachstumsfuge (III. Metatarsalköpfchen). Die Fuge wird mit zunehmendem Alter dünner. Die Epiphyse hat zunächst eine sphärische Wachstumszone, später eine hemisphärische, bis sie ganz verschwindet

BIN u. HOLDSWORTH 1966), an der zur Metaphyse hingewandten Seite der Epiphyse *und* in der Metaphyse statt. Später reduziert sich die Wachstumsaktivität fast ausschließlich auf den metaphysären Bereich der Wachstumsfuge.

Die histologische Struktur der Wachstumsfuge ist ausführlich von HANSSON (1967), BARGMANN (1967) und RODEGERDTS (1976) beschrieben worden. Von epiphysär nach metaphysär unterscheiden wir folgende Schichten (Abb. 5): Die *epiphysäre Primärspongiosa* ist bei älteren Fugen wie eine Knochenplatte dargestellt, bei jüngeren ist sie genauso wie die metaphysäre Primärspongiosa aufgelockert gebildet. Daran schließt sich die Zone der *epiphysären Eröffnungszellen* an. Sie wird so genannt, weil hier die Auflösung der transversalen Septen oder Eröffnung der Chondrone in breiter Front erfolgt. Dann folgt die *epiphysäre Proliferationszellzone.* In der *Germinativzellzone* liegen die Zellen einzeln oder paarig in relativ kleinen Chondronen. Die Zellteilung ist häufig, RING (1956a).
Nach RING sind Mitosen nur in Transversalschnitten in höherer Anzahl zu sehen. Der Übergang von der Germinativzellzone zur Palisadenzellzone wird als *metaphysäre Proliferationszellzone* bezeichnet.
In der *Palisadenzellzone* füllen die Zellen die Chondrone ganz aus. Am Ende dieser Zone beginnen sich die Chondrone aus dem engen Verbund zu lösen und an Größe zuzunehmen (*Hypertrophiezellzone*) (LACROIX 1949, TRUETA u. LITTLE 1960). Daran schließt sich wieder die *metaphysäre Eröffnungszellzone* an.
Die Säulenformation der letzten vier Zonen wird durch die Longitudinalsepten getrennt, die aus Proteoglykanen und Kollagen aufgebaut sind (RODEGERDTS 1976). Die Trennwände zwischen den Chondronen einer Säule, die Transversalsepten (HANSSON 1967), bestehen ebenfalls aus Knorpelmatrix mit verschieden hohem Anteil an kollagenen Fibrillen.
Daran schließt sich dann die *metaphysäre Primärspongiosa* an. Nach Eröffnung der Chondrone beginnen randständig an den Longitudinalsepten die Resorption der Knorpelgrundsubstanz und die Synthese des Osteoids (ROBINSON u. CAMERON 1956).

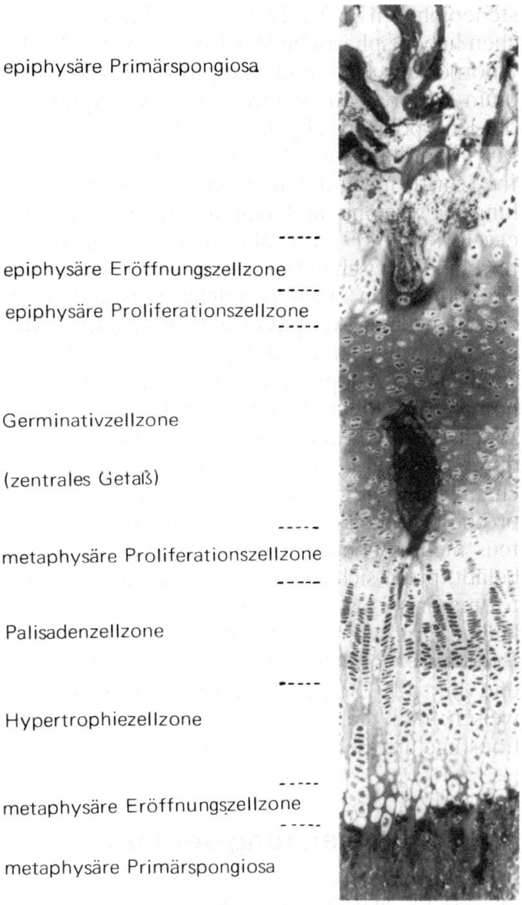

Abb. **5** Schema der Wachstumsfuge (Abb. **5** u. **6** aus: *Rodegerdts, U.:* Die Wachstumsfuge, Morphologie, Histomorphometrik, Stoffwechsel und Funktion nach fugennaher Doppelosteotomie. Habil.-Schr. Münster 1976)

Chemie der Wachstumsfuge

Über die chemische Zusammensetzung der Knorpelgrundsubstanz der Wachstumsfuge sind wir in den letzten Jahren besser orientiert. Die Knorpelgrundsubstanz besteht aus knorpelspezifischem Kollagen vom Typ II. Der amorphe Teil setzt sich aus stark hydratisierten Proteoglykankomplexen und Glykoproteinen zusammen. Zirka 90% der Gesamtglykosaminoglykane bestehen aus Chondroitinsulfat, der Rest aus Keratansulfat. Interessant sind die Unterschiede in der Verteilung der Chondroitinsulfatisomeren. Während in der proximalen Wachstumsfuge der Schweineulna mehr als 50% der Gesamtglykosaminoglykane auf Chondroitin-4-Sulfat entfallen, dominiert in der distalen Fuge das Chondroitin-6-Sulfat (BUDDECKE u. Mitarb. 1975).

Die alkalischen und sauren Phosphatasen werden nur im Bereich der Säulenknorpelformation nachgewiesen. In der Germinativzellzone sind sie nur spärlich nachzuweisen. Die Vorstellung von ROBINSON u. DORFMAN (1969), daß durch fermentative Abspaltung von Phosphationen aus Phosphatestern die Bausteine für die Mineralisation geschaffen werden, ist bisher nicht bewiesen. Auch die Hypothese, daß durch Hydrolyse von Phosphatestern oder Polyphosphaten die Kalzifizierung behindert wird, ist nicht bewiesen. Nachgewiesen ist aber (KÜTTNER u. Mitarb. 1974), daß die Kalzifizierung durch Proteoglykane behindert wird. Nach Zugabe eines knorpelspezifischen *Lysozyms* tritt jedoch die Kalzifizierung ein (SCHMIDT u. BUDDECKE 1975). Hier harrt noch vieles der weiteren Klärung. Auch über die Funktion der bisher qualitativ nachgewiesenen weiteren Fermente, wie die ATP-ase 5-Nukleosidase, verschiedene Hydrolasenproteasen und Laktatdehydrogenasen, konnten bis heute keine gesicherten Vorstellungen entwickelt werden.

Formvarianten der Wachstumsfuge

Neben den typischen Wachstumsscheiben finden sich an den Wirbelkörpern endständige Knorpelscheiben und rudimentäre Epiphysen (Randlei-

stenepiphysen). Die Hand- und Fußwurzelknochen haben sphärische Wachstumszonen, die dem Knorpel der Epi- und Apophysen im Initialstadium entsprechen. Während bei den Apophysen der Knorpel rasch abgebaut wird, bleibt er bei den Fuß- und Handwurzelknochen bestehen.
Im Schrifttum findet man immer noch die Einteilung in Pressions- und Traktionsfugen (z. B. MERCER RANG (1969), obwohl histologisch keine Unterschiede zwischen beiden zu finden sind. Unter Traktionsfugen werden solche verstanden, die zwischen einer Apophyse mit ansetzenden Muskelkräften und einer Metaphyse liegen. Als Beispiel sei die Apophyse des Trochanter major genommen. Es läßt sich leicht nachweisen, daß diese Wachstumsfuge nicht durch Traktion, sondern durch Pression belastet wird. Wenn man den Trochanter major zum Einsetzen einer Totalendoprothese abmeißelt, aber die Insertion des Gluteus medius ebenso wie die des Vastus lateralis beläßt, preßt sich bei der Belastung der Trochanter major so fest auf die Unterlage, daß es meist keiner Drahtnaht zur Fixation bedarf. Auch die Ergebnisse von MORSCHER u. DESAULLES (1964) und JANI (1973) zur Traktionsepiphysiolyse beweisen, daß die Wachstumsfuge nicht als Traktionsfuge angesehen werden kann.

Wachstumsleistung der Fuge

Sie ergibt sich aus der Summe neugebildeter Spongiosa durch Zellteilung, Zellvergrößerung und Grundsubstanzvermehrung. Nach BISGARD (1936), GILL u. ABBOTT (1942) sowie GREEN u. ANDERSON (1947) variiert die Wachstumsrate der verschiedenen Röhrenknochen mit dem Alter, ferner auch mit der Lokalisation der Fuge (proximal weniger als distal). Nach der postnatalen Phase nimmt sie nach PAYTON (1932), HEIKEL (1960) und TAPP (1966) kontinuierlich ab. Die Wachstumsraten korrespondierender Fugen einer rechten und linken Fuge sind gleich (GOFF 1960, RODEGERDTS 1976).
Die Höhe der Fuge variiert mit dem Alter. Sie ist am größten bei jungen Individuen und wird langsam immer niedriger, bis sie schließlich ganz verkümmert. Das Ausmaß der Verringerung der Wachstumsrate ist für jede Fuge spezifisch, wie HANSSON 1967 mit Tetrazyklinmarkierung feststellen konnte. Zwischen der Höhe des metaphysären Knorpels und der Wachstumsrate besteht eine positive Korrelation (HANSSON u. WIBERG 1963, RODEGERDTS 1976). SISSONS (1955) berechnete die Wachstumsleistung pro Tag nach Röntgenlängenmessungen mit dem rechnerischen Schluß, daß bei 300 µm Tagesleistung und der Größe der letzten Zelle vor der Eröffnung von 40 µm pro Tag beim Menschen 7,5 Zellen pro Fuge eröffnet werden. Bei 40 Zellen pro Säule braucht eine Zelle der Germinativzone also 5 Tage bis zur Eröffnung.

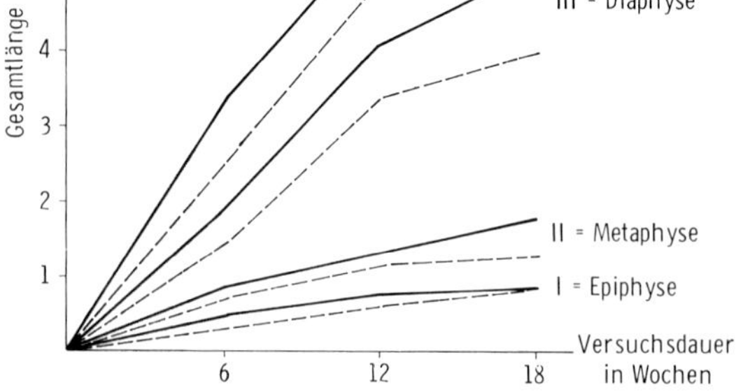

Abb. **6** Wachstumsbeschleunigung der Schweineulna nach proximaler epi-metaphysärer Doppelosteotomie. Rechts: operiert.

Die Leistung der Wachstumsfuge läßt sich durch verschiedene Maßnahmen beeinflussen. Hier ist die Steigerung der Vaskularisation nach a. v. Anastomose (HIERTONN 1957) anzuführen. Bekannt ist ja die Längenwachstumssteigerung beim Morbus Klippel-Trenaunay. Auf eine gesteigerte Vaskularisation dürften auch die Längengewinne nach entzündlichen Prozessen, Tumoren und Frakturen zurückzuführen sein, die ja allgemein bekannt sind. HARRIS (1969) stimmt nicht ganz mit dieser Meinung überein. Nach seiner Ansicht reflektiert die Hyperämie nur den größeren Stoffwechselbedarf einer größer gewordenen Anzahl von Zellen in dem dicker gewordenen Teil der Wachstumsfuge. Die hypertrophierten Zellen haben einen unerwarteten Grad von Aktivität. Die Hyperämisierung wird hier also nur als Folge einer anderweitigen primären Störung angesehen.
Von den vielen Versuchen zur experimentellen Beeinflussung der Leistung der Wachstumsfuge ist zunächst auf die *Periostablösung hinzuweisen, die nach* HARRIS (1969 a) eine gewisse Steigerung des Wachstums bringt. ELO (1960) hatte keine wesentlich vermehrte Wachstumsleistung festgestellt. Die bedeutendsten Untersuchungen zu dieser Frage stammen zweifellos von TRUETA (1960). HANSSON (1967) hat nach Markraumbolzung nach anfänglicher Steigerung der Wachstumsleistung ein zunächst geringeres Wachstum bei verkürzter Säulenknorpelzone festgestellt. Nach 10–14 Tagen kehrte sich die Situation wieder um, bis sie sich schließlich auf dem ursprünglichen Niveau einpendelte. Die fugennahe Osteotomie steigert die Wachstumsleistung der Fuge erheblich stärker und hat auch einen länger anhaltenden Effekt (RODEGERDTS 1976) (Abb. **6**). Dabei konnte auch eine Erhöhung der Fuge beobachtet werden. Es wird ein beschleunigter Durchlauf der Zellen aus der Germinativzellzone nach der Osteotomie angenommen. Manches weist darauf hin, daß die Germinativzellzone der eigentliche Empfänger stimulierender örtlicher oder systemischer Reize ist.

Vieles ist hier noch unbekannt. Man kann aber sagen, daß gewisse Gesetzmäßigkeiten in der Reaktion der Fuge auf Stimulationen doch deutlich erkennbar sind. Wir sehen hier Regelmechanismen (s. auch COTTA 1977) wirksam werden, die dem von TANNER (1962) beschriebenen Catch-up-Phänomen ähneln. Auch diese Beobachtungen sind ein Hinweis auf die Bedeutung lokaler Regulationsmechanismen, deren Hintergründe allerdings noch weiterer Aufklärung bedürfen.

Schluß der Wachstumsfuge

Hierüber gibt es wenig Literatur. BECKS u. Mitarb. (1948) haben die histologischen Veränderungen im Zusammenhang mit dem Schluß der Wachstumsfuge bei der Ratte beschrieben:

Die proliferierenden Chondrozyten werden spärlich, sie formen konische Zellen und nicht Palisaden. Die hypertrophischen Zellen werden unregelmäßig, und der neugeformte trabekuläre Knochen wird reduziert. Knorpel und Knochen bilden sich zurück. Gewisse Abschnitte der Wachstumsfuge werden resorbiert und nicht durch Knochen ersetzt. Die Versorgung mit Kapillaren wird ungleichmäßig, und an verschiedenen Stellen wird der Knorpel perforiert. Dies führt zu sich erweiternden Brücken, und der Knochen wird entlang der Gefäßeinsprossungen abgelagert, was zur Vereinigung von Metaphyse und Epiphyse führt. Die zentralen Trabekel werden langsam zurückgebildet.

Wichtig ist die Feststellung, daß das Sistieren des Wachstums nicht identisch ist mit der Verknöcherung der Fuge. Das Wachstum hört schon längere Zeit vor der Verknöcherung auf. Die Fuge verschmälert sich dann. Ungeklärt ist bis heute, warum der epiphysäre Wachstumsknorpel zum Gelenk hin bestehenbleibt, während er an der Fuge verknöchert wird.

Die meisten Fugen schließen sich während der Pubertät, wahrscheinlich unter dem Einfluß der Nebennierenrindenandrogene. Im Gegensatz dazu verknöchert aber der der Gelenkfläche zugewandte Wachstumsknorpel der Epiphyse nicht. Er ruht nur. Bei der Akromegalie wird diese Wachstumszone reaktiviert. Es kommt auch im Erwachsenenalter zur neuerlichen subchondralen Knochenformation. Der Knochen nimmt dann an Umfang zu.

Warum das Knochengewebe in die Fuge einwächst, ist bis heute nicht klar. Es müssen in der Matrix Veränderungen vor sich gehen, die eine fortschreitende Knochenneubildung ermöglicht. MERCER RANG (1969) nimmt an, daß dies nicht auf eine Ausdehnung der enchondralen Ossifikation, sondern mehr auf eine membranöse bindegewebige Knochenneubildung zurückzuführen ist.

Faktoren, die Wachstum und Entwicklung beeinflussen

Wachstum und Entwicklung werden durch die Erbanlage, Ernährung, Stoffwechselsituation und spezielle hormonale Faktoren sowie Umweltbedingungen beeinflußt. Auch wenn die erstrangige Bedeutung hereditärer Einflüsse keineswegs unterschätzt werden soll, so muß doch der Einfluß anderer Faktoren auch in der durch die Erbeinflüsse bedingten Entwicklungssteuerung sehr betont werden. Jede Phase der Entwicklung eines Individuums bringt keine definitive Situation, sondern nur mehr oder weniger bessere Chancen zur weiteren Entwicklung. Je primitiver und jünger eine Entwicklungsphase ist, desto mehr Entwicklungsmöglichkeiten bestehen, desto größer und allgemein wirksamer werden aber auch die Störungsmöglichkeiten sein. Sehr früh einsetzende „umweltbedingte" Schäden sind hinsichtlich des Ausmaßes der Schädigungsfolge kaum von hereditären Schäden abzugrenzen. Ja, es scheint so zu sein, daß die gleichen Faktoren, die hereditäre Schäden auslösen, auch die weitere Entwicklung stören können, so daß eine strenge Trennung hereditärer und umweltbedingter Schäden nicht sinnvoll erscheint. Wenn wir die Probleme von Wachstum und Entwicklung darstellen wollen, müssen wir deshalb auch alle möglichen Faktoren, auch die erblichen, zur Darstellung bringen, soweit sie für das Verständnis der Entstehung, des Verlaufes und des therapeutischen Ansatzes bei orthopädischen Krankheiten von Bedeutung sind. Erbliche Störungen wirken sich sowohl auf die Proportionen als auch auf das Ausmaß des Gesamtwachstums aus.

Heredität (genetische, intrazelluläre Faktoren)

Das Material, mit dem das Leben des Embryos beginnt, setzt sich aus dem Zytoplasma und dem Kern des befruchteten Eies zusammen. Der Kern enthält die Gene, die bei jedem Individuum differieren und die charakteristischen Eigenschaften des Individuums bewirken. Eine der fundamentalen Eigenschaften des Lebens ist die Fähigkeit zur *Reproduktion*. Reproduktion betrifft immer nur die eigene Art des Organismus. So finden wir eine enge Beziehung zwischen Eltern und Nachkommen. Dies bezieht sich sowohl auf den Ersatz „aufgebrauchten" als auch durch Verletzung zerstörten Gewebes. Bei manchen Geweben besteht keine Fähigkeit zum vollständigen Ersatz, z. B. beim zentralen Nervensystem. Das Material, das für die Reproduktion benötigt wird, ist die *Deso-*

xyribonukleinsäure (DNA). Sie ist das wichtigste Bauelement der Gene und der Chromosomen (Lowrey 1973).

Das molekulare Modell der DNA besteht aus zwei helisch zueinander liegenden Ketten von alternierenden Zuckern (Desoxyribose) und Phosphaten. Diese sind wie die Sprossen einer Leiter mit Stickstoffbasen verbunden, die in den Zuckermolekülen verankert sind. Die Stickstoffverbindungen sind Purine, Adenine, Guanine und Pyrimidine. Die DNA-Moleküle sind extrem groß und haben ein Molekulargewicht von mehreren Millionen. Die Paarung der Stickstoffbasen ist immer die gleiche: Adenin mit Thymin und Zytosin mit Guanin. Wenn demnach die Ordnung in einer Schleife bekannt ist, so kann man immer auf die Ordnung in der anderen zurückschließen. Die Sequenz der Aminosäuren ist die Basis des genetischen Codes.
Bei der Reduktionsteilung (Meiosis) von männlichen und weiblichen Zellen wird DNA in einzelne Ketten gespalten. Diese einzelnen Ketten werden dann von der Umgebung angezogen und bilden die räumlich getrennten Kopien der ursprünglichen Doppelhelix. Die Befruchtung der Keimzelle ist einer der Stimuli für diesen Verdoppelungsprozeß. Die chemische Natur der Gene ist nicht exakt bekannt, aber wahrscheinlich bestehen sie aus einem oder mehreren Nukleotiden (Stickstoffbasen plus Zucker plus Phosphat). Wenn sich das so verhält, dann gibt es Tausende von Genen in einem DNA-Molekül, und die Gesamtzahl der Gene dürfte bei über 50000 liegen (Stern 1960).

Alle Lebensfunktionen beruhen auf der Synthese von Proteinen. Protein setzt sich aus mehreren oder vielen *Polypeptiden* zusammen. Diese bestehen, wie oben ausgeführt, aus in Ketten verbundenen Aminosäuren (s. Abschnitt „Systemische und lokale Regulationen des Skelettwachstums"). Es gibt ca. 20 Aminosäuren. Aber da ein Polypeptid aus mehr als 200 Aminosäuren in unterschiedlicher Folge bestehen kann, ist die *Variabilität der Proteinstruktur praktisch unbegrenzt.* Struktur und Funktion der Eiweiße beruhen auf der Aminosäurensequenz.
Die Anordnung der Stickstoffbasen wirkt als „Template" für die Proteinsynthese und die Art der Aminosäurensequenz. Die genetische Information wird durch die Messenger-RNA von den Genen im Kern auf das Zytoplasma übertragen. Die MessengerRNA-Kette ist kleiner als die DNA-Kette, sehr labil und hat eine Halblebenszeit von Minuten oder Stunden. Die Messenger-RNA wird von einem DNA-Strang synthetisiert, mit komplementärer Paarung der Basen, mit der Ausnahme des Uracil-Thymins. Die Messenger-RNA wandert vom Nukleus zum Zytoplasma, in welchem die *Ribosomen* lokalisiert sind. Diese sind der Hauptsyntheseort für das endgültige Protein.
Man glaubt, daß die freien Aminosäuren anderen Ribonukleinsäuren angelagert werden, die als Transfer-RNA bezeichnet werden. Diese sind sehr kurze Ketten. Auf „Befehl" produziert die DNA Messenger-RNA, die den Code für Transfer-RNA abgibt. Diese transportiert die einzelnen Aminosäuren zu den Ribosomen, wo sie entsprechend den „Templates" aufgereiht werden und die „Verkoppelung" erfolgt. Eine weitere Ribonukleinsäure, die Ribosom-RNA, ist verantwortlich für das gebildete Produkt.
Alle biologischen Reaktionen werden durch *Enzyme* katalysiert. Wir verstehen darunter ein Protein, das spezifisch für eine Reaktion wirkt und für ein Substrat, oder es katalysiert eine Gruppenreaktion, wie die Oxydation aller Aldehyde durch die Aldehydoxydase. Jedes Enzym hat eine spezifische Struktur und eine spezifische Funktion. Alle die biochemischen Prozesse sind aufzulösen in eine Reihe von individuellen Reaktionen, jede abhängig von der vorangegangenen Reaktion. Jede Reaktion steht andererseits unter dem Einfluß eines bestimmten Enzyms. Da das Enzym aber ein individuelles Eiweiß ist, wird es in seiner Struktur genetisch beeinflußt. Schließlich scheint gesichert zu sein, daß eine *Mutation* eines einzelnen Gens auch nur zur Änderung der Fähigkeit einer einzelnen Zelle und zu einer einzigen chemischen Reaktion führt („Ein Gen für ein Enzym" [Jukes 1965]).
Die Kernsubstanz der Zygote und aller davon abgeleiteten Zellen enthält 46 Chromosomen. Die Keimzellen enthalten halb soviel Chromatinmaterial im Hinblick auf die Reduktionsteilung. Die Vereinigung der zwei Gameten (Keimzellen) stellt in der befruchteten Zelle die Zahl der Chromosomen, die für die somatischen Zellen charakteristisch sind, wieder her. Von den 46 Chromosomen sind 23 väterlicher und 23 mütterlicher Herkunft. Jede Serie von Chromosomen enthält einen kompletten Satz von Genen und damit einen kompletten Satz von Entwicklungsmöglichkeiten. Die mütterlichen und väterlichen Chromosomen können in 22 homologe Paare mit 22 Gegensätzen geordnet werden. Diese Chromosomen werden als *Autosomen* bezeichnet. Dazu kommen 2 Geschlechtschromosome, homolog bei der Frau (XX), heterolog beim Mann (XY).
Jeder Erbgang geschieht unter dem Einfluß eines Genpaares. Aber andere Einflüsse einschließlich anderer Genpaare können ihre Wirkung beeinflussen.
Im allgemeinen haben die zwei Teile eines Paares eine ähnliche Funktion. Sie können aber in ihren qualitativen oder quantitativen Potenzen differieren. Bei sehr ähnlichen oder gleichen Resultaten sprechen wir von *Homozygoten,* wenn die Teile des Genpaares stark differieren, von *Heterozygoten.* Wenn das eine der Gene mehr aktiv ist als das andere, spricht man von *Dominanz.* Das reaktiv schwächere Gen wird als *rezessiv* bezeichnet. Ein rezessives Gen kann seine Charakteristik nur zur Darstellung bringen, wenn es mit einem ähnlichen Gen gekoppelt ist oder bei einer homozygoten Person.
Um den Unterschied in der durch die Gene bedingten äußeren Erscheinung zu bezeichnen,

sprechen wir von *Phänotypen*. Mit *Genotypus* bezeichnen wir dagegen die genetische Struktur eines Individuums.

Wenn das Genpaar eine bestimmte anatomische oder physiologische Gegebenheit unterschiedlich beeinflußt, z. B. Länge oder Kürze, werden sie als *Allele* bezeichnet.

Die Ausformung der Keimzellen geschieht durch die Reduktionsteilung, bei der die Glieder eines Chromosoms sich separat teilen. So hat dazu jede Keimzelle 23 Chromosomen. Es gibt eine völlig freie Mischung dessen, was vorher väterliche oder mütterliche Chromosomen waren. Bei den 46 menschlichen Chromosomen sind dann 17000000 Kombinationen zur Zeit der Reduktionsteilung möglich (Stern 1960). Wenn ein Gen eine stärkere Expressivität bei der Reproduktion seiner Eigenschaften als ein anderes hat, sprechen wir, wie gesagt, von *Dominanz*. Bei verschiedenen Paaren von Genen findet man ein weites Spektrum solcher Dominanzen. Ein *komplett* dominantes Gen wird den Effekt unabhängig von der Natur seines Allels bewirken. Ein *inkomplett* dominantes Gen wirkt dagegen *nur in die Richtung* seines Typs. Eine Person mit streng dominantem abnormem Erbgang ist normalerweise heterozygot. Eine andere Person habe ein stark dominantes pathologisches Gen und ein rezessives normales. Dieses Individuum zeigt die pathologische Entwicklung, weil das normale rezessive Gen unterdrückt wurde. Dieses Individuum habe den Gentypus (An). Wenn dieses Individuum Kinder von einer Person ohne abnorme Gene hat, werden die Nachkommen wie folgt aussehen:

Eltern	(An)		×	(nn)
Keimzelle	A n			n n
Nachkömmling	(An)	(An)	(nn)	(nn)

Die Hälfte der Nachkömmlinge wird heterozygot sein und eine abnormale Entwicklung zeigen. Die andere Hälfte wird homozygot und normal sein.

Es gibt Situationen, in denen heterozygote Individuen den Phänotyp von beiden Eltern zeigen und die wahre Dominanz des einen oder anderen nicht eintritt.

Nehmen wir eine Person mit der Blutgruppe AB als Beispiel. Sie habe auch Gene mit intermediärer Dominanz, die von klinischer Bedeutung ist. Die Verteilung der Sichelzellanämie in der Bevölkerung erscheint als Folge eines rezessiven Gens. Wenn die Sichelanlage ohne Bedeutung für die Krankheit wäre, würde sie stark dominant erscheinen, wie z. B. ein großer Anteil der Neger eine solche Anlage hat. Wenn beide, Anlage und Krankheit, zusammen gesehen werden, muß man schließen, daß die Krankheit durch intermediäre Dominanz übertragen wird. Die Sichelzellanlage repräsentiert den heterozygoten Zustand und die Manifestation der Krankheit den homozygoten Zustand.

Die *dominanten* pathologischen Anlagen und Krankheiten übertreffen die rezessiven an Zahl. Im Gegensatz zu diesen haben sie eine Tendenz zu *späterer* und auch meist nicht so schwerer Manifestation.

Sie erscheinen natürlich in mehr als einer Generation, aber wenn nicht ein Elternteil erkrankt ist, werden sie selten regelmäßig in einer Sippe gefunden. Wahrscheinlich gibt es eine erbliche Varianz zwischen den betroffenen Gliedern einer Familie (Ford u. Hamerston 1976). Das Marfan-Syndrom und die Osteogenesis imperfecta gehören hierher. (Wynne-Davies 1973).

Ein heterozygotes Individuum mit einem abnormen rezessiven Gen wird normal erscheinen entsprechend der Dominanz des normalen Gens. Wenn aber diese Person Nachkommen von einem anderen heterozygoten Individuum hat, wird ein Viertel der Nachkommen Abnormalität zeigen.

Eltern	(Np)	×	(Np)
Keimzelle	N p		N p
Nachkommen	(NN) (Np)		Np (pp)

Nur der Genotyp (pp) wird Abnormalität zeigen. Daß es zu einer solchen Konstellation kommt, ist bei Blutsverwandtschaft sehr viel wahrscheinlicher als bei normaler Heirat.

Wenn eine homozygote Person mit abnormem Gen eine Person mit normalem Phänotyp, aber heterozygotem Genotyp für dieselbe Abnormalität heiratet, wird die Hälfte der Kinder abnorm, die andere Hälfte aber normal erscheinen, wird also Träger des abnormalen rezessiven Gens sein.

Eltern	(Np)	×	(pp)
Keimzelle	N p		p p
Nachkommen	(Np) (Np)		(pp) (pp)

Oberflächlich kann eine solche Familie (über nur zwei Generationen ein Muster einer dominant pathologischen Anlage zeigen. Nur die sorgfältige Untersuchung von mehr als zwei Generationen wird die wahre Situation aufklären, wenn alle Nachkommen normal erscheinen, aber Träger der abnormalen Anlage sind.

Die meisten *angeborenen Stoffwechselerkrankungen* sind auf rezessive Gene zurückzuführen. Im Gegensatz zu den dominanten Anlagen sind die rezessiven, vererbbaren Störungen schwerer und beginnen mit früherem Lebensalter. Oft sind mehrere Mitglieder einer Familie betroffen. Die Betroffenen sind oft steril und weniger fruchtbar als die normale Bevölkerung. Die *Phenylketonurie* gehört zu diesen Erkrankungen. Ein davon betroffenes Kind hat einen Block in der Synthese von Thyrosin aus Phenylalanin, der auf einen Enzymdefekt zurückzuführen ist. Es kommt zu einer Akkumulation von Phenylalanin und seinen Vorstufen, was zu nervalen Störungen führt sowie zur Verminderung der Pigmentbildungsfähigkeit. Unbehandelt zeigen diese Kinder eine mentale Retardierung, helles Haar und blaßblaue Augen. Es ist interessant, daß einige Heterozygote, obwohl sie keine Manifestation der Krankheit zeigen, nicht in der Lage sind, große Mengen Phenylalanin so schnell in Thyrosin umzuwandeln wie ein normales Kind. Hier handelt es sich wahrscheinlich um ein Gen, das unvollkommen rezessiv ist, ebenso wie es unvollkommen dominante Gene gibt.

Zu diesen Erkrankungen gehören eine Reihe von auch in der Orthopädie wichtigen Störungen, wie die Alkaptonurie (LASKAR u. SARGISON 1970), der diastrophische Zwergwuchs (AMUSO 1968, WILSON u. Mitarb. 1969, der Morbus Morquio (MCKUSICK 1966), aber auch der Morbus Hurler, die spondyloepiphysäre Dysplasie (SPRANGER u. LANGER 1970). Auch für das Larsen-Syndrom werden solche Zusammenhänge diskutiert, (STEEL u. JAMES 1972).

Erbliche Eigenschaften können auf einer kombinierten Aktion mehrerer Gene beruhen. Wir sprechen von *multifaktoriellen Störungen.*

Nach dem Wahrscheinlichkeitsgesetz kann die Manifestation eines abnormen Erbganges vermindert sein, wenn er auf verschiedenen Genen beruht. So kann man ein abnormes Kind mit genetischem Defekt finden, während seine Familie völlig frei von Symptomen sein kann. Es muß in diesem Zusammenhang besonders betont werden, daß eine *negative Familienvorgeschichte keineswegs eine genetische Entstehung einer Erkrankung ausschließen läßt.* Hinzu kommt, daß *andere Faktoren die phänotypische Ausprägung eines pathologischen Merkmals beeinflussen können.* Diese *Umweltfaktoren können die Expressivität eines Gens modifizieren.* Andere Umstände können die zytoplasmatischen Charakteristika der Zelle beeinflussen, die Verfügbarkeit bestimmter Substrate, z. B. durch Veränderungen der *Ernährung,* hormonale Veränderungen und wahrscheinlich auch infektiöse Zustände.

Mit der Diskussion multifaktorieller Störungen betreten wir ein Gebiet, über das man heute noch wenig gesicherte Kenntnisse hat. Bei orthopädisch wichtigen Entwicklungsstörungen ist auch eine multifaktorielle Entstehung zu diskutieren.

Viele vererbbare Eigenschaften des Menschen lassen sich von multiplen Gensystemen ableiten. Das betrifft vor allen Dingen kontinuierliche Variationen bis hin zum Normalen und betrifft z. B. die Körpermaße, Längen- wie Breitenentwicklung. *Eine besondere Eigenschaft polygener Vererbung ist ihre große Beeinflußbarkeit durch Umweltfaktoren.* Bei multifaktorieller Vererbung ist die Zahl gleich oder gegensätzlich wirkender Gene von großer Bedeutung, z. B. der Gene, die Verstärkung des Wachstums bewirken im Verhältnis zu der Zahl derjenigen, die Verminderung des Wachstums bewirken. Die Wachstumseigenschaften zeigen eine kontinuierliche Variation mit einer „Normalverteilung".

Dieser Verteilungstyp zeigt die Beteiligung multipler genetischer oder umweltbedingter Faktoren an.

Der kontinuierliche Übergang von einer Fehlbildung zur Norm ist also ein wesentliches Charakteristikum multifaktorieller Einflüsse. Das ist z. B. beim sog. *kongenitalen Klumpfuß* nachweisbar. Er gehört zu den Krankheiten mit geringer Vererbbarkeit, bei denen aber doch eine gewisse familiäre Häufung festzustellen ist (2,9% gegenüber 0,1% in der Normalbevölkerung). Bei monozygoten Zwillingen steigt die Häufigkeit auf 32,5% an (WYNNE-DAVIES 1965, V. VERSCHUER 1959).

Auch für die idiopathische Skoliose wird ein multifaktorieller Erbgang diskutiert. Bei der *Säuglingsskoliose* (infantile Skoliose) hat man bisher kein eindeutig genetisches Muster feststellen können. Zwillingsstudien gibt es darüber bisher nicht. Obwohl für die *idiopathische Skoliose des Adoleszentenalters* mehr Daten vorliegen, ist eine Klärung bisher nicht möglich gewesen. Die vorliegenden Daten sprechen mehr dafür, daß dominanter Erbgang mit verminderter Penetranz vorliegt, weil die Häufigkeit bei Verwandtschaft zweiten und dritten Grades nicht besonders ansteigt (MACEWEN u. LOWELL 1970).

Für die *kongenitale Hüftgelenksluxation* ist die multifaktorielle Natur der Deformität durch die Tatsache wahrscheinlich, daß ein ansteigendes Risiko mit der Zahl der betroffenen Individuen einer Familie festzustellen ist (WYNNE-DAVIES 1973).

Auch für den *Morbus Perthes* und die *Epiphyseolysis capitis femoris* (RENNIE 1967) wird eine multifaktorielle Genese diskutiert. Allerdings liegen hierüber noch nicht genügende Familienuntersuchungen vor (CATTERALL u. Mitarb. 1971). – Hier muß noch die *Pleiotropie* erwähnt werden. Dabei handelt es sich um die Tatsache, daß ein einzelnes Gen eine Vielzahl differenter Wirkungen auf verschiedene Organe und Organsysteme ausübt.

Ein einzelnes mutierendes Gen verursacht Veränderungen in verschiedenen Organen. Das *Marfan-Syndrom* ist ein Beispiel dafür: Die Röhrenknochen sind verlängert, die Muskulatur hypoton, das subkutane Fettgewebe vermindert, die Linse gelockert. Oft wird eine Retinaablösung beobachtet. Veränderungen der Aorta und der Aortenklappe werden häufig gefunden.

Es wurde schon oben dargestellt, daß 22 Paare der menschlichen Chromosomen homolog sind. Das restliche Paar wird von den *Geschlechtschromosomen* gebildet. Bei den Männern haben diese unterschiedliche Größe. Das größere wird mit X bezeichnet, das kleinere mit Y. Bei den Frauen sind beide gleich groß und werden als X-Chromosomen bezeichnet. Bei der Reduktionsteilung der männlichen Keimzelle erhält eine Keimzelle ein X- und die andere ein Y-Chromosom. Die Befruchtung führt zur Kombination von X und Y, somit einem männlichen Wesen oder zu der Kombination von X und X, damit zu einem weiblichen Wesen. Da die Gene des X-Chromosomens beim Manne nicht einer gleichen Zahl von Genen bei den kleineren Y-Chromosomen gegenüberstehen, bekommen die Gene des X-Chromosomens einen einzigartigen Einfluß auf die Entwicklung des Gesamtorganismus.

Rezessive Anlagen im X-Chromosom des Mannes werden nicht dominiert durch die analogen Gene im Y-Chromosom. Bei der Frau werden solche Gene gewöhnlich ausgeglichen durch die Aktivität des analogen Gens im zweiten X-Chromosom. Gewisse pathologische Erbanlagen manifestieren sich deshalb nur beim Manne, wie die Hämophilie und die Farbenblindheit.

Mutation wird deshalb als permanent übertragbare Veränderung des Erbcharakters eines Nachkömmlings bezeichnet. Es ist bisher wenig über die Ursachen und die Art der Entstehung solcher

Mutationen bekanntgeworden. Röntgenbestrahlung ist seit langem als mutagen bei niedrigen Tieren bekannt, und beim Menschen wird sie als wichtige Ursache dafür angesehen.
Die ungefähre Mutationszahl in bezug auf die Position eines bestimmten Gens wurde mit 3×10^{-5} geschätzt (PUCK 1960). Es sollte aber besonders betont werden, daß viele Leiden zwar durch Mutation hervorgerufen werden, daß sie aber ebenso als die Grundlage erblicher Variationen angesehen werden müssen und damit als *Basis der Evolution und der Formierung neuer Arten.*
In letzter Zeit wurden *Abweichungen von der normalen Zahl* von 46 Chromosomen beobachtet. Diese sind nicht zufällig in numerischer Variation bei normalen Individuen. Sie sind in Verbindung mit bestimmten klinischen Syndromen festgestellt worden. Durch spezielle Techniken können die Zahl und die Identität der Chromosomen in Zellen verschiedener Gewebsarten festgestellt werden. Der Begriff *Karyotypie* wurde zur Kennzeichnung dieses Ordnungsvorganges gewählt. Jede Art und jedes Individuum hat einen spezifischen Karyotyp, der die Nummer der Chromosomen kennzeichnet, ebenso wie ihre Form und Größe in allen Geweben.

1949 wurde erstmals ein Kind mit *Mongolismus* und zusätzlichen autosomalen Chromosomen beschrieben, also mit ingesamt 45 Chromosomen. Dies ist seither vielfach bestätigt worden. Zusätzliche Autosome werden im Zusammenhang mit multiplen kongenitalen Anomalien und mentaler Retardierung unabhängig vom Mongolismus beschrieben.
Andere Beispiele menschlicher chromosomaler Polymorphie wurden beschrieben mit entweder zuviel oder zuwenig Chromosomen des autosomalen Typs. Dazu gehören vor allem schwere Armfehlbildungen in Kombination mit mentalen Störungen.

Auch die *Geschlechtschromosomen* können mißgebildet sein. Anzeichen solcher Fehlbildungen wurden zuerst bei Studien über das Problem der Intersexualität festgestellt.
Ein kräftig gefärbter intranukleärer Körper wurde in einem hohen Prozentsatz in Geweben normaler Frauen festgestellt. Das stark färbende Material wurde als Geschlechtschromatinkörper (Sexchromatin-body) gekennzeichnet. Wenn es nicht nachgewiesen wird, wird das Individuum als chromatinnegativ bezeichnet, ein Charakteristikum normaler männlicher Zellen. Für die Formierung chromatinpositiver Zellen ist die Anwesenheit zweier X-Chromosomen notwendig.
Das Klinefelter-Syndrom (KLINEFELTER u. Mitarb. 1945) wird entdeckt durch einen chromatinpositiven Befund bei phänotypischen Männern.

Die äußeren Genitalien erscheinen normal. Doch kommt es während der Pubertät zu Gynäkomastie, weiblicher Pubesbehaarung, Langbeinigkeit und häufig zur Entwicklung von X-Beinen bei Osteochondrisis tibiae sowie zur Epiphysiolysis capitis. Die erreichte mittlere Körpergröße liegt gewöhnlich über der Norm (Abb. **7**). Die Patienten sind steril infolge Aspermato-

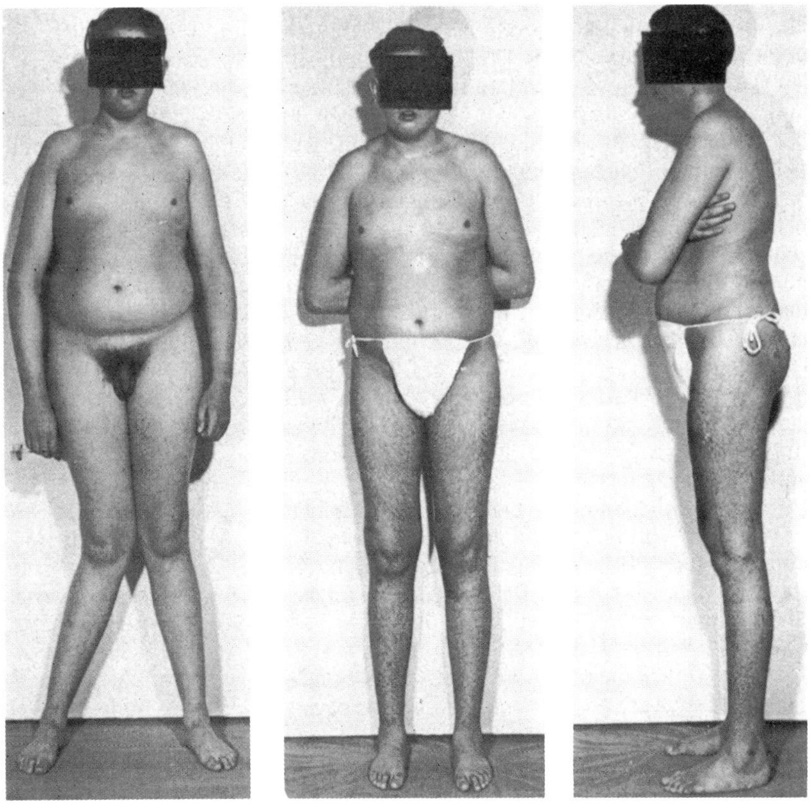

Abb. **7** Patient mit Klinefelter-Syndrom. Es liegen eine Epiphyseolysis capitis femoris und ein X-Bein vor

genese als Folge der Atrophie und Sklerose der Nebenhoden. Im Urin finden sich erhöhte Werte von Gonadotropien (FSH). Es liegen 47 Chromosomen vor, wovon das zusätzliche ein Geschlechtschromosom ist (XXY). Bei der genetischen Konstitution (XXXY) wird die Kombination mit einer radioulnaren Synostose beobachtet. Bei (XXXXY) kommt die Coxa valga mit radioulnarer Synostose häufiger vor (MERCER RANG 1969).

Das *Turner-Syndrom* (TURNER 1938) ist durch Minderwuchs mäßigen Grades gekennzeichnet und durch das Ausbleiben der sexuellen Entwicklung in der Zeit der normalen Pubertät. Man findet oft eine schlaffe, segelartige Nackenhaut, Cubitus valgus und mentale Retardierung. Die Chromosomenuntersuchung zeigt chromatinnegative Zellen und 45 Chromosomen. Das einzige Geschlechtschromosom ist ein X-Chromosom (gewöhnlich mit X0 bezeichnet). Die Ovarien sind rudimentär und haben keine normalen follikulären Strukturen.

Orthopädisch ist das Turner-Syndrom insofern bedeutungsvoll, als es zur Rarifikation der Knochen, besonders an Händen und Füßen, kommen kann. Gelegentlich sieht man Brustkorbdeformitäten (Kielbrust). Selten treten Anomalien der Halswirbelkörper auf. Gelegentlich ist eine Spina bifida lumbalis und manchmal eine schwere Skoliose zu finden. Der Cubitus valgus ist zwar manchmal recht deutlich, aber nur selten behandlungsbedürftig. Die Madelungsche Deformität wurde beobachtet sowie Kurzfingerigkeit und Syndaktylie, außerdem Hallux valgus. Bei evtl. operativen Eingriffen ist daran zu denken, daß Nierenanomalien und kongenitale Herzfehler nicht selten sind (WILKINS 1965).

Die meisten Genetiker erklären die Variationen der Chromosomenzahl als Ergebnis ungenügender Trennung. Bei der Vorbereitung zur Zellteilung ordnen sich die doppelten Chromosomen an der Äquatorialplatte an. Sie teilen sich dann, und Glieder jeden Paares gehen zu den gegenüberliegenden Polen. Wenn keine Trennung eintritt, gehen die Chromosomen beider Paare zu dem gleichen Pol, woraus ein gesondertes Chromosom einer Tochterzelle resultiert und ein entsprechender Defekt an der anderen Tochterzelle. Wenn diese ungleiche Teilung während der Formierung der Gameten eintritt, entweder während der Mitose der Stammzellen oder während der Meiosis, wird die Abnormität auf die nächste Generation übertragen. Hierzu gehören u. a. auch die Trisomie und die Monosomie.

Es muß abschließend noch einmal hervorgehoben werden, daß von den vielen angeborenen Deformitäten bei den bisher bekannten Techniken nur einige wenige auf Chromosomenaberrationen zurückzuführen waren. Über 20% der Fälle von Fruchttod während des ersten Trimenons und 15% der Todesfälle in der Neugeborenenperiode gehen auf schwere angeborene Fehlbildungen zurück (FRASER 1959).

Studien über Aborte im ersten Trimenon haben bei 30% eine Beziehung zu numerischen Chromosomenaberrationen ergeben. Durch Blutkulturtechniken konnte festgestellt werden, daß bei 1% aller Neugeborenen Chromosomenabnormitäten bestehen. Die Hälfte davon sind morphologischer Natur, je zur Hälfte mit autosomalen Störungen oder Störungen der Geschlechtschromosomen (BROWN 1967). Wenn man diese Ergebnisse zusammenfaßt, so kommt man zu der Feststellung, daß etwa 7,5% aller menschlichen Konzeptionen Chromosomenanomalien aufweisen. Ungefähr 10% sind normal, 80% führen zum Abort, 10% überleben einige Zeit mit Mißbildungen (POLANI 1970). Im Alter von 1 Jahr haben 7,3% der Kinder in den USA manifeste Fehlbildungen. Doch bedeutet das üblicherweise in vielen Fällen keine ernsthafte Behinderung (GREEN 1963).

Pränatale Einflüsse

Die pränatale Entwicklung ist zunächst einmal durch eine exzessive *Wachstumsleistung* gekennzeichnet. Es ist festgestellt worden, daß in der normalen pränatalen Periode 44 sukzessive Zellteilungen stattfinden, in der gesamten postnatalen Periode bis zum Wachstumsabschluß aber nur noch 4 (LOWREY 1973). In den ersten Wochen ist die Zellteilungsrate besonders groß. Innerhalb von 4 Wochen kommt es zu einer Gewichtszunahme der Eizelle von 0,0015 mg auf 1,1 g. Von da ab beträgt die Steigerung bis zur 12. Woche 1190% (auf 14,2 g) und nimmt dann immer weiter kontinuierlich ab (STREETER 1920, 1944, SCAMMON u. CALKINS 1924).

Die sehr differenzierten Vorgänge bei der Zellentwicklung im Zusammenhang zwischen Nukleus, Zytoplasma und der Zellumgebung können leicht gestört werden. Jede Unterbrechung dieser Entwicklung in der *Embryonalzeit* kann zu schweren Fehlbildungen führen. Störungen in der *Fetalperiode* führen mehr zu Störungen, die denen ähneln, die in der postpartalen Zeit entstehen.

Die möglichen pränatalen Störungsfaktoren seien kurz aufgeführt:

1. Ernährung (Vitamindefizit, Jodmangel u. a.),
2. mechanische Faktoren (amniotische Abschnürungen, Ektopie, abnorme fetale Positionen, Traumen, Oligohydramnion),
3. endokrine Störungen (mütterlicher Diabetes, Aufnahme von stark wirksamen Hormonen, Alter der Eltern),
4. chemische Einwirkungen,
5. Strahleneinwirkungen (Röntgen, Radium),
6. Infektionen (Röteln, Toxoplasmose, Histoplasmose, Syphilis etc.),
7. Anoxie.

Auf die Bedeutung des Vitaminmangels in der mütterlichen Diät hat vor allem WARKANY (1947) hingewiesen. Mechanische Faktoren, insbesondere Lageanomalien, spielen bei partiellen Entwicklungsstörungen wie dem

Klumpfuß, dem Hackenfuß und der Mikrognathie möglicherweise im Rahmen eines *multifaktoriellen* Gesamtgeschehens eine Rolle.
Der *Diabetes der Mutter* geht mit einer erhöhten Mißbildungsrate (5,4–11%; Manzke 1977) einher, aber auch mit Veränderungen der Körpermaße. Amendt u. Mitarb. (1971) und Manzke (1977) fanden viel übergroße und übergewichtige Kinder.
Unter den *chemischen Einflüssen* muß das Thalidomid angeführt werden. Aber auch andere chemisch bedingte Fehlbildungen sind bekannt, wie z. B. die durch Propylthiouracil oder Aminopterin und Stickstoff-Lost ausgelöst sind. Auch das Tetrazyklin ist hier zu erwähnen, das leichtere Retardierungen des Skelettwachstums hervorrufen kann.
Hormonale Einflüsse können die fetale Entwicklung schädigen, obwohl nur wenig gut dokumentierte Fälle bekanntgeworden sind. Zu erwähnen ist hier der Hypothyreoidismus, das adrenogenitale Syndrom und der Diabetes mellitus der Mutter.
Die Beeinflussung des Wachstums durch *radioaktive Strahlung* soll hier nur kurz erwähnt werden. Unsere Kenntnisse stammen vor allem von den Atombombenschäden in Hiroshima und Nagasaki. Wenn die Strahlenexposition der Mutter innerhalb der ersten 20 Schwangerschaftswochen und in einer Entfernung vom Hypozentrum bis zu 1200 m betruf, war die Chance der Geburt eines normalen Kindes minimal. Bei geringerer Exposition infolge größerer Distanz wurden Hüftluxationen, Mißbildungen der Augen, kongenitale Herzfehler und Mongolismus gehäuft beobachtet. Kinder, die in utero der Strahlung ausgesetzt waren und zunächst keine erkennbaren Störungen aufwiesen, zeigten unternormale Körperlänge, Gewicht und Kopfumfang. Kinder, die unter 5 Jahren dem „fall out“ ausgesetzt waren, zeigten nach 9 Jahren eine retardierte Skelettreifung und ein vermindertes Längenwachstum.

Wir sehen also hier, ähnlich wie auch bei anderen frühembryonalen Schäden, eine langanhaltende negative Beeinflussung der Leistung der Wachstumsfugen. Das ist z. B. auch von der Thalidomidembryopathie bekannt (Maaser 1976).
Auch wenn wir noch die Schädigungen durch infektiöse Prozesse (Röteln, Syphilis, Toxoplasmose etc.) sowie die durch Erythroblastose bedingten Schädigungen aufführen, so bleibt doch eine große Zahl von Entwicklungsdefekten, die nur schwer aufzuklären sind. Bei der Abwägung der Einflüsse genetischer und umweltbedingter Schäden sollte der Gedanke Frasers (1959) berücksichtigt werden, daß die meisten Fehlbildungen aus Interaktionen von genetischen Fehldispositionen und Umweltsfaktoren in der intrauterinen Entwicklung entstehen.
Die Stellung in der Geschwisterreihe spielt bei der Größenentwicklung eine Rolle. Erstgeborene sind kleiner und leichter als die spätgeborenen Geschwister. Von *Zwillingen* ist regelmäßig einer kleiner als der andere, unabhängig davon, ob sie homozygot oder heterozygot sind.
Die Maße zum Zeitpunkt der Geburt sind weitgehend bestimmend für die zu erreichende *Endgröße.* Die Kinder mit dem niedrigsten Geburtsgewicht waren auch mit 14 Jahren die kleinsten (Illingworth 1950, Falkner 1950). Daß schon für die Geburtsgröße sozioökonomische Einflüsse eine erhebliche Rolle spielen, geht aus verschiedenen Untersuchungen hervor (Drillien 1958).

Postnatale Einflüsse

Die postnatale Entwicklung des Kindes unterliegt so zahlreichen Umwelteinflüssen, daß es außerordentlich schwierig ist, den Einfluß einzelner Faktoren nachzuweisen. *Man erliegt leicht der Gefahr, auffällige zeitliche Zusammenhänge auch als die wesentlichen anzusehen.* Die erbliche Matrix versucht zwar, den Entwicklungsprozeß exakt festzulegen, aber die nach der Befruchtung „ablaufende“ Entwicklung ist ein Reaktionssystem, bei dem die erbliche Programmierung (Inwelt) nur ein Faktor ist, der sich nur unter ständig wechselnden Umweltbedingungen entfalten kann. Die Umweltsituation kann die Anlage fördern, aber auch partiell und total verkümmern lassen und so zu entscheidenden Wandlungen eines an sich klar programmierten Entwicklungsprozesses führen. Die umweltbedingte Wandlung kann das einzelne Individuum im Verhältnis zur Norm beeinflussen, aber auch das gesamte Kollektiv verändern.
Es ist allerdings sehr schwierig, den Einfluß umweltbedingter Faktoren klar zu fassen. Als Beispiel soll die Frage *geographischer Einflüsse* angeführt werden: Mills (1944) stellte fest, daß Kinder in tropischen Regionen eine *retardierte Entwicklung* aufweisen. Aber es muß bedacht werden, daß Kinder in diesen Regionen auch unter *mangelhafter Ernährung* leiden. Es sei hier auf die Untersuchungen von Kralj-Cercek (1956) hingewiesen, die ergeben haben, daß Mangelernährung eine Retardierung und die Verbessung der Ernährung eine Akzeleration der Entwicklung der Sexualorgane bewirkt. Die Frage der reinen geographischen Beeinflussung bedarf sicherlich noch einer weiteren Klärung.
Unter den *sozioökonomischen Einflüssen* spielt die Ernährung sicher eine große Rolle. Die Wachstumsrate von Kindern arbeitsloser Eltern ist eindeutig niedriger als die von Eltern, die in einem Beschäftigungsverhältnis stehen (Meredith 1941, Palmer 1934). Wachstum und Entwicklung von in den USA geborenen japanischen Kindern sind in bezug auf Gewicht, Körperlänge und skelettäre Reifung weiter fortgeschritten als bei gleichaltrigen gleichgeschlechtlichen Kindern in Japan. Es besteht wenig Zweifel, daß dies vor allem auf die günstigeren Ernährungsverhältnisse zurückzuführen ist.
Mangelernährung in der Kindheit verzögert das Wachstum. Sie zögert auch den puberalen Wachstumsschub hinaus (Tanner 1962). Viele Untersuchungen über die Auswirkung des kriegsbedingten Hungerns im 1. und 2. Weltkrieg sowie in den

Entwicklungsländern haben dies gezeigt (Wolff 1932, 1935, 1949; Sander 1934; Ellis 1946; Randoin u. Maillard 1947; Howe u. Schiller 1952). Die Verzögerung der puberalen Reifung wird auf eine vorübergehende Verminderung der Sekretion des Hypophysenvorderlappens zurückgeführt. Dadurch steht dem Organismus auch nach Normalisierung der Ernährungssituation eine längere Zeit der Angleichung des retardierten Wachstums zu.

Ernährungsversuche mit mangelhaft ernährten Kindern ergaben folgendes: Bei ungenügend ernährten Schulkindern in Schottland ergab sich bei denjenigen, die 7 Monate lang täglich Milch zugeführt bekamen, ein deutlicherer Längen- und Gewichtszuwachs als bei Kindern, die nur Zwieback als Zusatzernährung bekamen. Ein bestimmter Nahrungsstoff, die Milch, beschleunigt also das Wachstum deutlich. Dreizen u. Mitarb. (1954) konnten dagegen keinen weiteren Längenzuwachs durch Milch erzielen, wenn die Kinder neben der Milch schon eine sonst ausreichende Nahrung erhielten. Ob Vitamine, Mineralien oder Spurenelemente als Zugabe zur sonst ausreichenden Ernährung einen Effekt haben, wird unterschiedlich beurteilt.

Von großem Interesse ist die Beobachtung, daß Mädchen in ihrem Wachstumsablauf durch äußere Ereignisse weniger beeinflußt werden als Jungen. Bei Kindern in Guam, die erheblich unter den Kriegsfolgen zu leiden hatten, war eine deutliche Retardierung in Körperlänge und Gewicht gegenüber gleichaltrigen amerikanischen Kindern festzustellen. Die Mädchen waren aber deutlich weniger zurückgeblieben (Greulich 1951). Auch war der Wachstumsrückstand bei überlebenden Mädchen nach dem Atombombenangriff auf Nagasaki und Hiroshima deutlich geringer als bei Jungen. Schlechte häusliche Verhältnisse wirken sich stärker auf Knaben als auf Mädchen aus (Acheson u. Hewitt 1954).
Der Einfluß der Ernährung auf Reifung und Wachstum des Knochens ist orthopädisch von besonderem Interesse. Nach Untersuchungen von Jules u. Mitarb. (1955) ist der Fortgang der Reifung bei Unterernährung weniger gestört als die Längenentwicklung. Doch muß dem entgegengehalten werden, daß die verwendete Methode zur Bestimmung der Reifung des Skeletts zu grob und träge war.

In Tierexperimenten wurden diese Ansichten allerdings bestätigt. Acheson u. MacIntyre (1958) ließen 26 Tage alte Ratten 2 Tage völlig hungern, gaben dann 1 Tag Futter, ließen wieder 2 Tage hungern und anschließend so viel Futter geben, wie die Tiere wollten. Länge, Gewicht und Skelettreife waren beträchtlich vermindert. Bei den weiblichen Tieren war der Rückstand nach 80 Tagen völlig aufgehoben, während bei den männlichen Tieren ein deutlicher Rückstand, vor allem in der Längenentwicklung, vorlag. Die histologische Untersuchung zeigte einen Abbruch der enchondralen Ossifikation. Es ist nicht geklärt, ob die Veränderung auf hormonale Störungen (STH) oder direkt auf die verminderte Eiweißzufuhr zurückzuführen ist. Diese Störung der Osteogenese manifestiert sich in den bekannten Wachstumslinien, verdichteten Querlinien, im Röntgenbild der langen Röhrenknochen.

Säkulare Entwicklungstrends (säkulare Akzeleration)

Orthopädische Krankheiten sind im Verlauf dieses Jahrhunderts hinsichtlich Beginn, Verlauf, Häufigkeit und Abschluß erheblichen Wandlungen ausgesetzt gewesen. Die Perthessche Erkrankung hatte noch in den 20er Jahren ihr Häufigkeitsmaximum mit 7–8 Jahren, heute liegt dies bei 5–7 Jahren (Bernbeck 1950, Bauer u. Jünger 1977). Auch die Phase der akuten Progredienz der Skoliose und der Beginn der Adoleszentenkyphose sind vorverlagert. Der Schwerpunkt des Beginns idiopathischer Skoliosen liegt heute zwischen dem 10. und 14. Lebensjahr (Reher 1975, Heine u. Reher 1973).
Während die Epiphysiolysis capitis femoris in den 20er Jahren erst ab dem 12. Lebensjahr beobachtet wurde, ist heute eine Epiphysenlösung mit 9 Jahren keineswegs mehr eine Rarität, und Korn u. States (1966) meinen, daß jedes Kind zwischen 8 und 17 Jahren heute von einer Epiphysenlösung befallen werden kann. Auch der Beginn rheumatischer Erkrankungen im Kindesalter zeigt eine deutliche Vorverlegung (Leiber 1952a). Dies hängt wahrscheinlich mit der *säkularen Akzeleration* zusammen (s. Abschnitt „Begriffsdefinitionen").
Am sichtbarsten hat sich die säkulare Akzeleration allerdings in der *Körpergrößenentwicklung* niedergeschlagen. Die Körpergröße hat im letzten Jahrhundert eine erhebliche Zunahme erfahren. Die Zahlen aus Deutschland und anderen europäischen Ländern belegen dies deutlich (Abb. **8**). Kinder des Jahres 1976 sind wesentlich größer als gleichaltrige Kinder des Jahres 1876. Aber nicht nur dies: auch die „Erwachsenen" des Jahres 1976 sind größer als die des Jahres 1876. Die Längenzunahme ist also nicht nur darauf zurückzuführen, daß die Reifung *schneller* vor sich geht, sondern *früher* einsetzt und damit auch das Wachstum früher stimuliert. Dadurch, daß das Wachstum früher und stärker stimuliert wird, ist auch die wachstumsfähige Masse zu einem gegebenen Zeitpunkt größer. Ein 3 Jahre altes Kind mit 100 cm wächst bei gleichem Wachstumsschub mehr als ein gleichaltriges, nur 80 cm großes Kind. Deshalb werden größere Endgrößen erreicht.
Diese Größenzunahme hat alle Phasen der Entwicklung bis zur Pubertät erfaßt, einschließlich der Geburtsgröße (Boas 1935; Meredith u. Meredith 1944). Eine Fülle von Arbeiten hat sich mit diesem Problem befaßt. Es ist völlig ausgeschlossen, sie hier nur annähernd vollständig darzustellen. Nur einige Gesichtspunkte, die auch für

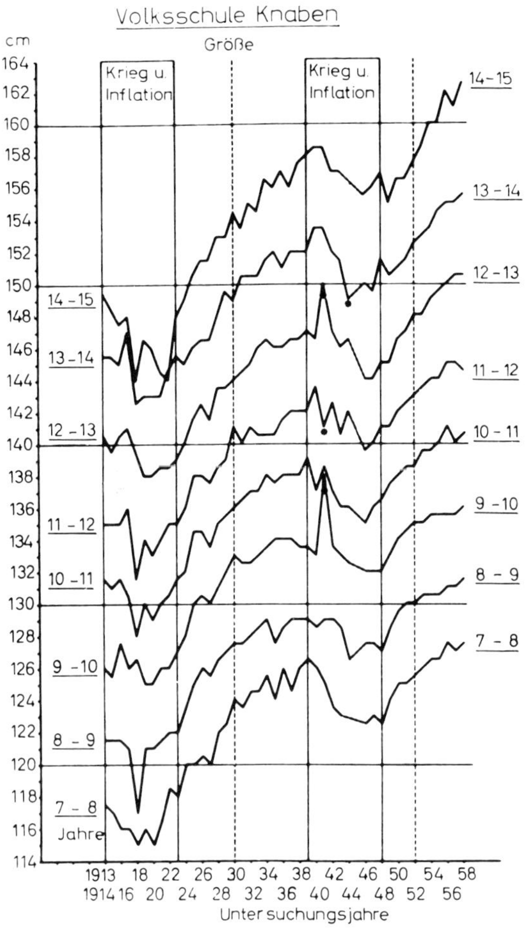

Abb. **8** Säkulare Veränderungen in der durchschnittlichen Körperhöhe für verschiedene Altersklassen (aus: *Hagen, W., G. Paschlau, R. Paschlau:* Wachstum und Gestalt. Thieme, Stuttgart 1961)

die Entstehung und den Verlauf orthopädischer Krankheitsbilder von Bedeutung sein können, sollen hier erörtert werden.

Der *Beginn* dieser säkularen Akzeleration läßt sich nicht exakt festlegen, weil mit systematischen Körperlängenmessungen frühestens zum Ausgang des 18. Jahrhunderts begonnen worden ist. In Norwegen und Schweden läßt sich eine stetige Körperlängenzunahme bis 1830 zurückverfolgen (Lundmann 1939, Kiil 1939).

Hovelacque (1896) fand anhand von Rekrutenmessungen, daß im ligurischen Kanton St. Martin Vesubie die Kör perhöhe bereits seit 1792 verschieden ist. Nach Sauter nahm dagegen die Körperhöhe in Genf von 1830–1890 ab. Danach trat wieder eine Längenzunahme ein. Ähnliches wird aus Frankreich (Suter u. Mitarb.) berichtet.

Man muß davon ausgehen, daß die säkulare Akzeleration in den verschiedenen Ländern zu unterschiedlichen Zeiten begann. Es spricht manches dafür, daß für den unterschiedlichen Beginn unterschiedliche sozioökonomische Verhältnisse maßgeblich waren. Ebenso ist auch der *Verlauf* von säkularen Akzelerationen von diesen Verhältnissen abhängig gewesen. Dies zeigt vor allem der Einfluß der beiden Weltkriege (Hagen u. Paschlau 1961).

Es ergab sich in den von den Kriegen betroffenen Ländern ein deutlicher Rückschlag. Man erkennt, daß nach der Phase relativer Retardation eine besonders intensive Phase der Akzeleration einsetzte. Man muß dieses wohl im Sinne eines Catch-up-Effektes (Tanner 1962) auffassen. Die Verbesserung der sozioökonomischen Verhältnisse spielt dabei sicher eine wesentliche Rolle.

In diesem Zusammenhang sind Befunde von Bakwin u. McLaughlin (1964) interessant: Neu aufgenommene Schüler eines Colleges waren 1958/1959 im Durchschnitt nicht wesentlich größer als 1930. Aber Harvard-Studenten, die aus öffentlichen Schulen kamen, zeigten im gleichen Zeitraum eine Körperhöhenzunahme um 3,7. cm und eine durchschnittliche Gewichtszunahme um 6,2 kg. Das wurde bei solchen Studenten nicht gefunden, die aus Privatschulen kamen. Parnell (1954) konnte zwischen Oxford-Studenten von 1947/1950 keinen Größenunterschied zu denen von 1908/10 feststellen. Inwieweit die Vergleichbarkeit der Gruppen gegeben ist, muß allerdings offen bleiben.

Die säkulare Akzeleration hat auch *Verschiebungen zwischen dem Wachstum einzelner Körperabschnitte* mit sich gebracht. Udjus hat 1964 über Veränderungen von Proportionen bei norwegischen Rekruten berichtet. Die relative Spannweite und die relative Sitzhöhe nahmen ab, während die relative Beinlänge um 3,54 Indexeinheiten zunahm. Heimendinger berichtete 1964 über eine Abnahme des Index der Körperfülle. Diese Befunde sprechen dafür, daß mit der säkularen Akzeleration auch eine Leptomorphisierungs-Tendenz eingetreten ist. Wir finden hier möglicherweise auch Anhaltspunkte dafür, daß die sog. *muskulären Haltungsschäden* in den letzten Jahrzehnten zugenommen haben sollen.

Beschleunigung der sexuellen Reifung

Mit der Wachstumssteigerung war auch eine Vorverlegung der sexuellen Reife verbunden (Bennholdt-Thomsen 1940, Schmidt-Voigt 1940, 1945; Mulcock 1954; Hochholzer 1955; Binder 1959). Das zeigte sich besonders in der Menarche (Koch 1935; Mills u. Chennoweht 1938; Grimm 1943, Thoma 1961; Hewitt u. Hillmann 1962, Tanner 1962) (Abb. **9**). Besonders Backmann (1948) hat sich mit dieser Frage befaßt. Er fand in Deutschland von 1800–1875 keine wesentliche Änderung. Von da ab setzte aber eine deutliche Vorverlagerung ein, so daß das Menstruationsalter von 16,6 auf 14,6 Jahre (1940) zurückging. Heute liegt der Termin noch wesentlich früher, in Großbritannien 1960 z. B. bei 13 Jahren (Tanner 1962), in den USA noch darunter (Lowrey 1973).

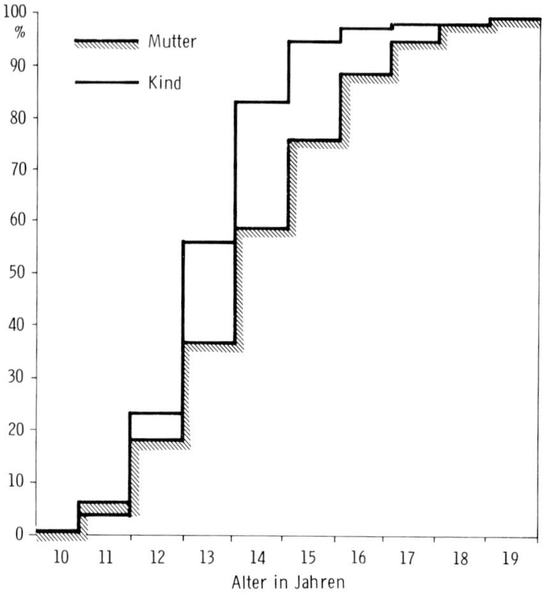

Abb. **9** Vorverlegung des Menarchetermins im Zuge der säkularen Akzeleration (aus: *Bennholdt-Thomsen, C.*: die Entwicklungsbeschleunigung des Großstadtkindes. In: Biologie der Großstadt, hrsg. von *B. de Rudder*. Steinkopff, Dresden 1940)

Ursachen der säkularen Akzeleration

TANNER schrieb 1962: „Worauf der säkulare Trend zurückzuführen ist, kann nicht sicher entschieden werden." Das gilt auch heute noch, wenn auch von den vielen bisher aufgestellten Hypothesen einige sehr unwahrscheinlich geworden sind, während bei anderen die Wahrscheinlichkeit eher zugenommen hat. Allgemein kann man wohl sagen, daß *veränderte Umweltbedingungen* ursächlich sind. Was sich darunter im einzelnen verbirgt, ist jedoch unklar. Auch der rhetorische Rückzug auf ein „multifaktorielles Geschehen" bringt im Grund genommen hier nicht weiter. Spielt eine Veränderung der erblichen Zusammensetzung eine Rolle? Hat Selektion einen Einfluß? Ist die säkulare Akzeleration Ausdruck eines Luxuswachstums? Ist es Ausdruck der Auffüllung eines Defizits?

Man darf den Effekt einer Ernährungsverbesserung bei minderwüchsigen, unterernährten Kindern nicht in gleicher Weise bewerten wie die Akzeleration des Längenwachstums bei den Angehörigen sozial hochstehender Familien über mehrere Generationen. Die Erhöhung des Mittelwertes im Laufe des letzten Jahrhunderts ist wohl auf beides zu beziehen.

Allgemein wird, besonders von LENZ (1944, 1954) betont, ein Zusammenhang mit *verbesserter Ernährung,* besonders des *Eiweißgehaltes der Nahrung,* angenommen.

MANN (1926) fand bei englischen Kindern bei einer bestimmten Internatskost eine jährliche Längenzunahme von 4,7 cm, bei gleichaltrigen Kindern aber, die zusätzlich Milch erhielten, eine Wachstumssteigerung von 6,7 cm. Ähnlich günstig wirkte sich auch die Milchzugabe bei 1100 schottischen Kindern nach ORR (1928) aus. Der Einfluß des Ernährungsfaktors wurde auch in der Retardierung von Wachstum und Entwicklung während der Kriegsjahre und der ersten Nachkriegsjahre deutlich. 1947 wurde bei Hamburger Schulkindern ein durchschnittliches Längendefizit von 2–3 cm gegenüber 1933 gefunden (LENZ 1954). Nach WALTER (1951) betrug das Längendefizit der fünfzehnjährigen Volksschüler in Kiel 1952 noch 5,4 cm gegenüber den Gleichaltrigen 1939. Auch in der Reifung trat in den Mangeljahren eine deutliche Verzögerung ein, die aber mit der Normalisierung der Ernährung ebenso wie das Wachstumsdefizit relativ bald wieder aufgeholt wurde (GRIMM 1966, LENZ 1954).

Wir haben keinen Zweifel, daß die Mangelernährung neben den psychischen Belastungen an dieser regressiven Entwicklung schuldig war. *Alle diese Beobachtungen beweisen aber nur, daß der Organismus zur Erreichung seines Wachstums- und Entwicklungszieles Eiweiß bzw. eine qualitativ richtig zusammengesetzte Nahrung benötigt.* Das kann aber keine Grundlage für die Annahme geben, daß die Ernährung und insbesondere ein stärkerer Eiweißgehalt allein für die Akzeleration verantwortlich ist. LENZ, der Hauptvertreter der Ernährungstheorie der Akzeleration, führt für seine Ansicht an, daß der *Eiweißverbrauch* pro Kopf der Bevölkerung in den letzten 100 Jahren stark gestiegen ist. So erhöhte sich der jährliche Fleischverbrauch von 1816–1930 von 13,6 kg pro Person auf 50,5 kg, aber von 1907–1930 stieg er nur von 46,2 kg auf 50,5 kg. Also stieg gerade bei der Generation, welche Anfang der zwanziger Jahre am stärksten von der Akzeleration betroffen wurde, der Eiweißverbrauch erheblich geringer an als bei den voraufgehenden Generationen (FREUND u. MAIER 1952). Auch die Zunahme des *Kohlehydratverbrauches* wird angeführt. Aber auch für sie gilt im Grunde genommen das gleiche. Die Nahrungsverbesserung allein kann nicht die Ursache sein. Wäre das der Fall, müßte nach der nun in Mitteleuropa eindeutig eingetretenen Nahrungsverbesserung die Streuung der Körperlänge zurückgehen. Das ist nicht der Fall (MEREDITH u. MEREDITH 1944). Die Differenz zwischen sozial besser und weniger gut gestellten Schichten müßte zurückgehen, was nicht der Fall ist.

Man hat deshalb auch Veränderungen der Erbgrundlagen des Wachstums angenommen. Nach KNUSSMANN (1968) kann nicht angenommen werden, daß dem Phänomen eine Anreicherung von Mutanten zugrunde liegt. Eher schon sind multifaktorielle Einflüsse in Erwägung zu ziehen. Auch die Annahme BENNHOLDT-THOMSENS (1942), wonach *Auslesevorgänge* bei der Abwanderung vom Land in die Stadt eine Rolle spielen, ist heute nicht mehr haltbar. Sie könnte nur dann angenommen werden, wenn die in die Stadt abgewanderten eine überdurchschnittliche Kinderzahl hät-

ten, was aber nicht der Fall ist. Die Abgewanderten können also nicht den Durchschnittswert wesentlich in die Höhe gebracht haben.
LUNDBORG (1951), aber auch BROMAN u. Mitarb. (1954) sahen in der Auflösung der Isolate und der stärkeren Durchmischung der Bevölkerung eine wesentliche Ursache. Hierfür spräche die stärkere Körperlängensteigerung in Städten. So betrug z. B. in Freiburg/Breisgau die Körperlängenzunahme bei Rekruten 6 cm, in den südbadischen Landkreisen dagegen nur 4 cm. Das gilt aber nur bis 1940. Danach haben sich die Landkreise angeglichen. Dazu muß man aber berücksichtigen, daß nach 1940 auch mehr Flüchtlinge und Städter in den Landkreisen gewohnt haben. Wenn auch diese sog. *Heterosishypothese* den säkularen Trend nicht erklären kann, so muß sie doch heute als eine Teilursache diskutiert werden.
Über die bisher genannten Ursachen hinaus sind viele andere Faktoren angeschuldigt worden, wie Strahlen (heliogene Akzeleration KOCH 1935), Kunstlicht (LANG 1962), Radiowellen (TREIBER 1941), die starke nervliche Beanspruchung durch das „Urbanisationstrauma" (BENNHOLDT-THOMSEN 1942, DE RUDDER 1960). Keine dieser Hypothesen kann eine nennenswerte Wahrscheinlichkeit für sich beanspruchen.
Ob die Akzeleration zum gegenwärtigen Zeitpunkt abgeschlossen ist oder nicht, kann nicht sicher entschieden werden. Manche Beobachtungen sprechen dafür, daß die Zunahme des Entwicklungstempos zumindestens in mitteleuropäischen Regionen *nachgelassen* hat. Dafür spricht, daß das Längendefizit gegenüber Jugendlichen in den USA fast ausgeglichen ist, daß in den USA in den letzten 20 Jahren keine wesentliche Steigerung der durchschnittlichen Körperlänge mehr beobachtet wurde und daß auch in den letzten 10 Jahren keine Vorverlegung der *Zahnentwicklung* in verschiedenen Ländern Mitteleuropas, z. B. Österreich, Ungarn und der DDR, zu beobachten ist. Man wird jedenfalls davon ausgehen können, daß bei gleichbleibender sozioökonomischer Situation in Mitteleuropa wesentliche Veränderungen der körperlichen Reife und des durchschnittlichen Wachstums in naher Zukunft nicht eintreten werden.

Körperliche Entwicklung in der Wachstumsperiode

Phasentheorie

Der menschliche Organismus wächst zwar kontinuierlich, und alle Organe nehmen an diesem Wachstumsprozeß teil. Geschwindigkeit und Intensität des Wachstums variieren jedoch sowohl hinsichtlich der Gesamtwachstumsaktivität einzelner Organe als auch hinsichtlich des Gesamtwachstums. Dies hat dazu geführt, daß man den Entwicklungsvorgang insgesamt in bestimmte Phasen eingeteilt hat. STRATZ (1903) war wohl der erste, der im Wachstumsverlauf bestimmte charakteristische Phasen der *Fülle* und der *Streckung* feststellte. ZELLER (1952) und zahlreiche andere haben Phaseneinteilungsversuche gemacht. BUSEMANN bemerkt, daß achtzehn Autoren insgesamt 61 Abschnitte ansetzten, so daß jedes Lebensjahr mehrfach und gegensätzlich als Anfang oder Ende eines Abschnittes gedeutet wird. Die Terminologie ist oft verwirrend. Die Berechtigung, die gesamte Wachstumsperiode in mehrere Phasen einzuteilen, ist deshalb von vielen Autoren, besonders LENZ (1954), grundsätzlich in Zweifel gezogen worden.
LENZ verweist darauf, daß das Wachstum durch einen *kontinuierlichen Gestaltwandel* gekennzeichnet sei. Ein nicht unwesentlicher Grund für die Ablehnung, die die Phasenlehre erfahren hat, ist auch darin zu sehen, daß die Nomenklatur unexakt gewählt wurde und zu manchen Mißverständnissen Anlaß gab: Hier ist z. B. der sog. „erste Gestaltwandel" für die Zeit des 4.–6. Lebensjahres (ZELLER 1938) anzuführen. Es gibt keine gesicherten Daten dafür, daß in dieser Phase der Gestaltwandel besonders rasch vor sich geht. Selbst wenn in dieser Zeit ein verstärkter Gestaltwandel sich abspielen würde, wäre er nicht der erste. Denn es ist ganz außer allen Zweifel, daß die stärksten Wandlungen in der *Säuglingsphase* eintreten.
Viel Verwirrung hat auch der Begriff „Pubertät' gebracht. Er wurde einmal für die Kennzeichnung der abgeschlossenen Reifung verwendet, aber auch für die gesamte puberale Reifungsphase.
Trotz dieser Einwände sollte man nach meiner Meinung aber auch in Zukunft an einer Phaseneinteilung der Wachstumsperiode festhalten:

1. weil das *praktische Bedürfnis* nach einer entwicklungsbezogenen Ordnung der postembryonalen Wachstumsperiode besteht. Eine an bestimmten biologischen Daten orientierte Einteilung erscheint mir besser für die Beurteilung des Entwicklungsstandes des einzelnen Kindes als eine rein kalendarische, weil das kalendarische Alter nicht dem biologischen Alter entspricht. Wir ordnen deshalb Kinder bestimmten Phasen zu, weil wir damit Leistungsanforderungen, die Neigung zu bestimmten Krankheiten, Verhaltensnormen und andere Erscheinungen im Laufe der Entwicklung zusammenfassen wollen. Besonders aus der Orthopädie lassen sich viele Beispiele für phasenbedingte Krankheitsentstehungen und -verläufe aufführen (MATTHIASS 1957) (Abb. **10**).
2. weil wir nicht nur das Wachstum, sondern auch die *funktionelle Entwicklung* des Kindes beurteilen wollen. In dieser Hinsicht ist der Erwerb des aufrechten Ganges ein einschneidendes Er-

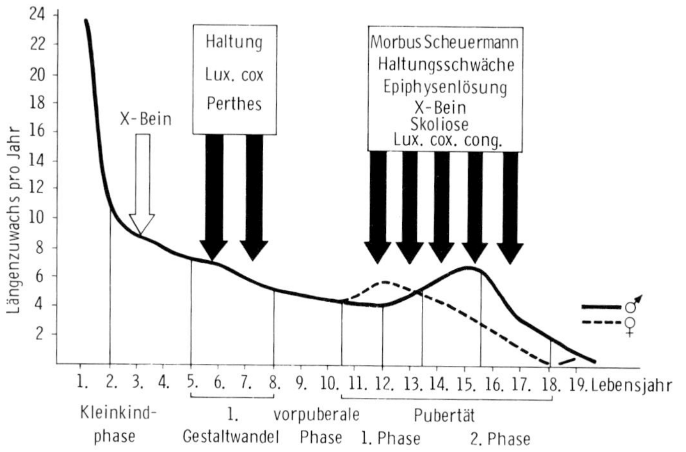

Abb. **10** Beziehungen zwischen orthopädischen Leiden und den Entwicklungsphasen

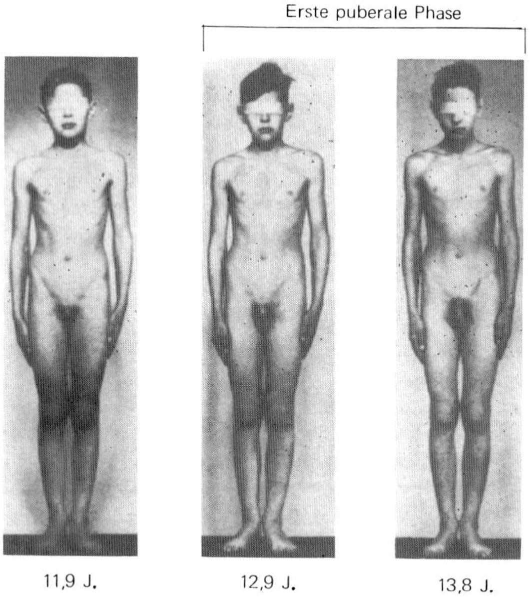

Abb. **11** Gestaltentwicklung in der ersten puberalen Phase (aus: *Zeller, W.*: Konstitution und Entwicklung. Verlag Psychologische Rundschau, Göttingen 1952)

eignis der neuromuskulären Entwicklung, das besonders im Hinblick auf die Entwicklung des Haltungs- und Bewegungsapparates von großer Bedeutung ist. Wir sind berechtigt, an dieser Stelle eine Zäsur zwischen Säuglingsphase und Kleinkindphase einzunehmen. Der Abschluß der Kleinkindphase ist durch die Vollendung der Feinmotorik und den Abschluß der grobformalen Entwicklung des Skelettes gekennzeichnet. Auch die Entwicklung der Lernfähigkeit und des Verhaltens spricht dafür, zwischen dem Kleinkindalter und der nächstfolgenden präpuberalen Phase zu unterscheiden.

Sie entspricht der „Schulkindform' von ZELLER. Sie ist charakterisiert durch eine gewisse Beruhigung des Gestaltwandels.

Die Berechtigung, eine *puberale Phase* abzugrenzen, ergibt sich durch die beginnende Entwicklung der Keimdrüsen und ihre funktionelle Beeinflussung des Organismus. Ich halte es für sinnvoll, die puberale Phase in eine erste und zweite Phase entsprechend den Vorstellungen von ZELLER einzuteilen. Ihre Trennung ist durch den Zeitpunkt des Einsetzens der *Keimdrüsenfunktion* gegeben. Die erste puberale Phase ist, was die Wachstumsentwicklung betrifft, eine sehr *stürmische Entwicklungszeit.* Hier nehmen die Zuwachsraten, insbesondere der Längenmaße, deutlich zu *(puberaler Wachstumsschub).*

Die erste puberale Phase ist durch eine gewisse Disharmonisierung der Gestalt gekennzeichnet (Abb. **11**), da das Weichteilwachstum und das Breitenwachstum im Vergleich zum Längenwachstum relativ nachhinken. Es ist die Zeit, in der wir den Beginn der *idiopathischen Skoliose* in den meisten Fällen vermuten müssen und in der nachweisbar eine wesentliche Zunahme der *muskulären Haltungsschwächen* einsetzt. Die Harmonisierung der Gestaltentwicklung in der zweiten puberalen Phase geschieht unter dem Einfluß der morphoplastischen Wirkung der Keimdrüsen und führt zu einer deutlich stärkeren Betonung der *muskulären Entwicklung.* Abgesehen vom puberalen Wachstumsschub halte ich es nicht für zweckmäßig, von Streckungs- und Füllungsphasen zu sprechen. Streckung und Füllung sind optische Eindrücke, die ebenso durch vermindertes Breitenwachstum wie verstärktes Längenwachstum entstehen können.

Von einem *besonderen* Gestaltwandel zu irgendeiner Zeit zu sprechen, halte ich nicht für gerechtfertigt. Wenn ich aber für die grundsätzliche Beibehaltung der Phasen plädiere, dann vor allem deshalb, weil ich in ihnen Entwicklungsabschnitte sehe, in denen bestimmte Leistungen erworben werden und die durch bestimmte phasenabhängige Risiken, Komplikationen und Störungen der skelettären Entwicklung charakterisiert sind.

Tabelle **1** Die Phasen der Wachstumsperiode (modif. n. *Lowrey*)

Entwicklungsphase	Alter
pränatal	0–280 Tage
ovuläre Phase	0– 14 Tage
embryonale Phase	14 Tage–9 Wochen
fetale Phase	9 Wochen–Geburt
prämatur	27–37 Wochen
Geburt	ca. 280 Tage
Neugeborenenphase	erste 4 Wochen nach Geburt
Säuglingsphase	erstes Lebensjahr
Kleinkindphase	1–6 Jahre
präpuberale Phase	6–10 Jahre
1. puberale Phase	Mädchen 8 (–10) –12 Jahre Jungen 10 (–12) – 14 Jahre
2. puberale Phase	Mädchen 13–18 Jahre Jungen 15–20 Jahre

Ich möchte deshalb in Anlehnung an Lowrey (1973) die in Tab. **1** dargestellte Phaseneinteilung vorschlagen:

Säuglingsphase

(postnataler Gestaltwandel und Grundlagen der neuromotorischen Entwicklung)

Der postnatale Gestaltwandel in der Säuglingsphase umfaßt den stärksten Wandel der Gestalt des Kindes und seiner funktionellen Entwicklung überhaupt. Zu keiner Zeit nach der Geburt gehen auf allen Gebieten des menschlichen Daseins so viele Wandlungen vor sich wie in dieser Zeit. Im Vordergrund des Entwicklungsgeschehens im Säuglingsalter steht daher die *neuromotorische Entwicklung*. Die skelettäre Entwicklung wird an anderer Stelle dargestellt werden (s. S. 9.46).

Die Beachtung der neuromotorischen Entwicklung hat seit 1957 großes Gewicht bekommen, und zwar nicht nur im Hinblick auf die *Früherkennung* und *Frühtherapie* zerebraler Bewegungsstörungen, sondern auch im Hinblick auf die Erkennung und Entstehung verschiedener anderer orthopädischer Erkrankungen wie z. B. der Säuglingsskoliose und der Differentialdiagnose orthopädischer Erkrankungen wie der Hüftluxation.

Die neuromotorische Entwicklung beherrscht mit ihrer Problematik das ganze Entwicklungsgeschehen im ersten Lebensjahr derartig stark, daß es praktisch kein Problem des Haltungs- und Bewegungsapparates gibt, bei dem nicht die neuromotorische Entwicklung eine Rolle spielt. Die Entwicklung des Haltungs- und Bewegungsapparates ist in diesem Alter noch so stark mit der allgemeinen neuromotorischen Entwicklung koordiniert, daß eine Trennung nicht möglich ist.

Zwar wird die neuromotorische Organisation im Grunde erst mit dem Abschluß des Wachstums vollendet. Man kann aber doch sagen, daß die wesentlichen Elemente der neuromotorischen Organisation im Säuglingsalter und in der Kleinkindphase bis zum siebenten Lebensjahr abgeschlossen werden. Biomechanische Einwirkungen auf das Skelett und den Haltungs- und Bewegungsapparat im allgemeinen gibt es zwar schon in der Embryonalzeit und in der frühen Säuglingsphase, aber diese mechanischen Einwirkungen sind in den ersten Lebensmonaten mehr durch neuromotorische Einflüsse als durch statische Einwirkungen bedingt. Der Aufbau einer angepaßten Tonusregulierung, einer für die Zwecke der Auseinandersetzung mit der Schwerkraft ausgerüsteten Bewegungsregulierung, steht ganz im Vordergrund dieser frühen Entwicklungsphase.

In der Säuglingsphase ist darüber hinaus die Entwicklung des allgemeinen *Verhaltens* von so großer Bedeutung für den Haltungs- und Bewegungsapparat, daß der Orthopäde auch einiges über frühkindliche Verhaltensweisen wissen muß.

Wir können frühkindliches Verhalten in fünf *Hauptbereiche* gliedern: Grobmotorik, Feinmotorik, Sprache, soziales und adaptives Verhalten. Dazu gehören ferner verschiedene Aspekte der neurologischen Integration, wie der *Muskeltonus* und seine Kontrolle, die Entwicklung von *Reflexaktivitäten* und *Reaktionen, perzeptive* aber auch *visuelle Funktionen* und die Hörfunktion.

Das grobmotorische Verhalten bezieht sich auf die altersgemäße Kontrolle der Haltung von Kopf, Rumpf und Extremitäten, den Aufbau und Abbau physiologischer Reflexaktivitäten und Reaktionen. Sie dokumentieren sich vor allem im *Bewegungsverhalten*.

Die neuromuskuläre Leistungsfähigkeit des Säuglings zeigt sich zunächst in der Art, wie er *sich bewegt*. Die Beobachtung des Bewegungsverhaltens ist deshalb eines der wichtigsten Elemente der Diagnostik in diesem Alter.

Menschliche Bewegung beginnt lange vor der Geburt (Peiper 1961).

Bewegungen sind schon bei Feten mit 2 cm Länge registriert worden. Die Entwicklung der quergestreiften Muskulatur erreicht mit 5–6 Wochen einen Zustand, in dem sie Bewegungen auslösen kann (Gesell u. Amatruda 1947; Hooker 1952; Boyd 1968; Needham 1960; Blechschmidt 1974 u. a.). Diese embryonalen Bewegungen sind für die Gelenk- und Skelettentwicklung von großer Bedeutung (s. Abschnitt „Systemische und lokale Regulationen des Skelettwachstums‘).

Der Hirnstammreflex, der die Augenbewegungen kontrolliert, arbeitet ab der 12. Woche (Gesell u. Amatruda 1947, Hooker 1952. Der palmare und plantare *Greifreflex* wird mit 11–12 Wochen nachweisbar. Den Moro-Reflex kann man nach der 32. Woche nachweisen (Schulte u. Mitarb. 1969).

Zum *Zeitpunkt der Geburt* sind die Bewegungen des Säuglings meistens symmetrisch und bestehen aus Beuge- und Streckbewegungen (Holt 1975). Diese Bewegungen erscheinen uns als zwecklos, was ihr mechanisches Ziel betrifft. Sie haben aber eine entscheidende Bedeutung in der Entwick-

lung neuromuskulärer Fähigkeiten insofern, als sie die Muskelkraft fördern und den Rückmeldungsmechanismus zum ZNS einüben.
Die einfachen Bewegungen der Embryonalzeit leiten über zu *Komplexbewegungen.* Die Aufgaben der Komplexbewegungen sind:
Lebenserhaltung (Respiration, Blutzirkulation, Flucht, Angreifen), *Übung* („Einfahren des Haltungs- und Bewegungsapparates"), *Förderung der Bewegungsfreude* (Selbsterlebnis des Körpers), *zweckvolle Bewegungen* zur Erkundung der Umgebung, Eroberung der Umwelt und *Kommunikation.*

Statomotorische Entwicklung der Säuglingsphase

In der Entwicklung der motorischen Aktivitäten des ZNS spielt die *Schwerkraft* eine ausschlaggebende und bisher oft nicht genügend berücksichtigte Rolle.
Schon die embryonale motorische Entwicklung wird von der Schwerkraft beeinflußt. Die wesentlichen statomotorischen Leistungen des Säuglings sind *Antischwerkraftleistungen* (Kopfhaltung, Sitzen, Vierfüßlerstand, Stehen). Sie sind Voraussetzung für die Entwicklung audiovisueller Aktivitäten, der intellektuellen Entwicklung und der sozialen Kommunikation.
Während die primitive Motorik zunächst von unmittelbar erkennbaren Reaktionen, wie der Moro-Reaktion, dem ATNR oder STNR und ähnlichen Reaktionen beherrscht wird, bekommen später als Folge des Wettbewerbs der Bewegungsmuster („competition of patterns" Milani-Comparetti u. Gidoni 1967) zweckmäßige Komplexhaltungen und -bewegungen größere Bedeutung, nämlich die von Peiper beschriebenen *Kettenreaktionen.*
Es sind Reaktionen, die das Kind durch automatische Innervationsabläufe in diejenige Haltung bringen, in denen es unter den gegebenen Bedingungen (z. B. des Vierfüßlerstandes, des Sitzens, des Stehens etc.) das Gleichgewicht halten kann. Pikler (1972) hat solche Bewegungsentwicklungen zusammengefaßt (Abb. **12**).
Die Entwicklung der Antischwerkraftleistungen setzt voraus, daß die *sensomotorische Kontrolle* adäquat ist. Frost (1972) spricht vom „neuralen Kontrollkomplex". Die Rückmeldungsfähigkeit über Qualitäten wie Sehnenspannung, Gelenkstellung, Geschwindigkeit, Beschleunigung etc. entwickelt sich langsam und führt zu einer immer stärkeren Vervollkommnung und Komplexizität der Motorik. Durch die Rückmeldungen wird die Regulation von Muskelspannungen erst möglich. Das Gehirn kann *Bewegungskonzepte* (Jones 1974) aufbauen, die wie Programme eines Computers abgerufen und eingesetzt werden können. Das Nervensystem kann als eine Art Datenverarbeitungssystem angesehen werden. „Es empfängt, leitet fort, vergleicht, formt neue Meldungen" (Prechtl 1970).
Die Reifung des Zentralnervensystems hat zwei Aspekte: den *neuroanatomisch-organischen* und den *funktionellen.* Neuroanatomische Entwicklungen, die für frühe Funktionen benötigt werden, entwickeln sich früh. Andere für später sich entwickelnde Funktionen reifen auch später heran (Anokhin 1964). Dieser Mechanismus kann aber nicht alleinige Grundlage der neuromotorischen Entwicklung sein.
Der ständige Rückfluß von Informationen über den Erfolg der zentralen Innervationsvorgänge

Abb. **12** Grobmotorische Entwicklung auf der Basis selbst induzierter Bewegungen (aus: *Pikler, E.:* Early Child Develop. Care 1 [1972] 297)

(„Funktionen“) führt zur Entwicklung zweckmäßiger automatisierter Bewegungskonzepte (Bewegungsmuster, Pattern), die sowohl die Grundlage einfacher Alltagsbewegungsfunktionen werden als auch hochspezialisierter, aber ebenfalls automatisierter Vorgänge wie des Klavierspielens, des Fußballspielens, aber auch des Malens und Schreibens.
Mit zunehmender Reifung lernt das Kind, diese automatisierten Pattern bewußt einzusetzen und zu beherrschen. Voraussetzung ist, daß das Kind die Pattern durch *Beobachtung und Analyse seiner Bewegungen* erkennen lernt (Autoexploration). Dieser Prozeß wird vor allem dazu führen, daß das Kind lernt, *Gesten* zu entwickeln (Berges u. Lezine 1965).
Das Bewußtwerden von Bewegungsmustern wird unterstützt durch die Verbindung von motorischer und sprachlicher Aktivität. Sprachliche Fähigkeiten befähigen ein Kind zu besserer Analyse und Kontrolle von Bewegungen und Bewegungsmustern durch Anwendung von *verbalen Direktiven. Kleine Kinder sprechen sich oft ihre Bewegungen vor.*
Das ZNS des Menschen ist ein Anpassungssystem des Organismus, das eine Fülle von motorischen Fähigkeiten zu *entwickeln* erlaubt. Daraus resultiert die Vielseitigkeit der Lernfähigkeit des menschlichen Organismus und die Möglichkeit, sehr spezialisierte Fähigkeiten durch *Übung* und *Lernen* zu entwickeln.
Alle genannten Faktoren beeinflussen die zeitliche Entwicklung der Leistungen des ZNS. Die Reifung des ZNS läßt sich in einer zeitlich abgegrenzten Stufenfolge von Leistungen darstellen. Die zeitliche Zuordnung dieser Leistungen benutzen wir zu einer Aussage über den *Reifungsgrad.* Wenn wir die vielfältigen Faktoren kennen, die die funktionellen Leistungen des ZNS beeinflussen, werden wir die Daten, die hierbei bekanntgeworden sind, mit der nötigen kritischen Zurückhaltung verbinden. Wir wissen, daß derartige Daten aufgrund z. T. nicht wissenschaftlich einwandfreier Untersuchungen zustande gekommen sind. Zum Teil liegen die Untersuchungen sehr lange zurück. Sie stammen nicht aus einheitlichen Kollektiven. Es gilt hier das, was auch für andere Reifungsuntersuchungen, z. B. die Beurteilung des Skelettalters, zutrifft. Das gilt teilweise auch für die von Illingworth (1975) vor allem aufgrund der Untersuchungen von Gesell und seiner Schule mitgeteilten Ergebnisse. Sie stellen aber doch die Summe unseres gegenwärtigen Wissens auf diesem Gebiet dar und können als *Arbeitsbasis* für die Feststellung des motorischen Reifegrades *in der Praxis* gelten. Sie haben auch für die Beurteilung früher orthopädischer Krankheitsbilder große praktische Bedeutung. Deshalb dürfen sie auch in einem orthopädischen Handbuch nicht fehlen.
Zum weiteren Studium dieser Probleme sei auf die Arbeiten von Illingworth (1975), André-Thomas u. St.-Anne Dagassies (1960), Bobath (1966), Prechtl (1968), Gesell (1948), Peiper (1961), McGraw (1945) u. a. verwiesen.
In der nun folgenden Aufstellung werden bewußt auch scheinbar für die Entwicklung des Haltungs- und Bewegungsapparates nicht wesentliche Leistungen dargestellt. Damit möchte ich demonstrieren, daß „Haltung“ und „Verhalten“ kongruent verlaufende Entwicklungen sind und daß die „Haltung“ eine Voraussetzung für das Verhalten ist, wie umgekehrt viele Probleme der „Haltung“ nicht ohne Verständnis für das Verhalten erkannt und beurteilt werden können.

Der allgemeine Entwicklungsstand in verschiedenen Altersstufen von 0–15 Monaten (nach Illingworth 1975)

4 Wochen:

Grobmotorik:

In *Ventralsuspension* (Bauchlage, haltende Hand unter dem Abdomen) wird der *Kopf* kurzfristig angehoben, der Ellenbogen gebeugt, die Hüfte teilweise gestreckt und die Kniegelenke gebeugt.

In Bauchlage: Becken hoch, Kniegelenke meist unter dem Abdomen. Intermittierende, teilweise Streckung von Knie und Hüfte. Das Knie wird für Sekunden von der Unterlage angehoben.

Beim *Hochziehen zum Sitzen* bleibt der *Kopf vollständig zurück.*

In *sitzender Position* gehalten ist der Rücken total rund. Der Kopf wird kurzfristig aufrecht gehalten.

Die Hände werden überwiegend zur Faust geschlossen gehalten. Tonischer Handgreifreflex positiv.

Allgemeines Verständnis:

Beobachtet das Gesicht der Mutter, wenn sie zu ihm spricht und das Kind nicht schreit. Öffnet und schließt den Mund.

Blick: In Rückenlage beobachtet das Kind eine Klapper, wenn sie in die Blickrichtung gebracht wird. Verfolgt sie um weniger als 90°.

Reaktion auf Töne: Wird ruhig, wenn die Glocke läutet.

6 Wochen:

Grobmotorik:

In Ventralsuspension wird der Kopf kurzfristig in die Höhe des übrigen Körpers gehoben. Etwas Extension in der Hüfte und Flexion der Kniegelenke. Ellenbogengelenke gebeugt.

In Bauchlage: Becken hoch, aber Kniegelenke nicht mehr unter dem Abdomen. Mehr intermittierende Extension der Hüftgelenke. Das Kinn wird häufiger intermittierend von der Unterlage abgehoben. Kopf zu einer Seite gedreht. Beim *Hochziehen zum Sitzen* bleibt der Kopf deutlich, aber nicht vollständig zurück.

Bei *gehaltener Sitzposition* wird der Kopf intermittierend hochgehoben.

Im *Stehen gehalten* ist kein *Schreitreflex* festzustellen. Kopf fällt nach vorn, kurzfristig kann er auch aufrecht gehalten werden.

In *Rückenlage* spontanes Auftreten des ATNR.

Die *Hände* werden häufig geöffnet gehalten. Der tonische Handgreifreflex verschwindet langsam.

Allgemeines Verständnis:
Lacht die Mutter in Beantwortung einer Aufforderung an.
Blick: Die Augen fixieren Objekte und folgen sich bewegenden Personen. In Rückenlage blickt es nach Objekten, die in der Mittellinie gehalten werden. Verfolgt die Gegenstände von der Seite zur Mittellinie (90°).

8 Wochen:
Grobmotorik:
Kann in Ventralsuspension den Kopf in gleiche Höhe wie den übrigen Rumpf halten.
Bauchlage: Kopf meist in der Mittellinie. Hebt das Kinn intermittierend von der Unterlage, so daß die Gesichtsebene in 45° von der Unterlage kommt.
Beim *Hochziehen zum Sitzen* hängt der Kopf weniger zurück.
In *gehaltener Sitzposition* ist der Rücken weniger gerundet. Der Kopf wird aufrecht gehalten, aber manchmal nach vorn fallengelassen.
In *Rückenlage* wird der Kopf meist zur Seite gehalten. Der asymmetrische tonische Nackenreflex ist in Ruhe intermittierend zu sehen.
In *stehender Position* ist das Kind in der Lage, den Kopf länger als einen Augenblick aufrecht zu halten.
Hände: regelmäßig offen. Nur leicht angedeuteter tonischer Handgreifreflex.
Allgemeines Verständnis:
Lautgebung: lächelt und gibt Laut, wenn angeredet.
Blick: Fixation, Konvergenz und Nahadaptation sind nachweisbar. Verfolgt sich bewegende Personen. In Rückenlage verfolgt das Kind eine Klapper von der Seite bis zu einem Punkt neben der Mittellinie.

12 Wochen:
Grobmotorik:
In *Ventralsuspension* wird der Kopf für längere Zeit über der Höhe der übrigen Körpers gehalten.
In *Bauchlage:* Becken flach auf der Unterlage für längere Zeit, so daß die Gesichtsebene in einem Winkel von 45–90° zur Unterlage steht. Das Gewicht wird auf die Unterarme übernommen.
Beim *Hochziehen zum Sitzen* noch leichte Rücklage des Kopfes.
In *sitzender Position* wird der Kopf meist aufrecht gehalten, aber er fällt immer noch gelegentlich nach vorn.
In *Rückenlage* kein ATNR mehr spontan nachweisbar.
Hände: kein tonischer Greifreflex mehr nachweisbar. Die Hände werden locker geöffnet. Wenn dem Kind eine Klapper in die Hand gegeben wird, wird sie für einige Minuten gehalten. Das Kind erweckt den Eindruck, als ob es einen Gegenstand ergreifen möchte, kann es aber nicht, es sei denn, daß es ihm in die Hand gegeben wird.
Allgemeines Verständnis:
Lautgebung: quietscht vor Freude. „Erzählt" eine Menge, wenn es angesprochen wird.
Blick: Rückenlage: beobachtet die eigenen Hände. Folgt einer Klapper von einer Seite zur anderen (180°). Blickt sofort auf einen Gegenstand in der Mittellinie.
Gehör: dreht den Kopf zu einer Tonquelle hin.

16 Wochen:
Grobmotorik:
Bauchlage: Kopf- und Brustkorb werden so weit von der Unterlage abgehoben, daß die Gesichtsebene in 90° steht. „Schwimmbewegungen".
Beim *Hochziehen zum Sitzen:* nur noch geringe Kopfrücklage beim Beginn des Hochziehens.
Gehalten in sitzender Position: Kopf ständig aufrecht. Das Kind sieht sich aktiv in der Umgebung um. Kopfwackeln bei passiver Seitwärtsbewegung des Rumpfes. Der Rücken ist nur noch in der Lendenwirbelsäule kyphosiert.
Rückenlage: Kopf in Mittelstellung.
Hände: kommen beim Spiel zusammen. Betrachtet die Hände noch. Versucht, Gegenstände zu ergreifen, greift aber daneben. Spielt mit einer Klapper für längere Zeit und schüttelt sie. Kann sie aber nicht aufheben, wenn sie herunterfällt.
Allgemeines Verständnis:
Es erregt sich mit massiver Beteiligung aller vier Gliedmaßen, wenn die Nahrung vorbereitet wird oder Spielzeug ins Blickfeld kommt. Ist erfreut, wenn es in sitzende Position gebracht wird.
Lautgebung: lacht laut.
Blick: Rückenlage: erfaßt ein bewegtes Objekt sofort mit den Augen.

20 Wochen:
Grobmotorik:
Bauchlage: übernimmt das Gewicht auf die Unterarme. Beim *Hochziehen zum Sitzen* bleibt der Kopf nicht mehr zurück.
In *gehaltener Sitzposition* kein Kopfwackeln bei seitlichem Anstoßen des Rumpfes. Der Rücken ist in Sitzhaltung gerade. Bringt in Rückenlage die *Füße zum Mund. Übernimmt das Gewicht in stehender Position* weitgehend.
Hände: ist in der Lage, Objekte willkürlich zu ergreifen. Spielt mit den Zehen. Zerknüllt Papier. Plantscht im Bad. Objekte werden in den Mund gesteckt.
Allgemeines Verständnis:
lacht beim Anblick seines Spiegelbildes. Patscht gegen die Flasche.

24 Wochen:
Grobmotorik:
Bauchlage: übernimmt das Gewicht auf die Hände. Brustkorb und oberes Abdomen heben sich von der Unterlage ab.
Beim *Hochziehen zum Sitzen* nimmt es den *Kopf aktiv mit. Sitzt* mit Unterstützung am Rücken.
In *stehender Position* übernimmt es das Gewicht fast vollständig.
Rollt von der Bauchlage in die Rückenlage.
Betrachtet die *Hände* nicht mehr besonders. Hält die Flasche. Ergreift seine Füße. Greift Klötze mit palmarem Griff. Gibt Klotz von einer Hand in die andere. Trinkt aus einer Tasse, wenn sie ihm an die Lippen gehalten wird.
Allgemeines Verständnis:
Wenn es ein Spielzeug verliert, sieht es nach, wohin es gefallen ist, und versucht, es wiederzuerlangen. Kommt in Erregung beim Hören von Schritten. Beim Anblick seines Spiegelbildes jauchzt das Kind. Streckt die Arme aus, um hochgenommen zu werden. Zeigt Zuneigung und Abneigung, „fremdelt".

Ist verärgert, wenn ihm das Spielzeug weggenommen wird. Lacht, wenn es in ein Frottiertuch eingewickelt wird. Imitiert Husten, steckt die Zunge heraus.

28 Wochen:
Grobmotorik:
Bauchlage: übernimmt das Gewicht mit einer Hand. *Sitzt* mit Unterstützung durch die Hände. *Rollt von der Rückenlage in die Bauchlage.*
Rückenlage: hebt den Kopf spontan. Hält sich stehend. Hüpft mit Freude. Schlägt Klötze auf den Tisch. Gibt sie von Hand zu Hand. Wenn es einen Klotz in der Hand hat, zögert es, wenn ihm ein zweiter Klotz angeboten wird. *Ernährung:* speichelt. Hält die Lippen geschlossen, wenn es mehr Essen bekommt, als es wünscht.
Allgemeines Verständnis:
Imitiert einfache Verrichtungen. Tätschelt das eigene Spiegelbild. Reagiert auf Anrede mit seinem Namen. Versucht Kontaktaufnahme mit anderen Personen. Erwartet Antwort auf wiederholte Reize.
Sprache: einfache Laute „ba, da, ka".

32 Wochen:
Grobmotorik:
Sitzt für einen Moment frei ohne Unterstützung. Paßt seine Haltung an, um einen Gegenstand zu erreichen. Bei unterstütztem Stehen übernimmt es das Gewicht vollständig. Steht mit Selbstfesthalten.
Allgemeines Verständnis:
Versucht, ständig Spielzeug zu erreichen, das nicht erreichbar ist. Antwortet auf „Nein". Sieht nach heruntergefallenem Spielzeug. Imitiert Töne.
Sprache: kombiniert Silben wie: „da-da, ba-ba".

36 Wochen:
Grobmotorik:
Bauchlage: Beim Versuch zu kriechen, bewegt sich das Kind *rückwärts.* Möchte sich durch Rollen fortbewegen. Sitzt auf dem Boden mindestens 10 Min. Lehnt sich nach vorn, ohne die Balance zu verlieren. Kann sich nicht zur Seite lehnen. *Steht* mit *Festhalten* an Möbeln. Zieht sich selbst hoch zum Stehen.
Hände: kann einen Gegenstand zwischen Fingerspitzen und Daumen aufnehmen. Vergleicht zwei Klötze, in dem es sie nebeneinander bringt.
Allgemeines Verständnis:
bringt die Arme vor das Gesicht, um die Mutter am Waschen zu verhindern.

40 Wochen:
Grobmotorik:
Bauchlage: krabbelt auf dem Bauch. Kriecht, indem es sich selbst mit den Händen vorwärts bringt. Sitzt. Kann sich aus dem Sitzen in die Bauchlage fallen lassen und kommt von der Bauchlage zum Sitzen. Sitzt frei mit leichter Tendenz zum Überbalancieren. *Steht* mit Festhalten an Möbeln. Kollabiert mit einem Bums. Exploriert Gegenstände mit dem Zeigefinger. Beginnt, Gegenstände loszulassen.
Allgemeines Verständnis:
Sieht „um die Ecke" nach Gegenständen. Reagiert auf Anreden wie: „Wo ist der Papa?" Zieht an den Kleidern, um andere auf sich aufmerksam zu machen.
Hält Gegenstände dem Untersucher hin, jedoch ohne sie loszulassen. Macht „winke-winke". Spielt „backe Kuchen".

44 Wochen:
Grobmotorik:
Kriecht, ohne daß der Bauch die Unterlage berührt. Steht und *hebt einen Fuß.*
Hände: beginnt Klötze in einen Behälter zu packen. Hält die Arme vor, um in den Ärmel zu kommen, oder streckt den Fuß aus, um Schuhe anzuziehen.
Allgemeines Verständnis:
Will einen Gegenstand dem Untersucher nicht geben. Hält ihn fest, läßt ihn aber nicht los. Läßt Gegenstände absichtlich fallen, damit sie ihm wieder aufgehoben werden.

48 Wochen:
Grobmotorik:
Bauchlage: Beim Kriechen liegt die Sohle auf dem Boden flach auf.
Sitzen: dreht sich um, um Gegenstände aufzunehmen.
Geht, indem es sich an Möbeln festhält oder mit Unterstützung an beiden Händen.
Allgemeines Verständnis:
Rollt Ball zum Untersucher. Gibt jetzt dem Untersucher das Spielzeug und läßt es los.
Nimmt den Reim eines Kinderliedes mit Körperbewegungen auf.
Hat Interesse an einem Bilderbuch. Schüttelt den Kopf für „Nein". Fängt an zu spielen; spricht bewußt ein Wort.

1 Jahr:
Grobmotorik:
Bauchlage: geht im „Bärengang". Geht an einer Hand gehalten. Rutscht auf Gesäß und Händen. Bringt die Hände nicht mehr zum Mund. Wirft Gegenstände auf den Boden.
Allgemeines Verständnis:
versteht Sätze wie: „Wo ist dein Schuh?" Gibt Kuß auf Aufforderung. Neigt zur Scheuheit. Spricht bewußt zwei oder drei Wörter. Versteht die Bedeutung von mehr als drei Wörtern. Speicheln hört langsam auf.

15 Monate:
Grobmotorik:
Kriecht treppauf. Kniet ohne Hilfe. Geht ohne Hilfe. Kann ohne Unterstützung in stehende Position kommen. Fällt durch „Kollaps". Kann aber noch nicht um die Ecke gehen oder plötzlich stoppen. Wirft ständig Gegenstände auf den Boden. Baut Türme mit zwei Klötzen. Hält zwei Klötze in einer Hand. Kann einen Ball, nicht ohne zu fallen, werfen. Zieht sich gern die Schuhe aus. Nimmt allein, ohne Hilfe, Nahrung auf. Hebt einen Becher an, trinkt und setzt ihn ab. Kann einen Löffel benutzen, aber dreht ihn noch in der Nähe des Mundes.
Allgemeines Verständnis:
Beginnt, der Mutter zu berichten, daß es auf das Töpfchen muß. Zeigt nasse Hose an. Beginnt, mundartlich zu sprechen. Spricht verschiedene komplizierte Wörter.

Kleinkindphase

Morphologische Entwicklung

Die Kleinkindphase ist biomechanisch betrachtet die Phase, in der die Adaptation an die Schwerkrafteinwirkung im Stehen und im Gehen vollzogen wird. Die Schwerkrafteinwirkung mit ihrer Verarbeitung durch den Haltungs- und Bewegungsapparat erweist sich als ein wesentlicher, umweltbedingter Faktor in der Lenkung von Wachstumsvorgängen und der peripheren Formgestaltung des Skeletts.
Auch in der Kleinkindphase macht der Haltungs- und Bewegungsapparat noch erhebliche funktionelle Wandlungen bis zur präpuberalen Phase durch. Insbesondere erfahren die am Anfang der Phase motorisch noch wenig entwickelten Beine eine erhebliche Entwicklung. Symbolisch kann das als Ausdruck der Verselbständigung des Kindes in seiner Beziehung zur Umwelt gesehen werden.
Nicht nur in pädagogischer und charakterlicher Hinsicht, sondern auch in statomotorischer Hinsicht ist diese Phase vielleicht die wichtigste in der Persönlichkeitsentwicklung.

In der *Kleinkindgestalt* ist die Proportion von Kopf zur Gesamtgestalt am auffälligsten. Der große Kopf beherrscht die Gestalt. Aber die relative Kopfgröße fällt von 22% mit einem Jahr auf 19% mit drei Jahren und 17% mit vier Jahren zurück. Die Stirn beherrscht das Mittel- und Untergesicht. Die Kinnpartie ist klein und schmächtig.
Der *Rumpf* ist groß und walzenförmig. Die Beckenbreite nimmt langsam bei Jungen und Mädchen zu, während die relative Schulterbreite von 22,2% auf 21,5% abfällt (Freeman u. Platt 1932). Der *Rumpfbreitenindex* nimmt von 70,6 bei dreijährigen Jungen auf 73,7 bei fünfjährigen Jungen zu. Der Geschlechtsunterschied ist in diesem Alter nicht signifikant, während mit 9 Jahren ein signifikanter Unterschied von 73,7% bei Jungen zu 74,9% bei Mädchen besteht (Gray u. Ayres 1931). *Langsam tritt eine weitere Streckung der Gestalt ein:* Die relative Beinlänge steigt von 39,4% auf 42,6% im dritten Lebensjahr und 44,8% im fünften Lebensjahr an. Im dritten Lebensjahr ist die Zunahme der relativen Beinlänge mit 1,8% pro Jahr am stärksten in der ganzen Phase.

In orthopädischer Sicht gibt es in dieser Phase drei wesentliche Veränderungen:
1. die Achsenstellung der Beine,
2. die Entwicklung der Fußhaltung und
3. die Haltungsentwicklung.

Achsenstellung der Beine:
Sie zeigt den Wandel von der physiologischen O-Bein-Gestalt über das physiologische X-Bein zur normalen Achsenstellung am Ende der Kleinkindphase (Abb. **13**). Die Valgisierungstendenz ist bei allen Kindern, Jungen wie Mädchen, nachweisbar. Sie scheint beim Jungen stärker ausgebildet zu sein als beim Mädchen. Auch die sich zurückbildende *Innenrotationsneigung* der Beine muß hier erwähnt werden. Die Innenrotation kann das ganze Bein einschließlich des Fußes betreffen.
Mit Ausnahme der Arbeit von Morley (1954) existiert leider bis heute keine ausreichend dokumentierte und statistisch abgesicherte Untersuchung über die X-Bein-Entwicklung und die Rückbildung der Innenrotationsneigung.

Entwicklung der Fußhaltung:
Sie wird bei Beginn der Lauflernphase durch das physiologische O-Bein beeinflußt, aber auch durch die sich rückbildende Innenrotationsneigung. Das Lauflernkind zeigt gewöhnlich eine

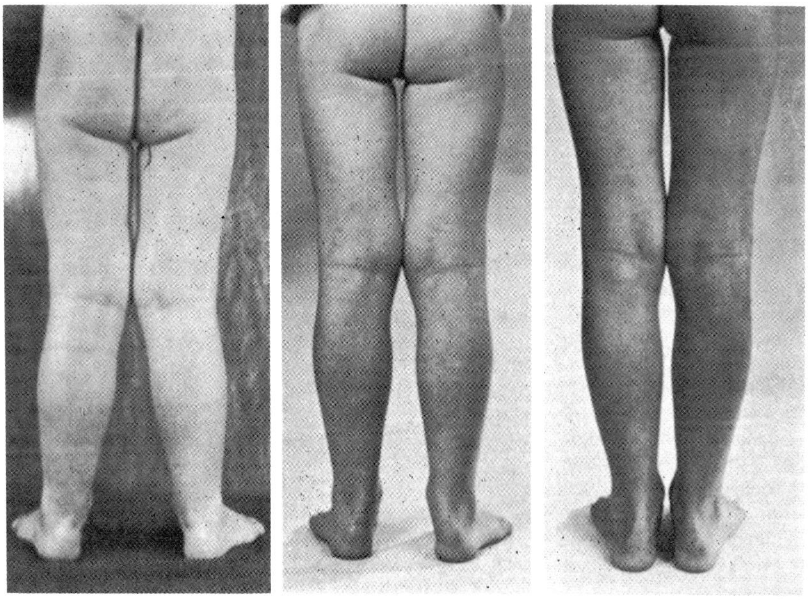

Abb. **13** Physiologisches X-Bein bei einem Kind im Alter von 2,0, 3,2 und 4,1 Jahren. (Die Aufnahme verdanke ich *E. Maier*)

Abflachung des Längsgewölbes. Sie wird oft fälschlicherweise als pathologischer Zustand gedeutet. Wir sehen in ihr nichts anderes als eine *physiologische Adaptionsphase* im Zuge der statomotorischen Entwicklung der Füße. Von einem pathologischen Knicksenkfuß kann man so lange nicht sprechen, wie während des Kleinkindalters noch eine freie aktive Beweglichkeit des Fußes erhalten bleibt und in der Belastungsphase keine pathologische Achsenabweichung des Wadenbeins festgestellt wird. Auch hier muß auf die Arbeit von Morley (1954) hingewiesen werden.

Haltungsentwicklung:
Die *Rumpfhaltung* erfährt mit dem Beginn des Kleinkindalters entscheidende Veränderungen. In der Haltungsentwicklung spielen neuromotorische und biomechanische Komponenten eine entscheidende Rolle. Das Kind kann sich jetzt aufrecht halten. Aber der Wandel von der Horizontalen zur Senkrechten erfordert vom Haltungs- und Bewegungsapparat eine Fülle von biomechanischen Adaptationen im Rahmen der *Gliederkette* (v. Baeyer 1940). Zum Zeitpunkt der Erreichung der aufrechten Haltung ist eine starke Lendenlordose bei hochgradiger Beckenkippung festzustellen, während die thorakale Wirbelsäule eher flach bleibt und eine leichte Lordosierung aufweist (Abb. **14**). Die Lendenlordose ist Folge des noch immer nachweisbaren Beugemusters der Beine und der stärkeren Aktivität des Psoas. Ein weiterer Faktor ist darin zu sehen, daß der Körperschwerpunkt wegen des in diesem Alter noch sehr großen Bauches weiter ventral liegt als am Ende der Kleinkindphase. Auch die kraniokaudale Wanderung des Körperschwerpunktes mag bei der Haltungsentwicklung eine wichtige Rolle spielen. Der Körperschwerpunkt liegt beim Neugeborenen in der Nähe des Schwertfortsatzes, im Kleinkindalter eben oberhalb des Nabels, und mit 13 Jahren unterhalb der Crista iliaca (Lowrey 1973).

Am Ende der Phase tritt eine deutliche Straffung der Gestalt ein. Der Wandel von der Kleinkindphase zur präpuberalen Phase wird sehr deutlich beim Armvorhaltetest (Matthiass 1961a). Weil das Kleinkind noch nicht zur Dauerhaltungsarbeit in der Lage ist, versagt es im Armvorhaltetest physiologischerweise, d. h., es kommt noch während des Versuches zur aktiven Aufrichtung bei Armvorhalte während 30 Sek. zur Rücklage des Rumpfes und zur Beckenverschiebung nach vorn (Matthiass 1961a; Groeneveld 1976). Noch bei Sechsjährigen zeigen 16% ein Versagen im Armvorhaltetest (Matthiass 1961a), bei Achtjährigen sind es nur noch 8%.

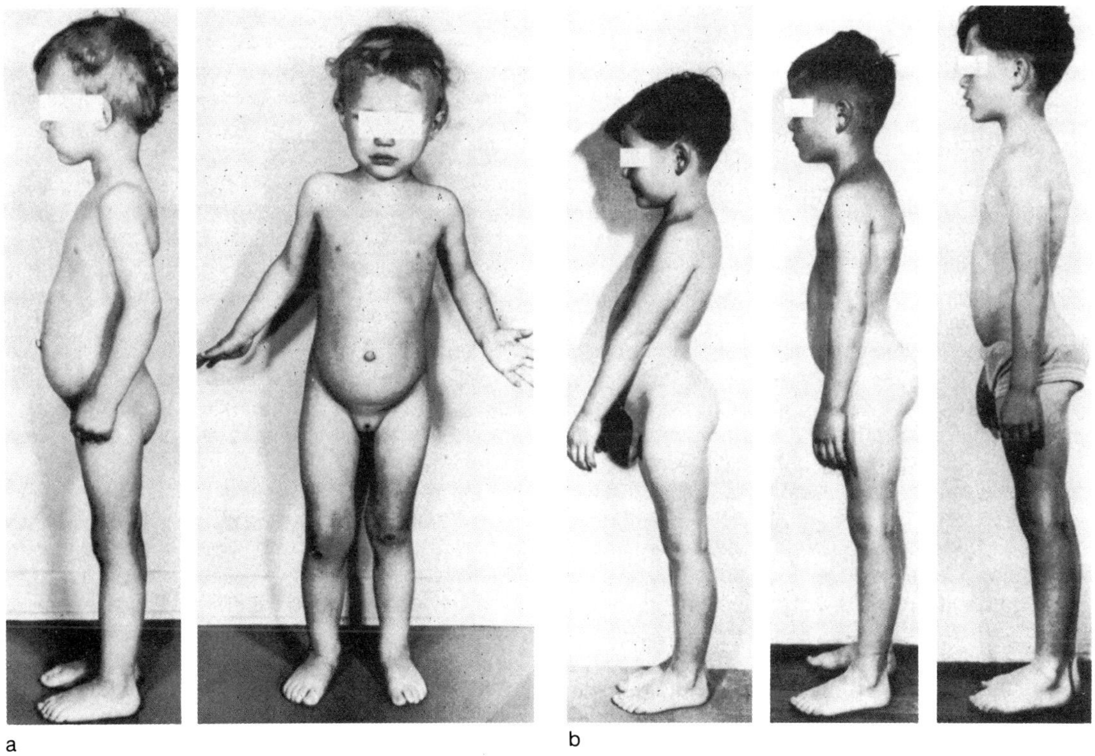

a b

Abb. **14** a u. b a) Kleinkind im Alter 2,4 Jahren, b) Haltungsentwicklung im Übergang von der Kleinkind- zur präpuberalen Phase

Statomotorische Entwicklung (nach Daten von ILLINGWORTH 1975)

Zusammenfassend stellt sich der Fortgang der neuromotorischen Entwicklung im Kleinkindalter wie folgt dar: *Mit 18 Monaten* kann das Kind treppauf und treppab ohne weitere Hilfe gehen, jedoch mit Festhalten am Geländer. Es steigt treppauf an einer Hand gehalten und kann einen Puppenwagen schieben. Es fängt an, mit beiden Beinen zu springen, und wirft einen Ball, ohne zu fallen. *Mit 2 Jahren* kann es allein ohne Festhalten treppauf und treppab gehen. Es geht auch rückwärts und kann heruntergefallene Gegenstände ohne hinzufallen aufheben. Es verliert beim Fußball-Kicken nicht die Balance und rennt. *Mit 2 1/2 Jahren* springt das Kind mit beiden Füßen. Es geht auf Aufforderung „auf Zehenspitzen". *Mit 3 Jahren* kann es einen Schritt springen. Geht treppauf mit einem Fuß für den Schritt, treppab aber mit zwei Füßen für den Schritt. Es kann jetzt zum erstenmal für Sekunden auf einem Fuß stehen. Es fährt Dreirad. Erst *mit 4 Jahren* geht es treppab mit einem Fuß für den Schritt. Rutscht auf einem Fuß und kann erst mit fünf Jahren auf beiden Füßen rutschen. Man erkennt aus dieser Leistungsentwicklung, daß das Kleinkindalter statomotorisch vor allem der Perfektionierung bereits vorhandener Fähigkeiten dient.

Präpuberale Phase

Die Beendigung der Kleinkindphase zeigt sich darin an, daß die Wachstumsentwicklung sich generell weiter verlangsamt. Der jährliche Längenzuwachs fällt bei Jungen bis zum 11. Lebensjahr auf 4,1 cm, Werte, die nur noch am Ende der Wachstumsperiode unterschritten werden. Proportionale Veränderungen der Gestalt finden in nennenswertem Umfange nicht statt. Die relative Kopfhöhe vermindert sich langsam weiter. Relative Schulter- und Beckenbreite vermindern sich ebenfalls, während die relative Beinlänge von 7–9 Jahren langsam ansteigt. Im letzten Abschnitt dieser Phase, etwa 1–1 1/2 Jahren vor Beginn der Pubertät, werden die Kinder wieder etwas fülliger. STRATZ (1903) spricht vom Stadium der 2. Fülle, ZELLER (1952) von der präpuberalen Hemmungsphase. Tatsache ist jedenfalls, daß man in dieser Zeit zwischen dem 7. und 10. Lebensjahr besonders bei Mädchen eine deutlich stärkere Zunahme des Unterhautfettgewebes bei röntgenologischen Messungen feststellen kann (STUART u. SOBEL 1946; LOMBARD 1950; TANNER 1962; MEREDITH 1957). Auch in orthopädischer Hinsicht verläuft diese Phase relativ ruhig. Die Haltungsentwicklung läßt eine zunehmend bessere Beherrschung der Haltung erkennen. Die Dauerhaltungsleistungsfähigkeit nimmt zu. Der Anteil derjenigen Kinder, die im Armvorhaltetest versagen, wird geringer. Auch BREITENFELDER (1956) fand keine wesentliche Zunahme der Haltungsschäden in dieser Phase.

Puberale Phase

Mit dieser Phase wird die letzte Prägungsphase sowohl für die Gestaltentwicklung als auch die Persönlichkeitsentwicklung eingeleitet. Die Jugendlichen in dieser Phase, die sog. Adoleszenten, sind gewöhnlich gesund und ärztlich allgemein relativ uninteressant. Obwohl es bekannt ist, daß mancherlei, vor allem orthopädische Krankheiten in dieser Zeit auftreten, ist immer noch ein deutlicher Mangel an Interesse der Ärzte für diese Phase festzustellen. Der hauptsächliche Grund liegt darin, daß Adoleszente weder Kinder noch Erwachsene sind und nicht so recht in unsere gegenwärtige alterstransversale Facheinteilung passen. Der Pädiater ist *nicht mehr* so recht und der Internist bzw. Allgemeinpraktiker *noch nicht* so recht interessiert und ausgebildet, sich mit den Problemen der Adoleszenten zu befassen. Deshalb ist es um so wichtiger, daß der Orthopäde, in dessen Fachgebiet viele Krankheiten in dieser Phase beginnen, sich besonders mit diesen Fragen befaßt. Ein weiterer Grund dafür, daß Ärzte sich mit dieser Phase selten befassen, liegt auch darin, daß die Probleme dieser Phase nicht nur von der somatischen Veränderung her verständlich sind, sondern vorwiegend verhaltenspsychologisch erklärbar und lösbar sind. Viele unserer Patienten befinden sich in der Auseinandersetzung mit den Problemen dieser Phase. Daraus erklären sich manche Schwierigkeiten in der orthopädischen Behandlung von Adoleszenten. Wenn wir ihnen helfen wollen, sie für die von uns vorgeschlagene Behandlung gewinnen wollen (z. B. das Ertragen einer Behandlung mit dem Milwaukee-Korsett oder einer anderen langwierigen Behandlung), dann müssen wir sie motivieren können. Das können wir nur, wenn wir auch etwas von der Problematik dieser Phase wissen.

Die puberale Phase ist eine Phase des Überganges. In keiner Phase ist die Varianz in der körperlichen Entwicklung so groß wie in dieser. Es ist die letzte und intensivste Phase der Disharmonisierung.

In noch stärkerem Maß als der Übergang von der Kleinkindphase zur präpuberalen Phase läßt der puberale Gestaltwandel eine vorübergehende Disharmonisierung der Wachstumsregelung erkennen. Man erkennt eine Diskrepanz zwischen skelettärem Wachstum und Muskelwachstum, zwischen Längenwachstum und Breitenwachstum, das zur Unsicherheit in der Haltungsentwicklung führt. Die gesteigerte Stimulation und die beginnenden regressiven Veränderungen der Wachstumsfuge kurz vor dem Abschluß der Wachstumstätigkeit führen zu vorübergehender mechanischer Insuffizienz mit der möglichen Folge einer Epiphyseolysis capitis femoris, einer Osteochondrosis tibiae, des Pubertäts-X-Beines, der Entwicklung einer Adoleszentenkyphose, einer Verschlechterung der Hüftgelenksdysplasie und vor allem der Skoliose. Diese Phase hat auch dadurch ihre praktische Bedeutung, daß mit ihrem Ende jede Möglichkeit der Wachstumsregulierung durch Beeinflussung der Fuge erlischt.

Gestaltveränderungen in der ersten und zweiten puberalen Phase

Ein genereller Wachstumsschub ist das herausragende Merkmal des puberalen Gestaltwandels. Von ihm werden die Dimensionen des Skeletts (Schädel ebenso wie Hand- und Fußwurzelknochen) erfaßt (Shuttleworth 1938), aber auch Herz, Eingeweide und Fortpflanzungsorgane. Nur das Gehirnwachstum wird offenbar nicht beeinflußt, obwohl auch das Gehirn in dieser Zeit erhebliche funktionelle Wandlungen erfährt. Scammon hat die Koordination der Wachstumsvorgänge graphisch dargestellt (Abb. **15**a). Die Wachstumsruhe der Fortpflanzungsorgane in der präpuberalen Phase steht in deutlichem Kontrast zur starken Wachstumsaktivität der lymphatischen Organe in dieser Phase. Die Bedeutung des Wachstums der lymphatischen Organe vor Beginn der ersten puberalen Phase ist nicht recht klar. Wir erinnern aber an die Hypothese von Burwell (1963), der meint, daß das lymphatische System wachstumsregulierende Substanzen produziere. Es ist jedoch bis heute nicht klar, welche Substanzen diese Funktionen übernehmen (s. Abschnitt „Allgemeine Wachstumstheorien").

Alle Körpermaße werden von dem puberalen Wachstumsschub erfaßt. Der Schub beginnt an den unteren Extremitäten, und zwar von distal nach proximal sich fortsetzend. Die verhältnismäßig geringe Wachstumsbeschleunigung des Fußes setzt 6 Monate vor der des Unterschenkels und des Oberschenkels ein (Davenport 1932; Anderson u. Mitarb. 1956). Der Fuß beendet sein Wachstum, bevor irgendein anderes Skeletteil sein Wachstum einstellt. Eine ähnliche Reihenfolge beobachtet man auch am Arm. Auch hier beginnt der Schub am Unterarm etwa 6 Monate vor dem am Oberarm.

Die Wachstumsmaxima der Beine und des Rumpfes liegen etwa 1 Jahr auseinander. Dadurch flacht sich die Kurve des gesamten Längenwachstums ab. Nimmt man die Kurven beider Abschnitte für sich allein, so ist der Schub sehr viel deutlicher.

Der puberale Gestaltwandel wird sehr wesentlich auch durch die Entwicklung des Unterhautfettgewebes („Fettschub") und der Muskulatur („Muskelschub") beeinflußt. Reynolds u. Schoen (1947) haben diese Entwicklung dargestellt (Abb. **15**b). Danach kommt es zunächst zu einer

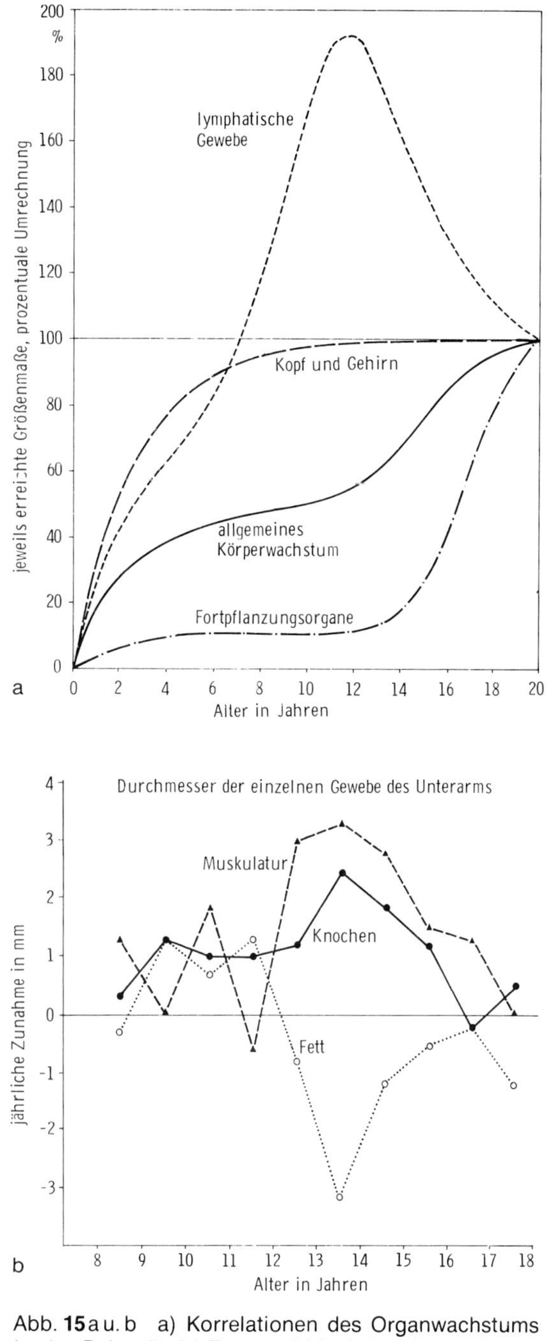

Abb. **15**a u. b a) Korrelationen des Organwachstums in der Pubertät, b) Fett- und Muskelwachstum in der Pubertät (Abb. a aus: *Scammon, R. E.:* 1930. Abb. b aus: *Reynolds, E. L., G. Schoen:* Monogr. Soc. Res. Child. Develop. 2, Nr. 1 [1937])

leichten Zunahme des Unterhautfettgewebes zwischen 10 und 12 Jahren. Wenn dann die Massenzunahme der Muskulatur und des Knochens einsetzt, vermindert sich die Zunahme des Unterhautfettgewebes deutlich. Bei der Muskulatur setzt das Wachstum später als beim Skelett ein. Es tritt sogar später ein als das maximale Wachstums des Körperstammes. Die Muskelkraft nimmt nach den Ergebnissen von Dynamometeruntersuchungen (STOLZ u. STOLZ 1951) erst 18 Monate nach dem stärksten Längenwachstum zu.

Entwicklung der primären und sekundären Geschlechtsmerkmale

In der Praxis spielt die Bestimmung der Reifungsphase der sekundären Geschlechtsmerkmale eine große Rolle. Sie ist deshalb auch unerläßlicher Bestandteil bei einer orthopädischen Untersuchung von Krankheiten, bei denen das Reifungsgeschehen von Bedeutung ist. Sie hat vor allem auch deshalb Bedeutung, weil bei dieser Reifebestimmung auch pathologische Befunde an den Fortpflanzungsorganen erkannt und dem zuständigen Facharzt überwiesen werden können. Bestimmungen der sexuellen Reife sind vielfach gemacht worden, so von v. PFAUNDLER (1916), FRIEDENTHAL (1914), SCHEIDT (1923), SCHMIDT-VOIGT (1945), ZELLER (1952), BAYLEY u. BAYER (1959), TANNER (1962), NICHOLSON u. HANLEY (1953).
An die Reifungsuntersuchung im Rahmen einer orthopädischen Untersuchung müssen folgende Forderungen gestellt werden:

1. Sie soll einfach sein und schnell durchgeführt werden können.
2. Sie soll sich auf solche Merkmale beschränken, die wesentlich und überwiegend durch die hormonale Reifung beeinflußt werden und nur geringe genetische Voraussetzungen aufweisen.
3. Die festzustellenden Entwicklungsstadien müssen klar definiert und ihre Verteilung in der Normalpopulation bekannt sein.

Wir haben in der letzten Auflage dieses Handbuches die Einteilung von ZELLER (1952) empfohlen. Sie enthält jedoch eine Reihe von Merkmalen, die weniger wichtig sind bzw. sich schwer exakt bestimmen lassen, wie die Kehlkopfentwicklung oder die Stimmlage. Die Axillarbehaarung fängt erst zwei Jahre nach der Pubesbehaarung an, doch gibt es sehr stark differente Entwicklungen, die offenbar genetisch bedingt sind (TANNER 1962).
In Deutschland wird jetzt die Einteilung nach TANNER am häufigsten angewendet. Dafür gibt es aber keine Normzahlen. Deshalb verwende ich lieber die Einteilung von GREULICH u. Mitarb. (1942) bzw. BAYLEY u. BAYER (1959). Dieses Verfahren wurde vor allem deshalb gewählt, weil es Grundlage der Angaben über die Normverteilung von NICHOLSON u. HANLEY (1953) ist. Die Beschreibung der einzelnen Stadien ist nicht immer ganz exakt. Wir haben sie deshalb etwas ergänzt.
Im Vergleich der erreichten physiologischen Entwicklungsstadien mit dem Lebensalter fanden die Autoren eine hohe Korrelation z. B. zwischen der Entwicklung der Pubesbehaarung und dem Schluß der Epiphysenfugen. Es wurde auch eine enge Korrelation zwischen der Entwicklung von Penis und Skrotum, bzw. der Brust und dem Alter bei maximaler Wachstumsgeschwindigkeit gefunden. STOLZ u. STOLZ (1951) haben die Korrelationen zwischen der Entwicklung der sekundären Geschlechtsmerkmale und dem Wachstums errechnet:

Korrelationskoeffizienten für die Beziehung zwischen dem Alter bei Beginn und am Ende der Wachstums- und Entwicklungsschübe der Körperlänge, des Penis, der Testes (zit. n. TANNER (1962):

Anfang des Wachstumsschubes der Körperlänge und Anfang des Peniswachstums	0,87
Anfang des Wachstumsschubes der Körperlänge und Anfang des Wachstums der Testes	0,86
Anfang des Wachstums des Penis und Anfang des Wachstums der Testes	0,85
Ende des Wachstumsschubes der Körperlänge und Ende des Wachstums des Penis	0,83
Ende des Wachstumsschubes der Körperlänge und Ende des Wachstums der Testes	0,89
Ende des Peniswachstums und Ende des Wachstums der Testes	0,84

Nach BAYLEY u. BAYER (1959) stellen sich die Entwicklungsstadien wie folgt dar (leicht modifiziert).

Jungen (Abb. **16**):

1. Penis und Skrotum noch wie in früher Kindheit. Penis klein, konisch, vom Skrotum überragt. Lanugo-Behaarung, nicht pigmentiert.
2. Testes und Penis deutlich vergrößert. Penis dünn, Glans deutlich abgehoben. Penishaut leicht pigmentiert. Lanugo-Behaarung mit einzelnen pigmentierten glatten Haaren (Terminalhaare) durchsetzt ($\bar{x}$ 11; 8 +/− 1,0).
3. Penis deutlich länger, zylindrisch. Terminalbehaarung stärker ausgebreitet und gekräuselt, aber immer noch vereinzelt. Unscharfe Begrenzung der Haarzone nach kranial. Penishaut gespannt ($\bar{x}$: 13; 1 +/− 1,0).
4. Penis und Skrotum deutlich vergrößert. Skrotum schlaff. Pubesbehaarung hat dichtere Ausbreitung. Begrenzung nach kranial horizontal ($\bar{x}$: 13,8 +/− 1,0).
5. Penis hat Erwachsenengröße erreicht. Pubesbehaarung greift auf Innenseite der Oberschenkel über und schreitet gegen den Nabel fort.

Mädchen (Abb. **17**):

Entwicklung der Brust:

1. Präpuberale Brust mit geschwollenem Warzenhof.
2. Minimale Brustschwellung (Knospenbrust) ($\bar{x}$: 10; 6 +/− 1; 2).
3. Deutliche Schwellung des ganzen Brustkörpers. Große, wenig pigmentierte Aerola ($\bar{x}$: 11; 2 +/− 1; 1).
4. Die Größe der Erwachsenenbrust ist erreicht. Große, gut differenzierte und pigmentierte Areola ($\bar{x}$: 13; 9 +/− 0; 9).

Pubesbehaarung:

1. Lanugo-Behaarung, nicht pigmentiert.
2. Haar dicker, pigmentiert, glatt oder nur ganz leicht gekräuselt, hauptsächlich um die großen Labien herum. Nur einzelnstehende Haare ($\bar{x}$: 11; 6 +/− 0; 9).
3. Haardichte wie im Erwachsenenalter, Haare gekräuselt. Horizontale Begrenzung nach kranial. Ausbrei-

tung auf den ganzen Mons pubes, aber nicht auf die Innenseite der Oberschenkel ($\bar{x}$: 12; 5 +/− 1; 0).

4. Haar gekräuselt. Ausdehung auf die Innenseite der Oberschenkel ($\bar{x}$: 13; 2 +/− 0; 9).

NICHOLSON u. HANLEY (1953) haben die Altersverteilung der Reifestadien errechnet (vgl. Abb. **18** u. **19**). Um zu einem allgemeinen Reifungswert zu kommen, wurden von SCHWIDETZKY (1950) und SCHICK (1955) Umrechnungsverfahren angegeben. SCHICK verwendet sog. Z-Werte, die eine generelle Aussage über die Reifungstendenz bei verschiedenen Kollektiven gestatten (vgl. z. B. Abb. **26**).

Auch die männliche Brust macht vorübergehende und endgültige Veränderungen durch. Der Warzenhof ist vor der Pubertät bei beiden Geschlechtern gleich groß (ca. 12 1/2 mm). Im Erwachsenenalter mißt er 21,5 mm, bei erwachsenen Frauen 35,5 mm (GARN 1952). Die Haut des Warzenhofes verfärbt sich dunkler. Etwa ein

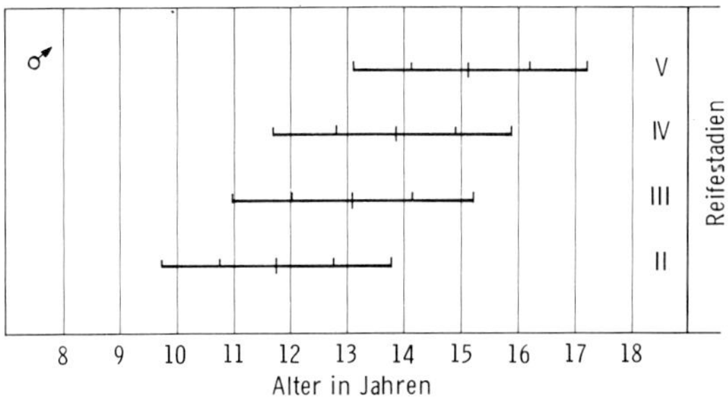

Abb. **16** Genitalentwicklung bei Jungen (aus: *Greulich, W., W. Dorfman, H. R. Catespole:* Soc. res. child dev. VII/1942)

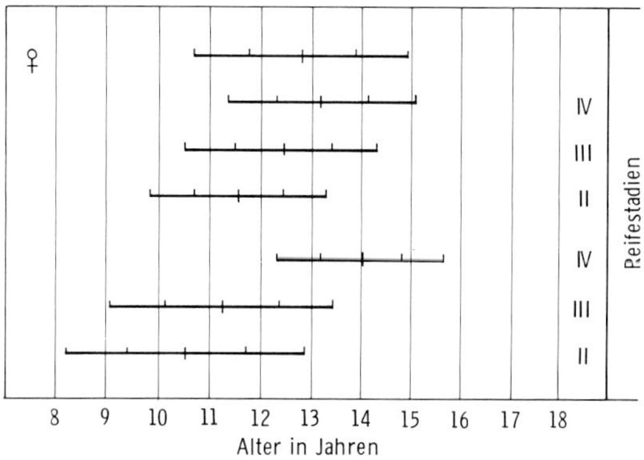

Abb. **17** Entwicklung der Brust und der Pubesbehaarung bei Mädchen (aus: *Bayley, N., L. M. Bayer:* Amer. J. phys. Antroph. 4 [1946] 433)

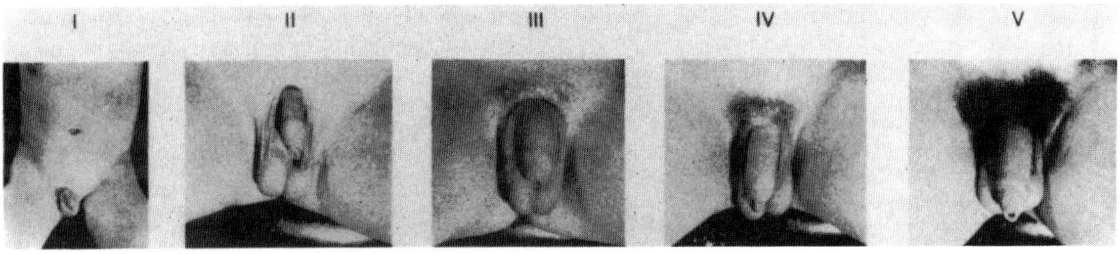

Abb. **18** Reifeindizes für Jungen (Abb. **16** u. **17** aus: *Nicholson, A. B., Ch. Hanley:* Child. Develop. 24 Nr. 1 [1953])

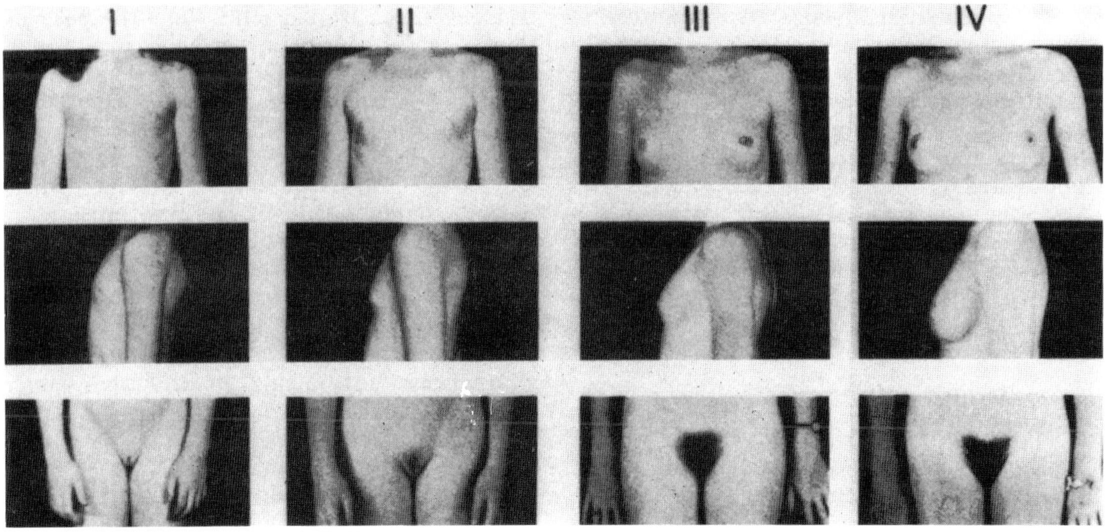

Abb. **19** Reifeindizes für Mädchen. Abscisse: Alter in Jahren, Ordinate: Oben: Menarche, Mitte: Pubesbehaarung, unten: Brustentwicklung

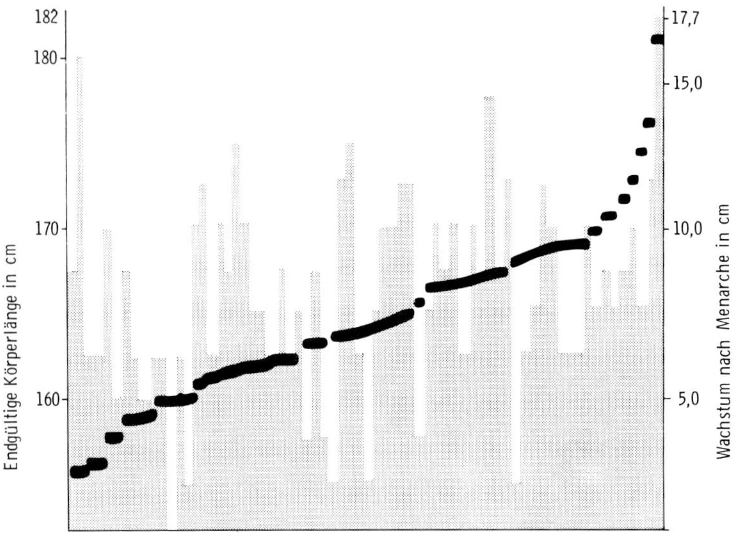

Abb. **20** Korrelation zwischen Menarche und Körperlänge (aus: *Lowrey, G. H.:* Growth and Development of Children. Yearbook Medical Publishers, Chikago 1973)

Tabelle **2** Häufigkeitsverteilung des Menarchealters (*Lowrey* 1973)

Alter in Jahren	Prozentsatz von Fällen, die bereits die erste Periode gehabt haben
10–11	4
11–12	18
12–13	36
13–14	27
14–15	9
15–16	4
16–17	2

Drittel der Knaben zeigt in der Mitte der Pubertät eine leichte Vergrößerung der Brust. Sie bleibt 1–1½ Jahre bestehen. Danach bildet sich die Vorwölbung völlig zurück.

Die *Menarche* (Tab. **2**) setzt fast ohne Ausnahme erst ein, wenn die Spitzengeschwindigkeit des Gesamtlängenwachstums bereits vorüber ist, aber wenn das Rumpfwachstum erst seinen Höhepunkt erreicht. Sie hat also für die Prognose von Wirbelsäulendeformitäten eine gewisse Bedeutung. Sie sollte allerdings nicht überschätzt werden. Das Wachstums nach der Menarche unterliegt sehr starken Schwankungen. Zwischen dem Wachstum nach der Menarche und der erreichten Endgröße gibt es keine gesicherten Korrelationen (Abb. **20**).

Entwicklung der Körpermaße in der puberalen Phase

Die Entwicklung der Körpermaße steht in enger Korrelation zur Progredienz einiger orthopädischer Deformitäten. Ihre Beobachtung gehört deshalb zur normalen Überwachung der körperlichen Entwicklungsvorgänge in der Orthopädie.

Die Registrierung bestimmter Körpermaße gibt eine Grundlage für die Beurteilung des Wachstums. Nur im Vergleich der Maße eines Individuums mit denen des Durchschnitts der Bevölkerung läßt sich eine Aussage darüber machen, ob ein Kind schneller oder langsamer als dem Durchschnitt entsprechend gewachsen ist. Damit könnte auch eine Aussage über eine stärkere *Wachstumsbelastung* gemacht werden, was immer man auch darunter verstehen will.

Besonders die Beziehung zwischen *Längenentwicklung* und *Gewichtsentwicklung* wird als Gradmesser einer regelrechten Körperentwicklung angesehen. Die bei uns gebräuchlichen Tabellen für die Normalwerte des Wachstums haben meistens den Nachteil, daß sie aus zeitlich und hinsichtlich der Herkunft des Probanden nicht für unsere Jugend repräsentativen Kollektiven entstammen. Nach Maaser (1974) sollen Vergleichsuntersuchungen möglichst neueren Datums die Meßmethodik eindeutig beschrieben und das Kollektiv von ausreichender Größe sein. Die Herkunft des Kollektivs sollte klar ausgewiesen sein und die Auswahl der Untersuchungsreihen alle Bereiche Mitteleuropas berücksichtigen. Die Längen- und Breitenmaße haben im allgemeinen nur Bedeutung, wenn sie auf das Körpergewicht bezogen sind, was eine gewisse Aussage über die Körperfülle erlaubt.

Die Maße der Länge, Breite und des Gewichts für sich allein bieten keine relevante Aussage über die körperliche Entwicklung. Das Verhältnis von Körperlänge zu Gewicht ist in den letzten Jahren konstant geblieben. (Maaser 1974). Geändert hat sich aber das Alter, in dem ein bestimmtes Längenmaß erreicht wurde.

In der neueren Literatur ist es üblich, zwei verschiedene Standardisierungsmethoden zu verwenden. Die eine Methode beinhaltet *Mittelwert* und *Standardabweichung*. Eine Standardabweichung schließt 66,6% der Gesamtzahl ein, zwei Standardabweichungen 95% und drei 99,7% der Gesamtpopulation. Die andere Methode verwendet das *Percentilsystem.* Die Zahl der Percentile zeigt die Position an, welche eine Messung unter hundert Messungen einnimmt. Die 10-%-Percentile zeigt z. B. den Wert für das zehnte von hundert Kindern an. Neun Kinder sind kleiner und 89 größer.

Beide Methoden haben ihre Bedeutung bei Körpermessungen. Die Percentilmethode zeigt besser die Stellung des Individuums in der Gesamtheit des Kollektivs an. Mehr bedeutet ein Vergleich eines Individualmaßes nicht. Die Diagnose eines pathologischen Wachstums läßt sich aus der Stellung innerhalb einer Wachstumstabelle nicht stellen. Ablesen läßt sich nur die Normalität oder Abnormalität. Je extremer allerdings die Abweichungen von der Norm sind, desto größer ist die Wahrscheinlichkeit, daß sie auf pathologische Ursachen zurückzuführen sind. Man sollte bei der Benutzung solcher Zahlen allerdings immer berücksichtigen, daß *jedes Kind sein eigenes Wachstumsmuster* hat. Die Reihenfolge der Wachstumsvorgänge ist bei allen Kindern gleich. Der zeitliche Ablauf kann aber sehr unterschiedlich sein. Das zeigt sich schon an der großen Streuung des Pubertätswachstumsschubes.

Man sollte bei der Beurteilung des Wachstums eines Patienten immer auch die Körperlänge der nächsten Angehörigen mit berücksichtigen. Über die Beziehungen zwischen erreichter Größe der Eltern und der Größe der Kinder geben Untersuchungen von Bayley (1954) Auskunft. Aus ihren Messungen läßt sich berechnen, daß der Korrelationskoeffizient nach und nach zunimmt. Kindern nähern sich also immer dem Wachstumsmuster der Eltern, je älter sie werden. Dies zeigt sich aber nur in den Korrelationen zwischen den Eltern und Kindern gleichen Geschlechts (Vater/Sohn oder Mutter/Tochter), die zwischen 0,45 und 0,75 liegen. Die Korrelation zwischen Vater/Tochter bzw. Mutter/Sohn ist bis 12 Jahre wesentlich niedriger und liegt unter 0,3. Danach steigt sie auf Werte zwischen 0,4 und 0,6 an. Ähnliche Ergebnisse werden auch von Pearsson u. Lee (1903) sowie Drillien (1958) berichtet.

Der Körper erfährt während des Wachstums erhebliche *Proportionsverschiebungen* hinsichtlich der relativen Kopfgröße, der Rumpf-Bein-Längen-Verhältnisse und der Breiten-Längen-Verhältnisse. Ein besonders wichtiges Maß des Körperbaus ist der Index Beckenbreite – Körperlänge (vgl. Tab. 4.**6**). Er zeigt die erheblichen Proportionsverschiebungen von der Geburt bis zum Ende des Wachstums an und auch die Geschlechtsunterschiede.

Körperbautypen:

Die Entwicklung der Körperproportionen läßt bei bestimmten Individuen häufiger zu findende Proportionskombinationen erkennen, die in Beziehung zum Temperament, aber auch zur Anfälligkeit gegenüber bestimmten Krankheiten stehen sollen. Schon Hippokrates beschrieb den dünnen Typ mit Neigung zu Lungenkrankheiten, den breit-fettwüchsigen Typ mit Neigung zur Apoplexie etc. Rostan (1828) unterschied den Typ digestif, respiratoire, cerebrale und musculaire. Neuere Einteilungen stammen von Kretschmer (1961), die bei uns in Deutschland besondere Bedeutung bekommen hat, und Sheldon (1940). Sheldon unterscheidet folgende drei Typen:

Die *Endomorphie* zeigt das Überwiegen der Stoffwechselorgane. Dieser Typ korrespondiert mit dem Kretschmerschen Typ eines Pyknikers. Die *Mesomorphie* korrespondiert mit dem athletischen Typ und die *Ektomorphie* mit dem leptosomen bzw. asthenischen Typ Kretschmers.

Die übliche Einordnung des Körperbaues eines Probanden in eines der Schemata (Somatotypisierung) beruht auf der subjektiven Formenfeststellung, die naturgemäß eine sehr große Fehlerbreite hat. Sheldon hat sich bemüht, die Körperbaubestimmung zu objektivieren:

1. durch Photo vor einem netzartigen Hintergrund,
2. durch Festlegung bestimmter Körpermaße (Beckenbreite, Schulterbreite, bitemporale Schädelbreite, Umfänge von Nacken, Bizeps, Wade, Sprunggelenk, Mittelfuß und Unterhautfettgewebe).

Das gesamte Programm Sheldons umfaßt zwanzig Punkte. Schließlich hat Sheldon eine Skala entwickelt, bei der der Ausprägungsgrad der verschiedenen Körperbaukomponenten festgelegt wird. Es wird eine Indizierung von 1–7 vorgenommen (1 = geringe Ausprägung, 4 = mittlere Ausprägung, 7 = maximale Ausprägung). Da bei den meisten Menschen eine Mischung der drei Typen vorliegt, wird bei der Somatotypisierung der Anteil der Zugehörigkeit zu einer der Körperformen mit Zahlen belegt und zwar in der Reihenfolge: Endomorphie – Mesomorphie – Ektomorphie.

Ein überwiegend ektomorphes Kind hat dann die Somatotypie Formel 1 1 7, während ein extrem endomorphes Kind die Formel 7 1 1 haben mag.

Zwischen dem Körperbautyp und dem Reifungsablauf scheinen bestimmte Korrelationen zu bestehen. Frühreife und spätreife Kinder unterscheiden sich deutlich im Körperbau. Boas stellte schon 1897 fest, daß Knaben und Mädchen, die vor der Pubertät besonders groß waren, auch früh reiften. Nach Untersuchungen von Rickey (1937) sind die Mädchen mit früher Menarche vor der Pubertät größer und schwerer als die mit später Menarche. Nach Abschluß der Reife unterscheiden sich die Früh- von den Spätreifenden in der Körperlänge nicht mehr. Sie sind nur noch schwerer. Die Spätreifenden haben also das Körperlängendefizit aufgeholt, ja, sie können sogar gering größer werden (Shuttleworth 1939, Tanner 1962). Die Spätreifenden werden hauptsächlich aufgrund des längeren Beinlängenwachstums größer. Bei ihnen ist auch die Ektomorphie stärker ausgeprägt. Aber im Erwachsenenalter Ektomorphe sind schon in der Pubertät größer als die En-

domorphen, während die Endomorphen durchgehend vom dritten Lebensjahr an schwerer waren (DUPERTUIS u. MICHAEL 1953).
Der puberale Wachstumsschub tritt bei den Ektomorphen durchschnittlich ein Jahr später als bei den Mesomorphen ein. Auch hinsichtlich des Skelettalters stehen die Ektomorphen zurück. (ACHESON u. DUPERTUIS 1957). Frühreife zeichnen sich überwiegend durch mesomorphe und geringfügige endomorphe Körperbaumerkmale aus.
Nach den Untersuchungen von STOLZ u. STOLZ (1951) fanden sich bei Knaben, unabhängig von ihrem frühen oder späten Eintritt in die Pubertät, bei einem ausgeprägten präpuberalen Fettschub nach Abschluß des Wachstums stärkere weibliche Körperbaumerkmale als bei einer Vergleichsgruppe mit geringerem Fettschub. Die Schulterbreite war bei der ersten Gruppe geringer. Oberschenkel und Waden zeigten deutlich weibliche Konturen. Sie neigten mehr zu X- als O-Beinen. Über die geschlechtsbedingten Formvarianten der Beine haben SHELDON (1940) DRAPER u. Mitarb. (1944), SELTZER (1945) sowie BAYLEY u. BAYER (1946) Untersuchungen vorgelegt. Es zeigte sich, daß die Neigung zum X-Bein bei den Frauen, zum O-Bein bei den Männern schon vor der Pubertät nachzuweisen ist.

Körpergewicht

Von allen Messungen, ist das Gewicht der beste Indikator für das Wachstum und das allgemeine Gedeihen des Kindes. Mit 6 Monaten soll das Geburtsgewicht verdoppelt sein, am Ende des ersten Lebensjahres verdreifacht und mit dem Ende des zweiten Jahres vervierfacht sein. Von da ab nimmt es ziemlich gleichmäßig langsam zu. Nur am Beginn der Pubertät beschleunigt sich die Gewichtszunahme noch einmal im Rahmen des Pubertätwachstumsschubes. Die Phase der stärkeren Gewichtszunahme ist etwas länger als die der Längenzunahme. Sie beginnt etwa ein Jahr vor der Menarche. Die Zunahme des Körpergewichtes steht in strammer Korrelation zur Längenentwicklung und zeigt deshalb auch eine erhebliche Variationsbreite. Die Längenentwicklung ist einer der hauptsächlichsten Faktoren der Gewichtszunahme. Deshalb läßt sich das Gewicht nur im Zusammenhang mit den Längenmaßen beurteilen, in Form der sog. *Somatogramme* (MAASER 1974) (Tab. **3**).

Körperlänge

Die Körperlänge unterliegt einer erheblichen Variabilität. Nach den Daten von DAHLBERG (1926), STOCKS (1930/31), VOGEL u. WENDT (1956) sowie SHIELDS (1962) ist die erblich bedingte Variabilität dreimal so groß wie die umweltbedingte. Wenn es auch andere Untersuchungsergebnisse gegeben hat, so besteht doch kein Zweifel daran, daß das Erbgut zu 75% an der Körperlängenvariabilität von Geschwistern beteiligt ist. Ein ähnlich hoher Prozentsatz des Anteils erblicher Faktoren wird auch für die Gesamtbevölkerung angenommen (KNUSSMANN 1968).
Im Erwachsenenalter spielen Umwelteinflüsse eine größere Rolle (v. VERSCHUER 1954, KNUSSMANN 1968).
Die Normmaße der Körperlängen- und Gewichtsentwicklung können den Tab. **3** u. **4** entnommen werden. Ich bringe hier die Zahlen von STUART u. STEVENSON (Tab. **4**), weil sie die Körperlängenentwicklung optisch mit anderen Maßen darstellen. Diese Zahlen sind schon verhältnismäßig alt. Wir geben deshalb außerdem die neuere Tabelle von MAASER (1974) an, die für 0–10jährige Kinder im Raum Dortmund und für 11–14jährige Kinder im Raum Düsseldorf (Tab. **3**) (SCHULTZE u. WISSING 1969) ermittelt wurden. Weitere neuere Zahlen zur Körperlängenentwicklung stammen von VOIGT (1969) bzw. KUNZE u. MURKEN (1974).

Tabelle **3** Somatogramm 0–14jähriger Kinder – 1972 (nach *Maaser* 1974)

Jungen Alter	Länge	Gewicht	Mädchen Alter	Länge	Gewicht
	50	3,0		50	3,3
	51	3,4		51	3,5
	52	3,6		52	3,7
	53	3,9		53	4,0
	54	4,1		54	4,2
	55	4,3		55	4,5
	56	4,6		56	4,7
	57	4,8		57	5,0
	58	5,1		58	5,2
	59	5,3		59	5,5
	60	5,6		60	5,7
	61	5,9		61	6,0
	62	6,2		62	6,4
	63	6,5		63	6,7
	64	6,8		64	6,9
	65	7,1		65	7,2
	66	7,4		66	7,5
	67	7,7		67	7,7
	68	7,9		68	8,0
	69	8,2		69	8,2
	70	8,5		70	8,4
	71	8,9		71	8,7
	72	9,2		72	9,1
	73	9,5		73	9,3
	74	9,8		74	9,6
	75	10,1	1,0	75	9,9
	76	10,3		76	10,2
1,0	77	10,5		77	10,4
	78	10,8		78	10,6
	79	11,0		79	10,8
	80	11,2		80	11,1
	81	11,4		81	11,3
	82	11,6		82	11,5
	83	11,9		83	11,7
	84	12,0		84	11,8

Tabelle 3 (Fortsetzung)

Jungen Alter	Länge	Gewicht	Mädchen Alter	Länge	Gewicht
	85	12,2		85	12,0
	86	12,4		86	12,2
	87	12,7	2,0	87	12,4
	88	12,8		88	12,7
2,0	89	13,0		89	12,8
	90	13,2		90	13,0
	91	13,4		91	13,2
	92	13,6		92	13,5
	93	13,8		93	13,7
	94	14,0		94	14,0
	95	14,3		95	14,2
	96	14,5		96	14,4
3,0	97	14,8	3,0	97	14,7
	98	15,0		98	14,9
	99	15,3		99	15,1
	100	15,6		100	15,4
	101	15,8		101	15,6
	102	16,2		102	15,9
	103	16,4		103	16,3
	104	16,7	4,0	104	16,6
	105	17,0		105	16,8
4,0	106	17,3		106	17,1
	107	17,6		107	17,4
	108	18,0		108	17,8
	109	18,2		109	18,1
	110	18,6		110	18,5
	111	19,0	5,0	111	18,6
5,0	112	19,3		112	18,9
	113	19,6		113	19,3
	114	19,9		114	19,6
	115	20,2		115	20,0
	116	20,7		116	20,5
	117	21,0		117	20,8
	118	21,4		118	21,3
	119	21,7	6,0	119	21,7
	120	22,2		120	22,2
	121	22,6		121	22,6
	122	23,0		122	23,0
	123	23,4		123	23,6
	124	23,8	7,0	124	24,0
7,0	125	24,2		125	24,3
	126	24,9		126	24,8
	127	25,3		127	25,3
	128	25,8		128	25,7
	129	26,3		129	26,4
	130	26,8	8,0	130	27,1
8,0	131	27,3		131	27,4
	132	28,0		132	28,0
	133	28,5		133	28,6
	134	28,9		134	29,0
	135	29,5	9,0	135	29,8
9,0	136	30,3		136	30,5
	137	30,6		137	31,1
	138	31,2		138	31,6
	139	32,0		139	32,4
	140	32,5		140	33,0
10,0	141	33,3	10,0	141	33,6
	142	34,1		142	34,5
	143	34,8		143	35,4
	144	35,4		144	36,2
	145	36,2		145	36,9
11,0	146	36,9		146	37,4

Tabelle 3 (Fortsetzung)

Jungen Alter	Länge	Gewicht	Mädchen Alter	Länge	Gewicht
	147	37,7	11,0	147	38,5
	148	38,3		148	39,3
	149	39,2		149	40,0
	150	40,0		150	41,2
	151	40,8		151	42,1
12,0	152	41,8		152	42,7
	153	42,7		153	43,8
	154	43,5	12,0	154	44,8
	155	44,2		155	45,9
	156	45,0		156	46,9
	157	45,7		157	47,9
13,0	158	46,6		158	48,9
	159	47,3	13,0	159	50,1
	160	48,5		160	50,9
	161	49,3		161	52,2
	162	50,2	14,0	162	53,5
	163	51,0		163	
	164	51,9		164	
14,0	165	52,7		165	

Anwendung: Körperlänge $\lesseqgtr$ Mittelwert ± 10% = Über-Unter-Länge; Körpergewicht $\lesseqgtr$ Mittelwert ± 10% = Beginn Über-Unter-Gewicht; Körpergewicht $\lesseqgtr$ Mittelwert ± 20% = Adipositas, Magerkeit.

Die Vorhersage der zu erwartenden Endgröße spielt in der orthopädischen Praxis eine große Rolle. Das zu erwartende Längenwachstum ist, wie oben gesagt, weitgehend erblich festgelegt. Der Reifungsverlauf kann nur noch relativ geringe Korrekturen bewirken. Deshalb müssen in diese Berechnung das Lebensalter, die erreichte Körpergröße und nach Möglichkeit auch die Körpergröße der Eltern eingehen. Bei Kenntnis der erreichten Körperlänge von Zwei- und Dreijährigen kann unter der Voraussetzung eines normalen Reifungsablaufes die zu erreichende Endgröße bereits mit großer Sicherheit voraus berechnet werden (Tanner u. Mitarb. 1956, Lowrey 1973). Folgende Formeln werden dazu angewendet:

1. Tanner u. Mitarb. (1956): $Hm = 1{,}27 \times H_3 + 5{,}49$ cm.
2. Weech (zit. n. Lowrey 1973): $Hm = 0{,}545 \times H_2 + 0{,}544\,A + 42{,}7$ cm.
   Erläuterung der Symbole: Hm = erwartete Endgröße, H_2 bzw. H_3 = Körperlänge mit 2,0 bzw. 3,0 Jahren, A = Mittelwert der Körperlänge beider Eltern.
3. Bayley u. Pinneau (1952): Dies ist wohl die genaueste Methode. Bayley u. Pinneau haben Korrelationstabellen mit der Verteilung des Skelettalters und der erreichten Körpergröße bei Jungen und Mädchen angegeben, aus denen bei gegebenem Skelettalter und gegebener Körpergröße der Prozentsatz der zu erreichenden Endlänge abgelesen werden kann. Eine derartige Tabelle findet sich z. B. im Anhang des Atlas von Greulich u. Pyle (1959).

Untere Extremitäten:
Die anthropologische Literatur enthält wenig Angaben zu orthopädisch wichtigen Maßen, insbesondere der

Tabelle **4** Normalmaße des Wachstumsalters
Die Tabellen sind das Resultat zweier Untersuchungen an Bevölkerungsgruppen rein westeuropäischer Abstammung in den USA. Die eine Untersuchung umfaßt den Zeitraum Geburt bis 4½ Jahre, die andere 5–18 Jahre. Die Sitzhöhenwerte basieren auf einer weiteren Untersuchung. Gewichte in Kilogramm, Längenmaße in Zentimeter. P = Percentil (vgl. Index nach *Stewart* u. *Stevenson* 1950)

Knaben								Mädchen						
94% der Werte aller Normalindividuen 80% aller Werte 50% aller Werte Mittelwert								94% der Werte aller Normalindividuen 80% aller Werte 50% aller Werte Mittelwert						
P_3	P_{10}	P_{25}	P_{50}	P_{75}	P_{90}	P_{97}		P_3	P_{10}	P_{25}	P_{50}	P_{75}	P_{90}	P_{97}
							Geburt							
2,63	2,86	3,13	3,4	3,76	4,13	4,58	Gewicht	2,63	2,81	3,13	3,36	3,67	3,9	4,26
46,3	48,1	49,3	50,6	52,0	53,3	54,6	Körperlänge	47,1	47,8	49,0	50,2	51,0	51,9	53,6
7,1	7,4	7,7	8,1	8,4	8,7	9,0	Hüftbreite	7,0	7,2	7,4	7,7	8,2	8,5	8,9
33,0	33,5	34,4	35,3	36,2	37,0	37,5	Kopfumfang	32,5	33,4	33,9	34,7	35,4	36,0	36,6
29,8	30,6	31,8	33,2	34,4	35,7	36,8	Brustumfung	30,0	30,8	31,8	32,9	34,0	35,0	36,0
							3 Monate							
4,81	5,03	5,35	5,72	6,17	6,58	7,44	Gewicht	4,45	4,85	5,17	5,62	5,99	6,35	6,76
56,8	57,8	59,3	60,4	61,8	62,8	63,7	Körperlänge	55,8	56,9	57,9	59,5	60,7	61,7	63,1
9,8	10,0	10,2	10,6	11,2	11,5	12,1	Hüftbreite	9,4	9,6	9,9	10,4	10,9	11,4	12,2
38,7	39,2	40,0	40,9	41,5	42,1	43,2	Kopfumfang	37,9	38,5	39,2	40,0	40,8	41,7	42,3
37,6	38,3	39,3	40,6	41,6	42,9	44,1	Brustumfang	36,5	37,6	38,8	39,8	40,9	42,0	43,0
33,6	35,5	36,8	38,5	39,8	41,4	43,5	Bauch-umfang	32,3	34,4	36,8	38,4	40,4	41,7	42,7
							6 Monate							
6,35	6,71	7,08	7,58	8,16	8,71	9,43	Gewicht	5,76	6,4	6,8	7,26	7,94	8,44	9,07
63,0	63,9	65,2	66,4	67,8	69,3	70,4	Körperlänge	61,1	62,5	63,7	65,2	66,6	67,8	68,8
41,4	42,3	43,4	44,8	46,2	47,4	48,4	Sitzhöhe	40,0	41,0	42,1	43,3	44,5	45,6	46,8
10,5	10,8	11,2	11,6	12,0	12,4	13,1	Hüftbreite	10,3	10,5	10,8	11,3	11,8	12,4	13,2
42,1	42,7	43,3	43,9	44,8	45,4	45,9	Kopfumfang	40,9	41,4	42,0	42,8	43,6	44,5	45,4
40,1	41,6	42,5	43,7	45,0	46,3	47,2	Brustumfang	39,4	40,6	41,8	43,0	44,2	45,4	46,6
36,4	38,4	39,8	41,4	43,2	45,0	46,0	Bauch-umfang	36,2	37,9	39,5	41,4	43,5	45,0	46,2
							9 Monate							
7,53	8,07	8,48	9,07	9,75	10,39	11,07	Gewicht	6,85	7,53	8,03	8,71	9,43	10,16	10,98
67,7	68,6	69,8	71,2	72,9	74,2	75,9	Körperlänge	65,4	67,0	68,4	70,1	71,7	72,9	74,1
11,0	11,5	11,9	12,3	12,7	13,1	13,7	Hüftbreite	11,0	11,3	11,5	12,0	12,5	13,1	13,8
43,8	44,5	45,1	46,0	46,5	47,1	47,8	Kopfumfang	42,6	43,2	43,8	44,6	45,4	46,3	47,2
42,0	43,7	44,8	46,0	47,5	48,9	49,9	Brustumfang	41,7	42,7	44,0	45,4	46,6	47,9	49,2
38,1	40,1	41,7	43,4	45,6	47,6	48,4	Bauch-umfang	38,0	39,9	41,3	43,4	45,7	47,7	49,2
							12 Monate							
8,39	8,89	9,48	10,07	10,8	11,52	12,38	Gewicht	7,62	8,35	8,98	9,75	10,43	11,25	12,29
71,3	72,4	73,7	75,2	76,9	78,1	80,3	Körperlänge	68,9	70,6	72,3	74,2	75,9	77,1	78,8
45,1	46,1	47,4	48,7	50,1	51,2	52,4	Sitzhöhe	44,2	45,2	46,3	47,5	48,7	49,8	50,9
11,4	11,9	12,4	12,8	13,2	13,7	14,2	Hüftbreite	11,4	11,7	12,0	12,4	13,0	13,6	14,4
44,9	45,5	46,5	47,3	47,8	48,4	48,9	Kopfumfang	43,6	44,3	45,0	45,8	46,7	47,7	48,4
43,5	45,1	46,3	47,6	49,3	50,7	51,9	Brustumfang	43,1	44,2	45,6	47,0	48,2	49,5	50,9
39,3	41,1	42,9	44,6	47,0	48,9	50,0	Bauch-umfang	38,7	40,9	42,4	44,5	46,9	49,2	51,1
							15 Monate							
8,98	9,53	10,16	10,75	11,52	12,34	13,33	Gewicht	8,21	8,98	9,66	10,43	11,16	12,07	13,15
74,4	75,6	77,0	78,5	80,3	81,5	84,2	Körperlänge	71,9	73,7	75,6	77,6	79,4	80,8	82,8
11,8	12,4	12,8	13,3	13,7	14,2	14,7	Hüftbreite	11,6	12,1	12,4	12,9	13,5	14,1	14,8
45,6	46,3	47,1	48,0	48,5	49,2	49,8	Kopfumfang	44,3	44,9	45,6	46,5	47,4	48,4	49,1
44,7	46,1	47,3	48,6	50,1	51,7	52,8	Brustumfang	44,1	45,1	46,5	47,9	49,2	50,5	51,9
40,0	41,7	43,5	45,1	47,4	49,3	50,5	Bauch-umfang	39,3	41,5	43,0	45,0	47,3	49,8	51,8

Tabelle **4** (Fortsetzung)

Knaben								Mädchen						
94% der Werte aller Normalindividuen 80% aller Werte 50% aller Werte Mittelwert								94% der Werte aller Normalindividuen 80% aller Werte 50% aller Werte Mittelwert						
P_3	P_{10}	P_{25}	P_{50}	P_{75}	P_{90}	P_{97}		P_3	P_{10}	P_{25}	P_{50}	P_{75}	P_{90}	P_{97}
							18 Monate							
9,57	10,12	10,8	11,43	12,2	13,15	14,29	Gewicht	8,8	9,62	10,3	11,11	11,88	12,84	14,02
77,5	78,8	80,3	81,8	83,7	85,0	88,2	Körperlänge	74,9	76,8	79,0	80,9	82,9	84,5	86,7
48,3	49,2	50,3	51,6	52,9	54,1	55,4	Sitzhöhe	47,1	48,1	49,2	50,4	51,6	52,7	53,9
12,1	12,8	13,2	13,7	14,2	14,7	15,2	Hüftbreite	11,8	12,4	12,8	13,3	13,9	14,5	15,2
46,2	47,0	47,7	48,7	49,2	49,9	50,6	Kopfumfang	44,9	45,5	46,2	47,1	48,0	49,0	49,8
45,9	47,0	48,2	49,5	50,9	52,6	53,7	Brustumfang	45,0	46,0	47,3	48,8	50,2	51,4	52,9
40,6	42,2	44,0	45,5	47,8	49,6	50,9	Bauch-umfang	39,8	42,1	43,6	45,5	47,6	50,3	52,5
							2 Jahre							
10,57	11,2	11,93	12,56	13,47	14,47	15,83	Gewicht	9,8	10,66	11,48	12,29	13,25	14,38	15,6
82,7	84,2	85,8	87,5	89,4	91,1	94,6	Körperlänge	80,1	82,0	84,7	86,6	88,9	91,0	93,3
50,6	51,4	52,5	53,8	55,1	56,3	57,6	Sitzhöhe	49,2	50,2	51,4	52,7	54,0	55,2	56,4
12,8	13,5	13,9	14,4	15,0	15,5	16,1	Hüftbreite	12,5	13,1	13,5	14,1	14,7	15,3	16,1
47,0	48,0	48,7	49,7	50,2	51,0	51,7	Kopfumfang	45,8	46,4	47,2	48,1	49,1	50,1	50,9
47,4	48,4	49,5	50,8	52,2	53,9	54,9	Brustumfang	46,3	47,4	48,6	50,1	51,8	53,0	54,2
41,6	43,4	44,8	46,2	48,4	50,2	51,5	Bauch-umfang	40,7	42,8	44,4	46,3	48,5	51,4	53,5
							2 1/2 Jahre							
11,43	12,07	12,88	13,61	14,61	15,65	16,78	Gewicht	10,7	11,57	12,43	13,43	14,47	15,69	17,33
86,9	88,5	90,2	92,1	94,1	96,2	99,5	Körperlänge	84,5	86,3	89,3	91,4	93,8	96,4	98,7
52,2	53,1	54,2	55,6	56,9	58,1	59,5	Sitzhöhe	50,9	51,9	53,1	54,4	55,7	57,0	58,3
13,6	14,2	14,6	15,1	15,7	16,2	16,7	Hüftbreite	13,2	13,7	14,2	14,8	15,4	16,1	16,9
47,5	48,5	49,2	50,2	50,9	51,6	52,3	Kopfumfang	46,3	47,0	47,8	48,8	49,8	50,8	51,5
48,2	49,3	50,3	51,7	53,2	54,9	55,8	Brustumfang	47,3	48,4	49,7	51,2	52,8	54,3	55,5
42,0	44,0	45,5	46,7	49,1	50,7	52,0	Bauch-umfang	41,7	43,6	45,2	47,0	49,4	52,6	54,7
							3 Jahre							
12,25	13,02	13,74	14,61	15,65	16,69	17,78	Gewicht	11,61	12,52	13,43	14,42	15,69	16,96	18,96
90,6	92,3	93,9	96,2	98,5	100,5	102,8	Körperlänge	88,4	90,5	93,4	95, 7	98,1	101,1	103,5
53,5	54,5	55,6	57,1	58,5	59,7	61,1	Sitzhöhe	52,2	53,4	54,6	56,0	57,4	58,7	60,0
14,2	14,8	15,2	15,8	16,4	16,9	17,4	Hüftbreite	13,8	14,3	14,8	15,4	16,1	16,8	17,7
47,9	48,9	49,6	50,4	51,3	51,9	52,7	Kopfumfang	46,8	47,5	48,4	49,3	50,3	51,1	52,0
48,9	49,9	51,0	52,4	54,1	55,8	57,0	Brustumfang	47,9	49,3	50,5	51,9	53,5	55,1	56,7
42,1	44,6	46,0	47,2	49,6	51,1	52,7	Bauch-umfang	42,7	44,5	46,0	47,7	50,2	53,6	55,8
							3 1/2 Jahre							
12,93	13,79	14,65	15,56	16,65	17,74	18,82	Gewicht	12,47	13,38	14,29	15,38	16,78	18,33	20,55
94,3	96,0	97,5	99,8	102,5	104,5	106,5	Körperlänge	92,0	94,2	96,9	99,5	102,0	105,4	108,0
54,8	55,8	57,0	58,6	60,0	61,2	62,6	Sitzhöhe	53,6	54,8	56,1	57,5	59,0	60,3	61,6
14,7	15,3	15,7	16,3	16,9	17,4	17,9	Hüftbreite	14,4	14,9	15,4	16,0	16,7	17,4	18,3
49,6	50,5	51,6	53,1	54,9	56,6	58,0	Brustumfang	48,5	50,1	51,2	52,5	54,1	55,8	58,1
							4 Jahre							
13,65	14,56	15,42	16,51	17,69	18,78	20,09	Gewicht	13,25	14,15	15,2	16,42	17,96	19,73	21,86
97,5	99,3	100,8	103,4	106,5	108,5	110,4	Körperlänge	95,2	97,6	100,3	103,2	105,8	109,6	112,3
56,0	57,1	58,3	60,0	61,4	62,6	64,0	Sitzhöhe	54,9	56,1	57,4	58,9	60,4	61,7	62,1
15,2	15,8	16,2	16,9	17,5	18,0	18,5	Hüftbreite	15,0	15,4	15,9	16,5	17,2	17,9	18,9
50,1	51,1	52,2	53,7	55,5	57,2	58,9	Brustumfang	49,2	50,7	51,7	53,1	54,7	56,5	59,0
							4 1/2 Jahre							
14,33	15,33	16,19	17,42	18,78	19,91	21,5	Gewicht	13,93	14,92	16,01	17,46	19,1	21,18	23,09
100,6	102,4	104,0	106,7	109,9	112,3	114,3	Körperlänge	98,1	100,9	103,6	106,8	109,3	113,5	116,2
57,1	58,3	59,6	61,3	62,8	64,0	65,4	Sitzhöhe	56,1	57,4	58,7	60,2	61,7	63,1	64,5
15,7	16,2	16,6	17,3	18,0	18,5	19,1	Hüftbreite	15,5	15,9	16,4	17,0	17,7	18,5	19,4
50,7	51,7	52,9	54,4	56,3	58,0	59,3	Brustumfang	49,8	51,3	52,3	53,7	55,4	57,3	59,6

Tabelle **4** (Fortsetzung)

Knaben								Mädchen						
94% der Werte aller Normalindividuen 80% aller Werte 50% aller Werte Mittelwert·								94% der Werte aller Normalindividuen 80% aller Werte 50% aller Werte Mittelwert						
P_3	P_{10}	P_{25}	P_{50}	P_{75}	P_{90}	P_{97}		P_3	P_{10}	P_{25}	P_{50}	P_{75}	P_{90}	P_{97}
							5 Jahre							
15,65	16,6	17,96	19,41	21,09	22,54	24,13	Gewicht	15,29	16,37	17,51	18,78	20,05	21,86	23,5
102,1	105,3	108,3	111,3	114,2	116,7	119,5	Körperlänge	102,6	105,0	107,2	109,7	112,9	115,4	118,0
58,2	59,5	60,9	62,6	64,2	65,4	66,8	Sitzhöhe	57,3	58,6	59,9	61,4	63,0	64,4	65,9
	17,0	17,6	18,3	18,9	19,6		Hüftbreite		17,0	17,4	18,0	18,7	19,4	
	51,6	52,8	54,5	56,2	57,5		Brustumfang		50,2	51,4	52,9	54,6	56,5	
	21,0	21,7	22,6	23,6	24,6		Wadenumfang		21,1	21,8	22,8	23,8	24,7	
							5½ Jahre							
	17,6	19,05	20,68	22,36	24,09		Gewicht		17,24	18,51	19,96	21,41	23,22	
	108,3	111,2	114,4	117,5	120,1		Körperlänge		107,8	110,2	112,8	116,1	118,9	
59,3	60,7	62,1	63,9	65,6	66,8	68,2	Sitzhöhe	58,6	59,9	61,2	62,7	64,3	65,8	67,3
	17,4	18,0	18,7	19,4	20,1		Hüftbreite		17,4	17,8	18,4	19,1	20,0	
	52,4	53,6	55,3	57,1	58,5		Brustumfang		50,9	52,2	53,7	55,5	57,4	
	21,4	22,2	23,1	24,1	25,2		Wadenumfang		21,5	22,3	23,3	24,3	25,3	
							6 Jahre							
17,46	18,55	20,14	21,91	23,63	25,58	27,71	Gewicht	16,87	17,96	19,46	21,09	22,77	24,58	26,63
108,5	111,2	114,1	117,5	120,8	123,5	126,2	Körperlänge	108,0	110,6	113,2	115,9	119,3	122,3	125,4
60,4	61,8	63,3	65,2	66,9	68,2	69,6	Sitzhöhe	59,9	61,2	62,5	64,1	65,6	67,1	68,7
	17,7	18,4	19,1	19,8	20,5		Hüftbreite		17,7	18,2	18,8	19,5	20,5	
	53,2	54,4	56,1	57,9	59,5		Brustumfang		51,5	52,9	54,5	56,3	58,2	
	21,8	22,6	23,6	24,6	25,7		Wadenumfang		21,9	22,7	23,8	24,8	25,8	
							6½ Jahre							
	19,69	21,36	23,22	25,13	27,4		Gewicht		19,14	20,64	22,41	24,18	26,17	
	114,1	117,2	120,8	124,2	127,0		Körperlänge		113,7	116,2	119,1	122,6	125,6	
61,5	62,9	64,5	66,4	68,2	69,6	71,0	Sithöhe	61,2	62,5	63,8	65,4	66,9	68,4	70,0
	18,1	18,8	19,5	20,2	21,0		Hüftbreite		18,1	18,6	19,2	20,0	21,1	
	54,1	55,3	57,0	58,9	60,6		Brustumfang		52,2	53,7	55,3	57,2	59,2	
	22,2	23,1	24,1	25,2	26,3		Wadenumfang		22,3	23,2	24,3	25,4	26,4	
							7 Jahre							
19,5	20,77	22,54	24,54	26,43	29,21	31,71	Gewicht	18,73	20,19	21,82	23,68	25,54	27,76	30,53
114,0	116,9	120,3	124,1	127,6	130,5	133,4	Körperlänge	114,0	116,8	119,2	122,3	125,9	128,9	131,7
62,6	64,1	65,8	67,6	69,4	71,0	72,4	Sitzhöhe	62,5	63,7	65,0	66,6	68,2	69,7	71,3
	18,5	19,2	19,9	20,6	21,4		Hüftbreite		18,4	18,9	19,6	20,4	21,6	
	54,9	56,1	57,8	59,8	61,6		Brustumfang		52,8	54,4	56,1	58,0	60,1	
	22,6	23,5	24,6	25,7	26,9		Wadenumfang		22,7	23,7	24,8	25,9	27,0	
							7½ Jahre							
	22,0	23,86	25,9	28,17	31,16		Gewicht		21,14	22,95	25,04	27,13	29,76	
	120,0	123,5	127,1	130,9	133,9		Körperlänge		119,5	122,0	125,2	128,8	131,8	
63,7	65,4	67,0	68,8	70,7	72,3	73,8	Sitzhöhe	63,6	64,9	66,2	67,8	69,4	70,9	72,6
	18,9	19,6	20,3	21,0	21,9		Hüftbreite		18,8	19,3	20,1	20,9	22,1	
	55,8	57,1	58,8	61,0	62,9		Brustumfang		53,5	55,1	57,0	59,0	61,2	
	23,1	24,1	25,2	26,3	27,6		Wadenumfang		23,1	24,2	25,3	26,4	27,7	
							8 Jahre							
21,77	23,22	2517	27,26	29,71	33,11	36,02	Gewicht	20,55	22,04	24,09	26,35	28,71	31,71	35,79
119,6	123,1	126,6	130,0	134,2	137,3	140,2	Körperlänge	119,1	122,1	124,8	128,0	131,6	134,6	137,4
64,9	66,6	68,2	70,0	72,0	73,6	75,1	Sitzhöhe	64,6	65,9	67,3	68,9	70,5	72,1	73,8
	19,2	19,9	20,7	21,4	22,3		Hüftbreite		19,1	19,7	20,5	21,3	22,6	
	56,7	58,0	59,8	62,1	64,1		Brustumfang		54,2	55,8	57,8	59,9	62,3	
	23,6	24,6	25,7	26,8	28,2		Wadenumfang		23,5	24,6	25,8	26,9	28,3	

Tabelle **4** (Fortsetzung)

Knaben								Mädchen						
94% der Werte aller Normalindividuen 80% aller Werte 50% aller Werte Mittelwert								94% der Werte aller Normalindividuen 80% aller Werte 50% aller Werte Mittelwert						
P_3	P_{10}	P_{25}	P_{50}	P_{75}	P_{90}	P_{97}		P_3	P_{10}	P_{25}	P_{50}	P_{75}	P_{90}	P_{97}
							8½ Jahre							
	24,4	26,44	28,62	31,25	34,93		Gewicht		22,95	25,17	27,67	30,35	33,79	
	125,7	129,1	132,8	137,0	140,0		Körperlänge		124,6	127,3	130,5	134,4	137,5	
66,0	67,7	69,3	71,2	73,2	74,8	76,4	Sitzhöhe	65,5	66,8	68,2	69,8	71,4	73,1	74,9
	19,6	20,3	21,1	21,8	22,7		Hüftbreite		19,4	20,1	20,9	21,8	23,1	
	57,6	59,0	60,8	63,3	65,4		Brustumfang		54,9	56,5	58,7	60,9	63,5	
	24,1	25,1	26,3	27,4	28,9		Wadenumfang	23,9	25,0	26,3	27,5	28,9		
							9 Jahre							
23,81	25,54	27,71	29,94	32,8	36,74	40,73	Gewicht	22,27	23,86	26,26	28,94	31,98	35,88	40,78
124,2	128,3	131,6	135,5	139,8	142,6	145,3	Körperlänge	123,6	127,0	129,7	132,9	137,1	140,4	143,4
67,0	68,6	70,3	72,2	74,2	76,0	77,6	Sitzhöhe	66,3	67,7	69,1	70,7	72,4	74,1	76,0
	19,9	20,6	21,4	22,2	23,0		Hüftbreite		19,7	20,5	21,3	22,2	23,5	
	58,4	59,9	61,8	64,4	66,7		Brustumfang		55,5	57,2	59,6	61,9	64,7	
	24,5	25,6	26,8	28,0	29,5		Wadenumfang		24,2	25,4	26,8	28,1	29,5	
							9½ Jahre							
	26,63	28,89	31,3	34,47	38,78		Gewicht		24,9	27,4	30,44	33,93	38,28	
	130,6	134,0	137,9	142,1	145,1		Körperlänge		129,4	132,2	135,8	139,9	143,2	
67,9	69,5	71,2	73,1	75,2	77,1	78,8	Sitzhöhe	67,1	68,5	70,0	71,7	73,4	75,2	77,1
	20,2	21,0	21,7	22,6	23,5		Hüftbreite		20,1	20,9	21,8	22,8	24,1	
	59,3	60,9	62,9	65,5	68,1		Brustumfang		56,2	58,0	60,5	63,2	66,1	
	24,9	26,0	27,3	28,5	30,1		Wadenumfang		24,7	25,9	27,3	28,6	30,2	
							10 Jahre							
25,76	27,71	30,07	32,61	36,11	40,78	45,36	Gewicht	24,13	25,9	28,49	31,89	35,88	40,69	46,22
128,7	132,8	136,3	140,3	144,4	147,5	150,3	Körperlänge	127,7	131,7	134,6	138,6	142,6	146,0	149,3
68,8	70,3	72,0	73,9	76,1	78,1	79,9	Sitzhöhe	67,8	69,4	71,1	72,8	74,5	76,3	78,3
	20,4	21,3	22,0	22,9	23,9		Hüftbreite		20,5	21,2	22,2	23,3	24,6	
	60,1	61,8	63,9	66,6	69,4		Brustumfang		56,9	58,7	61,4	64,4	67,4	
	25,3	26,4	27,7	29,0	30,7		Wadenumfang		25,1	26,3	27,7	29,1	30,9	
							10½ Jahre							
	28,89	31,3	33,93	37,83	42,91		Gewicht		27,17	30,12	33,79	38,15	43,14	
	135,1	138,4	142,3	146,8	149,7		Körperlänge		134,4	137,5	141,7	145,9	149,7	
69,6	71,0	72,7	74,6	76,9	78,9	80,8	Sitzhöhe	68,6	70,4	72,2	73,9	75,7	77,6	79,6
	20,8	21,6	22,3	23,2	24,4		Hüftbreite		21,0	21,7	22,9	24,0	25,3	
	60,9	62,8	64,9	67,7	70,7		Brustumfang		57,8	59,9	62,8	65,8	69,0	
	25,7	26,8	28,1	29,5	31,4		Wadenumfang		25,6	26,8	28,3	29,9	31,8	
							11 Jahre							
28,03	30,07	32,48	35,2	39,55	45,04	50,67	Gewicht	26,26	28,4	31,71	35,74	40,42	45,54	51,21
133,4	137,3	140,5	144,2	149,2	151,8	154,4	Körperlänge	132,3	137,0	140,3	144,7	149,2	153,4	157,4
70,2	71,7	73,4	75,3	77,6	79,8	81,7	Sitzhöhe	69,6	71,5	73,4	75,3	77,2	79,2	81,2
	21,1	21,8	22,6	23,5	24,8		Hüftbreite		21,4	22,2	23,5	24,6	26,0	
	61,7	63,7	65,9	68,8	71,9		Brustumfang		58,6	61,1	64,2	67,2	70,5	
	26,0	27,1	28,5	30,0	32,0		Wadenumfang		26,0	27,3	28,9	30,6	32,6	
							11½ Jahre							
	31,39	33,84	36,74	41,55	47,4		Gewicht		29,98	33,57	37,74	42,64	48,08	
	139,8	142,9	146,9	151,4	154,8		Körperlänge		139,8	143,1	148,1	152,9	157,0	
70,9	72,5	74,2	76,2	78,5	80,7	82,8	Sitzhöhe	70,7	72,8	74,8	76,8	78,9	81,0	83,2
	21,5	22,2	23,1	24,0	25,3		Hüftbreite		21,9	22,8	24,2	25,4	26,8	
	62,5	64,6	66,9	69,9	73,1		Brustumfang		59,6	62,5	65,5	68,5	72,2	
	26,4	27,6	29,0	30,6	32,8		Wadenumfang		26,6	27,9	29,5	31,2	33,2	

Tabelle **4** (Fortsetzung)

Knaben: 94% der Werte aller Normalindividuen / 80% aller Werte / 50% aller Werte / Mittelwert								Mädchen: 94% der Werte aller Normalindividuen / 80% aller Werte / 50% aller Werte / Mittelwert						
P_3	P_{10}	P_{25}	P_{50}	P_{75}	P_{90}	P_{97}		P_3	P_{10}	P_{25}	P_{50}	P_{75}	P_{90}	P_{97}
							12 Jahre							
30,48	32,66	35,15	38,28	43,55	49,71	56,34	Gewicht	28,85	31,52	35,38	39,74	44,82	50,58	57,92
138,1	142,4	145,2	149,6	153,5	157,9	161,9	Körperlänge	137,8	142,6	145,9	151,9	156,6	160,6	164,6
71,6	73,3	75,0	77,2	79,7	81,9	84,2	Sitzhöhe	72,0	74,2	76,4	78,7	80,8	82,9	85,1
	21,9	22,6	23,5	24,5	25,8		Hüftbreite	22,4	23,4	24,9	26,2	27,6		
	63,3	65,5	67,8	70,9	74,2		Brustumfang		60,6	63,8	66,7	69,7	73,8	
	26,8	28,0	29,5	31,2	33,5		Wadenumfang		27,1	28,5	30,1	31,8	33,8	
							12½ Jahre							
	33,84	36,56	40,23	46,27	52,8		Gewicht		33,88	37,97	42,37	47,58	53,52	
	144,5	147,5	152,3	157,2	161,6		Körperlänge		145,9	149,3	154,3	159,1	162,7	
72,4	74,1	76,0	78,3	81,0	83,4	86,0	Sitzhöhe	73,7	76,0	78,2	80,3	82,4	84,6	86,8
	22,3	23,1	24,1	25,1	26,5		Hüftbreite		23,0	24,0	25,5	26,8	28,3	
	64,2	66,5	69,1	72,4	75,8		Brustumfang		61,8	64,9	67,7	70,9	75,3	
	27,3	28,6	30,1	32,0	34,2		Wadenumfang		27,7	29,1	30,7	32,4	34,3	
							13 Jahre							
32,66	34,97	37,97	42,18	48,94	55,88	62,6	Gewicht	32,75	36,24	40,55	44,95	50,35	56,47	64,55
142,2	146,6	149,7	155,0	160,8	165,3	169,5	Körperlänge	143,7	149,1	152,6	157,1	161,5	164,8	168,4
73,3	75,0	77,0	79,6	82,5	85,4	88,1	Sitzhöhe	75,2	77,5	79,7	81,8	83,8	86,0	88,2
	22,7	23,6	24,6	25,6	27,2		Hüftbreite		23,6	24,6	26,0	27,4	29,0	
	65,0	67,4	70,3	73,8	77,4		Brustumfang		62,9	65,9	68,6	72,0	76,7	
	27,8	29,2	30,8	32,7	34,8		Wadenumfang		28,2	29,7	31,2	32,9	34,8	
							13½ Jahre							
	37,29	40,64	45,5	52,39	59,01		Gewicht		38,78	42,91	47,04	52,35	58,47	
149,4	153,1	158,9	164,6	168,9			Körperlänge		151,1	154,4	158,4	162,6	165,9	
74,3	76,1	78,4	81,2	84,3	87,4	89,9	Sitzhöhe	76,6	78,9	81,0	83,1	85,0	87,0	89,1
	23,2	24,1	25,2	26,4	27,8		Hüftbreite		24,2	25,2	26,5	27,8	29,5	
	66,3	68,8	72,4	75,8	79,4		Brustumfang	63,8	66,6	69,3	72,9	77,7		
	28,5	29,9	31,6	33,4	35,3		Wadenumfang		28,7	30,2	31,6	33,4	35,1	
							14 Jahre							
36,2	39,55	43,32	48,81	55,84	62,1	68,31	Gewicht	37,69	41,28	45,27	49,17	54,29	60,46	68,4
146,4	152,1	156,5	162,7	168,4	172,4	177,1	Körperlänge	148,2	153,0	156,1	159,6	163,7	167,0	170,7
75,6	77,4	80,0	82,9	86,1	89,3	91,4	Sitzhöhe	77,9	80,0	81,9	84,0	85,9	87,8	89,8
	23,6	24,6	25,8	27,1	28,3		Hüftbreite		24,8	25,8	26,9	28,1	29,9	
	67,6	70,2	74,5	77,8	81,4		Brustumfang		64,6	67,2	69,9	73,7	78,6	
	29,1	30,6	32,3	34,1	35,8		Wadenumfang		29,2	30,6	32,0	33,8	35,4	
							14½ Jahre							
	42,32	46,22	51,66	58,56	64,59		Gewicht		42,73	46,49	50,35	55,25	61,55	
	155,0	159,4	165,3	170,7	174,6		Körperlänge		154,1	156,9	160,4	164,3	167,6	
77,0	78,9	81,7	84,7	87,7	90,7	92,7	Sitzhöhe	79,1	80,9	82,7	84,7	86,6	88,4	90,2
	24,1	25,1	26,3	27,5	28,7		Hüftbreite		25,2	26,2	27,2	28,4	30,3	
	69,4	72,3	76,3	79,6	83,1		Brustumfang		65,1	67,7	70,4	74,2	79,2	
	29,8	31,3	32,9	34,6	36,2		Wadenumfang		29,6	30,9	32,3	34,1	35,7	
							15 Jahre							
41,41	45,09	49,08	54,48	61,23	67,04	73,3	Gewicht	40,37	44,18	47,67	51,48	56,2	62,64	70,4
151,7	157,8	162,3	167,8	173,0	176,7	181,8	Körperlänge	150,2	155,2	157,7	161,1	164,9	168,1	171,6
78,5	80,6	83,4	86,3	89,2	91,9	93,7	Sitzhöhe	80,0	81,7	83,4	85,2	87,0	88,7	90,4
	24,6	25,6	26,7	27,9	29,1		Hüftbreite		25,6	26,5	27,5	28,7	30,6	
	71,1	74,4	78,0	81,3	84,8		Brustumfang		65,5	68,1	70,9	74,7	79,8	
	30,4	31,9	33,4	35,1	36,6		Wadenumfang		29,9	31,1	32,6	34,3	35,9	

Tabelle **4** (Fortsetzung)

Knaben								Mädchen						
94% der Werte aller Normalindividuen 80% aller Werte 50% aller Werte Mittelwert								94% der Werte aller Normalindividuen 80% aller Werte 50% aller Werte Mittelwert						
P_3	P_{10}	P_{25}	P_{50}	P_{75}	P_{90}	P_{97}		P_3	P_{10}	P_{25}	P_{50}	P_{75}	P_{90}	P_{97}
							15 ¹/₂ Jahre							
	47,72	51,48	56,65	63,37	69,22		Gewicht		45,0	48,44	52,3	56,97	63,32	
	160,3	164,7	169,7	174,8	178,2		Körperlänge		155,7	158,2	161,7	165,3	168,6	
80,3	82,5	85,0	87,7	90,4	92,8	94,6	Sitzhöhe	80,7	82,3	83,9	85,6	87,4	89,0	90,5
	25,1	26,0	27,1	28,2	29,4		Hüftbreite		25,9	26,7	27,8	29,0	30,8	
	72,8	75,8	79,4	82,9	86,3		Brustumfang		65,8	68,4	71,3	75,1	80,2	
	30,9	32,3	33,8	35,5	37,0		Waden-umfang		30,1	31,4	32,9	34,5	36,1	
							16 Jahre							
46,9	50,35	53,84	58,83	65,5	71,35	77,34	Gewicht	41,64	45,77	49,17	53,07	57,7	64,0	71,53
156,5	162,8	167,1	171,6	176,6	179,7	185,6	Körperlänge	150,8	156,1	158,6	162,2	165,7	169,0	172,0
82,0	84,1	86,4	88,9	91,4	93,6	95,3	Sitzhöhe	81,2	82,7	84,2	85,9	87,6	89,1	90,6
	25,6	26,4	27,4	28,4	29,6		Hüftbreite		26,1	26,9	28,0	29,2	31,0	
	74,4	77,2	80,7	84,5	87,8		Brustumfang		66,1	68,7	71,6	75,4	80,5	
	31,3	32,7	34,2	35,8	37,3		Waden-umfang		30,3	31,6	33,1	34,6	36,3	
							16 ¹/₂ Jahre							
	51,85	55,16	60,33	67,09	73,03		Gewicht		46,22	49,62	53,57	58,24	64,5	
	164,2	168,4	172,7	177,4	180,7		Körperlänge		156,2	158,8	162,4	165,9	169,2	
83,2	85,2	87,5	89,8	92,1	94,2	95,9	Sitzhöhe	81,4	82,9	84,4	86,1	87,7	89,2	90,7
	25,9	26,7	27,6	28,6	29,8		Hüftbreite		26,2	27,0	28,2	29,3	31,1	
	75,4	78,1	81,6	85,4	88,8		Brustumfang		66,3	69,0	71,9	75,7	80,7	
	31,5	32,9	34,4	36,1	37,6		Waden-umfang		30,5	31,8	33,3	34,8	36,5	
							17 Jahre							
50,12	53,3	56,47	61,78	68,67	74,66	79,65	Gewicht	42,59	46,63	50,08	54,02	58,79	65,0	72,35
159,0	165,5	169,7	173,7	178,1	181,6	186,6	Körperlänge	151,0	156,3	159,0	162,5	166,1	169,4	172,2
83,9	86,0	88,4	90,4	92,7	94,6	96,4	Sitzhöhe	81,6	83,1	84,6	86,2	87,8	89,3	90,8
	26,1	26,9	27,8	28,7	29,9		Hüftbreite		26,3	27,1	28,3	29,4	31,2	
	76,4	78,9	82,5	86,2	89,7		Brustumfang		66,4	69,2	72,1	75,9	80,9	
	31,7	33,1	34,6	36,3	37,8		Waden-umfang		30,6	31,9	33,4	34,9	36,6	
							17 ¹/₂ Jahre							
	53,89	57,06	62,41	69,67	75,66		Gewicht		46,81	50,26	54,2	59,06	65,27	
	165,9	170,1	174,1	178,5	182,0		Körperlänge		156,3	159,0	162,5	166,1	169,4	
84,4	86,5	88,8	90,7	93,1	94,9	96,7	Sitzhöhe	81,7	83,2	84,7	86,3	87,9	89,4	90,8
	26,3	27,0	27,9	28,8	30,0		Hüftbreite		26,4	27,2	28,4	29,5	31,3	
	77,0	79,4	83,0	86,7	90,2		Brustumfang		66,5	69,3	72,2	76,0	81,0	
	31,8	33,3	34,8	36,5	38,0		Waden-umfang		30,7	32,0	33,5	35,0	36,7	
							18 Jahre							
51,26	54,43	57,65	63,05	70,62	76,66	81,19	Gewicht	42,87	46,95	50,44	54,39	59,33	65,54	72,89
159,6	166,3	170,5	174,5	178,9	182,4	187,6	Körperlänge	151,0	156,3	159,0	162,5	166,1	169,4	172,2
84,7	86,8	89,0	90,9	93,4	95,0	96,8	Sitzhöhe	81,7	83,2	84,7	86,3	87,9	89,4	90,8
	26,5	27,1	28,0	28,9	30,1		Hüftbreite		26,4	27,2	28,4	29,5	31,3	
	77,5	79,8	83,4	87,1	90,7		Brustumfang		66,6	69,4	72,3	76,1	81,1	
31,9	33,4	34,9	36,6	38,1			Waden-umfang		30,8	32,1	33,6	35,1	36,8	

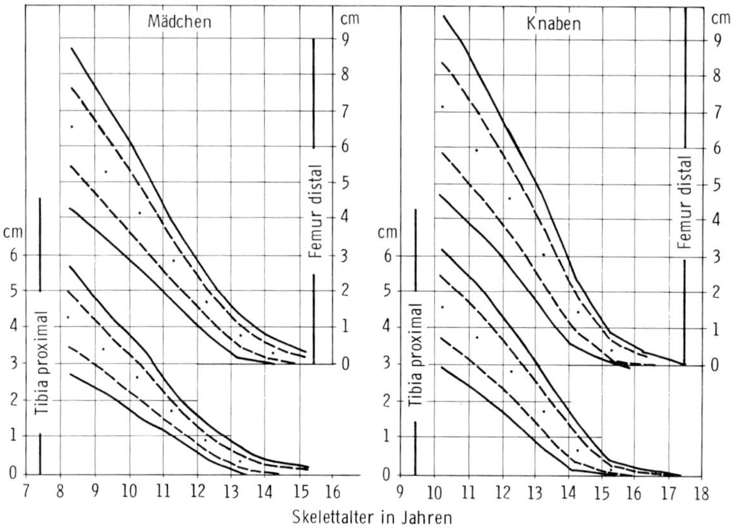

Abb. **21** Längenzuwachs der Beine in Korrelation zum Skelettalter (aus: *Anderson, M., W. T. Green, M. B. Messner:* J. Bone Jt. Surg. 45 A [1963] 1)

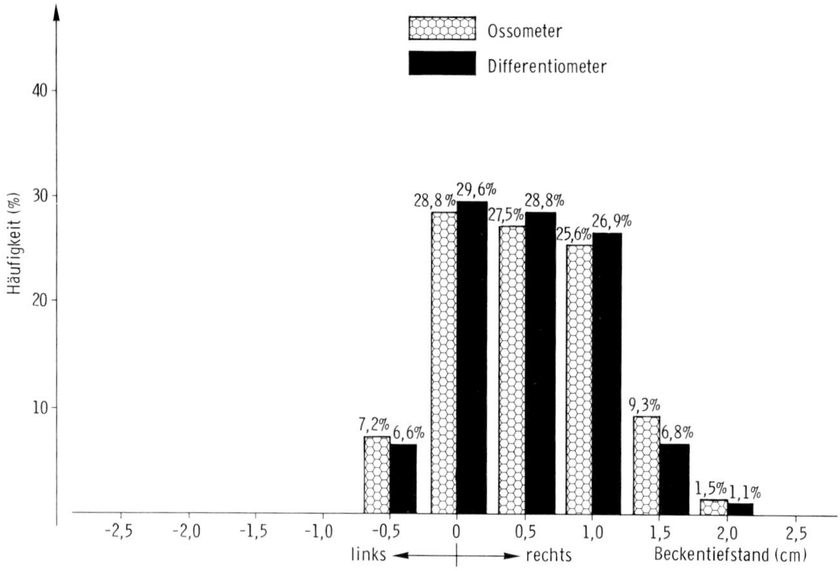

Abb. **22** Häufigkeit des Beckenschiefstandes (Aufnahme: Schilgen)

Tabelle **5** Entwicklung der relativen Beckenbreite (n. *Gray* u. *Ayres*)

Alter (Jahre)	Knaben M	σ	Mädchen M	σ
2	17,0	0,8	17,4	0,8
3	16,6	0,6	16,8	1,0
4	16,4	0,5	16,5	0,6
5	16,4	0,7	16,4	0,7
6	16,2	0,7	16,0	0,8
7	16,0	0,6	15,8	0,9
9	15,9	0,6	15,8	0,8
11	15,9	0,6	16,0	1,0
13	15,8	0,6	16,3	1,1
15	15,8	0,7	16,5	1,1
17	15,8	0,7	16,7	1,1
19	15,9	0,8	16,9	1,9

Beinlänge. Die Abschnitte der unteren Extremitäten wachsen in unterschiedlicher Reihenfolge. Der Pubertätswachstumsschub der Füße setzt etwa 6 Monate früher ein als der des Unterschenkels und des Oberschenkels. Das Wachstum der Füße hört auch am frühesten auf (DAVENPORT 1932; ANDERSON u. Mitarb. 1956). Über die Entwicklung der Längenmaße des Beines orientieren die Zahlen von ANDERSON u. Mitarb. (1963) (Abb. **21**).

In der Orthopädie interessieren vor allem auch physiologische Asymmetrien der Beinlänge. SCHILGEN (persönl. Mitteilung) hat festgestellt, daß eine Beinverkürzung rechts wesentlich häufiger vorkommt. Nur 6,6% von 475 Jungen im Alter von 14–16 Jahren hatten einen Beckentiefstand links. 29,6% hatten Beckengleichstand, während der Rest des Kollektivs einen Beckentiefstand rechts bis zu 2 cm aufwies (Abb. **22**).

Tabelle **6** Entwicklung der relativen Schulterbreite (n. *Gray* u. *Ayres*)

Alter (Jahre)	Knaben M	σ	Mädchen M	σ
7	21,8	0,7	21,6	1,0
9	21,6	0,8	21,2	1,0
11	21,3	0,8	21,1	1,0
13	21,1	0,8	21,0	0,9
15	21,6	1,0	21,0	0,9
17	22,1	1,0	21,2	1,0
19	21,3	1,0	21,0	

Beckenbreite:
Die Breitenmaße des Rumpfes wachsen mit einer annähernd analogen Geschwindigkeit wie die Körperlänge. Die relativen Maße verändern sich deshalb nur wenig. Lediglich die Beckenbreite der Mädchen zeigt eine kräftigere Entwicklung in der Pubertät. Die Breitenmaße sind offensichtlich wenig beeinflußt durch äußere Einflüsse und in der Hauptsache genetisch festgelegt (Tab. **5**).

Schulterbreite:
Die relative Schulterbreite zeigt zunächst keine wesentlichen Geschlechtsunterschiede. In der Pubertät ist eine deutliche Zunahme bei den Knaben erkennbar (Tab. **6**).

Rumpfhöhe:
Die Entwicklung der Rumpfhöhe spielt bei der Beurteilung des Rumpfwachstums bei der Skoliose und Kyphose eine bedeutende Rolle. Die prozentuale Rumpflänge ist gerade bei der Wuchsbeurteilung der Skoliose von Wichtigkeit. Sie ist der Tab. **7** zu entnehmen.

Spannweite:
Biologische Bedeutung hat dieses Maß nicht. Es hat den Vorteil, daß es leicht und exakt abgenommen werden und als Relativmaß (in Prozent der Körperlänge) Hinweise auf endokrine Störungen geben kann (Lenz 1954). Bei vorzeitigem Epiphysenschluß der langen Röhrenknochen kommt es zur Verringerung der Spannweite, bei verspätetem Verschluß (z. B. bei Hypogonadismus) zu übergroßer Spannweite. Bei anthropometrischer Kontrolle der Skoliose kann die *zunehmende Spannweite* bei gleichbleibender Sitzhöhe ein Hinweis auf die Progredienz der Skoliose sein (Tab. **8**).

Brustkorbumfang:
Die Messung des Brustkrobumfanges spielt sowohl bei Haltungsschäden als auch Formfehlern der Wirbelsäule eine Rolle. Die Brustkorbmaße sind verhältnismäßig gut untersucht worden, weil sie einesteils zur Beurteilung des Ernährungszustandes, andererseits auch zur Devinition von Körperbautypen verwendet wurden. Der Brustkorbumfang ist deutlich abhängig von Umwelteinflüssen. Sport und berufliche Belastung bedingen eine erhebliche Varianz. Bei Lehrlingen mit „Reizberufen" (Maurer, Zimmerleute usw.) fand Schmidt-Kehl einen größeren Brustkorbumfang als bei Reizmangelberufen (Kaufleuten, Buchbindern, Friseuren, Kellnern usw.). Deshalb ist auch die Varianz vom 12. Lebensjahr ab sehr groß. Die Normwerte sind in Tab. **9** dargestellt.

Tabelle **7** Entwicklung der relativen Rumpfhöhe (Sitzhöhe) (nach *Gray* u. *Ayres*)

Alter (Jahre)	Knaben M	σ	Mädchen M	σ
1	64	1,3	62	1,7
2	61	1,8	60	1,4
3	59	1,6	59	1,4
4	58	1,4	58	1,4
5	57	1,9	56	1,3
6	55	1,3	56	1,4
7	54	1,1	55	1,2
9	53	1,1	53	1,4
11	52	1,3	52	1,2
13	51	1,1	52	1,3
15	51	1,3	52	1,4
17	52	1,2	53	1,6
19	52	1,4	53	1,4

Tabelle **8** Entwicklung der relativen Spannweite (*Miemois* u. *Borchardt*)

Alter (Jahre)	Knaben M	σ	Mädchen M	σ
7	101,9	2,0	100,9	2,99
9	102,0	2,17	100,7	2,16
11	103,3	2,42	101,6	2,11
13	102,3	3,11	102,4	2,45
15	101,5		99,6	
17	101,6		100,3	
19	101,6		100,5	
25	103,4		101,3	

Tabelle **9** Normalmaße des Brustumfanges (Werte zwischen 16 und 20 Jahren, nur männlich; Zahlen nach *Lowrey* 1973)

Alter (Jahre)	cm
1	47
2	50
3	52
4	53
5	55
6	56
7	57
8	59
9	60
10	61
12	66
14	72
16	77
18	82
20	86

Neuromotorische Entwicklung in der Pubertät

Über die neuromotorische Entwicklung in der Pubertät ist wenig bekannt. Bei Eintritt in die erste Puberalphase ist die neuromuskuläre Entwicklung weitgehend abgeschlossen.

Nur in der Kraftentwicklung und *Koordination* finden weitere Entwicklungen bis zum Abschluß des Wachstums statt. Es liegen hierzu Untersuchungen von DIMOCK (1935), ESPENSCHADE u. Mitarb. (1953); WILLGOOSE (1950) sowie der Arbeitsgruppe um PRECHTL vor. Meist wurde der Brace-Test angewendet, der eine Kombination von Aufgaben darstellt, die Gleichgewichtsgefühl und Geschicklichkeitsgefühl verlangen. Eine gut abgestufte Batterie von motorischen und koordinativen Leistungen verlangt auch der Ruward-Test (RUFFING u. WEINERT 1977).

Beim Mädchen tritt die koordinative Entwicklung meist mit 13,0 Jahren auf, während sie bei Jungen noch längere Zeit weitergeht. Die hauptsächliche Zunahme der Geschicklichkeit fällt bei den Jungen mit dem *Anstieg der Muskelkräfte* zusammen, fällt also hauptsächlich in die zweite puberale Phase. Hier besteht eine deutliche Korrelation, so daß man fast parallel zum „Muskelschub" von einem „Geschicklichkeitsschub" sprechen könnte. Dagegen nimmt die Gleichgewichtsfähigkeit kontinuierlich zu.

Die sportliche Leistungsfähigkeit nimmt mit dem Alter in der Pubertät deutlich zu. Wegen der vielfältigen Faktoren, die die Leistungsfähigkeit beeinflussen, ist aber ein „Leistungsschub" nicht eindeutig erkennbar. Das ist z. T. auch von der Sportart abhängig. Während beim Kurzstreckenlauf eine gleichmäßige Entwicklung der Leistungsfähigkeit festgestellt wurde, war beim Weitsprung und beim Baseballwerfen ein deutlicher Anstieg feststellbar (CULLUMBINE u. Mitarb. 1950).

Während die Geschicklichkeit deutlich mit dem Muskelwachstum korreliert, scheint eine Korrelation zum Längenwachstum nicht zu bestehen. Im Gegenteil: In der Phase des Längenschubes tritt eine Verzögerung in der Entwicklung der Geschicklichkeit und der Gleichgewichtsentwicklung ein (ESPENSCHADE u. Mitarb. 1953). Hierher gehören wohl auch die Beobachtungen HOMBURGERS (1922), der über vorübergehende Koordinationsstörungen in der Pubertät berichtete.

Die *Kraftentwicklung* der Muskulatur unterliegt deutlich den Reifungsvorgängen in der Pubertät. Hierüber geben vor allem die Untersuchungen von JONES (1949) Auskunft. Die Greifkraft der Arme zeigt schon zu Beginn der Pubertät eine deutliche Differenz zwischen Jungen und Mädchen, die aber vom 13. Lebensjahr an deutlich größer wird. Das gleiche betrifft auch die Zugkraft der Arme. Dagegen läuft die Entwicklung der Druckkraft der Arme zunächst in der ersten puberalen Phase bei beiden Geschlechtern gleich, und erst in der zweiten puberalen Phase kommt es zu deutlicher Diskrepanz, weil die Entwicklung der Armdruckkraft bei den Mädchen stagniert.

Entwicklung des Skeletts in der Wachstumsphase

Die Beurteilung der Skelettentwicklung, insbesondere die Bestimmung der *Skelettreife*, hat weiten Eingang in die Orthopädie gefunden, z. B. bei der Bestimmung der Prognose der Skoliose, der Kyphosen, der Hüftgelenksdysplasien, des X-Beines und der Beinlängendifferenzen. Sie bedarf deshalb einer etwas ausführlicheren Erörterung.

Die Skelettentwicklung ist ein Gradmesser der allgemeinen Entwicklung und hat dadurch große Bedeutung in der Reifungsdiagnose. Die Registrierung der knöchernen Entwicklung beruht auf zwei Faktoren, die nicht notwendig miteinander korrelieren müssen: dem Wachstum der Zone, die ossifiziert, und der Ablagerung von Calcium in diesem Gebiet. Das Auftreten und die Vereinigung verschiedener Ossifikationszentren folgen einem definierten *Muster* und einem feststehenden *Zeitplan*. So kann die Ossifikation zum Gradmesser einer normalen oder abnormalen Reifung werden.

Die normale Variation der Knochenentwicklung ist sehr groß. Es gibt erhebliche rassische und geschlechtliche Unterschiede. Im menschlichen Körper findet man über 800 Ossifikationszentren. Etwa die Hälfte tritt erst nach der Geburt auf, und noch in der zweiten puberalen Phase treten neue Ossifikationszentren (z. B. die Beckenkammapophysen) auf. Allen diesen Ossifikationszentren ist gemeinsam, daß sie über verschiedene Zeiten in einem Stadium Null verharren, d. h. noch nicht sichtbar sind, und daß sie nach ihrem Auftreten eine Reihe von mehr oder weniger signifikanten Formveränderungen durchmachen, bis sie schließlich an das Endstadium der formalen Entwicklung kommen oder mit einem anderen Ossifikationszentrum verschmelzen. Sie haben dann 100% der Entwicklung durchlaufen.

Bestimmung des Skelettalters

Für die Reifebestimmung benötigt man klar definierte Kriterien. Das Auftreten von Knochenkernen und die endgültige Verknöcherung der Fugen sind an sich klar definiert. Sie können als *Meilensteine der Entwicklung* gelten. Nur treten sie in weiten Zeiträumen auf, so daß sie keine genügende zeitliche Festlegung gestatten. Man möchte aber genauer wissen, welche Strecke des Weges in der normalen Reifung zurückgelegt worden ist und wie der Reifungsstand des Skelettes von der Altersnorm abweicht. Dies wäre nur möglich, wenn man eine große Zahl von Verknöcherungszentren gleichzeitig erfassen würde, die eine Aussage über die ganze Entwicklungsperiode gestatten, etwa mit einer Ganzaufnahme. Das verbietet

Tabelle **10** Knochenkernentwicklung an der unteren Extremität bis zum 5. Lebensjahr (nach *Elgenmark*). Einteilung wie Tab. **1**

Knochenkern	Knaben			Mädchen		
	25%	50%	75%	25%	50%	75%
Fuß						
Kuboid	0,8	2,0	3,7	0,6	1,7	2,5
Kuneiforme III	4,1	5,0	7,4	2,7	4,2	5,3
Kuneiforme II	19,0	25,5	38,3	11,4	20,6	24,3
Kuneiforme I	23,6	31,4	36,3	20,1	22,5	25,4
Navikulare	31,6	38,1	51,5	22,6	25,9	35,1
distale Tibiaepiphyse	3,9	5,7	6,7	4,7	5,6	6,6
distale Fibulaepiphyse	9,7	10,8	22,5	7,3	8,8	10,7
Metatarsale I	28,3	31,9	33,8	17,8	20,0	22,2
Metatarsale II	34,8	39,0	45,2	23,1	25,9	28,6
Metatarsale III	37,5	39,5	49,0	25,5	29,1	32,0
Metatarsale IV	42,9	47,5	51,5	28,4	32,0	35,9
Metatarsale V	43,7	48,2	55,7	32,1	35,0	43,0
proximale Phalange I	24,3	28,8	32,7	17,2	19,6	20,0
proximale Phalange II	17,2	21,9	25,8	11,0	14,9	18,8
proximale Phalange III	14,7	20,8	23,4	10,9	12,3	16,8
proximale Phalange IV	16,0	21,8	22,4	11,0	13,3	19,3
proximale Phalange V	23,5	28,8	32,7	18,0	21,0	23,0
mittlere Phalange II	21,7	24,3	28,6	11,0	16,9	20,0
mittlere Phalange III	15,2	24,3	29,0	11,2	17,5	23,4
mittlere Phalange IV	17,7	26,2	35,0	12,4	22,4	26,3
mittlere Phalange V	29,0	35,1	47,4	20,0	25,9	35,7
distale Phalange I	12,9	14,0	19,6	9,1	10,2	13,2
distale Phalange II	34,2	39,5	47,3	22,4	29,1	33,0
distale Phalange III	35,2	41,5	47,1	20,0	29,3	34,4
distale Phalange IV	37,1	41,7	46,8	22,6	29,5	35,4
distale Phalange V	36,7	39,5	49,5	23,1	30,1	36,0
Knie						
distale Femurepiphyse	0,3	0,5	0,8	0,3	0,6	0,9
proximale Tibiaepiphyse	0,4	0,7	1,8	0,4	0,8	2,3
proximale Fibulaepiphyse	40,8	51,3	56,4	30,1	34,5	43,5
Patella	43,8	49,0	55,9	27,3	31,6	33,3
Hüfte						
proximale Femurepiphyse	3,9	5,6	6,7	3,6	4,9	6,2
Trochanter major	43,2	46,1	51,5	27,2	30,2	34,0

sich aus Gründen des Strahlenschutzes; auch liegen keine gesicherten Normverteilungen vor.

Man wird sich also auf die Aufnahme begrenzter Skelettabschnitte beschränken müssen. LENZ (1954) hatte deshalb für die Bestimmung des Skelettalters in den ersten Lebensmonaten die Beobachtung der *Knochenkernentwicklung der unteren Extremitäten* empfohlen. Dies weil hier die Knochenkerne etwas früher auftreten als bei der oberen Extremität (LENZ, Zahlen nach ELGENMARK). Für die spätere Zeit können dann Aufnahmen der oberen Extremität herangezogen werden, die sich später entwickeln. Diese von ELGENMARK angegebenen Zahlen sind deshalb für den Orthopäden von praktischer Bedeutung, weil sie eine statistisch gut gesicherte Aussage über die Entwicklung eines Skelettabschnittes und seiner Knochenkerne erlauben (Tab. **10**).

Für die Stellung einer allgemeinen Reifungsdiagnose reichen diese Zahlen nicht aus, da die Varianz der Entwicklung der einzelnen Kerne viel zu groß ist, so daß eine Aussage über die gesamte Wachstumsperiode nicht möglich ist. Die Tabellen über die Knochenkernentwicklung, wie sie von SCHMID u. a. angegeben worden sind, geben nur eine grobe Orientierung.

Die *Handwurzelknochen* sind am häufigsten zur Bestimmung der Skelettreifung herangezogen worden. Hier liegen Untersuchungen (Längsschnitt und Querschnitt oder gemischt) an größeren Kollektiven vor, die ihren Niederschlag in verschiedenen Atlanten zur Skelettreifung gefunden haben (TODD 1937; GREULICH u. PYLE 1959, TANNER u. Mitarb. 1962, 1976; SCHMID u. HALDEN 1949; SCHMID u. MOLL 1960 u. a.). Weitere neuere Veröffentlichungen zur Skelettalterbestimmung stammen von KOPCZYNSKA (1961) sowie EKLÖH u. RINGERTZ (1967).

Über die Vor- und Nachteile der Verwendung von Aufnahmen des Handgelenkes ist viel geschrieben worden. Die Entwicklung der Handwurzelknochen erfolgt nicht immer in Übereinstimmung mit der Entwicklung der Epiphysenkerne der langen Röhrenknochen. Sie zeigen eine re-

lativ große Streuung. Aber das scheint mir eher ein Vorteil zu sein, denn dadurch tritt die Skelettentwicklung zu einem weiten Bereich der allgemeinen Reifung in Beziehung.
ROCHE (1970) verglich die Werte von GREULICH u. PYLE (1959) mit dem Knieknochenalter von PYLE u. HOERR (1969) bei gesunden Knaben und Mädchen im Alter von 12–15 Jahren. Die mittlere Differenz betrug ± 0,2 Jahre und die Maximaldifferenz 1 Jahr. Diese Differenzen sind nicht größer als die bei wiederholten Untersuchungen mit einer Methode.
Wir kommen damit aber zu einem grundsätzlichen Einwand gegen derartige Bestimmungen überhaupt. Alle bekannten Methoden beruhen auf der mehr oder weniger subjektiven Einschätzung von Formveränderungen. Dadurch ergibt sich allein schon eine große Untersuchungsfehlerbreite. In einer Studie betrug diese Streuung mehr als 1 Jahr bei der Beurteilung eines Films durch 49 Radiologen (HOUSE 1950). Die Standardabweichung für den Atlas von GREULICH u. PYLE (1959) beträgt 6 Monate mit drei Jahren und 1 Jahr mit siebzehn Jahren. Jeder Kliniker sollte sich nicht nur mit einer Methode befassen und alle Probleme der von ihm verwendeten Methoden kennen. Wer skelettäre Reifungsbestimmungen vornimmt, muß in der kritischen Anwendung der Methode Erfahrung haben. Die für die verschiedenen Methoden verwendeten Standards entstammen nicht immer repräsentativen Kollektiven. So entstammt z. B. das kleine Kollektiv von GREULICH u. PYLE von Kindern der Ober- und Mittelklasse aus Cleveland aus dem Jahre 1930. Die Kinder von TANNER u. WHITEHOUSE Standards stammen von englischen Mittelklassekindern des Jahres 1950. Schweizer, finnische und dänische Kinder sind heute noch gegenüber den Kindern aus Cleveland von 1930 retardiert, während sie mit den Kindern der Tanner-Whitehouse-Studie annähernd übereinstimmen.
Das Skelettalter ist keine feststehende Größe, sondern eine mehr oder weniger repräsentative Aussage über den Entwicklungsstand des Skeletts, die einen Rückschluß auf das Alter erlaubt. *Das Skelettalter ist also ein vorhergesagtes oder aufgrund der Skelettentwicklung geschätztes Alter.* Es ist dasjenige Lebensalter, in dem normale Kinder gleichen Geschlechts im Durchschnitt den Stand der Skelettreife erreicht haben, den man bei einem untersuchten Kind festgestellt hat (LENZ 1959). Es hängt von der Methode, (z. B. der Zahl der erfaßten Zwischenstadien, Art und Zahl der erfaßten Skelettelemente) ab, welches Ergebnis erzielt wird und welche Aussage damit erlaubt ist.
TANNER u. Mitarb. (1975) konnten z. B. zeigen, daß bei einer alleinigen Untersuchung der Entwicklung der Karpalknochen die mittlere Zunahme der Punktzahl bereits bei 10 Jahren erreicht ist. Wenn man dagegen die Entwicklung von Radius, Ulna, Metakarpalia und Phalangen (RUS) untersucht, geht die Zunahme der Punktzahl bis 17 Jahre. Die Aussage mit dieser Methode ist also für die späteren Abschnitte der Pubertät sicherer. Die Differenz zwischen RUS- und Karpal-Score wird auf den unterschiedlichen Einfluß des STH (Karpal) und der Androgene (RUS) zurückgeführt. So ist nach TANNER u. Mitarb. (1975) der RUS-Score effektiver in der Vorhersage der endgültigen Erwachsenengröße als der Karpal-Score oder der TW_2-20-bones-Score.
Da die endgültige Erwachsenengröße aber auch noch in den letzten Jahren der Pubertätsentwicklung vor allem durch das Rumpfwachstum festgelegt wird, ist die Verwendung des RUS-Scores für die Wirbelsäulenprognose wichtiger, während für die Vorhersage von Beinlängenentwicklungen wahrscheinlich der Karpal-Score von größerer Bedeutung ist.
Die am häufigsten angewendete Methode der skelettären Reifungsmessung ist die Methode von GREULICH u. PYLE (1959). Ich verweise auf das Studium des „Atlas of Skeletal Development of the Hand and Wrist". Hier sollen nur einige kritische Anmerkungen erfolgen.
In dem Atlas von GREULICH u. PYLE ist eine Serie „typischer" Röntgenbilder von Kindern mit 30 Punkten der Reifungsskala dargestellt. Der Benutzer muß ein gegebenes Röntgenbild der linken Hand, das nach einer vorgeschriebenen Technik aufgenommen worden ist, mit dem Bild eines der Kinder der Standardserie vergleichen. Ein stark subjektiv beeinflußbares Vergleichsurteil ist also die Grundlage des Verfahrens. Ein bestimmtes Röntgenbild entspricht fast niemals exakt dem eines der Bilder der Standardserie. Es gibt keine Anleitung, wie man die offensichtlichen Diskrepanzen zwischen Standardbild und zu beurteilendem Bild überwinden soll. Es handelt sich bei dem GP-Standard nicht um reine Längsschnittbeobachtungen, sondern um ein gemischtes Material. Daraus resultieren stark verwirrende „Sprünge" zwischen den einzelnen Altersstandards, die die Zuordnung sehr erschweren. Im letzten Teil des Atlas von GREULICH u. PYLE findet sich ein Anhang mit den Entwicklungsstadien jedes individuellen Skelettelementes. Dieser Teil wird aber nur selten benutzt (ROCHE 1970; WINGERD u. Mitarb. 1974).
Die Nachteile dieses Verfahrens haben SCHMID u. HALDEN (1949) veranlaßt, ein metrisches System mit altersbezogenen Längen- und Breitenmessungen vorzuschlagen. Dieses Verfahren leidet aber unter dem gleichen Fehler wie das Verfahren von GREULICH u. PYLE. Zwar wird gemessen, die Meßwerte sind aber deshalb nicht exakt, weil die Meßpunkte innerhalb des reifungsbedingten Formwandels der Handwurzelknochen sich stets ändern und die Meßpunkte nicht exakt definiert sind. Gleiches gilt auch für das von EKLÖH u. RINGERTZ (1967) angegebene System, dem das Verfahren von SCHMID u. HALDEN (1949) sehr ähnlich ist.
Wir haben 1968 ein Verfahren angegeben, bei dem die relative Knochenfläche auf dem Röntgenbild im Verhältnis zur Gesamtfläche der Handwurzel errechnet wird (BURKHARDT 1968). Dies ist ein planimetrisches Verfahren, das eine quantitative Aussage erlaubt. Es ist aber relativ aufwendig. Standards liegen bisher nicht vor.

Die Verwendung von Skalen der Altersnorm von Reifebestimmungen hat zwei schwache Stellen:

1. Es gibt Fehlresultate bei Extrementwicklungen. Kein Teilalter kann mit einem Individuum verglichen werden, dessen Knochen sämtlich ausgereift sind.
2. Die Beziehung zwischen dem aktuellen Alter und der Reifung ist nicht unbedingt bei allen Völkern gleich und auch nicht innerhalb einer bestimmten Bevölkerung zu verschiedenen Zeitabschnitten.

Tanner und Whitehouse, Marshal, Healy und Goldstein (1976) haben nun eine Weiterentwicklung ihres 1962 beschriebenen Verfahrens (TW 1) angegeben (TW 2), die einen Teil der beschriebenen Nachteile vermeidet. Auch hierzu nur einige orientierende Anmerkungen.

Es wurden die Röntgenbilder aus Längsschnittserien normaler Kinder aus der Harpenden-Growth-Study (Tanner 1962) genommen. Geprüft wurden die phasenartigen Veränderungen aller Hand- und Handgelenksknochen in bezug auf Form und Dichte. Jede Entwicklungsphase eines Skelettelementes wurde durch unzweideutige verbale Beschreibungen und Strichzeichnungen in einem Anhang dokumentiert und beschrieben. Die Zahl der Phasen wurde für jeden Knochen so gewählt, daß die Differenzen zwischen den Phasen nicht so gering waren, daß die Zuordnung Schwierigkeiten machte, oder auch nicht so groß war, daß eine signifikante Information unmöglich wurde. Die Phasen wurden durch Buchstaben und nicht durch Zahlen markiert, um damit zu dokumentieren, daß ein Wechsel von B nach C etwas ganz anderes ist als von C nach D.

Radius, Metakarpalia, Phalangen, Hamatum und Triquetrum haben 9 Phasen, Ulna und der Rest der Karpalia 8 Phasen. Phase A repräsentiert in jedem Fall das Fehlen eines röntgenologisch sichtbaren Knochens. Für Jungen und Mädchen, für verschiedene ethnische Gruppen wurden die gleichen Phasen verwendet. Jeder macht alle Stadien durch, obwohl die Stadien für verschieden lange Zeit bestehen und bei einzelnen Personen manche nicht nachweisbar sein mögen.

Jede Phase der Knochenentwicklung wurde mit einer Punktzahl (Score) gewichtet. Diese Scores wurden so definiert, daß das Übereinstimmungsdefizit zwischen den Knochen am geringsten war. Die Scores für jeden Knochen liegen irgendwo zwischen Null und Hundert. Darüber hinaus wird eine zweite, biologische Gewichtung vorgenommen. Dies geschieht nach folgender Überlegung: Viele Knochen von Hand und Handgelenk ergeben die gleiche Information. Die Fingerknochen sind ziemlich ähnlich. Es ist deshalb nicht wünschenswert, einen einfachen Mittelwert von allen verfügbaren Knochen zu nehmen, weil dies den Fingerknochen ein viel größeres Gewicht geben würde als den sieben Knochen von Radius und Ulna. Es wird die Behauptung aufgestellt, daß die Karpalknochen für die meisten Untersuchungsziele überflüssig und mehr unnötige Informationen geben als die Röhrenknochen. Zur Prüfung dieser Hypothese wurden drei separate Scoring-Systeme entwickelt:

1. Radius-Ulna und Fingerknochen („short bones") RUS,
2. Karpalia allein,
3. Kombination von 1 und 2 (TW2–20-bone).

In jedes System wurde eine Reihe biologischer Gewichte eingeführt. Die Fingerknochen 2 und 4 bekamen das Gewicht Null, wurden also nicht gewertet. Gleiche Gewichte wurden den Fingern I, III und V entsprechend den III. und IV. Knochen jedes Fingers gegeben. Diese Gewichte wurden nun in die gewichteten Scores eingearbeitet, die für jede Knochenentwicklungsphase bestimmt wurden. Die gewichteten Scores sind also Produkte aus den Grundscores und den biologischen Gewichten. Das totale Reifungsscore für ein Individuum erreicht man dann durch einfache Addition der in ein Formular eingetragenen Werte.

Die Reifungscores besagen für sich allein nicht mehr als isolierte Messungen. Sie müssen durch eine Reihe von Standards interpretiert werden. Diese Standards wurden von Kindern einer sozioökonomischen Mittelschicht gewonnen. Dabei wurden 2200 Röntgenbilder einer Querschnittsstudie (3–16 Jahre) und 5500 Röntgenbilder von 500 Kindern einer gemischten Durchschnittsstudie genommen (1–21 Jahre). Die Kurven sind so aufgebaut wie die bekannten Standardkurven für Körperlänge und Gewicht. Man kann aus den Kurven ablesen, in welchem Percentilbereich des zugehörigen chronologischen Alters der ermittelte Reifungswert fällt. Es kann weiterhin ermittelt werden, in welcher Altersklasse dieser Reifungsscore in den 50-Percentil-Bereich fällt. Auf diese Weise kann das Skelettalter sicher bestimmt werden.

Jungen und Mädchen sind getrennt analysiert worden. Ihre Scores differieren systematisch, jedoch am wenigsten in den Knochen des RUS-Systems. Bei den Karpal-Scores waren die Differenzen auch gering, doch wurden sie als konsistent angesehen. Obwohl alle Knochen bei Mädchen früher reifen, sind die Knochen in dieser Hinsicht nicht gleich. Einige Knochen reifen sehr früh, andere weniger früh (Thompson u. Mitarb. 1973). Es ist bekannt, daß dies auch in anderen Regionen passiert (Demirjian u. Mitarb. 1973). Garn u. Mitarb. (1967) haben sich in mehreren Arbeiten mit diesem Problem befaßt.

Ausreißer sind z. B. das Kapitatum und das Hamatum. Die Korrelation zu den anderen Knochen beträgt R = 0,12 und 0,14. Während Garn diese Knochen aus dem Untersuchungsschema ausschließen möchte, will Tanner sie gerade deshalb beibehalten. Die Aussagesicherheit der TW-Methode scheint gegenüber Greulich und Pyle etwas besser zu sein. Acheson u. Mitarb. (1966) fanden, daß 95% der Doppeluntersuchungen durch einen Untersucher mit der TW1-Methode eine Streuung von 0,6 Jahren hatten. House hat bei der GP-Methode dagegen eine Streuung von ±0,8 bis ±1,0 Jahre festgestellt. Im ganzen scheint die Aussagesicherheit der TW-Methode also größer zu sein. Die wesentlichen Vorteile liegen aber darin, daß die Standards aus *Längsschnittserien* kommen, somit also jede Formänderung von Phase zu Phase tatsächlich echt ist, daß die Standardkurven von einem mitteleuropäischen Mittelklassekollektiv stammen und daß mit den drei Scoresystemen schließlich Aussagen für differenziertere Fragestellungen gemacht werden können.

Ein nicht unwesentlicher Vorteil des Systems ist auch der Zwang zur differenzierten Einordnung des Befundes an jedem einzelnen Skelettelement.

Die Dokumentation der Urteilsfindung ist übersichtlich. Wenn differente Urteile zustande kommen, können sie dadurch leichter aufgeklärt werden. Im übrigen verweise ich auf dem Atlas von Tanner u. Mitarb. (1975).

Die beschriebenen Methoden geben zwar einen guten Aufschluß über den *allgemeinen Reifungsstand.* Wenn aber eine Aussage über die Entwicklung eines bestimmten Skelettabschnittes gemacht werden soll, kann es besser sein, eine Wachstumszone aus dem unmittelbaren Bereich des betroffenen Bezirkes zu wählen.

Für die *Wirbelsäule* hat Risser (1936) herausgefunden, daß zwischen der Entwicklung der Darmbeinkammapophyse und der Wirbelsäule eine stramme Korrelation besteht. Die Wahl der Darmbeinkammapophyse ist vor allem deshalb wichtig, weil diese noch eine Entwicklung bis zum 18. Lebensjahr durchmacht, während die Handknochenentwicklung mit 16 Jahren normalerweise abgeschlossen ist.

Die Beckenkammapophyse wächst von 13,2 Jahren an von lateral nach medial. Sie erreicht ihr volles Ausmaß mit 15,3 Jahren (Komplettierung; Risser 1936; Cobb 1948). *Fusioniert* ist sie mit 15,4 Jahren. Ronsek (1950) und Donaldson (1963) bestätigten die Beobachtungen von Risser. Zaoussis u. James (1958) fanden bei 224 Patienten eine signifikante *Progredienz der Skoliose auch nach der Komplettierung* in 26,2%, wobei die Zunahme bis 25,2% nur zwischen 5 und 15 Grad lag. Bei Lähmungsskoliosen sind zwar prinzipiell die gleichen Verhältnisse festzustellen, doch ist hier die Zunahme auch nach Komplettierung noch stärker. Urbaniak u. Mitarb. (1976) haben deshalb die Meinung vertreten, daß erst nach eingetretener Fusion eine sichere Beurteilung möglich sei. Nach der Fusion verschlechterten sich nur noch 36 von 235 Skoliosen, während es bei Komplettierung noch 62 waren.

Noch größere Sicherheit in der Beurteilung bekommt man, wenn man zusätzlich den Entwicklungsstand der Ringapophysen beurteilt (Blount 1972). Die Komplettierung tritt nach Urbaniak u. Mitarb. mit 18,1 Jahren auf, die Fusion mit 18,5 Jahren im Mittelwert.

Reifungsverläufe verschiedener orthopädischer Krankheiten

Morbus Perthes

Die Altersverteilung des Morbus Perthes (Bernbeck 1950 Bauer u. Jünger 1977) zeigt, daß hier ein reifungsabhängiges Geschehen vorliegt. Hormonale Faktoren und Stoffwechselstörungen sind deshalb immer wieder diskutiert worden. Andererseits wird heute kaum noch bezweifelt, daß ein örtliches Geschehen in Form einer Unterbrechung der Blutversorgung an der Manifestation des Morbus Perthes beteiligt ist. Über die Ursachen der Unterbrechung der Blutzufuhr sind viele Hypothesen in Diskussion gebracht worden. Es wurde immer wieder auch eine *systemische Entstehung* diskutiert. Neuerdings werden auch Störungen des Fettstoffwechsels (Fischer u. Dietschi 1972, Zsernaviczky u. v. Torklus 1977, Puhl u. Mitarb. 1977) bei Osteonekrosen erörtert. Bekannt ist, daß bei Hypothyreosen, für die ja die Erhöhung des Cholesterinspiegels pathognomonisch ist, scheinbar ähnliche morphologische Bilder auftreten (Wilkins 1941, 1965).

Wilkins hat nachweisen können, daß die typischen Veränderungen bei der epiphysären Dysgenesie bei Hypothyreosen durchaus selbständig sind und bei anderen Erkrankungen nicht auftreten. Diese entsteht in sich entwickelnden Epiphysenkernen. Ein bereits aufgebauter Knochenkern wird nicht mehr zerstört. Wilkins u. Fleischmann (1941) konnten zeigen, daß die Knorpelentwicklung bei Hypothyreose normal ist, aber die Verkalkung und nachfolgende Ossifikation retardiert sind. Wenn mit oder ohne Substitution die Ossifikation beginnt, geschieht das in Form einzelner unregelmäßiger Ossifikationszentren. Die epiphysäre Dysgenesie kommt an vielen Abschnitten des Skeletts vor. Die allgemeine Knochenreifung ist stark retardiert. Die Retardierung allein ist nicht pathognomonisch. Sie kommt auch bei anderen endokrinen Wachstumsstörungen vor, wie etwa dem hypophysären Zwergwuchs. Die Diskussion über die Beziehungen zwischen Morbus Perthes und hormonalen Störungen ist in letzter Zeit wieder aufgekommen, nachdem Bohr (1978), Goff (1960), Niethard u. Puhl (1977) beim Morbus Perthes eine zwar geringe, aber signifikante Erniedrigung des Skelettalters gefunden haben.

Weitere systematische Untersuchungen sind hier notwendig, sowohl hinsichtlich des Fettstoffes als auch evtl. vorübergehend gestörter endokriner Mechanismen.

Epiphysiolysis capitis femoris

Die Epiphysiolysis capitis femoris ist eine Erkrankung, bei der schon lange ein Zusammenhang mit Reifungsstörungen in der Pubertät vermutet worden ist. Für den Einfluß des Reifungsgeschehens in der Pathogenese spricht u. a. die unterschiedliche Verteilung des Erkrankungsalters bei Jungen und Mädchen (Jungen: 15,3, Mädchen: 12,2 [Matthiass 1961b]). Lacroix u. Verbrügge, (1951) fanden Störungen der enchondralen Ossifikation. Ponseti u. McCintock (1956) vermuteten eine Störung des Proteinstoffwechsels unbekannter Ursache. LÖFGREN hat 1953 über *konstitutionelle Abweichungen* bei 16 Patienten mit Epiphysiolysis capitis femoris berichtet. Alle waren zu groß für ihr Alter. Die meisten hatten eine zu kleine Sella turcica. Auch RÜTHER (1951), FÜRMAYER (1949), EHRENGUT (1954), FARROW und andere haben solche konstitutionellen Veränderungen gesehen und diskutiert. Die gefundenen Körperbautypen wurden als Dystrophia adiposogenitalis, Adiposo gigantismus, hypopituitäre und hypogonadale Stigmatisation bezeichnet. BURROWS (1957) konnte keine besonderen Körperbauklassifikationen finden. MATTHIASS (1961b) fand bei 80 Patienten mit Epiphysenlösung keine abnorme Verteilung der *Körperlänge*. Dagegen war die *relative Beinlänge vergrößert*. In der Entwicklung zurückgebliebene Kinder und Jugendliche haben oft eine größere relative Beinlänge als normal reifende. Zwischen der Coxa valga, die möglicherweise in der Pathogenese der Epiphyseolyse eine Rolle spielt, und einer großen relativen Beinlänge besteht eine positive Korrelation. Auffällig ist weiter die Tendenz zu großer *relativer Beckenbreite*. Das durchschnittliche *Körpergewicht* liegt über der Norm. Der Index der *Körperfülle* (Rohrer-Index) ist überdurchschnittlich hoch.

Die allgemeine körperliche Reifung ist oft retardiert. Der Übergang von der ersten in die zweite Pubertätsphase vollzieht sich zögernd. Es wird damit die Phase verlängert, in der die mechanische Widerstandsfähigkeit der Wachstumsfuge vor ihrer Verknöcherung vermindert ist. Die Entwicklung der *Pubesbehaarung*, der Mamillen und von Penis und Skrotum ist deutlich *retardiert*.

Die 10-ZR_A-Werte (MATTHIASS 1961b) sind signifikant erniedrigt. Dies schlägt sich auch in der Retardierung des Skelettalters nieder. Mit diesen Befunden stimmt überein, daß die Gonadotropinausscheidung in vielen Fällen vermindert ist (MATTHIASS 1961b).

Auch experimentelle Untersuchungen zur Frage der Prädisposition für die Lösung der Wachstumsfuge durch hormonale Veränderungen wurden durchgeführt. HARRIS (1950) hat die fugenstabilisierende Wirkung von Testosteron und die lösungsfördernde Wirkung des Wachstumshormons festgestellt. MATTHIASS (1966b) stellte fest, daß mit Methandrostenolon behandelte kastrierte Kaninchen die höchste Scherbelastungsresistenz zeigten. Die Kastration vermindert nicht nur die Scherbelastungsfähigkeit der Wachstumsfuge, sondern auch die *Hypertrophiefähigkeit des Knochens*. Damit wird auch die Belastungsresistenz bei ausgebildetem Knochengewebe vermindert.

So wichtig diese Erkenntnisse für die Pathogenese sind, für die Therapie haben sie bisher wenig Bedeutung erlangt. Im Stadium der bereits eingetretenen oder drohenden Lösung kommt man mit einer hormonalen Behandlung meist zu spät, um eine Stabilisierung der Fuge zu erreichen. Die Epiphyseodese durch Verschraubung oder andere Methoden kann dadurch nicht ersetzt werden.

Skoliose

Die idiopathische Skoliose verschlechtert sich im Allgemeinen nur bis zum Abschluß des Wachstums. Viele idiopathische Skoliosen entstehen erst zum Zeitpunkt des Pubertätswachstumsschubes. Vorbestehende Skoliosen erfahren mit Beginn des Wachstumsschubes eine erhebliche Verschlechterung. Dies war Anlaß, eine pathologische Wachstumsaktivität als Ursache der Skoliose bzw. ihrer Verschlimmerung zu vermuten. Manches spricht zunächst dagegen:

1. Früheste Stadien einer idiopathischen Skoliose lassen *keine Deformität* der Wirbelkörper erkennen, sondern nur Stellungsanomalien. Deformierungen, die auf ein pathologisches Wachstumsmuster hinweisen, sind bei idiopathischen Skoliosen immer erst in späteren Stadien erkennbar. Primär pathologische Wachstumsmuster wie bei kongenitalen Halswirbeln verursachen *primär* nur eine geringe seitliche Deviation.
2. Das Ausmaß der Wachstumsgeschwindigkeit und die erreichte Endgröße haben keinen Einfluß auf das Ausmaß der Skoliose (DUVAL-BEAUPÈRE 1971). Der Beginn der Verschlechterungsperiode fällt mit dem Pubertätswachs-

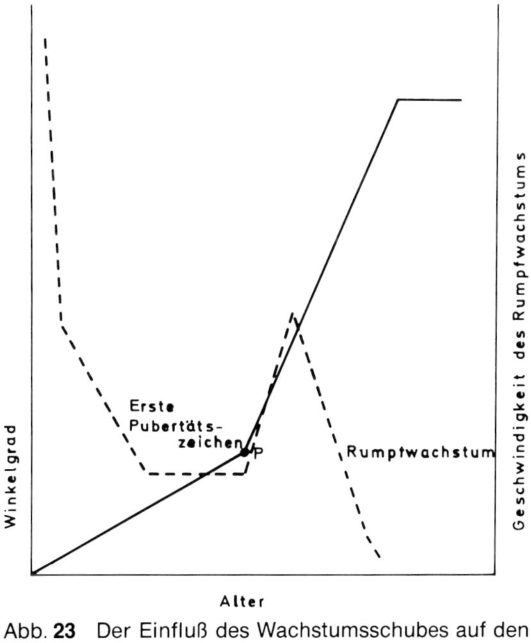

Abb. 23 Der Einfluß des Wachstumsschubes auf den Verlauf der Skoliose (aus: *Duval-Beaupère, G.*: Pathogenetic relationship between scoliosis and growth. In: Scoliosis and Growth, hrsg. von *P. A. Zorab*. Churchill, Livingstone, Edinburgh 1971)

tumsschub zusammen. Die Verschlechterung schreitet aber trotz Nachlassen des Schubes unvermindert stark fort. Verschlechterungstendenz und Wachstumsgeschwindigkeit korrelieren *nicht* miteinander (DUVAL-BEAUPÈRE 1971) (Abb. **23**). Dagegen besteht offenbar ein deutlicher zeitlicher Zusammenhang zwischen der Skoliosenverschlechterung und dem Wachstumsschub. Offenbar wirkt der Wachstumsschub als Auslösemechanismus (Trigger).

3. Die paralytische Skoliose verhält sich prinzipiell gleichartig. Auch hier tritt die hauptsächliche Verschlechterung mit dem Beginn des Wachstumsschubes ein, und die Verschlechterung läßt nach Beendigung des Wachstums deutlich, wenn auch nicht so klar wie bei der idiopathischen Skoliose, nach (ZAOUSSIS u. JAMES 1958).

Für die idiopathische Skoliose hatten ZAOUSSIS u. JAMES folgende Feststellungen getroffen:

	stationär	Zunahme 5–15 Grad	Zunahme 15 Grad
Risser I	39,2%	39,2%	21,6%
Risser II	64,3%	30,8%	5,3%
Risser III	73,5%	25%	1,0%

Auch wenn man die Einwände von URBANIAK u. Mitarb. (1976) berücksichtigt, bleibt doch klar die Feststellung, daß die *Verschlechterung stark mit Wachstum und Reifung, wenn auch nicht mit der Wachstumsgeschwindigkeit korreliert.*

Patienten mit idiopathischer Skoliose sind größer als die Kontrollgruppen (WILLNER 1974; NORDWALL u. WILLNER 1975) (Abb. **24**). Ihr Skelettalter liegt zwischen 11 und 13 Jahren *über* dem der Kontrollgruppen zwischen 15 und 17 Jahren, dann aber *darunter* (NORDWALL u. WILLNER 1975).

Eine vermehrte Wachstumshormonproduktion ist von MISOL u. Mitarb. (1971) nicht gefunden worden. WILLNER u. Mitarb. haben aber Befunde erhoben, die anscheinend eine vermehrte Wachstumshormonaktivität nachweisen. Diese Befunde sind schwer zu deuten. Wahrscheinlich werden erst sorgfältige Längsschnittstudien mehr Aufklärung bringen. Wir sehen den Zusammenhang der Skoliose mit dem Wachstum so:

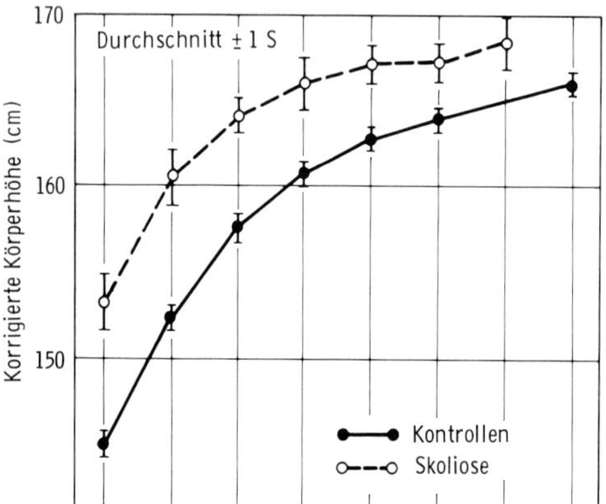

Abb. **24** Korrigierte Körperhöhe in Korrelation zum Skelettalter bei Mädchen mit idiopathischer Skoliose und einer Kontrollgruppe (aus: *Nordwall* u. *Willner:* Clin. Orthop. 110 [1975] 6)

Mit dem Beginn des Pubertätswachstumsschubes, der ja das Längenwachstum besonders trifft, kommt es zu vorübergehender Instabilität (s. Zunahme der muskulären Haltungsschwächen in der gleichen Phase). Danach wird die Sensibilisierung der Wachstumsfugen gegen mechanische Fehlbelastungen besonders stark. Die Fuge wächst auf der komprimitierten, konkaven Seite weniger stark. Die Palisadenzellen sind unregelmäßig (MICHELSSON 1965). Trotzdem zeigt der konkavseitige Knochen eine deutliche kompensatorische Hypertrophie und vermehrte Tetrazyklineinlagerung (Kantenreaktion). Angesichts der Beobachtung, daß eine experimentell einseitige Zerstörung der Wachstumsfuge nur eine geringe Skoliose hervorruft (BISGARD 1934; HAAS 1939), und der Tatsache, daß der Versuch, eine Skoliose durch konvexseitige Wachstumsbremsung zu korrigieren, wenig eindrucksvoll ist, möchten wir mit MANNING u. MERCER RANG (1968) die Meinung vertreten, daß diese Veränderungen *Folge* und nicht Ursache der Skoliose sind. Wir möchten die Ursache in einer Veränderung der die Wirbelsäule fixierenden Weichteile suchen (Skoliosefaktor), was immer das auch im einzelnen sein mag.

Durch die Skoliose wird das Wachstum der Wirbelkörper fehlgesteuert. Aber dadurch wird offenbar der bisher unbekannte Skoliosefaktor wesentlich verstärkt. Inwieweit kann also das Wachstum einen *indirekten sekundären kausalen Einfluß* auf die Skoliose haben? Es wird ihn um so stärker haben, je früher die Skoliose einsetzt und je länger das Wachstum anhält. Insofern kann auch eine retardierte Skelettentwicklung, z. B. bei primärem und sekundärem Hypogonadismus, eine Rolle spielen.

Als Beispiel sei ein Fall von hypophysärem Zwergwuchs mit bis zum 40. Lebensjahr progredienter Skoliose angeführt. Die Progredienz hörte erst nach Einsetzen der Substitutionsbehandlung auf (Abb. **25**).

In diesem Zusammenhang sei auch auf die Angabe von NEUGEBAUER (1974) hingewiesen, der durch medikamentöse Akzeleration der geschlechtlichen Reifung durch Östrogene eine Verminderung der Progredienz der Skoliose durch früheren Reifungsabschluß herbeigeführt hat. Dies ist vor allem dann sinnvoll, wenn entweder eine große Körperlänge vorliegt oder wenn das zu erwartende Wachstum zu einem Ausmaß der Skoliose führen würde, das eine Operation notwendig machen würde. Die Ergebnisse von NEUGEBAUER (1974) sind eindrucksvoll.

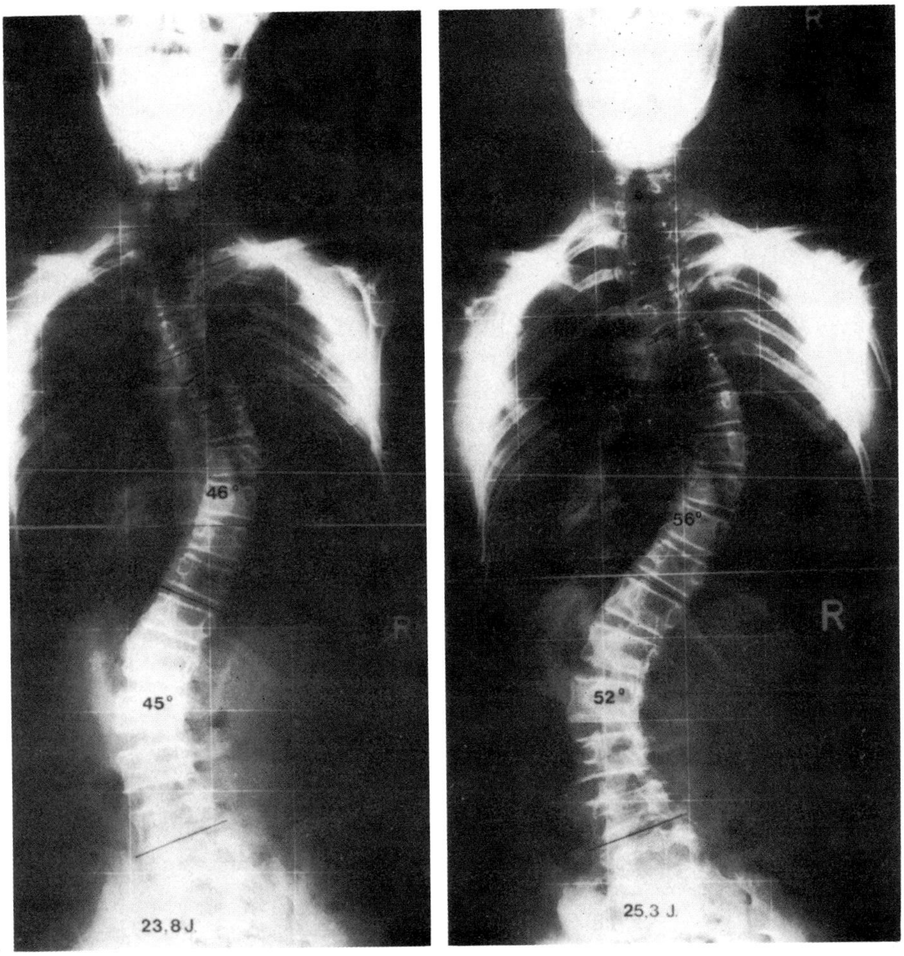

a b

Abb. **25** a u. b Skoliose bei hypophysärem Zwergwuchs: a) chronologisches Alter 23,8 Jahre, Skelettalter 14,6 Jahre, b) chronologisches Alter 25,3 Jahre

Adoleszentenkyphose (Scheuermannsche Erkrankung)

Über hormonale Störungen bei der Adoleszentenkyphose berichteten W. Müller (1930), Schapiro (1935), Albanese (1930). C. Mau (1927) meinte, daß das Auftreten der Adoleszentenkyphose wesentlich vom Stand der Pubertätsentwicklung abhängig sei. 1952 berichteten Nowakowsky u. Gadermann über zwei Fälle von Adoleszentenkyphose mit ausgeprägtem Hypogonadismus. Matthiass (1961 a) stellte eine deutliche Tendenz zur Retardierung bei Adoleszentenkyphosen fest (Abb. **26**). Kyphosen ohne die typischen Scheuermannschen Veränderungen ließen diese Tendenz vermissen. Das Menarchealter war bei Mädchen mit Adoleszentenkyphose deutlich erhöht. Die Ausscheidung der neutralen C-17-Ketosteroide war in vielen Fällen von Adoleszentenkyphose stark erniedrigt (Matthiass 1961 a). Das Skelettalter wurde bei Adoleszentenkyphose erniedrigt gefunden. Die Körperlänge liegt bei Patienten mit fixierten Kyphosen über der der Kontrollgruppe (Abb. **27**). Diese Befunde sowie die Tatsache, daß die Erkrankung sich unabhängig von Reifungsanomalien und Varianten im wesentlichen erst in der ersten puberalen Phase manifestiert und ihren Abschluß mit Abschluß der Wachstumsphase findet, spricht für einen *bedeutenden Einfluß der Reifungsvorgänge*.

Wie ist dieser gegen die zweifellos ebenfalls bedeutsamen Anlagestörungen (Chordarückbildungsstörungen etc.) abzugrenzen? Lindemann (1931, 1954), Rathke (1956), H. Mau (1958) und Rössler (1954) betonen mehr die Beziehungen zu enchondralen Dysostosen.

Wir meinen heute, in der Adoleszentenkyphose das Ergebnis eines multifaktoriellen Geschehens zu sehen, wofür die Verteilung in der Bevölkerung und die späte Manifestation sprechen. Die primäre Bedeutung des Anlagefaktors ist außer Zweifel. Man darf aber nicht übersehen, daß es die für die Adoleszentenkyphose typischen Anlagefehler auch ohne das spätere Auftreten einer

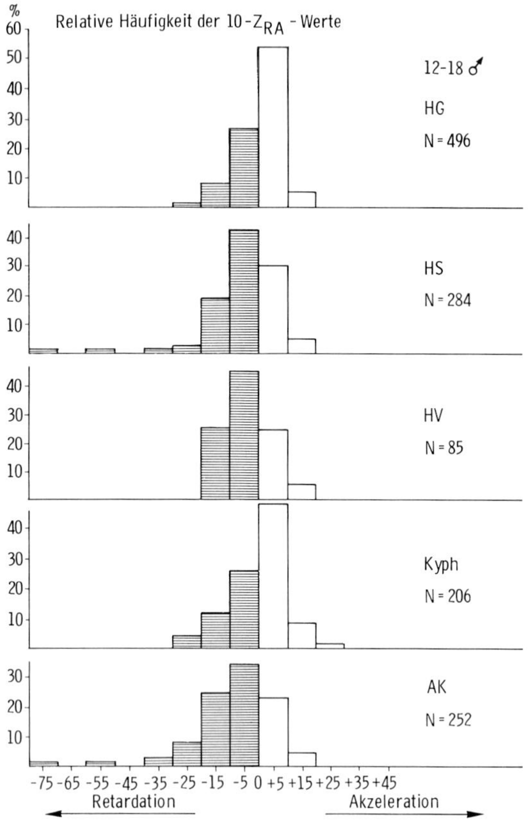

Abb. 26 Reifungswert der sekundären Geschlechtsmerkmale (10 Z_{Ra}) bei Adoleszentenkyphose (AK), anderweitigen fixierten Kyphosen (Kyph), muskulären Haltungsschäden (HV HS) sowie Haltungsgesunden (HG) (*Matthiass* 1961 a)

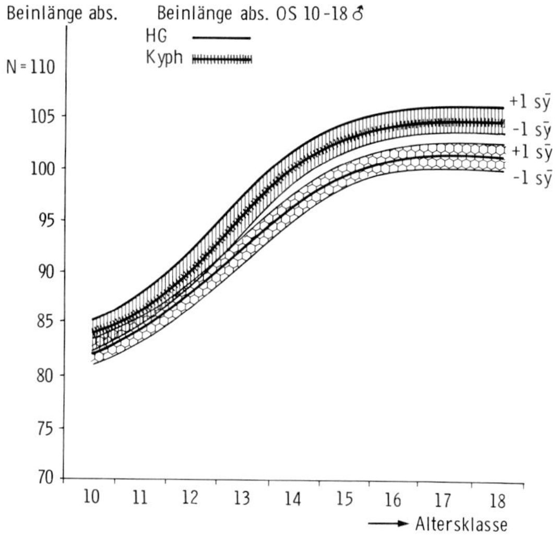

Abb. 27 Körperlänge bei fixierter Kyphose (Kyph) und Haltungsgesunden (HG) (*Matthiass* 1961 a)

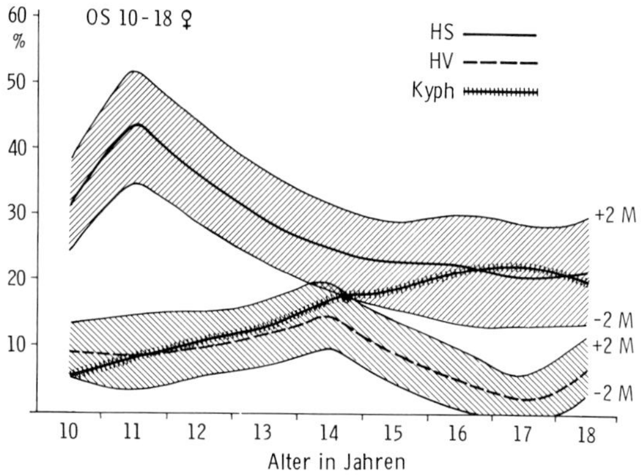

Abb. 28 Altersverteilung der muskulären Haltungsschwächen. HS, HV = muskuläre Haltungsschäden, Kyph = fixierte Kyphose, M = Vertrauensgrenzen nach van der Warden (*Matthiass* 1961 a)

Adoleszentenkyphose gibt. In der Auslösung der für die Adoleszentenkyphose typischen enchondralen Ossifikationsstörungen dürfte der Reifungsablauf mit der dadurch hervorgerufenen verminderten Belastbarkeit der Fuge auch nach experimentellen Untersuchungen eine wesentliche Rolle spielen.

Bei kastrierten Mäusen kam es im Dauerbelastungsversuch zu sehr deutlichen Störungen der enchondralen Ossifikation (Matthiass 1955).

Muskuläre Haltungsschäden

Schede (1954) vermutete, daß bei der Entstehung muskulärer Haltungsschäden eine *disharmonische Akzeleration* eine Rolle spielt. Chudy (1955) stellte bei 242 haltungsgestörten Kindern in 21,6% eine retardierte Entwicklung (gegenüber 8% der Schuljugend) fest. Scholten (1955) berichtete über Haltungslabilität bei Hochwüchsigen. Pöschl u. Mitarb. (1959) fanden, daß Akzelerierte den geringsten Prozentsatz an Haltungsschäden aufwiesen, Retardierte den höchsten.

Matthiass (1961 a) fand bei 496 haltungsgesunden Jungen eine retardierte Pubertätsentwicklung nur in 11%, bei 284 Jungen mit Haltungsschwäche dagegen in 23% und bei 85 Fällen von Haltungsverfall in 25%. Bei Mädchen waren retardierte Entwicklungen insgesamt seltener (haltungsgesund 9%, Haltungsschwäche 19%, Haltungsverfall 12%). In bezug auf die Menarche war bei muskulären Haltungsfehlern keine eindeutige Abweichung von der Norm festzustellen.

Die *Altersverteilung* der muskulären Haltungsschäden zeigt eine eindeutige Beziehung zum Pubertätswachstumsschub in der ersten puberalen Phase (Abb. **28**).

Bei 6jährigen Schulkindern zeigten 41% noch ein Versagen im Armvorhaltetest. 29% davon waren retardiert und entwicklungsmäßig noch im Kleinkindstadium. Bei den 7- und 8jährigen nimmt der Anteil der noch in der Kleinkindphase befindlichen rapide ab, entsprechend auch der Prozentsatz der Haltungsschwachen (MATTHIASS 1961a). Diese Untersuchungen zeigen:

1. daß es Phasen mit einer Tendenz zur verminderten Haltungsleistungsfähigkeit gibt. Es sind dies der Übergang von der Kleinkindphase zur präpuberalen Phase und die erste puberale Phase.
2. daß bei retardierter Entwicklung allgemein mit einer verminderten Haltungsleistungsfähigkeit gerechnet werden muß.

Literatur

Acheson, R. M., C. W. Dupertuis: zit. nach J. Tanner 1962

Acheson, R. M., D. Hewitt: Physical development in the English and American pre-school child. A comparison between the findings in the Oxford and the Brush-foundation surveys. Hum. Biol. 26 (1954) 343

Acheson, R. M., M. N. MacIntyre: The effects of acute infection and starvation on sceletal development. A study of young rats. Brit. J. exp. Path. 39 (1958) 37

Acheson, R. M., J. H. Vicencio, G. B. Fowler: Studies in the reliability of assessing sceletal maturity from X-rays. III. Greulich-Pyle atlas and Tanner-Whitehouse methods contrasted. Hum. Biol. 38 (1966) 204

Albanese, A.: L'ipofisi nella patogenesi della cifosi dorsale giovanile. Arch. Ortop. (Milano) 46 (1930) 713

Amendt, P.: zit. nach H. Manzke u. Mitarb. 1977

Amendt, P., G. Kluge, E. Lehmann, D. E. Möller, E. Gödel: zit. nach Manzke 1971

Amuso, S. J.: Diastrophic dwarfism. J. Bone Jt. Surg. 50A (1968) 113

Anderson, M., M. Blais, W. T. Green: Growth of the normal foot during childhood and adolescence. Length of the foot and interrelation of foot, stature and lower extremity as seen in serial records of children between 1–18 years of age. Amer. J. phys. Anthrop. (N. S.) 14 (1956) 287

Anderson, M., W. T. Green, M. B. Messner: Growth and prediction of growth in the lower extremities. J. Bone Jt. Surg. 45A (1963) 1

André-Thomas, S. Autgarden: Locomotion From Pre-To-Postnatal Life. Clinics in Developmental Medicine, Nr. 24. Heinemann, London 1966

André-Thomas, Y. Chesny, S. Saint-Anne Dagassies: The Neurological Examination of the Infant. Little Club Clinics in Developmental Medicine, Nr. 1, hrsg. von R. Mac Keith, P. E. Polani, E. Clayton-Jones. Heinemann, London 1960

Anokhin, P. K.: zit. nach Touwen 1976

Backmann, G.: Die beschleunigte Entwicklung der Jugend. Acta anat. (Basel) 4 (1948) 421

Bakwin, H., S. M. Mc Laughlin: Secular increase in height. Is the end in sight. Lancet 1964/II, 11195

Bargmann, W.: Histologie und mikroskopische Anatomie des Menschen, 6. Aufl. Thieme, Stutgart 1967

Barr, M. L.: Dysgenesis of the semineferus tubules. Brit. J. Urol. 29 (1957) 251

Basset, C. A. L.: Biophysical principles affecting bone structure. In: The Biochemestry and Physiology of Bone, 2. Aufl., hrsg. von G. H. Bourne. Academic Press, New York 1972

Bauer, R., H. Jünger: Intertrochantäre Osteotomie beim Morbus Perthes. Z. Orthop. 115 (1977) 494

v. Bayer, H.: Über Bewegung des Menschen. Zur Lehre von der Synapsis. Z. Anat. Entwickl.-Gesch. 110 (1940) 645

Bayley, N., 1954: zit. nach J. Tanner 1962

Bayley, N., L. M. Bayer: The assessement of somatic androgyny. Amer. J. phys. Antroph. 4 (1946) 433

Bayley, N., L. M. Bayer: Growth Diagnosis. University Press, Chikago 1959

Bayley, N., S. N. Pinneau: Tables for predicting adult height from sceletal age: revised for use with the Greulich-Pyle hand standards. J. Pediat. 40 (1952) 423 u. J. Pediat. 41 (1952)

Becks, H., C. W. Asting, D. A. Collins, M. E. Simpson, H. E. Ewans: Changes with increasing age in the ossification of the third metacarpal of the female rat. Anat. Rec. 100 (1948) 577

Bennholdt-Thomsen, C.: Die Entwicklungsbeschleunigung des Großstadtkindes. In: Biologie der Großstadt, hrsg. von B. de Rudder. Steinkopff, Dresden 1940

Bennhold-Thomsen, C.: Die Entwicklungsbeschleunigung der Jugend. Ergebn. inn. Med. Kinderheilk. 62 (1942) 1153

Berges, J., I. Lezine: Imitation of gestures. Clinics in Developmental Medicine, No. 18. Heinemann, London 1965

Bernbeck, R.: Zur Pathogenese der jugendlichen Hüftkopfnekrose. Arch. orthop. Unfall-Chir. 44 (1950) 164

Binder, W.: Neue Gesichtspunkte zum Entwicklungswandel unserer Jugend. Dtsch. Gesundh.-Wes. 14 (1959) 396

Bisgard, J. D.: Longitudinal overgrowth of long bones with special references to fractures. Surg. Gynec. Obstet. 62 (1936) 823

Bisgard, J. D.: Longitudinal bone growth, the influence of sympathetic desinnervation. Ann. Surg. 97 (1933) 374

Bisgard, J. D., M. M. Musselman: Scoliosis. Its experimental production and growth collection. Growth and fusion of vertebral bodies. Surg. Gynec. Obstet. 70 (1940) 1029

Blechschmidt, E.: Embryologie heute. Hippokrates (Stuttg.) 45 (1974) 3

Blount, W. P.: Knochenbrüche bei Kindern. Thieme, Stuttgart 1957

Blount, W. P.: Tibia vara, osteochondrosis deformans tibiae. In: Current practice in orthopaedic Surgery, Bd. III, hrsg. von J. P. Adams. Mosby, St. Louis 1966

Blount, W. P.: Use of the Milwaukee Brace. Orthop. Clin. N. Amer. 3 (1972) 3

Blümlein, H., U. Schneider, B. A. Rahn, S. M. Perren: Die Wirkung sogenannter elektrodynamischer Potentiale an experimentellen reaktionsarmen Pseudarthrosen. Chir. Forum f. exp. Forschung. Springer, Berlin 1977

Boas, F.: Studies in growth I. Hum. Biol. 4 (1932) 307

Boas, F.: Studies in growth II. Hum. Biol. 5 (1933) 429

Boas, F.: Studies in growth III. Hum. Biol. 7 (1935) 303

Bobath, K.: Motor Deficit in Patients with Cerebral Palsy. Clinics in Developmental Medicine, Nr. 23. Heinemann, London 1966

Böhler, L.: Technik der Knochenbruchbehandlung, 2. Aufl. Maudrich, Wien 1951 u. 1957

Bowditch, H. P.: The growth of children. 8th annual report of State Board of Health of Mass. Wright, Boston 1877

Boyd, J. D.: Development of striated muscels. In: Structure and Function of Muscles, Bd. I, hrsg. von G. H. Bourne. Academic Press, New York 1968

Breitenfelder, H.: Ergebnisse der Untersuchungen auf Haltungsschäden an 66 Schulkindern. Verh. dtsch. orthop. Ges. 87 (1956) 294

Bromann, Dahl, Lichtenstein: zit. nach W. Lenz 1954

Brook, C. G. D.: Prediction of adults statue. Dep. Med. Child Neurol. 19 (1977) 78

Brown, C. W. M.: Human population cytogentics. North Holland Publishing Co., Amsterdam 1967

Buddecke, E., J. Beckmann, U. Rodegerdts: ^{14}-Glucose and ^{35}S-metabolism of pig epiphyseocartilage and its variations after osteotomy. J. Bone Jt. Surg. 57-B (1975) 506

Bullough, W. S.: Growth regulation by tissue-specific factors of chalons. In: Cellular Control Mechanisms and Cancer, hrsg. von P. Emmelot, O. Mühlbock. Elsevier, Amsterdam 1964

Burkhard, I.: Ein planimetrisches Verfahren zur Bestimmung des Skelettalters. Diss., Münster 1968
Burrows, H. J.: Slipped upper femoral epiphysis. Characteristics of a hundred cases. J. Bone Jt. Surg. 39-B (1957) 641
Burwell, R. G.: The role of lymphoid tissue in morphostasis. Lancet 1963/II, 69
Busemann: zit. nach Lenz u. Kellner 1965
Calvo, I. J.: Observations on the growth of the female adolescent spine and its to relation to scoliosis. Clin. orthop. 10 (1957) 40
Catterall, A., G. C. Lloyd-Roberts, Ruth Wynne-Davies: Association of Perthes disease with congenital anomalies of geno-urinary tract and inguinal region. Lancet 1971/I, 996
Chudy, O.: Leistungsuntersuchungen an haltungsgestörten Kindern und Jugendlichen. Diss., Kiel 1955
Cobb, J.-R.: Outline for the study of scoliosis. Instruct. Course Lect. Amer. Acad. Orthop. Surg. (1948) 261
Cotta, H.: Reaktionsmöglichkeiten der Wachstumsfuge unter pathologischen Bedingungen. Z. Orthop. 115 (1977) 547–556
Cullumbine, H., S. W. Bibile, T. W. Wikramanayake, R. S. Watson: Influence of age, sex, physique and muscular development on physical fitness. J. appl. Physiol. 2 (1950) 488
Dahlberg, G.: Twinbirths and twins from a hereditary point of view. Diss. Stockholm 1926; zit. n. R. Knussmann 1968
Daughaday, W. H., K. Hall, M. S. Daben, W. P. Salmon, J. van den Brande, J. J. van Wyk: Nature (Lond.) 236 (1972) 107
Davenport, C. B.: Growth of human foot. Amer. J. Phys. Anthr. 17 (1932) 167
Demirjian, A., H Goldstein, J. M. Tanner: A new system of dental age assessment. Hum. Biol. 45 (1973) 211
Dimock, H. S.: Research in adolescence. I. Pubescence and physical growth. Child. Rev. 6 (1935) 177
Donaldson, W. F.: Orthopedic Surgery in Infancy and Childhood, 2. Aufl., hrsg. von A. B. Ferguson. Williams & Wilkins, Baltimore 1963
Draper, G., C. W. Dupertuis, J. L. Caughey: Human Constitution in Clinical Medicine. Hoeber, New York 1944
Dreizen, S., R. M. Snodgrasse, G. S. Parker, C. Currie, T. D. Spies: Maturation of bone centers in hand and wrist of children with chronic nutritive failure. Effect of dietary supplements and reconstituted milk solids. Amer. J. Dis. Child. 87 (1954) 429
Drillien, C. M.: A longitudinal study of growth and development of prematurely and maturely born children. Arch. Dis. Childh. 33 (1958) 423
Dulbecco, R.: Nature 227 (1970) 802; zit. nach R. W. Holley (1975
Dulbecco, R., J. Elkington: zit. n. R. W. Holley 1975
Dupertuis, C. W., N. B. Michael: Comparison of growth in heigth and weight between ectomorphic and mesomorphic boys. Child. Develop. 24 (1953) 203
Duval-Beaupère, G.: Pathogenic relationship between scoliosis and growth. In: Scoliosis and growth, hrsg. von P. A. Zorab. Churchill, Livingston, Edinburgh 1971
Ehrengut, A.: Ovarielle Agenesie. Dtsch. Med. Wschr. 79 (1954) 1915.
Eklöh, O., H. Ringertz: A method for assessement of sceletal maturity. Ann. Radiol. 10 (1967) 330
Ellis, R. W. B.: Height and weight in relation to onset of puberty in boys. Arch. Dis. Childh. 21 (1946) 181
Elo, J. O.: The effect of subperiostatly implanted autogenous whole thickness skin graft on growing bone. Acta orthop. scand., Suppl. 45 (1960)
Espenschade, A., R. R. Dable, R. Schoendube: Dynamic balance in adolescent boys. Res. Anat. Amer. Ass. Hlth. 24 (1953) 270
Falkner, F.: Some physical measurements in the first three years of life. 33 (1958) 1
Fell, H. B.: The effect of environment on skeletal tissue in culture. Embryologia 10 (1969) 181
Fischer, Dietschi: zit. nach J. Zsernaviczky u. Mitarb. 1976
Ford, C. E., J. L. Hamerston: The chromosomes of man. Nature 178 (1976) 1020
Fraser, F. C.: Causes of congenital malformations in human beings. J. chron. Dis. 10 (1959) 97
Freund, J., E. Maier: Zur Ätiologie der Entwicklungsbeschleunigung. Z. Kinderheilk. 71 (1952) 79
Freeman, R. G., V. Platt: Anthrop. Anz. 9 (1932) 68; zit. nach W. Lenz 1954
Friedenthal, H.: Allgemeine und spezielle Physiologie des Menschenwachstums. Berlin 1914
Frost, H. M.: Orthopaedic Surgery in Spasticity. Thomas, Springfield, Ill. 1972
Führmeier, A.: Behandlungsergebnisse der Coxa vara epiphysarea. Z. f. Orthop. 78 (1949) 462
Garn, S. M.: Changes in areolar size during the steroid growth phase. Child. Rev. 23 (1952) 55
Garn, S. M., C. G. Rohmann, J. Blumenthal, F. N. Silverman: Ossification communalities of the hand and other body parts: their implication to skeletal assessment. Amer. phys. Anthropol. 27 (1967) 75
Gesell, A.: Studies in Child Development. Harper & Row, New York 1948
Gesell, A., C. S. Amatruda: Developmental Diagnosis. Hoeber, New York 1947
Gill, S. G., L. C. Abbott: Practical method of predicting the growth of the femur and tibia in the child. Arch. Surg. 45 (1942) 286
Goff, C. W.: Surgical Treatment of Unequal Extremities. Thomas, Springfield/Ill. 1960
Gray, H., J. Ayres: Growth in Private School Children. University Press of Chicago, Chikago 1931
Green, C. R.: The incidence of human maldevelopment. Amer. J. Dis. Child. 105 (1963) 301
Green, W. T., M. Anderson: Experiences with epiphyseal arrest in correcting discrepancies in length of the lower extremities in infantile paralysis. A method of predicting the effect. J. Bone Jt. Surg. 29-A (1947) 659
Greulich, W. W.: The growth and development of status of Guamanian school children in 1947. Amer. J. phys. Anthrop. (N. S.) 9 (1951) 55
Greulich, W. W., S. I. Pyle: Radiographic Atlas of Skeletal Development of Hand and Wrist, 2. Aufl., Stanford University Press, Standford 1959
Greulich, W. W., W. Dorfman, H. R. Catchpole, C. I. Solomon, C. S. Culotta: Somatic Endocrine Studies of Puberal and Adolescent boys. Soc. Res. Child. Dev. Monogr. VII, Nr. 3. Chikago 1942
Grimm, H.: Untersuchungen über die Pubertät bei Umsiedlerinnen aus der Nordbukowina. Beitrag zur Frage Menarche und Umwelt. Z. menschl. Vererb.- u. Konstit.-Lehre 27 (1943) 39
Grimm, H.: Grundriß der Konstitutionsbiologie und Anthropometrie. VEB Volk u. Gesundheit, Berlin 1966
Groeneveld, H. B.: Metrische Erfassung und Definition von Rückenform und Haltung des Menschen. Hippokrates, Stuttgart 1976
Grüneberg, H.: The pathology of development. Wiley, New York 1963
Hagbard, L., J. Olow, T. Reinand: A follow-up study of 514 children of diabeticmothers. Acta paediat. scand. 48 (1959) 184
Hagen, W., G. Paschlau: Wachstum und Gestalt. Vergleichende Untersuchungen an deutschen und japanischen Schulkindern zum Thema der Akzeleration und des Habitus. Thieme, Stuttgart 1961
Hall, B. K.: The Locomotion System. Functional Histology. Thomas, Springfield/Ill. 1965
Hall, B. K.: Histogenesis and morphogenesis for bone. Clin. Orthop. 74 (1971) 249
Hall, B. K.: Cellular differentiation in skeletal tissues. Biol. Rev. 45 (1970) 455
Ham, A. W.: Histology. Pitman, London 1965
Ham, A. W., T. S. Leeson: Histology. Pitman, London, Lippincott, Philadelphia 1965
Hansson, L. L.: Daily growth in lenghts of diaphysis meas-

ured by Oxytetracyclin in rabbit normality and after dular plugging. Acta orthop. scand., Suppl. 101 (1967)

Hansson, L. L., G. Wiberg: Investigation of effect of metaphyseal traumatism on morphology of epiphyseal cartilage in rabbit. Acta anat. (Basel) 52-B (1963) 1

Harris, W. M., R. P. Heaney: Skeletal Renewal and Metabolic Bone Disease. Little, Brown & Brian, Massachusetts 1970

Harris, W. R.: The endocrine basis for slipping of the upper femoral epiphysis. J. Bone Jt. Surg. 32 B (1950) 5

Harris, W. R.: Experimental surgery hyperemia, hypervascularity and limb overgrowth. Canad. J. Surg 12 (1969 a) 136

Harris, W. R.: Growth stimulation. In: The Growth Plate and its Disorders, hrsg. von Mercer Rang. Livingstone, Edinburgh (1969 b)

Heikel, A.: Experimental epiphyseal transplantation. Part I: Roentgenographic observation on survival growth of epiphysial transplants. Part II: Histological observation. Part III: The influence of age. Orthop. Hospital Inval. Foundation, Helsingfors 1960

Heimendinder, A.: Die Ergebnisse von Körpermessungen an 5000 Kindern von 2–18 Jahren. Helv. paediat. Acta, Suppl. 13 (1964)

Heine, J., H. Reher: Die Progredienz der unbehandelten idiopathischen Skoliose bis Wachstumsabschluß. Z. Orthop. 113 (1973) 87

Hert, J.: Regulace rustu dlouchiych kosti do delky. Plzeňský lék. Sborn 12 (1964) 5

Hewitt, D., R. W. Hillmann: A note on adult stature in relation to rate of maturation. Vita hum. (Basel) 5 (1962) 177

Hiertonn, T.: Arterio-venous anastomosis and acceleration of bone growth. Acta orthop. scand. 26 B (195) 13

Hochholzer, H.: Der Pubertätsverlauf des männlichen Jugendlichen. Homo (Gött.) 6 (1955) 66

Holley, R. W.: Control of growth of mammalian cells in cell cultures. Nature (Lond.) 258 (1975) 487

Holt, K. S.: How and why Children Move. Heineman, London 1975

Holtzer, H.: Induction of chondrogenesis: A concept in quest of mechanisms. In: Epithelial Mesenchymal Interactions, hrsg. von R. Fleischmajer, R. E. Billingham William & Wilkins, Baltimore 1968

Homburger, A.: Z. Ges. Neurol. Psychiat. 48 (1922); zit. nach W. Zeller, 1952

Hooker, D.: The prenatal Origin of Behaviour. University Press of Kansas, Lawrence/Ks. 1952

House, zit. n. Tanner, Whitehouse u. Marshal (1975)

Hovelacque, A.: zit. nach Knussmann 1968

Howe, P. E., M. Schiller: Growth responses of the school child in changes to diet and environmental factors. J. appl. Physiol. 5 (1952) 51

Illingworth, R. S.: Birth weight an subsequent weight. Brit. med. J. 1950/I, 96

Illingworth, R. S.: The Development of the Infant and Young Child. Churchill, Livingstone, Edinburgh, London 1975

Jani, L.: Tierexperimentelle Studie über Tibiaverlängerung durch Distraktionsepiphysiolyse. Z. Orthop. 111 (1973) 627–630

Jani, L.: Die Distraktionsepiphysiolyse. Tierexperimentelle Studie zum Problem der Beinverlängerung, Teil I und II. Z. Orthop. 113 (1975) 189

Jones, B.: The importance of memorytraces and motor efferent discharges for learning skilled movements. Develop. Med. Child Neurol. 16 (1974) 620

Jones, H. E.: Motor Performances and Growth. A Developmental Study of Static Dynamometric Strength. University of California Press, Berkeley/Kalif. 1949

Jukes, T.: The genetic code. Amer. Scient. 53 (1965) 477

Jules, Westrup, Acheson 1955: zit. nach Tanner 1962

Karaharju, S. Ryöppi, R. J. Mäkinen: Remodelling by asymmetrical epiphyseal growth. J. Bone Jt. Surg. 58-B (1976) 122

Kiil, V.: Stature and growth of Norwegian men during the past 200 years. Dybwad, Oslo 1939

Klinefelter, H. F., F. Albright, E. C. Reifenstein: Syndrom characterised by gynecomastia, aspermatogenese without a-Leydigism and increased excretion of folliclestimulating hormone. J. clin. Endocr. 5 (1945) 1

Knussmann, R.: Entwicklung, Konstitution, Geschlecht. In: Humangenetik, Bd. I/1, hrsg. von P. E. Becker. Thieme, Stuttgart 1968

Koch, E. W.: Über die Veränderungen des menschlichen Wachstums im ersten Drittel des 20. Jahrhunderts. Barth, Leipzig 1935

Kopczynska, J.: Further studies on the skeletal apparatus evoluted on the basis of the bones of hand and wrist in Warsaw children. Radiol. pol. 36 (1961) 845

Korn u. States 1966: zit. nach Rang 1969

Kralj-Cercek, L.: The influence of food, body build and social origin on the age of menarche. Hum. Biol. 28 (1956) 393

Krauss, W.: Zur Biophysik der Knochenbruch- und Wundbehandlung durch funktionelle elektrische und magnetische Potentiale. Langenbecks Arch. Chir. 337 (1974) 625

Kretschmer, E.: Körperbau und Charakter, 23. Aufl. Springer, Berlin 1961

Kunze, Murken: zit. nach R. Maaser 1974

Küttner, K., R. Eisenstein, N. Sorgeu: Lysozymes of Cartilage and other Connective Tissues. Lysozymes, hrsg. von E. F. Osserman. Academic Press, New York 1974 (S. 399–410)

Küttner, H.: Die Transplantation aus dem Affen und ihre Dauererfolge. Dtsch. med. Wschr. 46 (1917)

Lacroix, P.: L'organisation d'os. Desoer, Liège 1949 (S. 35–57, 80–158, 207–224)

Lacroix, P., J. Verbrügge: Slipping of upper femoral epiphysis: a pathological study. J. Bone Jt. Surg. 33-A (1951) 371

Lang, A.: Ist die Akzeleration eine Folge der Zunahme künstlicher Lichtquellen? Öff. Gesundh.-Dienst 24 (1962) 152

Laskar, F. H., K. D. Sargison: Ochronotic arthropathy. J. Bone Jt. Surg. 52-B (1970) 653

Lechner, F.: Beeinflussung der Knochenbildung durch elektromagnetische Potentiale. Langenbecks Arch. Chir. 337 (1974) 631

Leiber, B.: Akzeleration und Altersdisposition. Arch. Kinderheilk. 144 (1952 a) 11

Leiber, B.: Altersbiologie des akuten Rheumatismus. Steinkopff, Dresden 1952 b

Lenz, W.: Über die Wandlungen des menschlichen Wachstums in der Gegenwart. Z. menschl. Vererb.- u. Konstit.-Lehre 27 (1944) 543

Lenz, W.: Wachstum: Körpergewicht und Körperlänge. Proportionen. Habitus. In: Biologische Daten für den Kinderarzt, hrsg. von J. Brock. Springer, Berlin 1954

Lenz, W.: Ursache des gesteigerten Wachstums der heutigen Jugend. In: Akzeleration und Ernährung: fettlösliche Stoffe, hrsg. von K. Lang. Steinkopff, Darmstadt 1959

Lenz, W., H. Kellner: Die körperliche Akzeleration. Juventa, München 1965

Lindemann, K.: Rundrücken und Adoleszentenkyphose. Z orthop. Chir. 55 (1931) 76

Lindemann, K., F. W. Rathke: Kongenitale Formstörungen bei juvenilen Kyphosen. Arch. orthop. Unfall-Chir. 48 (1956) 422

Löfgren, L.: Slipping of upper femoral epiphysis, signs of endocrine disturbance, sice of sella turcica and 2 illustrative cases of simultaneous slipping of the upper femoral epiphysis and time of hypophysis. Acta chir. scand. 106 (1953) 153

Lombard, O. M.: Breadth of bone and muscle by age and sex in childhood. Studies based on measurements derived from several roentgenogramms of the calf of the leg. Child. Rev. 21 (1950) 229

Lowrey, G. H.: Growth and Development of Children. Yearbook Medical Publishers, Chikago 1973
Lundborg, H.: Die Rassenmischung beim Menschen. In: Bibl. Genetica, Bd. VIII. Nijhoff, Den Haag 1951
Lundman, B. J.: Über die fortgesetzte Zunahme der Körperhöhe in Schweden 1926–1936. Z. Rassenkd. 9 (1939) 266
Maaser, R.: Untersuchung gebräuchlicher Längen/Gewichtstabellen. Mschr. Kinderheilk. 122 (1974) 146
Maaser, R.: Somatotropinmangel bei Thalidomidembryopathie – ein neues Syndrom? Symposion des SFB 88, Münster 1976 (nicht publiziert)
MacEwen, G. D., H. R. Lowell: Familial incidence of idiopathic scoliosis and its implications in patient treatment. J. Bone Jt. Surg. 53-A (1970) 199
MacGraw, Myrtle: The Neuro Muscular Maturation of the Human Infant. Hafner, New York 1963–1966 (Repr. d. 1. Aufl. 1945)
McKibbin, B., F. W. Holdsworth: The nutrition of immature joint cartilage in the lamb. J. Bone Jt. Surg. 48-B (1966) 793
McKusick, V.: The mucopolysaccharidosis. In: Heritable Disorders of Connective Tissue, hrsg. von V. A. McKusick. Mosby, St. Louis 1966
McLean, F. C., M. R. Urist: Bone University of Chicago Press, Chikago/Ill. 1968
Mann, C. H.: Diets for boys during school age. Memor. med. Res. Coun. (Lond.): Spec. Rep. Ser. 105 (1926)
Mann 1948: zit. nach J. J. Tanner 1962
Manning, C. W., Mercer Rang: Idiopathic scoliosis. In: The Growth Plate and its Disorders, hrsg von Mercer Rang. Livingston, Edinburgh 1968
Manning, C. W., Mercer Rang: Section. In: The Growth Plate and its Disorders. Livingstone, Edinburgh 1969
Manzke, H., E. Cromme, G. Gutezeit: Entwicklung von Kindern diabetischer Mütter. Med. Welt. 28 (N. F.) (1977) 1409
Matthiass, H. H.: unveröffentlicht 1953
Matthiass, H. H.: Pubertätsverlauf und Störungen der Skelettentwicklung. Z. Orthop. 86 (1955) 410
Matthiass, H. H.: Reifung und Entwicklung des Haltungs- und Bewegungsapparates. In: Handbuch der Orthopädie, Bd. I, hrsg. von G. Hohmann, M. Hackenbroch, K. Lindemann. Thieme, Stuttgart 1957
Matthiass, H. H.: Haltungsschäden und Fehler der Rükkenform bei Schulkindern. Grundlagen und Untersuchungsmethodik, Körperbau und Reifung als dispositionelle Faktoren. Habil.-Schr. Münster 1961 a
Matthiass, H. H.: Konstitution und Entwicklung bei Epiphysiolysis capitis femoris. Verh. dtsch. orthop. Ges. 49 (1961 b) 234
Matthiass, H. H.: Reifung, Wachstum und Wachstumsstörungen des Haltungs- und Bewegungsapparates im Jugendalter. Karger, Basel 1966 a
Matthiass, H. H.: Die Wirkung von Methandrostenolon auf die Wachstumsfuge. Z. Orthop. 101 (1966 b) 83
Matthiass, H. H., I. Burghardt: unveröffentlicht 1968
Mau, C.: Die Kyphosis dorsalis juvenilis. Z. orthop. Chir. 46 (1927) 145
Mau, H.: Wesen und Bedeutung der enchondralen Dysostosen. Thieme, Stuttgart 1958
Meredith, H. V.: Stature and weight of children of United States, with references of racial, regional, socioeconomic and secular factors. Amer. J. Dis. Childh. 62 (1941) 909
Meredith, H. V.: Concurrent fat loss and gain. Amer. J. physiol. Anthrop. (N. S.) 15 (1957) 157
Meredith, H. V., E. M. Meredith: The stature of Toronto children half a century ago and today. Hum. Biol. 16 (1944) 126
Merryn, J., J. W. Cross: The patella index as a guide to the understanding and diagnosis of patellafemoral instability. Clin. Orthop. 110 (1975) 174
Michelsson, J. E.: The development of spinal deformity in experimental scoliosis. Acta orthop. scand., Suppl. 81 (1965)
Milani-Comparetti, A., E. A. Gidoni: Pattern analysis of motor development and its disorders. Develop. Med. Child Neurol. 9 (1967) 625
Millis, C. A.: Climatic factors in health and disease. In: Medical Physic, Bd. I, hrsg. von O. Glasser. Yearbook Medical Publishers, Chikago 1944
Misol, S., I. Ponseti, N. Samaan, J. T. Brabury: Growth hormon, blood levels in patient with idiopathic scoliosis. Clin. Orthop. 8 (1971) 122
Morscher, E.: Strength and morphology of growth cartilage under normal influence of puberty. Reconstr. Surg. Traumat. Bd. X Karger Basel 1968
Morscher, E., P. A. Desaulles: Die Festigkeit des Wachstumsknorpels in Abhängigkeit von Alter und Geschlecht. Schweizer med. Wschr. 94 (1964) 582
Moss, M. L.: Experimental induction of osteogenesis. In: Calcification in Biological Systems, hrsg. von R. F. Sognnaes. Bd. 64, A. A. A. S. Publication, Washington 1960
Moss, M. L.: The regulation of sceletal growth. In: Regulation of Organ and Tissue Growth, hrsg. von R. Gross. Academic Press, New York 1972
Mulcock, D.: A short study of the onset of puberty in boys. Med. Offr. 91 (1954) 247
Müller, W.: Über Wirbelveränderungen bei Störungen der Hypophysenfunktion. Bruns' Beitr. klin. Chir. 148 (1930) 193
Needham, D.: Biochemistry of musculare activity. In: Structure and Function of Muscle, Bd. II, hrsg. von G. H. Bourne. Academic Press, New York 1960
Neugebauer, H.: zit. nach Neugebauer 1976
Neugebauer, H.: Die Mieder-Hormon-Therapie bei idiopathischer Skoliose. Z. Orthop. 114 (1976) 483–484
Nicholson, A. B., Ch. Hanley: Indices for physiological maturity: Derivation and interrelationship. Child Develop. 24 (1953) Nr. 1
Niethardt, F. U., E. Puhl: Die Bedeutung der dysostotischen Komponente für die Prognose des operativ behandelten Morbus Perthes. Z. Orthop. 115 (1977) 498
Nordwall, A., S. Willner: A study of skeletal age and height in girls with idiopathic scoliosis. Clin. Orthop. 110 (1975) 6
Nowakowsky, H., E. Gadermann: Regressive Wirbelsäulenveränderungen bei doppelseitiger Hodenatrophie und Anorchie. Verh. dtsch. Ges. inn. Med. 58 (1952) 400
Orr, J. B.: Milk consumption and the growth of school children. Lancet 1928/I, 202
Owen, M.: The origin of bone cells. Int. Rev. Cytol. 28 (1970) 213
Palmer, C. E.: Growth and economic depression. Publ. Hlth. Rep. (Wash.) 48 (1934) 1277
Parnell, R. W.: The physique of Oxford undergraduates. J. Hyg. (Lond.) 52 (1954) 369
Pauwels, F.: Gesammelte Abhandlungen zur funktionellen Anatomie des Bewegungsapparates. Springer, Berlin 1965
Payton: zit. nach U. Rodegerdts 1976
Pearson u. Lee 1903: zit. nach Tanner 1962
Peiper, A.: Die Eigenart der kindlichen Hirntätigkeit, 3. Aufl. VEB Thieme, Leipzig 1961
von Pfaundler, M.: Körpermaßstudien an Kindern. Springer, Berlin 1916
Pikler, E.: Data on grwoth development of the infant. Early Child Develop. Care 1 (1972) 297
Poeschl, M., R. Michealis, K. F. Rott: Untersuchungen über Haltungsfehler und Akzeleration an Jugendlichen. Dtsch. med. Wschr. 84 (1959) 186
Polani, P. E.: The incidence of chromosomal malformation. Proc. roy. Soc. Med. 63 (1970) 14
Ponseti, I. V., R. McClintock: The pathology of the upper femoral epiphysis. J. Bone Jt. Surg. 38-A (1956) 71
Prechtl, H.: Hazards of oversimplification. Dev. Med. Child Neurol. 12 (1970) 522
Prechtl, H. F. R., D. J. Beintema: Die neurologische Untersuchung des reifen Neugeborenen. Thieme, Stuttgart 1968; 2. Aufl. 1976

Puck, T. T.: Radiation and the human cell. Sc. Amer. 202 (1960) 142
Puhl, W., F. U. Niethard, J. Augustin, H. Greten, H. O. Koderisch: Die Beziehung zwischen Stoffwechselerkrankungen und Osteonekrosen. Z. Orthop. 115 (1977) 464
Pyle, S. I., N. L. Hoerr: A Radiographic Standard of Reference for the Growing Knee. Thomas, Springfield/Ill. 1969
Randoin, L., J. Maillard: L'évolution des restrictions alimentaires au cours des années 1942, 1943, 1944 pour les principales catégories de consomateurs. Aliment. et Vie 35 (1947) 270
Rang, Mercer: The Growth Plate and its Disorders. Livingstone, Edinburgh 1969
Rathke, F. W.: Kongenitale Wirbelkörperspalten und Wirbelkörperdefekte. Z. Orthop. 87 (1956) 118
Reher, H.: Untersuchung zur Progredienz der idiopathischen und der Polioskoliose während des Wachstumsalters. Diss., Münster 1975
Rennie, A. M.: Familial slipped upper femoral epiphysis. J. Bone Jt. Surg. 49-B (1967) 535
Reynolds, E. L., G. Schoen: Growth patterns of accelerated normal retarded puberty to height and weight of school children. Monogr. Soc. Res. Child Develop. 2 (1937) Nr. 1
Reynolds, E. L., G. Schoen: Growth patterns of identical triplets from 8–18 years. Child Develop. 18 (1947) 130
Rickey, H. G.: The relation of accelerated normal and retarded puberty to heigth and weight of school-children. Monogr. Soc. Res. Child. Rev. 2 (1937) 1
Ring, P. A.: The effects of partial or complete excision of the epiphyseal cartilage of the rabbit. J. Bone Jt. Surg. 37-B (1955a) 231
Ring, P. A.: Transplantation of epiphyseal cartilage. J. Bone Jt. Surg. 37-B (1955b) 642
Risser, J. C.: Scoliosis: its prognosis. J. Bone Jt. Surg. 18-A (1936) 667
Robinson, R. A., D. A. Cameron: Electron microscopy of cartilage and bone matrix of the distal epiphyseal line of the femur in the newborn infant. J. biophys. biochem. Cytol. 2, Suppl. (1956) Nr. 4
Robinson, H. C., A. Dorfman: The sulfation of chondroitin sulfate in embryonic chicken cartilage epiphyses. J. biol. Chem. 244 (1969) 348
Roche, A. F.: Associations between rates of maturation of bones of the hand – wrist. Amer. J. physiol. Anthrop. 33 (1970) 241
Roche, A. F., N. Y. French: Differences in sceletal maturation of the knee and hand. Amer. J. Roentgenol. 109 (1972) 307
Rodegerdts, U.: Histomorphometrie und Stoffwechselveränderung nach Transposition der Ulnaepiphysenfugen. Z. Orthop. 112 (1974) 721
Rodegerdts, U.: Die Wachstumsfuge, Morphologie, Histomorphometrik, Stoffwechsel und Funktion nach fugennaher Doppelosteotomie. Habil.-Schr., Münster 1976
Rodegerdts, U., J. Beckmann: Histomorphometrie und Stoffwechseluntersuchungen nach Transposition der Wachstumsfuge an der Schweineulna. Acta Fac. med. Univ. Brun. 52 (1975) 229
Rose, S. M.: Cellular interaction during differentiation. Biol. Rev. 32 (1957) 351
Rössler, H.: Zur Differentialdiagnose der juvenilen Kyphose. Z. Orthop. 84 (1954) 268
Rössler, H.: Haltungsschäden bei Großstadtkindern. Verh. dtsch. orthop. Ges. 45 (1957) 197
Rostan, L.: Cours élémentaire d'hygiène. Paris 1828
de Rudder, B.: Zur Frage der Akzelerationsursache. Dtsch. med. Wschr. 85 (1960) 1193
Ruffing, L., Ch. Weinert: Die manuelle Geschicklichkeit – ein wesentliches Problem bei Berufsfindung Thalidomidgeschädigter. Das behinderte Kind 14 (1977) 168
Rüther, H.: Zur Behandlung der Epiphysiolysis capitis femoris. Z. f. Orthop. 80 (1951) 347
Ryöppi, S.: Transplantation of epiphyseal cartilage and cranial suture. Acta orthop. scand., Suppl. 82 (1965)
Sander, B.: Environment and growth. Warwick & Yorck, Baltimore 1934
Sauter: zit. nach Grimm 1966
Sawin, P. B., M. Hamlet: Morphogenetic studies of the rabbit. XL. Growth, gradient interaction and function in morphology. J. Morphol. 130 (1970) 397
Scammon, R. E.: The literature on the growth and the development of the fetus, infant and child: A quantitative summary. Anat. Rec. 35 (1927) 241
Scammon, R. E.: The Measurement of Men. University of Minnesota Press, Minneapolis 1930
Scammon, R. E., L. A. Calkins: zit. nach Lenz 1954
Schapiro, C : Contributo allo studio del quadro radiografico dell cifosi degli adolescenti. Chir. Organi Mov. 20 (1934) 473
Schauer, A.: Zur pathologischen Anatomie der spontanen Osteonekrosen. Verh. dtsch. Ges. Orthop. Traumat. Z. Orthop. 115 (1977) 432
Schede, F.: Grundlagen der körperlichen Erziehung. Enke, Stuttgart 1954; 5. Aufl. 1969
Scheidt, W.: Somatoskopische und somatometrische Untersuchungen an Knaben des Pubeszenzalters. Z. Kinderforsch. 28 (1923) 71
Schick, C. P.: Über die quantitative Diagnostik des konstitutionellen Entwicklungsablaufes in der Pubertät. Z. mensch. Vererb.- u. Konstit.-Lehre 33 (1955) 96
Schmid, F., L. Halden: Die postfetale Differenzierung der Extremitätenknochenkerne. Fortschr. Röntgenstr. 71 (1949) 975
Schmid, F., H. Moll: Atlas der normalen und pathologischen Handskelettentwicklung. Springer, Berlin 1960
Schmidt, Buddecke: zit. nach U. Rodegerdts 1976
Schmidt-Kehl: zit. nach W. Lenz 1954
Schmidt-Voigt, J.: Das Körperbild im Reifungsalter. Ergebn. inn. Med. 64 (1945) 995
Schmidt-Voigt, J.: Der gegenwärtige Eintritt und die Akzeleration der Pubertätsentwicklung bei der männlichen Jugend einer Großstadt. Z. Kinderheilk. 61 (1940) 548
Scholten, C.: Die Aufgaben des Sports im Entwicklungsalter. Körpererziehung 1956. Vortrag auf der 2. Sportärztetagung, Weimar 1955
Schulte, F. J., I. Linke, R. Michaelis, R. Nolte: Excitation inhibition and impulse conduction in spinal motoneurons of preterm, term and small-fordate newborn infants. In: Brain and Early Behaviour Development in the Fetus and Infant, hrsg. von R. J. Robinson. C. A. S. D. S. Study group on brain mechanism of early behaviour development. Academic Press, New York 1969
Schulze, H., W. Wissing: Körperlänge und Körpergewicht der Düsseldorfer Jugend. Öff. Gesundh.-Wes. 31 (1969) 250
Schwidetzky, I.: Eine Typenformel für die Reifungsstufe. Z. menschl. Vererb.- u. Konstitut.-Lehre 30 (1950) 86
Seltzer, C. C.: The relationship between the masculine component and personality. Amer. J. physiol. Anthrop. (N. S.) 3 (1945) 33
Sheldon, W. H.: The Varieties of Human Physique. Harper, New York 1940
Sheridan, M.: Disorders of communication in young children. Mth. Bull. Minist. Hlth. Lab. Serv. 23 (1964) 20
Shields, J.: Monocygotic Twins, Brought up Apart and Brought up Together. Oxford University Press, London 1962
Shuttlewort, T. K.: Sexual maturation and the physical growth of girl age six to nineteen. Monogr. Soc. Res. Child. Develop. 2 (1937) Nr. 5
Shuttleworth, F. K.: The physical and mental growth of girls and boys age six to nineteen in relation to age and maximum growth. Monogr. Soc. Res. Child. Develop. 4 (1939) Nr. 3
Silfverskiöld, N.: Über Längenwachstum der Knochen und Transplantation von Epiphysenscheiben. Nord. med. T. 4 (1932) Nr. 39

Sims, E. A. H., E. S. Horton: Amer. J. clin. Nutr. 21 (1968) 1455
Sissons, H. A.: Experimental study of the effect of local irradiation on bone growth. Progr. Radiobiol. (1955); zit. nach U. Rodegerdts 1976
Slavkin, H. C.: Biochemical and morphology properties in embryonic organic matrix material. Anat. Rec. 166 (1970) 379
Spranger, J. W., L. O. Langer: Spondylo-epiphyseal dysplasie congenita. Radiology 94 (1970) 113
Steel, H. H., E. J. James: Multiple congenital dislocation with other skeletal anomalies (Larsen-Syndrom) in three siblings. J. Bone Jt. Surg. 54-A (1972) 75
Stern, C.: Principles of Human Genetic. Freeman, San Francisco 1960
Stocks, P.: A biometric investigation of twins and their brothers and sisters. Part I. Ann. Eugen (Lond.) 4 (1930/31) 49
Stolz, H. R., L. M. Stolz: Somatic Development of Adolescent Boys. A Study of the Growth of Boys During the Second Decade of Life. Macmillan, New York 1951
Stratz, C. H.: Der Körper des Kindes und seine Pflege. Enke, Stuttgart 1903
Streeter 1920: zit. nach W. Lenz 1954
Streeter 1944: zit. nach W. Lenz 1954
Stuart, H. C., E. H. Sobel: The sickness of the skin and subcutaneous tissue by age and sex in childhood. J. Pediat. 28 (1946) 637
Suter, Isaack, Toan: zit. nach Lenz 1954
Tanner, J.: Wachstum und Entwicklung des Menschen. Thieme, Stuttgart 1962
Tanner, J.: Regulation of growth in size in mammals. Nature (Lond.) 199 (1963) 845
Tanner, J. M., R. H. Whitehouse, M. J. R. Healy: A new system for estimating skeletal maturity from the hand and wrist with standards, derived from a study of 2600 healthy british children. Centre international de l'enfant, Paris 1962
Tanner, J. M., R. H. Whitehouse, W. D. Marshall: Assessment of skeletal maturity and preduction of adult height (TW_2-Methode). Academic Press, London 1975
Tanner, J. M., M. J. R. Healy, R. D. Lockhart, J. D. Mackenzie, R. H. Whitehouse: Aberdeen growth study I. Arch. Dis. Childh. 31 (1956) 352
Tapp, E.: Tetracycline labelling methods of measuring the growth of bones in the rat. J. Bone Jt. Surg. 48-B (1966) 517
Thoma, A.: Age at menarche, acceleration and heritability. Acta biol. Acad. Sci. hung. F. (1961) 241
Thompson, G. W., F. Popovich, E. Luks: Sexual dimorphism in hand and wrist ossification. Growth 37 (1973) 1
Todaro, G. J., H. J. Green, B. D. Goldberg: Proc. nat. Acad. Sci. (Wash.) 51 (1964) 66
Todaro, G. J., G. K. Lazar, H. J. Green: Cell comp. physiol. 66 (1965) 325
Todd, T. W.: Atlas of Skeletal Maturation, Teil I: Hand. Kimpton, London 1937
Touwen, B.: Neurological Development in Infancy. Grasmijer u. Wijngard, Groningen 1976
Treiber, K.: Versuch zur Klärung des außergewöhnlichen Wachstums der Jugend. Münch. med. Wschr. 88 (1941) 1027
Trueta, J.: Stimulation of bone growth by redistribution of the intra-osseus circulation. J. Bone Jt. Surg. 33-B (1951) 476
Trueta, J.: Influence of blood supply in controlling bone growth. Bull. Hosp. Jt. Dis. (N. Y.) 14 (1953) 147
Trueta, J., K. Little: The vascular contribution to osteogenesis II studies with the electron microscope. J. Bone Jt. Surg. 42-B (1960) Nr. 2
Turner, H. H.: A syndrom of infantilism, congenital webbed neck and cubitus valgus. Endocrinology 23 (1938) 566
Udjus, L. G.: Anthrometical changes in Norwegian men in the twenthiest century. Universitietsforlaget, Oslo 1964
Urbaniak, J. R., W. W. Schader, F. H. Stelling: Iliac apophysis. Clin. Orthop. 116 (1976) 81
von Verschuer, O.: Wirksame Faktoren im Leben des Menschen. Beobachtungen an ein- und zweieiigen Zwillingen durch 25 Jahre. Steiner, Wiesbaden 1954
von Verschuer, O.: Genetik des Menschen. Urban & Schwarzenberg, München 1959
Vogel, F., G. G. Wendt: Zwillingsuntersuchungen über die Erblichkeit einiger antrophologischer Maße und Konstitutionsindices. Z. menschl. Vererb.- u. Konstit.-Lehre 33 (1956) 425
Voigt, H.: Verschiedene Indices von Körpermaßen bei Kindern von 10 bis 14 Jahren. Diss., Bonn 1964
Walter, H.: Körpermessungen an Schulkindern. Öff. Gesundh.-Dienst (1951)
Warkany, J.: Etiology of congenital malformation. In: Advances in Pediatrics, Bd. II, hrsg. von S. Z. Levine. Year book Medical Publishers, Chikago 1947
Weech: zit. nach G. H. Lowrey 1973
Weiss, P., J. L. Kavanau: A model of growth and growth control in mathematical terms. J. Gen. Physiol. 41 (1957) 1
Wilkins, L.: Epiphyseal disgenesis associated with hypothyreodism. Amer. J. Dis. Child. 61 (1941) 13
Wilkins, L.: The Diagnosis and Treatment of Endocrine Disorders in Childhood and Adolescence. Thomas, Springfield/Ill. 1965
Wilkins, L., W. Fleischmann: Epiphyseal dysgenesis associated with hypothyreoidism. J. Amer. med. Ass. 116 (1941) 2459
Willert, G. H.: Autoplastische Transplantationen knorpeliger Wachstumsfugen. Ergebn. chir. Orthop. 45 (1965) 102
Willgoose, C. E.: The relationship of muscular strength to motor coordination in the adolescent period. J. educ. Res. 44 (1950) 138
Willner, S.: A study of growth in girls with adolescent idiopathic structural scoliosis. Clin. Orthop. 101 (1974) 129
Willner, S., C. G. Bergström, K. O. Nilsson: zit. nach Nordwall u. Willner 1975
Wilson, D. W., A. R. Chrispin, C. O. Carter: Diastrophic dwarfism. Arch. Dis. Childh. 44 (1969) 48
Wingerd, J., E. Peritz, A. Spraul: Race and stature differences in skeletal maturation of the hand and wrist. Ann. hum. biol. 1 (1974) 201
Wolff, G.: Die Nachwirkung der Kriegshungerperiode auf das Schulkinderwachstum. Barth, Leipzig 1932
Wolff, G.: Increased bodily growth of schoolchildren since the war. Lancet 1935/I, 1006
Wolff, G.: A study on the trend of weight in white schoolchildren from 1933–1936. Material based on the examination of pupils of the elementary schools in Hagerstown. Med. Child. Develop. 11 (1949) 159
Wynne-Davies, R.: Family studies and aetiology of clubfoot. J. med. Genet. 2 (1965) 227
Wynne-Davies, R.: Familial (idiopathic) scoliosis. J. Bone Jt. Surg. 50-B (1968) 24
Wynne-Davies, R.: Heritable Disorders in Orthopaedic Practic. Blackwell, Oxford 1973
Zaoussis, A., J. I. P. James: The iliac apophysis and the evolution of curves in scoliosis. J. Bone Jt. Surg. 40-B (1958) 472
Zeller, W.: Die entwicklungsbiologische Diagnostik. In: Handbuch der ärztlichen Jugendkunde, hrsg. von W. Zeller. Barth, Leipzig 1938
Zeller, W.: Konstitution und Entwicklung. Verlag Psychologische Rundschau, Göttingen 1952
de Zerbis, G.: zit. nach R. E. Scammon 1927
Zsernaviczky, J., D. v. Torklus: Osteonekrosen und Fettstoffwechselstörungen bei Erwachsenen. Z. Orthop. 115 (1977) 465
Zsernaviczky, J., D. v. Torklus, H. Wilke: Aseptische Hüftkopfnekrose und Fettstoffwechselstörung Typ IIa nach Frederickson. Z. Orthop. 114 (1976) 100

Orthopädie und Umwelt

10 Prävention im Kindes- und Jugendalter

Von F. BECKER

Allgemeine Prävention

Die Tatsache, daß in der Neuauflage des Handbuches ein eigenes Kapitel der Prävention gewidmet ist, läßt eine Entwicklung erkennen, die ganz allgemein im ärztlichen Denken und in der Praxis um sich gegriffen hat. Während früher die kurative Medizin ganz und gar Forschung und Klinik beherrschte, haben sich heute Blick und Erkenntnisse geweitet: einerseits nach der Seite der Prävention, um auf breiter Basis Krankheit gar nicht zum Ausbruch kommen zu lassen oder im Keim zu ersticken; andererseits nach der Seite der Rehabilitation, um Menschen mit nicht mehr zu kurierenden Restzuständen ins praktische Leben, in die Gesellschaft einzugliedern.

Dem Bereich präventiven ärztlichen Tuns liegt eine prinzipiell andere Denkrichtung zugrunde als der kurativen Medizin. Während bei dieser der Kranke wegen Schmerzen oder einer anderen, abnormen Symptomatik den Arzt aufsucht, ist die Aktivität bei präventivem Vorgehen gerade umgekehrt. Hier ist es der Arzt, der nach dem Kranken sucht, nach einer krankhaften Anlage, nach einer Frühsymptomatik, die dem Betroffenen vielfach noch gar nicht bewußt ist. In einem bestimmten Bereich ist es sogar nur einfach der *potentiell* Kranke, in dessen Interesse weitorganisierte Präventivmaßnahmen ins Werk gesetzt werden.
Dies ist z. B. der Fall bei der *Rachitisprophylaxe* und bei der *Schluckimpfung* gegen die Kinderlähmung, zwei Erkrankungen, die früher wesentlicher Bestandteil des orthopädischen Krankengutes waren. Ihre Bekämpfung wird nunmehr, zwar außerhalb des orthopädischen Fachgebietes, realisiert, ihr weitgehendes Verschwinden hat aber dazu beigetragen, das Gesicht dieser Disziplin deutlich zu verändern. Es zeigt sich an diesen beiden Beispielen, welch geradezu umwälzende Bedeutung organisiertes präventives Handeln haben kann.
Auch die Knochen- und Gelenktuberkulose wurde durch Präventivmaßnahmen entscheidend zurückgedrängt, so signifikant, daß zahlreiche Spezialsanatorien geschlossen und anderen Zwecken zugeführt werden konnten.
Hier waren es auf der einen Seite die allgemeine Besserung von Umweltfaktoren, die Hebung der hygienischen Verhältnisse, ausreichende Ernährung, Aufklärung und Erziehung zu gesunder, vernünftiger Lebensweise, sportliche Ertüchtigung vor allem der Jugend, die eine Ansiedlung der pathogenen Keime verhindert.
Ausschaltung exogener Schäden und Gefahren und Stärkung der Widerstandskräfte stehen am Anfang allen präventiven Denkens und Handelns. HACKENBROCH (1956, 1973) hat diesen Bereich als Prävention I. Ordnung bezeichnet.
Bei der Tuberkulose haben aber ebenso die Reihenuntersuchungen zu dem so erfreulichen Rückgang einer Erkrankung geführt, die in früheren Zeiten lange an der Spitze der Todesursachen gestanden hat. Diese Tbc-Fürsorge zeigt nun einen anderen Aspekt präventiven Vorgehens.
Während Impfung und Rachitisprophylaxe *ohne* irgendwelche *Vorauslese* allen Individuen einer Bevölkerung zugute kommen, handelt es sich hier um ein *diagnostisches Ausleseverfahren* zur Erfassung von bereits Erkrankten in einem prognostisch noch sehr günstigen Augenblick. Der Entwicklung therapeutisch viel schwieriger anzugehender und prognostisch viel ungünstigerer Stadien kann dadurch zuvorgekommen werden.
Infolge ihrer besonderen Struktur ist diese gezielte Art präventiven Vorgehens gerade auf dem Gebiet der Orthopädie für eine Anzahl von Erkrankungen – die Hüftdysplasie, die Skoliose, die Zerebralparese u. a. – von größter Bedeutung.
In dem Kapitel über die „Grundlagen der Orthopädie" hat HACKENBROCH 1957 in der 1. Auflage dieses Handbuches „die Blickrichtung vom Morphologischen zum Funktionellen" als den „aufsehenerregenden Wechsel auf dem Weg der Orthopädie" bezeichnet. Er hat damit eine Forschungsrichtung definiert, die sich inzwischen als äußerst fruchtbar erwiesen hat. In ihrer Konsequenz ergibt sich die Verschiebung unseres Denkens und Handelns immer mehr auf das Gebiet der Prävention. Es zeigt sich, daß eine abwegige Funktion in der Lage ist, eine abwegige Form herbeizuführen.

Umgekehrt lehrt die praktische Erfahrung, daß eine richtig geleitete Funktion bereits etablierte Formveränderungen rückgängig machen oder zum Stillstand bringen kann. Die Konsequenz dieser Erkenntnisse liegt in der Forderung, durch Vermeidung falscher funktioneller Einflüsse drohende Fehlentwicklung im Keim zu ersticken (Pauwels 1965).

Dieser Grundgedanke beherrscht einen weiten und gerade den für die Orthopädie wohl bedeutungsvollsten Bereich innerhalb des großen Gebietes medizinischer Prävention.

Unser ärztliches Handeln am Haltungs- und Bewegungsapparat vollzieht sich nicht an einem statischen Gebilde. Es greift vielmehr in ein System ein, das in dauernder Entwicklung begriffen ist, und dies natürlich ganz besonders im Wachstumsalter. Man könnte in Analogie zu dem von dem Biophysiker v. Bertalanffy 1953 geprägten Begriff von „Fließgleichgewicht" sprechen. Ist erst einmal durch eine Anlage oder durch eine exogene Noxe Wachstum oder Umbau in eine pathologische Richtung geleitet, so wirkt sich das auf lange Sicht ja unter Umständen über das ganze Leben aus, es sei denn, daß ein Selbstheilungsvorgang oder ein therapeutischer Eingriff den krankhaften Prozeß stoppt und die Entwicklung wieder in die normale Richtung zurückführt. Als Beispiel sei die Hüftdysplasie erwähnt, die in der einen Richtung – unbehandelt – zur Hüftluxation oder zur Hüftarthrose führt, in der anderen Richtung – unter rechtzeitiger sachgemäßer Betreuung, gelegentlich auch spontan – zur normalen Gelenkentwicklung zurückfindet.

Je früher in einen solchen Ablauf korrigierend eingegriffen wird, desto einfacher und desto größer sind die Möglichkeiten, einer Entwicklung zur Krankheit zuvorzukommen. Hackenbroch (1956, 1973) hat diesen Bereich als Prävention II. Ordnung bezeichnet, insofern als er sich schon auf dem Gebiet der Therapie abspielt.

Hier ist der Orthopädie eine höchst verantwortungsvolle Aufgabe gestellt. Bevor darauf im einzelnen einzugehen ist, muß aber noch eine andere Wurzel präventiven Denkens und Handelns aufgezeigt werden.

Die echte und verantwortungsbewußte Prävention beginnt bereits bei der Eheberatung, etwa wenn es darum geht, mit Partnern aus Bluterfamilien, bei Unverträglichkeit der Rhesusfaktoren, bei wirklichen oder vermeintlichen Erbleiden ein Gespräch zu führen.

Häufig wird von Eltern, die ein mißgebildetes Kind zur Welt gebracht haben, nach dem Risiko für weitere Kinder gefragt. Entscheidend ist hier natürlich, ob die entstandene Mißbildung dominant oder rezessiv vererblich ist oder ob sie durch exogene intrauterine Schädigung hervorgerufen wurde.

Leider bestehen trotz der bedeutenden Forschungsergebnisse der Humangenetik für die Mehrzahl der orthopädischen Mißbildungen Unklarheiten. Schon bei den sog. amniotischen Abschnürungen ist es schwer, ja meist unmöglich zu entscheiden, ob ein exogener oder endogener Schaden vorliegt.

Bei rein exogenen Schäden wie den Conterganmißbildungen oder auch bei den Meningozelen kann man die Fragesteller mit gutem Gewissen beruhigen.

Anders bei Spalthänden und Spaltfüßen. Hier ist von einer Verbindung, zumindest von Nachwuchs abzuraten. Bei weniger gravierenden dominanten Erbschäden wie der Polydaktylie, der Brachydaktylie, bei manchen Formen der Syndaktylie, auch bei multiplen kartilaginären Exostosen müssen die Partner beraten und auf die Wahrscheinlichkeit des Auftretens bei weiteren Kindern hingewiesen werden. Insbesondere sollten Verwandtenehen in solchen Fällen nicht geschlossen werden. Das gilt auch für den familiär gehäuft auftretenden neurotischen Hohlfuß.

Wegen ihrer Häufigkeit werden diesbezügliche Anfragen besonders oft bei Klumpfuß und bei Hüftluxation an den Orthopäden herangetragen. In beiden Fällen spielen Erbfaktoren unterschiedlicher Durchschlagskraft eine Rolle (Idelberger 1957). Beim Klumpfuß ist die Wahrscheinlichkeit einer Erkrankung bei weiteren Kindern nicht groß, muß aber den Partnern zu Bedenken gegeben werden (Mau 1969). Bei der Hüftdysplasie ist die Situation durch die guten Aussichten der Frühestbehandlung eher noch besser. Wenn nicht eine besondere Häufung in der weiteren Familie vorliegt, bestehen kaum Bedenken gegen eine vernünftig begrenzte Nachkommenschaft. Es sind aber die Eltern nachdrücklich darauf hinzuweisen, daß solche Kinder sofort nach der Geburt auf eine evtl. Frühsymptomatik der Hüftdysplasie untersucht und bei positivem Befund der Sofortbehandlung zugeführt werden müssen.

Auch in der *Schwangerschaftsfürsorge* sind präventive Gedanken von großer Bedeutung. Röntgenuntersuchungen sind auf das dringend notwendige Maß zu reduzieren und unter Beachtung besonderer Vorsichtsmaßnahmen durchzuführen. Die Vorsicht sollte auf alle Frauen ausgedehnt werden, bei denen die Möglichkeit einer Schwangerschaft besteht. Sie ist ja oft gerade in der allerersten Zeit den Frauen selbst noch nicht bewußt; gerade da aber ist eine Strahlenschädigung besonders verhängnisvoll.

Das Thalidomidunglück hat uns die Augen geöffnet für die Gefahren medikamentöser Behandlung bei werdenden Müttern. Es besteht der Eindruck, daß diese bittere Erfahrung inzwischen ganz allgemein zur Zurückhaltung mit Medikamenten bei Schwangeren geführt hat. Wegen der Gefahr schwerer Keimschädigung durch Erkrankung werdender Mütter an Röteln hat die Bundesärztekammer die Schutzimpfung bei Frauen empfohlen, die auf Grund anamnestischer und

immunologischer Daten gefährdet sind (Dtsch. Ärzteblatt 1973, S. 127).
Eine ausgedehnte Literatur befaßt sich mit den prä-, peri-, und postnatalen Schäden und ihrer Verhütung, die vor allem der Eindämmung des frühkindlichen Hirnschadens dienen (Matthiass u. Mitarb. 1971).
Eine gut organisierte Schwangerschaftsfürsorge, besetzt von erfahrenen, entsprechend unterrichteten Mitarbeitern der Gesundheitsbehörden, sollte durch immer wieder in den Massenmedien vorgetragene Informationen eine breite Öffentlichkeit erfassen und nicht nur die werdenden Mütter, sondern alle Interessierten über die Probleme des keimenden Lebens unterrichten. Dabei müßten dann auch die erbprognostischen Gegebenheiten die ihrer Bedeutung zukommende Berücksichtigung finden.

Um einer drohenden krankhaften Entwicklung zuvorzukommen, müssen die Signale erkannt werden, die eine Gefahr schon frühzeitig annoncieren. Das setzt eingehende Kenntnisse pathogener Vorgänge und drohender abwegiger Entwicklungen und ihrer Symptomatik voraus, wie sie uns Forschung und Klinik in reichem Maß aufgedeckt haben.
Comte hat das Wesen aller Prävention in die kurze Formel gebracht: „savoir, prévoir, prévenir" (zit. nach Hackenbroch 1956). „Erst durch die Kenntnis der Ätiologie und der Pathogenese, das Voraussehen und Vorauswissen einer Entwicklung und eines Wachstums wird ein Vorauseilen oder Zuvorkommen möglich." Noch aber ist ein „Schatz ungelöster Fragen nicht gehoben", so etwa die Bedeutung der „Anlage" als Begrenzung und als Ansatz für wirksame Prävention, oder auch die Rolle des „Faktor X", d. h. der Qualität der Gewebe, die präventiv, wenn überhaupt, nur indirekt auf dem Umweg über die Funktion beeinflußt werden kann (Hackenbroch 1956, 1973).
Frühsymptome sind ihrer Natur nach im allgemeinen nur wenig ausgeprägt, ja zweideutig. Die Grenzen, an denen die Entwicklung zur Norm oder zu pathologischem Geschehen sich scheidet, sind fließend und nicht eindeutig festzulegen. So ist jedes präventive Vorgehen belastet mit der Notwendigkeit, Grenzzustände in die Behandlung mit einzubeziehen, die sich auch ohne Behandlung zur Norm entwickeln würden. Es wird deswegen dem „Präventionisten" (Hackenbroch) immer wieder der Vorwurf gemacht, daß er gesunde Kinder behandele.
Hier liegt eine ganz allgemeine Schwierigkeit allen präventiven Vorgehens. Es gibt keine exakte naturwissenschaftliche Definition der Norm, und es wird eine solche auch nie geben können; denn ob der fortgesetzt fließende Umbau im Gleichgewicht bleibt, ob er und an welcher Stelle er – einmal aus der Balance gebracht – eine pathologische Richtung einschlägt oder zur Norm zurückfindet, das im jeweiligen Augenblick zu wissen, ist nicht möglich.
Das zeigt ganz klar eine Untersuchung der Altdorfer Klinik an 112 Säuglingsdysplasien, die nicht behandelt wurden. Dabei ergab sich, daß rund ein Viertel (31 Fälle) nach 6 Monaten normale Gelenke hatte, etwa die Hälfte war gleichgeblieben, und ein Fünftel (23 Fälle) hatte sich verschlechtert (Becker 1962). Es zeigt sich darin die Spontanheilungstendenz der Hüftdysplasie im Säuglingsalter. Man kann sich aber auf sie nicht verlassen. Sie darf uns keinesfalls dazu verführen, mit der Einleitung spezifischer Maßnahmen abzuwarten, obwohl wir ja wissen, daß ein nicht unbeträchtlicher Anteil dieser Kinder sich auch ohne unser Zutun zur Norm entwickelt.
Deswegen muß also eine gewisse Anzahl gesunder Kinder in die präventiv-therapeutischen Maßnahmen mit einbezogen werden. Dabei ist allerdings zu fordern, daß mit Sicherheit kein Schaden gesetzt wird. Die Ausweitung präventiver Maßnahmen ist in diesem Fall als ein hoher Sicherheitsfaktor anzusehen.
Der Vorwurf der Polypragmasie bzw. der Vorwurf, daß gesunde Kinder einer Behandlung unterworfen werden, muß deswegen getragen werden, wenn es auf der anderen Seite dadurch ermöglicht wird, bei dem überwiegenden Teil der Ausgelesenen eine drohende oder bereits angelaufene pathologische Entwicklung ohne Gefahr zur Norm zurückzuführen.
Unsere ganze Aufmerksamkeit spitzt sich deswegen zu auf die Verfeinerung der *Früh-* und *Frühestdiagnose*. Dabei ist uns die Kenntnis von inzwischen erarbeiteten *Risikofaktoren* hilfreich. Wir wissen, daß asphyktisch geborene Kinder ebenso wie Frühgeburten in ihrer zerebralen Entwicklung bedroht sind. Dieses Risiko ist besonders groß, wenn beide oder noch mehr Faktoren beim gleichen Kind zusammentreffen (s. S. 5.13 ff.). Ebenfalls ist es bekannt, daß bei der Hüftdysplasie die familiäre Belastung eine Rolle spielt und daß in Steißlage geborene Kinder stärker gefährdet sind. Mau (1965) hat in diesem Zusammenhang auf das „Siebener-Syndrom" hingewiesen.
Solche Risikofaktoren führen unsere Aufmerksamkeit auf bestimmte Gruppen von Kindern und auf bestimmte Einzelfälle, bei denen wir besonders intensiv nach Früh- und Frühestsymptomen suchen müssen und bei denen dann auch eine evtl. zweifelhafte Symptomatik besonderes Gewicht bekommt.
Die organisierte Früherfassung verlangt also gezielte Suchaktionen wie Neugeborenenuntersuchungen, Schuluntersuchungen, Untersuchungen im Lehrlingsalter. Sie erfordert vom Orthopäden eine spezielle Hinwendung zu diesem Gebiet, eine Vertiefung der relevanten pathogenetischen Vorstellungen und eine Kultivierung der Frühdiagno-

se. HACKENBROCH (1973) hat eingehend die Schwierigkeiten der hiermit zusammenhängenden Problematik erörtert: das Problem der „Befundkranken", die Schwierigkeit der Objektivierung der Begriffe „Insuffizienz" und „Anlage" und ganz besonders die „vielen Unbestimmtheiten" (LUKOWSKY 1962) in der Beurteilung des einzelnen Falles.
Er hat vor allem herausgestellt, daß präventives Denken und Handeln wesensmäßig die ganze Orthopädie in Theorie und Praxis „als ein Sauerteig" durchsetzt: „Ohne präventives Denken gibt es keine gute und dauerhafte orthopädische Therapie". HACKENBROCH spricht in diesem Zusammenhang von der „idealen Dreiheit mancher orthopädischer Operationsziele: Beseitigung von Schmerz, Fehlform und Rezidivgefahr". Damit wir keine „Deformitätenbehandler" bleiben, muß bei Indikation und Aufstellung des Operationsplanes präventiv über die Beseitigung einer augenblicklichen Fehlform und Fehlfunktion hinausgedacht werden im Hinblick auf eine spätere Fehlentwicklung.
Ein in diesem Sinne ganz zentrales Anliegen der Orthopädie auf vielen ihrer Gebiete ist die Verhütung von *Kontrakturen*. *Vorausschauend* muß hier gedacht werden, insbesondere bei allen akuten und chronischen Entzündungen der Gelenke und ihrer Umgebung, bei der Osteomyelitis, der Tuberkulose, der Polyarthritis, aber ebenso bei schlaffen und spastischen Lähmungen und schließlich in der Traumatologie. Es ist verwunderlich, daß die so einfache Maßnahme der exakten Lagerung auch heute noch oft versäumt wird. Die Beuge- und Adduktionskontraktur des Hüftgelenks nach Koxitis, die Kniebeugeversteifung, der Spitzfuß, die Adduktionskontraktur der Schulter – um nur einige zu nennen – verlangen immer wieder lange dauernde und eingreifende orthopädische Behandlungen, die bei rechtzeitigem Bedenken der Gefahr leicht hätten vermieden werden können. So sind auch schon die exakte Einrichtung einer Faktur und die frühzeitige Aufnahme der Funktion von präventivem Denken geleitet. Es möge als Beispiel an dieser Stelle speziell auf die ischiämische Kontraktur nach kindlicher Ellbogenfraktur mit ihren verheerenden Folgen hingewiesen werden, die bei gewissenhafter Verbandstechnik mit Sicherheit zu vermeiden ist. Die hier drohende Gefahr aber muß der behandelnde Arzt voraussehen und ihr durch eine einwandfreie Therapie zuvorkommen.
Wir sprechen schon lange von der Aufstellung eines „Heilplanes" und kennzeichnen damit das Vorausdenken auf eine lange Sicht. Die zu beurteilenden Zustände sind ja selten stationär, so daß Prognosen immer wieder neu zu stellen sind. Sorgfältige *Verlaufskontrollen* über angemessene Zeiten gehören deswegen grundsätzlich zu jeder Art von orthopädischer Therapie. Auch sie haben wesensmäßig präventiven Charakter.

Wie bereits erwähnt, ist ein weites Gebiet präventiven Handelns darauf abgestellt, in einer gezielten Suchaktion gefährdete oder bereits unterschwellig Kranke aufzuspüren. Dazu müssen, wie auch bei der Tbc-Fürsorge, der Rachitisprophylaxe und der Schluckimpfung Wege gefunden werden, an die jeweilige Gruppe heranzukommen. Es zeigt sich, daß diese ebenso komplexe wie umfangreiche Aufgabe nur durch Einschaltung des öffentlichen Gesundheitswesens und unter Zuhilfenahme gesetzlicher Maßnahmen verwirklicht werden kann.
Bereits 1920 hatte das auf Initiative von BIESALSKI und SCHLOSSMANN erlassene preußische Krüppelfürsorgegesetz zur regelmäßigen Abhaltung von „Krüppelsprechtagen" geführt (LINDEMANN 1960). Für diese war die frühzeitige Erfassung von Erkrankungen des Haltungs- und Bewegungsapparates ein wesentliches Anliegen. Sie wurden im Lauf der Jahrzehnte mehr und mehr ausgebaut und auf das gesamte Bundesgebiet ausgedehnt. Nunmehr sind sie als „orthopädische Sprechtage" in dem Körperbehinderten-Fürsorgegesetz (1957) und dem Bundessozialhilfegesetz (1961) festgelegt. Diese beiden neuen Gesetze, um deren Zustandekommen LINDEMANN die größten Verdienste hat, bestimmen, daß nicht nur Körperbehinderte, sondern bereits von Körperbehinderung *bedrohte* Personen einbezogen werden. Auch der Gesetzgeber hat damit die entscheidende Bedeutung von Präventivmaßnahmen erkannt.
Die Weiterentwicklung, ganz durchdrungen von Präventivgedanken, ist gekennzeichnet durch das Jugendarbeitsschutzgesetz (1960) und das Vorsorgeprogramm der Bundesärztekammer (1968), das 1971 durch Gesetz in den Pflichtleistungskatalog der Krankenversicherung aufgenommen wurde. Inhalt der „programmierten Krankheitsfrüherkennung" ist: „Feststellen von bestimmten Krankheitszeichen oder -fährten durch schematisch bis ins Detail festgelegte, durch Formblätter" (7 Untersuchungsformulare) „fixierte und in ihrer Ausführung zugleich kontrollierte ärztliche Untersuchungen" (U1 – U7).
Da eine Meldepflicht fehlt, basiert die praktische Durchführung auf freiwilliger Grundlage. Ein Erfolg ist aber nur möglich bei Einsicht, Kooperation und Zuverlässigkeit der Betroffenen. Es muß deswegen durch Aufklärung in den öffentlichen Kommunikationsmitteln die Bedeutung von Präventivmaßnahmen der Bevölkerung *immer wieder* vor Augen geführt werden. Diese Einsicht über Chancen und Notwendigkeit setzt sich bis jetzt nur langsam durch, so daß die Auswirkung vorläufig nur bedingt und nur in einigen Bereichen zufriedenstellt wie etwa bei den Neugeborenenuntersuchungen an vielen Entbindungsanstalten.
Zusammenfassend ist festzustellen:
Prävention kann heißen, durch organisierte Maßnahmen eine ganze Bevölkerung vor dem Auftre-

ten bestimmter Krankheiten zu schützen – Rachitisprophylaxe, Schluckimpfung gegen Kinderlähmung: Prävention I. Ordnung.

Prävention kann auch heißen, eine ganze Bevölkerung auf das Vorliegen von Risikofaktoren bzw. Früh- oder Frühestsymptomen zu untersuchen und dann die *Gefährdeten* prophylaktisch therapeutischen Maßnahmen zuzuführen: Prävention II. Ordnung.

Prävention kann schließlich Zweiteffekt sein bei der Behandlung oder Beseitigung krankhafter Zustände, insbesondere von Fehlformen und Fehlfunktionen, die außer der augenblicklichen Störung bei Fortbestehen den Organismus mit zunehmender Krankheit bedrohen: „Verhütung des nächsten Schadens" (HACKENBROCH): Prävention III. Ordnung.

Spezielle Prävention

Haltungsschäden

Von den tiefgreifenden Gefahren, welche die Entwicklung des technischen Zeitalters mit sich bringt, ist es auf unserem Gebiet zunächst der *Haltungsverfall,* der als ein weitverbreiteter Zivilisationsschaden in Erscheinung tritt. Dabei spielen neben den allgemeinen Schäden moderner Lebensweise insbesondere in den Großstädten vor anderem die Auswirkungen der Schule eine negative Rolle. Sie hemmen, ja sie unterbinden den normalen Bewegungsdrang der Kinder. Sie zwingen diese – ganz im Widerspruch zu ihrer kindlichen Natur – täglich viele Stunden zu sitzen und dies sehr häufig noch in unzulänglichen Schulmöbeln (BERQUET 1971). Dem gilt es, auf breiter Basis entgegenzuwirken. Es muß als ein erfreuliches Zeichen angesehen werden, daß in der amtlichen Stundenplanung der Schule Turnen, Sport und Spiel einen zunehmend breiten Raum einnehmen, daß bei Schulneubauten moderne Turnsäle und vielfach Schwimmbäder erstellt werden und daß in den ersten zwei Schuljahren eine tägliche Bewegungszeit eingeplant ist. Das geht ganz in Richtung der von SCHEDE (1961) geforderten täglichen Turnstunde. Schon vor 20 Jahren hat SCHEDE in seinen heute noch aktuellen „Grundlagen der körperlichen Erziehung" in klassischer Weise diese Situation analysiert. Zweifellos sind an dieser positiven Entwicklung die jahrzehntelangen Bemühungen der deutschen Orthopädie mit den verschiedenen Denkschriften nicht unbeteiligt. Wenn es in der Praxis da und dort wegen lokaler oder personeller Verhältnisse noch schlecht aussieht, so wäre das für den einzelnen Orthopäden eine Aufgabe an Ort und Stelle, nach Kräften die Entwicklung in der jetzt auch vom Staat eingeschlagenen Richtung mit voranzutreiben. Dies sowohl wie eine allgemeine Förderung des Sports innerhalb und außerhalb der Schule ist echte Prävention I. Ordnung (JENTSCHURA 1972, SCHOBERTH 1972, THOMSEN 1944, 1970 u. v. a.).

Unsere Aufmerksamkeit soll vor allem dem *Breitensport* gewidmet sein: „Prävention *durch* Sport". Sie muß aber auch „Prävention *beim* Sport" (HESS 1973) einschließen, d. h. sowohl die Vermeidung von Schäden durch Überschreiten der Belastbarkeit des jugendlichen Organismus (MATTHIASS 1972, SCHMITT 1970) wie auch durch typische Sportverletzungen (BÄTZNER 1936, CHIARI 1950, FRIEDEBOLD 1972, GROH 1964, HEIPERTZ 1972, TITTEL 1959/60 u. a.).

Aufgabe der Schuluntersuchung ist es, die Kinder mit echten Schäden rechtzeitig ausfindig zu machen und einer präventiven Behandlung zuzuführen. Dabei sollten sich die Orthopäden in viel größerem Ausmaß beteiligen. Zumindest aber sollten sie die Ärzte beraten, welche diese Untersuchungen durchführen, denn gerade hier zeigt sich die große Schwierigkeit, die Grenze zu erkennen, von der ab eine korrigierbare Haltungsabweichung ohne wesentlichen Krankheitswert übergeht in einen behandlungsbedürftigen Haltungsverfall und schließlich in eine echte Gefährdung im Sinne einer strukturellen Kyphose oder einer drohenden Skoliose.

Schwere Haltungsfehler und Haltungsverfall bedürfen einer gezielten, im allgemeinen gymnastischen Behandlung, auch aus der schon vor Jahrzehnten von GÜNTZ (1937) veröffentlichten Erfahrung heraus, daß es sich bei einem erheblichen Teil von Erwachsenen, die wegen Rückenschmerzen Invaliditätsansprüche stellen, um Folgen von Haltungsstörungen in der Kindheit handelt.

Für die große Schar von Kindern, die bei der Schuluntersuchung mit Haltungsfehlern angetroffen werden, die einer gezielten Behandlung noch nicht bedürfen, besteht die Möglichkeit der Teilnahme an der *orthopädischen Turnstunde,* dem *Schulsonderturnen,* das sich seit Jahrzehnten vor allem in den Städten eingeführt hat (HEIPERTZ 1965, BAUERMEISTER 1972). Es soll dadurch die Haltemuskulatur trainiert und gestärkt, vor allem aber auch das Gefühl für richtige Haltung vermittelt werden. Dabei ist es ein Problem, daß längere Hin- und Rückfahrten, vor allem auf dem Land, den Bewegungsspielraum der Kinder weiter einengen.

Es ist unbedingt nötig, daß der die Sonderturnstunde leitende Turn- und Sportlehrer schon bei der Ausbildung an der Hochschule für Leibesübungen eine entsprechende orthopädische Vorbildung erhält. Er muß auch in der Lage sein, die Stunde so zu gestalten, daß sie nicht, wie LANDAUER (1973) das ausdrückt, als eine „Sondermaßnahme *gegen* Kinder" von diesen empfunden wird. Nachdem ein geeignetes Sonderschulturnen vor allem auf dem Lande nicht überall zu organisieren ist, wäre viel gewonnen, wenn durch ent-

sprechende Ausbildung *aller* Turnlehrer eine „Orthopädisierung" (HACKENBROCH) auch des normalen Schulturnens zu erreichen wäre (BAUERMEISTER, THOMSEN 1970, HEIPERTZ 1965).
Es soll an dieser Stelle auch auf die präventive Bedeutung allgemeiner Gesundheitserziehung hingewiesen werden (SCHÄR 1968). BIENER (1971) konnte an objektiv meßbaren Parametern nachweisen, wie sehr durch langfristige vielseitige Gesundheitserziehungsprogramme zahlreiche somatische Funktionen sowie die Lebensgewohnheiten positiv beeinflußt werden.
Hier zeigt sich auch die große Bedeutung der Verkehrserziehung. Nicht nur stellen die Unfälle bei Kindern und Jugendlichen heute die häufigste Todesursache, auch schwere und schwerste Unfallschäden am Haltungs- und Bewegungsapparat wie etwa Querschnittslähmungen und Gliedverluste überschatten nicht selten ein ganzes Leben. Auch die Zunahme der Sportunfälle – etwa 42% aller Unfälle im Jugendalter, darunter ein Drittel Skiunfälle, wobei der unvernünftige Gebrauch der Skilifte sicher eine gewichtige Rolle spielt – ruft nach vorbeugenden Maßnahmen. Es sollte, worauf BIENER (1971) mit Recht hinweist, der Unterricht in Schule und Betrieben die Unfallverhütung zu einem wichtigen Thema machen.

Juvenile Kyphose

In fortgeschrittenem Alter ist es vor allem ein Wachstumsschaden, die juvenile Kyphose (Scheuermannsche Krankheit), der besonderer Aufmerksamkeit bedarf, um schwerere Deformierungen und ernstlichen Dauerschaden zu vermeiden. Dabei ist die Grenze zwischen normaler Wachstumsphase und echter Krankheit oft schwer zu definieren. MATTHIASS (1973) hat sich um die so wichtige Differenzierung der harmlosen, nicht behandlungsbedürftigen, der prognostisch günstigen und der prognostisch ungünstigen Form bemüht.
Sicher wird der Zustand oft zu Unrecht als echte oder gar schwere Wirbelsäulenerkrankung aufgefaßt. Unser prospektives Denken muß deswegen darauf gerichtet sein, ob eine drohende Adoleszentenkyphose mit Liegeschale und Korsett „behandelt zu werden verdient" (HACKENBROCH) und ob eine solche Behandlung womöglich Schulung und Ausbildung gefährdet.
Andererseits darf darüber nicht versäumt werden, echte strukturelle Kyphosen rechtzeitig entsprechenden therapeutischen Maßnahmen zuzuführen.
Die durch das Jugendarbeitsschutzgesetz geforderte Untersuchung nach Schulabschluß und beim Eintritt in das Erwerbsleben ist hier eine wichtige Hilfe zur frühzeitigen Entdeckung unbemerkt verlaufender ernstlicher Befunde. Dabei wird die Aufgabe des Arztes neben einer evtl. einzuleitenden Behandlung auch darin bestehen, die beruflichen Entscheidungen in eine entsprechende, die Wirbelsäule auf die Dauer nicht gefährdende Bahn zu leiten. Dies ist Prävention auf sozialmedizinischem Gebiet.

Skoliose

Es ist auffallend, wie oft auch heute noch schwere und später progrediente Skoliosen in ihren Anfängen übersehen werden, erstaunlicherweise auch und gerade von den Eltern solcher Kinder. Dabei ist die rechtzeitige Entdeckung und Erfassung der skoliosegefährdeten Kinder eines der Hauptanliegen der Orthopädie; denn gerade bei der Skoliose tragen alle Maßnahmen der Diagnose sowohl wie der Therapie einen hohen Präventivgehalt in sich.
Was zunächst die Skoliose im Säuglingsalter anbetrifft, so wissen wir inzwischen aus den Arbeiten von LINDEMANN (1960, 1961) und seiner Schule, daß sie eine Sonderstellung einnimmt. Sie trägt eine gewisse Selbstheilungstendenz in sich, und sie ist glücklicherweise in sehr vielen Fällen nicht, wie man früher angenommen hat, Anfangsbefund einer später progredienten Skoliose (LINDEMANN 1961, MAU 1973, RAUTERBERG u. TÖNNIS 1971 u.a.).
MAU (1965) u.a. raten, für diese Kinder zu einer einfachen aber wichtigen Präventivmaßnahme, nämlich zur Aufzucht in Bauchlage.
Die Bauchlage ist heute eine weitverbreitete, vor allem in Amerika praktizierte Maxime in der Pädiatrie. Sie ist bei aller Problematik (SCHLEGEL 1975) vor allem bei Kindern mit Wirbelsäulenabweichungen wegen ihres „antiskoliotischen Effektes als optimales Prophylaktikum" anzusehen (MAU). Das gilt auch für die *Sitzkyphose*, die ja von SCHEDE als „Skoliosenkeim" angesehen wurde, was allerdings die weitere Forschung nicht bestätigt hat.
Immerhin rechnet MAU (1973) aber doch bei 5–10% dieser jungen Kinder mit Progredienz und der Gefahr maligner Weiterentwicklung. Auch SCHEIER weist nachdrücklich auf gelegentlich hochgradige Progredienz von Skoliosen in den ersten drei Lebensjahren hin. Besonders wenn die Kinder das erste Jahr überschritten haben, kann es bereits zu echten strukturellen Skoliosen kommen (LINDEMANN 1961, SCHEIER 1967, JAMES u. Mitarb. 1959). Auch die kongenitalen Skoliosen haben nach SCHEIER durchaus nicht eine so gute Prognose, wie sie ihnen häufig zugeschrieben wird.
Diese Erfahrungen verpflichten zu konsequenter Beobachtung und im gegebenen Fall zu frühzeitiger Einleitung entsprechender Behandlungsmaßnahmen.
Die Schwierigkeit in der Prävention der Skoliose liegt wie bei anderen orthopädischen Erkrankungen in der Früherfassung der gefährdeten Kinder.

In den ersten beiden Lebensjahren geben die Mütterberatung und die gesetzlich vorgesehenen Vorsorgeuntersuchungen bei entsprechender Einstellung der Untersucher eine gute Chance der Frühdiagnose. Auch die Vorsorgeuntersuchung U 7 im Alter von 4 Jahren ist noch einmal eine solche Gelegenheit. Später sind es dann nur noch die Einschulungsuntersuchung mit etwa 6 Jahren und die Schulabschlußuntersuchung mit etwa 15 Jahren, die eine einigermaßen lückenlose Erfassung versprechen. Zwischen diesen beiden letzten Terminen aber, zwischen dem 13. und 14. Lebensjahr, liegt die Zeit des stärksten Wachstums, die Hauptgefährdungszeit für die progredienten idiopathischen Skoliosen (Schede 1961).

Es wäre sehr zu wünschen, die Schulkinder in der Zwischenzeit wenigstens noch ein bis zweimal dem Schularzt vorzuführen, um beginnende echte Skoliosen nicht zu übersehen.

Für den weniger erfahrenen, die Schuluntersuchung durchführenden Arzt ist es nicht leicht, eine seitliche *Fehlhaltung* von einer echten *Fehlform* zu unterscheiden. Wie die Erfahrung zeigt, werden deswegen zusammen mit anderen Haltungsfehlern viele Kinder erfaßt und auch einer Behandlung zugeführt, deren Wirbelsäulenabweichung keine Verschlechterungstendenz in sich hat. Nachdem die Behandlung im Anfang im wesentlichen eine gymnastische ist, bedeutet das keinen Nachteil. Das Positive ist aber, daß durch diese Untersuchungen gefährdete zusammen mit nur scheinbar gefährdeten Kindern einer *Verlaufsbeobachtung* zugeführt werden.

Während bei der Dysplasie des Hüftgelenks im frühen Säuglingsalter schon der Verdacht einer drohenden pathologischen Entwicklung zum sofortigen Handeln verpflichtet, ist es bei der Skoliose die Verlaufsbeobachtung, die den Entschluß zu präventivem Vorgehen reifen läßt.

Bei einigermaßen begründetem Verdacht ist die *Röntgenganzaufnahme der Wirbelsäule* unentbehrlich. Sie ermöglicht die sorgfältige Ausmessung der Achse und damit im Verlauf der Kontrollen eine einwandfreie Dokumentation einer evtl. Progredienz.

Findet sich eine echte Seitenverbiegung, womöglich schon mit deutlicher Torsion, so muß unverzüglich eine konsequente, zunächst konservative Behandlung eingeleitet werden. Hier sind dann präventive und kurative Maßnahmen eng miteinander verbunden. Ihr Prinzip ist die mechanische Wachstumslenkung (Scheier 1967).

Die mäßigen Ergebnisse der früheren routinemäßigen Behandlung mit Liegeschalen, Korsetten und oft noch recht nachlässig durchgeführter krankengymnastischer Behandlung hat zur weitverbreiteten Resignation auch bei Ärzten, sogar bei Fachärzten geführt. Das ist sehr zu bedauern, lassen sich doch durch die zwar mühevolle Behandlung mit korrigierenden Gipsmiedern und schließlich mit dem Milwaukee-Korsett, verbunden mit einer sorgfältigen Muskelpflege, vielfach auch schwerere Skoliosen über die gefährlichen Jahre des Wachstums ohne Verschlechterung hinüberbringen (Blount u. Schmidt 1958, Mau 1960, Scheier 1967, Roggatz 1973). Zumindest können sie im allgemeinen so lange gehalten werden, bis die Kinder in das Operationsalter kommen.

Es muß allerdings betont werden, daß diese konservative Behandlung, abgesehen von der nötigen speziellen Erfahrung, einen hohen Grad von Engagement nicht nur von seiten des Arztes und des Orthopädiemechanikers verlangt, sondern auch von den Eltern und schließlich von den erkrankten Kindern selbst. Roggatz weist mit Recht darauf hin, daß bei Fehlen dieser Voraussetzungen die Behandlung besser gar nicht eingeleitet wird.

Leider läßt sich trotz sorgfältiger und sachgerechter konservativer Behandlung in vielen Fällen eine Verschlechterung nicht aufhalten. Nach Scheier ist dies im präpubertären Alter bei Krümmungen über 30 Grad nach Ferguson die Regel. Es kommt dann alles darauf an, daß im richtigen Augenblick, d. h. früh genug, durch die Versteifungsoperation die Progredienz der Skoliose zum Stehen gebracht wird. Nach der z. Z. vorherrschenden Meinung, die auch von Scheier vertreten wird, soll allerdings wegen der sonst zu erwartenden Wachstumsstörungen nicht vor dem 10. Lebensjahr operiert werden.

Eine die Spondylodese erfordernde Dekompensation kann gelegentlich sehr schnell, in wenigen Wochen zutage treten, und zwar ist die Gefahr um so größer, je näher der Scheitelpunkt der Primärkrümmung beim 8. oder 9. Thorakalwirbel liegt (Scheier). Eine angespannte Aufmerksamkeit des behandelnden Orthopäden ist bei gefährdeten Kindern deswegen geboten, insbesondere wenn das Rissersche Zeichen noch positiv ist. Auf regelmäßige Kontrollen in nicht zu langen Abständen – ein viertel bis ein halbes Jahr – muß konsequent geachtet werden.

Wenn wir auf die letzten Jahrzehnte zurückblikken, so können wir erfreulicherweise feststellen, daß in dieser Zeit das Skolioseelend sich zweifellos gebessert hat. Die schweren Formen sind seltener geworden, und zwar einerseits durch systematische Früherfassung, andererseits durch Ausbau der konservativen Behandlung und schließlich durch die Einführung der Spondylodese. Es darf dabei allerdings nicht unerwähnt bleiben, daß die poliomyelitischen Skoliosen mit ihrer besonders ungünstigen Prognose jetzt schon stark in den Hintergrund treten.

Wenn man bedenkt, daß die Kindervorsorgeuntersuchungen im Alter von 2 und 4 Jahren z. Z. nur zu etwa 30% genutzt werden (Rausch 1973) und daß auch bei der jetzigen Art der Schuluntersuchungen noch viele behandlungsbedürftige Skoliosen nicht oder zu spät erfaßt werden, so zeigt sich hier die Wichtigkeit einer sachgerechten Information der Ärzteschaft, sowohl wie der breiten Öffentlichkeit über Gefahren und Möglichkeiten auf diesem Gebiet. Darüber hinaus ist die Einrichtung von regionalen Skoliosesprechstunden in der Lage, in der Zusammenarbeit von Praxis und Klinik, in der Kombination konservativer und operativer, ambulanter und stationärer Aktivitäten die Erfolge unserer gerade auf diesem Gebiet eng verflochtenen präventiven und kurativen Maßnahmen gegen die Skoliose noch wesentlich zu verbessern.

Hüftgelenksdysplasie

Der dysplastischen Hüfte in allen ihren Stadien und in den verschiedenen Lebensaltern gilt auch heute noch die besondere Aufmerksamkeit der Orthopädie.

Gerade auf diesem Gebiet ist die Prävention von ganz besonderer Bedeutung, weil rechtzeitiges Handeln hier einerseits große Schwierigkeiten hat, andererseits für das *ganze Leben* des Individuums *von Bedeutung* sein kann. Eine eingehendere Besprechung erscheint daher erforderlich.

Wenn auch die Häufigkeitsstatistiken, wie SCHLEGEL (1961) mit Recht betont, einen fragwürdigen Wert haben, so muß man in der Bundesrepublik mit Dysplasien der Hüften bei 4%, das sind 32000 Kinder und Luxationen bei 2–4‰, das sind 1600–3200 Kinder, pro Geburtsjahrgang rechnen (RAUSCH 1973). Auch das unterstreicht die große Bedeutung dieser Krankheitsgruppe.

Es ist inzwischen unbestrittenes Erfahrungsgut, daß allein die Präventivmaßnahmen im frühen Säuglingsalter in der Lage sind, einem bei der Geburt entwicklungsrückständigen Hüftgelenk zur vollen Ausreifung zu verhelfen (ORTOLANI 1951, FREYKA 1941, PAVLIK 1958, v. HABERLER 1945, BECKER 1952, v. ROSEN 1963).

Entscheidend für den Durchbruch dieser Erkenntnis waren die Abkehr von der klassischen Behandlung mit Einrenkung und Gipsverband und der Übergang zur *atraumatisch-funktionellen Spreizbehandlung* in diesem frühen Alter. Die schweren Kopfnekrosen, die durch das Trauma der Einrenkung und noch mehr durch die erbarmungslose Zwangshaltung in einer unphysiologischen Stellung verursacht waren, konnten nunmehr vermieden werden. Auch wurde durch frühzeitige Zentrierung des Kopfes in die Pfanne dem Gelenk die Gelegenheit gegeben, in einem Zeitpunkt größter Wachstumspotenz die zurückgebliebene Entwicklung nachzuholen.

Als wir 1949 die Säuglingsbehandlung mit der Spreizhose einführten, wurde uns von vielen Seiten entgegengehalten, daß dieses Vorgehen vielleicht bei der Präluxation und der Subluxation erfolgreich sein könne, nicht aber bei der Luxation, auf deren Behandlung es ja ankomme. Es war der Gedanke noch nicht durchgedrungen, daß der Schwerpunkt der Therapie gar nicht auf die *Behandlung*, sondern auf die *Verhütung* der Luxation gerichtet sein muß.

SCHULTHEISS hat 1965 in einer großen Sammelstatistik der Altdorfer Klinik an 1447 Patienten mit 2650 pathologischen Hüften die signifikante Besserung der Ergebnisse durch die atraumatische funktionelle Behandlung zeigen können. Auch konnte er nachweisen, daß die Ergebnisse um so besser sind, je früher die Behandlung einsetzt. Er kam zu dem Schluß, daß es bei der Einleitung der Therapie „auf jede Woche ankommt".

Diese eindeutige Besserung der Situation und damit der Prognose läßt erkennen, daß der exogene Schaden bei der Pathogenese der Dysplasie ein viel größeres Gewicht hat, als das früher angenommen wurde; denn seine Ausschaltung ist ja das Hauptprinzip des therapeutischen Vorgehens und damit die Basis für den Erfolg. Aber auch die Beeinflussung eines endogenen Faktors durch die atraumatische Spreizung kann nach diesen Erfahrungen angenommen werden (BECKER 1962, FETTWEIS 1971). v. TORKLUS (1967) konnte durch Sippenuntersuchungen an Luxationsfamilien diesen endogenen Faktor in etwa 10% wahrscheinlich machen.

Die letzte Konsequenz aus dieser Erkenntnis hat inzwischen zur Forderung der Sofortbehandlung geführt, d. h. der Erfassung aller gefährdeten oder erkrankten Kinder in den ersten Lebenstagen. Das bedeutet einerseits die Kultivierung der Frühestdiagnose und Frühestbehandlung, andererseits die Organisation einer lückenlosen Voruntersuchung aller Neugeborenen (BECKER 1969, DOERR 1972, HENSSGE u. Mitarb. 1971, HOFFMANN-DAIMLER 1964, MITTELMEIER 1973, OSTER 1971, PALMEN 1967, v. ROSEN 1963, REITER 1961, v. TORKLUS 1967 u. a.).

Es kann nicht Aufgabe dieses Abschnittes sein, Einzelheiten der Frühestsymptomatik und der Sofortbehandlung darzustellen. Nur kurz soll auf das Hauptsymptom, das bereits 1879 von ROSER beschriebene, aber noch immer umstrittene Schnappzeichen, eingegangen werden.

Die Diskussion geht neben anderem darum, ob dieses Phänomen ein eindeutiges Zeichen der Dysplasie ist oder ob man Kinder ohne dieses Zeichen mit einiger Sicherheit als hüftgesund bezeichnen kann. Nach unserer Meinung ist beides nicht der Fall. Sicher gibt es Neugeborene mit positivem Schnappphänomen, die sich auch ohne Behandlung zur Norm entwickeln. Umgekehrt gibt es Kinder ohne Schnappzeichen, deren Hüften später Dysplasien in allen Stadien zeigen. Das beinhaltet die oben erwähnte, allem präventiven Denken und Handeln inhärente Ungenauigkeit. Von allen Autoren wird aber heute das Schnappzeichen als Hinweis auf ein pathologisches Geschehen am Hüftgelenk angesehen.

Es muß betont werden, daß die Untersuchung subtil ist. Der Untersucher muß Erfahrung haben und darf nicht dauernd wechseln. PALMEN (1967) berichtet über 113 dysplastische Hüften, die bei der Neugeborenenuntersuchung nicht festgestellt worden waren. Auch auf die Arbeit von DÖRDELMANN u. STUCKENSEN (1969) muß in diesem Zusammenhang hingewiesen werden. Bei sorg-

fältiger Untersuchung kann damit gerechnet werden, daß 90% der dysplastischen Hüften innerhalb der ersten Lebenstage mit der Prüfung des Schnappphänomens erfaßt werden (HENSSGE u. Mitarb. 1971, OSTER 1971, DOERR 1966, LEUFGENS 1974).
Jedenfalls ist das heute weitgehend als *Ortolani-Zeichen* bekannte Symptom Indikation zur Einleitung der Sofortbehandlung, die zweckmäßigerweise bereits in der Entbindungsklinik eingeleitet werden sollte (HENSSGE).

Eine der größten Schwierigkeiten ist die möglichst lückenlose Erfassung der betroffenen Kinder. Hier liegt ein *organisatorisches* Problem vor, dem wir durch die Einführung der Vorsorgeprogramme in die gesetzliche Krankenversicherung näher gekommen sind. Die meisten Kinder werden ja heute in Entbindungsabteilungen zur Welt gebracht und dort auch sogleich einer mehr oder weniger gründlichen Untersuchung unterzogen. Inzwischen ist in dem amtlichen Vorsorgebogen genau festgelegt, welche Untersuchungen zu welchem Zeitpunkt zu erfolgen haben. Dabei ist der Orthopäde nach den Richtlinien offiziell nur in der dritten Untersuchung (U.3) im Alter von 3–4 Monaten und in der U.7-Untersuchung im Alter von vier Jahren eingeschaltet. Die ersten beiden Untersuchungen erfolgen im allgemeinen durch den Pädiater oder den praktischen Arzt.
Wenn es schon nicht gelungen ist, den Orthopäden offiziell in die erste, die „Basisuntersuchung" einzuschalten, so muß wenigstens verlangt werden, daß der Untersucher sich in die Frühsymptomatik der Hüfte einarbeitet und verdächtige Fälle dem Orthopäden zuweist. Unter keinen Umständen sollte die Einleitung einer sachgemäßen Sofortbehandlung durch Unzweckmäßigkeiten der Kompetenzen versäumt werden. Die offizielle Beiziehung des Orthopäden bei der 3. Untersuchung ist – wenn sie überhaupt erfolgt – zwar ein gewisser Sicherheitsfaktor, muß aber als schon sehr spät bezeichnet werden und ist im Alter von 4–5 Monaten bereits eindeutig *zu spät*.
Der Termin 3.–4. Monat wurde deswegen gewählt, weil die für die Klärung der Situation letztlich entscheidende Röntgenuntersuchung angeblich erst um diese Zeit einen Aussagewert besitzt. Es besteht aber kein Zweifel, daß eine echte Dysplasie auch vorher schon im Röntgenbild erkannt werden kann. v. ROSEN (1963), KELLER (1969), MITTELMEIER (1973) u. a. haben mit Recht darauf hingewiesen, daß in begründeten Verdachtsfällen auch vorher, d. h. in den ersten Lebenswochen, geröntgt werden soll.

Theoretisch am sichersten wären Röntgenreihenuntersuchungen, wie sie in der Tschechoslowakei gesetzlich vorgeschrieben sind und sich offenbar hinsichtlich einer vollständigen Erfassung regional bewähren. In der Bundesrepublik wurden in einem Gutachten der Deutschen Röntgengesellschaft Reihenuntersuchungen wegen zu befürchtender Gonadenschädigungen abgelehnt. Nach ANDRÉN (1967) und SCHUSTER (zit. nach MITTELMEYER 1973) entspricht aber die Strahlendosis bei Beachtung aller Schutzmaßnahmen selbst bei Mädchen nur einer natürlichen Strahleneinwirkung von etwa einer Woche. Es muß andererseits zugegeben werden, daß zur Vermeidung von Fehlinterpretationen eine sehr *exakte Lagerung* verlangt werden muß. Sie ist nicht leicht einzuhalten. Auch müssen an die Apparatur besondere Anforderungen gestellt werden. Beides bringt Schwierigkeiten mit sich, die bei einer Massenaktion wie der Reihenuntersuchung, für die auch das sachverständige Personal nicht ohne weiteres zur Verfügung steht, die Effizienz in Frage stellen könnten.

Die jetzt meistens geübte Praxis, Kinder mit „Ortolani-Zeichen" oder Abduktionshemmung die ersten drei Monate breit zu wickeln und erst dann durch die Röntgenuntersuchung die Situation zu klären, leidet an offensichtlicher Ungenauigkeit. Für eine echte Dysplasie reicht die breite Wickelung nicht aus (KELLER 1969, MITTELMEYER 1973). Auch ist für die Bewertung des Erfolges ein Röntgenbild nach drei Monaten nicht mehr beweisend. BÜSCHELBERGER (1967) hat für *alle* Kinder ohne weitere Diagnose eine von ihm angegebene „Breitwindelung" empfohlen. Er geht dabei von der Beobachtung aus, daß bei Völkern, deren Frauen gewohnheitsmäßig die Kinder „auf dem Leib", also in Spreizstellung tragen, Luxationen nicht oder kaum beobachtet werden. Das gleiche hat NAGURA (1967) an Sudanesen beobachtet. Umgekehrt konnte der Autor in Ecuador feststellen, daß dort die Zahl der Luxationen erschrekkend hoch ist, zweifellos deswegen, weil in diesem Land die Kinder wie Mumien gewickelt werden. Hier ist gewissermaßen in einem riesigen Gegenexperiment die exogene Erzeugung von Hüftluxationen unter Beweis gestellt.

Die präventive Behandlung der Hüftdysplasie mit der Spreizhose wird inzwischen in zunehmender Zahl und bei immer jüngeren Kindern im Bundesgebiet praktiziert. Das Ergebnis ist nach übereinstimmender Aussage der niedergelassenen Orthopäden ein signifikanter Rückgang der echten Luxationen. Einrenkungen, die früher noch in großer Zahl nötig waren, gehören heute in der orthopädischen Fachpraxis zu den Seltenheiten. Im Gegensatz dazu berichtet PEIC (1973) aus der Kölner Klinik, daß nach wie vor viele schwere Dysplasien und auch Luxationen zur Einlieferung kommen: Fälle, bei denen häufig operative Einrenkungen sich als notwendig erweisen. Auch aus anderen Kliniken ist zu hören, daß nach wie vor echte Luxationen zur konservativen und operativen Behandlung aufgenommen werden müssen.
Die Erklärung dieser Diskrepanz ist wahrscheinlich darin zu sehen, daß die atraumatisch-funktionelle Behandlung mit der Spreizhose zu spät oder wohl häufiger doch nicht exakt genug durchgeführt wird. So wird z. B. bei zu kleiner Pelotte häufig nur das gesunde Bein gespreizt. Wenn sich dann das kranke Bein in Streckstellung begibt, wird es geradezu aus der Pfanne herausgehebelt. Der Limbus wird dann in die Pfanne hineingedrückt, was später nur noch operativ zu korrigieren ist. Eine solche Einwirkung ist schlechter als keine Behandlung. Die so primitiv aussehende präventive Behandlung mit der so einfachen Spreizbandage hat also auch

ihre Tücken. Ihre Einfachheit ist ihr Nachteil. Sie verleitet zu oberflächlicher Handhabe (Becker 1969). Sie muß aber sorgfältig appliziert und regelmäßig kontrolliert werden. Keinesfalls darf es vorkommen, wie wir das doch immer wieder beobachtet haben, daß die Anpassung allein dem Orthopädiemechaniker überlassen wird und dann kaum ernstliche Nachkontrollen erfolgen. Ein solches Vorgehen muß zu Mißerfolgen führen.

Es ist heute noch fraglich, ob und in welchem Ausmaß sich die an die atraumatisch-funktionelle Behandlung geknüpften Hoffnungen auf die Dauer erfüllen. Es ist aber keine Frage, daß Erfassung und sachgemäße Spreizbehandlung der Neugeborenen und der ganz jungen Säuglinge in den ersten Lebenswochen der einzige Weg sind, um diese Erkrankung, die in allen Lebensaltern so viel Unglück über die von ihr Betroffenen gebracht hat, in einem hohen Prozentsatz zur Ausheilung zu bringen.

Eine ganz andere Einstellung ist notwendig gegenüber den Dysplasien der älteren Kinder, seien sie unbehandelt oder Restzustände einer konservativen oder operativen Behandlung. Vor allem sind es die unvollkommenen Pfannenbildungen und die Fehlstellungen des koxalen Femurendes, Coxa valga und Antetorsion, die den Arzt vor schwierige Entscheidungen stellen. Immer wieder erheben sich die so schwer zu beantwortenden Fragen: „Wieviel Inkongruenz ist noch tolerierbar? Wieviel wirkt sich schädlich aus? Wie lange wird sie noch ohne Schaden kompensiert werden können?" (Hackenbroch 1973). Bei der Abwägung des einzuschlagenden therapeutischen Weges werden sich im einzelnen Fall kurative und präventive Gedanken eng verflechten und miteinander konkurrieren.

Aus einem augenblicklichen Zustandsbild Indikationen zu treffen, wird sehr häufig nicht möglich sein. Es muß deswegen vor einem vorschnellen Handeln gewarnt werden; besonders bei Grenzsituationen wird die Beobachtung des Verlaufs über Wochen und Monate abklären müssen, ob das Wachstum sich im Sinne der Verschlechterung einer Fehlform oder in Richtung auf eine Heilung auswirkt.

Ein dysplastisches Hüftgelenk kann sich im weiteren Wachstum noch ganz wesentlich und oft auch so weit bessern, wie es mit einer Operation zu erreichen gewesen wäre. Wir konnten das an vielen Fällen beobachten, die bereits zur Varisierung und Derotation vorgesehen waren und nicht zur Operation gekommen sind. Es darf bei all diesen Erwägungen nicht vergessen werden, daß wir einer dysplastischen Hüfte auch durch diese Eingriffe kaum einmal zu einem normalen Gelenk verhelfen können.

Auch darf nicht verschwiegen werden, daß die Kontrollen nach diesen Operationen in den ersten Jahren zwar oft, bei guter Technik sogar meist ein erfreuliches, ja geradezu überzeugendes Ergebnis aufweisen. Kontrolliert man diese Kinder nach Abschluß des Wachstums, so ist der Erfolg leider häufig enttäuschend: Es sind wieder vorher nicht berechenbare Deformitäten aufgetreten (Becker 1969).

Natürlich sind diese präventiven Operationen vielfach notwendig. Die Ergebnisse werden häufig besser sein, als wenn man die Entwicklung sich selbst überläßt. Vor einer allzu großen Ausweitung der Indikation und vor allzu großen Hoffnungen muß aber gewarnt werden. Diese Eingriffe haben häufig nur *aufschiebende Wirkung*. Auch sollte man das Operationsrisiko und die seelische Belastung der Kinder nicht vergessen, die dabei doch oft eine ganze Reihe operativer Eingriffe über sich ergehen lassen müssen.

Es muß verlangt werden, daß ein vorwiegend präventiver Eingriff den Patienten *auf die Dauer* eine eindeutige Besserungschance bietet und dies mit einiger Sicherheit. Gerade auf diesem Gebiet muß die Situation noch durch ausgedehnte Forschungsarbeiten weiter geklärt werden. Solange das noch nicht der Fall ist, bedarf es langer Erfahrung und großer Selbstkritik wie Selbstdisziplin, um zu wissen, ob ein präventiver operativer Eingriff einem abwartenden Verhalten vorzuziehen ist.

Epiphysenlösung

Auch und gerade bei der Epiphysenlösung sind kuratives und präventives Denken und Handeln eng miteinander verflochten.

Auch sie beginnt aus kleinen, zunächst klinisch stummen Anfängen. Es finden sich zwar häufig vorübergehende Knie- oder Hüftschmerzen, die aber oft übersehen, bagatellisiert oder falsch gedeutet werden. Erst mit fortschreitender Epiphysenwanderung kommt es zu deutlicheren Beschwerden, zur Außenrotationskontraktur oder gar zu mehr oder weniger akutem Abrutsch, der dann zu der nun mehr eindeutigen Klärung der Situation führt. Die weitere Dislokation muß jetzt durch operative Fixierung der Kopfepiphyse verhütet werden. Für die Restitutio ad integrum ist es aber inzwischen zu spät geworden. Vor allem, wenn wegen stärkeren Abrutsches operative Stellungskorrekturen oder gar die gefährliche Osteotomie im Schenkelhals durchgeführt werden, ist die Gefahr der dauernden Schädigung erheblich.

Auch hier muß die Aufmerksamkeit darauf gerichtet sein, die zunächst subjektiven *Frühsymptome* richtig zu deuten, um die Erkrankung in ihren Anfangsstadien zu erkennen und zu erfassen. So kann das Bild des adiposogenitalen Typs bei einem Jugendlichen schon bei geringem Verdacht den Arzt veranlassen, klinisch und röntgenologisch nach den Zeichen einer Epiphysenlösung zu suchen.

Eine Möglichkeit zur Früherkennung ist auch gegeben in den Untersuchungen aufgrund des Jugendarbeits-

schutzgesetzes*, denen alle Jugendlichen nach Abschluß der Schule und vor Berufsbeginn unterzogen werden sollen. Auch unerkannt gebliebene, klinisch bereits abgeheilte Fälle können bei der Gelegenheit erkannt und zumindest hinsichtlich ihrer Berufswahl beraten werden, um sie damit vor Frühinvalidität infolge einer für die weitere Entwicklung ihrer Hüfte schädlichen Tätigkeit zu behüten.
Die praktische Erfahrung (Thur u. Belz 1969) zeigt allerdings, daß diese Untersuchungen kaum einmal auf die *Hüfte* ausgedehnt werden. Das aber wäre von großer Wichtigkeit nicht nur zur Entdeckung beginnender oder auch stumm abgelaufener Epiphysenlockerungen, sondern auch zur Beurteilung von bisher unerkannten Dysplasien sowie der Spätzustände früher behandelter Hüfterkrankungen. Dabei wird auch eine in der früheren Kindheit durchgemachte Perthessche Krankheit wieder in Erscheinung treten. Es zeigt sich hier die Notwendigkeit der Aufklärung und Zusammenarbeit mit den diese Voruntersuchungen durchführenden Stellen der öffentlichen Gesundheitsfürsorge.

Erfahrungsgemäß befällt die Epiphysenlösung bei einem großen Teil der jugendlichen Patienten zunächst nur die eine Seite. In der großen Mehrzahl, nach Schreiber (1963) in 85% der Fälle, folgt nach einiger Zeit die andere Seite nach. Es wird deswegen von vielen Kliniken grundsätzlich die Nagelung auch der anderen Seite in der gleichen Behandlungsphase durchgeführt. Angesichts des geringen Risikos einer Nagelung und der großen Gefahr einer Dauerschädigung auch der anderen, „gesunden" Seite durch ein abwartendes Verhalten ist ein solches, rein präventives Vorgehen geboten, auch wenn noch keine klinischen oder röntgenologischen Symptome erkennbar sind. Dies ist echte Prävention I. Ordnung.

Fuß- und Beindeformitäten

Knicksenkfuß: Der kindliche Knicksenkfuß wird häufig als ein Teilaspekt des allgemeinen Haltungsverfalls angesehen. Das trifft nur sehr bedingt die wirkliche Situation. Sicher spielen bei diesem Problem negative Umwelteinflüsse eine Rolle wie nicht fußgerechtes, bewegungs- und wachstumshemmendes Schuhwerk sowie unnatürliche, harte und ebene Böden. Es muß aber immer wieder betont werden, daß der kleinkindliche Knicksenkfuß eine altersspezifische Erscheinung im Rahmen der normalen Torsionsentwicklung der unteren Extremität ist und daß diese Valgusstellung sich im Laufe der ersten Lebensjahre spontan aufrichtet.
Unsere präventiven Bemühungen müssen darauf gerichtet sein, die Zivilisationsschäden soweit wie möglich auszuschalten und *die aktiven Aufrichtekräfte des Fußgewölbes zu stärken.* Thomsen (1944) hat in seinem „Kampf der Fußschwäche" eingehend die Verhütung von Schäden und insbesondere die Bedeutung der Fußgymnastik zur Kompensation der geschwächten Fußmuskulatur dargestellt. Die Problematik hinsichtlich der konsequenten Durchführung von Fußübungen ist allerdings jedem Orthopäden zur Genüge bekannt. Es würde zu weit führen, an dieser Stelle die Frage des fußgerechten Schuhwerks und die ebenso wichtige Indikation für und gegen das Tragen von Einlagen im Kindesalter zu diskutieren. Es muß vielmehr auf die entsprechenden Kapitel (vgl. Kap. 13 sowie Bd. IV) hingewiesen werden. Es soll aber nicht unerwähnt bleiben, daß in diesem frühen Alter Einlagen wahrscheinlich häufiger verordnet werden, als es wirklich indiziert ist (Matthiass 1966b, Maier 1968). Die Verantwortung ist also deswegen nicht gering. Sie ist aber auch groß, weil unter der Diagnose des kindlichen Plattknickfußes der kongenitale Pes planus, charakterisiert durch den Talus flexus, nicht übersehen werden darf.

Hackenfuß: Auch die meisten Fälle von Hackenfuß der Neugeborenen in den ersten Lebenswochen gleichen sich in wenigen Monaten aus. Es muß allerdings darauf hingewiesen werden, daß gerade dieser Neugeborenenhackenfuß gelegentlich Ausdruck einer echten Kontraktur, sogar ebenfalls Hinweis auf den gefürchteten kongenitalen Plattfuß sein kann. Er muß also beachtet und eine echte Deformität der dann notwendigen Sofortbehandlung zugeführt werden (Mau 1968).

Sichelfuß: Auch der Pes adductus, der ja keine diagnostischen Schwierigkeiten bereitet, bedarf der orthopädischen Behandlung im Säuglingsalter, um schwerere, später nur operativ und dies oft nicht ganz befriedigend zu beseitigende Fehlformen zu verhüten.

Klumpfuß: Der echte Klumpfuß braucht in diesem Zusammenhang kaum erwähnt zu werden. Es ist inzwischen Allgemeinwissen nicht nur der Orthopäden, daß allein die Sofortbehandlung in der Lage ist, eine der schwersten Körperbehinderungen zu verhüten.
Die häufige *Varushaltung* der Füße in den ersten Lebenswochen und -monaten darf mit dem Klumpfuß nicht verwechselt werden. Sie kann gelegentlich persistieren. Sie prädestiniert dann zu Beginn der Belastungsphase durch Behinderung der Verwringung zu echter Plattfußbildung. Deswegen kann sie gelegentlich einmal präventiver, korrigierender Maßnahmen bedürfen, um einer Dauerstörung zuvorzukommen.

O- und X-Beine: Sehr viel eindeutiger als beim kindlichen Knicksenkfuß ist die Situation bei den O-Beinen in den ersten beiden Lebensjahren und bei den X-Beinen des Kleinkindes. Sie sind so gut

* Jugendarbeitsschutzgesetz vom 9. August 1966 in der Fassung vom 25. Juli 1969: BGBl, S. 645

wie immer *Übergangsstadium* in der normalen Streckung der Beine und deswegen *nicht behandlungsbedürftig.* Hier bedeutet Prävention nicht *Handeln* zur Vorbeugung eines späteren Schadens, sondern im Gegenteil *Nichthandeln,* um der natürlichen Entwicklung nicht in den Arm zu fallen.
Die Situation ist hier geradezu umgekehrt wie bei der Hüftdysplasie. Während sich hier ein Befund zeigt, der ein pathologisches Geschehen mehr oder weniger nur vortäuscht und deswegen keiner Behandlung bedarf, ist dort ein echtes, krankhaftes Geschehen im Gange bei einer undeutlichen, nur unsicher erkennbaren Symptomatik.
Zurückhaltung gilt auch gegenüber den heute selten gewordenen rachitischen O-Beinen wie auch gegenüber der rachitischen Coxa vara. Es ist noch nicht allzu lange her, daß vor allem die ersteren in großer Zahl einer unblutigen oder blutigen Korrektur unterzogen wurden. Erst langsam hat sich die Erfahrung durchgesetzt, daß auch diese Deformitäten sich fast immer spontan ausgleichen. Nur in Ausnahmefällen kann gelegentlich ein operativer Eingriff notwendig werden, etwa wenn gleichzeitig ein starker Innenrotationsfehler besteht und ein im Gefolge davon entstandener Pes valgus sich als endgültige Deformität zu etablieren droht.

Schiefhals

Auch auf den muskulären Schiefhals muß bereits in den ersten Lebenswochen geachtet werden, um eine Chance der Prävention nicht zu versäumen. Auch muß daran gedacht werden, daß der Schiefhals im Rahmen des sogenannten „Siebener-Syndroms" (Mau 1963) Hinweis sein kann auf weitere Abnormitäten wie etwa eine dysplastische Hüfte oder eine Säuglingsskoliose.
Imhäuser (1969) hat die Beobachtung gemacht, daß es sich in vielen Fällen nicht um einen Keimfehler handelt, sondern um eine Druckschädigung durch das Kinn des Fetus bei besonderer intrauteriner Lage. In diesen Fällen ist bereits beim Neugeborenen eine Eindellung im Verlauf des Kopfnickermuskels zu tasten. Es muß dann durch Lagerung die Ausbildung einer Dauerkontraktur verhindert werden.
An der oberen Extremität ist bei der Prävention von Geburtsschäden vor allem die *Entbindungslähmung* zu nennen. Eine rechtzeitige Abduktionsbehandlung dient der Verhütung des drohenden Dauerschadens.

Zerebralparese

Die spinale Kinderlähmung ist durch die Schluckimpfung fast ganz zum Verschwinden gebracht worden: einer der großartigsten Erfolge der präventiven Medizin! An ihre Stelle ist nun die zerebrale Kinderlähmung mehr und mehr in den Vordergrund getreten. Viele Kinder mit früher tödlichen prä-, peri- und postnatalen Störungen können heute am Leben erhalten werden, nicht selten um den hohen Preis einer zerebralen Schädigung. Die Kehrseite medizinischen Fortschrittes sind hier häufig schwere Belastungen nicht nur für die Erkrankten selbst, sondern auch für ihre Familien und für die Gesellschaft.
Dieser in stetem Zunehmen begriffenen Krankheitsgruppe liegen vorwiegend *exogene Schädigungen des Großhirns* zugrunde. Unser Bemühen muß deswegen primär darauf gerichtet sein, alle Möglichkeiten auszunutzen, um im frühestmöglichen Zeitpunkt der Entwicklung der drohenden Gefahr zuvorzukommen.
Das beginnt bereits bei der Familienplanung mit der Aufklärung von Müttern und Eltern, etwa bei Unverträglichkeit der Rhesusfaktoren.
Von größter Bedeutung sind eine sorgfältige Betreuung und Überwachung der Schwangerschaft (Ewerbeck u. Hüter 1969). Nach Krone (1971) besteht eine signifikante Abhängigkeit der perinatalen kindlichen Mortalität von der Qualität der Schwangerschaftsfürsorge.

Unter den Schädigungen spielen im Lauf der Gravidität und unter der Geburt hypoxische Störungen eine große Rolle, z. B. durch Blutungen in der Frühschwangerschaft oder durch länger andauernde Anoxie intra partum. 5% der Neugeborenen kommen nach Bachmann (1971) asphyktisch zur Welt. Von diesen zeigen 15% manifeste zerebrale Schäden. Alte Erstgebärende, Übertragung der Kinder, auch Diabetes der Mutter sowie Beckenendlage werden in der Pathogenese der CP genannt. Besonders ernst zu nehmende Risikofaktoren sind der frühzeitige Blasensprung und der Morbus haemolyticus neonatorum. Bei letzterem muß man bei der Hälfte der Kinder mit zerebralen Schädigungen rechnen.
Einen hohen Prozentsatz stellen die Frühgeburten, und zwar um so höher, je früher die Geburt einsetzt und je niedriger das Geburtsgewicht ist. Bobath (1967) hat unter den von ihm behandelten Kindern 38% Frühgeburten, Rett (1971) bei 100 Frühgeburten unter 1500 g 47 frühkindliche Hirnschäden. Köng (1962a) rechnet bei 7–8% aller Frühgeburten mit zerebralen Störungen.
Unter der Gesamtzahl von Schwangerschaften und Geburten findet sich ein Anteil von 20–30% mit erhöhtem Risiko für Mutter und Kind. Dieses Kollektiv stellt mit etwa 90% die perinatalgeschädigten bzw. verstorbenen Kinder (Hüter 1971). Je mehr Risikofaktoren im Einzelfall zusammentreffen, desto größer ist die Gefahr der Erkrankung. Feldkamp (1971) spricht von einer „Faktorentrias": drohender Abort, vorzeitiger Blasensprung und Frühgeburtlichkeit. Ihr Zusammentreffen ist besonders schwerwiegend. Bachmann (1971) hat in einer Tabelle acht „Ursachenkomplexe" zusammengestellt. Sie sollten in allen Entbindungsabteilungen Beachtung finden, um die gefährdeten Risikokinder rechtzeitig aufzuspüren und damit die Chance der Frühdiagnose zu fördern. Hüter weist auch auf neuere wissenschaftliche Erkenntnisse im Rahmen der perinatalen Medizin hin,

die Amnioskopie, die Mikroblutgasanalyse und andere Methoden, die für die Frühdiagnose Bedeutung gewinnen können.

Ist der Hirnschaden erst einmal etabliert, so sind die Aussichten auf grundsätzliche Änderung der Situation sehr begrenzt. Trotzdem muß alle unsere Aufmerksamkeit darauf gerichtet sein, die geschädigten Kinder so bald als möglich, jedenfalls im Lauf des ersten Lebensjahres, zu erfassen. Nach dem zweiten Lebensjahr nimmt die Plastizität des Gehirns stark ab. Echte Besserungen oder bei leichten Fällen gar Heilungen werden dann immer weniger zu erwarten sein.

Die *Frühdiagnose* des kindlichen Hirnschadens ist schwierig, dies ganz besonders bei den prognostisch und therapeutisch günstigen leichten und mittleren Schäden. Sie ist in den ersten Monaten häufig nicht zu objektivieren. Das Großhirn wird erst im zweiten Lebenshalbjahr funktionsfähig, so daß das Vorliegen und die Ausdehnung eines Schadens sich zunächst nur langsam durch körperliche und geistige Entwicklungshemmung und ein retardiertes, von der Norm abweichendes Reflexverhalten zu erkennen geben (Göb 1973). Vojta (1972) meint allerdings, daß der abnorme Verlauf der Lagereflexe schon in der Neugeborenenzeit auf eine Störung der Reaktibilität des Zentralnervensystems hinweisen könnte. Auch Schlack (1971) glaubt an eine ausreichend sichere Diagnostik im ersten Lebensmonat und bezieht auf die dann sofort einsetzende Behandlung „deutlich bessere Behandlungserfolge". Köng (1962b) hat keine Bedenken, auch schon bei Verdacht zu behandeln und diesen Verdacht auch den Eltern zu sagen. Dies wird allerdings einer kritischen Beurteilung der Ergebnisse im Wege stehen und die sowieso schwierige Trennung der Spontanentwicklung von der therapeutisch induzierten noch mehr erschweren. Vor allem Matthiass (1964, 1966a, 1975) hat immer wieder nicht nur auf die Bedeutung, sondern auch auf die Schwierigkeiten der Frühdiagnose hingewiesen. Er propagiert angesichts dieser Situation die Einrichtung von *motodiagnostischen* Zentren, die sich vor allem in England bewährt haben.

Alle Risikokinder bedürfen jedenfalls im ersten Lebensjahr einer besonders sorgfältigen Überwachung durch neurologische Kontrolluntersuchungen (U3 und U4 des Vorsorgeprogramms) sowie im 9. und 12. Lebensmonat (vgl. Kap. 15). Die feinere Differenzierung der neurologischen Störung erfordert eine enge Zusammenarbeit zwischen Orthopäden und Pädiater. Der Pädiater wird im allgemeinen die Frühdiagnose stellen. Selbst für ihn ist eine spezielle Ausrichtung auf die Kinder- und Säuglingsneurologie zumindest wünschenswert (Maier 1971, Vojta 1971).

Eine einigermaßen lückenlose Erfassung der Risikokinder ist bisher in Deutschland nicht gewährleistet (Schlack 1971). Zumal eine Meldepflicht fehlt, kommen die Kinder erst in Behandlung, wenn ein optimaler therapeutischer Erfolg nicht mehr zu erreichen ist. Eine *Heilung* echter CP wird man allerdings auch bei rechtzeitiger Erfassung nur in wenigen leichten Fällen erwarten können. Immer wieder aber wird es möglich sein, Verlauf und Schweregrad der Erkrankung günstig zu beeinflussen und vor allem die Sekundärschäden in Grenzen zu halten, die später das Bild beherrschen. Feldkamp (1971) konnte das an zwei Gruppen von Kindern verschieden gewissenhaft arbeitender Mütter zeigen.

Die schweren Fälle, darunter fallen auch alle zu spät, d. h. erst im zweiten Lebensjahr oder noch später erfaßten Kinder, werden hinsichtlich der Ergebnisse immer enttäuschend sein. Für diese Kinder bleibt nach Durchführung der kurativen konservativen, evtl. auch operativen Maßnahmen die schulisch-beruflich-soziale Rehabilitation. Auch sie ist, wie Hackenbroch (1973) betont, in weiterem Sinne Prävention, d. h. Vorbeugung gegenüber dem durch die Krankheit bedingten sozialen Abstieg.

Es wird großer Anstrengungen in der Zusammenarbeit von Geburtshelfern, Pädiatern und Orthopäden bedürfen, um in mühseliger Kleinarbeit, zusammen mit den notwendigen organisatorischen Maßnahmen der öffentlichen Gesundheitsfürsorge, dieser, allen unseren Bemühungen so zähen Widerstand entgegensetzenden Krankheitsgruppe gegenüber an Boden zu gewinnen.

Prävention ist nichts Neues und nach dem alten Wort „Vorbeugen ist besser als Heilen" ein schon immer gegenwärtiges Prinzip. Die tiefere Einsicht in Entwicklung und Wesen krankhafter Zustände und das Wachsen präventiver Möglichkeiten einerseits sowie die Bedeutung so oft irreversibler Versäumnisse haben aber die Aufmerksamkeit mehr als bisher auf dieses Gebiet der Medizin gerichtet, ein Gebiet, das gerade in der Orthopädie und, wie wir gesehen haben, vor allem im Kindes- und Jugendalter sich als besonders bedeutungsvoll und leistungsfähig erwiesen hat. Von seinem Ausbau und der grundsätzlichen Einflechtung präventiven Denkens in orthopädisches Handeln sind auch in Zukunft ohne Zweifel weitere Fortschritte zu erwarten.

Es ist interessant und aufschlußreich, heute eine Arbeit von Lindemann aus dem Jahre 1955 zu lesen über „Die Aufgaben der Orthopädie in der präventiven Medizin". Damals standen im Vordergrund: die Verhütung der rachitischen Deformitäten, die präventive Kontrakturverhütung bei der Poliomyelitis und die Frühbehandlung der Knochen- und Gelenktuberkulose sowie der Osteomyelitis. Schlaglichtartig geht daraus der unerhörte Wandel in der Situation der Orthopädie in diesen wenigen Jahren hervor, ein Wandel, der fast ausschließlich dem Wachsen präventiver

Erkenntnisse und der Nutzung präventiver Möglichkeiten zu verdanken ist.
Prävention ist mühsam: Unzählige „Gesunde" müssen untersucht werden; Mikrobefunde müssen erhoben werden; Teamarbeit zwischen verschiedenen Disziplinen und Organisationen ist unentbehrlich, und schließlich ist eine besondere psychologische Hinwendung und Einwirkung auf den Patienten resp. die Eltern notwendig, die beide zu Einsicht und Mitarbeit gewonnen werden müssen.
All dies entspricht nicht ohne weiteres der Einstellung des Arztes, die ja primär auf den signifikant Kranken gerichtet ist. So wird noch viel Aufklärungsarbeit notwendig sein, um Ärzteschaft und Bevölkerung zur Mitarbeit in dem erforderlichen Ausmaß bereit zu machen.

Literatur

Andrén, L.: Prevention of congenital dislocation of the hip joint in Sweden. Acta orthop. scand. 130 (1967) 62

Bachmann, K. D.: Vorschläge zur Nachuntersuchung von Risikokindern. In: Spastisch gelähmte Kinder, hrsg. von H. H. Matthiass, H. T. Brüster, H. v. Zimmermann. Thieme, Stuttgart 1971 (S. 372–386)

Bätzner, K.: In: Podiumsgespräch über Sportschäden. Z. Orthop. 110 (1972) 759

Bätzner, W.: Sport- und Arbeitschäden. Thieme, Leipzig 1936

Bauermeister, W.: Lehrbuch des Schulsonderturnens. Dümmler, Bonn 1972

Becker, F.: Kleine technische Neuerungen für die Praxis. Z. Orthop. 82 (1952) 324

Becker, F.: Über 10jährige Erfahrungen mit der Spreizbehandlung der sogenannten kongenitalen Hüftluxation im Säuglings- und Kleinkindesalter. Z. Orthop. 95 (1962) 194

Becker, F.: Prophylaxe und Frühbehandlung der kongenitalen Dysplasie des Hüftgelenks. Arch. orthop. Unfall-Chir. 55 (1963) 218

Becker, F.: Die konservative Behandlung der Hüftdysplasie und Hüftverrenkung. Z. Orthop. 106 (1969) 173–201

Becker, F.: Prävention und Rehabilitation in der praktischen Orthopädie. Vordruckverlag, Bruchsal 1970

Berquet, K. H.: Schulmöbel. Dümmler, Bonn 1971

von Bertalanffy, L.: Biophysik des Fließgleichgewichts. Vieweg, Braunschweig 1953

Biener, K.: Die Jugend im Brennpunkt der Präventivmedizin. Dtsch. med. Wschr. 96 (1971) 879

Blount, W. P., A. C. Schmidt, R. E. Bidwell: Making the Milwaukee-brace. J. Bone Jt. Surg. 40-A (1958) 526

Bobath, B.: The very early treatment of cerebral palsy. Develop. Med. Child. Neurol. 9 (1967) 373

Bobath, B.: Die normale motorische Entwicklung des Kindes im 1. Lebensjahr und ihre Abweichung bei infantilen Zerebralparesen. In: Spastisch gelähmte Kinder, hrsg. von H. H. Matthiass, H. T. Brüster, H. v. Zimmermann. Thieme, Stuttgart 1971 a

Bobath, B.: Frühbehandlung der zerebralen Kinderlähmung und ihre methodischen Grundlagen. In: Spastisch gelähmte Kinder, hrsg. von H. H. Matthias, H. T. Brüster, H. v. Zimmermann. Thieme, Stuttgart 1971 b (S. 173 u. 387 ff)

Brüster, H. T.: Erfahrungen bei der Früherfassung von Risikokindern. In: Spastisch gelähmte Kinder, hrsg. von H. H. Matthiass, H. T. Brüster, H. v. Zimmermann. Thieme, Stuttgart 1971 (S. 216)

Büschelberger, H.: Die Luxationshüfte. In: Lehrbuch der Orthopädie, hrsg. von P. Matzen. VEB Volk u. Gesundheit, Berlin 1967

Chiari, O.: Sportverletzungen, Sportschäden und deren Verhütung. Hölder, Pichler u. Tempsky, Wien 1950

Cotta, H.: Begriff, Häufigkeit und allgemeine Ursachen von Sportverletzungen. Z. Orthop. 110 (1972) 763

Dördelmann, P., H. Stuckensen: Zur Früherfassung der „angeborenen Hüftgelenksverrenkung". Z. Geburtsh. Gynäk. 29 (1969) 561

Doerr, W.: Zur Frühest- und Frühdiagnose der sogenannten angeborenen Hüftluxation. Dtsch. med. Wschr. 91 (1966) 168

Ewerbeck, H., K. A. Hüter: Erfassung und Betreuung von Risikofällen während Schwangerschaft, Geburt und Neugeborenenperiode. Thieme, Stuttgart 1969

Feldkamp, M.: Frühdiagnostik und krankengymnastische Frühbehandlung cerebral-paretischer Kinder. Z. Orthop. 108 (1971) 644–655

Fettweis, E.: Zur Prophylaxe des kindlichen Hüftluxationsleidens. Z. Orthop. 109 (1971) 905

Frejka, B.: Prävention der angeborenen Hüftgelenksluxation durch das Abduktionspolster. Wien. med. Wschr. 91 (1941) 523

Friedebold, G.: Problematik und Begriffe des sogenannten Sportschadens. Z. Orthop. 110 (1972) 759

Göb, H.: Diagnose des frühkindlichen Hirnschadens. Prakt. Orthop. Bd. 4 (1973) 411

Groh, H.: Sportschäden am Bewegungsapparat. Med. Welt 41 (1964) 2185

Güntz, E.: Schmerzen und Leistungsstörungen bei Erkrankungen der Wirbelsäule. Enke, Stuttgart 1937

v. Haberler, G.: Neue Erkenntnisse der angeborenen Hüftgelenksverrenkungen und ihre Behandlung. Z. Orthop. 75 (1945) 38

Hackenbroch, M.: Orthopädie, Körpererziehung, Präventivmedizin als Bestandteile der Fürsorge für Körperbehinderte. In: Jahrbuch der Fürsorge für Körperbehinderte 1956, Schriftl. K. Lindemann, P. J. Briefs. Thieme, Stuttgart 1956 (S. 10–20)

Hackenbroch, M.: Grundlagen der Orthopädie. In: Handbuch der Orthopädie, Bd. I, hrsg. von G. Hohmann, M. Hackenbroch, K. Lindemann. Thieme, Stuttgart 1957 (S. 32 ff)

Hackenbroch, M.: Über Prävention in der Orthopädie. Prakt. Orthop. Bd. 4 (1973) 19

Heipertz, W.: Turnunterricht und Sonderturnen. Dtsch. Ärztebl. 62 (1965) 2600

Heipertz, W.: Sportmedizin, 4. Aufl. Thieme, Stuttgart 1972; 5. Aufl. 1976

Henßge, J., C. Holland, D. Dreiack, H. Helmerking: Zur Prophylaxe der Hüftluxation und der Hüftdysplasie, die Prüfung des Schnappphänomens an der Neugeborenenhüfte. Z. Orthop. 109 (1971) 380

Heß, H.: Prävention durch Sport und beim Sport. Prakt. Orthop. 4 (1973) 345

Hoffmann-Daimler, S.: Zur Behandlung der sogenannten Hüftluxation. Z. Orthop. 98 (1964) 447

Hüter, K. H.: Prophylaxe des frühkindlichen Hirnschadens. In: Spastisch gelähmte Kinder, hrsg. von H. H. Matthiass, H. T. Brüster, H. v. Zimmermann. Thieme, Stuttgart 1971 (S. 292)

Idelberger, K.: Die erblichen Entwicklungsstörungen. In: Handbuch der Orthopädie, Bd. I, hrsg. von G. Hohmann, M. Hackenbroch, K. Lindemann. Thieme, Stuttgart 1957 (S. 116)

Imhäuser, G.: Ist der muskuläre Schiefhals angeboren? Z. Orthop. 106 (1969) 457

James, J. P., G. C. Lloyd-Roberts, M. R. Pilcher: Infantil structural skoliosis. J. Bone Jt. Surg. 41-B (1959) 719

Jentschura, G.: Haltungsschäden und Schulsport. Z. Orthop. 110 (1972) 738

Keller, G.: Zur Frühestdiagnose und Therapie der Hüftdysplasie. Z. Orthop. 106 (1969) 577

Köng, E.: Erfahrungen der Früherfassung der Risikokinder in der Schweiz. Pädiat. Fortbild. Prax. 1 (1962a) 214
Köng, E.: Behandlungsresultate bei Früh- und Spätfällen cerebraler Bewegungsstörungen. Pädiat. Fortbild. Prax. 1 (1962b) 568
Krone, H. A.: Schwangerschaft mit erhöhtem Risiko. In: Spastisch gelähmte Kinder, hrsg. von H. H. Matthiass, H. T. Brüster, H. v. Zimmermann. Thieme, Stuttgart 1971 (S. 293)
Landauer, W.: Diskussionsbeitrag. Prakt. Orthop. Bd. 4 (1973) 379
Leufgens, H. Z.: Frühdiagnose der Hüftluxation mittels des Ortolani-Zeichens. Diss., Aachen 1974
Lindemann, K.: Die Aufgaben der Orthopädie in der Präventivmedizin. Gesundheitsfürsorge 4 (1955) 203
Lindemann, K.: 50 Jahre Körperbehindertenfürsorge in Deutschland. Thieme, Stuttgart 1960
Lindemann, K.: Ätiologie und Pathogenese der Skoliose. In: Handbuch der Orthopädie, Bd. IV/2, hrsg. von G. Hohmann, M. Hackenbroch, K. Lindemann. Thieme, Stuttgart 1961 (S. 160ff)
Lindemann, K., F. W. Rathke: Früherkennung und Frühbehandlung orthopädischer Erkrankungen. In: Vorbeugende Gesundheitspflege in der täglichen Praxis, hrsg. von F. Fiebig. Hippokrates, Stuttgart 1960
Lukowsky, A.: Über das Unbestimmte in der ärztlichen Beurteilung. Münch. med. Wschr. (1962) 91
Maier, E.: Wachstum und Entwicklung des kindlichen Fußes. Therapiewoche 9 (1959) 254
Maier, E.: Der nicht behandlungsbedürftige Kinderfuß. Z. Orthop. 105 (1968) 565
Maier, E.: Sind wir auf dem richtigen Weg? In: Spastisch gelähmte Kinder, hrsg. von H. H. Matthias, H. T. Brüster, H. v. Zimmermann. Thieme, Stuttgart 1971 (S. 234)
Matthiass, H. H.: Merkblatt für die Früherkennung der infantilen Zerebralparese. Rehabilitation (Stuttg.) 4 (1964) 183
Matthiass, H. H.: Untersuchungstechnik und Diagnose der infantilen Zerebralparese im Säuglings- und Kindesalter. Thieme, Stuttgart 1966a
Matthiass, H. H.: Reifung, Wachstum und Wachstumsstörungen des Haltungs- und Bewegungsapparates im Jugendalter. Karger, Basel 1966b
Matthiass, H. H.: Die Belastbarkeit der Organe des Haltungs- und Bewegungsapparates in den verschiedenen Entwicklungsphasen. Z. Orthop. 110 (1972) 732
Matthiass, H. H.: Die Früherkennung der Adoleszentenkyphose. Prakt. Orthop. Bd. 4 (1973) 291
Matthiass, H. H.: Rehabilitation bei infantiler Cerebralparese. Prakt. Orthop. Bd. 6 (1975) 107
Matthiass, H. H., H. T. Brüster, H. v. Zimmermann: Spastisch gelähmte Kinder. Thieme, Stuttgart 1971
Mau, H.: Idiopathische Skoliosen – enchondrale Dysostosen. Z. Orthop. 93 (1960) 317
Mau, H.: Begleiterscheinungen und Verlauf der sogenannten Säuglingsskoliose. Z. Orthop. 97 (1961) 464, Beilagenheft
Mau, H.: Zur Entstehung und Bauchliegebehandlung der sogenannten Säuglingsskoliose und der Hüftdysplasie im Rahmen des „Siebenersyndroms". Z. Orthop. 100 (1965) 470
Mau, H.: Der behandlungsbedürftige Kinderfuß. Z. Orthop. 105 (1968) 576
Mau, H.: Vererbbarkeit als Risiko bei angeborenem Klumpfuß. Dtsch. med. Wschr. 94 (1969) 1950
Mau, H.: Prophylaxe Früherkennung und Frühbehandlung der sogenannten Säuglingsskoliose. Prakt. Orthop. Bd. 4 (1973) 253
Mittelmeier, H.: Beitrag zur funktionellen Therapie und spontanen Reposition der angeborenen Luxationshüfte mit Spreizhöschen und Pawlik-Bandage. Arch. orthop. Unfall-Chir. 52 (1961) 465
Mittelmeier, H.: Die Hüftdysplasie aus der Sicht des Orthopäden. Prakt. Orthop. Bd. 4 (1973) 159
Nagura, S.: Zur Ätiologie und Therapie der angeborenen Hüftverrenkung. Chugai Igakusha, Tokio 1967
Ortolani, M.: Frühdiagnose und Frühbehandlung der angeborenen Hüftverrenkung. Kinderärztl. Prax. 19 (1951) 404
Oster, K.: Früherkennung der angeborenen Hüftgelenksdysplasie. Fortschr. Med. 89 (1971) 749
Palmen, K.: Diagnose und Behandlung der Präluxation an dem Hüftgelenk von Neugeborenen. Z. Kinderchir. 4 (1967) 228
Palmen, K.: Praeluxation of the hip in the newborn. Acta ortho. scand., Suppl. 130 (1971) 8
Pauwels, F.: Gesammelte Abhandlungen zur funktionellen Anatomie des Bewegungsapparates. Springer, Berlin 1965
Pawlik, A.: Die funktionelle Behandlungsmethode mittels Riemenbügel als Prinzip der konservativen Therapie bei angeborener Hüftgelenksverrenkung der Säuglinge. Z. Orthop. 89 (1958) 341
Peic, S.: Frühbehandlung und Frühdiagnose der sogenannten angeborenen Hüftluxation. Prakt. Orthop. 4 (1973) 95
Rausch, E.: Expertengespräch über Vorsorgeuntersuchungen. Z. Orthop. 110 (1972) 843
Rausch, E.: Diskussion zum Thema Skoliose. Prakt. Orthop. Bd. 4 (1973) 329
Rauterberg, K., D. Tönnis: Untersuchungen über die Entstehung und den Verlauf der Säuglingsskoliose. Z. Orthop. 109 (1971) 676
Reiter, R.: Erfahrungen mit dem Riemenbügel nach Pawlik. Z. Orthop. 95 (1961) 220
Rett, A.: Erfahrungen mit der Früherfassung der Risikokinder in Österreich. In: Spastisch gelähmte Kinder, hrsg. von H. H. Matthiass, H. T. Brüster, H. v. Zimmermann. Thieme, Stuttgart 1971 (S. 207 u. 287)
Roggatz, J.: Früherkennung und Frühbehandlung der Skoliose. Prakt. Orthop. Bd. 4 (1973) 317
v. Rosen, S.: Diagnose und Behandlung der kongenitalen Hüftgelenksluxation bei Neugeborenen. Verh. dtsch. orthop. Ges. 50 (1963) 430
v. Rosen, S.: Weitere Erfahrungen in der Behandlung der Hüftgelenksverrenkung bei Neugeborenen. Z. Orthop. 99 (1965) 18
Roser, W.: Über die angeborene Hüftverrenkung. Langenbecks Arch. klin. Chir. 24 (1879) 309
Schär, M.: Leitfaden der Sozial- und Präventivmedizin. Huber, Bern 1968
Schede, F.: Die Grundlagen der körperlichen Erziehung, 4. Aufl. Enke, Stuttgart 1961
Scheier, H.: Prognose und Behandlung der Skoliose. Thieme, Stuttgart 1967
Schlack, H.: Erfahrungen bei der Früherfassung von Risikokindern in Deutschland. In: Spastisch gelähmte Kinder, hrsg. von H. H. Matthiass, H. T. Brüster, H. v. Zimmermann. Thieme, Stuttgart 1971 (S. 224)
Schlegel, K.: Die angeborene Hüftluxation. In: Handbuch der Orthopädie, Bd. IV, hrsg. von G. Hohmann, M. Hackenbroch, K. Lindemann. Thieme, Stuttgart 1961 (s. 69ff)
Schlegel, K. F.: Die Bauchlage des Säuglings, pro und contra. Orthop. Prax. 11 (1975) 152
Schmitt, E.: Überlastungsschäden an Haltungs- und Bewegungsapparat durch Leibesübungen. Sportarzt u. Sportmed. 5 (1970) 110, 134
Schoberth, H.: Methoden und Fehler bei der körperlichen Ertüchtigung. Z. Orthop. 110 (1972) 756
Schreiber, A.: Epiphysiolysis capitis femuris, Beitrag zur Frage der Beidseitigkeit. Z. Orthop. 97 (1963) 4
Schultheiß, H.: Die Frühbehandlung der Hüftdysplasie durch atraumatische Spreizung. Z. Orthop. 100 (1965) Beilageheft
Thomsen, W.: Kampf der Fußschwäche. Lehmann, München 1944
Thomsen, W.: Halte dich aufrecht! Thieme, Stuttgart 1970
Thur, M., G. Belz: Das Jugendarbeitsschutzgesetz. Ärztl. Prax. 21 (1969) 2031 u. 2051

Tittel, K.: Zum gegenwärtigen Stand der Sportverletzungen und -schäden des Bewegungsapparates. Z. dtsch. Hochsch. Körperkultur (Leipz.) 2 (1959/60) 247
v. Torklus, D.: Familiäre Hüftdysplasie bei Hüftluxation. Thieme, Stuttgart 1967
v. Torklus, D.: Expertengespräch über Vorsorgeuntersuchungen. Z. Orthop. 110 (1972) 843
Vojta, V.: Frühbehandlung der Zerebralparese. In: Spastisch gelähmte Kinder, hrsg. von H. H. Matthiass, H. T. Brüster, H. v. Zimmermann. Thieme, Stuttgart 1971 (S. 387)
Vojta, V.: Frühdiagnose und Frühtherapie der cerebralen Bewegungsstörungen im Kindesalter. Z. Orthop. 110 (1972) 450
Witt, A. N.: Sportverletzungen und ihre besonderen Probleme. Z. Orthop. 110 (1972) 766

11 Orthopädie und Alter

Von F. Becker

Allgemeiner Teil

Altern ist ein natürlicher, physiologischer Vorgang. Er kann keinesfalls, wie das zu Anfang unseres abendländischen Denkens unter dem Einfluß von Aristoteles geschehen ist, als Krankheit aufgefaßt werden: „senectus ipsa morbus" (Terenz). Am Ende des natürlichen Alterns steht unausweichlich der Tod. Aber nur ganz selten, wenn überhaupt, stirbt der Mensch an seinen physiologischen Alterungsvorgängen. Er stirbt vielmehr an Krankheiten, die auch in früheren Jahren vorkommen, die aber angesichts der verminderten Regenerations- und Reaktionsfähigkeit im Alter und damit angesichts der Nähe des sogenannten „natürlichen Todes" ein besonderes Gewicht bekommen.

Eckart (zit. bei Schulz 1974) berichtet über tausend Sektionen Hochbetagter, bei denen außer den landläufigen Alterungszeichen der Gewebe in allen Fällen als Todesursache eindeutige Krankheitsbefunde erhoben wurden. Auch die Autopsieergebnisse an neun über Hundertjährigen haben nach Franke (1970) keinen Beleg über das Ableben infolge reiner Altersschwäche erbracht. „Die alte Frage, ob es einen physiologischen Alterstod überhaupt gibt, muß man auf Grund der Erfahrungen der pathologischen Anatomie verneinen" (Schallock 1965).

Steinmann (1965 a) sagt allerdings mit Recht, daß es sehr schwierig, ja oft unmöglich ist, die Physiologie des Alters von seiner Pathophysiologie abzugrenzen. Er hält es deswegen für sinnvoll, beides unter dem Begriff der „Biologie des Alters" zusammenzufassen. Das dürfte dann etwa dem alten Bürgerschen Begriff der Biomorphose gleichkommen.

Bekanntermaßen gibt es für viele Erkrankungen eine Altersdisposition. Wir kennen das schon von der Kinderorthopädie her, etwa von der Perthesschen Krankheit, der Skoliose, der Epiphysenlösung u. a. In dieser Lebensperiode sind es Wachstumsvorgänge, die eine pathogenetische Rolle spielen. Ebenso gibt es Erkrankungen, die sich vorwiegend im Involutionsalter etablieren. Deswegen ist es auch durchaus berechtigt, von Alterskrankheiten zu sprechen. Für die meisten Fälle aber wird es richtig sein, von *Krankheiten im Alter* zu sprechen. Denn so sehr auch Involutionsvorgänge beteiligt sind, so dominieren gerade in diesem Lebensabschnitt doch eine ganze Reihe Faktoren, die außerhalb des Alterungsgeschehens liegen, die zwar zusammen mit diesen die „Alterskrankheiten" ausmachen, die aber klinisch zumeist im Vordergrund stehen und auch wie etwa bei einer Arthrose oder bei einer zerebralen Blutung den Verlauf bestimmen.

Stoffwechselstörungen wie der Diabetes, die Fettsucht, der Hochdruck, die Arteriosklerose und die Arthrosen, gewinnen mehr und mehr Gewicht gegenüber der zunehmenden Adaptationsschwäche. Sie entwickeln sich und gedeihen allerdings auf dem Boden der Alterungsvorgänge, die bei ihnen „mitursächlich" beteiligt sind.

Letterer (1959) spricht von Krankheiten, die in bestimmter Parallelität mit dem Alter auftreten – so etwa gewisse Tumoren, Dupuytrensche Krankheit u. a. –, und Krankheiten, die im Alter ihren Verlauf oder ihre Schwere in einer Art „Pathomorphose" ändern. Sie alle sind keine Altersérkrankungen im engeren Sinne, insofern als sie ihre *Ursache* nicht in den Alterungsvorgängen haben. Sie häufen sich aber in diesem Lebensabschnitt, sie überschneiden sich, sie kumulieren und nehmen einen besonderen, oft schwereren, schließlich auch deletären Verlauf.

Ihr Zusammentreffen führt zu der für diesen Lebensabschnitt charakteristischen *Polymorbidität* (Benke 1970, Meyerhofer 1970) und damit zu einer Vieldeutigkeit der Symptomatik, die besondere diagnostische Schwierigkeiten mit sich bringt und für das therapeutische Vorgehen höchst bedeutungsvoll ist. So etwa bei einer „Ischias" durch Wirbelsäulenmetastasen oder bei den so oft als statisch behandelten Fußschmerzen als Folge einer diabetischen Angiopathie.

Viele dieser Erkrankungen und insbesondere die hier zu behandelnden Krankheiten des Haltungs- und Bewegungsapparates verlaufen chronisch, ja, wie etwa die Hüftdysplasie, über die ganze Lebenszeit hinweg. Sie bedrohen nur selten das Leben, erreichen aber gerade dadurch das höhere

Alter und führen dort auf dem Boden der zunehmenden Regenerationsschwäche zu oft sehr charakteristischen Symptomenkomplexen wie etwa der Koxarthrose oder der Altershand bei Polyarthrose der Fingergelenke. Hier kommen dann auch als alterungsspezifisch die Begriffe Verschleiß, Abnutzung und Materialminderwertigkeit zum Tragen, über die bei Besprechung der Arthrosen zu diskutieren sein wird.

Wie inzwischen erarbeitete ausgedehnte Grundlagenforschungen ergeben haben, verlaufen die Alterungsvorgänge innerhalb der einzelnen Organsysteme durchaus verschieden (FRANKS 1973, MÜLLER u. Mitarb. 1974, OSTERTAG 1959, SCHALLOCK 1965, PLATT[1] 1974b, VERZÁR 1964 u. a.). Im Gegensatz zu den parenchymatösen Organen altern vor allem das Bindegewebe sowie die höchst-differenzierten Zellen des Zentralnervensystems. Dieses ist zwar primär mit einer Überzahl an Parenchymzellen ausgestattet, aber Nervenfasern und Ganglien sind nicht regenerationsfähig. Ihre Zahl nimmt mit zunehmendem Alter ab. Das führt unter anderem zu einer meßbaren Verlängerung der Reaktionszeit, zu einer Beeinträchtigung der vegetativen Zentren, vor allem des Kreislaufs und der Wärmeregulation. LETTERER hat dem entgegen noch 1959 die Meinung vertreten, daß nicht nur die Herzmuskel-, sondern auch die Ganglienzellen nicht altern, daß sie sozusagen „potentiell unsterblich" sind.

Für die Orthopädie von besonderer Wichtigkeit ist der Nachweis, daß Alterungsvorgänge sich vor allem im Kollagen abspielen, das ja ein Drittel aller bindegewebigen Organe ausmacht (BRUCKSCHEN 1959, PLATT 1974a, SCHALLOCK 1965, VERZÁR 1974). Es sind „gerbende Substanzen", die eine Änderung der molekularen Struktur und damit die Alterung des Kollagens bewirken. Der mit einer Zunahme intermolekularer Brückenbindungen – „Quervernetzungen" – einhergehende, altersabhängige Verfestigungsprozeß der Kollagenfasern führt zu einem Elastizitätsverlust. Dieser Alterungsprozeß des Kollagens ist aber nach NEMETSCHEK (1974) „kein störender Ablauf", sondern unter Mitwirkung sinnvoller Regelmechanismen ein Anpassungsvorgang an die jeweiligen physiologischen Erfordernisse. „Auf diesem Boden gedeihen allerdings rheumatische, arthritische Erkrankungen, Erkrankungen der Knochen und Gelenke und wahrscheinlich auch Veränderungen der Arterienwand, die aber nichts zu tun haben mit der Arteriosklerose" (VERZÁR). Die Alterung der Arterien, die BÜRGER (1960) als „Physiosklerose" definiert hat, geht mit einer *Erweiterung* und einer gewissen Starre der Gefäßwand einher, auf der sich allerdings die herdförmige Intimaerkrankung der Arteriosklerose bevorzugt entwickelt. Zusammenfassend definiert VERZÁR das Alterungsgeschehen als „Abnahme der Adaptationsfähigkeit an Änderungen der Umweltfaktoren".

Auch bei SCHALLOCK ist der Alterungsvorgang selbst nicht als Krankheit aufgefaßt. Im Vordergrund steht die mit dem Alter verminderte Regenerationsfähigkeit der Zellen. In der Grundsubstanz kommt es zur Beeinflussung der enzymatischen Zelleistung, zu einer Verfestigung, „einer Art Verharzung", die das Auftreten krankhafter Veränderungen begünstigt. Das Bindegewebe verliert damit seine Straffheit, seine Elastizität, auch seine Gleitfähigkeit. Das wirkt sich z. B. an den Gelenken aus, deren Bandapparat an Haltekraft einbüßt. Der Elastizitätsverlust sowie die mangelnde Gleitfähigkeit im Bereich von Sehnen und Faszien begünstigen dann die Entstehung von Kontrakturen.

Allzu einfach ist die Vorstellung, daß nicht die katabolen, also die abbauenden Vorgänge zunehmen, sondern die anabolen, die aufbauenden, die regenerativen Kräfte abnehmen. Nach ALBRIGHT u. REIFENSTEIN (1948) betrifft das vor allem den alternden Knochen und führt hier zur senilen Osteoporose. Dabei kann der Alterungsvorgang selbst einmal echten Krankheitswert gewinnen, wenn durch Erschöpfung der Aufbaureserven die statische Funktion bis zum Auftreten von Frakturen geschwächt wird.

An den Bändern und Sehnen spielen die zunehmende Zellverarmung der Strukturen und damit Zunahme der Faserstrukturen („Kollagenisierung"), die Fragmentation der elastischen Fasern, Lipoid- und Kalkablagerungen eine Rolle (SCHALLOCK 1965, SCHNEIDER 1959). Sie führen zu einer Qualitätsminderung der mechanischen Beanspruchbarkeit: Rupturen der Quadrizepssehne, der Adduktorensehnen, der Achillessehnen. An den anatomisch und funktionell problematischen Übergangsstellen der Sehnen in den Knochen kommt es zu einer Häufung der Insertionstendopathien, die nach den Untersuchungen von SCHNEIDER bei Männern um das 55., bei Frauen um das 50. Lebensjahr einen Altersgipfel zeigen (EITNER 1969, MAU 1960, BAACKE u. WESELOH 1976). Sie werden vor allem an Rücken, Becken und Bein gern falsch gedeutet, obwohl sie sich dort nicht weniger häufig finden als an der oberen Extremität. Im Bereich von Hand und Fuß kommt es auf dem Boden der altersbedingten Veränderung in der Aponeurose zum Bild der Dupuytrenschen Krankheit. Ihre Ätiologie ist nach wie vor unklar. Das histologische Bild ist charakterisiert durch eine Zunahme der kollagenen Substanz, in der gleichzeitig die elastischen Fasern praktisch verschwinden (MILLESI 1965).

Der Alterungsvorgang betrifft natürlich auch die Muskulatur, deren Fähigkeit zu Höchstleistungen bekanntlich schon zu Ende des dritten Lebensjahrzehntes nachzulassen beginnt. Man spricht deswegen zwar nicht von einer Alterserscheinung, aber hier meldet sich bereits ein erster Vorbote, und in Wirklichkeit ist es ein Alterungsvorgang, der sich damit jetzt bereits andeutet, ebenso wie schon wenig später am Auge das Nachlassen der Akkommodation das Herannahen des Alters signalisiert.

SCHEDE (1940) spricht von einem „Rückgang der Muskulatur in ihrer Masse um das fünfzigste Lebensjahr, der in wenigen Jahren beendet ist und sich weder verhindern noch beheben läßt". Um das sechzigste Lebensjahr beträgt die absolute Handkraft nur noch die Hälfte des ursprünglichen Höchstwertes (NÖCKER 1965).

Im histologischen Bild zeigt sich ein Zerfall von Muskelzellen, in denen eine zunehmende vakuolische und wachsartige Degeneration zu beobachten ist. Die Zahl der Fibrillen geht zurück; die Fasern werden schmäler und ungleich im Durchmesser, und die Querstreifung ist manchmal nicht mehr darzustellen (SCHALLOCK, VERZÁR). Schließlich führt die herabgesetzte Aktivität der Muskulatur zu der seit langem bekannten Vermehrung von Bindegewebe und Umwandlung desselben in Fett (ASCHOFF 1938).

Der Haltungs- und Bewegungsapparat ist das Organ für körperliche Leistung. Das Nachlassen der Adaptations- und Regenerationsfähigkeit in den mesenchymatischen Geweben wird sich also in einem langsamen Leistungsabfall bemerkbar machen. Der Psychiater RINGEL (1974, nicht publiziert) möchte den Ausdruck Leistungsabfall ersetzt wissen durch Leistungswandel, dies zweifellos mit dem Blick auf die Gesamtpersönlichkeit. DEBRUNNER (1959) spricht von einem parallelen Diminuendo von Anspruch und Fähigkeit: „Der gesunde Greis kann noch was er will, weil er nur will was er kann. Er ist biologisch durchaus angepaßt" – wenn er sich so verhält!

Wird aber dieses *Gleichgewicht zwischen der physiologisch geminderten Leistungsfähigkeit und der Beanspruchung* gestört, so kann es zu einer echten Krankheit kommen, etwa zur Spontanfraktur eines osteoporotischen Knochens oder – um nur ein weiteres Beispiel zu nennen – zu dem häufigen Achillessehnenriß, wenn ein alternder Mensch sich plötzlich eine sportliche Leistung abverlangt, der sein Sehnengewebe nicht mehr gewachsen ist.

Die Abnahme der Adaptationsfähigkeit führt nun nicht, wie man vermuten könnte, dazu, daß im Alter Krankheiten schwerer oder akuter verlaufen. Im Gegenteil ist angesichts der reduzierten Reaktivität der Verlauf gelegentlich langsamer und blander, wie z. B. bei der Alterstuberkulose und auch bei manchen Malignomen. RÜHLAND (1974) spricht von der Mikrosymptomatik beim alten Menschen, wenn etwa eine eingekeilte Schenkelhalsfraktur zunächst unbemerkt bleibt, weil der Mensch sowieso nur gering belastet.

In diesem Zusammenhang weist HAUSS (1974) in einer Abhandlung über die Bedeutung von Umweltfaktoren auf das „Additionsphänomen" hin, d. h. auf das Zusammentreffen mehrerer unterschwelliger Schädigungen und Belastungen, die schließlich zur Katastrophe führen. In diesem Sinne dürfte auch die „traumatisch bedingte Konstitutionsablenkung" (OSTERTAG 1959) zu verstehen sein, die nach Unfalleinwirkungen im Senium gelegentlich zu beobachten ist, insbesondere dann, wenn das Zentralnervensystem mitbetroffen wurde.

Die verminderte Vitalität kann auch dazu führen, daß eine schmerzhafte Erkrankung wie z. B. eine Koxarthrose mit Eintritt in das höhere Alter infolge der damit verbundenen geringeren Belastung, etwa nach der Pensionierung, durch Nachlassen der Schmerzhaftigkeit wesentlich erträglicher wird. Diese nicht seltene Beobachtung wird unter Umständen bei der Indikation zur Operation entscheidend sein.

Die Alterungsvorgänge zeigen beim Einzelindividuum große Unterschiede hinsichtlich des zeitlichen Auftretens, des Grades der Ausprägung und der Färbung. Dabei spielt die geistig-charakterlich-psychische Persönlichkeit eine vorrangige Rolle. Es kommt darin auch zum Ausdruck die bekannte Diskrepanz zwischen kalendarischem und biologischem Alter. Zweifellos sind hier Erbfaktoren ganz wesentlich im Spiel.

Darauf weisen auch die Untersuchungen hin, die FRANKE (1970) an 148 über Hundertjährigen gemacht hat. Sie hatten alle unter Eltern und Voreltern ebenfalls Hochbetagte.
SCHULZ (1974) konnte an 9 über Hundertjährigen die interessante Feststellung treffen, daß sie fast alle in geistiger Hinsicht erstaunlich intakt waren. Auch VISCHER (1964) fand bei Hundertjährigen keine senile Demenz: „Zum Erlangen der Höchstlebigkeit braucht es offenbar die Erhaltung der geistigen Kräfte, ein Beweis für den Suprimat des Geistes über den Körper" (SAHLI: „Die energetische Struktur des Geistes"). Es könnte das zwar den Beobachtungen der Pathologen über die abnehmende Zahl der Ganglien mit zunehmendem Alter widersprechen, auf die VERZÁR (1965) die bekannte Vergeßlichkeit, Lernschwierigkeit und Schwierigkeit in der sozialen Adaptation bezieht. Es stimmt aber überein mit der Ansicht von BÖDER (1973) über die Bedeutung der „Ausgangsintelligenz für das Altern", das um so leichter zu ertragen ist, je mehr die geistige Tätigkeit dominiert. Im Gegensatz dazu soll für niedriger qualifizierte Berufe der Alterungsvorgang schwieriger zu bewältigen sein. BÖDER sieht darin einen bedeutungsvollen sozialen Faktor.

Schließlich muß hier auch auf die *Altersdepression* hingewiesen werden, die in ihrer larvierten Form sich hinter allerhand somatischen Symptomen – Magen-Darm-Beschwerden, Herzsensationen, Rückenschmerzen, Müdigkeit u. a. – zu verbergen pflegt. Sie findet sich nach KIELHOLZ (1974) in 5–10% der Alten. Einer Feldstudie in England zufolge sollen dort in Altenheimen sogar bis zu 25% echte Depressionen festgestellt worden sein. Das Nichterkennen der Depression soll eine der häufigsten Fehldiagnosen beim alten Menschen sein.

Auch funktionelle neurovegetativ-dystone Beschwerden sind oft schwer von organischen zu unterscheiden. Nach der Erfahrung von HITTMEIER (1965) bessern sich diese oft bei Eintritt in das Senium. Diese Tatsache gilt es zu beachten und alles zu tun, um Steigerung und Fixierung funktioneller Beschwerden, besonders ihre Mitnahme in das Alter, zu verhindern. Dabei ist zu bedenken, daß alte Menschen zur Rückwendung auf das eigene Ich und seine Körperlichkeit und damit zu Hypochondrie neigen. (HOFF u. RINGEL 1965).

Das Alter kann gelegentlich krisenhaft und unter

erheblichen Beschwerden in den sogenannten Wechseljahren eintreten. Es zeigt sich dann eine „fatale Ähnlichkeit zwischen Pubertät und Wechseljahren" (SCHEDE 1940). Besonders geistig tätige Männer übersehen dann gern die Bedeutung der grundsätzlich neuen Situation und übernehmen sich. „Dann werden sie unsere Patienten" (SCHEDE).

Schließlich und endlich hängt in dieser Lebensphase alles ab von dem Zustand der Gefäße, insbesondere der Hirndurchblutung und damit von Grad und Lokalisation einer evtl. zerebralen Sklerose. Hier kommt die alte Bürgersche Definition zu ihrem Recht, nach der der Mensch so alt ist wie seine Gefäße.

Spezieller Teil

Altersabhängige Erkrankungen des Haltungsapparates

Knochen

Die *senile Osteoporose* ist in ihrer reinen Form ein physiologischer Alterungsprozeß. Sie entspricht nach JESSERER (1974) etwa der Altersatrophie der Haut. KUHLENCORDT (1971), DAMBACHER u. HAAS (1973) u. a. schlagen vor, diese natürliche Reduktion an Knochensubstanz, weil außerhalb krankhaften Geschehens, nicht als „Porose", sondern als physiologische „Altersatrophie" zu bezeichnen. Sie betrifft das *ganze* Skelett und zeigt in ihrem Auftreten große individuelle Unterschiede. Es gibt Siebzigjährige mit ausgeprägter und Neunzigjährige mit kaum festzustellender Porose (JESSERER 1974).

Im Gegensatz zur senilen liegt die *präsenile Osteoporose* schon wegen ihres zeitlichen Auftretens bereits auf dem Gebiet pathologischen Geschehens. Bei ihr stehen offenbar hormonelle Einflüsse mehr im Vordergrund. Sie ist vorwiegend an der Wirbelsäule etabliert. Beide Formen werden heute als *primäre Osteoporose* bezeichnet. Sie finden sich im 60. Lebensjahr bei etwa 25% der Frauen und 10% der Männer. Für die Orthopädie sind sie angesichts des zunehmenden durchschnittlichen Lebensalters von größter Bedeutung.

Pathogenese

Das Wesen dieser Rückbildungsvorgänge hat sich inzwischen im Vergleich zu der eingangs erwähnten Vorstellung von ALBRIGHT u. REIFENSTEIN (1948) als erheblich komplizierter herausgestellt. Es sind nicht nur die anabolen und die katabolen Stoffwechselvorgänge und ihr Verhältnis zueinander, die den Knochenumbau steuern, sondern eine große Anzahl anderer Faktoren, die die Knochenbilanz in eine pathologische Richtung bringen können (JESSERER 1974, KROKOWSKI 1971, KROKOWSKI u. Mitarb. 1975, KUHLENCORDT u. Mitarb. 1970, PLATT 1974 a, UEHLINGER 1975, VITTALI 1970 u. a.).

Von diesen *sekundären Formen* interessieren auf orthopädischem Gebiet die Osteoporose infolge von Kortikoidtherapie, die Osteoporose bei Hyperthyreose, bei Hyperparathyreoidismus und die gastrointestinal bedingten Formen, z. B. nach Magen- und Darmresektion und bei Maldigestion. Dahin gehören auch die Osteoporosen infolge alimentären Calciummangels (NORDIN 1963) und die Hungerosteopathien. Sie sind durchaus nicht selten, z. B. bei alleinstehenden Hochbetagten, die sich über lange Zeit ebenso unzureichend wie einseitig ernähren (DEBRUNNER 1959).

Vor allem die sekundäre und bis zu einem gewissen Grad auch die präsenile Osteoporose sind therapeutischem Vorgehen vielfach zugänglich. Unter diesen sind die akuten und schubweisen Verläufe nach Meinung von KUHLENCORDT (1971) und HAAS (1966) therapeutisch besonders aussichtsreich. Eine sorgfältige differentialdiagnostische Abklärung ist deswegen als Grundlage für eine rechtzeitige, gezielte Therapie erforderlich.

Diagnostik

Leider reicht die einfache Röntgenaufnahme gerade für die so wichtige Früherkennung nicht aus, da bekannterweise erst bei einem Calciumschwund von 30–50% eindeutige Bilder zu erwarten sind (SCHMORL u. JUNGHANNS 1968). Die Densitometrie von CAMERON u. SORENSEN (1963) läßt sich leider nur am distalen Radius anwenden. Sie hat sich dort bewährt (SMITH u. Mitarb. 1972), scheint sich aber auf breiter Basis nicht einzuführen, weil sie an dem für die Frühdiagnose der Osteoporose wichtigsten Skelettabschnitt, der Wirbelsäule, nicht praktikabel ist. KROKOWSKI (1966) beschreibt ein Röntgenmeßverfahren zur Diagnose der Osteoporose durch quantitative Einstufung des Mineralgehaltes im Knochen, das er an der Lendenwirbelsäule demonstriert.

Auch die Blutchemiebefunde – Serumcalcium, Phosphate und Phosphatasen – geben nur geringe Hinweise. Im gegebenen Fall werden eingehendere Stoffwechseluntersuchungen angezeigt sein, die dann die Zusammenarbeit mit dem Internisten notwendig machen (MÜHLBACH u. Mitarb. 1973, REUTTER 1974).

Auch die Knochenbiopsie ist zur Differenzierung der Diagnose, zur Feststellung des Schweregrades und zur Kontrolle des Verlaufs gelegentlich notwendig (DAMBACHER u. HAAS 1973, KUHLENCORDT 1971, SCHENK u. MERZ 1969). WAGNER (1965) hat zur Bestimmung des prozentualen Anteils von Knochengewebe in der Volumeneinheit ein vereinfachtes technisches Verfahren angegeben. Danach kann eine Osteoporose histologisch eindeutig festgestellt werden, wenn die Dichte der Bekkenkammspongiosa unter 16% des Gesamtvolumens liegt. Auch kalzipenische Osteopathien infolge pathologischer Stoffwechselvorgänge lassen sich histologisch erfassen (DROGULA 1959). Vor allem aber wird die Probeexzision bei deutlicher Osteoidbildung eine evtl. *Osteomalazie* aufdekken, die auch im Alter zu beobachten ist und gelegentlich in Mischformen mit der Involutionsosteoporose auftritt. Auch das Auftreten von Looserschen Umbauzonen wird auf eine Osteomalazie hinweisen.

Klinik

Die Osteoporose führt vorwiegend an den spongiösen Anteilen des Skelettes zu den bekannten *präfrakturellen Störungszonen* (RUTISHAUSER 1954), auf deren Boden dann die für das Alter charakteristischen Brüche entstehen (Schenkelhals-, Oberarmfrakturen, pertrochantäre Frakturen). Der an sich physiologische Alterungsvorgang gewinnt dadurch über die Biomorphose hinaus echten Krankheitswert.

Die mangelnde Festigkeit und Brüchigkeit führen an der Wirbelsäule ohne eine dem Patienten bewußte traumatische Einwirkung und ohne daß dies zu besonderen Beschwerden führen müßte häufig zu schweren Verformungen. WITT (1969) legt aus psychologischen und forensischen Gründen mit Recht Wert darauf, bei diesen Befunden nicht von Frakturen zu sprechen, sondern von „Spontanverformungen". Nach EICHLER (1971) ist allerdings bei der senilen Osteoporose die Form der Wirbelkörper nicht verändert. Liegen Verformungen vor, so sollen diese bereits Zeichen der präsenilen Erkrankung sein.

Zusammen mit den degenerativen Vorgängen an den Bandscheiben sind die Wirbeldeformierungen auch Ursache für den *Größenverlust im Alter,* der bis zu 10 cm und mehr betragen kann (JESSERER 1965).

Durch die Wirbelkompressionen entstehen die *Keilwirbelbildungen,* die im Bereich der Brustwirbelsäule die Alterskyphose verursachen, im Bereich der Lendenwirbelsäule vorwiegend die bekannten *Fischwirbel,* die die Lendenlordose mitbedingen.

OTTE (1971) machte auf das Phänomen der „Diskusexpansion" aufmerksam. Sie ist gewissermaßen das Gegenstück zur Fischwirbelbildung und steht im Gegensatz zu dem Altersschwund der Bandscheiben. Da die deformierende Spondylose eine Diskusdegeneration zur Voraussetzung hat, fehlen bei Osteoporosekranken mit Bandscheibenexpansion spondylotische Deformierungen. Diese Beobachtung wurde von SIEGELMANN u. URIST (zit. bei OTTE 1971) bestätigt.

Therapie

Was das therapeutische Vorgehen anbetrifft, so gibt es auch auf diesem Gebiet präventive Möglichkeiten: Erhaltung und Training der Beweglichkeit, Vermeidung von Immobilisation, calcium-, phosphor- und vitaminreiche Ernährung, Vermeidung oder zumindest äußerste Zurückhaltung bei der Verordnung von Glukokortikoiden und Heparin als Dauermedikation (BECK 1967a).

Bisher ist es nicht gelungen, die reine senile Osteoporose medikamentös zu beeinflussen (JESSERER 1974, KLATT u. Mitarb. 1973, MÜHLBACH u. Mitarb. 1973, SCHWARZ 1971 u.a.). Dagegen können bei der präsenilen Form, den sekundären Osteoporosen und den Mischformen Medikamente hilfreich sein.

Im allgemeinen werden Anabolika, Calcium, Vitamin D und in letzter Zeit Natriumfluorid empfohlen. Die Anabolika wirken zwar nicht auf den Knochenstoffwechsel, haben aber durch ihre Wirkung auf Allgemeinbefinden, Kräftezustand und Appetit einen guten subjektiven Effekt, so daß die Patienten sich mehr bewegen. Bewegung aber ist ein Haupttherapeutikum bei der Osteoporose (GOSSMANN 1974).

Calciumzufuhr ist angezeigt bei kalzipenischen Stoffwechselstörungen. Ihre Bedeutung liegt aber mehr in der Prophylaxe als in der Therapie (SCHWARZ 1971). Der subjektiv günstige Einfluß des Calciums wird auf eine myotonolytische Wirkung zurückgeführt.

Eine Vitaminbehandlung ist nur bei Vitamin-D-Mangel angezeigt, also vor allem bei Mischzuständen mit der Osteomalazie. MORGAN (1968) weist darauf hin, daß durch hohe Gaben von Vitamin D_3 ex juvantibus eine Abgrenzung der Osteoporose von der Malazie möglich ist.

Die Berichte über die *Fluorbehandlung* bedürfen noch weiterer Erfahrung und Nachprüfung (KROKOWSKI u. Mitarb. 1973, REUTTER 1974, JESSERER 1973). Immerhin ist Natriumfluorid das bislang einzige Medikament, bei dem eine vermehrte Knochenbildung histologisch objektiviert werden konnte (KUHLENCORDT u. KRUSE 1973, OHLA u. Mitarb. 1973, EICHLER 1976). Der neugebildete Knochen ist aber atypisch in der Faserstruktur, seiner Mineralisation und seinen physikalischen Eigenschaften. Bruch- und Biegefestigkeit sind gegenüber normalem Knochen vermindert (AALAM 1975, ZICHNER u. Mitarb. 1976).

WAGNER (1965) macht mit Recht darauf aufmerksam, daß die bei diesem Leiden so sehr auf das Skelett gerichtete Aufmerksamkeit nicht zur Vernachlässigung der Muskelpflege führen darf; denn *„eine leistungsfähige Muskulatur kann in großem Umfang Insuffizienzerscheinungen des Skelettes kompensieren"*.

In diesem Zusammenhang ist noch einmal auf die Arbeiten von KROKOWSKI u. Mitarb. (1973) hinzuweisen, nach denen die Osteoporose nicht mehr als primäre Calcium- oder Knochenstoffwechselstörung, sondern als Folge einer Mangelblutversorgung anzusehen ist, die primär insbesondere auch die Muskulatur betrifft.

Häufig wird vor allem bei Schmerzen infolge Hyperlordose und zur Unterstützung der Bauchblase die Verordnung eines Stützmieders nicht zu umgehen sein.

Nur in den Anfangsstadien ist die medikamentöse Behandlung aussichtsreich. Erfahrungsgemäß wird aber die Diagnose bei dem außerordentlich chronischen Leiden sehr spät gestellt, wenn die Patienten zunächst viele Monate oder gar Jahre unter der Diagnose Rheumatismus behandelt worden sind. Bei Rückenschmerzen im Alter ist deswegen immer an das Vorliegen einer Osteoporose zu denken und die Diagnose mit den zur Verfügung stehenden Mitteln zu erhärten.
Die echten Frakturen, häufig schon aus geringen Anlässen, haben ihre eigenen Probleme. Dabei wird an den unteren Extremitäten im allgemeinen der stabilen Osteosynthese oder dem plastischen Gelenkersatz der Vorzug zu geben sein (s. Abschnitt „Traumatologie" S. 6.13ff.).
Sehr wichtig ist bei stärkeren Beschwerden und unklarem Befund an der Wirbelsäule die *Differentialdiagnose* gegenüber Metastasen (Prostata!) und dem in fortgeschrittenem Alter nicht seltenen Plasmozytom. Die dann meist stark erhöhte BKS wird den Arzt auf die richtige Spur bringen.
Nicht nur wegen der Möglichkeit des Vorliegens von Metastasen, sondern auch angesichts der erhöhten Knochenbrüchigkeit muß bei alten Menschen *vor chirotherapeutischen Eingriffen eindringlich gewarnt* werden.

Morbus Paget
Die Pagetsche Krankheit (s. Kap. 26) hat eine ausgesprochene Altersdisposition. Sie ist nicht gerade häufig. Bei alten Leuten mit diffusen Knochenschmerzen oder gar einer langsam zunehmenden Verbiegung vor allem im Bereich der unteren Extremitäten – crus varum – ist sie aber immer in Erwägung zu ziehen.
Das *strähnig-sklerosierende Röntgenbild* ist in der ausgeprägten Form sehr charakteristisch, im Anfang aber oft nicht leicht zu deuten.
Die Erkrankung befällt immer nur Teile des Skelettes und zeigt Partien exzessiver Steigerung der Osteoplasie und der Osteoklasie. Eine Ursache ist nicht bekannt, die Therapie deswegen auch nur symptomatisch. Kalzitonin und Phosphate werden empfohlen (Dambacher 1973). Bei Frakturen oder auch bei Osteotomien zur Beseitigung von Fehlstellungen ist die übungsstabile Osteosynthese das Mittel der Wahl. An eine evtl. Hyperkalzämie (Nierensteine!) und an die Gefahr sarkomatöser Entartung muß gedacht werden.

Gelenke

Nach Debrunner (1959) ist die **chronisch deformierende Arthrose** „das wichtigste Thema der Altersorthopädie".

Pathogenese
Sie lokalisiert sich vorwiegend an den Gelenken der unteren Extremität, die ja einer besonders gearteten und vor allem hochgewichtigen Belastung ausgesetzt sind. Es ist deswegen naheliegend, im Vergleich mit alltäglichen Vorgängen in der Technik auch an der „Gelenkmaschine" Verschleiß- und Abnutzungserscheinungen anzunehmen und in ihnen die Ursache der deformierenden Arthrose zu sehen. Diese Vorstellung trifft aber nur partiell das pathologische Geschehen. Der gesunde Greis hat keine Arthrose, auch wenn er im Lauf seines Lebens starken, überdurchschnittlichen Belastungen seiner Gelenke ausgesetzt war (Hakkenbroch 1957b, Groh 1964, Pauwels 1965, Otte 1973 u. a.).
Ohne Zweifel liegt hier ein multifaktorielles Geschehen vor, dessen Ätiologie und Pathogenese in mancherlei Hinsicht nicht geklärt ist.
Beginn und Zentrum des Geschehens spielen sich im *Gelenkknorpel* ab. Der gesunde Knorpel ist ein hochdifferenziertes Gewebe, das als elastischer Puffer dient und zusammen mit der Synovialflüssigkeit ein reibungsloses Gleiten der Gelenkflächen ermöglicht. Dieses System zeichnet sich aus durch extrem niedrigen Reibungswiderstand, der nach Charnley (1960) viel niedriger ist als irgendein Beispiel aus der Technik.

Bürger (1960) ist der Ansicht, daß der im Alter verminderte Wassergehalt des Knorpels eine größere Härte und Konsistenz und damit eine geringere Elastizität bedingt. Schallock (1965), der die Theorie von der Abnahme des Wassergehaltes in den alternden Geweben ganz allgemein ablehnt und sie nur für den Nucleus pulposus als erwiesen ansieht, findet eine Trübung mit asbestartiger Zerklüftung, Hohlraum- und Fasermarkbildung, Verkalkungen und sogar Verknöcherungen. Er erklärt damit seinerseits das Nachlassen der Elastizität. Buddecke u. Sziegoleit (1964) u. a. stellten eine Abnahme des Chondroitinsulfatgehaltes sowie des die Prallelastizität des Knorpels mitbestimmenden Hexosamingehaltes fest. Somit wird der Knorpel des alten Menschen auch auf physiologische Beanspruchung anfälliger. Leistungsbreite und Kompensationskraft nehmen ab (Cotta 1974).
Nach Platt (1974a), der mit seinem Arbeitskreis das Arthroseproblem ebenfalls von der bio- und histochemischen Seite her bearbeitet, kommt einem gesteigerten Mukopolysaccharidabbau eine wesentliche Bedeutung in der Pathogenese der Arthrose zu.

Dies alles stellt die physiologische „Biomorphose" (Bürger 1960) des alternden Knorpels dar, der trotzdem unter der Voraussetzung einer dem Alter angepaßten Belastung im allgemeinen einem besonderen Abnutzungs- oder Verschleißvorgang offenbar nicht unterworfen ist. Allerdings ist hier der Boden bereitet, auf dem sich unter bestimmten Umständen und unter dem Faktor Zeit die Arthrose entwickelt.
Diese Entwicklung kommt in Gang vor allem dann, wenn über einen langen Zeitraum die regelrechte anatomische Form durch Inkongruenz der korrespondierenden Gelenkanteile beeinträchtigt oder die Funktion durch Achsenabweichung gestört ist. *Zeit und normale Funktion führen nicht zur Arthrose, wohl aber Zeit und Dysfunktion.* Es

kommt zu einer pathologischen Gelenkmechanik und über eine *lokalisierte* Überbeanspruchung, eine „relative Überbelastung" (RUTISHAUSER 1954) zur Arthrose. Dabei entstehen z. T. enorme Spitzenbelastungen. PAUWELS (1965) hat die feineren funktionellen und dysfunktionellen Zusammenhänge, insbesondere der Druckrichtungen, Druckflächen und Druckgrößen in seinen grundlegenden Arbeiten aufgeklärt.
Schon 1943 hat HACKENBROCH den Begriff der *präarthrotischen Deformität* und der *Präarthrose* überhaupt geprägt und damit den wichtigsten pathogenetischen Faktor definiert. Danach führen alle jene Zustände, die die „geometrische Einheit des Gelenkes" stören, gesetzmäßig zur Arthrose. Es handelt sich dabei zunächst nicht um Erkrankungen des Alters, worauf schon PREISER, POMMER, RUTISHAUSER (1954), FRANCILLON (1967) und viele andere hingewiesen haben. Sie können schon lange vor dem Senium, ja in der Kindheit bestehen wie die Hüftdysplasie (BECKER 1966, FRANCILLON 1967). Sie können, scheinbar ganz gering und ohne Beschwerden, über Jahrzehnte etabliert sein, können aber auch in jungen Jahren schon eine Arthrose auslösen. Im Lauf der Jahre, spätestens aber mit Eintritt in das Senium, wird ihre Einwirkung auf das Gelenk verhängnisvoll sein. Begünstigt durch das Schwächerwerden der biologischen Kraft des Gelenkes setzt dann ein echter Verschleiß- und Abnutzungsvorgang ein, der bis zum völligen Abrieb des Knorpels an zunächst umschriebener Stelle führen kann. Damit ist dann der bekannte Circulus vitiosus eingeleitet.

Nach den Vorstellungen von OTTE (1974) werden durch Knorpelabrieb, also durch einen Verschleißvorgang, „molekulare Substanzen und Partikel" mobilisiert, die als „Irritationsfaktor" zu Entzündungen der Gelenkinnenhaut führen und damit den Schmerz begründen. Der Gedanke geht offenbar auf LLOYD-ROBERTS zurück. Die Irritation verursacht weiterhin Ödem, Exsudation, Erguß und Kapselschwellung und damit das Bild der „aktivierten, noch reversiblen" Arthrose. Aus ihr geht die tertiäre Symptomengruppe hervor mit irreversiblen, strukturellen Veränderungen, Kontrakturen und groben Formveränderungen der Gelenkenden sowie schmerzhaften reflektorischen Verspannungen der gelenknahen Muskeln.
Auch COTTA (1974) lokalisiert einen bedeutenden Faktor der Arthrosenentstehung in die Synovia. Mit zunehmendem Alter wird der Abstand von den Kapselkapillaren zur Synovialschicht, die „Transitstrecke" größer, wodurch eine Hemmung des den Knorpel ernährenden Substratflusses entsteht. Es sind neben der primär mechanischen Schädigung die primär trophische und die enzymatische Schädigung der Gelenke, die die Arthrose induzieren, letztere vom Gelenkraum ausgehend oder durch knorpeleigene Enzyme (COTTA 1974).

HACKENBROCH (1943) hat bei seinen Gedanken um die Arthrose und die Präarthrose über die Bedeutung der abnormen Form und Funktion hinaus auch die mögliche Rolle einer qualitativen Gewebsminderung der Gelenkanteile in Erwägung gezogen. Etwa analog der präarthrotischen Deformität, die ja ein klinisch latentes Stadium hat, könnte sich auch von der Qualität des Materials her eine Anfälligkeit des Gelenkknorpels zur Arthrose begründen lassen, die dann als Präarthrose zu bezeichnen wäre. Es ließe sich damit vielleicht auch eine Reihe ätiologisch unklarer Arthroseformen erklären wie etwa die Arthrose des Daumensattelgelenkes und des Schultereckgelenkes sowie das seltenere polyartikuläre Auftreten der deformierenden Gelenkerkrankung. Bei diesen Formen ist ja weder eine präarthrotische Deformität noch eine eindeutige Dysfunktion zu erkennen.
Trotz intensiver morphologischer und biochemischer Forschungsarbeiten ist es aber bis heute offenbar nicht gelungen, einen solchen spezifischen, lokalisierten „Faktor X" außerhalb der allgemeinen Biomorphose zu verifizieren. HACKENBROCH hat deswegen in seiner letzten Äußerung (1974 b) vorgeschlagen, sich „wenigstens einstweilen mit dem Terminus Präarthrose als allgemeine Bezeichnung für einen zur Arthrose führenden Zustand zurückzuhalten. Völlig klar ist einstweilen lediglich die Bedeutung der präarthrotischen Deformität".

OTTE (1974) stellt die Notwendigkeit einer besonderen terminologischen Hervorhebung überhaupt in Frage. Er ventiliert daneben den Gedanken, daß bei Abwesenheit gröberer ätiologischer Faktoren durch Mikrotraumen im subchondralen Raum eine „Initialstörung" gesetzt werden könnte. Er nimmt dazu als Arbeitshypothese, analog der Lehre von den kleinsten Teilchen, ein „Destruktionsquant" an, das irreversible Störungen in der Ultrastruktur verursacht. Diese führen im Lauf der Jahre zu einem „Anwachsen des Schadens", der dann auf metabolischer Grundlage zu einer Qualitätsminderung des Knorpels führt und somit die Arthrose induziert.

Eine ganz andere Ursachengruppe sind die *Zustände nach Entzündungen* jeglicher Art, die in ihren Endstadien auch Störungen der Form und der Funktion verursachen. Sie führen vor allem zu *Kontrakturen,* die als „Inkongruenz im Dynamischen" (HACKENBROCH) bei der Entstehung der Arthrosen bekanntlich eine bedeutsame Rolle spielen. Sowird z. B. am Knie die Beugekontraktur geradezu zu einem selbständigen Krankheitsbild.
Den im Alter verhältnismäßig seltenen akuten oder gar septischen, auch spezifischen Entzündungen, die zu tiefgreifenden Zerstörungen an den knöchernen Gelenkanteilen führen können, stehen die häufigeren, schleichenden Entzündungen gegenüber, bei denen die „große Gelenkform" erhalten ist. Im Röntgenbild findet sich dann zunächst nur eine Verschmälerung des Gelenkspaltes, wie sie auch physiologisch bei Hochbetagten als Ausdruck eines gewissen Knorpelschwundes ohne weitere klinische Symptomatik zu beobachten ist.

Auch hormonelle Störungen führen zu meist doppelseitig entweder bland verlaufenden Arthritiden oder lösen ganz fudroyant auftretende Zerstörungen aus. Ausgedehnte Zerstörungen sehen wir auch bei den ätiologisch ungeklärten Hüftkopfnekrosen.

Als häufigster pathogenetischer Faktor bleibt die mit Dysfunktion verbundene präarthrotische Deformität.

Hüftgelenk

Diese Form- und Funktionsstörung findet sich an keiner Stelle so vielfältig und so eindeutig definiert wie am *Hüftgelenk.*

Es sind kongenitale Schäden wie die Hüftdysplasie, auch Spätzustände nach behandelter Hüftluxation, es sind Kopfdeformierungen nach Perthes und Epiphysenlösung, es sind die selteneren genuinen Kopfnekrosen, die ebenfalls nicht häufigen Zustände nach Osteochondritis dissecans, Folgen von akuten oder chronischen Entzündungen, schließlich die Folgen einer traumatischen Schädigung, die das Gelenk selbst betroffen oder zu einer Achsenabweichung geführt haben.

In dem Krankengut der Altdorfer orthopädischen Klinik waren etwa die Hälfte der Koxarthrosen auf dem Boden einer kongenitalen Hüftdysplasie entstanden (BECKER 1966). Nach KAUFMANN (1968) standen in der Züricher Klinik die Spätzustände nach Epiphysenlösung mit 30% im Vordergrund.

Wir sind uns darüber im klaren, daß die einmal etablierte Fehlform im Involutionsalter unweigerlich zur Arthrose führt und seien dazwischen auch Jahrzehnte völliger Beschwerdefreiheit gelegen. Es muß deswegen alles daran gesetzt werden, solche Deformierungen überhaupt nicht aufkommen zu lassen bzw. frühzeitigst zu korrigieren (s. Kap. 5). Es ergibt sich dabei die bemerkenswerte Situation, daß ein ausgesprochenes Leiden des alten Menschen schon in der Jugend, bei der Hüftdysplasie schon im Säuglingsalter, ja sogar beim Neugeborenen bedacht und präventiv betreut werden muß.

Hierbei stellt sich die schwer zu beantwortende Frage, „ob eine biomechanische Prognose auf rechnerischer Grundlage, z. B. bei einer einfachen Coxa valga ohne aktuellen Krankheitswert, zur Indikation einer Operation ausreicht“ (OTTE 1974). Es bedarf dies einer sehr kritischen Überprüfung im Einzelfall (s. Kap. 5).

So bunt wie der Ursachenkatalog, so monoton ist schließlich das Endbild der Koxarthrose im Alter, das früher sogenannte „Malum coxae senile“, eine Bezeichnung, die HACKENBROCH allerdings nur noch für die schweren Zerstörungen auf hormoneller Basis gebraucht. Sehr häufig läßt sich dann nicht mehr unterscheiden, welche der verschiedenen Grunderkrankungen hinter dem Zustand steht.

Für die *Therapie* (s. Abschnitt „Therapie“ S. 6.16ff.) ist das im allgemeinen ohne große Bedeutung. Es soll hier unter Außerachtlassung all der zahlreichen und durchaus wirksamen konservativen und operativen Möglichkeiten nur kurz darauf hingewiesen werden, daß für den alten Menschen in dem Totalersatz des Hüftgelenkes ein Weg gefunden wurde, der sich inzwischen bei entsprechender Indikation, subtiler Technik und allerhöchster Asepsis bewährt hat. Es wurde hiermit auf dem Gebiet der Hüftarthrose eine neue Ära heraufgeführt.

Im Zeichen des totalen Gelenkersatzes kommt die Arthrodese, die von DEBRUNNER 1959 noch empfohlen wurde, in fortgeschrittenem Alter nicht mehr in Betracht. Sie war auch früher schon für den alten Menschen, der ja zunehmend seine Tage im Sitzen verbringt, wegen der damit verbundenen erheblichen Beugebehinderung problematisch (BECKER 1964). Es wird im Gegenteil eine höhergradige Versteifung gelegentlich entscheidend sein für die Indikation zum Gelenkersatz.

Kniegelenk

Hier sind es der „lockere Formenschluß“ (HAKKENBROCH), Dystopien der Patella, Unterentwicklung der Femurkondylen, Spätzustände nach Osteochondritiden, abgelaufene akute und chronische Arthritiden, vor allem aber Achsenabweichungen im Varus- und Valgussinne, die zur Arthrose führen. Sie sind in der Anlage begründet oder posttraumatisch entstanden. Gelegentlich können Crura vara auch heute noch als postrachitische Deformität beobachtet werden.

Nach Untersuchungen von LÜTZERER (1970) spielt auch die Osteoporose bei der Entstehung von Achsenabweichungen eine Rolle. Seine Beobachtungen zeigen, daß bei leichter Porose sich wohl eine Achsenabweichung anbahnt, aber noch keine Arthrose nachzuweisen ist. Er schließt daraus, daß die Porose primär zum O-Bein führt und daß erst sekundär die Arthrose entsteht. So ließe sich die so häufige progrediente O-Beinbildung bei alten Menschen, vor allem bei Frauen, zwanglos erklären.

Sehr häufig sind es posttraumatische Schädigungen, die an dem subtil konstruierten Kniegelenk zu Inkongruenz und Dysfunktion führen und damit im Lauf der Jahre zu erhöhtem Verschleiß. Die anatomische Rekonstruktion ist deswegen gerade am Kniegelenk eine entscheidende Forderung. Das ist besonders wichtig bei den angesichts der Altersporose häufigen Tibiakopffrakturen. Sie bedürfen einer minuziösen, sehr oft operativen Reposition. Auch dürfen bei der Versorgung der Patellarfrakturen keine Stufen belassen werden. Eventuell ist die Patellektomie vorzuziehen. Wichtig ist auch bei entsprechender Symptomatik die rechtzeitige Meniskektomie (WITT 1973), die Einkerbung der Retinakula oder die Anhebung der Tuberositas tibiae bei Chondropathie der Patella oder bei der Arthrose im Retropatellargelenk.

Die *präventive Korrektur* ist bei stärkeren Achsenabweichungen auch in höherem Alter angezeigt. Aber auch bei bereits fortgeschrittenen Arthrosen kann der operative Achsenausgleich durch Umlagerung der Belastung auf besser erhaltene Gelenkabschnitte zu lang anhaltender Beschwerdefreiheit führen.

Im Gegensatz zur Totalendoprothese des Hüftgelenkes ist die Entwicklung der Alloarthroplastik am Kniegelenk noch in vollem Gange. Indikation und Technik bedürfen noch weiterer Forschung und Erprobung (Blauth 1971, Friedebold 1971, Dtsch. Orthop. Kongr. 1974).

Gerade bei der Gonarthrose wird sehr oft bei alten Frauen – nach Horvath u. Lengel 1973) in 60% – das Übergewicht im Sinne eines Circulus vitiosus eine verhängnisvolle Rolle spielen und therapeutisch zu berücksichtigen sein (Dreyer u. Rauterberg 1972).

Fußgelenk

Erstaunlicherweise ist die Arthrose am *oberen* Sprunggelenk, das doch besonders starke Belastungen zu tragen hat, relativ selten. Es finden sich hier außer dem Trauma, d. h. vor allem dem Spätzustand nach Luxationsfrakturen, nach Gabelsprengung und Absprengung des Volkmannschen Dreiecks nur wenig andere verformende Ursachen wie etwa die seltene Osteochondritis dissecans oder die Gelenkchondromatose.

Am *unteren* Sprunggelenk ist es vor allem die Kalkaneusfraktur, die zur Arthrose führt, dies aber meist schon in früherem Alter. Hier kann durch Arthrodese, evtl. Früharthrodese (Becker 1951) oder bei Kontraindikation durch einen Arthrodesenschuh leicht geholfen werden.

Auch die Arthrosen in den übrigen Fußwurzelgelenken, insbesondere im Talonavikulargelenk, sind im Alter gegenüber Knie- und Hüftgelenk von geringerer Bedeutung. Sie entstehen im Zusammenhang mit den Varus- und Valgusdeformitäten oder auch posttraumatisch. Sie fallen viel weniger unter die Problematik der Erkrankungen des alten Menschen. Dasselbe gilt für den Hallux valgus und den Hallux rigidus, die in diesem Lebensabschnitt im allgemeinen in ein blandes Stadium eingetreten sind. Auch sind die alten Patienten, die ihre Füße ja weniger belasten, an die früher mit oder ohne Erfolg behandelten Deformitäten inzwischen adaptiert.

Größere Bedeutung haben im Senium die häufigen, mit Schmerzen und ernstlichen Behinderungen einhergehenden Hammer- und Krallenzehen. Ihre harmlose operative Beseitigung wird oft notwendig und bedeutungsvoll für die Wiederherstellung des für die Alten so wichtigen Bewegungsspielraumes.

Es sollte nicht vergessen werden, daß eine konsequente Fußpflege eine im Alter ebenso wichtige wie häufig vernachlässigte Präventivmaßnahme ist (Beckmann 1972).

Gelenke der oberen Extremität

Die Bedeutung der Fehlbelastung als ätiologischer Faktor wird unterstrichen durch das enorme Überwiegen der Arthrose an den Gelenken der unteren Extremität. Im Verhältnis dazu sind Arthrosen an der oberen Extremität selten. Sogar an den doch oft mit schweren Deformierungen konsolidierten Ellenbogen- und Handgelenksfrakturen spielen Arthrosen eine untergeordnete Rolle. Auch am Schultergelenk sind echte Arthrosen durchaus selten.

Eigenartig und hinsichtlich ihrer Ätiologie ungeklärt sind die häufigen Arthrosen im Schultereckgelenk und im Daumensattelgelenk. Sie sind weder statisch noch durch Gelenkinkongruenz zu erklären. Sie treten häufig symmetrisch auf. Hakkenbroch (1957) und Otte (1973) denken an hormonelle Ursachen, weil die Erkrankungen bei Frauen häufiger vorkommen.

Gerade die Arthrosen im ersten Handstrahl sind wegen ihrer Schmerzen bei Feinarbeit, Schreiben, Schneiden usw. sehr lästig und verlangen gelegentlich auch ein operatives Vorgehen (Arthrodesen oder Resektionen). Witt (1973) empfiehlt die Exstirpation des Os trapezium. Auch für die Arthrose im Akromioklavikulargelenk ist die Resektion für die schweren Fälle ein sicheres Vorgehen.

Entzündliche Gelenkerkrankungen

Für diese besteht keine Altersdisposition. Insbesondere ist die Manifestation der primär chronischen Polyarthritis altersunabhängig. Sie hat ihren Altersgipfel zwischen dem 40. und 50. Lebensjahr (Böni 1965), scheint aber nach dem 60. Lebensjahr oft akut zu beginnen und schwerer und progredient zu verlaufen (Bach u. Werner 1973, Kaiser 1971). Ebert (1967) und Ehrlich u. Mitarb. (1970) haben demgegenüber bei Beginn jenseits des 5. Dezenniums nur bei einem Drittel der Fälle einen malignen Verlauf beobachtet. Männer erkranken im Alter häufiger als Frauen.

Das Ziel der Behandlung ist die Erhaltung der eigenen Aktivität und der Möglichkeit zur Selbstversorgung, vor allem, wenn der Patient allein lebt, was im Angesicht der sich wandelnden Sozialstruktur in zunehmendem Maß der Fall ist (Mathies 1973).

Neben der internen Behandlung stehen orthopädischerseits die *Kontrakturverhütung* und die *physikalische Therapie* zunächst im Vordergrund. Die *Synovektomie* kann auch bei alten Leuten angezeigt sein. Sie bewährt sich aber vor allem in den Anfangsstadien (Mohing 1966, Bauer 1972).

Der Orthopäde wird es vielfach mit den sogenannten „ausgebrannten" Fällen zu tun haben. Diesen bedauernswerten Patienten mit multiplen Versteifungen, sogar Ankylosen, insbesondere der großen Gelenke, kann heute durch Alloarthroplastik entschieden geholfen werden, vor allem an den Hüftgelenken. Aber auch bei Knieversteifungen ist die PcP eine der Hauptindikationen zur Totalendoprothese (Witt 1973). Die Patienten können auf diese Weise nicht nur etwas zum Gehen und Stehen, sondern auch zu einigermaßen normalem Sitzen gebracht werden. Für die Versteifungen der Fingergelenke hat die Alloplastik ebenfalls neue Möglichkeiten eröffnet.

Gicht

Auch an die Gicht muß bei Arthritiden, vor allem am Großzehengrundgelenk, aber auch an Fußwurzel-, Fuß- und Kniegelenk, gedacht und die Diagnose durch Feststellung einer Hyperurikämie verifiziert werden. Sie verläuft oft relativ bland, auch polyartikulär und führt an Nieren und Herz zu den bekannten viszeralen Manifestationen.

Polyarthrose

Schließlich ist noch auf die Polyarthrose der Fingergelenke hinzuweisen. Ihre Ursache ist unbekannt. Mathies (1973) spricht von „Knorpel-Stoffwechselvorgängen". Sie führt zu der bekannten Altershand. Nur selten klagen die Patienten über Schmerzen oder ernsthafte Behinderungen. Besondere orthopädische Maßnahmen sind deswegen auch nicht üblich.

Wirbelsäule

Die Wirbelsäule ist „kein einfaches Traggerüst" (Müller 1934), sondern ein äußerst kompliziertes funktionelles System, dessen einzelne Abschnitte und Gewebsarten ganz unterschiedlich an den Alterungsvorgängen beteiligt sind. So ist die Gefahr gegeben, daß angesichts der nachlassenden Kompensationsreserven die Doppelfunktion der Statik und der Dynamik in ihrem Gleichgewicht gestört wird (Hauberg 1973). Es kombinieren und überschneiden sich hier die Osteoporose an den Wirbelkörpern, die degenerativen Veränderungen an den Bandscheiben und die Arthrosen der Zwischenwirbelgelenke, ganz abgesehen von dem Nachlassen der muskulären Kräfte und der Lockerung der Bandverbindungen.

Nach Schallock (1965) ist der Nucleus pulposus das einzige Gebilde im Körper, in dem die Abnahme des Wassergehaltes, die nach Bürger (1960) eine der wichtigsten Alterungsvorgänge in allen Geweben darstellt, sich bisher hat objektivieren lassen. Er verkleinert sich; der Druck wird nicht mehr ausgeglichen und verlagert sich auf den Anulus fibrosus. Es kommt zu Zermürbungsvorgängen in dem bradythrophen Bandscheibengewebe, besonders an den faserigen Anteilen, und zu osteophytären Wucherungen, der Osteochondrose (Schmorl u. Junghanns) und der Spondylose. Die bekannte, oft geradezu massive *Diskrepanz zwischen Röntgenbild und Beschwerden* kann zur Fehlinterpretation führen. Sie untermauert die Meinung von Lindemann u. Kuhlendahl (1953), daß die Spondylose selbst weder Krankheit ist noch Krankheitserscheinungen macht.

An den Bandscheiben selbst ist entsprechend den Veränderungen an Sehnen- und Knorpelgewebe mit zunehmendem Alter eine Minderung der Zellzahl und eine Abnahme der Stoffwechselaktivität festzustellen (Buddecke u. Sziegoleit 1964). Auch an den funktionell völlig unbelasteten Zwischenknorpeln des Brustbeines finden sich die gleichen altersabhängigen Veränderungen (Lindemann u. Kuhlendahl 1953).

Der Wasserverlust, der mit etwa 20% angegeben wird, führt zu einer erheblichen Verminderung des Spannungsdruckes (Puhl 1973). Die Bandscheiben verschmälern sich. Die dadurch mitverursachte Inkongruenz der Zwischenwirbelgelenke kann eine Spondylarthrose induzieren. Die Veränderungen sind vor allem an den Stellen erhöhter funktioneller Beanspruchung lokalisiert, d.h. am lumbosakralen Übergang, der „Wetterecke der Wirbelsäule", sowie an der unteren und oberen Halswirbelsäule (Töndury 1959, Ecklin 1960). Zu alledem hinzu kommen die Auswirkungen der Osteoporose mit ihren Wirbelverformungen.

So ist der Alterungsvorgang an der Wirbelsäule ein sehr komplexes Geschehen. Er führt meist zu einer langsamen, gelegentlich erheblichen Abnahme der Körpergröße und an der Brustwirbelsäule zu nicht selten starker Vermehrung der Kyphose. Jenseits des 65. Lebensjahres findet sie sich bei 65,8% der Frauen und bei 61,5% der Männer (Hauberg 1973). Durch Erschöpfung der aufrichtenden Muskelkräfte und Nachlassen der Haltefunktion des dorsalen Bandapparates entsteht ein erhöhter Druck auf die vorderen Abschnitte der Bandscheiben. Sie können dadurch ventral so sehr zermürbt werden, daß es gelegentlich zu völligem Schwund und schließlich zu knöcherner Überbrückung benachbarter Wirbel kommt (Schmorl u. Junghanns 1968).

Die Kyphose kann in Kombination mit porotischen Wirbelverformungen so erheblich werden, daß das Kinn das Brustbein berührt. Schwere Kyphosen führen ihrerseits zu gelegentlich ernsthafter Beeinträchtigung von Atmung und Kreislauf. Vorbestehende Deformitäten wie skoliotische Verbiegungen oder Spondylolisthesen werden sich verstärken und nun gelegentlich erstmals zu Beschwerden führen, auch im Sinne von segmentalen Reizzuständen (Chiari 1965, Hauberg 1973). Die gleiche Situation kann auch eintreten bei bis dahin kompensierten statischen oder funktionellen Fehlbelastungen der Wirbelsäule, etwa durch Beinverkürzungen oder Kontrakturen im Bereich der unteren Extremitäten. Die Beschwerden hängen ab von dem Ausmaß der degenerativen Veränderungen und von der Stärke der Osteoporose. Sie pflegen stark zu sein bei der präsenilen Osteoporose.

Von großer Wichtigkeit ist der *Zustand der Rückenmuskulatur*. Bei Nachlassen ihrer eigenen Leistungskraft hat sie die zusätzliche Aufgabe, die Altersveränderungen der skelettären Anteile der Haltung zu kompensieren. Sie wird deswegen oft in einem reflektorischen Spannungszustand sein. Es werden Muskelhärten sowie Insertionstendopathien auftreten, die ihrerseits schmerzhafte Beschwerden auslösen, von Lindemann u. Kuhlendahl als „Ermüdungsschmerz" bezeichnet.

Beachtung und Pflege der Rückenmuskulatur, aber auch der Bauchmuskeln sind deswegen beim

alten Menschen besonders wichtig (JENTSCHURA 1972). Gerade hier ergeben sich aussichtsreiche therapeutische Möglichkeiten (s. S. 6.16ff.).
Bei den Alterungsvorgängen an der Wirbelsäule ist auch die *berufliche Belastung* im Lauf des Lebens nicht ohne Bedeutung. SCHLOMKA (1956) fand Spondylosen bei Schwerlastträgern in 90%, bei Bergleuten in 73%, bei Bankangestellten in 20%. EITNER (1969) kommt zu analogen Ergebnissen. Über den Krankheitswert dieser Befunde ist allerdings damit nichts ausgesagt. Sie sind nach STEINMANN (1965a) Ausdruck der „degenerativreaktiven" Erscheinungen im Bild der „Altersbiologie". Sie könnten ihrem Wesen nach als Kompensationsvorgänge angesehen werden.
DEBRUNNER (1955) macht mit Recht darauf aufmerksam, daß sich unter den Alten mit Rückenschmerzen viele überarbeitete, nervöse Menschen finden, deren Tätigkeiten ihren physischen Möglichkeiten nicht mehr angepaßt sind. Sie treiben Raubbau auf Kosten der Wirbelsäule, der Nerven und der ganzen Persönlichkeit. Bei ihnen wird die „Anpassung der äußeren Umstände an die Tragfähigkeit nicht nur des Rückens, sondern des ganzen alternden Menschen unter Umständen eher zum Erfolg führen als manche aufwendigen Applikationen".
Gar nicht selten ist ab 6.–7. Lebensdekade die *Spondylitis hyperostotica* bei Diabetes. Sie führt zur Versteifung eines mehr oder minder großen Teiles der Wirbelsäule mit einem recht charakteristischen Röntgenbild. Die Beschwerden sind gering, so daß die Diagnose oft zufällig gestellt wird. Wie ja auch der Diabetes selbst, ist sie gelegentlich kombiniert mit Gicht oder wenigstens Hyperurikämie (OTT 1970).
Wie bereits ausgeführt (s. S. 6.6), muß bei starken und zunehmenden Schmerzen im Alter gerade an der Wirbelsäule immer an das Vorliegen von *Metastasen* oder an das relativ häufige *Plasmozytom* gedacht werden. Letzteres ist prognostisch infaust im Gegensatz zu den ebenfalls häufigen, im Röntgenbild im allgemeinen die typische Sklerose zeigenden Metastasen des Prostatakarzinoms, die durch Hormonbehandlung über Jahre schmerzfrei bleiben können.
Oft ist bei Knochenmetastasen der Primärtumor nicht zu finden. JESSERER (1965) weist mit Recht darauf hin, daß man diese alten Patienten nicht quälen soll, um eine Diagnose zu erzwingen: „Man findet den Primärtumor entweder bald oder gar nicht."

Altersabhängige Erkrankungen der Gefäße

Arterielle Erkrankungen

BÜRGER (1960) vergleicht die Gefäße des jugendlichen Menschen mit grünen Halmen, die im Alter zu Strohhalmen werden und schließlich im Bereich der Kapillaren zur „Wipfeldürre des alten Lebensbaumes" führen. Er sieht im Schicksal der Endstrombahn, in ihrer fortschreitenden Verdichtung, ein Kernproblem der gesamten Alternsforschung. Den theoretischen „physiologischen Tod" definiert er als Hirntod infolge zunehmender Permeabilitätsinsuffizienz der feinsten Blutgefäße (BÖHLAU 1970).
Auf diese „Physiosklerose" pfropft sich, wie wir eingangs sahen, die Arteriosklerose. Für die Orthopädie relevant sind die *Durchblutungsstörungen der Extremitäten* und die *Zustände nach apoplektischem Insult.*

Arterielle Verschlußerkrankungen

Sie berühren den Orthopäden schon in der täglichen Praxis sehr häufig bei der Klärung von Beinschmerzen, vor allem an Unterschenkel und Fuß. In jedem Verdachtsfall muß festgestellt werden, ob ein Diabetes vorliegt, und im gegebenen Fall zusammen mit dem Internisten eine entsprechende Behandlung eingeleitet werden.
Von den im Anfang zunächst *konservativen Maßnahmen* hat sich gegenüber allen bisherigen Medikamenten die Übungsbehandlung nach RATSCHOW (1960) und das langsam gesteigerte Gehtraining immer noch am wirksamsten erwiesen. Trotzdem läßt sich leider das Fortschreiten der Grundkrankheit oft nicht aufhalten, mit verursacht sicher sehr häufig durch die Unvernunft der Patienten – Nichtbeachtung der Diätvorschriften, des Rauchverbots, mangelhaftes Training usw. –, wobei die oft gleichzeitig bestehende Gehirnsklerose ihre zusätzliche Bedeutung haben dürfte.
So kommt es zur Gangrän und schließlich zur *Amputation.* BAUMGARTNER (1973) hat in einer Monographie die Probleme der Amputation bei arteriellen Durchblutungsstörungen eingehend dargestellt. Er hat gezeigt, daß in hochzivilisierten Ländern mit ihrer erhöhten Lebenserwartung, Überernährung und Bewegungsarmut die Zahl der Amputationen innerhalb einer Generation sich fast verdreifacht hat und weiterhin trotz aller Erfolge der konservativen Behandlung und der Gefäßchirurgie eine ansteigende Tendenz zeigt.
Das Prinzip der Amputation ist, „möglichst viel Gewebe erhalten; dieses muß aber lebensfähig sein" (PEDERSEN 1971). Je tiefer das Amputationsniveau, um so besser sind natürlich die Aussichten auf Rehabilitation (MARQUARDT 1961, WITT 1973 u. a.). Bei geeigneter und rechtzeitiger Behandlung gelingt es, die Mehrzahl der Patienten unterhalb des Knies zu amputieren (BAUMGARTNER). Das ist von entscheidender Bedeutung, denn sogar Doppel-Unterschenkelamputierte werden in den meisten Fällen wieder gehfähig, die Oberschenkelamputierten leider selten. Es sollte deswegen die Oberschenkelamputation zu den Ausnahmen gehören. BAUMGARTNER konnte zeigen, daß entgegen manchen früheren Vorstellungen bei entsprechender Technik auch Amputatio-

nen von Zehen und am Vorfuß durchaus gute Chancen haben.
Eine fachgemäße *Nachbehandlung* (aktive und passive physikalische Therapie) ist notwendig für die Erhaltung und Besserung der Durchblutung. Sie ist Voraussetzung für den Dauererfolg, der durch das Fortschreiten des Grundleidens gefährdet ist. Jeder amputierte Gefäßkranke ist Kandidat für eine Amputation der Gegenseite.
Die Prothesenprobleme haben im Alter ihre eigenen Schwierigkeiten. Sie verlangen eine besonders subtile Anpassungstechnik. So ist wie so oft in der Orthopädie um diese Patientengruppe ein ganzes Team bemüht, angefangen bei den verschiedenen ärztlichen Disziplinen, den ärztlichen Hilfsberufen bis hin zum Prothesenbauer und schließlich zum Sozialarbeiter.

Zustände nach apoplektischem Insult
Der apoplektische Insult ist zunächst ein vorwiegend internistisches Problem. Aber schon zu Anfang sind orthopädische Grundsätze zu berücksichtigen. Sobald der erste Schock abgeklungen ist, müssen Lagerung und *Verhütung von Kontrakturen,* insbesondere des Spitzfußes, der Kniebeugekontraktur und der Schulterkontraktur, beachtet werden. Außerdem müssen alle betroffenen Gelenke täglich zunächst passiv, später soweit möglich auch aktiv durchbewegt werden. Ganz besonders gilt hier die Regel, daß die Patienten so früh wie möglich aus dem Bett und auf die Beine zu bringen sind.
Dabei ist die psychische Führung ebenso wichtig wie schwierig. Entscheidend sind das Vorhandensein und der Grad einer Demenz. Es gilt eine Kooperationsbereitschaft zu schaffen zwischen Arzt, Arztteam und dem Patienten, wobei der Patient selbst als wichtigster Akteur herangezogen werden muß. Auf den häufigen Vorwurf der Patienten und der Angehörigen: „Es wird ja nichts gemacht", sollte die Antwort lauten: „Nur was der Patient selbst macht, ist für ihn von Nutzen" (Rabe 1972).
Damit soll die Bedeutung von Krankengymnastik und Beschäftigungstherapie nicht geschmälert werden. Letztere ist vor allem wichtig in der Behandlung von Arm und Hand, deren Lähmungszustände allerdings prognostisch viel ungünstiger zu beurteilen sind als am Bein.
Das Ergebnis der Behandlung wird häufig bescheiden sein. Das Ziel muß aber zum mindesten auf einige Bewegungsfreiheit in der Wohnung und auf den bestmöglichsten Grad von Selbstversorgung ausgerichtet sein. Bei Steinmann (1965b) finden sich statistische Angaben über gute Erfolge der Rehabilitation.

Polymyalgia rheumatica
Zur Gruppe der Gefäßerkrankungen im Alter gehört auch die Polymyalgia rheumatica, die im Jahre 1888 erstmals von Bruce als „senile rheumatic Gout" beschrieben wurde. Die Erkrankung kommt nach Kaiser (1973) nicht unter dem 50. und selten unter dem 60. Lebensjahr vor.
Es handelt sich um eine im histologischen Bild durch Riesenzellen charakterisierte Arteriitis, die sich zunächst an der A. temporalis lokalisiert. Das wenig bekannte, aber sehr typische Krankheitsbild wird deswegen auch als *Arteriitis temporalis* bezeichnet. Die Patienten haben Schmerzen im Ausbreitungsgebiet dieser Arterie, aber auch in Schulter und Oberarm. Die vor allem nachts auftretenden Schmerzen können bei entsprechender Lokalisation der Arterienerkrankung auch an Hüfte und Oberschenkel angegeben werden. Das Allgemeinbefinden ist schlecht, die Blutsenkungsgeschwindigkeit stark erhöht. Es besteht die Gefahr des Übergreifens auf Augen- und Hirngefäße. Die schlagartige Besserung durch Verordnung von Steroiden ist geradezu pathognomonisch. Siegeneth (1974) spricht von einem „Wundermittel". Die Prognose ist deswegen bei konsequenter Steroidbehandlung günstig. Es ist allerdings mit einer Krankeitsdauer bis zu eineinhalb Jahren bis zur Ausheilung zu rechnen.

Venöse Erkrankungen

Dieser Abschnitt kann nicht abgeschlossen werden, ohne daß auch auf die Venenerkrankungen hingewiesen wird. Sie stellen mit ihren Komplikationen jenseits des 65. Lebensjahres eine der häufigsten Todesursachen (Hegemann u. Flesch 1965, Heinrich 1974). Dies ist allerdings nur dann akzeptabel, wenn man mit einrechnet, daß die Thrombosen in den meisten dieser Fälle nicht als selbständige Krankheit auftreten, sondern als Komplikation ähnlich der hypostatischen Pneumonie. 90% der Thrombosen verlaufen nach Heinrich ohne Symptome.
Auch hier ist die hochkalorische Ernährung, Fettsucht, Hyperlipidämie, ein bedeutsamer ätiologischer Faktor. Die Gewichtsreduktion ist deswegen eine wichtige Forderung. Dabei sind wir uns bewußt, wie schwierig, ja fast aussichtslos es ist, alte Menschen aus zunächst theoretischen Gründen von ihren liebgewordenen Eßgewohnheiten abzubringen.
Auch bei der Thrombose stehen die Präventivmaßnahmen im Vordergrund: Vermeidung langdauernder Bettruhe, Hochstellen des Bettendes und Frühaufstehen nach Operationen, Bewegungsübungen aller freien Gelenke, Atemübungen.
Bei Feststehen der Diagnose sind natürlich neben der Entstauungsbehandlung Antikoagulantien angezeigt. Sie haben aber außer den bekannten Problemen zusätzlich noch die Schwierigkeit, daß gerade alte Leute, die auch aus anderen Gründen zahlreiche und verschiedenste Tabletten einzunehmen haben, häufig nicht zuverlässig sind in der Einnahme und Dosierung von Medikamenten.

Traumatologie im Alter

Die Traumatologie des alten Menschen bedarf einer eigenen Besprechung.
Es ist auf der einen Seite die Abnahme der Festigkeit und der Elastizität der Gewebe, vor allem des Knochens, aber auch der Muskulatur und des Bandapparates, auf der anderen Seite die zunehmende Unsicherheit und Unbeholfenheit durch die Verlangsamung aller Reaktionen und Reflexhandlungen auch im Bereich der Sinnesorgane, die den alten Menschen besonders unfallanfällig machen. Nach NAEGELI (1959) sind über 90% der Fußgänger, die von Autos angefahren werden, im Greisenalter.
Schließlich ist der alte Mensch von heute „ein anderer geworden als noch vor wenigen Jahren. Er zeigt bis ins hohe Alter körperliche Aktivität, er bewegt sich mehr in der Öffentlichkeit, er betreibt vielfach auch noch Sport und ist auch dadurch verletzungsgefährdeter" (WITT 1969).
Was die *Wundheilung* anbetrifft so konnte DOBERAUER (1965) in Tierversuchen ihre Verlangsamung bei alten Tieren nachweisen. Vor allem aber hat er aufgrund ausgedehnter klinischer Erfahrungen die verschiedenen Ursachen der Heilungsverzögerung – Hypoproteinämie, Hypovitaminose, mangelhafte Bilanzierung der Elektrolyte, Anämie, Zirkulationsstörungen, Thrombose u. a. – und die Möglichkeit ihrer Ausschaltung eingehend dargestellt.
Nach einer Untersuchung von GIEBEL u. GOHDE (1958) machten die Greise 17% der Bevölkerung aus, sie waren aber mit 32% an den *Frakturen* beteiligt. Der durch Osteoporose unelastische, in seiner Festigkeit herabgesetzte Knochen bricht schon nach relativ leichten Traumen. Das pflegt an den Gelenkenden zu Stauchungs- und Trümmerbrüchen, an den Diaphysen zu Splitterbrüchen zu führen. Dabei ist die Kallusbildung nicht schlechter als beim jugendlichen Menschen (EHALT 1970, VITTALI 1970).
TONNA (1974) hat festgestellt, daß im Alter zwar weniger Periostzellen vorhanden sind, sie sind aber in der Lage, eine notwendige Reparatur *einzuleiten.* Diese selbst wird dann von jungen vitalen Nachkommen durchgeführt, die als Reaktion auf die Verletzung reproduziert werden.
60% aller Frakturen bei Menschen über 70 Jahren sind am koxalen Femurende lokalisiert (WILLENEGGER 1964). Über ein Drittel der Armfrakturen betreffen die Oberarmkopfregion, in beiden Fällen also Skelettabschnitte, an denen der Festigkeitsverlust durch die senile Osteoporose besonders in Erscheinung tritt. Dasselbe gilt für die Tibiakopffrakturen und den Radiusepiphysenbruch.
Eine Untersuchung von PODRUSCHNIAC u. OSEROW (1968) wirft ein interessantes Licht auf die Bedeutung der Osteoporose bei Entstehung der Schenkelhalsfrakturen. Sie stellten fest, daß bis zum Alter von 50 Jahren der Schenkelhalsbruch bei Männern doppelt so häufig ist wie bei Frauen. Zwischen 50 und 90 Jahren ist das Verhältnis umgekehrt.
In hohem Maße zeigt sich die Auswirkung der Porose auch an der *Wirbelsäule.* Echte traumatische Wirbelfrakturen sind im Greisenalter allerdings relativ selten (NIGST 1965). Die häufigen Wirbelkompressionen im Röntgenbild sind im Einzelfall viel wahrscheinlicher Ausdruck der von WITT (1969) so bezeichneten „Spontanverformung". Es wird allerdings oft ein geringfügiges Stauchungsereignis dazu beitragen, den porotischen Wirbel zum Zusammenbruch zu bringen.
Auch Becken- und Rippenfrakturen sind beim betagten Menschen häufig und werden gern unter der Diagnose Kontusion übersehen (NIGST 1965).
Inzwischen hat sich ganz allgemein ein grundsätzlicher *Wandel in der Frakturenbehandlung* ergeben. Gerade für den alten Menschen wurden damit neue Wege eröffnet und neue Prinzipien erarbeitet. Entscheidend war dabei einerseits die Entwicklung der modernen Narkoseverfahren, die die Chirurgie des alten Menschen geradezu revolutioniert hat, andererseits die subtile Ausarbeitung der operativen Technik durch die Schweizer Arbeitsgemeinschaft für Osteosynthese (MÜLLER u. Mitarb. 1963).

Untere Extremität

Vor allem für die unteren Extremitäten hat sich die operative Frakturenbehandlung mit der Möglichkeit baldiger Mobilisation und der Vermeidung längerer Bettruhe als schonender erwiesen gegenüber den konservativen Verfahren.

Eine Zusammenstellung der Münchner Chirurgischen Klinik (RUEFF 1970) der Frakturen an der unteren Extremität ergab über einen Zeitraum von 10 Jahren bei konservativer Behandlung eine doppelt so hohe Mortalität wie bei operativer Versorgung. Auch die Tübinger Klinik (VEIHELMANN u. Mitarb. 1975) hatte bei hüftnahen Frakturen in 20 Jahren um die Hälfte weniger Todesfälle als bei konservativem Vorgehen. Dabei betrug dort die Dauer des Klinikaufenthaltes bei konservativer Behandlung im Durchschnitt 8 Wochen gegenüber 14 Tagen bei operativer Versorgung. WILLENEGGER (1964) hat mehr als 90% seiner Frakturen an den unteren Extremitäten bei über 70jährigen operativ versorgt.

Einer der großen Fortschritte ist die *primäre Behandlung der medialen Schenkelhalsfraktur mit dem alloarthroplastischen Gelenkersatz.* Die Prognose konnte dadurch grundsätzlich gebessert werden. Die Patienten kommen nunmehr durch die sofortige Operation nach kurzer Frist wieder auf die Beine. Die Schwierigkeit des Nagelhaltes in dem porotischen kurzen Kopffragment, die großen Gefahren der Kopfnekrose und der Pseudarthrose und schließlich der langen Immobilisation sind damit überwunden.
Bei der *Patellarfraktur* wird aus Gründen der sofortigen Mobilisierung und der Arthrosenverhütung gelegentlich die partielle oder totale Patell-

ektomie dem konservativen Vorgehen vorzuziehen sein. Überhaupt ist speziell bei Gelenkverletzungen die Ruhigstellung auf das unbedingt notwendige Maß zu reduzieren, um der infolge der veränderten regenerativen Potenz drohenden Kontraktur zu begegnen (Cotta 1969).
Auch bei der *Tibiakopffraktur* wie beim *Oberschenkelkondylenbruch* wird sehr häufig die zur Vermeidung der Arthrose so wichtige minuziöse Wiederherstellung der Gelenkflächen nur auf operativem Wege möglich sein.
Die Übungsstabilität kann allerdings bei der Nagelung und bei der Verschraubung stark entkalkter Knochenabschnitte gefährdet sein. Es ist deswegen ein sauberer Gewindevorschnitt bei der Verankerung von Metallschrauben in der Kortikalis besonders wichtig (Wagner 1969). Es müssen lange Platten und lange Prothesenstiele verwendet werden, und bei Hochbetagten wird es gelegentlich notwendig sein, in Form der Verbundosteosynthese stark erweiterte Markräume mit Zement auszufüllen (Müller u. Mitarb. 1963, Müller 1969).
Am verletzten Unterschenkel sind arteriosklerotische Störungen sowie die subkutane Lage der Knochen besonders zu berücksichtigen. Sie bedürfen im gegebenen Fall hinsichtlich der Operationsindikation mehr Zurückhaltung. Häufig wird dabei wegen ungünstiger Hautverhältnisse – schlechte Durchblutung, dünnes Unterhautfettgewebe, ausgedehnte Weichteilquetschung – dem Marknagel gegenüber der Plattenosteosynthese der Vorzug zu geben sein. Auch beim Oberschenkelbruch hat bei entsprechender Frakturform der Marknagel gegenüber der Verschraubung den Vorteil der früheren Belastbarkeit (Rueff 1970).
Müller (1969) fordert, wenn von seiten des Allgemeinzustandes keine Gegenindikation besteht, die frühzeitige, am besten sofortige Operation. Sie verlangt zwar einen großen anfänglichen Einsatz, um so leichter aber wird sich die Nachbehandlung gestalten. Bei einer anfänglich abwartenden Haltung kommt es dagegen beim alten Menschen oft zu Komplikationen. Im übrigen können sich nach seiner Erfahrung ältere Patienten viel rascher erholen als jüngere, wenn sie die Narkose gut überstanden haben.
Aufgrund vielfacher schlechter Erfahrungen ist dringend darauf hinzuweisen, daß diese Osteosyntheseverfahren unter allen Umständen nur von Ärzten durchgeführt werden dürfen, die über genügend eigene Erfahrung und über die dafür notwendige instrumentelle und klinische Ausstattung verfügen.
Es soll aber auch hervorgehoben werden, daß einfache Knöchelbrüche, auch Luxationsbrüche, die sich gut einrichten lassen, bei konservativer Behandlung zu Ergebnissen gebracht werden können, die den Ansprüchen des alten Menschen an seine Geh- und Stehfähigkeit vollauf genügen. Auch kann *bei geeigneten Frakturen* im Bereich des Unterschenkels und des Fußes ein Patient mit einem Gehgips gelegentlich schneller und natürlicher zum Gehen gebracht werden als mit einer zwar übungsstabilen, aber nicht belastbaren Plattenosteosynthese.
Gerade für den alten Menschen wird in geeigneten Fällen auch immer wieder die *funktionelle Knochenbruchbehandlung,* d. h. die Behandlung ohne Fixation indiziert sein. Dies vor allem bei Brüchen der spongiösen und damit blutgefäßreichen Epi- und Metaphysen: proximaler Humerus, Tibiakopf, Fersenbein u. a. (Charnley 1960, Hübner 1969).
Gelegentlich wird eine Arthrose durch die damit verbundene Steh- und Gehunsicherheit, durch Bewegungseinschränkung und Achsenfehlstellung die Unfallgefahr erhöhen. Diese Situation prädestiniert dann zu Knochen- und Weichteilverletzungen und gelegentlich zu besonders schweren Trümmerfrakturen. Das gleichzeitige Bestehen einer Fraktur und einer Arthrose birgt dann für beide Zustände wechselseitige Komplikationsmöglichkeiten in sich. „Es gibt aber auch die Möglichkeit, die Situation eines arthrotischen Gelenkes zusammen mit der Behandlung der Fraktur zu verbessern, z. B. durch Beseitigung einer Achsenfehlstellung oder durch eine Alloarthroplastik bei Hüftarthrose oder auch allein durch den Osteotomieeffekt" (Morscher 1969).

Obere Extremität

Während an der unteren Extremität das Hauptziel der Frakturbehandlung auf *Stabilität* gerichtet ist, ist das Ziel an der oberen Extremität die *Beweglichkeit.* Dabei wird man hier meistens mit den bewährten konservativen Verfahren auskommen können. Das gilt sowohl für den Oberarmkopfbruch wie für die Radiusepiphysenfraktur. Gerade bei dem ersteren steht die funktionelle konservative Behandlung ganz im Vordergrund: kurze Immobilisation, frühzeitig einsetzende Bewegungstherapie, etwa nach dem Verfahren von Champonière-Poelchen (Dreyer und Hammacher 1971).
Das Ziel ist die Erreichung einer Funktion, die für den reduzierten Bewegungsraum des alten Menschen ausreicht. Die anatomische Wiederherstellung ist hier von sekundärer Bedeutung. Wird sie operativ erzwungen, so kann die Prognose dadurch eher verschlechtert werden. „Das Resultat" (Röntgenbild!) „wird den Chirurgen oft weniger befriedigen als den Patienten" (Nigst 1964).
Bei der Oberarmkopffraktur mit Luxation wird allerdings, vor allem bei neurologischen Störungen oder Durchblutungsstörungen in der Peripherie ebenso wie bei Ellenbogengelenk- und Unterarmschaftfrakturen, gelegentlich die operative Reposition nicht zu umgehen sein. Auch bei Oberarmschaftfrakturen wird eine Radialislähmung unter Umständen zu operativem Vorgehen zwingen.

Bei der Radiusfraktur ist die Freiheit der Fingerbewegungen im Gipsverband und die Übung der Schulter von Anfang an um so wichtiger, je älter die Patienten sind. Es besteht Veranlassung, wegen der auch heute noch häufigen Kontrakturen und der Sudekschen Dystrophie immer wieder darauf hinzuweisen.

Weichteile

Bei den Verletzungen der Weichteile spielen gelegentlich ausgedehnte Kontusionen, Hämatome und Muskelquetschungen, wie sie vor allem bei Verkehrsunfällen vorkommen, eine besondere Rolle. Sie können bei alten Menschen zu dem unter Umständen lebensgefährlichen Crush-Syndrom führen (Mittelmeier 1969). Es muß durch eine gezielte Schockbehandlung bekämpft werden.

Die nachlassende Elastizität des *Bandapparates* und die zunehmende Muskelschwäche bedingen eine Verletzungsanfälligkeit vor allem der Gelenke und hier insbesondere des Kniegelenkes. Dazu kommen die degenerativen Veränderungen in *Sehnen-Muskel-Übergängen*. Sie sind Ursache der bereits erwähnten Achillessehnenrisse sowie der ebenfalls nicht seltenen Abrisse der Quadrizepssehne am oberen Patellaransatz und an der Tuberositas tibiae (Dahmen 1968). Beide verlangen die operative Versorgung.

Der Abriß der langen Bizepssehne ist nicht allein durch Alterungsveränderungen am Sehnengewebe selbst verursacht, sondern auch Folge des Durchreibens an dem durch Osteophyten rauh gewordenen Sulcus bicipitalis. Besondere, vor allem operative Maßnahmen erübrigen sich.

Wegen der Frakturgefahr infolge Osteoporose ist im Senium dringend zu warnen vor redressierenden Maßnahmen zur Beseitigung von Kontrakturen, vor allem an Schulter und Knie. Selbst wenn es in leichten Fällen bei größter Vorsicht einmal gutgeht, ist der Dauererfolg problematisch.

Es kann nicht genügend darauf hingewiesen werden, Gipsverbände und lange dauernde Bettruhe soweit irgendmöglich zu vermeiden, um den damit verbundenen Gefahren der Gelenkversteifung, der Muskelatrophie, der Thrombose u. a. zu begegnen. Sie bringen die Gefahr der „Vernichtung von Restfunktionen mit sich" (Witt 1973), die bei allen Maßnahmen im Senium mitbedacht werden muß. Auch sind die weitergehenden Folgen auf den Gesamtorganismus – Dekubitus, Harninfektion, hypostatische Pneumonie usw. – und die psychischen Auswirkungen auf die Persönlichkeit nicht zu unterschätzen.

Das beste Verfahren wird auch bei einem Unfallgeschehen immer das sein, welches den alten Patienten so *schnell wie möglich* auf die Beine bringt und sei es auch nur mit Krücken oder Gehwagen.

Altersspezifische therapeutische Richtlinien

Soweit sie nicht schon im speziellen Abschnitt besprochen wurden, soll im folgenden auf eine Reihe für das Alter spezifischer therapeutischer Prinzipien hingewiesen werden.

Jeder alte Mensch ist für sich ein individuelles Problem. Der Geriater muß deswegen seinem Patienten gegenüber ein besonderes psychologisches Einfühlungsvermögen haben. Das ärztliche Gespräch ist dabei von großer Wichtigkeit. Dazu muß sich der Arzt Zeit nehmen, schon allein um den alten Kranken anzuhören. Er muß es verstehen, eine vertrauensvolle, verständnisbereite Atmosphäre zu schaffen. Es ist deswegen auch nicht gut, wenn zu viele Ärzte am einzelnen Patienten tätig sind. „*Ein* Arzt des Vertrauens ist nötig. Er muß Geduld, Achtung und Güte gegenüber alten Menschen haben. Wer das nicht hat, soll geriatrisch nicht tätig werden" (Schulz 1974).

Echte Heilungen von Schäden am Haltungs- und Bewegungsapparat stellen im Alter eine Ausnahme dar (Mau 1960). Es wird deswegen das Behandlungsziel häufig mehr auf Besserung von Beschwerden und auf Eindämmung von Schmerzen ausgerichtet sein. Zugleich werden fast mehr noch als in anderen Lebensabschnitten mit zunehmendem Alter präventive Gedanken an Bedeutung gewinnen und auf Berücksichtigung drängen. Das wird leider oft zu spät erkannt und erst dann ernst genommen, wenn bereits mehr oder weniger irreparable Schäden eingetreten sind.

Der Alterungsvorgang ist, wie wir gesehen haben, gekennzeichnet durch ein „Nachlassen der Adaptationsfähigkeit an die Umweltfaktoren". Es wird also darauf ankommen, einerseits diese Faktoren so günstig wie möglich zu gestalten, auf der anderen Seite die Kräfte der Adaptation zu stärken.

Erhaltung oder Schaffung *gesunder hygienischer Verhältnisse* in einer möglichst naturnahen, sauberen Umgebung, Hygiene der Lebensführung, der Ernährung, der Bewegung, der Tätigkeiten (Hackenbroch 1957a) sind heute zwar eigentlich selbstverständliche Forderungen, gegen die aber unaufhörlich verstoßen wird. „Wir sitzen zu viel, wir essen zu viel, wir fahren zu viel Auto, wir bewegen uns zu wenig" (Mau 1960). Im Gegensatz zum Landarbeiter braucht der in Industrie und Verwaltung tätige moderne Mensch einen Ausgleich für die Einseitigkeit seiner Arbeitsweise etwa in Form von Alterssport (Lang 1972) und Altersgymnastik (Scharll 1972).

Übung und Training sind die Grundlagen, auf denen nicht nur dieser Ausgleich anzustreben ist, sondern auch der zunehmenden allgemeinen Leistungsschwäche und Krankheitsanfälligkeit entgegengetreten werden kann. Sie sind ebensowichtig für die Kräftigung der Muskulatur und die Erhaltung der Gelenkfunktionen wie auch für die Gesunderhaltung lebensnotwendiger Stoffwechsel-

vorgänge, insbesondere der Funktion von Herz und Kreislauf, (NÖCKER 1965). Auch auf die Psyche und die Gesamtpersönlichkeit des alten Menschen kann die Auswirkung des Bewegungstrainings gar nicht hoch genug eingeschätzt werden.
Das Training muß *regelmäßig* sein, nicht *zu* intensiv, nicht *zu* schnell, nicht *zu* oft und nicht *zu* lange (LANG). Es muß kontinuierlich länger als 3 Min. andauern – etwa täglich 10 Min. oder zweimal wöchentlich 30 Min., und es sollte dabei 50% der maximalen Leistungsfähigkeit erreicht werden. Als Parameter kann bei über 60jährigen eine Pulsfrequenz von 110–120 während des Trainings angesehen werden (LANG). Vor allem muß frühzeitig damit begonnen werden. Das verlangt Energie und Konsequenz, die leider sehr oft nicht oder erst dann aufgebracht werden, wenn die ersten Beschwerden auftreten.
Oft ist ein Widerstand der Alten zu überwinden (RÜHLAND 1970): „Ich habe in meinem Leben genug Sport betrieben.“ Die sportliche Leistung ist aber kein Kapitel, das sich im späteren Leben automatisch verzinst. Sie muß immer wieder neu erworben werden (NÖCKER).
Es muß deswegen das Interesse an dieser präventiven Aktivität rechtzeitig geweckt werden, etwa in der Beteiligung von Altersgenossen an Turn-, Sport- und Wandervereinen. Der Betagte findet dort auch Geselligkeit und entgeht damit der Gefahr der Isolierung und Vereinsamung (STEINMANN 1972). Schließlich sind die Aufklärung und immer wieder weitzuverbreitende Informationen über Möglichkeiten und Gefahren in den Massenmedien nötig.

Manche Sportvereine haben Altersriegen. Sie sollten ärztlich überwacht werden. Für den alten Menschen ist vor Geräteturnen, auch vor Gewichtheben zu warnen (Osteoporose!). Es können dabei auch funktionelle Engpässe des Kreislaufes eintreten (BÜRGER 1960). Auch beim Rudern besteht die Gefahr der Überbelastung. Tennis erscheint vor allem bei Arthrosen sowie bei Osteoporose problematisch. Spazierengehen und Wandern ist in der Ebene ohne besonderen Trainingseffekt. Es ist aber gut bei über 70jährigen, deren Trainierbarkeit sowieso umstritten ist (LANG). Bei ihnen kommt es auf die Erhaltung der Leistungsreserven an. Zugleich sind die damit verbundene Tonisierung des Nervensystems sowie das Leistungs- und Erfolgserlebnis von Bedeutung (KRAHL 1973).
Speziell für Arthrosen der unteren Extremitäten gilt die alte Faustregel: „Bewegung ohne Belastung“ – Schwimmen, Radfahren. Weiterhin sind altersgemäß Laufen, Skilanglauf, Golf, Boccia. Rekordsucht wie jede Art von Übungsexzessen sind nicht nur nutzlos, sondern auch gefährlich (BAUER 1970, BECK 1967b).
Training und allgemeine Gymnastik sind ein wichtiges Prophylaktikum auch gegen das Aufkommen von Kontrakturen bei Arthrosen und blande verlaufenden Altersarthritiden. Diese drohen insbesondere an Hüfte, Knie und Schulter. Fettleibige und Übergewichtige sind dabei besonders gefährdet. HORVATH u. LENGEL (1973) hat bei 63% aller Arthrosen Übergewichtigkeit festgestellt. Es muß deswegen im gegebenen Fall auf Reduzierung des Körpergewichtes geachtet werden, wozu allerdings der alte Mensch im allgemeinen nur schwer zu bewegen ist. Speziell auf das präventive Bewegen der Schulter sei wegen der Kontrakturgefahr bei Verletzungen im Bereich von Hand und Arm hingewiesen (Sudecksche Dystrophie!).

Bei allem präventiven und therapeutischen Training darf nicht außer acht bleiben, daß die Übungsfähigkeit des alten Menschen begrenzt ist. Die Anforderungen dürfen daher die verbliebene Lebensleistung körperlich und psychisch nicht übersteigen. Ausgewogenheit zwischen „Ruhe und Bewegung“ (HOHMANN), zwischen „Schonung und Übung“ (SCHEDE) muß die leitende Idee sein. Das erfordert Erfahrung und Einfühlungsvermögen. Sorgfältig muß darauf geachtet werden, daß durch eine präarthrotische Deformität gefährdete Gelenke nur sehr gezielt und dosiert trainiert werden. „Nirgends ist die richtige Dosierung und Schonung so schwer zu treffen wie beim alternden Menschen. Reizmangel und Überreizung sind gleichermaßen schädlich. Die Schwierigkeit ist die Unterscheidung, ob im Einzelfall Ermüdbarkeit durch Schonung vorliegt oder Ermüdung durch Überbeanspruchung. Erst nach Beseitigung der Ermüdung kann und muß die Übung zur Anwendung kommen, und zwar langsam, in vorsichtiger Steigerung“ (SCHEDE 1940).
Die *balneologischen* Möglichkeiten mit ihrer Summierung und Wiederholung kleiner Reize bewähren sich seit den ältesten Zeiten bei rheumatischen Erkrankungen im weitesten Sinn. Es darf allerdings nicht die Mentalität aufkommen, daß mit einer alljährlichen Badekur das Wichtigste gegen eine degenerative Gelenkerkrankung geschehen sei. Eine konsequente Eigentätigkeit kann damit keinesfalls ersetzt werden (HACKENBROCH 1974a).
Bei der Verordnung von Medikamenten ist zu bedenken, daß im Alter die Reaktionen auf viele Pharmaka nicht nur verlängert und verzögert sein können, sondern auch qualitativ verändert (FOLKIS 1973, SCHULZ 1965). Auch ist die Wechselwirkung zwischen den einzelnen Pharmaka zu beachten, wenn, wie so oft im Alter, mehrere Medikamente zu gleicher Zeit eingenommen werden müssen (LEMBECK 1972). Es ist bekannt, daß die Schmerzempfindlichkeit beim alten Menschen herabgesetzt ist (BELVILLE 1971). Bei der Dosierung von Analgetika und bei der Verabfolgung von Narkotika ist das zu berücksichtigen. „Die halbe Dosis ist oft ausreichend“ (SCHULZ 1965). Mit Sedativa sollte auch deswegen sparsam umgegangen werden, um die häufig vorhandene Antriebsschwäche nicht noch zu vergrößern. Angesichts der Multimorbidität ist besondere Vorsicht und Zurückhaltung angezeigt. Vor allem die routinemäßige Verordnung von Medikamenten aufgrund kollektiver Erfahrungen ist problematisch (BUCHER 1964).

Mit großer Aufmerksamkeit müssen die für das Alter besonders relevanten Risikofaktoren – Diabetes, Hochdruck, Gicht, Thromboseneigung, Fettsucht, Nikotinabusus – in die therapeutischen Erwägungen mit einbezogen werden. Besonders bei der Kombination von Risiken sind Aufmerksamkeit und rechtzeitige Bekämpfung erforderlich (SCHUBERT 1959, 1974). Ein erhebliches Risiko im Alter ist auch eine langfristige Kortisonbehandlung im Hinblick auf eine gleichzeitig bestehende Osteoporose. Es ist sehr schwer, bei rheumatischen Erkrankungen im Alter eine Abhängigkeit von Prednison zu vermeiden (BECK 1967a, MÜHLBACH u. Mitarb. 1973). Auch bei Magenulkus, Alterstuberkulose, Diabetes sowie auch bei Herzerkrankungen ist Prednison kontraindiziert bzw. nur mit größter Zurückhaltung zu verordnen. Gerade auf diesen Gebieten wird sich die Zusammenarbeit des Orthopäden mit dem Hausarzt und dem Internisten immer wieder als notwendig und hilfreich erweisen.

Was das chirurgische Vorgehen im Alter anbetrifft, wurde auf dem Gebiet der allgemeinen Chirurgie vor allem durch die modernen Anästhesieverfahren und auf dem orthopädischen Gebiet sehr wesentlich durch den alloplastischen Gelenkersatz eine neue Ära heraufgeführt. Es ist kaum mehr vorstellbar, daß CLAERMONT noch vor nicht allzu langer Zeit das Höchstalter für die elektive Chirurgie – d.h. die relative Indikation – mit 50 Jahren angegeben hat (MARKGRAF 1974).

Vor jedem Eingriff ist die Polymorbidität zu bedenken und vielfach durch eine entsprechende interne Vorbehandlung die *Operabilität* erst zu schaffen. Es mag hier noch einmal ausdrücklich darauf hingewiesen werden, daß auch bei den sogenannten „kleinen" Operationen am Fuß entsprechende Voruntersuchungen, insbesondere die Suche nach einem verborgenen Diabetes, nicht vergessen werden dürfen, wenn man nicht unter Umständen sehr unangenehme Überraschungen erleben will.

Größere Operationen dürfen heutzutage vor allem am älteren Menschen nicht mehr ohne Anästhesisten durchgeführt werden (BENKE 1970). Es müßte sonst im gegebenen Fall mit schweren Vorwürfen von seiten der Patienten oder deren Angehörigen und unter Umständen auch mit forensischen Konsequenzen gerechnet werden.

In der postoperativen Phase sind das Hochstellen des Bettendes und die Bettgymnastik, insbesondere Atemgymnastik, neben dem Frühaufstehen mit die wichtigsten Antithrombotika.

Die Gefahr des Dekubitus ist bei alten Menschen besonders groß. Auf eine exakte Lagerung muß deswegen sorgfältig geachtet werden. Auch die Möglichkeit der Peroneuslähmung allein durch Lagerung bei alten marantischen Patienten ist zu bedenken.

Gipsverbände müssen wegen dieser Gefahren besonders exakt angelegt und überwacht werden. Sie sind nach Möglichkeit ebenso wie eine lange Immobilisation zu vermeiden. Sie können gelegentlich ersetzt werden durch entsprechende Bandagen und leichte Schienen, z.B. bei Bandverletzungen und bei Wirbelfrakturen (Dreipunktkorsett) (JÄGER 1973, REFIOR 1974).

Prothesen und Orthesen müssen einfach zu bedienen und leicht sein (Leichtmetall und Kunstharz [CHIARI 1965]). Eine besonders penible Anpassung von seiten des Orthopädiemechanikers ist erforderlich. Auch die Anpassung von Miedern ist eine um so größere Kunst, je älter die Patienten sind. Sie sollen nur verordnet werden, wenn zu erwarten ist, daß das Tragen derselben nicht lästiger ist als die Beschwerden, gegen die sie helfen sollen.

Soziale Rehabilitation

Es wurde bereits verschiedentlich zum Ausdruck gebracht, welche bedeutende Rolle psychologische Momente und soziale Gegebenheiten bei der Rehabilitation spielen.

Die tiefgreifende Strukturveränderung in unserer Gesellschaft, das Leben in der Großstadt, die Kleinfamilie, die ungünstigen Wohnverhältnisse u.a. haben für den alten Menschen die Gefahr mit sich gebracht, daß er am Rande der Gesellschaft ein inaktives, „nutzloses" Dasein führt, daß er zum reinen Rentnerdasein „verurteilt" wird (MAU 1960). Hinzu kommt die derzeitige Abwertung der zweiten Lebenshälfte in unserer westlichen Welt, ganz im Gegensatz zu anderen Kulturkreisen. Die Jugend wird positiv gesehen, das Alter negativ (WENKE 1959). Es besteht die Gefahr der Resignation, die speziell im Verein mit der nicht seltenen Altersdepression den gerade in dieser Lebensphase so wichtigen Gesundheitswillen zu lähmen droht.

Der natürliche Platz für den alten Menschen ist nach wie vor die Familie. Sie vermag am besten körperliche und geistige Einbußen zu kompensieren. Aber gerade sie steht heute weitgehend nicht mehr zur Verfügung. So ist der einzelne in vielen Fällen genötigt, sich selbst zu versorgen. 90% der Alten, vorwiegend Frauen, leben in eigenem Haushalt (VISCHER 1965). Hier spüren sie dann das Funktionsdefizit bei allen Gelegenheiten.

Sowohl für den Verbleib in der Familie wie für eine evtl. Heimunterbringung ist deswegen die Erhaltung auch der geringsten Beweglichkeit von größter Bedeutung – und sei es auch nur die Fähigkeit, von einem Zimmer ins andere zu gehen, sich selbst anzuziehen, allein zu essen und allein seine Bedürfnisse zu erledigen. Um jede einzelne dieser Funktionen muß im gegebenen Fall gerungen werden, um eine endgültige Pflegebedürftigkeit und damit Angewiesensein auf fremde Hilfe zu vermeiden oder so lange wie irgend möglich hinauszuschieben.

Soweit das noch zu verwirklichen ist, sollte all unser Bemühen darauf ausgerichtet sein, den alten Patienten in irgendeiner Form wieder in seinen früheren Wirkungskreis einzugliedern – und sei es auch nur in reduzierter Funktion. Ist das nicht mehr möglich, so sollte er rechtzeitig zu einer andersgerichteten Leistung gebracht werden.
Leider ist das angesichts der gegenwärtig herrschenden Mentalität durch soziale Vorurteile sehr erschwert. In Deutschland sind nur 27% aller über 65jährigen erwerbstätig. Es sollte aber möglich sein, die in vielen Fällen aufgrund von Erfahrungen hohe spezifische Einsetzbarkeit des alten Menschen, seine „kristallisierte Intelligenz" zu nutzen (SCHÄFER 1972) und damit beiden, dem alten Menschen und der Gesellschaft, einen Dienst zu erweisen.
Hier muß auch auf den gefährlichen Trend hingewiesen werden, das Pensionsalter immer weiter herunterzusetzen (SHEPPARD 1972) und damit dem Menschen einen seiner wichtigsten Lebensinhalte zu nehmen.
Eine Tätigkeit mit „allgemeiner Nützlichkeit" (HAAG 1974, RÜHLAND 1970, SCHWARZ H. 1969, STEINMANN 1965b) und mit einer noch so kleinen Verantwortlichkeit ist höher zu bewerten als das so oft empfohlene Hobby, das natürlich seinen Stellenwert hat. Beides ist eine psychologisch wichtige Hilfe für die Erhaltung des Selbstwertgefühls. Dabei muß man VISCHER weitgehend recht geben, daß für die Leistungsfähigkeit nicht so sehr die tatsächlich vorhandenen Störungen maßgebend sind, als vielmehr der Umfang und die Stärke des Anpassungsvermögens, das seinerseits in hohem Maße abhängig ist von der psychologischen Gesamtsituation und schließlich vom Willen des einzelnen. Dabei kann die Bedeutung der rechten psychischen Führung gar nicht überschätzt werden. Es kann dem älteren Menschen klargemacht werden, „daß sein Ideal des *Nicht-mehr-arbeiten-Müssens* falsch ist, daß seine Ansicht, nicht mehr arbeiten zu können, unbegründet ist, im Gegenteil zu einem früheren Ende führen kann. So kann der Arzt aus einem voreingenommenen Patienten einen bereitwillig an seiner Gesundheit und ihrer Erhaltung wieder Mitarbeitenden machen" (HACKENBROCH 1974a).
Wenn dann mit zunehmendem Alter allerdings immer weniger eine echte Arbeitsfähigkeit zu erwarten ist, so wird das Rehabilitationsziel mehr auf die allgemeine Lebens- und Erlebnisfähigkeit gerichtet sein müssen. Dabei ist vor allem auch auf die Erhaltung und die Reaktivierung der geistigen Kräfte zu achten (s. S. 6.4).
Die Veränderung der äußeren Umstände kann sehr radikal sein, und sie wird meistens zugleich endgültig sein. Der Arzt muß deswegen präventiv die Gesamtsituation, auch die sozialen und familiären Gegebenheiten, bei der Betreuung der ihm anvertrauten Alten im Auge behalten. Das ist oft besonders problematisch im Augenblick der Entlassung aus einer stationären Behandlung. Es besteht dann leicht die Gefahr, daß der Patient wieder in seine Einsamkeit zurückgestoßen wird (FELLINGER 1974).
Immer wieder taucht dann die Frage nach einer Heimaufnahme und schließlich der Unterbringung in einer Pflegeabteilung auf. Beides ist heutzutage sehr erschwert durch den großen Mangel an entsprechenden Plätzen und häufig doch auch durch finanzielle Schranken. Sie vergrößern die Sorgen der Betroffenen um die Existenz, und dies oft noch bei anhaltender Verschlimmerung. Die hier auftretenden Probleme können nicht allein durch den Arzt gemeistert werden. Hier muß das ganze Rehabilitationsteam in Funktion treten, angefangen bei der Altenpflegerin, der Krankengymnastin, der Beschäftigungstherapeutin bis hin zum Sozialfürsorger und schließlich dem Seelsorger.

Entsprechend dem Jugendfürsorgeamt fordert KORKISCH (1957) mit Recht ein Amt für Altersfürsorge zur Koordinierung aller Rehabilitationsbemühungen. Hier könnten alle bisher in den verschiedensten Stellen zerstreuten Aktivitäten zusammengefaßt werden, beginnend mit der Aufklärung über Altersprobleme und der Vorbereitung auf Alter und Ruhestand. Die Alten könnten hier sachverständigen Rat einholen über finanzielle Möglichkeiten und Wohnungsfragen. Auch könnten von da aus die Vermittlung geeigneter Arbeitsmöglichkeiten sowie die Verbindung zu den zuständigen Behörden erfolgen. Schließlich könnten aufgrund der hier zusammenkommenden Erfahrungen die Öffentlichkeitsarbeit organisiert und fortschrittliche Entwicklungen angeregt werden – in Wohnblöcke eingestreute Kleinwohnungen, Alterssiedlungen, Freizeitgestaltung u. ä. (K. BECKER 1974, BLUME 1972, GROSSHANS 1974, HACKER 1971 und STOSSBERG 1972).
Durch den Erlaß des Bundessozialhilfegesetzes (BSHG) hat der Staat seine Verpflichtung in dieser Richtung erkannt und gesetzlich festgelegt (vergl. bei VISCHER 1965, BSHG 75).

Angesichts des dauernd zunehmenden Anteils der Alternden und der Alten an der Gesamtbevölkerung ist die allumfassende Betreuung dieser Gruppe, die inzwischen auf ca. 15% an über 65jährigen angewachsen ist, eine bedeutende Aufgabe unserer Zeit. Nicht nur die Medizin in ihren verschiedenen Disziplinen, sondern auch die Sozialwissenschaften müssen diesem komplexen Problem in Forschung und Praxis einen seiner Bedeutung entsprechenden Raum geben.
Die Geriatrie läßt den Menschen später alt und gebrechlich werden. Die Gerontologie hilft ihm bei der Adaptation an seine Umwelt. Beide sind bemüht, ihm das Alter leichter und lebenswert zu machen. In diesem Bestreben hat die Orthopädie mit ihrer Aufgabe der Erhaltung und der Erweiterung des äußeren Bewegungsspielraumes eine zentrale Stellung.

Literatur

Aalam, M.: Osteoidmineralisierung unter Fluormedikation im Tierexperiment. Orthop. Prax. XII (1976) 44

Albright, F.: Osteoporosis. Ann. intern. Med. 27 (1947) 861

Albright, F., E. C. Reifenstein: Parathyroid Glands and Metabolic Bone Disease. Williams & Wilkins, Baltimore 1948

Aschoff, L.: Zur normalen und pathologischen Anatomie des Greisenalters. Urban & Schwarzenberg Berlin 1938

Baacke, M., G. Weseloh: Orthopädische Erkrankungen. In: Geriatrie. Grundlagen für die Praxis, hrsg. von E. Lang. Fischer, Stuttgart 1976 (S. 186)

Bach, G. L., H. Werner: Die medikamentöse Therapie der chronischen Polyarthritis mit Beginn nach dem 60. Lebensjahr. Z. Geront. 6 (1973) 146

Bauer, D.: Moderne Behandlung der progressiv-chronischen Polyarthritis. Z. praeklin. Geriatrie 2 (1972) 5

Bauer, H. R.: Sport und körperliche Leistungsfähigkeit bei 40–50jährigen Männern. Dtsch med. Wschr. 95 (1970) 1923

Baumgartner, R. D.: Amputationen bei arteriellen Durchblutungsstörungen. In: Bücherei des Orthopäden, Bd XI, hrsg. von M. Lange. Enke, Stuttgart 1973

Beck, O.: Problematik der langzeitigen Prednisonbehandlung bei Altersporose. Z. Alternsforsch. 20 (1967 a) 307

Beck, O.: Sport im Alter. Z. Alternsforsch. 20 (1967 b) 223

Becker, F.: Primäre Arthrodese bei der Behandlung von Fersenbeinbrüchen. Zbl. Chir. 76 (1951) 834

Becker, F.: Prophylaxe und Therapie der Alterserkrankungen des Bewegungsapparates. Ärztl. Prax. 26 (1964) 493

Becker, F.: Früherkennung und Frühbehandlung der Hüftdysplasie. Therapiewoche 16 (1966) 683

Becker, K.: Freizeit und Alter. Z. Geront. 7 (1974) 235

Beckmann, P.: Fußleistung und Fußpflege im Alter. Medizin des alternden Menschen 2 (1972) 76

Bellville, J. W., W. H. Forrest, E. Müller, B. W. Brown: Einfluß des Alters auf die Schmerzlinderung durch Analgetica. J. Amer. med. Ass. 217 (1971) 1835

Benke, A.: Anaesthesie in extremen Altersklassen. In: Anaesthesiologie und Wiederbelebung, Vol. 47, hrsg. von K. Hutschenreuter, K. Bihler, P. Fritsche. Springer, Berlin 1970 (S. 108)

Biehl, G., G. Peters: Orthopädische Krankheitsbefunde bei der Invaliditätsbegutachtung. Z. Orthop. 108 (1971) 277

Blauth, W.: Zur Kniegelenkstotalendoprothese. Z. Orthop. 109 (1971) 417

Blume, O.: Aufgaben der sozialgerontologischen Wohnforschung. Acta geront. (belg.) 2 (1972) 745

Böder, W.: Das Altern des Menschen. Z. Alternsforsch. 27 (1973) 207

Böhlau, V.: Das Lebenswerk Max Bürgers für die Gerontologie. Münch. med. Wschr. 46 (1970) 2083

Böni, A.: Entzündlich-rheumatische Erkrankungen des Bewegungsapparates. In: Handbuch der praktischen Geriatrie, Bd. II, hrsg. von W. Doberauer, A. Hittmaier, B. Nissen, F. H. Schulz. Enke, Stuttgart 1965 (S. 697)

Bruckschen, E.: Das Bindegewebe und seine Reaktion im Hinblick auf die Altersvorgänge. Z. Orthop. 91 (1959) 117

Brüschke, G., F. H. Schulz: Fibel für die praktische Geriatrie. VEB Fischer, Jena 1969

Brüschke, G., U. Schmidt, F. H. Schulz: Das vorzeitige Altern und moderne Programme zur Erhaltung von Gesundheit und Leistungsfähigkeit bis ins hohe Alter. Z. Alternsforsch. 27 (1973) 319

Bucher, K.: Allgemeine Richtlinien für therapeutische Bemühungen bei Arthritis deformans. In: Gsell, Krankheiten der über Siebzigjährigen, hrsg. von O. Gsell. Huber, Bern 1964 (S. 315)

Buddecke, E., M. Sziegoleit: Isolierung, chemische Zusammensetzung und altersabhängige Verteilung von Mucopolysacchariden menschlicher Zwischenwirbelscheiben. J. physiol. Chem. 337 (1964) 66

Burckhardt, H.: Arthritis deformans und chronische Gelenkkrankheiten. Enke, Stuttgart 1932

Burckhardt, L.: Osteoporose, Verh. dtsch. Ges. Path. 34 (1951) 275

Bürger, M.: Altern und Krankheit als Problem der Biomorphose, 4. Aufl. VEB Thieme, Leipzig 1960

Cameron, J. R., J. Sorensen: Measurement of bone mineralisation in vivo. Science 142 (1963) 142

Charnley, J.: Die konservative Therapie der Extremitätenfrakturen. Springer, Berlin 1968

Chiari, K.: Altersorthopädie. In: Handbuch der praktischen Geriatrie, hrsg. von W. Doberauer, A. Hittmaier, B. Nissen, F. H. Schulz. Enke, Stuttgart 1965 (S. 771 ff.)

Cotta, H.: Die Verletzungen der Gelenke bei alten Menschen. In: Verhandlungen der deutschen Gesellschaft für Orthopädie und Traumatologie, Kassel 1968, hrsg. von A. N. Witt. Enke, Stuttgart 1969 (S. 92)

Cotta, H.: Praearthrose und praearthrotische Deformität. Z. Orthop. 112 (1974) 8

Dahmen, G.: Behandlung und Beurteilung von Spontanrupturen der Quadricepssehne. In: Bücherei des Orthopäden, Bd. III, hrsg. von M. Lange. Enke, Stuttgart 1968 (S. 115)

Dambacher, M. A., H. G. Haas: Osteologische Probleme im Alter. Z. Geront. 6 (1973) 210

Debrunner, H.: Orthopädische Betrachtungen zur Spondylosis deformans des Alters. Schweiz. med. Wschr. 85 (1955) 833

Debrunner, H.: Probleme des Alters aus der Sicht des Orthopäden. Z. Orthop. 91 (1959) 87, Beilageheft

Doberauer, W.: Wundheilung und Wundheilungskomplikationen im Alter. In: Handbuch der praktischen Geriatrie, Bd. III, hrsg. von W. Doberauer, A. Hittmaier, B. Nissen, F. H. Schulz. Enke, Stuttgart 1965 (S. 437)

Doberauer, W., A. Hittmaier, B. Nissen, F. H. Schulz: Handbuch der praktischen Geriatrie. Enke, Stuttgart 1965

Dreyer, J., P. Hammacher: Die Bewegungsbehandlung subkapitaler Oberarmbrüche bei alten Menschen. Med. d. alternd. Menschen 1 (1971) 186

Dreyer, J., K. Rauterberg: Gonarthroseoperationen im Alter. Med. d. alternd. Menschen 2 (1972) 1

Drogula, K. H.: Die Osteoporose in ihrer Beziehung zum vorzeitigen Alter. Z. Orthop. 91 (1959) 123, Beilageheft

Ebert, H.: Verlauf der im Alter auftretenden chronisch-rheumatischen Polyarthritis. Z. Alternsforsch. 20 (1967) 259

Ecklin, U.: Altersveränderungen der Halswirbelsäule. Springer, Berlin 1960

Ehalt, W.: Knochenbrüche im Alter. Wien. med. Wschr. 120 (1970) 163

Ehrlich, G. E., W. A. Katz, S. A. Cohen: Rheumatoidarthritis in the aged. Geriatrics 25 (1970) 103

Eichler, J.: Inaktivitätsosteoporose. Akt. Gerontol. 3 (1973) 85

Eichler, J.: Therapie osteoporotischer Frakturen an Wirbelsäule und Extremitäten. In: Verhandlungen der deutschen Gesellschaft für Orthopädie und Traumatologie, 57. Kongreß, hrsg. von A. N. Witt. Enke, Stuttgart 1971

Eichler, J.: Podiumsdiskussion Fluor pro und contra. Südd. Orthopäden-Kongreß. Orthop. Prax. XII (1976) 54

Eitner, S.: Beziehung zwischen Altern und berufsspezifischer Erkrankung. Z. Alternsforsch. 22 (1969) 29

Fellinger, K.: Der alte Mensch und die Medizin. Script. geriatr. (1974) 4

Folkis, W.: Alterspharmakologie. Z. Alternsforsch. 27 (1973) 9

Francillon, M. R.: Zur Klinik der Coxarthrosis deformans. Ärztl. Mh. berufl. Fortb. 16 (1966) 274

Francillon, M. R.: Praecoxarthrosen im Kindesalter. Schweiz. med. Wschr. 97 (1967) 770

Francillon, M. R., H. U. Debrunner: Orthopädie der Coxarthrose. Docum. rheumatol. Geigy (Basel) 13 (1957)

Franke, H.: Studien an 146 Hundertjährigen. Script. geriatr. (1970) 17
Franks, L. M.: Structural changes in agein cells. Z. Alternsforsch. 27 (1973) 237
Fricke, M., E. Krokowski: Neue Aspekte zur Entstehung und Behandlung der Osteoporose. Therapiewoche 25 (1975) 3394
Friedebold, G., H. Radloff: Alloarthroplastic of the kneejoint Surg. Traum. 12 (1971) 181
Giebel, M. G., H. D. Gohde: Frakturen im Greisenalter. Mschr. Unfallheilk. 61 (1958) 161
Gossmann, H. H.: Behandlung der Osteoporose und Osteomalazie im Alter. Z. Geront. 7 (1974) 183
Groh, H.: Sportschäden am Bewegungsapparat. Med. Welt 41 (1964) 2185
Grosshans, H.: Altersgerechtes Wohnen. Z. Geront. 7 (1974) 258
Gsell, O.: Krankheiten der über Siebzigjährigen. Huber, Bern 1964
Gsell, O.: Klinische Charakteristika der Krank. im hohen Alter. In: Krankheiten der über Siebzigjährigen, hrsg. von O. Gsell. Huber, Bern 1964 (S. 35)
Haag, G.: Tätigsein im Alter – Forderungen an Wirtschaft und Sozialarbeit. Z. Geront. 7 (1974) 183
Haas, H. G.: Die Abklärung von Knochenkrankheiten. Internist (Berl.) 7 (1966) 558
Hackenbroch, M.: Arthrosis deformans der Hüfte. Thieme, Leipzig 1943
Hackenbroch, M.: Grundlagen der Orthopädie. In: Handbuch der Orthopädie, Bd. I, hrsg. von G. Hohmann, M. Hackenbroch, K. Lindemann. Thieme, Stuttgart 1957 a (S. 32)
Hackenbroch, M.: Die degenerativen Gelenkerkrankungen. In: Handbuch der Orthopädie, Bd. I, hrsg. von G. Hohmann, M. Hackenbroch, K. Lindemann. Thieme, Stuttgart 1957 b (S. 407)
Hackenbroch, M.: Die degenerativen Erkrankungen des Hüftgelenks. In: Handbuch der Orthopädie, Bd. IV, hrsg. von G. Hohmann, M. Hackenbroch, K. Lindemann. Thieme, Stuttgart 1961 (S. 321)
Hackenbroch, M.: Wandlungen der Orthopädie. Z. Orthop. 112 (1974 a) 529
Hackenbroch, M.: Über funktionelle Insuffizienz, Arthrose und Praearthrose. Z. Orthop. 112 (1974 b) 23
Hacker, A.: Probleme des Wohnens und der Unterbringung alter Menschen. Med. d. alternd. Menschen 1 (1971) 179
Hartwich, A.: Altersorthopädie. Urban & Schwarzenberg, Wien 1947
Hauberg, G.: Wirbelsäulenerkrankungen i. Alter. Z. Geront. 6 (1973) 185
Hauss, W. H.: Einfluß von Umweltfaktoren auf den Gesundheitszustand älterer Menschen. Z. Geront. 7 (1974) 89
Hegemann, G., R. Flesch: Erkrankungen der venösen Strombahn. In: Handbuch der praktischen Geriatrie, Bd. I, hrsg. von W. Doberauer, A. Hittmaier, B. Nissen, F. H. Schulz. Enke, Stuttgart 1965 (S. 657)
Heinrich, H. G.: Venenerkrankungen. Script. Geriatr. (1974) 4
Hess, H.: Obliterierende Gefäßerkrankungen. Urban & Schwarzenberg München 1959
Hittmair, A.: Schlußwort. In: Handbuch der praktischen Geriatrie, Bd. III, hrsg. von W. Doberauer, A. Hittmaier, B. Nissen, F. H. Schulz. Enke, Stuttgart 1965 (S. 637)
Hoff, H., E. Ringel: Die Psychologie des Alters. In: Handbuch der praktischen Geriatrie, Bd. I, hrsg. von W. Doberauer, A. Hittmaier, B. Nissen, F. H. Schulz. Enke, Stuttgart 1965 (S. 41)
Hohmann, G., M. Hackenbroch, K. Lindemann: Handbuch der Orthopädie. Thieme, Stuttgart 1957
Horvath, F., E. Lengel: Gerontologische Bewertung von Kniearthrosen. Z. Alternsforsch. 27 (1973) 293
Hübner, L.: Funktionelle Knochenbruchbehandlung bei alten Menschen. 55. Tagung der deutschen Gesellschaft für Orthopädie und Traumatologie, Kassel 1968, hrsg. von A. N. Witt. Enke, Stuttgart 1969 (S. 83)
Jäger, M.: Die konservative Behandlung der Arthrosen. Acta geront. (belg.) 3 (1973) 97
Jentschura, G.: Orthopädie. In: Alterskrankheiten, 2. Aufl., hrsg. von G. Schettler. Thieme, Stuttgart 1972 (S. 338 ff.)
Jesserer, H.: Osteoporose, Osteomalazie und andere Knochenerkrankungen im Alter. In: Handbuch der praktischen Geriatrie, Bd. I, hrsg. von W. Doberauer, A. Hittmaier, B. Nissen, F. H. Schulz. Enke, Stuttgart 1965 (S. 761)
Jesserer, H.: Die Fluortherapie der Osteoporose. Roundtable-gespräch. 8. Arbeitstagung der Forschungsgemeinschaft f. Erkrankung d. Bewegungsapparates. Therapiewoche 23 (1973) 4013
Jesserer, H.: Klinische Formen der Osteoporose und ihre prognostisch-therapeutische Bewertung. Therapiewoche 24 (1974) 3473
Kaiser, H.: Primär chronische Polyarthritis im Alter. Z. Allgemeinmed. 47 (1971) 222
Kaiser, H.: Polymyalgia rheumatica. Z. Geront. 6 (1973) 206
Kaufmann, L.: Zur Aetiologie der Coxarthrose. Arch. orthop. Unfall-Chir. 64 (1968) 164
Kielholz, P.: Symptomatik und Therapie der Altersdepression. Script. geriatr. (1974) 106
Klatt, R., J. Sahi, U. Schmidt, J. Kalbe, H. Hähnel: Calcitonin und Osteoporosetherapie. Z. Alternsforsch. 27 (1973) 283
Koch, H., B. Schöning: Steuerung der Narkoseausgangslage in der Geriatrie. Z. praeklin. Geriatr. 2 (1972) 180
Korkisch, H.: Gedanken und Bilder über das Alter. Asgard, Bad Godesberg 1957
Krahl, H.: Möglichkeiten und Grenzen beim Sport im höheren Lebensalter. Z. praeklin. Geriatr. 3 (1973) 95
Krokowski, E.: Die quantitative Bewertung der Osteoporose. Z. Orthop. 101 (1966) 269
Krokowski, E.: Kritische Bemerkungen zur Genese der Osteoporose. Klin. Wschr. 49 (1971) 1109
Krokowski, E., M. Fricke: Osteoporose, mehr als eine Knochenkrankheit? Med. Klin. 70 (1975) 872
Krokowski, E., J. Falk, K. Krastel: Natriumfluoridbehandlung der Osteoporose. Münch. med. Wschr. 115 (1973) 511
Kuhlencordt, F.: Definition, Pathogenese und Klassifikation der Osteoporose. 57. Kongreß der deutschen Gesellschaft für Orthopädie und Traumatologie 1970, hrsg. von A. N. Witt. Enke, Stuttgart 1971 (S. 221)
Kuhlencordt, F., H. P. Kruse: Eigenerfahrungen mit der Fluortherapie der Osteoporose. Therapiewoche 23 (1973) 3983
Kuhlencordt, F., H.-P. Kruse, C. Lorano-Tonkin: Bioptische Stadiendiagnose der Osteoporose. Dtsch. med. Wschr. 95 (1970) 1791
Lang, E.: Dauertraining im Ruhestand. Med. d. alternd. Menschen 2 (1972) 73
Lembeck, F.: Wechselwirkungen von Medikamenten im Alter. Script. geriatr. (1972) 49
Letterer, E.: Probleme des Alters aus der Sicht des Pathologen. Z. Orthop. 91 (1959) 58, Beilageheft
Lindemann, K., H. Kuhlendahl: Die Erkrankungen der Wirbelsäule. Enke, Stuttgart 1953
Lloyd-Roberts, G. C.: The role of capsular changes in osteoarthritis of the hip. J. Bone Jt Surg. 35-B (1953) 627
Lützerer, J.: Untersuchungen zum Genu varum alter Menschen. Z. Orthop. 107 (1970) 650
Markgraf, W.: Behandlung von Extremitätenfrakturen bei alten Menschen. Z. Geront. 7 (1974) 190
Marquardt, W.: Die Amputation der unteren Gliedmaßen. In: Handbuch der Orthopädie, Bd. IV/2, hrsg. von G. Hohmann, M. Hackenbroch, K. Lindemann. Thieme, Stuttgart 1961 (S. 1355)
Mathies, H.: Spezielle therapeutische Probleme bei rheu-

matischen Erkrankungen im Alter. Z. Geront. 6 (1973) 105, 229
Mau, H.: Altersprobleme aus der Sicht des Orthopäden. Med. Welt (1960) 2370
Meyerhofer, O.: Operationsrisiken alter Menschen. Münch. med. Wschr. 112 (1970) 2071
Millesi, H.: Zur Pathogenese und Therapie der Dupuytrenschen Kontraktur. Ergebn. Chir. Orthop. 47 (1965) 51
Mittelmeier, H.: Sehnen- und Muskelverletzungen beim alten Menschen. In: Verhandlungen der deutschen Gesellschaft für Orthopädie und Traumatologie, Kassel 1968, hrsg. von A. N. Witt. Enke, Stuttgart 1969 (S. 105)
Mohing, W.: Die Arthrosis deformans des Kniegelenkes. Springer, Berlin 1966
Morgan, D. B.: Osteomalacia and osteoporosis. Postgrad. med. J. 44 (1968) 621
Morscher, E.: Frakturen bei Arthrose. In: Verhandlungen der deutschen Gesellschaft für Orthopädie und Traumatologie, Kassel 1968, hrsg. von A. N. Witt. Enke, Stuttgart 1969 (S. 88)
Mühlbach, R., G. Brüschke, U. J. Schmidt, G. Hämel: Gerontologische und geriatrische Aspekte in der Osteologie und ihre Bedeutung für die Orthopädie. Z. Alternsforsch. 27 (1973) 327
Müller, M. E.: Verletzungen der Knochen beim alten Menschen. In: Verhandlungen der deutschen Gesellschaft für Orthopädie und Traumatologie, Kassel 1968, hrsg. von A. N. Witt. Enke, Stuttgart 1969 (S. 25)
Müller, M. E., M. Allgöwer, H. Willenegger: Technik der operativen Frakturenbehandlung. Springer, Berlin 1963
Müller, U. S., B. Junge-Hülsing, G. Schmidt, H. Schulze, W. H. Hauss: Altersveränderungen des Mesenchyms. Z. Geront. 7 (1974) 120
Müller, W.: Die Diagnose der funktionellen Wirbelsäulenstörungen. Dtsch. med. Wschr. 60 (1934) 513
Naegeli, Th.: Allgemein-chirurgische Probleme des Alters. Z. Orthop. 91 (1959) 108, Beiheft
Nemetschek, Th.: Biosynthese und Alterung von Kollagen. S.-B. Heidelbg. Akad. Wiss. 3 (1974) 7
Nigst, H.: Behandlung von Armunfällen im hohen Alter. In: Krankheiten der über Siebzigjährigen, hrsg. von O. Gsell. Huber, Bern 1964 (S. 105)
Nigst, H.: Unfallchirurgie im Senium. In: Handbuch der praktischen Geriatrie, Bd. I, hrsg. von W. Doberauer, A. Hittmaier, B. Nissen, F. H. Schulz. Enke, Stuttgart 1965 (S. 367)
Nissen, B.: Die Chirurgie des alternden Menschen, Indikationen und Kontraindikationen. In: Krankheiten der über Siebzigjährigen, hrsg. von O. Gsell. Huber, Bern 1964 (S. 57)
Nöcker, J.: Die Bedeutung des Sportes für den alten Menschen. In: Handbuch der praktischen Geriatrie, Bd. I, hrsg. von W. Doberauer, A. Hittmaier, B. Nissen, F. H. Schulz. Enke, Stuttgart 1965 (S. 176)
Nordin, B. E.: Osteoporosis. In: Bone Metabolism, hrsg. von H. A. Sissons. London 1963
Olah, A. J., F. W. Reutter, R. K. Schenk: Histological bone changes after long-term treatment with sodium fluorid. In: X. Europ. Symposium on Calcified Tissues, hrsg. von F. Kuhlencordt, H. P. Krause. Springer Berlin 1975
Ostertag, B.: Über das Altern am Nervensystem. Z. Orthop. 91 (1959) 111, Beilageheft
Ott, V.: Spondylitis hyperostotica bei Diabetes. In: Klinik der rheumatischen Erkrankungen, hrsg. von R. Schoen, A. Böni, K. Miehlke. Springer, Berlin 1970 (S. 384)
Otte, P.: Radiologisches Verhalten der Zwischenwirbelräume bei der Osteoporose. In: Verhandlungen der deutschen Gesellschaft für Orthopädie und Traumatologie 1970, hrsg. von A. N. Witt. Enke, Stuttgart 1971 (S. 239)
Otte, P.: Arthroseprobleme des Alters. Z. Geront. 6 (1973) 176
Otte, P.: Pathophysiologische Grundlagen praearthrotischer Faktoren. Z. Orthop. 112 (1974) 541, 659
Pauwels, F.: Gesammelte Abhandlungen zur funktionellen Anatomie des Bewegungsapparates. Springer, Berlin 1965
Pedersen, H. E.: The geriatric amputae. National Academy of Sciences, Washington D. T. 1971
Platt, D.: Experimentelle Gerontologie. Fischer, Stuttgart 1974 a
Platt, D.: Altern. Schattauer, Stuttgart 1974 b
Podruschniac, E., A. Oserow: Eigenheiten der Schenkelhalsfrakturen bei Alten und Greisen. Z. Alternsforsch. 21 (1968) 57
Poelchen, R.: Selbstinnervationsbehandlung geschlossener Knochenbrüche. Med. Welt (1940) 498
Puhl, W.: Die Alterung des Bindegewebes und ihr Einfluß auf den Haltungs- und Bewegungsapparat. Acta geront. (belg.) 3 (1973) 77
Rabe, J.: Hemiplegiker-Rehabilitation. Z. praeklin. Geriatr. 2 (1972) 105
Ratschow, M.: Angiologie. Thieme, Stuttgart 1960; 2. Aufl. 1974, hrsg. von G. Heberer, G. Rau, W. Schoop
Refior, H.: Rehabilitation in der Geriatrie. In: Verhandlungen der deutschen Gesellschaft für Unfall- und Versicherungsmedizin, hrsg. von H. Contzen. Springer, Berlin 1974 (S. 220)
Reutter, F. W.: Diagnose und Therapie der Osteoporose. Münch. med. Wschr. 116 (1974) 2217
Rueff, F. L., K. Mohr, F. Schmidtler: Probleme der Altersunfallchirurgie. Münch. med. Wschr. 112 (1970) 2077
Rühland, W.: Möglichkeiten der Rehabilitation und Durchführung einer Arbeitstherapie bei geriatrischen Patienten. Z. Alternsforsch. 22 (1970) 129
Rühland, W.: Mikrosymptomatik im Alter. Script. geriatr. (1974) 33
Rutishauser, E., E. Grasset: La Coxarthrose. VI. Internationaler Orthopädenkongreß Bern 1954. Bailleux, Brüssel 1955
Rutishauser, E., J. J. Dufour: Der praefrakturelle Schenkelhals. Schweiz. med. Wschr.11 (1951) 260
Schäfer, H.: Sozialmedizinische Probleme des alternden Menschen im Beruf. Akt. Gerontol. 2 (1972) 71
Schallok, G.: Morphologische Veränderungen im Alter. In: Handbuch der praktischen Geriatrie, Bd. I, hrsg. von W. Doberauer, A. Hittmaier, B. Nissen, F. H. Schulz. Enke, Stuttgart 1965 (S. 59ff.)
Scharll, M.: Aktiv im Alter durch Gymnastik, 2. Aufl. Thieme, Stuttgart 1972
Schede, F.: Das Altern des Stütz- und Bewegungssystems. Z. Alternsforsch. 2 (1940) 231
Schenk, R., M. Merz: Histologisch-morphometrische Untersuchungen über Altersatrophie und senile Osteoporose in der Spongiosa des Beckenkamms. Dtsch. med. Wschr. 94 (1969) 206
Schlomka, G.: Berufliche Belastungsschäden der Wirbelsäule. Arch. orthop. Unfall-Chir. 48 (1956) 300
Schmorl, G., H. Junghanns: Die gesunde und die kranke Wirbelsäule in Röntgenbild und Klinik, 5. Aufl. Thieme, Stuttgart 1968
Schneider, H.: Die Abnützungserkrankungen der Sehnen und ihre Therapie. Thieme, Stuttgart 1959
Schneider, P.: Stoffwechselprobleme beim rheumakranken, älteren Patienten. Z. Geront. 6 (1973) 193
Schubert, R.: Geriatrie aus der Sicht des Internisten. Z. Orthop. 91 (1959) 71
Schubert, R.: Risikofaktoren und Risikokrankheiten in der Geriatrie. Akt. Gerontol. 4 (1974) 515
Schulte, W.: Der alte Mensch in unserer Zeit. Thieme, Stuttgart 1958
Schulz, F. H.: Grundlagen einer geriatrischen Therapie. In: Handbuch der praktischen Geriatrie, Bd. I, hrsg. von W. Doberauer, A. Hittmaier, B. Nissen, F. H. Schulz. Enke, Stuttgart 1965 (S. 165)
Schulz, F. H.: Besonderheit der Symptomatik und Diagnostik bei alten Menschen. Script. geriatr. (1974) 12
Schwarz, G.: Die medikamentöse Behandlung der Osteoporose. In: Verhandlungen der deutschen Gesellschaft für Orthopädie und Traumatologie 1970, hrsg. von A. N. Witt. Enke, Stuttgart 1971 (S. 245)

Schwarz, H.: Psychohygienische Aufgaben im Alter. Dtsch. Gesundh.-Wes. 16 (1962) 646

Seidel, K.: Degenerative Gelenkerkrankungen. In: Handbuch der praktischen Geriatrie, Bd. II, hrsg. von W. Doberauer, A. Hittmaier, B. Nissen, F. H. Schulz. Enke, Stuttgart 1965 (S. 715)

Sheppard, H. L.: Funktionale Gesichtspunkte für die Behandlung des Pensionierungsproblems. Acta geront. (belg.) 2 (1972) 589

Siegeneth, W.: Muskel- und Gelenkschmerzen im Alter. Script. geriatr. (1974) 168

Smith, D. M., C. C. Jonston, P. L. Yu: In vivo measurements of bone mass. J. Amer. med. Ass. 219 (1972) 325

Steinmann, B.: Allgemeine Beziehungen zwischen Altern und Krankheit. In: Handbuch der praktischen Geriatrie, Bd. I, hrsg. von W. Doberauer, A. Hittmaier, B. Nissen, F. H. Schulz. Enke, Stuttgart 1965 a (S. 131)

Steinmann, B.: Schlaganfall – Rehabilitation. In: Handbuch der praktischen Geriatrie, Bd. I, hrsg. von W. Doberauer, A. Hittmaier, B. Nissen, F. H. Schulz. Enke, Stuttgart 1965 b (S. 542)

Steinmann, B.: Das Altersturnen in der Schweiz. Z. praeklin. Geriatr. 2 (1972) 149

Stossberg, M.: Die Massenmedien im Prozeß der Rehabilitation alter Menschen. Akt. Gerontol. 2 (1972) 535

Töndury, G.: Die Lebenskurve der Halswirbelsäule. Z. Orthop. 91 (1959) 137, Beilageheft

Tonna, E.: Vortrag auf der 58. Tagung der dtsch. Ges. f. Pathol. Interlaken 1974 (noch unveröffentlicht)

Uehlinger, E.: Pathologische Anatomie und Klassifikation der Osteoporose. In: Süddeutscher Orthopäden-Kongreß 1975. Orthop. Prax. 12 (1976) 11

Veihelmann, D., A. Pannike, F. Thielmann: Vergleichende Behandlungsstatistik operativer und konservativer Therapie bei hüftnahen Frakturen über 20 Jahre. In: 38. Tagung der deutschen Gesellschaft für Unfallheilkunde, Berlin 1974, hrsg. von J. Probst. Springer, Berlin 1975

Verzár, F.: Ergebnisse der experimentellen Gerontologie. In: Krankheiten der über Siebzigjährigen, hrsg. von O. Gsell. Huber, Bern 1964 (S. 11)

Verzár, F.: Biologie des Alters. In: Handbuch der praktischen Geriatrie, Bd. I, hrsg. von W. Doberauer, A. Hittmaier, B. Nissen, F. H. Schulz. Enke, Stuttgart 1965 (S. 101)

Vischer, A. L.: Besonderheiten der Hundertjährigen. In: Krankheiten der über Siebzigjährigen, hrsg. von O. Gsell. Huber Bern 1964 (S. 48)

Vischer, A. L.: Über den sozialen Aspekt des Alters und der Alterskrankheiten. In: Handbuch der praktischen Geriatrie, Bd. I, hrsg. von W. Doberauer, A. Hittmaier, B. Nissen, F. H. Schulz. Enke, Stuttgart 1965 (S. 27)

Vittali, H. P.: Knochenerkrankungen, Histologie und Klinik. Sandoz 1970

Wagner, H.: Präsenile Osteoporose. Thieme, Stuttgart 1965

Wagner, H.: Stabile Osteosynthese im fortgeschrittenen Alter. In: Verhandlungen der deutschen Gesellschaft für Orthopädie und Traumatologie 1968, hrsg. von A. N. Witt. Enke, Stuttgart 1969 (S. 32)

Wenke, H.: Über die Psychologie der Lebensalter. Z. Orthop. 91 (1959) 40, Beilage

Willenegger, H.: Behandlung von Beinunfällen. In: Krankheiten der über Siebzigjährigen, hrsg. von O. Gsell. Huber, Bern 1964 (S. 94)

Witt, A. N.: Grundsätzliches zur Behandlung des Unfalls alter Menschen. Z. Geront. 1 (1968) 91

Witt, A. N.: Gedanken über Verletzungen des alten Menschen. In: Verhandlungen der deutschen Gesellschaft für Orthopädie und Traumatologie 1968, hrsg. von A. N. Witt. Enke, Stuttgart 1969 (S. 12)

Witt, A. N.: Expertengespräch „Hüftplastik“. In: Verhandlungen der deutschen Gesellschaft für Orthopädie und Traumatologie, hrsg. von A. N. Witt. Enke, Stuttgart 1971 (S. 207)

Witt, A. N.: Orthopädie aus geriatrischer Sicht. Acta geront. (belg.) 3 (1973) 65

Witt, A. N., H. Mittelmeier: Die Durchblutungsstörungen der Gliedmaßen unter besonderer Berücksichtigung der unteren Extremität. In: Handbuch der Orthopädie, Bd. IV/2, hrsg. von G. Hohmann, M. Hackenbroch, K. Lindemann. Thieme, Stuttgart 1961 (S. 1228ff.)

Zichner, L., H. G. Willert, A. Enderle: Wie wirkt Fluor am Skelett? Orthop. Prax. 12 (1976) 46

12 Arbeit und Verkehr

Von J. Steinhäuser und W. Bolt

Einleitung

Das Kapitel „Arbeit und Verkehr" umfaßt unter *ökologischen Gesichtspunkten* – neben den auch heute teilweise noch unzulänglichen *präventivmedizinischen Maßnahmen,* die im folgenden kurz skizziert werden sollen – vor allem die bereits manifesten *entschädigungspflichtigen Berufskrankheiten und Arbeitsschäden der Haltungs- und Bewegungsorgane.*

Präventivmedizinische Grundprinzipien

Unter präventivmedizinischen Aspekten kann man in der Arbeits- und Verkehrsmedizin eine schrittweise Anpassung zwischen Maschine und Mensch feststellen, doch fordern die begrenzten Möglichkeiten des Menschen seit langem eine weit größere Angleichung der Maschine an seine besonderen gesundheitlichen und technischen Gegebenheiten heraus. Eine derartige Harmonisierung wird nicht zuletzt dadurch erschwert, als Arbeitsplätze, Maschinen und Anlagen so ausgelegt werden sollten, daß sie nicht nur an besonders qualifizierte bzw. ausgewählte Arbeiter, sondern an den *durchschnittlichen* Menschen adaptiert sind. Nur durch eine intensive Zusammenarbeit von Ärzten (Orthopäden, Arbeitsmediziner), Ingenieuren und Psychologen können diese Forderungen erfüllt werden. Grundkenntnisse aus Anatomie und Biometrie bilden für die Arbeitsgestaltung von sogenannten Mensch-Maschine-Systemen die unabdingbare Voraussetzung. Die Bildung *ergonomischer Arbeitsgruppen* – wie sie bereits hier und dort gehandhabt wird – könnte einen entscheidenden Beitrag zur Lösung dieser Probleme darstellen. Hierbei sind namentlich die Berufsgenossenschaften aufgerufen, in deren Zuständigkeitsbereich bislang vor allem die bereits eingetretenen Berufs- und Wegeunfälle, Berufskrankheiten und Arbeitsschäden zu rechnen sind. Präventivmedizinische Grundprinzipien werden z. B. am Arbeitsplatz (zu welchem unter anderem auch der Fahrerplatz im Kraftfahrzeug gehört) in der Gestaltung des Greifraumes wie auch in der Dimensionierung von Stühlen, Tischen und Steuerpulten deutlich, zumal gerade die Prävention von Haltungsstörungen am Arbeitsplatz bislang nur teilweise verwirklicht ist und für die Zukunft eine große Herausforderung bildet.

Von entscheidender Bedeutung für die Gestalung des Greifraumes ist beispielsweise die Kenntnis, daß der *normale Greifraum* durch die Länge des menschlichen Unterarmes bestimmt wird. In diesem Bereich kann die Arbeit im wesentlichen ohne Abheben der Oberarme verrichtet werden. Für den *maximalen Greifraum* hingegen ist die Länge des gesamten Armes maßgeblich. Da hier eine beachtliche muskuläre Arbeit (z. B. durch ständige Elevation des Oberarmes im Schultergelenk) geleistet werden muß, sind Verrichtungen in diesem Bereich besonders ermüdend; sie sollten von der Gestaltung des Arbeitsplatzes her tunlichst vermieden werden (Abb. **1**).

Tätigkeiten, welche durchaus in sitzender Position ausgeführt werden könnten, sollten nicht als Fol-

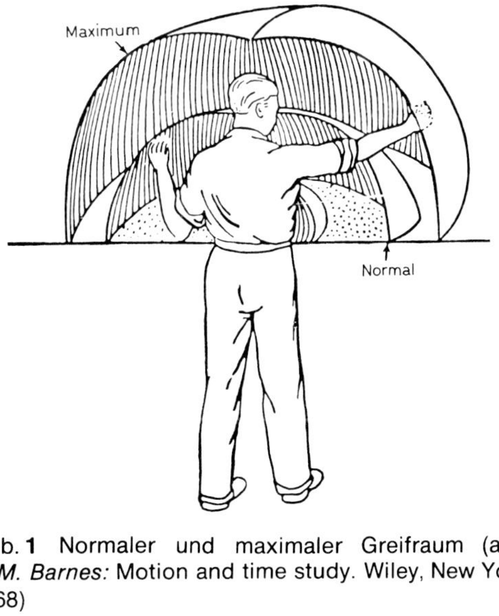

Abb. **1** Normaler und maximaler Greifraum (aus: *R. M. Barnes:* Motion and time study. Wiley, New York 1968)

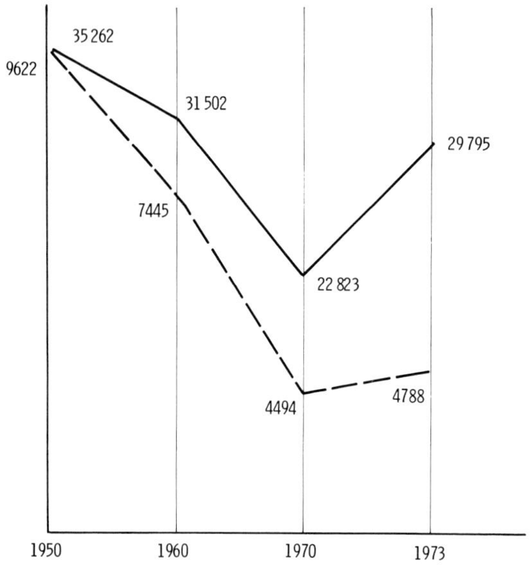

Abb. 2 Zahl der Berufskrankheiten in der gewerblichen Wirtschaft in den Jahren 1950–1973: —— angezeigte Fälle, --- erstmals entschädigte Fälle (nach *Neubert*)

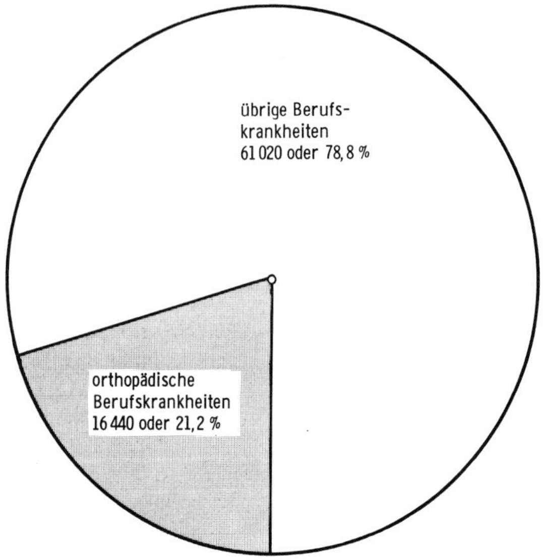

Abb. 3 Die berufsabhängigen Erkrankungen der Haltungs- und Bewegungsorgane nehmen unter den Berufskrankheiten einen breiten Raum ein (nach *Neubert*)

ge einer Fehlkonstruktion des Arbeitsplatzes *stehend* ausgeführt werden müssen.
Mit dem *Arbeitssicherheitsgesetz* (Gesetz über Betriebsärzte, Sicherheitsingenieure und andere Fachkräfte für Arbeitssicherheit) vom 12. 12. 1973 (in Kraft getreten am 12. 12. 1974) und der *Verordnung über Arbeitsstätten* vom 20. 3. 1975 (in Kraft getreten am 1. 5. 1976) sind bundeseinheitliche zentrale Rechtsnormen für die Arbeitssicherheits- und Arbeitsschutzanforderungen geschaffen worden, von denen auch Auswirkungen auf Entstehung und Frequenz der in diesem Handbuchabschnitt zu behandelnden Krankheiten zu erhoffen sind.
Während langfristig gesehen die Zahl der angezeigten und erstmals entschädigten *Berufskrankheiten* in der gewerblichen Wirtschaft deutlich rückläufig ist (Abb. **2**), ist die bei kurzfristiger Betrachtung erkennbare Zunahme der Anzeigen (von 1970–1973 um 36%) vornehmlich auf die Zunahme der Lärmerkrankungen (Berufskrankheit Nr. 2301) sowie der Hauterkrankungen (BK-Nr. 5101) zurückzuführen.

Die entschädigungspflichtigen Berufskrankheiten und Arbeitsschäden der Haltungs- und Bewegungsorgane

Die Kenntnis der arbeitsmedizinisch relevanten Erkrankungen des orthopädischen Fachbereichs erlangt insofern besondere Bedeutung, als ihre Abgrenzung gegenüber Schädigungen anderer Ursachen gerade am Haltungs- und Bewegungsapparat mitunter Schwierigkeiten bereiten kann und ein hohes Maß an Erfahrung voraussetzt.
Grundsätzlich müssen wir unterscheiden zwischen *Berufs-* oder *Gewerbekrankheiten* und den am Arbeitsort erlittenen *Unfällen* bzw. deren Folgen, welche hier nicht zur Diskussion stehen. Eine exakte Abgrenzung dieser Begriffe hat Hagen (1965) im „Handbuch der gesamten Unfallheilkunde“ gegeben.
Die Liste der Änderungsverordnung zur 7. Berufskrankheitenverordnung vom 8. 12. 1976 (BGBl. I, S. 3329) umfaßt insgesamt 55 Krankheiten, welche bei Erfüllung bestimmter Voraussetzungen als Berufsschäden anzuerkennen und zu entschädigen sind. Einen nicht unerheblichen Raum nehmen dabei die berufsabhängigen Erkrankungen der Haltungs- und Bewegungsorgane ein (Abb. **3**), sind doch 11 dieser Krankheiten für den Orthopäden von mittelbarem oder unmittelbarem Interesse (Tab. **1**).
In der ersten Fassung der Berufskrankheitsverordnung des Jahres 1925 waren Veränderungen auf orthopädisch-chirurgischem Fachgebiet überhaupt nicht enthalten. 1929 wurde erstmalig der „Preßluftschaden“ erfaßt. Das unterstreicht die besondere Bedeutung dieser Erkrankungsgruppe, die heute nahezu ³/₄ aller orthopädischen Berufskrankheiten umfaßt (Abb. **4**) und deswegen eine bevorzugte und eingehende Besprechung notwendig macht.

Tabelle **1** Berufsabhängige Erkrankungen des Haltungs- und Bewegungsapparates

Ziffer	Text (nach 7. BKVO gemäß Änderungsverordnung vom 8. 12. 1976)
1104	Erkrankungen durch *Cadmium* oder seine Verbindungen
1308	Erkrankungen durch *Fluor* oder seine Verbindungen
2101	Erkrankungen der *Sehnenscheiden* oder des *Sehnengleitgewebes* sowie der *Sehnen-* oder *Muskelansätze,* die zur Unterlassung aller Tätigkeiten gezwungen haben, die für die Entstehung, die Verschlimmerung oder das Wiederaufleben der Krankheit ursächlich waren oder sein können
2102	*Meniskusschäden* nach mindestens dreijähriger Tätigkeit unter Tage
2103	Erkrankungen durch Erschütterung bei Arbeit mit *Druckluftwerkzeugen* oder gleichartig wirkenden Werkzeugen oder Maschinen
2104	Vibrationsbedingte Durchblutungsstörungen an den Händen, die zur Unterlassung aller Tätigkeiten gezwungen haben, die für die Entstehung, die Verschlimmerung oder das Wiederaufleben der Krankheit ursächlich waren oder sein können
2105	Chronische Erkrankungen der Schleimbeutel durch ständigen *Druck*
2106	Drucklähmungen der Nerven
2107	Abrißbrüche der Wirbelfortsätze
2201	Erkrankungen durch Arbeit in Druckluft
2402	Erkrankungen durch ionisierende Strahlen
3102	Von Tieren auf Menschen übertragbare Krankheiten

Erkrankungen durch Erschütterung bei Arbeit mit Druckluftwerkzeugen oder gleichartig wirkenden Werkzeugen oder Maschinen

(Ziffer 2103, 7. BKVO vom 8. 12. 1976)

Bei Arbeiten mit bestimmten Werkzeugen oder Maschinen, welche rhythmische Rückstoßerschütterungen oder schnelle Vibrationen an den haltenden oder stützenden Körperteilen hervorrufen, können auf die Dauer bestimmte Gesundheitsschädigungen auftreten, die allgemein als „Abnutzungserscheinungen" zu betrachten sind. Da jedoch im Durchschnitt weniger als 0,2% der im Bergbau und der Industrie beschäftigten Druckluftwerkzeugarbeiter erkranken und somit 99,8% auf die fortgesetzte mechanisch-dynamische Gelenkbeanspruchung durch die Druckluftwerkzeugarbeit *ohne* Schaden reagieren, kann die Druckluftwerkzeugarbeit an sich für die Schädigungen nicht der primäre und alleinige Ursachenfaktor sein. Die individuell unterschiedliche Belastbarkeit des Halte- und Stützapparates, vor allem aber eine gewisse konstitutionelle Bereitschaft, d. h. bestimmte *anlagebedingte Gewebseigentümlichkeiten* im Sinne eines Mißverhältnisses zwischen Belastbarkeit und Belastung, schaffen erst die Voraussetzung für die Entstehung solcher Schäden. Somit wird man der Arbeit mit Druckluftwerkzeugen nur die Rolle einer wesentlichen Mitwirkung bzw. eines richtungweisenden Verschlimmerungsfaktors zusprechen können (Hagen 1960).

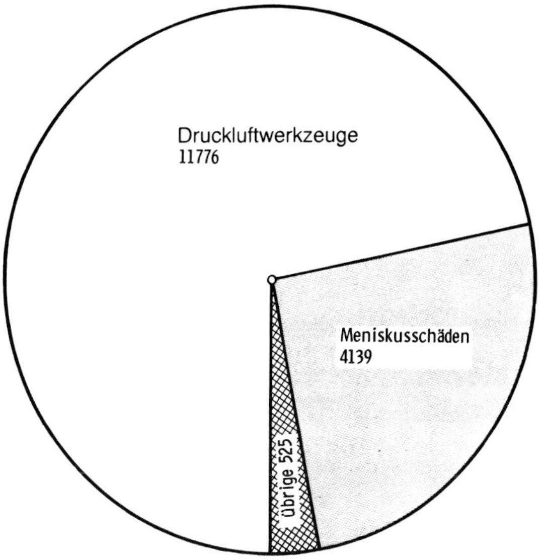

Abb. **4** Infolge ihrer Häufigkeit kommt im Rahmen der orthopädischen Berufskrankheiten den Erkrankungen durch Erschütterung bei Arbeit mit Druckluftwerkzeugen eine besondere Bedeutung zu (nach *Neubert*)

Unter Druckluft- und gleichartig wirkenden Werkzeugen oder Maschinen sind vornehmlich die sogenannten Schlagwerkzeuge mit hohen Schlagzahlen zu verstehen, wohingegen Druckluftmotoren, Hebemaschinen, Motorrahmen und ortsfest automatisch arbeitende Maschinen nicht darunter zu rechnen sind (Wagner u. Körner 1967).

Gefahrenquellen für das Vorkommen derartiger Schäden am Haltungs- und Bewegungsapparat sind z. B. Arbeiten mit preßluftgetriebenen Hämmern, Meißeln, Bohrern, Stampfern und gleichartig oder ähnlich wirkenden Werkzeugen und Maschinen, welche im Bergbau, in Steinbrüchen, in Gußputzereien, in Kesselschmieden, beim Schiffsbau sowie im Straßen- sowie Hoch- und Tiefbau Verwendung finden. Dasselbe gilt für Anklopfmaschinen, wie sie z. B. in der Schuhindustrie gebräuchlich sind.

Auf den eigentlichen Entstehungsmechanismus kann in diesem Rahmen nicht näher eingegangen werden. Dem interessierten Leser empfehlen wir diesbezüglich die einschlägigen Ausführungen von Hagen (1965) im „Handbuch der gesamten Unfallheilkunde" sowie insbesondere die Mono-

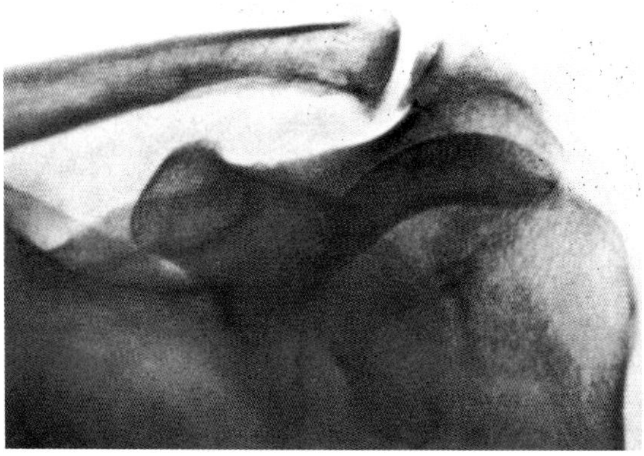

Abb. **5** Knöcherne Randwulstbildungen im Bereich des Schultereckgelenkes als Ausdruck eines Abnützungsschadens nach Preßluftarbeit

graphie „Der Preßluftschaden" von LAARMANN (1944).
Das klinische Erscheinungsbild ist gekennzeichnet durch bestimmte Veränderungen an Knochen und Gelenken, Muskeln, Sehnen und Nerven sowie Gefäßen.
Signifikant ist die Häufigkeitsverteilung auf die verschieden befallenen Regionen, wie sie von HAGEN (1961) erarbeitet wurde. Unter 400 Erkrankungsfällen durch Preßluftwerkzeugarbeit fand er Veränderungen des Ellenbogengelenkes in 69,7%, Mondbeinnekrosen in 20,0%, Kahnbeinpseudarthrosen in 3,5%, Veränderungen der übrigen Handwurzelknochen in 1,0% und der Muskeln, Sehnen und Nerven zusammen in 0,75%.

Veränderungen an Knochen und Gelenken

Zunächst muß die nachfolgende Feststellung von BÜRKLE DE LA CAMP (1937) unterstrichen werden: „Es gibt keine typischen Veränderungen an den Gelenken, also keine *Preßluftkrankheit.*" Gleiche Krankheitsbilder werden auch bei Menschen beobachtet, die nie mit einem Preßluftgerät zu arbeiten hatten. Charakteristisch ist lediglich das *vorzeitige* und *vermehrte* Auftreten von Abnützungserscheinungen, die auch nach Beendigung der Preßluftarbeit nicht zum Stillstand kommen müssen (ANDREESEN 1961, BÜRKLE DE LA CAMP 1965).
Vom äußeren *Erscheinungsbild* her unterscheidet LAARMANN (1944 u. 1958):

1. die *Grund- oder Abnützungsform,* die im wesentlichen dem Bild der Arthrosis deformans entspricht,
2. die *Sonderformen.*

Betroffen sind:

1. die *Handwurzel* und das *Handgelenk,*
2. das distale und proximale *Radioulnargelenk,*
3. das *Radiohumeralgelenk* (Radiusköpfchen, Capitulum humeri),
4. das *Schultergelenk.*

Veränderungen im Bereich des Schultergürtels

Im „großen Schultergelenk" bilden sich gelegentlich, vorwiegend am unteren Rand von Pfanne und Kopf, knöcherne Ausziehungen, die mitunter Ausmaße grober Knochenwucherungen annehmen können. In ganz vereinzelten Fällen sind bei Preßluftarbeitern Oberarmkopfzerstörungen beobachtet worden, die sich im Röntgenbild wie Kopfnekrosen mit subchondralen keilförmigen Sequestern darstellen. Um derartige Befunde handelte es sich bei den Beobachtungen von HOLTZMANN, der sie irrtümlicherweise als besonders kennzeichnend für eine Preßluftschädigung hielt (BÜRKLE DE LA CAMP 1965, HAGEN 1965, LAARMANN 1958).
An der Schulter ist es das Eckgelenk, die akromioklavikulare Fuge, welche im Sinne einer aktiven Abschwächung der Hammerstöße wirksam ist. Das große Schultergelenk wird bei dieser Arbeit von kräftigen Muskeln festgestellt und als Gelenk kaum beansprucht (BÜRKLE DE LA CAMP 1965).
Der Rest einer noch vorhandenen Hammereinwirkung wird im kleinen Schultergelenk am Übergang vom Arm zum Schulterblatt, d.h. vom Arm auf den Rumpf, abgefangen (BÜRKLE DE LA CAMP 1965, HAGEN 1965, LAARMANN 1944) (Abb. **5**).

Klinik
Sie ist gekennzeichnet durch scharf auf das Gelenk lokalisierte Schmerzen, die nicht nur bei der Belastung, sondern auch in Ruhe bestehen. Der Stauchungsschmerz der Schulter ist im Akromioklavikular-Gelenk besonders eindrucksvoll; er kann so stark sein, daß die eigentliche Schultergelenksbeweglichkeit weitgehend eingeschränkt ist.

Differentialdiagnose
Sie hat Arthrosen anderer Genese zu berücksichtigen. Dazu sind der röntgenologische Vergleich und die Gegenüberstellung zu Gelenken, die durch den Preßluftschaden nicht betroffen werden können (z.B. Hüftgelenk und Kniegelenk), erforderlich. Oft werden die subjektiven Beschwerden verkannt und als rheumatische oder auch von der HWS abgeleitete degenerative Erkrankungen gedeutet. Nur die Anamnese kann den Verdacht einer Arbeitsschädigung erbringen. Die Arbeitsdauer – unterste Grenze 2 Jahre – ist mit der Schwere des Befundes in Beziehung zu bringen (KOELSCH 1963, LAARMANN 1960, LANGE 1965) (Abb. **6**).

Therapie
Sie kann entsprechend der Arthrosis deformans nur symptomatisch sein.

Veränderungen im Bereich des Ellenbogengelenkes

Der beträchtlichen Gewalteinwirkung auf seinen Körper wird der Preßluftarbeiter dadurch Herr, daß er unter Ausnutzung der *Elastizität des Gelenkspieles* seiner Arme und durch die *Bremswirkung* der im Arbeitsrhythmus des Gerätes entfalteten und ihm entgegengerichteten Kraft der Armmuskulatur die Gegenstöße des Preßluftwerkzeuges *aktiv abfängt.* An diesem Vorgang ist, neben dem Schultereck- und Handgelenk, ganz besonders das Ellenbogengelenk beteiligt; denn abgesehen davon, daß hier die *Kraftrichtung* geändert wird, da es meist abgewinkelt gehalten wird, führt auch der Umstand, daß bei der Preßluftarbeit Elle und Speiche im Verlauf des Unterarmes sich *gegeneinander* bewegen (LAARMANN 1958) (Abb. **7**), zur besonderen Beanspruchung des Ellenbogengelenkes.

Die Hammerwirkung wird von den fest um den Werkzeuggriff gespannten Fingern aufgenommen, im *Handgelenk* zuerst abgefedert und dann auf die Speiche übertragen. Im Unterarmverlauf gelangt die Kraftentwicklung des Hammers unter federnden Gegenbewegungen der beiden Unterarmknochen von der Speiche zur Elle und wird von dieser auf die Oberarmrolle übertragen. Bei diesem Vorgang nähert sich die Elle unten dem Handgelenk und die Speiche oben der Oberarmrolle (Abb. **8**).

Klinik

Die Beschwerden bestehen anfänglich in „rheumatischen Schmerzen“ und örtlichen Ermüdungserscheinungen. Charakteristisch ist der sogenannte *„Anfangsschmerz“* nach Arbeitsaufnahme, der

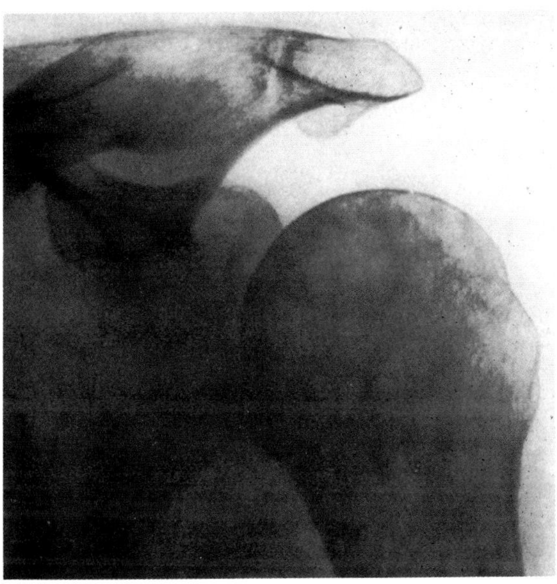

Abb. **6** Vollständige Ankylose des Akromioklavikulargelenkes nach jahrelanger Betätigung von Druckluftwerkzeugen. Beachte auch die zystischen Aufhellungen im Oberarmkopf!

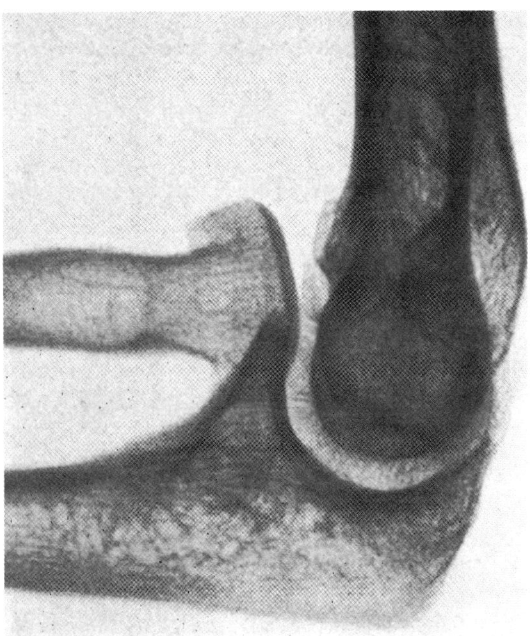

Abb. **7** Beginnender Abnützungsschaden in Form einer Arthrosis deformans mit knöcherner Ausziehung des Kronenfortsatzes der Elle und des Radiusköpfchens.

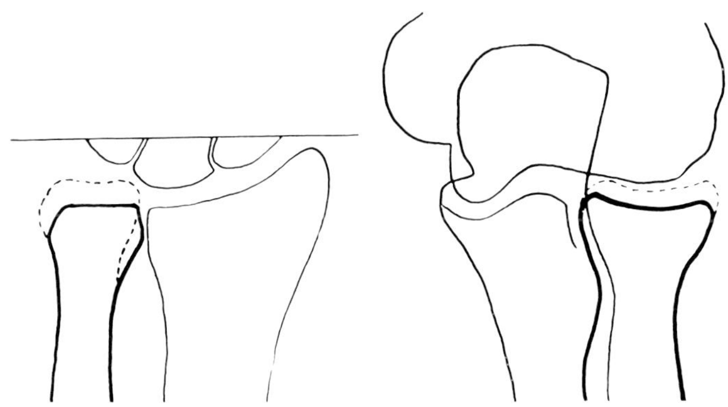

Abb. **8** Schematische Darstellung der Gegeneinanderbewegung von Elle und Speiche bei Preßluftarbeit, wodurch sich die Elle distal dem Handgelenk, die Speiche proximal der Oberarmrolle nähert

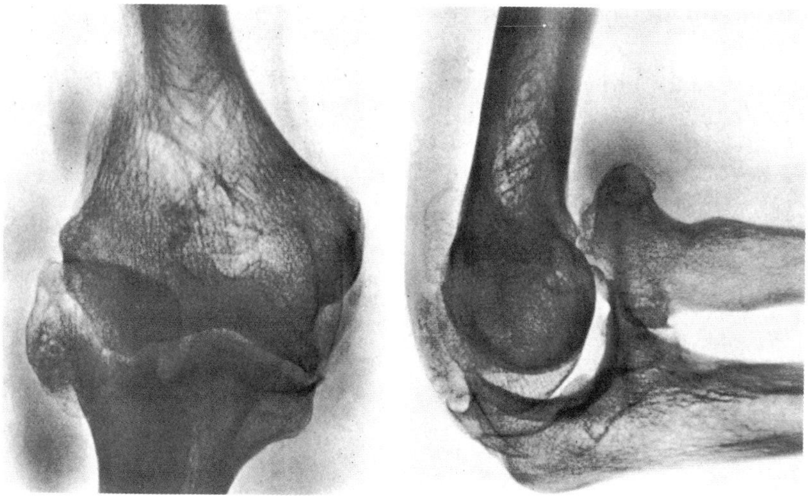

Abb. 9 Fortgeschrittene Ellenbogengelenksarthrose nach Preßluftarbeit mit ausgeprägten Randwulstbildungen der Gelenkränder, schnabelförmigen Exostosen, Strukturveränderung der knöchernen Anteile sowie Verdickung und Deformierung des Radiusköpfchens, Vergrößerung des Kronenfortsatzes der Elle usw.

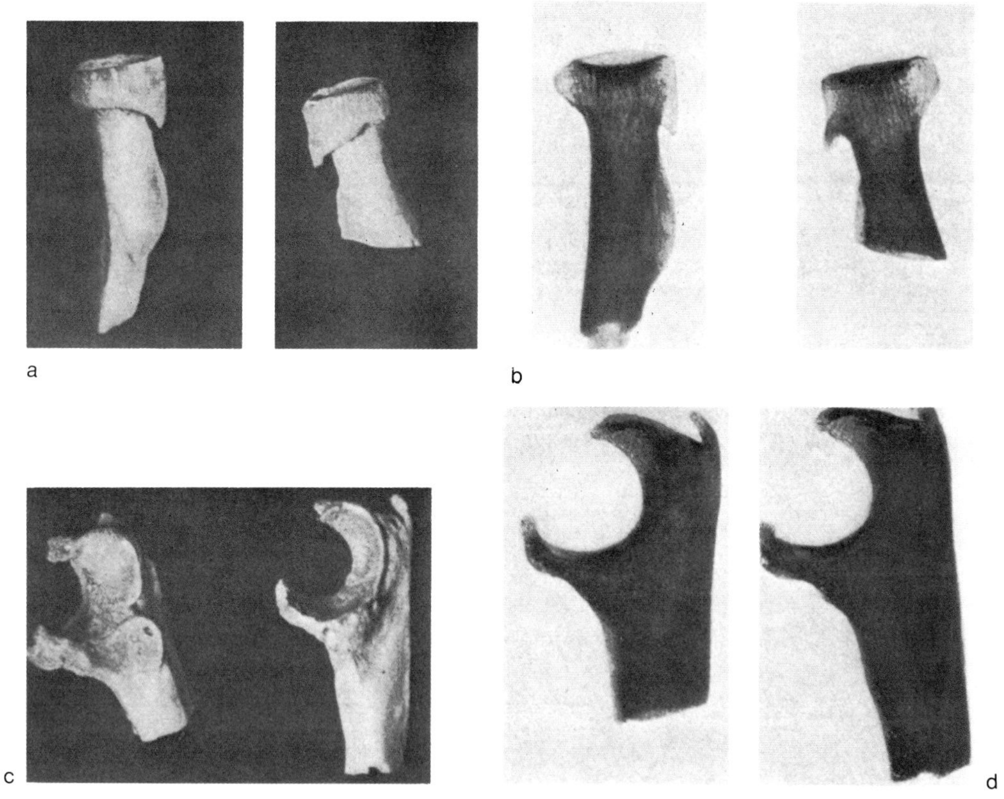

Abb. **10** a–d a u. b) Bei der Betrachtung von Knochenpräparaten eines „Preßluftellenbogens" tritt die Formverunstaltung des Radiusköpfchens besonders plastisch zu Tage. c u. d) Knochenpräparat des proximalen Ellenendes des gleichen Falles (nach *Laarmann*)

oft nach anfänglicher Steigerung wieder nachläßt. Nach Beendigung der Arbeit tritt der sogenannte *„Ruheschmerz"* auf, der zuweilen auch nachts und an arbeitsfreien Tagen weiterbesteht.
Klinisch besteht häufig eine Kapselschwellung, mitunter eine Erhöhung der Hauttemperatur über dem Gelenk, umschriebene Druckempfindlichkeit, nicht selten eine sichtbare Atrophie der Armmuskulatur, vor allem aber eine Bewegungsbehinderung, welche in erster Linie die Beugung und Streckung betrifft. Die Pro- und Supinationsbewegungen können frei, mitunter jedoch ebenfalls stark eingeschränkt sein. Arthrotische Reibegeräusche in den Gelenken stellen kein obligates Symptom dar; desgleichen werden Einklemmungserscheinungen – trotz oft vorhandener freier Gelenkkörper – nur selten beobachtet.

Röntgen
Die Ellenbogengelenkveränderungen imponieren als Arthrosis deformans mit Ausziehungen und Randwulstbildungen an den Gelenkrändern, schnabelförmigen Exostosen, Verwaschenheit und Unregelmäßigkeit der Gelenkkonturen, Strukturveränderungen der gelenknahe gelegenen Knochenanteile, Verschmälerung des Gelenkspaltes, Ausfüllung der Fossa coronoidea, radialis und olecrani, Verdickung und Deformierung des Radiusköpfchens, Vergrößerung des Kronenfortsatzes der Elle usw. (Abb. **9**).
Diese *Formverunstaltung* der das Gelenk bildenden Knochenenden tritt besonders plastisch bei Betrachtung von Knochenpräparaten eines „Preßluftellenbogens" zutage (Laarmann 1958) (Abb. **10**).
Freie Gelenkkörper durch Abbruch von knöchernen Randzacken als Folge einer Osteochondrosis dissecans oder auch als Abscheidungskörper bei gestörten Stoffwechselverhältnissen der Synovia (Laarmann 1958) sind nicht selten (Abb. **11**).

Differentialdiagnose
Abzugrenzen sind Arthrosen anderer Genese, wobei zu beachten ist, daß die Gelenkveränderungen beim Preßluftellenbogen häufig – wenn auch in unterschiedlichem Ausmaß – doppelseitig auftreten, vor allem bei Bergleuten, welche die Arbeitsgeräte abwechselnd bedienen müssen.

Therapie
Sie entspricht derjenigen bei der genuinen Arthrose; bewegungsbehindernde freie Gelenkkörper sind operativ zu entfernen.

Veränderungen im Bereich des „Handgelenkes an sich"

Berücksichtigt man die oben getroffenen Ausführungen über die Bremswirkung der Elle gegenüber der Speiche sowie die Kraftübertragung von Elle zur Speiche, so wird verständlich, daß die arthrotischen Veränderungen im Handgelenksbereich vornehmlich das *untere Ellen-Speichen-Gelenk* betreffen. Sie bestehen röntgenologisch in einer Entrundung des Ellenköpfchens und spitzen oder zackigen Ausziehungen oder Wulstbildungen (Abb. **12**). Diese Befunde wie auch arthrotische Veränderungen am unteren Speichenende, insbesondere am Griffelfortsatz der Speiche und der gegenüberliegenden Kahnbeingelenkfläche, pflegt man als Veränderungen des *„Handgelenkes an sich"* von den eigenartigen Erkrankungen der *Handwurzelknochen* abzugrenzen. Praktische Bedeutung kommt den Preßluftveränderungen des

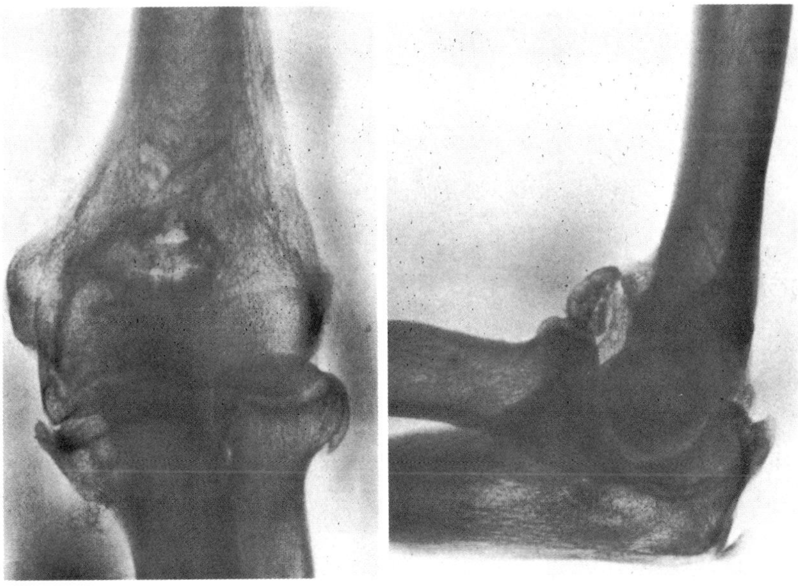

a b

Abb. **11** a u. b Ausbildung multipler freier Gelenkkörper beim Preßluftellenbogen mit typischen Einklemmungserscheinungen

„Handgelenkes an sich" kaum zu, da sie einerseits selten und entsprechend ihrem klinischen Erscheinungsbild meist belanglos sind. – Zu bemerken ist, daß es durch Preßluftarbeit bedingte Verschleißerscheinungen an den Fingergelenken nicht gibt, obschon sie den Hammerauswirkungen am nächsten liegen. Sie sind eben nicht aktiv mit dem Abfangen der Gerätewirkung beschäftigt.

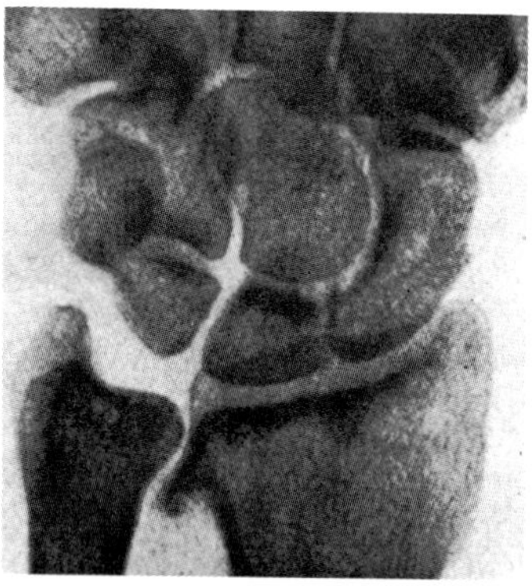

Abb. 12 Im Bereich des „Handgelenkes an sich" treten die Arthrosezeichen vornehmlich am unteren Ellen-Speichen-Gelenk auf, wo sich spitze oder zackige Ausziehungen bzw. Randwulstbildungen bei gleichzeitiger Entrundung des Ellenköpfchens finden

Sonderformen

I. Mondbeinnekrose

Die bedeutendste Erkrankung dieser Gruppe stellt – nicht zuletzt aufgrund ihrer zahlenmäßigen Häufigkeit – die Malazie des Os lunatum dar. Bei 1000 mit Drucklufthämmern Arbeitenden beobachtete BETZEL (1964) in 130 Fällen die Nekrose des Mondbeins und in 70 Fällen die des Os naviculare. HAGEN (1961) diagnostizierte die Lunatummalazie bei Grubenarbeitern in 20% der Fälle; ANDREESEN (1939) berichtet von seinem eigenen Krankengut (Grubenarbeiter) über eine Häufigkeit von 40%.

Ätiopathogenese

Die Diskussion über die Pathogenese dieser aseptischen Knochennekrose ist noch keineswegs abgeschlossen. Für ihre Entstehung werden sowohl Makro- als auch Mikrotraumen, konstitutionelle und hormonelle Momente verantwortlich gemacht. Die Rolle der Ellenminusvariante (HULTÉN 1935) ist – wie STEINHÄUSER u. Mitarb. (1973) zeigen konnten – offenbar weitaus geringer als man bislang annahm. Bemerkenswert hingegen, gerade auch im Zusammenhang mit Preßluftarbeiten, sind die Feststellungen von STEINHÄUSER u. ABELE (1974) über ein signifikant häufiges Zusammentreffen der Kienböckschen

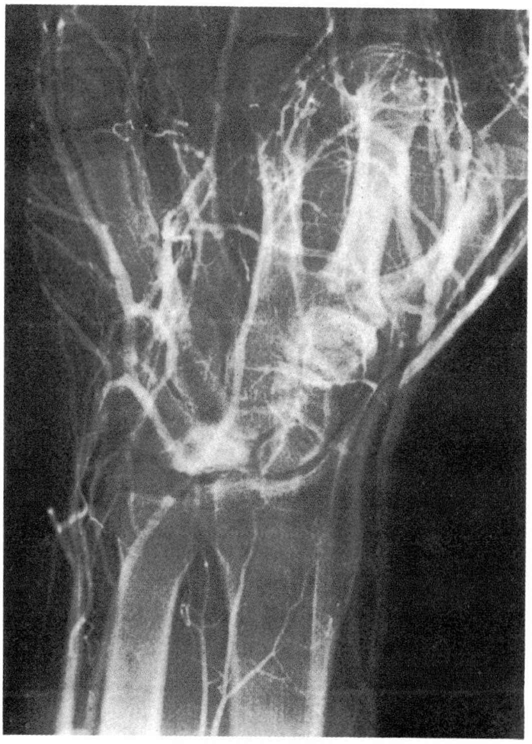

a

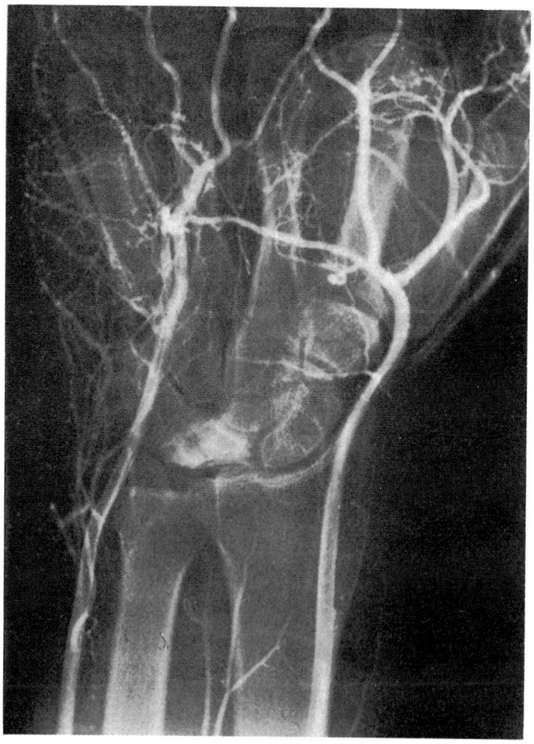

b

Abb. 13a u. b Die Arteriographie zeigt auf der Abb. b, welche der gleichen Füllungsphase wie Abb. a entspricht, die verzögerte Anfüllung des Gefäßsystems im Bereich der Hand und Handwurzel bei maximaler Extensionsstellung (Arbeitsstellung) im Handgelenk

Krankheit mit röntgenologisch nachweisbaren Arthrosen am distalen Radioulnargelenk in 84,4% der Fälle.
Von besonderer Wichtigkeit scheinen die Durchblutungsverhältnisse des Mondbeines zu sein. So unterliegt es keinem Zweifel, daß bei Arbeitsstellung der Hand eine Drosselung des arteriellen Blutzustroms zur Handwurzel eintritt, wie LAARMANN (1958) durch Versuche mit frischen Amputationspräparaten von Handgelenken, STEINHÄUSER u. Mitarb. (1975) anhand angiographischer Serienuntersuchungen bei Mondbeinerweichungen übereinstimmend festgestellt haben (Abb. **13**).

Klinik
Das klinische Bild entspricht der auch ohne Preßluftarbeit auftretenden Mondbeinnekrose mit umschriebenem Druckschmerz im Bereich des Os lunatum, vornehmlich von volar her, Stauchungs- und Dehnungsschmerzen, insbesondere bei Dorsalflexion, mitunter verstrichenen Konturen und Verdickung auf der Streckseite des Handgelenkes sowie konzentrisch schmerzhafter Bewegungseinschränkung desselben. Der aktive Faustschluß sowie das eigentätige Strecken und Spreizen der Finger können ebenfalls gestört sein. Häufig wird das klinische Bild mit Tendovaginitiden verwechselt und entscheidende Zeit zum therapeutischen Eingreifen vertan. Wie alle aseptischen Knochennekrosen, kann die Mondbeinerweichung mit und ohne Preßluftschaden doppelseitig auftreten.

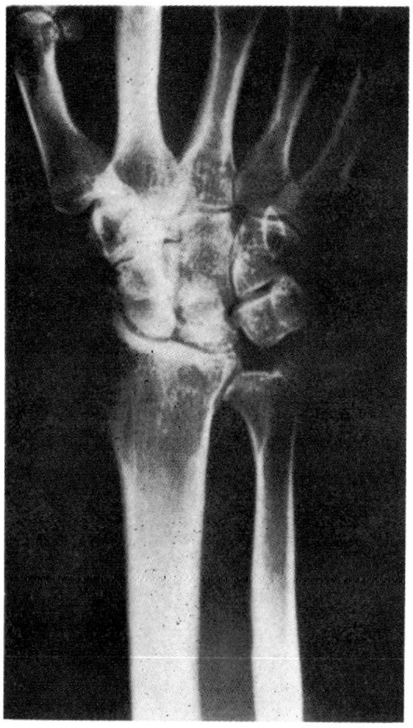

Abb. **14** Schwere Mondbeinnekrose mit Deformierung des Os lunatum und Höhenminderung um mehr als die Hälfte der ursprünglichen Größe, Fragmentierung und begleitender Arthrose im Handgelenk. Beachte neben der Minusvariante der Elle am Handgelenk die im distalen Unterarmdrehgelenk bestehende ausgeprägte Arthrose mit Entrundung des Ellenköpfchens, Abschleifen der Gelenkkonturen und knöchernspitzer Ausziehung des Ellenköpfchens. Zudem findet sich in den benachbarten Anteilen des Radius, d. h. zwischen Ellenköpfchen und Mondbein, eine Degenerationszyste (Geröllzyste) in der Speiche

Röntgen
Die röntgenologischen Befunde reichen von der Strukturverdichtung *ohne* Deformierung über kleinzystische Aufhellungen, fortschreitende Fragmentierung und Deformierung der Konturen bis zur völligen Zusammensinterung mit der diese stets begleitenden Arthrose der benachbarten Knochen (Abb. **14**).
Erwähnt sei, daß es nicht immer zum Absterben des *gesamten* Mondbeines kommt, vielmehr werden immer wieder Fälle von *Teilnekrosen* beobachtet, die meist an der dem Radius benachbarten Fläche des Mondbeines entstehen. Auch diese Befunde sprechen dafür, daß eine Gefäßdrosselung ursächlich zugrunde liegt, welche nur Teile des Knochens betrifft.

Therapie
Sie richtet sich nach dem röntgenologischen *Stadium der Erkrankung.* In *Frühfällen,* d. h. bei Strukturverdichtung und evtl. kleinen zystischen Aufhellungen *ohne* wesentliche Deformierung des Mondbeines, kann eine langdauernde, über mehrere Jahre reichende Fixierung in einer Vorderarmhandgelenks-Kunststoffmanschette zur Ausheilung der Erkrankung führen.
Liegt eine auffallende Verkürzung der Elle am Handgelenk (Minusvariante) vor, so kann eine Radiusverkürzungs-Osteotomie Erfolg versprechen. In diesem frühen Stadium kann auch die Spongiosaplastik nach Matti eine Ausheilung der Krankheit bewirken.
Nicht bewährt dagegen hat sich die alleinige Exstirpation des nekrotischen Knochens, weil hierdurch das Handwurzel-Handgelenks-Gefüge entscheidend gestört wird.
Die gestielte Implantation des Os pisiforme in das ausgehöhlte Mondbein nach BECK (1970) kann wegen der bislang geringen Fallzahlen nicht ausreichend beurteilt werden. Die Denervation nach WILHELM (1966, 1972) zielt rein symptomatisch auf die Beseitigung der subjektiven Schmerzen hin. In den *Spät- und Endstadien* der Erkrankung empfiehlt sich die von STEINHÄUSER (1968) angegebene „Trans-naviculo-lunäre Resektionsarthroplastik" mit vollständiger Entfernung des nekrotischen Os lunatum und gleichzeitiger Resektion der proximalen zwei Drittel des Kahnbeines. Mit dieser Methode liegen mittlerweile ausreichend lange und zahlenmäßig große Erfahrungen vor. Ähnlich gut bewährt hat sich offenbar das Verfahren der „interkarpalen Arthrodese" nach GRANER u. Mitarb. (1966), wohingegen die Versuche mit alloplastischem Ersatz des Mondbeines sich bislang nicht haben durchsetzen kön-

nen. Der Handgelenksarthrodese sollten heute jene wenigen Fälle vorbehalten bleiben, bei denen eines der genannten Verfahren nicht zum Ziele geführt hat.

Beachte:
Voraussetzung für die Anerkennung einer Mondbeinnekrose als Druckluftschaden ist eine Mindestarbeitszeit an derartigen Werkzeugen von 3 Jahren. Außerdem müssen die ersten Erscheinungen spätestens 6 Monate nach Beendigung der Tätigkeit auftreten.

II. Kahnbeinpseudarthrose

Neben partiellen und völligen Nekrosen des Os naviculare wird in erster Linie die Pseudarthrose des Kahnbeines beobachtet.

Ätiologie:
Sie kann nach Erschütterung durch Arbeiten mit Druckluftwerkzeugen oder gleichartig wirkenden Werkzeugen oder Maschinen als Folge einer sogenannten *Ermüdungsfraktur* entstehen. Das Os naviculare wird durch die stets sich wiederholenden Handgelenksbewegungen auf *Biegung* beansprucht; es wird über den Griffelfortsatz der Speiche in seitlicher Richtung gebogen. Diese Pseudarthrosen finden sich daher stets in Höhe der Spitze des Speichengriffels.

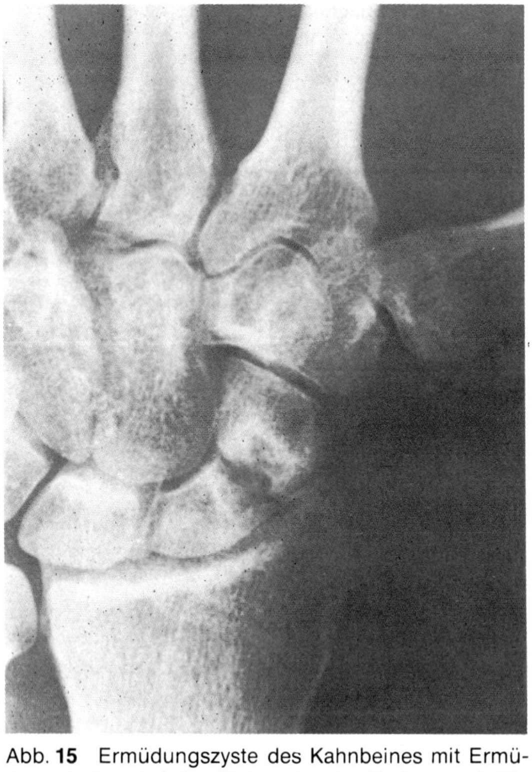

Abb. **15** Ermüdungszyste des Kahnbeines mit Ermüdungsfraktur infolge Einbruchs der Zystenwand. Die Abgrenzung gegenüber einer Gewaltfraktur des Kahnbeines mit sekundär umgebender Zyste kann schwierig sein

Klinik
Wichtig ist, daß eine Ermüdungsfraktur, da sie schleichend entsteht, vom Kranken selbst nicht wahrgenommen wird. So bildet sich häufig zwangsläufig aus dem *Ermüdungsbruch* die *Ermüdungspseudarthrose.* Zu Gebrauchsstörungen geben meist erst sekundäre Reizerscheinungen Anlaß. Die Beobachtungen und Forschungsergebnisse von ANDREESEN (1939, 1964), BLOCK, BÜRKLE DE LA CAMP (1937), GÖCKE (1925), HENSCHEN, PIWKO (1928), REICH (1933), (doppelseitige Beobachtung bei einem Terrazzoarbeiter), ROSTOCK (1956), WETTE (1930) u. a. haben das Zustandekommen dieser schleichenden Kahnbeinfrakturen eindeutig unter Beweis gestellt.

Röntgen
Röntgenologisch bildet sich meistens zunächst eine zystische Aufhellung – die sogenannte Ermüdungszyste –, die sich dann bis zur Kortikalis vergrößert und schließlich durch Einbruch der Zystenwand zu einer Ermüdungs*fraktur* wird. Eine solche Ermüdungsfraktur ist mithin im allgemeinen auf den ersten Blick von einer Gewaltfraktur des Kahnbeines zu unterscheiden (Abb. **15**).

Differentialdiagnose
Die Abgrenzung gegenüber gleichartigen röntgenologischen Veränderungen anderer Ätiologie kann schwierig sein. So kann nach traumatischer Kahnbeinfraktur eine sekundäre Zystenbildung um den Frakturspalt herum eintreten; hier kann nur die Erhebung einer eingehenden Anamnese weiterhelfen. Einfacher ist die Abgrenzung gegenüber anlagebedingten Trennungsspalten, die wir als Naviculare bipartitum kennen und die häufig beidseitig anzutreffen sind. Da Navikularpseudarthrosen oft nach nicht erkannten Brüchen des Kahnbeines schleichend entstehen, muß die Frage der Preßlufterkrankung mit viel Kritik und Zurückhaltung beantwortet werden, wenn die Veränderungen am Os naviculare selbst wohl kennzeichnend, die anderen Veränderungen aber kaum ausgebildet sind.

Therapie
Die Behandlung von Kahnbeinschäden aller Art durch Preßluftarbeit deckt sich weitgehend mit der Behandlung gleicher Erscheinungen anderer Ursache. Am besten bewährt hat sich wohl die Ausräumung des Pseudarthrosengewebes und Ausfüllen des Spaltes mit Eigenspongosia (LANGE 1968).
Mitunter kann es notwendig sein, gleichzeitig den Processus styloides radii zu resezieren, der als Hypomochlion wirkt. Eine ausreichend lange anschließende Fixation im Navikularegips (unter Einschluß des Daumengrundgliedes) ist in jedem Falle erforderlich.

III. Die übrigen Handwurzelknochen

Wenngleich Veränderungen der anderen Handwurzelknochen klinisch nur eine untergeordnete Rolle spielen, so zeigt das Röntgenbild bei schärferer Beobachtung und Heranziehung von Spezialaufnahmen auch im Bereich des Os capitatum, des Os trapezium und Os trapezoideum häufiger lokalisierte Arthrosen und umschriebene Zystenbildungen als allgemein angenommen wird. Nicht selten wird bei Preßluftarbeiten auch eine beträchtliche Daumensattelgelenksarthrose festgestellt, obschon dies im Schrifttum bislang wenig Beachtung gefunden hat.

Veränderungen an Muskeln, Sehnen und Nerven

Veränderungen an Muskeln

Erkrankungen der Muskeln durch Arbeit an Druckluftwerkzeugen sind so selten, daß ihnen versicherungsrechtlich keine Bedeutung zukommt. Muskelveränderungen im Sinne einer *Myositis ossificans* sind fast nur bei Arbeitern in höherem Berufsalter beobachtet worden (Rostock 1956). Bevorzugte Lokalisationen sind der M. brachialis, der M. biceps brachii, ganz selten auch der M. triceps.

Laarmann (1958) und Lange (1965) lehnen die Myositis ossificans als Preßluftschädigung generell ab und führen aus, daß es sich bei den wenigen Beobachtungen um jeweils selbständige Erkrankungen außerhalb einer Preßluftschädigung gehandelt hat. Auch habe sich die früher vertretene Auffassung nicht bestätigt, daß Preßluftarbeit zu einer besonderen Ermüdbarkeit der Armmuskeln und zu Muskelschmerzen führe. Vielmehr komme es zu einer gewissen *Hypertrophie* und zu einem vermehrten Spannungszustand der Muskulatur beim Preßluftarbeiter (Bürkle de la Camp 1937), so daß heute feststehe, daß dort, wo Muskelermüdung, Muskelatrophie oder gar Lähmung von Muskeln oder Muskelgruppen beim Preßluftarbeiter auftreten, eine selbständige *organische* Ursache dieser Veränderungen zu suchen sei. Natürlich kann eine Muskelatrophie durch Schädigung des N. ulnaris infolge arthrotischer Veränderungen im Bereich des knöchernen Kanals des N. ulnaris am Ellenbogengelenk auftreten; auch können Muskelatrophien sich sekundär als Inaktivitätsfolge bei schweren Gelenkschäden ausbilden. In jedem Falle ist jedoch bei Vorliegen von Atrophien der Armmuskulatur differentialdiagnostisch an eine beginnende Systemerkrankung zu denken.

Veränderungen an Sehnen

Erkrankungen der Sehnen durch Druckluftwerkzeugarbeit sind ebenfalls selten. Die Ansatzverknöcherungen und Verkalkungen von Sehnen- und Muskelfaszien, wie sie z. B. als Olekranonsporn oder als Folgezustand einer Epikondylitis am „Preßluftellenbogen" vorkommen, sind als Folge einer Periostreizung durch die ständige Zug- oder Zerrwirkung bei der Druckluftwerkzeugarbeit anzusprechen.

Reine Sehnenerkrankungen mit histologisch nachgewiesenen degenerativen Gewebsveränderungen, wie man sie beispielsweise bei feingeweblichen Untersuchungen der „spontan" gerissenen langen *Bizepssehne* gefunden hat (Lang), sind wohl nie selbständiger Art. Ihre Entstehung verdanken sie in der Regel arthrotischen Veränderungen der benachbarten Gelenke, sei es, daß sie mechanisch bedingt werden durch Scheuern an arthrotischen Wucherungen oder daß sie die Folge der gleichen entzündlichen Vorgänge sind, die der Gelenkarthrose an sich zugrunde liegen (Laarmann 1958, Wette 1930).

Ein Riß der langen Bizepssehne als unmittelbare und selbständige Folge der Betätigung von Druckluftgeräten ist somit kaum denkbar und tatsächlich noch nie beobachtet worden. Ähnliches gilt vom Spontanriß der langen *Daumenstreckersehne,* nur, daß hier weniger eine Arthrosis als vielmehr eine knöcherne Verletzung benachbarter Handknochen (Speichenbruch, Mondbeinluxation, Mittelhandknochenbruch) bzw. eine eigene stumpfe Verletzung als Ursache zugrunde liegt (Orator 1955).

Die *Epicondylitis lateralis humeri* durch Arbeit mit Druckluftwerkzeugen kommt verhältnismäßig selten vor, obschon sie durch die arbeitsmechanischen Vorgänge durchaus erklärt werden könnte. Differentialdiagnostisch sind osteochondrotische Veränderungen der HWS (Zervikalsyndrom) sowie fokal-toxisch bedingte entzündliche Erscheinungen und Erkrankungen des rheumatischen Formenkreises auszuschließen.

Bei der *Dupuytrenschen Fingerkontraktur* handelt es sich um einen Anlageschaden, der nicht durch Druckluftwerkzeug verursacht wird (Hagen 1965, Laarmann 1958, Lange 1965 u. a.).

Die Rückstoßerschütterungen, welche durch die Muskulatur des Daumen- und Kleinfingerballens abgefangen werden, treffen kaum die Aponeurose (Hagen 1961). Der Druckluftwerkzeugarbeit kann allenfalls über eine Reizsteigerung des vegetativen Nervensystems eine begünstigende Bedeutung bei einer vorhandenen Erbanlage für die Dupuytrensche Erkrankung zukommen.

Über eine schädigende Einwirkung der Preßluftarbeit auf andere Gewebe, Gebilde und Organe wie Schleimbeutel, Haut mit ihren Anhangsgebilden, Unterhautzellgewebe etc. ist nie etwas bekanntgeworden. Dies berechtigt zu der Feststellung, daß es Preßluftschädigungen der genannten Gewebsgruppen nicht gibt. (Laarmann 1958).

Veränderungen der Nerven

Es besteht heute kein Zweifel darüber, daß *unmittelbare Nervenschäden* peripherer oder zentraler Art als Folgen von Erschütterungsarbeiten nicht vorkommen.

Mittelbare Nervenschäden als Folge von Preßluftarbeit sind demgegenüber beobachtet worden. Die von Bürkle de la Camp (1937), Stender und Weber mitgeteilten Fälle von Drucklähmung des N. ulnaris durch Knochenwucherungen am Preßluftellenbogen, die den Nerv im Sulcus nervi ulna-

ris räumlich beengten, sind typische Beispiele hierfür.
Fest steht außerdem, daß es Nervenlähmungen durch Druck des Hammergriffes oder eines anderen Werkzeugteils auf einen Nervenstamm, z. B. auf den Armplexus oder den N. axillaris gibt. Solche Schädigungen – z. B. des Armplexus beim Anstemmen des Druckluftwerkzeuges gegen die Schulter – erfolgen in der Regel rein mechanisch durch die örtliche Druck- und Stoßwirkung des Druckluftwerkzeuges.
Erkrankungen des *Zentralnervensystems* als Folge der Druckluftwerkzeugarbeit sowie *nervöse Allgemeinerscheinungen* bei Preßluftarbeitern sind nicht beobachtet worden und versicherungsrechtlich abzulehnen.

Therapie
Bei dieser Erkrankungsgruppe kommt allenfalls die Fixation der rupturierten langen Bizepssehne an die Sehne des M. coracobrachialis in Frage.

Versicherungsrechtliche Zusammenhangsbegutachtung

Bei der versicherungsrechtlichen Zusammenhangsbegutachtung von Erkrankungen durch Druckluftwerkzeuge oder ähnliche Maschinen ist eine besonders kritische Zurückhaltung angezeigt. Die Schwierigkeiten in der Abgrenzung gegenüber ähnlichen Erkrankungen anderer Ursache erfordern einerseits eine eingehende Erhebung der persönlichen und beruflichen Anamnese und machen andererseits – neben der klinischen Untersuchung, auch der nicht unmittelbar betroffenen Extremitäten – vergleichende Röntgenaufnahmen und Laboruntersuchungen unerläßlich. Noch einmal sei betont, daß der Druckluftwerkzeugarbeit nur ein richtungweisender Verschlimmerungseffekt bei konstitutioneller Gewebsminderwertigkeit zukommt. Außerdem müssen für die Anerkennung eines solchen Einflusses bestimmte technische, wirkungsmechanische und zeitliche Voraussetzungen im Sinne einer wenigstens über die Dauer von 2 Jahren *ununterbrochen* durchgeführten Druckluftwerkzeugarbeit erfüllt sein. Zu beachten ist, daß auch nach Aufgabe der Preßluftarbeit noch Erkrankungen im Sinne Ziffer 2103 der 7. BKVO in Erscheinung treten oder sich verschlimmern können.
Bei voll ausgeprägtem Preßluftschaden muß der Träger der Preßluftarbeit entzogen und einem anderen Tätigkeitsbereich zugewiesen bzw. umgeschult werden.

Einige sozialgerichtliche Entscheidungen und Auslegungen:
1. Bei den als BK anerkannten Preßluftschäden richtet sich die Entschädigung nach dem *Ausmaß der beruflich bedingten Verschlimmerung des Grundleidens* (Entsch. d. SG Koblenz vom 9. 12. 1957 – Kn 208/56.)
2. Das Schärfen von Mühlsteinen mit einem Spezialhammer wirkt nicht „gleichartig" wie eine Arbeit mit einem Druckluftwerkzeug, denn ein Handwerkzeug hat nicht die gleichen Wirkungen wie ein automatisch wirkendes Werkzeug (Brackmann).
3. Motorrammen sind keine gleichartig wie Druckluftwerkzeuge wirkenden Werkzeuge (Entsch. d. LSG Bremen vom 26. 9. 1955 AZ: U 19/55).
4. Eine *Parkinsonsche Schüttellähmung* kann durch besondere Berufsverhältnisse – hier Steinhauerarbeiten – weder verursacht noch richtunggebend verschlimmert werden (Entsch. LSG Niedersachsen vom 4. 12. 1958 AZ: L 11 U 288/56).
5. Das berufsmäßige Fahren von Omnibussen oder Lastwagen wirkt nicht „gleichartig" wie Arbeit mit Druckluftwerkzeugen, auch nicht das Kraftradfahren auf schlechten Straßen (Brackmann).

Anhang

Ungeachtet der oben unter 5. getroffenen Ausführungen werden in neuerer Zeit – da ihnen ein ähnlicher Wirkungsmechanismus zugrunde liegt – bestimmte Veränderungen im Bereich der Wirbelsäule als beruflich bedingte Schäden zur Diskussion gestellt.
So konnte Matthiass (1975) anhand größerer vergleichender Statistiken feststellen, daß bei Bergarbeitern und Angehörigen anderer Berufe mit *starker Belastung* der Wirbelsäule die Spondylosis deformans *früher* und in *stärkerer* Ausprägung als normal auftritt.
Demgegenüber gibt es nach Matthiass (1975) keinen Anhalt dafür, daß der operativ gesicherte lumbale *Bandscheibenvorfall* bei Angehörigen von Berufen mit schwerer körperlicher Arbeit gehäuft oder früher eintritt, auch gebe es keinen sicheren Anhalt dafür, daß die unter dem Oberbegriff „Kreuzschmerzen" zusammengefaßten Syndrome bei Angehörigen von Berufen mit schwerer körperlicher Arbeit häufiger auftreten.

Signifikante Wirbelsäulenschäden bei Jetpiloten sind nach den Untersuchungen von Baumann u. Beck (1975) nicht zu verzeichnen, wenngleich die Häufigkeit von Verschleißerscheinungen der Zervikalsegmente C2 – C4 auffallend ist. Die Ursache hierfür sehen die Autoren einerseits in der zusätzlichen Belastung durch den 4 kg schweren Pilotenhelm, andererseits in der Unmöglichkeit einer ausreichenden Kopfabstützung.
In diesem Zusammenhang nur am Rande erwähnt sei die von Breitenfelder (1975) diskutierte zervikale Osteochondrose und Spondylarthrose als Arbeitsschaden des Zahnarztes.
Beachtung verdienen die von Rosemeyer (1975) unterbreiteten Vorschläge zur Verbesserung der Konstruktion von Autositzen, um eine Schädigung des Bewegungsapparates infolge falscher Haltung zu vermeiden. Die Diskussion über das Zustandekommen solcher Schäden ist allerdings noch keineswegs abgeschlossen, doch wird man bei der Abfassung der 8. BKVO nicht umhinkommen, sich auch mit berufsabhängigen Schäden des Bewegungsapparates durch falsche Haltung im Auto, Omnibus, Traktor usw. zu beschäftigen.

Erkrankungen der Gefäße

Es handelt sich im wesentlichen um *angiospastische Zustände* der Hände und Finger. Bemerkenswert ist, daß diese Erkrankungen im Bergbau und in den steinbrechenden Betrieben nach Preßluftarbeit nicht bekannt sind. Sie werden vielmehr ausschließlich beobachtet in den Betrieben der Eisen- und Stahlindustrie, in der Schuhindustrie und in der steinbearbeitenden Industrie, d. h. bei Arbeitern, die das eigentliche Arbeitsgerät (den vibrierenden Meißel oder den Hammer) direkt führen (Gußputzer) oder das Werkstück selbst an die Maschine drücken (Schuhindustrie). Durch die direkte Übertragung der Stöße treten Spasmen der Vasokonstriktoren auf, die dem Krankheitsbild des *Morbus Raynaud* entsprechen.

Klinik
Das Krankheitsbild macht sich nach frühestens 1–2jähriger Tätigkeit in Form von Kribbeln, Ameisenlaufen, Absterben der Finger (Digitus mortuus) – vorwiegend des III. und V. Fingers – bemerkbar. Nach Lösung des Spasmus tritt eine reaktive Hyperämie, mitunter auch eine Stase mit Zyanose ein. Der Übergang in organische Gefäßprozesse mit trophischen Störungen (Fingergangrän) wurde von Koelsch (1963), Teleky und Junghans beschrieben. Diese Fälle sind jedoch zu Unrecht auf diesen Ursachenkomplex zurückgeführt worden, denn in den beiden beschriebenen Fällen handelte es sich um organische Gefäßerkrankungen, die in den Formenkreis der Endangitis obliterans gehören (Laarmann 1958). Auch Hagen (1965) konnte bei über 4000 Preßlufterkrankungen derartige Störungen nicht beobachten.
Das Erscheinungsbild dieser Sonderform stimmt vollkommen überein mit dem der Raynaudschen Erkrankung: Hier wie dort handelt es sich um funktionelle Störungen vorwiegend der Vasokonstriktoren, bei stets vasolabilen Kranken und solchen, die auch sonst gewisse körperliche und seelische Eigenarten aufweisen. Man geht mithin wohl nicht fehl in der Annahme, daß die Gefäßspasmen im Rahmen der Ziffer 2104, 7. BKVO anzusprechen sind als Fälle von echter *Raynaudscher Erkrankung,* die durch die erörterten mechanischen Einflüsse lediglich ausgelöst bzw. lokalisiert werden.

Differentialdiagnose
Die Sonderform der 2104. Ziffer, 7. BKVO hat andere Gefäßerkrankungen differentialdiagnostisch auszuschließen, besonders solche, welche zur Verlegung des Lumens führen können: die Endangitis obliterans und die Arteriosklerose.
Schwierig kann es sein, eine Raynaudsche Erkrankung anderer Ursache abzugrenzen. Es ist jedoch ausschlaggebend, ob die angeschuldigte gewerbliche Ursache oder Mitwirkung zumindest als *wesentlich* bezeichnet werden kann.

Therapie
Sie entspricht derjenigen des Morbus Raynaud: Blockaden des Halsgrenzstranges durch Novocainpräparate wie auch die Anwendung sogenannter Ganglienblocker oder periphere Mittel zur Gefäßerweiterung sind geeignet, die Erscheinungen des Gefäßkrampfes zu lindern. Wesentlich sind berufsfürsorgerische Maßnahmen wie Arbeitsplatzwechsel oder Umschulung. Zu Rentengewährungen aus diesem Anlaß wird es kaum jemals kommen.

Erkrankungen der Knochen, Gelenke und Bänder durch Fluorverbindungen (Fluorose)

(Ziffer 1308, 7. BKVO vom 8. 12. 1976)

Während freies Fluor in der Natur nicht vorkommt, finden seine Verbindungen verbreitet Verwendung, so beim Schmelzen von Metallen, beim Schweißen, Löten, Hartlöten von Aluminium, Magnesium und Leichtmetallegierungen, bei vielen galvanischen Prozessen, in der Petroleum- und Farbenindustrie, bei der elektrolytischen Herstellung von Aluminium und bei der Herstellung gewisser Glas- und Emaillesorten. Fluorwasserstoff und dessen Salze werden beim Glasätzen, Glas- und Gebäudereinigen sowie Glasschmelzen benötigt; in der Kunststoff-, Kältemittel- und Feuerlöschmittelindustrie wird wasserfreie Flußsäure angewandt.

Klinik
Die *Fluorintoxikation* erfolgt durch Inhalation von Fluordämpfen. – Die lokalen Verätzungen der Haut und Schleimhäute wie auch die akute Erkrankung bei oraler Aufnahme stehen hier nicht zur Debatte.
Die *chronische Form* der Fluorschädigung äußert sich im wesentlichen in einer Schädigung des *Gebisses* und des *Skelettsystems.* Der Ausbildung der typischen Veränderungen am Skelettsystem mit Knochenveränderungen (Osteosklerose) und Bänderverkalkungen gehen meist uncharakteristische und anfangs wenig beachtete subjektive Beschwerden voraus: Appetitlosigkeit, Übelkeit, Erbrechen, Aufstoßen und Stuhlverhaltung. Mit Fortschreiten der Erkrankung treten dann rheumatoide Beschwerden sowie ein Gefühl der Gliederschwere, eine Steifheit der Brust- und Lendenwirbelsäule in den Vordergrund.

Röntgen
Man unterscheidet 3 Stadien:

1. Verschwommene und *aufgelockerte Knochenstruktur* sowie verwaschene Randkonturen der Lendenwirbelsäule und der Becken- und Extremitätenknochen (2–3jährige Exposition),
2. zunehmende *Verdichtung der Spongiosa* mit Einen-

gung der Markhöhle, Periostauflagerungen und beginnende Verkalkung der Sehnenansätze (5–10jährige Exposition),

3. Verstärkung der normalen Knochenleisten, Undurchsichtigkeit bis zum *Verschwinden der Knochenstruktur* (Eburnisation), Zunahme der periostalen Wucherungen und ausgeprägte Verschattungen an den Ansatzstellen von Bändern und Sehnen sowie weitgehende Verkalkung des Bandapparates der Wirbelsäule (Verwechslung mit Morbus Bechterew) und schließlich erhebliche Verdickung und Verbreiterung der Kompakta der Röhrenknochen.

Infolge der Einengung des Markraumes der Röhrenknochen mit hierdurch bedingter Atrophie des aktiven Knochenmarkes soll es zum Auftreten einer aplastischen Anämie kommen können. Die ersten röntgenologischen Veränderungen zeigen sich in der Regel am Becken und an der Lendenwirbelsäule. *Ursächlich* liegt der Osteosklerose eine tiefgreifende Störung des Kalkstoffwechsels infolge der kalziumfällenden Eigenschaften der Fluoride zugrunde, wodurch es zu einer übermäßigen Ablagerung von Mineralsalzen im Knochensystem kommt. Durch Speicherung von Fluorverbindungen können Veränderungen an den Nägeln und Haaren auftreten. Ferner wurden Parästhesien im Bereich des N. ulnaris, Hypoparathyreoidismus und latente Tetanie durch Eingriff in den Kalziumstoffwechsel beobachtet.

Therapie

Sie besteht in der sofortigen Arbeitseinstellung. Nach Aufgabe der Fluoridarbeit kommt es meist mit sukzessiver Mobilisierung des abgelagerten Fluors gleichzeitig zu einem Abbau des sklerotischen Knochengewebes und zum Ersatz durch normales Knochengewebe, während sich die Bänderverkalkungen meist nur unvollständig zurückbilden (Hagen 1958). Entscheidend ist jedoch die *Prophylaxe.* In Betrieben, welche Fluorverbindungen benötigen, sind regelmäßige Röntgenuntersuchungen, insbesondere von Becken und Wirbelsäule, der Arbeiter in Abständen von 2–3 Jahren zur Früherkennung durchzuführen. Ein Wechsel des gefährdeten Arbeitsplatzes nach 4–5jähriger Exposition wäre empfehlenswert.

Versicherungsrechtlich von Bedeutung ist, daß die Annahme einer Erkrankung durch Fluor oder seine Verbindungen meist durch die Arbeitsanamnese, häufig auch durch den Nachweis einer erhöhten Fluorausscheidung im Urin gesichert werden kann.

Erkrankungen durch Kadmium oder seine Verbindungen

(Ziffer 1104, 7. BKVO vom 8. 12. 1976)

Die den Orthopäden interessierenden Krankheitserscheinungen betreffen hier ausschließlich die fortgeschrittenen Fälle.

Klinische und röntgenologische Symptomatik

Die *chronische* Kadmiumvergiftung entsteht durch fortgesetzte Einatmung kleiner Mengen Kadmium über einen längeren Zeitraum.

Subjektiv wird mitunter über bohrende Schmerzen im Becken, in der Lendenwirbelsäule sowie den Epiphysen der Extremitäten geklagt, die sich bei Bewegungen verstärken und zu erheblicher Gangbehinderung führen können. Als Ursache dieser rheumaartigen Beschwerden fanden Nicot u. Mitarb. (1942) röntgenologisch an Schulterblatt, Schienbein und den unteren Extremitäten eigenartige Knochenveränderungen in Form von Osteoporosen und bandförmigen, transversal zur Längsachse verlaufenden Knochenspalten, die dem bei der Hungerosteopathie bekannten Milkmannschen Syndrom entsprachen. Insgesamt bietet der Röntgenbefund also praktisch das gegenteilige Krankheitsbild wie bei der Fluorintoxikation. Es sind indessen auch Tibiaverdickungen beobachtet worden.

Therapie

Auch bei der chronischen Kadmiumvergiftung ist die Therapie nach Ausschaltung der Noxen auf eine symptomatische Behandlung ausgerichtet.

Chronische Erkrankungen der Schleimbeutel durch ständigen Druck

(Ziffer 2105, 7. BKVO vom 8. 12. 1976)

Im Zusammenhang dieser amtlichen Krankheitsbezeichnung handelt es sich praktisch um die Erkrankung der verschiedenen Bursae präpatellares und infrapatellares, der Bursa olecrani und der Bursa subacromialis.

Erfaßt ist nur die *chronische Bursitis* in ihren verschiedenen pathologisch-anatomischen Formen, nicht aber die akute Entzündung nach einmaligem Trauma oder durch die häufigste Ursache aller Schleimbeutelerkrankungen, die Infektion.

Unberücksichtigt bleiben müssen ferner die Schleimbeutelerkrankungen, die bei „mechanischen Einwirkungen körpereigener Art" (Laarmann 1958) entstehen, z. B. die häufigen Kantenausziehungen und Exostosen in der Umgebung der Gelenke, wie sie als Olekranonsporn, Exostosen der Kniescheibenflächen usw. auftreten. Auch Schleimbeutelerkrankungen bei Fehlstellung von Gelenken, z. B. an der Innenfläche des 1. Mittelfußköpfchens beim Hallux valgus, können eine Berufskrankheit nach Ziffer 22 nicht hervorrufen.

Die *berufliche Einwirkung des Druckes oder der Erschütterung* als Ursache eines chronischen Schleimbeutelreizes und dessen Folgeerscheinung (Schleimbeutelhygrom, Schleimbeutelverschwielung) muß *ständig* vorgelegen haben.

Die Auffassungen über den Zeitbegriff sind allerdings unterschiedlich. Während Bürkle de la Camp (1962) die Auffassung vertritt, keine bestimmte Zeitspanne festlegen zu können, und als Beurteilungsgrundlage „die Summe von Qualität und Quantität der mechanischen Einwirkung" nennt, verbindet Laarmann (1958) damit die Vorstellung „arbeitsüblich, über längere Zeit“ oder „gewohnheitsmäßig“. Hagen (1965) neigt zu der Ansicht, daß in der Regel Arbeiten mit einer ständigen Druckbelastung der Schleimbeutel über mindestens 3 Monate verrichtet werden müssen, bevor ein Kausalzusammenhang zwischen einer chronischen Bursitis und exogenen beruflichen Einflüssen ausreichend wahrscheinlich gemacht werden kann. Diese Zeitspanne könne jedoch nur als Richtwert gelten und schließe die Anerkennung einer Berufskrankheit nach Ziffer 22 schon nach kürzeren Zeiträumen nicht aus.

Die *gewerblichen Vorbedingungen* finden wir vornehmlich bei bestimmten Berufsgruppen, die üblicherweise ihre Arbeit häufig kniend verrichten (Bergleute, Scheuerfrauen, Fliesenleger, Asphalteure u. ä.), bei denen sich eine chronische Bursitis praepatellaris entwickeln kann. Durch das Aufstützen der Arme wurden bei Glas- und Steinschleifern, bei Feinmechanikern u. ä. die Bursitis olecrani und durch das Tragen von Lasten aller Art chronische Entzündungen verschiedener Schleimbeutel in der Umgebung des Schultergelenkes beobachtet.

Klinik

Es besteht eine streng lokalisierte Entzündung. Durch den chronischen Reiz kommt es zur Wandverdickung des Schleimbeutels, evtl. auch zur Ausbildung von Fibrinkörpern oder Kalkeinlagerungen. Durch Sekundärinfektion ist auch eine Eiterung möglich.

Therapie

Unter der Berücksichtigung, daß Schleimbeutel eine für die Funktion bedeutsame Aufgabe besitzen und der Zustand nach einer operativen Schleimbeutelentfernung, z. B. an Kniegelenk und Ellenbogen, oft viel störender als eine chronische Schleimbeutelverdickung ist, sollte die Behandlung zunächst konservativ ausgerichtet sein (entzündungshemmende Salben, u. U. Punktion des Schleimbeutels und Injektion verödender Mittel etc.). Nur in schweren Fällen ist die radikale operative Ausschälung angezeigt. Damit lassen sich praktisch alle Schleimbeutelerkrankungen erfolgreich behandeln. Ist eine Sekundärinfektion eingetreten, so ist unbedingt zu inzidieren.
Entscheidend ist jedoch die Vorbeugung, welche einerseits in ständigem Tragen von Knieschonern, bzw. Schaumgummipolstern für Ellenbogen und Schultern, andererseits – bei festen Arbeitsplätzen – in der Polsterung des Arbeitstisches statt der Gelenke zu bestehen hat.
Gegenstand einer Rentenbegutachtung wird diese Berufskrankheit nur selten – praktisch nur dann, wenn es mit oder ohne Behandlung zur sekundären Infektion kommt.

Drucklähmungen der Nerven

(Ziffer 2106, 7. BKVO vom 8. 12. 1976)

In diese Gruppe gehören *Schädigungen peripherer Nerven* durch Druck von *außen* oder durch den inneren Druck zwischen Skeletteilen (N. fibularis bei tiefer Hockstellung). Sie betrifft einen verhältnismäßig begrenzten Kreis von Arbeitern – von 1965–1972 sind insgesamt 37 Fälle erfaßt worden (Rettig 1975).
Auch ständig gleichartige Körperbewegungen können infolge Überdehnung Drucklähmungen peripherer Nerven hervorrufen.

Ätiologie

Betroffen sind nach bisher vorliegenden Beobachtungen vor allem folgende relativ oberflächlich verlaufende motorische Nerven:
N. dorsalis scapulae, N. thoracius longus, N. axillaris: Schädigung durch regelmäßiges Tragen von besonders starren und schweren Gegenständen auf den Schultern (z. B. sogenannte Steinträger-Tornisterlähmung), durch Arbeiten im Liegen u. ä.
N. ulnaris, bzw. *N. medianus:* Schädigung durch Arbeiten mit Aufstützen des Ellenbogens (Feinmechaniker, Diamantenschleifer, Glasschleifer etc.) oder Druck von Werkzeugen gegen die Hohlhand (z. B. bei Schlossern, Melkern, Graveuren, Bäckern, Friseuren, Zigarrenarbeitern, Tischlern, Zahnärzten u. a.).

Nervenschädigungen durch Umwachsung mit reaktiven Knochenwucherungen im Bereich des Sulcus nervi ulnaris am Ellenbogengelenk bei einer Schädigung durch Arbeit mit Druckluftwerkzeugen oder gleichartig wirkenden Werkzeugen oder Maschinen fallen versicherungsrechtlich unter die Ziffer 2103 der 7. BKVO.

N. peronaeus (fibularis): Bei Arbeiten mit extrem gebeugtem Kniegelenk wird der Wadenbeinnerv zwischen Bizepssehne und Wadenbeinköpfchen eingeklemmt, beispielsweise bei bestimmten landwirtschaftlichen Tätigkeiten, Fliesenlegen, Asphaltieren u. ä.
N. tibialis: Bei Arbeiten im Knien mit zurückgelagerter Körperhaltung wird ein Druck auf diesen Nerv im Bereich der Wadenmuskulatur ausgeübt.

Klinik

Vom Krankheitsbild her ist bedeutsam, daß die Lähmungserscheinungen stets in unmittelbarem zeitlichen und natürlich auch örtlichen Zusammenhang mit der auslösenden Schädigung auftreten. Wesentlich ist ferner, daß es bei diesen Drucklähmungen niemals zu Schmerzen kommt, vielmehr werden *Parästhesien* und *Taubheitsgefühl* bis hin zur inkompletten oder kompletten *motorischen Lähmung* beobachtet.

Differentialdiagnose

Von besonderer Bedeutung bei dieser Berufskrankheit ist die Abgrenzung gegenüber Lähmungen anderer Genese. Zu erwägen sind insbesondere:

1. Nervenaffektionen nach Infektionskrankheiten wie Typhus, Fleckfieber, Ruhr, Malaria, Lues, nach grippalen Infekten oder bei Vorhandensein eines Streuherdes bzw. rheumatischer Erkrankungen.
2. Nervenlähmungen infolge von Neuritiden, Syringomyelie, multipler Sklerose sowie Stoffwechsel-, Blutkrankheiten oder Alkohol- und Nikotinabusus. Ferner sind auszuschließen: Drucklähmungen, z. B. infolge Kompression durch Tumoren oder andere Gewebsneubildungen wie Narben oder stärkere Kallusbildung, Skelettanomalien (z. B. Halsrippen) oder entzündliche Erkrankungen des Skeletts.
3. Toxische Nervenlähmungen durch Einwirkungen von Blei, Quecksilber, Arsen, Schwefelkohlenstoff und ähnliche giftige Substanzen.
4. Traumatische Nervenschädigungen lassen sich meist unschwer abgrenzen.

Wertvolle diagnostische wie auch prognostische Hinweise ergeben sich – neben der eingehenden klinischen Untersuchung – vor allem aus dem elektrischen und myographischen Befund sowie dem Ninhydrintest.

Therapie

Sie richtet sich nach dem Grad der Lähmung. Bei leichten Formen ist durch Beseitigung der schädigenden Noxe – evtl. Arbeitsplatzwechsel – eine Erholung möglich. Sonst kommt der Versuch mit Elektrotherapie, eigentätigen Bewegungsübungen und Medikamenten in Frage. Bei Versagen der konservativen Maßnahmen sind evtl. die typischen Ersatzoperationen indiziert.

Die *Bewertung* der entstandenen Schäden unterscheidet sich nicht von der Begutachtung von Nervenschäden aus anderem Anlaß; sie entspricht praktisch den in der Unfallbegutachtung üblichen Sätzen. Hinsichtlich der Dauer der schädigenden Einwirkungen ist zu beachten, daß schon wenige Stunden ausreichen, um zu einer Drucklähmung von Nerven zu führen (Laarmann 1958). Somit ist bei dieser Erkrankung die Dauer der schädigenden Einwirkung von geringerer Bedeutung als die Einwirkungsart.

Erkrankungen durch Arbeit in Druckluft

(Ziffer 2201, 7. BKVO vom 8. 12. 1976)

Bei verschiedenen Bauarbeiten unter Wasser oder in sumpfigem Gelände wie auch bei Tunnelbauten nach dem Schildvortriebverfahren ist die Verwendung sogenannter Senkkästen (Caissons) wie auch von Taucherglocken bzw. Taucheranzügen erforderlich, in welchen der Luftdruck dem äußeren Druck entsprechen muß. Druckluftarbeiter oder Taucher befinden sich mithin je nach Arbeits- oder Wassertiefe in unterschiedlich hohem Überdruck, wobei 1 atü einer Wassertiefe von 10,33 m entspricht. Es sind bei Druckluftarbeiten 3 Arbeitvorgänge voneinander abzugrenzen: das Einschleusen, die eigentliche Arbeit im Senkkasten und das Ausschleusen.

Beim Einschleusen und Aufenthalt in der Druckkammer sind die Schädigungsmöglichkeiten relativ gering; die uns interessierenden Krankheitserscheinungen treten vor allem beim Ausschleusen auf, wenn dieses zu rasch geschieht und dadurch der Gasaustausch im Blut gestört wird. Durch Sättigung der Gewebe mit Stickstoff während der Drucklufteinwirkung muß beim Ausschleusen eine Entsättigung durch Drucknachlaß eintreten. Wird zu schnell ausgeschleust, so wird – nach Bert – im Blut Stickstoff frei, welcher zu Gasembolien innerhalb des Gefäßsystems, vor allem aber im Bereich der Endarterien führen kann. Bedeutung erlangt in diesem Zusammenhang die Stickstoffentbindung aus den fetthaltigen Körpergeweben.

Klinik

Die klinische Symptomatologie der Caissonkrankheit richtet sich nach der Menge und Lokalisation des absorbierten Gases sowie nach der Art der Stickstoffentbindung. Es kommen mithin die verschiedensten Krankheitserscheinungen zur Beobachtung.

Am verhängnisvollsten wirkt sich die Drucklufterkrankung am *Zentralnervensystem* aus wegen seines hohen Absorptionskoeffizienten für Stickstoff und seiner besonderen Empfindlichkeit gegenüber Sauerstoffmangel. Neben *zerebralen Allgemeinerscheinungen* wie Kopfschmerzen, Übelkeit, Schwindel und Erbrechen werden zerebrale Herdsymptome wie Augenmuskellähmung, Aphasie und apoplektische Insulte beobachtet. Besonders ungünstige Entgasungsbedingungen bestehen für das Rückenmark, welches daher auch bevorzugt befallen wird. Außer kleineren ischämischen Nekrosen kann es zu partiellen oder totalen Querschnittsläsionen (Caissonmyelitis) kommen.

Die weitaus häufigsten und für den Orthopäden interessanten Veränderungen finden sich in der Muskulatur und an den *Gelenken*. Man kann sie allgemein als Durchblutungsstörungen durch Endastverlegungen der Arterien bezeichnen. Sowohl in den Muskeln als auch in den Gelenken kommt es zu örtlichen Nekrosen, die klinisch erhebliche Muskel- bzw. Gelenkschmerzen verursachen. In der Muskulatur finden sich teigige bis zu bretthарte Infiltrate.

Die häufigsten Gelenkveränderungen finden sich nach Welfing (1958) am Hüftkopf (40%), am Becken (25%) sowie am Oberarmkopf (15%), seltener an Knie- und Ellenbogengelenken.

Röntgen

Es werden zunächst meist eigenartig fleckige Bilder mit Aufhellungszonen, welche von Verdichtungen umgeben sind, bzw. isolierte Verdichtungen beobachtet (Abb. **16**).

Am Schultergelenk sieht man häufig Abplattungen des Oberarmkopfes, subkortikale, von Ver-

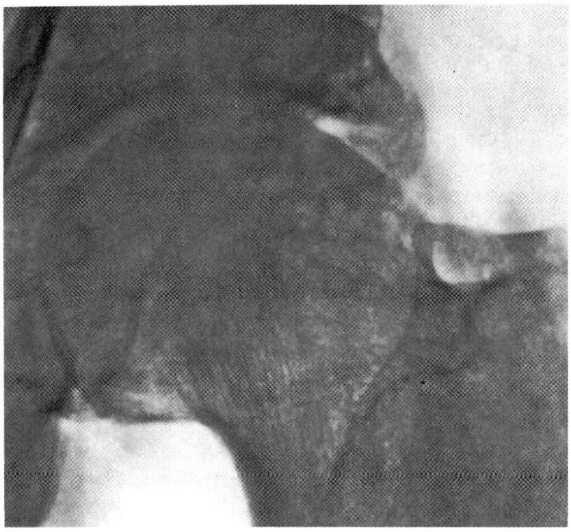

Abb. **16** Typische fleckige Struktur des Hüftkopfes bei Caisson-Krankheit mit Aufhellungszonen, die von Verdichtungen umgeben sind

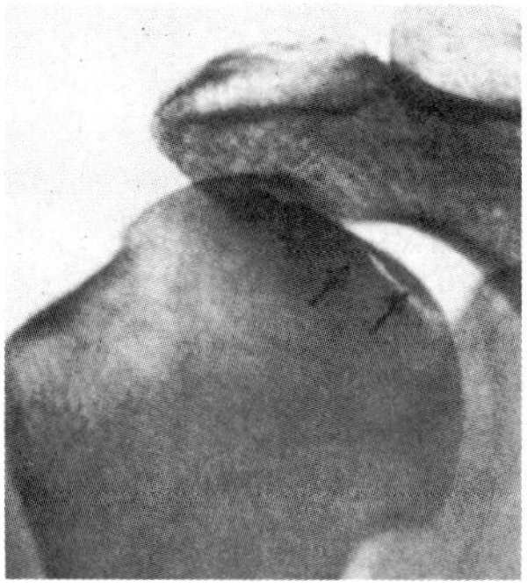

Abb. **17** Subkortikale Frakturlinien im Oberarmkopf als Ausdruck einer schweren Osteochondrosis dissecans bei einem Caisson-Arbeiter

dichtungen begrenzte Frakturlinien und im weiteren Verlauf Bilder einer schweren Osteochondrosis dissecans wie auch einer Kopfnekrose (Abb. **17**). Einschlägige Fälle dieser Art hat RETTIG (1975) publiziert. Die Veränderungen schreiten in der Regel rasch voran und führen zur Zerstörung des gesamten Gelenkes.

Differentialdiagnose
Sie hat Arthropathien bzw. Arthrosen anderer Genese auszuschließen.

Therapie
Sie ist bei akuten Fällen einfach und erfolgt durch sofortiges Wiedereinschleusen (Krankenschleuse) mit langsam verzögertem Wiederausschleusen unmittelbar nach Auftreten der ersten Erscheinungen. Dadurch können die Gasblasen in der Gewebsflüssigkeit zurückgedrängt und der Stickstoff abgeatmet werden. Schwere Folgeerscheinungen sind auf diese Weise fast immer zu vermeiden. Bedeutend undankbarer ist die Therapie der *chronischen Schädigung der Gelenke,* welche infolge der zugrundeliegenden Knochennekrose und der Progredienz des Prozesses als Ausweg meist nur die operative Versteifung oder den alloplastischen Gelenkersatz bietet. Trotzdem ist Invalidität als Dauerschaden auf orthopädischem Fachgebiet nicht selten.

Bei der *versicherungsrechtlichen Beurteilung* muß auf eine eingehende Erhebung der Vorgeschichte geachtet werden, wobei insbesondere Dauer und Größe der Tauchtiefe, Art und Verlauf früher durchgemachter Drucklufterkrankungen, Zeitpunkt des Auftretens der Beschwerden (Latenzzeit) und Länge der Ausschleusungszeit zu berücksichtigen sind (HAGEN 1965). Entscheidend ist jedoch die *Prophylaxe,* bei welcher die genaue Beachtung der gesetzlich verankerten Anordnungen für richtiges Ein- und Ausschleusen maßgebend ist.

Erkrankungen durch ionisierende Strahlen

(Ziffer 2402, 7. BKVO vom 8. 12. 1976)

Was den orthopädischen Fachbereich anbelangt, so muß im Rahmen dieser Berufskrankheit vor allem auf *prophylaktische* Maßnahmen unter dem Gesichtswinkel der Strahlenschutzverordnung hingewiesen werden. Versicherungsrechtlich kommt Strahlenschäden am Haltungs- und Bewegungsapparat nur eine untergeordnete Bedeutung zu.

Von Tieren auf Menschen übertragbare Krankheiten

(Ziffer 3102, 7. BKVO vom 8. 12. 1976)

Wenngleich die Kenntnis von Gelenkveränderungen, beispielsweise beim Morbus Bang, ohne Zweifel wichtig ist, so spielt die Vielzahl von Erkrankungen, welche durch die verschiedensten Erreger und Parasiten verursacht werden und unter der Ziffer 3102, 7. BKVO zusammengefaßt sind, für den Orthopäden ebenfalls eine untergeordnete Rolle. Besondere Bedeutung jedoch erlangt in diesem Rahmen die *Tuberkulose.*

Gefährdung besteht für alle Berufe, welche Umgang mit Tieren und Teilen, Erzeugnissen oder Abgängen derselben haben, d.h. in der Landwirtschaft, bei Tierärzten, Metzgern u.a. Die Übertragung kann durch Tröpfchen- (Anhusten durch ein krankes Tier), Staub- (Stallstaub) oder Impfinfektion (Verletzung) erfolgen. Als Erreger kommen sowohl der Typus bovinus und gallinaceus wie auch der Typus humanus in Frage. Beachtung verdient in diesem Zusammenhang die nicht selten übersehene oder falsch diagnostizierte *Sehnenscheidentuberkulose* der Metzger.

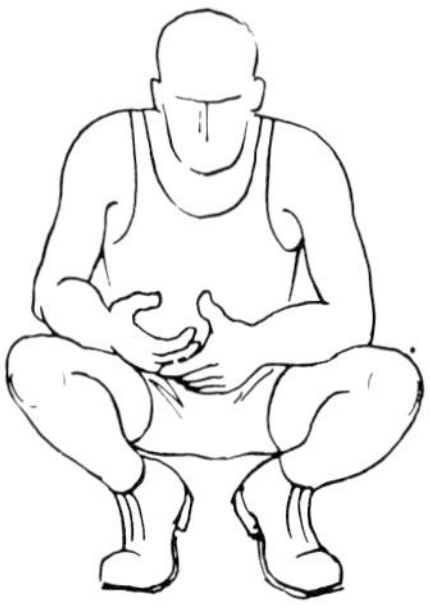

Abb. **18** Bei Arbeiten unter starker Kniebeugung werden die Menisci durch übermäßigen langdauernden Druck beansprucht

Es kann in diesem Rahmen auf das klinische Bild und die Therapie der einzelnen Formen der Tuberkulose nicht näher eingegangen werden. Wir verweisen diesbezüglich auf die ausführlichen Beschreibungen in den entsprechenden Kapiteln.
Bei der *Begutachtung* ist wichtig, daß eine Infektion durch die beruflichen Gegebenheiten möglich und wahrscheinlich zu machen ist. Dabei ist eine exakte Abwägung anderer Ansteckungsmöglichkeiten sowie der Zeitintervalle erforderlich.

Während die bislang genannten Berufskrankheiten „einheitliche Ursachen" erkennen lassen, werden die im folgenden zu besprechenden Erkrankungen der Ziffern, 2101, 2102 und 2107 durch „nicht einheitliche Einwirkungen" verursacht.

Meniskusschäden nach mindestens dreijähriger regelmäßiger Tätigkeit unter Tage

(Ziffer 2102, 7. BKVO vom 8. 12. 1976)

Die im Kniegelenk zwischen die beiden Gelenkflächen als „Dämpfer" oder „Puffer" (Baetzner 1936) gelagerten Menisken spielen bei der Funktion des Kniegelenkes eine besondere Rolle. Aufgrund ihrer anatomischen und physiologischen Gegebenheiten sind sie, sowohl hinsichtlich Verletzungen als auch bezüglich vorzeitigem Aufbrauch, besonderer Gefährdung ausgesetzt. Bei *jedem* Menschen lassen die Menisci der Kniegelenke eine rückschrittliche Gewebsentwicklung erkennen, und zwar schon zu einem Zeitpunkt, zu welchem der übrige menschliche Körper durchaus noch keine Alterungszeichen aufweist (Andreesen 1961, Bürkle de la Camp 1937, Ceelen 1937, Laarmann 1958).

Ätiologie

Zu einem *zusätzlichen vorzeitigen Aufbrauch* des Meniskusgewebes können jedoch bestimmte *berufliche* Kniebeanspruchungen führen, die dann unter der Bezeichnung *„Meniskopathie"* ihre Anerkennung als Berufserkrankung finden.

Diese Form des Meniskusschadens kommt in der Hauptsache bei Bergarbeitern und Mineuren vor, die in niedrigen Flözen oder Stollen, im Tunnel-, Brunnen- oder Wegebau unter Tage eingesetzt werden, d. h. bei solchen Personen, die durch langes Knien und Arbeiten bei starker Kniebeuge die Menisci durch übermäßigen langdauernden Druck beanspruchen (Abb. **18**). Dadurch werden die Menisci fortdauernd in einen übermäßigen Spannungszustand versetzt; ihre Ernährung leidet; es kommt zur Übermüdung des Gewebes und zur Einbuße seiner Elastizität und Gleitfähigkeit. Dies bringt die Gefahr mit sich, daß schon durch unbedeutende Traumen wie Aufrichten aus knieender Stellung, bei Durchführung einer Körperdrehung, beim Treppensteigen, häufig schon beim Ankleiden oder gar beim Umdrehen während der Bettruhe Auffaserungen und Risse im Meniskus und damit schmerzhafte Reizzustände entstehen oder ein derartig geschädigter Meniskus von seinen Ansatzstellen ganz oder teilweise gelöst werden bzw. in seinem Zusammenhang zerfallen kann. Nicht selten wird beim plötzlichen Aufstehen aus der Hocke das Einklemmungssymptom ausgelöst, und der Berufstätige neigt naturgemäß dazu, eine Unfallschädigung anzunehmen, indem er den Anlaß für die Ursache hält.

Berücksichtigt man die getroffenen Ausführungen, so kann es keine Zweifel darüber geben, daß die Unter-Tage-Bergbauarbeit den Meniskusschaden nicht *verursacht,* sondern lediglich *verschlimmert.* Zu beachten ist ferner die *Mindestarbeitszeit von 3 Jahren unter Tage,* wie sie nach den einschlägigen Erfahrungen der „Bochumer-Schule" gefordert wird. Bedeutsam ist, daß nicht nur langdauernde Arbeit mit gebeugtem Kniegelenk in schrägen oder niedrigen Flözen und Stollen, sondern auch „die besonderen Wegeverhältnisse im Untertagerevier" mit der Möglichkeit des Stolperns, der Notwendigkeit, Hindernisse zu übersteigen, Leitern zu klettern, sich auf lockerem Haufwerk Halt zu verschaffen, als „gelenkabnutzend und damit *meniskusverbrauchend*" zu gelten hat (Laarmann 1958) und somit alle diese Tätigkeiten unter Tage unter den Begriff des *„Bergmannsmeniskus"* passen.

Demgegenüber ist die vermehrte Belastung von Menisken in anderen Berufen, bei denen in langdauernder, oft extremer Kniebeugestellung gearbeitet wird, wie Gärtner, Fliesenleger, Terazzoarbeiter u. ä. in dieser Ziffer nicht berücksichtigt.
Bislang ist auch der Meniskusschaden des Fußballspielers, der als Vertrags- bzw. Lizenzspieler ebenfalls berufsgenossenschaftlichen Versicherungsschutz genießt, noch nicht in die Berufskrankheitenverordnung aufgenommen worden.

Wenngleich die mechanische wie auch zeitliche Beanspruchung der Menisci von *Berufsfußballern* mit derjenigen von Unter-Tage-Tätigen kaum gleichzusetzen ist, so unterliegt es keinem Zweifel, daß der Fußballer unter allen Sportlern in ganz besonderem Maße zum chronischen Verschleiß seiner Menisken neigt. Demgegenüber treten frische traumatische Meniskuseinrisse beim Fußballspielen deutlich in den Hintergrund. Anhand größerer statistischer Erhebungen gelangt HESS (1973) zu der Feststellung, daß beim Vertragsfußballspieler echte, traumatische, frische Meniskusrisse fast nur nach schweren Überstreck- oder Torsionstraumen, meist mit gleichzeitiger Beteiligung der Seiten- und Kreuzbänder und nicht selten einer frischen Knorpelverletzung beobachtet werden. Die überwiegende Zahl der Berufsfußballer komme jedoch nicht mit einem frischen Unfallriß, sondern mit einem *Spätriß und sekundär degenerativen Veränderungen des Meniskusgewebes* zur Operation. Als Ursache für die Degeneration und den Spätriß sieht HESS (1973) ein oft länger zurückliegendes Kniegelenkstrauma an. Meist handele es sich hierbei um ein „körpereigenes" Trauma, wie es GROH (1975) genannt hat.

Während SCHNEIDER (1975) in der „Torsions- und Hyperextensionsbelastung" des Kniegelenkes beim Fußballsport die Hauptursache für Meniskusschäden bei Berufsfußballern erblickt, werden von den Betroffenen selbst folgende Unfallereignisse angeschuldigt (HESS 1973):

Ausrutschen, Hocke, Drehung, Einknicken	42%
Preßschlag	21%
Drehsturz, leicht	11%
Drehsturz, schwer (mit Begleitverletzung)	12%
Sturz des Gegners auf gestrecktes Knie	5%
kein Ereignis	7%
keine Angabe	2%
kein Fußballunfall	12%

Sowohl SCHNEIDER als auch HESS fordern aufgrund ihrer Reihenuntersuchungen die *Anerkennung des sekundären Aufbrauchschadens beim Fußballspieler als Berufserkrankung,* wenngleich nach HESS das histologische Bild des Fußballermeniskus keine Aussagekraft besitzt. Aufgrund seiner Untersuchungen über die Häufigkeit der Meniskusverletzung in Abhängigkeit von der Spielzeit in Jahren (Abb. **19**) möchte HESS eine untere zeitliche Grenze bei 6 Jahren aktiver Spielzeit gesetzt wissen.

Um dem als Folge seiner Berufsausübung meniskusgeschädigten Fußballvollprofi gerecht zu werden, bietet immerhin die Versicherungsform der gesetzlichen Unfallversicherung vom 1. 7. 1963 einen Ausweg, wonach Krankheiten auch dann wie Berufskrankheiten entschädigt werden können, wenn sie zweifelsfrei durch die berufliche Betätigung bedingt sind.

Besonders ungünstige Einwirkungen auf das Meniskusgewebe können sich bei dem nicht seltenen Zusammentreffen von Unter-Tage-Bergbauarbeit und gleichzeitig betriebenem Fußballsport ergeben. Es ist sicher kein Zufall gewesen, daß in der deutschen Meisterelf eines bekannten Fußballvereines aus dem Herzen des Ruhrgebietes seinerzeit von den insgesamt 44 Menisken der Spieler 10 wegen Meniskusschäden operativ entfernt waren.

Klinik

Im Gegensatz zum Meniskusschaden des Berufsfußballers sind die klinischen Symptome der „Meniskopathie" der unter Tage Tätigen häufig lange Zeit vage und unbestimmt, wie es bei der zugrundeliegenden pathologischen Veränderung auch nicht anders zu erwarten steht. Unklare Beschwerden, mitunter ziehende Schmerzen im Bereich des betroffenen – meist medialen – Gelenkspaltes, manchmal endgradige Steck- bzw. Beugehemmung des Kniegelenkes, gelegentlich auch lokalisierte Druckschmerzen im Bereich des Gelenkspaltes lassen unter anderem an eine beginnende Arthrose bzw. einen blanden Infekt denken. Erst die ohne entsprechendes Unfallereignis auftretende Einklemmung bestätigt oft den Verdacht. Dann aber können die bekannten Meniskuszeichen nachweisbar sein: Beuge- bzw. Streckhemmung, Adduktions- bzw. Abduktions-, Streck-, Beuge-, Innen- oder Außenrotationsschmerz, umschriebener wandernder Druckschmerz über dem inneren der äußeren Gelenkspalte, je nachdem, ob der mediale oder laterale betroffen (bevorzugt befallen wird der innere Meniskus) und welcher Teil (Vorder- oder Hinterhorn) eingeklemmt ist. Bemerkenswert ist, daß das rechte Kniegelenk häufiger erkrankt als das linke (HAGEN 1965). Das laterale Meniskusganglion setzt sich fast immer auf einen degenerierten Meniskus auf.

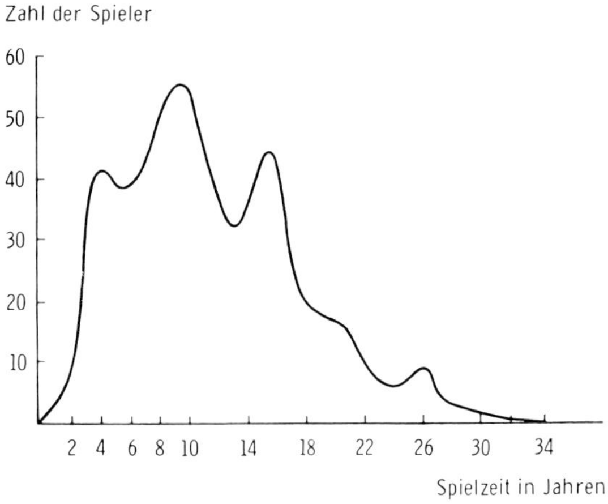

Abb. **19** Häufigkeit der Meniskusverletzung in Abhängigkeit von der Spielzeit in Jahren (nach *Hess*)

Röntgen

Neben einer Gelenkspaltverschmälerung im a.-p. Bild (in Belastung anzufertigen!) und subchondralen Verdichtungszonen können sich mitunter kleine Ausziehungen der medialen Tibia und der Oberschenkelkondylusgelenkflächen als Ausdruck einer beginnenden Arthrose zeigen. Sie sind als Spätfolge der Meniskopathie anzusehen.

Differentialdiagnose

Auszuschließen sind außer Meniskusschäden als Folge eines früheren Unfallereignisses degenerative Prozesse anderer Ursache, z. B. bei Vorliegen einer Fehlstatik (X- oder O-Bein) oder angeborenen Meniskusveränderungen (Scheibenmeniskus). Zu denken ist an eine schleichende Infektarthritis, eine rheumatische Affektion des Kniegelenkes, eine Chondropathia patellae und eine Osteochondrosis dissecans mit Ausbildung freier Gelenkkörper, die zu Einklemmungserscheinungen führen können, sich aber röntgenologisch oder arthrographisch erfassen lassen. Schwierig kann die Abgrenzung gegenüber der genuinen Arthrosis deformans bzw. Präarthrose sein.

Therapie

Sie besteht beim degenerativen Meniskusschaden in der restlosen Entfernung des kranken Meniskus. Die Abtragung nur von gelösten Teilen ist bei dieser Erkrankung des Meniskus sinnlos und führt zu Rezidiven. Bei Vorliegen eines lateralen Meniskusganglions ist nicht nur dieses, sondern gleichzeitig der gesamte laterale Meniskus operativ zu exstirpieren.

Für die *Zusammenhangsbegutachtung* maßgeblich sind – außer dem anamnestischen Ausschluß einer akut traumatischen oder internen Ursache – vor allem der Nachweis einer fortgesetzten Überbeanspruchung unter Tage sowie das Ergebnis der feingeweblichen Untersuchung des *gesamten* erkrankten Meniskus. Dabei ist allerdings zu berücksichtigen, daß auch nach einem längere Zeit zurückliegenden traumatischen Riß sekundäre degenerative Veränderungen im Meniskus festgestellt werden können, welche im großen und ganzen den Veränderungen bei der Meniskopathie gleichen.

Bei der zeitlichen Mindestforderung von drei Jahren regelmäßiger Untertagearbeit ist wesentlich die Berücksichtigung der betrieblichen Arbeitsbedingungen. So führt beispielsweise sitzende und kontrollierende Tätigkeit unter Tage nicht zum Meniskusschaden (Bürkle de la Camp 1937).

Der Versicherungsschutz der Ziffer 2102, 7. BKVO vom 8. 12. 1976 erstreckt sich auf alle Untertagearbeiter im Berg-, Tunnel-, Bahn- und Straßenbau, die wenigstens regelmäßig über 3 Jahre Untertagearbeit verrichtet haben. *Nicht* entschädigt werden nach dem Wortlaut der Ziffer 2102 demgegenüber Meniskusschädigungen bei anderen Berufen, bei welchen praktisch die gleichen Voraussetzungen wie beim Bergarbeiter gegeben sind (z. B. Gärtner, Fliesen- bzw. Parkettbodenleger, Steinklopfer u. ä.). Hier wird es – wie auch im Zusammenhang mit dem berufsmäßig betriebenen Fußballsport – in Zukunft einer Revision des Begriffes dieser Berufskrankheit bedürfen.

Erkrankungen der Sehnenscheiden oder des Sehnengleitgewebes sowie der Sehnen- oder Muskelansätze,

die zur Unterlassung aller Tätigkeiten gezwungen haben, die für die Entstehung, die Verschlimmerung oder das Wiederaufleben der Krankheit ursächlich waren oder sein können (Ziffer 2101, 7. BKVO vom 8. 12. 1976)

Grundsätzlich fordert die Anerkennung einer Berufskrankheit nach Ziffer 2101 neben einer einwandfreien Diagnose die Feststellung eines Berufswechsels, d. h. Aufgabe des Berufes, durch dessen Ausübung der Versicherte sich die Erkrankung zugezogen hat. Den Beruf, der zur Erkrankung geführt hat, wechselt der Versicherte grundsätzlich auch dann, wenn er ihn aufgibt und in seinen früheren angestammten Beruf zurückkehrt (Entscheidung des BSG vom 30. 1. 1962 – AZ: 2 RU 19/61). Der Nachweis einer Therapieresistenz der Beschwerden allein genügt nicht.

In arbeitsmedizinischer Hinsicht kommt diesen Erkrankungen nur eine relativ geringe Bedeutung zu; denn bei rechtzeitiger und sachgemäßer Behandlung, vor allem durch langsame Einarbeit oder Wiedereingliederung in den Arbeitsprozeß, pflegen die beruflich entstandenen Erkrankungen dieser Krankheitsgruppe nur selten zur Aufgabe der beruflichen Beschäftigung oder jeder Erwerbsarbeit zu führen. Bei 403 Begutachtungsfällen hat Laarmann (1958) über 8 Anerkennungen berichtet. Von 701 Meldungen in den Jahren 1953–1961 wurden von Bürkle de la Camp (1962) 9 Fälle anerkannt.

Als *Entstehungsursache* sind mechanische Einwirkungen anzusehen, wenn sie beim gesunden und normergisch reagierenden Gewebe eine eindeutig über das übliche Maß hinausgehende Beanspruchung darstellen. Eine wesentlich ursächliche Bedeutung kommt in dieser Richtung vor allem der monoton-stereotypen Arbeitsweise, nicht zuletzt bei Ungewohnheit, zu. Demgegenüber tritt die eigentliche Schwerarbeit zurück.

Erkrankungen der Sehnenscheiden und des Sehnengleitgewebes

In diesen Rahmen fallen die verschiedenen Formen der *Tendovaginitis* (serosa, crepitans, stenosans). Es treten akute entzündliche Erscheinungen mit Schwellung, Schmerzhaftigkeit und Bewegungsstörung auf. Allgemein überwiegen die Tendovaginitiden der Handstrecker diejenigen der Beuger. In erster Linie sehen wir sie an der radialen Handseite innerhalb der gemeinsamen Sehnenscheide des M. abductor pollicis longus und des M. extensor pollicis brevis. Betroffen sind vor allem Stenotypistinnen, Wäscherinnen, Masseure, Musiker, aber auch Fließbandarbeiter, Hollerithlocherinnen u. a. Im Verlauf der Erkran-

kung tritt häufig das typische „Schneeballknirschen“ auf.
Als Folge der Entzündung können Narbenbildungen zur Tendovaginitis stenosans bzw. am Daumen zur De-Quervainschen Erkrankung führen mit dem typischen „Schnellen“ des Fingers.
An der unteren Extremität ist auf die *Peritenonitis achillea* (Hohmann 1951) hinzuweisen, die auch unter dem Begriff der „Achillodynie“ bekannt ist und in einer entzündlichen Verdickung und Schmerzhaftigkeit des Gleitgewebes der Achillessehne besteht. Sie kommt vor allem bei *Tänzern* und *Läufern* vor und kann zur plötzlichen Ruptur der Sehne führen.

Abzugrenzen sind die Ganglien der Sehnenscheiden, welche auf anlagebedingte Ursachen zurückzuführen sind. Die Dupuytrensche Krankheit ist ebenfalls keine Erkrankung von „Sehnenscheiden, Muskel- oder Sehnenansätzen“ (vgl. hierzu auch die Ausführungen im Abschnitt „Preßluftschäden“ S. 7.4).
Myogelosen werden nicht als Berufskrankheit anerkannt, ebensowenig die Muskelverspannungen im Bereich des M. levator scapulae, des M. trapezius und Teilen des M. rhomboideus, welche klinisch das Krankheitsbild des „Schulterkrachens“ hervorrufen können.

Die *Therapie* dieser Erkrankungsgruppe besteht in der Ruhigstellung (Gipsschiene), unterstützt durch entzündungshemmende Medikamente, bei der Achillodynie außerdem in einer Absatzerhöhung.

Erkrankungen der Sehnen- und Muskelansätze

Es handelt sich hier um die chronischen Störungen im Einstrahlungsgebiet der Sehne in den Knochen, um die sogenannten *Tendopathien*. Typische Erkrankungen dieser Art sind die *Epicondylitis radialis* oder *ulnaris humeri* und die *Styloiditis radii* bzw. *ulnae*. In der Regel wird der laterale Epikondylus des Ellenbogens am stärksten durch *Zug*wirkung beansprucht. Die Zugbeanspruchung ist dabei Folge der Anspannung der Extensorengruppe des Unterarmes beim Halten von Gegenständen, die sich zwangsläufig auf ihre Ursprungsstellen überträgt und zu Reizwirkungen am Periost führen kann.

Klinik
Typisch ist die umschriebene Schmerzhaftigkeit, welche bei aktiver und passiver Belastung zunimmt.
An der Schulter kann sich bei Befall der dort inserierenden Sehne des M. supraspinatus eine „Periarthrosis humeroscapularis“ (Duplaysche Erkrankung) entwickeln. Sie äußert sich klinisch in der schmerzhaften Bewegungseinschränkung des Schultergelenkes, vor allem im Sinne der Rotation, die bei ungenügender oder falscher Therapie zur schmerzhaften Schultersteife führen kann.

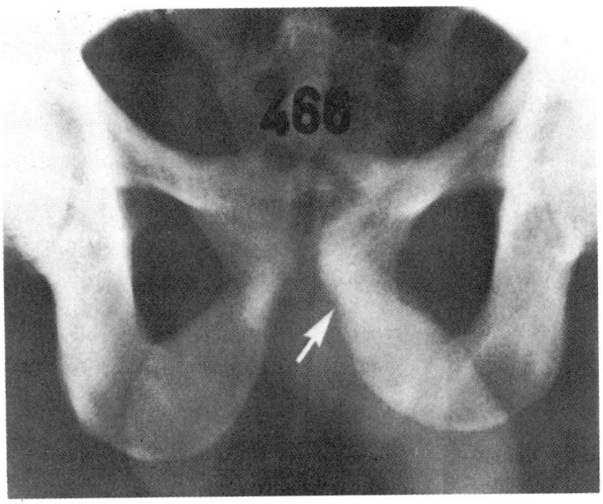

Abb. **20** Sogenanntes „Grazilissyndrom“ (*Schneider* 1964) mit Übergreifen auf den Knochen in Form einer Osteonecrosis pubica bei einem Bundesliga-Lizenzspieler

Röntgen
Diese Erkrankung bietet häufig ein Kalkdepot in der Supraspinatussehne.
Eine weitere Sonderform, welche in diesen Rahmen gehört, stellt die Tendopathie im Bereich des Ansatzes der Grazilissehne am Os pubis dar, die von Schneider (1964) als *Grazilissyndrom* bezeichnet wird.

Sie kommt fast ausschließlich bei Sportlern, vornehmlich im professionell betriebenen Fußballsport, vor und äußert sich klinisch in erheblichen „Leistenschmerzen“, wobei ein bohrender Ruheschmerz charakteristisch ist. Bei der Untersuchung ist neben einem umschriebenen Druckschmerz im Bereich der Insertionszone ein spontaner Andruckschmerz beim Zusammenführen der Kniegelenke typisch. Im Gesamtrahmen der Sehnenverankerungserkrankungen muß das Grazilissyndrom nach Schneider (1964) als ihre schwerste und in Form einer Osteonecrosis pubica auf den Knochen übergreifende Form angesehen werden (Abb. **20**). Die Anerkennung als Berufsschaden dieser Sonderform von Sehnenansatzerkrankungen wird einer Neufassung der BKVO – in ähnlicher Weise wie der Meniskusschaden des Berufsfußballers – vorbehalten bleiben müssen.

Differentialdiagnose
Sie hat – neben außerberuflichen, konstitutionellen und dispositionellen Faktoren – vor allem rheumatische, toxische bzw. fokaltoxische und spezifisch oder unspezifisch infektiöse Einflüsse auszuschließen. Abzugrenzen sind außerdem die für einen Großteil der Erkrankungen an den oberen Extremitäten verantwortlichen Folgezustände degenerativer oder anderer Veränderungen an den Gelenken der HWS im Sinne des *Zervikalsyndroms*.

Hier genügt nicht der röntgenologische Nachweis einer Osteochondrose der HWS, vielmehr ist eine exakte neurologische Untersuchung zur Feststellung entsprechender Wurzelirritationen unerläßlich. Beim „Grazi-

lissyndrom" ist differentialdiagnostisch an die prozentual häufiger vorkommenden echten Muskelfaserverletzungen im Adduktorenbereich sowie die Insertionstendopathien im Bereich des M. rectus femoris, des M. rectus abdominis und des M. iliopsoas zu denken.
Spornbildungen, z. B. in Form des Olekranonspornes, werden bei Druckluftwerkzeug-Arbeitern häufiger beobachtet und alsdann unter der Ziffer 2103 entschädigt. Der Fersenbeinsporn hingegen ist niemals als Folge einer beruflichen Überbeanspruchung anzusehen (Bürkle de la Camp 1962).
Hinsichtlich der Myositis ossificans vgl. die Ausführungen im Abschnitt über „Preßluftschäden".

Therapie

Die *konservative* Behandlung der verschiedenen Formen dieser Berufskrankheit besteht, abgesehen von evtl. zeitweiliger Ruhigstellung, vor allem in der Anwendung von lokalen Infiltrationen eines Lokalanästhetikums, evtl. in Verbindung mit Kortikosteroiden. Es muß jedoch auf die kritiklose Anwendung lokaler Cortisoninjektionen in häufiger Folge bei Sehnen- und Sehnenansatzerkrankungen hingewiesen werden. Solches Vorgehen kann nicht nur das Krankheitsbild unterhalten, sondern zur spontanen Sehnenruptur führen. Von verschiedensten Seiten ist immer wieder auf diese Gefahren hingewiesen worden (Allgreen, Eichler u. a.).
Beim Supraspinatussyndrom verspricht die Röntgenbestrahlung gute Aussicht auf Erfolg.
Beim Versagen konservativer Therapiemaßnahmen kommen kleine *operative* Eingriffe in Frage: Bei der Epikondylitis die Einkerbung nach Hohmann (1951), bei der Tendovaginitis stenosans die Spaltung der Sehnenscheide. Mitunter kann zusätzlich die Abtragung des ausladenden Processus styloideus (radii) notwendig werden. Beim schnellenden Finger wird die Spaltung des Lig. anulare mit Teilresektion desselben am schnellsten zum Ziele führen. Geht das Supraspinatussehnensyndrom röntgenologisch mit einem Kalkdepot im Sehnenansatzbereich einher, so ist dieses evtl. operativ zu entfernen.
Die Therapie der Wahl beim Grazilissyndrom ist die offene Durchtrennung der Sehnenfasern des M. gracilis an der Insertionsstelle am unteren Schambeinast, evtl. unter Mitnahme der angrenzenden Fasern des M. adductor longus sowie – bei Vorliegen eines Nekroseherdes – die gleichzeitige Ausräumung desselben.
Zusammenfassend sei noch einmal darauf hingewiesen, daß die unter der Ziffer 2101 aufgeführten Erkrankungen versicherungsrechtlich nur äußerst selten zur Anerkennung als Berufskrankheit führen, da es nur in wenigen Ausnahmefällen als Folge der Erkrankung zur Unterlassung aller Tätigkeiten kommt, die für die Entstehung, Verschlimmerung oder das Wiederaufleben der Krankheit ursächlich waren, was einer Aufgabe der beruflichen Beschäftigung gleichkäme.

Erwähnt sei abschließend noch eine Entscheidung des LSG Baden-Württemberg vom 14. 10. 1959 (AZ: L 2 a U 1633/57): Nachdem eine jahrelange berufliche Überbeanspruchung der rechten Hand als Maschinenschreiberin gegeben war, wurde die Erkrankung für beruflich verursacht angesehen. Sofern eine „hormonale Umstellung" bei der Klägerin an der Übermüdung der Gewebe mitgewirkt haben sollte, nimmt dies der *beruflichen Überbeanspruchung* nicht den Charakter einer *wesentlichen Ursache.*

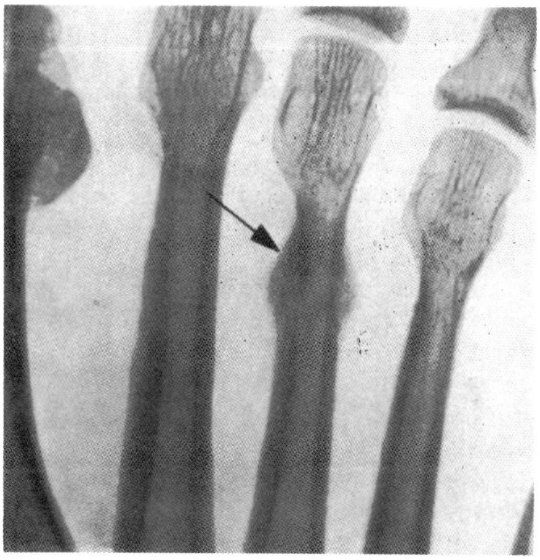

Abb. **21** Ermüdungsfraktur des Metatarsale III nach längerem Fußmarsch (Marschfraktur) mit der typischen überschießenden Kallusbildung

Abrißbrüche der Wirbelfortsätze

(Ziffer 2107, 7. BKVO vom 8. 12. 1976)

Jede Dauerbeanspruchung des Knochens kann zu strukturellen Veränderungen desselben und beim Weiterwirken der Kraft zum Ermüdungsbruch führen. Die Zusammenhangsunterbrechung geschieht beim Ermüdungsbruch in *gesundem* Knochengewebe; es handelt sich mithin nicht um eine „pathologische" Fraktur, vielmehr um eine *Spontanfraktur.* Aus der allgemeinen Pathologie ist diese Art der Zusammenhangsunterbrechung bekannt als „Ermüdungsfraktur des Kahnbeines" an der Hand des Preßluftarbeiters (s. oben) und als „Marschfraktur" des Mittelfußes (Abb. **21**).

Ätiologie

Während beim Mittelfußknochen und Kahnbein die Biegung durch Hebeleinwirkung entsteht, kommt sie bei den Wirbelfortsätzen durch *unmittelbaren Muskelzug* zustande. Überwiegend werden die Dornfortsätze – seltener auch die Querfortsätze – der unteren Hals- und oberen Brustwirbelsäule betroffen. Diese sind durch den dort kreuzenden Kraftverlauf der Rumpf-Schultergürtel-Muskulatur einer besonders hohen Beanspruchung ausgesetzt.

Statistisch gesehen ist die Ziffer 2107 der 7. BKVO (Abrißbrüche der Wirbelfortsätze) im Rückgang begriffen (1965–1975: 10 Fälle).
Das wird verständlich, wenn man berücksichtigt, daß das Krankheitsbild, welches auch unter dem Begriff der *Schipperkrankheit* bekannt ist, in erster Linie arbeitsentwöhnte oder berufsfremde Menschen trifft, wie dies vor dem 2. Weltkrieg beispielsweise bei Angehörigen des sogenannten Reichsarbeitsdienstes häufig der Fall gewesen ist. Ein herabgesetzter Allgemeinzustand, statische Störungen im Bereich der WS und konstitutionelle Momente können dabei zusätzliche Bedeutung erlangen.
Der eigentliche Ursachenfaktor ist jedoch in der Regel eine einseitige und ungewohnte Belastungsarbeit, wie sie besonders beim fortgesetzten überhohen Werfen, bei ruckartigen Bewegungen zum Emporheben schweren Arbeitsgutes wie nasser Erde, Lehmboden, Schnee und dergleichen mit ungeeigneten Geräten sowie Schippen über Kopf und hohe Bühnen vorkommt oder durch ruckweise Muskelbeanspruchung beim plötzlichen Abbremsen der Schaufel durch erhöhten Widerstand, beim Umkippen von Loren u. ä.

Klinik
Das Erscheinungsbild äußert sich häufig in gewissen Prodromalsymptomen wie Schwäche- und Ermüdungsgefühl sowie schmerzhaften Empfindungen zwischen den Schulterblättern, die oft als rheumatische Beschwerden verkannt werden.
Mit oder ohne solche Zeichen kann es dann zu einem plötzlichen, heftigen, meist stechenden Schmerz in der Nackengegend bzw. zwischen den Schulterblättern kommen, wobei nicht selten ein Knacks abgegeben wird.
Objektiv findet man meist eine deutliche Delle über der Dornfortsatzreihe; unterhalb davon kann ein druckempfindlicher Wulst bestehen. Subjektiv werden Schmerzen im Bereich der gesamten Brust- oder Halswirbelsäule angegeben, die sich vor allem beim passiven Aufrichten und Rückwärtsbewegen des Kopfes verstärken. Das aktive Heben der Arme über die Horizontale und eigentätige Drehbewegungen des Oberkörpers sind erschwert. Gelegentlich findet sich auch eine Krepitation.

Röntgen
Am besten läßt sich der Abriß des Dornfortsatzes durch die seitliche Aufnahme nachweisen. Dagegen zeigt die a.-p. Röntgenaufnahme selten Veränderungen, es sei denn bei bestehenden Querfortsatzfrakturen (Abb. **22**).

Differentialdiagnose
Abzugrenzen sind echte unfallbedingte Frakturen, Geschwulstmetastasen, Spondylitiden und die Verkalkung des Lig. nuchae. Im allgemeinen ist die Diagnosesicherung aus Anamnese, klinischem und röntgenologischem Befund unschwer zu erbringen.

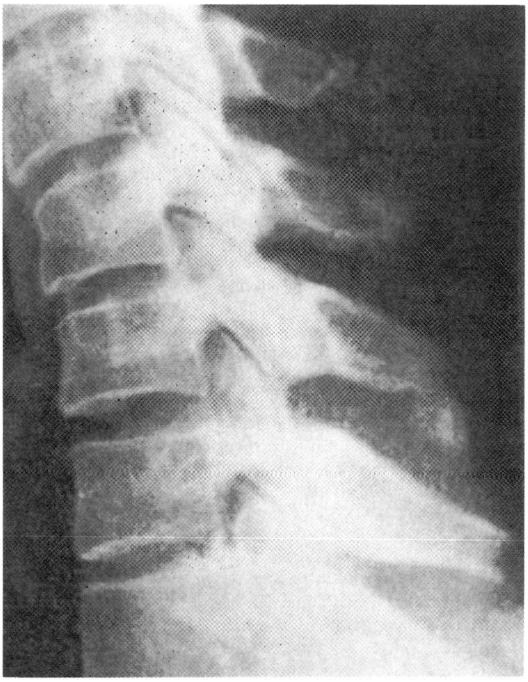

Abb. **22** Seitliche Röntgenaufnahme der HWS mit typischer „Schipperfraktur"

Therapie
Sie kann sich meist auf eine Schonung über 3–4 Wochen beschränken; nur selten ist eine Ruhigstellung erforderlich. Die Prognose ist so gut, daß fast stets mit einer folgenlosen Ausheilung gerechnet werden kann. Zu warnen ist allerdings vor der Anwendung von Massagen und Kurzwellen, vor allem aber vor der operativen Entfernung des abgebrochenen Knochenteiles, die nach Bürkle de la Camp (1962) häufig Dauerbeschwerden und Rentenneurosen nach sich zieht.

Für die versicherungsrechtliche Beurteilung spielt die Erkrankung nur eine untergeordnete Rolle. Dauerschäden sind praktisch nie zu erwarten, und selbst entstandene Pseudarthrosen haben versicherungsrechtlich keine Bedeutung.

Literatur

Allgreen, S.: Zit. n. H. Rettig 1975
Andreesen, R. H.: Ermüdungserscheinungen (Nekrose und Pseudarthrose) des Kahnbeines durch chronisches Trauma (Preßluftwerkzeugarbeiten). Fortschr. Röntgenstr. 60 (1939) 253
Andreesen, R. H.: Meniskusschäden der Bergleute. In: Handbuch d. gesamten Arbeitsmedizin Bd. II/2, hrsg. E. W. Baader, Urban & Schwarzenberg, Berlin 1961
Andreesen, R. H.: Entstehung, Begutachtung und Behand-

lung der Kahnbeinpseudarthrose. Arch. klin. Chir. 309 (1964) 56
Axhausen, G., E. Bergmann: Die Ernährungsunterbrechungen am Knochen. In: Handbuch der speziellen pathologischen Anatomie und Histologie, hrsg. von G. Lubarsch, F. Henke, Springer, Berlin 1937
Baader, E. W.: Sehnenscheidenentzündungen, Meniskus- und Bandscheibenschäden. Neue med. Welt (1950) 1297
Baader, E. W.: klinische Grundlagen der sechsundvierzig meldepflichtigen Berufskrankheiten, 5. Aufl. Urban & Schwarzenberg, München 1960
Baetzner, W.: Sport- und Arbeitsschäden. Thieme, Leipzig 1936
Baumann, F., A. Beck: Zur Frage berufsbedingter Wirbelsäulenschäden bei Jet-Piloten durch extreme Beschleunigungen. Z. Orthop. 113 (1975) 645
Baur, E.: Zur aseptischen Nekrose des Kahnbeines der Hand als berufliche Schädigung. Schweizerische Unfallversicherungsanstalt 45 (1964) 368
Beck, E.: Zur operativen Behandlung der Lunatummalacie. Mschr. Unfallheilk. 73 (1970) 75
Bert, P.: Zit. n. A. N. Witt und H. Rettig, 1959
Betzel, F.: Die Sonderformen des Preßluftschadens. Hefte Unfallheilk. 78 (1964) 67
Biro, T., L. Nagy: Die sterile Nekrose der Handwurzelknochen infolge beruflicher Schädigung (ung.). Orv. Hetil. 102 (1961) 1648
Block, W.: Zit. n. A. Laarmann 1944
Blumensaat, C.: Die Schipperkrankheit und andere Ermüdungsschäden am Skelett. In: Handbuch der gesamten Arbeitsmedizin, Bd. I, hrsg. von E. W. Baader. Urban & Schwarzenberg, Berlin 1961
Bodechtel, G.: Zur Bedeutung traumatischer peripherer Nervenschädigungen für die Praxis. Dtsch. med. Wschr. 77 (1952) 669
Bodechtel, G., K. Krautzun, F. Kazmeier: Grundriß der traumatischen peripheren Nervenschäden mit Berücksichtigung der Berufskrankheiten. Thieme, Stuttgart 1951
Brackmann, F.: Zit. n. R. Wagner, O. Körner 1968
Braun, W., G. Vetter: Sehnenscheidenerkrankungen und Überbeanspruchung. Beih. Zbl. Arbeitsmed. (1956)
Breitenfelder, J.: Die cervicale Osteochondrose und Spondylarthrose, ein Arbeitsschaden des Zahnarztes? Z. Orthop. 113 (1975) 649
Bürkle de la Camp, H.: Neuere Erkenntnisse in der Beurteilung der Gewebsschädigung durch Arbeit mit Preßluft. Arch. orthop. Unfall-Chir. 37 (1937 a) 161
Bürkle de la Camp, H.: Über Meniskusschäden. Arch. orthop. Unfall-Chir. 37 (1937 b) 354
Bürkle de la Camp, H., F. Betzel: Chronische Erkrankungen der Schleimbeutel der Gelenke durch ständigen Druck oder ständige Erschütterung. In: Handbuch der gesamten Arbeitsmedizin, Bd. II/2, hrsg. von E. W. Baader. Urban & Schwarzenberg, Berlin 1962
Bürkle de la Camp, H., M. Schwaiger: Handbuch der gesamten Unfallheilkunde, 3. Aufl., Enke, Stuttgart 1965
Ceelen, W.: Pathologische Anatomie der Meniscusschädigung. Arch. orthop. Unfall-Chir. 37 (1937) 334
Cohen, B.: Zit. n. P. Deak 1966
Cordes, F.: Zit. n. J. K. Rüttner 1949
Crasselt, C., H. Gerschner: Funktionserhaltende Operationen im Carpalbereich. Beitr. Orthop. Traum. 20 (1937) 399
Deak, P.: Diagnostik der Knochen- und Gelenkkrankheiten nach früheren Symptomen. Akadèmiai Kiadò (Verlag der ung. Akad. d. Wissenschaften), Budapest 1966
Dederich, R.: Lunatummalacie – Lunatumpseudarthrose. Zbl. Chir. 6 (1956) 248
Deplas, B., P. Bernard: La maladie des vibrations. Arch. Mal. prof. 6 (1942) 433
Dieckmann, D.: Einfluß verticaler mechanischer Schwingungen auf den Menschen. Int. Z. angew. Physiol. 16 (1957) 519
Dieckmann, D.: Ein mechanisches Modell für das schwingungserregte Hand-Arm-System des Menschen. Int. Z. angew. Physiol. 17 (1958) 125
Drasche, H.: Die orthopädischen Berufskrankheiten aus arbeitsphysiologischer und arbeitsmedizinischer Sicht. Z. Orthop. 113 (1975) 625
Eichler, J.: Zit. nach H. Rettig 1975
Eufinger, H.: Über Schleimbeutelverletzungen und -erkrankungen. Med. Klin. 52 (1957) 1871
Fischer, A. W., R. Herget, G. Molineus: Das ärztliche Gutachten im Versicherungswesen, 2 Aufl. Barth, München 1955
Galli, H.: Die Bedeutung chronischer Veränderungen im Bereich der Sehnen als Berufskrankheit (Ziffer 22 der 5. BKVO). Verh. dtsch. orthop. Ges. 48 (1961) 97
Galli, H.: Berufskrankheiten. In: Lehrbuch der Orthopädie und Traumatologie, hrsg. von M. Lange, Bd. II/1. Enke, Stuttgart 1965 (S. 434)
Göcke, C.: Das Verhalten des spongiösen Knochens im Druck- und Schlagversuch. Verh. dtsch. orthop. Ges. 20 (1925) 114
Graner, O., E. J. Lopes, B. Carvalho, S. Atlas: Arthrodesis of the carpal bones in the treatment of Kienböck's disease, painful united fracture of the navicular and lunate bones with avascular necrosis and old fracture dislocations of carpal bones. J. Bone Jt. Surg. 48-A (1966) 767
Groh, H.: Der Meniskuschaden des Kniegelenks als Unfall- und Aufbrauchsfolge. Enke, Stuttgart 1954
Groh, H.: Biomechanische Aspekte der Beanspruchung und Überlastung der Haltungs- und Bewegungsorgane bei der Arbeit. Z. Orthop. 113 (1975) 636
Hagen, J.: Erkrankungen durch Preßluftwerkzeugarbeit. Thieme, Leipzig 1947
Hagen, J.: Klinik der entschädigungspflichtigen Berufskrankheiten. In: Handbuch der gesamten Unfallheilkunde (Bürkle de la Camp, Rostock), Bd. III, hrsg. von H. Bürkle de la Camp, M. Schwaiger. Enke, Stuttgart 1956; 3. Auflage 1965
Hagen, J.: Berufliche Abnutzungs- und Überlastungsschäden am Bewegungsapparat vom Standpunkt des staatlichen Gewerbearztes. Verh. dtsch. Ges. Arbeitsschutz 6 (1960) 43
Hagen, J.: Schäden durch Preßluftwerkzeuge und vibrierende Maschinen. Urban & Schwarzenberg, München 1961
Hagen, J.: Klinik der entschädigungspflichtigen Berufskrankheiten. In: Handbuch der gesamten Unfallheilkunde, Bd. III, hrsg. von H. Bürkle de la Camp, M. Schwaiger. Enke, Stuttgart 1965 (S. 601 ff.)
Henschen, F.: Zit. n. A. Laarmann 1944
Hess, H.: Der degenerative Meniscusschaden der Berufsfußballspieler – eine Berufskrankheit? Z. Orthop. 111 (1973) 36
Hinz, P.: Fehlhaltung und Fehlform am Arbeitsplatz. Z. Orthop. 113 (1975) 651
Hohmann, G.: Fuß und Bein, 5. Aufl. Bergmann, München 1951
Holtzmann, G.: Zit. n. A. Laarmann 1944
Horvath, F., T. Kakossy: Aseptische Nekrose an Handwurzelknochen von Motorsägearbeitern. Z. Orthop. 111 (1973) 906
Horvath, F., I. Rozsahegyi: Bedeutung der Tomographie für die Diagnose der chronischen Caisson-Osteoarthropathie. Fortschr. Röntgenstr. 119/5 (1973) 610–618
Hultén, O.: Über Entstehung und Behandlung der Lunatummalacie (M. Kienböck). Acta chir. scand. 76 (1935) 121
Jorgensen, E. C.: Proximal-row carpectomy. J. Bone Jt. Surg. 51-A (1969) 1104
Junghans, H.: Zit. n. A. Laarmann 1944
Kienböck, R.: Über traumatische Malacie des Mondbeines und ihre Folgezustände: Entartungsfolgen und Kompressionsfrakturen. Fortschr. Röntgenstr. 16 (1910) 77
Köhler, A., E. A. Zimmer: Grenzen des Normalen und Anfänge des Pathologischen im Röntgenbilde des Skeletts, 11. Aufl. Thieme, Stuttgart 1969

Koelsch, F.: Die meldepflichtigen Berufskrankheiten, 4. Aufl. Urban & Schwarzenberg, München 1962
Koelsch, F.: Handbuch für Berufskrankheiten, 3. Aufl. Fischer, Jena 1963
Kort, J.: Zur Frage der Anerkennung der Lunatummalacie als Berufskrankheit im Sinne der Ziffer 25 der 6. BKVO. Unfallheilk. 68 (1965) 94
Laarmann, A.: Der Preßluftschaden. Thieme, Leipzig 1944
Laarmann, A.: Die chirurgischen Berufskrankheiten. Enke, Stuttgart 1958
Laarmann, A.: Wo stehen wir heute mit der BK 22. Zbl. Arbeitsmed. 9 (1959) 162
Laarmann, A.: Probleme und Erkenntnisse bei der Beurteilung von Preßluftschäden und anderen chirurgischen Berufskrankheiten. Med. Welt 11 (N. F.) (1960) 1241 u. 1323
Laarmann, A.: Differentialdiagnose der Preßluftschäden. Zbl. Arbeitsmed. 20 (1970) 118
Lang, F. J.: Zit. n. A. N. Witt, H. Rettig 1959
Lange, M.: Lehrbuch der Orthopädie und Traumatologie, Bd. II/1. Enke, Stuttgart 1965
Lange, M.: Orthopädisch-chirurgische Operationslehre, Ergänzungsband. Bergmann, München 1968
Matthiass, H.-H.: Zur Frage von Arbeitsschäden der Wirbelsäule. Z. Orthop. 113 (1975) 641
Matzen, P. F., A. K. Fleissner: Orthopädischer Röntgenatlas. Thieme, Stuttgart 1969
Mordeja, J.: Röntgenbild und Krankheitswert degenerativer Veränderungen an den Handgelenken von 2000 Bauarbeitern. Radiol. diagn. (Berl.) 1 (1960) 2
Mumenthaler, M.: Die nicht traumatischen Ulnarisparesen. Habil-Schr., Zürich 1959
Münch, K. W., J. Koppelmann: Schäden an den Extremitätengelenken infolge beruflicher Beanspruchung. Z. Orthop. 113 (1975) 659
Neuberth, H.: Die Berufskrankheiten der Haltungs- und Bewegungsorgane. Z. Orthop. 113 (1975) 621
Nicaud, P., A. Lafitte, A. Gros: Les troubles de l'intoxication chronique par le cadmium. Arch. Mal. prof. 5–6 (1942) 192
Orator, V.: Schäden der Muskeln und Sehnen. In: Das ärztliche Gutachten im Versicherungswesen. Barth, München 1955 (S. 335)
Peters, T., G. Jancik: Über Vibrationsfolgen bei Handrichtern. Mschr. Unfallheilk. 62 (1955) 449
Pittroff, R.: Die Berufskrankheiten, insbesondere die berufsabhängigen Erkrankungen der Haltungs- und Bewegungsorgane aus versicherungsrechtlicher Sicht. Z. Orthop. 113 (1975) 617
Piwko, N.: Über Cystenbildungen in den kleinen Handwurzelknochen. Arch. orthop. Unfall-Chir. 26 (1928) 650
Reich, B.: Ein Fall von doppelseitiger Spaltung des Naviculare der Hand durch Berufsschädigung. Arch. orthop. Unfall-Chir. 32 (1933) 247
Reinl, W.: Gesundheitsstörungen bei Arbeiten mit Polytetrafluoräthylen und Polytrifluorchloräthylen. Zbl. Arbeitsmed. 14 (1964) 58
Rettig, H.: A contribution to the etiology and differentialdiagnosis of naviculare necrosis, naviculare partitum and navicular pseudarthrosis. Arch. orthop. Unfall-Chir. 54 (1962) 263
Rettig, H.: Berufsabhängige Erkrankungen in der Orthopädie. Z. Orthop. 113 (1975) 633
Rosemeyer, B.: Schädigungen des Bewegungsapparates durch falsche Haltung im Autositz. Z. Orthop. 113 (1975) 653
Rostock, P.: Gelenkschädigungen durch Arbeit mit Preßluftwerkzeugen. Dtsch. med. Wschr. 1 (1942 a) 14
Rostock, P.: Gelenkschädigung durch Arbeit mit Preßluftwerkzeugen. Med. Klin. 38 (1942 b) 200
Rostock, P.: Erkrankungen der Muskeln und Gelenke durch Arbeit mit Preßluftwerkzeugen. In: Handbuch der gesamten Unfallheilkunde, Bd. II, hrsg. von H. Bürkle de la Camp, M. Schwaiger. Enke, Stuttgart 1956; 3. Aufl. 1966
Rozsahegyi, J.: Die chronische Osteoarthropathie der Caisson-Arbeiter. Arch. Gewerbepath. Gewerbehyg. 14 (1955/56) 483
Rozsahegyi, J.: Die Rolle der Disposition bei der Entstehung der Dekompressionskrankheit. Arch. Gewerbepath. Gewerbehyg. 17 (1959) 347
Rüttner, J. K.: Beiträge zur Klinik und pathologischen Anatomie der Kienböck'schen Krankheit (Lunatummalacie) Helvet. chir. Acta, Suppl. 13 (1949)
Schneider, P. G.: Das Gracilis-Syndrom. Z. Orthop. 98 (1964) 43
Schneider, P. G.: Meniscusschäden bei Berufsfußballern. Z. Orthop. 113 (1975) 666
Schröder, G.: Berufsschäden des Stütz- und Bewegungssystems. Barth, Leipzig 1958
Sitt, W.: Beitrag über die „Schipperfraktur". Med. Klin. 43 (1948) 485
Springorum, P. W.: Anamnesen und Befunde bei Meniscusläsionen. Mschr. Unfallheilk. 63 (1960) 6
Steinhäuser, J.: Beitrag zur operativen Behandlung der Naviculare-Pseudarthrose. Z. Orthop. 101 (1966 a) 361
Steinhäuser, J.: Möglichkeiten und Grenzen der transnaviculo-lunären Resektionsarthroplastik der Hand. Handchirurgie 1 (1966 b) 49
Steinhäuser, J.: Ein neues Verfahren in der operativen Behandlung veralteter Kahnbeinbrüche und Naviculare-Pseudarthrosen der Hand. Verh. dtsch. orthop. Ges. 53 (1967) 289
Steinhäuser, J.: Zur operativen Behandlung der Mondbeinnekrose. Verh. dtsch. orthop. Ges. 55 (1968) 430
Steinhäuser, J.: Ein Mehrzweckinstrument zur Entfernung des Mondbeines bei schwerer Lunatummalacie und veralteten Handwurzelverletzungen. Arch. orthop. Unfall-Chir. 66 (1969 a) 110
Steinhäuser, J.: Zur Mechanik der Meniscusverletzung. Orthop. Prax. V/4 (1969 b) 146
Steinhäuser, J.: Langzeitergebnisse mit der trans-naviculolunären Resektionsarthroplastik (Steinhäuser Op.) bei fortgeschrittener Mondbeinnekrose. Arch. orthop. Unfall-Chir. 78 (1974) 237
Steinhäuser, J., H. Abele: Beitrag zur Pathogenese der Mondbeinnekrose. Arch. orthop. Unfall-Chir. 78 (1974) 227
Steinhäuser, J., H. Abele, G. Schettler: Anatomisch-morphologische Studien zur sogenannten Minusvariante der Elle am Handgelenk. Z. Orthop. 111 (1973) 36
Steinhäuser, J., R. Rahmel, Ch. Wulke: Zur Ätiologie der Mondbeinerweichung, Resultate angiographischer Serienuntersuchungen. Z. Orthop. 113 (1975) 666
Stender, W.: Zit. n. A. Laarmann 1944
Stutzer, H., H. W. Buchholz: Operative Behandlung der Coxarthrose bei Caisson-Krankheit. Mschr. Unfallheilk. 76 (1973) 524
Teleky, A.: Zit. n. A. Laarmann 1944
Tischer, K.: Früh- und Spätergebnisse der Transnaviculolunären Resektion (Steinhäuser-Op.) bei traumatischen und entzündlichen Handgelenksversteifungen. Diss., Humboldt-Universität Berlin/DDR 1971
Tönnis, D.: Zur Entstehung von Drucklähmungen an den unteren Extremitäten. Fortschr. Neurol. Psychol. 26 (1958) 483
Wagner, R., O. Körner: Die geschichtliche Entwicklung der entschädigungspflichtigen Berufskrankheiten mit statistischen Zusammenstellungen aus den Jahren 1925–1966. BArbBl., Fachteil Arbeitsschutz, H. 12 (1967)
Wagner, R., O. Körner: Die entschädigungspflichtigen Berufskrankheiten. In: Arbeit und Gesundheit, hrsg. von E. Goetz, H.-H. Rauschenbach. Thieme, Stuttgart 1968
Weber, F.: Zit. n. A. Laarmann 1944
Welfing, J.: Manifestations-articulaires des ostéonècroses aseptiques. Encycl. mèd.-chir. Os-Articulations 14290 (1958) A 10
Wette, W.: Verletzungen und Anomalien im Bereich der Handwurzelknochen. Arch. orthop. Unfall-Chir. 29 (1930) 33

Wilhelm, A.: Die Gelenkdenervation und ihre anatomischen Grundlagen. Beihefte Hefte Unfallheilkunde 86 – Springer, Berlin 1966
Wilhelm, A.: Die Eingriffe zur Schmerzausschaltung durch Denervierung. In: Allgemeine und spezielle chirurgische Operationslehre, Bd. X/3, hrsg. von W. Wachsmuth, A. Wilhelm. Springer, Berlin 1972
Witt, A. N., H. Rettig: Berufs- und Arbeitsschäden. In: Handbuch der Orthopädie, Bd. III, hrsg. von G. Hohmann, M. Hackenbroch, K. Lindemann. Thieme, Stuttgart 1959 (S. 607)
Weitere Literaturhinweise, insbesondere hinsichtlich der Ziffern 10 u. 27 der 7. BKVO v. 20. 6. 1968 sind gegeben bei J. Hagen in: Handbuch der gesamten Unfallheilkunde, Bd. III, hrsg. von H. Bürkle de la Camp, M. Schwaiger. Enke, Stuttgart 1965 (S. 701 u. 783)

13 Leibeserziehung und Sport

Von P. G. Schneider

Einleitung

Obwohl die Körperkultur schon immer starken Modeströmungen unterworfen war, zieht sich durch die Jahrhunderte die Überzeugung, daß der Mensch das Recht auf lebenslange Gesundheit sich nicht allein durch die Geburt erwirbt, sondern durch die Art, wie er sein Leben in geistig-seelischer und körperlicher Art gestaltet. In der *griechischen Antike* gehörten Sportstätte und Akademie zusammen; von den *Römern* ist der bekannte Ausspruch überliefert: „Mens sana in corpore sano." Der Franzose Andry definierte im Jahre 1741 das eigentliche Grundanliegen der Orthopädie in seiner Schrift als „die Kunst, bei den Kindern die Ungestalt des Leibes zu verhüten oder zu verbessern". Pestalozzi (1746–1827) wies ebenfalls auf die doppelte erzieherische Verpflichtung hin: „Die Natur gibt das Kind als ein untrennbares Ganzes, als eine wesentliche organische Einheit mit vielseitigen Anlagen des Herzens, des Geistes und des Körpers. Sie will entscheiden, daß keine dieser Anlagen unentwickelt bleibe." In der Neuzeit wiederholte Schede (1935) diese Forderung: „Die körperliche Erziehung ist ein untrennbarer Bestandteil der Gesamterziehung. Sie muß mit der Erziehung des Geistes organisch verbunden bleiben, so wie beim Kind Leib und Seele noch organisch verbunden sind. Die körperliche Erziehung muß wie die Gesamterziehung den Lebensgesetzen des Kindes angepaßt sein, nicht den Bedürfnissen des Erwachsenen. Wer sich überhaupt mit Erziehung befaßt, hat die Pflicht, Leib und Seele des Kindes in gleichem Maße zu pflegen!"

Schede (1954) zeigte am Problem der Haltungsinsuffizienz und der Haltungsfehler erstmals in überzeugender Weise auf, welch große Bedeutung einer regelmäßigen sportlichen Betätigung als prophylaktische Maßnahme im schulischen Bereich zukommt. Bereits Hoffa (1925) forderte die bis heute noch nicht verwirklichte tägliche Turnstunde. Hackenbroch (persönl. Mitteilung) wies in diesem Zusammenhang darauf hin, daß es besser und ökonomischer sei, Aufwendungen im Sinne der Präventivmaßnahmen in der angedeuteten Richtung zu machen, als später viel größere Mittel für Krankenbehandlung und Invalidenrente auszuwerfen.

Auch die *prophylaktische* krankengymnastische *Frühbehandlung* der sog. Risikokinder (CP) im Säuglingsalter, die sich in den letzten Jahren durchgesetzt hat, (Bobath u. Bobath 1964, Vojta 1974) unterstreicht, wie wichtig ein gezieltes, reflexorientiertes körperliches Frühtraining für die psychomotorische Entwicklung des Kleinkindes sein kann.

Ende des 19. und Anfang des 20. Jahrhunderts traten neben den prophylaktischen Möglichkeiten der Körperschulung die *rehabilitativen Möglichkeiten des Sports* mehr und mehr in den Vordergrund. Die beiden Weltkriege hinterließen eine Unzahl von Versehrten mit unterschiedlichsten formalen und funktionellen Defektzuständen (Amputiertenproblem), deren Kompensation durch eine Bewegungstherapie mit individuellem Zuschnitt und dessen weitere Sicherung durch den sog. Versehrtensport erreicht wurde. Wie nutzbringend Sport als therapeutisches Mittel sein kann, zeigte überzeugend Guttmann (1962) in den 50er Jahren mit den Erfahrungen in seinem Zentrum für Querschnittsgelähmte im Stoke-Mandeville-Hospital. Die Stoke-Mandeville-Spiele sind eine Bestätigung der Worte von Knipping (1965), der schon früher darauf hinwies, daß der Sport eine der großartigsten und fruchtbarsten Waffen in unserem therapeutischen Arsenal ist.

Schließlich hat *der moderne Leistungssport* zu einer Belebung der orthopädischen Grundlagenforschung geführt, da er uns zwingt, unsere Vorstellungen über die Leistungsfähigkeit und Leistungsgrenzen des Muskel- und Gelenkapparates neu zu überdenken. Wenn der russische Gewichtheber Juri Wlassow formuliert: „Die Grenzen der menschlichen Kraft sind genauso unbekannt wie die Grenzen des menschlichen Geistes", so mag man dagegen biomechanische Vorbehalte anführen; unbestreitbar ist, daß erst die erzwungene Auseinandersetzung mit den Extremen körperlicher Belastung dazu veranlaßten, bisher gültige physiologische und pathologische Tatbestände einer erneuten kritischen Überprüfung zu unterziehen. Im einzelnen geht es hier um folgende Tatbestände:

1. Wie reagiert der Haltungs- und Bewegungsapparat in seinen aktiven und passiven Teilen auf das moderne Leistungstraining mit seinen forcierten mechanischen Anforderungen?
2. Gibt es biologische und mechanische Grenzen einer zumutbaren funktionellen Belastung und worin liegen diese Grenzen?
   Ist es die individuelle Disposition? Ist es die allgemeine biologische Gewebsstruktur? Liegen die Grenzen in der entwicklungsgeschichtlich vorgezeichneten anatomischen und mechanischen Konstruktion oder in unterschiedlichen Konstruktionsvarianten?
3. Im praktischen Bereich zwingen neuartige Verletzungs- und Schadenmuster zur Entwicklung wirksamerer konservativer und operativer Therapieverfahren.

Biomechanische Grundlagen der Skelettentwicklung und des Sports

Die körperliche Entwicklung verläuft in mehr oder weniger kräftigen Schüben. Wir kennen den *sog. 1. Gestaltwandel* vom 5.–8. Lebensjahr (auch Streckungsphase genannt), in der ein großer Prozentsatz der Kinder noch zu keinen Dauerleistungen der Muskulatur fähig ist und wo z. B. die Gefahr besteht, daß sich diese physiologische Insuffizienz durch den Schulsitzschaden zu einem Dauerschaden ausweitet. Die zweite kritische Phase der Reifungsentwicklung, *der 2. Gestaltwandel* (11.–14. Lebensjahr), ist die Pubertät. Es kommt in dieser Zeit zu einem starken Längenwachstum (Somatotropes Hormon) mit einem ähnlichen temporären Zurückbleiben der Muskelentwicklung wie beim 1. Gestaltwandel. Bis zum 18. Lebensjahr kommt es dann unter dem Einfluß der Keimdrüsenhormone und der Nebennierenandrogene zur Ausreifung des Skeletts und einem entsprechenden Muskelanbau. Die Gesamtentwicklung vollzieht sich danach auf dem Boden eines hereditär-endokrinen Terrains mit unterschiedlich starken körperlichen Dissonanzen.

Leibeserziehung und Sport sind in ihren möglichen Trainingseinflüssen von diesen physiologischen Durchgangsphasen nicht zu trennen und finden die Grenzen ihrer Wirksamkeit an diesen biologischen Grundtatbeständen. Darüber hinaus werden die möglichen mechanischen Trainingsauswirkungen auf den Bewegungsapparat durch Gesetzmäßigkeiten bestimmt, die in den Arbeiten von Jansen (1920), Roux (1895), Hueter (1862, 1863), v. Volkmann (1862), Wolff (1862, 1899) und den neueren biomechanischen Forschungsansätzen von Groh (1972) u. a. ihren Niederschlag gefunden haben.

Im einzelnen sind hier zu nennen:

1. Gesetz von Jansen: Je intensiver eine Zelle wächst, um so reizempfindlicher ist sie. In Perioden intensiven Wachstums können schon die geringsten Reize eine mächtige Entwicklung auslösen. Andererseits besteht aber auch eine große Überempfindlichkeit gegen überdosierte Reize mit irreversiblen Schädigungsmöglichkeiten.

2. Entwicklungsmechanik von Roux: Roux (1895) stellte den fundamentalen Satz auf, daß der Knochen eine funktionelle Gestalt und Struktur hat. Außerdem war er bemüht, das Naturgeschehen in seine funktionell und morphologisch verschieden wirksamen Komponenten in seiner Lehre von der spezifischen Reizwirkung von Druck, Zug und Abscherung auf das pluripotente Bindegewebe aufzulösen. Als spezifischen Reizeffekt des Zuges bezeichnete er die Bildung von Bindegewebe, als spezifischen Reizeffekt des Druckes oder Zuges mit starker Abscherung die Bildung von Knorpel und die Folge von Druck, aber ohne oder nur mit minimaler Abscherung die Bildung von Knochen. Als verbindendes Band aller funktionellen Reize nennt er die tropische Wirkung.

3. Gesetz von Hueter und v. Volkmann: Für den wachsenden Knochen (enchondrales Knochenwachstum) gilt, daß die Veränderungen an den Gelenkflächen vorzugsweise bedingt sind durch ein relativ stärkeres Wachstum der Knochenteile, welche unter einem relativ geringen Druck stehen.

4. Gesetz von Pauwels: Im Bereich der Epiphysenscheiben ist der physiologische, intermittierende Druck wachstumsregulativ wirksam, wobei sich die Wachstumsscheibe jeweils senkrecht zu der aus Körperlast und Muskelkräften gebildeten Druckresultierenden einstellt.

5. Gesetz der Knochentransformation nach Wolff: Dieses Gesetz hat nur Gültigkeit für den ausgewachsenen Knochen und den periostalen Knochenan- und -abbau. Es besagt, daß vermehrter Druck zum Knochenanbau führt und Druckentlastung zum Knochenabbau.

6. In den letzten Jahren haben biomechanische Studien am Bewegungsapparat eine zunehmende Bedeutung gewonnen. **Groh (1972)** spricht von **drei Grundaspekten bei der Analyse der menschlichen Körperbewegung:**

a) physikalische Analyse der Funktionen des Bewegungsapparates,
b) neurophysiologische Analyse der Funktion der nervösen Regelkreise,
c) psychologische Analyse der Bewußtseinsinhalte und Motivationen.

Auf dem deduktiven Weg sollen alle Bewegungsabläufe auf ihren berechenbaren mechanischen Kern zurückgeführt werden. Hierbei unterliegt man allerdings der Schwierigkeit, daß meist von einer bestimmten Phase eines sehr komplexen Kräftesystems ausgegangen werden muß und hierdurch die Gefahr einer mehr oder weniger starken Abstraktion besteht. Selbstverständlich ist man bemüht, durch die Schaffung neuer Mehrkomponentenparameter den Vorstellungen einer komplexen Analyse (mit EMG-Ableitungen) möglichst nahe zu kommen.

Verfahren wie die Chronophotographie, piezoelektrische Mehrkomponentenmessungen mit Kraftmeßplatten, Verwendung des Dehnungsmeßstreifenverfahrens, der Telemetriesendeverfahren (Beschleunigungsmesser, Elektromyographie), die Nutzung der Ampex-Bildspeichergeräte mit Monitoranalyse, die experimentelle Simulation biologischer Systeme und die Schaffung einer Biostatistik haben das Ziel, Korrelationen zwischen Leistung, Bewegungsmerkmalen und Körpermerkmalen zu schaffen, und werden zukünftige Forschungen bestimmen.

Wiederum GROH (1972) formuliert die Aufgaben einer Biomechanik des Sports zusammenfassend wie folgt:

a) In der Grundlagenforschung soll eine Objektivierung der Parameter sportlicher Bewegungsabläufe durch eine experimentelle Analyse durchgeführt werden mit dem Ziel, gesetzmäßige Bewegungsstrukturen aufzudecken.
b) Mit Hilfe einer komplexen Bewegungsanalyse soll versucht werden, optimale biomechanische Lösungsmöglichkeiten für Bewegungsabläufe im Sport zu finden mit dem Ziel der Leistungssteigerung. Unterschieden wird zwischen einer *äußeren Biomechanik,* die die Analyse des äußeren Erscheinungsbildes des Bewegungsablaufes betreibt. Im Gegensatz dazu steht die *innere Biomechanik,* die versucht, äußere Wirkungen auf ihre inneren Gesetzmäßigkeiten zurückzuführen.

Zur *inneren Biomechanik* zu rechnen ist beispielsweise auch ein neuartiger experimenteller Ansatzpunkt aus dem Bereich der inneren Biomechanik, den SCHNEIDER u. LICHTE (1970) im Hinblick auf die physiologische oder ultraphysiologische Gelenkbelastung geliefert haben. Sie gingen von dem Tatbestand der Gelenkschmierung und der Vorstellung aus, daß sich die Gelenkflüssigkeit unter verschiedenen Belastungsverhältnissen unterschiedlich verhält. Es ist danach denkbar, daß bei extrem hohen Belastungen, etwa bei Bewegungen mit hoher Beschleunigung, die Synovia aus dem Gelenkspalt gedrängt wird und von einem bestimmten Belastungsmaß an Knorpel direkt auf Knorpel liegt, d. h. eine sog. „Kaltschweißung" vorliegt. Es würde in diesem Fall ein Wechsel im Mechanismus der Kraftübertragung bei hoher Belastung vorliegen. Der von Gelenkflüssigkeit freie Gelenkspalt könnte demnach morphologisches Substrat des nebulösen Begriffes der Überlastung sein. Wesentlich dürften hierbei die Wiederholung in der Zeiteinheit und die Dauer der Erholungsphase sein; unter Zuhilfenahme des meßbaren Wertes der Oberflächenenergie (Adhäsionskräfte) und der bekannten Reichweite molekularer Kräfte wurde für die Kniegelenksfläche von 13,5 cm^2 ein Grenzdruckwert von 475 kg ermittelt.

Sport als Prävention

Es steht außer Zweifel, daß der gut dosierte funktionelle Bewegungs- und Belastungsreiz in *allen Altersstufen* für die Entwicklung und Aufrechterhaltung der körperlichen Leistungsfähigkeit von ausschlaggebender Bedeutung ist. ORTEGA Y GASSET (1947) sah „die Bestimmung des Menschen in der Aktion".
Selbstverständlich hängt die Belastbarkeit und Trainierbarkeit im Hinblick auf Kraft, Ausdauer, Schnelligkeit, Koordination sehr stark vom Lebensalter ab. Das zumutbare Trainingsausmaß muß deshalb dem biologischen Alter des Sporttreibenden entsprechen, allerdings mindestens so dosiert sein, daß auch ein Trainingseffekt erzielt wird. Erfahrungsgemäß wird aus übertriebener Furcht vor Überlastungsschäden am Bewegungsapparat unterdosiert, und dadurch werden die präventiven Möglichkeiten des Sportes nicht ausreichend genutzt.
Natürlich sind bei der Sportauswahl auch die kritischen Phasen der Skelettentwicklung und die allgemeinen Entwicklungsphasen zu berücksichtigen, wie sie etwa von MATTHIASS (1969) zusammengestellt worden sind.
Im *Schulalter* gibt es z. B. zwei typische Krisenzeiten, nämlich *die 1. Streckungsphase* (5.–8. Lebensjahr) und *die 2. Streckungsphase* (11.–14. Lebensjahr), in denen bei einer gesteigerten Wachstumsgeschwindigkeit die muskuläre Absicherung längere Zeit fehlt. Begriffe wie *Sitzschaden* und *Haltungsschwäche* beherrschten Jahrzehnte die orthopädische Diskussion und induzierten den Ruf nach einer verbesserten Leibeserziehung während der Schulzeit (HOFFA 1925, KLAPP 1952, BLENCKE 1913, SCHEDE 1954).

HOFFA war der erste, der die tägliche Schulturnstunde forderte. Auch das sog. Schulsonderturnen ist nur dann wirkungsvoll, wenn es täglich durchgeführt wird und sich nicht auf 2 Wochenstunden beschränkt. Die großen Erfahrungen, die mit den unterschiedlichen muskulären Trainingsformen im modernen Leistungssport gewonnen wurden, zeigen, wie dosiert werden müßte, um einen befriedigenden Trainingseffekt zu erzielen. Gerade die überragenden Leistungen der jugendlichen Turnerinnen in den letzten Jahren machten deutlich, welche Möglichkeiten der körperlichen Trainierbarkeit von Kraft, Ausdauer, Schnelligkeit und Koordination schon beim Heranwachsenden bestehen.

Die Pubertätskrisenzeit, d. h. der zweite Gestaltwandel (11.–14. Lebensjahr), bedarf einer besonders sorgfältigen Überwachung bei intensiver sportlicher Betätigung. Arme und Beine eilen dem Rumpfwachstum voraus, und es besteht eine *Phase der relativen muskulären Insuffizienz.* Extreme Bewegungsexkursionen sind in dieser Zeit evtl. nur unzureichend muskulär abgesichert, obwohl sich bei vernünftig dosiertem sportlichem Training die übertriebenen Befürchtungen, daß sich Wirbelsäulenschäden entwickeln könnten, als weitgehend unbegründet erwiesen haben. Einer der häufigsten Irrtümer der früheren Jahre war die Furcht vor einer Überdosierung körperlichen Trainings. Meist ist das Gegenteil der Fall, und man sollte deshalb bemüht sein, zumindest an die trainingswirksame Reizschwelle heranzugehen.

Eine besondere Aktualität gewann das Anliegen eines körperlichen Trainings im Rahmen des sog. säkularen Trends zur *Akzeleration,* d. h. der Vorverlegung der Pubertätszeit und der Tendenz zu einem verschärften Längenwachstum, zumal dadurch eine passager verlängerte Periode der relativen muskulären Insuffizienz eintrat. Dieses Beispiel zeigt besonders deutlich die Bedeutung der hormonal-konstitutionellen Faktoren während bestimmter Entwicklungsphasen, in denen auch durch ein intensives körperliches Training nur eine bedingte muskuläre Kompensation der disharmonischen Entwicklungsphase erreicht werden kann.

Beim *Erwachsenen* war man in den früheren Jahren von einer stark eingeschränkten funktionellen Belastbarkeit bereits im 3. Lebensjahrzehnt ausgegangen. Heute wissen wir, daß der Mensch bis zum 50. Lebensjahr trainierbar ist und in einzelnen Fällen auch darüber hinaus. Jenseits des 60. Lebensjahres kann er seine Leistungsfähigkeit weitgehend erhalten, wenn er früher bereits mit der Ausübung regelmäßiger Leibesübungen begonnen hat. Wer regelmäßig Sport treibt, ist biologisch jünger als es seinem kalendarischen Alter entspricht (Nöcker 1964). Auch Jokl (1954) hat diese Erfahrungen anhand einer großen Anzahl von *Altersturnern* bestätigen können. Sportliche Betätigung kann nach einem Wort von Diem einen Menschen 20 Jahre lang 40 Jahre alt halten. Wird der Mensch älter, so steigen seine Geschicklichkeit und Ausdauer, gelegentlich auch seine Kraft; seine Schnelligkeit und seine Fähigkeit, maximale Anstrengungen durchzuhalten, nehmen dagegen ab. Der Geschicklichkeit kommt unter den leistungsfördernden Faktoren eine einzigartige Bedeutung zu, da für sie keinerlei physische Grenzen zu bestehen scheinen und – wenn sie einmal erworben ist – sie nicht mehr verlorengeht. Beim älteren Menschen sollten Schnelligkeitsübungen und explosive Bewegungsabläufe mehr durch Dauerleistungen mit gleichförmigen Bewegungsabläufen ersetzt werden. Allerdings gilt besonders auch beim Erwachsenen das Prinzip des individuellen Zuschnittes der sportlichen Betätigung, d. h., es sollte eine Bewegungsform gewählt werden, die auf frühere sportliche Betätigungen und das persönliche Bewegungsnaturell Rücksicht nimmt. Erinnert werden soll hier auch an die Möglichkeiten des isometrischen Muskeltrainings, das ohne großen Zeit- und Raumaufwand durchgeführt werden kann.

Die Erfahrungen des modernen Leistungstrainings, insbesondere soweit es die Möglichkeiten eines *muskulären Trainings* anlangt (lokale Ausdauer, Kraft, Schnelligkeit, Koordination), sind teils aus Unwissenheit, teils aus übertriebener Angst vor Überdosierungen bislang nur unzureichend genutzt worden. Wir unterscheiden heute *isotonische oder dynamische Übungen, isometrische oder statische Übungen* und *isokinetische Übungen,* die allein oder in Kombination zu Übungssystemen zusammengestellt werden können. Verfährt man zusätzlich nach den Prinzipien des Intervalltrainings (Perioden der geringeren und stärkeren Belastung) oder des Circuittrainings (Kombination verschiedener Übungen), bietet sich hierdurch die Chance, ein an den Organbefunden des einzelnen orientiertes, optimales Sport- oder Rehabilitationsprogramm zu erarbeiten.

Die *Prinzipien der verschiedenen Übungsformen* sind folgende:

1. Isotonische oder dynamische Übungen: Während der Übung wird ein Gewicht oder ein Widerstand von gleichbleibender Größe überwunden. Das übliche Gewichtstraining entspricht dieser Übungsform, wobei wegen der sich beim Bewegungsablauf ständig ändernden Hebelverhältnisse nur in einem sehr schmalen Bereich des Bewegungsradius wirklich eine maximale Kraftentfaltung möglich ist. Bei extremer Beugung und Streckung vergrößert sich die von den Muskeln aufzuwendende Kraft, kann allerdings auch durch die Fliehkraft des Gewichtes eine Unterstützung erfahren.

Vorteil des dynamischen Trainings wird immer die gleichzeitige Bewegungsschulung bleiben, d. h., der Übungsablauf ist physiologischer und läßt sich einfacher an einem Funktionsziel (Komplexübungen) ausrichten.

2. Isometrische oder statische Übungen: Sie wurden in den 60er Jahren in den USA sehr schnell populär und hielten nach den Untersuchungen von Hettinger (1968) u. a. auch hier ihren Einzug. Es erfolgt keine Bewegung, sondern nur eine gezielte Muskelspannung gegen einen nicht zu überwindenden Widerstand. Diese Trainingsform wirkt vor allen Dingen auf Muskelfasern, die in einer bestimmten Position angesprochen werden sollen. Es erlaubt die gezielte Übung kleinster Muskelgruppen mit maximaler Spannung, was beim dynamischen Üben selten zu erreichen ist, da sich hier ja die Muskelspannung sehr stark mit dem Bewegungsablauf verändert. Es ist leichter zu dosieren, da die optimale Spannungsdauer leicht festzulegen ist. Die geringe Ermüdungswirkung erlaubt höhere Trainingsbelastungen. Schließlich ist die Tatsache von großem Vorteil, daß nur geringe äußere Mittel zur Durchführung dieses Trainings notwendig sind.

Maximalspannungen, die unter 20% der Muskelkraft liegen, können eine Muskelatrophie nicht verhindern. Bei 20–30% der Maximalkraft bleibt die Muskelkraft gleich, und bei 40–60% der Maximalkraft tritt der optimale Trainingserfolg ein. Bei 60% Maximalkraft genügt eine Haltedauer von 6–10 Sek., bei 40% von 15–20 Sek. Allerdings fanden STOBOY u. DÜNTSCH (1966) eine stärkere Zunahme der mechanischen Leistungskraft bei Übungen mit maximaler Kraft, da es zu einer schnelleren Ökonomisierung kommt. Für die Praxis empfiehlt sich im allgemeinen ein einmaliges Training mit hohen Belastungen (70–90%), um eine zu geringe Belastung zu vermeiden und die Haltedauer zu verkürzen. HETTINGER (1968) hält ein 2–3maliges Üben täglich für ausreichend.

3. Isokinetische Übungen: Bei dieser Übungsform bleibt durch eine besondere Maschine die Geschwindigkeit der Bewegung gleich, während sich der Widerstand verändert. Während bei den isometrischen Übungen die kontrollierte Geschwindigkeit gleich Null ist, paßt sich bei den isokinetischen Übungen die Geschwindigkeit durch einen patentierten Mechanismus der anfänglichen Geschwindigkeit an. Durch die Maschine wird der unterschiedliche Widerstand, der durch Hebelwirkung der Gelenke eintritt, automatisch ausgeglichen. Es wird während des gesamten Bewegungsradius dadurch Maximalkraft eingesetzt.

Die Übungsform mit sich anpassendem Widerstand und gleichbleibendem Widerstand (ARE = Accomodating Resistance Exercise) wurde von PERRINE, New York, entwickelt. Die Maschine, die er konstruierte (Technicon CYBEX INC), arbeitet mit einem Elektromotor, der eine als Widerstand fungierende Kurbel auf eine vorgegebene Geschwindigkeit nach der leichtesten Berührung bringt (konstanter maximaler Krafteinsatz).

Sport als Therapie

Sport als spielerische Übungsform sollte integraler Bestandteil der Therapie und Rehabilitation bei möglichst vielen akuten und chronischen Funktionsstörungen des Bewegungsapparates sein. Diese Forderung beginnt sich allmählich durchzusetzen, obwohl bereits seit Anfang dieses Jahrhunderts die Bedeutung der Bewegungstherapie, des Versehrtensports und des allgemeinen sportlichen Trainings bei den Wiedereingliederungsbemühungen erkannt wurde. Namen wie BIER, MALLWITZ, KOHLRAUSCH, BLENCKE, SCHEDE, BIESALSKI, HEISS, LORENZEN und schließlich GUTTMANN markieren einen weiten Weg, der durch die vielseitigen Verletzten- und Versehrtenprobleme der beiden Weltkriege und schließlich durch die Zunahme der schweren Versehrtenverletzungen der letzten Jahre eine weitere Ausweitung erfuhr.

Selbstverständlich erfordert der Einsatz der therapeutischen Möglichkeiten des Sports nicht nur subtile Kenntnisse funktionsmechanischer Zusammenhänge und der funktionellen oder formalen orthopädischen Defektzustände, sondern auch profunde Kenntnisse der verschiedenen Sportdisziplinen und deren Bewegungsmuster, um einen gezielten Therapieplan aufstellen zu können.

Je nach Alter und Schadensmuster ergeben sich unterschiedliche Problemstellungen, obwohl die sporttherapeutischen Grundanliegen wie die Verbesserung der lokalen Muskelkraft, der Reaktionsfähigkeit und Geschicklichkeit sowie der allgemeinen Ausdauer in unterschiedlicher Akzentsetzung alle Bemühungen um eine Rehabilitation bestimmen.

Beim *Jugendlichen* sind es der Haltungsschaden, die Scheuermannsche Erkrankung und die Skoliose, die schon sehr früh die Bedeutung eines gezielten Körpertrainings deutlich machten. Die vorhandenen Möglichkeiten wurden und werden bis heute aber oft nur unvollkommen genutzt, und unbefriedigende Behandlungsresultate finden nicht selten dadurch ihre Erklärung. Andererseits läßt sich am Beispiel der Wirbelsäulenveränderungen eindrucksvoll aufzeigen, wo die Grenzen exogen-funktioneller Wirkungen (Sport, Arbeit, Schule) auf die Skelettentwicklung und der muskulären Absicherung von Formstörungen liegen, d. h. wie die endogen-konstitutionellen Momente eine nicht selten unerfreulich dominierende kausale Rolle spielen. Trotzdem kann ein gezieltes sportliches Training eine therapeutische Schlüsselposition überall dort gewinnen, wo es sich an den Grunderfahrungen des modernen Leistungstrainings orientiert und mit Konsequenz betrieben wird.

Beispielsweise sind bei der *Scheuermannschen Erkrankung* die erbliche Disposition, die endokrine Dysregulation und modifizierende mechanische Einflüsse von ätiopathogenetischer Bedeutung. Trotzdem hat sich gezeigt, daß durch eine konsequente Extension und die aktive Aufrechterhaltung des Extensionsergebnisses durch ein forciertes Krafttraining der Rumpfmuskulatur eine optimale muskuläre Absicherung des Korrekturergebnisses auf die Dauer erreichbar ist. Auch bei überstandener Scheuermannscher Erkrankung sollte es nicht darum gehen, ein Sportverbot auszusprechen, sondern man sollte sich darum bemühen, durch ein wirbelsäulenorientiertes Krafttraining eine aktive Rehabilitation der abgelaufenen Scheuermannschen Erkrankung anzustreben. BRENKE u. Mitarb. (1972) haben u. a. gezeigt, welche Übungsformen gewählt werden müssen, um dieses Ziel zu erreichen und schädliche Begleiterscheinungen zu vermeiden. SCHNEIDER hat folgende Empfehlungen ausgesprochen:

1. kein generelles Sportverbot, sondern Vornahme einer gezielten Sportauswahl, die sich nach Phase und örtlicher Manifestation des Krankheitsbildes richten sollte;
2. Nutzung leistungssportlicher Trainingsmethoden zur gezielten Kräftigung der Körperstammuskulatur unter Vermeidung extremer Belastungsspitzen wie Hyperextension und Hyperflexion.

Die *Intensität des Trainings* ist von ausschlaggebender Bedeutung. Kurzfristige Übungsserien zweimal wöchentlich sind wirkungslos, obwohl sie bis heute bei der ambulanten Behandlung von muskulären Insuffizienzen üblich sind. Das aus-

reichend dosierte tägliche Training kann allein einen therapeutischen und prophylaktischen Effekt entfalten, der als optimal gelten kann.
Der *Versehrtensport* als eine besondere Form des Ausgleichssportes nach eingetretenen Kriegs- und Unfallschäden hat seit den beiden Weltkriegen zunehmende Bedeutung erfahren. Nach LORENZEN (1961) ist er eine Fortführung der krankengymnastischen Bemühungen. Von ihm stammt ein vereinfachendes Schema, das die unterschiedlichen Angriffspunkte von Krankengymnastik und Versehrtensport einander gegenüberstellt: s. S. 8.7.

In den Grundsatzbestimmungen des Deutschen Versehrtensportverbandes heißt es: „Versehrtensport ist eine Maßnahme der ambulanten Rehabilitation. Er will für jeden Körperschaden die bestmögliche Wiederherstellung unter Erhaltung des körperlichen und seelischen Gleichgewichtes im Sinne einer besseren Lebenstüchtigkeit erreichen. Es ist ein Sammelbegriff für die schadensgemäßen Leibesübungen mit Körperbeschädigten. Der Sport wird bewußt als Erziehungsmittel für den durch seine Versehrtheit Vereinzelten und psychisch Belasteten eingesetzt." Die unterschiedlichen Defekt- und Verletzungsbilder (Armamputierte, Beinamputierte, Armverletzte, Beinverletzte, Hirnverletzte etc.), d. h. *das Schadensmuster,* begrenzen natürlich die möglichen Leistungsanforderungen und die zumutbare Sportart.

In einer echten Teamarbeit zwischen Versehrten (Kriegs- und Unfallverletzte, chronisch Leidende, angeboren Gebrechliche), Arzt, Übungsleiter, Krankengymnastin, Orthopädiehandwerker, Bandagisten, Berufsberater und Psychologen können heute Wiedereingliederungsleistungen erzielt werden, die früher für unmöglich gehalten wurden. Am Beispiel der *Querschnittsgelähmten* (s. unten) ist dies überzeugend von GUTTMANN (1962) nachgewiesen worden. Neben den Fortschritten in der ärztlichen Versorgung hat es hier vor allem der Sport vermocht, bahnbrechend zur Wiedereingliederung beizutragen. Die Entwicklung und systematische Ausbildung der im Organismus eines Querschnittsgelähmten noch verbliebenen Kräfte der Heilung, der Adaptation und Kompensation mit Neuorientierung neuromuskulärer Mechanismen, Wiederherstellung der aufrechten Körperhaltung, Entwicklung eines neuen Systems der Tiefensensibilität durch Training des Lagesinnes und Training kompensatorischer Muskelgruppen führte zu beispiellosen Rehabilitationsergebnissen.

	Krankengymnastik	*Versehrtensport*
Aufsicht	ärztlich	
Leitung	krankengymnastisch	sportpädagogisch
Angriffspunkt	Schaden	Selbstverantwortung des Versehrten
Ziel	bestmöglicher physischer Ausgleich	Harmonie, Freude, Ausgleich, Konditionsverbesserung
Mittel	Bewegungsübungen, physikalische Behandlungsmittel	schadensgemäße Körperbildung
Verhalten	verordnet, individuell behandelt, vorwiegend einzeln	freiwillig, nach Anleitung aktiv in einer Gruppe
Zeitpunkt	in der medizinischen Behandlungsphase, vor dem Versehrtensport	nach Abschluß der individuellen Behandlungsphase
Dauer	vorübergehend	dauernd, erst rehabilitativ, dann präventiv

GUTTMANN (1962) beschreibt den entscheidenden *physiologischen Vorgang der Entwicklung eines neuen Systems der Tiefensensibilität* wie folgt:
„Jede Bewegung des Beckens des von der horizontalen in die vertikale Lage gebrachten Gelähmten ruft afferente Impulse in den normalen innervierten Muskeln, insbesondere im M. latissimus dorsi hervor, die zentralwärts in die entsprechenden Segmente des Rückenmarks oberhalb der Querschnittsunterbrechung einstrahlen. Von da werden sie in die für die Gleichgewichtserhaltung verantwortlichen Zentren des Groß- und Kleinhirns weitergeleitet, die ihrerseits efferente Impulse in die im gelähmten Körperabschnitt verankerten normalen Muskeln senden. Durch diese nervöse Ersatz- oder Hilfsleitungsbahn wird eine neue Verbindung zwischen dem gelähmten Körperabschnitt und dem Zentralnervensystem hergestellt und damit die Basis für die Wiederherstellung des statischen wie kinetischen Gleichgewichtes des Querschnittsgelähmten gegeben. Die Gelähmten lernen zunächst ihr Gleichgewicht unter visueller Leitung, vor einem Spiegel sitzend, zu halten, wobei sie versuchen, abwechselnd erst einen Arm, später beide gleichzeitig in verschiedener Richtung zu heben. Weiterhin werden Ballspiele in diese Gleichgewichtsübungen eingeschlossen. Wenn im weiteren Verlauf des Trainings die neuen nervösen Verbindungsbahnen der Tiefensensibilität voll entwickelt sind, wobei der Zeitpunkt von verschiedenen Faktoren, z. B. Höhe der Läsion, Alter des Patienten usw. abhängt, können sie mit geschlossenen Augen und ohne jegliche Unterstützung der Arme ihr Gleichgewicht bewahren. Für die Wiederherstellung des statischen Gleichgewichts in sitzender, aufrechter Körperhaltung hat sich besonders das Bogenschießen, in vorgebeugter, sitzender Körperhaltung vor allem das Kegeln bewährt. Für die Wiederherstellung des kinetischen Gleichgewichtes in sitzender Stellung habe ich 1944 als ersten Sport den freien Pfeilwurf (Darts) nach der Zielscheibe eingeführt, später Boxball, Medizinball, Billard, Tischtennis, Fechten, die verschiedenen Wurfsportarten (Speerwerfen, Kugelstoßen und Keulenwurf), ferner Fahrstuhlpolo und besonders Fahrstuhlbasketball. Die bessere Konstruktion und die Beweglichkeit moderner Rollstühle haben zur Wiederherstellung des kinetischen Gleichgewichtes wesentlich beigetragen und Querschnittsgelähmte zu erstaunlichen Leistungen befähigt." Viele Querschnittsgelähmte hatten den Wunsch, auch nach ihrer Entlassung am National Spinal Injuries Centre von Stoke Mandeville ihre

sportliche Tätigkeit fortzusetzen. 1948 wurden deshalb die Stoke-Mandeville-Spiele als nationale Sportbewegung für Paraplegiker gegründet, und seit 1952 ist hieraus ein internationales Sportfest geworden.

Leibesübungen und Sport haben in den letzten Jahren bei der Rehabilitation von Menschen mit einem körperlichen Leistungsabstieg unterschiedlicher Genese einen zunehmend anerkannten Stellenwert errungen. Die Leitsätze des Weltkongresses für Körperbehinderte (Stockholm 1951) sind inzwischen zur Richtschnur der Versehrtensportarbeit geworden:

1. Nicht was der Beschädigte verloren hat ist wichtig, sondern was ihm erhalten blieb.
2. Nicht auf den Körperschaden, sondern auf die verbliebene Leistungsfähigkeit muß geblickt werden.
3. Es gibt mehr Dinge, in denen sich der Beschädigte und Nichtbeschädigte ähneln als unterscheiden.

Leistungssport

Der enorme Leistungsanstieg in fast allen sportlichen Disziplinen im Laufe der letzten Jahre gab Veranlassung, die Frage nach der Leistungsfähigkeit und den Leistungsgrenzen unseres Muskel-Gelenk-Apparates neu zu überdenken. Das verbesserte Leistungstraining führt zu einer sportartspezifischen Verbesserung von Kraft, Ausdauer, Koordination und Schnelligkeit. Aus orthopädischer Sicht war dies gleichbedeutend mit einer endlosen Wiederholung gezielter Bewegungen unter wechselnden, z. T. sehr hohen Belastungen. Extreme Muskelhypertrophien, starke Zugbelastungen des Sehnen-Band-Apparates und vermehrte Druck- und Scherbelastungen des Gelenkknorpels waren die Folge. Die Frage nach den Leistungsgrenzen erhielt dadurch neue Aktualität, wobei die unlösbare Verkettung struktureller, formaler und funktioneller Komponenten davor schützen sollte, einseitige Folgerungen zu ziehen oder etwa nach einem ausschließlich dominierenden leistungsbegrenzenden Umstand zu fahnden.

Schneider (1970) definierte aus orthopädischer Sicht die Leistungsgrenzen wie folgt:

1. Die biologische und mechanische Anfälligkeit bradytropher Gewebe (Knorpel, Bandscheiben, Sehnen) mit ihrer Neigung zu entartenden Veränderungen, wenn auch in individuell sehr unterschiedlicher Ausprägung (erinnert sei hier an Begriffe wie Chondropathie, Diskopathie, Tendopathie, Ligamentopathie).
2. Pathomechanisch wirksame Formstörungen, die von diskreten bis zu ausgeprägten Formanomalien reichen können (Hackenbroch's Begriff der „präarthrotischen Deformität").
3. Konstruktive Belastungsspitzen der vorgegebenen Anatomie wie zirkumskripte Gelenkkontakte bei Extrembewegungen, erhöhte Druckbelastungen des Knorpels bei Extrembewegungen und extreme Druckbelastungen des Knorpels bei extremen Muskelhypertrophien.
   Erhöhte Druck- und Scherbelastungen des Knorpels durch kinetische Momente (Frequenz und Dynamik der Bewegung).
   Punktförmige Kraftübertragungen.
4. Muskuläre Ermüdung und Materialermüdung.

Zur Erforschung der funktiogenen, evtl. pathologischen Gewebsreaktionen des Bewegungsapparates stehen zwei Ansatzpunkte zur Verfügung (Schneider 1970): Einmal der *deduktive Weg*, der mit Hilfe der Biomechanik versucht, alle Funktionsabläufe auf ihren mechanischen Kern zurückzuführen. Die Schwierigkeit liegt hierbei in der gleichzeitigen Erfassung eines sehr komplexen Kräftesystems, was ohne eine mehr oder weniger starke Abstraktion nicht möglich ist. Der *induktive Weg* geht von bestimmten sportartspezifischen Schmerzsyndromen aus, d. h., es wird eine möglichst genaue Funktionsanalyse vorgenommen, und die beteiligten Abschnitte des Bewegungsapparates werden nach typischen Schadensmustern abgesucht. Bewegungsmuster und Schadensmuster werden so zu Schlüsselbegriffen, aus denen neue Erkenntnisse für die Diagnostik und Therapie von Sportverletzungen und Sportschäden gewonnen werden, die aber auch zu der bereits von Bätzner (1936) gestellten grundsätzlichen Frage führen, ob es nicht doch eine Pathologie der Funktion gibt, wenn es um Belastungsformen geht, die im paraphysiologischen Grenzbereich liegen. Aus der Klinik sind eine Reihe von Tendopathien, Chondropathien und Ligamentopathien bekanntgeworden, die in den letzten Jahren gehäuft beobachtet wurden und als modellhafte Beispiele dienen können.

1. Überlastungstendopathien: Sie sind vor allem dort anzutreffen, wo Bewegungsabläufe erforderlich sind, die eine besondere Explosivität verlangen, und es sich um Sehnen kleinen Querschnittes handelt, wodurch große Kräfte punktförmig am Bewegungsapparat angreifen. Nach präzisen anamnestischen Erhebungen gewinnt man den Eindruck, daß z. B. das sog. *Grazilissyndrom* (Schneider 1963) auf dem Wege eines Summationseffektes übermäßiger lokaler Zugbeanspruchungen entsteht. Es wird überwiegend bei Fußballspielern beobachtet, die den medial randständigen Anteil der Adduktoren durch ein häufiges „Hineingrätschen" („sliding tackling") wiederholt explosiv beanspruchen. Es kommt punktförmig am Grazilisursprung und M. adduktor longus zu Umbauerscheinungen bzw. Nekrosen oder Ausrissen. Anhand histologischer Untersuchungen des bei der operativen Behandlung gewonnenen Materials wurde deutlich, daß es verschiedene Stadien gibt, die von der Tendopathie über die Chondropathie zur Osteopathie reichen. Es fanden sich nebeneinander Zonen des Knochenaufbaues und Knochenabbaues mit einem zellreichen granulomatösen Bindegewebe, so daß man den Eindruck eines nicht geglückten reparatorischen Versuches hat. Auf die Klinik übertragen, wäre dies das Äquivalent für die chronisch-rezidivierenden, ultraphysiologischen Zugbeanspruchungen, für die der Ausdruck Mikrotrauma zutreffend ist. Wahrscheinlich treffen die skizzierten, ätiopathogenetischen Vorstellungen auch für die anderswo lokalisierten Überlastungstendopathien bei anderen Sportarten zu.

2. Chondropathien: Ein besonders feiner Indikator für krankhafte Veränderungen am Kniegelenk stellt das Femoropatellargelenk dar. Durch Reihenuntersuchungen konnte bei Fußballsportlern mittels einer speziellen Röntgentechnik ein früheres Auftreten von chondropathischen bzw. arthrotischen Veränderungen nachgewiesen werden, ohne daß hierdurch in der Regel wesentliche subjektive Beschwerden hervorgerufen wurden (Schneider 1962). Warum dies so ist, läßt sich aus einer funktionsanalytischen Studie eines für den Fußballsport spezifischen Bewegungsablaufes ablesen. In der Endphase der Schußabgabe kommt es bei der explosiven Schlußstreckung zu einer vermehrten Kontaktnahme des unteren Kniescheibenpols und der medialen Femurgelenkrolle. Dieser Vorgang wiederholt sich unzählige Male, und schließlich kommt es zu den typischen röntgenologischen Veränderungen in Form einer Osteophytenbildung am unteren Patellapol, einer vermehrten subchondralen Sklerosierung, einer verstärkten Druckbälkchenzeichnung und an der Kontaktstelle am medialen Oberschenkelkondylus spiegelbildlich zu einer herdförmigen Knochennekrose, die man insgesamt als typische regressive Veränderungen ansprechen muß. Ähnlich wie die explosionsartige Zugbeanspruchung bei den Sehnen ist es hier die explosionsartige, zirkumskripte Druckbelastung, die das pathomechanische Geschehen bestimmt. Auch hier bietet sich zur Interpretation die Annahme der larvierten, rezidivierenden Mikrotraumatisierung an.

3. Ligamentopathien: In den letzten Jahren ist es zu einer Häufung von schmerzhaften Reizerscheinungen im Insertionsbereich des Lig. patellae am unteren Patellapol gekommen. Dieses sog. Patellaspitzensyndrom (Schneider) hat sprunghaft zugenommen, seit man bei vielen Sportdisziplinen ein gezieltes Krafttraining der Quadrizepsmuskulatur durchführt. Es kommt zu schmerzhaften Sensationen bei jeder stärkeren Streckbelastung des Kniegelenkes. Röntgenologisch finden sich unterschiedlich starke Osteophytenbildungen, Strukturauflockerungen des unteren Kniescheibenpols bis zu Ermüdungsfissuren und Ossifikationen im Lig. patellae. Das Syndrom kann auch in Zusammenhang mit einer beginnenden chondropathischen Entartung des Femoropatellargelenkes beobachtet werden und ist dann natürlich Begleitsyndrom des degenerativen Grundleidens. Zwischen beiden Veränderungen stellt ätiopathogenetisch wahrscheinlich die funktionsbedingte, enorme Quadrizepshypertrophie die pathomechanische Verbindung dar, zumal sie zu einer starken Erhöhung des Patellaauflagedruckes führt, aber auch eine stärkere Zugbelastung des unteren Patellapols bedeutet. Es ist demnach denkbar, daß die trainingsbedingte schmerzhafte Ligamentopathie am unteren Patellapol allmählich zwangsläufig in eine entartende chondropathische Veränderung der Kniescheibengelenkfläche übergehen muß, wenn die mechanische Mehrbelastung lange genug andauert. Selbstverständlich können pathologische Normvarianten der Patella potenzierend auf die pathologischen Veränderungen an der Gelenkfläche einwirken und lassen sich bei einer sorgfältigen formalen Analyse auch häufiger feststellen.

Aus den angeführten Beispielen läßt sich entnehmen, wie vielschichtig aus orthopädischer Sicht das Problem der Leistungsfähigkeit und der Leistungsgrenzen des Muskel-Gelenk-Apparates ist. Als gesicherte Bezugspunkte haben sich die biologischen und strukturellen Verhältnisse des organischen Gewebes und die formalen mechanischen Voraussetzungen des Bewegungsapparates erwiesen. Als variable Größen hatten wir die formalen Normvarianten, die unterschiedliche und wechselnde funktionelle Situation und die unterschiedliche individuelle Ausgangslage zu berücksichtigen.

Das moderne Leistungstraining der Spitzensportler mit seinen unübersehbaren Leistungsverbesserungen wird uns veranlassen müssen, an konkreten Beispielen die Frage der Belastungsgrenzen unseres Bewegungsapparates neu zu überdenken. Die Häufung bestimmter Beschwerdebilder nach funktionellen Ausnahmezuständen verlangt in einem weit höherem Maße, als es bisher geschehen ist, unser orthopädisches Interesse. Nirgendwo anders findet sich ein solch weites Feld biomechanischer Grundlagenforschung, deren Ergebnisse auch unseren allgemeinen ätiopathogenetischen Vorstellungen und unserem therapeutischen Handeln zugute kommen werden. Die Orthopädie als Wissenschaft sollte sich nicht scheuen, sich mit den aktuellen Phänomenen des Leistungssportes vorbehaltlos auseinanderzusetzen, zumal es uns die Möglichkeit gibt, neue Erkenntnisse über die Grenzwerte unseres körperlichen Leistungsvermögens zu gewinnen.

Literatur

Bätzner, W.: Sport und Arbeitsschäden. Thieme, Leipzig 1936

Blencke, A.: Orthopädische Sonderturnkurse. Enke, Stuttgart 1913

Bobath, K., B. Bobath: Grundgedanken zur Behandlung der cerebralen Kinderlähmung. Beitr. Orthop. Traum. 3 (1964) 225

Brenke, H., L. Dietrich, E. Dietrich, R. Müller: Rehabilitationstraining bei Morbus Scheuermann. Med. u. Sport 12, H. 11 (1972) 341–346

Diem, C.: zit. nach J. Nöcker 1964

Groh, H.: Über Entwicklungstendenzen der Biomechanik. Sportarzt 19, H. 8 (1968) 351–354

Groh, H.: Aktuelle Probleme der Biomechanik. Sportarzt u. Sportmed. (1969) Sonderheft, S. 1–7

Groh, H.: Zur Biomechanik der Körperübungen. Z. Orthop. 110 (1972) 823–830

Guttmann, L.: Sport als Therapie in der Rehabilitation. Sportarzt 1 (1962) 4–10; 2 (1962) 41–46

Härtig, F.: Von individueller Bewegungstherapie zum Gruppenversehrtensport. In: Sport in Therapie und Rehabilitation. Deutscher Sportärztekongreß, Münster 1963, hrsg. von W. Müller-Limmroth. Verl. für Gesamtmedizin, Berlin 1963 (S. 209–217)

Hettinger, Th.: Isometrisches Muskeltraining, 3. Aufl. Thieme, Stuttgart 1968; 4. Aufl. 1972

Hoffa, A.: Lehrbuch der orthopädischen Chirurgie. Enke, Stuttgart 1925

Hueter, C.: Anatomische Studien an den Extremitätengelenken Neugeborener und Erwachsener. Virchows Arch. path. Anat. 25 (1862) 572; 26 (1863) 484

Jansen, M.: On Bone Formation. Manchester 1920

Jokl, E.: Alter und Leistung. Springer, Berlin 1954

Klapp, B.: Das Klappsche Kriechverfahren. Thieme, Stuttgart 1952; 9. Aufl. 1974

Knipping, H. W.: Einleitungsreferat, Sportärztekongreß Gießen, 28. 11. 64 Sportarzt 16 (1965) 237

Lorenzen, H.: Lehrbuch des Versehrtensports. Enke, Stuttgart 1961

Matthiass, H. H.: Haltung und Haltungsschäden in den Entwicklungsphasen des Wachstumsalters. Sportarzt 20 (1969) 102–111

Miller, Doris, J. Nelson, C. Richard: Biomechanic of Sport. Lea & Febiger, Philadelphia 1973

Nöcker, J.: Physiologie der Leibesübungen. Enke, Stuttgart 1964; 3. Aufl. 1976

Ortega y Gasset, J.: Der Aufstand der Massen. Deutsche Verlagsanstalt, Stuttgart 1947

Roux, W.: Gesammelte Abhandlungen über Entwicklungsmechanik der Organismen. Engelmann, Leipzig 1895

Schede, F.: Grundlagen der körperlichen Erziehung. Enke, Stuttgart 1935; 5. Aufl. 1969

Schede, F.: Grundlagen der körperlichen Erziehung, 3. Aufl. Enke, Stuttgart 1954; 5. Aufl. 1969

Schlüssel, H.: Sport und Ernährung in Beziehung zur Akzeleration. Sportarzt 7 (1965) 238–243

Schneider, P. G.: Die Frühartrose im Femoropatellargelenk des Leistungssportlers. Arch. orthop. Unfall-Chir. 54 (1962) 401–416

Schneider, P. G.: Das Grazilissyndrom. Z. Orthop. 98 (1963) 1, 43–50

Schneider, P. G.: Orthopädische Probleme des Leistungssportes. Münch. med. Wschr. 112 (1970) Nr. 11, 453–463

Schneider, P. G.: Leistungsfähigkeit und Leistungsgrenzen des Muskel-Gelenk-Apparates aus orthopädischer Sicht. Materia med. Nordmark 24 (1972) 5–6, 140–152

Schneider, P. G.: Scheuermann'sche Erkrankung und Leistungssport. In: Wirbelsäule in Forschung und Praxis, Bd. 60, hrsg. von H. Junghanns. Hippokrates, Stuttgart 1975

Schneider, P. G., H. Lichte: Arthrosis deformans nach ultraphysiologischen Gelenkbelastungen. Z. Orthop. 107/2 (1970) 287–303

Schnelle, H. H., H. Seyfarth: Orthopädie und Sport. Lehrbuch der Orthopädie, Bd. I. VEB Volk u. Gesundheit, Berlin 1967 (S. 258–273)

Stoboy, H., G. Düntsch: Das Verhalten von Kraft und Ausdauer während eines isometrischen Trainings in Abhängigkeit von der Muskelmasse. Sportarzt u. Sportmed. 10 (1966) 496–504

Tucker, W. E.: Home Treatment and posture. Livingstone, Edinburgh 1969

Vojta, V.: Die cerebralen Bewegungsstörungen im Säuglingsalter. Enke, Stuttgart 1974; 2. Aufl. 1976

v. Volkmann: Chirurgische Erfahrungen über Knochenverbiegungen und Knochenwachstum. Virchows Arch. path. Anat. 25 24 (1862) 512

Witt, A. N.: Bewegungstherapie und Sport in der Rehabilitation nach Verletzungen des Bewegungsapparates. Verl. für Gesamtmedizin, Berlin 1964 (S. 104–114)

Wolff, J.: Das Gesetz der Transformation der Knochen. Hirschwald, Berlin 1862

Wolff, J.: Die Lehre von der funktionellen Knochengestalt. Virchows Arch. path. Anat. 155 (1899) 256ff.

14 Begutachtung

Von G. Friedebold und J. Koppelmann

Einleitung

Körperschäden können zu Rechtsansprüchen gegenüber Versicherungen, staatlichen Versorgungs- oder Sozialeinrichtungen, privaten Institutionen oder Privatpersonen führen. Diese Ansprüche sind durch den Körperschaden oder auch durch dessen Ursache bedingt und durch Vertrag, Gesetze oder ständige Rechtsprechung festgelegt. Daher erfolgt die rechtsverbindliche Entscheidung nicht durch den medizinischen Gutachter, sondern durch Verwaltungs- oder Rechtsinstanzen. Allerdings kann eine unzureichende *medizinische Sachaufklärung* durch das Gericht zur Revision eines Gerichtsurteils führen, z. B. durch Unterlassung der fachorthopädischen Begutachtung bei der Beurteilung einer Arthrosis der Hals- oder Lendenwirbelsäule durch anlagemäßige Bandscheibendegeneration oder Schädigung durch Unfall (BSG v. 15. 11. 57).

Die medizinische Sachaufklärung erfolgt durch Bestellung des medizinischen Sachverständigen; dessen Aufgabe ist es lediglich, den Richtern oder den Verwaltungsbehörden bei der Urteilsfindung bzw. ihrer Entscheidung zu helfen und ihnen auf besonderen Wissensgebieten diejenigen Kenntnisse zu vermitteln, die sie zu ihrer Entscheidung brauchen. Es steht in freiem Ermessen der Verwaltungs- und Rechtsinstanzen, sich der einen oder anderen medizinischen Auffassung ärztlicher Gutachter anzuschließen; sie sind jedoch hinsichtlich der in dem Gutachten beantworteten Fachfragen zu einem eigenen Urteil verpflichtet (BSG v. 20. 5. 58). Eine Entscheidung nach der „Auffassung des täglichen Lebens" kann jedoch nicht losgelöst werden vom Fachwissen mannigfacher Art und auch nicht von wissenschaftlichen – namentlich naturwissenschaftlich fundierten – Erfahrungssätzen. Das gilt vor allem für Zusammenhänge aus dem Bereich der Medizin (BSG v. 12. 2. 70). Die Bestellung des medizinischen Sachverständigen dient daher nur der Ermittlung:

1. des Gesundheitszustandes, der daraus herzuleitenden Diagnosen, der therapeutischen Beeinflußbarkeit des zu erwartenden Krankheitsverlaufes,
2. der dem Untersuchten noch verbliebenen Kräfte und seiner aus dieser Gesamterhebung zu folgenden Funktions- und Belastungsfähigkeit,
3. der kausalen und formalen Pathogenese des Körperschadens unter Berücksichtigung des besonderen rechtsgültigen Kausalitätsbegriffes, obwohl Rechtsfragen auch vom Gericht nicht gestellt werden dürfen.

Dem Gutachter muß zum Verständnis der Fragestellung in jedem Rechts- und Versicherungsbereich die besondere juristische Definition verschiedener Begriffe bekannt sein.

Die Entscheidungen des medizinischen Sachverständigen müssen *auf den Einzelfall* bezogen werden. – Die Entscheidung der Verwaltung oder der Rechtsinstanz erfolgt nach einer Rechtsnorm. Eine von der allgemein anerkannten *wissenschaftlichen Lehrmeinung* und von der ständigen Rechtsprechung abweichende Beurteilung sollte durch die Besonderheiten im Einzelfall oder durch neue anerkannte medizinische Erkenntnisse begründet sein.

Der Meinung eines Sachverständigen, der das Vorkommen einer Berufskrankheit bei Stenotypistinnen Nr. 43 grundsätzlich für ausgeschlossen hält – zumal wenn sie nur mit allgemeinen Darlegungen ohne Berücksichtigung des Einzelfalls vorgetragen wurde – darf z. B. kein Gehör geschenkt werden (BSG v. 29. 9. 65).

Bessere Erkenntnisquellen infolge Nachweises größerer Sachkunde oder wichtiger diagnostischer Methoden erhöhen bei unterschiedlichen Auffassungen den Beweiswert von Gutachten (Hauffe 1966).

Begutachtung des Haltungs- und Bewegungsapparates

Hierbei treten besondere Probleme auf: Bei einigen Krankheitsbildern besteht keine Kongruenz zwischen *objektiven* Befunden und dem z. T. *subjektiven* Krankheitsbild bzw. der Leistungsfähigkeit. Einerseits ist die individuelle Kompensationsfähigkeit in der Lage, auch schwere Funktionseinschränkungen günstig zu beeinflussen, andererseits üben allgemeine Faktoren wie Übergewicht, erhöhte vegetative Reaktivität u. a. einen ungünstigen Einfluß aus.

Besonders beim muskelkräftigen Mann kann z. B. eine erhebliche Spondylose der HWS mit Bewegungseinschränkung und Fehlhaltung ohne wesentliche Einschränkung des körperlichen Wohlbefindens oder der Leistungsfähigkeit bestehen. Im anderen Fall geht eine mäßige Spondylose der HWS mit gleichartiger Einschränkung der Beweglichkeit und Fehlhaltung mit erheblicher, z. T. subjektiv geprägter körperlicher Leistungsminderung einher.

Wird eine schmerzbedingte Leistungsminderung angegeben, so läßt sich meist durch eine lokalisiert reproduzierbare Schmerzauslösung ein „objektivierbarer" Befund erheben (ERDMANN 1971b, SCHOBERTH 1971).

Erhebliche Diskrepanzen zwischen subjektiven Beschwerden bzw. Schmerzen und objektivierbarem Befund müssen – warum glaubhaft oder nicht – überzeugend begründet werden.

Die Klärung der *Ursache* von Körperschäden wird nicht selten durch eine gewisse Uniformität sekundärer pathologisch-anatomischer Veränderungen erschwert, da sie eine Abgrenzung gegen Verschleißerscheinungen anderer Ursache häufig nicht gestatten (KLINK 1966).

Beispiel: Die Arthrose als einzige Reaktion des Gelenkes nach Fraktur mit Gelenkbeteiligung, konstitutionell oder posttraumatisch bedingter Fehlstatik, Gelenkeiterung, Knorpelschädigung usw.

Auch die quantitative Ausprägung der sekundären Veränderungen bleibt meist unspezifisch und von der Disposition abhängig. Der Krankheitsverlauf sowie der Vergleich mit der gesunden Gegenseite sind gutachterlich dann von zunehmender Bedeutung (FAUBEL 1972, FRIEDEBOLD 1964 64b).

Wahrscheinlichkeit der ärztlichen Beurteilung

Auch die „allgemein anerkannte", „geltende", „herrschende" wissenschaftliche Lehrmeinung und die Beurteilung des medizinischen Sachverhaltes in der wissenschaftlichen Literatur sind einer ständigen Entwicklung und Wandlung unterworfen; sie sind in der Regel ebensowenig als „gesicherte Erkenntnis" zu bezeichnen wie die empirisch begründete Entscheidung des einzelnen Sachverständigen. Die Entscheidung ist auch dann mehr oder weniger nur „wahrscheinlich" im medizinisch-naturwissenschaftlichen Sinne, wenn die Antwort des Sachverständigen „ja" oder „nein" oder auch „20%" lautet, da die Beurteilung neben der realen oder logischen eine statistische oder empirische Begründung enthält; medizinisch-naturwissenschaftlich wäre die Angabe von Streubreite und Signifikanz unumgänglich. Entgegengesetzte, begründete Entscheidungen verschiedener kompetenter Gutachter lassen im Einzelfall eine solche Streubreite erkennen, wobei die „wahre" Entscheidung nach naturwissenschaftlichen Gesichtspunkten im Einzelfall oft nicht zu treffen ist (FRIEDERICHS 1972, GABLER 1970, MARCH 1969).

In die Gesetze, Verwaltungsentscheidungen und in die ständige Rechtsprechung wurden medizinisch-naturwissenschaftlich wahrscheinliche Begründungen aufgenommen und als rechtlich entscheidend festgelegt. Aus dieser Rechtsnorm hat sich eine *Richtlinie für die medizinisch-gutachterliche Beurteilung* gebildet, z. B. von Leistungseinschätzung oder Kausalzusammenhängen. Diese Entscheidungen der Gerichte und Verwaltungsinstanzen, Gesetze, Rententabellen, Gliedertaxe usw. sollen eine Richtlinie darstellen, an die der medizinische Sachverständige gebunden ist. Macht die geforderte Beurteilung des Einzelfalls eine Abweichung von diesen Richtlinien erforderlich, so ist diese in besonderer Weise zu begründen.

Einen Modellfall für den Wert solcher Richtlinien stellt die Situation dar, die sich aus den plötzlich in großer Zahl auftretenden Antragstellern mit durch Totalendoprothesen ersetztem Hüftgelenk ergab. Hier schwankten die Einschätzungen der MdE bei voller Funktion trotz fehlender Beschwerden zwischen 10 und 80%. Erst die Einführung eines Richtsatzes von 40 bzw. 30% schuf eine brauchbare Grundlage für die Begutachtung (ROMPE 1972, WEICHMANN 1971 u. a.).

Im *Sozialrecht* darf sich der Richter mit der *Überzeugung von der Wahrscheinlichkeit* der vorgetragenen Darstellung über den ursächlichen Zusammenhang begnügen. Die Angabe des naturwissenschaftlichen Wahrscheinlichkeitsgrades bleibt rechtlich ohne Bedeutung.

So ist der Ursachenzusammenhang (BVG) dann wahrscheinlich, wenn nach Feststellung, Prüfung und Abwägung aller bedeutsamen Umstände des Einzelfalles, unter Berücksichtigung der herrschenden medizinisch-naturwissenschaftlichen Lehrmeinung mehr für als gegen das Bestehen des Ursachenzusammenhanges spricht.

Beim jüngeren Menschen ist z. B. eine Knorpelläsion nach erheblicher Knieprellung von vorn im Bereich des *seitlichen* Patellagleitweges als „wahrscheinliche" Unfallfolge anzuerkennen, eine Knorpelläsion des Condylus lateralis femoris am Übergang zur Fossa intercondylaris jedoch nicht, da sie als „wahrscheinliche" Folge einer Osteochondrosis dissecans anzusehen ist, sofern nicht besondere Umstände vorliegen.

Bei der großen Zahl der entsprechend mit Preßluftwerkzeugen Beschäftigten ist z. B. die wissenschaftliche Wahrscheinlichkeit der Entstehung einer Berufserkrankung Nr. 2103 sehr niedrig, wird aber gesetzlich in der BKVO hoch bewertet.

Kann eine wahrscheinliche nicht von einer unwahrscheinlichen Entscheidung abgegrenzt werden, da die bisherigen wissenschaftlichen Erkenntnisse nicht die Klärung des Problems ermöglichen, oder aber es besteht nur die Möglichkeit bzw. ein bloßer Verdacht auf das Vorliegen einer schweren Erkrankung, so handelt es sich um einen Fall der Beweislosigkeit; entsprechend dem Grundsatz der objektiven Beweislast geht die Be-

weislosigkeit zu Lasten desjenigen, der aus ihr ein Recht herleitet (BSG v. 22. 10. 71).
Im *Zivilrecht,* z. B. bei der privaten Unfallversicherung, soll sich der Richter Überzeugung von der Wahrheit verschaffen, nicht von der Gewißheit. Im Gutachten ist also eine *an Gewißheit grenzende Wahrscheinlichkeit* medizinischer Beurteilung erforderlich.
Im *Strafrecht* dagegen muß *Gewißheit des Richters über die dem Urteil zugrunde liegenden Beweise,* also auch über eine medizinisch-gutachterliche Beurteilung, bestehen. Der Sachverständige hat daher den von ihm angegebenen hohen Beweiswert seiner Feststellungen nachzuweisen oder auch andere weniger wahrscheinliche Möglichkeiten zu erläutern.

Beispielsweise ließ sich eine Anklage wegen Körperverletzung durch einen Tritt gegen den Fuß einer vorher gestürzten Person mit danach festgestellter und infolge Trunkenheit erst später bemerkter Luxationsfraktur im oberen Sprunggelenk nicht aufrechterhalten, da mit geringerer Wahrscheinlichkeit die Fraktur bereits beim Sturz entstanden war.

Naturwissenschaftlich gibt es keine größere als die „an Sicherheit grenzende Wahrscheinlichkeit" in der Kausalitätsfrage. Würde man mehr verlangen, wäre eine Rechtsprechung nicht möglich.

Zusatzgutachten

In der Regel werden Fachärzte für Orthopädie vom Gericht oder den Verwaltungsinstanzen nur bestellt, wenn es sich um medizinische Probleme des Stütz-und Bewegungsapparates, besonders der Wirbelsäule und der Extremitäten, handelt. Bei Beurteilungen außerhalb der Grenzen seines Fachgebietes ist der Gutachter oft fachlich überfordert; er wird über die Rechtsinstanz eine zusätzliche Beurteilung durch andere Fachdisziplinen veranlassen. Eine Verpflichtung für das Gericht, z. B. bei einer Hüftgelenksversteifung neben dem Gutachten des Chirurgen das eines Orthopäden einzuholen, besteht nicht (BSG v. 16. 6. 55). Die Beurteilung im Zusatzgutachten muß in die Beurteilung des Hauptgutachtens eingehen, um Mehrfachbewertungen einzelner Körperschäden durch verschiedene Fachdisziplinen zu vermeiden, z. B. bei der Beurteilung von Querschnittslähmungen durch Orthopäden und Neurologen.

Schweigepflicht des Gutachters

Der vom Gericht oder der Verwaltungsbehörde beauftragte Gutachter ist verpflichtet, dem Gericht alles zu berichten, was er im Rahmen des von ihm aufgetragenen Gutachtens erfährt. Tatsachen, die ihm darüber hinaus in seiner Eigenschaft als behandelnder Arzt bekannt sein können, dürfen nur mit einer Schweigepflichts-Entbindungserklärung mitgeteilt werden. Das Zeugnisverweigerungsrecht betrifft den Gutachter sonst nicht. – Gutachterliche Äußerungen über behandelte Krankheiten, Befunde und Ursachen der Krankheit sind auf Anforderung der RVO-Kassen und der gesetzlichen Unfallversicherung ohne weiteres zu erstatten, da ebenso wie meist bei Lebensversicherungen und privaten Krankenversicherungen der Arzt im Vertrag von der Schweigepflicht entbunden ist, nicht grundsätzlich dagegen bei Gutachten der privaten Unfallversicherung und der Haftpflichtversicherungen des Schädigers. Hier muß die Entbindung von der Schweigepflicht vom Geschädigten eingeholt werden.

Begutachtung in verschiedenen Versicherungs- und Rechtsbereichen

Feststellung und medizinische Beurteilung des Körperschadens

Gesetzliche Krankenversicherung in der Sozialversicherung (RVO)

Versichertes Risiko: krankheitsbedingte Arbeitsunfähigkeit und Krankheit. Die Begutachtung erstreckt sich auf folgende Feststellungen:

Definition Krankheit
Im Sinne der gesetzlichen Krankenversicherung ist Krankheit der regelwidrige Körper- und Geisteszustand, dessen Eintritt entweder allein die Notwendigkeit einer Heilbehandlung oder zugleich oder ausschließlich Arbeitsunfähigkeit zur Folge hat. Es muß also ein objektiv faßbarer regelwidriger Zustand des Körpers oder des Geistes vorliegen, der von der Norm abweicht und der durch eine Heilbehandlung behoben, gemindert oder zumindest vor einer drohenden Verschlimmerung bewahrt werden kann (BSG v. 18. 6. 68), ohne Rücksicht darauf, ob der Patient Kenntnis vom krankhaften Zustand oder ein Gefühl des „Krankseins" hat.
Eine Varikosis ist z. B. erst Krankheit im Sinne der RVO, wenn diese eine Behandlung benötigt oder Arbeitsunfähigkeit bedingt. Ein *Dauerleiden* ist Krankheit im Sinne der RVO, wenn das Leiden behandlungsbedürftig ist, d. h. der Besserung, Heilung, Verhütung einer Verschlimmerung oder Linderung von Schmerzen zugänglich ist, z. B. auch bei fixiertem Krankheitsbild, wenn Prothesenversorgung und Übungsbehandlungen zur nicht unwesentlichen Besserung der Körperfunktionen erforderlich werden (BSG v. 18. 11. 69) oder auch während einer Badekur.

Heilbehandlung
Sie muß *ausreichend* und *zweckmäßig* sein; sie darf das Maß des Notwendigen nicht überschreiten (§ 182 Abs. 2 RVO). Eine Krankheit ist *be-*

handlungsbedürftig, wenn sie nach den Regeln der ärztlichen Kunst einer Heilbehandlung mit dem Ziel der Heilung, zumindest der Besserung oder Verhütung einer Verschlimmerung des anomalen Zustandes oder zur Linderung von Schmerzen zugänglich ist oder wenn der Zustand des Kranken lediglich eine ärztliche Anordnung oder Überwachung der Pflegemaßnahmen erfordert und die Behandlung die Krankheit nicht bessern, sondern nur Beschwerden lindern und das Leben des Kranken für begrenzte Zeit verlängern kann. *Krankenhauspflegebedürftigkeit* besteht nur, wenn sich die ärztliche Behandlung nach Art der Krankheit mit einiger Aussicht auf Erfolg allein in einer Anstalt durchführen läßt, die neben einer operativen Mindestausstattung die Möglichkeit der Betreuung durch jederzeit rufbereiten Arzt und durch geschultes Pflegepersonal bietet (BSG v. 27. 8. 68). Nach dem „Pflegeurteil" des BSG vom 18. 11. 69 ist eine Krankenhausbehandlung auch dann angebracht, wenn eine familiäre Pflege nicht möglich oder nicht ausreichend vorhanden ist. Ein *Pflegefall* liegt erst vor, wenn eine ärztliche Behandlung keine hinreichende Erfolgsaussicht mehr bietet und die Anstaltspflege deshalb im wesentlichen nur noch um ihrer selbst willen und nicht im Rahmen eines zielstrebigen Heilplanes durchgeführt wird (BSG v. 17. 10. 69).
Im Bereich der körperlichen Regelwidrigkeiten verdient die *Beseitigung etwa einer körperlichen Fehlentwicklung* geradezu den Vorrang vor der Behandlung nur der von der Körperbehinderung ausgehenden Symptomatik (LSG Niedersachsen v. 27. 10. 70). Maßnahmen zur *Früherkennung von Krankheiten* sind Pflichtleistungen der RVO-Kassen, z. B. Früherkennung von Krebskrankheiten und Erkrankungen bei Kindern bis zum 4. Lebensjahr (Simon 1973).

Arbeitsunfähigkeit
Im Sinne der RVO liegt sie vor, wenn ein Erkrankter nicht oder doch nur mit Gefahr, in absehbarer Zeit seinen Zustand zu verschlechtern, fähig ist, seiner bisherigen, d. h. unmittelbar vor Eintritt des Versicherungsfalls ausgeübten Erwerbstätigkeit nachzugehen. Arbeitsunfähigkeit besteht nicht mehr, wenn eine andere geeignete angemessene Tätigkeit ausgeführt werden soll. Bei einem ungelernten Arbeiter ist seine bisher ausgeübte Tätigkeit maßgebend, sofern er diese längere Zeit (3 Monate) ausgeübt hat und sie ihm infolge der darin erworbenen Erfahrung gewissermaßen zum Beruf geworden ist (LSG Niedersachsen v. 14. 4. 70). Ein Versicherter, der wegen seiner Krankheit im Sinne der RVO nicht mehr auf seinen bisherigen Arbeitsplatz zurückkehren oder auch nicht mehr eine ähnlich geartete Erwerbstätigkeit verrichten kann, bleibt arbeitsunfähig, auch wenn sein Zustand nicht mehr besserungsfähig ist. Das gilt auch dann, wenn der Versicherte eine Rente wegen Erwerbsunfähigkeit bezieht (BSG v. 2. 10. 70). Arbeitsunfähigkeit ist nicht abstufbar. Ein *mißglückter Arbeitsversuch* liegt dann vor, wenn die Beschäftigung auch nach mehreren Tagen, jedoch vor Ablauf einer wirtschaftlich ins Gewicht fallenden Zeit, wieder aufgegeben wird, weil der Beschäftigte zu ihrer Verrichtung von vornherein nicht oder nur unter schwerwiegender Gefährdung seiner Gesundheit fähig war; zusätzlich muß bereits vor Arbeitsaufnahme die Erwartung bestanden haben, daß der Beschäftigte infolge schlechter gesundheitlicher Verfassung zu der übernommenen Arbeit nicht fähig sein würde (BSG v. 10. 11. 1970).

Orthopädische und andere Hilfsmittel
Die Kosten hierfür werden zur Beseitigung der durch Krankheit bedingten Arbeitsunfähigkeit, zur Steigerung der Erwerbsfähigkeit und zur Erleichterung der Folgen der Krankheit gewährt. Einschränkungen der Leistungen ergeben sich aus den Richtlinien für die orthopädische Versorgung, durch Beschränkung auf bestimmte Hilfsmittel oder durch Beteiligung des Erkrankten an den Kosten.

Hilflosigkeit bzw. Pflegebedürftigkeit
Diese liegen vor, wenn der Patient für die gewöhnlichen und regelmäßig wiederkehrenden Verrichtungen im Ablauf des täglichen Lebens in erheblichem Umfang dauernd fremder Hilfe bedarf, z. B. bei Querschnittslähmungen, nicht dagegen z. B. bei vorübergehender Ruhigstellung im Gipsverband beider oberer Extremitäten. Die Kosten für *häusliche Pflege* werden dann gewährt, wenn die Aufnahme in ein Krankenhaus geboten, aber aus nichtmedizinischen Gründen nicht ausführbar ist, z. B. bei einer Unterarmfraktur mit drohender Dislokation und Ruhigstellung im Oberarmgipsverband und zusätzlicher erheblicher Gehbehinderung durch eine Hüftgelenkserkrankung.

Gesetzliche Rentenversicherung in der Sozialversicherung (RVO):

Risiko: vorzeitige Berufsunfähigkeit bzw. Erwerbsunfähigkeit und das Lebensalter. Besonderheiten bestehen bei der Knappschaftsrentenversicherung.

Definition Krankheit
Im Sinne der Rentenversicherung ist Krankheit jeder andauernde regelwidrige körperliche oder geistige Zustand (wie bei der Krankenversicherung), der eine MdE bedingt – auch die Umgebung abstoßende Entstellungen. Vorübergehende Krankheiten werden nicht berücksichtigt, wenn sie weniger als 26 Wochen andauern. *Gebrechen* sind in ihrer Entwicklung abgeschlossene Krankheiten mit MdE, z. B. Gliedverluste, aber auch Krankheiten, die nicht nach außen in Erscheinung

treten. *Schwäche* der körperlichen Kräfte schließt auch altersbedingte Abnutzungs- und Verschleißerscheinungen ein. Eine Einschränkung der Leistung ergibt sich beim Vorschaden mit Erwerbsunfähigkeit vor Eintritt in die Versicherung, z. B. beim Spastiker.

Berufsunfähigkeit

Sie liegt bei einem Versicherten vor, dessen Erwerbsfähigkeit infolge Krankheit, Gebrechen oder Schwäche auf weniger als die Hälfte desjenigen eines körperlich und geistig gesunden Versicherten mit ähnlicher Ausbildung gesunken ist. Eine verweisbare Tätigkeit müßte objektiv den Kräften und der Leistungsfähigkeit entsprechen und subjektiv ohne sozialen Abstieg zumutbar sein.

Einem knappschaftlich Versicherten z. B., der einen orthopädischen Maßschuh tragen muß, ist die Untertagearbeit nicht mehr zuzumuten; es entspricht orthopädischer Erfahrung, daß beim Tragen eines derartigen Maßschuhes wegen Teillähmung der Fußhebermuskeln das Sicherheitsgefühl beim Stehen und Gehen auf unebenem Boden und unter ungünstigen Verhältnissen zweifellos herabgesetzt ist (LSG Nordrhein-Westfalen v. 11.4.67).

Auch die Notwendigkeit und Durchführung von *Berufshilfe*maßnahmen ist unter dem Gesichtspunkt der Vermeidung eines sozialen Abstiegs medizinisch zu beurteilen.

Vorübergehende Berufsunfähigkeit besteht, wenn begründete Aussicht vorhanden ist, daß die Berufsunfähigkeit in absehbarer Zeit behoben sein wird; die Rente wird dann auf eine Zeitdauer von längstens 2 Jahren, evtl. einmal wiederholt, gewährt, z. B. bei prognostisch relativ günstigen bösartigen Geschwulsterkrankungen (Lotter 1967, nach Unfällen, bei primärchronischer Polyarthritis (Schwarze u. Machnitzky 1968). Ebenso wie bei der Beurteilung der Erwerbsunfähigkeit wird die Berufsunfähigkeit auf den allgemeinen Arbeitsmarkt und die vorhandenen Arbeitsplätze bzw. Teilzeit-Arbeitsplätze bezogen.

Erwerbsunfähigkeit

Sie ist *konkret* und nicht abstrakt einzuschätzen. Sie liegt vor, wenn ein Versicherter infolge Krankheit oder anderer Gebrechen oder von Schwäche seiner körperlichen oder geistigen Kräfte auf *nicht absehbare Zeit eine Erwerbstätigkeit in gewisser Regelmäßigkeit nicht mehr ausüben oder nicht mehr als nur geringfügige Einkünfte durch Erwerbstätigkeit erzielen kann.* Auch die Belastung durch den Arbeitsweg und die Anforderungen im Berufsleben, z. B. Regelmäßigkeit der Tätigkeit, langes Stehen und Gehen sowie die Möglichkeiten des Arbeitsmarktes sind zu berücksichtigen. Die verbliebene beruflich verwertbare Leistungsfähigkeit muß beschrieben werden. Neben objektivierbaren Gesundheitsschädigungen sind auch die Fähigkeiten, bestehende Funktionsstörungen zu kompensieren oder auch nicht, zu berücksichtigen. Bei entsprechenden Voraussetzungen kann z. B. auf dem Arbeitsmarkt ein Paraplegiker erwerbs- und berufsfähig sein.

In bezug auf Teilzeitarbeitsplätze wird unterschieden zwischen vollschichtig 8 Std. arbeitsfähig, halbschichtig 4 Std. und unterhalbschichtig weniger als 4 Std. arbeitsfähig. Es sind zumutbare Leistungen festzustellen, eine abstrakte Einschätzung einer MdE wie bei der gesetzlichen Unfallversicherung oder der Kriegsopferversorgung ist daher nicht möglich. Die Gewährung der Rente auf Zeit kann auch hier erfolgen.

Nachuntersuchung

Sie soll die Frage einer noch bestehenden anspruchsbegründenden Erwerbs- oder Berufsunfähigkeit klären. Eine *wesentliche Änderung* im beruflichen Leistungsvermögen muß begründet werden.

Zum Beispiel kann eine Leistungsverbesserung durch Gewöhnung an einen gewöhnungsbedürftigen Zustand oder durch Ausheilung einer chronisch-rezidivierenden Erkrankung (rezidivierende Osteomyelitis nach längerer Rezidivfreiheit) eintreten; auch eine „Schonrente" wegen Gefahr einer Verschlimmerung bei frühzeitiger Arbeitsbelastung (verzögerte Frakturheilung, Osteomyelitis) kann trotz unveränderter Lage entzogen werden, wenn diese Gefahr nicht mehr begründet ist.

Heilbehandlung

Die Rentenversicherung kann eine Heilbehandlung gewähren, wenn die Erwerbsfähigkeit eines Versicherten infolge Krankheit gefährdet oder vermindert ist und sie voraussichtlich erhalten, wesentlich gebessert oder wiederhergestellt werden kann. Es gibt *keinen Rechtsanspruch auf Heilbehandlung.* Zu dieser gehören alle medizinischen Maßnahmen – auch in Kur- und Badeorten. Die Notwendigkeit der Beschaffung von Körperersatzstücken, orthopädischen und anderen *Hilfsmitteln* muß in einigen Fällen nicht nur für die Krankenkasse, sondern auch für die Rentenversicherungsträger beurteilt werden.

Rentenentzug

Ist eine Rente *zu Unrecht,* z. B. nach Fehldiagnose, gewährt worden, so darf die Rente *nicht* deswegen entzogen werden.

Die Rente muß z. B. bei unverändertem klinischem und röntgenologischem Befund weitergezahlt werden, wenn sie auf Grund der Annahme einer instabil verheilten Halswirbelverletzung gewährt wurde und sich später herausstellt, daß eine kongenitale Mißbildung vorliegt, da weder medizinisch noch juristisch eine Befundänderung im Vergleich zu Voruntersuchungen nachgewiesen werden kann.

Private Krankenversicherung

Die Leistungen entsprechen den vertraglichen Vereinbarungen bis zu einer festgelegten Höchstsumme.

Krankheit

Im Sinne der privaten Krankenversicherung ist Krankheit ein nach ärztlichem Urteil anomaler körperlicher Zustand.

Einige Krankheiten sind in der Regel vom *Versicherungsschutz* ausgeschlossen, z. B. Versorgungsleiden, Arbeitsunfallfolgen, Leiden, die auf eine Sucht oder auf eine durch Alkohol bedingte Bewußtseinsstörung zurückzuführen sind, Folgen einer gesetzlichen Impfung, einer Sterilisierung oder einer Schönheitsoperation. Ausgeschlossen sind weiterhin im Vertrag bezeichnete, bereits vor Versicherungsabschluß bekannte bzw. behandelte Erkrankungen, z. B. bereits bekannte Anomalien, körperliche Fehler und ihre Folgen. Für andere Krankheiten (mit Ausnahme von Unfällen und definierten akuten Infektionskrankheiten sowie bei Erkrankungseintritt nach der ärztlichen Untersuchung durch einen Beauftragten der Versicherung) besteht eine Wartezeit von 3 Monaten nach Versicherungsabschluß, für besonders bezeichnete 6 Monate, z. B. Erkrankungen und Deformierung der Gelenke und Knochen, Wirbelsäulenerkrankungen, Osteomeyelitis, Geschwülste, Tuberkulose sowie alle anderen chronischen Erkrankungen; werden diese Erkrankungen während der Wartezeit durch einen Arzt oder Heilpraktiker behandelt, ist die Versicherung in der Regel leistungsfrei.

Heilbehandlung

Ist eine Krankheit mit Versicherungsschutz durch eine Krankenkostenversicherung *behandlungsbedürftig,* so werden diese Kosten dem Einzelvertrag entsprechend übernommen. Neben den oben angegebenen Ausschlüssen ist die Versicherung in folgenden Fällen leistungsfrei: Behandlungen und Behandlungsmittel, die klinisch nicht ausreichend erprobt und wissenschaftlich nicht anerkannt sind; Kosten häuslicher Pflege; stationäre Behandlung, soweit nach medizinischem Befund nur die Pflege der erkrankten Person im Vordergrund steht; Aufenthalts- und Behandlungskosten im Kurort. Eine Ausdehnung der Leistungspflicht kann durch besondere Versicherungstarife erfolgen, z. B. auf die Kosten für *orthopädische Hilfsmittel.*

Arbeitsunfähigkeit

Eine *völlige* Arbeitsunfähigkeit im Sinne der Krankentagegeld-Versicherungsbedingungen liegt nur dann vor, wenn der Versicherte seine gewöhnliche *berufliche* Tätigkeit nach objektivem ärztlichem Urteil in keiner Weise ausüben kann und auch nicht ausübt. Ein selbständiger Bootsbauer z. B., der in seinem Betrieb mitarbeitet und Aufsicht führt, ist mit einem belastungsfähigen Gehgipsverband nicht völlig arbeitsunfähig.

Der Versicherungsvertrag endet bei Eintritt der Berufsunfähigkeit, wenn die versicherte Person also im bisher ausgeübten Beruf in nicht absehbarer Zeit *mehr als 50% erwerbsunfähig* ist. Die Ausdehnung der Leistungspflicht und Höchstleistungsdauer der Versicherung ist durch vertragliche Vereinbarung möglich, z. B. auch auf eine Versicherung für eine konkret zu beurteilende *teilweise* Arbeitsunfähigkeit.

Private Lebensversicherung

Die Leistungen sind durch die Risiko-Versicherungsbedingungen vertraglich festgelegt. Die Begutachtung erstreckt sich auf medizinische Feststellungen der vor Versicherungsabschluß nachweisbaren Körperschäden, des dadurch evtl. bedingten erhöhten Risikos und der Beteiligung von Unfallfolgen am Körperschaden bei *Unfallzusatzversicherung.* Als Unfall gilt jede Körperbeschädigung, die der Versicherte durch plötzlich auf ihn einwirkende äußere Gewalt unfreiwillig erleidet. Unter den Versicherungsschutz fallen in der Regel auch Infektionen, bei denen der Ansteckungsstoff durch eine von einem versicherten Unfall herrührende Wunde in den Körper gelangt ist, Einatmen von Gasen oder Dämpfen, Vergiftungen oder Verätzungen. Haben unfallfremde Krankheiten oder Gebrechen am Tod infolge Unfalls ursächlich mitgewirkt, so wird die zusätzliche Versicherungssumme entsprechend gekürzt.

Eine Kürzung unterbleibt meist, wenn der Anteil der Krankheit oder des Gebrechens weniger als ein Viertel beträgt, z. B. bei Tod an Pneumonie 3 Wochen nach einer Schenkelhalsfraktur beim alten Menschen. Erweiterungen des Versicherungsschutzes auf andere Risiken werden vertraglich festgelegt.

Schwerbeschädigtengesetz

Die Leistungen aus diesem Gesetz sind auf Schwerbeschädigte bzw. Invalide beschränkt, deren Erwerbsfähigkeit durch gesundheitliche Schädigungen nicht nur vorübergehend um *mindestens 50%* herabgesetzt ist oder die durch die Hauptfürsorgestellen denen gleichgestellt wurden. Den Schwerbeschädigtenausweis I erhalten Beschädigte mit einer MdE von 70% und mehr, den Schwerbeschädigtenausweis II Beschädigte mit einer MdE von 50% bis unter 70%, den einfachen Schwerbeschädigtenausweis andere Schwerbeschädigte mit einer MdE von 50%. Die *Gehbehinderung* wird auf dem Ausweis markiert, wenn die MdE für die Beine allein wenigstens 50% beträgt oder bestimmte Beinverletzungsfolgen vorliegen, z. B. Unterschenkelamputation, Vorfußamputation bds., Arthrosis der Hüfte oder Kniegelenke, Versteifungen in ungünstiger Stellung, Lähmungserscheinungen an den Beinen, arterielle Durchblutungsstörungen bds.

Schwangerschaftsunterbrechung

Eine Indikation hierzu durch orthopädische oder posttraumatische Körperbehinderung besteht sehr selten. Selbst bei einer querschnittsgelähmten Schwangeren ist mit einer komplikationslosen Geburt zu rechnen. Die Gefährdung der Schwangeren durch die Geburt entsteht auch bei orthopädischen Leiden häufiger durch Komplikationen, die von anderen Fachgebieten her zu beurteilen sind, z. B. Schwierigkeiten einer normalen oder operativen Entbindung bei Veränderungen des Geburtsweges durch Becken- oder Wirbelsäulendeformierungen, wobei der Gynäkologe entscheidet. Die Gefahr des Auftretens vererbbarer schwerer orthopädischer Leiden ist bei einem gesungen Elternteil nur gering. Auch bei der Hüftdysplasie bzw. Hüftluxation hat sich das Risiko eines bleibenden Körperschadens durch die Entwicklung der therapeutischen Maßnahmen im Vergleich zur Elterngeneration wesentlich verringert.

Von einem Facharzt für Neurologie und Psychiatrie wurde z. B. aufgrund der Hinweise über die wahrscheinlich erbliche Veranlagung der Hüftdysplasie in einer Familie aufgrund der befürchteten depressiven Reaktion der Schwangeren, die bereits ein Kind mit einer Hüftluxation hatte, eine besondere Gefährdung der Schwangeren und eine medizinische Indikation zur Schwangerschaftsunterbrechung angenommen. Die Richtlinien für orthopädische Indikationen zur Unterbrechung einer Schwangerschaft werden von Mittelmeier (1972) zusammengestellt.

Feststellung und medizinische Beurteilung von Körperschäden und deren kausalen Zusammenhang mit besonders bezeichneten gesundheitsgefährdenden Lebensumständen

Gesetzliche Unfallversicherung in der Sozialversicherung (RVO)

Risiko: Körperschäden durch Arbeitsunfall und Berufskrankheit (Probst 1972, Schönberger 1965).

Definition Unfall

Ein *Unfall* ist das von dem verbotswidrigen Verhalten des Verletzten unabhängige, von außen auf den Menschen einwirkende, körperlich schädigende, zeitlich begrenzte Ereignis (LSG Baden-Württemberg v. 18. 2. 70). Bei einem Körperschaden als Folge eines *Arbeitsunfalls* muß ein doppelter Kausalzusammenhang nachweisbar sein: erstens im Sinne der *haftungsbegründenden Kausalität* zwischen der versicherten Tätigkeit und dem Unfallereignis, zweitens im Sinne der *haftungsausfüllenden Kausalität* zwischen dem Unfallereignis und dem Körperschaden – d. h., war das Unfallereignis geeignet, den festgestellten Befund herbeizuführen? Typische Verletzungen konnten z. B. an der Wirbelsäule experimentell erzeugt werden (Hinz 1970).

Ein Arbeitsunfall im Sinne der RVO ist ein Unfall, den ein Versicherter bei einer versicherten Tätigkeit innerhalb höchstens einer Arbeitsschicht erleidet und der mit einer versicherten Tätigkeit in zeitlichem Zusammenhang steht. Ein ursächlicher Zusammenhang im Sinne der *haftungsbegründenden Kausalität* besteht auch dann, wenn eine von außen kommende Gefahr den Eintritt des Arbeitsunfalls oder – bei einer nicht aufklärbaren oder sogenannten inneren Ursache – die Schwere der Unfallfolgen (mit-)verursacht hat (LSG Baden-Württemberg v. 26. 4. 67). Bei Mitwirkung einer dem rein persönlichen Lebensbereich des Versicherten zugehörenden und daher unfallversicherungsrechtlich nicht erheblichen inneren Ursache für das Schadensereignis ist dann ein Arbeitsunfall anzunehmen, wenn der Verletzte der Gefahr, der er erlegen ist, infolge der durch die Betriebsbeschäftigung bedingten Anwesenheit auf der Unfallstelle ausgesetzt war und ihm der Unfall ohne die vorausgegangene versicherte Tätigkeit in derselben Art und Schwere wahrscheinlich nicht zugestoßen wäre (BSG v. 30. 10. 64).

Zum Beispiel wurde eine Sehnen- und Nervendurchtrennung durch Glassplitterverletzung an der Hand beim Sturz einer Laborglaswäscherin in einen Scherbenabfalleimer, ausgelöst durch einen zerebralen Schwindelanfall, als Arbeitsunfall anerkannt; dagegen wurde eine Schenkelhalsfraktur beim Sturz infolge Schwindelanfalls auf ebenem Fußboden bei einer Arbeiterin am stehenden Band abgelehnt.

Kausalität

Bei der Beurteilung der *haftungsausfüllenden Kausalität* sind oft auch andere Ursachen, z. B. Vorschäden, zu berücksichtigen, die an der Entstehung des Körperschadens mitgewirkt haben. *Der Versicherte ist jedoch auch bei Vorschäden in dem Zustand geschützt, in dem er sich unmittelbar vor der Schädigung befunden hatte.* Nach der hier gültigen *Kausalitätstheorie der wesentlichen Bedingung* sind nur *die* Bedingungen als Ursache wesentlich, die wegen ihrer besonderen Beziehungen zum Erfolg an dessen Eintritt wesentlich mitgewirkt haben. Haben mehrere Umstände zu einem Erfolg beigetragen, so sind sie versicherungsrechtlich nur dann nebeneinander stehende Ursachen, wenn sie in ihrer Bedeutung und Tragweite annähernd gleichwertig sind. Kommt einem der Umstände gegenüber dem anderen eine überragende Bedeutung zu, so ist der betreffende Umstand allein Ursache im Rechtssinne (BSG v. 14. 7. 55). Die medizinische Bedeutung der endogenen Anlage bzw. Disposition oder Konstitution muß als Ursache oder Teilursache genau erläutert werden, da rechtlich z. T. die Manifestation des Leidens mit dem Beginn des Leidens gleichgesetzt wird.

Zieht sich z. B. ein Versicherter an einem seiner mit Krampfadern behafteten Beine durch eine unfallbedingte Schürfverletzung ein Geschwür zu, dessen Wiederaufbrechen der Hauptgrund für eine zum Tode führende operative Beseitigung der Krampfadern bildet, so stellt der Arbeitsunfall jedenfalls dann eine *rechtlich wesentliche Teilursache* dar, wenn es ohne das Vorhandensein des Geschwürs zum gegebenen Zeitpunkt nicht zur Operation gekommen wäre (LSG Nordrhein-Westfalen v. 15. 11. 66).

Beispiele: Die Unfallversicherung hat grundsätzlich bei auf dem Weg zur Arbeit sich ergebenden Ereignissen einzustehen, wenn diese geeignet waren, einen vorgeschädigten Knochen zu brechen; diese Verpflichtung findet erst da ihre Grenze, wo die Körperschädigung auch ohne Unfall bei jedem anderen nicht zu vermeidenden ähnlichen äußeren Anlaß zu derselben Zeit hervorgetreten wäre. Eine Unterschenkelfraktur nach Abgleiten von der Bordsteinkante bei Vorschädigung durch Spanentnahme wurde als Unfallfolge anerkannt (LSG Nordrhein-Westfalen v. 21. 3. 67). Eine übermäßige Kraftanstrengung als rechtlich wesentliche Mitursache einer tödlichen Lungenembolie bei alter rezidivierender Osteomyelitis des Oberschenkels wurde verneint (BSG v. 29. 2. 68).

Eine Mondbeinnekrose kann nur dann Unfallfolge sein, wenn ein schweres Trauma nachgewiesen worden ist und gewisse Brückensymptome bis zur Feststellung des Leidens vorhanden waren (LSG Niedersachsen vom 11. 6. 59).

Die Anerkennung einer Osteomyelitis als Unfallfolge nach unerheblichen Traumen an der gleichen Region wurde abgelehnt (Bayerisches LSG v. 10. 3. 61).

Ein Melanosarkom als Summationseffekt zahlreicher Verletzungen im Bereich einer Warze am Kleinfinger wurde als Arbeitsunfallfolge anerkannt (BSG vom 31. 10. 69).

Bei bereits vorhandener krankhafter Anlage ist daher zu klären, ob der angeschuldigte Unfall wesentliche Teilursache oder rechtlich unbeachtliche *Gelegenheitsursache* war, d. h., ob die Krankheitsanlage so stark oder so leicht ansprechbar ist, daß es zur Auslösung akuter Erscheinungen aus ihr nicht besonderer, in ihrer Eigenart unersetzlicher äußerer Einwirkungen bedarf, sondern daß jedes alltäglich vorkommende ähnlich gelagerte Ereignis zu derselben Zeit die Erscheinungen ausgelöst hätte, wie z. B. bei der habituellen Schulterluxation. Ein Körperschaden durch Überanstrengung enthält kein Unfallmerkmal im Sinne der Unfallversicherung. Der gesamte Schaden ist in jedem Fall einheitlich zu beurteilen.

Bei einem 39jährigen fand sich nach einem Sturz vom LKW ein Riß der distalen Bizepssehne, deren Riß durch andere Ursachen als durch Gewalteinwirkung selten ist. Ein typischer Unfallmechanismus war nicht nachzuweisen, weil der Patient, ohne sich festzuhalten, frei auf den Boden stürzte. Da eine zusätzliche Kopfverletzung mit einer kurzen retrograden Amnesie beachtet werden mußte, war bei dem bis zu diesem Zeitpunkt bekannten Sachverhalt die Anerkennung des Bizepssehnenrisses als Unfallfolge wahrscheinlicher als eine andere Entstehung. Bei der Operation fanden sich jedoch hochgradige degenerative Veränderungen der distalen Bizepssehne 2 Wochen nach dem Unfall, wie sie in der Regel bei proximalen Bizepssehnenrissen häufiger zu beobachten sind. Da gleichzeitig eine alte Schußverletzung im Bereich des Ellenbogengelenkes bekannt war, konnte das Unfallereignis nicht mit Wahrscheinlichkeit als wesentliche Teilursache des Bizepssehnenrisses bezeichnet werden.

Ist die Pathogenese eines Leidens wissenschaftlich nicht ausreichend geklärt, z. B. bei Morbus Bechterew, so besteht kein Leistungsanspruch. Mittelbare Unfallfolgen im Sinne der wesentlichen Teilursache entstehen durch Sekundärschäden, z. B. Skoliose nach Armamputation (FREUDE 1972) oder in Form von Komplikationen bei operativer Behandlung. Sie sind jedoch auch dann anzunehmen, wenn eine Unterarmfraktur durch Sturz als Folge einer erheblichen Gangunsicherheit eintritt. Diese mittelbaren Leiden sind den Unfallfolgen rechtlich gleichgesetzt.

Verschlimmerung eines unfallfremden Leidens oder Vorschadens

Sie wird als Unfallfolge anerkannt, wenn der Unfall die wesentliche Teilursache der Verschlimmerung ist. Sie kann einerseits eine *vorübergehende oder dauernde* Verschlimmerung, andererseits eine *einmalige abgrenzbare* oder *richtunggebende* sein (BETHGE 1968, FUCHS 1968, GSCHWEND 1972, PLAUE 1971, PROBST 1968, ROHLEDERER 1968).

Eine Knieprellung führt z. B. bei einer Kniegelenksarthrose zur vorübergehenden Verschlimmerung des Krankheitsbildes. Die vollständige Versteifung eines unfallfremd arthrotisch vorgeschädigten Kniegelenkes stellt nach unfallbedingter Tibiakopffraktur eine einmalige dauernde abgrenzbare Verschlimmerung dar; eine erhebliche Stufenbildung der Gelenkfläche nach Tibiakopffraktur verschlimmert eine unfallfremde Kniegelenksarthrose dagegen richtunggebend.

Diese kennzeichnenden Begriffe sind nach Ansicht des BSG in der Unfallversicherung aus rechtlichen Gründen nicht mehr angebracht.

Es gibt z. B. keinen „traumatischen“ Morbus Bechterew; eine zeitlich begrenzte Verschlimmerung durch Trauma ist dagegen möglich (LSG Niedersachsen vom 30. 9. 68).

Weitere Beispiele: Für die Frage, ob ein bestimmter Unfall rechtlich erhebliche Ursache des Meniskusschadens gewesen sei, kommt es im Ergebnis gar nicht darauf an, ob dieser Unfall nach Art und Schwere auch einen gesunden Meniskus hätte zerreißen müssen. *Der Versicherungsschutz erfaßt den einzelnen in dem Zustand, in welchem er sich bei Eintritt des Arbeitsunfalls befindet.* Nur dann, wenn die Schädigung lediglich bei Gelegenheit der beruflichen Tätigkeit und nach menschlichem Ermessen auch bei jedem anderen nicht zu vermeidenden Anlaß außerhalb der Tätigkeit oder überhaupt ohne besonderen Anlaß hervorgetreten wäre, müßte ein solches Unfallereignis als rechtlich erhebliche Ursache der Meniskusschädigung ausscheiden: Ein Sturz wurde als rechtlich wesentliche Teilursache des Meniskusrisses bei einem vorgeschädigten Kniegelenk mit Meniskusganglion im Sinne eines Arbeitsunfalles anerkannt (LSG Nordrhein-Westfalen v. 20. 1. 70).

Ein Achillessehnenriß ist nur dann unfallbedingt, wenn eine überraschende plötzliche Gewalteinwirkung auf die Achillessehne vorausgegangen ist; eine momentane Belastung kann diese unerläßliche Bedingung nicht ersetzen. Eine starke Überlastung scheidet als wesentliche Teilursache eines Achillesrisses aus (LSG Hessen vom 11.6.69).

Nach herrschender medizinischer Lehrmeinung zu Ursachen der Achillessehnenrisse ist das Abrutschen von der Pedale eines Fahrrades nicht geeignet, einen Riß einer gesunden Achillessehne zu verursachen. Ist dem Ereignis an sich schon keine rechtlich wesentliche Ursache beizumessen, so besonders dann nicht, wenn die histologischen Befunde – das Gewebe wurde 1 Woche nach dem Unfallereignis entnommen – für wesentlich längere Zeit zurückliegende Prozesse sprechen; das Unfallereignis war nur Gelegenheitsursache eines jederzeit zu erwartenden Risses des rißbereiten Gewebes (LSG Bremen vom 3.6.69).

Bei einer 34jährigen Artistin wurde die Aussprengung von Knorpelgewebe im Patellagleitweg trotz eines operativ und histologisch nachgewiesenen degenerativen Vorschadens als Arbeitsunfallfolge anerkannt, der Sturz aus 3 m Höhe hatte zu einer schweren Knieprellung sowie Distorsion mit Bandzerreißung geführt. Die Artistin war vor diesem Unfall ohne Einschränkung zu Höchstleistungen fähig.

Die Beurteilung kann nicht allein aufgrund *eines* Merkmals erfolgen: Histologischer Befund, anamnestisch bekannte Vorschädigungen, Unfallmechanismus und operativer Befund sind unerläßlich, um eine Gesamtbeurteilung zu ermöglichen.

Berufskrankheiten

Den Arbeitsunfällen gleichgestellt sind Berufskrankheiten (s. Kap. 7), welche die Bundesregierung durch Rechtsverordnung in der Berufskrankheitenverordnung (BKVO) bezeichnet und die ein Versicherter bei einer versicherten Tätigkeit erleidet. Die Anerkennung einer BK ist an diese Voraussetzungen gebunden, die daher auch für die medizinische Beurteilung maßgebend sind. Nur im Einzelfall – und selten – ist eine Krankheit, die nicht in der Verordnung bezeichnet wurde, wie eine BK zu entschädigen, sofern nach neuen Erkenntnissen die übrigen Voraussetzungen erfüllt worden sind. Die BK sind durch besondere Einwirkungen verursacht, denen bestimmte Personengruppen durch ihre Arbeit in erheblich höherem Grade als die übrige Bevölkerung ausgesetzt sind. Krankheiten sind oft nur dann BK, wenn sie in bestimmten Unternehmen verursacht worden sind. Die Frage nach einer Berufserkrankung ergibt sich im orthopädischen Krankengut relativ häufig, da einige unspezifische Erkrankungen auch außerhalb der bestimmten Berufsgruppen vermehrt auftreten, z.B. Meniskus- oder Schleimbeutelveränderungen, und erst während beruflicher Beanspruchung zu Beschwerden führen (Ulmer 1968). Diese können z.T. auch als einfache Abnutzungserkrankungen klassifiziert werden. Die berufliche Schädigung und die Berufskrankheit können den Haltungs- und Bewegungsapparat selbst betreffen; die Symptome können sich am Stützapparat manifestieren, und Infektionen können als Spätfolgen an Stützgewebe und Bewegungsapparat in Erscheinung treten. Trotz gleichartiger beruflicher Beanspruchung tritt nur bei sehr wenigen eine Berufskrankheit im Sinne einer orthopädischen Erkrankung auf. Obwohl die Disposition somit fast immer eine wesentliche Teilursache darstellt, erfolgt die Anerkennung einer Berufskrankheit, wenn die rechtlichen Voraussetzungen der Berufskrankheitenverordnung erfüllt sind. Diese sind in der Liste der BKVO und ergänzend in den Merkblättern des Bundesministeriums definiert. Eine abweichende Beurteilung ist im Einzelfall nur bei Vorliegen neuer Erkenntnisse möglich; auf diese Weise besteht nicht nur ein Listensystem, sondern ein Mischsystem, das allerdings eine einheitliche Definition der Berufskrankheiten verhindert (Baader 1960, Wagner u. Körner 1968, Witt u. Rettig 1958).

Liste der Berufskrankheiten nach der 7. BKVO

1. Durch chemische Stoffe verursachte Krankheiten:

Diese Gruppe umfaßt die Erkrankungen durch aromatische Amine, Arsen, Benzochinon, Benzol und Verbindungen des Benzols, Blei, Chrom, Fluor, Halogen-Kohlenwasserstoffe und ähnliche Verbindungen, Kadmium, Kohlenoxyd, Mangan, Methanol, Phosphor, Quecksilber, Salpetersäure-Ester, Säuren, Schwefelkohlenstoff, Schwefelwasserstoff, Thallium, Vanadium. Neben anderen Symptomen können sich auch Schäden am Skelettsystem manifestieren bzw. als Lähmungen am Bewegungsapparat.

2. Durch physikalische Einwirkungen verursachte Krankheiten:

Nr. 2105 chronische Erkrankungen der Schleimbeutel durch ständigen Druck: z.B. bei Fliesenlegern mit einer chronischen Schleimbeutelentzündung der Bursa praepatellaris durch ständiges Knien; die Erkrankung ist von nicht beruflich verursachten Schleimbeutelerkrankungen abzugrenzen wie Entzündungen oder Exostosen. Die schwielige Veränderung der Haut über dem Schleimbeutel ist oft ein Hinweis auf die berufliche Überbeanspruchung.

Nr. 2106 Drucklähmungen der Nerven: z.B. eine Lähmung des N. ulnaris durch ständiges Aufstützen der Ellenbogen in gleichbleibender Stellung beim Schleifen; diese seltene Berufskrankheit ist differentialdiagnostisch gegen häufigere andere Nervenschäden abzugrenzen wie z.B. Neuritiden durch Alkoholabusus oder durch Stoffwechselleiden sowie durch Wirbelsäulenveränderungen. Diagnostisch ist oft die lokalisiert herabgesetzte Nervenleitgeschwindigkeit entscheidend (Mumenthaler (1972).

Nr. 2201 Erkrankungen durch Arbeit in Druckluft (Caisson-Krankheit): z.B. bei Arbeitern im Tunnelvortrieb unter Flüssen, auch Jahre nach der Tätigkeit, mit zystischen Veränderungen im Bereich des Oberarmkopfes und des Hüftgelenkes mit oft zunehmender Arthrose. Auch aseptische Knochennekrosen können hier auftreten. Bei entsprechender Berufsanamnese sind andere Befunde für die Beurteilung ohne wesentliche Bedeutung (Alnor u. Mitarb. 1964, Männcke 1968).

Nr. 2103 u. 2104 Erkrankungen durch Erschütterung bei Arbeit mit Preßluftwerkzeugen oder gleichartig wirkenden Werkzeugen oder Maschinen wie bei der Arbeit mit Anklopfmaschinen: z. B. bei einem Anklopfer mit Arthrose und osteochondrotischen Veränderungen im Ellbogen-, Hand- und Schultergelenk nach vorausgegangenem seit langem bestehendem stärkerem Ermüdungsgefühl. Die Arbeit ist hier sicherlich nicht die primäre Krankheitsursache. Nur 0,2% der Arbeiter an Anklopfwerkzeugen erkranken an Preßluftschäden. Die Anerkennung als Berufskrankheit wird von den technischen und zeitlichen Voraussetzungen bestimmt. Als Voraussetzung gilt bei der Anerkennung einer Arthrose sowie der Mondbeinmalazie eine Mindesarbeitszeit von 2 Jahren. Eine Kahnbeinpseudarthrose wird dagegen wenige Wochen nach Aufnahme der Tätigkeit rechtlich anerkannt. Auch nach Aufgabe der Preßluftarbeit kann sich die Arthrose manifestieren. Eine Vibrationsangiopathie entsteht oft sehr frühzeitig nach Aufnahme der schädigenden Tätigkeit. Die Dupuytrensche Kontraktur wird in der Bundesrepublik ebenso wie Wirbelsäulenschäden, Sehnenscheidenentzündungen, Sehnenrupturen, Sehnenansatzerkrankungen nicht anerkannt (Buggi 1972, Harfeldt 1970, Horvath u. Kákossy 1973).

Nr. 2301 Lärmschwerhörigkeit und Lärmtaubheit.

Nr. 2402 Erkrankungen durch Röntgenstrahlen, durch die Strahlen radioaktiver Stoffe oder durch andere ionisierende Strahlen.

Nr. 2401 Grauer Star durch Wärmestrahlung.

Durch gemischte (chemisch-physikalische) Einwirkungen verursachte Krankheiten:

Diese schließen Erkrankungen durch die Einwirkung und Einatmung von Aluminium, Asbest, Beryllium, Metallstaub, Quarzstaub und Thomasmehl ein.

3. Durch Infektionserreger oder Parasiten verursachte Krankheiten:

Nr. 3101 Infektionskrankheiten, wenn der Versicherte im Gesundheitsdienst, in der Wohlfahrtspflege oder in einem Laboratorium tätig oder durch eine andere Tätigkeit der Infektionsgefahr in ähnlichem Maße besonders ausgesetzt war.

Für die Anerkennung einer Wirbelsäulen-Tbc bei einer Krankenschwester ist z. B. der Nachweis einer beruflichen Tätigkeit in einer infektionsgefährdeten Abteilung und der zeitliche Zusammenhang der Erkrankung erforderlich, nicht dagegen der Nachweis der tatsächlichen Infektionsquelle. Die Infektion erfolgt außerhalb des Stütz- und Bewegungsapparates. Die erste Manifestation kann bei der Tuberkulose am Stütz- und Bewegungsapparat auftreten. Die Latenzzeit der klinisch nachweisbaren extrapulmonalen Tuberkuloseform beträgt mehr als 3 Monate bei der Dornfortsatz-Tbc, extraartikulären Kortikalisherden, Spondylitis der HWS; mehr als 6 Monate bei der Tbc der Rippen-Sternum-Region, der Iliosakralfugen, des Fersenbeins, des Schulterblattes; mehr als 9 Monate bei der Brustwirbel-Tbc, beim Fungus am Kniegelenk, bei extraartikulären Herden in Meta- und Diaphysen, bei der Handgelenks-Tbc; mehr als 12 Monate bei der Tbc des Schultergelenkes, der LWS sowie der Hüftgelenkstuberkulose. Dabei kann sich die Latenzzeit wesentlich weiter ausdehnen (Schwabe 1968).

Nr. 3102 Von Tieren auf Menschen übertragbare Krankheiten.

Nr. 3103 Wurmkrankheit der Bergleute, verursacht durch Ankylostoma duadenale oder Anguillula intestinalis.

Durch nicht einheitliche Einwirkungen verursachte Krankheiten

Nr. 4 Erkrankungen der Atemwege und der Lungen, des Rippenfells und Bauchfells.

Nr. 5 Hauterkrankungen

Nr. 6 Augenzittern der Bergleute.

Nr. 2102 Meniskusschäden nach mindestens 3jähriger regelmäßiger Tätigkeit unter Tage.

Auch beim verspäteten (bis zu ca. 5 Jahren) Auftreten des Meniskusschadens nach Aufgabe der beruflichen Tätigkeit, die mindestens 3 Jahre in überwiegend hokkender oder liegender Körperhaltung unter Tage durchgeführt worden ist, ist z. B. die Voraussetzung für die Anerkennung des Kausalzusammenhanges als erfüllt anzusehen. Wird dagegen die Arbeit vor Ort bei 2 m starken Flözen überwiegend im Stehen ausgeübt, entspricht dies nicht dem vorauszusetzenden ursächlichen Zusammenhang der versicherten Tätigkeit mit der Erkrankung. Ein wesentlicher Teil der täglichen Arbeit muß sich unter Zwangshaltung in niedrigen oder schrägen Flözen abspielen. Obwohl nur bei 2–3% der Bergleute trotz der beruflichen Voraussetzungen Meniskusschäden entstehen, ist der Nachweis weiterer degenerativer Veränderungen in der Regel nicht erforderlich (LSG Nordrhein-Westfalen v. 20. 6. 61) (Springorum 1966, 68 u. 69b).

Nr. 2101 Erkrankungen der Sehnenscheiden oder des Sehnenscheidengewebes sowie der Sehnen- oder Muskelansätze, die zur Aufgabe der beruflichen Beschäftigung oder jeder Erwerbsarbeit gezwungen haben.

Die Anerkennung bei einer therapieresistenten chronischen und akut rezidivierenden Entzündung des Sehnengleitlagers im Bereich der Strecksehne des rechten Daumens erfolgte z. B. bei einem Patienten, der unter Zwangsumständen 4 Jahre lang an einer ungünstig angelegten Drehbank arbeitete und ständig die für ihn ungewohnte, gleichartige, immer wiederkehrende Bewegung unter großer Kraftanwendung ausführen mußte; der Geschädigte war als Handwerker berufsunfähig. Die sehr häufige Epikondylitis am Oberarm muß vor allem gegen die gleichen Beschwerden aufgrund rheumatischer Erkrankungen, konstitutioneller Faktoren, Veränderungen an den Gelenken und der HWS abgegrenzt werden. Das Auftreten von Beschwerden während der Arbeit ist nicht mit dem Bestehen einer Berufskrankheit gleichzusetzen. Andere Insertionstendopathien, besonders außerhalb der oberen Extremitäten, kommen nur selten als Berufskrankheiten in Betracht.

Nr. 2107 Abrißbrüche der Wirbelfortsätze: Sie betreffen die Dornfortsatzabbrüche, meist den 7. HWK und 1. BWK, bei Schaufelarbeitern mit mangelnder Arbeitsübung bzw. Anpassung an ihre Tätigkeit – unabhängig von der körperlichen Konstitution. Eine kurze Zeit der Arbeitsbelastung von 1–2 Wochen reicht für die Entstehung dieser Ermüdungsfraktur aus. Nach 11 Monaten Tätigkeit entsteht im allgemeinen keine Schipperkrankheit mehr. Die Krankheit ist sehr selten geworden und beim Vorliegen der beruflichen Voraussetzungen sowie der entsprechenden Anamnese unabhängig von anderen Schäden anzuerkennen.

Außerhalb des Listensystems soll der Unfallversicherungsträger im Einzelfall eine Krankheit, auch wenn sie nicht in der Rechtsverordnung bezeichnet ist oder die dort bestimmten Voraussetzungen nicht vorliegen, wie eine Berufskrankheit entschädigen, sofern nach neueren Erkenntnissen die übrigen Voraussetzungen des Abs. 1 erfüllt sind.

Die Anerkennung eines degenerativen Meniskusschadens als Berufskrankheit erfolgte z. B. bei einer Artistin, die länger als 10 Jahre in einer Sprunggruppe als Untermann tätig war. Die täglich durchgeführten Sprungübungen aus großer Höhe, auch seitlich, stellen zweifellos eine hochgradige berufliche Beanspruchung der Menisken dar.

Die Entscheidung muß für den Einzelfall erfolgen, da Statistiken über Erkrankungen, die in den einzelnen Berufsgruppen gehäuft vorkommen, z. T. umstritten blieben.

Im Vergleich zur Durchschnittsbevölkerung wurden Spondylosen bei Lastenträgern nach sehr langer Tätigkeit, auch bei Fleischabträgern und bei Traktorfahrern, die im jugendlichen Alter bereits die Tätigkeit aufgenommen hatten, wesentlich häufiger festgestellt. Dagegen ließen sich bei Stenotypistinnen, auch nach langer Tätigkeit, außer der besonders häufig nachgewiesenen Steilstellung der HWS keine zusätzlichen Verschleißerscheinungen im Vergleich zu einer anderen Gruppe berufstätiger Frauen nachweisen (Billenkamp 1972, Braun 1969).

Heilbehandlung

Die gesetzliche Unfallversicherung übernimmt und veranlaßt die *gesamte Rehabilitation* einschließlich der Heilbehandlung, die *mit allen geeigneten Mitteln* zu erfolgen hat und Aussicht auf Erfolg haben muß. Sie soll sofort bzw. *rechtzeitig* eingeleitet werden. Bei bestimmten besonders bezeichneten schweren Verletzungen muß das Verletzungsartenverfahren, bei erforderlicher unfallmedizinischer fachärztlicher Behandlung u. U. die berufsgenossenschaftliche Behandlung, eingeleitet werden. Die Feststellung der *Arbeitsunfähigkeit* durch Unfallfolgen entspricht den Grundsätzen der gesetzlichen Krankenversicherung. Die Heilbehandlung schließt auch die Versorgung mit *orthopädischen Hilfsmitteln,* Körperersatzstücken und Arbeitshilfen ein, die geeignet sind und dem technischen Stand entsprechen. Die Gewährung von orthopädischen Hilfsmitteln und Hilfen, insbesondere von Schuhen, Ersatzstücken, Stützapparaten, erfolgt entsprechend den Richtlinien der Unfallversicherungsträger zur Erleichterung der Verletzungsfolgen. Die Gewährung auch solcher Hilfsmittel und Hilfen, die in den Richtlinien nicht genannt sind, kann zulässig sein, da in der Unfallversicherung das elastischere Prinzip des pflichtgemäßen Ermessens bei der „mit allen geeigneten Mitteln" zu gewährenden Heilbehandlung besteht. Vor jeder erstmaligen Gewährung, größeren Instandsetzung oder Neubeschaffung sowie zur Abnahme nach Ausfertigung ist ein sachverständiger Arzt hinzuzuziehen. Dieser Sachverständige muß über besondere Erfahrungen in der prothetischen Versorgung verfügen, einschließlich genauer Kenntnis der Bundesprothesenliste. Die Hilfsmittel müssen im übrigen auch den persönlichen und beruflichen Bedürfnissen des Verletzten angepaßt sein.

Die Verordnung von myoelektrisch oder myotonisch gesteuerten Fremdkraftprothesen ist z. B. an die Voraussetzung eines gewissen technischen Verständnisses des Verletzten, an eine geeignete, nicht schwere körperliche Berufstätigkeit und schließlich an entsprechende Stumpfverhältnisse gebunden.

Hilfsmittel, die eine *Entstellung des Verletzten* mildern oder verdecken sollen, werden gewährt, wenn die Berufshilfe ohne sie ernstlich erschwert ist oder berechtigte Schönheitsrücksichten sie erfordern. So ist z. B. bei der ästhetischen Bedeutung der Hand eine entsprechende Schmuckprothese auch beim Teilverlust der Hand erforderlich.

Die Richtlinien über die Ausstattung mit einzelnen Hilfsmitteln werden im übrigen zunehmend der Kriegsopferversorgung angepaßt, insbesondere auch Anzahl, Mindestgebrauchszeiten usw. Abweichungen aufgrund medizinischer Befunde sind möglich.

Ein Anspruch auf *Versehrtenleibesübungen* besteht, wenn diese geeignet erscheinen, den durch Arbeitsunfall verursachten Körperschaden zu beseitigen oder eine Verschlimmerung zu verhüten. Durch ärztliches Urteil sollen ungeeignete Übungen im Versehrtensport ausgeschlossen und Versorgung mit Sporthilfen veranlaßt werden.

Berufshilfe

Sie steht mit der Heilbehandlung in einem inneren Zusammenhang und soll unter Anwendung aller geeigneten Mittel eine Erwerbstätigkeit in der früheren oder in einer anderen zumutbaren gleichwertigen Tätigkeit bzw. einem entsprechenden Beruf ermöglichen. Die Notwendigkeit der Berufshilfe ist durch Einschätzung der konkreten Leistungsfähigkeit medizinisch mitzubegründen.

Pflegebedürftigkeit

Hilflosigkeit mit dem Rechtsanspruch auf Pflege bzw. Pflegebedürftigkeit mit dem Rechtsanspruch auf Pflegegeld besteht, solange der Verletzte infolge des Arbeitsunfalls so hilflos ist, daß er nicht ohne Wartung und Pflege sein kann. Die Einstufung erfolgt in 6 Pflegekategorien, z. B. bei Querschnittslähmungen oder Amputationen mehrerer Extremitäten. Auch besteht ein Rechtsanspruch auf Pflege bei mehreren, z. T. unfallfremden Ursachen der Hilflosigkeit, wenn Unfallfolgen die Hilflosigkeit wesentlich mitverursacht haben, z. B. nach unfallbedingtem Verlust eines Armes bei unfallfremd vorausgegangener hochgradiger Funktionseinschränkung des Armes der Gegenseite. Pflegezulage kann auch dann gewährt werden, wenn dem Patienten die Verrichtungen des täglichen Lebens zwar möglich sind, er aber hierbei eine außergewöhnliche Energie aufwenden und unzumutbare Anstrengungen machen muß, um die Arbeit unter großen Schmerzen auszuführen (BSG vom 30. 9. 66).

Berufs- und Erwerbsunfähigkeit

Diese Begriffe sind als Unfallfolgen unter Berücksichtigung des besonderen Kausalitätsbegriffes durch die Rechtsprechung festgelegt. Ebenso wie bei der Einschätzung des Grades der Minderung der Erwerbsfähigkeit (M. d. E.) ist von der individuellen Erwerbsfähigkeit des Verletzten vor dem Unfall auszugehen. Diese ist der vollen Erwerbsfähigkeit (100%) gleichzusetzen. Der Vergleich mit einer gesunden Person ist nicht zulässig.

Ein 55jähriger bisher erwerbsfähiger Arbeiter mit erheblicher Spondylose bei Skoliose wird z. B. mit 100% erwerbsfähig vor dem Unfall eingeschätzt; da nach einer Wirbelkörper-Kompressionsfraktur infolge entstandener Fehlstatik durch fehlende Kompensationsfähigkeit starke Beschwerden auftraten, muß die nun bestehende erhebliche Minderung der Erwerbsfähigkeit als Unfallfolge anerkannt werden.

Minderung der Erwerbsfähigkeit

Sie ist im Sinne einer *abstrakten Schadensberechnung* einzuschätzen, trotzdem jedoch in bezug auf die Möglichkeiten des Gesamtgebietes des Erwerbslebens (allgemeiner Arbeitsmarkt). So sind die MdE-Tabellen (s. Anhang) für bestimmte Körperschäden nur Richtlinien, deren Werte bei guter Kompensationsfähigkeit unterschritten, bei schlechter Kompensationsfähigkeit und individuellen konkreten Nachteilen überschritten werden können. Es gibt jedoch nur *eine* einheitliche MdE, nicht eine für das allgemeine Erwerbsleben und eine für die *besondere berufliche Betroffenheit.* Eine Erhöhung steht dem Beschädigten zu, wenn die in diesen Tatbeständen beschriebenen beruflichen Nachteile ihn subjektiv besonders treffen, weil sie in sozialer oder wirtschaftlicher Hinsicht das Maß der körperlichen Beeinträchtigung im allgemeinen Erwerbsleben erheblich übersteigen (BSG vom 19. 2. 69).

Bei einem Konzertgeiger mit entsprechender Musikhochschulausbildung besteht z. B. bereits bei einer Einschränkung der Supinationsbewegung der linken Hand nach Radiusbasisfraktur Berufsunfähigkeit. Beim Verwaltungsangestellten kann dagegen volle Berufsfähigkeit, selbst beim Verlust der gesamten Hand, vorhanden sein; hier blieb die MdE entsprechend der abstrakten Schätzung unbeeinflußt bei 50%.

Erreichen die Folgen eines oder mehrerer Arbeitsunfälle zusammen eine MdE von 20%, so ist Rente zu gewähren. Eine *wesentliche Änderung* der Verhältnisse ist ausnahmslos nur anzuerkennen, wenn der Grad der MdE um *mehr als 5%* gesunken oder gestiegen ist, da es sich bei der MdE um eine Schätzung handelt, die nur annäherungsweise feststellbar ist (BSG v. 2. 7. 71). Eine wesentliche Änderung kann trotz unverändert gebliebener objektiver Befunde durch eine *aktive Anpassung* und *passive Gewöhnung* an gewöhnungserfordernde Unfallfolgen nach Ablauf einer größeren Zeitspanne eintreten. Für die Annahme einer Anpassung und Gewöhnung reicht in der Regel der Zeitablauf allein jedoch nicht aus. Es müssen vielmehr konkrete Anhaltspunkte für Anpassung und Gewöhnung vorliegen (LSG Nordrhein-Westfalen v. 7. 4. 70). Die MdE einer Schädigungsfolge ist nicht höher zu bewerten, wenn nach der Schädigung ein – schädigungsunabhängiges – neues Leiden (*Nachschaden*) hinzukommt und die Schädigung sich deshalb stärker auswirkt als zur Zeit des Eintritts der Schädigung (anders ist es dann, wenn das neue Leiden auf einem krankhaften Geschehen beruht, das schon vor der Schädigung vorgelegen hat: *Vorschaden:* z. B. stärkere Beschwerden und geringere Leistungsfähigkeit nach Zunahme des Körpergewichtes durch Fettleibigkeit bei unfallbedingten Unterschenkelfrakturen (BSG v. 25. 6. 63).

Sind *verschiedene Unfallfolgen* zu beurteilen, ist die einfache *Addition von Prozentsätzen* einer MdE-Schätzung in der Regel nicht sinnvoll und auch *unzulässig.* Die Bedeutung des Körperschadens für die MdE muß stets nach dem Gesamtbild und den individuellen Besonderheiten des Verletzten bewertet werden. Eine rein rechnerische Ermittlung der MdE ist daher für die praktische Anwendung nur bedingt brauchbar. Hat beim Eintritt der Schädigung bereits eine meßbare MdE bestanden, so kann dieser *Vorschaden* die unfallbedingte MdE mindern, wenn er am gleichen Organsystem oder an derselben Gliedmaße vorgelegen hat, z. B. Verlust des Armes bei unfallfremder Handamputation als Vorschaden. Ein Anspruch auf Verletztenrente besteht, wenn nach Wiedereintritt der Arbeitsfähigkeit im Sinne der Krankenversicherung eine MdE von 20% und mehr über die 13. Woche nach dem Unfall nachweisbar wird und über den Beginn der 79. Woche hinaus bei ambulanter Behandlung Erwerbsunfähigkeit besteht; ein Rentenanspruch entsteht auch bei einer Gesamt-MdE von 20% unter Einbeziehung zusätzlicher Versorgungsleiden, Dienstunfallfolgen von Beamten u. a.

Unfallfolgen bzw. MdE werden durch *Nachuntersuchungen* überprüft. Dabei kann der Gutachter die Gewährung einer *vorläufigen Rente* anraten und, bei voraussichtlicher Ausheilung der Unfallfolgen ohne wesentliche MdE innerhalb der ersten 2 Jahre, eine Abfindung als Gesamtvergütung ermöglichen. Ist mit wesentlichen Änderungen der Unfallfolgen voraussichtlich nicht zu rechnen, z. B. bei Amputationen, so ist eine *Dauerrente* zu empfehlen. Der Verletzte kann dann u. U. eine Kapitalisierung der Rente beantragen.

Rentenentzug

Die *Fehlanerkennung* eines Körperschadens als Unfallfolge aufgrund fehlerhafter Deutung von Röntgenaufnahmen kann später bei unverändertem Befund nicht zur Rentenentziehung führen. An eine bereits vor dem Unfall vorhandene Aufbaustörung, an eine verschleißbedingte Veränderung sowie an einen überhaupt nicht vorhandenen krankhaften Befund kann es keine eine Rentenentziehung rechtfertigende Gewöhnung geben (LSG Baden-Württemberg v. 25. 11. 64), z. B. bei Fehldeutung einer röntgenologisch nachgewiesenen Spontanverformung eines Lendenwirbels ohne Einbruch der Wirbelkörpervorderkante als Lendenwirbelbruch oder bei einer Verknöcherungsstörung an der vorderen Randleiste des Brustwirbelkörpers beim Jugendlichen und deren Spätfolgen, ebenfalls als Brustwirbel-Kompressionsfraktur fehlgedeutet.

Private Unfallversicherung

Ihre Leistungen entsprechen den vertraglichen Vereinbarungen und den allgemeinen Unfallversicherungsbedingungen (AUB, AKiUB).
Risiko: Körperschäden durch Unfall im versicherten Zeitraum (Perret 1964–1972).

Definition Unfall

Ein Unfall liegt vor, wenn der Versicherte durch ein plötzlich von außen auf seinen Körper wirkendes Ereignis unfreiwillig eine Gesundheitsschädigung erleidet. „Plötzlich" soll nicht mit „schnell" definiert werden, es soll nur „das Unerwartete" kennzeichnen. Unter den Versicherungsschutz fallen auch durch plötzliche Kraftanstrengungen des Versicherten hervorgerufene Verrenkungen, Zerrungen und Zerreißungen.
Eine Achillessehnenverletzung ist z. B. beim Sport oder bei der Arbeit in der Regel als Unfallfolge anzusehen; sonst wird ein von außen wirkendes unerwartetes Ereignis vorausgesetzt; eine wohlüberlegte Kraftanstrengung oder ein Verheben entsprechen einem solchen nicht.

Kausalität, Versicherungsschutz

Wie im Zivilrecht gilt für die Beurteilung der Kausalität die *Adäquanztheorie* (s. Ausführungen unter Bundesentschädigungsgesetz). Berufskrankheiten, Erkrankungen infolge psychischer Einwirkungen, Vergiftungen, Infektionskrankheiten, Schäden durch energiereiche Strahlen, durch ultraviolette Strahlen, durch Temperatur- und Witterungseinflüsse sind *ausgeschlossen.* Ist die Pathogenese der Leiden wissenschaftlich-medizinisch nicht geklärt, besteht kein Leistungsanspruch. Bei Unfällen infolge posttraumatischer Schlaganfälle, Krampfanfälle oder Bewußtseinsstörungen, die sonst ebenfalls ausgeschlossen sind, besteht Versicherungsschutz, wenn es sich um Folgen eines versicherten Unfallereignisses handelt. Von der Leistung ausgeschlossen sind ferner Krampfadern und Unterschenkelgeschwüre, selbst wenn sie durch einen Unfall herbeigeführt oder verschlimmert worden sind, nicht dagegen Thrombosen. Überstandene oder bestehende Krankheiten müssen der Versicherung angezeigt werden ebenso wie Sondergefahren, z. B. durch den Beruf. Der Versicherungsschutz erlischt nach dem Auftreten von Geisteskrankheiten, Schlaganfall-Lähmungen, Epilepsie, schweren Nervenleiden sowie einer Arbeitsunfähigkeit von mehr als 70%.

Heilbehandlung

Die Kosten der Heilbehandlung durch den Arzt und die Kosten für verordnete Arznei- und Verbandsmittel für künstliche Glieder, orthopädische Hilfen, für stationäre Behandlung und Röntgenaufnahmen werden nur bis zu einer vertraglich vereinbarten Höhe ersetzt. Ausgeschlossen sind Badekuren und nicht ärztlich verordnete Pflege.

Todesfallentschädigung

Führt ein Unfall innerhalb eines Jahres, vom Unfalltage an gerechnet, zum Tode, so erfolgt eine *Todesfallentschädigung.*

Beeinträchtigung der Arbeitsfähigkeit, Invalidität

Sie wird für die Dauer der ärztlichen Behandlung und danch – bei entsprechendem Vertrag – je nach dem Grad der Beeinträchtigung der Berufstätigkeit des Versicherten zeitlich abgestuft. Ein steiler Rückgang der Herabsetzung der Arbeitsfähigkeit von 100 auf 0% zu einem bestimmten Zeitpunkt (wie bei der Sozialversicherung) kommt kaum in Frage.
Eine *dauernde Beeinträchtigung der Arbeitsfähigkeit* (Invalidität) als Unfallfolge muß innerhalb eines Jahres vom Unfalltag an gerechnet eingetreten sein. Der *Invaliditätsgrad* wird bei *Verlust oder Gebrauchsunfähigkeit eines Körperteils oder eines Sinnesorgans* nach den festen Invaliditätsgraden der *Gliedertaxe,* unabhängig vom Beruf, bestimmt. Der Nachweis eines im Einzelfall höheren oder geringeren Grades ist rechtsunerheblich. Bei teilweisem Verlust oder teilweiser Gebrauchsunfähigkeit wird der entsprechende Teil des Satzes angenommen. Die teilweise Gebrauchsunfähigkeit der Organe wird in Zahlenwerten der Gliedertaxe zwischen $^1/_2$–$^1/_{20}$ angegeben. Daraus errechnet sich die Prozentzahl, bezogen auf Gliedertaxenwert bzw. Vollinvalidität von 100%. Die errechneten Sätze weisen rechts und links keine unterschiedliche Beurteilung auf; es gibt also keine Sonderstellung der Gebrauchshand. Bei Verlust von mehreren Körperteilen, z. B. an mehreren Extremitäten, werden die sich aus der Gliedertaxe ergebenden rechtsverbindlichen Prozentsätze zusammengerechnet, jedoch in keinem Falle mehr als 100%. Bei Verletzungen am Bein oberhalb des Fußes und am Arm oberhalb der Hand ist stets vom vollen Arm- bzw. Beinwert auszugehen. Armwert schließt Handwert ohne Addition ein (s. Tabellen der Einschätzung der Körperschäden). Bei *anderen Unfallfolgen,* z. B. Wirbelsäulenverletzungen, wird der Invaliditätsgrad individuell danach bemessen, inwieweit der Versi-

cherte imstande ist, eine Tätigkeit auszuüben, die seinen Kräften und Fähigkeiten entspricht und die ihm unter billiger Berücksichtigung seiner Ausbildung und seines bisherigen Berufs zugemutet werden kann. Es bestehen z. B. bei Wirbelsäulenverletzungsfolgen keine rechtsverbindlichen Prozentsätze. Der Grad der dauernden Arbeitsunfähigkeit kann während der ersten 2 Jahre nach Abschluß der ärztlichen Behandlung, längstens 3 Jahre nach dem Unfall, durch Nachuntersuchung neu festgestellt werden. Eine spätere Besserung oder Verschlechterung wird nicht berücksichtigt. Haben bei den Unfallfolgen *unfallfremde Krankheiten oder Gebrechen* in einem Anteil von mindestens 25% mitgewirkt, so ist die Leistung entsprechend dem Anteil zu kürzen. Waren diese unfallfremden Krankheiten vor dem Unfall klinisch noch nicht manifest, so werden sie rechtlich z. T. nicht bewertet.

Beispiel: Bei einem bereits bekannten metastasierenden Mammakarzinom trat im bis dahin stabilen Metastasenbereich durch Sturz eine Oberschenkelfraktur ein. Unmittelbar nach dem Unfall wurde daher der Anteil unfallfremder Leiden an der Arbeitsunfähigkeit nur mit 10% eingeschätzt. Nach 12 Monaten kam es unterhalb dieser Fraktur zur vollständigen Knochendestruktion im Instabilität des Oberschenkels; jetzt mußte der Anteil unfallfremder Erkrankungen mit 90% angenommen werden.

Bei Blutungen aus inneren Organen oder Gehirnblutungen wird eine Leistung nur gewährt, wenn für diese Schäden die überwiegende Ursache ein Versicherungsfall, nicht aber eine innere Erkrankung oder ein Verbrechen gewesen ist.

Die erstmalige schwere Blutung aus einem Magenulkus z. B. mußte einige Wochen nach einem Unfallschock aufgrund multipler Frakturen zur Anerkennung als Unfallfolge führen.

Bestand eine Einschränkung der Arbeitsfähigkeit bzw. eine Gebrauchsminderung der Extremitäten *vor* dem Unfall im Sinne eines *Vorschadens,* so wird von der *nach* dem Unfall vorhandenen Gesamtinvalidität ein Abzug gemacht, der dem Grad der schon vorher vorhanden gewesenen Invalidität entspricht. Gegebenenfalls ist in diesem Fall für die Gesamtinvalidität ein höherer Grad als 100% anzunehmen, sofern der Unfall nicht Körperteile oder Sinnesorgane betroffen hat, die schon vor dem Unfall beschädigt waren.

Im Falle von *Meinungsverschiedenheiten* über Art und Umfang der Unfallfolgen oder darüber, ob und in welchem Umfang der eingetretene Schaden auf den Versicherungsfall zurückzuführen ist, entscheidet ein Ärzteausschuß, dessen Kosten u. U. vom Versicherungsnehmer getragen werden müssen (= Kommissionsverfahren).

Kriegsopferversorgung

Sie ist auf den versorgungsberechtigten Personenkreis beschränkt, der militärischen oder militärähnlichen Dienst geleistet und dabei eine Schädigung mit Schädigungsfolgen erlitten hat.

Tatbestand, Schädigungsfolgen, Kausaltheorie

Der *schädigende Tatbestand* mit versorgungsrechtlichem Schutz kann durch unmittelbare Kriegseinwirkung im Sinne des BVG, durch Unfälle – deren Begriff der gesetzlichen Unfallversicherung entspricht, wobei jedoch ein zeitlicher Zusammenhang bestehen muß – durch die dem Dienst eigentümlichen Verhältnisse u. a. gegeben sein. Voraussetzung für den Versorgungsanspruch ist das Vorliegen einer Schädigung, die in ursächlichem Zusammenhang mit dem militärischen Dienst oder anderen Ersatztatbestand-Merkmalen stehen muß. Schädigung im Sinne des BVG ist der schädigende Vorgang, nicht die Folge der Schädigung. Die versorgungsberechtigten *Schädigungsfolgen* sind die vorhandene Gesundheitsstörung und die wirtschaftlichen Nachteile. Es muß also auch hier ein *doppelter Kausalzusammenhang* zwischen dem schädigenden Vorgang (militärischer Dienst) und der Schädigung einerseits bzw. zwischen der Schädigung und der Gesundheitsstörung andererseits bestehen. Alle nachteiligen Folgen des *Fehlens* einer fachgerechten und wahrscheinlich erfolgreichen *Behandlung* sowie die Folgen von diensteigentümlichen diagnostischen und therapeutischen Maßnahmen sind versorgungsberechtigt. Hier findet wie in der gesetzlichen Unfallversicherung die *Kausaltheorie der wesentlichen Bedingung* Anwendung (s. gesetzliche Unfallversicherung). Der ursächliche Zusammenhang zwischen schädigendem Vorgang und der Gesundheitsstörung muß *wahrscheinlich* (die „Möglichkeit" reicht nicht aus), die anspruchsbegründenden Tatsachen (schädigender Vorgang, Gesundheitsschädigung) müssen dagegen *bewiesen* sein.

Beispiel: Verletzungen der Beine oder sogar Gliedmaßenverluste verursachen im allgemeinen keine Überlastungsschäden an der entsprechenden unversehrten Extremität. Bei einer doppelseitigen Koxarthrose erfolgte die Ablehnung als Versorgungsleiden nach Granatsplitterverletzung des linken Unterschenkels (LSG Rheinland-Pfalz v. 25. 4. 66).

Eine Koxarthrose nach angeblich ausgeheiltem Schußbruch des gleichseitigen Oberschenkels mit Strukturveränderungen im Trochanterbereich wurde als Versorgungsleiden anerkannt, auch wenn jahrelang keine wesentlichen Beschwerden bestanden.

Zwischen dem schädigenden Vorgang und der Gesundheitsstörung muß eine nicht unterbrochene Kausalkette bestehen, z. B. über *Brückensymptome,* die mit den Erkenntnissen der medizinischen Wissenschaft und den ärztlichen Erfahrungen in Einklang stehen (KRETZ 1967). Außerdem wird eine *lokale Beziehung* zwischen dem Ort der traumatischen Einwirkung und dem Krankheitsherd gefordert, z. B. bei der Entstehung von Geschwülsten oder einer Osteomyelitis. Schwierigkeiten können sich bei degenerativen Veränderungenergeben, da hier Brückensymptome oftmals fehlen. *Gelegenheitsursachen* der Gesundheitsschädigung stellen dagegen keine wesentliche Bedingung dar. Eine Anerkennung im Sinne der Entstehung setzt voraus, daß zum Zeitpunkt der Einwirkung des schädigenden Vorganges noch keine entsprechenden Gesundheitsstörungen bestanden haben, anderenfalls kommt nur eine Anerkennung im Sinne der Verschlimmerung in Frage, wobei auch bei späterer Verschlechterung zu prüfen ist, ob die Leidenszunahme ursächlich noch auf die Schädigung zurückzuführen ist. Die Differenzierung der Verschlimmerung, z. B. in „richtunggebend" und „abgrenzbar", entspricht der in der gesetzlichen Unfallversicherung, obwohl diese Begriffe nach Ansicht des BSG hier vermieden werden sollten.

Ist die zur Anerkennung einer Gesundheitsstörung als Folge einer Schädigung notwendige Voraussetzung nur deshalb nicht gegeben, weil über die Ursache in der medizinischen Wissenschaft Ungewißheit besteht, so *kann* eine Versorgung auf dem Wege des *Härteausgleichs* gewährt werden. Medizinische Voraussetzungen dafür sind: Es besteht keine genügend gesicherte medizinische wissenschaftliche Auffassung über die kausale Pathogenese. Eine Beurteilung mit ausreichender „Wahrscheinlichkeit" ist daher nicht möglich. Der vorliegende ursächliche Einfluß muß in wissenschaftlichen Arbeitshypothesen als theoretisch begründet in Erwägung gezogen sein; die zeitliche Verbindung der Schädigung mit der Manifestation des Krankheitsbildes muß gewahrt sein. Für die Verschlimmerung eines *vor* dem Dienst bestehenden Leidens gelten die gleichen Voraussetzungen. Vom Gutachter ist daher die differentialdiagnostische Abgrenzung und Einengung des Krankheitsbildes festzustellen und der Nachweis des Vorliegens bestimmter Faktoren wie Fehlernährung, erheblicher Körperbelastung, Witterungseinflüsse, widerstandsmindernde Erkrankungen, toxische Schädigungen zu führen, ebenso wie das Auftreten der Erstsymptome innerhalb von 6 Monaten bis höchstens 2 Jahren nach dem schädigenden Einfluß. In diesem Zusammenhang sind außer einigen neurologischen und internen Leiden die Bechterewsche Krankheit, aseptische Knochennekrosen, arteriosklerotische Komplikationen, die Endangitis obliterans, die Periarteriitis nodosa und die primär-chronische Polyarthritis von orthopädischem Interesse (Brecht 1966, Goetz 1965a, Gurgel 1967, Pässler u. Berghaus 1958).

Die Anerkennung einer PCP als Versorgungsleiden erfolgte z. B. nach zunächst jahrelangen unverdächtigen banalen Rheumabeschwerden (BSG v. 11. 11. 69). Die Bedeutung der krankheitsauslösenden Ursache für die Anlage des Leidens mußte beurteilt werden.

Eine *unrichtige Beurteilung* zum Zeitpunkt des Erlasses des früheren Bescheides ist nach dem damaligen Stande der Wissenschaft und nicht nach dem jetzigen zu beurteilen; soll eine Schädigungsfolge als Versorgungsleiden aberkannt werden, muß außer Zweifel stehen, daß das Leiden durch die schädigenden Ereignisse beeinflußt worden ist.

Heilbehandlung

Die Notwendigkeit der Heilbehandlung deckt sich in Art und Umfang im allgemeinen mit den Leistungen der gesetzlichen Krankenversicherung – unter der Voraussetzung der Behandlung von Schädigungsfolgen. Bei Schwerbeschädigten – MdE 50% und mehr – wird auch eine Heilbehandlung für Gesundheitsstörungen gewährt, die nicht als Folge einer Schädigung anerkannt sind. Über die Gewährung bestimmter Leistungen entscheiden die Verwaltungsbehörden, z. B. die orthopädische Versorgung, die Krankenhausbehandlung bei Tuberkulose, Badekuren, Versehrtenleibesübungen u. a. Eine stationäre Behandlung als *Badekur* kann Beschädigten gewährt werden, wenn sie notwendig ist, um den Heilerfolg zu sichern oder um einer in absehbarer Zeit zu erwartenden Verschlechterung des Gesundheitszustandes oder dem Eintritt der Arbeitsunfähigkeit vorzubeugen.

Zur *orthopädischen Versorgung* gehören die Ausstattung mit Hilfsmitteln und deren Zubehör sowie deren Ersatz und Instandsetzung ebenso wie die Ausbildung im Gebrauch solcher Hilfsmittel. Maßgeblich sind hier die Angaben in der Bundesprothesenliste und die Durchführungsverordnungen, in der die Ansprüche der Verletzten auf Hilfsmittel und Hilfen rechtsverbindlich festgelegt sind.

Minderung der Erwerbsfähigkeit

Der Grad der MdE ist nach der Fähigkeit einzuschätzen, die Arbeitskraft im allgemeinen Erwerbsleben – unabhängig von der tatsächlich bestehenden Erwerbstätigkeit – wirtschaftlich zu verwerten. Dabei sind *seelische Begleiterscheinungen* und Schmerzen zu berücksichtigen. Die MdE ist in Stufen von 10%, evtl. von 5%, anzugeben. Eine Beschädigtengrundrente wird bei mindestens 30% MdE gewährt. Durch Verwaltungsvorschriften (Nr. 4 zu § 30 BVG) sind für erhebliche Körperschäden *Mindestsätze* aufgestellt worden, die z. T. über denen der gesetzlichen Unfallversicherung liegen (Goetz 1965b u. 73). Der Mindestzeitraum für eine nicht nur vorübergehende Gesundheitsstörung mit MdE beträgt 96 Wochen. Stationäre Behandlung allein begründet keine Annahme einer Erwerbsunfähigkeit. Die Addition der einzelnen angegebenen MdE-Sätze verschiedener Schädigungsfolgen ist in der Regel nicht zulässig (s. Tabelle der Einschätzung der Körperschäden).

Eine *besondere berufliche Betroffenheit* besteht, wenn der Beschädigte seinen bisherigen Beruf nicht ausüben kann oder durch die Art der Schädigungsfolgen in einem erheblich höheren Grad im allgemeinen Erwerbsleben erwerbsgemindert

oder am weiteren Aufstieg im Beruf gehindert ist (SPRINGORUM 1969a).
Der *Vorausschaden* mit MdE muß bei der Einschätzung berücksichtigt werden. In einigen Fällen wendet man die Lohmüllersche Formel an. Sie lautet: $E = \frac{(Y - Z) \cdot 100}{A}$. Dabei bedeuten:

E = die zu ermittelnde entschädigungspflichtige MdE,
Y = Grad der nach der Schädigung bestehenden Gesamt-MdE,
Z = Grad der vorbestehenden MdE,
A = Grad der vorher bestehenden Erwerbsfähigkeit.

Hat an demselben Organsystem oder an der betroffenen Gliedmaße eine meßbare MdE bereits vorher bestanden, so ist die hinzugetretene MdE (Abzug der vorbestehenden MdE) von der jetzt bestehenden festzustellen. Tritt jedoch eine *besondere Beeinträchtigung* durch die Schädigungsfolgen hinzu, so ist die MdE höher zu bewerten, z. B. bei Armverlust durch Schädigungsfolge bei bestehender Funktionseinbuße der anderen Hand. Anderenfalls bleibt die MdE durch Schädigungsfolge von der vorbestehenden MdE unbeeinflußt. Eine *wesentliche Änderung* liegt vor, wenn für mehr als 6 Monate eine Veränderung der MdE um 10% eintritt, die MdE 25% erreicht oder unter diesen Satz sinkt. Maßgeblich ist die objektive Besserung oder Verschlechterung. Bei rezidivierenden Erkrankungen ist eine Besserung zurückhaltend zu beurteilen, z. B. bei der Osteomyelitis. Bei beantragter Kapitalabfindung sind die voraussichtliche dauernde MdE sowie die Lebenserwartung der versorgungsberechtigten Person einzuschätzen.
Die Beeinträchtigung der Erwerbsfähigkeit durch einen später auftretenden Nachschaden wird nicht berücksichtigt. Tritt ein Leidensgrund an die Stelle eines anderen (einer Schädigungsfolge), während das Leidensbild nach außen unverändert bleibt, besteht lediglich eine *Verschiebung der Wesensgrundlage eines Leidens,* ein Begriff, der nach Ansicht des BSG rechtlich nicht zu bewerten ist. Ein symptomloses Intervall muß nicht nachweisbar sein.

Beispiele: Für die Feststellung einer wesentlichen Änderung genügt auch in den Fällen, in denen das Krankheitsbild – äußerlich gesehen – weitgehend unverändert fortbesteht, einerseits die Feststellung, daß die wehrdienstbedingten Ursachen für die Anerkennung des Leidens völlig weggefallen (abgeklungen) sind, und andererseits die Feststellung, welche neue Ursache an ihre Stelle getreten ist; aus welchen Gründen im einzelnen die (anlagebedingte) neue Ursache zu dem Auftreten der Beschwerden geführt hat, ist somit nicht mehr aufzuklären (BSG v. 27. 7. 65).
Es wurde eine leichte Arthrose des Kniegelenkes nach Meniskektomie als Versorgungsleiden durch eine versorgungsunabhängige Versteifung des Kniegelenkes nach deform verheilter Tibiakopffraktur abgelöst.

Arbeitsunfähigkeit
Die Voraussetzungen für die Arbeitsunfähigkeit entsprechen denen der gesetzlichen Krankenversicherung unter Berücksichtigung des Zusammenhanges mit anerkannten Schädigungsfolgen.

Erwerbsunfähigkeit
Sie liegt bei einer Beeinträchtigung der Erwerbsfähigkeit um mehr als 90% vor. Hierbei ist die Eingruppierung in 5 *Schwerstbeschädigtenstufen* nach einem Punktsystem notwendig. Schwerbeschädigte – MdE 50% und mehr – erhalten eine Ausgleichsrente neben der Grundrente, wenn sie infolge ihres Gesundheitszustandes oder hohen Alters oder aus einem nicht von ihnen zu vertretenden Grunde eine ihnen zumutbare Erwerbstätigkeit nicht oder nur in beschränktem Umfang oder nur mit überdurchschnittlichem Kräfteaufwand ausüben können. Eine *Schwerstbeschädigtenzulage* erhalten diejenigen, bei denen die Addition bestehender Einzel-MdE die Summe von 100% erheblich überschreiten würde. Auch bei der Bemessung der *Pflegebedürftigkeit bzw. Hilfslosigkeit* ist eine Einstufung notwendig (§ 35 BVG). *Pflegezulage* wird gewährt, solange der Beschädigte so hilflos ist, daß er für die gewöhnlichen und regelmäßig wiederkehrenden Verrichtungen im Ablauf des täglichen Lebens in erheblichem Umfang dauernd fremder Hilfe bedarf. Die Voraussetzungen sind *nicht* erfüllt, wenn nur bestimmte Verrichtungen eine Hilfsperson erfordern, z. B. bei einer Frau mit einer Oberschenkelamputation (LSG Niedersachsen v. 10. 2. 70).

Arbeits- und Berufsförderung
Sie ist neben der medizinischen Rehabilitation eine der wesentlichen Aufgaben der Kriegsopferfürsorge.
Stirbt der Beschädigte an einer anerkannten Schädigungsfolge und bezog er zum Zeitpunkt des Todes Rente, so ist nur der ursächliche Zusammenhang zwischen *Tod* und anerkanntem Versorgungsleiden zu prüfen.

Wiedergutmachung

Leistungen nach dem Bundesentschädigungsgesetz sind im Sinne einer Wiedergutmachung auf den Personenkreis beschränkt, der den im Einzelfall von der Entschädigungsbehörde dem Gutachter bekannt zu gebenden Verfolgungsmaßnahmen ausgesetzt war (RAKUSCHER 1969).

Beweisführung, Kausalitätstheorie
Die Beweisführung muß im Vergleich zu anderen Rechtsgebieten erleichtert werden. Zwischen dem behördlich anerkannten *Verfolgungstatbestand* und dem *verfolgungseigentümlichen Schaden an Körper und Gesundheit* muß ein *adäquater wahrscheinlicher Zusammenhang* bestehen. Die hier gültige *Kausalitätsnorm der Adäquanztheorie*

(entsprechend dem Zivilrecht) besagt, daß jede Bedingung, die – unter optimaler Betrachtungsweise – nach menschlicher Voraussicht generell geeignet ist, den Erfolg herbeizuführen, als Ursache anzuführen ist. Eine ursächliche Bedingung ist nur dann relevant, wenn sie mit dem eingetretenen Erfolg in einem adäquaten Zusammenhang steht. Theoretisch genügt daher die Feststellung, daß nach aller Erfahrung eine bestimmte Ursachengruppe geeignet ist, die Entstehung des Leidens herbeizuführen. Die adäquate Verursachung wird verneint, wenn die Schädigung auf einer außergewöhnlichen Verkettung von Umständen beruht. In dem haftungsausfüllenden kausalen Zusammenhang zwischen Verfolgung und Schädigung genügen die Wahrscheinlichkeit und zunächst die *Rechtsvermutung,* wobei die Beweislast im Gegensatz zu den übrigen Rechtsbereichen auf die öffentliche Hand übertragen wird. Der ursächliche Zusammenhang zwischen Schädigung und Verfolgungsschaden muß jedoch *bewiesen* sein.

Beispiele: Eine Wirbelsäulentuberkulose wurde einige Jahre nach der Emigration aus Deutschland in ein südamerikanisches Land mit ungünstigen klimatischen und sozialen Verhältnissen als Verfolgungsschaden anerkannt.

Beschwerden im Bereich der Wirbelsäule bei einer Spondylose und idiopathischen Skoliose wurden nicht als Verfolgungsleiden anerkannt, da außer dem ungewohnten Tragen von Koffern bei der Emigration keine besondere Belastung der Wirbelsäule stattgefunden hatte.

Nach der Rechtssprechung sind bei der Beurteilung von *Vorschäden* im Sinne des BEG nur solche zu berücksichtigen, die Beschwerden ausgelöst haben, ärztliche Versorgung, Pflege oder Hilfe erforderten. Unberücksichtigt bleiben Vorschäden im Sinne gestörter oder regelwidriger Lebensvorgänge, die keinerlei Beschwerden auslösten, auch wenn bereits organisch-pathologische Veränderungen bestanden. Ein Krampfaderleiden, das zur Zeit der angeführten Schädigung und vorher keine Beschwerden verursachte, muß z. B. als Vorschaden unberücksichtigt bleiben; später auftretende Stauungserscheinungen wurden als Verfolgungsschaden anerkannt.

Ein Gesundheitsschaden im Sinne des BVG liegt erst vor, wenn sich klinisch faßbare Funktionsstörungen manifestiert haben. Bei wissenschaftlich ungeklärtem medizinischem Zusammenhang wurde die Kann-Versorgung entsprechend dem *Härteausgleich* des BVG eingeführt; auch hier werden die gleichen Krankheiten aufgeführt (RAUSCHELBACH 1969).

Verschlimmerung

Die Verschlimmerung eines Leidens ist zu bejahen, wenn sich sein Krankheitswert, d. h. die klinisch manifesten Funktionsstörungen, durch Gewaltmaßnahmen erhöht hat. Eine *abgrenzbare Verschlimmerung* ist anzunehmen, wenn der Krankheitswert ohne Änderung der Verlaufsrichtung eines Leidens erhöht wurde; wird der Krankheitswert erhöht und die Verlaufsrichtung des Leidens geändert, besteht eine *richtunggebende* Verschlimmerung. Das Leiden gilt dann als Verfolgungsschaden, ebenso wie ein anlagebedingtes durch Verfolgungsmaßnahmen *wesentlich mitverursachtes* Leiden *im Sinne der Entstehung.* Das Gleiche gilt auch für *mittelbare Schäden* (GÜNTZ 1957).

Durch einen Verfolgungsbedingten Ausfall der konservativen Behandlung eines degenerativen Wirbelsäulenleidens ohne zusätzliche äußere Überlastung kam es z. B. zu einer abgrenzbaren Verschlimmerung des Wirbelsäulenleidens für die entsprechende Zeit.

Hier wird zusätzlich die Kausalitätsnorm der wesentlichen Bedingung hinzugezogen, wobei als *wesentlich* bereits ein Viertel der Ursache oder der MdE-Werte gilt. Der gesamte bestehende Schaden ist einheitlich zu beurteilen und nicht entsprechend den Teilursachen aufzugliedern. Auch die Gesundheitsstörungen sind zu entschädigen, die aus der *seelischen Reaktion* des Betroffenen herrühren.

Hier sind. z. B. neurotische Reaktionen angegeben, wobei ein mitwirkendes Verschulden des Geschädigten zu berücksichtigen ist. Bei der Oberschenkelamputation einer Frau berücksichtigt eine Einschätzung der MdE von 90% auch seelische Begleitschäden.

Nachschaden

Ein Nachschaden kann den verfolgungsbedingten Schaden beeinflussen, da sich auch später erworbene Leiden auf den verfolgungsbedingten Körperschaden auswirken können; der verfolgungsbedingte Anteil der MdE muß jedoch von dem Anteil durch andere Leiden abgegrenzt werden. Die Beeinträchtigung durch den Verfolgungsschaden kann sich durch die *überholende Kausalität* verringern. So wird für einen Schaden, der mit an Sicherheit grenzender Wahrscheinlichkeit zu einem späteren Zeitpunkt auch ohne Verfolgung entstanden wäre, keine Entschädigung geleistet.

Heilbehandlung

Es sind außerdem die Notwendigkeit der Heilbehandlung, der orthopädischen Hilfen und von Heilverfahren zu beurteilen. Auf die Kosten des Heilverfahrens besteht Anspruch für das Verfolgungsleiden. Er wird bei Rentenanspruch wegen Schadens an Leben und Gesundheit u. U. auch auf nicht verfolgungsbedingte Leiden ausgedehnt.

Arbeitsunfähigkeit

Sie ist hier einer Beeinträchtigung der Erwerbsfähigkeit von mindestens 80% gleichzuachten, wobei die Erwerbsfähigkeit in bezug auf den ausgeübten *Beruf* festzustellen ist. Sonst ist die MdE nach der Beeinträchtigung der körperlichen und geistigen Leistungsfähigkeit im *allgemeinen Erwerbsleben* zu bemessen.

Minderung der Erwerbsfähigkeit

Neben der MdE ist die *Minderung der Leistungsfähigkeit* zu beurteilen. Sie wird nicht auf den Erwerb bezogen; sondern auf das gesamte Unvermögen des Verfolgten zu einer seiner individuellen Norm entsprechenden Ausübung körperlicher und geistiger Funktionen (einschließlich der Fortpflanzung). Anspruch auf Entschädigung besteht bei einer MdE von mindestens 25%. Bei einer einjährigen Konzentrationslagerhaft wird ohne weiteres angenommen, daß eine bestehende 25%ige MdE verfolgungsbedingt ist. Bei der Einschätzung der *MdE im allgemeinen Erwerbsleben* ist der vor der Verfolgung ausgeübte oder angestrebte Beruf zu berücksichtigen. Bei der Einschätzung der MdE sind die für die Kriegsopferversorgung geltenden Bewertungsmaßstäbe und Mindestsätze zu beachten. Ist die Erwerbsfähigkeit des Verfolgten neben der Beeinträchtigung durch verfolgungsbedingte Schädigung auch durch andere Ursachen gemindert, so wird bei der Bemessung der MdE nur der durch die Verfolgung bedingte Anteil zugrunde gelegt.

Eine *Neufestsetzung* ist möglich, wenn sich die Verhältnisse nachträglich so geändert haben, daß eine Änderung von 10% erforderlich würde. Eine Rente kann nur entzogen werden, wenn sie erschlichen wurde.

Eine Pflegezulage wird nicht gewährt.

Privatrechtliche Ansprüche und Versicherungsleistungen

Leistungen aufgrund privatrechtlicher Ansprüche entstehen bei Körperschäden durch Ereignisse, die im Bereich einer besonderen Gefährdung oder durch fremdes Verschulden entstanden sind. Das Risiko wird z. T. von Haftpflichtversicherungen übernommen.

Kausalitätstheorie

Es muß ein kausaler Zusammenhang zwischen dem *schädigenden Ereignis* und der *erfolgten Schädigung* bestehen. Im Zivilrecht gilt die Adäquanztheorie für die Beurteilung des ursächlichen Zusammenhanges, also nur die Bedingung, die mit dem eingetretenen Körperschaden in einem adäquaten Zusammenhang steht, d. h. allgemein erfahrungsgemäß geeignet ist, einen derartigen Schaden herbeizuführen (s. Erklärung im Bundesentschädigungsgesetz). Nach dem Bundesgerichtshof ist eine Begebenheit adäquate Bedingung eines Erfolges, wenn sie die objektive Möglichkeit eines Erfolges von der Art des eingetretenen generell in nicht unerheblicher Weise erhöht hat. Es sind alle zur Zeit des Eintritts der Begebenheit für einen optimalen Beobachter erkennbaren Umstände zu berücksichtigen sowie die dem Schädiger darüber hinaus noch bekannten Umstände. Die Prüfung ist unter Heranziehung des gesamten zum Zeitpunkt der Beurteilung zur Verfügung stehenden Erfahrungswissens vorzunehmen. Rechtsgründe entstehen durch die Haftung für Unrecht, die Verschuldenshaftung durch Vorsatz und Fahrlässigkeit und die Gefährdungshaftung durch Sach- oder Betriebsgefahr. Der *schädigende Grundtatbestand muß* dem medizinischen Gutachter mitgeteilt werden. Auch ein mittelbar verursachter Schaden kann bei einem adäquaten Zusammenhang zur Haftung führen. Der ursächliche Zusammenhang ist mit einem *an Gewißheit grenzenden Grad der Wahrscheinlichkeit* nachzuweisen. Dem Ersatzpflichtigen dürfen nur die Folgen einer Handlung oder Unterlassung zur Last gelegt werden, mit deren möglichem Eintritt nach allgemeiner Lebenserfahrung gerechnet werden kann. Folgen, mit deren Eintritt niemand zu rechnen pflegt und die unvorhersehbar sind, dürfen ihm nicht zugelastet werden. Als Grundtatbestand gelten die Tötung, die Verletzung des Körpers im Sinne jedes äußeren *Eingriffs in die körperliche Unversehrtheit* und die Verletzung der Gesundheit im Sinne der Störung innerer Lebensvorgänge – auch durch seelische Einwirkung (Reichenbach 1968).

Schadenersatz

Bei der Verschuldenshaftung sind für den Schadenersatz die Feststellung der *Heilungskosten* sowie die Einschätzung der *Minderung der Erwerbsfähigkeit* erforderlich, wobei nur der tatsächliche, konkret eingetretene oder zu erwartende Erwerbsausfall zu ersetzen ist; ggf. müssen auch Pflegebedürftigkeit und der *körperliche und seelische Schmerz* sowie die entgangene Lebensfreude beurteilt werden. Dieser vom Arzt festzustellende immaterielle Schaden führt zur Gewährung von Schmerzensgeld, dessen Höhe von der Rechtsinstanz bestimmt wird. Bei der Gefährdungshaftung kann Schmerzensgeld nicht verlangt werden (Bloemertz 1971).

Körperschäden infolge strafrechtlicher Tatbestände

Die Begutachtung erstreckt sich auf die medizinische Beurteilung des Körperschadens und des Zusammenhanges von strafrechtlichen anspruchsbegründenden bzw. rechtswidrigen und schuldhaften Tatbeständen auf die verursachte tatsächlich eingetretene Minderung der Erwerbsfähigkeit. Hieraus können Leistungen begründet sein.

Kausalitätstheorie

Zwischen dem vom Gericht angegebenen rechtswidrigen schädigenden *Tatbestand* und den *Schädigungsfolgen* muß ein *kausaler Zusammenhang* im *Sinne der Äquivalenztheorie* (Bedingungstheorie – nicht Theorie der wesentlichen Bedingung!) nachgewiesen werden. Es ist die Ursachenlehre der Gleichwertigkeit aller Bedingungen als Conditio sine qua non, Ursache und Wirkungen werden gegeneinander zur Klärung des Zusammenhanges abgewogen. Als Ursache ist jede Bedingung anzusehen, die nicht hinweggedacht werden kann, ohne daß der Erfolg entfiele; aber auch der außergewöhnliche, also inadäquate Verlauf des Kausalprozesses beseitigt die Ursächlichkeit nicht.

Beispiele: Ein prothesenversorgter Oberschenkelamputierter erhält einen nur mäßigen Stoß gegen die Brust, verliert infolge der Standunsicherheit das Gleichgewicht und stürzt. Die dabei entstandene Oberschenkelhalsfraktur ist Folge des Stoßes.
Ein Handkantenschlag auf den rechten Unterarm einer bisher gesunden Busschaffnerin führte zunächst zu einer geringen Hämatombildung. In der Folge entwickelte sich ein Morbus Sudeck mit Kontrakturen aller Gelenke der Hand und des Armes mit hochgradiger Funktionseinschränkung, die als Folge der Körperverletzung anzusehen ist.

Die medizinische Beurteilung soll *wissenschaftlich gesicherte Schlußfolgerungen* angeben oder den Kausalzusammenhang mit an Sicherheit grenzender Wahrscheinlichkeit begründen, da der Richter bei der Rechtsentscheidung von der Wahrheit der zugrundeliegenden Beweise überzeugt sein muß.

Einschätzung des Körperschadens

Die medizinische Einschätzung des Körperschadens erfolgt nach den Grundsätzen des Zivilrechts. Dabei wird die Schwere der Körperverletzung vom Gericht bewertet: leichte Körperverletzung, gefährliche Körperverletzung – auch das Leben gefährdende, schwere Körperverletzung mit Verlust eines wichtigen Gliedes des Körpers oder erheblicher Entstellung oder folgendem Siechtum, durch die Körperverletzung erfolgter Tod des Verletzten.

Ärztliche Haftpflicht

Die Arzthaftpflicht erfordert vom Gutachter nicht nur die Klärung des ursächlichen Zusammenhanges eines eingetretenen Körperschadens mit ärztlicher Handlung oder Unterlassung, sondern auch eine zusätzliche Stellungnahme, die die Schuldfrage betrifft (Bockelmann 1968, Jungmichel 1969, Kohlhaas 1969–1970b). Im orthopädischen und traumatologischen Fachgebiet geben meist operative Komplikationen und Infektionen nach intraartikulären Injektionen Anlaß, entsprechende Anschuldigungen zu erheben (Reichenbach 1970).

Anwendung oder Unterlassung bestimmter Heilverfahren

Indikation und Notwendigkeit der Anwendung oder Unterlassung bestimmter Heilverfahren beurteilt man auch in der Schulmedizin unterschiedlich, z. B. die Drahtcerclagen als Osteosyntheseverfahren (Friedebold 1964), die Indikation zur Osteosynthese bei offenen Frakturen, die manuelle Therapie und andere. Der Begriff „Kunstfehler“ wurde in einer Veröffentlichung bereits für die Unterlassung eines z. T. vom zugehörigen Autor entwickelten Osteosyntheseverfahren gebraucht, das von anderen Fachkollegen wegen bekannter Mängel nicht zur Anwendung gelangt. Der Begriff „Kunstfehler“ ist nicht im Gesetz definiert, deckt sich nicht mit Verschulden. „Anerkannte Regeln“ der ärztlichen Wissenschaft sind rechtlich ebenfalls nicht festgelegt.

Fehlerhaftes Verhalten

Verschulden ist objektiv pflichtwidriges und subjektiv vorwerfbares Verhalten eines Zurechnungsfähigen, das meist zum schädigenden Erfolg geführt hat. Es setzt einen Eingriff in eine fremde Rechtssphäre und die Vorhersehbarkeit des ersten schädlichen Erfolges (Schadens) voraus – nicht aber unbedingt den weiteren Schaden oder die Schadenshöhe. Die Unterlassung einer Röntgenuntersuchung bei klinisch nachweisbaren Fraktursymptomen kann z. B. ein Verschulden darstellen.

Vorsätzlich handelt, wer die Tat mit Wissen und Willen begeht und sich dabei bewußt ist, gegen ein Gesetz zu verstoßen oder sonst Unrecht zu tun. Für den Vorsatz ist es nicht erforderlich, daß der Handelnde den Erfolg gewünscht oder beabsichtigt hat. Auch der Beweggrund ist unerheblich.

Fahrlässig handelt, wer die im Verkehr erforderliche Sorgfalt außer acht läßt. Der Schädiger muß die Gefährlichkeit der unerlaubten Handlung kennen, und es muß ihm zumutbar sein, sich der Erkenntnis gemäß zu verhalten, d. h. die zur Verhinderung des Schadens erforderliche Maßnahme zu treffen. Kann er bei aller Aufmerksamkeit und Sorgfalt den Schaden nicht vermeiden, weil seine Kenntnisse und Fähigkeiten dazu nicht ausreichen, liegt keine Fahrlässigkeit vor. Zu beurteilen ist, ob das Tun und Unterlassen des Behandlers der *durchschnittlichen Sorgfalt* unter Berücksichtigung seiner besonderen Umweltverhältnisse und seines Lebenskreises entspricht; anderenfalls liegt Fahrlässigkeit vor. Der Grad der anzuwendenden Sorgfalt bestimmt sich nach den objektiven Gesichtspunkten, die nach der „Anschauung der Allgemeinheit“ erforderlich sind. Vom Schuldner wird verlangt, daß er so einsichtig und gewissenhaft handelt, wie es von einem Menschen seiner Bildung und Erfahrung erwartet werden kann. Fahrlässigkeit setzt *Vorhersehbarkeit* voraus, die als Erkenntnis der Gefährlichkeit der unerlaubten Handlung oder als sorgfaltswidrige Verkennung der Gefährlichkeit definiert wird.

Beispiel: Die wiederholte Benutzung einer Ampulle mit einem Lokalanästhetikum, die durch das Ansetzen einer Punktionsspritze unsteril wurde, kann bei intraartikulären Injektionen als mangelnde Sorgfalt mit den entsprechenden rechtlichen Konsequenzen bei der Entstehung eines Gelenkempyems angesehen werden; dabei bleibt der übrige Aufwand (sterile Handschuhe, sterile Abdeckung usw.) ohne Bedeutung.

Mangelhafte Aufklärung
Die Zahl der Verfahren wegen mangelhafter Aufklärung über die Behandlung nimmt zu, auch nach Komplikationen operativer Maßnahmen zur Beseitigung von Fehlformen und Fehlfunktionen. Einwilligung des Patienten in die vorgeschlagene Behandlung setzt Aufklärung über diese Behandlung voraus. Diese Aufklärung ist an keine Form gebunden. Der Arzt sollte sich die Überzeugung verschaffen, daß der Patient tatsächlich die notwendige Einsicht in die vorgesehene Behandlung und die damit verbundenen Probleme erlangt hat. Eine Komplikationsrate von ca. 4% wurde als „typische" Komplikation bezeichnet; diese Rate muß jedoch nicht immer gleich sein. Aufklärungspflicht besteht auch für andere mögliche Behandlungsverfahren. Rechtlich besteht jedoch in gewissen Grenzen eine Gleichwertigkeit aller Behandlungsverfahren, auch sogenannter Außenseitermethoden (ARBAB-ZADEH 1970).

Beispiel: Beim jüngeren Patienten ist vor dem operativen Ersatz des Hüftgelenkes durch eine Endoprothese eine Aufklärung auch darüber erforderlich, daß nach Jahren evtl. ein operativer Austausch der Endoprothese notwendig wird. Die Tatsache, daß in einem geringen Prozentsatz bei allen Operationen Infektionen eintreten, kann beim Laien als bekannt vorausgesetzt werden. Ist das Risiko der Infektion jedoch erhöht, z. B. beim Einsetzen der Endoprothese in einen früher infizierten Bezirk, so muß der Patient darüber informiert werden.

Schadenersatz
Ersetzt wird der konkrete individuelle *Körperschaden,* z. B. die tatsächliche *Erwerbsminderung.* Bei *Vorschäden* ist zu beurteilen, ob und in welchem Ausmaß krankheitsbedingte schadensfremde Gesundheitsstörungen hinsichtlich ihrer Leistungsminderung sich konkret ausgewirkt hätten, wäre das Schadensereignis nicht eingetreten, z. B. durch Fortschreiten der Vorerkrankung.
Ein Schädiger, der strafrechtlich eine Tat zu vertreten hat, muß deswegen noch nicht für den gleichen Schaden zivilrechtlich haften, da unterschiedliche Kausalitätsnormen bestehen.

Simulation und Aggravation

Vortäuschung einer Krankheit, die Simulation, kann im allgemeinen durch das Fehlen von objektivierbaren Symptomen bei gleichzeitig angegebenen uncharakteristischen, meist erheblichen Beschwerden erkannt werden. Objektivierbare Schmerzsymptome an der Wirbelsäule lassen sich bei mehrfacher Prüfung, z. B. an der Wirbelsäule, lokal konstant auf Druck oder durch Bewegungsprüfung nachweisen. Wurden begünstigende Verwaltungsakte durch Täuschung erschlichen, können sie auch im sozialgerichtlichen Verfahren widerrufen werden.
Die häufigere *Aggravation* ist anzunehmen, wenn die geklagten subjektiven Funktionsstörungen und Beschwerden in ihrem Ausmaß nicht dem erfahrungsgemäß zu erwartenden objektiven Befund entsprechen. Die individuelle Schmerzempfindlichkeit und konstitutionell bedingten besonderen vegetativen Reaktionen sowie die Leistungsbereitschaft sind bei der Beurteilung zu beachten.

Beispiel: Die Symptome der leichten objektiven Veränderungen der Wirbelsäule können sehr unterschiedlich sein. Sowohl hypermobile als auch hypomobile Bewegungssegmente können Beschwerden verursachen und, wenn sie benachbart sind, klinisch oft unerkannt bleiben; der Schmerz im Bereich der Wirbelsäule führt neurovegetativ bzw. reflektorisch zu individuell unterschiedlichen Reaktionen, die sich z. B. mit Hilfe von Durchblutungsmessungen nur relativ aufwendig objektivieren lassen. Konstitutionelle Schmerzempfindlichkeit oder aber Indolenz – beide bisher nicht ausreichend objektivierbar – beeinflussen die Leistungsfähigkeit (HOPF 1973). Es wird deutlich, daß hier der *Erfahrung* des Gutachters eine besondere Bedeutung beizumessen ist.

Artefakte

Artefakte stellen ein zusätzliches gerichtsmedizinisches Problem dar. Ein Unfall ist *vorsätzlich* herbeigeführt, wenn der Wille nach körperlicher Verletzung sowie das Bewußtsein vorhanden sind, daß der Erfolg ganz oder teilweise eintreten wird. Der (bedingte) Vorsatz ist auch dann gegeben, wenn der Versicherte den Erfolg seines Handelns zwar nicht unmittelbar beabsichtigte, aber als möglich voraussah und trotzdem handelte. Nicht erforderlich ist, daß der Unfall in betrügerischer Absicht herbeigeführt war (LSG Nordrhein-Westfalen vom 19. 12. 67).

Beispiel: Selbstbeschädigung durch Abschnürung am Oberarm mit vorgetäuschter Sudeck-Dystrophie und chronischem Ödem der Hand nach Mittelhandbruch (LSG Nordrhein-Westfalen vom 26. 10. 65).

Seelische Störungen

Das Vorliegen einer *Neurose* schließt die Leistungen der Versicherungen nicht aus. Allein ausschlaggebend ist, ob ihr rechtlich die Eigenschaft einer Krankheit zukommt. Der Krankheitsbegriff der Rentenversicherung umfaßt seelische Störungen, die der Versicherte aus eigener Kraft nicht überwinden kann (BSG v. 1. 7. 64). Das gleiche gilt für psychogen verursachte Lähmungen (LSG Bayern v. 14. 11. 60).

Schadensminderungspflicht

Entsprechend der Schadensminderungspflicht hat der Patient die Verpflichtung, z. B. gegenüber den Versicherungen, die Verletzungsfolgen behandeln zu lassen. Unabhängig davon darf der Arzt nicht gegen den Willen des Patienten handeln. Die Durchführung einer Operation oder einer diagnostischen Maßnahme ist *zumutbar,* wenn mit hinreichender Sicherheit folgende Voraussetzungen erfüllt sind:

1. Die Operation darf keinen erheblichen Eingriff in die körperliche Unversehrtheit bedeuten.
2. Die Operation darf nicht mit einer Gefahr für Leben und Gesundheit des Verletzten verbunden sein; unvorhersehbare Umstände, die eine solche Gefahr bedingen, bleiben außer Betracht.
3. Die Operation muß mit hinreichender Sicherheit die Aussicht bieten, daß durch sie eine erhebliche Steigerung der Erwerbsfähigkeit eintritt oder daß durch sie eine erhebliche Verschlimmerung verhindert wird.
4. Die Operation darf keine beträchtlichen oder übermäßigen Schmerzen verursachen. Ein gewisses Maß von Schmerzen muß der Verletzte auf sich nehmen.

Beispiel: Eine Strecksehnenverpflanzung am Daumen wurde als zumutbar bezeichnet (LSG Baden-Württemberg v. 28. 3. 67), auch eine Korrektur des Oberschenkelstumpfes (LSG Rheinland-Pfalz v. 31. 5. 57) oder eine Amputation des Zeigefingers (LSG Baden-Württemberg v. 20. 7. 66).

Der Kranke oder Verletzte hat das Recht zur Ablehnung eines Eingriffs oder einer ärztlichen Maßnahme, jedoch müssen dann bei Zumutbarkeit des Eingriffs Rechtsnachteile in Kauf genommen werden (Hauffe 1971).

Diagnostische Fehlerbreiten

Die Fehlerbreite der diagnostischen Methoden, die zur Unterstützung des medizinischen Gutachtens durchgeführt werden, ist oft erheblich und muß dem Gericht mitgeteilt werden. Das gilt besonders für neuere, mit eindrucksvollem technischem Aufwand ausgeführte Verfahren, da gerade diese oft eine hohe Quote der Fehlergebnisse aufweisen, die nicht allgemein bekannt ist (Düx u. Mitarb. 1972, Thorbau 1970). Selbst Umfangsmessungen sind erfahrungsgemäß nicht exakt miteinander vergleichbar. Liegen Umfangsdifferenzen der Beinmaße bei 2 cm, Meßvergleiche der Bewegungseinschränkungen von Gelenken bei etwa 10 Grad, dann ist das zuwenig, als daß es bei der Festsetzung des Versorgungsanspruches im Sinne einer Änderung entscheidend ins Gewicht fallen könnte (LSG Rheinland-Pfalz v. 29. 5. 67).

Anhang

Als feste Invaliditätsgrade werden bei der privaten Unfallversicherung bei Extremitätenverletzungen die fettgedruckten Werte unter Ausschluß des Nachweises eines höheren oder geringeren Grades angenommen. Auch die Werte der KOV sind durch die Richtlinien zum § 30 BVG als Mindestwert z. T. festgesetzt. Alle anderen nachstehenden MdE-Werte sind – daraus resultierende – Anhaltswerte. Die Tabelle wurde erstellt aufgrund anderer Tabellen und Angaben nach Bürkle de la Camp u. Schwaiger, Erdmann, Fischer, Herget, Mollowitz, Goetz, Günther, Maurath, Perret, Buck-Gramcko, Büchter, Carstensen, Huenges u. Mitarb., Koch, Krösl u. Zrubecky, Reichel u. Mitarb., Scheibe, Scherzer, Weller, Wilcke, Zimmermann.

Tabelle 1 *Durchschnittliche Rentensätze bei Unfallfolgen*

	Soziale U.V. (MdE (in %)	K.O.V.
1. Unfallfolgen im Bereich der Haut		
Narbenbildungen der Haut nach Verbrennungen, Ablederungen usw. ohne Berücksichtigung weiterer Schäden		
30% der Körperoberfläche betroffen	20–30	20–30
20% der Körperoberfläche betroffen	10–20	10–20
10% der Körperoberfläche betroffen	0–10	0–10
2. Unfallfolgen im Bereich des Brustkorbes		
Brüche des *Brustkorbs* (mehrere Rippen, Brustbein) ohne Funktionsstörungen	0–10	0
Funktionelle Ausfälle nach Brüchen und bei Defekten der Knochen des Brustkorbs	10–70	10–100
Interkostalneuralgie nach Rippenfrakturen	10–30	30
3. Unfallfolgen im Bereich des Beckens		
Fraktur des *Kreuzbeines* oder des *Steißbeines*	0	0
Eine oder mehrere Frakturen des *Darmbeines*	0–10	0–10
Eine oder mehrere Frakturen des *Schambeines*	0–20	0–20
Eine oder mehrere Frakturen des *Sitzbeines*	0–20	0–20
*Becken*ringbruch ohne Verschiebung	0–30	0–30
Beckenbruch mit grober Verschiebung der Beckenhälften	30–40	30–40
Breitklaffende Schamfugensprengung	30–40	30–40

Fortsetzung der Tabelle 1 s. S. 14.22

Tabelle 1 (Fortsetzung)

	Soziale U.V. (MdE (in %)	K.O.V.
4. Unfallfolgen im Bereich der Wirbelsäule		
Fraktur eines Dorn- oder Querfortsatzes	0	0–10
Keilförmiger Wirbelkörper-Kompressionsbruch ohne wesentliche Knickbildung, geheilt		
1. Jahr	10–20	10–20
2. Jahr	0	0
ebenso, geheilt mit erheblicher Knickbildung		
1. Jahr	20–30	20–30
2. Jahr	10–20	10–30
Voll ausgebildete WS-Verletzung stabil geheilt		
1. Jahr	20–30	20–30
2. Jahr	10	10
ebenso, instabil geheilt		
1. Jahr	30–40	30–40
2. Jahr	20–30	20–30
Luxationsfrakturen oder Luxationen, reponiert und stabil geheilt		
1. Jahr	20–30	20–30
2. Jahr	10	10
ebenso, unvollkommen reponiert in Fehlstellung stabil geheilt		
1. Jahr	20–30	20–30
2. Jahr	10	10
ebenso, instabil geheilt		
1. Jahr	30–40	30–40
2. Jahr	20	20
Traumatische Bandscheibensprengung, stabil geheilt		
1. Jahr	20–30	20–30
2. Jahr	10	10
ebenso, instabil geheilt		
1. Jahr	30–40	30–40
2. Jahr	20	20
Bandscheibenvorfall, operativ entfernt		
1. Jahr nach Operation	10	10
2. Jahr nach Operation	0	0
Wirbelbruch mit partieller Rückenmarkschädigung	80–100	80–100
Wirbelbruch mit Blasen-Mastdarm-Störung	80–100	80–100
Kyphose, je nach Schwere und Beschwerden	0–30	
Kyphoskoliose, je nach Schwere u. Beschwerden	0–50	
Osteoporose, Spondylose, Spondylarthrose	0–50	
Spondylolisthesis	0–50	
Bechterewsche Krankheit	30–100	30–100

5. Unfallfolgen im Bereich der Extremitäten

Anmerkung: Die Sätze gelten für den Gesamtverlust bei reizfreien belastungsfähigen Stumpfverhältnissen. Die rechte Hand wird als Gebrauchshand angenommen.

	Private U.V.		Soziale U.V.		K.O.V.	
	Bruchteil d. Schäd. Folge	% der Entschäd.-Summe	rechts %	links	rechts %	links
A. Obere Extremitäten						
Amputation Arm						
Verlust beider Arme oder Hände	1/1 + 1/1	100	100		100	
Verlust eines Armes mit Schultergürtel	1/1	70	80	75		
Verlust eines Armes im Schultergelenk	1/1 : A	70	75	65	80	80
Amputation Mitte Oberarm/Ellenbogengel.	1/1	65	70	60	70	70
Amputation Mitte Unterarm bei funktionstüchtigem Ellenbogengel.	1/1	60	60	50	50	50
Amputation im Handgelenk	1/1 : H	55	60	50	50	50

Tabelle 1 (Fortsetzung)

	Private U.V. Bruchteil d. Schäd. Folge	% der Entschäd.-Summe	Soziale U.V. rechts %	links	K.O.V. rechts %	links
Funktionsstörungen am Arm						
Volle Schultergelenksversteifung in Adduktion Erhaltene Beweglichkeit im Ellbogen- und Handgelenk	1/2 : A	35	40	30		
Teilversteifung im Schultergelenk, behinderte Innen- und Außenrotation, selbsttätig bis zur Waagrechten zu heben	1/4	17,5	30	20		25
Teilversteifung im Schultergelenk, selbsttätig bis 40° über die Waagrechte zu heben, freie Innen- u. Außenrotation	1/10–1/6	7–11,7	20	10		15
Versteifung des Schultergelenkes in *ungünstiger* Stellung oder mit gestörter Beweglichkeit des Schultergürtels	2/10–1/2	14–35	15–30	15–25	40–50	
Versteifung des Schultergelenkes in *günstiger* Stellung mit frei beweglichem Schultergürtel	1/5	14	20	10	30	30
Nicht eingerenkte Schulterverrenkung	1/2	35	40	30	40–50	
Habituelle Schulterverrenkung	1/10–1/5	7–14	20–30		20–30	
Schlottergelenk der Schulter	1/3–1/2	23,3–35	40	30	30–50	
Schlottergelenk der Schulter, in Verbindung mit Lähmung des Deltoideus, Knochendefekte im Gelenk	1/2	35	50	40	60–70	
Oberarmpseudarthrose, Tragen einer Hülse erforderlich, Teilversteifung benachbarter Gelenke	1/3–2/3	23,3–46,7	50	40	50	40
Bizepsabriß, je nach Funktionsrest						
oben	0	0				
unten	1/10–3/10	7–21	20	10		
Myositis ossificans, je nach Grad der Bewegungsbehinderung	1/5–1/1	14–70	30–60	30–60		
Versteifung des *Ellenbogengelenkes,* in Streckstellung in ungünstiger Stellung	1/3–1/2	23,3–35	30–50		30–50	
Versteifung des *Ellenbogengelenkes,* im rechten Winkel, in günstiger Stellung	1/3–2/5	23,3–28	30	20	30	30
Bewegungsfreiheit des Ellenbogengelenkes zwischen 90 + 150°	1/5–1/3	14,0–23,3	30	20	30–40	
Bewegungsmöglichkeit des Ellenbogengelenkes zwischen 45 + 90°	1/5–2/5	14–28	20	10	20–30	
Ellenbogenschlottergelenk, Hülse notwendig	1/2–2/3	35–46,7	50	40	40–50	
Oberarmpseudarthrose, fast freie Beweglichkeit	1/3–2/3	23,3–46,7	10–20	0–10		
Pseudarthrose am Unterarm, Hülse erforderlich	1/3–2/3	23,3–46,7	50	40	50	40
Pseudarthrose der Speiche	1/4–1/3	17,5–23,3	25	20	10–30	
Pseudarthrose der Elle	1/4–1/3	17,5–23,3	25	20	30	30
Pseudarthose des Ellenhöckers	1/10	7	10	10	10	10
Unterarmdrehbewegung aufgehoben, *in Mittelstellung*	1/5–1/3	14–23,3	30	20	30	30
Unterarmdrehbewegung aufgehoben, *in ungünstiger* Auswärtsdrehstellung	1/3–1/2	23,3–35	30	20	30	20
Teilweise Hemmung der Unterarmdrehbewegung	1/12–1/4	5,8–17,5	10–20	10	40	30
Mit *leichter Schiefstellung* verheilter Speichen- und Ellenbruch	1/10–1/5	7–14	0–10	–10	0–10	
Mit *stärkerer Schiefstellung* verheilter Speichen- und Ellenbruch	1/5–1/3	14–23,3	10–20	10	30	20
Rezidivierende Tendovaginitis	1/10–1/5	7–14	10–20	10–20		
Handgelenksversteifung in Streckstellung	1/4–1/3	17,5–23,3	30	20	30	20
Handgelenksversteifung in Fehlstellung	1/3–1/2	13,3–35	40	30	40	30

Tabelle 1 (Fortsetzung)

	Private U.V. Bruchteil d. Schäd. Folge	% der Entschäd.- Summe	Soziale U.V. rechts %	links	K.O.V. rechts %	links
Stärkere Bewegungsbehinderung im Handgelenk nach Speichenbruch	1/10–1/5 : A	7,0–14	20	10		
Teilweise Bewegungsbehinderung im Handgelenk nach Speichenbruch	1/12–1/6	5,8–11,7	10	0	30	20
Teilversteifung des Handgelenkes infolge Verletzungen oder Erkrankungen der Handwurzelknochen (Navikulare-Pseudarthrose, Lunatum-Malazie usw.) mit sekundärer Arthrose	2/10–4/10	14–28	30	20	20	30
Mondbeintod	1/6 : H	9,2	20	10		
Kahnbeinbruch, knöchern verheilt, geringe Kraft- und Bewegungseinschränkung	1/10–1/5	5,5–11	10	0		
Kahnbeinpseudarthrose	1/6–1/3	9,2–18,3	20	20		
Günstig verheilte Bennettsche Fraktur	1/20–1/12	2,8–4,6	10	0		
Schlecht verheilte Bennettsche Fraktur	1/12–1/4	4,6–13,8	20–25	10–20		
Deform verheilte Mittelhandbrüche mit freier Fingerbeweglichkeit	1/12–1/5	4,6–11,0	10	0		
Mittelhandbrüche mit Versteifung aller Langfinger	1/6–1/2	9,2–27,5	20–40	20–30		
Schlecht oder nicht verheilte Brüche eines oder mehrerer Mittelhandknochen mit sekundärer Beeinträchtigung der Beweglichkeit eines Fingers, mit Ausnahme des Daumens	2/10–5/10	12–30	10–30		10–30	
Lähmungen						
Lähmung des Deltamuskels und des Serratus oder Trapezius	1/7 A	10	30	25	30	30
Vollständige Plexuslähmung	1/1	70	75	70		
Erbsche Lähmung obere Plexuslähmung	3/10–1/2	21–35	30–40	25–30		
Klumpkesche Lähmung, untere Plexuslähmung	3/10–1/2	21–35	60	50		
Lähmung des N. axillaris	1/6–1/5	11,7–14	30	20		
Lähmung des N. thoracicus longus	1/5–3/10	14–21	20	20		
Kausalgie des Armes, je nach Schwere	1/2–1/1	35–70	40–60	40–60		
Hohe volle Radialislähmung	2/5–1/2	28–35	40	30	30	30
Volle Medianuslähmung	1/3–1/2	23,3–35	40	35	40	40
Hohe volle Ulnarislähmung	1/3–1/2	23,3–35	40	30	40	30
Lähmung des Medianus und Ulnaris	1/1	70	50	40	50–60	
Lähmung des Ulnaris und Radialis	1/1	70	60	50	50–60	
Lähmung des Radialis, Medianus und Ulnaris	1/1	70	80	70	70–80	
Lähmung des Medianus, *mit starken trophischen Störungen* und evtl. Geschwüren	1/1	70	50–60	50–60	50–60	
Partielle Radialis-, Medianus- oder Ulnarisparese	1/12–1/4	5,8–17,5	20	10–20		
Gliedverluste und Funktionsstörungen der Finger						
Daumen:						
Verlust des ersten Mittelhandknochens und Daumens	2/5 : H	22	25	20	30	30
Verlust des Daumens, Mittelhandknochen erhalten	**1/1 : D**	**20**	25	15	25	
Verlust des Daumenendgliedes	**1/2**	**10**	0	0	0–10	
Teilweise Bewegungsbehinderung des Daumenend- u. Grundgelenkes	**1/10–1/4**	**2–5**	0–5	0–5		
Versteifung des Daumen*end*gelenkes in Streckstellung	**1/2**	**10**	0–10	0–10	0–10	0–10
Versteifung des Daumen*grund* gelenkes in Streckstellung	**1/2**	**10**	10	0–10	10–20	10–20

Tabelle 1 (Fortsetzung)

	Private U.V. Bruchteil d. Schäd. Folge	Private U.V. % der Entschäd.-Summe	Soziale U.V. rechts %	Soziale U.V. links	K.O.V. rechts %	K.O.V. links
Versteifung des Daumengrundgelenkes in 45–90° Bewegung	$^{3}/_{5}$: D	12	15	10		
Versteifung beider Daumengelenke und des ersten Mittelhandgelenkes	$^{1}/_{1}$	20	25	20	20–30	
Versteifung des End- und Grundgelenkes des Daumens	$^{1}/_{1}$	20	15	10		
Versteifung des Daumensattelgelenkes in Opposition	$^{1}/_{2}$	10	10	0		
Versteifung des Daumensattelgelenkes in ungünstiger Stellung	$^{1}/_{1}$	20	20	10		
Zeigefinger:						
Verlust des ganzen Zeigefingers	$^{1}/_{1}$: ZF	10	10	0	10	
Verlust des Zeigefingerendgliedes	$^{1}/_{3}$	3,3	0	0		
Verlust des Zeigefingerend- und -mittelgliedes	$^{2}/_{3}$	6,6	0–5	0		
Strecksehnenabriß am Endglied	$^{1}/_{10}$–$^{1}/_{5}$	1–2	0	0		
Geringe Streck- und Beugebehinderung eines Fingergelenkes	$^{1}/_{10}$–$^{1}/_{5}$	1–2	0	0		
Versteifung in Beugestellung	$^{1}/_{1}$	10	10	10		
Versteifung in Streckstellung	$^{1}/_{1}$	10	10–20	10–20		
Verlust des Mittel-, Ring- oder Kleinfingers:	$^{1}/_{1}$: F	5	10	0	0–10	
Versteifung aller Gelenke eines Fingers	$^{1}/_{1}$	5	10	10		
Endoprothese eines Fingergelenkes	$^{1}/_{2}$	2,5	0–10			
Verlust von zwei Fingern:						
Daumen und Zeigefinger	je $^{1}/_{1}$	30	30	25	30	30
Daumen und Mittelfinger	je $^{1}/_{1}$	25	30	25	30	30
Daumen und Ringfinger	je $^{1}/_{1}$	25	25	20	30	30
Daumen und Kleinfinger	je $^{1}/_{1}$	25	25	20	30	30
Zeige- und Mittelfinger	je $^{1}/_{1}$	15	30	20	30	30
Zeige- und Ringfinger	je $^{1}/_{1}$	15	25	20	30	20
Zeige- und Kleinfinger	je $^{1}/_{1}$	15	25	20	30	20
Mittel- und Ringfinger	je $^{1}/_{1}$	10	25	20	30	20
Mittel- und Kleinfinger	je $^{1}/_{1}$	10	25	20	30	20
Ring- und Kleinfinger	je $^{1}/_{1}$	10	20	15	30	20
Geringe Streck- und Beugebehinderung an 2 Fingern: 3., 4. oder 5. Finger	je $^{1}/_{10}$–$^{1}/_{5}$	1–5	0–10			
Verlust von 3 Fingern:						
1.–3. Finger	je $^{1}/_{1}$	35	45	40	40	40
2.–4. Finger	je $^{1}/_{1}$	20	40	35	30–40	
3.–5. Finger	je $^{1}/_{1}$	15	30	25	30–40	
2., 4. und 5. Finger	je $^{1}/_{1}$	20	35	30	30–40	
1., 2. und 4. Finger	je $^{1}/_{1}$	35	45	40	40	40
1., 2. und 5. Finger	je $^{1}/_{1}$	35	40	35	40	40
2., 3. und 5. Finger	je $^{1}/_{1}$	20	35	30	30–40	
1., 4. und 5. Finger	je $^{1}/_{1}$	30	35	30	40	40
Gröbere Streck- und Beugebehinderung eines oder aller Fingergelenke an drei Fingern (außer Daumen und Zeigefinger)	je $^{1}/_{5}$–$^{1}/_{1}$	3,0–15	10–20	10	20–30	
Geringe Streck- und Beugebehinderung an drei Fingern:	je $^{1}/_{5}$–$^{1}/_{1}$	3,0–15	0	0	10–20	
Fingerkontrakturen infolge Nerven- und Sehnenverletzungen an mehr als zwei Fingern, insbesondere unter Einschluß des Daumens: je	$^{1}/_{2}$–$^{1}/_{1}$	5,0–30	30	20		
Verlust von vier Fingern:						
1.–4. Finger	je $^{1}/_{1}$	40	45	45		45
2.–5. Finger	je $^{1}/_{1}$	25	45	40		40

Tabelle 1 (Fortsetzung)

	Private U.V. Bruchteil d. Schäd. Folge	% der Entschäd.-Summe	Soziale U.V. rechts %	links	K.O.V. rechts %	links
1., 3., 4. und 5. Finger	je 1/1 F	35	50	45		45
1., 2., 4. und 5. Finger	je 1/1	40	50	40		
1., 2., 3. und 5. Finger	je 1/1	40	50	40		
Verlust aller Finger an einer Hand	je 1/1	45	50	45	50	50
Alle Finger an beiden Händen	je 1/1	90	80			90
Durchtrennung beider Fingernerven, ist dem Verlust des Fingers gleichzusetzen	je 1/1					
Durchtrennung des ellenseitigen Daumennervs	1/2	10	15	10		
Durchtrennung des speichenseitigen Zeigefinger- oder Mittelfingernervs	je 1/2	5–2,5	10	10		
Durchtrennung des ellenseitigen Kleinfingernervs	1/2	2,5	10	10		
Durchtrennung eines anderen Fingernervs			0	0		
B. Untere Extremitäten						
Amputation Bein						
Verlust eines Armes und eines Beines	je 1/1: B	100	100		100	
Verlust beider Oberschenkel	je 1/1	100	100		100	
Exartikulation im Hüftgelenk	1/1 : B	70	80		80	
Kurzer Oberschenkelstumpf	1/1	70	70		80	
Oberschenkelstumpf *oberhalb* Oberschenkelmitte	1/1	70	60		70–80	
Oberschenkelstumpf *unterhalb* Oberschenkelmitte	1/1	60	60		70	
Kurzer Gritti-Stumpf	1/1	60	60		70	
Langer Gritti-Stumpf	1/1	60	50–60			
Exartikulation im Kniegelenk	1/1	50	50–60			
Verlust beider Unterschenkel bei funktionstüchtigen Kniegelenken und günstigen Stumpfverhältnissen	1/1 + 1/1	100	70		80	
Verlust eines Unterschenkels bis unterhalb des Knies oder mit *ungünstigem* Stumpf oder Störung der Funktion des Knie- u. Hüftgelenkes	1/1	50	50–60		50	
Verlust eines Unterschenkels bei *günstigem* Stumpf, funktionstüchtigem Kniegelenk und gutem Gang mit Körperersatzstück	1/1	45	40		40	
Unterschenkelstumpf *unter 6 cm*	1/1	50	50			
Mittellanger und kurzer Unterschenkelstumpf oberhalb Mitte	1/1	50	40			
Lähmungen						
Man unterscheidet zwischen Lähmung oder Teillähmung (Parese) *ohne* oder *mit* trophischen Störungen.						
Lähmung des N. ischiadicus	4/5–5/5 B	56–70	50		50	
Lähmung des M. glutaeus maximus (N. glutaeus inferior)	1/5–2/5	14–28	20–30		20–30	
N. glutaeus superior	1/10–2/10	7–14	15–25		20–30	
Nn. glutaeus medius und minimus	1/10–2/10	7–14	15–25		20–30	
Hüftbeuger	1/10–2/10	7–14	15–25		20–30	
N. femoralis	1/5–3/5	14–21	30–40		30–40	
N. tibialis	1/5–3/5	14–21	25		20–40	
N. fibularis	1/3–1/2	23,3–35	25		30–40	
Nn. tibialis und fibularis	4/5	56	40		50	
Völlige Gebrauchsunfähigkeit eines Beines – infolge schwerer Durchblutungsstörung, schwerer nervoser Storung, fehlender Motorik etc. –	1/1	70	80		80	
Neuritis des N. ischiadicus	1/5–3/5	14–42	20–50			
Kausalgie des Beines	1/5–3/5	14–42	20–50			

Tabelle 1 (Fortsetzung)

	Private U.V. Bruchteil d. Schäd. Folge	% der Entschäd.-Summe	Soziale U.V. rechts %	links	K.O.V. rechts %	links
Funktionsstörungen am Hüftgelenk						
Versteifung *eines Hüftgelenkes* in *günstiger* Stellung	$^1/_5$–$^2/_5$: B	14–28	30		30	
Versteifung *eines Hüftgelenkes* in *ungünstiger* Stellung	$^2/_3$–$^3/_4$	46,7–52,5	30–50		40–60	
Versteifung *beider* Hüftgelenke	$^1/_2$ + $^1/_2$	70	70–80		80	
Schmerzfreie Bewegungseinschränkung des Hüftgelenkes nach Schenkelhalsbruch	$^1/_3$–$^2/_3$	23,3–46,7	20–30			
Schmerzhafte Arthrosis deformans des Hüftgelenkes	$^1/_5$–$^3/_5$	14–42	30–60		30–60	
Pseudarthrose des des Schenkelhalses ohne Apparat	$^3/_5$	42	50		50	
Pseudarthrose des Schenkelhalses mit entlastendem Apparat	$^1/_1$	70	60–70		60–70	
Hüftgelenksresektion mit schweren Funktionsstörungen	$^1/_1$	70	60–70		50–80	
Nicht behobene Hüftgelenksluxation	$^1/_1$	70	60			
Schnappende Hüfte mit Standschwäche	$^1/_2$–$^3/_5$	35–42	25		25	
Tuberkulose des Hüftgelenkes:						
a) fsortschreitend	$^1/_1$	70	100		100	
b) ausheilend	$^1/_1$	70	50–80		50–80	
c) klinisch ausgeheilt	$^1/_5$–$^3/_5$	14–42	30–40		30–40	
Ersatz eines Hüftgelenkes bei optimaler Funktion durch eine						
Totalendoprothese	$^1/_3$	23	20		20	
Teilendoprothese	$^4/_7$	40	30		30	
Funktionsstörungen am Oberschenkel						
Oberschenkelpseudarthrose, Schienenhülsenapparat erforderlich	$^4/_5$–$^1/_1$: B	56,0–70	50–80		50–80	
Oberschenkelbruch verheilt, mit Verkürzung:						
a) bis zu 4 cm	$^1/_{10}$–$^3/_{10}$	7–21	10		0–10	
b) bis zu 6 cm	$^1/_5$–$^4/_{10}$	14–28	20		10–20	
c) über 6 cm	$^1/_2$–$^4/_5$	35–56	30		20–30	
Faszienlücke, Muskelhernie am Oberschenkel	$^1/_{10}$	7	0–10		0–10	
Hühnereigroßes Aneurysma der A. femoralis – je nach Schwere der Durchblutungsstörung und nach der Funktion des Beines	$^1/_2$–$^1/_1$	35–70	30–40			
Osteomyelitis des Oberschenkels	$^1/_5$–$^1/_1$	14–70	10–50			
Funktionsstörungen der Kniegelenke						
Versteifung beider Kniegelenke	$^1/_2$+$^1/_2$=$^1/_1$	70	80		80	
Versteifung eines Kniegelenkes:						
in 10°-Stellung	$^2/_5$–$^3/_5$	28–42	30		30	
in 20°-Stellung	$^1/_2$	35	40		40	
in 30°-Stellung	$^4/_5$	56	50		50–60	
Teilversteifung des Kniegelenkes:						
a) Bewegungsausschlag 20–90°	$^1/_4$–$^1/_3$	17,5–23,3	25		20–30	
b) Bewegungsausschlag 0–90⇒	$^1/_5$–$^1/_4$	14–17,5	15–20		20	
c) Bewegungsausschlag 0–70°	$^1/_{10}$	7	10		10	
Kniegelenkschwäche, leichte Lockerung des Bandapparates ohne Kappe und Stützapparat	$^1/_5$–$^3/_{10}$	14–21	20		20	
Knieschlottergelenk mit Stützapparat	$^2/_5$–$^3/_5$	28–42	30–50		30–50	
Restschaden nach Meniskus- oder Kreuzbandverletzung	$^1/_{10}$–$^1/_2$	7–35	10–30			
Freier Körper im Kniegelenk	$^1/_{10}$–$^3/_{10}$	7–21	10–30			
Kniescheibenbruch mit guter Funktion (auch nicht knöchern verheilt)	$^1/_{10}$–$^3/_{10}$	7–21	10–20		10–20	

Tabelle 1 (Fortsetzung)

	Private U.V. Bruchteil d. Schäd. Folge	% der Entschäd.-Summe	Soziale U.V. rechts %	links	K.O.V. rechts %	links
Kniescheibenbruch mit Streckschwäche usw., Gelenklockerung, Arthrose	$^{2}/_{5}$–$^{4}/_{5}$ B	28–56	20–40		20–40	
Arthrose des Kniegelenkes nach Tibiakopfbruch, je nach Funktion und Grad der Bewegungseinschränkung	$^{1}/_{5}$–$^{1}/_{2}$	14–35	10–30		10–30	
Arthrosis deformans des Kniegelenkes:						
a) leicht bis mittelschwer	$^{1}/_{10}$–$^{2}/_{5}$	7–28	10–30		10–30	
b) mittelschwer bis schwer	$^{1}/_{2}$–$^{1}/_{1}$	35–70	30–50		30–50	
Synovitis des Knies, Synovitis chronica, rezidivierende Form	$^{2}/_{5}$–$^{4}/_{5}$	28–56	30–50			
Tuberkulose des Kniegelenkes:						
a) fortschreitend	$^{1}/_{1}$	70	100		100	
b) ausheilend	$^{1}/_{1}$	70	50–60		50–60	
c) klinisch ausgeheilt, je nach Funktion	$^{1}/_{5}$–$^{1}/_{2}$	14–35	20–30		20–30	
Kniegelenksresektion, Verkürzung unter 4 cm in günstiger Gebrauchsstellung	$^{1}/_{2}$–$^{4}/_{5}$	35–56	30		30	
Intraartikuläre Fraktur des Kniegelenkes, deform ausgeheilt	$^{2}/_{5}$–$^{3}/_{5}$	28–42	30–50		30–50	
Stärkeres X-Bein, entsprechend der funktionellen Störungen	$^{1}/_{5}$–$^{2}/_{5}$	14–28	20–40		20–40	
Stärkeres O-Bein, entsprechend der funktionellen Störungen	$^{1}/_{5}$–$^{2}/_{5}$	14–28	20–40		20–40	
Stärkeres Genu recurvatum, je nach Gelenkveränderungen	$^{1}/_{5}$–$^{2}/_{5}$	14–28	20–40		20–40	
Ersatz eines Kniegelenkes bei optimaler Funktion:						
a) Totalendoprothese	$^{1}/_{2}$	35	30		30	
b) Teilendoprothese	$^{1}/_{10}$–$^{1}/_{2}$	7–35	10–30		10–30	
Funktionelle Störungen am Unterschenkel						
Unterschenkelbruch, verheilt, gute Stellung, Normalfunktion des Knie- und Fußgelenkes	$^{1}/_{10}$–$^{2}/_{5}$ B	7–28	0–10			
Unterschenkelbruch, verheilt;						
a) Verkürzung 2–4 cm	$^{1}/_{10}$–$^{1}/_{3}$	7–23,3	0–10			
b) Verkürzung bis 6 cm	$^{1}/_{5}$–$^{1}/_{2}$	14–35	10–20			
c) Verkürzung über 6 cm	$^{1}/_{2}$–$^{4}/_{5}$	35–56	20–30			
Unterschenkelpseudarthrose:						
Stützapparat notwendig	$^{1}/_{2}$–$^{4}/_{5}$	35–56	40–50		40–50	
straff verheilt	$^{2}/_{10}$–$^{1}/_{2}$	14–35	10–30		10–30	
Deform verheilter Unterschenkelbruch	$^{1}/_{10}$–$^{2}/_{5}$	7–28	10–25		10–30	
Chronische Osteomyelitis des Unterschenkels:						
a) *ohne Fistel*	$^{1}/_{5}$–$^{2}/_{5}$	14–28	20–40			
b) *mit Fistel*	$^{1}/_{2}$–$^{4}/_{5}$	35–56	20–50			
Amputationen am Fuß						
Verlust eines Fußes	**$^{1}/_{1}$:F**	**40**	40		**40**	
Pirogoff-Stumpf mit Ferse	**$^{1}/_{1}$**	**30**	30		40	
Pirogoff-Stumpf, beidseitig	**je $^{1}/_{1}$**	**60**	60–70		60	
Chopart-Stumpf, einseitig	**$^{1}/_{1}$**	**30**	35		35	
Chopart-Stumpf, beidseitig	**je $^{1}/_{1}$**	**60**	50		50	
Lisfranc-Stumpf	**$^{1}/_{1}$**	**30**	30		30	
Chopart- oder Lisfranc-Stumpf:						
mit Fehlstellung, einseitig	**$^{1}/_{1}$**	**30**	30–40		30–40	
mit Fehlstellung, beidseitig	**je $^{1}/_{1}$**	**60**	50–60		50–60	
Verlust der Großzehe	**$^{1}/_{1}$:GZ**	**5**	0		0	
Verlust der drei ersten Zehen	**je $^{1}/_{1}$**	**9**	15		10	
Verlust aller Zehen an einem Fuß	**je $^{1}/_{1}$**	**13**	20		20	
Verlust aller Zehen an beiden Füßen	**je $^{1}/_{1}$**	**26**	30		30	
Verlust einer Zehe (2., 3., 4. oder 5. Zehe)	**$^{1}/_{1}$:Z**	**2**	0		0	

Tabelle 1 (Fortsetzung)

	Private U.V.		Soziale U.V.		K.O.V.	
	Bruchteil d. Schäd. Folge	% der Entschäd.-Summe	rechts %	links	rechts %	links
Verlust der Großzehe mit Teil des Metatarsale I	1/5 Fuß + 1/1 Zehe	=6+5=11	20		10–20	
Funktionsstörungen am Fußgelenk						
Knöchelfraktur, gut verheilt	1/10–2/10 : F	4–8	0–20		–20	
Knöchelfraktur, mit Verbreiterung der Knöchelgabel, Arthrose	1/2–3/5	20–24	20–40		40	
Versteifung des oberen Sprunggelenkes:						
im rechten Winkel	1/3	13,3	20		30	
in Spitzfußstellung	2/5	26,7	30		30–40	
in starker Spitzfußstellung	1/1	40	40–50			
in Spitz- oder Hackenstellung	1/2–1/1	20–40	30–40			
Teilversteifung im Fußgelenk nach Innen- und Außenknöchelbruch	1/10–3/5	4–24	10–30			
Fußgelenksarthrose nach Gelenkbrüchen	1/5–2/5	8–16	10–30			
Versteifung des Rückfußes durch subtalare Arthrodese	1/4	10	15		15	
Versteifung des Rückfußes und Vorfußes (subtalare u. Chopart-Arthrodese)	1/3	13,3	25		25	
Versteifung des oberen und unteren Sprunggelenkes	3/4	30	30		30	
Versteifung des Vorfußes	1/5	8	1010			
Traumatischer Klumpfuß, je nach Belastungsstörung	2/5–3/5	16–24	30–40		20–40	
Traumatischer Plattfuß, je nach Schwere	1/2–4/5	20–32	0–30		10–40	
Traumatischer Hohlfuß, je nach Schwere	2/5–3/5	16–24	0–30		10–30	
Funktionsstörungen am Fuß						
Einfacher Fersenbeinbruch	1/10–1/3 : F	4–13,3	10–20		10–20	
Schwerer Fersenbeinbruch, Fehlstellung, orthopädische Schuhe erforderlich	2/5–4/5	16–32	20–40		30–40	
Schwerer Fersenbeinbruch, Fehlstellung beidseitig	je 2/5–4/5	32–64	30–60		30–60	
Fraktur des Talus mit starker Zusammenstauchung des Knochens und erheblicher Arthrose	2/5–4/5	16–32	20–40		30–40	
Kahnbeinbruch mit Zusammenstauchung des Knochens und sekundärer Arthrose	2/5–4/5	16–32	20–30		30	
Mittelfußbrüche, gut verheilt	1/10–2/10	4–8	0–10		0–10	
Mittelfußbrüche, schlecht verheilt (fixierter Spreizfuß)	1/5–3/5	8–24	10–30		10–30	
Versteifung der Großzehe in Überstreckstellung	2/5	8	15		20	
Versteifung der Großzehe in Mittelstellung	1/5	8	0		10	
Versteifung der Zehen 1–5 in Krallenstellung	1/5–2/5	8–16	20–20		10–20	
Narben der Fußsohlen mit Störung der Belastungsfähigkeit	1/5–1/2	14–35	10–30			
Narben nach größeren Substanzverlusten der Ferse und Fußsohle	1/5–3/5	14–42	10–30			
Durchblutungsstörungen						
Arterielle Durchblutungsstörung eines Beines bei:						
Gehstrecke über 300 m	1/10–1/2 : B	7–35	20–40			
Gehstrecke unter 300 m	1/1	70	30–60			
trophischen Störungen	1/1	70	70			
Chronische Schwellneigung des Beines nach Thrombose	1/10–1/2	7–35	20–40			

Tabelle 1 (Fortsetzung)

	Private U.V. Bruchteil d. Schäd. Folge	% der Entschäd.-Summe	Soziale U.V. rechts %	links	K.O.V. rechts %	links
Chronische Schwellneigung des Beines mit Geschwüren od. Geschwürsneigung	$^1/_{10}$–$^3/_5$: B	7–42	20			
Chronische Schwellneigung mit Ekzembildung	$^1/_{10}$–$^1/_2$	7–35	20–30			

Literatur

Alnor, P. C., R. Herget, J. Seusing: Drucklufterkrankungen. Barth, München 1964

Arbab-Zadeh, A.: Die ärztliche Aufklärungspflicht. Act. ochir. 5 (1970) 33

Baader, E. W.: Klinische Grundlagen der 46 meldepflichtigen Berufskrankheiten, 5. Aufl. Urban & Schwarzenberg, München 1960

Baader, E. W.: Handbuch der gesamten Arbeitsmedizin, Bd. II. Urban & Schwarzenberg, München 1961

Berquet, K. H.: Vorsorgeuntersuchungen, insbesondere Jugendarbeitsschutzgesetz. Die Wirbelsäule in Forschung und Praxis, Bd. 55, hrsg. von H. Junghanns, Hippokrates, Stuttgart 1972

Bethge, J. F. J.: Unfallfolgen bei vorbestehenden Knochenerkrankungen. H. Unfallheilk. 14 (1968) 144

Billenkamp, G.: Körperliche Belastung und Spondylosis deformans. Fortschr. Röntgenstr. 116 (1972) 211

Blankenburg, H.: Posttraumatische Versteifung des Hüftgelenkes, ihre Begutachtung und Rehabilitation. Beitr. Orthop. Traum. 17 (1970) 509

Bloemertz, G. B.: Die Schmerzensgeldbegutachtung, 3. Aufl. de Gruyter, Berlin 1971

Bockelmann, P.: Strafrecht des Arztes. Thieme, Stuttgart 1968

Braun, W.: Ursachen des lumbalen Bandscheibenvorfalles. Wirbelsäule in Forschung und Praxis, Bd. 43, hrsg. von H. Junghanns. Hippokrates, Stuttgart 1969

Brecht, T.: Zur Beurteilung der obliterierenden Angiopathie der Extremitäten und der Zusammenhangsfragen bei Kälte und Traumawirkung. Med. Sachverst. 62 (1966) 143

Büchter, L.: Begutachtungsfragen nach Handverletzungen. Zbl. Chir. 98 (1973) 363

Buck-Gramcko, D., Ch. Dennhardt: Zur Begutachtung der Handverletzungen. Mschr. Unfallheilk. 73 (1970) 474

Buggi, B.: Atypische Veränderungen der Handgelenksknochen bei Preßluftwerkzeugarbeitern. Fortschr. Röntgenstr. 117 (1972) 346

Bürkle de la Camp, H., M. Schwaiger: Handbuch der gesamten Unfallheilkunde. Enke, Stuttgart, 1973

Carstensen, E.: Begutachtung von Handverletzungen im Hinblick auf diagnostische Fähigkeiten der menschlichen Hand. Mschr. Unfallheilk. 67 (1964) 11

Diethelm, L.: Skeletanatomie. In: Handbuch der medizinischen Radiologie, Bd. IV, hrsg. von L. Diethelm, F. Heuck, O. Olsson, K. Ranniger, F. Strnad, H. Vieten, A. Zuppinger. Springer, Berlin 1970

Diethelm, L.: Röntgendiagnostik der Skeleterkrankungen. In: Handbuch der medizinischen Radiologie, Bd. V, hrsg. von L. Diethelm, F. Heuck, O. Olsson, K. Ranniger, F. Strnad, H. Vieten, A. Zuppinger. Springer, Berlin 1973

Düx, A., G. Esser. E. Bücheler, W. Valensieck, H. Lenz: Einbeziehung spezieller radiologischer Untersuchungsmethoden in die Begutachtung. Chirurg 43 (1972) 304

Erdmann, H.: Die Begutachtung der verletzten Wirbelsäule. In: Wirbelsäule in Forschung und Praxis, Bd. 40, hrsg. von H. Junghanns, Hippokrates, Stuttgart 1968

Erdmann, H.: Probleme der Vorerwerbsbeschränkung bei der Begutachtung der Wirbelsäule. Arch. orthop. Unfall-Chirur. 70 (1971 a) 152

Erdmann, H.: Trauma und degenerative Wirbelsäulenveränderungen. Act. Traumatol. 1 (1971 b) 1963

Erdmann, H.: Die Bedeutung des Schweregrades der Halswirbelverletzung (Anfangsbefund und spätere Begutachtung). H. Unfallheilk. 110 (1972) 56

Erdmann, H., J. Probst, W. Arens, P. Hinz: Über Unfallschäden an den Wirbelbogengelenken der Halswirbelsäule. Mschr. Unfallheilk. 76 (1973) 498

Faubel, W.: Die Begutachtung posttraumatischer Arthrosen. H. Unfallheilk. 110 (1972) 217

Faubel, W.: Zur Begutachtung von Schäden an der Wirbelsäule. Med. Sachverst. 69 (1973) 16

Fischer, A. W., R. Herget, G. Mollowitz: Das ärztliche Gutachten im Versicherungswesen, 3. Aufl. München 1968

Freude, A. D., A. Scholz: Untersuchungen über das Auftreten von Skoliosen nach Armamputation. Zbl. Chir. 97 (1972) 300

Friedebold, G.: Die Frage einer Kritik an operativen Osteosyntheseverfahren im Hinblick auf etwaige Haftpflichtansprüche. H. Unfallheilk. 78 (1964 a) 297

Friedebold, G.: Die Begutachtung degenerativer Erkrankungen des Stützapparates. Med. Sachverst. 60 (1964 b) 31

Friederichs, H.: Sicherheit medizinischer Gutachten. Neue jur. Wschr. 25 (1972) 1114

Fuchs, G.: Ermüdungsbruch und Unfall. Mschr. Unfallheilk. 71 (1968) 504

Gabler, H.: Moderne Risikobeurteilung in der Lebensversicherungsmedizin. H. Unfallheilk. 102 (1970) 194

Gercke, W., H. Düllo, E. Bückel: Medizin im Sozialrecht. Sammlung von Entscheidungen zu medizinischen Fragen. Luchterhand, Neuwied/Rhein 1974

Goetz, E.: Die Begutachtung des ursächlichen Zusammenhanges. Internist (Berl.) 6 (1965 a) 81

Goetz, E.: Anhaltspunkte für die ärztliche Gutachtertätigkeit im Versorgungswesen. Köllen, Bonn 1965 b

Goetz, E.: Neue Anhaltspunkte für die ärztliche Gutachtertätigkeit im Versorgungswesen. Med. Sachverst. 69 (1973) 13

Gschwend, N.: Die Bedeutung des Vorzustandes als Ursache von Kreuzschmerzen. Orthopäde 1 (1972) 141

Günther, E., R. Hymmen: Unfallbegutachtung, 6. Aufl. de Gruyter, Berlin 1972

Güntz, E.: Fragen der Begutachtung von Schäden des Bewegungssystems. In: Handbuch der Orthopädie, Bd. I, hrsg. von G. Hohmann, M. Hackenbroch, K. Lindemann. Thieme, Stuttgart 1957

Gurgel, H. J.: Die Gewährung von Versorgung bei Krankheiten, über deren Ursache in der medizinischen Wissenschaft Ungewißheit besteht. Med. Sachverst. 63 (1967) 242

Harfeldt, H. P.: Epicondylitis humeri und langjährige Tätigkeiten mit Preßluftwerkzeugen. Mschr. Unfallheilk. 73 (1970) 274

Hauffe, R.: Gutachten gegen Gutachten. Med. Sachverst. 62 (1966) 54

Hauffe, R.: Rechtsfolge verweigerter diagnostischer Eingriffe. Fortschr. Med. 89 (1971) 1325
Hinz, P.: Die Verletzung der Halswirbelsäule durch Schleuderung und Abknickung. Wirbelsäule in Forschung und Praxis, Bd. 47, hrsg. von H. Junghanns. Hippokrates, Stuttgart 1970
Holldack, K.: 10 Jahre Heidelberger Fortbildungskurse für sozialmedizinische Begutachtungskunde. Mannheimer Großdruckerei 1969
Hopf, H. C.: Anatomische und physiologische Aspekte des Schmerzes. Chirurg 44 (1973) 245
Horváth, F., T. Kákossy: Aseptische Nekrosen an Handwurzelknochen von Motorsägearbeitern. Z. Orthop. 111 (1973) 906
Huenges, E., H. Immich, E. Marquardt, G. Rompe, Ch. Gressmann, H. Mau: Dokumentation und Begutachtung von Thalidomidschäden. Z. Orthop. 111 (1973) 93
Jungmichel, G.: Erfahrungen aus Arzthaftpflichtfällen. H. Unfallheilk. 102 (1969) 187
Klink, K.: Zur Verschlimmerung anerkannter Gesundheitsstörungen durch fortschreitendes Lebensalter. Med. Sachverst. 62 (1966) 35
Koch, F.: Spätfolgen von Gliedmaßenverletzungen. Med. Sachverst. 69 (1973) 37
Kohlhaas, M.: Medizin und Recht. Urban & Schwarzenberg, München 1969
Kohlhaas, M.: Kunstfehler – noch kein Verstoß gegen die ärztliche Sorgfaltspflicht. H. Unfallheilk. 102 (1970a) 178
Kohlhaas, M.: Rechtsprobleme ärztlicher Haftpflicht. Therapiewoche 20 (1970b) 3437
Kretz, J.: Krebs und Kriegsbeschädigung. Krebsarzt 22 (1967) 27
Krösl, W., G. Zrubecky: Arbeitsunfall und Begutachtung. Enke, Stuttgart 1970
Linieger, H., G. Molinens: Der Unfallmann, 9. Aufl. Barth, München 1974
Lob, A.: Handbuch der Unfallbegutachtung. Enke, Stuttgart 1968–1972
Lotter, H.: Krebs als Grundlage der Leistungsgewährung in den gesetzlichen Rentenversicherungen. Med. Sachverst. 63 (1967) 77
Männcke, K. H.: Caissonkrankheit. Mschr. Unfallheilk. 71 (1968) 507
March, H.: Fehlerquellen medizinischer Begutachtung. de Gruyter, Berlin 1969
Marx, H. H.: Gutachten-Fibel. Thieme, Stuttgart 1967; 2. Aufl. 1969
Mittelmeier, H.: Orthopädische Indikationen. In: Medizinische Indikationen zum therapeutischen Schwangerschaftsabbruch, hrsg. von Deutscher Ärzte-Verlag, Köln 1972
Mohr, W.: Spondylitis bei Tropenkrankheiten. Beitr. Rheumaforsch. 1 (1969) 70
Mumenthaler, M.: Die neurologischen Ursachen der Brachialgien. Orthopäde 1 (1972) 76
Mumenthaler, M., H. Schliack: Läsionen peripherer Nerven. Thieme, Stuttgart 1965; 3. Aufl. 1977
Nixdorf, H., H. Bornemann: Ärztliche Begutachtung, 2. Aufl., Fischer, Stuttgart 1969
Pässler, H. E., H. Berghaus: Begutachtung peripherer Durchblutungsstörungen. Thieme, Stuttgart 1958
Perret, W.: Was der Arzt von der privaten Unfallversicherung wissen muß. Barth, München 1964
Perret, W.: Die Bedeutung des Vorzustandes für die Beurteilung der Unfallfolgen in der privaten Unfallversicherung. H. Unfallheilk. 94 (1968) 120
Perret, W.: Die private Unfallversicherung, Grundsatzfragen und Terminologie. Chirurg 43 (1972) 301
Pitroff, R.: Die Obduktion als Beweismittel in der gesetzlichen Unfallversicherung. Mschr. Unfallheilk. 73 (1970) 301
Plaue, R.: Die sogenannte Vorerwerbsbeschränkung in der gesetzlichen Unfallversicherung. Med. Sachverst. 67 (1971) 27
Probst, J.: Die Bedeutung des Vorzustandes für die Beurteilung der Unfallfolgen in der gesetzlichen Unfallversicherung. H. Unfallheilk. 94 (1968) 125
Probst, J.: Grundbegriffe der Begutachtung in der gesetzlichen Unfallversicherung. Chirurg 43 (1972) 297
Rakuscher, E. V.: Grundsätze der Rechtsprechung zum Entschädigungsrecht auf dem Gebiet der Schäden an Leben, Körper oder Gesundheit. Med. Sachverst. 65 (1969) 243
Rauschelbach, H.-H.: Unterschiede und Gemeinsamkeiten in der Begutachtung nach dem BEG und BVG. Med. Sachverst. 65 (1969) 248
Reichel, G., J. Rehn, W. T. Ulmer: Die funktionelle und gutachterliche Beurteilung von Verletzungen der Brusthöhle. Chirurg 43 (1972) 317
Reichenbach, M.: Die Bedeutung des Vorzustandes bei Haftpflichtansprüchen. H. Unfallheilk. 94 (1968) 136
Reichenbach, M.: Fehler, die dem Arzt vorgeworfen werden. H. Unfallheilk. 102 (1970) 181
Rohlederer, O.: Die Bedeutung vorbestehender Gelenkserkrankungen für die Beurteilung von Unfallfolgen. H. Unfallheilk. 94 (1968) 139
Rompe, G.: Empfehlungen zur gutachterlichen Bewertung der Hüftgelenksalloplastik. Med. Sachverst. 68 (1972) 9
Scheibe, G.: Die gutachtlich-funktionelle Beurteilung von Oberarm- und Oberschenkel-Kurzstümpfen. Med. Sachverst. 66 (1970) 153
Scherer, E.: Neurologische Folgen der Bandscheibenschäden an der Lendenwirbelsäule und ihre arbeitsmedizinische Folgerungen. Arbeitsmed. Sozialmed. Arbeitshyg. 7 (1972) 41
Schobert, H.: Die klinische Belastungsprüfung an der Wirbelsäule. In: Die Wirbelsäule in Forschung und Praxis, Bd. 52, hrsg. von H. Junghanns. Hippokrates, Stuttgart 1971
Schönberger, A.: Der Arbeitsunfall im Blickfeld spezieller Tatbestände. Schmidt, Berlin 1965
Schwabe, H. K.: Tuberkulose und Trauma. Beitr. Klin. Tuberk. 137 (1968) 175
Schwarze, F., G. Machnitzky: Die „Rente auf Zeit" aus ärztlicher Sicht. Med. Sachverst. 64 (1968) 129
Simon, P.: Der orthopädisch Behandlungsbedürftige in der sozialen Rechtsprechung. Nach.-Dienst d. dtsch. Vereins öffentl. u. priv. Fürs. 53 (1973) 69
Springorum, P. W.: Zeitliche Grenzen bei den „chirurgischen Berufskrankheiten". Mschr. Unfallheilk. 69 (1966) 65
Springorum, P. W.: Berufliche Meniscusschäden außerhalb des Bergbaus. Mschr. Unfallheilk. 71 (1968) 289
Springorum, P. W.: Kriegsdienstbeschädigung und berufliche Erwerbsminderung. Mschr. Unfallheilk. 72 (1969a) 442
Springorum, P. W.: Der Einfluß der Arbeitsweise auf Meniscusschäden bei Bergleuten. Mschr. Unfallheilk. 72 (1969b) 477
Thorbau, W.: Vasographie in der Begutachtung. H. Unfallheilk. 102 (1970) 206
Ulmer, W. T.: Bedeutung des Vorzustandes und interferierender Krankheiten für die Beurteilung von Berufskrankheiten. H. Unfallheilk. 94 (1968) 178
Wagner, R., O. Körner: Die entschädigungspflichtigen Berufskrankheiten. Thieme, Stuttgart 1968
Wagner, K., Wagner, H.-J.: Handbuch der Verkehrsmedizin. Springer, Berlin 1168
Weichmann, P., S. Weller: Die gutachterliche Beurteilung und Einschätzung von Totalendoprothesen am Hüftgelenk. Act. Traumatol. 1 (1971) 121
Weller, S.: Posttraumatische Achsenabweichungen der Wirbelsäule. Act. Traumatol. 1 (1971) 143
Wilcke, K. H.: Anerkennung von Beinamputationsfolgen am Stützapparat. Mschr. Unfallheilk. 77 (1974) 132
Witt, A. N., H. Rettig: Berufs- und Arbeitsschäden. In: Handbuch der Orthopädie Bd. II, hrsg. von G. Hohmann, M. Hackenbroch, K. Lindemann. Thieme, Stuttgart 1958 (S. 607)
Zimmermann, G.: Die Begutachtung von Wirbelbrüchen. H. Unfallheilk. 108 (1971) 205

15 Rehabilitation

Von J. LANGHAGEL

Begriff

Rehabilitation ist der weitgefaßte Begriff für alle Maßnahmen, die geeignet sind, einen durch körperliche oder geistige Mängel bleibend Behinderten in das menschliche Gemeinschaftsleben einzugliedern oder wiedereinzugliedern. Dies sollte nach KESSLER (1957) als ein *schöpferischer Vorgang* betrachtet werden, „in welchem die verbliebenen geistigen und körperlichen Kräfte eines Behinderten zu ihrer höchsten Wirksamkeit entwickelt und ausgenutzt werden". Nach BOHNE (1957) ist es ein *Programm,* „um die größtmögliche Unabhängigkeit des Körperbehinderten von der Umgebung zu erreichen".

Ärztliche Behandlung sowie medizinische und medizinisch-technische Versorgung des Behinderten stellen daher nur einen Teil eines solchen Programms dar. Es wird ergänzt durch Maßnahmen der sozialen Fürsorge und der pflegerischen Betreuung durch spezielle, auf die Behinderung ausgerichtete schulische und berufliche Bildungsvorgänge, und es gehören dazu psychologische und arbeitsphysiologische Eignungsuntersuchungen, Arbeitsvermittlung und nicht zuletzt Maßnahmen der Erfassung und Vorsorge.

Aus der Geschichte und der Entwicklung der *Orthopädie* geht hervor, wie eng die Verbindung gerade dieses Faches mit den sozialen Aufgaben der Rehabilitation von jeher verknüpft gewesen ist. Es erscheint kaum denkbar, daß ohne Körperbehindertenfürsorge die Entstehung der Orthopädie als medizinisches Sonderfach möglich gewesen wäre.

Aus den Krüppelheimen sind, nicht nur in Deutschland, die meisten und bedeutendsten orthopädischen Kliniken entstanden. In den „orthopädischen Heil- und Lehranstalten" wurden die ersten Einrichtungen für schulische und berufliche Eingliederung Behinderter geschaffen. Sie stellen den Grundstein für eine Entwicklung dar, die zu den heutigen Rehabilitationszentren, den Berufsbildungs- und -förderungswerken für *alle* Behinderten geführt haben (JOCHHEIM 1962).

Gesetzliche Maßnahmen des Staates, die heute allen Behinderten den Weg zur Resozialisierung bahnen, haben ihren Vorläufer in dem preußischen Krüppelfürsorgegesetz (Gesetz über die öffentliche Körperbehindertenfürsorge vom 6. 5. 1920), das aus Initiative und unter der Regie des Orthopäden BIESALSKI geschaffen wurde. Wir finden dort – noch beschränkt auf die Körperbehinderten – die Definition des Begriffs „Krüppel" (§ 9), die Anzeigepflicht, die Organisation der offenen (ambulanten) Körperbehindertenfürsorge und die Forderung nach Aufstellung eines Heilplanes, der *alle* Maßnahmen umfaßt, die der Erwerbsfähigkeit des „Krüppels" dienen, also neben erforderlichen ärztlichen Maßnahmen auch Erziehung, Schule und Berufsausbildung.

Der Begriff „Rehabilitation" – im deutschen Sprachgebrauch mit der Wiederherstellung von Ehre und Ansehen verbunden – ist daher inhaltlich gleichzusetzen mit der in der deutschen Orthopädie seit langem praktisch geübten und gesetzlich geregelten Körperbehindertenfürsorge. Mit der Übernahme der angloamerikanischen Bezeichnung ist lediglich eine Erweiterung des Begriffs der Körperbehinderung verbunden, eine Ausweitung auf andere Fachdisziplinen und, bei gleicher Zielsetzung, eine Intensivierung und Anpassung der Eingliederungshilfen an die wirtschaftliche, technische und sozialpolitische Entwicklung unserer Zeit. Rehabilitation, Readaptation im französischen und Eingliederung im deutschen Sprachgebrauch sind daher in bestimmten Bereichen Synonyma. Es liegt im Interesse einer einheitlichen Nomenklatur, wenn sich die Bezeichnung Rehabilitation auf internationaler Ebene durchgesetzt hat und unmißverständlich gebraucht wird.

Geschichtliche Entwicklung

In Deutschland ist das Modell einer vollständigen Rehabilitation zunächst in den orthopädischen Einrichtungen für körperbehinderte Jugendliche entwickelt worden (JOCHHEIM 1962), wobei sich Krankenhaus, Schule und Werkstatt unter einem Dach befinden, wie es BIESALSKI bereits 1911 forderte.

Als Auswirkung des ersten Weltkrieges und unter dem Eindruck des Problems der zahllosen Kriegs-

versehrten hat vor allem die deutsche Orthopädie den Gedanken der beruflichen Rehabilitation auf breiter Basis zu verwirklichen versucht. Es war auch hier BIESALSKI, der schon 1915 Grundgedanken einer umfassenden Rehabilitation in seiner Schrift „Aufklärungswort zu Trost und Mahnung" entwickelte, und es war der Orthopäde SPITZY, der in Wien Invalidenschulen im Anschluß an seine orthopädische Universitätsklinik aufbaute. Dies sind bereits beachtenswerte Vorläufer heutiger moderner Rehabilitationszentren.
In einer Eingabe an das bayerische Staatsministerium, unterzeichnet von den Orthopäden F. LANGE, HOHMANN, SCHEDE und SCHOLL 1918, sind alle Gedanken moderner Rehabilitation schon bis in Einzelheiten entwickelt worden (BECKER 1957).

Auch in den Vereinigten Staaten gab der erste Weltkrieg Anstoß für ernsthafte staatliche Initiativen zur Förderung von Rehabilitationsmaßnahmen bei Kriegsinvaliden. Im zweiten Weltkrieg konnte darauf aufgebaut werden. Doch hat in den USA vor allem die private Initiative immer einen entscheidenden Anteil an der Rehabilitation Behinderter behalten. Die elastische Anpassung an den Arbeitsmarkt durch eine betriebsnahe Ausbildung ist kennzeichnend dafür.
England schuf während des zweiten Weltkrieges in Zusammenhang mit der Einführung des nationalen Gesundheitsdienstes gesetzliche Grundlagen für alle Stufen der Rehabilitation. In jedem Krankenhaus wurde ein verantwortlicher ärztlicher Mitarbeiter eingesetzt, der in Zusammenarbeit mit den Arbeitsämtern die beruflichen Zukunftsprobleme des Patienten zu erörtern und zu klären hatte. Die Einrichtung von arbeitstherapeutischen Abteilungen und sportlichen Trainingskursen innerhalb des Krankenhauses sollte die Behinderten auf anschließende berufliche Eingliederungs- und Umschulungsmaßnahmen vorbereiten.

Während rehabilitative Maßnahmen sich zunächst auf körperbehinderte Kinder und Jugendliche, Kriegsversehrte und Unfallverletzte beschränkten – „Krüppel" im früheren Sprachgebrauch, zu denen in Deutschland auch die Blinden und Hörgeschädigten gezählt wurden –, nahm ihre Ausdehnung auf geistig und seelisch Behinderte in dem Maße zu, wie die medizinischen Erkenntnisse und therapeutischen Möglichkeiten neue Wege zur Eingliederung öffneten. Es war nur folgerichtig, wenn neben Hirngeschädigten, Epileptikern und Suchtgeschädigten auch Kranke in den Rehabilitationsprozeß einbezogen wurden, die durch ihr Leiden nicht eigentlich körperbehindert sind, sondern deren Leistungsfähigkeit lediglich langfristig oder dauernd erheblich herabgesetzt wird.
Dies trifft beispielsweise bei der Lungentuberkulose, bei Herz- und Kreislauferkrankungen oder dem Diabetes zu und gilt auch für bestimmte Hauterkrankungen, Allergien und Krampfaderleiden, bei denen der Erkrankte lediglich für bestimmte Berufe untauglich ist. Hier können Rehabilitationsmaßnahmen mit dem Ziel der beruflichen Wiedereingliederung besonders effektiv sein. Wohl deshalb haben sich mit der zunehmenden Entwicklung des Sozialversicherungswesens die öffentlichen Träger der Renten- und Invalidenversicherungen gerade dieses Personenkreises der nur in ihrer Leistung Geminderten, aber nicht eigentlich in der Funktion ihrer Körperteile Behinderten angenommen. Hier sind die Chancen besonders groß, aus berufsunfähigen Rentenempfängern wieder steuerzahlende Mitbürger zu machen. Aus einer überwiegend karitativen Krüppelfürsorge wurde nach dem zweiten Weltkrieg eine umfassende, staatlich geförderte Rehabilitation *aller* Behinderten.

Dies kommt auch in der Namensgebung der auf diesem Gebiet tätigen Gesellschaften zum Ausdruck. Die „International Society for the Welfare of Cripples" wurde auf ihrem 8. Weltkongreß in New York 1960 zur „International Society for Rehabilitation of Disabled". Die 1909 in Berlin unter dem Namen „Deutsche Vereinigung für Krüppelfürsorge" (s. S. 35) gegründete und 1957 in „Deutsche Vereinigung zur Förderung der Körperbehindertenfürsorge" umbenannte Vereinigung hat unter Erweiterung ihrer Aufgaben und unter Aufnahme der Mitglieder der bisherigen „Deutschen Gesellschaft für Rehabilitation" am 15. Juni 1962 den Namen „Deutsche Vereinigung für die Rehabilitation Behinderter e. V.", abgekürzt „De Vg." angenommen.
Ihre Mitglieder sind natürliche und juristische Personen, d. h. Einzelpersonen: Ärzte, medizinisches Fachpersonal, Pädagogen, Berufsausbilder, Verwaltungsbeamte usw., die sich mit der Rehabilitation Behinderter befassen und andere, auf diesem Gebiet besonders erfahrene Persönlichkeiten, ferner Vertreter von Rehabilitationseinrichtungen, von sozialen Leistungsträgern und von Behindertenverbänden. Vertreter des Bundesministeriums des Innern sind berechtigt, mit beratender Stimme an den Sitzungen des Gesamtvorstandes und der Mitgliederversammlung teilzunehmen. Hiermit soll die Bedeutung, die der staatlichen Gesetzgebung auf dem Gebiet der Rehabilitation zukommt, unterstrichen werden.

Ziele und Aufgaben

Aufgrund der geschichtlichen Entwicklung wird man von seiten der Orthopädie drei Gruppen von Behinderten unterscheiden müssen, bei denen unterschiedliche Voraussetzungen für rehabilitative Maßnahmen vorliegen:
1. Kinder und Jugendliche,
2. Erwachsene mit akut auftretenden Körperschäden, Kriegs- und Unfallschäden,
3. Erwachsene mit drohenden und chronisch fortschreitenden Körperschäden.

Rehabilitation bei Kindern und Jugendlichen

Bei Kindern und Jugendlichen mit angeborenen und erworbenen Behinderungen lassen sich bei frühzeitiger Erfassung die Weichen im Sinne einer sinnvollen Eingliederung durch Aufstellen eines Heilplanes von vornherein richtig stellen.

Erfassung

Sie ist trotz intensiver Aufklärung der Bevölkerung auch heute nicht lückenlos. Eine gesetzlich verankerte Meldepflicht für Ärzte, Hebammen und Erzieher enthielt das alte preußische Krüppelfürsorgegesetz von 1920, wobei die Unterlassung unter Strafandrohung stand. Sie wurde nicht mehr in das an seine Stelle tretende Körperbehindertengesetz von 1957 übernommen, sondern durch ein unter bestimmten Voraussetzungen anwendbares *Melderecht* dieses Personenkreises ersetzt. Dies wurde auch im Bundessozialhilfegesetz (BSHG) von 1962 beibehalten, in dem das Körperbehindertengesetz aufgegangen ist.
Die Wirksamkeit einer *Meldepflicht* wird unterschiedlich beurteilt. Kausale Zusammenhänge, wie sie bei den zwischen 1959 und 1962 aufgetretenen Thalidomidschäden vorlagen, wären wahrscheinlich früher aufgedeckt und ihr katastrophales Ausmaß verringert worden. Das Fehlen einer Meldepflicht und der dadurch bedingte Mangel an statistischen Unterlagen über die Häufigkeit der einzelnen Behinderungsarten erschwert es auch, den tatsächlichen Bedarf an speziellen Rehabilitationseinrichtungen festzustellen und ausreichende finanzielle Mittel dafür zu erhalten.
Andererseits ist mit einer bloßen Erfassung von Körperbehinderten wenig erreicht, wenn keine ausreichenden Behandlungs- und Rehabilitationsmöglichkeiten zur Verfügung stehen. Lassen sich keine therapeutischen Maßnahmen an die Erfassung anschließen, dann sind Gleichgültigkeit und Resignation sowohl der Betroffenen als auch der Meldeberechtigten die Folge.

Prävention

Voraussetzung einer weitreichenden Erfassung von Körperbehinderten ist eine qualifizierte orthopädische Diagnostik, insbesondere *der* Körperschäden, die beim Kleinkind und beim Heranwachsenden nicht ohne weiteres erkennbar sind oder lediglich befürchtet werden müssen. Hier bedeuten *Frühdiagnostik* und *Frühbehandlung* gleichzeitig auch Prävention.
Präventive Maßnahmen stellen einen wesentlichen Anteil am Rehabilitationsgeschehen dar. Sie beschränken sich nicht auf ärztliche Behandlungsmaßnahmen, die unter günstigen Umständen zur anatomischen und funktionellen Restitutio ad integrum führen und den Probanden damit aus dem Kreis der Behinderten herausbringen. Sie sind auch dort nötig und nützlich, wo die bleibende primäre Behinderung zur Isolation führt und fehlende Umwelteinflüsse sowie Mangel an Erfahrungserlebnissen zusätzlich sekundäre Entwicklungsstörungen hervorrufen. Auch die gezielte Berufslenkung im Rehabilitationsgeschehen ist Prävention. Durch sie sollen die Entstehung neuer und die Verschlimmerung vorhandener Körperschäden verhütet werden.

Frühdiagnostik

Frühe Diagnostik beim Kind ist eine weitgehend organisatorische Aufgabe. In hochzivilisierten Landern mit gutentwickeltem Sozialsystem sollte sie keine Schwierigkeiten bereiten, da dort ein ausreichendes Netz von geburtshilflichen Kliniken, Mütterberatungsstellen und Schulärzten eingeschaltet werden kann. Hier können *die* Fälle erfaßt werden, die der Haus- und Facharzt nicht zu sehen bekommt. Die Einführung kostenloser Vorsorgeuntersuchungen auf freiwilliger Basis in festgelegten Zeitabschnitten der kindlichen Entwicklung stellt einen Versuch dar, die Ergebnisse der Frühdiagnostik zu verbessern. Der Erfolg wird von der Ausbildung der Ärzte in speziellen Untersuchungsmethoden abhängen (Zerebralparese, Hüftgelenksdysplasie usw.).

Frühbehandlung

Jede Frühbehandlung sollte unter Überwachung eines kompetenten Fachmannes erfolgen. Es kommt dabei nicht darauf an, die therapeutischen Maßnahmen beim behinderten Kind besonders früh, sondern zum Zeitpunkt der größten Effektivität anzuwenden (Gressmann 1973). Die Phasen kindlicher Entwicklungs- und Wachstumsvorgänge sind zu beachten, in denen die Chance für die Wirksamkeit rechtzeitig einsetzender Rehabilitationsmaßnahmen durch Adaptation besonders groß ist.
Ob eine Behandlung zu Hause, ambulant, in Tagesstätten, stationär oder in Heimen durchzuführen ist, wird von der Schwere des Körperschadens, den regionalen Gegebenheiten, den familiären Voraussetzungen und dem therapeutischen Angebot abhängen. Nach Möglichkeit sollten die wechselseitigen Bindungen innerhalb der Familie und die Verbindung mit der heimatlichen Umwelt erhalten bleiben. Angehörige und Umwelt müssen bereit sein oder lernen, den Behinderten in seiner anderen Art zu verstehen und zu akzeptieren, so wie er selbst sich an seine Umgebung anpassen muß.
Für bestimmte Behinderungsformen sind zwar spezielle Zentren geschaffen worden, ihre begrenzten Kapazitäten und die meist großen Ent-

fernungen zum Heimatort des behinderten Kindes beeinträchtigen leider allzu oft die sich daraus ergebenden Rehabilitationsmöglichkeiten.

Vorschulische Rehabilitation

Um Isolierungs- und Hospitalisationsschäden zu vermeiden, ist ein enger Kontakt mit gesunden Geschwistern und Nachbarkindern nötig. Die Eingliederung in Kindergärten und Vorschuleinrichtungen muß gefördert werden, wobei immer wieder Bedenken und Vorurteile zerstreut werden müssen. Gerade das Vorschulalter erweist sich als günstige Zeit, Ressentiments abzubauen. Die behinderten Kinder lernen, sich durchzusetzen; unbehinderte Kinder des gleichen Alters gewöhnen sich rasch an die andere Art ihrer Spielkameraden. Das ist später in der Regel viel schwieriger.

Schulische Rehabilitation

Die Chance des körperbehinderten Kindes liegt in der Entwicklung seiner geistigen Fähigkeiten. Nur eine qualifizierte Ausbildung schafft günstige Voraussetzungen. Auch sie sollte, wenn möglich, in Koedukation mit unbehinderten Kindern erfolgen.

Grundschule: Probleme des Schulwegs zur meist in der Nähe gelegenen Grundschule lassen sich in der Regel organisatorisch bewältigen. Über Aufgänge und Treppen innerhalb der Schule kann der noch kleine und an Körpergewicht leichte Schüler unter Umständen getragen werden, und auch das Benutzen der Toilette bereitet keine unüberwindlichen Schwierigkeiten.

Weiterführende Schulen: Der Besuch weiterführender Schulen schafft besonders in ländlichen Gebieten wegen der größeren Entfernung zur Schule zusätzliche Probleme und zusätzliche Belastungen für den Behinderten. Es kommt hinzu, daß der einzelne Behinderte im Klassenverband leicht eine Sonderstellung einnimmt, die sich für seine Entwicklung psychologisch ungünstig auswirken kann. Auch für den Lehrer ist eine vorurteilsfreie Beurteilung der Leistungsfähigkeit und der Grenzen der Leistungsbeanspruchung mangels Vergleichmöglichkeiten schwierig. Auch wenn es gelänge, die weiterführenden öffentlichen Schulen allmählich baulich so einzurichten, daß auch dem Rollstuhlfahrer Zugang und Bewegungsfreiheit innerhalb der Schule gesichert würde, dann würde zwar eine wichtige Schranke zwischen Behindertem und Umwelt beseitigt, es bliebe aber das Problem der begleitenden ärztlichen Überwachung und Behandlung und das Problem der psychologischen Situation des Behinderten als einzelner im Klassenverband.
Hier kann das „Internat" für körperbehinderte Schüler ein Ausweg sein. Aus einem größeren Einzugsgebiet werden geeignete Schüler aufgenommen. Sie werden pflegerisch betreut, ärztlich überwacht und ggf. orthopädisch und physiotherapeutisch behandelt. In der weiterführenden Schule, Gymnasium oder Schule der Sekundarstufe II, werden die Schüler zusammen mit den unbehinderten Schülern des örtlichen Bereichs unterrichtet. Die notwendigen baulichen Voraussetzungen für Rollstuhlfahrer müssen geschaffen werden. Die Vorteile einer solchen Einrichtung für eine frühzeitige Integration Körperbehinderter liegen auf der Hand.

Sonderschuleinrichtungen: Grenzen sind dort gesetzt, wo die Krankheit trotz ausreichender Intelligenz allzu häufig zu Unterrichtsausfällen führt (z. B. Hämophilie) oder wichtige Bildungsgänge wegen erheblicher manueller Behinderungen trotz Einsatzes technischer Hilfen nicht durchlaufen werden können (z. B. bei Athetosen). Hierfür sind weiterführende Schulen als Sonderschuleinrichtungen nicht zu entbehren. In Großstädten und an Mittelpunktschulen bestehen Möglichkeiten, *Sonderschulklassen* im Rahmen der Normalschulen einzurichten. Der Kontakt mit der gesunden Umwelt ist hier besser gewahrt als in völlig getrennt aufgebauten Sonderschuleinrichtungen mit Heimcharakter.
Liegen neben der Körperbehinderung zusätzliche Lernbehinderungen vor (Hör- und Sehschäden, Legasthenie, Spastiker mit zerebralen Störungen u. a.), dann ist die Sonderbeschulung zwingend. Gesamtsonderschulen für Behinderte mit Heimunterbringung in den Bereichen Grund- und Hauptschule, Realschule und Gymnasium bzw. Oberschule oder Sekundarstufe II sind dafür unentbehrlich.

Hochschulstudium

Noch mehr als der Besuch einer weiterführenden Schule bis zum Oberschulabschluß (Abitur) ist das Hochschulstudium Körperbehinderter mangels jeder Vorsorge an den Universitäten bis vor kurzem und vielfach noch heute mit den größten Schwierigkeiten verbunden und von vielen Zufällen abhängig (Exner 1970). In der lesenswerten autobiographischen Schilderung „Denn das Wagnis ist schön" von Zenta Maurina (1968) oder in den Ausführungen von Schubert (1968) auf dem X. Weltkongreß für Rehabilitation kommt dies anschaulich zum Ausdruck.
Für den Rollstuhlfahrer müssen nicht nur eine geeignete Unterkunft und eine angemessene pflegerische Betreuung gefunden werden, es sind manchmal unüberwindlich erscheinende Hindernisse aus dem Weg zu räumen, um die Zulassung zum Studium zu erreichen. Der Transport zu den Hochschulgebäuden ist zu organisieren; alle Hör- und Lehrsäle in den Instituten müssen erreichbar sein. Das kann in der Regel nur mit kameradschaftlicher Hilfe der Kommilitonen geschehen.

Echte Integration ist sicherlich nicht mit einer Sonderhochschule für Körperbehinderte zu verwirklichen. Neben der dringend notwendigen Berücksichtigung der für Rollstuhlfahrer erforderlichen Einrichtungen beim Neubau von Universitätsgebäuden stellt das in Marburg als Modell errichtete „Konrad-Biesalski-Wohnheim" für körperbehinderte Studenten einen vorbildlichen ersten Versuch zur Lösung dieser Probleme dar. Das Wohnheim verfügt über 78 Einzelappartements, die nach den Richtlinien der Baunorm DIN 18025 für Behindertenwohnungen eingerichtet wurden. Es wird von Behinderten und Nichtbehinderten gemeinsam bewohnt, wobei der Anteil der Rollstuhlfahrer 50% möglichst nicht überschreiten soll. Ein Betreuungs- und Fahrdienst und Sondereinrichtungen für Behandlungen stehen zur Verfügung. Das Benutzen eigener Fahrzeuge wird durch eine mit dem Fahrstuhl aus den Wohnräumen direkt zu erreichende Garagenhalle im Untergeschoß ermöglicht.
Mit der Einrichtung ähnlicher gemischt genutzter Wohnheime in möglichst vielen Universitätsstädten entfiele die unerwünschte Konzentration schwerbehinderter Studenten an einer einzigen Hochschule.
Für die berufliche Eingliederung der Akademiker werden frühzeitig Ferienpraktika der Studierenden in Dienststellen und Betrieben empfohlen (Exner 1972, Beilstein u. Gierse 1971).

Berufslenkung

Bei einem großen Teil orthopädischer Krankheiten ist mit Hilfe medizinischer Behandlungsmaßnahmen eine *völlige funktionelle Wiederherstellung* zu erzielen. Typische Berufsbelastungen können dennoch neue Schäden am Stütz- und Bewegungsapparat auf der Basis des alten Leidens herbeiführen. Der Orthopäde kennt den Begriff der Präarthrose (Hackenbroch). Eine Präarthrose ist noch keine Behinderung, sie ist lediglich eine anlagemäßig vorhandene Vorstufe, aus der unter bestimmten Voraussetzungen eine Behinderung erwachsen kann.
Ein dysplastisches Hüftgelenk, eine Keilwirbelbildung nach Scheuermannscher Adoleszentenkyphose, eine mit Verbreiterung des Hüftkopfes ausgeheilte aseptische Hüftkopfnekrose (Perthessche Erkrankung) oder ein geringes Abgleiten der Hüftkopfepiphyse bei Epiphysiolysis capitis femoris sind Präarthrosen.
Die hier notwendige Berufslenkung dient der Rehabilitation im präventiven Sinn. Der Jugendliche sollte keine Berufe ergreifen, in denen präarthrotische Gelenke einseitig oder übermäßig beansprucht werden, so daß Behinderungen entstehen können. Berufliche Fehlentwicklungen soll das Jugendarbeitsschutzgesetz vermeiden helfen. Es schreibt ärztliche und fachärztliche Untersuchungen vor dem Eingehen eines Lehrverhältnisses vor. Es können jedoch nur Empfehlungen ausgesprochen werden, deren Befolgung nicht kontrolliert wird.
Leider bleiben viele Berufe Körperbehinderten verschlossen, weil in den Ausbildungsvorschriften Anforderungen an die Integrität ihrer körperlichen Fähigkeiten gestellt werden, die im Beruf selbst nicht immer verlangt werden.

Berufswahl

Für die Berufswahl des jugendlichen Körperbehinderten ist mehr als beim Unbehinderten eine intensive individuelle Vorbereitung auf die Arbeitswelt erforderlich. Sie sollte von den Realitäten der Wirtschaft geprägt sein. Schule und Arbeitswelt stehen noch vielfach scharf getrennt nebeneinander. Der behinderte Schüler hat weniger Gelegenheit, Einblick in diese andere Welt zu nehmen als der gesunde. Auch er sollte Neigungen und Fähigkeiten in Selbsterfahrung feststellen können. Seine Berufsfindung ist selten das Ergebnis klarer Vorstellungen von dem, was im Beruf von ihm erwartet wird. Im Vorfeld der Berufswelt sollte die Berufsfindung durch praktische Erfahrungen in Betrieben oder durch handwerkliche Betätigung, stärker als bisher, schon in der Schule vorbereitet werden.

Rehabilitation bei Erwachsenen

Während die heutige Rehabilitation bei Kindern und Jugendlichen zumindest auf orthopädischem Fachgebiet sich auf die Erfahrungen der Krüppelfürsorge stützen kann, die sich aus kleinen Anfängen allmählich entwickelt hat, haben die beiden letzten großen Kriege die Staaten unvorbereitet und plötzlich gezwungen, eine riesige Zahl von Kriegsversehrten wieder in den Arbeitsprozeß bzw. in das Gemeinschaftsleben einzugliedern. Frühere Kriege, etwa der amerikanische Bürgerkrieg oder die deutschen Einigungskriege, sind im Hinblick auf den Anfall von Kriegsversehrten kaum damit zu vergleichen. 1870/71 wurden auf deutscher Seite 3031 Amputierte gezählt, 1914–1919 66000 (Zur Verth 1928). Eine solche Zahl zeitigte im Hinblick auf die Versorgung gewaltige Probleme. Die Not der Zeit erzwang eine Wiederherstellung der Arbeits- und Verdienstmöglichkeiten des Kriegsversehrten, weil die Sicherung des Lebensunterhalts allein durch staatliche finanzielle Zuwendungen niemals ausgereicht hätte. Damals entstand unter der Bezeichnung „Invalidenschulen" das, was wir heute Umschulung bzw. berufliche Rehabilitation nennen.
Der behinderte Erwachsene besitzt Vorstellungen und Voraussetzungen, die das Vorhaben erleich-

tern, aber auch erschweren können. Er erwartet schnelle Entscheidungen, die ihm eine Umstellung ermöglichen, und resigniert, wenn Rehabilitationsmaßnahmen allzu langsam anlaufen.
Er muß überzeugt sein oder überzeugt werden, daß seine Behinderungen auf anderen Gebieten zu kompensieren sind und daß man seine Leistungen anerkennen wird. Eine gründliche psychologische und arbeitsphysiologische Testung kann bei ihm verborgene Fähigkeiten und Talente aufdecken, von denen er selbst nichts weiß. Erkennt er sie, dann wird dies entscheidend zum Erfolg seiner Rehabilitation beitragen.

Rehabilitation bei Erwachsenen mit akut auftretenden Körperschäden, Kriegs- und Unfallverletzungen

Erwachsene, die durch Verletzungsfolgen oder akute Erkrankungen plötzlich zum „Behinderten" werden, sind in einer anderen Situation als Jugendliche. Diese können auf ihre zukünftige Position hingelenkt werden, die sie innerhalb der menschlichen Gesellschaft einnehmen sollen. Sie werden allmählich auf ihre Aufgaben vorbereitet. Erziehung und Persönlichkeitsbildung stehen vor der beruflichen Ausbildung.
Anders bei der Rehabilitation von Erwachsenen. Hier liegt nach Abschluß der medizinischen Behandlung der Schwerpunkt auf der beruflichen Rehabilitation, die sich unmittelbar anschließen oder als vorberufliche Adaptation in die Trainingsphase hineinverlegt werden sollte.

Vorberufliche Rehabilitation: Die vorberufliche Rehabilitation kann die physiotherapeutische und sportliche zweite Phase der medizinischen Behandlung wirkungsvoll ergänzen. Vorberufliche Rehabilitation oder Rehabilitation der zweiten Phase sollen überleiten zur endgültigen beruflichen Wiedereingliederung. Hierfür wurde die neuentwickelte Bezeichnung *„Berufstherapie"* geschaffen (Stiftung Rehabilitation). Sie umfaßt Bildungstraining, praktische und theoretische Berufsbildung, Arbeitsplatzerprobung und Arbeitsplatzinformation. Der Begriff deckt sich in seiner Zielsetzung mit dem der Arbeitstherapie und stellt eine abgestufte und gesteigert durchgeführte Arbeitsanpassung und Arbeitserprobung dar, die mit Berufsförderungsmaßnahmen verbunden ist. Es ist eine Frage der Organisation und der örtlichen Gegebenheiten, ob eine solche vorberufliche Rehabilitation ambulant oder stationär, in besonderen vorberuflichen Rehabilitationseinrichtungen, Rehabilitationskrankenhäusern oder in speziellen Abteilungen von Akutkrankenhäusern und Kliniken am zweckmäßigsten durchzuführen ist. Die Art der Behinderung wird dabei zu berücksichtigen sein.

Straffe Führung unter fachkundiger Leitung ist Voraussetzung. Schon deshalb werden ambulante berufstherapeutische Maßnahmen nur für einen Teil der Behinderten in Frage kommen, da das Programm ein Tages- und nicht ein Stundenprogramm ist. Es setzt sich zusammen aus ärztlichen Maßnahmen, prothetischer und orthetischer Versorgung, Krankengymnastik und Physiotherapie, funktioneller Beschäftigungstherapie, Sport, beruflicher Fortbildung und Tätigkeiten am Arbeitsplatz im Sinne der Berufstherapie. Dazu kommen arbeitsphysiologische und ggf. auch psychologische Testuntersuchungen. Nur im engsten regionalen Bereich, im wesentlichen in Großstädten, wird ein solches Programm ambulant durchgeführt werden können. Aus personellen und finanziellen Gründen, nicht zuletzt auch aus psychologischen Erwägungen heraus bestehen Bedenken, vorberufliche Rehabilitationseinrichtungen losgelöst und örtlich getrennt von Akutkrankenhäusern oder Spezialkliniken zu schaffen, in denen die erste Behandlungsphase stattfinden muß. Die Gründe dafür sind:

1. Der Übergang von der ersten zur zweiten Phase ist fließend. Die einzelnen rehabilitativen Maßnahmen setzen in unterschiedlicher Reihenfolge, stufenweise und nacheinander ein. Eine Verlegung aus einem Akutkrankenhaus in eine Einrichtung der vorberuflichen Rehabilitation kann erst erfolgen, wenn medizinische Maßnahmen, die nur in der klinischen Einrichtung durchgeführt werden können, abgeschlossen sind. Das führt zur Verlängerung der Verweildauer.
2. Für die Kontinuität krankengymnastischer und beschäftigungstherapeutischer Maßnahmen sowie für die frühzeitige Einleitung prothetischer oder orthetischer Versorgung ergeben sich Schwierigkeiten, wenn Kontaktmöglichkeiten zwischen Akutkrankenhaus und vorberuflichen Rehabilitationseinrichtungen fehlen.
3. Vom Heimatort weit entfernte Rehabilitationseinrichtungen der zweiten Phase werden vom Patienten ungern angenommen, weil Verwandtenbesuche und Beurlaubungen schwierig sind.

Dagegen bleibt in vorberuflichen, berufstherapeutischen Abteilungen, die dem Akutkrankenhaus angegliedert sind, der örtliche, u. U. auch der personelle Kontakt erhalten, der Stufenplan vorberuflicher Rehabilitationsmaßnahmen kann planmäßig fortgesetzt werden. Ideal läßt es sich durchführen in speziellen Rehabilitationskrankenhäusern.

Alle Rehabilitationsmaßnahmen müssen sinnvoll ineinandergreifen, wenn die Rehabilitation nahtlos sein soll. Hohe Renten und Versorgungsleistungen wirken lähmend. Treten allzu lange Pausen zwischen den einzelnen Phasen der Rehabilitation ein und wird das Ziel der Rehabilitation nicht klar angesteuert, dann erlischt der Wille zur Mitarbeit.
Es muß *bald* entschieden werden, ob der Rehabilitand die frühere Tätigkeit wieder ausüben kann, ob im bisherigen Betrieb eine gleichwertige Beschäftigung durch Anlernmaßnahmen möglich sein wird oder ob eine fachlich gelenkte Umschulung in einen anderen Beruf eingeleitet werden muß.

Berufsumschulung: Die Berufsumschulung ist das bisher in der Bundesrepublik am besten ausgebildete Rehabilitationsverfahren. Vielleicht wird es

deshalb unter Vernachlässigung anderer Wiedereingliederungsmöglichkeiten von den Behinderten und den Rehabilitationsträgern besonders häufig angesteuert. Man muß allerdings wissen, daß unter den großen Zahlen erfolgreich durchgeführter Rehabilitationsverfahren sich auch Umschüler befinden, bei denen nicht die Schwere der Behinderung, sondern die Veränderung des Arbeitsmarktes den Ausschlag für die Umschulung gegeben haben. Berufsumschulung bedeutet immer ein Herausreißen aus dem bisherigen Lebenskreis, harte Ausbildungszeit, fern von der Familie, später vielfach Aufgabe des bisherigen Wohnortes und der gewohnten Umgebung. Sie bietet andererseits Gelegenheit, eine sichere Lebensstellung mit Aufstiegsmöglichkeiten im Beruf zu erreichen, und gibt dem Rehabilitanden die Möglichkeit, sein Leben selbst zu gestalten. Sie hilft ihm, den Teufelskreis zu durchbrechen: Abhängigkeit – Minderwertigkeitskomplex – Versagen – Resignation – noch größere Abhängigkeit.
Der Umschulung sollen Arbeitserprobung, arbeitsphysiologische und psychologische Eignungstests vorangehen. Die Beurteilung des allgemeinen Arbeitsmarktes und der regionalen Arbeitsmöglichkeiten, der entstehenden Wohnungsprobleme und der erforderlichen Arbeitswege muß vorher erfolgen.
Die familiären Verhältnisse, das „Mitziehen" der Angehörigen, sollte in den Kreis der Überlegungen einbezogen werden, um spätere Schwierigkeiten zu vermeiden.
Hierzu gehört ein qualifiziertes Rehabilitationsteam, zusammengesetzt aus erfahrenen Fachleuten, die mit der Materie wirklich vertraut sind. Von ihrer Zusammenarbeit hängt der Erfolg ebenso ab wie von der Bereitschaft des Rehabilitanden zur Mitarbeit.
Umschulung ist nur dort möglich, wo ein gelernter Beruf ausgeübt worden ist. Hilfsarbeiter und Erwachsene ohne vorausgegangene Berufsausbildung können nicht umgeschult werden.
Bei über 45jährigen Behinderten wird man besonders sorgfältig zu prüfen haben, ob der Bewerber geeignet ist und ob der Arbeitsmarkt für den in Frage kommenden Beruf auch tatsächlich auf längere Sicht aufnahmefähig für ältere Behinderte bleiben wird. BOLL (1972) glaubt, daß die Rehabilitationschancen groß sind, wenn sich die Gestaltung der Lehr- und Lernmethoden bei der Umschulung an der Situation des älteren Behinderten orientiert.
Die Palette der für den Behinderten geeigneten Berufsbilder ist im heutigen technischen Zeitalter bunt und vielfältig. Die Ausbildung kann unter Zuhilfenahme moderner, didaktisch erprobter Unterrichtsmethoden, unter Verwendung von Lehrfilmen und des programmierten audiovisuellen Lernens sowie durch eine systematische praktische Ausbildung intensiv und effektiv gestaltet werden.

Dies ist freilich eine Frage der Kosten und hängt wesentlich von der finanziellen Ausstattung der Einrichtung ab. Technische Ausstattung, Vielseitigkeit der Ausbildungsmöglichkeiten, Vorhandensein qualifizierter Lehrkräfte und Rentabilität sind in Berufsförderungswerken mit hoher Kapazität – 400–1000 Plätze und darüber – besser zu erreichen als in kleineren Einrichtungen. Hier können Behinderte aller Kategorien beruflich ausgebildet werden. Eignung und Leistungsfähigkeit werden vorausgesetzt, und unter ärztlicher Überwachung und begleitender Behandlung wird auch die volle Arbeitsbelastung verlangt.
Für Gehbehinderte liegen die Schwerpunkte der Umschulung auf dem Gebiete der Feinwerktechnik, der Elektronik, der zeitgerechten kaufmännischen Verwaltung, der Datenverarbeitung und der Qualitätskontrolle. Es sind Berufsbereiche, in denen Behinderte aller Schweregrade und unterschiedlichster Begabung einen geeigneten Platz finden können. Eine stete Anpassung an den sich ständig wandelnden Arbeitsmarkt erfordert eine gewisse Flexibilität.

Man wird auch die Umschulung auf akademische Berufe in Betracht ziehen. Die finanziellen Mittel dazu könnten bei entsprechender Eignung ebenso bereitgestellt werden wie für andere Berufe. Für die meisten Kostenträger ist jedoch die Länge des Ausbildungsganges ein schwer zu überwindendes Hindernis, zumal in Deutschland, anders als in anderen Staaten, eine Rückzahlungsverpflichtung für finanzielle Subventionen während des Studiums nach Erreichen eines entsprechend hohen Einkommens nicht besteht.

Umschulung von Querschnittsgelähmten: In den allgemeinen Berufsförderungswerken wird die Umschulung von Querschnittsgelähmten noch relativ wenig berücksichtigt. Der hohe Pflegeaufwand, der Mangel an speziell geschultem Pflegepersonal und der größere Bedarf an spezifischen Behandlungseinrichtungen ist hinderlich, noch viel mehr die höhere Quote an krankheitsbedingten Ausfällen während der in den Berufsförderungswerken gedrängten und intensiven Ausbildungszeit. Umschulungen für Querschnittsgelähmte finden daher heute noch überwiegend in kleineren Ausbildungseinrichtungen statt, in denen während der Ausbildung stärker auf die besonderen Gegebenheiten Rücksicht genommen werden kann, so wie in den Sonderschulen für Behinderte. Das Ziel einer raschen, aber gediegenen Ausbildung wird auch hier angesteuert. Dem Vorteil einer besseren speziellen Betreuung steht der Nachteil einer Beschränkung des Ausbildungsangebotes in der kleineren Einrichtung gegenüber.

Umschulung von Hemiplegikern: Für Apoplektiker, die orthopädisch behandelt und betreut werden, ist die berufliche Rehabilitation von untergeordneter Bedeutung. Das Alter, die häufige Kombination mit zerebralen Konzentrations- und Merkschwächen lassen, wenn überhaupt, nur noch Tätigkeiten im bisherigen Beruf zu. Umschulungs- und Anlernmaßnahmen sind nur in Ausnahmefällen sinnvoll und gerechtfertigt. Die Eingliederungsquote bei Hemiplegikern wird mit nur 10% angegeben, einschließlich junger Jahrgänge. Hier kommt es im wesentlichen auf Nachbehandlungsmaßnahmen an.

Rehabilitation bei drohenden und chronisch fortschreitenden Körperschäden

Zur dritten Gruppe von Behinderten, bei denen Rehabilitationsmaßnahmen durchgeführt werden, gehören die im Beruf stehenden orthopädischen Patienten mit drohenden Körperschäden, vor allem Schäden und Krankheiten an Wirbelsäule und Gelenken – primär chronische Polyarthritis, Spondylitis ankylopoetica – oder früharthrotische Veränderungen der großen Gelenke, Nervenerkrankungen wie multiple Sklerose, diabetische Neuritis und andere.

Die Rehabilitationsprobleme unterscheiden sich nur insofern von der zweiten Gruppe, als die Behandlung nicht akut auftritt, sondern sich langsam aus kleinen Anfängen entwickelt und in unterschiedlichem Tempo fortschreitet. Die Progredienz wird entweder durch Tätigkeit in bestimmten Berufen begünstigt (Verschleißerkrankungen bei Schwerarbeitern), oder sie macht ein Verbleiben im bisherigen Beruf unmöglich (Arbeiten in feuchter Umgebung beim Polyarthritiker). Eine rechtzeitige berufliche Umorientierung ist notwendig. Sie stößt häufig auf Unverständnis und Ablehnung des Behinderten, der sich von den angewendeten Heilmaßnahmen Stillstand und Besserung erhofft, solange das Problem nicht auf den Nägeln brennt.

Diesen Fällen sollte man von orthopädischer Seite ein besonderes Augenmerk widmen, damit notwendige Rehabilitationsmaßnahmen nicht zu spät eingeleitet werden.

Die Umwelt des Körperbehinderten

Gesellschaftspolitische Aspekte der Rehabilitation

Rehabilitation ist heute in aller Welt ein wesentlicher Bestandteil gesellschaftspolitischen Denkens und Handelns. Ihr Erfolg hängt jedoch entscheidend von der Gestaltung der Umwelt des Behinderten ab. Nur wenn auch seine Umgebung die notwendigen Voraussetzungen erfüllt und die Öffentlichkeit bereit ist, seine Probleme lösen zu helfen, kann das humanitäre Ziel der Eingliederung wirklich erreicht werden.

Es kann nicht übersehen werden, daß eine zu einseitig, nur auf die berufliche Eingliederung abgestimmte Rehabilitation leicht den Verdacht aufkommen läßt, Rehabilitation versuche den Behinderten als Arbeitskraft auszubeuten, basiere auf den Gedankengängen einer profitorientierten Gesellschaft und diene schließlich nur der privat- oder staatskapitalistischen Wirtschaftsform. Aus der Feststellung, daß Rehabilitation aus Almosenempfängern steuerzahlende Bürger mache, zieht man den Schluß, der Staat und die Gesellschaft investiere und fördere nur dort, wo Gewinn zu erwarten sei. Nun bringt in einem sozialorientierten Staat zweifellos der Profit einzelner auf Umwegen auch der Allgemeinheit Nutzen, doch stellt dieser finanzielle Aspekt der Rehabilitation nur einen, vielleicht den unwichtigsten der Gründe dar, der für sie sprechen könnte. Bedeutsamer ist der psychologische Effekt.

Rehabilitation ist Hilfe zur Selbsthilfe. Sie ist ein Schritt auf dem Wege zur *Unabhängigkeit,* bedeutet Triumph über das Schicksal. Es gibt keine besseren Wege, innere und äußere Freiheit zu gewinnen. Eine Tätigkeit zu finden und auszuüben, die von anderen anerkannt wird, läßt uns das Leben sinnvoller erscheinen. Streben nach Anerkennung ist dem Menschen angeboren. Nur wer die Existenz dieser Eigenschaft leugnet, kann auch die Bedeutung einer erfolgreichen Rehabilitation für den Behinderten bestreiten. Er wird den Wert des Lebens im Genuß suchen. Wirkliche Freiheit, für die finanzielle Unabhängigkeit nicht allein entscheidend ist, gewinnt er nicht. Der Griff zur Droge, der sie ihm für einige Stunden vorspiegeln kann, liegt dann nahe.

Das Wohnproblem

„Die Wohnung ist für die Existenz des Menschen ebenso wichtig wie sein Arbeitsplatz!" (LAURITZEN 1970). Dieser auf dem 9. Weltkongreß der Invaliden ausgesprochene Satz unterstreicht, daß berufliche Rehabilitation zum Scheitern verurteilt sein muß, wenn es nicht gelingt, auch das Wohnungsproblem des Schwerkörperbehinderten, insbesondere des Rollstuhlfahrers, zu lösen. Wohl deshalb sind die Ergebnisse von Rehabilitationsmaßnahmen bei ihnen wesentlich ungünstiger als im Sektor nur Leistungsgeminderter.

In der Öffentlichkeit ist eine sachliche Aufklärung über die mit der beruflichen Integration zusammenhängenden Umweltsprobleme unterblieben. Man hatte sich daran gewöhnt, daß für die Unterbringung der Behinderten Heime zur Verfügung standen, hinter deren Mauern sie den ihnen zugebilligten Lebensraum einnehmen konnten. In der Verhaltensforschung entspricht dies dem Gruppenkonformitätszwang, anpassungsunfähige Glieder zu isolieren oder auszustoßen. Eine solche für die Arterhaltung biologisch wertvolle Selektion sollte für den Menschen überholt sein. Er hat eine Entwicklungsstufe erreicht, in der eine so weitgehende Arbeitsteilung möglich ist, daß in der Gesellschaft auch der Außenseiter, der von der Norm abweicht, wichtige Aufgaben erfüllen kann. Wir sollten in der Lage sein, unterschiedliche Wesenszüge unserer Mitmenschen als besondere Ausdrucksform grundsätzlich gleicher Eigenschaften zu erkennen und zu akzeptieren. Auf dieser Basis beruht die Humanität, die auch die Grundlage aller unserer Rehabilitationsmaßnahmen sein sollte. Noch fehlt diese Erkenntnis jedoch in breiten Kreisen unserer Bevölkerung.

Man darf sich deshalb über das Ergebnis einer Repräsentativbefragung nicht wundern, die 1969 vom Infra-Test-Institut im Auftrag der Forschungsgemeinschaft „Das körperbehinderte Kind" in der Bundesrepublik Deutschland vorgenommen wurde.
Es wurde festgestellt:
91% der Bundesbürger wissen nicht, wie sie sich einem Körperbehinderten gegenüber verhalten sollen.
70% könnten sich vor ihnen ekeln.
63% möchten sie in Heimen isoliert sehen.
56% möchten *nicht mit ihnen zusammen wohnen.*

Baunormen für Behindertenwohnungen

Es hat nicht an Versuchen gefehlt, funktionsgerechte Wohnungen für Körperbehinderte zu bauen, zumeist auf der Basis privater Initiativen. Sofern es in Form von geschlossenen Wohnsiedlungen oder ganzen Gebäudekomplexen für Schwerkörperbehinderte geschah, konnten diese Lösungen nicht immer voll befriedigen, so segensreich sie im einzelnen gewirkt haben. Sie treffen nicht den Kern des Problems. Es wird lediglich eine Erweiterung und Humanisierung des bisherigen Gettos erreicht, aber keine wirkliche Integration in die Umwelt.
Gleichzeitig mit der Intensivierung der beruflichen Rehabilitation wäre es erforderlich gewesen, den allgemeinen Wohnungsbau, Architekten und Bauherren, rechtzeitig und sachlich über die Wohnbedürfnisse Körperbehinderter zu informieren und auf die damit zusammenhängenden Bedürfnisse hinzuweisen. Insbesondere für den staatlich gelenkten und finanziell unterstützten sozialen Wohnungsbau bestand eine einmalige Chance, mit relativ geringen Mitteln die wichtigsten Forderungen für die Bereitstellung von geeignetem Wohnraum zu erfüllen. Es hätte gelingen können, in jedem neu errichteten Gebäude zumindest *eine* Erdgeschoßwohnung ohne Stufen betretbar bzw. mit dem Rollstuhl befahrbar zu machen.

Auch da, wo der Hauseingang über dem Niveau des Straßenzuganges liegt, weil Bauvorschriften oder der Kanalanschluß einen höheren Gebäudesockel verlangen, wird es möglich sein, die Zugangswege so zu modellieren oder mit Rampen zu versehen, daß die Haustür mit einer Steigung von nicht mehr als 5% erreicht werden kann.
Innerhalb der Wohnung sollen alle Türen, auch die der Toiletten, eine Mindestbreite von 90 cm aufweisen. Die Flurbreite hat den Wenderadius des Rollstuhls von 1,20–1,40 m zu berücksichtigen. Der Raum zwischen Bett und Wand im Schlafzimmer muß mindestens 1,30 m breit sein, damit der Rollstuhl an das Bett herangefahren und nach dem Einsteigen beiseite gestellt werden kann.
Die erhöht eingebaute Badewanne und der Toilettensitz in Rollstuhlhöhe müssen seitlich anzufahren sein. Das Waschbecken ist unterfahrbar anzubringen. Auf Balkone oder Terrassen ist Wert zu legen, wobei hohe Schwellen an den dazugehörigen Türen zu vermeiden sind. Es wird weiter darauf zu achten sein, daß Fensterverschlüsse, Lichtschalter, Rolladenkurbeln in erreichbarer Höhe für den Rollstuhlfahrer angebracht werden.

Eine solche Wohnung ist universell vermietbar, also auch für Unbehinderte geeignet; für ältere Menschen böte sie manche Erleichterung. *Brauchbare* Wohnungen für Körperbehinderte sind *bessere* für Unbehinderte (Cuthbert-Salmon 1972).
Gegenüber dem Bau einer üblichen Wohnung sind die Mehrkosten gering, wenn diese Forderungen schon bei der Bauplanung Berücksichtigung finden. Lediglich der etwas höhere Raumbedarf kann ins Gewicht fallen. Der Platzbedarf eines Badezimmers würde mit etwa 6 qm gegenüber 4,5 qm bei Normalwohnungen anzusetzen sein (Duve 1970).
Der Bauherr kann auf Antrag für solche Wohnungen Zuschüsse erhalten; jeder Architekt müßte die technischen Bedingungen kennen. Sie sind im DIN-Normblatt 18025/1. „Wohnung für Rollstuhlfahrer" festgelegt. Es kann nur an fehlender Information über die Situation des Körperbehinderten liegen, an Gleichgültigkeit oder, was am wahrscheinlichsten ist, an fehlender Bereitschaft, sich durch den Bau einer solchen Wohnung zur Aufnahme eines Behinderten ggf. zu verpflichten.
Hier kann, wenigstens beim staatlich geförderten Wohnungsbau, nur das Gesetz helfen. Da der Staat versagt hat, ist er heute gezwungen, wesentlich größere Summen für den Umbau vorhandener Wohnungen auszugeben.

Umbau von Wohnungen für Körperbehinderte

Muß eine vorhandene Wohnung der veränderten Situation eines Behinderten angepaßt werden, dann kann die Beschäftigungstherapeutin, die den Patienten betreut, die entscheidenden Hinweise und Anregungen geben.
Die notwendigen Veränderungen richten sich nach der Art der Behinderung.

Bei beidseitig Armgeschädigten handelt es sich vor allem um den Einbau von Closomaten, Wasch- und Trokkenhilfen in der Dusche, um das Anbringen zweckmäßiger Bedienungselemente an Wasserhähnen, Schränken, Türen, Schubfächern und Lichtschaltern (Kippschalter!) und vielen anderen Dingen.

Abb. 1 Internationales Symbol: „Für Rollstuhlfahrer geeignet"

Bei beidseitig Beingeschädigten, Rollstuhlfahrern und Vierfachgelähmten wird man versuchen, Verhältnisse zu schaffen, wie sie beim Neubau einer Behindertenwohnung angeführt wurden. Sind die Badezimmer zu klein und die Toilette zu eng, dann hilft unter Umständen ein festeingebauter schwenkbarer Lifter oder ein an einer Laufschiene an der Decke angebrachtes Hebegerät. Ein fahrbarer Lifter gehört zur Ausrüstung eines pflegebedürftigen vierfach gelähmten Behinderten. Er erleichtert schwächlichen Pflegepersonen die Pflege. Für das Überwinden von Treppen innerhalb eines Hauses, in dem kein Fahrstuhl vorhanden ist, gibt es keine allgemeingültigen Regeln. Der treppengängige Rollstuhl ist nur sehr bedingt brauchbar und eignet sich nur in einem eng begrenzten Bereich. Es gibt elektrische Aufzugsvorrichtungen am Treppengeländer und innen oder außen am Treppenhaus. Sie sind aus Sicherheitsgründen sehr aufwendig und kostspielig und stellen nur Notlösungen dar, die besser durch Umzug in eine Erdgeschoßwohnung gelöst werden sollten.

Straßen und öffentliche Gebäude

Noch immer steht die Umwelt auch außerhalb des Wohnbereichs dem Behinderten in der Öffentlichkeit feindlich gegenüber. Straßen und Plätze, öffentliche Gebäude und Erholungseinrichtungen behindern die Integration oft in unvorstellbarer Weise. Obwohl es auch hier Normvorschläge für Baumaßnahmen im öffentlichen Bereich gibt (DIN-Norm-Entwurf 18024/Bl. 1. Planungsgrundlagen Straßen und Plätze), finden sie leider nur selten und zögernd Eingang in unsere Städteplanung. Oft sind die Gehwege an Anliegerstraßen zu schmal oder werden durch Verkehrszeichen und Masten eingeengt. Hohe Bordsteinkanten sollten an Fußgängerüberwegen für den Rollstuhlfahrer abgeschrägt sein. Noch immer werden öffentliche Gebäude, Post, Rathäuser, Landratsämter, Krankenkassen, Schulen und Hotels, Theater und Kirchen mit repräsentativen Treppen verziert, ohne daß durch Rampen oder Aufzüge dem Rollstuhlfahrer die Möglichkeit gegeben ist, hineinzukommen. Der Weg zur Bibliothek oder zum Ordnungsamt kann ebenso wie der Weg zum Zahnarzt zum Problem werden, das ohne helfende Hände nicht gelöst werden kann.
Es ist eine interessante Beobachtung, daß im Gegensatz dazu in großen Kaufhäusern gleiche Schwierigkeiten meist nicht bestehen. Dafür mögen Gründe des leichteren Warentransports mitgesprochen haben, doch ist ein bequemer Zugang auch werbewirksam, namentlich für ältere und behinderte Menschen. Das kann sich im Umsatz bemerkbar machen. Behörden haben Werbewirksamkeit nicht nötig; kulturelle Einrichtungen verlassen sich auf ihr Image und auf die vom Steuerzahler aufgebrachten Subventionen.
Es ist gedankenlos, Telefonzellen aufzustellen, die für den Rollstuhlfahrer nicht zu benutzen sind, Drehtüren einzubauen, durch die er nicht hinein kann, Straßentunnel ohne Ein- und Ausfahrten zu versehen, obwohl es genügend brauchbare Beispiele gibt, wie man dies ohne großen Aufwand bewerkstelligen kann. Auch an PKW-Stellplätze für Rollstuhlfahrer mit ausreichendem Raum für das Aus- und Einsteigen sollte gedacht werden. Es gibt ein international gültiges Symbol, mit dem Einrichtungen für den Rollstuhlfahrer gekennzeichnet werden können. Der Fachnormenausschuß hat es unter der DIN-Norm-30600 herausgegeben (Abb. **1**).

Das Transportproblem

Erst das Kraftfahrzeug als individuelles Transportmittel hat den Gehbehinderten eine echte Chance gegeben, sich die Unabhängigkeit von Zeit, Raum und fremder Hilfe zu verschaffen. Niemand kann sich heute der Einsicht verschließen, daß die Erteilung einer Fahrerlaubnis und der Besitz eines Kraftfahrzeuges für den Gehbehinderten ein Tor aufstößt, das ihm bisher verschlossen blieb. Damit wird beides zum Bestandteil der Rehabilitation.
Alle traditionellen kollektiven Transportmittel, Busse, Straßen-, Untergrund- und Eisenbahnen, Flugzeuge und Schiffe, sind auf die unbehinderten „Durchschnittsbürger" zugeschnitten. Auch das Personenauto ist es im Grunde. Die unterschiedlichen Bautypen lassen aber so viel individuellen Spielraum, daß der Behinderte wählen kann. Er kann dies bei den öffentlichen Verkehrsmitteln nicht. Am eigenen PKW lassen sich Bedienungselemente einbauen, die selbst den Schwerstbehinderten das Führen des Fahrzeugs erlauben. Ggf. sind polizeilich festgelegte Sicherheitsauflagen damit verbunden.
Eine stärkere Unfallhäufigkeit der Behinderten ist nicht nachgewiesen worden, sie liegt vermutlich unter der von Unbehinderten, da sie weniger riskant fahren. Das Mitnehmen eines Faltrollstuhls erfordert einige Hilfsvorrichtungen an bestimmten Wagentypen.
Als Gemeinschaftstransportmittel für ganze Gruppen von Körperbehinderten kommt der umgebaute Bus in Frage. Es gibt Konstruktionen mit hydraulischen Hebevorrichtungen oder herunterzuklappenden Plattformen zum Auf- und Abfahren, die seitlich oder hinten angebracht sind

Abb. 2 Bus mit hydraulischer Hebevorrichtung für Rollstühle

(Abb. 2). Werden Gebäude regelmäßig angefahren, z. B. Schulen, dann lohnt es sich, Rampen anzulegen, über die die Rollstuhlfahrer direkt in und aus dem Bus gelangen können.

Bei Straßen- und Eisenbahnen geht es nicht ohne fremde Hilfe, doch könnten sicher Fahrkartenschalter und Sperren weniger hinderlich für den Behinderten gestaltet werden. Über das Fortlassen überflüssiger Treppen und Stufen und über den Bau von Rampen bei Untertunnelungen gilt das gleiche wie im Abschnitt über öffentliche Gebäude.

Die Einstiege in Straßen- und Eisenbahnwagen und die engen Gänge in vielen D-Zugwagen sind ein so großes Hindernis, daß manchmal nur noch der unbequeme Transport im Packwagen in Betracht kommt. Bei Neubauten dürften sich gewiß bessere Lösungen finden, z. B. Wagen mit Mitteleinstieg.

Bei den heute nahezu in allen Großstädten aktuellen Plänen für U-Bahnen und Flughäfen ergibt sich Gelegenheit, Überlegungen in die Planung einzubeziehen, in welcher Weise man schwerkörperbehinderten und älteren Menschen gerecht werden kann. Mit Lauf-Transportbändern, Rolltreppen und Aufzügen oder Rampen für Rollstuhlfahrer ist dies möglich.

Der Bau der Untergrundbahn in Oslo ist ein konkretes Beispiel dafür, wie eine zweckmäßige und bequeme Anlage von Zu- und Abgängen und ihre Zuordnung zu den Brennpunkten des Verkehrs sowie ein größerer Komfort hinsichtlich Wagengröße und Türbreite dem rascheren und reibungslosen Verkehrsfluß für die Allgemeinheit dienen kann und dabei gleichzeitig wesentliche Vorteile für die Behinderten bringt (FINN 1972).

Technische Hilfen für Körperbehinderte

Der Rollstuhl

Zur technischen Hilfe für Körperbehinderte ist als individuelles Fortbewegungsmittel auch der Rollstuhl zu zählen Er erfüllt seinen Zweck im häuslichen wie im beruflichen Bereich als Zimmerfahrstuhl und gibt dem Gehbehinderten die Möglichkeit, sich auch in der Öffentlichkeit auf allen Plätzen und in den Fußgängerzonen zu bewegen.

Der mit Griffreifen versehene zusammenlegbare Faltfahrstuhl hat sich auf breiter Ebene durchgesetzt, wobei im allgemeinen die großen Räder hinten und die angelenkten kleinen Räder vorn liegen sollen. Für besondere Fälle wird die Standardausführung auch in einzelnen Varianten serienmäßig geliefert.

Arbeitsphysiologische Untersuchungen des Energieverbrauchs und der Leistungsbeanspruchung des Rollstuhlfahrers wurden mit dem Ziel durchgeführt, Verbesserungen unter anderem der Konstruktionen oder der noch unbefriedigenden Sitzgestaltung anzuregen (HILDEBRANDT 1970).

Eine Normung, vor allem der Breiten- und Höhenmaße, wäre im Interesse einer Abstimmung mit Planungen im Bau- und Transportwesen zu begrüßen.

Ein ganz wesentlicher Fortschritt wurde mit der Entwicklung des Elektrorollstuhls erzielt.

Für den erheblich Hand- und Armbehinderten, z. B. den Tetraplegiker, ist er unentbehrlich geworden. Er hat ihm ein erhebliches Maß von Selbständigkeit verschafft und vielen Behinderten überhaupt erst die Möglichkeit zur beruflichen

Tätigkeit eröffnet. Nachteilig ist das durch Batterie und Motor verursachte hohe Gewicht. Der Transport des Elektrorollstuhls in Fahrzeugen ist dadurch nahezu unmöglich.
Für die Straße, für größere Strecken und zur Erleichterung der Fortbewegung gibt es Fahrzeuge mit Hebel- und Kurbelantrieb. Von da ist es nur ein weiterer Schritt zum motorbetriebenen Straßenfahrzeug, das für einen allerdings immer enger werdenden Personenkreis seine Berechtigung behalten wird. Es wird mehr und mehr vom PKW verdrängt.

Prothesen und Orthesen

Prothesen und Orthesen zur Rehabilitation von Körperbehinderten sind so vielfältig und für die verschiedenen Behinderungsarten so speziell entwickelt worden, daß darauf nicht einzugehen ist.
Die orthopädische Technik hat sich hier nicht nur neuerer Methoden, sondern auch geeigneterer Materialien bedient. Die Verwendung von Gießharzen, Schaumstoffen und anderen Plasten, die Entwicklung der fremdkraftbetriebenen pneumatischen Prothesen und Orthesen, das Ausnutzen biologischer Muskelaktionsströme zum Betrieb der myoelektrischen Handprothese sind unentbehrlich für die Rehabilitation Behinderter.

Arbeitshilfen

In ähnlicher Weise wurden Arbeitshilfen für Körperbehinderte für die verschiedenen Arbeitsvorgänge aus der Praxis ihrer beruflichen Beschäftigung entwickelt. Sie erleichtern teils am Körper des Versehrten, teils am Arbeitsplatz ihre Tätigkeit. Ein kleiner Teil davon ist in verschiedenen Veröffentlichungen einem breiteren Kreis zugänglich, z. B. in dem von der Bundesanstalt für Arbeitsvermittlung herausgegebenen Handbuch des Schwerbeschädigtenvermittlers: „Arbeitshilfen für Behinderte“. Vieles entsteht spontan in immer neuen Variationen.

Hilfen für das tägliche Leben

Für den Alltag sind es besonders die Beschäftigungstherapeuten, die aus ihrer speziellen Betreuung der Patienten immer neue Anregungen geben und praktische Hilfen erfinden, die teils in eigener Werkstatt hergestellt werden können, teils von Firmen übernommen wurden.
Die Loseblattsammlung, die von der Deutschen Vereinigung für die Rehabilitation Behinderter herausgegeben wird, ist eine Fundgrube für Behinderte aller Arten.

Gesetzliche Grundlagen der Rehabilitation

Rehabilitation entstand aus karitativen Motiven, begann mit privaten Fürsorge- und Wohlfahrtseinrichtungen und ist heute überall in der Welt ein wichtiger Bestandteil staatlicher Sozialpolitik.
Im Deutschen Reich wurden die Anfänge einer Sozialgesetzgebung bereits im 19. Jahrhundert unter Bismarck geschaffen. Schrittweise entstanden die Gesetze über:
die soziale Krankenversicherung 1883,
die soziale Unfallversicherung 1884,
die soziale Rentenversicherung 1889.
In diesen Gesetzen ist die wirtschaftliche Sicherung des betreuten Personenkreises im Versorgungsfall durch Zahlen einer Rente bereits mit der Aufgabe verbunden, die Ursachen der Erwerbsbehinderung durch Heilbehandlung zu beheben. Wir würden heute sagen, durch medizinische Rehabilitation.
Nichtversicherte, vor allem jugendliche hilfsbedürftige Körperbehinderte – Krüppel im früheren Sprachgebauch – wurden von diesen Gesetzen nicht erfaßt. Die Fürsorge für sie war Sache der Armenpflege und privater karitativer Organisationen.
Staatliches Interesse an der Behandlung und der beruflichen Ausbildung jugendlicher Körperbehinderter zeigte sich erst, nachdem 1909 auf Initiative orthopädischer Kreise die „Deutsche Vereinigung für Krüppelfürsorge“ gegründet war. Immerhin wurden in Preußen die Kreisärzte schon in einer am 1. 9. 1909 erlassenen Dienstanweisung verpflichtet, darauf hinzuwirken, alle jugendlichen Krüppel ihres Bezirks in einer Heil- und Erziehungsanstalt unterzubringen, wenn ihr Gebrechen eine besondere Heilbehandlung erforderte und sie bei geeigneter Unterweisung ausbildungsfähig erschienen. Ein laufend zu ergänzendes Verzeichnis der „Krüppel“ war anzulegen.
Erst nach Ende des ersten Weltkrieges hatten die fortgesetzten Bemühungen des Orthopäden Biesalski und der Deutschen Vereinigung für Krüppelfürsorge Erfolg, eine staatliche Regelung zu erreichen. Am 1. 1. 1920 trat das preußische Gesetz über die öffentliche Krüppelfürsorge in Kraft. Hier wurde erstmals auf gesetzlicher Grundlage die Erwerbsfähigkeit des „Krüppels“ als soziales Endziel der Körperbehindertenfürsorge hervorgehoben. Bei der Aufstellung eines Heilplans waren Erziehung, Schul- und Berufsausbildung neben der ärztlichen Behandlung in angemessener Weise zu berücksichtigen. In den Ausführungsbestimmungen wird der Orthopädie die Krüppelfürsorge als soziales Betätigungsfeld zugewiesen. Dem preußischen Gesetz sind ähnliche staatliche Verordnungen in anderen deutschen und außerdeutschen Ländern gefolgt. Die Vorteile, die sich

aus einer staatlich unterstützten und gesetzlich verankerten Eingliederung und Wiedereingliederung Körperbehinderter für die Träger von Rentenversicherungen ergeben, wurden auch dort erkannt, wo keine oder nur ungenügende Sozialversicherungssysteme bestanden. Berufliche und soziale Eingliederung wurden deshalb als Rehabilitation im großen Stil ganz besonders in den USA praktiziert und nach und nach auch auf die Folgen zahlreicher nichtorthopädischer Leiden ausgedehnt.

„Rehabilitation“ ist danach als ein Begriff für *umfassende Wiedereingliederungsmaßnahmen in die menschliche Gesellschaft,* von den USA ausgehend, weltweit übernommen worden. Ihre gesetzlichen Grundlagen wurden entweder in vorhandene Sozialgesetze eingebaut oder in Form einer selbständigen Rehabilitationsgesetzgebung niedergelegt.

Träger der Rehabilitation in der Bundesrepublik Deutschland

In der Bundesrepublik ist die soziale Absicherung des einzelnen durch ein auf dem Kausalitätsprinzip beruhendes dezentralisiertes System verschiedener Versicherungsträger aufgebaut. Es wurde auch für die Rehabilitation beibehalten.

Gesetzliche Träger der Rehabilitation sind daher auch die einzelnen gesetzlichen Träger der Sozialversicherung. Diese sind:

1. in der Krankenversicherung die Krankenkassen,
2. in der Rentenversicherung die Landes- und Bundesversicherungsanstalten,
3. in der Unfallversicherung die Berufsgenossenschaften und die Unfallversicherungen von Bund, Ländern und Gemeinden,
4. in der Knappschaftsversicherung die Bundesknappschaft,
5. in der Arbeitslosenversicherung die Bundesanstalt für Arbeit,
6. in der Kriegsopfer- und Soldatenversorgung die Versorgungsämter,
7. in der Sozialhilfe die Kommunen und Kommunalverbände.

Der Erlaß eines besonderen Rehabilitationsgesetzes oder die Errichtung einer besonderen Bundesanstalt für Rehabilitation als alleiniger Träger für Rehabilitationsmaßnahmen wurde im Bundestag abgelehnt.

Das gegliederte System der Rehabilitation

Nachteile dieses gegliederten Systems der Rehabilitation sind die unterschiedlichen und mitunter unklaren Zuständigkeiten der einzelnen Träger, die nicht nur bei der Einleitung einer Rehabilitation und beim Übergang einer Rehabilitationsphase zur anderen – medizinische, schulische, berufliche –, sondern auch bei der Aufstellung oder Änderung des Rehabilitationszieles Streitigkeiten und Verzögerungen hervorrufen können. Nachteilig sind auch die noch immer bestehenden unterschiedlichen zeitlichen und finanziellen Leistungen der einzelnen Träger für gleiche Rehabilitationsmaßnahmen bei gleichen Behinderungen.

Koordinierung der Rehabilitationsmaßnahmen

Den in einem komplizierten Sozialversicherungssystem sich zwangsläufig ergebenden Kompetenzkonflikten bei der Durchführung von Rehabilitationsmaßnahmen versucht die neuere Gesetzgebung entgegenzuwirken.

Grundlegende Koordinierungsvorschriften enthalten das „Sozialgesetzbuch“ vom 11.12.1975 und das „Gesetz über die Angleichung der Leistungen zur Rehabilitation“ vom 7.8.1974. Darin soll, um eine bessere Koordinierung der Rehabilitationsträger herbeizuführen, ein dezentralisiertes System von Anlauf-, Beratungs- und Auskunftsstellen bei allen Krankenkassen und Arbeitsämtern das Einleiten von Rehabilitationsmaßnahmen erleichtern. Die Ärzte sollen diese Anlaufstellen unterrichten, wenn Maßnahmen der Arbeits- oder Berufsförderung angezeigt erscheinen. Die Anlaufstellen haben den zuständigen Rehabilitationsträger festzustellen und ihn um Einleitung entsprechender Maßnahmen zu ersuchen. Der Rehabilitationsträger hat unter Mitwirkung aller fachlich zuständigen Stellen einen Eingliederungsvorschlag zu machen, der nach Zustimmung der Beteiligten, einschließlich des Behinderten, Teil eines Rehabilitationsgesamtplanes wird.

Läßt sich in Zweifelsfällen die Zuständigkeit eines Rehabilitationsträgers nicht unverzüglich feststellen, dann ist im § 6 des Reha-Angleichungsgesetzes eine Vorleistungspflicht festgelegt.

Danach haben vorzuleisten –

in Fällen medizinischer Rehabilitation: der Rentenversicherungsträger des Behinderten, beim Fehlen einer Rentenversicherung die nach dem Wohnsitz des Behinderten bezirklich zuständige Landesversicherungsanstalt;

in Fällen berufsfördernder Maßnahmen: die Bundesanstalt für Arbeit.

Der Rehabilitationsgesamtplan

Im Sozialrecht war das Aufstellen eines zwischen den Beteiligten abgestimmten Gesamtplanes bereits in den einschlägigen Bestimmungen verschiedener Sozialgesetze verankert (z.B. § 59 Arbeitsförderungsgesetz, § 1237 Reichsversicherungsordnung, § 46 Bundessozialhilfegesetz).

Auch nach dem neueren Gesetz über die Angleichung der Leistungen zur Rehabilitation ist ein Rehabilitationsgesamtplan aufzustellen, der vom definitiv zuständigen Rehabilitationsträger unter Beteiligung aller mitwirkenden Stellen einschließlich des Behinderten zu erarbeiten ist.

Harmonisierung der Leistungen

Der Nachteil unterschiedlicher Leistungen einzelner Rehabilitationsträger in finanzieller und zeitlicher Hinsicht für gleiche Behinderungen und gleiche Rehabilitationsmaßnahmen, deren Ursache im Kausalitätsprinzip unserer Sozialversicherung begründet ist, soll durch das Rehabilitationsangleichungsgesetz vom 7. 8. 1974 wenigstens eine Verminderung, wenn auch keinen völligen Ausgleich des Leistungsgefälles bringen.

Rehabilitationsleistungen

Art, Umfang und Durchführung der Rehabilitationsleistungen sind entsprechend der Vielzahl der Rehabilitationsträger im gegliederten System in jeweils nach Form, Bezeichnungen und Inhalt unterschiedlichen Gesetzesbestimmungen geregelt und deshalb äußerst unübersichtlich und schlecht vergleichbar. Grundsätzlich ist Rehabilitation vorrangig vor einer zu gewährenden Rente.
Die wichtigsten Gesetze auf Bundesebene, in denen Bestimmungen über die Rehabilitation von Behinderten verankert sind, werden im folgenden mit ihren wesentlichen Paragraphen aufgezählt.

Die Reichsversicherungsordnung (RVO)

In der RVO sind die gesetzlichen Bestimmungen der Rentenversicherung der Arbeiter, der Unfallversicherung und der Rentenversicherung der Angestellten (AVG) enthalten.
Tritt eine Beeinträchtigung oder Gefährdung der Erwerbsfähigkeit durch krankhafte Vorgänge ein, dann hat der Behinderte „zur Wiederherstellung, Besserung oder Erhaltung seiner Erwerbsfähigkeit“ Anspruch auf Heilbehandlung, Berufsförderung und soziale Betreuung nach § 1237 RVO und § 14 AVG.
Ist die Behinderung durch Arbeitsunfall entstanden, dann hat er neben der Heilbehandlung Anspruch auf Ausstattung mit orthopädischen Hilfsmitteln, Durchführung von Versehrtensport, Zahlung eines Verletztengeldes bis zur Gewährung einer Verletztenrente und Anspruch auf Berufshilfsmaßnahmen bis zur Wiedereingliederung nach den §§ 556–569 RVO. Zur Berufshilfe gehören auch hier Berufsförderung, Berufsumschulung und Anlernzuschüsse, bis der Behinderte einen vollen Dienst erreicht. Träger der Leistungen sind die Berufsgenossenschaften.

Bundesversorgungsgesetz (BVG)

Kriegsbeschädigte erhalten aufgrund des BVG nach den §§ 10ff. und §§ 25ff.:
1. Heilbehandlung für Folgen einer anerkannten Kriegsbeschädigung, Schwerkriegsbeschädigte auch für andere Gesundheitsstörungen,
2. Einkommensausgleich bei Arbeitsunfähigkeit, wenn sie durch die Kriegsbeschädigung oder deren Behandlung bedingt sind,
3. Arbeits- und Berufsförderung durch Schul- oder Berufsausbildung und Hilfen, um einen geeigneten Arbeitsplatz zu erhalten. Dazu gehören auch Hilfen zur Beschaffung und Unterhaltung eines Kraftfahrzeugs und die Gewährung eines Darlehens, um eine Existenz zu gründen,
4. Erholungsfürsorge.

Bundessozialhilfegesetz (BSHG)

Im BSHG ist das frühere Körperbehindertenfürsorgegesetz aufgegangen.
Eine Meldepflicht ist, ebenso wie in diesem, nicht mehr enthalten im Gegensatz zum ehemaligen preußischen Körperbehindertenfürsorgegesetz. Der Arzt hat hier lediglich ein Melderecht nach § 125 Abs. 3. Die Beratung Körperbehinderter ist den Gesundheitsämtern nach § 126 übertragen. Sie richten dafür Sprechtage ein, die von dafür bestimmten Fachärzten (Landesärzten) durchgeführt werden.
Nicht oder nur unzureichend versicherte Behinderte, insbesondere Kinder und Jugendliche mit angeborenen oder erworbenen Leiden, aber auch selbständige oder ungelernte Erwerbstätige, bei denen die oben angeführten Rehabilitationsträger nicht zuständig sind oder keine ausreichenden Rehabilitationsleistungen gewähren, sowie Behinderte, bei denen eine berufliche Förderung nicht mehr in Frage kommt, können Eingliederungshilfen aufgrund der Bestimmungen des BSHG durch die örtlichen oder überörtlichen Sozialhilfeträger (Sozialämter) erhalten (§§ 38ff. und Eingliederungsverordnung zu § 47).
Der § 59 verpflichtet zur Aufstellung eines Rehabilitationsgesamtplanes unter Abstimmung mit anderen an den Rehabilitationsmaßnahmen beteiligten Stellen.
Aufgabe der *Eingliederungshilfe* ist es, eine drohende Behinderung zu verhüten und eine vorhandene zu beseitigen oder zu mildern, um den Behinderten die Teilnahme am Leben in der Gemeinschaft zu erleichtern.
Es gehören dazu:
1. Heilbehandlung und Versorgung mit Hilfsmitteln,
2. angemessene Schulbildung auch auf weiterführenden Schulen,
3. berufliche Aus- und Fortbildung oder Umschulung, selbst wenn sie nur für eine begrenzte

Beschäftigung, z. B. in einer Werkstatt für Behinderte in Frage kommt,
4. Sicherung des Lebensunterhaltes während dieser Eingliederungsmaßnahmen für den Behinderten und für die von ihm zu unterhaltenden Personen,
5. Beschaffung eines geeigneten Arbeitsplatzes,
6. anschließend weiter notwendige medizinische und soziale Maßnahmen zur Sicherung des Ergebnisses der Eingliederung.

Zu den finanziellen Aufwendungen des Sozialhilfeträgers für Rehabilitationsmaßnahmen können zwar der Behinderte und seine nächsten Angehörigen herangezogen werden, doch gelten hierbei nach § 43 wesentlich großzügigere Regelungen als sonst in der Sozialhilfe. Dies gilt besonders für Schulkinder.

Arbeitsförderungsgesetz (AFG)

Die Bundesanstalt für Arbeit hat mit den ihr unterstellten örtlichen und überörtlichen Arbeitsämtern die Aufgabe der Arbeitsvermittlung. Im Rahmen der beruflichen Rehabilitation hat sie eine Schlüsselstellung durch ihre Mitwirkungspflicht. Gemäß § 57 des AFG soll sie zur beruflichen Eingliederung von Behinderten geeignete Maßnahmen der Arbeits- und Berufsförderung ergreifen, die erforderlich sind, um die Erwerbsfähigkeit zu erhalten, zu verbessern oder herzustellen. Dies geschieht ungeachtet der Art und Ursache der Behinderung. Ist ein anderer Rehabilitationsträger gesetzlich dafür zuständig, dann hat die Bundesanstalt ihm diese Maßnahmen vorzuschlagen. Sie kann für berufliche Aus- und Fortbildung und berufsvorbereitende Maßnahmen Zuschüsse und Darlehen gewähren (§§ 40 und 41 ff.) und während der Einarbeitungszeit eines Behinderten an den Arbeitgeber Lohnausgleichszahlungen leisten. Sie fördert ferner den Aufbau und die Ausstattung von Werkstätten und Arbeitsplätzen für Behinderte.

Schwerbehindertengesetz

Schwerbehinderte mit einer dauernden Erwerbsminderung von mindestens 50% genießen einen besonderen gesetzlichen Schutz durch das Schwerbehindertengesetz. Ursprünglich beschränkt auf Behinderungen durch Schädigung im Kriegs- und Wehrdienst, im zivilen Ersatzdienst, als Besatzungsschaden, Haftschaden oder als Arbeitsunfall und auf Blinde, ist das Gesetz jetzt auf alle Schwerbehinderte ausgedehnt worden, unabhängig von der Schädigungsursache.

Das Gesetz ist von besonderer Bedeutung für die berufliche Eingliederung dieser Schwerbeschädigten. Der § 3 verpflichtet alle privaten Arbeitgeber, Schwerbeschädigte in einem bestimmten Prozentsatz zu beschäftigen oder dafür Ausgleichszahlungen zu leisten, die für die Schwerbeschädigtenfürsorge zu verwenden sind. Nach §§ 14 ff. haben Schwerbeschädigte einen verstärkten Kündigungsschutz.

Behinderte des gleichen Personenkreises mit einer Erwerbsminderung von mindestens 30% und alle übrigen Behinderten mit einer Erwerbsminderung von mindestens 50% können auf Antrag der erstgenannten Gruppe nach § 2 gleichgestellt werden und damit die gleichen Vorteile erreichen, wenn nur dadurch ein geeigneter Arbeitsplatz für sie erlangt oder behalten werden kann.

Die „Gleichstellung" genehmigt das Hauptfürsorgeamt.

Sonderbestimmungen

Für Rehabilitationsmaßnahmen bei einigen versicherungsrechtlich speziell erfaßten Personengruppen bestehen Sonderbestimmungen: Tuberkulöse, Spätheimkehrer, Besatzungsgeschädigte, politisch Verfolgte, Häftlinge und Impfgeschädigte. Für sie sind besondere Gesetze erlassen worden.

Rehabilitationseinrichtungen

Es liegt im Wesen der Rehabilitation, daß medizinische, vorschulische und schulische sowie berufliche und soziale Maßnahmen ineinandergreifen, teilweise parallel laufen und in unterschiedlicher Weise aufeinander folgen können. Nicht nur in der Durchführung von Rehabilitationsmaßnahmen gibt es daher keine scharfe Trennung der verschiedenen Rehabilitationsbereiche, sondern auch im Aufbau und in der Zusammensetzung der dafür geschaffenen Einrichtungen fehlen klare Abgrenzungen. Der Begriff einer „Rehabilitationseinrichtung" läßt sich daher nicht eindeutig definieren.

Stationäre Einrichtungen der Rehabilitation

Stationäre Einrichtungen, in denen *medizinische* Rehabilitationsmaßnahmen durchgeführt werden können, sind:

1. Akutkrankenhäuser und Spezialkliniken,
2. Krankenhäuser für geriatrisch und chronisch Kranke,
3. Rehabilitationskrankenhäuser, die als Akut- oder Langzeitkrankenhäuser zusätzlich mit Einrichtungen der Berufstherapie und der beruflichen Anpassung ausgerüstet sind,
4. Kurheime, Spezialsanatorien und Heilstätten.

Stationäre Einrichtungen, in denen *vorschulische und schulische* Rehabilitationsmaßnahmen durchgeführt werden, sind:

1. Bettensonderschulen in Akutkrankenhäusern und Spezialkliniken,
2. Internate für Behinderte mit Unterricht an normalen und weiterführenden Schulen, in denen schulbegleitende Maßnahmen der Diagnostik, der Therapie und der rehabilitationsorientierten Sozialpädagogik durchgeführt werden können,
3. Heimsonderschulen für Behinderte für alle Schulbereiche und Behinderungsarten, ggf. als Gesamtschule unter Einbeziehung der Teilbereiche für „Blinde“ und „Gehörlose“.

Stationäre Einrichtungen der *vorberuflichen und beruflichen* Rehabilitation sind:

1. Abteilungen für Berufstherapie und berufliche Anpassung, die auch als Rehabilitation der zweiten Phase bezeichnet werden,
2. Berufsbildungswerke für behinderte Jugendliche,
3. Berufsförderungswerke für behinderte Erwachsene zur Berufsfortbildung und Berufsumschulung,
4. Heimwerkstätten für Behinderte, geschützte oder beschützende Werkstätten.

Einrichtungen der *sozialen* Rehabilitation sind:
1. Übergangs- und Wohnheime für Behinderte,
2. Altenheime und Pflegeheime,
3. Heime für psychisch Kranke.

Ambulante Rehabilitationsmöglichkeiten

Die stationären Einrichtungen für die Durchführung von Rehabilitationsmaßnahmen werden durch Möglichkeiten der offenen, ambulanten Behandlung wirkungsvoll ergänzt.
Alle physiotherapeutischen Behandlungen, der Besuch von Schwimmbädern und der Versehrtensport dienen der körperlichen Ertüchtigung und sind damit ein Teil der medizinischen Rehabilitation.
Kindertagesstätten für Behinderte werden als „Sonderkindertagesstätten“ in wachsender Zahl eingerichtet. Man versucht hier das Handikap behinderter Kinder im Erfassen der Umwelt auszugleichen.
In Sonderschulzügen und Sonderschulklassen ist es möglich, den Unterricht dem Leistungsvermögen des Schulkindes anzupassen, entstandene Bildungslücken auszufüllen und das Bildungsniveau soweit als möglich der allgemeinen Entwicklung anzupassen.
Dabei sollte jedoch versucht werden, den Anschluß und den Übergang in die Normalklassen zu erreichen bzw. wiederherzustellen, so bald dies möglich erscheint. Im Rahmen der Bestrebungen, den Unterricht organisatorisch ganz allgemein stärker den speziellen Begabungen und den Leistungsmöglichkeiten des einzelnen Schülers durch allgemeinschulische Weiterentwicklungen anzupassen, zu „individualisieren“ (Förderklassen), öffnen sich für bestimmte Behinderungsarten praktikable Lösungen, die Einweisungen in Sonderschulen überflüssig machen können. Der Kontakt mit gleichaltrigen Unbehinderten bleibt erhalten oder kann wiederhergestellt werden.
In einigen stationären Einrichtungen, vor allem in den Behindertenwerkstätten, können unter Umständen auch Maßnahmen der Berufsförderung und -ausbildung ambulant, d. h. offen und nicht heimgebunden, durchgeführt werden. In geeigneten Betrieben werden mit finanzieller Unterstützung der Bundesanstalt für Arbeitslosenversicherung Anlern-, Ausbildungs- und Einarbeitungsplätze für Behinderte zur Verfügung gestellt.

Das Fachpersonal für Rehabilitation

Kennzeichen für die Tätigkeit im Rehabilitationsgeschehen ist die fachliche Zusammenarbeit in einer Gruppe (Teamwork).

Das Rehabilitationsteam

Das Rehabilitationspersonal bildet eine Rehabilitationsmannschaft, das Rehabilitationsteam. Ihm gehören nach Befund, nach Stand des Heilverfahrens und nach Stand der Eingliederungsmaßnahmen an:
1. der Arzt, unterstützt durch sein medizinisches Fachpersonal: Schwestern, Krankengymnasten, Beschäftigungstherapeuten, Orthopädiemechaniker,
2. der Arbeitsphysiologe, der Psychologe und der Sozialarbeiter,
3. der Berufsberater, der Pädagoge und der Arbeitstherapeut, ggf. unterstützt durch einschlägige technische Berater.

Der Arzt

Der Arzt steht in der Regel am Anfang jeder Rehabilitation. Nicht in jedem Fall ist dies gleichbedeutend mit medizinischer Behandlung; es können zunächst lediglich ärztliche Beobachtungen, schulische oder berufliche Maßnahmen im Vordergrund stehen.
Da die Behinderungen unterschiedlichen Fachbereichen zugeordnet sind, werden auch Ärzte aus den verschiedensten Fachgebieten an den Rehabilitationsmaßnahmen beteiligt. Wegen der Bedeutung, die der Arzt hinsichtlich der Diagnose, Prognose, der Beurteilung der Leistungsfähigkeit und der laufenden ärztlichen Überwachung in nahezu allen Phasen der Rehabilitation hat und in ihnen auch bestimmte Steuerfunktionen ausüben kann, werden von ihm ausreichende Kenntnisse der zahlreichen Möglichkeiten und Aussichten

der verschiedenen Rehabilitationsmaßnahmen auf dem Gesamtgebiet der Rehabilitation verlangt, um ggf. lenkend und fördernd wirken zu können. Deshalb wurde die Forderung nach einem „Facharzt für Rehabilitation“ erhoben. Ausbildungsvorschläge hierfür liegen vor; sie sind umstritten. Die bisherige Praxis fußt auf einer Fort- und Weiterbildung von interessierten Ärzten *aller* Fachrichtungen.

Die paramedizinischen Berufe

Im medizinischen Bereich erfüllen die Helfer der Ärzte – Krankenschwestern, Kinderkrankenschwestern, Krankengymnasten, Masseure und Bademeister, Beschäftigungs- und Ergotherapeuten – in der Rehabilitation ihre Aufgaben im Rahmen ihrer fachlichen Ausbildung. Ihr Einsatz wird ärztlich gelenkt und kann deshalb nur von ihm auf das Rehabilitationsziel ausgerichtet werden. Im Grenzbereich der medizinischen Rehabilitation liegen Versehrtensport und Arbeitstherapie.

Der Versehrtensportlehrer

Der Versehrtensportlehrer hat die wichtige Aufgabe, die physische Leistungsfähigkeit des Behinderten auch über die medizinische Behandlungsperiode hinaus aufrechtzuerhalten, den Leistungswillen zu wecken und Freude am Gemeinschaftsleben zu entwickeln.

Der Arbeitstherapeut

Die Arbeitstherapie weist Berührungspunkte mit der Beschäftigungstherapie auf, ist aber weniger funktionell ausgerichtet wie diese, sondern mehr auf Arbeitserprobung und Arbeitstraining abgestellt. Der Arbeitstherapeut rekrutiert sich dementsprechend zumeist aus handwerklichen Berufen, zumal eine überall gültige Festlegung des Berufsbildes und ein entsprechender Ausbildungsgang nicht bzw. nicht einheitlich bestehen.
Die Arbeitstherapie leitet über zu der neuentwikkelten Berufstherapie, die in Werkstatt, Labor-, Studio- und Büroräumen durchgeführt wird und von besonderen Berufstherapeuten zu leiten wäre.

Der Sozialarbeiter

Der Sozialarbeiter ist aus dem Beruf des Fürsorgers hervorgegangen. Er hat entscheidend bei der Einleitung und Durchführung von Eingliederungsmaßnahmen mitzuwirken. Im engsten Kontakt mit den behandelnden Ärzten und dem Behinderten soll er dessen Lebenssituation klären, die sozialen Verhältnisse der Familie und die Wohn- und Arbeitsmöglichkeiten unter den gegebenen Voraussetzungen überprüfen. Er stellt auch fast immer die ersten Verbindungen zu den in Frage kommenden Fachberatern des Rehabilitationsteams her. Er sollte in keinem Krankenhaus fehlen, selbst wenn es sich nur teilweise mit Rehabilitationsmaßnahmen beschäftigt. Das Aufstellen eines Rehabilitationsplanes ohne einen Sozialarbeiter ist wertlos, seine Mitarbeit ist aber auch in der Beschaffung von Heimplätzen und in der nachgehenden Betreuung des Behinderten unentbehrlich. Erfolg und Mißerfolg von Eingliederungsmaßnahmen kann er meist besser überblicken und beurteilen als alle anderen an der Rehabilitation Beteiligten.

Der Berufsberater

Die Berufsberater der Arbeitsämter und die Berufshelfer der Berufsgenossenschaften haben die Aufgabe, die Eingliederung des Behinderten in den Arbeitsprozeß zu erleichtern. Sie helfen bei der Suche und der Beschaffung geeigneter Arbeitsplätze und unterstützen die Berufsfindung durch Eignungsuntersuchungen, durch Berücksichtigung des Arbeitsmarktes auch im Hinblick auf die zu erwartenden Wandlungen in der Berufsstruktur und ihre möglichen Auswirkungen auf die Beschäftigung von Behinderten.

Das pädagogische und berufliche Lehrpersonal

Kindergärtnerinnen, Erzieher, Pädagogen, Logopäden (Sprachheillehrer) und Berufsausbilder mit besonderer Qualifikation für die Arbeit im Rehabilitationsgeschehen sind notwendig, um die aufgestellten Ziele zu erreichen.

Rehabilitationsforschung

Forschungs- und Entwicklungsarbeiten werden von der „Stiftung Rehabilitation“ durchgeführt, mit dem Ziel, Konzepte und Methoden für eine Humanisierung des sozialen Umfeldes und der Arbeitswelt des Behinderten bereitzustellen (Augsburger u. Mitarb. 1977, Jochheim u. Scholz 1975).
Jakob (1974) fordert ein Informationsverbundsystem, das erlaubt, die Ergebnisse, insbesondere der beruflichen Rehabilitation, durch Kontrolle und Nachbeobachtung in längeren Zeitabständen zu überprüfen. Das setzt eine einheitlich geführte Dokumentation und die Bereitstellung aller medizinischen, sozialen und arbeitsmedizinischen Daten aus dem Vorfeld der Rehabilitation voraus. Dafür müssen zunächst allgemeingültige Richtlinien erarbeitet werden.
Die Analyse von Leistungsschwankungen, von Leistungsdruck, Leistungsforderung, Leistungsverweigerung und Leistungsunfähigkeit ist notwendig, um Fehlbeurteilungen zu vermeiden (Jakob 1974).

Zur Leistungsanalyse sind adäquate, den verschiedenen Behinderungsarten angepaßte arbeitsphysiologische Untersuchungsmethoden zu entwickeln, um die Einwirkung äußerer und innerer Faktoren auf die Leistungsbeanspruchung des Behinderten objektivieren zu können. Hier liegen aufschlußreiche Beobachtungen vom Arbeitskreis um HILDEBRANDT vor, unter anderem über die Belastung des Rollstuhlfahrers mit unterschiedlichen Rollstuhlmodellen, sowie über die signifikante Beziehung der Leistungsfähigkeit im Arbeitsversuch zur individuellen Pulsamplitude zwischen Tag und Nacht durch Tagespulsbilanzuntersuchungen bei Körperbehinderten (ENGEL u. HILDEBRANDT 1977, BENEDIK u. Mitarb. 1977). Eine Ausrichtung des Unterrichts, sowohl in der ärztlichen Ausbildung als auch in der Fortbildung der paramedizinischen Berufe auf die vielfältigen funktionellen, psychosomatischen und sozialmedizinischen Zusammenhänge im Krankheitsgeschehen des Behinderten und ihre Beeinflussung durch rehabilitative Maßnahmen, erscheint dringend notwendig. Es fehlt dafür noch an geeignetem Ausbildungsmaterial, das wissenschaftlich zu erarbeiten wäre, um es dem Lehrpersonal in geeigneter Form zur Verfügung zu stellen.

Schlußbemerkungen

Die deutsche Orthopädie hat mit dem Aufbau der Körperbehindertenfürsorge die sozialen Aufgaben der Medizin deutlich gemacht. Sie gab damit den Anstoß zur Entwicklung der heutigen, weltweit durchgeführten interdisziplinären Rehabilitation. Sie sollte diesen wichtigen Teil ihres Arbeitsbereiches über ihren vielseitigen anderen Aufgaben nicht vernachlässigen und ihren Platz darin behaupten.

Literatur

Augsburger, W., W. Herrmann, F. Knapp, H. J. Küppers, H. P. Tews, E. Wiedemann: Rehabilitation Praxis u. Forschung Springer, Berlin 1977

Becker, F.: Orthopädie und Rehabilitation Verh. dtsch. orthop. Ges. 45 (1957) 306

Beilstein, F., L. Gierse: Berufs- und Studienberatung behinderter Abiturienten und Hochschüler. Rehabilitation 10 (1971) 233–237

Benedik, K., P. Engel, G. Hildebrandt: Der Rollstuhl. Schindler, Rheinstetten 1977

Biesalski, K.: zit. nach Becker 1957

Bohne, O. S.: zit. nach Lindemann 1957

Boll, W.: Die umfassende Rehabilitation in der modernen Industriegesellschaft. In: Rehabilitation, Gemeinschaftsaufgabe unserer Gesellschaft. Kongreßbericht Kassel 1971, hrsg. von Deutsche Akademie für medizinische Fortbildung, R. Haizmann, G. Krokowski. Thieme, Stuttgart 1972 (S. 8–14)

Cuthbert-Salmon, F.: Tomorrow's architecture and the physically handicapped. In: XII. World Congress of ISRD Sydney 1972. Proceedings Preview, Bd. II, hrsg. von Australian Council for Rehabil. of Disabled. McMillan, Auburn NSW/Australien 1972 (S. 421)

Duwe, W.: Bauliche Forderungen an eine Behindertenwohnung. In: Jahrbuch der Deutschen Vereinigung für Rehabilitation Körperbehinderter e. V. Selbstverlag Heidelberg 1969/70 1970 (S. 131–136)

Engel, P., G. Hildebrandt: Die Rehabilitation Körperbehinderter unter arbeitsphysiologischen Gesichtspunkten. Int. J. Rehab. Res. 1 (1977) 1–13

Exner, G.: Rehabilitation und Hochschulstudium. Rehabilitation 9 (1970) 90–98

Exner, G.: Ärztliche Aufgaben in der Rehabilitation der zweiten Hand in Studium und Berufsausbildung bei Schwerkörperbehinderten. Rehabilitation. Kongreßbericht Kassel 1971, hrsg. von Deutsche Akademie für medizinische Fortbildung, R. Haizmann, G. Krokowski. Thieme, Stuttgart 1972 (S. 106)

Finn, W.: Transport for the handicapped. XII. World Congress of ISRD, Sydney 1972. Proceedings Preview, Bd. II, hrsg. von Australian Council for Rehabil. of Disabled. McMillan, Auburn NSW/Australien 1972 (S. 423–427)

Gressmann, Chr.: Frühdiagnostik und Frühbehandlung aus orthopädischer Sicht. Wege zur Chancengleichheit der Behinderten. 25. Kongreß der Deutschen Vereinigung für Rehabilitation Körperbehinderter e. V. Selbstverlag Heidelberg 1974

Haase, R.: Der Körperbehinderte, ein Stiefkind in der modernen Wohnungs- und Städteplanung. In: Jahrbuch der Deutschen Vereinigung für Rehabilitation Körperbehinderter e. V. Selbstverlag, Heidelberg 1970 (S. 121–127)

Hildebrandt, G.: Energy costs of propelling wheelchair at varios speeds. Cardiac response and effect on steering accuracy. Arch. phys. Med. 51 (1970) 131–136

Hildebrandt, G.: Arbeitsphysiologische Untersuchungen zur Optimierung des Hebelantriebs und der Sitzanordnung beim handbetriebenen Rollstuhl. Rehabilitation. 15 (1976) 217–228

Jakob, W.: Rehabilitationsmedizin und wissenschaftliche Forschung. Therapiewoche 24 (1974) 576–588

Jochheim, K. A., J. F. Scholz: Rehabilitation, Bd. I. Thieme, Stuttgart 1975

Jochheim, K. A.: Was ist Rehabilitation? Jahrbuch der Fürsorge für Körperbehinderte. Selbstverlag, Heidelberg 1962 (S. 14–19)

Kessler, Henry H.: zit. nach Lindemann 1957

Lauritzen, L.: zit. nach Haase 1970

Lindemann, K.: Die sozialen Aufgaben der Orthopädie. In: Handbuch der Orthopädie, Bd. I, hrsg. von G. Hohmann, M. Hackenbroch, K. Lindemann. Thieme, Stuttgart 1957 (S. 1170)

Maurina Zenta: Denn das Wagnis ist schön. 7. Aufl. Dietrich, Osnabrück 1968

Schubert, W. M.: Zur Situation körperbehinderter Studierender an den Universitäten und wissenschaftlichen Hochschulen in der Bundesrepublik Deutschland. Rehabilitation 7 (1968) 59

Zur Verth, M.: Zehn Jahre Kunstbeinbau in Deutschland nach dem großen Kriege. Vogel, Leipzig 1928 (S. 6)

Sachverzeichnis

B

E

H

I

L

M

N

O

P

Q

R

S

T

U

Gesamtumfang des Bandes: XXXII + 652 Seiten

Orthopädisch-chirurgischer Operationsatlas

In 6 Bänden – 2., neubearbeitete Auflage

Herausgegeben von Prof. Dr. Matthias Hackenbroch,
Direktor em. der Orthopädischen Klinik und der Poliklinik der Universität Köln
und Prof. Dr. Alfred N. Witt,
Direktor der Orthopädischen Klinik der Universität München

(20 % ermäßigter Subskriptionspreis bei Abnahme des Gesamtwerkes; jeder Band ist einzeln zum Ladenpreis erhältlich)

Band III: Wirbelsäule und Becken
Bearbeitet von Prof. Dr. F. W. Rathke, Ludwigsburg
und Prof. Dr. K. F. Schlegel, Essen
1974. 276 Seiten, 513 meist zweifarbige Abbildungen, 21 x 29 cm,
Ganzleinen DM 260,– (Subskriptionspreis DM 208,–)

Band V: Unterschenkel und Fuß
Bearbeitet von Prof. Dr. A. Rütt, Würzburg
1973. 325 Seiten, 547 zum Teil mehrfarbige Abbildungen, 21 x 29 cm,
Ganzleinen DM 260,– (Subskriptionspreis DM 208,–)

Band I: Allgemeines
Bearbeitet von H. Auberger, H. Cotta, H. Mittelmeier
– In Vorbereitung –

Band II: Obere Extremität
Bearbeitet von A. N. Witt
– In Vorbereitung –

Band IV: Hüfte und Oberschenkel
Bearbeitet von M. Hackenbroch, K. F. Schlegel
– In Vorbereitung –

Band VI: Knie
Bearbeitet von W. Blauth
– In Vorbereitung –